Dispositivos Eletrônicos

e Teoria de Circuitos

11ª Edição

Robert L. Boylestad
Louis Nashelsky

Dispositivos Eletrônicos

e Teoria de Circuitos

11ª Edição

Tradução: Sônia Midori Yamamoto
Revisão técnica: Alceu Ferreira Alves
Professor de Eletrônica junto à Faculdade de Engenharia de Bauru, da Universidade Estadual Paulista (UNESP). Eng. Eletricista e Mestre em Engenharia Elétrica pela Universidade de São Paulo. Doutor em Energia pela UNESP.

Pearson

Diretor editorial e de conteúdo	Roger Trimer
Gerente editorial	Kelly Tavares
Supervisora de produção editorial	Silvana Afonso
Coordenadora de produção gráfica	Tatiane Romano
Coordenador de produção editorial	Sérgio Nascimento
Editor de aquisições	Vinícius Souza
Editora de texto	Sabrina Levensteinas
Editores assistentes	Marcos Guimarães e Luiz Salla
Preparação	Beatriz Garcia
Revisão	Guilherme Summa e Juliana Costa
Capa	Casa de Ideias
Projeto gráfico e diagramação	Casa de Ideias

Dados Internacionais de Catalogação na Publicação (CIP)
(Câmara Brasileira do Livro, SP, Brasil)

Boylestad, Robert L.
Dispositivos eletrônicos e teoria de circuitos / Robert L. Boylestad, Louis Nashelsky; tradução Sônia Midori Yamamoto; revisão técnica Alceu Ferreira Alves. – 11. ed. – São Paulo: Pearson Education do Brasil, 2013.

Título original: Electronic devices and circuit theory
ISBN 978-85-64574-21-2

1. Aparelhos e dispositivos eletrônicos
2. Circuitos eletrônicos I. Nashelsky, Louis. II. Título.

12-13206 CDD-621.3815

Índice para catálogo sistemático:
1. Circuitos eletrônicos : Engenharia eletrônica 621.3815
2. Dispositivos eletrônicos: Engenharia eletrônica 621.3815

Direitos exclusivos cedidos à
Pearson Education do Brasil Ltda.,
uma empresa do grupo Pearson Education
Av. Francisco Matarazzo, 1400,
7º andar Edifício Milano
CEP 05033-070 - São Paulo - SP - Brasil
Fone: 19 3743-2155
pearsonuniversidades@pearson.com

Distribuição
Grupo A Educação
www.grupoa.com.br
Fone: 0800 703 3444

DEDICATÓRIA

Para Else Marie, Alison e Mark, Eric e Rachel, Stacey e Jonathan e nossas oito netas: Kelcy, Morgan, Codie, Samantha, Lindsey, Britt, Skylar e Aspen.
Para Kira, Katrin e Thomas, Larren e Patrícia e nossos seis netos: Justin, Brendan, Owen, Tyler, Colin e Dillon.

SUMÁRIO

PREFÁCIO

A preparação do prefácio da 11ª edição provocou certa reflexão sobre os 40 anos desde que a primeira edição foi publicada em 1972 por dois jovens educadores ansiosos para testar sua capacidade de aprimorar a literatura disponível sobre dispositivos eletrônicos. Embora alguns prefiram o termo dispositivos *semicondutores* em vez de dispositivos *eletrônicos*, a primeira edição praticamente se restringiu a um levantamento de válvulas eletrônicas — um tópico sem uma única seção no novo Sumário. A mudança de válvulas para dispositivos semicondutores levou quase cinco edições, mas hoje em dia é simplesmente referenciada em algumas seções. No entanto, é interessante observar que, quando os transistores de efeito de campo (FET) surgiram de fato, uma série de técnicas de análise utilizadas para válvulas puderam ser aplicadas por causa das semelhanças nos modelos CA equivalentes de cada dispositivo.

Com frequência, somos questionados sobre o processo de revisão e sobre como o conteúdo de uma nova edição é definido. Em alguns casos, é evidente que o software de computador foi atualizado, e as mudanças na aplicação dos pacotes devem ser explicadas em detalhes. Este livro foi o primeiro a enfatizar a utilização de pacotes de software de computador e a oferecer um nível de detalhes não encontrado em outros. A cada nova versão de um pacote de software, constatamos que a literatura de suporte ainda poderia estar em produção, ou que os manuais careciam de aprofundamento para novos usuários desses pacotes. Detalhes suficientes neste texto asseguram que um estudante possa aplicar cada um dos pacotes de software apresentados sem a necessidade de material de instrução adicional.

O próximo requisito para qualquer nova edição é a necessidade de atualizar o conteúdo de modo a refletir mudanças nos dispositivos disponíveis e nas características dos dispositivos comerciais. Isso pode exigir extensa pesquisa em cada área, acompanhada por decisões sobre a profundidade do estudo e se as melhorias listadas são válidas e merecem reconhecimento. A experiência em sala de aula é provavelmente um dos recursos mais importantes para a definição de áreas que necessitam de expansão, remoção ou revisão. O feedback dos alunos resulta em anotações em nossos textos com inserções que engrandecem o material original. A seguir, há a colaboração de colegas, de professores de outras instituições que usam o livro e, é claro, dos revisores selecionados pela Pearson Education. Uma fonte de alterações menos óbvia é uma simples releitura do material ao longo dos anos desde a última edição. Muitas vezes, essa releitura revela material que pode ser melhorado, excluído ou expandido.

Nesta revisão, a quantidade de alterações superou de longe nossas expectativas iniciais. No entanto, para aqueles que utilizaram as edições anteriores, as mudanças provavelmente serão menos óbvias. As seções foram movidas e ampliadas, cerca de 100 problemas foram adicionados, novos dispositivos foram introduzidos, o número de aplicações aumentou e um novo material sobre desenvolvimentos recentes foi acrescentado ao longo do texto. Acreditamos que a atual edição representa uma melhoria significativa em comparação às anteriores.

Como professores, estamos bem cientes da importância de um alto nível de precisão necessária a esse tipo de obra. Não há nada mais frustrante para um aluno do que estudar um problema sob vários ângulos e, ainda assim, encontrar uma resposta diferente da solução apresentada no final do livro ou, então, constatar que o problema parece insolúvel. Ficamos satisfeitos em saber que houve menos de meia dúzia de erros de cálculo ou de impressão relatados desde a última edição. Quando se analisa a quantidade de exemplos e problemas contidos no livro em relação ao volume de material, essa estatística sugere claramente que o texto é o mais isento possível de erros. Todas as contribuições dos usuários a essa lista foram rapidamente reconhecidas, e as fontes devidamente agradecidas pelo tempo dedicado para enviar as alterações para o editor e para nós.

Embora a atual edição reflita todas as mudanças que julgamos apropriadas, acreditamos que uma edição revisada será necessária em algum momento mais adiante. Convidamos o leitor a interagir com esta edição para que possamos começar a desenvolver um pacote de ideias e pensamentos que nos ajudará a melhorar o conteúdo da próxima edição. Prometemos uma resposta rápida aos comentários, sejam eles positivos ou negativos.

O QUE HÁ DE NOVO NESTA EDIÇÃO

- Ao longo dos capítulos, há mudanças consideráveis nas seções de problemas. Mais de 100 novos problemas foram adicionados, e um número significativo de alterações foram feitas nos problemas já existentes.
- Vários programas de computador foram rodados novamente, e suas descrições foram atualizadas para incluir os efeitos da utilização do OrCAD versão 16.3 e do Multisim versão 11.1. Além disso, os capítulos introdutórios passaram a adotar uma compreensão mais ampla dos métodos computacionais, resultando em uma introdução revisada de ambos os programas.
- Ao longo do livro, foram adicionadas fotos e biografias de importantes colaboradores. Entre eles estão

Sidney Darlington, Walter Schottky, Harry Nyquist, Edwin Colpitts e Ralph Hartley.

- Novas seções foram adicionadas. Agora há uma discussão sobre o impacto de fontes combinadas CC e CA sobre os circuitos com diodo, circuitos com múltiplos TBJs, FETs de potência VMOS e UMOS, tensão Early, o impacto da frequência sobre elementos básicos, efeito de R_S na resposta em frequência de um amplificador, o produto ganho-largura de banda e uma série de outros tópicos.
- Várias seções foram completamente reescritas para atender a comentários dos revisores ou a mudanças de prioridades. Algumas das áreas revisadas incluem estabilização de polarização, fontes de corrente, realimentação nos modos CC e CA, fatores de mobilidade em resposta de diodos e transistores, efeitos das capacitâncias de transição e difusão nas características de resposta de diodos e transistores, corrente de saturação reversa, regiões de ruptura (causa e efeito) e o modelo híbrido.
- Além da revisão das várias seções descritas anteriormente, algumas delas foram ampliadas tendo em vista a mudança de prioridades pertinente a um livro deste tipo. A seção sobre células solares passou a incluir um exame detalhado dos materiais empregados, curvas de resposta adicionais e uma série de novas aplicações práticas. A apresentação do efeito Darlington foi totalmente reescrita e expandida de modo a incluir uma análise detalhada das configurações de seguidor de emissor e ganho de coletor. A cobertura sobre transistores agora traz pormenores sobre o transistor *cross-bar latch* e nanotubos de carbono. A discussão sobre LEDs inclui uma apresentação ampliada dos materiais empregados, comparações com as opções modernas de iluminação e exemplos dos produtos que definem o futuro desse importante dispositivo semicondutor. As folhas de dados comumente incluídas em uma obra deste tipo são agora discutidas em detalhes visando garantir uma associação bem fundamentada para quando o aluno ingressar na comunidade industrial.
- Um material atualizado permeia todo o texto na forma de fotos, ilustrações, folhas de dados, e assim por diante, para assegurar que os dispositivos incluídos reflitam os componentes disponíveis no mercado com as características que mudaram tão rapidamente nos últimos anos. Além disso, os parâmetros associados ao conteúdo e todos os problemas dos exemplos estão mais de acordo com as características dos dispositivos disponíveis atualmente. Alguns dispositivos, não mais existentes ou usados muito raramente, foram retirados para que fosse dada a devida ênfase às tendências modernas.
- Há algumas importantes mudanças organizacionais em todo o texto que visam uma melhor sequência de apresentação no processo de aprendizagem. Isso fica claro logo nos primeiros capítulos sobre CC em diodos e transistores, na discussão sobre ganho de corrente nos capítulos sobre CA para TBJs e JFETs, na seção sobre Darlington e nos capítulos que tratam de resposta em frequência. Isso fica particularmente evidente no Capítulo 16, no qual tópicos foram retirados e a ordem das seções mudou radicalmente.

Material de apoio do livro

No site www.grupoa.com.br professores e alunos podem acessar os seguintes materiais adicionais:

Para professores:

- Manual de soluções (em inglês);
- Apresentações em PowerPoint;

Esse material é de uso exclusivo para professores e está protegido por senha. Para ter acesso a ele, os professores que adotam o livro devem entrar em contato através do e-mail divulgacao@grupoa.com.br.

Para estudantes:

- Arquivos de circuitos do MultiSim e do PSpice;
- Questões de múltipla escolha.

AGRADECIMENTOS

Os colaboradores citados a seguir forneceram novas fotografias para essa edição:

Sian Cummings	International Rectifier Inc.
Michele Drake	Agilent Technologies Inc.
Edward Eckert	Alcatel-Lucent Inc.
Amy Flores	Agilent Technologies Inc.
Ron Forbes	B&K Precision Corporation
Christopher Frank	Siemens AG
Amber Hall	Hewlett-Packard Company
Jonelle Hester	National Semiconductor Inc.
George Kapczak	AT&T Inc.
Patti Olson	Fairchild Semiconductor Inc.
Jordon Papanier	LEDtronics Inc.
Andrew W. Post	Vishay Inc.
Gilberto Ribeiro	Hewlett-Packard Company
Paul Ross	Alcatel-Lucent Inc.
Craig R. Schmidt	Agilent Technologies, Inc.
Mitch Segal	Hewlett-Packard Company
Jim Simon	Agilent Technologies, Inc.
Debbie Van Velkinburgh	Tektronix, Inc.
Steve West	On Semiconductor Inc.
Marcella Wilhite	Agilent Technologies, Inc.
Stan Williams	Hewlett-Packard Company
J. Joshua Wang	Hewlett-Packard Company

Diodos semicondutores

Objetivos

- Conhecer as características gerais de três materiais semicondutores importantes: Si, Ge, GaAs.
- Compreender a condução usando a teoria de elétrons e lacunas.
- Ser capaz de descrever a diferença entre materiais dos tipos *n* e *p*.
- Desenvolver uma compreensão clara do funcionamento básico e das características de um diodo nas regiões sem polarização, de polarização direta e de polarização reversa.
- Ser capaz de calcular a resistência CC, CA e CA média de um diodo a partir das curvas características.
- Compreender o impacto de um circuito equivalente, seja ele ideal ou prático.
- Familiarizar-se com o funcionamento e as características de um diodo Zener e um diodo emissor de luz.

1.1 INTRODUÇÃO

Um dos fatos notáveis sobre este campo, assim como em muitas outras áreas da tecnologia, é que os princípios fundamentais mudam pouco ao longo do tempo. Os sistemas são incrivelmente menores, as velocidades de corrente da operação são realmente extraordinárias e novos dispositivos surgem todos os dias, fazendo-nos imaginar para onde a tecnologia está nos levando. No entanto, se pararmos um instante para pensar que a maioria dos dispositivos em uso foi inventada há décadas e que as técnicas de projeto citadas em textos da década de 30 continuam sendo usadas, perceberemos que grande parte do que observamos é essencialmente uma melhoria constante em técnicas de construção, características gerais e técnicas de aplicação, em vez do desenvolvimento de novos elementos e projetos. O resultado disso é que a maioria dos dispositivos discutidos neste livro já existe há algum tempo e que textos sobre o assunto escritos há uma década ainda são boas referências, com um conteúdo sem grandes modificações. As principais mudanças ocorreram na compreensão de como esses dispositivos funcionam e de toda a sua gama de capacidades, bem como em melhores métodos de ensino dos fundamentos associados a eles. O benefício de tudo isso para o aluno que inicia seus estudos no assunto é que o material deste livro, assim esperamos, atingiu um nível de fácil assimilação e as informações ainda terão utilidade por muitos anos.

A miniaturização que vem ocorrendo nos últimos anos nos leva a pensar sobre seus limites. Sistemas completos aparecem agora em *wafers*[1] milhares de vezes menores do que um único elemento das redes mais antigas. O primeiro circuito integrado (CI) foi desenvolvido por Jack Kilby quando ele trabalhava na Texas Instruments, em 1958 (Figura 1.1). Atualmente, o processador Intel® Core™ i7 Extreme Edition da Figura 1.2 tem 731 milhões de transistores em um encapsulamento apenas ligeiramente maior do que 1,67 polegada quadrada. Em 1965, o dr. Gordon E. Moore apresentou um artigo prevendo que a quantidade de transistores em uma única pastilha dobraria a cada dois anos. Agora, mais de 45 anos depois, constatamos que sua previsão foi incrivelmente precisa e deve continuar assim nas próximas décadas. É evidente que chegamos a um ponto em que a função

1 Nota do revisor técnico: *Wafer* é o nome dado a uma fatia de material semicondutor na qual se alojam microcircuitos. É um componente fundamental na construção de aparelhos na microeletrônica.

Figura 1.1 Jack St. Clair Kilby.

Jack St. Clair Kilby, inventor do circuito integrado e coinventor da calculadora eletrônica portátil. (Cortesia da Texas Instruments.)
Natural de Jefferson City, Missouri, 1923. MS, Universidade de Wisconsin. Diretor de Engenharia e Tecnologia da Divisão de Componentes da Texas Instruments. Parceiro do IEEE (Institute of Electrical and Electronic Engineers). Detém mais de 60 patentes nos EUA.

O primeiro circuito integrado, um oscilador de deslocamento de fase, inventado por Jack S. Kilby em 1958. (Cortesia da Texas Instruments.)

Figura 1.2 Processador Intel® Core™ i7 Extreme Edition.

principal do encapsulamento é simplesmente fornecer uma maneira de manipular o dispositivo ou sistema e oferecer um mecanismo de conexão com o restante do circuito. A miniaturização parece limitada por quatro fatores: a qualidade do material semicondutor, a técnica de projeto de rede, os limites do equipamento de fabricação e processamento e a força do espírito inovador na indústria de semicondutores.

O primeiro dispositivo eletrônico a ser apresentado aqui é o mais simples de todos, mas possui uma gama de aplicações que parece interminável. Dedicamos a ele dois capítulos para introduzir os materiais comumente usados em dispositivos de estado sólido e rever algumas leis fundamentais de circuitos elétricos.

1.2 MATERIAIS SEMICONDUTORES: Ge, Si E GaAs

A construção de cada dispositivo eletrônico discreto (individual) de estado sólido (estrutura de cristal rígido) ou circuito integrado começa com um material semicondutor da mais alta qualidade.

Os semicondutores são uma classe especial de elementos cuja condutividade está entre a de um bom condutor e a de um isolante.

Em geral, os materiais semicondutores recaem em uma de duas classes: *cristal singular* e *composto*. Semicondutores de cristal singular, como germânio (Ge) e silício (Si), têm uma estrutura de cristal repetitiva, enquanto os semicondutores compostos, como arseneto de gálio (GaAs), sulfeto de cádmio (CdS), nitreto de gálio (GaN) e fosfeto de arseneto de gálio (GaAsP), compõem-se de dois ou mais materiais semicondutores de estruturas atômicas diferentes.

Os três semicondutores mais frequentemente usados na construção de dispositivos eletrônicos são Ge, Si e GaAs.

Nas primeiras décadas após a descoberta do diodo, em 1939, e do transistor, em 1947, usou-se quase exclusivamente o germânio, pois este era relativamente fácil de encontrar e estava disponível em quantidades razoavelmente grandes. Também era relativamente fácil de refinar até obter níveis muito elevados de pureza, um aspecto importante no processo de fabricação. No entanto, já nos primeiros anos descobriu-se que diodos e transistores construídos tendo o germânio como material de base sofriam de baixos níveis de confiabilidade, principalmente por causa de sua sensibilidade a variações de temperatura. Na época, os cientistas sabiam que outro material, o silício, era menos afetado pela temperatura, mas o processo de refinação para obtenção de silício com alto grau de pureza ainda estava em fase de desenvolvimento. Finalmente, em 1954, o primeiro transistor de silício foi lançado, logo tornando-se o material semicondutor preferido. O silício é não só menos sensível à temperatura, como também um dos materiais mais abundantes da terra, eliminando qualquer preocupação quanto à sua disponibilidade. As comportas foram abertas para esse novo material e a tecnologia de projeto e fabricação melhorou constantemente ao longo dos anos seguintes, até atingir o alto nível de sofisticação atual.

Com o passar do tempo, contudo, o campo da eletrônica tornou-se cada vez mais sensível à questão da velocidade. Os computadores operavam em velocidades cada vez mais aceleradas e os sistemas de comunicação apresentavam altos níveis de desempenho. Um material semicondutor capaz de satisfazer essas novas necessidades tinha de ser encontrado. O resultado disso foi o desenvolvimento do primeiro transistor de GaAs, no início da década de 70. Esse novo transistor tinha velocidades de operação até cinco vezes superiores às do Si. O problema, porém, era que, por causa dos anos de intensos esforços de projeto e melhorias de produção utilizando Si, na maioria das aplicações, os circuitos com transistores de silício tinham menor custo de fabricação e a vantagem de estratégias de projeto altamente eficientes. O GaAs era mais difícil de fabricar em níveis elevados de pureza, custava mais caro e contava com pouco apoio para projetos nos primeiros anos de desenvolvimento. Entretanto, com o tempo a demanda por maior velocidade acabou resultando em mais financiamento para pesquisa de GaAs, a ponto de hoje em dia ele ser frequentemente utilizado como material de base para novos projetos de circuitos integrados de larga escala (VLSI, na sigla em inglês) e alta velocidade.

Esta breve revisão da história dos materiais semicondutores não pretende sugerir que logo o GaAs será o único material adequado à construção em estado sólido. Dispositivos de germânio continuam a ser fabricados, ainda que para uma gama limitada de aplicações. Muito embora seja um semicondutor sensível à temperatura, ele possui características que encontram aplicação em um número limitado de áreas. Devido à sua disponibilidade e aos baixos custos de fabricação, continuará a ter lugar em catálogos de produtos. Como já observamos, o Si tem o benefício de anos de desenvolvimento e é líder em materiais semicondutores para componentes eletrônicos e CIs. Na verdade, o Si ainda é o alicerce fundamental da nova linha de processadores da Intel.

1.3 LIGAÇÕES COVALENTES E MATERIAIS INTRÍNSECOS

Compreender plenamente por que Si, Ge e GaAs são os semicondutores preferenciais da indústria eletrônica requer algum conhecimento da estrutura atômica de cada um desses elementos e de como os átomos se ligam para formar uma estrutura cristalina. Os componentes fundamentais de um átomo são o elétron, o próton e o nêutron. Na estrutura de treliça, nêutrons e prótons formam o núcleo enquanto os elétrons aparecem em órbitas fixas ao redor do núcleo. O modelo de Bohr para os três materiais é fornecido na Figura 1.3.

Tal como indicado na Figura 1.3, o silício tem 14 elétrons em órbita, o germânio tem 32, o gálio, 31, e o arsênio, 33 (o mesmo arsênio que é um agente químico extremamente venenoso). No germânio e no silício, há quatro elétrons na camada mais externa, chamados de *elétrons de valência*. O gálio tem três elétrons de valência e o arsênio, cinco. Os átomos que possuem quatro elétrons de valência são chamados de *tetravalentes*, aqueles com três elétrons são os *trivalentes* e os com cinco, *pentavalentes*. O termo *valência* é usado para indicar que o potencial (potencial de ionização) necessário para remover algum desses elétrons da estrutura atômica é significativamente menor do que o requerido para qualquer outro elétron na estrutura.

Em um cristal puro de silício ou germânio, os quatro elétrons de valência de um átomo formam um arranjo de ligação com quatro átomos adjacentes, como mostrado na Figura 1.4.

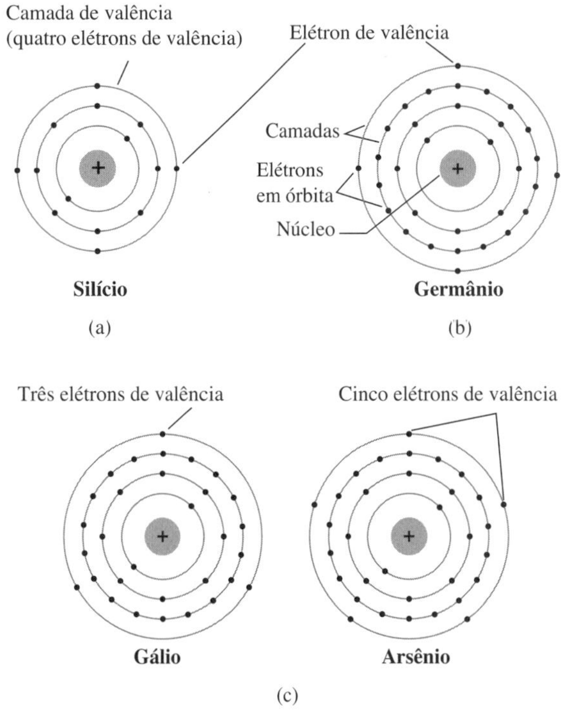

Figura 1.3 Estrutura atômica de (a) silício, (b) germânio e (c) gálio e arsênio.

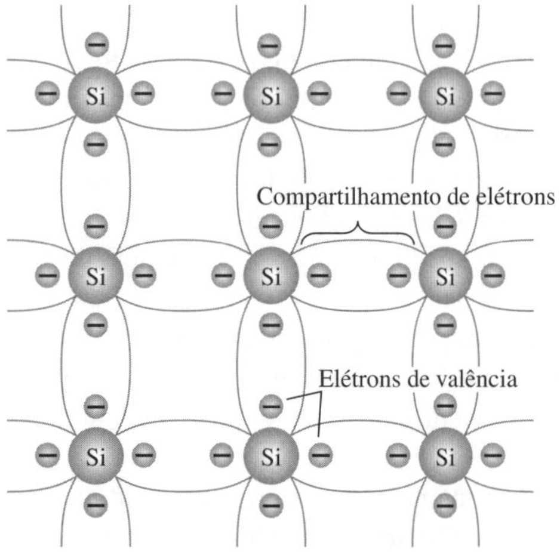

Figura 1.4 Ligação covalente do átomo de silício.

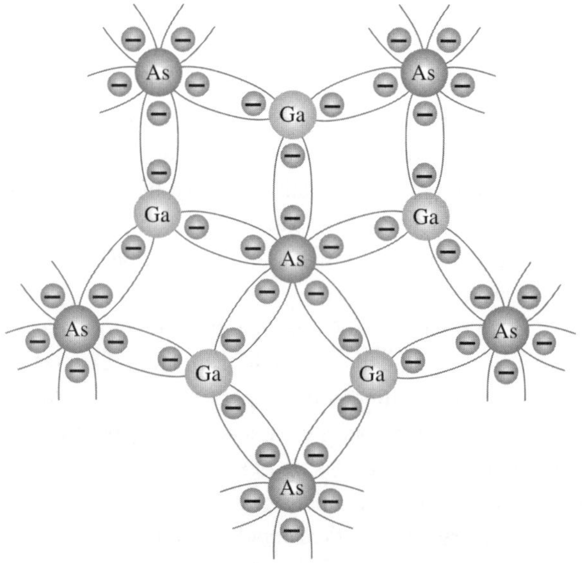

Figura 1.5 Ligação covalente do cristal de GaAs.

Essa ligação de átomos, reforçada pelo compartilhamento de elétrons, é chamada de ligação covalente.

Visto que o GaAs é um semicondutor composto, existe compartilhamento entre os dois átomos diferentes, como mostrado na Figura 1.5. Cada átomo, de gálio ou arsênio, está rodeado por átomos do tipo complementar. Há, ainda, um compartilhamento de elétrons estruturalmente semelhante ao de Ge e Si, mas agora cinco elétrons são fornecidos pelo átomo As e três pelo Ga.

Embora a ligação covalente resulte em uma ligação mais forte entre os elétrons de valência e seu átomo de origem, ainda é possível que os elétrons de valência absorvam energia cinética suficiente de causas naturais externas para quebrar a ligação covalente e assumir o estado "livre". O termo *livre* é usado para qualquer elétron que tenha se separado da estrutura de treliça fixa e seja muito sensível a todos os campos elétricos aplicados, tal como o estabelecido por fontes de tensão ou qualquer diferença de potencial. *As causas externas incluem efeitos como a energia da luz na forma de fótons e a energia térmica (calor) do meio circundante.* À temperatura ambiente, existem aproximadamente $1,5 \times 10^{10}$ portadores livres em 1 cm^3 de material *intrínseco* de silício, isto é, 15.000.000.000 (15 bilhões) de elétrons em um espaço menor do que um pequeno cubo de açúcar — um número enorme.

O termo intrínseco *aplica-se a qualquer material semicondutor que tenha sido cuidadosamente refinado para reduzir o número de impurezas a um nível muito baixo — essencialmente, com o grau máximo de pureza disponibilizado pela tecnologia moderna.*

Os elétrons livres em um material devido somente a causas externas são chamados de *portadores intrínsecos*. A Tabela 1.1 compara o número de portadores intrínsecos por centímetro cúbico (abreviado n_i) de Ge, Si e GaAs. É interessante notar que Ge tem o maior número e GaAs o mais baixo. Na realidade, o Ge tem 15 milhões de vezes mais portadores que o GaAs. O número de portadores na forma intrínseca é importante, mas outras características do material são mais significativas na determinação de seu uso em campo. Um desses fatores é a *mobilidade relativa* (μ_n) dos portadores livres no material, isto é, a capacidade desses portadores de se moverem por todo o material. A Tabela 1.2 revela claramente que os portadores livres no GaAs têm mais de cinco vezes a mobilidade daqueles no Si, um fator que resulta em tempos de resposta usando dispositivos eletrônicos de GaAs que podem ser até cinco vezes superiores aos tempos de resposta dos mesmos dispositivos feitos de Si. Perceba também que os portadores livres no Ge têm mais de duas vezes a mobilidade dos elétrons no Si, um fator que resulta no uso contínuo de Ge em aplicações de radiofrequência de alta velocidade.

Tabela 1.1 Portadores intrínsecos n_i.

Semicondutor	Portadores intrínsecos (por cm^3)
GaAs	$1,7 \times 10^6$
Si	$1,5 \times 10^{10}$
Ge	$2,5 \times 10^{13}$

Tabela 1.2 Fator de mobilidade relativa μ_n.

Semicondutor	μ_n (cm²/V.s)
Si	1500
Ge	3900
GaAs	8500

Um dos mais importantes avanços tecnológicos das últimas décadas é a capacidade de produzir materiais semicondutores de alta pureza. Lembre-se de que esse era um dos problemas encontrados quando o silício começou a ser usado — era mais fácil produzir germânio com os níveis requeridos de pureza. Hoje em dia, níveis de impureza de uma parte em 10 bilhões são comuns, com níveis mais elevados ainda atingíveis em circuitos integrados de larga escala. Pode-se questionar se tais níveis extremamente elevados de pureza são necessários. Certamente são, se ponderarmos que a adição de uma parte de impureza (do tipo adequado) por milhão em um *wafer* de material de silício pode alterá-lo de um condutor relativamente pobre de eletricidade para outro mais eficiente. É evidente que temos de lidar com um nível inteiramente novo de comparação quando o assunto é o meio dos semicondutores. A capacidade de alterar as características de um material por esse processo é chamada de *dopagem*, algo que germânio, silício e arseneto de gálio aceitam com rapidez e facilidade. O processo de dopagem é discutido detalhadamente nas seções 1.5 e 1.6.

Uma diferença importante e interessante entre semicondutores e condutores é a sua reação à aplicação de calor. No caso dos condutores, a resistência aumenta à medida que o calor aumenta. Isso ocorre porque os números dos portadores em um condutor não aumentam de modo significativo em função da temperatura, mas seu padrão de vibração sobre uma posição relativamente fixa torna cada vez mais difícil um fluxo contínuo de portadores por todo o material. Materiais que reagem dessa maneira são tidos como de *coeficiente de temperatura positivo*. Já os materiais semicondutores exibem um aumento do nível de condutividade mediante a aplicação de calor. À medida que a temperatura sobe, um número crescente de elétrons de valência absorve energia térmica suficiente para quebrar a ligação covalente e contribuir com o número de portadores livres. Portanto:

Materiais semicondutores têm um coeficiente de temperatura negativo.

1.4 NÍVEIS DE ENERGIA

Dentro da estrutura atômica de todo e qualquer átomo *isolado*, há níveis específicos de energia associados a cada camada e elétron em órbita, como mostrado na Figura 1.6. Os níveis de energia associados a cada camada serão diferentes para cada elemento. No entanto, de modo geral:

Quanto maior a distância de um elétron em relação ao núcleo, maior o estado de energia, e qualquer elétron que tenha deixado seu átomo de origem tem um estado de energia mais alto do que qualquer outro elétron na estrutura atômica.

Observe na Figura 1.6(a) que somente níveis específicos de energia podem existir para os elétrons na estrutura atômica de um átomo isolado. O resultado é uma série de intervalos (*gaps*) entre os níveis de energia permitidos, nos quais não se admitem portadores. No entanto, à medida que os átomos de um material são aproximados uns dos outros para formar a estrutura de treliça cristalina, ocorre uma interação entre átomos, que resultará nos elétrons de determinada camada de um átomo com níveis de energia ligeiramente diferentes dos elétrons na mesma órbita de um átomo adjacente. O resultado disso é uma expansão dos níveis de energia fixos e discretos dos elétrons de valência da Figura 1.6(a) para bandas, conforme mostrado na Figura 1.6(b). Em outras palavras, os elétrons de valência de um material de silício podem ter diferentes níveis de energia, desde que se enquadrem dentro da banda da Figura 1.6(b). Esta figura revela claramente que existe um nível mínimo de energia associado aos elétrons na banda de condução e um nível máximo de energia de elétrons ligado à camada de valência do átomo. Entre ambos, há um *gap* de energia que o elétron na banda de valência tem de superar para se tornar um portador livre. Esse *gap* de energia é diferente para Ge, Si e GaAs; o Ge tem o menor *gap*, e o GaAs, o maior. Em suma, isso simplesmente significa que:

Um elétron na banda de valência do silício deve absorver mais energia do que outro na banda de valência do germânio para se tornar um portador livre. Da mesma forma, um elétron na banda de valência do arseneto de gálio deve ganhar mais energia do que outro no silício ou germânio para entrar na banda de condução.

Essa diferença nos requisitos do *gap* de energia revela a sensibilidade de cada tipo de semicondutor às variações de temperatura. Por exemplo, à medida que a temperatura de uma amostra de Ge sobe, o número de elétrons que podem absorver energia térmica e entrar na banda de condução vai aumentar muito rapidamente, porque o *gap* de energia é muito pequeno. Entretanto, o número de elétrons que entra na banda de condução para

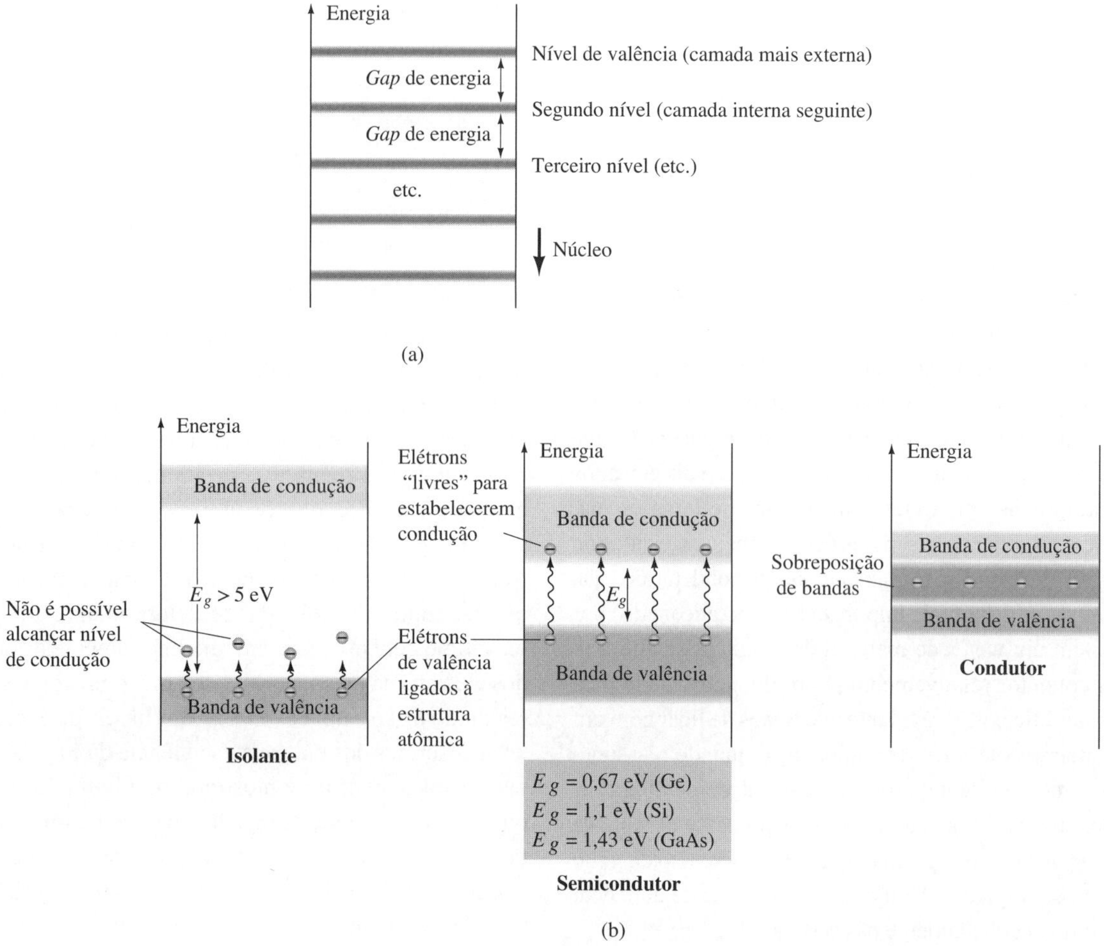

Figura 1.6 Níveis de energia: (a) níveis discretos em estruturas atômicas isoladas; (b) bandas de condução e valência de um isolante, um semicondutor e um condutor.

Si ou GaAs seria muito menor. Essa sensibilidade a alterações no nível de energia pode surtir efeitos positivos e negativos. Criar fotodetectores sensíveis à luz e sistemas de segurança sensíveis ao calor poderia ser uma excelente área de aplicação dos dispositivos de Ge. No entanto, no caso das redes de transistores, nas quais a estabilidade é alta prioridade, essa sensibilidade à temperatura ou à luz pode ser um fator prejudicial.

O *gap* de energia também revela quais elementos são úteis na construção de dispositivos emissores de luz, como diodos emissores de luz (LEDs), que serão apresentados em breve. Quanto maior o *gap* de energia, maior a possibilidade de a energia ser liberada sob a forma de ondas de luz visível ou invisível (luz infravermelha). Para os condutores, a sobreposição de bandas de valência e condução basicamente faz com que toda a energia adicional captada pelos elétrons seja dissipada na forma de calor. De modo análogo, no caso do Ge e do Si, visto que o *gap* de energia é muito pequeno, a maioria dos elétrons que capta energia suficiente para sair da banda de valência acaba na banda de condução e a energia é dissipada na forma de calor. Por outro lado, para o GaAs, o *gap* de energia é suficientemente grande para resultar em significativa radiação de luz. Para LEDs (Seção 1.9), o nível de dopagem e os materiais escolhidos determinam a cor resultante.

Antes de passarmos para outro assunto, é importante ressaltar a importância de se compreenderem as unidades usadas para uma grandeza. Na Figura 1.6, as unidades de medida são os *elétron-volts* (eV). Ela é adequada porque W (energia) = QV (conforme definida pela equação da tensão: $V = W/Q$). Substituindo-se a carga de um elétron e uma diferença potencial de 1 V, obtém-se um nível de energia conhecido como *elétron-volt*. Isto é,

$$\begin{aligned} W &= QV \\ &= (1{,}6 \times 10^{-19}\ \text{C})\ (1\ \text{V}) \\ &= 1{,}6 \times 10^{-19}\ \text{J} \end{aligned}$$

e

$$\boxed{1 \text{ eV} = 1{,}6 \times 10^{-19} \text{ J}} \qquad (1.1)$$

1.5 MATERIAIS DOS TIPOS *n* E *p*

Visto que o Si é o material mais utilizado como material de base (substrato) na construção de dispositivos eletrônicos de estado sólido, a discussão abordada nesta seção e nas próximas trata apenas de semicondutores de silício. Uma vez que Ge, Si e GaAs compartilham uma ligação covalente semelhante, a discussão pode ser facilmente ampliada de modo que inclua a utilização de outros materiais no processo de fabricação.

Como indicado anteriormente, as características de um material semicondutor podem ser alteradas significativamente pela adição de átomos específicos de impureza ao material semicondutor relativamente puro. Tais impurezas, embora apenas adicionadas na proporção de uma parte em 10 milhões, podem alterar a estrutura de banda a ponto de modificar totalmente as propriedades elétricas do material.

Um material semicondutor que tenha sido submetido ao processo de dopagem é chamado de material extrínseco.

Há dois materiais extrínsecos de enorme importância para a fabricação de um dispositivo semicondutor: materiais do tipo *n* e do tipo *p*. Cada um deles é descrito detalhadamente nas subseções seguintes.

Material do tipo *n*

Tanto os materiais do tipo *n* quanto os do tipo *p* são formados pela adição de um número predeterminado de átomos de impureza a uma base de silício. Um material do tipo *n* é criado pela introdução de elementos de impureza que têm *cinco* elétrons de valência (*pentavalentes*), tais como *antimônio*, *arsênio* e *fósforo*. Cada um deles faz parte de um subgrupo de elementos na Tabela Periódica dos Elementos chamado de Grupo V, porque cada um tem cinco elétrons de valência. O efeito desses elementos é indicado na Figura 1.7 (utilizando antimônio como a impureza em uma base de silício). Note que as quatro ligações covalentes ainda estão presentes. Há, porém, um quinto elétron adicional devido ao átomo de impureza, o qual está *dissociado* de qualquer ligação covalente em especial. Esse elétron restante, fracamente ligado ao seu átomo de origem (antimônio), é relativamente livre para se mover dentro do recém-formado material do tipo *n*, uma vez que o átomo de impureza inserido doou um elétron relativamente "livre" para a estrutura:

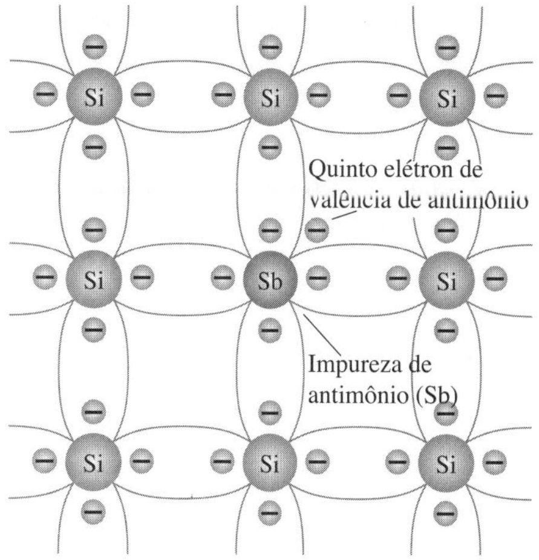

Figura 1.7 Impureza de antimônio em material do tipo *n*.

Impurezas difundidas com cinco elétrons de valência são chamadas de átomos doadores.

É importante compreender que, apesar de um grande número de portadores livres ter se estabelecido no material do tipo *n*, ele ainda é eletricamente *neutro*, uma vez que, em termos ideais, o número de prótons com carga positiva nos núcleos permanece igual ao número de elétrons livres com carga negativa em órbita na estrutura.

O efeito desse processo de dopagem sobre a condutividade relativa pode ser melhor descrito pelo diagrama de banda de energia da Figura 1.8. Note que um nível de energia discreto (denominado *nível doador*) aparece na banda proibida com um E_g significativamente menor do que o do material intrínseco. Os elétrons livres devido à impureza adicionada situam-se nesse nível de energia e têm menos dificuldade de absorver uma quantidade suficiente de energia térmica para entrar na banda de condução à temperatura ambiente. O resultado é que, à temperatura ambiente, há um grande número de portadores (elétrons) no nível de condução e a condutividade do material au-

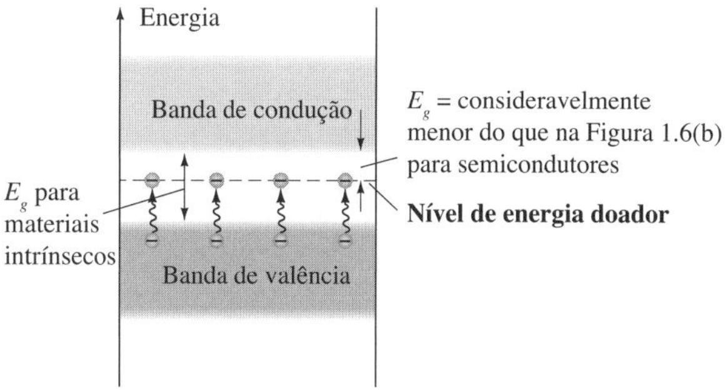

Figura 1.8 Efeito de impurezas doadoras na estrutura de banda de energia.

menta significativamente. À temperatura ambiente, em um material intrínseco de Si, existe cerca de um elétron livre para cada 10^{12} átomos. Se o nível de dosagem fosse de 1 em 10 milhões (10^7), a razão $10^{12}/10^7 = 10^5$ indica que a concentração de portadores aumentou em uma proporção de 100.000:1.

Material do tipo *p*

O material do tipo *p* é formado pela dopagem de um cristal puro de germânio ou silício com átomos de impureza que possuem *três* elétrons de valência. Os elementos mais comumente utilizados para esse fim são *boro*, *gálio* e *índio*. Cada um deles faz parte de um subgrupo dos elementos na Tabela Periódica dos Elementos chamado de Grupo III, por terem, cada um, três elétrons de valência. O efeito de um desses elementos, o boro, sobre uma base de silício está indicado na Figura 1.9.

Note que agora o número de elétrons é insuficiente para completar as ligações covalentes da treliça recém-formada. O espaço vazio resultante é chamado de *lacuna* e representado por um círculo pequeno ou um sinal positivo, indicando a ausência de uma carga negativa. Uma vez que a lacuna resultante *aceitará* prontamente um elétron livre:

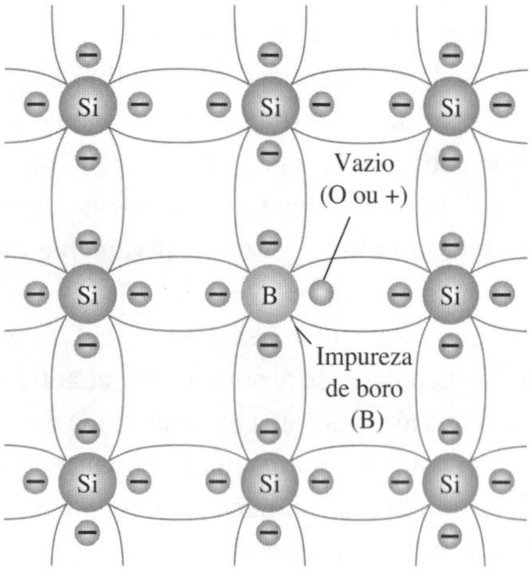

Figura 1.9 Impureza de boro em material do tipo *p*.

As impurezas difundidas com três elétrons de valência são chamadas de átomos aceitadores.

O material resultante do tipo *p* é eletricamente neutro, pelas mesmas razões que o material do tipo *n*.

Fluxo de elétrons *versus* fluxo de lacunas

O efeito da lacuna na condução é mostrado na Figura 1.10. Se um elétron de valência adquire energia cinética suficiente para quebrar sua ligação covalente e preenche o vazio criado por uma lacuna existente, será criado um espaço vazio, ou lacuna, na ligação covalente que liberou o elétron. Existe, portanto, um deslocamento de lacunas para a esquerda e de elétrons para a direita, como mostrado na Figura 1.10. O sentido a ser usado neste livro é o do *fluxo convencional*, que é indicado pelo sentido do fluxo da lacuna.

Portadores majoritários e minoritários

No estado intrínseco, o número de elétrons livres no Ge e no Si é resultante apenas dos poucos elétrons na banda de valência que adquiriram energia suficiente de fontes térmicas ou de luz para quebrar a ligação covalente ou das poucas impurezas que não puderam ser removidas. Os espaços vazios deixados para trás na estrutura de ligação covalente representam nossa quantidade bem limitada de lacunas. Em um material do tipo *n*, o número de lacunas não se alterou significativamente a partir desse nível intrínseco. O resultado líquido é, portanto, que o número de elétrons supera o de lacunas. Por esse motivo:

Em um material do tipo n *[Figura 1.11(a)], o elétron é chamado de portador majoritário e a lacuna de portador minoritário.*

No caso do material do tipo *p*, o número de lacunas é muito maior do que o número de elétrons, tal como mostra a Figura 1.11(b). Portanto:

Em um material do tipo p*, a lacuna é o portador majoritário e o elétron é o portador minoritário.*

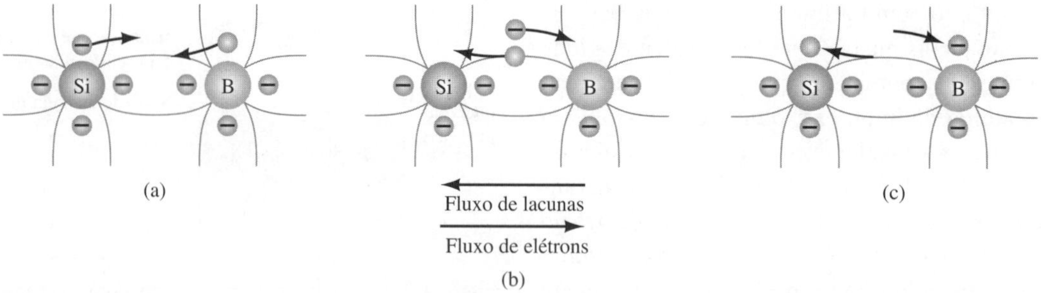

Figura 1.10 Fluxo de elétrons *versus* fluxo de lacunas.

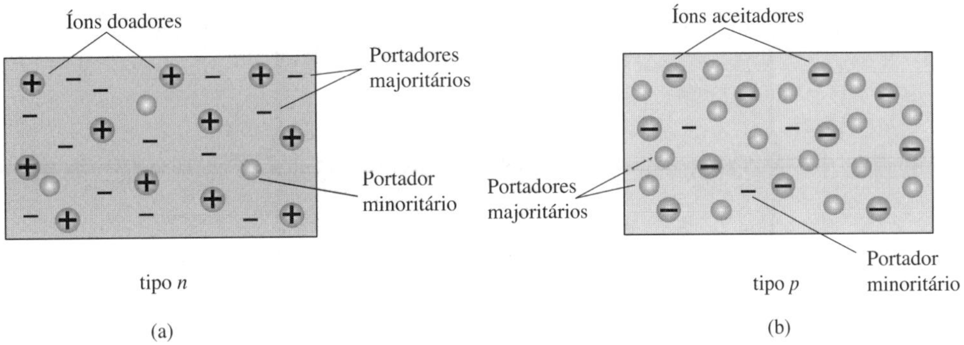

Figura 1.11 (a) Material do tipo *n*; (b) material do tipo *p*.

Quando o quinto elétron de um átomo doador deixa o átomo de origem, o átomo restante adquire uma carga líquida positiva: daí o sinal positivo na representação do íon doador. Pelos mesmos motivos, o sinal negativo aparece no íon aceitador.

Os materiais dos tipos *n* e *p* representam os blocos de construção básicos dos dispositivos semicondutores. Na próxima seção, veremos que a "junção" de um único material do tipo *n* com um material do tipo *p* resultará em um elemento semicondutor de considerável importância em sistemas eletrônicos.

1.6 DIODO SEMICONDUTOR

Agora que tanto o material do tipo *n* quanto o do tipo *p* estão disponíveis, podemos construir nosso primeiro dispositivo eletrônico de estado sólido. O *diodo semicondutor*, cujas aplicações são numerosas demais para serem citadas, é criado pela simples junção de um material do tipo *n* com outro do tipo *p*, nada mais, apenas a união de um material com a maioria dos portadores elétrons a outro com a maioria dos portadores lacunas. A simplicidade básica da construção citada apenas reforça a importância do desenvolvimento desta era de estado sólido.

Sem polarização aplicada ($V = 0$ V)

No instante em que os dois materiais são "unidos", os elétrons e as lacunas na região da junção se combinam, resultando em uma falta de portadores livres na região próxima à junção, tal como mostrado na Figura 1.12(a). Observe, nessa figura, que as únicas partículas exibidas na região são os íons positivos e negativos restantes após os portadores livres terem sido absorvidos.

Essa região de íons positivos e negativos descobertos é chamada região de depleção devido ao "esgotamento" de portadores livres na região.

Se terminais forem ligados às extremidades de cada material, isso resultará em um *dispositivo de dois terminais*, como mostrado nas figuras 1.12(a) e (b). Três opções tornam-se disponíveis: *sem polarização*, *polarização direta* e *polarização reversa*. O termo *polarização* refere-se à aplicação de uma tensão externa através dos dois terminais do dispositivo para extrair uma resposta. A condição mostrada nas figuras 1.12(a) e (b) é a situação sem polarização, pois não há tensão externa aplicada. Trata-se simplesmente de um diodo com dois terminais isolados, deixado sobre uma bancada de laboratório. Na Figura 1.12(b), é fornecido o símbolo de um diodo semicondutor, para mostrar sua correspondência com a junção *p-n*. Em cada figura, é evidente que a tensão aplicada equivale a 0 V (sem polarização) e a corrente resultante é 0 A, bem semelhante a um resistor isolado. A ausência de uma tensão aplicada sobre um resistor resulta em corrente igual a zero através dele. Logo neste ponto inicial da discussão, é importante notar a polaridade da tensão aplicada ao diodo na Figura 1.12(b) e o sentido dado à corrente. Essas polaridades serão reconhecidas como as *polaridades definidas* para o diodo semicondutor. Se uma tensão aplicada ao diodo tiver a mesma polaridade que a indicada na Figura 1.12(b), ela será considerada positiva. Caso contrário, será uma tensão negativa. As mesmas normas podem ser aplicadas ao sentido definido da corrente na Figura 1.12(b).

Sob condições sem polarização, quaisquer portadores minoritários (lacunas) no material do tipo *n* que se encontrarem na região de depleção, por qualquer motivo que seja, passarão rapidamente para o material do tipo *p*. Quanto mais próximo o portador minoritário estiver da junção, maior será a atração para a camada de íons negativos e menor a oposição oferecida pelos íons positivos na região de depleção do material do tipo *n*. Concluiremos, portanto, para futuras discussões, que todos os portadores minoritários de material do tipo *n* que se encontrarem na região de depleção passarão diretamente para o material do tipo *p*. Esse fluxo de

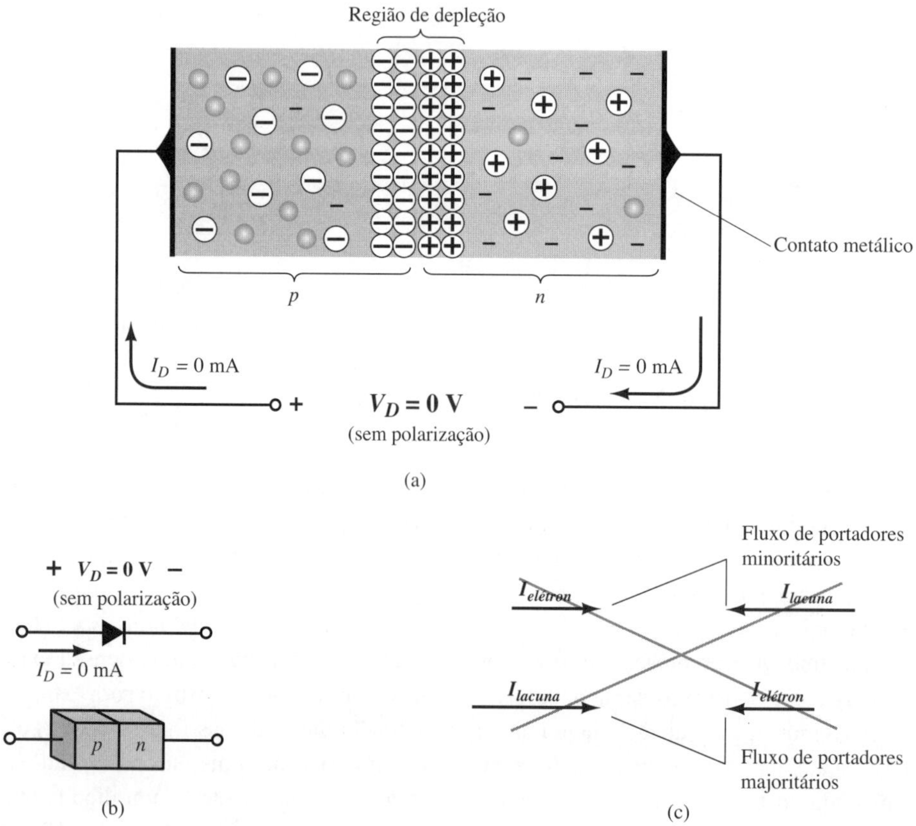

Figura 1.12 Junção *p-n* sem polarização externa: (a) distribuição interna de carga; (b) símbolo de diodo com a polaridade definida e o sentido da corrente; (c) demonstração de que o fluxo líquido de portadores é igual a zero no terminal externo do dispositivo quando $V_D = 0\ V$.

portadores está indicado na parte superior da Figura 1.12(c) para os portadores minoritários de cada material.

Os portadores majoritários (elétrons) do material do tipo *n* devem superar as forças de atração da camada de íons positivos no material do tipo *n* e o escudo de íons negativos no material do tipo *p* para migrar para a área situada além da região de depleção do material do tipo *p*. Entretanto, o número de portadores majoritários é tão grande no material do tipo *n* que invariavelmente haverá um pequeno número de portadores majoritários com energia cinética suficiente para atravessar a região de depleção e adentrar o material do tipo *p*. Novamente, o mesmo tipo de discussão é aplicável à maioria dos portadores (lacunas) do material do tipo *p*. O fluxo resultante dos portadores majoritários é mostrado na parte inferior da Figura 1.12(c).

Um exame atento da Figura 1.12(c) revelará que as magnitudes relativas dos vetores do fluxo são tais que o fluxo líquido em qualquer sentido equivale a zero. Esse cancelamento de vetores para cada tipo de fluxo do portador é indicado pelas linhas cruzadas. O comprimento do vetor que representa o fluxo de lacunas é mais alongado do que o do fluxo de elétrons, para demonstrar que as duas magnitudes não precisam ser as mesmas para haver cancelamento e que os níveis de dopagem de cada material podem resultar em um fluxo desigual de portadores de lacunas e elétrons. Em resumo, portanto:

> *Na ausência de uma polarização aplicada a um diodo semicondutor, o fluxo líquido de carga em um sentido é igual a zero.*

Em outras palavras, a corrente sob a condição sem polarização é igual a zero, como mostrado nas figuras 1.12(a) e (b).

Condição de polarização reversa ($V_D < 0$ V)

Se um potencial externo de *V* volts for aplicado à junção *p-n* de modo que o terminal positivo seja ligado ao material do tipo *n* e o terminal negativo ao material do tipo *p*, como mostrado na Figura 1.13, o número de íons positivos descoberto na região de depleção do material do tipo *n* aumentará devido ao grande número de elétrons livres atraídos para o potencial positivo da tensão aplicada. Por razões semelhantes, o número de íons negativos descoberto aumentará no material do tipo *p*. O efeito líquido, portanto, será um alargamento da região de depleção. Esse alargamento estabelecerá uma

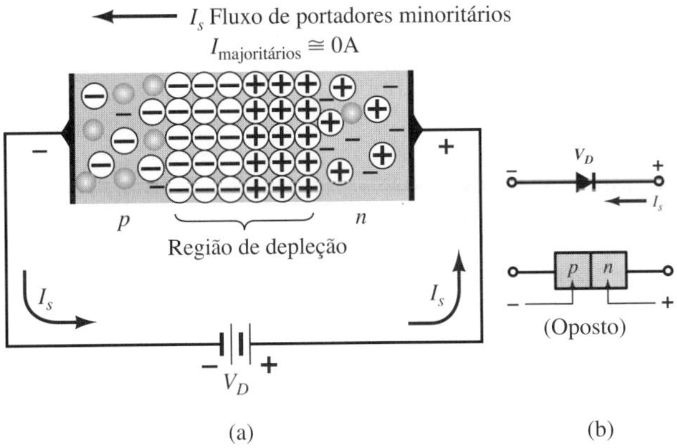

Figura 1.13 Junção *p-n* reversamente polarizada: (a) distribuição interna de cargas sob condição de polarização reversa; (b) polaridade de polarização reversa e sentido da corrente de saturação reversa.

barreira grande demais para ser superada pelos portadores majoritários, efetivamente reduzindo o fluxo deles a zero, como mostrado na Figura 1.13(a).

No entanto, o número de portadores minoritários que entram na região de depleção não mudará, resultando em vetores de fluxo de portadores minoritários da mesma magnitude que a indicada na Figura 1.12(c), sem tensão aplicada.

A corrente existente sob condição de polarização reversa é chamada de corrente de saturação reversa e representada por I_s.

A corrente de saturação reversa raramente tem mais do que alguns microampères e é comumente em nA, exceto para dispositivos de alta potência. O termo *saturação* vem do fato de que seu nível máximo é atingido rapidamente e não se altera significativamente com o aumento no potencial de polarização reversa, como indicado na curva característica do diodo da Figura 1.15 para $V_D < 0$ V. As condições de polarização reversa estão representadas na Figura 1.13(b) para o símbolo do diodo e a junção *p-n*. Observe, em particular, que o sentido de I_s é contrário ao da seta do símbolo. Note também que o lado negativo da tensão aplicada está conectado ao material do tipo *p* e o lado positivo ao material do tipo *n*, sendo que a diferença nas letras sublinhadas para cada região revela uma condição de polarização reversa.

Condição de polarização direta ($V_D > 0$ V)

A condição de *polarização direta* ou "ligada" (*on*) é estabelecida mediante a aplicação do potencial positivo ao material do tipo *p* e do potencial negativo ao material do tipo *n*, como mostrado na Figura 1.14.

A aplicação de um potencial de polarização direta V_D "forçará" os elétrons no material do tipo *n* e as lacunas no material do tipo *p* a se recombinarem com os íons próximos à fronteira e a reduzirem a largura da região de depleção, como mostrado na Figura 1.14(a). O fluxo resultante de portadores minoritários de elétrons do material do tipo *p* para o do tipo *n* (e das lacunas do material do tipo *n* para o do tipo *p*) não se alterou em magnitude (uma vez que o nível de condução é controlado principalmente pelo número limitado de impurezas no material), mas a redução na largura da região de depleção resultou em um intenso fluxo de majoritários através da junção. Um elétron do material do tipo *n* agora "vê" uma barreira reduzida na junção por causa da região de depleção reduzida e de uma forte atração para o potencial positivo aplicado ao material do tipo *p*. À medida que a tensão aplicada aumentar em magnitude, a região de depleção continuará a diminuir em largura até que uma torrente de elétrons possa passar

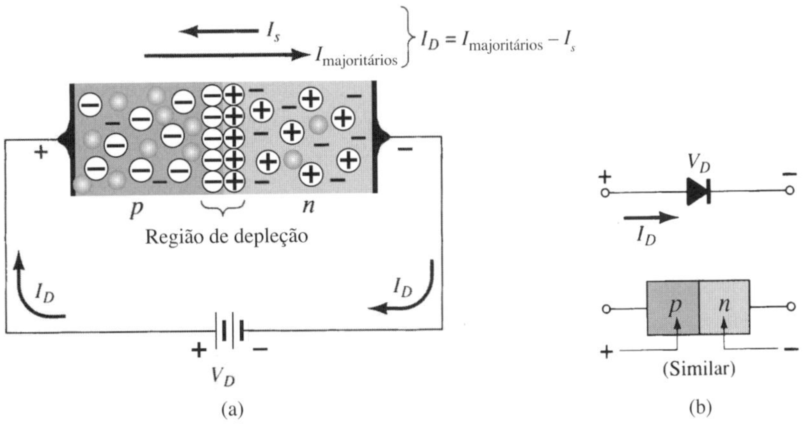

Figura 1.14 Junção *p-n* diretamente polarizada: (a) distribuição interna de cargas sob condição de polarização direta; (b) polaridade de polarização direta e sentido da corrente resultante.

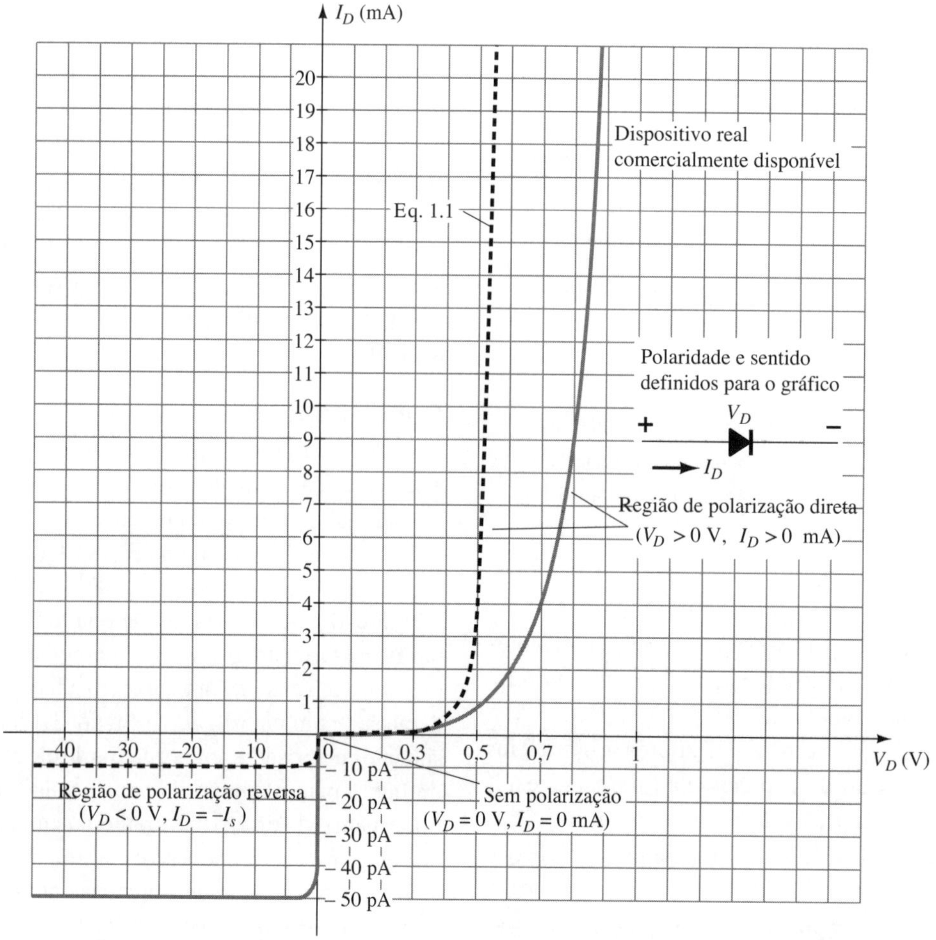

Figura 1.15 Curva característica do diodo semicondutor de silício.

através da junção, resultando em um aumento exponencial na corrente, como mostra a região de polarização direta na curva característica da Figura 1.15. Note que a escala vertical da Figura 1.15 é medida em miliampères (embora alguns diodos semicondutores tenham uma escala vertical medida em ampères) e que a escala horizontal na região de polarização direta tem, no máximo, 1 V. É comum, portanto, que a tensão através de um diodo em polarização direta seja inferior a 1 V. Observe também como a corrente sobe rapidamente após o "joelho" da curva.

É possível demonstrar por meio da física do estado sólido que as características gerais de um diodo semicondutor podem ser definidas pela seguinte equação, conhecida como equação de Shockley, para as regiões de polarização direta e reversa:

$$I_D = I_s(e^{V_D/nV_T} - 1) \quad \text{(A)} \qquad (1.2)$$

onde I_s é a corrente de saturação reversa

V_D é a tensão de polarização direta aplicada ao diodo

n é um fator de idealidade, que é função das condições de operação e construção física; tem intervalo entre 1 e 2, dependendo de uma grande variedade de fatores (n = 1 será usado ao longo deste livro, a menos que indicado de outra forma).

A tensão V_T na Equação 1.1 é chamada de *tensão térmica* e determinada por

$$V_T = \frac{kT_K}{q} \quad \text{(V)} \qquad (1.3)$$

onde k é a constante de Boltzmann = $1{,}38 \times 10^{-23}$ J/K

T_K é a temperatura absoluta em Kelvin = 273 + temperatura em °C

q é a magnitude da carga eletrônica = $1{,}6 \times 10^{-19}$ C

EXEMPLO 1.1

A uma temperatura de 27 °C (temperatura comum para componentes em um sistema operacional encapsulado), determine a tensão térmica V_T.

Solução:

Aplicando a Equação 1.3, obtemos

$$T = 273 + °C = 273 + 27 = 300\text{ K}$$

$$V_T = \frac{kT_K}{q} = \frac{(1{,}38 \times 10^{-23}\text{ J/K})(30\text{ K})}{1{,}6 \times 10^{-19}\text{ C}}$$

$$= 25{,}875\text{ mV} \cong 26\text{ mV}$$

A tensão térmica será um parâmetro importante na análise a seguir, neste capítulo e em outros, mais adiante.

Inicialmente, a Equação 1.2, com todas as suas quantidades definidas, pode parecer um tanto complexa, mas ela não será amplamente utilizada na análise a seguir. Neste ponto, é importante apenas compreender de onde se origina a curva característica do diodo e quais fatores afetam sua forma.

Um gráfico da Equação 1.2 com $I_s = 10$ pA é mostrado na Figura 1.15 em forma de linha tracejada. Se expandirmos essa equação para a forma a seguir, o componente que contribui para cada região da Figura 1.15 poderá ser descrito com mais clareza:

$$I_D = I_s e^{V_D/nV_T} - I_s$$

Para valores positivos de V_D, o primeiro termo da equação anterior crescerá muito rapidamente e suplantará por completo o efeito do segundo termo. Disso resulta a seguinte equação, que só possui valores positivos e assume o formato exponencial e^x, que aparece na Figura 1.16:

$$I_D \cong I_s e^{V_D/nV_T} \qquad (V_D \text{ positivo})$$

A curva exponencial da Figura 1.16 aumenta muito rapidamente com valores crescentes de x. Em $x = 0$, $e^0 = 1$, enquanto em $x = 5$, ela salta para valores acima de 148. Se prosseguirmos até $x = 10$, a curva saltará para valores acima de 22.000. Claramente, portanto, à medida que o valor de x aumenta, a curva torna-se quase vertical, uma conclusão importante a se ter em mente quando examinamos a mudança na corrente com valores crescentes de tensão aplicada.

Para valores negativos de V_D, o termo exponencial cai muito rapidamente abaixo do nível de I e a equação resultante para I_D é simplesmente

$$I_D \cong -I_s \qquad (V_D \text{ negativo})$$

Na Figura 1.15, observe que, para valores negativos de V_D, a corrente é essencialmente horizontal no nível de $-I_s$.

Em $V = 0$ V, a Equação 1.2 torna-se

$$I_D = I_s(e^0 - 1) = I_s(1 - 1) = 0\text{ mA}$$

tal como confirmado pela Figura 1.15.

A mudança brusca no sentido da curva em $V_D = 0$ V deve-se simplesmente à alteração nas escalas de corrente de "acima do eixo" para "abaixo do eixo". Note que acima do eixo a escala está em miliampères (mA) e, abaixo do eixo, em picoampères (pA).

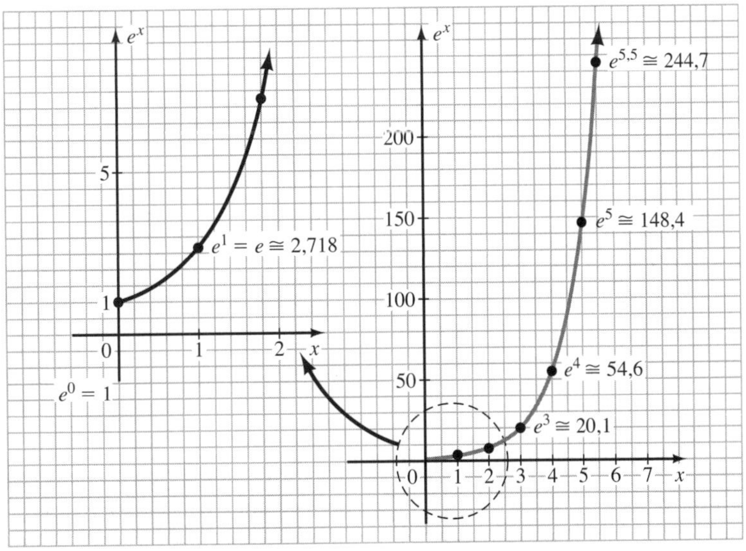

Figura 1.16 Gráfico de e^x.

Teoricamente, em condições perfeitas, a curva característica de um diodo de silício deve aparecer como mostrado pela linha tracejada da Figura 1.15. No entanto, os diodos de silício comercialmente disponíveis desviam-se do ideal por várias razões, como a resistência interna do "corpo" e a resistência externa de "contato" de um diodo. Cada uma contribui com uma tensão adicional para o mesmo nível de corrente, como determina a lei de Ohm, causando o deslocamento para a direita observado na Figura 1.15.

A mudança nas escalas de corrente entre as regiões superior e inferior do gráfico foi observada anteriormente. Para a tensão V_D, também se verifica uma alteração mensurável na escala entre os lados direito e esquerdo do gráfico. Para valores positivos de V_D, a escala é em décimos de volts, enquanto para a região negativa é em dezenas de volts.

Na Figura 1.14(b), é importante notar como:

O sentido definido da corrente convencional para a região de tensão positiva corresponde à ponta da seta no símbolo do diodo.

Isso sempre ocorrerá no caso de um diodo em polarização direta. Também pode ser útil notar que a condição de polarização direta é estabelecida quando a barra que representa o lado negativo da tensão aplicada corresponde ao lado do símbolo com a barra vertical.

Retrocedendo um pouco mais até a Figura 1.14(b), constatamos que uma condição de polarização direta é estabelecida por meio de uma junção *p-n* quando o lado positivo da tensão aplicada é ligado ao material do tipo *p* (observando-se a correspondência na letra *p*) e o lado negativo da tensão aplicada é ligado ao material do tipo *n* (observando-se a mesma correspondência).

É particularmente interessante notar que a corrente de saturação reversa de um diodo comercialmente disponível é significativamente maior do que a de I_s na equação de Shockley. Na verdade,

a corrente de saturação reversa real de um diodo comercialmente disponível costuma ser mensuravelmente maior do que aquela que aparece como a corrente de saturação reversa na equação de Shockley.

Esse aumento de nível tem origem em uma grande variedade de fatores, entre os quais:

- **Correntes de fuga.**
- **Geração de portadores na região de depleção.**
- **Níveis mais elevados de dopagem**, que resultam em níveis mais elevados de corrente reversa.
- **Sensibilidade ao nível intrínseco dos portadores** nos materiais componentes por um fator quadrático — dobra-se o nível intrínseco, e a contribuição para a corrente reversa poderia aumentar por um fator de quatro.
- **Relação direta com a área de junção** — dobra-se a área de junção, e a contribuição para a corrente reversa poderia duplicar. Dispositivos de alta potência com áreas mais amplas de junção costumam apresentar níveis bem mais elevados de corrente reversa.
- **Sensibilidade à temperatura** — para cada aumento de 5 °C na temperatura, o nível de corrente de saturação reversa na Equação 1.2 duplicará, enquanto um aumento de 10 °C na temperatura resultará na duplicação da corrente reversa real de um diodo.

Observe o uso anterior dos termos "corrente de saturação reversa" e "corrente reversa". O primeiro deve-se simplesmente à física da situação, ao passo que o segundo inclui todos os demais efeitos que sejam capazes de aumentar o nível de corrente.

Veremos, nas discussões a seguir, que a situação ideal é que I_s seja equivalente a 0 A na região de polarização reversa. O fato de estar normalmente na faixa de valores de 0,01 pA a 10 pA nos dias de hoje, em comparação com a de 0,1 μA a 1 μA algumas décadas atrás, pode ser creditado ao aperfeiçoamento dos processos de fabricação. Comparando o valor comum de 1 nA com o nível de 1 μA de anos anteriores, constatamos um fator de melhoria de 1.000.

Região de ruptura

Embora a escala da Figura 1.15 esteja em dezenas de volts na região negativa, há um ponto em que a aplicação de uma tensão suficientemente negativa (polarização reversa) resultará em uma mudança brusca na curva característica, como mostrado na Figura 1.17. A corrente aumenta a uma taxa muito rápida em um sentido oposto ao da região de tensão positiva. O potencial de polarização reversa que resulta nessa mudança radical na curva característica é conhecido como *potencial de ruptura* e representado pelo símbolo V_{BV}.

À medida que a tensão através do diodo aumenta na região de polarização reversa, a velocidade dos portadores minoritários responsáveis pela corrente de saturação reversa I_s também aumentará. Eventualmente, sua velocidade e energia cinética associada ($W_K = \frac{1}{2}mv^2$) serão suficientes para liberar portadores adicionais por meio de colisões com outras estruturas atômicas estáveis. Isto é, um processo de *ionização* fará com que elétrons de valência absorvam energia suficiente para deixar o átomo de origem. Esses portadores adicionais poderão, então, auxiliar no processo de ionização até que se estabeleça uma alta corrente de *avalanche* e que se determine a região de *ruptura por avalanche.*

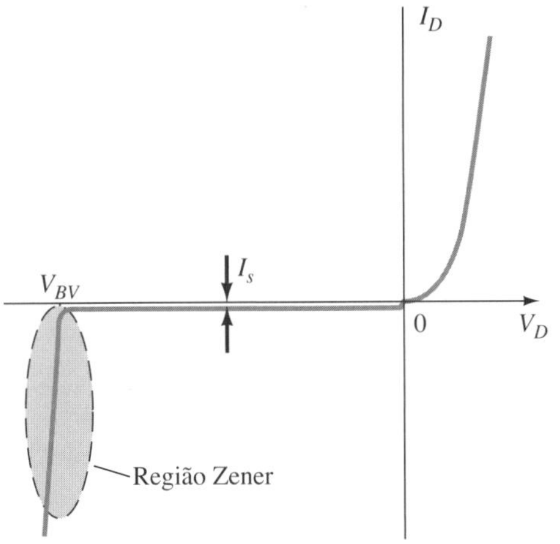

Figura 1.17 Região de ruptura.

A região de avalanche (V_{BV}) pode ser aproximada do eixo vertical aumentando-se os níveis de dopagem nos materiais dos tipos *p* e *n*. Entretanto, à medida que V_{BV} cai a níveis muito baixos, como –5 V, outro mecanismo, chamado *ruptura Zener*, contribuirá para uma alteração brusca na curva característica. Isso ocorre porque existe um forte campo elétrico na região da junção que pode perturbar as forças de ligação no interior do átomo e "gerar" portadores. Embora o mecanismo de ruptura Zener seja um elemento importante apenas em níveis mais baixos de V_{BV}, essa mudança acentuada na curva característica em qualquer nível é conhecida como *região Zener*, e os diodos que empregam apenas essa porção da curva de uma junção *p-n* são chamados de *diodos Zener*. Eles são descritos detalhadamente na Seção 1.15.

A região de ruptura do diodo semicondutor descrita deverá ser evitada caso a intenção não seja a de alterar completamente a resposta de um sistema pela mudança brusca das características nessa região de tensão reversa.

O potencial máximo de polarização reversa que pode ser aplicado antes da entrada na região de ruptura é chamado de tensão de pico inversa (ou simplesmente PIV, do inglês Peak Inverse Voltage) ou tensão de pico reversa (PRV, do inglês Peak Reverse Voltage).

Se uma aplicação exigir uma PIV maior do que a de um único dispositivo, alguns diodos com características semelhantes podem ser conectados em série. Diodos também são conectados em paralelo para aumentar a capacidade de fluxo de corrente.

De modo geral, a tensão de ruptura de diodos de GaAs é cerca de 10% maior do que a de diodos de silício, porém mais de 200% maior do que os níveis de diodos de Ge.

Ge, Si e GaAs

Até aqui, usamos exclusivamente o Si como material semicondutor de base. Agora, é importante compará-lo com outros dois materiais relevantes: GaAs e Ge. Um gráfico comparando as características de diodos de Si, GaAs e Ge é fornecido na Figura 1.18. As curvas não são simplesmente representações gráficas da Equação 1.2, mas a resposta real de unidades comercialmente disponíveis. A corrente reversa total é mostrada, e não apenas a corrente de saturação reversa. Fica imediatamente evidente que o ponto de elevação vertical nas características é diferente para cada material, embora a forma geral de cada uma delas seja muito semelhante. O germânio está mais próximo do eixo vertical e o GaAs, mais distante. Como se observa nas curvas, o centro do joelho (*knee* em inglês, daí o *K* ser a notação de V_K) da curva é de aproximadamente 0,3 V para Ge, 0,7 V para Si e 1,2 V para GaAs (Tabela 1.3).

A forma da curva na região de polarização reversa também é muito semelhante para cada material, mas deve-se observar a diferença mensurável nas magnitudes das correntes mais comuns de saturação reversa. Para o GaAs, a corrente de saturação reversa costuma ser de cerca de 1 pA, em comparação com 10 pA para Si e 1 μA para Ge, uma diferença significativa de níveis.

Além disso, deve-se observar as magnitudes relativas das tensões reversas de ruptura de cada material. Normalmente, o GaAs atinge níveis máximos de ruptura que excedem os dos dispositivos de Si com o mesmo nível de potência em, aproximadamente, 10%, com ambas as tensões de ruptura estendendo-se entre 50 V e 1 kV. Há diodos de potência de Si com tensões de ruptura que chegam a 20 kV. O germânio costuma ter tensões de ruptura inferiores a 100 V, com máximas em torno de 400 V. As curvas da Figura 1.18 são concebidas simplesmente para refletir tensões de ruptura relativas para os três materiais. Quando se analisam os níveis de correntes de saturação reversa e tensões de ruptura, o Ge certamente desponta como aquele que tem o mínimo de características desejáveis.

Um fator que não aparece na Figura 1.18 é a velocidade de funcionamento de cada material — um dado importante no mercado atual. O fator de mobilidade de elétrons de cada material é fornecido na Tabela 1.4, que dá uma indicação da rapidez com que os portado-

Tabela 1.3 Tensões de joelho V_K.

Semicondutor	V_K(V)
Ge	0,3
Si	0,7
GaAs	1,2

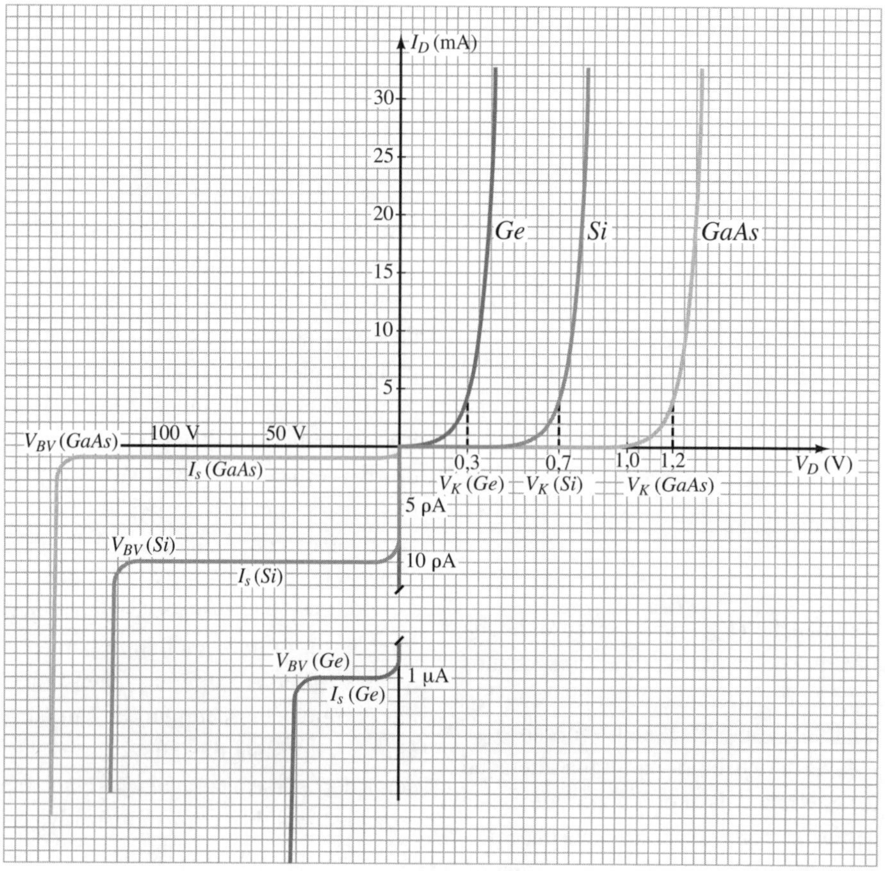

Figura 1.18 Comparação de diodos comerciais de Ge, Si e GaAs.

Tabela 1.4 Mobilidade do elétron μ_n.

Semicondutor	μ_n(cm^2/V·s)
Ge	3900
Si	1500
GaAs	8500

res podem progredir através do material e, portanto, a velocidade de funcionamento de qualquer dispositivo feito com os materiais. Como era de se esperar, o GaAs destaca-se com um fator de mobilidade mais de cinco vezes maior que o do silício e duas vezes maior que o do germânio. Por isso, GaAs e Ge são utilizados com frequência em aplicações de alta velocidade. No entanto, por meio de um projeto adequado, um controle cuidadoso dos níveis de dopagem e assim por diante, o silício também é encontrado em sistemas que operam na faixa dos gigahertz. A pesquisa moderna também analisa compostos dos grupos III a V com fatores de mobilidade ainda mais elevados para garantir que a indústria possa atender às demandas de futuros requisitos de alta velocidade.

EXEMPLO 1.2

Utilizando as curvas da Figura 1.18:

a) Determine a tensão através de cada diodo para uma corrente de 1 mA.
b) Faça o mesmo para uma corrente de 4 mA.
c) Faça o mesmo para uma corrente de 30 mA.
d) Determine o valor médio da tensão do diodo para a faixa de correntes listadas anteriormente.
e) Como os valores médios se comparam com as tensões de joelho listadas na Tabela 1.3?

Solução:

a) V_D(Ge) = 0,2 V, V_D(Si) = 0,6 V, V_D(GaAs) = 1,1 V
b) V_D(Ge) = 0,3 V, V_D(Si) = 0,7 V, V_D(GaAs) = 1,2 V
c) V_D(Ge) = 0,42 V, V_D(Si) = 0,82 V, V_D(GaAs) = 1,33 V
d) Ge: $V_{\text{méd}}$ = (0,2 V + 0,3 V + 0,42 V)/3 = 0,307 V
Si: $V_{\text{méd}}$ = (0,6 V + 0,7 V + 0,82 V)/3 = 0,707 V
GaAs: $V_{\text{méd}}$ = (1,1 V + 1,2 V + 1,33 V)/3 = 1,21 V
e) Correspondência muito próxima. Ge: 0,307 V *vs.* 0,3 V, Si: 0,707 V *vs.* 0,7 V, GaAs: 1,21 V *vs.* 1,2 V.

Efeitos da temperatura

A temperatura pode ter um efeito marcante sobre as características de um diodo semicondutor, como demonstrado pelas curvas características de um diodo de silício mostradas na Figura 1.19:

Na região de polarização direta, a curva característica de um diodo de silício desvia-se para a esquerda a uma taxa de 2,5 mV por aumento de grau centígrado na temperatura.

Um aumento da temperatura ambiente (20 °C) para 100 °C (o ponto de ebulição da água) resulta em uma queda de 80(2,5 mV) = 200 mV, ou 0,2 V, o que é significativo em um gráfico dimensionado em décimos de volts. Uma queda na temperatura tem o efeito inverso, como também é mostrado na figura.

Na região de polarização reversa, a corrente reversa de um diodo de silício dobra a cada elevação de 10 °C na temperatura.

Em uma mudança de 20 °C para 100 °C, o nível de I_s aumenta de 10 nA até um valor de 2,56 μA, o que representa um significativo aumento de 256 vezes. Prosseguir até 200 °C resultaria em uma monstruosa corrente de saturação reversa de 2,62 mA. Para aplicações de alta temperatura, deve-se, portanto, buscar diodos de Si com I_s à temperatura ambiente mais próxima de 10 pA, um nível comumente disponível hoje em dia, o que limitaria a corrente a 2,62 μA. É realmente uma sorte que tanto o Si quanto o GaAs tenham correntes de saturação reversa relativamente pequenas à temperatura ambiente. Existem dispositivos de GaAs que funcionam muito bem na faixa de temperatura de –200 °C a +200 °C, em alguns casos atingindo temperaturas máximas que se aproximam de 400 °C. Pense, por um momento, como seria grande a corrente de saturação reversa se começássemos com um diodo de Ge com uma saturação de corrente de 1 μA e aplicássemos o mesmo fator de duplicação.

Por fim, é importante deduzir da Figura 1.19 que:

A tensão de ruptura reversa de um diodo semicondutor aumentará ou diminuirá em função da temperatura.

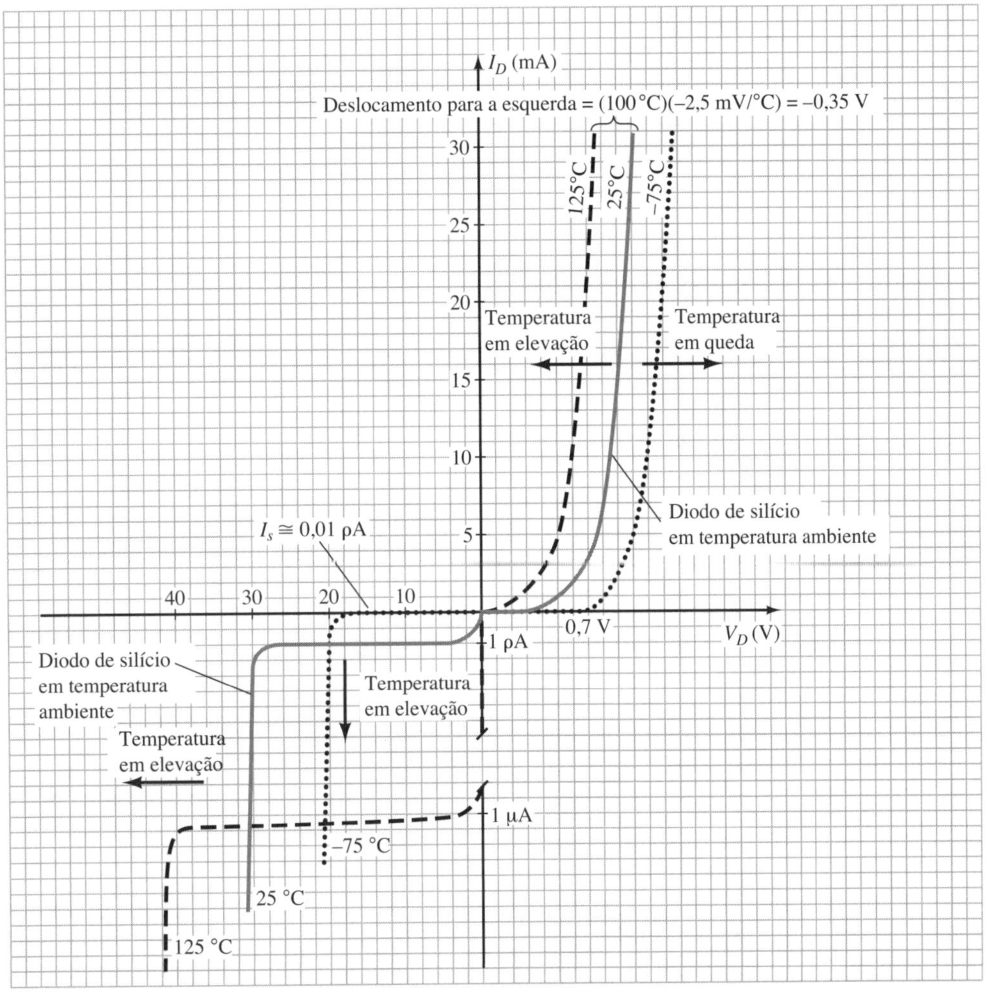

Figura 1.19 Variação nas características de um diodo de Si em função da variação de temperatura.

No entanto, se a tensão de ruptura inicial for inferior a 5 V, a tensão de ruptura pode diminuir com a temperatura. A sensibilidade do potencial de ruptura a variações de temperatura será examinada em profundidade na Seção 1.15.

Resumo

Muito foi apresentado até aqui sobre a construção de um diodo semicondutor e os materiais empregados para isso. Foram explicadas as características e as diferenças importantes entre as respostas dos materiais discutidos. Chegou o momento de comparar a resposta da junção *p-n* com a resposta desejada e revelar as principais funções de um diodo semicondutor.

A Tabela 1.5 apresenta uma sinopse dos três materiais semicondutores mais utilizados. A Figura 1.20 inclui uma breve biografia do primeiro cientista a descobrir a junção *p-n* em um material semicondutor.

Figura 1.20 Russell Ohl (1898-1987), norte-americano. (Allentown, PA; Holmdel, NJ; Vista, CA) Army Signal Corps, Universidade do Colorado, Westinghouse, AT & T, Bell Labs Fellow, Institute of Radio Engineers — 1955 (Cortesia do AT&T Archives History Center.)

Embora os tubos de vácuo fossem utilizados em todas as formas de comunicação na década de 30, Russell Ohl estava determinado a demonstrar que o futuro do campo seria definido por cristais semicondutores. Não havia germânio disponível de imediato para sua pesquisa, por isso ele recorreu ao silício e encontrou um modo de aumentar seu nível de pureza para 99,8%, o que lhe rendeu uma patente. A efetiva descoberta da junção *p-n*, como muitas vezes acontece na investigação científica, resultou de um conjunto de circunstâncias não planejadas. Em 23 de fevereiro de 1940, Ohl descobriu que um cristal de silício com uma rachadura no meio produziria um aumento significativo na corrente quando colocado próximo a uma fonte de luz. Essa descoberta levou a mais pesquisas, as quais revelaram que os níveis de pureza de cada lado da rachadura eram diferentes e que uma barreira formada na junção permitia a passagem da corrente em um único sentido — o primeiro diodo em estado sólido era, assim, identificado e explicado. Além disso, essa sensibilidade à luz foi o início do desenvolvimento de células solares. Os resultados foram muito úteis ao desenvolvimento do transistor, em 1945, por três indivíduos que também trabalhavam na Bell Labs.

Tabela 1.5 Uso comercial atual de Ge, Si e GaAs.

Ge	O germânio tem produção limitada devido à sua sensibilidade à temperatura e à alta corrente de saturação reversa. Ainda está disponível comercialmente, mas limitado a algumas aplicações de alta velocidade (graças a um fator de mobilidade relativamente elevado) e a outras que usam sua sensibilidade à luz e ao calor, como fotodetectores e sistemas de segurança.
Si	Sem dúvida, o semicondutor mais utilizado para toda a gama de dispositivos eletrônicos. Tem a vantagem da pronta disponibilidade a um baixo custo e de uma corrente de saturação reversa relativamente baixa, além de características de temperatura adequada e excelentes níveis de tensão de ruptura. Também se beneficia de décadas de enorme atenção à concepção de circuitos integrados de grande escala e de tecnologia de processamento.
GaAs	Desde o início da década de 90, o interesse em GaAs vem crescendo a passos largos e acabará abarcando uma boa parcela do desenvolvimento dedicado aos dispositivos de silício, especialmente em circuitos integrados de grande escala. Suas características de alta velocidade têm maior demanda a cada dia, sem falar nos recursos adicionais de baixas correntes de saturação reversa, excelente sensibilidade à temperatura e elevadas tensões de ruptura. Mais de 80% de suas aplicações concentram-se na optoeletrônica, com o desenvolvimento de diodos emissores de luz, células solares e outros dispositivos fotodetectores, mas isso provavelmente mudará drasticamente à medida que seus custos de fabricação caírem e sua utilização em projetos de circuito integrado continuar a crescer. Talvez seja o material semicondutor do futuro.

1.7 O IDEAL *VERSUS* O PRÁTICO

Na seção anterior, verificamos que a junção *p-n* permitirá um fluxo generoso de carga quando em polarização direta e um nível muito reduzido de corrente quando em polarização reversa. Ambas as condições são examinadas na Figura 1.21, com o pesado vetor da corrente na Figura 1.21(a) correspondendo ao sentido da seta no símbolo do diodo e o vetor significativamente menor no sentido oposto, na Figura 1.21(b), representando a corrente de saturação reversa.

Uma analogia frequentemente usada para descrever o comportamento de um diodo semicondutor é a chave mecânica. Na Figura 1.21(a), o diodo atua como uma chave fechada, permitindo um fluxo generoso de carga no sentido indicado. Na Figura 1.21(b), o nível de corrente é tão pequeno na maioria dos casos que pode ser aproximado a 0 A e representado por uma chave aberta.

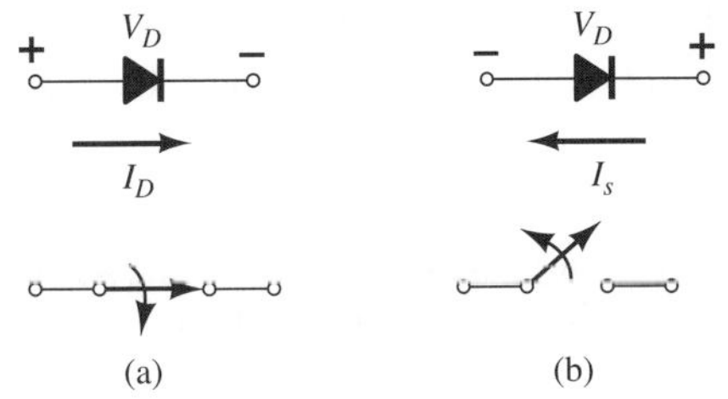

Figura 1.21 Diodo semicondutor ideal: (a) em polarização direta; (b) em polarização reversa.

Em outras palavras:

O diodo semicondutor comporta-se de maneira semelhante a uma chave mecânica na medida em que pode controlar se uma corrente fluirá entre seus dois terminais.

No entanto, também é importante estar ciente de que:

O diodo semicondutor é diferente de uma chave mecânica porque, quando o chaveamento for fechado, permitirá somente que a corrente flua em um sentido.

Teoricamente, se o diodo semicondutor deve se comportar como uma chave fechada na região de polarização direta, a resistência do diodo deve ser de 0 Ω. Na região de polarização reversa, sua resistência deve ser de ∞Ω para representar o equivalente de circuito aberto. Tais níveis de resistência nas regiões de polarização direta e reversa resultam nas características da Figura 1.22.

As características foram sobrepostas para comparar um diodo de Si ideal a um diodo de Si real. As primeiras impressões podem sugerir que o dispositivo comercial seja uma representação insatisfatória da chave ideal. Contudo, quando se considera que a única grande diferença é que o diodo comercial sobe a um nível de 0,7 V em vez de 0 V, observam-se inúmeras semelhanças entre os dois gráficos.

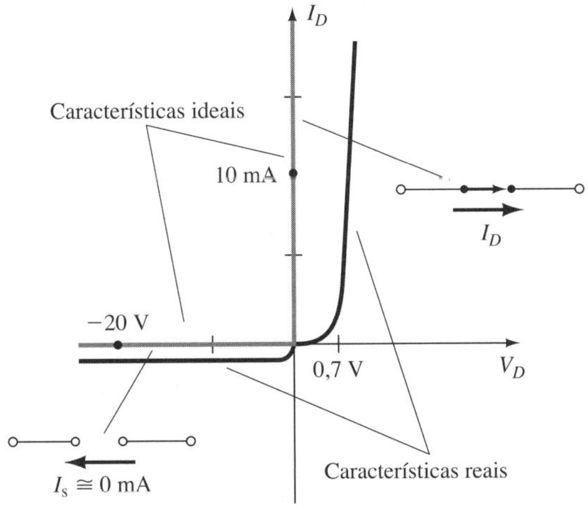

Figura 1.22 Características ideais *versus* características reais de semicondutores.

Quando uma chave é fechada, assume-se que a resistência entre os contatos seja igual a 0 Ω. No ponto escolhido sobre o eixo vertical, a corrente do diodo é de 5 mA e a tensão através do diodo, 0 V. A aplicação da lei de Ohm resulta em

$$R_F = \frac{V_D}{I_D} = \frac{0\text{ V}}{5\text{ mA}} = \mathbf{0\ \Omega}$$

(equivalente a curto-circuito)

Na realidade:

Em qualquer nível de corrente na linha vertical, a tensão através do diodo ideal é de 0 V e a resistência, 0 Ω.

Para a seção horizontal, se aplicarmos novamente a lei de Ohm, encontramos

$$R_R = \frac{V_D}{I_D} = \frac{20\text{ V}}{0\text{ mA}} \cong \infty\,\Omega$$

(equivalente a circuito aberto)

Novamente:

Visto que a corrente equivale a 0 mA em qualquer ponto da linha horizontal, considera-se que a resistência seja infinita (circuito aberto) em qualquer ponto do eixo.

Por conta da forma e localização da curva do dispositivo comercial na região de polarização direta, haverá uma resistência associada ao diodo maior que 0 Ω. Por outro lado, se essa resistência for suficientemente pequena em comparação com outros resistores da rede em série com o diodo, geralmente é uma boa estimativa simplesmente assumir que a resistência do dispositivo comercial equivale a 0 Ω. Na região de polarização reversa, se assumirmos que a corrente de saturação reversa é tão pequena que pode ser estimada em 0 mA, teremos a mesma equivalência de circuito aberto fornecida pela chave aberta.

Logo, o resultado é que há semelhanças suficientes entre a chave ideal e o diodo semicondutor para torná-lo um dispositivo eletrônico eficaz. Na seção seguinte, vários importantes níveis de resistência serão determinados para uso no capítulo seguinte, no qual examinaremos a resposta de diodos em uma rede real.

1.8 NÍVEIS DE RESISTÊNCIA

À medida que o ponto de operação de um diodo se move de uma região para outra, a resistência do diodo também mudará devido à forma não linear da curva característica. Será demonstrado a seguir que o tipo de tensão ou sinal aplicados definirá o nível de resistência de interesse. Nesta seção, serão apresentados três níveis, os quais aparecerão novamente ao examinarmos outros dispositivos. Por isso, é fundamental que sua determinação seja claramente entendida.

Resistência CC ou estática

A aplicação de uma tensão CC a um circuito que contenha um diodo semicondutor resultará em um ponto de operação na curva característica que não mudará com o tempo. A resistência do diodo no ponto de operação pode ser encontrada simplesmente pela determinação dos níveis correspondentes de V_D e I_D, como mostrado na Figura 1.23, e pela aplicação desta equação:

$$R_D = \frac{V_D}{I_D} \tag{1.4}$$

Os níveis de resistência CC no joelho e abaixo dele serão maiores do que os obtidos para o trecho vertical da curva característica. Os níveis de resistência na região de polarização reversa serão, naturalmente, muito elevados. Uma vez que os ohmímetros costumam empregar uma fonte de corrente relativamente constante, a resistência será determinada a partir de um nível predefinido de corrente (normalmente, alguns miliampères).

De modo geral, portanto, quanto maior a corrente que passa através de um diodo, menor o nível de resistência CC.

Tipicamente, a resistência CC de um diodo ativo (mais utilizado) variará entre cerca de 10 e 80 Ω.

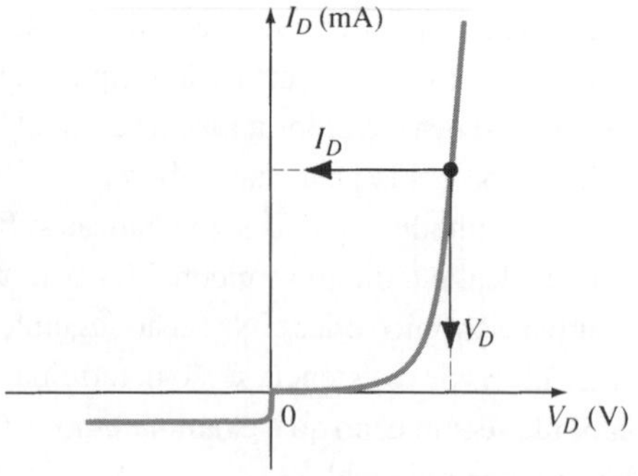

Figura 1.23 Determinação da resistência CC de um diodo em um ponto de operação específico.

EXEMPLO 1.3

Determine os níveis de resistência CC do diodo da Figura 1.24 em

a) $I_D = 2$ mA (nível baixo)
b) $I_D = 20$ mA (nível alto)
c) $V_D = -10$ V (polarização reversa)

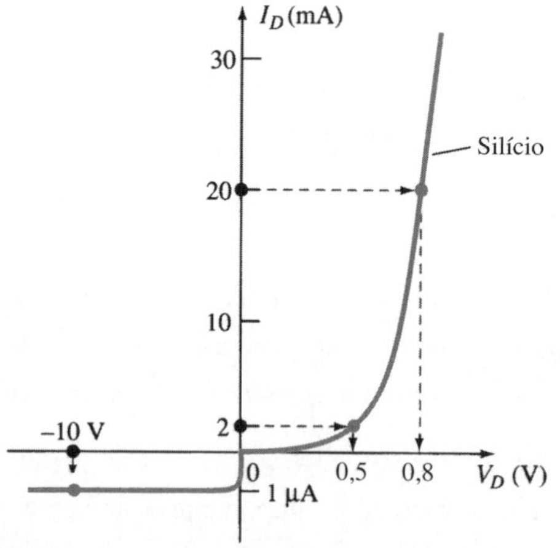

Figura 1.24 Exemplo 1.3.

Solução:

a) Em $I_D = 2$ mA, $V_D = 0{,}5$ V (da curva) e

$$R_D = \frac{V_D}{I_D} = \frac{0{,}5\text{ V}}{2\text{ mA}} = \mathbf{250\ \Omega}$$

b) Em $I_D = 20$ mA, $V_D = 0{,}8$ V (da curva) e

$$R_D = \frac{V_D}{I_D} = \frac{0{,}8\text{ V}}{20\text{ mA}} = \mathbf{40\ \Omega}$$

c) Em $V_D = -10$ V, $I_D = -I_s = -1\ \mu$A (da curva) e

$$R_D = \frac{V_D}{I_D} = \frac{10\text{ V}}{1\ \mu\text{A}} = \mathbf{10\ M\Omega}$$

claramente sustentando alguns dos comentários anteriores sobre os níveis de resistência CC de um diodo.

Resistência CA ou dinâmica

A Equação 1.4 e o Exemplo 1.3 revelam que

a resistência CC de um diodo independe da forma da curva característica na região que circunda o ponto de interesse.

Se for aplicada uma entrada senoidal, em vez de uma entrada CC, a situação mudará completamente. A entrada variável moverá o ponto de operação instantâneo para cima e para baixo em uma região da curva característica e, assim, definirá uma alteração específica em corrente e tensão, como mostrado na Figura 1.25. Sem nenhum sinal variável aplicado, o ponto de operação seria o ponto *Q* que aparece na Figura 1.25, determinado pelos níveis CC aplicados. A designação de *ponto Q* deriva da palavra *quiescente*, que significa "estacionário ou invariável".

Uma linha reta traçada tangente à curva através do ponto *Q*, como mostrado na Figura 1.26, definirá uma mudança específica em tensão e corrente que pode ser usada para determinar a resistência *CA* ou *dinâmica* para essa região da curva característica do diodo. Deve-se fazer um esforço para manter a mudança em tensão e corrente tão pequena quanto possível e equidistante de cada lado do ponto *Q*. Em forma de equação,

$$r_d = \frac{\Delta V_d}{\Delta I_d} \tag{1.5}$$

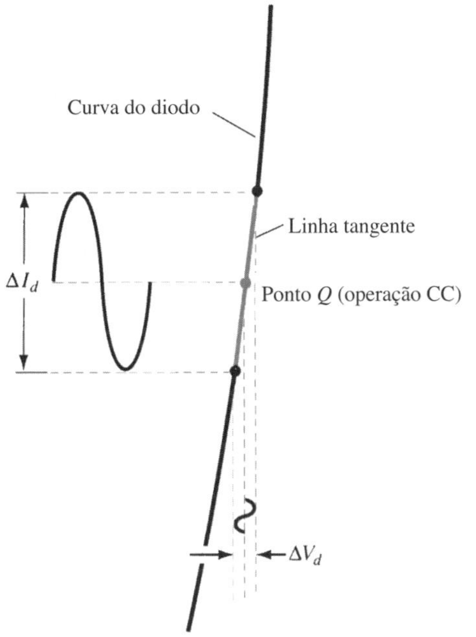

Figura 1.25 Definição da resistência dinâmica ou resistência CA.

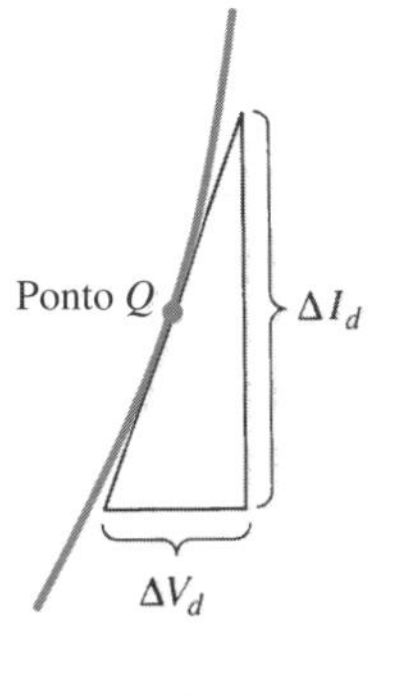

Figura 1.26 Determinação da resistência CA em um ponto *Q*.

onde Δ significa uma variação limitada da grandeza.

Quanto mais vertical a inclinação, menor o valor de ΔV_d para a mesma variação em ΔI_d e menor a resistência. A resistência CA na região de elevação vertical da curva característica é, portanto, bem pequena, enquanto a resistência CA é muito mais alta em baixos níveis de corrente.

De modo geral, portanto, quanto menor o ponto Q de operação (corrente menor ou tensão inferior), maior a resistência CA.

EXEMPLO 1.4

Para a curva característica da Figura 1.27:

a) Determine a resistência CA em $I_D = 2$ mA.
b) Determine a resistência CA em $I_D = 25$ mA.
c) Compare os resultados das partes (a) e (b) para as resistências CC em cada nível de corrente.

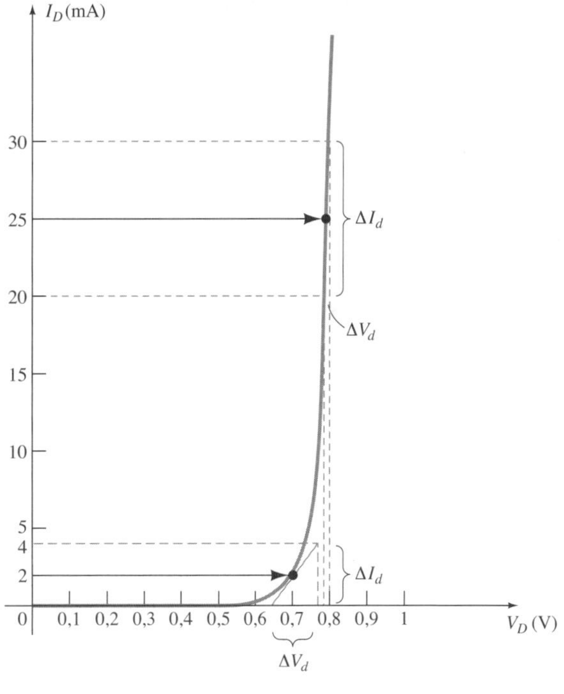

Figura 1.27 Exemplo 1.4.

Solução:

a) Para $I_D = 2$ mA, a linha tangente em $I_D = 2$ mA foi traçada como mostrado na Figura 1.27 e foi escolhida uma amplitude de 2 mA acima e abaixo da corrente do diodo especificada. Em $I_D = 4$ mA, $V_D = 0{,}76$ V; em $I_D = 0$ mA, $V_D = 0{,}65$ V. As variações resultantes em corrente e tensão são, respectivamente,

$$\Delta I_d = 4\text{ mA} - 0\text{ mA} = 4\text{ mA}$$

e

$$\Delta V_d = 0{,}76\text{ V} - 0{,}65\text{ V} = 0{,}11\text{ V}$$

e a resistência CA é

$$r_d = \frac{\Delta V_d}{\Delta I_d} = \frac{0{,}11\ \text{V}}{4\ \text{mA}} = \mathbf{27{,}5\ \Omega}$$

b) Para $I_D = 25$ mA, a linha tangente em $I_D = 25$ mA foi traçada como mostrado na Figura 1.27 e foi escolhida uma amplitude de 5 mA acima e abaixo da corrente de diodo especificada. Em $I_D = 30$ mA, $V_D = 0{,}8$ V; em $I_D = 20$ mA, $V_D = 0{,}78$ V. As variações resultantes em corrente e tensão são, respectivamente,

$$\Delta I_d = 30\ \text{mA} - 20\ \text{mA} = 10\ \text{mA}$$

e

$$\Delta V_d = 0{,}8\ \text{V} - 0{,}78\ \text{V} = 0{,}02\ \text{V}$$

e a resistência CA é

$$r_d = \frac{\Delta V_d}{\Delta I_d} = \frac{0{,}02\ \text{V}}{10\ \text{mA}} = \mathbf{2\ \Omega}$$

c) Para $I_D = 2$ mA, $V_D = 0{,}7$ V e

$$R_D = \frac{V_D}{I_D} = \frac{0{,}7\ \text{V}}{2\ \text{mA}} = \mathbf{350\ \Omega}$$

o que excede em muito o r_d de 27,5 Ω.
Para $I_D = 25$ mA, $V_D = 0{,}79$ V e

$$R_D = \frac{V_D}{I_D} = \frac{0{,}79\ \text{V}}{25\ \text{mA}} = \mathbf{31{,}62\ \Omega}$$

o que excede em muito o r_d de 2 Ω.

Descobrimos a resistência dinâmica graficamente, mas há uma definição básica em cálculo diferencial que afirma:

A derivada de uma função em um ponto é igual à inclinação da linha tangente traçada nesse ponto.

Assim, a Equação 1.5 definida pela Figura 1.26 é essencialmente a determinação da derivada da função no ponto *Q* de operação. Se encontrarmos a derivada da equação geral 1.2 para o diodo semicondutor considerando a polarização direta aplicada e, em seguida, invertermos o resultado, teremos uma equação para a resistência dinâmica ou CA nessa região. Isto é, definir a derivada da Equação 1.2 relativa à polarização aplicada resultará em

$$\frac{d}{dV_D}(I_D) = \frac{d}{dV_D}\left[I_s(e^{V_D/nV_T} - 1)\right]$$

e

$$\frac{dI_D}{dV_D} = \frac{1}{nV_T}(I_D + I_s)$$

depois de aplicarmos o cálculo diferencial. De modo geral, $I_D >> I_S$ no trecho de inclinação vertical da curva característica e

$$\frac{dI_D}{dV_D} \cong \frac{I_D}{nV_T}$$

Invertendo o resultado para definir uma razão de resistência ($R = V/I$), teremos

$$\frac{dV_D}{dI_D} = r_d = \frac{nV_T}{I_D}$$

Substituir $n = 1$ e $V_T \cong 26$ mV do Exemplo 1.1, resultará em

$$\boxed{r_d = \frac{26\ \text{mV}}{I_D}} \qquad (1.6)$$

O significado da Equação 1.6 deve ser claramente entendido. Ela implica que

a resistência dinâmica pode ser encontrada com a simples substituição do valor quiescente da corrente do diodo na equação.

Não há necessidade de ter as características disponíveis ou de se preocupar em traçar linhas tangentes, conforme definidas pela Equação 1.5. É importante ter em mente, porém, que a Equação 1.6 é precisa apenas para valores de I_D na seção de elevação vertical da curva. Para valores menores de I_D, $n = 2$ (silício) e o valor obtido de r_d deve ser multiplicado por um fator de 2. Para pequenos valores de I_D abaixo do joelho da curva, a Equação 1.6 torna-se inadequada.

Todos os níveis de resistência determinados até aqui foram definidos pela junção *p-n* e não incluem a resistência do próprio material semicondutor (chamada resistência de *corpo*) e a resistência introduzida pela conexão entre o material semicondutor e o condutor metálico externo (chamada resistência de *contato*). Esses níveis adicionais de resistência podem ser incluídos na Equação 1.6 por meio do acréscimo de uma resistência designada como r_B:

$$\boxed{r'_d = \frac{26\ \text{mV}}{I_D} + r_B \quad \text{ohms}} \qquad (1.7)$$

A resistência r'_d, portanto, inclui a resistência dinâmica definida pela Equação 1.6 e a resistência r_B agora introduzida. O fator r_B pode variar do tradicional 0,1 Ω para dispositivos de alta potência a 2 Ω para alguns diodos de baixa potência e uso geral. Para o Exemplo 1.4, a resistência CA a 25 mA foi calculada como 2 Ω. Pela Equação 1.6, temos

$$r_d = \frac{26\text{ mV}}{I_D} = \frac{26\text{ mV}}{25\text{ mA}} = \mathbf{1{,}04\ \Omega}$$

A diferença de cerca de 1 Ω poderia ser tratada como a contribuição de r_B.

Para o Exemplo 1.4, a resistência CA a 2 mA foi calculada em 27,5 Ω. Usando a Equação 1.6, mas multiplicando-se por um fator de 2 para essa região (no joelho da curva, $n = 2$),

$$r_d = 2\left(\frac{26\text{ mV}}{I_D}\right) = 2\left(\frac{26\text{ mV}}{2\text{ mA}}\right) = 2(13\ \Omega) = \mathbf{26\ \Omega}$$

A diferença de 1,5 Ω poderia ser tratada como a contribuição de r_B.

Na realidade, determinar r_d com um alto grau de precisão a partir de uma curva característica e utilizando a Equação 1.5 é, na melhor das hipóteses, um processo difícil, e os resultados devem ser tratados com ceticismo. Em níveis baixos de corrente de diodo, o fator r_B costuma ser pequeno o suficiente em comparação com r_d para permitir que se ignore seu impacto sobre a resistência CA do diodo. Em níveis elevados de corrente, o nível de r_B pode aproximar-se do de r_d, mas, uma vez sabendo-se que haverá, com frequência, outros elementos resistivos de magnitude muito maior em série com o diodo, assumiremos, neste livro, que a resistência CA é determinada unicamente por r_d e o impacto de r_B será ignorado, a menos que indicado de outra forma. Melhorias tecnológicas recentes sugerem que o nível de r_B continuará a diminuir em magnitude e acabará se tornando um fator certamente desprezível em comparação com r_d.

A discussão anterior concentrou-se exclusivamente na região de polarização direta. Na região de polarização reversa, suporemos que a mudança na corrente ao longo da linha I_s é nula de 0 V até a região Zener e que a resistência CA resultante, usando-se a Equação 1.5, é suficientemente alta para permitir a aproximação por um circuito aberto.

Normalmente, a resistência CA de um diodo na região ativa variará entre cerca de 1 a 100 Ω.

Resistência CA média

Quando o sinal de entrada é grande o suficiente para produzir uma amplitude como a indicada na Figura 1.28, a resistência associada ao dispositivo para essa região é chamada de *resistência CA média*. Trata-se, por definição, da resistência determinada por uma linha reta traçada entre as duas interseções estabelecidas pelos valores máximo e mínimo da tensão de entrada. Na forma de equação (observe a Figura 1.28),

$$r_{av} = \left.\frac{\Delta V_d}{\Delta I_d}\right|_{\text{pt. a pt.}} \qquad (1.8)$$

Para a situação indicada pela Figura 1.28,

$$\Delta I_d = 17\text{ mA} - 2\text{ mA} = 15\text{ mA}$$

e $$\Delta V_d = 0{,}725\text{ V} - 0{,}65\text{ V} = 0{,}075\text{ V}$$

com $$r_{av} = \frac{\Delta V_d}{\Delta I_d} = \frac{0{,}075\text{ V}}{15\text{ mA}} = \mathbf{5\ \Omega}$$

Se a resistência CA (r_d) fosse determinada em I_D = 2 mA, seu valor seria superior a 5 Ω; se determinada em 17 mA, seria inferior. No meio-termo, a resistência CA faria a transição do valor alto em 2 mA para o valor mais baixo em 17 mA. A Equação 1.7 define um valor que é considerado a média dos valores CA entre 2 mA e 17 mA. O fato de um valor de resistência poder ser usado para uma faixa tão ampla da curva característica será muito útil na definição dos circuitos equivalentes para um diodo em uma seção posterior.

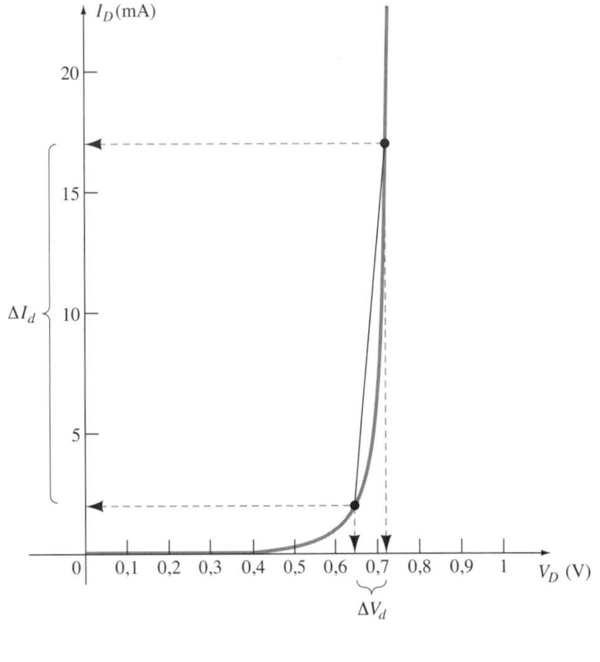

Figura 1.28 Determinação da resistência CA média entre os limites indicados.

Assim como acontece com os valores de resistência CC e CA, quanto menores os valores de correntes utilizadas para determinar a resistência média, maior será o valor da resistência.

Tabela-resumo

A Tabela 1.6 foi desenvolvida para reforçar as importantes conclusões discutidas até aqui e enfatizar as diferenças entre os vários níveis de resistência. Como indicado anteriormente, o conteúdo desta seção servirá de base para vários cálculos de resistência a serem executados em seções e capítulos posteriores.

1.9 CIRCUITOS EQUIVALENTES DO DIODO

Um circuito equivalente é uma combinação de elementos adequadamente escolhidos para melhor representar as características reais de um dispositivo ou sistema em determinada região de operação.

Em outras palavras, uma vez definido o circuito equivalente, o símbolo do dispositivo pode ser removido de um diagrama esquemático e o circuito equivalente inserido em seu lugar, sem afetar seriamente o comportamento real do sistema. O resultado costuma ser uma rede que pode ser resolvida com a utilização de técnicas tradicionais de análise de circuito.

Circuito equivalente linear por partes

Uma técnica para obter um circuito equivalente para um diodo é aproximar a curva característica do dispositivo por segmentos de reta, como mostrado na Figura 1.29. O circuito equivalente resultante é chamado de *circuito equivalente linear por partes*. Observando a Figura 1.29, torna-se óbvio que os segmentos de reta não resultam em uma duplicação exata da curva característica real, especialmente na região do joelho. No entanto, os segmentos resultantes estão próximos o suficiente da curva real para estabelecer um circuito equivalente que proporcionará uma excelente primeira aproximação para o comportamento real do dispositivo. Para a região inclinada da curva equivalente, a resistência CA média, apresentada na Seção 1.8, é o valor de resistência que aparece no circuito equivalente da Figura 1.30 ao lado do dispositivo real. Em essência, define o valor de resistência do dispositivo quando ele

Tabela 1.6 Níveis de resistência.

Tipo	Equação	Características especiais	Representação gráfica
CC ou estática	$R_D = \dfrac{V_D}{I_D}$	Definida como um ponto na curva característica	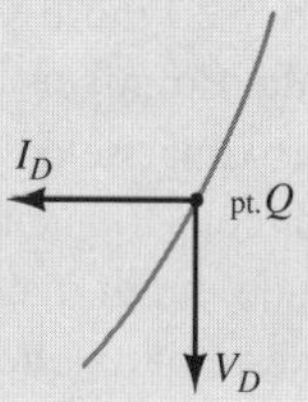
CA ou dinâmica	$r_d = \dfrac{\Delta V_d}{\Delta I_d} = \dfrac{26\text{ mV}}{I_D}$	Definida por uma linha tangente no ponto Q	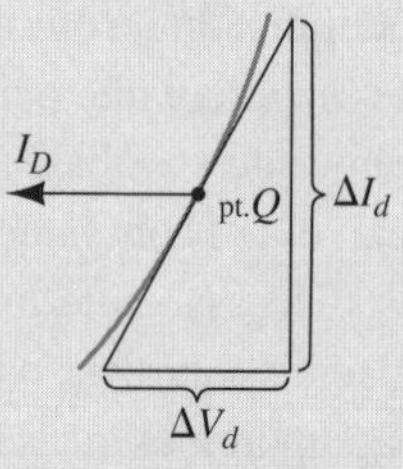
CA média	$r_{av} = \dfrac{\Delta V_d}{\Delta I_d}\Big\vert_{\text{pt. a pt.}}$	Definida por uma linha reta entre os limites de operação	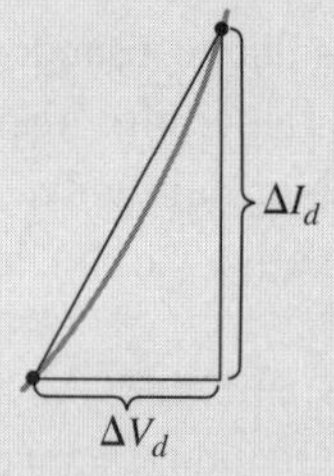

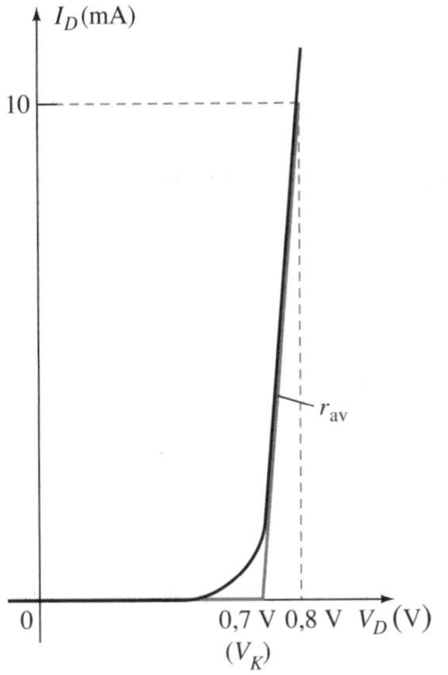

Figura 1.29 Definição do circuito equivalente linear por partes usando-se segmentos de reta para aproximar a curva característica.

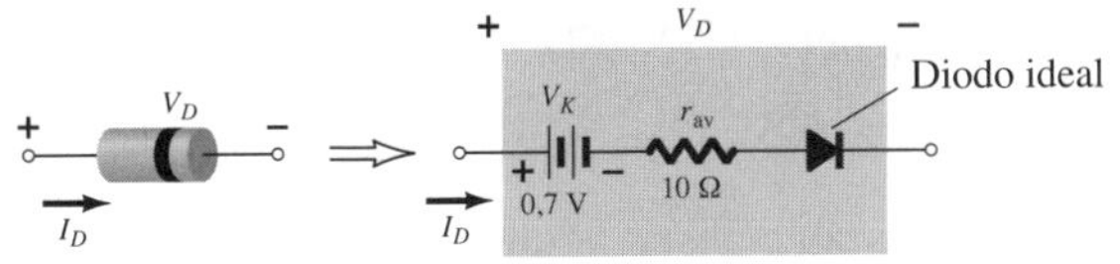

Figura 1.30 Componentes do circuito equivalente linear por partes.

está "ligado" (*on*). O diodo ideal é incluído para estabelecer que existe um único sentido de condução através do dispositivo, e uma condição de polarização reversa resultará no estado de circuito aberto para o dispositivo. Uma vez que um diodo semicondutor de silício só atinge o estado de condução quando V_D atinge 0,7 V com uma polarização direta (como mostrado na Figura 1.29), uma bateria V_K oposta ao sentido de condução deve aparecer no circuito equivalente, conforme indica a Figura 1.30. A bateria simplesmente especifica que a tensão através do dispositivo deve ser maior do que a tensão limiar da bateria antes que se possa estabelecer a condução através do dispositivo no sentido ditado pelo diodo ideal. Uma vez estabelecida a condução, a resistência do diodo será o valor especificado de r_{av}.

Deve-se ter em mente, porém, que V_K no circuito equivalente não é uma fonte de tensão independente. Se um voltímetro for colocado nos terminais de um diodo isolado sobre uma bancada de laboratório, não será obtida uma leitura de 0,7 V. A bateria representa simplesmente o valor de tensão no eixo horizontal da curva característica que deve ser excedido para se estabelecer a condução.

Normalmente, pode-se determinar o valor aproximado de r_{av} a partir de um ponto de operação específico na folha de dados (a ser discutida na Seção 1.10). Por exemplo, no caso de um diodo semicondutor de silício, se I_F = 10 mA (uma corrente de condução direta para o diodo) para V_D = 0,8 V, sabemos que um deslocamento de 0,7 V é necessário para o silício, antes que a curva característica aumente, e obtemos

$$r_{av} = \left.\frac{\Delta V_d}{\Delta I_d}\right|_{\text{pt. a pt.}}$$

$$= \frac{0{,}8\text{ V} - 0{,}7\text{ V}}{10\text{ mA} - 0\text{ mA}} = \frac{0{,}1\text{ V}}{10\text{ mA}} = \mathbf{10\ \Omega}$$

tal como na Figura 1.29.

Se a curva característica ou a folha de dados de um diodo não estiver disponível, a resistência r_{av} poderá ser aproximada pela resistência CA r_d.

Circuito equivalente simplificado

Na maioria das aplicações, a resistência r_{av} é pequena o suficiente para ser desprezada na comparação com outros elementos da rede. Remover r_{av} do circuito equivalente é o mesmo que considerar que a curva característica do diodo apresenta a forma mostrada na Figura 1.31. Na verdade, essa aproximação é utilizada com frequência na análise de circuitos semicondutores, como será demonstrado no Capítulo 2. O circuito equivalente reduzido aparece na mesma figura. Isso mostra que um diodo de silício com polarização direta em um sistema eletrônico sob condições CC apresenta uma queda de 0,7 V no estado de condução para qualquer valor de corrente através do diodo (dentro dos valores nominais, naturalmente).

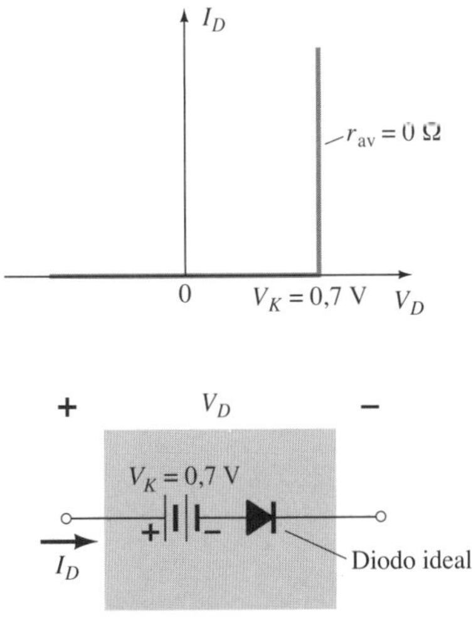

Figura 1.31 Circuito equivalente simplificado para o diodo semicondutor de silício.

Circuito equivalente ideal

Agora que r_{av} foi retirado do circuito equivalente, avançaremos um pouco, estabelecendo que um valor de 0,7 V pode ser muitas vezes desprezado em comparação com o nível de tensão aplicada. Nesse caso, o circuito equivalente será reduzido a um diodo ideal, conforme mostra a Figura 1.32, juntamente com suas características. No Capítulo 2, veremos que essa estimativa é feita muitas vezes sem grande perda de precisão.

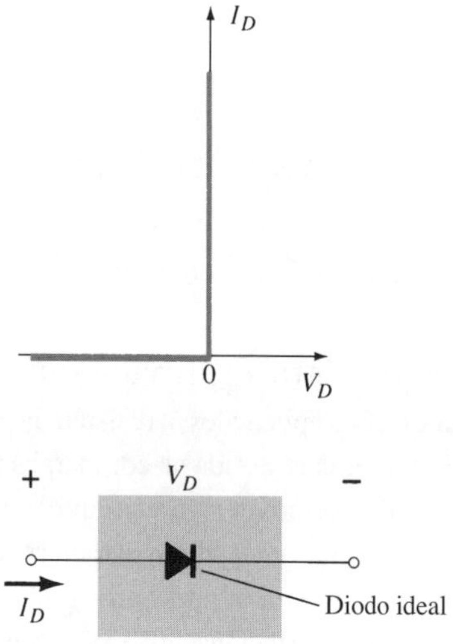

Figura 1.32 Diodo ideal e suas características.

Na indústria, é comum a expressão "circuito equivalente do diodo" ser substituída por *modelo* do diodo; um modelo, por definição, é a representação de um dispositivo, objeto ou sistema existente e assim por diante. Essa terminologia substituta será usada quase exclusivamente nos próximos capítulos.

Tabela-resumo

Para maior clareza, os modelos do diodo empregados para a faixa de parâmetros do circuito e aplicações são apresentados na Tabela 1.7, com suas respectivas características obtidas a partir de circuitos lineares por partes. Cada modelo será analisado mais detalhadamente no Capítulo 2. Sempre há exceções às regras, mas pode-se afirmar com relativa segurança que o modelo equivalente simplificado será empregado mais frequentemente na análise de sistemas eletrônicos, enquanto o diodo ideal será mais aplicado na análise de sistemas de alimentação de potência, em que há tensões maiores.

1.10 CAPACITÂNCIA DE TRANSIÇÃO E DIFUSÃO

É importante observar que:

Todos os dispositivos eletrônicos ou elétricos são sensíveis à frequência.

Isto é, as características do terminal de qualquer dispositivo mudam de acordo com a frequência. Até

Tabela 1.7 Circuitos equivalentes do diodo (modelos).

Tipo	Condições	Modelo	Características
Modelo linear por partes		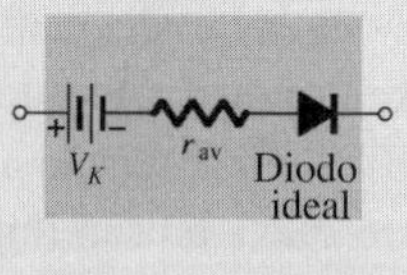	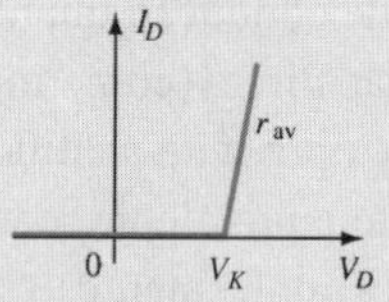
Modelo simplificado	$R_{rede} >> r_{av}$	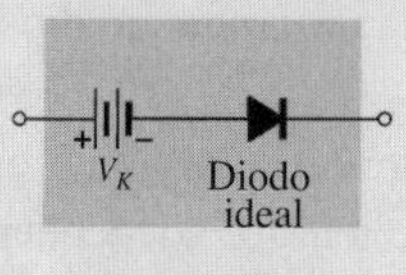	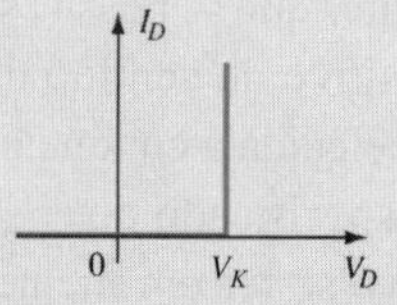
Dispositivo ideal	$R_{rede} >> r_{av}$ $E_{rede} >> V_K$		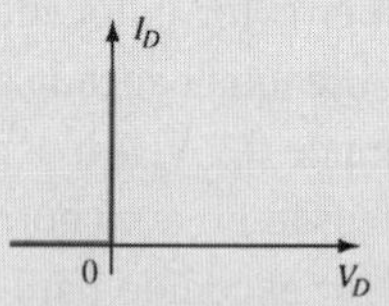

mesmo a resistência de um resistor básico, de qualquer construção, será sensível à frequência aplicada. Em baixas e médias frequências, a maioria dos resistores pode ser considerada de valor fixo. No entanto, à medida que nos aproximamos das altas frequências, efeitos parasitas capacitivos e indutivos começam a aparecer e afetarão o valor da impedância total do elemento.

Para o diodo, são os valores de capacitância parasita que exercem o maior efeito. Em baixas frequências e valores relativamente baixos de capacitância, a reatância de um capacitor, determinada por $X_C = 1/2\pi fC$, costuma ser tão elevada que pode ser considerada infinita em magnitude, representada por um circuito aberto, e desprezada. Em altas frequências, porém, o valor de X_C pode cair até o ponto em que significará um caminho de baixa reatância. Se esse caminho atravessa a junção *p-n*, o diodo não mais desempenhará sua função na rede.

No diodo semicondutor *p-n* há dois efeitos capacitivos a considerar. Ambos os tipos de capacitância estão presentes nas regiões de polarização direta e reversa, mas uma excede tanto a outra em cada região de operação que levamos em consideração os efeitos de apenas uma em cada região.

Lembre-se de que a equação básica para a capacitância de um capacitor de placas paralelas é definida por $C = \epsilon A/d$, onde ϵ é a permissividade do dielétrico (isolante) entre as placas de área A separadas por uma distância d. Em um diodo, a região de depleção (sem portadores) comporta-se basicamente como um isolante entre as camadas de carga oposta. Uma vez que a largura da camada de depleção (d) aumenta com a elevação do potencial de polarização reversa, a capacitância de transição resultante diminui, conforme mostra a Figura 1.33. O fato de a capacitância depender do potencial de polarização reversa empregado tem aplicação em vários sistemas eletrônicos. No Capítulo 16, será apresentado o diodo varactor, cuja operação depende totalmente desse fenômeno.

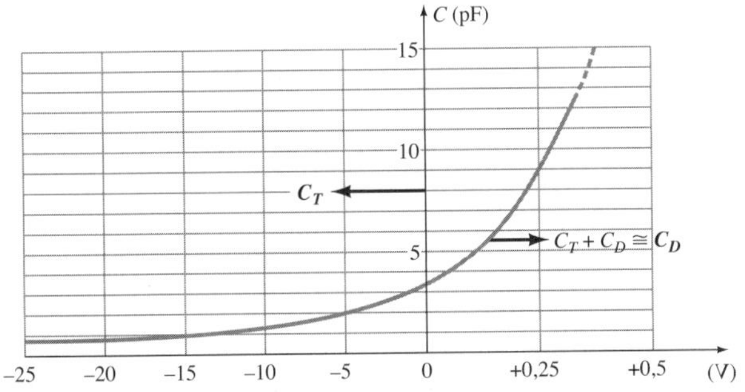

Figura 1.33 Capacitância de transição e difusão *versus* polarização aplicada em um diodo de silício.

Essa capacitância, conhecida como capacitância de transição (C_T), de barreira ou de região de depleção, é determinada por

$$C_T = \frac{C(0)}{(1 + |V_R/V_K|)^n} \tag{1.9}$$

onde $C(0)$ é a capacitância sob condições sem polarização e V_R, o potencial de polarização reversa aplicada. A potência n é 1/2 ou 1/3, dependendo do processo de fabricação do diodo.

Embora o efeito descrito anteriormente também esteja presente na região de polarização direta, ele é ofuscado por um efeito da capacitância diretamente dependente da taxa em que a carga é injetada nas regiões do lado externo da região de depleção. Conclui-se que os altos valores de corrente resultarão em valores também mais altos de capacitância de difusão (C_D), conforme demonstrado pela seguinte equação:

$$C_D = \left(\frac{\tau_T}{V_K}\right) I_D \tag{1.10}$$

onde τ_T é o tempo de vida do portador minoritário — o tempo que levaria para um portador minoritário (p. ex.: uma lacuna) se recombinar com um elétron no material do tipo n. No entanto, valores altos de corrente resultam em valores reduzidos de resistência associada (o que será demonstrado em breve); e a constante de tempo resultante ($\tau = RC$), muito importante em aplicações de alta velocidade, não se torna excessiva.

Logo, de modo geral,

a capacitância de transição é o efeito capacitivo predominante na região de polarização reversa, enquanto a capacitância de difusão é o efeito capacitivo predominante na região de polarização direta.

Os efeitos capacitivos descritos são representados por um capacitor em paralelo com o diodo ideal, como mostra a Figura 1.34. Para aplicações de baixa ou média frequência (exceto na área de potência), no entanto, o capacitor geralmente não é incluído no símbolo do diodo.

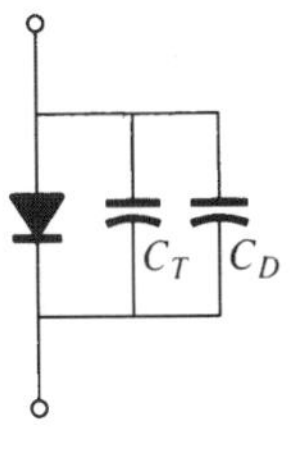

Figura 1.34 Inclusão do efeito de capacitância de transição ou difusão no diodo semicondutor.

1.11 TEMPO DE RECUPERAÇÃO REVERSA

Determinadas especificações são normalmente apresentadas nas folhas de dados do diodo fornecidas pelos fabricantes. Um parâmetro ainda não levado em consideração é o tempo de recuperação reversa, denotado por t_{rr}. No estado de polarização direta, já foi demonstrado que existe uma grande quantidade de elétrons do material do tipo *n* avançando em direção ao material do tipo *p* e um grande número de lacunas no material do tipo *n* — um requisito para a condução. Os elétrons no tipo *p* e as lacunas que avançam na direção do material do tipo *n* estabelecem um grande número de portadores minoritários em cada material. Se a tensão aplicada fosse invertida para criar uma situação de polarização reversa, deveríamos ver o diodo mudar instantaneamente do estado de condução para o de não condução. Entretanto, por causa do grande número de portadores minoritários em cada material, a corrente no diodo será simplesmente invertida, como mostra a Figura 1.35, e permanecerá nesse nível mensurável pelo período de tempo t_s (tempo de armazenamento), necessário para os portadores minoritários voltarem a seu estado de portadores majoritários no material oposto. Em essência, o diodo permanecerá no estado de curto-circuito com uma corrente $I_{reversa}$ determinada pelos parâmetros do circuito. Quando essa fase de armazenamento tiver passado, a corrente será reduzida até o valor associado ao estado de não condução. Esse segundo período de tempo é denotado por t_t (intervalo de transição). O tempo de recuperação reversa é a soma desses dois intervalos: $t_{rr} = t_s + t_t$. Trata-se de um fator importante nas aplicações de chaveamento de alta velocidade. A maioria dos diodos de chaveamento disponíveis no mercado possui um t_{rr} na faixa de alguns nanossegundos até 1 μs. No entanto, existem elementos disponíveis com um t_{rr} de apenas algumas centenas de picossegundos (10^{-12} s).

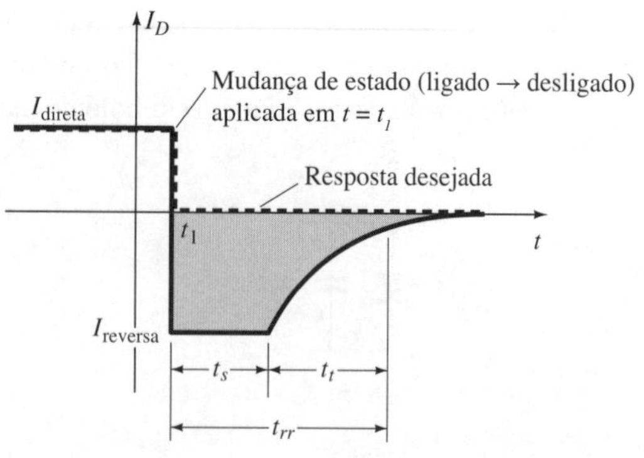

Figura 1.35 Definição do tempo de recuperação reversa.

1.12 FOLHAS DE DADOS DO DIODO

Os dados sobre dispositivos semicondutores específicos normalmente são fornecidos pelo fabricante de duas formas. Com maior frequência, os dados são apresentados por meio de uma breve descrição, que não se estende além de uma página. Ou então é feita uma análise completa das características utilizando gráficos, desenhos, tabelas etc. Em ambos os casos, há partes específicas dos dados que devem ser incluídas para a utilização correta do dispositivo. São elas:

1. A tensão direta V_F (em corrente e temperatura específicas).
2. A corrente direta máxima I_F (a uma temperatura específica).
3. A corrente de saturação reversa I_R (a uma tensão e temperatura específicas).
4. A tensão reversa nominal [PIV ou PRV ou V(BR), em que BR vem do termo *breakdown* ("ruptura") a uma temperatura específica].
5. O valor máximo de dissipação de potência a uma temperatura específica.
6. Níveis de capacitância.
7. Tempo de recuperação reversa t_{rr}.
8. Faixa de temperatura de operação.

Dependendo do tipo de diodo utilizado, podem-se fornecer dados adicionais, tais como: faixa de frequência, nível de ruído, tempo de chaveamento, níveis de resistência térmica e valores de pico repetitivos. Dependendo da aplicação desejada, geralmente a importância do dado será aparente. Se a potência máxima ou dissipação nominal também for fornecida, será considerada igual ao seguinte produto:

$$P_{D\text{máx}} = V_D I_D \tag{1.11}$$

onde I_D e V_D são a corrente e a tensão no diodo em um ponto específico de operação.

Se utilizarmos o modelo simplificado para uma aplicação específica (o que ocorre com frequência), poderemos substituir $V_D = V_T = 0{,}7$ V para um diodo de silício na Equação 1.11 e determinar a dissipação de potência resultante para uma comparação com a potência máxima nominal. Isto é,

$$P_{\text{dissipada}} \cong (0{,}7\ \text{V})I_D \tag{1.12}$$

Os dados fornecidos para um diodo de alta tensão/baixa fuga aparecem nas figuras 1.36 e 1.37. Esse exemplo representa a lista ampliada de dados e curvas características. O termo *retificador* é aplicado a um diodo quando usado normalmente em um processo de *retificação*, a ser descrito no Capítulo 2.

DIODO DE SILÍCIO POR DIFUSÃO COM TECNOLOGIA PLANAR

A — **• BV ... 125 V (MÍN) @ 100 μA (BAY73)**

ESPECIFICAÇÕES ABSOLUTAS MÁXIMAS (Nota 1)

Temperaturas

Faixa de temperatura de armazenamento	−65° até +200°C
B — Máxima temperatura de operação da junção	+175°C
Temperatura dos terminais	+260°C

Dissipação de potência (Nota 2)

C — Máxima dissipação de potência total à temperatura ambiente de 25°C	500 mW
Fator linear de redução de potência (de 25°C)	−3,33 mW/°C

Correntes e tensão máximas

WIV	Tensão Reversa de Trabalho BAY73	100 V
I_O	Corrente retificada média	200 mA
D — I_F	Corrente direta contínua	500 mA
i_f	Corrente direta repetitiva de pico	600 mA
$i_{f(surto)}$	Corrente direta de surto de pico	
	Largura de pulso = 1 s	1,0 A
	Largura de pulso = 1 μs	4,0 A

Encapsulamento DO-35

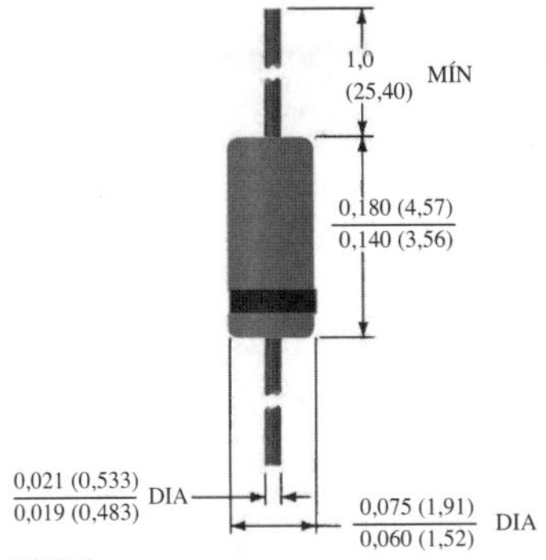

NOTAS:
Terminais de aço revestidos com cobre estanhado.
Terminais revestidos com ouro disponíveis.
Encapsulamento de vidro hermeticamente fechado.
O peso do encapsulamento é 0,14 grama.

CARACTERÍSTICAS ELÉTRICAS (temperatura ambiente de 25 °C, a menos que indicado de outro modo)

	SÍMBOLO	CARACTERÍSTICA	BAY73 MÍN	BAY73 MÁX	UNIDADES	CONDIÇÕES DE TESTE
E	V_F	Tensão direta	0,85	1,00	V	I_F = 200 mA
			0,81	0,94	V	I_F = 100 mA
			0,78	0,88	V	I_F = 50 mA
			0,69	0,80	V	I_F = 10 mA
			0,67	0,75	V	I_F = 5,0 mA
			0,60	0,68	V	I_F = 1,0 mA
F	I_R	Corrente reversa		500	nA	V_R = 20 V, T_A = 125°C
				1,0	μA	V_R = 100 V, T_A = 125°C
				0,2	nA	V_R = 20V, T_A = 25°C
				0,5	nA	V_R = 100V, T_A = 25°C
	BV	Tensão de ruptura	125		V	I_R = 100 μA
G	C	Capacitância		5,0	pF	V_R = 0, f = 1,0 MHz
H	t_{rr}	Tempo de recuperação reversa		3,0	μs	I_F = 10 mA, V_R = 35 V, R_L = 1,0 a 100 kΩ, C_L = 10 pF, JAN 256

Notas:
1. Essas especificações são valores limitantes acima dos quais a utilidade do diodo pode ser prejudicada.
2. Esses são limites para regime permanente. O fabricante deve ser consultado no caso de aplicações que envolvam pulso ou ciclos de trabalho baixos.

Figura 1.36 Características elétricas de um diodo de alta tensão e baixas correntes de fuga.

Algumas áreas da folha de dados foram realçadas e têm uma letra de identificação correspondente à seguinte descrição:

A A folha de dados realça o fato de que o diodo de alta tensão de silício possui uma tensão de polarização reversa *mínima* de 125 V a uma corrente de polarização reversa específica.

B Observe a ampla faixa de temperatura de operação. Certifique-se de que as folhas de dados usem normalmente a escala Celsius, sendo que 200 °C = 392 °F e –65 °C = –85 °F.

C O nível máximo de dissipação de potência é dado por $P_D = V_D I_D$ = 500 mW = 0,5 W. O efeito do fator linear de redução de potência de 3,33 mW/°C é demonstrado na Figura 1.37(a). Quando a temperatura excede 25 °C, a potência máxima nominal cai 3,33 mW para cada aumento de 1 °C na temperatura. A 100 °C, o ponto de ebulição da água, a potência máxima nominal cai à metade de seu valor original. Uma temperatura inicial de 25 °C é normal em um gabinete com equipamento eletrônico funcionando em situação de baixa potência.

D A máxima corrente direta contínua é 500 mA. O gráfico da Figura 1.37(b) revela que a corrente direta em 0,5 V é de, aproximadamente, 0,01 mA, mas salta para 1 mA (100 vezes mais) perto de 0,65 V. Em 0,8

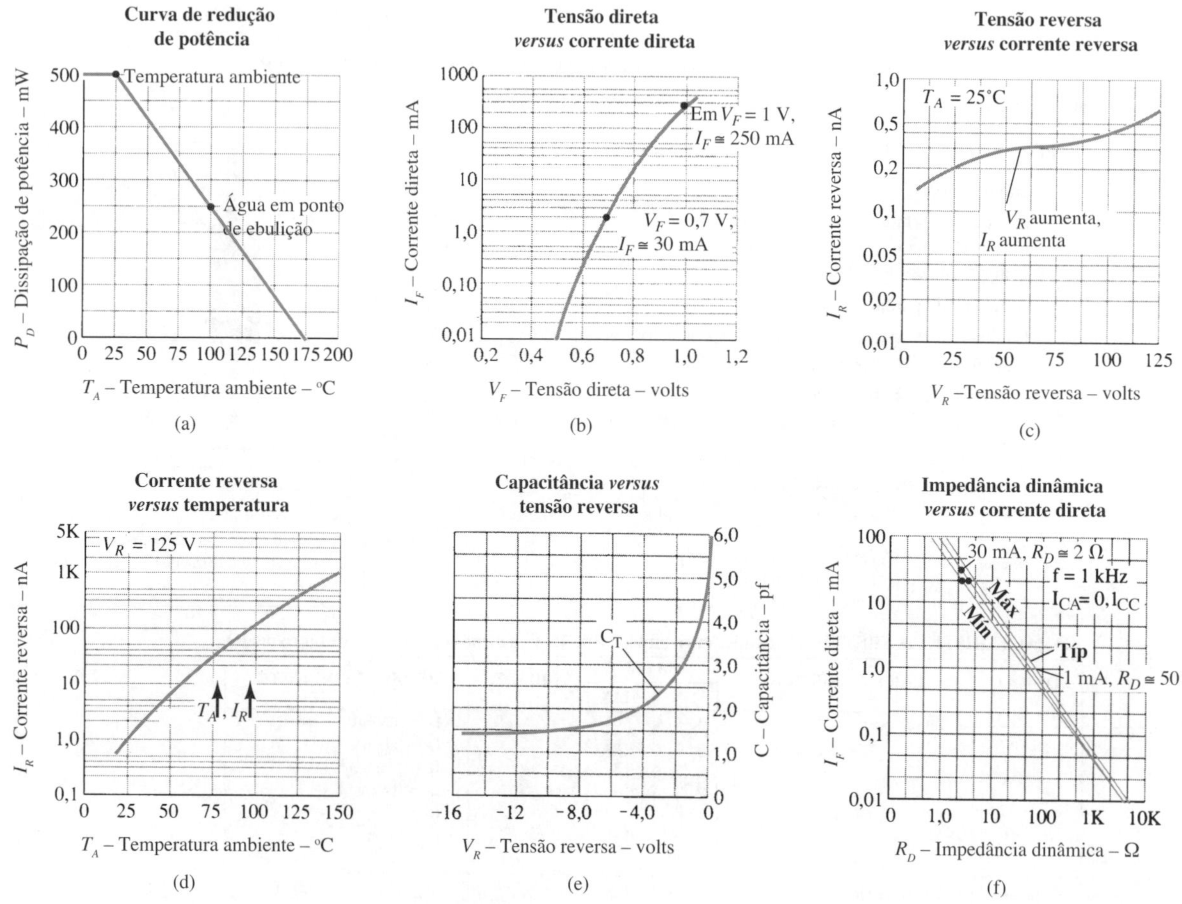

Figura 1.37 Características de um diodo de alta tensão.

V, a corrente é superior a 10 mA e, um pouco acima de 0,9 V, chega perto de 100 mA. A curva da Figura 1.37(b) certamente não se parece em nada com as curvas características das últimas seções. Isso se deve à utilização de uma escala logarítmica para a corrente e a uma escala linear para a tensão.

Escalas logarítmicas são frequentemente usadas para permitir uma ampla faixa de valores a uma variável em um espaço limitado.

Se uma escala linear fosse usada para a corrente, seria impossível mostrar um intervalo de valores entre 0,01 a 1.000 mA. Se as divisões verticais estivessem em incrementos de 0,01 mA, seriam necessários 100 mil intervalos iguais sobre o eixo vertical para atingir 1.000 mA. Por ora, vamos admitir que o valor da tensão em determinados níveis de corrente possa ser encontrado por meio da interseção com a curva. Para valores verticais acima de um nível como 1,0 mA, o próximo nível será 2 mA, seguido por 3, 4 e 5 mA. Os níveis de 6 a 10 mA podem ser determinados apenas dividindo a distância em intervalos iguais (não a real distribuição, mas próxima o suficiente para os gráficos fornecidos). Para o próximo nível, teríamos 10 mA, 20 mA, 30 mA e assim por diante. O gráfico da Figura 1.37(b) é chamado de *diagrama semilog*, referindo-se ao fato de que apenas um eixo utiliza escala logarítmica. Veremos muito mais sobre escalas logarítmicas no Capítulo 9.

E Os dados fornecem uma faixa de valores de V_F (tensões de polarização direta) para cada nível de corrente. Quanto mais alta a corrente direta, maior a polarização direta aplicada. Em 1 mA, constatamos que V_F pode variar de 0,6 V a 0,68 V, mas, em 200 mA, pode chegar a ser de 0,85 V a 1,00 V. Para toda a faixa de valores de corrente desde 0,6 V em 1 mA até 0,85 V em 200 mA, certamente é uma aproximação razoável usar 0,7 V como o valor médio.

F Os dados fornecidos revelam claramente como a corrente de saturação reversa aumenta com a polarização reversa aplicada a uma temperatura fixa. A 25 °C, a corrente máxima de polarização reversa sobe de 0,2 nA para 0,5 nA devido a um aumento na tensão de polarização reversa pelo mesmo fator de 2,5. A 125 °C, ela salta de um fator de 2 para o nível elevado de 1 μA. Note a mudança extrema na corrente de saturação reversa em função da temperatura na medida em que a corrente máxima salta de 0,2 nA a 25 °C para 500 nA a 125 °C (a uma tensão de polarização reversa fixa de 20 V). Um aumento semelhante ocorre a um potencial de polarização reversa de 100 V. Os diagramas semilog das figuras 1.37(c) e (d) fornecem uma indicação de como a corrente de saturação reversa muda conforme as alterações na tensão reversa e na temperatura. À primeira vista, a Figura 1.37(c) poderia sugerir que a corrente de saturação reversa é bastante estável para variações na tensão reversa. No entanto, em alguns casos, isso pode ser o efeito da utilização de uma escala logarítmica para o eixo vertical. Na realidade, a corrente passou de um valor de 0,2 nA a um de 0,7 nA para a faixa de tensões que representa uma mudança de cerca de 6 para 1. O efeito drástico da temperatura sobre a corrente de saturação reversa é claramente mostrado na Figura 1.37(d). Em uma tensão de polarização reversa de 125 V, a corrente de polarização reversa aumenta de um nível de cerca de 1 nA a 25 °C para cerca de 1 μA a 150 °C, um aumento de fator 1.000 em relação ao valor inicial.

Temperatura e polarização reversa aplicada são fatores muito importantes em projetos sensíveis à corrente de saturação reversa.

G Como mostram os dados listados na Figura 1.37(e), a capacitância de transição em uma tensão de polarização reversa de 0 V é igual a 5 pF em uma frequência de ensaio de 1 MHz. Note a forte mudança no valor da capacitância à medida que a tensão de polarização reversa aumenta. Como mencionado anteriormente, essa região sensível pode ser bem aproveitada no projeto de um dispositivo (Varactor; Capítulo 16) cuja capacitância terminal seja sensível à tensão aplicada.

H O tempo de recuperação reversa é de 3 μs para as condições de ensaio indicadas. Não é um tempo rápido para muitos dos sistemas de alto desempenho em uso nos dias de hoje. No entanto, é aceitável para uma variedade de aplicações de baixa e média frequências.

As curvas da Figura 1.37(f) fornecem uma indicação da magnitude da resistência CA do diodo em relação à corrente direta. A Seção 1.8 demonstrou claramente que a resistência dinâmica de um diodo diminui com o aumento da corrente. Ao subirmos pelo eixo da corrente na Figura 1.37(f), fica evidente que, se seguirmos a curva, a resistência dinâmica diminuirá. Em 0,1 mA, ela é próxima de 1 kΩ; em 10 mA, 10 Ω; e, em 100 mA, apenas 1 Ω; isso claramente sustenta a discussão anterior. A menos que se tenha experiência em leitura de escalas logarítmicas, será desafiador interpretar a curva para os valores indicados, pois trata-se de um *diagrama dilog*. Tanto o eixo vertical quanto o horizontal empregam uma escala logarítmica.

Quanto mais se tem contato com as folhas de dados, mais "familiares" elas se tornam, em especial quando se compreende claramente o efeito de cada parâmetro para a aplicação analisada.

1.13 NOTAÇÃO DO DIODO SEMICONDUTOR

A notação mais comumente utilizada para diodos semicondutores é mostrada na Figura 1.38. Em grande parte dos diodos, a marcação de um ponto ou traço, como mostra essa figura, aparece na extremidade do catodo. A terminologia anodo e catodo é proveniente da notação do tubo de vácuo. O anodo se refere ao potencial mais alto ou positivo, e o catodo, ao terminal de potencial mais baixo ou negativo. Essa combinação de níveis de polarização resulta na condição de polarização direta, que corresponde ao estado "ligado" (*on*) para o diodo. Alguns diodos semicondutores disponíveis no mercado são mostrados na Figura 1.39.

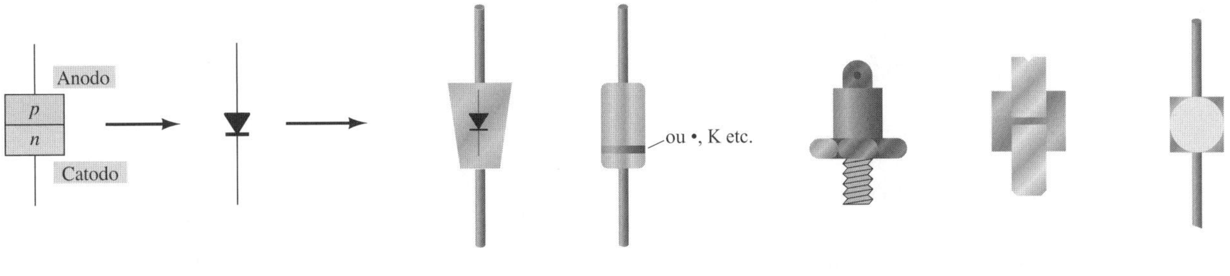

Figura 1.38 Notação do diodo semicondutor.

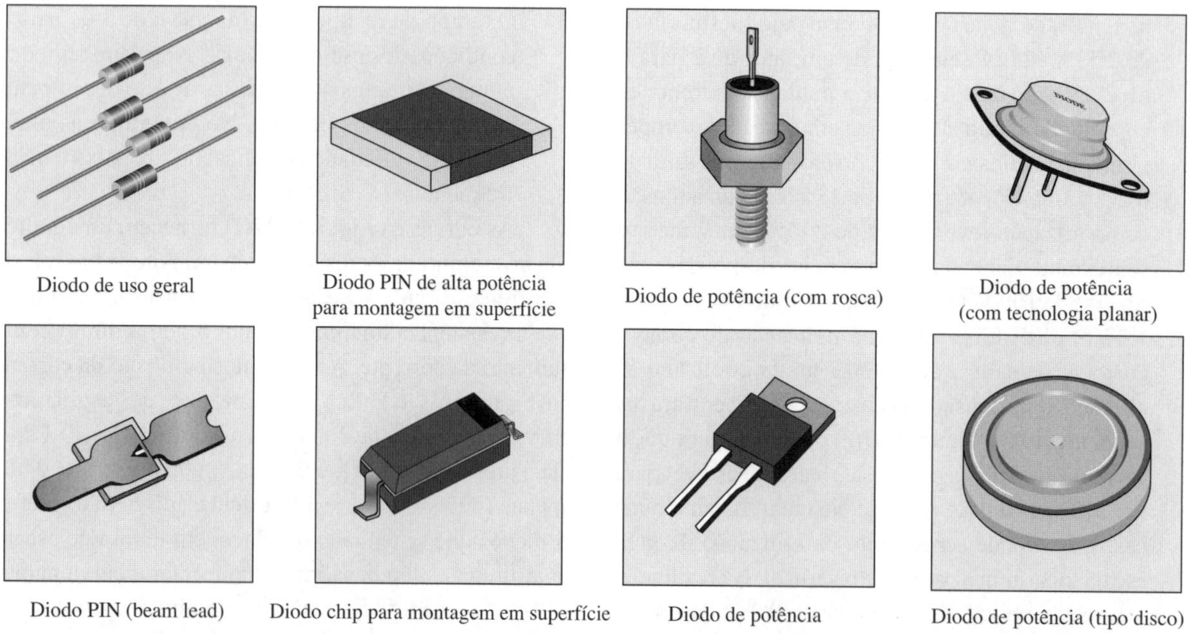

Figura 1.39 Alguns tipos de diodos de junção.

1.14 TESTE DO DIODO

A condição de um diodo semicondutor pode ser rapidamente determinada utilizando (1) um multímetro digital (DDM — digital display multimeter) com uma *função de teste de diodo*, (2) a *função de ohmímetro* de um multímetro ou (3) um *traçador de curva*.

Função de teste de diodo

Um multímetro digital com função de teste de diodo é mostrado na Figura 1.40. Observe o pequeno símbolo de diodo acima e à direita do seletor. Quando colocado nessa posição e conectado como mostrado na Figura 1.41(a), o diodo deve estar no estado "ligado" (*on*) e sua tela fornecerá uma indicação de tensão de polarização direta, como 0,67 V (para Si). O medidor tem uma fonte interna de corrente constante (em torno de 2 mA) que proporciona um valor de tensão, conforme mostra a Figura 1.41(b). Uma indicação OL obtida por meio das conexões mostradas na Figura 1.41(a) revela um diodo aberto (defeituoso). Se os terminais forem invertidos, deverá ocorrer uma indicação OL devido à equivalência de circuito aberto para o diodo. Portanto, de modo geral, uma indicação OL em ambas as direções indica um diodo aberto ou defeituoso.

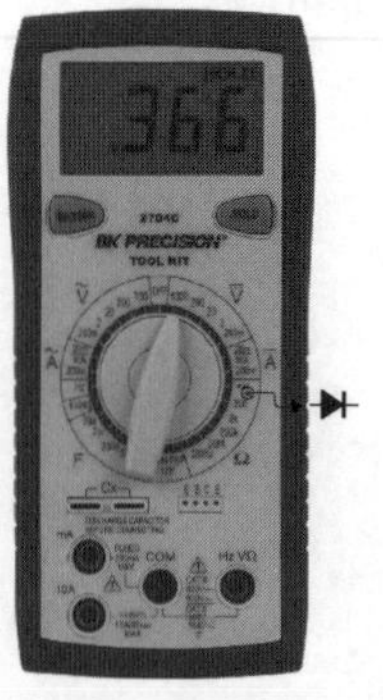

Figura 1.40 Multímetro digital. (Cortesia da B&K Precision Corporation.)

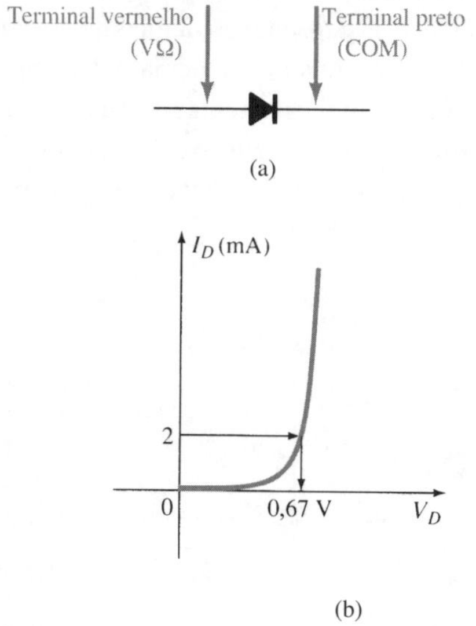

Figura 1.41 Verificação de um diodo no estado de polarização direta.

Teste com o ohmímetro

Na Seção 1.8, vimos que a resistência de polarização direta de um diodo semicondutor é bem baixa se comparada ao valor encontrado para a polarização reversa. Portanto, se medirmos a resistência de um diodo utilizando as conexões indicadas na Figura 1.42(a), poderemos esperar um valor relativamente baixo. A indicação resultante do ohmímetro será uma função da corrente estabelecida através do diodo pela bateria interna (geralmente 1,5 V) do circuito do ohmímetro. Quanto maior a corrente, menor o valor da resistência. Para a situação de polarização reversa, o valor lido deve ser bem alto, exigindo uma escala para medida de alta resistência no medidor, conforme mostra a Figura 1.42(b). Uma leitura de resistência elevada, obtida com ambas as polaridades, indica um comportamento de circuito aberto (dispositivo defeituoso), enquanto uma leitura de resistência muito baixa, obtida com ambas as polaridades, indica que o dispositivo está provavelmente em curto-circuito.

Traçador de curva

O traçador de curva da Figura 1.43 pode mostrar as curvas características de inúmeros dispositivos, incluindo o diodo semicondutor. Quando se conecta corretamente o diodo no painel de teste, no centro da base da unidade, e se ajustam os controles, pode-se obter o resultado demonstrado na tela da Figura 1.44. Observe que a escala vertical é de 1 mA/div, resultando nos valores de corrente indicados. Para o eixo horizontal, a escala é de 100 mV/div, resultando nos valores de tensão indicados. Para uma corrente de 2 mA, como utilizada em um multímetro digital, a tensão resultante ficará em torno de 625 mV = 0,625 V. Embora o instrumento pareça inicialmente bem complexo, o manual de instrução e um breve manuseio mostram que os resultados desejados podem ser muitas vezes obtidos sem muito esforço ou tempo. O mesmo instrumento aparecerá várias vezes nos capítulos a seguir, à medida que estudarmos as características dos vários tipos de dispositivo.

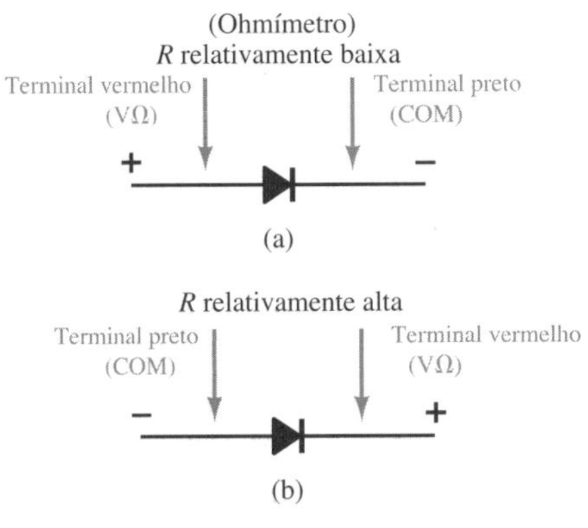

Figura 1.42 Verificação de um diodo com um ohmímetro.

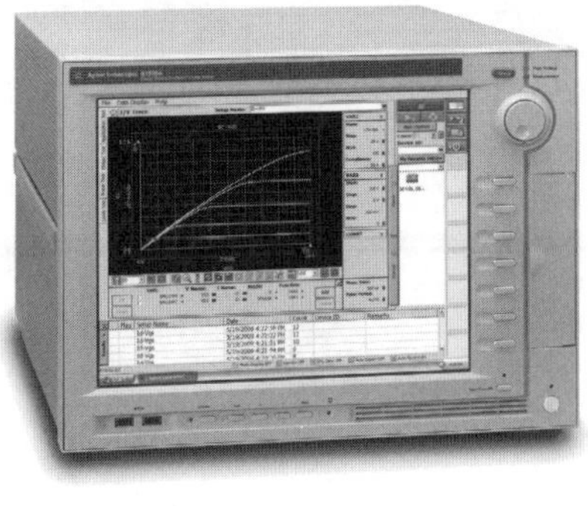

Figura 1.43 Traçador de curva. (© Agilent Technologies, Inc. Reproduzido com permissão, cortesia da Agilent Technologies, Inc.)

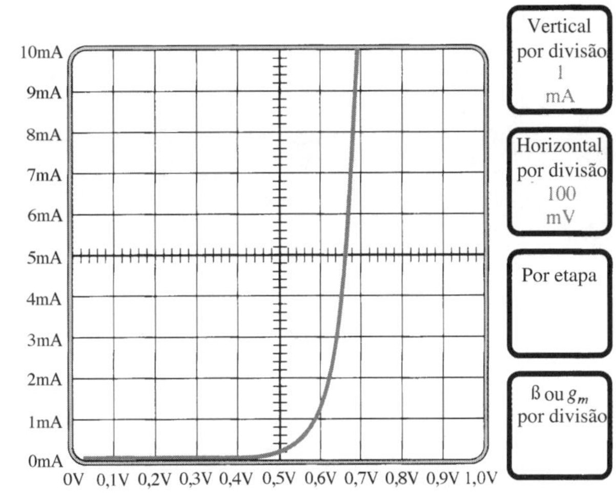

Figura 1.44 Resposta do traçador de curva ao diodo de silício 1N4007.

1.15 DIODOS ZENER

A região Zener da Figura 1.45 foi estudada em detalhes na Seção 1.6. A curva característica cai de forma quase vertical em um potencial de polarização reversa denotado por V_Z. O fato de a curva cair abaixo do eixo horizontal e se distanciar dele, em vez de subir para a região V_D positiva, revela que a corrente na região Zener tem um sentido oposto ao de um diodo com polaridade direta. A ligeira inclinação da curva na região Zener revela que existe um nível de resistência a ser associado ao diodo Zener no modo de condução.

Essa região de características singulares é empregada no projeto dos *diodos Zener*, cujo símbolo gráfico é mostrado na Figura 1.46(a). Os diodos semicondutores e os Zener são apresentados lado a lado na Figura 1.46 para garantir a compreensão do sentido de condução de cada um e também a polaridade exigida da tensão aplicada. Para o diodo semicondutor, o estado "ligado" (*on*)

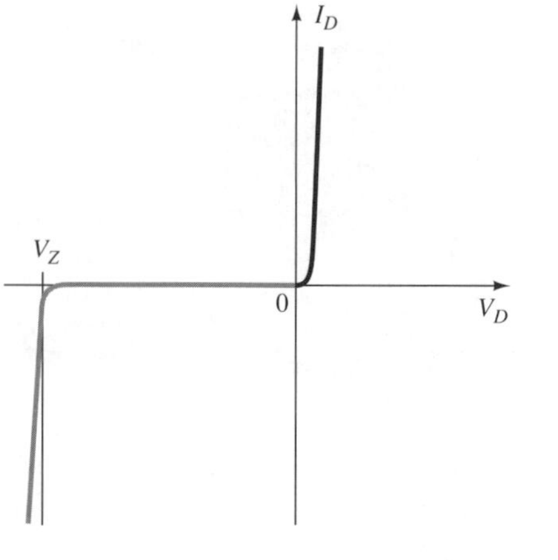

Figura 1.45 Analisando novamente a região Zener.

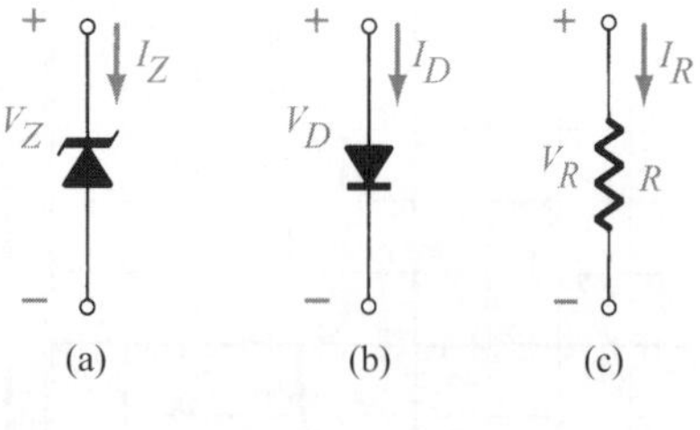

Figura 1.46 Sentido de condução: (a) diodo Zener; (b) diodo semicondutor; (c) elemento resistivo.

corresponde a uma corrente no sentido da seta. Para o diodo Zener, o sentido de condução é oposto ao da seta no símbolo, conforme indicado na introdução desta seção. Observe também que as polaridades de V_D e V_Z são as mesmas que obteríamos se cada elemento fosse um elemento resistivo, conforme a Figura 1.46(c).

Podemos controlar a localização da região Zener variando os níveis de dopagem. Um aumento na dopagem, que produz um aumento no número de impurezas adicionadas, diminuirá o potencial Zener. Diodos Zener estão disponíveis com potenciais Zener de 1,8 a 200 V e potências nominais entre $\frac{1}{4}$ W e 50 W. Em função de suas excelentes características de temperatura e corrente, o silício é o material mais utilizado em sua fabricação.

Seria interessante assumir que o diodo Zener fosse ideal com uma linha reta vertical no potencial Zener. No entanto, existe uma ligeira inclinação na curva característica que exige o modelo equivalente por partes que aparece na Figura 1.47 para essa região. Para a maioria das aplicações mencionadas neste livro, pode-se desprezar o elemento resistivo em série e empregar o modelo equivalente reduzido de uma bateria CC de V_Z volts. Uma vez que algumas aplicações de diodos Zener oscilam entre a região Zener e a região de polarização direta, é importante compreender a operação do diodo Zener em todas as regiões. Como mostrado na Figura 1.47, o modelo equivalente para um diodo Zener na região de polarização reversa abaixo de V_Z é um resistor muito grande (tal como para o diodo padrão). Para a maioria das aplicações, essa resistência é tão grande que podemos ignorá-la e empregar o equivalente de circuito aberto. Para a região de polarização direta, o equivalente por partes é aquele descrito nas seções anteriores.

Na Tabela 1.8, é fornecida a folha de dados para um diodo Zener de 10 V, 500 mW, 20%, e um diagrama dos parâmetros importantes é dado na Figura 1.48. O termo *nominal* usado na especificação da tensão Zener simplesmente indica que ele é um valor médio típico. Uma vez que se trata de um diodo de 20%, o potencial Zener da unidade é selecionado de um *lote* (termo usado para descrever um pacote de diodos) e pode-se esperar que varie de 10 V ± 20% ou de 8 a 12 V em sua faixa de aplicação. Tanto diodos de 10% quanto de 50% também estão prontamente disponíveis. A corrente de teste I_{ZT} é definida pelo nível de ¼ da potência. Trata-se da corrente que definirá a resistência dinâmica Z_{ZT} e aparece na equação geral para a especificação de potência do dispositivo. Isto é,

$$\boxed{P_{Z_{\text{máx}}} = 4I_{ZT}V_Z} \qquad (1.13)$$

A substituição de I_{ZT} na equação pela tensão Zener nominal resulta em

$$P_{Z_{\text{máx}}} = 4I_{ZT}V_Z = 4(12{,}5\text{ mA})(10\text{V}) = 500\text{ mW}$$

que corresponde à indicação de 500 mW apresentada anteriormente (Figura 1.48). Para esse dispositivo, a resistência dinâmica é igual a 8,5 Ω, um valor tão pequeno que costuma ser desprezado na maioria das aplicações. O valor máximo de impedância do joelho é definido no centro do

Tabela 1.8 Características elétricas (temperatura ambiente de 25 °C).

Tensão Zener nominal V_z (V)	Corrente de teste I_{ZT} (mA)	Máxima impedância dinâmica Z_{ZT} no I_{ZT} (Ω)	Máxima impedância de joelho Z_{ZK} (Ω) no I_{ZK} (mA)		Máxima corrente reversa I_R no V_R (μA)	Tensão de teste V_R (V)	Corrente máxima do regulador I_{ZM} (mA)	Coeficiente de temperatura típico (%/°C)
10	12,5	8,5	700	0,25	10	7,2	32	+0,072

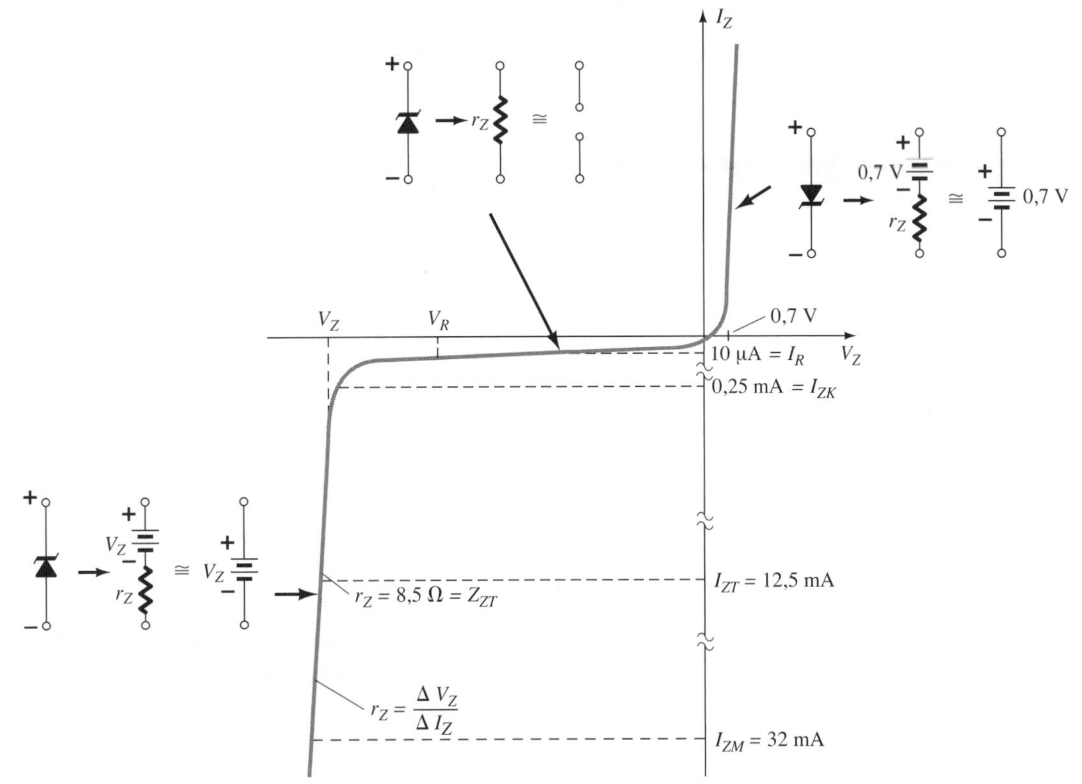

Figura 1.47 Características de diodo Zener com o modelo equivalente para cada região.

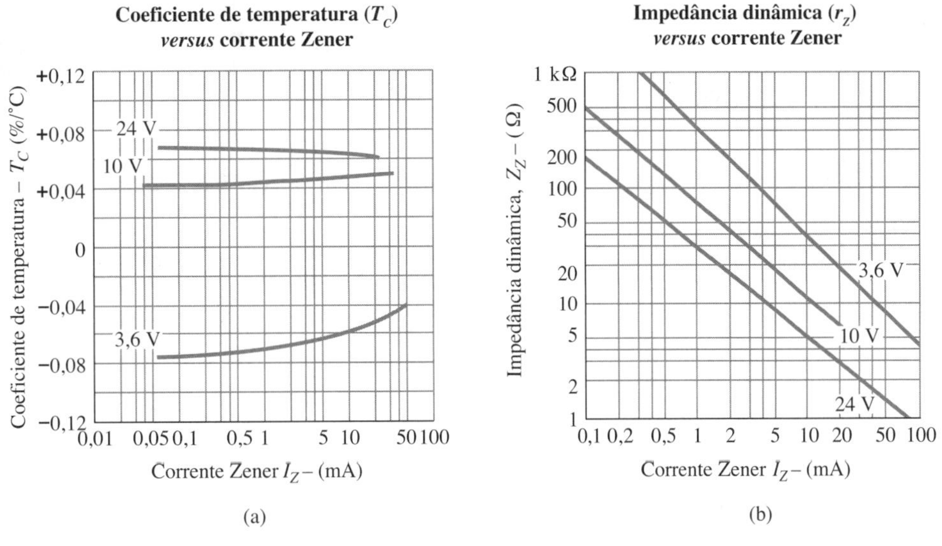

Figura 1.48 Características elétricas de um diodo Zener de 10 V e 500 mW.

joelho a uma corrente de I_{ZK} = 0,25 mA. Note que, até aqui, a letra *T* é utilizada nos subscritos para indicar valores de teste e *K* para valores de joelho. Para qualquer nível de corrente abaixo de 0,25 mA, a resistência só se ampliará na região de polarização reversa. Logo, o valor do joelho revela quando o diodo começará a mostrar elementos de resistência em série muito elevados, que não poderão ser ignorados em uma aplicação. Certamente, 500 Ω = 0,5kΩ pode ser um valor a partir do qual esta resistência deva ser considerada. Em uma tensão de polarização reversa, a aplicação de uma tensão de ensaio de 7,2 V resulta em uma corrente de saturação reversa de 10 μA, nível que pode causar alguma preocupação em certas aplicações. A corrente máxima do regulador é a máxima corrente contínua que se pode querer sustentar no uso do diodo Zener em uma configuração de regulador. Por fim, temos o coeficiente de temperatura (T_C) em porcentagem por grau centígrado.

O potencial Zener de um diodo Zener é muito sensível à temperatura de operação.

O coeficiente de temperatura pode ser utilizado para encontrar a alteração no potencial Zener devido a uma mudança de temperatura por meio da seguinte equação:

$$T_C = \frac{\Delta V_Z / V_Z}{T_1 - T_0} \times 100\%/°\text{C} \quad (\%/°\text{C}) \qquad (1.14)$$

onde T_1 é o novo valor da temperatura

T_0 é a temperatura ambiente em um gabinete fechado (25 °C)

T_C é o coeficiente de temperatura

V_Z é o potencial Zener nominal a 25 °C

Para demonstrar o efeito do coeficiente de temperatura sobre o potencial Zener, veja o exemplo a seguir.

EXEMPLO 1.5

Analise o diodo Zener de 10 V descrito na Tabela 1.7, se a temperatura for elevada para 100 °C (ponto de ebulição da água).

Solução:

Aplicando a Equação 1.14, obtemos

$$\Delta V_Z = \frac{T_C V_Z}{100\%}(T_1 - T_0)$$

$$= \frac{(0{,}072\%/°\text{C})(10\text{ V})}{100\%}(100°\text{C} - 25°\text{C})$$

$$\Delta V_Z = 0{,}54\text{ V}$$

e $\Delta VZ = 0{,}54V$

O potencial Zener resultante passa a ser

$$V_Z' = V_Z + 0{,}54\text{ V} = \mathbf{10{,}54\text{ V}}$$

o que não é uma alteração desprezível.

É importante compreender que, nesse caso, o coeficiente de temperatura foi positivo. Para diodos Zener com potenciais Zener inferiores a 5 V, é muito comum observar coeficientes de temperatura negativos, onde a tensão Zener cai mediante um aumento da temperatura. A Figura 1.48(a) fornece um gráfico de *T versus* corrente Zener para três níveis de diodo. Note que o diodo de 3,6 V tem um coeficiente de temperatura negativo, enquanto os outros apresentam valores positivos.

A mudança na resistência dinâmica em função da corrente para o diodo Zener em sua região de avalanche é fornecida pela Figura 1.48(b). Novamente, temos um diagrama dilog, que deve ser lido com atenção. Inicialmente, parece existir uma relação linear reversa entre a resistência dinâmica e a corrente Zener por causa da linha reta. Isso implicaria que, se a corrente for duplicada, a resistência cairá pela metade. Entretanto, é apenas o diagrama dilog que dá essa impressão, pois, se traçarmos a resistência dinâmica para o diodo Zener de 24 V *versus* a corrente utilizando escalas lineares, obteremos um gráfico quase exponencial na aparência. Observe que, em ambos os gráficos, a resistência dinâmica em correntes muito baixas que entra no joelho da curva é bem elevada, com cerca de 200 Ω. Por outro lado, em correntes Zener mais altas, longe do joelho, por exemplo, em 10 mA, a resistência dinâmica cai para cerca de 5 Ω.

A identificação dos terminais e o encapsulamento de alguns diodos Zener são mostrados na Figura 1.49. Sob muitos aspectos, sua aparência é semelhante à do diodo padrão. Algumas áreas de aplicação para o diodo Zener serão examinadas no Capítulo 2.

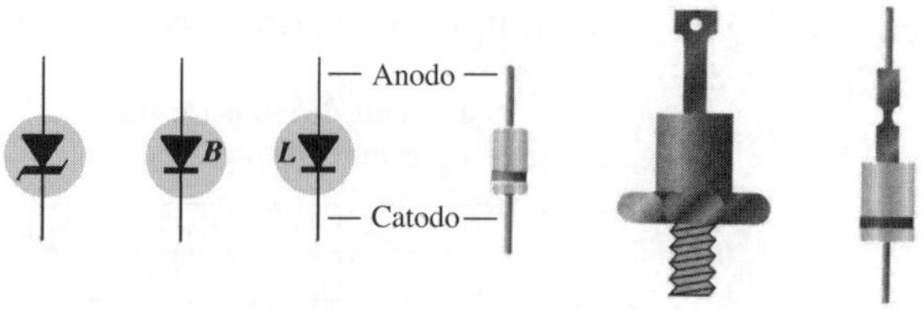

Figura 1.49 Identificação e símbolos de terminais Zener.

1.16 DIODOS EMISSORES DE LUZ

O uso crescente de *displays* digitais em calculadoras, relógios e todas as formas de instrumentação tem contribuído para um interesse cada vez maior em dispositivos que emitem luz quando devidamente polarizados. Atualmente, os dois tipos de uso comum que realizam essa função são o diodo emissor de luz (LED — *light-emitting diode*) e o *display* de cristal líquido (LCD — *liquid-crystal display*). Como o LED faz parte da família dos dispositivos de junção *p-n* e aparece em alguns dos circuitos nos próximos capítulos, ele será apresentado neste capítulo. O *display* LCD será descrito no Capítulo 16.

Como o nome indica, o diodo emissor de luz (LED) é aquele que emite luz visível ou invisível (infravermelha) quando energizado. Em qualquer junção *p-n* polarizada diretamente, existe, dentro da estrutura e principalmente próximo da junção, uma recombinação de lacunas e elétrons. Essa recombinação exige que a energia do elétron livre não ligado seja transferida para outro estado. Em todas as junções *p-n* semicondutoras, uma parte dessa energia será liberada na forma de calor e outra parte, na forma de fótons.

Em diodos de Si e Ge, a maior porcentagem de energia convertida durante a recombinação na junção é dissipada na forma de calor no interior da estrutura, e a luz emitida é insignificante.

Por essa razão, o silício e o germânio não são utilizados na construção de dispositivos de LED. Por outro lado:

Diodos de GaAs emitem luz (invisível) na zona de infravermelho durante o processo de recombinação na junção p-n.

Ainda que a luz não seja visível, LEDs infravermelhos possuem inúmeras aplicações nas quais a luz visível não é um efeito desejável. Incluem-se aí sistemas de segurança, processamento industrial, acoplamento óptico, controles de segurança como abridores de porta de garagem e entretenimento doméstico, nos quais a luz infravermelha do controle remoto é o elemento controlador.

Por meio de outras combinações de elementos, uma luz visível coerente pode ser gerada. A Tabela 1.9 fornece uma lista de semicondutores compostos comuns e a luz que eles emitem. Além disso, é listada a faixa típica de potenciais de polarização direta em cada caso.

A construção básica de um diodo emissor de luz aparece na Figura 1.50 com o símbolo padrão utilizado para o dispositivo. A superfície de condução metálica externa conectada ao material do tipo *p* é menor para permitir a emersão do número máximo de fótons de energia de luz quando o dispositivo é polarizado diretamente. Observe que, na figura, a recombinação dos portadores injetados devido à junção de polarização direta resulta em luz emitida no local da recombinação.

Pode haver, evidentemente, alguma absorção dos pacotes de energia do fóton na própria estrutura, mas uma porcentagem muito grande pode ser emitida, como mostra a figura.

Tabela 1.9 Diodos emissores de luz.

Cor	Construção	Tensão direta comum (V)
Âmbar	AlInGaP	2,1
Azul	GaN	5,0
Verde	GaP	2,2
Laranja	GaAsP	2,0
Vermelho	GaAsP	1,8
Branco	GaN	4,1
Amarelo	AlInGaP	2,1

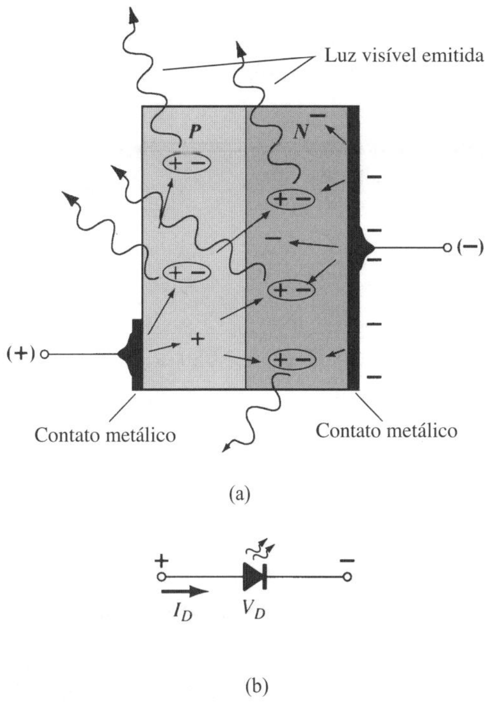

Figura 1.50 (a) Processo de eletroluminescência no LED; (b) símbolo gráfico.

Assim como diferentes sons têm diferentes espectros de frequência (geralmente, sons agudos têm componentes de alta frequência e sons baixos, uma variedade de componentes de baixa frequência), o mesmo se dá com as diferentes emissões de luz.

O espectro de frequência para a luz infravermelha estende-se de cerca de 100 THz (T = tera = 10^{12}) a 400 THz, com o espectro da luz visível estendendo-se de cerca de 400 a 750 THz.

É interessante notar que a luz invisível tem um espectro de frequência inferior ao da luz visível.

De modo geral, quando se trata da resposta de dispositivos eletroluminescentes, fala-se em seu comprimento de onda em vez de sua frequência.

As duas quantidades são relacionadas pela seguinte equação:

$$\boxed{\lambda = \frac{c}{f}} \quad \text{(m)} \qquad (1.15)$$

onde $c = 3 \times 10^8$ m/s (a velocidade da luz no vácuo)
f = frequência em Hertz
λ = comprimento de onda em metros

EXEMPLO 1.6

Usando a Equação 1.15, determine a faixa de comprimento de onda para a faixa de frequência de luz visível (400 THz–750 THz).

Solução:

$$c = 3 \times 10^8 \frac{\cancel{m}}{s}\left[\frac{10^9\text{ nm}}{\cancel{m}}\right] = 3 \times 10^{17}\text{ nm/s}$$

$$\lambda = \frac{c}{f} = \frac{3 \times 10^{17}\text{ nm/s}}{400\text{ THz}} = \frac{3 \times 10^{17}\text{ nm/s}}{400 \times 10^{12}\text{ Hz}} = 750\text{ nm}$$

$$\lambda = \frac{c}{f} = \frac{3 \times 10^{17}\text{ nm/s}}{750\text{ THz}} = \frac{3 \times 10^{17}\text{ nm/s}}{750 \times 10^{12}\text{ Hz}} = 400\text{ nm}$$

400 nm a 750 nm

Observe, nesse exemplo, a inversão resultante da frequência mais alta para o comprimento de onda menor. Isto é, a frequência mais alta resulta no comprimento de onda menor. Além disso, a maioria dos gráficos usa unidades de nanômetro (nm) ou angstrom (Å). Uma unidade de angstrom é igual a 10^{-10} m.

A resposta do olho humano médio, como visto na Figura 1.51, estende-se de cerca de 350 a 800 nm, com um pico próximo de 550 nm.

É interessante notar que o pico de resposta do olho é na cor verde, com o vermelho e o azul nas extremidades inferiores da curva de sino. A curva revela que um LED vermelho ou azul precisa ter uma eficiência muito maior do que um verde para ser visível na mesma intensidade. Em outras palavras, o olho é mais sensível à cor verde do que às demais. Tenha em mente que os comprimentos de onda mostrados representam o pico de resposta de cada cor. Todas as cores indicadas no gráfico terão uma curva de resposta em forma de sino, de tal modo que o verde, por exemplo, continuará visível a 600 nm, mas com um nível de intensidade mais baixo.

Na Seção 1.4, foi dito brevemente que o GaAs, com seu elevado *gap* de energia de 1,43 eV, tornava-se adequado a uma radiação eletromagnética de luz visível, enquanto o Si de 1,1 eV resultava principalmente em dissipação de calor na recombinação. O efeito dessa diferença nos *gaps* de energia pode ser explicado, até certo ponto, pela compreensão de que mover um elétron de um nível de energia distinto para outro requer uma quantidade específica de energia. A quantidade de energia envolvida é dada por

$$E_g = \frac{hc}{\lambda} \tag{1.16}$$

com E_g = joules (J)[1 eV = 1,6 × 10^{-19} J]
h = constante de Planck = 6,626 × 10^{-34} J · s.
c = 3 × 10^8 m/s
λ = comprimento de onda em metros

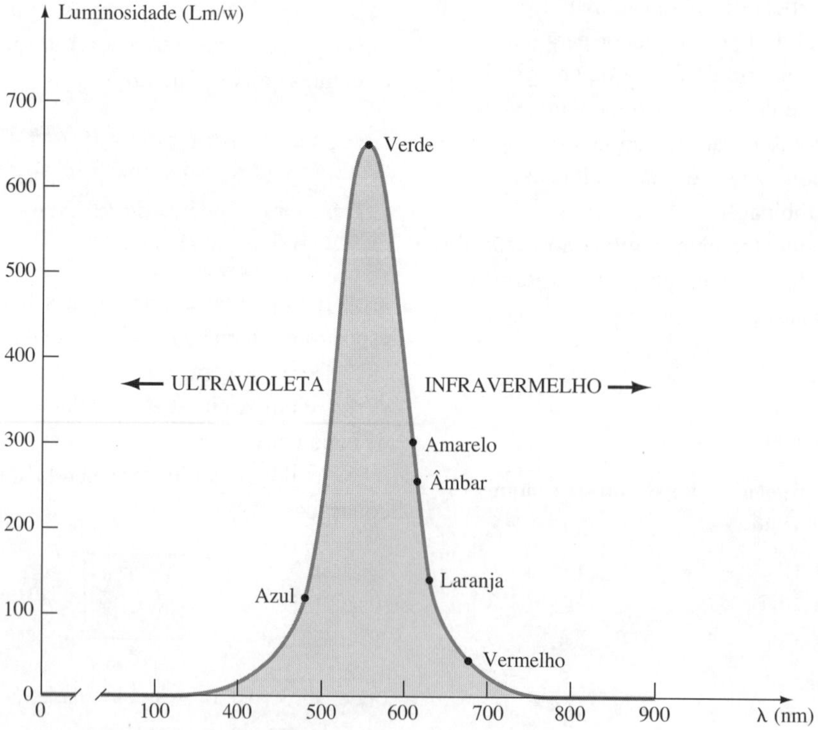

Figura 1.51 Curva de resposta-padrão do olho humano, mostrando que a resposta do olho à energia luminosa atinge um pico em verde e cai para o azul e o vermelho.

Se aplicarmos o valor do *gap* de energia de 1,43 eV para GaAs na equação, obteremos o seguinte comprimento de onda:

$$1{,}43\,\cancel{eV}\left[\frac{1{,}6 \times 10^{-19}\,\text{J}}{1\,\cancel{eV}}\right] = 2{,}288 \times 10^{-19}\,\text{J}$$

e

$$\lambda = \frac{hc}{E_g} = \frac{(6{,}626 \times 10^{-34}\,\text{J} \cdot \text{s})(3 \times 10^{8}\,\text{m/s})}{2{,}288 \times 10^{-19}\,\text{J}}$$
$$= 869\,\textbf{nm}$$

Para o silício, com $E_g = 1{,}1$ eV

λ = **1130 nm**

que está bem além da faixa visível da Figura 1.51.

O comprimento de onda de 869 nm coloca o GaAs na zona de comprimento de onda normalmente utilizada em dispositivos infravermelhos. Para um material composto como o GaAsP, com um *gap* de energia entre bandas de 1,9 eV, o comprimento de onda resultante é igual a 654 nm, que está no centro da zona vermelha, e faz dele um excelente composto semicondutor para a produção de LED. De modo geral, portanto:

O comprimento de onda e a frequência da luz de uma cor específica estão diretamente relacionados ao gap de energia do material.

Assim, um primeiro passo na produção de um semicondutor composto que possa ser usado para emitir luz é obter uma combinação de elementos que gere o *gap* de energia desejado.

O aspecto e as características de um LED miniatura vermelho de alta eficiência, fabricado pela Hewlett-Packard, são mostrados na Figura 1.52. Observe, na Figura 1.52(b), que a corrente direta máxima é de 60 mA e o valor típico de operação, 20 mA. No entanto, nas condições de teste indicadas na Figura 1.52(c), a corrente direta é de 10 mA. O valor de V_D sob condições de polarização direta aparece como V_F e estende-se de 2,2 a 3 V. Em outras palavras, pode-se esperar uma corrente de operação típica de cerca de 10 mA em 2,3 V para uma boa emissão de luz, como ilustra a Figura 1.52(e). Note, em particular, a curva característica típica de diodo para um LED, o que permitirá que técnicas de análise semelhantes sejam descritas no próximo capítulo.

Duas quantidades ainda não definidas surgem no tópico "Características elétricas/ópticas em T_A = 25 °C". São elas a *intensidade luminosa axial* (I_V) e a *eficiência luminosa* (η_V). A intensidade da luz é medida em *candelas*. Uma candela (cd) corresponde a um fluxo de luz de 4 π lúmens (lm) e equivale a uma iluminação de *1 vela-pé* em uma área de 1 pé^2 a 1 pé de distância da fonte de luz. Ainda que essa definição não forneça um claro entendimento da candela como unidade de medida, já é suficiente para que seu nível seja comparado entre dispositivos semelhantes. A Figura 1.52(f) é um gráfico normalizado da intensidade luminosa relativa *versus* corrente direta. O termo *normalizado* é frequentemente usado em gráficos para fornecer comparações de resposta a um nível específico.

Um gráfico normalizado é aquele em que a variável de interesse é representada com um nível específico, definido como o valor de referência com magnitude de um.

Na Figura 1.52(f), o nível normalizado é tomado em I_F = 10 mA. Perceba que a intensidade luminosa relativa é igual a 1 em I_F = 10 mA. O gráfico revela rapidamente que a intensidade da luz quase duplicou a uma corrente de 15 mA e é praticamente o triplo em uma corrente de 20 mA. É importante, portanto, notar que:

A intensidade de luz de um LED aumentará com a corrente direta até atingir um ponto de saturação no qual qualquer aumento adicional na corrente não tornará efetivamente maior o nível de iluminação.

Por exemplo, note, na Figura 1.52(g), que o aumento da eficiência relativa começa a se nivelar à medida que a corrente excede 50 mA.

O termo *eficiência* é, por definição, uma medida da capacidade de um sistema de produzir um efeito desejado. Para o LED, essa é a razão do número de lúmens gerados por watt aplicado de energia elétrica.

O gráfico da Figura 1.52(d) sustenta a informação que aparece na curva de resposta do olho na Figura 1.51. Como dito anteriormente, note a curva em forma de sino para a faixa de comprimentos de onda que resultará em cada cor. O valor de pico desse dispositivo aproxima-se de 630 nm, muito perto do valor de pico do LED vermelho de GaAsP. As curvas do verde e do amarelo são fornecidas apenas para fins de referência.

A Figura 1.52(h) é um gráfico da intensidade de luz *versus* o ângulo medido a partir de 0° (visão frontal do dispositivo na posição vertical) até 90° (vista da lateral). Note que a 40° a intensidade já caiu para 50% da intensidade inicial.

Uma das principais preocupações quando se utiliza um LED é a tensão de ruptura reversa, que normalmente fica entre 3 e 5 V (ocasionalmente, um dispositivo apresenta um nível de 10 V).

Essa faixa de valores é significativamente menor do que a de um diodo-padrão comercial, no qual ela pode estender-se até milhares de volts. Por conseguinte, é preciso

(a)

Especificações máximas absolutas a T_A = 25 °C

Parâmetro	*Vermelho de alta eficiência 4160*	*Unidades*
Dissipação de energia	120	mW
Corrente média direta	20[1]	mA
Corrente de pico direta	60	mA
Faixa de temperatura de operação e armazenamento	−55°C a 100°C	
Temperatura de solda dos terminais [1,6 mm (0,063 polegada) do corpo]	230°C por 3 segundos	

Observação: (1) Reduz a partir de 50 °C em 0,2 mV/°C.

(b)

Características elétricas/ópticas a T_A = 25 °C

Símbolo	*Descrição*	*Vermelho de alta eficiência 4160* Mín.	Típico	Máx.	*Unidades*	*Condições de teste*
I_V	Intensidade luminosa axial	1,0	3,0		mcd	I_F = 10 mA
$2\theta_{1/2}$	Ângulo incluído entre pontos de meia intensidade luminosa		80		grau	Nota 1
λ_{pico}	Comprimento de onda de pico		635		nm	Medida no pico
λ_d	Comprimento de onda dominante		628		nm	Nota 2
τ_s	Velocidade de resposta		90		ns	
C	Capacitância		11		pF	$V_F = 0; f = 1$ Mhz
θ_{JC}	Resistência térmica		120		°C/W	Junção ao terminal de catodo a 0,79 mm (0,031 polegada) do corpo
V_F	Tensão direta		2,2	3,0	V	$I_F = 10\ \mu A$
BV_R	Tensão reversa de ruptura	5,0			V	$I_R = 100\ \mu A$
η_v	Eficiência luminosa		147		lm/W	Nota 3

Observações:

1. $\theta_{1/2}$ é o ângulo fora do eixo no qual a intensidade luminosa é a metade da intensidade luminosa axial.
2. O comprimento de onda dominante, λ_d, deriva do diagrama de cromaticidade CIE e representa o comprimento de onda único que define a cor da luz emitida pelo dispositivo.
3. A intensidade radiante, I_e, em watts/esterradiano, pode ser encontrada por meio da equação $I_e = I_V/\eta_V$, onde I_v é a intensidade luminosa em candelas e η_V é a eficiência luminosa em lúmens/watt.

(c)

Figura 1.52 Miniatura de lâmpada vermelha de alta eficiência em estado sólido da Hewlett-Packard: (a) aparência; (b) especificações máximas absolutas; (c) características elétricas/ópticas; (d) intensidade relativa *versus* comprimento de onda; (e) corrente direta *versus* tensão direta; (f) intensidade luminosa relativa *versus* corrente direta; (g) eficiência relativa *versus* corrente de pico; (h) intensidade luminosa relativa *versus* disposição angular. (*continua*)

estar bem ciente dessa grave limitação na fase de projeto. No próximo capítulo, uma abordagem de proteção será discutida.

Na análise e no projeto de circuitos com LEDs, é útil ter uma noção dos níveis de tensão e corrente a serem esperados.

Por muitos anos, as únicas cores disponíveis eram verde, amarelo, laranja e vermelho, permitindo a utilização dos valores médios de V_F = 2 V e I_F = 20 mA para obter um nível de operação aproximado.

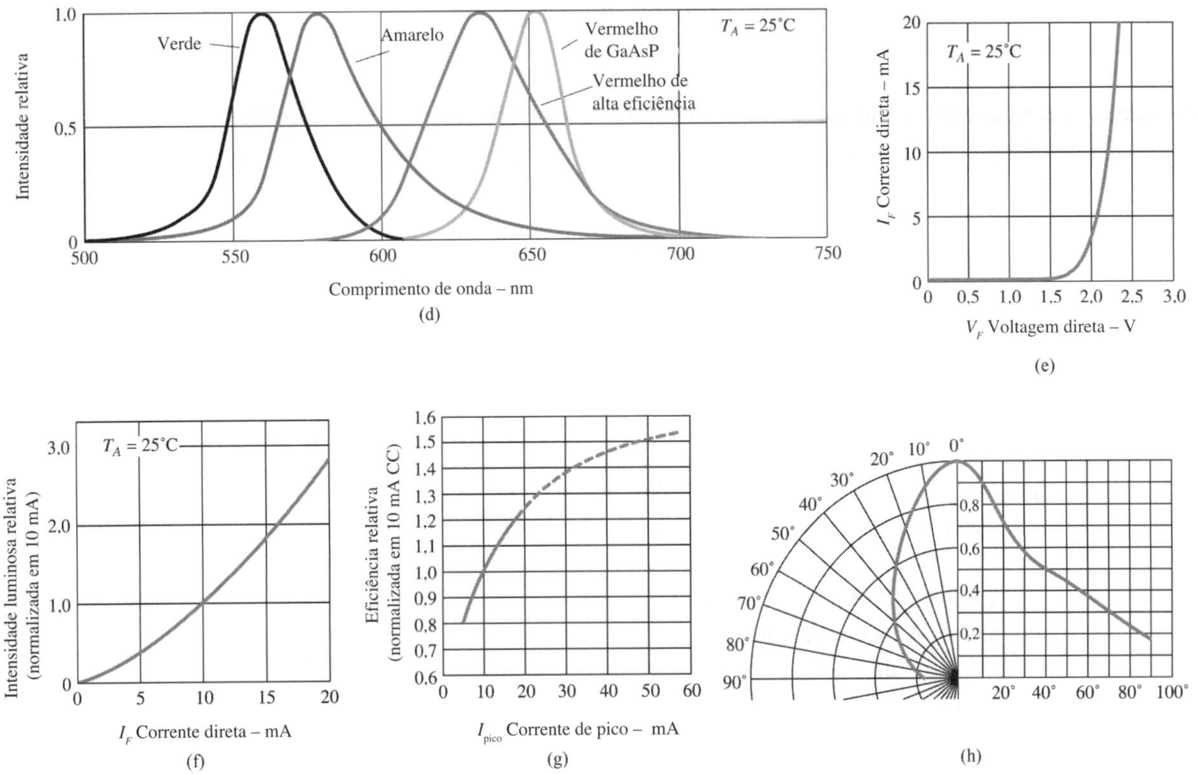

Figura 1.52 Continuação.

No entanto, com a introdução do azul, no início da década de 90, e do branco, no fim dela, a magnitude desses dois parâmetros mudou. No caso do azul, a tensão média de polarização direta pode chegar a 5 V e, para o branco, cerca de 4,1 V, embora ambos tenham uma corrente de operação comum de 20 mA ou mais. De modo geral, portanto:

Deve-se admitir uma tensão média de polarização direta de 5 V para LEDs azuis e de 4 V para os brancos em correntes de 20 mA para iniciar uma análise de circuitos com esses tipos de LED.

Periodicamente, é lançado um dispositivo que parece abrir um novo leque de possibilidades. Esse é o caso da introdução de LEDs brancos, cujo início lento deve-se principalmente ao fato de que essa não é uma cor primária como verde, azul e vermelho. Qualquer outra cor que se faça necessária, como em uma tela de TV, pode ser gerada a partir dessas três cores (como em praticamente todos os monitores disponíveis hoje em dia). Sim, a combinação certa dessas três cores pode produzir o branco — difícil de acreditar, mas é assim que funciona. A melhor prova disso é o olho humano, que só possui cones sensíveis a vermelho, verde e azul. O cérebro é responsável pelo processamento da entrada e da percepção da luz e da cor "branca" que enxergamos em nosso cotidiano. O mesmo raciocínio foi usado para gerar alguns dos primeiros LEDs brancos, combinando em um único encapsulamento as proporções corretas de um LED vermelho, um verde e um azul. Atualmente, porém, a maioria dos LEDs brancos é desenvolvida a partir de um LED de *nitreto de gálio* azul sob um filme de fósforo de YAG (*yttrium-aluminum garnet* — cristal de ítrio e alumínio). Quando a luz azul atinge o fósforo, uma luz amarela é gerada. A mistura dessa emissão amarela com a do LED azul central forma uma luz branca — inacreditável, porém real.

Visto que a maior parte da iluminação de residências e escritórios é a luz branca, agora temos outra opção em relação à iluminação incandescente e à fluorescente. As características robustas da luz branca de LED, associadas a uma durabilidade que excede 25 mil horas, sugerem claramente que esse será um concorrente real no futuro próximo. Várias empresas passaram a oferecer lâmpadas LED de reposição para quase todas as aplicações possíveis. Algumas têm valores de eficiência que chegam a 135,7 lúmens por watt, ultrapassando em muito os 25 lúmens por watt de alguns anos atrás. Prevê-se que, em breve, 7 W de potência serão capazes de gerar 1.000 lm de luz, o que excede a iluminação de uma lâmpada de 60 W e pode funcionar com bateria de quatro células D. Imagine a mesma luminosidade com menos de 1/8 de demanda de potência. Atualmente, escritórios, *shopping centers*, iluminação pública, instalações desportivas etc. estão sendo projetados utilizando apenas iluminação LED. Recentemente, os LEDs passaram a ser a escolha comum para lanternas e muitos automóveis de luxo por causa da forte intensidade com menos requisitos de alimentação CC. O tubo de luz da Figura 1.53(a) substitui a lâmpada fluorescente comumente encontrada nas luminárias de teto, tanto residenciais quanto industriais. Não só elas consomem 20% menos energia enquanto proporcionam 25% mais luminosidade como também duram o dobro do tempo de uma lâmpada fluorescente padrão. A lâmpada tipo *spot* da Figura 1.53(b) consome 1,7 watts para cada 140 lúmens de luz, resultando em uma enorme economia de energia de 90% em comparação com o tipo incandescente. As lâmpadas de candelabro da Figura 1.53(c) têm uma vida útil de 50 mil horas e consomem apenas 3 watts de potência enquanto geram 200 lúmens de luz.

Antes de passar para outro assunto, vamos analisar um *display* digital de sete segmentos alojado em um encapsulamento comum de circuito integrado em linha dupla (Dual in line Package — DIP), como mostrado na Figura 1.54. Ao energizar os pinos certos com um nível padrão de 5 V CC, vários LEDs podem ser energizados e o numeral desejado, exibido. Na Figura 1.54(a), os pinos são definidos olhando-se para o *display* e contando-se em sentido anti-horário a partir do pino superior esquerdo. A maioria dos *displays* de sete segmentos é de anodo comum ou catodo comum, sendo que o termo *anodo* refere-se ao lado positivo definido de cada diodo, e o *catodo*, ao lado negativo. Para a opção de catodo comum, os pinos têm as funções listadas na Figura 1.54(b) e aparecem como na Figura 1.54(c). Na configuração de catodo comum, todos os catodos são conectados entre si para formar um ponto comum para o lado negativo de cada LED. Qualquer LED com uma tensão positiva de 5 V aplicada ao anodo ou a um lado do pino enumerado se ligará e produzirá luz para esse segmento. Na Figura 1.54(c), 5 V foram aplicados aos terminais que geram o número 5. Para esse dispositivo em particular, a tensão média direta de ligação é de 2,1 V a uma corrente de 10 mA.

Várias configurações de LED serão examinadas no próximo capítulo.

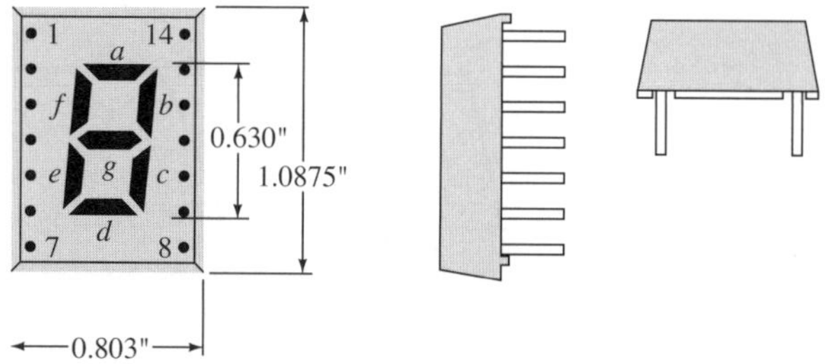

(a)

Catodo comum

Número do pino/função

1. Anodo f
2. Anodo g
3. Sem pino
4. Catodo comum
5. Sem pino
6. Anodo e
7. Anodo d
8. Anodo c
9. Anodo d
10. Sem pino
11. Sem pino
12. Catodo comum
13. Anodo b
14. Anodo a

(b)

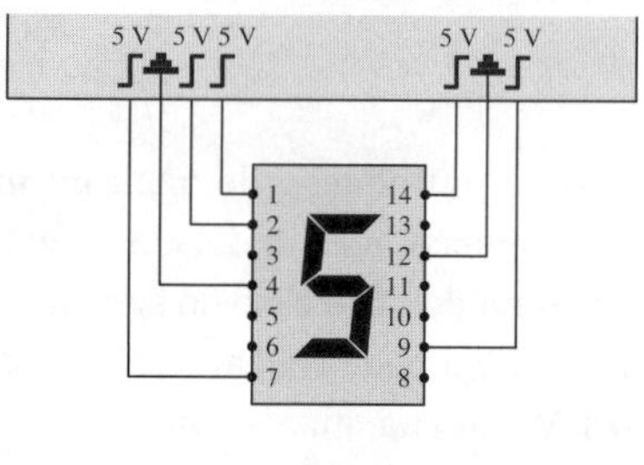

(c)

Figura 1.54 *Display* de sete segmentos: (a) vista frontal com identificação dos pinos; (b) funções dos pinos; (c) exibição do número 5.

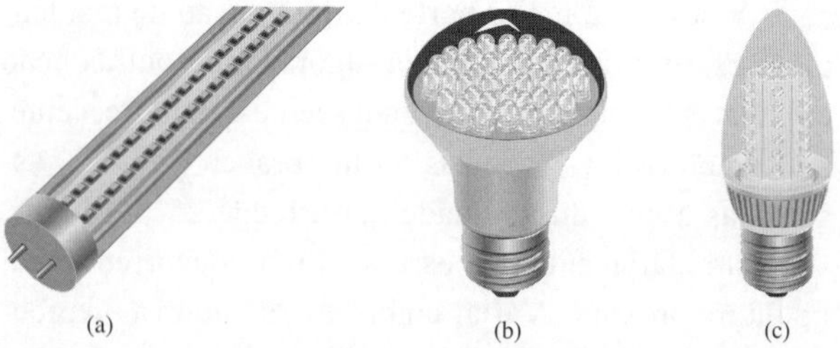

(a) (b) (c)

Figura 1.53 Iluminação LED residencial e comercial.

1.17 RESUMO

Conclusões e conceitos importantes

1. As características de um diodo ideal são semelhantes às de uma **chave simples**, exceto pelo fato importante de que um diodo ideal pode **conduzir em um único sentido**.
2. O diodo ideal é um **curto** na região de condução e um **circuito aberto** na região de não condução.
3. Semicondutor é o material que possui nível de condutividade **entre** o de um bom condutor e o de um isolante.
4. Uma ligação de átomos reforçada pelo **compartilhamento de elétrons** entre átomos vizinhos é chamada de ligação covalente.
5. O aumento de temperaturas causa um **aumento significativo** do número de elétrons livres em um material semicondutor.
6. A maioria dos materiais semicondutores utilizados na indústria eletrônica possui **coeficientes de temperatura negativos**, ou seja, a resistência cai com o aumento de temperatura.
7. Materiais intrínsecos são os semicondutores que possuem um **nível bastante baixo de impurezas**, ao passo que os materiais extrínsecos são os que foram **expostos a um processo de dopagem**.
8. O material do tipo *n* é formado pela adição de átomos **doadores** que possuem **cinco** elétrons de valência para estabelecer um alto nível de elétrons relativamente livres. Em um material do tipo *n*, o **elétron é o portador majoritário** e a lacuna é o portador minoritário.
9. O material do tipo *p* é formado pela adição de átomos **receptores** com **três** elétrons de valência que estabelecem um alto nível de lacunas no material. No material do tipo *p*, a lacuna é o portador majoritário e o elétron é o minoritário.
10. A região próxima da junção de um diodo que possui poucos portadores é chamada região de **depleção**.
11. Na **ausência** de qualquer polarização externa aplicada, a corrente no diodo é igual a zero.
12. Na região de polarização direta, a corrente no diodo **aumenta exponencialmente** com o aumento da tensão no diodo.
13. Na região de polarização reversa, a corrente no diodo é a **corrente de saturação reversa, muito pequena**, até que ocorra a ruptura por efeito Zener e a corrente flua no sentido oposto ao indicado pelo símbolo do diodo.
14. A corrente de saturação reversa I_s praticamente **dobra** de valor para cada aumento de 10 °C na temperatura.
15. A resistência CC de um diodo é determinada pela **relação** entre a tensão e a corrente no diodo no ponto de interesse e **não é sensível** ao formato da curva. A resistência CC **diminui** com o aumento da corrente ou da tensão no diodo.
16. A resistência CA de um diodo é sensível ao formato da curva na região de interesse e diminui para valores mais altos de corrente ou tensão no diodo.
17. A tensão limiar é de aproximadamente **0,7 V** para os diodos de silício e **0,3 V** para os diodos de germânio.
18. O valor da máxima dissipação de potência de um diodo é igual ao **produto** da tensão e da corrente no diodo.
19. A capacitância de um diodo **aumenta exponencialmente** com o aumento da tensão de polarização direta. Seus níveis mais baixos estão na região de polarização reversa.
20. O sentido de condução de um diodo Zener é **oposto** ao da seta no símbolo, e a tensão Zener possui polaridade oposta à de um diodo com polarização direta.
21. Diodos Emissores de Luz (LEDs) emitem luz sob **condições de polarização direta**, mas requerem de 2 a 4 V para uma boa emissão.

Equações

$$I_D = I_s(e^{V_D/nV_T} - 1)$$

$$V_T = \frac{kT}{q}$$

$$T_K = T_C + 273°$$

$$k = 1{,}38 \times 10^{-23}\ \text{J/K}$$

$$V_K \cong 0{,}7\ \text{V (Si)}$$

$$V_K \cong 1{,}2\ \text{V (GaAs)}$$

$$V_K \cong 0{,}3\ \text{V (Ge)}$$

$$R_D = \frac{V_D}{I_D}$$

$$r_d = \frac{\Delta V_d}{\Delta I_d} = \frac{26\ \text{mV}}{I_D}$$

$$r_{av} = \left.\frac{\Delta V_d}{\Delta I_d}\right|_{\text{pt. a pt.}}$$

$$P_{D_{\text{máx}}} = V_D I_D$$

1.18 ANÁLISE COMPUTACIONAL

Dois pacotes de *software* desenvolvidos para analisar circuitos eletrônicos serão apresentados e aplicados em todo o livro. Eles incluem o **Cadence OrCAD, versão 16.3** (Figura 1.55) e o **Multisim, versão 11.0.1** (Figura 1.56). O conteúdo foi escrito com detalhes suficientes para assegurar que o leitor não precise consultar nenhuma outra literatura de computação para usar ambos os programas.

Figura 1.55 Pacote Cadence OrCAD Design, versão 16.3. (Foto: Dan Trudden/Pearson)

Figura 1.56 Multisim 11.0.1. (Foto: Dan Trudden/Pearson)

Aqueles que utilizaram qualquer um desses programas no passado vão achar que as mudanças são pequenas e aparecem principalmente na parte frontal e na geração de dados e gráficos específicos.

A razão para a inclusão de dois programas deriva do fato de que ambos são utilizados por toda a comunidade educacional. O *software* OrCAD tem uma área de investigação mais ampla, mas o Multisim gera telas que se adaptam melhor à experiência laboratorial real.

A versão demo do OrCAD é fornecida gratuitamente pela Cadence Design Systems, Inc. e pode ser baixada diretamente do *website* da empresa: <http://www.cadence.com/products/orcad/pages/downloads.aspx>. O Multisim deve ser adquirido da **National Instruments Corporation** pelo *website* <http://www.ni.com/multisim/>.

Em edições anteriores, o pacote do OrCAD era considerado um programa **PSpice** principalmente por ser um subconjunto de uma versão mais sofisticada, amplamente usada na indústria, chamada **SPICE**. Daí o emprego do termo PSpice nas descrições a seguir ao iniciarmos uma análise utilizando o *software* OrCAD.

O processo de *download* de cada pacote de *software* será apresentado agora, assim como o aspecto geral da tela resultante.

OrCAD

Instalação:

Insira o DVD **OrCAD Release 16.3** na unidade de disco para abrir a tela do *software* **Cadence OrCAD 16.3**.

Selecione **Demo Installation** e a caixa de diálogo **Preparing Setup** se abrirá, seguida pela mensagem **Welcome to the Installation Wizard for OrCAD 16.3 Demo**. Selecione **Next** e a caixa de diálogo **License Agreement** será aberta. Escolha **I accept** e selecione **Next** para abrir a caixa de diálogo **Choose Destination**, mostrando **Install OrCAD 16.3 Demo Accept C:\OrCAD\OrCAD_16.3 Demo**.

Selecione **Next** e a caixa de diálogo **Start Copying Files** se abrirá. Escolha **Select** novamente e a caixa de diálogo **Ready to Install Program** será aberta. Clique em **Install** e a caixa **Installing Crystal Report Xii** aparecerá. A caixa de diálogo **Setup** se abrirá com a mensagem: **Setup status installs program**. Agora, o **Install Wizard** está instalando o OrCAD 16.3 Demo.

Ao final, aparecerá uma mensagem: **Searching for and adding programs to the Windows firewall exception list. Generating indexes for Cadence Help. This may take some time**.

Quando o processo for concluído, selecione **Finish** e a tela do **Cadence OrCAD 16.3** aparecerá. O *software* foi instalado.

Ícone de tela: o ícone de tela pode ser estabelecido (se não aparecer automaticamente) aplicando-se a sequência a seguir. **START-All Programs-Cadence--OrCAD 16.3 Demo-OrCAD Capture CIS Demo**, seguido de um clique no botão direito do *mouse* para obter uma listagem, na qual você deverá escolher **Send to** e depois **Desktop (criar atalho)**. O ícone do OrCAD surgirá em seguida na tela e poderá ser movido para o local apropriado.

Criação de pasta: começando com a tela de abertura do OrCAD, clique com o botão direito do mouse na opção **Start**, no canto inferior esquerdo. Em seguida, escolha **Explore** e depois **Hard Drive (C:)**. Então, coloque o mouse sobre a listagem de pastas e dê um clique no botão direito para obter uma listagem com várias opções. Escolha **New**, seguido por **Folder** e digite **OrCAD 11.3** na área fornecida na tela, depois dê um clique no botão direito do mouse. Um local para todos os arquivos gerados usando OrCAD foi estabelecido.

Multisim

Instalação:

Insira o disco Multisim na unidade de disco de DVD para obter a caixa de diálogo **Autoplay**. Em seguida, selecione **Always do this for software and games** e depois **Auto-run** para abrir a caixa de diálogo **NI Circuit Design Suite 11.0**.

Digite o nome completo a ser usado e forneça o número de série. (Esse número aparece no Certificado de Propriedade que acompanha o pacote do NI Circuit Design Suite.)

A seleção de **Next** resultará na caixa de diálogo **Destination Directory**, na qual você deve escolher **Accept** para o seguinte: **C:\Program Files(X86) National Instruments**. Selecione **Next** para abrir a caixa de diálogo **Features** e depois **NI Circuit Design Suite 11.0.1 Education**.

A seleção de **Next** resultará na caixa de diálogo **Product Notification** e outro **Next** resultará na caixa de diálogo **License Agreement**. Um clique no botão esquerdo do *mouse* sobre **I accept** pode, então, ser seguido pela escolha de **Next** para obter a caixa de diálogo **Start Installation**. Outro clique no botão esquerdo do *mouse* e o processo de instalação começará, com seu progresso sendo exibido. O processo demora entre 15 e 20 minutos.

Na conclusão da instalação, você será solicitado a instalar o **NI Elvismx driver DVD**. Desta vez, selecione **Cancel**, e a caixa de diálogo **NI Circuit Design Suite 11.0.1** aparecerá com a seguinte mensagem: **NI Circuit Design Suite 11.0.1 has been installed**. Clique em **Finish**, e a resposta será a de reiniciar o computador para completar a operação. Selecione **Restart**, e o computador será desligado para iniciar de novo, seguido pelo surgimento da caixa de diálogo **Multisim Screen**.

Selecione **Activate** e em seguida **Activate through secure Internet connection** para que a caixa de diálogo **Activation Wizard** seja aberta. Digite o **número de série**, seguido por **Next** para inserir todas as informações na caixa de diálogo **NI Activation Wizard**. Selecionar **Next** resultará na opção de **Send me an email confirmation of this activation**. Selecione essa opção, e a mensagem **Product successfully activated** aparecerá. Selecione **Finish** para concluir o processo.

Ícone de tela: o processo descrito para o programa OrCAD produzirá os mesmos resultados para o Multisim.

Criação de pasta: seguindo o procedimento já apresentado para o programa OrCAD, uma pasta chamada OrCAD 16.3 foi criada para os arquivos Multisim.

A seção de informática do próximo capítulo abordará os detalhes da abertura de ambos os pacotes de análise, OrCAD e Multisim, criando um circuito específico e gerando uma variedade de resultados.

PROBLEMAS

**Nota:* asteriscos indicam os problemas mais difíceis.

Seção 1.3 Ligações covalentes e materiais intrínsecos

1. Esboce a estrutura atômica do cobre e discuta por que ele é um bom condutor e como sua estrutura é diferente da do germânio, do silício e do arseneto de gálio.
2. Defina com suas próprias palavras o que significam material intrínseco, coeficiente de temperatura negativo e ligação covalente.
3. Pesquise e liste três materiais que tenham um coeficiente de temperatura negativo e três que tenham um coeficiente de temperatura positivo.

Seção 1.4 Níveis de energia

4. **a)** Qual é a energia em joules necessária para mover uma carga de 12 μC através de uma diferença de potencial de 6 V?
   b) Descubra a energia em elétron-volts para o item (a).
5. Se 48 eV de energia são necessários para mover uma carga através de uma diferença de potencial de 3,2 V, determine a carga envolvida.
6. Pesquise e determine o nível de E_g para GaP, ZnS e GaAsP, três materiais semicondutores usados na prática. Determine também o nome de cada material.

Seção 1.5 Materiais dos tipos *n* e *p*

7. Explique a diferença entre os materiais semicondutores do tipo *n* e do tipo *p*.
8. Explique a diferença entre as impurezas doadoras e aceitadoras.
9. Explique a diferença entre portador majoritário e minoritário.
10. Esboce a estrutura atômica do silício e insira um átomo de arsênio como impureza, conforme demonstrado para o silício na Figura 1.7.
11. Repita o Problema 10, mas insira agora um átomo de índio como impureza.
12. Pesquise e encontre outra explicação para fluxo de lacunas *versus* fluxo de elétrons. Utilizando ambas as explicações, descreva com suas próprias palavras o processo da condução de lacunas.

Seção 1.6 Diodo semicondutor

13. Descreva com suas próprias palavras as condições estabelecidas pelas situações de polarização direta e reversa em um diodo de junção *p-n* e como elas afetam a corrente resultante.
14. Explique como você se lembrará dos estados de polarização direta e reversa do diodo de junção *p-n*. Ou seja, como se lembrará de qual potencial (positivo ou negativo) é aplicado a um determinado terminal?
15. **a)** Determine a tensão térmica de um diodo a uma temperatura de 20 °C.
    b) Para o mesmo diodo do item (a), determine a corrente do diodo usando a Equação 1.2, se I_s = 40 nA, n = 2 (valor baixo de V_D) e a tensão de polarização aplicada é de 0,5 V.
16. Repita o Problema 15 para T = 100 °C (ponto de ebulição da água). Considere que I_s aumentou para 5,0 μA.
17. **a)** Utilizando a Equação 1.2, determine a corrente de diodo a 20 °C para um diodo de silício com n = 2, I_s = 0,1 μA em um potencial de polarização reversa de –10 V.
    b) O resultado é o esperado? Por quê?

18. Dada uma corrente de diodo de 8 mA e $n = 1$, determine I_s, se a tensão aplicada é igual a 0,5 V e tem-se temperatura ambiente (25 °C).

***19.** Dada uma corrente de diodo de 6 mA, $V_T = 26$ mV, $n = 1$ e $I_s = 1$ nA, determine a tensão aplicada V_D.

20. **a)** Trace a função de $y = e^x$ de 0 a 10. Por que é difícil traçar esse gráfico?
b) Qual é o valor de $y = e^x$ para $x = 0$?
c) Com base nos resultados do item (b), por que o fator –1 é importante na Equação 1.2?

21. Na região de polarização reversa, a corrente de saturação de um diodo de silício é de cerca de 0,1 μA ($T = 20$ °C). Determine seu valor aproximado, se a temperatura for aumentada 40 °C.

22. Compare as características de um diodo de silício e de germânio e determine qual você prefere para a maioria das aplicações práticas. Dê alguns detalhes. Consulte a lista de diodos de um fabricante e compare as características de um diodo de germânio e de silício de especificações máximas semelhantes.

23. Determine a queda de tensão direta através do diodo cujas características aparecem na Figura 1.19, a temperaturas de –75 °C, 25 °C e 125 °C e com uma corrente de 10 mA. Para cada temperatura, determine o valor da corrente de saturação. Compare os extremos de cada uma e comente a razão entre as duas.

Seção 1.7 O ideal *versus* o prático

24. Explique com suas próprias palavras o significado da palavra *ideal* aplicada a um dispositivo ou sistema.

25. Explique com suas próprias palavras as características do diodo *ideal* e como elas determinam os estados ligado e desligado do dispositivo. Ou seja, por que os equivalentes de curto-circuito e de circuito aberto são adequados.

26. Qual é a principal diferença entre as características de uma chave simples e as de um diodo ideal?

Seção 1.8 Níveis de resistência

27. Determine a resistência estática ou CC do diodo da Figura 1.15 para uma corrente direta de 4 mA.

28. Repita o Problema 27 para uma corrente direta de 15 mA e compare os resultados.

29. Determine a resistência estática ou CC do diodo comercialmente disponível da Figura 1.15 para uma tensão reversa de –10 V. Como isso se compara com o valor determinado para uma tensão reversa de –30 V?

30. Calcule as resistências CC e CA do diodo da Figura 1.15 para uma corrente direta de 10 mA e compare suas magnitudes.

31. **a)** Determine a resistência dinâmica (CA) do diodo da Figura 1.15 para uma corrente direta de 10 mA, usando a Equação 1.5.
b) Determine a resistência dinâmica (CA) do diodo da Figura 1.15 para uma corrente direta de 10 mA, usando a Equação 1.6.
c) Compare as soluções dos itens (a) e (b).

32. Usando a Equação 1.5, determine a resistência CA para as correntes de 1 mA e 15 mA no diodo da Figura 1.15. Compare as soluções e desenvolva uma conclusão geral que considere a resistência CA e os níveis crescentes de corrente no diodo.

33. Usando a Equação 1.6, determine a resistência CA para as correntes de 1 e 15 mA no diodo da Figura 1.15. Modifique a equação, conforme necessário, para níveis baixos de corrente no diodo. Compare com os resultados obtidos no Problema 32.

34. Determine a resistência CA média para o diodo da Figura 1.15, para a região entre 0,6 e 0,9 V.

35. Determine a resistência CA para o diodo da Figura 1.15 em 0,75 V e compare com a resistência CA média obtida no Problema 34.

Seção 1.9 Circuitos equivalentes do diodo

36. Determine o circuito equivalente linear por partes para o diodo da Figura 1.15. Use um segmento de reta que cruze com o eixo horizontal em 0,7 V e que melhor aproxime a curva para a região acima de 0,7 V.

37. Repita o Problema 36 para o diodo da Figura 1.27.

38. Encontre o circuito equivalente linear por partes para os diodos de germânio e de arseneto de gálio da Figura 1.18.

1.10 Capacitância de transição e difusão

***39.** **a)** Tomando como base a Figura 1.33, determine a capacitância de transição para potenciais de polarização reversa de –25 e –10 V. Determine a razão entre a variação do valor de capacitância e a variação na tensão.
b) Repita o item (a) para potenciais de polarização reversa de –10 e –1 V. Determine a razão entre a variação do valor da capacitância e a variação no valor da tensão.
c) Compare as razões determinadas nos itens (a) e (b). Conclua qual faixa de operação possui mais áreas de aplicação prática.

40. Com base na Figura 1.33, determine a capacitância de difusão para 0 e 0,25 V.

41. Explique com suas próprias palavras a diferença entre as capacitâncias de difusão e transição.

42. Determine a reatância apresentada por um diodo descrito pela curva característica da Figura 1.33, para um potencial direto de 0,2 V e para um potencial reverso de –20 V, se a frequência aplicada for de 6 MHz.

43. A capacitância de transição sem polarização de um diodo de silício é 8 pF com $V_K = 0{,}7$ V e $n = 1/2$. Qual a capacitância de transição, se o potencial de polarização reversa aplicada for 5 V?

44. Determine o potencial de polarização reversa aplicada, se a capacitância de transição de um diodo de silício é de 4 pF, mas o valor sem polarização é 10 pF com $n = 1/3$ e $V_K = 0{,}7$ V.

Seção 1.11 Tempo de recuperação reversa

45. Esboce a forma de onda para a corrente i do circuito da Figura 1.57, se $t_t = 2t_s$, sendo o tempo de recuperação reversa total de 9 ns.

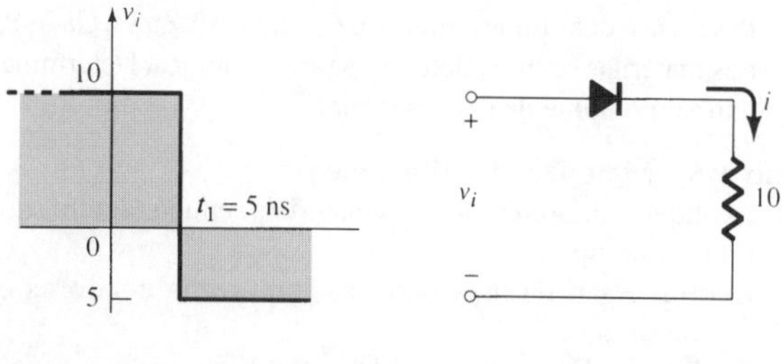

Figura 1.57 Problema 45.

Seção 1.12 Folhas de dados do diodo

*46. Trace I_F *versus* V_F usando escalas lineares para o diodo da Figura 1.37. Observe que o gráfico apresentado emprega escala logarítmica para o eixo vertical (escalas logarítmicas são abordadas nas seções 9.2 e 9.3).

47. a) Comente a variação no valor da capacitância com o aumento do potencial de polarização reversa para o diodo da Figura 1.37.
    b) Qual é o nível de $C(0)$?
    c) Usando $V_K = 0{,}7$ V, determine o nível de n na Equação 1.9.

48. A corrente de saturação reversa do diodo da Figura 1.37 varia significativamente em amplitude para potenciais de polarização reversa na faixa de –25 a –100 V?

*49. Para o diodo da Figura 1.37, determine o valor de I_R à temperatura ambiente (25 °C) e para o ponto de ebulição da água (100 °C). A mudança é significativa? O valor quase dobra para cada 10 °C de aumento na temperatura?

50. Para o diodo da Figura 1.37, determine a resistência CA (dinâmica) máxima para uma corrente direta de 0,1, 1,5 e 20 mA. Compare os valores e comente se os resultados confirmam as conclusões obtidas das seções anteriores deste capítulo.

51. Usando as características apresentadas na Figura 1.37, determine os valores de dissipação de potência máxima para o diodo à temperatura ambiente (25 °C) e a 100 °C. Assumindo-se que V_F permaneça fixo em 0,7 V, como o valor máximo de I_F variou entre os dois níveis de temperatura?

52. Usando as curvas características apresentadas na Figura 1.37, determine a temperatura na qual a corrente no diodo terá 50% de seu valor à temperatura ambiente (25 °C).

Seção 1.15 Diodos Zener

53. As seguintes características são especificadas para um determinado diodo Zener: $V_Z = 29$ V, $V_R = 16{,}8$ V, $I_{ZT} = 10$ mA, $I_R = 20$ µA e $I_{ZM} = 40$ mA. Esboce a curva característica do modo exibido na Figura 1.47.

*54. Em que temperatura o diodo Zener de 10 V da Figura 1.47 apresentará uma tensão nominal de 10,75 V? (*Dica*: observe os dados na Tabela 1.7.)

55. Determine o coeficiente de temperatura de um diodo Zener de 5 V (estimado em 25 °C), se a tensão nominal cair para 4,8 V a uma temperatura de 100 °C.

56. Usando as curvas da Figura 1.48(a), que valor para o coeficiente de temperatura se espera para um diodo de 20 V? Repita isso para um diodo de 5 V. Suponha uma escala linear entre os níveis de tensão nominal e um nível de corrente de 0,1 mA.

57. Determine a impedância dinâmica para o diodo de 24 V com $I_Z = 10$ mA da Figura 1.48(b). Observe que essa é uma escala logarítmica.

*58. Compare os valores de impedância dinâmica do diodo de 24 V da Figura 1.48(b) para valores de corrente de 0,2, 1 e 10 mA. Qual a relação entre os resultados e o aspecto da curva característica nessa região?

Seção 1.16 Diodos emissores de luz

59. Com base na Figura 1.52(e), qual seria um valor apropriado de V_K para esse dispositivo? Compare com o valor obtido de V_K para o silício e o germânio.

60. Dado que $E_g = 0{,}67$ eV para o germânio, determine o comprimento de onda da resposta solar máxima para o material. Os fótons nesse comprimento de onda têm um nível de energia inferior ou superior?

61. Utilizando as informações oferecidas pela Figura 1.52, determine a tensão direta através do diodo, se a intensidade luminosa relativa for de 1,5.

*62. a) Qual é o aumento percentual na eficiência relativa do dispositivo da Figura 1.52, se a corrente de pico for aumentada de 5 para 10 mA?
    b) Repita o item (a) aumentando de 30 mA para 35 mA (o mesmo aumento na corrente).
    c) Compare o aumento percentual dos itens (a) e (b). Em que ponto da curva você diria que há um ganho muito pequeno para aumentos adicionais na corrente de pico?

63. a) Se a intensidade luminosa em uma disposição angular de 0° for de 3,0 mcd para o dispositivo da Figura 1.52, em que ângulo ela será de 0,75 mcd?
    b) Em que ângulo a redução da intensidade luminosa é maior do que 50%?

*64. Esboce a curva de redução de corrente para a corrente direta média do LED vermelho de alta eficiência da Figura 1.52 conforme determinado pela temperatura. (Observe os valores máximos absolutos.)

Aplicações do diodo

Objetivos

- Compreender o conceito de análise por reta de carga e como ele se aplica a circuitos com diodo.
- Familiarizar-se com o uso de circuitos equivalentes para analisar circuitos com diodo em série, em paralelo e em série-paralelo.
- Compreender o processo de retificação para estabelecer um nível CC a partir de uma entrada CA senoidal.
- Ser capaz de prever a resposta de saída de uma configuração de diodo ceifador e grampeador.
- Familiarizar-se com a análise e a gama de aplicações de diodos Zener.

2.1 INTRODUÇÃO

A estrutura, as características e os modelos de diodos semicondutores foram apresentados no Capítulo 1. Este capítulo desenvolverá um conhecimento funcional do diodo em diversas configurações utilizando modelos apropriados a cada tipo de aplicação. Ao final do capítulo, o padrão fundamental do comportamento dos diodos em circuitos CC e CA deverá estar claramente compreendido. Os conceitos aprendidos neste capítulo serão significativos nos seguintes. Por exemplo, diodos são empregados com frequência na descrição da fabricação básica de transistores e na análise de circuitos transistorizados nos domínios CC e CA.

Este capítulo revelará um aspecto interessante e muito útil do estudo de áreas como a dos dispositivos e sistemas eletrônicos:

Uma vez compreendido o funcionamento básico de um dispositivo, é possível examinar sua função e resposta em uma variedade infinita de configurações.

Em outras palavras, agora que temos um conhecimento básico das características de um diodo juntamente com sua resposta a tensões e correntes aplicadas, podemos usar esse conhecimento para examinar uma grande variedade de circuitos. Não há necessidade de reexaminar a resposta do dispositivo para cada aplicação.

De modo geral:

A análise de circuitos eletrônicos pode seguir um dos dois caminhos: usar as características reais ou aplicar um modelo aproximado para o dispositivo.

Para o diodo, a discussão inicial incluirá as características reais para demonstrar claramente como as características de um dispositivo e os parâmetros de circuito interagem. Assim que os resultados obtidos se tornarem confiáveis, o modelo aproximado por partes será empregado para verificar os resultados encontrados por meio das características completas. É importante que o papel e a resposta de vários elementos em um sistema eletrônico sejam compreendidos sem que seja necessário recorrer continuamente a extensos procedimentos matemáticos. Comumente, isso é obtido por meio do processo de aproximação, que pode ser bastante complexo. Embora os resultados obtidos utilizando as características reais possam ser um pouco diferentes dos alcançados por meio de diversas aproximações, deve-se ter em mente que as características obtidas de uma folha de dados podem ser ligeiramente diferentes daquelas de um dispositivo usado na prática. Em outras palavras, por exemplo, as características de um diodo semicondutor 1N4001 podem variar de um elemento para outro em um mesmo lote. A variação pode ser pequena, mas costuma ser suficiente para validar as aproximações empregadas na análise. Deve-se considerar também os outros elementos do circuito: o resistor com valor nominal de 100 Ω é de exatamente 100 Ω? A tensão aplicada é de, exatamente, 10 V ou, quem sabe, de 10,08 V? Todas essas possibilidades contribuem para a crença geral de que uma resposta determinada por meio de um conjunto apropriado de aproximações pode ser "tão precisa" quanto as que empregam todas as características. Neste livro, a ênfase está no conhecimento funcional de um dispositivo por meio do uso de aproximações apropriadas, evitando, assim, um nível desnecessário de complexidade matemática. No entanto, serão normalmente fornecidas informações suficientes para permitir uma análise matemática detalhada, caso desejemos fazê-la.

2.2 ANÁLISE POR RETA DE CARGA

O circuito da Figura 2.1 é a mais simples das configurações com diodo e será utilizado para descrever a análise de um circuito com diodos por meio de suas características reais. Na próxima seção, substituiremos a curva característica por um modelo aproximado para o diodo e compararemos as soluções. Resolver o circuito da Figura 2.1 significa determinar os valores de corrente e tensão que vão satisfazer ao mesmo tempo tanto as características do diodo quanto os parâmetros de circuito escolhidos.

Na Figura 2.2, a curva característica do diodo é colocada sobre o mesmo conjunto de eixos de uma linha reta definida pelos parâmetros do circuito. A linha reta é denominada *reta de carga* porque a interseção no eixo vertical é definida pela carga aplicada *R*. A análise a seguir é, por conseguinte, chamada de *análise por reta de carga*. A interseção das duas curvas vai definir a solução para o circuito e determinar seus valores de corrente e tensão.

Antes de analisarmos os detalhes do desenho da reta de carga sobre a curva característica, precisamos determinar a resposta esperada do circuito simples da Figura 2.1. Nela, note que a "pressão" determinada pela fonte de alimentação CC deve estabelecer uma corrente convencional no sentido horário. O fato de o sentido dessa corrente ser o mesmo da seta no símbolo do diodo revela que o diodo está no estado "ligado" (*on*) e conduzirá um valor elevado de corrente. A polaridade da tensão aplicada resultou em uma situação de polarização direta. Uma vez estabelecido o sentido da corrente, as polaridades para a tensão através do diodo e do resistor podem ser sobrepostas. A polaridade de V_D e o sentido de I_D revelam claramente que o diodo está, na realidade, no estado de polarização direta, resultando em uma tensão através do diodo nas proximidades de 0,7 V e em uma corrente da ordem de 10 mA ou mais.

As interseções da reta de carga sobre a curva característica da Figura 2.2 podem ser determinadas aplicando-se a Lei das Tensões de Kirchhoff para tensões no sentido horário, que resulta em

$$+E - V_D - V_R = 0$$

ou

$$\boxed{E = V_D + I_DR} \qquad (2.1)$$

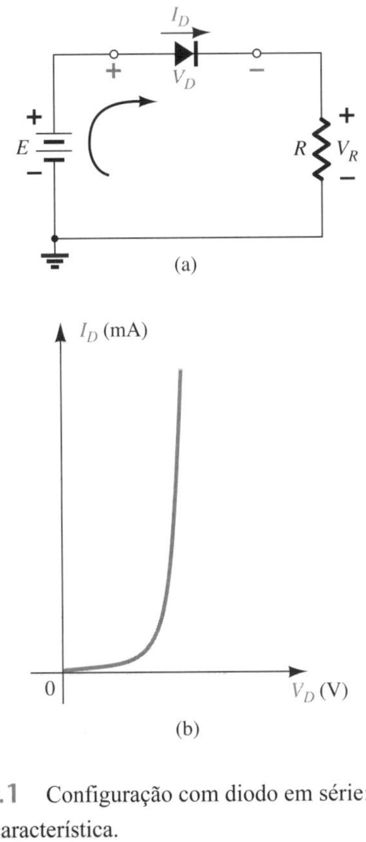

Figura 2.1 Configuração com diodo em série: (a) circuito; (b) curva característica.

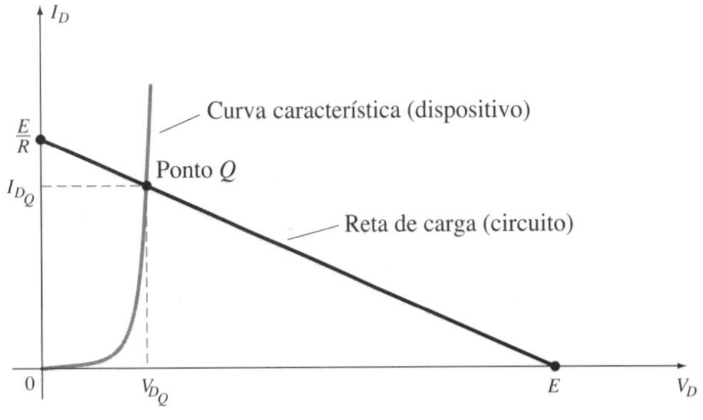

Figura 2.2 Desenhando a reta de carga e determinando o ponto de operação.

As duas variáveis da Equação 2.1, V_D e I_D, são as mesmas que as do eixo do diodo da Figura 2.2. Essa semelhança permite traçar graficamente a Equação 2.1 sobre as mesmas características da Figura 2.2.

As interseções da reta de carga com a curva característica do diodo podem ser determinadas facilmente apenas considerando-se o fato de que, em qualquer ponto do eixo horizontal, $I_D = 0$ A e, em qualquer ponto do eixo vertical, $V_D = 0$ V.

Se *assumirmos que* $V_D = 0$ V na Equação 2.1 e solucionarmos I_D, teremos a magnitude de I_D *sobre* o eixo vertical. Portanto, com $V_D = 0$ V, a Equação 2.1 torna-se

$$E = V_D + I_D R$$
$$= 0\text{ V} + I_D R$$

e

$$I_D = \frac{E}{R}\bigg|_{V_D = 0\text{ V}} \quad (2.2)$$

como mostra a Figura 2.2. Se *assumirmos que* $I_D = 0$ A na Equação 2.1 e solucionarmos V_D, teremos a magnitude de V_D no eixo horizontal. Logo, com $I_D = 0$ A, a Equação 2.1 torna-se

$$E = V_D + I_D R$$
$$= V_D + (0\text{ A})R$$

e

$$V_D = E\big|_{I_D = 0\text{ A}} \quad (2.3)$$

como mostrado na Figura 2.2. Uma linha reta traçada entre os dois pontos definirá a reta de carga, como indicado na Figura 2.2. Mudando-se o valor de R (a carga), a interseção com o eixo vertical se modificará. O resultado será uma mudança na inclinação da reta de carga e um ponto de interseção diferente entre essa reta e a curva característica do dispositivo.

Agora, temos uma reta de carga definida pelo sistema e uma curva característica definida pelo dispositivo. O ponto de interseção entre as duas curvas representa o ponto de operação para esse circuito. Desenhando-se uma linha vertical até o eixo horizontal, pode-se determinar a tensão do diodo V_{D_Q}, enquanto uma linha horizontal do ponto de interseção até o eixo vertical fornecerá o valor de I_{D_Q}. A corrente I_D é, na realidade, a corrente que circula em toda a configuração em série na Figura 2.1(a). O ponto de operação é normalmente chamado de *ponto quiescente* (abreviado por "ponto Q") para refletir suas qualidades de "imobilidade, inércia" definidas por um circuito CC.

A solução obtida da interseção das duas curvas é a mesma que seria obtida por meio de uma solução matemática simultânea de

$$I_D = \frac{E}{R} - \frac{V_D}{R} \quad \text{(derivada da Equação 2.1)}$$

e

$$I_D = I_s(e^{V_D/nV_T} - 1)$$

Visto que a curva para um diodo tem características não lineares, a matemática envolvida exigiria o uso de técnicas não lineares que estão bem além da necessidade e do alcance deste livro. A análise por reta de carga descrita anteriormente oferece uma solução com um mínimo de esforço e uma descrição "pictorial" do motivo pelo qual os valores da solução para V_{D_Q} e I_{D_Q} foram obtidos. O exemplo a seguir demonstra as técnicas já introduzidas e revela a relativa facilidade com que a reta de carga pode ser determinada utilizando-se as equações 2.2 e 2.3.

EXEMPLO 2.1

Para a configuração em série do diodo da Figura 2.3(a), empregando a curva característica do diodo da Figura 2.3(b), determine:

a) V_{D_Q} e I_{D_Q}.

b) V_R.

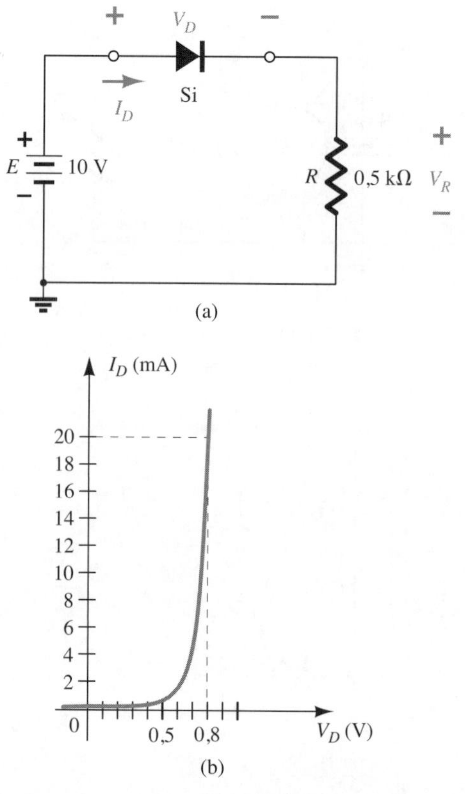

Figura 2.3 (a) Circuito; (b) curva característica.

Solução:

a) Equação 2.2:

$$I_D = \left.\frac{E}{R}\right|_{V_D = 0\,\mathrm{V}} = \frac{10\,\mathrm{V}}{0,5\,\mathrm{k}\Omega} = 20\,\mathrm{mA}$$

Equação 2.3:

$$V_D = E|_{I_D = 0\,\mathrm{A}} = 10\,\mathrm{V}$$

A reta de carga resultante é mostrada na Figura 2.4. A interseção entre a reta de carga e a curva característica define o ponto Q como:

$$V_{D_Q} \cong \mathbf{0,78\,V}$$
$$I_{D_Q} \cong \mathbf{18,5\,mA}$$

O valor de V_D certamente é uma estimativa, e a precisão de I_D é limitada pela escala escolhida. Um grau de precisão mais elevado exigiria um diagrama muito maior e isso talvez fosse impraticável.

b) $V_R = E - V_D = 10\,\mathrm{V} - 0,78\,\mathrm{V} = \mathbf{9,22\,V}$

Como visto no exemplo anterior,

a reta de carga é determinada unicamente pelo circuito empregado, enquanto a curva característica é definida pelo dispositivo escolhido.

Mudar o modelo usado para o diodo não altera o circuito, de modo que a reta de carga a ser traçada será exatamente a mesma obtida no exemplo anterior.

Uma vez que o circuito do Exemplo 2.1 é uma rede CC, o ponto Q da Figura 2.4 permanecerá fixo com $V_{DQ} = 0,78$ V e $I_{DQ} = 18,5$ mA. No Capítulo 1, uma resistência CC foi definida em qualquer ponto sobre a curva característica por $R_D = V_D/I_D$.

Usando os valores do ponto Q, a resistência CC para o Exemplo 2.1 é

$$R_D = \frac{V_{D_Q}}{I_{D_Q}} = \frac{0,78\,\mathrm{V}}{18,5\,\mathrm{mA}} = 42,16\,\Omega$$

Um circuito equivalente (somente para essas condições de operação) pode, então, ser desenhado como mostra a Figura 2.5.

A corrente

$$I_D = \frac{E}{R_D + R} = \frac{10\,\mathrm{V}}{42,16\,\Omega + 500\,\Omega}$$
$$= \frac{10\,\mathrm{V}}{542,16\,\Omega} \cong \mathbf{18,5\,mA}$$

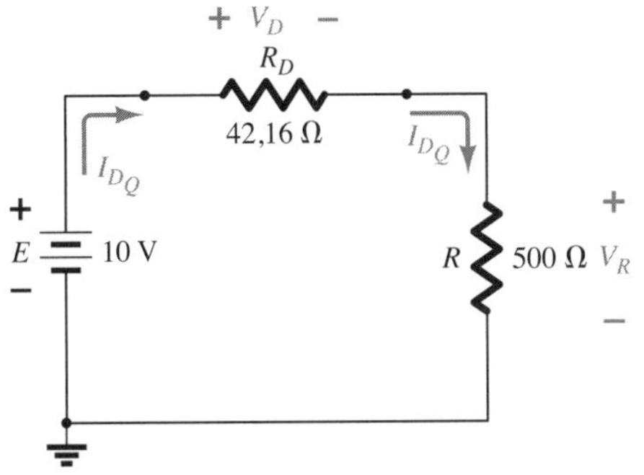

Figura 2.5 Circuito equivalente à Figura 2.4.

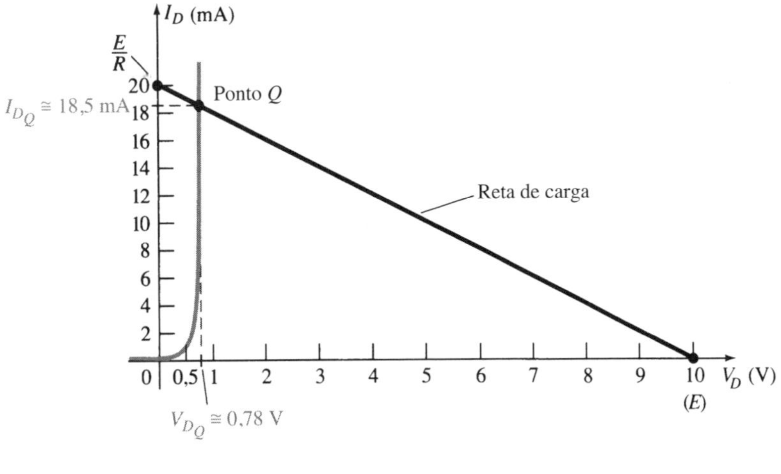

Figura 2.4 Solução do Exemplo 2.1.

e $$V_R = \frac{RE}{R_D + R} = \frac{(500\ \Omega)(10\ \text{V})}{42{,}16\ \Omega + 500\ \Omega} = \mathbf{9{,}22\ V}$$

equiparando-se aos resultados do Exemplo 2.1.

Em essência, portanto, uma vez determinado o ponto Q de CC, o diodo pode ser substituído por sua resistência equivalente CC. Esse conceito de substituir uma curva característica por um modelo equivalente é importante e será usado quando analisarmos as entradas CA e os modelos equivalentes para transistores nos capítulos seguintes. Agora, veremos qual efeito os diferentes modelos equivalentes para o diodo exercerão sobre a resposta no Exemplo 2.1.

EXEMPLO 2.2

Repita o Exemplo 2.1 usando o modelo equivalente aproximado para o diodo semicondutor de silício.

Solução:

A reta de carga é redesenhada, como mostrado na Figura 2.6, com as mesmas interseções do Exemplo 2.1. A curva característica do circuito equivalente aproximado para o diodo também foi esboçada no mesmo gráfico. O ponto Q resultante é

$$V_{D_Q} = \mathbf{0{,}7\ V}$$
$$I_{D_Q} = \mathbf{18{,}5\ mA}$$

Os resultados obtidos no Exemplo 2.2 são bastante interessantes. O valor de I_{D_Q} é exatamente o mesmo que o obtido no Exemplo 2.1, utilizando-se uma curva característica muito mais fácil de desenhar do que a da Figura 2.4. O valor de $V_D = 0{,}7$ V neste caso e o de 0,78 V do Exemplo 2.1 diferem entre si na casa dos centésimos, mas ambos certamente têm o mesmo grau de aproximação quando comparados com as outras tensões do circuito.

Para essa situação, a resistência CC do ponto Q é

$$R_D = \frac{V_{D_Q}}{I_{D_Q}} = \frac{0{,}7\ \text{V}}{18{,}5\ \text{mA}} = 37{,}84\ \Omega$$

que ainda é relativamente próxima à obtida para todas as características.

No próximo exemplo, daremos um passo adiante e substituiremos o modelo ideal. Os resultados revelarão as condições a serem satisfeitas para aplicar adequadamente o equivalente ideal.

EXEMPLO 2.3

Repita o Exemplo 2.1 utilizando o modelo ideal do diodo.

Solução:

Como mostrado na Figura 2.7, a reta de carga continua sendo a mesma, mas agora a curva característica ideal cruza com a reta de carga no eixo vertical. O ponto Q é, portanto, definido por:

$$V_{D_Q} = \mathbf{0\ V}$$
$$I_{D_Q} = \mathbf{20\ mA}$$

Os resultados são diferentes o bastante dos encontrados no Exemplo 2.1 para causar desconfiança quanto a sua precisão. Eles certamente fornecem alguma indicação dos valores de tensão e corrente esperados com relação aos outros valores de tensão do circuito, mas o esforço adicional de simplesmente incluir a queda de 0,7 V sugere que a abordagem do Exemplo 2.2 seja mais adequada.

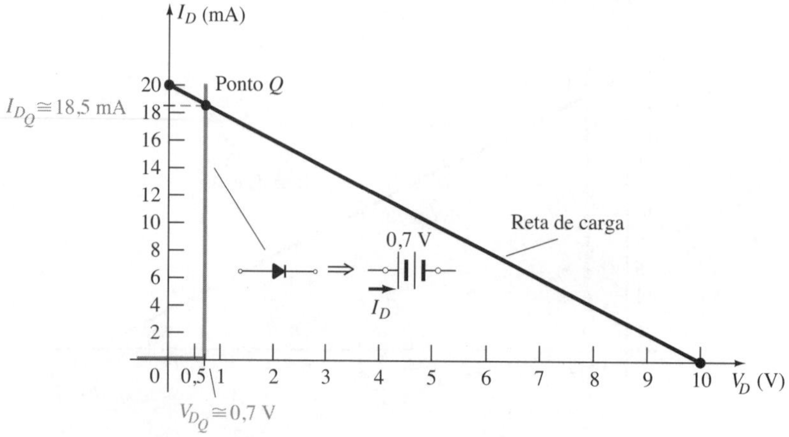

Figura 2.6 Solução do Exemplo 2.1 usando o modelo aproximado do diodo.

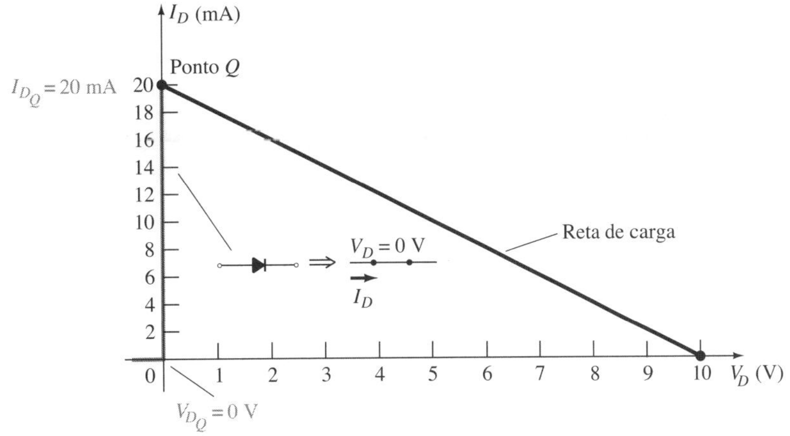

Figura 2.7 Solução do Exemplo 2.1 utilizando o modelo ideal do diodo.

Portanto, a utilização do modelo ideal do diodo deve ser reservada para os casos em que a função de um diodo é mais importante do que níveis de tensão que diferem em décimos de volt e para as situações em que as tensões aplicadas são consideravelmente maiores do que a tensão de limiar V_K. Nas próximas seções, será empregado exclusivamente o modelo aproximado, pois os valores de tensão obtidos serão sensíveis a variações próximas de V_K. Além disso, o modelo ideal será empregado com mais frequência, pois as tensões aplicadas serão, muitas vezes, maiores que V_K, e os autores desejam assegurar que a função do diodo seja clara e corretamente entendida.

Neste caso,

$$R_D = \frac{V_{D_Q}}{I_{D_Q}} = \frac{0\text{ V}}{20\text{ mA}} = 0\ \Omega \quad \text{(ou um equivalente de curto-circuito)}$$

2.3 CONFIGURAÇÕES COM DIODO EM SÉRIE

Na seção anterior, mostramos que os resultados obtidos por meio do modelo equivalente aproximado linear por partes eram bem próximos, se não iguais, aos resultados obtidos utilizando-se todas as características. Na verdade, se levarmos em conta todas as possíveis variações devido a tolerâncias, temperatura e assim por diante, podemos considerar uma solução "tão precisa" quanto a outra. Visto que a utilização do modelo aproximado normalmente resulta em uma redução de esforço e tempo para obter os resultados desejados, essa será a abordagem empregada neste livro, a menos que se especifique o contrário. Lembre-se do seguinte:

O propósito principal deste livro é desenvolver um conhecimento geral do comportamento, das aptidões e das possíveis áreas de aplicação de um dispositivo a fim de minimizar a necessidade de extensos desenvolvimentos matemáticos.

Para todas as análises a seguir, neste capítulo, suponhamos que

a resistência direta do diodo seja geralmente tão pequena, em comparação com os outros elementos em série do circuito, que possa ser desprezada.

Essa é uma estimativa válida para a maioria das aplicações que empregam diodos. Usar esse fato resultará nos equivalentes aproximados para o diodo de silício e o diodo ideal que aparecem na Tabela 2.1. Para a região de condução, a única diferença entre o diodo de silício e o diodo ideal é o deslocamento vertical na curva característica, que é representado no modelo equivalente por uma fonte CC de 0,7 V oposta ao sentido da corrente direta que passa pelo dispositivo. Para tensões inferiores a 0,7 V (em um diodo de silício real) e 0 V (em um diodo ideal), a resistência é tão elevada em comparação com outros elementos da rede que seu equivalente é o circuito aberto.

Para um diodo de Ge, a tensão de offset é de 0,3 V; para um diodo de GaAs, 1,2 V. Fora isso, os circuitos equivalentes são os mesmos. Para cada diodo, a legenda Si, Ge ou GaAs aparecerá junto com o símbolo do diodo. Para circuitos com diodos ideais, o símbolo aparecerá como mostrado na Tabela 2.1, sem quaisquer legendas.

Agora, o modelo aproximado será usado para investigar diversas configurações em série de diodos com alimentação CC. Isso estabelecerá uma base na análise do diodo, que se estenderá nas seções e nos capítulos seguintes.

Tabela 2.1 Modelos de diodo semicondutor aproximado e ideal.

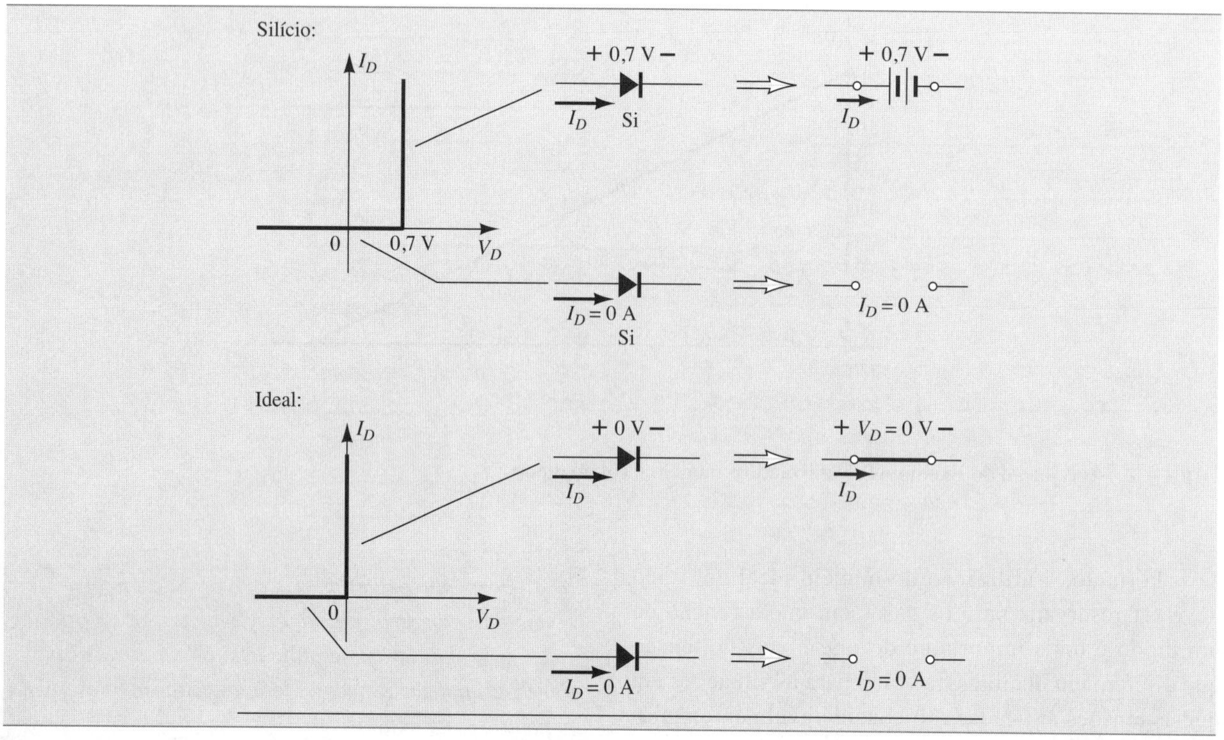

O procedimento descrito pode ser, na verdade, aplicado a circuitos com qualquer quantidade de diodos e em várias configurações.

Para cada configuração, deve-se determinar primeiramente o estado de cada diodo. Quais diodos estão "ligados" e quais estão "desligados"? Uma vez que isso seja determinado, o equivalente apropriado pode ser substituído e os parâmetros restantes do circuito podem ser definidos.

De modo geral, um diodo está no estado "ligado" se a corrente estabelecida pelas fontes for tal que seu sentido coincida com o da seta do símbolo do diodo, e $V_D \geq 0,7$ V para o silício, $V_D \geq 0,3$ V para o germânio e $V_D \geq 1,2$ V para o arseneto de gálio.

Para cada configuração, substitua *mentalmente* os diodos por elementos resistivos e observe o sentido resultante da corrente como algo estabelecido pelas tensões aplicadas ("pressão"). Se o sentido resultante for o mesmo que o da seta do símbolo do diodo, a condução será estabelecida através do diodo e o dispositivo estará no estado "ligado". A descrição anterior depende, é claro, de a fonte ter uma tensão maior do que a tensão de limiar (V_K) de cada diodo.

Se um diodo estiver no estado "ligado", tanto é possível atribuir uma queda de 0,7 V através do elemento quanto redesenhar a rede com o circuito equivalente V_K definido na Tabela 2.1. Com o tempo, a preferência deverá ser simplesmente incluir a queda de 0,7 V através de cada diodo "ligado" e desenhar uma linha diagonal através de cada diodo no estado "desligado" ou aberto. Inicialmente, porém, o método de substituição será utilizado para assegurar que as tensões e os valores de corrente apropriados sejam determinados.

O circuito em série da Figura 2.8, descrito em detalhes na Seção 2.2, será utilizado para demonstrar a abordagem descrita nos parágrafos anteriores. O estado do diodo é primeiramente determinado substituindo-se mentalmente o diodo por um elemento resistivo, como mostra a Figura 2.9(a). O sentido resultante de I é o mesmo da seta do símbolo do diodo, e, uma vez que $E > V_K$, o diodo está no estado "ligado". O circuito é, então, redesenhado

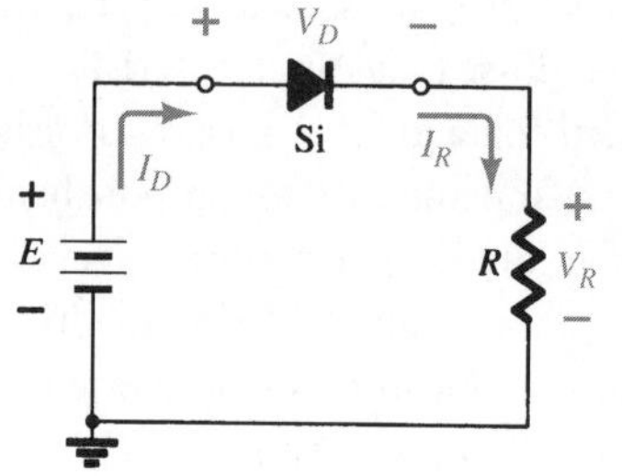

Figura 2.8 Configuração com diodo em série.

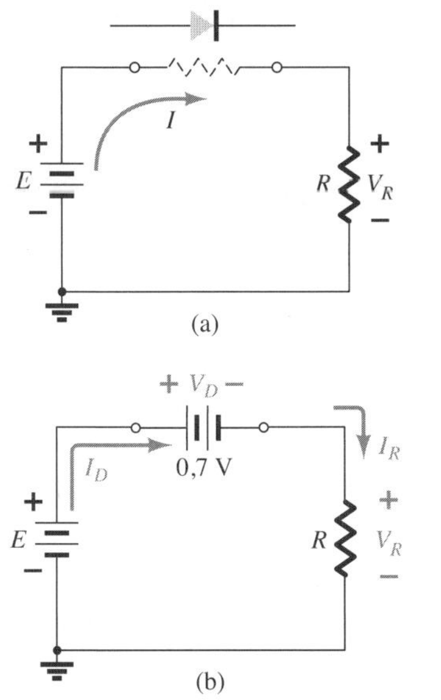

Figura 2.9 (a) Determinação do estado do diodo da Figura 2.8; (b) substituição do modelo equivalente pelo diodo "ligado" da Figura 2.9(a).

conforme a Figura 2.9(b), com o modelo equivalente apropriado para o diodo de silício diretamente polarizado. Para referências futuras, observe que a polaridade de V_D é a mesma que resultaria caso um diodo fosse de fato um elemento resistivo. Os valores resultantes de tensão e corrente são os seguintes:

$$\boxed{V_D = V_K} \tag{2.4}$$

$$\boxed{V_R = E - V_K} \tag{2.5}$$

$$\boxed{I_D = I_R = \frac{V_R}{R}} \tag{2.6}$$

Na Figura 2.10, o diodo da Figura 2.7 foi invertido. A substituição mental do diodo por um elemento resistivo, como mostra a Figura 2.11, revela que o sentido da corrente não é o mesmo que o do símbolo do diodo. Este está no estado "desligado", resultando no circuito equivalente da Figura 2.12. Devido ao fato de o circuito estar aberto, a corrente do diodo é 0 A e a tensão através do resistor R é a seguinte:

$$V_R = I_R R = I_D R = (0 \text{ A})R = \mathbf{0\ V}$$

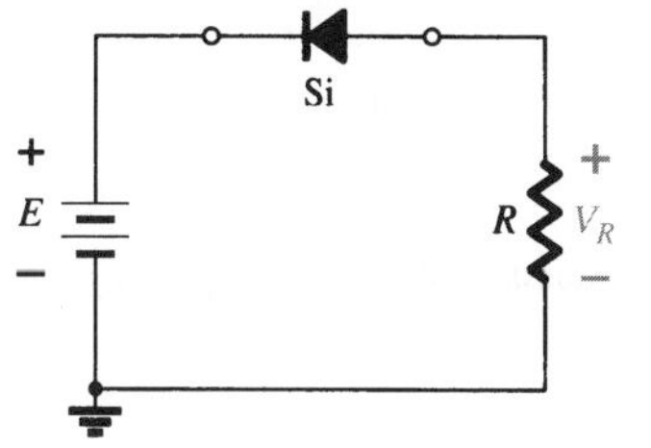

Figura 2.10 Inversão do diodo da Figura 2.8.

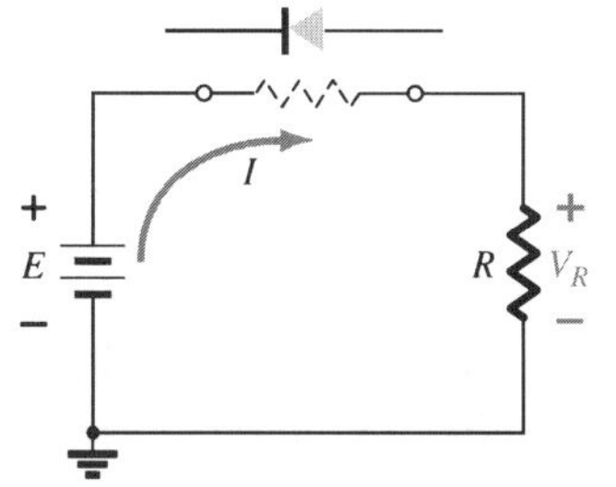

Figura 2.11 Determinação do estado do diodo da Figura 2.10.

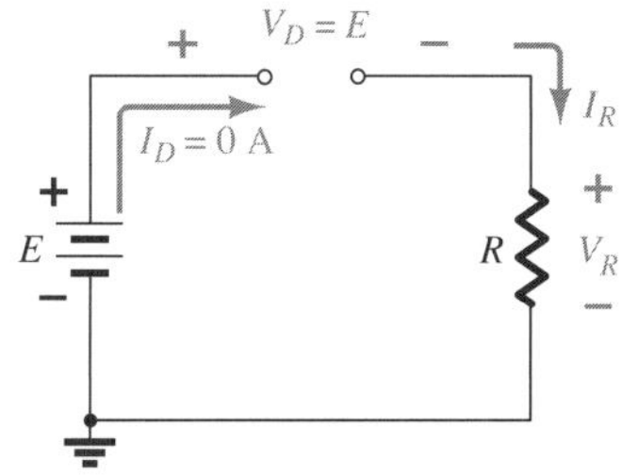

Figura 2.12 Substituição do diodo "desligado" da Figura 2.10 por seu modelo equivalente.

O fato é que $V_R = 0$ V estabelece E volts através do circuito aberto, como definido pela Lei das Tensões de Kirchhoff. Lembre-se sempre de que, sob quaisquer circunstâncias — CC, valores CA instantâneos, pulsos etc. —, a Lei das Tensões de Kirchhoff deve ser satisfeita!

EXEMPLO 2.4

Para a configuração do diodo em série da Figura 2.13, determine V_D, V_R e I_D.

Solução:

Como a tensão aplicada estabelece uma corrente no sentido horário, coincidindo com o sentido da seta do símbolo do diodo, este está no estado "ligado":

$$V_D = \mathbf{0{,}7\ V}$$

$$V_R = E - V_D = 8\text{ V} - 0{,}7\text{ V} = \mathbf{7{,}3\ V}$$

$$I_D = I_R = \frac{V_R}{R} = \frac{7{,}3\text{ V}}{2{,}2\text{ k}\Omega} \cong \mathbf{3{,}32\ mA}$$

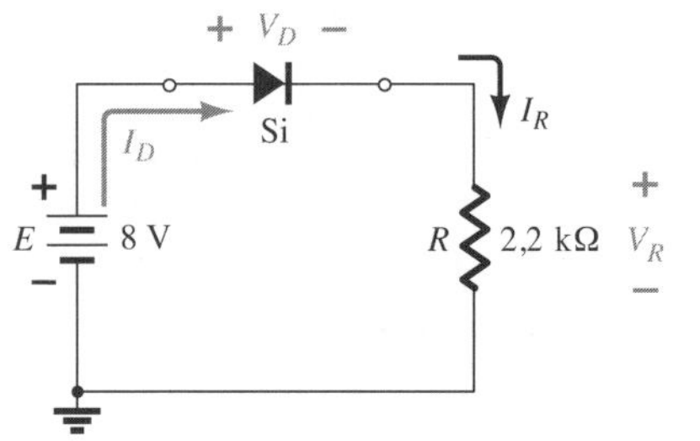

Figura 2.13 Circuito do Exemplo 2.4.

EXEMPLO 2.5

Repita o Exemplo 2.4 com o diodo invertido.

Solução:

Removendo o diodo, descobrimos que o sentido de I é oposto ao da seta do símbolo do diodo e que o equivalente deste é o circuito aberto, não importa qual modelo seja empregado. O resultado é o circuito da Figura 2.14, onde I_D = **0 A** devido ao circuito aberto. Como $V_R = I_R R$, temos que $V_R = (0)R =$ **0 V**. A aplicação da Lei das Tensões de Kirchhoff na malha resultará em:

$$E - V_D - V_R = 0$$

e $$V_D = E - V_R = E - 0 = E = 8\text{ V}$$

Em particular, observe no Exemplo 2.5 o elevado valor da tensão aplicada ao diodo, apesar de ele estar no estado "desligado". A corrente é nula, mas a tensão é significativa. Para efeito de revisão, nas análises a seguir, tenha em mente que:

Um circuito aberto pode ter qualquer valor de tensão através de seus terminais, mas a corrente é sempre 0 A. Um curto-circuito tem uma queda de 0 V em seus terminais, mas a corrente é limitada apenas pelo circuito em questão.

No exemplo a seguir, a notação da Figura 2.15 será empregada para a tensão aplicada. Trata-se de uma notação industrial comumente utilizada, com a qual você deverá se familiarizar. Essa notação e outros valores de tensão definidos serão abordados no Capítulo 4.

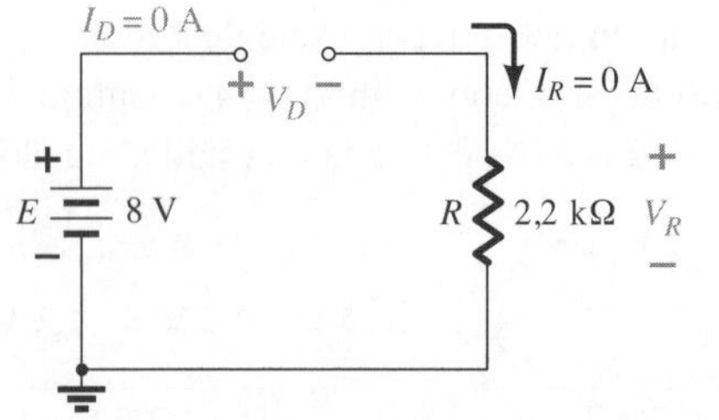

Figura 2.14 Determinação das incógnitas do Exemplo 2.5.

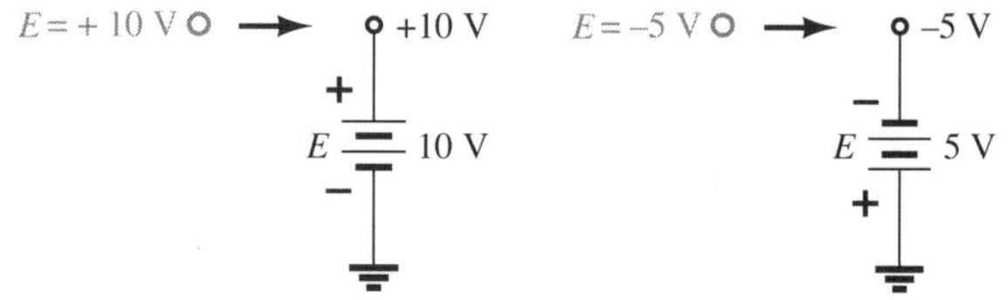

Figura 2.15 Notação de fonte.

EXEMPLO 2.6

Para a configuração do diodo em série da Figura 2.16, determine V_D, V_R e I_D.

Solução:

Embora a "pressão" estabeleça uma corrente com o mesmo sentido da seta do símbolo, o valor de tensão aplicada é insuficiente para "ligar" o diodo de silício. O ponto de operação na curva característica é mostrado na Figura 2.17, determinando o equivalente de circuito aberto como sendo a aproximação adequada, conforme a Figura 2.18. Assim, os valores de tensão e corrente resultantes são os seguintes:

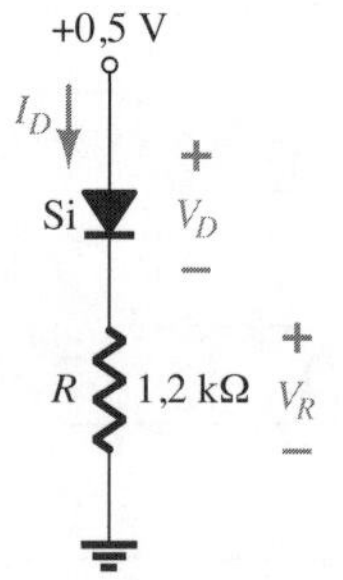

Figura 2.16 Circuito com diodo em série do Exemplo 2.6.

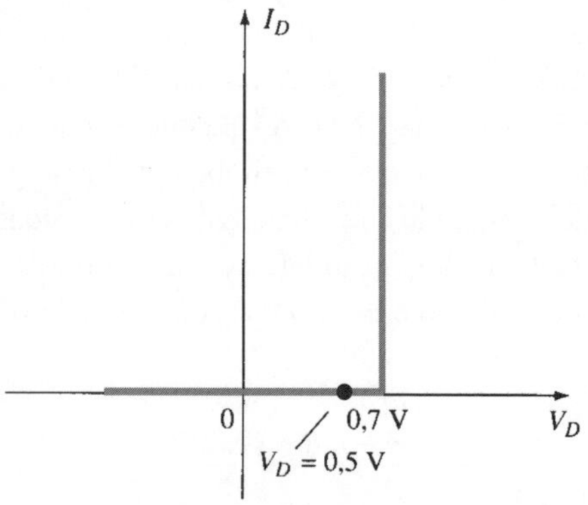

Figura 2.17 Ponto de operação com E = 0,5 V.

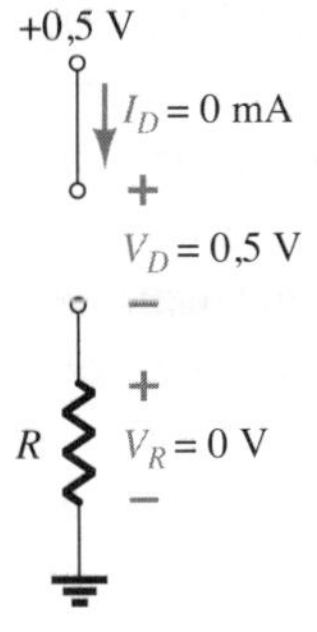

Figura 2.18 Determinação de V_D, V_R e I_D para o circuito da Figura 2.16.

$$I_D = \mathbf{0\ A}$$
$$V_R = I_R R = I_D R = (0\ \text{A})\ 1{,}2\ \text{k}\Omega = \mathbf{0\ V}$$
e
$$V_D = E = \mathbf{0{,}5\ V}$$

EXEMPLO 2.7

Determine V_o e I_D para o circuito em série da Figura 2.19.

Solução:

Uma abordagem similar àquela do Exemplo 2.4 revela que a corrente resultante tem o mesmo sentido que as setas dos símbolos de ambos os diodos e que os resultados do circuito da Figura 2.20 se devem a E = 12 V > (0,7 V + 1,8 V [Tabela 1.8]) = 2,5 V. Observe a fonte redesenhada de 12 V e a polaridade de V_o através do resistor de 680 Ω. A tensão resultante é

$$V_o = E - V_{K_1} - V_{K_2} = 12\ \text{V} - 2{,}5\ \text{V} = \mathbf{9{,}5\ V}$$

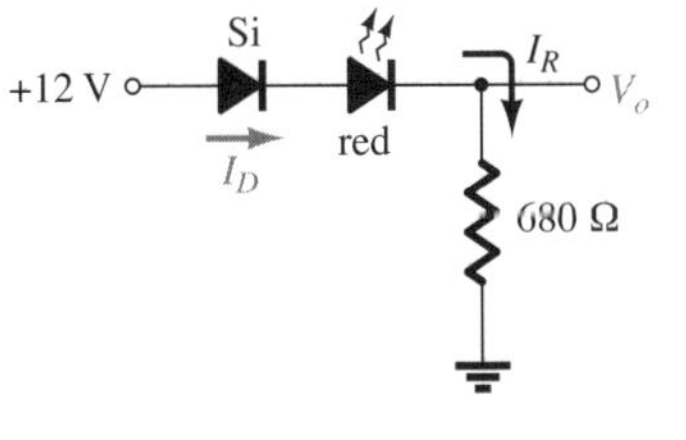

Figura 2.19 Circuito do Exemplo 2.7.

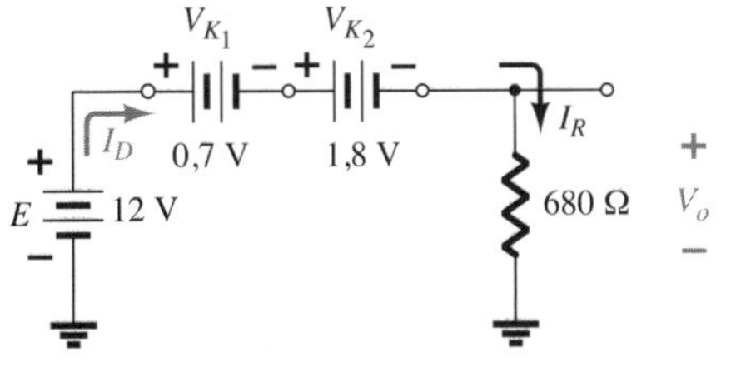

Figura 2.20 Determinação das incógnitas do Exemplo 2.7.

e

$$I_D = I_R = \frac{V_R}{R} = \frac{V_o}{R} = \frac{9{,}5\ \text{V}}{680\ \Omega} = \mathbf{13{,}97\ mA}$$

EXEMPLO 2.8

Determine I_D, V_{D_2} e V_o para o circuito da Figura 2.21.

Solução:

A remoção dos diodos e a determinação do sentido da corrente resultante I produzem o circuito da Figura 2.22. O sentido da corrente em um diodo de silício está de acordo com seu sentido de condução, mas isso não ocorre com o outro diodo de silício. A combinação de um curto-circuito em série com um circuito aberto sempre resulta em um circuito aberto e em I_D = **0 A**, conforme mostra a Figura 2.23.

A questão que permanece é: pelo que substituiremos o diodo de silício? Para a análise que será feita neste e nos

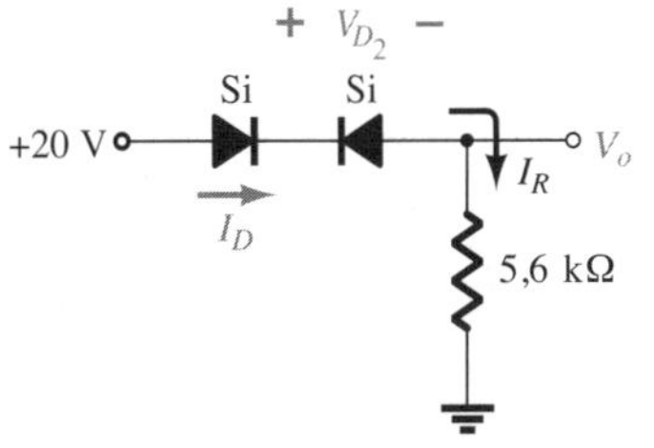

Figura 2.21 Circuito do Exemplo 2.8.

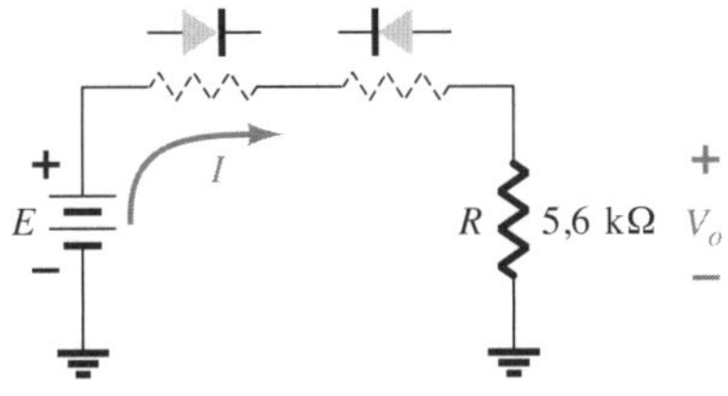

Figura 2.22 Determinação do estado dos diodos da Figura 2.21.

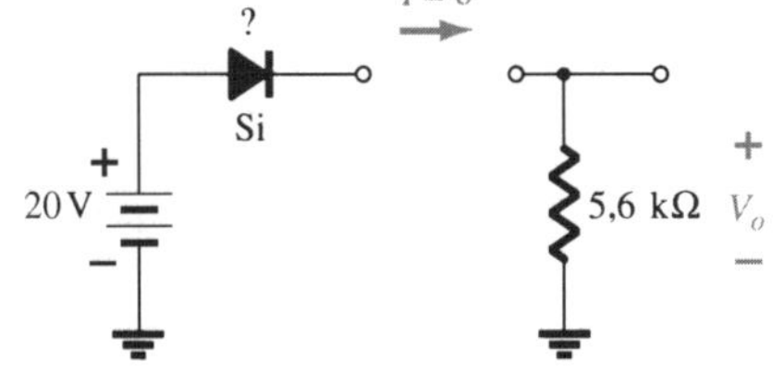

Figura 2.23 Substituição do estado equivalente para diodo aberto.

próximos capítulos, lembre-se simplesmente de que, para o diodo real, quando $I_D = 0$ A, $V_D = 0$ V (e vice-versa), como indicado no Capítulo 1 para a situação sem polarização. As condições descritas por $I_D = 0$ A, $V_{D_1} = 0$ V estão indicadas na Figura 2.24. Temos

$$V_o = I_R R = I_D R = (0\text{ A})R = \mathbf{0\ V}$$

e
$$V_{D_2} = V_{\text{circuito aberto}} = E = \mathbf{20\ V}$$

A aplicação da Lei das Tensões de Kirchhoff no sentido horário resulta em

$$E - V_{D_1} - V_{D_2} - V_o = 0$$

e
$$V_{D_2} = E - V_{D_1} - V_o = 20\text{ V} - 0 - 0 = \mathbf{20\ V}$$

com
$$V_0 = \mathbf{0\ V}$$

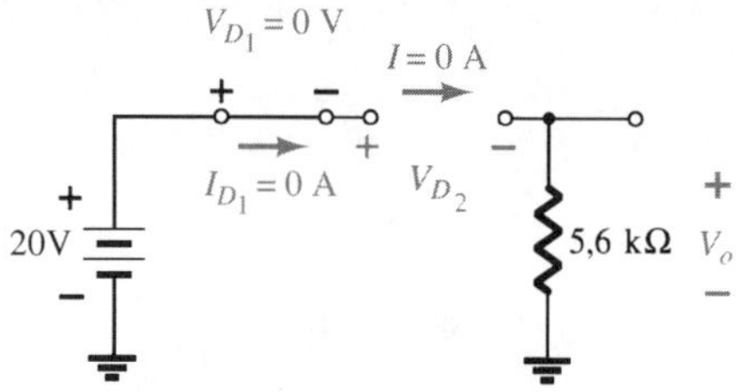

Figura 2.24 Determinação das incógnitas do circuito do Exemplo 2.8.

EXEMPLO 2.9

Determine I, V_1, V_2 e V_o para a configuração CC em série da Figura 2.25.

Solução:

As fontes são desenhadas e o sentido da corrente é indicado conforme mostrado na Figura 2.26. O diodo encontra-se no estado "ligado" e a notação que aparece na Figura 2.27 é inserida para indicar esse estado. Observe que o estado "ligado" é anotado apenas pela indicação adicional de $V_D = 0{,}7$ V inserida na figura. Isso elimina a necessidade de redesenhar o circuito e ainda evita qualquer confusão que possa surgir com o aparecimento de outra fonte. Conforme mencionado na introdução desta seção, talvez esse seja o método utilizado por quem já tem certa familiaridade com a análise de configurações de diodo. Mais tarde, toda a análise será feita com referência apenas ao circuito original. Lembre-se de que um diodo reversamente polarizado pode ser indicado simplesmente por uma linha através do dispositivo.

A corrente resultante através do circuito é

$$I = \frac{E_1 + E_2 - V_D}{R_1 + R_2} = \frac{10\text{ V} + 5\text{ V} - 0{,}7\text{ V}}{4{,}7\text{ k}\Omega + 2{,}2\text{ k}\Omega} = \frac{14{,}3\text{ V}}{6{,}9\text{ k}\Omega} \cong \mathbf{2{,}07\ mA}$$

e as tensões são

$$V_1 = IR_1 = (2{,}07\text{ mA})(4{,}7\text{ k}\Omega) = \mathbf{9{,}73\ V}$$
$$V_2 = IR_2 = (2{,}07\text{ mA})(2{,}2\text{ k}\Omega) = \mathbf{4{,}55\ V}$$

A aplicação da Lei das Tensões de Kirchhoff à malha de saída no sentido horário resulta em

$$-E_2 + V_2 - V_o = 0$$

e
$$V_o = V_2 - E_2 = 4{,}55\text{ V} - 5\text{ V} = \mathbf{-\ 0{,}45\ V}$$

O sinal de menos indica que V_o tem uma polaridade oposta à mostrada na Figura 2.25.

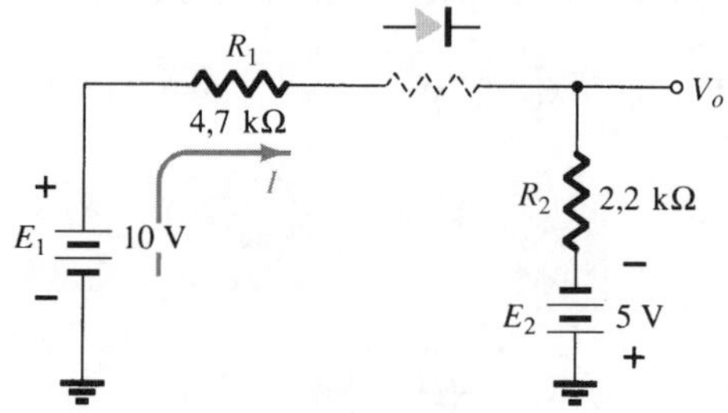

Figura 2.26 Determinação do estado do diodo para o circuito da Figura 2.25.

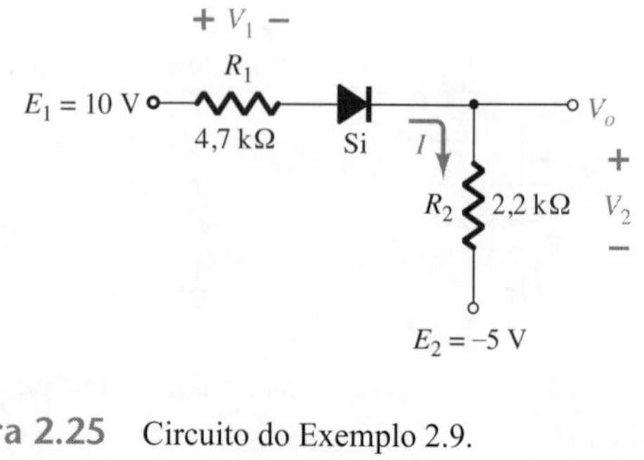

Figura 2.25 Circuito do Exemplo 2.9.

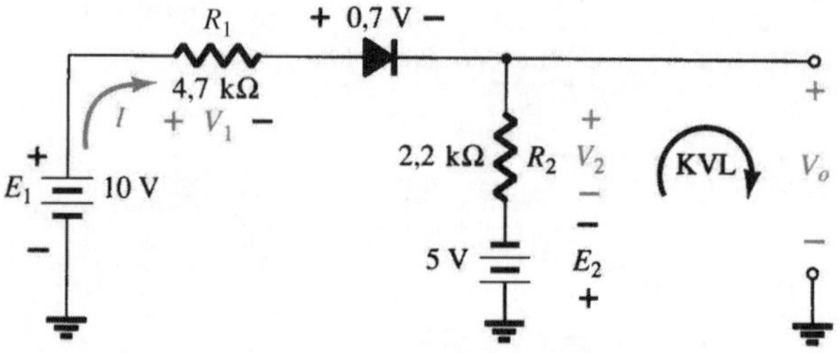

Figura 2.27 Determinação das incógnitas para o circuito da Figura 2.25. KVL (malha de tensão de Kirchhoff ou *Kirchhoff voltage loop*).

2.4 CONFIGURAÇÕES EM PARALELO E EM SÉRIE-PARALELO

Os métodos usados na Seção 2.3 podem ser estendidos à análise de configurações em paralelo e em série-paralelo. Para cada área de aplicação, simplesmente adaptam-se as etapas sequenciais aplicadas às configurações de diodo em série.

EXEMPLO 2.10

Determine V_o, I_1, I_{D1} e I_{D2} para a configuração de diodo em paralelo da Figura 2.28.

Solução:

Para a tensão aplicada, a "pressão" da fonte deverá estabelecer uma corrente através de cada diodo com o mesmo sentido, como mostra a Figura 2.29. Uma vez que o sentido da corrente resultante está de acordo com o da seta do símbolo de cada diodo e a tensão aplicada é maior do que 0,7 V, ambos os diodos estão no estado "ligado". A tensão através de elementos em paralelo é sempre a mesma e

$$V_o = \mathbf{0{,}7\ V}$$

A corrente é

$$I_1 = \frac{V_R}{R} = \frac{E - V_D}{R} = \frac{10\ \text{V} - 0{,}7\ \text{V}}{0{,}33\ \text{k}\Omega} = \mathbf{28{,}18\ mA}$$

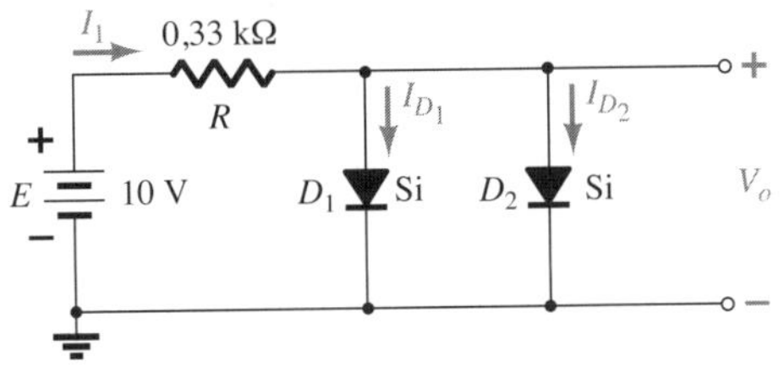

Figura 2.28 Circuito do Exemplo 2.10.

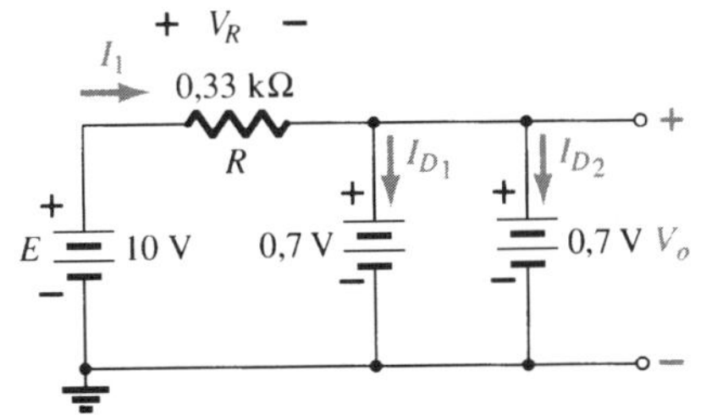

Figura 2.29 Determinação das incógnitas para o circuito do Exemplo 2.10.

Pressupondo-se diodos com características semelhantes, temos

$$I_{D_1} = I_{D_2} = \frac{I_1}{2} = \frac{28{,}18\ \text{mA}}{2} = \mathbf{14{,}09\ mA}$$

Esse exemplo indica uma das razões para que diodos sejam colocados em paralelo. Se a corrente nominal dos diodos da Figura 2.28 fosse de apenas 20 mA, uma corrente de 28,18 mA danificaria o dispositivo, caso aparecesse sozinha na Figura 2.28. Colocando os dois em paralelo, limitamos a corrente a um valor seguro de 14,09 mA com a mesma tensão nos terminais.

EXEMPLO 2.11

Neste exemplo, existem dois LEDs que podem ser usados como um detector de polaridade. A aplicação de uma tensão de fonte positiva resulta em uma luz verde. Fontes negativas resultam em uma luz vermelha. Pacotes de tais combinações estão comercialmente disponíveis.

Encontre o resistor R para garantir uma corrente de 20 mA através do diodo "ligado" para a configuração da Figura 2.30. Ambos os diodos têm uma tensão de ruptura reversa de 3 V e uma tensão média de 2 V, quando ligados.

Solução:

A aplicação de uma tensão de fonte positiva resulta em uma corrente convencional que coincide com a seta do diodo verde e liga-o.

A polaridade da tensão através do diodo verde é tal que polariza reversamente o diodo vermelho na mesma quantidade. O resultado é a rede equivalente da Figura 2.31.

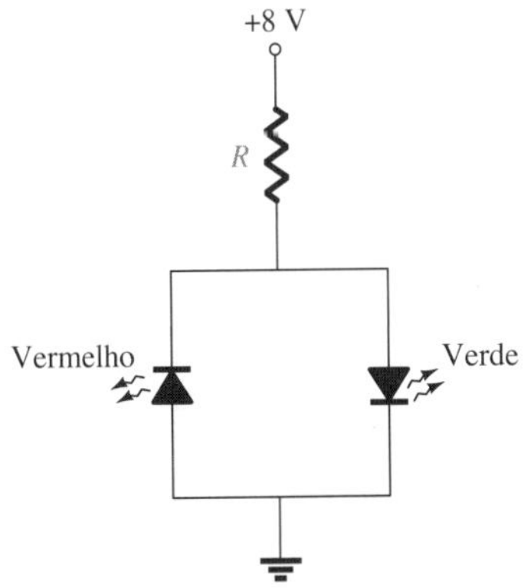

Figura 2.30 Circuito para o Exemplo 2.11.

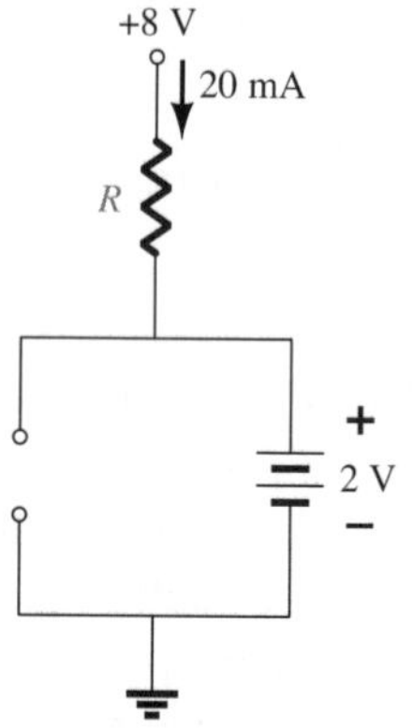

Figura 2.31 Condições operacionais para o circuito da Figura 2.30.

Aplicando a lei de Ohm, obtemos

$$I = 20\ \text{mA} = \frac{E - V_{\text{LED}}}{R} = \frac{8\ \text{V} - 2\ \text{V}}{R}$$

e

$$R = \frac{6\ \text{V}}{20\ \text{mA}} = \mathbf{300\ \Omega}$$

Note que a tensão de ruptura reversa através do diodo vermelho é de 2 V, o que é adequado para um LED com tensão de ruptura reversa de 3 V.

No entanto, se o diodo verde fosse substituído por outro azul, problemas surgiriam, como ilustra a Figura 2.32. Lembre-se de que a polarização direta necessária para ligar um diodo azul é de cerca de 5 V. O resultado pareceria exigir um resistor R menor para estabelecer a corrente de 20 mA. Entretanto, note que a tensão de polarização reversa do LED vermelho é de 5 V, mas a tensão de ruptura reversa do diodo é de apenas 3 V. O resultado é que a tensão através do LED vermelho se travaria em 3 V, como indicado na Figura 2.33. A tensão através de R seria de 5 V e a corrente se limitaria a 20 mA com um resistor de 250 Ω, mas nenhum LED estaria ligado.

Uma solução simples para isso é adicionar uma resistência de valor adequado em série com cada diodo para estabelecer os 20 mA desejados e incluir outro diodo para aumentar a especificação de tensão de ruptura reversa total, conforme mostrado na Figura 2.34. Quando o LED azul estiver ligado, o diodo em série com o LED azul também estará, causando uma queda na tensão total de 5,7 V através dos dois diodos em série e uma tensão de 2,3 V através do resistor R_1, estabelecendo uma corrente de alta emissão de 19,17 mA. Ao mesmo tempo, o diodo LED vermelho e seu diodo em série também serão polarizados reversamente, mas agora o

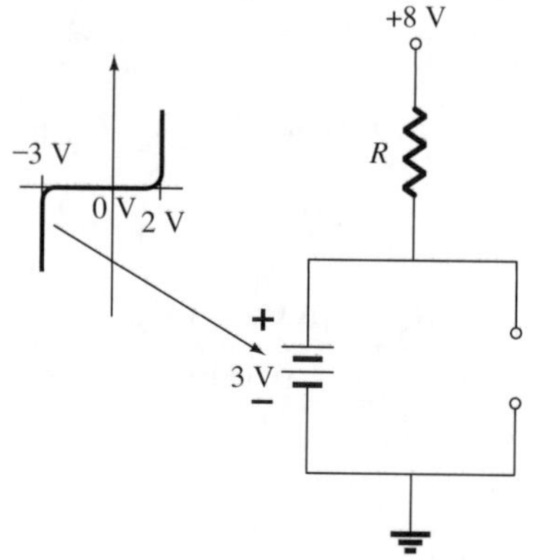

Figura 2.33 Demonstração dos danos ao LED vermelho caso a tensão de ruptura reversa seja excedida.

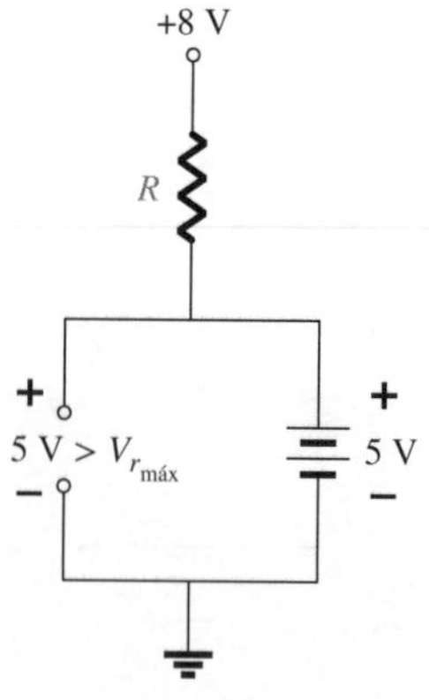

Figura 2.32 Circuito da Figura 2.31 com um diodo de LED azul.

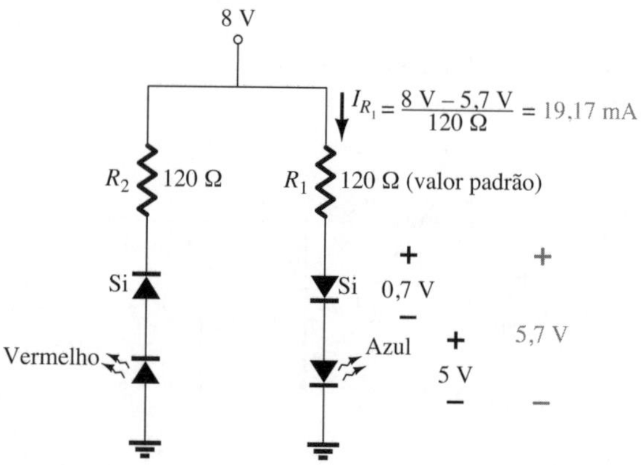

Figura 2.34 Medida protetora para o LED vermelho da Figura 2.33.

diodo padrão com uma tensão de ruptura reversa de 20 V impedirá que a tensão de polarização reversa total de 8 V surja através do LED vermelho. Quando polarizado diretamente, o resistor R_2 estabelecerá uma corrente de 19,63 mA para garantir um elevado nível de intensidade para o LED vermelho.

EXEMPLO 2.12

Determine a tensão V_o para o circuito da Figura 2.35.

Solução:

Inicialmente, poderia parecer que a tensão aplicada ligaria os dois diodos, pois a tensão aplicada ("pressão") está tentando estabelecer uma corrente convencional através de cada diodo que pudesse sugerir o estado "ligado". Entretanto, se ambos estivessem "ligados", haveria mais de uma tensão através dos diodos em paralelo, violando uma das regras básicas da análise de circuito: a tensão deve ser a mesma através de elementos paralelos.

A ação resultante poderia ser melhor explicada lembrando-se que existe um período de subida da tensão de alimentação de 0 V a 12 V, ainda que isso possa levar milissegundos ou microssegundos. No instante em que a tensão de alimentação crescente atingir 0,7 V, o diodo de silício ficará "ligado" e manterá o nível de 0,7 V, visto que a curva característica é vertical nessa tensão — a corrente do diodo de silício simplesmente subirá até o nível definido. O resultado é que a tensão através do LED verde nunca se elevará acima de 0,7 V e permanecerá no estado equivalente de circuito aberto, como mostrado na Figura 2.36.

O resultado é

$$V_o = 12\text{ V} - 0{,}7\text{ V} = \mathbf{11{,}3\text{ V}}$$

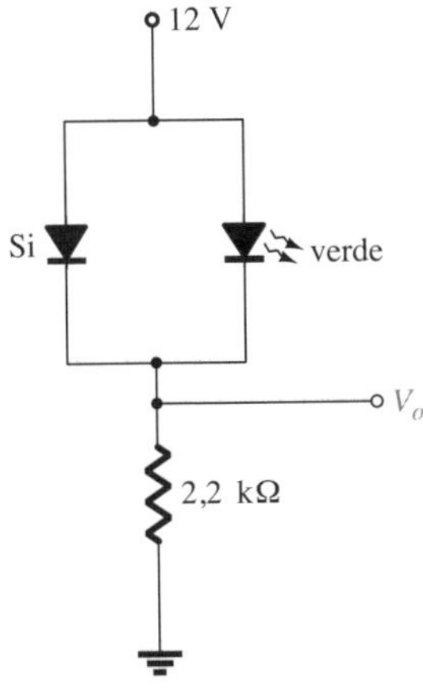

Figura 2.35 Circuito do Exemplo 2.12.

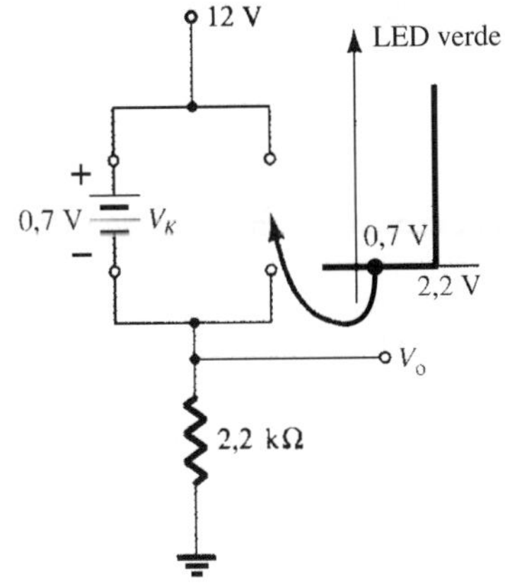

Figura 2.36 Determinação de V_o para o circuito da Figura 2.35.

EXEMPLO 2.13

Determine as correntes I_1, I_2 e I_{D_2} para o circuito da Figura 2.37.

Solução:

A tensão aplicada (pressão) é suficiente para ligar ambos os diodos, como percebemos pelos sentidos das correntes no circuito da Figura 2.38. Observe que há o uso de uma notação abreviada para os diodos "ligados" e que a solução é obtida por meio de técnicas aplicadas aos circuitos em série-paralelo. Temos

$$I_1 = \frac{V_{K_2}}{R_1} = \frac{0{,}7\text{ V}}{3{,}3\text{ k}\Omega} = \mathbf{0{,}212\text{ mA}}$$

A aplicação da Lei das Tensões de Kirchhoff na malha indicada no sentido horário produz

$$-V_2 + E - V_{K_1} - V_{K_2} = 0$$

e

$$V_2 = E - V_{K_1} - V_{K_2}$$
$$= 20\text{ V} - 0{,}7\text{ V} - 0{,}7\text{ V} = \mathbf{18{,}6\text{ V}}$$

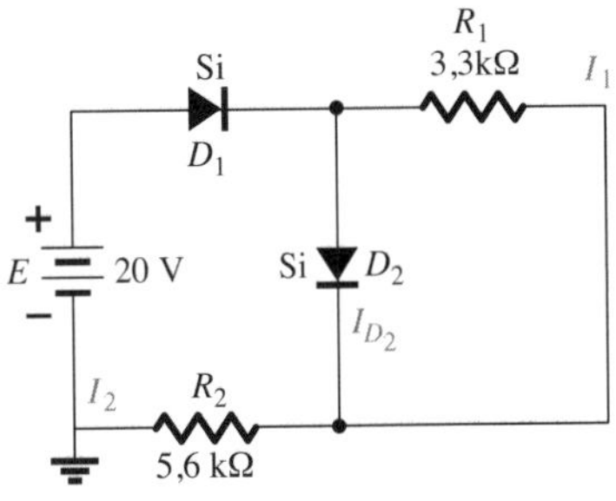

Figura 2.37 Circuito do Exemplo 2.13.

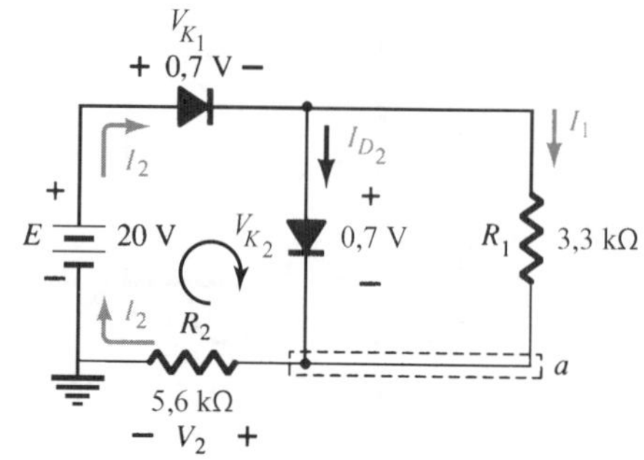

Figura 2.38 Determinação das incógnitas do Exemplo 2.13.

$$\text{com} \quad I_2 = \frac{V_2}{R_2} = \frac{18{,}6\text{ V}}{5{,}6\text{ k}\Omega} = \mathbf{3{,}32\text{ mA}}$$

No nó inferior *a*,

$$I_{D_2} + I_1 = I_2$$

$$\text{e} \quad I_{D_2} = I_2 - I_1 = 3{,}32\text{ mA} - 0{,}212\text{ mA} \cong \mathbf{3{,}11\text{ mA}}$$

2.5 PORTAS AND/OR ("E/OU")

As ferramentas de análise estão agora à nossa disposição e a oportunidade de analisar uma configuração utilizada em computadores ilustrará uma das possibilidades de aplicação desse dispositivo relativamente simples. Nossa análise está limitada à determinação dos níveis de tensão e não incluirá uma discussão detalhada sobre álgebra booleana ou lógicas positiva e negativa.

O circuito que será analisado no Exemplo 2.14 é uma porta OR para lógica positiva. Isto é, o valor de 10 V da Figura 2.39 corresponde a "1", segundo a álgebra booleana, enquanto a entrada de 0 V corresponde a "0".

Uma porta OR é tal que o nível de tensão de saída será 1 se uma *ou* ambas as entradas forem 1. A saída será 0 se ambas as entradas estiverem no nível 0.

A análise de portas AND/OR é facilitada pelo uso do circuito equivalente aproximado de um diodo em vez do modelo ideal, pois é possível estipular que a tensão através do diodo deva ser de 0,7 V positiva para que o diodo de silício esteja "ligado".

De modo geral, a melhor técnica é simplesmente estabelecer uma "intuição" sobre o estado dos diodos, observando o sentido e a "pressão" estabelecidos pelos potenciais aplicados. A análise, então, confirmará ou negará as hipóteses aplicadas.

EXEMPLO 2.14

Determine V_o para o circuito da Figura 2.39.

Solução:

Inicialmente, observe que só há um potencial aplicado, o de 10 V no terminal 1. O terminal 2, com uma entrada de 0 V, está aterrado, como mostra o circuito redesenhado da Figura 2.40. Esta "sugere" que D_1 talvez esteja "ligado" devido aos 10 V aplicados e que D_2, com seu lado "positivo" a 0 V, provavelmente esteja "desligado". O uso destes estados presumidos resulta na configuração da Figura 2.41.

O próximo passo consiste em simplesmente verificar se não há contradição em nossas suposições. Isto é, observar que a polaridade através de D_1 é suficiente para ligá-lo e a polaridade através de D_2 é suficiente para desligá-lo. Para D_1, o estado "ligado" estabelece V_o em $V_o = E - V_D = 10\text{ V} - 0{,}7\text{ V} = \mathbf{9{,}3\text{ V}}$. Com 9,3 V no catodo (–) de D_2 e 0 V no anodo (+), D_2 está definitivamente no estado "desligado". O sentido da corrente e o caminho resultante de condução confirmam nossa suposição de que D_1 esteja conduzindo. As suposições parecem confirmadas pelas tensões e corrente resultantes e é possível tomar nossa análise

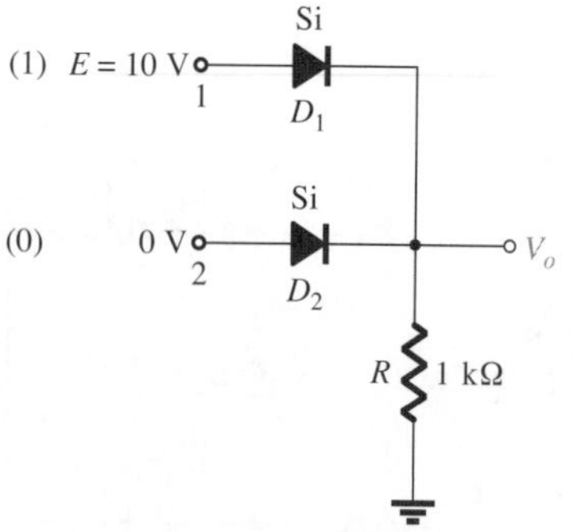

Figura 2.39 Porta OR para lógica positiva.

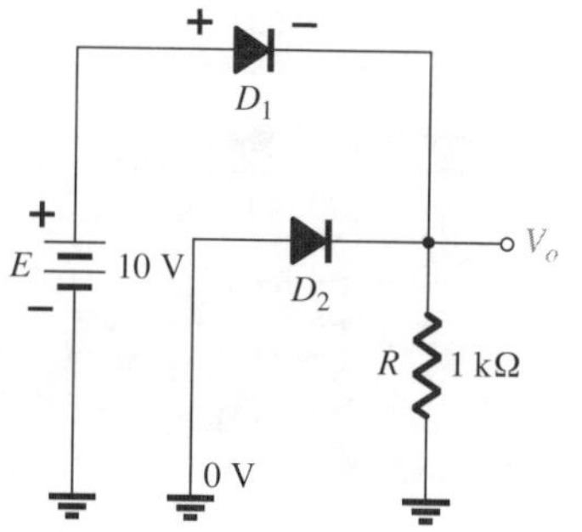

Figura 2.40 Circuito redesenhado da Figura 2.39.

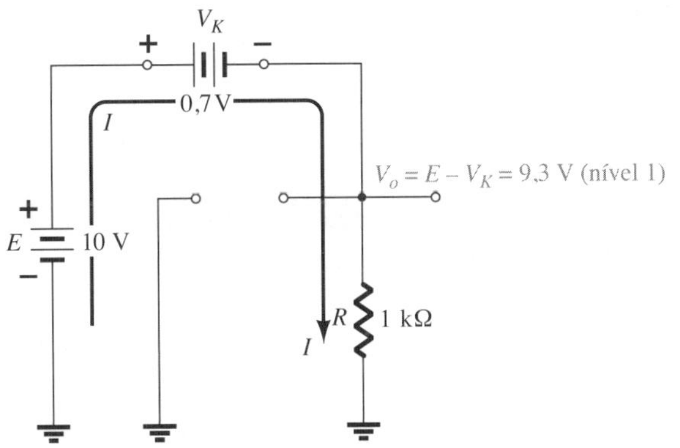

Figura 2.41 Estados presumidos para os diodos da Figura 2.40.

inicial como correta. O valor da tensão de saída não é 10 V, como definido para uma entrada de 1, mas sim 9,3 V, suficientemente grande para ser considerado como nível 1. Portanto, a saída está no nível 1, com apenas uma entrada ativada, o que sugere que a porta seja do tipo OR. Uma análise do mesmo circuito com duas entradas de 10 V resultará em ambos os diodos no estado "ligado" e uma saída de 9,3 V. Uma tensão de 0 V em ambas as entradas não fornecerá os 0,7 V necessários para ligar os diodos, e a saída será de nível 0 já que a tensão de saída é de 0 V. Para o circuito da Figura 2.41, o valor da corrente é determinado por

$$I = \frac{E - V_D}{R} = \frac{10\text{ V} - 0{,}7\text{ V}}{1\text{ k}\Omega} = \mathbf{9{,}3\text{ mA}}$$

EXEMPLO 2.15

Determine o nível de saída da porta AND de lógica positiva da Figura 2.42. A porta AND é aquela em que uma saída 1 é obtida somente quando uma entrada 1 aparece em ambas as entradas.

Solução:

Observe que, nesse caso, uma fonte independente aparece no ramo aterrado do circuito. Por motivos que logo serão conhecidos, é escolhido o mesmo valor que o nível lógico da entrada. O circuito é redesenhado na Figura 2.43, com as suposições iniciais sobre o estado dos diodos. Com 10 V no catodo de D_1, presume-se que D_1 esteja no estado "desligado", apesar de haver uma fonte de 10 V conectada ao anodo de D_1 através do resistor. Mas lembre-se de que mencionamos na introdução desta seção que o uso do modelo aproximado ajudará na análise. Para D_1, de onde virá o valor de 0,7 V se as entradas e as fontes de tensão estão no mesmo nível, criando "pressões" opostas? Supõe-se que D_2 esteja no estado "ligado" devido à baixa tensão no catodo e à disponibilidade da tensão de 10 V através do resistor de 1 kΩ.

Para o circuito da Figura 2.43, a tensão V_o é 0,7 V por causa da polarização direta do diodo D_2. Com 0,7 V no anodo de D_1 e 10 V no catodo, D_1 está definitivamente no estado "desligado". A corrente I terá o sentido indicado na Figura 2.43 e um valor igual a

$$I = \frac{E - V_K}{R} = \frac{10\text{ V} - 0{,}7\text{ V}}{1\text{ k}\Omega} = \mathbf{9{,}3\text{ mA}}$$

Portanto, o estado dos diodos está confirmado e a análise anterior estava correta. Embora não seja de 0 V, definida anteriormente como sendo o nível 0, a tensão de saída é suficientemente pequena para ser considerada como um nível 0. Logo, para a porta AND, uma única entrada resultará em um nível 0 na saída. Os outros estados dos diodos para as possibilidades de duas entradas e nenhuma entrada serão examinados nos problemas do final do capítulo.

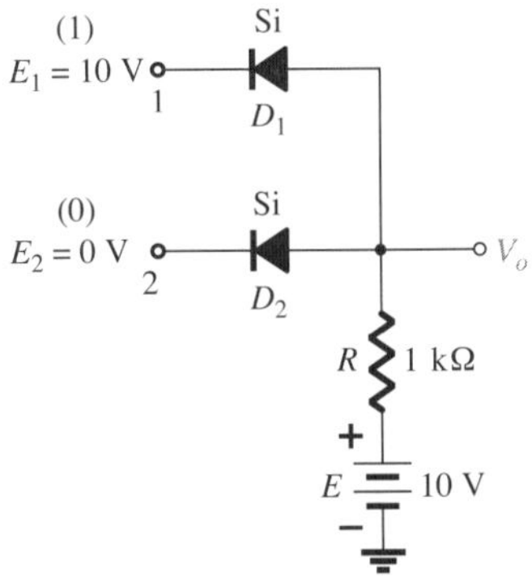

Figura 2.42 Porta AND de lógica positiva.

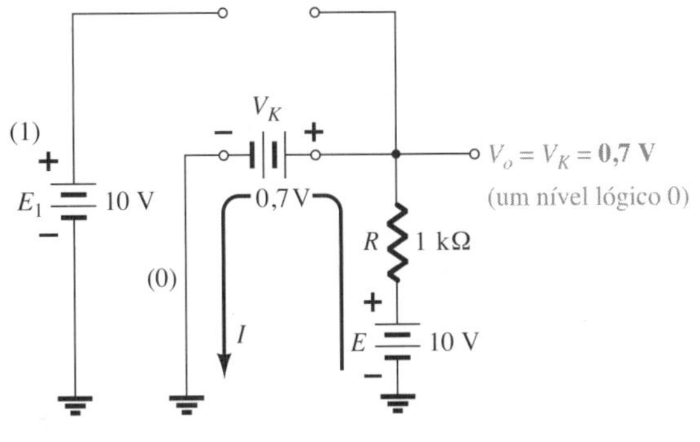

Figura 2.43 Substituição dos estados presumidos dos diodos da Figura 2.42.

2.6 ENTRADAS SENOIDAIS: RETIFICAÇÃO DE MEIA-ONDA

Agora, a análise do diodo será ampliada para incluir funções variantes no tempo, tais como a forma de onda senoidal e a onda quadrada. Não há dúvida de que o grau de dificuldade aumentará, mas uma vez compreendidas algumas técnicas, a análise será completamente direta e seguirá uma linha comum.

O circuito mais simples de examinar com um sinal variante no tempo é mostrado na Figura 2.44. No momento, utilizaremos o modelo ideal (observe a ausência da legenda Si, Ge ou GaAs) para assegurar que a abordagem não apresente complexidade matemática.

Ao longo de um ciclo completo, definido pelo período T da Figura 2.44, o valor médio (a soma algébrica das áreas acima e abaixo do eixo) é igual a zero. O circuito da Figura 2.44, chamado de *retificador de meia-onda*, originará uma forma de onda v_o que possuirá um valor médio de uso particular no processo de conversão CA-CC. Quando empregado no processo de retificação, o diodo é denominado *retificador*. Sua potência e seu valor máximo de corrente são normalmente muito maiores do que os dos diodos empregados em outras aplicações, como computadores e sistemas de comunicação.

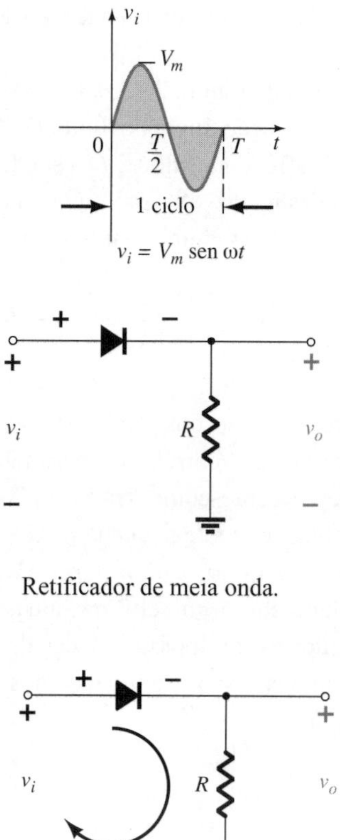

Figura 2.44 Retificador de meia onda.

Durante o intervalo $t = 0 \rightarrow T/2$ na Figura 2.44, a polaridade da tensão aplicada v_i é tal que estabelece "pressão" no sentido indicado e liga o diodo com a polaridade que aparece acima dele. A substituição pelo curto-circuito equivalente para o diodo ideal resulta no circuito equivalente da Figura 2.45, em que é bastante óbvio que o sinal de saída é uma réplica exata do sinal aplicado. Os dois terminais que definem a tensão de saída são conectados diretamente ao sinal de entrada por meio do curto-circuito equivalente ao diodo.

Para o período $T/2 \rightarrow T$, a polaridade da entrada v_i é mostrada na Figura 2.46, e a polaridade resultante através do diodo ideal produz um estado "desligado" com um circuito aberto equivalente. O resultado é a ausência de um caminho para as cargas fluírem e $v_o = iR = (0)R = 0$ V para o período $T/2 \rightarrow T$. A entrada v_i e a saída v_o foram traçadas juntas na Figura 2.47 para efeito de comparação. O sinal de saída v_o agora tem uma área resultante média acima do eixo sobre um período completo e um valor médio determinado por

$$\boxed{V_{CC} = 0{,}318\ V_m} \quad \text{meia-onda} \qquad (2.7)$$

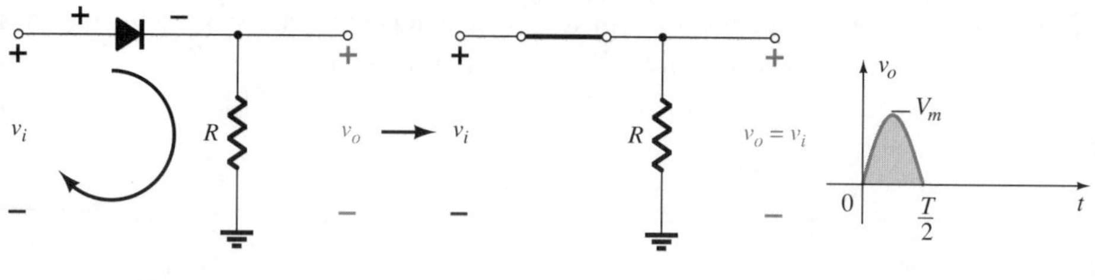

Figura 2.45 Região de condução ($0 \rightarrow T/2$).

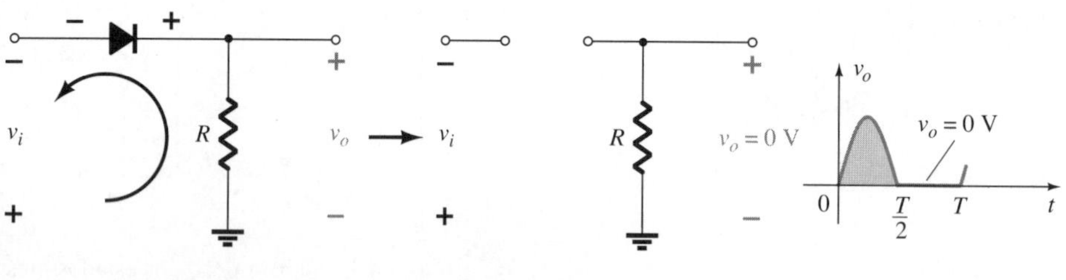

Figura 2.46 Região de não condução ($T/2 \rightarrow T$).

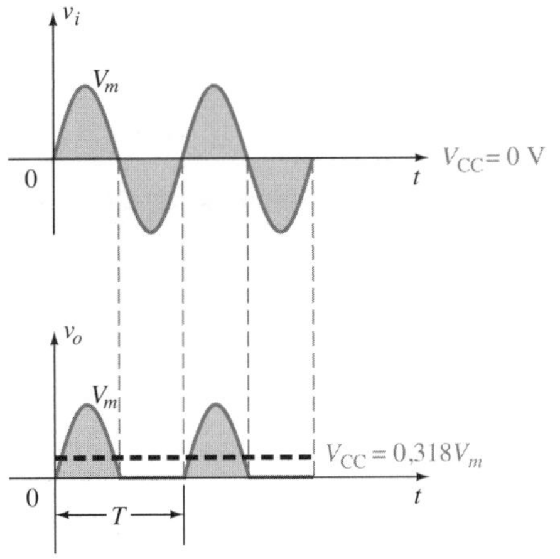

Figura 2.47 Sinal retificado de meia-onda.

O processo de remoção da metade do sinal de entrada para estabelecer um nível CC é apropriadamente denominado *retificação de meia-onda*.

O efeito da utilização de um diodo de silício com $V_K = 0{,}7$ V está demonstrado na Figura 2.48 para a região de polarização direta. O sinal aplicado deve ser agora, no mínimo, 0,7 V para que o diodo possa entrar no estado "ligado". Para valores de v_i menores do que 0,7 V, o diodo ainda é um circuito aberto e $v_o = 0$ V, como mostrado na mesma figura. Quando em condução, a diferença entre v_o e v_i é um valor fixo de $V_K = 0{,}7$ V e $v_o = v_i - V_K$, como mostra a figura. Na prática, o efeito é a redução da área acima do eixo, o que reduz o nível de tensão CC resultante. Para situações em que $V_m >> V_K$, a seguinte equação pode ser aplicada para determinar o valor médio com um grau relativamente alto de precisão.

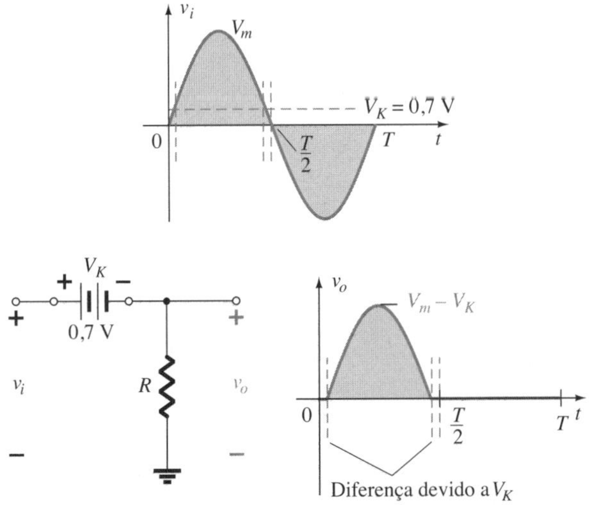

Figura 2.48 Efeito de V_K no sinal retificado de meia-onda.

$$V_{CC} \cong 0{,}318(V_m - V_K) \tag{2.8}$$

Na verdade, se V_m é suficientemente maior do que V_K, a Equação 2.7 é frequentemente utilizada como uma primeira aproximação para V_{CC}.

EXEMPLO 2.16

a) Esboce a tensão de saída v_o e determine o valor CC de saída para o circuito da Figura 2.49.
b) Repita o item (a) se o diodo ideal for substituído por um diodo de silício.
c) Repita os itens (a) e (b) se V_m for aumentada para 200 V e compare as soluções utilizando as equações 2.7 e 2.8.

Solução:

a) Nessa situação, o diodo conduzirá durante a parte negativa da tensão de entrada, como mostrado na Figura 2.50, e v_o surgirá conforme indicado nessa mesma figura. Para o período completo, o nível CC é:

$$V_{CC} = -\,0{,}318V_m = -0{,}318(20 \text{ V}) = -\,\mathbf{6{,}36 \text{ V}}$$

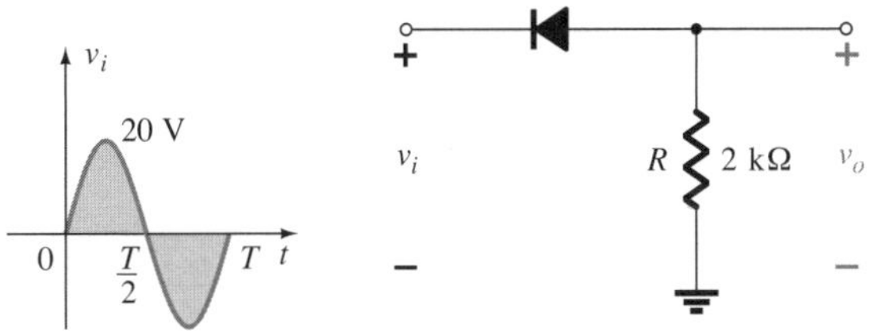

Figura 2.49 Circuito do Exemplo 2.16.

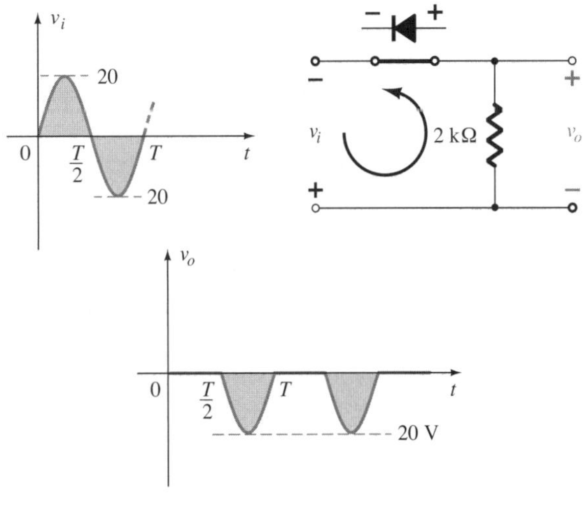

Figura 2.50 Tensão v_o resultante para o circuito do Exemplo 2.16.

O sinal negativo indica que a polaridade da tensão de saída é oposta àquela definida na Figura 2.49.

b) Utilizando-se um diodo de silício, a saída tem a forma de onda mostrada na Figura 2.51 e

$$V_{CC} \cong -0{,}318(V_m = -0{,}7\text{ V})$$
$$= -0{,}318(19{,}3\text{ V}) \cong \mathbf{-6{,}14\text{ V}}$$

A queda resultante no nível CC é 0,22 V ou, aproximadamente, 3,5%.

c) Equação 2.7:

$$V_{CC} = -0{,}318\ V_m = -0{,}318(200\text{ V}) = \mathbf{-63{,}6\text{ V}}$$

Equação 2.8:

$$V_{CC} = -0{,}318(V_m - V_K) = -0{,}318(200\text{ V} - 0{,}7\text{ V})$$
$$= -(0{,}318)(199{,}3\text{ V}) = \mathbf{-63{,}38\text{ V}}$$

Esta é uma diferença que certamente pode ser desprezada na maioria das aplicações. Para o item (c), a diferença e a queda na amplitude ocorridas devido a V_K não seriam perceptíveis em um osciloscópio comum, caso se utilize uma figura ocupando a tela completa.

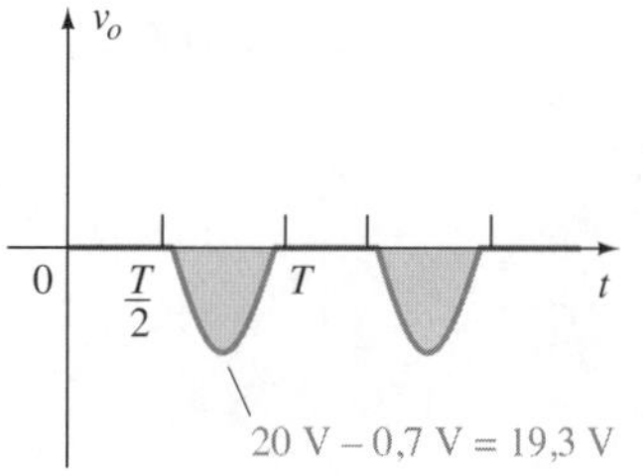

Figura 2.51 Efeito de V_K na tensão de saída da Figura 2.50.

PIV (PRV)

A tensão de pico inversa do diodo (PIV ou PRV — Peak Reverse Voltage) é de grande importância no projeto de sistemas de retificação. Lembre-se de que é a tensão máxima nominal do diodo que não deve ser ultrapassada na região de polarização reversa ou o diodo entrará na região de avalanche Zener. A PIV permitida para o retificador de meia-onda pode ser determinada a partir da Figura 2.52, que mostra o diodo reversamente polarizado da Figura 2.44 com uma tensão aplicada máxima. Quando se aplica a Lei das Tensões de Kirchhoff, torna-se óbvio que a PIV máxima do diodo deve ser igual ou maior do que o valor de pico da tensão aplicada. Logo,

$$\boxed{\text{PIV máxima} \geqq V_m} \quad \text{retificador de meia onda} \qquad (2.9)$$

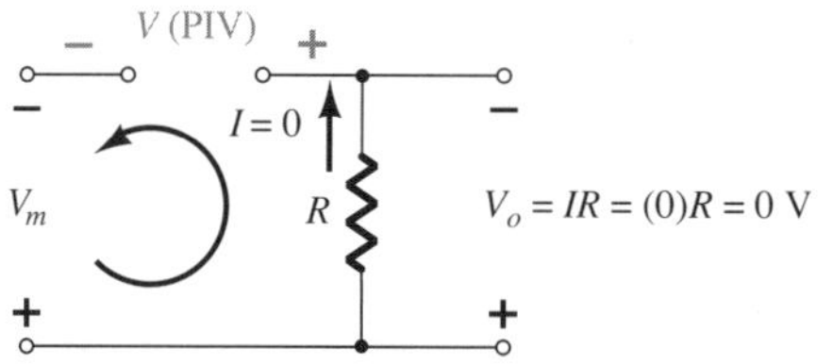

Figura 2.52 Determinação da PIV exigida para o retificador de meia-onda.

2.7 RETIFICAÇÃO DE ONDA COMPLETA

Configuração em ponte

O nível CC obtido a partir de uma entrada senoidal pode ser melhorado 100% utilizando-se um processo chamado de *retificação de onda completa*. O circuito mais comumente empregado para realizar tal função é mostrado na Figura 2.53 com seus quatro diodos em uma configuração em *ponte*. Durante o período que vai de $t = 0$ até $T/2$, a polaridade da tensão de entrada é mostrada na Figura 2.54. As polaridades resultantes através dos diodos ideais também são mostradas na Figura 2.54, revelando que D_2 e D_3 estão conduzindo ("on"), enquanto D_1 e D_4 estão no estado "desligado" ("off"). O resultado é a configuração da Figura 2.55 com a indicação da corrente e da polaridade através de R. Visto que os diodos são ideais, a tensão na carga é $v_o = v_i$, como mostra a mesma figura.

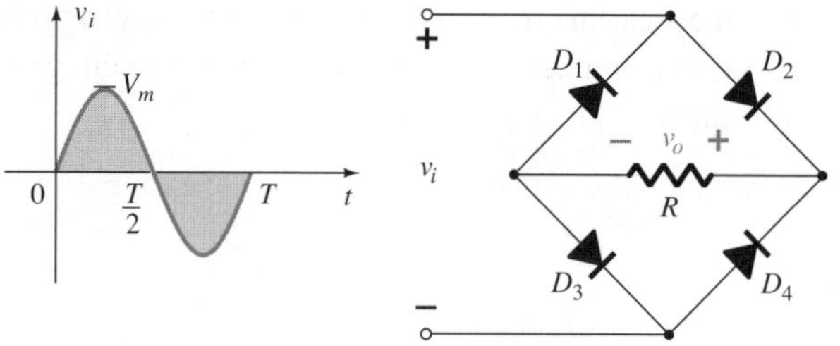

Figura 2.53 Retificador de onda completa em ponte.

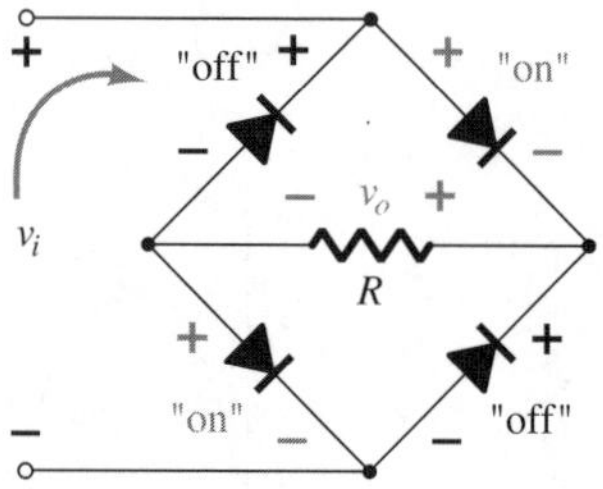

Figura 2.54 Circuito da Figura 2.53 para o período 0 → $T/2$ da tensão de entrada v_i.

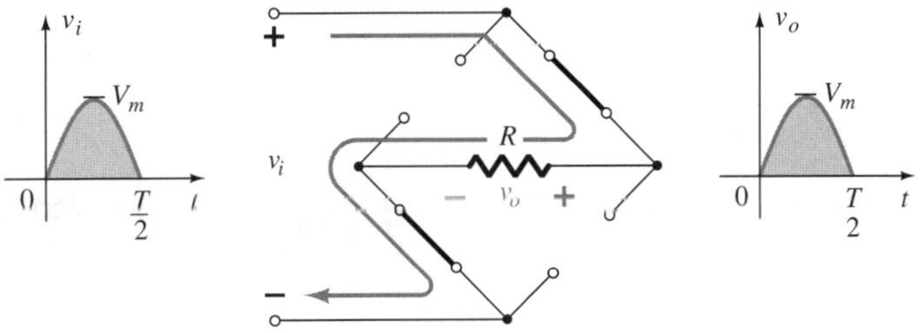

Figura 2.55 Caminho de condução para a região positiva de v_i.

Para a região negativa da entrada, os diodos D_1 e D_4 estão conduzindo, resultando na configuração da Figura 2.56. O resultado importante é que a polaridade através do resistor de carga R é a mesma que aparece na Figura 2.54, estabelecendo um segundo pulso positivo, como mostrado na Figura 2.56. Ao longo de um ciclo completo, as tensões de entrada e saída aparecerão conforme ilustra a Figura 2.57.

Uma vez que a área acima do eixo para um ciclo completo agora é o dobro da área obtida para um retificador de meia-onda, o valor CC também foi dobrado e

$$V_{CC} = 2(\text{Equação 2.7}) = 2(0{,}318\ V_m)$$

ou

$$\boxed{V_{CC} = 0{,}636\ V_m} \quad \text{onda completa} \qquad (2.10)$$

Se fossem empregados diodos de silício em vez de diodos ideais, como mostra a Figura 2.58, a aplicação da Lei das Tensões de Kirchhoff ao longo do caminho de condução resultaria em

$$v_i - V_K - v_0 - V_K = 0$$

e

$$v_0 = v_i - 2V_K$$

O valor de pico da tensão de saída V_o é, portanto,

$$V_{o_{\text{máx}}} = V_m - 2V_K$$

Para situações em que $V_m >> 2V_K$, pode-se aplicar a seguinte equação para o valor médio com um grau relativamente alto de precisão:

$$\boxed{V_{CC} \cong 0{,}636(V_m - 2V_K)} \qquad (2.11)$$

Novamente, se V_m é suficientemente maior do que $2V_K$, a Equação 2.10 é frequentemente aplicada como uma primeira estimativa para V_{CC}.

PIV A PIV necessária para cada diodo (ideal) pode ser determinada a partir da Figura 2.59, obtida no pico da

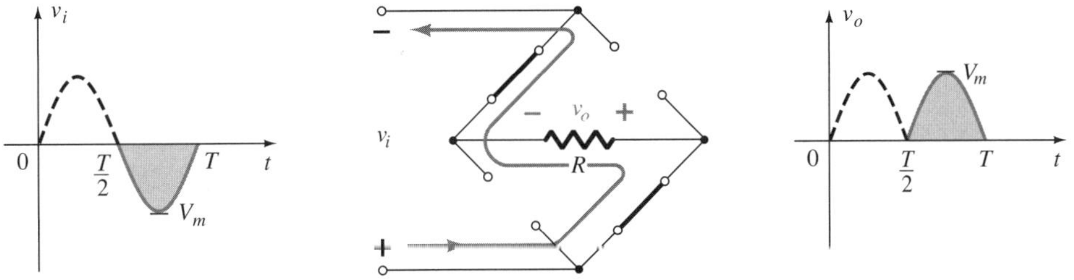

Figura 2.56 Caminho de condução para a polaridade negativa de v_i.

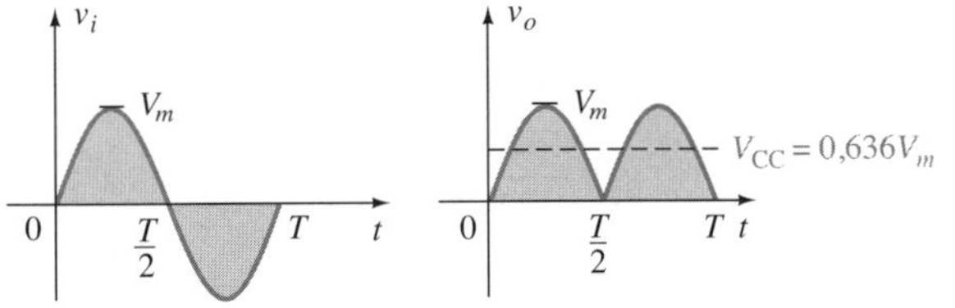

Figura 2.57 Formas de onda das tensões de entrada e saída para um retificador de onda completa.

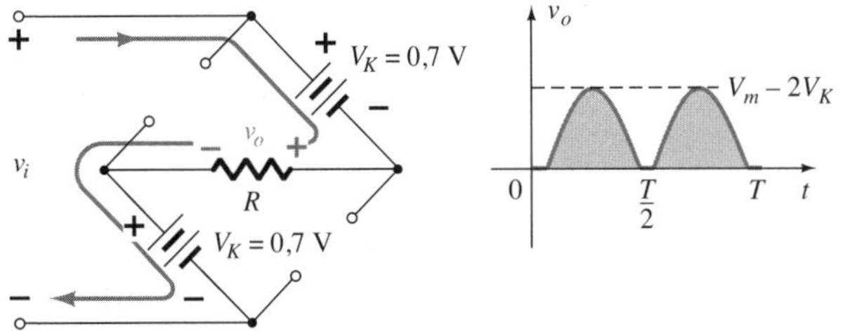

Figura 2.58 Determinação de $V_{o_{\text{máx}}}$ para diodos de silício na configuração em ponte.

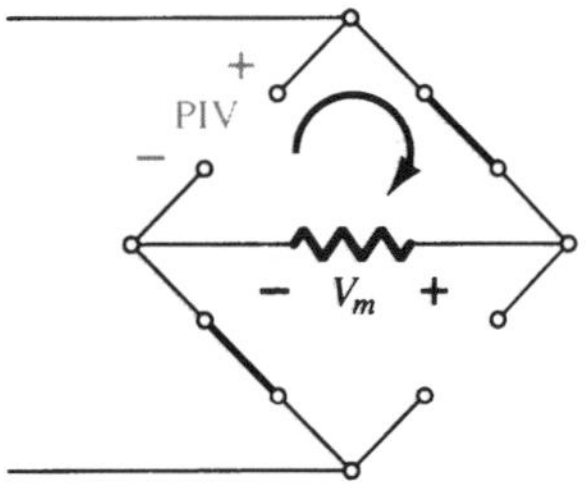

Figura 2.59 Determinação da PIV necessária para a configuração em ponte.

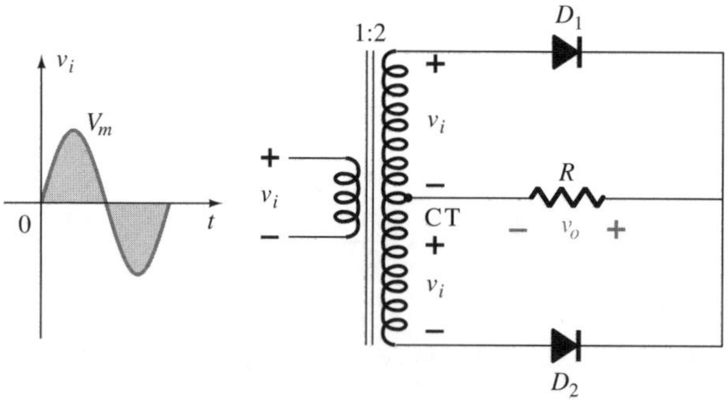

Figura 2.60 Retificador de onda completa com transformador com derivação central.

região positiva do sinal de entrada. Para a malha indicada, a tensão máxima através de R é V_m e a PIV máxima é definida por

$$\text{PIV} \geqq V_m \qquad \text{retificador de onda completa em ponte} \qquad (2.12)$$

Transformador com derivação central

Um segundo retificador de onda completa bastante conhecido é mostrado na Figura 2.60, que tem somente dois diodos, mas requer um transformador com derivação central (CT — *center-tapped*) para estabelecer o sinal de entrada em cada seção do secundário do transformador. Durante a porção positiva de v_i aplicada ao primário do transformador, o circuito se comportará como mostra a Figura 2.61, com um pulso positivo através de cada seção do enrolamento secundário. D_1 assume o curto-circuito equivalente e D_2, o circuito aberto equivalente, conforme determinado pelas tensões no secundário e pelos sentidos das correntes resultantes. A tensão de saída aparece como ilustrado na Figura 2.61.

Durante a porção negativa da entrada, o circuito aparece como mostra a Figura 2.62, invertendo as funções dos diodos, mas com a mesma polaridade de tensão através do resistor de carga R. O efeito é a mesma forma de onda de saída que a exibida na Figura 2.57, com os mesmos níveis CC.

PIV O circuito da Figura 2.63 nos ajudará a determinar a PIV para cada diodo nesse retificador de onda completa. Aplicar tensão máxima no secundário (V_m), conforme estabelecido pela malha adjacente, resultará em

$$\begin{aligned} \text{PIV} &= V_{\text{secundário}} + V_R \\ &= V_m + V_m \end{aligned}$$

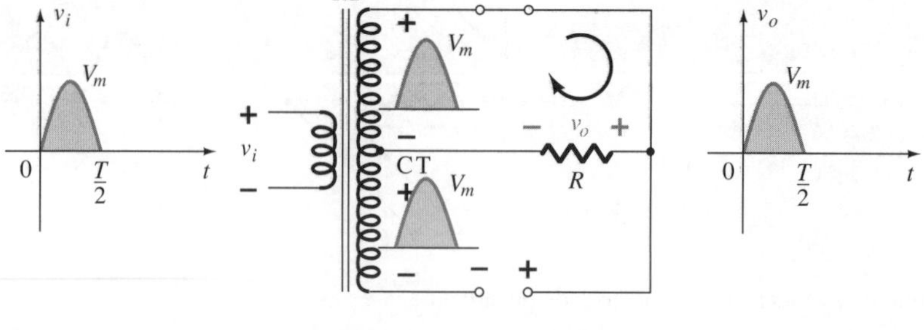

Figura 2.61 Condições do circuito para a região positiva de v_i.

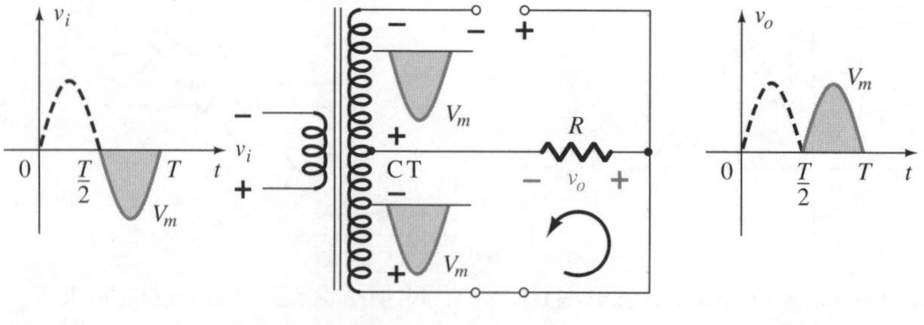

Figura 2.62 Condições do circuito para a região negativa de v_i.

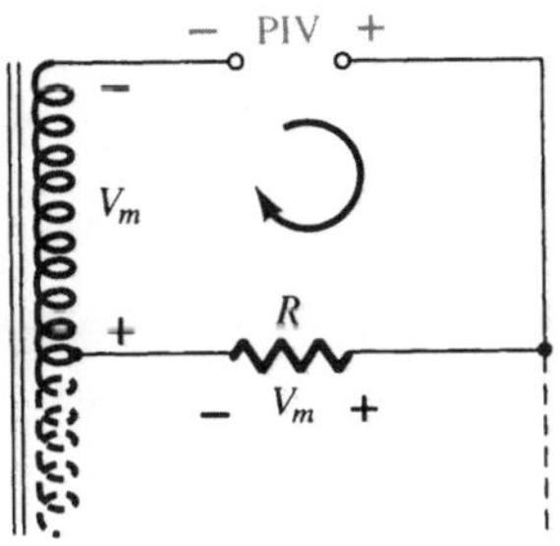

Figura 2.63 Determinação do valor da PIV para os diodos do retificador de onda completa com transformador CT.

e $$\boxed{\text{PIV} \geqq 2V_m} \quad \text{Transformador CT, retificador de onda completa} \qquad (2.13)$$

EXEMPLO 2.17

Determine a forma de onda de saída do circuito da Figura 2.64 e calcule o nível CC na saída e a PIV requerida para cada diodo.

Solução:

O circuito será como o da Figura 2.65 para a região positiva da tensão de entrada. Redesenhar o circuito resulta na configuração da Figura 2.66, onde $v_o = \frac{1}{2}v_i$ ou $V_{o_{máx}} = \frac{1}{2}V_{i_{máx}} = \frac{1}{2}(10\text{V}) = 5$ V, como mostra a Figura 2.66. Para a parte negativa do sinal de entrada, as funções dos diodos serão trocadas e v_o será como mostrado na Figura 2.67.

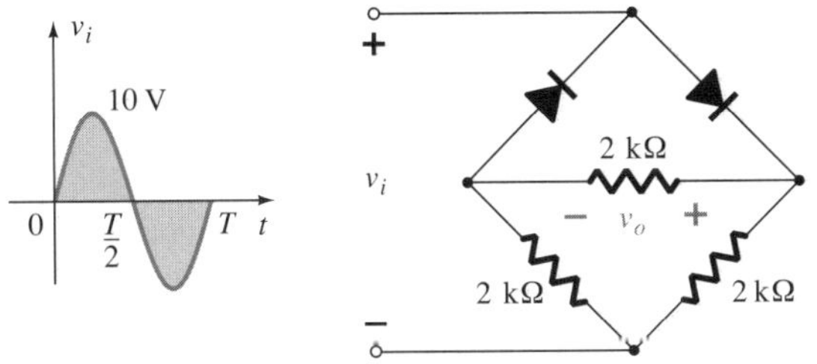

Figura 2.64 Circuito em ponte do Exemplo 2.17.

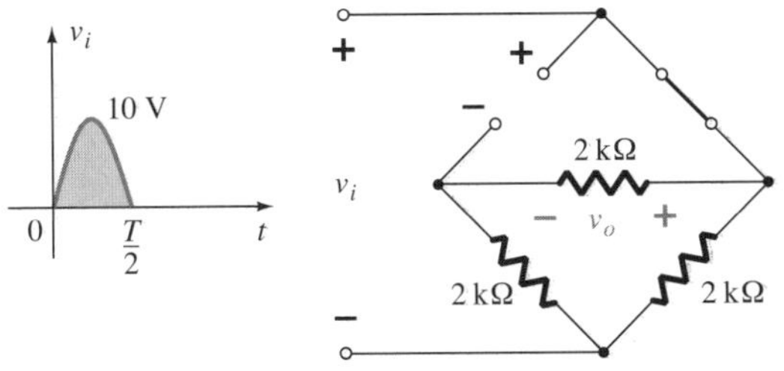

Figura 2.65 Circuito da Figura 2.64 para a região positiva de v_i.

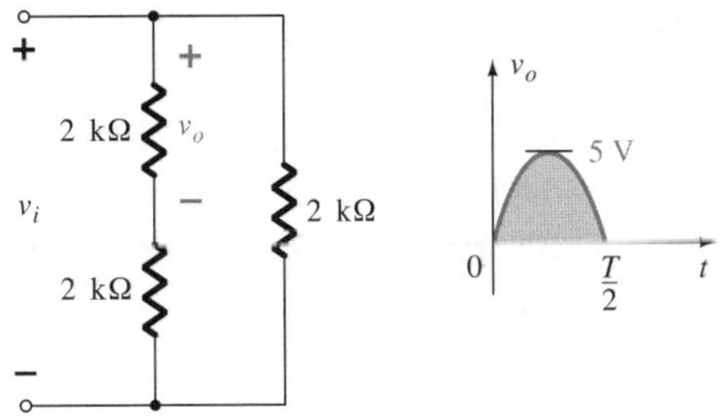

Figura 2.66 Circuito redesenhado da Figura 2.65.

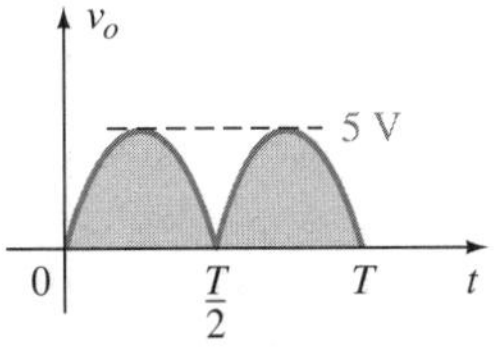

Figura 2.67 Saída resultante do Exemplo 2.17.

O efeito da retirada de dois diodos da configuração em ponte foi, portanto, a redução do valor CC disponível ao seguinte valor:

$$V_{CC} = 0{,}636(5\text{ V}) = \mathbf{3{,}18\text{ V}}$$

ou o mesmo valor disponível de um retificador de meia-onda com o mesmo sinal de entrada. No entanto, a PIV, como foi determinada na Figura 2.59, é igual à máxima tensão através de R, que é de 5 V, ou metade daquela requerida para um retificador de meia-onda com a mesma entrada.

2.8 CEIFADORES

A seção anterior sobre retificação dá uma clara evidência de que os diodos podem ser usados para alterar a aparência de uma forma de onda aplicada. Esta seção sobre ceifadores e a próxima, sobre grampeadores, vão se aprofundar nas capacidades de modelagem de onda dos diodos.

Ceifadores são circuitos que utilizam diodos para "ceifar" uma porção de um sinal de entrada sem distorcer o restante da forma de onda aplicada.

O retificador de meia-onda da Seção 2.6 é um exemplo da forma mais simples de ceifador a diodo: um resistor e um diodo. Dependendo da orientação do diodo, a região positiva ou negativa do sinal de entrada é "ceifada".

Há duas categorias gerais de ceifador: em *série* e em *paralelo*. A configuração em série é definida como aquela em que o diodo está em série com a carga, enquanto a em paralelo tem o diodo em um ramo paralelo à carga.

Em série

A resposta da configuração em série da Figura 2.68(a) para várias formas de ondas alternadas é mostrada na Figura 2.68(b). Embora inicialmente introduzido como um retificador de meia-onda (para formas de ondas senoidais), não há limite quanto aos tipos de sinal que podem ser aplicados a um ceifador.

A inclusão de uma fonte CC, como mostra a Figura 2.69, pode ter um efeito pronunciado na análise da configuração do ceifador em série. A resposta não é tão óbvia porque a fonte CC pode trabalhar a favor ou contra a tensão da fonte, e a fonte CC pode estar no ramo entre a entrada e a saída ou no ramo paralelo à saída.

Não há nenhum procedimento geral para a análise de circuitos do tipo mostrado na Figura 2.69, mas alguns aspectos ajudam na busca de uma solução.

1. **Preste atenção ao local em que a tensão de saída é definida.**

Na Figura 2.69, é diretamente através do resistor *R*. Em alguns casos, pode ser através de uma combinação de elementos em série.

Em seguida:

2. **Tente desenvolver uma noção geral da resposta apenas observando a "pressão" estabelecida por cada fonte e o efeito que ela terá sobre o sentido da corrente convencional através do diodo.**

Na Figura 2.69, por exemplo, qualquer tensão positiva da fonte tentará ligar o diodo por meio de uma corrente convencional através dele que coincida com a seta no símbolo do diodo. Entretanto, a fonte CC adicional V irá se opor à tensão aplicada e tentará manter o diodo no estado "desligado". O resultado é que qualquer tensão de alimentação maior do que V volts ligará o diodo e a condução poderá ser estabelecida através da resistência de carga. Tenha em mente que estamos lidando com um diodo ideal, de modo que a tensão de ligação é, simplesmente, 0 V. Em geral, portanto, para o circuito da Figura 2.69, podemos concluir que o diodo será ligado por qualquer tensão v_i maior do que V volts e desligado por qualquer

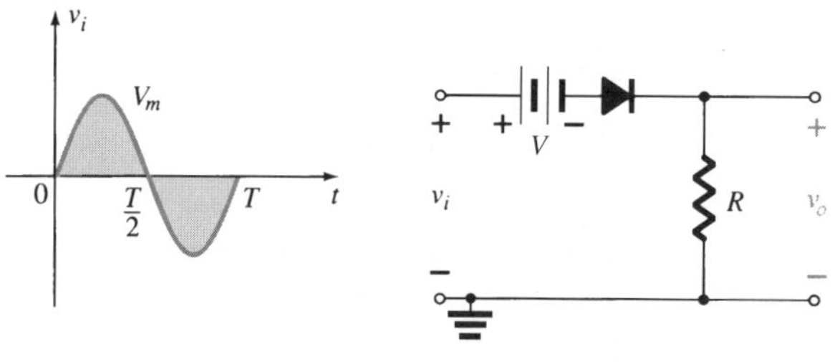

Figura 2.69 Ceifador em série com uma fonte CC.

tensão menor que isso. Para a condição de "desligado", a saída seria 0 V devido à falta de corrente, e para a condição de "ligado" seria simplesmente $v_o = v_i - V$, conforme determinado pela Lei das Tensões de Kirchhoff.

3. **Determine a tensão aplicada (tensão de transição) que resultará em uma alteração de estado do diodo de "desligado" para "ligado".**

Este passo ajudará a definir uma região da tensão aplicada quando o diodo estiver ligado e quando estiver desligado. Sobre a curva característica de um diodo ideal, essa definição ocorrerá quando $V_D = 0$ V e $I_D = 0$ mA. Para o equivalente aproximado, isso é determinado pela identificação da tensão aplicada quando o diodo sofre uma queda de 0,7 V através dele (para o silício) e $I_D = 0$ mA.

Esse exercício foi aplicado ao circuito da Figura 2.69, como indica a Figura 2.70. Note a substituição do equivalente de curto-circuito pelo diodo e o fato de que a tensão através do resistor é de 0 V porque a corrente do diodo é de 0 mA. O resultado é $v_i - V = 0$, logo

$$\boxed{v_i = V} \tag{2.14}$$

é a tensão de transição.

Isso permite desenhar uma linha sobre a tensão de alimentação senoidal, como mostrado na Figura 2.71, para definir as regiões onde o diodo está ligado e desligado.

Para a região de "ligado", conforme a Figura 2.72, o diodo é substituído por um equivalente de curto-circuito e a tensão de saída é definida por

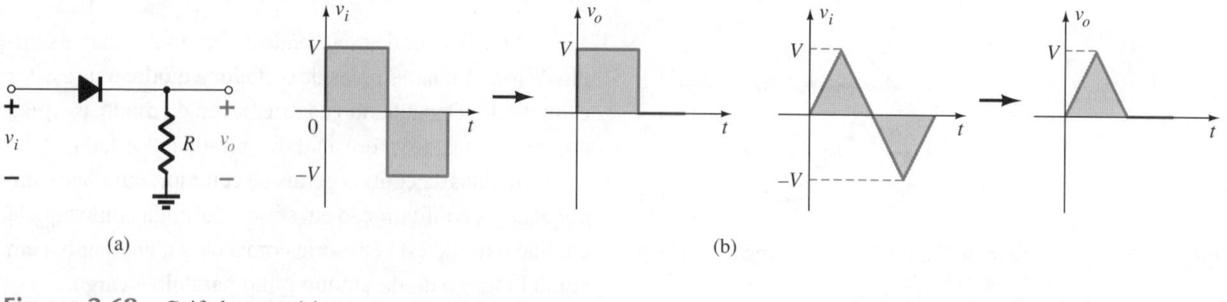

Figura 2.68 Ceifador em série.

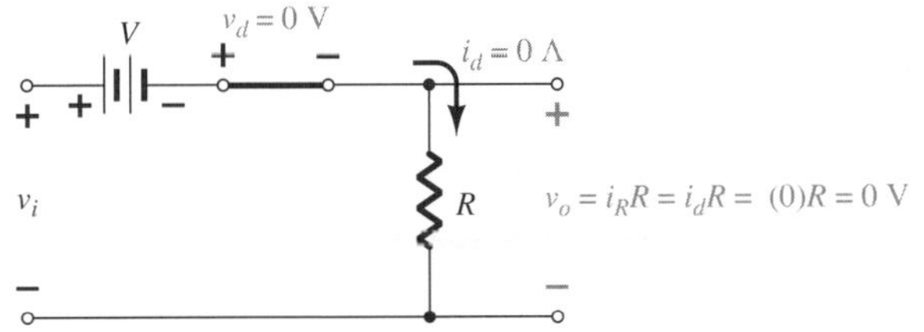

Figura 2.70 Determinação do nível de transição para o circuito da Figura 2.69.

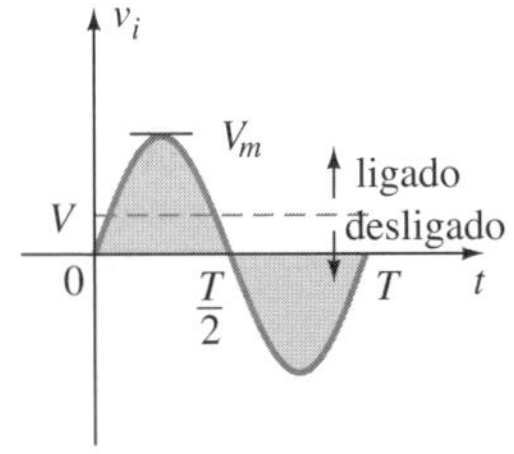

Figura 2.71 Uso da tensão de transição para definir as regiões de "ligado" e "desligado".

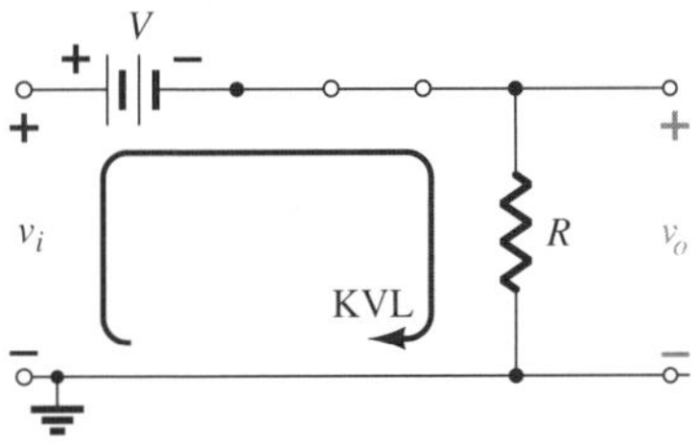

Figura 2.72 Determinação de v_o para o diodo no estado "ligado".

$$v_o = v_i - V \tag{2.15}$$

Para a região de "desligado", o diodo é um circuito aberto, $I_D = 0$ mA e a tensão de saída é

$$v_o = 0 \text{ V}$$

4. **É sempre útil traçar a forma da onda de saída diretamente abaixo da tensão aplicada usando as mesmas escalas para os eixos horizontal e vertical.**

Com esta última informação podemos estabelecer o nível 0 V no gráfico da Figura 2.73 para a região indicada. Para a condição de "ligado", a Equação 2.15 pode ser utilizada para determinar a saída de tensão quando a tensão aplicada tem seu valor máximo:

$$v_{o_{máx}} = V_m - V$$

e isso pode ser adicionado ao gráfico da Figura 2.73. Assim, torna-se simples preencher a seção faltante da curva de saída.

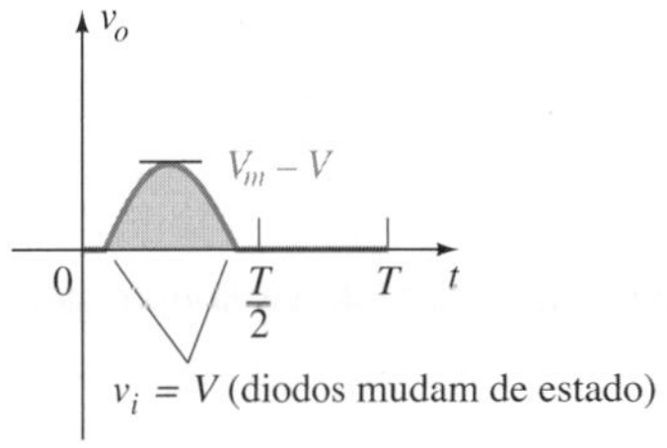

Figura 2.73 Desenho da forma de onda de v_o usando os resultados obtidos para v_o acima e abaixo do nível de transição.

EXEMPLO 2.18

Determine a forma da onda de saída para o circuito da Figura 2.74.

Solução:

Etapa 1: mais uma vez, a saída passa diretamente através do resistor R.

Etapa 2: a região positiva de v_i e a fonte CC estão aplicando "pressão" para ligar o diodo. Por conseguinte, podemos pressupor com segurança que o diodo está no estado "ligado" para toda a faixa de tensões positivas para v_i. Uma vez que a fonte se torne negativa, terá que exceder a tensão de alimentação CC de 5 V antes que possa desligar o diodo.

Etapa 3: o modelo de transição é substituído na Figura 2.75 e constatamos que a transição de um estado para outro ocorrerá quando

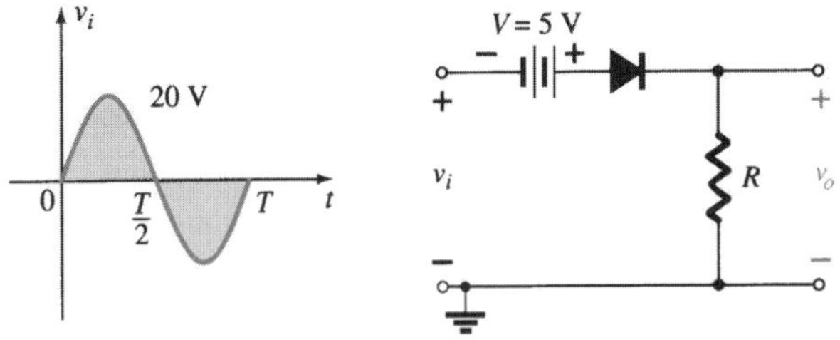

Figura 2.74 Ceifador em série para o Exemplo 2.18.

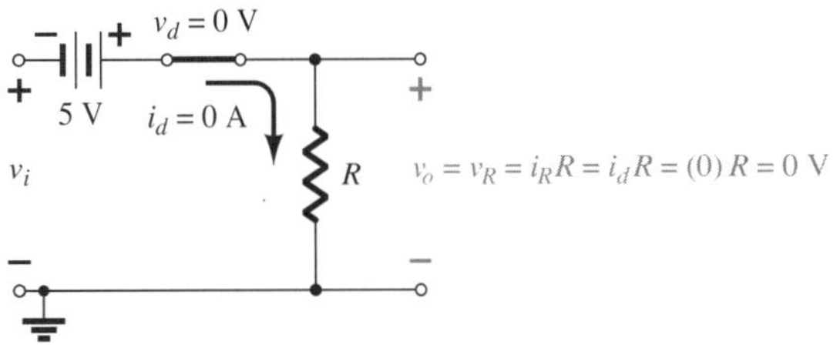

Figura 2.75 Determinação do nível de transição para o ceifador da Figura 2.74.

$$v_i + 5\text{ V} = 0\text{ V}$$

ou

$$v_i = -5\text{ V}$$

Etapa 4: na Figura 2.76, uma linha horizontal é traçada através da tensão aplicada no nível de transição. Para tensões inferiores a –5 V, o diodo está no estado de circuito aberto e a saída é igual a 0 V, conforme mostrado no desenho de v_o. Usando a Figura 2.76, descobrimos que, para as condições em que o diodo está ligado e a corrente do diodo está estabelecida, a tensão de saída será a seguinte, conforme determinado pela Lei das Tensões de Kirchhoff:

$$v_o = v_i + 5\text{ V}$$

É mais fácil fazer a análise dos circuitos ceifadores tendo ondas quadradas como entradas do que com entradas senoidais, pois apenas dois níveis devem ser considerados. Em outras palavras, o circuito pode ser analisado como se tivesse dois níveis CC na entrada, com a saída resultante v_o traçada de maneira apropriada. O próximo exemplo demonstra o procedimento.

EXEMPLO 2.19

Determine a tensão de saída para o circuito examinado no Exemplo 2.18 se o sinal aplicado for a onda quadrada da Figura 2.77.

Solução:

Para v_i = 20 V(0 → $T/2$), o resultado é o circuito da Figura 2.78. O diodo está no estado de curto-circuito e v_o = 20 V + 5 V = 25 V. Para v_i = –10 V, o resultado é o circuito da Figura 2.79, colocando-se o diodo no estado "desligado", e $v_o = i_R R = (0)R$ = 0 V. A tensão de saída resultante é mostrada na Figura 2.80.

Observe, no Exemplo 2.19, que o ceifador não somente cortou 5 V da excursão total, mas também aumentou o valor CC em 5 V.

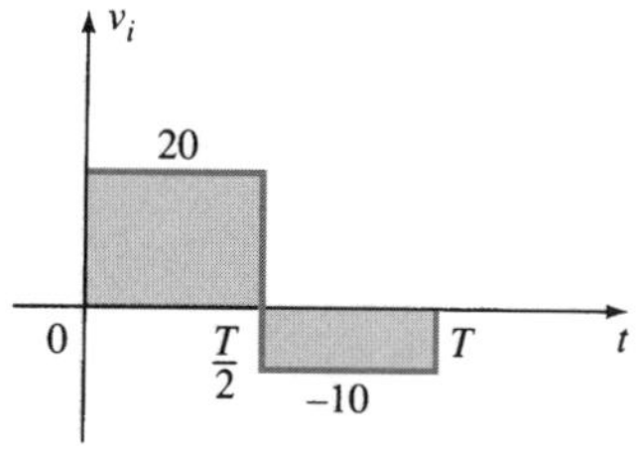

Figura 2.77 Sinal aplicado para o Exemplo 2.19.

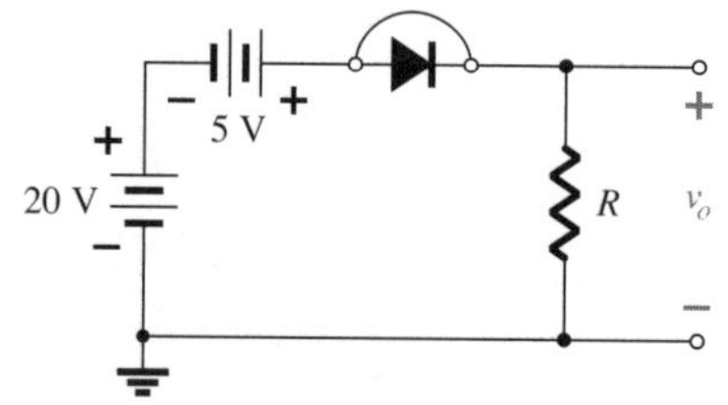

Figura 2.78 v_o em v_i = +20 V.

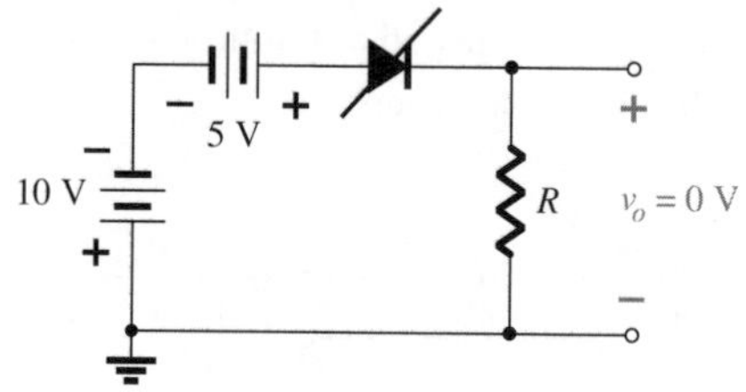

Figura 2.79 v_o em v_i = –10 V.

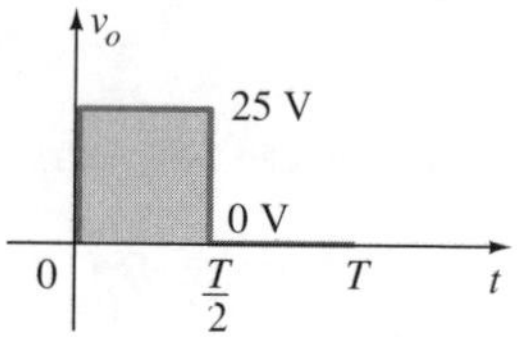

Figura 2.80 Desenhando v_o para o Exemplo 2.19.

Em paralelo

O circuito da Figura 2.81 é a mais simples das configurações em paralelo com diodos, com a saída resultante para os mesmos sinais de entrada da Figura 2.68. A aná-

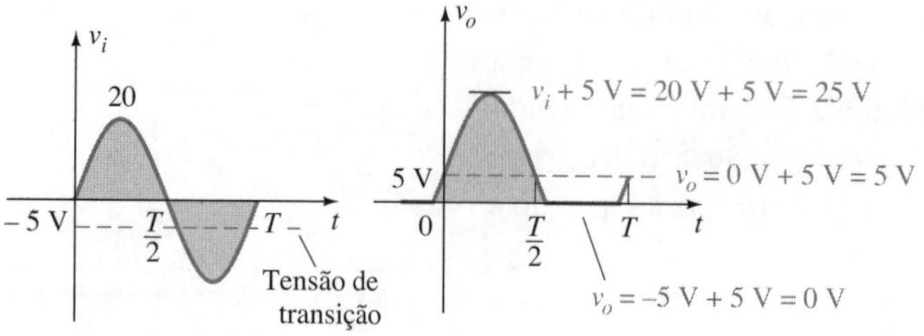

Figura 2.76 Desenhando v_o para o Exemplo 2.18.

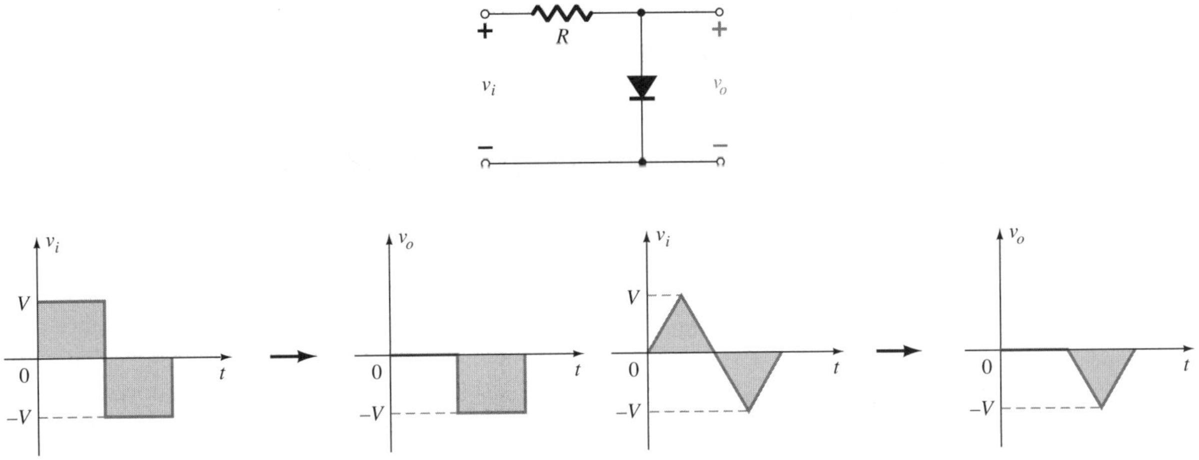

Figura 2.81 Resposta do circuito ceifador em paralelo.

lise das configurações em paralelo é muito semelhante à aplicada às configurações em série, como demonstra o exemplo a seguir.

EXEMPLO 2.20

Determine v_o para o circuito da Figura 2.82.

Solução:

Etapa 1: neste exemplo, a saída é definida através da combinação em série da fonte de 4 V e do diodo, não através do resistor *R*.

Etapa 2: a polaridade da fonte CC e o sentido do diodo sugerem que ele estará no estado "ligado" para uma grande porção da região negativa do sinal de entrada. Na verdade, é interessante notar que, uma vez que a saída passa diretamente através da combinação em série, quando o diodo está em seu estado de curto-circuito, a tensão de saída passará diretamente através da fonte CC de 4 V, exigindo que a saída seja fixada em 4 V. Em outras palavras, quando o diodo estiver ligado, a saída será de 4 V. Caso contrário, quando o diodo for um circuito aberto, a corrente através do circuito em série será de 0 mA e a queda de tensão através do resistor, de 0 V. Isso resultará em $v_o = v_i$ sempre que o diodo estiver desligado.

Etapa 3: o valor de transição da tensão de entrada pode ser determinado a partir da Figura 2.83, substituindo-se o equivalente de curto-circuito e lembrando-se de que a corrente do diodo é 0 mA no instante da transição. O resultado é uma mudança de estado quando

$$v_i = 4\text{ V}$$

Etapa 4: na Figura 2.84, o valor de transição é traçado ao longo de $v_o = 4$ V, quando o diodo está ligado. Para $v_i \geq 4$ V, $v_o = 4$ V e a forma da onda é simplesmente repetida no gráfico de saída.

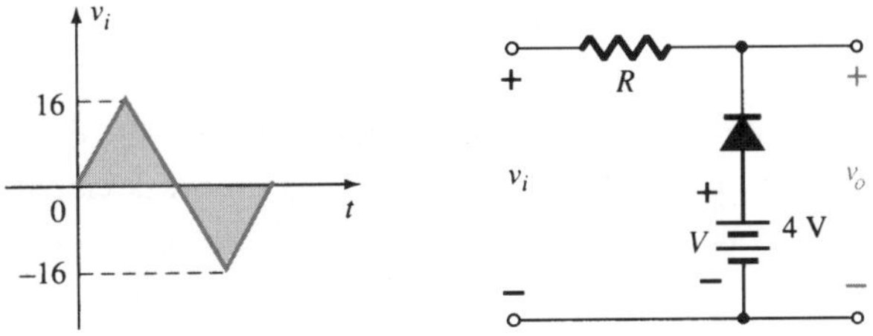

Figura 2.82 Exemplo 2.20.

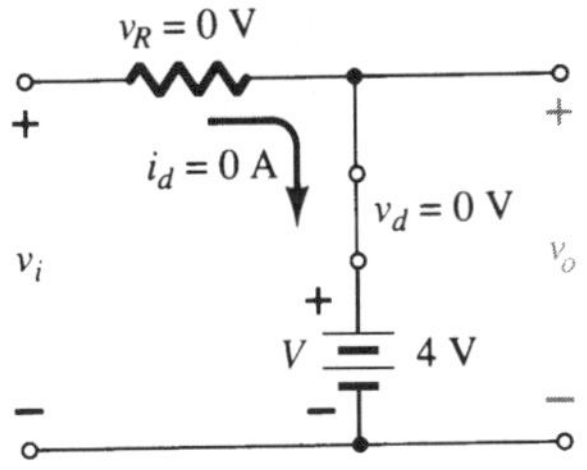

Figura 2.83 Determinação do valor de transição para o Exemplo 2.20.

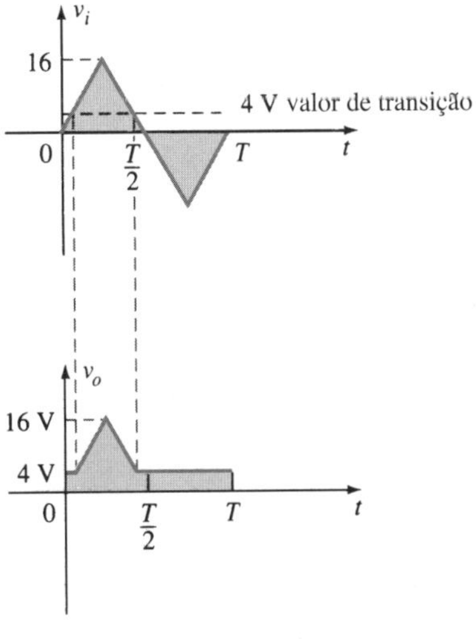

Figura 2.84 Esboço de v_o para o Exemplo 2.20.

Para examinar os efeitos da tensão de joelho de V_K de um diodo de silício na tensão de saída, o próximo exemplo especificará um diodo de silício, em vez de um diodo ideal equivalente.

EXEMPLO 2.21

Repita o Exemplo 2.20 utilizando um diodo de silício com $V_K = 0{,}7$ V.

Solução:

A tensão de transição pode ser inicialmente determinada aplicando-se a condição $i_d = 0$ A em $v_d = V_D = 0{,}7$ V, obtendo-se o circuito da Figura 2.85. Aplicando-se a Lei das Tensões de Kirchhoff na malha de saída no sentido horário, pode-se concluir que

$$v_i + V_K - V = 0$$

e $$v_i = V - V_K = 4\text{ V} - 0{,}7\text{ V} = \mathbf{3{,}3\text{ V}}$$

Para tensões de entrada maiores do que 3,3 V, o diodo será um circuito aberto e $v_o = v_i$. Para tensões de entrada menores do que 3,3 V, ele estará no estado "ligado" e será originado o circuito da Figura 2.86, onde

$$v_0 = 4\text{ V} - 0{,}7\text{ V} = \mathbf{3{,}3\text{ V}}$$

A forma de onda resultante na saída é mostrada na Figura 2.87. Observe que o efeito de V_K foi apenas diminuir o valor de transição de 4 para 3,3 V.

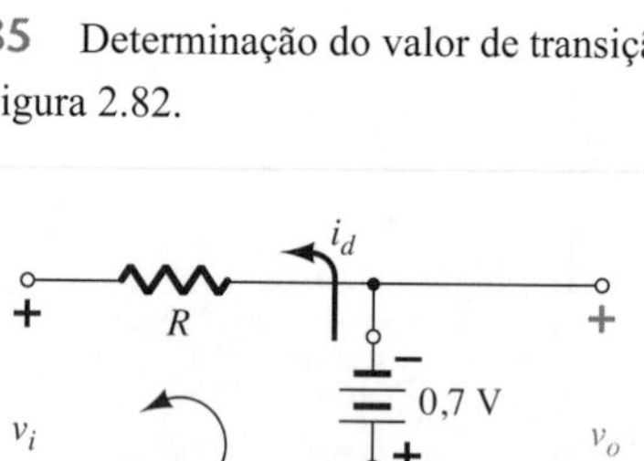

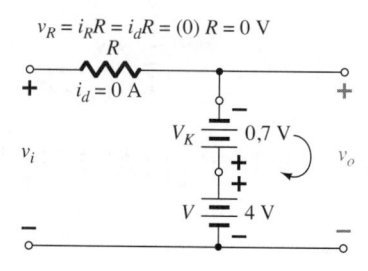

Figura 2.85 Determinação do valor de transição para o circuito da Figura 2.82.

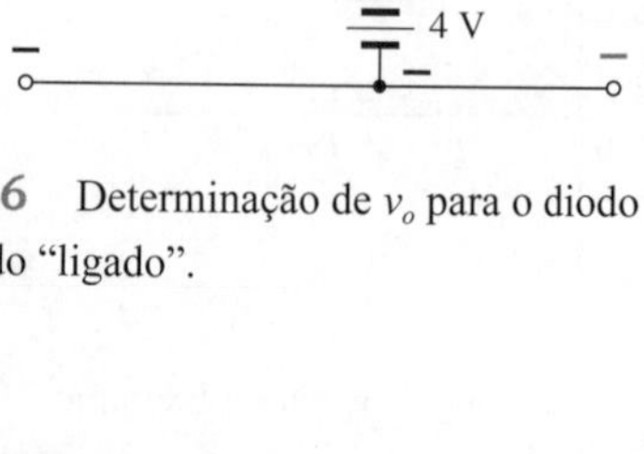

Figura 2.86 Determinação de v_o para o diodo da Figura 2.82 no estado "ligado".

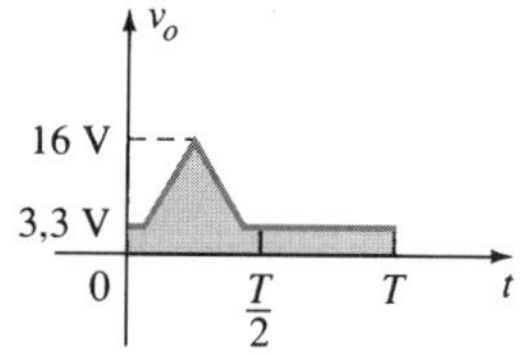

Figura 2.87 Desenho de v_o para o Exemplo 2.21.

Não há dúvida de que a inclusão dos efeitos de V_K complica um pouco a análise, mas, uma vez que ela, a análise, seja compreendida com o diodo ideal, o procedimento, incluindo os efeitos de V_K, não será tão difícil.

Resumo

Na Figura 2.88, são mostrados vários ceifadores em série e em paralelo com a saída resultante para uma entrada senoidal. Observe a resposta da última configuração, que tem a capacidade de remover uma seção positiva e uma seção negativa, como determinado pela amplitude das fontes CC.

2.9 GRAMPEADORES

A seção anterior investigou diversas configurações de diodo que cortam uma parte do sinal aplicado sem alterar o restante da forma de onda. Esta seção examinará uma variedade de configurações de diodo que deslocam o sinal aplicado para um nível diferente.

Um grampeador é um circuito constituído de um diodo, um resistor e um capacitor que desloca uma forma de onda para um nível CC diferente, sem alterar a aparência do sinal aplicado.

Deslocamentos adicionais também podem ser obtidos com a introdução de uma fonte CC na estrutura básica. O resistor e o capacitor da rede devem ser escolhidos de tal modo que a constante de tempo determinada por $\tau = RC$ seja grande o suficiente para assegurar que a tensão através do capacitor não se descarregue de forma significativa durante o intervalo em que o diodo não esteja conduzindo. Ao longo da análise, assumiremos que, para todos os efeitos práticos, o capacitor carrega-se ou descarrega-se totalmente em cinco constantes de tempo.

O mais simples dos circuitos grampeadores é fornecido na Figura 2.89. É importante notar que o capacitor está conectado diretamente entre os sinais de entrada e saída, enquanto o resistor e o diodo estão conectados em paralelo com o sinal de saída.

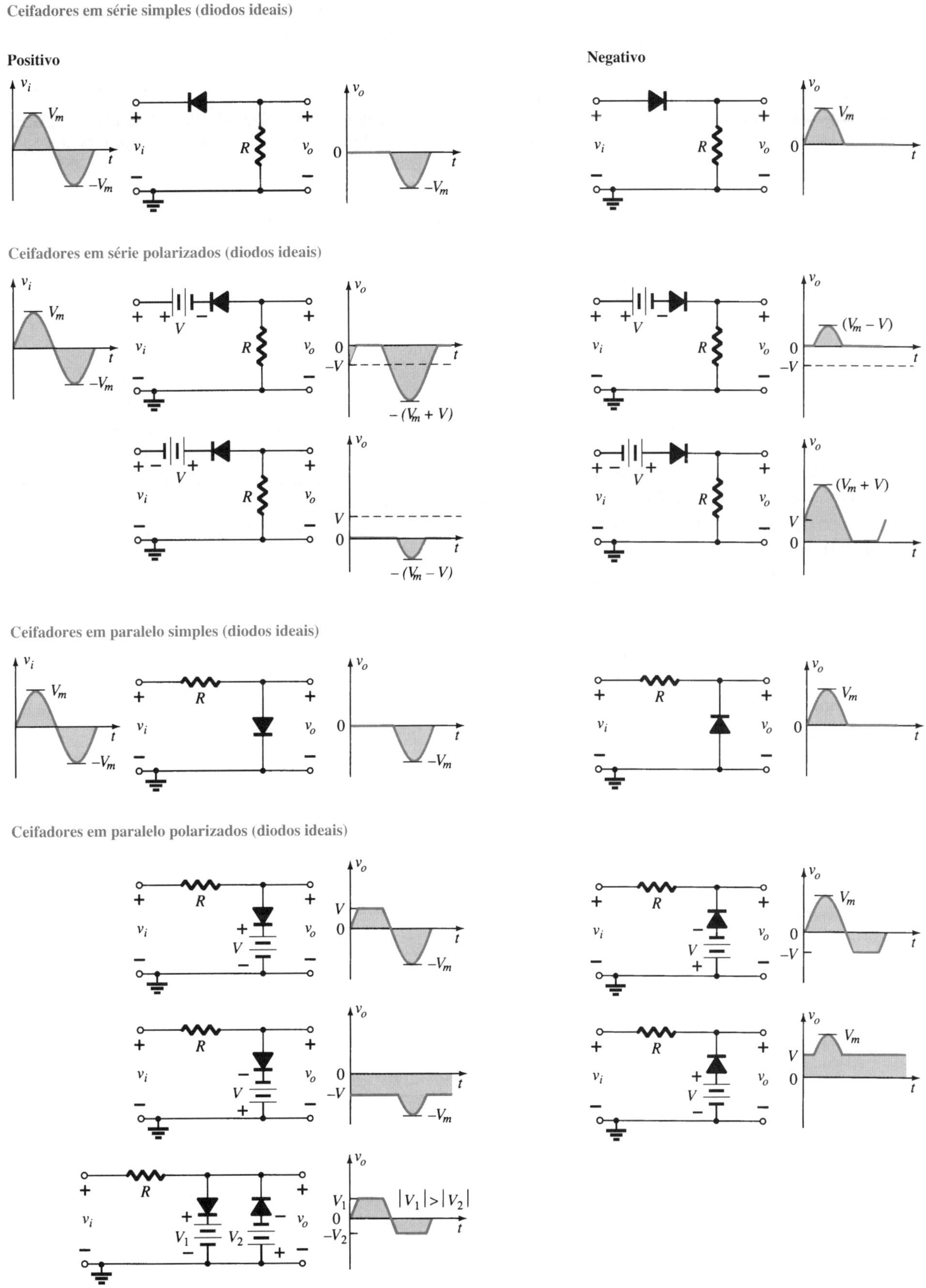

Figura 2.88 Circuitos ceifadores.

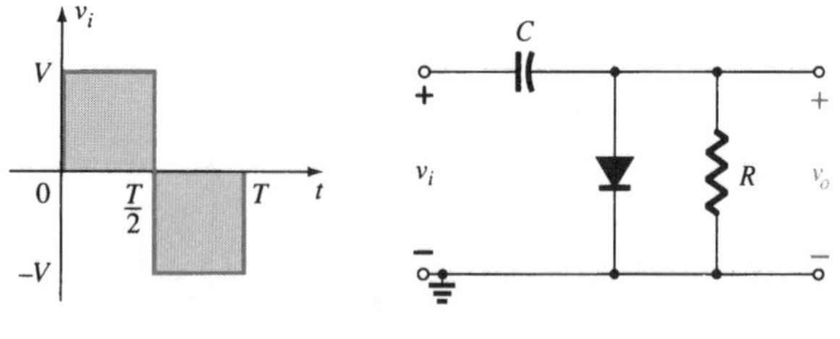

Figura 2.89 Grampeador.

Circuitos grampeadores têm um capacitor conectado diretamente da entrada para a saída com um elemento resistivo em paralelo com o sinal de saída. O diodo também está em paralelo com o sinal de saída, mas pode ou não ter uma fonte CC em série como um elemento adicional.

Há uma sequência de etapas que podem ser aplicadas para tornar a análise simples. Não é a única abordagem para examinar grampeadores, mas oferece uma opção, caso surjam dificuldades.

Etapa 1: inicie a análise examinando a resposta da porção do sinal de entrada que polarizará diretamente o diodo.

Etapa 2: durante o período em que o diodo estiver no estado "ligado", presuma que o capacitor carrega-se instantaneamente a um valor de tensão determinado pelo circuito.

No circuito da Figura 2.89, o diodo será polarizado diretamente para a porção positiva do sinal aplicado. No intervalo de 0 a $T/2$, o circuito se parecerá com o mostrado na Figura 2.90. O equivalente de curto-circuito para o diodo resultará em $v_o = 0$ V para esse intervalo de tempo, como ilustra o esboço de v_o na Figura 2.92. Nesse mesmo intervalo de tempo, a constante de tempo determinada por $\tau = RC$ é muito pequena porque o diodo provoca um curto-circuito no resistor R e a única resistência presente é a inerente (contato, fio) do circuito. O resultado disso é que o capacitor se carregará rapidamente até o valor máximo de V volts, como mostrado na Figura 2.90, com a polaridade indicada.

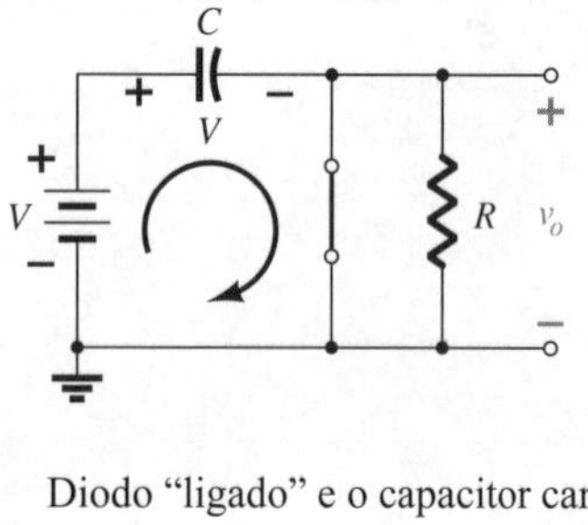

Figura 2.90 Diodo "ligado" e o capacitor carregando para V volts.

Etapa 3: presuma que, durante o período em que o diodo estiver no estado "desligado", o capacitor se manterá em seu valor de tensão estabelecido.

Etapa 4: durante a análise, tenha em mente a localização e a polaridade de referência de v_o para assegurar que os valores apropriados para v_o sejam obtidos.

Quando a entrada chaveia para o estado $-V$, o circuito fica como mostra a Figura 2.91, com o circuito aberto equivalente para o diodo determinado pelo sinal aplicado e pela tensão armazenada através do capacitor — ambos "pressionando" a corrente através do diodo, do catodo para o anodo. Agora que R está de volta ao circuito, a constante de tempo determinada pelo produto RC é grande o suficiente para estabelecer um período de descarga 5τ muito maior do que o período $T/2 \rightarrow T$ e é possível presumir que o capacitor mantém sua carga e, consequentemente, a tensão (já que $V = Q/C$) durante esse período.

Uma vez que v_o está em paralelo com o diodo e o resistor, também pode ser desenhado na posição alternativa mostrada na Figura 2.91. A aplicação da Lei das Tensões de Kirchhoff na malha de entrada resulta em

$$-V - V - v_o = 0$$

e

$$v_o = -2V$$

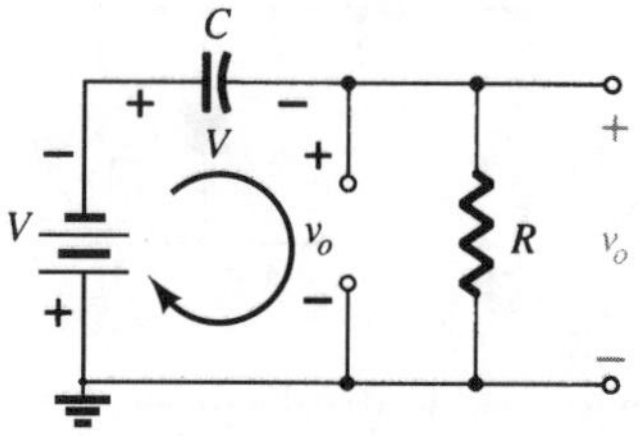

Figura 2.91 Determinação de v_o com o diodo "desligado".

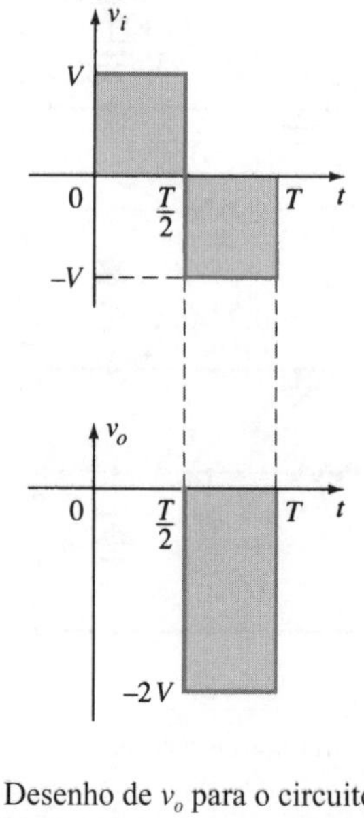

Figura 2.92 Desenho de v_o para o circuito da Figura 2.91.

O sinal negativo resulta do fato de a polaridade de 2 V ser oposta à polaridade definida para v_o. A forma de onda resultante na saída é mostrada na Figura 2.92 com o sinal de entrada. O sinal de saída é grampeado a 0 V para o intervalo de 0 a $T/2$, mas mantém a mesma excursão total (2 V) da entrada.

Etapa 5: certifique-se de que a excursão total da saída coincida com a do sinal de entrada.

Trata-se de uma propriedade que se aplica a todos os circuitos grampeadores, fornecendo uma excelente verificação dos resultados obtidos.

EXEMPLO 2.22

Determine v_o para o circuito da Figura 2.93 para a entrada indicada.

Solução:

Observe que a frequência é de 1000 Hz, o que resulta em um período de 1 ms e um intervalo de 0,5 ms entre os níveis. A análise começará com o período $t_1 \rightarrow t_2$ do sinal de entrada, uma vez que o diodo está em seu estado de curto-circuito. Para esse intervalo, o circuito será como mostra a Figura 2.94. A saída está sobre R, mas também se encontra diretamente sobre a bateria de 5 V, se seguirmos a conexão direta entre os terminais definidos para v_o e os terminais da bateria. O resultado é v_o = 5 V para esse intervalo. A aplicação da Lei das Tensões de Kirchhoff ao longo da malha de entrada resulta em

$$-20\text{ V} + V_C - 5\text{ V} = 0$$

e $$V_C = 25\text{ V}$$

Portanto, o capacitor carregará até 25 V. Nesse caso, o diodo não provoca um curto-circuito no resistor R, mas um circuito equivalente de Thévenin daquela porção do circuito, que inclui a bateria e o resistor, resultando em $R_{Th} = 0\ \Omega$, com $E_{Th} = V = 5$ V. Para o período $t_2 \rightarrow t_3$, o circuito será como mostra a Figura 2.95.

O circuito aberto equivalente para o diodo evitará que a bateria de 5 V tenha qualquer efeito sobre v_o, e a aplicação da Lei das Tensões de Kirchhoff ao longo da malha de saída do circuito resultará em

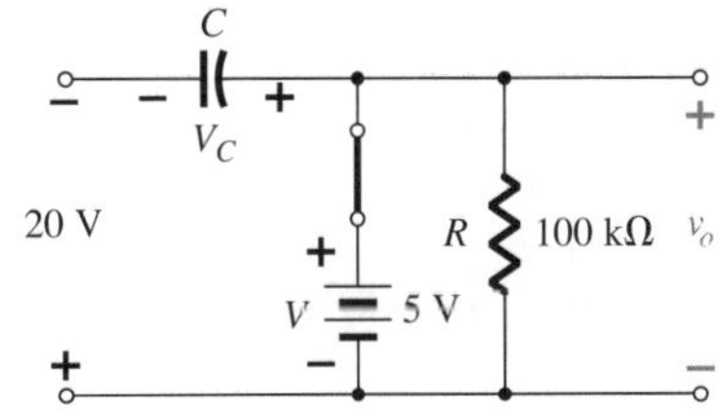

Figura 2.94 Determinação de v_o e V_C com o diodo no estado "ligado".

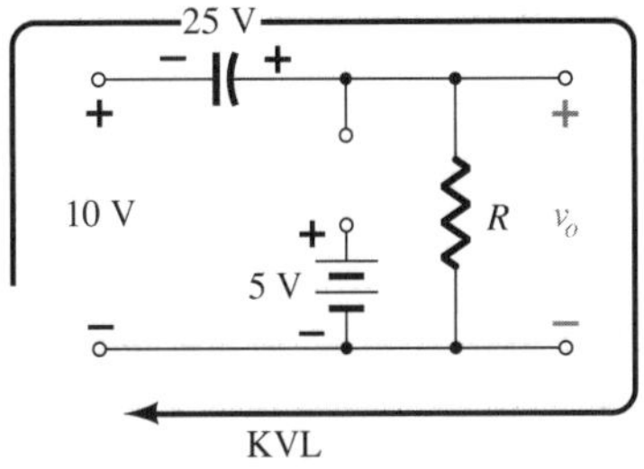

Figura 2.95 Determinação de v_o com o diodo no estado "desligado".

$$+10\text{ V} + 25\text{ V} - v_o = 0$$

e $$v_o = 35\text{ V}$$

A constante de tempo do circuito de descarga da Figura 2.95 é determinada pelo produto RC e tem o valor

$$\tau = RC = (100\text{ k}\Omega)(0{,}1\ \mu\text{F}) = 0{,}01\text{ s} = 10\text{ ms}$$

O tempo total de descarga, portanto, é $5\tau = 5(10\text{ ms}) = 50$ ms.

Como o intervalo $t_2 \rightarrow t_3$ dura apenas 0,5 ms, pode-se considerar que o capacitor manterá sua tensão durante o período de descarga entre os pulsos do sinal de entrada. A saída resultante é mostrada na Figura 2.96 com o sinal de entrada. Observe que a excursão do sinal de saída de 30 V está de acordo com a do sinal de entrada, conforme mencionado na etapa 5.

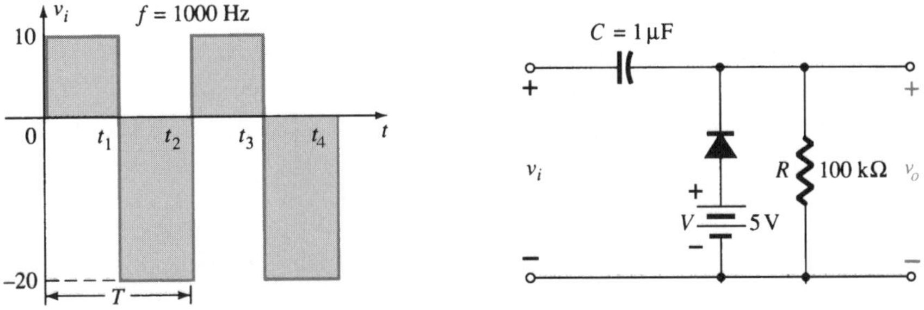

Figura 2.93 Sinal aplicado e circuito do Exemplo 2.22.

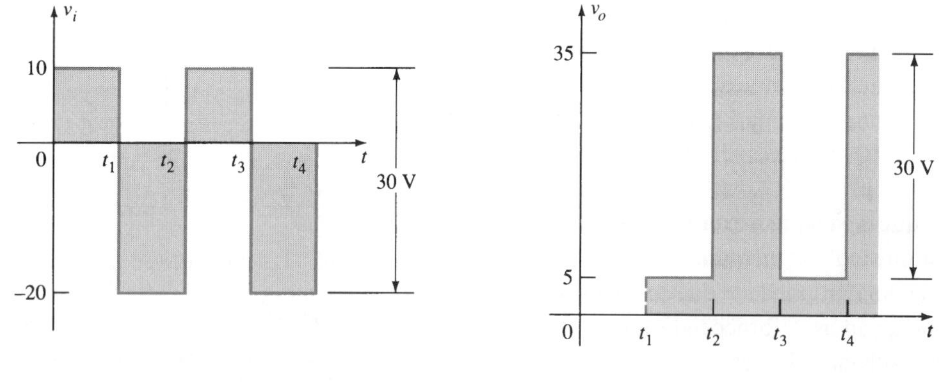

Figura 2.96 v_i e v_o para o grampeador da Figura 2.93.

EXEMPLO 2.23

Repita o Exemplo 2.22 utilizando um diodo de silício com $V_K = 0{,}7$ V.

Solução:

Para o estado de curto-circuito, agora o circuito terá a aparência mostrada na Figura 2.97, e v_o poderá ser determinada pela Lei das Tensões de Kirchhoff aplicada à seção de saída:

$$+5\text{ V} - 0{,}7\text{ V} - v_o = 0$$

e $$v_o = 5\text{ V} - 0{,}7\text{ V} = 4{,}3\text{ V}$$

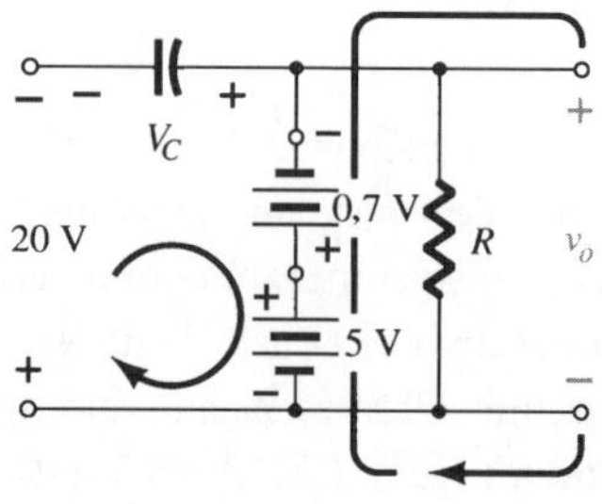

Figura 2.97 Determinação de v_o e V_C com o diodo no estado "ligado".

Para a seção de entrada, a Lei das Tensões de Kirchhoff resultará em

$$-20\text{ V} + V_C + 0{,}7\text{ V} - 5\text{ V} = 0$$

e $$V_C = 25\text{ V} - 0{,}7\text{ V} = 24{,}3\text{ V}$$

Para o período $t_2 \rightarrow t_3$, agora o circuito ficará conforme indicado na Figura 2.98, modificando-se somente a tensão através do capacitor. A aplicação da Lei das Tensões de Kirchhoff resulta em

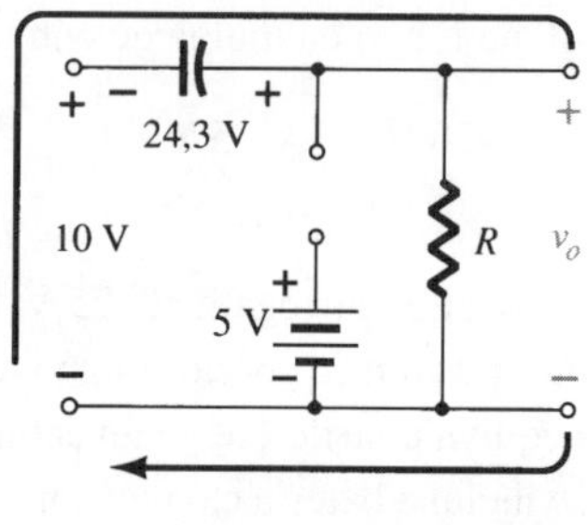

Figura 2.98 Determinação de v_o com o diodo no estado aberto.

$$+10\text{ V} + 24{,}3\text{ V} - v_o = 0$$

e $$v_o = 34{,}3\text{ V}$$

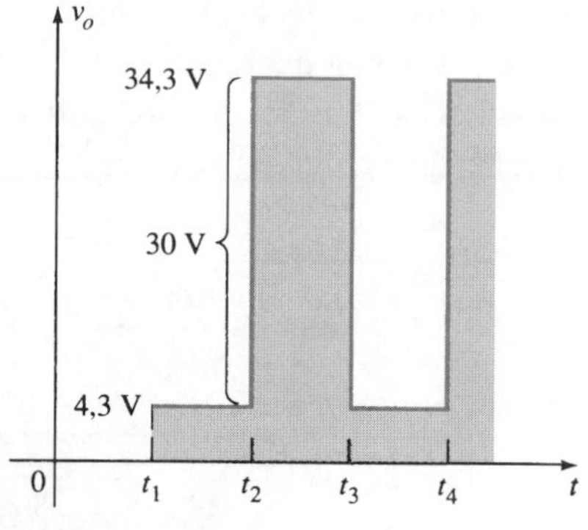

Figura 2.99 Esboço de v_o para o grampeador da Figura 2.93 com um diodo de silício.

A saída resultante é mostrada na Figura 2.99, confirmando a afirmativa de que as excursões dos sinais de entrada e saída são as mesmas.

Alguns circuitos grampeadores e seus efeitos sobre o sinal de entrada aparecem na Figura 2.100. Embora todas as formas de onda reproduzidas nessa figura sejam de ondas quadradas, circuitos grampeadores operam igualmente bem para sinais senoidais. Na verdade, uma possibilidade para a análise de circuitos grampeadores

Circuitos grampeadores

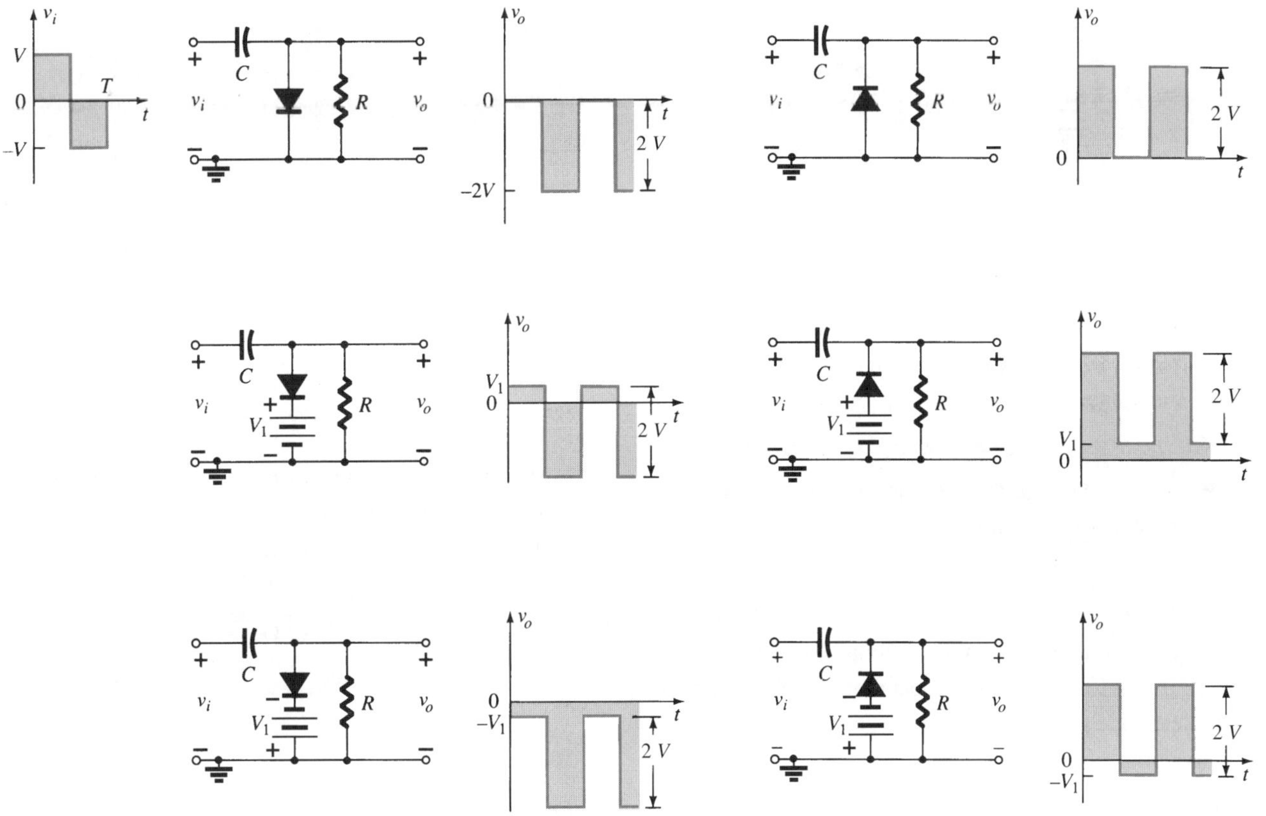

Figura 2.100 Circuitos grampeadores com diodos ideais (5τ = 5RC >> T/2).

com entradas senoidais é substituir o sinal senoidal por uma onda quadrada com os mesmos valores de pico. A saída resultante formará, então, um envoltório para a resposta senoidal, como mostrado na Figura 2.101, para um circuito que aparece no canto inferior direito da Figura 2.100.

2.10 CIRCUITOS COM ALIMENTAÇÃO CC E CA

Até aqui, a análise limitou-se a circuitos com uma única entrada de onda CC, CA ou quadrada. Esta seção expandirá essa análise para incluir ambas as fontes, CA e CC, na mesma configuração. A Figura 2.102 apresenta a estrutura mais simples de circuitos de duas fontes.

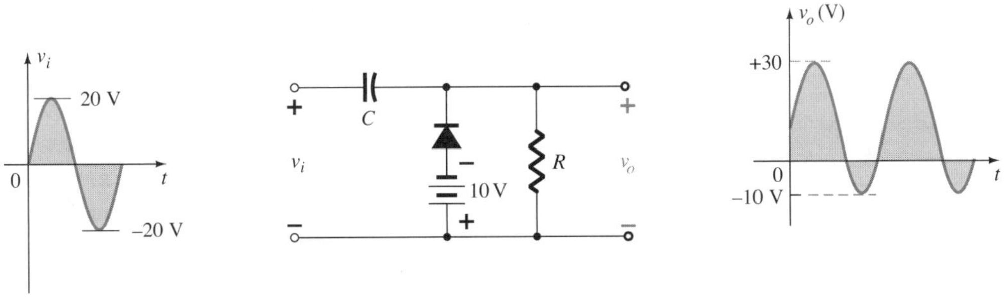

Figura 2.101 Circuito grampeador com uma entrada senoidal.

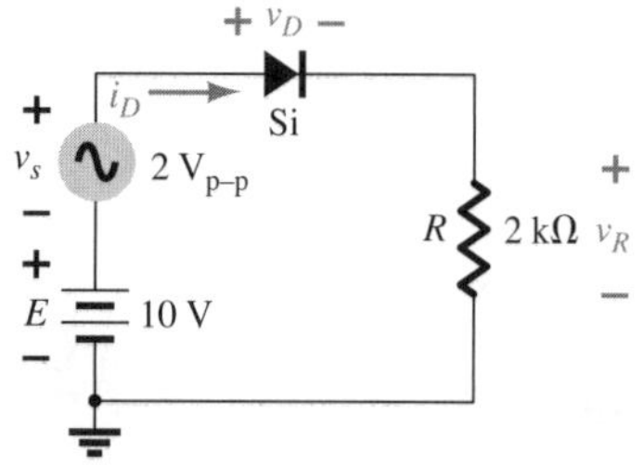

Figura 2.102 Circuito com fontes CC e CA.

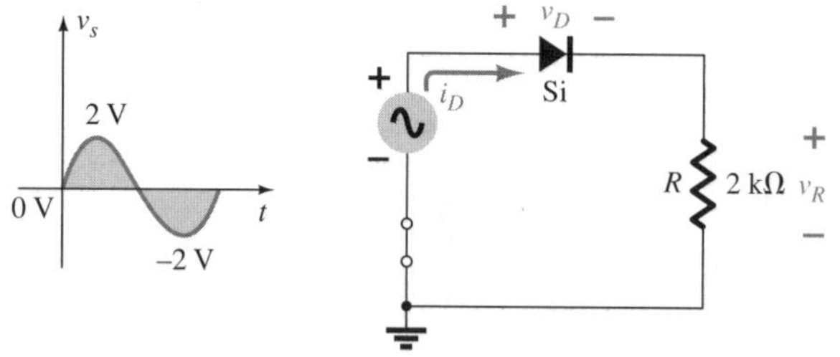

Figura 2.104 Determinação da resposta de v_R para a fonte CA aplicada.

Para tal sistema, é especialmente importante que o Teorema da Superposição seja aplicável. Isto é,

A resposta de um circuito com ambas as fontes, CA e CC, pode ser encontrada determinando-se a resposta para cada fonte de forma independente e, em seguida, combinando-se os resultados.

Fonte CC

O circuito é redesenhado como mostra a Figura 2.103 para a fonte CC. Note que a fonte CA foi removida simplesmente por sua substituição por um curto-circuito equivalente para a condição $v_s = 0$ V.

Usando-se o circuito equivalente aproximado para o diodo, a tensão de saída é

$$V_R = E - V_D = 10\text{ V} - 0{,}7\text{ V} = 9{,}3\text{ V}$$

e as correntes são

$$I_D = I_R = \frac{9{,}3\text{ V}}{2\text{ k}\Omega} = 4{,}65\text{ mA}$$

Fonte CA

A fonte CC também é substituída por um curto--circuito equivalente, como mostrado na Figura 2.104. O diodo será substituído pela resistência CA, conforme determinado pela Equação 1.5 do Capítulo 1 — a corrente na equação sendo o valor quiescente ou valor CC. Neste caso,

$$r_d = \frac{26\text{ mV}}{I_D} = \frac{26\text{ mV}}{4{,}65\text{ mA}} = 5{,}59\ \Omega$$

Substituir o diodo por essa resistência resultará no circuito da Figura 2.105. Para o valor máximo da tensão aplicada, os valores de pico de v_R e v_D serão

$$v_{R_{\text{pico}}} = \frac{2\text{ k}\Omega\ (2\text{ V})}{2\text{ k}\Omega + 5{,}59\ \Omega} \cong 1{,}99\text{ V}$$

e

$$v_{D_{\text{pico}}} = v_{s_{\text{pico}}} - v_{R_{\text{pico}}} = 2\text{ V} - 1{,}99\text{ V}$$
$$= 0{,}01\text{ V} = 10\text{ mV}$$

A combinação dos resultados da análise de CC e CA resultará nas formas de onda da Figura 2.106 para v_R e v_D.

Note que o diodo tem um impacto importante sobre a saída de tensão resultante v_R, mas muito pouco impacto sobre a excursão CA.

Para fins de comparação, o mesmo sistema será analisado usando-se a curva característica real e uma análise de reta de carga. Na Figura 2.107, a reta de carga CC foi traçada conforme descrito na Seção 2.2. A corrente CC resultante é agora ligeiramente menor devido a uma queda de tensão através do diodo que é ligeiramente maior que o valor aproximado de 0,7 V. Para o valor máximo da tensão de entrada, a linha de carga terá interseções de $E = 12$ V e $I = \frac{E}{R} = \frac{12\text{ V}}{2\text{ k}\Omega} = 6$ mA. Para o pico negativo, as interseções estão em 8 V e 4 mA. Deve-se atentar especialmente para a região da curva característica do diodo

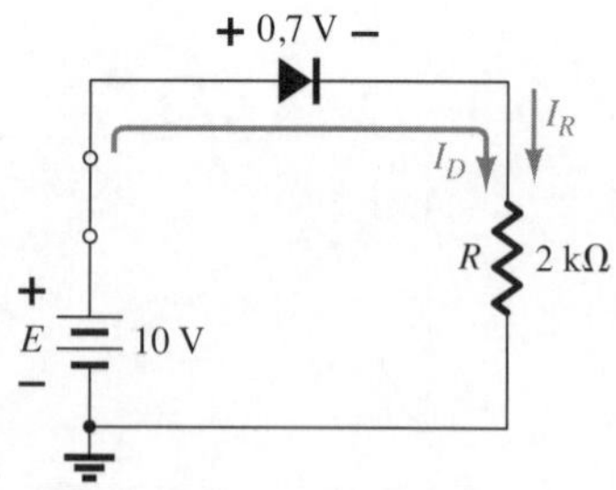

Figura 2.103 Aplicação de superposição para determinar os efeitos da fonte CC.

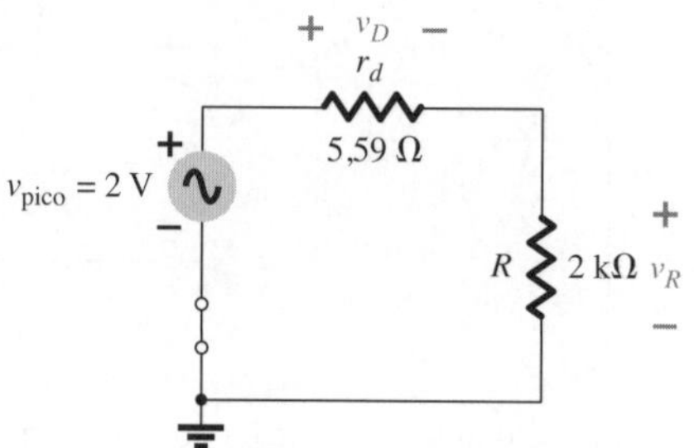

Figura 2.105 Substituição do diodo da Figura 2.104 por sua resistência CA equivalente.

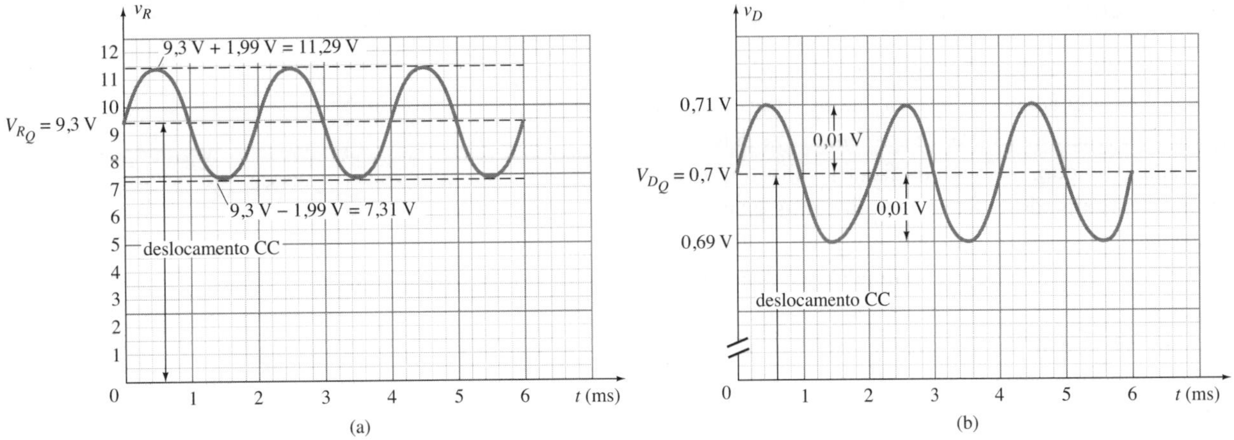

Figura 2.106 v_R e v_D para o circuito da Figura 2.102.

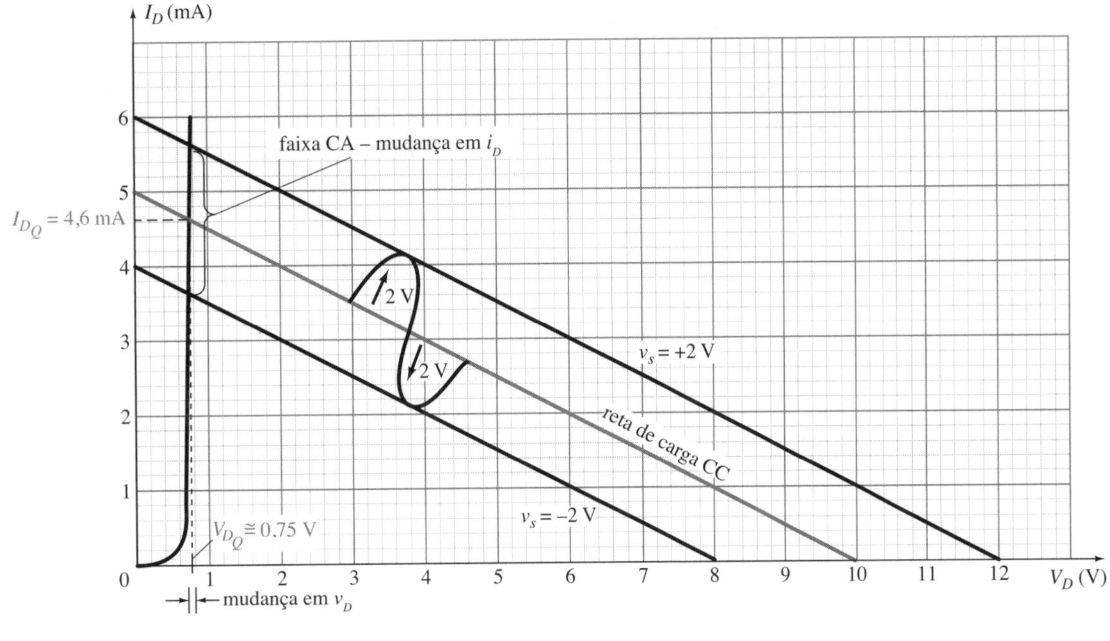

Figura 2.107 Deslocamento da reta de carga em função da fonte v_s.

atravessada pela excursão CA. Ela define a região para a qual a resistência do diodo foi determinada na análise anterior. Nesse caso, porém, o valor quiescente da corrente CC é ≅ 4,6 mA de modo que a nova resistência CA é

$$r_d = \frac{26\text{ mV}}{4{,}6\text{ mA}} = 5{,}65\ \Omega$$

que é muito próximo do valor anterior.

Em todo caso, agora está claro que a alteração na tensão do diodo para essa região é muito pequena, resultando em um impacto mínimo sobre a tensão de saída. De modo geral, o diodo exerce forte impacto sobre o nível CC da tensão de saída, mas pouco impacto sobre a excursão CA da saída. O diodo estava claramente próximo do ideal para a tensão CA e 0,7 V abaixo para o nível CC. Isso se deve principalmente ao aumento quase vertical do diodo, uma vez que a condução é totalmente estabelecida através do diodo. Na maioria dos casos, os diodos no estado “ligado” que estão em série com as cargas terão algum efeito sobre o nível CC, mas pouco efeito sobre a excursão CA, se o diodo estiver conduzindo totalmente para o ciclo completo.

No futuro, ao lidar com diodos e um sinal CA, primeiramente deve-se determinar o nível CC através do diodo, e o valor de resistência CA deve ser calculado pela Equação 1.3. Essa resistência CA pode, então, ocupar o lugar do diodo para a análise desejada.

2.11 DIODOS ZENER

A análise de circuitos empregando diodos Zener é bastante similar àquela aplicada a diodos semicondutores nas seções anteriores. Deve-se primeiramente determinar o estado do diodo, em seguida fazer a substituição pelo modelo aproximado e determinar as outras quantidades ainda não conhecidas do circuito. A Figura 2.108 examina os circuitos equivalentes aproximados para cada região de um diodo Zener assumindo as aproximações em linha reta em cada ponto de ruptura. Observe que a região de polarização direta está incluída porque, ocasionalmente, uma aplicação saltará para essa região também.

Os primeiros dois exemplos demonstrarão como um diodo Zener pode ser usado para estabelecer níveis de tensão referenciais e operar como um dispositivo de proteção. A utilização de um diodo Zener como um *regulador* será, então, descrita detalhadamente, porque é uma de suas principais áreas de aplicação. Um regulador é uma combinação de elementos concebidos para assegurar que a tensão de saída de uma fonte permaneça relativamente constante.

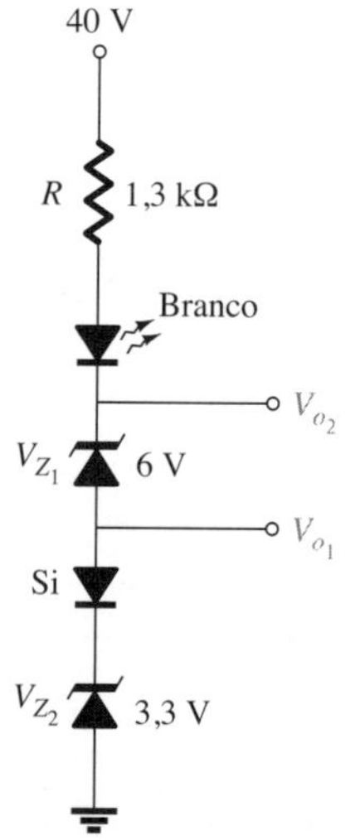

Figura 2.109 Circuito de referência para o Exemplo 2.24.

EXEMPLO 2.24

Determine as tensões de referência fornecidas pelo circuito da Figura 2.109, que utiliza um LED de cor branca para indicar que a energia está ligada. Quais são o valor da corrente que passa pelo LED e a potência fornecida pela fonte? Como a potência absorvida pelo LED se compara com a do diodo Zener de 6 V?

Solução:

Primeiro, precisamos verificar se há tensão aplicada suficiente para ligar todos os elementos em série do diodo. O LED branco sofrerá uma queda de cerca de 4 V através dele, os diodos Zener de 6 V e 3,3 V somam um total de 9,3 V e o diodo de silício com polarização direta tem 0,7 V, totalizando 14 V. A aplicação de 40 V é, portanto, suficiente para ligar todos os elementos e, espera-se, estabelecer uma apropriada corrente de operação.

Note que o diodo de silício foi usado para criar uma tensão de referência de 4 V porque

$$V_{o_1} = V_{Z_2} + V_K = 3,3\text{ V} + 0,7\text{ V} = \mathbf{4,0\ V}$$

Combinar a tensão do diodo Zener de 6 V com os 4 V resulta em

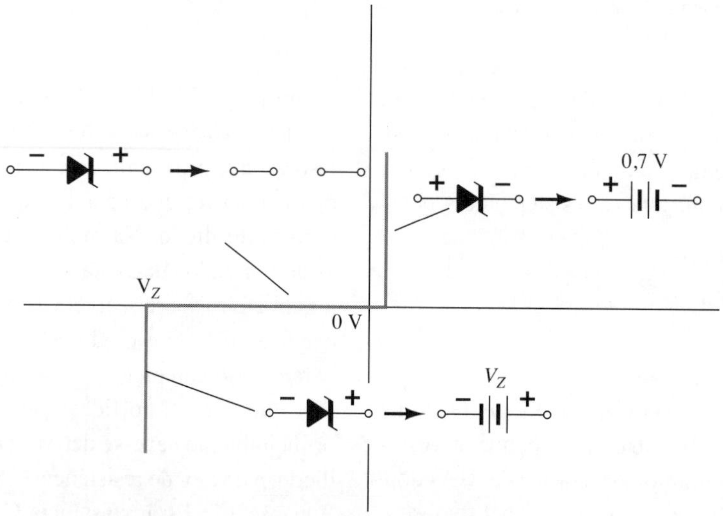

Figura 2.108 Circuitos equivalentes aproximados do diodo Zener nas três regiões possíveis de aplicação.

$$V_{o_2} = V_{o_1} + V_{Z_1} = 4\text{ V} + 6\text{ V} = \mathbf{10\ V}$$

Por fim, os 4 V através do LED branco deixarão uma tensão de 40 V – 14 V = 26 V através do resistor e

$$I_R = I_{\text{LED}} = \frac{V_R}{R} = \frac{40\text{ V} - V_{o_2} - V_{\text{LED}}}{1{,}3\text{ k}\Omega}$$

$$= \frac{40\text{ V} - 10\text{ V} - 4\text{ V}}{1{,}3\text{ k}\Omega} = \frac{26\text{ V}}{1{,}3\text{ k}\Omega} = \mathbf{20\ mA}$$

que deverá estabelecer o brilho adequado para o LED. A potência fornecida pela fonte é simplesmente o produto da tensão de alimentação e o fluxo de corrente, como segue:

$$P_S = EI_S - EI_R = (40\text{ V})(20\text{ mA}) = \mathbf{800\ mW}$$

A potência absorvida pelo LED é

$$P_{\text{LED}} = V_{\text{LED}}I_{\text{LED}} = (4\text{ V})(20\text{ mA}) = \mathbf{80\ mW}$$

e a potência absorvida pelo diodo Zener de 6 V é

$$P_Z = V_Z I_Z = (6\text{ V})(20\text{ mA}) = \mathbf{120\ mW}$$

A potência absorvida pelo diodo Zener excede a do LED em 40 mW.

EXEMPLO 2.25

O circuito da Figura 2.110 destina-se a limitar a tensão a 20 V na porção positiva da tensão aplicada e a 0 V para a excursão negativa da tensão aplicada. Verifique seu funcionamento e trace a forma de onda da tensão através do sistema para o sinal aplicado. Assuma que o sistema tem uma resistência de entrada muito elevada, de modo que não afetará o comportamento do circuito.

Solução:

Para tensões positivas aplicadas menores do que o potencial de Zener de 20 V, o diodo Zener estará em seu estado de circuito aberto aproximado e o sinal de entrada simplesmente se distribuirá pelos elementos, com a maior parte dele indo para o sistema por ter um nível tão alto de resistência.

Assim que a tensão através do diodo Zener atingir 20 V, ele se ligará, como mostrado na Figura 2.111(a), e

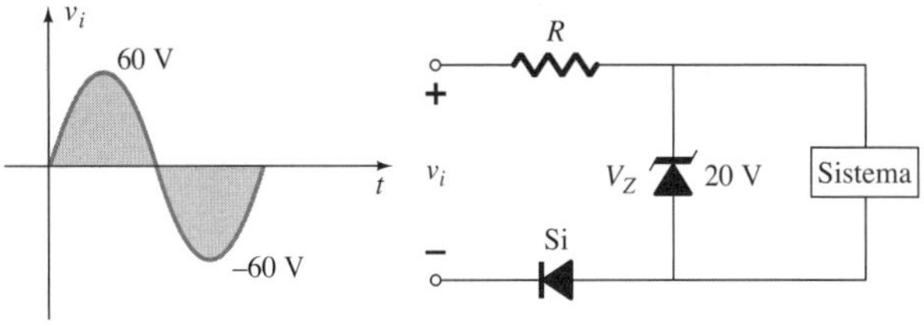

Figura 2.110 Circuito de controle para o Exemplo 2.25.

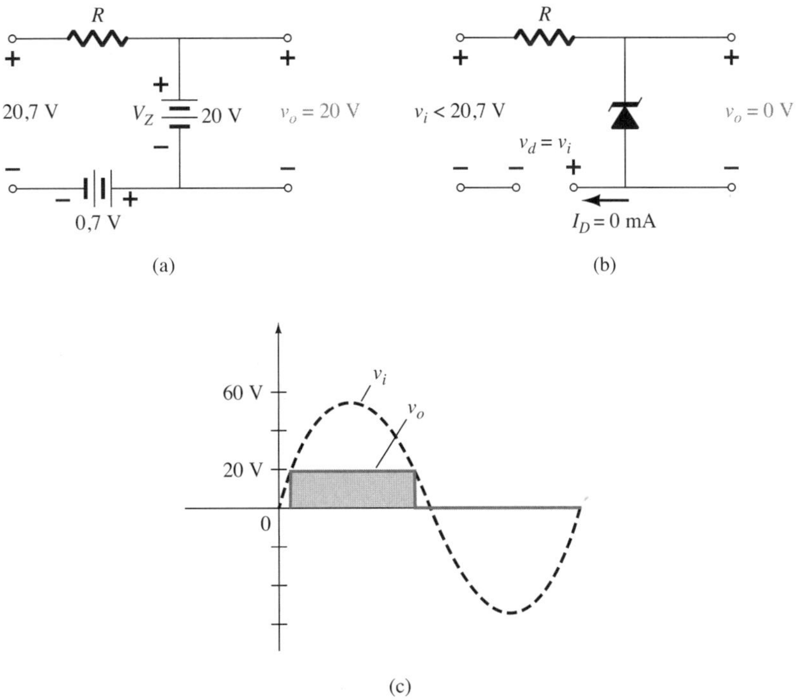

Figura 2.111 Resposta do circuito da Figura 2.110 à aplicação de um sinal senoidal de 60 V.

a tensão através do sistema se travará em 20 V. Aumentos adicionais na tensão aplicada simplesmente aparecerão através do resistor em série com a tensão em todo o sistema e o diodo polarizado diretamente, permanecendo fixos em 20 V e 0,7 V, respectivamente. A tensão através do sistema é fixada em 20 V, conforme ilustra a Figura 2.111(a), porque a tensão de 0,7 V do diodo não está entre os terminais de saída definidos. O sistema está, portanto, a salvo de quaisquer novos aumentos na tensão aplicada.

Para a região negativa do sinal aplicado, o diodo de silício é reversamente polarizado e apresenta um circuito aberto para a combinação em série de elementos. O resultado disso é que o sinal negativamente aplicado completo aparecerá através do diodo em circuito aberto e a tensão negativa em todo o sistema será travada em 0 V, como mostrado na Figura 2.111(b).

Por conseguinte, a tensão através do sistema aparecerá como indicado na Figura 2.111(c).

O uso do diodo Zener como um regulador é tão comum que são levadas em consideração três condições envolvendo a análise do regulador Zener básico. A análise proporciona uma excelente oportunidade de familiarização com a resposta do diodo Zener a diferentes condições de operação. A configuração básica aparece na Figura 2.112. A análise é primeiramente para quantidades fixas, seguida por uma tensão de alimentação fixa e uma carga variável e, por fim, uma carga fixa e uma fonte variável.

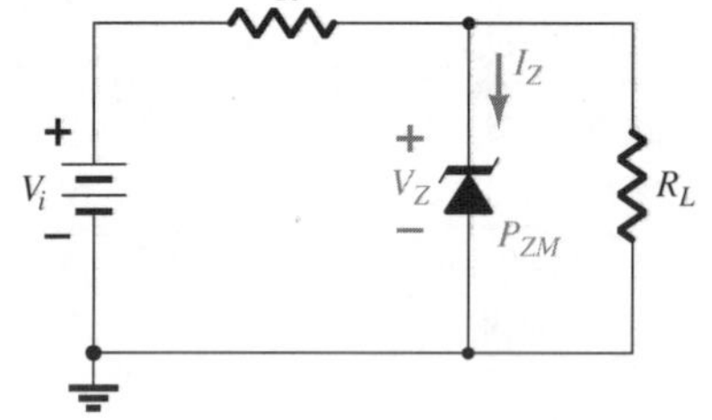

Figura 2.112 Regulador Zener básico.

V_i e R fixos

O mais simples circuito regulador que utiliza diodo Zener aparece na Figura 2.112. A tensão CC aplicada é fixa, assim como o resistor de carga. A análise pode ser dividida fundamentalmente em duas etapas.

1. Determine o estado do diodo Zener removendo-o do circuito e calculando a tensão através do circuito aberto resultante.

Aplicando-se a etapa 1 ao circuito da Figura 2.112, tem-se o circuito da Figura 2.113, em que uma aplicação da regra do divisor de tensão resultará em

$$V = V_L = \frac{R_L V_i}{R + R_L} \tag{2.16}$$

Se $V \geq V_Z$, o diodo Zener está ligado e o modelo equivalente apropriado pode ser substituído.

Se $V < V_Z$, o diodo está desligado e o circuito aberto equivalente é substituído.

2. Substitua o circuito equivalente apropriado e solucione as incógnitas desejadas.

Para o circuito da Figura 2.112, o estado "ligado" resulta no circuito equivalente da Figura 2.114. Visto que as tensões através de elementos em paralelo devem ser as mesmas, conclui-se que

$$V_L = V_Z \tag{2.17}$$

A corrente no diodo Zener deve ser determinada aplicando-se a Lei das Correntes de Kirchhoff. Isto é

$$I_R = I_Z + I_L$$

e

$$I_Z = I_R - I_L \tag{2.18}$$

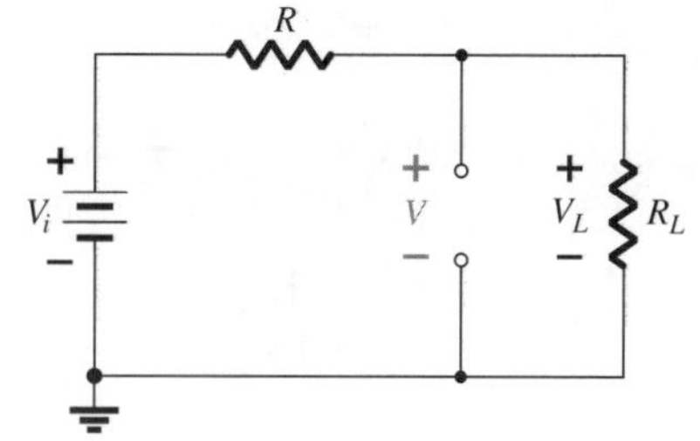

Figura 2.113 Determinação do estado do diodo Zener.

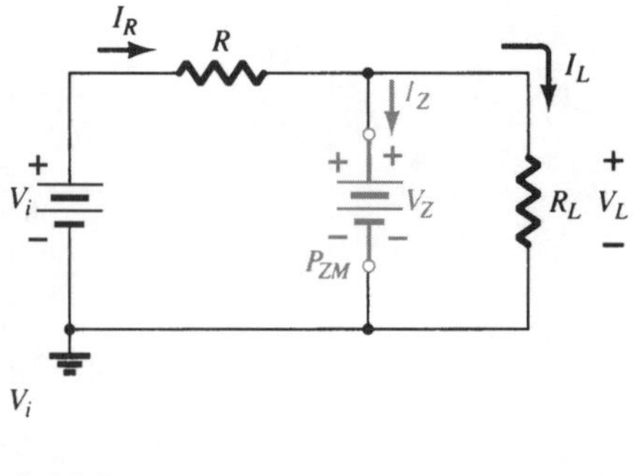

Figura 2.114 Substituição do equivalente Zener para o estado "ligado".

onde $I_L = \dfrac{V_L}{R_L}$ e $I_R = \dfrac{V_R}{R} = \dfrac{V_i - V_L}{R}$

A potência dissipada pelo diodo Zener é determinada por

$$\boxed{P_Z = V_Z I_Z} \tag{2.19}$$

que deve ser menor do que a P_{ZM} especificada para o dispositivo.

Antes de continuar, é importante frisar que a primeira etapa foi empregada somente para determinar o *estado do diodo Zener*. Se estiver no estado "ligado", a tensão através do diodo não é de V volts. Quando o sistema for ligado, o diodo Zener se ligará assim que a tensão através dele atingir V_Z volts. Ele "travará" nesse valor e jamais alcançará o valor mais elevado de V volts.

EXEMPLO 2.26

a) Para o circuito com diodo Zener da Figura 2.115, determine V_L, V_R, I_Z e P_Z.

b) Repita o item (a) com $R_L = 3$ kΩ.

Solução:

a) Seguindo o procedimento sugerido, o circuito é redesenhado como mostra a Figura 2.116.

A aplicação da Equação 2.16 resulta em

$$V = \frac{R_L V_i}{R + R_L} = \frac{1{,}2\,\text{k}\Omega(16\text{ V})}{1\,\text{k}\Omega + 1{,}2\,\text{k}\Omega} = 8{,}73\text{ V}$$

Visto que $V = 8{,}73$ V é menor do que $V_Z = 10$ V, o diodo está no estado "desligado", como mostrado na curva característica da Figura 2.117. A substituição por um circuito aberto equivalente resultará no mesmo circuito da Figura 2.116, em que descobrimos que

$V_L = V = \mathbf{8{,}73\ V}$

$V_R = V_i - V_L = 16\text{ V} - 8{,}73\text{ V} = \mathbf{7{,}27\ V}$

$I_Z = \mathbf{0\ A}$

e $P_Z = V_Z I_Z = V_Z(0\text{ A}) = \mathbf{0\ W}$

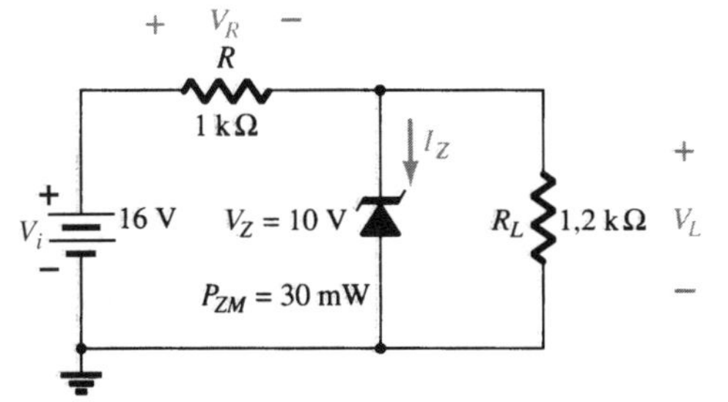

Figura 2.115 Regulador com diodo Zener para o Exemplo 2.26.

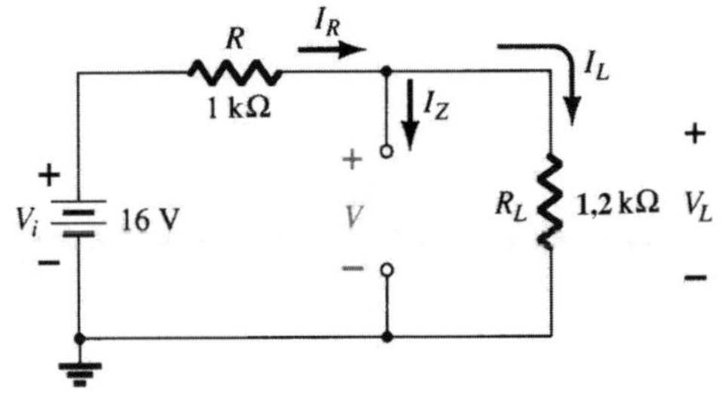

Figura 2.116 Determinação de V para o regulador da Figura 2.115.

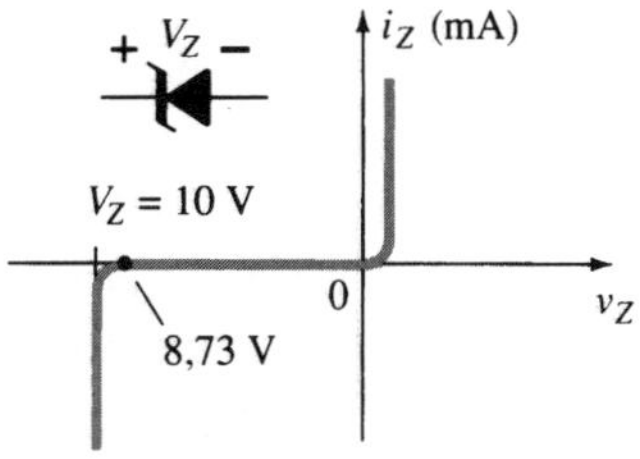

Figura 2.117 Ponto de operação resultante para o circuito da Figura 2.115.

b) A aplicação da Equação 2.16 resulta em

$$V = \frac{R_L V_i}{R + R_L} = \frac{3\,\text{k}\Omega(16\text{ V})}{1\,\text{k}\Omega + 3\,\text{k}\Omega} = 12\text{ V}$$

Visto que $V = 12$ V é maior do que $V_Z = 10$ V, o diodo está no estado "ligado" e resultará no circuito da Figura 2.118. A aplicação da Equação 2.17 resultará em

$$V_L = V_Z = \mathbf{10\ V}$$

e $V_R = V_i - V_L = 16\text{ V} - 10\text{ V} = \mathbf{6\ V}$

com $I_L = \dfrac{V_L}{R_l} = \dfrac{10\text{ V}}{3\,\text{k}\Omega} = 3{,}33\text{ mA}$

e $I_R = \dfrac{V_R}{R} = \dfrac{6\text{ V}}{1\,\text{k}\Omega} = 6\text{ mA}$

portanto $I_Z = I_R - I_L$ (Eq. 2.18)

$= 6\text{ mA} - 3{,}33\text{ mA}$

$= \mathbf{2{,}67\ mA}$

A potência dissipada é

$$P_Z = V_Z I_Z = (10\text{ V})(2{,}67\text{ mA}) = \mathbf{26{,}7\ mW}$$

que é menor que a especificada $P_{ZM} = 30$ mW.

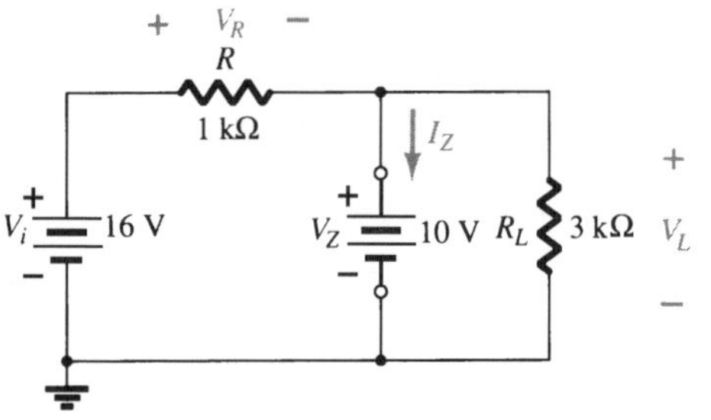

Figura 2.118 Circuito da Figura 2.115 com o diodo Zener no estado "ligado".

V_i fixo, R_L variável

Devido à tensão de offset V_Z, há uma faixa específica de valores de resistor (e, portanto, da corrente de carga) que garantirá que o Zener esteja no estado "ligado". Uma resistência de carga R_L pequena demais resultará em uma tensão V_L através da resistência de carga que será menor do que V_Z, fazendo com que o diodo Zener esteja no estado "desligado".

Para determinar a resistência de carga mínima da Figura 2.112 que ligará o diodo Zener, simplesmente calcula-se o valor de R_L que resultará em uma tensão na carga $V_L = V_Z$. Isto é

$$V_L = V_Z = \frac{R_L V_i}{R_L + R}$$

Determinando R_L, temos:

$$\boxed{R_{L_{\text{mín}}} = \frac{R V_Z}{V_i - V_Z}} \tag{2.20}$$

Qualquer valor de resistência de carga maior do que o R_L obtido da Equação 2.20 garantirá que o diodo Zener esteja no estado "ligado" e que possa ser substituído por sua fonte V_Z equivalente.

A condição definida pela Equação 2.20 estabelece o R_L mínimo, mas também especifica o I_L máximo como

$$\boxed{I_{L_{\text{máx}}} = \frac{V_L}{R_L} = \frac{V_Z}{R_{L_{\text{mín}}}}} \tag{2.21}$$

Quando o diodo encontra-se no estado "ligado", a tensão através de R continua fixa em

$$\boxed{V_R = V_i - V_Z} \tag{2.22}$$

e I_R continua fixo em

$$\boxed{I_R = \frac{V_R}{R}} \tag{2.23}$$

A corrente no Zener

$$\boxed{I_Z = I_R - I_L} \tag{2.24}$$

resulta em I_Z mínimo quando I_L é máximo e em I_Z máximo quando I_L é mínimo, uma vez que I_R é constante.

Visto que I_Z é limitado ao valor I_{ZM} fornecido na folha de dados, ele influencia a faixa de R_L e, portanto, I_L. Substituindo I_Z por I_{ZM}, estabelece-se um valor mínimo para I_L como

$$\boxed{I_{L_{\text{mín}}} = I_R - I_{ZM}} \tag{2.25}$$

e a resistência máxima de carga como

$$\boxed{R_{L_{\text{máx}}} = \frac{V_Z}{I_{L_{\text{mín}}}}} \tag{2.26}$$

EXEMPLO 2.27

a) Para o circuito da Figura 2.119, determine a faixa de valores de R_L e I_L que manterá V_{RL} em 10 V.

b) Determine a especificação máxima de potência do diodo.

Solução:

a) Para determinar o valor de R_L que ligará o diodo Zener, aplique a Equação 2.20:

$$R_{L_{\text{mín}}} = \frac{R V_Z}{V_i - V_Z} = \frac{(1\ \text{k}\Omega)(10\ \text{V})}{50\ \text{V} - 10\ \text{V}} = \frac{10\ \text{k}\Omega}{40} = \mathbf{250\ \Omega}$$

A tensão através do resistor R é, portanto, determinada pela Equação 2.22:

$$V_R = V_i - V_Z = 50\ \text{V} - 10\ \text{V} = \mathbf{40\ V}$$

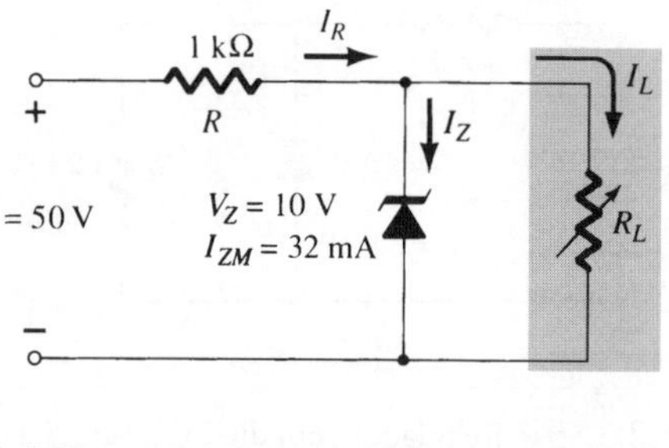

Figura 2.119 Regulador de tensão do Exemplo 2.27.

e a Equação 2.23 fornece o valor de I_R:

$$I_R = \frac{V_R}{R} = \frac{40\text{ V}}{1\text{ k}\Omega} = \mathbf{40\text{ mA}}$$

O valor mínimo de I_L é, portanto, determinado pela Equação 2.25:

$$I_{L_{\text{mín}}} = I_R - I_{ZM}$$
$$= 40\text{ mA} - 32\text{ mA} = \mathbf{8\text{ mA}}$$

com a Equação 2.26 determinando o valor máximo de R_L:

$$R_{L_{\text{máx}}} = \frac{V_Z}{I_{L_{\text{mín}}}} = \frac{10\text{ V}}{8\text{ mA}} = \mathbf{1{,}25\text{ k}\Omega}$$

São mostrados um gráfico de V_L *versus* R_L na Figura 2.120(a) e um de V_L *versus* I_L na Figura 2.120(b).

b) $P_{máx} = V_Z I_{ZM}$
$= (10\text{ V})(32\text{ mA}) = \mathbf{320\text{ mW}}$

R_L fixo, V_i variável

Para valores fixos de R_L na Figura 2.112, a tensão V_i deve ser grande o suficiente para ligar o diodo Zener. A tensão mínima que liga o diodo $V_i = V_{i_{\text{mín}}}$ é determinada por

$$V_L = V_Z = \frac{R_L V_i}{R_L + R}$$

e

$$\boxed{V_{i_{\text{mín}}} = \frac{(R_L + R)V_Z}{R_L}} \qquad (2.27)$$

O valor máximo de V_i é limitado pela corrente Zener máxima I_{ZM}. Como $I_{ZM} = I_R - I_L$,

$$\boxed{I_{R_{\text{máx}}} = I_{ZM} + I_L} \qquad (2.28)$$

Visto que I_L está fixa em V_Z/R_L e I_{ZM} é o valor máximo de I_Z, a tensão máxima V_i é definida por

$$V_{i_{\text{máx}}} = V_{R_{\text{máx}}} + V_Z$$

$$\boxed{V_{i_{\text{máx}}} = I_{R_{\text{máx}}}R + V_Z} \qquad (2.29)$$

EXEMPLO 2.28

Determine a faixa de valores de V_i que manterão o diodo Zener da Figura 2.121 no estado "ligado".

Solução:

Equação 2.27:

$$V_{i_{\text{mín}}} = \frac{(R_L + R)V_Z}{R_L}$$
$$= \frac{(1200\ \Omega + 220\ \Omega)(20\text{ V})}{1200\ \Omega} = \mathbf{23{,}67\text{ V}}$$

$$I_L = \frac{V_L}{R_L} = \frac{V_Z}{R_L} = \frac{20\text{ V}}{1{,}2\text{ k}\Omega} = 16{,}67\text{ mA}$$

Equação 2.28:

$$I_{R_{\text{máx}}} = I_{ZM} + I_L = 60\text{ mA} + 16{,}67\text{ mA}$$
$$= 76{,}67\text{ mA}$$

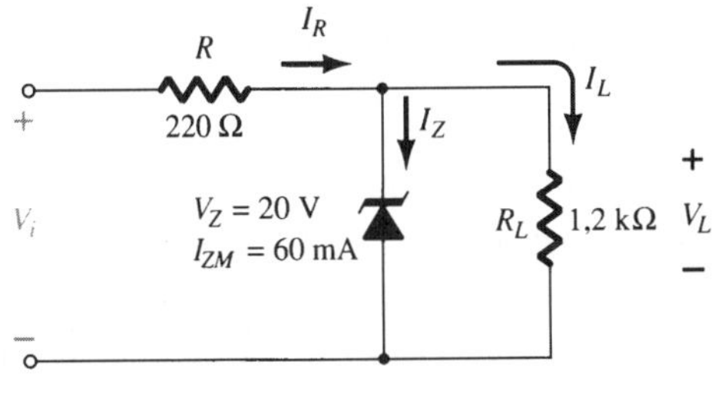

Figura 2.121 Regulador para o Exemplo 2.28.

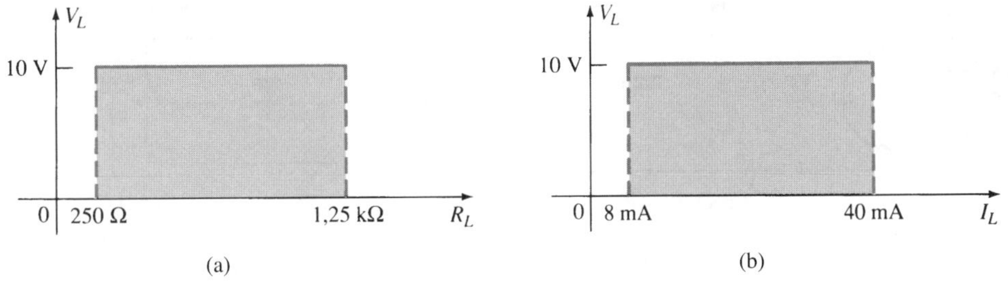

Figura 2.120 V_L *versus* R_L e I_L para o regulador da Figura 2.119.

Equação 2.29:

$$
\begin{aligned}
V_{i_{\text{máx}}} &= I_{R_{\text{máx}}}R + V_Z \\
&= (76{,}67\text{ mA})(0{,}22\text{ k}\Omega) + 20\text{ V} \\
&= 16{,}87\text{ V} + 20\text{ V} \\
&= \mathbf{36{,}87\text{ V}}
\end{aligned}
$$

Um gráfico de V_L *versus* V_i é mostrado na Figura 2.122.

Os resultados do Exemplo 2.28 revelam que, para o circuito da Figura 2.121 com um R_L fixo, a tensão de saída permanecerá fixa em 20 V para uma faixa de valores de tensão de entrada que vai de 23,67 a 36,87 V.

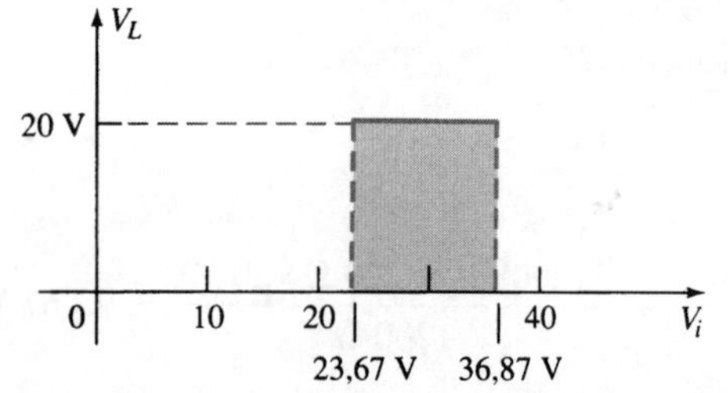

Figura 2.122 V_L *versus* V_i para o regulador da Figura 2.121.

2.12 CIRCUITOS MULTIPLICADORES DE TENSÃO

Circuitos multiplicadores de tensão são empregados para manter uma tensão de pico relativamente pequena no transformador, multiplicando a tensão de pico na saída por duas, três, quatro ou mais vezes a tensão de pico retificada.

Dobrador de tensão

O circuito da Figura 2.123 é um dobrador de tensão de meia-onda. Durante o meio ciclo de tensão positiva no transformador, o diodo secundário D_1 conduz (e o diodo

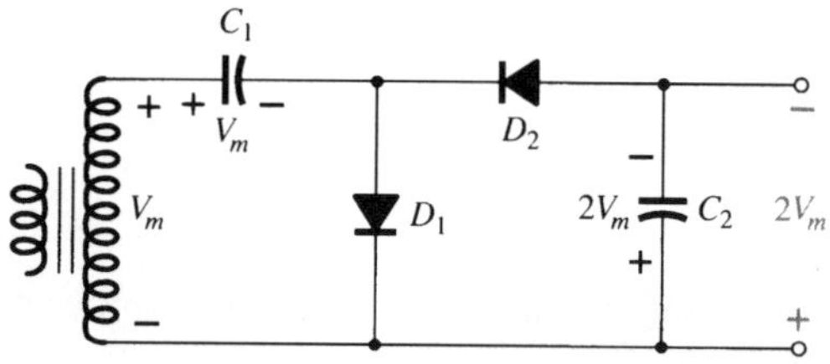

Figura 2.123 Dobrador de tensão de meia-onda.

D_2 é cortado), carregando o capacitor C_1 até a tensão de pico retificada (V_m). O diodo D_1 deve ser um curto durante esse semiciclo, e a tensão de entrada carrega o capacitor C_1 até V_m com a polaridade mostrada na Figura 2.124(a). Durante o semiciclo negativo da tensão no secundário, o diodo D_1 está cortado e o diodo D_2 continua a carregar o capacitor C_2. Visto que o diodo D_2 age como um curto durante o semiciclo negativo (e o diodo D_1 está aberto), podemos somar as tensões ao longo da malha externa de saída [veja Figura 2.124(b)]:

$$
\begin{aligned}
-V_m - V_{C_1} + V_{C_2} &= 0 \\
-V_m - V_m + V_{C_2} &= 0
\end{aligned}
$$

da qual obtemos $\quad V_{C_2} = 2V_m$

No semiciclo positivo seguinte, o diodo D_2 não está conduzindo e o capacitor C_2 descarregará através da carga. Se não houver carga conectada com o capacitor C_2, ambos se manterão carregados — C_1 em V_m e C_2 em $2V_m$. Se, como esperado, houver uma carga conectada na saída do dobrador, a tensão através do capacitor C_2 sofrerá uma queda durante o semiciclo positivo (na entrada) e o capacitor será recarregado até $2V_m$ durante o semiciclo negativo. A forma de onda na saída através do capacitor C_2 é a de um sinal de meia onda filtrado por um capacitor. A tensão de pico inversa através de cada diodo é $2V_m$.

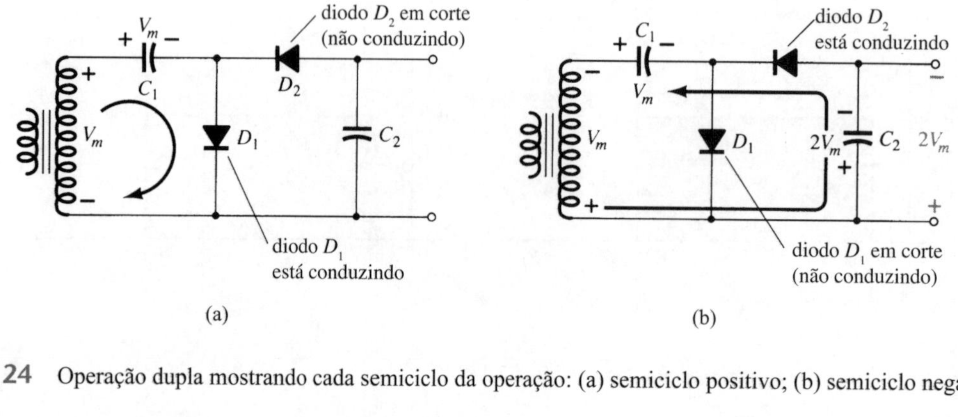

Figura 2.124 Operação dupla mostrando cada semiciclo da operação: (a) semiciclo positivo; (b) semiciclo negativo.

Outro circuito dobrador utilizado é o dobrador de onda completa da Figura 2.125. Durante o semiciclo positivo da tensão no secundário do transformador [veja Figura 2.126(a)], o diodo D_1 conduz, carregando o capacitor C_1 a uma tensão de pico V_m. O diodo D_2 não está conduzindo nesse momento.

Durante o semiciclo negativo [veja Figura 2.126(b)], o diodo D_2 conduz, carregando o capacitor C_2, enquanto o diodo D_1 está em corte. Se nenhuma corrente de carga for drenada do circuito, a tensão através dos capacitores C_1 e C_2 será $2V_m$. Se houver corrente de carga sendo drenada do circuito, a tensão através dos capacitores C_1 e C_2 será a mesma que aquela através de um capacitor alimentado por um circuito retificador de onda completa. Uma diferença é que a capacitância efetiva é resultado de C_1 e C_2 em série, que é menor que a capacitância individual de C_1 ou C_2. Uma capacitância de menor valor fornecerá uma filtragem pior do que o circuito de filtragem com um único capacitor.

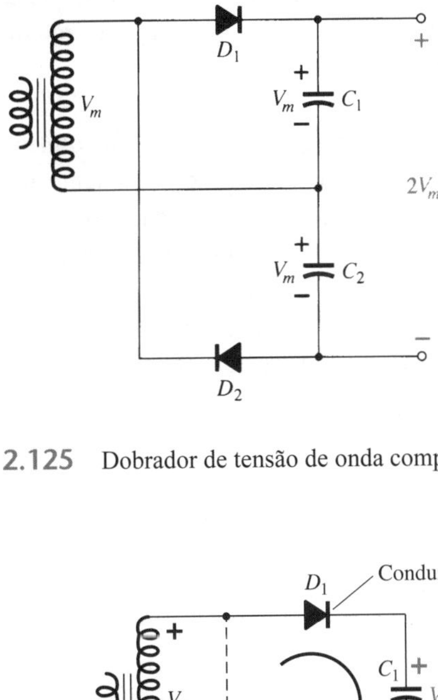

Figura 2.125 Dobrador de tensão de onda completa.

A tensão de pico inversa através de cada diodo é de $2V_m$, como ocorre com o circuito de filtro com capacitor. Em suma, os circuitos dobradores de tensão de meia-onda ou de onda completa produzem o dobro da tensão de pico do secundário do transformador, sem exigir a utilização de um transformador com derivação central e com uma especificação de PIV para os diodos de apenas $2V_m$.

Triplicador e quadruplicador de tensão

A Figura 2.127 mostra uma extensão do duplicador de tensão de meia-onda que produz três e quatro vezes a tensão de pico de entrada. Parece óbvio, observando-se o padrão de conexão do circuito, que diodos e capacitores adicionais podem ser conectados de modo que a tensão de saída possa atingir também cinco, seis, sete ou mais vezes a tensão de pico básica (V_m).

Em operação, C_1 é carregado através do diodo D_1 a uma tensão de pico V_m durante o próximo semiciclo positivo da tensão do secundário do transformador. O capacitor C_2 carrega até duas vezes a tensão de pico $2V_m$ produzida pela soma das tensões através do capacitor C_1 e do transformador durante o semiciclo negativo da tensão no secundário do transformador.

Durante o semiciclo positivo, o diodo D_3 conduz e a tensão através do capacitor C_2 carrega o capacitor C_3 à mesma tensão de pico $2V_m$. No semiciclo negativo, os diodos D_2 e D_4 conduzem com o capacitor C_3, carregando C_4 a $2V_m$.

A tensão através do capacitor C_2 é $2V_m$, de C_1 e C_3 é $3V_m$ e de C_2 e C_4 é $4V_m$. Se seções adicionais de diodos e capacitores forem utilizadas, cada capacitor será carregado com uma tensão de $2V_m$. Medindo-se a partir do extremo superior do enrolamento do transformador (Figura 2.127), obtêm-se múltiplos ímpares de V_m na saída, ao passo que,

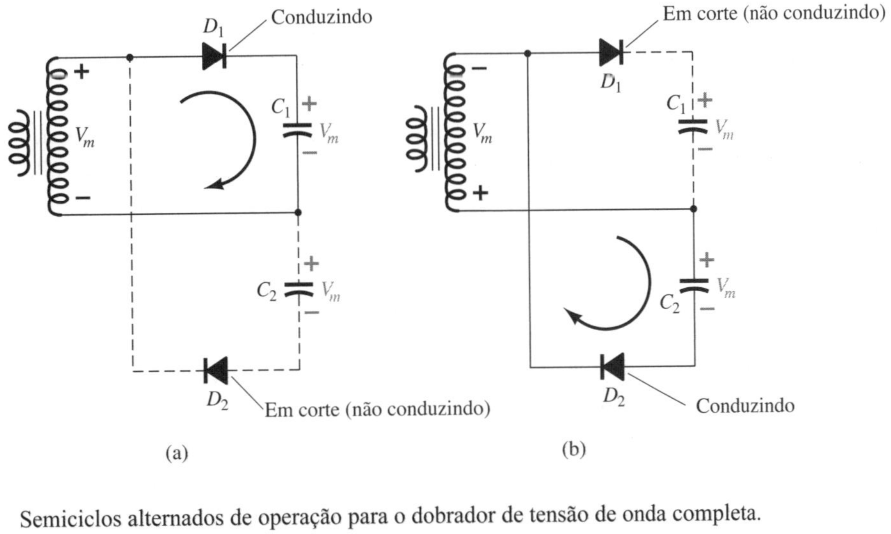

Figura 2.126 Semiciclos alternados de operação para o dobrador de tensão de onda completa.

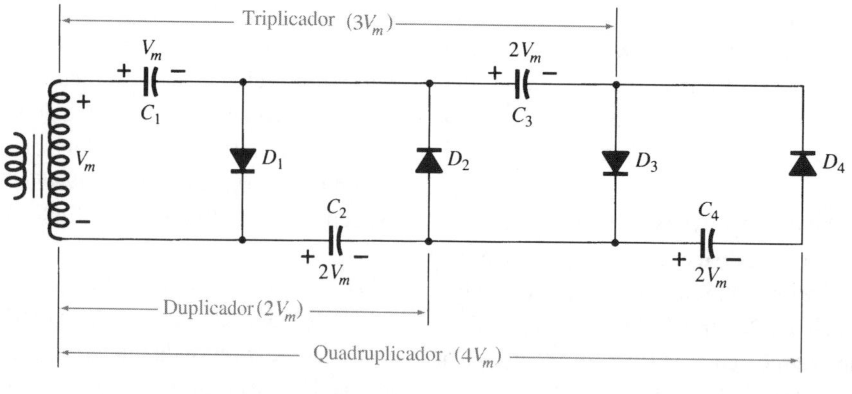

Figura 2.127 Triplicador e quadruplicador de tensão.

medindo-se a tensão de saída a partir do extremo inferior, pode-se obter uma tensão de pico cujos valores sejam múltiplos pares de V_m.

A tensão nominal do transformador é somente V_m, e cada diodo no circuito deve possuir uma especificação de PIV de $2V_m$. Se a carga for pequena e os capacitores apresentarem pouca fuga, valores de tensão CC extremamente altos poderão ser produzidos por esse tipo de circuito, utilizando-se muitas seções para multiplicar a tensão CC.

2.13 APLICAÇÕES PRÁTICAS

A gama de aplicações práticas dos diodos é tão ampla que seria quase impossível abranger todas as opções em uma única seção. Mas, para termos uma noção de seu uso prático em circuitos, algumas das áreas mais comuns de aplicação serão introduzidas a seguir. Observe, especialmente, que a utilização dos diodos vai bem além das características de chaveamento já apresentadas neste capítulo.

Retificação

O carregador de bateria é um equipamento doméstico utilizado para recarregar desde baterias de lanternas até baterias de alta capacidade para embarcações. Conectada a uma tomada comum de 120 V CA, a estrutura básica dos carregadores é bastante semelhante. Em todos os sistemas de recarga deve haver um *transformador* para manter a tensão CA em um nível apropriado ao daquela tensão contínua a ser estabelecida. Um *arranjo de diodos* (também chamado de *retificador*) deve ser incluído para converter a tensão CA que varia com o tempo a um valor CC fixo, conforme descrito neste capítulo. Alguns carregadores CC possuem também um *regulador* para oferecer um valor CC melhor (que varie menos com o tempo ou a carga). Por ser do tipo mais comum, o carregador de baterias de carro será descrito nos próximos parágrafos.

A aparência externa e a estrutura interna de um carregador de baterias manual Sears 6/2 AMP são mostradas na Figura 2.128. Observe, na Figura 2.128(b), que o transformador (como na maioria dos carregadores) ocupa a maior parte do espaço interno. O espaço restante e os orifícios na caixa deixam sair o calor gerado devido aos níveis resultantes das correntes.

O esquema da Figura 2.129 abrange os componentes básicos do carregador. Observe inicialmente que os 120 V da tomada são aplicados diretamente ao primário do transformador. A faixa de carga de 6 A ou 2 A é determinada pela chave que simplesmente controla quantas espiras do primário estarão no circuito para a faixa de carga escolhida. Se a bateria for carregada no valor de 2 A, todo o enrolamento primário fará parte do circuito e a relação de espiras do primário para o secundário será máxima. Se estiver carregando no valor de 6 A, haverá menos espiras no primário do circuito e a relação de espiras diminuirá. Ao estudarmos os transformadores, concluímos que a tensão no primário e no secundário está diretamente relacionada à *relação de espiras*. Se a relação de espiras do primário cai para o secundário, a tensão também cai. O efeito reverso ocorre se as espiras no secundário excedem as do primário.

A aparência geral das formas de onda é mostrada na Figura 2.129 para o valor de carga 6 A. Observe que, até agora, a tensão CA possui a mesma forma de onda no primário e no secundário. A única diferença é o valor de pico das formas de onda. Neste ponto, os diodos recebem e convertem a forma de onda CA que possui valor médio igual a zero (a forma de onda acima do eixo é igual à de baixo) em uma que possui um valor médio (toda a forma de onda acima do eixo), como mostra a figura. Por enquanto, apenas reconheceremos que os diodos são

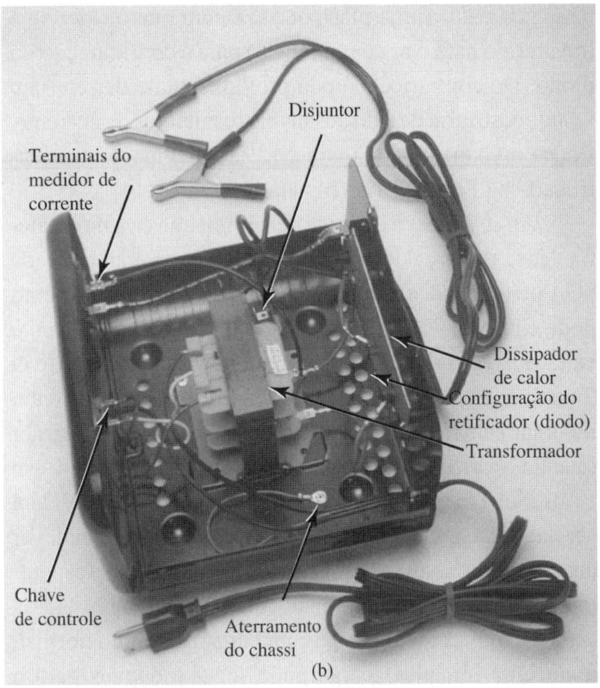

Figura 2.128 Carregador de bateria: (a) aparência externa; (b) estrutura interna.

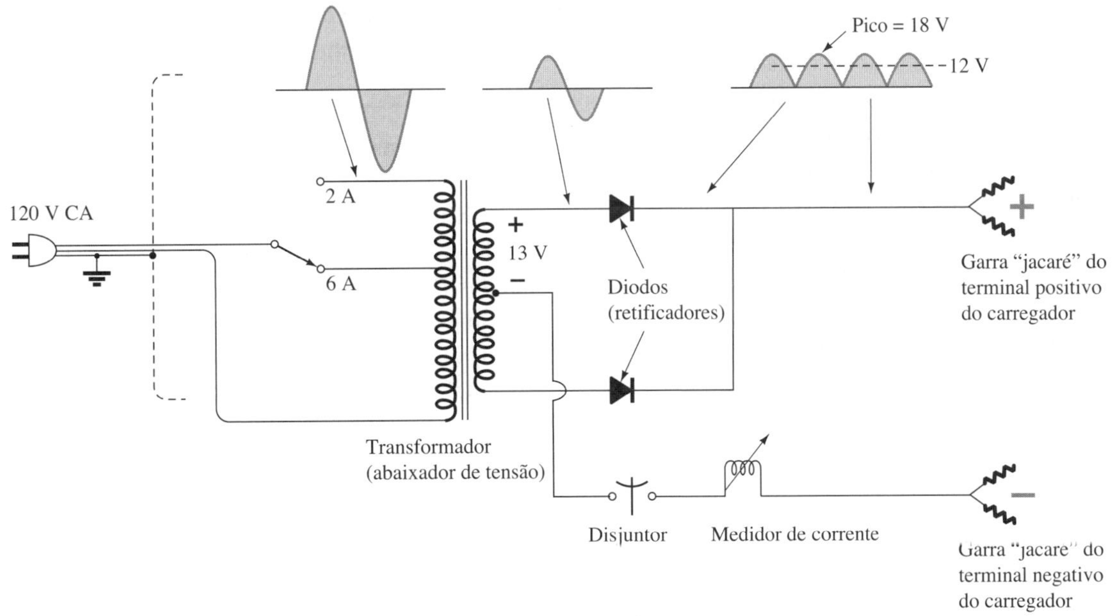

Figura 2.129 Esquema elétrico do carregador de bateria da Figura 2.128.

dispositivos eletrônicos semicondutores que permitem que correntes convencionais os atravessem no sentido indicado pela seta no símbolo. Embora a forma de onda resultante da ação do diodo tenha uma aparência pulsante, com um valor de pico de cerca de 18 V, a bateria de 12 V será carregada sempre que a tensão for maior que a da bateria, como mostra a área sombreada. Abaixo de 12 V, a bateria não pode se descarregar através do circuito do carregador de bateria porque os diodos permitem que a corrente circule somente em um sentido.

Observe também, na Figura 2.128(b), a existência de uma grande placa através da qual flui a corrente do módulo de retificadores (diodos) para o terminal positivo da bateria. Seu propósito primário é oferecer um *dissi-*

pador de calor (uma placa que faz com que o calor seja transferido para o ar ao redor dela) para a configuração do diodo. Do contrário, o diodo provavelmente derreteria e se autodestruiria devido aos níveis resultantes de corrente. Cada componente da Figura 2.129 foi devidamente identificado na Figura 2.128(b) para referência.

Ao se aplicar a corrente pela primeira vez a uma bateria à taxa de carga de 6 A, a demanda de corrente indicada pelo medidor localizado na parte frontal do instrumento pode chegar a 7 A ou quase 8 A. Mas o nível da corrente cairá quando a bateria for carregada até chegar ao nível 2 ou 3 A. Para unidades desse tipo, que não se desligam automaticamente, é necessário desconectar o carregador quando a corrente cair para o nível de carga plena. Caso contrário, a bateria ficará com carga em excesso e poderá ser danificada. Uma bateria com 50% de carga pode levar até dez horas para ser carregada, assim, não se deve esperar que isso ocorra em dez minutos. Além disso, se uma bateria estiver em más condições e com carga abaixo do normal, a corrente inicial de carga pode ser alta demais para o carregador. Para evitar esse tipo de situação, o disjuntor do circuito se abrirá e interromperá o processo. Devido ao alto nível da corrente, é importante que as instruções do carregador sejam cuidadosamente lidas e aplicadas.

Para comparar a teoria com a realidade, foi conectada uma carga (no formato de um farol) a um carregador para mostrar a forma de onda real. É importante lembrar que, **sem a circulação de corrente em um diodo, sua capacidade de retificação não será evidenciada**. Em outras palavras, a saída do carregador na Figura 2.129 não será um sinal retificado, a menos que uma carga seja aplicada ao sistema para drenar corrente através do diodo. Lembre-se de que, segundo a descrição das características do diodo, quando $I_D = 0$ A, $V_D = 0$ V.

No entanto, aplicando-se o farol como carga, passa pelo diodo uma corrente suficiente para que este opere como uma chave e converta a forma de onda CA em algo pulsante, como mostra a Figura 2.130, quando ajustado para o valor de 6 A. Observe primeiramente que a forma de onda está levemente distorcida pelas características não lineares do transformador e pelas características não lineares do diodo em correntes baixas. Mas a forma de onda está próxima da esperada, se comparada aos modelos teóricos da Figura 2.128. O valor de pico é determinado a partir da sensibilidade vertical como

$$V_{\text{pico}} = (3{,}3 \text{ divisões})(5 \text{ V/divisão}) = 16{,}5 \text{ V}$$

com um valor CC de

$$V_{\text{CC}} = 0{,}636 V_{\text{pico}} = 0{,}636(16{,}5 \text{ V}) = 10{,}49 \text{ V}$$

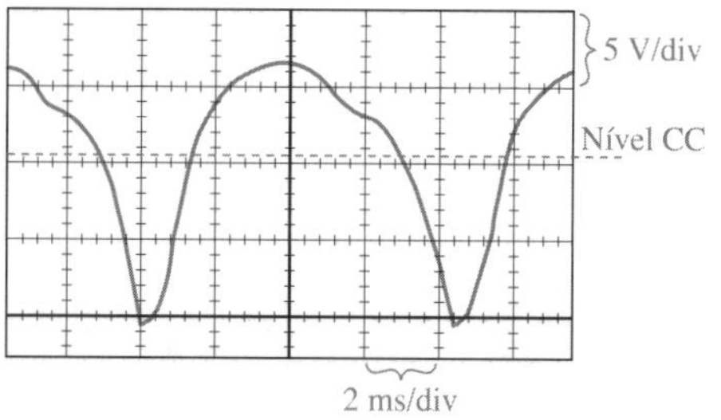

Figura 2.130 Resposta pulsante do carregador da Figura 2.129 à conexão de um farol como carga.

Um medidor CC conectado à carga registrou 10,41 V, algo bastante próximo do nível médio teórico (CC) de 10,49 V.

Pode-se questionar como é possível que um carregador que possui um valor CC de 10,49 V carregue uma bateria de 12 V em um valor de 14 V. Basta pensar que (como mostrado na Figura 2.130), para uma porção considerável de cada pulso, a tensão aplicada pela bateria será maior que 12 V e que a bateria carregará segundo um processo chamado de **carga "lenta"**. Em outras palavras, a carga não ocorre durante o ciclo inteiro, mas somente quando a tensão é maior que a da bateria.

Configurações de proteção

Os diodos são utilizados de várias maneiras para proteger elementos e sistemas contra tensões ou correntes excessivas, reversão de polaridade, formação de faíscas e de curtos etc. Na Figura 2.131(a), a chave de um circuito simples *RL* foi fechada e a corrente subirá a um nível determinado pela tensão aplicada e pela resistência *R*, como mostra o diagrama. Há problemas quando a chave é aberta rapidamente, como na Figura 2.131(b), para indicar ao circuito que a corrente deve cair a zero quase instantaneamente. Cursos básicos de circuitos ensinam, no entanto, que o indutor não permite uma mudança rápida da corrente através do enrolamento. Ocorre um conflito que cria faíscas nos contatos da chave enquanto o enrolamento tenta encontrar um caminho para a descarga. Lembre-se também de que a tensão no indutor está diretamente relacionada à taxa de variação da corrente que passa pelo enrolamento ($v_L = L\, di_L/dt$). Quando a chave é aberta, tenta-se fazer com que a corrente mude quase instantaneamente, o que provoca uma tensão muito alta no enrolamento e nos contatos da chave, estabelecendo um arco de corrente (faíscas). Valores de centenas de volts aparecerão nos contatos e, em pouco tempo, se não imediatamente, danificarão os contatos e, por conseguinte, a chave. O efeito é chamado de "golpe indutivo". Observe que a polaridade da tensão que se estabelece no

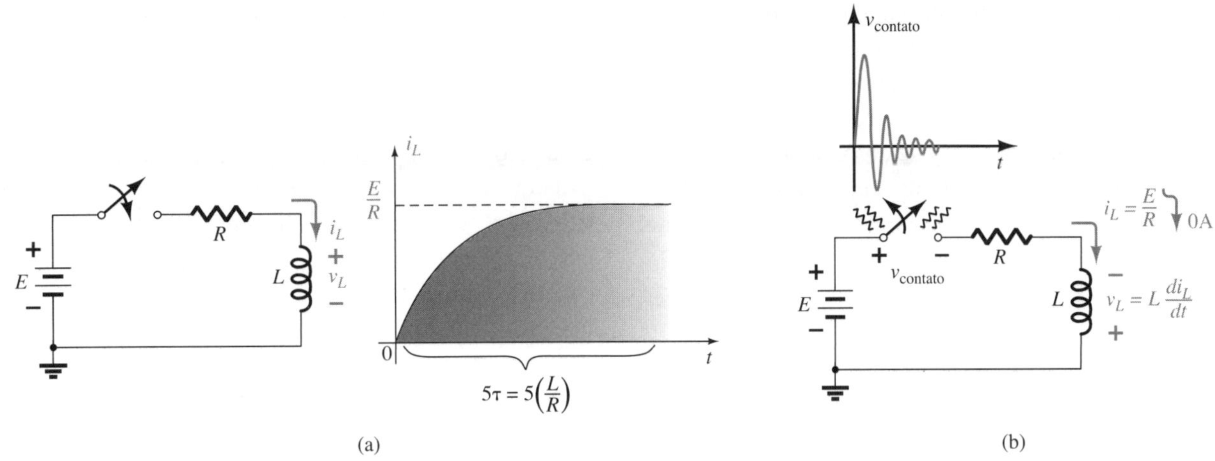

Figura 2.131 (a) Fase de transição de um circuito *RL* simples; (b) faíscas que ocorrem em uma chave quando aberta em série com um circuito *RL*.

enrolamento do indutor durante a fase de "carga" é oposta à que ocorre na fase de "descarga". Isso acontece devido ao fato de que a corrente deve manter o mesmo sentido antes e depois de a chave ser aberta. Durante a fase de "carga", o enrolamento funciona como uma carga, mas, na fase de "descarga", tem as características de uma fonte. Portanto, lembre-se sempre de que

tentar mudar a corrente através de um elemento indutivo de forma muito rápida pode resultar em uma reação indutiva que pode danificar alguns componentes do sistema.

Um circuito simples como o da Figura 2.132(a) pode controlar a operação de um relé. Quando se fecha a chave, a bobina é energizada e os níveis da corrente são estabelecidos. No entanto, quando a chave é aberta para desenergizar o circuito, surge o problema já apresentado, pois o eletroímã que controla a operação do relé funcionará como uma bobina energizada. Uma das maneiras mais baratas e eficientes de proteger o sistema interruptor é instalar um capacitor (chamado *snubber* ou "supressor") nos terminais do enrolamento, conforme ilustra a Figura 2.132(b). Quando a chave é aberta, o capacitor funcionará como um curto para o enrolamento e oferecerá um caminho para a corrente, desviando-a da fonte CC e da chave. O capacitor possui as características de um curto (resistência muito baixa) por causa das características de alta frequência da tensão de surto, como mostra a Figura 2.131(b). Lembre-se de que a reatância de um capacitor é determinada por $X_C = 1/2\pi fC$, então, quanto mais alta a frequência, menor a resistência. Normalmente, devido às altas tensões e aos custos relativamente baixos, usam-se capacitores de cerâmica de cerca de 0,01 μF. Não se utilizam capacitores grandes porque neles a tensão aumenta muito lentamente, o que causa a diminuição da velocidade de operação do sistema. O resistor de 100 Ω em série com o capacitor é introduzido somente para limitar os surtos de corrente que resultam quando uma mudança de estado é provocada. Muitas vezes, o resistor não aparece porque

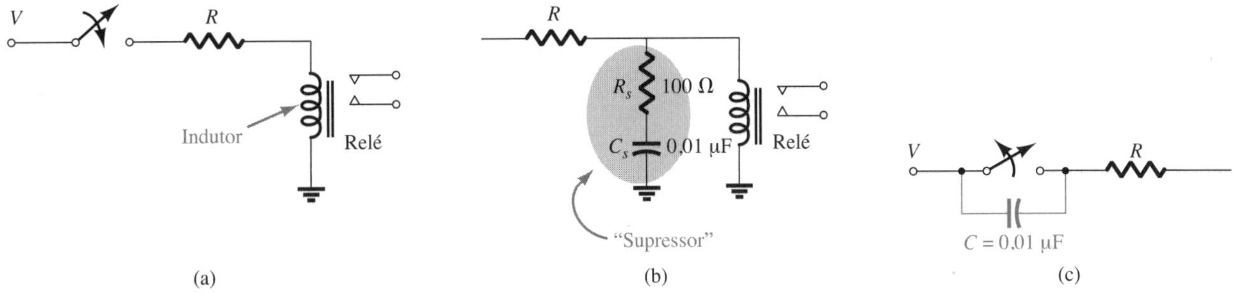

Figura 2.132 (a) Características indutivas de um relé; (b) proteção com supressor para a configuração da parte (a); (c) proteção capacitiva de uma chave.

a resistência interna do enrolamento é constituída de várias espiras de fio fino. Ocasionalmente, o capacitor é ligado à chave, como mostrado na Figura 2.132(c). Nesse caso, as características de curto do capacitor em alta frequência desviam-se dos contatos da chave e prolongam sua vida útil. Tenha em mente que a tensão em um capacitor não pode mudar instantaneamente. Portanto, de modo geral,

capacitores em paralelo com elementos indutivos ou chaves costumam agir como elementos de proteção, e não como capacitores em circuitos tradicionais.

E, finalmente, o diodo é comumente utilizado como um dispositivo protetor em situações como as já mencionadas. Na Figura 2.133, um diodo foi colocado em paralelo ao elemento indutivo da configuração do relé. Quando a chave é aberta ou a fonte de tensão rapidamente desligada, a polaridade da tensão no enrolamento é tal que pode ligar o diodo e fazê-lo conduzir no sentido indicado. O indutor tem, então, um caminho de condução através do diodo, em vez de seguir pela fonte e pela chave, assim poupando os dois. Como a corrente estabelecida através do enrolamento deve seguir agora diretamente pelo diodo, este deve ser capaz de suportar **o mesmo nível de corrente** que passava pelo enrolamento antes de a chave ser aberta. A taxa de diminuição da corrente será controlada pela resistência do enrolamento e do diodo. Essa taxa pode ser reduzida aplicando-se uma resistência adicional em série com o diodo. A vantagem da configuração do diodo sobre a do supressor é que a reação e o comportamento do diodo não são dependentes de frequência. No entanto, a proteção oferecida pelo diodo não funcionará se a tensão aplicada for alternada, como uma onda CA ou quadrada, uma vez que o diodo conduzirá para uma das polaridades aplicadas. Para esses sistemas alternados, a configuração "*snubber*" é a melhor opção.

No próximo capítulo, veremos que a junção base-emissor de um transistor recebe polarização direta. Isto é, a tensão V_{BE} da Figura 2.134(a) é de cerca de 0,7 V positivo. Para evitar uma situação em que o terminal emissor se torne mais positivo do que o terminal da base através de uma tensão que possa danificar o transistor, o diodo mostrado na Figura 2.134(a) é adicionado. O diodo evita que a tensão de polarização reversa V_{EB} ultrapasse 0,7 V. Um diodo pode ser ligado em série com o terminal coletor de um transistor, como na Figura 2.134(b). A operação normal de um transistor exige que o coletor seja mais positivo que a base ou o emissor para estabelecer uma corrente de coletor no sentido indicado. No entanto, se ocorrer uma situação em que o terminal emissor ou o terminal-base tenha maior potencial que o terminal coletor, o diodo evitará a condução no sentido oposto. Portanto, de modo geral,

os diodos são comumente utilizados para evitar que a tensão entre dois pontos exceda 0,7 V ou para evitar a condução em um determinado sentido.

Como mostra a Figura 2.135, os diodos são utilizados normalmente nos terminais de entrada de sistemas, como os amplificadores operacionais (amp-ops), para limitar a variação da tensão aplicada. Para o valor de 400 mV, o sinal passará sem problemas para os terminais de entrada do amp-op. No entanto, se a tensão saltar para um nível de 1 V, os picos alto e baixo serão cortados antes de aparecer nos terminais de entrada do amp-op. Toda tensão cortada aparecerá no resistor em série R_1.

Os diodos controladores da Figura 2.135 podem ser representados também como na Figura 2.136 para controlar o sinal que surge nos terminais de entrada do amp-op. Nesse exemplo, os diodos agem mais como elementos de moldura do que como limitadores, como na Figura 2.135. No entanto, o ponto principal é que

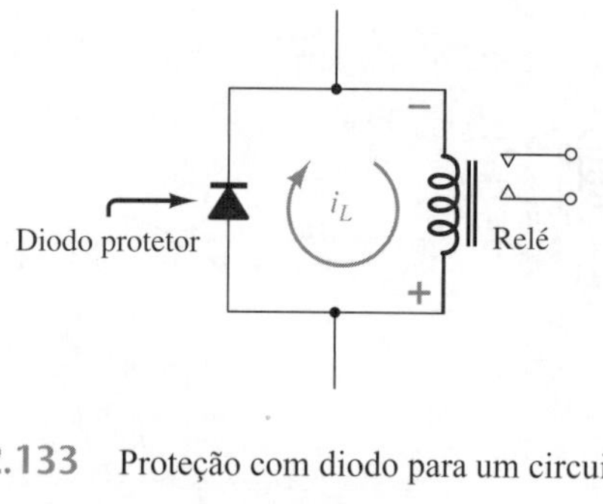

Figura 2.133 Proteção com diodo para um circuito *RL*.

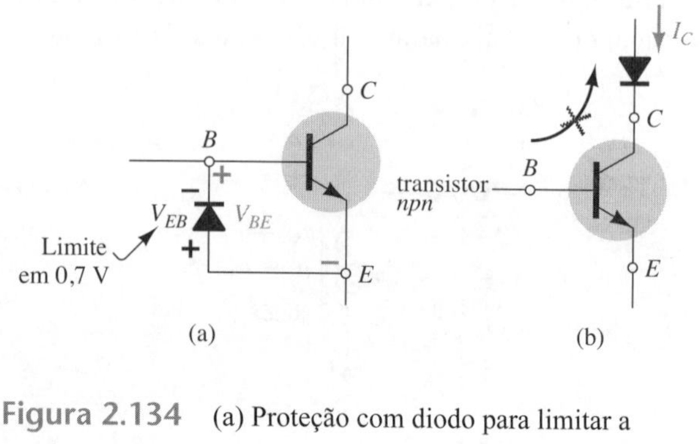

Figura 2.134 (a) Proteção com diodo para limitar a tensão emissor-base de um transistor; (b) proteção com diodo para evitar uma corrente de coletor inversa.

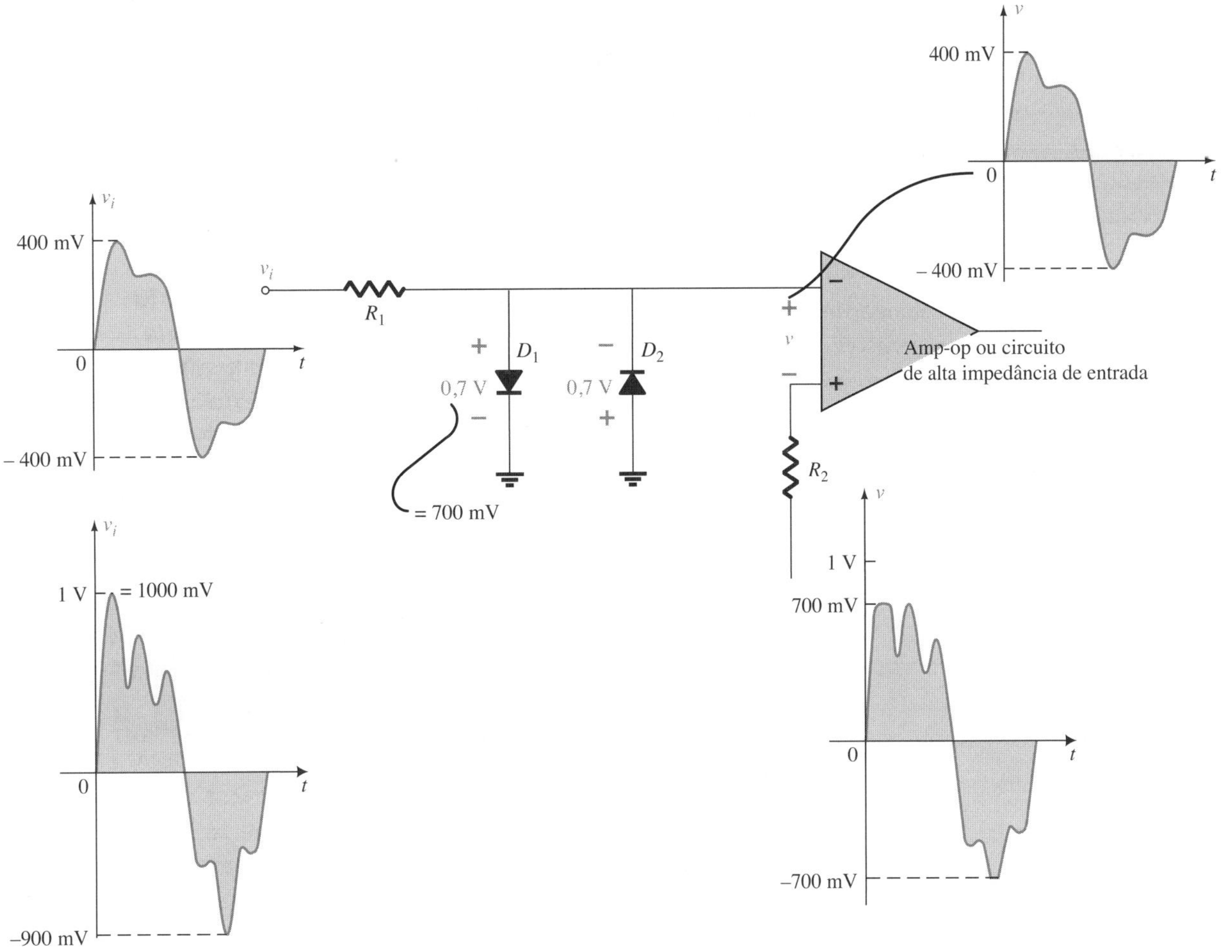

Figura 2.135 Ação de controle do diodo sobre a amplitude da oscilação de entrada em um amp-op ou um circuito de alta impedância de entrada.

a colocação de elementos pode variar, mas suas funções podem se manter as mesmas. Não se deve esperar que cada circuito seja exatamente como foi estudado na primeira vez.

Genericamente, portanto, não se devem considerar os diodos apenas como chaves. Eles são amplamente utilizados como dispositivos de proteção e limitação.

Garantia de polaridade

Vários sistemas são muito sensíveis à polaridade das tensões aplicadas. Imaginemos, por exemplo, que na Figura 2.137(a) existisse um equipamento muito caro que pudesse ser danificado caso sofresse a aplicação de polarização incorreta. Na Figura 2.137(b), a polaridade correta é indicada à esquerda. Como resultado, o diodo está reversamente polarizado e o sistema funciona bem — o diodo não tem efeito. No entanto, se uma polaridade errada for aplicada, como mostra a Figura 2.137(c), o diodo conduzirá e garantirá uma tensão máxima de 0,7 V nos terminais do sistema, protegendo-o da tensão excessiva com polaridade errada. Para qualquer polaridade, a diferença entre a tensão aplicada e a carga ou tensão do diodo aparecerá na resistência em série da fonte ou do circuito.

Na Figura 2.138, um medidor sensível não suporta tensões superiores a 1 V com polaridade errada. Com essa estrutura simples, ele é protegido contra tensões com polaridade errada superiores a 0,7 V.

Sistema de alimentação com bateria de *backup*

Há situações em que o sistema necessita de uma fonte de *backup* para garantir que funcione, caso haja falta de energia. Isso se aplica especialmente a sistemas de segurança e de iluminação que precisam ser ligados nesses casos. O *backup* também é importante quando um computador ou rádio é desconectado da fonte CA-CC e é ligado a um sistema de energia portátil para viagem.Na Figura 2.139,

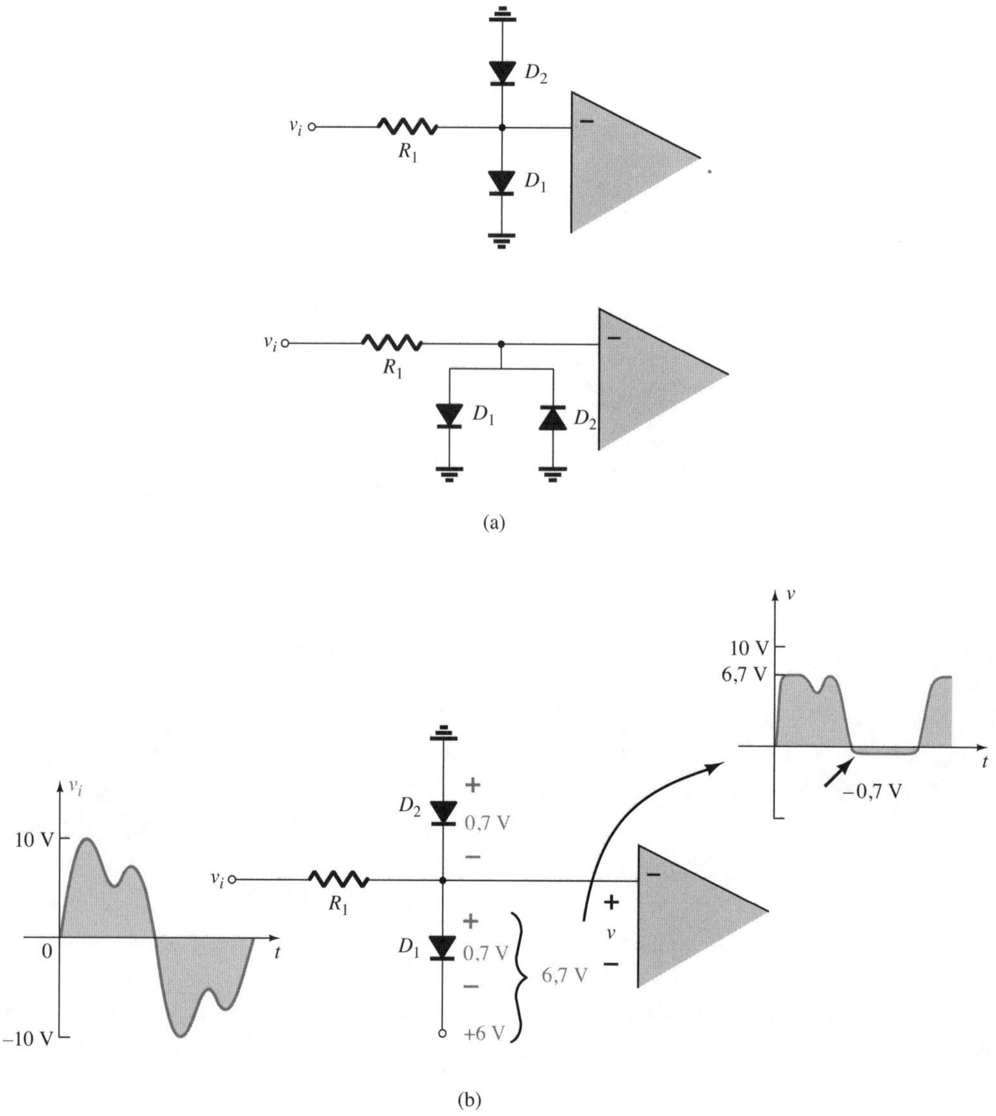

Figura 2.136 (a) Formatos alternativos para o circuito da Figura 2.135; (b) estabelecimento de níveis aleatórios de controle com fontes CC separadas.

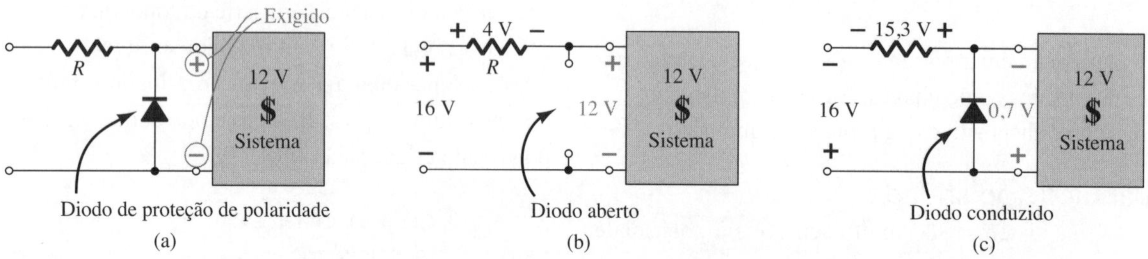

Figura 2.137 (a) Proteção de polaridade de um equipamento caro e sensível; (b) polaridade corretamente aplicada; (c) aplicação de polaridade errada.

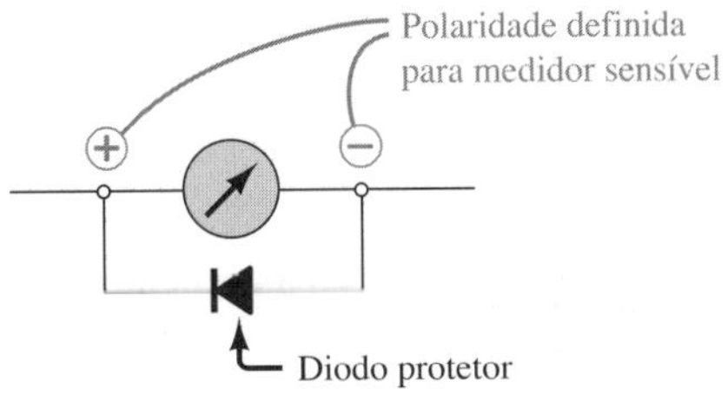

Figura 2.138 Proteção para um medidor sensível.

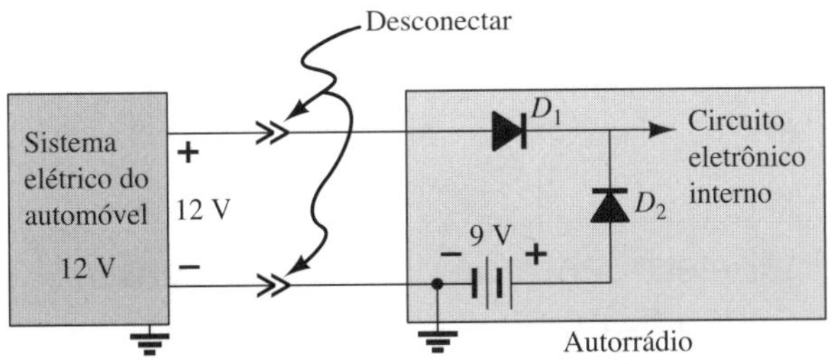

Figura 2.139 Sistema de *backup* projetado para evitar a perda da memória em um autorrádio quando ele é removido do veículo.

um rádio para automóvel de 12 V, operando sem a fonte de energia CC de 12 V, possui um sistema de bateria de *backup* de 9 V em um pequeno compartimento na parte de trás, pronto para entrar em operação e salvar a memória do relógio e das estações quando o rádio for removido do carro. Com os 12 V disponíveis no carro, D_1 conduz e a tensão no rádio é cerca de 11,3 V. D_2 é reversamente polarizado (um circuito aberto) e a bateria reserva de 9 V dentro do carro é desativada. Mas, quando o rádio é removido do carro, D_1 não conduzirá mais, pois a fonte de 12 V não estará mais disponível para polarizar diretamente o diodo. No entanto, D_2 será polarizado diretamente pela bateria de 9 V e o rádio continuará a receber cerca de 8,3 V para manter a memória com os dados para o relógio e as estações.

Detector de polaridade

Por meio da utilização de LEDs de cores diferentes, o circuito simples da Figura 2.140 pode ser usado para verificar a polaridade em qualquer ponto de um circuito CC. Quando a polaridade está conforme indicado pelos 6 V aplicados, o terminal de cima é positivo, D_1 conduzirá com o LED1 e uma luz verde se acenderá. D_2 e o LED2 serão reversamente polarizados, conforme a polaridade acima. No entanto, se a polaridade na entrada for invertida, D_2 e o LED2 conduzirão e uma luz vermelha se acenderá, definindo o condutor superior como sendo o do potencial negativo. Pode parecer que o circuito funcionaria sem os diodos D_1 e D_2. De modo geral, porém, os LEDs não devem ser polarizados reversamente devido à sensibilidade

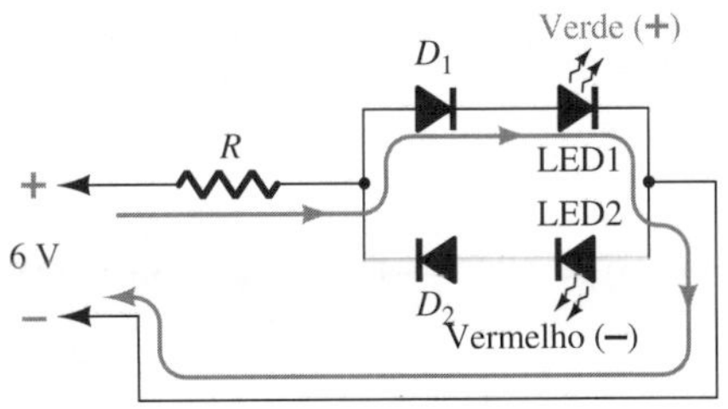

Figura 2.140 Detector de polaridade utilizando diodos e LEDs.

adquirida durante o processo de dopagem. Os diodos D_1 e D_2 oferecem uma condição de circuito aberto em série que garante certa proteção aos LEDs. No estado de polarização direta, os diodos adicionais D_1 e D_2 reduzem a tensão nos LEDs para níveis mais comuns de operação.

Displays

Uma das maiores preocupações com relação ao uso de lâmpadas elétricas em sinalização de saída de emergência é sua vida útil limitada (o que requer trocas frequentes); sua sensibilidade ao calor, ao fogo etc.; o fator durabilidade em caso de acidentes; sua alta tensão e as exigências em relação à energia. Por essa razão, os LEDs costumam ser utilizados por sua vida útil mais longa, altos níveis de durabilidade e menor exigência quanto à tensão e à energia (especialmente quando o sistema de bateria reserva CC tem de assumir o controle).

Na Figura 2.141, um circuito de controle determina quando a luz de SAÍDA DE EMERGÊNCIA (*EXIT*) deve ser ligada. Quando isso ocorre, todos os LEDs em série estão ligados e a luz se acende por completo. Obviamente, se um dos LEDs estiver queimado e aberto, toda a sequência estará desligada. No entanto, tal situação pode ser contornada colocando-se LEDs paralelos a cada dois pontos. Caso um deles queime, ainda haverá um caminho em paralelo. Diodos paralelos certamente reduzirão a corrente em cada LED, mas dois em um nível mais baixo de corrente podem ter luminescência similar à de um com corrente dobrada. Apesar de a tensão aplicada ser CA, o que significa que o diodo acenderá e apagará quando a tensão de 60 Hz alternar entre positivo e negativo, a persistência dos LEDs fornecerá uma luz estável para o painel de aviso luminoso.

Estabelecimento de níveis de referência de tensão

Diodos e Zeners podem ser utilizados como níveis de referência, como mostra a Figura 2.142. O circuito, com o uso de dois diodos e de um diodo Zener, oferece três níveis diferentes de tensão.

Figura 2.141 Luz de SAÍDA DE EMERGÊNCIA utilizando LEDs.

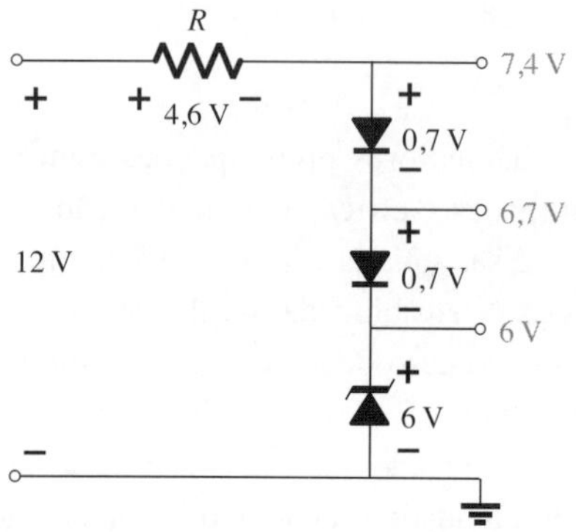

Figura 2.142 Níveis diferentes de referência com a utilização de diodos.

Estabelecimento de um nível de tensão independente da corrente de carga

Como um exemplo que demonstra claramente a diferença entre um resistor e um diodo em um circuito divisor de tensão, analisemos a situação da Figura 2.143(a), em que uma carga requer cerca de 6 V para operar adequadamente tendo apenas uma bateria de 9 V. Imaginemos que as condições sejam tais que a carga tenha uma resistência interna de 1 kΩ. Utilizando a regra do divisor de tensão, podemos facilmente determinar que a resistência em série deve ser de 470 Ω (valor comercialmente disponível), como mostra a Figura 2.143(b). O resultado disso é uma tensão na carga de 6,1 V, situação aceitável para a maioria das cargas de 6 V. No entanto, se as condições de operação da carga mudarem e passar a existir uma resistência interna de apenas 600 Ω, a tensão da carga

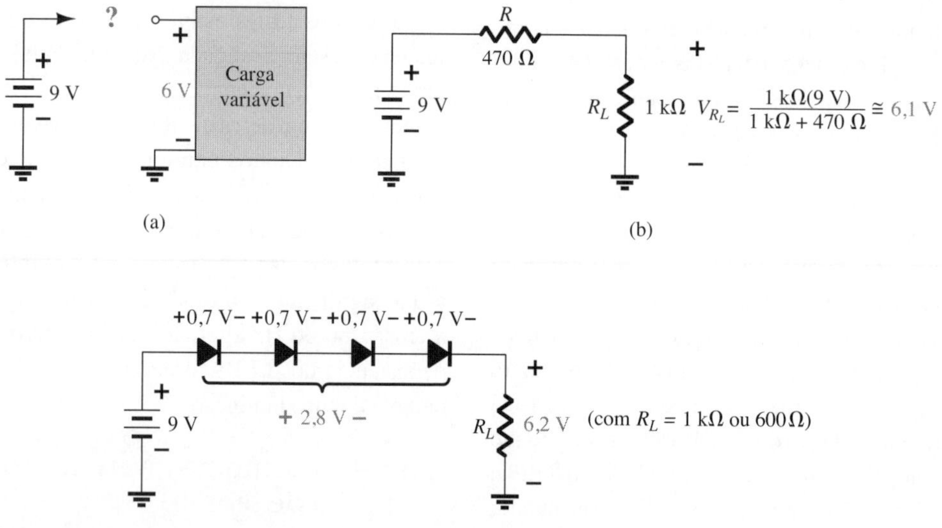

Figura 2.143 (a) Como obter 6 V em uma carga usando uma fonte de 9 V; (b) utilizando um valor de resistência fixo; (c) utilizando uma associação de diodos em série.

cairá para cerca de 4,9 V e o sistema poderá não operar corretamente. Tal sensibilidade à resistência da carga pode ser eliminada conectando-se quatro diodos em série com a carga, como mostra a Figura 2.143(c). Quando os quatro diodos conduzirem, a tensão de carga será de cerca de 6,2 V — independentemente da impedância (dentro dos limites do dispositivo, é claro). A sensibilidade às mudanças de características da carga foi removida.

Regulador CA e gerador de onda quadrada

Dois Zeners associados em série em posições invertidas também podem ser utilizados como um regulador CA, como revela a Figura 2.144(a). Para o sinal senoidal v_i, o circuito aparecerá como mostra a Figura 2.144(b) no instante em que $v_i = 10$ V. A região de operação para cada diodo é indicada na figura adjacente. Observe que Z_1 está em uma região de baixa impedância, enquanto a impedância de Z_2 é bem maior, correspondendo a uma representação de circuito aberto. O resultado é que $v_o = v_i$ quando $v_i = 10$ V. A entrada e a saída continuarão a ser iguais até que v_i atinja 20 V. Então, Z_2 se "ligará" (como um diodo Zener), enquanto Z_1 estará em uma região de condução com um nível de resistência suficientemente pequeno comparado ao resistor de 5 kΩ em série para ser considerado um curto-circuito. A saída resultante para toda a faixa de variação de v_i é mostrada na Figura 2.144(a). Observe que a forma de onda não é completamente senoidal, mas seu valor eficaz (rms) é mais baixo que o associado a um sinal com um valor de pico de 22 V. O circuito limita efetivamente o valor rms da tensão disponível. O circuito da Figura 2.144(b) poderá ser estendido para o de um gerador simples de onda quadrada (devido à ação de ceifamento), se o sinal v_i for ampliado para um pico de cerca de 50 V com Zeners de 10 V, como na Figura 2.145, com a forma de onda resultante.

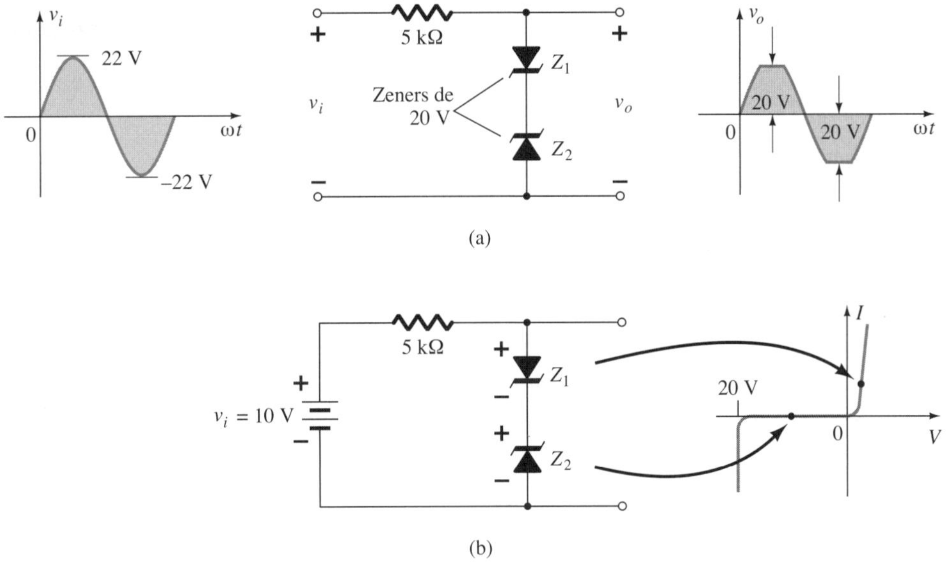

Figura 2.144 Regulação CA senoidal: (a) regulador CA de 40 V senoidal pico a pico; (b) operação do circuito com $v_i = 10$ V.

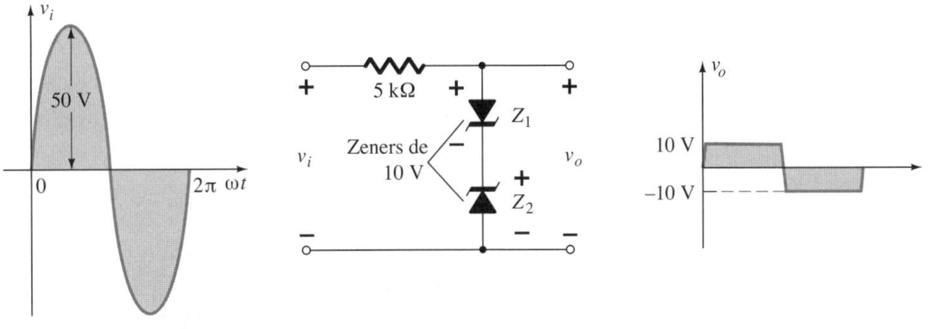

Figura 2.145 Gerador de onda quadrada simples.

2.14 RESUMO

Conclusões e conceitos importantes

1. As características de um diodo **não são alteradas** pelo circuito no qual ele está sendo utilizado. O circuito somente determina o ponto de operação do dispositivo.
2. O ponto de operação de um circuito é determinado pela **interseção** da equação do circuito com a equação que define a curva característica do dispositivo.
3. Na maioria das aplicações, as características de um diodo podem ser definidas apenas pela **tensão limiar na região de polarização direta** e por um circuito aberto para tensões aplicadas menores que as do valor de limiar.
4. Para determinar o estado de um diodo, basta **imaginá-lo como uma resistência** e encontrar a polaridade da tensão e do sentido da corrente convencional que passam por ele. Caso a tensão tenha uma polaridade direta e **a corrente tenha o mesmo sentido da seta no símbolo**, o diodo estará conduzindo.
5. Para determinar o estado de diodos utilizados em uma porta lógica, deve-se primeiro fazer uma **suposição** em relação aos estados dos diodos e então **testar a suposição**. Se ela estiver incorreta, deve-se tentar novamente com outra suposição e repetir a análise até que se confirmem as conclusões.
6. Retificação é um processo em que uma forma de onda aplicada de **valor médio zero** é trocada por uma que **tenha um nível CC**. Para sinais aplicados acima de alguns volts, geralmente podemos usar as aproximações do diodo ideal.
7. É muito importante que a especificação da PIV de um diodo seja verificada ao se escolher um diodo para aplicações específicas. Para isso, determine a **tensão máxima** que passa pelo diodo sob **condições de polarização reversa** e compare-a à especificação indicada no manual. Para os retificadores típicos de meia-onda e de onda completa em ponte, esse parâmetro é o valor de pico do sinal aplicado. Para o retificador de onda completa que usa transformador com derivação central (CT), ele corresponde a duas vezes o valor de pico (que pode ser muito alto).
8. Ceifadores são circuitos que **"ceifam"** parte do sinal aplicado para criar um tipo específico de sinal ou para limitar a tensão que pode ser aplicada a um circuito.
9. Grampeadores são circuitos que **"deslocam"** o sinal de entrada para um nível CC diferente. Em qualquer caso, a variação de pico a pico do sinal aplicado será mantida.
10. Os diodos Zener fazem uso efetivo do **potencial de ruptura Zener** de uma junção *p-n* simples para oferecer um dispositivo de larga importância e aplicação. Para a condução Zener, o sentido do fluxo convencional é **oposto ao da seta no símbolo**. A polaridade em condução também é **oposta à do diodo convencional**.
11. Para determinar o estado de um diodo Zener em um circuito CC, deve-se removê-lo do circuito e determinar a **tensão do circuito aberto** entre os dois pontos onde o diodo Zener foi inicialmente conectado. Caso seja **maior que o potencial do Zener** e tenha a polaridade correta, o Zener estará no estado "ligado".
12. Um dobrador de tensão de meia-onda ou de onda completa emprega dois capacitores; um triplicador, três capacitores; e um quadruplicador, quatro capacitores. Na verdade, para cada um, o número de diodos é igual ao de capacitores.

Equações

Aproximada:

Silício: $V_K = 0{,}7$ V; I_D é determinado pelo circuito.

Germânio: $V_K = 0{,}3$ V; I_D é determinado pelo circuito.

Arseneto de gálio: $V_K = 1{,}2$ V; I_D é determinado pelo circuito.

Ideal:

$V_K = 0$ V; I_D é determinado pelo circuito.

Para condução: $V_D \geq V_K$

Retificador de meia-onda: $V_{CC} = 0{,}318\ V_m$

Retificador de onda completa: $V_{CC} = 0{,}636\ V_m$

2.15 ANÁLISE COMPUTACIONAL

Cadence OrCAD

Configuração com diodo em série No capítulo anterior, a pasta OrCAD 16.3 foi criada como o local onde arquivar nossos projetos. Esta seção definirá o nome do projeto, instalará o aplicativo de análise a ser executado, descreverá como construir um circuito simples e, finalmente, realizará a análise. A cobertura será bastante ampla, uma vez que essa será a primeira exposição real aos mecanismos associados à utilização do pacote de aplicativo. Nos próximos capítulos, veremos que a análise pode ser feita muito rapidamente para obter resultados que confirmam as soluções calculadas à mão.

Nosso primeiro projeto pode ser iniciado clicando-se duas vezes sobre o ícone **OrCAD Capture CIS Demo** na tela ou usando-se a sequência **Start–All Programs–Cadence–OrCAD 16.3 Demo**. A tela resultante contém apenas alguns ícones ativos na barra de ferramentas superior. O primeiro no canto superior esquerdo é **Create document** (ou pode ser usada a sequência **File–New–Project**). A seleção desse ícone resultará na caixa de diálogo **New Project**, na qual o nome do projeto deve ser digitado. Para nossos propósitos, vamos escolher **OrCAD 2-1**, como consta da Figura 2.146, e selecionar **Analog or Mixed A/D** (a ser usado em todas as análises deste livro). Observe que, na parte inferior da caixa de diálogo, o local aparece como **C:\OrCAD 16.3**, conforme definido anteriormente. Clique em **OK**, e outra caixa de diálogo intitulada **Create PSpice Project** aparecerá. Selecione **Create a blank project** (também em todas as análises a serem realizadas neste livro). Clique em **OK**, e ícones adicionais serão ativados em conjunto com barras de ferramentas adicionais. A janela **Project Manager Window** aparecerá, intitulada **OrCAD 2-1**. A listagem do novo projeto será exibida com um ícone e um sinal + associado a ele em um pequeno quadrado. Clique no sinal + para a listagem avançar um passo até **SCHEMATIC1**. Clique novamente em + (à esquerda de SCHEMATIC1), e **PAGE1** aparecerá; clicar no sinal de – reverterá o processo. Um duplo clique sobre **PAGE1** criará uma janela de trabalho intitulada **SCHEMATIC1: PAGE1**, revelando que um projeto pode ter mais de um arquivo esquemático e mais de uma página associada. A largura e a altura da janela podem ser ajustadas, segurando-se uma borda até obter uma seta de duas pontas e arrastando-se a borda para o local desejado. Qualquer janela na tela pode ser movida; para isso, clique no cabeçalho superior até que fique azul-escuro e, em seguida, arraste-o para qualquer local.

Agora, estamos prontos para construir o circuito simples da Figura 2.146. Selecione **Place Part** (o ícone superior na barra de ferramentas vertical à direita, parecido com um circuito integrado com um sinal positivo no canto inferior direito) para obter a caixa de diálogo **Place Part**. Uma vez que esse é o primeiro circuito a ser montado, deve-se garantir que as partes apareçam na lista de bibliotecas ativas. Vá para **Libraries** e selecione **Add Library** (semelhante a uma caixa retangular tracejada com uma estrela amarela no canto superior esquerdo). O resultado é uma janela **Browse File** na qual **analog.olb** pode ser selecionado, seguido de **Open** para inseri-lo na lista ativa de **Libraries**. Repita o processo para adicionar as bibliotecas **eval.olb** e **source.olb**. As três bibliotecas serão necessárias para construir os circuitos que aparecem neste livro. No entanto, é importante compreender que:

uma vez selecionados, os arquivos de biblioteca aparecerão na listagem ativa para todo novo projeto, sem que seja necessário adicioná-los a cada etapa — como a de Folder, que não precisa ser repetida para cada projeto semelhante.

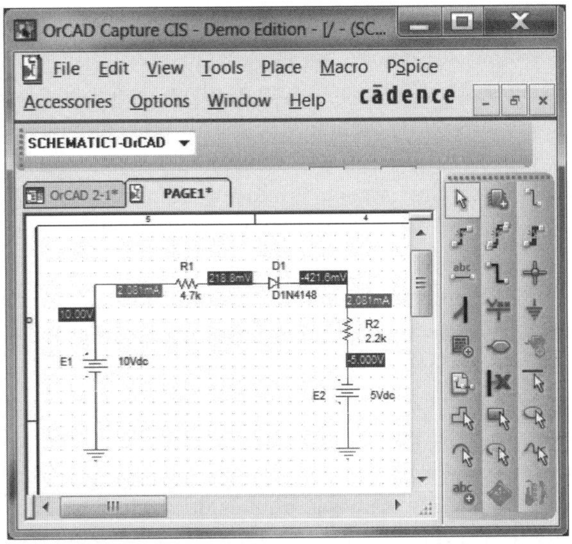

Figura 2.146 Análise feita no Cadence OrCAD de uma configuração com diodo em série.

Clique no pequeno "x" no canto superior direito da caixa de diálogo para remover a caixa de diálogo **Place Part**. Agora, podemos inserir os componentes na tela. Para a fonte de tensão CC, primeiro selecione o ícone **Place Part** e, em seguida, **SOURCE**, na listagem da biblioteca. Em **Part List**, aparecerá uma lista de fontes disponíveis; selecione **VDC** para este projeto. Uma vez selecionado, o símbolo, a etiqueta e o valor de **VDC** surgirão na janela da imagem na parte inferior esquerda da caixa de diálogo. Clique em **Place Part** na parte superior da caixa de diálogo, e a fonte **VDC** seguirá o cursor pela tela. Mova-a para uma localização conveniente e clique com o botão esquerdo do *mouse* para fixá-la ao local, como mostrado na Figura 2.146.

Visto que uma segunda fonte está presente na Figura 2.146, mova o cursor para a área geral da segunda fonte e posicione-a no lugar com um clique. Uma vez que essa é a última fonte a aparecer no circuito, dê um clique no botão direito do *mouse* e selecione **End Mode**. A escolha dessa opção encerrará o procedimento, deixando a última fonte em uma caixa tracejada vermelha. Essa cor indica que ela ainda está no modo ativo e pode ser operada. Mais um clique do *mouse*, e a segunda fonte será posicionada no lugar e o *status* vermelho ativo, removido. A segunda fonte pode ser girada 180° para coincidir com a Figura 2.146, clicando-se primeiramente na fonte para torná-la vermelha (ativa) e obter uma longa lista de opções; depois, selecione **Rotate**. Uma vez que cada rotação só gira 90° no sentido anti-horário, duas delas serão necessárias. As rotações também podem ser obtidas por meio da sequência de teclas **Ctrl-R**.

Uma das etapas mais importantes do processo é assegurar que um potencial de terra de 0 V seja definido para o circuito, de tal modo que as tensões em qualquer ponto dele tenham um ponto de referência. *O resultado disso é o requisito de que cada circuito deve ter um terra definido*. Para nossos propósitos, a opção **0/SOURCE** será escolhida quando o ícone **GND** for selecionado. Ele é obtido por meio da seleção do símbolo de aterramento no meio da barra de ferramentas na extremidade direita para obter a caixa de diálogo **Place Ground**. Role a barra para baixo até **0/SOURCE** ser selecionado e clique em **OK**. O resultado disso é um terra que pode ser colocado em qualquer lugar na tela. Tal como acontece com a fonte de tensão, múltiplos terras podem ser adicionados simplesmente passando de um ponto a outro. O processo é finalizado com um clique no botão direito e na opção **End Mode**.

O próximo passo será colocar os resistores do circuito da Figura 2.146. Para isso, selecione de novo o ícone **Place Part** e, em seguida, a biblioteca **ANALOG**. Rolando-se pelas opções, **R** aparecerá e deverá ser selecionada. Clique em **Place Part**, e o resistor surgirá ao lado do cursor na tela. Mova-o para o local desejado e dê um clique para posicioná-lo. O segundo resistor pode ser colocado simplesmente movendo-se para a área geral de sua localização na Figura 2.146 e fixando-o no lugar com um clique. Uma vez que existem apenas dois resistores, o processo pode ser encerrado com um clique no botão direito do *mouse* e com a seleção de **End Mode**. O segundo resistor deverá ser girado para a posição vertical utilizando-se o mesmo procedimento descrito para a segunda fonte de tensão.

O último elemento a ser colocado é o diodo. Novamente, a seleção do ícone **Place Part** resultará na caixa de diálogo **Place Part**, na qual a biblioteca **EVAL** será escolhida na listagem **Libraries**. Em seguida, digite **D** sob **Part** e selecione **D14148** sob **Part List**, seguido pelo comando **Place Part** para fazer o posicionamento na tela da mesma maneira descrita para a fonte e os resistores.

Agora que todos os componentes estão na tela, podemos movê-los para as posições que correspondem diretamente às da Figura 2.146. Para isso, simplesmente clique no elemento e mantenha o botão esquerdo do *mouse* pressionado enquanto ele é movido.

Todos os elementos necessários estão na tela, mas eles precisam ser conectados. Para isso, selecione o ícone **Place Wire**, que se parece com um degrau, próximo ao topo da barra de ferramentas à esquerda do menu que contém a opção **Place Part**. O resultado disso é um retículo de fios cruzados com um centro que deve ser posicionado no ponto a ser ligado. Coloque o retículo na parte superior da fonte de tensão e clique no botão esquerdo uma vez para conectá-lo a esse ponto. Em seguida, trace uma linha até o final do próximo elemento e clique o mouse novamente quando o retículo estiver no ponto correto. Isso resultará em uma linha vermelha com um quadrado em cada extremidade para confirmar que a conexão foi feita. Em seguida, mova o retículo para os demais elementos e monte o circuito. Assim que tudo estiver conectado, um clique no botão direito oferecerá a opção **End Mode**. Não se esqueça de ligar a fonte ao terra, como mostrado na Figura 2.146.

Agora, temos todos os elementos no lugar, mas suas legendas e seus valores estão errados. Para alterar qualquer parâmetro, basta clicar duas vezes sobre o parâmetro (a legenda ou o valor) para obter a caixa de diálogo **Display Properties**. Digite a legenda ou o valor correto, clique em **OK** e a quantidade será alterada na tela. As legendas e os valores podem ser movidos clicando-se no centro do parâmetro até que ele esteja rodeado pelos quatro quadrados pequenos e, em seguida, arrastando-o para o novo local. Outro clique no botão esquerdo, e ele é depositado em sua nova localização.

Finalmente, podemos iniciar o processo de análise, chamado **Simulation**, com a seleção do ícone **New Simulation Profile**, que está próximo ao canto superior esquerdo da tela e se assemelha a uma página de dados com uma estrela no canto superior direito. O resultado é uma caixa de diálogo **New Simulation**, que primeiramente solicita o nome da simulação. **OrCAD 2-1** é inserido e **none** é mantido na solicitação de **Inherit From**. Em seguida, selecione **Create** para abrir uma caixa de diálogo **Simulation Setting**, na qual **Analysis–Analysis Type–Bias Point** são selecionados sequencialmente. Clique em **OK** e selecione a opção **Run** (que se parece com uma ponta de seta isolada sobre um fundo verde) ou escolha **PSpice-Run** na barra de menu. Aparecerá uma janela **Output** com aspecto um tanto inativo. Ela não será utilizada nesta análise, por isso, feche-a (X), e o circuito de Figura 2.146 aparecerá com os níveis de tensão e corrente. Estes ou os de potência podem ser removidos da tela (ou substituídos) simplesmente selecionando-se **V**, **I** ou **W** na terceira barra de ferramentas a partir do topo. Os valores individuais podem ser removidos simplesmente selecionando-se o valor e pressionando o botão **Delete**. Os valores resultantes podem ser movidos clicando-se com o botão esquerdo do *mouse* sobre o valor e arrastando-o para o local desejado.

Os resultados da Figura 2.146 mostram que a corrente que passa pela configuração em série é de 2,081 mA através de cada elemento, em comparação com 2,072 mA do Exemplo 2.9. A tensão através do diodo é de 218,8 mV – (–421,6 mV) ≅ 0,64 V, em comparação com o 0,7 V aplicado na solução calculada à mão do Exemplo 2.9. A tensão através de R_1 é de 10 V – 218,8 mV ≅ 9,78 V, em comparação com os 9,74 V na solução à mão. A tensão através do resistor R_2 é de 5 V – 421,6 mV ≅ 4,58 V, em comparação com os 4,56 V no Exemplo 2.9.

Para entender as diferenças entre as duas soluções, é preciso levar em conta que o diodo tem características internas que afetam seu comportamento, tal como a corrente de saturação reversa e seus níveis de resistência em diferentes níveis de corrente. Essas características podem ser visualizadas por meio da sequência **Edit-PSpice Model**, que resulta na caixa de diálogo **PSpice Model Editor Demo**.

Você descobrirá que o valor-padrão da corrente de saturação reversa é 2,682 nA — uma quantidade que pode ter um efeito importante sobre as características do dispositivo. Se escolhermos I_s = 3,5E-15A (um valor determinado por tentativa e erro) e apagarmos os outros parâmetros do dispositivo, uma nova simulação do circuito resultará na resposta da Figura 2.147. Agora, a corrente através do circuito é 2,072 mA, que coincide exatamente com o resultado do Exemplo 2.9. A tensão através do diodo é de 260,2 mV + 440,9 mV ≅ 0,701 V, ou essencialmente 0,7 V, e a tensão em cada resistor é precisamente a obtida na solução calculada à mão. Em outras palavras, ao escolher esse valor de corrente de saturação reversa, criamos um diodo com características que permitiram a estimativa de que V_D = 0,7 V quando no estado "ligado".

Os resultados também podem ser vistos em forma tabulada selecionando-se **PSpice** no topo da tela, seguido por **View Output File**. O resultado é a listagem da Figura 2.148 (modificada para poupar espaço), que inclui a **CIRCUIT DESCRIPTION**, com todos os componentes do circuito, o **Diode MODEL PARAMETERS**, com o valor escolhido de **Is**, e a **INITIAL TRANSIENT SOLUTION**, com os valores de tensão CC, os valores de corrente e a dissipação total de potência.

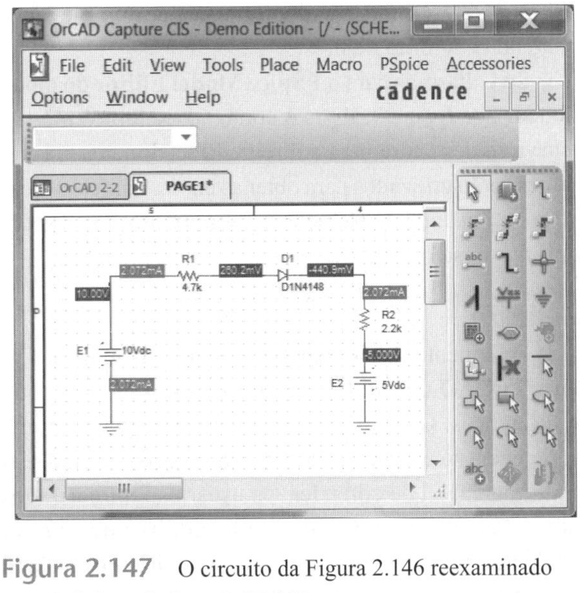

Figura 2.147 O circuito da Figura 2.146 reexaminado com definição de I_s em 3.5E-15A.

```
****   CIRCUIT DESCRIPTION

******************************************************************************

*Analysis directives:
.TRAN 0 1000ns 0
.PROBE V(alias(*)) I(alias(*))
 W(alias(*)) D(alias(*)) NOISE(alias(*))
.INC "..\SCHEMATIC1.net"

**** INCLUDING SCHEMATIC1.net ****
* source ORCAD2-2
V_E1        N00103 0 10Vdc
V_E2        0 N00099 5Vdc
R_R1        N00103 N00204 4.7k TC=0,0
R_R2        N00099 N00185 2.2k TC=0,0
D_D1        N00204 N00185 D1N4148

****   Diode MODEL PARAMETERS
******************************************************************************

           D1N4148
      IS   2.000000E-15

****   INITIAL TRANSIENT SOLUTION       TEMPERATURE = 27.000 DEG C

******************************************************************************

NODE       VOLTAGE
(N00099)   -5.0000
(N00103)   10.0000
(N00185)   -.4455
(N00204)   .2700

VOLTAGE SOURCE CURRENTS

 NAME       CURRENT
  V_E1      -2.070E-03
  V_E2      -2.070E-03

TOTAL POWER DISSIPATION 3.11E-02 WATTS
```

Figura 2.148 Arquivo de saída para a análise no PSpice para Windows do circuito da Figura 2.147.

Agora, a análise está completa para o circuito de diodos de nosso interesse. Certamente, houve uma riqueza de informações fornecidas para estabelecer e investigar esse circuito bastante simples. No entanto, grande parte desse material não será repetida nos próximos exemplos PSpice, o que terá um efeito drástico sobre a extensão das descrições. Para fins práticos, sugere-se que outros exemplos deste capítulo sejam verificados utilizando-se PSpice e que os exercícios no final do capítulo sejam investigados para desenvolver confiança na aplicação do pacote de aplicativo.

Características do diodo As características do diodo D1N4148 utilizado na análise anterior agora serão obtidas por meio de algumas manobras um pouco mais sofisticadas do que as empregadas no primeiro exemplo. O processo começa pela construção do circuito da Figura 2.149, usando-se os procedimentos que acabamos de descrever. Observe principalmente que a fonte é denominada **E** e fixada em **0 V** (seu valor inicial). Em seguida,

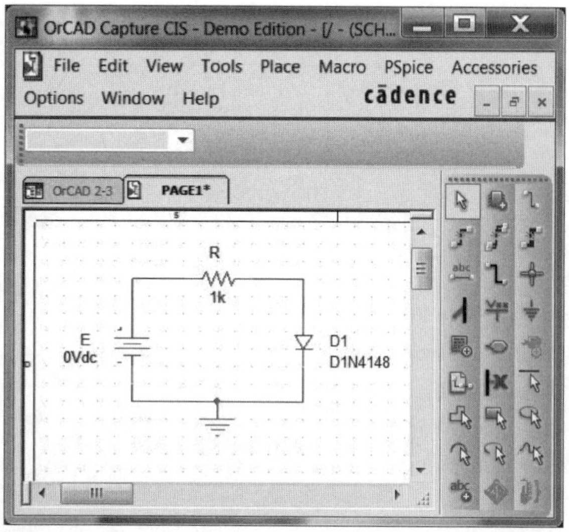

Figura 2.149 Circuito para obtenção das características do diodo D1N4148.

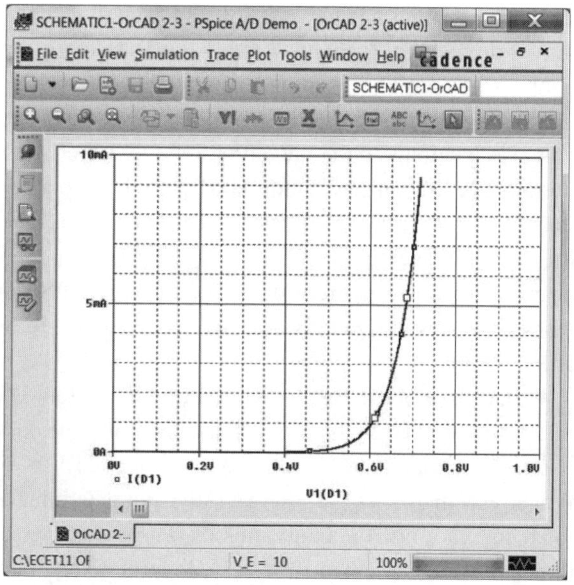

Figura 2.150 Características do diodo D1N4148.

o ícone **New Simulation Profile** é selecionado na barra de ferramentas para obter a caixa de diálogo **New Simulation**. Para o nome, a Figura 2.150 é inserida, uma vez que é a localização do gráfico a ser obtido. Seleciona-se, então, **Create** para abrir a caixa de diálogo **Simulation Settings**. Sob **Analysis Type**, escolhe-se **DC Sweep**, pois queremos varrer uma gama de valores para a tensão da fonte. Quando **DC Sweep** é selecionado, uma lista de opções aparecerá simultaneamente na região à direita da caixa de diálogo, exigindo que algumas escolhas sejam feitas. Uma vez que pretendemos varrer uma série de tensões, a **variável Sweep** é uma **Fonte de tensão**. Seu nome deve ser inserido como **E** conforme aparece na Figura 2.149. A varredura será **Linear** (espaçamento igual entre os pontos de dados) com um **Start Value** de 0 V, **End Value** de 10 V e **Increment** de 0,01 V. Depois de fazer todas as entradas, clique em **OK** e a opção **Run PSpice** pode ser selecionada. A análise será realizada com a tensão da fonte mudando de 0 V para 10 V em 1000 etapas (resultantes da divisão de 10 V/0,01 V). O resultado, porém, é simplesmente um gráfico com uma escala horizontal de 0 a 10 V.

Visto que o gráfico desejado é de I_D *versus* V_D, precisamos mudar o eixo horizontal (x) para V_D. Para isso, seleciona-se **Plot** e depois **Axis Settings**. Uma caixa de diálogo **Axis Settings** aparecerá com as escolhas a serem feitas. Se **Axis Variables** for selecionado, uma caixa de diálogo **X-Axis Variable** surgirá com uma lista de variáveis que podem ser escolhidas para o eixo x. **V1(D1)** será selecionado, uma vez que representa a tensão através do diodo. Se, em seguida, selecionarmos **OK**, a caixa de diálogo **Axis Settings** retornará, onde **User Defined** é selecionado sob **Data Range**. Escolhe-se **User Defined**, que nos permitirá limitar o gráfico a uma gama de 0 a 1 V, uma vez que a tensão "ligada" do diodo deve ser de cerca de 0,7 V. Depois de entrar no intervalo 0-1 V, a seleção de **OK** resultará em um gráfico com **V1(D1)** como a variável x com um intervalo de 0 a 1 V. Agora, o eixo horizontal parece estar definido para o gráfico desejado.

Devemos, então, voltar nossa atenção para o eixo vertical, que deve ser a corrente do diodo. Escolher **Trace** seguido de **Add Trace** resultará na caixa de diálogo **Add Trace**, na qual **I(D1)** aparecerá como uma das possibilidades. Selecionar **I(D1)** também fará com que apareça como **Trace Expression** na parte inferior da caixa de diálogo. Selecionando-se **OK**, teremos as características de diodo da Figura 2.150, mostrando claramente uma elevação acentuada em torno de 0,7 V.

Se voltarmos para o **PSpice Model Editor** do diodo e mudarmos I_s para 3,5E-15A como no exemplo anterior, a curva se deslocará para a direita. Procedimentos semelhantes serão utilizados para obter as curvas características de uma variedade de elementos a serem introduzidos em capítulos posteriores.

Multisim

Felizmente, há inúmeras semelhanças entre o Cadence OrCAD e o Multisim. Mas também há uma série de diferenças. O lado bom é que, uma vez que se atinja proficiência no uso de um pacote de aplicativo, o outro será muito mais fácil de aprender. Os usuários familiarizados com as versões anteriores do Multisim verão que a nova versão traz pouquíssimas mudanças, permitindo uma fácil transição para os novos procedimentos.

Quando o ícone Multisim for escolhido, uma tela se abrirá com um vasto conjunto de barras de ferramentas. O conteúdo e o nome de cada uma podem ser encontrados pela sequência **View – Toolbars**. O resultado é uma longa lista vertical de barras disponíveis. O teor e a localização de cada uma delas podem ser encontrados com a seleção ou exclusão de uma barra de ferramentas, observando-se o efeito sobre a tela cheia. Para nossos propósitos, serão usados **Standard**, **View**, **Main**, **Components**, **Simulation Switch** e **Instruments**.

Ao usar o Multisim, pode-se escolher entre a utilização de componentes "virtuais" ou "reais". Componentes virtuais são aqueles aos quais se pode atribuir qualquer valor ao montar um circuito. Já o termo *real* vem do fato de que a lista resultante é de valores-padrão de componentes que podem ser adquiridos de um fornecedor. A determinação de um componente inicia-se pela seleção do segundo teclado (a partir da esquerda) na barra de ferramentas, que se parece com um resistor. A aproximação do ícone gera a legenda **Place Basic**. Uma vez escolhida essa opção, a caixa de diálogo **Select a Component** se abrirá, contendo um subconjunto intitulado **Family**. Em terceiro lugar nessa lista está a opção **RATED_VIRTUAL** com um símbolo de resistor. Quando essa opção é selecionada, uma lista de componentes aparece, incluindo **RESISTOR_RATED**, **CAPACITOR_RATED**, **INDUCTOR_RATED** e uma variedade de outros. Se **RESISTOR-RATED** for selecionado, um símbolo de resistor aparecerá sob o título. Note que o resistor não tem um valor específico. Se selecionamos **OK** para colocá-lo na tela do mesmo modo que fizemos na introdução do OrCAD, o valor é automaticamente denominado **R1** com um valor de 1 kΩ. Para adicionar outro resistor, a mesma sequência deve ser seguida, mas dessa vez o resistor será automaticamente denominado **R2**, embora com o mesmo valor de 1 kΩ. Esse processo de legendagem continuará da mesma forma com o mesmo valor de1 kΩ para tantos resistores quanto forem colocados. Assim como ocorreu com o OrCAD, as legendas e os valores dos resistores podem ser alterados com muita facilidade. É claro que, se o resistor escolhido for um valor-padrão, então ele poderá ser determinado diretamente na listagem **RESISTOR** de componentes "reais".

Agora, estamos prontos para montar o circuito de diodo do Exemplo 2.13 para comparar resultados. Os diodos escolhidos estarão disponíveis comercialmente na listagem "real". Nesse caso, dois diodos **1N4009** foram encontrados selecionando-se primeiramente o teclado **Place Diode** à direita do teclado **Place Basic** para obter a caixa de diálogo **Select a Component**. Em seguida, a sequência **Family–DIODE–1N4009–OK** resultará em um diodo na tela denominado **D1** com **1N4009** abaixo do símbolo, como mostrado na Figura 2.151. A seguir, pode-se colocar os resistores na tela por meio da opção **RESISTOR** e digitando-se o valor de um dos resistores, nesse caso, o de 3,3 kΩ na área fornecida no topo da listagem de resistores. Certamente, isso elimina a necessidade de percorrer a lista à procura de um determinado resistor. Uma vez encontrado e inserido, ele aparecerá como **R1** com um valor de 3,3 kΩ. O mesmo procedimento resultará em um segundo resistor chamado **R2**, com um valor de 5,6 kΩ. Em cada caso, os elementos são colocados inicialmente mais próximos de onde eles vão acabar. A fonte de tensão CC é determinada por meio do teclado **Place Source**, que é o primeiro na barra de ferramentas de **Component**. Sob Family, **POWER SOURCES** é selecionado, seguido por **DC_POWER**. Clique em **OK**, e uma fonte de tensão aparecerá na tela com a legenda **V1** com um valor de **12 V**. O último elemento de circuito a ser definido na tela é o terra, e isso se faz voltando-se para a opção **Place Source**, selecionando-se **POWER SOURCES** e escolhendo-se "ground" na listagem **Component**. Clique em **OK**, e o terra poderá ser colocado em qualquer lugar na tela.

Agora que todos os componentes estão na tela, eles devem ser posicionados e legendados adequadamente. Para cada componente, basta selecionar o dispositivo e, assim, criar uma caixa tracejada azul em torno dele para indicar que está no modo ativo. Quando clicado para estabelecer essa condição, ele pode ser movido para qualquer lugar na tela. Para girar um elemento, estabeleça o modo ativo e aplique **Crtl + R** para uma rotação de 90

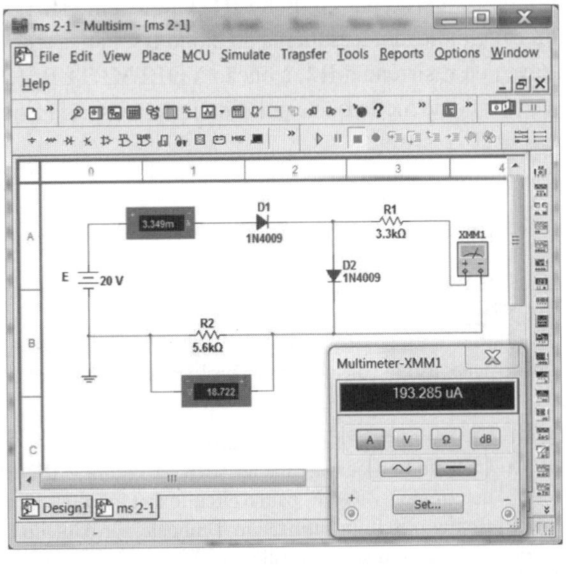

Figura 2.151 Verificação dos resultados do Exemplo 2.13 usando Multisim.

graus. Cada aplicação desse processo resulta em um giro adicional de 90 graus. Alterar uma legenda requer apenas um duplo clique na legenda de interesse para criar uma pequena caixa azul em torno dela e produzir uma caixa de diálogo para a alteração. No caso da fonte, resultará uma caixa de diálogo **DC_POWER**, na qual o título **Label** é selecionado e o **refDEs** redigitado como **E**. Clique em **OK**, e a legenda **E** aparecerá. O mesmo procedimento pode alterar o valor para 20 V, embora nesse caso o título **Value** seja escolhido e as unidades sejam selecionadas pela barra de rolagem à direita do valor digitado.

A próxima etapa consiste em determinar quais são as grandezas a se medir e como fazer isso. Para o circuito em questão, um multímetro será utilizado para medir a corrente através do resistor **R1**. O multímetro é encontrado na parte superior da barra de ferramentas **Instrument**. Após a seleção, ele pode ser colocado na tela como se fez com os outros elementos. Um duplo clique no medidor resultará na caixa de diálogo **Multimeter-XXM1**, em que se seleciona **A** para definir o multímetro como um amperímetro. Além disso, a caixa **DC** (uma linha reta) deve ser escolhida porque estamos lidando com tensões CC. A corrente através do diodo **D1** e a tensão através do resistor **R2** serão encontradas por meio de **Indicators**, a décima opção à direita na barra de ferramentas **Component**. O símbolo do aplicativo assemelha-se a um LED com um número oito vermelho tracejado em seu interior. Clique nessa opção para abrir a caixa de diálogo **Select a Component**. Sob **Family**, selecione **AMMETER** e, em seguida, consulte a lista **Component** e as quatro opções para orientação do indicador. Para nossa análise, **AMMETER_H** será escolhido, uma vez que o sinal de adição ou ponto de entrada da corrente está do lado esquerdo para o diodo **D1**. Clique em **OK** para colocar o indicador à esquerda do diodo **D1**. Para a tensão através da resistência **R2**, a opção **VOLTMETER_HR** é escolhida de modo que a polaridade corresponda à que passa pelo resistor.

Finalmente, todos os componentes e medidores devem ser conectados. Para isso, basta colocar o cursor no final de um elemento até que um círculo pequeno e um conjunto de retículos apareçam para designar o ponto de partida. Feito isso, clique no local e um **x** surgirá no terminal. Em seguida, mova o cursor para o final do outro elemento e clique com o botão esquerdo do *mouse* novamente — um fio conector vermelho aparecerá automaticamente na rota mais direta entre os dois elementos. Esse processo é chamado **Automatic Wiring**.

Agora que todos os componentes estão no seu devido lugar, é hora de iniciar a análise do circuito, uma operação que pode ser realizada de três maneiras. Uma delas é selecionar **Simulate** no topo da tela, seguido por **Run**. A outra opção é a seta verde na barra de ferramentas **Simulation**. A última consiste simplesmente em alternar a chave no topo da tela para a posição **1**. Em cada caso, após alguns segundos, uma solução surge nos indicadores, parecendo piscar. Essa oscilação indica apenas que o pacote de aplicativo está repetindo a análise ao longo do tempo. Para aceitar a solução e parar a simulação contínua, mude a chave para a posição **0** ou selecione novamente o ícone de relâmpago.

A corrente através do diodo é 3,349 mA, que se aproxima bem dos 3,32 mA do Exemplo 2.13. A tensão através do resistor R_2 é 18,722 V, que está perto dos 18,6 V do mesmo exemplo. Após a simulação, o multímetro pode ser exibido, como mostrado na Figura 2.151, clicando-se duas vezes no símbolo do medidor. Ao clicar em qualquer lugar do medidor, vê-se que sua parte superior é azul-escura; basta clicar nessa região para mover o medidor para qualquer local desejado. A corrente de 193,285 μA é muito próxima da de 212 μA do Exemplo 2.13. As diferenças devem-se principalmente ao fato de que cada tensão do diodo é assumida como sendo de 0,7 V quando, na realidade, ela difere para os diodos da Figura 2.151, visto que a corrente que passa por cada um é diferente. De modo geral, porém, a solução Multisim corresponde estreitamente à solução aproximada do Exemplo 2.13.

PROBLEMAS

*Observação: asteriscos indicam os problemas mais difíceis.

Seção 2.2 Análise por reta de carga

1. **a)** Utilizando a curva característica da Figura 2.152(b), determine I_D, V_D e V_R para o circuito da Figura 2.152(a).
b) Repita o item (a) utilizando o modelo aproximado do diodo e compare os resultados.
c) Repita o item (a) utilizando o modelo ideal do diodo e compare os resultados.

2. **a)** Utilizando a curva característica da Figura 2.152(b), determine I_D e V_D para o circuito da Figura 2.153.
b) Repita o item (a) com $R = 0{,}47$ kΩ.
c) Repita o item (a) com $R = 0{,}68$ kΩ.
d) O valor de V_D é relativamente próximo a 0,7 V em cada caso?
Compare os valores resultantes de I_D. Comente-os.

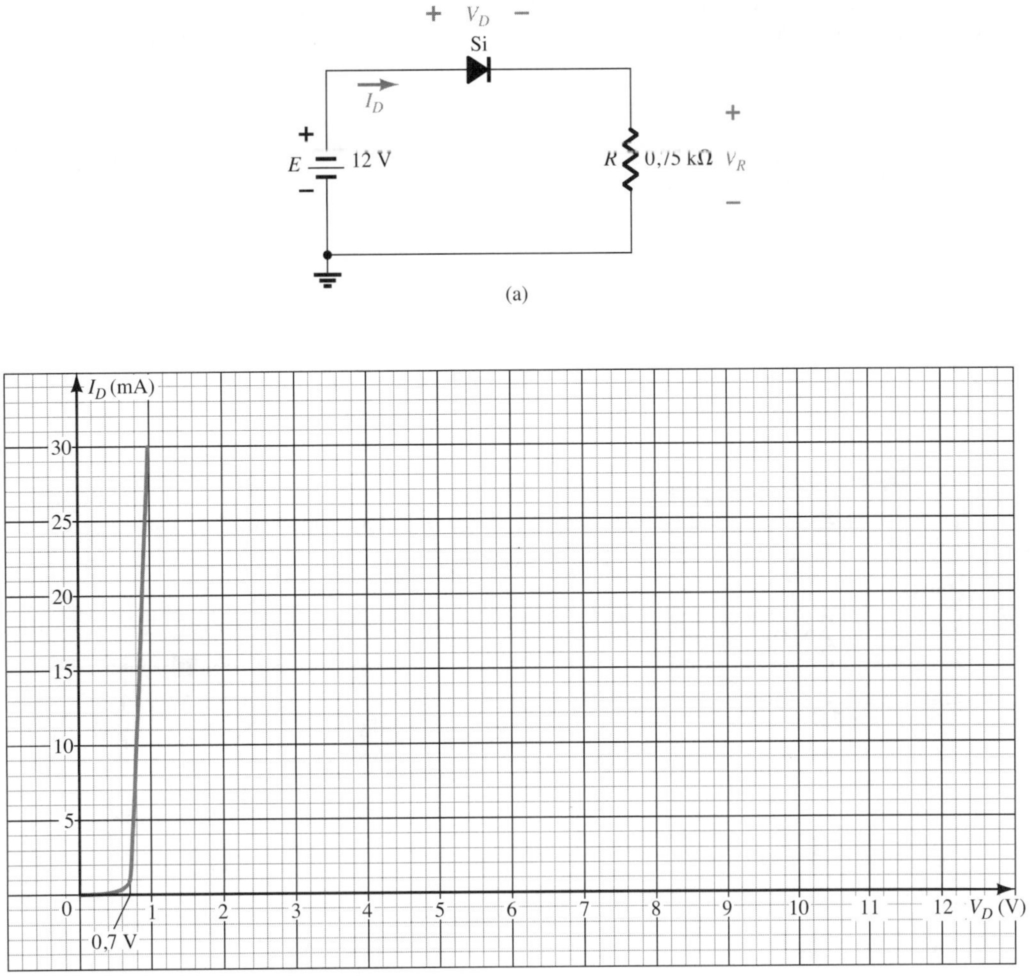

Figura 2.152 Problemas 1 e 2.

3. Determine o valor de R para o circuito da Figura 2.153, que resulta em uma corrente no diodo de 10 mA, com E = 7 V. Utilize a curva característica da Figura 2.152(b) para o diodo.
4. **a)** Utilizando as curvas características aproximadas do diodo de Si, determine o valor de V_D, I_D e V_R para o circuito da Figura 2.154.
   b) Faça a mesma análise do item (a) utilizando o modelo ideal do diodo.
   c) Os resultados obtidos nos itens (a) e (b) sugerem que o modelo ideal pode fornecer uma boa aproximação para a resposta ideal sob determinadas condições?

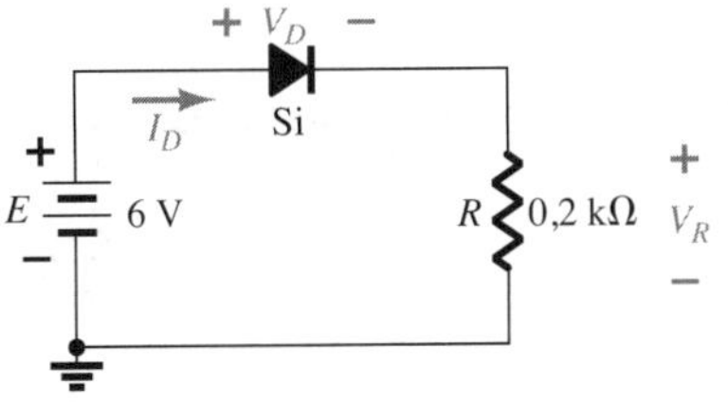

Figura 2.153 Problemas 2 e 3.

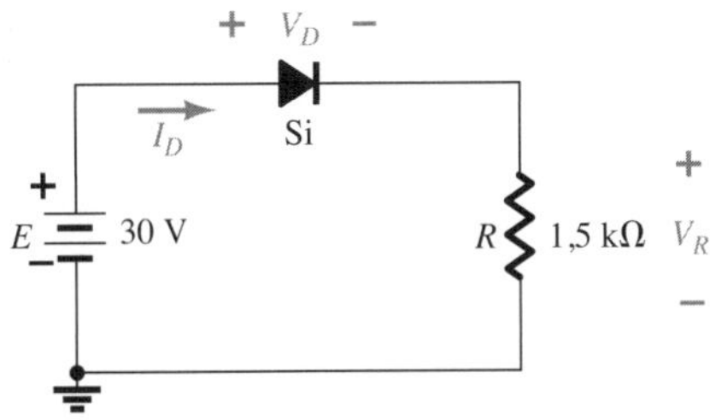

Figura 2.154 Problema 4.

Seção 2.3 Configurações com diodo em série

5. Determine a corrente I para cada uma das configurações da Figura 2.155 utilizando o modelo equivalente aproximado do diodo.

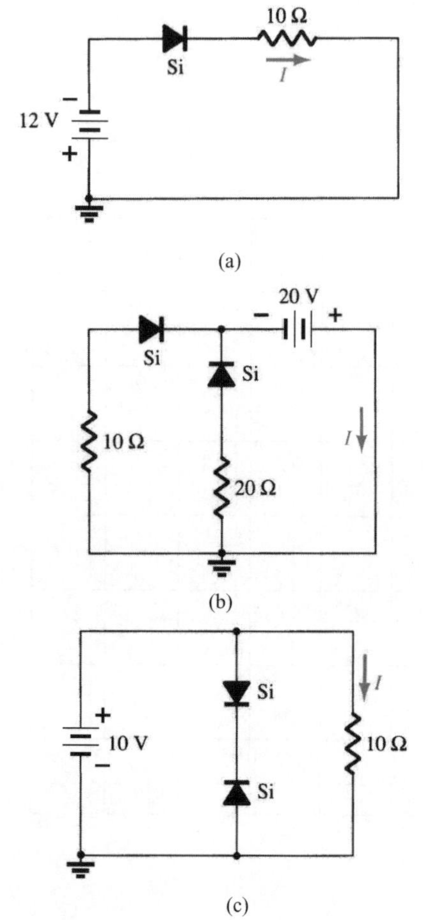

Figura 2.155 Problema 5.

6. Determine V_o e I_D para os circuitos da Figura 2.156.

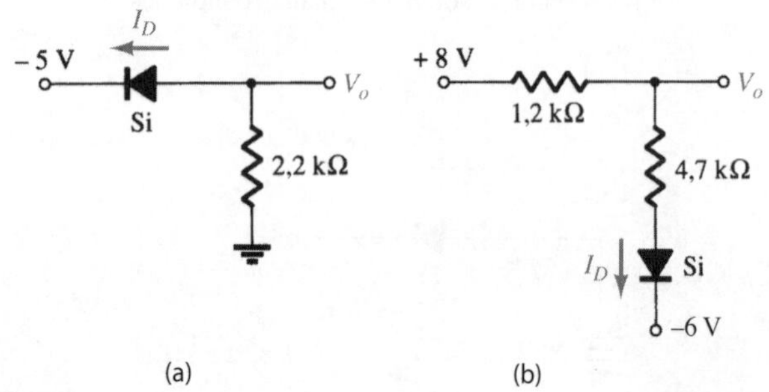

Figura 2.156 Problemas 6 e 49.

*7. Determine o nível de V_o para cada circuito da Figura 2.157.

*8. Determine V_o e I_D para os circuitos da Figura 2.158.

9. Determine V_{o_1} e V_{o_2} para os circuitos da Figura 2.159.

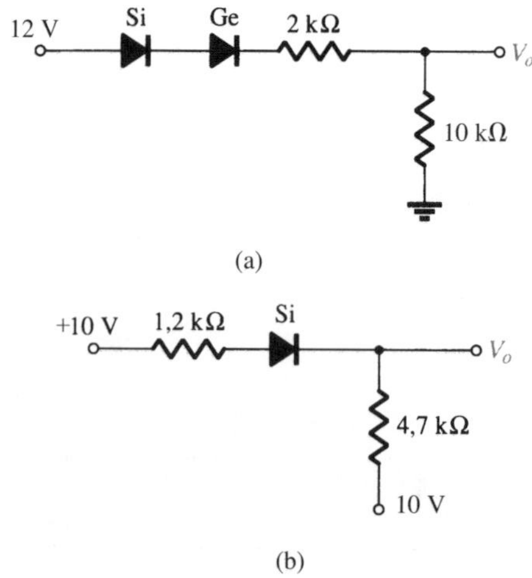

Figura 2.157 Problema 7.

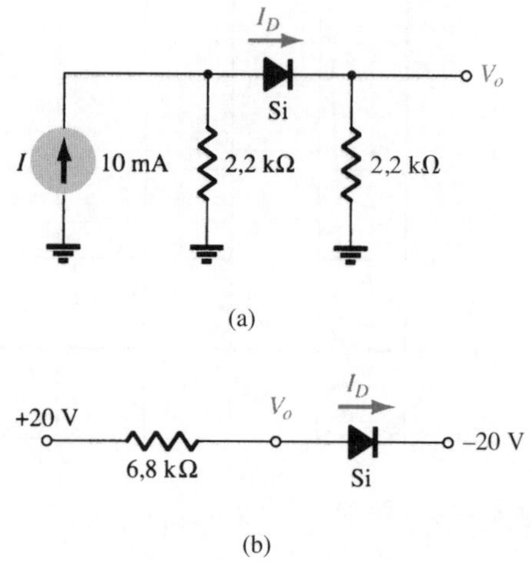

Figura 2.158 Problema 8.

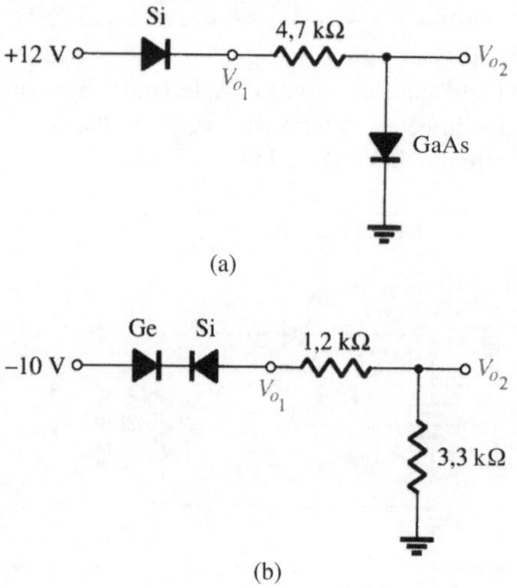

Figura 2.159 Problema 9.

Seção 2.4 Configurações em paralelo e em série-paralelo

10. Determine V_o e I_D para os circuitos da Figura 2.160.

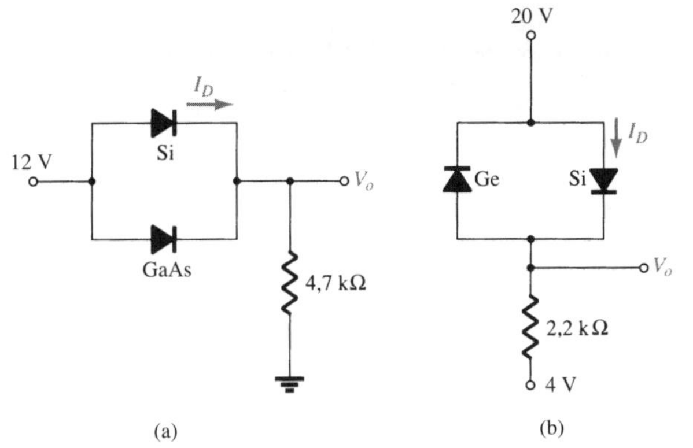

Figura 2.160 Problemas 10 e 50.

***11.** Determine V_o e I para os circuitos da Figura 2.161.

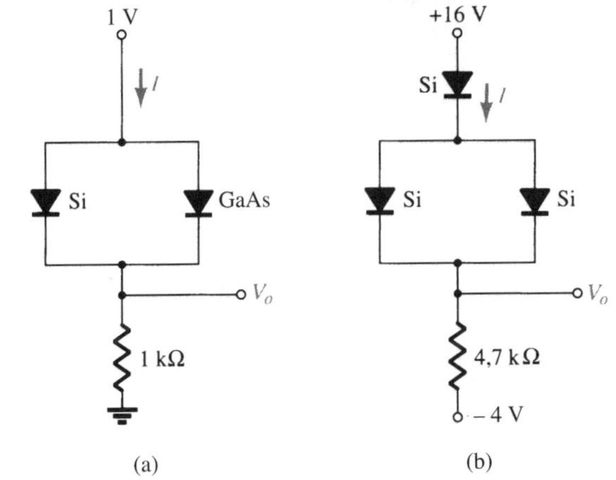

Figura 2.161 Problema 11.

12. Determine V_{o_1}, V_{o_2} e I para o circuito da Figura 2.162.

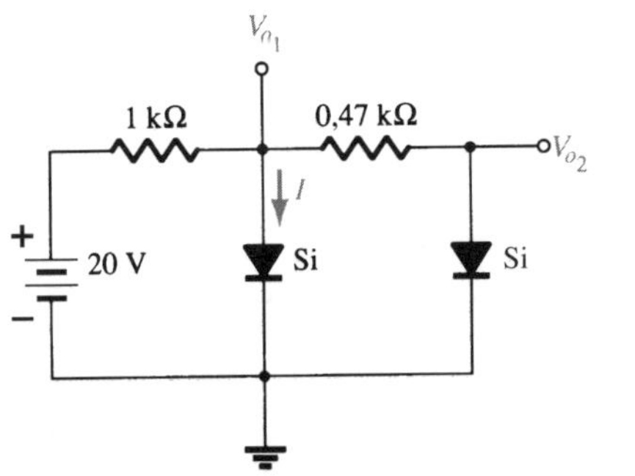

Figura 2.162 Problema 12.

***13.** Determine V_o e I_D para o circuito da Figura 2.163.

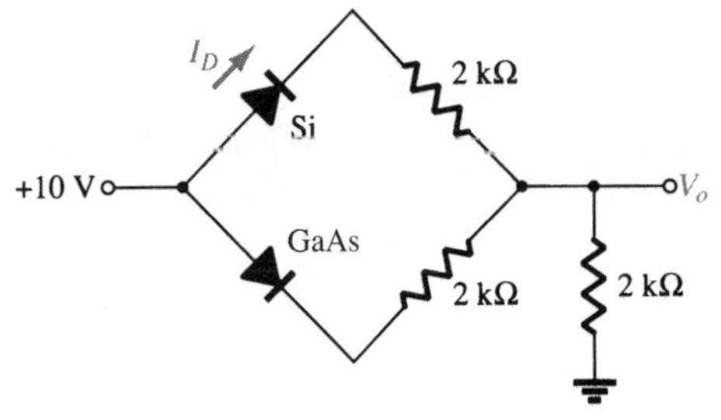

Figura 2.163 Problemas 13 e 51.

Seção 2.5 Portas AND/OR ("E/OU")

14. Determine V_o para o circuito da Figura 2.39 com 0 V em ambas as entradas.

15. Determine V_o para o circuito da Figura 2.39 com 10 V em ambas as entradas.

16. Determine V_o para o circuito da Figura 2.42 com 0 V em ambas as entradas.

17. Determine V_o para o circuito da Figura 2.42 com 10 V em ambas as entradas.

18. Determine V_o para a porta OR de lógica negativa da Figura 2.164.

19. Determine V_o para a porta AND de lógica negativa da Figura 2.165.

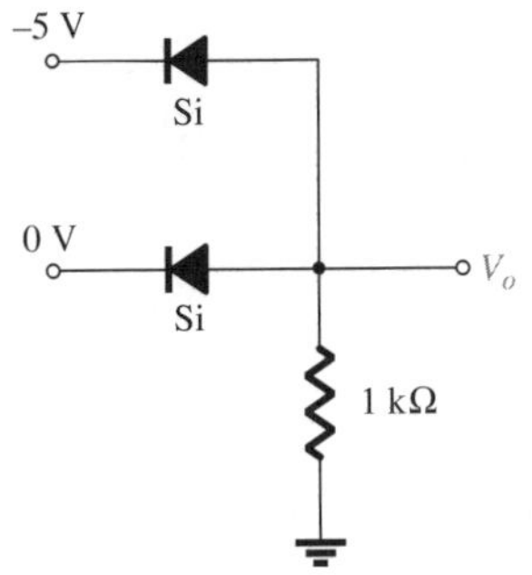

Figura 2.164 Problema 18.

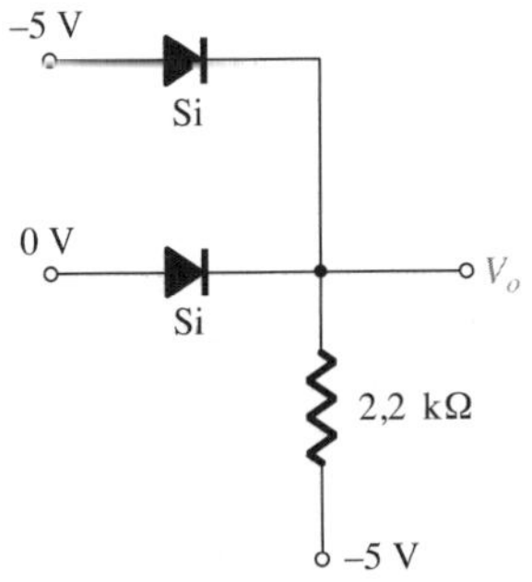

Figura 2.165 Problema 19.

20. Determine o valor de V_o para a porta da Figura 2.166.
21. Determine V_o para a configuração da Figura 2.167.

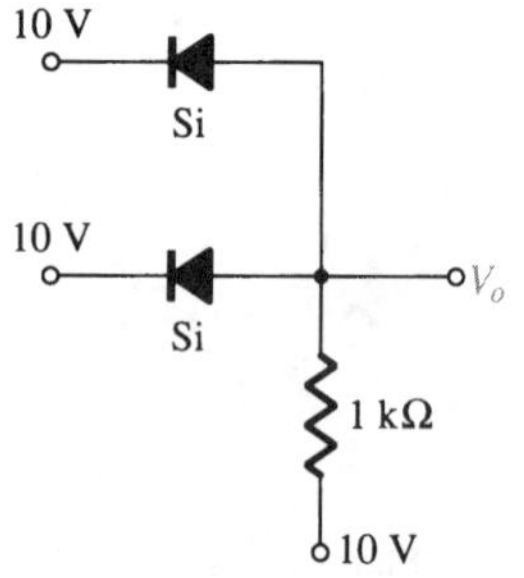

Figura 2.166 Problema 20.

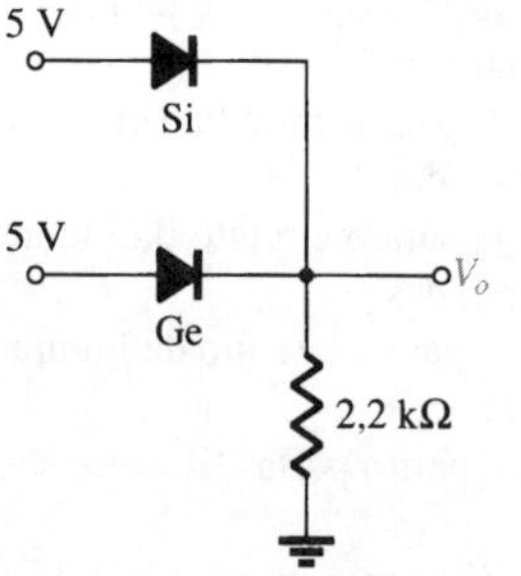

Figura 2.167 Problema 21.

Seção 2.6 Entradas senoidais: retificação de meia-onda

22. Considerando um diodo ideal, esboce v_i, v_d e i_d para o retificador de meia-onda da Figura 2.168. A entrada é uma forma de onda senoidal com frequência de 60 Hz. Determine o valor de pico da entrada, os valores máximo e mínimo da tensão sobre o diodo e o valor máximo da corrente pelo diodo.
23. Repita o Problema 22 com um diodo de silício ($V_K = 0{,}7$ V).
24. Repita o Problema 22 com uma carga de 10 kΩ aplicada, como mostra a Figura 2.169. Esboce v_L e i_L.

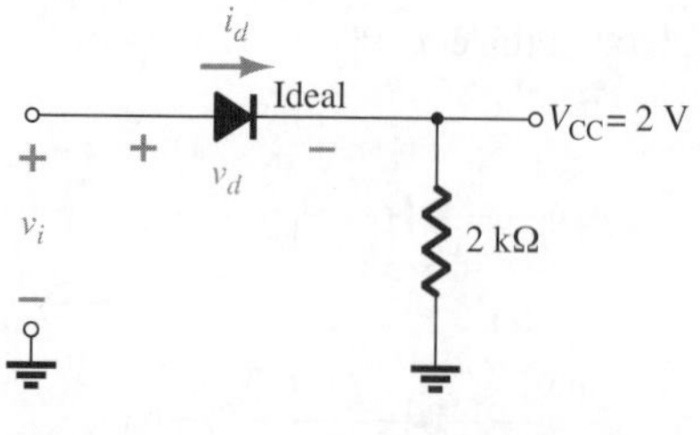

Figura 2.168 Problemas 22 a 24.

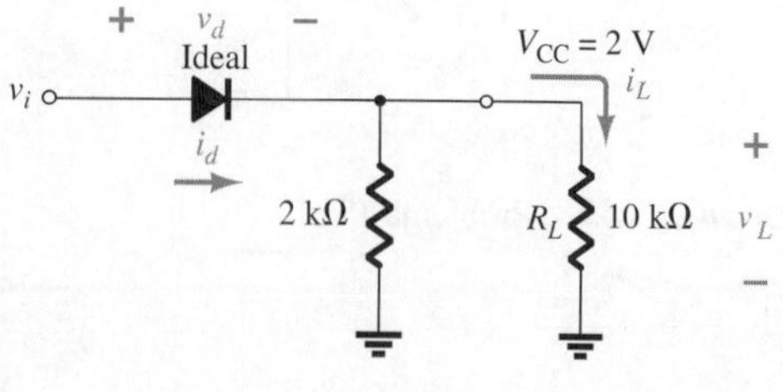

Figura 2.169 Problema 24.

25. Para o circuito da Figura 2.170, esboce v_o e determine V_{CC}.
***26.** Para o circuito da Figura 2.171, esboce v_o e i_R.

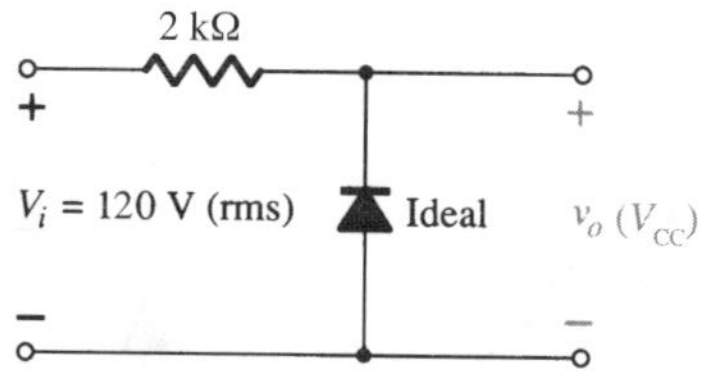

Figura 2.170 Problema 25.

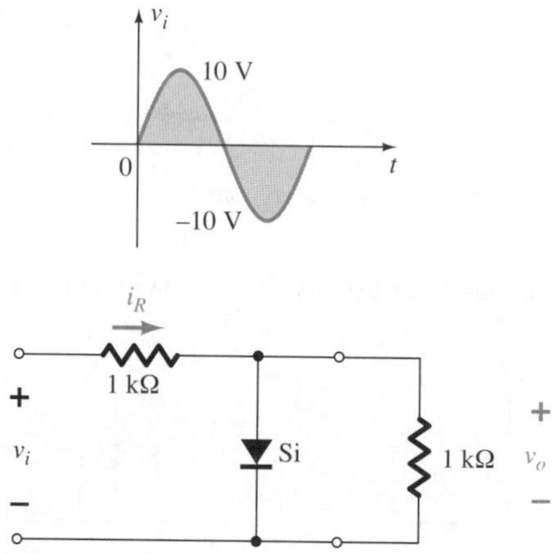

Figura 2.171 Problema 26.

***27.** **a)** Dado $P_{máx} = 14$ mW para cada diodo da Figura 2.172, determine a corrente máxima nominal de cada diodo (utilizando o modelo equivalente aproximado).
b) Determine $I_{máx}$ para os diodos em paralelo.
c) Determine a corrente através de cada diodo para $V_{i_{máx}}$ utilizando os resultados do item (b).
d) Se apenas um diodo estivesse presente, qual seria o resultado esperado?

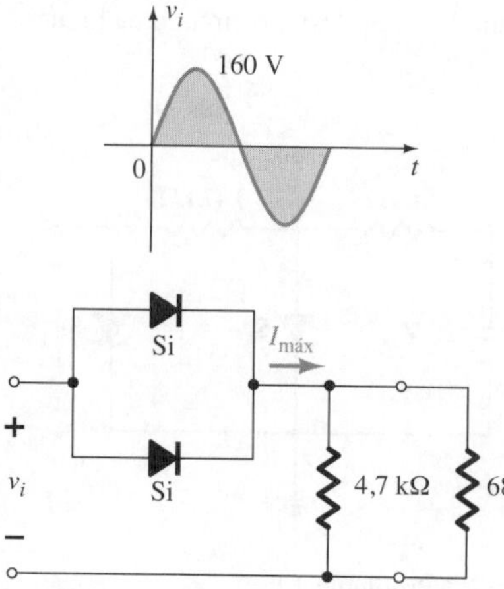

Figura 2.172 Problema 27.

Seção 2.7 Retificação de onda completa

28. Um retificador em ponte de onda completa com uma entrada senoidal de 120 V rms possui um resistor de carga de 1 kΩ.

a) Se forem empregados diodos de silício, qual será a tensão CC disponível na carga?

b) Determine a especificação da PIV necessária para cada diodo.

c) Encontre a corrente máxima através de cada diodo durante a condução.

d) Qual é a potência nominal exigida para cada diodo?

29. Determine v_o e a especificação da PIV exigida para cada diodo na configuração da Figura 2.173. Determine também a corrente máxima através de cada diodo.

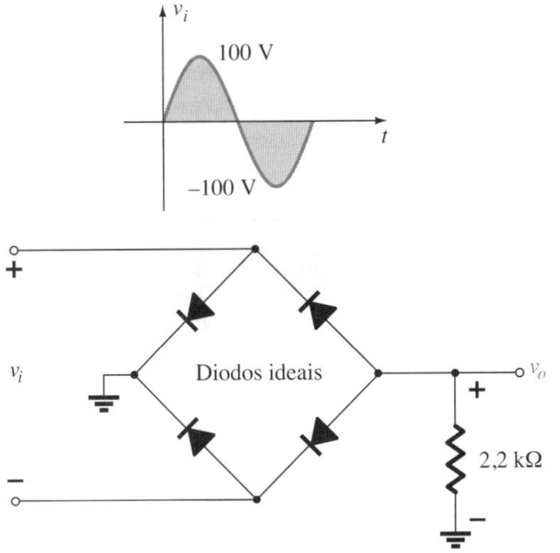

Figura 2.173 Problema 29.

***30.** Esboce v_o para o circuito da Figura 2.174 e determine a tensão CC disponível.

***31.** Esboce v_o para o circuito da Figura 2.175 e determine a tensão CC disponível.

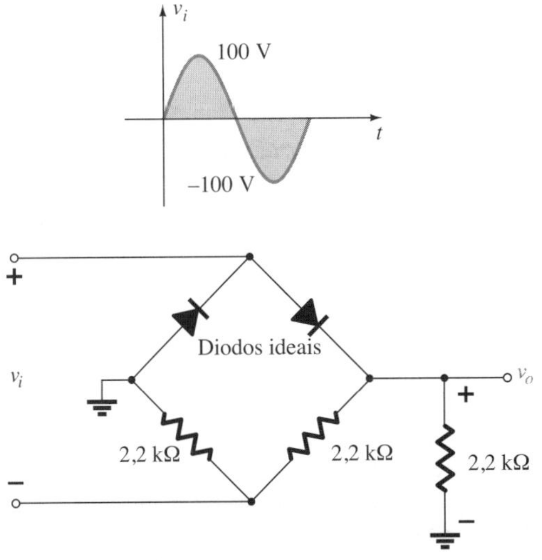

Figura 2.174 Problema 30.

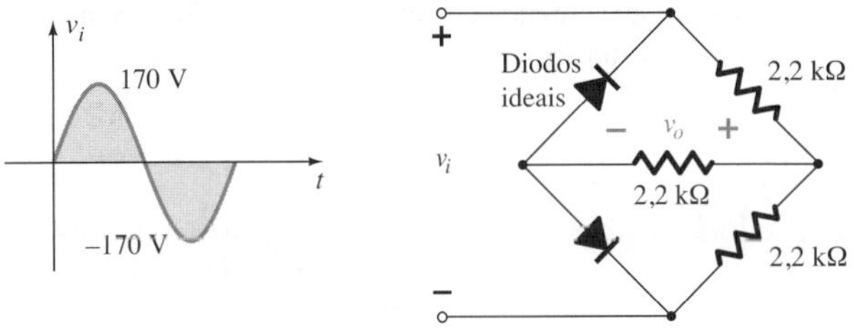

Figura 2.175 Problema 31.

Seção 2.8 Ceifadores

32. Determine v_o de cada circuito da Figura 2.176 para o sinal de entrada mostrado a seguir.

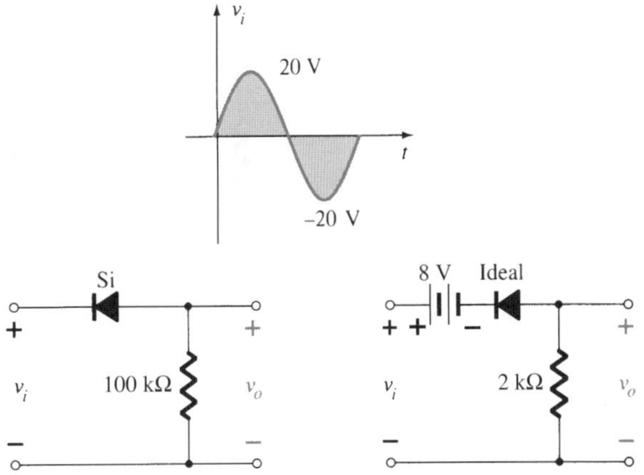

Figura 2.176 Problema 32.

33. Determine vo de cada circuito da Figura 2.177 para o sinal de entrada nela determinado.

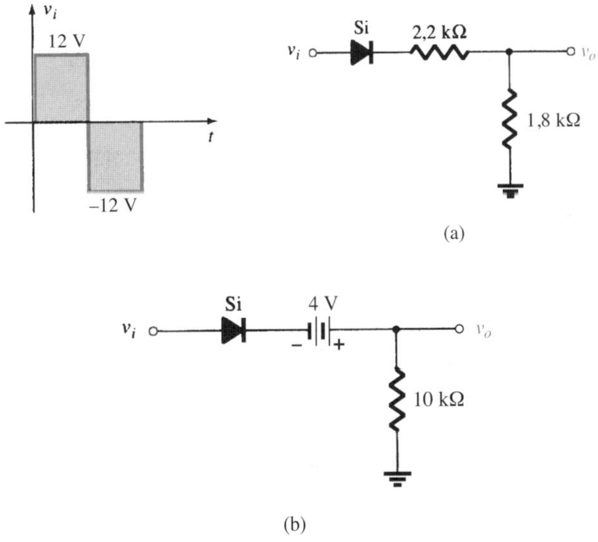

Figura 2.177 Problema 33.

***34.** Determine v_o de cada circuito da Figura 2.178 para o sinal de entrada mostrado.

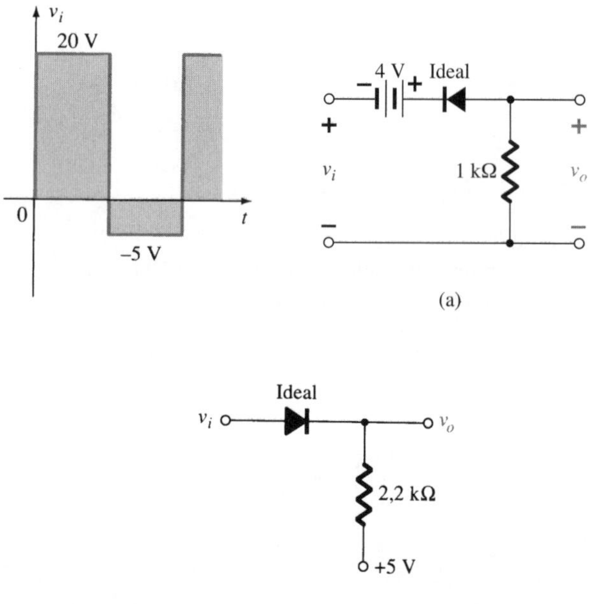

Figura 2.178 Problema 34.

***35.** Determine v_o de cada circuito da Figura 2.179 para o sinal de entrada mostrado.

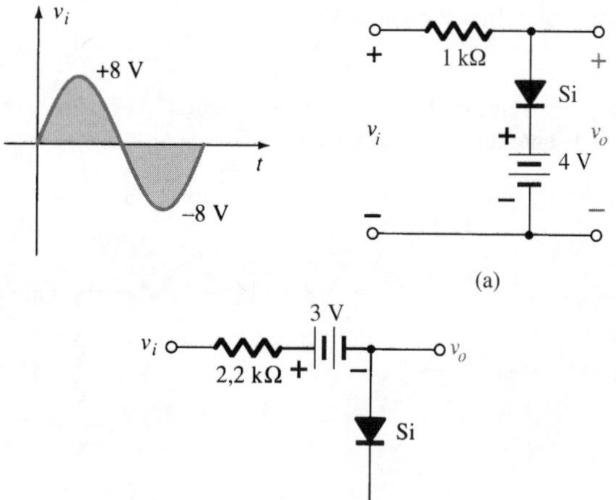

Figura 2.179 Problema 35.

36. Esboce i_R e v_o do circuito da Figura 2.180 para o sinal de entrada mostrado a seguir.

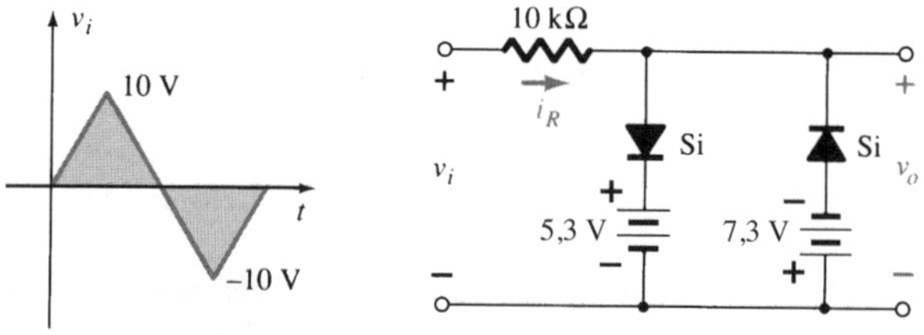

Figura 2.180 Problema 36.

Seção 2.9 Grampeadores

37. Esboce v_o de cada circuito da Figura 2.181 para o sinal de entrada mostrado a seguir.

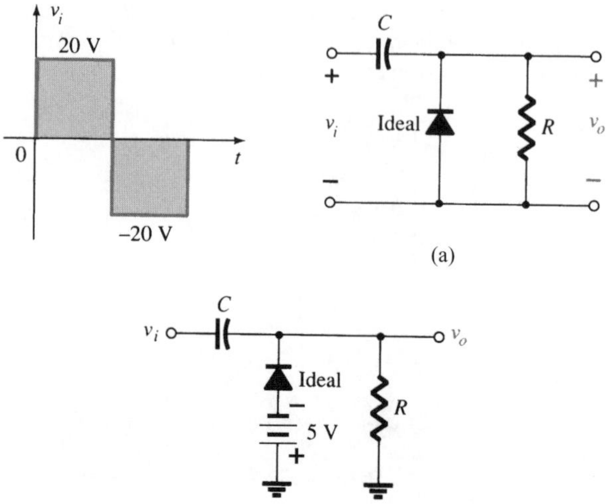

Figura 2.181 Problema 37.

38. Esboce v_o de cada circuito da Figura 2.182 para o sinal de entrada mostrado.

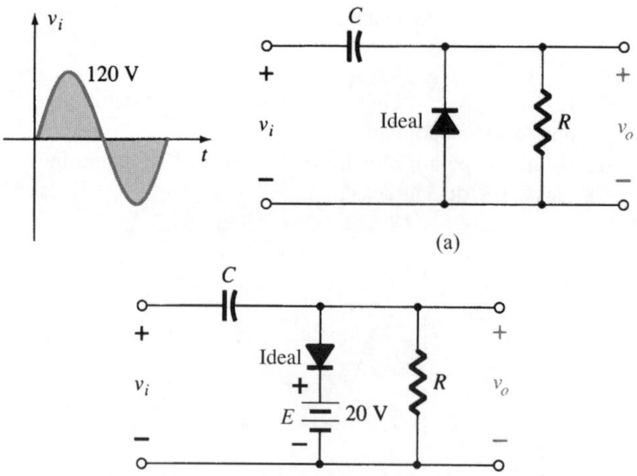

Figura 2.182 Problema 38.

***39.** Para o circuito da Figura 2.183:

a) Calcule 5τ.

b) Compare 5τ à metade do ciclo do sinal aplicado.

c) Esboce a forma de onda de v_o.

***40.** Projete um circuito grampeador para realizar a função indicada na Figura 2.184.

***41.** Projete um circuito grampeador para realizar a função indicada na Figura 2.185.

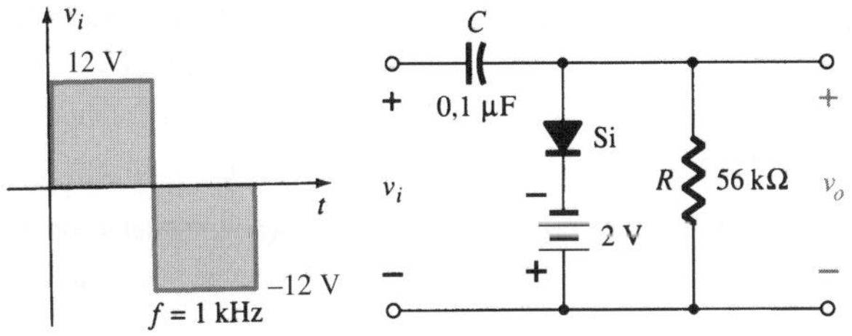

Figura 2.183 Problema 39.

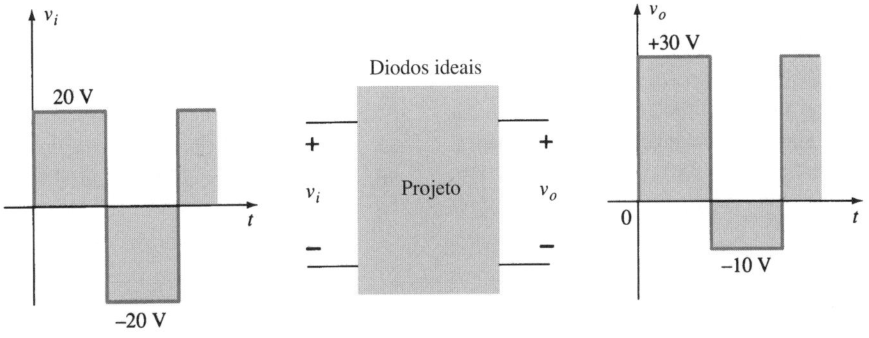

Figura 2.184 Problema 40.

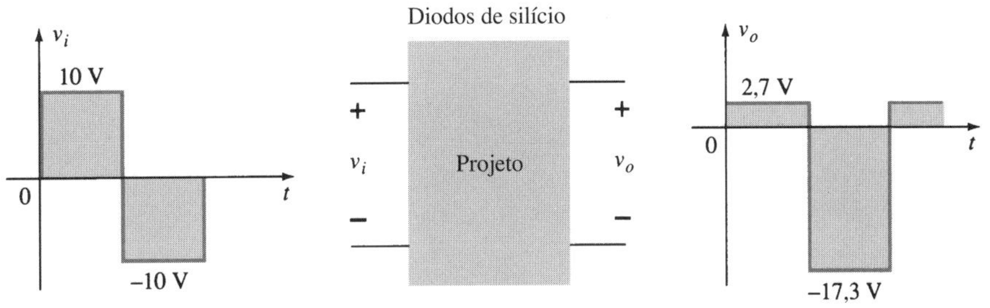

Figura 2.185 Problema 41.

Seção 2.11 Diodos Zener

*42. a) Determine V_L, I_L, I_Z e I_R para o circuito da Figura 2.186, se R_L = 180 Ω.
b) Repita o item (a), se R_L = 470 Ω.
c) Determine o valor de R_L que estabelece as condições de máxima potência para o diodo Zener.
d) Determine o valor mínimo de R_L para garantir que o diodo Zener está no estado "ligado".

*43. a) Projete o circuito da Figura 2.187 para manter V_L em 12 V para uma variação na carga (I_L) de 0 a 200 mA. Ou seja, determine R_S e V_Z.
b) Determine $P_{Z_{máx}}$ do diodo Zener do item (a).

*44. Para o circuito da Figura 2.188, determine a faixa de V_i que manterá V_L em 8 V e não excederá a potência máxima nominal do diodo Zener.

45. Projete um regulador de tensão que mantenha uma tensão de saída de 20 V através de uma carga de 1 kΩ, com uma entrada que varie de 30 a 50 V. Ou seja, determine o valor apropriado de R_S e a corrente máxima I_{ZM}.

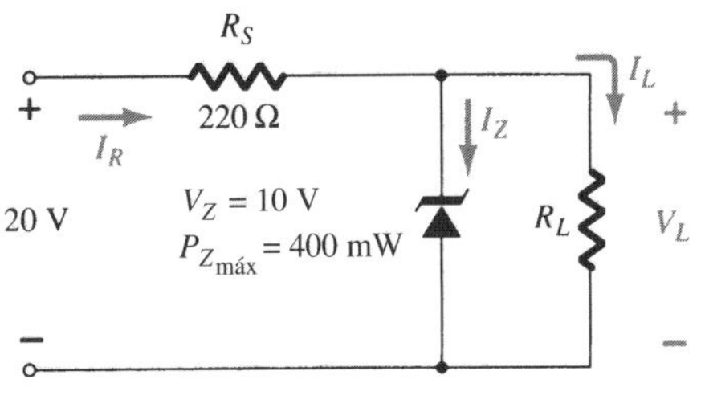

Figura 2.186 Problema 42.

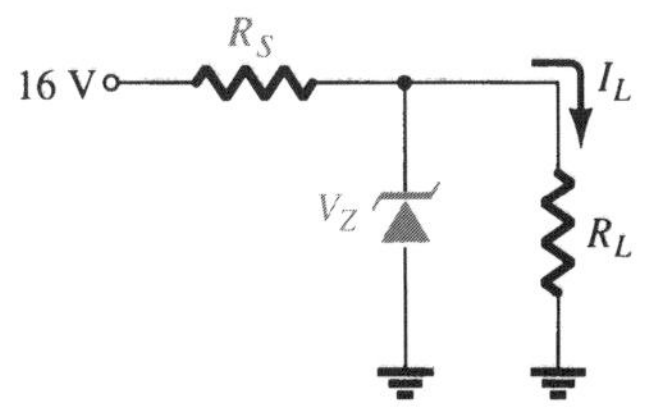

Figura 2.187 Problema 43.

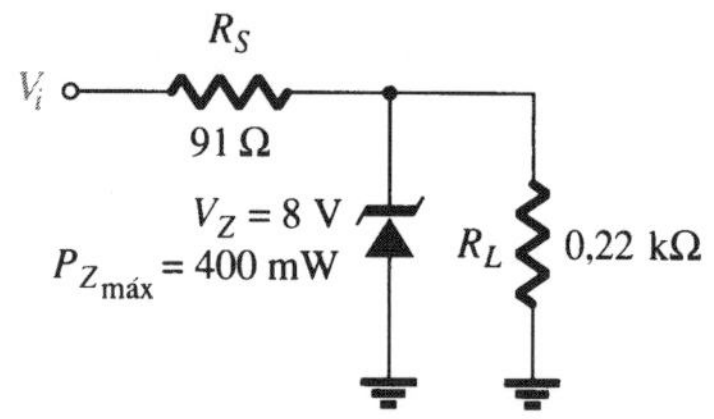

Figura 2.188 Problemas 44 e 52.

46. Esboce a forma de onda de saída do circuito da Figura 2.145, se a entrada for uma onda quadrada de 50 V. Faça o mesmo para uma onda quadrada de 5 V.

Seção 2.12 Circuitos multiplicadores de tensão

47. Determine a tensão disponível no dobrador de tensão da Figura 2.123, se a tensão no secundário do transformador for de 120 V (rms).

48. Determine a especificação da PIV exigida para os diodos da Figura 2.123 em termos de tensão de pico V_m no secundário.

Seção 2.15 Análise computacional

49. Faça uma análise do circuito da Figura 2.156(b) utilizando o PSpice para Windows.

50. Faça uma análise do circuito da Figura 2.161(b) utilizando o PSpice para Windows.

51. Faça uma análise do circuito da Figura 2.162 utilizando o PSpice para Windows.

52. Faça uma análise geral do circuito Zener da Figura 2.188 utilizando o PSpice para Windows.

53. Repita o Problema 49 utilizando o Multisim.

54. Repita o Problema 50 utilizando o Multisim.

55. Repita o Problema 51 utilizando o Multisim.

56. Repita o Problema 52 utilizando o Multisim.

Transistores bipolares de junção 3

Objetivos

- Familiarizar-se com a estrutura e a operação básicas do transistor bipolar de junção.
- Ser capaz de aplicar a polarização adequada para assegurar a operação na região ativa.
- Reconhecer e explicar as características de um transistor *npn* ou *pnp*.
- Conhecer os parâmetros importantes que definem a resposta de um transistor.
- Ser capaz de testar um transistor e identificar os três terminais.

3.1 INTRODUÇÃO

Entre os anos de 1904 e 1947, a válvula foi, indubitavelmente, o dispositivo eletrônico de maior interesse e desenvolvimento. Em 1904, a válvula diodo foi criada por J. A. Fleming. Logo depois, em 1906, Lee De Forest adicionou um terceiro elemento chamado *grade de controle* à válvula diodo, dando origem ao primeiro amplificador, o *triodo*. Nos anos seguintes, o rádio e a televisão proporcionaram um grande estímulo à indústria de válvulas. A produção subiu de, aproximadamente, um milhão de válvulas em 1922 para cerca de 100 milhões em 1937. No início da década de 30, o tetrodo de quatro elementos e o pentodo de cinco elementos ganharam destaque na indústria de válvulas eletrônicas. Com o passar dos anos, esse setor tornou-se um dos mais importantes, obtendo rápidos avanços em termos de projeto, técnicas de fabricação, aplicações de alta potência e alta frequência e miniaturização.

No entanto, em 23 de dezembro de 1947, a indústria eletrônica estava prestes a experimentar um redirecionamento de interesse e desenvolvimento. Na tarde desse dia, William Shockley, Walter H. Brattain e John Bardeen demonstraram a função de amplificação do primeiro transistor na Bell Telephone Laboratories, como ilustra a Figura 3.1. O transistor original (um transistor de contato de ponto) é mostrado na Figura 3.2. As vantagens desse dispositivo de

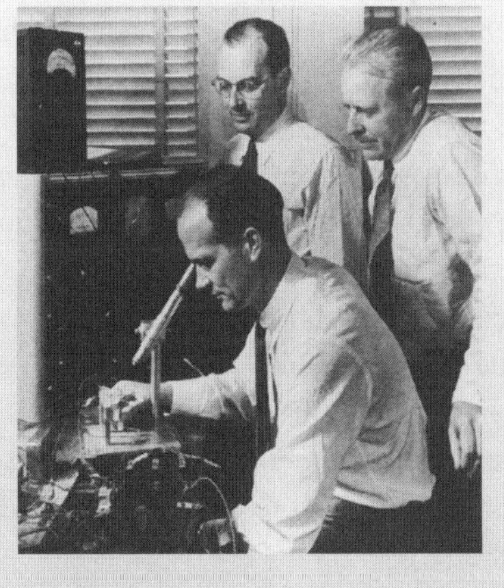

Figura 3.1 Os coinventores do primeiro transistor na Bell Laboratories.

Dr. William Shockley (sentado); dr. John Bardeen (à esquerda); dr. Walter H. Brattain. (Cortesia da AT&T Archives and History Center.)

Dr. Shockley Nascido em Londres, Inglaterra, em 1910. Ph.D pela Harvard em 1936.

Dr. Bardeen Nascido em Madison, Wisconsin, em 1908. Ph.D pela Princeton em 1936.

Dr. Brattain Nascido em Amoy, China, em 1902. Ph.D pela Universidade de Minnesota em 1928.

Ganharam juntos o Prêmio Nobel em 1956 por essa contribuição.

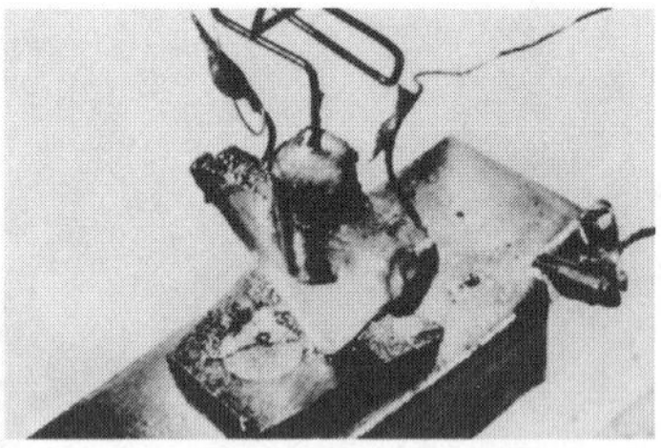

Figura 3.2 O primeiro transistor. (Cortesia da AT&T Archives and History Center.)

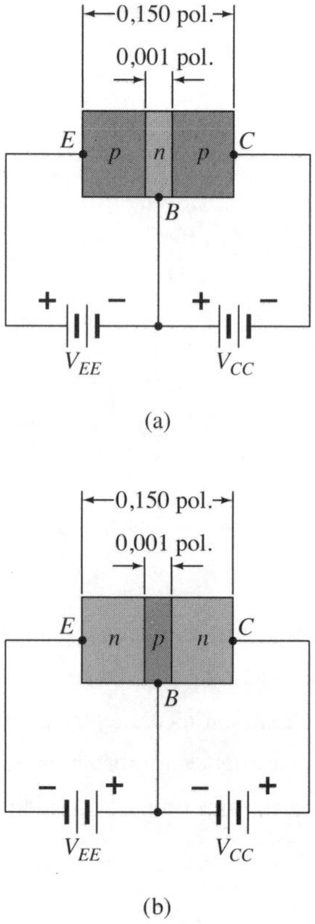

Figura 3.3 Tipos de transistor: (a) *pnp*; (b) *npn*.

estado sólido e três terminais em relação à válvula eram óbvias: menor e mais leve, não necessitava de aquecimento nem apresentava perda por aquecimento; tinha uma estrutura mais robusta e era mais eficiente porque absorvia menos potência; estava pronto para uso sem necessidade de um período de aquecimento; e funcionava com tensões de operação mais baixas. Note que este capítulo é nossa primeira abordagem sobre dispositivos de três ou mais terminais. Mostraremos que todos os amplificadores (dispositivos que aumentam a tensão, corrente ou nível de potência) possuem no mínimo três terminais, e um deles controla o fluxo entre os outros dois.

3.2 CONSTRUÇÃO DO TRANSISTOR

O transistor é um dispositivo semicondutor de três camadas que consiste em duas camadas de material do tipo *n* e uma do tipo *p* ou em duas camadas do tipo *p* e uma do tipo *n*. O primeiro é denominado *transistor npn* e o outro, *transistor pnp*. Os dois são mostrados na Figura 3.3, com a polarização CC apropriada. No Capítulo 4, veremos que a polarização CC é necessária para estabelecer a região adequada de operação para a amplificação CA. A camada do emissor é fortemente dopada, enquanto a base e o coletor possuem dopagem leve. As camadas externas possuem larguras muito maiores do que as camadas internas de material do tipo *p* ou *n*. Para os transistores mostrados na Figura 3.3, a razão entre a largura total e a largura da camada central é de 0,150/0,001 = 150:1. A dopagem da camada interna também é consideravelmente menor do que a das externas (normalmente 1:10 ou menos). Esse nível de dopagem menor reduz a condutividade (aumenta a resistência) desse material, limitando o número de portadores "livres".

Para a polarização mostrada na Figura 3.3, os terminais são indicados pela letra maiúscula *E* para *emissor*, *C* para *coletor* e *B* para *base*. Uma avaliação dessa escolha de notação será detalhada quando discutirmos a operação básica do transistor. Normalmente, a abreviação TBJ, de *transistor bipolar de junção* (em inglês, BJT — *bipolar junction transistor*), é aplicada a esse dispositivo de três terminais. O termo *bipolar* se deve ao fato de que lacunas *e* elétrons participam do processo de injeção no material com polarização oposta. Se apenas um portador é empregado (elétron ou lacuna), o dispositivo é considerado *unipolar*, como o diodo Schottky do Capítulo 16.

3.3 OPERAÇÃO DO TRANSISTOR

A operação básica do transistor será descrita agora por meio do transistor *pnp* da Figura 3.3(a). A operação do transistor *npn* é exatamente a mesma se as funções das lacunas e elétrons forem trocadas. Na Figura 3.4(a), o transistor *pnp* foi redesenhado sem a polarização base-coletor. Observe as semelhanças entre essa situação e a do diodo *diretamente polarizado* do Capítulo 1. A região de depleção teve a largura reduzida devido à tensão aplicada, resultando em um fluxo denso de portadores majoritários do material do tipo *p* para o material do tipo *n*.

Agora, removeremos a polarização base-emissor do transistor *pnp* da Figura 3.3(a), como mostrado na Figura 3.4(b). Note as semelhanças entre essa situação e aquela do diodo *reversamente polarizado* da Seção 1.6. Lembre-se de que o fluxo de portadores majoritários é igual a zero, o que resulta em apenas um fluxo de portadores minoritários, como mostra a Figura 3.4(b). Portanto, em suma:

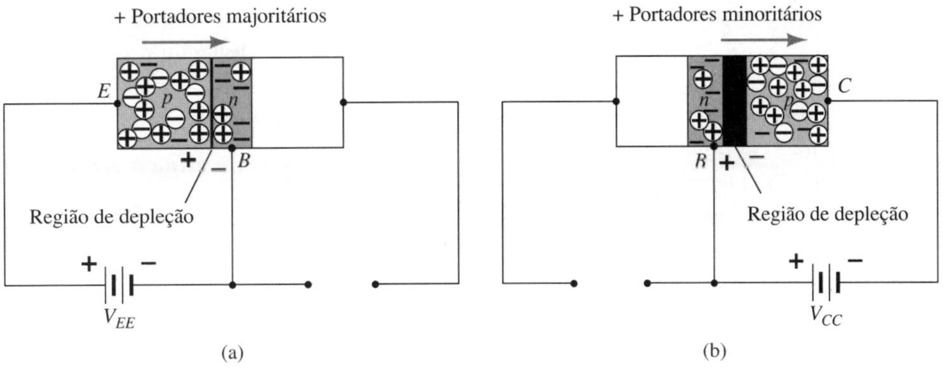

Figura 3.4 Polarização de um transistor: (a) direta; (b) reversa.

Uma junção p-n de um transistor é polarizada reversamente, enquanto a outra é polarizada diretamente.

Na Figura 3.5, os dois potenciais de polarização foram aplicados a um transistor *pnp*, com o fluxo resultante de portadores majoritários e minoritários indicado. Observe, na Figura 3.5, a largura das regiões de depleção indicando claramente qual junção está polarizada diretamente e qual está polarizada reversamente. Como indica a figura, muitos portadores majoritários se difundirão no material do tipo *n* através da junção *p-n* polarizada diretamente. A questão é, então, se esses portadores contribuirão diretamente para a corrente de base I_B ou se passarão diretamente para o material do tipo *p*. Visto que o material do tipo *n* interno é muito fino e tem baixa condutividade, um número muito baixo de tais portadores seguirá esse caminho de alta resistência para o terminal da base. O valor da corrente de base é da ordem de microampères, enquanto a corrente de coletor e emissor é de miliampères. A maior parte desses portadores majoritários entrará através da junção polarizada reversamente no material do tipo *p* conectado ao terminal do coletor, como indica a Figura 3.5. O motivo da relativa facilidade com que portadores majoritários conseguem atravessar a junção polarizada reversamente é fácil de compreender, se considerarmos que para o diodo polarizado reversamente os portadores majoritários serão como portadores minoritários no material do tipo *n*. Em outras palavras, houve uma *injeção* de portadores minoritários no material do tipo *n* da base. Esse fato, somado ao de que todos os portadores minoritários na região de depleção atravessarão a junção polarizada reversamente de um diodo, é o responsável pelo fluxo indicado na Figura 3.5.

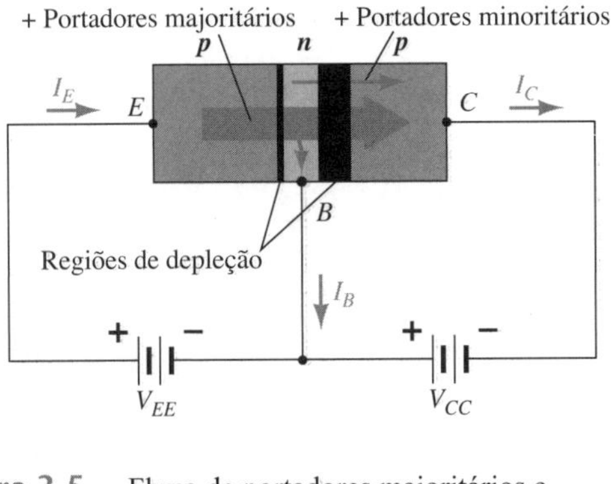

Figura 3.5 Fluxo de portadores majoritários e minoritários de um transistor *pnp*.

Aplicando-se a Lei das Correntes de Kirchhoff ao transistor da Figura 3.5 como se fosse um único nó, obtemos

$$I_E = I_C + I_B \tag{3.1}$$

e descobrimos que a corrente de emissor é a soma das correntes de coletor e de base. No entanto, a corrente de coletor possui dois componentes: os portadores majoritários e os minoritários, indicados na Figura 3.5. A componente de corrente de minoritários é chamada *corrente de fuga* e tem o símbolo I_{CO} (corrente I_C com terminal emissor aberto). A corrente de coletor é, portanto, totalmente determinada por

$$I_C = I_{C_{\text{majoritário}}} + I_{CO_{\text{minoritário}}} \tag{3.2}$$

Para os transistores de uso geral, I_C é medida em miliampères, enquanto I_{CO} é medida em microampères ou nanoampères. I_{CO}, assim como I_s para um diodo polarizado reversamente, é sensível à temperatura e deve ser cuidadosamente analisada quando o transistor é submetido a grandes variações de temperatura; caso contrário, a estabilidade de um sistema pode ser consideravelmente afetada. Melhorias nas técnicas de construção resultaram em níveis significativamente menores de I_{CO}, a ponto de seu efeito poder ser frequentemente ignorado.

3.4 CONFIGURAÇÃO BASE-COMUM

A notação e os símbolos para o transistor usados na maioria dos livros e manuais publicados atualmente estão indicados na Figura 3.6 para a configuração base-comum com transistores *pnp* e *npn*. Essa terminologia deriva do fato de a base ser comum tanto na entrada quanto na saída da configuração. Além disso, ela é normalmente o terminal cujo potencial está mais próximo do potencial terra ou está efetivamente nele. Neste livro, os sentidos de corrente referem-se ao fluxo convencional (de lacunas), e não ao fluxo de elétrons. Por conseguinte, as setas em todos os símbolos eletrônicos possuem um sentido definido por essa convenção. Vale lembrar que a seta no símbolo do diodo define o sentido de condução da corrente convencional. Para o transistor:

> *A seta do símbolo gráfico define o sentido da corrente de emissor (fluxo convencional) através do dispositivo.*

Todos os sentidos de corrente mostrados na Figura 3.6 são os reais, definidos pela escolha do fluxo convencional. Note que, em cada caso, $I_E = I_C + I_B$. Observe também que as polarizações aplicadas (fontes de tensão) estabelecem uma corrente com o sentido indicado em cada ramo. Isto é, compare o sentido de I_E com a polaridade de V_{EE} para cada configuração e o sentido de I_C com a polaridade de V_{CC}.

Para descrever totalmente o comportamento de um dispositivo de três terminais como os amplificadores de base-comum da Figura 3.6, são necessários dois conjuntos de curvas características: um para o *ponto de acionamento* ou parâmetros de *entrada* e outro para a *saída*. O conjunto de parâmetros de entrada para o amplificador em base-comum mostrado na Figura 3.7 relaciona uma corrente de entrada (I_E) a uma tensão de entrada (V_{BE}) para diversos valores de tensão de saída (V_{CB}).

O conjunto de parâmetros de saída relaciona uma corrente de saída (I_C) com uma tensão de saída (V_{CB}) para diversos valores de corrente de entrada (I_E), como é mostrado na Figura 3.8. O conjunto de características de saída ou de *coletor* tem três regiões de interesse indicadas na Figura 3.8: a *ativa*, a de *corte* e a de *saturação*. A região ativa é aquela normalmente empregada para amplificadores lineares (sem distorção). Especificamente:

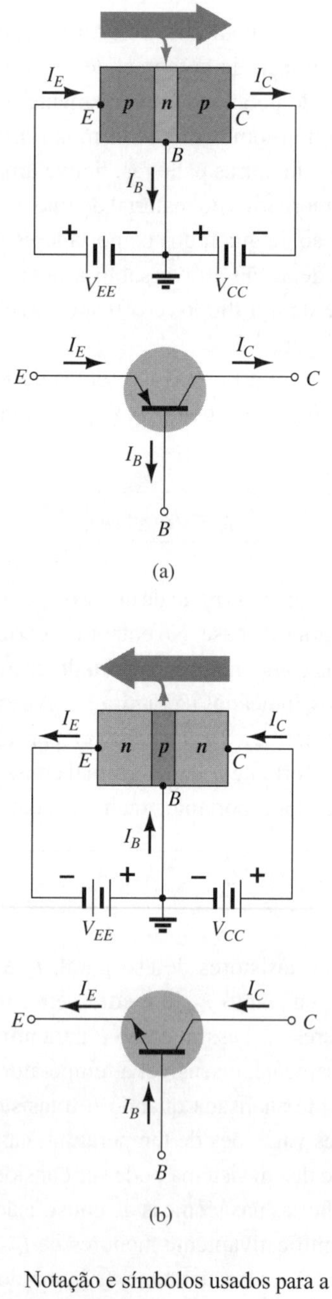

Figura 3.6 Notação e símbolos usados para a configuração base-comum: (a) transistor *pnp*; (b) transistor *npn*.

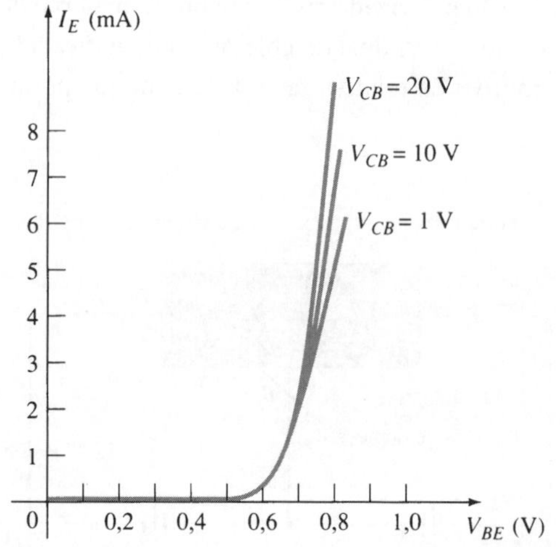

Figura 3.7 Curvas características de entrada ou de ponto de acionamento para um transistor amplificador de silício em base-comum.

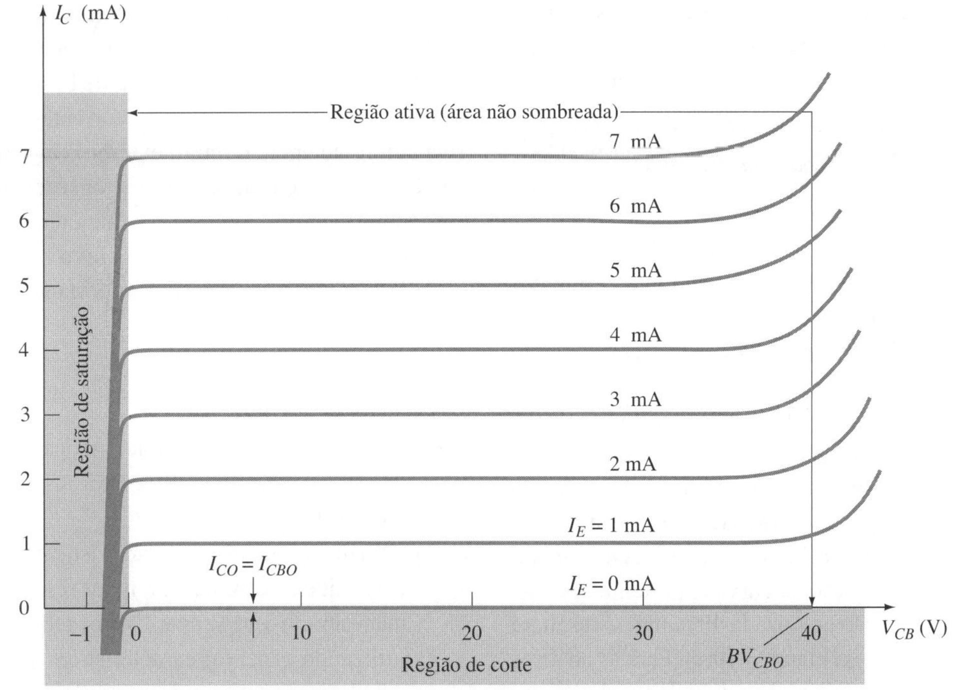

Figura 3.8 Curvas características de saída ou de coletor para um transistor amplificador em base-comum.

Na região ativa, a junção base-emissor está polarizada diretamente, enquanto a junção base-coletor está polarizada reversamente.

A região ativa é definida pelas configurações de polarização da Figura 3.6. No extremo inferior da região ativa, a corrente de emissor (I_E) é igual a zero, e a corrente de coletor deve-se exclusivamente à corrente de saturação reversa I_{CO}, como indica a Figura 3.9. A corrente I_{CO} é tão pequena (microampères), se comparada à escala vertical de I_C (miliampères), que aparece praticamente na mesma linha horizontal de $I_C = 0$. As condições de circuito existentes quando $I_E = 0$ para a configuração base-comum são mostradas na Figura 3.9. A notação mais utilizada para I_{CO} em folhas de especificações e de dados é, como indicado na Figura 3.9, I_{CBO} (a corrente base-coletor com o ramo emissor aberto). Devido às novas técnicas de fabricação, o nível de I_{CBO} para transistores de uso geral nas faixas de baixa e média potências, é normalmente tão pequeno que seu efeito pode ser ignorado. Contudo, para níveis de potência maiores, I_{CBO} ainda estará na faixa de microampères. Além disso, tenha em mente que I_{CBO}, assim como I_s, para o diodo (ambas correntes de fuga reversas) é sensível à temperatura. Sob temperaturas mais elevadas, o efeito de I_{CBO} pode se tornar um importante fator, já que aumenta rapidamente com a temperatura.

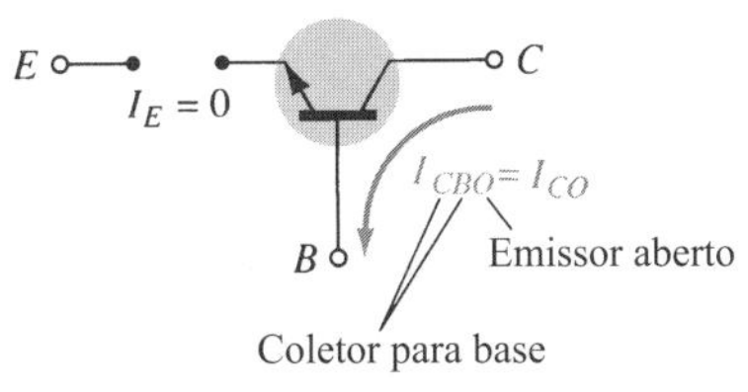

Figura 3.9 Corrente de saturação reversa.

Na Figura 3.8, note que, à medida que a corrente de emissor fica acima de zero, a corrente de coletor aumenta até um valor essencialmente igual àquele da corrente de emissor, determinada pelas relações básicas de corrente no transistor. Observe também o efeito quase desprezível de V_{CB} sobre a corrente de coletor para a região ativa. As curvas indicam claramente que *uma primeira estimativa para a relação entre I_E e I_C na região ativa é dada por*

$$I_C \cong I_E \tag{3.3}$$

Como o nome já diz, a região de corte é definida como aquela em que a corrente de coletor é 0 A, conforme mostra a Figura 3.8. Além disso,

na região de corte, ambas as junções de um transistor, base-emissor e base-coletor, estão polarizadas reversamente.

A região de saturação é definida como a região das curvas características à esquerda de $V_{CB} = 0$ V. A escala horizontal nessa área foi expandida para mostrar claramente a drástica mudança nas curvas características nessa região. Observe o aumento exponencial da corrente de coletor à medida que a tensão V_{CB} aumenta em direção a 0 V.

Na região de saturação, as junções base-emissor e base-coletor estão polarizadas diretamente.

As curvas características de entrada da Figura 3.7 revelam que, para valores fixos de tensão (V_{CB}), à medida que a tensão base-emissor aumenta, a corrente de emissor também aumenta, lembrando a curva característica do diodo. Na verdade, valores crescentes de V_{CB} têm um efeito tão pequeno sobre as curvas características que, como uma primeira aproximação, as modificações devido à variação de V_{CB} podem ser desprezadas e as curvas características desenhadas, como mostra a Figura 3.10(a). Se for aplicado o método de linearização da curva, o resultado será a curva característica mostrada na Figura 3.10(b). Avançar um passo e ignorar a inclinação da curva e, portanto, a resistência associada à junção polarizada diretamente resultará na curva característica da Figura 3.10(c). Para as análises seguintes deste livro, o modelo equivalente da Figura 3.10(c) será utilizado em toda a análise CC de circuitos com transistor. Isto é, se o transistor estiver no estado "ligado", a tensão base-emissor será considerada a seguinte:

$$V_{BE} \cong 0{,}7\text{ V} \qquad (3.4)$$

Em outras palavras, o efeito das variações devido a V_{CB} e à inclinação da curva característica de entrada será ignorado, enquanto nos esforçamos para analisar circuitos com transistor de maneira que as estimativas sejam próximas dos resultados reais, sem grande envolvimento com variações de parâmetros de menor importância.

É importante avaliar totalmente as características da Figura 3.10(c). Elas indicam que, com o transistor no estado "ligado" ou ativo, a tensão de base para o emissor é 0,7 V para *qualquer* valor da corrente de emissor que seja controlada pelo circuito externo. Na verdade, verificando qualquer configuração de transistor no modo CC, podemos especificar de imediato que a tensão da base para o emissor é de 0,7 V, se o dispositivo estiver na região ativa — uma conclusão muito importante para a análise CC feita a seguir.

EXEMPLO 3.1

a) Utilizando as curvas características da Figura 3.8, determine a corrente de coletor resultante para I_E = 3 mA e V_{CB} = 10 V.

b) Utilizando as curvas características da Figura 3.8, determine a corrente de coletor resultante se I_E permanecer em 3 mA, mas V_{CB} for reduzida para 2 V.

c) Utilizando as curvas características das figuras 3.7 e 3.8, determine V_{BE} se I_C = 4 mA e V_{CB} = 20 V.

d) Repita o item (c) utilizando as curvas características das figuras 3.8 e 3.10(c).

Solução:

a) As curvas características indicam, de maneira bastante clara, que $I_C \cong I_E$ = **3 mA**.

b) O efeito da variação de V_{CB} é desprezível e I_C continua a ser **3 mA**.

c) Da Figura 3.8, $I_E \cong I_C$ = 4 mA. Na Figura 3.7, o valor resultante de V_{BE} é de, aproximadamente, **0,74 V**.

d) Novamente da Figura 3.8, $I_E \cong I_C$ = 4 mA. No entanto, na Figura 3.10(c), V_{BE} é **0,7 V** para qualquer valor de corrente de emissor.

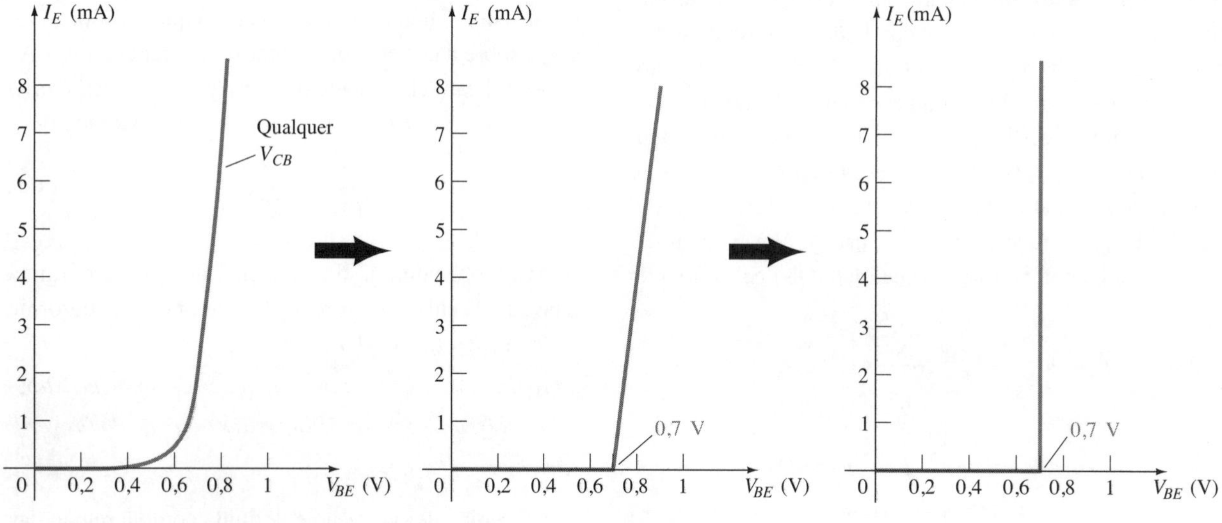

Figura 3.10 Desenvolvimento do modelo equivalente a ser empregado para a região base-emissor de um amplificador no modo CC.

Alfa (α)

Modo CC No modo CC, os valores de I_C e I_E devidos aos portadores majoritários estão relacionados por uma quantidade chamada *alfa* e definida pela seguinte equação:

$$\alpha_{CC} = \frac{I_C}{I_E} \tag{3.5}$$

onde I_C e I_E são os valores de corrente no ponto de operação. Apesar de a curva característica da Figura 3.8 sugerir que $\alpha = 1$, na prática os dispositivos apresentam valores de alfa entre 0,90 e 0,998, sendo que a maioria deles possui um valor alfa próximo ao extremo superior da faixa. Como alfa é definido exclusivamente para portadores majoritários, a Equação 3.2 torna-se:

$$I_C = \alpha I_E + I_{CBO} \tag{3.6}$$

Para as curvas características da Figura 3.8, quando $I_E = 0$ mA, I_C é, portanto, igual a I_{CBO}, mas, como já mencionado, o valor de I_{CBO} é geralmente tão pequeno que é quase impossível detectá-lo no gráfico da Figura 3.8. Em outras palavras, quando $I_E = 0$ mA nessa figura, I_C também parece ser de 0 mA para a faixa de valores de V_{CB}.

Modo CA Em situações com sinal CA, nas quais o ponto de operações move-se sobre a curva característica, um alfa CA é definido por

$$\alpha_{CA} = \left.\frac{\Delta I_C}{\Delta I_E}\right|_{V_{CB} = \text{constante}} \tag{3.7}$$

O alfa CA é formalmente chamado de *base-comum, curto-circuito* e *fator de amplificação* por motivos que ficarão mais claros quando analisarmos os circuitos equivalentes do transistor no Capítulo 5. Por enquanto, considere que a Equação 3.7 especifica que uma pequena variação na corrente de coletor é dividida pela variação correspondente de I_E com a tensão base-coletor permanecendo constante. Na maioria dos casos, os valores de α_{CA} e α_{CC} são bem próximos, permitindo a substituição de um pelo outro. A utilização de uma equação como a 3.7 será demonstrada na Seção 3.6.

Polarização

A polarização adequada da configuração base-comum na região ativa pode ser rapidamente determinada, utilizando a aproximação $I_C \cong I_E$ e presumindo, por enquanto, que $I_B \cong 0\mu$A. O resultado é a configuração da Figura 3.11

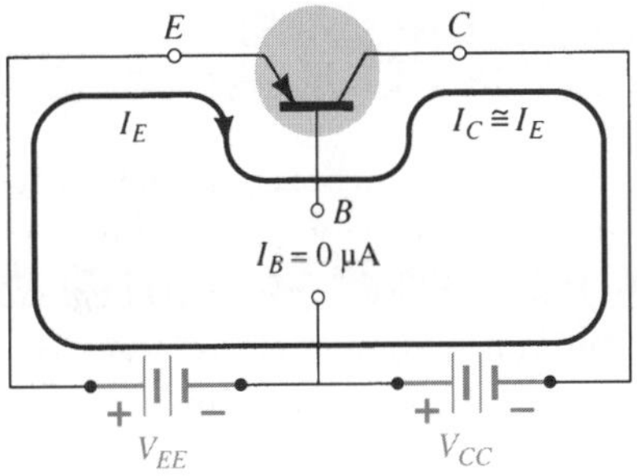

Figura 3.11 Estabelecimento da polarização apropriada para um transistor *pnp* em base-comum na região ativa.

para o transistor *pnp*. A seta do símbolo define o sentido do fluxo convencional para $I_E \cong I_C$. As fontes CC são então inseridas com uma polaridade semelhante ao sentido da corrente resultante. Para o transistor *npn*, as polaridades serão invertidas.

Alguns estudantes conseguem lembrar para que lado aponta a seta do símbolo do transistor associando as letras do tipo do transistor com certas letras das frases "apontando para dentro" e "não apontando para dentro". Por exemplo, pode-se associar as letras *npn* com aquelas em itálico de *n*ão a*p*ontando para de*n*tro e as letras *pnp* com aquelas em itálico de a*p*o*n*tando *p*ara dentro.*

Região de ruptura

À medida que a tensão aplicada V_{CB} aumenta, há um ponto em que as curvas assumem uma ascensão drástica na Figura 3.8. Isso se deve, principalmente, a um efeito de avalanche semelhante ao descrito para o diodo no Capítulo 1, quando a tensão de polarização reversa atinge a região de ruptura. Como afirmado anteriormente, a junção base-coletor é polarizada reversamente na região ativa, mas existe um ponto onde uma tensão de polarização reversa demasiado grande conduzirá ao efeito de avalanche. O resultado é um elevado aumento na corrente para pequenos aumentos na tensão base-coletor. A maior tensão de base para coletor admissível é denominada BV_{CBO}, como mostrado na Figura 3.8. Também é chamada de $V_{(BR)CBO}$, conforme indicado nas características da Figura 3.23 a ser discutida mais adiante. Note, em cada uma das notações, a utilização da letra maiúscula *O* para demonstrar que o ramo emissor está no estado aberto (não conectado). É importante lembrar, quando se toma nota desse ponto de dados, que tal limitação serve apenas para a configuração base-comum. Veremos na configuração emissor-comum que esse limite de tensão é um pouco menor.

*Uma outra forma de lembrar como associar o tipo de transistor ao seu símbolo é sabendo que a seta aponta para o cristal "n" nos dois tipos.

3.5 CONFIGURAÇÃO EMISSOR-COMUM

A configuração utilizada com maior frequência para o transistor é mostrada na Figura 3.12 para transistores *pnp* e *npn*. Denomina-se *configuração emissor-comum* porque o emissor é comum em relação aos terminais de entrada e saída (nesse caso, comum aos terminais de coletor e base). Novamente, dois conjuntos de curvas características são necessários para descrever totalmente o comportamento da configuração emissor-comum: um para o circuito de *entrada*, ou *base-emissor*, e um para o circuito de *saída*, ou *coletor-emissor*. Ambos são mostrados na Figura 3.13.

As correntes de emissor, coletor e base são mostradas com seu sentido convencional. Apesar de a configuração para o transistor ter mudado, as relações de corrente desenvolvidas anteriormente para a configuração base-comum ainda são aplicáveis. Isto é, $I_E = I_C + I_B$ e $I_C = \alpha I_E$.

Para a configuração emissor-comum, as características de saída são representadas pelo gráfico da corrente de saída (I_C) *versus* a tensão de saída (V_{CE}) para uma faixa de valores de corrente de entrada (I_B). As características de entrada são representadas pelo gráfico de corrente de entrada (I_B) *versus* a tensão de entrada (V_{BE}) para uma faixa de valores de tensão de saída (V_{CE}).

Observe que, nas curvas características mostradas na Figura 3.13, o valor de I_B está em microampères, comparado aos miliampères de I_C. Considere também que as curvas de I_B não são tão horizontais quanto as obtidas para I_E na configuração base-comum, o que indica que a tensão coletor-emissor influencia o valor da corrente de coletor.

A região ativa para a configuração emissor-comum é a porção do quadrante superior direito que tem maior linearidade, isto é, a região em que as curvas de I_B são praticamente retas e estão igualmente espaçadas. Na Figura 3.13(a), essa região está à direita da linha vertical tracejada em $V_{CE\text{sat}}$ e acima da curva para I_B igual a zero. A região à esquerda de $V_{CE\text{sat}}$ é chamada de região de saturação.

Na região ativa de um amplificador emissor-comum, a junção base-coletor é polarizada reversamente, enquanto a junção base-emissor é polarizada diretamente.

Lembramos que essas são as mesmas condições existentes na região ativa da configuração base-comum. A região ativa da configuração emissor-comum pode ser utilizada para amplificação de tensão, corrente ou potência.

A região de corte da configuração emissor-comum não é tão bem definida quanto a configuração base-comum. Observe, nas características de coletor da Figura 3.13, que I_C não é igual a zero quando I_B equivale a zero. Para a configuração base-comum, quando a corrente de entrada I_E era igual a zero, a corrente de coletor equivalia apenas à corrente de saturação reversa I_{CO}, de modo que a curva $I_E = 0$ e o eixo das tensões eram praticamente os mesmos.

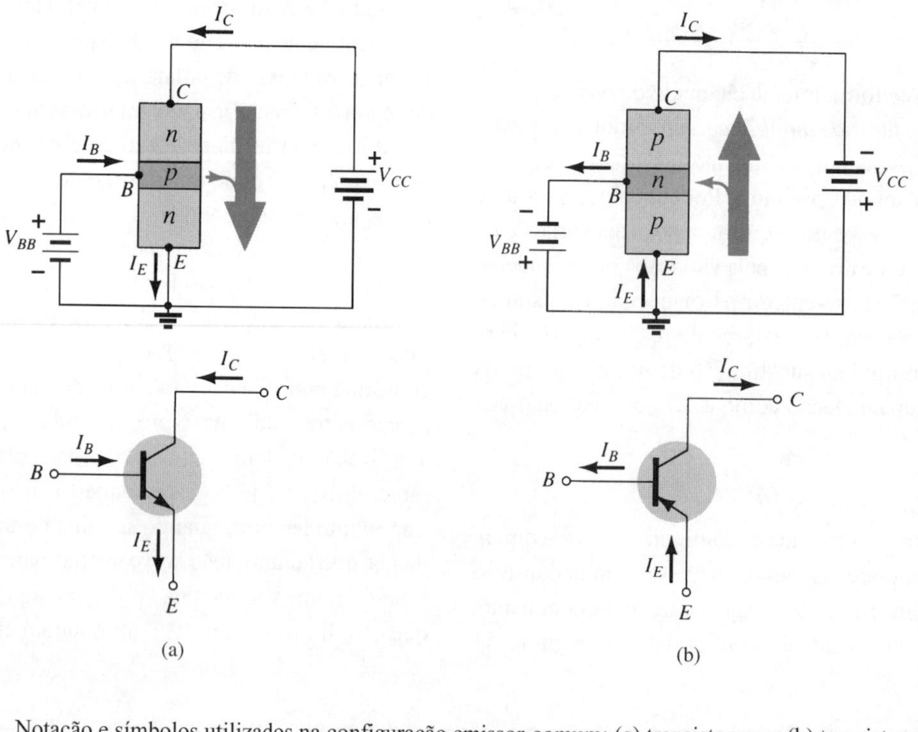

Figura 3.12 Notação e símbolos utilizados na configuração emissor-comum: (a) transistor *npn*; (b) transistor *pnp*.

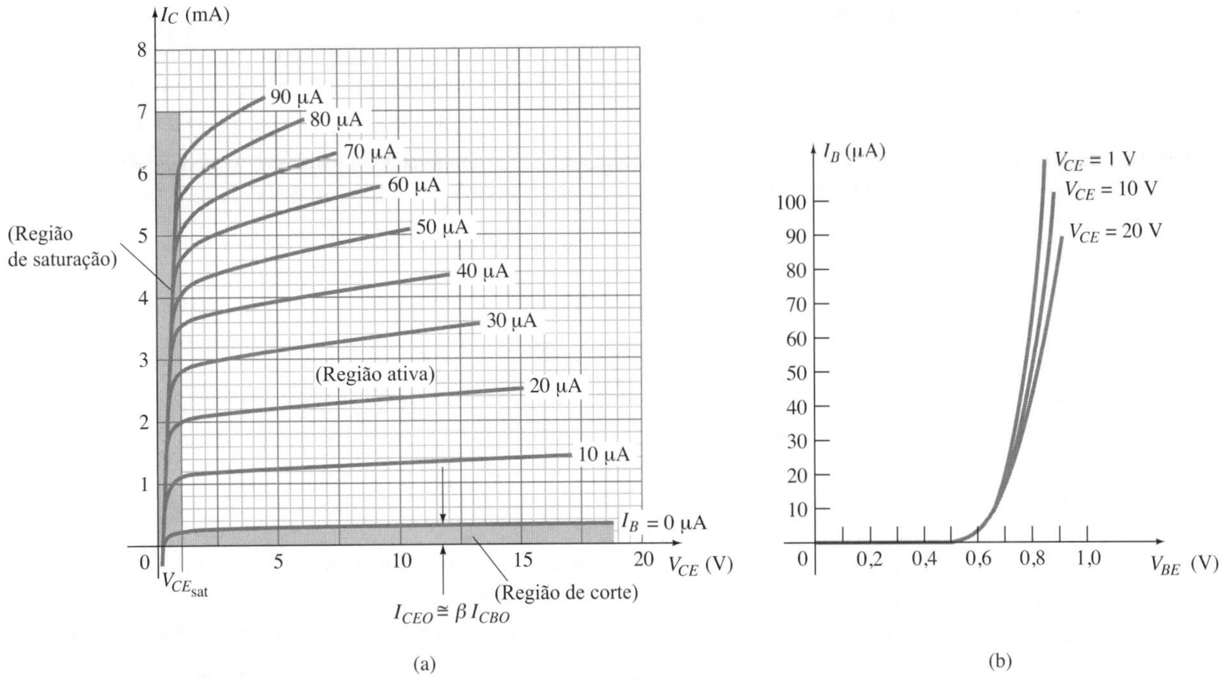

Figura 3.13 Curvas características de um transistor de silício na configuração emissor-comum: (a) curva característica do coletor; (b) curva característica da base.

A razão para essa diferença nas características de coletor pode ser justificada pela manipulação apropriada das equações 3.3 e 3.6. Isto é,

Equação 3.6: $I_C = \alpha I_E + I_{CBO}$

A substituição resulta em

Equação 3.3: $I_C = \alpha(I_C + I_B) + I_{CBO}$

A reorganização resulta em

$$I_C = \frac{\alpha I_B}{1 - \alpha} + \frac{I_{CBO}}{1 - \alpha} \tag{3.8}$$

Se considerarmos o caso discutido anteriormente, no qual $I_B = 0$ A, e substituirmos um valor típico de α como 0,996, a corrente de coletor resultante será a seguinte:

$$I_C = \frac{\alpha(0\text{ A})}{1 - \alpha} + \frac{I_{CBO}}{1 - 0{,}996}$$
$$= \frac{I_{CBO}}{0{,}004} = 250 I_{CBO}$$

Se I_{CBO} fosse 1 μA, a corrente de coletor resultante com $I_B = 0$ A seria 250(1 μA) = 0,25 mA, como se reflete na curva característica da Figura 3.13.

Para referência futura, a corrente de coletor definida pela condição $I_B = 0$ μA terá a notação indicada pela seguinte equação:

$$I_{CEO} = \left.\frac{I_{CBO}}{1 - \alpha}\right|_{I_B = 0\,\mu\text{A}} \tag{3.9}$$

Na Figura 3.14, as condições que envolvem essa corrente recém-definida são demonstradas com seu sentido de referência assinalado.

Para uma amplificação linear (distorção mínima), a região de corte para a configuração emissor-comum é definida por $I_C = I_{CEO}$.

Em outras palavras, a região abaixo de $I_B = 0$ μA deve ser evitada, caso seja necessário um sinal de saída não distorcido.

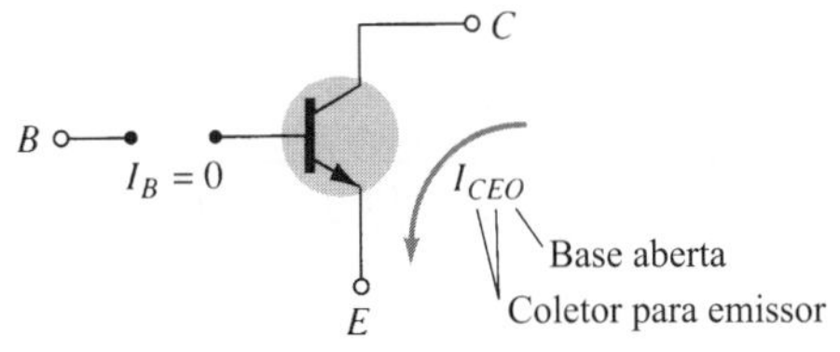

Figura 3.14 Condições do circuito relacionadas a I_{CEO}.

Quando empregado como chave em um circuito lógico de computador, o transistor terá dois pontos de operação de interesse: um na região de corte e outro na região de saturação. A condição de corte idealmente deveria ser $I_C = 0$ mA para a tensão V_{CE} escolhida. Visto que o valor de I_{CEO} geralmente é baixo para dispositivos de silício, *haverá corte para finalidade de chaveamento quando $I_B = 0\ \mu A$ ou $I_C = I_{CEO}$ apenas para transistores de silício. Mas, em transistores de germânio, o corte para o chaveamento será definido conforme as condições existentes quando $I_C = I_{CBO}$.* Essa condição geralmente é obtida em transistores de germânio invertendo-se a polarização da junção base-emissor em alguns décimos de volts.

Lembramos que, para a configuração base-comum, a curva característica para a entrada era estimada pelo equivalente a uma linha reta, que resultava em $V_{BE} = 0{,}7$ V para qualquer valor de I_E maior do que 0 mA. O mesmo pode ser feito com a configuração emissor-comum, resultando no equivalente aproximado da Figura 3.15. Os resultados comprovam nossa conclusão anterior de que, para um transistor na região ativa ou no estado "ligado", a tensão base-emissor é de 0,7 V. Nesse caso, a tensão é fixa para qualquer valor de corrente de base.

EXEMPLO 3.2

a) Utilizando as curvas características da Figura 3.13, determine I_C para $I_B = 30\ \mu A$ e $V_{CE} = 10$ V.

b) Utilizando as curvas características da Figura 3.13, determine I_C para $V_{BE} = 0{,}7$ V e $V_{CE} = 15$ V.

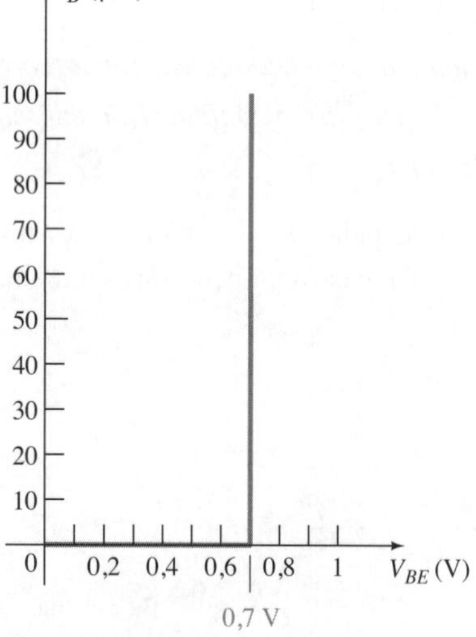

Figura 3.15 Equivalente linear por partes para a curva característica do diodo da Figura 3.13(b).

Solução:

a) Na interseção de $I_B = 30\ \mu A$ e $V_{CE} = 10$ V, $I_C =$ **3,4 mA**.

b) Utilizando a Figura 3.13(b), obtemos $I_B = 20\ \mu A$ na interseção de $V_{BE} = 0{,}7$ V e $V_{CE} = 15$ V (entre $V_{CE} = 10$ V e 20 V). Da Figura 3.13(a), concluímos que $I_C =$ **2,5 mA** na interseção de $I_B = 20\ \mu A$ para $V_{CE} = 15$ V.

Beta (β)

Modo CC No modo CC, os valores de I_C e I_B são relacionados por uma quantidade chamada de *beta* e definida pela seguinte equação:

$$\beta_{CC} = \frac{I_C}{I_B} \tag{3.10}$$

onde I_C e I_B são determinados em um ponto específico de operação da curva característica. Para os dispositivos práticos, o valor de β varia geralmente de 50 a mais de 400, estando a maioria no meio dessa faixa. Assim como α, certamente β revela o valor relativo de uma corrente em relação a outra. Para um dispositivo com um β de 200, a corrente de coletor é 200 vezes o valor da corrente de base.

Nas folhas de especificações, β_{CC} é geralmente lido como h_{FE}, com *h* derivado de um circuito equivalente CA *h*íbrido, que será apresentado no Capítulo 5. As letras *FE* derivam, respectivamente, da amplificação de corrente direta (*f*orward) e da configuração *e*missor-comum.

Modo CA Para a análise CA, um beta CA é definido da seguinte maneira:

$$\beta_{CA} = \left.\frac{\Delta I_C}{\Delta I_B}\right|_{V_{CE} = \text{constante}} \tag{3.11}$$

A designação formal para β_{CA} é *fator de amplificação de corrente direta em emissor-comum*. Visto que a corrente de coletor é geralmente a corrente de saída para a configuração emissor-comum e a corrente de base é a corrente de entrada, o termo *amplificação* é incluído na nomenclatura anterior.

A Equação 3.11 tem formato semelhante ao da equação para α_{CA} da Seção 3.4. O procedimento para obter α_{CA} na curva característica não foi descrito por causa da dificuldade de medir variações de I_C e I_E na curva característica. Mas a Equação 3.11 pode ser descrita com certa clareza e, na verdade, o resultado pode ser utilizado para determinar α_{CA}, utilizando-se uma equação a ser apresentada em breve.

Nas folhas de dados, em geral β_{CA} é chamado de h_{fe}. Observe que a única diferença entre a notação utilizada para o beta CC, especificamente $\beta_{CC} = h_{FE}$, é o tipo de letra para cada quantidade subscrita.

A aplicação da Equação 3.11 é mais bem descrita por meio de um exemplo numérico, utilizando-se as curvas características mostradas na Figura 3.13(a) e repetidas na Figura 3.16. Determinaremos β_{CA} para uma região da curva característica definida por um ponto de operação $I_B = 25\ \mu A$ e $V_{CE} = 7{,}5$ V, como indicado na Figura 3.16. A restrição de V_{CE} = constante exige que seja desenhada uma linha vertical através do ponto de operação em $V_{CE} = 7{,}5$ V. Em qualquer ponto dessa linha vertical, a tensão V_{CE} é 7,5 V, uma constante. A variação em $I_B(\Delta I_B)$, como mostrado na Equação 3.11, é definida então pela escolha de dois pontos, um de cada lado do ponto Q, estendendo-se pelo eixo vertical com distâncias aproximadamente iguais em cada lado desse ponto. Para isso, as curvas $I_B = 20\ \mu A$ e $30\ \mu A$ atendem à exigência sem se distanciar muito do ponto Q. Elas estabelecem também valores para I_B facilmente definíveis, sendo desnecessária a interpolação do valor de I_B entre as curvas. Devemos mencionar que a melhor determinação geralmente é feita mantendo-se o menor ΔI_B possível. Nas duas interseções entre I_B e o eixo vertical, os dois valores de I_C podem ser determinados desenhando-se uma linha horizontal sobre o eixo vertical e lendo-se os valores resultantes de I_C. O β_{CA} resultante para a região pode ser, então, determinado por

$$\beta_{CA} = \left.\frac{\Delta I_C}{\Delta I_B}\right|_{V_{CE} = \text{constante}} = \frac{I_{C_2} - I_{C_1}}{I_{B_2} - I_{B_1}}$$

$$= \frac{3{,}2\text{ mA} - 2{,}2\text{ mA}}{30\ \mu\text{A} - 20\ \mu\text{A}} = \frac{1\text{ mA}}{10\ \mu\text{A}}$$

$$= \mathbf{100}$$

Essa solução revela que, para uma entrada CA na base, a corrente de coletor será aproximadamente 100 vezes maior do que a corrente de base.

Se determinarmos o beta CC no ponto Q, obteremos

$$\beta_{CC} = \frac{I_C}{I_B} = \frac{2{,}7\text{ mA}}{25\ \mu\text{A}} = \mathbf{108}$$

Apesar de não serem exatamente iguais, os valores de β_{CA} e β_{CC} costumam ser bem próximos e intercambiáveis. Isto é, caso o valor de β_{CA} seja conhecido, presume-se que seja mais ou menos o mesmo de β_{CC} e vice-versa. Tenha em mente que, em um mesmo lote (de fabricação), o valor de β_{CA} variará um pouco de um transistor para outro, apesar de os transistores possuírem o mesmo código. A variação pode não ser significativa, mas, para a maioria das aplicações, é suficiente para validar a afirmação

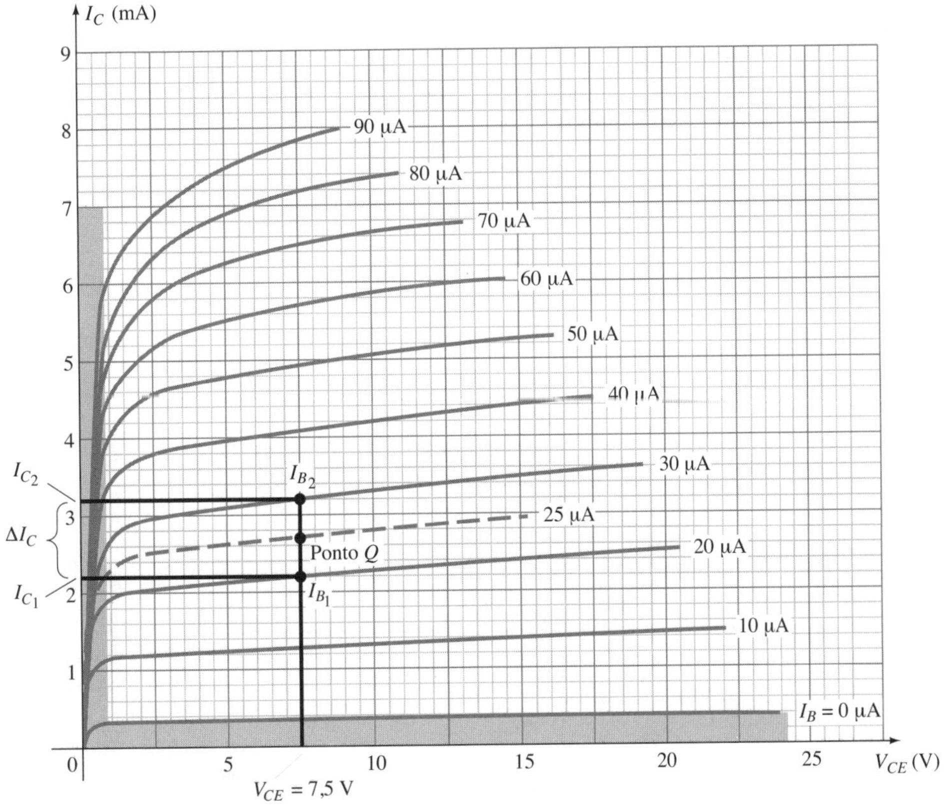

Figura 3.16 Determinação de β_{CA} e β_{CC} a partir das curvas características do coletor.

anterior. Geralmente, quanto menor for o valor de I_{CEO}, mais próximos serão os valores dos dois betas. Visto que a tendência é buscar valores cada vez menores para I_{CEO}, a validação da afirmação é então confirmada.

Se as curvas características tivessem a aparência mostrada na Figura 3.17, o valor de β_{CA} seria o mesmo em qualquer região delas. Observe que o intervalo para I_B é fixado em 10 μA e o espaçamento vertical entre as curvas é o mesmo em qualquer ponto das curvas características, isto é, 2 mA. O cálculo do valor de β_{CA} no ponto Q indicado resultará em:

$$\beta_{CA} = \left.\frac{\Delta I_C}{\Delta I_B}\right|_{V_{CE}=\text{constante}}$$

$$= \frac{9\text{ mA} - 7\text{ mA}}{45\,\mu\text{A} - 35\,\mu\text{A}} = \frac{2\text{ mA}}{10\,\mu\text{A}} = \mathbf{200}$$

Determinar o beta CC no mesmo ponto Q resulta em

$$\beta_{CC} = \frac{I_C}{I_B} = \frac{8\text{ mA}}{40\,\mu\text{A}} = \mathbf{200}$$

revelando que, se as curvas tiverem a aparência mostrada na Figura 3.17, o valor de β_{CA} e β_{CC} *será o mesmo* em qualquer ponto das curvas características. Observe, em especial, que $I_{CEO} = 0\,\mu$A.

Embora um conjunto real de curvas características de um transistor jamais seja exatamente igual ao da Figura 3.17, temos um conjunto de curvas características para comparação com os resultados obtidos de um traçador de curva (a ser descrito mais adiante).

Na análise a seguir, o subscrito CC ou CA não será incluído em β para evitar o excesso de símbolos desnecessários nas expressões. Para situações CC, β será reconhecido simplesmente como β_{CC} e, para análises de CA, como β_{CA}. Se um valor de β for especificado para uma configuração em particular do transistor, normalmente será utilizado tanto para os cálculos de CC quanto de CA.

É possível estabelecer uma relação entre β e α utilizando-se as relações básicas desenvolvidas até agora. Se $\beta = I_C/I_B$, temos $I_B = I_C/\beta$, e se $\alpha = I_C/I_E$, temos $I_E = I_C/\alpha$. Aplicando-os em

$$I_E = I_C + I_B$$

temos

$$\frac{I_C}{\alpha} = I_C + \frac{I_C}{\beta}$$

e, *dividindo ambos os lados da equação por* I_C, temos

$$\frac{1}{\alpha} = 1 + \frac{1}{\beta}$$

ou

$$\beta = \alpha\beta + \alpha = (\beta + 1)\alpha$$

de maneira que:

$$\alpha = \frac{\beta}{\beta + 1} \tag{3.12}$$

ou

$$\beta = \frac{\alpha}{1 - \alpha} \tag{3.13}$$

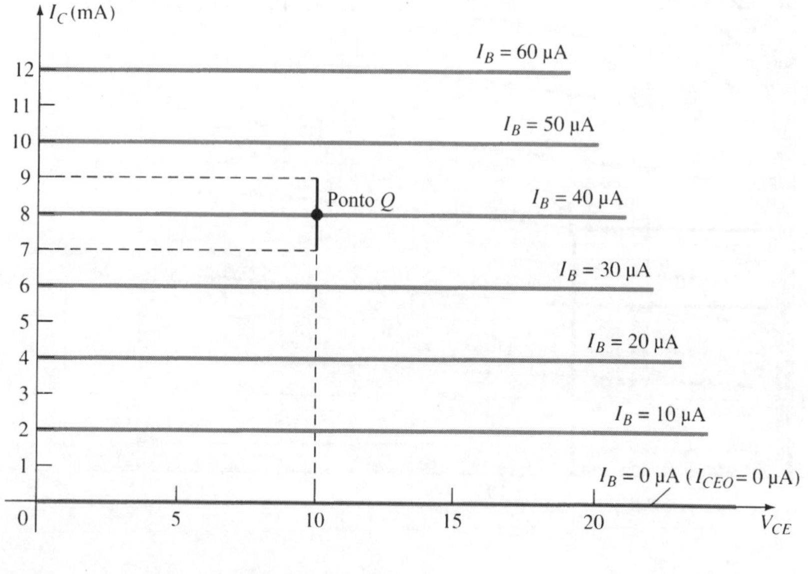

Figura 3.17 Curvas características nas quais β_{CA} é o mesmo em qualquer ponto e $\beta_{CA} = \beta_{CC}$.

Além disso, lembre-se de que

$$I_{CEO} = \frac{I_{CBO}}{1 - \alpha}$$

mas, utilizando a equivalência de

$$\frac{1}{1 - \alpha} = \beta + 1$$

derivada da expressão anterior, chegamos a

$$I_{CEO} = (\beta + 1)I_{CBO}$$

ou

$$\boxed{I_{CEO} \cong \beta I_{CBO}} \qquad (3.14)$$

como indicado na Figura 3.13(a). Beta é um parâmetro especialmente importante, pois oferece uma relação direta entre níveis de corrente dos circuitos de entrada e saída para uma configuração emissor-comum. Isto é,

$$\boxed{I_C = \beta I_B} \qquad (3.15)$$

e uma vez que

$$I_E = I_C + I_B$$
$$= \beta I_B + I_B$$

temos

$$\boxed{I_E = (\beta + 1)I_B} \qquad (3.16)$$

Ambas as equações anteriores têm um papel importante na análise feita no Capítulo 4.

Polarização

A polarização adequada de um amplificador em emissor-comum pode ser determinada de maneira semelhante à usada para a configuração base-comum. Suponhamos que temos um transistor *npn*, tal como o da Figura 3.18(a), e precisamos aplicar a polarização correta para colocar o dispositivo na região ativa.

O primeiro passo é indicar o sentido de I_E conforme a seta do símbolo do transistor, como na Figura 3.18(b). Em seguida, outras correntes são inseridas como mostrado, tendo-se em mente a Lei das Correntes de Kirchhoff: $I_C + I_B = I_E$. Isto é, I_E é a soma de I_C e I_B e ambos devem entrar na estrutura do transistor. Por fim, as fontes são introduzidas com polaridades que estão de acordo com os sentidos de I_B e I_C, como mostra a Figura 3.18(c), completando a ilustração. A mesma abordagem pode ser usada para os transistores *pnp*. Se o transistor da Figura 3.18 fosse um *pnp*, todas as correntes e polaridades da Figura 3.18(c) seriam invertidas.

Região de ruptura

Tal como no caso da configuração base-comum, existe uma tensão emissor-coletor máxima que pode ser aplicada e ainda permanecer na região ativa estável de operação. Na Figura 3.19, as curvas características da Figura 3.8 foram estendidas para demonstrar o impacto sobre as características em níveis elevados de V_{CE}. Em níveis altos de corrente de base, as correntes quase ascendem verticalmente, enquanto em níveis mais baixos desenvolve-se uma região que parece apoiar-se sobre si mesma. Essa região é particularmente digna de nota porque um aumento na corrente está resultando em uma queda na tensão — algo totalmente diferente do que ocorre com qualquer elemento resistivo no qual um aumento na corrente resulta em um aumento na diferença de potencial através do resistor. Considera-se que regiões dessa natureza têm uma característica de **resistência negativa**. Embora o conceito de uma resistência negativa possa parecer estranho, este livro apresentará dispositivos e sistemas que dependem desse tipo de característica para executar a tarefa desejada.

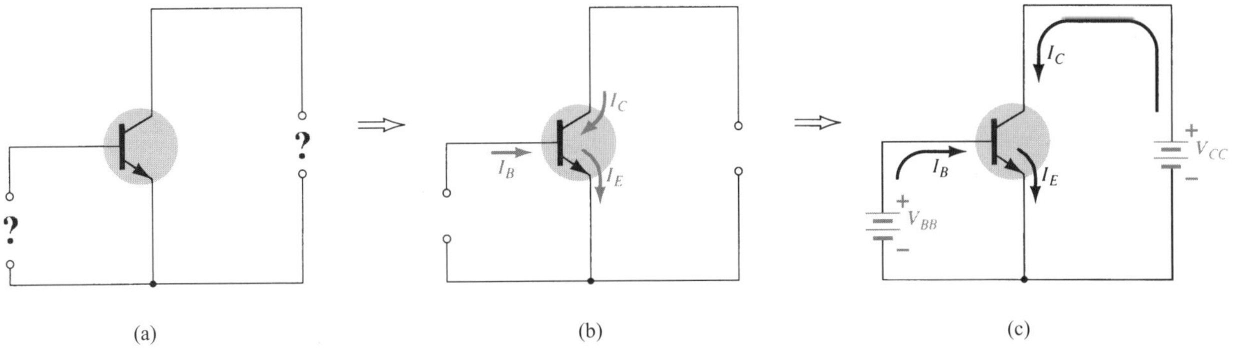

Figura 3.18 Determinação da polarização apropriada para um transistor *npn* em configuração emissor-comum.

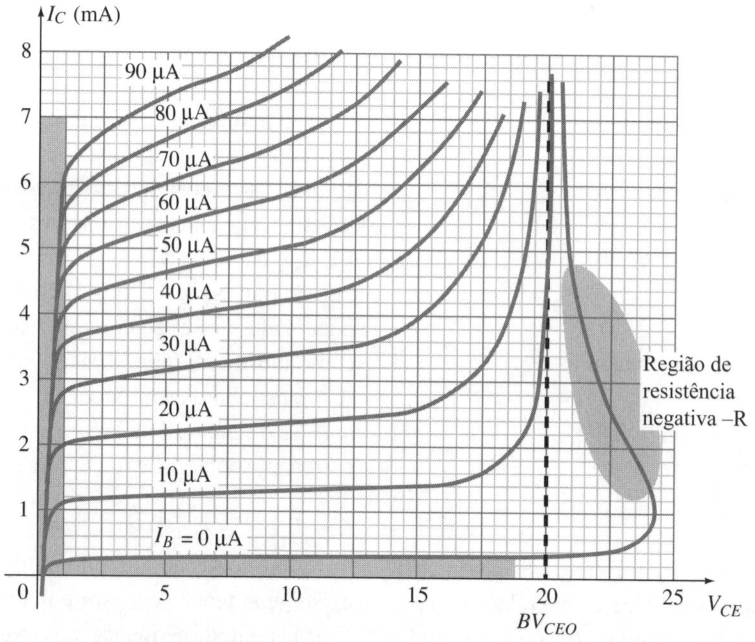

Figura 3.19 Exame da região de ruptura de um transistor na configuração emissor-comum.

O valor máximo recomendado para um transistor sob condições normais de operação é denominado BV_{CEO}, como mostrado na Figura 3.19, ou $V_{(BR)CEO}$, na Figura 3.23. É menor que BV_{CBO} e, na realidade, frequentemente ele tem a metade do valor de BV_{CBO}. Nessa região de ruptura, existem duas razões para a mudança drástica nas curvas. Uma delas é a **ruptura por avalanche**, mencionada para a configuração base-comum, enquanto a outra, chamada **perfuração** (punch-through), deve-se ao **Efeito Early**, a ser abordado no Capítulo 5. No total, o efeito de avalanche é dominante porque qualquer aumento da corrente de base decorrente dos fenômenos de ruptura aumentará a corrente de coletor resultante por um fator beta. Esse aumento na corrente de coletor contribuirá, por sua vez, para o processo de ionização (geração de portadores livres) durante a ruptura, o que causará um aumento adicional na corrente de base e níveis ainda mais elevados de corrente de coletor.

3.6 CONFIGURAÇÃO COLETOR-COMUM

A terceira e última configuração de transistor é a *coletor-comum*, mostrada na Figura 3.20 com as notações adequadas de tensão e corrente. A configuração coletor-comum é utilizada principalmente para o casamento de impedâncias, pois possui alto valor de impedância de entrada e baixo valor de impedância de saída, isto é, o oposto daquela encontrada para as configurações de base-comum e de emissor-comum.

Uma configuração coletor-comum é mostrada na Figura 3.21 com o resistor de carga conectado do emissor para o terra. Observe que o coletor está aterrado, apesar de o transistor encontrar-se conectado de uma forma que se assemelha à configuração emissor-comum. Do ponto de vista de projeto, não há necessidade de um conjunto de curvas características da configuração coletor-comum para a escolha dos parâmetros do circuito da Figura 3.21. Pode-se projetá-lo utilizando-se as curvas características da configuração emissor-comum da Seção 3.5. Na prática, as curvas características de saída para a configuração coletor-comum são iguais às curvas características da configuração emissor-comum. Para a configuração coletor-comum, as curvas características de saída são um gráfico de I_E *versus* V_{CE} para uma faixa de valores de I_B. A corrente de entrada, portanto, é a mesma para as curvas características de coletor-comum e emissor-comum. O eixo horizontal de tensão para a configuração coletor-comum é obtido simplesmente invertendo o sinal da tensão coletor-emissor das curvas características da configuração emissor-comum. Por fim, há uma diferença sutil na escala vertical de I_C para as curvas da configuração emissor-comum, se I_C é substituído por I_E para as curvas características de coletor-comum (já que $\alpha \cong 1$). Para o circuito de entrada da configuração coletor-comum, as curvas características de base da configuração emissor-comum são suficientes para obtermos as informações necessárias.

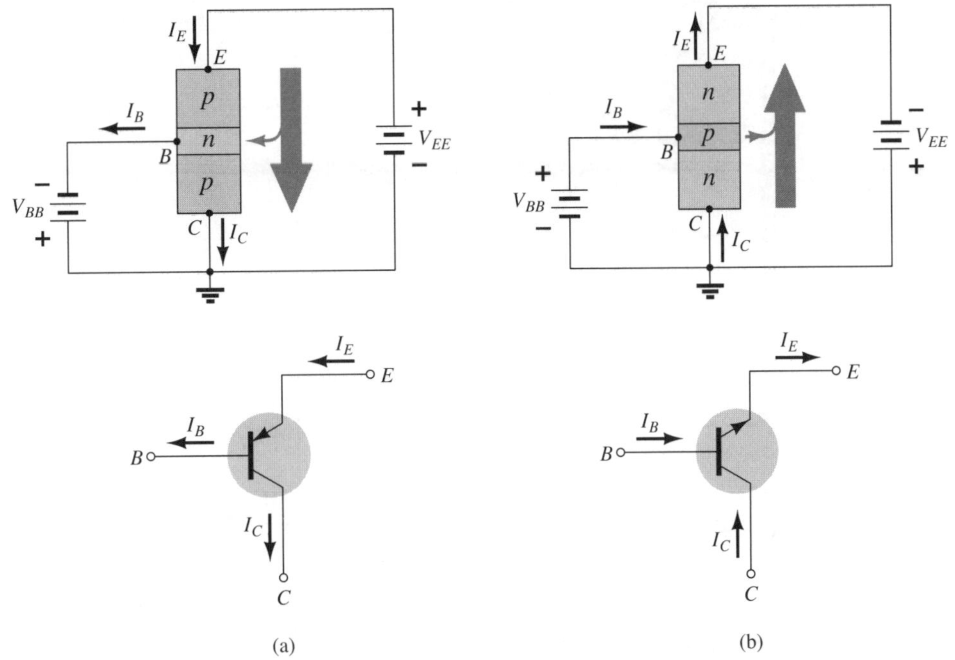

Figura 3.20 Notação e símbolos utilizados para a configuração coletor-comum: (a) transistor *pnp*; (b) transistor *npn*.

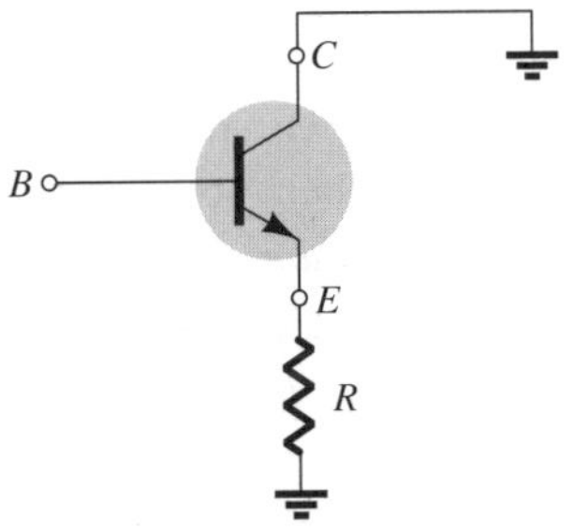

Figura 3.21 Configuração coletor-comum utilizada para casamento de impedâncias.

3.7 LIMITES DE OPERAÇÃO

Para cada transistor, existe uma região de operação nas curvas características que garante que os limites para o transistor não serão excedidos e que o sinal de saída terá um mínimo de distorção. Essa região foi definida para as curvas características de um transistor mostradas na Figura 3.22. Todos os limites de operação são determinados com base em uma folha de dados padrão, descrita na Seção 3.8.

Alguns dos limites de operação são autoexplicativos, como a corrente máxima de coletor (normalmente chamada, nas folhas de dados, de corrente de coletor *contínua*) e a tensão máxima coletor-emissor (frequentemente abreviada como BV_{CEO} ou $V_{(BR)CEO}$ na folha de dados). Para o transistor da Figura 3.22, $I_{C_{\text{máx}}}$ foi especificado como sendo de 50 mA, e BV_{CEO} como 20 V. A linha vertical no gráfico das curvas características definida como $V_{CE_{\text{sat}}}$ especifica o valor mínimo de V_{CE} que pode ser aplicado sem que o transistor caia na região não linear chamada de região de *saturação*. O valor da $V_{CE_{\text{sat}}}$ é normalmente de cerca de 0,3 V, específico para esse transistor.

O valor máximo de dissipação de potência é determinado pela equação:

$$P_{C_{\text{máx}}} = V_{CE}I_C \tag{3.17}$$

Para o dispositivo da Figura 3.22, a dissipação de potência de coletor é de 300 mW. A questão que surge é como traçar a curva de dissipação de potência de coletor especificada pelo fato de que

$$P_{C_{\text{máx}}} = V_{CE}I_C = 300 \text{ mW}$$

ou

$$V_{CE}I_C = 300 \text{ mW}$$

Em $I_{C_{\text{máx}}}$ Em qualquer ponto das curvas características, o produto de V_{CE} por I_C deve ser igual a 300 mW. Se escolhermos o valor máximo de 50 mA para I_C e o aplicarmos à relação anterior, obteremos

$$V_{CE}I_C = 300 \text{ mW}$$
$$V_{CE}(50 \text{ mA}) = 300 \text{ mW}$$
$$V_{CE} = \frac{300 \text{ mW}}{50 \text{ mA}} = \mathbf{6\ V}$$

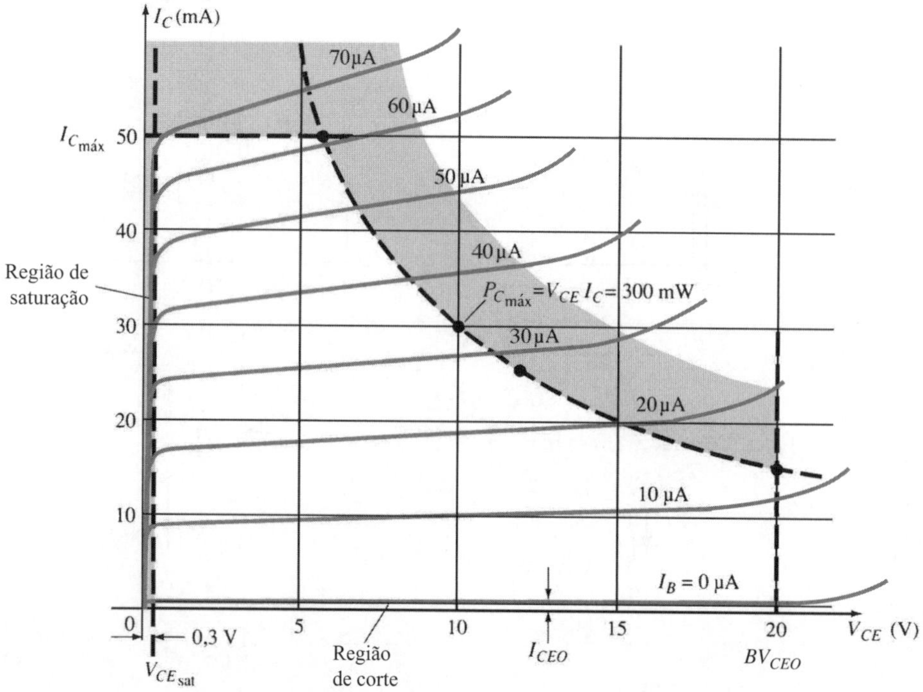

Figura 3.22 Definição da região linear (sem distorção) de operação do transistor.

Em $V_{CE_{máx}}$ Como resultado, descobrimos que, se I_C = 50 mA, então V_{CE} = 6 V na curva de dissipação de potência, como indicado na Figura 3.22. Se agora escolhermos o valor máximo de 20 V para V_{CE}, o valor de I_C será

$$(20\text{ V})I_C = 300\text{ mW}$$

$$I_C = \frac{300\text{ mW}}{20\text{ V}} = \mathbf{15\text{ mA}}$$

definindo-se um segundo ponto na curva de potência.

Em $I_C = \frac{1}{2}I_{C_{máx}}$ Se agora escolhermos um valor intermediário de I_C, como 25 mA, e calcularmos o valor resultante de V_{CE}, obteremos

$$V_{CE}(25\text{ mA}) = 300\text{ mW}$$

e

$$V_{CE} = \frac{300\text{ mW}}{25\text{ mA}} = \mathbf{12\text{ V}}$$

como também é indicado na Figura 3.22.

Normalmente, uma estimativa aproximada da curva real pode ser obtida utilizando-se os três pontos definidos anteriormente. É claro que, quanto mais pontos tivermos, mais precisa será a curva, mas uma estimativa aproximada quase sempre é suficiente.

A região de *corte* é definida como aquela abaixo de $I_C = I_{CEO}$. Essa região também deve ser evitada para que o sinal de saída tenha o mínimo de distorção. Em algumas folhas de dados, somente I_{CBO} é fornecida. Deve-se utilizar, então, a equação $I_{CEO} = \beta I_{CBO}$ para se ter uma ideia do nível de corte, se as curvas características não estiverem disponíveis. A operação na região resultante da Figura 3.22 garantirá uma distorção mínima do sinal de saída e valores de corrente e tensão que não danificarão o dispositivo.

Se as características não estiverem disponíveis ou não constarem da folha de dados (o que ocorre muitas vezes), deve-se simplesmente assegurar que I_C, V_{CE} e seu produto $V_{CE}I_C$ situem-se nos intervalos mostrados na seguinte faixa:

$$\begin{aligned} I_{CEO} &\leqq \boldsymbol{I_C} \leqq I_{C_{máx}} \\ V_{CE_{sat}} &\leqq \boldsymbol{V_{CE}} \leqq V_{CE_{máx}} \\ \boldsymbol{V_{CE}I_C} &\leqq P_{C_{máx}} \end{aligned} \tag{3.18}$$

Para as curvas características da configuração base-comum, a curva de potência máxima é determinada pelo seguinte produto dos parâmetros de saída:

$$P_{C_{máx}} = V_{CB}I_C \tag{3.19}$$

3.8 FOLHA DE DADOS DO TRANSISTOR

Visto que a folha de dados representa o elo de comunicação entre o fabricante e o usuário, é muito importante que as informações fornecidas sejam reconhecidas e corretamente compreendidas. Embora não tenham sido apresentados todos os parâmetros, um número razoável deles se tornará familiar. Os parâmetros restantes serão introduzidos em outros capítulos. Então, haverá uma referência a essa folha de dados para examinar a maneira como o parâmetro é apresentado.

A informação fornecida na Figura 3.23 é dada pela Fairchild Semiconductor Corporation. O 2N4123 é um transistor *npn* de uso geral com a identificação do encapsulamento e dos terminais aparecendo no canto superior direito da Figura 3.23(a). A maior parte das folhas de dados

ESPECIFICAÇÕES MÁXIMAS

Especificação	Símbolo	2N4123	Unidade
Tensão coletor-emissor	V_{CEO}	30	V_{CC}
Tensão coletor-base	V_{CBO}	40	V_{CC}
Tensão emissor-base	V_{EBO}	5,0	V_{CC}
Corrente de coletor — contínua	I_C	200	mA_{CC}
Dissipação total do dispositivo @ T_A= 25 °C Redução acima de 25°C	P_D	625 5,0	mW mW°C
Faixa de temperatura da junção para armazenamento e operação	T_j,T_{stg}	–55 a +150	°C

FAIRCHILD
SEMICONDUCTOR ™
2N4123

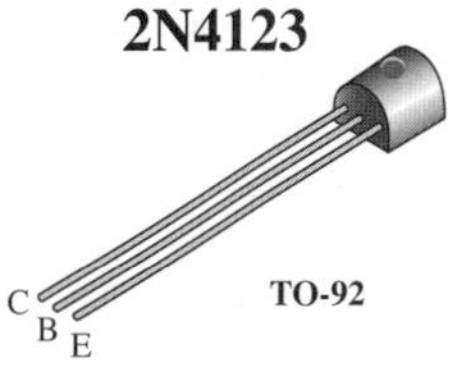

General Purpose Transistor NPN Silicon

CARACTERÍSTICAS TÉRMICAS

Característica	Símbolo	Máx.	Unidade
Resistência térmica entre junção e encapsulamento	$R_{\theta JC}$	83,3	°C W
Resistência térmica entre junção e ambiente	$R_{\theta JA}$	200	°C W

CARACTERÍSTICAS ELÉTRICAS (T_A = 25°C, a menos que especificado outro valor)

Características	Símbolo	Mín.	Máx.	Unidade
CARACTERÍSTICAS NO ESTADO "DESLIGADO"				
Tensão de ruptura coletor-emissor (I_C = 1,0 mA_{CC}, I_E = 0)	$V_{(BR)CEO}$	30		V_{CC}
Tensão de ruptura coletor-base (I_C = 10 μA_{CC}, I_E = 0)	$V_{(BR)CBO}$	40		V_{CC}
Tensão de ruptura emissor-base (I_E = 10 μA_{CC}, I_C = 0)	$V_{(BR)EBO}$	5,0	–	V_{CC}
Corrente de corte do coletor (V_{CB} = 20 V_{CC}, I_E = 0)	I_{CBO}	–	50	nA_{CC}
Corrente de corte do emissor (V_{BE} = 3,0 V_{CC}, I_C = 0)	I_{EBO}	–	50	nA_{CC}
CARACTERÍSTICAS NO ESTADO "LIGADO"				
Ganho de corrente CC (1) (I_C = 2,0 mA_{CC}, V_{CE} = 1,0 V_{CC}) (I_C = 50 mA_{CC}, V_{CE} = 1,0 V_{CC})	h_{FE}	50 25	150 –	–
Tensão de saturação do coletor-emissor (1) (I_C = 50 mA_{CC}, I_B = 5,0 mA_{CC})	$V_{CE(sat)}$	–	0,3	V_{CC}
Tensão de saturação base-emissor (1) (I_C = 50 mA_{CC}, I_B = 5,0 mA_{CC})	$V_{BE(sat)}$	–	0,95	V_{CC}
CARACTERÍSTICAS DE PEQUENO SINAL				
Produto ganho de corrente — largura de banda (I_C = 10 mA_{CC}, V_{CE} = 20 V_{CC}, f = 100 MHz)	f_T	250		MHz
Capacitância de saída (V_{CB} = 5,0 V_{CC}, I_E = 0, f = 100 MHz)	C_{obo}	–	4,0	pF
Capacitância de entrada (V_{BE} = 0,5 V_{CC}, I_C = 0, f = 100 kHz)	C_{ibo}	–	8,0	pF
Capacitância coletor-base (I_E = 0, V_{CB} = 5,0 V, f = 100 kHz)	C_{cb}	–	4,0	pF
Ganho de corrente para pequenos sinais (I_C = 2,0 mA_{CC}, V_{CE} = 10 V_{CC}, f = 1,0 kHz)	h_{fe}	50	200	-
Ganho de corrente — alta frequência (I_C = 10 mA_{CC}, V_{CE} = 20 V_{CC}, f = 100 MHz) (I_C = 2,0 mA_{CC}, V_{CE} = 10 V, f = 1,0 kHz)	h_{fe}	2,5 50	– 200	–
Figura de ruído (I_C = 100 μA_{CC}, V_{CE}= 5,0 V_{CC}, R_S = 1,0 k ohm, f = 1,0 kHz)	NF	–	6,0	dB

(1) Pulso de teste: largura de pulso = 300 μs. Ciclo de trabalho = 2,0%

(a)

Figura 3.23 Folha de dados de um transistor.

PARÂMETROS *h*

V_{CE} = 10 V, f = 1 kHz, T_A = 25°C

Figura 1 — Ganho de corrente

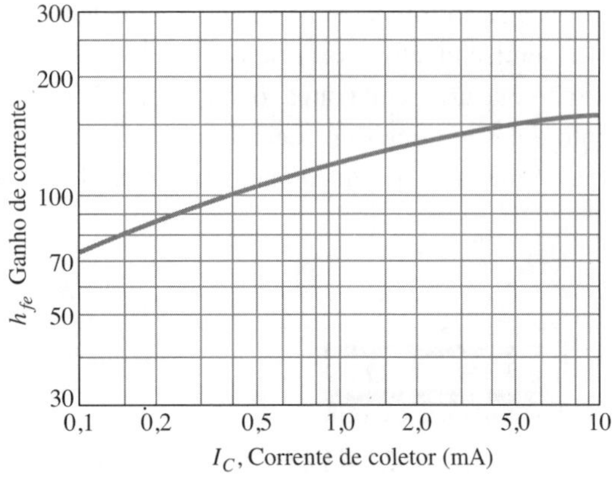

(b)

Figura 3 — Capacitância

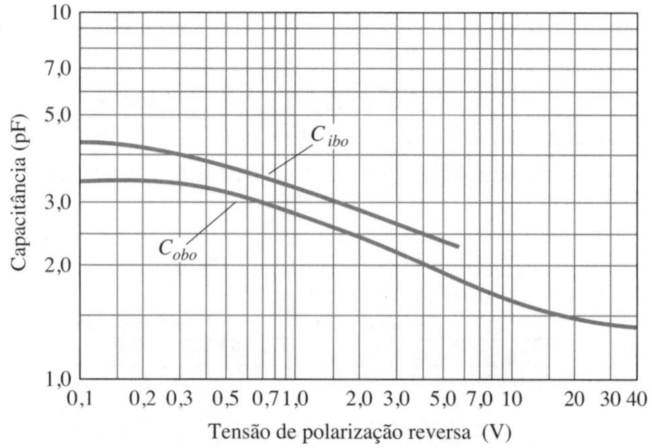

(d)

CURVAS CARACTERÍSTICAS ESTÁTICAS

Figura 2 — Ganho de corrente CC

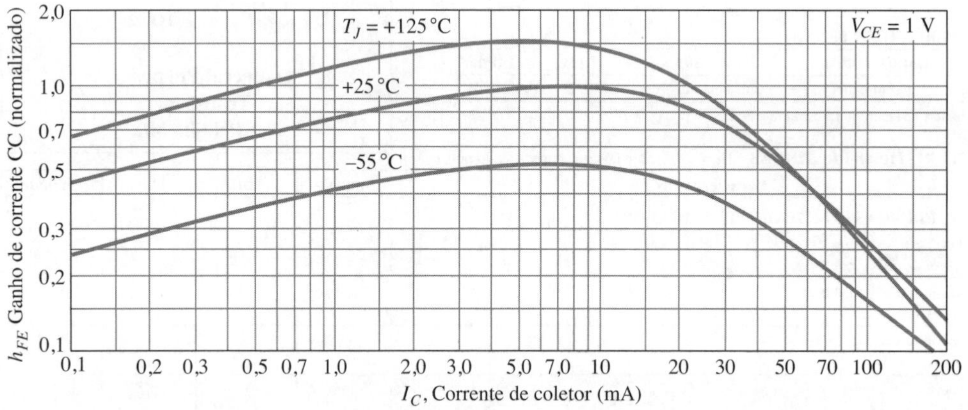

(c)

CARACTERÍSTICAS DE ÁUDIO PARA PEQUENOS SINAIS

FIGURA DE RUÍDO

(V_{CE}= 5 V_{CC}, T_A = 25°C)

Largura de banda = 1,0 Hz

Figura 4 — Tempos de chaveamento

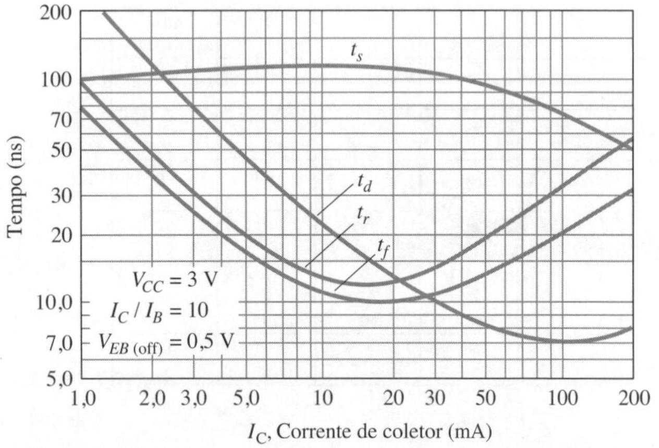

(e)

Figura 5 — Variações de frequência

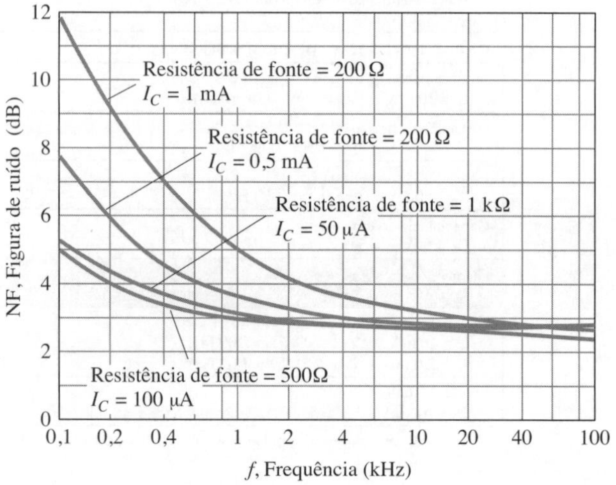

(f)

Figura 3.23 Continuação.

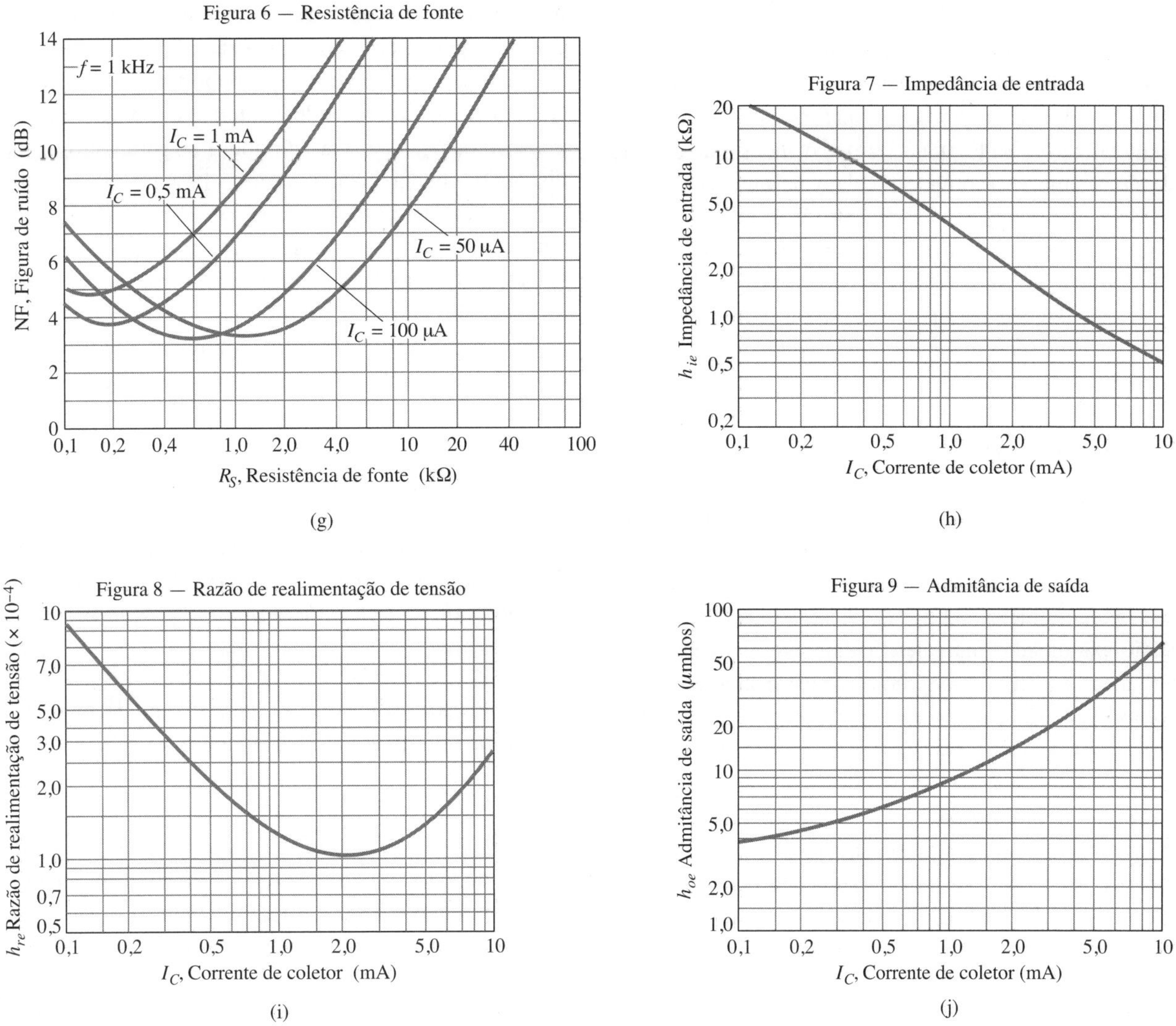

Figura 3.23 Continuação.

é discriminada em *valores máximos, características térmicas* e *características elétricas*. As características elétricas são divididas posteriormente em "ligado", "desligado" e de pequenos sinais. As características no estado "ligado" e "desligado" referem-se a limites CC, e as características de pequenos sinais incluem os parâmetros importantes para a operação CA.

Observe na lista de valores máximos permitidos que $V_{CE_{\text{máx}}} = V_{CEO} = 30$ V com $I_{C_{\text{máx}}} = 200$ mA. A dissipação máxima do coletor $P_{C_{\text{máx}}} = P_D = 625$ mW. O fator de redução de capacidade designa que o valor máximo de potência dissipada deve ser reduzido 5 mW a cada 1 °C de aumento na temperatura acima de 25 °C. Nas características no estado "desligado", I_{CBO} é definida como sendo de 50 nA, e, nas características no estado "ligado", $V_{CE_{\text{sat}}} =$ 0,3 V. O valor de h_{FE} varia de 50 a 150 para $I_C = 2$ mA e $V_{CE} = 1$ V e tem um valor mínimo de 25 para um valor de corrente acima de 50 mA, na mesma tensão.

Os limites de operação estão definidos para o dispositivo e são repetidos a seguir no formato da Equação 3.18 utilizando $h_{FE} = 150$ (limite superior) e $I_{CEO} \cong \beta I_{CBO} = (150)$ (50 nA) = 7,5 μA. Certamente, para muitas aplicações, o valor 7,5 μA = 0,0075 mA pode ser considerado como de aproximadamente 0 A.

Limites de operação

$$7{,}5\ \mu\text{A} \leqq I_C \leqq 200\ \text{mA}$$
$$0{,}3\ \text{V} \leqq V_{CE} \leqq 30\ \text{V}$$
$$V_{CE}I_C \leqq 650\ \text{mW}$$

Variação do β

Nas características de pequenos sinais, o valor de $h_{fe}(\beta_{CA})$ é fornecido juntamente com um gráfico que apresenta sua variação com a corrente de coletor, como na Figura 3.23(b). Na Figura 3.23(c), é demonstrado o efeito da temperatura e da corrente de coletor no valor de $h_{FE}(\beta_{CC})$. Observe que, à temperatura ambiente (25 °C), $h_{FE}(\beta_{CC})$ apresenta um valor máximo de 1 em aproximadamente 8 mA. Conforme I_C ultrapassa esse valor, h_{FE} cai à metade para I_C = 50 mA. Também cai a esse valor se I_C diminuir para 0,15 mA. Uma vez que se trata de uma curva *normalizada*, se empregarmos um transistor com $\beta_{CC} = h_{FE} = 50$ à temperatura ambiente, o valor máximo para 8 mA é 50. Com I_C = 50 mA, obtém-se uma queda de 0,52 e $h_{FE} = (0{,}52)50 = 26$. Em outras palavras, a normalização revela que o nível real de h_{FE} em qualquer valor de I_C foi dividido pelo valor máximo de h_{FE} à temperatura ambiente e I_C = 8 mA. Observe também que a escala horizontal da Figura 3.23(c) é uma escala logarítmica. No Capítulo 9, as escalas logarítmicas serão examinadas mais detalhadamente. É interessante voltar aos gráficos desta seção com mais calma como uma forma de revisão para as primeiras seções do Capítulo 9.

Variação de capacitância As capacitâncias C_{ibo} e C_{obo} da Figura 3.23(d) são os valores de capacitância de entrada e de saída, respectivamente, para o transistor na configuração base-comum. Seu nível é tal que seu impacto pode ser ignorado, exceto para frequências relativamente elevadas. Caso contrário, podem ser aproximados por circuitos abertos em qualquer análise CC ou CA.

Tempos de chaveamento A Figura 3.23(e) inclui os parâmetros importantes que definem a resposta de um transistor a uma entrada que alterna do estado "desligado" para o "ligado" e vice-versa. Cada parâmetro será discutido em detalhe na Seção 4.15.

Figuras de ruído *versus* frequência e resistência de fonte A figura de ruído é uma medida da perturbação adicional que é somada à resposta de sinal desejada de um amplificador. Na Figura 3.23(f), o valor em dB da figura de ruído é exibido para uma ampla resposta em frequência em determinados níveis de resistência de fonte. Os valores mais baixos ocorrem nas frequências mais elevadas para a variedade de correntes de coletor e de resistência de fonte. À medida que a frequência cai, a figura de ruído aumenta com uma forte sensibilidade à corrente de coletor.

Na Figura 3.23(g), a figura de ruído é traçada para vários valores de resistência de fonte e corrente de coletor. Para cada valor de corrente, quanto maior a resistência da fonte, maior a figura de ruído.

Parâmetros híbridos As figuras 3.23(b), (h), (i) e (j) fornecem os componentes de um modelo equivalente híbrido para o transistor, que será discutido detalhadamente no Capítulo 5. Em cada caso, observe que a variação é traçada em função da corrente do coletor — um nível de definição para o circuito equivalente. Para a maioria das aplicações, os parâmetros mais importantes são h_{fe} e h_{ie}. Quanto maior a corrente do coletor, maior o valor de h_{fe} e menor o de h_{ie}. Como já dito, todos os parâmetros serão discutidos em detalhe nas seções 5.19 a 5.21.

Antes de terminarmos a descrição das curvas características, lembramos que as curvas características reais do coletor não foram dadas. Na verdade, a maioria das folhas de dados fornecida por grande parte dos fabricantes não oferece as curvas características completas. Espera-se que os dados disponíveis sejam suficientes para que o dispositivo seja utilizado adequadamente no projeto.

3.9 TESTE DE TRANSISTORES

Como no caso dos diodos, há três maneiras de verificar um transistor: por meio do *traçador de curvas*, dos *medidores digitais* e do *ohmímetro*.

Traçador de curvas

O traçador de curvas da Figura 1.43 produz o gráfico da Figura 3.24 quando todos os controles estão corretamente ajustados. Os quadros menores à direita determinam as escalas utilizadas para as curvas características. A sensibilidade vertical é de 2 mA/div, resultando na escala exibida no lado esquerdo da tela do monitor. A sensibilidade horizontal é de 1 V/div, resultando na escala mostrada abaixo das curvas características. A função degrau revela que as curvas são separadas por diferenças de 10 μA começando em 0 μA para a curva inferior. O último fator de escala fornecido pode ser utilizado para determinar rapidamente o parâmetro β_{CA} em qualquer região das curvas características. Basta multiplicar o fator mostrado no painel pelo número de divisões entre as curvas de I_B na região de interesse. Por exemplo, determinaremos β_{CA} em um ponto Q para I_C = 7 mA e V_{CE} = 5 V. Nessa região da tela, a distância entre as curvas de I_B é $\frac{9}{10}$ de uma divisão, como indicado na Figura 3.25. Utilizando o fator especificado, concluímos que

$$\beta_{CA} = \frac{9}{10}\cancel{\text{div}}\left(\frac{200}{\cancel{\text{div}}}\right) = \mathbf{180}$$

Utilizando a Equação 3.11, temos

$$\beta_{CA} = \left.\frac{\Delta I_C}{\Delta I_B}\right|_{V_{CE}=\text{constante}} = \frac{I_{C_1} - I_{C_1}}{I_{B_2} - I_{B_1}} = \frac{8{,}2\text{ mA} - 6{,}4\text{ mA}}{40\,\mu\text{A} - 30\,\mu\text{A}}$$
$$= \frac{1{,}8\text{ mA}}{10\,\mu\text{A}} = \mathbf{180}$$

comprovando o obtido anteriormente.

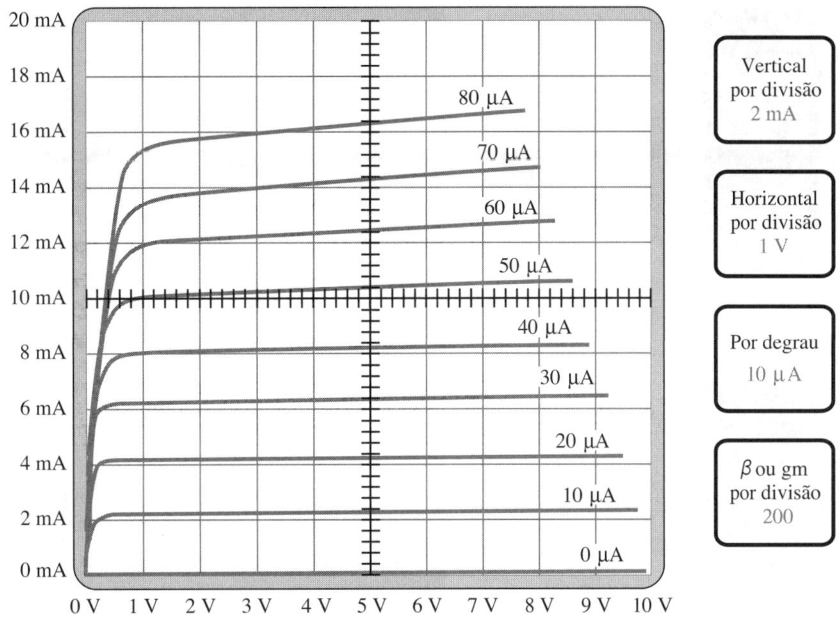

Figura 3.24 Resposta do traçador de curvas ao transistor *npn* 2N3904.

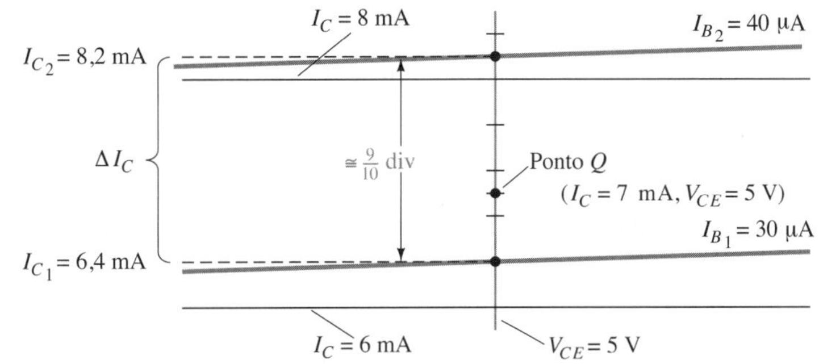

Figura 3.25 Determinação de β_{CA} para as características do transistor da Figura 3.24, com $I_C = 7$ mA e $V_{CE} = 5$ V.

Testadores de transistor

Há uma variedade de testadores de transistor disponíveis. Alguns simplesmente fazem parte de um medidor digital, como o mostrado na Figura 3.26(a), capaz de medir uma variedade de grandezas elétricas em um circuito. Outros, como ilustra a Figura 3.26, dedicam-se a testar um número limitado de elementos. O medidor da Figura 3.26(b) pode ser usado para testar transistores, JFETs (Capítulo 6) e SCRs (Capítulo 17) dentro e fora do circuito. Em todos os casos, a alimentação deve ser primeiramente desligada no circuito em que o elemento aparece para assegurar que a bateria interna do dispositivo de teste não seja danificada e para fornecer uma leitura correta. Uma vez conectado o transistor, a chave pode ser movida por todas as combinações possíveis até que a luz de teste se acenda e identifique os terminais do transistor. O testador também indicará OK se o transistor *npn* ou *pnp* estiver funcionando corretamente.

Qualquer medidor com capacidade de testar diodo também serve para verificar o estado de um transistor. Com o coletor aberto, a junção base-emissor deve resultar em uma tensão baixa de cerca de 0,7 V, com o terminal vermelho (positivo) conectado à base e o preto (negativo) ao emissor. Uma inversão dos terminais deve resultar em uma indicação de OL para representar a junção em polarização reversa. Da mesma forma, com o emissor aberto, os estados de polarização direta e reversa da junção base-coletor podem ser verificados.

Ohmímetro

Um ohmímetro, ou as escalas de resistência de um DMM (*d*igital *m*ulti*m*eter — multímetro digital), pode ser utilizado para verificar o estado de um transistor. Lembramos que, para um transistor na região ativa, a junção base-emissor está polarizada diretamente e a junção base-coletor, polarizada reversamente. Portanto, a junção po-

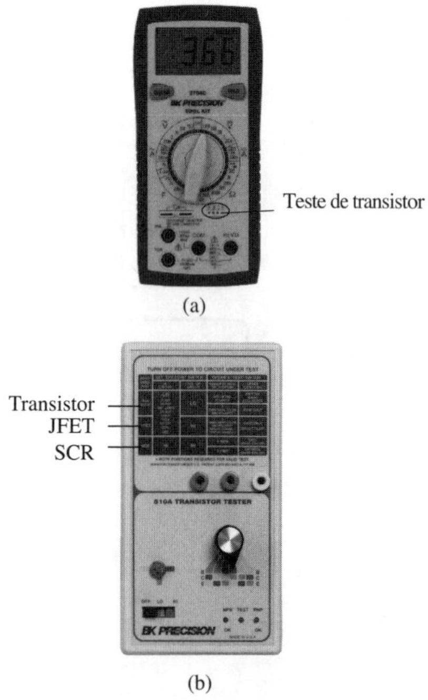

Figura 3.26 Testadores de transistor: (a) medidor digital; (b) testador específico. (Cortesia de B+K Precision Corporation.)

larizada diretamente deve registrar um valor de resistência mais ou menos baixo e a junção polarizada reversamente, um valor muito mais alto de resistência. Para um transistor *npn*, a junção polarizada diretamente (polarizada pela fonte interna do ohmímetro) da base para o emissor deve ser testada, como mostra a Figura 3.27, resultando em uma leitura que geralmente está na faixa entre 100 Ω e alguns quiloohms. A junção base-coletor polarizada reversamente (novamente, polarizada reversamente pela fonte interna do ohmímetro) deve ser verificada como mostra a Figura 3.28, com uma leitura maior do que 100 kΩ. Para um transistor *pnp*, os terminais devem ser invertidos para cada junção. Obviamente, uma resistência pequena ou grande em ambas as direções (invertendo-se os terminais) para cada junção de um transistor *npn* ou *pnp* indica um dispositivo defeituoso.

Se ambas as junções do transistor resultam em leituras adequadas, o tipo do transistor também pode ser determinado observando-se a polaridade dos transistores ao se realizar uma medida na junção base-emissor. Se o terminal positivo (+) for conectado à base e o terminal negativo (–) ao emissor, a leitura de uma baixa resistência indicará um transistor *npn* e a leitura de uma alta resistência, um transistor *pnp*. Embora um ohmímetro também possa ser utilizado para determinar os terminais de um transistor (base, coletor e emissor), isso pode ser feito simplesmente observando-se a orientação dos terminais no encapsulamento.

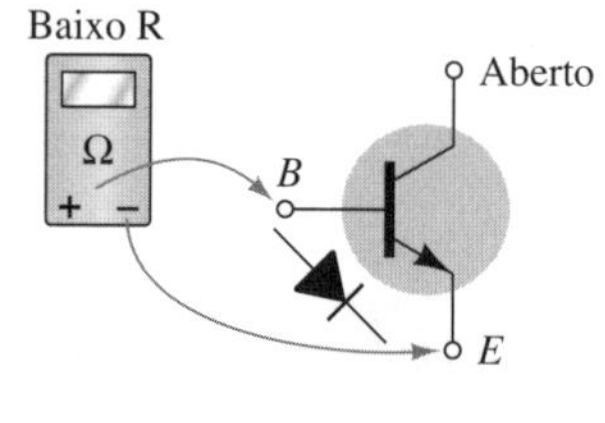

Figura 3.27 Verificação da junção base-emissor diretamente polarizada de um transistor *npn*.

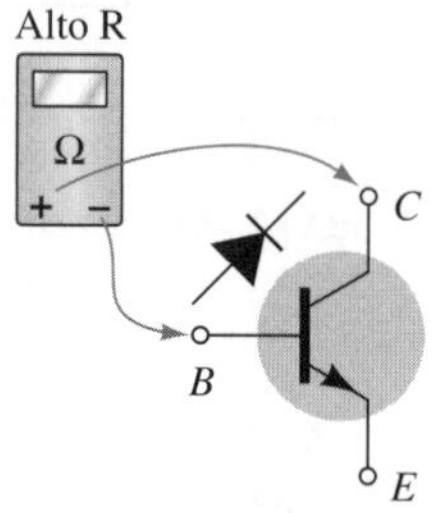

Figura 3.28 Verificação da junção base-coletor reversamente polarizada de um transistor *npn*.

3.10 ENCAPSULAMENTO DO TRANSISTOR E IDENTIFICAÇÃO DOS TERMINAIS

Após o transistor ter sido fabricado utilizando-se uma das técnicas descritas no Apêndice A, são adicionados comumente terminais de ouro, alumínio ou níquel e toda a estrutura é encapsulada em um invólucro, como o que é mostrado na Figura 3.29. Os transistores de construção mais robusta são dispositivos de alta potência, enquanto os que possuem um pequeno encapsulamento metálico (na forma de chapéu) ou estrutura de plástico são dispositivos de baixa ou média potência.

Sempre que possível, o encapsulamento do transistor deverá ter alguma marcação para indicar os terminais que estão conectados ao emissor, coletor ou base do transistor. Alguns dos métodos mais utilizados estão indicados na Figura 3.30.

A estrutura interna de um encapsulamento TO-92 da linha Fairchild é mostrada na Figura 3.31. Note o tamanho bem pequeno do dispositivo semicondutor real. Há fios de conexão de ouro, uma armação de cobre e um encapsulamento de material epóxi.

Quatro (quad) transistores de silício *pnp* individuais podem ser acondicionados em um encapsulamento plástico de 14 pinos em linha dupla (DIP = Dual In-line Package), como indica a Figura 3.32(a). As conexões internas dos pinos são mostradas na Figura 3.32(b). Como no encapsulamento CI do diodo, a depressão superior na superfície determina os pinos de números 1 e 14.

(a) (b) (c)

Figura 3.29 Vários tipos de transistor: (a) baixa potência; (b) média potência; (c) média para alta potência.

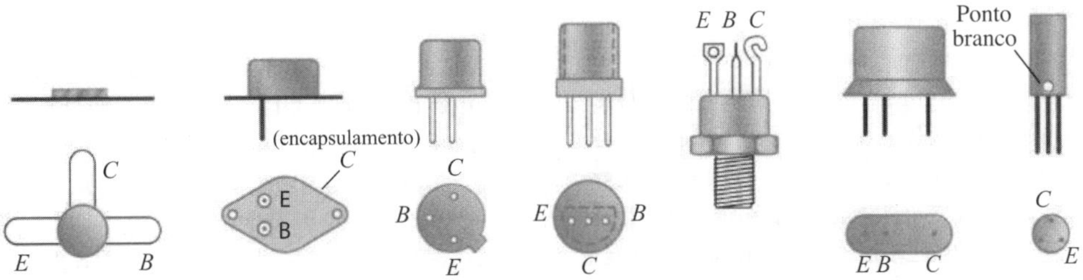

Figura 3.30 Identificação dos terminais do transistor.

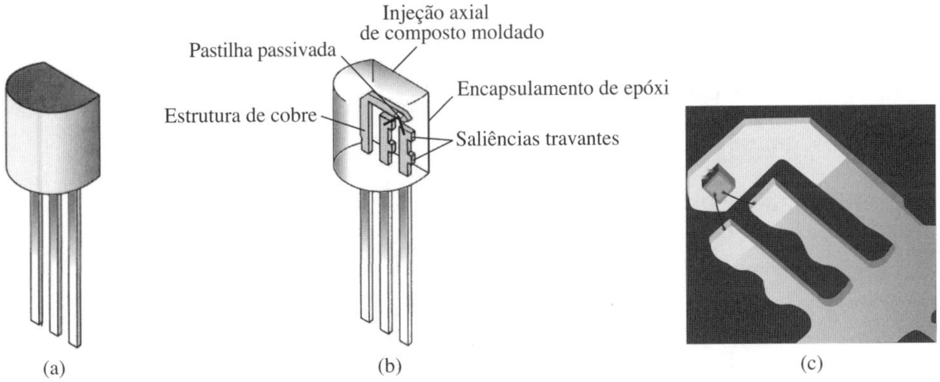

(a) (b) (c)

Figura 3.31 Estrutura interna de um transistor Fairchild em um encapsulamento TO-92.

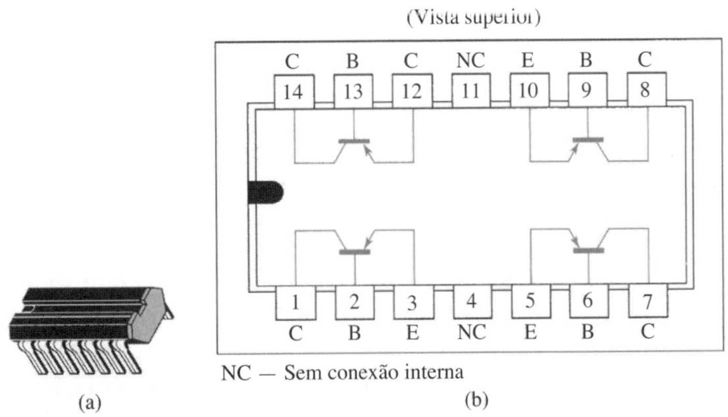

(a) (b)

Figura 3.32 Transistor *pnp* quad de silício do tipo Q2T2905, da Texas Instruments: (a) aspecto; (b) conexões dos pinos.

3.11 DESENVOLVIMENTO DO TRANSISTOR

Conforme mencionado na Seção 1.1, a lei de Moore prevê que a quantidade de transistores em um circuito integrado dobrará a cada dois anos. Apresentado pela primeira vez em um artigo escrito por Gordon E. Moore em 1965, a previsão teve um nível de precisão impressionante. Um gráfico da contagem do transistor em relação aos anos, que aparece na Figura 3.33, é quase linear ao longo do tempo. O incrível número de 2 bilhões de transistores em um único circuito integrado, utilizando linhas de 45 nm, vai muito além da compreensão. Uma linha de 1 polegada contém mais de 564 mil linhas de 45 nm usadas na construção de CIs hoje em dia. Tente traçar 100 linhas em 1 polegada de largura com um lápis — é quase impossível. As dimensões relativas de traçar linhas de 45 nm em 1 polegada de largura assemelham-se a desenhar uma linha com largura de 1 polegada em uma estrada a quase 9 milhas de extensão.* Embora se diga que a lei de Moore acabará por sofrer dificuldades relacionadas a densidade, desempenho, confiabilidade e orçamento, o consenso da comunidade industrial é que ela ainda seja aplicável por mais uma década ou duas. Apesar de o silício continuar a ser o material líder de fabricação, há uma família de semicondutores chamados de **semicondutores compostos III V** (o três e o cinco referindo-se ao número de elétrons de valência em cada elemento) que estão fazendo importantes avanços no desenvolvimento futuro. Um, em particular, é de arseneto de índio e gálio, ou **InGaAs**, que tem características de transporte melhoradas. Outros incluem **GaAlAs**, **AlGaN** e **AlInN**, que estão sendo desenvolvidos para fins de maior velocidade, confiabilidade e estabilidade, além de ter tamanho reduzido e técnicas de fabricação melhoradas.

Atualmente, o processador **Intel® Core™ i7 Quad Core** tem mais de 730 milhões de transistores com uma velocidade do *clock* de 3,33 GHz, em uma pastilha ligeiramente maior do que 1,6" quadrada. Recentes desenvolvimentos da Intel incluem o processador **Tukwila**, que abrigará mais de 2 bilhões de transistores. Curiosamente, a Intel continua a utilizar silício em suas pesquisas de transistores que serão 30% menores e 25% mais rápidos do que os mais velozes atualmente, usando tecnologia de 20 nm. A IBM, em conjunto com o Georgia Institute of Technology, desenvolveu um transistor de silício e germânio capaz de operar a frequências superiores a 500 GHz — um aumento enorme para os padrões atuais.

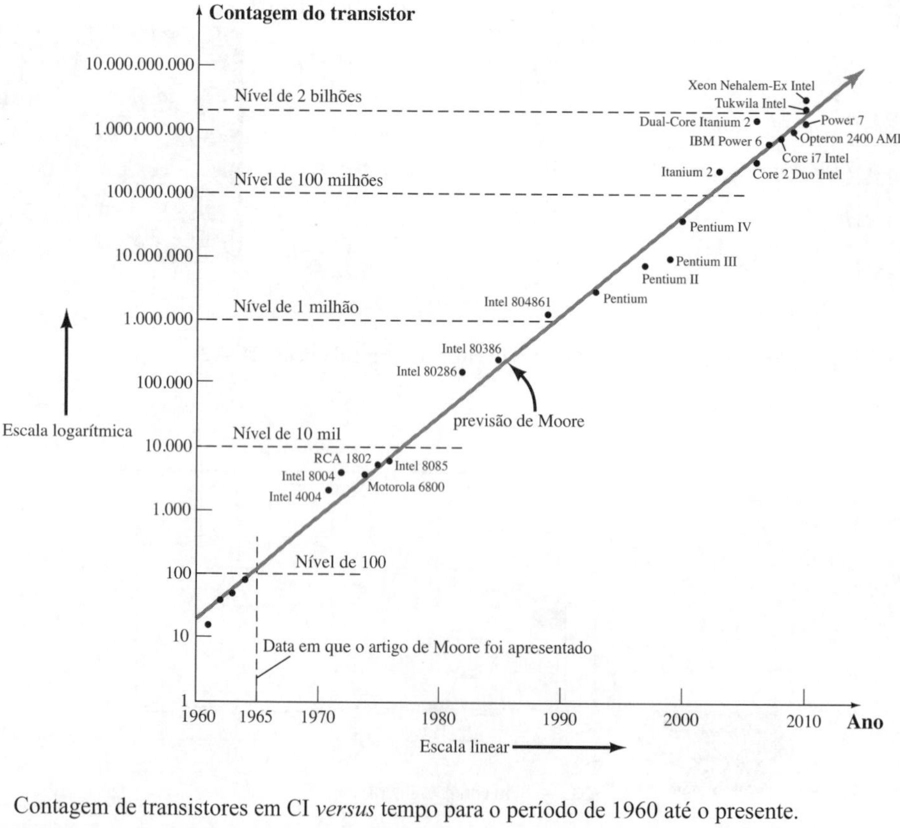

Figura 3.33 Contagem de transistores em CI *versus* tempo para o período de 1960 até o presente.

* Em unidades métricas, isso seria como desenhar mais de 220 mil linhas em uma linha de 1 cm de comprimento ou largura através de uma autoestrada de 2,2 km de comprimento.

A inovação continua a ser a espinha dorsal desse campo em constante desenvolvimento, com um grupo sueco apresentando um transistor **sem junção**, destinado principalmente a simplificar o processo de fabricação. Outro introduziu **nanotubos de carbono** (uma molécula de carbono sob a forma de um cilindro oco, com diâmetro de cerca de 1/50.000 da largura de um fio de cabelo humano) como um caminho para transistores mais rápidos, menores e mais baratos. A Hewlett Packard está desenvolvendo um transistor **Crossbar Latch**, que emprega uma grade de condução paralela e fios de sinal para criar junções que funcionam como chaves.

Uma pergunta frequentemente feita há muitos anos é: para onde esse campo vai daqui para a frente? Obviamente, com base no que vemos atualmente, não parece haver limite para o espírito inovador de pesquisadores nesse campo, em busca de novos rumos de investigação.

3.12 RESUMO

Conclusões e conceitos importantes

1. Dispositivos semicondutores possuem as seguintes vantagens sobre as válvulas: são (1) de **tamanho menor**; (2) mais **leves**; (3) mais **robustos**; (4) mais **eficientes**. Além disso, requerem: (1) **nenhum período de aquecimento**; (2) **nenhuma exigência específica de aquecimento**; (3) **tensões de operação menores**.
2. Transistores são **dispositivos de três terminais** com três camadas semicondutoras, uma delas bem **mais fina** que as outras. As camadas externas são de material do tipo *n* ou do tipo *p*, sendo a camada interna do tipo oposto ao das externas.
3. Uma das junções *p-n* de um transistor é **polarizada diretamente**, enquanto a outra é **polarizada reversamente**.
4. A corrente de emissor de um transistor é sempre a **maior corrente**, enquanto a corrente-base é sempre a **menor**. A corrente de emissor é sempre a **soma** das outras duas.
5. A corrente de coletor possui **duas componentes**: a corrente de **portadores majoritários** e a de portadores **minoritários** (também chamada de **corrente *de fuga***).
6. A seta do símbolo do transistor define o **sentido convencional do fluxo de corrente no emissor**, assim definindo o sentido das outras correntes do dispositivo.
7. Um dispositivo de três terminais necessita de **dois conjuntos de curvas características** para definir completamente suas características.
8. Na região ativa de um transistor, a junção base-emissor é **polarizada diretamente**, enquanto a junção base-coletor é **polarizada reversamente**.
9. Na região de corte, as junções base-emissor e base-coletor de um transistor são **ambas polarizadas reversamente**.
10. Na região de saturação, as junções base-emissor e base-coletor são **polarizadas diretamente**.
11. Em média, pode-se considerar que a tensão base-emissor de um transistor em operação é **0,7 V**.
12. A quantidade alfa (α) relaciona as correntes de emissor e de coletor e é sempre próxima de **um**.
13. A impedância entre terminais de uma junção polarizada diretamente é sempre relativamente **pequena**, enquanto a impedância entre terminais de uma junção polarizada reversamente é geralmente **muito alta**.
14. A seta no símbolo de um transistor *npn* aponta para fora do dispositivo, enquanto a seta de um transistor *pnp* aponta para dentro do símbolo.
15. Para efeito de amplificação linear, o corte para configuração emissor-comum será definido por $I_C = I_{CEO}$.
16. A quantidade beta (β) indica uma relação importante entre as correntes de base e de coletor e varia normalmente entre **50 e 400**.
17. O beta CC é definido por uma simples **razão de correntes CC em um ponto de operação**, enquanto o beta CA é **sensível às características** na região de interesse. Na maior parte dos casos, no entanto, os dois são inicialmente considerados equivalentes, como uma primeira aproximação.
18. Para ter certeza de que um transistor opera dentro de seu nível máximo de potência, deve-se simplesmente encontrar o **produto da tensão coletor-emissor e da corrente de coletor** e compará-lo com o valor especificado.

Equações

$$I_E = I_C + I_B, \qquad I_C = I_{C_{\text{majoritário}}} + I_{CO_{\text{minoritário}}},$$

$$\alpha_{CC} = \frac{I_C}{I_E}, \qquad \alpha_{CA} = \left.\frac{\Delta I_C}{\Delta I_E}\right|_{V_{CB}=\text{constante}},$$

$$\beta_{CC} = \frac{I_C}{I_B}, \qquad \beta_{CA} = \left.\frac{\Delta I_C}{\Delta I_B}\right|_{V_{CE}=\text{constante}},$$

$$I_C = \beta I_B, \qquad I_E = (\beta + 1)I_B,$$

$$V_{BE} \cong 0{,}7\text{ V}$$

$$I_{CEO} = \left.\frac{I_{CBO}}{1 - \alpha}\right|_{I_B = 0\,\mu\text{A}}$$

$$\alpha = \frac{\beta}{\beta + 1}$$

$$P_{C_{\text{máx}}} = V_{CE} I_C$$

3.13 ANÁLISE COMPUTACIONAL

Cadence OrCAD

Uma vez que as características do transistor foram apresentadas neste capítulo, é conveniente examinarmos um procedimento para obtê-las utilizando o PSpice para Windows. Os transistores estão listados na biblioteca **EVAL** e começam com a letra **Q**. A biblioteca contém dois transistores *npn*, dois transistores *pnp* e duas configurações de Darlington. O fato de haver uma série de curvas definidas pelos valores de I_B exige que uma varredura nos valores de I_B (uma *varredura de feixe*) seja feita dentro de uma varredura de tensões coletor-emissor. Mas isso não é necessário para o diodo, pois resultaria em apenas uma curva.

Primeiramente, o circuito da Figura 3.34 é estabelecido utilizando-se o mesmo procedimento definido no Capítulo 2. A tensão V_{CC} estabelece a varredura principal, enquanto a tensão V_{BB} determina a varredura de feixe. Para referência futura, observe o campo no canto superior direito da barra de ferramentas com o controle de rolagem à medida que for desenhando o circuito. Essa opção permite recuperar componentes anteriormente utilizados. Por exemplo, se um resistor foi utilizado há algum tempo, basta mover a barra de rolagem até que o resistor **R** apareça. Clique sobre a opção e o resistor surgirá na tela.

Uma vez estabelecido o circuito conforme a Figura 3.34, selecione o ícone **New Simulation Profile** e insira **OrCAD 3-1** como o **Name**. Em seguida, selecione **Create** para obter a caixa de diálogo **Simulation Settings**. O **Analysis type** será **DC Sweep**, com a **Sweep variable** sendo uma **Voltage Source**. Insira VCC como o nome para a fonte de tensão que passou por varredura e selecione **Linear** para a varredura. O **Start value** é de 0 V, o **End value**, de 10 V e o **Increment**, 0,01 V.

É importante não escolher "x" no canto superior direito da caixa para sair do controle de configurações. Devemos, primeiramente, entrar na variável de varredura de feixe selecionando **Secondary Sweep** e inserindo VBB como a fonte de tensão a ser varrida. Novamente, será uma varredura **Linear**, mas agora o valor de partida será de 2,7 V para corresponder com uma corrente inicial de 20 μA, conforme determinado por

$$I_B = \frac{V_{BB} - V_{BE}}{R_B} = \frac{2{,}7\text{ V} - 0{,}7\text{ V}}{100\text{ k}\Omega} = 20\,\mu\text{A}$$

O **End value** é de 10,7 V para corresponder a uma corrente de 100 μA. O **Increment** é definido a 2 V, correspondendo a uma mudança na corrente de base de 20 μA. Ambas as varreduras estão definidas, mas, antes de sair da caixa de diálogo, **verifique se ambas estão ativadas por um tique na caixa ao lado de cada varredura.** Muitas

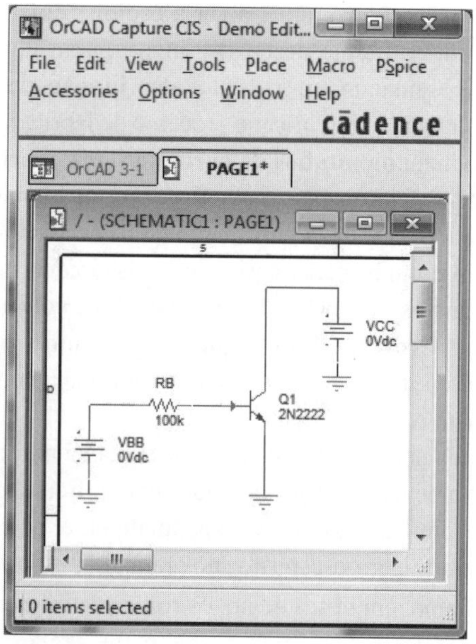

Figura 3.34 Circuito usado para a obtenção das curvas características de coletor do transistor Q2N2222.

vezes, ao entrar na segunda varredura, o usuário deixa de estabelecê-la antes de sair da caixa de diálogo. Uma vez que ambas estejam selecionadas, deixe a caixa de diálogo e selecione **Run PSpice**. O resultado será um gráfico com uma tensão **VCC** variando de 0 a 10 V. Para estabelecer as várias curvas *I*, aplique a sequência **Trace-Add Trace** para obter a caixa de diálogo **Add Trace**. Selecione **IC (Q1)**, a corrente de coletor do transistor para o eixo vertical. Um **OK**, e as curvas características aparecerão. Infelizmente, porém, elas se estendem de –10 mA a +20 mA no eixo vertical. Isso pode ser corrigido pela sequência **Plot-Axis Settings**, o que novamente resultará na caixa de diálogo **Axis Settings**. Selecione **Y-Axis** e, sob **Data Range**, escolha **User Defined** e defina o intervalo de 0 a 20 mA. Um **OK**, e o gráfico da Figura 3.35 aparecerá. Legendas podem ser adicionadas ao gráfico usando-se a versão de produção do OrCAD.

A primeira curva na parte inferior da Figura 3.35 representa I_B = 20 μA. A curva acima é I_B = 40 μA, a próxima, 60 μA e assim por diante. Se escolhermos um ponto no meio das curvas características definido por V_{CE} = 4 V e I_B = 60 μA, como mostrado na Figura 3.35(b), β pode ser determinado por

$$\beta = \frac{I_C}{I_B} = \frac{11\text{ mA}}{60\,\mu\text{A}} = 183{,}3$$

Tal como o diodo, os outros parâmetros do dispositivo terão um efeito significativo sobre as condições operacionais. Se retornarmos às especificações de transistores usando **Edit-PSpice Model** para obter a caixa de diálogo

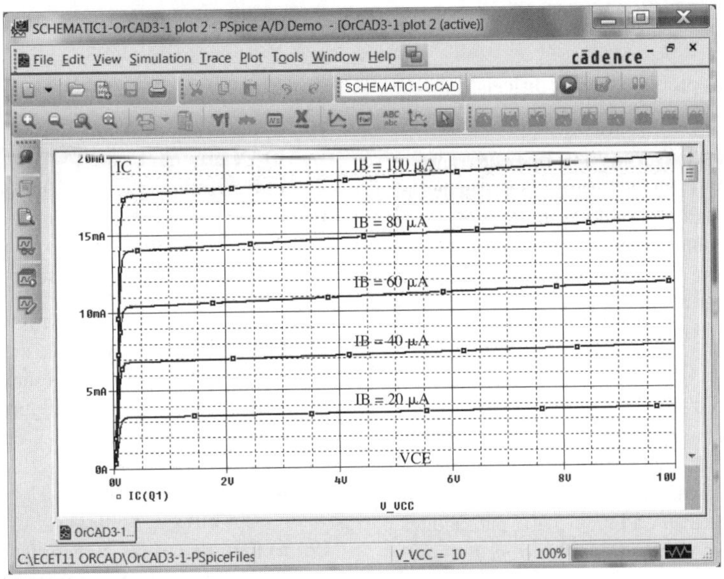

Figura 3.35 Curvas características de coletor para o transistor da Figura 3.34.

PSpice Model Editor Demo, poderemos apagar todos os parâmetros, exceto o valor Bf. Certifique-se de manter os parênteses em torno do valor Bf durante o processo de exclusão. Ao sair, a caixa de diálogo **Model Editor/16.3** surgirá pedindo que as alterações sejam salvas. Foram salvas como **OrCAD 3-1** e o circuito foi simulado novamente para obter as características da Figura 3.36, seguindo-se outro ajuste do intervalo do eixo vertical.

Observe, primeiramente, que as curvas são todas horizontais, o que significa que o componente está isento de quaisquer elementos resistivos. Além disso, o espaçamento igual das curvas revela que beta é o mesmo em toda a extensão. Na interseção de $V_{CE} = 4$ V e $I_B = 60\ \mu$A, o novo valor de β é

$$\beta = \frac{I_C}{I_B} = \frac{14{,}6\text{ mA}}{60\ \mu\text{A}} = 243{,}3$$

O valor real da análise que acabamos de apresentar é reconhecer que, apesar de beta ser fornecido, o desempenho efetivo do dispositivo vai ser muito dependente de seus outros parâmetros. Suponha que um dispositivo ideal seja sempre um bom ponto de partida, mas um circuito real fornece um conjunto diferente de resultados.

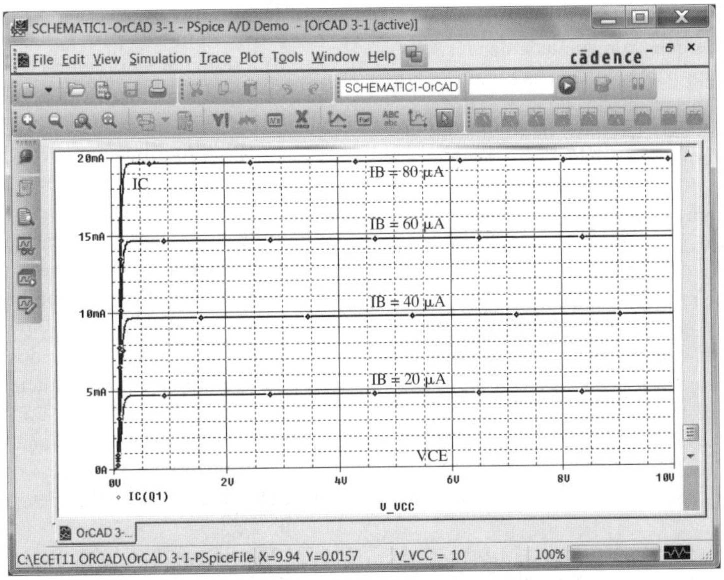

Figura 3.36 Curvas características ideais de coletor para o transistor da Figura 3.34.

PROBLEMAS

Nota: asteriscos indicam os problemas mais difíceis.

Seção 3.2 Construção do transistor

1. Quais as denominações dadas aos dois tipos de transistor bipolar de junção (TBJ)? Esboce a estrutura básica de cada um e identifique seus vários portadores minoritários e majoritários. Desenhe o símbolo gráfico próximo a cada um. Alguma informação será alterada se trocarmos o transistor de silício por um de germânio?

2. Qual é a principal diferença entre um dispositivo bipolar e um unipolar?

Seção 3.3 Operação do transistor

3. Como devem ser polarizadas as duas junções de um transistor para que ele opere adequadamente como amplificador?

4. Qual é a origem da corrente de fuga de um transistor?

5. Esboce uma figura semelhante à Figura 3.4(a) para a junção polarizada diretamente de um transistor *npn*. Indique o movimento resultante dos portadores.

6. Esboce uma figura semelhante à Figura 3.4(b) para a junção polarizada reversamente de um transistor *npn*. Indique o movimento resultante dos portadores.

7. Esboce uma figura semelhante à Figura 3.5 para o fluxo dos portadores majoritários e minoritários de um transistor *npn*. Indique o movimento dos portadores resultante.

8. Qual das correntes do transistor é sempre a maior? Qual é sempre a menor? Quais são as duas correntes relativamente próximas em amplitude?

9. Se a corrente de emissor de um transistor é de 8 mA e I_B é 1/100 de I_C, determine os valores I_C e I_B.

Seção 3.4 Configuração base-comum

10. De memória, esboce os símbolos para um transistor *pnp* e para um *npn* e, em seguida, introduza os sentidos de fluxo convencional para cada corrente.

11. Utilizando as curvas características da Figura 3.7, determine V_{BE} em $I_E = 5$ mA para $V_{CB} = 1$, 10 e 20 V. Podemos presumir que V_{CB} tem pouca influência sobre a relação entre V_{BE} e I_E?

12. **a)** Determine o valor médio da resistência CA para a curva característica da Figura 3.10(b).
b) Para os circuitos nos quais a magnitude dos resistores é em quiloohms, a aproximação feita na Figura 3.10(c) é válida [com base nos resultados do item (a)]?

13. **a)** Utilizando as curvas características da Figura 3.8, determine a corrente de coletor resultante, se $I_E = 3{,}5$ mA e $V_{CB} = 10$ V.
b) Repita o item (a) para $I_E = 3{,}5$ mA e $V_{CB} = 20$ V.
c) Como as modificações em V_{CB} afetaram o valor resultante de I_C?
d) Determine de maneira aproximada como I_E e I_C estão relacionadas, com base nos resultados anteriores.

14. **a)** Utilizando as curvas características das figuras 3.7 e 3.8, determine I_C para $V_{CB} = 5$ V e $V_{BE} = 0{,}7$ V.
b) Determine V_{BE} para $I_C = 5$ mA e $V_{CB} = 15$ V.
c) Repita o item (b) utilizando as curvas características da Figura 3.10(b).
d) Faça o mesmo utilizando as curvas características da Figura 3.10(c).
e) Compare as soluções para V_{BE} nos itens (b), (c) e (d). A diferença pode ser ignorada se em geral encontramos valores de tensão da ordem de poucos volts?

15. **a)** Dado α_{CA} de 0,998, determine I_C se $I_E = 4$ mA.
b) Determine α_{CC} se $I_E = 2{,}8$ mA e $I_B = 20\ \mu$A.
c) Determine I_E se $I_B = 40\ \mu$A e α_{CC} é 0,98.

16. Esboce, somente de memória, a configuração base-comum de um transistor TBJ (*npn* e *pnp*) e indique a polaridade da polarização aplicada e os sentidos das correntes resultantes.

Seção 3.5 Configuração emissor-comum

17. Defina I_{CBO} e I_{CEO}. Elas são diferentes? De que maneira se relacionam? Seus valores são normalmente próximos?

18. Utilizando as curvas da Figura 3.13:
a) Determine o valor de I_C correspondente a $V_{BE} = +750$ mV e $V_{CE} = +4$ V.
b) Determine o valor de V_{CE} e V_{BE} correspondente a $I_C = 3{,}5$ mA e $I_B = 30\ \mu$A.

***19.** **a)** Para as curvas características de emissor-comum da Figura 3.13, determine o beta CC em um ponto de operação com $V_{CE} = 6$ V e $I_C = 3$ mA.
b) Determine o valor de α correspondente a esse ponto de operação.
c) Em $V_{CE} = +6$ V, determine o valor correspondente de I_{CEO}.
d) Calcule o valor aproximado de I_{CBO}, utilizando o valor de beta CC obtido no item (a).

***20.** **a)** Utilizando as curvas características da Figura 3.13(a), determine I_{CEO} para $V_{CE} = 10$ V.
b) Determine β_{CC} para $I_B = 10\ \mu$A e $V_{CE} = 10$ V.
c) Utilizando o valor de β_{CC} determinado no item (b), calcule I_{CBO}.

21. **a)** Utilizando as curvas características da Figura 3.13(a), determine β_{CC} para $I_B = 60\ \mu$A e $V_{CE} = 4$ V.
b) Repita o item (a) para $I_B = 30\ \mu$A e $V_{CE} = 7$ V.
c) Repita o item (a) para $I_B = 10\ \mu$A e $V_{CE} = 10$ V.
d) Revendo os resultados obtidos de (a) a (c), o valor de β_{CC} varia de ponto a ponto nas características? Onde se situam os valores mais altos? Podemos desenvolver alguma conclusão geral sobre o valor de β_{CC} em um conjunto de características fornecidas na Figura 3.13(a)?

***22.** **a)** Utilizando as curvas características da Figura 3.13(a), determine β_{CA} para $I_B = 60\ \mu$A e $V_{CE} = 4$ V.
b) Repita o item (a) para $I_B = 30\ \mu$A e $V_{CE} = 7$ V.
c) Repita o item (a) para $I_B = 10\ \mu$A e $V_{CE} = 10$ V.
d) Revendo os resultados de (a) a (c), o valor de β_{CA} varia de ponto a ponto nas curvas características? Onde se situam os valores mais altos? Podemos desenvolver alguma conclusão sobre o valor de β_{CA} em um conjunto de curvas características de coletor?
e) Os pontos escolhidos neste exercício são os mesmos do Problema 21. Se esse problema foi resolvido, compare os valores de β_{CC} e β_{CA} para cada ponto e comente o resultado para cada um dos valores.

23. Utilizando as curvas características da Figura 3.13(a), determine β_{CC} para $I_B = 25\ \mu$A e $V_{CE} = 10$ V. Calcule, então, α_{CC} e o valor resultante de I_E. (Utilize o valor de I_C determinado por $I_C = \beta_{CC} I_B$)

24. **a)** Dado que $\alpha_{CC} = 0{,}980$, determine o valor correspondente de β_{CC}.
b) Dado que $\beta_{CC} = 120$, determine o valor correspondente de α.
c) Dado que $\beta_{CC} = 120$ e $I_C = 2$ mA, determine I_E e I_B.

25. Esboce, somente de memória, a configuração emissor-comum (para *npn* e *pnp*) e introduza a polarização apropriada com os sentidos de correntes para I_B, I_C e I_E.

Seção 3.6 Configuração coletor-comum

26. Uma tensão de entrada de 2 V rms (medida da base para o terra) é aplicada ao circuito da Figura 3.21. Presumindo-se que a tensão de emissor siga exatamente a tensão de base e que V_{be}(rms) = 0,1 V, calcule a amplificação de tensão do circuito ($A_v = V_o/V_i$) e a corrente de emissor para $R_E = 1\ \text{k}\Omega$.

27. Para um transistor que apresente as curvas características da Figura 3.13, esboce as curvas de entrada e saída da configuração coletor-comum.

Seção 3.7 Limites de operação

28. Determine a região de operação para um transistor que apresente as curvas características da Figura 3.13, se $I_{C_{máx}} = 6$ mA, $BV_{CEO} = 15$ V e $P_{C_{máx}} = 35$ mW.

29. Determine a região de operação para um transistor que apresente as curvas características da Figura 3.8, se $I_{C_{máx}} = 7$ mA, $BV_{CBO} = 20$ V e $P_{C_{máx}} = 42$ mW.

Seção 3.8 Folha de dados do transistor

30. Utilizando a Figura 3.23 como referência, determine a faixa de temperatura permitida para o dispositivo em graus Fahrenheit.

31. Utilizando a informação fornecida na Figura 3.23, observando $P_{D_{máx}}$, $V_{CE_{máx}}$, $I_{C_{máx}}$ e $V_{CE_{sat}}$, esboce os limites de operação do dispositivo.

32. Com base nos dados da Figura 3.23, qual é o valor esperado para I_{CEO} utilizando-se o valor médio de β_{CC}?

33. Como a faixa de valores de h_{FE} [(Figura 3.23(c), normalizada para $h_{FE} = 100$] se compara com a faixa de valores de h_{fe} [(Figura 3.23(b)] para a faixa de I_C entre 0,1 e 10 mA?

34. Utilizando as curvas características da Figura 3.23(d), determine se a capacitância de entrada na configuração base-comum aumenta ou diminui para valores crescentes de potencial reverso de polarização. É possível explicar por quê?

***35.** Utilizando as características da Figura 3.23(b), determine quanto o nível de h_{fe} variou de seu valor em 1 mA para seu valor em 10 mA. Observe que a escala vertical é logarítmica, podendo ser necessário consultar a Seção 11.2. Deve-se considerar a variação em uma situação de projeto?

***36.** Utilizando a curva característica da Figura 3.23(c), determine o valor de β_{CC} em $I_C = 10$ mA para os três valores de temperatura fornecidos na figura. A variação é significativa para a faixa de temperatura especificada? Há algum elemento que deveria ser considerado no desenvolvimento de um projeto?

Seção 3.9 Teste de transistores

37. **a)** Utilizando as características da Figura 3.24, determine β_{CA} para $I_C = 14$ mA e $V_{CE} = 3$ V.

b) Determine β_{CC} em $I_C = 1$ mA e $V_{CE} = 8$ V.

c) Determine β_{CA} em $I_C = 14$ mA e $V_{CE} = 3$ V.

d) Determine β_{CC} em $I_C = 1$ mA e $V_{CE} = 8$ V.

e) Como os valores de β_{CA} e β_{CC} se comparam em cada região?

f) A aproximação $\beta_{CC} \cong \beta_{CA}$ é válida para esse conjunto de características?

Polarização CC — TBJ

Objetivos

- Ser capaz de determinar os valores de corrente contínua para as várias configurações importantes com TBJ.
- Entender como medir os valores de tensão importantes de uma configuração com TBJ e usá-los para determinar se o circuito opera corretamente.
- Conhecer as condições de saturação e de corte de um circuito com TBJ e os níveis esperados de tensão e corrente estabelecidos por cada condição.
- Ser capaz de realizar uma análise por reta de carga das configurações mais comuns com TBJ.
- Familiarizar-se com o processo de concepção de amplificadores com TBJ.
- Compreender o funcionamento básico de circuitos de chaveamento com transistores.
- Começar a entender o processo de solução de problemas em circuitos transistorizados.
- Desenvolver um sentido para os fatores de estabilidade de uma configuração com TBJ e para o modo como eles afetam sua operação devido a mudanças em características específicas e alterações ambientais.

4.1 INTRODUÇÃO

Para a análise ou o projeto de um amplificador com transistor, é necessário o conhecimento das respostas CC e CA do sistema. É comum imaginarmos que o transistor é um dispositivo mágico capaz de aumentar o valor da entrada CA aplicada sem o auxílio de uma fonte de energia externa. Na verdade,

qualquer aumento em tensão, corrente ou potência CA é resultado de uma transferência de energia das fontes CC aplicadas.

A análise ou o projeto de qualquer amplificador eletrônico, portanto, utiliza duas componentes: as respostas CA e CC. Felizmente, o teorema da superposição é aplicável, e a análise das condições CC pode ser totalmente separada da resposta CA. Mas deve-se ter em mente que, durante a fase de projeto ou síntese, a escolha dos parâmetros para os valores CC exigidos influenciará a resposta CA e vice-versa.

O valor CC de operação de um transistor é controlado por vários fatores, incluindo uma vasta gama de pontos de operação possíveis nas curvas características do dispositivo. Na Seção 4.2, será estabelecida a faixa de operação para o amplificador com transistor bipolar de junção (TBJ). Uma vez definidos a corrente CC e os valores de tensão desejados, um circuito que estabeleça o ponto de operação escolhido deve ser projetado. Vários desses circuitos serão analisados neste capítulo. Cada projeto determinará também a estabilidade do sistema, isto é, o quanto ele é sensível às variações de temperatura, outro tópico que será explorado em uma seção deste capítulo.

Embora vários circuitos sejam estudados neste capítulo, há certa semelhança entre a análise de cada configuração devido ao uso recorrente das seguintes relações básicas importantes de um transistor:

$$\boxed{V_{BE} \cong 0{,}7\text{ V}} \qquad (4.1)$$

$$\boxed{I_E = (\beta + 1)I_B \cong I_C} \qquad (4.2)$$

$$\boxed{I_C = \beta I_B} \qquad (4.3)$$

Na verdade, uma vez que a análise dos primeiros circuitos seja claramente compreendida, o caminho para a solução dos circuitos seguintes começará a se tornar bem evidente. Na maioria dos casos, a corrente de base I_B é a primeira quantidade a ser determinada. Uma vez conhecido o valor de I_B, as relações da Equação 4.1 até a 4.3 podem ser aplicadas para que sejam definidos os parâmetros restantes de interesse. As semelhanças na análise se tornarão imediatamente óbvias à medida que avançarmos no capítulo. As equações para I_B são tão similares para várias configurações que uma delas pode ser deduzida de outra pela simples retirada ou adição de um ou dois termos. A função básica deste capítulo é proporcionar ao leitor certa intimidade com as características do TBJ que permita a realização de uma análise CC para qualquer circuito que empregue o amplificador com TBJ.

4.2 PONTO DE OPERAÇÃO

O termo *polarização* que aparece no título deste capítulo se refere genericamente à aplicação de tensões CC em um circuito para estabelecer valores fixos de corrente e tensão. Para amplificadores com transistor, a corrente e a tensão CC resultantes estabelecem um *ponto de operação* nas curvas características que definem a região que será empregada para a amplificação do sinal aplicado. Visto que o ponto de operação é fixo na curva, também é chamado de *ponto quiescente* (abreviado como ponto *Q*). Por definição, *quiescente* significa em repouso, imóvel, inativo. A Figura 4.1 mostra as características de saída para um dispositivo com quatro pontos de operação indicados. O circuito de polarização pode ser projetado para estabelecer a operação do dispositivo em qualquer um desses pontos ou em outros dentro da *região ativa*. Os valores máximos permitidos para os parâmetros são indicados na Figura 4.1 por uma linha horizontal para a corrente máxima de coletor $I_{C_{máx}}$ e uma linha vertical para a tensão máxima entre coletor e emissor $V_{CE_{máx}}$. A restrição de potência máxima é definida na mesma figura pela curva $P_{C_{máx}}$. No extremo inferior do gráfico está localizada a *região de corte*, definida por $I_B \leq 0$ μA, e a *região de saturação*, definida por $V_{CE} \leq V_{CE_{sat}}$.

O dispositivo TBJ poderia ser polarizado para operar fora desses limites máximos, mas o resultado da operação seria uma redução considerável na vida útil do dispositivo ou sua destruição. Ao limitarmos a operação à região *ativa*, é possível selecionar diversas áreas ou pontos de operação diferentes. O ponto *Q* escolhido depende do tipo de utilização do circuito. Podemos considerar, ainda, algumas diferenças entre os vários pontos mostrados na Figura 4.1 para apresentar algumas ideias

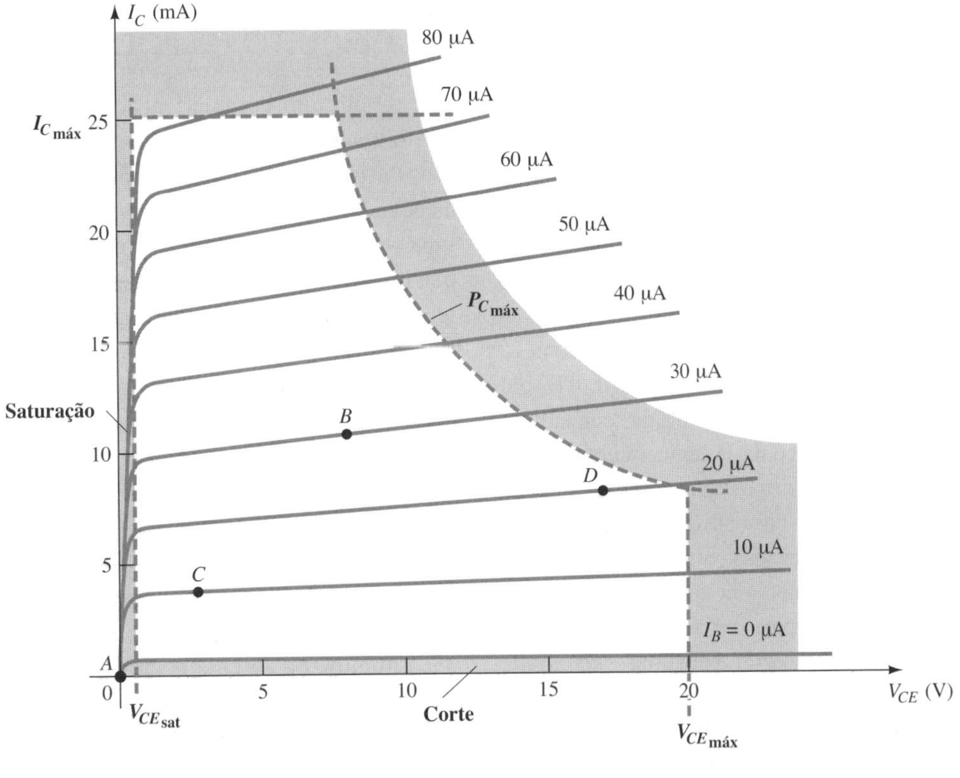

Figura 4.1 Vários pontos de operação dentro dos limites de operação de um transistor.

básicas sobre o ponto de operação e, consequentemente, sobre o circuito de polarização.

Se nenhuma polarização fosse usada, o dispositivo estaria inicialmente desligado, resultando em um ponto Q em A, isto é, corrente nula através do dispositivo (e tensão igual a zero). Uma vez que é necessário polarizar um dispositivo para que ele possa responder à faixa completa de um sinal de entrada, o ponto A não seria adequado. Para o ponto B, se um sinal for aplicado ao circuito, a tensão e a corrente do dispositivo variarão em torno do ponto de operação, permitindo que o dispositivo responda tanto à excursão positiva quanto negativa do sinal de entrada (e possivelmente as amplifique). Se o sinal de entrada for adequadamente escolhido, a tensão e a corrente do dispositivo sofrerão variação, mas não o suficiente para levá-lo ao *corte* ou à *saturação*. O ponto C permitiria alguma variação positiva e alguma negativa do sinal de saída, porém, o valor de pico a pico seria limitado pela proximidade com $V_{CE} = 0$ V e $I_C = 0$ mA. Operar no ponto C também suscita preocupação quanto às não linearidades geradas pelo fato de o espaçamento entre as curvas de I_B nessa região se modificar rapidamente. De modo geral, é preferível operar onde o ganho do dispositivo é razoavelmente constante (ou linear) para garantir que a amplificação em toda a excursão do sinal de entrada seja a mesma. O ponto B está em uma região de espaçamento mais linear e, portanto, de operação mais linear, como mostra a Figura 4.1. O ponto D coloca o ponto de operação do dispositivo próximo dos valores máximos de tensão e potência. Logo, a excursão da tensão de saída no sentido positivo será limitada caso a tensão máxima não deva ser excedida. Por conseguinte, o ponto B parece ser o melhor ponto de operação em termos de ganho linear e maior excursão possível para tensão e corrente de saída. Essa costuma ser a condição desejada para amplificadores de pequenos sinais (Capítulo 5), mas não se aplica necessariamente a amplificadores de potência, que serão vistos no Capítulo 12. Essa discussão se concentra na polarização de transistores para a operação de amplificação de *pequenos sinais*.

Um outro fator muito importante na polarização deve ser considerado. Após a seleção e a polarização do TBJ em um ponto de operação desejado, o efeito da temperatura também deve ser levado em conta. A temperatura acarreta mudanças em parâmetros do dispositivo, como o ganho de corrente do transistor (β_{CA}) e a corrente de fuga do transistor (I_{CEO}). Temperaturas mais elevadas resultam em correntes de fuga maiores, modificando as condições de operação estabelecidas pelo circuito de polarização. O resultado é que o projeto do circuito deve prever também uma *estabilidade à temperatura* para que as variações não acarretem mudanças consideráveis no ponto de operação. A manutenção do ponto de operação pode ser especificada por um *fator de estabilidade*, S, que indica o grau de mudança do ponto de operação decorrente da variação de temperatura. É desejável um circuito altamente estável, e a estabilidade de alguns circuitos de polarização básicos será comparada.

Para a polarização do TBJ em sua região de operação linear ou ativa, devem ocorrer as seguintes situações:

1. *A junção base-emissor deve estar polarizada diretamente (região p mais positiva) com uma tensão resultante de polarização direta de cerca de 0,6 a 0,7 V.*
2. *A junção base-coletor deve estar polarizada reversamente (região n mais positiva), com a tensão reversa de polarização situada dentro dos limites máximos do dispositivo.*

[Observe que, para a polarização direta, a tensão através da junção *p-n* é *p*-positiva, enquanto para a polarização reversa ela é oposta (reversa) com *n*-positiva.]

A operação no corte, na saturação e nas regiões lineares das curvas características do TBJ são:

1. *Operação na região linear:*
   Junção base-emissor polarizada diretamente.
   Junção base-coletor polarizada reversamente.
2. *Operação na região de corte:*
   Junção base-emissor polarizada reversamente.
   Junção base-coletor polarizada reversamente.
3. *Operação na região de saturação:*
   Junção base-emissor polarizada diretamente.
   Junção base-coletor polarizada diretamente.

4.3 CIRCUITO DE POLARIZAÇÃO FIXA

O circuito de polarização fixa da Figura 4.2 é a configuração mais simples de polarização CC do transistor. Apesar de o circuito empregar um transistor *npn*, as equações e os cálculos se aplicam igualmente bem a uma configuração com transistor *pnp*, bastando para isso que invertamos os sentidos de correntes e polaridades das tensões. Os sentidos das correntes da Figura 4.2 são os sentidos *reais*, e as tensões são definidas pela notação-padrão das duas letras subscritas. Para a análise CC, o circuito pode ser isolado dos valores CA indicados pela substituição dos capacitores por um circuito aberto equivalente porque a reatância de um capacitor é uma função da frequência aplicada. Para CC, $f = 0$ Hz e $X_C = {}^1/_{2\pi fC} = {}^1/_{2\pi(0)C} = \infty\Omega$. Além disso, a fonte V_{CC} pode ser separada em duas fontes (apenas para efeito de análise), como mostra a Figura 4.3, para permitir uma separação dos circuitos de entrada e saída. Isso reduz também a ligação entre os dois para a corrente de base I_B. A separação é certamente válida, pois podemos observar na Figura 4.3 que V_{CC} está conectada diretamente a R_B e R_C, como na Figura 4.2.

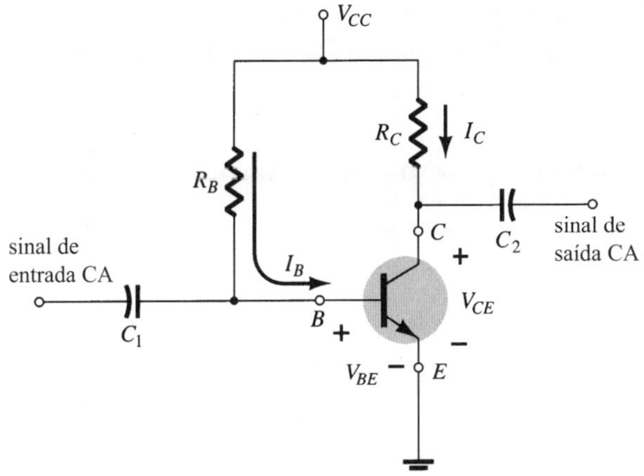

Figura 4.2 Circuito de polarização fixa.

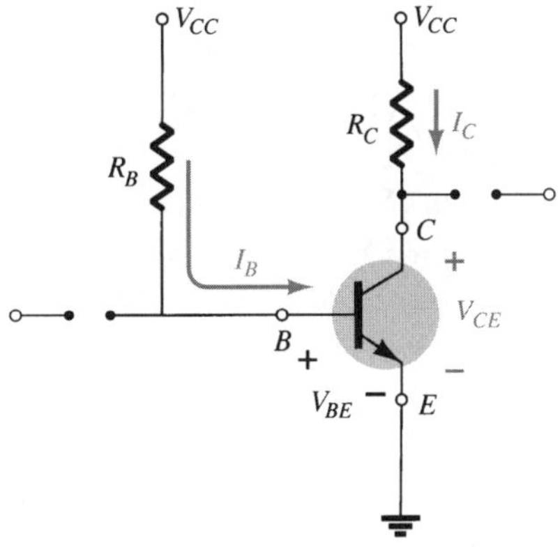

Figura 4.3 Equivalente CC da Figura 4.2.

Polarização direta da junção base-emissor

Analise primeiramente a malha base-emissor mostrada na Figura 4.4. Ao aplicarmos a Lei das Tensões de Kirchhoff no sentido horário da malha, obtemos

$$+V_{CC} - I_B R_B - V_{BE} = 0$$

Observe a polaridade da queda de tensão através de R_B, como estabelecido pelo sentido indicado de I_B. Resolver a equação para a corrente I_B resulta no seguinte:

$$\boxed{I_B = \frac{V_{CC} - V_{BE}}{R_B}} \tag{4.4}$$

A Equação 4.4 é fácil de lembrar se tivermos em mente que a corrente de base é a corrente através de R_B e que, pela lei de Ohm, a corrente é a tensão sobre R_B dividida pela resistência R_B. A tensão sobre R_B é a tensão V_{CC} aplicada menos a queda através da junção base-emissor (V_{BE}). Além disso, como a tensão V_{CC} da fonte e a tensão V_{BE} entre a base e o emissor são constantes, a escolha de um resistor de base, R_B, ajusta o valor da corrente de base para o ponto de operação.

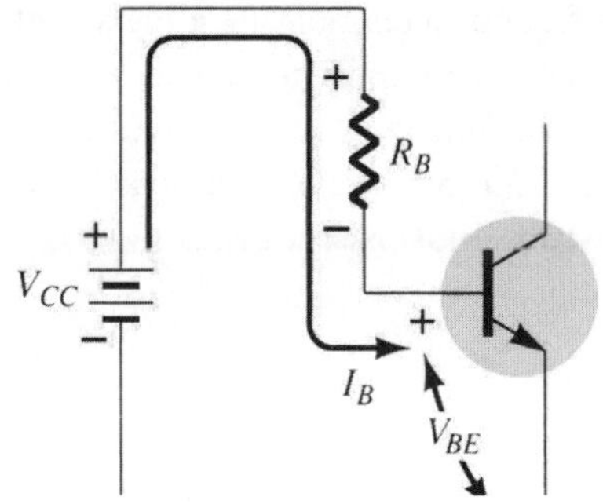

Figura 4.4 Malha base-emissor.

Malha coletor-emissor

A seção coletor-emissor do circuito aparece na Figura 4.5, com o sentido da corrente I_C e a polaridade resultante através de R_C indicados. O valor da corrente do coletor está diretamente relacionado com I_B através de

$$\boxed{I_C = \beta I_B} \tag{4.5}$$

É interessante observar que, como a corrente de base é controlada pelo valor de R_B e I_C está relacionada com I_B por uma constante β, o valor de I_C não é função da resistência R_C. Modificar o valor de R_C não afetará I_B ou I_C, desde que o dispositivo seja mantido na região ativa. No entanto, como veremos adiante, o valor de R_C determinará o valor de V_{CE}, que é um importante parâmetro.

Aplicando a Lei das Tensões de Kirchhoff no sentido horário ao longo da malha indicada na Figura 4.5, obtemos

$$V_{CE} + I_C R_C - V_{CC} = 0$$

e

$$\boxed{V_{CE} = V_{CC} - I_C R_C} \tag{4.6}$$

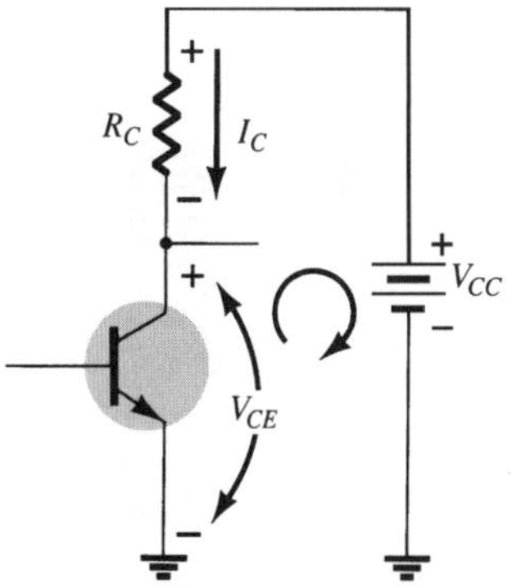

Figura 4.5 Malha coletor-emissor.

que significa que a tensão entre a região coletor-emissor de um transistor na configuração de polarização fixa é a tensão da fonte menos a queda através de R_C.

Como uma breve revisão da notação de uma ou duas letras em subscrito, observe que

$$V_{CE} = V_C - V_E \qquad (4.7)$$

onde V_{CE} é a tensão do coletor para o emissor, e V_C e V_E são, respectivamente, as tensões de coletor e de emissor ao terra. *Nesse caso*, como $V_E = 0$ V, temos

$$V_{CE} = V_C \qquad (4.8)$$

Além disso, visto que

$$V_{BE} = V_B - V_E \qquad (4.9)$$

e $V_E = 0$ V, temos que

$$V_{BE} = V_B \qquad (4.10)$$

Tenha em mente que os valores de tensão como V_{CE} são determinados colocando-se a ponta de prova vermelha (positiva) do voltímetro no coletor e a ponta de prova preta (negativa) no emissor, como ilustra a Figura 4.6. V_C representa a tensão do coletor para o terra e é medida como mostra essa mesma figura. Nesse caso, as duas leituras são idênticas, mas, nos próximos circuitos, elas poderão ser bem diferentes. A compreensão da diferença entre as duas medições pode ser bastante útil na solução de problemas de circuitos com transistor.

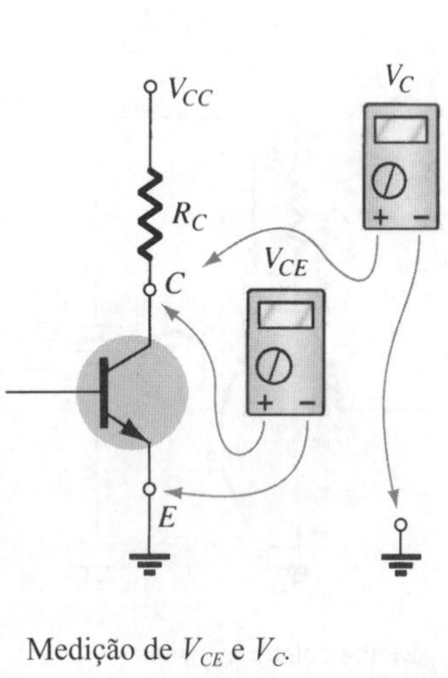

Figura 4.6 Medição de V_{CE} e V_C.

EXEMPLO 4.1

Para a configuração de polarização fixa da Figura 4.7, determine o seguinte:

a) I_{B_Q} e I_{C_Q}
b) V_{CE_Q}
c) V_B e V_C
d) V_{BC}

Solução:

a) Equação 4.4:

$$I_{B_Q} = \frac{V_{CC} - V_{BE}}{R_B} = \frac{12\text{ V} - 0{,}7\text{ V}}{240\text{ k}\Omega} = \mathbf{47{,}08\ \mu A}$$

Equação 4.5:

$$I_{C_Q} = \beta I_{B_Q} = (50)(47{,}08\ \mu\text{A}) = \mathbf{2{,}35\ mA}$$

b) Equação 4.6:

$$V_{CE_Q} = V_{CC} - I_C R_C$$
$$= 12\text{ V} - (2{,}35\text{mA})(2{,}2\text{k}\Omega)$$
$$= \mathbf{6{,}83\ V}$$

c) $V_B = V_{BE} = \mathbf{0{,}7\ V}$

$V_C = V_{CE} = \mathbf{6{,}83\ V}$

d) Usando a notação de duplo subscrito, temos

$$V_{BC} = V_B - V_C = 0{,}7\text{ V} - 6{,}83\text{ V}$$
$$= \mathbf{-6{,}13\ V}$$

sendo o sinal negativo um indicativo de que a junção está polarizada reversamente, como deve estar para uma amplificação linear.

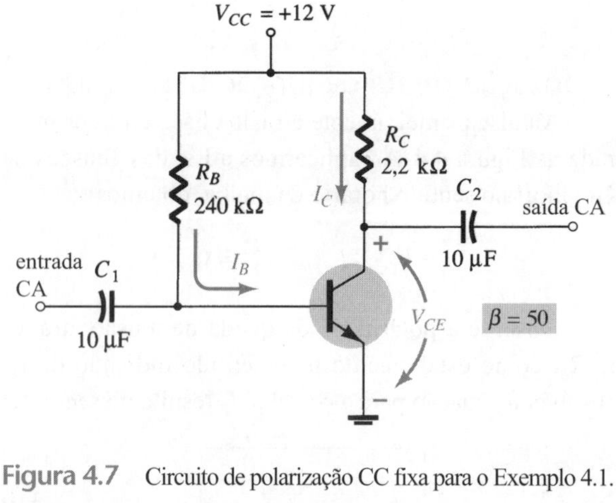

Figura 4.7 Circuito de polarização CC fixa para o Exemplo 4.1.

Saturação do transistor

O termo *saturação* é aplicado a qualquer sistema em que os níveis alcançaram seus valores máximos. Uma esponja saturada é aquela que não é capaz de reter mais nenhuma gota de líquido. Para um transistor que opera na região de saturação, a corrente apresenta um valor máximo *para um projeto específico*. Modificando-se o projeto, o nível correspondente de saturação pode aumentar ou diminuir. Obviamente, o nível mais alto de saturação é definido pela corrente máxima de coletor fornecida pela folha de dados.

As condições para saturação são geralmente evitadas porque a junção base-coletor não está mais polarizada reversamente, e o sinal amplificado na saída estará distorcido. Um ponto de operação na região de saturação é representado na Figura 4.8(a). Observe que ele se encontra em uma região em que as curvas características se agrupam, e a tensão coletor-emissor tem um valor menor ou igual a $V_{CE_{sat}}$. Além disso, a corrente do coletor é relativamente alta nas curvas características.

Se aproximarmos as curvas características da Figura 4.8(a) daquelas na Figura 4.8(b), obteremos um método direto e rápido para a determinação do valor de saturação. Na Figura 4.8(b) a corrente é relativamente alta e presumimos que a tensão V_{CE} seja 0 V. Aplicando-se a lei de Ohm, a resistência entre os terminais de coletor e emissor pode ser definida da seguinte maneira:

$$R_{CE} = \frac{V_{CE}}{I_C} = \frac{0\text{ V}}{I_{C_{sat}}} = 0\ \Omega$$

A aplicação dos resultados ao esquema do circuito resulta na configuração da Figura 4.9.

Para o futuro, portanto, se houver necessidade imediata de saber qual é a corrente de coletor máxima aproximada (valor de saturação) para um projeto em particular, é preciso inserir um curto-circuito equivalente entre o coletor e o emissor do transistor e calcular a corrente de coletor resultante. Em suma, estabeleça V_{CE} = 0 V. Para a configuração com polarização fixa da Figura 4.10, o curto-circuito foi aplicado, fazendo com que a tensão através de R_C fosse a tensão aplicada V_{CC}. A corrente de saturação reversa resultante para a configuração de polarização fixa é

$$I_{C_{sat}} = \frac{V_{CC}}{R_C} \tag{4.11}$$

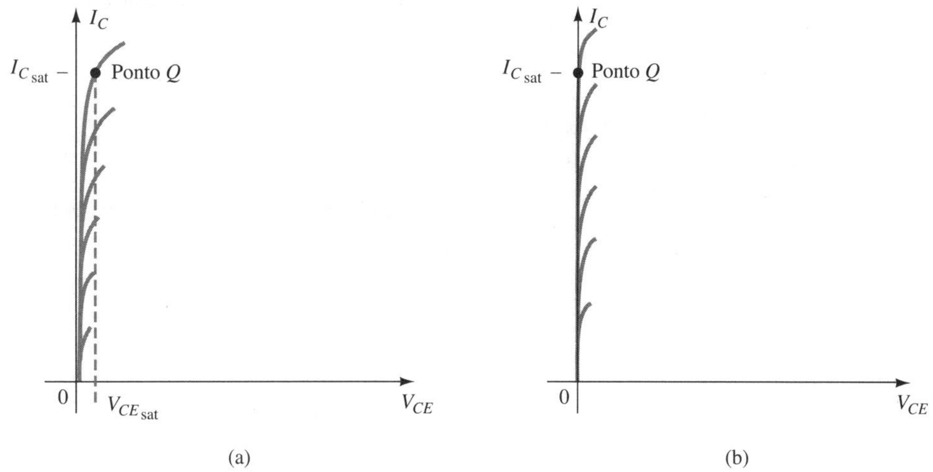

Figura 4.8 Região de saturação: (a) real; (b) aproximada.

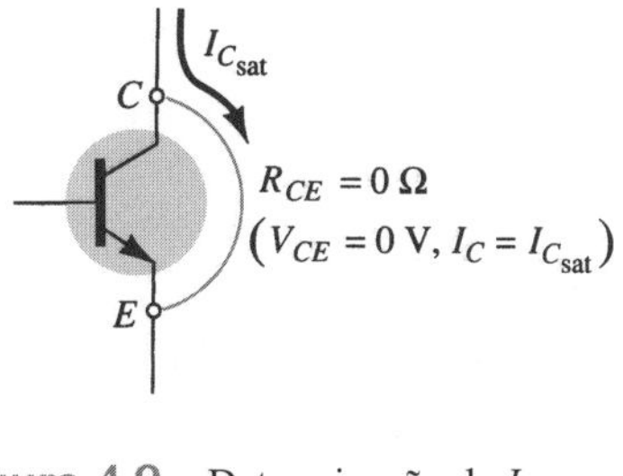

Figura 4.9 Determinação de $I_{C_{sat}}$.

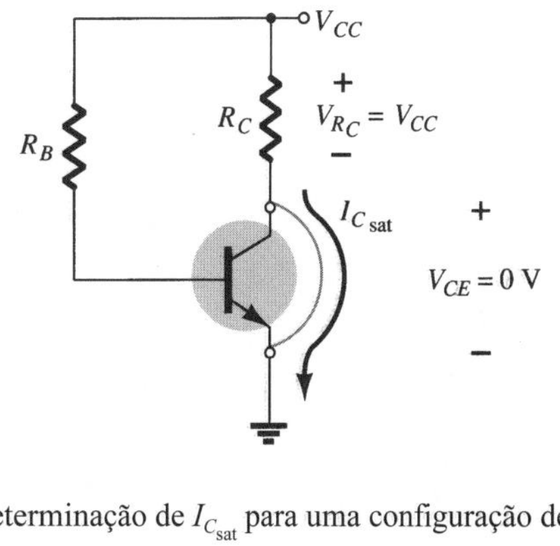

Figura 4.10 Determinação de $I_{C_{sat}}$ para uma configuração de polarização fixa.

Uma vez que $I_{C_{sat}}$ é conhecida, temos uma ideia da máxima corrente de coletor possível para o projeto escolhido, e o valor deverá ficar abaixo deste se desejarmos amplificação linear.

EXEMPLO 4.2

Determine o valor da corrente de saturação para o circuito da Figura 4.7.

Solução:

$$I_{C_{sat}} = \frac{V_{CC}}{R_C} = \frac{12\text{ V}}{2{,}2\text{ k}\Omega} = \mathbf{5{,}45\ mA}$$

O projeto do Exemplo 4.1 resultou em $I_{C_Q} = 2{,}35$ mA, que está distante do valor da saturação e que é aproximadamente metade do valor máximo para o projeto.

Análise por reta de carga

Lembre-se de que a solução por reta de carga para um circuito com diodos foi determinada por meio da sobreposição da curva característica real do diodo sobre um gráfico da equação de circuito envolvendo as mesmas variáveis de circuito. A interseção dos dois gráficos definiu as condições reais de operação do circuito. É chamada de análise por reta de carga porque a carga (resistores) do circuito determinou a inclinação da linha reta que conecta os pontos estabelecidos pelos parâmetros do circuito.

A mesma abordagem pode ser aplicada aos circuitos utilizando TBJ. As curvas características do TBJ são sobrepostas a um gráfico da equação de circuito definida pelos mesmos parâmetros de eixo. O resistor de carga R_C para a configuração de polarização fixa determinará a inclinação da equação de circuito e a interseção resultante entre os dois gráficos. Quanto menor a resistência da carga, mais acentuada a inclinação da reta de carga do circuito. O circuito da Figura 4.11(a) estabelece a equação de saída que relaciona as variáveis I_C e V_{CE} da seguinte maneira:

$$V_{CE} = V_{CC} - I_C R_C \quad (4.12)$$

As curvas características de saída do transistor também relacionam as mesmas duas variáveis I_C e V_{CE}, como mostra a Figura 4.11(b).

As curvas características do dispositivo de I_C *versus* V_{CE} são fornecidas na Figura 4.11(b). Agora devemos sobrepor a reta definida pela Equação 4.12 às curvas características. O método mais direto de traçar a Equação 4.12 sobre as curvas características de saída consiste em utilizar o fato de que uma reta é determinada por dois pontos. Se *estabelecermos* que I_C é igual a 0 mA, definiremos o eixo horizontal como a reta sobre a qual um ponto está localizado. Aplicando $I_C = 0$ mA na Equação 4.12, descobrimos que

$$V_{CE} = V_{CC} - (0)R_C$$

e

$$V_{CE} = V_{CC}\big|_{I_C = 0\text{ mA}} \quad (4.13)$$

definindo um ponto para a linha reta, como mostra a Figura 4.12.

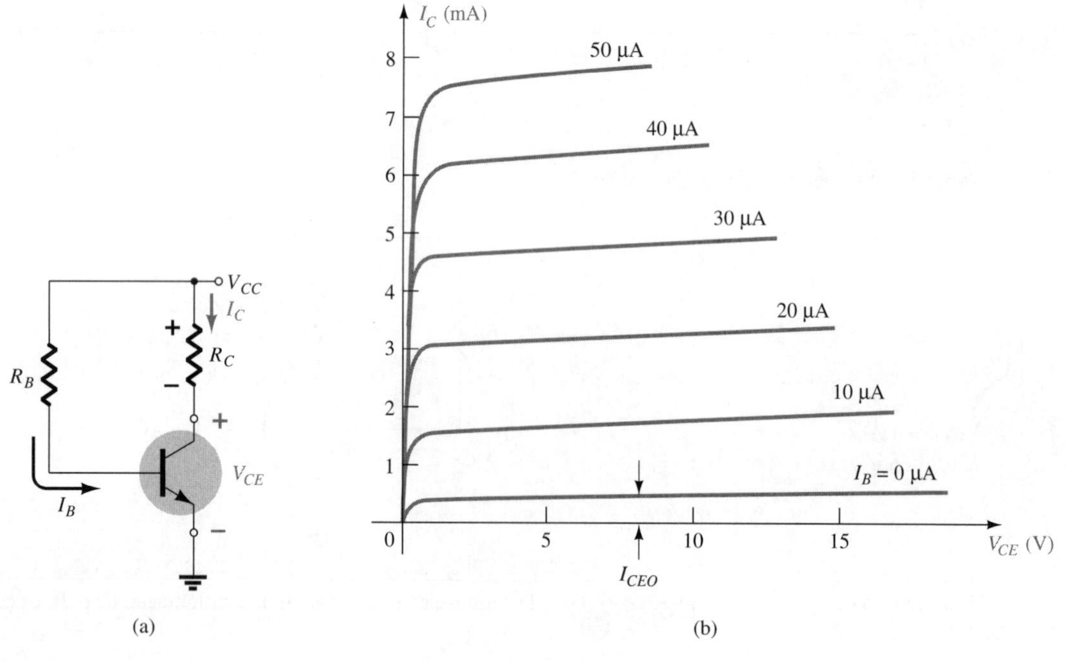

Figura 4.11 Análise por reta de carga: (a) o circuito; (b) as curvas características do dispositivo.

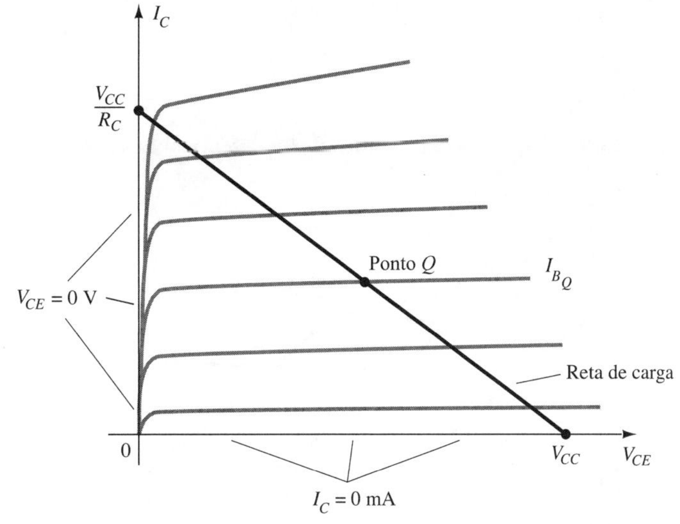

Figura 4.12 Reta de carga para polarização fixa.

Se agora *estabelecermos que* V_{CE} é igual a 0 V, o que define o eixo vertical como a reta sobre a qual o segundo ponto será definido, concluiremos que I_C é determinado pela equação:

$$0 = V_{CC} - I_C R_C$$

e

$$I_C = \left.\frac{V_{CC}}{R_C}\right|_{V_{CE}=0\text{ V}} \tag{4.14}$$

como mostra a Figura 4.12.

Ligando os dois pontos definidos pelas equações 4.13 e 4.14, podemos desenhar a linha reta estabelecida pela Equação 4.12. A linha resultante no gráfico da Figura 4.12 é chamada de *reta de carga*, uma vez que é definida pelo resistor de carga R_C. Ao solucionarmos o valor resultante de I_B, o ponto Q real pode ser estabelecido como indicado na Figura 4.12.

Se o valor de I_B for modificado pela variação do valor de R_B, o ponto Q se move sobre a reta de carga, como mostra a Figura 4.13, para valores crescentes de I_B. Se V_{CC} for mantido fixo e R_C aumentado, a reta de carga se deslocará como ilustrado na Figura 4.14. Se I_B for mantido fixo, o ponto Q se moverá como demonstrado nessa mesma figura. Se R_C for fixo e V_{CC} diminuir, a reta de carga se deslocará como mostra a Figura 4.15.

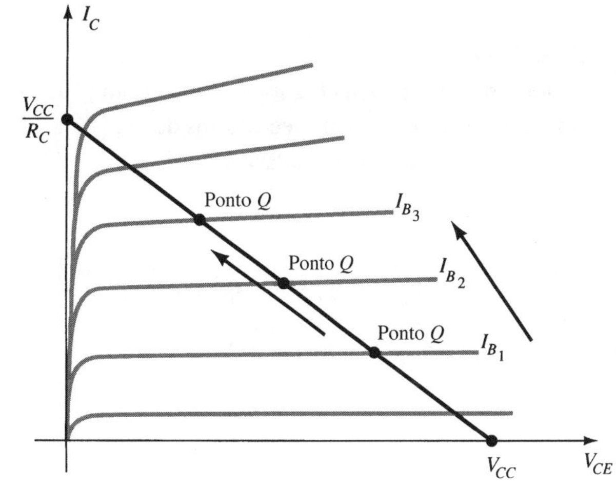

Figura 4.13 Movimento do ponto Q com valores crescentes de I_B.

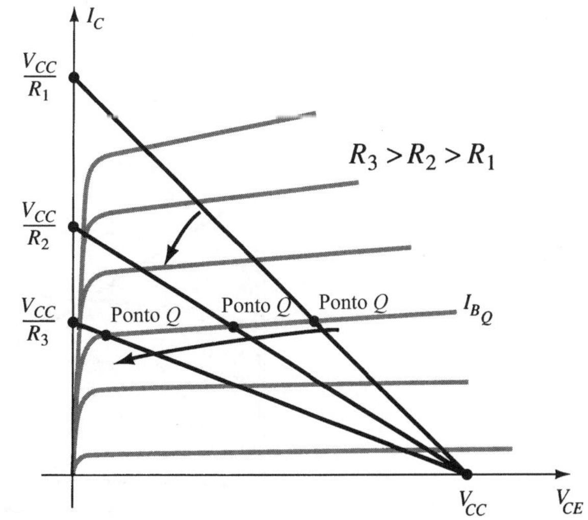

Figura 4.14 Efeito do aumento no valor de R_C na reta de carga e no ponto Q.

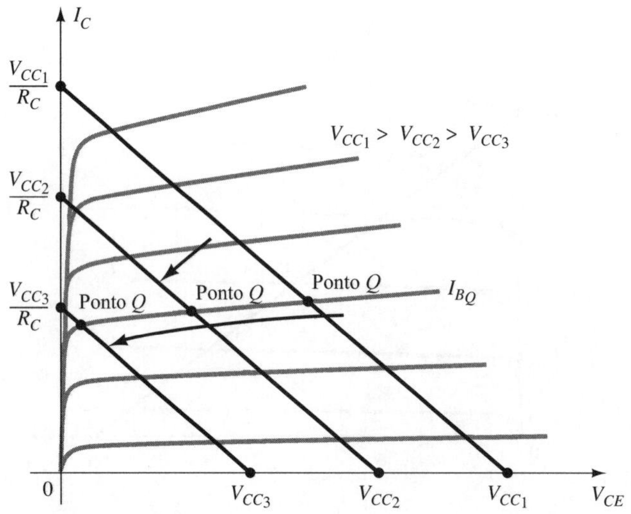

Figura 4.15 Efeito de valores menores de V_{CC} na reta de carga e no ponto Q.

EXEMPLO 4.3

Dados a reta de carga da Figura 4.16 e o ponto Q definido, determine os valores necessários de V_{CC}, R_C e R_B para uma configuração de polarização fixa.

Solução:

Pela Figura 4.16:

$$V_{CE} = V_{CC} = \mathbf{20\ V} \text{ em } I_C = 0 \text{ mA}$$

$$I_C = \frac{V_{CC}}{R_C} \text{ em } V_{CE} = 0 \text{ V}$$

$$\text{e} \quad R_C = \frac{V_{CC}}{I_C} = \frac{20 \text{ V}}{10 \text{ mA}} = \mathbf{2\ k\Omega}$$

$$I_B = \frac{V_{CC} - V_{BE}}{R_B}$$

$$\text{e} \quad R_B = \frac{V_{CC} - V_{BE}}{I_B} = \frac{20 \text{ V} - 0{,}7 \text{ V}}{25\ \mu\text{A}} = \mathbf{772\ k\Omega}$$

4.4 CONFIGURAÇÃO DE POLARIZAÇÃO DO EMISSOR

O circuito de polarização CC da Figura 4.17 contém um resistor de emissor para melhorar o nível de estabilidade da configuração com polarização fixa. Quanto

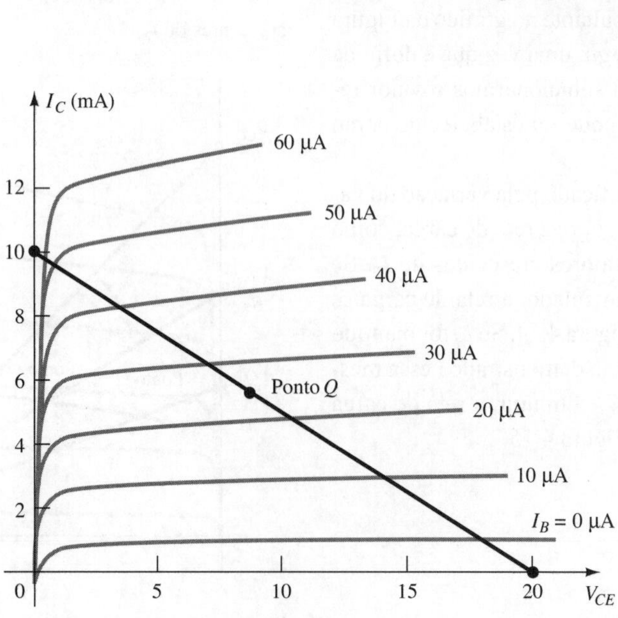

Figura 4.16 Exemplo 4.3.

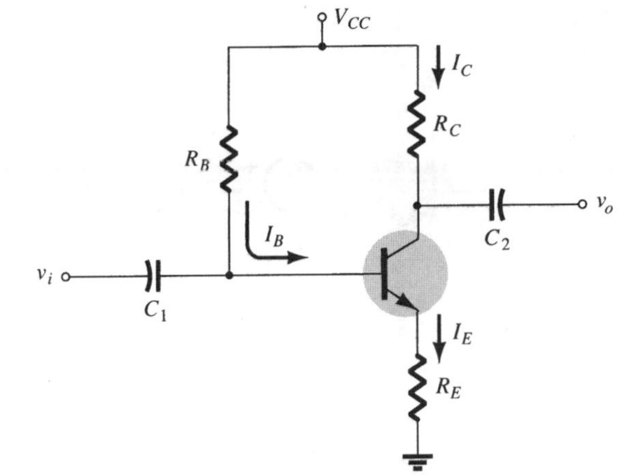

Figura 4.17 Circuito de polarização do TBJ com resistor de emissor.

mais estável for uma configuração, menos sua resposta ficará sujeita a alterações indesejáveis de temperatura e variações de parâmetros. A melhoria da estabilidade será demonstrada mais adiante nesta seção com um exemplo numérico. A análise será feita primeiro pelo exame da malha base-emissor e depois pelo uso dos resultados para investigar a malha coletor-emissor. O equivalente CC da Figura 4.17 aparece na Figura 4.18 com uma separação da fonte para criar uma seção de entrada e de saída.

Malha base-emissor

A malha base-emissor do circuito da Figura 4.18 pode ser redesenhada como mostra a Figura 4.19. A aplicação da Lei das Tensões de Kirchhoff para tensões ao longo da malha indicada, no sentido horário, resulta na equação:

$$+V_{CC} - I_B R_B - V_{BE} - I_E R_E = 0 \qquad (4.15)$$

Lembre-se de que mencionamos no Capítulo 3 que

$$I_E = (\beta + 1)I_B \qquad (4.16)$$

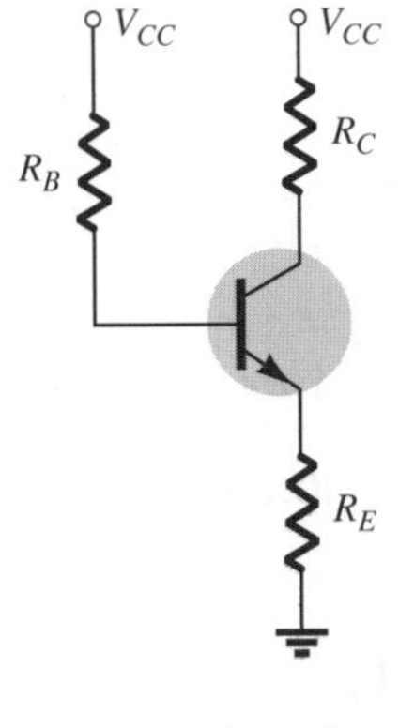

Figura 4.18 Equivalente CC da Figura 4.17.

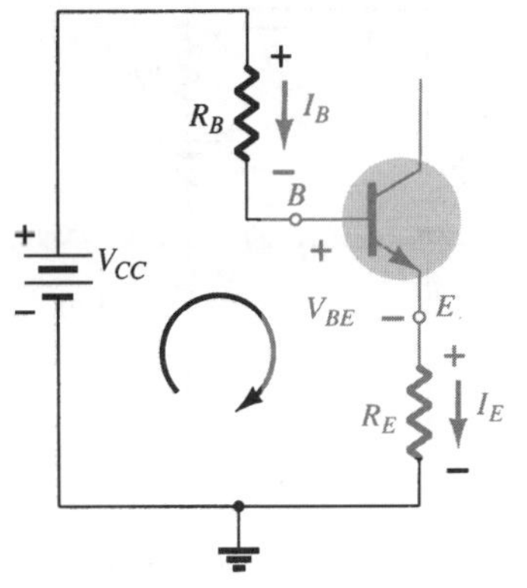

Figura 4.19 Malha base-emissor.

A substituição de I_E na Equação 4.15 resulta em

$$V_{CC} - I_B R_B - V_{BE} - (\beta + 1)I_B R_E = 0$$

O agrupamento dos termos resulta em

$$-I_B(R_B + (\beta + 1)R_E) + V_{CC} - V_{BE} = 0$$

A multiplicação por (–1) resulta em

$$I_B(R_B + (\beta + 1)R_E) - V_{CC} + V_{BE} = 0$$

com $I_B(R_B + (\beta + 1)R_E) = V_{CC} - V_{BE}$

e o cálculo do valor de I_B fornece

$$I_B = \frac{V_{CC} - V_{BE}}{R_B + (\beta + 1)R_E} \qquad (4.17)$$

Observe que a única diferença entre essa equação para I_B e aquela obtida para a configuração com polarização fixa é o termo $(\beta + 1) R_E$.

Um resultado interessante pode vir da Equação 4.17, se ela for utilizada para esboçar um circuito em série que retorne à mesma equação. Esse é o caso do circuito da Figura 4.20. Se resolvido para a corrente I_B, resulta na mesma equação obtida anteriormente. Observe que, independentemente da tensão base-emissor V_{BE}, o resistor R_E é *refletido* de volta para o circuito de entrada por um fator $(\beta + 1)$. Em outras palavras, o resistor do emissor, que é parte da malha coletor-emissor, "aparece como" $(\beta + 1)R_E$ na malha base-emissor. Visto que β é geralmente 50 ou mais, o resistor do emissor aparenta ser muito maior no circuito de entrada. De modo geral, portanto, para a configuração da Figura 4.21,

$$R_i = (\beta + 1)R_E \qquad (4.18)$$

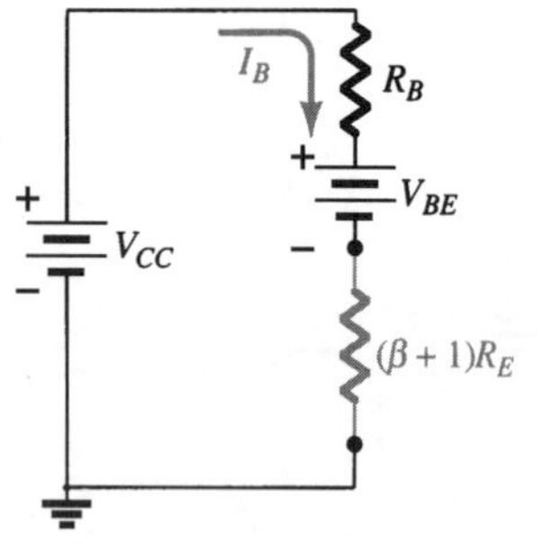

Figura 4.20 Circuito derivado da Equação 4.17.

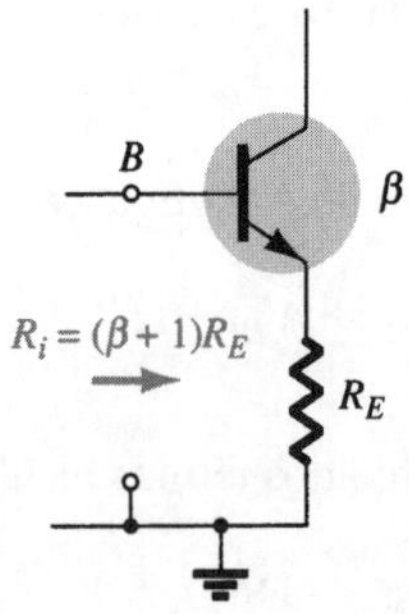

Figura 4.21 Valor da impedância refletida de R_E.

A Equação 4.18 se mostrará útil na análise a seguir. Na realidade, ela proporciona um modo mais fácil de lembrar a Equação 4.17. Utilizando a lei de Ohm, sabemos que a corrente através de um sistema é a tensão dividida pela resistência do circuito. Para a malha base-emissor, a tensão é $V_{CC} - V_{BE}$. Os valores de resistência são R_B mais R_E refletido por $(\beta + 1)$. O resultado é a Equação 4.17.

Malha coletor-emissor

A malha coletor-emissor aparece na Figura 4.22. Aplicando-se a Lei das Tensões de Kirchhoff na malha indicada, no sentido horário, resulta em

$$+I_E R_E + V_{CE} + I_C R_C - V_{CC} = 0$$

Substituindo $I_E \cong I_C$ e agrupando os termos, temos

$$V_{CE} - V_{CC} + I_C(R_C + R_E) = 0$$

e

$$V_{CE} = V_{CC} - I_C(R_C + R_E) \quad (4.19)$$

A notação V_E com subscrito simples indica uma tensão do emissor para o terra e é determinada por

$$V_E = I_E R_E \quad (4.20)$$

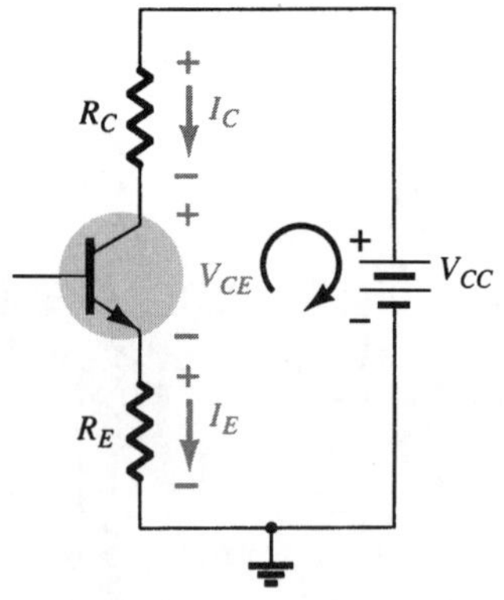

Figura 4.22 Malha coletor-emissor.

enquanto a tensão do coletor para o terra pode ser determinada a partir de

$$V_{CE} = V_C - V_E$$

e

$$V_C = V_{CE} + V_E \quad (4.21)$$

ou

$$V_C = V_{CC} - I_C R_C \quad (4.22)$$

A tensão na base em relação ao terra pode ser determinada pelo uso da Figura 4.18

$$V_B = V_{CC} - I_B R_B \quad (4.23)$$

ou

$$V_B = V_{BE} + V_E \quad (4.24)$$

EXEMPLO 4.4

Para o circuito de polarização do emissor visto na Figura 4.23, determine:

a) I_B
b) I_C
c) V_{CE}
d) V_C
e) V_E
f) V_B
g) V_{BC}

Solução:

a) Equação 4.17:

$$I_B = \frac{V_{CC} - V_{BE}}{R_B + (\beta + 1)R_E} = \frac{20\text{ V} - 0{,}7\text{ V}}{430\text{ k}\Omega + (51)(1\text{ k}\Omega)}$$

$$= \frac{19{,}3\text{ V}}{481\text{ k}\Omega} = \mathbf{40{,}1\ \mu A}$$

b) $I_C = \beta I_B$

$= (50)(40{,}1\ \mu\text{A})$

$\cong$ **2,01 mA**

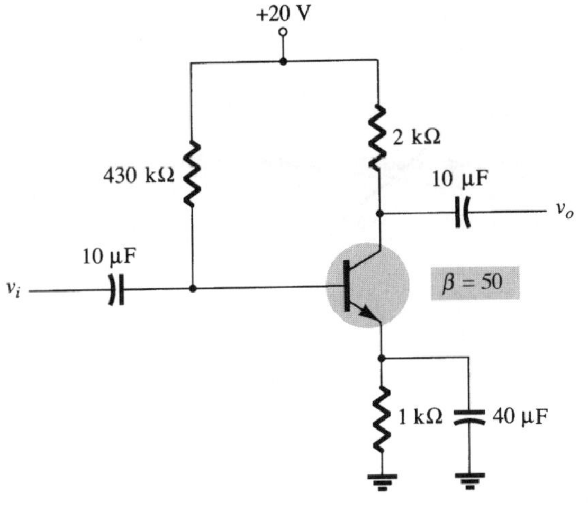

Figura 4.23 Circuito de polarização estável do emissor para o Exemplo 4.4.

c) Equação 4.19:

$$V_{CE} = V_{CC} - I_C(R_C + R_E)$$
$$= 20\ \text{V} - (2{,}01\ \text{mA})(2\ \text{k}\Omega + 1\ \text{k}\Omega)$$
$$= 20\ \text{V} - 6{,}03\ \text{V} = \mathbf{13{,}97\ V}$$

d) $V_C = V_{CC} - I_C R_C$
$$= 20\ \text{V} - (2{,}01\ \text{mA})(2\ \text{k}\Omega) = 20\ \text{V} - 4{,}02\ \text{V}$$
$$= \mathbf{15{,}98\ V}$$

e) $V_E = V_C - V_{CE}$
$$= 15{,}98\ \text{V} - 13{,}97\ \text{V}$$
$$= \mathbf{2{,}01\ V}$$

ou $V_E = I_E R_E \cong I_C R_E$
$$= (2{,}01\ \text{mA})(1\ \text{k}\Omega)$$
$$= \mathbf{2{,}01\ V}$$

f) $V_B = V_{BE} + V_E$
$$= 0{,}7\ \text{V} + 2{,}01\ \text{V}$$
$$= \mathbf{2{,}71\ V}$$

g) $V_{BC} = V_B - V_C$
$$= 2{,}71\ \text{V} - 15{,}98\ \text{V}$$
$= \mathbf{-13{,}27\ V}$ (com polarização reversa, como exigido)

Melhoria na estabilidade da polarização

A adição do resistor de emissor ao circuito de polarização CC do TBJ acarreta uma melhoria na estabilidade, isto é, as correntes e tensões CC permanecem próximas aos valores estabelecidos pelo circuito quando modificações nas condições externas, como temperatura e beta do transistor, ocorrem. Embora uma análise matemática seja fornecida na Seção 4.12, uma comparação da melhoria atingida pode ser obtida como mostra o Exemplo 4.5.

EXEMPLO 4.5

Prepare uma tabela e compare as tensões e as correntes de polarização dos circuitos das figuras 4.7 e 4.23 para o valor de $\beta = 50$ e para um novo valor de $\beta = 100$. Compare as variações de I_C e V_{CE} para o mesmo aumento de β.

Solução:

Utilizando os resultados do Exemplo 4.1 e repetindo-os para o valor de $\beta = 100$, obtemos:

Efeito da variação de β na resposta da configuração com polarização fixa da Figura 4.7

β	I_B (μA)	I_C (mA)	V_{CE} (V)
50	47,08	2,35	6,83
100	47,08	4,71	1,64

A corrente de coletor do TBJ aumentou 100% devido a uma variação de 100% no valor de β. O valor de I_B permaneceu o mesmo e o V_{CE} diminuiu 76%.

Utilizando os resultados calculados no Exemplo 4.4 e repetindo-os depois para um valor de $\beta = 100$, temos:

Efeito da variação de β na resposta da configuração com polarização do emissor da Figura 4.23

β	I_B (μA)	I_C (mA)	V_{CE} (V)
50	40,1	2,01	13,97
100	36,3	3,63	9,11

Agora a corrente de coletor do TBJ aumenta aproximadamente 81% devido ao aumento de 100% em β. Observe que I_B diminuiu, ajudando a manter o valor de I_C — ou, pelo menos, reduzindo a variação total de I_C devido à variação em β. A variação de V_{CE} diminuiu aproximadamente 35% em relação à variação anterior. O circuito da Figura 4.23, portanto, é mais estável do que o circuito da Figura 4.7, para a mesma variação de β.

Nível de saturação

O nível de saturação do coletor ou a corrente de coletor máxima em um projeto de polarização podem ser determinados utilizando-se o mesmo método aplicado à configuração com polarização fixa: estabeleça um curto-circuito entre os terminais de coletor e emissor, como mostra a Figura 4.24, e calcule a corrente do coletor resultante. Para a Figura 4.24

$$I_{C_{sat}} = \frac{V_{CC}}{R_C + R_E} \tag{4.25}$$

A inclusão do resistor do emissor leva o nível de saturação do coletor para um valor abaixo do obtido com uma configuração com polarização fixa utilizando o mesmo resistor de coletor.

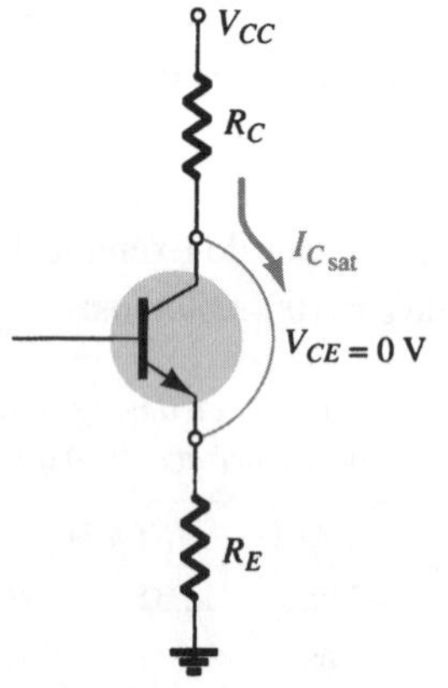

Figura 4.24 Determinação de $I_{C_{sat}}$ para o circuito de polarização estável do emissor.

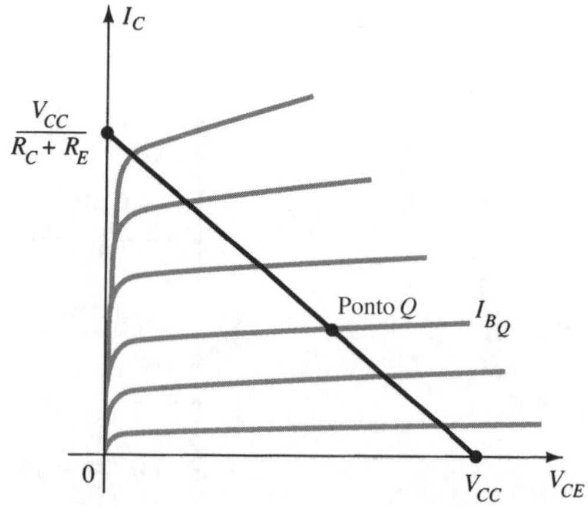

Figura 4.25 Reta de carga para a configuração de polarização do emissor.

EXEMPLO 4.6

Determine a corrente de saturação para o circuito do Exemplo 4.4.

Solução:

$$I_{C_{sat}} = \frac{V_{CC}}{R_C + R_E}$$

$$= \frac{20\text{ V}}{2\text{ k}\Omega + 1\text{ k}\Omega} = \frac{20\text{ V}}{3\text{ k}\Omega}$$

$$= \mathbf{6{,}67\text{ mA}}$$

que é aproximadamente três vezes o valor de I_{C_Q} do Exemplo 4.4.

Análise por reta de carga

A análise por reta de carga do circuito de polarização do emissor difere pouco daquela utilizada para a configuração com polarização fixa. O valor de I_B determinado pela Equação 4.17 define o valor de I_B nas curvas características da Figura 4.25 (indicado por I_{B_Q}).

A equação para a malha coletor-emissor que define a reta de carga é

$$V_{CE} = V_{CC} - I_C(R_C + R_E)$$

A escolha de $I_C = 0$ mA resulta em

$$\boxed{V_{CE} = V_{CC}\big|_{I_C = 0\text{ mA}}} \quad (4.26)$$

como obtido para a configuração com polarização fixa. Escolhendo $V_{CE} = 0$ V, temos

$$\boxed{I_C = \frac{V_{CC}}{R_C + R_E}\Bigg|_{V_{CE}=0\text{ V}}} \quad (4.27)$$

como mostra a Figura 4.25. Valores diferentes de I_{B_Q} moverão, é claro, o ponto Q para cima ou para baixo na reta de carga.

EXEMPLO 4.7

a) Trace a reta de carga para o circuito da Figura 4.26(a) nas curvas características para o transistor que aparece na Figura 4.26(b).
b) Para um ponto Q na interseção da reta de carga com uma corrente de base de 15 μA, determine os valores de I_{C_Q} e V_{CE_Q}.
c) Determine o beta CC no ponto Q.
d) Usando o beta para o circuito determinado no item (c), calcule o valor desejado de R_B e indique um possível valor-padrão.

Solução:

a) Dois pontos sobre as curvas características são necessários para desenhar a reta de carga.
Em $V_{CE} = 0$ V:

$$I_C = \frac{V_{CC}}{R_C + R_E} = \frac{18\text{ V}}{2{,}2\text{ k}\Omega + 1{,}1\text{ k}\Omega}$$

$$= \frac{18\text{ V}}{3{,}3\text{ k}\Omega} = 5{,}45\text{ mA}$$

Em $I_C = 0$ mA: $V_{CE} = V_{CC} = 18$ V
A reta de carga resultante aparece na Figura 4.27.

b) A partir das características da Figura 4.27, determinamos

$$V_{CE_Q} \cong \mathbf{7{,}5\text{ V}}, I_{C_Q} \cong \mathbf{3{,}3\text{ mA}}$$

c) O beta CC resultante é:

$$\beta = \frac{I_{C_Q}}{I_{B_Q}} = \frac{3{,}3\text{ mA}}{15\ \mu\text{A}} = \mathbf{220}$$

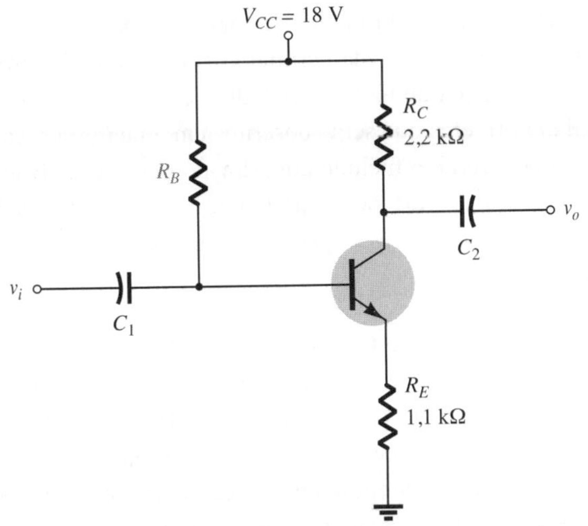

Figura 4.26(a) Circuito para o Exemplo 4.7.

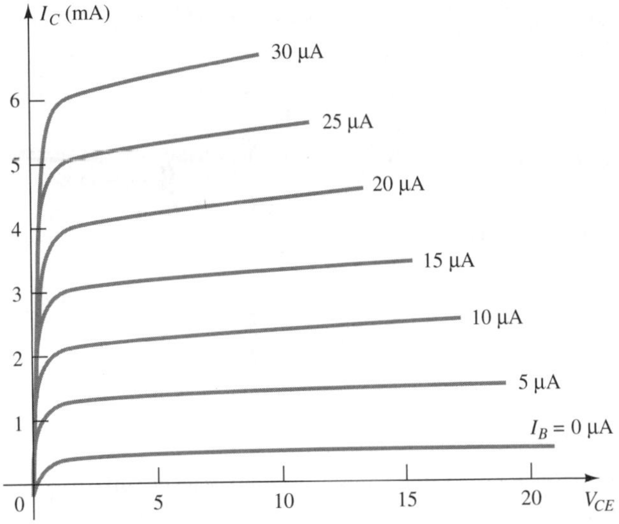

Figura 4.26(b) Exemplo 4.7.

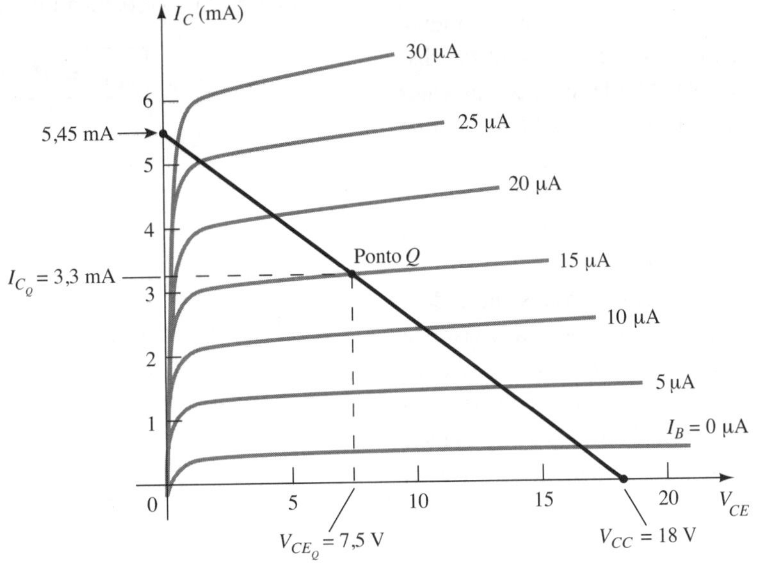

Figura 4.27 Exemplo 4.7.

d) Aplicando a Equação 4.17:

$$I_B = \frac{V_{CC} - V_{BE}}{R_B + (\beta + 1)R_E} = \frac{18\text{ V} - 0{,}7\text{ V}}{R_B + (220 + 1)(1{,}1\text{ k}\Omega)}$$

$$\text{e } 15\ \mu\text{A} = \frac{17{,}3\text{ V}}{R_B + (221)(1{,}1\text{ k}\Omega)} = \frac{17{,}3\text{ V}}{R_B + 243{,}1\text{ k}\Omega}$$

de modo que $(15\ \mu\text{A})(R_B) + (15\ \mu\text{A})(243{,}1\text{ k}\Omega) = 17{,}3\text{ V}$
e $(15\ \mu\text{A})(R_B) = 17{,}3\text{ V} - 3{,}65\text{ V} = 13{,}65\text{ V}$
resultando em

$$R_B + \frac{13{,}65\text{ V}}{15\ \mu\text{A}} = \mathbf{910\ k\Omega}$$

4.5 CONFIGURAÇÃO DE POLARIZAÇÃO POR DIVISOR DE TENSÃO

Nas configurações de polarização anteriores, a corrente I_{C_Q} e a tensão V_{CE_Q} de polarização eram uma função do ganho de corrente β do transistor. No entanto, como β é sensível à temperatura, principalmente em transistores de silício, e o valor exato de beta geralmente não é bem definido, seria desejável desenvolver um circuito de polarização menos dependente, ou, na verdade, independente do beta do transistor. A configuração de polarização por divisor de tensão da Figura 4.28 é um circuito como esse. Se analisado precisamente, observa-se que a sensibilidade às variações de beta é bem pequena. Se os parâmetros

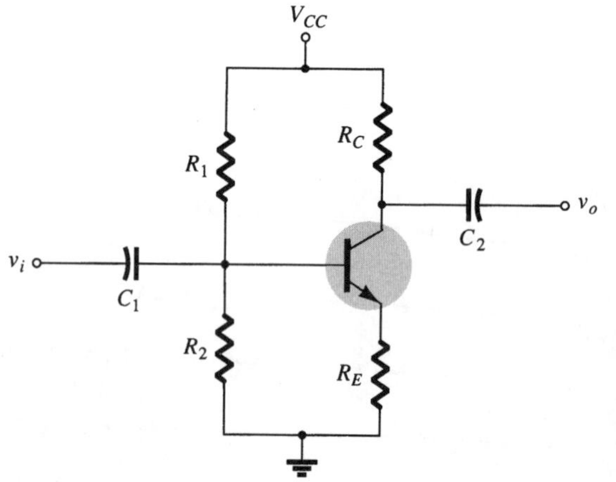

Figura 4.28 Configuração de polarização por divisor de tensão.

do circuito forem escolhidos apropriadamente, os níveis resultantes de I_{C_Q} e V_{CE_Q} poderão ser quase totalmente independentes de beta. Lembre-se de que vimos em discussões anteriores que um ponto Q é definido por um valor fixo de I_{C_Q} e V_{CE_Q}, como mostra a Figura 4.29. O valor de I_{B_Q} será modificado com a variação de beta, mas o ponto de operação nas curvas características definido por I_{C_Q} e V_{CE_Q} poderá permanecer fixo, se forem empregados os parâmetros apropriados do circuito.

Como já foi observado, há dois métodos que podem ser empregados na análise da configuração com divisor de tensão. A razão para a escolha dos nomes para essa configuração se tornará óbvia na análise a seguir. O primeiro item a ser introduzido é o *método exato*, que pode ser aplicado a *qualquer* configuração com divisor de tensão.

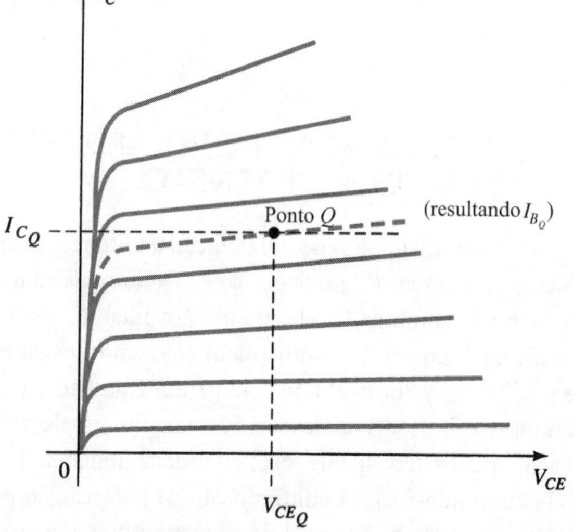

Figura 4.29 Definição do ponto Q para a configuração de polarização por divisor de tensão.

O segundo é conhecido como *método aproximado*, e pode apenas ser utilizado mediante condições específicas. A abordagem aproximada permite uma análise mais direta com economia de tempo e trabalho, e é particularmente útil em projetos que serão descritos em uma outra seção. De modo geral, o método aproximado pode ser aplicado à maioria das situações e, portanto, deve ser examinado com o mesmo interesse que o método exato.

Análise exata

Para a análise CC, o circuito da Figura 4.28 pode ser redesenhado como mostra a Figura 4.30. A seção de entrada do circuito pode ser redesenhada como mostra a Figura 4.31, para análise CC. O circuito equivalente de Thévenin para o circuito à esquerda do terminal da base pode ser determinado do seguinte modo:

R_{Th}: a fonte de tensão é substituída por um curto-circuito equivalente, como mostra a Figura 4.32:

$$R_{Th} = R_1 \| R_2 \tag{4.28}$$

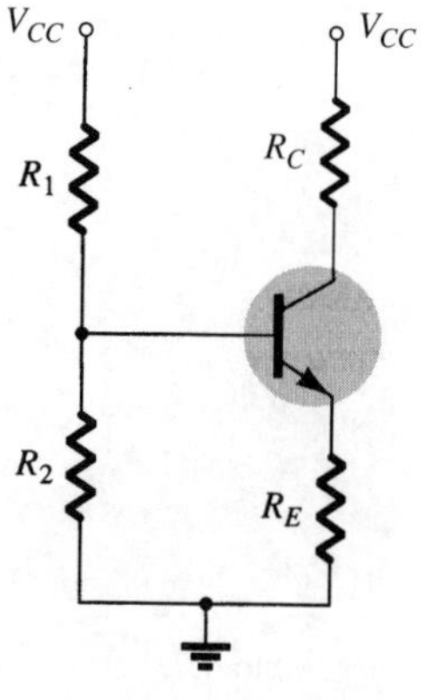

Figura 4.30 Componentes CC da configuração com divisor de tensão.

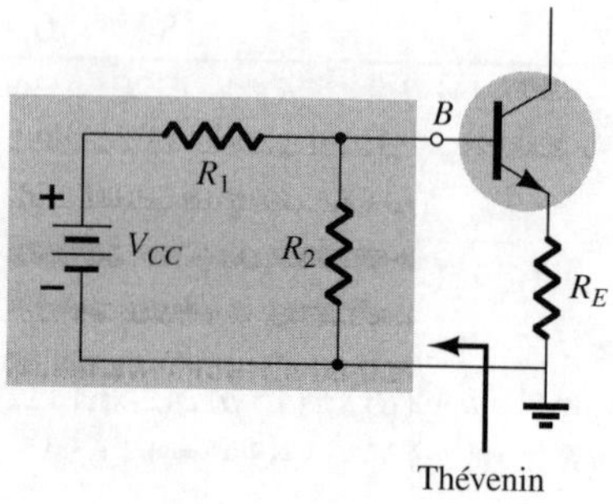

Figura 4.31 Desenho refeito do circuito de entrada da Figura 4.28.

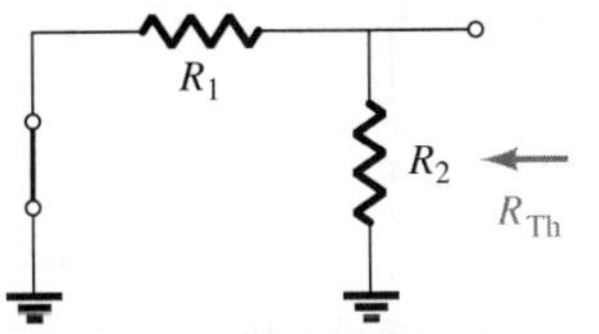

Figura 4.32 Determinação de R_{Th}.

E_{Th}: a fonte de tensão V_{CC} retorna ao circuito, e a tensão Thévenin de circuito aberto da Figura 4.33 é determinada como segue:

Aplicando a regra do divisor de tensão, temos

$$E_{Th} = V_{R_2} = \frac{R_2 V_{CC}}{R_1 + R_2} \quad (4.29)$$

O circuito de Thévenin é então redesenhado, como mostra a Figura 4.34, e I_{B_Q} pode ser determinada primeiramente pela aplicação da Lei das Tensões de Kirchhoff no sentido horário, para a malha indicada:

$$E_{Th} - I_B R_{Th} - V_{BE} - I_E R_E = 0$$

A substituição de $I_E = (\beta + 1)I_B$ e o cálculo de I_B resultam em

$$I_B = \frac{E_{Th} - V_{BE}}{R_{Th} + (\beta + 1)R_E} \quad (4.30)$$

Embora a Equação 4.30 inicialmente se mostre diferente das equações desenvolvidas anteriormente, observe

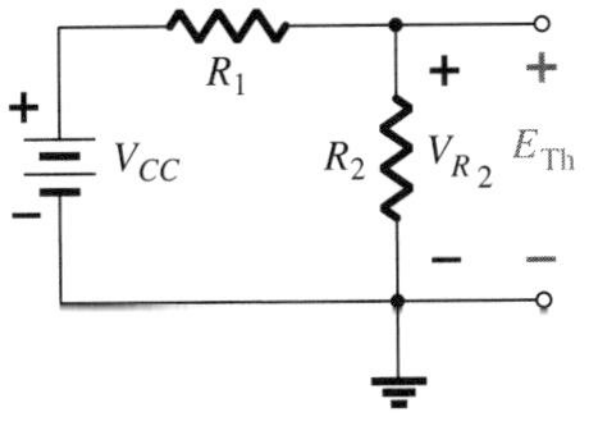

Figura 4.33 Determinação de E_{Th}.

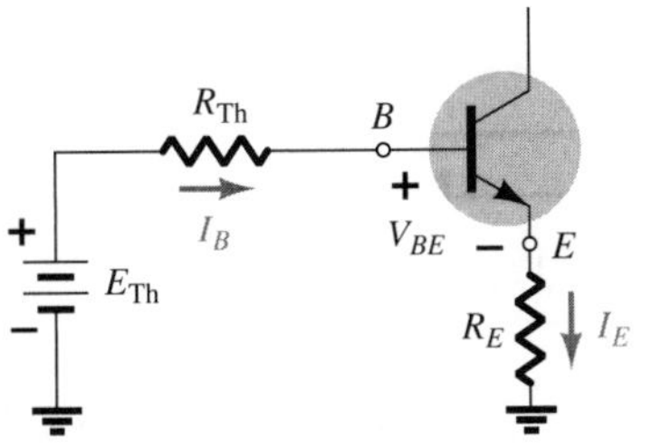

Figura 4.34 Inserção do circuito equivalente de Thévenin.

que o numerador é novamente uma diferença entre dois níveis de tensão e o denominador é a resistência de base mais o resistor de emissor refletido por $(\beta + 1)$ — bastante semelhante à Equação 4.17.

Uma vez que I_B é conhecido, as quantidades restantes do circuito podem ser determinadas do mesmo modo que para a configuração de polarização do emissor. Isto é,

$$V_{CE} = V_{CC} - I_C(R_C + R_E) \quad (4.31)$$

que é exatamente igual à Equação 4.19. As equações restantes para V_E, V_C e V_B também são obtidas da mesma maneira para a configuração de polarização do emissor.

EXEMPLO 4.8

Determine a tensão de polarização CC V_{CE} e a corrente I_C para a configuração com divisor de tensão da Figura 4.35.

Solução:

Equação 4.28:

$$\begin{aligned} R_{Th} &= R_1 \| R_2 \\ &= \frac{(39\,k\Omega)(3{,}9\,k\Omega)}{39\,k\Omega + 3{,}9\,k\Omega} = 3{,}55\,k\Omega \end{aligned}$$

Equação 4.29:

$$\begin{aligned} E_{Th} &= \frac{R_2 V_{CC}}{R_1 + R_2} \\ &= \frac{(3{,}9\,k\Omega)(22\,V)}{39\,k\Omega + 3{,}9\,k\Omega} = 2\,V \end{aligned}$$

Equação 4.30:

$$\begin{aligned} I_B &= \frac{E_{Th} - V_{BE}}{R_{Th} + (\beta + 1)R_E} \\ &= \frac{2\,V - 0{,}7\,V}{3{,}55\,k\Omega + (101)(1{,}5\,k\Omega)} = \frac{1{,}3\,V}{3{,}55\,k\Omega + 151{,}5\,k\Omega} \\ &= 8{,}38\,\mu A \\ I_C &= \beta I_B \\ &= (100)(8{,}38\,\mu A) \\ &= \mathbf{0{,}84\,mA} \end{aligned}$$

Equação 4.31:

$$\begin{aligned} V_{CE} &= V_{CC} - I_C(R_C + R_E) \\ &= 22\,V - (0{,}84\,mA)(10\,k\Omega + 1{,}5\,k\Omega) \\ &= 22\,V - 9{,}66\,V \\ &= \mathbf{12{,}34\,V} \end{aligned}$$

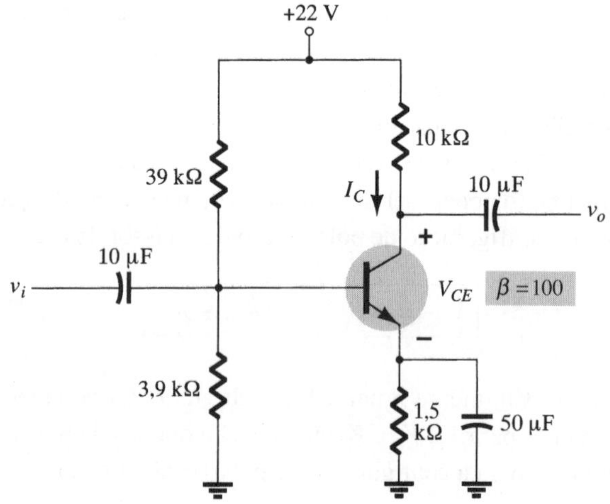

Figura 4.35 Circuito estabilizado em relação a β do Exemplo 4.8.

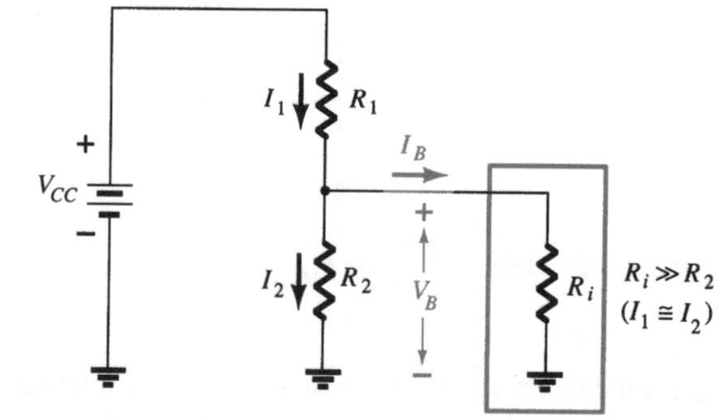

Figura 4.36 Circuito parcial de polarização para o cálculo da tensão aproximada de base V_B.

Análise aproximada

A seção de entrada da configuração com divisor de tensão pode ser representada pelo circuito da Figura 4.36. A resistência R_i é a resistência equivalente entre a base e o terra para o transistor com um resistor de emissor R_E. Lembre-se, da Seção 4.4 (Equação 4.18), de que a resistência refletida entre a base e o emissor é definida por $R_i = (\beta + 1)R_E$. Se R_i for muito maior do que a resistência R_2, a corrente I_B será muito menor do que I_2 (a corrente sempre procura o caminho de menor resistência), e I_2 será aproximadamente igual a I_1. Se aceitarmos a possibilidade de que I_B é praticamente zero em relação a I_1 ou I_2, então $I_1 = I_2$, e R_1 e R_2 podem ser considerados elementos em série. A tensão através de R_2, que é, na verdade, a tensão de base, pode ser determinada por meio da aplicação da regra do divisor de tensão (daí o nome para a configuração). Isto é,

$$V_B = \frac{R_2 V_{CC}}{R_1 + R_2} \quad (4.32)$$

Como $R_i = (\beta + 1)R_E \cong \beta R_E$, a condição que define se o método aproximado pode ser aplicado é

$$\beta R_E \geq 10R_2 \quad (4.33)$$

Em outras palavras, se o valor de β multiplicado por R_E for no mínimo 10 vezes maior do que o valor de R_2, o método aproximado pode ser aplicado com alto grau de precisão nos resultados.

Uma vez que V_B está determinado, o valor de V_E pode ser calculado a partir de

$$V_E = V_B - V_{BE} \quad (4.34)$$

e a corrente de emissor pode ser determinada a partir de

$$I_E = \frac{V_E}{R_E} \quad (4.35)$$

e

$$I_{C_Q} \cong I_E \quad (4.36)$$

A tensão coletor-emissor é determinada por

$$V_{CE} = V_{CC} - I_C R_C - I_E R_E$$

mas, uma vez que $I_E \cong I_C$,

$$V_{CE_Q} = V_{CC} - I_C(R_C + R_E) \quad (4.37)$$

Observe que, na sequência de cálculos da Equação 4.33 até a Equação 4.37, β não aparece e I_B não foi calculado. O ponto Q (determinado por I_C e V_{CE_Q}) é, portanto, independente do valor de β.

EXEMPLO 4.9

Repita a análise da Figura 4.35 utilizando a técnica aproximada e compare as soluções para I_{C_Q} e V_{CE_Q}.

Solução:

Testando:

$$\beta R_E \geq 10R_2$$
$$(100)(1{,}5\ \text{k}\Omega) \geq 10(3{,}9\ \text{k}\Omega)$$
$$150\ \text{k}\Omega \geq 39\ \text{k}\Omega\ (\textit{satisfeita})$$

Equação 4.32:

$$V_B = \frac{R_2 V_{CC}}{R_1 + R_2} = \frac{(3{,}9\ \text{k}\Omega)(22\ \text{V})}{39\ \text{k}\Omega + 3{,}9\ \text{k}\Omega} = 2\ \text{V}$$

Observe que o valor de V_B é igual ao valor encontrado para E_{Th} no Exemplo 4.7. Essencialmente, portanto, a principal diferença entre as técnicas exata e aproximada é o efeito de R_{Th} na análise exata que distingue E_{Th} de V_B.

Equação 4.34:

$$\begin{aligned} V_E &= V_B - V_{BE} \\ &= 2\text{ V} - 0{,}7\text{ V} \\ &= 1{,}3\text{ V} \end{aligned}$$

$$I_{CQ} \cong I_E = \frac{V_E}{R_E} = \frac{1{,}3\text{ V}}{1{,}5\text{ k}\Omega} = \mathbf{0{,}867\text{ mA}}$$

comparado a 0,84 mA obtido pela análise exata. Por fim,

$$\begin{aligned} V_{CE_Q} &= V_{CC} - I_C(R_C + R_E) \\ &= 22\text{ V} - (0{,}867\text{ mA})(10\text{ kV} + 1{,}5\text{ k}\Omega) \\ &= 22\text{ V} - 9{,}97\text{ V} \\ &= \mathbf{12{,}03\text{ V}} \end{aligned}$$

versus 12,34 V encontrado no Exemplo 4.8.

Os resultados para I_{C_Q} e V_{CE_Q} certamente são próximos e, tendo em vista a variação real nos valores dos parâmetros, um pode ser considerado tão preciso quanto o outro. Quanto maior o valor de R_i comparado a R_2, mais próximas ficam as soluções exata e aproximada. O Exemplo 4.11 compara as soluções em um nível bem abaixo das condições estabelecidas pela Equação 4.33.

EXEMPLO 4.10

Repita a análise exata do Exemplo 4.8 com β reduzido a 50 e compare as soluções para I_{C_Q} e V_{CE_Q}.

Solução:

Este exemplo não é uma comparação entre os métodos exato e aproximado, mas um teste de quanto o ponto Q se moverá caso β seja reduzido pela metade. R_{Th} e E_{Th} são os mesmos:

$$R_{Th} = 3{,}55\text{ k}\Omega, \qquad E_{Th} = 2\text{ V}$$

$$\begin{aligned} I_B &= \frac{E_{Th} - V_{BE}}{R_{Th} + (\beta + 1)R_E} \\ &= \frac{2\text{ V} - 0{,}7\text{ V}}{3{,}55\text{ k}\Omega + (51)(1{,}5\text{ k}\Omega)} \\ &= \frac{1{,}3\text{ V}}{3{,}55\text{ k}\Omega + 76{,}5\text{ k}\Omega} \\ &= 16{,}24\ \mu\text{A} \end{aligned}$$

$$\begin{aligned} I_{C_Q} &= \beta I_B \\ &= (50)(16{,}24\ \mu\text{A}) \\ &= \mathbf{0{,}81\text{ mA}} \end{aligned}$$

$$\begin{aligned} V_{CE_Q} &= V_{CC} - I_C(R_C + R_E) \\ &= 22\text{ V} - (0{,}81\text{ mA})(10\text{ k}\Omega + 1{,}5\text{ k}\Omega) \\ &= \mathbf{12{,}69\text{ V}} \end{aligned}$$

Tabulando os resultados, temos:

Efeito da variação de β na resposta da configuração com divisor de tensão da Figura 4.35

β	I_{C_Q} *(mA)*	V_{CE_Q} *(V)*
100	0,84 mA	12,34 V
50	0,81 mA	12,69 V

Os resultados mostram claramente a imunidade do circuito com relação a variações em β. Embora β seja drasticamente reduzido pela metade, de 100 para 50, os valores de I_{C_Q} e V_{CE_Q} são basicamente os mesmos.

Nota importante: revendo os resultados obtidos para a configuração com polarização fixa, verificamos que a corrente diminuiu de 4,71 mA para 2,35 mA quando beta caiu de 100 para 50. Na configuração com divisor de tensão, a mesma mudança de beta resultou apenas em uma mudança na corrente de 0,84 mA a 0,81 mA. Ainda mais notável é a variação em V_{CE_Q} para a configuração de polarização fixa. A queda de beta de 100 para 50 resultou em um aumento na tensão de 1,64 V para 6,83 V (uma variação de mais de 300%). Na configuração com divisor de tensão, o aumento na tensão foi apenas de 12,34 V para 12,69 V, o que representa uma mudança de menos de 3%. Em resumo, portanto, a alteração de 50% de beta resultou em uma alteração superior a 300% em um parâmetro importante do circuito na configuração de polarização fixa e inferior a 3% na configuração com divisor de tensão, uma diferença significativa.

EXEMPLO 4.11

Determine os valores de I_{C_Q} e V_{CE_Q} para a configuração com divisor de tensão da Figura 4.37 utilizando as técnicas exata e aproximada, e compare as soluções. Nesse caso, as condições da Equação 4.33 *não serão satisfeitas*, e os resultados revelarão a diferença na solução se o critério da Equação 4.33 for ignorado.

Solução:

Análise exata:

Equação 4.33:

$$\begin{aligned} \beta R_E &\geq 10R_2 \\ (50)(1{,}2\text{ k}\Omega) &\geq 10(22\text{ k}\Omega) \\ 60\text{ k}\Omega &\ngeq 220\text{ k}\Omega\ \textit{(não satisfeita)} \end{aligned}$$

$$R_{Th} = R_1 \| R_2 = 82\text{ k}\Omega \| 22\text{ k}\Omega = 17{,}35\text{ k}\Omega$$

$$E_{Th} = \frac{R_2 V_{CC}}{R_1 + R_2} = \frac{22\text{ k}\Omega(18\text{ V})}{82\text{ k}\Omega + 22\text{ k}\Omega} = 3{,}81\text{ V}$$

$$\begin{aligned} I_B &= \frac{E_{Th} - V_{BE}}{R_{Th} + (\beta + 1)R_E} \\ &= \frac{3{,}81\text{ V} - 0{,}7\text{ V}}{17{,}35\text{ k}\Omega + (51)(1{,}2\text{ k}\Omega)} \\ &= \frac{3{,}11\text{ V}}{78{,}55\text{ k}\Omega} = 39{,}6\ \mu\text{A} \end{aligned}$$

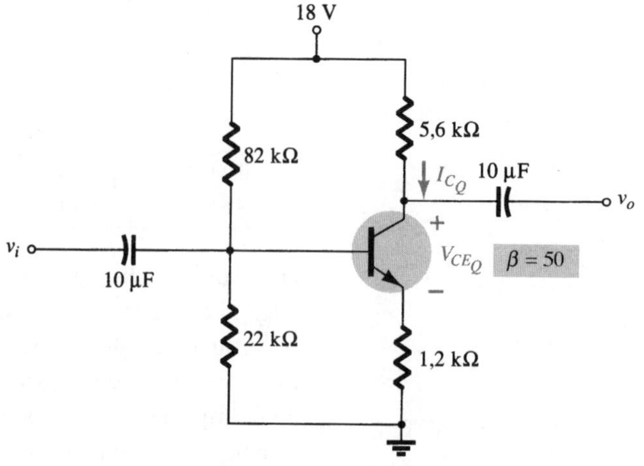

Figura 4.37 Configuração com divisor de tensão para o Exemplo 4.11.

$$I_{C_Q} = \beta I_B = (50)(39{,}6\ \mu\text{A}) = \mathbf{1{,}98\ mA}$$

$$\begin{aligned} V_{CE_Q} &= V_{CC} - I_C(R_C + R_E) \\ &= 18\ \text{V} - (1{,}98\ \text{mA})(5{,}6\ \text{k}\Omega + 1{,}2\ \text{k}\Omega) \\ &= \mathbf{4{,}54\ V} \end{aligned}$$

Análise aproximada:

$$V_B = E_{\text{Th}} = 3{,}81\ \text{V}$$

$$V_E = V_B - V_{BE} = 3{,}81\ \text{V} - 0{,}7\ \text{V} = 3{,}11\ \text{V}$$

$$I_{C_Q} \cong I_E = \frac{V_E}{R_E} = \frac{3{,}11\ \text{V}}{1{,}2\ \text{k}\Omega} = \mathbf{2{,}59\ mA}$$

$$\begin{aligned} V_{CE_Q} &= V_{CC} - I_C(R_C + R_E) \\ &= 18\ \text{V} - (2{,}59\ \text{mA})(5{,}6\ \text{k}\Omega + 1{,}2\ \text{k}\Omega) \\ &= \mathbf{3{,}88\ V} \end{aligned}$$

Tabulando os resultados, temos:

Comparação dos métodos exato e aproximado

	I_{C_Q} *(mA)*	V_{CE_Q} *(V)*
Exato	1,98	4,54
Aproximado	2,59	3,88

Os resultados revelam a diferença entre as soluções exata e aproximada. I_{C_Q} é cerca de 30% maior com a solução aproximada, enquanto V_{CE_Q}, cerca de 10% menor. Os resultados apresentam valores notadamente diferentes, mas, embora βR_E seja quase o triplo de R_2, os resultados ainda são basicamente os mesmos. Futuramente, porém, nossa análise será orientada pela Equação 4.33 para assegurar a similaridade entre as soluções exata e aproximada.

Saturação do transistor

O circuito de saída coletor-emissor para a configuração com divisor de tensão tem a mesma aparência do circuito com polarização de emissor analisado na Seção 4.4. A equação resultante para a corrente de saturação (quando V_{CE} é ajustado para 0 V no esquema) é, portanto, a mesma obtida para a configuração com emissor polarizado. Isto é,

$$I_{C_{\text{sat}}} = I_{C_{\text{máx}}} = \frac{V_{CC}}{R_C + R_E} \quad (4.38)$$

Análise por reta de carga

As semelhanças com o circuito de saída da configuração com polarização de emissor resultam nas mesmas interseções para a reta de carga da configuração com divisor de tensão. Logo, a reta de carga apresentará o mesmo aspecto mostrado na Figura 4.25, com

$$I_C = \left.\frac{V_{CC}}{R_C + R_E}\right|_{V_{CE}=0\ \text{V}} \quad (4.39)$$

e

$$V_{CE} = V_{CC}\big|_{I_C=0\ \text{mA}} \quad (4.40)$$

O valor de I_B é, obviamente, determinado por equações diferentes para as configurações com divisor de tensão e polarização do emissor.

4.6 CONFIGURAÇÃO COM REALIMENTAÇÃO DE COLETOR

Podemos obter uma melhoria na estabilidade do circuito introduzindo uma realimentação de coletor para a base, como mostra a Figura 4.38. Apesar de o ponto Q não ser totalmente independente de beta (mesmo sob condições aproximadas), a sensibilidade a variações de beta ou da

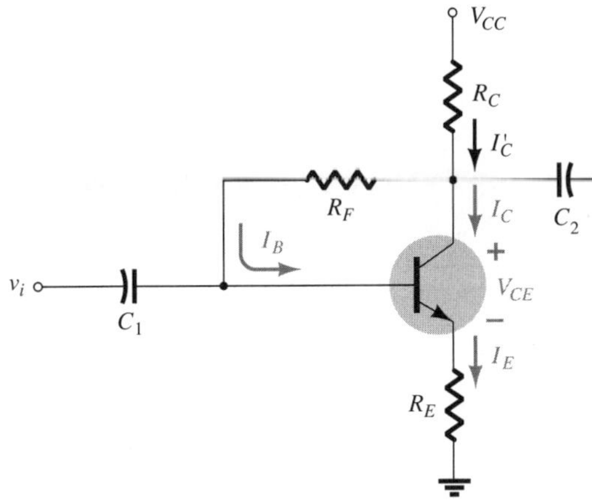

Figura 4.38 Circuito de polarização CC com realimentação de tensão.

temperatura costuma ser menor do que aquela existente em configurações com divisor de tensão e emissor polarizado. Novamente, a análise será refeita, em primeiro lugar, pela análise da malha base-emissor e, em seguida, pela aplicação dos resultados à malha coletor-emissor.

Malha base-emissor

A Figura 4.39 mostra a malha base-emissor para a configuração com realimentação de tensão. Aplicar a Lei das Tensões de Kirchhoff ao longo da malha indicada, no sentido horário, resulta em

$$V_{CC} - I'_C R_C - I_B R_F - V_{BE} - I_E R_E = 0$$

É importante observar que a corrente através de R_C não é I_C, mas I'_C (onde $I'_C = I_C + I_B$). No entanto, os valores de I_C e I'_C são muito maiores do que o valor usual de I_B, e a

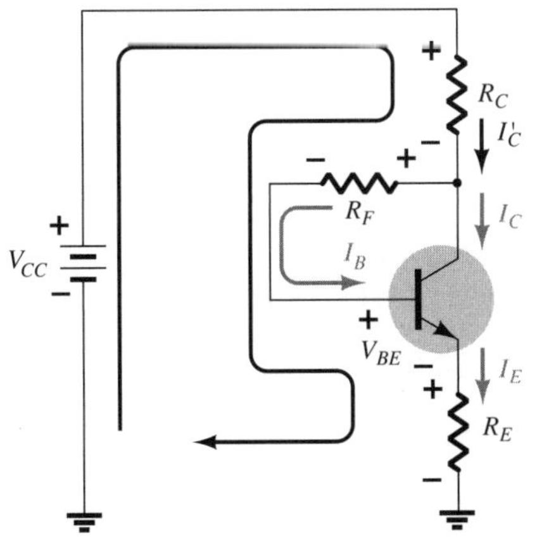

Figura 4.39 Malha base-emissor para o circuito da Figura 4.38.

aproximação $I'_C \cong I_C$ é normalmente empregada. Substituir $I'_C \cong I_C = \beta I_B$ e $I_E \cong I_C$ resulta em

$$V_{CC} - \beta I_B R_C - I_B R_F - V_{BE} - \beta I_B R_E = 0$$

Juntando os termos, obtemos

$$V_{CC} - V_{BE} - \beta I_B(R_C + R_E) - I_B R_F = 0$$

e o cálculo de I_B resulta em

$$I_B = \frac{V_{CC} - V_{BE}}{R_F + \beta(R_C + R_E)} \qquad (4.41)$$

Esse resultado é bastante interessante, pois o formato é muito parecido ao das equações para I_B obtidas nas configurações anteriores. O numerador é novamente a diferença entre tensões disponíveis, enquanto o denominador é a resistência de base mais os resistores de coletor e emissor refletidos por beta. De modo geral, portanto, a realimentação resulta na reflexão da resistência R_C de volta para o circuito de entrada, assim como da resistência R_E.

Normalmente, a equação para I_B tem o formato a seguir, que pode ser comparado com o resultado das configurações de polarização fixa e de emissor.

$$I_B = \frac{V'}{R_F + \beta R'}$$

Na configuração com polarização fixa, $\beta R'$ não existe. Na estrutura com emissor polarizado (com $\beta + 1 \cong \beta$), $R' = R_E$.

Visto que $I_C = \beta I_B$,

$$I_{C_Q} = \frac{\beta V'}{R_F + \beta R'} = \frac{V'}{\frac{R_F}{\beta} + R'}$$

De modo geral, quanto maior for R' quando comparado com $\frac{R_F}{\beta}$, mais precisa a aproximação

$$I_{C_Q} \cong \frac{V'}{R'}$$

O resultado é uma equação com ausência de β, a qual seria bastante estável para variações em β. Visto que R' costuma ser maior para a configuração com realimentação de tensão do que para a de polarização do emissor, a sensibilidade a variações de beta é menor. Obviamente, R' é igual a 0 Ω para a configuração com polarização fixa e, portanto, muito sensível a variações de beta.

Malha coletor-emissor

A malha coletor-emissor para o circuito da Figura 4.38 é mostrada na Figura 4.40. Aplicando a Lei das Tensões de Kirchhoff ao longo da malha indicada, no sentido horário, temos

$$I_E R_E + V_{CE} + I_C' R_C - V_{CC} = 0$$

Visto que $I_C' \cong I_C$ e $I_E \cong I_C$, temos

$$I_C(R_C + R_E) + V_{CE} - V_{CC} = 0$$

e

$$\boxed{V_{CE} = V_{CC} - I_C(R_C + R_E)} \qquad (4.42)$$

que é exatamente o resultado obtido para as configurações de polarização do emissor e polarização por divisor de tensão.

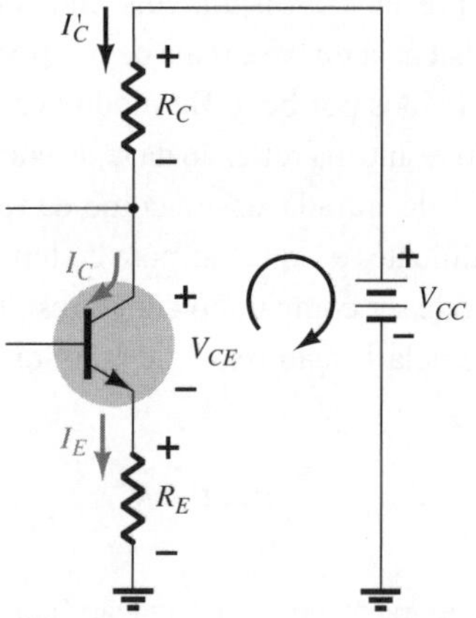

Figura 4.40 Malha coletor-emissor para o circuito da Figura 4.38.

EXEMPLO 4.12

Determine os valores quiescentes de I_{C_Q} e V_{CE_Q} para o circuito da Figura 4.41.

Solução:

Equação 4.41:

$$I_B = \frac{V_{CC} - V_{BE}}{R_F + \beta(R_C + R_E)}$$
$$= \frac{10\text{ V} - 0{,}7\text{ V}}{250\text{ k}\Omega + (90)(4{,}7\text{ k}\Omega + 1{,}2\text{ k}\Omega)}$$
$$= \frac{9{,}3\text{ V}}{250\text{ k}\Omega + 531\text{ k}\Omega} = \frac{9{,}3\text{ V}}{781\text{ k}\Omega}$$
$$= 11{,}91\ \mu\text{A}$$
$$I_{C_Q} = \beta I_B = (90)(11{,}91\ \mu\text{A})$$
$$= \mathbf{1{,}07\ mA}$$
$$V_{CE_Q} = V_{CC} - I_C(R_C + R_E)$$

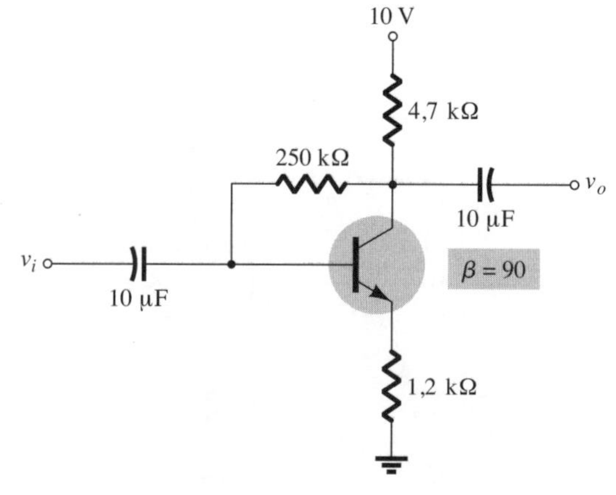

Figura 4.41 Circuito para o Exemplo 4.12.

$$= 10\text{ V} - (1{,}07\ \mu\text{A})(4{,}7\text{ k}\Omega + 1{,}2\text{ k}\Omega)$$
$$= 10\text{ V} - 6{,}31\text{ V}$$
$$= \mathbf{3{,}69\ V}$$

EXEMPLO 4.13

Repita o Exemplo 4.12 utilizando um beta de 135 (50% maior do que no Exemplo 4.12).

Solução:

É importante observar, no cálculo de I_B do Exemplo 4.12, que o segundo termo no denominador da equação é muito maior do que o primeiro. Lembramos que, quanto maior for o segundo termo em relação ao primeiro, menor será a sensibilidade a variações de beta. Neste exemplo, o valor de beta é aumentado em 50%, ampliando ainda mais a diferença do segundo termo em relação ao primeiro. No entanto, é mais importante observar nesses exemplos que, uma vez que o segundo termo é relativamente grande em comparação ao primeiro, a sensibilidade a alterações em beta será significativamente menor.

Calculando I_B, temos

$$I_B = \frac{V_{CC} - V_{BE}}{R_B + \beta(R_C + R_E)}$$
$$= \frac{10\text{ V} - 0{,}7\text{ V}}{250\text{ k}\Omega + (135)(4{,}7\text{ k}\Omega + 1{,}2\text{ k}\Omega)}$$
$$= \frac{9{,}3\text{ V}}{250\text{ k}\Omega + 796{,}5\text{ k}\Omega} = \frac{9{,}3\text{ V}}{1046{,}5\text{ k}\Omega}$$
$$= 8{,}89\ \mu\text{A}$$

e

$$I_{C_Q} = \beta I_B$$
$$= (135)(8{,}89\ \mu\text{A})$$
$$= \mathbf{1{,}2\ mA}$$

e $V_{CE_Q} = V_{CC} - I_C(R_C + R_E)$
$= 10\text{ V} - (1{,}2\text{ mA})(4{,}7\text{ k}\Omega + 1{,}2\text{ k}\Omega)$
$= 10\text{ V} - 7{,}08\text{ V}$
$= \mathbf{2{,}92\text{ V}}$

Apesar de o valor de β ter subido 50%, o valor de I_{C_Q} aumentou apenas 12,1%, enquanto o de V_{CE_Q} diminuiu aproximadamente 20,9%. Se o circuito fosse projetado com polarização fixa, um acréscimo de 50% em β resultaria em um aumento de 50% em I_{C_Q} e em uma mudança drástica na posição do ponto Q.

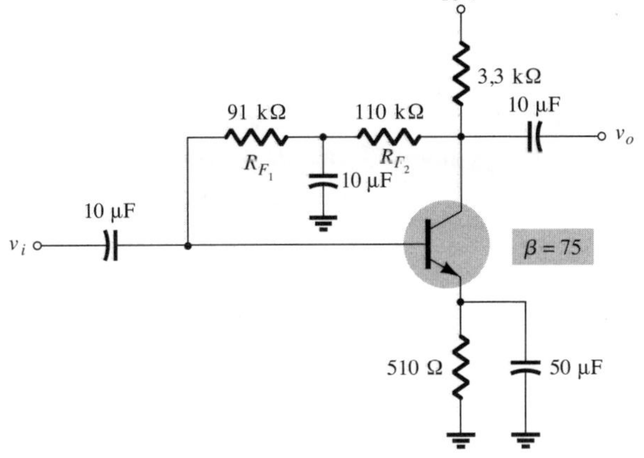

Figura 4.42 Circuito para o Exemplo 4.14.

EXEMPLO 4.14

Determine o valor CC de I_B e V_C para o circuito da Figura 4.42.

Solução:

Nesse caso, a resistência de base para a análise CC é composta de dois resistores com um capacitor conectado entre a junção desses resistores e o terra. No modo CC, o capacitor assume o circuito aberto equivalente, e $R_B = R_{F_1} + R_{F_2}$.

Calculando I_B, temos

$$I_B = \frac{V_{CC} - V_{BE}}{R_B + \beta(R_C + R_E)}$$
$$= \frac{18\text{ V} - 0{,}7\text{ V}}{(91\text{ k}\Omega + 110\text{ k}\Omega) + (75)(3{,}3\text{ k}\Omega + 0{,}51\text{ k}\Omega)}$$
$$= \frac{17{,}3\text{ V}}{201\text{ k}\Omega + 285{,}75\text{ k}\Omega} = \frac{17{,}3\text{ V}}{486{,}75\text{ k}\Omega}$$
$$= \mathbf{35{,}5\ \mu A}$$

$$I_C = \beta I_B$$
$$= (75)(35{,}5\ \mu\text{A})$$
$$= 2{,}66\text{ mA}$$

$$V_C = V_{CC} - I_C' R_C \cong V_{CC} - I_C R_C$$
$$= 18\text{ V} - (2{,}66\text{ mA})(3{,}3\text{ k}\Omega)$$
$$= 18\text{ V} - 8{,}78\text{ V}$$
$$= \mathbf{9{,}22\text{ V}}$$

Condições de saturação

Com a utilização da aproximação $I_C' = I_C$, verificamos que a equação para a corrente de saturação é a mesma obtida para as configurações com divisor de tensão e polarização do emissor. Isto é,

$$I_{C_{sat}} = I_{C_{máx}} = \frac{V_{CC}}{R_C + R_E} \qquad (4.43)$$

Análise por reta de carga

Dando prosseguimento à aproximação $I_C' = I_C$, temos a mesma reta de carga das configurações com divisor de tensão e polarização do emissor. O valor de I_{B_Q} será definido pela configuração de polarização escolhida.

EXEMPLO 4.15

Dados o circuito da Figura 4.43 e as curvas características do TBJ da Figura 4.44.

a) Trace a reta de carga para o circuito sobre as curvas características.

b) Determine o beta CC na região central das curvas características. Defina o ponto escolhido como o ponto Q.

c) Usando o beta CC calculado no item (b), encontre o valor CC de I_B.

d) Determine I_{C_Q} e I_{CE_Q}.

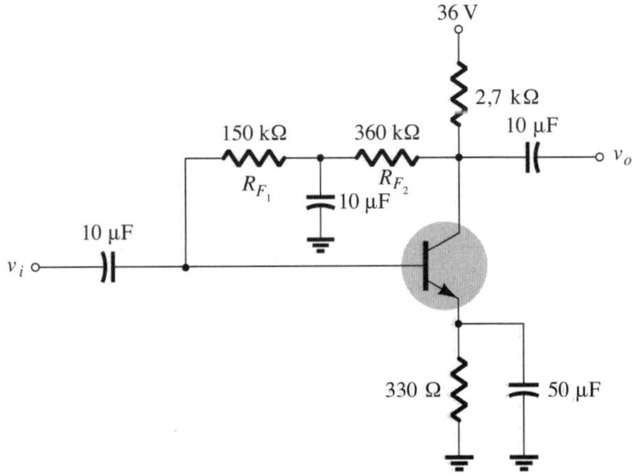

Figura 4.43 Circuito para o Exemplo 4.15.

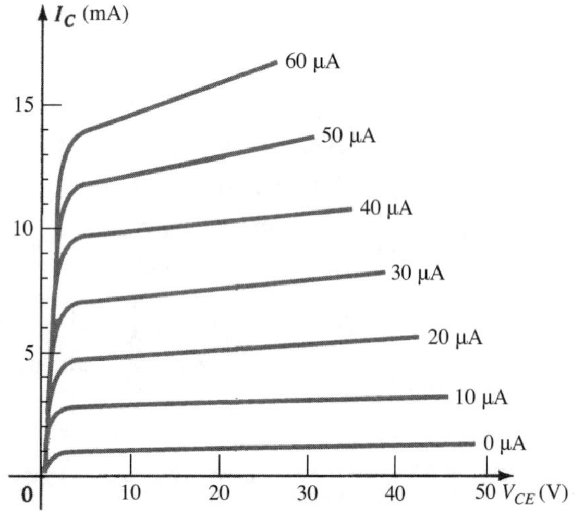

Figura 4.44 Curvas características de TBJ.

Solução:

a) A reta de carga está traçada na Figura 4.45, como determinam as seguintes interseções:

$$V_{CE} = 0\text{ V}: I_C = \frac{V_{CC}}{R_C + R_E} = \frac{36\text{ V}}{2{,}7\text{ k}\Omega + 330\ \Omega} = \mathbf{11{,}88\ mA}$$

$$I_C = 0\text{ mA}: V_{CE} = V_{CC} = \mathbf{36\ V}$$

b) O beta CC foi determinado pelo uso de $I_B = 25\ \mu$A e V_{CE} com cerca de 17 V.

$$\beta \cong \frac{I_{C_Q}}{I_{B_Q}} = \frac{6{,}2\text{ mA}}{25\ \mu\text{A}} = \mathbf{248}$$

c) Usando a Equação 4.41:

$$I_B = \frac{V_{CC} - V_{BE}}{R_B + \beta(R_C + R_E)} = \frac{36\text{ V} - 0{,}7\text{ V}}{510\text{ k}\Omega + 248(2{,}7\text{ k}\Omega + 330\ \Omega)} = \frac{35{,}3\text{ V}}{510\text{ k}\Omega + 751{,}44\text{ k}\Omega}$$

e $$I_B = \frac{35{,}3\text{ V}}{1{,}261\text{ M}\Omega} = \mathbf{28\ \mu A}$$

d) Com base na Figura 4.45, os valores quiescentes são

$$I_{C_Q} \cong \mathbf{6{,}9\ mA} \quad \text{e} \quad V_{CE_Q} \cong \mathbf{15\ V}$$

4.7 CONFIGURAÇÃO SEGUIDOR DE EMISSOR

As seções anteriores apresentaram configurações em que a tensão de saída é normalmente retirada do terminal coletor do TBJ. Esta seção examinará uma configuração na qual a tensão de saída é retirada do terminal emissor, como mostra a Figura 4.46. A configuração dessa figura não é a única em que a tensão de saída pode ser retirada do terminal emissor. Na verdade, qualquer uma das configurações já descritas pode ser usada, desde que haja um resistor no ramo emissor.

O equivalente CC do circuito da Figura 4.46 aparece na Figura 4.47. A aplicação da Lei das Tensões de Kirchhoff ao circuito de entrada resultará em

$$-I_BR_B - V_{BE} - I_ER_E + V_{EE} = 0$$

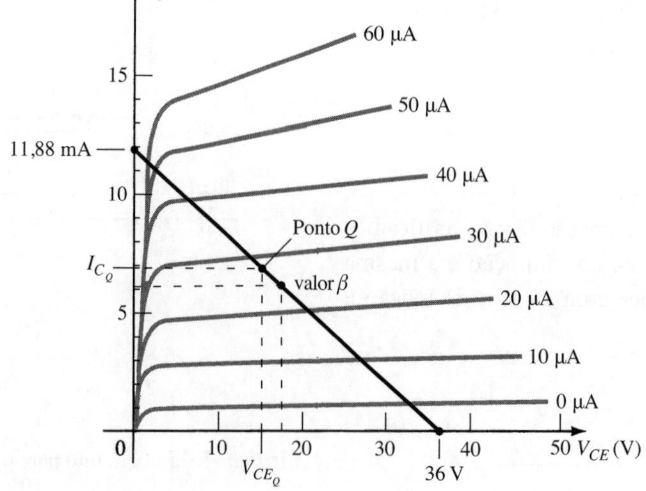

Figura 4.45 Definição do ponto Q para a configuração de polarização por divisor de tensão da Figura 4.43.

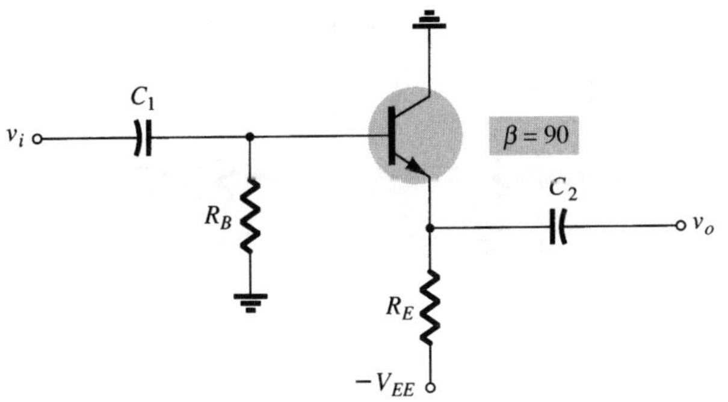

Figura 4.46 Configuração de coletor-comum (seguidor de emissor).

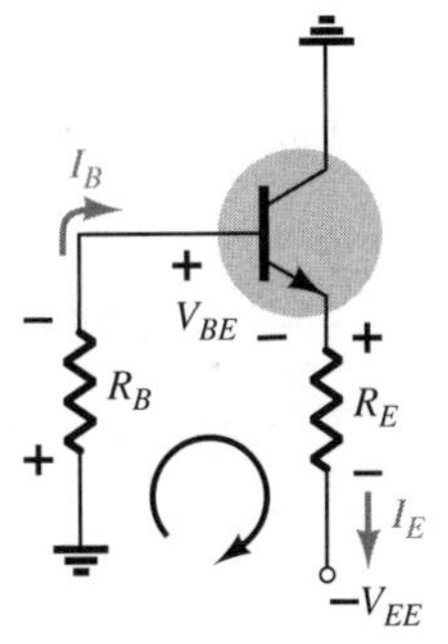

Figura 4.47 Equivalente CC da Figura 4.46.

e usando $I_E = (\beta + 1)I_B$

$$I_B R_B + (\beta + 1)I_B R_E = V_{EE} - V_{BE}$$

de modo que

$$I_B = \frac{V_{EE} - V_{BE}}{R_B + (\beta + 1)R_E} \tag{4.44}$$

Para o circuito de saída, uma aplicação da Lei das Tensões de Kirchhoff resultará em

$$-V_{CE} - I_E R_E + V_{EE} = 0$$

e

$$V_{CE} = V_{EE} - I_E R_E \tag{4.45}$$

EXEMPLO 4.16

Determine V_{CE_Q} e I_{E_Q} no circuito da Figura 4.48.

Solução:

Equação 4.44:

$$\begin{aligned} I_B &= \frac{V_{EE} - V_{BE}}{R_B + (\beta + 1)R_E} \\ &= \frac{20\text{ V} - 0{,}7\text{ V}}{240\text{ k}\Omega + (90 + 1)2\text{ k}\Omega} = \frac{19{,}3\text{ V}}{240\text{ k}\Omega + 182\text{ k}\Omega} \\ &= \frac{19{,}3\text{ V}}{422\text{ k}\Omega} = 45{,}73\ \mu\text{A} \end{aligned}$$

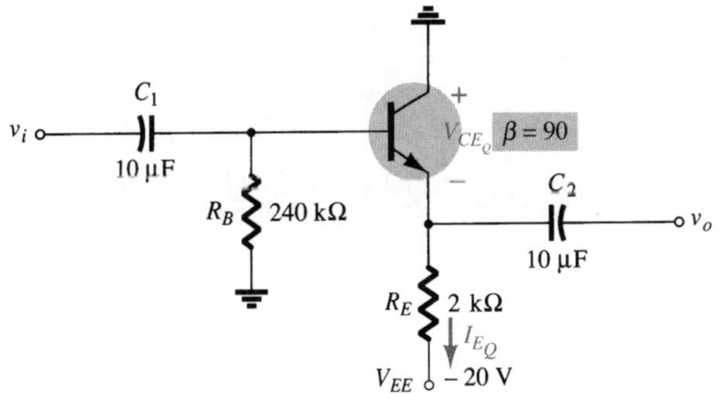

Figura 4.48 Exemplo 4.16.

e Equação 4.45:

$$\begin{aligned} V_{CE_Q} &= V_{EE} - I_E R_E \\ &= V_{EE} - (\beta + 1)I_B R_E \\ &= 20\text{ V} - (90 + 1)(45{,}73\ \mu\text{A})(2\text{ k}\Omega) \\ &= 20\text{ V} - 8{,}32\text{ V} \\ &= \mathbf{11{,}68\ V} \\ I_{E_Q} &= (\beta + 1)I_B = (91)(45{,}73\ \mu\text{A}) \\ &= 4{,}16\text{ mA} \end{aligned}$$

4.8 CONFIGURAÇÃO BASE-COMUM

A configuração base-comum é única na medida em que o sinal aplicado é ligado ao terminal emissor e a base está no potencial do terra, ou ligeiramente acima dele. Trata-se de uma configuração comumente usada porque, no domínio CA, ela tem uma impedância de entrada muito baixa, uma impedância de saída alta e um bom ganho.

Uma típica configuração base-comum aparece na Figura 4.49. Note que duas fontes são usadas nessa configuração, e que a base é o terminal comum entre o emissor de entrada e o coletor de saída.

O equivalente CC do lado de entrada da Figura 4.49 aparece na Figura 4.50.

Aplicar a Lei das Tensões de Kirchhoff resultará em

$$-V_{EE} + I_E R_E + V_{BE} = 0$$

$$I_E = \frac{V_{EE} - V_{BE}}{R_E} \tag{4.46}$$

Aplicar a Lei das Tensões de Kirchhoff à malha externa do circuito da Figura 4.51 resultará em

$$-V_{EE} + I_E R_E + V_{CE} + I_C R_C - V_{CC} = 0$$

e resolvendo-se para V_{CE}:

$$V_{CE} = V_{EE} + V_{CC} - I_E R_E - I_C R_C$$

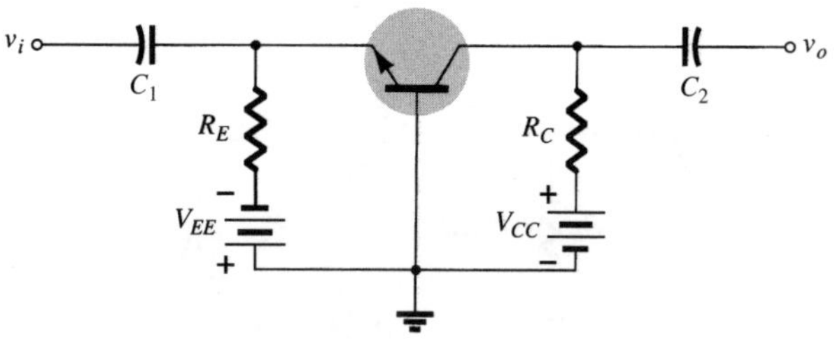

Figura 4.49 Configuração base-comum.

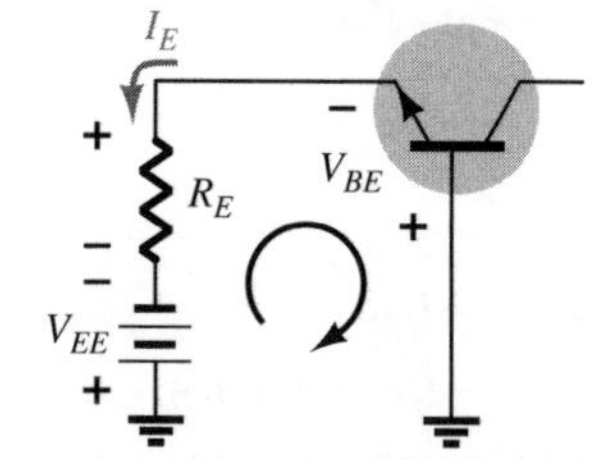

Figura 4.50 Equivalente CC de entrada da Figura 4.49.

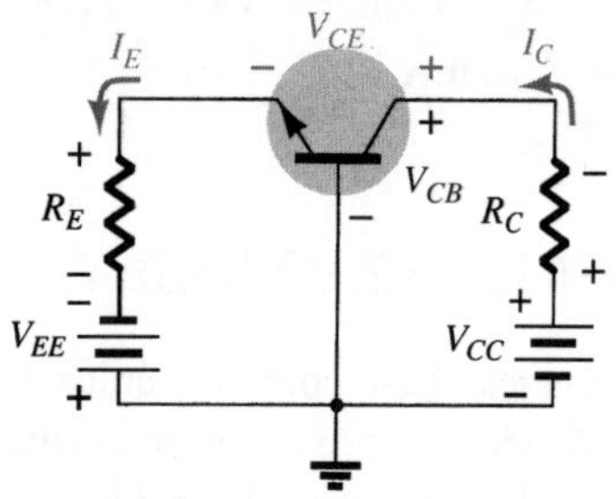

Figura 4.51 Determinação de V_{CE} e V_{CB}.

Porque $I_E \cong I_C$

$$V_{CE} = V_{EE} + V_{CC} - I_E(R_C + R_E) \tag{4.47}$$

A tensão de V_{CB} da Figura 4.51 pode ser determinada pela aplicação da Lei das Tensões de Kirchhoff à malha de saída para obter-se:

$$V_{CB} + I_C R_C - V_{CC} = 0$$

ou

$$V_{CB} = V_{CC} - I_C R_C$$

Usando $I_C \cong I_E$

temos

$$V_{CB} = V_{CC} - I_C R_C \tag{4.48}$$

EXEMPLO 4.17

Determine as correntes I_E e I_B e as tensões V_{CE} e V_{CB} para a configuração base-comum da Figura 4.52.

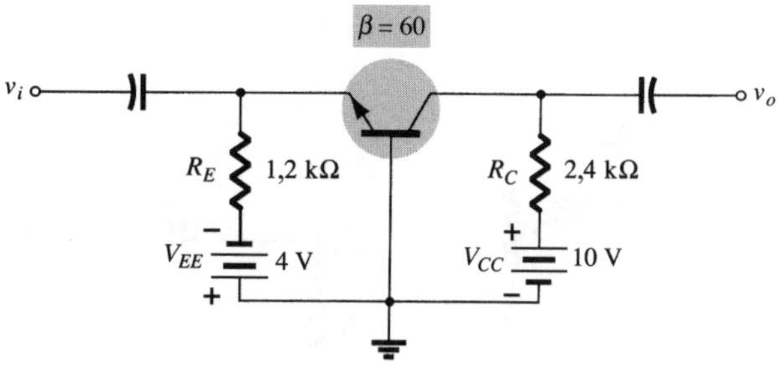

Figura 4.52 Exemplo 4.17.

Solução:

Equação 4.46:

$$I_E = \frac{V_{EE} - V_{BE}}{R_E} = \frac{4\text{ V} - 0{,}7\text{ V}}{1{,}2\text{ k}\Omega} = \mathbf{2{,}75\text{ mA}}$$

$$I_B = \frac{I_E}{\beta + 1} = \frac{2{,}75\text{ mA}}{60 + 1} = \frac{2{,}75\text{ mA}}{61} = \mathbf{45{,}08\ \mu A}$$

Equação 4.47:

$$\begin{aligned} V_{CE} &= V_{EE} + V_{CC} - I_E(R_C + R_E) \\ &= 4\text{ V} + 10\text{ V} - (2{,}75\text{ mA})(2{,}4\text{ k}\Omega + 1{,}2\text{ k}\Omega) \\ &= 14\text{ V} - (2{,}75\text{ mA})(3{,}6\text{ k}\Omega) \\ &= 14\text{ V} - 9{,}9\text{ V} \\ &= \mathbf{4{,}1\text{ V}} \end{aligned}$$

Equação 4.48:

$$\begin{aligned} V_{CB} &= V_{CC} - I_C R_C = V_{CC} - \beta I_B R_C \\ &= 10\text{ V} - (60)(45{,}08\ \mu\text{A})(24\text{ k}\Omega) \\ &= 10\text{ V} - 6{,}49\text{ V} \\ &= \mathbf{3{,}51\text{ V}} \end{aligned}$$

4.9 CONFIGURAÇÕES DE POLARIZAÇÕES COMBINADAS

Existem diversas configurações de polarização de TBJ que não se enquadram nos modelos básicos analisados nas seções anteriores. Na verdade, existem variações no projeto que exigiriam muito mais páginas do que é possível haver em um livro. No entanto, o principal objetivo aqui é enfatizar as características do dispositivo que permitem uma análise CC da configuração e estabelecer um procedimento geral para a solução desejada. Para cada configuração discutida até o momento, o primeiro passo tem sido a obtenção de uma expressão para a corrente de base. Uma vez conhecida a corrente de base, é possível determinar diretamente a corrente de coletor e os valores de tensão do circuito de saída. Isso não implica que todas as soluções seguirão esse caminho, mas sugere um roteiro possível, caso uma nova configuração seja encontrada.

O primeiro exemplo trata simplesmente de um circuito em que o resistor de emissor foi retirado da configuração com realimentação de tensão da Figura 4.38. A análise é bastante semelhante, mas requer que R_E seja retirado da equação aplicada.

EXEMPLO 4.18

Para o circuito da Figura 4.53:

a) Determine I_{C_Q} e V_{CE_Q}.

b) Determine V_B, V_C, V_E e V_{BC}.

Solução:

a) A ausência de R_E reduz a reflexão do valor de resistência simplesmente à de R_C, e a equação para I_B é reduzida a

$$I_B = \frac{V_{CC} - V_{BE}}{R_B + \beta R_C}$$

$$= \frac{20\text{ V} - 0{,}7\text{ V}}{680\text{ k}\Omega + (120)(4{,}7\text{ k}\Omega)} = \frac{19{,}3\text{ V}}{1{,}244\text{ M}\Omega}$$

$$= \mathbf{15{,}51\ \mu A}$$

$$I_{C_Q} = \beta I_B = (120)(15{,}51\ \mu\text{A})$$

$$= \mathbf{1{,}86\ mA}$$

$$V_{CE_Q} = V_{CC} - I_C R_C$$

$$= 20\text{ V} - (1{,}86\text{ mA})(4{,}7\text{ k}\Omega)$$

$$= \mathbf{11{,}26\ V}$$

b)

$$V_B = V_{BE} = \mathbf{0{,}7\ V}$$

$$V_C = V_{CE} = \mathbf{11{,}26\ V}$$

$$V_E = \mathbf{0\ V}$$

$$V_{BC} = V_B - V_C = 0{,}7\text{ V} - 11{,}26\text{ V}$$

$$= \mathbf{-10{,}56\ V}$$

No próximo exemplo, a tensão CC está conectada ao ramo emissor, e R_C está conectado diretamente ao terra.

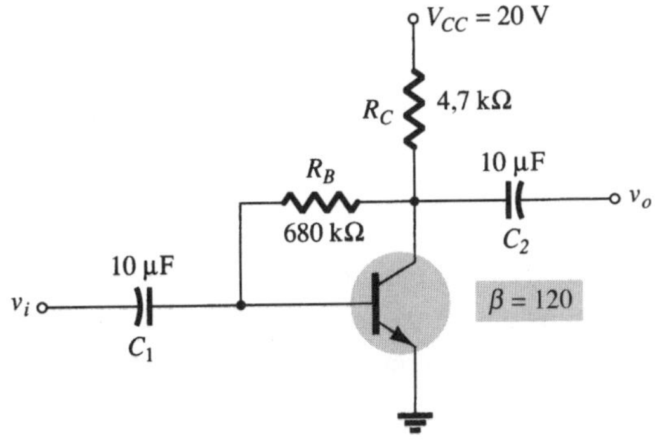

Figura 4.53 Realimentação de coletor com $R_E = 0\ \Omega$.

A princípio, essa configuração pode parecer pouco ortodoxa e bem diferente das anteriores, mas a aplicação da Lei das Tensões de Kirchhoff ao circuito da base resultará na corrente de base desejada.

EXEMPLO 4.19

Determine V_C e V_B para o circuito da Figura 4.54.

Solução:

A aplicação da Lei das Tensões de Kirchhoff no sentido horário para a malha base-emissor resulta em

$$-I_B R_B - V_{BE} + V_{EE} = 0$$

e

$$I_B = \frac{V_{EE} - V_{BE}}{R_B}$$

Substituindo os valores, temos

$$I_B = \frac{9\text{ V} - 0{,}7\text{ V}}{100\text{ k}\Omega}$$

$$= \frac{8{,}3\text{ V}}{100\text{ k}\Omega}$$

$$= 83\ \mu\text{A}$$

$$I_C = \beta I_B$$

$$= (45)(83\ \mu\text{A})$$

$$= 3{,}735\text{ mA}$$

$$V_C = -I_C R_C$$

$$= -(3{,}735\text{ mA})(1{,}2\text{ k}\Omega)$$

$$= \mathbf{-4{,}48\ V}$$

$$V_B = -I_B R_B$$

$$= -(83\ \mu\text{A})(100\text{ k}\Omega)$$

$$= \mathbf{-8{,}3\ V}$$

O Exemplo 4.20 emprega uma fonte dupla de tensão e exige a aplicação do teorema de Thévenin para determinar as incógnitas.

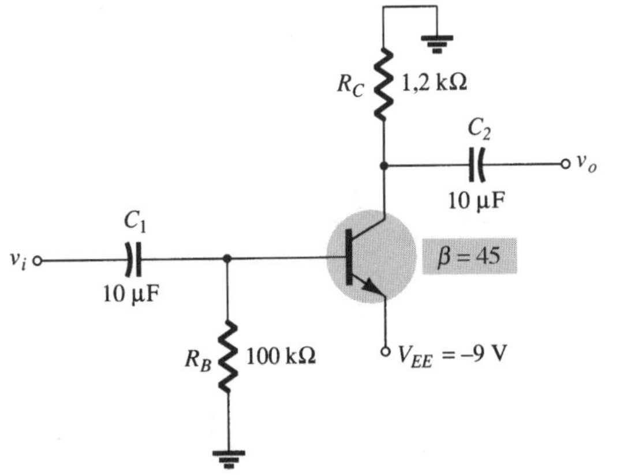

Figura 4.54 Exemplo 4.19.

EXEMPLO 4.20

Determine V_C e V_B no circuito da Figura 4.55.

Solução:

A resistência e a tensão de Thévenin são determinadas no circuito à esquerda do terminal de base, como mostram as figuras 4.56 e 4.57.

R_{Th}

$$R_{Th} = 8{,}2\ k\Omega \| 2{,}2\ k\Omega = 1{,}73\ k\Omega$$

E_{Th}

$$I = \frac{V_{CC} + V_{EE}}{R_1 + R_2} = \frac{20\ V + 20\ V}{8{,}2\ k\Omega + 2{,}2\ k\Omega} = \frac{40\ V}{10{,}4\ k\Omega}$$
$$= 3{,}85\ mA$$
$$E_{Th} = IR_2 - V_{EE}$$
$$= (3{,}85\ mA)(2{,}2\ k\Omega) - 20\ V$$
$$= -11{,}53\ V$$

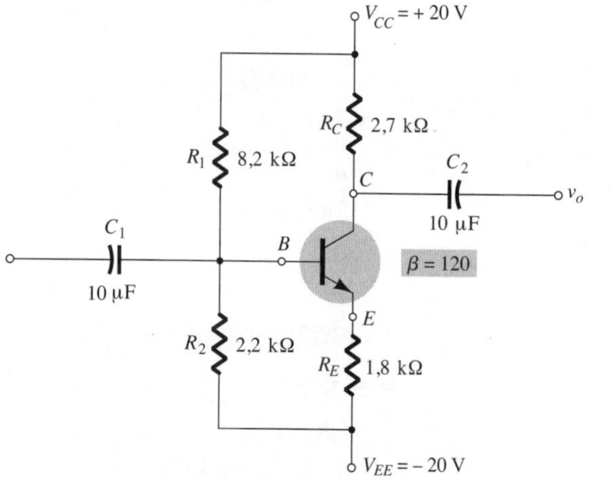

Figura 4.55 Exemplo 4.20.

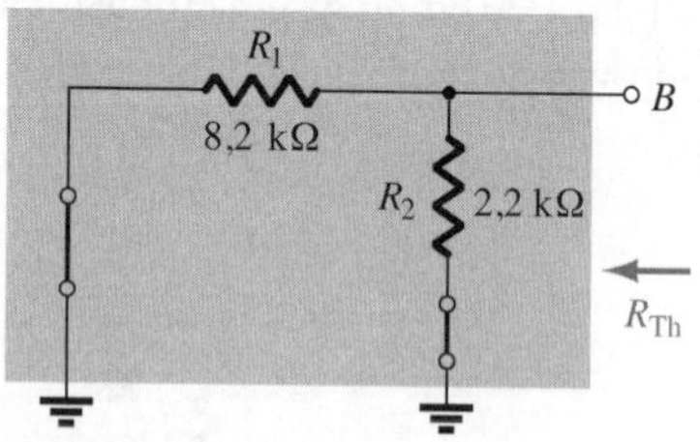

Figura 4.56 Determinação de R_{Th}.

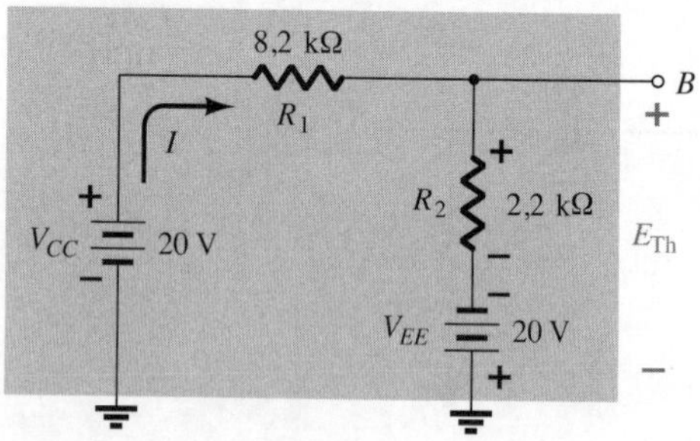

Figura 4.57 Determinação de E_{Th}.

O circuito pode ser, então, redesenhado como na Figura 4.58, onde a aplicação da Lei das Tensões de Kirchhoff resulta em:

$$-E_{Th} - I_B R_{Th} - V_{BE} - I_E R_E + V_{EE} = 0$$

Substituindo $I_E = (\beta + 1)I_B$, temos

$$V_{EE} - E_{Th} - V_{BE} - (\beta + 1)I_B R_E - I_B R_{Th} = 0$$

e
$$I_B = \frac{V_{EE} - E_{Th} - V_{BE}}{R_{Th} + (\beta + 1)R_E}$$
$$= \frac{20\ V - 11{,}53\ V - 0{,}7\ V}{1{,}73\ k\Omega + (121)(1{,}8\ k\Omega)}$$
$$= \frac{7{,}77\ V}{219{,}53\ k\Omega}$$
$$= 35{,}39\ \mu A$$
$$I_C = \beta I_B$$
$$= (120)(35{,}39\ \mu A)$$
$$= 4{,}25\ mA$$
$$V_C = V_{CC} - I_C R_C$$
$$= 20\ V - (4{,}25\ mA)(2{,}7\ k\Omega)$$
$$= \mathbf{8{,}53\ V}$$
$$V_B = -E_{Th} - I_B R_{Th}$$
$$= -(11{,}53\ V) - (35{,}39\ \mu A)(1{,}73\ k\Omega)$$
$$= \mathbf{-11{,}59\ V}$$

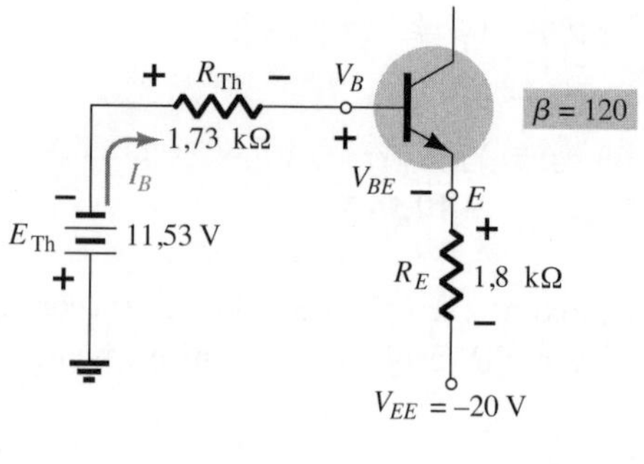

Figura 4.58 Substituição do circuito equivalente de Thévenin.

4.10 TABELA RESUMO

A Tabela 4.1 é uma revisão das configurações TBJ mais comuns de um único estágio com suas respectivas equações. Observe as semelhanças entre as equações para as várias configurações.

Tabela 4.1 Configurações de polarização TBJ.

Tipo	Configuração	Equações pertinentes
Polarização fixa	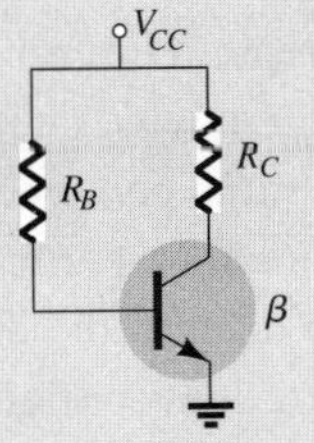	$I_B = \dfrac{V_{CC} - V_{BE}}{R_B}$ $I_C = \beta I_B, I_E = (\beta + 1)I_B$ $V_{CE} = V_{CC} - I_C R_C$
Polarização de emissor	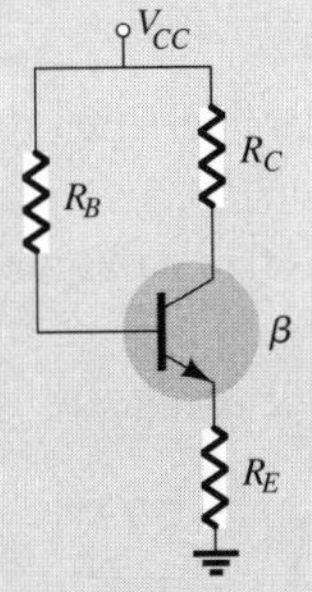	$I_B = \dfrac{V_{CC} - V_{BE}}{R_B + (\beta + 1)R_E}$ $I_C = \beta I_B, I_E = (\beta + 1)I_B$ $R_i = (\beta + 1)R_E$ $V_{CE} = V_{CC} - I_C(R_C + R_E)$
Polarização por divisor de tensão	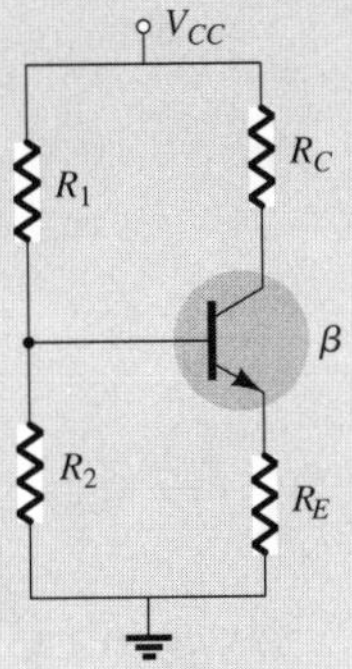	Exata: $R_{Th} = R_1 \| R_2, E_{Th} = \dfrac{R_2 V_{CC}}{R_1 + R_2}$ $I_B = \dfrac{E_{Th} - V_{BE}}{R_{Th} + (\beta + 1)R_E}$ $I_C = \beta I_B, I_E = (\beta + 1)I_B$ $V_{CE} = V_{CC} - I_C(R_C + R_E)$ Aproximada: $\beta R_E \geq 10R_2$ $V_B = \dfrac{R_2 V_{CC}}{R_1 + R_2}, V_E = V_B - V_{BE}$ $I_E = \dfrac{V_E}{R_E}, I_B = \dfrac{I_E}{\beta + 1}$ $V_{CE} = V_{CC} - I_C(R_C + R_E)$
Realimentação do coletor	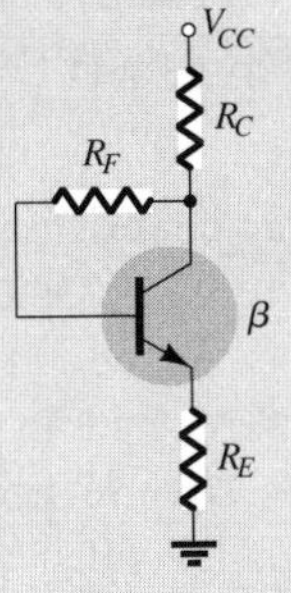	$I_B = \dfrac{V_{CC} - V_{BE}}{R_F + \beta(R_C + R_E)}$ $I_C = \beta I_B, I_E = (\beta + 1)I_B$ $V_{CE} = V_{CC} - I_C(R_C + R_E)$
Seguidor de emissor	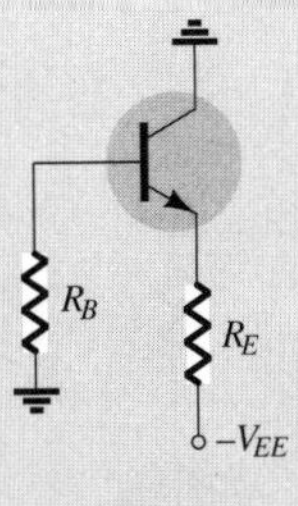	$I_B = \dfrac{V_{EE} - V_{BE}}{R_B + (\beta + 1)}$ $I_C = \beta I_B, I_E = (\beta + 1)I_B$ $V_{CE} = V_{EE} - I_E R_E$
Base-comum	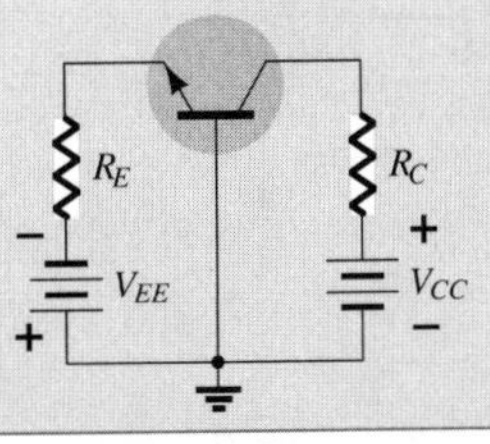	$I_E = \dfrac{V_{EE} - V_{BE}}{R_E}$ $I_B = \dfrac{I_E}{\beta + 1}, I_C = \beta I_B$ $V_{CE} = V_{EE} + V_{CC} - I_E(R_C + R_E)$ $V_{CB} = V_{CC} - I_C R_C$

4.11 OPERAÇÕES DE PROJETO

Até aqui as discussões se concentraram em circuitos previamente estabelecidos. Todos os elementos estavam em ordem e tratávamos apenas de descobrir os valores de tensão e corrente da configuração. Em um projeto, a corrente e/ou a tensão devem ser especificadas, e os elementos necessários para estabelecer os valores designados devem ser determinados. Esse processo de síntese exige um claro entendimento das características do dispositivo, das equações básicas para o circuito e um entendimento sólido das leis básicas que regem a análise de circuitos, como a lei de Ohm, a Lei das Tensões de Kirchhoff etc. Na maioria das situações, o processo de pensar se torna um desafio maior no desenvolvimento de projetos do que na sequência de análise. O caminho em direção a uma solução está menos definido e pode exigir que se façam várias suposições que não precisam ser feitas quando simplesmente se está analisando um circuito.

Obviamente, a sequência de projeto depende dos componentes que já foram especificados e daqueles que serão definidos. Se o transistor e as fontes forem especificados, o projeto ficará reduzido simplesmente à determinação dos resistores. Uma vez estabelecidos os valores teóricos dos resistores, serão adotados os valores comerciais mais próximos, e quaisquer variações decorrentes da não utilização de valores exatos serão aceitas como parte do projeto. Essa aproximação certamente é válida, considerando-se as tolerâncias geralmente associadas aos elementos resistivos e aos parâmetros do transistor.

Se devemos determinar valores para os resistores, uma das equações a ser utilizada é a lei de Ohm na seguinte forma:

$$R_{\text{desconhecido}} = \frac{V_R}{I_R} \tag{4.49}$$

Em um projeto particular, a tensão através de um resistor pode ser frequentemente determinada a partir de valores especificados. Se especificações adicionais definirem o valor da corrente, a Equação 4.49 pode ser utilizada para calcular o valor exigido de resistência. Os primeiros exemplos demonstrarão como componentes particulares podem ser determinados a partir das especificações. Um conjunto completo de procedimentos de projeto será, então, introduzido para duas configurações bem conhecidas.

EXEMPLO 4.21

Dada a curva característica do dispositivo da Figura 4.59(a), determine V_{CC}, R_B e R_C para a configuração com polarização fixa da Figura 4.59(b).

Solução:

A partir da reta de carga

$$V_{CC} = \mathbf{20\ V}$$

$$I_C = \left.\frac{V_{CC}}{R_C}\right|_{V_{CE}=0\ V}$$

e $$R_C = \frac{V_{CC}}{I_C} = \frac{20\ V}{8\ mA} = \mathbf{2{,}5\ k\Omega}$$

$$I_B = \frac{V_{CC} - V_{BE}}{R_B}$$

com $$R_B = \frac{V_{CC} - V_{BE}}{I_B} = \frac{20\ V - 0{,}7\ V}{40\ \mu A} = \frac{19{,}3\ V}{40\ \mu A} = \mathbf{482{,}5\ k\Omega}$$

Os valores-padrão de resistores são

$$R_C = 2{,}4\ k\Omega$$
$$R_B = 470\ k\Omega$$

Utilizando os valores-padrão de resistores, temos

$$I_B = 41{,}1\ \mu A$$

que está dentro da faixa de 5% do valor especificado.

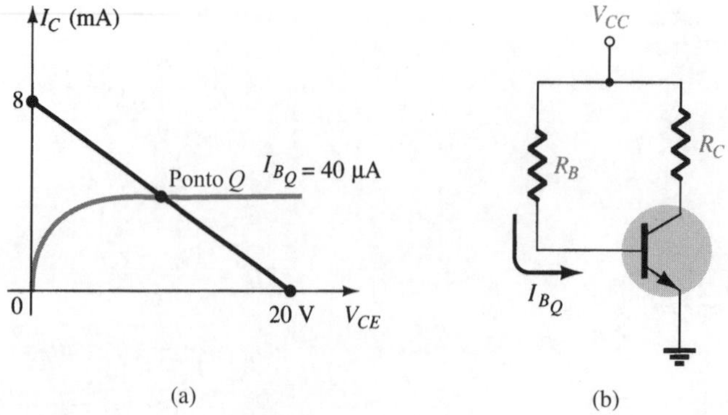

Figura 4.59 Exemplo 4.21.

EXEMPLO 4.22

Dados que $I_{C_Q} = 2$ mA e $V_{CE_Q} = 10$ V, determine R_1 e R_C para o circuito da Figura 4.60.

Solução:

$$V_E = I_E R_E \cong I_C R_E$$
$$= (2 \text{ mA})(1{,}2 \text{ k}\Omega) = 2{,}4 \text{ V}$$
$$V_B = V_{BE} + V_E = 0{,}7 \text{ V} + 2{,}4 \text{ V} = 3{,}1 \text{ V}$$
$$V_B = \frac{R_2 V_{CC}}{R_1 + R_2} = 3{,}1 \text{ V}$$

e
$$\frac{(18 \text{ k}\Omega)(18 \text{ V})}{R_1 + 18 \text{ k}\Omega} = 3{,}1 \text{ V}$$
$$324 \text{ k}\Omega = 3{,}1R_1 + 55{,}8 \text{ k}\Omega$$
$$3{,}1R_1 = 268{,}2 \text{ k}\Omega$$
$$R_1 = \frac{268{,}2 \text{ k}\Omega}{3{,}1} = \mathbf{86{,}52\ k\Omega}$$

Equação 4.49:

$$R_C = \frac{V_{R_C}}{I_C} = \frac{V_{CC} - V_C}{I_C}$$

com
$$V_C = V_{CE} + V_E = 10 \text{ V} + 2{,}4 \text{ V} = 12{,}4 \text{ V}$$

e
$$R_C = \frac{18 \text{ V} - 12{,}4 \text{ V}}{2 \text{ mA}}$$
$$= \mathbf{2{,}8\ k\Omega}$$

Os valores-padrão mais próximos de R_1 são 82 kΩ e 91 kΩ. No entanto, a utilização da combinação em série dos valores-padrão 82 kΩ e 4,7 kΩ = 86,7 kΩ resultaria em um valor muito próximo do valor de projeto.

EXEMPLO 4.23

A configuração com polarização do emissor da Figura 4.61 tem as seguintes especificações: $I_{C_Q} = \frac{1}{2}I_{sat}$, $I_{C_{sat}} = 8$ mA, $V_C = 18$ V e $\beta = 110$. Determine R_C, R_E e R_B.

Solução:

$$I_{C_Q} = \tfrac{1}{2}I_{C_{sat}} = 4 \text{ mA}$$
$$R_C = \frac{V_{R_C}}{I_{C_Q}} = \frac{V_{CC} - V_C}{I_{C_Q}}$$
$$= \frac{28 \text{ V} - 18 \text{ V}}{4 \text{ mA}} = \mathbf{2{,}5\ k\Omega}$$
$$I_{C_{sat}} = \frac{V_{CC}}{R_C + R_E}$$

e
$$R_C + R_E = \frac{V_{CC}}{I_{C_{sat}}} = \frac{28 \text{ V}}{8 \text{ mA}} = 3{,}5 \text{ k}\Omega$$
$$R_E = 3{,}5 \text{ k}\Omega - R_C$$
$$= 3{,}5 \text{ k}\Omega - 2{,}5 \text{ k}\Omega$$
$$= \mathbf{1\ k\Omega}$$
$$I_{B_Q} = \frac{I_{C_Q}}{\beta} = \frac{4 \text{ mA}}{110} = 36{,}36\ \mu\text{A}$$
$$I_{B_Q} = \frac{V_{CC} - V_{BE}}{R_B + (\beta + 1)R_E}$$

e
$$R_B + (\beta + 1)R_E = \frac{V_{CC} - V_{BE}}{I_{B_Q}}$$

com
$$R_B = \frac{V_{CC} - V_{BE}}{I_{B_Q}} - (\beta + 1)R_E$$
$$= \frac{28 \text{ V} - 0{,}7 \text{ V}}{36{,}36\ \mu\text{A}} - (111)(1 \text{ k}\Omega)$$
$$= \frac{27{,}3 \text{ V}}{36{,}36\ \mu\text{A}} - 111 \text{ k}\Omega$$
$$= \mathbf{639{,}8\ k\Omega}$$

Para valores-padrão,

$$R_C = 2{,}4 \text{ k}\Omega$$
$$R_E = 1 \text{ k}\Omega$$
$$R_B = 620 \text{ k}\Omega$$

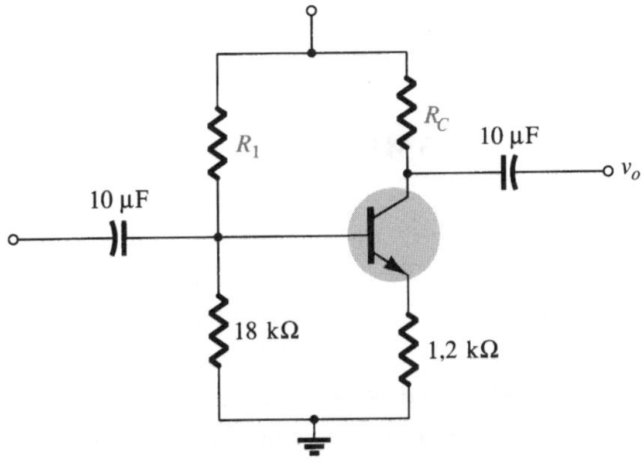

Figura 4.60 Exemplo 4.22.

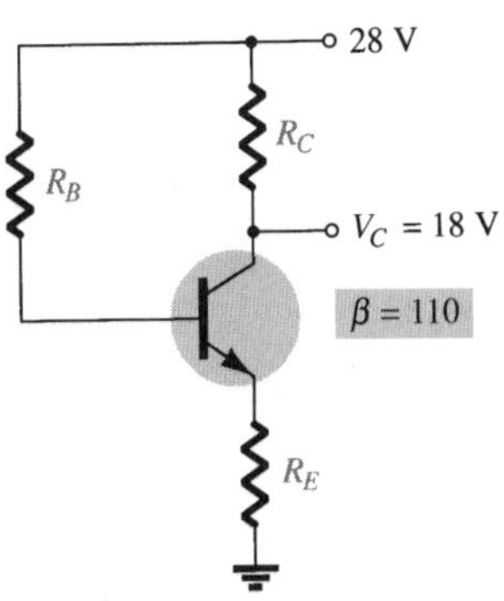

Figura 4.61 Exemplo 4.23.

A discussão a seguir introduzirá uma técnica para o projeto de um circuito completo que opera polarizado em um ponto específico. É comum que a folha de dados do fabricante forneça informações sobre um ponto de operação sugerido (ou região de operação) para determinado transistor. Além disso, outros componentes do sistema conectados ao estágio amplificador podem definir para o projeto a excursão de corrente, a excursão de tensão, o valor da fonte de tensão comum etc.

Na prática, talvez seja necessário levar em conta muitos outros fatores que podem afetar a escolha do ponto de operação desejado. Por enquanto nos concentraremos na determinação dos valores dos componentes para obter um ponto de operação específico. A discussão estará limitada às configurações com polarização do emissor e por divisor de tensão, embora o mesmo procedimento possa ser aplicado a vários outros circuitos com transistor.

Projeto de um circuito de polarização com um resistor de realimentação de emissor

Examine primeiramente o projeto dos componentes de polarização CC de um circuito amplificador que apresenta um resistor de emissor para estabilização de polarização, como mostra a Figura 4.62. A fonte de tensão e o ponto de operação foram selecionados segundo a informação do fabricante sobre o transistor utilizado no amplificador.

A escolha dos resistores de coletor e emissor não pode ser feita diretamente a partir das informações fornecidas há pouco. A equação que relaciona as tensões ao longo da malha coletor-emissor apresenta duas variáveis desconhecidas: os resistores R_C e R_E. Nesse ponto, deve ser feita uma análise técnica quanto ao valor da tensão de emissor em comparação com a tensão da fonte aplicada. Lembre-se da necessidade de incluir um resistor do emissor para o terra com o intuito de proporcionar um meio de estabilização da polarização CC, de modo que a variação da corrente do coletor e do valor de beta do transistor não provoquem um deslocamento expressivo no ponto de operação. O resistor do emissor não pode ser demasiado grande porque a queda de tensão sobre ele limita a faixa de excursão da tensão do coletor para o emissor (a ser observado quando a resposta CA for analisada). Os exemplos apresentados neste capítulo revelam que a tensão do emissor para o terra costuma girar em torno de um quarto a um décimo da tensão da fonte. A escolha do valor mais conservador de um décimo da tensão da fonte permite calcular o resistor do emissor R_E e o resistor do coletor R_C de maneira semelhante à dos exemplos anteriores. No próximo exemplo, apresentaremos um projeto completo do circuito da Figura 4.62 utilizando o critério que acabamos de introduzir para a tensão de emissor.

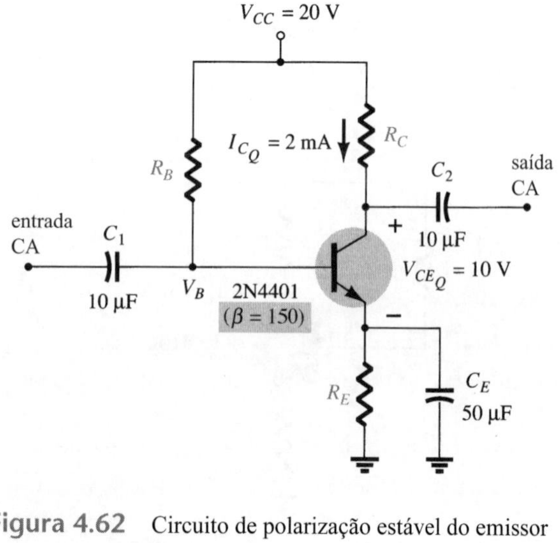

Figura 4.62 Circuito de polarização estável do emissor para considerações de projeto.

EXEMPLO 4.24

Determine os valores dos resistores no circuito da Figura 4.62 para o ponto de operação e para a fonte de tensão indicados.

Solução:

$$V_E = \tfrac{1}{10}V_{CC} = \tfrac{1}{10}(20\text{ V}) = 2\text{ V}$$

$$R_E = \frac{V_E}{I_E} \cong \frac{V_E}{I_C} = \frac{2\text{ V}}{2\text{ mA}} = \mathbf{1\ k\Omega}$$

$$R_C = \frac{V_{R_C}}{I_C} = \frac{V_{CC} - V_{CE} - V_E}{I_C} = \frac{20\text{ V} - 10\text{ V} - 2\text{ V}}{2\text{ mA}} = \frac{8\text{ V}}{2\text{ mA}} = \mathbf{4\ k\Omega}$$

$$I_B = \frac{I_C}{\beta} = \frac{2\text{ mA}}{150} = 13{,}33\ \mu\text{A}$$

$$R_B = \frac{V_{R_B}}{I_B} = \frac{V_{CC} - V_{BE} - V_E}{I_B} = \frac{20\text{ V} - 0{,}7\text{ V} - 2\text{ V}}{13{,}33\ \mu\text{A}} \cong \mathbf{1{,}3\ M\Omega}$$

Projeto de um circuito com ganho de corrente estabilizado (independente de beta)

O circuito da Figura 4.63 mostra um comportamento estável tanto para as variações na corrente de fuga quanto para o ganho de corrente (beta). Os valores dos quatro resistores devem ser obtidos para um ponto de operação específico. Uma análise técnica na escolha da

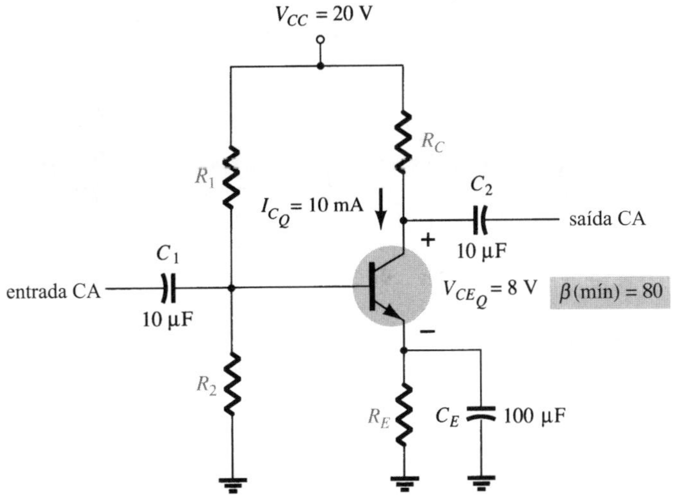

Figura 4.63 Circuito com ganho de corrente estabilizado para considerações de projeto.

tensão do emissor V_E, como foi feito na consideração de projeto anterior, leva a uma solução adequada para todos os resistores. As etapas do projeto são demonstradas no próximo exemplo.

EXEMPLO 4.25

Determine os valores de R_C, R_E, R_1 e R_2 no circuito da Figura 4.63 para o ponto de operação indicado.

Solução:

$$V_E = \tfrac{1}{10}V_{CC} = \tfrac{1}{10}(20\text{ V}) = 2\text{ V}$$

$$R_E = \frac{V_E}{I_E} \cong \frac{V_E}{I_C} = \frac{2\text{ V}}{10\text{ mA}} = \mathbf{200\ \Omega}$$

$$R_C = \frac{V_{R_C}}{I_C} = \frac{V_{CC} - V_{CE} - V_E}{I_C}$$

$$= \frac{20\text{ V} - 8\text{ V} - 2\text{ V}}{10\text{ mA}} = \frac{10\text{ V}}{10\text{ mA}}$$

$$= \mathbf{1\ k\Omega}$$

$$V_B = V_{BE} + V_E = 0{,}7\text{ V} + 2\text{ V} = 2{,}7\text{ V}$$

As equações para o cálculo dos resistores de base R_1 e R_2 exigem maior raciocínio. A utilização do valor da tensão de base calculada anteriormente e do valor da fonte de tensão fornece uma equação, mas com duas incógnitas: R_1 e R_2. É possível obter outra equação ao compreendermos a função desses dois resistores de proporcionar a tensão de base necessária. Para que o circuito opere eficientemente, presume-se que as correntes através de R_1 e R_2 devam ser aproximadamente iguais e muito maiores do que a corrente de base (no mínimo 10:1). Esse fato e a equação do divisor de tensão fornecem as duas relações necessárias para determinarmos os resistores de base. Isto é,

$$R_2 \leq \tfrac{1}{10}\beta R_E$$

e

$$V_B = \frac{R_2}{R_1 + R_2}V_{CC}$$

Substituindo os valores, temos

$$R_2 \leq \tfrac{1}{10}(80)(0{,}2\text{ k}\Omega)$$

$$= \mathbf{1{,}6\ k\Omega}$$

$$V_B = 2{,}7\text{ V} = \frac{(1{,}6\text{ k}\Omega)(20\text{ V})}{R_1 + 1{,}6\text{ k}\Omega}$$

e

$$2{,}7R_1 + 4{,}32\text{ k}\Omega = 32\text{ k}\Omega$$

$$2{,}7R_1 = 27{,}68\text{ k}\Omega$$

$$R_1 = \mathbf{10{,}25\ k\Omega} \quad (\text{use } 10\text{ k}\Omega)$$

4.12 CIRCUITOS COM MÚLTIPLOS TBJ

Os circuitos com TBJ apresentados até agora foram apenas configurações de um único estágio. Esta seção abordará alguns dos circuitos mais usados com múltiplos transistores. Será demonstrado como os métodos introduzidos até aqui neste capítulo são aplicáveis a circuitos com qualquer número de componentes.

O **acoplamento RC** da Figura 4.64 é provavelmente o mais comum. A tensão de saída do coletor de um estágio é alimentada diretamente na base do estágio seguinte por meio de um capacitor de acoplamento C_C. O capacitor é escolhido de modo a garantir que bloqueie sinais CC entre os estágios e atue como um curto-circuito para qualquer sinal de CA. O circuito da Figura 4.64 tem dois estágios com divisores de tensão, mas o mesmo acoplamento pode ser usado entre qualquer combinação de circuitos, tais

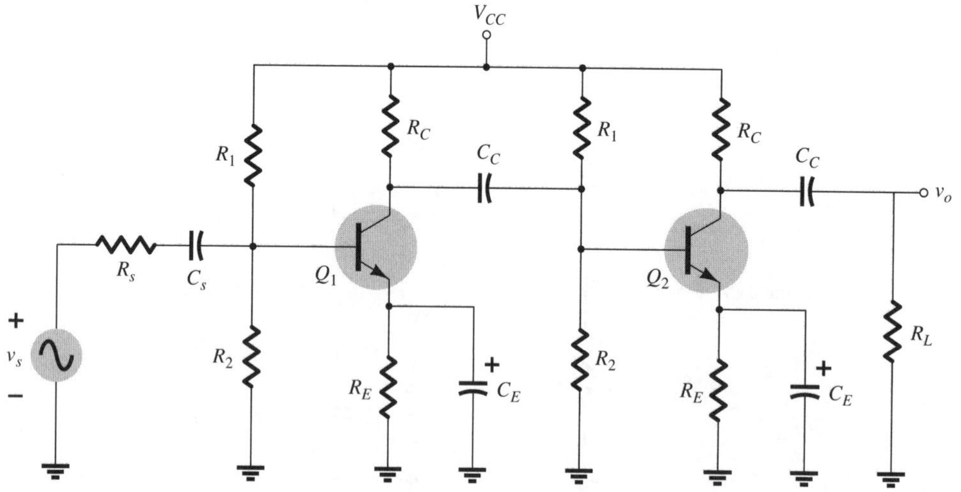

Figura 4.64 Amplificadores transistorizados com acoplamento RC.

como as configurações de polarização fixa ou de seguidor de emissor. Substituir C_C e os outros capacitores do circuito por equivalentes de circuito aberto resultará nos dois arranjos de polarização mostrados na Figura 4.65. Os métodos de análise apresentados neste capítulo podem, então, ser aplicados a cada estágio separadamente, visto que um estágio não afetará o outro. Naturalmente, a fonte de CC de 20 V deve ser aplicada a cada componente isoladamente.

A configuração **Darlington** da Figura 4.66 alimenta a saída de um estágio diretamente na entrada do estágio seguinte. Uma vez que a tensão de saída da Figura 4.66 é retirada diretamente do terminal emissor, no próximo capítulo veremos que o ganho CA é bastante próximo de 1, mas a impedância de entrada é muito elevada, o que a torna atraente para uso em amplificadores que operam sob alimentação de fontes que tenham uma resistência interna relativamente alta. Se uma resistência de carga fosse adicionada ao ramo do coletor e a tensão de saída retirada do terminal coletor, a configuração produziria um ganho muito alto.

Para a análise CC da Figura 4.67, assumindo β_1 para o primeiro transistor e β_2 para o segundo, a corrente de base para o segundo transistor é

$$I_{B_2} = I_{E_1} = (\beta_1 + 1)I_{B_1}$$

e a corrente de emissor para o segundo transistor é

$$I_{E_2} = (\beta_2 + 1)I_{B_2} = (\beta_2 + 1)(\beta_1 + 1)I_{B_1}$$

Assumindo $\beta >> 1$ para cada transistor, verificamos que o beta líquido para a configuração é

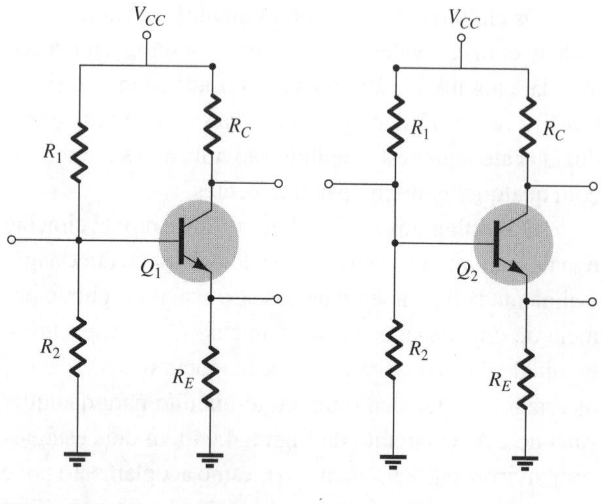

Figura 4.65 Equivalente CC da Figura 4.64.

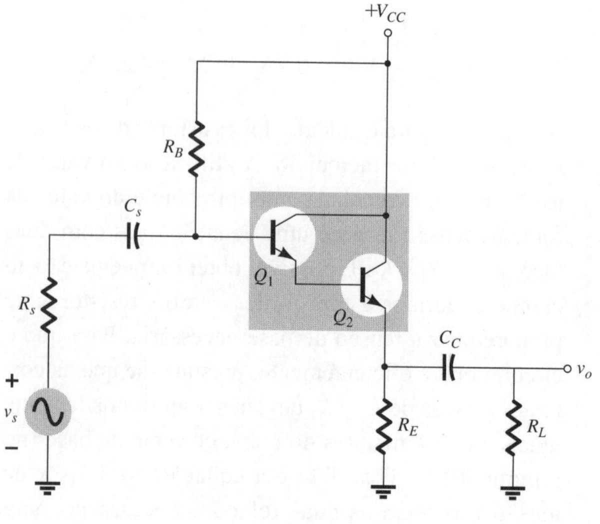

Figura 4.66 Amplificador Darlington.

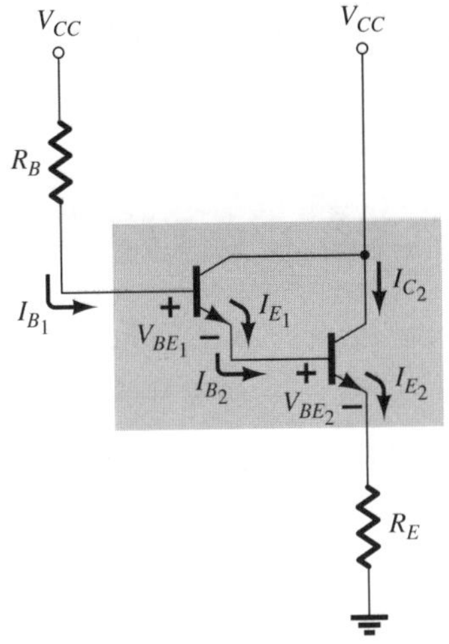

Figura 4.67 Equivalente CC da Figura 4.66.

$$\beta_D = \beta_1\beta_2 \quad (4.50)$$

que se compara diretamente com um amplificador de um único estágio com um ganho de β_D.

A aplicação de uma análise semelhante à da Seção 4.4 resultará na seguinte equação para a corrente de base:

$$I_{B_1} = \frac{V_{CC} - V_{BE_1} - V_{BE_2}}{R_B + (\beta_D + 1)R_E}$$

Definindo

$$V_{BE_D} = V_{BE_1} + V_{BE_2} \quad (4.51)$$

temos

$$I_{B_1} = \frac{V_{CC} - V_{BE_D}}{R_B + (\beta_D + 1)R_E} \quad (4.52)$$

As correntes

$$I_{C_2} \cong I_{E_2} = \beta_D I_{B_1} \quad (4.53)$$

e a tensão CC no terminal emissor é

$$V_{E_2} = I_{E_2}R_E \quad (4.54)$$

A tensão de coletor para essa configuração é, obviamente, igual à tensão da fonte.

$$V_{C_2} = V_{CC} \quad (4.55)$$

e a tensão através da saída do transistor é

$$V_{CE_2} = V_{C_2} - V_{E_2}$$

e

$$V_{CE_2} = V_{CC} - V_{E_2} \quad (4.56)$$

A configuração **Cascode** da Figura 4.68 liga o coletor de um transistor ao emissor do outro. Em essência, trata-se de um circuito divisor de tensão com uma configuração base-comum no coletor. O resultado disso é um circuito com um ganho elevado e uma capacitância Miller reduzida — um tópico a ser examinado na Seção 9.9.

A análise CC é iniciada ao assumirmos que a corrente através das resistências de polarização R_1, R_2 e R_3 da Figura 4.69 é muito maior do que a corrente de base de cada transistor. Isto é,

$$I_{R_1} \cong I_{R_2} \cong I_{R_3} \gg I_{B_1} \text{ou} I_{B_2}$$

Por conseguinte, a tensão na base do transistor Q_1 é determinada simplesmente por uma aplicação da regra do divisor de tensão:

$$V_{B_1} = \frac{R_3}{R_1 + R_2 + R_3} V_{CC} \quad (4.57)$$

A tensão na base do transistor Q_2 é determinada da mesma maneira:

$$V_{B_2} = \frac{(R_2 + R_3)}{R_1 + R_2 + R_3} V_{CC} \quad (4.58)$$

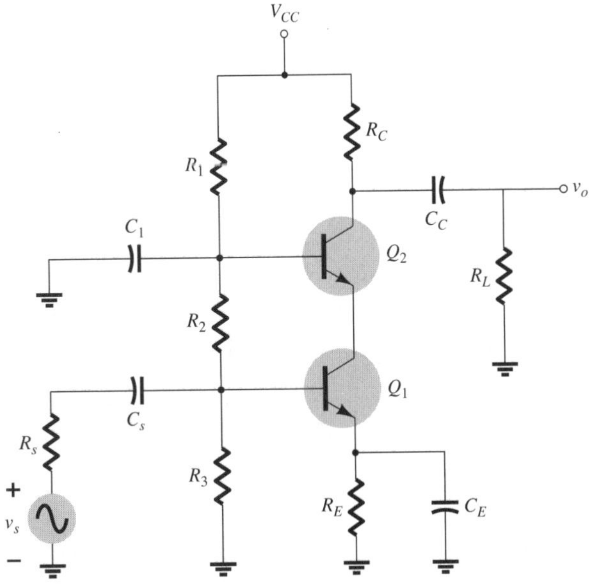

Figura 4.68 Amplificador Cascode.

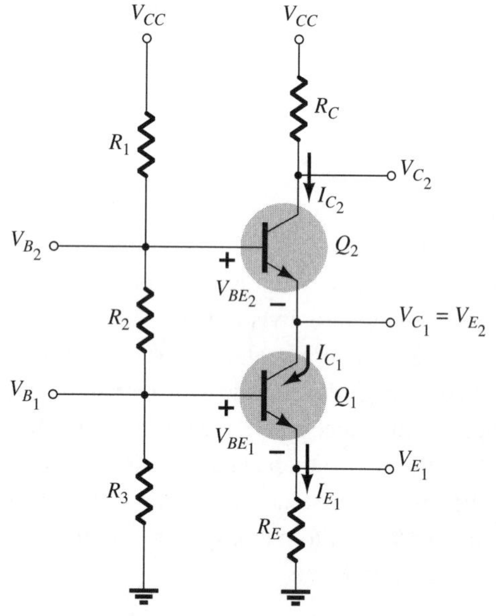

Figura 4.69 Equivalente CC da Figura 4.68.

As tensões de emissor são, então, determinadas por

$$V_{E_1} = V_{B_1} - V_{BE_1} \tag{4.59}$$

e

$$V_{E_2} = V_{B_2} - V_{BE_2} \tag{4.60}$$

com as correntes de emissor e coletor determinadas por:

$$I_{C_2} \cong I_{E_2} \cong I_{C_1} \cong I_{E_1} = \frac{V_{B_1} - V_{BE_1}}{R_{E_1} + R_{E_2}} \tag{4.61}$$

A tensão de coletor V_{C_1}:

$$V_{C_1} = V_{B_2} - V_{BE_2} \tag{4.62}$$

e a tensão de coletor V_{C_2}:

$$V_{C_2} = V_{CC} - I_{C_2}R_C \tag{4.63}$$

A corrente através dos resistores de polarização é

$$I_{R_1} \cong I_{R_2} \cong I_{R_3} = \frac{V_{CC}}{R_1 + R_2 + R_3} \tag{4.64}$$

e cada corrente de base é determinada por

$$I_{B_1} = \frac{I_{C_1}}{\beta_1} \tag{4.65}$$

com

$$I_{B_2} = \frac{I_{C_2}}{\beta_2} \tag{4.66}$$

A próxima configuração de múltiplos estágios a ser apresentada é o **par realimentado** da Figura 4.70, que emprega tanto um transistor *npn* quanto um *pnp*. O resultado disso é uma configuração que proporciona alto ganho com maior estabilidade.

A versão CC com todas as correntes nominadas aparece na Figura 4.71.

A corrente de base

$$I_{B_2} = I_{C_1} = \beta_1 I_{B_1}$$

e

$$I_{C_2} = \beta_2 I_{B_2}$$

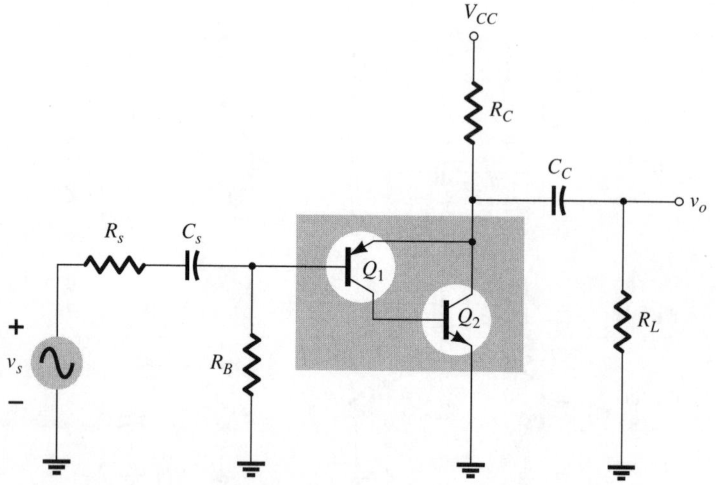

Figura 4.70 Amplificador de par realimentado.

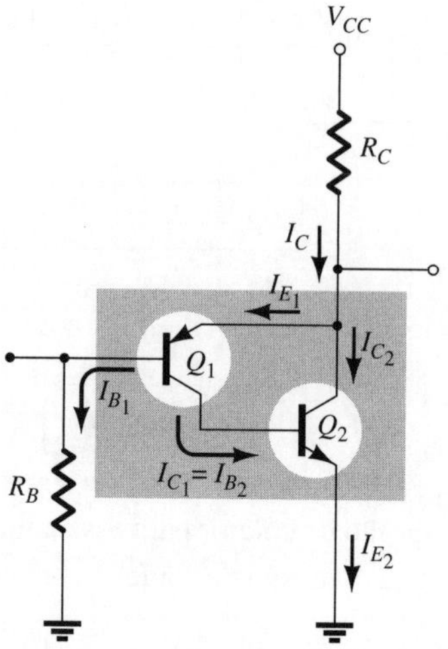

Figura 4.71 Equivalente CC da Figura 4.70.

de modo que

$$I_{C_2} \cong I_{E_2} = \beta_1\beta_2 I_{B_1} \tag{4.67}$$

A corrente de coletor

$$\begin{aligned} I_C &= I_{E_1} + I_{E_2} \\ &\cong \beta_1 I_{B_1} + \beta_1\beta_2 I_{B_1} \\ &= \beta_1(1 + \beta_2)I_{B_1} \end{aligned}$$

de modo que

$$I_C \cong \beta_1\beta_2 I_{B_1} \tag{4.68}$$

A aplicação da Lei das Tensões de Kirchhoff desde a fonte até o terra resulta em

$$V_{CC} - I_C R_C - V_{EB_1} - I_{B_1}R_B = 0$$

ou

$$V_{CC} - V_{EB_1} - \beta_1\beta_2 I_{B_1}R_C - I_{B_1}R_B = 0$$

e

$$I_{B_1} = \frac{V_{CC} - V_{EB_1}}{R_B + \beta_1\beta_2 R_C} \tag{4.69}$$

A tensão de base V_{B_1} é

$$V_{B_1} = I_{B_1}R_B \tag{4.70}$$

e

$$V_{B_2} = V_{BE_2} \tag{4.71}$$

A tensão de coletor $V_{C_2} = V_{E_1}$ é

$$V_{C_2} = V_{CC} - I_C R_C \tag{4.72}$$

e

$$V_{C_1} = V_{BE_2} \tag{4.73}$$

Nesse caso,

$$V_{CE_2} = V_{C_2} \tag{4.74}$$

e

$$V_{EC_1} = V_{E_1} - V_{C_1}$$

de modo que

$$V_{EC_1} = V_{C_2} - V_{BE_2} \tag{4.75}$$

A última configuração de múltiplos estágios a ser apresentada é o amplificador de **acoplamento direto**, como o que aparece no Exemplo 4.26. Note a ausência de um capacitor de acoplamento para isolar os níveis CC de cada estágio. Os níveis CC em um estágio afetarão diretamente os dos estágios subsequentes. A vantagem é que o capacitor de acoplamento costuma limitar a resposta de baixa frequência do amplificador. Sem ele, o amplificador pode amplificar os sinais de frequência muito baixa — na realidade, até CC. A desvantagem é que qualquer variação nos níveis CC devido a uma série de razões em um estágio pode afetar os níveis CC dos estágios subsequentes do amplificador.

EXEMPLO 4.26

Determine os valores CC para as correntes e tensões do amplificador com acoplamento direto da Figura 4.72. Note que é uma configuração com polarização por divisor de tensão seguida por outra de coletor-comum; uma configuração ideal para os casos em que a impedância de entrada do próximo estágio é bastante baixa. O amplificador coletor-comum atua como um **buffer** entre os estágios.

Solução:

O equivalente CC da Figura 4.72 aparece na Figura 4.73. Note que a carga e a fonte não fazem mais parte da representação gráfica. Para a configuração de divisor de tensão, as equações a seguir para a corrente de base foram desenvolvidas na Seção 4.5.

$$I_{B_1} = \frac{E_{Th} - V_{BE}}{R_{Th} + (\beta + 1)R_{E_1}}$$

com

$$R_{Th} = R_1 \| R_2$$

e

$$E_{Th} = \frac{R_2 V_{CC}}{R_1 + R_2}$$

Nesse caso,

$$R_{Th} = 33\,k\Omega \| 10\,k\Omega = 7{,}67\,k\Omega$$

e

$$E_{Th} = \frac{10\,k\Omega(14\,V)}{10\,k\Omega + 33\,k\Omega} = 3{,}26\,V$$

de modo que

$$\begin{aligned} I_{B_1} &= \frac{3{,}26\,V - 0{,}7\,V}{7{,}67\,k\Omega + (100 + 1)\,2{,}2\,k\Omega} \\ &= \frac{2{,}56\,V}{229{,}2\,k\Omega} \\ &= \mathbf{11{,}17\,\mu A} \end{aligned}$$

com

$$\begin{aligned} I_{C_1} &= \beta I_{B_1} \\ &= 100\,(11{,}17\,\mu A) \\ &= \mathbf{1{,}12\,mA} \end{aligned}$$

Na Figura 4.73, verificamos que

$$V_{B_2} = V_{CC} - I_C R_C \tag{4.76}$$

$$\begin{aligned} &= 14\,V - (1{,}12\,mA)(6{,}8\,k\Omega) \\ &= 14\,V - 7{,}62\,V \\ &= \mathbf{6{,}38\,V} \end{aligned}$$

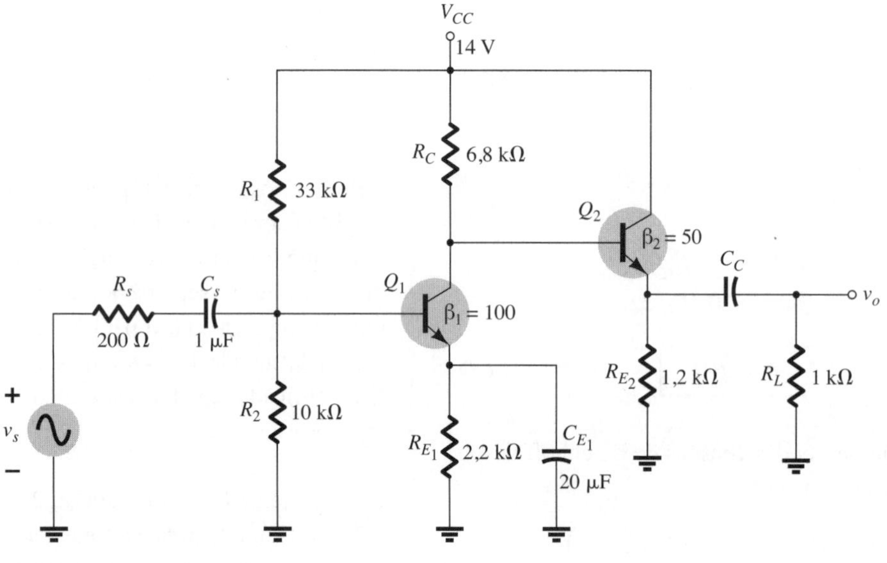

Figura 4.72 Amplificador com acoplamento direto.

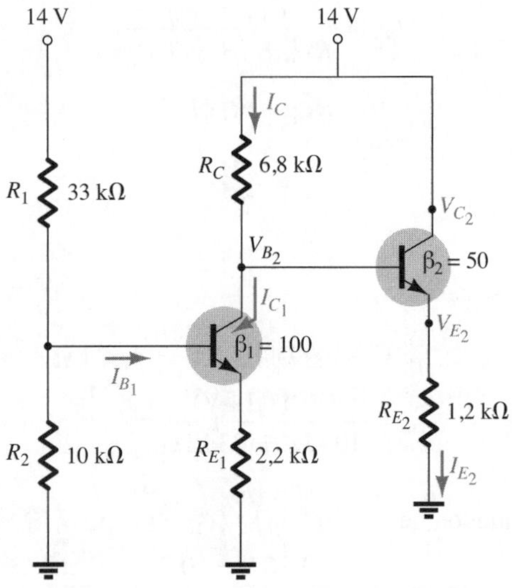

Figura 4.73 Equivalente CC da Figura 4.72.

e

$$V_{E_2} = V_{B_2} - V_{BE_2}$$
$$= 6{,}38 \text{ V} - 0{,}7 \text{ V}$$
$$= \mathbf{5{,}68\ V}$$

o que resulta em

$$I_{E_2} = \frac{V_{E_2}}{R_{E_2}} \quad (4.77)$$
$$= \frac{5{,}68 \text{ V}}{1{,}2 \text{ k}\Omega}$$
$$= \mathbf{4{,}73\ mA}$$

Obviamente,

$$V_{C_2} = V_{CC} \quad (4.78)$$
$$= 14 \text{ V}$$

$$V_{CE_2} = V_{C_2} - V_{E_2}$$

e

$$V_{CE_2} = V_{CC} - V_{E_2} \quad (4.79)$$
$$= 14 \text{ V} - 5{,}68 \text{ V}$$
$$= \mathbf{8{,}32\ V}$$

4.13 ESPELHOS DE CORRENTE

O **espelho de corrente** é um circuito CC no qual a corrente através da carga é controlada por uma corrente em outro ponto do circuito. Isto é, se a intensidade da corrente que controla o circuito for reduzida ou elevada, aquela que passa através da carga também mudará na mesma proporção. A discussão a seguir demonstrará que a eficácia do projeto depende do fato de que os dois transistores empregados possuem curvas características idênticas. A configuração básica aparece na Figura 4.74. Note que os dois transistores estão de costas um para o outro e o coletor de um está conectado à base de ambos.

Suponhamos que transistores idênticos resultem em $V_{BE_1} = V_{BE_2}$ e $I_{B_1} = I_{B_2}$, como definido pela curva característica base-emissor da Figura 4.75. Se a tensão base-emissor for aumentada, a corrente de cada um aumentará na mesma proporção.

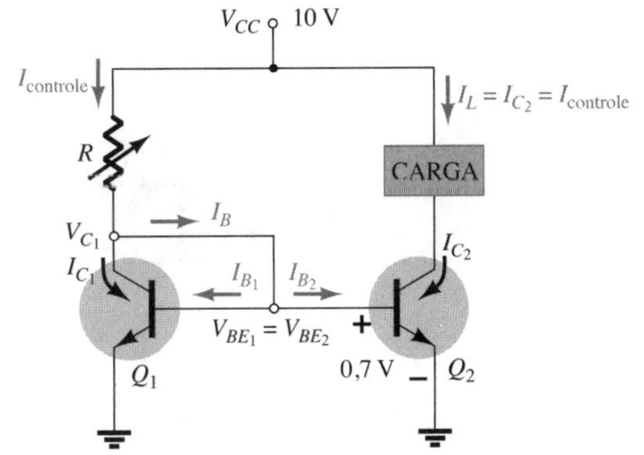

Figura 4.74 Espelho de corrente que usa dois TBJs, um de costas para o outro.

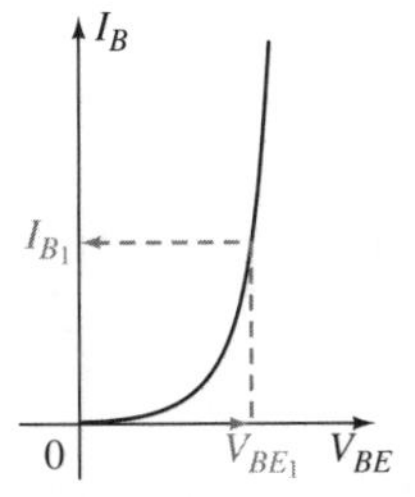

Figura 4.75 Curva característica de base para o transistor Q_1 (e Q_2).

Visto que as tensões base-emissor dos dois transistores da Figura 4.74 estão em paralelo, elas devem ter o mesmo valor. Por conseguinte, $I_{B_1} = I_{B_2}$ em cada tensão base-emissor definida. Fica evidente a partir da Figura 4.74 que

$I_B = I_{B_1} + I_{B_2}$

e, se $I_{B_1} = I_{B_2}$

então, $I_B = I_{B_1} + I_{B_2} = 2I_{B_1}$

Além disso, $I_{controle} = I_{C_1} + I_B = I_{C_1} + 2I_{B_1}$

mas $I_{C_I} = \beta_1 I_{B_1}$

então $I_{controle} = \beta_1 I_{B_1} + 2I_{B_I} = (\beta_I + 2)I_{B_1}$

e porque β_I é tipicamente >> 2, $I_{controle} \cong \beta_1 I_{B_1}$

ou

$$I_{B_1} = \frac{I_{controle}}{\beta_1} \quad (4.80)$$

Se a corrente de controle é elevada, a I_{B_1} resultante aumentará, como determina a Equação 4.80. Se I_{B_1} torna-se maior, a tensão V_{BE_1} deve aumentar, como determina a curva de resposta da Figura 4.75. Se V_{BE_1} aumenta, então V_{BE_2} deve ter um acréscimo de mesmo valor, e I_{B_2} também aumentará. O resultado é que $I_L = I_{C_2} = \beta I_{B_2}$ também aumentará até o nível estabelecido pela corrente de controle.

Com base na Figura 4.74, verificamos que a corrente de controle é determinada por

$$I_{controle} = \frac{V_{CC} - V_{BE}}{R} \quad (4.81)$$

revelando que, para uma V_{CC} fixa, o resistor R pode ser usado para definir a corrente de controle.

O circuito também possui uma medida de controle embutida que tentará assegurar que qualquer variação na corrente de carga seja corrigida pela própria configuração. Por exemplo, se I_L tentar se elevar por qualquer razão, a corrente de base de Q_2 também se elevará por causa da relação $I_{B_2} = I_{C_2}/\beta_2 = I_L/\beta_2$. Retomando a Figura 4.74, vemos que um aumento em I_{B_2} provocará um aumento também na tensão V_{BE_2}. Visto que a base de Q_2 está conectada diretamente ao coletor de Q_1, a tensão V_{CE_1} também aumentará. Essa ação leva a uma queda de tensão no resistor de controle R, o que faz com que I_R caia. Mas, se I_R cai, a corrente de base I_B cairá, levando tanto I_{B_1} quanto I_{B_2} a cair também. Uma queda em I_{B_2} fará com que a corrente do coletor e, portanto, a corrente de carga também sejam reduzidas. Logo, o resultado é uma sensibilidade a mudanças indesejadas que o circuito se esforçará em corrigir.

Toda a sequência de eventos que acabamos de descrever pode ser resumida em uma única linha, como mostramos a seguir. Observe que em uma extremidade a corrente de carga tenta aumentar e, na extremidade da sequência, a corrente de carga é forçada a retornar a seu valor original.

$$I_L \uparrow I_{C_2} \uparrow I_{B_2} \uparrow V_{BE_2} \uparrow V_{CE_1} \downarrow, I_R \downarrow, I_B \downarrow, I_{B_2} \downarrow I_{C_2} \downarrow I_L \downarrow$$

Observe

EXEMPLO 4.27

Calcule o espelho de corrente I no circuito da Figura 4.76.

Solução:

Equação 4.75:

$$I = I_{controle} = \frac{V_{CC} - V_{BE}}{R} = \frac{12\text{ V} - 0{,}7\text{ V}}{1{,}1\text{ k}\Omega} = \mathbf{10{,}27\text{ mA}}$$

EXEMPLO 4.28

Calcule a corrente I através de cada um dos transistores Q_2 e Q_3 no circuito da Figura 4.77.

Solução:

Visto que

$$V_{BE_1} = V_{BE_2} = V_{BE_3} \quad \text{então} \quad I_{B_1} = I_{B_2} = I_{B_3}$$

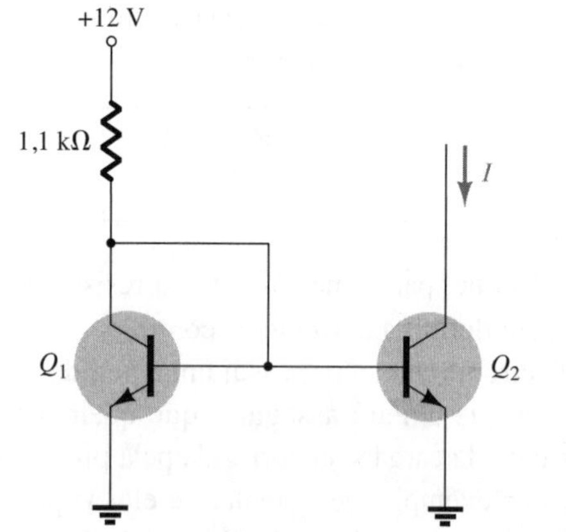

Figura 4.76 Circuito de espelho de corrente para o Exemplo 4.27.

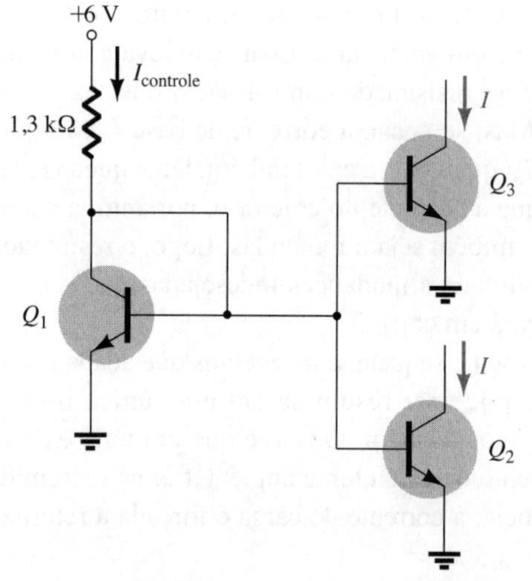

Figura 4.77 Circuito de espelho de corrente para o Exemplo 4.28.

Substituindo

$$I_{B_1} = \frac{I_{\text{controle}}}{\beta} \quad \text{e} \quad I_{B_2} = \frac{I}{\beta} \quad \text{com} \quad I_{B_3} = \frac{I}{\beta}$$

temos $$\frac{I_{\text{controle}}}{\beta} = \frac{I}{\beta} = \frac{I}{\beta}$$

logo, I deve ser igual a I_{controle}

e $$I_{\text{controle}} = \frac{V_{CC} - V_{BE}}{R} = \frac{6\text{ V} - 0{,}7\text{ V}}{1{,}3\text{ k}\Omega} = \mathbf{4{,}08\text{ mA}}$$

A Figura 4.78 mostra outra forma de espelho de corrente para fornecer uma impedância de saída mais elevada do que a da Figura 4.74. A corrente de controle através de R é

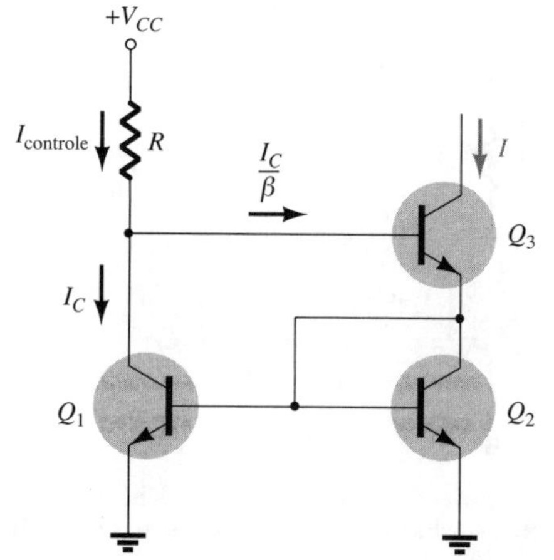

Figura 4.78 Circuito de espelho de corrente com maior impedância de saída.

$$I_{\text{controle}} = \frac{V_{CC} - 2V_{BE}}{R} \approx I_C + \frac{I_C}{\beta} = \frac{\beta + 1}{\beta} I_C \approx I_C$$

Ao assumirmos que Q_1 e Q_2 são bastante coincidentes, vemos que a corrente de saída I é mantida constante em

$$I \approx I_C = I_{\text{controle}}$$

Novamente, vemos que a corrente de saída I é um valor espelhado da corrente definida pela corrente fixa através de R.

A Figura 4.79 mostra mais uma forma de espelho de corrente. O transistor de junção com efeito de campo (veja Capítulo 6) fornece uma corrente constante definida no valor de I_{DSS}. Essa corrente é espelhada, o que resulta em uma corrente através de Q_2 no mesmo valor:

$$I = I_{DSS}$$

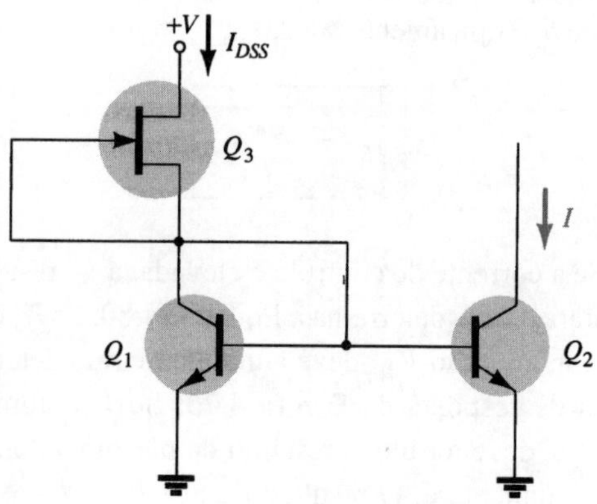

Figura 4.79 Conexão de espelho de corrente.

4.14 CIRCUITOS DE FONTE DE CORRENTE

O conceito de fonte de alimentação fornece o ponto de partida para nossa análise de circuitos de fonte de corrente. Uma fonte de tensão prática [(Figura 4.80(a)] é aquela em série com uma resistência. Uma fonte de tensão ideal tem $R = 0$, enquanto a prática inclui uma resistência pequena. Uma fonte de corrente prática [Figura 4.80(b)] é aquela em paralelo com uma resistência. Uma fonte de corrente ideal tem $R = \infty\Omega$, enquanto a prática inclui uma resistência muito grande.

Uma fonte de corrente ideal fornece uma corrente constante, independentemente da carga conectada a ela. Existem muitos usos no domínio da eletrônica para um circuito que forneça uma corrente constante a um nível de impedância muito elevado. Circuitos de corrente constante podem ser montados com dispositivos bipolares, dispositivos FET e uma combinação desses componentes. Há circuitos utilizados de forma discreta e outros mais apropriados para operação em circuitos integrados.

Fonte de corrente constante com transistor bipolar

Transistores bipolares podem ser conectados de inúmeras maneiras a um circuito que opera como uma fonte de corrente constante. A Figura 4.81 mostra um circuito com alguns resistores e um transistor *npn* para operação como um circuito de corrente constante. A corrente em I_E pode ser determinada como descrito a seguir. Assumindo que a impedância de entrada da base seja muito maior do que R_1 ou R_2, temos

$$V_B = \frac{R_1}{R_1 + R_2}(-V_{EE})$$

e

$$V_E = V_B - 0{,}7\ \text{V} \tag{4.82}$$

com

$$I_E = \frac{V_E - (-V_{EE})}{R_E} \approx I_C$$

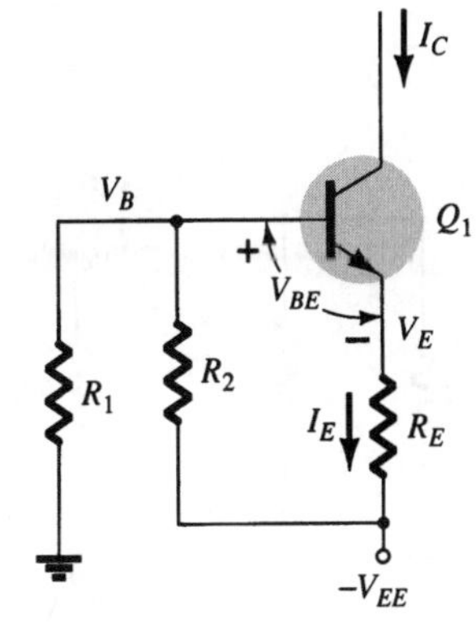

Figura 4.81 Fonte de corrente constante discreta.

onde I_C é a corrente constante fornecida pelo circuito da Figura 4.81.

EXEMPLO 4.29

Calcule a corrente constante I no circuito da Figura 4.82.

Solução:

$$V_B = \frac{R_1}{R_1 + R_2}(-V_{EE})$$
$$= \frac{5{,}1\ \text{k}\Omega}{5{,}1\ \text{k}\Omega + 5{,}1\ \text{k}\Omega}(-20\ \text{V}) = -10\ \text{V}$$

$$V_E = V_B - 0{,}7\ \text{V} = 10\ \text{V} - 0{,}7\ \text{V} = -10{,}7\ \text{V}$$
$$I = I_E = \frac{V_E - (-V_{EE})}{R_E} = \frac{-10{,}7\ \text{V} - (-20\ \text{V})}{2\ \text{k}\Omega}$$
$$= \frac{9{,}3\ \text{V}}{2\ \text{k}\Omega} = \mathbf{4{,}65\ mA}$$

Fonte de corrente constante com transistor/Zener

Ao substituirmos a resistência R_2 por um diodo Zener, como mostra a Figura 4.83, temos uma fonte de corrente constante melhorada em relação à da Figura 4.81. A introdu-

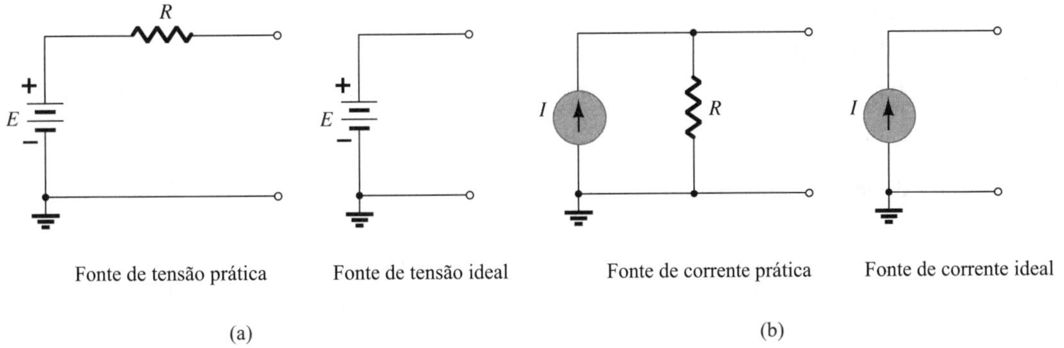

Figura 4.80 Fontes de tensão e de corrente.

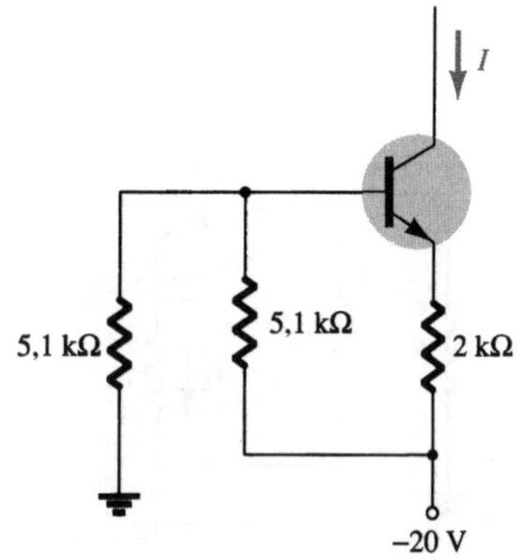

Figura 4.82 Fonte de corrente constante para o Exemplo 4.29.

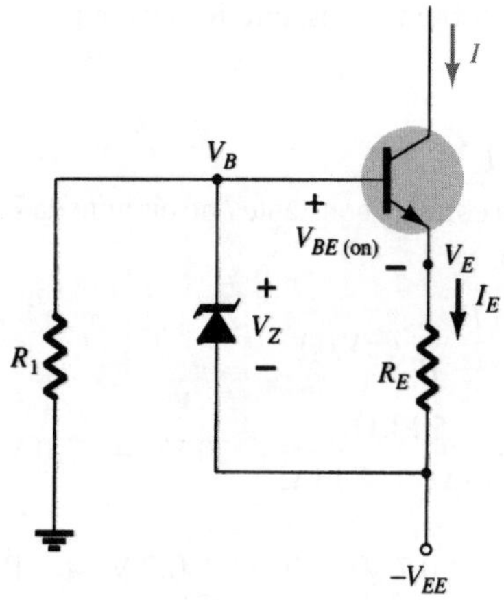

Figura 4.83 Circuito de corrente constante usando o diodo Zener.

ção do diodo Zener resulta em uma corrente constante calculada aplicando-se a LTK (Lei das Tensões de Kirchhoff) à malha base-emissor. O valor de I pode ser calculado por

$$I \approx I_E = \frac{V_Z - V_{BE}}{R_E} \tag{4.83}$$

Um ponto importante a ser levado em consideração é que a corrente constante depende da tensão do diodo Zener, a qual permanece bastante constante, e do resistor de emissor R_E. A tensão de alimentação V_{EE} não tem nenhum efeito sobre o valor de I.

EXEMPLO 4.30

Calcule a constante de corrente I no circuito da Figura 4.84.

Solução:

Equação 4.83:

$$I = \frac{V_Z - V_{BE}}{R_E} = \frac{6{,}2\text{ V} - 0{,}7\text{ V}}{1{,}8\text{ k}\Omega} = 3{,}06\text{ mA} \approx \mathbf{3\ mA}$$

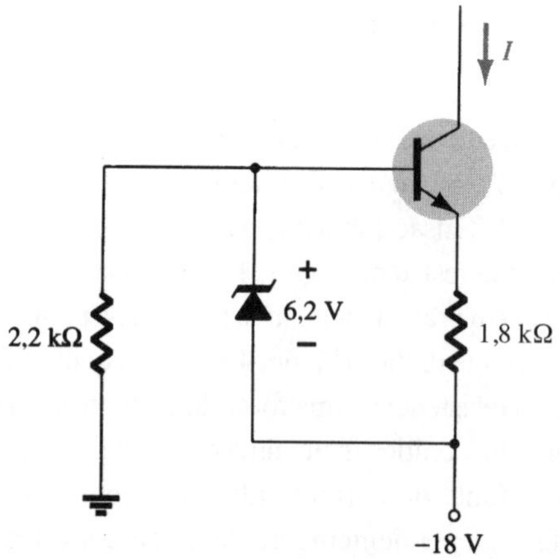

Figura 4.84 Circuito de corrente constante para o Exemplo 4.30.

4.15 TRANSISTORES *pnp*

Até aqui, a análise se limitou totalmente aos transistores *npn* para garantir que a análise inicial das configurações básicas ficasse tão clara quanto possível sem se alternar entre os dois tipos de transistor. Felizmente, a análise de transistores *pnp* segue o mesmo padrão estabelecido para os transistores *npn*. Primeiramente o valor de I_B é determinado e, em seguida, são aplicadas as relações apropriadas ao transistor para que a lista das incógnitas restantes seja definida. Na verdade, a única diferença entre as equações resultantes para um circuito no qual um transistor *npn* foi substituído por um transistor *pnp* é o sinal associado a quantidades específicas.

Como se observa na Figura 4.85, a notação de duas letras subscritas é mantida. Entretanto, os sentidos de corrente foram invertidos para refletir os da

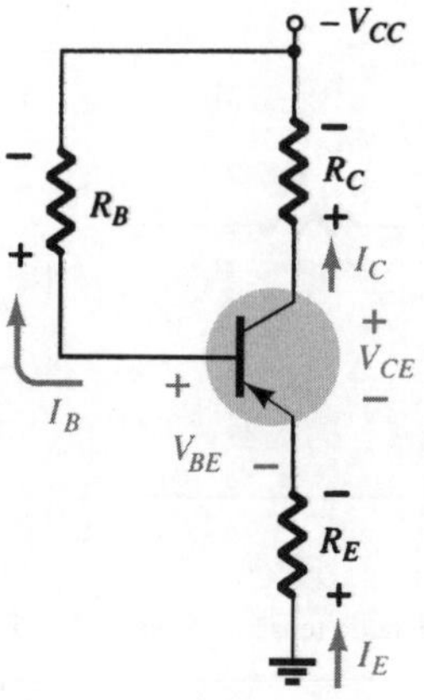

Figura 4.85 Transistor *pnp* na configuração de polarização estável do emissor.

condução real. Utilizando-se as polaridades definidas na Figura 4.85, tanto V_{BE} quanto V_{CE} serão quantidades negativas.

A aplicação da Lei das Tensões de Kirchhoff à malha base-emissor do circuito resulta na seguinte equação para a Figura 4.85:

$$-I_E R_E + V_{BE} - I_B R_B + V_{CC} = 0$$

A substituição de $I_E = (\beta + 1)I_B$ e o cálculo de I_B resulta em

$$I_B = \frac{V_{CC} + V_{BE}}{R_B + (\beta + 1)R_E} \qquad (4.84)$$

A equação resultante é igual à Equação 4.17, exceto pelo sinal de V_{BE}. Entretanto, nesse caso, $V_{BE} = -0{,}7$ V, e a substituição dos valores resulta no mesmo sinal para cada termo da Equação 4.84, como na Equação 4.17. Lembramos que o sentido de I_B é definido como oposto àquele estabelecido para o transistor *pnp*, como mostra a Figura 4.85.

Para V_{CE}, a Lei das Tensões de Kirchhoff é aplicada ao circuito coletor-emissor, resultando na seguinte equação:

$$-I_E R_E + V_{CE} - I_C R_C + V_{CC} = 0$$

Substituir $I_E \cong I_C$ resulta em

$$V_{CE} = -V_{CC} + I_C(R_C + R_E) \qquad (4.85)$$

A equação resultante tem o mesmo formato da Equação 4.19, mas o sinal associado a cada termo do lado direito da igualdade foi modificado. Como V_{CC} é maior do que o valor dos termos restantes, a tensão V_{CE} é negativa, como observado em um parágrafo anterior.

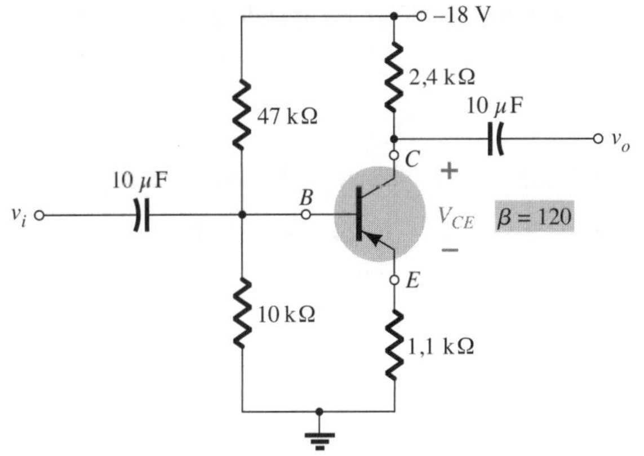

Figura 4.86 Transistor *pnp* em uma configuração de polarização com divisor de tensão.

EXEMPLO 4.31

Determine V_{CE} para a configuração de polarização com divisor de tensão da Figura 4.86.

Solução:

O teste da condição

$$\beta R_E \geq 10R_2$$

resulta em

$$(120)(1{,}1\text{ k}\Omega) \geq 10(10\text{ k}\Omega)$$
$$132\text{ k}\Omega \geq 100\text{ k}\Omega \quad (\textit{satisfeita})$$

Calculando V_B, temos

$$V_B = \frac{R_2 V_{CC}}{R_1 + R_2} = \frac{(10\text{ k}\Omega)(-18\text{ V})}{47\text{ k}\Omega + 10\text{ k}\Omega} = -3{,}16\text{ V}$$

Observe a semelhança do formato da equação com o da tensão negativa resultante para V_B.

A aplicação da Lei das Tensões de Kirchhoff ao longo da malha base-emissor resulta em

$$+V_B - V_{BE} - V_E = 0$$

e

$$V_E = V_B - V_{BE}$$

Substituindo os valores, obtemos

$$V_E = -3{,}16\text{ V} - (-0{,}7\text{ V})$$
$$= -3{,}16\text{ V} + 0{,}7\text{ V}$$
$$= -2{,}46\text{ V}$$

Observe que, na equação anterior, é empregada a notação-padrão de letras subscritas, simples e dupla. Para um transistor *npn*, a relação $V_E = V_B - V_{BE}$ seria exatamente a mesma. A única diferença surge quando os valores são substituídos.

A corrente é

$$I_E = \frac{V_E}{R_E} = \frac{2{,}46\text{ V}}{1{,}1\text{ k}\Omega} = 2{,}24\text{ mA}$$

Para a malha coletor-emissor,

$$-I_E R_E + V_{CE} - I_C R_C + V_{CC} = 0$$

Substituindo $I_E \cong I_C$ e agrupando os termos, obtém-se

$$V_{CE} = -V_{CC} + I_C(R_C + R_E)$$

Substituindo os valores, temos

$$\begin{aligned} V_{CE} &= -18\text{ V} + (2{,}24\text{ mA})(2{,}4\text{ k}\Omega + 1{,}1\text{ k}\Omega) \\ &= -18\text{ V} + 7{,}84\text{ V} \\ &= \mathbf{-10{,}16\ V} \end{aligned}$$

4.16 CIRCUITOS DE CHAVEAMENTO COM TRANSISTOR

A aplicação de transistores não está limitada somente à amplificação de sinais. Com um projeto apropriado, os transistores podem ser utilizados como chaves em computadores e aplicações de controle. O circuito da Figura 4.87(a) pode ser empregado como um *inversor* em circuito de lógica computacional. Observe que a tensão de saída V_C é oposta àquela aplicada na base ou no terminal de entrada. Além disso, não há uma fonte CC conectada ao circuito da base. A única fonte CC é conectada ao coletor ou circuito de saída, e para aplicações em computação é tipicamente igual à magnitude do nível "alto" do sinal aplicado — no caso, 5 V. O resistor R_B garantirá que a tensão total aplicada de 5 V não apareça através da junção base-emissor. Também definirá o valor de I_B para a condição "ligado".

Um projeto apropriado para que o transistor atue como um inversor exige que o ponto de operação alterne do corte para a saturação ao longo da reta de carga, como determinado na Figura 4.87(b). Nesse caso, presumiremos que $I_C = I_{CEO} \cong 0$ mA quando $I_B = 0\ \mu$A (uma excelente aproximação à luz das técnicas cada vez mais aprimoradas de fabricação), como mostra a Figura 4.87(b). Além disso, presumiremos que $V_{CE} = V_{CE_{sat}} \cong 0$ V, em vez do valor normalmente adotado de 0,1 a 0,3 V.

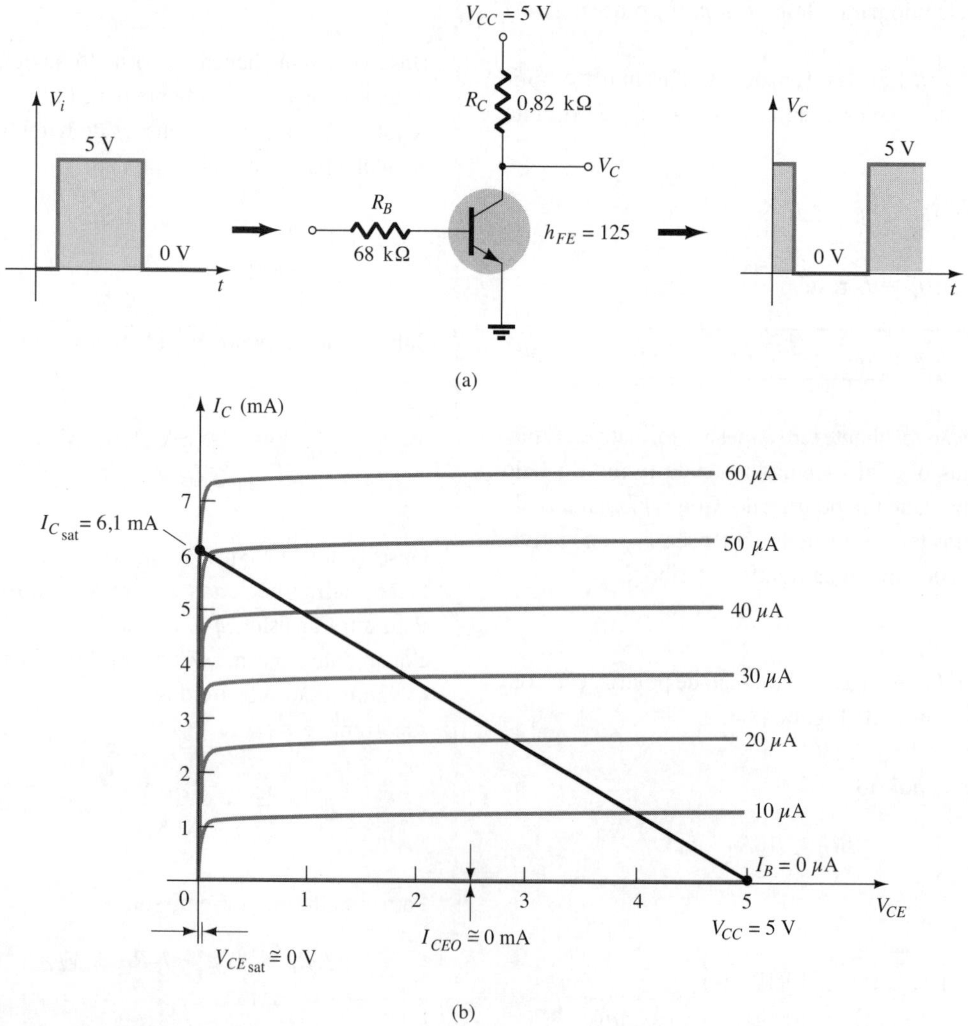

Figura 4.87 Transistor inversor.

Quando $V_i = 5$ V, o transistor estará "ligado", e o projeto deverá assegurar que ele se encontre bastante saturado para um valor de I_B maior do que aquele associado à curva de I_B situada próximo ao nível de saturação. Na Figura 4.87(b), isso exige que $I_B > 50\ \mu$A. O nível de saturação da corrente de coletor para o circuito da Figura 4.87(a) é definido por

$$I_{C_{sat}} = \frac{V_{CC}}{R_C} \tag{4.86}$$

O valor de I_B na região ativa um pouco antes da saturação pode ser aproximado pela seguinte equação:

$$I_{B_{máx}} \cong \frac{I_{C_{sat}}}{\beta_{CC}}$$

Para o nível de saturação, portanto, devemos garantir que a seguinte condição seja satisfeita:

$$I_B > \frac{I_{C_{sat}}}{\beta_{CC}} \tag{4.87}$$

Para o circuito da Figura 4.87(b), quando $V_i = 5$ V, o valor resultante de I_B é

$$I_B = \frac{V_i - 0{,}7\text{ V}}{R_B} = \frac{5\text{ V} - 0{,}7\text{ V}}{68\text{ k}\Omega} = 63\ \mu\text{A}$$

e $$I_{C_{sat}} = \frac{V_{CC}}{R_C} = \frac{5\text{ V}}{0{,}82\text{ k}\Omega} \cong 6{,}1\text{ mA}$$

Testando a Equação 4.87, temos

$$I_B = 63\ \mu\text{A} > \frac{I_{C_{sat}}}{\beta_{CC}} = \frac{6{,}1\text{ mA}}{125} = 48{,}8\ \mu\text{A}$$

que é satisfeita. Certamente, qualquer valor de I_B maior do que 60 μA interceptará a reta de carga em um ponto Q bem próximo ao eixo vertical.

Para $V_i = 0$ V, $I_B = 0\ \mu$A, e como presumimos que $I_C = I_{CEO} = 0$ mA, a queda de tensão através de RC é determinada por $V_{RC} = I_C R_C = 0$ V, resultando em $V_C = +5$ V para a resposta indicada na Figura 4.87(a).

Além de sua contribuição nos circuitos lógicos do computador, o transistor pode ser empregado como uma chave utilizando as mesmas extremidades da reta de carga. Na saturação, a corrente I_C é muito alta e a tensão V_{CE}, muito baixa. O resultado é um valor de resistência entre os dois terminais determinado por

$$R_{sat} = \frac{V_{CE_{sat}}}{I_{C_{sat}}}$$

e mostrado na Figura 4.88.

A utilização de um valor médio típico de $V_{CE_{sat}}$, tal como 0,15 V, fornece

$$R_{sat} = \frac{V_{CE_{sat}}}{I_{C_{sat}}} = \frac{0{,}15\text{ V}}{6{,}1\text{ mA}} = 24.6\ \Omega$$

que é um valor relativamente baixo e pode ser considerado aproximadamente 0 Ω, quando colocado em série com resistores na faixa de quiloohm.

Para $V_i = 0$ V, como mostra a Figura 4.89, as condições de corte resultarão no seguinte valor de resistência:

$$R_{corte} = \frac{V_{CC}}{I_{CEO}} = \frac{5\text{ V}}{0\text{ mA}} = \boldsymbol{\infty\ \Omega}$$

o que resulta em um circuito aberto equivalente. Para um valor típico de $I_{CEO} = 10\ \mu$A, o valor da resistência equivalente no corte é

$$R_{corte} = \frac{V_{CC}}{I_{CEO}} = \frac{5\text{ V}}{10\ \mu\text{A}} = \mathbf{500\ k\Omega}$$

que certamente se comporta como um circuito aberto em muitos casos.

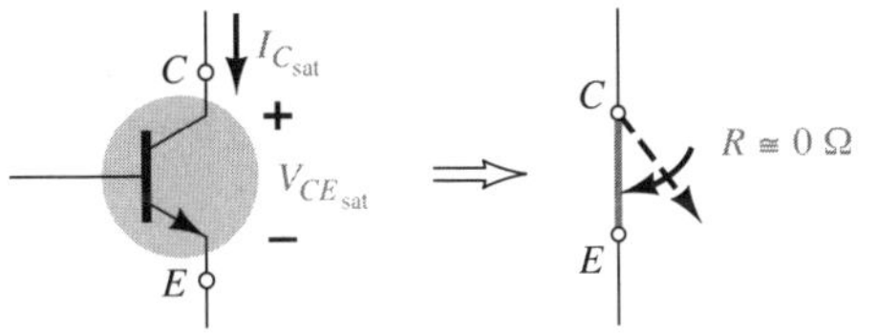

Figura 4.88 Condições de saturação e resistência resultante entre os terminais.

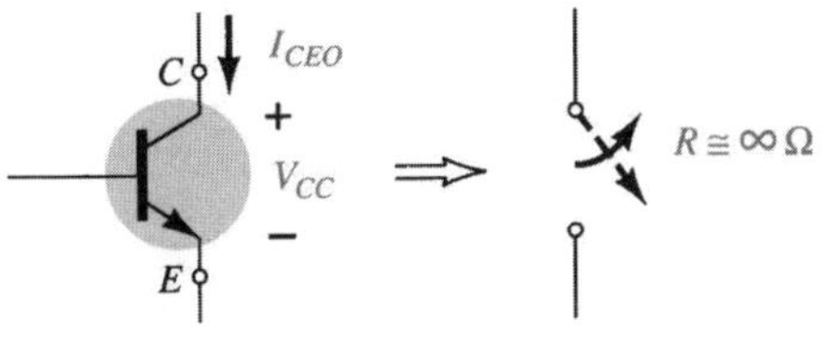

Figura 4.89 Condições de corte e resistência resultante entre os terminais.

EXEMPLO 4.32

Determine R_B e R_C para o transistor inversor da Figura 4.90 se $I_{C_{sat}} = 10$ mA.

Solução:

Na saturação,

$$I_{C_{sat}} = \frac{V_{CC}}{R_C}$$

e

$$10 \text{ mA} = \frac{10 \text{ V}}{R_C}$$

de modo que

$$R_C = \frac{10 \text{ V}}{10 \text{ mA}} = 1 \text{ k}\Omega$$

Na saturação,

$$I_B \cong \frac{I_{C_{sat}}}{\beta_{CC}} = \frac{10 \text{ mA}}{250} = 40 \text{ } \mu\text{A}$$

Escolhendo $I_B = 60$ μA para garantir a saturação e usando

$$I_B = \frac{V_i - 0{,}7 \text{ V}}{R_B}$$

temos,

$$R_B = \frac{V_i - 0{,}7 \text{ V}}{I_B} = \frac{10 \text{ V} - 0{,}7 \text{ V}}{60 \text{ } \mu\text{A}} = 155 \text{ k}\Omega$$

Escolhemos $R_B = 150$ kΩ, que é um valor-padrão. Então

$$I_B = \frac{V_i - 0{,}7 \text{ V}}{R_B} = \frac{10 \text{ V} - 0{,}7 \text{ V}}{150 \text{ k}\Omega} = 62 \text{ } \mu\text{A}$$

e

$$I_B = 62 \text{ } \mu\text{A} > \frac{I_{C_{sat}}}{\beta_{CC}} = 40 \text{ } \mu\text{A}$$

Logo, use R_B = **150 kΩ** e R_C = **1 kΩ**.

Há transistores chamados de *transistores de chaveamento* por causa da velocidade com que podem alternar de um valor de tensão para outro. Na Figura 3.23(e), os períodos de tempo definidos como t_s, t_d, t_r e t_f são apresentados em função da corrente de coletor. Seus efeitos na velocidade de resposta do sinal de saída no coletor são vistos na Figura 4.91. O tempo total necessário para que o transistor alterne do estado "desligado" para o estado "ligado" é designado como t_{on}, e é determinado por

$$t_{on} = t_r + t_d \quad (4.88)$$

sendo o retardo de tempo t_d o intervalo entre a mudança de estado da entrada e o início da resposta na saída. O elemento de tempo t_r é o tempo de ascensão de 10 a 90% do valor final.

O tempo total necessário para que o transistor alterne de "ligado" para "desligado" é chamado de t_{off}, e definido por

$$t_{off} = t_s + t_f \quad (4.89)$$

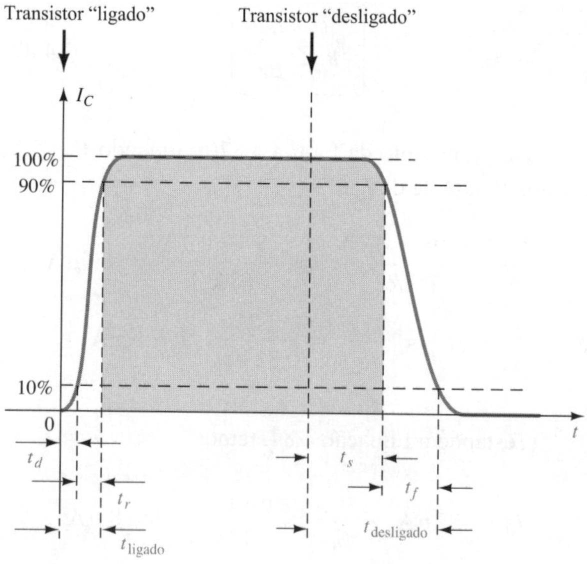

Figura 4.91 Definição dos intervalos de tempo de uma forma de onda pulsada.

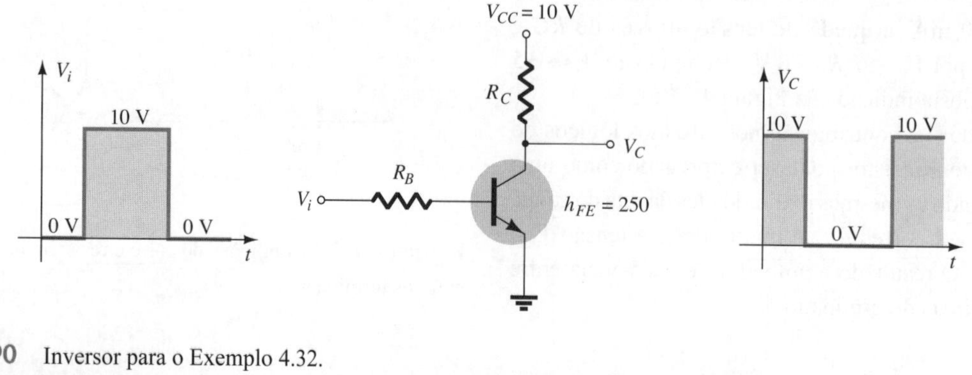

Figura 4.90 Inversor para o Exemplo 4.32.

onde t_s é o tempo de armazenamento e t_f, o tempo de queda de 90% para 10% do valor inicial.

Para o transistor de aplicação geral da Figura 3.23(e), com I_C = 10 mA, determinamos que

$$t_s = 120 \text{ ns}$$
$$t_d = 25 \text{ ns}$$
$$t_r = 13 \text{ ns}$$
e
$$t_f = 12 \text{ ns}$$
de modo que
$$t_{on} = t_r + t_d = 13 \text{ ns} + 25 \text{ ns} = \mathbf{38\ ns}$$
e
$$t_{off} = t_s + t_f = 120 \text{ ns} + 12 \text{ ns} = \mathbf{132\ ns}$$

A comparação dos valores anteriores com os parâmetros do transistor de chaveamento BSV52L revela um dos motivos para a escolha desse tipo de transistor quando necessário:

$$t_{on} = \mathbf{12\ ns} \quad \text{e} \quad t_{off} = \mathbf{18\ ns}$$

4.17 TÉCNICAS DE ANÁLISE DE DEFEITOS EM CIRCUITOS

A arte de analisar defeitos é um tópico que envolve tantas possibilidades e técnicas que não se pode abordá-las nas poucas seções de um livro. Entretanto, o usuário deve conhecer algumas técnicas e medições que podem isolar a área do problema e ajudar na identificação de uma solução.

Obviamente, o primeiro passo é entender bem o comportamento do circuito e ter algum conhecimento dos níveis de tensão e corrente existentes. Para o transistor na região ativa, o valor CC mais importante a ser medido é a tensão base-emissor.

Para um transistor "ligado", a tensão V_{BE} deve ser de cerca de 0,7 V.

As conexões apropriadas para a medição de V_{BE} são mostradas na Figura 4.92. Observe que a ponta de prova positiva (vermelha) do medidor está conectada ao terminal de base para um transistor *npn* e a ponta de prova negativa (preta), ao terminal do emissor. Qualquer leitura totalmente diferente do esperado em torno de 0,7 V, como 0 V, 4 V, 12 V ou até mesmo um valor negativo, seria duvidosa, e as conexões do dispositivo ou circuito deveriam ser verificadas. Para um transistor *pnp*, as mesmas conexões podem ser utilizadas, mas as leituras terão de ser negativas.

Um valor de tensão de igual importância é a tensão coletor-emissor. Lembre-se de que vimos pelas caracte-

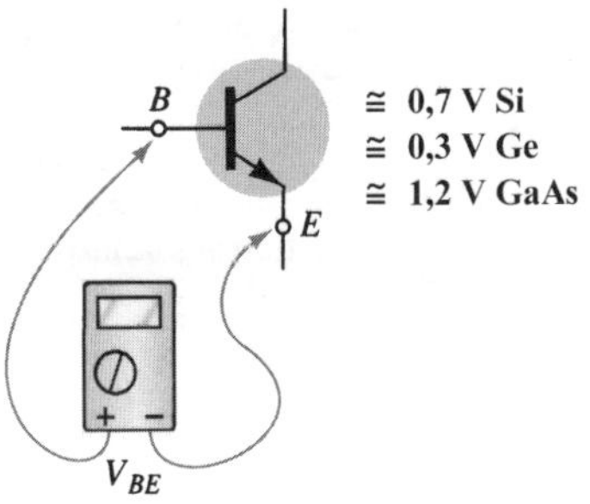

Figura 4.92 Verificação do valor CC de V_{BE}.

rísticas gerais de um TBJ que valores de V_{CE} em torno de 0,3 V sugerem um dispositivo saturado, condição que deveria existir apenas se o transistor fosse utilizado no modo de chaveamento. Entretanto:

Para um amplificador transistorizado comum que opera na região ativa, normalmente V_{CE} é 25 a 75% de V_{CC}.

Para V_{CC} = 20 V, uma leitura de valores de 1 a 2 V ou de 18 a 20 V para V_{CE}, como medido na Figura 4.93, certamente é um resultado estranho e, a menos que o dispositivo tenha sido projetado para essa resposta, seu projeto e operação devem ser investigados. Se V_{CE} = 20 V (com V_{CC} = 20 V) há, no mínimo, duas possibilidades: ou o dispositivo (TBJ) está danificado e possui as características de um circuito aberto entre os terminais de coletor e emissor, ou uma conexão na malha coletor-emissor ou base-emissor está aberta, como mostra a Figura 4.94, estabelecendo I_C em 0 mA e V_{R_C} = 0 V. Na Figura 4.94, a ponta de prova preta do voltímetro é conectada ao terra da fonte, e a ponta de prova vermelha, ao terminal inferior do resistor. A ausência de uma corrente de coletor e a consequente queda de tensão igual a zero sobre R_C resultam em uma leitura de 20 V. Se o medidor for conectado entre o terminal de coletor e o terra do TBJ, a leitura será 0 V porque V_{CC} não está em contato com o dispositivo devido ao circuito aberto. Um dos erros mais comuns em práticas de laboratório é o uso de valores errados de resistência para um dado projeto. Imagine o impacto da utilização de um resistor de 680 Ω em R_B em vez do valor de projeto de 680 kΩ. Para V_{CC} = 20 V e uma configuração com polarização fixa, a corrente de base resultante seria

$$I_B = \frac{20 \text{ V} - 0{,}7 \text{ V}}{680 \ \Omega} = 28{,}4 \text{ mA}$$

em vez do valor desejado de 28,4 μA — uma diferença significativa!

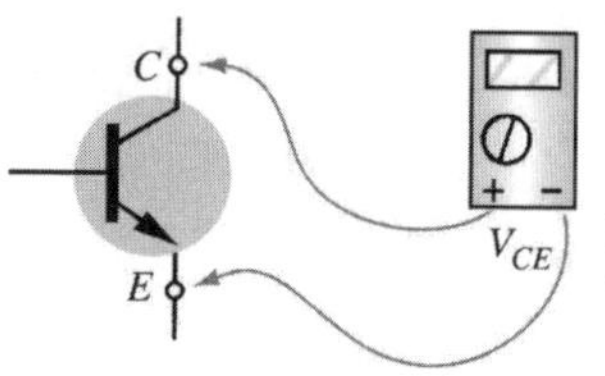

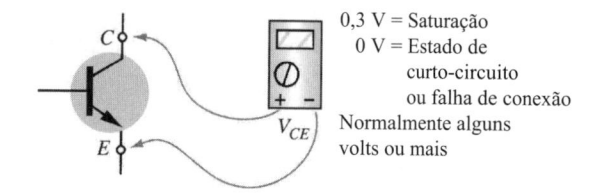

Figura 4.93 Verificação do valor de V_{CE}.

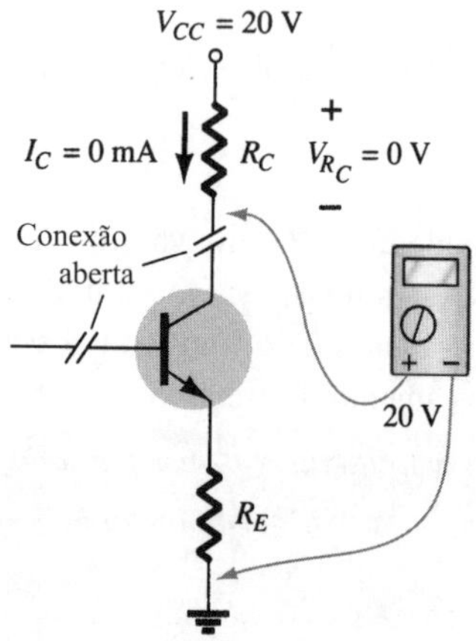

Figura 4.94 Efeito de uma falha de conexão ou de um dispositivo defeituoso.

Uma corrente de base de 28,4 mA certamente colocaria o transistor do projeto na região de saturação e talvez danificasse o dispositivo. Visto que os valores reais dos resistores são diferentes dos valores nominais indicados pelo código de cores (lembre-se dos valores de tolerância para os elementos resistivos), é importante medir o resistor antes de inseri-lo no circuito. O resultado é a obtenção de valores próximos aos teóricos e alguma garantia de que o valor de resistência correto está sendo empregado.

Algumas vezes surge a frustração, pois verificamos o dispositivo em um traçador de curvas ou em outro medidor para transistor e tudo parece em ordem. Todos os valores das resistências foram conferidos, as conexões estão estáveis e a tensão apropriada da fonte foi aplicada. O que falta fazer? Devemos, então, nos esforçar para atingir um nível mais elevado de sofisticação na análise. Poderia ser uma falha na conexão interna de um terminal? Com que frequência um simples toque em um terminal em um ponto específico cria situações de "abrir ou fechar" conexões? Talvez a fonte tenha sido ligada e estabelecida em um valor de tensão apropriado, mas o botão de ajuste do valor de corrente foi deixado na posição zero, fazendo com que o circuito não tenha um nível de corrente adequado. Obviamente, quanto mais sofisticado o sistema, maior o leque de possibilidades. Em todo caso, um dos métodos mais eficientes de verificação da operação do circuito consiste em checar os diversos valores de tensão em relação ao terra, colocando a ponta de prova preta (negativa) do voltímetro no terra e "tocando" os terminais importantes com a ponta de prova vermelha (positiva). Na Figura 4.95, se a ponta de prova vermelha for conectada diretamente a V_{CC}, obteremos a leitura de V_{CC} volts, já que o circuito tem um terra comum à fonte e aos parâmetros empregados no circuito. Em V_C, a leitura deve ser menor, pois há uma queda de tensão através de R_C, e V_E deve ser menor do que V_C devido à tensão coletor-emissor V_{CE}. A falha em um desses pontos pode ser aceitável, mas pode representar conexão falha ou componente defeituoso. Se V_{R_C} e V_{R_E} apresentarem valores aceitáveis, mas V_{CE} for 0 V, é provável que o TBJ esteja danificado e exiba um curto-circuito entre os terminais de coletor e emissor. Como já foi observado, se V_{CE} registra um valor em torno de 0,3 V, como definido por $V_{CE} = V_C - V_E$ (a diferença entre os dois valores medidos anteriormente), o circuito pode estar saturado com um dispositivo que pode ser defeituoso ou não.

Mas deve ficar claro, a partir dessa discussão, que a seção voltímetro do multímetro digital ou analógico é muito importante no processo de análise de defeitos. De modo geral, os valores de corrente são calculados a partir dos valores de tensão nos resistores, o que não requer a inserção no circuito de um multímetro com a função de miliamperímetro. Para esquemas de circuitos extensos, costumam ser fornecidos valores de tensão específicos para facilitar a identificação e a verificação de possíveis pontos problemáticos. É claro que, para os circuitos abordados neste capítulo, devemos conhecer apenas os valores típicos dentro do sistema definidos pelos potenciais aplicados e pela operação do circuito.

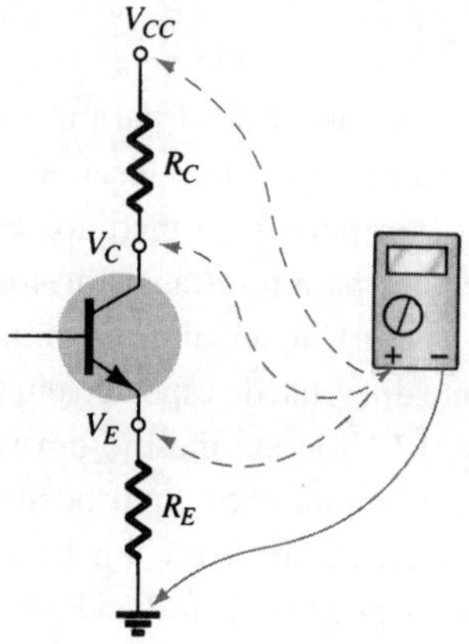

Figura 4.95 Verificação dos valores de tensão em relação ao terra.

No geral, o processo de análise de defeitos é um verdadeiro teste de conhecimentos acerca do comportamento correto de um circuito e da habilidade de isolar regiões problemáticas com a ajuda de algumas medidas básicas e medidores apropriados. A experiência é fundamental, e isso vem apenas do contato frequente com circuitos práticos.

EXEMPLO 4.33

Com base nas leituras fornecidas na Figura 4.96, determine se o circuito está operando adequadamente e, caso não esteja, indique a provável causa do problema.

Solução:

Os 20 V no coletor revelam imediatamente que I_C = 0 mA em decorrência de um circuito aberto ou de um transistor que não funciona. O valor de V_{R_B} = 19,85 V revela que o transistor está "desligado", pois a diferença $V_{CC} - V_{R_B}$ = 0,15 V é menor do que aquela necessária para "ligar" o transistor e fornecer algum valor para a tensão V_E. Na verdade, se assumirmos uma condição de curto-circuito da base para o emissor, obteremos a seguinte corrente através de R_B:

$$I_{R_B} = \frac{V_{CC}}{R_B + R_E} = \frac{20\text{ V}}{252\text{ k}\Omega} = 79{,}4\ \mu\text{A}$$

que está de acordo com o resultado obtido de

$$I_{R_B} = \frac{V_{R_B}}{R_B} = \frac{19{,}85\text{ V}}{250\text{ k}\Omega} = 79{,}4\ \mu\text{A}$$

Se o circuito estivesse operando de maneira apropriada, a corrente de base seria

$$I_B = \frac{V_{CC} - V_{BE}}{R_B + (\beta + 1)R_E} = \frac{20\text{ V} - 0{,}7\text{ V}}{250\text{ k}\Omega + (101)(2\text{ k}\Omega)}$$

$$= \frac{19{,}3\text{ V}}{452\text{ k}\Omega} = 42{,}7\ \mu\text{A}$$

Portanto, o resultado é um transistor defeituoso com um curto-circuito entre a base e o emissor.

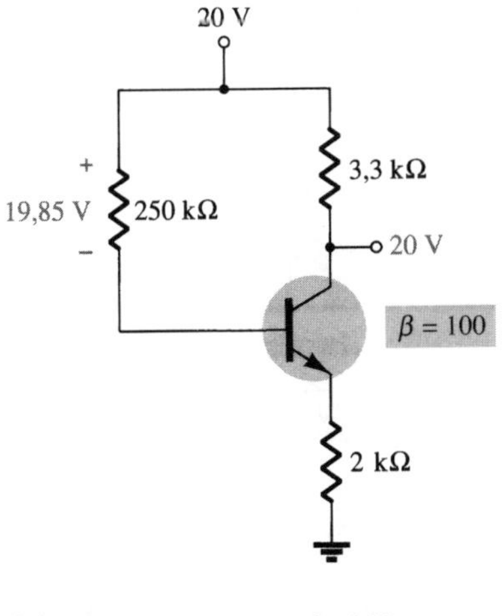

Figura 4.96 Circuito do Exemplo 4.33.

EXEMPLO 4.34

Com base nas leituras fornecidas na Figura 4.97, determine se o transistor está "ligado" e se o circuito opera apropriadamente.

Solução:

Com base nos valores de R_1 e R_2 e no valor de V_{CC}, a tensão V_B = 4 V parece apropriada (e, de fato, ela é). Os 3,3 V no emissor indicam uma queda de 0,7 V através da junção base-emissor do transistor, sugerindo que o transistor está no estado "ligado". No entanto, os 20 V no coletor revelam que I_C = 0 mA, embora a conexão da fonte seja "firme", ou os 20 V não apareceriam no coletor do dispositivo. Existem duas possibilidades: pode haver uma conexão imperfeita entre R_C e o terminal do coletor do transistor ou o transistor tem uma junção base-coletor aberta. Primeiro, verifique a continuidade entre o coletor e o resistor com um ohmímetro e, se estiver correta, o transistor deve ser testado por meio de um dos métodos descritos no Capítulo 3.

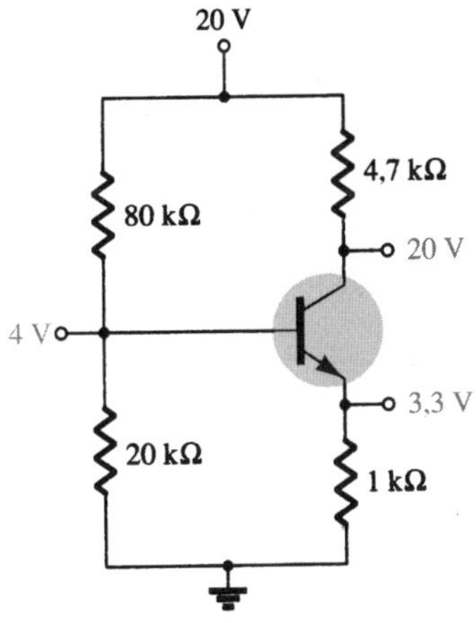

Figura 4.97 Circuito do Exemplo 4.34.

4.18 ESTABILIZAÇÃO DE POLARIZAÇÃO

A estabilidade de um sistema é a medida da sensibilidade de um circuito à variação de seus parâmetros. Em qualquer amplificador que empregue um transistor, a corrente de coletor I_C é sensível a cada um dos seguintes parâmetros:

β: aumenta com a elevação da temperatura

$|V_{BE}|$: diminui cerca de 2,5 mV por grau Celsius (°C) a mais na temperatura

I_{CO} (corrente de saturação reversa): dobra de valor para cada 10 °C de aumento na temperatura

Algum ou todos esses fatores podem fazer com que o ponto de polarização seja deslocado do ponto de operação projetado. A Tabela 4.2 revela como os valores de I_{CO} e V_{BE} variam com o aumento na temperatura para um transistor específico. À temperatura ambiente (cerca de 25 °C) I_{CO} = 0,1 nA, enquanto a 100 °C (ponto de ebulição da água) I_{CO} é aproximadamente 200 vezes maior, em 20 nA. Para a mesma variação da temperatura, β aumenta de 50 para 80 e V_{BE} cai de 0,65 V para 0,48 V. Lembramos que I_B é bastante sensível ao valor de V_{BE}, principalmente para valores além do valor de limiar.

Tabela 4.2 Variação dos parâmetros do transistor de silício com a temperatura.

T (°C)	I_{CO} (nA)	β	V_{BE} (V)
–65	$0,2 \times 10^{-3}$	20	0,85
25	0,1	50	0,65
100	20	80	0,48
175	$3,3 \times 10^3$	120	0,3

O efeito da variação na corrente de fuga (I_{CO}) e no ganho de corrente (β) sobre o ponto de polarização CC é demonstrado pelas características de coletor emissor-comum das figuras 4.98(a) e (b). A Figura 4.98 mostra como as características de coletor do transistor variam de uma temperatura de 25 °C para outra de 100 °C. Observe que o aumento significativo na corrente de fuga não apenas provoca elevação nas curvas como também aumento de beta, como revela o espaçamento maior entre as curvas.

Podemos especificar um ponto de operação desenhando a reta de carga CC do circuito sobre o gráfico das curvas características de coletor e observando a interseção dessa reta com a corrente de base CC definida pelo circuito de entrada. Um ponto arbitrário é mostrado na Figura 4.98(a) para I_B = 30 μA. Como o circuito de polarização fixa oferece uma corrente de base cujo valor depende da fonte de tensão e do resistor de base, que não são afetados pela temperatura, pela corrente de fuga ou por beta, o mesmo valor existirá em altas temperaturas, como indica o gráfico da Figura 4.98(b). Como revela a figura, esse fato acarreta deslocamento do ponto CC de polarização para um valor de corrente de coletor mais alto e uma tensão coletor-emissor mais baixa. Em caso extremo, o transistor pode ser levado à saturação. De qualquer maneira, o novo ponto de operação pode não ser satisfatório, o que pode resultar em considerável

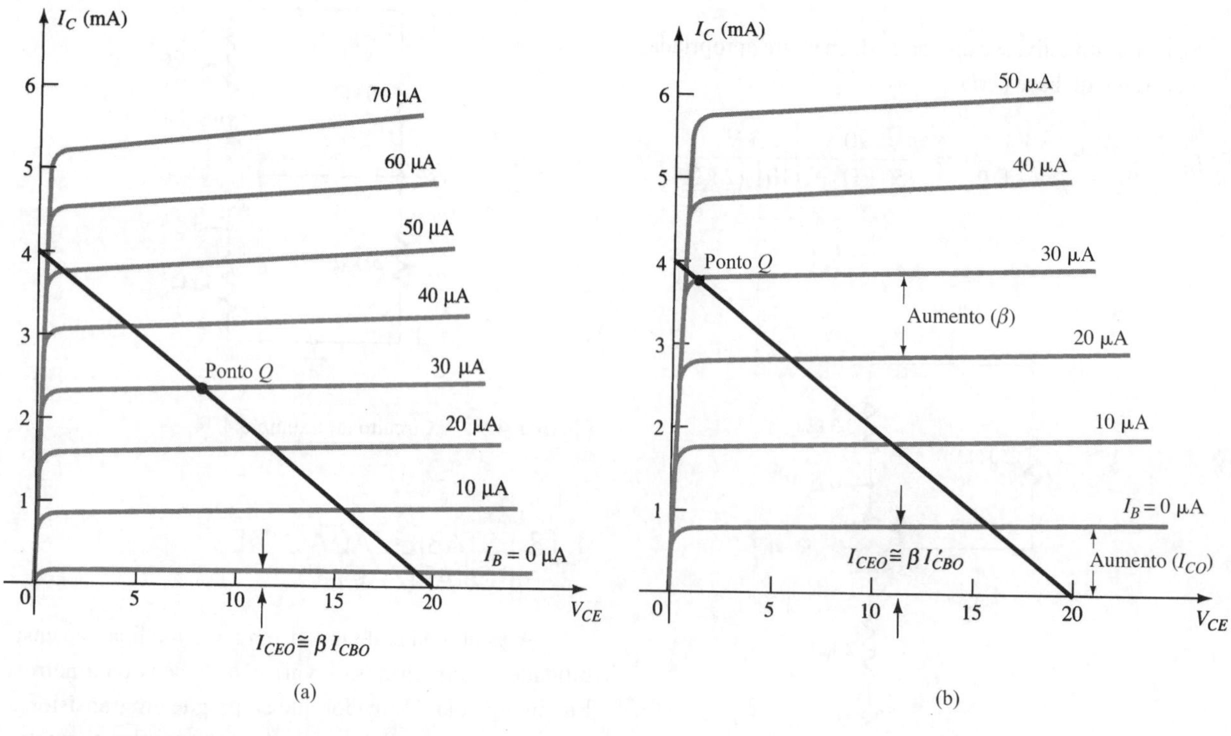

Figura 4.98 Deslocamento do ponto de polarização CC (ponto Q) por causa da variação da temperatura: (a) 25 °C; (b) 100 °C.

distorção no sinal de saída. Um circuito de polarização mais eficiente é aquele que se estabiliza ou mantém a polarização CC previamente ajustada, de modo que o amplificador possa ser utilizado em um ambiente de variações bruscas de temperatura.

Fatores de estabilidade: $S(I_{CO})$, $S(V_{BE})$ e $S(\beta)$

O fator de estabilidade S é definido para os parâmetros que afetam a estabilidade da polarização, conforme a lista a seguir:

$$S(I_{CO}) = \frac{\Delta I_C}{\Delta I_{CO}} \quad (4.90)$$

$$S(V_{BE}) = \frac{\Delta I_C}{\Delta V_{BE}} \quad (4.91)$$

$$S(\beta) = \frac{\Delta I_C}{\Delta \beta} \quad (4.92)$$

Em cada caso, o símbolo delta (Δ) significa a variação desse valor. O numerador de cada equação retrata a variação da corrente do coletor devido à variação do parâmetro do denominador. Para determinada configuração, se uma alteração no valor de I_{CO} não produzir mudança significativa em I_C, o fator de estabilidade definido por $S(I_{CO}) = \Delta I_C/\Delta I_{CO}$ será bem pequeno. Em outras palavras:

Circuitos que são estáveis e relativamente insensíveis às variações de temperatura possuem fatores de estabilidade reduzidos.

Em alguns casos, seria mais apropriado considerar as quantidades definidas pelas equações 4.90 a 4.92 como fatores de sensibilidade, pois:

Quanto maior o fator de estabilidade, mais sensível o circuito é a variações desse parâmetro.

O estudo dos fatores de estabilidade requer o conhecimento de cálculo diferencial. Nosso objetivo aqui, no entanto, é rever os resultados da análise matemática e formar uma avaliação global dos fatores de estabilidade para algumas das configurações de polarização mais populares. Se houver tempo, há uma vasta literatura disponível sobre este assunto que é interessante ler. Nossa análise começa com o valor de $S(I_{CO})$ para cada configuração.

$S(I_{CO})$

Configuração com polarização fixa

Para a configuração com polarização fixa, o resultado será a seguinte equação:

$$S(I_{CO}) \cong \beta \quad (4.93)$$

Configuração com polarização de emissor

Para a configuração com polarização de emissor da Seção 4.4, uma análise do circuito resulta em

$$S(I_{CO}) \cong \frac{\beta(1 + R_B/R_E)}{\beta + R_B/B_E} \quad (4.94)$$

Para $R_B/R_E >> \beta$, a Equação 4.94 é reduzida a:

$$S(I_{CO}) \cong \beta \Big|_{R_B/R_E \gg \beta} \quad (4.95)$$

como mostra o gráfico de $S(I_{CO})$ *versus* R_B/R_E na Figura 4.99.

Para $R_B/R_E << 1$, a Equação 4.94 pode ser aproximada para o seguinte valor (como indica a Figura 4.99):

$$S(I_{CO}) \cong 1 \Big|_{R_B/R_E \ll 1} \quad (4.96)$$

revelando que o fator de estabilidade tende para seu menor valor quando R_E se torna suficientemente alto. Mas devemos ter em mente que um controle eficaz da polarização normalmente exige que R_B seja maior do que R_E. Portanto, o resultado é uma situação em que níveis

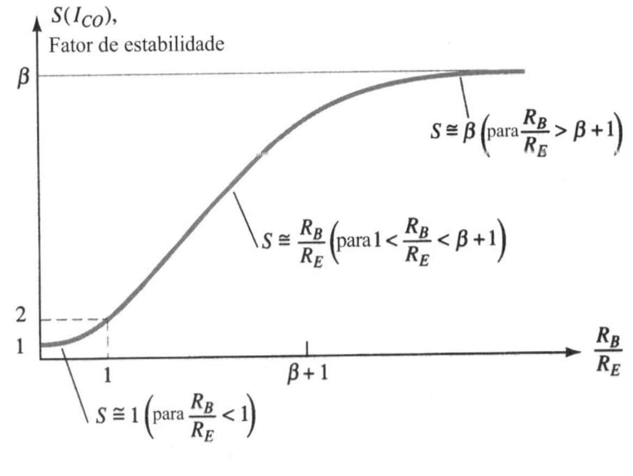

Figura 4.99 Variação do fator de estabilidade $S(I_{CO})$ em função da razão R_B/R_E para a configuração com polarização de emissor.

melhores de estabilidade estão associados a critérios inferiores de projeto. Obviamente, devemos buscar uma solução que concilie as especificações de estabilidade com as de polarização. É interessante notar, na Figura 4.99, que o menor valor de $S(I_{CO})$ é 1, revelando que I_C aumentará sempre a uma taxa igual ou maior do que I_{CO}.

Quando R_B/R_E varia entre 1 e $(\beta + 1)$, o fator de estabilidade é determinado por

$$S(I_{CO}) \cong \frac{R_B}{R_E} \tag{4.97}$$

Os resultados revelam que a configuração com polarização de emissor é bem estável, quando a razão R_B/R_E é a menor possível, e menos estável quando a mesma razão se aproxima de β.

Note que a equação para a configuração com polarização fixa corresponde ao valor máximo para a configuração com polarização de emissor. O resultado mostra claramente que a configuração de polarização fixa tem um fator de fraca estabilidade e uma elevada sensibilidade a variações em I_{CO}.

Configuração com polarização por divisor de tensão

Lembre-se do que foi visto na Seção 4.5 sobre o desenvolvimento do circuito equivalente de Thévenin para a configuração com polarização por divisor de tensão mostrado na Figura 4.100. Para o circuito dessa figura, a equação para $S(I_{CO})$ é a seguinte:

$$S(I_{CO}) \cong \frac{\beta(1 + R_{Th}/R_E)}{\beta + R_{Th}/R_E} \tag{4.98}$$

Observe a semelhança com a Equação 4.94, em que foi determinado que $S(I_{CO})$ tinha seu menor valor e que o circuito tinha sua maior estabilidade quando $R_E > R_B$.

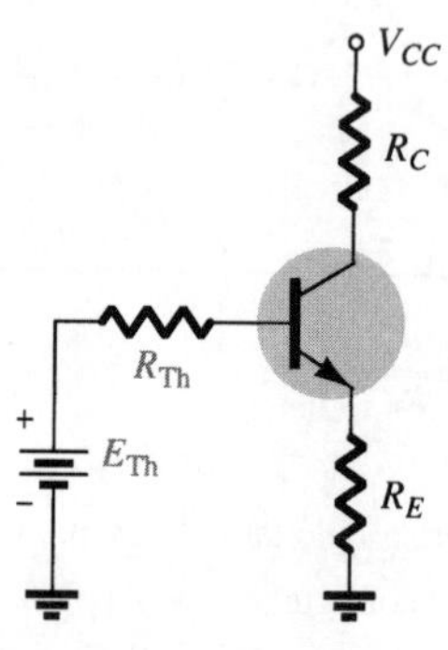

Figura 4.100 Circuito equivalente para a configuração com polarização por divisor de tensão.

Para a Equação 4.98, a condição correspondente é $R_E > R_{Th}$, ou a razão R_{Th}/R_E deve ser a menor possível. Para a configuração com polarização por divisor de tensão, R_{Th} pode ser muito menor do que o R_{Th} correspondente da configuração com polarização de emissor e, ainda assim, ter um projeto eficiente.

Configuração com polarização por realimentação (R_E = 0 Ω).

Nesse caso:

$$S(I_{CO}) \cong \frac{\beta(1 + R_B/R_C)}{\beta + R_B/R_C} \tag{4.99}$$

Visto que a equação tem formato semelhante ao daquela obtida para as configurações com polarização de emissor e polarização por divisor de tensão, podem ser aplicadas as mesmas conclusões com relação à razão R_B/R_C.

Impacto físico

Equações como as que foram desenvolvidas anteriormente muitas vezes deixam de fornecer uma explicação física do funcionamento dos circuitos. Conhecemos agora os níveis relativos de estabilidade, e sabemos como a escolha de parâmetros pode afetar a sensibilidade do circuito, mas sem as equações pode ser difícil demonstrar com palavras por que um circuito é mais estável do que outro. Os parágrafos a seguir objetivam preencher essa lacuna usando algumas relações básicas associadas a cada configuração.

Para a configuração com polarização fixa da Figura 4.101(a), a equação para a corrente de base é

$$I_B = \frac{V_{CC} - V_{BE}}{R_B}$$

com a corrente do coletor determinada por

$$I_C = \beta I_B + (\beta + 1)I_{CO} \tag{4.100}$$

Caso I_C, como definido pela Equação 4.93, se eleve devido ao aumento de I_{CO}, nada haverá na equação que indique que I_B compensará essa elevação indesejável no nível de corrente (presumindo-se que V_{BE} permaneça constante). Em outras palavras, o nível de I_C continuaria a aumentar com a temperatura e I_B manteria um valor constante, isto é, uma situação bem instável.

Para a configuração com polarização de emissor da Figura 4.101(b), entretanto, um aumento de I_C devido a um aumento de I_{CO} provocará uma elevação da tensão $V_E = I_E R_E \cong I_C R_E$. O resultado será uma queda no valor de I_B, como determina a equação a seguir:

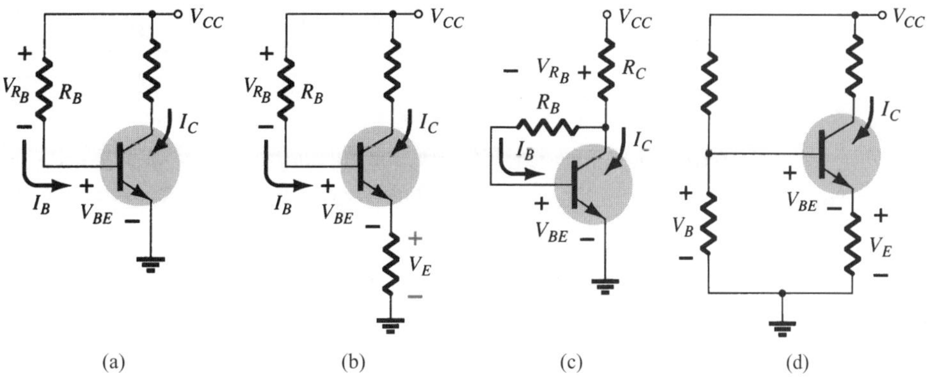

Figura 4.101 Revisão dos esquemas de polarização e fatores de estabilização de $S(I_{CO})$.

$$I_B\downarrow = \frac{V_{CC} - V_{BE} - V_E\uparrow}{R_B} \quad (4.101)$$

Uma queda em I_B terá como efeito a redução do valor de I_C através da ação do transistor e, portanto, a compensação da tendência de aumento de I_C quando houver uma elevação na temperatura. Em suma, a configuração se comporta de tal maneira que há uma reação a um aumento de I_C, que tenderá a se opor a uma mudança nas condições de polarização.

A configuração de polarização por realimentação da Figura 4.101(c) opera de maneira semelhante à configuração com polarização de emissor em termos de níveis de estabilidade. Se I_C aumentar devido a uma elevação de temperatura, o valor de V_{R_C} aumentará na seguinte equação:

$$I_B\downarrow = \frac{V_{CC} - V_{BE} - V_{R_C}\uparrow}{R_B} \quad (4.102)$$

e o valor de I_B diminuirá. O resultado é uma estabilização do circuito, como descrito para a configuração com polarização de emissor. Devemos estar cientes de que a ação descrita não ocorre etapa por etapa; em vez disso, é uma ação simultânea que mantém as condições de polarização estabelecidas. Em outras palavras, no instante exato em que I_C começa a se elevar, o circuito sente a variação, provocando o efeito de compensação descrito anteriormente.

A mais estável das configurações é a polarização por divisor de tensão da Figura 4.101(d). Se a condição $\beta R_E >> 10R_2$ for satisfeita, a tensão V_B permanecerá razoavelmente constante para diferentes valores de I_C. A tensão base-emissor da configuração é determinada por $V_{BE} = V_B - V_E$. Se I_C aumentar, V_E aumentará conforme descrito anteriormente, e, para uma tensão V_B fixa, V_{BE} sofrerá uma queda. Uma queda em V_{BE} estabelece um valor mais baixo de I_B, o que tentará compensar o aumento de I_C.

EXEMPLO 4.35

Calcule o fator de estabilidade e a variação em I_C de 25 °C a 100 °C para o transistor definido pela Tabela 4.2 para os seguintes esquemas com polarização de emissor:

a) $R_B/R_E = 250(R_B = 250R_E)$.
b) $R_B/R_E = 10(R_B = 10R_E)$.
c) $R_B/R_E = 0{,}01(R_B = 100R_E)$.

Solução:

a)

$$S(I_{CO}) = \frac{\beta(1 + R_B/R_E)}{\beta + R_B/R_E} = \frac{50(1 + 250)}{50 + 250} \cong \mathbf{41{,}83}$$

que começa a se aproximar do nível definido por $\beta = 50$. A mudança em I_C é dada por

$$\Delta I_C = [S(I_{CO})](\Delta I_{CO}) = (41{,}83)(19{,}9\text{ nA}) \cong \mathbf{0{,}83\ \mu A}$$

b)

$$S(I_{CO}) = \frac{\beta(1 + R_B/R_E)}{\beta + R_B/R_E} = \frac{50(1 + 10)}{50 + 10} \cong \mathbf{9{,}17}$$

$$\Delta I_C = [S(I_{CO})](\Delta I_{CO}) = (9{,}17)(19{,}9\text{ nA}) \cong \mathbf{0{,}18\ \mu A}$$

c)

$$S(I_{CO}) = \frac{\beta(1 + R_B/R_E)}{\beta + R_B/R_E} = \frac{50(1 + 0{,}01)}{50 + 0{,}01} \cong \mathbf{1{,}01}$$

que certamente está muito próximo do nível de 1 previsto, se $R_B/R_E << 1$. Temos

$$\Delta I_C = [S(I_{CO})](\Delta I_{CO}) = 1{,}01(19{,}9\text{ nA}) = \mathbf{20{,}1\ nA}$$

O Exemplo 4.35 revela como níveis cada vez mais baixos de I_{CO} para o transistor TBJ moderno melhoraram o nível de estabilidade das configurações com polarização básica. Embora a alteração em I_C seja consideravelmente diferente entre um circuito que tenha estabilidade ideal ($S = 1$) e outro que tenha um fator de estabilidade de 41,83, a alteração em I_C não é tão significativa. Por exemplo, o montante de mudança em I_C a partir de uma corrente de polarização CC definida a, digamos, 2 mA, seria de 2 mA a 2,00083 mA na pior das hipóteses, o que é obviamente pequeno o suficiente para ser desprezado na maioria das aplicações. Alguns transistores de potência apresentam maiores correntes de fuga, mas, para a maioria dos circuitos amplificadores, os níveis mais baixos de I_{CO} têm exercido impacto muito positivo sobre a questão da estabilidade.

$S(V_{BE})$

O fator de estabilidade é definido por

$$S(V_{BE}) = \frac{\Delta I_C}{\Delta V_{BE}}$$

Configuração com polarização fixa

Na configuração com polarização fixa:

$$S(V_{BE}) \cong \frac{-\beta}{R_B} \quad (4.103)$$

Configuração com polarização de emissor

Na configuração com polarização de emissor:

$$S(V_{BE}) \cong \frac{-\beta/R_E}{\beta + R_B/R_E} \quad (4.104)$$

A substituição da condição $\beta >> R_B/R_E$ resulta na seguinte equação para $S(V_{BE})$:

$$S(V_{BE}) \cong \frac{-\beta/R_E}{\beta} = -\frac{1}{R_E} \quad (4.105)$$

que mostra que quanto maior a resistência R_E, mais baixo o fator de estabilidade e mais estável o sistema.

Configuração com polarização por divisor de tensão

Na configuração com polarização por divisor de tensão:

$$S(V_{BE}) = \frac{-\beta/R_E}{\beta + R_{Th}/R_E} \quad (4.106)$$

Configuração com polarização por realimentação

Na configuração com polarização por realimentação:

$$S(V_{BE}) = \frac{-\beta/R_C}{\beta + R_B/R_C} \quad (4.107)$$

EXEMPLO 4.36

Determine o fator de estabilidade $S(V_{BE})$ e a variação em I_C de 25 °C a 100 °C para o transistor definido pela Tabela 4.2 para os seguintes esquemas de polarização:

a) Polarização fixa com $R_B = 240\ \text{k}\Omega$ e $\beta = 100$.
b) Polarização de emissor com $R_B = 240\ \text{k}\Omega$, $R_E = 1\ \text{k}\Omega$ e $\beta = 100$.
c) Polarização de emissor com $R_B = 47\ \text{k}\Omega$, $R_E = 4{,}7\ \text{k}\Omega$ e $\beta = 100$.

Solução:

a) Equação 4.103:

$$S(V_{BE}) = -\frac{\beta}{R_B} = -\frac{100}{240\ \text{k}\Omega} = \mathbf{-0{,}417 \times 10^{-3}}$$

e

$$\Delta I_C = [S(V_{BE})](\Delta V_{BE}) = (-0{,}417 \times 10^{-3})(0{,}48\text{ V} - 0{,}65\text{ V}) = (-0{,}417 \times 10^{-3})(-0{,}17\text{ V}) = \mathbf{70{,}9\ \mu A}$$

b) Nesse caso, $\beta = 100$ e $R_B/R_E = 240$. A condição $\beta >> R_B/R_E$ não é satisfeita, o que impossibilita a utilização da Equação 4.105 e exige o uso da Equação 4.104.
Equação 4.104:

$$S(V_{BE}) = \frac{-\beta/R_E}{\beta + R_B/R_E}$$
$$= \frac{-(100)/(1\,\text{k}\Omega)}{100 + (240\,\text{k}\Omega/1\,\text{k}\Omega)} = \frac{-0,1}{100 + 240}$$
$$= \mathbf{-0,294 \times 10^{-3}}$$

que é cerca de 30% menor do que o valor da configuração de polarização fixa, devido ao termo adicional R_E no denominador da equação de $S(V_{BE})$. Temos

$$\Delta I_C = [\,S(V_{BE})\,](\Delta V_{BE})$$
$$= (-0,294 \times 10^{-3})(-0,17\text{ V})$$
$$\cong \mathbf{50\,\mu A}$$

c) Nesse caso,

$$\beta = 100 \gg \frac{R_B}{R_E} = \frac{47\,\text{k}\Omega}{4,7\,\text{k}\Omega} = 10 \quad (\textit{satisfeita})$$

Equação 4.105:

$$S(V_{BE}) = -\frac{1}{R_E}$$
$$= -\frac{1}{4,7\,\text{k}\Omega}$$
$$= \mathbf{-0,212 \times 10^{-3}}$$

e

$$\Delta I_C = [S(V_{BE})](\Delta V_{BE})$$
$$= (-0,212 \times 10^{-3})(-0,17\text{ V})$$
$$= \mathbf{36,04\,\mu A}$$

No Exemplo 4.36, o aumento de 70,9 μA terá impacto sobre o valor de I_{C_Q}. Para uma situação em que $I_{C_Q} = 2$ mA, a corrente de coletor se elevará em uma proporção de 3,5%.

$$I_{C_Q} = 2\text{ mA} + 70,9\,\mu\text{A}$$
$$= 2,0709\text{ mA}$$

Na configuração por divisor de tensão, o valor de R_B será alterado para R_{Th} na Equação 4.104, como mostra a Figura 4.100. No Exemplo 4.36, o uso de $R_B = 47$ kΩ é um projeto questionável. Entretanto, R_{Th} para a configuração com divisor de tensão pode ser igual ou menor do que esse valor e, ainda assim, manter as características de um bom projeto. A equação resultante de $S(V_{BE})$ para o circuito com realimentação será semelhante à Equação 4.104, sendo R_E substituído por R_C.

$S(\beta)$

O último fator de estabilidade a ser investigado é o $S(\beta)$. O desenvolvimento matemático é mais complexo do que o utilizado para $S(I_{CO})$ e $S(V_{BE})$, como sugerem algumas das equações a seguir.

Configuração com polarização fixa

Na configuração com polarização fixa

$$S(\beta) = \frac{I_{C_1}}{\beta_1} \tag{4.108}$$

Configuração com polarização do emissor

Na configuração com polarização do emissor

$$S(\beta) = \frac{\Delta I_C}{\Delta\beta} = \frac{I_{C_1}(1 + R_B/R_E)}{\beta_1(\beta_2 + R_B/R_E)} \tag{4.109}$$

As notações I_{C_1} e β_1 são utilizadas para definir seus valores sob determinadas condições do circuito, enquanto a notação β_2 serve para definir o novo valor de beta quando há variações de temperatura, variações em β para o mesmo transistor ou quando há substituição dos transistores.

EXEMPLO 4.37

Determine I_{C_Q} a uma temperatura de 100 °C, se I_{C_Q} = 2 mA a 25 °C para a configuração com polarização do emissor. Utilize o transistor descrito na Tabela 4.2, onde $\beta_1 = 50$ e $\beta_2 = 80$, e uma razão de resistência R_B/R_E de 20.

Solução:

Equação 4.109:

$$S(\beta) = \frac{I_{C_1}(1 + R_B/R_E)}{\beta_1(1 + \beta_2 + R_B/R_E)}$$
$$= \frac{(2 \times 10^{-3})(1 + 20)}{(50)(1 + 80 + 20)} = \frac{42 \times 10^{-3}}{5050}$$
$$= \mathbf{8,32 \times 10^{-6}}$$

e

$$\Delta I_C = [\,S(\beta)][\Delta\beta]$$
$$= (8,32 \times 10^{-6})(30)$$
$$\cong \mathbf{0,25\text{ mA}}$$

Portanto, a corrente de coletor mudou de 2 mA à temperatura ambiente para 2,25 mA a 100 °C, o que representa uma variação de 12,5%.

Configuração com polarização por divisor de tensão

Na configuração com polarização por divisor de tensão

$$S(\beta) = \frac{I_{C_1}(1 + R_{Th}/R_E)}{\beta_1(\beta_2 + R_{Th}/R_E)} \tag{4.110}$$

Configuração com polarização por realimentação

Na configuração com polarização por realimentação

$$S(\beta) = \frac{I_{C_1}(R_B + R_C)}{\beta_1(R_B + \beta_2 R_C)} \qquad (4.111)$$

Resumo

Agora que foram introduzidos os três fatores de estabilidade relevantes, o efeito total sobre a corrente do coletor pode ser determinado utilizando-se a seguinte equação para cada configuração

$$\Delta I_C = S(I_{CO})\Delta I_{CO} + S(V_{BE})\Delta V_{BE} + S(\beta)\Delta\beta \qquad (4.112)$$

A princípio, a equação pode parecer bem complexa, mas observe que cada componente é simplesmente um fator de estabilidade para a configuração multiplicado pela variação resultante no parâmetro entre os limites de temperatura que interessam. Além disso, o valor de ΔI_C a ser determinado é simplesmente a variação de I_C a partir de seu valor à temperatura ambiente.

Por exemplo, se examinarmos a configuração com polarização fixa, a Equação 4.78 dará origem a

$$\Delta I_C = \beta\Delta I_{CO} - \frac{\beta}{R_B}\Delta V_{BE} + \frac{I_{C_1}}{\beta_1}\Delta\beta \qquad (4.113)$$

após substituirmos os fatores de estabilidade derivados nesta seção. Agora utilizaremos a Tabela 4.2 para encontrar a variação na corrente do coletor para uma mudança de 25 °C (temperatura ambiente) a 100 °C (ponto de ebulição da água). Para essa faixa, a tabela revela que

$$\Delta I_{CO} = 20\text{ nA} - 0{,}1\text{ nA} = 19{,}9\text{ nA}$$

$$\Delta V_{BE} = 0{,}48\text{ V} - 0{,}65\text{ V} = -0{,}17\text{ V (observe o sinal)}$$

e $$\Delta\beta = 80 - 50 = 30$$

Começando com uma corrente de coletor de 2 mA e um R_B de 240 kΩ, obtemos a variação resultante de I_C devido a um aumento na temperatura de 75 °C, como segue:

$$\begin{aligned}\Delta I_C &= (50)(19{,}9\text{ nA}) - \frac{50}{240\text{ k}\Omega}(-0{,}17\text{ V}) + \frac{2\text{ mA}}{50}(30)\\ &= 1\,\mu\text{A} + 35{,}42\,\mu\text{A} + 1200\,\mu\text{A}\\ &= 1{,}236\text{ mA}\end{aligned}$$

que é um valor significativo e devido principalmente a uma variação de β. A corrente do coletor aumentou de 2 mA para 3,236 mA, mas isso já era esperado, pois reconhecemos no conteúdo desta seção que a configuração com polarização fixa é a menos estável.

Se a configuração mais estável com divisor de tensão fosse empregada com uma razão $R_{Th}/R_E = 2$ e $R_E = 4{,}7$ kΩ, então

$$S(I_{CO}) = 2{,}89, \quad S(V_{BE}) = -0{,}2 \times 10^{-3},$$

$$S(\beta) = 1{,}445 \times 10^{-6}$$

e

$$\begin{aligned}\Delta I_C &= (2{,}89)(19{,}9\text{ nA}) - 0{,}2 \times 10^{-3}(-0{,}17\text{ V})\\ &\quad + 1{,}445 \times 10^{-6}(30)\\ &= 57{,}51\text{ nA} + 34\,\mu\text{A} + 43{,}4\,\mu\text{A}\\ &= 0{,}077\text{ mA}\end{aligned}$$

A corrente de coletor resultante é 2,077 mA, ou essencialmente 2,1 mA, em comparação a 2 mA a 25 °C. Obviamente o circuito é bem mais estável do que a configuração com polarização fixa, como mencionamos nas discussões anteriores. Nesse caso, $S(\beta)$ não superou os outros dois fatores, e os efeitos de $S(V_{BE})$ e $S(I_{CO})$ são igualmente importantes. Na verdade, a altas temperaturas, os efeitos de $S(V_{BE})$ e $S(I_{CO})$ serão maiores do que $S(\beta)$ para o dispositivo da Tabela 4.2. Para temperaturas abaixo de 25 °C, I_C diminuirá com níveis de temperatura cada vez mais negativos.

Há cada vez menos preocupação com o efeito de $S(I_{CO})$ ao se projetar um circuito, pois as técnicas avançadas de fabricação continuam reduzindo o valor de $I_{CO} = I_{CBO}$. Devemos mencionar que, para um transistor específico, as variações dos níveis de I_{CBO} e V_{BE} de um transistor para outro em um lote são quase desprezíveis se comparadas à variação em beta. Além disso, os resultados da análise confirmam o fato de que para um bom projeto de estabilização:

Conclusão geral:

A razão R_B/R_E ou R_{Th}/R_E deve ser a menor possível, considerando-se todos os outros pontos do projeto, incluindo a resposta CA.

Embora a análise anterior possa ter sido complicada em razão das complexas equações para algumas das sensibilidades, o propósito era desenvolver um alto nível de conhecimento dos fatores que contribuem para um bom projeto e permitir mais intimidade com os parâmetros do transistor e de seu impacto sobre o desempenho do circuito. A análise das seções anteriores utilizou situações idealizadas, com valores estáveis para os parâmetros. Agora conhecemos melhor o modo como a resposta CC do projeto pode variar com as variações dos parâmetros de um transistor.

4.19 APLICAÇÕES PRÁTICAS

Assim como ocorre com os diodos no Capítulo 2, seria praticamente impossível tratar, ainda que superficialmente, a vasta área de aplicação dos TBJs. No entanto, algumas aplicações foram escolhidas para demonstrar como as diferentes facetas de suas características podem ser utilizadas para desempenhar várias funções.

Uso de TBJ como diodo de proteção

Quando começamos a examinar circuitos complexos, é comum encontrarmos transistores que são usados sem que os três terminais estejam conectados ao circuito — particularmente o terminal do coletor. Nesses casos, é mais provável que o transistor seja usado como diodo. Há inúmeras razões para tal utilização, incluindo o fato de que é mais barato comprar uma grande quantidade de transistores em vez de um pacote pequeno e depois pagar separadamente por diodos específicos. Além disso, em CIs, o processo de fabricação pode ser mais direto para fabricar transistores adicionais que introduzem a sequência de construção de diodos. Dois exemplos desse uso aparecem na Figura 4.102. Na Figura 4.102(a), o transistor é usado em um circuito de diodo simples. Na Figura 4.102(b), serve para estabelecer um nível de referência.

Muitas vezes, veremos um diodo conectado diretamente através de um dispositivo, como mostra a Figura 4.103, simplesmente para assegurar que a tensão através de um dispositivo ou sistema com a polaridade indicada não exceda a tensão de polarização direta de 0,7 V. No sentido inverso, se a força de ruptura for suficientemente elevada, simplesmente aparecerá como um circuito aberto. Novamente, porém, apenas dois terminais de TBJ estão em uso.

A questão a ser levantada é a de que não se deve assumir que todo transistor TBJ em um circuito esteja sendo utilizado para amplificação ou como um buffer entre os estágios. As áreas de aplicação de TBJs são inúmeras.

Acionador de relé

Essa aplicação é uma continuação da discussão iniciada sobre os diodos e sobre como os efeitos do "golpe" indutivo podem ser minimizados com um projeto apropriado. Na Figura 4.104(a) um transistor é utilizado para estabelecer a corrente necessária para energizar o relé no circuito coletor. Sem uma entrada na base do transistor, a corrente de base, a corrente do coletor e a corrente da bobina são essencialmente 0 A, e o relé se mantém no estado não energizado (normalmente aberto, NA). No entanto, quando um pulso positivo é aplicado na base, o transistor se liga, estabelecendo corrente suficiente através da bobina eletromagnética para fechar o relé. Podem ocorrer problemas quando o sinal é removido da base para desligar o transistor e desenergizar o relé. O ideal seria que a corrente através da bobina e do transistor caísse rapidamente para zero, que o braço do relé se soltasse e que ele ficasse inativo até o próximo sinal "ligado". Entretanto, aprendemos já nos cursos básicos que a corrente através de uma bobina não muda instantaneamente e que, na verdade, quanto mais rápido se modifica, maior é a tensão induzida através da bobina, como definido por $V_L = L(di_L/dt)$. Nesse caso, a mudança rápida da corrente através da bobina gera uma grande tensão com a polaridade mostrada na Figura 4.104(a), que surgirá diretamente através da saída do transistor. Há uma grande probabilidade de que seu valor exceda as especificações máximas do transistor e de que o dispositivo semicondutor seja permanentemente danificado. A tensão na bobina não se

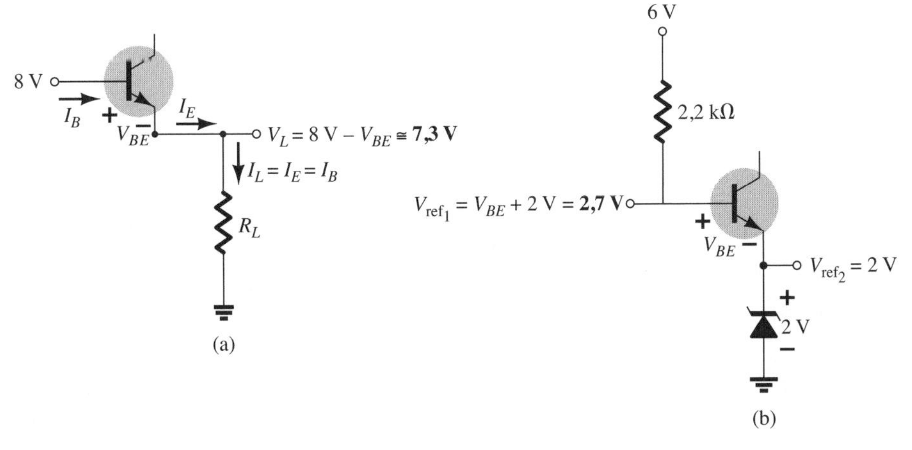

Figura 4.102 Aplicações de TBJ como um diodo: (a) circuito de diodo em série simples; (b) estabelecimento de um nível de referência.

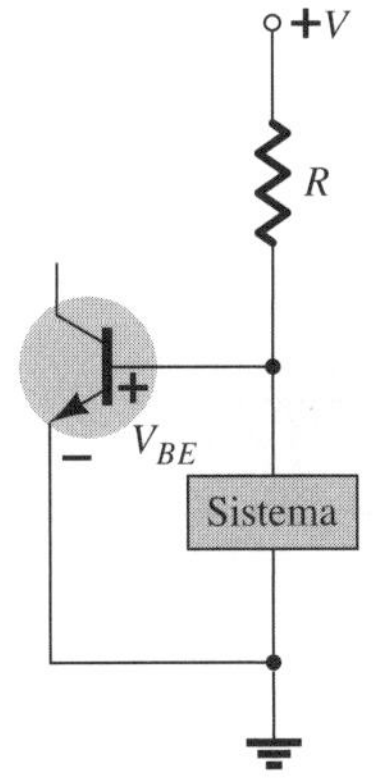

Figura 4.103 Operação como dispositivo protetor.

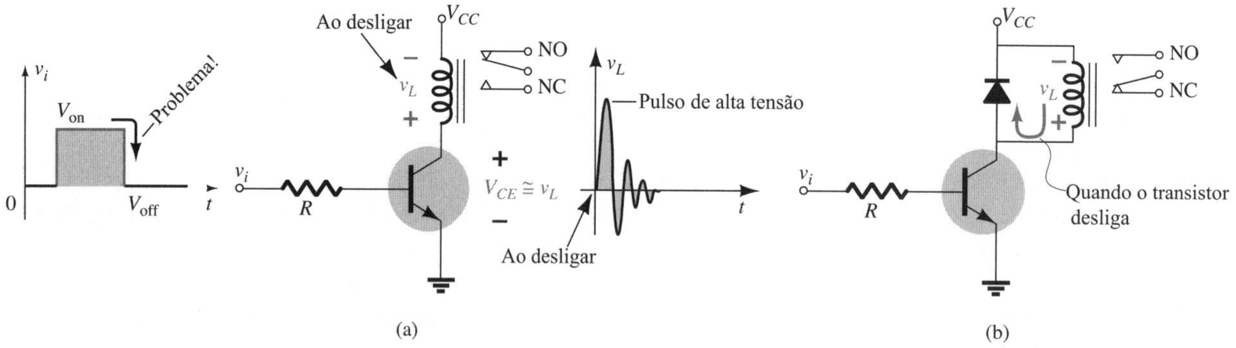

Figura 4.104 Acionador de relé: (a) ausência de dispositivo protetor; (b) com um diodo na bobina do relé.

mantém em seu valor máximo atingido no chaveamento, mas oscila, como mostrado, até que seu nível caia a zero quando o sistema se estabiliza.

Essa ação destrutiva pode ser abrandada ao colocarmos um diodo na bobina, como mostra a Figura 4.104(b). Durante o estado ligado do transistor, o diodo é polarizado reversamente, permanece como um circuito aberto e não afeta nada. No entanto, quando o transistor se desliga, a tensão na bobina é revertida e polariza diretamente o diodo, ligando-o. A corrente através do indutor estabelecida durante o estado ligado do transistor pode, então, continuar a fluir pelo diodo, eliminando a mudança brusca no valor da corrente. Uma vez que a corrente indutora é ligada ao diodo quase instantaneamente quando o estado desligado é estabelecido, o diodo deve ter uma especificação nominal de corrente que corresponda à corrente através do indutor e do transistor quando ligados. Muitas vezes, devido aos elementos resistivos na malha, incluindo a resistência do enrolamento da bobina e a do diodo, a variação de alta frequência (oscilação rápida) no valor da tensão através da bobina cai para zero e o sistema é estabelecido.

Chaveamento de lâmpada

Na Figura 4.105(a), um transistor é utilizado como uma chave para controlar os estados ligado e desligado da lâmpada no ramo coletor do circuito. Quando a chave está na posição ligada, temos uma situação com polarização fixa em que a tensão base-emissor está em seu valor de 0,7 V e a corrente de base é controlada pelo resistor R_1 e pela impedância de entrada do transistor. A corrente através da lâmpada será, então, beta vezes a corrente de base e ela se acenderá. Mas um problema poderá surgir se a lâmpada estiver desligada há algum tempo. Quando ligada pela primeira vez, sua resistência é bastante baixa, mas sobe rapidamente se permanecer ligada. Isso pode causar um valor momentaneamente alto da corrente do coletor, que pode danificar a lâmpada e o transistor com o passar do tempo. Na Figura 4.105(b), por exemplo, a reta de carga é mostrada para o mesmo circuito com uma resistência fria e outra quente para a lâmpada. Observe que, apesar de a corrente de base ser estabelecida pelo circuito de entrada, a interseção com a reta de carga resulta em uma corrente mais alta para a lâmpada quando ela está fria. Problemas com o nível ligado podem

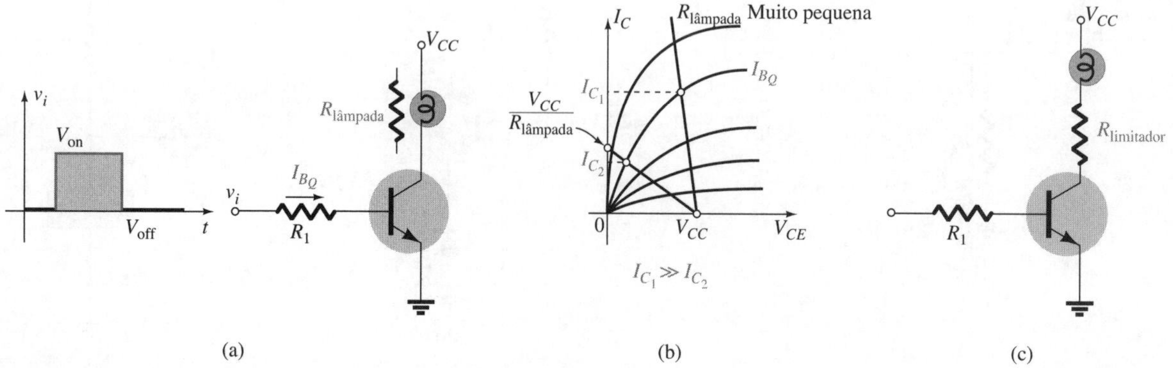

Figura 4.105 Utilização de um transistor como chave para controlar os estados ligado e desligado de uma lâmpada: (a) circuito; (b) efeito da baixa resistência na corrente do coletor; (c) resistor limitador.

ser facilmente corrigidos por meio da inserção de uma pequena resistência adicional em série com a lâmpada, como mostra a Figura 4.105(c), apenas para garantir um limite no salto inicial da corrente quando a lâmpada é ligada pela primeira vez.

Manutenção de corrente de carga fixa

Se imaginarmos que as características de um transistor são como mostra a Figura 4.106(a) (com beta constante), uma fonte de corrente, razoavelmente independente da carga aplicada, pode ser criada pelo uso da configuração simples com transistor mostrada na Figura 4.106(b). A corrente da base é fixa e, independentemente de onde a reta estiver localizada, a corrente do coletor permanecerá a mesma. Em outras palavras, a corrente do coletor independe da carga ligada ao circuito coletor. No entanto, devido ao fato de as características serem similares às da Figura 4.106(b), em que beta varia de ponto a ponto, e mesmo que a corrente de base possa estar fixada pela configuração, ele varia de ponto a ponto com a interseção da reta de carga, e $I_C = I_L$ deverá variar, o que não é uma característica de uma boa fonte de corrente. Lembre-se, porém, de que a configuração por divisor de tensão resultou em um baixo nível de sensibilidade a beta; assim, se essa estrutura de polarização for utilizada, talvez a fonte de corrente equivalente esteja próxima da realidade. Na verdade, isso realmente ocorre. Se uma estrutura de polarização como a da Figura 4.107 for empregada, a sensibilidade a mudanças no ponto de operação devido à variação das cargas será muito menor e a corrente do coletor se manterá relativamente constante para modificações na resistência de carga do ramo do coletor. Na verdade, a tensão do emissor é determinada por

$$V_E = V_B - 0{,}7\text{ V}$$

com a corrente da carga ou do coletor determinada por

$$I_C \cong I_E = \frac{V_E}{R_E} = \frac{V_B - 0{,}7\text{ V}}{R_E}$$

A estabilidade melhorada pode ser descrita a partir da Figura 4.107, pelo exame do caso em que I_C pode tentar aumentar por várias razões. O resultado é que $I_E = I_C$ também subirá, assim como a tensão $V_{R_E} = I_E R_E$. No entanto, se presumirmos que V_B seja fixo (uma suposição válida, já que seu valor é determinado por dois resistores fixos e uma fonte de tensão), a tensão base-emissor $V_{B_E} = V_B - V_{R_E}$ cairá. A queda em V_{BE} fará com que I_B e, consequentemente, $I_C (= \beta I_B)$ caiam. O resultado é uma situação em que qualquer tendência de aumento de I_C ocorrerá com uma reação do circuito que trabalhará contra a mudança, para estabilizar o sistema.

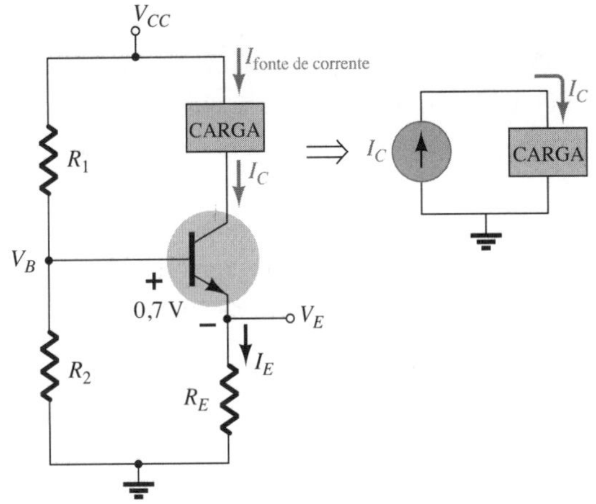

Figura 4.107 Circuito que estabelece uma fonte de corrente relativamente constante devido a sua reduzida sensibilidade às alterações em beta.

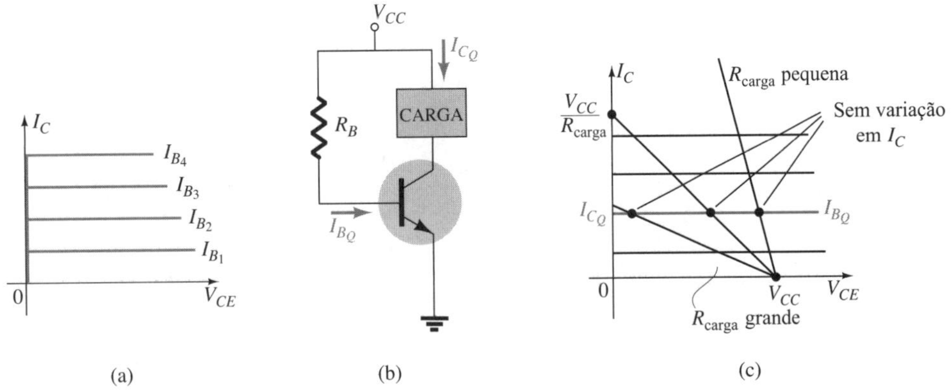

Figura 4.106 Construção de uma fonte de corrente constante considerando curvas características do TBJ ideais: (a) curvas características ideais; (b) circuito; (c) demonstração da razão pela qual I_C permanece constante.

Sistema de alarme com uma fonte de corrente constante

Um sistema de alarme com uma fonte de corrente constante é mostrado na Figura 4.108. Como $\beta R_E = (100)(1\ \text{k}\Omega) = 100\ \text{k}\Omega$ é muito maior que R_1, podemos utilizar o método de aproximação e descobrir a tensão V_{R_1},

$$V_{R_1} = \frac{2\ \text{k}\Omega(16\ \text{V})}{2\ \text{k}\Omega + 4{,}7\ \text{k}\Omega} = 4{,}78\ \text{V}$$

e, a seguir, a tensão em R_E,

$$V_{R_E} = V_{R_1} - 0{,}7\ \text{V} = 4{,}78\ \text{V} - 0{,}7\ \text{V} = 4{,}08\ \text{V}$$

e, finalmente, a corrente coletor-emissor,

$$I_E = \frac{V_{R_E}}{R_E} = \frac{4{,}08\ \text{V}}{1\ \text{k}\Omega} = 4{,}08\ \text{mA} \cong 4\ \text{mA} = I_C$$

Visto que a corrente do coletor é a corrente através do circuito, a corrente de 4 mA se manterá relativamente constante para pequenas variações na carga do circuito. Observe que essa corrente passa por uma série de elementos sensores e finalmente por um amp-op projetado para comparar o valor de 4 mA com o valor de referência de 2 mA. (O amp-op — amplificador operacional — será abordado com detalhes no Capítulo 10, mas não é necessário conhecer detalhes desse dispositivo para essa aplicação.)

O amplificador LM2900 da Figura 4.108 é um dos quatro encontrados no circuito integrado com encapsulamento DIP* que aparece na Figura 4.109(a). Os pinos 2, 3, 4, 7 e 14 foram utilizados no projeto da Figura 4.108. Apenas por curiosidade, observe na Figura 4.109(b) o número de elementos necessários para estabelecer as características finais desejadas para o amp-op; como já mencionado, os detalhes de sua operação interna foram deixados para uma discussão posterior. A corrente de 2 mA no terminal 3 do amp-op é uma corrente de *referência* estabelecida pela fonte de 16 V e por R_{ref} conectado na entrada negativa do amp-op. A corrente de 2 mA é necessária, já que é o valor com o qual a corrente de 4 mA do circuito será comparado. Enquanto a corrente de 4 mA na entrada positiva do amp-op permanecer constante, o dispositivo oferecerá uma saída de tensão "alta" que excede 13,5 V, com um valor normal de 14,2 V (de acordo com a folha de dados para o amp-op). No entanto, se a corrente do sensor cair de 4 mA para um nível abaixo de 2 mA, o amp-op responderá com uma tensão "baixa" de saída de, aproximadamente, 0,1 V. A saída do amp-op sinalizará, então, o circuito de alarme a respeito da irregularidade. Note que não é necessário que a corrente do sensor caia a 0 mA para sinalizar o circuito do alarme. Apenas uma variação em torno do valor de referência que parece incomum é suficiente — uma boa característica para um alarme.

Uma importante característica desse amp-op em particular é a baixa impedância de entrada mostrada na Figura 4.109(c). Ela é importante porque não se deseja ter circuitos de alarme que reajam a cada pulso de tensão ou perturbação na linha devido a chaveamentos externos ou forças externas, como no caso de relâmpagos. Na Figura 4.109(c), por exemplo, se um pulso de alta tensão aparecer na entrada da configuração série, a maior parte da tensão surgirá sobre o resistor em série, e não no amp-op, evitando assim uma entrada falsa e a ativação do alarme.

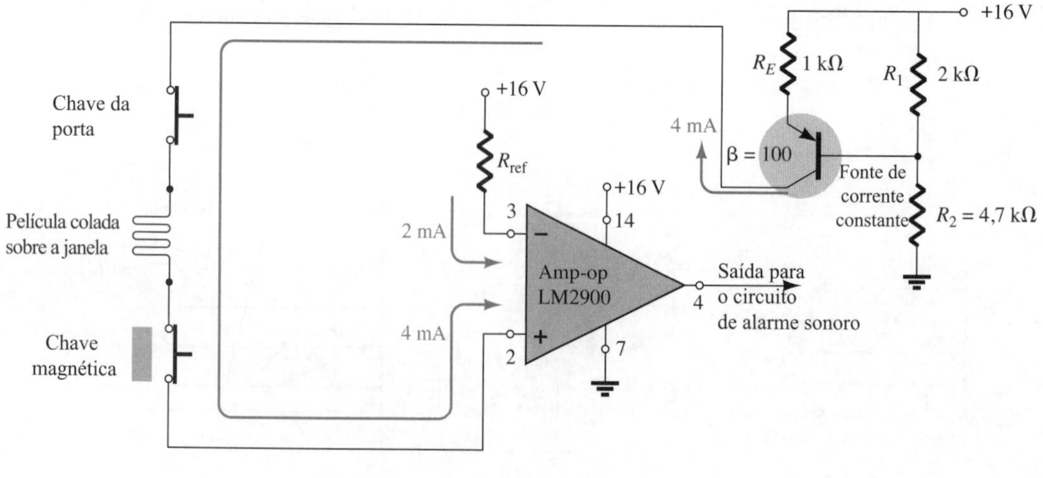

Figura 4.108 Um sistema de alarme com uma fonte de corrente constante e um comparador com amp-op.

*DIP (dual-in-line package) é um tipo de encapsulamento em que os pinos estão dispostos em duas linhas paralelas, como ilustra a Figura 4.109(a).

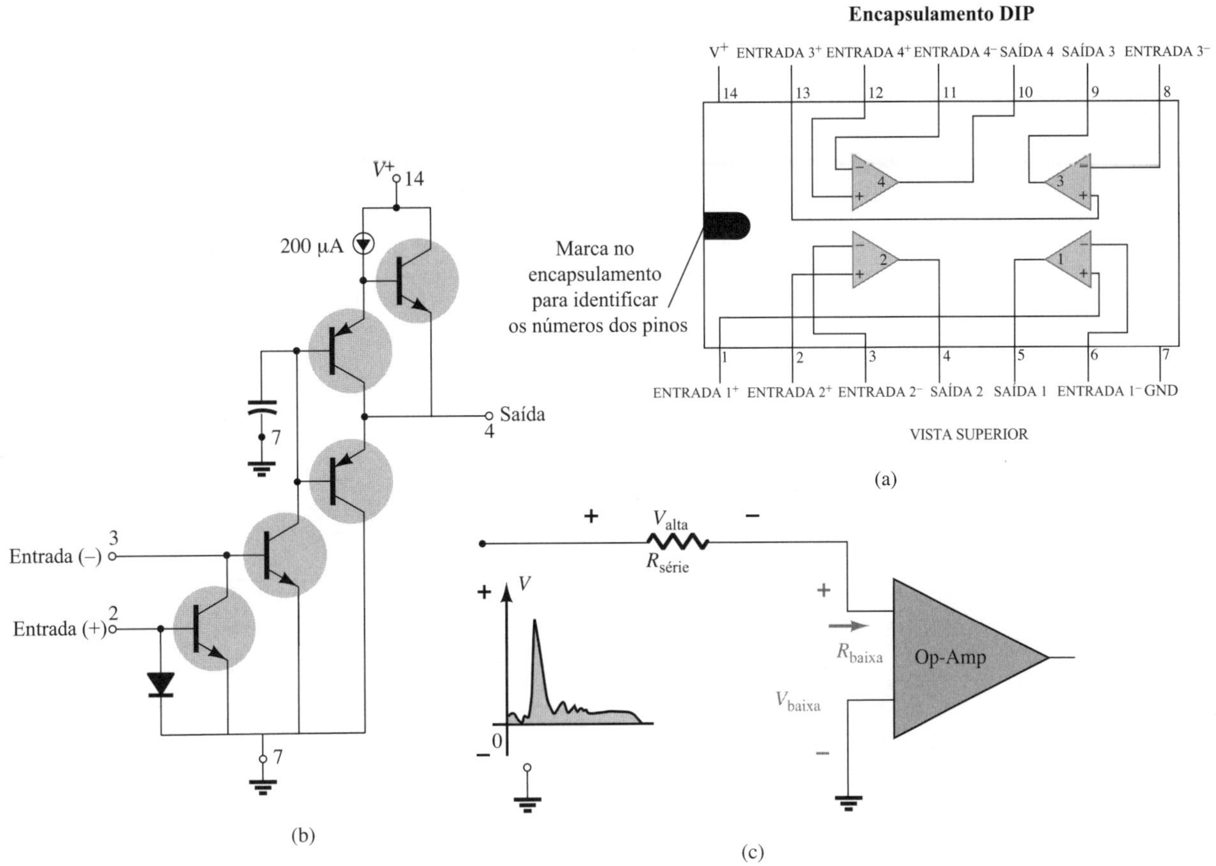

Figura 4.109 Amplificador operacional LM2900: (a) encapsulamento DIP; (b) componentes; (c) efeito de uma entrada de baixa impedância.

Portas lógicas

Nessa aplicação, ampliaremos a discussão sobre circuitos de chaveamento de transistores da Seção 4.15. Recapitulando, a impedância coletor-emissor de um transistor é bastante baixa próximo à saturação e bem alta próximo ao corte. Por exemplo, a reta de carga define *saturação* como o ponto em que a corrente é bastante alta e a tensão coletor-emissor é bastante baixa, como mostra a Figura 4.110. A resistência resultante, definida por $R_{sat} = \frac{V_{CE_{sat}(baixa)}}{I_{C_{sat}(alta)}}$, é bastante baixa e frequentemente considerada um curto-circuito. No *corte*, a corrente é relativamente baixa e a tensão tem o valor máximo mostrado na Figura 4.110, resultando em uma alta impedância entre o terminal do coletor e o do emissor, o qual normalmente se aproxima de um circuito aberto.

Os valores de impedância mencionados estabelecidos por transistores "ligados" e "desligados" facilitam a compreensão da operação das portas lógicas da Figura 4.111. Como existem duas entradas em cada porta, há quatro possibilidades de combinação de tensão na entrada dos transistores. O estado 1 ou ligado é definido por uma tensão alta no terminal da base para ligar o transistor. Um estado 0 ou desligado é definido por 0 V na base, garantindo que o transistor esteja desligado. Se as entradas *A* e *B* da porta OR (OU) da Figura 4.111(a) têm uma entrada baixa ou 0 V, ambos os transistores estarão desligados (cortados), e a impedância entre o coletor e o emissor de cada

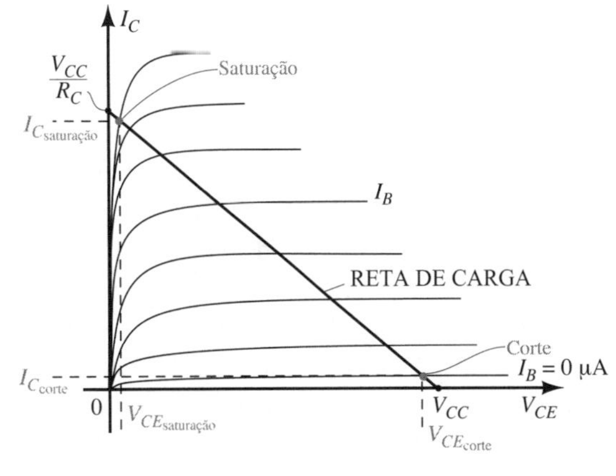

Figura 4.110 Pontos de operação para uma porta lógica com TBJ.

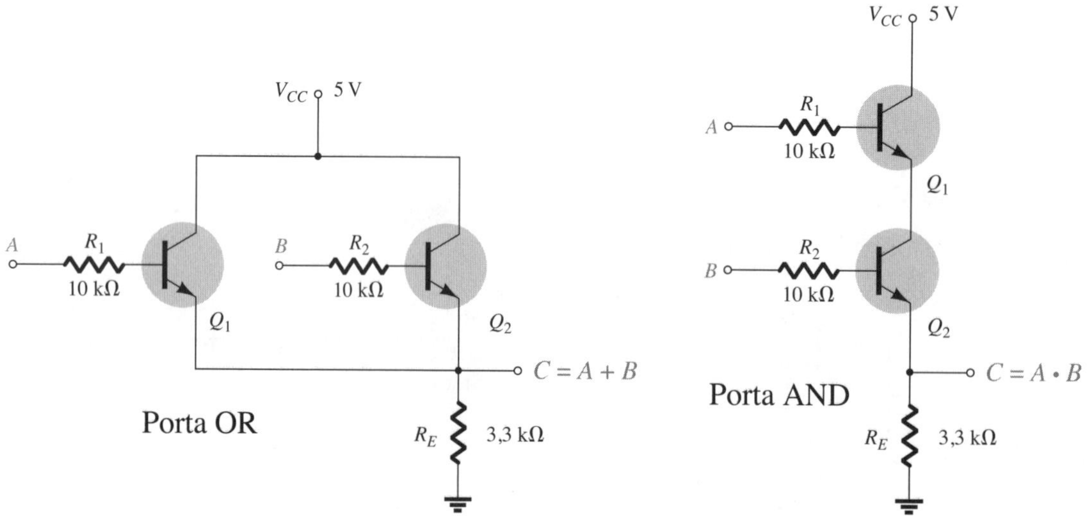

A	B	C
0	0	0
0	1	1
1	0	1
1	1	1

1 = alta
0 = baixa

(a)

A	B	C
0	0	0
0	1	0
1	0	0
1	1	1

(b)

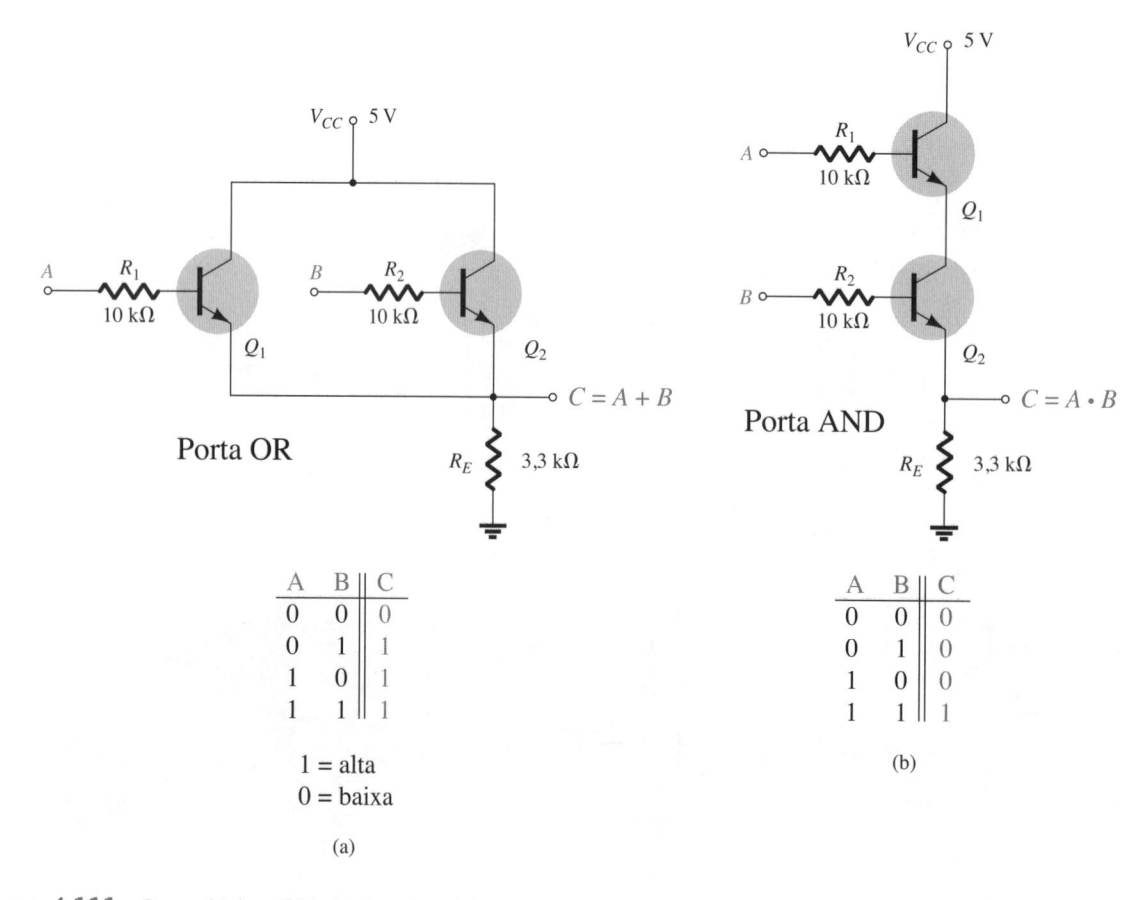

Figura 4.111 Portas lógicas TBJ: (a) OR; (b) AND.

transistor pode ser aproximada por um circuito aberto. A substituição mental de ambos os transistores por circuitos abertos entre o coletor e o emissor removeria qualquer conexão entre a polarização aplicada de 5 V e a saída. O resultado é uma corrente zero através de cada transistor e também do resistor de 3,3 kΩ. A tensão de saída é, portanto, 0 V ou "baixa" (estado 0). Por outro lado, se o transistor Q_1 estiver ligado e Q_2 desligado, devido à aplicação de uma tensão positiva na base de Q_1 e uma tensão nula na base de Q_2, então o curto-circuito equivalente entre coletor e emissor de Q_1 poderá ser aplicado, e a tensão de saída será 5 V, ou estado "alto" (estado 1). Finalmente, se ambos os transistores forem ligados por ação de uma tensão positiva aplicada à base de cada um, ambos garantirão que a tensão de saída seja 5 V ou "alta" (estado 1). A operação da porta OR pode ser definida assim: a saída será nível 1, se uma ou ambas as entradas estiverem no estado ligado. A saída será nível 0, se ambas as entradas não estiverem no estado 1.

A porta AND (E) da Figura 4.111(b) apresentará uma saída alta somente se ambas as entradas tiverem uma tensão aplicada que ligue os transistores. Se ambos estiverem ligados, um curto-circuito equivalente poderá ser utilizado para a conexão entre o coletor e o emissor de cada transistor, oferecendo um caminho direto entre a fonte de 5 V e a saída e estabelecendo um estado alto ou 1 no terminal de saída. Se um ou ambos os transistores estiverem desligados devido a uma tensão de 0 V no terminal de entrada, um circuito aberto será colocado em série no caminho da tensão fornecida de 5 V para a saída, e a tensão de saída será de 0 V, ou um estado desligado.

Indicador de nível de tensão

O indicador de nível de tensão, última aplicação a ser apresentada neste capítulo, inclui três dos elementos apresentados até agora no livro: o transistor, o diodo Zener e o LED. O indicador de nível de tensão é um circuito relativamente simples que utiliza um LED verde para indicar quando a tensão da fonte está próxima ao seu nível de monitoramento de 9 V. Na Figura 4.112, o potenciômetro está regulado para estabelecer 5,4 V no ponto indicado. O resultado é uma tensão suficiente para ligar tanto o Zener 4,7 V quanto o transistor e estabelecer uma corrente de coletor através do LED suficiente para ligar o LED verde.

Uma vez ajustado o potenciômetro, o LED emite sua luz verde enquanto a tensão de alimentação é de cerca de 9 V. No entanto, se a tensão do terminal da bateria de 9 V cair, a tensão estabelecida pelo circuito divisor de tensão poderá cair de 5,4 V para 5 V. Nesta situação, a tensão será

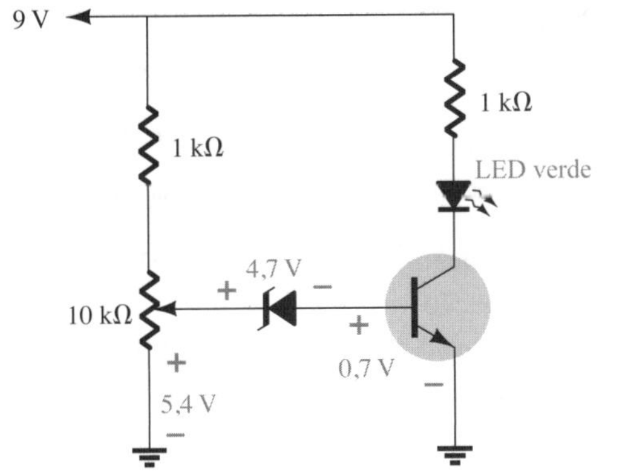

Figura 4.112 Indicador de nível de tensão.

insuficiente para ligar tanto o Zener quanto o transistor, que estará desligado. O LED se desligará imediatamente, revelando que a tensão caiu abaixo de 9 V ou que a fonte de energia foi desconectada.

4.20 RESUMO

Conclusões e conceitos importantes

1. Qualquer que seja o tipo de configuração de um transistor, a relação básica entre as correntes é **sempre a mesma**, e a tensão base-emissor será o **valor de limiar** se o transistor estiver no estado ligado.
2. O ponto de operação define em que ponto das curvas características o transistor operará sob **condições CC**. Para amplificação linear (distorção mínima), o ponto de operação CC não deve estar muito próximo das regiões de máxima potência, máxima tensão ou máxima corrente, e deve evitar as regiões de saturação e de corte.
3. Na maioria das configurações, a análise CC começa com a determinação da **corrente de base**.
4. Para a análise CC do circuito de um transistor, todos os capacitores são substituídos por um **circuito aberto equivalente**.
5. A configuração com polarização fixa é a estrutura mais simples de polarização de transistores, mas é também a mais instável, devido a sua **sensibilidade ao valor de beta** no ponto de operação.
6. É fácil determinar a corrente de saturação do coletor (máxima) para qualquer configuração se um **curto-circuito imaginário** for colocado entre os terminais de coletor e emissor do transistor. A corrente resultante através do curto é a corrente de saturação.
7. A equação da reta de carga de um circuito com transistor pode ser encontrada pela aplicação da **Lei das Tensões de Kirchhoff** ao circuito de coletor ou saída. O ponto Q é então determinado pela **interseção** entre a corrente de base e a reta de carga traçada sobre as curvas características do dispositivo.
8. A estrutura de polarização estabilizada pelo emissor é menos sensível às variações de beta, oferecendo maior estabilidade para o circuito. Tenha em mente, porém, que qualquer resistência no terminal de emissor é "vista" na base do transistor como se fosse um **resistor muito maior**, fato que reduzirá a corrente de base da configuração.
9. A configuração com polarização por divisor de tensão é provavelmente a mais comum. Sua popularidade se deve especificamente à sua **baixa sensibilidade** a variações de beta de um transistor para o outro no mesmo lote (com o mesmo tipo de transistor). A análise exata pode ser aplicada a qualquer configuração, mas a aproximação somente pode ser aplicada se a resistência do emissor refletida para a base **for muito maior** do que o resistor de valor mais baixo da estrutura da polarização divisora de tensão conectada à base do transistor.
10. Ao analisar a polarização CC com uma configuração de realimentação de tensão, lembre-se de que **ambos** os resistores, do emissor e do coletor, são refletidos ao circuito de base por beta. Obtém-se a menor sensibilidade a beta quando a resistência refletida é muito maior do que o resistor de realimentação entre a base e o coletor.
11. Para a configuração base-comum, a **corrente do emissor normalmente é determinada primeiro** por causa da presença da junção base-emissor na mesma malha. Depois é considerado o fato de a corrente do emissor e a do coletor terem o mesmo valor.
12. Uma clara compreensão do procedimento empregado na análise de um circuito CC com transistor permite um projeto da mesma configuração quase sem dificuldade ou confusão. Comece simplesmente pelas relações que **minimizem o número de incógnitas** e, a seguir, tome algumas decisões a respeito dos componentes desconhecidos do circuito.
13. Em uma configuração de chaveamento, um transistor passa rapidamente do **corte para a saturação ou vice-versa**. Em essência, a impedância entre o coletor e o emissor pode ser aproximada como um curto-circuito para a saturação e um circuito aberto para o corte.
14. Ao checar a operação de um circuito CC com transistor, devemos primeiramente verificar se a tensão base-emissor está muito próxima de **0,7 V** e se a tensão coletor-emissor está entre **25% e 75% da tensão aplicada V_{CC}**.
15. A análise da configuração *pnp* é exatamente a mesma aplicada aos transistores *npn*, com exceção de que os sentidos das correntes são **invertidos** e as tensões têm polaridades **opostas**.

16. O beta é bastante sensível à **temperatura** e V_{BE} **cai** cerca de 2,5 mV (0,0025 V) para cada 1° Celsius de aumento na temperatura. A corrente de saturação reversa geralmente **dobra** para cada 10° Celsius de aumento.
17. Tenha em mente que os circuitos **mais estáveis** e menos sensíveis a variações de temperatura possuem os **menores fatores de estabilidade**.

Equações

$$V_{BE} \cong 0{,}7\text{ V}, \qquad I_E = (\beta + 1)I_B \cong I_C, \qquad I_C = \beta I_B$$

Polarização fixa:

$$I_B = \frac{V_{CC} - V_{BE}}{R_B}, \qquad I_C = \beta I_B$$

Emissor estabilizado:

$$I_B = \frac{V_{CC} - V_{BE}}{R_B + (\beta + 1)R_E}, \qquad R_i = (\beta + 1)R_E$$

Polarização por divisor de tensão:

$$\textit{Exata:}\quad R_{\text{Th}} = R_1 \| R_2, \qquad E_{\text{Th}} = V_{R_2} = \frac{R_2 V_{CC}}{R_1 + R_2},$$

$$I_B = \frac{E_{\text{Th}} - V_{BE}}{R_{\text{Th}} + (\beta + 1)R_E}$$

$$\textit{Aproximada: Teste}\quad \beta R_E \geq 10R_2$$

$$V_B = \frac{R_2 V_{CC}}{R_1 + R_2}, \quad V_E = V_B - V_{BE}, \quad I_E = \frac{V_E}{R_E} \cong I_C$$

Polarização CC com realimentação de tensão:

$$I_B = \frac{V_{CC} - V_{BE}}{R_B + \beta(R_C + R_E)}, \qquad I_C' \cong I_C \cong I_E$$

Base comum:

$$I_E = \frac{V_{EE} - V_{BE}}{R_E}, \qquad I_C \cong I_E$$

Circuitos de chaveamento com transistores:

$$I_{C_{\text{sat}}} = \frac{V_{CC}}{R_C}, \qquad I_B > \frac{I_{C_{\text{sat}}}}{\beta_{CC}}, \qquad R_{\text{sat}} = \frac{V_{CE_{\text{sat}}}}{I_{C_{\text{sat}}}},$$

$$t_{\text{on}} = t_r + t_d, \qquad t_{\text{off}} = t_s + t_f$$

Fatores de estabilidade:

$$S(I_{CO}) = \frac{\Delta I_C}{\Delta I_{CO}}, \qquad S(V_{BE}) = \frac{\Delta I_C}{\Delta V_{BE}}, \qquad S(\beta) = \frac{\Delta I_C}{\Delta \beta}$$

$S(I_{CO})$:

$$\textit{Polarização fixa:}\quad S(I_{CO}) \cong \beta$$

$$\textit{Polarização de emissor:}\quad S(I_{CO}) = \frac{\beta(1 + R_B/R_E)^*}{\beta + R_B/R_E}$$

* Polarização por divisor de tensão: Substituir R_B por R_{Th} na equação anterior.

* Polarização por realimentação: Substituir R_E por R_C na equação anterior.

$S(V_{BE})$:

$$\textit{Polarização fixa:}\quad S(V_{BE}) = -\frac{\beta}{R_B}$$

$$\textit{Polarização de emissor:}\quad S(V_{BE}) = \frac{-\beta/R_E^{\dagger}}{\beta + R_B/R_E}$$

†Polarização por divisor de tensão: Substituir R_B por R_{Th} na equação anterior.

†Polarização por realimentação: Substituir R_E por R_C na equação anterior.

$S(\beta)$:

$$\textit{Polarização fixa:}\quad S(\beta) = \frac{I_{C_1}}{\beta_1}$$

$$\textit{Polarização de emissor:}\quad S(\beta) = \frac{I_{C_1}(1 + R_B/R_E)^{\ddagger}}{\beta_1(1 + \beta_2 + R_B/R_E)}$$

‡Polarização por divisor de tensão: Substituir R_B por R_{Th} na equação anterior.

‡Polarização por realimentação: Substituir R_E por R_C na equação anterior.

4.21 ANÁLISE COMPUTACIONAL

Cadence OrCAD

Configuração por divisor de tensão

Os resultados do Exemplo 4.8 serão verificados agora com o Cadence OrCAD. Utilizando os métodos descritos nos capítulos anteriores, o circuito da Figura 4.113 pode ser desenhado. Lembramos que o transistor pode ser encontrado na biblioteca **EVAL**, a fonte CC em **SOURCE** e os resistores na biblioteca **ANALOG**. O capacitor não foi citado anteriormente, mas pode ser encontrado também na biblioteca **ANALOG**. Para o transistor, há uma lista de dispositivos disponíveis na biblioteca **EVAL**.

O valor de beta é alterado para 140 de modo que coincida com o Exemplo 4.8 primeiramente por meio de um clique no símbolo do transistor na tela. Ele aparecerá, então, em uma caixa vermelha para revelar que está em estado ativo. A seguir, prossiga com **Edit-PSpice Model** para abrir a caixa de diálogo **PSpice Model Editor Demo**,

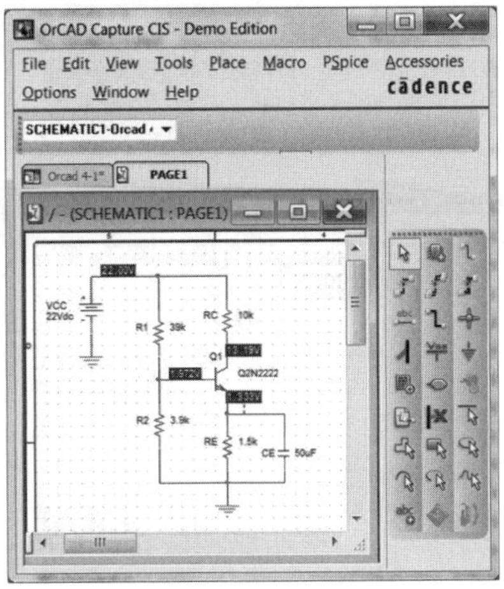

Figura 4.113 Aplicação do PSpice para Windows na configuração por divisor de tensão do Exemplo 4.8.

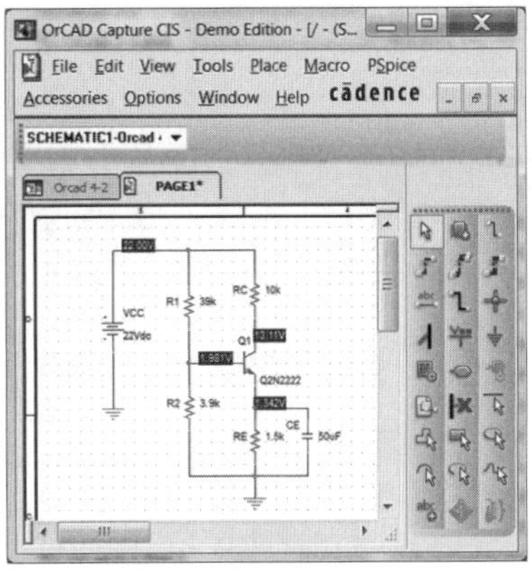

Figura 4.114 Resposta obtida após a mudança de β de 140 para 255,9 no circuito da Figura 4.113.

na qual **Bf** pode ser alterado para **140**. Quando se tenta sair dessa caixa de diálogo, outra denominada **Model Editor/16.3** aparecerá para que se salvem as alterações na biblioteca do circuito. Uma vez salvas, a tela retornará automaticamente com o beta definido em seu novo valor.

A análise pode prosseguir com a seleção do ícone **New simulation profile** (semelhante a uma cópia impressa com um asterisco no canto superior esquerdo) para obter a caixa de diálogo **New Simulation**. Insira a Figura 4.113 e selecione **Create**. A caixa de diálogo **Simulation Settings** aparecerá, e **Bias Point** deverá ser selecionado sob o título **Analysis Type**. Com um **OK**, o sistema está pronto para a simulação.

Prossiga selecionando a **Run PSpice** (uma seta branca sobre fundo verde) ou a sequência **PSpice-Run**. As tensões de polarização aparecerão, como mostra a Figura 4.113, se a opção **V** for selecionada. A tensão de coletor--emissor é 13,19 V – 1,333 V = 11,857 V *versus* 12,22 V do Exemplo 4.8. A diferença se deve principalmente ao fato de usarmos um transistor real, cujos parâmetros são muito sensíveis às condições de operação. Lembre-se também da diferença entre o valor especificado para beta e o valor obtido do gráfico no capítulo anterior.

Visto que o circuito divisor de tensão possui baixa sensibilidade a modificações em beta, devemos retornar às especificações do transistor para substituir beta pelo valor-padrão de 255,9 e examinar a variação nos resultados. O resultado é mostrado na Figura 4.114, com valores de tensão muito próximos dos obtidos na Figura 4.113.

Note a vantagem de ter o circuito configurado na memória. Agora, qualquer parâmetro pode ser alterado e uma nova solução pode ser obtida quase instantaneamente — uma excelente vantagem no processo de projeto.

Configuração com polarização fixa

Ao contrário do circuito de polarização por divisor de tensão, a configuração com polarização fixa é muito sensível a variações de beta. Isso pode ser demonstrado com o ajuste da configuração do Exemplo 4.1 por meio de um beta de 50 no primeiro processamento. Os resultados da Figura 4.115 demonstram que o projeto é razoavelmente adequado. A tensão de coletor ou coletor--emissor é apropriada para a fonte aplicada. As correntes resultantes de base e de coletor são bastante comuns para um bom projeto.

No entanto, se voltarmos agora às especificações do transistor e retornarmos beta para o valor padrão de 255,9, obteremos os resultados da Figura 4.116. Agora, a tensão de coletor é de apenas 0,113 V para uma corrente de 5,4 mA — um péssimo ponto de operação. Qualquer sinal CA aplicado seria severamente truncado por causa da baixa tensão de coletor.

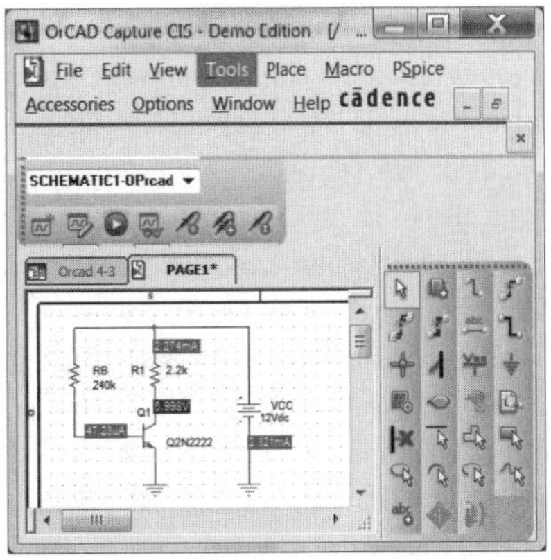

Figura 4.115 Configuração com polarização fixa com um β de 50.

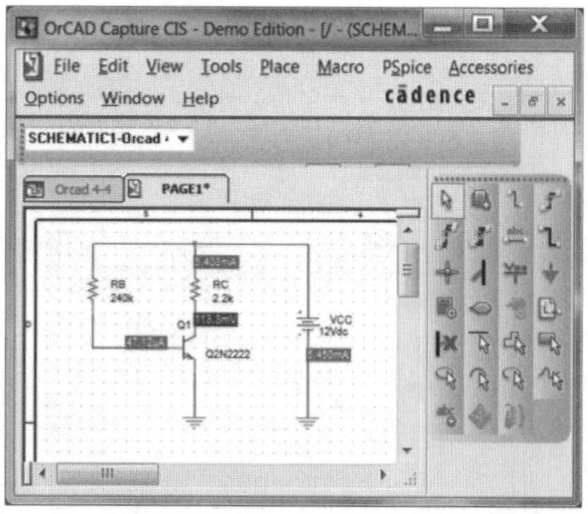

Figura 4.116 Circuito da Figura 4.115 com um β de 255,9.

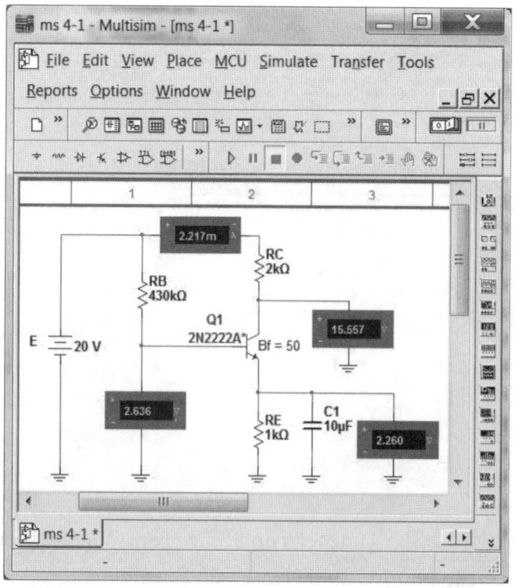

Figura 4.117 Verificação dos resultados do Exemplo 4.4 usando Multisim.

Pela análise anterior, portanto, fica evidente que a configuração por divisor de tensão deve ser o projeto escolhido quando há alguma preocupação com variações de beta.

Multisim

Agora, o Multisim será aplicado ao circuito de polarização fixa do Exemplo 4.4 para nos proporcionar uma oportunidade de rever as opções de transistores inerentes ao pacote de software e comparar os resultados obtidos com o cálculo aproximado feito à mão.

Todos os componentes da Figura 4.117, exceto o transistor, podem ser introduzidos com o procedimento descrito no Capítulo 2. Os transistores são disponibilizados na barra de componentes, sendo a quarta opção na barra de ferramentas **Component**. Uma vez selecionada, a caixa de diálogo **Select a Component** aparecerá, e **BJT_NPN** deverá ser escolhido. O resultado é uma lista de componentes (**Component**), da qual **2N2222A** pode ser selecionado. Com um **OK**, o transistor aparecerá na tela com as legendas **Q1** e **2N2222A**. A legenda **Bf = 50** pode ser adicionada primeiramente com a seleção de **Place** na barra de ferramentas superior, seguido pela opção **Text**. Posicione o marcador resultante na área desejada para o texto e clique mais uma vez. O resultado é um espaço em branco com um marcador piscante onde o texto aparecerá quando inserido. Ao término, com um segundo clique duplo, a legenda é definida. Para movê-la até a posição mostrada na Figura 4.117, basta clicar nela para colocar os quatro quadrados pequenos em torno do dispositivo. Em seguida, clique nela mais uma vez e arraste-a para a posição desejada. Solte o botão do clique, e estará registrada. Outro clique, e os quatro pequenos marcadores desaparecerão.

Mesmo que a legenda indique **Bf = 50**, o transistor ainda terá os parâmetros padrão armazenados na memória. Para alterá-los, o primeiro passo é clicar no dispositivo para estabelecer seus limites. Em seguida, selecione **Edit**, seguido de **Properties**, para abrir a caixa de diálogo **BJT_NPN**. Se não estiver presente, selecione **Value** e, depois, **Edit Model**. O resultado será a caixa de diálogo **Edit Model** em que β e I_s podem ser ajustados a 50 e 1 nA, respectivamente. Então, escolha **Change Part Model** para obter novamente a caixa de diálogo **BJT_NPN** e selecione **OK**. O símbolo do transistor na tela agora terá um asterisco para indicar que os parâmetros padrão foram modificados. Com mais um clique para remover os quatro marcadores, o transistor estará definido com seus novos parâmetros.

Os indicadores que aparecem na Figura 4.117 foram definidos conforme descrito no capítulo anterior.

Finalmente, o circuito deve ser simulado por meio de um dos métodos descritos no Capítulo 2. Nesse exemplo, a chave foi colocada na posição **1** e retornada à posição **0** após os valores do indicador terem se estabilizado. Os níveis relativamente baixos de corrente foram parcialmente responsáveis pelo baixo nível dessa tensão.

Os resultados se parecem bastante com os do Exemplo 4.4, com I_C = 2,217 mA, V_B = 2,636 V, V_C = 15,557 V e V_E = 2,26 V.

As relativamente poucas observações aqui exigidas para permitir a análise de circuitos transistorizados indicam claramente que a amplitude da análise pelo uso do Multisim pode ser expandida drasticamente sem que se tenha de aprender um novo conjunto de regras — uma característica muito positiva da maioria dos pacotes de software de tecnologia.

PROBLEMAS

**Nota*: asteriscos indicam os problemas mais difíceis.

Seção 4.3 Configuração de polarização fixa

1. Para a configuração de polarização fixa da Figura 4.118, determine:
   a) I_{B_Q}
   b) I_{C_Q}
   c) V_{CE_Q}
   d) V_C
   e) V_B
   f) V_E

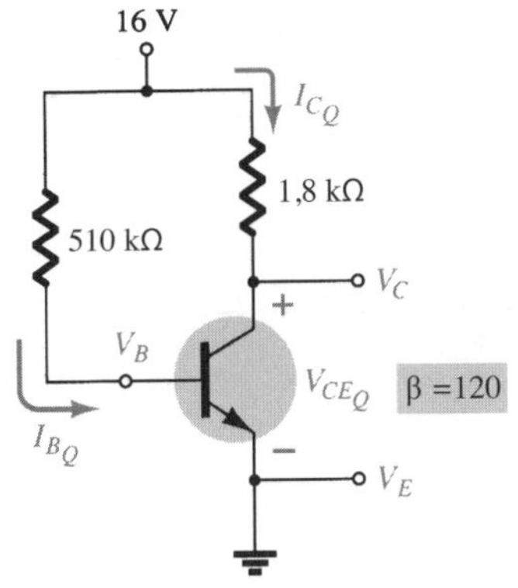

Figura 4.118 Problemas 1, 4, 6, 7, 14, 65, 69, 71 e 75.

2. Dada a informação mostrada na Figura 4.119, determine:
   a) I_C
   b) R_C
   c) R_B
   d) V_{CE}
3. Dada a informação mostrada na Figura 4.120, determine:
   a) I_C
   b) V_{CC}
   c) β
   d) R_B

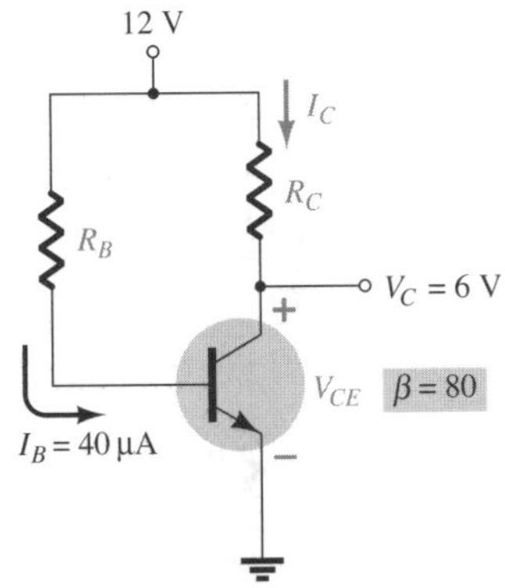

Figura 4.119 Problema 2.

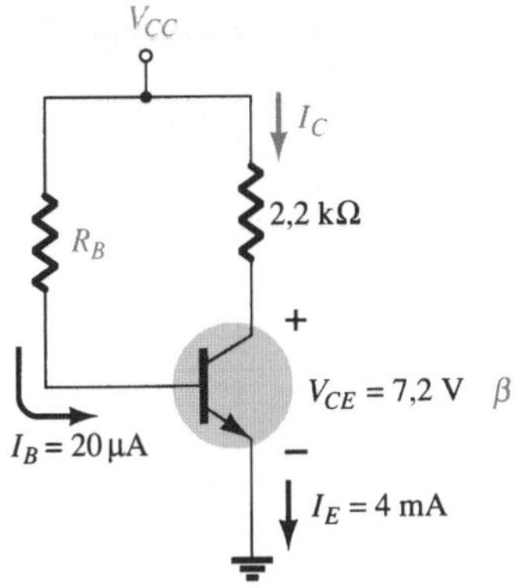

Figura 4.120 Problema 3.

4. Encontre a corrente de saturação ($I_{C_{sat}}$) para a configuração com polarização fixa da Figura 4.118.
*5. Dadas as curvas características do transistor TBJ da Figura 4.121:
   a) Desenhe a reta de carga sobre as curvas determinada por $E = 21$ V e $R_C = 3$ kΩ, para uma configuração com polarização fixa.
   b) Escolha um ponto de operação no meio do caminho entre o corte e a saturação. Determine o valor de R_B que estabelece o ponto de operação escolhido.
   c) Quais são os valores resultantes de I_{C_Q} e V_{CE_Q}?
   d) Qual é o valor de β no ponto de operação?
   e) Qual é o valor de α definido pelo ponto de operação?
   f) Qual é a corrente de saturação ($I_{C_{sat}}$) para o projeto?
   g) Esboce a configuração com polarização fixa resultante.
   h) Qual é a potência CC dissipada pelo dispositivo no ponto de operação?
   i) Qual é a potência fornecida pela fonte V_{CC}?
   j) Determine a potência dissipada pelos elementos resistivos calculando a diferença entre os resultados dos itens (h) e (i).
6. a) Ignorando o valor fornecido de $\beta_{(120)}$, desenhe a reta de carga para o circuito da Figura 4.118 nas curvas características da Figura 4.121.
   b) Encontre o ponto Q e os valores resultantes de I_{C_Q} e V_{CE_Q}.
   c) Qual é o valor de beta nesse ponto Q?
7. Se o resistor de base da Figura 4.118 for aumentado para 910 kΩ, determine os novos ponto Q e valores resultantes de I_{C_Q} e V_{CE_Q}.

Seção 4.4 Configuração de polarização do emissor

8. Para o circuito de polarização estável do emissor da Figura 4.122, determine:
   a) I_{B_Q}
   b) I_{C_Q}
   c) V_{CE_Q}
   d) V_C
   e) V_B
   f) V_E

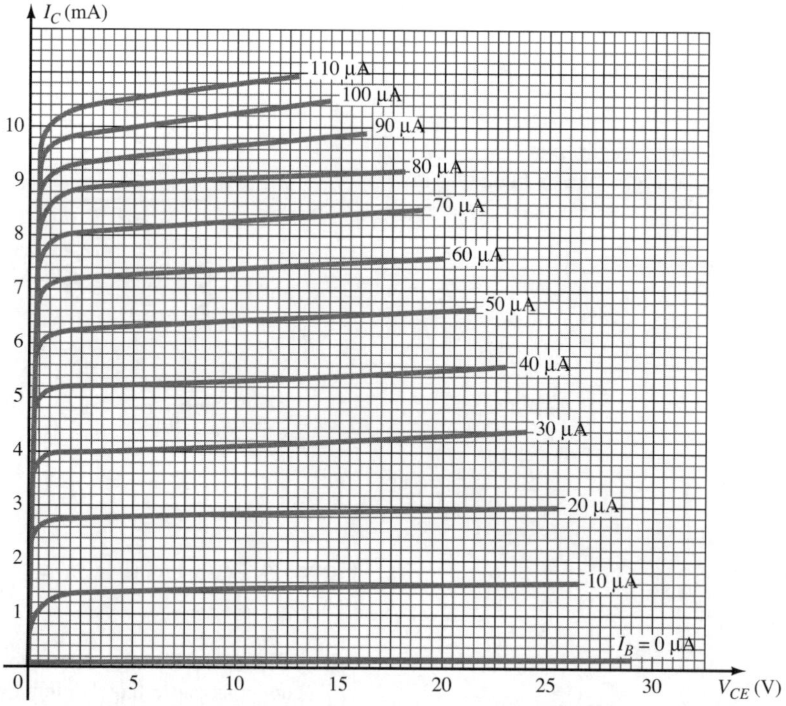

Figura 4.121 Problemas 5, 6, 9, 13, 24, 44 e 57.

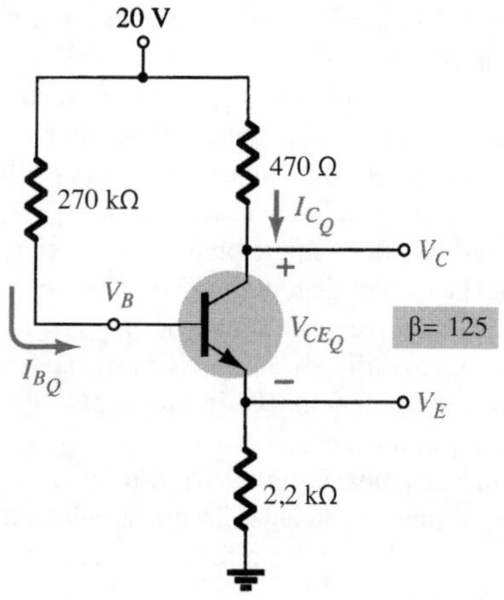

Figura 4.122 Problemas 8, 9, 12, 14, 66, 69, 72 e 76.

9. **a)** Desenhe a reta de carga para o circuito da Figura 4.122 nas curvas características da Figura 4.121 usando β do Problema 8 para determinar I_{B_Q}.
b) Calcule o ponto Q e os valores resultantes de I_{C_Q} e V_{CE_Q}.
c) Determine o valor de β no ponto Q.
d) Como o valor do item (c) se compara com β = 125 no Problema 8?
e) Por que os resultados do Problema 9 diferem daqueles do Problema 8?

10. Dada a informação fornecida na Figura 4.123, determine:
a) R_C
b) R_E
c) R_B
d) V_{CE}
e) V_B

11. Dada a informação fornecida na Figura 4.124, determine:
a) β
b) V_{CC}
c) R_B

12. Determine a corrente de saturação ($I_{C_{sat}}$) para o circuito da Figura 4.122.

***13.** Utilizando as curvas características da Figura 4.121, determine o que se segue para uma configuração de polarização de emissor, se o ponto Q for definido para I_{C_Q} = 4 mA e V_{CE_Q} = 10 V.
a) R_C se V_{CC} = 24 V e R_E = 1,2 kΩ.
b) β no ponto de operação.
c) R_B.

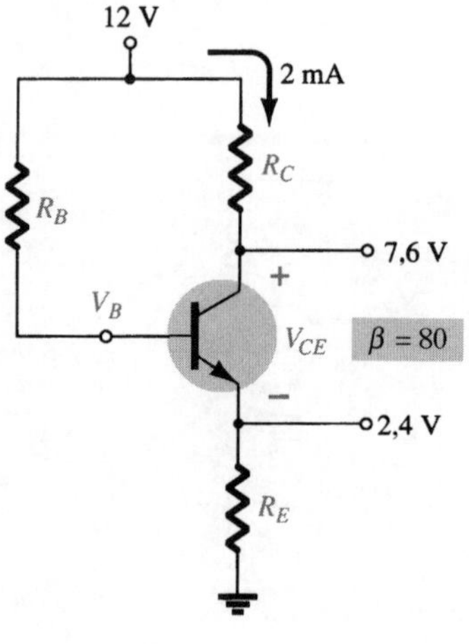

Figura 4.123 Problema 10.

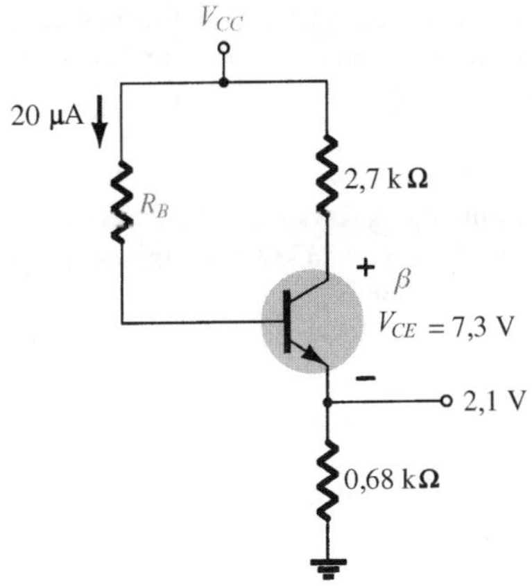

Figura 4.124 Problema 11.

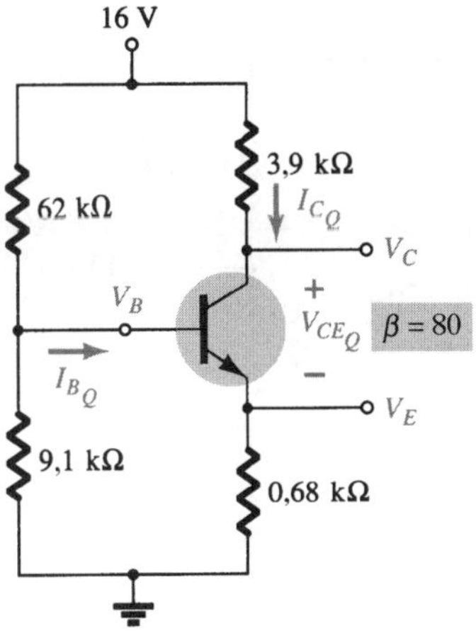

Figura 4.125 Problemas 15, 16, 20, 23, 25, 67, 69, 70, 73 e 77.

d) Potência dissipada pelo transistor.

e) Potência dissipada pelo resistor R_C.

***14.** **a)** Determine I_C e V_{CE} para o circuito da Figura 4.118.

b) Altere o valor de β para 180 e determine o novo valor de I_C e V_{CE} para o circuito da Figura 4.118.

c) Determine o valor da variação percentual de I_C e V_{CE} utilizando as seguintes equações:

$$\%\Delta I_C = \left|\frac{I_{C_{(\text{parte b})}} - I_{C_{(\text{parte a})}}}{I_{C_{(\text{parte a})}}}\right| \times 100\%,$$

$$\%\Delta V_{CE} = \left|\frac{V_{CE_{(\text{parte b})}} - V_{CE_{(\text{parte a})}}}{V_{CE_{(\text{parte a})}}}\right| \times 100\%$$

d) Determine I_C e V_{CE} para o circuito da Figura 4.122.

e) Altere o valor de β para 187,5 e determine o novo valor de I_C e V_{CE} para o circuito da Figura 4.122.

f) Determine o valor da variação percentual de I_C e V_{CE} utilizando as seguintes equações:

$$\%\Delta I_C = \left|\frac{I_{C_{(\text{parte c})}} - I_{C_{(\text{parte d})}}}{I_{C_{(\text{parte d})}}}\right| \times 100\%,$$

$$\%\Delta V_{CE} = \left|\frac{V_{CE_{(\text{parte c})}} - V_{CE_{(\text{parte d})}}}{V_{CE_{(\text{parte d})}}}\right| \times 100\%$$

g) Em cada um dos itens anteriores, o valor de β foi aumentado em 50%. Compare a variação percentual de I_C e V_{CE} para cada configuração e comente sobre a que parece ser menos sensível a variações em β.

Seção 4.5 Configuração de polarização por divisor de tensão

15. Para a configuração de polarização por divisor de tensão da Figura 4.125, determine:

a) I_{B_Q}
b) I_{C_Q}
c) V_{CE_Q}
d) V_C
e) V_E
f) V_B

16. **a)** Repita o Problema 15 para β = 140 usando o método geral (não o aproximado).

b) Quais níveis são os mais afetados? Por quê?

17. Com base na informação fornecida na Figura 4.126, determine:

a) I_C
b) V_E
c) V_B
d) R_1

18. Com base na informação dada na Figura 4.127, determine:

a) I_C
b) V_E
c) V_{CC}
d) V_{CE}
e) V_B
f) R_1

19. Determine a corrente de saturação ($I_{C_{sat}}$) para o circuito da Figura 4.126.

20. **a)** Repita o Problema 16 para β = 140 usando o método aproximado e compare os resultados.

b) O método aproximado é válido?

***21.** Determine os parâmetros a seguir para a configuração com divisor de tensão da Figura 4.128, utilizando o método

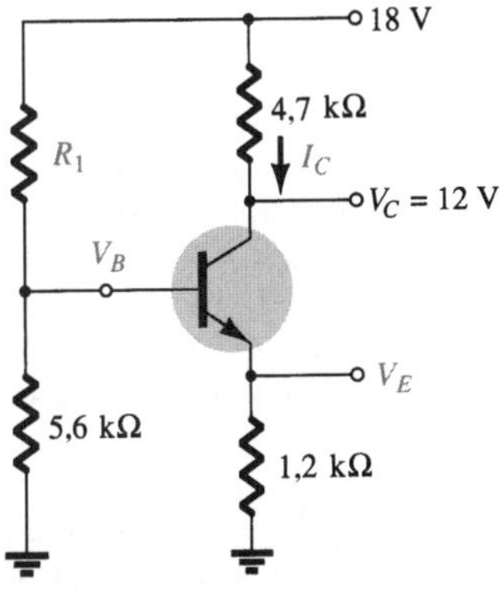

Figura 4.126 Problemas 17 e 19.

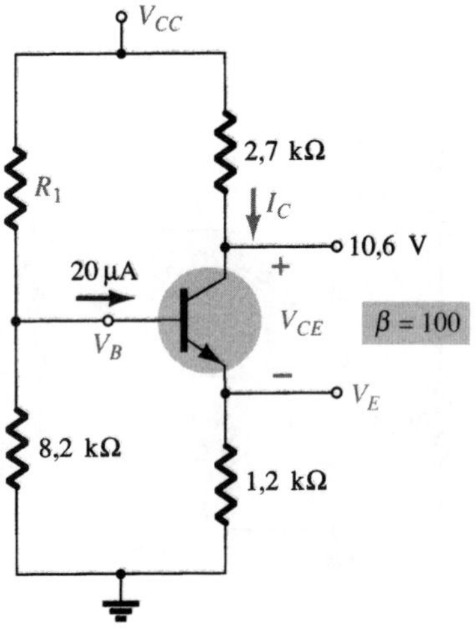

Figura 4.127 Problema 18.

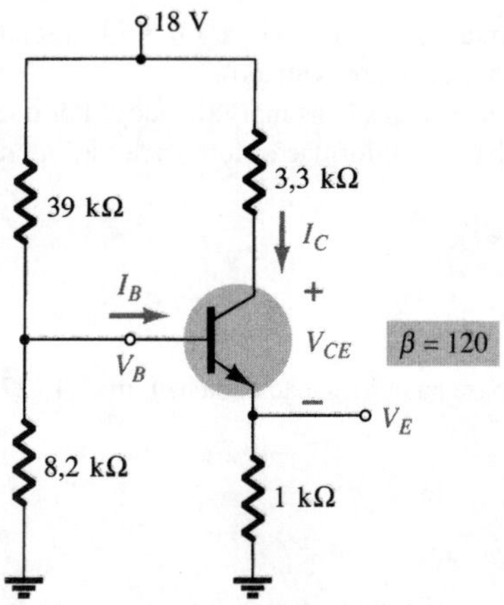

Figura 4.128 Problemas 21, 22 e 26.

aproximado, se a condição estabelecida pela Equação 4.33 for satisfeita.

a) I_C

b) V_{CE}

c) I_B

d) V_E

e) V_B

***22.** Repita o Problema 21 utilizando o método exato (Thévenin) e compare as soluções. Com base nos resultados, responda se o método aproximado será uma técnica válida de análise caso a Equação 4.33 seja satisfeita.

23. **a)** Determine I_{C_Q}, V_{CE_Q} e I_{B_Q} para o circuito do Problema 15 (Figura 4.125) utilizando o método aproximado, mesmo que a condição estabelecida pela Equação 4.33 não seja satisfeita.

b) Determine I_{C_Q}, V_{CE_Q} e I_{B_Q} utilizando o método exato.

c) Compare as soluções e comente se a diferença é suficientemente grande para exigir que a Equação 4.33 seja realmente necessária quando se determina qual método empregar.

***24.** **a)** Utilizando as características da Figura 4.121, determine R_C e R_E para o circuito com divisor de tensão cujo ponto Q de $I_{C_Q} = 5$ mA e $V_{CE_Q} = 8$ V. Utilize $V_{CC} = 24$ V e $R_C = 3R_E$.

b) Calcule V_E.

c) Determine V_B.

d) Calcule R_2, se $R_1 = 24$ kΩ, presumindo que $\beta R_E > 10R_2$.

e) Calcule β no ponto Q.

f) Teste a Equação 4.33 e diga se a suposição feita no item (d) está correta.

***25.** **a)** Determine I_C e V_{CE} para o circuito da Figura 4.125.

b) Altere o valor de β para 120 (50% de aumento) e determine os novos valores de I_C e V_{CE} para o circuito da Figura 4.125.

c) Determine o valor da variação porcentual de I_C e V_{CE} utilizando as seguintes equações:

$$\%\Delta I_C = \left|\frac{I_{C_{(\text{parte b})}} - I_{C_{(\text{parte a})}}}{I_{C_{(\text{parte a})}}}\right| \times 100\%,$$

$$\%\Delta V_{CE} = \left|\frac{V_{CE_{(\text{parte b})}} - V_{CE_{(\text{parte a})}}}{V_{CE_{(\text{parte a})}}}\right| \times 100\%$$

d) Compare a solução do item (c) com os resultados obtidos para os itens (c) e (f) do Problema 14.

e) Com base nos resultados do item (d), responda qual é a configuração menos sensível a variações em β.

***26.** **a)** Repita os itens (a) a (e) do Problema 25 para o circuito da Figura 4.128. Altere o valor de β para 180 no item (b).

b) A que conclusões gerais podemos chegar sobre os circuitos nos quais a condição $\beta R_E > 10R_2$ é satisfeita e as quantidades I_C e V_{CE} devem ser determinadas em resposta a uma variação em β?

Seção 4.6 Configuração com realimentação de coletor

27. Para a configuração com realimentação de coletor da Figura 4.129, determine:

a) I_B

b) I_C

c) V_C

28. Para o circuito do Problema 27:

a) Determine I_{C_Q} usando a equação

$$I_{C_Q} \cong \frac{V'}{R'} = \frac{V_{CC} - V_{BE}}{R_C + R_E}.$$

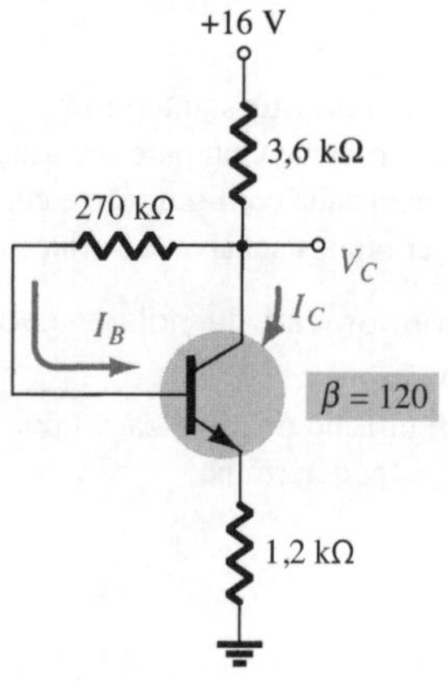

Figura 4.129 Problemas 27, 28, 74 e 78.

b) Compare com os resultados do Problema 27 para I_{C_Q}.

c) Compare R' a R_F/β.

d) É válida a declaração de que quanto maior R' se comparado com R_F/β, mais precisa será a equação $I_{C_Q} \cong \frac{V'}{R'}$? Prove isso usando uma derivação curta para a corrente exata I_{C_Q}.

e) Repita os itens (a) e (b) para β =240 e comente o novo valor de I_{C_Q}.

29. Para o circuito com divisor de tensão da Figura 4.130, determine:

a) I_C

b) V_C

c) V_E

d) V_{CE}

30. **a)** Compare os valores de $R' = R_C + R_E$ com R_F/β para o circuito da Figura 4.131.

b) A aproximação $I_{C_Q} \cong V'/R'$ é válida?

***31.** **a)** Determine o valor de I_C e V_{CE} para o circuito da Figura 4.131.

b) Altere o valor de β para 135 (50% de aumento) e calcule os novos níveis de I_C e V_{CE}.

c) Determine o valor da variação percentual de I_C e V_{CE} utilizando as seguintes equações:

$$\%\Delta I_C = \left|\frac{I_{C_{(\text{parte b})}} - I_{C_{(\text{parte a})}}}{I_{C_{(\text{parte a})}}}\right| \times 100\%,$$

$$\%\Delta V_{CE} = \left|\frac{V_{CE_{(\text{parte b})}} - V_{CE_{(\text{parte a})}}}{V_{CE_{(\text{parte a})}}}\right| \times 100\%$$

d) Compare os resultados do item (c) com os dos problemas 14(c), 14(f) e 25(c). Como o circuito com realimentação do coletor se comporta comparado às outras configurações em relação à sensibilidade a variações em β?

32. Determine a faixa de valores possível para V_C no circuito da Figura 4.132 utilizando o potenciômetro de 1 MΩ.

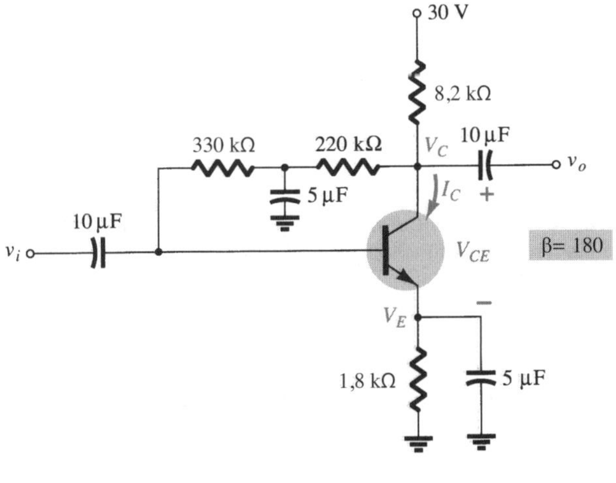

Figura 4.130 Problemas 29 e 30.

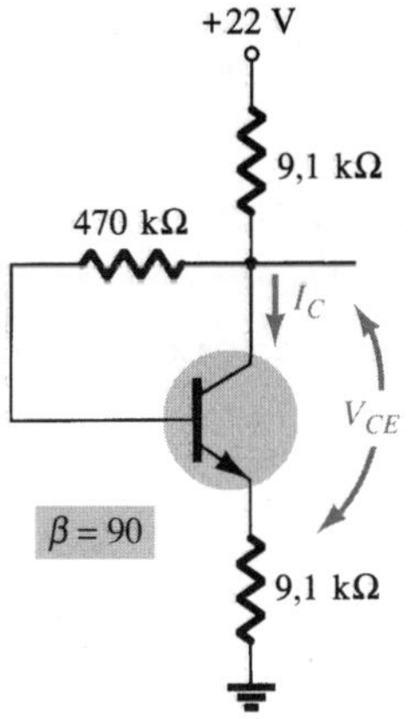

Figura 4.131 Problemas 30 e 31.

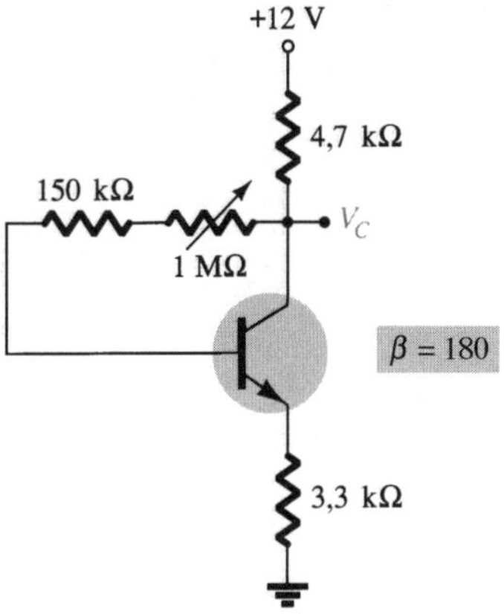

Figura 4.132 Problema 32.

*** 33.** Dado V_B = 4 V para o circuito da Figura 4.133, determine:

a) V_E

b) I_C

c) V_C

d) V_{CE}

e) I_B

f) β

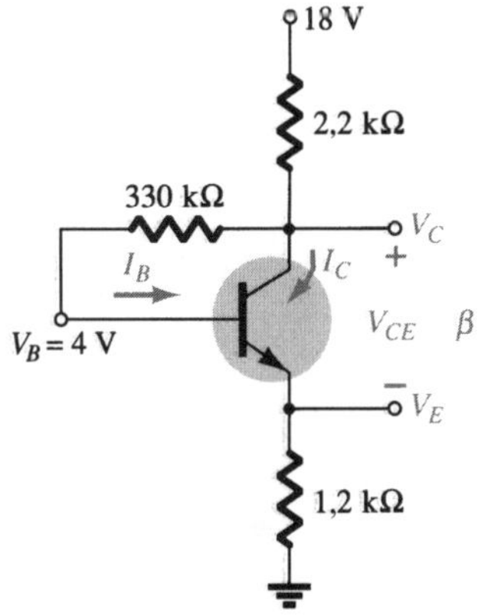

Figura 4.133 Problema 33.

Seção 4.7 Configuração seguidor de emissor

***34.** Determine o valor de V_E e I_E para o circuito da Figura 4.134.

35. Para o circuito seguidor de emissor da Figura 4.135:

a) Determine I_B, I_C e I_E.

b) Determine V_B, V_C e V_E.

c) Calcule V_{BC} e V_{CE}.

Seção 4.8 Configuração base-comum

***36.** Para o circuito da Figura 4.136, determine:

a) I_B

b) I_C

c) V_{CE}

d) V_C

***37.** Para o circuito da Figura 4.137, determine:

a) I_E

b) V_C

c) V_{CE}

38. Para o circuito de base comum da Figura 4.138:

a) Usando a informação fornecida, determinar o valor de R_C.

b) Encontre as correntes I_B e I_E.

c) Determine a tensões V_{BC} e V_{CE}.

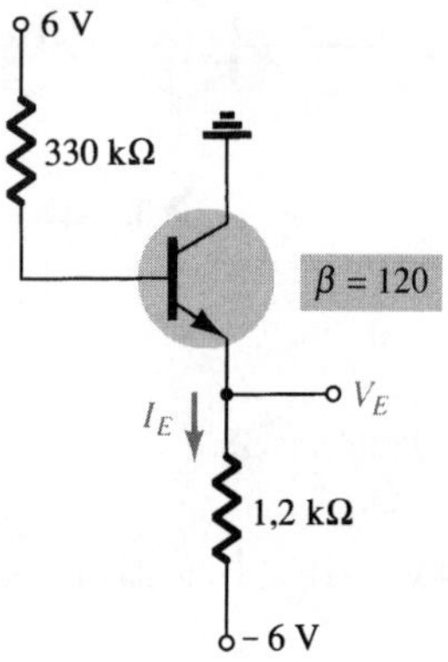

Figura 4.134 Problema 34.

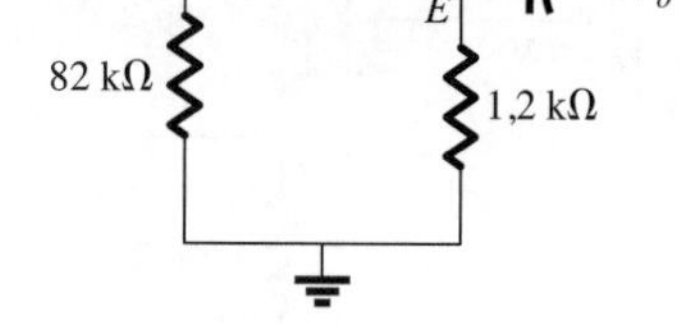

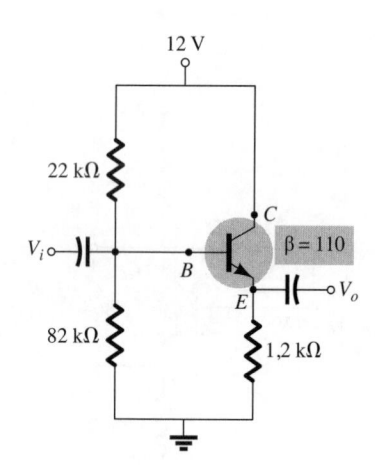

Figura 4.135 Problema 35.

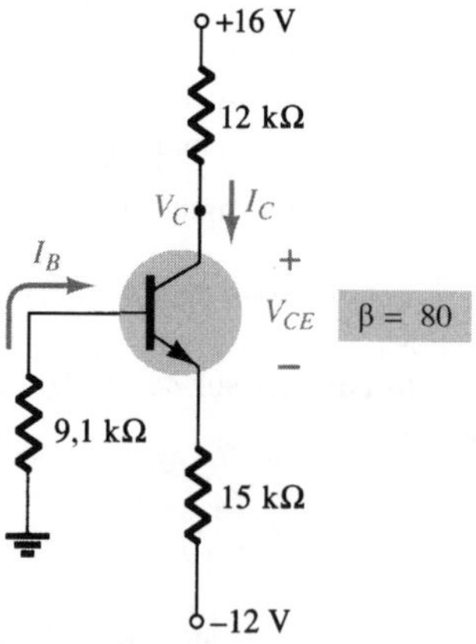

Figura 4.136 Problema 36.

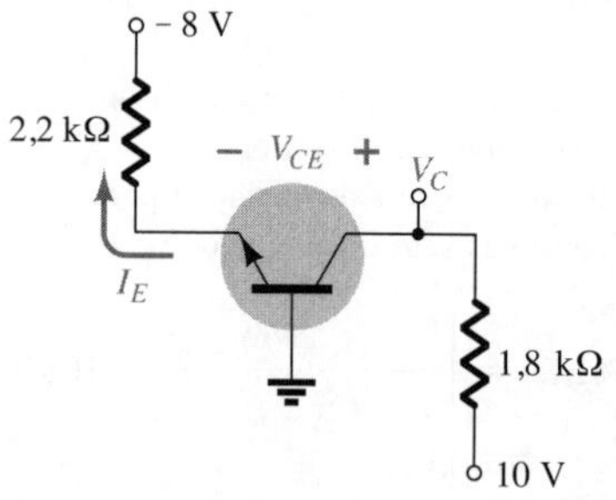

Figura 4.137 Problema 37.

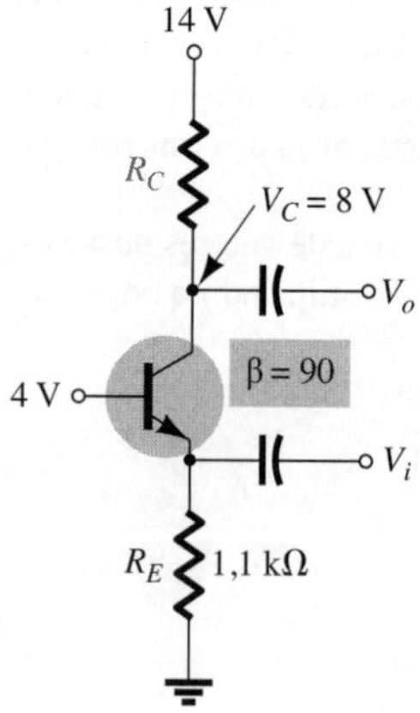

Figura 4.138 Problema 38.

Seção 4.9 Configurações de polarizações combinadas

***39.** Para o circuito da Figura 4.139, determine:

a) I_B

b) I_C

c) V_E

d) V_{CE}

40. Dado $V_C = 8$ V para o circuito da Figura 4.140, determine:

a) I_B

b) I_C

c) β

d) V_{CE}

Seção 4.11 Operações de projeto

41. Determine R_C e R_B para uma configuração com polarização fixa se $V_{CC} = 12$ V, $\beta = 80$ e $I_{C_Q} = 2{,}5$ mA, com $V_{CE_Q} = 6$ V, usando valores padrão.

42. Projete um circuito de polarização estável do emissor em $I_{C_Q} = \frac{1}{2}I_{C_{sat}}$ e $V_{CE_Q} = \frac{1}{2}V_{CC}$. Use $V_{CC} = 20$ V, $I_{C_{sat}} = 10$ mA, $\beta = 120$ e $R_C = 4R_E$ utilizando valores padrão.

43. Projete um circuito de polarização por divisor de tensão utilizando uma fonte de 24 V, um transistor com um beta de 110 e um ponto de operação de $I_{C_Q} = 4$ mA e $V_{CE_Q} = 8$ V. Escolha $V_E = \frac{1}{8}V_{CC}$. Utilize valores padrão.

***44.** Usando as características da Figura 4.121, projete uma configuração por divisor de tensão que tenha um nível de saturação de 10 mA e um ponto Q na metade da distância entre o corte e a saturação. A fonte disponível é de 28 V, e V_E deve ser um quinto de V_{CC}. Também se deve atender à condição estabelecida pela Equação 4.33 para que haja um alto fator de estabilidade. Utilize valores padrão.

Seção 4.12 Circuitos com múltiplos TBJ

45. Para o amplificador com acoplamento R–C da Figura 4.141, determine:

a) As tensões V_B, V_C e V_E para cada transistor.

b) As correntes I_B, I_C e I_E para cada transistor.

46. Para o amplificador Darlington da Figura 4.142, determine:

a) O valor de β_D.

b) A corrente de base de cada transistor.

c) A corrente de coletor de cada transistor.

d) As tensões V_{C_1}, V_{C_2}, V_{E_1} e V_{E_2}.

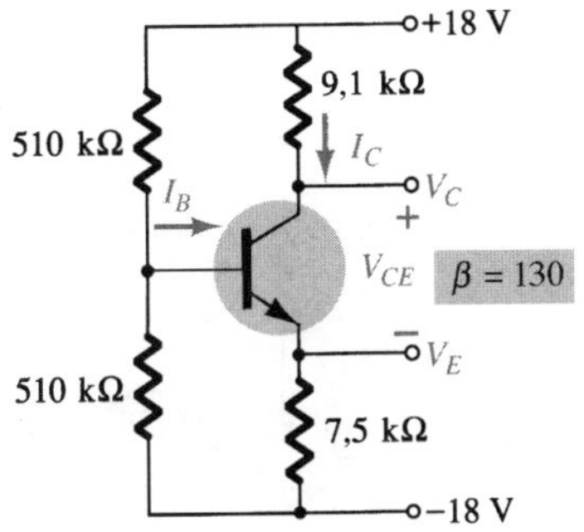

Figura 4.139 Problema 39.

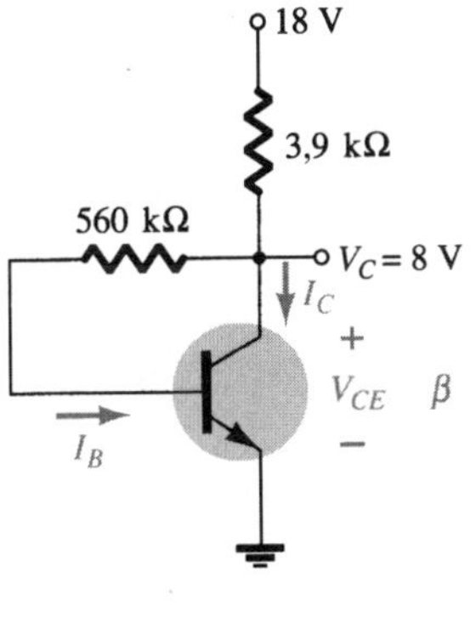

Figura 4.140 Problemas 40 e 68.

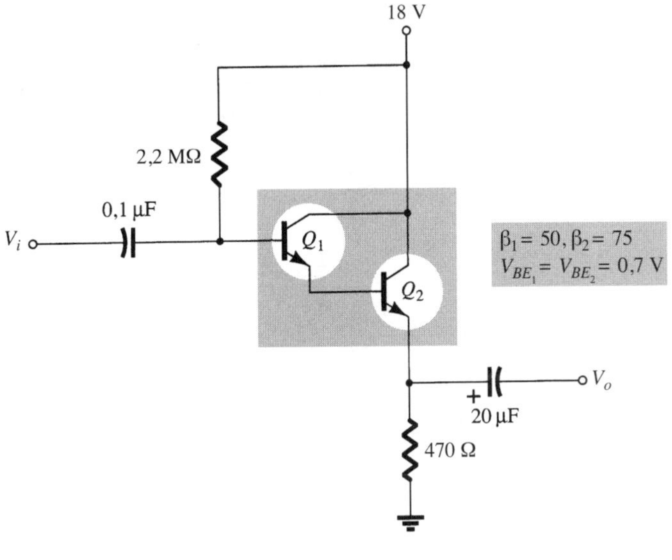

Figura 4.142 Problema 46.

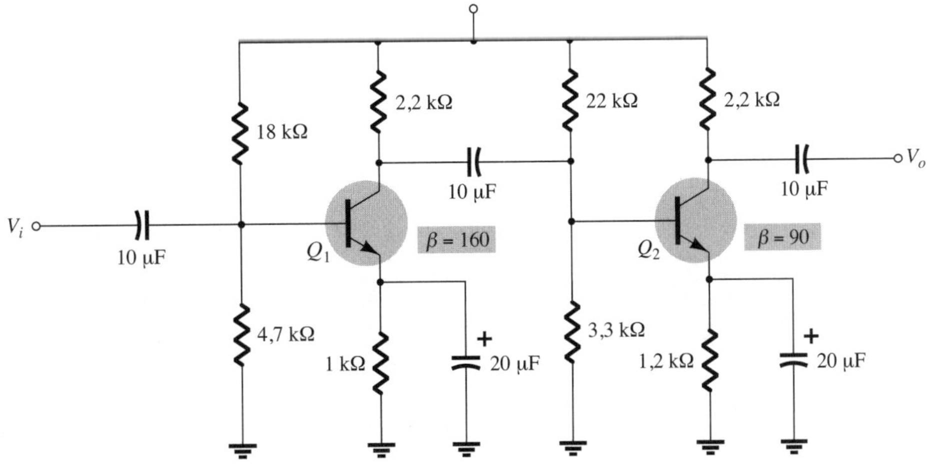

Figura 4.141 Problema 45.

47. Para o amplificador Cascode da Figura 4.143, determine:
  a) As correntes de base e coletor de cada transistor.
  b) As tensões V_{B_1}, V_{B_2}, V_{E_1}, V_{C_1}, V_{E_2} e V_{C_2}.

48. Para o amplificador de realimentação da Figura 4.144, determine:
  a) As correntes de base e coletor de cada transistor.
  b) As tensões de base, emissor e coletor de cada transistor.

Seção 4.13 Espelhos de corrente

49. Calcule a corrente espelhada I na Figura 4.145.

***50.** Calcule as correntes de coletor para Q_1 e Q_2 na Figura 4.146.

Seção 4.14 Circuitos de fonte de corrente

51. Calcule a corrente através da carga de 2,2 kΩ no circuito da Figura 4.147.

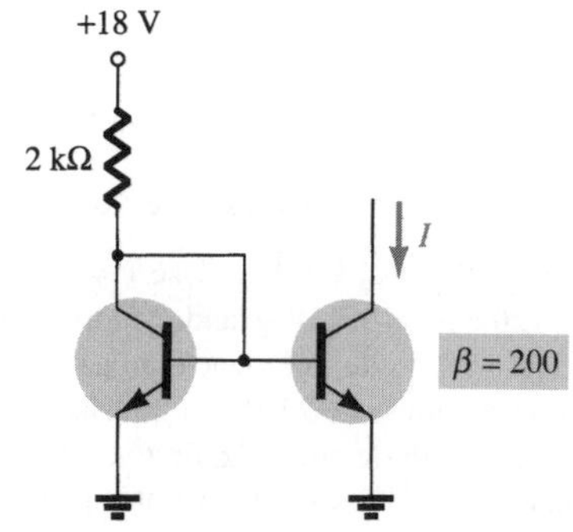

Figura 4.145 Problema 49.

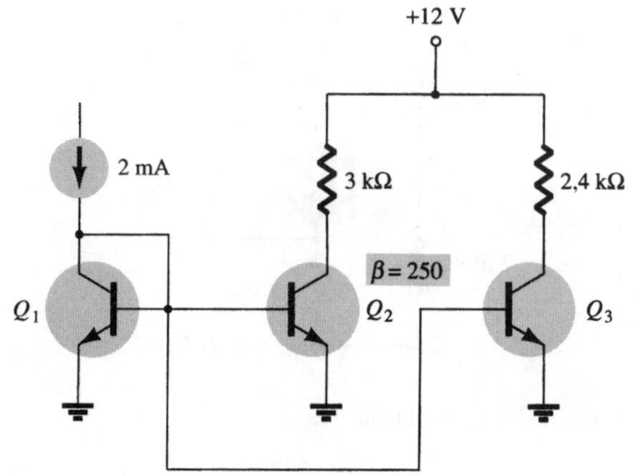

Figura 4.146 Problema 50.

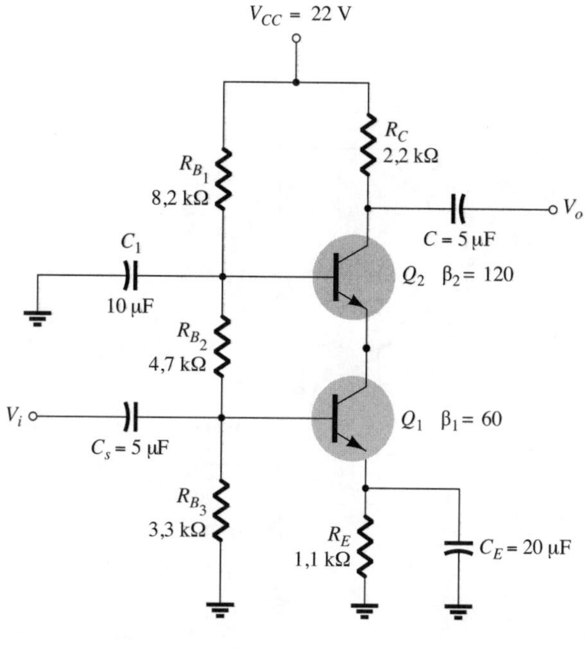

Figura 4.143 Problema 47.

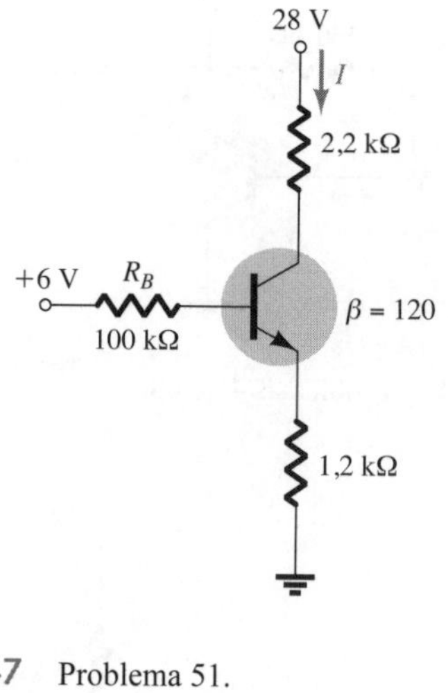

Figura 4.147 Problema 51.

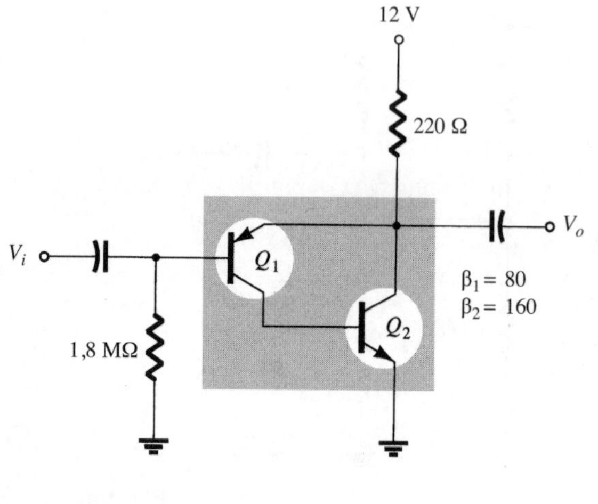

Figura 4.144 Problema 48.

52. Para o circuito da Figura 4.148, calcule a corrente I.

***53.** Calcule a corrente I no circuito da Figura 4.149.

Seção 4.15 Transistores *pnp*

54. Determine V_C, V_{CE} e I_C para o circuito da Figura 4.150.

55. Determine V_C e I_B para o circuito da Figura 4.151.

56. Determine I_E e V_C para o circuito da Figura 4.152.

Seção 4.16 Circuitos de chaveamento com transistor

***57.** Usando as curvas características da Figura 4.121, determine a aparência da forma de onda na saída para o circuito

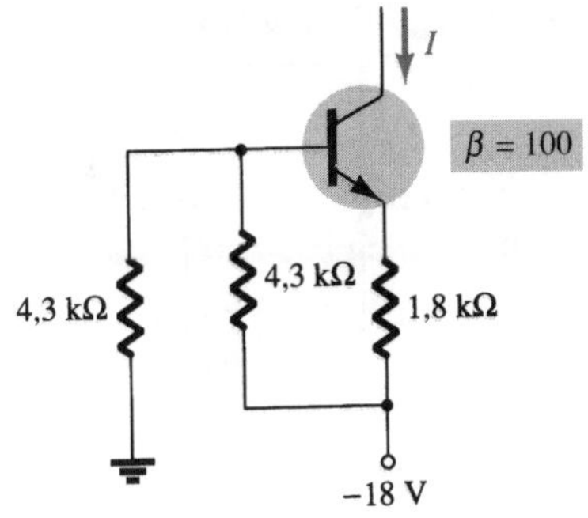

Figura 4.148 Problema 52.

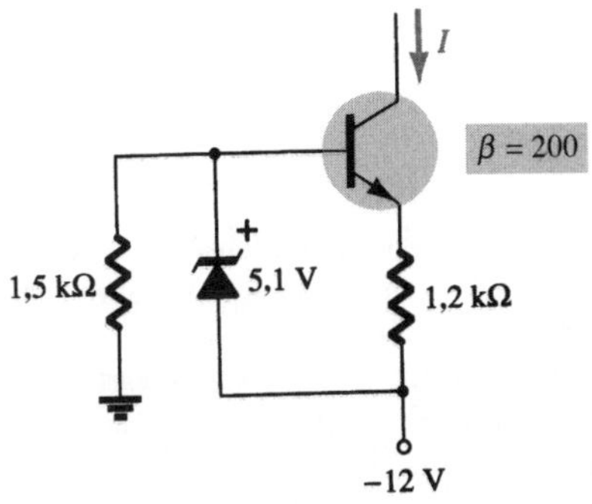

Figura 4.149 Problema 53.

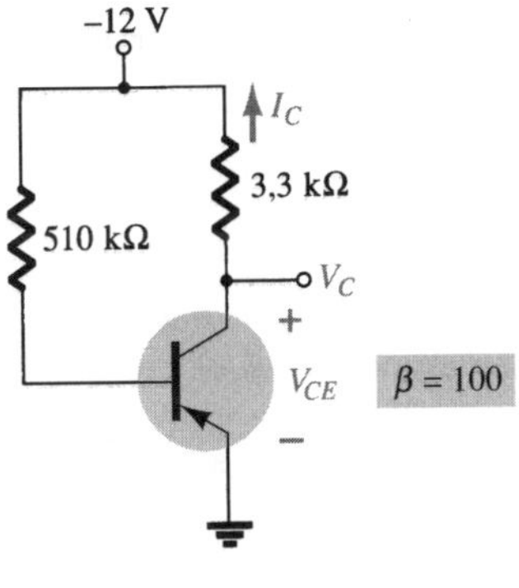

Figura 4.150 Problema 54.

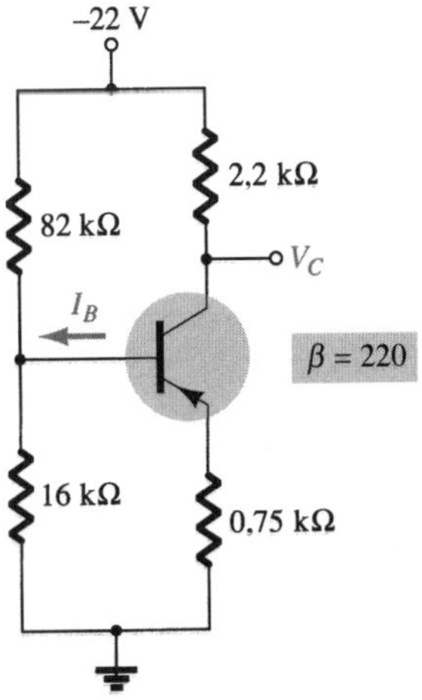

Figura 4.151 Problema 55.

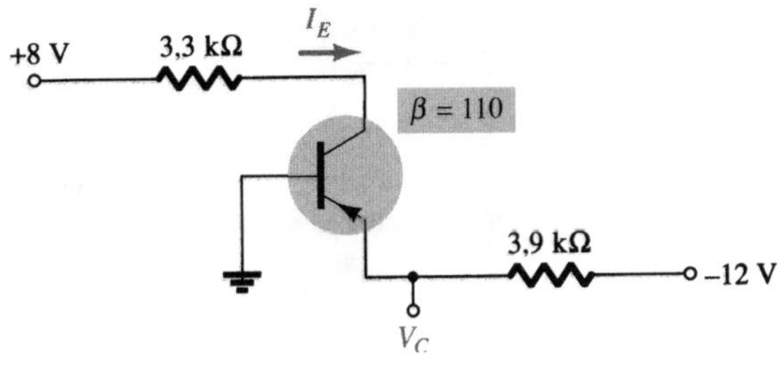

Figura 4.152 Problema 56.

da Figura 4.153. Inclua os efeitos de $V_{CE_{sat}}$ e determine I_B, $I_{B_{máx}}$ e $I_{C_{sat}}$ quando $V_i = 10$ V. Determine a resistência coletor-emissor na saturação e no corte.

***58.** Projete o circuito inversor da Figura 4.154 para que ele opere com uma corrente de saturação de 8 mA utilizando um transistor com um beta de 100. Utilize um valor de I_B igual a 120% de $I_{B_{máx}}$ e resistores com valores padrão.

59. **a)** Utilizando as curvas características da Figura 3.23(e), determine t_{on} e t_{off} para uma corrente de 2 mA. Observe o uso de escalas logarítmicas e consulte a Seção 9.2 caso seja necessário.

b) Repita o item (a) para uma corrente de 10 mA. Qual foi a variação de t_{on} e t_{off} com o aumento na corrente do coletor?

c) Para os itens (a) e (b), esboce a forma de onda do pulso da Figura 4.91 e compare os resultados.

Seção 4.17 Técnicas de análise de defeitos em circuitos

***60.** As leituras mostradas na Figura 4.155 revelam que o circuito não está funcionando corretamente. Liste tantos motivos quanto puder para as medidas obtidas.

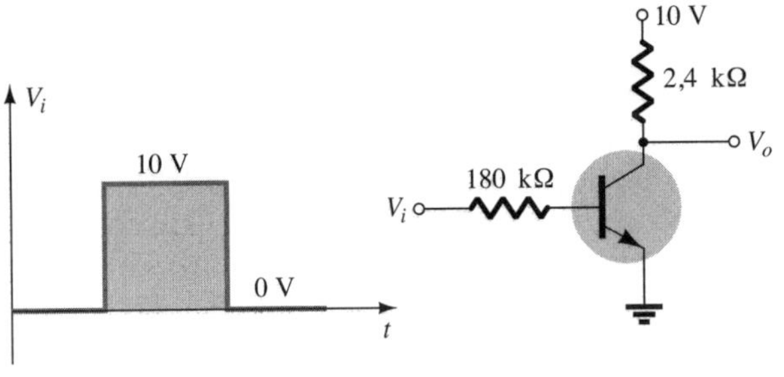

Figura 4.153 Problema 57.

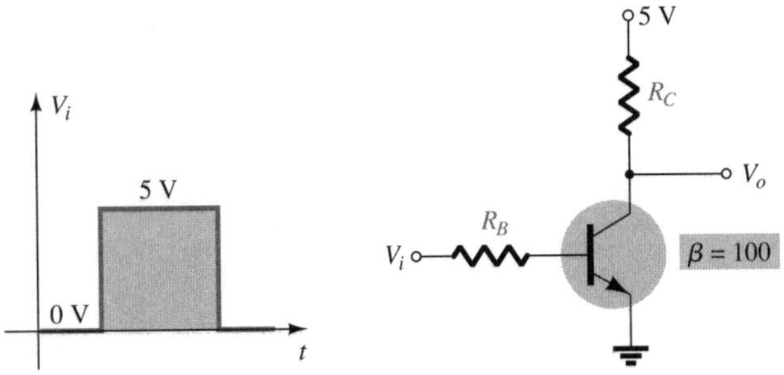

Figura 4.154 Problema 58.

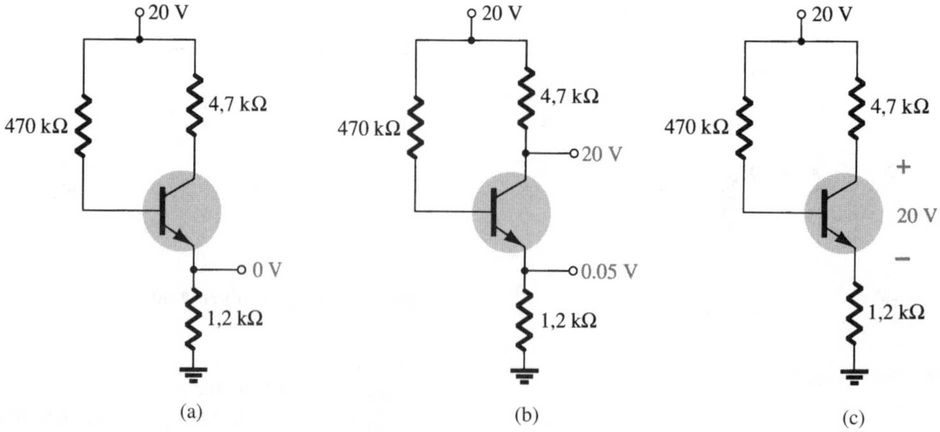

Figura 4.155 Problema 60.

***61.** As leituras mostradas na Figura 4.156 revelam que o circuito não está operando corretamente. Seja específico ao descrever por que os valores obtidos refletem um problema com o comportamento esperado do circuito. Em outras palavras, os valores obtidos refletem um problema bem específico para cada caso.

62. Para o circuito da Figura 4.157:

a) V_C aumenta ou diminui quando R_B aumenta?

b) I_C aumenta ou diminui quando β é reduzido?

c) O que acontece com a corrente de saturação quando β aumenta?

d) A corrente do coletor aumenta ou diminui quando V_{CC} é reduzida?

e) O que acontece com V_{CE} se o transistor é substituído por outro com β menor?

63. Responda às seguintes questões sobre o circuito da Figura 4.158:

a) O que acontece com a tensão V_C se o transistor é substituído por outro que apresenta um β de maior valor?

b) O que acontece com a tensão V_{CE} se o terminal do resistor R_{B_2} conectado ao terra abre (não está mais conectado ao terra)?

c) O que acontece com I_C se a fonte de tensão reduz seu valor?

d) Que tensão V_{CE} surgiria se a junção base-emissor do transistor falhasse e se abrisse?

e) Que tensão V_{CE} surgiria se a junção base-emissor do transistor falhasse e se tornasse um curto-circuito?

***64.** Responda às seguintes questões sobre o circuito da Figura 4.159:

a) O que acontece com a tensão V_C se o resistor R_B estiver aberto?

b) O que deverá acontecer com V_{CE} se β aumentar em função da temperatura?

c) Como V_E será afetado se o resistor de coletor for substituído por outro cuja resistência esteja na extremidade mais baixa da faixa de tolerância?

d) Se a conexão do coletor do transistor abrir, o que acontecerá com V_E?

e) O que pode fazer com que V_{CE} fique próximo de 18 V?

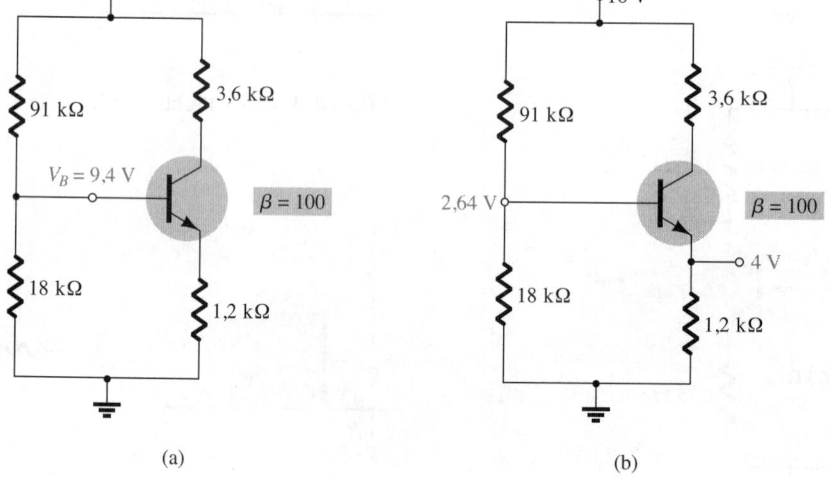

Figura 4.156 Problema 61.

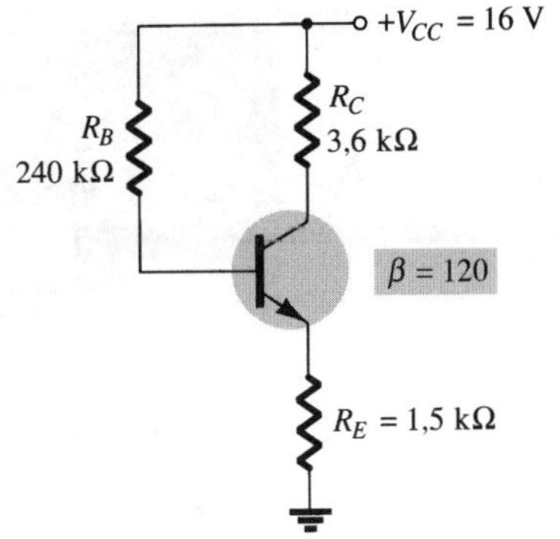

Figura 4.157 Problema 62.

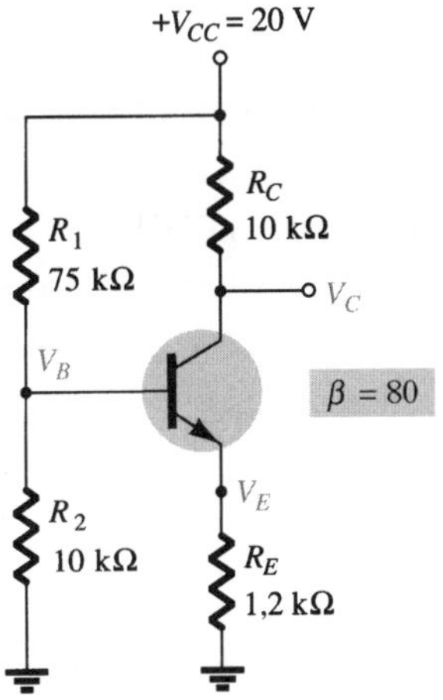

Figura 4.158 Problema 63.

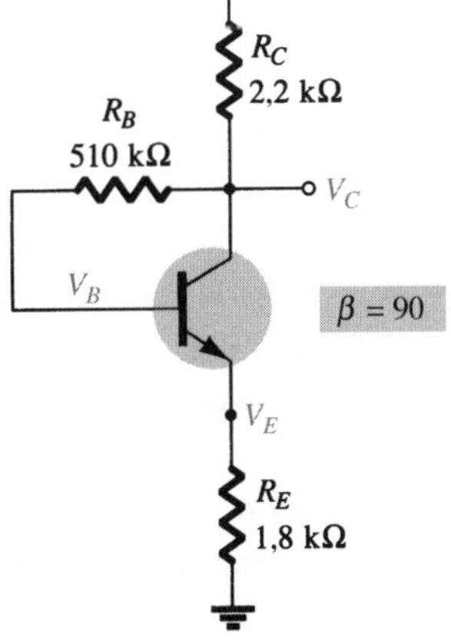

Figura 4.159 Problema 64.

Seção 4.18 Estabilização de polarização

65. Determine os parâmetros a seguir para o circuito da Figura 4.118:
  a) $S(I_{CO})$.
  b) $S(V_{BE})$.
  c) $S(\beta)$, utilizando T_1 como a temperatura na qual os valores dos parâmetros são especificados e sendo $\beta(T_2)$ 25% maior do que $\beta(T_1)$.
  d) Determine a variação líquida em I_C se uma alteração nas condições de operação resultar em um aumento de I_{CO} de 0,2 μA para 10 μA, em uma queda de 0,7 V para 0,5 V em V_{BE} e em uma elevação de 25% em β.

***66.** Para o circuito da Figura 4.122, determine:
  a) $S(I_{CO})$.
  b) $S(V_{BE})$.
  c) $S(\beta)$, utilizando T_1 como a temperatura na qual os valores dos parâmetros são especificados e sendo $\beta(T_2)$ 25% maior do que $\beta(T_1)$.
  d) Determine a variação líquida em I_C se uma alteração nas condições de operação resultar em um aumento de I_{CO} de 0,2 μA para 10 μA, em uma queda de 0,7 V para 0,5 V em V_{BE} e em uma elevação de 25% em β.

***67.** Para o circuito da Figura 4.125, determine:
  a) $S(I_{CO})$.
  b) $S(V_{BE})$.
  c) $S(\beta)$, utilizando T_1 como a temperatura na qual os valores dos parâmetros são especificados e sendo $\beta(T_2)$ 25% maior do que $\beta(T_1)$.
  d) Determine a variação líquida em I_C se uma alteração nas condições de operação resultar em um aumento de I_{CO} de 0,2 μA para 10 μA, em uma queda de 0,7 V para 0,5 V em V_{BE} e em uma elevação de 25% em β.

***68.** Para o circuito da Figura 4.140, determine:
  a) $S(I_{CO})$.
  b) $S(V_{BE})$.
  c) $S(\beta)$, utilizando T_1 como a temperatura na qual os valores dos parâmetros são especificados e sendo $\beta(T_2)$ 25% maior do que $\beta(T_1)$.
  d) Determine a variação líquida em I_C se uma alteração nas condições de operação resultar em um aumento de I_{CO} de 0,2 μA para 10 μA, em uma queda de 0,7 V para 0,5 V em V_{BE} e em uma elevação de 25% em β.

***69.** Compare os valores relativos de estabilidade dos problemas 65 a 68. As respostas dos exercícios 65 e 67 podem ser obtidas no Apêndice E. Podemos tirar alguma conclusão desses resultados?

***70.** **a)** Compare os níveis de estabilidade para a configuração com polarização fixa do Problema 65.
  b) Compare os níveis de estabilidade para a configuração com divisor de tensão do Problema 67.
  c) Que fatores dos itens (a) e (b) parecem ter mais influência sobre a estabilidade do sistema, ou não há um padrão geral para os resultados?

Seção 4.21 Análise computacional

71. Faça uma análise do circuito da Figura 4.118 usando o PSpice. Isto é, determine I_C, V_{CE} e I_B.
72. Repita o Problema 71 para o circuito da Figura 4.122.
73. Repita o Problema 71 para o circuito da Figura 4.125.
74. Repita o Problema 71 para o circuito da Figura 4.129.
75. Repita o Problema 71 utilizando o Multisim.
76. Repita o Problema 72 utilizando o Multisim.
77. Repita o Problema 73 utilizando o Multisim.
78. Repita o Problema 74 utilizando o Multisim.

Análise CA do transistor TBJ

Objetivos

- Familiarizar-se com os modelos r_e, híbrido e π híbrido para o transistor TBJ.
- Aprender a usar o modelo equivalente para determinar os parâmetros CA importantes para um amplificador.
- Compreender os efeitos de uma resistência de fonte e um resistor de carga no ganho global e nas características de um amplificador.
- Conhecer as características CA gerais de uma variedade de importantes configurações com TBJ.
- Começar a entender as vantagens associadas ao método de sistemas de duas portas para amplificadores de um e de múltiplos estágios.
- Desenvolver alguma habilidade para solução de problemas em circuitos amplificadores CA.

5.1 INTRODUÇÃO

A construção, o aspecto e as características básicas do transistor foram introduzidos no Capítulo 3. A polarização CC do dispositivo foi examinada com detalhes no Capítulo 4. Agora, começaremos a examinar a resposta CA do amplificador TBJ ao revermos os *modelos* usados com mais frequência para representar o transistor no domínio CA senoidal.

Uma de nossas primeiras preocupações na análise CA senoidal dos circuitos a transistor é a amplitude do sinal de entrada. Isso determina se deve ser aplicada a técnica de *pequenos sinais* ou a de *grandes sinais*. Não há nenhuma linha divisória especificada entre as duas, mas a aplicação — e a amplitude das variáveis de interesse relativo às escalas das curvas características do dispositivo — normalmente deixa muito claro qual é o método mais apropriado. A técnica de pequenos sinais é apresentada neste capítulo, e as aplicações de grande sinal serão examinadas no Capítulo 12.

Existem três modelos comumente usados na análise CA para pequenos sinais: o modelo r_e, o modelo π híbrido e o modelo híbrido equivalente. Este capítulo introduz todos eles, embora enfatize o r_e.

5.2 AMPLIFICAÇÃO NO DOMÍNIO CA

No Capítulo 3 foi demonstrado que o transistor pode ser empregado como um dispositivo amplificador. Isto é, o sinal de saída senoidal é maior do que o sinal de entrada senoidal, ou, em outras palavras, a potência CA de saída é maior do que a potência CA de entrada. Surge, então, a seguinte questão: como a potência CA de saída pode ser maior do que a potência CA de entrada? A conservação de energia estabelece que em qualquer instante a potência total de saída, P_o, de um sistema não pode ser maior do que uma potência de entrada, P_i, e que o rendimento definido por $\eta = P_o/P_i$ não pode ser maior do que 1. O fator não considerado na discussão anterior que permite que uma potência CA de saída seja maior do que a potência CA de entrada é a potência CC aplicada. Ela contribui sobremaneira para a potência total de saída, embora uma parte dela seja dissipada pelo circuito e por elementos resistivos. Em outras palavras, há uma "troca" de potência CC para o domínio CA que permite o estabelecimento de uma potência CA de saída maior. Na verdade, o *rendimento de conversão* é definido por $\eta = P_{o(CA)}/P_{i(CC)}$, onde $P_{o(CA)}$ é a potência CA na carga e $P_{i(CC)}$ é a potência CC fornecida.

Talvez o papel da fonte CC possa ser mais bem descrito se avaliarmos primeiramente o circuito CC simples da Figura 5.1. O sentido resultante do fluxo de corrente é indicado na figura com um gráfico da corrente *i* em função do tempo. Agora inseriremos um mecanismo de controle, como o que mostra a Figura 5.2. Esse mecanismo atua de modo que a aplicação de um sinal relativamente pequeno pode resultar em uma oscilação muito grande no circuito de saída.

Isto é, nesse exemplo,

$$i_{CA(p\text{-}p)} >> i_{c(p\text{-}p)}$$

e a amplificação no domínio CA foi estabelecida. O valor de um pico a outro da corrente de saída excede em muito o da corrente de controle.

Para o sistema da Figura 5.2, o valor de pico da oscilação na saída é controlado pelo valor CC aplicado. Qualquer tentativa de exceder esse limite CC resultará em um 'grampeamento' (achatamento) da região de pico nas extremidades alta e baixa do sinal de saída. De modo geral, portanto, um projeto adequado de amplificador requer que as componentes CC e CA sejam sensíveis às limitações e solicitações de ambas.

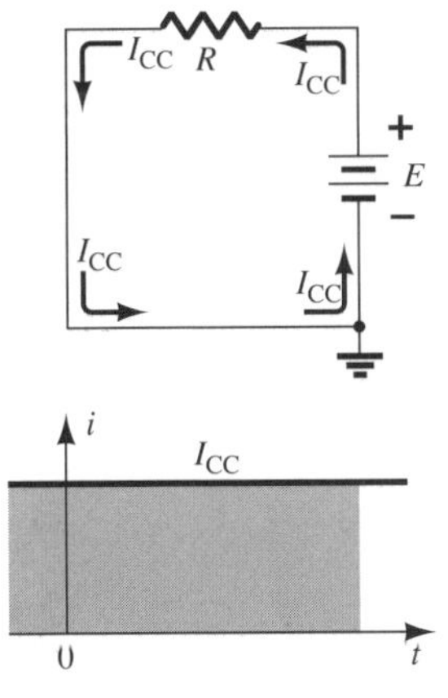

Figura 5.1 Corrente constante estabelecida por uma fonte CC.

No entanto, é extremamente útil perceber que:

O teorema da superposição é aplicável à análise e ao projeto das componentes CC e CA de um circuito TBJ, permitindo a separação da análise das respostas CC e CA do sistema.

Em outras palavras, podemos fazer uma análise CC completa de um sistema antes de examinar a resposta CA. Uma vez concluída a análise CC, a resposta CA pode ser determinada por meio de uma análise completamente CA. Ocorre, porém, que uma das componentes que aparecem na análise CA de circuitos TBJ será determinada pelas condições de CC, o que implica que ainda há uma importante ligação entre os dois tipos de análise.

5.3 MODELAGEM DO TRANSISTOR TBJ

A base para a análise do transistor para pequenos sinais é a utilização de circuitos equivalentes (modelos), que serão introduzidos neste capítulo.

Um modelo é a combinação de elementos de circuito, apropriadamente selecionados, que se assemelham tanto quanto possível ao funcionamento real de um dispositivo semicondutor sob condições específicas de operação.

Uma vez que o circuito CA equivalente tenha sido determinado, o símbolo gráfico do dispositivo pode ser substituído por esse circuito, e os métodos básicos de análise CA de circuito podem ser aplicados para determinar a resposta do circuito.

Na fase de desenvolvimento da análise de circuitos a transistor, o *circuito híbrido equivalente* era mais comumente usado. Folhas de dados incluíam os parâmetros em suas listas, e a análise se restringia a inserir o circuito equivalente com os valores listados. A desvantagem de usar esse circuito equivalente, no entanto, é que ele é *definido para um conjunto de condições operacionais que podem não coincidir com as condições reais de funcionamento*. Na maioria dos casos, essa não é uma falha grave, porque as condições reais de operação são relativamente similares àquelas selecionadas nas folhas

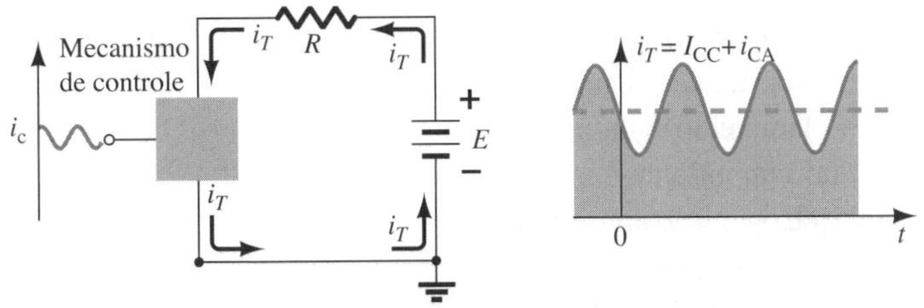

Figura 5.2 Efeito de um elemento de controle no fluxo em estado estacionário do sistema elétrico da Figura 5.1.

de dados. Além disso, sempre há uma variação entre os valores efetivos de resistência e os valores de beta fornecidos dos transistores, de modo que se tratava de uma abordagem aproximada bastante confiável. Os fabricantes continuam a especificar os valores dos parâmetros híbridos para um ponto operacional específico em suas folhas de dados. Na verdade, eles não têm escolha. Querem dar aos usuários uma noção do valor de cada parâmetro importante para que possam fazer comparações entre transistores, mas realmente não têm como saber suas reais condições de operação.

Com o passar do tempo, o uso do *modelo* r_e se tornou a abordagem mais desejável porque um importante parâmetro do circuito equivalente era determinado pelas condições reais de funcionamento em vez de pela adoção de um valor especificado na folha de dados que, em alguns casos, poderia ser bastante diferente. Infelizmente, ainda é preciso recorrer às folhas de dados para obter alguns dos outros parâmetros do circuito equivalente. O modelo r_e também deixava de incluir um termo de realimentação que, em alguns casos, pode ser importante, quando não simplesmente problemático.

O modelo r_e é realmente uma versão reduzida do *modelo* π *híbrido* utilizado quase exclusivamente para análise de alta frequência. Esse modelo também inclui uma conexão entre a tensão de saída e a de entrada para incluir o efeito de realimentação da tensão de saída e as quantidades de entrada. O modelo híbrido completo será discutido no Capítulo 9.

Ao longo do livro, o modelo r_e será o preferencial, a menos que a discussão focalize a descrição de cada modelo ou uma região de exame que determine previamente o modelo a ser usado. Sempre que possível, porém, uma comparação entre os modelos será discutida para mostrar como estão fortemente relacionados. Também é importante que, uma vez que alcançarmos a proficiência na aplicação de um modelo, ela nos leve a uma investigação utilizando outro modelo, de modo que passar de um para outro não se torne algo temível.

Visando demonstrar o efeito que o circuito CA equivalente terá na análise a seguir, observe o circuito da Figura 5.3. Suponhamos por um instante que o circuito CA equivalente para pequenos sinais do transistor já tenha sido determinado. Visto que estamos interessados apenas na resposta CA do circuito, todas as fontes CC podem ser substituídas por um potencial nulo equivalente (curto-circuito), porque elas determinam somente a componente CC (nível quiescente) da tensão de saída, e não a amplitude da oscilação CA da saída. Isso é claramente demonstrado na Figura 5.4. Os valores CC foram importantes simplesmente para determinar o ponto Q de operação apropriado. Uma vez que ele tenha sido determinado, os valores CC poderão ser ignorados na análise CA do circuito. Além disso, foi decidido que os capacitores de acoplamento C_1 e C_2 e o capacitor de passagem C_3 teriam uma reatância muito pequena na frequência de aplicação. Por isso, eles também podem, para todos os fins práticos, ser substituídos por um caminho de baixa resistência ou um curto-circuito. Note que isso acarretará um "curto-circuito" do resistor de polarização CC, R_E. Lembramos que os capacitores assumem um "circuito aberto" equivalente sob condições de estado estacionário CC, o que permite uma separação entre estágios para os valores CC e as condições quiescentes.

À medida que você evolui nas modificações do circuito para definir o equivalente CA, é importante que os parâmetros de interesse como Z_i, Z_o, I_i e I_o, definidos na Figura 5.5, sejam conduzidos de modo adequado. Embora a aparência do circuito possa mudar, é preciso ter certeza

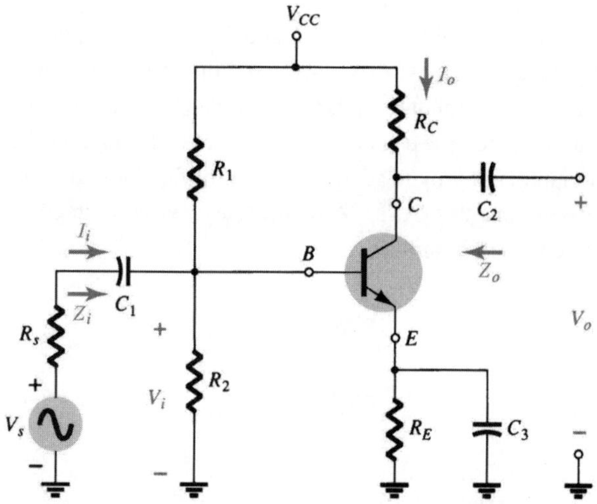

Figura 5.3 Circuito com transistor analisado nessa discussão introdutória.

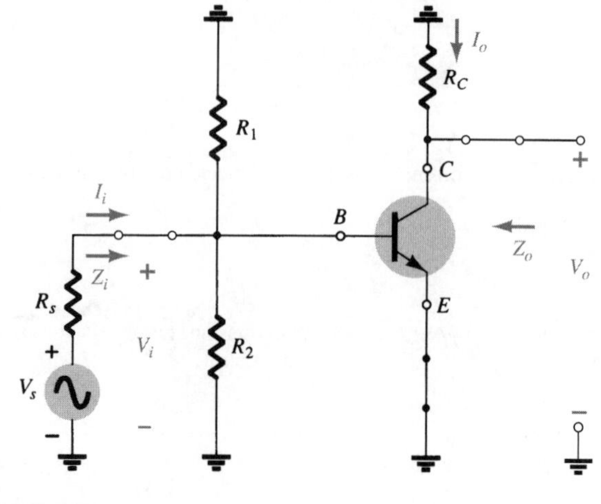

Figura 5.4 O circuito da Figura 5.3 após remoção da fonte CC e inserção do curto-circuito equivalente para os capacitores.

de que as quantidades verificadas no circuito reduzido correspondem às definidas pelo circuito original. Em ambos os circuitos, são definidas a impedância de entrada da base para o terra, a corrente de entrada como a corrente de base do transistor, a tensão de saída como a tensão do coletor para o terra e a corrente de saída como a corrente através da resistência de carga R_C.

Os parâmetros da Figura 5.5 podem ser aplicados a qualquer sistema, tenha ele um ou mil componentes. Para todas as análises a seguir neste livro, os sentidos das correntes, as polaridades das tensões e o sentido de interesse dos níveis de impedância serão os indicados na Figura 5.5. Em outras palavras, a corrente de entrada I_i e a corrente de saída I_o são, por definição, designadas para entrar no sistema. Se, em um exemplo específico, a corrente de saída deixa o sistema em vez de entrar nele como mostra a Figura 5.5, um sinal negativo deve ser aplicado. As polaridades definidas para as tensões de entrada e de saída também aparecem na Figura 5.5. Se V_o tem a polaridade oposta, o sinal negativo deve ser aplicado. Note que Z_i é a impedância "voltada para dentro" do sistema, enquanto Z_o é a impedância "voltada para trás" no sistema a partir do terminal de saída. Ao escolher os sentidos definidos para correntes e tensões tal como aparecem na Figura 5.5, tanto a impedância de entrada quanto a impedância de saída são definidas com valores positivos. Por exemplo, na Figura 5.6, as impedâncias de entrada e de saída para determinado sistema são ambas resistivas. Para o sentido de I_i e I_o, a tensão resultante através dos elementos resistivos terá a mesma polaridade que V_i e V_o, respectivamente. Se I_o tivesse sido definido com o sentido oposto na Figura 5.5, um sinal negativo teria de ser aplicado. Para cada caso, $Z_i = V_i/I_i$ e $Z_o = V_o/I_o$ com resultados positivos se todos tiverem os sentidos e a polaridade definidos na Figura 5.5. Se a corrente de saída de um sistema real tem um sentido oposto ao da Figura 5.5, um sinal negativo deve ser aplicado ao resultado, porque V_o deve ser definido como aparece nessa figura. Devemos ter a Figura 5.5 em mente ao analisar os circuitos TBJ deste capítulo. É uma importante introdução a "análise de sistemas", que se torna tão relevante diante da ampliação do uso de pacotes de sistemas de CI.

Se estabelecermos um ponto de terra comum (GND) e reorganizarmos os elementos da Figura 5.4, R_1 e R_2 ficarão em paralelo, enquanto R_C aparecerá entre o coletor e o emissor, como mostra a Figura 5.7. Visto que os componentes do circuito equivalente do transistor da Figura 5.7 empregam componentes conhecidos, como resistores e fontes controladas independentes de tensão, técnicas de análise, como superposição, teorema de Thévenin e outras, podem ser aplicadas para determinar as variáveis desejadas.

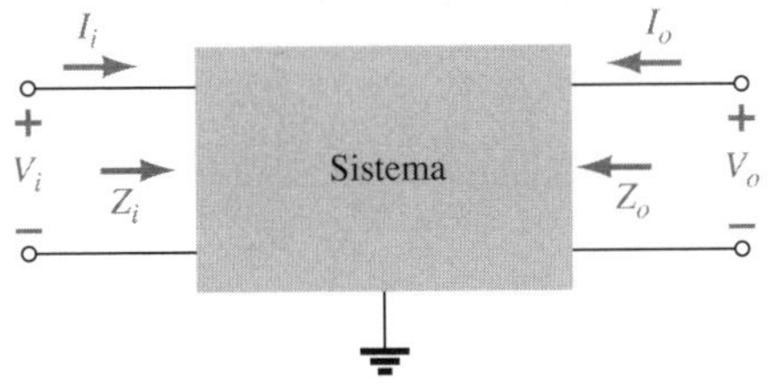

Figura 5.5 Definição dos parâmetros importantes de qualquer sistema.

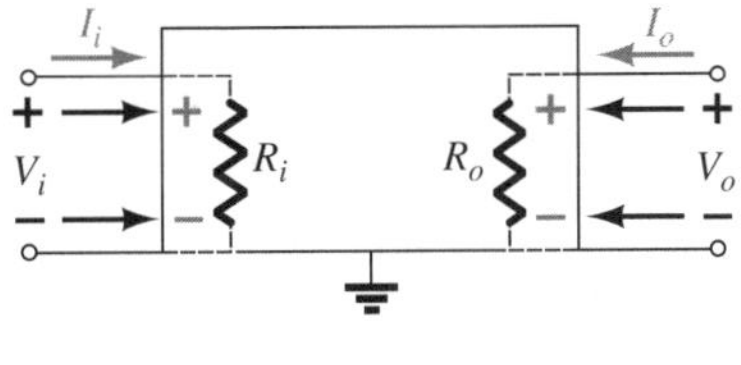

Figura 5.6 Demonstração da razão dos sentidos e das polaridades definidos.

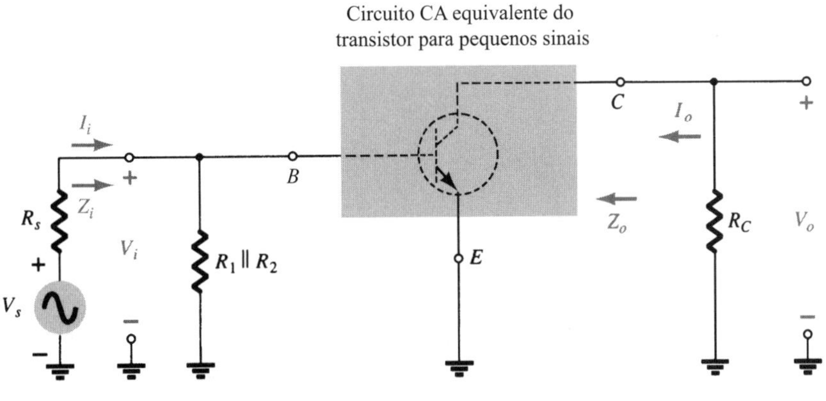

Figura 5.7 Circuito da Figura 5.4 redesenhado para análise CA de pequenos sinais.

Em seguida, examinaremos a Figura 5.7 e identificaremos as variáveis importantes a serem determinadas para o sistema. Uma vez que sabemos que o transistor é um dispositivo amplificador, esperamos ter alguma indicação de como a tensão de saída V_o está relacionada com a tensão de entrada V_i — o *ganho de tensão*. Note que, na Figura 5.7 para essa configuração, o *ganho de corrente* é definido por $A_i = I_o/I_i$.

Em resumo, o equivalente CA de um circuito a transistor é obtido:

1. *Fixando-se todas as fontes de tensão CC em zero e substituindo-as por um curto-circuito equivalente.*
2. *Substituindo-se todos os capacitores por um curto-circuito equivalente.*
3. *Removendo-se todos os elementos em paralelo com os curtos-circuitos equivalentes introduzidos nas etapas 1 e 2.*
4. *Redesenhando-se o circuito de um modo mais conveniente e lógico.*

Nas seções seguintes, um modelo equivalente de transistor será introduzido para completar a análise CA do circuito da Figura 5.7.

5.4 MODELO r_e DO TRANSISTOR

O modelo r_e para as configurações EC, BC e CC de transistor TBJ será apresentado a seguir com uma breve explicação sobre como cada um é uma aproximação adequada ao comportamento real de um transistor TBJ.

Configuração emissor-comum

O circuito equivalente para a configuração emissor-comum será montado a partir da curva característica do dispositivo e de uma série de aproximações. Começando com o terminal de entrada, verificamos que a tensão aplicada V_i é igual à tensão V_{be}, sendo a corrente de entrada a corrente de base I_b, como mostra a Figura 5.8.

Lembramos, com base no Capítulo 3, que, considerando que a corrente através da junção polarizada diretamente do transistor é I_E, as curvas características para o terminal de entrada aparecem como na Figura 5.9(a) para diversos valores de V_{BE}. Tomar o valor médio das curvas da Figura 5.9(a) resultará na curva única da Figura 5.9(b), que é simplesmente a curva de um diodo polarizado diretamente.

Para o circuito equivalente, portanto, o terminal de entrada é simplesmente um único diodo com uma corrente I_e, como mostra a Figura 5.10. Entretanto, agora devemos acrescentar um componente ao circuito que estabelecerá a corrente I_e da Figura 5.10 utilizando as curvas características de saída.

Se redesenharmos as curvas características do coletor para que ele tenha um β constante, como mostra a Figura 5.11 (outra aproximação), todas as características na seção de saída podem ser substituídas por uma fonte controlada cujo valor é beta vezes a corrente de base, como mostra a Figura 5.11. Visto que todos os parâmetros de entrada e de saída da configuração original agora estão

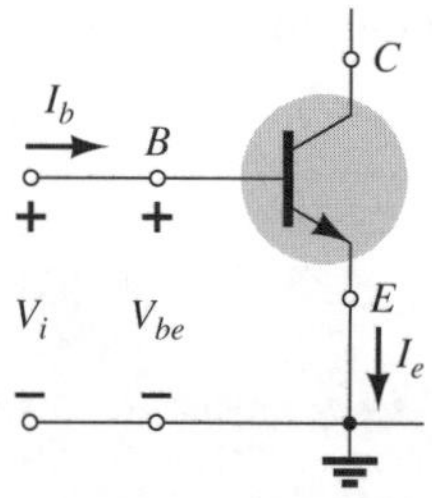

Figura 5.8 Determinação do circuito de entrada equivalente para um transistor TBJ.

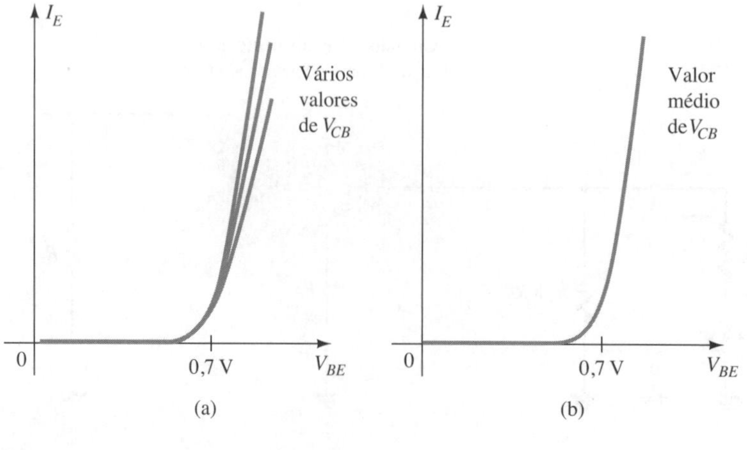

Figura 5.9 Definição da curva média para as curvas características da Figura 5.9(a).

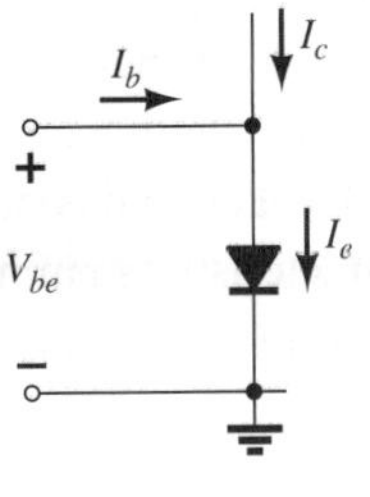

Figura 5.10 Circuito equivalente para o terminal de entrada de um transistor TBJ.

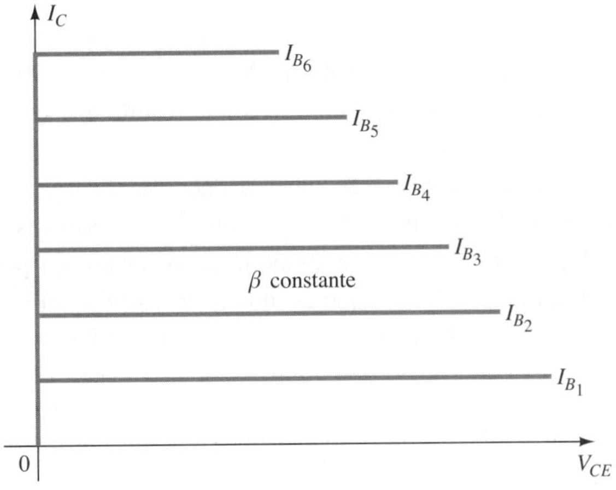

Figura 5.11 Curvas características com β constante.

presentes, o circuito equivalente para a configuração emissor-comum foi estabelecido na Figura 5.12.

O modelo equivalente da Figura 5.12 pode ser difícil de lidar por causa da conexão direta entre os circuitos de entrada e de saída. Ele pode ser melhorado primeiro pela substituição do diodo por sua resistência equivalente, determinada pelo valor de I_E, como mostra a Figura 5.13. Lembre-se de que vimos, na Seção 1.8, que a resistência do

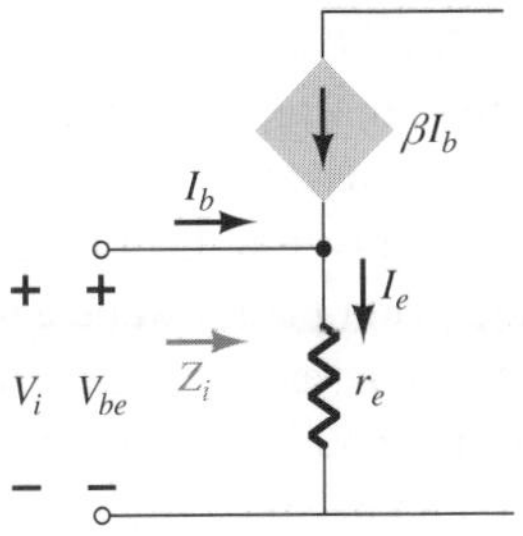

Figura 5.13 Definição do nível de Z_i.

diodo é determinada por $r_D = 26 \text{ mV}/I_D$. Usa-se o subscrito e porque a corrente determinante é a corrente do emissor, resultando em $r_e = 26 \text{ mV}/I_E$.

Agora, para o terminal de entrada:

$$Z_i = \frac{V_i}{I_b} = \frac{V_{be}}{I_b}$$

Solucionando:

$$V_{be} = I_e r_e = (I_c + I_b) r_e = (\beta I_b + I_b) r_e$$
$$= (\beta + 1)\ I_b r_e$$

e

$$Z_i = \frac{V_{be}}{I_b} = \frac{(\beta + 1)\ I_b r_e}{I_b}$$

$$\boxed{Z_i = (\beta + 1)\ r_e \cong \beta r_e} \qquad (5.1)$$

O resultado é que a impedância vista "entrando" na base do circuito é um resistor igual a beta vezes o valor de r_e, como mostra a Figura 5.14. A corrente de saída do coletor ainda está conectada à corrente de entrada por beta, como mostra a mesma figura.

Por conseguinte, o circuito equivalente foi definido para as curvas características ideais da Figura 5.11, mas agora os circuitos de entrada e de saída estão isolados e conectados apenas pela fonte controlada — uma forma muito mais fácil de trabalhar ao analisar circuitos.

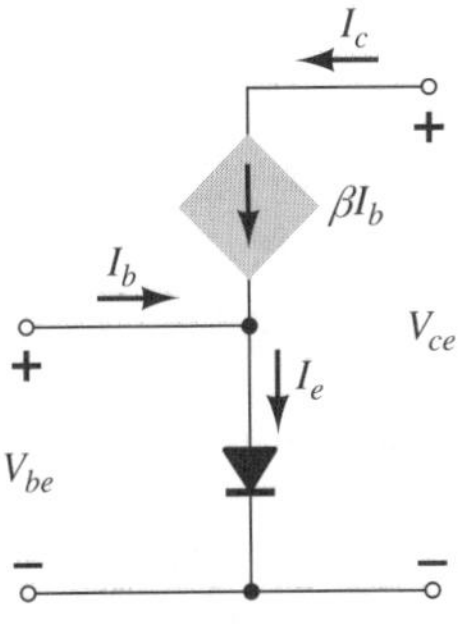

Figura 5.12 Circuito equivalente para o TBJ.

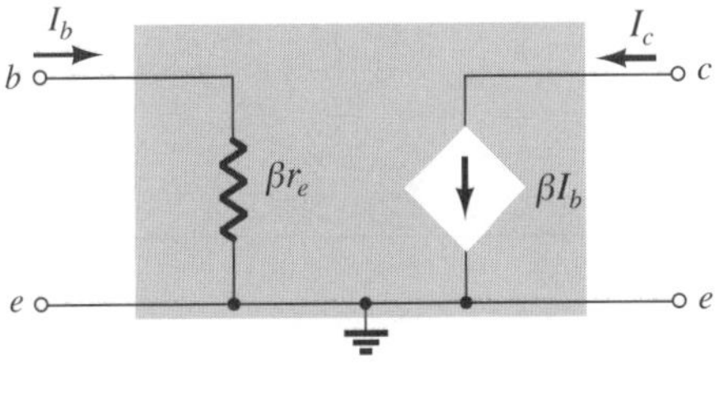

Figura 5.14 Circuito equivalente melhorado para o TBJ.

Tensão Early

Agora, temos uma representação apropriada para o circuito de entrada, mas, além da corrente de saída do coletor definida pelo nível de beta e I_B, não temos uma representação adequada para a impedância de saída do dispositivo. Na realidade, as curvas características não têm a aparência ideal da Figura 5.11. Em vez disso, apresentam uma inclinação, como mostra a Figura 5.15, que define a impedância de saída do dispositivo. Quanto mais íngreme a inclinação, menor a impedância de saída e menos ideal o transistor. De modo geral, é desejável ter impedâncias de saída elevadas para evitar sobrecarregar o próximo estágio de um projeto. Se a inclinação das curvas se estende até chegar ao eixo horizontal, é interessante notar na Figura 5.15 que todas elas se cruzam em uma tensão chamada tensão Early. Essa interseção foi descoberta por James M. Early em 1952. À medida que a corrente de base aumenta, a inclinação da reta aumenta, o que resulta em um aumento da impedância de saída com um aumento da corrente de base e de coletor. Para determinada corrente de base e de coletor, como mostra a Figura 5.15, a impedância de saída pode ser determinada pela seguinte equação:

$$r_o = \frac{\Delta V}{\Delta I} = \frac{V_A + V_{CE_Q}}{I_{C_Q}} \tag{5.2}$$

Tipicamente, no entanto, a tensão Early é suficientemente grande se comparada com a tensão coletor-emissor aplicada, permitindo a seguinte aproximação:

$$r_o \cong \frac{V_A}{I_{C_Q}} \tag{5.3}$$

Claramente, uma vez que V_A é uma tensão fixa, quanto maior a corrente de coletor, menor a impedância de saída.

Para situações em que a tensão Early não está disponível, a impedância de saída pode ser determinada a partir das curvas características em qualquer corrente de base ou de coletor por meio da seguinte equação:

$$\text{Inclinação} = \frac{\Delta y}{\Delta x} = \frac{\Delta I_C}{\Delta V_{CE}} = \frac{1}{r_o}$$

e

$$r_o = \frac{\Delta V_{CE}}{\Delta I_C} \tag{5.4}$$

Para a mesma variação de tensão na Figura 5.15, a variação resultante na corrente ΔI_C é significativamente menor para r_{o2} do que para r_{o1}, o que resulta em um r_{o2} muito maior do que o r_{o1}.

Nos casos em que as folhas de dados de um transistor não incluem a tensão Early ou as curvas características de saída, a impedância de saída pode ser determinada pelo parâmetro híbrido h_{oe}, que costuma ser traçado em toda folha de dados. Esse parâmetro será descrito em detalhes na Seção 5.19.

De qualquer maneira, agora pode ser definida uma impedância de saída que aparecerá como um resistor em paralelo com a saída, como mostra o circuito equivalente da Figura 5.16.

Esse circuito equivalente será utilizado em toda a análise a seguir para a configuração emissor-comum. Os valores comuns de beta variam de 50 a 200, com os valores de βr_e normalmente compreendidos entre algumas centenas de ohms até um máximo de 6 kΩ a 7 kΩ. A resistência de saída r costuma ocupar a faixa de 40 kΩ a 50 kΩ.

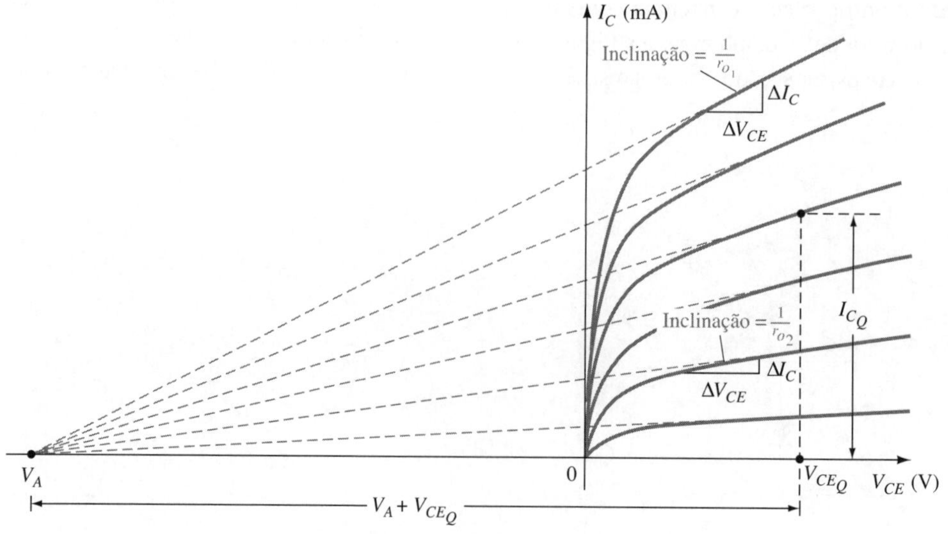

Figura 5.15 Definição da tensão Early e da impedância de saída de um transistor.

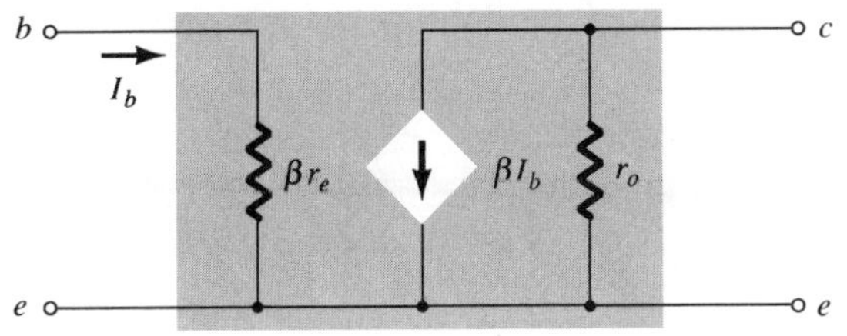

Figura 5.16 Modelo r_e para a configuração emissor--comum do transistor, incluindo os efeitos de r_o.

Configuração base-comum

O circuito equivalente base-comum será desenvolvido de modo muito semelhante ao aplicado à configuração emissor-comum. As características gerais do circuito de entrada e de saída gerarão um circuito equivalente que será uma aproximação do comportamento real do dispositivo. Lembre-se de que vimos na configuração emissor-comum a utilização de um diodo para representar a conexão base--emissor. Para a configuração base-comum da Figura 5.17(a), o transistor *npn* empregado apresentará a mesma possibilidade no circuito de entrada. O resultado é a utilização de um diodo no circuito equivalente, como mostra a Figura 5.17(b). Para o circuito de saída, se voltarmos ao Capítulo 3 e examinarmos a Figura 3.8, veremos que a corrente de coletor está relacionada com a corrente do emissor por alfa α. Nesse caso, porém, a fonte controlada que define a corrente de coletor, conforme inserida na Figura 5.17(b), tem sentido oposto ao da fonte controlada da configuração emissor-comum. O sentido da corrente de coletor no circuito de saída é agora oposto ao da corrente de saída definida.

Para a resposta CA, o diodo pode ser substituído por sua resistência CA equivalente determinada por $r_e = 26\ \text{mV}/I_E$, como mostra a Figura 5.18. Note que a corrente de emissor continua a determinar a resistência equivalente. Uma resistência de saída adicional pode ser determinada a partir das curvas características da Figura 5.19 de modo muito semelhante ao aplicado à configuração emissor--comum. As linhas quase horizontais revelam claramente que a resistência de saída r_o, tal qual vemos na Figura 5.18, será bastante elevada e certamente muito maior do que para a configuração emissor-comum mais usual.

O circuito da Figura 5.18 é, portanto, um circuito equivalente excelente para a análise da maioria das configurações base-comum. É semelhante, em muitos

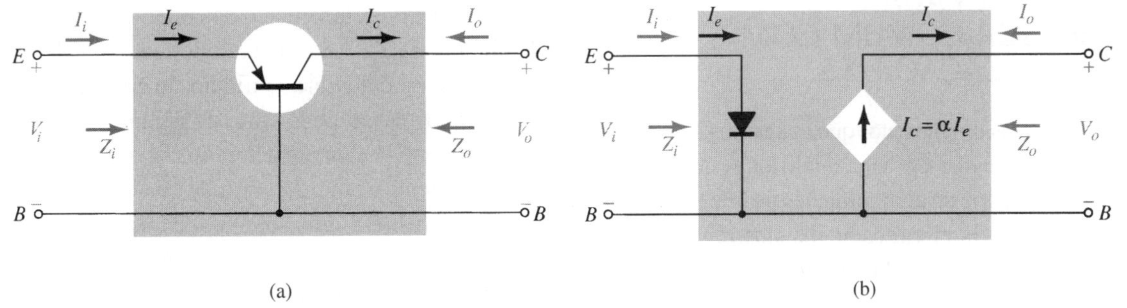

Figura 5.17 (a) Transistor TBJ base-comum; (b) circuito equivalente para a configuração de (a).

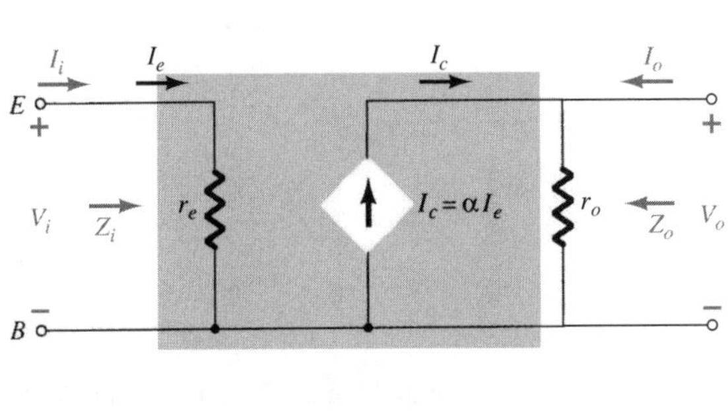

Figura 5.18 Circuito base-comum r_e equivalente.

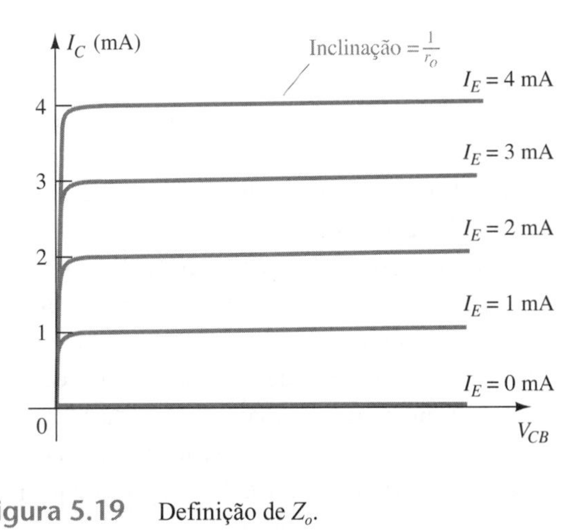

Figura 5.19 Definição de Z_o.

aspectos, ao da configuração emissor-comum. De modo geral, as configurações base-comum possuem impedância de entrada muito baixa porque ela é essencialmente r_e. Os valores normais se estendem de alguns ohms até talvez 50 Ω. A impedância de saída r_o normalmente se estende até a faixa de megohm. Uma vez que a corrente de saída é oposta ao sentido definido I_o, veremos na análise a seguir que não há nenhum deslocamento de fase entre as tensões de entrada e de saída. Para a configuração emissor-comum, há uma mudança de fase de 180°.

Configuração coletor-comum

Para a configuração coletor-comum, costumamos aplicar o modelo definido para a configuração emissor--comum da Figura 5.16 em vez de definir um modelo específico. Nos próximos capítulos, uma série de configurações coletor-comum será examinada, e o efeito de usar o mesmo modelo se tornará bastante evidente.

npn versus pnp

A análise CC de configurações *npn* e *pnp* é bastante diferente porque as correntes terão sentidos opostos e as tensões terão polaridades opostas. Entretanto, para uma análise CA em que o sinal evoluirá entre valores positivos e negativos, o circuito CA equivalente será o mesmo.

5.5 CONFIGURAÇÃO EMISSOR-COMUM COM POLARIZAÇÃO FIXA

Os modelos de transistor que acabamos de apresentar serão usados agora em uma análise CA de pequenos sinais para uma série de configurações padrão de circuitos transistorizados. Os circuitos analisados representam a maioria dos circuitos usados na prática. Modificações nas configurações padrão serão relativamente fáceis de examinar uma vez que o conteúdo deste capítulo seja discutido e compreendido. Para cada configuração, o efeito de uma impedância de saída é analisado para complementar a análise.

A seção de análise computacional inclui uma breve descrição do modelo de transistor empregado nos pacotes de *software* PSpice e Multisim, e isso demonstra a gama e a profundidade dos sistemas disponíveis para esse tipo de análise, bem como a relativa facilidade de entrar em um circuito complexo e imprimir os resultados desejados. A primeira configuração a ser analisada com detalhes é o circuito emissor-comum com *polarização fixa* da Figura 5.20. Observe que o sinal de entrada V_i é aplicado na base do transistor, enquanto a saída V_o está disponível no coletor. Além disso, note que a corrente de entrada I_i não é a corrente de base, mas a corrente da fonte, enquanto a

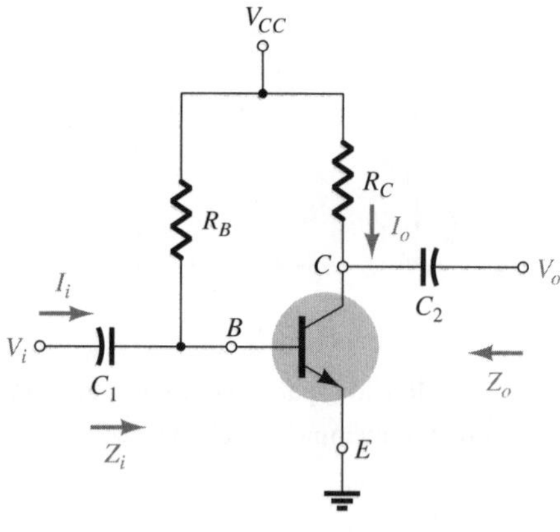

Figura 5.20 Configuração emissor-comum com polarização fixa.

corrente de saída I_o é a corrente de coletor. A análise CA para pequenos sinais começa com a remoção dos efeitos de V_{CC} e a substituição dos capacitores CC de acoplamento C_1 e C_2 por curtos-circuitos equivalentes, o que resulta no circuito da Figura 5.21.

Observe na Figura 5.21 que o terra comum (GND) da fonte CC e do terminal emissor do transistor permite o reposicionamento de R_B e R_C em paralelo com as seções de entrada e saída do dispositivo, respectivamente. Além disso, veja o posicionamento dos importantes parâmetros de circuito Z_i, Z_o, I_i e I_o no circuito redesenhado. A substituição do modelo r_e na configuração emissor-comum da Figura 5.21 resulta no circuito da Figura 5.22.

O passo seguinte é determinar β, r_e e r_o. O valor de β normalmente é obtido a partir de uma folha de dados ou por medição direta, utilizando-se um traçador de curvas ou um instrumento de teste para transistor. O valor de r_e deve ser determinado por meio de uma análise CC do sistema, e r_o normalmente é obtido das folhas de dados ou a partir de curvas características. Supondo que β, r_e e r_o tenham sido determinados teremos como resultado as seguintes equações e características importantes do sistema.

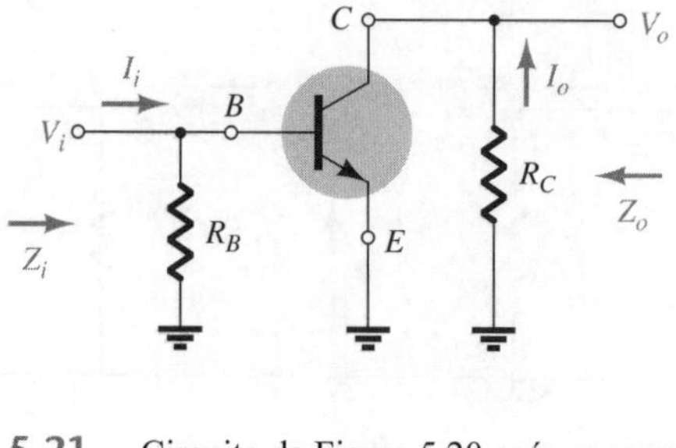

Figura 5.21 Circuito da Figura 5.20 após a remoção dos efeitos de V_{CC}, C_1 e C_2.

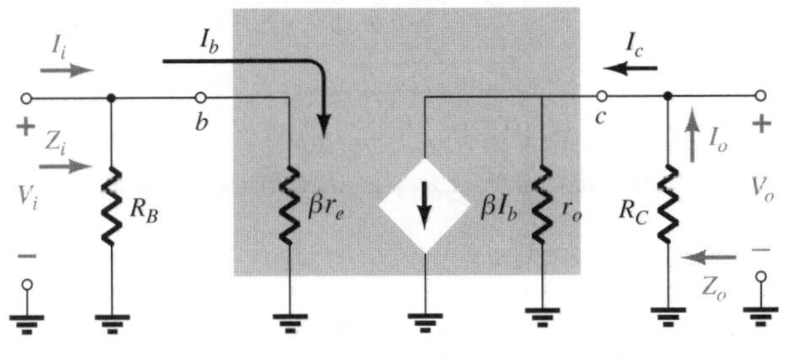

Figura 5.22 Substituição do modelo r_e no circuito da Figura 5.21.

$\boldsymbol{Z_i}$ A Figura 5.22 revela claramente que

$$Z_i = R_B \| \beta r_e \quad \text{ohms} \tag{5.5}$$

Na maioria das situações, R_B é maior do que βr_e por um fator de 10 (lembre-se de que vimos na análise de elementos paralelos que a resistência total de dois resistores em paralelo é sempre menor do que o menor deles e muito próxima do menor, se um for bem maior do que o outro), e isso permite a seguinte aproximação:

$$Z_i \cong \beta r_e \Big|_{R_B \geq 10\beta r_e} \quad \text{ohms} \tag{5.6}$$

$\boldsymbol{Z_o}$ Lembre-se de que a impedância de saída de qualquer circuito é definida como a impedância Z_o determinada quando $V_i = 0$. De acordo com a Figura 5.22, quando $V_i = 0$, $I_i = I_b = 0$, o que resulta em um circuito aberto equivalente para a fonte de corrente. O resultado é a configuração da Figura 5.23. Temos:

$$Z_o = R_C \| r_o \quad \text{ohms} \tag{5.7}$$

Se $r_o \geq 10R_C$, a aproximação $R_C \| r_o \cong R_C$ é frequentemente aplicada e:

$$Z_o \cong R_C \Big|_{r_o \geq 10R_C} \tag{5.8}$$

$\boldsymbol{A_v}$ Os resistores r_o e R_C estão em paralelo e

$$V_o = -\beta I_b (R_C \| r_o)$$

mas
$$I_b = \frac{V_i}{\beta r_e}$$

de modo que
$$V_o = -\beta\left(\frac{V_i}{\beta r_e}\right)(R_C \| r_o)$$

e
$$A_v = \frac{V_o}{V_i} = -\frac{(R_C \| r_o)}{r_e} \tag{5.9}$$

Se $r_o \geq 10R_C$, de modo que o efeito de r_o possa ser ignorado,

$$A_v = -\frac{R_C}{r_e} \Big|_{r_o \geq 10R_C} \tag{5.10}$$

Observe a ausência explícita de β nas equações 5.9 e 5.10, embora saibamos que β deve ser utilizado para determinar r_e.

Relação de fase O sinal negativo na equação resultante para A_v revela que um deslocamento de fase de 180° ocorre entre os sinais de entrada e saída, como mostra a Figura 5.24. Isso resulta do fato de que βI_b estabelece uma corrente através de R_C que resultará em uma tensão através R_C, o oposto do definido por V_o.

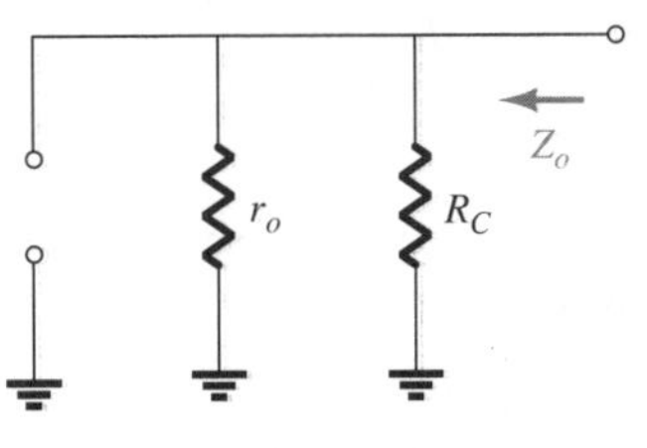

Figura 5.23 Determinação de Z_o para o circuito da Figura 5.22.

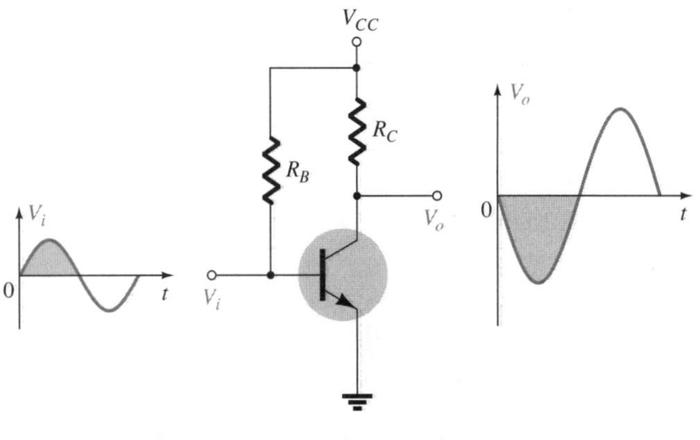

Figura 5.24 Demonstração do deslocamento de fase 180° entre as formas de onda de entrada e saída.

EXEMPLO 5.1

Para o circuito da Figura 5.25:

a) Determine r_e.

b) Determine Z_i (com $r_o = \infty\ \Omega$).

c) Calcule Z_o (com $r_o = \infty\ \Omega$).

d) Determine A_v (com $r_o = \infty\ \Omega$).

e) Repita os itens (c) e (d) incluindo $r_o = 50\ \text{k}\Omega$ em todos os cálculos e compare os resultados.

Solução:

a) Análise CC:

$$I_B = \frac{V_{CC} - V_{BE}}{R_B} = \frac{12\ \text{V} - 0{,}7\ \text{V}}{470\ \text{k}\Omega} = 24{,}04\ \mu\text{A}$$

$$I_E = (\beta + 1)I_B = (101)(24{,}04\ \mu\text{A}) = 2{,}428\ \text{mA}$$

$$r_e = \frac{26\ \text{mV}}{I_E} = \frac{26\ \text{mV}}{2{,}428\ \text{mA}} = \mathbf{10{,}71\ \Omega}$$

b) $\beta r_e = (100)(10{,}71\ \Omega) = 1{,}071\ \text{k}\Omega$

$$Z_i = R_B \| \beta r_e = 470\ \text{k}\Omega \| 1{,}071\ \text{k}\Omega = \mathbf{1{,}07\ k\Omega}$$

c) $Z_o = R_C = \mathbf{3\ k\Omega}$

d) $$A_v = -\frac{R_C}{r_e} = -\frac{3\ \text{k}\Omega}{10{,}71\ \Omega} = \mathbf{-280{,}11}$$

e) $$Z_o = r_o \| R_C = 50\ \text{k}\Omega \| 3\ \text{k}\Omega = \mathbf{2{,}83\ k\Omega}\ \text{vs. } 3\ \text{k}\Omega$$

$$A_v = -\frac{r_o \| R_C}{r_e} = \frac{2{,}83\ \text{k}\Omega}{10{,}71\ \Omega} = \mathbf{-264{,}24}\ \text{vs. } -280{,}11$$

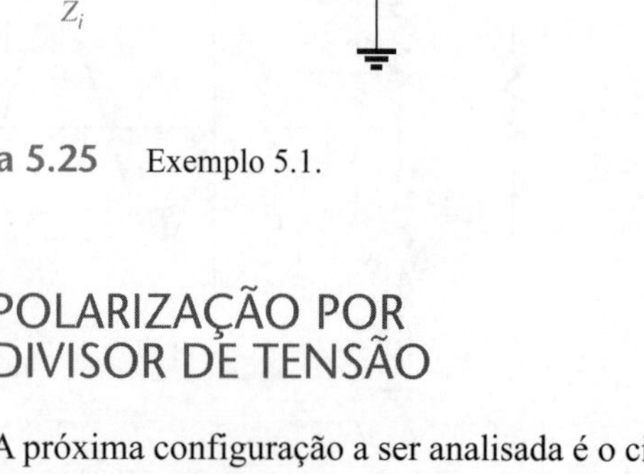

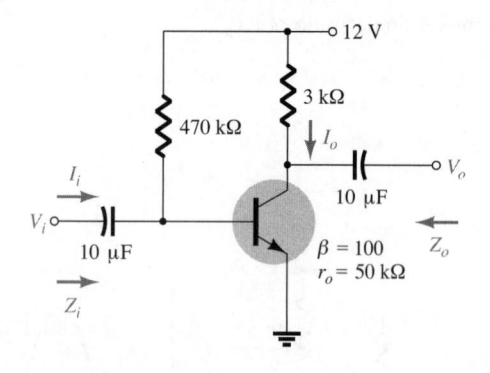

Figura 5.25 Exemplo 5.1.

5.6 POLARIZAÇÃO POR DIVISOR DE TENSÃO

A próxima configuração a ser analisada é o circuito com polarização por *divisor de tensão* da Figura 5.26.

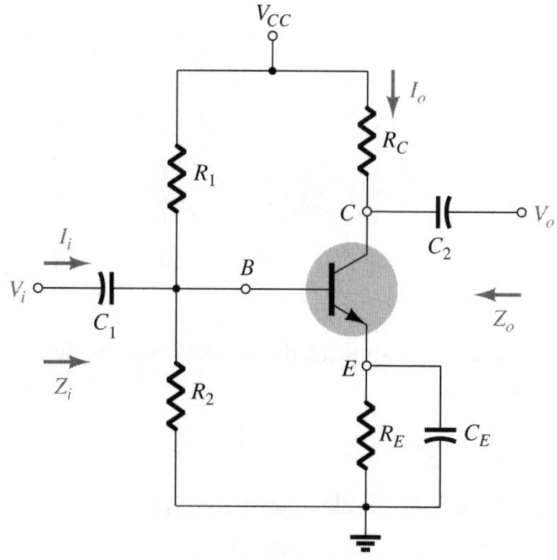

Figura 5.26 Configuração com polarização por divisor de tensão.

Lembramos que o nome da configuração é consequência da polarização por divisor de tensão no lado da entrada para que seja determinado o valor CC de V_B.

A substituição do circuito r_e equivalente resulta no circuito da Figura 5.27. Observe a ausência de R_E em decorrência do efeito de curto-circuito provocado pela baixa impedância do capacitor de desvio, C_E. Isto é, na frequência (ou frequências) de operação, a reatância do capacitor é tão pequena se comparada com R_E que ela é tratada como um curto-circuito nos terminais de R_E. Quando V_{CC} é ajustado para zero, um terminal de R_1 e R_C é conectado ao terra, como mostra a Figura 5.27. Além disso, observe que R_1 e R_2 continuam sendo parte do circuito de entrada, enquanto R_C é parte do circuito de saída. A combinação em paralelo de R_1 e R_2 é definida por:

$$R' = R_1 \| R_2 = \frac{R_1 R_2}{R_1 + R_2} \tag{5.11}$$

Z_i A partir da Figura 5.27,

$$Z_i = R' \| \beta r_e \tag{5.12}$$

Z_o Da Figura 5.27, com V_i ajustado para 0 V, resulta em $I_b = 0\ \mu\text{A}$ e $\beta I_b = 0$ mA,

$$Z_o = R_C \| r_o \tag{5.13}$$

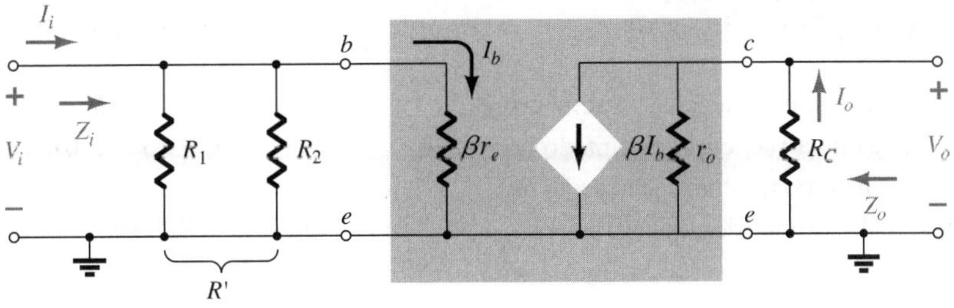

Figura 5.27 Substituição do circuito r_e equivalente no circuito CA equivalente da Figura 5.26.

Se $r_o \geq 10R_C$,

$$Z_o \cong R_C \quad {}_{r_o \geq 10R_C} \tag{5.14}$$

A_v Visto que R_C e r_o estão em paralelo,

$$V_o = -(\beta I_b)(R_C \| r_o)$$

e

$$I_b = \frac{V_i}{\beta r_e}$$

portanto

$$V_o = -\beta\left(\frac{V_i}{\beta r_e}\right)(R_C \| r_o)$$

e

$$A_v = \frac{V_o}{V_i} = \frac{-R_C \| r_o}{r_e} \tag{5.15}$$

que, como podemos notar, é exatamente igual à equação obtida para a configuração com polarização fixa.

Para $r_o \geq 10R_C$,

$$A_v = \frac{V_o}{V_i} \cong -\frac{R_C}{r_e} \quad {}_{r_o \geq 10R_C} \tag{5.16}$$

Relação de fase O sinal negativo na Equação 5.15 revela um deslocamento de fase de 180° entre V_o e V_i.

EXEMPLO 5.2

Para o circuito da Figura 5.28, determine:

a) r_e.
b) Z_i.
c) Z_o ($r_o = \infty\ \Omega$).
d) A_v ($r_o = \infty\ \Omega$).
e) Os parâmetros dos itens (b) até (d) se $r_o = 50$ kΩ, e compare os resultados.

Solução:

a) CC: Testando $\beta R_E > 10R_2$,

$$(90)(1{,}5\text{ k}\Omega) > 10(8{,}2\text{ k}\Omega)$$
$$135\text{ k}\Omega > 82\text{ k}\Omega\ (\textit{satisfeita})$$

Utilizando a abordagem aproximada, obtemos:

$$V_B = \frac{R_2}{R_1 + R_2}V_{CC} = \frac{(8{,}2\text{ k}\Omega)(22\text{ V})}{56\text{ k}\Omega + 8{,}2\text{ k}\Omega} = 2{,}81\text{ V}$$

$$V_E = V_B - V_{BE} = 2{,}81\text{ V} - 0{,}7\text{ V} = 2{,}11\text{ V}$$

$$I_E = \frac{V_E}{R_E} = \frac{2{,}11\text{ V}}{1{,}5\text{ k}\Omega} = 1{,}41\text{ mA}$$

$$r_e = \frac{26\text{ mV}}{I_E} = \frac{26\text{ mV}}{1{,}41\text{ mA}} = \mathbf{18{,}44\ \Omega}$$

b) $R' = R_1 \| R_2 = (56\text{ k}\Omega) \| (8{,}2\text{ k}\Omega) = 7{,}15\text{ k}\Omega$

$Z_i = R' \| \beta r_e = 7{,}15\text{ k}\Omega \| (90)(18{,}44\ \Omega)$
$= 7{,}15\text{ k}\Omega \| 1{,}66\text{ k}\Omega$
$= \mathbf{1{,}35\text{ k}\Omega}$

c) $Z_o = R_C = \mathbf{6{,}8\text{ k}\Omega}$

d) $A_v = -\frac{R_C}{r_e} = -\frac{6{,}8\text{ k}\Omega}{18{,}44\ \Omega} = \mathbf{-368{,}76}$

e) $Z_i = \mathbf{1{,}35\text{ k}\Omega}$

$Z_o = R_C \| r_o = 6{,}8\text{ k}\Omega \| 50\text{ k}\Omega$
$= \mathbf{5{,}98\text{ k}\Omega}$ vs. $6{,}8\text{ k}\Omega$

$A_v = -\frac{R_C \| r_o}{r_e} = -\frac{5{,}98\text{ k}\Omega}{18{,}44\ \Omega}$
$= \mathbf{-324{,}3}$ vs. $-368{,}76$

Houve uma diferença mensurável nos resultados para Z_o e A_v porque a condição $r_o \geq 10R_C$ *não* foi satisfeita.

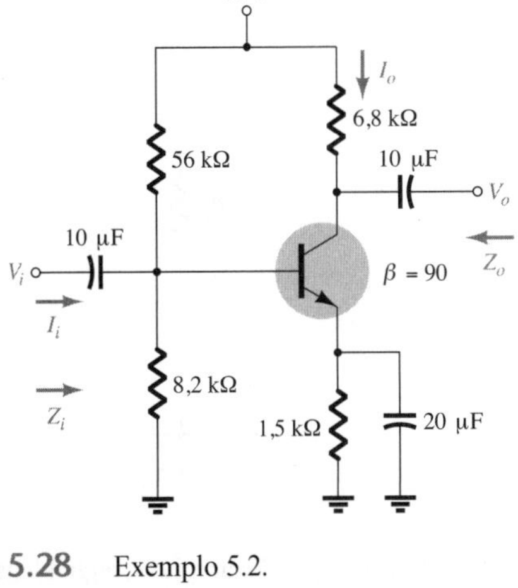

Figura 5.28 Exemplo 5.2.

5.7 CONFIGURAÇÃO EC COM POLARIZAÇÃO DO EMISSOR

Os circuitos examinados nesta seção incluem um resistor no emissor que pode ou não ser curto-circuitado no domínio CA. Primeiro examinaremos a situação na qual o resistor é incluído (sem desvio da corrente de emissor) e depois modificaremos as equações resultantes para a configuração sem o resistor (com o desvio da corrente para o terra).

Sem desvio

A mais importante das configurações sem desvio aparece na Figura 5.29. O modelo r_e equivalente é utilizado na Figura 5.30, mas observe a ausência da resistência r_o. O efeito de r_o torna a análise muito mais complicada e, considerando que na maioria das situações seus efeitos podem ser ignorados, ele não será incluído neste momento, mas será discutido posteriormente nesta seção.

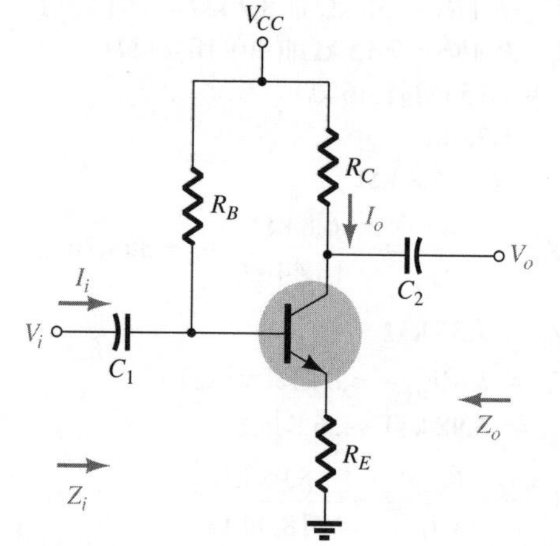

Figura 5.29 Configuração EC com polarização do emissor.

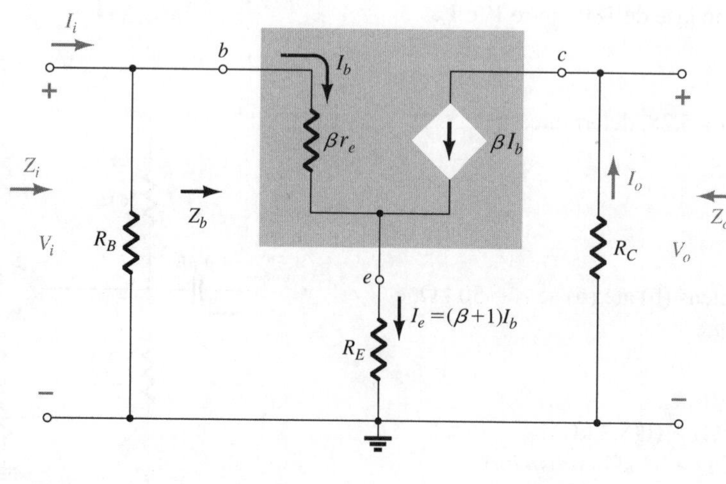

Figura 5.30 Substituição do circuito r_e equivalente no circuito CA equivalente da Figura 5.29.

A aplicação da Lei das Tensões de Kirchhoff ao circuito do lado da entrada da Figura 5.30 resulta em

$$V_i = I_b \beta r_e + I_e R_E$$

ou

$$V_i = I_b \beta r_e + (\beta + I) I_b R_E$$

e a impedância de entrada voltada para dentro do circuito, à direita de R_B, é:

$$Z_b = \frac{V_i}{I_b} = \beta r_e + (\beta + 1)R_E$$

O resultado, como mostra a Figura 5.31, revela que a impedância de entrada de um transistor com um resistor R_E sem desvio é determinada por:

$$\boxed{Z_b = \beta r_e + (\beta + 1)R_E} \qquad (5.17)$$

Visto que β normalmente é muito maior do que 1, a equação aproximada é

$$Z_b \cong \beta r_e + \beta R_E$$

e

$$\boxed{Z_b \cong \beta(r_e + R_E)} \qquad (5.18)$$

Visto que R_E frequentemente é muito maior do que r_e, a Equação 5.18 pode ainda ser reduzida para:

$$\boxed{Z_b \cong \beta R_E} \qquad (5.19)$$

Z_i Retornando à Figura 5.30, temos:

$$\boxed{Z_i = R_B \| Z_b} \qquad (5.20)$$

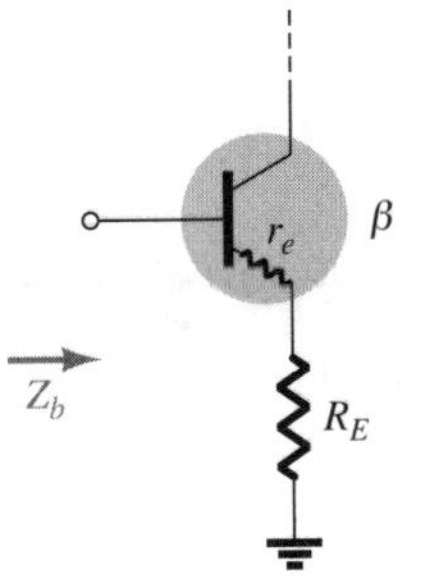

Figura 5.31 Definição da impedância de entrada de um transistor com uma resistência de emissor desinibida.

Z_o Com V_i ajustado para zero, $I_b = 0$, e βI_b pode ser substituído por um circuito aberto equivalente. O resultado é

$$Z_o = R_C \tag{5.21}$$

A_v

$$I_b = \frac{V_i}{Z_b}$$

e

$$V_o = -I_o R_C = -\beta I_b R_C$$
$$= -\beta\left(\frac{V_i}{Z_b}\right) R_C$$

com

$$A_v = \frac{V_o}{V_i} = -\frac{\beta R_C}{Z_b} \tag{5.22}$$

Substituindo $Z_b \cong \beta(r_e + R_E)$, temos

$$A_v = \frac{V_o}{V_i} \cong -\frac{R_C}{r_e + R_E} \tag{5.23}$$

e, para a aproximação $Z_b \cong \beta R_E$,

$$A_v = \frac{V_o}{V_i} \cong -\frac{R_C}{R_E} \tag{5.24}$$

Observe mais uma vez a ausência de β na equação de A_v, o que demonstra independência com a variação de β.

Relação de fase O sinal negativo da Equação 5.22 mais uma vez revela um deslocamento de fase de 180° entre V_o e V_i.

Efeito de r_o As equações que aparecem a seguir revelam claramente a complexidade adicional resultante da inclusão de r_o na análise. Observe em cada caso, porém, que, quando certas condições são atendidas, as equações retornam à forma deduzida anteriormente. A dedução de cada equação está além das necessidades deste livro, e assim ela é deixada como um exercício para o leitor. Cada equação pode ser obtida por meio de uma *cuidadosa* aplicação das leis básicas de análise de circuito, como as Leis das Tensões e das Correntes de Kirchhoff, conversões de fonte, teorema de Thévenin etc. Quando incluídos os efeitos de r_o, as equações ficam "complicadas", e por isso não foram deduzidas; entretanto, para que o leitor as conheça, serão apresentadas a seguir.

Z_i

$$Z_b = \beta r_e + \left[\frac{(\beta + 1) + R_C/r_o}{1 + (R_C + R_E)/r_o}\right] R_E \tag{5.25}$$

Uma vez que a razão R_C/r_o é sempre muito menor do que $(\beta + 1)$,

$$Z_b \cong \beta r_e + \frac{(\beta + 1)R_E}{1 + (R_C + R_E)/r_o}$$

Para $r_o \geq 10(R_C + R_E)$,

$$Z_b \cong \beta r_e + (\beta + 1)R_E$$

que se compara diretamente com a Equação 5.17.

Em outras palavras, se $r_o \geq 10(R_C + R_E)$, todas as equações deduzidas anteriormente serão válidas. Visto que $\beta + 1 \cong \beta$, a seguinte equação é excelente para a maioria das aplicações:

$$Z_b \cong \beta(r_e + R_E) \quad _{r_o \geq 10(R_C + R_E)} \tag{5.26}$$

Z_o

$$Z_o = R_C \| \left[r_o + \frac{\beta(r_o + r_e)}{1 + \dfrac{\beta r_e}{R_E}} \right] \tag{5.27}$$

Entretanto, $r_o >> r_e$ e

$$Z_o \cong R_C \| r_o \left[1 + \frac{\beta}{1 + \dfrac{\beta r_e}{R_E}} \right]$$

que pode ser escrita como

$$Z_o \cong R_C \| r_o \left[1 + \frac{1}{\dfrac{1}{\beta} + \dfrac{r_e}{R_E}} \right]$$

Normalmente, $1/\beta$ e r_e/R_E são menores do que 1, com uma soma normalmente menor do que 1. O resultado é um fator multiplicativo para r_o maior do que 1. Para $\beta = 100$, $r_e = 10\ \Omega$ e $R_E = 1\ \text{k}\Omega$,

$$\frac{1}{\dfrac{1}{\beta} + \dfrac{r_e}{R_E}} = \frac{1}{\dfrac{1}{100} + \dfrac{10\ \Omega}{1000\ \Omega}} = \frac{1}{0{,}02} = 50$$

e $$Z_o = R_C \| 51 r_o$$

que certamente é apenas R_C. Logo,

$$\boxed{Z_o \cong R_C} \quad \text{Para qualquer valor de } r_o \qquad (5.28)$$

como obtido anteriormente.

A_v

$$\boxed{A_v = \frac{V_o}{V_i} = \frac{-\dfrac{\beta R_C}{Z_b}\left[1 + \dfrac{r_e}{r_o}\right] + \dfrac{R_C}{r_o}}{1 + \dfrac{R_C}{r_o}}} \qquad (5.29)$$

A razão $\dfrac{r_e}{r_o} << 1$ e

$$A_v = \frac{V_o}{V_i} \cong \frac{-\dfrac{\beta R_C}{Z_b} + \dfrac{R_C}{r_o}}{1 + \dfrac{R_C}{r_o}}$$

Para $r_o \geq 10R_C$,

$$\boxed{A_v = \frac{V_o}{V_i} \cong -\frac{\beta R_C}{Z_b}}_{r_o \geq 10R_C} \qquad (5.30)$$

como obtido anteriormente.

Com desvio

Se R_E da Figura 5.29 é curto-circuitado por um capacitor C_E entre emissor e terra, o modelo r_e equivalente completo pode ser introduzido, resultando no mesmo circuito equivalente da Figura 5.22. As equações 5.5 a 5.10 são, portanto, aplicáveis.

EXEMPLO 5.3

Para o circuito da Figura 5.32, sem C_E (sem desvio), determine:

a) r_e.
b) Z_i.
c) Z_o.
d) A_v.

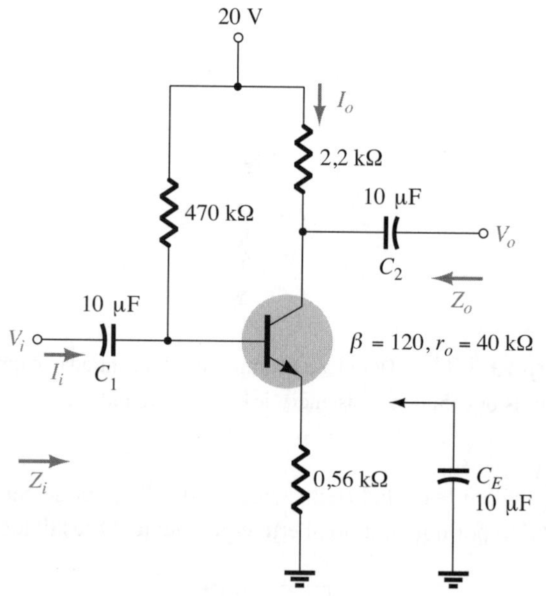

Figura 5.32 Exemplo 5.3.

Solução:

a) CC:

$$I_B = \frac{V_{CC} - V_{BE}}{R_B + (\beta + 1)R_E} = \frac{20\ \text{V} - 0{,}7\ \text{V}}{470\ \text{k}\Omega + (121)0{,}56\ \text{k}\Omega} = 35{,}89\ \mu\text{A}$$

$$I_E = (\beta + 1)I_B = (121)(35{,}89\ \mu\text{A}) = 4{,}34\ \text{mA}$$

e $$r_e = \frac{26\ \text{mV}}{I_E} = \frac{26\ \text{mV}}{4{,}34\ \text{mA}} = \mathbf{5{,}99\ \Omega}$$

b) Testando a condição $r_o \geq 10(R_C + R_E)$, obtemos:

$$40\ \text{k}\Omega \geq 10(2{,}2\ \text{k}\Omega + 0{,}56\ \text{k}\Omega)$$
$$40\ \text{k}\Omega \geq 10(2{,}76\ \text{k}\Omega) = 27{,}6\ \text{k}\Omega\ (\textit{satisfeita})$$

Logo,

$$Z_b \cong \beta(r_e + R_E) = 120(5{,}99\ \Omega + 560\ \Omega) = 67{,}92\ \text{k}\Omega$$

e $$Z_i = R_B \| Z_b = 470\ \text{k}\Omega \| 67{,}92\ \text{k}\Omega = \mathbf{59{,}34\ k\Omega}$$

c) $Z_o = R_C = \mathbf{2{,}2\ k\Omega}$

d) $r_o \geq 10R_C$ é satisfeita. Logo,

$$A_v = \frac{V_o}{V_i} \cong -\frac{\beta R_C}{Z_b} = -\frac{(120)(2{,}2\ \text{k}\Omega)}{67{,}92\ \text{k}\Omega} = \mathbf{-3{,}89}$$

comparável a –3,93 usando a Equação 5.20: $A_v \cong -R_C/R_E$.

EXEMPLO 5.4

Repita a análise do Exemplo 5.3 com C_E no lugar indicado na Figura 5.32.

Solução:

a) A análise CC é a mesma e $r_e = 5{,}99\ \Omega$.

b) R_E é "curto-circuitado" por C_E para a análise CA. Logo,

$$Z_i = R_B \| Z_b = R_B \| \beta r_e = 470\ \text{k}\Omega \| (120)(5{,}99\ \Omega)$$
$$= 470\ \text{k}\Omega \| 718{,}8\ \Omega \cong \mathbf{717{,}70\ \Omega}$$

c) $Z_o = R_C = \mathbf{2{,}2\ k\Omega}$

d) $$A_v = -\frac{R_C}{r_e} = -\frac{2{,}2\ \text{k}\Omega}{5{,}99\ \Omega} = \mathbf{-367{,}28} \text{ (um aumento significativo)}$$

EXEMPLO 5.5

Para o circuito da Figura 5.33 (com C_E não conectado), determine (usando as aproximações adequadas):

a) r_e.
b) Z_i.
c) Z_o.
d) A_v.

Solução:

a) Testando $\beta R_E > 10R_2$,

$$(210)(0{,}68\ \text{k}\Omega) > 10(10\ \text{k}\Omega)$$
$$142{,}8\ \text{k}\Omega > 100\ \text{k}\Omega\ (\textit{satisfeita})$$

temos:

$$V_B = \frac{R_2}{R_1 + R_2}V_{CC} = \frac{10\ \text{k}\Omega}{90\ \text{k}\Omega + 10\ \text{k}\Omega}(16\ \text{V}) = 1{,}6\ \text{V}$$
$$V_E = V_B - V_{BE} = 1{,}6\ \text{V} - 0{,}7\ \text{V} = 0{,}9\ \text{V}$$
$$I_E = \frac{V_E}{R_E} = \frac{0{,}9\ \text{V}}{0{,}68\ \text{k}\Omega} = 1{,}324\ \text{mA}$$
$$r_e = \frac{26\ \text{mV}}{I_E} = \frac{26\ \text{mV}}{1{,}324\ \text{mA}} = \mathbf{19{,}64\ \Omega}$$

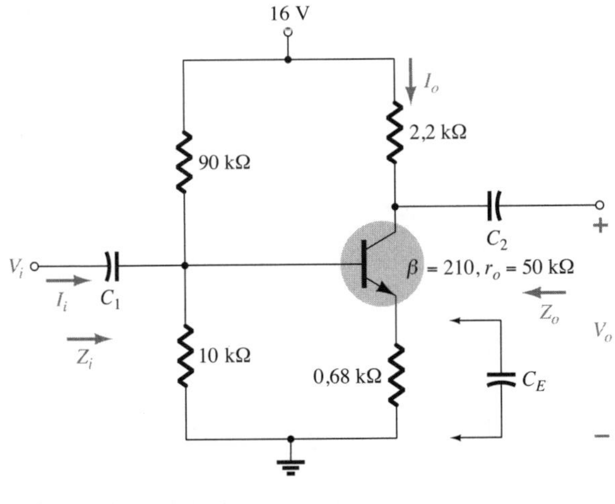

Figura 5.33 Exemplo 5.5.

b) O circuito CA equivalente é fornecido na Figura 5.34. A configuração resultante é diferente da Figura 5.30 apenas pelo fato de que agora:

$$R_B = R' = R_1 \| R_2 = 9\ \text{k}\Omega$$

As condições de teste de $r_o \geq 10(R_C + R_E)$ e $r_o \geq 10R_C$ são ambas satisfeitas. Utilizando as aproximações adequadas, obtemos:

$$Z_b \cong \beta R_E = 142{,}8\ \text{k}\Omega$$
$$Z_i = R_B \| Z_b = 9\ \text{k}\Omega \| 142{,}8\ \text{k}\Omega$$
$$= \mathbf{8{,}47\ k\Omega}$$

c) $Z_o = R_C = \mathbf{2{,}2\ k\Omega}$

d) $$A_v = -\frac{R_C}{R_E} = -\frac{2{,}2\ \text{k}\Omega}{0{,}68\ \text{k}\Omega} = \mathbf{-3{,}24}$$

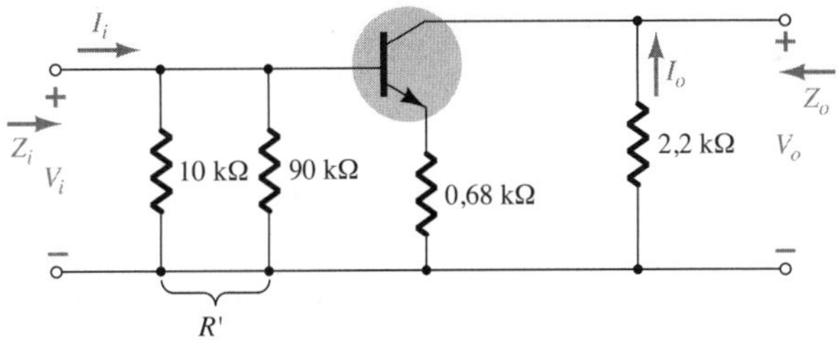

Figura 5.34 O circuito CA equivalente da Figura 5.33.

EXEMPLO 5.6

Repita o Exemplo 5.5 com C_E no lugar indicado na Figura 5.33.

Solução:

a) A análise CC é a mesma e $r_e = \mathbf{19{,}64\ \Omega}$.

b) $Z_b - \beta r_e - (210)(19{,}64\ \Omega) \cong 4{,}12\ \text{k}\Omega$

$$Z_i = R_B \| Z_B = 9\ \text{k}\Omega \| 4{,}12\ \text{k}\Omega$$
$$= \mathbf{2{,}83\ k\Omega}$$

c) $Z_o = R_C = \mathbf{2{,}2\ k\Omega}$

d) $$A_v = -\frac{R_C}{r_e} = -\frac{2{,}2\ \text{k}\Omega}{19{,}64\ \Omega} = \mathbf{-112{,}02} \text{ (um aumento significativo)}$$

Na Figura 5.35, vemos outra variação da configuração com polarização do emissor. Para a análise CC, a resistência do emissor é $R_{E_1} + R_{E_2}$, enquanto para a análise CA o resistor R_E nas equações anteriores é simplesmente R_{E_1} com R_{E_2} desviado ("curto-circuitado") por C_E.

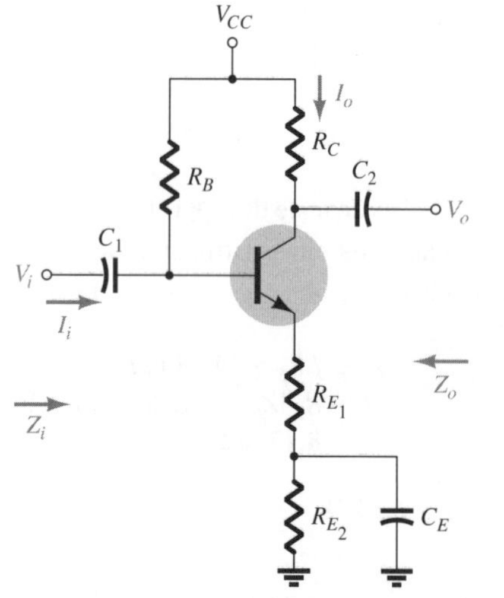

Figura 5.35 Uma configuração com polarização do emissor com uma parte da resistência de polarização do emissor desviada no domínio CA.

5.8 CONFIGURAÇÃO DE SEGUIDOR DE EMISSOR

Quando a saída é tirada do terminal emissor do transistor, como mostra a Figura 5.36, o circuito é chamado de *seguidor de emissor*. A tensão de saída sempre é um pouco menor do que o sinal de entrada, devido à queda de tensão de base para emissor, mas a aproximação $A_v \cong 1$ costuma ser adequada. Diferentemente da tensão do coletor, a tensão do emissor está em fase com o sinal V_i. Isto é, tanto V_o quanto V_i atingem seus valores de pico positivo e negativo ao mesmo tempo. O fato de V_o "seguir" a amplitude de V_i com a mesma fase gera a terminologia seguidor de emissor.

Na Figura 5.36, vemos a configuração de seguidor de emissor mais comum. Na verdade, devido ao fato de o coletor estar aterrado para a análise CA, temos, na verdade, uma configuração *coletor-comum*. Outras variações da Figura 5.36 que coletam o sinal de saída no emissor com $V_o \cong V_i$ serão apresentadas posteriormente nesta seção.

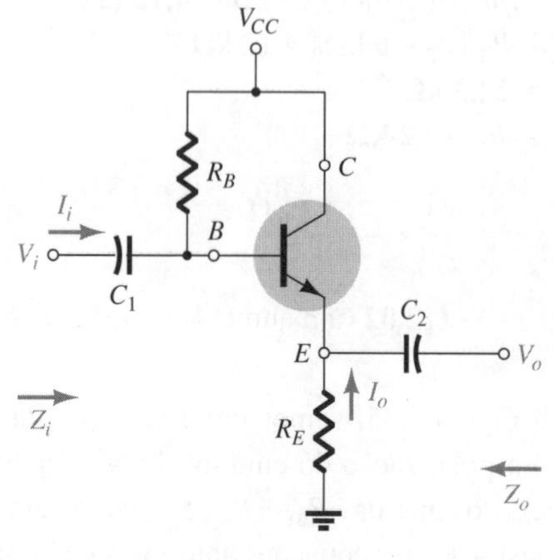

Figura 5.36 Configuração de seguidor de emissor.

A configuração de seguidor de emissor é frequentemente usada para fins de casamento de impedâncias. Ela apresenta uma alta impedância na entrada e uma baixa impedância na saída, o que é o oposto do comportamento da configuração padrão com polarização fixa. O efeito resultante é quase o mesmo que o obtido com um transformador, em que uma carga é casada com a impedância da fonte para máxima transferência de potência pelo sistema.

A substituição do circuito r_e equivalente no circuito da Figura 5.36 resulta no circuito da Figura 5.37. O efeito de r_o será examinado logo mais nesta seção.

Z_i A impedância de entrada é determinada do mesmo modo que descrevemos na seção anterior:

$$Z_i = R_B \| Z_b \tag{5.31}$$

com
$$Z_b = \beta r_e + (\beta + 1)R_E \tag{5.32}$$

ou
$$Z_b \cong \beta(r_e + R_E) \tag{5.33}$$

e
$$Z_b \cong \beta R_E \quad R_E \gg r_e \tag{5.34}$$

Z_o A impedância de saída é mais bem descrita escrevendo-se primeiro a equação para a corrente I_b,

$$I_b = \frac{V_i}{Z_b}$$

e multiplicando-se, então, por $(\beta + 1)$ para encontrar I_e. Isto é,

$$I_e = (\beta + 1)I_b = (\beta + 1)\frac{V_i}{Z_b}$$

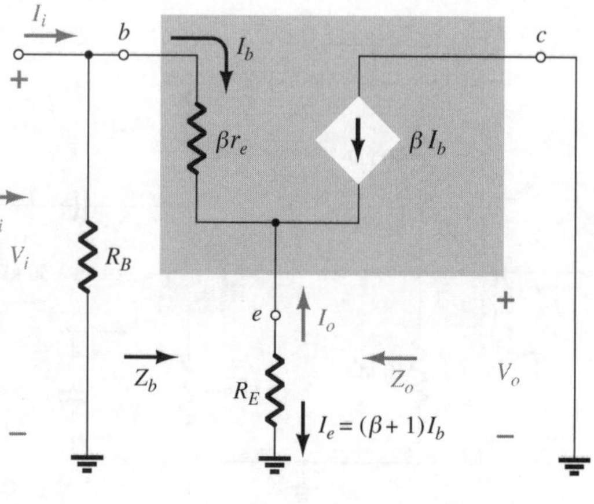

Figura 5.37 Substituição do circuito r_e equivalente no circuito CA equivalente da Figura 5.36.

Substituindo por Z_b, temos

$$I_e = \frac{(\beta + 1)V_i}{\beta r_e + (\beta + 1)R_E}$$

ou $$I_e = \frac{V_i}{[\beta r_e/(\beta + 1)] + R_E}$$

mas $$(\beta + 1) \cong \beta$$

e $$\frac{\beta r_e}{\beta + 1} \cong \frac{\beta r_e}{\beta} = r_e$$

de modo que $$I_e \cong \frac{V_i}{r_e + R_E} \quad (5.35)$$

Se agora construirmos o circuito definido pela Equação 5.35, o resultado será a configuração da Figura 5.38.

Para determinar Z_o, V_i é ajustado para zero e

$$Z_o = R_E \| r_e \quad (5.36)$$

Como R_E costuma ser muito maior do que r_e, a seguinte aproximação é aplicada frequentemente:

$$Z_o \cong r_e \quad (5.37)$$

A_v A Figura 5.38 pode ser utilizada para determinarmos o ganho de tensão por meio da aplicação da regra do divisor de tensão:

$$V_o = \frac{R_E V_i}{R_E + r_e}$$

e $$A_v = \frac{V_o}{V_i} = \frac{R_E}{R_E + r_e} \quad (5.38)$$

Uma vez que R_E é geralmente muito maior do que r_e, $R_E + r_e \cong R_E$ e

$$A_v = \frac{V_o}{V_i} \cong 1 \quad (5.39)$$

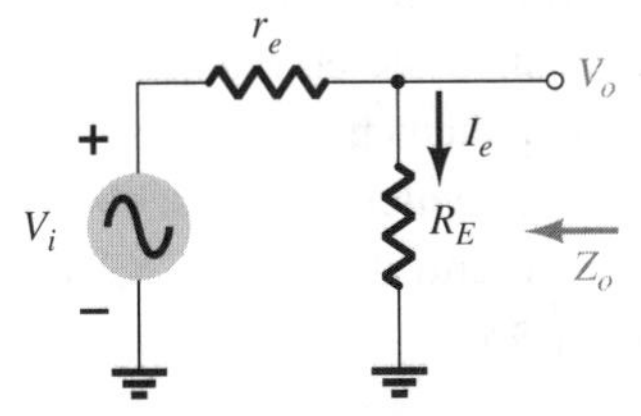

Figura 5.38 Definição da impedância de saída para a configuração de seguidor de emissor.

Relação de fase Como mostra a Equação 5.38 e por discussões anteriores nesta seção, V_o e V_i estão em fase para a configuração de seguidor de emissor.

Efeito de r_o

Z_i

$$Z_b = \beta r_e + \frac{(\beta + 1)R_E}{1 + \frac{R_E}{r_o}} \quad (5.40)$$

Se a condição $r_o \geq 10R_E$ for satisfeita,

$$Z_b = \beta r_e + (\beta + 1)R_E$$

que está de acordo com os resultados anteriores, com

$$Z_b \cong \beta(r_e + R_E) \Big|_{r_o \geq 10R_E} \quad (5.41)$$

Z_o

$$Z_o = r_o \| R_E \| \frac{\beta r_e}{(\beta + 1)} \quad (5.42)$$

Utilizando $\beta + 1 \cong \beta$, obtemos

$$Z_o = r_o \| R_E \| r_e$$

e visto que $r_o >> r_e$,

$$Z_o \cong R_E \| r_e \Big|_{\text{Qualquer } r_o} \quad (5.43)$$

A_v

$$A_v = \frac{(\beta + 1)R_E/Z_b}{1 + \frac{R_E}{r_o}} \quad (5.44)$$

Se a condição $r_o \geq 10R_E$ for satisfeita e utilizarmos a aproximação $\beta + 1 \cong \beta$, verificamos

$$A_v \cong \frac{\beta R_E}{Z_b}$$

Mas $$Z_b \cong \beta(r_e + R_E)$$

de maneira que $$A_v \cong \frac{\beta R_E}{\beta(r_e + R_E)}$$

e $$A_v \cong \frac{R_E}{r_e + R_E} \Big|_{r_o \geq 10R_E} \quad (5.45)$$

EXEMPLO 5.7

Para o circuito seguidor de emissor da Figura 5.39, determine:

a) r_e.
b) Z_i.
c) Z_o.
d) A_v.
e) Repita os itens (b) até (d) com $r_o = 25$ kΩ e compare os resultados.

Solução:

a) $$I_B = \frac{V_{CC} - V_{BE}}{R_B + (\beta + 1)R_E}$$
$$= \frac{12\text{ V} - 0{,}7\text{ V}}{220\text{ k}\Omega + (101)3{,}3\text{ k}\Omega} = 20{,}42\ \mu\text{A}$$
$$I_E = (\beta + 1)I_B$$
$$= (101)(20{,}42\ \mu\text{A}) = 2{,}062\text{ mA}$$
$$r_e = \frac{26\text{ mV}}{I_E} = \frac{26\text{ mV}}{2{,}062\text{ mA}} = \mathbf{12{,}61\ \Omega}$$

b) $Z_b = \beta r_e + (\beta + 1)R_E$
$= (100)(12{,}61\ \Omega) + (101)(3{,}3\text{ k}\Omega)$
$= 1{,}261\text{ k}\Omega + 333{,}3\text{ k}\Omega$
$= 334{,}56\text{ k}\Omega \cong \beta R_E$
$Z_i = R_B \| Z_b = 220\text{ k}\Omega \| 334{,}56\text{ k}\Omega$
$= \mathbf{132{,}72\ k\Omega}$

c) $Z_o = R_E \| r_e = 3{,}3\text{ k}\Omega \| 12{,}61\ \Omega$
$= \mathbf{12{,}56\ \Omega} \cong r_e$

d) $$A_v = \frac{V_o}{V_i} = \frac{R_E}{R_E + r_e} = \frac{3{,}3\text{ k}\Omega}{3{,}3\text{ k}\Omega + 12{,}61\ \Omega}$$
$$= \mathbf{0{,}996 \cong 1}$$

e) Ao verificarmos a condição $r_o \geq 10R_E$, temos
$$25\text{ k}\Omega \geq 10(3{,}3\text{ k}\Omega) = 33\text{ k}\Omega$$

que não é satisfeita. Portanto,

$$Z_b = \beta r_e + \frac{(\beta + 1)R_E}{1 + \dfrac{R_E}{r_o}}$$
$$= (100)(12{,}61\ \Omega) + \frac{(100 + 1)3{,}3\text{ k}\Omega}{1 + \dfrac{3{,}3\text{ k}\Omega}{25\text{ k}\Omega}}$$
$= 1{,}261\text{ k}\Omega + 294{,}43\text{ k}\Omega$
$= 295{,}7\text{ k}\Omega$

com $Z_i = R_B \| Z_b = 220\text{ k}\Omega \| 295{,}7\text{ k}\Omega$
$= \mathbf{126{,}15\ k\Omega}$ vs. 132,72 kΩ obtido anteriormente

$Z_o = R_E \| r_e = \mathbf{12{,}56\ \Omega}$ como obtido anteriormente

$$A_v = \frac{(\beta + 1)R_E/Z_b}{\left[1 + \dfrac{R_E}{r_o}\right]}$$
$$= \frac{(100 + 1)(3{,}3\text{ k}\Omega)/295{,}7\text{ k}\Omega}{\left[1 + \dfrac{3{,}3\text{ k}\Omega}{25\text{ k}\Omega}\right]}$$
$$= \mathbf{0{,}996 \cong 1}$$

de acordo com o resultado anterior.

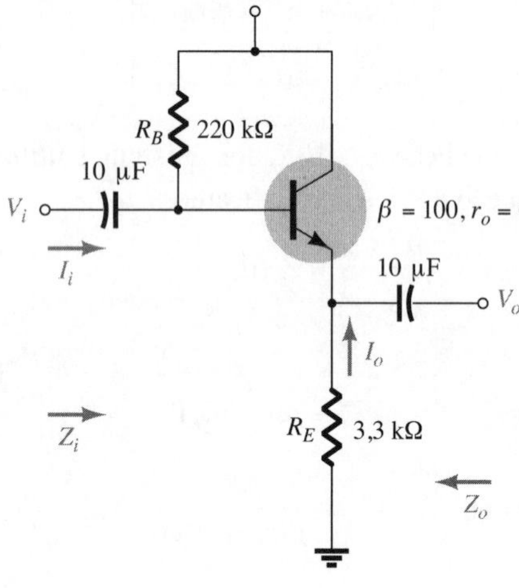

Figura 5.39 Exemplo 5.7.

De modo geral, portanto, apesar de a condição $r_o \geq 10R_E$ não ter sido satisfeita, os resultados obtidos para Z_o e A_v são os mesmos, sendo Z_i ligeiramente menor. Os resultados sugerem que, para grande parte das aplicações, os resultados reais podem ser bem aproximados ignorando-se os efeitos de r_o para essa configuração.

O circuito da Figura 5.40 é uma variação do circuito da Figura 5.36, o qual emprega uma seção de entrada com divisor de tensão para estabelecer as condições de polarização. As equações 5.31 a 5.34 são diferentes apenas pela substituição de R_B por $R' = R_1 \| R_2$.

O circuito da Figura 5.41 também possui as características de entrada/saída de um seguidor de emissor, porém inclui um resistor no coletor R_C. Nesse caso, R_B é novamente substituído pela combinação em paralelo de R_1 e R_2. A impedância de entrada Z_i e a impedância de saída Z_o não são afetadas por R_C, pois ele não é refletido para os circuitos equivalentes da base ou do emissor. Na verdade, o único efeito de R_C será na determinação do ponto Q de operação.

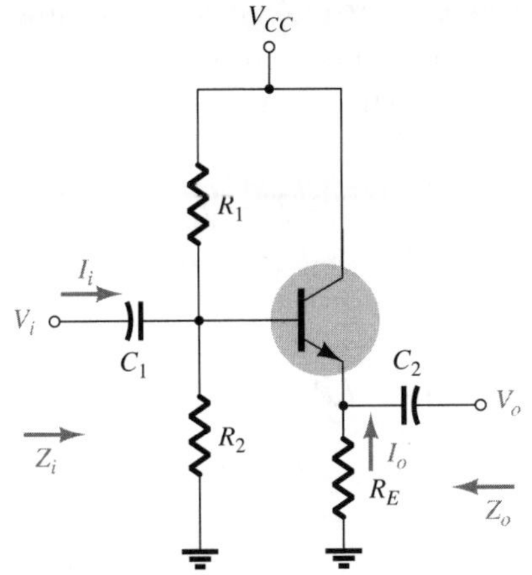

Figura 5.40 Configuração de seguidor de emissor com um arranjo de polarização por divisor de tensão.

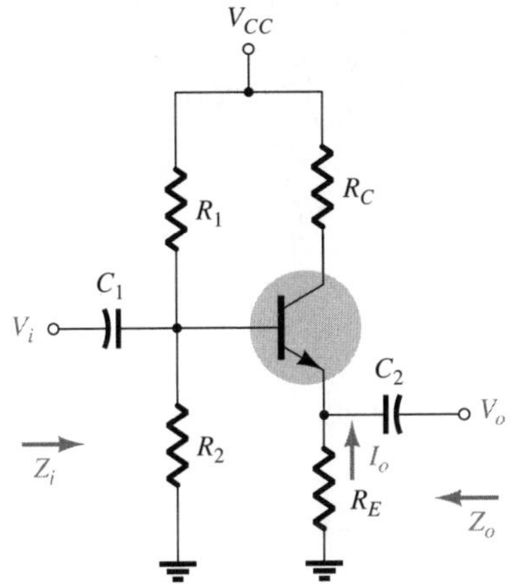

Figura 5.41 Configuração de seguidor de emissor com um resistor R_C no coletor.

5.9 CONFIGURAÇÃO BASE-COMUM

A impedância de entrada relativamente baixa, a impedância de saída alta e o ganho de corrente menor do que 1 caracterizam a configuração base-comum. No entanto, o ganho de tensão pode ser bem grande. A configuração padrão aparece na Figura 5.42 com o modelo r_e equivalente para base-comum substituído na Figura 5.43. A impedância de saída do transistor r_o não é incluída na configuração base-comum, porque seu valor normalmente está na faixa de megaohm e ela pode ser ignorada quando comparada ao resistor R_C em paralelo.

Z_i

$$Z_i = R_E \| r_e \tag{5.46}$$

Z_o

$$Z_o = R_C \tag{5.47}$$

A_v

$$V_o = -I_o R_C = -(-I_C)R_C = \alpha I_e R_C$$

com
$$I_e = \frac{V_i}{r_e}$$

de modo que
$$V_o = \alpha\left(\frac{V_i}{r_e}\right)R_C$$

e
$$A_v = \frac{V_o}{V_i} = \frac{\alpha R_C}{r_e} \cong \frac{R_C}{r_e} \tag{5.48}$$

A_i Supondo que $R_E >> r_e$, temos

$$I_e = I_i$$

e
$$I_o = -\alpha I_e = -\alpha I_i$$

com
$$A_i = \frac{I_o}{I_i} = -\alpha \cong -1 \tag{5.49}$$

Relação de fase O fato de A_v ser um número positivo revela que V_o e V_i estão em fase para a configuração base-comum.

Efeito de r_o Para a configuração base-comum, $r_o = 1/h_{ob}$ fica normalmente na faixa de megaohm e é suficientemente maior que a resistência paralela R_C para permitir a aproximação $r_o \| R_C \cong R_C$.

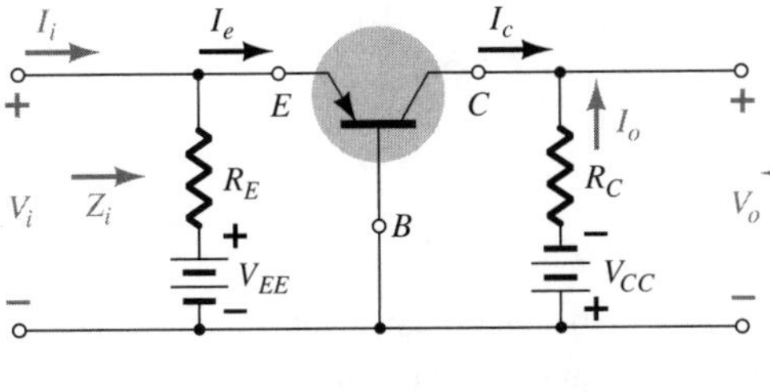

Figura 5.42 Configuração base-comum.

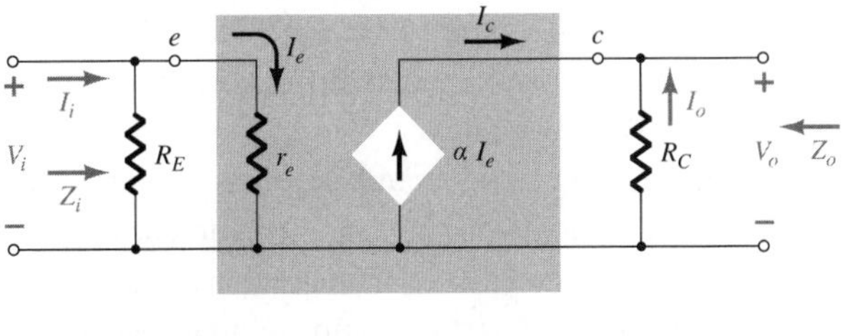

Figura 5.43 Substituição do circuito r_e equivalente no circuito CA equivalente da Figura 5.44.

EXEMPLO 5.8

Para o circuito da Figura 5.44, determine:

a) r_e.

b) Z_i.

c) Z_o.

d) A_v.

e) A_i.

Solução:

$$\text{a) } I_E = \frac{V_{EE} - V_{BE}}{R_E} = \frac{2\text{ V} - 0{,}7\text{ V}}{1\text{ k}\Omega}$$

$$= \frac{1{,}3\text{ V}}{1\text{ k}\Omega} = 1{,}3\text{ mA}$$

$$r_e = \frac{26\text{ mV}}{I_E} = \frac{26\text{ mV}}{1{,}3\text{ mA}} = \mathbf{20\ \Omega}$$

b) $Z_i = R_E \| r_e = 1\text{ k}\Omega \| 20\ \Omega$
$= \mathbf{19{,}61\ \Omega} \cong r_e$

c) $Z_o = R_C = \mathbf{5\ k\Omega}$

$$\text{d) } A_v \cong \frac{R_C}{r_e} = \frac{5\text{ k}\Omega}{20\ \Omega} = \mathbf{250}$$

e) $A_i = \mathbf{-0{,}98} \cong -1$

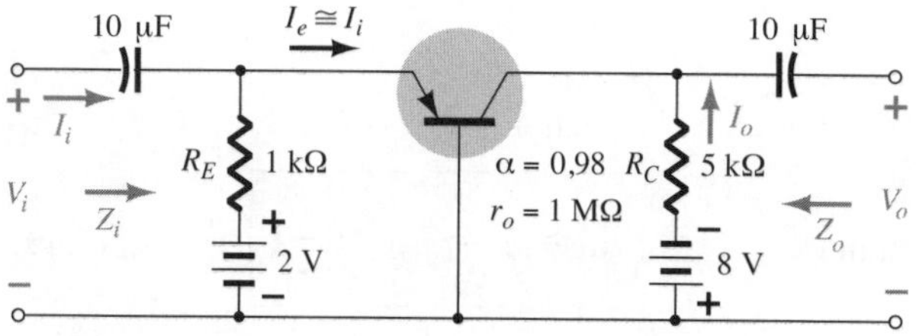

Figura 5.44 Exemplo 5.8.

5.10 CONFIGURAÇÃO COM REALIMENTAÇÃO DO COLETOR

O circuito com realimentação do coletor da Figura 5.45 emprega um caminho de realimentação do coletor para a base com o propósito de aumentar a estabilidade do sistema, como foi discutido na Seção 4.6. No entanto, o simples ato de conectar um resistor da base para o coletor, em vez de conectá-lo entre a base e a fonte CC, tem um impacto significativo no nível de dificuldade encontrada quando se analisa o circuito.

Algumas das etapas a serem seguidas são resultado da experiência de trabalho com tais configurações. Não é esperado que um estudante iniciante escolha a sequência de etapas descrita a seguir sem cometer alguns erros em uma etapa ou outra. Substituindo o circuito equivalente e redesenhando o circuito, obtemos a configuração da Figura 5.46. Os efeitos da resistência de saída de um transistor serão discutidos mais adiante.

Z_i

$$I_o = I' + \beta I_b$$

e
$$I' = \frac{V_o - V_i}{R_F}$$

mas
$$V_o = -I_o R_C = -(I' + \beta I_b)R_C$$

com
$$V_i = I_b \beta r_e$$

de modo que
$$I' = -\frac{(I' + \beta I_b)R_C - I_b\beta r_e}{R_F}$$
$$= -\frac{I'R_C}{R_F} - \frac{\beta I_b R_C}{R_F} - \frac{I_b \beta r_e}{R_F}$$

que pode, então, ser rearranjado como segue

$$I'\left(1 + \frac{R_C}{R_F}\right) = -\beta I_b \frac{(R_C + r_e)}{R_F}$$

e, finalmente,

$$I' = -\beta I_b \frac{(R_C + r_e)}{R_C + R_F}$$

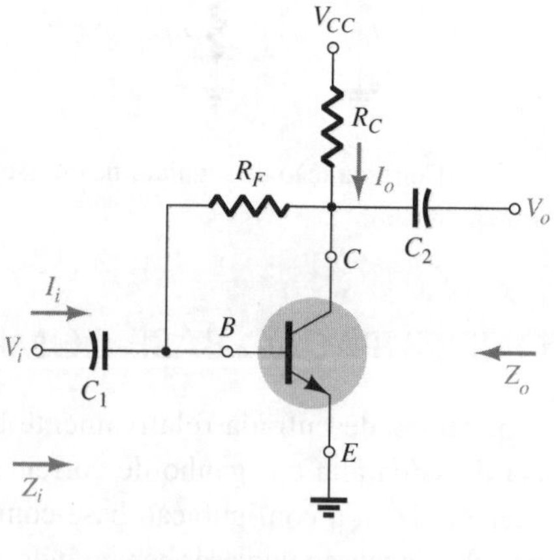

Figura 5.45 Configuração com realimentação do coletor.

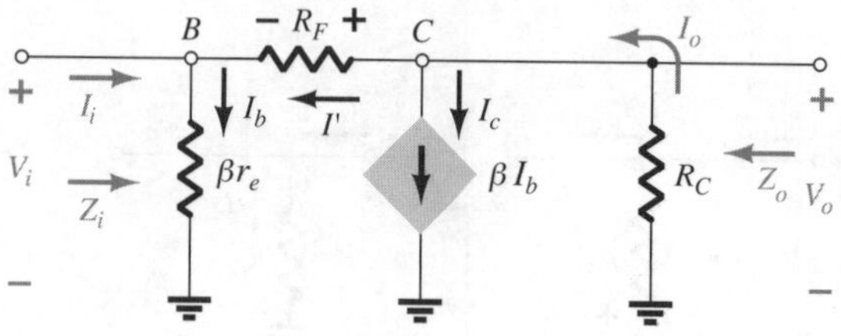

Figura 5.46 Substituição do circuito r_e equivalente no circuito CA equivalente da Figura 5.45.

Agora $Z_i = \dfrac{V_i}{I_i}$:

e $$I_i = I_b - I' = I_b + \beta I_b \frac{(R_C + r_e)}{R_C + R_F}$$

ou $$I_i = I_b\left(1 + \beta\frac{(R_C + r_e)}{R_C + R_F}\right)$$

Substituir V_i por Z_i na equação anterior resulta em:

$$Z_i = \frac{V_i}{I_i} = \frac{I_b\beta r_e}{I_b\left(1 + \beta\dfrac{(R_C + r_e)}{R_C + R_F}\right)} = \frac{\beta r_e}{1 + \beta\dfrac{(R_C + r_e)}{R_C + R_F}}$$

Visto que $R_C >> r_e$

$$Z_i = \frac{\beta r_e}{1 + \dfrac{\beta R_C}{R_C + R_F}}$$

ou $$Z_i = \frac{r_e}{\dfrac{1}{\beta} + \dfrac{R_C}{R_C + R_F}} \tag{5.50}$$

$\boldsymbol{Z_o}$ Se fixarmos V_i em zero, conforme necessário para definir Z_o, o circuito terá o aspecto da Figura 5.47. O efeito de βr_e é removido, R_F aparece em paralelo com R_C e

$$Z_o \cong R_C \| R_F \tag{5.51}$$

$\boldsymbol{A_v}$

$$V_o = -I_o R_C = -(I' + \beta I_b)R_C$$
$$= -\left(-\beta I_b \frac{(R_C + r_e)}{R_C + R_F} + \beta I_b\right)R_C$$

ou $$V_o = -\beta I_b\left(1 - \frac{(R_C + r_e)}{R_C + R_F}\right)R_C$$

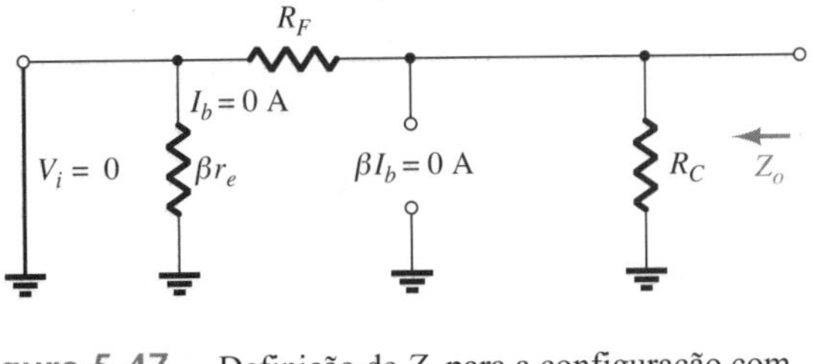

Figura 5.47 Definição de Z_o para a configuração com realimentação do coletor.

Então:

$$A_v = \frac{V_o}{V_i} = \frac{-\beta \cancel{I_b}\left(1 - \dfrac{(R_C + r_e)}{R_C + R_F}\right)R_C}{\beta r_e \cancel{I_b}}$$
$$= -\left(1 - \frac{(R_C + r_e)}{R_C + R_F}\right)\frac{R_C}{r_e}$$

Para $R_C >> r_e$,

$$A_v = -\left(1 - \frac{R_C}{R_C + R_F}\right)\frac{R_C}{r_e}$$

ou $$A_v = -\frac{(\cancel{R_C} + R_F - \cancel{R_C})}{R_C + R_F}\frac{R_C}{r_e}$$

e $$A_v = -\left(\frac{R_F}{R_C + R_F}\right)\frac{R_C}{r_e} \tag{5.52}$$

Para $R_F >> R_C$,

$$A_v \cong -\frac{R_C}{r_e} \tag{5.53}$$

Relação de fase O sinal negativo da Equação 5.52 revela um deslocamento de fase de 180° entre V_o e V_i.

Efeito de r_o

$\boldsymbol{Z_i}$ Uma análise completa, sem aproximações, resulta em:

$$Z_i = \frac{1 + \dfrac{R_C \| r_o}{R_F}}{\dfrac{1}{\beta r_e} + \dfrac{1}{R_F} + \dfrac{R_C \| r_o}{\beta r_e R_F} + \dfrac{R_C \| r_o}{R_F r_e}} \tag{5.54}$$

Aplicando a condição $r_o > 10R_C$, obtemos

$$Z_i = \frac{1 + \dfrac{R_C}{R_F}}{\dfrac{1}{\beta r_e} + \dfrac{1}{R_F} + \dfrac{R_C}{\beta r_e R_F} + \dfrac{R_C}{R_F r_e}}$$
$$= \frac{r_e\left[1 + \dfrac{R_C}{R_F}\right]}{\dfrac{1}{\beta} + \dfrac{1}{R_F}\left[r_e + \dfrac{R_C}{\beta} + R_C\right]}$$

Aplicando $R_C >> r_e$ e $\dfrac{R_C}{\beta}$,

$$Z_i \cong \frac{r_e\left[1+\frac{R_C}{R_F}\right]}{\frac{1}{\beta}+\frac{R_C}{R_F}} = \frac{r_e\left[\frac{R_F+R_C}{\cancel{R_F}}\right]}{\frac{R_F+\beta R_C}{\beta \cancel{R_F}}}$$

$$= \frac{r_e}{\frac{1}{\beta}\left(\frac{R_F}{R_F+R_C}\right)+\frac{R_C}{R_C+R_F}}$$

mas, visto que

R_F é normalmente >> R_C, $R_F + R_C \cong R_F$ e $\frac{R_F}{R_F+R_C} = 1$

$$Z_i \cong \frac{r_e}{\frac{1}{\beta}+\frac{R_C}{R_C+R_F}} \quad {}_{r_o \gg R_C,\, R_F > R_C} \qquad (5.55)$$

como obtido anteriormente.

Z_o Incluir r_o em paralelo com R_C na Figura 5.47 resulta em

$$Z_o = r_o \| R_C \| R_F \qquad (5.56)$$

Para $r_o \geq 10R_C$,

$$Z_o \cong R_C \| R_F \quad {}_{r_o \geq 10R_C} \qquad (5.57)$$

como obtido anteriormente. Para a condição usual R_F >> R_C,

$$Z_o \cong R_C \quad {}_{r_o \geq 10R_C,\, R_F \gg R_C} \qquad (5.58)$$

A_v

$$A_v = -\left(\frac{R_F}{R_C\|r_o + R_F}\right)\frac{R_C\|r_o}{r_e} \qquad (5.59)$$

Para $r_o \geq 10R_C$,

$$A_v \cong -\left(\frac{R_F}{R_C + R_F}\right)\frac{R_C}{r_e} \quad {}_{r_o \geq 10R_C} \qquad (5.60)$$

e para R_F >> R_C

$$A_v \cong -\frac{R_C}{r_e} \quad {}_{r_o \geq 10R_C,\, R_F \geq R_C} \qquad (5.61)$$

como obtido anteriormente.

EXEMPLO 5.9

Para o circuito da Figura 5.48, determine:

a) r_e.
b) Z_i.
c) Z_o.
d) A_v.
e) Repita os itens (b) a (d) com r_o = 20 kΩ e compare os resultados.

Solução:

a) $I_B = \frac{V_{CC} - V_{BE}}{R_F + \beta R_C} = \frac{9\text{ V} - 0{,}7\text{ V}}{180\text{ k}\Omega + (200)2{,}7\text{ k}\Omega}$

$= 11{,}53\ \mu\text{A}$

$I_E = (\beta + 1)I_B = (201)(11{,}53\ \mu\text{A}) = 2{,}32\text{ mA}$

$r_e = \frac{26\text{ mV}}{I_E} = \frac{26\text{ mV}}{2{,}32\text{ mA}} = \mathbf{11{,}21\ \Omega}$

b) $Z_i = \frac{r_e}{\frac{1}{\beta}+\frac{R_C}{R_C+R_F}} = \frac{11{,}21\ \Omega}{\frac{1}{200}+\frac{2{,}7\text{ k}\Omega}{182{,}7\text{ k}\Omega}}$

$= \frac{11{,}21\ \Omega}{0{,}005 + 0{,}0148}$

$= \frac{11{,}21\ \Omega}{0{,}0198} = \mathbf{566{,}16\ \Omega}$

c) $Z_o = R_C \| R_F$ = 2,7 kΩ‖180 kΩ = **2,66 kΩ**

d) $A_v = -\frac{R_C}{r_e} = -\frac{2{,}7\text{ k}\Omega}{11{,}21\ \Omega} = \mathbf{-240{,}86}$

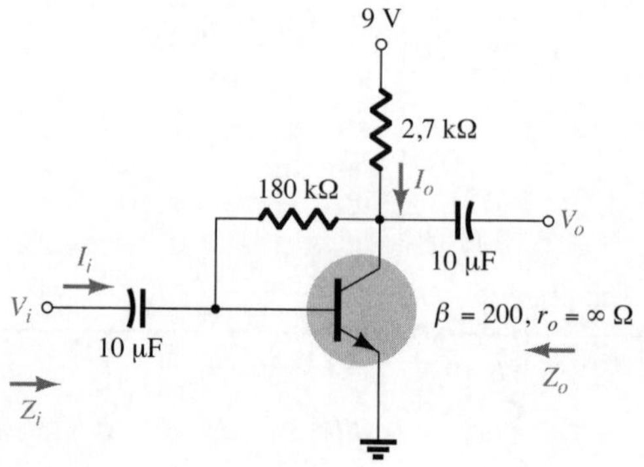

Figura 5.48 Exemplo 5.9.

e) Z_i: A condição $r_o \geq 10R_C$ não é satisfeita. Logo,

$$Z_i = \frac{1 + \dfrac{R_C \| r_o}{R_F}}{\dfrac{1}{\beta r_e} + \dfrac{1}{R_F} + \dfrac{R_C \| r_o}{\beta r_e R_F} + \dfrac{R_C \| r_o}{R_F r_e}} = \frac{1 + \dfrac{2{,}7\text{ k}\Omega \| 20\text{ k}\Omega}{180\text{ k}\Omega}}{\dfrac{1}{(200)(11{,}21)} + \dfrac{1}{180\text{ k}\Omega} + \dfrac{2{,}7\text{ k}\Omega \| 20\text{ k}\Omega}{(200)(11{,}21\ \Omega)(180\text{ k}\Omega)} + \dfrac{2{,}7\text{ k}\Omega \| 20\text{ k}\Omega}{(180\text{ k}\Omega)(11{,}21\ \Omega)}}$$

$$= \frac{1 + \dfrac{2{,}38\text{ k}\Omega}{180\text{ k}\Omega}}{0{,}45 \times 10^{-3} + 0{,}006 \times 10^{-3} + 5{,}91 \times 10^{-6} + 1{,}18 \times 10^{-3}} = \frac{1 + 0{,}013}{1{,}64 \times 10^{-3}}$$

$= \mathbf{617{,}7\ \Omega}$ vs. 566,16 Ω acima

***Z*o**

$$Z_o = r_o \| R_C \| R_F = 20\text{ k}\Omega \| 2{,}7\text{ k}\Omega \| 180\text{ k}\Omega$$
$$= \mathbf{2{,}35\ k\Omega} \text{ vs. } 2{,}66\text{ k}\Omega \text{ acima}$$

$$A_v = -\left(\frac{R_F}{R_C \| r_o + R_F}\right)\frac{R_C \| r_o}{r_e}$$

$$= -\left[\frac{180\text{ k}\Omega}{2{,}38\text{ k}\Omega + 180\text{ k}\Omega}\right]\frac{2{,}38\text{ k}\Omega}{11{,}21}$$

$$= -[0{,}987]\ 212{,}3$$
$$= \mathbf{-209{,}54}$$

Para a configuração da Figura 5.49, as equações 5.61 a 5.63 determinam as variáveis de interesse. As demonstrações foram transformadas em um exercício que pode ser encontrado no final do capítulo.

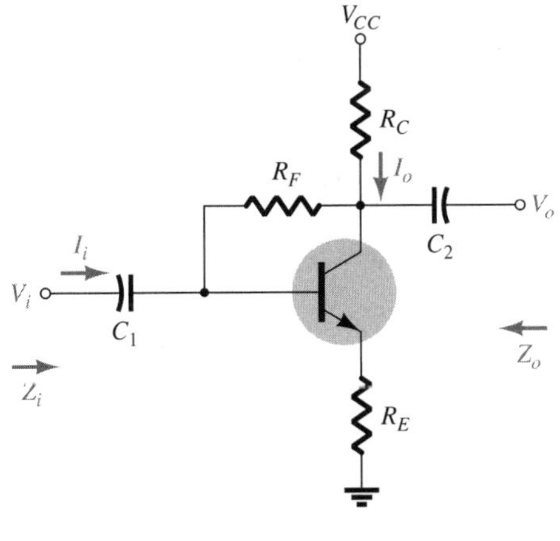

Figura 5.49 Configuração com realimentação no coletor com um resistor R_E no emissor.

***Z*i**

$$Z_i \cong \frac{R_E}{\left[\dfrac{1}{\beta} + \dfrac{(R_E + R_C)}{R_F}\right]} \quad (5.62)$$

***Z*o**

$$Z_o = R_C \| R_F \quad (5.63)$$

***A*v**

$$A_v \cong -\frac{R_C}{R_E} \quad (5.64)$$

5.11 CONFIGURAÇÃO COM REALIMENTAÇÃO CC DO COLETOR

O circuito da Figura 5.50 tem um resistor de realimentação CC para aumentar a estabilidade. No entanto, o capacitor C_3 desviará parte da resistência de realimentação para as seções de entrada e saída do circuito no domínio

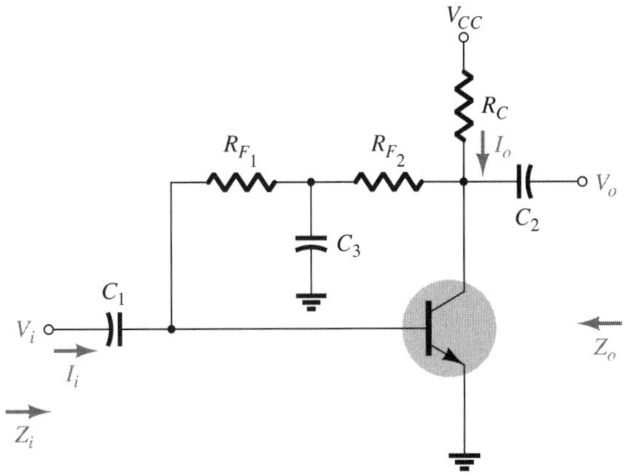

Figura 5.50 Configuração com realimentação CC do coletor.

CA. A porção de R_F desviada para o lado da entrada ou da saída será determinada pelos valores desejados das resistências CA de entrada e saída.

Na frequência ou nas frequências de operação, o capacitor se comportará como um curto-circuito para o terra, por causa de seu baixo valor de impedância se comparado aos outros elementos do circuito. O circuito CA equivalente para pequenos sinais terá, então, o aspecto do circuito da Figura 5.51.

Z_i

$$Z_i = R_{F_1} \| \beta r_e \tag{5.65}$$

Z_o

$$Z_o = R_C \| R_{F_2} \| r_o \tag{5.66}$$

Para $r_o \geq 10R_C$,

$$Z_o \cong R_C \| R_{F_2} \Big|_{r_o \geq 10R_C} \tag{5.67}$$

A_v

$$R' = r_o \| R_{F_2} \| R_C$$

e

$$V_o = -\beta I_b R'$$

mas

$$I_b = \frac{V_i}{\beta r_e}$$

e

$$V_o = -\beta \frac{V_i}{\beta r_e} R'$$

de modo que

$$A_v = \frac{V_o}{V_i} = -\frac{r_o \| R_{F_2} \| R_C}{r_e} \tag{5.68}$$

Para $r_o \geq 10R_C$,

$$A_v = \frac{V_o}{V_i} \cong -\frac{R_{F_2} \| R_C}{r_e} \Big|_{r_o \geq 10R_C} \tag{5.69}$$

Relação de fase O sinal negativo na Equação 5.68 revela um deslocamento de fase de 180° entre as tensões de entrada e saída.

EXEMPLO 5.10

Para o circuito da Figura 5.52, determine:

a) r_e.
b) Z_i.
c) Z_o.
d) A_v.
e) V_o se $V_i = 2$ mV.

Solução:

a) CC:

$$I_B = \frac{V_{CC} - V_{BE}}{R_F + \beta R_C}$$
$$= \frac{12\text{ V} - 0{,}7\text{ V}}{(120\text{ k}\Omega + 68\text{ k}\Omega) + (140)3\text{ k}\Omega}$$
$$= \frac{11{,}3\text{ V}}{608\text{ k}\Omega} = 18{,}6\ \mu\text{A}$$
$$I_E = (\beta + 1)I_B = (141)(18{,}6\ \mu\text{A})$$
$$= 2{,}62\text{ mA}$$
$$r_e = \frac{26\text{ mV}}{I_E} = \frac{26\text{ mV}}{2{,}62\text{ mA}} = \mathbf{9{,}92\ \Omega}$$

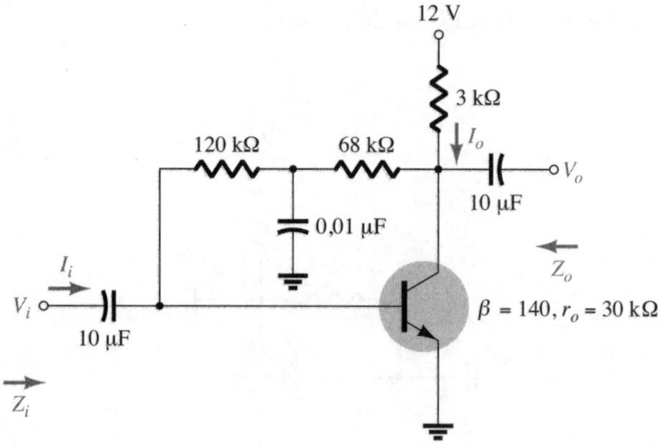

Figura 5.52 Exemplo 5.10.

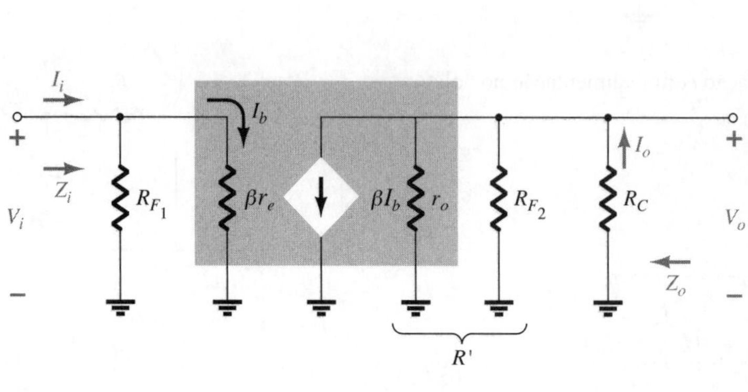

Figura 5.51 Substituição do circuito r_e equivalente no circuito CA equivalente da Figura 5.50.

b) $\beta r_e = (140)(9{,}92\ \Omega) = 1{,}39\ \text{k}\Omega$

O circuito CA equivalente aparece na Figura 5.53.

$$Z_i = R_{F_1} \| \beta r_e = 120\ \text{k}\Omega \| 1{,}39\ \text{k}\Omega$$
$$\cong \mathbf{1{,}37\ k\Omega}$$

c) Ao testar a condição $r_o \geq 10R_C$, obtemos

$$30\ \text{k}\Omega \geq 10(3\ \text{k}\Omega) = 30\ \text{k}\Omega$$

que é satisfeita pelo sinal de igualdade na condição. Logo,

$$Z_o \cong R_C \| R_{F_2} = 3\ \text{k}\Omega \| 68\ \text{k}\Omega$$
$$= \mathbf{2{,}87\ k\Omega}$$

d) $r_o \geq 10R_C$; portanto,

$$A_v \cong -\frac{R_{F_2} \| R_C}{r_e} = -\frac{68\ \text{k}\Omega \| 3\ \text{k}\Omega}{9{,}92\ \Omega}$$
$$\cong -\frac{2{,}87\ \text{k}\Omega}{9{,}92\ \Omega}$$
$$\cong \mathbf{-289{,}3}$$

e) $|A_v| = 289{,}3 = \dfrac{V_o}{V_i}$

$$V_o = 289{,}3V_i = 289{,}3(2\ \text{mV}) = \mathbf{0{,}579\ V}$$

5.12 EFEITO DE R_L E R_S

Todos os parâmetros determinados nas seções anteriores foram para um amplificador sem carga e com a tensão de entrada conectada diretamente a um terminal do transistor. Nesta seção, serão investigados o efeito da aplicação de uma carga ao terminal de saída e o efeito do uso de uma fonte com uma resistência interna. O circuito da Figura 5.54(a) é característico daqueles examinados na seção anterior. Uma vez que não havia uma carga resistiva ligada ao terminal de saída, o ganho é comumente chamado de ganho de tensão sem carga (*no-load*) e recebe a seguinte notação:

$$A_{v_{NL}} = \frac{V_o}{V_i} \tag{5.70}$$

Na Figura 5.54(b), uma carga foi adicionada sob a forma de um resistor R_L, o que altera o ganho total do sistema. Esse ganho com carga normalmente recebe a seguinte notação:

$$A_{v_L} = \frac{V_o}{V_i}\Bigg|_{\text{com } R_L} \tag{5.71}$$

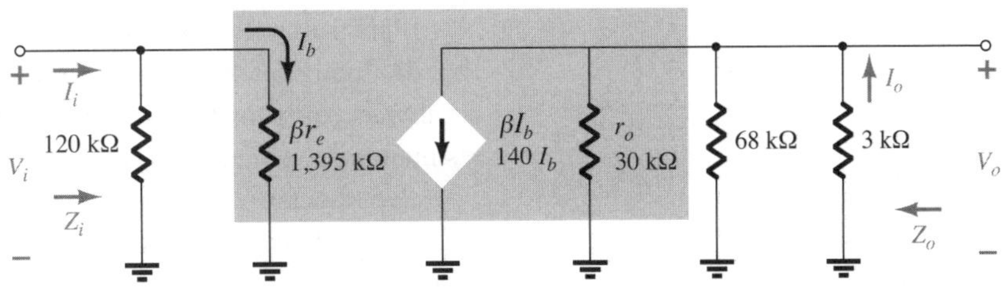

Figura 5.53 Substituição do circuito r_e equivalente no circuito CA equivalente da Figura 5.52.

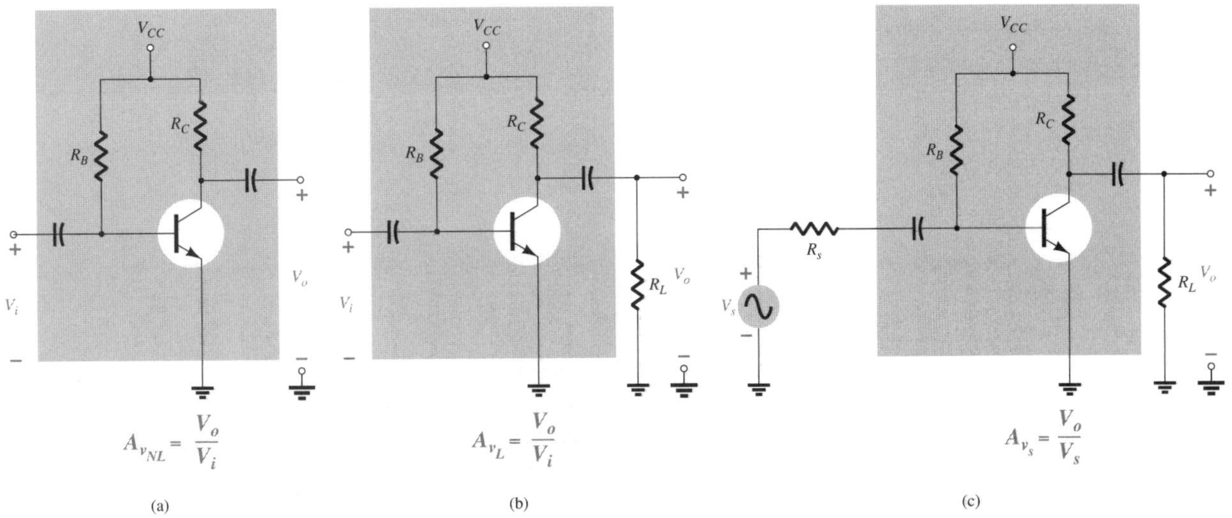

Figura 5.54 Configurações de amplificador: (a) sem carga; (b) com carga; (c) com carga e com uma resistência de fonte.

Na Figura 5.54(c), tanto uma carga quanto uma resistência de fonte foram introduzidas, o que provocará um efeito adicional sobre o ganho do sistema. O ganho resultante costuma receber a seguinte notação:

$$A_{v_s} = \frac{V_o}{V_s} \quad \text{com } R_L \text{ e } R_s \tag{5.72}$$

A análise a seguir demonstra que:

O ganho de tensão com carga de um amplificador é sempre menor do que o ganho de tensão sem carga.

Em outras palavras, a adição de uma resistência de carga R_L à configuração da Figura 5.54(a) sempre terá o efeito de reduzir o ganho abaixo do valor sem carga.

Além disso:

O ganho obtido com a adição de uma resistência de fonte será sempre menor do que aquele obtido sob condições com ou sem carga devido à queda de tensão resultante através da resistência da fonte.

No total, portanto, o maior ganho é obtido sob condições sem carga, e o menor ganho, com a inclusão de uma impedância de fonte e de carga. Isto é:

Para a mesma configuração, $A_{v_{NL}} > A_{v_L} > A_{v_S}$.

É interessante também verificar que:

Para um projeto específico, quanto maior o valor de R_L, maior o valor do ganho CA.

Em outras palavras, quanto maior a resistência de carga, mais próxima ela será da aproximação de um circuito aberto, o que resultaria no maior ganho sem carga.

Além disso:

Para um amplificador específico, quanto menor a resistência interna de uma fonte de sinal, maior o ganho global do sistema.

Em outras palavras, quanto mais próxima a resistência de fonte estiver de uma aproximação de curto-circuito, maior será o ganho, porque o efeito de R_s será essencialmente eliminado.

Para qualquer circuito, como os mostrados na Figura 5.54, que têm capacitores de acoplamento, a fonte e a resistência de carga não afetam os valores de polarização CC.

Todas as conclusões citadas são muito importantes no processo de projeto de um amplificador. Quando adquirimos um amplificador pronto, o ganho informado e todos os outros parâmetros consideram a *situação sem carga*. O ganho resultante da aplicação de uma carga ou resistência de fonte pode exercer um efeito drástico sobre todos os parâmetros do amplificador, como será demonstrado nos exemplos a seguir.

De modo geral, há duas abordagens que podemos adotar na análise de circuitos com uma carga aplicada e/ou resistência de fonte. Uma delas é simplesmente inserir o circuito equivalente, tal como demonstrado na Seção 5.11, e utilizar métodos de análise para determinar as variáveis de interesse. A segunda é definir um modelo equivalente de duas portas e usar os parâmetros determinados para a situação sem carga. A primeira abordagem será aplicada na análise a seguir; a segunda será apresentada na Seção 5.14.

Para o amplificador transistorizado com polarização fixa da Figura 5.54(c), a substituição do transistor pelo circuito r_e equivalente e a remoção dos parâmetros CC resultam na configuração da Figura 5.55.

É particularmente interessante observar que a Figura 5.55 tem exatamente o mesmo aspecto da Figura 5.22, exceto pelo fato de que agora existe uma resistência de carga em paralelo com R_C e uma resistência de fonte foi introduzida em série com uma fonte V_s.

A combinação paralela de

$$R'_L = r_o \| R_C \| R_L \cong R_C \| R_L$$

e

$$V_o = -\beta I_b R'_L = -\beta I_b (R_C \| R_L)$$

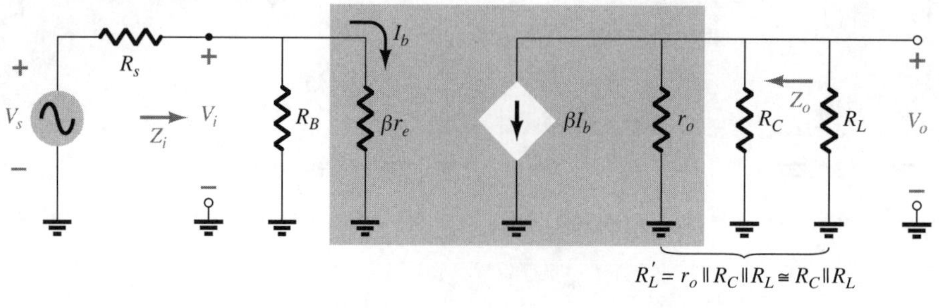

Figura 5.55 Circuito CA equivalente para o circuito da Figura 5.54(c).

com
$$I_b = \frac{V_i}{\beta r_e}$$

resulta em
$$V_o = -\beta\left(\frac{V_i}{\beta r_e}\right)(R_C \| R_L)$$

de modo que
$$A_{v_L} = \frac{V_o}{V_i} = -\frac{R_C \| R_L}{r_e} \qquad (5.73)$$

A única diferença na equação de ganho que usa V_i como tensão de entrada é o fato do R_C da Equação 5.10 ter sido substituído pela combinação paralela de R_C e R_L. Isso faz sentido porque a tensão de saída da Figura 5.55 agora é tomada sobre a combinação paralela dos dois resistores.

A impedância de entrada é

$$Z_i = R_B \| \beta r_e \qquad (5.74)$$

como anteriormente, e a impedância de saída é

$$Z_o = R_C \| r_o \qquad (5.75)$$

como anteriormente também.

Se o ganho global da fonte de sinal V_s para a saída de tensão V_o for desejado, basta aplicar a regra de divisor de tensão, como segue:

$$V_i = \frac{Z_i V_s}{Z_i + R_s}$$

e
$$\frac{V_i}{V_s} = \frac{Z_i}{Z_i + R_s}$$

ou
$$A_{v_S} = \frac{V_o}{V_s} = \frac{V_o}{V_i} \cdot \frac{V_i}{V_s} = A_{v_L}\frac{Z_i}{Z_i + R_s}$$

de modo que
$$A_{v_S} = \frac{Z_i}{Z_i + R_s} A_{v_L} \qquad (5.76)$$

Visto que o fator $Z_i/(Z_i + R_s)$ deve ser sempre menor do que um, a Equação 5.76 claramente sustenta o fato de que o ganho de sinal A_{v_S} é sempre menor do que o ganho com carga A_{v_L}.

EXEMPLO 5.11

Utilizando os valores de parâmetro para a configuração de polarização fixa do Exemplo 5.1 com uma carga aplicada de 4,7 kΩ e uma resistência de fonte de 0,3 kΩ, determine os itens a seguir e compare os resultados com os valores sem carga:

a) A_{v_L}.
b) A_{v_s}.
c) Z_i.
d) Z_o.

Solução:

a) Equação 5.73:

$$A_{v_L} = -\frac{R_C \| R_L}{r_e} = -\frac{3\text{ k}\Omega \| 4{,}7\text{ k}\Omega}{10{,}71\ \Omega}$$
$$= -\frac{1{,}831\text{ k}\Omega}{10{,}71\ \Omega} = \mathbf{-170{,}98}$$

que é significativamente menor do que o ganho sem carga de –280,11.

b) Equação 5.76:

$$A_{v_s} = \frac{Z_i}{Z_i + R_s} A_{v_L}$$

Com Z_i = 1,07 kΩ do Exemplo 5.1, temos

$$A_{v_s} = \frac{1{,}07\text{ k}\Omega}{1{,}07\text{ k}\Omega + 0{,}3\text{ k}\Omega}(-170{,}98) = \mathbf{-133{,}54}$$

que novamente é significativamente menor do que $A_{v\text{NL}}$ ou A_{v_L}.

c) Z_i = **1,07 kΩ** tal como obtido para a situação sem carga.
d) $Z_o = R_C$ = **3 kΩ** tal como obtido para a situação sem carga.

O exemplo demonstra claramente que $A_{v\text{NL}} > A_{v_L} > A_{v_s}$.

Para a configuração com divisor de tensão da Figura 5.56, com carga aplicada e resistor de fonte em série, o circuito CA equivalente é como o que mostra a Figura 5.57.

Primeiro, observe as fortes semelhanças com a Figura 5.55, sendo a única diferença a conexão paralela de R_1 e R_2 em vez de apenas R_B. Tudo o mais é exatamente

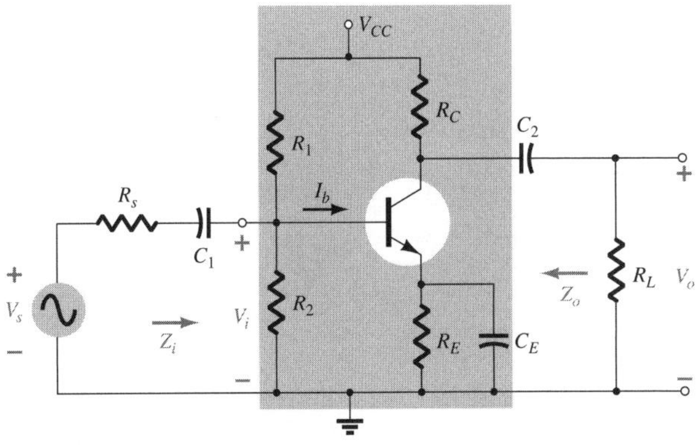

Figura 5.56 Configuração com polarização por divisor de tensão com R_s e R_L.

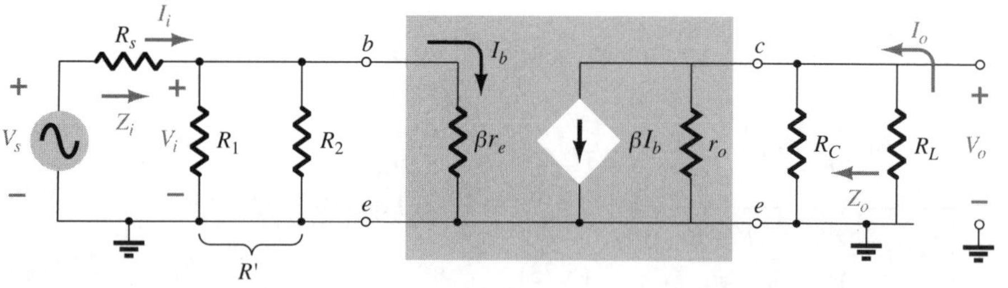

Figura 5.57 Substituição do circuito r_e equivalente no circuito CA equivalente da Figura 5.56.

igual. Temos as seguintes equações para os parâmetros importantes da configuração:

$$A_{v_L} = \frac{V_o}{V_i} = -\frac{R_C \| R_L}{r_e} \quad (5.77)$$

$$Z_i = R_1 \| R_2 \| \beta r_e \quad (5.78)$$

$$Z_o = R_C \| r_o \quad (5.79)$$

Para a configuração de seguidor de emissor da Figura 5.58, o circuito CA equivalente para pequenos sinais seria como o que mostra a Figura 5.59. A única diferença entre essa figura e a configuração sem carga da Figura 5.37 é a combinação em paralelo de R_E e R_L e a adição do resistor de fonte R_s. As equações para as variáveis de interesse podem, portanto, ser determinadas mediante a simples substituição de R_E por $R_E \| R_L$ sempre que R_E aparecer. Se R_E não aparecer em uma equação, o resistor de carga R_L não afetará o parâmetro. Isto é,

$$A_{v_L} = \frac{V_o}{V_i} = \frac{R_E \| R_L}{R_E \| R_L + r_e} \quad (5.80)$$

$$Z_i = R_B \| Z_b \quad (5.81)$$

$$Z_b \cong \beta (R_E \| R_L) \quad (5.82)$$

$$Z_o \cong r_e \quad (5.83)$$

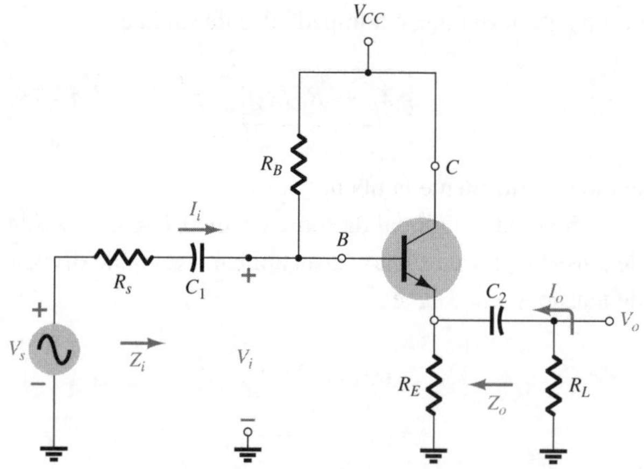

Figura 5.58 Configuração de seguidor de emissor com R_s e R_L.

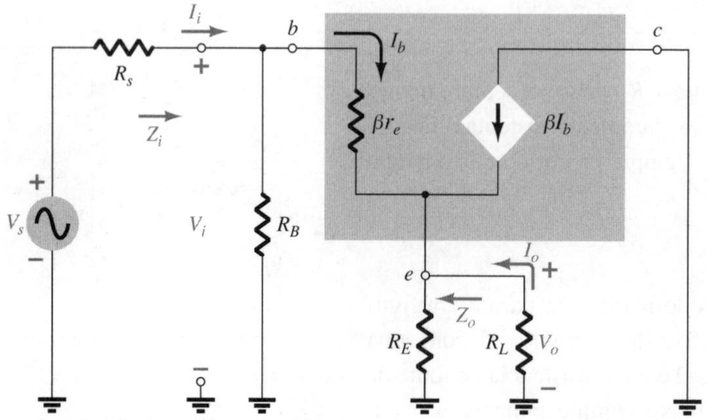

Figura 5.59 Substituição do circuito r_e equivalente no circuito CA equivalente da Figura 5.58.

O efeito de uma resistência de carga e uma impedância de fonte nas configurações TBJ restantes não será examinado em detalhes aqui. No entanto, a Tabela 5.1 na Seção 5.14 examina os resultados para cada configuração.

5.13 DETERMINAÇÃO DO GANHO DE CORRENTE

Podemos notar, nas seções anteriores, que o ganho de corrente não foi determinado para cada configuração. Edições anteriores deste livro continham os detalhes para determinar esse ganho, mas, na realidade, o ganho de tensão costuma ser o de maior importância. A ausência das deduções não deve causar preocupação, porque:

Para cada configuração de transistor, o ganho de corrente pode ser determinado diretamente a partir do ganho de tensão, da carga definida e da impedância de entrada.

A dedução da equação que relaciona os ganhos de tensão e de corrente pode ser realizada a partir da configuração de duas portas da Figura 5.60.

O ganho de corrente é definido por:

$$A_i = \frac{I_o}{I_i} \tag{5.84}$$

A aplicação da lei de Ohm nos circuitos de entrada e de saída resulta em:

$$I_i = \frac{V_i}{Z_i} \quad \text{e} \quad I_o = -\frac{V_o}{R_L}$$

O sinal negativo associado à equação de saída existe simplesmente para indicar que a polaridade da tensão de saída é determinada por uma corrente de saída que tem o sentido oposto ao indicado. Por definição, as correntes de entrada e de saída seguem o sentido de entrada na configuração de duas portas.

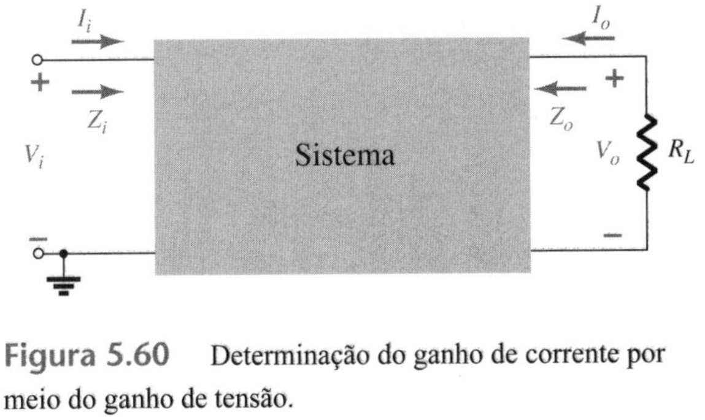

Figura 5.60 Determinação do ganho de corrente por meio do ganho de tensão.

A substituição na Equação 5.84, então, resulta em

$$A_{i_L} = \frac{I_o}{I_i} = \frac{-\dfrac{V_o}{R_L}}{\dfrac{V_i}{Z_i}} = -\frac{V_o}{V_i} \cdot \frac{Z_i}{R_L}$$

e na seguinte equação importante:

$$A_{i_L} = -A_{v_L}\frac{Z_i}{R_L} \tag{5.85}$$

O valor de R_L é definido pela localização de V_o e I_o.

Para demonstrar a validade da Equação 5.85, analisaremos a configuração de polarização por divisor de tensão da Figura 5.28.

Usando os resultados do Exemplo 5.2, encontramos

$$I_i = \frac{V_i}{Z_i} = \frac{V_i}{1{,}35\ \text{k}\Omega} \quad \text{e} \quad I_o = -\frac{V_o}{R_L} = -\frac{V_o}{6{,}8\ \text{k}\Omega}$$

de modo que

$$A_{i_L} = \frac{I_o}{I_i} = \frac{-\left(\dfrac{V_o}{6{,}8\ \text{k}\Omega}\right)}{\dfrac{V_i}{1{,}35\ \text{k}\Omega}} = -\left(\frac{V_o}{V_i}\right)\left(\frac{1{,}35\ \text{k}\Omega}{6{,}8\ \text{k}\Omega}\right)$$

$$= -(-368{,}76)\left(\frac{1{,}35\ \text{k}\Omega}{6{,}8\ \text{k}\Omega}\right) = \mathbf{73{,}2}$$

Usando a Equação 5.85:

$$A_{i_L} = -A_{v_L}\frac{Z_i}{R_L} = -(-368{,}76)\left(\frac{1{,}35\ \text{k}\Omega}{6{,}8\ \text{k}\Omega}\right) = \mathbf{73{,}2}$$

que tem o mesmo formato da equação resultante anterior e o mesmo resultado.

A solução para o ganho de corrente em termos dos parâmetros de circuito será mais complicada para algumas configurações se a solução desejada for dada em função dos parâmetros de circuito. No entanto, se uma solução numérica é tudo que se deseja, basta substituir o valor dos três parâmetros a partir de uma análise do ganho de tensão.

Como um segundo exemplo, analisemos a configuração com polarização de base comum da Seção 5.9. Nesse caso, o ganho de tensão é

$$A_{v_L} \cong \frac{R_C}{r_e}$$

Tabela 5.1 Amplificadores transistorizados com TBJ sem carga.

Configuração	Z_i	Z_o	A_v	A_i
Polarização fixa: 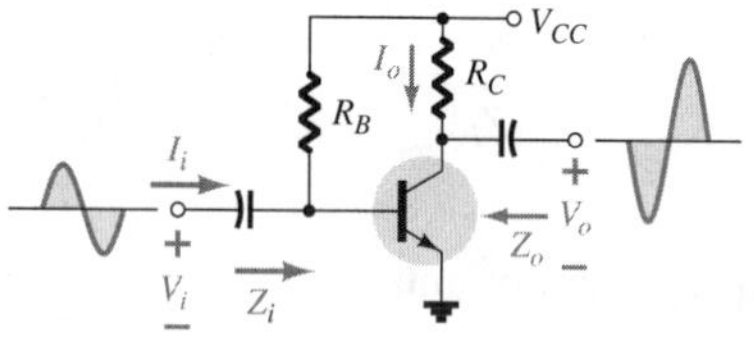	Média (1 kΩ) $= R_B \| \beta r_e$ $\cong \beta r_e$ $(R_B \geq 10\beta r_e)$	Média (2 kΩ) $= R_C \| r_o$ $\cong R_C$ $(r_o \geq 10R_C)$	Alta (−200) $= -\frac{(R_C \| r_o)}{r_e}$ $\cong -\frac{R_C}{r_e}$ $(r_o \geq 10R_C)$	Alta (100) $= \frac{\beta R_B r_o}{(r_o + R_C)(R_B + \beta r_e)}$ $\cong \beta$ $(r_o \geq 10R_C, R_B \geq 10\beta r_e)$
Polarização por divisor de tensão: 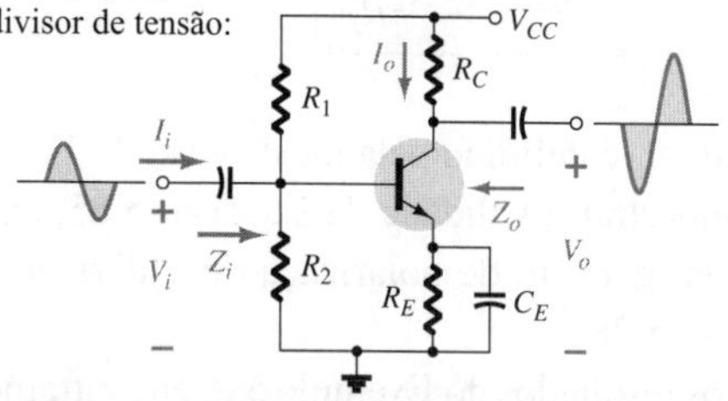	Média (1 kΩ) $= R_1 \| R_2 \| \beta r_e$	Média (2 kΩ) $= R_C \| r_o$ $\cong R_C$ $(r_o \geq 10R_C)$	Alta (−200) $= -\frac{R_C \| r_o}{r_e}$ $\cong -\frac{R_C}{r_e}$ $(r_o \geq 10R_C)$	Alta (50) $= \frac{\beta(R_1 \| R_2)r_o}{(r_o + R_C)(R_1 \| R_2 + \beta r_e)}$ $\cong \frac{\beta(R_1 \| R_2)}{R_1 \| R_2 + \beta r_e}$ $(r_o \geq 10R_C)$
Polarização de emissor sem desvio: 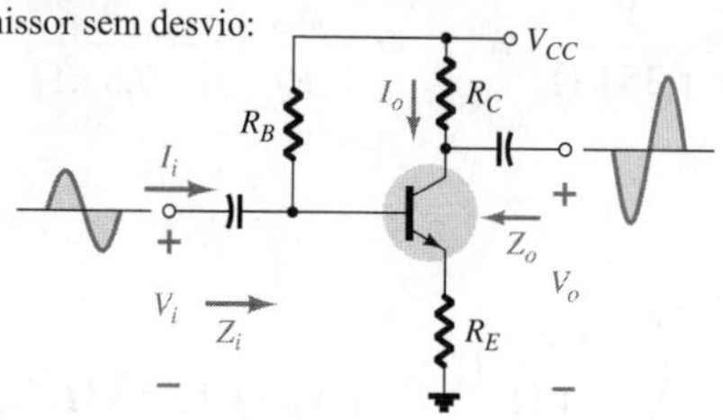	Alta (100 kΩ) $= R_B \| Z_b$ $Z_b \cong \beta(r_e + R_E)$ $\cong R_B \| \beta R_E$ $(R_E \gg r_e)$	Média (2 kΩ) $= R_C$ (qualquer nível de r_o)	Baixa (−5) $= -\frac{R_C}{r_e + R_E}$ $\cong -\frac{R_C}{R_E}$ $(R_E \gg r_e)$	Alta (50) $\cong -\frac{\beta R_B}{R_B + Z_b}$
Seguidor de emissor: 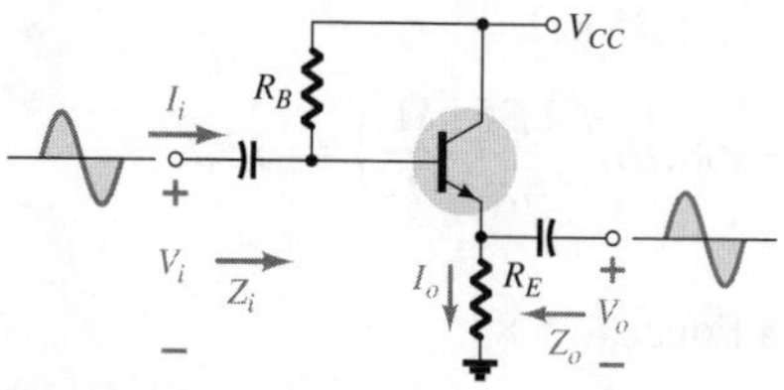	Alta (100 kΩ) $= R_B \| Z_b$ $Z_b \cong \beta(r_e + R_E)$ $\cong R_B \| \beta R_E$ $(R_E \gg r_e)$	Baixa (20 Ω) $= R_E \| r_e$ $\cong r_e$ $(R_E \gg r_e)$	Baixa ($\cong 1$) $= \frac{R_E}{R_E + r_e}$ $\cong 1$	Alta (−50) $\cong -\frac{\beta R_B}{R_B + Z_b}$
Base-comum: 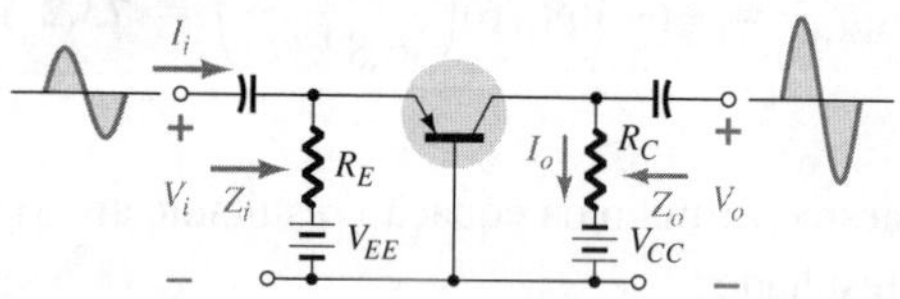	Baixa (20 Ω) $= R_E \| r_e$ $\cong r_e$ $(R_E \gg r_e)$	Média (2 kΩ) $= R_C$	Alta (200) $\cong \frac{R_C}{r_e}$	Baixa (−1) $\cong -1$
Realimentação do coletor: 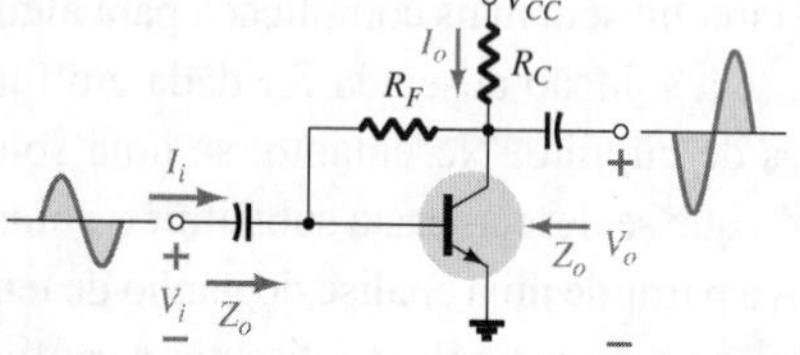	Média (1 kΩ) $= \frac{r_e}{\frac{1}{\beta} + \frac{R_C}{R_F}}$ $(r_o \geq 10R_C)$	Média (2 kΩ) $\cong R_C \| R_F$ $(r_o \geq 10R_C)$	Alta (−200) $\cong -\frac{R_C}{r_e}$ $(r_o \geq 10R_C)$ $(R_F \gg R_C)$	Alta (50) $= \frac{\beta R_F}{R_F + \beta R_C}$ $\cong \frac{R_F}{R_C}$

e a impedância de entrada é

$$Z_i \cong R_E \| r_e \cong r_e$$

com R_L definida como sendo R_C devido à localização de I_o.

O resultado é o seguinte:

$$A_{i_L} = -A_{v_L}\frac{Z_i}{R_L} = \left(-\frac{R_C}{r_e}\right)\left(\frac{r_e}{R_C}\right) \cong -1$$

que está de acordo com a solução da seção porque $I_c \cong I_e$. Note, nesse caso, que a corrente de saída tem o sentido oposto ao que aparece nos circuitos dessa seção por causa do sinal negativo.

5.14 TABELAS-RESUMO

As últimas seções incluíram uma série de derivações para configurações TBJ sem carga e com carga. O material é tão extenso que nos pareceu apropriado analisar a maioria das conclusões para as várias configurações nas tabelas-resumo para fins de comparação rápida. Embora as equações que usam parâmetros híbridos não tenham sido discutidas em detalhe até agora, elas foram incluídas para completar as tabelas. O uso de parâmetros híbridos será examinado em uma seção posterior deste capítulo. Em cada caso, as formas de onda incluídas demonstram a relação de fase entre as tensões de entrada e saída. Elas também revelam o valor relativo das tensões nos terminais de entrada e saída.

A Tabela 5.1 se refere a uma situação sem carga, enquanto a Tabela 5.2 inclui o efeito de R_s e R_L.

5.15 SISTEMAS DE DUAS PORTAS

No processo de projeto, muitas vezes é necessário trabalhar com as características de terminal de um dispositivo em vez de com os componentes individuais do sistema. Em outras palavras, o projetista recebe um pacote do produto com uma lista de dados referentes a suas características, mas ele não tem acesso à estrutura interna. Esta seção relacionará os parâmetros importantes determinados para uma série de configurações das seções anteriores com os parâmetros importantes desse sistema empacotado ("lacrado"). O resultado será a compreensão de como cada parâmetro desse sistema se relaciona com o amplificador ou com o circuito reais. O sistema da Figura 5.61 é denominado sistema de duas portas porque existem dois conjuntos de terminais — um na entrada e outro na saída. Neste ponto, é especialmente importante observar que

os dados em torno de um sistema empacotado são os dados sem carga.

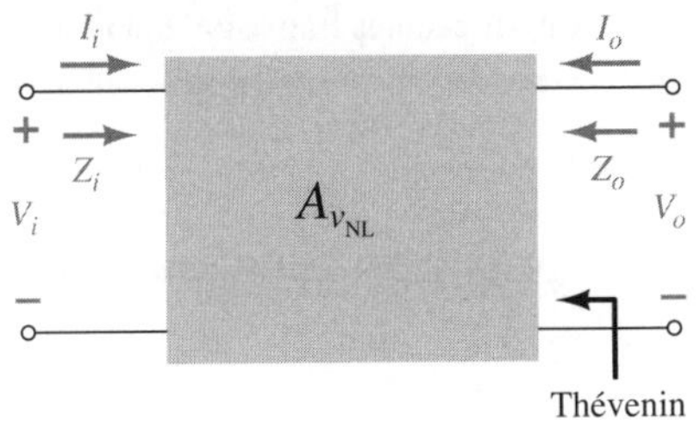

Figura 5.61 Sistema de duas portas.

Isso deve ficar bastante óbvio, porque a carga não foi aplicada e também não faz parte do pacote.

Para o sistema de duas portas da Figura 5.61, a polaridade das tensões e o sentido das correntes são como definidos. Se as correntes tiverem um sentido diferente ou as tensões tiverem uma polaridade diferente em relação à Figura 5.61, um sinal negativo deverá ser aplicado. Note novamente o uso da notação $A_{v_{NL}}$ para indicar que o ganho de tensão fornecido será o valor sem carga.

Para os amplificadores, os parâmetros relevantes foram esboçados dentro dos limites do sistema de duas portas, como mostra a Figura 5.62. As resistências de entrada e saída de um amplificador empacotado costumam ser fornecidas com o ganho sem carga. Elas podem ser inseridas, então, como mostra a Figura 5.62 para representar o pacote.

Para a situação sem carga, a tensão de saída é

$$\boxed{V_o = A_{v_{NL}} V_i} \tag{5.86}$$

devido ao fato de que $I = 0A$, o que resulta em $I_o R_o = 0V$.

A resistência de saída é definida por $V_i = 0V$. Sob tais condições, a quantidade $A_{v_{NL}} V_i$ também é igual a zero volt e pode ser substituída por um equivalente de curto-circuito. O resultado é:

$$\boxed{Z_o = R_o} \tag{5.87}$$

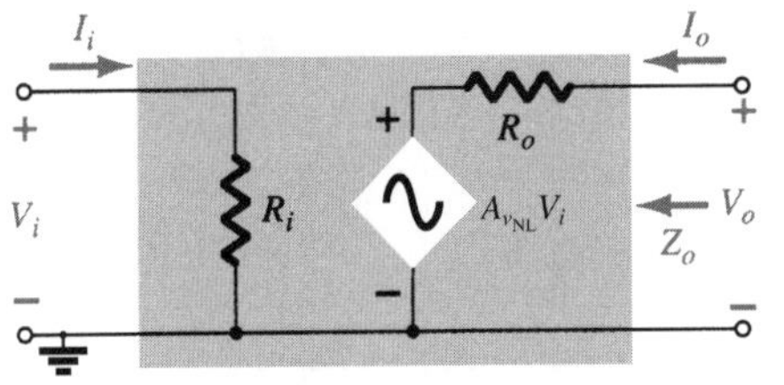

Figura 5.62 Substituição dos elementos internos no sistema de duas portas da Figura 5.61.

Tabela 5.2 Amplificadores transistorizados com TBJ incluindo o efeito de R_s e R_L.

Configuração	$A_{v_L} = V_o/V_i$	Z_i	Z_o
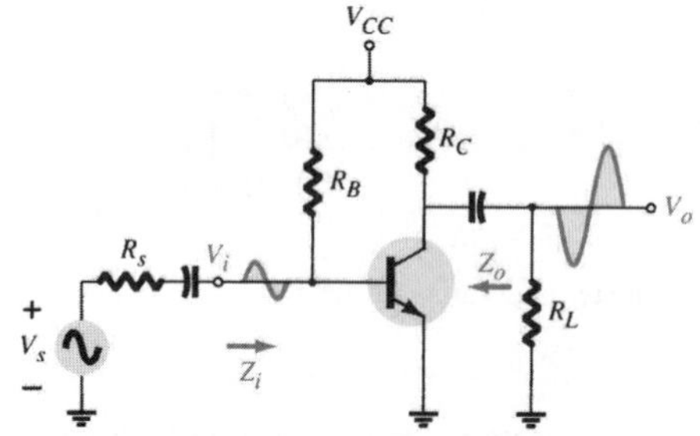	$\dfrac{-(R_L \| R_C)}{r_e}$	$R_B \| \beta r_e$	R_C
	Incluindo r_o: $-\dfrac{(R_L \| R_C \| r_o)}{r_e}$	$R_B \| \beta r_e$	$R_C \| r_o$
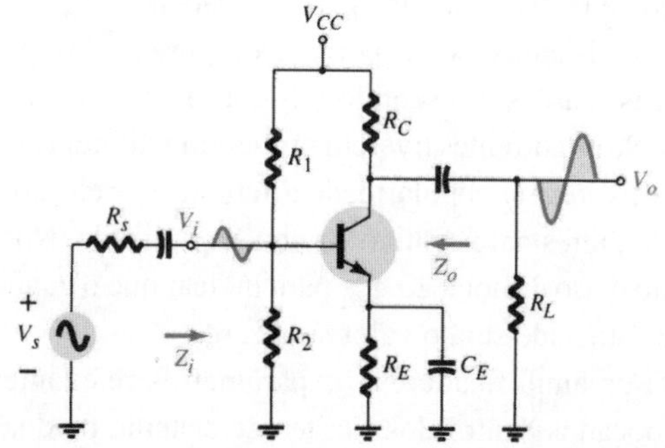	$\dfrac{-(R_L \| R_C)}{r_e}$	$R_1 \| R_2 \| \beta r_e$	R_C
	Incluindo r_o: $\dfrac{-(R_L \| R_C \| r_o)}{r_e}$	$R_1 \| R_2 \| \beta r_e$	$R_C \| r_o$
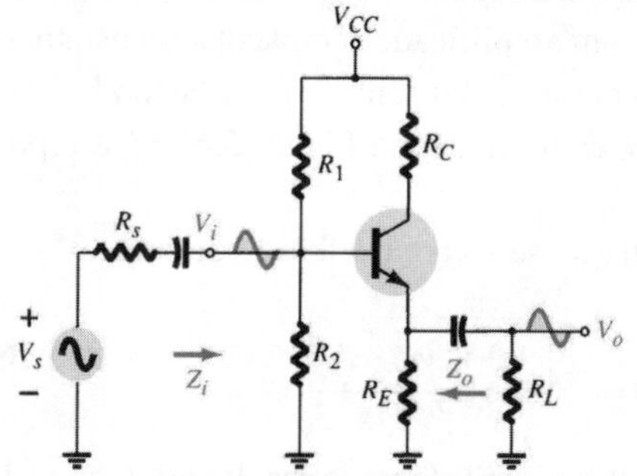	$\cong 1$	$R'_E = R_L \| R_E$ $R_1 \| R_2 \| \beta(r_e + R'_E)$	$R'_s = R_s \| R_1 \| R_2$ $R_E \| \left(\dfrac{R'_s}{\beta} + r_e\right)$
	Incluindo r_o: $\cong 1$	$R_1 \| R_2 \| \beta(r_e + R'_E)$	$R_E \| \left(\dfrac{R'_s}{\beta} + r_e\right)$
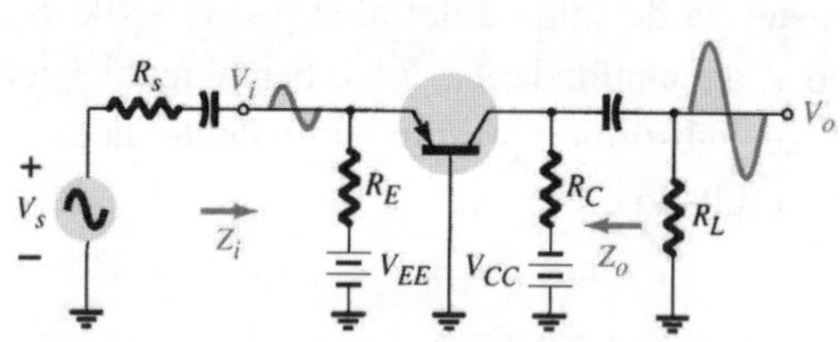	$\cong \dfrac{-(R_L \| R_C)}{r_e}$	$R_E \| r_e$	R_C
	Incluindo r_o: $\cong \dfrac{-(R_L \| R_C \| r_o)}{r_e}$	$R_E \| r_e$	$R_C \| r_o$
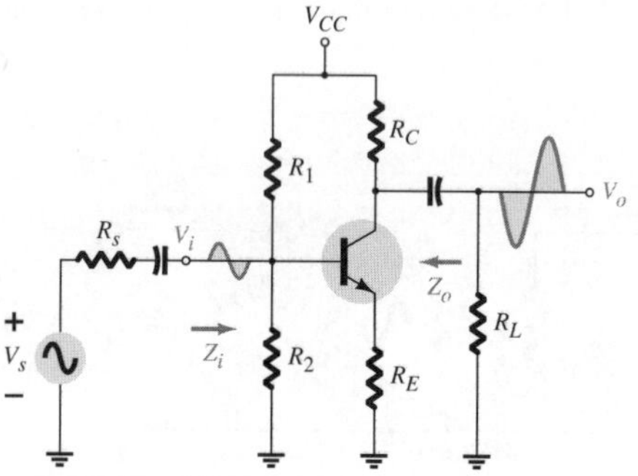	$\dfrac{-(R_L \| R_C)}{R_E}$	$R_1 \| R_2 \| \beta(r_e + R_E)$	R_C
	Incluindo r_o: $\dfrac{-(R_L \| R_C)}{R_E}$	$R_1 \| R_2 \| \beta(r_e + R_e)$	$\cong R_C$

(*continua*)

Tabela 5.2 Amplificadores transistorizados com incluindo o efeito de R_s e R_L (continuação).

Configuração	$A_{v_L} = V_o/V_i$	Z_i	Z_o
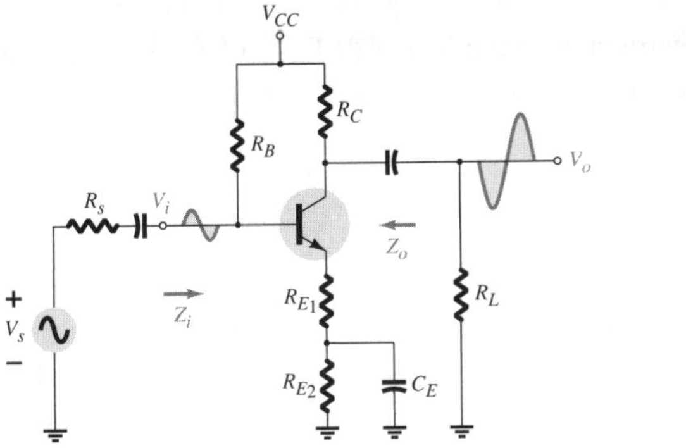	$\dfrac{-(R_L \\| R_C)}{R_{E_1}}$	$R_B \\| \beta(r_e + R_{E_1})$	R_C
	Incluindo r_o: $\dfrac{-(R_L \\| R_C)}{R_{E_t}}$	$R_B \\| \beta(r_e + R_E)$	$\cong R_C$
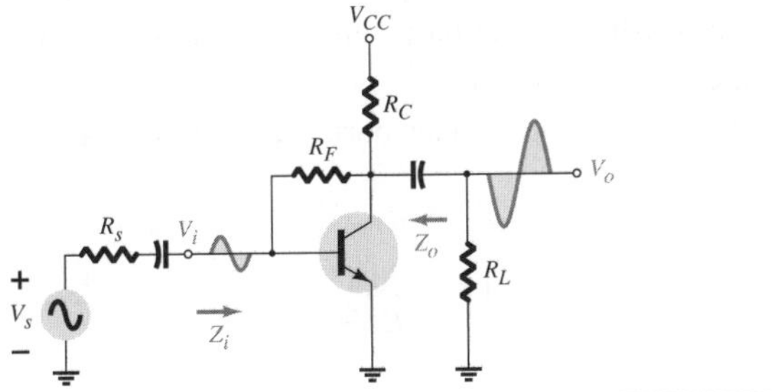	$\dfrac{-(R_L \\| R_C)}{r_e}$	$\beta r_e \\| \dfrac{R_F}{\|A_v\|}$	R_C
	Incluindo r_o: $\dfrac{-(R_L \\| R_C \\| r_o)}{r_e}$	$\beta r_e \\| \dfrac{R_F}{\|A_v\|}$	$R_C \\| R_F \\| r_o$
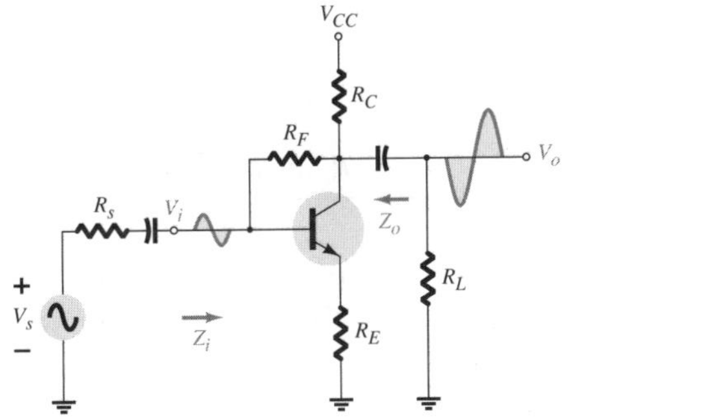	$\dfrac{-(R_L \\| R_C)}{R_E}$	$\beta R_E \\| \dfrac{R_F}{\|A_v\|}$	$\cong R_C \\| R_F$
	Incluindo r_o: $\cong \dfrac{-(R_L \\| R_C)}{R_E}$	$\cong \beta R_E \\| \dfrac{R_F}{\|A_v\|}$	$\cong R_C \\| R_F$

Por fim, a impedância de entrada Z_i simplesmente relaciona a tensão aplicada à corrente de entrada resultante e:

$$\boxed{Z_i = R_i} \tag{5.88}$$

Para a situação sem carga, o ganho de corrente é indefinido porque a corrente de carga é igual a zero. Há, no entanto, um ganho de tensão sem carga igual a $A_{v\text{NL}}$.

O efeito da aplicação de uma carga a um sistema de duas portas resultará na configuração da Figura 5.63. Idealmente, nenhum dos parâmetros do modelo é afetado pela alteração de cargas e valores de resistência de fonte. Entretanto, para algumas configurações a transistor, a carga aplicada pode afetar a resistência de entrada, enquanto, para outras, a resistência de saída pode ser afetada pela resistência de fonte. Em todos os casos, porém, por definição simples, o ganho sem carga não é afetado pela aplicação de uma carga. De qualquer forma, uma vez que $A_{v\text{NL}}$, R_i e R_o estejam definidos para determinada configuração, as equações a serem deduzidas podem ser empregadas.

A aplicação da regra do divisor de tensão no circuito de saída resulta em

$$V_o = \frac{R_L A_{v\text{NL}} V_i}{R_L + R_o}$$

e

$$\boxed{A_{v_L} = \frac{V_o}{V_i} = \frac{R_L}{R_L + R_o} A_{v\text{NL}}} \tag{5.89}$$

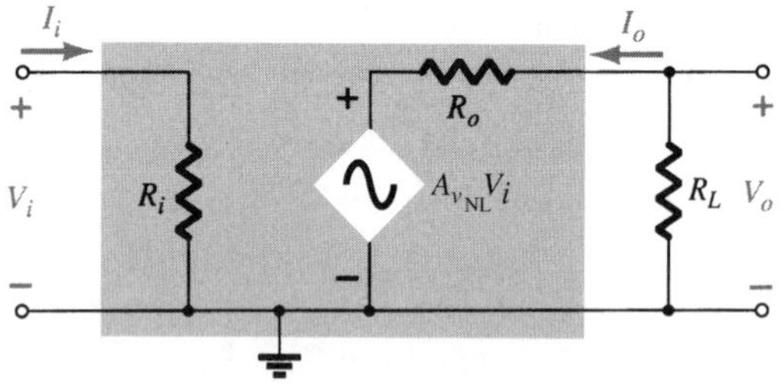

Figura 5.63 Aplicação de uma carga no sistema de duas portas da Figura 5.62.

Visto que a razão $R_L/(R_L + R_o)$ é sempre menor do que 1, temos evidência adicional de que o ganho de tensão com carga de um amplificador é sempre menor do que o valor sem carga.

O ganho de corrente é, então, determinado por

$$A_{i_L} = \frac{I_o}{I_i} = \frac{-V_o/R_L}{V_i/Z_i} = -\frac{V_o}{V_i}\frac{Z_i}{R_L}$$

e

$$A_{i_L} = -A_{v_L}\frac{Z_i}{R_L} \qquad (5.90)$$

tal como obtido anteriormente. De modo geral, portanto, o ganho de corrente pode ser obtido a partir do ganho de tensão e dos parâmetros de impedância Z_i e R_L. O próximo exemplo demonstrará a utilidade e a validade das equações 5.89 e 5.90.

Agora voltamos nossa atenção para o lado de entrada do sistema de duas portas e para o efeito de uma resistência de fonte interna sobre o ganho de um amplificador. Na Figura 5.64, uma fonte com uma resistência interna foi aplicada ao sistema básico de duas portas. As definições de Z_i e $A_{v_{NL}}$ são tais que:

Os parâmetros Z_i e $A_{v_{NL}}$ de um sistema de duas portas não são afetados pela resistência interna da fonte aplicada.

No entanto:

A impedância de saída pode ser afetada pelo valor de R_s.

A fração do sinal aplicado que chega aos terminais de entrada do amplificador da Figura 5.64 é determinada pela regra do divisor de tensão. Isto é,

$$V_i = \frac{R_i V_s}{R_i + R_s} \qquad (5.91)$$

A equação 5.91 mostra claramente que quanto maior o valor de R_s, menor a tensão nos terminais de entrada do amplificador. De modo geral, portanto, como mencionado anteriormente, para um amplificador específico, quanto maior a resistência interna de uma fonte de sinal, menor o ganho global do sistema.

Para o sistema de duas portas da Figura 5.64,

$$V_o = A_{v_{NL}} V_i$$

e

$$V_i = \frac{R_i V_s}{R_i + R_s}$$

de modo que

$$V_o = A_{v_{NL}}\frac{R_i}{R_i + R_s}V_s$$

e

$$A_{v_s} = \frac{V_o}{V_s} = \frac{R_i}{R_i + R_s}A_{v_{NL}} \qquad (5.92)$$

Os efeitos de R_s e R_L foram demonstrados individualmente. A próxima questão é como a presença de ambos os fatores no mesmo circuito afetará o ganho total. Na Figura 5.65, uma fonte com resistência interna R_s e uma carga R_L foram aplicadas a um sistema de duas portas para o qual os parâmetros Z_i, $A_{v_{NL}}$ e Z_o foram especificados. Por enquanto, vamos supor que Z_i e Z_o não são afetados por R_L e R_s, respectivamente.

No lado de entrada, encontramos

$$\text{Equação 5.91: } V_i = \frac{R_i V_s}{R_i + R_s}$$

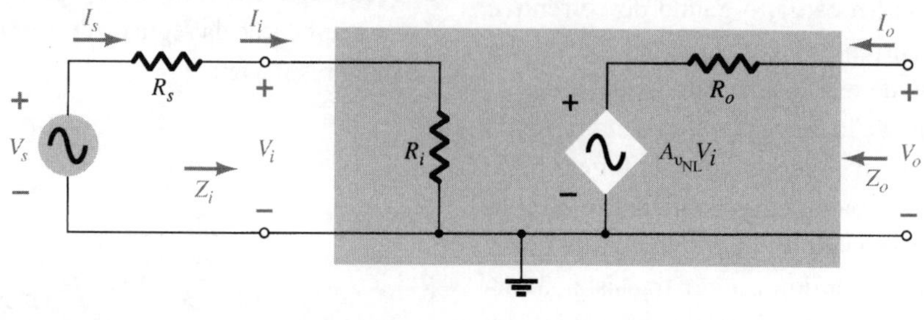

Figura 5.64 Inclusão dos efeitos da resistência de fonte R_s.

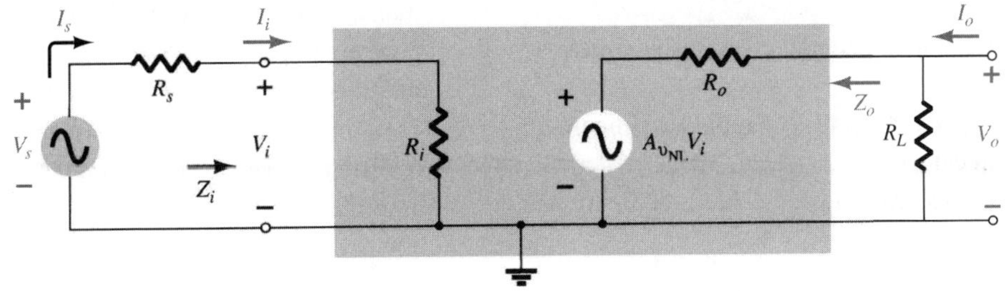

Figura 5.65 Consideração dos efeitos de R_s e R_L sobre o ganho de um amplificador.

ou

$$\frac{V_i}{V_s} = \frac{R_i}{R_i + R_s} \tag{5.93}$$

e, no lado de saída,

$$V_o = \frac{R_L}{R_L + R_o} A_{v_{NL}} V_i$$

ou

$$A_{v_L} = \frac{V_o}{V_i} = \frac{R_L A_{v_{NL}}}{R_L + R_o} = \frac{R_L}{R_L + R_o} A_{v_{NL}} \tag{5.94}$$

Para o ganho total $A_{v_s} = V_o/V_s$, as seguintes operações matemáticas podem ser realizadas:

$$A_{v_s} = \frac{V_o}{V_s} = \frac{V_o}{V_i} \cdot \frac{V_i}{V_s} \tag{5.95}$$

e substituindo as equações 5.93 e 5.94 temos:

$$A_{v_s} = \frac{V_o}{V_s} = \frac{R_i}{R_i + R_s} \cdot \frac{R_L}{R_L + R_o} A_{v_{NL}} \tag{5.96}$$

Visto que $I_i = V_i/R_i$, como anteriormente,

$$A_{i_L} = -A_{v_L} \frac{R_i}{R_L} \tag{5.97}$$

ou, usando $I_s = V_s/(R_s + R_i)$,

$$A_{i_s} = -A_{v_s} \frac{R_s + R_i}{R_L} \tag{5.98}$$

No entanto, $I_i = I_s$, de modo que as equações 5.97 e 5.98 geram o mesmo resultado. A Equação 5.96 revela claramente que tanto a resistência de fonte quanto a resistência de carga reduzirão o ganho global do sistema.

Os dois fatores de redução da Equação 5.96 formam um produto que deve ser cuidadosamente avaliado em qualquer procedimento de projeto. Não basta assegurar que R_s é relativamente pequeno se o efeito do valor de R_L for ignorado. Por exemplo, na Equação 5.96, se o primeiro fator é 0,9 e o segundo é 0,2, o produto dos dois resulta em um fator de redução global igual a (0,9)(0,2) = 0,18, que é próximo do fator mais baixo. O efeito do excelente valor 0,9 foi completamente dizimado pelo segundo multiplicador significativamente menor. Se ambos fossem fatores de valor 0,9, o resultado líquido seria (0,9)(0,9) = 0,81, que ainda é bastante elevado. Mesmo que o primeiro fosse 0,9 e o segundo fosse 0,7, o resultado líquido de 0,63 ainda seria respeitável. De modo geral, portanto, para um ganho total razoável, os efeitos de R_s e R_L devem ser avaliados individualmente e como um produto.

EXEMPLO 5.12

Determine A_{v_L} e A_{v_s} para o circuito do Exemplo 5.11 e compare as soluções. O Exemplo 5.1 mostrou que $A_{v_{NL}} = -280$, $Z_i = 1{,}07\ \text{k}\Omega$ e $Z_o = 3\ \text{k}\Omega$. No Exemplo 5.11, $R_L = 4{,}7\ \text{k}\Omega$ e $R_s = 0{,}3\ \text{k}\Omega$.

Solução:

a) Equação 5.89:

$$A_{v_L} = \frac{R_L}{R_L + R_o} A_{v_{NL}} = \frac{4{,}7\ \text{k}\Omega}{4{,}7\ \text{k}\Omega + 3\ \text{k}\Omega}(-280{,}11) = \mathbf{-170{,}98}$$

tal como no Exemplo 5.11.

b) Equação 5.96:

$$A_{v_s} = \frac{R_i}{R_i + R_s} \cdot \frac{R_L}{R_L + R_o} A_{v_{NL}} = \frac{1{,}07\ \text{k}\Omega}{1{,}07\ \text{k}\Omega + 0{,}3\ \text{k}\Omega} \cdot \frac{4{,}7\ \text{k}\Omega}{4{,}7\ \text{k}\Omega + 3\ \text{k}\Omega}(-280{,}11) = (0{,}781)(0{,}610)(-280{,}11) = \mathbf{-133{,}45}$$

tal como no Exemplo 5.11.

EXEMPLO 5.13

Dado o amplificador empacotado (sem os parâmetros internos) da Figura 5.66:

a) Determine o ganho A_{v_L} com $R_L = 1{,}2\ k\Omega$ e compare-o ao valor sem carga.

b) Repita o item (a) com $R_L = 5{,}6\ k\Omega$ e compare as soluções.

c) Determine A_{v_s} com $R_L = 1{,}2\ k\Omega$.

d) Determine o ganho de corrente

$$A_i = \frac{I_o}{I_i} = \frac{I_o}{I_s} \text{ com } R_L = 5{,}6\ k\Omega.$$

Solução:

a) Equação 5.89:

$$A_{v_L} = \frac{R_L}{R_L + R_o} A_{v_{NL}}$$
$$= \frac{1{,}2\ k\Omega}{1{,}2\ k\Omega + 2\ k\Omega}(-480) = (0{,}375)(-480)$$
$$= \mathbf{-180}$$

que representa uma queda drástica em relação ao valor sem carga.

b) Equação 5.89:

$$A_{v_L} = \frac{R_L}{R_L + R_o} A_{v_{NL}}$$
$$= \frac{5{,}6\ k\Omega}{5{,}6\ k\Omega + 2\ k\Omega}(-480) = (0{,}737)(-480)$$
$$= \mathbf{-353{,}76}$$

que revela claramente que quanto maior o resistor de carga, melhor o ganho.

c) Equação 5.96:

$$A_{v_s} = \frac{R_i}{R_i + R_s} \cdot \frac{R_L}{R_L + R_o} A_{v_{NL}}$$
$$= \frac{4\ k\Omega}{4\ k\Omega + 0{,}2\ k\Omega} \cdot \frac{1{,}2\ k\Omega}{1{,}2\ k\Omega + 2\ k\Omega}(-480)$$
$$= (0{,}952)(0{,}375)(-480)$$
$$= \mathbf{-171{,}36}$$

que é bastante próximo do ganho com carga A_v, porque a impedância de entrada é consideravelmente maior do que a resistência de fonte. Em outras palavras, a resistência de fonte é relativamente pequena quando comparada com a impedância de entrada do amplificador.

$$\text{d)}\ A_{i_L} = \frac{I_o}{I_i} = \frac{I_o}{I_s} = -A_{v_L}\frac{Z_i}{R_L}$$
$$= -(-353{,}76)\left(\frac{4\ k\Omega}{5{,}6\ k\Omega}\right) = (-353{,}76)(0{,}714)$$
$$= \mathbf{-252{,}6}$$

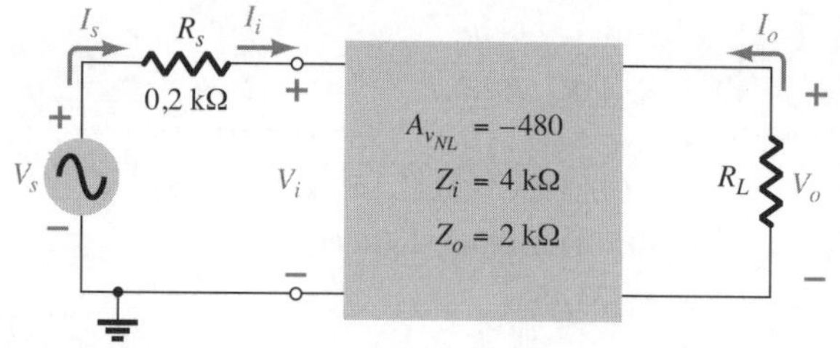

Figura 5.66 Amplificador para o Exemplo 5.13.

É importante compreender que, quando utilizamos as equações de duas portas em algumas configurações, a impedância de entrada é sensível à carga aplicada (tal como o seguidor de emissor e a realimentação de coletor), e em outras a impedância de saída é sensível à resistência de fonte aplicada (tal como o seguidor de emissor). Nesses casos, os parâmetros sem carga para Z_i e Z_o devem ser calculados antes da substituição nas equações de duas portas. Para a maioria dos sistemas empacotados, como o amp-ops, essa sensibilidade dos parâmetros de entrada e saída à carga aplicada ou à resistência de fonte é minimizada para eliminar a necessidade de preocupação com alterações nos valores sem carga ao utilizarmos equações de duas portas.

5.16 SISTEMAS EM CASCATA

A abordagem de sistema de duas portas é particularmente útil no caso de sistemas em cascata, como o que aparece na Figura 5.67, onde A_{v1}, A_{v2}, A_{v3} e assim por diante são os ganhos de tensão de cada estágio *sob condições com carga*. Isto é, A_{v1} é determinado enquanto a *impedância de entrada A_{v2} atua como carga para A_{v1}*. Para A_{v2}, A_{v1} determinará a intensidade do sinal e a impedância da fonte na entrada de A_{v2}. O ganho total do sistema é, então, determinado pelo produto dos ganhos individuais, como segue:

$$A_{v_T} = A_{v_1} \cdot A_{v_2} \cdot A_{v_3} \cdots \quad (5.99)$$

e o ganho de corrente total é dado por:

$$A_{i_T} = -A_{v_T}\frac{Z_{i_1}}{R_L} \quad (5.100)$$

Por mais perfeito que seja o projeto, a aplicação de um estágio ou uma carga subsequente a um sistema de

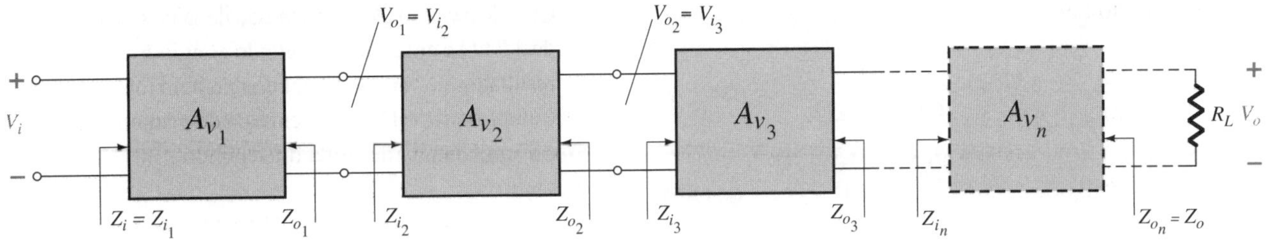

Figura 5.67 Sistema em cascata.

duas portas afeta o ganho de tensão. Portanto, não existe a possibilidade de uma situação em que A_{v1}, A_{v2} e assim por diante, como vemos na Figura 5.67, sejam simplesmente valores para a situação sem carga. Os parâmetros sem carga podem ser usados para determinar os ganhos com carga de cada estágio, mas a Equação 5.99 requer os valores com carga. A carga no estágio 1 é Z_{i2}, no estágio 2, Z_{i3}, no estágio 3, Z_{i_n} etc.

EXEMPLO 5.14

O sistema de dois estágios da Figura 5.68 utiliza transistor em uma configuração seguidor de emissor antes de uma configuração base-comum para assegurar que o máximo porcentual do sinal aplicado apareça nos terminais de entrada do amplificador base-comum. Na Figura 5.68, os valores sem carga são fornecidos para cada sistema, com exceção de Z_i e Z_o para o seguidor de emissor, os quais são valores com carga. Para a configuração da Figura 5.68, determine:

a) O ganho com carga para cada estágio.
b) O ganho total para o sistema, A_v e A_{v_s}.
c) O ganho de corrente total para o sistema.
d) O ganho total para o sistema se a configuração de seguidor de emissor for removida.

Solução:

a) Para a configuração de seguidor de emissor, o ganho com carga é (pela Equação 5.94):

$$V_{o_1} = \frac{Z_{i_2}}{Z_{i_2} + Z_{o_1}} A_{v_{NL}} V_{i_1}$$
$$= \frac{26\,\Omega}{26\,\Omega + 12\,\Omega}(1)\,V_{i_1} = 0{,}684\,V_{i_1}$$

e $$A_{V_i} = \frac{V_{o_1}}{V_{i_1}} = \mathbf{0{,}684}$$

Para a configuração base comum,

$$V_{o_2} = \frac{R_L}{R_L + R_{o_2}} A_{v_{NL}} V_{i_2}$$
$$= \frac{8{,}2\,k\Omega}{8{,}2\,k\Omega + 5{,}1\,k\Omega}(240)\,V_{i_2} = 147{,}97\,V_{i_2}$$

e $$A_{v_2} = \frac{V_{o_2}}{V_{i_2}} = \mathbf{147{,}97}$$

b) Equação 5.99: $A_{vT} = A_{v1}A_{v2}$
$= (0{,}684)(147{,}97)$
$= \mathbf{101{,}20}$

Equação 5.92:

$$A_{v_s} = \frac{Z_{i_1}}{Z_{i_1} + R_s} A_{v_T} = \frac{(10\,k\Omega)(101{,}20)}{10\,k\Omega + 1\,k\Omega}$$
$$= \mathbf{92}$$

c) Equação 5.100:

$$A_{i_T} = -A_{v_T}\frac{Z_{l_1}}{R_L} = -(101{,}20)\left(\frac{10\,k\Omega}{8{,}2\,k\Omega}\right)$$
$$= \mathbf{-123{,}41}$$

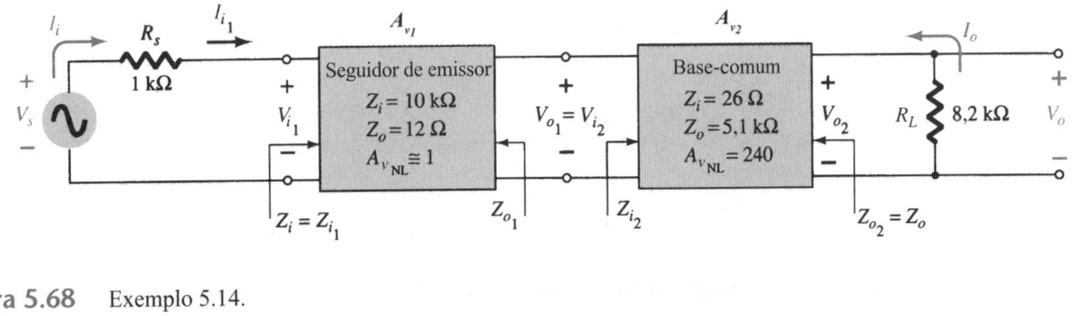

Figura 5.68 Exemplo 5.14.

d) Equação 5.91:

$$V_i = \frac{Z_{i_{CB}}}{Z_{i_{CB}} + R_s} V_s = \frac{26\ \Omega}{26\ \Omega + 1\ k\Omega} V_s = 0{,}025\ V_s$$

$$\text{e} \quad \frac{V_i}{V_s} = 0{,}025 \quad \text{com} \quad \frac{V_o}{V_i} = 147{,}97 \quad \text{de cima}$$

$$\text{e} \quad A_{v_s} = \frac{V_o}{V_s} = \frac{V_i}{V_s} \cdot \frac{V_o}{V_i} = (0{,}025)(147{,}97) = \mathbf{3{,}7}$$

No total, portanto, o ganho é cerca de 25 vezes maior quando a configuração seguidor de emissor é usada para repassar o sinal para os estágios amplificadores. Observe, entretanto, que também é importante que a impedância de saída do primeiro estágio seja relativamente próxima à impedância de entrada do segundo estágio, ou o sinal teria sido "perdido" novamente pela ação do divisor de tensão.

Amplificadores TBJ com acoplamento *RC*

Uma conexão comum de estágios amplificadores é o acoplamento *RC* mostrado na Figura 5.69 no próximo exemplo. O nome deriva do capacitor de acoplamento C_C e do fato de que a carga no primeiro estágio é uma combinação *RC*. O capacitor de acoplamento isola os dois estágios do ponto de vista CC, mas atua como um equivalente de curto-circuito para a resposta CA. A impedância de entrada do segundo estágio atua como uma carga no primeiro, o que permite a mesma abordagem de análise que a descrita nas duas últimas seções.

EXEMPLO 5.15

a) Calcule o ganho de tensão sem carga e a tensão de saída dos amplificadores transistorizados com acoplamento *RC* da Figura 5.69.

b) Calcule o ganho global e a tensão de saída se uma carga de 4,7 kΩ é aplicada ao segundo estágio e compare os resultados com aqueles obtidos no item (a).

c) Calcule a impedância de entrada do primeiro estágio e a impedância de saída do segundo.

Solução:

a) A análise de polarização CC resulta, para cada transistor, no que vemos a seguir:

$V_B = 4{,}7\ V$, $V_E = 4{,}0\ V$, $V_C = 11\ V$, $I_E = 4{,}0\ mA$

No ponto de polarização,

$$r_e = \frac{26\ mV}{I_E} = \frac{26\ mV}{4\ mA} = 6{,}5\ \Omega$$

A carga do segundo estágio é

$$Z_{i_2} = R_1 \| R_2 \| \beta r_e$$

que resulta no seguinte ganho para o primeiro estágio:

$$A_{v_1} = -\frac{R_C \| (R_1 \| R_2 \| \beta r_e)}{r_e}$$

$$= -\frac{(2{,}2\ k\Omega) \| [15\ k\Omega \| 4{,}7\ k\Omega \| (200)(6{,}5\ \Omega)]}{6{,}5\ \Omega}$$

$$= -\frac{665{,}2\ \Omega}{6{,}5\ \Omega} = -102{,}3$$

Para o segundo estágio sem carga, o ganho é

$$A_{v_{2(NL)}} = -\frac{R_C}{r_e} = -\frac{2{,}2\ k\Omega}{6{,}5\ \Omega} = -338{,}46$$

o que resulta em um ganho global de

$$A_{v_{T(NL)}} = A_{v_1} A_{v_{2(NL)}} = (-102{,}3)(-338{,}46)$$
$$\cong \mathbf{34{,}6 \times 10^3}$$

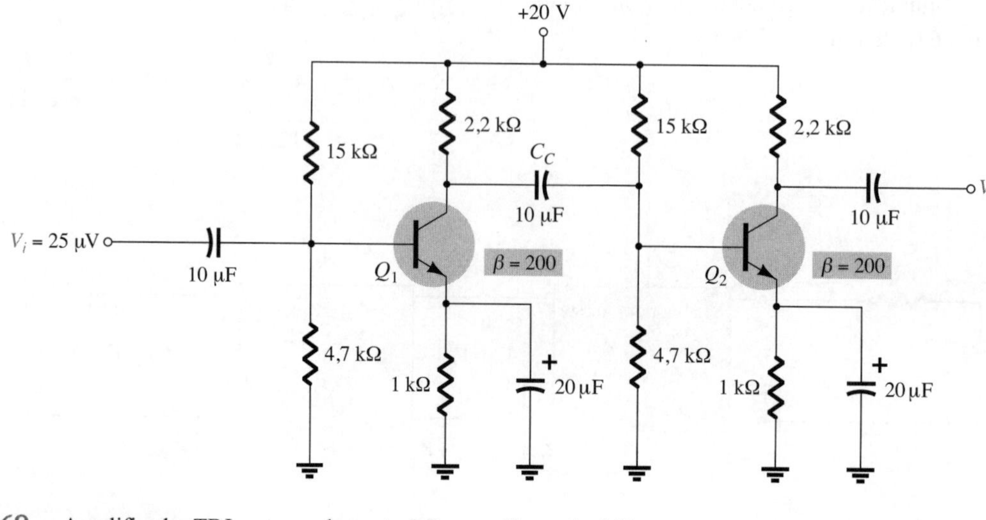

Figura 5.69 Amplificador TBJ com acoplamento *RC* para o Exemplo 5.15.

A tensão de saída é, portanto,

$$V_o = A_{v_{T(NL)}} V_i = (34{,}6 \times 10^3)(25\ \mu V) \cong \mathbf{865\ mV}$$

b) O ganho global com carga aplicada de 10 kΩ é

$$A_{v_T} = \frac{V_o}{V_i} = \frac{R_L}{R_L + Z_o} A_{v_{T(NL)}}$$
$$= \frac{4{,}7\ k\Omega}{4{,}7\ k\Omega + 2{,}2\ k\Omega}(34{,}6 \times 10^3)$$
$$\cong \mathbf{23{,}6 \times 10^3}$$

que é consideravelmente menor do que o ganho sem carga, porque R_L está relativamente próximo de R_C.

$$V_o = A_{v_T} V_i = (23{,}6 \times 10^3)(25\ \mu V) = \mathbf{590\ mV}$$

c) A impedância de entrada do primeiro estágio é

$$Z_{i_1} = R_1 \| R_2 \| \beta r_e = 4{,}7\ k\Omega \| 15\ k\Omega \| (200)(6{,}5\ \Omega) = \mathbf{953{,}6\ \Omega}$$

enquanto a impedância de saída para o segundo estágio é

$$Z_{o_2} = R_C = \mathbf{2{,}2\ k\Omega}$$

Conexão cascode

A configuração cascode possui uma de duas configurações possíveis. Em cada caso, o coletor do transistor que está à frente é conectado ao emissor do transistor seguinte. Um arranjo possível aparece na Figura 5.70; o segundo, na Figura 5.71 do exemplo a seguir.

Os arranjos fornecem uma impedância de entrada relativamente alta com ganho de tensão baixo para o primeiro estágio de modo a assegurar que a capacitância Miller de entrada (a ser discutida na Seção 9.9) seja mínima, enquanto o estágio BC seguinte oferece uma excelente resposta de alta frequência.

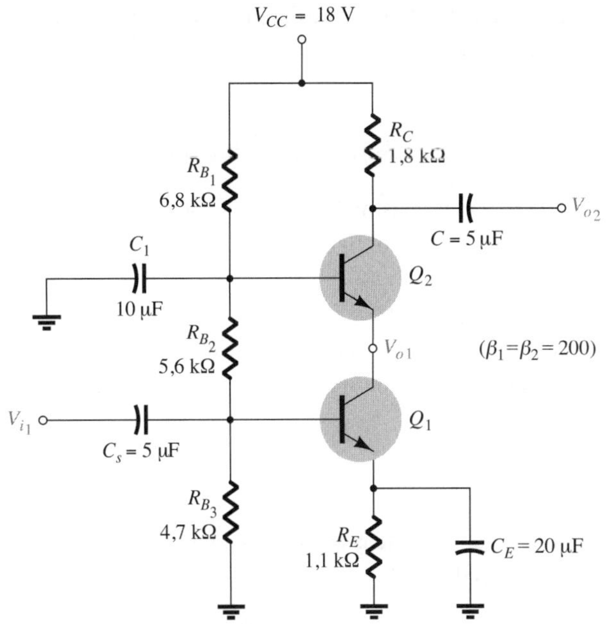

Figura 5.71 Circuito cascode prático para o Exemplo 5.16.

EXEMPLO 5.16

Calcule o ganho de tensão sem carga para a configuração cascode da Figura 5.71.

Solução:

A análise CC resulta em

$$V_{B_1} = 4{,}9\ V, \quad V_{B_2} = 10{,}8\ V, \quad I_{C_1} \cong I_{C_2} = 3{,}8\ mA$$

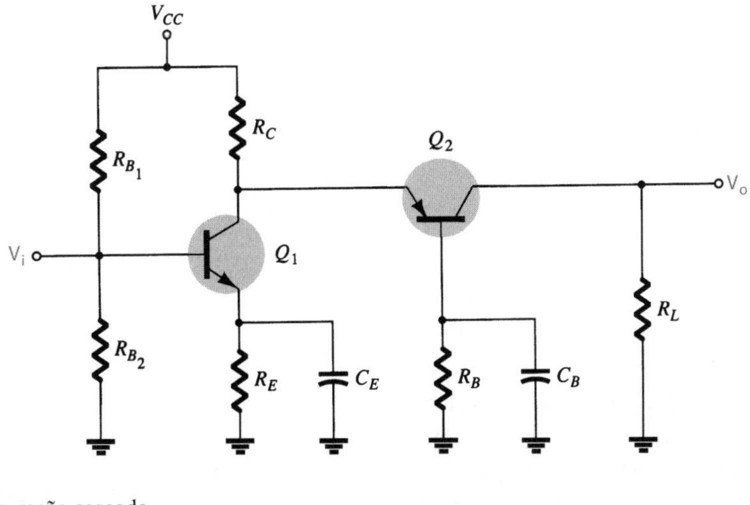

Figura 5.70 Configuração cascode.

visto que $I_{E1} \cong I_{E2}$, a resistência dinâmica de cada transistor é

$$r_e = \frac{26\text{ mV}}{I_E} \cong \frac{26\text{ mV}}{3{,}8\text{ mA}} = 6{,}8\ \Omega$$

A carga no transistor Q_1 é a impedância de entrada do transistor Q_2 na configuração BC, como mostrado por r_e na Figura 5.72.

O resultado é a substituição de R_C na equação básica sem carga para o ganho da configuração BC, com a impedância de entrada de uma configuração BC como segue:

$$A_{v_1} = -\frac{R_C}{r_e} = -\frac{r_e}{r_e} = -1$$

com o ganho de tensão para o segundo estágio (base-comum) de

$$A_{v_2} = \frac{R_C}{r_e} = \frac{1{,}8\text{ k}\Omega}{6{,}8\ \Omega} = 265$$

O ganho global sem carga é

$$A_{vT} = A_{v1}A_{v2} = (-1)(265) = \mathbf{-265}$$

Como era previsível, no Exemplo 5.16, o estágio de EC fornece uma impedância de entrada maior do que se poderia esperar do estágio BC. Com um ganho de tensão de cerca de 1 no primeiro estágio, a capacitância Miller de entrada é mantida bastante baixa para sustentar uma resposta de alta frequência adequada. Um grande ganho de tensão de 265 foi fornecido pelo estágio BC para dar ao projeto geral um bom nível de impedância de entrada com níveis de ganho desejáveis.

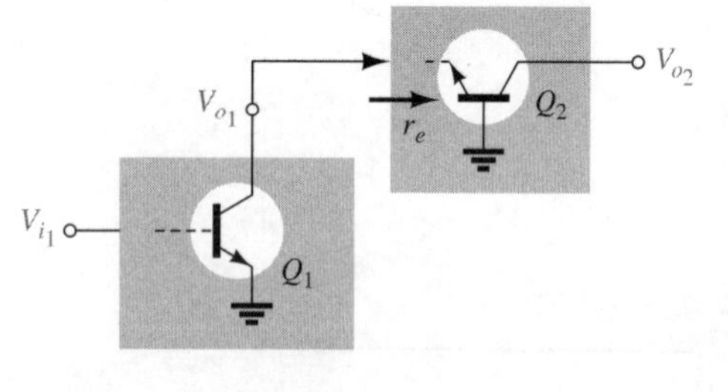

Figura 5.72 Definição da carga de Q_1.

5.17 CONEXÃO DARLINGTON

Uma conexão muito conhecida de dois transistores bipolares de junção que opera como um transistor "superbeta" é a conexão Darlington mostrada na Figura 5.73. Sua principal característica é que o transistor composto

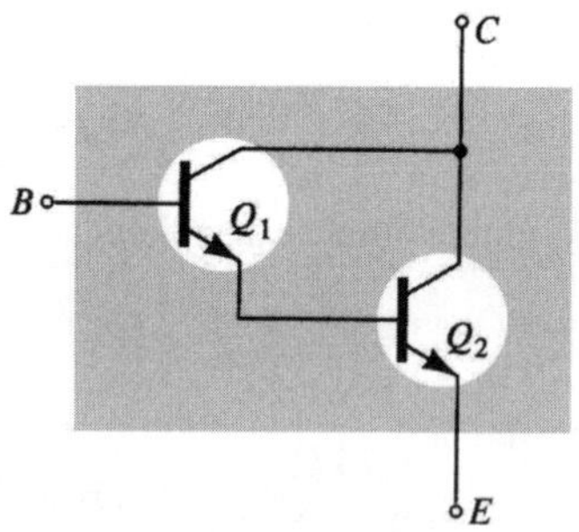

Figura 5.73 Combinação Darlington.

atua como uma unidade única com um ganho de corrente que é o produto dos ganhos de corrente dos transistores individuais. Se a conexão é feita a partir de dois transistores separados com ganhos de corrente β_1 e β_2, a conexão Darlington fornece um ganho de corrente de:

$$\boxed{\beta_D = \beta_1\beta_2} \qquad (5.101)$$

A configuração foi introduzida pela primeira vez pelo Dr. Sidney Darlington em 1953. A Figura 5.74 apresenta uma breve biografia.

Configuração de seguidor de emissor

Um amplificador Darlington utilizado em uma configuração de seguidor de emissor aparece na Figura 5.75. O impacto primário de usar a configuração Darlington é uma impedância de entrada muito maior do que aquela obtida com um circuito de transistor único. O ganho de corrente também é maior, mas o ganho de tensão para um transistor único ou uma configuração Darlington permanece ligeiramente menor do que um.

Polarização CC A situação em questão é resolvida a partir de uma versão modificada da Equação 4.44. Existem duas quedas de tensão base-emissor a serem incluídas, e o beta de um único transistor é substituído pela combinação Darlington da Equação 5.101.

$$\boxed{I_{B_1} = \frac{V_{CC} - V_{BE_1} - V_{BE_2}}{R_B + \beta_D R_E}} \qquad (5.102)$$

A corrente do emissor de Q_1 é igual à corrente de base de Q_2, de modo que

$$I_{E2} = \beta_2 I_{B2} = \beta_2 I_{E1} = \beta_2(\beta_1 I_{E1}) = \beta_1\beta_2 I_{B1}$$

resultando em

$$\boxed{I_{C_2} \cong I_{E_2} = \beta_D I_{B_1}} \qquad (5.103)$$

Figura 5.74 Sidney Darlington (cortesia de AT&T Archives and History Center).

Norte-americano (Pittsburgh, PA; Exeter, NH) **(1906-1997)**

Chefe de departamento da Bell Laboratories. Professor, Departamento de Engenharia Elétrica e da Computação, da Universidade de New Hampshire.

O Dr. Sidney Darlington obteve o bacharelado em Física por Harvard e em Comunicação Elétrica pelo MIT, e seu Ph.D. pela Universidade de Columbia. Em 1929, ingressou na Bell Laboratories, onde foi chefe do Departamento de Circuitos e Controle. Nesse período, fez amizade com outros colaboradores importantes, como Edward Norton e Hendrik Bode. Detentor de 24 patentes nos Estados Unidos, foi premiado com a Presidential Medal of Freedom, a mais alta honraria civil no país, em 1945, por suas contribuições ao projeto de circuitos durante a Segunda Guerra Mundial. Membro eleito da National Academy of Engineering, ele também recebeu a IEEE Edison Medal em 1975 e a IEEE Medal of Honor em 1981. Sua patente norte-americana 2 663 806 e entitulada "Semiconductor Signal Translating Device" foi emitida em 22 de dezembro de 1953, e descrevia como dois transistores podem ser construídos na configuração Darlington sobre o mesmo substrato — é, com frequência, considerada a origem da construção do CI composto. O Dr. Darlington também foi responsável pela introdução e pelo desenvolvimento da técnica de Chirp, usada em todo o mundo na transmissão por guia de onda e sistemas de radar. Ele foi o principal colaborador do Bell Laboratories Command Guidance System, que guia a maioria dos foguetes usados atualmente para colocar satélites em órbita. Esse sistema utiliza uma combinação de rastreamento por radar no solo com controle inercial do próprio foguete. O Dr. Darlington foi um ávido praticante de esportes ao ar livre, escalando trilhas, e membro da Appalachian Mountain Club. Uma das realizações que mais o orgulhou foi a escalada do Monte Washington aos 80 anos de idade.

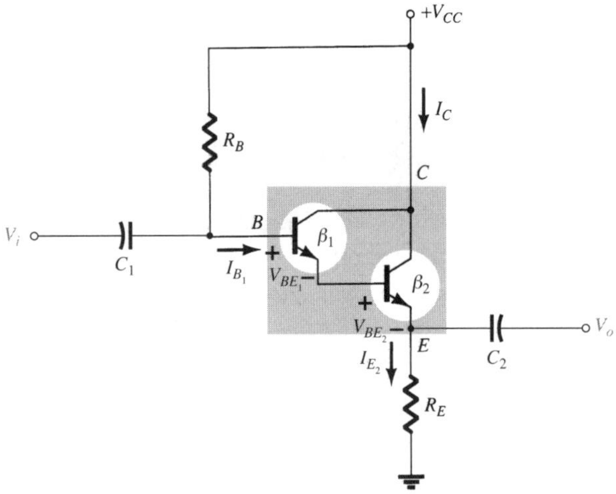

Figura 5.75 Configuração de seguidor de emissor com um amplificador Darlington.

A tensão de coletor de ambos os transistores é

$$\boxed{V_{C_1} = V_{C_2} = V_{CC}} \tag{5.104}$$

a tensão do emissor de Q_2

$$\boxed{V_{E_2} = I_{E_2}R_E} \tag{5.105}$$

a tensão de base de Q_1:

$$\boxed{V_{B_1} = V_{CC} - I_{B_1}R_B = V_{E_2} + V_{BE_1} + V_{BE_2}} \tag{5.106}$$

a tensão de coletor-emissor de Q:

$$\boxed{V_{CE_2} = V_{C_2} - V_{E_2} = V_{CC} - V_{E_2}} \tag{5.107}$$

EXEMPLO 5.17

Calcule as tensões de polarização CC e as correntes para a configuração Darlington da Figura 5.76.

Solução:

$$\beta_D = \beta_1\beta_2 = (50)(100) = \mathbf{5000}$$

$$I_{B_1} = \frac{V_{CC} - V_{BE_1} - V_{BE_2}}{R_B + \beta_D R_E} = \frac{18\text{ V} - 0{,}7\text{ V} - 0{,}7\text{ V}}{3{,}3\text{ M}\Omega + (5000)(390\ \Omega)} = \frac{18\text{ V} - 1{,}4\text{ V}}{3{,}3\text{ M}\Omega + 1{,}95\text{ M}\Omega} = \frac{16{,}6\text{ V}}{5{,}25\text{ M}\Omega} = \mathbf{3{,}16\ \mu A}$$

$I_{C_2} \cong I_{E_2} = \beta_D I_{B_1} = (5000)(3{,}16\text{ mA}) = \mathbf{15{,}80\ mA}$

$V_{C_1} = V_{C_2} = \mathbf{18\ V}$

$V_{E_2} = I_{E_2}R_E = (15{,}80\text{ mA})(390\ \Omega) = \mathbf{6{,}16\ V}$

$V_{B_1} = V_{E_2} + V_{BE_1} + V_{BE_2} = 6{,}16\text{ V} + 0{,}7\text{ V} + 0{,}7\text{ V} = \mathbf{7{,}56\ V}$

$V_{CE_2} = V_{CC} - V_{E_2} = 18\text{ V} - 6{,}16\text{ V} = \mathbf{11{,}84\ V}$

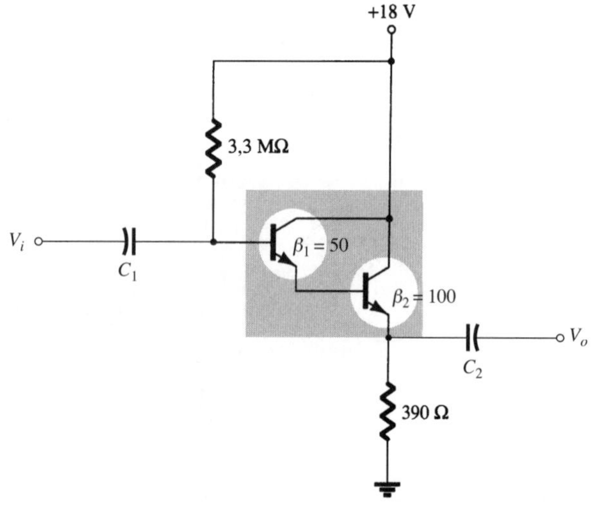

Figura 5.76 Circuito para o Exemplo 5.17.

Impedância de entrada CA A impedância de entrada CA pode ser determinada pelo circuito CA equivalente da Figura 5.77.

Como definido na Figura 5.77:

$$Z_{i2} = \beta_2(r_{e2} + R_E)$$
$$Z_{i1} = \beta_1(r_{e1} + Z_{i2})$$

de modo que $Z_{i1} = \beta_1(r_{e1} + \beta_2(r_{e2} + R_E))$

Supondo $R_E >> r_{e2}$

e $Z_{i1} = \beta_1(r_{e1} + \beta_2 R_E)$

Desde que $\beta_2 R_E >> r_{e1}$

$$Z_{i1} \cong \beta_1\beta_2 R_E$$

e desde que $Z_i = R_B \| Z_i$

$$\boxed{Z_i = R_B \| \beta_1\beta_2 R_E = R_B \| \beta_D R_E} \quad (5.108)$$

Para o circuito da Figura 5.76:

$$Z_i = R_B \| \beta_D R_E$$
$$= 3{,}3 \text{ M}\Omega \| (5000)(390\ \Omega) = 3{,}3 \text{ M}\Omega \| 1{,}95 \text{ M}\Omega$$
$$= \mathbf{1{,}38\ M\Omega}$$

Note, na análise anterior, que os valores de r_e não foram comparados, mas caíram em relação a valores muito maiores. Em uma configuração Darlington, os valores de r_e serão diferentes porque a corrente do emissor através de cada transistor será diferente. Além disso, devemos ter em mente que provavelmente os valores de beta para cada transistor serão diferentes porque lidam com valores diferentes de corrente. O fato é, no entanto, que o produto dos dois valores de beta será igual a β_D, conforme indicado na folha de dados.

Ganho de corrente CA O ganho de corrente pode ser determinado pelo circuito equivalente da Figura 5.78. A impedância de saída de cada transistor é ignorada, e os parâmetros de cada transistor são empregados.

Calculando a corrente de saída:

$$I_o = I_{b2} + \beta_2 I_{b2} = (\beta_2 + 1)I_{b2}$$

com $I_{b2} = \beta_1 I_{b1} + I_{b1} = (\beta_1 + 1)I_{b1}$

Então, $I_o = (\beta_2 + 1)(\beta_1 + 1)I_{b1}$

Usando a regra do divisor de corrente no circuito de entrada, temos:

$$I_{b1} = \frac{R_B}{R_B + Z_i} I_i = \frac{R_B}{R_B + \beta_1\beta_2 R_E} I_i$$

e $$I_o = (\beta_2 + 1)(\beta_1 + 1)\left(\frac{R_B}{R_B + \beta_1\beta_2 R_E}\right) I_i$$

então $$A_i = \frac{I_o}{I_i} = \frac{(\beta_1 + 1)(\beta_2 + 1)R_B}{R_B + \beta_1\beta_2 R_E}$$

Usando $\beta_1, \beta_2 >> 1$

$$\boxed{A_i = \frac{I_o}{I_i} \cong \frac{\beta_1\beta_2 R_B}{R_B + \beta_1\beta_2 R_E}} \quad (5.109)$$

ou

$$\boxed{A_i = \frac{I_o}{I_i} \cong \frac{\beta_D R_B}{R_B + \beta_D R_E}} \quad (5.110)$$

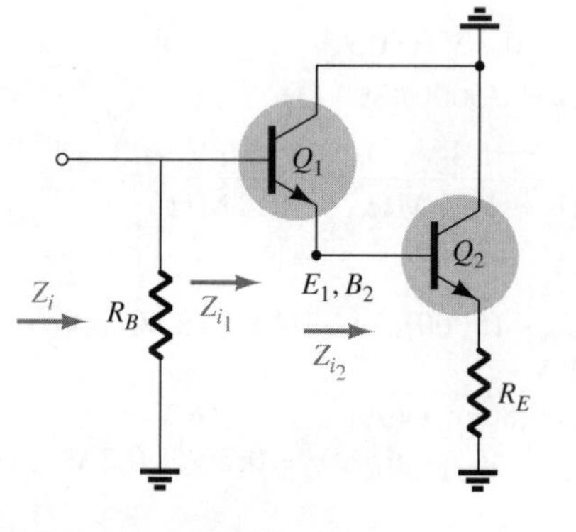

Figura 5.77 Determinação de Z_i.

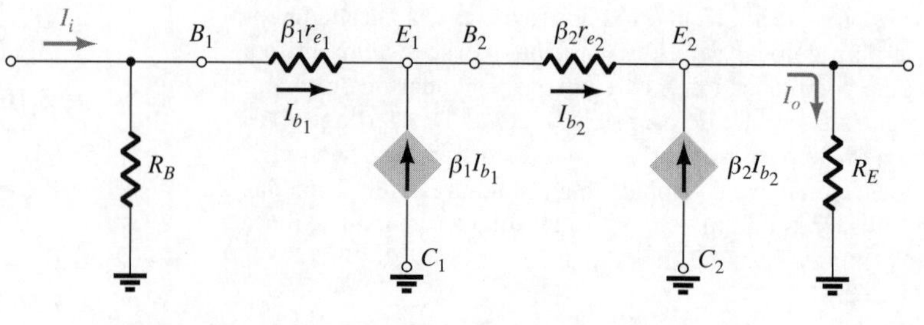

Figura 5.78 Determinação de A_i para o circuito da Figura 5.75.

Para a Figura 5.76:

$$A_i = \frac{I_o}{I_i} = \frac{\beta_D R_B}{R_B + \beta_D R_E} = \frac{(5000)(3{,}3\,\text{M}\Omega)}{3{,}3\,\text{M}\Omega + 1{,}95\,\text{M}\Omega}$$
$$= \mathbf{3{,}14 \times 10^3}$$

Ganho de tensão CA O ganho de tensão pode ser determinado pela Figura 5.77 e pela seguinte dedução:

$$V_o = I_o R_E$$
$$V_i = I_i(R_B \| Z_i)$$
$$R_B \| Z_i = R_B \| \beta_D R_E = \frac{\beta_D R_B R_E}{R_B + \beta_D R_E}$$

e
$$A_v = \frac{V_o}{V_i} = \frac{I_o R_E}{I_i(R_B \| Z_i)} = (A_i)\left(\frac{R_E}{R_B \| Z_i}\right)$$
$$= \left[\frac{\beta_D R_B}{R_B + \beta_D R_E}\right]\left[\frac{R_E}{\frac{\beta_D R_B R_E}{R_B + \beta_D R_E}}\right]$$

e
$$\boxed{A_v \cong 1 \text{ (na verdade, menor que 1)}} \qquad (5.111)$$

um resultado esperado para a configuração de seguidor de emissor.

Impedância de saída CA A impedância de saída será determinada pela retomada da Figura 5.78 e definindo V_i em zero volt, como mostra a Figura 5.79. O resistor R_B está "em curto", o que resulta na configuração da Figura 5.80. Observe, nas figuras 5.79 e 5.80, que a corrente de saída foi redefinida para corresponder à nomenclatura padrão e Z_o adequadamente definida.

No ponto a, a Lei das Correntes de Kirchhoff resultará em $I_o + (\beta_2 + 1)I_{b2} = I_e$:

$$I_o = I_e - (\beta_2 + 1)I_{b2}$$

Aplicando a Lei das Tensões de Kirchhoff ao longo da malha externa de saída, temos

$$-I_{b1}\beta_1 r_{e1} - I_{b2}\beta_2 r_{e2} - V_o = 0$$

e
$$V_o = I_{b1}\beta_1 r_{e1} + I_{b2}\beta_2 r_{e2}$$

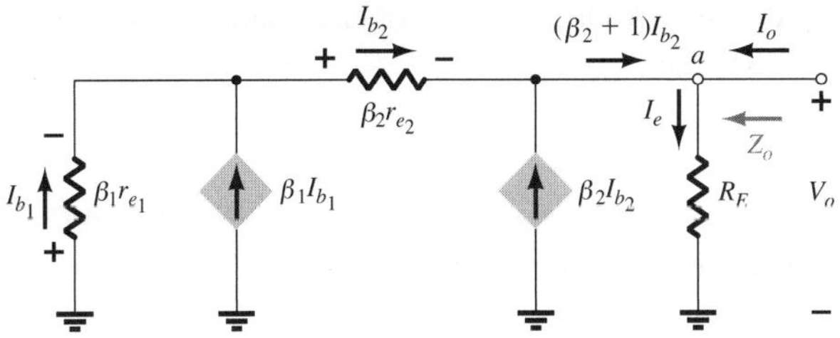

Figura 5.80 Circuito redesenhado da Figura 5.79.

Substituindo $I_{b2} = (\beta_1 + 1)I_{b1}$

$$V_o = -I_{b1}\beta_1 r_{e1} - (\beta_1 + 1)I_{b1}\beta_2 r_{e2}$$
$$= -I_{b1}[\beta_1 r_{e1} + (\beta_1 + 1)\beta_2 r_{e2}]$$

e
$$I_{b_1} = -\frac{V_o}{\beta_1 r_{e_1} + (\beta_1 + 1)\beta_2 r_{e_2}}$$

com
$$I_{b_2} = (\beta_1 + 1)I_{b_1}$$
$$= (\beta_1 + 1)\left[-\frac{V_o}{\beta_1 r_{e_1} + (\beta_1 + 1)\beta_2 r_{e_2}}\right]$$

de modo que
$$I_{b_2} = -\left[\frac{\beta_1 + 1}{\beta_1 r_{e_1} + (\beta_1 + 1)\beta_2 r_{e_2}}\right]V_o$$

Retomando

$$I_o = I_e - (\beta_2 + 1)I_{b_2}$$
$$= I_e - (\beta_2 + 1)\left(-\frac{(\beta_1 + 1)V_o}{\beta_1 r_{e_1} + (\beta_1 + 1)\beta_2 r_{e_2}}\right)$$

ou
$$I_o = \frac{V_o}{R_E} + \frac{(\beta_1 + 1)(\beta_2 + 1)V_o}{\beta_1 r_{e_1} + (\beta_1 + 1)\beta_2 r_{e_2}}$$

Visto que $\beta_1, \beta_2 >> 1$

$$I_o = \frac{V_o}{R_E} + \frac{\beta_1\beta_2 V_o}{\beta_1 r_{e_1} + \beta_1\beta_2 r_{e_2}} = \frac{V_o}{R_E} + \frac{V_o}{\frac{\beta_1 r_{e_1}}{\beta_1\beta_2} + \frac{\beta_1\beta_2 r_{e_2}}{\beta_1\beta_2}}$$

$$I_o = \frac{V_o}{R_E} + \frac{V_o}{\frac{r_{e_1}}{\beta_2} + r_{e_2}}$$

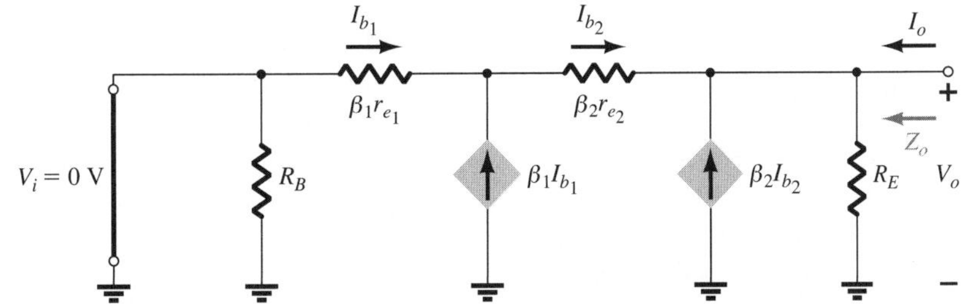

Figura 5.79 Determinação de Z_o.

que define o circuito de resistências em paralelo da Figura 5.81.

De modo geral,

$$R_E \gg \left(\frac{r_{e_1}}{\beta_2} + r_{e_2}\right),$$

de maneira que a impedância de saída é definida por

$$Z_o = \frac{r_{e_1}}{\beta_2} + r_{e_2} \qquad (5.112)$$

Usando os resultados CC, o valor de r_{e2} e r_{e1} pode ser determinado como segue:

$$r_{e_2} = \frac{26 \text{ mV}}{I_{E_2}} = \frac{26 \text{ mV}}{15{,}80 \text{ mA}} = 1{,}65 \ \Omega$$

e $$I_{E_1} = I_{B_2} = \frac{I_{E_2}}{\beta_2} = \frac{15{,}80 \text{ mA}}{100} = 0{,}158 \text{ mA}$$

de modo que $$r_{e_1} = \frac{26 \text{ mV}}{0{,}158 \text{ mA}} = 164{,}5 \ \Omega$$

A impedância de saída do circuito da Figura 5.78 é, portanto:

$$Z_o \cong \frac{r_{e_1}}{\beta_2} + r_{e_2} = \frac{164{,}5 \ \Omega}{100} + 1{,}65 \ \Omega$$
$$= 1{,}645 \ \Omega + 1{,}65 \ \Omega = \mathbf{3{,}30 \ \Omega}$$

De modo geral, a impedância de saída para a configuração da Figura 5.78 é muito baixa — da ordem de alguns ohms, no máximo.

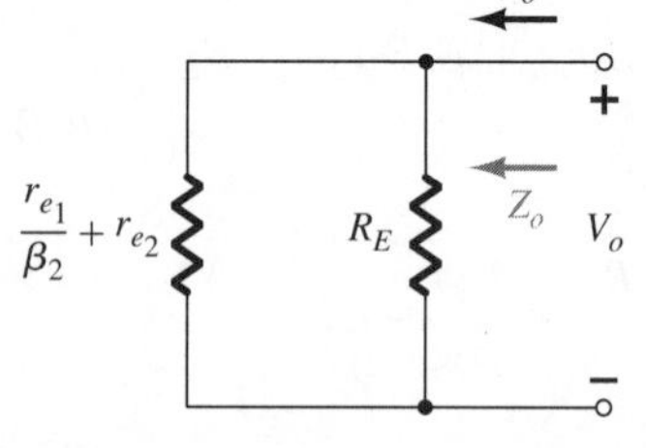

Figura 5.81 Circuito resultante definido por Z_o.

Amplificador com divisor de tensão

Polarização CC Agora investigaremos o efeito da configuração Darlington em uma configuração básica de amplificador, como mostra a Figura 5.82. Note que agora há um resistor de coletor R_C e que o terminal emissor do circuito Darlington está conectado ao terra para as condições de CA. Como observado na Figura 5.82, o beta

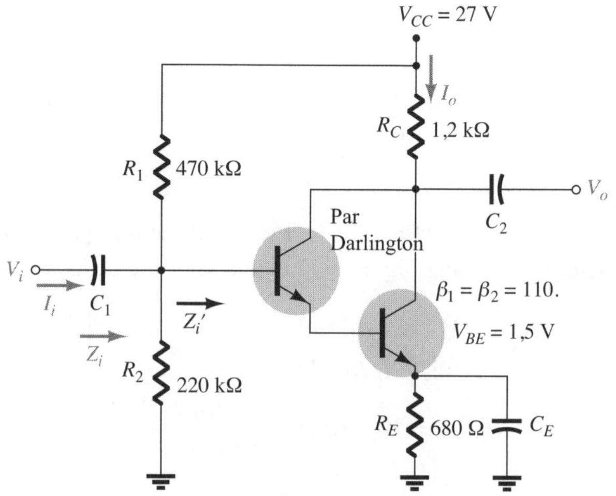

Figura 5.82 Configuração de amplificador usando um par Darlington.

de cada transistor é fornecido juntamente com a tensão resultante da base para o emissor.

A análise CC pode ser feita como segue:

$$\beta_D = \beta_1\beta_2 = (110 \times 110) = 12.100$$

$$V_B = \frac{R_2}{R_2 + R_1}V_{CC} = \frac{220 \text{ k}\Omega(27 \text{ V})}{220 \text{ k}\Omega + 470 \text{ k}\Omega} = \mathbf{8{,}61 \text{ V}}$$

$$V_E = V_B - V_{BE} = 8{,}61 \text{ V} - 1{,}5 \text{ V} = \mathbf{7{,}11 \text{ V}}$$

$$I_E = \frac{V_E}{R_E} = \frac{7{,}11 \text{ V}}{680 \ \Omega} = \mathbf{10{,}46 \text{ mA}}$$

$$I_B = \frac{I_E}{\beta_D} = \frac{10{,}46 \text{ mA}}{12.100} = \mathbf{0{,}864} \ \mu\text{A}$$

Usando os resultados anteriores, os valores de r_{e2} e r_{e1} podem ser determinados:

$$r_{e_2} = \frac{26 \text{ mV}}{I_{E_2}} = \frac{26 \text{ mV}}{10{,}46 \text{ mA}} = \mathbf{2{,}49 \ \Omega}$$

$$I_{E_1} = I_{B_2} = \frac{I_{E_2}}{\beta_2} = \frac{10{,}46 \text{ mA}}{110} = 0{,}095 \text{ mA}$$

e $$r_{e_1} = \frac{26 \text{ mV}}{I_{E_1}} = \frac{26 \text{ mV}}{0{,}095 \text{ mA}} = \mathbf{273{,}7 \ \Omega}$$

Impedância de entrada CA O equivalente CA da Figura 5.82 aparece na Figura 5.83. Os resistores R_1 e R_2 estão em paralelo com a impedância de entrada do par Darlington, assumindo que o segundo transistor atue como uma carga R_E sobre o primeiro, como mostra a Figura 5.83.

Isto é, $Z'_i = \beta_1 r_{e1} + \beta_1(\beta_2 r_{e2})$

e $$Z_i' = \beta_1[r_{e_1} + \beta_2 r_{e_2}] \qquad (5.113)$$

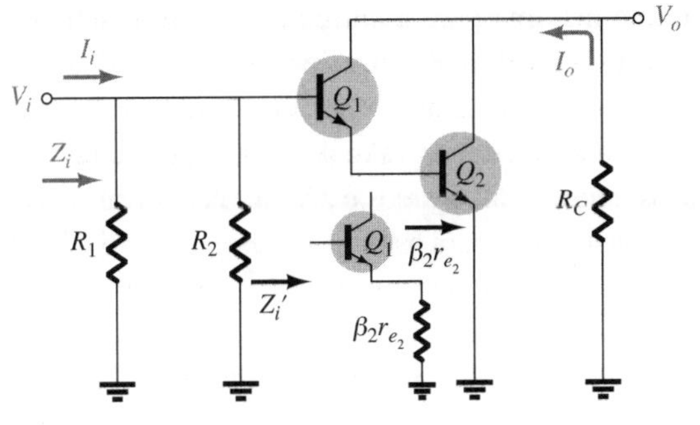

Figura 5.83 Definindo Z_i' e Z_i.

Para o circuito da Figura 5.82:

$$Z'_i = 110[273{,}7\ \Omega + (110)(2{,}49\ \Omega)]$$
$$= 110[273{,}7\ \Omega + 273{,}9\ \Omega]$$
$$= 110[547{,}6\ \Omega]$$
$$= \mathbf{60{,}24\ k\Omega}$$

e $$Z_i = R_1 \| R_2 \| Z'_i$$
$$= 470\ k\Omega \| 220\ k\Omega \| 60{,}24\ k\Omega$$
$$= 149{,}86\ k\Omega \| 60{,}24\ k\Omega$$
$$= \mathbf{42{,}97\ k\Omega}$$

Ganho de corrente CA O equivalente CA completo da Figura 5.82 aparece na Figura 5.84.

A corrente de saída $I_o = \beta_1 I_{b_1} + \beta_2 I_{b_2}$

com $I_{b_2} = (\beta_1 + 1) I_{b_1}$

de modo que $I_o = \beta_1 I_{b_1} + \beta_2(\beta_1 + 1) I_{b_1}$

e com $I_{b_1} = I'_i$

temos $I_o = \beta_1 I'_i + \beta_2(\beta_1 + 1) I'_i$

e $$A'_i = \frac{I_o}{I_i} = \beta_1 + \beta_2(\beta + 1)$$
$$\cong \beta_1 + \beta_2\beta_1 = \beta_1(1 + \beta_2)$$
$$\cong \beta_1\beta_2$$

e, finalmente, $$A'_i = \frac{I_o}{I'_i} = \beta_1\beta_2 = \beta_D \quad (5.114)$$

Para a estrutura original:

$$I'_i = \frac{R_1 \| R_2 I_i}{R_1 \| R_2 + Z'_i} \quad \text{ou} \quad \frac{I'_i}{I_i} = \frac{R_1 \| R_2}{R_1 \| R_2 + Z'_i}$$

mas $$A_i = \frac{I_o}{I_i} = \left(\frac{I_o}{I'_i}\right)\left(\frac{I'_i}{I_i}\right)$$

de modo que $$A_i = \frac{\beta_D (R_1 \| R_2)}{R_1 \| R_2 + Z'_i} \quad (5.115)$$

Para a Figura 5.82:

$$A_i = \frac{(12.100)(149{,}86\ k\Omega)}{149{,}86\ k\Omega + 60{,}24\ k\Omega}$$
$$= \mathbf{8630{,}7}$$

Note a significativa queda no ganho de corrente devido a R_1 e R_2.

Ganho de tensão CA A tensão de entrada é a mesma através de R_1 e R_2 e na base do primeiro transistor, como mostra a Figura 5.84.

O resultado é

$$A_v = \frac{V_o}{V_i} = -\frac{I_o R_C}{I'_i Z'_i} = -A_i\left(\frac{R_C}{Z'_i}\right)$$

e $$A_v = -\frac{\beta_D R_C}{Z'_i} \quad (5.116)$$

Para o circuito da Figura 5.82,

$$A_v = -\frac{\beta_D R_C}{Z'_i} = -\frac{(12.000)(1{,}2\ k\Omega)}{60{,}24\ k\Omega} = \mathbf{-241{,}04}$$

Impedância de saída CA Visto que a impedância de saída em R_C está em paralelo com os terminais de coletor-emissor do transistor, podemos rever situações semelhantes e verificar que a impedância de saída é definida por

$$Z_o \cong R_C \| r_{o_2} \quad (5.117)$$

onde r_{o_2} é a resistência de saída do transistor Q_2.

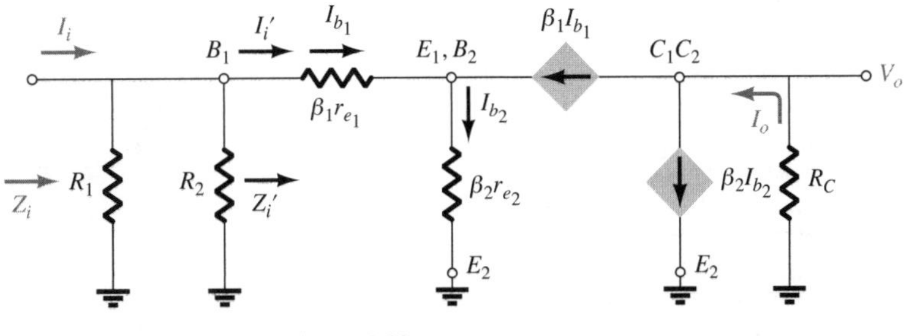

Figura 5.84 Circuito CA equivalente para a Figura 5.82.

Amplificador Darlington encapsulado

Uma vez que a conexão Darlington é muito conhecida, vários fabricantes fornecem unidades montadas, como mostra a Figura 5.85. Normalmente, os dois TBJs são construídos sobre um único chip em vez de serem utilizadas unidades separadas. Observe que somente um conjunto de terminais de coletor, base e emissor é fornecido para cada configuração. São, é claro, a base do transistor Q_1, o coletor de Q_1 e Q_2 e o emissor de Q_2.

Na Figura 5.86, são fornecidas algumas especificações para um amplificador Darlington MPSA 28 da Fairchild Semiconductor. Em particular, note que a tensão de coletor-emissor máxima de 80 V é também a tensão de ruptura. O mesmo se aplica às tensões coletor-base e emissor-base, embora devamos perceber quão reduzidos são os limites máximos para a junção base-emissor. Por causa da configuração Darlington, a especificação da corrente máxima para a corrente do coletor saltou para 800 mA — nível muito superior aos encontrados para os circuitos de um único transistor. O ganho de corrente CC é especificado no elevado valor de 10.000, e o potencial base-emissor no estado "ligado" é 2 V, que certamente excede o 1,4 V que usamos para os transistores individuais. Por fim, é interessante notar que o valor de I_{CEO} em 500 nA é muito superior ao de uma unidade comum de transistor único.

No formato encapsulado, o circuito da Figura 5.75 se pareceria com o da Figura 5.87. Usando β_D e o valor fornecido de V_{BE} (= $V_{BE_1} + V_{BE_2}$), todas as equações que aparecem nesta seção podem ser aplicadas.

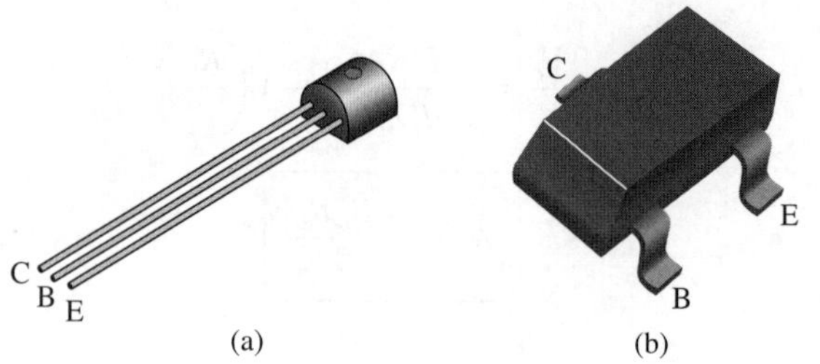

Figura 5.85 Amplificadores Darlington encapsulados: (a) encapsulamento TO-92; (b) encapsulamento Super SOT™-3.

Especificações absolutas máximas		
V_{CES}	Tensão de coletor-emissor	80 V
V_{CBO}	Tensão de coletor-base	80 V
V_{EBO}	Tensão de emissor-base	12 V
I_C	Corrente do coletor contínua	800 mA

Características elétricas		
$V_{(BR)CES}$	Tensão de ruptura coletor-emissor	80 V
$V_{(BR)CBO}$	Tensão de ruptura coletor-base	80 V
$V_{(BR)EBO}$	Tensão de ruptura emissor-base	12 V
I_{CBO}	Corrente de corte do coletor	100 mA
I_{EBO}	Corrente de corte do emissor	100 mA

Características em condução		
h_{FE}	Ganho de corrente CC	10.000
$V_{CE(sat)}$	Tensão de saturação coletor-emissor	1,2 V
$V_{BE(on)}$	Tensão base-emissor ligada	2,0 V

Figura 5.86 Especificações para o amplificador Darlington MPSA 28 da Fairchild Semiconductor.

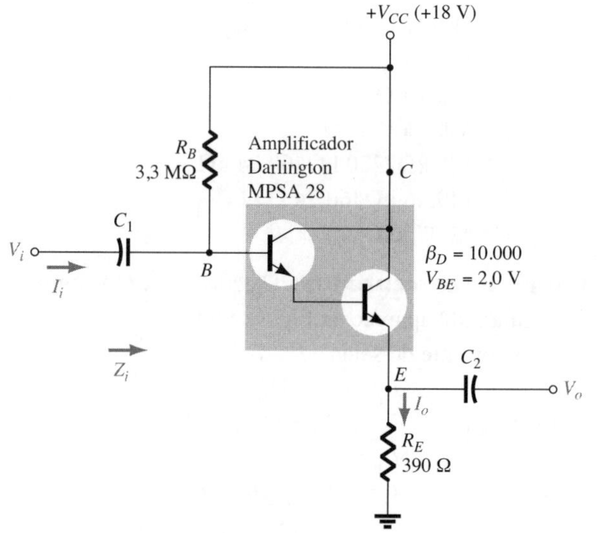

Figura 5.87 Circuito seguidor de emissor Darlington.

5.18 PAR REALIMENTADO

A conexão par realimentado (veja a Figura 5.88) é um circuito com dois transistores que opera como o circuito Darlington. Observe que o par realimentado usa um transistor *pnp* acionando um transistor *npn*, e os dois dispositivos atuam efetivamente como um transistor *pnp*. Como acontece com uma conexão Darlington, o par realimentado apresenta um ganho de corrente muito

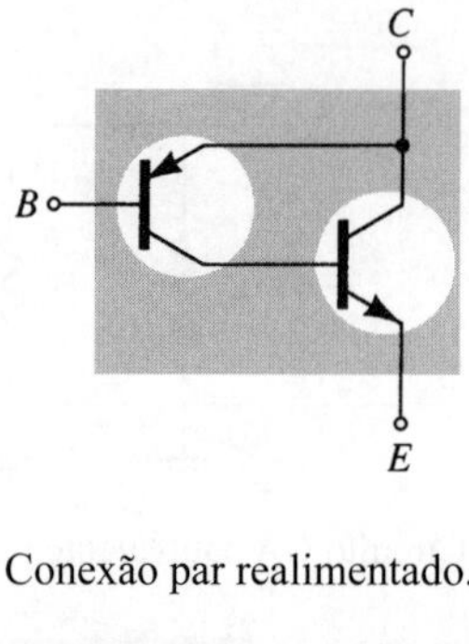

Figura 5.88 Conexão par realimentado.

elevado (o produto dos ganhos de corrente do transistor), uma impedância de entrada alta, uma impedância de saída baixa e um ganho de tensão ligeiramente menor do que um. Inicialmente, pode parecer que o ganho de tensão seria elevado porque a saída é retirada do coletor, o qual é conectado à fonte por um resistor R_C. No entanto, a combinação *pnp-npn* resulta em características de terminal muito semelhantes às da configuração de seguidor de emissor. Uma aplicação comum (veja o Capítulo 12) usa uma conexão Darlington e uma conexão par realimentado para proporcionar uma operação de transistor complementar. Um circuito prático que emprega um par realimentado é fornecido na Figura 5.89 para investigação.

Polarização CC Os cálculos de polarização CC a seguir usam simplificações práticas sempre que possível para fornecer resultados mais simples. Da malha base-emissor de Q_1, obtemos:

$$V_{CC} - I_C R_C - V_{EB1} - I_{B1} R_B = 0$$

$$V_{CC} - (\beta_1 \beta_2 I_{B1}) R_C - V_{EB1} - I_{B1} R_B = 0$$

A corrente de base é, portanto,

$$I_{B_1} = \frac{V_{CC} - V_{BE_1}}{R_B + \beta_1 \beta_2 R_C} \qquad (5.118)$$

A corrente de coletor de Q_1 é

$$I_{C1} = \beta_1 I_{B1} = I_{B2}$$

que é também a corrente de base de Q_2. A corrente de coletor do transistor Q_2 é

$$I_{C2} = \beta_2 I_{B2} \approx I_{E2}$$

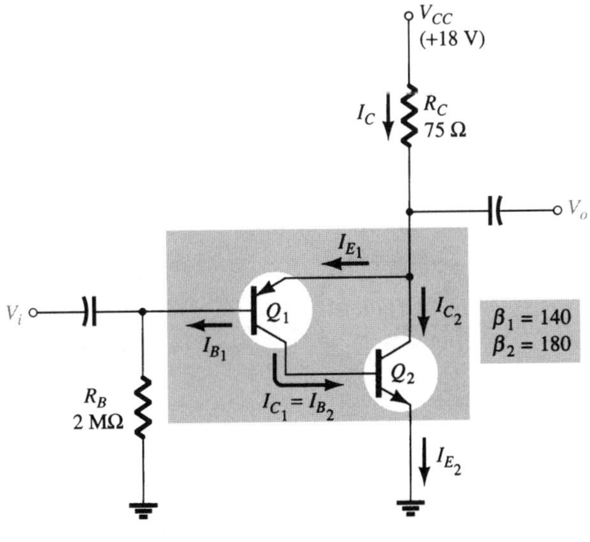

Figura 5.89 Operação de um par realimentado.

de modo que a corrente através de R_C é:

$$I_C = I_{E_1} + I_{C_2} \approx I_{B_2} + I_{C_2} \qquad (5.119)$$

As tensões $$V_{C_2} = V_{E_1} = V_{CC} - I_C R_C \qquad (5.120)$$

e $$V_{B_1} = I_{B_1} R_B \qquad (5.121)$$

com $$V_{BC_1} = V_{B_1} - V_{BE_2} = V_{B_1} - 0{,}7\text{ V} \qquad (5.122)$$

EXEMPLO 5.18

Calcule as correntes e tensões de polarização CC para o circuito da Figura 5.89 para que V_o seja a metade da tensão de alimentação (9 V).

Solução:

$$I_{B_1} = \frac{18\text{ V} - 0{,}7\text{ V}}{2\text{ M}\Omega + (140)(180)(75\ \Omega)}$$

$$= \frac{17{,}3\text{ V}}{3{,}89 \times 10^6} = \mathbf{4{,}45\ \mu A}$$

A corrente na base de Q_2 é, portanto,

$$I_{B_2} = I_{C_1} = \beta_1 I_{B_1} = 140(4{,}45\ \mu\text{A}) = \mathbf{0{,}623\ mA}$$

o que resulta em uma corrente de coletor Q_2 de

$$I_{C_2} = \beta_2 I_{B_2} = 180(0{,}623\text{ mA}) = \mathbf{112{,}1\ mA}$$

e a corrente através de R_C é, então:

Equação 5.119

$$I_C = I_{E_1} + I_{C_2} = 0{,}623\text{ mA} + 112{,}1\text{ mA} \approx I_{C2}$$
$$= \mathbf{112{,}1\ mA}$$
$$V_{C_2} = V_{E_1} = 18\text{ V} - (112{,}1\text{ mA})(75\ \Omega)$$
$$= 18\text{ V} - 8{,}41\text{ V}$$
$$= \mathbf{9{,}59\ V}$$
$$V_{B1} = I_{B1} R_B = (4{,}45\ \mu\text{A})(2\text{ M}\Omega)$$
$$= \mathbf{8{,}9\ V}$$
$$V_{BC1} = V_{B1} - 0{,}7\text{ V} = 8{,}9\text{ V} - 0{,}7\text{ V}$$
$$= \mathbf{8{,}2\ V}$$

Operação CA

O equivalente CA para o circuito da Figura 5.89 está esboçado na Figura 5.90.

Impedância de entrada, Z_i A impedância de entrada CA vista da base do transistor Q_1 é determinada como segue:

$$Z_i' = \frac{V_i}{I_i'}$$

Aplicando a Lei das Correntes de Kirchhoff para o nó *a* e definindo $I_c = I_o$:

$$I_{b1} + \beta_1 I_{b1} - \beta_2 I_{b2} + I_o = 0$$

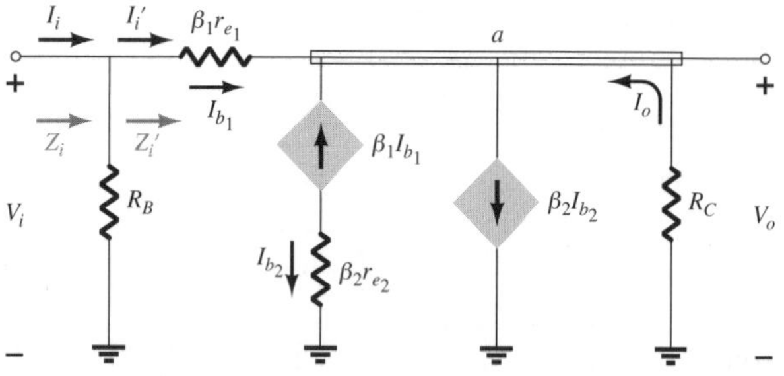

Figura 5.90 Equivalente CA para o circuito da Figura 5.89.

com $I_{b2} = -\beta_1 I_{b1}$ como observado na Figura 5.90.

O resultado é $I_{b1} + \beta_1 I_{b1} - \beta_2(-\beta_1 I_{b1}) + I_o = 0$

e $\quad I_o = -I_{b1} - \beta_1 I_{b1} - \beta_1\beta_2 I_{b1}$

ou $\quad I_o = -I_{b1}(1 + \beta_1) - \beta_1\beta_2 I_{b1}$

mas $\quad \beta_1 >> 1$

e $\quad I_o = -\beta_1 I_{b1} - \beta_1\beta_2 I_{b1} = -I_{b1}(\beta_1 + \beta_1\beta_2)$
$= -I_{b1}\beta_1(1 + \beta_2)$

o que resulta em: $\boxed{I_o \cong -\beta_1\beta_2 I_{b_1}}$ (5.123)

Agora, $I_{b_1} = \dfrac{V_i - V_o}{\beta_1 r_{e_1}}$ da Figura 5.90

e $\quad V_o = -I_o R_C = -(-\beta_1\beta_2 I_{b1})R_C = \beta_1\beta_2 I_{b1} R_C$

de modo que $\quad I_{b_1} = \dfrac{V_i - \beta_1\beta_2 I_{b_1} R_C}{\beta_1 r_{e_1}}$

Rearranjando: $\quad I_{b1}\beta_1 r_{e1} = V_i - \beta_1\beta_2 I_{b1} R_C$

e $\quad I_{b1}(\beta_1 r_{e1} + \beta_1\beta_2 R_C) = V_i$

de modo que $\quad I_{b_1} = I_i' = \dfrac{V_i}{\beta_1 r_{e_1} + \beta_1\beta_2 R_C}$

e $\quad V_i' = \dfrac{V_i}{I_i'} = \dfrac{V_i}{\dfrac{V_i}{\beta_1 r_e + \beta_1\beta_2 R_C}}$

de modo que $\boxed{Z_i' = \beta_1 r_{e_1} + \beta_1\beta_2 R_C}$ (5.124)

De modo geral, $\beta_1\beta_2 R_C >> \beta_1 r_{e1}$

e $\boxed{Z_i' \cong \beta_1\beta_2 R_C}$ (5.125)

com $\boxed{Z_i = R_B \| Z_i'}$ (5.126)

Para o circuito da Figura 5.89:

$$r_{e_1} = \frac{26\text{ mV}}{I_{E_1}} = \frac{26\text{ mV}}{0{,}623\text{ mA}} = 41{,}73\ \Omega$$

e $\quad Z'_i = \beta_1 r_{e1} + \beta_1\beta_2 R_C$
$= (140)(41{,}73\ \Omega) + (140)(180)(75\ \Omega)$
$= 5842{,}2\ \Omega + 1{,}89\text{ M}\Omega$
$= \mathbf{1{,}895\text{ M}\Omega}$

onde a Equação 5.125 resulta em $Z'_i \cong \beta_1\beta_2 R_C = (140)(180)(75\ \Omega) = \mathbf{1{,}89\text{ M}\Omega}$, validando as aproximações anteriores.

Ganho de corrente

A definição de $I_{b1} = I'_i$, como mostra a Figura 5.90, permitirá determinar o ganho de corrente $A'_i = I_o/I'_i$.

Revendo a derivação de Z_i, encontramos

$$I_o = -\beta_1\beta_2 I_{b1} = -\beta_1\beta_2 I'_i$$

o que resulta em $\boxed{A_i' = \dfrac{I_o}{I_i'} = -\beta_1\beta_2}$ (5.127)

O ganho de corrente $A_i = I_o/I_i$ pode ser determinado usando o fato de que

$$A_i = \frac{I_o}{I_i} = \frac{I_o}{I_i'} \cdot \frac{I_i'}{I_i}$$

Para o lado de entrada:

$$I_i' = \frac{R_B I_i}{R_B + Z_i'} = \frac{R_B I_i}{R_B + \beta_1\beta_2 R_C}$$

Substituindo:

$$A_i = \frac{I_o}{I_i'} \cdot \frac{I_i'}{I_i} = (-\beta_1\beta_2)\left(\frac{R_B}{R_B + \beta_1\beta_2 R_C}\right)$$

de modo que $\boxed{A_i = \dfrac{I_o}{I_i} = \dfrac{-\beta_1\beta_2 R_B}{R_B + \beta_1\beta_2 R_C}}$ (5.128)

O sinal negativo aparece porque tanto I_i quanto I_o são definidos como se entrassem no circuito.

Para o circuito da Figura 5.89:

$$A_i' = \frac{I_o}{I_i'} = -\beta_1\beta_2$$
$$= -(140)(180)$$
$$= \mathbf{-25{,}2 \times 10^3}$$
$$A_i = \frac{-\beta_1\beta_2 R_B}{R_B + \beta_1\beta_2 R_c} = -\frac{(140)(180)(2\text{ M}\Omega)}{2\text{ M}\Omega + 1{,}89\text{ M}\Omega}$$
$$= -\frac{50.400\text{ M}\Omega}{3{,}89\text{ M}\Omega}$$
$$= \mathbf{-12{,}96 \times 10^3}\ (\cong \text{metade de } A_i')$$

Ganho de tensão

O ganho de tensão pode ser determinado rapidamente pelo uso dos resultados que acabamos de obter.

Isto é,

$$A_v = \frac{V_o}{V_i} = \frac{-I_o R_C}{I_i' Z_i'}$$

$$= -\frac{(-\beta_1\beta_2 I_i')R_C}{I_i'(\beta_1 r_{e_1} + \beta_1\beta_2 R_C)}$$

$$\boxed{A_v = \frac{\beta_2 R_C}{r_{e_1} + \beta_2 R_C}} \qquad (5.129)$$

que é simplesmente o seguinte, se aplicarmos a aproximação: $\beta_2 R_C >> r_{e1}$

$$A_v \cong \frac{\beta_2 R_C}{\beta_2 R_C} = 1$$

Para o circuito da Figura 5.89:

$$A_v = \frac{\beta_2 R_C}{r_{e_1} + \beta_2 R_C} = \frac{(180)(75\ \Omega)}{41{,}73\ \Omega + (180)(75\ \Omega)}$$

$$= \frac{13{,}5 \times 10^3\ \Omega}{41{,}73\ \Omega + 13{,}5 \times 10^3\ \Omega}$$

$$= \mathbf{0{,}997} \cong 1 \text{ (como indicado anteriormente)}$$

Impedância de saída

A impedância de saída Z'_o é definida na Figura 5.91 tomando V_i em zero volt.

Usando o fato de que $I_o = -\beta_1\beta_2 I_{b1}$, do cálculo anterior, temos que

$$Z_o' = \frac{V_o}{I_o} = \frac{V_o}{-\beta_1\beta_2 I_{b_1}}$$

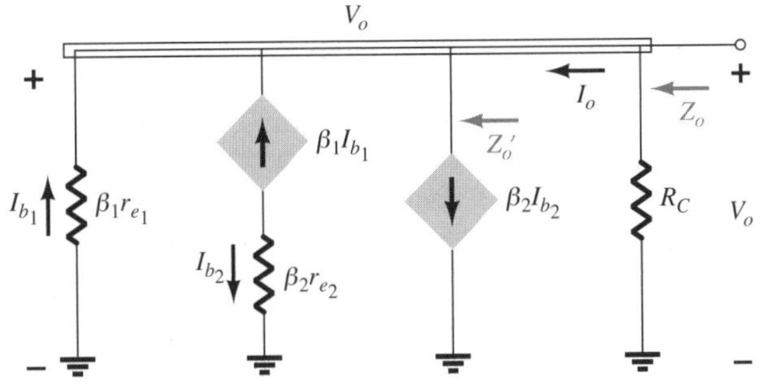

Figura 5.91 Determinação de Z'_o e Z_o.

mas

$$I_{b_1} = -\frac{V_o}{\beta_1 r_{e_1}}$$

e

$$Z_o' = \frac{V_o}{-\beta_1\beta_2\left(-\dfrac{V_o}{\beta_1 r_{e_1}}\right)} = \frac{\beta_1 r_{e_1}}{\beta_1\beta_2}$$

de modo que

$$\boxed{Z_o' = \frac{r_{e_1}}{\beta_2}} \qquad (5.130)$$

com

$$\boxed{Z_o = R_C \left\| \frac{r_{e_1}}{\beta_2}\right.} \qquad (5.131)$$

Entretanto, $R_C \gg \dfrac{r_{e_1}}{\beta_2}$

restando

$$\boxed{Z_o \cong \frac{r_{e_1}}{\beta_2}} \qquad (5.132)$$

que será um valor muito baixo.

Para o circuito da Figura 5.89:

$$Z_o \cong \frac{41{,}73\ \Omega}{180} = \mathbf{0{,}23\ \Omega}$$

Essa análise demonstra que a conexão par realimentado da Figura 5.89 apresenta uma operação com ganho de tensão bem próximo de 1 (assim como um seguidor de emissor Darlington), um ganho de corrente bastante elevado, uma impedância de saída muito baixa e uma impedância de entrada alta.

5.19 MODELO HÍBRIDO EQUIVALENTE

O modelo híbrido equivalente foi mencionado nas seções anteriores deste capítulo como aquele que foi usado no passado antes da popularidade do modelo r_e. Atualmente, há uma combinação de usos, dependendo da profundidade e do objetivo da análise.

O modelo r_e tem a vantagem de que os parâmetros são definidos pelas condições reais de operação,

enquanto

os parâmetros do circuito híbrido equivalente são definidos em termos gerais para quaisquer condições de operação.

Em outras palavras, os parâmetros híbridos podem não refletir as condições reais de operação, mas simplesmente fornecer uma indicação do nível de cada parâmetro que pode ser esperado para uso geral. O modelo r_e sofre, pois parâmetros como a impedância de saída e os elementos de realimentação não estão disponíveis, ao passo que os parâmetros híbridos fornecem o conjunto completo na folha de dados. Na maioria dos casos, se o modelo r_e for empregado, o investigador apenas analisará a folha de dados para ter alguma ideia de quais seriam os elementos adicionais. Esta seção mostrará como se pode passar de um modelo a outro e como os parâmetros estão relacionados. Uma vez que todas as folhas de dados fornecem os parâmetros híbridos e o modelo continua a ser usado extensivamente, é importante conhecer ambos os modelos. Os parâmetros híbridos, mostrados na Figura 5.92, foram tirados da folha de dados do transistor 2N4400 descrito no Capítulo 3. Os valores são fornecidos para uma corrente de coletor de 1 mA e uma tensão coletor-emissor de 10 V. Além disso, é fornecida uma faixa de valores para cada parâmetro, que serve de guia para o projeto inicial ou para a análise do sistema. Uma vantagem óbvia das folhas de dados é o conhecimento imediato de valores usuais para os parâmetros do dispositivo quando comparado com outros transistores.

A descrição do modelo híbrido equivalente se iniciará com o sistema geral de duas portas da Figura 5.93. O conjunto de equações 5.133 e 5.134 a seguir é apenas um dos vários modos de relacionar as quatro variáveis da Figura 5.93; por ser o mais usado em análise de circuitos de transistor, será, portanto, discutido em detalhes neste capítulo.

$$\boxed{V_i = h_{11}I_i + h_{12}V_o} \qquad (5.133)$$

$$\boxed{I_o = h_{21}I_i + h_{22}V_o} \qquad (5.134)$$

		Mín.	Máx.	
Impedância de entrada (I_C = 1 mA CC, V_{CE} = 10 V CC, f = 1 kHz)	h_{ie}	0,5	7,5	kΩ
Razão de realimentação de tensão (I_C = 1 mA CC, V_{CE} = 10 V CC, f = 1 kHz)	h_{re}	0,1	8,0	$\times 10^{-4}$
Ganho de corrente para pequenos sinais (I_C = 1 mA CC, V_{CE} = 10 V CC, f = 1 kHz)	h_{fe}	20	250	—
Admitância de saída (I_C = 1 mA CC, V_{CE} = 10 V CC, f = 1 kHz)	h_{oe}	1,0	30	1 μS

Figura 5.92 Parâmetros híbridos para o transistor 2N4400.

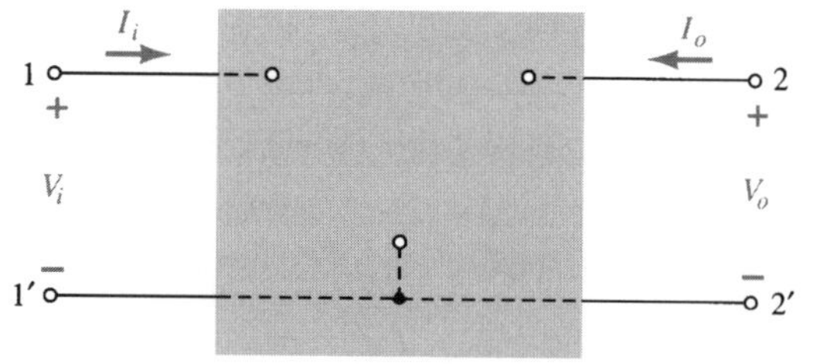

Figura 5.93 Sistema de duas portas.

Os parâmetros que relacionam as quatro variáveis são chamados de *parâmetros h*, da palavra "híbrido". Este termo foi escolhido em decorrência da mistura de variáveis (V e I) em cada equação, resultando em um conjunto "híbrido" de unidades de medida para os parâmetros h. É possível obter uma clara compreensão do que os parâmetros h representam e de como determinar suas amplitudes isolando cada um deles e examinando as relações obtidas.

h_{11} Se estabelecermos arbitrariamente que $V_o = 0$ (curto-circuito nos terminais de saída) e resolvermos h_{11} na Equação 5.133, teremos:

$$\boxed{h_{11} = \left.\frac{V_i}{I_i}\right|_{V_o=0}} \quad \text{ohms} \qquad (5.135)$$

A relação indica que o parâmetro h_{11} é um parâmetro de impedância com a unidade ohms. Por ser a razão da tensão de *entrada* pela corrente de *entrada* com os terminais de saída "curto-circuitados", ele é chamado de *parâmetro de impedância de entrada de curto-circuito*. O subscrito 11 de h_{11} se deve ao fato de que o parâmetro é determinado pela relação de quantidades medidas nos terminais de entrada.

h_{12} Se I_i for igual a zero, abrindo-se os terminais de entrada, o resultado será o seguinte para h_{12}:

$$\boxed{h_{12} = \left.\frac{V_i}{V_o}\right|_{I_i=0}} \quad \text{adimensional} \qquad (5.136)$$

O parâmetro h_{12}, portanto, é a relação da tensão de entrada pela tensão de saída com a corrente de entrada igual a zero. Não há nenhuma unidade, pois ele é uma razão entre valores de tensão e é chamado de *parâmetro de relação de transferência reversa de tensão de circuito aberto*. O subscrito 12 de h_{12} revela que o parâmetro é uma quantidade de transferência determinada pela razão de medidas da entrada (1) para a saída (2). O primeiro inteiro do subscrito define a quantidade medida que aparece no numerador; o segundo inteiro define a quantidade que aparece no denominador. O termo *reversa* é incluído porque a razão compreende uma tensão de entrada sobre uma tensão de saída, em vez da relação inversa normalmente usada.

h_{21} Se na Equação 5.134 V_o é definida como igual a zero novamente pelo estabelecimento de um curto-circuito nos terminais de saída, o resultado é o seguinte para h_{21}:

$$h_{21} = \left.\frac{I_o}{I_i}\right|_{V_o=0} \quad \text{adimensional} \quad (5.137)$$

Observe que agora temos a relação de uma quantidade de saída por uma quantidade de entrada. O termo *direta* agora será usado em vez do *reversa*, como foi indicado para h_{12}. O parâmetro h_{21} é a relação da corrente de saída pela corrente de entrada com os terminais de saída em curto. Esse parâmetro, assim como h_{12}, não tem unidade, uma vez que é uma razão entre valores de corrente. Ele é formalmente chamado de *parâmetro de razão de transferência direta de corrente de curto-circuito*. O subscrito 21 novamente indica que é um parâmetro de transferência com a quantidade de saída (2) no numerador e a quantidade de entrada (1) no denominador.

h_{22} O último parâmetro, h_{22}, pode ser determinado abrindo-se novamente os terminais de entrada para fazer $I_i = 0$ e resolvendo h_{22} na Equação 5.134:

$$h_{22} = \left.\frac{I_o}{V_o}\right|_{I_i=0} \quad \text{siemens} \quad (5.138)$$

Por ser a razão da corrente de saída pela tensão de saída, esse parâmetro é a condutância de saída e é medido em siemens (S). Ele é chamado de *parâmetro de admitância de saída de circuito aberto*. O subscrito 22 revela que ele é determinado por uma relação de valores de saída.

Visto que a unidade de cada termo da Equação 5.133 é o Volt, aplicaremos a Lei das Tensões de Kirchhoff "ao contrário" para determinar um circuito que "corresponda" à equação. A realização dessa operação resultará no circuito da Figura 5.94. Uma vez que o parâmetro h_{11} tem a unidade ohm, ele é representado por um resistor nessa figura. A quantidade h_{12} é adimensional e, portanto, simplesmente aparece como um fator multiplicativo do termo de "realimentação" no circuito de entrada.

Visto que cada termo da Equação 5.134 tem unidade de corrente, aplicaremos a Lei das Correntes de Kirchhoff "ao contrário" para obtermos o circuito da Figura 5.95. Como h_{22} tem unidade de admitância, que para o modelo do transistor representa condutância, ele é representado pelo símbolo de resistor. Tenha em mente, porém, que a resistência em ohms desse resistor é igual ao recíproco da condutância ($1/h_{22}$).

O circuito "CA" equivalente completo para o dispositivo linear básico de três terminais está indicado na Figura 5.96 com um novo conjunto de subscritos para os parâmetros *h*. A notação dessa figura é de natureza mais prática, pois relaciona os parâmetro *h* com as relações apresentadas obtidas nos últimos parágrafos. A escolha das letras utilizadas é justificada pelo seguinte:

$h_{11} \rightarrow$ resistência de entrada $\rightarrow h_i$
$h_{12} \rightarrow$ razão de transferência reversa de tensão $\rightarrow h_r$
$h_{21} \rightarrow$ razão de transferência direta de corrente $\rightarrow h_f$
$h_{22} \rightarrow$ condutância de saída $\rightarrow h_o$

O circuito da Figura 5.96 é aplicável a qualquer dispositivo eletrônico linear de três terminais ou sistema sem fontes internas independentes. Para o transistor, porém, embora ele possua três configurações básicas, *todas elas são configurações de três terminais*, de maneira que o circuito equivalente resultante terá o mesmo formato que aquele mostrado na Figura 5.96. Em cada caso, a parte de baixo das seções de entrada e de saída do circuito da Figura 5.96 pode ser conectada como mostra

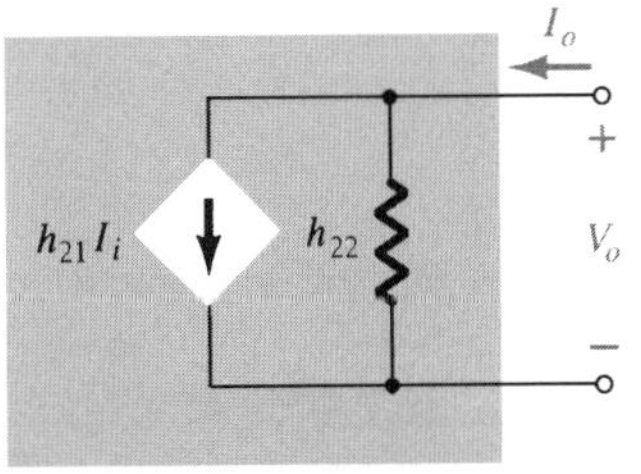

Figura 5.95 Circuito híbrido equivalente de saída.

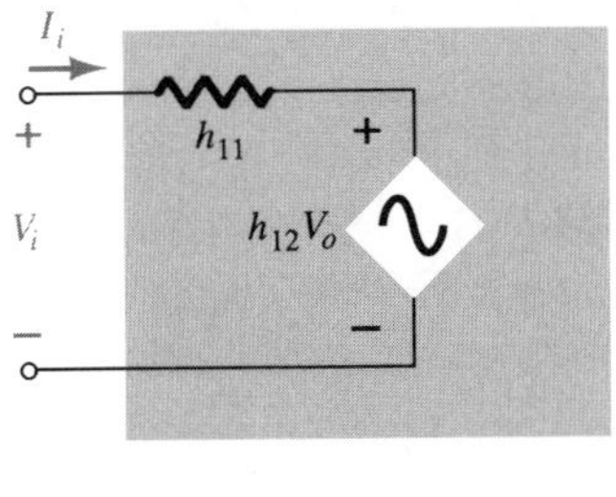

Figura 5.94 Circuito híbrido equivalente de entrada.

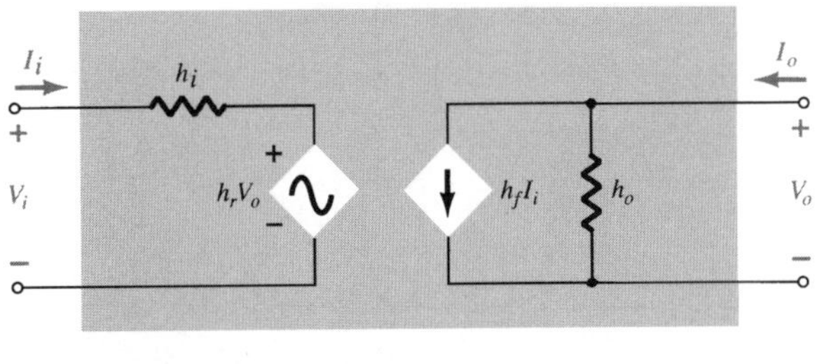

Figura 5.96 Circuito híbrido equivalente completo.

a Figura 5.97, porque o valor do potencial é o mesmo. Basicamente, portanto, o modelo do transistor é um sistema de três terminais com duas portas. Entretanto, os parâmetros *h* mudarão de acordo com a configuração. Para que saibamos qual parâmetro foi usado ou qual está disponível, um segundo parâmetro foi adicionado à notação do parâmetro *h*. Para a configuração base-comum, a letra minúscula *b* foi adicionada, enquanto para as configurações emissor-comum e coletor-comum foram adicionadas as letras *e* e *c*, respectivamente. O circuito híbrido equivalente para a configuração emissor-comum aparece com a notação padrão na Figura 5.97. Observe que $I_i = I_b$, $I_o = I_c$ e, pela aplicação da Lei das Correntes de Kirchhoff, $I_e = I_b + I_c$. A tensão de entrada agora é V_{be} com a tensão de saída V_{ce}. Para a configuração base-comum da Figura 5.98, $I_i = I_e$ e $I_o = I_c$ com $V_{eb} = V_i$ e $V_{cb} = V_o$. Os circuitos das figuras 5.97 e 5.98 são aplicáveis para transistores *pnp* e *npn*.

O fato de tanto o circuito de Thévenin quanto o de Norton aparecerem no circuito da Figura 5.96 faz com que o circuito resultante seja chamado de circuito equivalente *híbrido*. Dois circuitos adicionais equivalentes, que não serão discutidos neste livro, chamados de circuitos equivalentes com parâmetro **z** e parâmetro **y**, utilizam a fonte de tensão ou a fonte de corrente, mas não ambas no mesmo circuito equivalente. No Apêndice A, os valores dos vários parâmetros serão determinados pelas características do transistor na região de operação, resultando no desejado *circuito equivalente para pequenos sinais* do transistor.

Nas configurações emissor-comum e base-comum, a amplitude de h_r e h_o é tal que os resultados obtidos para importantes parâmetros, como Z_i, Z_o, A_v e A_i, são pouco afetados caso h_r e h_o não sejam incluídos no modelo.

Visto que, de modo geral, h_r é uma quantidade relativamente pequena, sua remoção é aproximada por $h_r \cong 0$ e $h_r V_o = 0$, o que resulta no equivalente a um curto-circuito para o elemento de realimentação, como mostra a Figura 5.99. Em geral, a resistência determinada por $1/h_o$ costuma ser grande o suficiente para ser ignorada em comparação com uma carga paralela, o que permite sua substituição pelo circuito equivalente a um circuito aberto para os modelos EC e BC, como podemos ver na Figura 5.99.

O circuito equivalente resultante da Figura 5.100 é muito similar à estrutura geral dos circuitos equivalentes base-comum e emissor-comum obtida com o modelo r_e. Na verdade, o modelo híbrido equivalente e o modelo r_e

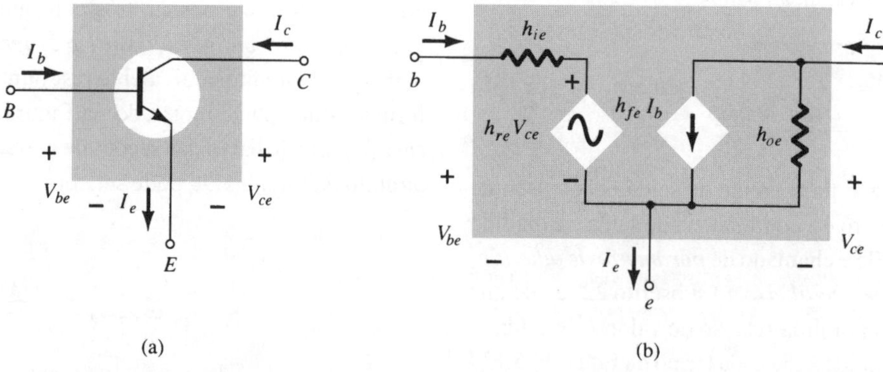

Figura 5.97 Configuração emissor-comum: (a) símbolo gráfico; (b) circuito híbrido equivalente.

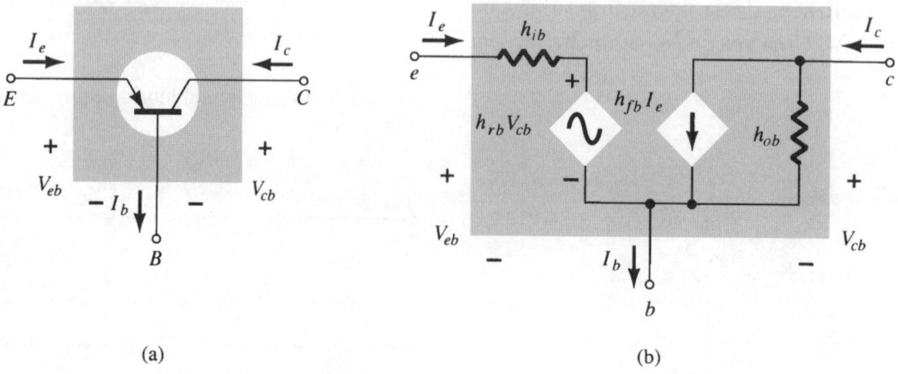

Figura 5.98 Configuração base-comum: (a) símbolo gráfico; (b) circuito híbrido equivalente.

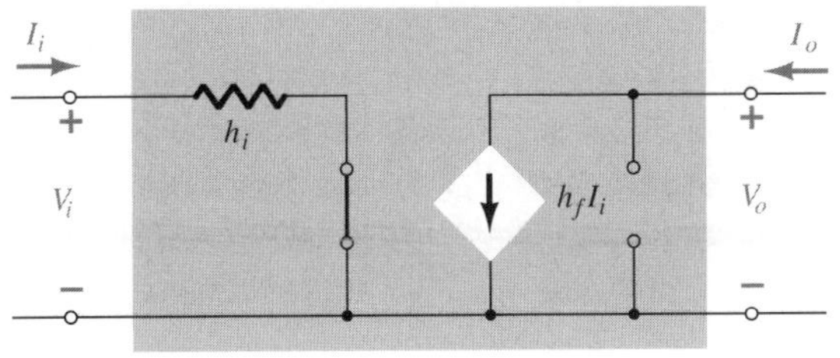

Figura 5.99 Efeito da remoção de h_{re} e h_{oe} no circuito híbrido equivalente.

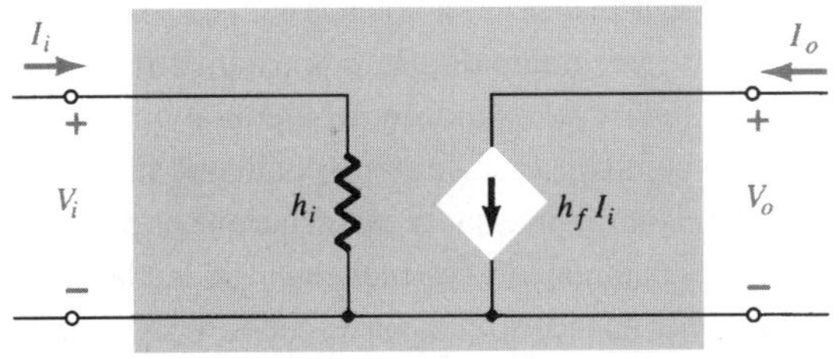

Figura 5.100 Modelo do circuito híbrido equivalente aproximado.

para cada configuração foram repetidos na Figura 5.101 para fins de comparação. Deve ficar claro, a partir da Figura 5.101(a), que

$$\boxed{h_{ie} = \beta r_e} \tag{5.139}$$

e

$$\boxed{h_{fe} = \beta_{CA}} \tag{5.140}$$

A partir da Figura 5.101(b),

$$\boxed{h_{ib} = r_e} \tag{5.141}$$

e

$$\boxed{h_{fb} = -\alpha \cong -1} \tag{5.142}$$

Note, em particular, que o sinal negativo na Equação 5.142 leva em conta o fato de que a fonte de corrente do circuito híbrido equivalente padrão aponta para baixo em vez de estar no sentido real, como mostra o modelo r_e da Figura 5.101(b).

EXEMPLO 5.19

Dados I_E = 2,5 mA, h_{fe} = 140, h_{oe} = 20 μS (μmho) e h_{ob} = 0,5 μS, determine:

a) O circuito híbrido equivalente emissor-comum.

b) O modelo r_e base-comum.

Solução:

a) $$r_e = \frac{26\text{ mV}}{I_E} = \frac{26\text{ mV}}{2{,}5\text{ mA}} = \mathbf{10{,}4\ \Omega}$$

$$h_{ie} = \beta r_e = (140)(10{,}4\ \Omega) = \mathbf{1{,}456\ k\Omega}$$

$$r_o = \frac{1}{h_{oe}} = \frac{1}{20\ \mu\text{S}} = \mathbf{50\ k\Omega}$$

Observe a Figura 5.102.

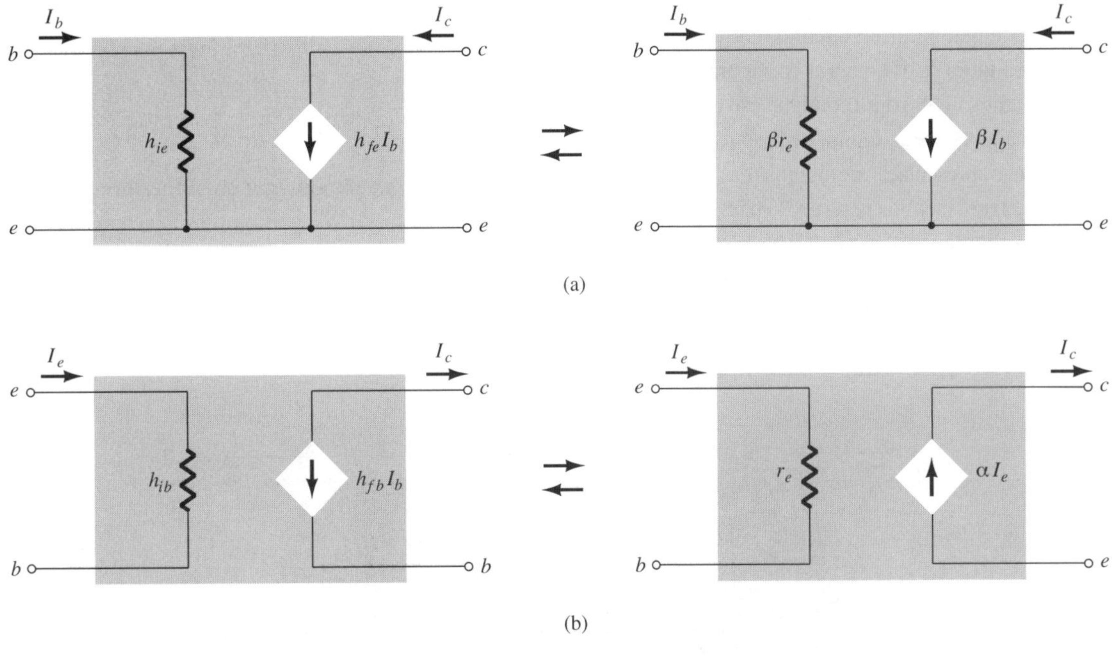

Figura 5.101 Modelo híbrido *versus* modelo r_e: (a) configuração emissor-comum; (b) configuração base-comum.

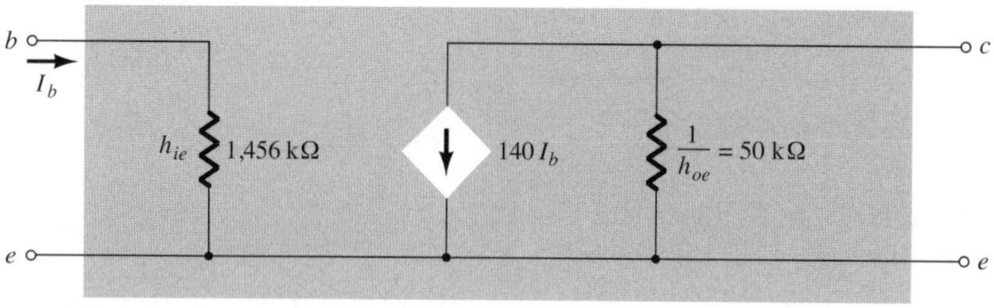

Figura 5.102 Circuito híbrido equivalente emissor-comum para os parâmetros do Exemplo 5.19.

b) r_e = **10,4 Ω**

$$\alpha \cong 1, \quad r_o = \frac{1}{h_{ob}} = \frac{1}{0{,}5\ \mu\text{S}} = \mathbf{2\ M\Omega}$$

Observe a Figura 5.103.

Há uma série de equações relativas aos parâmetros de cada configuração para o circuito híbrido equivalente no Apêndice B. Na Seção 5.23, demonstra-se que o parâmetro híbrido $h_{fe}(\beta_{CA})$ é o menos sensível dos parâmetros híbridos a uma mudança na corrente do coletor. Pressupor, então, que $h_{fe} = \beta$ é uma constante para a faixa de interesse é uma aproximação razoável. O parâmetro $h_{ie} = \beta r_e$ é aquele que varia significativamente com I_C e deve ser determinado em função dos níveis de operação, uma vez que pode exercer um efeito real sobre os valores de ganho de um amplificador com transistor.

5.20 CIRCUITO HÍBRIDO EQUIVALENTE APROXIMADO

A análise feita a partir do circuito híbrido equivalente aproximado da Figura 5.104, para a configuração emissor-comum, e da Figura 5.105, para a configuração base-comum, é bastante similar àquela que acabamos de fazer utilizando o modelo r_e. Uma breve apresentação de algumas das configurações mais importantes será incluída nesta seção para demonstrar as semelhanças na abordagem e nas equações resultantes.

Uma vez que os vários parâmetros do modelo híbrido são especificados por uma folha de dados ou uma análise experimental, a análise CC associada com o uso do modelo r_e não é parte integrante do uso dos parâmetros híbridos. Em outras palavras, quando o problema é apresentado, parâmetros como h_{ie}, h_{fe}, h_{ib} e assim por diante são especificados. Entretanto, é preciso ter em mente que os parâmetros híbridos e os componentes do modelo r_e estão relacionados pelas seguintes equações, como já discutimos neste capítulo: $h_{ie} = \beta r_e$, $h_{fe} = \beta$, $h_{oe} = 1/r_o$, $h_{fb} = -\alpha$ e $h_{ib} = r_e$.

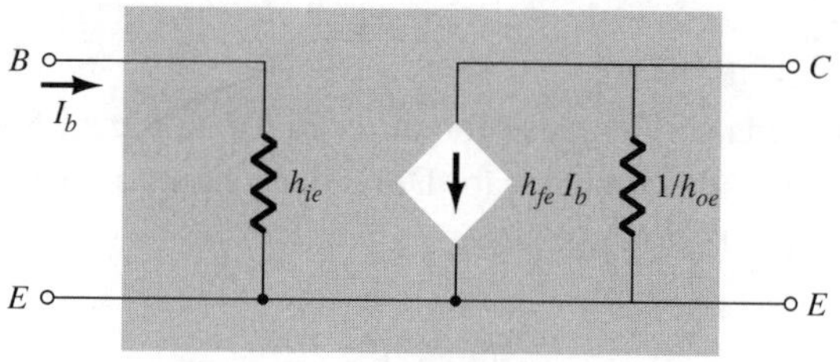

Figura 5.104 Circuito híbrido equivalente aproximado para emissor-comum.

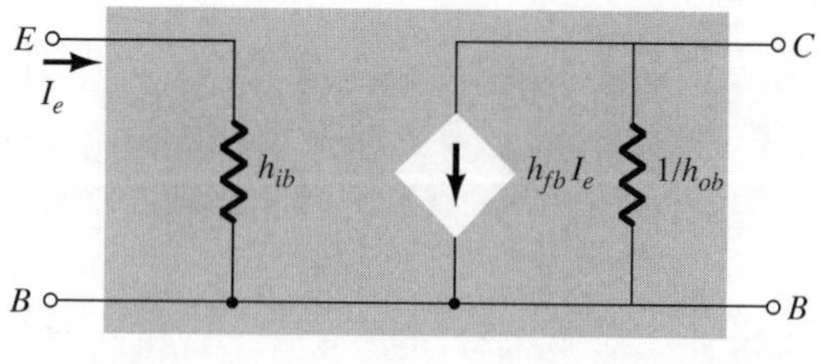

Figura 5.105 Circuito híbrido equivalente aproximado para base-comum.

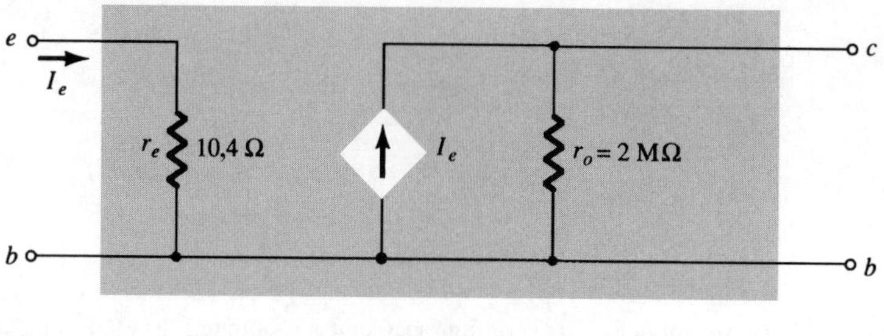

Figura 5.103 Modelo r_e base-comum para os parâmetros do Exemplo 5.19.

Configuração com polarização fixa

Para a configuração com polarização fixa da Figura 5.106, o circuito CA equivalente para pequenos sinais será como mostra a Figura 5.107, utilizando o modelo híbrido equivalente aproximado de emissor-comum. Compare as semelhanças com a Figura 5.22 e a análise do modelo r_e. As semelhanças sugerem que a análise será muito similar e que os resultados de um podem ser relacionados diretamente com o outro.

Z_i A partir da Figura 5.107,

$$Z_i = R_B \| h_{ie} \tag{5.143}$$

Z_o A partir da Figura 5.107,

$$Z_o = R_C \| 1/h_{oe} \tag{5.144}$$

A_v Utilizando $R' = 1/h_{oe} \| R_C$, obtemos

$$V_o = -I_o R' = -I_C R'$$
$$= -h_{fe} I_b R'$$

e

$$I_b = \frac{V_i}{h_{ie}}$$

com

$$V_o = -h_{fe} \frac{V_i}{h_{ie}} R'$$

de modo que

$$A_v = \frac{V_o}{V_i} = -\frac{h_{fe}(R_C \| 1/h_{oe})}{h_{ie}} \tag{5.145}$$

A_i Supondo que $R_B >> h_{ie}$ e $1/h_{oe} \geq 10R_C$, verificamos que $I_b \cong I_i$ e $I_o = I_c = h_{fe}I_b = h_{fe}I_i$ e, portanto,

$$A_i = \frac{I_o}{I_i} \cong h_{fe} \tag{5.146}$$

EXEMPLO 5.20

Para o circuito da Figura 5.108, determine:

a) Z_i.
b) Z_o.
c) A_v.
d) A_i.

Solução:

a) $Z_i = R_B \| h_{ie} = 330\ \text{k}\Omega \| 1{,}175\ \text{k}\Omega$
$\cong h_{ie} = \mathbf{1{,}171\ k\Omega}$

b) $r_o = \dfrac{1}{h_{oe}} = \dfrac{1}{20\ \mu\text{A/V}} = 50\ \text{k}\Omega$

$Z_o = \dfrac{1}{h_{oe}} \| R_C = 50\ \text{k}\Omega \| 2{,}7\ \text{k}\Omega$
$= \mathbf{2{,}56\ k\Omega} \cong R_C$

c) $A_v = -\dfrac{h_{fe}(R_C \| 1/h_{oe})}{h_{ie}}$
$= -\dfrac{(120)(2{,}7\ \text{k}\Omega \| 50\ \text{k}\Omega)}{1{,}171\ \text{k}\Omega} = \mathbf{-262{,}34}$

d) $A_i \cong h_{fe} = \mathbf{120}$

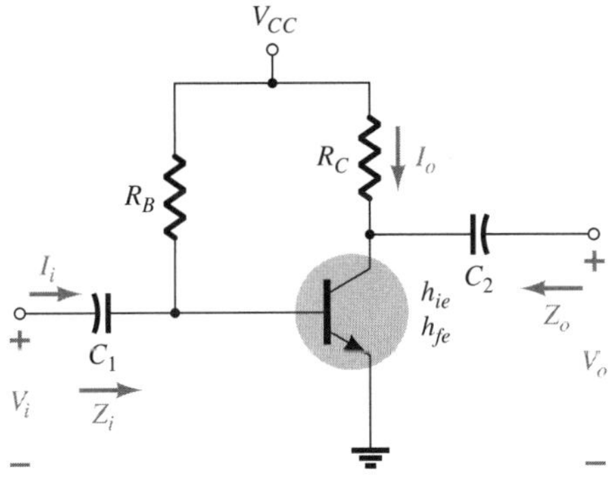

Figura 5.106 Configuração com polarização fixa.

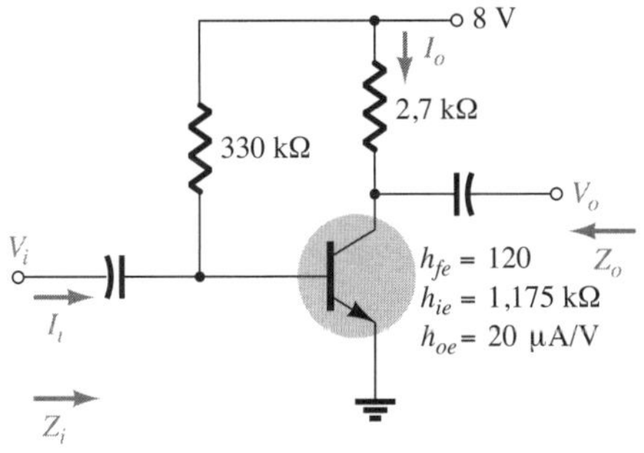

Figura 5.108 Exemplo 5.20.

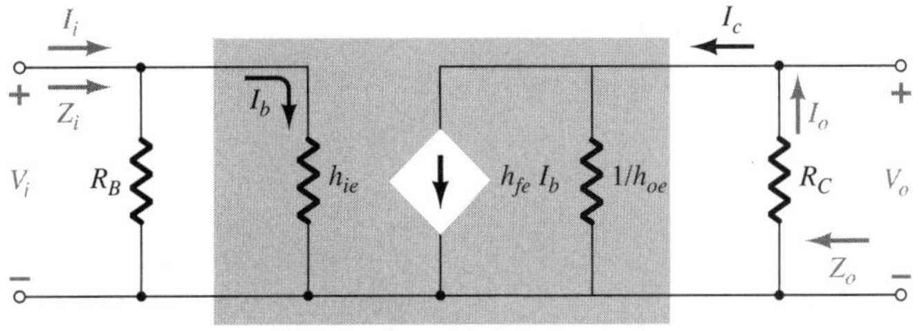

Figura 5.107 Substituição do circuito híbrido equivalente aproximado no circuito CA equivalente da Figura 5.106.

Configuração com divisor de tensão

Para a configuração com polarização por divisor de tensão da Figura 5.109, o circuito CA equivalente para pequenos sinais resultante terá o mesmo aspecto da Figura 5.107, com R_B substituído por $R' = R_1 \| R_2$.

Z_i A partir da Figura 5.107, com $R_B = R'$,

$$Z_i = R_1 \| R_2 \| h_{ie} \tag{5.147}$$

Z_o A partir da Figura 5.107,

$$Z_o \cong R_C \tag{5.148}$$

A_v

$$A_v = -\frac{h_{fe}(R_C \| 1/h_{oe})}{h_{ie}} \tag{5.149}$$

A_i

$$A_i = \frac{h_{fe}(R_1 \| R_2)}{R_1 \| R_2 + h_{ie}} \tag{5.150}$$

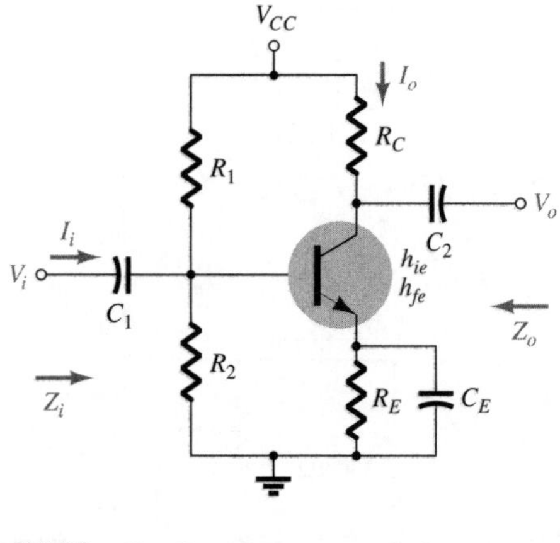

Figura 5.109 Configuração com polarização por divisor de tensão.

Configuração com polarização de emissor sem desvio

Para a configuração EC com polarização de emissor sem desvio (sem o capacitor em paralelo com R_E) da Figura 5.110, o modelo CA para pequenos sinais será o mesmo da Figura 5.30, com βr_e substituído por h_{ie} e βI_b por $h_{fe}I_b$. A análise será feita da mesma maneira.

Z_i

$$Z_b \cong h_{fe}R_E \tag{5.151}$$

e

$$Z_i = R_B \| Z_b \tag{5.152}$$

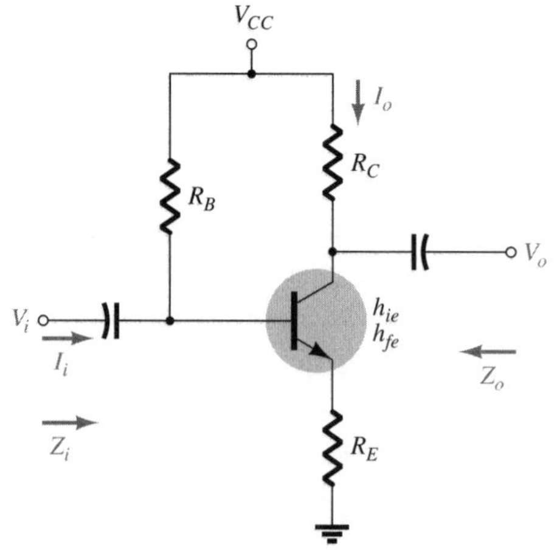

Figura 5.110 Configuração EC com polarização de emissor sem desvio.

Z_o

$$Z_o = R_C \tag{5.153}$$

A_v

$$A_v = -\frac{h_{fe}R_C}{Z_b} \cong -\frac{h_{fe}R_C}{h_{fe}R_E}$$

e

$$A_v \cong -\frac{R_C}{R_E} \tag{5.154}$$

A_i

$$A_i = -\frac{h_{fe}R_B}{R_B + Z_b} \tag{5.155}$$

ou

$$A_i = -A_v \frac{Z_i}{R_C} \tag{5.156}$$

Configuração de seguidor de emissor

Para o seguidor de emissor da Figura 5.36, o modelo CA para pequenos sinais é semelhante ao da Figura 5.111 com $\beta r_e = h_{ie}$ e $\beta = h_{fe}$. As equações resultantes serão, portanto, bastante similares.

Z_i

$$Z_b \cong h_{fe}R_E \tag{5.157}$$

$$Z_i = R_B \| Z_b \tag{5.158}$$

Z_o Para Z_o, o circuito de saída definido pelas equações resultantes aparecerá como mostra a Figura 5.112. Reveja o desenvolvimento das equações na Seção 5.8 e

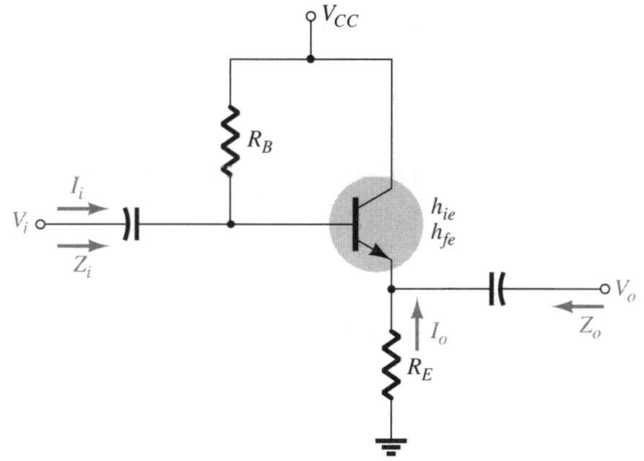

Figura 5.111 Configuração de seguidor de emissor.

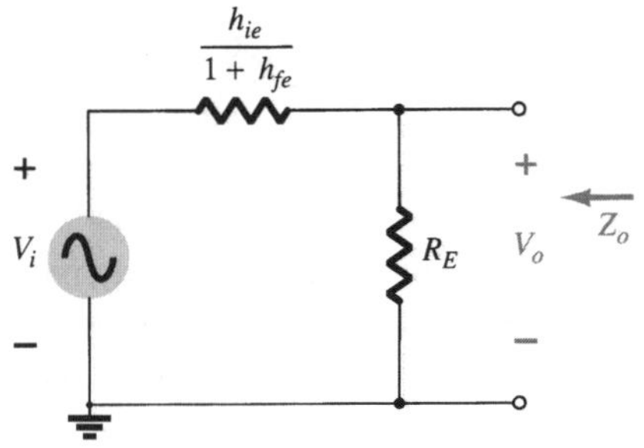

Figura 5.112 Definição de Z_o para a configuração de seguidor de emissor.

$$Z_o = R_E \| \frac{h_{ie}}{1 + h_{fe}}$$

ou, visto que $1 + h_{fe} \cong h_{fe}$,

$$Z_o \cong R_E \| \frac{h_{ie}}{h_{fe}} \qquad (5.159)$$

***A*$_v$** Para o ganho de tensão, a regra do divisor de tensão pode ser aplicada à Figura 5.112 como segue:

$$V_o = \frac{R_E(V_i)}{R_E + h_{ie}/(1 + h_{fe})}$$

mas, como $1 + h_{fe} \cong h_{fe}$,

$$A_v = \frac{V_o}{V_i} \cong \frac{R_E}{R_E + h_{ie}/h_{fe}} \qquad (5.160)$$

***A*$_i$**

$$A_i = \frac{h_{fe} R_B}{R_B + Z_b} \qquad (5.161)$$

ou

$$A_i = -A_v \frac{Z_i}{R_E} \qquad (5.162)$$

Configuração base-comum

A última configuração a ser examinada com o circuito híbrido equivalente aproximado será o amplificador base-comum da Figura 5.113. A substituição do modelo híbrido equivalente aproximado para base-comum resulta no circuito da Figura 5.114, que é muito semelhante ao da Figura 5.43.

Temos os seguintes resultados a partir da Figura 5.114,

***Z*$_i$**

$$Z_i = R_E \| h_{ib} \qquad (5.163)$$

***Z*$_o$**

$$Z_o = R_C \qquad (5.164)$$

***A*$_v$**

$$V_o = -I_o R_C = -(h_{fb} I_e) R_C$$

com $I_e = \frac{V_i}{h_{ib}}$ e $V_o = -h_{fb} \frac{V_i}{h_{ib}} R_C$

de maneira que

$$A_v = \frac{V_o}{V_i} = -\frac{h_{fb} R_C}{h_{ib}} \qquad (5.165)$$

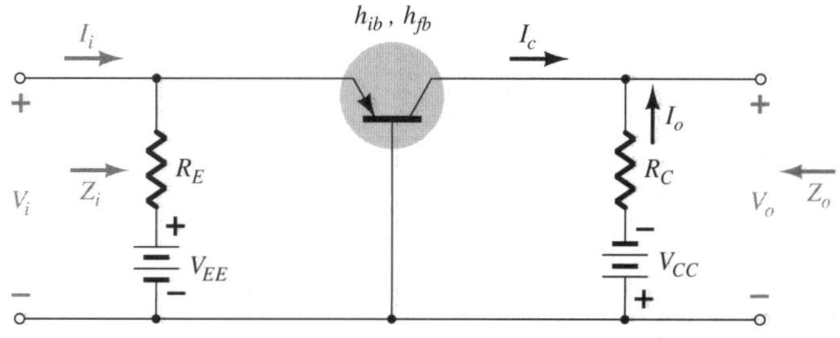

Figura 5.113 Configuração base-comum.

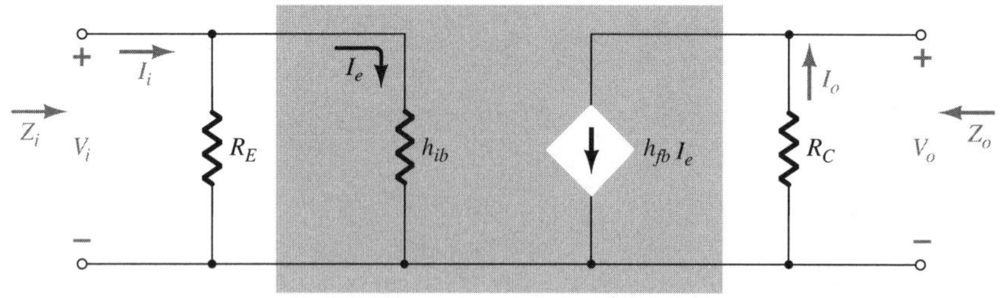

Figura 5.114 Substituição do circuito híbrido equivalente aproximado no circuito CA equivalente da Figura 5.113.

A_i

$$A_i = \frac{I_o}{I_i} = h_{fb} \cong -1 \tag{5.166}$$

EXEMPLO 5.21

Para o circuito da Figura 5.115, determine:

a) Z_i.
b) Z_o.
c) A_v.
d) A_i.

Solução:

a) $Z_i = R_E \| h_{ib} = 2{,}2\ \text{k}\Omega \| 14{,}3\ \Omega = \mathbf{14{,}21\ \Omega} \cong h_{ib}$

b)

$$r_o = \frac{1}{h_{ob}} = \frac{1}{0{,}5\ \mu\text{A/V}} = \mathbf{2\ M\Omega}$$

$$Z_o = \frac{1}{h_{ob}} \| R_C \cong R_C = \mathbf{3{,}3\ k\Omega}$$

c) $$A_v = -\frac{h_{fb} R_C}{h_{ib}} = -\frac{(-0{,}99)(3{,}3\ \text{k}\Omega)}{14{,}21} = \mathbf{229{,}91}$$

d) $A_i \cong h_{fb} = \mathbf{-1}$

As configurações restantes que não foram analisadas nesta seção foram transformadas em exercícios que podem ser encontrados na seção "Problemas" deste capítulo. Supomos que a análise anterior revele claramente as semelhanças na abordagem, utilizando os modelos r_e e híbrido equivalente aproximado, removendo por esse meio qualquer dificuldade real com a análise dos circuitos restantes das seções anteriores.

5.21 MODELO HÍBRIDO EQUIVALENTE COMPLETO

A análise da Seção 5.20 estava limitada ao circuito híbrido equivalente aproximado com alguma discussão sobre a impedância de saída. Nesta seção, empregamos o circuito equivalente completo para mostrar o impacto de h_r e definir em termos mais específicos o impacto de h_o. É importante compreender que, visto que o modelo híbrido equivalente tem a mesma aparência nas configurações base-comum, emissor-comum e coletor-comum, as equações desenvolvidas nesta seção podem ser aplicadas a cada uma dessas configurações. Basta inserir os parâmetros definidos para cada uma delas. Isto é, para uma configuração base-comum são utilizados h_{fb}, h_{ib} etc., enquanto para uma configuração emissor-comum são utilizados h_{fe}, h_{ie} etc. Lembramos que o Apêndice A permite uma conversão de um conjunto em outro, caso um deles seja fornecido e o outro seja necessário.

Analise a configuração geral da Figura 5.116 com os parâmetros de especial interesse para sistemas de duas portas. O modelo híbrido equivalente completo é, então, substituído na Figura 5.117 utilizando parâmetros que não especificam o tipo de configuração. Em outras palavras, as soluções serão em termos de h_i, h_r, h_f e h_o. Diferentemente das análises feitas em

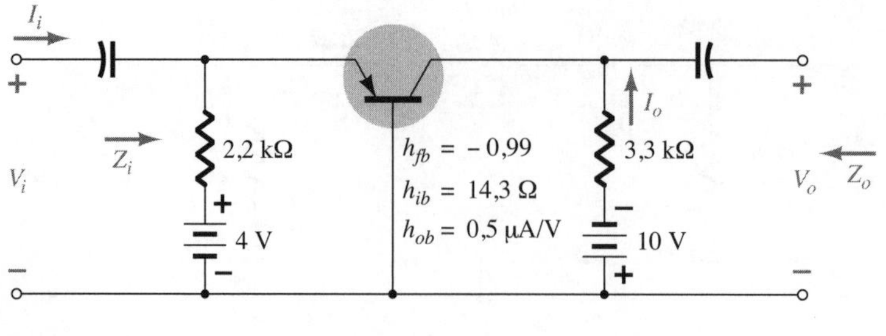

Figura 5.115 Exemplo 5.21.

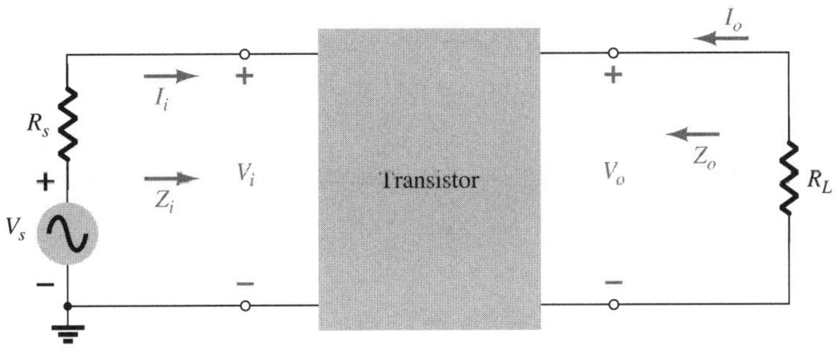

Figura 5.116 Sistema de duas portas.

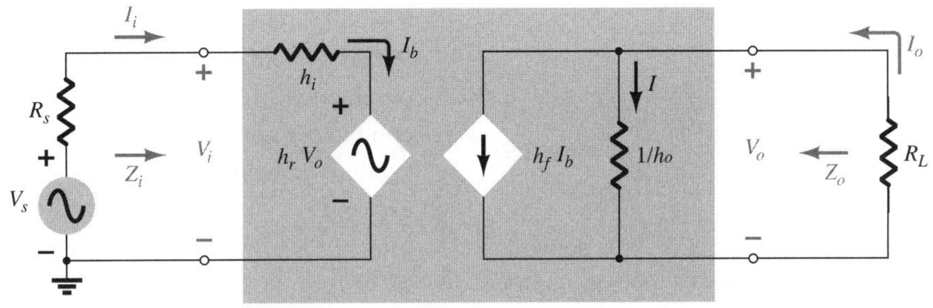

Figura 5.117 Substituição do circuito híbrido equivalente completo no sistema de duas portas da Figura 5.116.

seções anteriores deste capítulo, o ganho de corrente A_i será determinado primeiro, uma vez que as equações desenvolvidas nesta análise se mostrarão úteis na determinação dos outros parâmetros.

Ganho de corrente, $A_i = I_o/I_i$

A aplicação da Lei das Correntes de Kirchhoff ao circuito de saída resulta em

$$I_o = h_f I_b + I = h_f I_i + \frac{V_o}{1/h_o} = h_f I_i + h_o V_o$$

Substituindo $V_o = -I_o R_L$, temos

$$I_o = h_f I_i - h_o R_L I_o$$

Reescrevendo a equação anterior, obtemos

$$I_o + h_o R_L I_o = h_f I_i$$

e $$I_o(1 + h_o R_L) = h_f I_i$$

de modo que $$A_i = \frac{I_o}{I_i} = \frac{h_f}{1 + h_o R_L} \quad (5.167)$$

Observe que o ganho de corrente será reduzido ao resultado usual de $A_i = h_f$ se o fator $h_o R_L$ for pequeno o suficiente quando comparado a 1.

Ganho de tensão, $A_v = V_o/V_i$

A aplicação da Lei das Tensões de Kirchhoff ao circuito de entrada resulta em

$$V_i = I_i h_i + h_r V_o$$

A substituição de $I_i = (1 + h_o R_L) I_o / h_f$, da Equação 5.167, e $I_o = -V_o/R_L$, do resultado anterior, gera

$$V_i = \frac{-(1 + h_o R_L) h_i}{h_f R_L} V_o + h_r V_o$$

Resolvendo a relação V_o/V_i, temos

$$A_v = \frac{V_o}{V_i} = \frac{-h_f R_L}{h_i + (h_i h_o - h_f h_r) R_L} \quad (5.168)$$

Nesse caso, a forma usual de $A_v = -h_f R_L/h_i$ retornará se o fator $(h_i h_o - h_f h_r) R_L$ for pequeno o suficiente quando comparado a h_i.

Impedância de entrada, $Z_i = V_i/I_i$

Para o circuito de entrada, $V_i = h_i I_i + h_r V_o$

Substituindo $V_o = -I_o R_L$

temos $V_i = h_i I_i - h_r R_L I_o$

Visto que $$A_i = \frac{I_o}{I_i}$$

$$I_o = A_i I_i$$

de modo que a equação anterior se transforma em

$$V_i = h_i I_i - h_r R_L A_i I_i$$

Resolvendo a relação V_i/I_i, obtemos

$$Z_i = \frac{V_i}{I_i} = h_i - h_r R_L A_i$$

e substituindo

$$A_i = \frac{h_f}{1 + h_o R_L}$$

obtemos:

$$Z_i = \frac{V_i}{I_i} = h_i - \frac{h_f h_r R_L}{1 + h_o R_L} \quad (5.169)$$

A forma usual de $Z_i = h_i$ será obtida se o segundo fator no denominador ($h_o R_L$) for suficientemente menor do que 1.

Impedância de saída, $Z_o = V_o/I_o$

A impedância de saída de um amplificador é definida pela razão da tensão de saída pela corrente de saída com o sinal V_s fixado em zero. Para o circuito de entrada, com $V_s = 0$,

$$I_i = -\frac{h_r V_o}{R_s + h_i}$$

Substituindo essa relação na equação a seguir, obtida do circuito de saída, temos

$$I_o = h_f I_i + h_o V_o$$

$$= -\frac{h_f h_r V_o}{R_s + h_i} + h_o V_o$$

e

$$Z_o = \frac{V_o}{I_o} = \frac{1}{h_o - [h_f h_r/(h_i + R_s)]} \quad (5.170)$$

Nesse caso, a impedância de saída é reduzida à forma usual $Z_o = 1/h_o$ para o transistor quando o segundo fator no denominador é suficientemente menor do que o primeiro.

EXEMPLO 5.22

Para o circuito da Figura 5.118, determine os seguintes parâmetros utilizando o modelo híbrido equivalente completo e compare com os resultados obtidos utilizando o modelo aproximado.

a) Z_i e Z'_i.

b) A_v.

c) $A_i = I_o/I_i$.

d) Z'_o (com R_C) e Z_o (incluindo R_C).

Solução:

Agora que as equações básicas para cada variável foram deduzidas, a ordem em que são calculadas é arbitrária. No entanto, a impedância de entrada costuma ser um valor que é útil conhecer e, portanto, ela será calculada primeiro. O circuito híbrido equivalente completo para emissor-comum foi substituído e o circuito foi redesenhado, como mostra a Figura 5.119. O circuito equivalente de Thévenin para a seção de entrada da Figura 5.119 resulta na entrada equivalente da Figura 5.120, uma vez que $E_{Th} \cong V_S$ e $R_{Th} \cong R_S = 1\ \text{k}\Omega$ (como

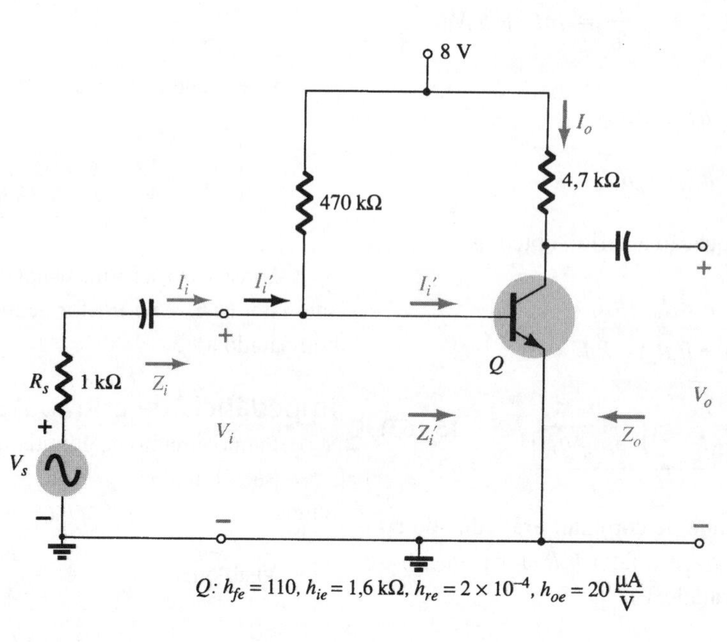

Figura 5.118 Exemplo 5.22.

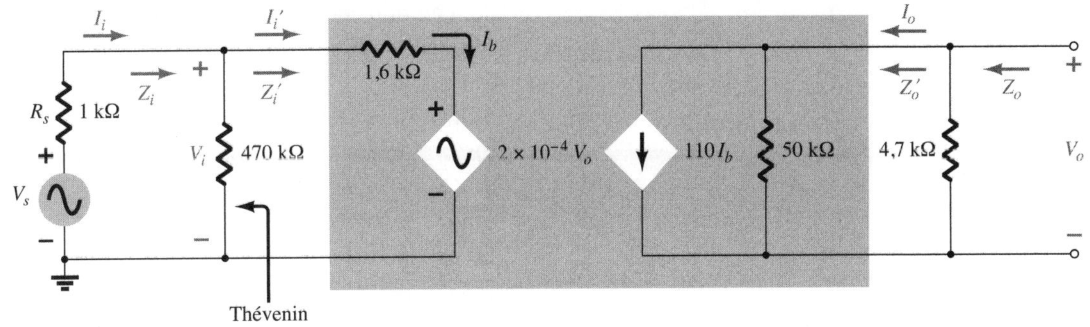

Figura 5.119 Substituição do circuito híbrido equivalente completo no circuito CA equivalente da Figura 5.118.

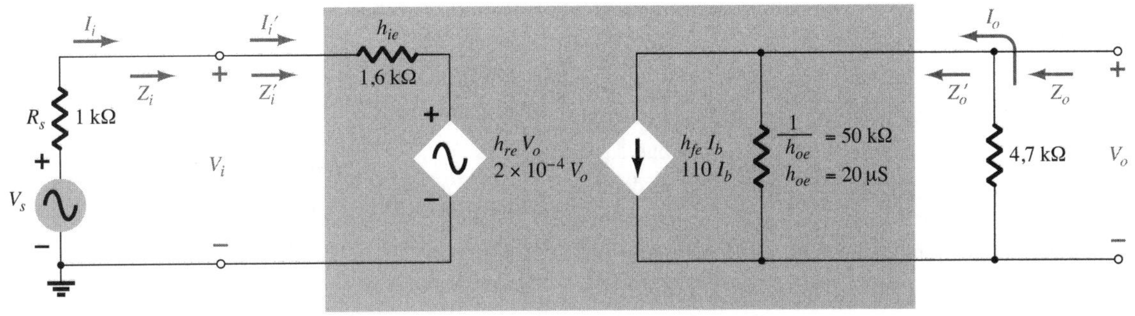

Figura 5.120 Substituição da seção de entrada da Figura 5.119 por um circuito Thévenin equivalente.

resultado de $R_B = 470$ kΩ ser muito maior que $R_S = 1$ kΩ). Nesse exemplo, $R_L = R_C$, e I_o é definido como a corrente através de R_C, como em exemplos anteriores deste capítulo. A impedância de saída Z_o, como definida pela Equação 5.170, serve somente para os terminais de saída do transistor e não inclui os efeitos de R_C. Z_o é simplesmente a combinação em paralelo de Z_o e R_L. A configuração resultante da Figura 5.120 é, então, uma cópia exata do circuito da Figura 5.117, e as equações deduzidas anteriormente podem ser aplicadas.

a) Equação 5.169:

$$Z_i = \frac{V_i}{I_i} = h_{ie} - \frac{h_{fe}h_{re}R_L}{1 + h_{oe}R_L}$$
$$= 1{,}6\,\text{k}\Omega - \frac{(110)(2 \times 10^{-4})(4{,}7\,\text{k}\Omega)}{1 + (20\,\mu\text{S})(4{,}7\,\text{k}\Omega)}$$
$$= 1{,}6\,\text{k}\Omega - 94{,}52\,\Omega$$
$$= \mathbf{1{,}51\,k\Omega}$$

versus 1,6 kΩ, usando-se simplesmente h_{ie}; e

$$Z_i' = 470\,\text{k}\Omega \| Z_i \cong Z_i = \mathbf{1{,}51\,k\Omega}$$

b) Equação 5.168:

$$A_v = \frac{V_o}{V_i} = \frac{-h_{fe}R_L}{h_{ie} + (h_{ie}h_{oe} - h_{fe}h_{re})R_L}$$
$$= \frac{-(110)(4{,}7\,\text{k}\Omega)}{1{,}6\,\text{k}\Omega + [(1{,}6\,\text{k}\Omega)(20\,\mu\text{S}) - (110)(2 \times 10^{-4})]4{,}7\,\text{k}\Omega}$$
$$= \frac{-517 \times 10^3\,\Omega}{1{,}6\,\text{k}\Omega + (0{,}032 - 0{,}022)4{,}7\,\text{k}\Omega}$$
$$= \frac{-517 \times 10^3\,\Omega}{1{,}6\,\text{k}\Omega + 47\,\Omega}$$
$$= \mathbf{-313{,}9}$$

versus –323,125, usando-se $A_V \cong -h_{fe}R_L/h_{ie}$.

c) Equação 5.167:

$$A_i' = \frac{I_o}{I_i'} = \frac{h_{fe}}{1 + h_{oe}R_L} = \frac{110}{1 + (20\,\mu\text{S})(4{,}7\,\text{k}\Omega)}$$
$$= \frac{110}{1 + 0{,}094} = \mathbf{100{,}55}$$

versus 110, usando-se simplesmente h_{fe}. Visto que 470 kΩ >> Z_i', $I_i \cong I_i'$ e $A_i \cong$ **100,55** também.

d) Equação 5.170:

$$Z_o' = \frac{V_o}{I_o} = \frac{1}{h_{oe} - [h_{fe}h_{re}/(h_{ie} + R_s)]}$$

$$= \frac{1}{20\ \mu S - [(110)(2 \times 10^{-4})/(1{,}6\ k\Omega + 1\ k\Omega)]}$$
$$= \frac{1}{20\ \mu S - 8{,}46\ \mu S}$$
$$= \frac{1}{11{,}54\ \mu S}$$
$$= \mathbf{86{,}66\ k\Omega}$$

que é maior do que o valor determinado de $1/h_{oe}$, 50 kΩ; e

$$Z_o = R_C \| Z_o' = 4{,}7\ k\Omega \| 86{,}66\ k\Omega = \mathbf{4{,}46\ k\Omega}$$

versus 4,7 kΩ, usando-se somente R_C.

Observe, dos resultados anteriores, que as soluções aproximadas para A_v e Z_i foram muito próximas das calculadas com o modelo equivalente completo. Na verdade, até A_i teve uma diferença de menos de 10%. O valor maior de Z'_o somente contribuiu para nossa conclusão anterior de que Z'_o é normalmente tão alto que pode ser ignorado quando comparado com a carga aplicada. Entretanto, saiba que, quando há necessidade de determinarmos os efeitos de h_{re} e h_{oe}, o modelo híbrido equivalente completo deve ser usado como descrito anteriormente.

A folha de dados de um transistor normalmente fornece os parâmetros para a configuração emissor-comum, como pode ser visto na Figura 5.92. O próximo exemplo empregará os mesmos parâmetros do transistor que aparece na Figura 5.118 em uma configuração *pnp* base-comum com o intuito de introduzir os procedimentos de conversão de parâmetros e enfatizar o fato de que o modelo híbrido equivalente mantém o mesmo formato.

EXEMPLO 5.23

Para o amplificador base-comum da Figura 5.121, determine os seguintes parâmetros, utilizando o modelo híbrido equivalente completo, e compare com os resultados obtidos utilizando o modelo aproximado.

a) Z_i
b) A_i
c) A_v
d) Z_o

Solução:

Os parâmetros híbridos para base-comum são deduzidos dos parâmetros para emissor-comum pelo uso das equações aproximadas do Apêndice B:

$$h_{ib} \cong \frac{h_{ie}}{1 + h_{fe}} = \frac{1{,}6\ k\Omega}{1 + 110} = \mathbf{14{,}41\ \Omega}$$

Observe como esse valor está próximo do valor determinado por:

$$h_{ib} = r_e = \frac{h_{ie}}{\beta} = \frac{1{,}6\ k\Omega}{110} = 14{,}55\ \Omega$$

Também,

$$h_{rb} \cong \frac{h_{ie}h_{oe}}{1 + h_{fe}} - h_{re} = \frac{(1{,}6\ k\Omega)(20\ \mu S)}{1 + 110} - 2 \times 10^{-4}$$
$$= \mathbf{0{,}883 \times 10^{-4}}$$
$$h_{fb} \cong \frac{-h_{fe}}{1 + h_{fe}} = \frac{-110}{1 + 110} = \mathbf{-0{,}991}$$
$$h_{ob} \cong \frac{h_{oe}}{1 + h_{fe}} = \frac{20\ \mu S}{1 + 110} = \mathbf{0{,}18\ \mu S}$$

Substituir o circuito híbrido equivalente para base comum no circuito da Figura 5.121 resulta no circuito equivalente para pequenos sinais da Figura 5.122. O circuito de Thévenin para o circuito de entrada resulta em R_{Th} = 3 kΩ ∥ 1 kΩ = 0,75 kΩ para R_s na equação de Z_o.

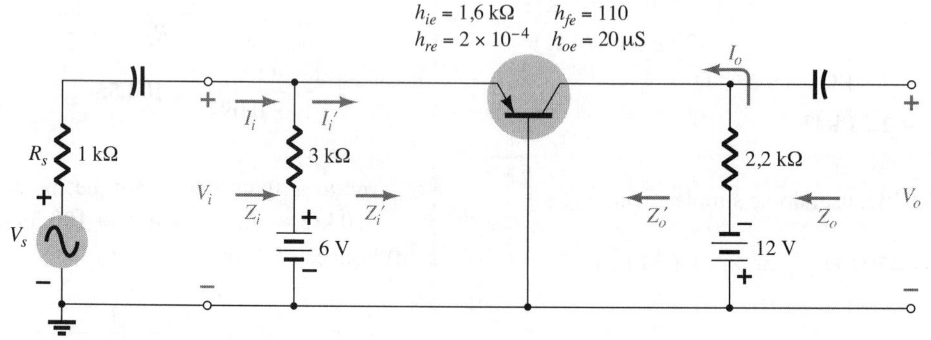

Figura 5.121 Exemplo 5.23.

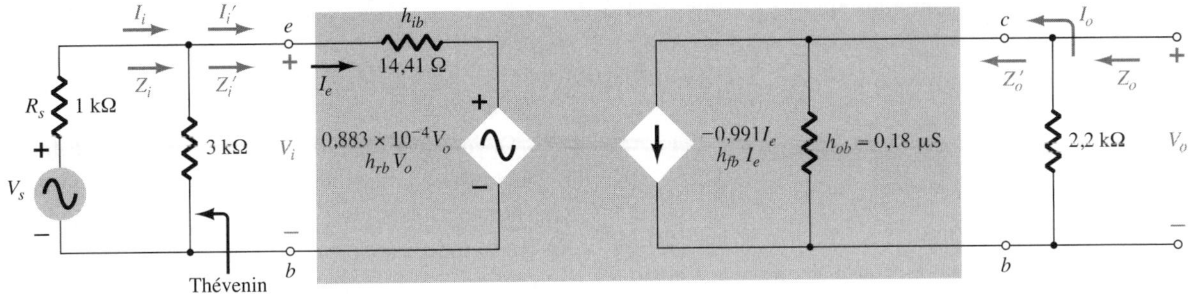

Figura 5.122 Equivalente de pequenos sinais para o circuito da Figura 5.121.

a) Equação 5.169:

$$
\begin{aligned}
Z_i' &= \frac{V_i}{I_i'} = h_{ib} - \frac{h_{fb}h_{rb}R_L}{1 + h_{ob}R_L} \\
&= 14{,}41\ \Omega - \frac{(-1{,}991)(0{,}883 \times 10^{-4})(2{,}2\ \text{k}\Omega)}{1 + (0{,}18\ \mu\text{S})(2{,}2\ \text{k}\Omega)} \\
&= 14{,}41\ \Omega + 0{,}19\ \Omega \\
&= 14{,}60\ \Omega
\end{aligned}
$$

versus 14,41 Ω, utilizando-se $Z_i \cong h_{ib}$; e

$$Z_i = 3\ \text{k}\Omega \| Z_i' \cong Z_i' = \mathbf{14{,}60\ \Omega}$$

b) Equação 5.167:

$$
\begin{aligned}
A_i' &= \frac{I_o}{I_i'} = \frac{h_{fb}}{1 + h_{ob}R_L} \\
&= \frac{-0{,}991}{1 + (0{,}18\ \mu\text{S})(2{,}2\ \text{k}\Omega)} \\
&= -0{,}991
\end{aligned}
$$

Visto que **3 kΩ** >> Z_i', $I_i \cong I_i'$ e $A_i = I_o/I_i \cong$ **−1**.

c) Equação 5.168:

$$
\begin{aligned}
A_v &= \frac{V_o}{V_i} = \frac{-h_{fb}R_L}{h_{ib} + (h_{ib}h_{ob} - h_{fb}h_{rb})R_L} \\
&= \frac{-(-0{,}991)(2{,}2\ \text{k}\Omega)}{14{,}41\ \Omega + [(14{,}41\Omega)(0{,}18\ \mu\text{S}) - (-0{,}991)(0{,}883 \times 10^{-4})]2{,}2\ \text{k}\Omega} \\
&= \mathbf{149{,}25}
\end{aligned}
$$

versus 151,3, utilizando-se $A_V \cong -h_{fb}R_L/h_{ib}$.

d) Equação 5.170:

$$
\begin{aligned}
Z_o' &= \frac{1}{h_{ob} - [h_{fb}h_{rb}/(h_{ib} + R_s)]} \\
&= \frac{1}{0{,}18\ \mu\text{S} - [(-0{,}991)(0{,}883 \times 10^{-4})/(14{,}41\ \Omega + 0{,}75\ \text{k}\Omega)]} \\
&= \frac{1}{0{,}295\ \mu\text{S}} \\
&= \mathbf{3{,}39\ M\Omega}
\end{aligned}
$$

versus 5,56 MΩ, utilizando-se $Z_o' \cong 1/h_{ob}$. Para Z_o, como define a Figura 5.122,

$$Z_o = R_C \| Z_o' = 2{,}2\ \text{k}\Omega \| 3{,}39\ \text{M}\Omega = \mathbf{2{,}199\ k\Omega}$$

versus 2,2 kΩ, utilizando-se $Z_o \cong R_C$.

5.22 MODELO π HÍBRIDO

O último modelo de transistor a ser apresentado é o π híbrido da Figura 5.123, que inclui parâmetros que não aparecem nos outros dois modelos, principalmente para fornecer um modelo mais preciso para efeitos de alta frequência.

r_π, r_o, r_b e r_u

Os resistores r_π, r_o, r_b e r_u são as resistências entre os terminais indicados do dispositivo quando ele está na região ativa. A resistência r_π (que usa o símbolo π para

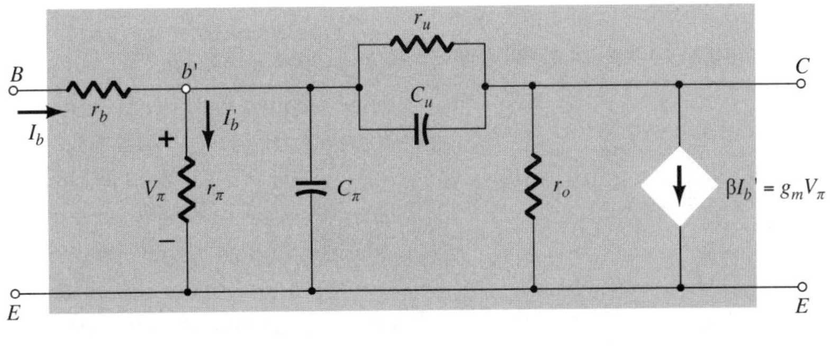

Figura 5.123 Circuito Giacoletto (ou π híbrido) equivalente CA do transistor para pequenos sinais em altas frequências.

estar em conformidade com a terminologia π híbrido) é simplesmente βr_e tal como introduzido para o modelo r_e emissor-comum.

Isto é,

$$r_\pi = \beta r_e \tag{5.171}$$

A resistência de saída r_o é aquela que normalmente aparece através da carga aplicada. Seu valor, que costuma oscilar entre 5 kΩ e 40 kΩ, é determinado a partir do parâmetro híbrido h_{oe}, da tensão Early ou das curvas características de saída.

A resistência r_b inclui o contato de base, o substrato de base e os valores de resistência de espalhamento da base. O primeiro se deve à conexão real com a base. O segundo inclui a resistência a partir do terminal externo para a região ativa do transistor, e o último é a resistência efetiva dentro da região da base ativa. Seu valor usual é de alguns ohms a dezenas de ohms.

A resistência r_u (o subscrito u se refere à *união* que ela proporciona entre os terminais de coletor e base) é muito grande, e fornece um caminho de realimentação da saída para os circuitos de entrada no modelo equivalente. Costuma ser maior do que βr_o, o que a coloca na faixa de megohms.

C_π e C_u

Todos os capacitores que aparecem na Figura 5.123 são capacitâncias parasitas de dispersão entre as várias junções do dispositivo. São todas efeitos capacitivos que realmente entram em ação apenas em altas frequências. Para frequências de baixas a médias, sua reatância é muito elevada, e elas podem ser consideradas circuitos abertos. O capacitor C_π, através dos terminais de entrada, pode variar de alguns pF a dezenas de pF. O capacitor C_u da base para o coletor geralmente se limita a alguns pF, mas é amplificado na entrada e na saída por um efeito chamado efeito Miller, que será abordado no Capítulo 9.

$\beta I_b'$ ou $g_m V_\pi$

É importante notar, na Figura 5.123, que a fonte controlada pode ser uma fonte de corrente controlada por tensão (VCCS) ou uma fonte de corrente controlada por corrente (CCCS), dependendo dos parâmetros empregados.

Observe as seguintes equivalências de parâmetros na Figura 5.123:

$$g_m = \frac{1}{r_e} \tag{5.172}$$

e

$$r_o = \frac{1}{h_{oe}} \tag{5.173}$$

com

$$\frac{r_\pi}{r_\pi + r_u} \cong \frac{r_\pi}{r_u} \cong h_{re} \tag{5.174}$$

Devemos prestar uma atenção especial ao fato de que as fontes equivalentes $\beta I_b'$ e $g_m V_\pi$ são ambas fontes de corrente controlada. Uma é controlada por uma corrente em outro ponto no circuito, e a outra, por uma tensão no lado de entrada do circuito. A equivalência entre elas é definida por:

$$\beta I_b' = \frac{1}{r_e} \cdot r_e \beta I_b' = g_m I_b' \beta r_e = g_m (I_b' r_\pi) = g_m V_\pi$$

Para a ampla gama de análise de frequências baixas a médias, o resultado dos efeitos das capacitâncias de dispersão pode ser ignorado em função dos valores de reatância muito elevados associados a cada uma. A resistência r_b costuma ser pequena o suficiente em relação aos outros elementos em série podendo ser desprezada, enquanto a resistência r_u *é* geralmente suficientemente grande em comparação com os elementos em paralelo podendo ser desprezada. O resultado é um circuito equivalente semelhante ao modelo r_e apresentado e aplicado neste capítulo.

No Capítulo 9, quando tratarmos dos efeitos de alta frequência, o modelo π híbrido será o escolhido.

5.23 VARIAÇÕES DOS PARÂMETROS DO TRANSISTOR

Existem diversas curvas que podem ser desenhadas para mostrar as variações dos parâmetros do transistor com a temperatura, a frequência, a tensão e a corrente. Neste estágio de desenvolvimento, as mais interessantes e úteis são as variações com a temperatura da junção e com a tensão e a corrente do coletor.

A Figura 5.124 mostra o efeito da corrente do coletor no modelo r_e e no modelo híbrido equivalente. Devemos atentar para a escala logarítmica nos eixos vertical e horizontal. As escalas logarítmicas serão examinadas em detalhe no Capítulo 9. Os parâmetros foram todos normalizados (um processo descrito em detalhes na Seção 9.5) para a unidade, de modo que as variações relativas em amplitude, devido à corrente de coletor, podem ser determinadas facilmente. Em cada conjunto de curvas, como nas figuras 5.124 a 5.126, o ponto de operação no qual os parâmetros foram determinados sempre é indicado. Para essa situação em especial, o ponto quiescente está nos valores razoavelmente usuais de V_{CE} = 5,0 V e I_C = 1,0 mA. Uma vez que a frequência e a temperatura de operação também afetam os parâmetros, essas quantidades também são indicadas nas curvas. A Figura 5.124 mostra

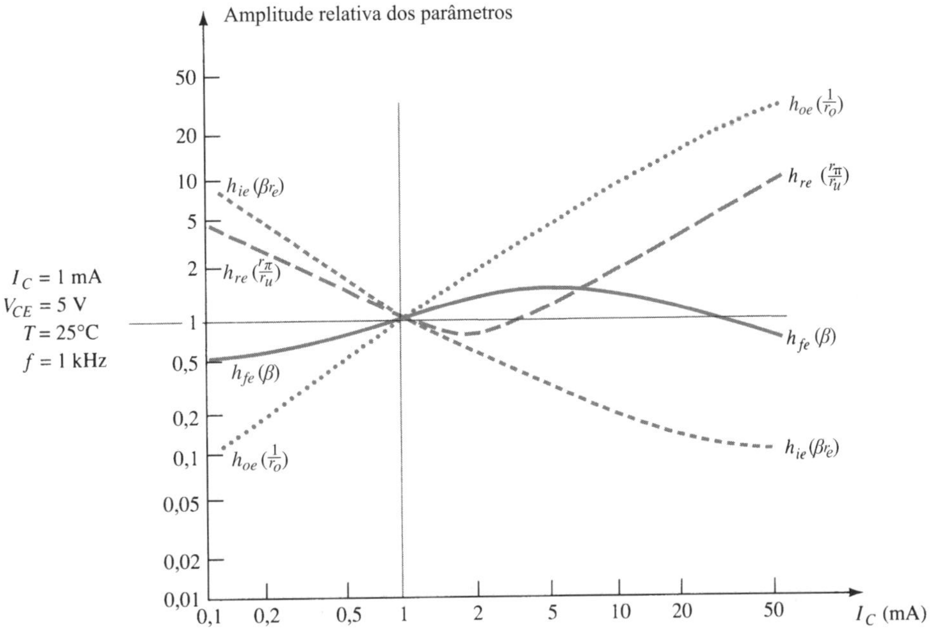

Figura 5.124 Variações dos parâmetros híbridos com a corrente do coletor.

a variação dos parâmetros com a corrente do coletor. Note que, em I_C = 1 mA, o valor de todos os parâmetros foi normalizado a 1 no eixo vertical. O resultado é que o valor de cada parâmetro se compara com aqueles no ponto de operação definido. Visto que os fabricantes costumam usar os parâmetros híbridos para gráficos desse tipo, eles são as curvas escolhidas na Figura 5.124. No entanto, para ampliar a utilização das curvas, os parâmetros r_e e os parâmetros π híbridos equivalentes também foram adicionados.

À primeira vista, é particularmente interessante notar que:

O parâmetro $h_{fe}(\beta)$ varia menos do que todos os parâmetros de um circuito equivalente de transistor quando traçado em relação a variações na corrente de coletor.

A Figura 5.124 revela claramente que, para toda a faixa da corrente do coletor, o parâmetro $h_{fe}(\beta)$ varia de metade de seu valor no ponto Q até um pico cerca de 1,5 vez este valor em uma corrente em torno de 6 mA. Logo, para um transistor com um β de 100, ele varia aproximadamente de 50 a 150. Isso parece muito, mas observe h_{oe}, que salta para quase 40 vezes seu valor no ponto Q em uma corrente de coletor de 50 mA.

A Figura 5.124 também mostra que $h_{oe}(1/r_o)$ e $h_{ie}(\beta r_e)$ variam mais na faixa de corrente escolhida. O parâmetro h_{ie} varia de cerca de 10 vezes o seu valor no ponto Q até cerca de um décimo do valor no ponto Q em 50 mA. Essa variação, porém, é esperada porque sabemos que o valor de r_e está diretamente relacionado com a corrente do emissor por $r_e = 26\text{ mV}/I_E$. À medida que I_E ($\cong I_C$) aumenta, o valor de r_e e, portanto, βr_e diminui, como mostra a Figura 5.124.

Tenha em mente, ao examinar a curva de h_{oe} em relação à corrente, que a resistência de saída real r_o é $1/h_{oe}$. Portanto, à medida que a curva aumenta com a corrente, o valor de r_o se torna cada vez menor. Visto que r_o é um parâmetro que normalmente aparece em paralelo com a carga aplicada, valores decrescentes de r_o podem causar um problema crítico. O fato de r_o cair a quase 1/40 de seu valor no ponto Q pode significar uma redução real no ganho em 50 mA.

O parâmetro h_{re} varia bastante, mas, uma vez que seu valor no ponto Q costuma ser pequeno o suficiente para permitir que seu efeito seja ignorado, é um parâmetro que preocupa apenas no caso de correntes de coletor que sejam muito inferiores, ou razoavelmente superiores, ao nível no ponto Q.

Isso pode parecer uma descrição extensa de um conjunto de curvas características. No entanto, a experiência tem revelado que gráficos dessa natureza são muitas vezes examinados sem a preocupação de apreciar plenamente o impacto geral daquilo que fornecem. Esses gráficos revelam uma grande quantidade de informações que poderiam ser extremamente úteis no processo de projeto.

A Figura 5.125 mostra a variação no valor dos parâmetros em decorrência de alterações na tensão coletor emissor. Esse conjunto de curvas é normalizado no mesmo ponto de operação que as curvas da Figura 5.124 para permitir comparações entre os dois. Nesse caso, contudo, a

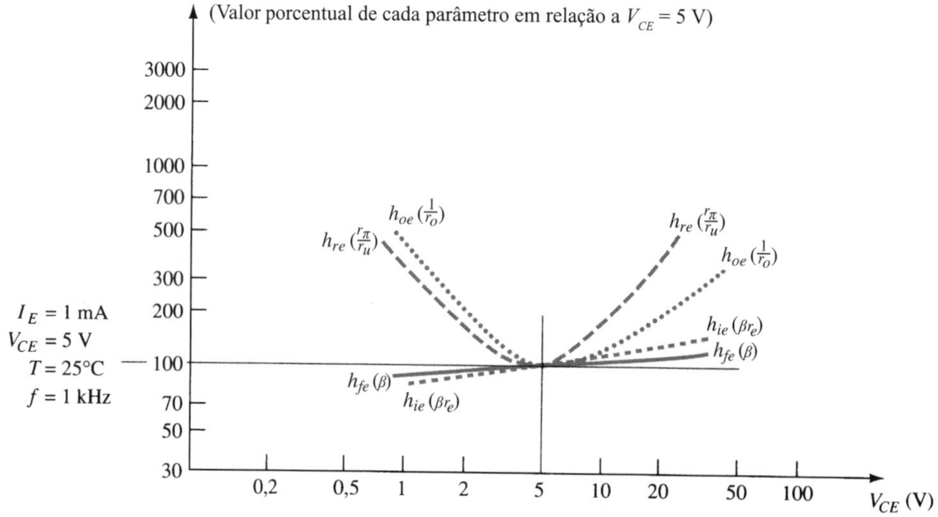

Figura 5.125 Variações dos parâmetros híbridos com o potencial coletor-emissor.

escala vertical indica a porcentagem, em vez de apresentar números inteiros. O nível de 200% define um conjunto de parâmetros duas vezes maior que o de 100%. Um nível de 1000% refletiria uma alteração de 10:1. Note que h_{fe} e h_{ie} têm valores relativamente estáveis em magnitude para variações na tensão coletor emissor, enquanto a variação é muito mais significativa para alterações na corrente do coletor. Em outras palavras, quando se deseja que um parâmetro como $h_{ie}(\beta r_e)$ permaneça relativamente estável, devemos manter a variação de I_C a um mínimo e nos preocupar menos com as variações na tensão coletor-emissor. A variação de h_{oe} e h_{ie} continua a ser significativa para a faixa indicada de tensão coletor-emissor.

Na Figura 5.126, a variação nos parâmetros foi desenhada para variações de temperatura de junção. O valor normalizado é o da temperatura ambiente: T = 25 °C. A escala horizontal é uma escala linear, em vez de logarítmica, utilizada nas duas figuras anteriores. De modo geral,

todos os parâmetros de um circuito equivalente híbrido de transistor aumentam de valor com a temperatura.

No entanto, devemos ter em mente, mais uma vez, que a resistência de saída real r_o está inversamente relacionada a h_{oe} e, portanto, seu valor cai com o aumento de h_{oe}. A maior variação ocorre em h_{ie}, embora seja possível

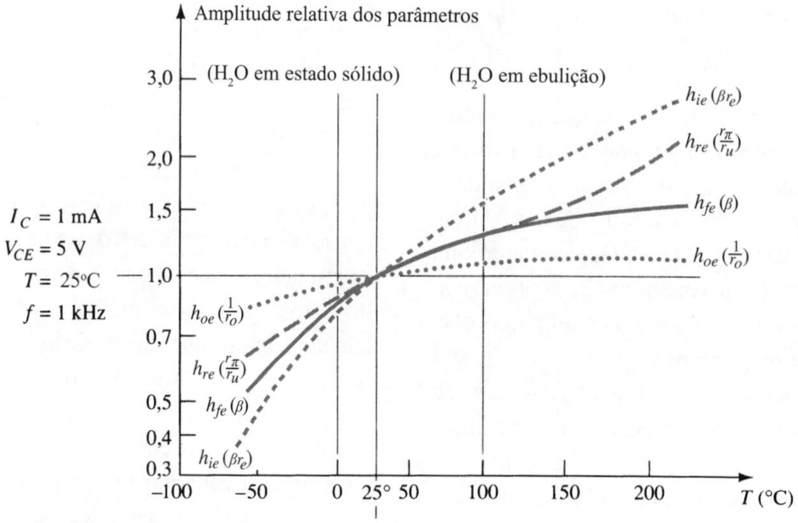

Figura 5.126 Variações dos parâmetros híbridos com a temperatura.

notar que a faixa da escala vertical é consideravelmente menor do que nos outros gráficos. A uma temperatura de 200 °C, o valor de h_{ie} é quase o triplo de seu valor no ponto Q, mas, na Figura 5.124, os parâmetros saltaram para quase 40 vezes seu valor nesse ponto.

Dos três parâmetros, por conseguinte, a variação da corrente de coletor exerce, de longe, o maior efeito sobre os parâmetros de um circuito equivalente de transistor. A temperatura é sempre um fator relevante, mas o efeito da corrente de coletor pode ser significativo.

5.24 ANÁLISE DE DEFEITOS

Apesar de a terminologia *análise de defeitos* sugerir que os procedimentos a serem descritos existem apenas para isolar um mau funcionamento, é importante compreender que é possível aplicar as mesmas técnicas para assegurar que um sistema funcione apropriadamente. De qualquer modo, os procedimentos de teste, verificação ou isolação requerem um entendimento do que se esperar em diversos pontos do circuito em ambos os domínios, CC e CA. Na maioria dos casos, um circuito que opera corretamente no modo CC também funcionará de maneira apropriada no domínio CA.

De modo geral, portanto, se um sistema não funciona corretamente, primeiro desligue a fonte CA e verifique os níveis de polarização CC.

Na Figura 5.127, temos quatro configurações a transistor com valores específicos de tensão que foram obtidos ao serem medidos por um multímetro digital em modo CC. O primeiro teste de qualquer circuito a transistor consiste simplesmente em medir a tensão base-emissor do transistor. O fato de ela ser apenas 0,3 V nesse caso sugere que o transistor não esteja "ligado" e, talvez, em sua região de corte. Se o projeto é de chaveamento, então trata-se de um resultado esperado, mas, no modo de amplificador, existe uma conexão aberta que impede que a tensão de base atinja um nível operacional.

Na Figura 5.127(b), o fato de que a tensão no coletor é igual à tensão de alimentação revela que não há nenhuma queda através do resistor R_C, e que a corrente de coletor equivale a zero. O resistor R_C está conectado corretamente porque fez a conexão entre a fonte CC e o coletor. Entretanto, qualquer um dos outros elementos pode não ter sido ligado devidamente, e isso resulta na ausência de uma corrente de base ou coletor. Na Figura 5.127(c), a queda de tensão entre coletor e emissor é muito pequena quando comparada com a tensão CC aplicada. Normalmente, a tensão V_{CE} está na faixa média de, talvez, 6 V a 14 V. Uma leitura de 18 V causaria a mesma preocupação do que outra de 3 V. O mero fato de existirem níveis de tensão sugere que todos os elementos estão conectados, mas que o valor de um ou mais elementos resistivos pode estar errado. Na Figura 5.127(d), verificamos que a tensão na base é exatamente a metade da tensão de alimentação. Vimos, neste capítulo, que a resistência R_E será refletida à base por um fator beta e aparecerá em paralelo com R_2. O resultado seria uma tensão de base inferior à metade da tensão de alimentação. A medição sugere que o terminal base não está ligado ao divisor de tensão, o que causa uma divisão equânime dos 20 V da fonte.

Em um ambiente típico de laboratório, a resposta CA em vários pontos no circuito é verificada com um osciloscópio, como mostra a Figura 5.128. Observe que a ponta de prova preta (GND) do osciloscópio está conectada diretamente ao terra, e a ponta de prova vermelha é movida de ponto em ponto no circuito, fornecendo os padrões que aparecem na Figura 5.128. Os canais verticais são fixados no modo CA para remover qualquer componente

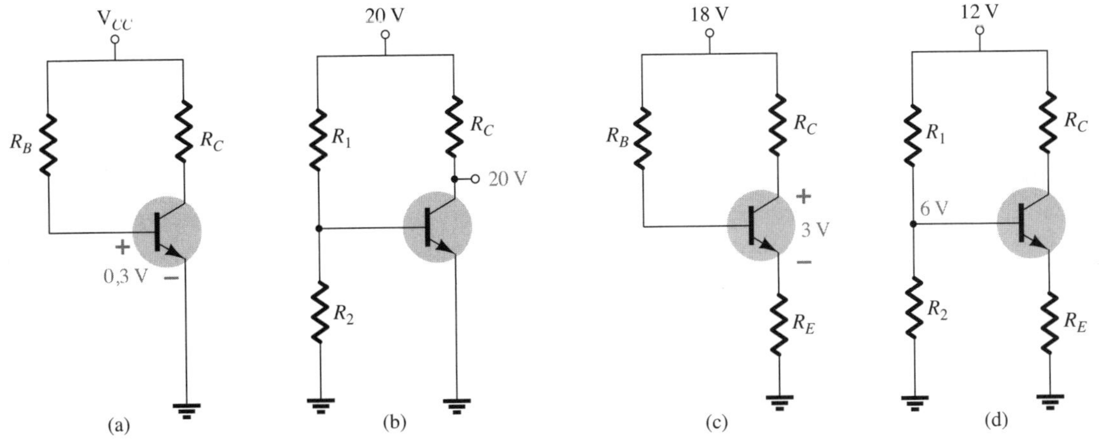

Figura 5.127 Verificação dos níveis CC para determinar se um circuito está polarizado adequadamente.

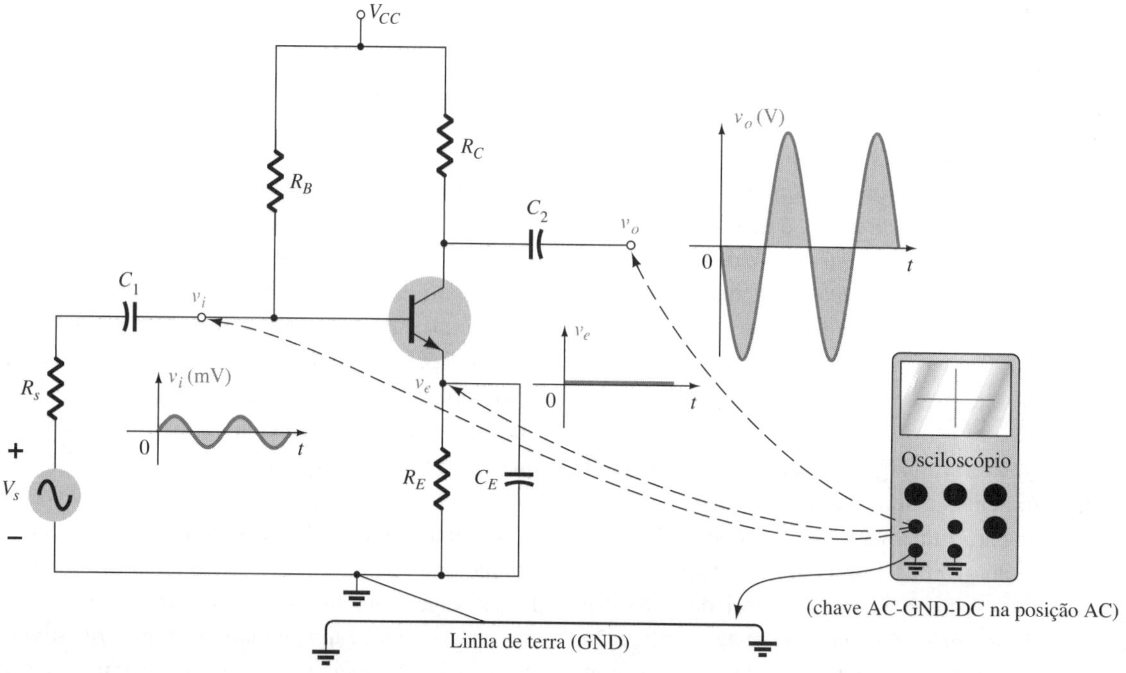

Figura 5.128 Utilização do osciloscópio para medir e mostrar várias tensões de um amplificador TBJ.

CC associado à tensão em um ponto específico. O pequeno sinal CA aplicado à base é amplificado para o valor que aparece do coletor para o terra. Observe a diferença nas escalas verticais para as duas tensões. Não há nenhuma resposta CA no terminal emissor devido ao curto-circuito provocado pelo capacitor na frequência aplicada. O fato de que v_o é medido em volts e v_i em milivolts sugere um ganho considerável para o amplificador. No geral, o circuito parece operar corretamente. Caso queira, o modo CC do multímetro pode ser usado para conferir V_{BE} e os valores de V_B, V_{CE} e V_E para conferir se eles estão na faixa esperada. Naturalmente, o osciloscópio pode ser utilizado também para comparar valores CC simplesmente pela mudança para o modo CC em cada canal.

Uma resposta CA incorreta pode ocorrer por diversos motivos. Na verdade, pode existir mais de um tipo de problema em um mesmo sistema. Felizmente, porém, com tempo e experiência, a probabilidade de mau funcionamento em algumas áreas pode ser prevista, e uma pessoa experiente pode rapidamente isolar áreas com problemas.

De modo geral, não há nada de misterioso no processo de análise de defeitos. Quando se decide seguir a resposta CA, um bom procedimento é começar com o sinal aplicado e prosseguir através do circuito em direção à carga, conferindo pontos críticos ao longo do caminho. Uma resposta inesperada em um ponto sugere que o circuito está com problemas nessa área, e isso define a região que deve ser investigada. A forma de onda obtida no osciloscópio certamente ajudará a definir os possíveis problemas com o circuito.

Se a resposta para o circuito da Figura 5.128 é como a mostra a Figura 5.129, o circuito apresenta um mau funcionamento que se concentra provavelmente na região do emissor. Uma resposta CA através do emissor não é esperada, e o ganho do sistema como revelado por v_o é muito mais baixo. Lembre-se de que, para essa configuração, o ganho é muito maior se R_E estiver desviado. A resposta obtida sugere que R_E não está desviado pelo capacitor e que as conexões do terminal do capacitor e o capacitor em si devem ser conferidos. Nesse caso, uma verificação dos valores CC provavelmente não isolará a área do problema, uma vez que o capacitor se comporta como um "circuito aberto" equivalente para CC. Normalmente, um conhecimento prévio do que esperar, uma familiaridade com a instrumentação e, principalmente, a experiência são fatores que contribuem para o desenvolvimento de uma abordagem efetiva na arte da análise de defeitos.

5.25 APLICAÇÕES PRÁTICAS

Misturador de áudio

Quando dois ou mais sinais devem ser combinados em uma única saída de áudio, empregam-se misturadores como o mostrado na Figura 5.130. Os potenciômetros na entrada são os controladores de volume para cada canal, com R_3 incluído para oferecer equilíbrio adicional entre os dois sinais. Os resistores R_4 e R_5 estão lá para garantir que um canal não afetará o outro, isto é, para garantir que um sinal não surgirá como uma carga para o outro, não

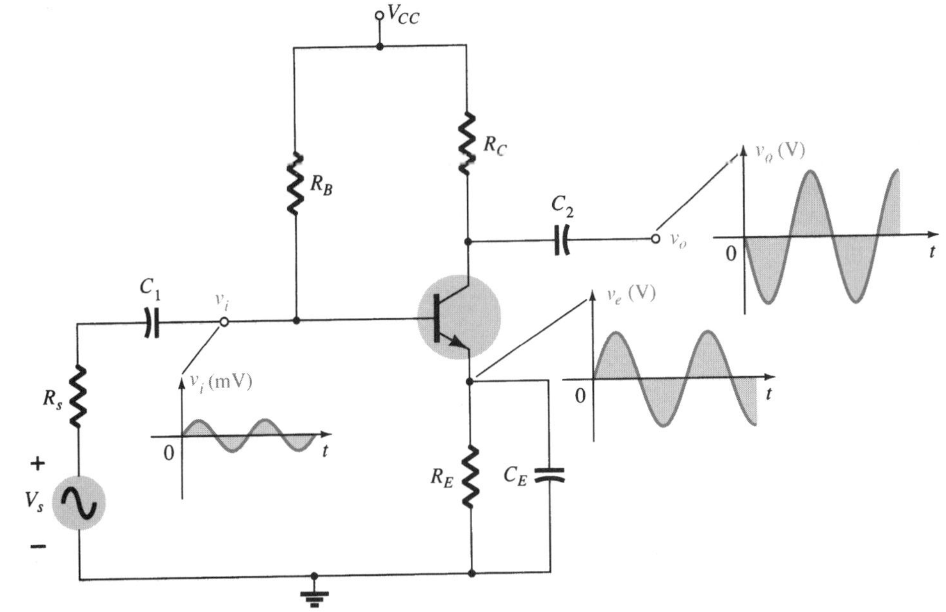

Figura 5.129 Formas de onda resultantes de um mau funcionamento na região do emissor.

retirará energia e não afetará o equilíbrio desejado no sinal misturado.

O efeito dos resistores R_4 e R_5 é importante e deve ser discutido com mais detalhes. Uma análise CC da configuração do transistor resulta em r_e = 11,71 Ω, que estabelecerá uma impedância de entrada para o transistor de aproximadamente 1,4 kΩ. A combinação paralela de $R_6 \parallel Z_i$ também é de cerca de 1,4 kΩ. Colocar os dois controles de volume em seu valor máximo e o controle de equilíbrio R_3 em seu ponto médio resultará no circuito equivalente da Figura 5.131(a). Supomos que o sinal em v_1 seja um microfone de baixa impedância com uma resistência interna de 1 kΩ, e que o sinal em v_2 seja o de um amplificador de guitarra com uma impedância interna mais alta, de 10 kΩ. Visto que os resistores de 470 kΩ e 500 kΩ estão em paralelo para as condições anteriores, eles podem ser associados e substituídos por um único resistor de cerca de 242 kΩ. Cada fonte terá, então, um circuito equivalente, como o que é mostrado na Figura 5.131(b) para o microfone. A aplicação do teorema de Thévenin revela que é uma excelente aproximação simplesmente eliminar o resistor de 242 kΩ e supor que o circuito equivalente seja como o mostrado para cada canal. O resultado é o circuito equivalente da Figura 5.131(c) para a seção

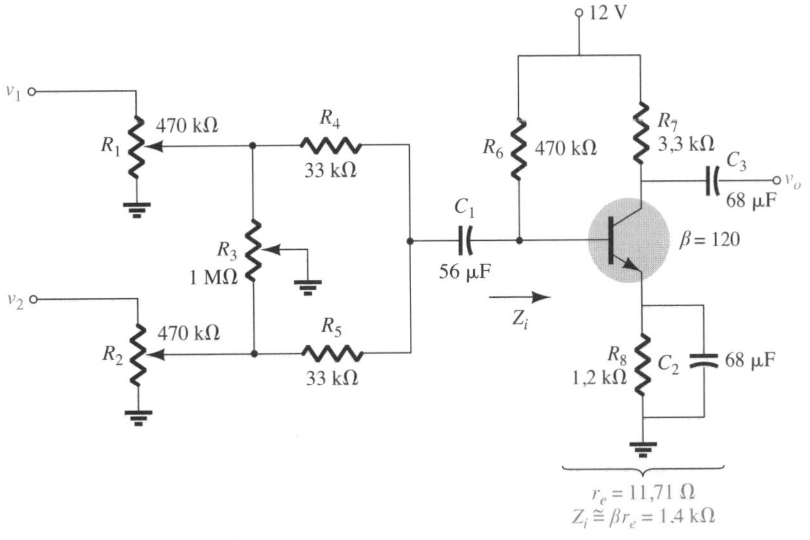

Figura 5.130 Misturador de áudio.

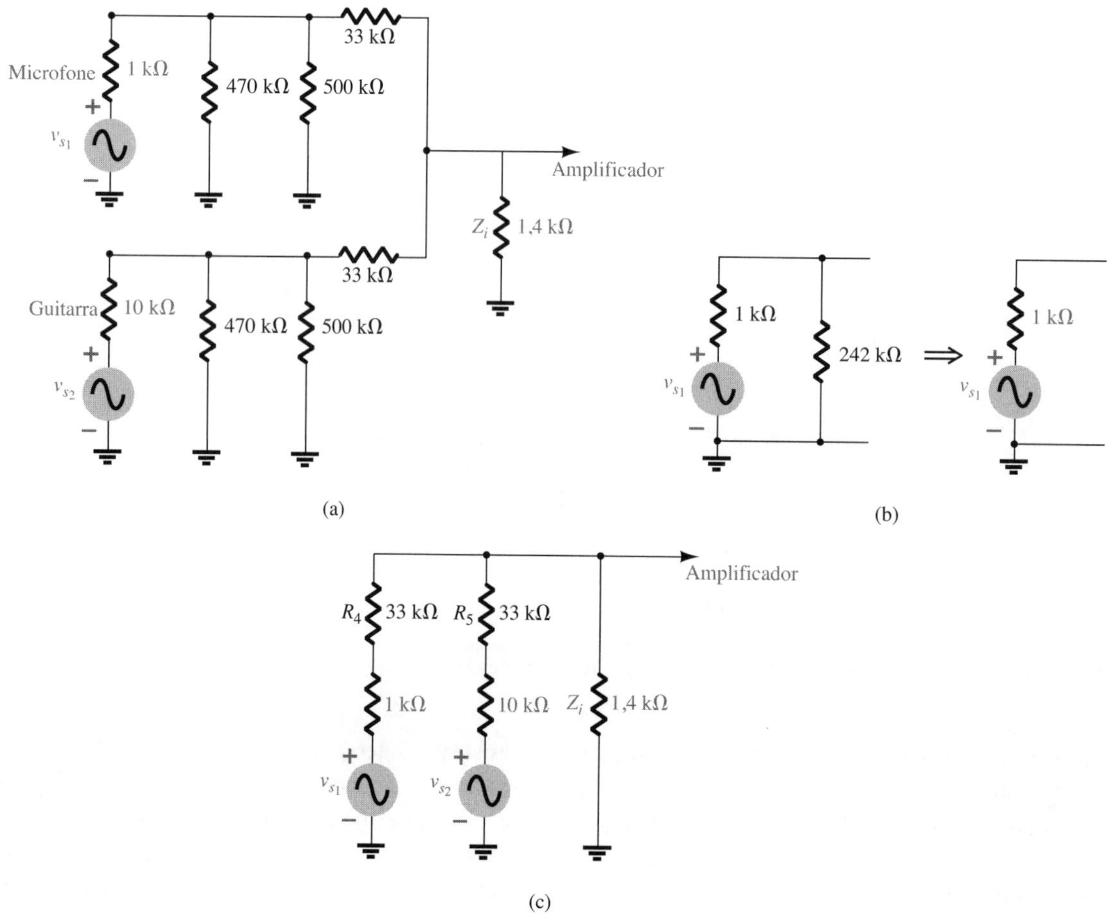

Figura 5.131 (a) Circuito equivalente com R_3 ajustado para seu ponto médio e os controles de volume para o ponto máximo; (b) determinação do equivalente Thévenin para o canal 1; (c) substituição dos circuitos equivalentes Thévenin na Figura 5.131(a).

de entrada do misturador. A aplicação do teorema da superposição resulta na seguinte equação para a tensão CA na base do transistor:

$$v_b = \frac{(1{,}4\,\text{k}\Omega \,\|\, 43\,\text{k}\Omega)v_{s_1}}{34\,\text{k}\Omega + (1{,}4\,\text{k}\Omega \,\|\, 43\,\text{k}\Omega)} + \frac{(1{,}4\,\text{k}\Omega \,\|\, 34\,\text{k}\Omega)v_{s_2}}{43\,\text{k}\Omega + (1{,}4\,\text{k}\Omega \,\|\, 34\,\text{k}\Omega)} = 38 \times 10^{-3}v_{s_1} + 30 \times 10^{-3}v_{s_2}$$

Com $r_e = 11{,}71\ \Omega$, o ganho do amplificador é de $-R_C/r_e = 3{,}3\ \text{k}\Omega/11{,}71\ \Omega = -281{,}8$, e a tensão de saída é

$$v_o = -10{,}7v_{s_1} - 8{,}45v_{s_2}$$

o que oferece um bom equilíbrio entre os dois sinais, apesar de ambos terem uma taxa de 10:1 na impedância interna. Em geral, o sistema responde bem. No entanto, quando se removem os resistores de 33 kΩ do diagrama da Figura 5.131(c), o resultado é o circuito equivalente da Figura 5.132, e a equação a seguir para v_b é obtida com a utilização do teorema da superposição:

$$v_b = \frac{(1{,}4\,\text{k}\Omega \,\|\, 10\,\text{k}\Omega)v_{s_1}}{1\,\text{k}\Omega + 1{,}4\,\text{k}\Omega \,\|\, 10\,\text{k}\Omega} + \frac{(1{,}4\,\text{k}\Omega \,\|\, 1\,\text{k}\Omega)v_{s_2}}{10\,\text{k}\Omega + (1{,}4\,\text{k}\Omega \,\|\, 1\,\text{k}\Omega)} = 0{,}55v_{s_1} + 0{,}055v_{s_2}$$

Utilizando o mesmo ganho de antes, obtemos a tensão de saída

$$v_o = 155v_{s_1} + 15{,}5v_{s_2} \cong 155v_{s_1}$$

que indica que o som do microfone estará bem alto e claro e que a entrada da guitarra será praticamente perdida.

Portanto, a importância dos resistores de 33 kΩ está definida e faz com que cada sinal aplicado tenha valores parecidos de impedância, de maneira que haja equilíbrio na saída. Alguém pode sugerir que um resistor maior

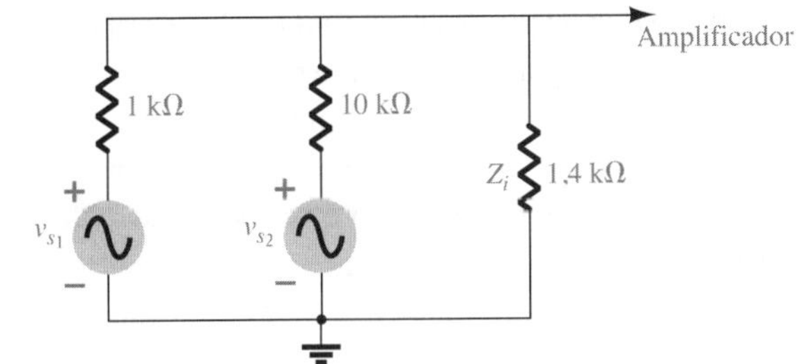

Figura 5.132 Novo desenho do circuito da Figura 5.131(c) com os resistores de 33 kΩ removidos.

melhora o equilíbrio. Entretanto, embora o equilíbrio na base do transistor melhore, a intensidade do sinal na base será menor, e, consequentemente, o nível de saída será reduzido. Em outras palavras, a escolha dos resistores R_4 e R_5 é uma situação onde se negocia o valor de entrada na base do transistor com o equilíbrio do sinal de saída.

Para demonstrar que os capacitores são realmente equivalentes a um curto-circuito na faixa de áudio, devemos substituir uma frequência bem baixa de 100 Hz na equação de reatância de um capacitor de 56 μF:

$$X_C = \frac{1}{2\pi fC} = \frac{1}{2\pi(100\text{ Hz})(56\ \mu\text{F})} = 28{,}42\ \Omega$$

Um valor de 28,42 Ω comparado ao de quaisquer impedâncias nessa área é certamente pequeno o suficiente para ser ignorado. Frequências maiores terão efeito ainda menor.

No próximo capítulo, abordaremos um misturador similar construído com JFET (Transistor de Efeito de Campo de Junção). A principal diferença será o fato que a impedância de entrada do JFET pode ser aproximada por um circuito aberto, ao contrário da configuração de impedância de baixo valor para um TBJ. O resultado é um nível de sinal mais alto na entrada do amplificador JFET. No entanto, o ganho do FET é muito menor do que o do transistor TBJ, o que resulta em níveis de saída bastante similares.

Pré-amplificador

A função básica de um **pré-amplificador** é, como o próprio nome diz: **um amplificador utilizado para captar o sinal de sua fonte primária e operar nele para preparar sua passagem à seção amplificadora**. Um pré-amplificador geralmente tem a função de amplificar o sinal, controlar seu volume, modificar as características de impedância de entrada e, caso necessário, determinar seu caminho nos estágios seguintes — no geral, um estágio de qualquer sistema com funções diversas.

Um pré-amplificador como o mostrado na Figura 5.133 costuma ser utilizado com microfones dinâmicos para elevar os níveis a padrões adequados para maior amplificação ou para amplificadores de potência. Microfones dinâmicos têm, em geral, baixa impedância, pois sua resistência interna é determinada basicamente pelo enrolamento da bobina de voz. A estrutura básica consiste em uma bobina de voz ligada a um pequeno diafragma livre para se mover dentro de um ímã permanente. Quando se fala ao microfone, o diafragma se move e faz com que a bobina também se movimente dentro do campo magnético. Pela lei de Faraday, será induzida uma tensão através da bobina, a qual levará o sinal de áudio.

Por ser um microfone de baixa impedância, a impedância de entrada do amplificador transistorizado não precisa ser tão alta para captar a maior parte do sinal. Uma vez que a impedância interna de um microfone dinâmico pode ser de 20 Ω a 100 Ω, a maior parte do sinal pode ser captada por um amplificador com impedância de entrada tão baixa quanto 1 a 2 kΩ. É o caso do pré-amplificador da Figura 5.133. Para as condições de polarização CC, a configuração do coletor de realimentação CC foi escolhida devido a suas características de alta estabilidade.

Na operação CA, o capacitor de 10 μF entra em estado de curto-circuito (em valor aproximado), colocando o resistor de 82 kΩ na impedância de entrada do transistor e o de 47 kΩ na saída do transistor. Uma análise CC da configuração do transistor resulta em r_e = 9,64 Ω, tendo um ganho CA determinado por

$$A_v = -\frac{(47\text{ k}\Omega \,\|\, 3{,}3\text{ k}\Omega)}{9{,}64\ \Omega} = \mathbf{-319{,}7}$$

que é excelente para essa aplicação. Obviamente, o ganho desse estágio de captação do projeto cai quando ele é conectado à entrada da seção amplificadora. Isto é, a resistência de entrada do estágio seguinte fica em paralelo com os resistores de 47 kΩ e 3,3 kΩ, e o ganho cai abaixo do valor sem carga de 319,7.

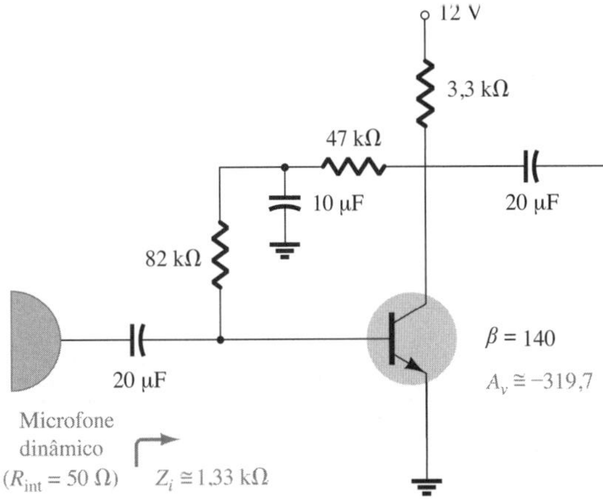

Figura 5.133 Pré-amplificador para microfone dinâmico.

A impedância de entrada do pré-amplificador é determinada por

$$Z_i = 82\,\text{k}\Omega \| \beta r_e = 82\,\text{k}\Omega \| (140)(9{,}64\,\Omega)$$
$$= 82\,\text{k}\Omega \| 1{,}34\,\text{k}\Omega = \mathbf{1{,}33\,k\Omega}$$

que também é adequada para a maioria dos microfones dinâmicos de baixa impedância. Na verdade, para um microfone com impedância interna de 50 Ω, o sinal na base estaria acima dos 98% do sinal disponível. Essa discussão é importante, porque, se a impedância do microfone for muito maior (1 kΩ, por exemplo), o pré-amplificador terá que ter um projeto diferente para garantir que a impedância de entrada seja ao menos de 10 kΩ ou maior do que isso.

Gerador de ruído aleatório

Normalmente, é necessário um gerador de ruído aleatório para testar a resposta de um alto-falante, de um microfone, de um filtro ou de qualquer sistema que trabalhe com uma larga faixa de frequências. Um **gerador de ruído aleatório**, como o próprio nome indica, **gera sinais de amplitude e frequência aleatórias**. O fato de esses sinais serem normalmente incompreensíveis e imprevisíveis é o motivo pelo qual eles são simplesmente chamados de *ruídos*. **Ruído térmico** é aquele gerado por efeitos térmicos resultantes de uma interação entre elétrons livres e íons vibrantes de um material em condução. O resultado é um grande fluxo de elétrons que passa através do meio, o que resulta em um potencial variável através do meio. Na maioria dos casos, esses sinais aleatórios estão na faixa do microvolt, mas, com amplificação suficiente, eles podem danificar a resposta em um sistema. Esse ruído térmico é chamado também de **ruído de Johnson** (devido ao nome do pesquisador original), ou **ruído branco** (porque, em óptica, a luz branca contém todas as frequências). Esse tipo de ruído possui uma resposta em frequência relativamente plana, mostrada na Figura 5.134(a), isto é, um gráfico de sua potência *versus* frequência desde o ponto de valor mais baixo ao mais alto é relativamente uniforme. Um segundo tipo de ruído é chamado de **ruído shot (quântico)**, pois soa como um tiro de chumbo disparado sobre uma superfície sólida ou como chuva forte em uma janela. Sua origem provém dos portadores que passam através de um meio em taxas desiguais. Um terceiro é o ruído **rosa, flicker (cintilação)**, ou ruído **1/*f***, devido à variação no tempo de trânsito de portadores que cruzam diversas junções de dispositivos semicondutores. É chamado de $1/f$ porque sua magnitude cai com o aumento da frequência. **Seu impacto normalmente é o mais drástico em frequências abaixo de 1 kHz**, como mostra a Figura 5.134(b).

O circuito da Figura 5.135 é projetado para gerar tanto um ruído branco quanto um rosa. Em vez de uma fonte separada para cada um, primeiro é desenvolvido o ruído branco (com valores ao longo de todo o espectro de frequências) e, então, é aplicado um filtro para remover os componentes de alta e média frequências, restando apenas a resposta de ruídos de baixa frequência. O filtro é ainda concebido para modificar a resposta plana do ruído branco na região de baixa frequência (para criar uma queda de $1/f$) por meio de seções do filtro que proporcionam "atenuação" à medida que aumenta a frequência. O ruído branco é criado pela abertura do terminal coletor do transistor Q_1 e pela polarização reversa da junção base emissor. Em suma, o transistor Q_1 é utilizado como um diodo polarizado na região de avalanche Zener. A polarização de um transistor nessa região cria uma situação bastante instável e que pode conduzir ao surgimento de ruído branco aleatório. A combinação da região de avalanche, com suas rápidas variações nos valores de carga, com a sensibilidade do valor de corrente à temperatura e com a mudança brusca dos valores de impedância, contribui para o nível de tensão e de corrente de ruído gerados pelo transistor. São frequentemente utilizados transistores de germânio, pois a região de avalanche é menos definida e menos estável do que nos transistores de silício. Além disso, há diodos e transistores especialmente desenvolvidos para a geração de ruído aleatório.

A fonte do ruído não é um gerador especialmente projetado. Essa fonte se deve simplesmente ao fato de

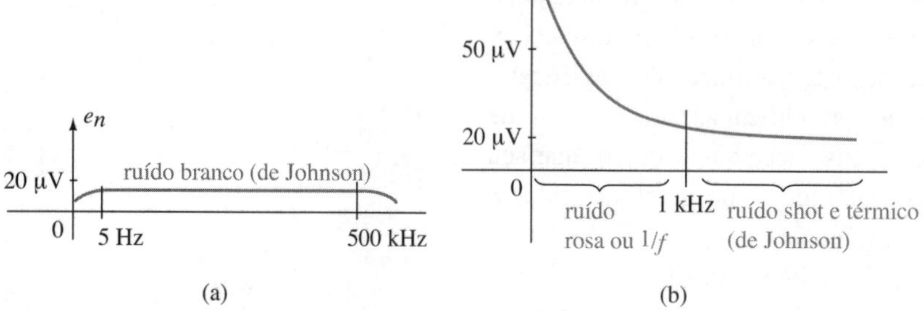

(a) (b)

Figura 5.134 Espectros usuais de frequência de ruídos: (a) branco, ou Johnson; (b) rosa, térmico e shot.

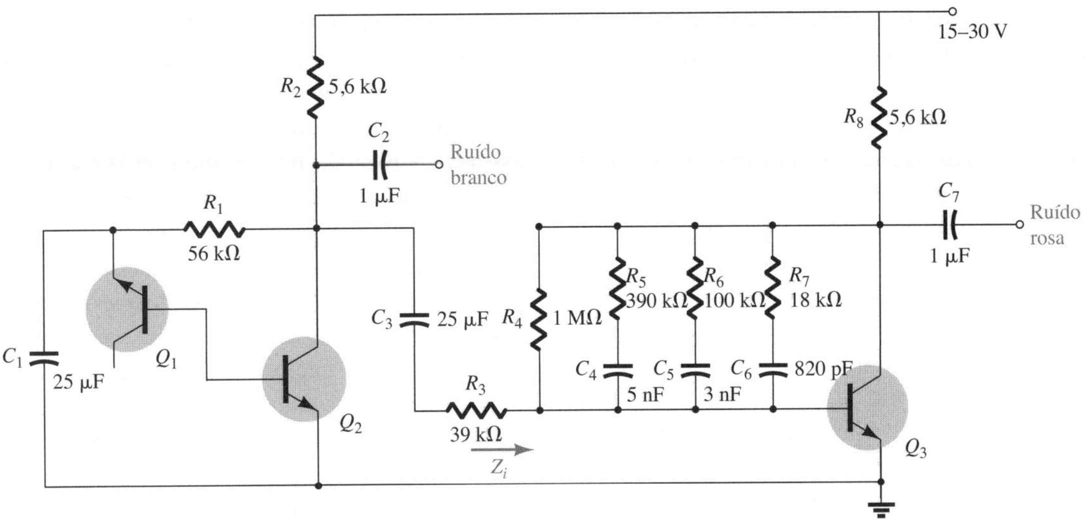

Figura 5.135 Gerador de ruído branco e rosa.

que o fluxo de corrente não é um fenômeno ideal, mas sim um fenômeno que varia com o tempo em um nível que gera variações indesejadas na tensão terminal através dos componentes. Na verdade, essa variação de fluxo é tão ampla que pode gerar frequências que abrangem um amplo espectro — um fenômeno bastante interessante.

A corrente de ruído gerada de Q_1 será, então, a corrente de base para Q_2, que será amplificada para gerar um ruído branco de talvez 100 mV, o que sugere, nesse caso, uma tensão de ruído de entrada de cerca de 170 μV. O capacitor C_1 tem baixa impedância em toda a faixa de frequência de interesse para proporcionar um "efeito de curto" em qualquer sinal espúrio no ar e que poderia contribuir para o sinal na base de Q_1. O capacitor C_3 existe para isolar a tensão de polarização CC do gerador de ruído branco dos valores CC do circuito de filtro a seguir. O resistor de 39 kΩ e a impedância de entrada do estágio seguinte criam o circuito divisor de tensão simples da Figura 5.136. Se o resistor de 39 kΩ não estivesse presente, a combinação paralela de R_2 e Z_i faria cair a carga do primeiro estágio e reduziria consideravelmente o ganho de Q_1. Na equação de ganho, R_2 e Z_i apareceriam em paralelo (assunto que será discutido no Capítulo 9).

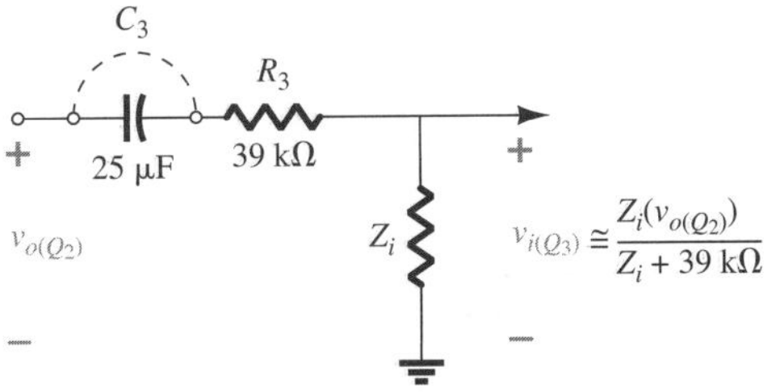

Figura 5.136 Circuito de entrada para o segundo estágio.

O circuito de filtro é, na verdade, parte da malha de realimentação do coletor para a base que aparece no circuito de realimentação do coletor da Seção 5.10. Para descrever esse comportamento, consideremos primeiro os extremos da faixa de frequência. Para frequências muito baixas, todos os capacitores podem ser aproximados por um circuito aberto, e a única resistência do coletor para base está no resistor de 1 MΩ. Utilizando um beta de 100, vemos que o ganho da seção é de cerca de 280 e que a impedância de entrada é de cerca de 1,28 kΩ. Em uma frequência suficientemente alta, todos os capacitores poderiam ser substituídos por curtos-circuitos, e a combinação de resistência total entre o coletor e a base é reduzida para cerca de 14,5 kΩ, o que resultaria em um ganho sem carga bastante alto (por volta de 731), mais do que o dobro do obtido com R_F = 1 MΩ. Visto que o filtro 1/*f* deve reduzir o ganho em altas frequências, parece haver inicialmente um erro de projeto. No entanto, a impedância de entrada caiu para cerca de 19,33 Ω, o que é uma queda de 66 vezes em relação ao nível obtido com R_F = 1 MΩ. Isso teria um impacto significativo sobre a tensão de entrada do segundo estágio se considerássemos a ação do divisor de tensão da Figura 5.136. Na verdade, quando comparado com o resistor série de 39 kΩ, o sinal no segundo estágio pode ser considerado sem importância ou em um nível que, mesmo com um ganho que exceda 700, não chega a causar maiores consequências. No geral, portanto, o efeito de dobrar o ganho é totalmente perdido devido à imensa queda em Z_i, e a saída em frequências altas pode ser totalmente ignorada.

Para a faixa de frequências entre a muito baixa e a muito alta, os três capacitores do filtro causam a queda de ganho, com o aumento da frequência. Primeiro, o capacitor C_4 entra em curto e causa uma redução de ganho (por volta dos 100 Hz). Então, o capacitor C_5 entra em curto e posiciona os três ramos em paralelo (aproximadamente em 500 Hz). Por fim, o capacitor C_6 entra em curto, resultando em quatro ramos paralelos e em uma resistência de realimentação mínima (por volta dos 6 kHz).

O resultado é um circuito com um excelente sinal de ruído aleatório para a faixa total de frequência (branco) e para a faixa de baixa frequência (rosa).

Fonte de luz modulada por som

A intensidade luminosa da lâmpada de 12 V da Figura 5.137 varia de acordo com a frequência e a intensidade do sinal aplicado. Essa pode ser a saída de um amplificador acústico, de um instrumento musical ou mesmo de um microfone. De particular interesse aqui é o fato de a tensão aplicada ser de 12 V CA em vez de uma fonte de polarização CC. A questão imediata, na ausência de uma fonte CC, é como os valores de polarização CC para o transistor serão estabelecidos. Na verdade, o valor CC é obtido com o uso do diodo D_1, que retifica o sinal CA e o capacitor C_2, que atua como um filtro da fonte de alimentação para gerar uma tensão CC no ramo de saída do transistor. O valor de pico de uma fonte de 12 V rms é de cerca de 17 V, o que resulta em um valor CC após o filtro capacitivo de cerca de 16 V. Se o potenciômetro for ajustado para que R_1 seja por volta de 320 Ω, a tensão de base para emissor será de cerca de 0,5 V, e o transistor estará "desligado". Nesse caso, as correntes de coletor e de emissor são de essencialmente 0 mA, e a tensão no resistor R_3 é de aproximadamente 0 V. A tensão na junção do terminal coletor e do diodo é, portanto, 0 V, e isso resulta no "desligamento" de D_2 e na ocorrência de 0 V no terminal da porta do retificador controlado de silício (SCR). O SCR (veja a Seção 17.3) é basicamente um diodo cujo estado é controlado por uma tensão aplicada no terminal da porta. A ausência de uma tensão na porta significa que o SCR e a lâmpada estão desligados.

Se um sinal é aplicado ao terminal da porta, a combinação do nível de polarização estabelecido e do sinal aplicado pode estabelecer o valor necessário de 0,7 V de tensão para que o transistor seja ligado, e ele se manterá assim, funcionando por períodos de tempo que dependem do sinal aplicado. Quando o transistor é ligado, ele estabelece uma corrente de coletor emissor através do resistor R_3 e estabelece também uma tensão do emissor para o terra. Se a tensão for maior do que o valor de 0,7 V necessários para o diodo D_2 conduzir, uma tensão surgirá na porta do SCR que pode ser suficiente para ligá-lo e estabelecer condução da corrente de anodo para catodo do SCR. No entanto, devemos examinar um dos aspectos mais interessantes do projeto. Como a tensão aplicada no SCR é CA, que varia em magnitude com o tempo, como mostra a Figura 5.138, a capacidade de condução do SCR também varia com o tempo. Como mostra a figura, se o SCR for ligado quando a tensão senoidal estiver em seu valor máximo, a corrente resultante através do SCR será também a máxima e a lâmpada terá luminosidade máxima. Se o SCR for ligado quando a tensão senoidal estiver próxima do seu mínimo, a lâmpada poderá até acender, mas a corrente mais baixa resultará em uma iluminação consideravelmente menor. O resultado é que a lâmpada acende em sincronismo quando o sinal de entrada está no valor de pico, mas sua intensidade é determinada pela amplitude em que está o sinal aplicado de 12 V. Podemos imaginar, então, a variedade de respostas possíveis para tal sistema. Toda vez que o mesmo sinal de áudio é aplicado, obtemos uma resposta com características diferentes.

No exemplo anterior, o potenciômetro estava ajustado para operar abaixo da tensão que liga o transistor. Também é possível ajustar o potenciômetro quando o transistor está no limiar de condução, o que resulta em uma corrente de base de baixo valor. O resultado é uma corrente de coletor de baixo valor e uma tensão insuficiente para polarizar diretamente o diodo D_2 e ligar o SCR

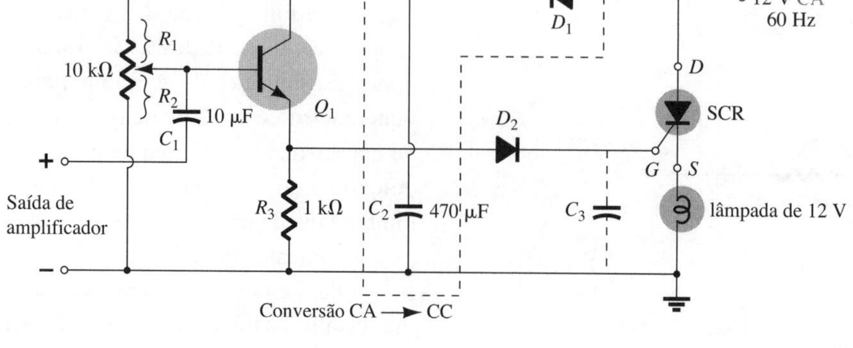

Figura 5.137 Fonte de luz modulada por som. SCR, retificador controlado de silício.

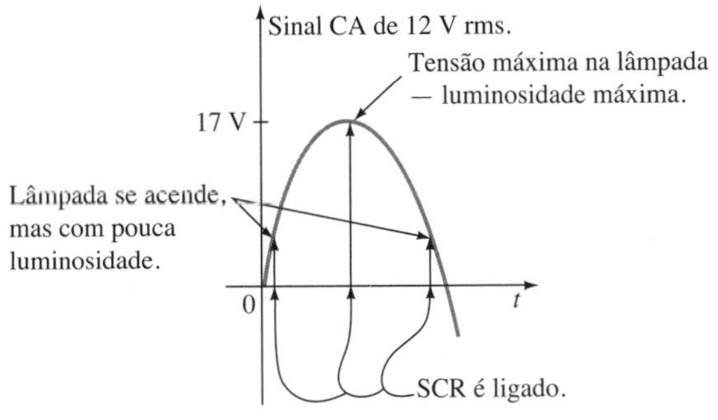

Figura 5.138 Demonstração do efeito de uma tensão CA na operação do SCR da Figura 5.137.

através de sua porta. No entanto, ajustando-se o sistema dessa maneira, a saída de luz resultante será mais sensível a componentes de baixa amplitude do sinal aplicado. No primeiro caso, o sistema atuou como um detector de pico, e, no segundo, ele é sensível a mais componentes do sinal.

O diodo D_2 foi incluído para garantir que haja tensão suficiente para ligar tanto o diodo quanto o SCR ou, em outras palavras, para eliminar a possibilidade de ruído ou de alguma outra tensão de baixo valor inesperada na linha que liga o SCR. O capacitor C_3 pode ser inserido para reduzir a velocidade de resposta, fazendo com que a carga do capacitor antes da porta atinja um valor de tensão suficiente para ligar o SCR.

5.26 RESUMO

Conclusões e conceitos importantes

1. A amplificação no domínio CA não pode ser obtida **sem a aplicação de um nível de polarização CC**.
2. O amplificador TBJ pode ser considerado linear para a maior parte das aplicações, permitindo o uso do **teorema da superposição** para separar as análises de projeto CC e CA.
3. Ao introduzirmos um **modelo CA** para um TBJ:
   a. Todas as **fontes CC** são zeradas e substituídas por conexões de curto-circuito com o terra.
   b. Todos os **capacitores** são substituídos pelo **equivalente a um curto-circuito**.
   c. Todos os elementos **em paralelo com** um curto-circuito equivalente introduzido devem ser removidos do circuito.
   d. O circuito deve ser **redesenhado** sempre que possível.
4. A **impedância de entrada** de um circuito CA **não pode ser medida** com um ohmímetro.
5. A **impedância de saída** de um amplificador é medida com o **sinal aplicado em zero**. Não pode ser medida com um ohmímetro.
6. Uma **impedância de saída** para o modelo r_e **poderá ser incluída** somente se for obtida de uma planilha ou de uma medição gráfica das curvas características.
7. Elementos que foram isolados por capacitores para a análise CC **aparecerão na análise CA** devido ao curto-circuito equivalente para os elementos capacitivos.
8. O **fator de amplificação** (β ou h_{fe}) é o menos sensível a variações na **corrente do coletor**, enquanto o parâmetro de **impedância de saída** é o mais sensível. A impedância de saída também é bastante sensível a variações em V_{CE}, enquanto o fator de **amplificação** é o **menos sensível**. No entanto, a **impedância de saída** é **menos sensível** a variações na **temperatura**, enquanto o fator de amplificação é relativamente sensível.
9. O **modelo r_e** de um TBJ no domínio CA é sensível às **condições reais de operação CC do circuito**. Tal parâmetro normalmente não é fornecido em folhas de dados, embora o h_{ie} dos parâmetros híbridos fornecidos seja igual a βr_e, mas, sim, somente sob condições específicas de operação.
10. A maioria das **folhas de dados** dos TBJs inclui uma **lista de parâmetros híbridos** para estabelecer um modelo CA para o transistor. Tenha em mente, no entanto, que elas valem para um conjunto específico de condições de operação CC.
11. A **configuração com polarização fixa EC** pode ter um **ganho de tensão significativo**, embora sua **impedância de entrada possa ser relativamente baixa**. O **ganho de corrente** aproximado é dado simplesmente por **beta**, e a **impedância de saída** é normalmente R_C.
12. A **configuração com polarização por divisor de tensão** possui **maior estabilidade** do que a configuração com polarização fixa, mas apresenta aproximadamente o **mesmo ganho de tensão, de corrente e impedância de saída**. Devido aos resistores polarizadores, sua impedância de entrada pode ser mais baixa do que a da configuração com polarização fixa.
13. A **configuração EC com polarização de emissor** com um resistor de emissor sem desvio possui uma **resistência de entrada maior** do que a configuração com desvio, mas terá **ganho de tensão muito menor** do que a da configuração com desvio. Para a situação com desvio ou sem desvio, supomos normalmente que a **impedância de saída** seja simplesmente R_C.

14. A **configuração seguidor de emissor** terá sempre uma **tensão de saída um pouco menor que o sinal de entrada**. No entanto, a **impedância de entrada** pode ser **bastante alta**, o que é útil em situações em que é necessário um primeiro estágio com alta impedância de entrada para "captar" o máximo possível do sinal aplicado. Sua **impedância de saída** é **extremamente baixa**, tornando-a uma excelente fonte de sinal para o segundo estágio de um amplificador multiestágio.
15. A **configuração de base-comum** possui uma **impedância de entrada bastante baixa**, mas pode ter um **ganho de tensão significativo**. O **ganho de corrente** é apenas **menor do que 1** e a **impedância de saída** é simplesmente $\boldsymbol{R_C}$.
16. A **configuração com realimentação do coletor** possui uma **impedância de entrada sensível a beta** que pode ser bastante baixa, dependendo dos parâmetros da configuração. No entanto, o **ganho de tensão** pode ser **significativo** e o **ganho de corrente** pode ter **certa magnitude** se os parâmetros forem escolhidos adequadamente. A **impedância de saída** geralmente é uma simples resistência de coletor $\boldsymbol{R_C}$.
17. A **configuração com realimentação CC do coletor** utiliza a realimentação para **aumentar sua estabilidade** e usa a mudança de estado de um capacitor de CC para CA para estabelecer um **maior ganho de tensão** do que o obtido com uma conexão direta de realimentação. A **impedância de saída** está normalmente próxima a $\boldsymbol{R_C}$, e a **impedância de entrada** é relativamente próxima daquela obtida com a **configuração emissor-comum básica.**
18. O **circuito equivalente híbrido aproximado** é bastante **similar** em composição ao utilizado com o **modelo** $\boldsymbol{r_e}$. Na verdade, os **mesmos métodos** de análise podem ser aplicados a ambos os modelos. Para o modelo híbrido, os resultados estarão em termos de parâmetros de circuitos e parâmetros híbridos, enquanto para o modelo r_e estarão em termos de parâmetros do circuito e de β, r_e e r_o.
19. O **modelo híbrido** para o emissor-comum, para o base-comum e para as configurações de coletor-comum é o mesmo. A única diferença é a amplitude dos parâmetros do circuito equivalente.
20. O ganho total de um sistema em cascata é determinado pelo **produto dos ganhos de cada estágio**. Entretanto, o ganho de cada estágio deve ser determinado **sob condições de carga**.
21. Visto que o ganho total é o produto dos ganhos individuais de um sistema em cascata, o **elo mais fraco** pode exercer um grande efeito sobre o ganho total.

Equações

$$r_e = \frac{26\ \text{mV}}{I_E}$$

Parâmetros híbridos:

$$h_{ie} = \beta r_e, \qquad h_{fe} = \beta_{CA},$$
$$h_{ib} = r_e, \qquad h_{fb} = -\alpha \cong -1$$

Polarização EC fixa:

$$Z_i \cong \beta r_e, \qquad Z_o \cong R_C$$

$$A_v = -\frac{R_C}{r_e}, \qquad A_i = -A_v\frac{Z_i}{R_C} \cong \beta$$

Polarização por divisor de tensão:

$$Z_i = R_1 \| R_2 \| \beta r_e, \qquad Z_o \cong R_C$$

$$A_v = -\frac{R_C}{r_e}, \qquad A_i = -A_v\frac{Z_i}{R_C} \cong \beta$$

EC com polarização de emissor:

$$Z_i \cong R_B \| \beta R_E, \qquad Z_o \cong R_C$$

$$A_v \cong -\frac{R_C}{R_E}, \qquad A_i \cong \frac{\beta R_B}{R_B + \beta R_E}$$

Seguidor de emissor:

$$Z_i \cong R_B \| \beta R_E, \qquad Z_o \cong r_e$$

$$A_v \cong 1, \qquad A_i = -A_v\frac{Z_i}{R_E}$$

Base-comum:

$$Z_i \cong R_E \| r_e, \qquad Z_o \cong R_C$$

$$A_v \cong \frac{R_C}{r_e} \qquad A_i \cong -1$$

Realimentação do coletor:

$$Z_i \cong \frac{r_e}{\dfrac{1}{\beta} + \dfrac{R_C}{R_F}}, \qquad Z_o \cong R_C \| R_F$$

$$A_v = -\frac{R_C}{r_e}, \qquad A_i \cong \frac{R_F}{R_C}$$

Realimentação CC do coletor:

$$Z_i \cong R_{F_1} \| \beta r_e, \qquad Z_o \cong R_C \| R_{F_2}$$

$$A_v = -\frac{R_{F_2} \| R_C}{r_e}, \qquad A_i = -A_v \frac{Z_i}{R_C}$$

Efeito da impedância de carga:

$$A_{v_L} = \frac{V_o}{V_i} = \frac{R_L}{R_L + R_o} A_{v_{NL}}, \qquad A_{i_L} = \frac{I_o}{I_i} = -A_{v_L} \frac{Z_i}{R_L}$$

Efeito da impedância de fonte:

$$V_i = \frac{R_i V_s}{R_i + R_s}, \qquad A_{v_s} = \frac{V_o}{V_s} = \frac{R_i}{R_i + R_s} A_{v_{NL}}$$

$$I_s = \frac{V_s}{R_s + R_i}$$

Efeito combinado de impedância de carga e de fonte:

$$A_{v_L} = \frac{V_o}{V_i} = \frac{R_L}{R_L + R_o} A_{v_{NL}},$$

$$A_{v_s} = \frac{V_o}{V_s} = \frac{R_i}{R_i + R_s} \cdot \frac{R_L}{R_L + R_o} A_{v_{NL}}$$

$$A_{i_L} = \frac{I_o}{I_i} = -A_{v_L} \frac{R_i}{R_L}, \qquad A_{i_s} = \frac{I_o}{I_s} = -A_{v_s} \frac{R_s + R_i}{R_L}$$

Conexão cascode:

$$A_v = A_{v_1} A_{v_2}$$

Conexão Darlington (com R_E):

$$\beta_D = \beta_1 \beta_2,$$

$$Z_i = R_B \| (\beta_1 \beta_2 R_E), \qquad A_i = \frac{\beta_1 \beta_2 R_B}{(R_B + \beta_1 \beta_2 R_E)}$$

$$Z_o = \frac{r_{e_1}}{\beta_2} + r_{e_2} \qquad A_v = \frac{V_o}{V_i} \approx 1$$

Conexão Darlington (sem R_E):

$$Z_i = R_1 \| R_2 \| \beta_1 (r_{e_1} + \beta_1 \beta_2 r_{e_2}) \qquad A_i = \frac{\beta_1 \beta_2 (R_1 \| R_2)}{R_1 \| R_2 + Z_i'}$$

onde $$Z_i' = \beta_1 (r_{e_1} + \beta_2 r_{e_2})$$

$$Z_o \cong R_C \| r_{o_2} \qquad A_v = \frac{V_o}{V_i} = \frac{\beta_1 \beta_2 R_C}{Z_i'}$$

Par realimentado:

$$Z_i = R_B \| \beta_1 \beta_2 R_C \qquad A_i = \frac{-\beta_1 \beta_2 R_B}{R_B + \beta_1 \beta_2 R_C}$$

$$Z_o \approx \frac{r_{e_1}}{\beta_2} \qquad A_v \cong 1$$

5.27 ANÁLISE COMPUTACIONAL

PSpice para Windows

Configuração com divisor de tensão Os últimos capítulos se limitaram à análise CC de circuitos eletrônicos utilizando PSpice e Multisim. Esta seção analisará a aplicação de uma fonte CA a um circuitoTBJ e descreverá como os resultados são obtidos e interpretados.

A maior parte da construção da Figura 5.139 pode ser realizada utilizando-se os procedimentos discutidos nos capítulos anteriores. A fonte CA pode ser encontrada na biblioteca **SOURCE** como **VSIN**. Você pode rolar a lista de opções ou simplesmente digitar **VSIN** no topo da listagem. Uma vez que ela é selecionada e inserida, surgirão várias legendas que definem os parâmetros da fonte. Dar um duplo clique no símbolo de fonte ou usar a sequência **Edit-Properties** resultará na caixa de diálogo **Property Editor**, que lista todos os parâmetros que aparecem na tela e muito mais. Deslizando a barra de rolagem totalmente para a esquerda, será encontrada uma listagem para **CA**. Selecione o retângulo em branco sob o título e digite o valor **1 mV**. Esteja ciente de que as entradas podem usar prefixos como m (mili) e k (quilo). Ao mover para a direita, o título **FREQ** aparecerá, no qual é possível digitar **10 kHz**. Ao mover novamente para **PHASE**, verifique que o valor padrão é **0** e, portanto, pode ser desprezado. Ele representa o ângulo de fase inicial para o sinal senoidal. Em seguida, você encontrará **VAMPL**, que está fixado em 1 mV, seguido também por **VOFF** em **0** V. Agora que cada uma das propriedades foi definida, temos que decidir o que exibir na tela para definir a fonte. Na Figura 5.139, as únicas legendas são Vs e 1 mV, de modo que vários

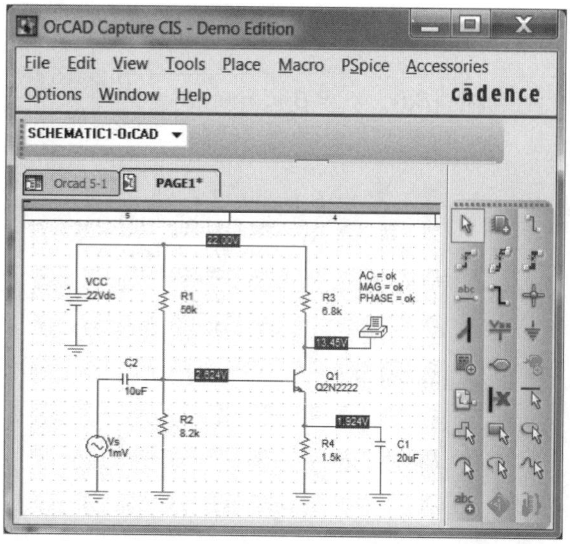

Figura 5.139 Utilização do PSpice para Windows na análise do circuito da Figura 5.28 (Exemplo 5.2).

itens devem ser eliminados e o nome da fonte, modificado. Para cada quantidade, simplesmente volte para o título e o selecione para modificação. Se optar por **CA**, selecione **Display** para obter a caixa de diálogo **Display Properties**. Selecione **Value Only**, porque preferimos que a legenda **CA** não apareça. Deixe todas as outras opções em branco. Com um **OK**, você pode passar para os demais parâmetros dentro da caixa de diálogo **Property Editor**. Não queremos que as legendas **FREQ**, **PHASE**, **VAMPL** e **VOFF** apareçam com seus valores, por isso em cada caso selecione **Do Not Display**. Para alterar **V1** para **Vs**, basta ir até **Part Reference** e, depois de selecioná-lo, digitar **Vs**. Então, vá para **Display** e selecione **Value Only**. Finalmente, para aplicar todas as alterações, selecione **Apply** e saia da caixa de diálogo; a fonte aparecerá como mostra a Figura 5.139.

A resposta CA para a tensão em um ponto do circuito é obtida por meio da opção **VPRINT1** encontrada na biblioteca **SPECIAL**. Se a biblioteca não aparecer, basta selecionar **Add Library** seguido por **special.olb**. Quando selecionado, **VPRINT1** aparecerá na tela como uma impressora com três legendas: **AC**, **MAG** e **PHASE**. Cada qual tem de ser definida com um *status* OK para refletir o fato de que se deseja esse tipo de informação sobre o nível de tensão. Isso é feito com um simples clique no símbolo da impressora para abrir a caixa de diálogo e pela definição de cada um como **OK**. Para cada entrada, selecione **Display** e escolha **Name and Label**. Finalmente, selecione **Apply** e saia da caixa de diálogo. O resultado aparece na Figura 5.139.

O transistor **Q2N2222** pode ser encontrado sob a biblioteca **EVAL** ao ser digitado sob o título **Part**, ou simplesmente pelo rolamento da barra de opções. Os níveis de I_s e β podem ser definidos primeiro pela seleção do transistor Q2N2222 para torná-lo vermelho e, em seguida, pela aplicação da sequência **Edit-PSpice Model** para abrir a caixa de diálogo **PSpice Model Editor Lite** e alterar **Is** para **2E-15A** e **Bf** a 90. O nível de **Is** é o resultado de diversas simulações do circuito para determinar o valor que resultaria em V_{BE} mais próximo de 0,7 V.

Agora que todos os componentes do circuito foram definidos, é hora de pedir ao computador para analisá-lo e fornecer alguns resultados. Se entradas indevidas forem feitas, o computador responderá rapidamente com uma listagem de erros. Primeiro, selecione o ícone **New Simulation Profile** para obter a caixa de diálogo **New Simulation**. Então, depois de inserir o nome como **OrCAD 5-1**, selecione **Create**, e a caixa de diálogo **Simulation Settings** será exibida. Em **Analysis type**, selecione **AC Sweep/Noise** e, em **AC Sweep Type**, escolha **Linear**. A **Start Frequency** é **10 kHz**, a **End Frequency** é **10 kHz** e o **Total Points** é **1**. Com um **OK**, a simulação pode ser iniciada pela seleção do ícone **Run PSpice** (seta branca). Você obterá um esquema com um gráfico que se estende de 5 kHz a 15 kHz sem escala vertical. Por meio da sequência **View-Output File**, a lista da Figura 5.140 pode ser obtida. Ela começa com uma lista de todos os elementos do circuito e suas configurações, seguidos por todos os parâmetros do transistor. Em particular, observe o nível de **IS** e **BF**. Em seguida, os níveis CC são fornecidos sob **SMALL SIGNAL BIAS SOLUTION**, que correspondem aos que aparecem no esquema da Figura 5.139. Os níveis CC aparecem na Figura 5.139 devido à seleção da opção **V**. Note também que V_{BE} = 2,624 V – 1,924 V = 0,7 V, como indicado anteriormente, em decorrência da escolha de **Is**.

A próxima listagem, **OPERATING POINT INFORMATION**, revela que, apesar de beta da listagem de **BJT MODEL PARAMETERS** ter sido fixado em 90, as condições operacionais do circuito resultaram em um beta CC de 48,3 e um beta CA de 55. Felizmente, porém, a configuração de divisor de tensão é menos sensível a alterações em beta no modo CC, e os resultados CC são excelentes. Entretanto, a queda em beta CA teve um efeito sobre o valor resultante de V_o: 296,1 mV *versus* a solução calculada à mão (com r_o = 50 kΩ) de 324,3 mV — uma diferença de 9%. Os resultados certamente são próximos, mas provavelmente não tanto quanto gostaríamos que fossem. Um resultado mais próximo (dentro de 7%) poderia ser obtido com a definição de todos os parâmetros do dispositivo em zero, exceto I_s e beta. No entanto, por ora, o impacto dos demais parâmetros foi demonstrado, e os resultados serão aceitos como suficientemente próximos dos valores manuscritos. Mais adiante neste capítulo, um

```
****        CIRCUIT DESCRIPTION

**********************************************************************************

*Analysis directives:
.AC LIN 1 10kHz 10kHz
.OP
.PROBE V(alias(*)) I(alias(*)) W(alias(*)) D(alias(*)) NOISE(alias(*))
.INC "..\SCHEMATIC1.net"
* source ORCAD 5-1
Q_Q1      N00286 N00282 N00319 Q2N2222
R_R1      N00282 N00254  56k TC=0,0
R_R2      0 N00282  8.2k TC=0,0
R_R3      N00286 N00254  6.8k TC=0,0
R_R4      0 N00319  1.5k TC=0,0
V_VCC       N00254 0 22Vdc
C_C1      0 N00319  20uF  TC=0,0
V_Vs      N00342 0  AC 1mV
+SIN 0V 1mV 10kHz 0 0 0
. PRINT     AC
+  VM ([N00286])
+  VP ([N00286])
C_C2      N00342 N00282  10uF  TC=0,0
.END

****   BJT MODEL PARAMETERS

**********************************************************************************

             Q2N2222
             NPN
      LEVEL   1
         IS   2.000000E-15
         BF   90
         NF   1
        VAF   74.03
        IKF   .2847
        ISE   14.340000E-15
         NE   1.307
         BR   6.092
         NR   1
        ISS   0
         RB   10
         RE   0
         RC   1
        CJE   22.010000E-12
        VJE   .75
        MJE   .377
        CJC   7.306000E-12
        VJC   .75
        MJC   .3416

       XCJC   1

        CJS   0
        VJS   .75
         TF 411.100000E-12
        XTF   3
        VTF   1.7
        ITF   .6
         TR   46.910000E-09
        XTB   1.5
         KF   0
         AF   1
         CN   2.42
          D   .87

****   SMALL SIGNAL BIAS SOLUTION                 TEMPERATURE = 27.000 DEG C

**********************************************************************************

NODE      VOLTAGE    NODE      VOLTAGE    NODE      VOLTAGE    NODE      VOLTAGE
(N00254)  22.0000    (N00282)  2.6239     (N00286)  13.4530    (N00319)  1.9244
(N00342)   0.0000

  VOLTAGE SOURCE CURRENTS
  NAME       CURRENT
  V_VCC     -1.603E-03
  V_Vs       0.000E+00

  TOTAL POWER DISSIPATION  3.53E-02  WATTS

****   OPERATING POINT INFORMATION                TEMPERATURE = 27.000 DEG C

**********************************************************************************

**** BIPOLAR JUNCTION TRANSISTORS

NAME          Q_Q1
MODEL         Q2N2222
IB            2.60E-05
IC            1.26E-03
VBE           6.99E-01
VBC          -1.08E+01
VCE           1.15E+01
BETADC        4.83E+01
GM            4.84E-02
RPI           1.14E+03
RX            1.00E+01
RO            6.75E+04
CBE           5.78E-11
CBC           2.87E-12
CJS           0.00E+00
BETAAC        5.50E+01
CBX/CBX2      0.00E+00
FT/FT2        1.27E+08

****   AC ANALYSIS                                TEMPERATURE = 27.000 DEG C

**********************************************************************************

  FREQ      VM(N00286)   VP(N00286)
1.000E+04   2.961E-01   -1.780E+02
```

Figura 5.140 Arquivo de saída para o circuito da Figura 5.139.

modelo CA para o transistor será apresentado com resultados que coincidirão exatamente com a solução calculada à mão. O ângulo de fase é –178° *versus* o ideal de –180°, uma correspondência bastante estreita.

Um gráfico da tensão no coletor do transistor pode ser obtido com a criação de um novo processo de simulação para calcular o valor da tensão desejada em diversos pontos de dados. Quanto mais pontos, mais preciso o gráfico. O processo é iniciado com o retorno à caixa de diálogo **Simulation Settings** e, em **Analysis type**, com a seleção de **Time Domain(Transient)**. O domínio do tempo é escolhido porque o eixo horizontal será um eixo temporal, o que exige que a tensão de coletor seja determinada em um intervalo de tempo especificado para permitir que o gráfico seja feito. Uma vez que o período da forma de onda é 1/10 kHz = 0,1 ms = 100 μs, e seria conveniente exibir cinco ciclos da forma de onda, fixamos o **Run to time (TSTOP)** em 500 μs. O ponto **Start saving data after** é deixado em 0 s e, em **Transient option**, o **Maximum step size** é fixado em 1 μs para garantir 100 pontos de dados para cada ciclo da forma de onda. Com um **OK**, uma janela **SCHEMATIC** aparecerá contendo um eixo horizontal dividido em unidades de tempo, mas sem eixo vertical definido. A forma de onda desejada pode, então, ser adicionada, selecionando-se primeiro **Trace** seguido de **Add Trace** para abrir a respectiva caixa de diálogo. Na listagem fornecida, selecionamos **V(Q1:c)** como a tensão no coletor do transistor. Assim que é selecionada, ela aparecerá como **Trace Expression** na parte inferior da caixa de diálogo. Consultando a Figura 5.139, verificamos que, uma vez que o capacitor C_E está essencialmente no estado de curto-circuito em 10 kHz, a tensão do coletor para o terra será a mesma que atravessa os terminais de saída do transistor. Com um **OK**, a simulação pode ser iniciada ao selecionarmos o ícone **Run PSpice**.

O resultado será a forma de onda da Figura 5.141 com um valor médio de cerca de 13,45 V, que corresponde exatamente ao nível de polarização da tensão de coletor na Figura 5.139. A faixa do eixo vertical foi escolhida automaticamente pelo computador. Cinco ciclos completos da tensão de saída são exibidos com 100 pontos de dados por ciclo. Os pontos de dados aparecem na Figura 5.139 porque a sequência **Tools-Options-Mark Data Points** foi aplicada. Eles aparecem como pequenos círculos escuros na curva do gráfico. Usando a escala do gráfico, vemos que o valor de pico a pico da curva é de aproximadamente 13,76 V – 13,16 V = 0,6 V = 600 mV, resultando em um valor de pico de 300 mV. Visto que um sinal de 1 mV foi aplicado, o ganho é de 300, ou muito próximo da solução de 296,1 dado pela calculadora.

Se for necessária uma comparação entre as tensões de entrada e de saída na mesma tela, podemos usar a opção **Add Y-Axis** em **Plot**. Depois de selecioná-la, clique no ícone **Add Trace** e escolha **V(Vs:+)** na lista fornecida. O resultado é que ambas as formas de onda aparecerão na mesma tela, como mostra a Figura 5.142, cada uma com sua própria escala vertical.

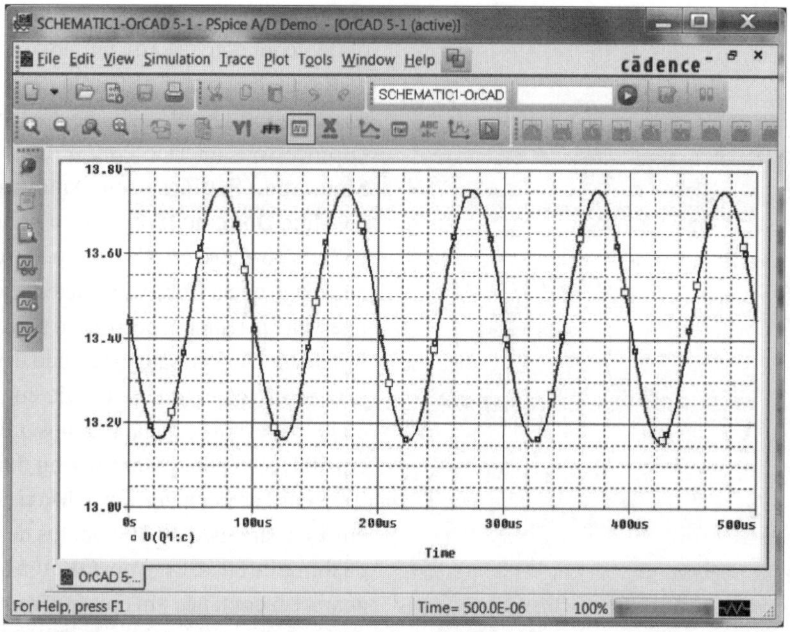

Figura 5.141 Tensão v_C para o circuito da Figura 5.139.

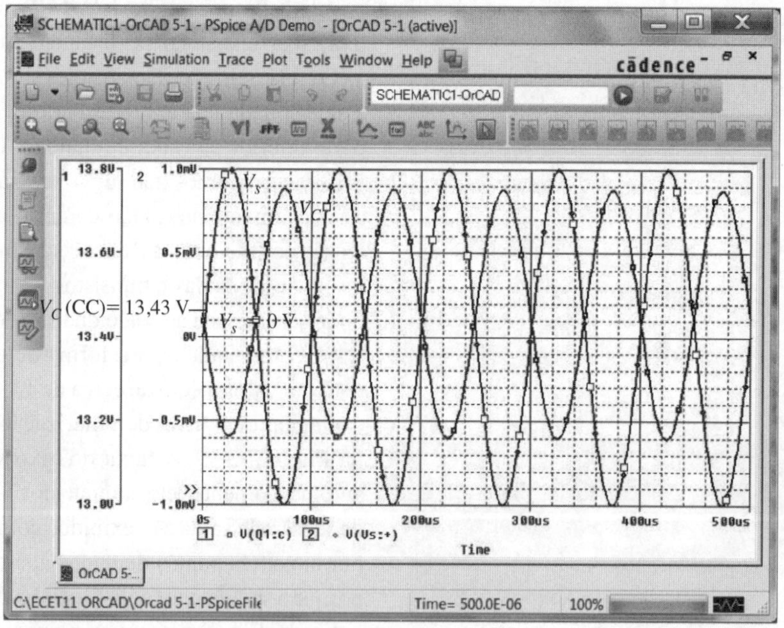

Figura 5.142 As tensões v_C e v_s para o circuito da Figura 5.139.

Se preferirmos dois gráficos separados, podemos começar selecionando **Plot** e depois **Add Plot to Window**, após o gráfico da Figura 5.141 estar no lugar. O resultado será um segundo conjunto de eixos à espera de uma decisão sobre qual curva representar graficamente. Usar **Trace-Add Trace-V (Vs:+)** resultará nos gráficos da Figura 5.143. O **SEL** >> (de **SELECT**) que aparece ao lado dos gráficos define o gráfico "ativo".

A última operação a ser apresentada na presente discussão sobre exibições de gráficos é a utilização da opção de cursor. O resultado da sequência **Trace-Cursor-Display** é uma linha no nível CC do gráfico da Figura 5.144 que faz interseção com uma linha vertical. Tanto o nível quanto o tempo aparecem na pequena caixa de diálogo no canto inferior direito da tela. O primeiro número para **Cursor 1** é a intersecção do tempo, e o segundo, o nível de tensão naquele instante. Um clique no botão esquerdo do mouse possibilitará o controle das linhas de intersecção vertical e horizontal nesse nível. Clicar e manter o clique na linha vertical permitirão o movimento

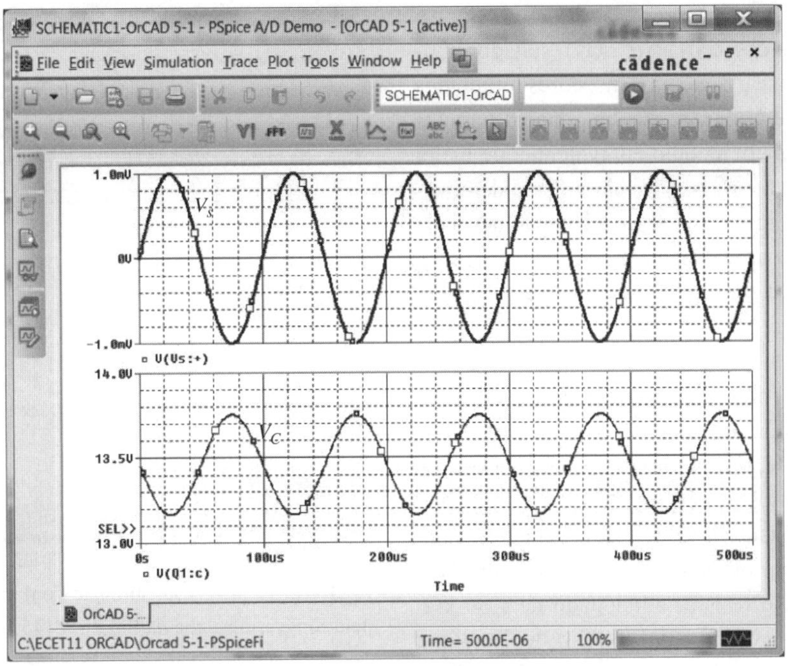

Figura 5.143 Dois gráficos separados de v_C e v_s na Figura 5.139.

horizontal da intersecção ao longo da curva, indicando, simultaneamente, o tempo e o nível de tensão na caixa de dados no canto inferior direito da tela. Se for movido para o primeiro pico da forma de onda, o tempo aparecerá como 75,194 μs com um nível de tensão de 13,753 V, como mostra a Figura 5.144. Clicando o botão direito do mouse, veremos uma segunda interseção, definida por **Cursor 2**, que pode ser movida do mesmo modo com seu tempo e tensão exibidos na mesma caixa de diálogo. Note que, se **Cursor 2** for colocado próximo ao pico negativo, a diferença no tempo será de 49,61 μs (tal como mostrado na mesma caixa), que está muito próximo da metade do período da forma de onda. A diferença de magnitude é 591 mV, que está muito próximo do valor de 600 mV obtido anteriormente.

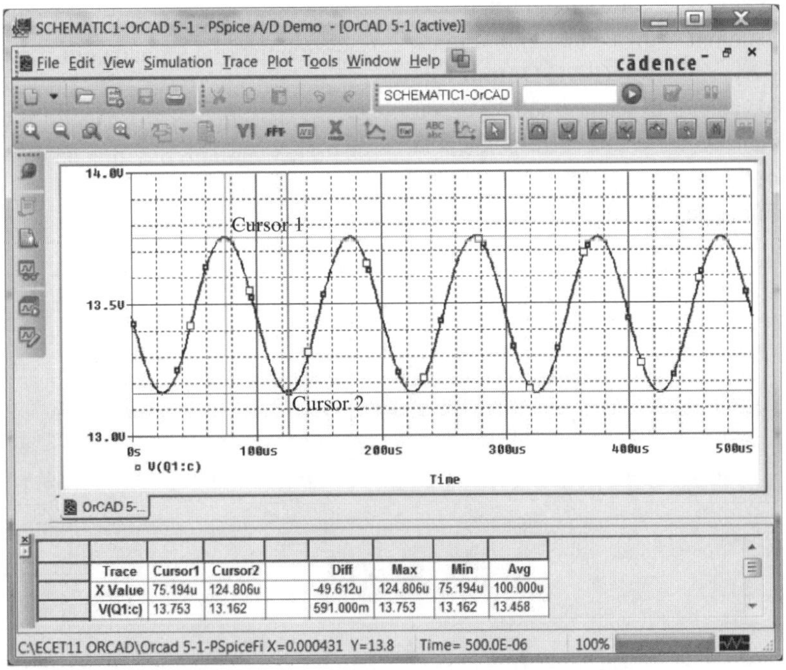

Trace	Cursor1	Cursor2	Diff	Max	Min	Avg
X Value	75.194u	124.806u	-49.612u	124.806u	75.194u	100.000u
V(Q1:c)	13.753	13.162	591.000m	13.753	13.162	13.458

Figura 5.144 Demonstração do uso de cursores para a leitura de pontos específicos em um gráfico.

Substituição da configuração de divisor de tensão pela fonte controlada Os resultados obtidos em qualquer análise usando os transistores fornecidos na listagem de PSpice sempre serão um pouco diferentes daqueles obtidos com um modelo equivalente que inclui apenas o efeito de beta e r_e. Isso foi claramente demonstrado no circuito da Figura 5.139. Se a solução desejada é limitada ao modelo aproximado usado nos cálculos à mão, o transistor deve ser representado por um modelo tal como o da Figura 5.145.

Para o Exemplo 5.2, β é 90, com βr_e = 1,66 kΩ. A fonte de corrente controlada por corrente (CCCS) é encontrada na biblioteca **ANALOG** como parte **F**. Após a seleção, com um **OK**, o símbolo gráfico de CCCS aparecerá na tela, como mostra a Figura 5.146. Visto que não aparece na estrutura básica da CCCS, deve ser adicionado em série à corrente controlada que aparece como uma seta no símbolo. Observe o resistor adicionado de 1,66 kΩ, denominado **beta-re** na Figura 5.146. Um duplo clique sobre o símbolo CCCS resultará na caixa de diálogo **Property Editor**, na qual **GAIN** pode ser fixado em 90. É a única mudança a ser feita na listagem. Depois, selecione **Display** seguido de **Name and Value** e saia **(x)** da caixa de diálogo. O resultado é a legenda **GAIN = 90** que aparece na Figura 5.146.

Basta uma simulação para que os níveis CC da Figura 5.146 apareçam. Esses níveis não correspondem aos resultados anteriores porque o circuito é uma combinação de parâmetros CC e CA. O modelo equivalente substituído na Figura 5.146 é uma representação do transistor sob condições CA, não condições de polarização CC. Quando o pacote de *software* analisa o circuito sob uma perspectiva CA, ele trabalha com um equivalente CA da Figura 5.146, o que não inclui os parâmetros CC. O **Output File** revelará que a tensão de coletor de saída é 368,3 mV, ou um ganho de 368,3, essencialmente uma correspondência exata com a solução obtida à mão de 368,76. Os efeitos de r_o poderiam ser incluídos pela simples inserção de uma resistência em paralelo com a fonte controlada.

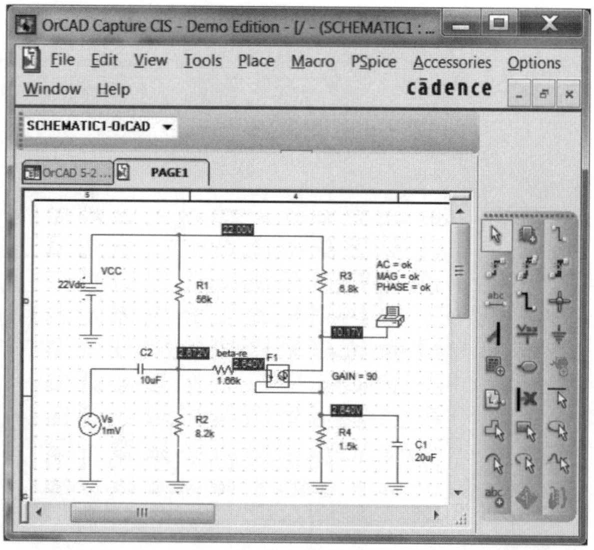

Figura 5.146 Substituição do transistor da Figura 5.139 pela fonte controlada da Figura 5.145.

Configuração Darlington Embora o PSpice realmente tenha dois pares Darlington na biblioteca, transistores individuais são empregados na Figura 5.147 para testar a solução do Exemplo 5.17. Os detalhes da criação do circuito foram abordados em seções e capítulos anteriores. Para cada transistor, I_s é definido como 100E-18 e β como 89,4. A frequência aplicada é de 10 kHz. Uma simulação do circuito resulta nos níveis CC que aparecem na Figura 5.147(a) e no **Output File** da Figura 5.147(b). Note, particularmente, que a queda de tensão entre a base e o emissor para ambos os transistores é 10,52 V – 9,148 V = 1,37 V em comparação com 1,6 V assumida no exemplo. Lembramos que a queda em pares Darlington costuma ser de cerca de 1,6 V, e não simplesmente o dobro de um único transistor, ou 2(0,7 V) = 1,4 V. A tensão de saída de 99,36 mV é muito próxima do valor de 99,80 mV obtido na Seção 5.17.

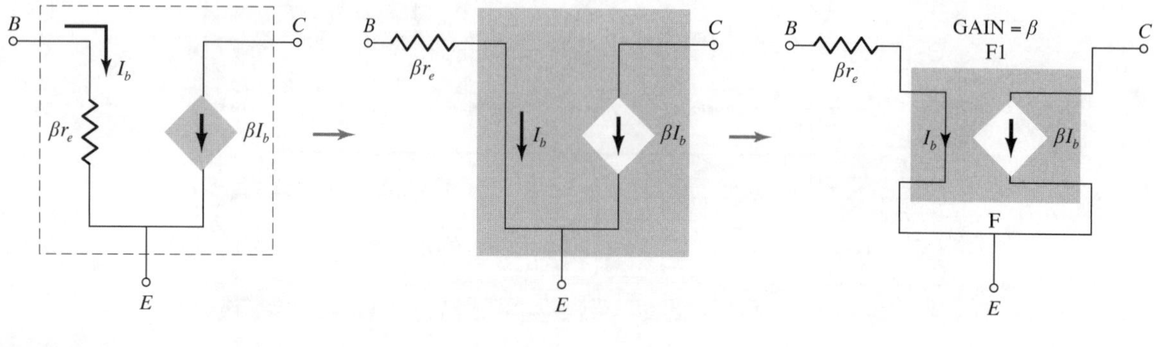

Figura 5.145 Uso de uma fonte controlada para representar o transistor da Figura 5.139.

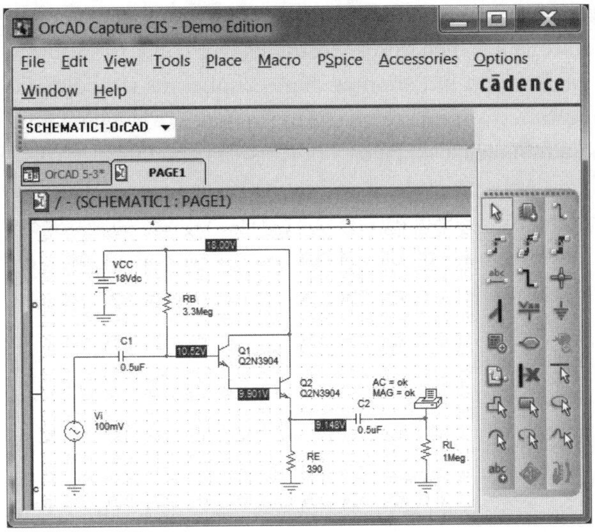

(a)

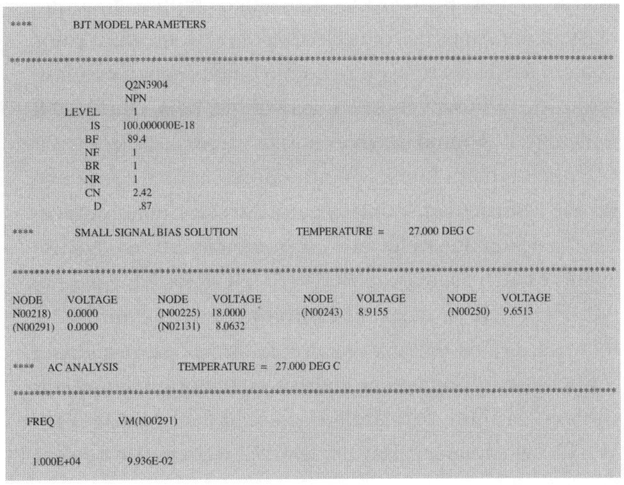

(b)

Figura 5.147 (a) Esquema do circuito Darlington no Design Center; (b) listagem de saída para o circuito do item (a) (editada).

Multisim

Configuração de realimentação do coletor Visto que a configuração de realimentação do coletor gerou as equações mais complexas para os vários parâmetros de um circuito TBJ, parece adequado que o Multisim seja utilizado para verificar as conclusões do Exemplo 5.9. O circuito aparece como mostra a Figura 5.148, usando o transistor "virtual" da barra de ferramentas **Transistor family**. Lembre-se de que vimos, no capítulo anterior, que os transistores são obtidos primeiramente pela seleção do ícone **Transistor**, exibido como a quarta opção na barra de ferramentas **component**. Feita a seleção, você verá a caixa de diálogo **Select a Component**; sob o título **Family**, selecione **TRANSISTORS_VIRTUAL** seguido por **BJT_NPN_VIRTUAL**. Com um **OK**, os símbolos e as legendas serão exibidos como mostra a Figura 5.148. Agora, devemos verificar que o valor de beta é 200 para coincidir com o exemplo em análise. Isso pode ser feito de duas maneiras. No Capítulo 4, utilizamos a sequência **EDIT-PROPERTIES**, mas aqui simplesmente clicaremos duas vezes sobre o símbolo para obtermos a caixa de diálogo **TRANSISTORS_VIRTUAL**. Em **Value**, selecione **Edit Model** para obter a caixa de diálogo **Edit Model** (a caixa de diálogo tem uma aparência diferente daquela obtida com o outro procedimento e requer uma sequência diferente para alterar seus parâmetros). O valor de **BF** aparece como **100**, que deve ser alterado para 200. Primeiro, selecione a linha **BF** para torná-la toda azul. Em seguida, coloque o cursor diretamente sobre o valor 100 e selecione-o para isolá-lo como a quantidade a ser alterada. Depois de eliminar o 100, digite o valor desejado de 200. Em seguida, clique na linha **BF** diretamente sob **Name** e a linha inteira será azul de novo, mas agora com o valor de 200. Então, escolha **Change Part Model** no canto inferior esquerdo da caixa de diálogo, e a caixa de diálogo **TRANSISTOR-VIRTUAL** se abrirá novamente. Selecione **OK** e $\beta = 200$ será definido para o transistor virtual. Note o asterisco ao lado da legenda TBJ para indicar que os parâmetros do dispositivo foram modificados em relação aos valores padrão. A legenda **Bf = 100** foi definida utilizando-se **Place-Text** como descrito no capítulo anterior.

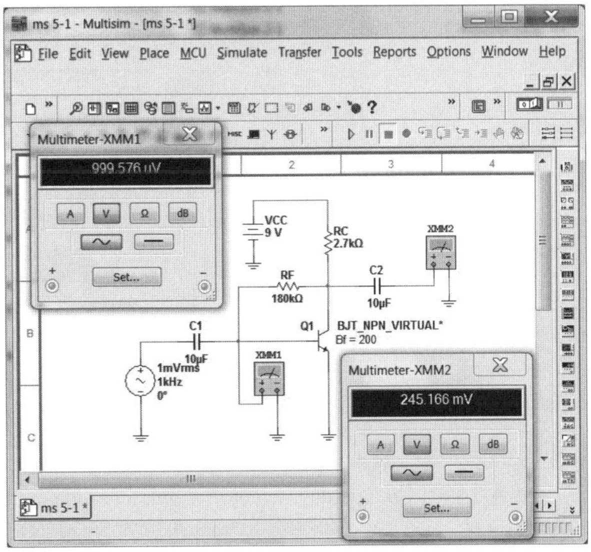

Figura 5.148 Circuito do Exemplo 5.9 redesenhado com Multisim.

Essa será a primeira oportunidade de configurar uma fonte CA. Primeiro, é importante compreender que existem dois tipos de fonte CA disponíveis, um cujo valor está em unidades rms, outro com o valor de pico exibido. A opção em **Power Sources** usa valores **rms**, enquanto a fonte CA em **Signal Sources** utiliza valores de **pico**. Uma vez que os medidores exibem valores em rms, a opção **Power Sources** será adotada aqui. Ao selecionar **Source**, a caixa de diálogo **Select a Component** aparecerá. Na listagem **Family**, selecione **POWER_SOURCES** e depois **AC_POWER** na listagem **Component**. Com um **OK**, a fonte surgirá na tela com quatro informações. A legenda **V1** pode ser eliminada primeiro com um duplo clique no símbolo da fonte para abrir a caixa de diálogo **AC_POWER**. Selecione **Display** e libere **Use Schematic Global Settings**. Para remover a legenda **V1**, libere a opção **Show RefDes**. Basta um **OK** para **V1** desaparecer da tela. Em seguida, o valor deve ser fixado em 1 mV, um processo iniciado com a seleção de **Value** na caixa de diálogo **AC_POWER** e com a alteração de **Voltage (RMS)** para 1 mV. As unidades de mV podem ser definidas com as teclas de rolagem à direita da magnitude da fonte. Após alterar a **Voltage** para **1 mV**, um **OK** colocará esse novo valor na tela. A frequência de **1000 Hz** pode ser ajustada do mesmo modo. O deslocamento de fase de **0** grau passa a ser o valor padrão.

A legenda **Bf = 200** é definida do modo descrito no Capítulo 4. Os dois multímetros são obtidos com a primeira opção no topo da barra de ferramentas vertical à direita. Os medidores mostrados na Figura 5.148 foram obtidos com um simples duplo clique nos símbolos do multímetro no esquema. Ambos foram ajustados para leitura de tensões, cujos valores serão em unidades rms.

Após a simulação, os resultados da Figura 5.148 aparecem. Note que o medidor **XMM1** não lê o 1 mV esperado. Isso se deve à pequena queda na tensão através do capacitor de entrada em 1 kHz. Entretanto, está muito próximo de 1 mV. A saída de 245,166 mV rapidamente revela que o ganho da configuração a transistor é de cerca de 245,2, que está muito próximo dos 240 obtidos no Exemplo 5.9.

Configuração Darlington Aplicar o Multisim ao circuito da Figura 5.147 com um amplificador Darlington encapsulado resulta na imagem da Figura 5.149. Para cada transistor, os parâmetros foram alterados para **Is = 100E-18 A** e **Bf = 89,4** utilizando-se a técnica descrita anteriormente. Para fins práticos, a fonte de sinal CA foi empregada em vez da fonte de potência. O valor de pico do sinal aplicado é de 100 mV, mas note que a leitura do multímetro é o valor eficaz ou rms de 99,991 mV. Os indicadores revelam que a tensão de base de Q_1 é 7,736 V, e a tensão do emissor de Q_2 é 6,193 V. O valor rms da tensão de saída é 99,163 mV, o que resulta em um ganho de 0,99 conforme o esperado para a configuração de seguidor de emissor. A corrente de coletor é 16 mA com uma corrente de base de 1,952 mA, o que resulta em um β_D de cerca de 8200.

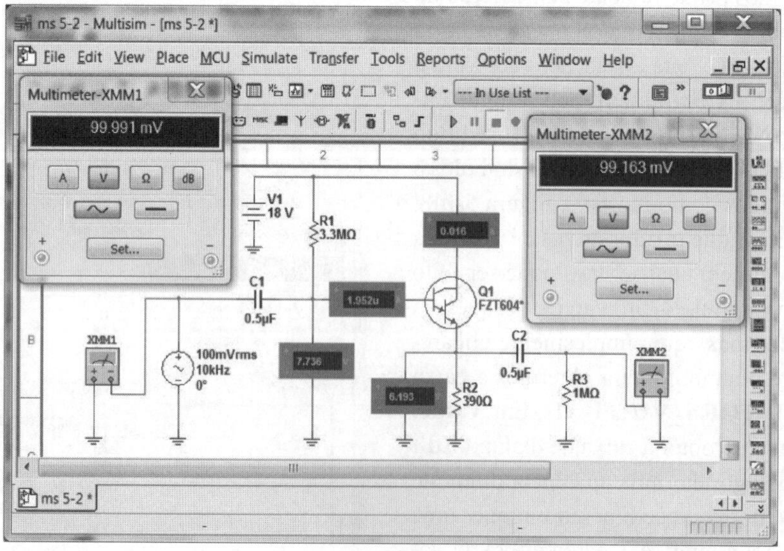

Figura 5.149 Circuito do Exemplo 5.9 redesenhado com Multisim.

PROBLEMAS

*Nota: asteriscos indicam os problemas mais difíceis.

Seção 5.2 Amplificação no domínio CA

1. **a)** Qual é a amplificação esperada de um amplificador a transistor TBJ se a fonte CC for ajustada para zero volt?
b) O que acontece com o sinal CA de saída se o valor CC for insuficiente? Esboce os efeitos na forma de onda.
c) Qual é a eficiência de conversão de um amplificador no qual o valor eficaz da corrente através de um resistor de carga de 2,2 kΩ é 5 mA e a corrente solicitada de uma fonte CC de 18 V é 3,8 mA?

2. É possível uma analogia que explique a importância do valor CC no ganho CA final?

3. Se um amplificador a transistor possui mais de uma fonte CC, o teorema da superposição pode ser aplicado para obter a resposta de cada fonte CC e fornecer a soma algébrica dos resultados?

Seção 5.3 Modelagem do transistor TBJ

4. Qual é a reatância de um capacitor de 10 μF em uma frequência de 1 kHz? Para circuitos nos quais os valores dos resistores estão na faixa de quilo-ohms, seria adequado usar um curto-circuito para a condição que acabamos de descrever? E em 100 kHz?

5. Dada a configuração base-comum da Figura 5.150, esboce o circuito equivalente CA utilizando a notação para o modelo do transistor que aparece na Figura 5.7.

Seção 5.4 Modelo r_e do transistor

6. **a)** Dada uma tensão Early de $V_A = 100$ V, determine r_o, se $V_{CE_Q} = 8$ V e $I_{C_Q} = 4$ mA.
b) Usando os resultados do item (a), determine a mudança em I_C para uma mudança em V_{CE} de 6 V no mesmo ponto Q do item (a).

7. Para a configuração base-comum da Figura 5.18, é aplicado um sinal CA de 10 mV, o que resulta em uma corrente do emissor de 0,5 mA. Se $\alpha = 0{,}980$, determine:
a) Z_i.
b) V_o, se $R_L = 1{,}2$ kΩ.
c) $A_V = V_o/V_i$.
d) Z_o com $r_o = \infty$ Ω.
e) $A_i = I_o/I_i$.
f) I_b.

8. Utilizando o modelo da Figura 5.16, determine os seguintes valores para um amplificador emissor-comum, se $\beta = 80$, I_E (CC) = 2 mA e $r_o = 40$ kΩ:
a) Z_i.
b) I_b.
c) $A_i = I_o/I_i = I_L/I_b$ se $R_L = 1{,}2$ kΩ.
d) A_V se $R_L = 1{,}2$ kΩ.

9. A impedância de entrada para um amplificador a transistor em emissor-comum é 1,2 kΩ, com $\beta = 140$, $r_o = 50$ kΩ e $R_L = 2{,}7$ kΩ. Determine:
a) r_e.
b) I_b, se $V_i = 30$ mV.
c) I_C.
d) $A_i = I_o/I_i = I_L/I_b$.
e) $A_V = V_o/V_i$.

10. Para a configuração base-comum da Figura 5.18, a corrente do emissor é 3,2 mA e α é 0,99. Se a tensão aplicada for de 48 mV e a carga de 2,2 kΩ, determine:
a) r_e.
b) Z_i.
c) I_c.
d) V_o.
e) A_v.
f) I_b.

Seção 5.5 Configuração emissor-comum com polarização fixa

11. Para o circuito da Figura 5.151:
a) Determine Z_i e Z_o.
b) Determine A_v.
c) Repita os itens (a) e (b) com $r_o = 20$ kΩ.

12. Para o circuito da Figura 5.152, determine V_{CC} para um ganho de tensão $A_v = -160$.

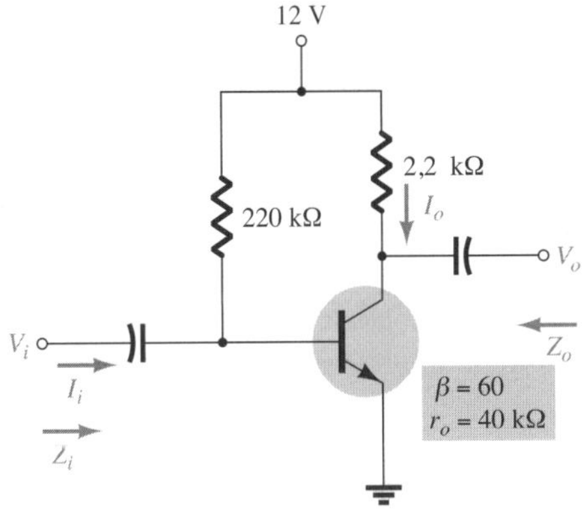

Figura 5.151 Problema 11.

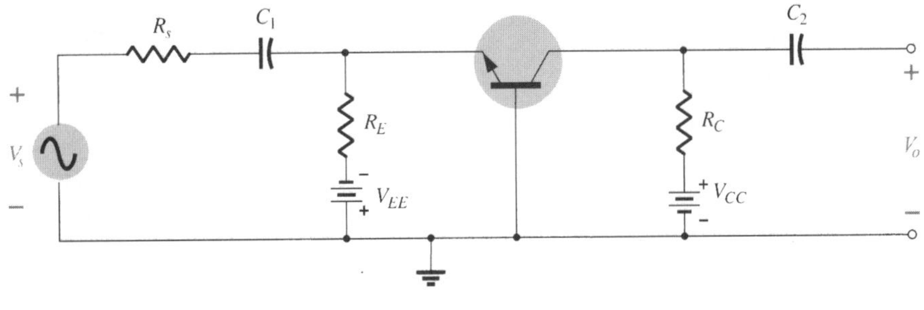

Figura 5.150 Problema 5.

*13. Para o circuito da Figura 5.153:
  a) Calcule I_B, I_C e r_e.
  b) Determine Z_i e Z_o.
  c) Calcule A_v.
  d) Determine o efeito de $r_o = 30\ \text{k}\Omega$ sobre A_v.

14. Para o circuito da Figura 5.153, qual valor de R_C corta o ganho de tensão à metade do valor obtido no Problema 13?

Seção 5.6 Polarização por divisor de tensão

15. Para o circuito da Figura 5.154:
  a) Determine r_e.
  b) Calcule Z_i e Z_o.
  c) Determine A_v.
  d) Repita os itens (b) e (c) com $r_o = 25\ \text{k}\Omega$.

16. Determine V_{CC} para o circuito da Figura 5.155, se $A_v = -160$ e $r_o = 100\ \text{k}\Omega$.

17. Para o circuito da Figura 5.156:
  a) Determine r_e.
  b) Calcule V_B e V_C.
  c) Determine Z_i e $A_v = V_o/V_i$.

18. Para o circuito da Figura 5.157:
  a) Determine r_e.
  b) Calcule as tensões CC V_B, V_{CB} e V_{CE}.
  c) Determine Z_i e Z_o.
  d) Calcule $A_v = V_o/V_i$.

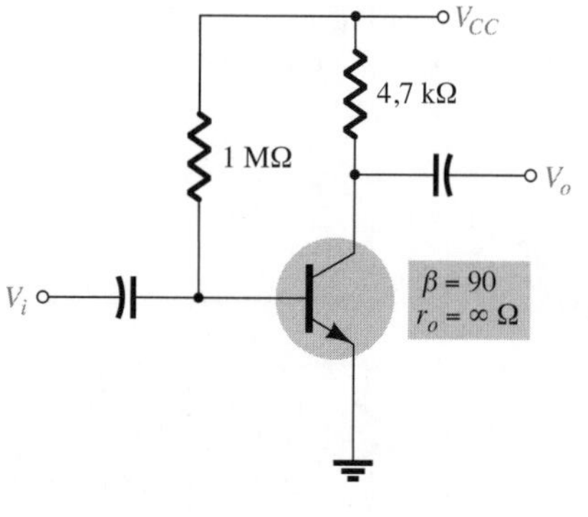

Figura 5.152 Problema 12.

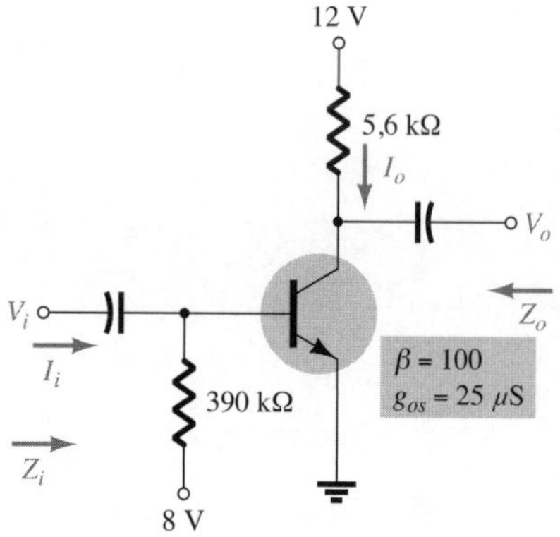

Figura 5.153 Problema 13.

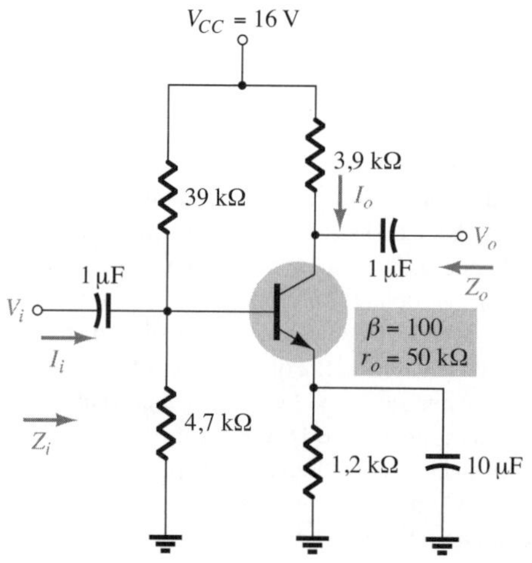

Figura 5.154 Problema 15.

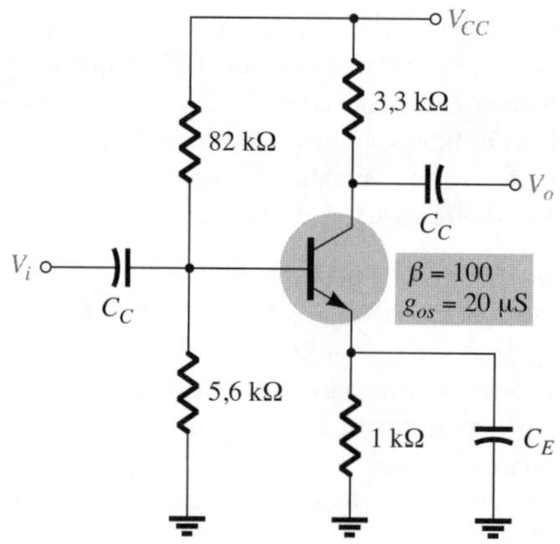

Figura 5.155 Problema 16.

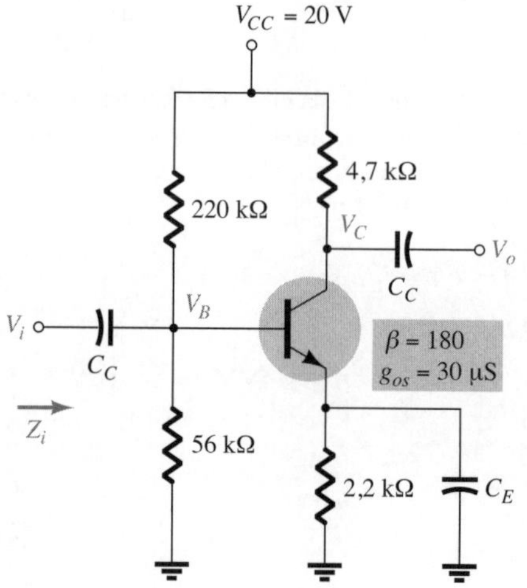

Figura 5.156 Problema 17.

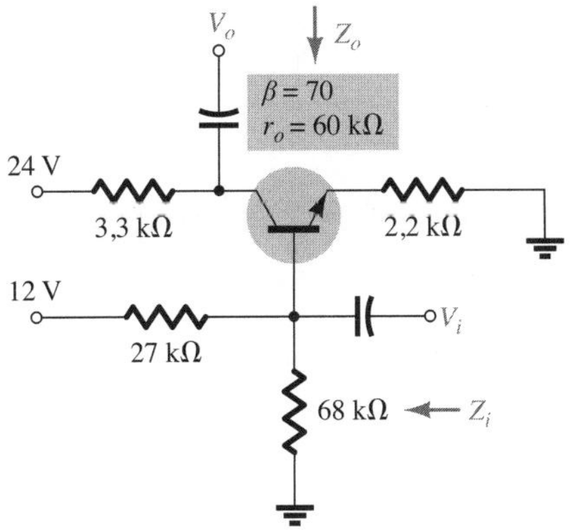

Figura 5.157 Problema 18.

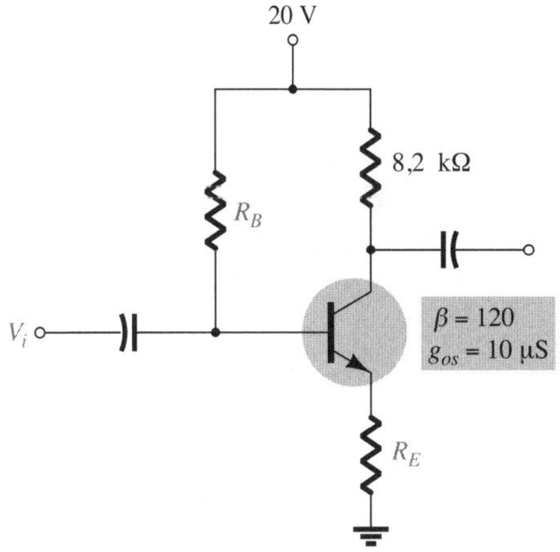

Figura 5.159 Problema 21.

Seção 5.7 Configuração EC com polarização do emissor

19. Para o circuito da Figura 5.158:
   a) Determine r_e.
   b) Calcule Z_i e Z_o.
   c) Calcule A_v.
   d) Repita os itens (b) e (c) com $r_o = 20$ kΩ.

20. Repita o Problema 19 com R_E desviado. Compare os resultados.

21. Para o circuito da Figura 5.159, determine R_E e R_B, se $A_v = -10$ e $r_e = 3{,}8$ Ω. Considere que $Z_b = \beta R_e$.

***22.** Para o circuito da Figura 5.160:
   a) Determine r_e.
   b) Calcule Z_i e A_v.

23. Para o circuito da Figura 5.161:
   a) Determine r_e.
   b) Calcule V_B, V_{CE} e V_{CB}.
   c) Determine Z_i e Z_o.
   d) Calcule $A_v = V_o/V_i$.
   e) Determine $A_i = I_o/I_i$.

Seção 5.8 Configuração de seguidor de emissor

24. Para o circuito da Figura 5.162:
   a) Determine r_e e βr_e.
   b) Calcule Z_i e Z_o.
   c) Calcule A_v.

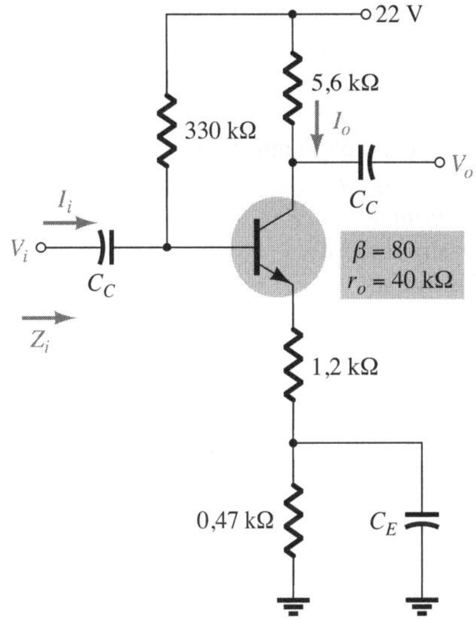

Figura 5.160 Problema 22.

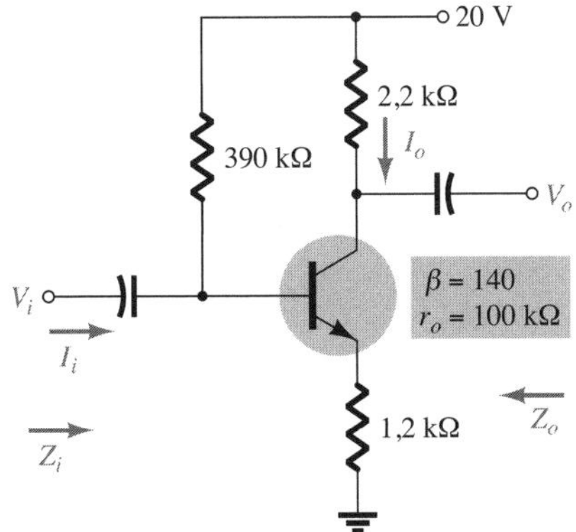

Figura 5.158 Problemas 19 e 20.

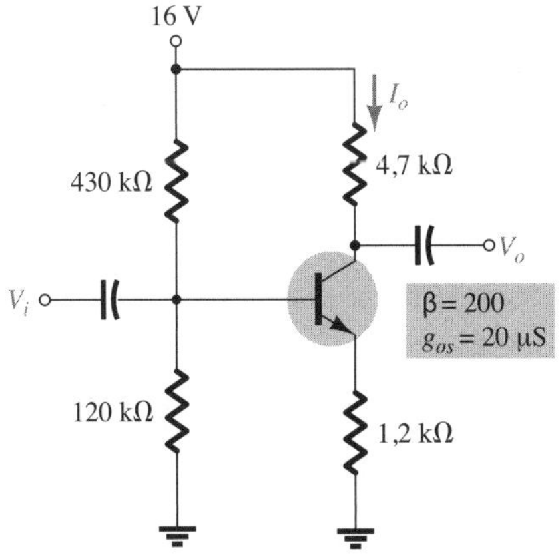

Figura 5.161 Problema 23.

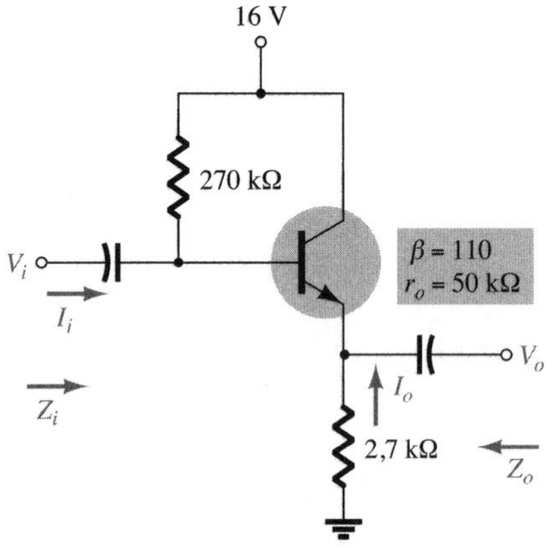

Figura 5.162 Problema 24.

***25.** Para o circuito da Figura 5.163:

a) Determine Z_i e Z_o.

b) Calcule A_v.

c) Calcule V_o, se $V_i = 1$ mV.

***26.** Para o circuito da Figura 5.164:

a) Calcule I_B e I_C.

b) Determine r_e.

c) Determine Z_i e Z_o.

d) Calcule A_v.

Seção 5.9 Configuração base-comum

27. Para a configuração base-comum da Figura 5.165:

a) Determine r_e.

b) Calcule Z_i e Z_o.

c) Calcule A_v.

***28.** Para o circuito da Figura 5.166, determine A_v.

Seção 5.10 Configuração com realimentação do coletor

29. Para a configuração com realimentação do coletor da Figura 5.167:

a) Determine r_e.

b) Calcule Z_i e Z_o.

c) Calcule A_v.

***30.** Dados $r_e = 10\ \Omega$, $\beta = 200$ e $A_v = -160$ e $A_i = 19$ para o circuito da Figura 5.168, determine R_C, R_F e V_{CC}.

***31.** Para o circuito da Figura 5.49:

a) Deduza a equação aproximada para A_v.

b) Deduza as equações aproximadas para Z_i e Z_o.

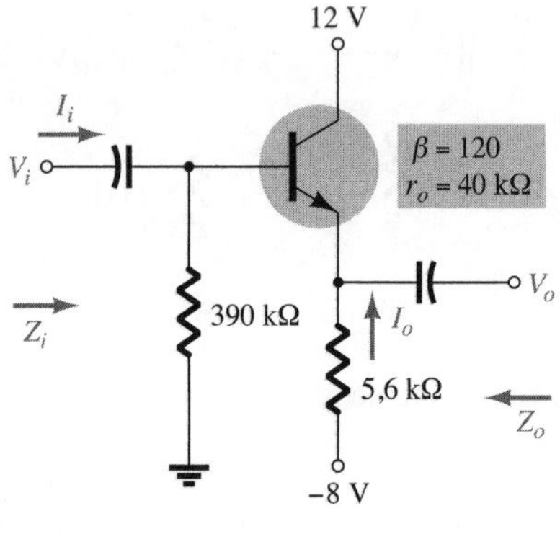

Figura 5.163 Problema 25.

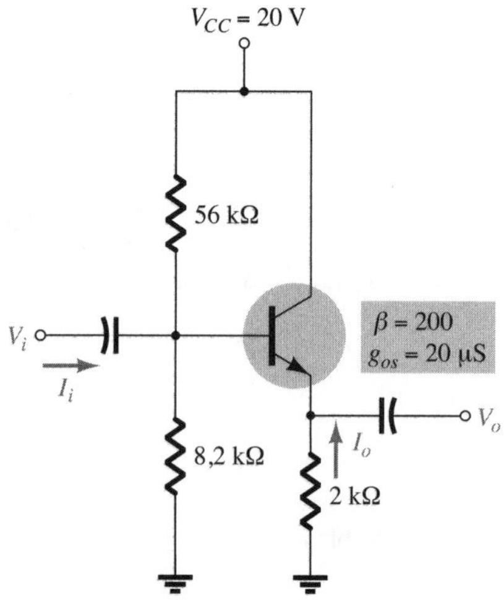

Figura 5.164 Problema 26.

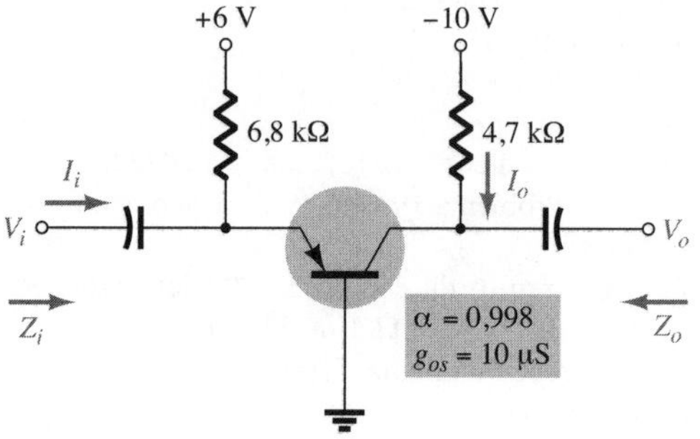

Figura 5.165 Problema 27.

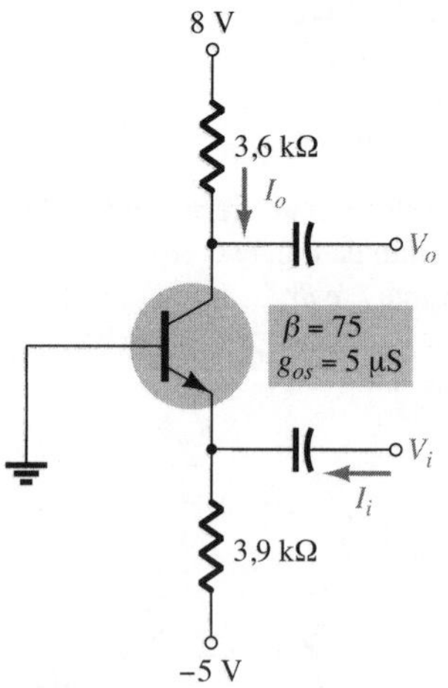

Figura 5.166 Problema 28.

c) Dados $R_C = 2{,}2$ kΩ, $R_F = 120$ kΩ, $R_E = 1{,}2$ kΩ, $\beta = 90$ e $V_{CC} = 10$ V, calcule a amplitude de A_v, Z_i e Z_o usando as equações dos itens (a) e (b).

Seção 5.11 Configuração com realimentação CC do coletor

32. Para o circuito da Figura 5.169:

a) Determine Z_i e Z_o.

b) Calcule A_v.

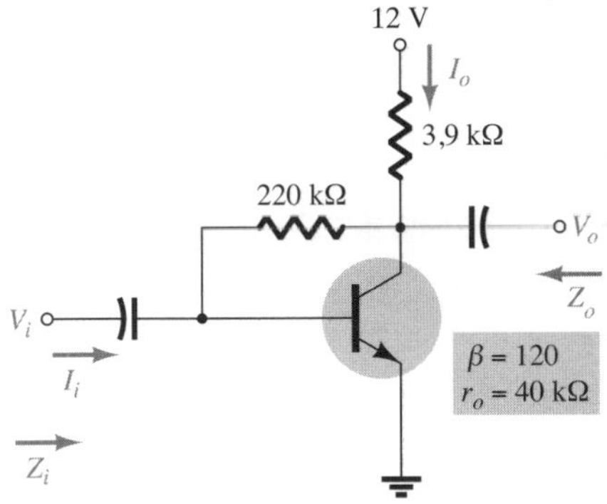

Figura 5.167 Problema 29.

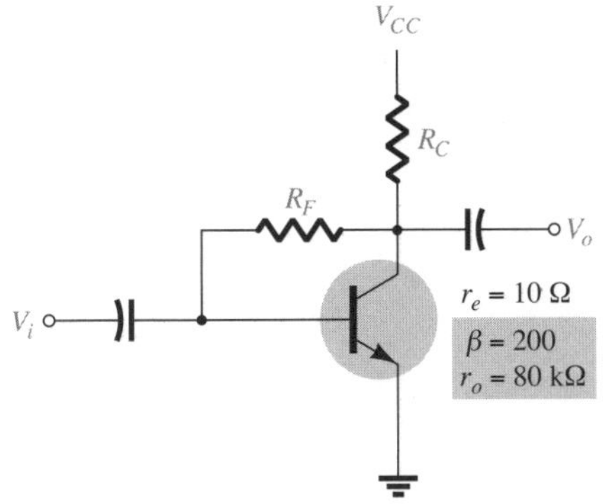

Figura 5.168 Problema 30.

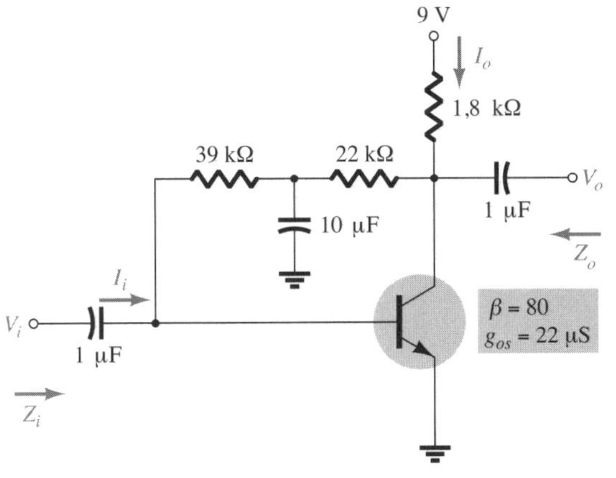

Figura 5.169 Problemas 32 e 33.

33. Repita o Problema 32 com a adição de um resistor de emissor $R_E = 0{,}68$ kΩ.

Seções 5.12-5.15 Efeito de R_L e R_s e sistemas de duas portas

***34.** Para a configuração de polarização fixa da Figura 5.170:

a) Determine $A_{v_{NL}}$, Z_i e Z_o.

b) Esboce o modelo de duas portas da Figura 5.63 incluindo os parâmetros determinados no item (a).

c) Calcule o ganho $A_{v_L} = V_o/V_i$.

d) Determine o ganho de corrente $A_{i_L} = I_o/I_i$.

35. a) Determine o ganho de tensão A_{v_L} para o circuito da Figura 5.170 para R_L = 4,7 kΩ, 2,2 kΩ e 0,5 kΩ. Qual

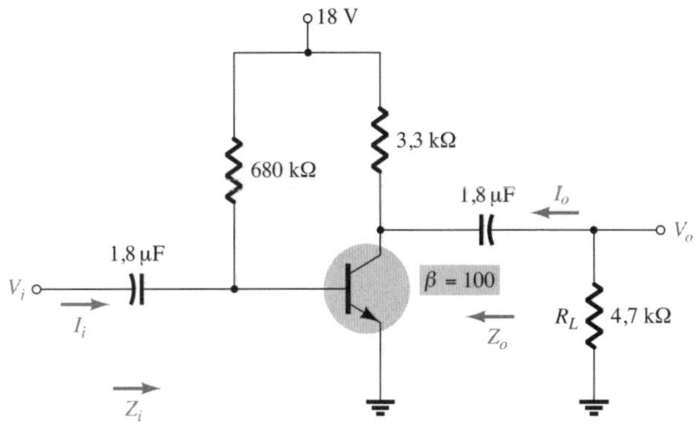

Figura 5.170 Problemas 34 e 35.

o comportamento do ganho de tensão quando o valor de R_L diminui?

b) Como Z_i, Z_o e $A_{v_{NL}}$ variam para valores decrescentes de R_L?

***36.** Para o circuito da Figura 5.171:

a) Determine $A_{v_{NL}}$, Z_i e Z_o.

b) Esboce o modelo de duas portas da Figura 5.63 incluindo os parâmetros determinados no item (a).

c) Determine $A_v = V_o/V_i$.

d) Determine $A_{v_s} = V_o/V_s$.

e) Mude R_s para 1 kΩ e determine A_v. Como A_v muda com o valor de R_s?

f) Mude R_s para 1 kΩ e determine A_{v_s}. Como A_{v_s} muda com o valor de R_s?

g) Mude R_s para 1 kΩ e determine $A_{v_{NL}}$, Z_i e Z_o. Como eles mudam com a alteração em R_s?

h) Para o circuito original da Figura 5.171, calcule $A_i = I_o/I_i$.

***37.** Para o circuito da Figura 5.172:

a) Determine $A_{v_{NL}}$, Z_i e Z_o.

b) Esboce o modelo de duas portas da Figura 5.63 incluindo os parâmetros determinados no item (a).

c) Determine A_{v_L} e A_{v_s}.

d) Calcule A_{i_L}.

e) Mude o valor de R_L para 5,6 kΩ e calcule A_{v_s}. Qual o comportamento do ganho de tensão quando o valor de R_L aumenta?

f) Mude o valor de R_s para 0,5 kΩ (com R_L em 2,7 kΩ) e comente o efeito de redução de R_s sobre A_{v_s}.

g) Mude os valores de R_L para 5,6 kΩ e de R_s para 0,5 kΩ e determine os novos valores de Z_i e Z_o. Como são afetados os parâmetros de impedância pelas mudanças nos valores de R_L e R_s?

38. Para a configuração com divisor de tensão da Figura 5.173:

a) Determine $A_{v_{NL}}$, Z_i e Z_o.

b) Esboce o modelo de duas portas da Figura 5.63 incluindo os parâmetros determinados no item (a).

c) Calcule o ganho A_{v_L}.

d) Determine o ganho de corrente A_{i_L}.

e) Determine A_{v_L}, A_{i_L} e Z_o utilizando o modelo r_e e compare os resultados.

39. a) Determine o ganho de tensão A_{v_L} para o circuito da Figura 5.173 para R_L = 4,7 kΩ, 2,2 kΩ e 0,5 kΩ. Qual o comportamento do ganho de tensão quando o valor de R_L diminui?

b) Como Z_i, Z_o e $A_{v_{NL}}$ variam para valores decrescentes de R_L?

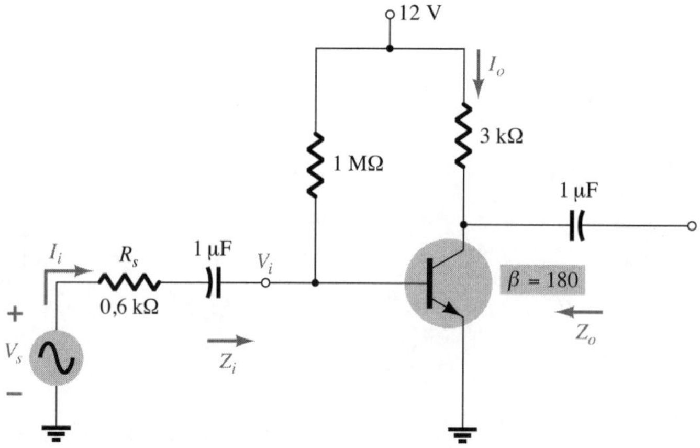

Figura 5.171 Problema 36.

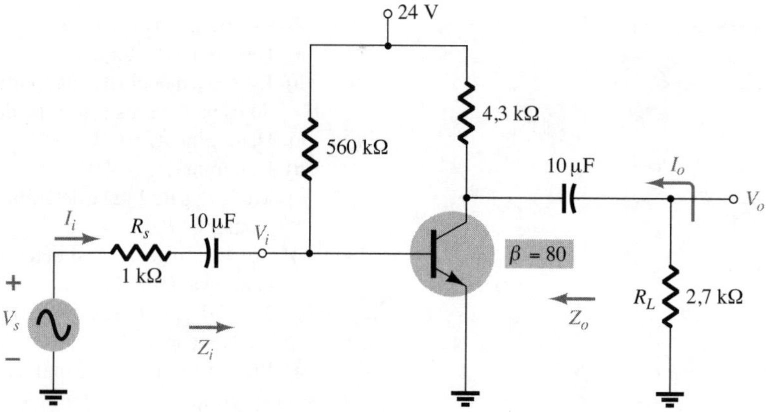

Figura 5.172 Problema 37.

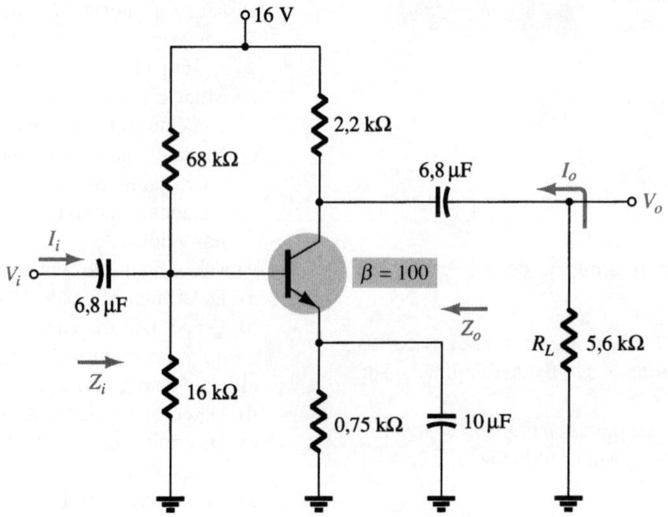

Figura 5.173 Problemas 38 e 39.

40. Para o circuito com estabilização do emissor da Figura 5.174:

a) Determine A_{vNL}, Z_i e Z_o.

b) Esboce o modelo de duas portas da Figura 5.63 incluindo os valores determinados no item (a).

c) Determine A_{v_L} e A_{v_s}.

d) Mude o valor de R_s para 1 kΩ. Qual é o efeito sobre A_{vNL}, Z_i e Z_o?

e) Mude o valor de R_s para 1 kΩ e determine A_{v_L} e A_{v_s}. Qual o efeito do aumento dos níveis de R_s sobre A_{v_L} e A_{v_s}?

f) Calcule $A_i = I_o/I_i$.

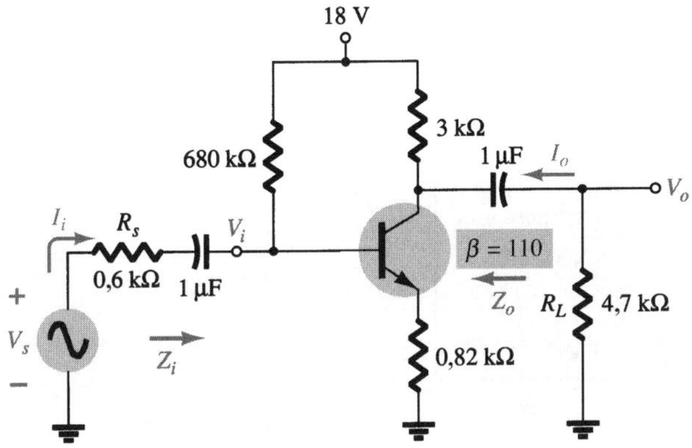

Figura 5.174 Problema 40.

***41.** Para o circuito da Figura 5.175:

a) Determine A_{vNL}, Z_i e Z_o.

b) Esboce o modelo de duas portas da Figura 5.63 incluindo os valores determinados no item (a).

c) Determine A_{v_L} e A_{v_s}.

d) Mude o valor de R_s para 1 kΩ e determine A_{v_L} e A_{v_s}. Qual o efeito do aumento dos níveis de R_s sobre os ganhos de tensão?

e) Mude o valor de R_s para 1 kΩ e determine A_{vNL}, Z_i e Z_o. Qual o efeito do aumento de R_s sobre os parâmetros?

f) Mude o valor de R_L para 5,6 kΩ e determine A_{v_L} e A_{v_s}. Qual o efeito do aumento de R_L sobre os ganhos de tensão? Mantenha R_s em seu valor original de 0,6 kΩ.

g) Determine $A_i = \frac{I_o}{I_i}$ com R_L = 2,7 kΩ e R_s = 0,6 kΩ.

***42.** Para o circuito base-comum da Figura 5.176:

a) Determine Z_o, Z_i e A_{vNL}.

b) Esboce o modelo de duas portas da Figura 5.63 incluindo os valores determinados no item (a).

c) Determine A_{vL} e A_{v_s}.

d) Determine A_{v_L} e A_{v_s} utilizando o modelo r_e e compare com os resultados do item (c).

e) Mude R_s para 0,5 kΩ e R_L para 2,2 kΩ e calcule A_{v_L} e A_{v_s}. Qual é o efeito da variação dos valores de R_s e R_L sobre os ganhos de tensão?

f) Determine Z_o caso R_s mude seu valor para 0,5 kΩ e todos os outros parâmetros que aparecem na Figura

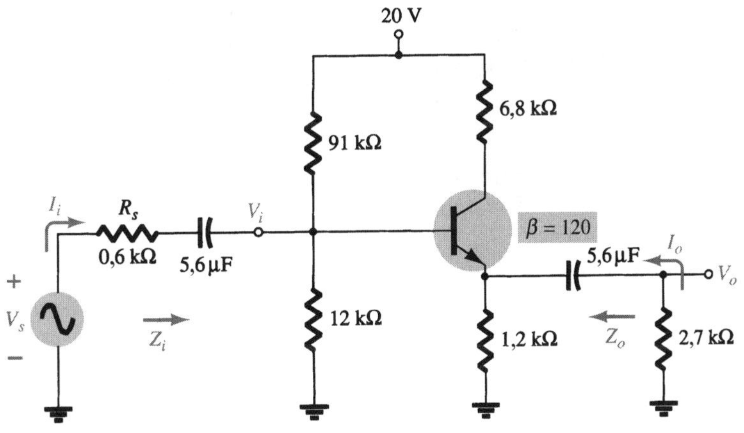

Figura 5.175 Problema 41.

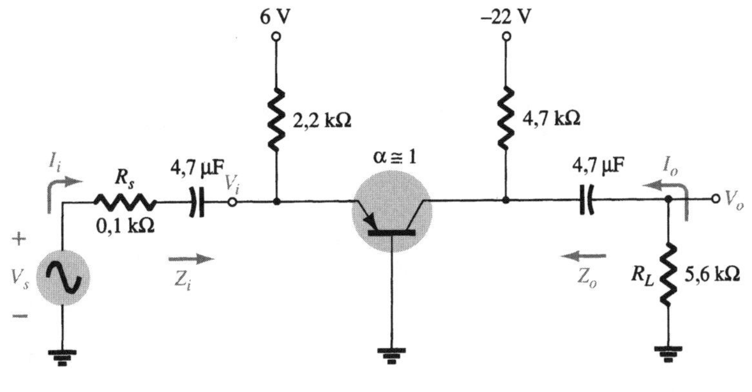

Figura 5.176 Problema 42.

5.176 tenham sido mantidos. Como Z_o é afetado pelas mudanças nos valores de R_s?

g) Determine Z_i caso R_L seja reduzido para 2,2 kΩ. Qual é o efeito de variações nos valores de R_L sobre a impedância de entrada?

h) Para o circuito original da Figura 5.176, determine $A_i = I_o/I_i$.

Seção 5.16 Sistemas em cascata

***43.** Para o sistema em cascata da Figura 5.177 com dois estágios idênticos, determine:

a) O ganho de tensão com carga de cada estágio.

b) O ganho total do sistema, A_v e A_{v_s}.

c) O ganho de corrente com carga de cada estágio.

d) O ganho de corrente total do sistema, $A_{i_L} = I_o/I_i$.

e) Como Z_i é afetado pelo segundo estágio e por R_L.

f) Como Z_o é afetado pelo primeiro estágio e por R_s.

g) A relação de fase entre V_o e V_i.

***44.** Para o sistema em cascata da Figura 5.178, determine:

a) O ganho de tensão com carga de cada estágio.

b) O ganho total do sistema, A_{v_L} e A_{v_s}.

c) O ganho de corrente com carga de cada estágio.

d) O ganho de corrente total do sistema.

e) Como Z_i é afetado pelo segundo estágio e por R_L.

f) Como Z_o é afetado pelo primeiro estágio e por R_s.

g) A relação de fase entre V_o e V_i.

45. Para o amplificador em cascata com TBJ da Figura 5.179, calcule as tensões de polarização CC e a corrente de coletor para cada estágio.

46. a) Calcular o ganho de tensão de cada estágio e o ganho de tensão CA global para o circuito amplificador em cascata com TBJ da Figura 5.179.

b) Calcule $A_{i_T} = I_o/I_i$.

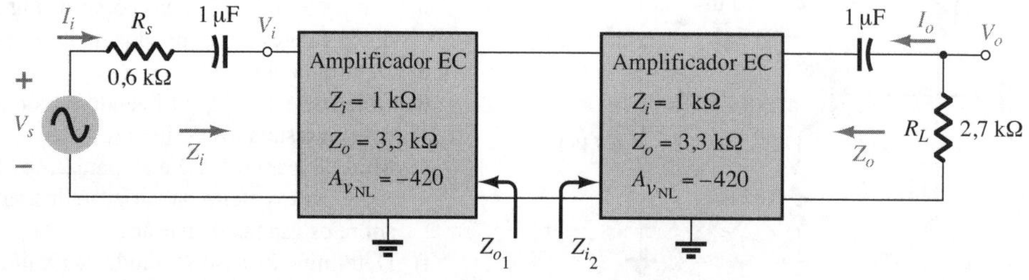

Figura 5.177 Problema 43.

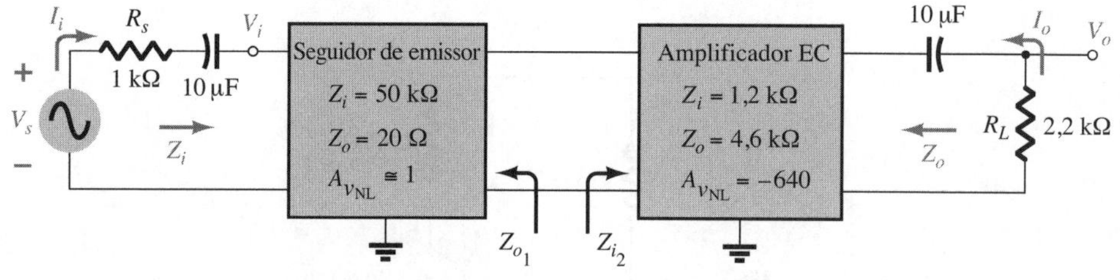

Figura 5.178 Problema 44.

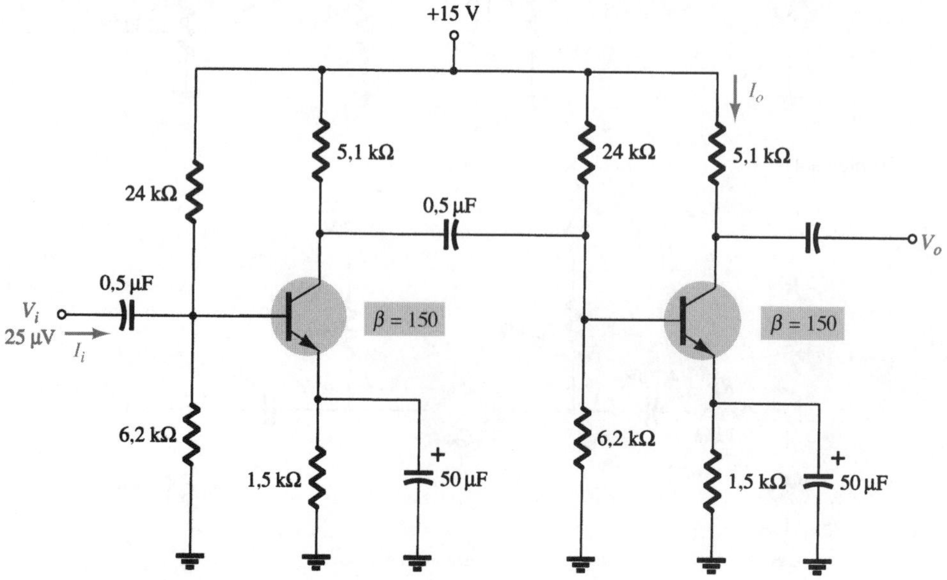

Figura 5.179 Problemas 45 e 46.

47. Para o circuito amplificador cascode da Figura 5.180, calcule as tensões de polarização CC V_{B_1} e V_{B_2} e V_{C_2}.

***48.** Para o circuito amplificador cascode da Figura 5.180, calcule o ganho de tensão A_v e a tensão de saída V_o.

49. Calcule a tensão CA através de uma carga de 10 kΩ conectada à saída do circuito da Figura 5.180.

Seção 5.17 Conexão Darlington

50. Para o circuito Darlington da Figura 5.181:

a) Determine os níveis de V_{B1}, V_{C1}, V_{E2}, V_{CB_1} e V_{CE2}.

b) Determine as correntes I_{B1}, I_{B_2} e I_{E_2}.

c) Calcule Z_i e Z_o.

d) Determine o ganho de tensão $A_v = V_o/V_i$ e o ganho de corrente $A_i = I_o/I_i$.

51. Repita o Problema 50 com uma resistência de carga de 1,2 kΩ.

52. Determine $A_v = V_o/V_s$ para o circuito da Figura 5.181 caso a fonte tenha uma resistência interna de 1,2 kΩ e a carga aplicada seja de 10 kΩ.

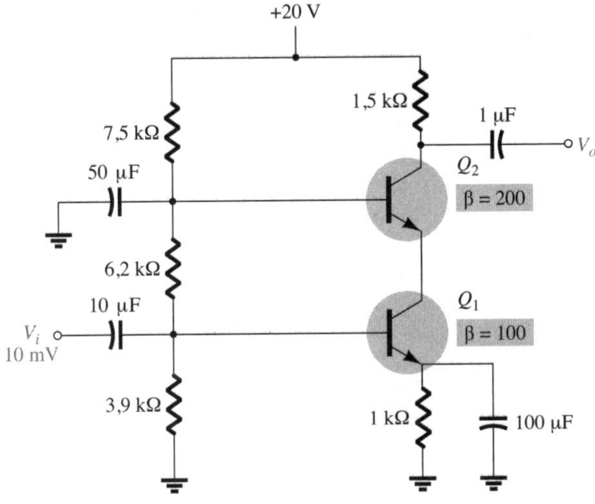

Figura 5.180 Problemas 47 e 49.

53. Um resistor $R_C = 470\ \Omega$ é adicionado ao circuito da Figura 5.181, com um capacitor de desvio $C_E = 5\ \mu$F através do resistor de emissor. Se $\beta_D = 4000$, $V_{BE_T} = 1{,}6$ V e $r_{o1} = r_{o2} = 40$ kΩ para um amplificador Darlington encapsulado:

a) Determine os níveis CC de V_{B_1}, V_{E_2} e V_{CE_2}.

b) Determine Z_i e Z_o.

c) Determine o ganho de tensão $A_v = V_o/V_i$ caso a saída de tensão V_o seja retirada do terminal do coletor através de um capacitor de acoplamento de 10 μF.

Seção 5.18 Par realimentado

54. Para o par realimentado da Figura 5.182:

a) Calcule as tensões CC V_{B_1}, V_{B_2}, V_{C_1}, V_{C_2}, V_{E_1} e V_{E_2}.

b) Determine as correntes CC I_{B_1}, I_{C_1}, I_{B_2}, I_{C_2} e I_{E_2}.

c) Calcule as impedâncias Z_i e Z_o.

d) Determine o ganho de tensão $A_v = V_o/V_i$.

e) Determine o ganho de corrente $A_i = V_o/V_i$.

55. Repita o Problema 54, se um resistor de 22 Ω é adicionado entre V_{E_2} e o terra.

56. Repita o Problema 54, se uma resistência de carga de 1,2 kΩ é conectada.

Seção 5.19 Modelo híbrido equivalente

57. Dados I_E (CC) = 1,2 mA, $\beta = 120$ e $r_o = 40$ kΩ, esboce:

a) O modelo híbrido equivalente emissor-comum.

b) O modelo r_e equivalente emissor-comum.

c) O modelo híbrido equivalente base-comum.

d) O modelo r_e equivalente base-comum.

58. Dados $h_{ie} = 2{,}4$ kΩ, $h_{fe} = 100$, $h_{re} = 4 \times 10^{-4}$ e $h_{oe} = 25\ \mu$S, esboce:

a) O modelo híbrido equivalente emissor-comum.

b) O modelo r_e equivalente emissor-comum.

c) O modelo híbrido equivalente base-comum.

d) O modelo r_e equivalente base-comum.

59. Redesenhe o circuito emissor-comum da Figura 5.3 para a resposta CA com o modelo híbrido equivalente aproximado substituído entre os terminais apropriados.

60. Redesenhe o circuito da Figura 5.183 para a resposta CA com o modelo r_e inserido entre os terminais apropriados. Inclua r_o.

61. Redesenhe o circuito da Figura 5.184 para a resposta CA com o modelo r_e inserido entre os terminais apropriados. Inclua r_o.

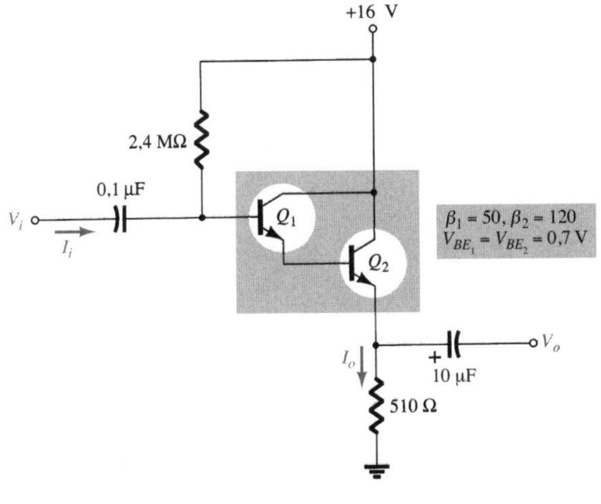

Figura 5.181 Problemas 50 a 53.

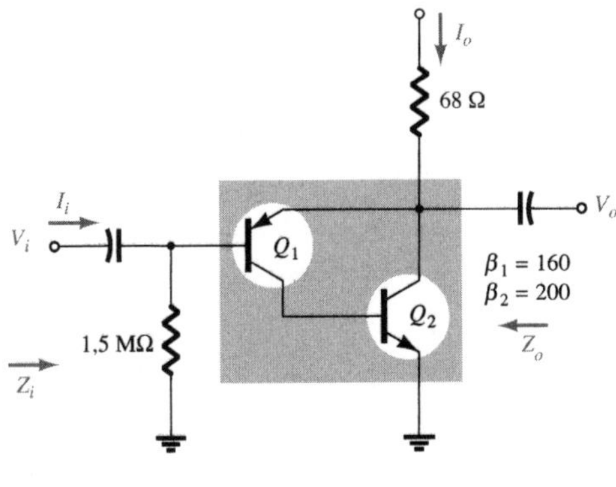

Figura 5.182 Problemas 54 e 55.

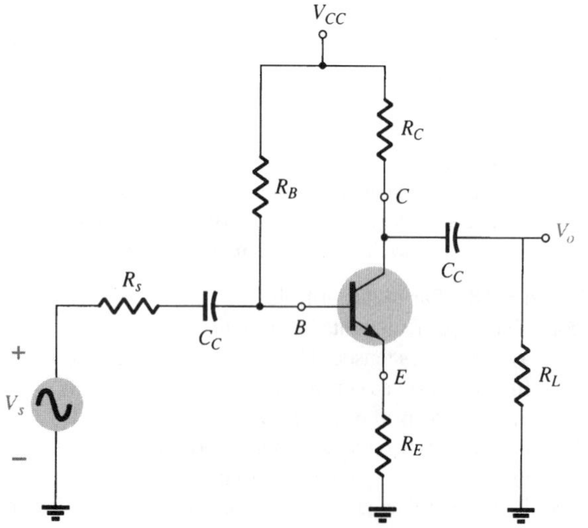

Figura 5.183 Problema 60.

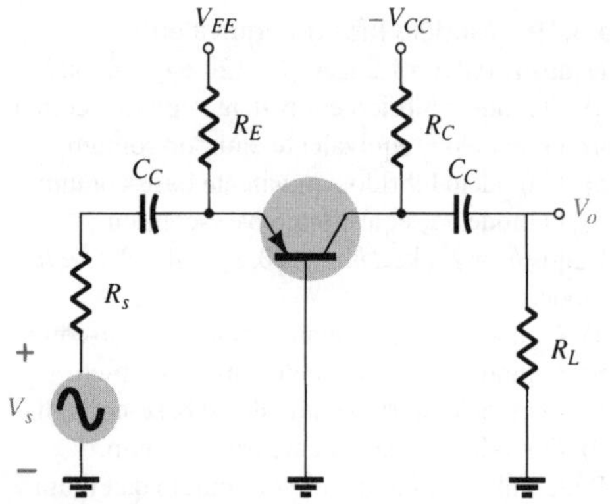

Figura 5.184 Problema 61.

62. Dados os valores usuais de h_{ie} = 1 kΩ, h_{re} = 2 × 10^{-4} e A_v = –160 para a configuração de entrada da Figura 5.185:

a) Determine V_o em função de V_i.

b) Calcule I_B em função de V_i.

c) Calcule I_B, se $h_{re}V_o$ for ignorado.

d) Determine a diferença porcentual em I_b utilizando a seguinte equação:

$$\% \text{ diferença em } I_b = \frac{I_b(\text{sem } h_{re}) - I_b(\text{com } h_{re})}{I_b(\text{sem } h_{re})} \times 100\%$$

e) É uma abordagem válida ignorar os efeitos de $h_{re}V_o$ para os valores usuais empregados neste exemplo?

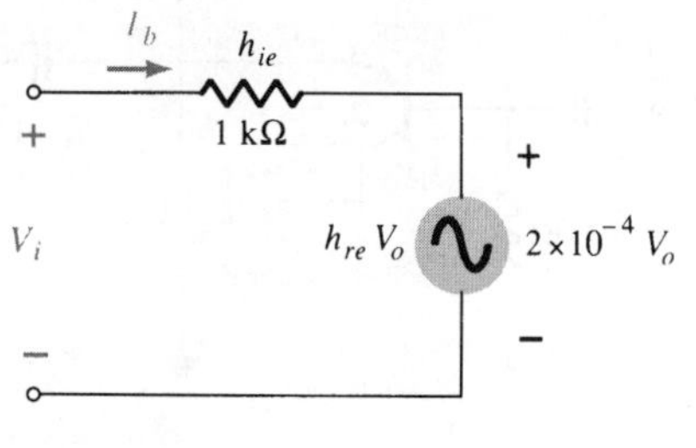

Figura 5.185 Problemas 62 e 64.

63. Dados os valores usuais de R_L = 2,2 kΩ e h_{oe} = 20 μS, seria uma boa aproximação ignorar os efeitos de $1/h_{oe}$ na impedância de carga total? Qual a diferença porcentual na carga total sobre o transistor utilizando-se a equação a seguir:

$$\% \text{ diferença na carga total} = \frac{R_L - R_L \| (1/h_{oe})}{R_L} \times 100\%$$

64. Repita o Problema 62 utilizando os valores médios dos parâmetros da Figura 5.92 com A_v = –180.

65. Repita o Problema 63 para R_L = 3,3 kΩ, e o valor médio de h_{oe} na Figura 5.92.

Seção 5.20 Circuito híbrido equivalente aproximado

66. a) Dados β = 120, r_e = 4,5 Ω e r_o = 40 kΩ, esboce o circuito híbrido equivalente aproximado.

b) Dados h_{ie} = 1 kΩ, h_{re} = 2 × 10^{-4}, h_{fe} = 90 e h_{oe} = 20 μS, esquematize o modelo r_e.

67. Para o circuito do Problema 11:

a) Determine r_e.

b) Calcule h_{fe} e h_{ie}.

c) Calcule Z_i e Z_o usando os parâmetros híbridos.

d) Calcule A_v e A_i usando os parâmetros híbridos.

e) Determine Z_i e Z_o, se h_{oe} = 50 μS.

f) Determine A_v e A_i, se h_{oe} = 50 μS.

g) Compare as soluções anteriores com as do Problema 9. (Observação: caso o Problema 11 não tenha sido resolvido, as soluções estão disponíveis no Apêndice E.)

68. Para o circuito da Figura 5.186:

a) Determine Z_i e Z_o.

b) Calcule A_v e A_i.

c) Determine r_e e compare βr_e com h_{ie}.

***69.** Para o circuito base-comum da Figura 5.187:

a) Determine Z_i e Z_o.

b) Calcule A_v e A_i.

c) Determine α, β, r_e e r_o.

Seção 5.21 Modelo híbrido equivalente completo

***70.** Repita os itens (a) e (b) do Problema 68 com h_{re} = 2 × 10^{-4} e compare os resultados.

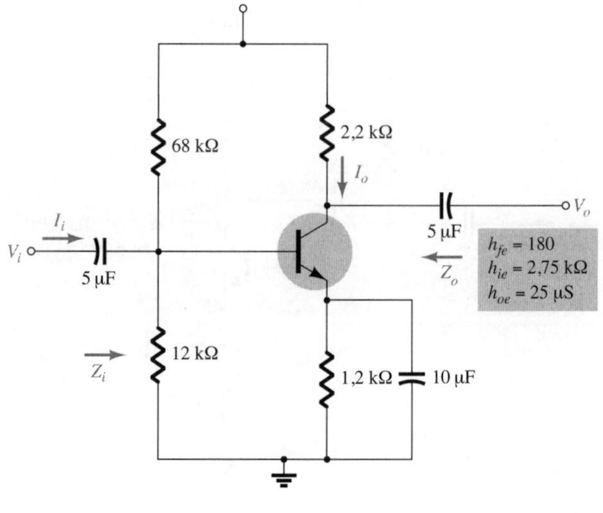

Figura 5.186 Problema 68.

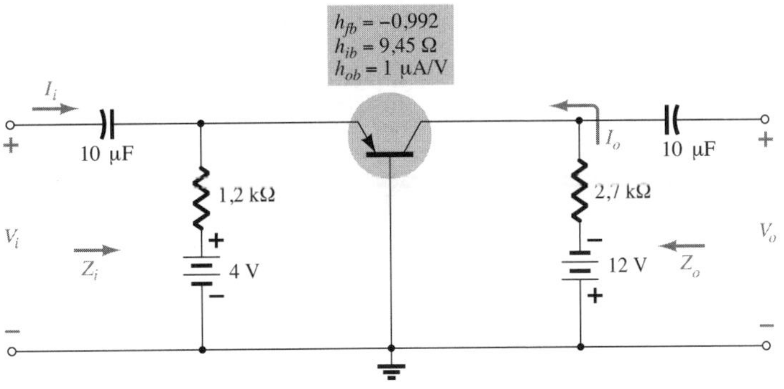

Figura 5.187 Problema 69.

*71. Para o circuito da Figura 5.188, determine:
   a) Z_i.
   b) A_v.
   c) $A_i = I_o/I_i$.
   d) Z_o.

*72. Para o amplificador base comum da Figura 5.189, determine:
   a) Z_i.
   b) A_i.
   c) A_v.
   d) Z_o.

Seção 5.22 Modelo π híbrido

73. a) Esboce o modelo Giacoletto (π híbrido) para um transistor emissor-comum se $r_b = 4\ \Omega$, $C_\pi = 5$ pF, $C_u = 1{,}5$ pF, $h_{oe} = 18\ \mu$S, $\beta = 120$ e $r_e = 14$.
   b) Se a carga conectada é de 1,2 kΩ e a resistência de fonte é de 250 Ω, desenhe o modelo π híbrido aproximado para a faixa de baixa e média frequência.

Seção 5.23 Variações dos parâmetros do transistor

Para os problemas 74 a 80 utilize as figuras 5.124 a 5.126.

74. a) Utilizando a Figura 5.124, determine a amplitude da variação porcentual de h_{fe} para uma variação de I_C de 0,2 mA a 1 mA utilizando a equação:

$$\%\ \text{variação} = \left| \frac{h_{fe}(0{,}2\ \text{mA}) - h_{fe}(1\ \text{mA})}{h_{fe}(0{,}2\ \text{mA})} \right| \times 100\%$$

   b) Repita o item (a) para uma variação de I_C de 1 mA a 5 mA.

75. Repita o Problema 74 para h_{ie} (mesmas variações de I_C).

76. a) Se $h_{oe} = 20\ \mu$S em $I_C = 1$ mA na Figura 5.124, qual é o valor aproximado de h_{oe} em $I_C = 0{,}2$ mA?
   b) Determine seu valor resistivo em 0,2 mA e compare a uma carga resistiva de 6,8 kΩ. É uma boa aproximação ignorar os efeitos de $1/h_{oe}$ nesse caso?

77. a) Se $h_{oe} = 20\ \mu S$ em $I_C = 1$ mA na Figura 5.124, qual é o valor aproximado de h_{oe} em $I_C = 10$ mA?
   b) Determine seu valor resistivo em 10 mA e compare a uma carga resistiva de 6,8 kΩ. É uma boa aproximação ignorar os efeitos de $1/h_{oe}$ nesse caso?

78. a) Se $h_{re} = 2 \times 10^{-4}$ em $I_C = 1$ mA na Figura 5.124, determine o valor aproximado de h_{re} em 0,1 mA.
   b) Utilizando o valor de h_{re} determinado no item (a), h_{re} pode ser ignorado como uma boa aproximação se $A_v = 210$?

79. a) Com base em uma revisão da Figura 5.124, qual parâmetro variou menos para a variação completa da corrente do coletor?
   b) Qual parâmetro variou mais?
   c) Quais são os valores máximo e mínimo de $1/h_{oe}$? A aproximação $1/h_{oe} \| R_L \cong R_L$ é mais adequada em níveis altos ou baixos de corrente do coletor?
   d) Em qual região do espectro de corrente a aproximação $h_{re}V_{ce} \cong 0$ é mais adequada?

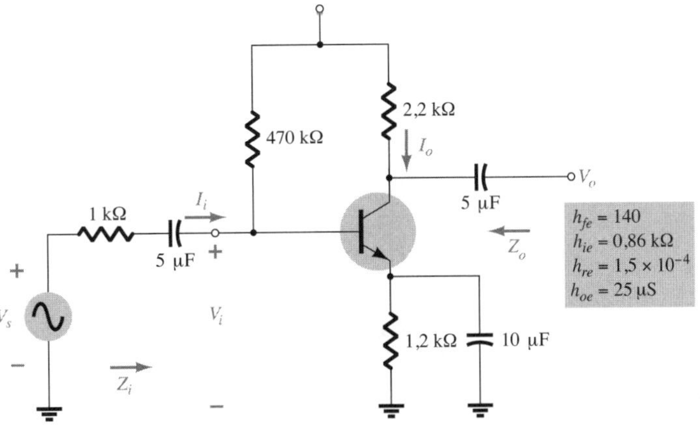

Figura 5.188 Problema 71.

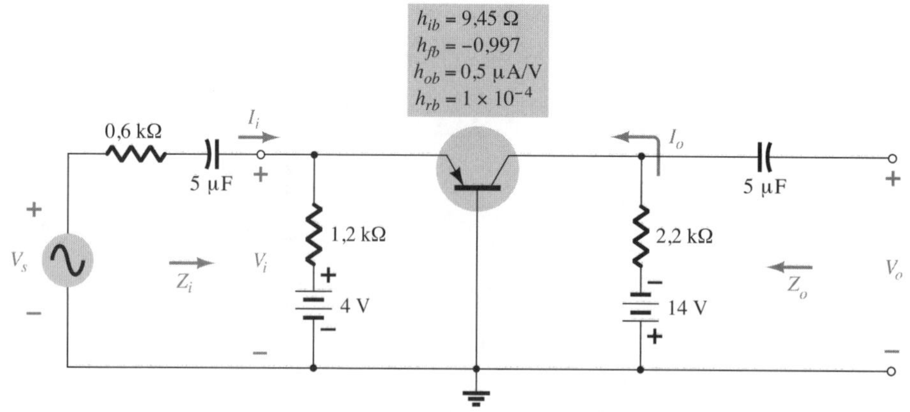

Figura 5.189 Problema 72.

80. **a)** Com base em uma revisão das características da Figura 5.126, qual parâmetro variou mais com o aumento da temperatura?
b) Qual parâmetro variou menos?
c) Quais são os valores máximo e mínimo de h_{fe}? A variação é significativa? Isso era esperado?
d) Como r_e varia com o aumento de temperatura? Calcule seu valor em apenas três ou quatros pontos e compare suas amplitudes.
e) Em qual faixa de temperatura os parâmetros variam menos?

Seção 5.24 Análise de defeitos

***81.** Dado o circuito da Figura 5.190:
a) O circuito está adequadamente polarizado?
b) Que problema na estruturação do circuito poderia fazer com que V_B fosse 6,22 V e obtivesse a forma de onda dada na Figura 5.190?

Seção 5.27 Análise computacional

82. Utilizando o PSpice para Windows, determine o ganho de tensão para o circuito da Figura 5.25. Mostre as formas de onda de entrada e de saída.

83. Utilizando o PSpice para Windows, determine o ganho de tensão para o circuito da Figura 5.32. Mostre as formas de onda de entrada e de saída.

84. Utilizando o PSpice para Windows, determine o ganho de tensão para o circuito da Figura 5.44. Mostre as formas de onda de entrada e de saída.

85. Utilizando o Multisim, determine o ganho de tensão do circuito da Figura 5.28.

86. Utilizando o Multisim, determine o ganho de tensão do circuito da Figura 5.39.

87. Utilizando o PSpice para Windows, determine o valor de V_o para V_i = 1 mV no circuito da Figura 5.69. Para os elementos capacitivos, admita uma frequência de 1 kHz.

88. Repita o Problema 87 para o circuito da Figura 5.71.

89. Repita o Problema 87 para o circuito da Figura 5.82.

90. Repita o Problema 87 utilizando o Multisim.

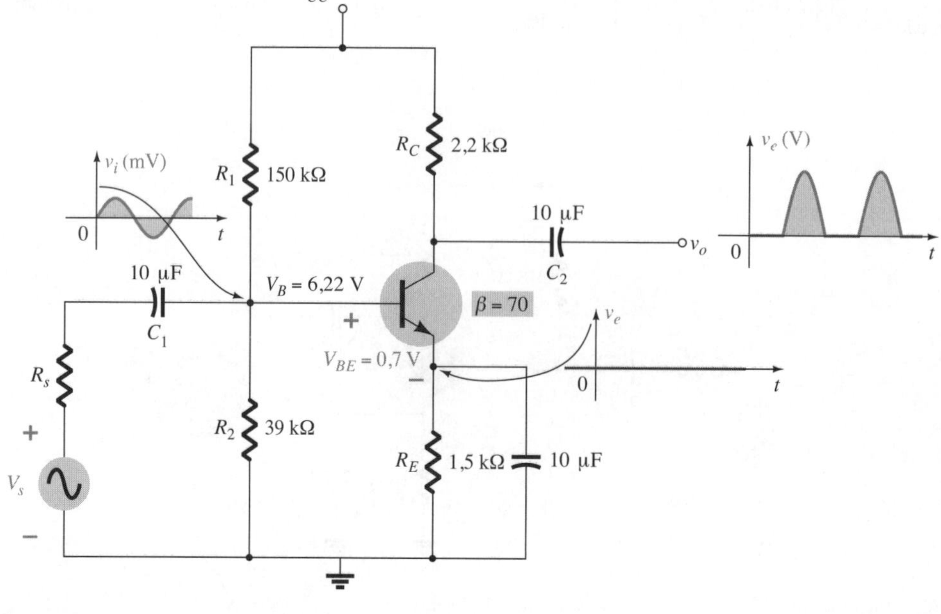

Figura 5.190 Problema 81.

Transistores de efeito de campo

Objetivos

- Familiarizar-se com as características estruturais e operacionais de transistores de efeito de campo de junção (JFET), transistores de efeito de campo metal-óxido-semicondutor (MOSFET) e transistores de efeito de campo metal-semicondutor (MESFET).
- Ser capaz de esboçar as características de transferência a partir das curvas características de dreno dos transistores JFET, MOSFET e MESFET.
- Compreender a vasta quantidade de informações fornecidas em uma folha de dados para cada tipo de FET.
- Conhecer as diferenças entre as análises CC dos vários tipos de FET.

6.1 INTRODUÇÃO

O transistor de efeito de campo (FET, do inglês *field-effect transistor*) é um dispositivo de três terminais utilizado em várias aplicações que em muito se assemelham àquelas do transistor TBJ descritas nos capítulos 3 a 5. Embora existam diferenças relevantes entre os dois tipos de dispositivo, existem também muitas semelhanças, que serão mostradas nas seções a seguir.

A principal diferença entre os dois tipos de transistor é o fato de que:

> *O TBJ é um dispositivo controlado por corrente, como mostra a Figura 6.1(a), enquanto o JFET é um dispositivo controlado por tensão, como mostra a Figura 6.1(b).*

Em outras palavras, a corrente I_C na Figura 6.1(a) é uma função direta do valor de I_B. Para o FET, a corrente I_D será uma função da tensão V_{GS} aplicada ao circuito de entrada, como mostra a Figura 6.1(b). Em cada um dos casos, a corrente do circuito de saída é controlada por um parâmetro do circuito de entrada — em um caso é o valor de corrente, e, no outro, a tensão aplicada.

Assim como há transistores bipolares *npn* e *pnp*, também há transistores de efeito de campo de *canal n* e de *canal p*. No entanto, é importante termos em mente que o TBJ é um dispositivo *bipolar* — o prefixo *bi* revela que o nível de condução é uma função de dois portadores de carga: elétrons e lacunas. O FET é um dispositivo *unipolar* que depende unicamente da condução de elétrons (canal *n*) ou de lacunas (canal *p*).

O termo *efeito de campo* merece uma explicação. É conhecida a capacidade de um ímã permanente de atrair limalhas de ferro sem a necessidade de contato. O campo magnético do ímã permanente envolve as limalhas e as

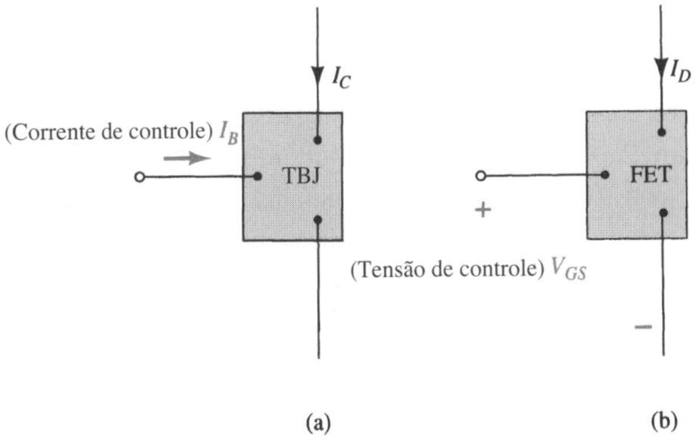

Figura 6.1 Amplificadores: (a) controlados por corrente e (b) controlados por tensão.

atrai pelo caminho mais curto determinado pelas linhas de fluxo magnético. Para o FET, é estabelecido um *campo elétrico* pelas cargas presentes que controlarão o caminho de condução do circuito de saída sem a necessidade de contato direto entre as grandezas controladoras e controladas.

Quando um dispositivo é apresentado com um conjunto de aplicações similares às de outro já mostrado, existe uma tendência natural de comparar algumas de suas características gerais:

Uma das principais características do FET é sua alta impedância de entrada.

Com valores que variam de 1 MΩ a várias centenas de megaohms, a impedância de entrada é muito maior do que os valores típicos de resistência de entrada das configurações com transistores TBJ, uma característica muito importante em projetos de sistemas de amplificação linear CA. Por outro lado, o transistor TBJ tem sensibilidade muito maior às variações do sinal aplicado. Em outras palavras, a variação da corrente de saída é geralmente maior para os TBJs do que para os FETs para a mesma variação da tensão aplicada.

Por essa razão:

Os ganhos de tensão CA dos amplificadores TBJ são geralmente muito maiores do que aqueles com FET.

No entanto,

Os FETs são mais estáveis, em termos de temperatura, e normalmente são menores do que os TBJs, o que os torna particularmente úteis na construção de chips de circuitos integrados (CIs).

Entretanto, as características de construção de alguns FETs podem torná-los mais sensíveis ao manuseio do que os TBJs.

Três tipos de FET serão apresentados neste capítulo: o *transistor de efeito de campo de junção* (JFET), o *transistor de efeito de campo metal-óxido-semicondutor* (MOSFET) e o *transistor de efeito de campo metal-semicondutor* (MESFET). A categoria MOSFET será desmembrada em duas: *depleção* e *intensificação*, que serão descritas mais adiante. O transistor MOSFET tornou-se um dos dispositivos mais importantes usados em projeto e construção de circuitos integrados para computadores digitais. Sua estabilidade térmica, entre outras características, faz com que ele seja muito utilizado em projetos de circuitos para computadores. No entanto, como elemento discreto em um encapsulamento "top hat", deve ser manuseado com cuidado (o que será discutido mais adiante). O MESFET é um desenvolvimento mais recente que tira pleno proveito das características de alta velocidade do GaAs como o material semicondutor de base. Embora seja a opção mais onerosa atualmente, a questão do custo costuma ser sobrepujada pela necessidade de velocidades mais altas em projetos de RF e computadores.

Após a apresentação da estrutura e das características do FET, as configurações de polarização serão discutidas no Capítulo 7. A análise feita no Capítulo 4 utilizando TBJs será útil na derivação de importantes equações e na compreensão dos resultados obtidos para os circuitos com FET.

Ian Munro Ross e G. C. Dacey (Figura 6.2) foram fundamentais nos estágios iniciais do desenvolvimento do transistor de efeito de campo. Note, em particular, os equipamentos que utilizaram em sua pesquisa em 1955.

6.2 CONSTRUÇÃO E CARACTERÍSTICAS DO JFET

Como já foi explicado, o JFET é um dispositivo de três terminais, sendo que um deles controla a corrente entre os outros dois. Em nossa discussão sobre o TBJ, o transistor *npn* foi empregado na maior parte das seções de análise e de projeto, com uma seção dedicada ao efeito da utilização do transistor *pnp*. Para o transistor JFET, o dispositivo de canal

Figura 6.2 Desenvolvimento inicial do transistor de efeito de campo. (Cortesia de AT&T Archives and History Center.)

Os doutores Ian Munro Ross (à frente) e G. C. Dacey desenvolveram juntos um procedimento experimental para medir as características de um transistor de efeito de campo em 1955.

Dr. Ross Local de nascimento: SouthPort, Inglaterra. Ph.D. pela Gonville and Caius College, Cambridge University. Presidente emérito da AT&T Bell Labs. Membro da National Science Board. Presidente do National Advisory Committee on Semiconductors.

Dr. Dacey Local de nascimento: Chicago, Illinois. Ph.D. pelo California Institute of Technology. Diretor da Solid-State Electronics Research da Bell Labs. Vice-presidente e pesquisador da Sandia Corporation. Membro do IRE, da Tau Beta Pi e da Eta Kappa Nu.

n será o principal, e haverá parágrafos e seções a respeito do impacto do uso de um JFET de canal p.

A Figura 6.3 mostra a construção básica do JFET de canal n. Observe que a maior parte da estrutura é o material do tipo n, que forma o canal entre as camadas imersas de material do tipo p. A parte superior do canal do tipo n está conectada por meio de um contato ôhmico ao terminal chamado *dreno* (*D*, do inglês *drain*), enquanto a extremidade inferior do mesmo material está ligada por meio de um contato ôhmico a um terminal chamado de *fonte* (*S*, do inglês *source*). Os dois materiais do tipo p estão conectados entre si e também ao terminal *porta* (*G*, do inglês *gate*). Em suma, portanto, o dreno e a fonte estão conectados aos extremos do canal do tipo n e a porta está conectada às duas camadas do material do tipo p. Na ausência de um potencial aplicado, o JFET possui duas junções p-n não polarizadas. O resultado é uma região de depleção em cada junção, mostrada na Figura 6.3, semelhante à mesma região de um diodo não polarizado. Lembramos também que uma região de depleção não possui portadores livres e, por isso, não permite a condução através da região.

Analogias raramente são perfeitas e, às vezes, podem confundir, mas a analogia da água da Figura 6.4 apresenta um sentido para o controle do JFET no terminal de porta e ainda torna apropriada a terminologia aplicada aos terminais do dispositivo. A fonte de pressão da água pode ser comparada à tensão aplicada do dreno para a fonte, e esta estabelece um fluxo de água (elétrons) a partir da torneira (fonte). A "porta", por meio de um sinal aplicado (potencial), controla o fluxo de água (carga) para o "dreno". Os terminais de dreno e fonte estão em extremidades opostas do canal n, como mostra a Figura 6.3, pois a terminologia é definida para o fluxo de elétrons.

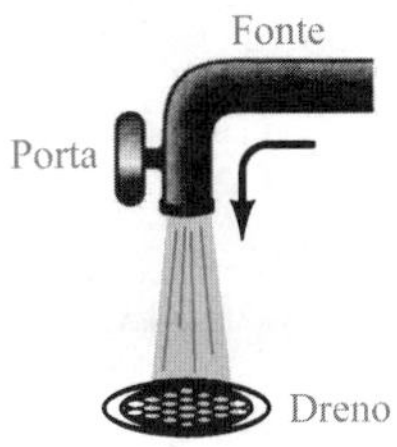

Figura 6.4 Analogia do fluxo de água para o mecanismo de controle do JFET.

V_{GS} = 0 V, V_{DS} positiva

Na Figura 6.5, foi aplicada uma tensão positiva V_{DS} através do canal, e a porta foi conectada diretamente à fonte para estabelecer a condição V_{GS} = 0 V. O resultado é um terminal de porta e um terminal de fonte no mesmo potencial e uma região de depleção na extremidade inferior de cada material p semelhante à distribuição encontrada para a situação de não polarização da Figura 6.3. No instante em que a tensão V_{DD} (= V_{DS}) é aplicada, os elétrons são atraídos para o terminal de dreno, o que estabelece a corrente convencional I_D com o sentido definido na Figura 6.5. O caminho do fluxo de cargas revela claramente que as correntes de dreno e fonte são equivalentes ($I_D = I_S$). Sob as condições mostradas na Figura 6.5, o fluxo de carga é relativamente irrestrito e limitado apenas pela resistência do canal n entre o dreno e a fonte.

É importante notar que a região de depleção é mais larga na parte superior de ambos os materiais do tipo p. A razão para essa variação de espessura é mais bem descrita com a ajuda da Figura 6.6. Presumindo-se uma resistência uniforme no canal n, sua resistência pode ser distribuída da

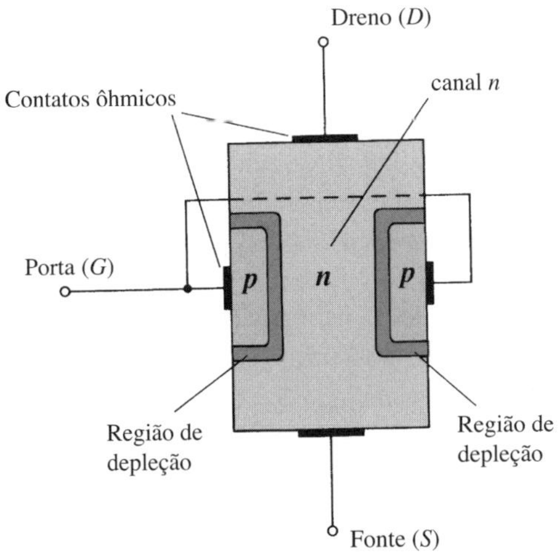

Figura 6.3 Transistor de efeito de campo de junção (JFET).

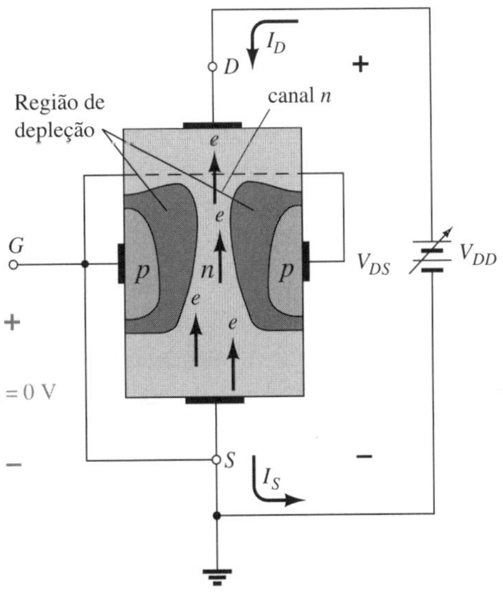

Figura 6.5 JFET com V_{GS} = 0 V e V_{DS} > 0 V.

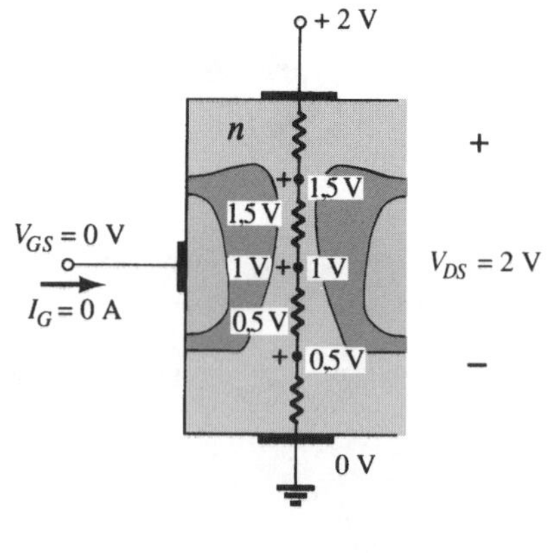

Figura 6.6 Variação dos potenciais reversos de polarização através da junção *p-n* de um JFET de canal *n*.

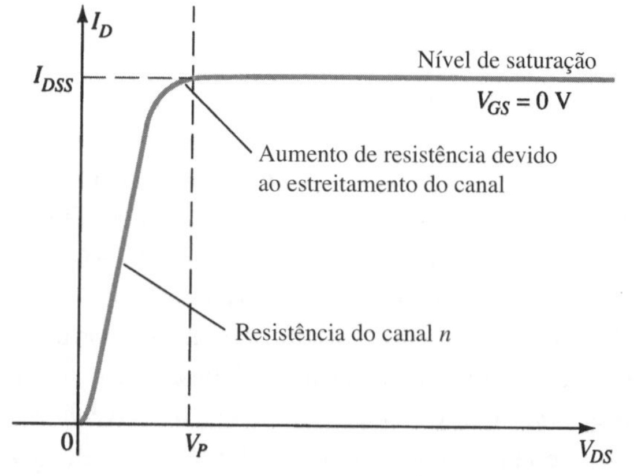

Figura 6.7 I_D *versus* V_{DS} para V_{GS} = 0 V.

maneira mostrada na Figura 6.6, em que podemos ver que a corrente I_D estabelecerá os níveis de tensão ao longo do canal. O resultado é que a região superior do material do tipo *p* estará polarizada reversamente em cerca de 1,5 V, e a região inferior estará polarizada reversamente em apenas 0,5 V. Lembramos, com base na análise da operação do diodo, que quanto maior a tensão reversa aplicada, mais larga é a região de depleção — daí a distribuição da região de depleção mostrada na Figura 6.6. O fato de a junção *p-n* estar polarizada reversamente ao longo do comprimento do canal faz com que a corrente de porta seja igual a zero ampère, como mostra a mesma figura. O fato de que I_G = 0 A é uma importante característica do JFET.

À medida que a tensão V_{DS} aumenta de 0 V para alguns volts, a corrente aumenta, como previsto pela lei de Ohm, e o gráfico de I_D *versus* V_{DS} tem a forma mostrada na Figura 6.7. A relativa linearidade da curva revela que, para a região de baixos valores de V_{DS}, a resistência é basicamente constante. Conforme o valor de V_{DS} aumenta e se aproxima do valor de V_P na Figura 6.7, as regiões de depleção da Figura 6.5 se alargam, provocando considerável redução na largura do canal. Essa redução é a causa do aumento na resistência do canal e da curva da Figura 6.7. Quanto mais horizontal a curva, maior a resistência, o que sugere que ela atinge "infinitos" ohms na região horizontal. Se V_{DS} for elevado a um valor em que as duas regiões de depleção parecem se "tocar", como mostra a Figura 6.8, surgirá a condição de *pinch-off* (estrangulamento). O valor de V_{DS} que estabelece essa condição é chamado de *tensão de pinch-off*, e é denotado por V_P, como mostra a Figura 6.7. Na verdade, o termo *pinch-off* não é apropriado, pois sugere que a corrente I_D é cortada e cai a 0 A. No entanto, como mostra a Figura 6.7, isso raramente ocorre; I_D mantém um valor de saturação definido por I_{DSS} na Figura 6.7. Na realidade, ainda há um canal muito estreito, com uma corrente de alta densidade. O fato de I_D não ser

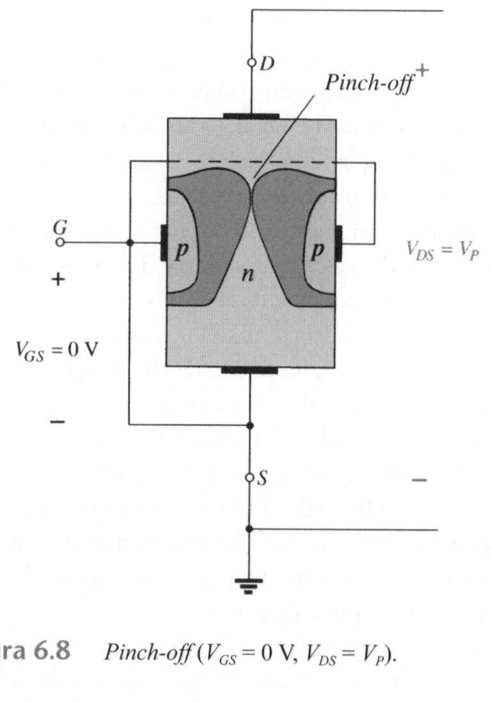

Figura 6.8 *Pinch-off* (V_{GS} = 0 V, V_{DS} = V_P).

cortada no *pinch-off* e manter o valor de saturação indicado na Figura 6.7 é confirmado pelo argumento de que a ausência de uma corrente de dreno tornaria impossível haver diferentes valores de potencial através do material do canal *n* para estabelecer os diversos valores de tensão de polarização reversa ao longo da junção *p-n*. O resultado seria a perda da distribuição da região de depleção que originou o *pinch-off*.

Conforme o valor de V_{DS} ultrapassa o de V_P, a região de confronto entre as duas regiões de depleção aumenta em termos de comprimento ao longo do canal, mas o nível de I_D permanece basicamente o mesmo. Em suma, portanto, uma vez que $V_{DS} > V_P$, o JFET apresenta as características de uma fonte de corrente. Como mostra a Figura 6.9, a corrente fica fixa no valor $I_D = I_{DSS}$, mas a tensão V_{DS} (para valores > V_P) é determinada pela carga aplicada.

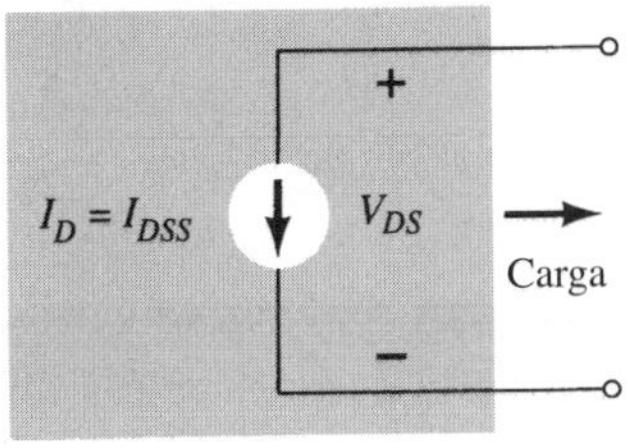

Figura 6.9 Fonte de corrente equivalente para $V_{GS} = 0$ V, $V_{DS} > V_P$.

A escolha da notação I_{DSS} deriva do fato de a corrente ser do dreno para a fonte, com uma conexão de curto-circuito da porta para a fonte. A investigação das características do dispositivo revela que:

I_{DSS} é a corrente máxima de dreno para um JFET e é definida pela condição $V_{GS} = 0$ V e $V_{DS} > |V_P|$.

Veja, na Figura 6.7, que $V_{GS} = 0$ V para toda a curva. Os próximos parágrafos descreverão como a curva característica da Figura 6.7 é afetada por variações do valor de V_{GS}.

$V_{GS} < 0$ V

A tensão da porta para a fonte, denotada por V_{GS}, é a tensão controladora do JFET. Do mesmo modo que várias curvas para I_C *versus* V_{CE} foram estabelecidas para diferentes valores de I_B no transistor TBJ, as curvas de I_D *versus* V_{DS} para vários valores de V_{GS} podem ser desenvolvidas para o JFET. Para o dispositivo de canal *n*, a tensão controladora V_{GS} se torna cada vez mais negativa a partir de $V_{GS} = 0$ V. Em outras palavras, o terminal de porta será estabelecido em potenciais cada vez menores comparados ao da fonte.

Na Figura 6.10, uma tensão negativa de –1 V é aplicada entre os terminais de porta e de fonte para um valor de V_{DS} menor. O efeito da polarização negativa aplicada V_{GS} é estabelecer regiões de depleção semelhantes às obtidas com $V_{GS} = 0$ V, mas com valores menores de V_{DS}. Com isso, o efeito da aplicação de uma polarização negativa V_{GS} é atingir a condição de saturação em valores menores de tensão V_{DS}, como mostra a Figura 6.11 para $V_{GS} = -1$ V. O nível de saturação resultante para I_D foi reduzido e, com efeito, continuará a diminuir conforme V_{GS} se torna cada vez mais negativo. Observe também na Figura 6.11 como a tensão de *pinch-off* diminui, descrevendo uma parábola, conforme V_{GS} se torna cada vez mais negativo. Por conseguinte, quando $V_{GS} = -V_P$, a tensão será negativa o suficiente para estabelecer um nível de saturação basicamente de 0 mA e, para todos os efeitos, o dispositivo estará "desligado". Em suma:

O valor de V_{GS} que resulta em $I_D = 0$ mA é definido por $V_{GS} = V_P$, sendo V_P uma tensão negativa para dispositivos de canal n e uma tensão positiva para JFETs de canal p.

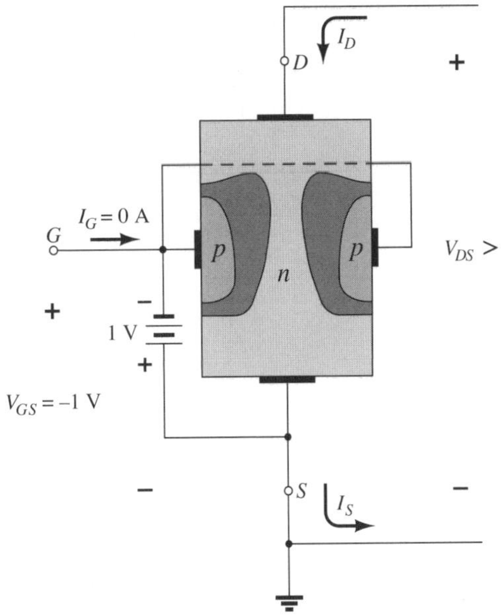

Figura 6.10 Aplicação de uma tensão negativa no terminal de porta de um JFET.

Na maioria das folhas de dados, a tensão de *pinch-off* é especificada como $V_{GS(\text{desligado})}$ em vez de V_P. A folha de dados será revista mais adiante neste capítulo, quando os elementos mais importantes tiverem sido apresentados. A região à direita do lugar geométrico de *pinch-off* na Figura 6.11 é aquela normalmente empregada em amplificadores lineares (que apresentam um mínimo de distorção no sinal aplicado) e costuma ser chamada de *corrente constante, saturação* ou *região de amplificação linear*.

Resistor controlado por tensão

A região à esquerda da linha de *pinch-off*, na Figura 6.11, é chamada de *ôhmica* ou *região de resistência controlada por tensão*. Nessa região, o JFET realmente pode ser empregado como um resistor variável (possivelmente um sistema de controle automático de ganho), cuja resistência é controlada pela tensão porta-fonte aplicada. Observe, na Figura 6.11, que a inclinação de cada curva e, portanto, a resistência do dispositivo entre dreno e fonte para $V_{DS} < V_P$ é função da tensão V_{GS} aplicada. Conforme V_{GS} se torna mais negativo, a inclinação da curva se torna mais horizontal, correspondendo a um aumento no valor de resistência. A equação a seguir fornece uma boa aproximação do valor de resistência em termos da tensão V_{GS} aplicada:

$$r_d = \frac{r_o}{(1 - V_{GS}/V_P)^2} \qquad (6.1)$$

onde r_o é a resistência com $V_{GS} = 0$ V e r_d é a resistência para um valor específico de V_{GS}.

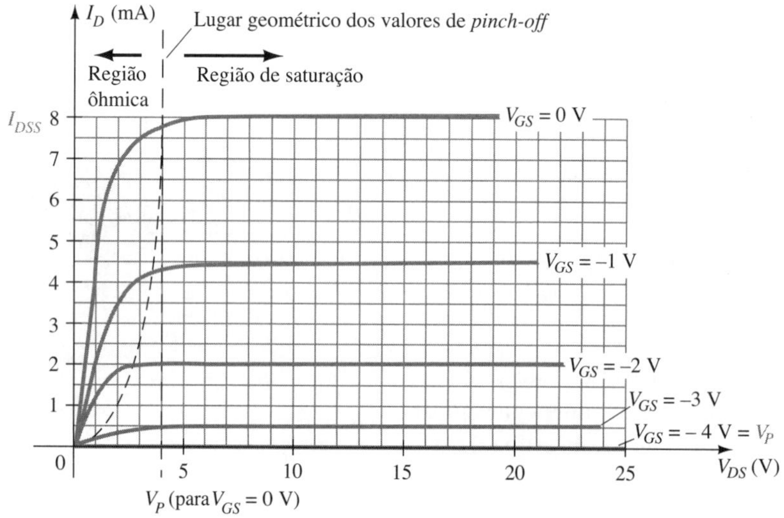

Figura 6.11 Curvas características do JFET de canal *n* com I_{DSS} = 8 mA e V_P = –4 V.

Para um JFET de canal *n*, com r_o igual a 10 kΩ (V_{GS} = 0 V, V_p = – 6 V), a Equação 6.1 vale 40 kΩ para V_{GS} = – 3 V.

Dispositivos de canal *p*

O JFET de canal *p* tem exatamente a mesma estrutura que o dispositivo de canal *n* da Figura 6.3, mas as localizações dos materiais do tipo *p* e *n* são trocadas, como mostra a Figura 6.12. Os sentidos das correntes são invertidos, assim como as polaridades das tensões V_{GS} e V_{DS}. Para o dispositivo de canal *p*, o canal se contrairá para tensões positivas crescentes da porta para a fonte, e a notação dupla para V_{DS} resultará em tensões negativas para V_{DS} nas curvas características da Figura 6.13, que tem um I_{DSS} igual a 6 mA e uma tensão de *pinch-off* de V_{GS} = +6 V. O sinal negativo para V_{DS} pode gerar confusão, mas indica simplesmente que a fonte está em um potencial mais alto do que o dreno.

Observe que para valores elevados de V_{DS} a curva sobe abruptamente e alcança valores que parecem ilimitados. O crescimento vertical indica que houve uma ruptura, e a corrente através do canal (no sentido normalmente esperado) agora é limitada apenas pelo circuito externo. Embora a Figura 6.11 não mostre o dispositivo de canal *n*, esse fenômeno ocorre para esse tipo de dispositivo se uma tensão suficiente é aplicada. Essa região poderá ser evitada se o valor de $V_{DS_{máx}}$ for inserido na folha de dados, e o projeto for tal que o valor de V_{DS} seja menor do que esse valor para *todos* os valores de V_{GS}.

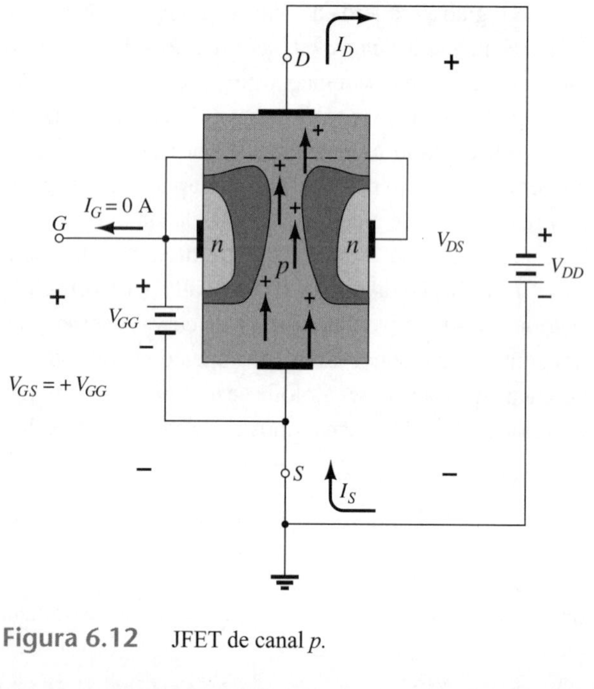

Figura 6.12 JFET de canal *p*.

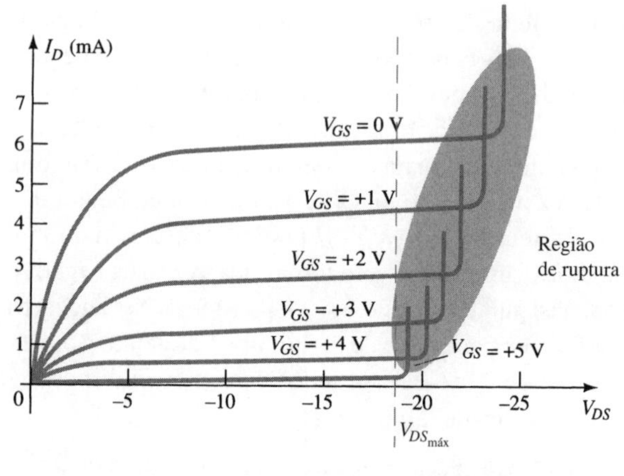

Figura 6.13 Curvas características do JFET de canal *p* com I_{DSS} = 6 mA e V_P = +6 V.

Símbolos

Na Figura 6.14 são mostrados os símbolos gráficos para os JFETs de canal *n* e de canal *p*. Note que a seta aponta para dentro no dispositivo de canal *n* da Figura 6.14(a), indicando o sentido em que a corrente I_G fluiria se a junção *p-n* fosse polarizada diretamente. Para o dispositivo de canal *p*, Figura 6.14(b), a única diferença no símbolo é o sentido da seta.

Resumo

Nesta seção, foram introduzidos vários parâmetros e relações importantes. A lista a seguir relaciona alguns deles que surgirão com frequência nas análises feitas neste capítulo e no próximo para os JFETs de canal *n*.

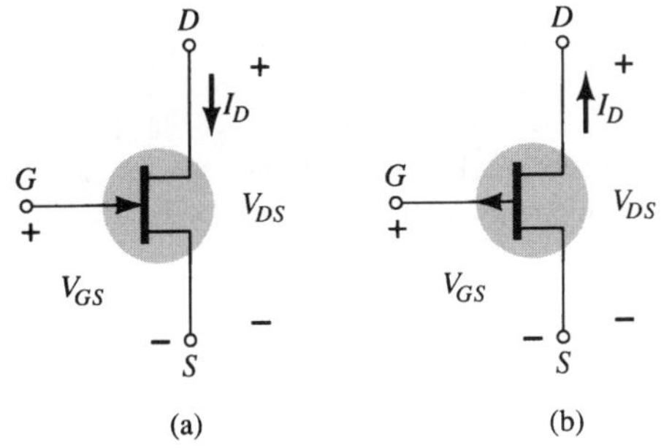

Figura 6.14 Símbolos do JFET: (a) canal *n*; (b) canal *p*.

A corrente máxima é definida por I_{DSS} e ocorre quando $V_{GS} = 0$ V e $V_{DS} \geq |V_P|$, como mostra a Figura 6.15(a).

Para tensões V_{GS} entre porta e fonte menores do que (mais negativos do que) o valor de pinch-off, a corrente de dreno é 0 A ($I_D = 0$ A), como aparece na Figura 6.15(b).

Para todos os valores de V_{GS} entre 0 V e o valor de pinch-off, a corrente I_D variará entre I_{DSS} e 0 A, respectivamente, como indica a Figura 6.15(c).

Para os JFETs de canal p, pode ser desenvolvida uma lista semelhante.

6.3 CURVA CARACTERÍSTICA DE TRANSFERÊNCIA

Derivação

Para o transistor TBJ, a corrente de saída I_C e a corrente controladora de entrada I_B se relacionam por meio de beta, que foi considerado constante na análise feita. Em forma de equação,

variável de controle (↓ I_B)

$$I_C = f(I_B) = \beta I_B \tag{6.2}$$

constante (↑ β)

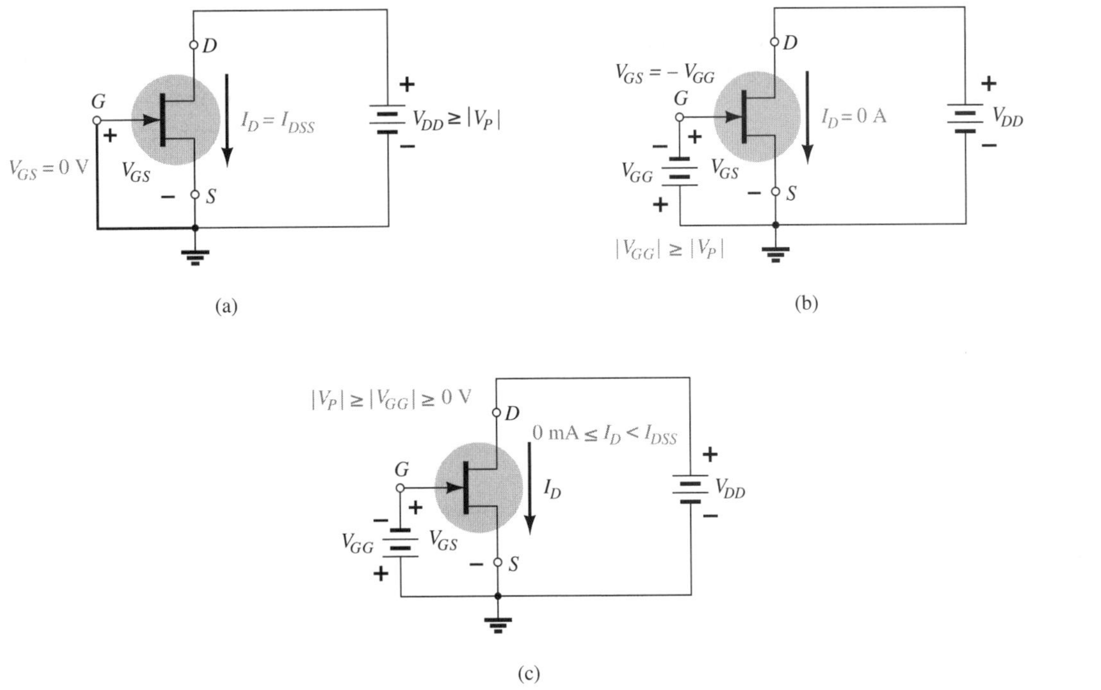

Figura 6.15 (a) $V_{GS} = 0$ V, $I_D = I_{DSS}$; (b) corte ($I_D = 0$ A) V_{GS} menor do que o valor de *pinch-off*; (c) I_D varia entre 0 A e I_{DSS} para $V_{GS} \leq 0$ V e maior do que o valor de *pinch-off*.

Na Equação 6.2 existe uma relação linear entre I_C e I_B. Se o valor de I_B for dobrado, I_C aumentará também por um fator de dois.

Infelizmente, essa relação linear não existe entre as variáveis de saída e entrada de um JFET. A relação entre I_D e V_{GS} é definida pela *equação de Shockley* (veja Figura 6.16):

variável de controle

$$I_D = I_{DSS}\left(1 - \frac{V_{GS}}{V_P}\right)^2 \qquad (6.3)$$

constantes

O termo quadrático da equação resulta em uma relação não linear entre I_D e V_{GS}, e isso resulta em uma curva que cresce exponencialmente com valores decrescentes de V_{GS}.

Na análise CC a ser feita no Capítulo 7, o método gráfico será mais direto e fácil de utilizar do que o matemático. No entanto, o método gráfico exigirá o gráfico da Equação 6.3 para representar o dispositivo e o gráfico da equação do circuito, relacionando as mesmas variáveis. A solução é definida pelo ponto de interseção das duas curvas. É importante lembrar que, quando é aplicado o método gráfico, as características do dispositivo *não são afetadas* pelo circuito no qual ele é empregado. A equação do circuito pode mudar com a interseção entre as duas curvas, mas a curva de transferência definida pela Equação 6.3 não é afetada. Portanto, de modo geral:

A curva característica de transferência definida pela equação de Shockley não é afetada pelo circuito no qual o dispositivo é empregado.

Figura 6.16 Dr. William Bradford Shockley. (Cortesia da AT&T Archives and History Center.)

William Bradford Shockley (1910-1989), coinventor do primeiro transistor e formulador da teoria do "efeito de campo" empregada no desenvolvimento do transistor e do FET.

Shockley Local de nascimento: Londres, Inglaterra. Ph.D. por Harvard, 1936. Diretor do Transistor Physics Department, da Bell Laboratories. Presidente da Shockley Transistor Corp. Foi professor de Poniatoff nas cadeiras de Engenharia na Universidade de Stanford. Prêmio Nobel de Física em 1956 juntamente com os doutores Walter Brattain e John Bardeen.

A curva de transferência pode ser obtida pelo uso da equação de Shockley ou das curvas características da Figura 6.11. A Figura 6.17 fornece dois gráficos com escalas verticais em miliampères. Um é o gráfico de I_D *versus* V_{DS}, e o outro é I_D *versus* V_{GS}. Com as curvas características de dreno à direita do eixo "y", podemos desenhar uma linha horizontal da região de saturação da curva, denotada por $V_{GS} = 0$ V, ao eixo I_D. O valor da corrente resultante para ambos os gráficos é I_{DSS}. O ponto de interseção na curva de I_D *versus* V_{GS} ficará como mostrado, pois o eixo vertical é definido por $V_{GS} = 0$ V.

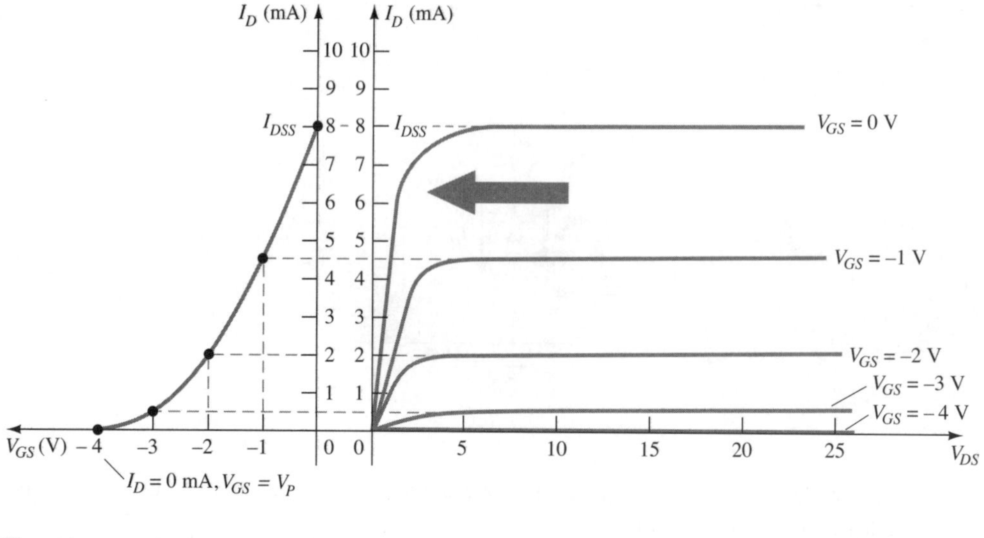

Figura 6.17 Obtenção da curva de transferência a partir das curvas características de dreno.

Em resumo:

$$\boxed{\text{Quando}\, V_{GS} = 0\,\text{V}, \quad I_D = I_{DSS}} \tag{6.4}$$

Quando $V_{GS} = V_P = -4$ V, a corrente de dreno é 0 mA, definindo outro ponto na curva de transferência. Isto é:

$$\boxed{\text{Quando}\, V_{GS} = V_P, \quad I_D = 0\,\text{mA}} \tag{6.5}$$

Antes de prosseguirmos, é importante observar que as curvas características de dreno relacionam um parâmetro de saída (ou dreno) a outro parâmetro de saída (ou dreno) — ambos os eixos são definidos por variáveis na mesma região das curvas características do dispositivo. A curva característica de transferência relaciona uma corrente de saída (ou dreno) em relação a um parâmetro controlador de entrada. Há, portanto, uma "transferência" direta das variáveis de entrada para a saída quando se emprega a curva à esquerda da Figura 6.17. Se a relação fosse linear, o gráfico I_D *versus* V_{GS} resultaria em uma reta entre I_{DSS} e V_P. No entanto, o resultado é uma curva parabólica, pois os intervalos verticais entre V_{GS} nas curvas características de dreno da Figura 6.17 diminuem consideravelmente à medida que V_{GS} assume valores mais negativos. Compare o intervalo entre as curvas de $V_{GS} = 0$ V e $V_{GS} = -1$ V com o existente entre $V_{GS} = -3$ V e a tensão de *pinch-off*. A variação de V_{GS} é a mesma, mas a variação resultante de I_D é bem diferente.

Se uma linha horizontal for desenhada a partir da curva $V_{GS} = -1$ V em direção ao eixo I_D e estendida até o outro eixo, podemos localizar outro ponto da curva de transferência. Observe que $V_{GS} = -1$ V no eixo inferior do gráfico da curva de transferência para um $I_D = 4{,}5$ mA. Veja, também, na definição de I_D em $V_{GS} = 0$ V e -1 V, que os valores de saturação de I_D são empregados e a região ôhmica é ignorada. Continuando com $V_{GS} = -2$ V e -3 V, a curva de transferência agora pode ser completada. No Capítulo 7, a curva de transferência de I_D *versus* V_{GS} terá uso extensivo, e não as curvas características de dreno da Figura 6.17. Nos próximos parágrafos será apresentado um método rápido e eficiente para o gráfico de I_D *versus* V_{GS} dados apenas os valores de I_{DSS}, V_P e a equação de Shockley.

Aplicação da equação de Shockley

A curva de transferência da Figura 6.17 também pode ser obtida diretamente da equação de Shockley (6.3), dados apenas os valores de I_{DSS} e V_P. Esses valores definem os limites da curva em ambos os eixos, restando, assim, apenas encontrar alguns pontos intermediários. A validade da Equação 6.3 como fonte para o levantamento da curva de transferência da Figura 6.17 é mais bem demonstrada por meio do exame de alguns valores específicos de uma variável e pela determinação do valor resultante para a outra variável, como mostrado a seguir:

Substituindo $V_{GS} = 0$ V, temos:

Equação 6.3:

$$I_D = I_{DSS}\left(1 - \frac{V_{GS}}{V_P}\right)^2$$
$$= I_{DSS}\left(1 - \frac{0}{V_P}\right)^2 = I_{DSS}(1 - 0)^2$$

e

$$\boxed{I_D = I_{DSS}\,|_{V_{GS}=0\,\text{V}}} \tag{6.6}$$

Substituindo $V_{GS} = V_P$, obtemos:

$$I_D = I_{DSS}\left(1 - \frac{V_P}{V_P}\right)^2$$
$$= I_{DSS}(1 - 1)^2 = I_{DSS}(0)$$

$$\boxed{I_D = 0\,\text{A}\,|_{V_{GS}=V_P}} \tag{6.7}$$

Para as curvas características de dreno da Figura 6.17, se substituirmos $V_{GS} = -1$ V, temos

$$I_D = I_{DSS}\left(1 - \frac{V_{GS}}{V_P}\right)^2$$
$$= 8\,\text{mA}\left(1 - \frac{-1\,\text{V}}{-4\,\text{V}}\right)^2$$
$$= 8\,\text{mA}\left(1 - \frac{1}{4}\right)^2 = 8\,\text{mA}\,(0{,}75)^2$$
$$= 8\,\text{mA}\,(0{,}5625)$$
$$= \mathbf{4{,}5\,mA}$$

como mostra a Figura 6.17. Note o cuidado com os sinais negativos de V_{GS} e V_P nos cálculos anteriores. A troca de um sinal levaria a um resultado totalmente errado.

Deve ficar bem claro, com base nas considerações anteriores, que dados I_{DSS} e V_P (normalmente fornecidos pelas folhas de dados), o valor de I_D pode ser determinado para qualquer valor de V_{GS}. Inversamente, usando álgebra básica, podemos obter da Equação 6.3 uma equação para o valor resultante de V_{GS} para um dado valor de I_D. A dedução é bem simples e resulta em:

$$\boxed{V_{GS} = V_P\left(1 - \sqrt{\frac{I_D}{I_{DSS}}}\right)} \tag{6.8}$$

Testemos a Equação 6.8, encontrando o valor de V_{GS} que resulta em uma corrente de dreno de 4,5 mA para o dispositivo com as curvas características mostradas no gráfico da Figura 6.17. Temos

$$\begin{aligned} V_{GS} &= -4\text{ V}\left(1 - \sqrt{\frac{4{,}5\text{ mA}}{8\text{ mA}}}\right) \\ &= -4\text{ V}(1 - \sqrt{0{,}5625}) = -4\text{ V}(1 - 0{,}75) \\ &= -4\text{ V}(0{,}25) \\ &= \mathbf{-1\text{ V}} \end{aligned}$$

como substituído no cálculo anterior e verificado pela Figura 6.17.

Método simplificado

Como a curva de transferência precisa ser traçada frequentemente, seria bem vantajoso possuirmos um método simplificado para o levantamento da curva que realizasse o trabalho de modo mais rápido e eficiente, e que mantivesse um nível aceitável de precisão. O formato da Equação 6.3 é tal que valores específicos de V_{GS} resultam em níveis de I_D que podem ser memorizados para fornecer a marcação dos pontos no gráfico necessários para o esboço da curva de transferência. Se especificarmos que V_{GS} é metade do valor da tensão de *pinch-off* V_P, o valor resultante de I_D será o seguinte, como determina a equação de Shockley:

$$\begin{aligned} I_D &= I_{DSS}\left(1 - \frac{V_{GS}}{V_P}\right)^2 \\ &= I_{DSS}\left(\frac{1 - V_P/2}{V_P}\right)^2 \\ &= I_{DSS}\left(1 - \frac{1}{2}\right)^2 = I_{DSS}(0{,}5)^2 \\ &= I_{DSS}(0{,}25) \end{aligned}$$

e

$$\boxed{I_D = \frac{I_{DSS}}{4}\Big|_{V_{GS} = V_P/2}} \qquad (6.9)$$

Agora é importante observar que a Equação 6.9 não vale apenas para um valor específico de V_P. Trata-se de uma equação geral para qualquer valor de V_P desde que $V_{GS} = V_P/2$. O resultado indica que a corrente de dreno será sempre um quarto do valor de saturação I_{DSS} desde que a tensão porta-fonte seja a metade do valor de *pinch-off*. Observe o valor de I_D para $V_{GS} = V_P/2 = -4\text{ V}/2 = -2\text{ V}$ na Figura 6.17.

Se escolhermos $I_D = I_{DSS}/2$ e substituirmos na Equação 6.8, teremos

$$V_{GS} = V_P\left(1 - \sqrt{\frac{I_D}{I_{DSS}}}\right)$$

$$= V_P\left(1 - \sqrt{\frac{I_{DSS}/2}{I_{DSS}}}\right) = V_P(1 - \sqrt{0{,}5}) = V_P(0{,}293)$$

e

$$\boxed{V_{GS} \cong 0{,}3V_P\big|_{I_D = I_{DSS}/2}} \qquad (6.10)$$

Podem ser determinados pontos adicionais, mas a curva de transferência pode ser esboçada com um nível satisfatório de precisão utilizando-se apenas os quatro pontos definidos anteriormente e revistos na Tabela 6.1. Na verdade, na análise do Capítulo 7, um máximo de quatro pontos serão utilizados para o esboço das curvas de transferência. Na maioria das situações, utilizar apenas o ponto definido por $V_{GS} = V_P/2$ e as interseções dos eixos em I_{DSS} e V_P será suficiente para a obtenção de uma curva precisa em grande parte dos cálculos.

Tabela 6.1 V_{GS} *versus* I_D utilizando a equação de Shockley.

$\mathbf{V_{GS}}$	$\mathbf{I_D}$
0	I_{DSS}
$0{,}3V_P$	$I_{DSS}/2$
$0{,}5V_P$	$I_{DSS}/4$
V_P	0 mA

EXEMPLO 6.1

Esboce a curva de transferência definida por I_{DSS} = 12 mA e V_P = – 6 V.

Solução:

Os dois pontos são definidos por

I_{DSS} = **12 mA** e V_{GS} = **0 V**

e I_D = **0 mA** e $V_{GS} = \mathbf{V_P}$

Em $V_{GS} = V_P/2$ = – 6 V/2 = **–3 V**, a corrente de dreno será determinada por $I_D = I_{DSS}/4$ = 12 mA/4 = **3 mA**. Em $I_D = I_{DSS}/2$ = 12 mA/2 = **6 mA**, a tensão porta-fonte é determinada por $V_{GS} \cong 0{,}3V_P$ = 0,3(– 6 V) = **–1,8 V**. Os quatro pontos do gráfico estão bem definidos na Figura 6.18 com a curva de transferência completa.

Para os dispositivos de canal *p*, a equação de Shockley (6.3) ainda pode ser aplicada exatamente como mostrado. Nesse caso, tanto V_P quanto V_{GS} serão positivos, e a curva será a curva de transferência refletida do dispositivo de canal *n*, com os mesmos valores limitantes.

EXEMPLO 6.2

Esboce a curva de transferência para um dispositivo de canal *p*, com I_{DSS} = 4 mA e V_P = 3 V.

Solução:

Em $V_{GS} = V_P/2$ = 3 V/2 = **1,5 V**, $I_D = I_{DSS}/4$ = 4 mA/4 = **1 mA**. Em $I_D = I_{DSS}/2$ = 4 mA/2 = **2 mA**, $V_{GS} = 0{,}3V_P$ = 0,3(3 V) = **0,9 V**. Ambos os pontos aparecem na Figura 6.19, juntamente com os pontos definidos por I_{DSS} e V_P.

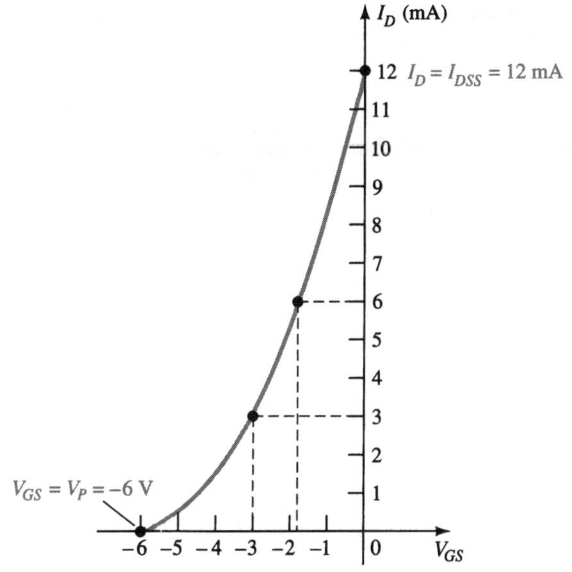

Figura 6.18 Curva de transferência para o Exemplo 6.1.

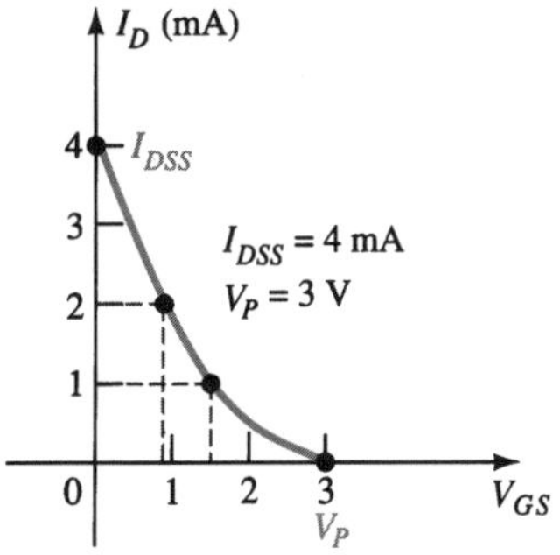

Figura 6.19 Curva de transferência para o dispositivo de canal *p* do Exemplo 6.2.

6.4 FOLHAS DE DADOS (JFETs)

Tal como acontece com qualquer outro dispositivo eletrônico, é importante compreender as especificações fornecidas em uma folha de dados. Muitas vezes, a notação utilizada difere daquela que normalmente é aplicada e, portanto, uma medida de tradução pode ter de ser aplicada. De modo geral, porém, os títulos dos dados são uniformes e incluem **especificações máximas**, **características térmicas**, **características elétricas** e conjuntos de **características usuais**. A Figura 6.20 mostra as folhas de dados para um JFET de canal *n*, o Fairchild Semiconductor 2N5457, com dois tipos de técnica. O encapsulamento TO-92 é utilizado para um dispositivo de maior potência do que o encapsulamento SOT-23 utilizado em montagem em superfície.

Especificações máximas

Uma lista com os valores máximos permitidos para um dispositivo normalmente aparece no início da folha de dados e contém tensões máximas entre terminais específicos, valores máximos de corrente e o valor máximo de dissipação de potência do dispositivo. Os valores máximos especificados para V_{DS}, V_{DG} e V_{GS} não devem ser ultrapassados em nenhum ponto de operação determinado no projeto. Qualquer bom projeto tentará evitar esses valores, mantendo uma boa margem de segurança. Embora seja comumente projetado para operar com $I_G = 0$ mA, caso seja *forçado* a aceitar uma corrente de porta, o dispositivo pode suportar até 10 mA (I_{GF}) sem ser danificado.

Características térmicas

A dissipação total do dispositivo em 25 °C (temperatura ambiente) é a potência máxima que ele pode dissipar sob condições normais de operação, e é definida por:

$$\boxed{P_D = V_{DS} I_D} \qquad (6.11)$$

Observe a semelhança em formato com a equação de dissipação máxima de potência para o TBJ.

O fator de redução é discutido em detalhes no Capítulo 3, mas, por enquanto, saiba que a especificação 5 mW/°C revela que a dissipação máxima *diminui* de 5 mW para cada *aumento* de 1°C na temperatura acima de 25 °C.

Características elétricas

As características elétricas incluem o valor de V_P nas características em estado "desligado" e de I_{DSS} nas características em estado "ligado". Nesse caso, $V_P = V_{GS(\text{desligado})}$ varia de – 0,5 a – 6,0 V, e I_{DSS} varia de 1 a 5 mA. O fato de ambos os parâmetros variarem de um dispositivo para outro deve ser considerado no desenvolvimento de um projeto. As características de pequenos sinais se tornarão relevantes quando examinarmos os circuitos CA no Capítulo 8.

Características típicas

A listagem de características típicas incluirá uma variedade de curvas que demonstram como importantes parâmetros variam de acordo com tensão, corrente, temperatura e frequência.

Primeiro, note na Figura 6.20(a) que o gráfico inclui a região negativa de V_{GS} no lado normalmente positivo do eixo horizontal. Observe também que o gráfico representa uma tensão de *pinch-off* de –2,6 V, um valor intermediário na faixa de possíveis tensões desse tipo. Se esse for o único gráfico fornecido, ele serve como um valor médio entre os limites. As características de dreno-fonte comum são fornecidas na Figura 6.20(b) para uma tensão de *pinch-off* de –1,8 V. Note como a corrente de dreno cai para 0 ampère quando essa tensão é aplicada. Observe também que o valor de $I_{D_{SS}}$ é apenas de cerca de 3,75 mA para essa

FAIRCHILD
SEMICONDUCTOR ™

2N5457 **MMBF5457**

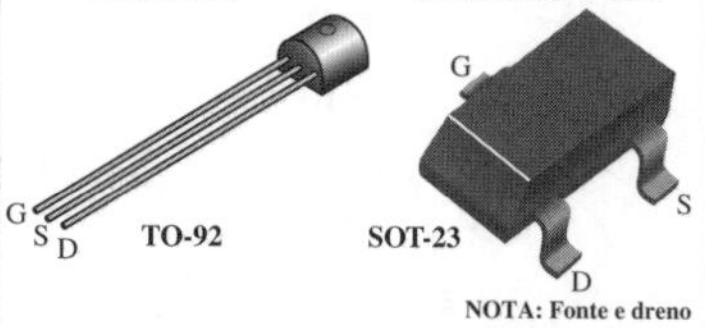

NOTA: Fonte e dreno são intercambiáveis.

Amplificador de uso geral de canal *n*
Este dispositivo é um amplificador de áudio de baixo nível e transistor de chaveamento que pode ser usado para aplicações de chaveamento analógico.

ESPECIFICAÇÕES MÁXIMAS

Símbolo	Parâmetro	Valor	Unidade
V_{DS}	Tensão dreno-fonte	25	V
V_{DG}	Tensão dreno-porta	25	V
V_{GS}	Tensão porta-fonte	–25	V
I_{GF}	Corrente direta de porta	10	mA
T_j, T_{stg}	Faixa de temperatura da junção para operação e armazenagem	–55 a +150	°C

CARACTERÍSTICAS TÉRMICAS

Símbolo	Características	Máx. 2N5457	Máx. *MMBF5457	Unidade
P_D	Dissipação total do dispositivo Degradação acima de 25°C	625 5,0	350 2,8	mW mW/°C
$R_{\theta JC}$	Resistência térmica, junção para encapsulamento	125		°C/W
$R_{\theta JA}$	Resistência térmica, junção para ambiente	357	556	°C/W

CARACTERÍSTICAS ELÉTRICAS (T_A = 25°C a menos que outro valor seja especificado).

Símbolo	Parâmetro	Condições de teste		Mín.	Típ.	Máx.	Unidade
CARACTERÍSTICAS EM ESTADO DESLIGADO							
$V_{(BR)GSS}$	Tensão de ruptura porta-fonte	$I_G = 10\ \mu A$, $V_{DS} = 0$		–25			V
I_{GSS}	Corrente reversa de porta	$V_{GS} = -15$ V, $V_{DS} = 0$ $V_{GS} = -15$ V, $V_{DS} = 0$, $T_A = 100°C$				–1,0 –200	nA nA
$V_{GS(off)}$	Tensão de corte porta-fonte	$V_{DS} = 15$ V, $I_D = 10$ nA	5457	–0,5		–6,0	V
V_{GS}	Tensão porta-fonte	$V_{DS} = 15$ V, $I_D = 100\ \mu A$	5457		–2,5		V
CARACTERÍSTICAS EM ESTADO LIGADO							
I_{DSS}	Corrente de dreno para tensão nula na porta	$V_{DS} = 15$ V, $V_{GS} = 0$	5457	1,0	3,0	5,0	mA
CARACTERÍSTICAS DE PEQUENO SINAL							
g_{fs}	Condutância de transferência direta	$V_{DS} = 15$ V, $V_{GS} = 0$, f = 1,0 kHz	5457	1000		5000	μmhos
g_{os}	Condutância de saída	$V_{DS} = 15$ V, $V_{GS} = 0$, f = 1,0 MHz			10	50	μmhos
C_{iss}	Capacitância de entrada	$V_{DS} = 15$ V, $V_{GS} = 0$, f = 1,0 MHz			4,5	7,0	pF
C_{rss}	Capacitância de transferência reversa	$V_{DS} = 15$ V, $V_{GS} = 0$, f = 1,0 MHz			1,5	3,0	pF
NF	Figura de ruído	$V_{DS} = 15$ V, $V_{GS} = 0$, f = 1,0 kHz, R_G = 1,0 megohm, BW = 1,0 Hz				3,0	dB

(a)

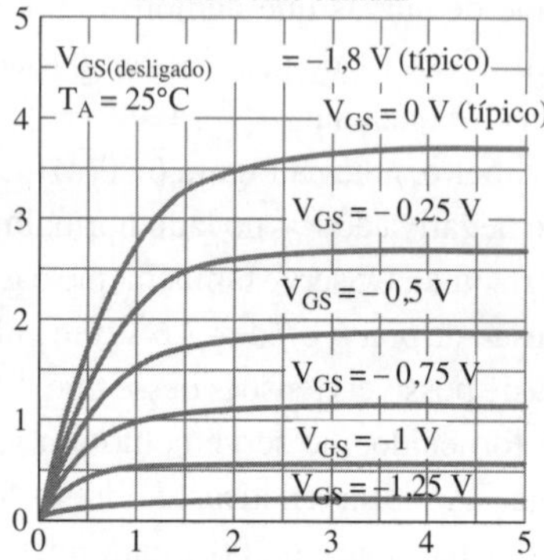

(b)

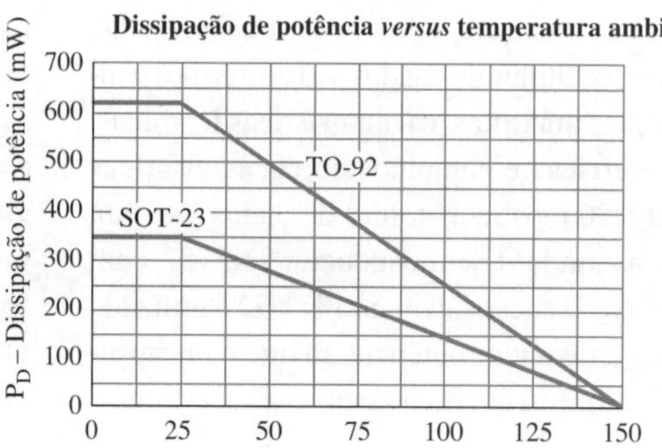

(c)

Figura 6.20 Característica *k* de um JFET 2N5457 de canal *n* (*continua*).

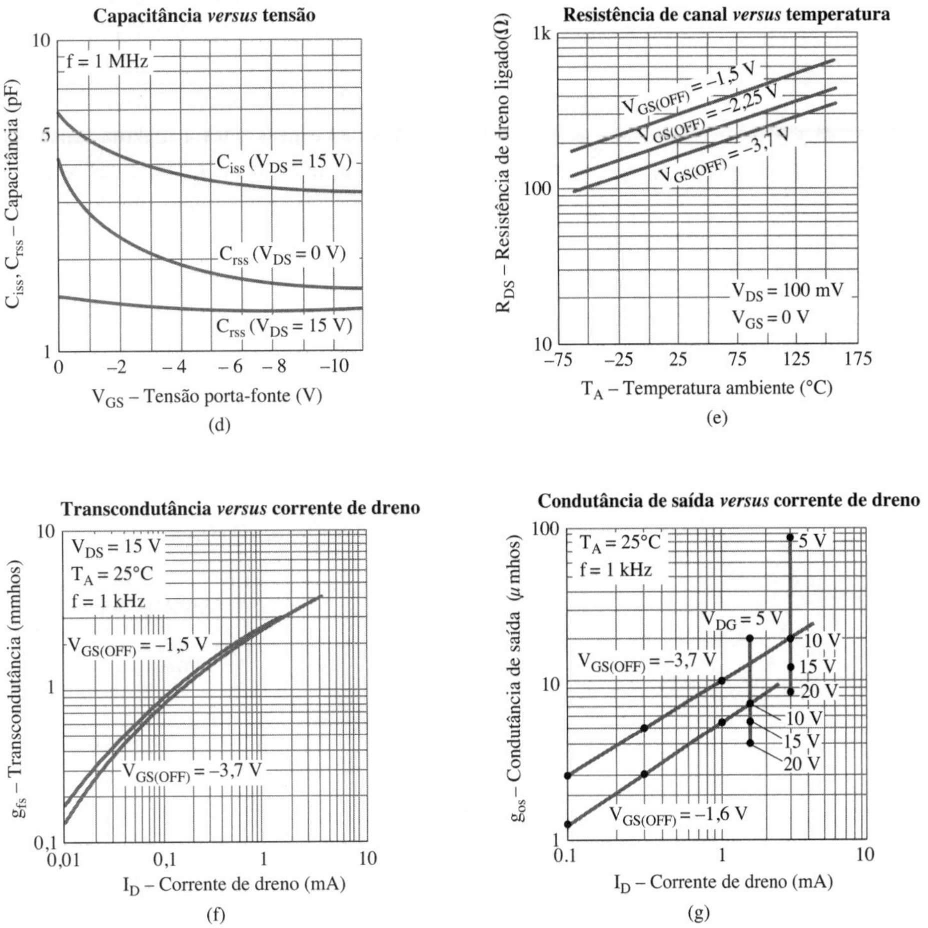

Figura 6.20 Continuação.

tensão de *pinch-off*, enquanto era cerca de 9,5 mA para uma *pinch-off* de –2,6 V na Figura 6.20(a). A dissipação de potência em função da temperatura ambiente é plotada na Figura 6.20(c) e mostra claramente a queda acentuada na capacidade de manipulação de potência e temperatura. No ponto de ebulição da água (100 °C), é de apenas 250 mW em comparação com 650 mW à temperatura ambiente. Os efeitos capacitivos na Figura 6.20(d) se tornarão muito importantes em altas frequências por causa da reatância resultante e do efeito sobre a velocidade de operação. É interessante notar que, quanto mais negativa a tensão porta-fonte, menores os efeitos capacitivos de uma frequência de 1 MHz. O gráfico de resistência de canal da Figura 6.20(e) demonstra como a resistência de canal varia com a temperatura em vários níveis de $V_{GS(\text{desligado})}$. A princípio, as variações podem não parecer tão drásticas, mas devemos atentar para o fato de que o eixo vertical é uma escala logarítmica que se estende de 10 Ω a 1 k Ω. Os gráficos de transcondutância [Figura 6.20(f)] e de condutância de saída [Figura 6.20(g)] ganharão destaque quando analisarmos os circuitos CA com JFET. Eles definem os dois parâmetros do circuito CA equivalente. Certamente, cada um deles é afetado pelo valor de corrente de dreno com menor sensibilidade para a tensão de *pinch-off*.

Região de operação

A folha de dados e a curva definida pelas tensões de *pinch-off* para cada valor de V_{GS} determinam a região de operação nas curvas de dreno para uma amplificação linear como mostra a Figura 6.21. A região ôhmica define os valores mínimos permitidos de V_{DS} para cada valor de V_{GS}, e $V_{DS_{máx}}$ especifica o valor máximo desse parâmetro. A corrente de saturação I_{DSS}, que é a corrente máxima de dreno, e o valor máximo de dissipação de potência definem a curva desenhada do mesmo modo como foi descrito para os transistores TBJ. A região sombreada resultante é a região de operação normalmente utilizada em um projeto de amplificador.

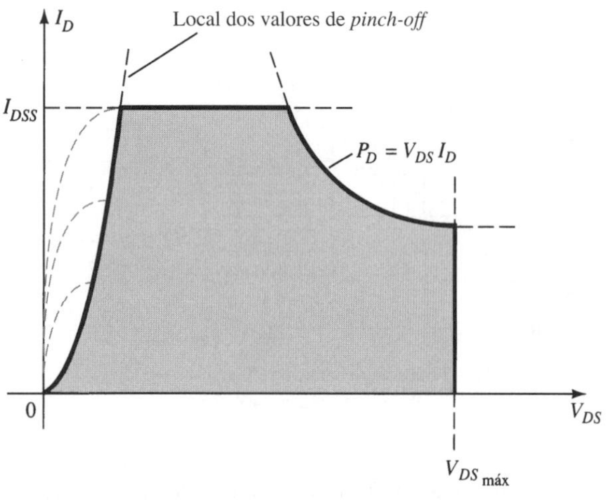

Figura 6.21 Região de operação normal para um projeto de um amplificador linear.

6.5 INSTRUMENTAÇÃO

Lembre-se de que, como vimos no Capítulo 3, existem instrumentos portáteis disponíveis para medir o valor de β_{CC} para o TBJ, mas não há instrumentos semelhantes para medir os valores de I_{DSS} e V_P. No entanto, o traçador de curvas introduzido para o TBJ pode traçar as características de dreno do JFET com um ajuste apropriado dos diversos controles. A escala vertical (em miliampères) e a escala horizontal (em volts) foram ajustadas para mostrar as curvas por inteiro, como vemos na Figura 6.22. Para o JFET dessa figura, cada divisão vertical (em centímetros) representa uma variação de I_D de 1 mA, enquanto cada divisão horizontal corresponde a 1 V. O intervalo entre os valores de V_{GS} é de 500 mV (0,5 V/intervalo), mostrando que a curva mais acima é para V_{GS} = 0 V e a curva logo abaixo é para V_{GS} = –0,5 V para o dispositivo de canal *n*. Utilizando-se o mesmo intervalo, a curva seguinte é –1 V, seguida de –1,5 V, e, finalmente, –2 V. Desenhando-se uma reta da curva mais acima até o eixo I_D, o valor de I_{DSS} pode ser estimado como mais ou menos 9 mA. O valor de V_P pode ser estimado observando-se o valor de V_{GS} da curva inferior e levando-se em conta a redução da distância entre as curvas, à medida que V_{GS} se torna mais negativa. Nesse caso, V_P certamente é mais negativa do que –2 V, e talvez seja próxima de –2,5 V. Devemos lembrar, no entanto, que as curvas de V_{GS} estão muito próximas umas das outras quando se aproximam da condição de corte, e talvez V_P = –3 V seja uma opção melhor. Observe também que o intervalo entre as curvas é ajustado para cinco passos, limitando as curvas a V_{GS} = 0 V, – 0,5 V, –1 V, –1,5 V e –2 V. Se fosse para dez curvas, o aumento seria reduzido para 250 mV = 0,25 V, e a curva V_{GS} = –2,25 V seria incluída, além das curvas adicionadas entre as mostradas na Figura 6.22. A curva V_{GS} = –2,25 V revelaria o quanto as curvas se aproximam umas das outras para a mesma tensão de intervalo. Felizmente, o valor de V_P pode ser estimado com um grau de precisão razoável pela simples aplicação da condição estabelecida na Tabela 6.1. Isto é, quando $I_D = I_{DSS}/2$, $V_{GS} = 0{,}3V_P$. Para as curvas características da Figura 6.22, $I_D = I_{DSS}/2$ = 9 mA/2 = 4,5 mA, e, como podemos verificar, o valor correspondente de V_{GS} é de cerca de – 0,9 V. Utilizando essa informação, descobrimos que $V_P = V_{GS}/0{,}3$ = – 0,9 V/0,3 = – 3 V, que seria escolhido para esse dispositivo. Aplicando esse valor, determinamos que em V_{GS} = –2 V:

$$
\begin{aligned}
I_D &= I_{DSS}\left(1 - \frac{V_{GS}}{V_P}\right)^2 \\
&= 9\text{ mA}\left(1 - \frac{-2\text{ V}}{-3\text{ V}}\right)^2 \\
&\cong 1\text{ mA}
\end{aligned}
$$

o que é confirmado pela Figura 6.22.

Em V_{GS} = –2,5 V, a equação de Shockley resulta em I_D = 0,25 mA, com V_P = –3 V, o que revela claramente que as curvas se aproximam rapidamente de V_P. A importância do parâmetro g_m e o modo como ele é determinado a partir das curvas características da Figura 6.22 serão descritos no Capítulo 8, quando forem examinadas as condições de pequenos sinais.

6.6 RELAÇÕES IMPORTANTES

Nas últimas seções, foram introduzidas algumas equações e características de operação relevantes de particular importância para a análise que se segue das configurações CC e CA. Para isolar e enfatizar sua importância, elas foram repetidas na Tabela 6.2 a seguir, ao lado das equações correspondentes para o TBJ. As equações do JFET são definidas para a configuração da Figura 6.23(a), e as equações do TBJ estão relacionadas à Figura 6.23(b).

Tabela 6.2

JFET		*TBJ*	
$I_D = I_{DSS}\left(1 - \frac{V_{GS}}{V_P}\right)^2$	$\Leftrightarrow$	$I_C = \beta I_B$	
$I_D = I_S$	$\Leftrightarrow$	$I_C \cong I_E$	
$I_G \cong 0\text{ A}$	$\Leftrightarrow$	$V_{BE} \cong 0{,}7\text{ V}$	(6.12)

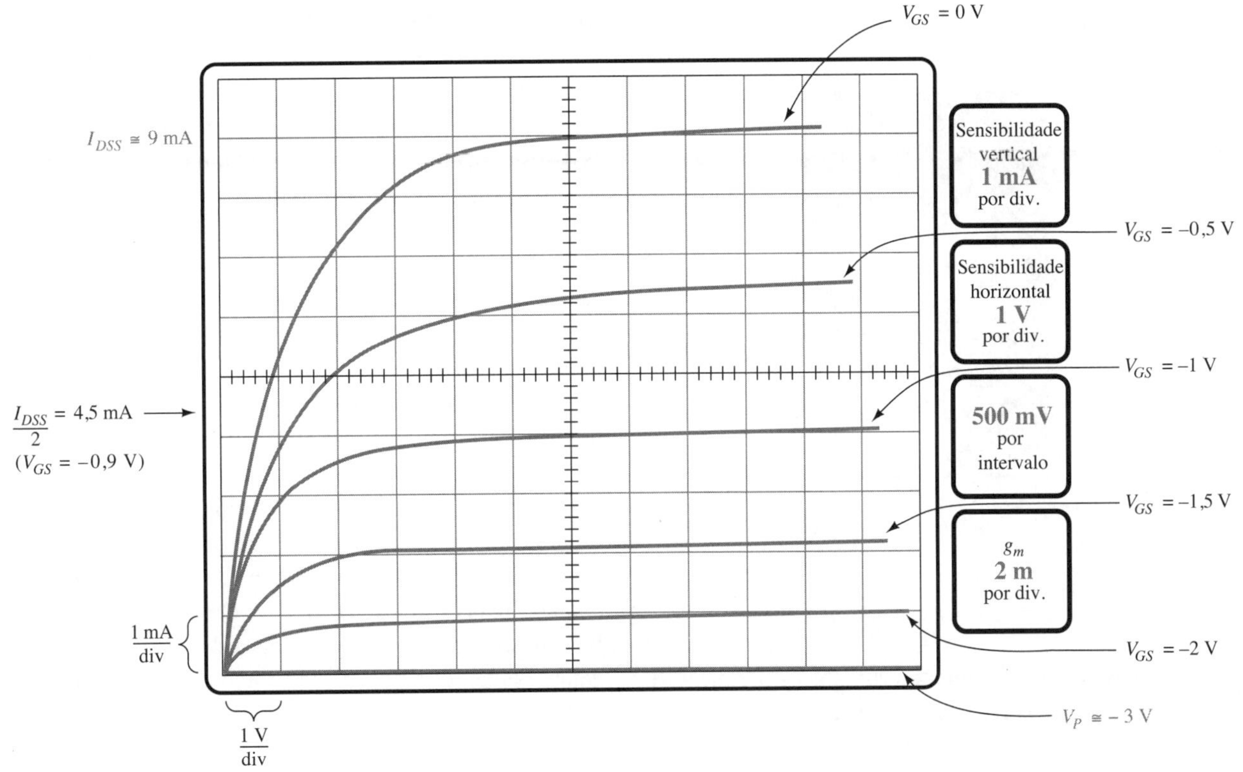

Figura 6.22 Características de dreno para um transistor JFET 2N4416 apresentadas por um traçador de curvas.

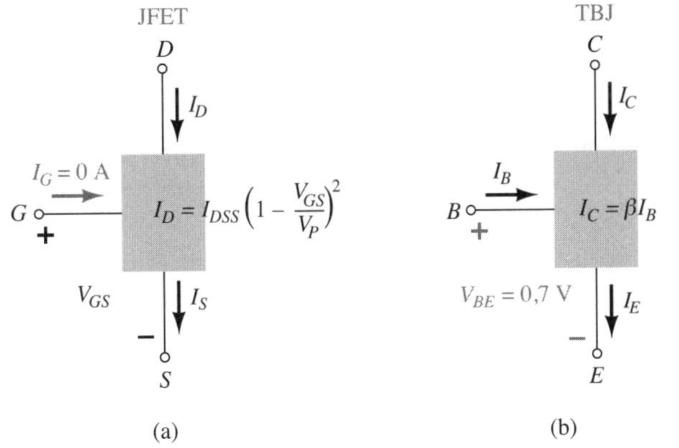

Figura 6.23 (a) JFET *versus* (b) TBJ.

A compreensão clara do que cada uma das equações anteriores realmente representa é suficiente para abordar a mais complexa das configurações CC. Lembre-se de que V_{BE} = 0,7 V era frequentemente o ponto de partida para a análise de uma configuração com TBJ. De maneira similar, a condição I_G = 0 A é normalmente a informação inicial utilizada para a análise de uma configuração com JFET. Para a configuração com TBJ, I_B costuma ser o primeiro parâmetro a ser determinado. Para o JFET, normalmente é V_{GS}. As várias semelhanças entre as análises das configurações com TBJ e JFET serão mostradas no Capítulo 7.

6.7 MOSFET TIPO DEPLEÇÃO

Como mencionado na introdução deste capítulo, há três tipos de FET: JFETs, MOSFETs e MESFETs. Os MOSFETs subdividem-se em dois tipos: de *depleção* e de *intensificação*. Esses termos definem seus modos básicos de operação, e o nome MOSFET significa transistor de efeito de campo metal-óxido-semicondutor. Visto que há diferenças nas características e operação dos dois tipos de MOSFET, eles serão abordados em seções separadas. Nesta seção, examinaremos o MOSFET tipo depleção, que apresenta características semelhantes às de um JFET entre corte e saturação em I_{DSS}, e também possui o aspecto adicional de curvas características que se estendem até a região de polaridade oposta para V_{GS}.

Estrutura básica

Na Figura 6.24 é mostrada a construção básica do MOSFET tipo depleção de canal *n*. Uma camada grossa de material do tipo *p* é formada a partir de uma base de silício chamada de *substrato*. Trata-se da base sobre a qual o dispositivo será construído. Em alguns casos, o substrato está internamente conectado ao terminal de fonte. Entretanto, muitos dispositivos discretos oferecem um terminal adicional, denominado *SS*, resultando em um dispositivo com quatro terminais, como o que é mostrado na Figura 6.24.

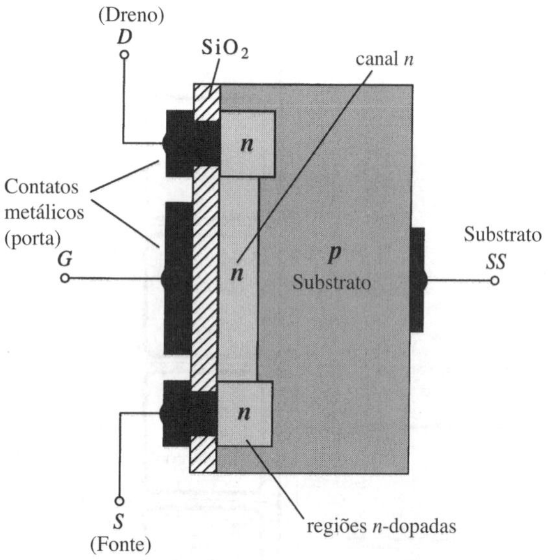

Figura 6.24 MOSFET tipo depleção de canal *n*.

Os terminais de fonte e dreno são conectados por meio de contatos metálicos às regiões dopadas do tipo *n*, as quais são ligadas entre si por um canal *n*, como mostra a figura. A porta também é conectada a uma superfície metálica de contato, mas permanece isolada do canal *n* por uma camada muito fina de dióxido de silício (SiO_2), um tipo particular de isolante, denominado *dielétrico*, que estabelece campos elétricos opostos (por isso o prefixo *di-*) quando submetido a um campo externo aplicado. O fato de a camada de SiO_2 representar uma camada isolante revela que:

Não há conexão elétrica direta entre o terminal de porta e o canal de um MOSFET.

Além disso:

A camada isolante de SiO_2 na construção do MOSFET é a responsável pela desejável alta impedância de entrada do dispositivo.

Na verdade, a impedância de entrada de um MOSFET é muitas vezes maior do que a de um JFET, apesar de a impedância de entrada da maioria dos JFETs ser bastante alta para grande parte das aplicações. Por causa da impedância de entrada extremamente alta, a corrente de porta (I_G) é essencialmente igual a zero ampère para as configurações de polarização CC.

O motivo do nome FET metal-óxido-semicondutor agora se torna óbvio: *metal* se refere às conexões de dreno, fonte e porta; *óxido*, à camada isolante de dióxido de silício; e *semicondutor*, à estrutura básica na qual as regiões do tipo *p* e *n* são difundidas. A camada isolante entre a porta e o canal resultou em outro nome para o dispositivo: *FET de porta isolada*, ou *IGFET*, apesar de esse termo ser cada vez menos utilizado atualmente.

Operação básica e curvas características

Na Figura 6.25, a tensão porta-fonte é ajustada em zero volt devido à conexão de um terminal com o outro, e a tensão V_{DD} é aplicada através dos terminais dreno-fonte. Isso resulta em uma atração dos elétrons livres do canal *n* para o potencial positivo do dreno, que estabelece uma corrente semelhante à que atravessa o canal do JFET. Na verdade, a corrente resultante com $V_{GS} = 0$ V continua a ser chamada de I_{DSS}, como mostra a Figura 6.26.

Na Figura 6.27, a tensão V_{GS} é negativa, como –1 V. O potencial negativo na porta tenderá a pressionar os elétrons em direção ao substrato do tipo *p* (cargas do mesmo tipo se repelem) e a atrair lacunas do substrato do tipo *p* (cargas opostas se atraem), como mostra a Figura 6.27. Dependendo da magnitude da polarização negativa estabelecida por V_{GS}, um nível de recombinação entre elétrons e lacunas reduzirá o número de elétrons livres disponíveis para condução no canal *n*. Quanto mais negativa for a polarização, maior será a taxa de recombinação. O valor resultante da corrente de dreno é, portanto, reduzido conforme V_{GS} se torna mais negativa, como mostra a Figura 6.26 para $V_{GS} = -1$ V, –2 V, e assim por diante, até o valor de *pinch-off* de – 6 V. Os valores resultantes de corrente de dreno e o traçado da curva de transferência são exatamente como o descrito para o JFET.

Para valores positivos de V_{GS}, a porta com potencial positivo atrai elétrons adicionais (portadores livres) do substrato do tipo *p* devido à corrente de fuga reversa e estabelece novos portadores por meio de colisões resultantes entre partículas aceleradas. A Figura 6.26 mostra que,

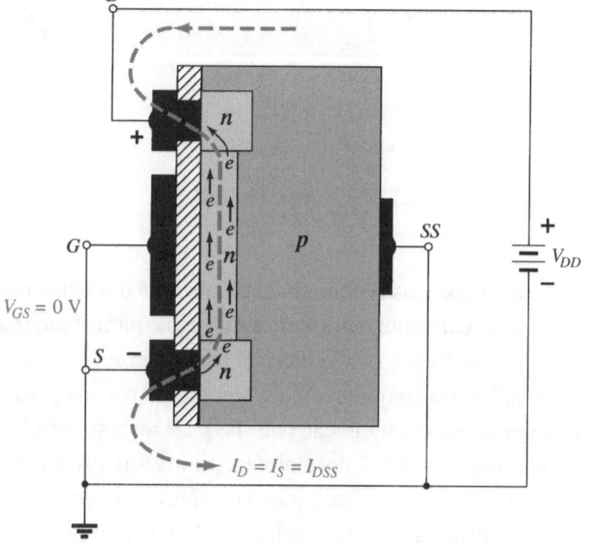

Figura 6.25 MOSFET tipo depleção de canal *n* com $V_{GS} = 0$ V e uma tensão V_{DD} aplicada.

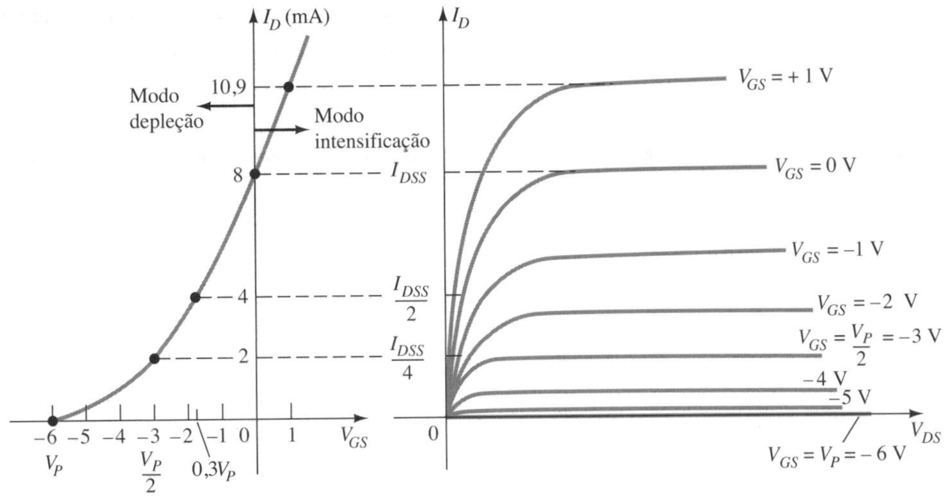

Figura 6.26 Curvas características de dreno e curva de transferência para um MOSFET tipo depleção de canal *n*.

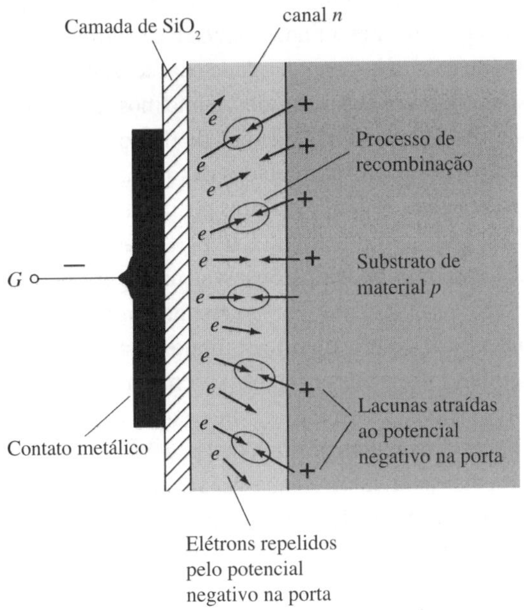

Figura 6.27 Redução dos portadores livres no canal devido ao potencial negativo no terminal de porta.

conforme a tensão porta-fonte aumenta positivamente, a corrente de dreno cresce rapidamente pelas razões listadas anteriormente. O espaçamento vertical entre as curvas $V_{GS} = 0$ V e $V_{GS} = +1$ V da Figura 6.26 é uma clara indicação do quanto a corrente aumenta quando se varia V_{GS} em 1 volt. Devido à elevação rápida, o usuário deve estar atento à especificação para a corrente máxima de dreno, uma vez que ela pode ser ultrapassada com uma tensão positiva de porta. Isto é, para o dispositivo da Figura 6.26, a aplicação de uma tensão $V_{GS} = +4$ V resultaria em uma corrente de dreno de 22,2 mA, capaz de eventualmente exceder a especificação máxima (de corrente ou potência) para o dispositivo. Como mencionado, a aplicação de uma tensão positiva porta-fonte "intensificou" o número de portadores livres no canal, em comparação ao estabelecido quando $V_{GS} = 0$ V. Por esse motivo, a região de tensões positivas de porta nas curvas características de dreno ou na curva de transferência é geralmente chamada de *região de intensificação*; a região entre os valores de corte e saturação de I_{DSS} chama-se *região de depleção*.

É particularmente interessante e útil saber que a equação de Shockley pode ser aplicada às características do MOSFET tipo depleção tanto nas regiões de depleção quanto nas de intensificação. Para ambas as regiões, devemos apenas inserir o sinal de V_{GS} apropriado e monitorá-lo durante as operações matemáticas.

EXEMPLO 6.3

Esboce a curva de transferência para um MOSFET tipo depleção de canal *n* com $I_{DSS} = 10$ mA e $V_P = -4$ V.

Solução:

Em

$$V_{GS} = 0\text{ V}, \quad I_D = I_{DSS} = 10\text{ mA}$$
$$V_{GS} = V_P = -4\text{ V}, \quad I_D = 0\text{ mA}$$
$$V_{GS} = \frac{V_P}{2} = \frac{-4\text{ V}}{2} = -2\text{ V},$$
$$I_D = \frac{I_{DSS}}{4} = \frac{10\text{ mA}}{4} = 2{,}5\text{ mA}$$

e em $I_D = \dfrac{I_{DSS}}{2}$,

$$V_{GS} = 0{,}3\ V_P = 0{,}3(-4\text{ V}) = -1{,}2\text{ V},$$

que aparecem na Figura 6.28.

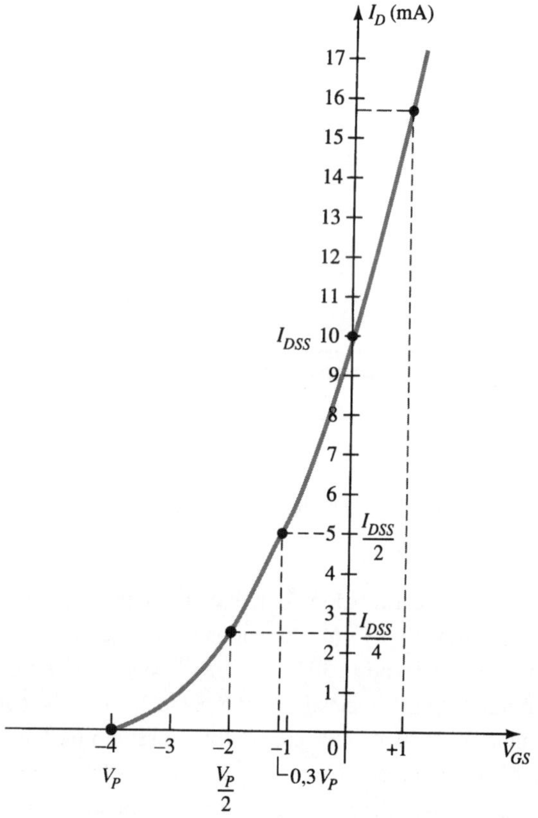

Figura 6.28 Curva característica de transferência para um MOSFET tipo depleção de canal *n* com I_{DSS} = 10 mA e V_P = –4 V.

Antes de traçarmos a curva para a região de valores positivos de V_{GS}, devemos lembrar que I_D aumenta muito rapidamente para valores positivos crescentes de V_{GS}. Em outras palavras, devemos escolher valores razoáveis para serem substituídos na equação de Shockley. Nesse caso, tentaremos +1 V, como segue:

$$I_D = I_{DSS}\left(1 - \frac{V_{GS}}{V_P}\right)^2$$

$$= (10\text{ mA})\left(1 - \frac{+1\text{ V}}{-4\text{ V}}\right)^2$$

$$= (10\text{ mA})(1 + 0{,}25)^2 = (10\text{ mA})(1{,}5625)$$

$$\cong 15{,}63\text{ mA}$$

que é suficientemente alto para que o gráfico seja completado.

MOSFET tipo depleção de canal *p*

A construção do MOSFET tipo depleção de canal *p* é exatamente o oposto do que é mostrado na Figura 6.24. Isto é, existe agora um substrato do tipo *n* e um canal do tipo *p*, como mostra a Figura 6.29(a). Os terminais são os mesmos, mas todas as polaridades das tensões e os sentidos das correntes são invertidos, como mostra essa mesma figura. As curvas características de dreno têm o mesmo formato das curvas apresentadas na Figura 6.26, mas com valores negativos de V_{DS}, valores positivos de I_D (uma vez que o sentido definido foi invertido) e polaridades opostas para V_{GS}, como podemos observar na Figura 6.29(c). A inversão da polaridade de V_{GS} resulta em uma curva de transferência com o mesmo formato da anterior, porém refletida em relação ao eixo I_D, como mostra a Figura 6.29(b). Isto é, a corrente de dreno aumentará do corte, em $V_{GS} = V_P$ na região positiva de V_{GS} até I_{DSS}, e continuará a aumentar para valores cada vez mais negativos de V_{GS}. A equação de Shockley ainda é aplicável e requer apenas a utilização do sinal correto de V_{GS} e V_P.

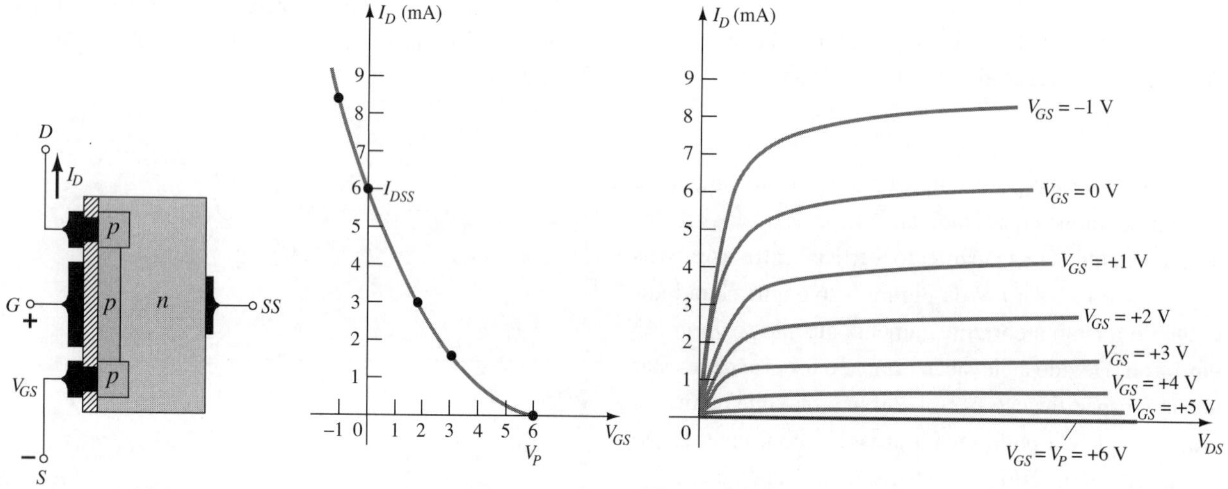

Figura 6.29 MOSFET tipo depleção de canal *p* com I_{DSS} = 6 mA e V_P = + 6 V.

Símbolos, folhas de dados e encapsulamento

Os símbolos gráficos de um MOSFET dos tipos depleção de canal n e p são mostrados na Figura 6.30. Observe que os símbolos escolhidos tentam refletir a construção real do dispositivo. A falta de uma conexão direta (devido à isolação da porta) entre a porta e o canal é representada por um espaço entre a porta e os outros terminais do símbolo. A linha vertical que representa o canal conecta o dreno à fonte e é "sustentada" pelo substrato. Há dois símbolos para cada tipo de canal, pois, em alguns dispositivos, o substrato tem um terminal externo, enquanto em outros não tem. Em grande parte da análise feita no Capítulo 7, o substrato e a fonte são conectados e serão utilizados os símbolos inferiores.

O dispositivo que aparece na Figura 6.31 tem três terminais, e a identificação deles é mostrada na mesma figura. A folha de dados para um MOSFET tipo depleção é semelhante à de um JFET. Os valores de V_P e I_{DSS} são fornecidos ao longo da lista, com os valores máximos permitidos e as características para os estados "ligado" e "desligado". No entanto, uma vez que I_D pode ultrapassar o valor I_{DSS}, normalmente é fornecido outro ponto que represente um valor típico de I_D para uma tensão positiva (quando o dispositivo é de canal n). Para o exemplo da Figura 6.31, I_D é especificado como $I_{D(\text{ligado})}$ = 9 mA CC, com V_{DS} = 10 V e V_{GS} = 3,5 V.

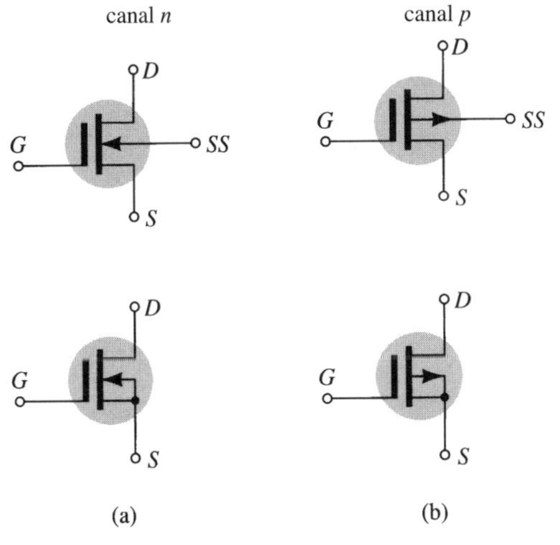

Figura 6.30 Símbolos gráficos para (a) MOSFETs tipo depleção de canal n e (b) MOSFETs tipo depleção de canal p.

6.8 MOSFET TIPO INTENSIFICAÇÃO

Apesar de haver algumas semelhanças em estrutura e modo de operação entre MOSFET tipo depleção e MOSFET tipo intensificação, as características do MOSFET tipo intensificação são bastante diferentes de todas as que foram obtidas até agora. A curva de transferência não é definida pela equação de Shockley, e a corrente de dreno para esse dispositivo é nula até a tensão porta-fonte atingir determinado valor. Em particular, o controle da corrente nesse dispositivo de canal n é realizado por uma tensão positiva porta-fonte, o que não ocorre com o JFET de canal n e com o MOSFET tipo depleção de canal n, onde esse controle é feito por tensões negativas.

Estrutura básica

Na Figura 6.32 é mostrada a estrutura básica de um MOSFET tipo intensificação de canal n. Uma camada grossa de material do tipo p é formada a partir de uma base de silício, e é chamada de substrato. Como no MOSFET tipo depleção, o substrato, às vezes, está conectado internamente ao terminal de fonte e, em outras, temos um quarto terminal (denominado SS) disponível para o controle do potencial do substrato. Os terminais de fonte e de dreno estão conectados novamente às regiões dopadas do tipo n, por meio de contatos metálicos, mas observe, na Figura 6.32, que não existe um canal entre as duas regiões dopadas do tipo n. Essa é a diferença principal que existe entre a estrutura do MOSFET tipo depleção e a do MOSFET tipo intensificação: a ausência de um canal como um componente construtivo do dispositivo. A camada de SiO_2 ainda está presente para isolar a plataforma metálica de porta da região entre o dreno e a fonte, porém, nesse caso, é simplesmente o substrato do tipo p. Em suma, portanto, a construção de um MOSFET tipo intensificação é bem similar à do MOSFET tipo depleção, exceto pela ausência de um canal entre os terminais de dreno e fonte no tipo intensificação.

Operação básica e curvas características

Se V_{GS} é igual a 0 V e uma tensão é aplicada entre o dreno e a fonte do dispositivo da Figura 6.32, a ausência de um canal n (com uma quantidade generosa de portadores livres) resultará em uma corrente efetiva de 0 A, o que é bem diferente de um MOSFET tipo depleção e de um JFET, onde $I_D = I_{DSS}$. Não é suficiente acumular grande número de portadores (elétrons) no dreno e na fonte (devido às regiões dopadas tipo n) se não existe um caminho entre os dois. Com V_{DS} positiva, V_{GS} em 0 V e o terminal SS conectado diretamente à fonte, há, na verdade, duas junções p-n reversamente polarizadas entre as regiões dopadas do tipo n e os substratos p que se opõem a qualquer fluxo significativo entre o dreno e a fonte.

Na Figura 6.33, tanto V_{DS} como V_{GS} são tensões positivas, e estabelecem desse modo um potencial positivo para o dreno e para a porta em relação à fonte. O potencial positivo na porta pressionará as lacunas (uma

2N3797

MOSFET
de baixa potência para áudio

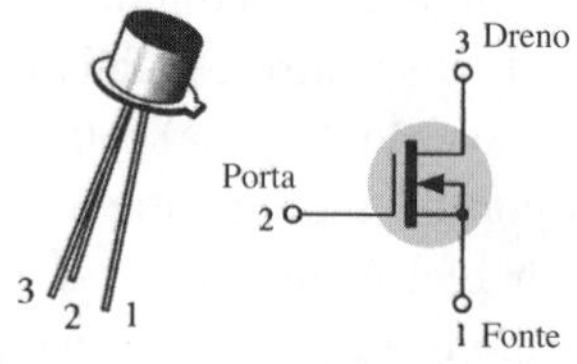

Canal *n* — Depleção

ESPECIFICAÇÕES MÁXIMAS

Especificações	Símbolo	Valor	Unidade
Tensão dreno-fonte 2N3797	V_{DS}	20	Vcc
Tensão porta-fonte	V_{GS}	±10	Vcc
Corrente de dreno	I_D	20	mAcc
Dissipação total do dispositivo @ T_A = 25°C Fator de redução acima de 25°C	P_D	200 1,14	mW mW/°C
Faixa de temperatura da junção	T_J	+175	°C
Faixa de temperatura do canal para armazenamento	T_{stg}	–65 a +200	°C

CARACTERÍSTICAS ELÉTRICAS (T_A = 25°C a menos que outro valor seja especificado)

Características		Símbolo	Mín.	Típ.	Máx.	Unidade
CARACTERÍSTICAS EM ESTADO DESLIGADO						
Tensão de ruptura dreno-fonte (V_{GS} = –7,0 V, I_D = 5,0 μA)	2N3797	$V_{(BR)DSX}$	20	25	–	Vcc
Corrente reversa de porta (1) (V_{GS} = –10 V, V_{DS} = 0)		I_{GSS}	–	–	1,0	pAcc
(V_{GS} = –10 V, V_{DS} = 0, T_A = 150°C)			–	–	200	
Tensão de corte porta-fonte (I_D = 2,0 μA, V_{DS} = 10 V)	2N3797	$V_{GS(desligado)}$	–	–5,0	–7,0	Vcc
Corrente reversa dreno-porta (1) (V_{DG} = 10 V, I_S = 0)		I_{DGO}	–	–	1,0	pAcc
CARACTERÍSTICAS EM ESTADO LIGADO						
Corrente de dreno para tensão nula na porta (V_{DS} = 10 V, V_{GS} = 0)	2N3797	I_{DSS}	2,0	2,9	6,0	mAcc
Corrente de dreno em estado ligado (V_{DS} = 10 V, V_{GS} = +3,5 V)	2N3797	$I_{D(ligado)}$	9,0	14	18	mAcc
CARACTERÍSTICAS DE PEQUENO SINAL						
Admitância de transferência direta (V_{DS} = 10 V, V_{GS} = 0, f = 1,0 kHz)	2N3797	$\|y_{fs}\|$	1500	2300	3000	μmhos
(V_{DS} = 10 V, V_{GS} = 0, f = 1,0 MHz)	2N3797		1500	–	–	
Admitância de saída (I_{DS} = 10 V, V_{GS} = 0, f = 1,0 kHz)	2N3797	$\|y_{os}\|$	–	27	60	μmhos
Capacitância de entrada (V_{DS} = 10 V, V_{GS} = 0, f = 1,0 MHz)	2N3797	C_{iss}	–	6,0	8,0	pF
Capacitância de transferência reversa (V_{DS} = 10 V, V_{GS} = 0, f = 1,0 MHz)		C_{rss}	–	0,5	0,8	pF
CARACTERÍSTICAS FUNCIONAIS						
Figura de ruído (V_{DS} = 10 V, V_{GS} = 0, f = 1,0 kHz, R_S = 3 megohms)		NF	–	3,8	–	dB

(1) Esse valor de corrente inclui tanto a corrente de fuga do FET quanto a corrente de fuga associada ao soquete e ao equipamento de teste quando medidos sob as condições mais favoráveis.

Figura 6.31 MOSFET 2N3797 tipo depleção de canal *n* da Motorola.

vez que cargas iguais se repelem) no substrato *p* ao longo da borda da camada isolante de SiO_2 para que deixem a região e penetrem no substrato até as camadas mais profundas, como mostra a figura. O resultado é uma região de depleção próxima à camada isolante SiO_2 livre de lacunas. No entanto, os elétrons no substrato *p* (os portadores minoritários do material) serão atraídos para a porta positiva e se acumularão próximo à superfície da camada de SiO_2. Essa camada isolante evitará que os portadores negativos sejam absorvidos pelo terminal de

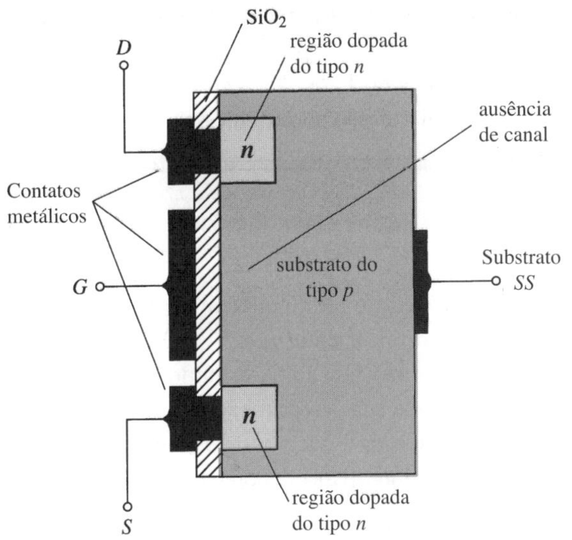

Figura 6.32 MOSFET tipo intensificação de canal n.

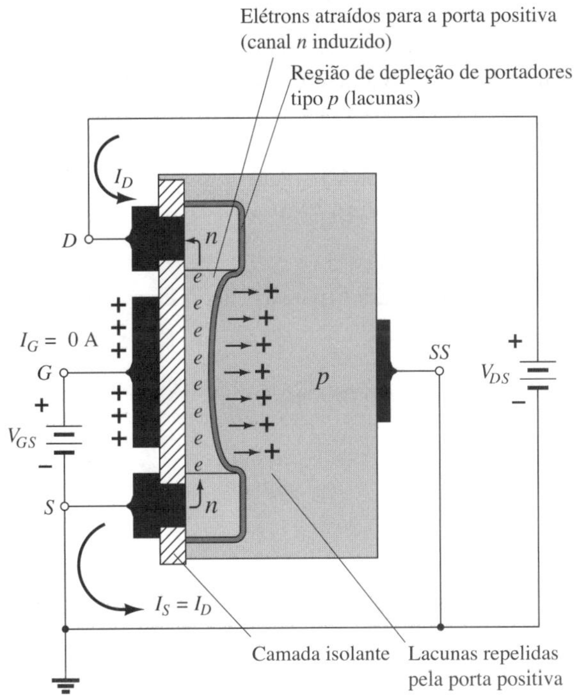

Figura 6.33 Formação do canal no MOSFET tipo intensificação de canal n.

porta. Conforme V_{GS} aumenta de valor, a concentração de elétrons próximo da superfície de SiO_2 se intensifica até um nível em que a região induzida tipo n possa suportar um fluxo mensurável entre o dreno e a fonte. O nível de V_{GS} que produz um aumento significativo da corrente de dreno é chamado de *tensão de limiar*, representado pelo símbolo V_T. Nas folhas de dados, ele é denominado $V_{GS(Th)}$; porém V_T é mais utilizado, e esse será o símbolo adotado na análise a seguir. Visto que o canal não existe com $V_{GS} = 0$ V e é "intensificado" pela aplicação de uma tensão porta-fonte positiva, esse tipo de MOSFET é chamado de *MOSFET tipo intensificação*. Os dois tipos de MOSFETs têm regiões do tipo intensificação, mas o nome foi dado a apenas um por ser seu único modo de operação.

Quando V_{GS} aumenta além do valor de limiar, a densidade de portadores livres no canal induzido cresce, o que resulta em um aumento na corrente de dreno. Entretanto, se mantivermos V_{GS} constante e aumentarmos o valor de V_{DS}, a corrente de dreno eventualmente alcançará o valor de saturação, como ocorreu para o JFET e para o MOSFET tipo depleção. A manutenção de I_D em um valor fixo ocorre devido ao processo de *pinch-off*, que torna o canal induzido mais estreito próximo ao dreno, como mostra a Figura 6.34. Aplicando a lei de Kirchhoff para tensões às tensões dos terminais da Figura 6.34, descobrimos que

$$\boxed{V_{DG} = V_{DS} - V_{GS}} \tag{6.13}$$

Se V_{GS} for mantido em um valor fixo, como 8 V, e V_{DS} for aumentado de 2 V para 5 V, a tensão V_{DG}, de acordo com a Equação 6.13, aumentará de – 6 V para –3 V, e a porta se tornará cada vez menos positiva com relação ao dreno. Tal redução da tensão porta-dreno reduzirá, por sua vez, as forças de atração para os portadores livres (elétrons) nessa região do canal induzido, provocando uma

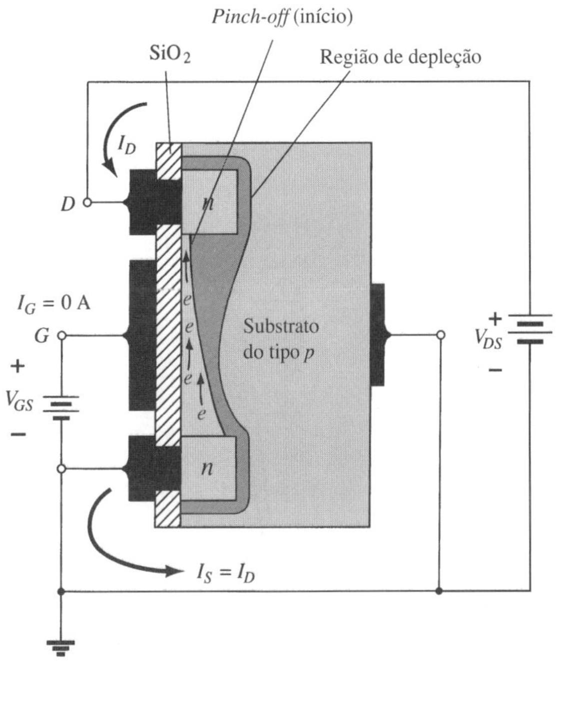

Figura 6.34 Alterações no canal e na região de depleção com o aumento de V_{DS} para um valor fixo de V_{GS}.

redução na largura efetiva desse canal. Eventualmente, o canal será reduzido até o ponto de *pinch-off* e uma condição de saturação será estabelecida, como descrito anteriormente para o JFET e para o MOSFET tipo depleção. Em outras palavras, qualquer aumento adicional de V_{DS}, estando fixa a tensão V_{GS}, não afetará o nível de saturação de I_D até que as condições de ruptura sejam alcançadas.

As curvas características de dreno da Figura 6.35 revelam que, para o dispositivo da Figura 6.34, com V_{GS} = 8 V, a saturação ocorre para V_{DS} = 6 V. Na verdade, o valor de saturação de V_{DS} está relacionado ao valor da tensão V_{GS} aplicada por:

$$V_{DS_{sat}} = V_{GS} - V_T \quad (6.14)$$

Obviamente, portanto, para um valor fixo de V_T, quanto maior o valor de V_{GS}, maior o valor de saturação para V_{DS}, como mostra o lugar geométrico para os valores de saturação na Figura 6.35 .

Para as características da Figura 6.35, o nível de V_T é 2 V, como revela o fato de que a corrente de dreno caiu para 0 mA. De modo geral, portanto:

Para valores de V_{GS} menores do que o nível de limiar, a corrente de dreno de um MOSFET tipo intensificação é 0 mA.

A Figura 6.35 mostra claramente que, quando o valor de V_{GS} aumenta de V_T para 8 V, o valor de saturação resultante para I_D também aumenta, indo de 0 mA para 10 mA. Além disso, é totalmente observável que o espaçamento entre as curvas é ampliado conforme V_{GS} aumenta de valor, o que resulta em aumentos sempre crescentes na corrente de dreno.

Para valores de $V_{GS} > V_T$, a corrente de dreno está relacionada com a tensão porta-fonte pela seguinte relação não linear:

$$I_D = k(V_{GS} - V_T)^2 \quad (6.15)$$

Mais uma vez, o termo quadrático é o responsável pela relação não linear entre I_D e V_{GS}. O termo k é uma constante que é uma função da estrutura do dispositivo. O valor de k pode ser determinado a partir da seguinte equação (derivada da Equação 6.15), em que $I_{D(\text{ligado})}$ e $V_{GS(\text{ligado})}$ são os valores para um ponto particular das curvas do dispositivo.

$$k = \frac{I_{D(\text{ligado})}}{(V_{GS(\text{ligado})} - V_T)^2} \quad (6.16)$$

Substituindo $I_{D(\text{ligado})}$ =10 mA quando $V_{GS(\text{ligado})}$ = 8 V a partir das curvas características da Figura 6.35, temos

$$k = \frac{10\text{ mA}}{(8\text{ V} - 2\text{ V})^2} = \frac{10\text{ mA}}{(6\text{ V})^2} = \frac{10\text{ mA}}{36\text{ V}^2}$$
$$= \mathbf{0{,}278 \times 10^{-3}\ A/V^2}$$

e a equação geral para I_D para as curvas características da Figura 6.35 é:

$$I_D = 0{,}278 \times 10^{-3}(V_{GS} - 2\text{ V})^2$$

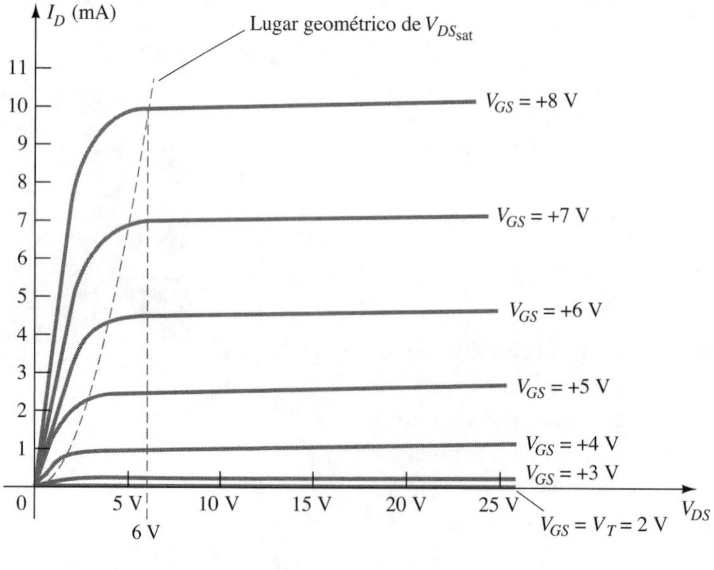

Figura 6.35 Curvas características de dreno de um MOSFET tipo intensificação de canal n com V_T = 2 V e k = 0,278 × 10^{-3} A/V^2.

Substituindo $V_{GS} = 4$ V, concluímos que

$$I_D = 0{,}278 \times 10^{-3}(4\text{ V} - 2\text{ V})^2 = 0{,}278 \times 10^{-3}(2)^2$$
$$= 0{,}278 \times 10^{-3}(4) = \mathbf{1{,}11\ mA}$$

como podemos verificar na Figura 6.35. Em $V_{GS} = V_T$, o termo quadrático é 0 e $I_D = 0$ mA.

Para a análise CC do MOSFET tipo intensificação que será realizada no Capítulo 7, a característica de transferência será novamente a curva a ser empregada na solução gráfica. Na Figura 6.36, as curvas de dreno e a curva de transferência foram colocadas lado a lado para descrever o procedimento de transferência de uma para a outra. Esse processo é realizado, basicamente, do mesmo modo que foi descrito antes para o JFET e para o MOSFET tipo depleção. Nesse caso, porém, devemos lembrar que a corrente de dreno é 0 mA para $V_{GS} \leq V_T$. Conforme V_{GS} aumenta além de V_T, a corrente de dreno I_D começará a fluir a uma taxa crescente, de acordo com a Equação 6.15. Observe que, na definição dos pontos da curva de transferência a partir da curva de dreno, somente os níveis de saturação são empregados e, por esse motivo, a região de operação é limitada aos valores de V_{DS} maiores do que os níveis de saturação, como definido pela Equação 6.14.

A curva de transferência da Figura 6.36 é certamente bem diferente daquela obtida anteriormente. Para um dispositivo de canal *n* (induzido), a curva está agora totalmente na região de valores positivos de V_{GS}, e aumenta somente a partir de $V_{GS} = V_T$. A questão agora é como traçar a curva de transferência, dados os valores de *k* e V_T como vemos a seguir para um MOSFET específico:

$$I_D = 0{,}5 \times 10^{-3}\,(V_{GS} - 4\text{ V})^2$$

Primeiro, uma linha horizontal é desenhada em $I_D = 0$ mA de $V_{GS} = 0$ V até $V_{GS} = 4$ V, como mostra a Figura 6.37(a). Em seguida, um valor para V_{GS} maior do que V_T (como, por exemplo, 5 V) é escolhido e substituído na Equação 6.15 para determinar o valor resultante de I_D como segue:

$$I_D = 0{,}5 \times 10^{-3}(V_{GS} - 4\text{ V})^2$$
$$= 0{,}5 \times 10^{-3}(5\text{ V} - 4\text{ V})^2 = 0{,}5 \times 10^{-3}(1)^2$$
$$= \mathbf{0{,}5\ mA}$$

e um ponto no gráfico é obtido, como mostra a Figura 6.37(b). Por fim, outros valores para V_{GS} são escolhidos, e os valores correspondentes de I_D são obtidos. Em particular, em $V_{GS} = 6$ V, 7 V e 8 V, o valor de I_D é 2 mA, 4,5 mA e 8 mA, respectivamente, como mostra o gráfico da Figura 6.37(c).

MOSFET tipo intensificação de canal *p*

A estrutura de um MOSFET tipo intensificação de canal *p* é exatamente inversa àquela que aparece na Figura 6.32, como mostra a Figura 6.38(a). Isto é, agora o substrato é do tipo *n*, e as regiões abaixo das conexões de dreno e da fonte são do tipo *p*. Os terminais continuam como identificados, mas todas as polaridades das tensões e os sentidos das correntes são invertidos. As curvas características de dreno são como mostra a Figura 6.38(c), com aumento dos valores de corrente resultantes de valores crescentes negativos de V_{GS}. A curva característica de transferência da Figura 6.38(b) é a imagem refletida (em relação ao eixo I_D) da curva de transferência da Figura 6.36, com I_D

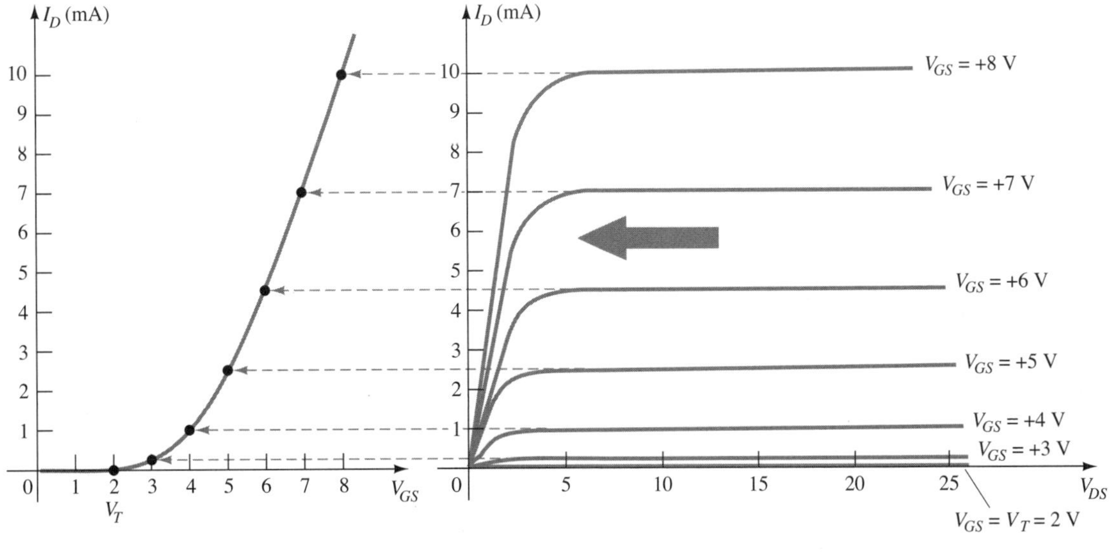

Figura 6.36 Esboço da curva característica de transferência de um MOSFET tipo intensificação de canal *n* a partir das curvas características do dreno.

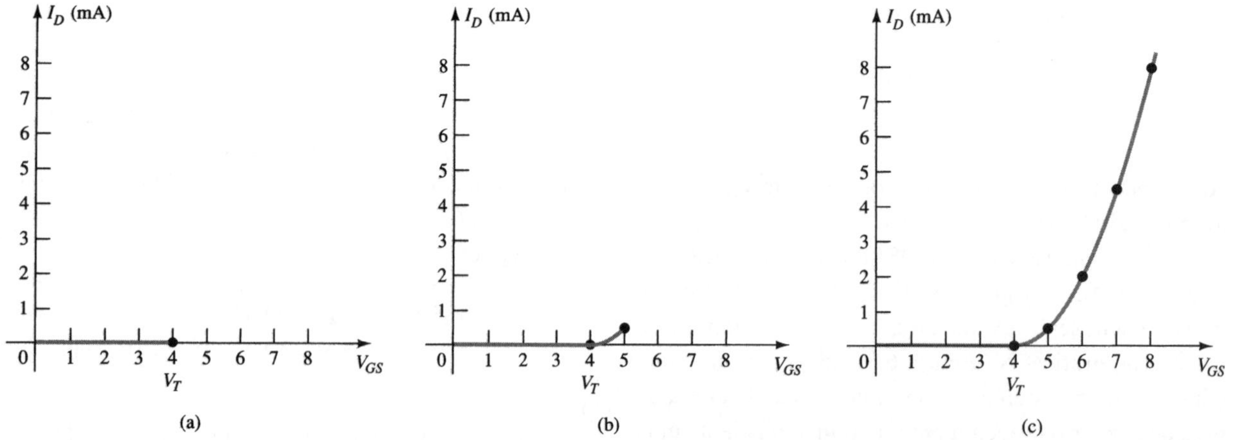

Figura 6.37 Gráfico da curva característica de transferência de um MOSFET tipo intensificação de canal n com $k = 0{,}5 \times 10^{-3}$ A/V^2 e $V_T = 4$ V.

crescente para valores de V_{GS} negativos crescentes além de V_T, como mostra a Figura 6.38(c). As equações 6.13 a 6.16 são igualmente aplicáveis aos dispositivos de canal p.

Símbolos, folhas de dados e encapsulamento

Na Figura 6.39, são apresentados os símbolos gráficos para os MOSFETs tipo intensificação de canal n e canal p. Observe novamente que os símbolos tentam refletir a estrutura real do dispositivo. A linha tracejada entre o dreno e a fonte significa que não há um canal entre os dois terminais sob condições de não polarização. Na verdade, essa é a única diferença entre os símbolos dos MOSFETs tipo depleção e tipo intensificação.

Na Figura 6.40, é mostrada a folha de dados para o MOSFET tipo intensificação de canal n da Motorola.

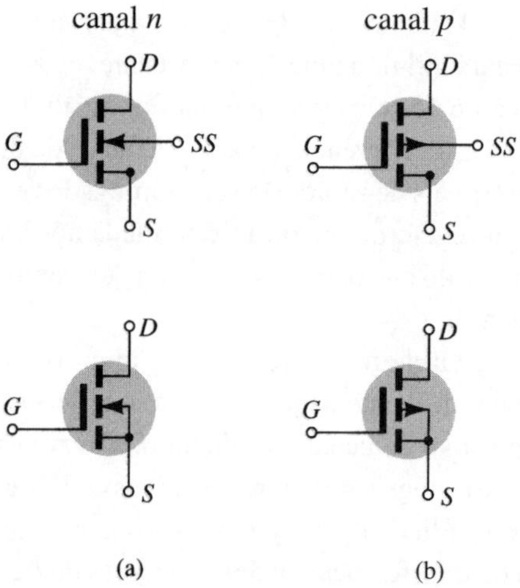

Figura 6.39 Símbolos para (a) MOSFET tipo intensificação de canal n e (b) MOSFET tipo intensificação de canal p.

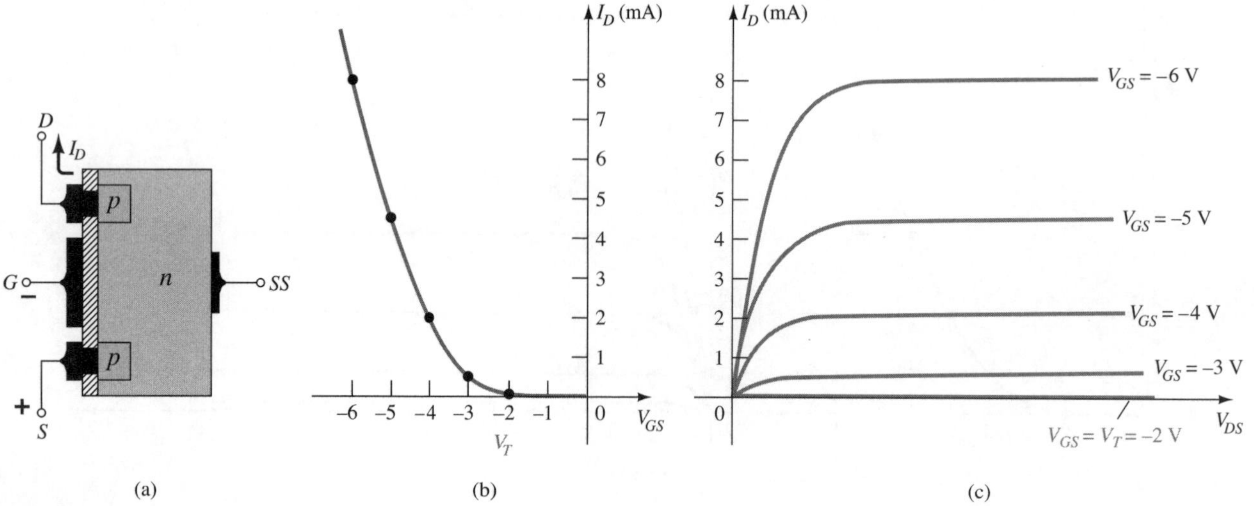

Figura 6.38 MOSFET tipo intensificação de canal p com $V_T = 2$ V e $k = 0{,}5 \times 10^{-3}$ A/V^2.

O encapsulamento e a identificação dos terminais são fornecidos junto às especificações máximas do dispositivo, que agora inclui uma corrente máxima de dreno de 30 mA CC. A folha de dados fornece o valor de I_{DSS} na condição de "desligado", que agora é simplesmente 10 nA CC (em V_{DS} = 10 V, V_{GS} = 0 V), bem menor do que o verificado para o JFET e o MOSFET tipo depleção. A tensão de limiar é representada por $V_{GS(\text{Th})}$, e varia de 1 V a 5 V CC, dependendo do dispositivo empregado.

A folha de dados não fornece o valor de *k* da Equação 6.15; entretanto, especifica um valor de $I_{D(\text{ligado})}$ (3 mA, nesse caso) para um valor de $V_{GS(\text{ligado})}$ (10 V para esse valor de I_D). Isto é, quando V_{GS} = 10 V, I_D = 3 mA. Os valores apresentados de $V_{GS(\text{Th})}$, $I_{D(\text{ligado})}$ e $V_{GS(\text{ligado})}$ permitem uma determinação de *k* a partir da Equação 6.16 e da equação geral para a curva característica de transferência. As especificações do MOSFET são revistas na Seção 6.9.

2N4351

MOSFET de chaveamento

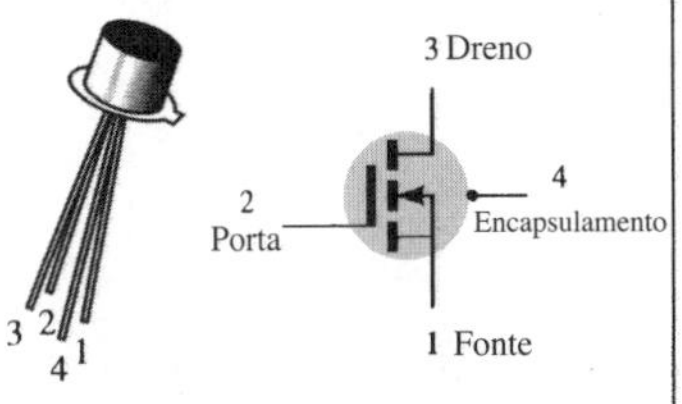

Canal *n* — Intensificação

ESPECIFICAÇÕES MÁXIMAS

Especificações	Símbolo	Valor	Unidade
Tensão dreno-fonte	V_{DS}	25	Vcc
Tensão dreno-porta	V_{DG}	30	Vcc
Tensão porta-fonte*	V_{GS}	30	Vcc
Corrente de dreno	I_D	30	mAcc
Dissipação total do dispositivo @ T_A = 25°C Fator de redução acima de 25°C	P_D	300 1,7	mW mW/°C
Faixa de temperatura da junção	T_J	175	°C
Faixa de temperatura do canal para armazenamento	T_{stg}	–65 a +175	°C

* Potenciais transitórios de ±75 V não causam falha na função porta-óxido.

CARACTERÍSTICAS ELÉTRICAS (T_A = 25°C a menos que outro valor seja especificado)

Características	Símbolo	Mín.	Máx.	Unidade
CARACTERÍSTICAS EM ESTADO DESLIGADO				
Tensão de ruptura dreno-fonte (I_D = 10 μA, V_{GS} = 0)	$V_{(BR)DSX}$	25	–	Vcc
Corrente de dreno para tensão nula na porta (V_{DS} = 10 V, V_{GS} = 0) T_A = 25°C T_A = 150°C	I_{DSS}	– –	10 10	nAcc μAcc
Corrente reversa de porta (V_{GS} = ± 15 Vcc, V_{DS} = 0)	I_{GSS}	–	± 10	pAcc
CARACTERÍSTICAS EM ESTADO LIGADO				
Tensão de limiar da porta (V_{DS} = 10 V, I_D = 10 μA)	$V_{GS(Th)}$	1,0	5	Vcc
Tensão de estado ligado dreno-fonte (I_D = 2,0 mA, V_{GS} = 10V)	$V_{DS(ligado)}$	–	1,0	V
Corrente de dreno no estado ligado (V_{GS} = 10 V, V_{DS} = 10 V)	$I_{D(ligado)}$	3,0	–	mAcc
CARACTERÍSTICAS DE PEQUENO SINAL				
Admitância de transferência direta (V_{DS} = 10 V, I_D = 2,0 mA, f = 1,0 kHz)	$\|y_{fs}\|$	1000	–	μmho
Capacitância de entrada (V_{DS} = 10 V, V_{GS} = 0, f = 140 kHz)	C_{iss}	–	5,0	pF
Capacitância reversa de transferência (V_{DS} = 0, V_{GS} = 0, f = 140 kHz)	C_{rss}	–	1,3	pF
Capacitância substrato-dreno ($V_{D(SUB)}$ = 10 V, f = 140 kHz)	$C_{d(sub)}$	–	5,0	pF
Resistência dreno-fonte (V_{GS} = 10 V, I_D = 0, f = 1,0 kHz)	$r_{d_s(ligado)}$	–	300	ohms
CARACTERÍSTICAS DE CHAVEAMENTO				
Atraso de ligamento (Fig. 5) — I_D = 2,0 mAcc, V_{DS} = 10 Vcc, (V_{GS} = 10 Vcc) (Veja a Figura 9; circuito de tempo determinado)	t_{d1}	–	45	ns
Tempo de subida (Fig. 6)	t_r	–	65	ns
Atraso de desligamento (Fig. 7)	t_{d2}	–	60	ns
Tempo de queda (Figura 8)	t_f	–	100	ns

Figura 6.40 MOSFET 2N4351 tipo intensificação de canal *n* da Motorola.

EXEMPLO 6.4

Utilizando os dados fornecidos na folha de dados da Figura 6.40 e uma tensão média de limiar de $V_{GS(Th)} = 3$ V, determine:

a) O valor resultante de k para o MOSFET.

b) A curva característica de transferência.

Solução:

a) Equação 6.16:

$$k = \frac{I_{D(\text{ligado})}}{(V_{GS(\text{ligado})} - V_{GS(\text{Th})})^2} = \frac{3\text{ mA}}{(10\text{ V} - 3\text{ V})^2} = \frac{3\text{ mA}}{(7\text{ V})^2} = \frac{3 \times 10^{-3}}{49}\text{A/V}^2 = \mathbf{0{,}061 \times 10^{-3}\ A/V^2}$$

b) Equação 6.15:

$$I_D = k(V_{GS} - V_T)^2 = 0{,}061 \times 10^{-3}(V_{GS} - 3\text{ V})^2$$

Para $V_{GS} = 5$ V:

$$I_D = 0{,}061 \times 10^{-3}(5\text{ V} - 3\text{ V})^2 = 0{,}061 \times 10^{-3}(2)^2 = 0{,}061 \times 10^{-3}(4) = 0{,}244\text{ mA}$$

Para $V_{GS} = 8$ V, 10 V, 12 V e 14 V, I_D será 1,525 mA, 3 mA (conforme previsto), 4,94 mA e 7,38 mA, respectivamente. A curva de transferência é esboçada na Figura 6.41.

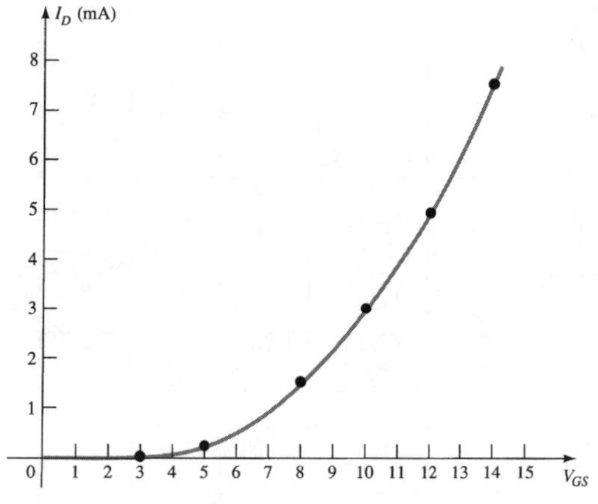

Figura 6.41 Solução do Exemplo 6.4.

6.9 MANUSEIO DO MOSFET

A fina camada de SiO_2 entre a porta e o canal do MOSFET tem o efeito positivo de permitir uma característica de alta impedância de entrada para o dispositivo, mas sua largura extremamente reduzida introduz uma preocupação com o seu manuseio, o que não ocorria com os transistores TBJ e JFET. Frequentemente há um acúmulo suficiente de carga estática que adquirimos (devido a condições externas) que estabelece uma diferença de potencial através da fina camada e que pode, eventualmente, danificá-la e permitir a condução através dela. É necessário, então, que seja mantida a embalagem condutiva (ou anel de curto-circuito) conectando os terminais do dispositivo até que ele seja inserido no sistema. Assim, evitamos a possibilidade do surgimento de um potencial entre quaisquer dois terminais do dispositivo. Com o anel, a diferença de potencial entre dois terminais quaisquer é mantida em 0 V. No mínimo, sempre toque um ponto aterrado para permitir a descarga das cargas estáticas acumuladas antes de manusear o dispositivo, e somente segure o transistor pelo encapsulamento.

Frequentemente ocorrem transientes (mudanças abruptas no valor de tensão ou de corrente) em um circuito quando elementos são removidos ou inseridos com a fonte ligada. Os níveis de transiente podem ultrapassar os limites que o dispositivo suporta e, por isso, a fonte deve estar sempre desligada ao modificarmos o circuito.

A máxima tensão porta-fonte costuma ser fornecida na folha de dados do dispositivo. Um método para assegurar que essa tensão não seja ultrapassada (talvez devido a um efeito transiente) em ambas as polaridades consiste em introduzir dois diodos Zener, como mostra a Figura 6.42. Os Zeners são colocados em posições opostas um ao outro para garantir proteção em ambas as polaridades. Se forem utilizados Zeners de 30 V e surgir no circuito um transiente positivo de 40 V, o Zener inferior da figura vai "disparar" em 30 V, e o diodo superior ligará com uma queda de tensão de zero volt (considerando um diodo semicondutor ideal em situação "ligado"). O resultado disso é que limitamos a tensão porta-fonte a 30 V. Uma desvantagem introduzida pelo Zener é que a resistência de um diodo Zener "desligado" é menor do que a impedância de entrada estabelecida pela camada SiO_2. A impedância é reduzida, mas, mesmo assim, é muito grande para a maioria das aplicações. Os dispositivos discretos que possuem a proteção de Zener são tantos que alguns dos problemas listados anteriormente não incomodam mais. No entanto, devemos ter cautela ao manipular dispositivos MOSFET discretos.

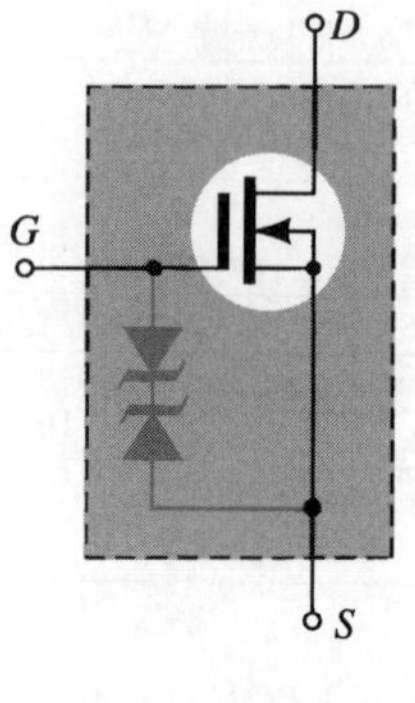

Figura 6.42 MOSFET protegido por Zener.

6.10 MOSFETs DE POTÊNCIA VMOS E UMOS

Uma das desvantagens do MOSFET planar comum é seu nível reduzido de potência de operação (geralmente menor do que 1 W) e de valores de corrente, em comparação com a ampla gama de transistores bipolares. Entretanto, com um projeto vertical como o ilustrado para o MOSFET VMOS da Figura 6.43(a) e o MOSFET UMOS da Figura 6.43(b), os níveis de potência e corrente foram aumentados juntamente com velocidades de chaveamento mais altas e dissipação de potência reduzida. Todos os elementos do MOSFET planar estão presentes nos tipos VMOS e UMOS — a conexão da superfície metálica aos terminais do dispositivo, a camada de SiO_2 entre a porta e a região do tipo p localizada entre o dreno e a fonte para o crescimento do canal n induzido (operação tipo intensificação). O termo *vertical* se deve principalmente ao fato de o canal agora ser formado na direção *vertical*, resultando em uma corrente de direção vertical, ao contrário do que ocorria com o dispositivo planar, no qual o crescimento do canal era horizontal. No entanto, o canal da Figura 6.43(a) também possui o aspecto de um corte em "V" na base semicondutora, que, para alguns, pode servir de característica para a memorização do nome do dispositivo. A estrutura da Figura 6.43(a) é um tanto simplificada, pois não considera alguns dos níveis de transição de dopagem; porém, ainda assim, permite uma descrição das facetas mais importantes de operação do dispositivo.

A aplicação de uma tensão positiva no dreno e uma tensão negativa na fonte, com a porta em 0 V ou em algum valor positivo para o estado "ligado", como mostra a Figura 6.43(a), resulta em um canal n induzido na região estreita do tipo p do dispositivo. O comprimento do canal agora é definido pela altura vertical de região p, que pode se tornar significativamente menor do que a de um canal em que se emprega a estrutura planar. Em um plano horizontal, o comprimento do canal é limitado entre 1 μm e 2 μm (1 μm = 10^{-6} m). As camadas de difusão (tal como a região p da Figura 6.43) podem ser controladas em pequenas frações de um mícron. Uma vez que o comprimento do canal é diretamente proporcional ao valor de resistência, o nível de dissipação de potência do dispositivo (dissipada na forma de calor) é menor para os valores de corrente de operação. Além disso, a área de contato entre o canal e a região n^+ é bastante aumentada pela construção vertical, contribuindo para mais redução do valor de resistência e para um aumento de área para o fluxo de corrente entre as camadas dopadas. Existem também dois caminhos de condução entre o dreno e a fonte, como mostra a Figura 6.43, o que torna maior a amplitude de corrente para o dispositivo. Devido a todas essas características, o dispositivo suporta correntes de dreno da ordem de ampères e níveis de potência acima de 10 W.

O MOSFET VMOS foi o primeiro da linha de MOSFETs verticais a ser destinado principalmente para uso como chaves de potência para controlar a operação de fontes de alimentação, controladores de motor de baixa tensão, conversores CC-CC, monitores de tela plana e uma série de aplicações nos automóveis modernos. Fundamentalmente, um chaveador eficaz deve funcionar em tensões relativamente baixas (inferiores a 200 V) e ter excelentes características de alta velocidade e baixos valores de resistência "ligada" para assegurar perdas mínimas de potência durante a operação. Ao longo do tempo, uma variedade de outros projetos verticais começou a surgir para melhorar a estrutura em "V" da Figura 6.43(a). O trabalho delicado necessário para estabelecer o sulco em V resultou em dificuldades na criação de uma tensão de limiar consistente, e a ponta afiada no final do canal criava campos elétricos elevados que afetavam a tensão de ruptura do MOSFET.

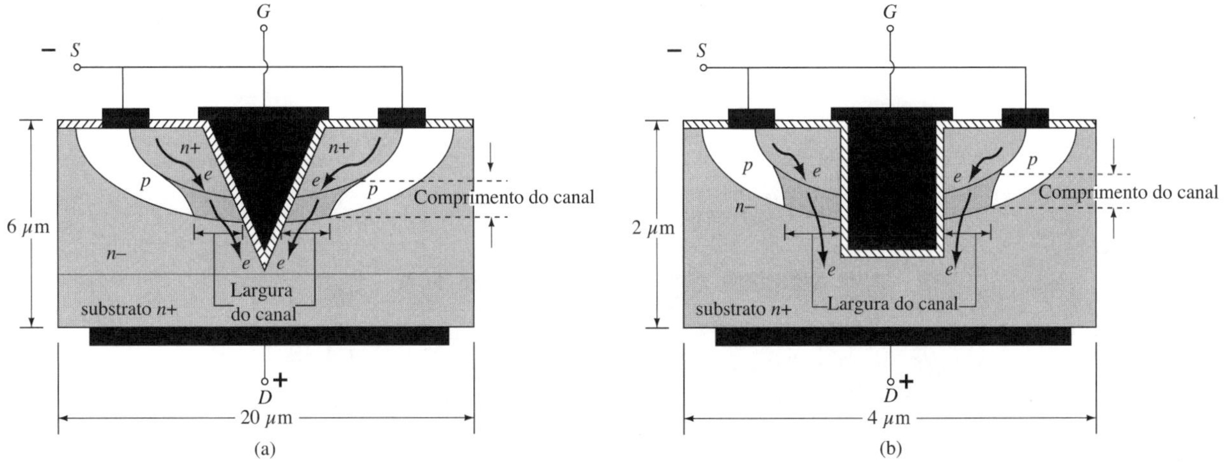

Figura 6.43 (a) MOSFET VMOS; (b) MOSFET UMOS.

A tensão de ruptura é importante porque está diretamente relacionada com a resistência "ligada". Quando se aumenta a tensão de ruptura, a resistência "ligada" começa a aumentar.

Uma melhoria em relação ao projeto em "V" é o sulco ou o canal em "U", mostrado na Figura 6.43(b). O funcionamento desse MOSFET UMOS (também chamado Trench MOSFET) é muito semelhante ao do MOSFET VMOS, mas com características aprimoradas. Em primeiro lugar, o processo de fabricação é preferido porque o processo de *trench-etching* desenvolvido para as células de memória em DRAMs pode ser utilizado. O resultado é a largura reduzida para algo em torno de 2 μm a 10 μm em comparação com a estrutura VMOS com largura na faixa de 20 μm a 30 μm. A largura do canal em si pode ser de apenas 1 μm, com altura de 2 μm. A resistência "ligada" é menor usando-se o método de trincheira (*trench*) porque o comprimento do canal é diminuído e a largura do caminho da corrente aumenta próximo ao fundo da trincheira. No entanto, devido à grande área de superfície necessária para o pesado fluxo de corrente, existem efeitos capacitivos que devem ser levados em consideração para frequências acima de 100 kHz. Os três que devem ser analisados são C_{GS}, C_{GD} e C_{DS} (respectivamente referidos como C_{iss}, C_{rss} e C_{oss} em folhas de dados). Para o MOSFET UMOS, a capacitância porta-fonte na entrada é a maior e, normalmente, consiste em milhares de pF.

A linha de UMOS-V MOSFETs da Toshiba tem uma corrente de dreno que vai de 11 A a 45 A com resistências "ligadas" tão baixas quanto 3,1 mΩ a 11,5 mΩ em 10 V. A tensão dreno-fonte máxima para as unidades é de 30 V, e a capacitância porta-fonte varia de 1400 pF a 4600 pF. São usadas principalmente em monitores de tela plana, computadores *desktop* e *notebooks* e outros dispositivos eletrônicos portáteis.

Portanto, de modo geral,

comparado ao MOSFET planar, o MOSFET de potência tem valores de resistência "ligada" menores e especificações de corrente e potência maiores.

Outra importante característica da construção vertical é:

O MOSFET de potência tem um coeficiente de temperatura positivo que evita a possibilidade de uma deriva térmica.

Se a temperatura do dispositivo se elevasse devido às condições externas, os valores de resistência aumentariam, ocasionando uma redução na corrente de dreno, ao contrário do que ocorre com um dispositivo convencional. Coeficientes de temperatura negativos resultam em uma redução dos valores de resistência com o aumento da temperatura, o que faz o fluxo de corrente se elevar, causando uma instabilidade e uma possível deriva térmica.

Outra importante característica da configuração vertical:

Os níveis reduzidos de armazenamento de carga proporcionam períodos de chaveamento mais rápidos na construção vertical quando comparados àqueles obtidos para a construção planar convencional.

Na verdade, os dispositivos VMOS e UMOS apresentam períodos de chaveamento menores do que a metade do período encontrado para um TBJ comum.

6.11 CMOS

É possível estabelecer um circuito lógico bastante eficiente por meio da construção de um MOSFET de canal *p* e um de canal *n* no mesmo substrato, como mostra a Figura 6.44. Observe o canal *p* induzido à esquerda e o canal *n* induzido à direita para os dispositivos de canal *p* e *n*, respectivamente. A configuração é chamada de arranjo *MOSFET complementar* (CMOS); é intensamente empregada em projetos de lógica computacional. A impedância de entrada relativamente alta, a alta velocidade de chaveamento e os níveis reduzidos de potência de operação da configuração CMOS resultaram em uma disciplina completamente nova, chamada de *projeto por lógica CMOS*.

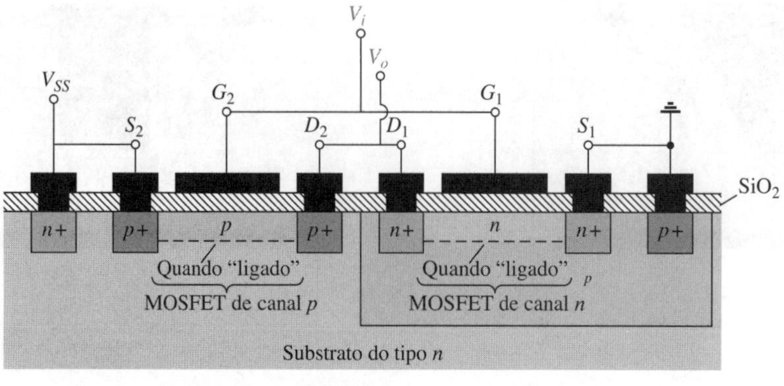

Figura 6.44 CMOS com as conexões indicadas na Figura 6.45.

É possível empregar o arranjo complementar com bastante eficiência como um inversor, como mostra a Figura 6.45. Como mencionado no caso dos transistores de chaveamento, o inversor é um elemento na lógica que "inverte" o sinal aplicado. Isto é, se os valores de operação forem de 0 V (estado 0) e 5 V (estado 1), uma tensão de 0 V na entrada dará como saída um valor de 5 V e *vice-versa*. Observe, na Figura 6.45, que ambas as portas estão conectadas ao sinal aplicado e ambos os drenos à saída V_o. O terminal de fonte do MOSFET de canal *p* (Q_2) está conectado diretamente à tensão aplicada V_{SS}, enquanto o terminal de fonte do MOSFET de canal *n* (Q_1) está conectado ao terra. Para os níveis lógicos definidos anteriormente, a aplicação de 5 V na entrada deve resultar em cerca de 0 V na saída. Com 5 V em V_i (com relação ao terra), $V_{GS_1} = V_i$ e Q_1 está "ligado", o que resulta em um valor relativamente baixo de resistência entre o dreno e a fonte, como mostra a Figura 6.46. Visto que V_i e V_{SS} são iguais a 5 V, $V_{GS2} = 0$ V, que é menor do que o V_T exigido para o dispositivo, resultando em um estado "desligado". O valor resultante da resistência entre o dreno e a fonte é bastante alto para Q_2, como mostra a Figura 6.46. Uma simples aplicação da regra do divisor de tensão revela que, nessas condições, V_o está bem próximo de 0 V (estado 0), estabelecendo a operação de inversão desejável. Para uma tensão aplicada V_i de 0 V (estado 0), $V_{GS_1} = 0$ V, e Q_1 estará "desligado" com $V_{SS_2} = -5$ V, ligando o MOSFET de canal *p*. O resultado disso é que Q_2 apresentará uma resistência baixa; Q_1, uma resistência alta; e $V_o = V_{SS} = 5$ V (estado 1). Como a corrente de dreno que flui em cada caso é limitada, pelo transistor "desligado", à corrente de fuga, a potência dissipada pelo dispositivo nos dois estados é muito baixa. Comentários adicionais sobre a aplicação da lógica CMOS serão apresentados no Capítulo 13.

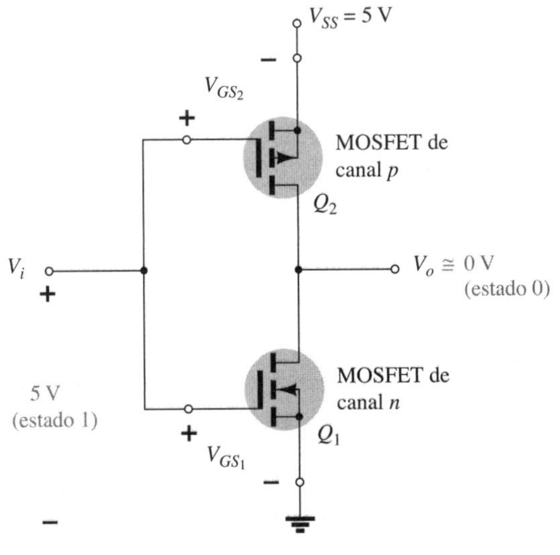

Figura 6.45 Inversor CMOS.

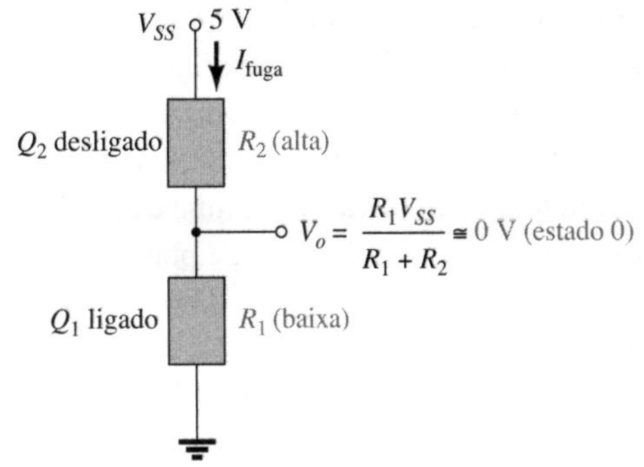

Figura 6.46 Níveis relativos de resistência para $V_i = 5$ V (estado 1).

6.12 MESFETs

Como foi observado em discussões anteriores, o uso de GaAs na construção de dispositivos semicondutores ocorre há algumas décadas. Infelizmente, porém, fatores como custos de fabricação, menor densidade resultante em CIs e problemas de produção permitiram que esse uso ganhasse destaque no setor apenas nos últimos anos. A necessidade atual de dispositivos de alta velocidade e de métodos aprimorados de produção criaram uma forte demanda por circuitos integrados em larga escala que usam GaAs.

Embora os MOSFETs de Si que acabamos de descrever possam ser feitos também com GaAs, o processo de fabricação se torna mais difícil por causa de problemas de difusão. No entanto, a produção de FETs utilizando uma barreira Schottky (discutida em detalhes no Capítulo 16) na porta pode ser muito eficiente:

Barreiras Schottky são barreiras criadas pelo depósito de um metal como tungstênio sobre um canal do tipo n.

A utilização de uma barreira Schottky na porta é a principal diferença em relação aos MOSFETs dos tipos depleção e intensificação, que empregam uma barreira isolante entre o contato de metal e o canal do tipo *n*. A ausência de uma camada isolante reduz a distância entre a superfície de contato metálico da porta e a camada de semicondutor, resultando em um nível inferior de capacitância de dispersão entre as duas superfícies (lembre-se do efeito da distância entre as placas de um capacitor e sua capacitância terminal). O resultado do nível mais baixo de capacitância é uma sensibilidade reduzida a altas frequências (formando um efeito de curto-circuito), que suporta ainda mais a grande mobilidade dos portadores no material de GaAs.

A presença de uma junção metal-semicondutor é a razão pela qual tais FETs são chamados de *transistores de efeito de campo metal-semicondutor* (MESFETs). Sua estrutura básica é fornecida na Figura 6.47. Nela observamos que o terminal de porta está ligado diretamente a um condutor metálico em posição diretamente oposta ao canal *n*, que se estende entre os terminais de fonte e dreno. A única diferença em relação à estrutura do MOSFET tipo depleção é a ausência do isolante na porta. Quando uma tensão negativa é aplicada à porta, ela repele portadores livres negativos (elétrons) do canal para longe da superfície de metal, reduzindo o número de portadores no canal. O resultado disso é uma corrente de dreno reduzida, como mostra a Figura 6.48, para valores crescentes de tensão negativa no terminal da porta. Para tensões positivas na porta, elétrons adicionais serão atraídos para o canal, e a corrente se elevará como vemos pelas características de dreno da Figura 6.48. O fato de as curvas características de dreno e a curva de transferência do MESFET tipo depleção serem tão semelhantes às do MOSFET do mesmo tipo resulta em técnicas de análise semelhantes às aplicadas aos MOSFETs tipo depleção. As polaridades e os sentidos reais definidos para o MESFET são fornecidos na Figura 6.49 juntamente com o símbolo para o dispositivo.

Há também MESFETs tipo intensificação com uma estrutura igual à da Figura 6.47, mas sem o canal inicial, como mostra a Figura 6.50 juntamente com seu símbolo

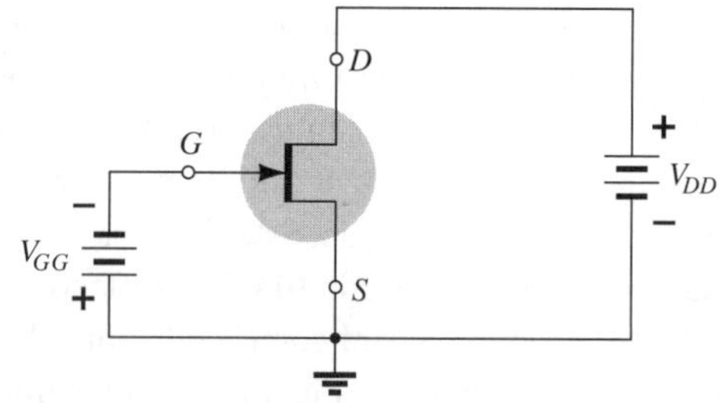

Figura 6.49 Símbolo e arranjo básico de polarização para um MESFET de canal *n*.

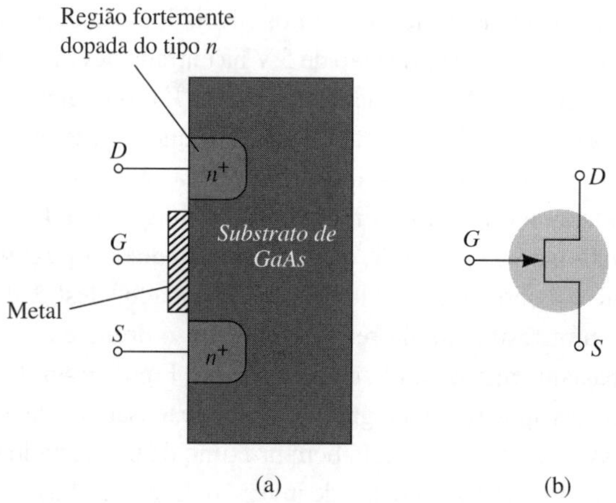

Figura 6.50 MESFET tipo intensificação: (a) estrutura; (b) símbolo.

gráfico. A resposta e as características são essencialmente as mesmas que para o MOSFET do mesmo tipo. Contudo, devido à barreira Schottky na porta, a tensão de limiar positiva é limitada de 0 V até cerca de 0,4 V, pois a tensão necessária para ligar um diodo de barreira Schottky gira em torno de 0,4 V. Novamente, as técnicas de análise aplicadas aos MESFETs tipo intensificação se assemelham às utilizadas para MOSFETs do mesmo tipo.

É importante compreender, porém, que o canal deve ser um material do tipo *n* em um MESFET. A mobilidade das lacunas no GaAs é relativamente baixa em comparação com a dos portadores de carga negativa, o que acaba com a vantagem de utilizar GaAs em aplicações de alta velocidade. O resultado é:

> *MESFETs tipo depleção e intensificação são feitos com um canal n entre o dreno e a fonte e, por conseguinte, apenas MESFETs do tipo n estão comercialmente disponíveis.*

Para ambos os tipos de MESFET, o comprimento do canal (identificado nas figuras 6.47 e 6.50) deve ser o mais curto possível para aplicações de alta velocidade. O comprimento mais usual está entre 0,1 μm e 1 μm.

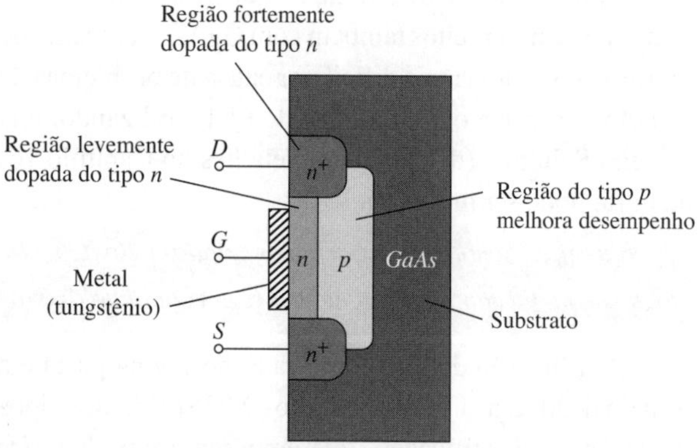

Figura 6.47 Estrutura básica de um MESFET de canal *n*.

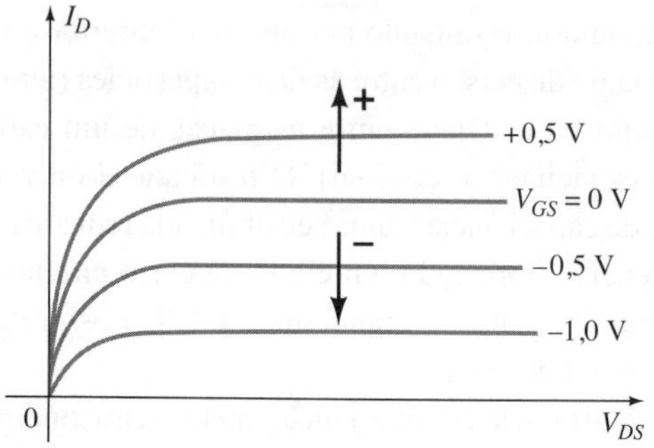

Figura 6.48 Características de um MESFET de canal *n*.

6.13 TABELA-RESUMO

Visto que as curvas de transferência e algumas características importantes variam de um tipo de FET para outro, a Tabela 6.3 foi elaborada para mostrar claramente as diferenças entre os dispositivos. Uma clara compreensão do significado de todas as curvas e de todos os parâmetros da tabela será suficiente para acompanhar as análises CC e CA feitas mais adiante. Estude e compreenda cada curva e sua composição e, então, estabeleça uma base para a comparação dos valores para os importantes parâmetros R_i e C_i de cada dispositivo.

Tabela 6.3 Transistores de efeito de campo.

Tipo	Símbolo e relações básicas	Curva de transferência	Resistência e capacitância de entrada
JFET (canal n)	$I_G = 0\text{ A}, I_D = I_S$ 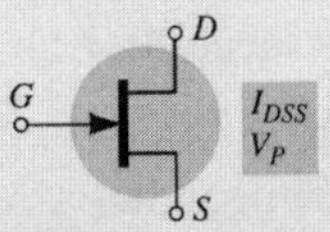 $I_D = I_{DSS}\left(1 - \frac{V_{GS}}{V_P}\right)^2$	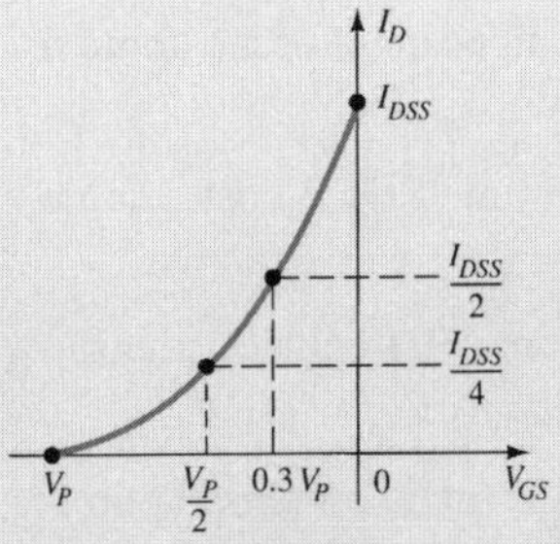 	$R_i > 100\text{ M}\Omega$ C_i: (1 − 10) pF
MOSFET tipo depleção (canal n)	$I_G = 0\text{ A}, I_D = I_S$ 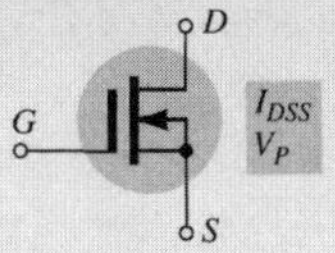 $I_D = I_{DSS}\left(1 - \frac{V_{GS}}{V_P}\right)^2$	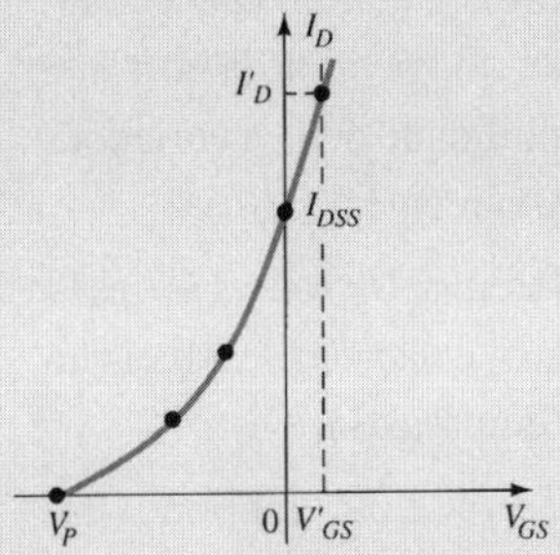 	$R_i > 10^{10}\ \Omega$ C_i: (1 − 10) pF
MOSFET tipo intensificação (canal n)	$I_G = 0\text{ A}, I_D = I_S$ 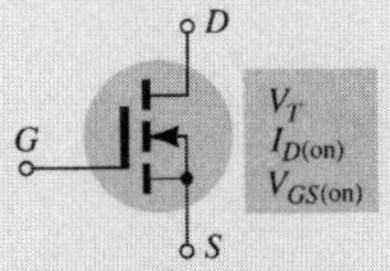 $I_D = k(V_{GS} - V_{GS(Th)})^2$ $k = \frac{I_{D(on)}}{(V_{GS(on)} - V_{GS(Th)})^2}$	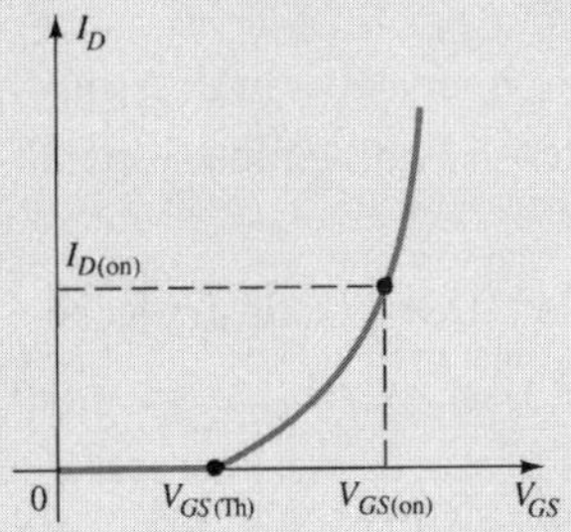 	$R_i > 10^{10}\ \Omega$ C_i: (1 − 10) pF
MESFET tipo depleção (canal n)	$I_G = 0\text{ A}, I_D = I_S$ 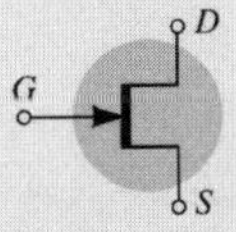 $I_D = I_{DSS}\left(1 - \frac{V_{GS}}{V_P}\right)^2$ $I_G = 0\text{ A}, I_D = I_S$	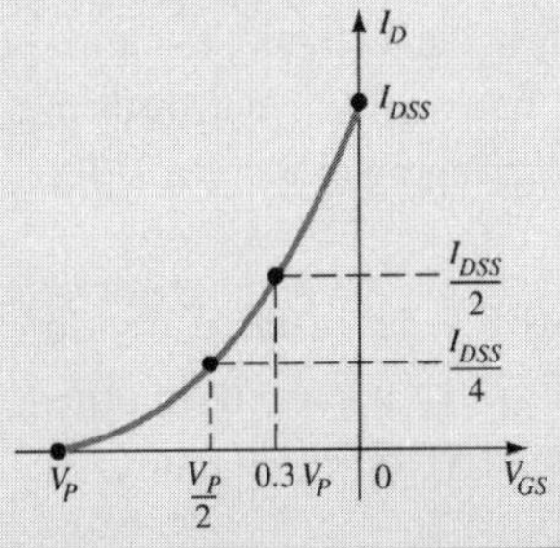 	$R_i > 10^{12}\ \Omega$ C_i: (1 − 5) pF
MESFET tipo intensificação (canal n)	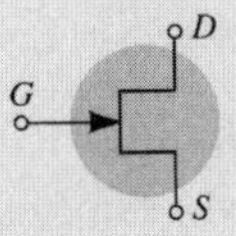 $I_D = k(V_{GS} - V_{GS(Th)})^2$ $k = \frac{I_{D(on)}}{(V_{GS(on)} - V_{GS(Th)})^2}$	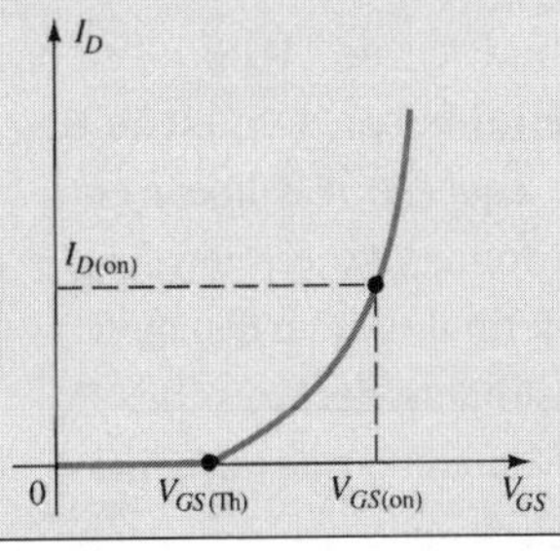 	$R_i > 10^{12}\ \Omega$ C_i: (1 − 5) pF

6.14 RESUMO

Conclusões e conceitos importantes

1. Um **dispositivo controlado por corrente** é aquele no qual uma corrente define as condições de operação do dispositivo, e um **dispositivo controlado por tensão** é aquele no qual uma tensão específica define as condições de operação.
2. O JFET pode realmente ser utilizado como um **resistor controlado por tensão** devido a uma sensibilidade específica da impedância dreno-fonte à tensão porta-fonte.
3. A **corrente máxima** para um JFET é chamada de I_{DSS} e ocorre quando $V_{GS} = 0$ V.
4. A **corrente mínima** para um JFET ocorre na tensão de *pinch-off* definida por $V_{GS} = V_P$.
5. A relação entre a corrente de dreno e a tensão porta-fonte de um JFET é **não linear** e definida pela equação de Shockley. À medida que o valor da corrente se aproxima de I_{DSS}, a sensibilidade de I_D a variações de V_{GS} aumenta significativamente.
6. As características de transferência (I_D *versus* V_{GS}) são aquelas do **dispositivo em si**, e não são sensíveis ao circuito no qual o JFET é empregado.
7. Quando $V_{GS} = V_P/2$, $I_D = I_{DSS}/4$, e em um ponto em que $I_D = I_{DSS}/2$, $V_{GS} \cong 0{,}3$ V.
8. As condições máximas de operação são determinadas pelo **produto** da tensão porta-fonte e pela corrente do dreno.
9. Há dois tipos disponíveis de MOSFETs: **de depleção e de intensificação**.
10. O MOSFET tipo depleção possui as mesmas características de transferência de um JFET para correntes do dreno com valores até I_{DSS}. Nesse ponto, as características de um MOSFET tipo depleção **continuam para valores acima de** I_{DSS}, enquanto as do JFET terminam.
11. A seta no símbolo do JFET de canal *n* ou do MOSFET **aponta sempre para o centro do símbolo**, enquanto a do dispositivo de canal *p* aponta sempre para fora dele.
12. As características de transferência do MOSFET tipo intensificação **não são definidas pela equação de Shockley**, e sim por uma equação não linear controlada pela tensão porta-fonte, que é a tensão de limiar, e pela constante *k* definida para o dispositivo empregado. O gráfico resultante de I_D *versus* V_{GS} **cresce exponencialmente à medida que aumentam os valores de** V_{GS}.
13. Os MOSFETs devem ser sempre manipulados com **extremo cuidado** devido à eletricidade estática existente em lugares menos esperados. Não se deve remover nenhum mecanismo de curto-circuito que esteja entre os terminais do dispositivo até que ele esteja instalado.
14. Um dispositivo CMOS (MOSFET complementar) é aquele que emprega uma singular **combinação de um MOSFET de canal *p* com outro de canal *n*** com um único conjunto de terminais externos. Possui as vantagens de uma impedância de entrada bastante alta, chaveamento rápido e baixos níveis de potência de operação que o tornam muito útil em circuitos lógicos.
15. Um MESFET tipo depleção inclui uma junção metal-semicondutor, resultando em características que **coincidem com as de um MOSFET tipo depleção de canal *n***. MESFETs tipo intensificação têm as mesmas características dos MOSFETs tipo intensificação. O resultado dessa semelhança é que **podemos aplicar a MESFETs o mesmo tipo de técnica de análise CC e CA aplicado a MOSFETs**.

Equações

JFET:

$$I_D = I_{DSS}\left(1 - \frac{V_{GS}}{V_P}\right)^2$$

$$I_D = I_{DSS}\big|_{V_{GS}=0\ V}, \quad I_D = 0\ \text{mA}\big|_{V_{GS}=V_P},$$

$$I_D = \frac{I_{DSS}}{4}\bigg|_{V_{GS}=V_P/2}, \quad V_{GS} \cong 0{,}3V_P\big|_{I_D=I_{DSS}/2}$$

$$V_{GS} = V_P\left(1 - \sqrt{\frac{I_D}{I_{DSS}}}\right)$$

$$P_D = V_{DS}I_D$$

$$r_d = \frac{r_o}{(1 - V_{GS}/V_P)^2}$$

MOSFET (intensificação):

$$I_D = k(V_{GS} - V_T)^2$$

$$k = \frac{I_{D(\text{ligado})}}{(V_{GS(\text{ligado})} - V_T)^2}$$

6.15 ANÁLISE COMPUTACIONAL

PSpice para Windows

As curvas características de um JFET de canal *n* podem ser encontradas da mesma maneira empregada para o transistor na Seção 3.13. A série de curvas características para os diversos valores de tensão requer uma varredura auxiliar sob a varredura principal para a tensão dreno-fonte.

A configuração necessária mostrada na Figura 6.51 é estruturada por meio dos procedimentos descritos nos capítulos anteriores. Observe, em particular, a completa ausência de resistores, já que a impedância de entrada é considerada infinita, resultando em uma corrente na porta de 0 A. O JFET é encontrado em **Part** na caixa de diálogo **Place Part**. Para ativá-lo, basta digitar **JFET** no espaço fornecido sob o título **Part**. Uma vez ativado, um clique simples sobre o símbolo seguido por **Edit-PSpice Model** resultará na caixa de diálogo **PSpice Model Editor Demo**. Note que **Beta** é igual a 1,304 mA/V^2 e **Vto** é igual a –3 V. Para o transistor de efeito de campo de junção, **Beta** é definido por:

$$\text{Beta} = \frac{I_{DSS}}{V_P{}^2} \quad (\text{A/V}^2) \qquad (6.17)$$

O parâmetro **Vto** define $V_{GS} = V_P = -3$ V como a tensão de *pinch-off*. Pela Equação 6.17, podemos resolver I_{DSS} e determinar que é de cerca de 11,37 mA. Uma vez obtidos os gráficos, podemos verificar se esses dois parâmetros são definidos precisamente pelas curvas características. Com o circuito criado, selecione **New Simulation** para obter a respectiva caixa de diálogo. Usar **OrCAD 6-1** como o nome seguido de **Create** resulta na caixa de diálogo **Simulation Settings**, na qual se seleciona **DC Sweep** sob o título **Analysis type**. A **Sweep variable** é definida como uma **Voltage source** com o **Name VDD**. O **Start Value** é 0 V, o **End Value**, 10 V, e o **Increment**, 0,01 V. Agora selecione **Secondary Sweep** e aplique o **Name VGG** com um **Start Value** de 0 V, um **End Value** de –5 V e um **Increment** de –1 V. Por fim, o **Secondary Sweep** deve ser habilitado assegurando-se de que a seleção aparece na caixa à esquerda da listagem, seguido por um **OK** para sair da caixa de diálogo. Clicando em **Simulation**, a tela **SCHEMATIC** será exibida com um eixo horizontal denominado **VDD** que se estende de 0 V a 10 V. Continue com a sequência **Trace-Add Trace** para obter a caixa de diálogo **Add Traces** e selecione **ID(J1)** para obter as curvas características da Figura 6.52. Note, em particular, que I_{DSS} é muito próximo de 11,7 mA, como previsto com base no valor de Beta. Observe também que o corte ocorre realmente em $V_{GS} = V_P = -3$ V.

A curva de transferência pode ser obtida com a criação de uma **New Simulation** que tenha uma única varredura, uma vez que existe somente uma curva no gráfico. Ao selecionar o **DC Sweep** novamente, o campo **Name** será **VGG** com um **Start Value** de –3 V, um **End Value** 0 V e um **Increment** 0,01 V. Visto que não há necessidade de uma varredura secundária, selecione **OK** para que a simulação se realize. Quando o gráfico aparecer, selecione **Trace-Add Trace-ID(J1)** para obter as características de transferência da Figura 6.53. Note como o eixo está definido com –3 V na extremidade esquerda e 0 V na extremidade direita. Novamente, I_{DSS} está bem próximo da previsão de 11,7 mA e $V_P = -3$ V.

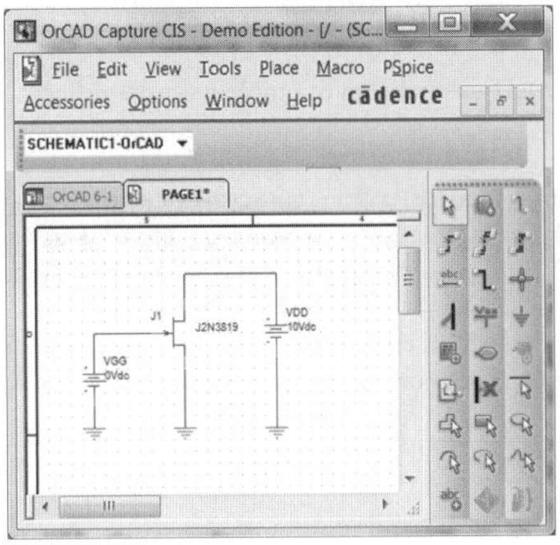

Figura 6.51 Circuito empregado para obter as características do JFET J2N3819 de canal *n*.

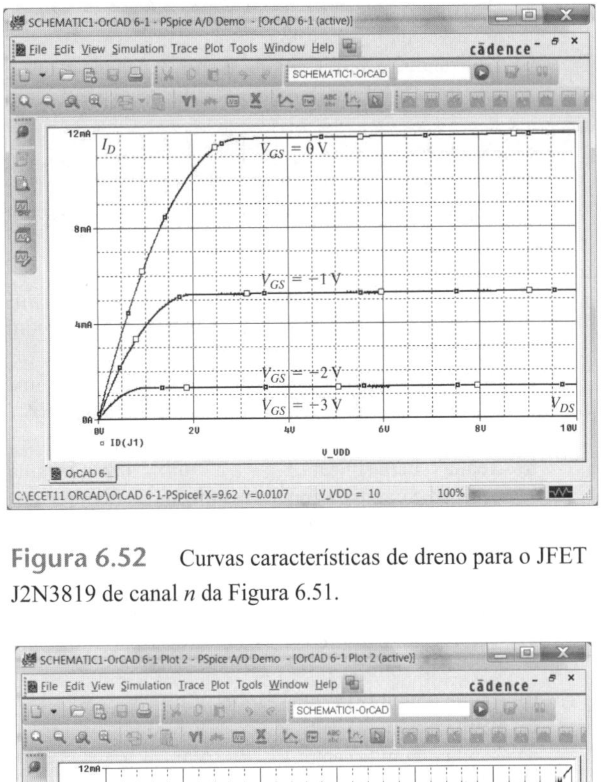

Figura 6.52 Curvas características de dreno para o JFET J2N3819 de canal *n* da Figura 6.51.

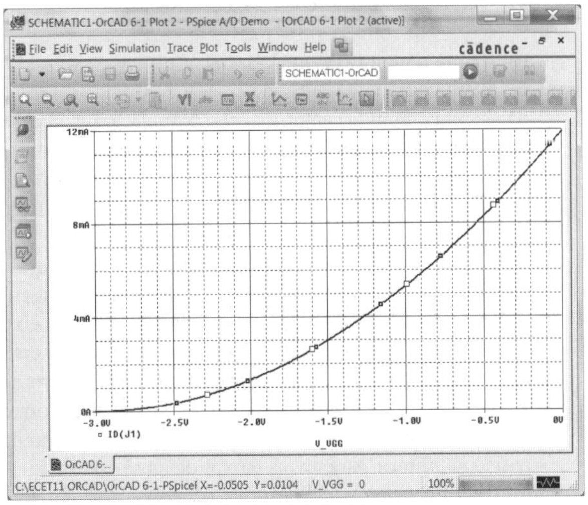

Figura 6.53 Curva característica de transferência do JFET J2N3819 de canal *n* da Figura 6.51.

PROBLEMAS

*Nota: asteriscos indicam os problemas mais difíceis.

Seção 6.2 Construção e características do JFET

1. a) Desenhe a estrutura básica de um JFET de canal p.
   b) Aplique a polarização apropriada entre dreno e fonte e esboce a região de depleção para $V_{GS} = 0$ V.
2. Utilizando as curvas características da Figura 6.11, determine I_D para os seguintes valores de V_{GS} (com $V_{DS} > V_P$):
   a) $V_{GS} = 0$ V
   b) $V_{GS} = -1$ V
   c) $V_{GS} = -1{,}5$ V
   d) $V_{GS} = -1{,}8$ V
   e) $V_{GS} = -4$ V
   f) $V_{GS} = -6$ V
3. Usando os resultados do Problema 2, trace as curvas características de I_D *versus* V_{GS}.
4. a) Determine V_{DS} para $V_{GS} = 0$ V e $I_D = 6$ mA utilizando as curvas da Figura 6.11.
   b) Utilizando os resultados do item (a), calcule a resistência do JFET para a região $I_D = 0$ mA até 6 mA, com $V_{GS} = 0$ V.
   c) Determine V_{DS} para $V_{GS} = -1$ V e $I_D = 3$ mA.
   d) Utilizando os resultados do item (c), calcule a resistência do JFET para a região $I_D = 0$ mA até 3 mA, com $V_{GS} = -1$ V.
   e) Determine V_{DS} para $V_{GS} = -2$ V e $I_D = 1{,}5$ mA.
   f) Utilizando os resultados do item (e), calcule a resistência do JFET para a região $I_D = 0$ mA até 1,5 mA, com $V_{GS} = -2$ V.
   g) Definindo o resultado do item (b) como r_o, determine a resistência para $V_{GS} = -1$ V utilizando a Equação 6.1 e compare com os resultados do item (d).
   h) Repita o item (g) para $V_{GS} = -2$ V utilizando a mesma equação e compare com os resultados do item (f).
   i) Com base nos resultados dos itens (g) e (h), é possível concluir que a Equação 6.1 parece uma aproximação válida?
5. Utilizando as curvas características da Figura 6.11:
   a) Determine a diferença na corrente de dreno (para $V_{DS} > V_P$) entre $V_{GS} = 0$ V e $V_{GS} = -1$ V.
   b) Repita o item (a) entre $V_{GS} = -1$ V e -2 V.
   c) Repita o item (a) entre $V_{GS} = -2$ V e -3 V.
   d) Repita o item (a) entre $V_{GS} = -3$ V e -4 V.
   e) Há uma mudança drástica na diferença entre os valores de corrente de dreno quando V_{GS} se torna mais negativa?
   f) A relação entre a variação de V_{GS} e a variação resultante de I_D é linear ou não linear? Explique.
6. Quais são as principais diferenças entre as curvas características de coletor de um TBJ e as curvas características de dreno de um JFET? Compare as unidades de cada eixo com a variável de controle. Como I_C reage a um aumento de I_B *versus* mudanças em I_D a um aumento negativo de V_{GS}? Compare o espaçamento entre as curvas de I_B com o das curvas de V_{GS}. Compare $V_{C_{sat}}$ com V_P na definição da região não linear para níveis baixos de tensão de saída.
7. a) Descreva, com suas próprias palavras, por que I_G é efetivamente igual a zero ampère para um transistor JFET.
   b) Por que a impedância de entrada de um JFET é tão alta?
   c) Por que o termo *efeito de campo* é apropriado para esse importante dispositivo de três terminais?
8. Dados $I_{DSS} = 12$ mA e $|V_P| = 6$ V, esboce uma distribuição provável das curvas características do JFET (semelhante à Figura 6.11).
9. Comente resumidamente as polaridades das várias tensões e sentidos das correntes para um JFET de canal n *versus* um JFET de canal p.

Seção 6.3 Curva característica de transferência

10. Dadas as curvas características da Figura 6.54:
    a) Esboce a curva característica de transferência diretamente das curvas de dreno.
    b) Utilizando a Figura 6.54 para estabelecer os valores de I_{DSS} e V_P, esboce a curva característica de transferência utilizando a equação de Shockley.
    c) Compare as curvas dos itens (a) e (b). Há alguma diferença considerável?
11. a) Dados $I_{DSS} = 12$ mA e $V_P = -4$ V, esboce a curva característica de transferência para o transistor JFET.
    b) Esboce as curvas características de dreno para o dispositivo do item (a).
12. Dados $I_{DSS} = 9$ mA e $V_P = -4$ V, determine I_D quando:
    a) $V_{GS} = 0$ V
    b) $V_{GS} = -2$ V
    c) $V_{GS} = -4$ V
    d) $V_{GS} = -6$ V
13. Dados $I_{DSS} = 16$ mA e $V_P = -5$ V, esboce a curva característica de transferência utilizando os dados da Tabela 6.1. Determine o valor de I_D da curva em $V_{GS} = -3$ V e compare ao valor determinado utilizando a equação de Shockley. Repita para $V_{GS} = -1$ V.
14. Para um dado JFET, se $I_D = 4$ mA quando $V_{GS} = -3$ V, determine V_P se $I_{DSS} = 12$ mA.
15. Dados $I_{DSS} = 6$ mA e $V_P = -4{,}5$ V:
    a) Determine I_D em $V_{GS} = -2$ V e $-3{,}6$ V.
    b) Determine V_{GS} em $I_D = 3$ mA e 5,5 mA.
16. Dado um ponto Q de $I_{D_Q} = 3$ mA e $V_{GS} = -3$ V, determine I_{DSS} se $V_P = -6$ V.
17. Um JFET de canal p tem como parâmetros de dispositivo $I_{DSS} = 7{,}5$ mA e $V_P = 4$ V. Esboce as curvas características.

Seção 6.4 Folhas de dados (JFETs)

18. Defina a região de operação para o JFET 2N5457 da Figura 6.20 utilizando a faixa de I_{DSS} e V_P fornecida. Isto é, esboce a curva de transferência definida pelo valor máximo de I_{DSS} e V_P, e a curva de transferência para o valor mínimo de I_{DSS} e V_P. Depois sombreie a área resultante entre as duas curvas.
19. Para o JFET 2N5457 da Figura 6.20, qual é a especificação de potência em uma temperatura operacional usual de 45 °C usando-se o fator de redução de 5,0 mW/°C?
20. Defina a região de operação para o JFET da Figura 6.54 se $V_{DS_{máx}} = 30$ V e $P_{D_{máx}} = 100$ mW.

Seção 6.5 Instrumentação

21. Utilizando as curvas da Figura 6.22, determine I_D em $V_{GS} = -0{,}7$ V e $V_{DS} = 10$ V.
22. Em relação à Figura 6.22, o lugar geométrico dos valores de *pinch-off* é definido pela região de $V_{DS} < |V_P| = 3$ V?
23. Determine V_P para as curvas da Figura 6.22 utilizando I_{DSS} e I_D em algum valor de V_{GS}. Isto é, simplesmente substitua

na equação de Shockley e resolva para V_P. Compare os resultados com o valor presumido de –3 V das curvas.

24. Utilizando I_{DSS} = 9 mA e V_p = –3 V para as curvas da Figura 6.22, calcule I_D em V_{GS} = –1 V utilizando a equação de Shockley e compare com o valor mostrado na Figura 6.22.

25. **a)** Calcule a resistência associada com o JFET da Figura 6.22 para V_{GS} = 0 V, de I_D = 0 mA até 4 mA.
b) Repita o item (a) para V_{GS} = –0,5 V de I_D = 0 até 3 mA.
c) Definindo r_o para o resultado do item (a) e r_d para o item (b), use a Equação 6.1 para determinar r_d e compare com o resultado do item (b).

Seção 6.7 MOSFET tipo depleção

26. **a)** Esboce a construção básica de um MOSFET tipo depleção de canal *p*.
b) Aplique a tensão apropriada dreno-fonte e esboce o fluxo de elétrons para V_{GS} = 0 V.

27. Quais as semelhanças entre a estrutura do MOSFET tipo depleção e um JFET? E quais as diferenças?

28. Explique, com suas próprias palavras, por que a aplicação de uma tensão positiva no terminal de porta de um MOSFET tipo depleção de canal *n* resulta em uma corrente de dreno maior do que I_{DSS}.

29. Dado um MOSFET tipo depleção com I_{DSS} = 6 mA e V_P = –3 V, determine a corrente de dreno em V_{GS} = –1 V, 0 V, 1 V e 2 V. Compare a diferença nos valores de corrente entre –1 V e 0 V com a diferença entre 1 V e 2 V. Na região de V_{GS} positiva, a corrente de dreno aumenta a uma taxa significativamente maior do que para valores negativos? A curva de I_D se torna cada vez mais vertical com valores positivos crescentes de V_{GS}? A relação entre I_D e V_{GS} é linear ou não linear? Explique.

30. Esboce a curva de transferência e as curvas de dreno de um MOSFET tipo depleção de canal *n* com I_{DSS} = 12 mA e V_P= –8 V para $V_{GS} = -V_P$ até V_{GS} = 1 V.

31. Dados I_D = 14 mA e V_{GS} = 1 V, determine V_P se I_{DSS} = 9,5 mA para um MOSFET tipo depleção.

32. Dados I_D = 4 mA em V_{GS} = –2 V, determine I_{DSS} se V_P = –5 V.

33. Considerando que 2,9 mA seja um valor médio para o I_{DSS} do MOSFET 2N3797 da Figura 6.31, determine o valor de V_{GS} que resultará em uma corrente máxima de dreno de 20 mA, se V_P = –5 V.

34. Se a corrente de dreno para o MOSFET 2N3797 da Figura 6.31 é 8 mA, qual é o máximo valor de V_{DS} permitido utilizando o valor especificado para máxima potência?

Seção 6.8 MOSFET tipo intensificação

35. **a)** Qual é a principal diferença entre a construção de um MOSFET tipo intensificação e um MOSFET tipo depleção?
b) Esboce a construção de um MOSFET tipo intensificação de canal *p* com a polarização apropriada aplicada (V_{DS} > 0 V, $V_{GS} > V_T$) e indique o canal, o sentido do fluxo de elétrons e a região de depleção resultante.
c) Descreva resumidamente a operação básica de um MOSFET tipo intensificação.

36. **a)** Esboce a curva de transferência e as curvas de dreno de um MOSFET tipo intensificação de canal *n* se V_T = 3,5 e $k = 0{,}4 \times 10^{-3}$ A/V^2.
b) Repita o item (a) para a curva de transferência, com V_T mantido em 3,5 V, mas com *k* aumentado 100%, valendo agora $0{,}8 \times 10^{-3}$ A/V^2.

37. **a)** Dados $V_{GS(\text{Th})}$ = 4 V e $I_{D(\text{ligado})}$ = 4 mA em $V_{GS(\text{ligado})}$ = 6 V, determine *k* e escreva uma expressão geral para I_D no formato da Equação 6.15.
b) Esboce a curva de transferência para o dispositivo do item (a).
c) Determine I_D para o dispositivo do item (a) em V_{GS} = 2 V, 5 V e 10 V.

38. Dada a curva de transferência da Figura 6.55, determine V_T e *k* e escreva uma equação geral para I_D.

39. Dados $k = 0{,}4 \times 10^{-3}$ A/V^2 e $I_{D(\text{ligado})}$ = 3 mA com $V_{GS(\text{ligado})}$ = 4 V, determine V_T.

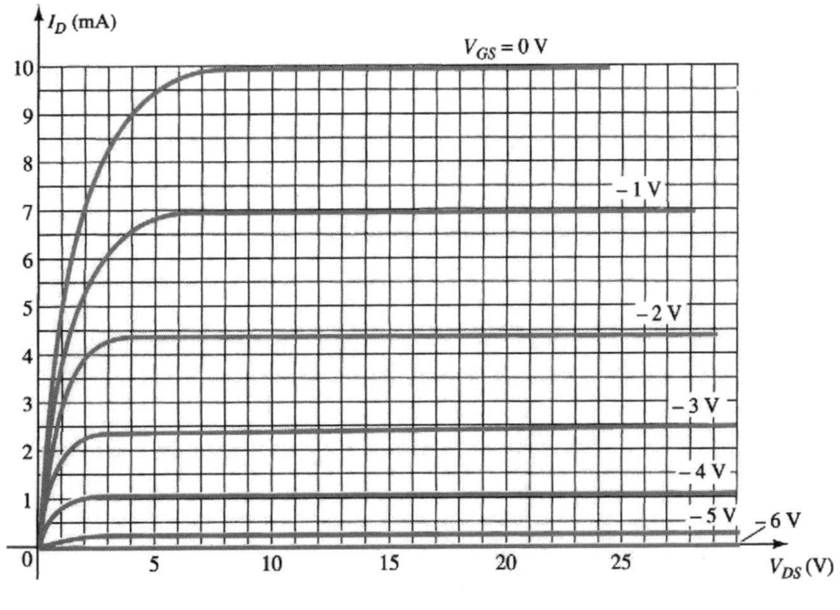

Figura 6.54 Problemas 10 e 20.

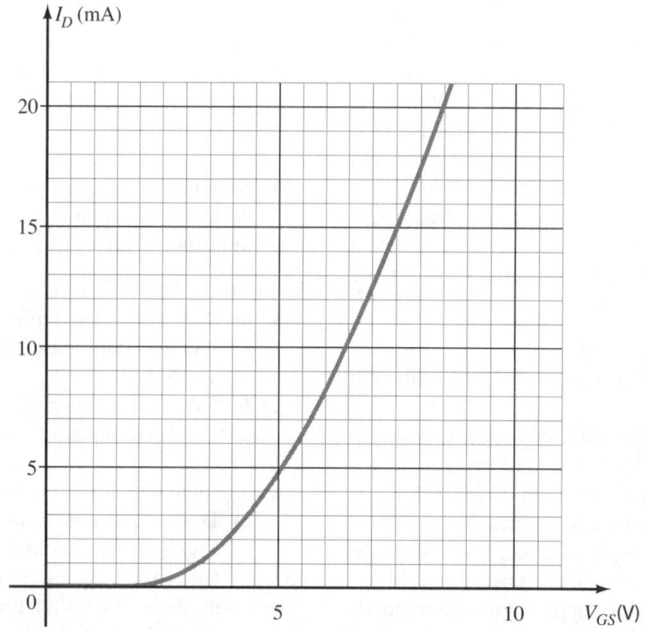

Figura 6.55 Problema 38.

40. A corrente de dreno máxima para o MOSFET tipo intensificação de canal *n* 2N4351 é 30 mA. Determine V_{GS} para esse valor de corrente, se $k = 0{,}06 \times 10^{-3}$ A/V^2 e V_T *é* o valor máximo.

41. A corrente do MOSFET tipo intensificação aumenta a uma taxa aproximadamente igual à do MOSFET tipo depleção para a região de condução? Revise detalhadamente o formato geral das equações, e, se sua base matemática inclui cálculo diferencial, calcule dI_D/dV_{GS} e compare seu valor.

42. Esboce a curva característica de transferência de um MOSFET tipo intensificação de canal *p*, se $V_T = -5$ V e $k = 0{,}45 \times 10^{-3}$ A/V^2.

43. Esboce a curva de $I_D = 0{,}5 \times 10^{-3}$ (V^2_{GS}) e $I_D = 0{,}5 \times 10^{-3}$ $(V_{GS} - 4)^2$ para V_{GS} de 0 V até 10 V. O valor $V_T = 4$ V influi significativamente no valor de I_D para essa região?

Seção 6.10 MOSFETs de potência VMOS e UMOS

44. **a)** Descreva, com suas próprias palavras, por que o VMOS FET pode suportar uma corrente e uma potência maiores do que os dispositivos de construção convencionais.

b) Por que o VMOS FET apresenta valores de resistência de canal reduzidos?

c) Por que é desejável um coeficiente de temperatura positivo?

45. Quais são as vantagens relativas da tecnologia UMOS em relação à VMOS?

Seção 6.11 CMOS

***46.** **a)** Descreva, com suas próprias palavras, a operação do circuito da Figura 6.45 com $V_i = 0$ V.

b) Se o MOSFET "ligado" da Figura 6.45 (com $V_i = 0$ V) possui uma corrente de dreno de 4 mA, com $V_{DS} = 0{,}1$ V, qual é o valor aproximado de resistência do dispositivo? Se $I_D = 0{,}5$ μA para o transistor "desligado", qual é o valor aproximado de resistência do dispositivo? Os valores de resistência resultantes sugerem que o valor desejado de tensão de saída será obtido?

47. Faça uma pesquisa bibliográfica sobre a lógica CMOS e descreva a faixa de aplicações e as principais vantagens dessa técnica.

7 Polarização do FET

Objetivos

- Ser capaz de realizar uma análise CC de circuitos com JFET, MOSFET e MESFET.
- Tornar-se proficiente no uso de análise de reta de carga para examinar circuitos com FET.
- Desenvolver confiança em análise CC de circuitos com FETs e TBJs.
- Entender como usar a curva universal de polarização de JFET para analisar as várias configurações do FET.

7.1 INTRODUÇÃO

No Capítulo 4, verificamos que é possível obter os níveis de polarização para uma configuração com transistor de silício com o auxílio das equações características $V_{BE} = 0{,}7$ V, $I_C = \beta I_B$ e $I_C \cong I_E$. A relação entre as variáveis de entrada e de saída é representada por β, cujo valor é considerado fixo para a análise a ser realizada. O fato de beta ser uma constante estabelece uma relação *linear* entre I_C e I_B. Dobrando-se o valor de I_B, o valor de I_C também dobra, e assim por diante.

Para o transistor de efeito de campo, a relação entre os parâmetros de entrada e saída é *não linear* em decorrência do termo quadrático na equação de Shockley. Relações lineares resultam em linhas retas quando são traçadas em um gráfico de uma variável *versus* a outra, enquanto funções não lineares resultam em curvas como aquelas obtidas para a característica de transferência de um JFET. A relação não linear entre I_D e V_{GS} pode complicar o raciocínio matemático necessário à análise CC de configurações com FET. Um método gráfico pode limitar as soluções a uma precisão de décimos, mas é o método mais rápido para a maioria dos amplificadores a FET. Visto que esse método costuma ser o mais utilizado, a análise deste capítulo terá um foco mais gráfico do que matemático.

Outra diferença que existe entre as análises do TBJ e do FET é que:

> *A variável de controle para um transistor TBJ é um valor de corrente, enquanto para o FET essa variável é um valor de tensão.*

No entanto, em ambos os casos, a variável controlada na saída é um valor de corrente que também define importantes valores de tensão do circuito de saída.

As relações gerais que podem ser aplicadas à análise CC dos amplificadores a FET são

$$\boxed{I_G \cong 0\text{ A}} \tag{7.1}$$

e

$$\boxed{I_D = I_S} \tag{7.2}$$

Para os JFETs e para os MOSFETs e MESFETs tipo depleção, a equação de Shockley relaciona as variáveis de entrada e saída:

$$\boxed{I_D = I_{DSS}\left(1 - \frac{V_{GS}}{V_P}\right)^2} \tag{7.3}$$

Para MOSFETs e MESFETs tipo intensificação, a seguinte equação é aplicável:

$$\boxed{I_D = k(V_{GS} - V_T)^2} \tag{7.4}$$

É particularmente importante observar que as equações anteriores servem *apenas para o transistor de efeito de campo*! Elas não mudarão para cada configuração do circuito desde que o dispositivo opere na região ativa. O circuito apenas define os valores de corrente e de tensão associados ao ponto de operação por meio de seu próprio conjunto de equações. Na verdade, a solução CC para os circuitos com FET e TBJ é a solução de equações simultâneas estabelecidas pelo dispositivo e pelo circuito. A solução pode ser determinada com a utilização de um método gráfico ou matemático — o que será demonstrado nos primeiros circuitos a serem analisados. Entretanto, como já foi explicado, o método gráfico é o mais usado para circuitos com FET e é o método empregado neste livro.

As primeiras seções deste capítulo estão limitadas aos JFETs e ao método gráfico de análise. O MOSFET tipo depleção será então examinado, com seu número elevado de pontos de operação, seguido pelo MOSFET tipo intensificação. Por fim, problemas relacionados a projetos serão investigados para que se verifiquem os conceitos e procedimentos introduzidos no capítulo.

7.2 CONFIGURAÇÃO COM POLARIZAÇÃO FIXA

O mais simples dos arranjos de polarização para o JFET de canal *n* é mostrado na Figura 7.1. Chamado de configuração com polarização fixa, ele é uma das poucas configurações com FET que podem ser solucionadas com a utilização tanto de um método gráfico quanto de um método matemático. Ambos os métodos são incluídos nesta seção para demonstrar a diferença entre eles e também para salientar que a mesma solução pode ser obtida pelos dois métodos.

A configuração da Figura 7.1 inclui os valores CA V_i e V_o mais os capacitores de acoplamento (C_1 e C_2). Lembramos que os capacitores de acoplamento são "circuitos abertos" para a análise CC e baixas impedâncias (consideradas curtos-circuitos) para a análise CA. O resistor R_G está presente para assegurar que V_i apareça na entrada do amplificador FET na análise CA (veja o Capítulo 8). Para a análise CC,

$$I_G \cong 0\ \text{A}$$

e $$V_{RG} = I_G R_G = (0\ \text{A})R_G = 0\ \text{V}$$

A queda de zero volt através de R_G permite sua substituição por um curto-circuito equivalente, como o que é mostrado na Figura 7.2, especialmente redesenhado para a análise CC.

O fato de o terminal negativo da bateria estar conectado diretamente ao potencial positivo de V_{GS} revela claramente que a polaridade de V_{GS} é oposta à de V_{GG}. A aplicação da Lei das Tensões de Kirchhoff na malha indicada na Figura 7.2 no sentido horário resultará em

$$-V_{GG} - V_{GS} = 0$$

e $$\boxed{V_{GS} = -V_{GG}} \tag{7.5}$$

Uma vez que V_{GG} é uma fonte CC constante, a tensão V_{GS} é fixa; daí a notação "configuração com polarização fixa".

O valor resultante da corrente de dreno I_D é agora controlado pela equação de Shockley:

$$I_D = I_{DSS}\left(1 - \frac{V_{GS}}{V_P}\right)^2$$

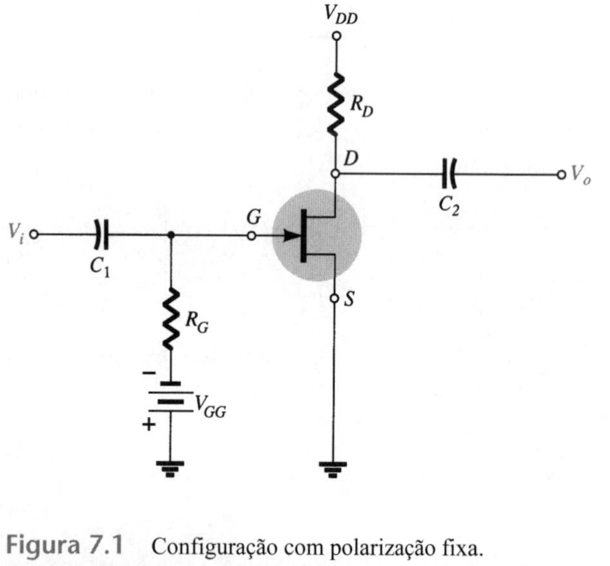

Figura 7.1 Configuração com polarização fixa.

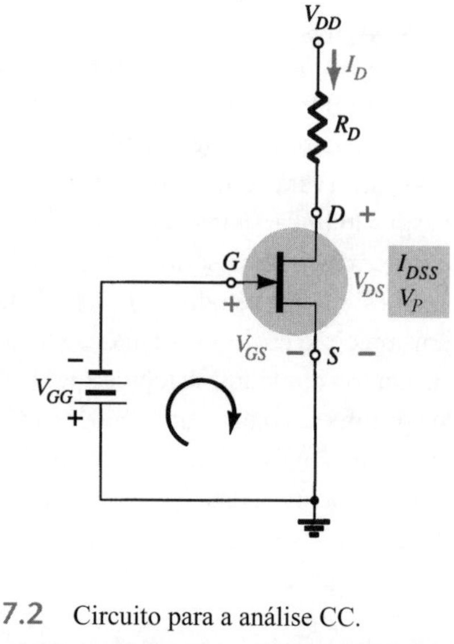

Figura 7.2 Circuito para a análise CC.

Visto que V_{GS} é um valor fixo para essa configuração, sua magnitude e sinal podem simplesmente ser substituídos na equação de Shockley para determinar o valor de I_D. Esse é um dos poucos casos em que a solução matemática para a configuração de um FET pode ser direta.

Para uma análise gráfica seria necessário um gráfico da equação de Shockley, como mostra a Figura 7.3. Lembramos que a escolha de $V_{GS} = V_P/2$ resulta em uma corrente de dreno de $I_{DSS}/4$ quando o gráfico da equação é traçado. Para a análise feita neste capítulo, os três pontos definidos por I_{DSS}, V_P e a interseção há pouco descrita serão suficientes para o traçado da curva.

Na Figura 7.4, o valor fixo de V_{GS} foi superposto como uma reta vertical em $V_{GS} = -V_{GG}$. Em qualquer ponto da reta vertical, o valor de V_{GS} é $-V_{GG}$; o valor de I_D deve ser simplesmente determinado sobre essa reta. O ponto de interseção das duas curvas é a solução comum para a configuração — geralmente chamado de *ponto quiescente* ou *ponto de operação*. O subscrito Q será utilizado na notação da corrente de dreno e na tensão porta-fonte quando essas quantidades representarem valores no ponto Q. Observe, na Figura 7.4, que o valor quiescente de I_D é determinado pelo esboço de uma linha horizontal do ponto Q até o eixo vertical I_D. É importante observar que, uma vez que o circuito da Figura 7.1 esteja montado e operante, os valores CC de I_D e V_{GS}, que podem ser medidos como mostra a Figura 7.5, são os valores quiescentes definidos pela Figura 7.4.

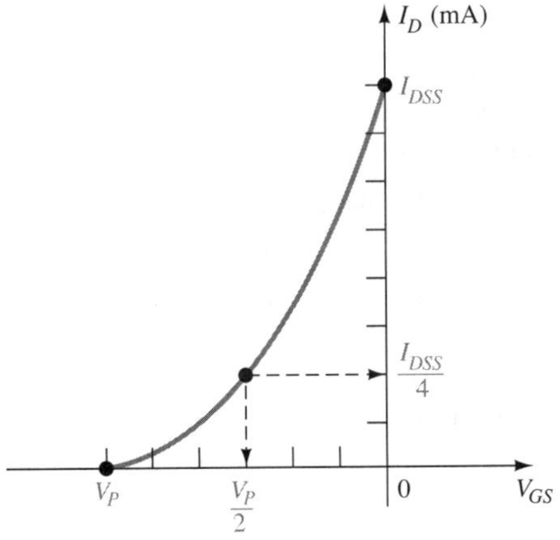

Figura 7.3 Gráfico da equação de Shockley.

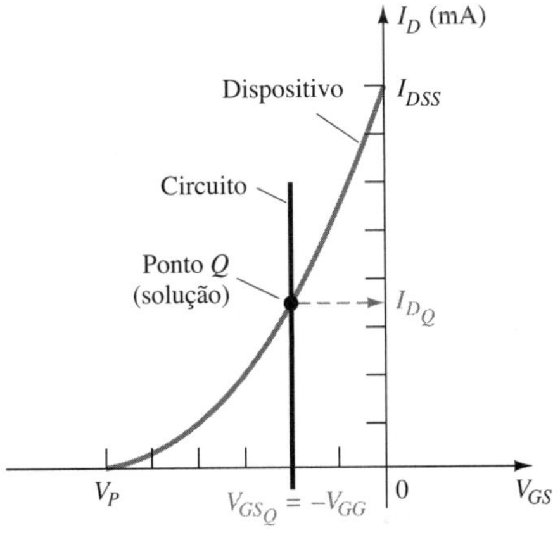

Figura 7.4 Solução para a configuração com polarização fixa.

A tensão dreno-fonte da seção de saída pode ser determinada aplicando-se a Lei das Tensões de Kirchhoff, como segue:

$$+V_{DS} + I_D R_D - V_{DD} = 0$$

e

$$\boxed{V_{DS} = V_{DD} - I_D R_D} \tag{7.6}$$

Lembre-se de que os subscritos de uma única letra indicam uma tensão medida em um ponto em relação ao terra. Para a configuração da Figura 7.2,

$$\boxed{V_S = 0\text{ V}} \tag{7.7}$$

Utilizando uma notação com duplo subscrito, temos

$$V_{DS} = V_D - V_S$$

ou

$$V_D = V_{DS} + V_S = V_{DS} + 0\text{ V}$$

e

$$\boxed{V_D = V_{DS}} \tag{7.8}$$

Além disso, $V_{GS} = V_G - V_S$

ou

$$V_G = V_{GS} + V_S = V_{GS} + 0\text{ V}$$

e

$$\boxed{V_G = V_{GS}} \tag{7.9}$$

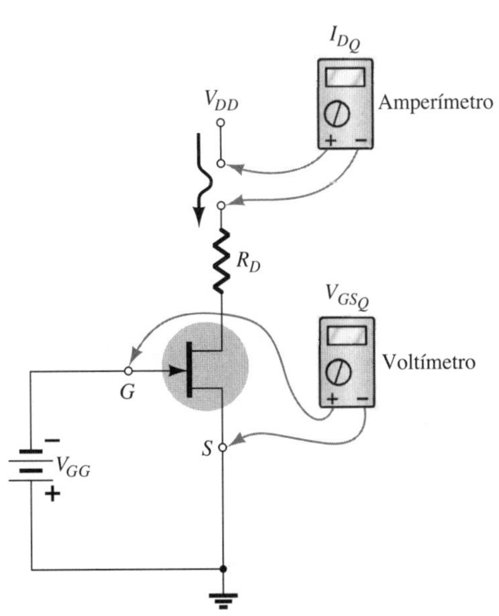

Figura 7.5 Medição dos valores quiescentes de I_D e V_{GS}.

É óbvio que $V_D = V_{DS}$ e $V_G = V_{GS}$ com base no fato de que $V_S = 0$ V, mas as deduções anteriores foram incluídas para enfatizar a relação entre as notações com subscritos duplo e simples. Uma vez que a configuração necessita de duas fontes CC, seu emprego é limitado e, portanto, ela não será incluída na lista de configurações com FET mais utilizadas.

EXEMPLO 7.1

Determine os seguintes parâmetros para o circuito da Figura 7.6.

a) V_{GS_Q}.
b) I_{D_Q}.
c) V_{DS}.
d) V_D.
e) V_G.
f) V_S.

Solução:

Método matemático

a) $V_{GS_Q} = -V_{GG} = \mathbf{-2\ V}$

b)

$$I_{D_Q} = I_{DSS}\left(1 - \frac{V_{GS}}{V_P}\right)^2 = 10\text{ mA}\left(1 - \frac{-2\text{ V}}{-8\text{ V}}\right)^2$$

$$= 10\text{ mA}(1 - 0{,}25)^2 = 10\text{mA}(0{,}75)^2$$

$$= 10\text{ mA}(0{,}5625) = \mathbf{5{,}625\ mA}$$

c) $V_{DS} = V_{DD} - I_D R_D = 16\text{ V} - (5{,}625\text{ mA})(2\text{ k}\Omega)$
$= 16\text{ V} - 11{,}25\text{ V} = \mathbf{4{,}75\ V}$

d) $V_D = V_{DS} = \mathbf{4{,}75\ V}$

e) $V_G = V_{GS} = \mathbf{-2\ V}$

f) $V_S = \mathbf{0\ V}$

Método gráfico A curva resultante da equação de Shockley e a reta vertical em $V_{GS} = -2$ V são fornecidas na Figura 7.7. É certamente difícil obter uma precisão além da segunda casa decimal sem aumentar significativamente o tamanho da figura, mas uma solução de 5,6 mA do gráfico da Figura 7.7 é um valor bastante aceitável.

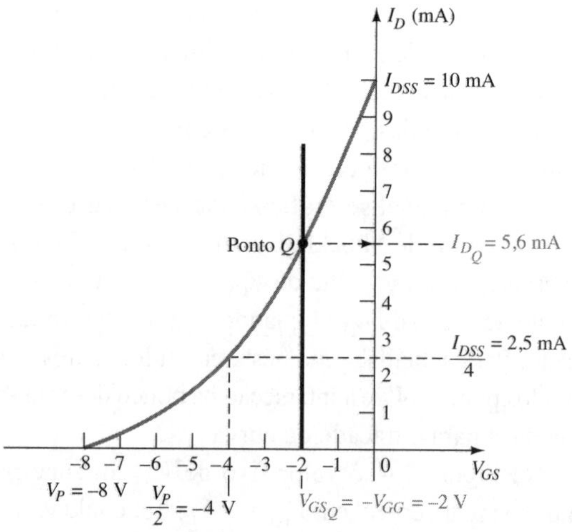

Figura 7.7 Solução gráfica para o circuito da Figura 7.6.

a) Portanto, $V_{GS_Q} = -V_{GG} = \mathbf{-2\ V}$.

b) $I_{D_Q} = \mathbf{5{,}6\ mA}$

c) $V_{DS} = V_{DD} - I_D R_D = 16\text{ V} - (5{,}6\text{ mA})(2\text{ k}\Omega)$
$= 16\text{ V} - 11{,}2\text{ V} = \mathbf{4{,}8\ V}$

d) $V_D = V_{DS} = \mathbf{4{,}8\ V}$

e) $V_G = V_{GS} = \mathbf{-2\ V}$

f) $V_S = \mathbf{0\ V}$

Os resultados confirmam claramente que os métodos gráfico e matemático geram resultados bem parecidos.

7.3 CONFIGURAÇÃO COM AUTOPOLARIZAÇÃO

A configuração com autopolarização elimina a necessidade de termos duas fontes CC. A tensão de controle porta-fonte passa a ser determinada pela tensão através do resistor R_S colocado no terminal de fonte do JFET, como mostra a Figura 7.8.

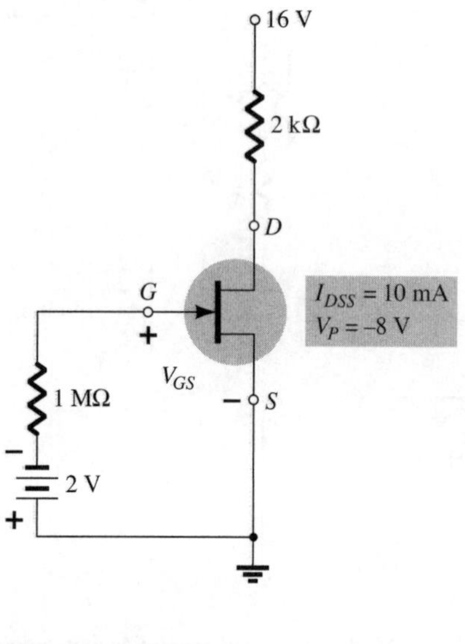

Figura 7.6 Exemplo 7.1.

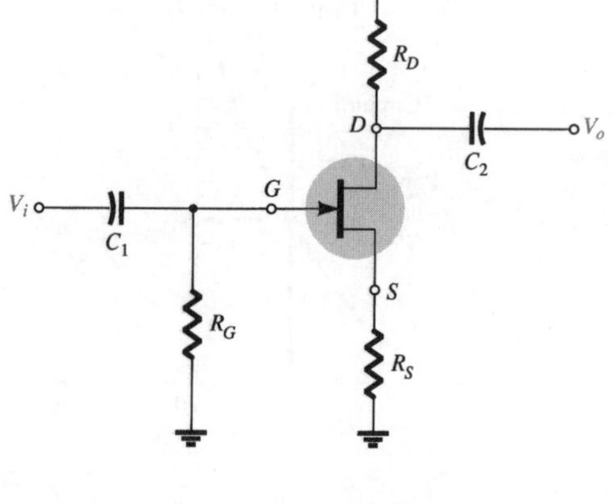

Figura 7.8 Configuração de JFET com autopolarização.

Para a análise CC, novamente os capacitores podem ser substituídos por "circuitos abertos", e o resistor R_G pode ser substituído por um curto-circuito equivalente, já que $I_G = 0$ A. O resultado é o circuito da Figura 7.9 para a importante análise CC.

A corrente através de R_S é a corrente de fonte I_S, mas $I_S = I_D$ e

$$V_{R_S} = I_D R_S$$

Para a malha fechada indicada na Figura 7.9, temos

$$-V_{GS} - V_{R_S} = 0$$

e

$$V_{GS} = -V_{R_S}$$

ou

$$V_{GS} = -I_D R_S \qquad (7.10)$$

Observe, nesse caso, que V_{GS} é função da corrente de saída I_D e não tem mais amplitude constante como ocorria para a configuração com polarização fixa.

A Equação 7.10 é definida pela configuração do circuito, e a equação de Shockley relaciona os parâmetros de entrada e saída do dispositivo. As duas equações relacionam as mesmas duas variáveis, I_D e V_{GS}, permitindo uma solução gráfica ou matemática.

A solução matemática pode ser obtida simplesmente por meio da substituição da Equação 7.10 na equação de Shockley, como vemos a seguir:

$$I_D = I_{DSS}\left(1 - \frac{V_{GS}}{V_P}\right)^2$$

$$= I_{DSS}\left(1 - \frac{-I_D R_S}{V_P}\right)^2$$

ou

$$I_D = I_{DSS}\left(1 + \frac{I_D R_S}{V_P}\right)^2$$

Desenvolvendo a equação quadrática anterior e reorganizando os termos, podemos obter uma equação com o seguinte formato:

$$I_D^2 + K_1 I_D + K_2 = 0$$

A equação do segundo grau pode então ser solucionada, e o valor de I_D, obtido.

A sequência anterior representa o método matemático. O método gráfico requer que primeiro se estabeleça a curva de transferência do dispositivo, como a que aparece na Figura 7.10. Visto que a Equação 7.10 define uma linha reta no mesmo gráfico, identifiquemos dois pontos que estejam na linha e simplesmente tracemos uma reta entre eles. A condição mais óbvia a ser aplicada é $I_D = 0$ A, já que ela resulta em $V_{GS} = -I_D R_S = (0\text{ A})R_S = 0$ V. Para a Equação 7.10, portanto, um ponto da reta é definido por $I_D = 0$ A e $V_{GS} = 0$ V, como mostra a Figura 7.10.

O segundo ponto para a Equação 7.10 requer que seja selecionado um valor de V_{GS} ou de I_D e que o valor correspondente da outra variável seja determinado pela Equação 7.10. Os valores resultantes de I_D e V_{GS} definirão outro ponto da reta e permitirão o seu traçado. Suponhamos, por exemplo, que I_D seja igual à metade do nível de saturação. Isto é:

$$I_D = \frac{I_{DSS}}{2}$$

Então, $V_{GS} = -I_D R_S = -\dfrac{I_{DSS} R_S}{2}$.

O resultado é o segundo ponto na reta traçada da Figura 7.11. A linha reta definida pela Equação 7.10 é

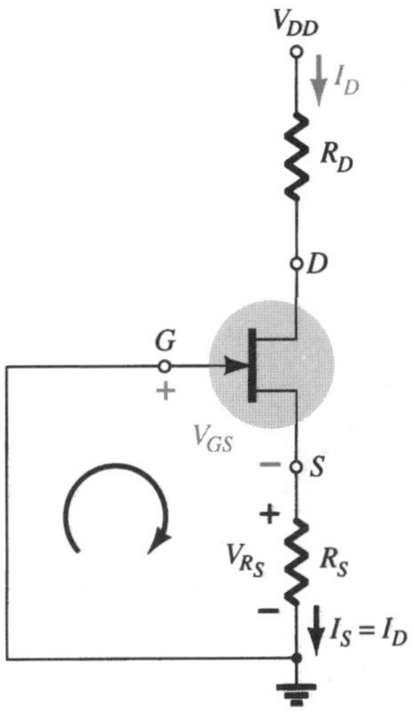

Figura 7.9 Análise CC da configuração com autopolarização.

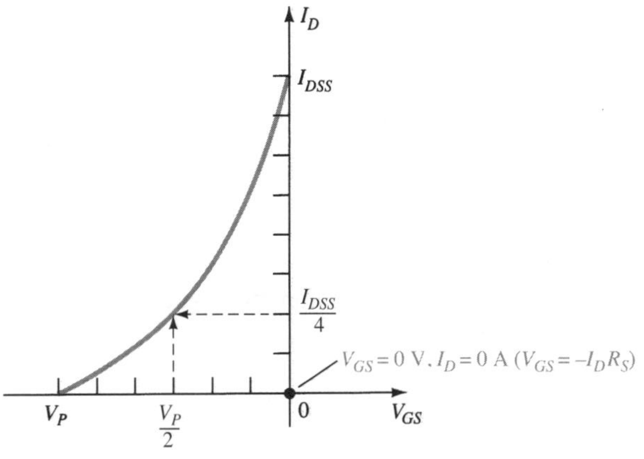

Figura 7.10 Definição de um ponto na reta de autopolarização.

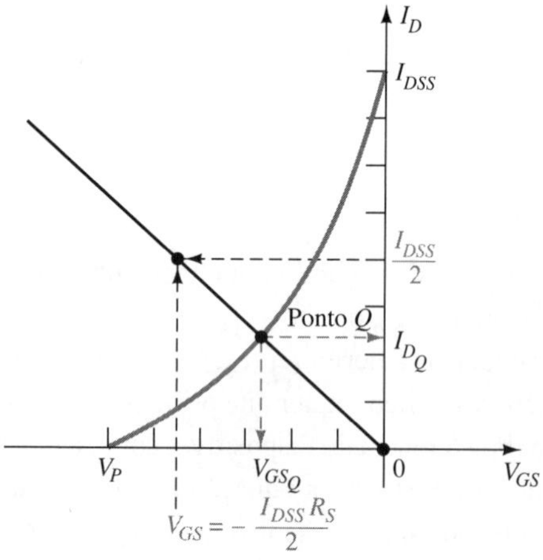

Figura 7.11 Esboço da reta de autopolarização.

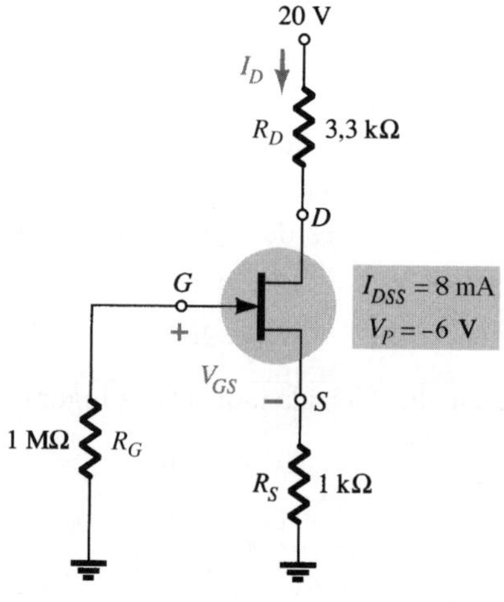

Figura 7.12 Exemplo 7.2.

traçada e o ponto quiescente é obtido na interseção da reta com a curva característica do dispositivo. Os valores quiescentes de I_D e V_{GS} podem, então, ser determinados e utilizados para que sejam encontrados outros parâmetros que interessam.

O valor de V_{DS} pode ser determinado pela aplicação da Lei de Tensões de Kirchhoff ao circuito de saída, com o seguinte resultado:

$$V_{R_S} + V_{DS} + V_{R_D} - V_{DD} = 0$$

e
$$V_{DS} = V_{DD} - V_{R_S} - V_{R_D} = V_{DD} - I_S R_S - I_D R_D$$

mas
$$I_D = I_S$$

e
$$V_{DS} = V_{DD} - I_D(R_S + R_D) \tag{7.11}$$

Além disso,

$$V_S = I_D R_S \tag{7.12}$$

$$V_G = 0\text{ V} \tag{7.13}$$

e
$$V_D = V_{DS} + V_S = V_{DD} - V_{R_D} \tag{7.14}$$

EXEMPLO 7.2

Determine os seguintes parâmetros para o circuito da Figura 7.12:

a) V_{GS_Q}.
b) I_{D_Q}.
c) V_{DS}.
d) V_S.
e) V_G.
f) V_D.

Solução:

a) A tensão porta-fonte é determinada por:

$$V_{GS} = -I_D R_S$$

Escolhendo I_D = 4 mA, obtemos:

$$V_{GS} = -(4\text{ mA})(1\text{ k}\Omega) = -4\text{ V}$$

O resultado é o gráfico da Figura 7.13 como definido pelo circuito.

Se escolhêssemos I_D = 8 mA, o valor resultante de V_{GS} seria –8 V, como foi mostrado no mesmo gráfico. Em ambos os casos, obtemos a mesma reta, o que demonstra claramente que qualquer valor apropriado de I_D poderá ser escolhido se empregarmos o valor correspondente de V_{GS} determinado pela Equação 7.10. Além disso, devemos ter em mente que o valor de V_{GS}

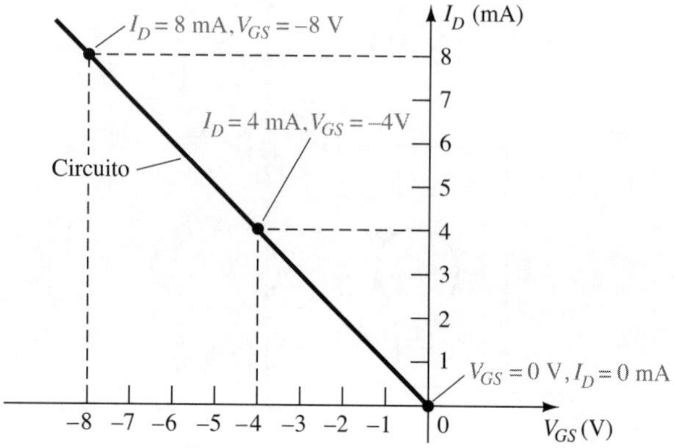

Figura 7.13 Esboço da reta de autopolarização para o circuito da Figura 7.12.

poderia ter sido escolhido e o valor de I_D poderia ter sido determinado graficamente.

Na equação de Shockley, se escolhermos $V_{GS} = V_P/2 = -3$ V, encontraremos $I_D = I_{DSS}/4 = 8$ mA/4 = 2 mA, o que resultará no gráfico da Figura 7.14, que representa as características do dispositivo. A solução é obtida pela sobreposição da curva característica do circuito definida pela Figura 7.13 com a curva característica do dispositivo da Figura 7.14 e pela determinação do ponto de interseção entre ambas, como indica a Figura 7.15. O ponto de operação resultante produz um valor quiescente de tensão porta-fonte de:

$$V_{GS_Q} = \mathbf{-2,6\ V}$$

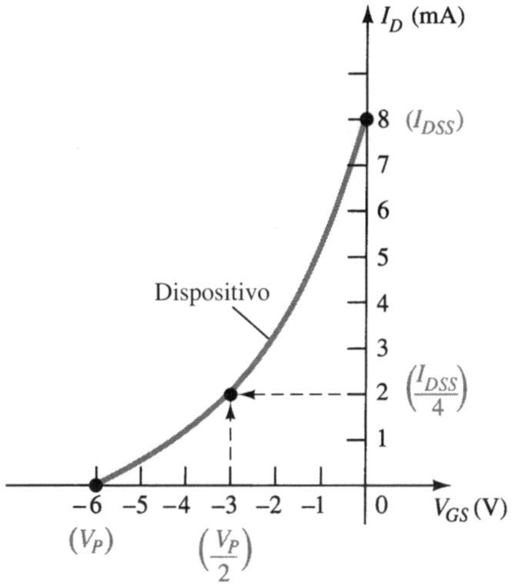

Figura 7.14 Esboço da curva característica do dispositivo para o JFET da Figura 7.12.

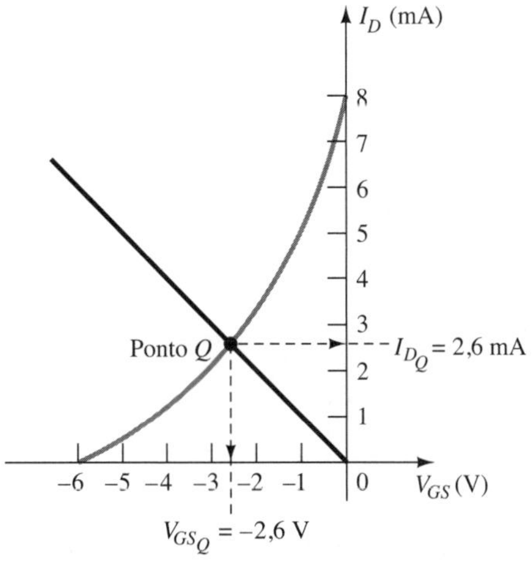

Figura 7.15 Determinação do ponto Q para o circuito da Figura 7.12.

b) No ponto quiescente:

$$I_{DQ} = \mathbf{2,6\ mA}$$

c) Equação 7.11:

$$\begin{aligned} V_{DS} &= V_{DD} - I_D(R_S + R_D) \\ &= 20\text{ V} - (2,6\text{ mA})(1\text{ k}\Omega + 3,3\text{ k}\Omega) \\ &= 20\text{ V} - 11,18\text{ V} \\ &= \mathbf{8,82\ V} \end{aligned}$$

d) Equação 7.12:

$$\begin{aligned} V_S &= I_D R_S \\ &= (2,6\text{ mA})(1\text{ k}\Omega) \\ &= \mathbf{2,6\ V} \end{aligned}$$

e) Equação 7.13: $V_G = \mathbf{0\ V}$

f) Equação 7.14:

$$V_D = V_{DS} + V_S = 8,82\text{ V} + 2,6\text{ V} = \mathbf{11,42\ V}$$

ou $V_D = V_{DD} - I_D R_D = 20\text{ V} - (2,6\text{ mA})(3,3\text{ k}\Omega)$ $= \mathbf{11,42\ V}$

EXEMPLO 7.3

Determine o ponto quiescente para o circuito da Figura 7.12, se:

a) $R_S = 100\ \Omega$.

b) $R_S = 10\ \Omega$.

Solução:

Tanto $R_S = 100\ \Omega$ quanto $R_S = 10\ \text{k}\Omega$ são mostrados na Figura 7.16.

a) Para $R_S = 100\ \Omega$:

$$I_{D_Q} \cong \mathbf{6,4\ mA}$$

e a partir da Equação 7.10,

$$V_{GS_Q} \cong \mathbf{-0,64\ V}$$

b) Para $R_S = 10\ \text{k}\Omega$:

$$V_{GS_Q} \cong \mathbf{-4,6\ V}$$

e a partir da Equação 7.10,

$$I_{D_Q} \cong \mathbf{0,46\ mA}$$

Em particular, observe que valores mais baixos de R_S fazem a reta de carga do circuito se aproximar do eixo I_D, enquanto valores crescentes de R_S aproximam a reta do eixo V_{GS}.

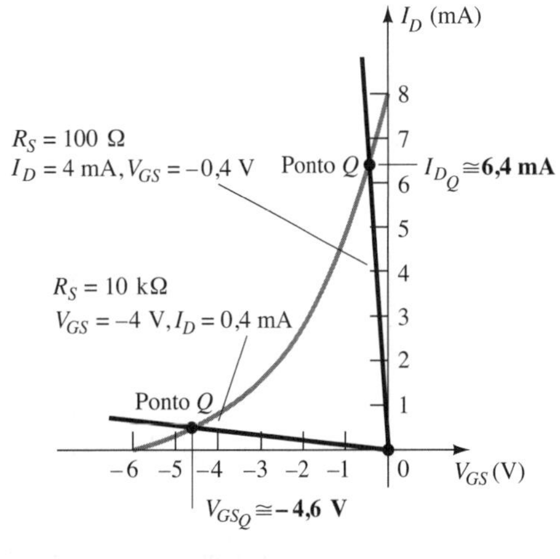

Figura 7.16 Exemplo 7.3.

7.4 POLARIZAÇÃO POR DIVISOR DE TENSÃO

A polarização por divisor de tensão aplicada aos amplificadores com TBJ é aplicada também aos amplificadores com FET, como demonstra a Figura 7.17. A estrutura básica é exatamente a mesma, porém a análise CC de cada um é bastante diferente. Para os amplificadores com FET, $I_G = 0$ A, mas o valor de I_B para amplificadores emissor-comum com TBJ pode afetar os valores de corrente e tensão nos circuitos de entrada e saída. Lembramos que I_B é o elo entre os circuitos de entrada e saída na configuração TBJ com divisor de tensão, e que V_{GS} cumpre esse mesmo papel para a configuração com FET.

O circuito da Figura 7.17 é redesenhado para a análise CC, como mostra a Figura 7.18. Observe que todos os capacitores, inclusive o capacitor C_S de desvio, foram substituídos por um "circuito aberto" equivalente na Figura 7.18(b). Além disso, a fonte V_{DD} foi separada em duas fontes equivalentes para permitir a distinção entre a região de entrada e de saída do circuito. Uma vez que $I_G = 0$ A, a Lei das Correntes de Kirchhoff permite afirmar que $I_{R_1} = I_{R_2}$, e o circuito em série equivalente que aparece à esquerda da figura pode ser utilizado para determinar o valor de V_G. A tensão V_G igual à tensão através de R_2 pode ser determinada pelo uso da regra do divisor de tensão e da Figura 7.18(a), como mostramos a seguir:

$$V_G = \frac{R_2 V_{DD}}{R_1 + R_2} \tag{7.15}$$

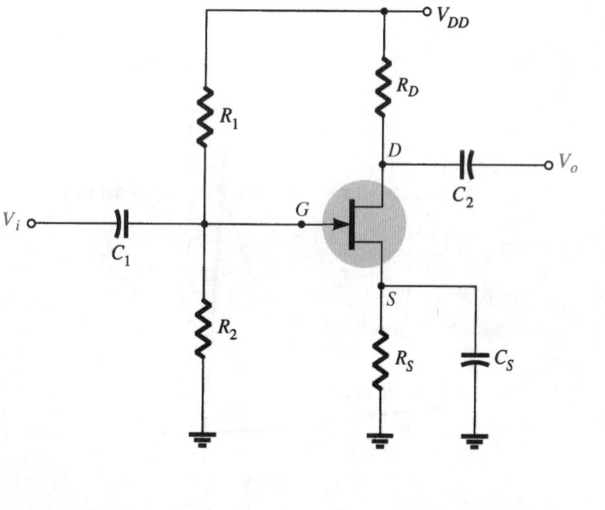

Figura 7.17 Configuração da polarização por divisor de tensão.

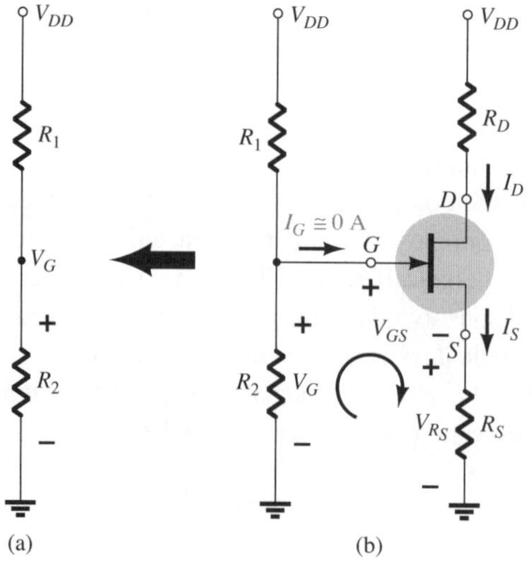

Figura 7.18 Circuito redesenhado da Figura 7.17 para análise CC.

Aplicando a Lei das Tensões de Kirchhoff no sentido horário na malha indicada da Figura 7.18, obtemos

$$V_G - V_{GS} - V_{R_S} = 0$$

e

$$V_{GS} = V_G - V_{R_S}$$

Substituindo $V_{R_S} = I_S R_S = I_D R_S$, temos

$$V_{GS} = V_G - I_D R_S \tag{7.16}$$

O resultado é uma equação que inclui as mesmas duas variáveis da equação de Shockley: V_{GS} e I_D. As quantidades V_G e R_S são fixas pela configuração do circuito. A Equação 7.16 ainda é a equação de uma reta, mas a origem não está mais contida nela. O procedimento para traçar a Equação 7.16 não é complicado e será demonstrado a seguir. Uma vez que são necessários dois pontos para definir uma reta, utilizemos o fato de que em qualquer ponto no eixo horizontal da Figura 7.19 a corrente $I_D = 0$ mA. Então, ao selecionarmos $I_D = 0$ mA, declaramos essencialmente que estamos em algum ponto do eixo horizontal. A posição exata pode ser determinada pela simples substituição de $I_D = 0$ mA na Equação 7.16 e pelo cálculo do valor resultante de V_{GS}, como a seguir:

$$V_{GS} = V_G - I_D R_S$$
$$= V_G - (0 \text{ mA}) R_S$$

e

$$V_{GS} = V_G|_{I_D = 0 \text{ mA}} \tag{7.17}$$

O resultado especifica que, sempre que traçarmos o gráfico da Equação 7.16, se escolhermos $I_D = 0$ mA, o valor de V_{GS} para o gráfico será V_G volts. O ponto que acabamos de determinar aparece na Figura 7.19.

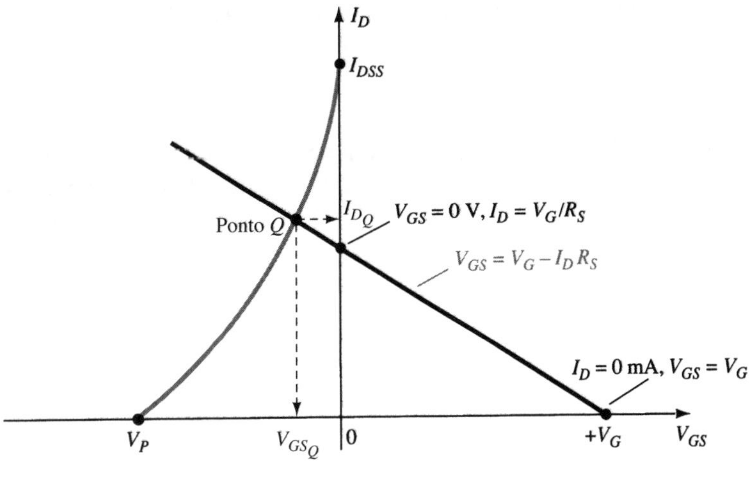

Figura 7.19 Esboço da equação do circuito para a configuração com divisor de tensão.

Para o outro ponto, levemos em conta o fato de que, em qualquer ponto do eixo vertical, $V_{GS} = 0$ V, e façamos o cálculo para obter o valor resultante de I_D:

$$V_{GS} = V_G - I_D R_S$$
$$0\text{ V} = V_G - I_D R_S$$

e

$$I_D = \left.\frac{V_G}{R_S}\right|_{V_{GS}=0\text{ V}} \tag{7.18}$$

O resultado demonstra que, sempre que traçarmos o gráfico da Equação 7.16 com $V_{GS} = 0$ V, o valor de I_D será determinado pela Equação 7.18. Essa interseção também aparece na Figura 7.19.

Os dois pontos definidos anteriormente permitem o traçado de uma linha reta para representar a Equação 7.16. A interseção da linha reta com a curva de transferência na região à esquerda do eixo vertical define o ponto de operação e os valores correspondentes de I_D e V_{GS}.

Visto que a interseção no eixo vertical é determinada por $I_D = V_G/R_S$ e que V_G é fixo devido ao circuito de entrada, valores crescentes de R_S reduzem o valor de I_D na interseção, como mostrado na Figura 7.20. Essa figura deixa claro que:

Valores crescentes de R_S resultam em menores valores quiescentes de I_D e em valores mais negativos de V_{GS}.

Uma vez determinados os valores quiescentes de I_{D_Q} e V_{GS_Q}, a análise restante do circuito poderá ser feita da maneira usual. Isto é:

$$V_{DS} = V_{DD} - I_D(R_D + R_S) \tag{7.19}$$

$$V_D = V_{DD} - I_D R_D \tag{7.20}$$

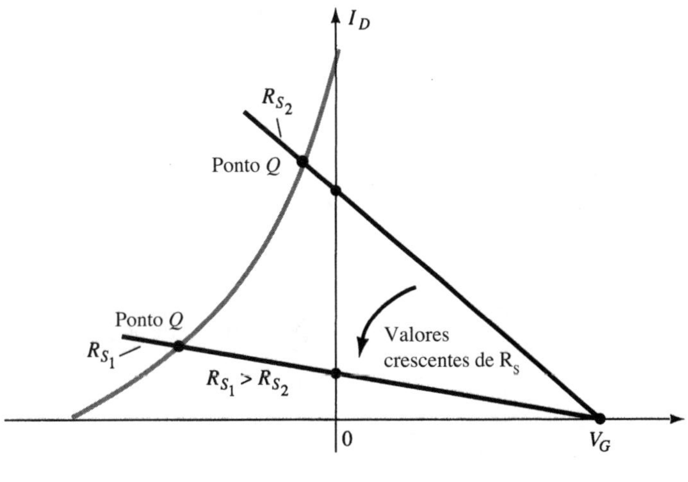

Figura 7.20 Efeito de R_S no ponto Q resultante.

$$V_S = I_D R_S \tag{7.21}$$

$$I_{R_1} = I_{R_2} = \frac{V_{DD}}{R_1 + R_2} \tag{7.22}$$

EXEMPLO 7.4

Determine os seguintes parâmetros para o circuito da Figura 7.21.

a) I_{D_Q} e V_{GS_Q}.
b) V_D.
c) V_S.
d) V_{DS}.
e) V_{DG}.

Solução:

a) Para a curva de transferência, se $I_D = I_{DSS}/4 = 8$ mA/4 = 2 mA, então $V_{GS} = V_P/2 = -4$ V/2 = –2 V. A curva resultante que representa a equação de Shockley aparece na Figura 7.22. A equação do circuito é definida por

$$V_G = \frac{R_2 V_{DD}}{R_1 + R_2} = \frac{(270\text{ k}\Omega)(16\text{ V})}{2{,}1\text{ M}\Omega + 0{,}27\text{ M}\Omega} = 1{,}82\text{ V}$$

e

$$V_{GS} = V_G - I_D R_S = 1{,}82\text{ V} - I_D(1{,}5\text{ k}\Omega)$$

Quando $I_D = 0$ mA,

$$V_{GS} = +1{,}82\text{ V}$$

Quando $V_{GS} = 0$ V,

$$I_D = \frac{1{,}82\text{ V}}{1{,}5\text{ k}\Omega} = 1{,}21\text{ mA}$$

A reta de polarização resultante é mostrada na Figura 7.22 com os seguintes valores quiescentes:

$$I_{D_Q} = \mathbf{2{,}4\text{ mA}}$$

e

$$V_{GS_Q} = \mathbf{-1{,}8\text{ V}}$$

b) $V_D = V_{DD} - I_D R_D$
$= 16\text{ V} - (2{,}4\text{ mA})(2{,}4\text{ k}\Omega)$
$= \mathbf{10{,}24\text{ V}}$

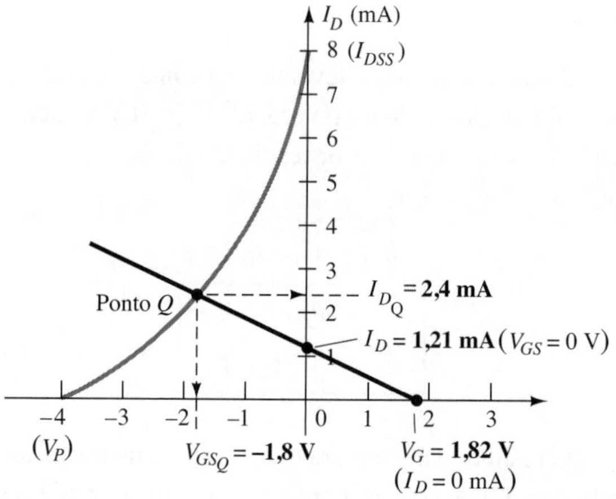

Figura 7.22 Determinação do ponto Q para o circuito da Figura 7.21.

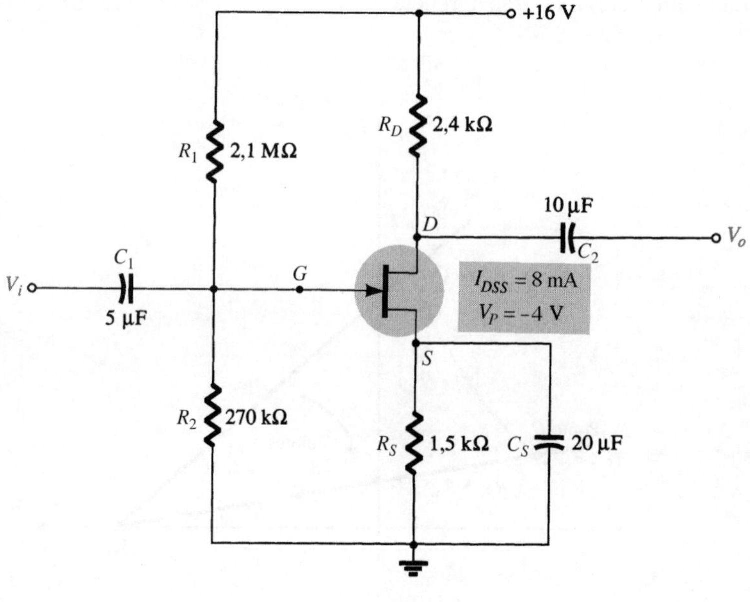

Figura 7.21 Exemplo 7.4.

c) $V_S = I_D R_S = (2{,}4 \text{ mA})(1{,}5 \text{ k}\Omega)$
$= \mathbf{3{,}6 \text{ V}}$

d) $V_{DS} = V_{DD} - I_D(R_D + R_S)$
$= 16 \text{ V} - (2{,}4 \text{ mA})(2{,}4 \text{ k}\Omega + 1{,}5 \text{ k}\Omega)$
$= \mathbf{6{,}64 \text{ V}}$

ou $V_{DS} = V_D - V_S = 10{,}24 \text{ V} - 3{,}6 \text{ V}$
$= \mathbf{6{,}64 \text{ V}}$

e) Embora raramente seja pedida, a tensão V_{DG} pode ser determinada de maneira muito fácil, utilizando:

$V_{DG} = V_D - V_G$
$= 10{,}24 \text{ V} - 1{,}82 \text{ V}$
$= \mathbf{8{,}42 \text{ V}}$

7.5 CONFIGURAÇÃO PORTA-COMUM

A próxima configuração é aquela em que o terminal de porta está ligado ao terra, o sinal de entrada é usualmente aplicado ao terminal de fonte e o sinal de saída é obtido no terminal de dreno, como mostra a Figura 7.23(a). O circuito também pode ser desenhado como mostra a Figura 7.23(b).

A equação do circuito pode ser determinada a partir da Figura 7.24.

A aplicação da Lei das Tensões de Kirchhoff no sentido indicado na Figura 7.24 resultará em

$$-V_{GS} - I_S R_S + V_{SS} = 0$$

e
$$V_{GS} = V_{SS} - I_S R_S$$

mas
$$I_S = I_D$$

logo,
$$\boxed{V_{GS} = V_{SS} - I_D R_S} \quad (7.23)$$

A aplicação da condição $I_D = 0$ mA na Equação 7.23 resultará em

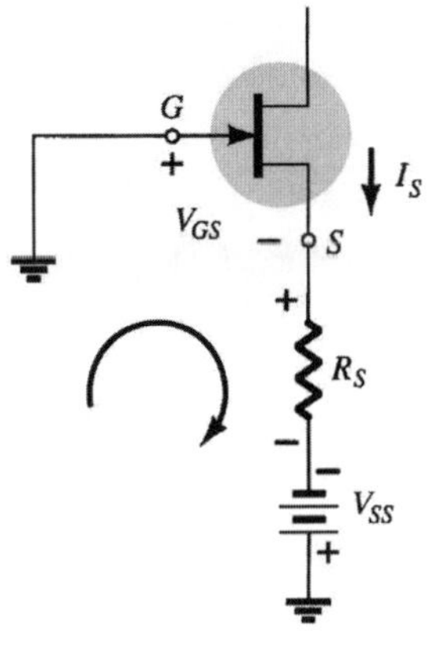

Figura 7.24 Determinação da equação do circuito para a configuração da Figura 7.23.

$$V_{GS} = V_{SS} - (0)R_S$$

e
$$\boxed{V_{GS} = V_{SS}|_{I_D = 0 \text{ mA}}} \quad (7.24)$$

A aplicação da condição $V_{GS} = 0$ V na Equação 7.23 resultará em

$$0 = V_{SS} - I_D R_S$$

e
$$\boxed{I_D = \frac{V_{SS}}{R_S}\bigg|_{V_{GS} = 0 \text{ V}}} \quad (7.25)$$

A reta de carga resultante aparece na Figura 7.25 em interseção com a curva de transferência para o JFET, como mostra a figura.

A interseção resultante define a corrente de operação I_{D_Q} e a tensão de operação V_{D_Q} para o circuito, como também está indicado no circuito.

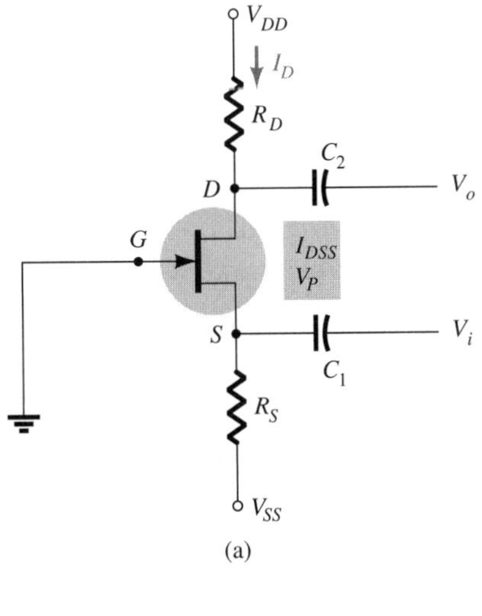

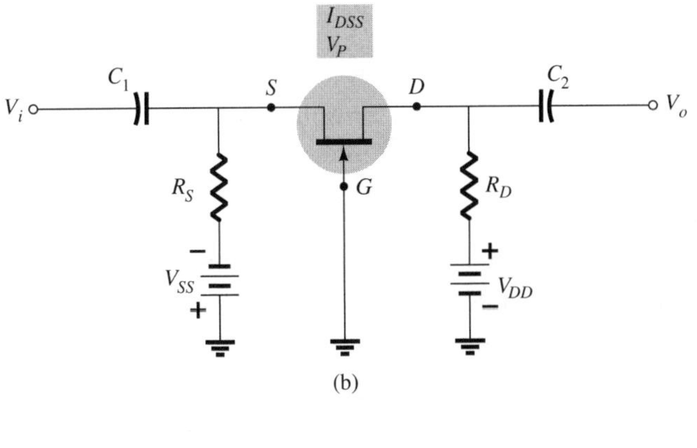

Figura 7.23 Duas versões da configuração porta-comum.

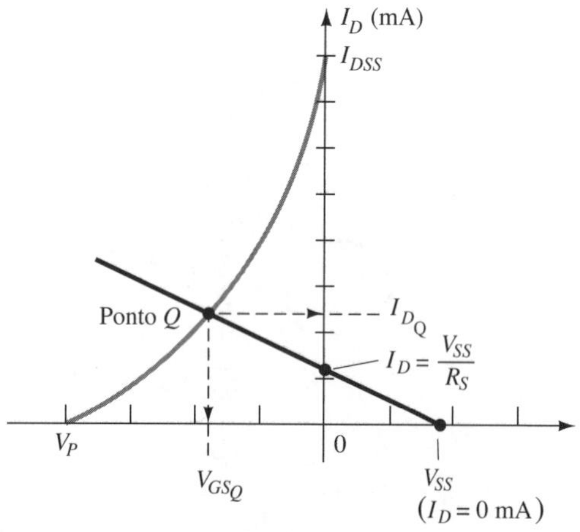

Figura 7.25 Determinação do ponto Q para o circuito da Figura 7.24.

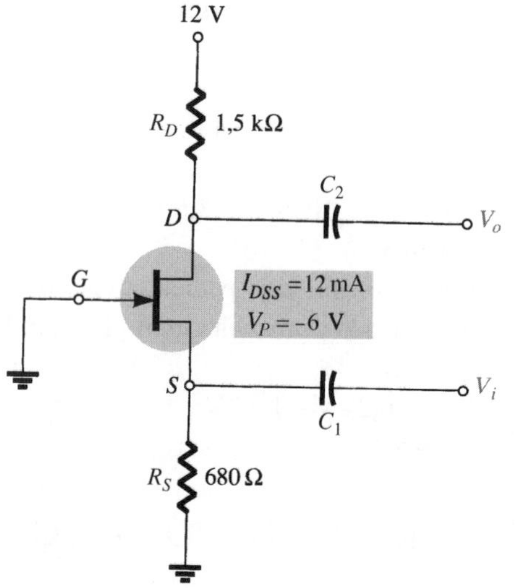

Figura 7.26 Exemplo 7.5.

A aplicação da Lei das Tensões de Kirchhoff na malha que contém as duas fontes, o JFET e os resistores R_D e R_S nas figuras 7.23(a) e (b) resultará em

$$+V_{DD} - I_D R_D - V_{DS} - I_S R_S + V_{SS} = 0$$

Substituindo $I_S = I_D$, temos

$$+V_{DD} + V_{SS} - V_{DS} - I_D(R_D + R_S) = 0$$

de modo que
$$V_{DS} = V_{DD} + V_{SS} - I_D(R_D + R_S) \quad (7.26)$$

com
$$V_D = V_{DD} - I_D R_D \quad (7.27)$$

e
$$V_S = -V_{SS} + I_D R_S \quad (7.28)$$

EXEMPLO 7.5

Determine os seguintes parâmetros para a configuração porta-comum da Figura 7.26:

a) V_{GS_Q}.
b) I_{D_Q}.
c) V_D.
d) V_G.
e) V_S.
f) V_{DS}.

Solução:

Embora V_{SS} não esteja presente nessa configuração porta-comum, as equações derivadas anteriormente ainda podem ser usadas pela simples substituição de $V_{SS} = 0$ V em cada equação na qual ela aparece.

a) Para a curva de transferência, a Equação 7.23 se torna $V_{GS} = 0 - I_D R_S$
e $V_{GS} = -I_D R_S$
Para essa equação, a origem é um ponto sobre a reta de carga enquanto o outro deve ser determinado em um ponto arbitrário. Escolhendo $I_D = 6$ mA e determinando V_{GS}, teremos o seguinte:

$$V_{GS} = -I_D R_S = -(6 \text{ mA})(680\ \Omega) = -4{,}08 \text{ V}$$

como mostra a Figura 7.27.
A curva de transferência do dispositivo é traçada usando-se

$$I_D = \frac{I_{DSS}}{4} = \frac{12 \text{ mA}}{4} = 3 \text{ mA(em } V_P/2)$$

e $V_{GS} \cong 0{,}3V_P = 0{,}3(-6 \text{ V}) = -1{,}8 \text{ V}$ (em $I_D = I_{DSS}/2$)
A solução resultante é:

$$V_{GS_Q} \cong \mathbf{-2{,}6\ V}$$

b) A partir da Figura 7.27:

$$I_{D_Q} \cong \mathbf{3{,}8\ mA}$$

c) $V_D = V_{DD} - I_D R_D$
$= 12 \text{ V} - (3{,}8 \text{ mA})(1{,}5 \text{ k}\Omega) = 12 \text{ V} - 5{,}7 \text{ V}$
$= \mathbf{6{,}3\ V}$

d) $V_G = \mathbf{0\ V}$

e) $V_S = I_D R_S = (3{,}8 \text{ mA})(680\ \Omega)$
$= \mathbf{2{,}58\ V}$

f) $V_{DS} = V_D - V_S$
$= 6{,}3 \text{ V} - 2{,}58 \text{ V}$
$= \mathbf{3{,}72\ V}$

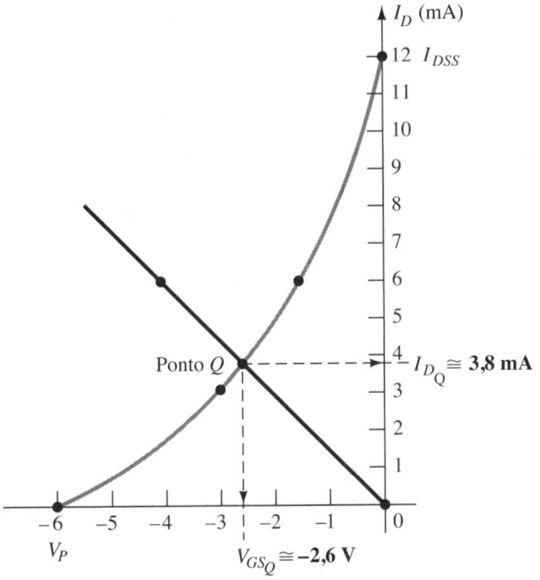

Figura 7.27 Determinação do ponto Q para o circuito da Figura 7.26.

7.6 CASO ESPECIAL: $V_{GS_Q} = 0$ V

Um circuito de valor prático recorrente por causa de sua relativa simplicidade é a configuração da Figura 7.28. Note que a ligação direta dos terminais de porta e fonte para o terra resulta em $V_{GS} = 0$ V. Ele especifica que, para qualquer condição CC, a tensão porta-fonte deve ser igual a zero volt. Isso resultará em uma reta de carga vertical em $V_{GS_Q} = 0$ V, como mostra a Figura 7.29.

Uma vez que a curva de transferência de um JFET cruzará o eixo vertical em I_{DSS}, a corrente de dreno para o circuito é fixada nesse valor.

Portanto,

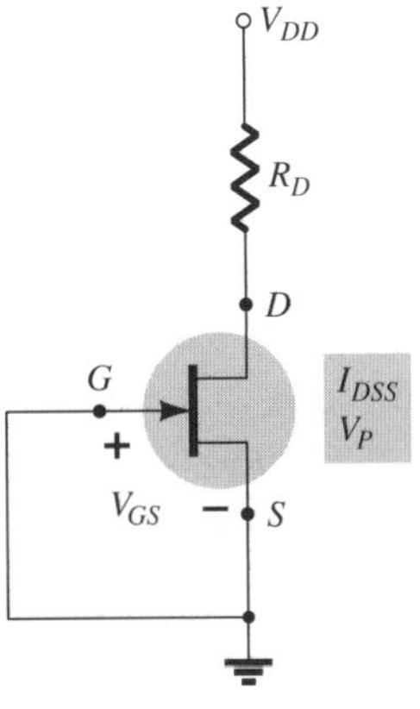

Figura 7.28 Configuração do caso especial $V_{GS_Q} = 0$ V.

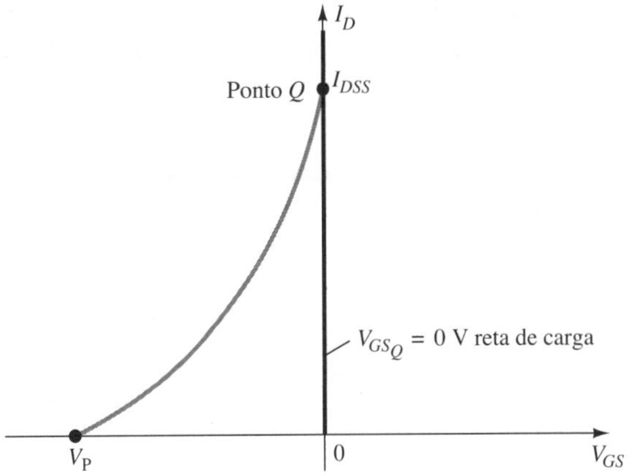

Figura 7.29 Determinação do ponto Q para o circuito da Figura 7.28.

$$I_{D_Q} = I_{DSS} \tag{7.29}$$

Aplicando a Lei das Tensões de Kirchhoff:

$$V_{DD} - I_D R_D - V_{DS} = 0$$

e

$$V_{DS} = V_{DD} - I_D R_D \tag{7.30}$$

com

$$V_D = V_{DS} \tag{7.31}$$

e

$$V_S = 0 \text{ V} \tag{7.32}$$

7.7 MOSFETs TIPO DEPLEÇÃO

As semelhanças entre as curvas de transferência dos JFETs e dos MOSFETs tipo depleção permitem análises parecidas para os dois dispositivos com relação à análise CC. A principal diferença entre os dois é o fato de que o MOSFET tipo depleção apresenta pontos de operação com valores positivos de V_{GS} e valores de I_D maiores que I_{DSS}. Na verdade, para todas as configurações discutidas até aqui, a análise será a mesma se um JFET for substituído por um MOSFET tipo depleção.

A única parte da análise que não foi definida consiste em como traçar o gráfico da equação de Shockley para valores positivos de V_{GS}. Para a região de valores positivos de V_{GS} e valores de I_D maiores que I_{DSS}, até que ponto a curva de transferência se estende? Para a maioria das situações, essa região será razoavelmente bem definida pelos parâmetros do MOSFET e pela reta de polarização resultante do circuito. Alguns exemplos revelarão o impacto da mudança de dispositivo sobre a análise resultante.

EXEMPLO 7.6

Para o MOSFET tipo depleção de canal n da Figura 7.30, determine:

a) I_{D_Q} e V_{GS_Q}.

b) V_{DS}.

Solução:

a) Para a curva de transferência, um ponto no gráfico é definido por $I_D = I_{DSS}/4 = 6\text{ mA}/4 = 1{,}5\text{ mA}$ e $V_{GS} = V_P/2 = -3\text{ V}/2 = -1{,}5\text{ V}$. Considerando o valor de V_P e o fato de a equação de Shockley definir uma curva que cresce mais rapidamente à medida que V_{GS} se torna mais positiva, um ponto no gráfico será definido em $V_{GS} = +1$ V. A substituição na equação resultará em:

$$I_D = I_{DSS}\left(1 - \frac{V_{GS}}{V_P}\right)^2$$
$$= 6\text{ mA}\left(1 - \frac{+1\text{ V}}{-3\text{ V}}\right)^2$$
$$= 6\text{ mA}\left(1 + \frac{1}{3}\right)^2 = 6\text{ mA}(1{,}778)$$
$$= 10{,}67\text{ mA}$$

A curva de transferência resultante aparece na Figura 7.31. Procedendo da maneira descrita para os JFETs, temos:

Equação 7.15:

$$V_G = \frac{10\text{ M}\Omega(18\text{ V})}{10\text{ M}\Omega + 110\text{ M}\Omega} = 1{,}5\text{ V}$$

Equação 7.16: $V_{GS} = V_G - I_D R_S = 1{,}5\text{ V} - I_D(750\ \Omega)$

Estabelecer $I_D = 0$ mA resulta em:

$$V_{GS} = V_G = 1{,}5\text{ V}$$

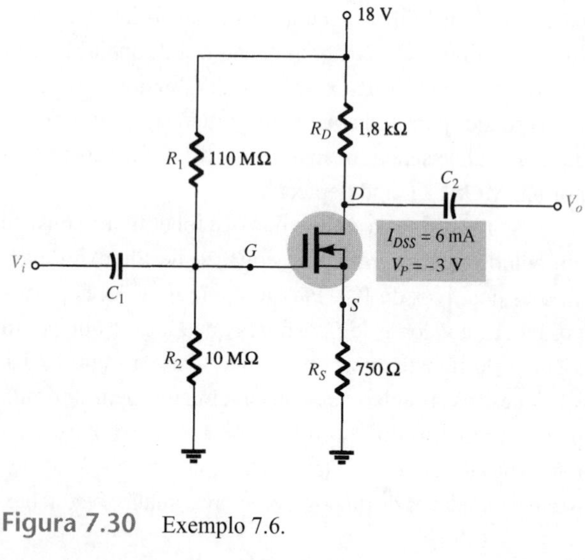

Figura 7.30 Exemplo 7.6.

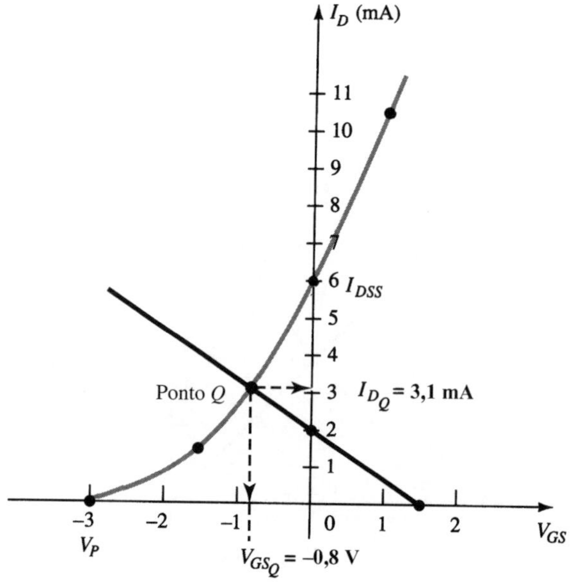

Figura 7.31 Determinação do ponto Q para o circuito da Figura 7.30.

Estabelecer $V_{GS} = 0$ V produz:

$$I_D = \frac{V_G}{R_S} = \frac{1{,}5\text{ V}}{750\ \Omega} = 2\text{ mA}$$

Os pontos no gráfico e a reta de polarização resultante aparecem na Figura 7.31. O ponto de operação resultante é dado por

$$I_{D_Q} = \mathbf{3{,}1\ mA}$$
$$V_{GS_Q} = \mathbf{-\ 0{,}8\ V}$$

b) Equação 7.19:

$$V_{DS} = V_{DD} - I_D(R_D + R_S)$$
$$= 18\text{ V} - (3{,}1\text{ mA})(1{,}8\text{ k}\Omega + 750\ \Omega)$$
$$\cong \mathbf{10{,}1\ V}$$

EXEMPLO 7.7

Repita o Exemplo 7.6 com $R_S = 150\ \Omega$.

Solução:

a) Os pontos no gráfico são os mesmos para a curva de transferência, como mostra a Figura 7.32. Para a reta de polarização,

$$V_{GS} = V_G - I_D R_S = 1{,}5\text{ V} - I_D(150\ \Omega)$$

Estabelecer $I_D = 0$ mA resulta em:

$$V_{GS} = 1{,}5\text{ V}$$

Estabelecer $V_{GS} = 0$ V produz:

$$I_D = \frac{V_G}{R_S} = \frac{1{,}5\text{ V}}{150\ \Omega} = 10\text{ mA}$$

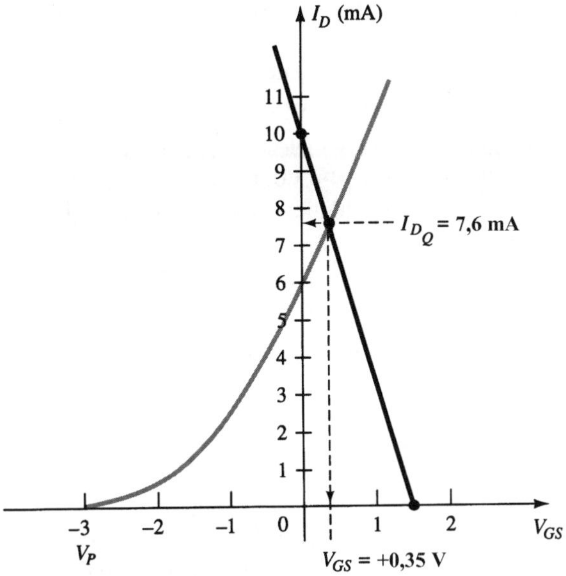

Figura 7.32 Exemplo 7.7.

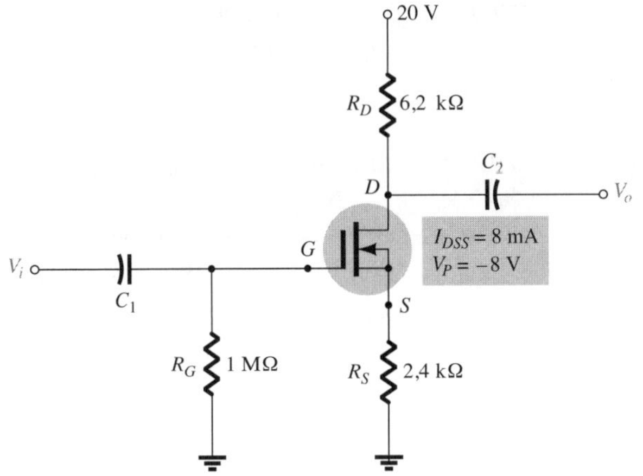

Figura 7.33 Exemplo 7.8.

A reta de polarização é incluída na Figura 7.32. Observe, nesse caso, que o ponto quiescente produz uma corrente de dreno que excede I_{DSS} com um valor positivo para V_{GS}. O resultado é:

$$I_{D_Q} = \mathbf{7{,}6\ mA}$$
$$V_{GS_Q} = \mathbf{+0{,}35\ V}$$

b) Equação 7.19:

$$V_{DS} = V_{DD} - I_D(R_D + R_S)$$
$$= 18\text{ V} - (7{,}6\text{ mA})(1{,}8\text{ k}\Omega + 150\ \Omega)$$
$$= \mathbf{3{,}18\ V}$$

EXEMPLO 7.8

Determine os parâmetros a seguir para o circuito da Figura 7.33.

a) I_{D_Q} e V_{GS_Q}.
b) V_D.

Solução:

a) A configuração com autopolarização resulta em

$$V_{GS} = -I_D R_S$$

como obtido para a configuração com JFET, estabelecendo o fato de que V_{GS} deve ser menor do que zero volt. Não há, por essa razão, necessidade de traçar a curva de transferência para valores positivos de V_{GS}, embora isso tenha sido feito nessa ocasião para completar a curva característica de transferência. Um ponto no gráfico da curva característica de transferência para $V_{GS} < 0$ V é

$$I_D = \frac{I_{DSS}}{4} = \frac{8\text{ mA}}{4} = 2\text{ mA}$$

e
$$V_{GS} = \frac{V_P}{2} = \frac{-8\text{ V}}{2} = -4\text{ V}$$

e para $V_{GS} > 0$ V, já que $V_P = -8$ V, escolheremos

$$V_{GS} = +2\text{ V}$$

e
$$I_D = I_{DSS}\left(1 - \frac{V_{GS}}{V_P}\right)^2 = 8\text{ mA}\left(1 - \frac{+2\text{ V}}{-8\text{ V}}\right)^2$$
$$= 12{,}5\text{ mA}$$

A curva de transferência resultante aparece na Figura 7.34. Para a reta de polarização do circuito, em $V_{GS} = 0$ V, $I_D = 0$ mA. A escolha de $V_{GS} = -6$ V resulta em:

$$I_D = -\frac{V_{GS}}{R_S} = -\frac{-6\text{ V}}{2{,}4\text{ k}\Omega} = 2{,}5\text{ mA}$$

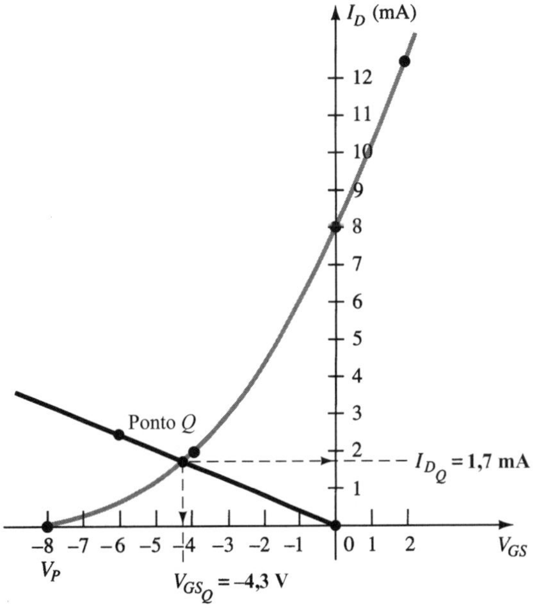

Figura 7.34 Determinação do ponto Q para o circuito da Figura 7.33.

O ponto Q resultante é dado por

$$I_{D_Q} = \mathbf{1{,}7\ mA}$$
$$V_{GS_Q} = \mathbf{-4{,}3\ V}$$

b) $V_D = V_{DD} - I_D R_D$
$= 20\ V - (1{,}7\ mA)(6{,}2\ k\Omega)$
$= \mathbf{9{,}46\ V}$

O exemplo a seguir emprega um projeto que também pode ser aplicado a transistores JFET. À primeira vista ele pode parecer bastante simplista, mas é comum que cause alguma confusão quando analisado pela primeira vez em decorrência do ponto especial de operação.

EXEMPLO 7.9

Determine V_{DS} para o circuito da Figura 7.35.

Solução:

A conexão direta entre os terminais da porta e da fonte exige que:

$$V_{GS} = 0\ V$$

Uma vez que V_{GS} está fixo em 0 V, a corrente de dreno deve ser I_{DSS} (por definição). Em outras palavras,

$$V_{GS_Q} = \mathbf{0\ V}$$
e
$$I_{D_Q} = \mathbf{10\ mA}$$

Portanto, não é necessário desenhar a curva de transferência, e:

$$V_D = V_{DD} - I_D R_D = 20\ V - (10\ mA)(1{,}5\ k\Omega)$$
$$= 20\ V - 15\ V$$
$$= \mathbf{5\ V}$$

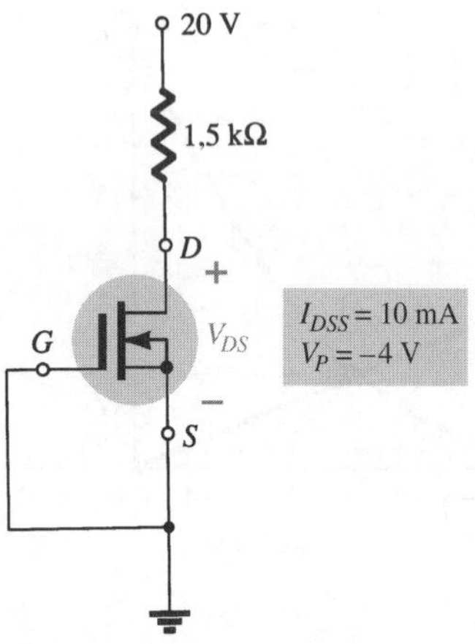

Figura 7.35 Exemplo 7.9.

7.8 MOSFETs TIPO INTENSIFICAÇÃO

A curva característica de transferência do MOSFET tipo intensificação difere bastante daquela obtida para o JFET e para os MOSFETs tipo depleção, o que resulta em uma solução gráfica bem diferente daquela apresentada até aqui. Antes de qualquer coisa, lembramos que, para o MOSFET tipo intensificação de canal n, a corrente de dreno é igual a zero para valores de tensão porta-fonte menores do que o valor de limiar $V_{GS(\mathrm{Th})}$, como mostra a Figura 7.36. Para valores de V_{GS} maiores do que $V_{GS(\mathrm{Th})}$, a corrente de dreno é definida por:

$$I_D = k(V_{GS} - V_{GS(\mathrm{Th})})^2 \quad (7.33)$$

Visto que as folhas de dados geralmente fornecem a tensão de limiar e um valor de corrente de dreno $I_{D(\mathrm{ligado})}$ (ou $I_{D(on)}$) e um valor correspondente de $V_{GS(\mathrm{ligado})}$ (ou $V_{GS(on)}$), são definidos dois pontos imediatamente, como mostra a Figura 7.36. Para completar a curva, a constante k da Equação 7.33 deve ser determinada a partir dos valores obtidos das folhas de dados substituídos na Equação 7.33 e resolvendo para k, como indicado a seguir:

$$I_D = k(V_{GS} - V_{GS(\mathrm{Th})})^2$$
$$I_{D(\mathrm{ligado})} = k(V_{GS(\mathrm{ligado})} - V_{GS(\mathrm{Th})})^2$$

e

$$k = \frac{I_{D(\mathrm{ligado})}}{(V_{GS(\mathrm{ligado})} - V_{GS(\mathrm{Th})})^2} \quad (7.34)$$

Uma vez que k esteja definido, podemos determinar outros valores de I_D para valores selecionados de V_{GS}.

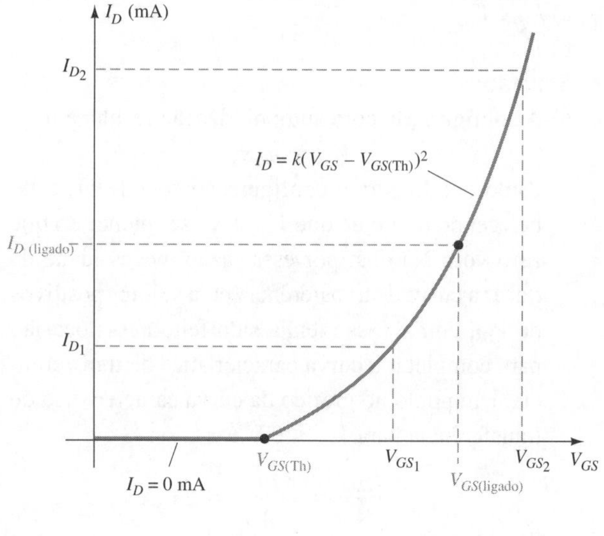

Figura 7.36 Curva característica de transferência de um MOSFET tipo intensificação de canal n.

Normalmente, um ponto entre $V_{GS(\text{Th})}$ e $V_{GS(\text{ligado})}$ e outro um pouco maior do que $V_{GS(\text{ligado})}$ oferecem um número suficiente de pontos para traçar a Equação 7.33 (observe I_{D1} e I_{D2} na Figura 7.36).

Configuração de polarização com realimentação

A Figura 7.37 mostra uma configuração de polarização bastante utilizada para os MOSFETs tipo intensificação. O resistor R_G oferece um valor apropriadamente alto de tensão à porta do MOSFET para "ligá-lo". Uma vez que $I_G = 0$ mA e $V_{R_G} = 0$ V, o circuito CC equivalente tem a forma mostrada na Figura 7.38.

Agora existe uma conexão direta entre dreno e porta, o que resulta em

$$V_D = V_G$$

e

$$\boxed{V_{DS} = V_{GS}} \tag{7.35}$$

Para o circuito de saída,

$$V_{DS} = V_{DD} - I_D R_D$$

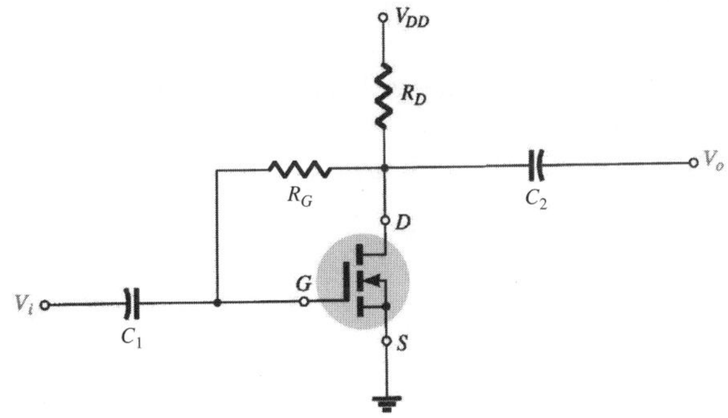

Figura 7.37 Configuração de polarização com realimentação.

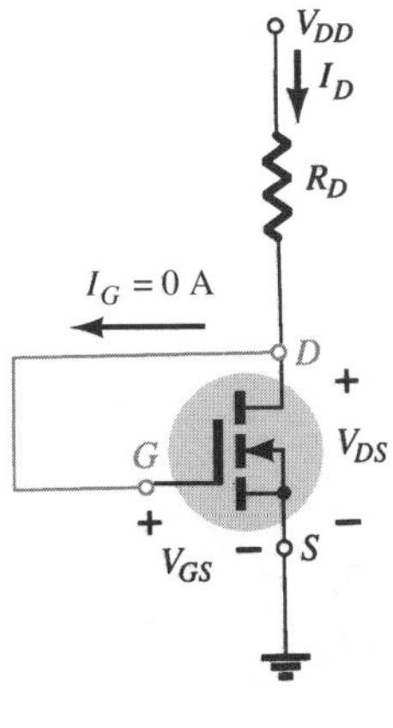

Figura 7.38 Equivalente CC do circuito da Figura 7.37.

que, com a substituição da Equação 7.27, transforma-se em:

$$\boxed{V_{GS} = V_{DD} - I_D R_D} \tag{7.36}$$

O resultado é uma equação que relaciona I_D com V_{GS}, permitindo o traçado de ambas no mesmo conjunto de eixos.

Uma vez que a Equação 7.36 representa uma linha reta, podemos empregar o mesmo procedimento descrito anteriormente para determinar os dois pontos que definem o traçado no gráfico. Substituindo $I_D = 0$ mA na Equação 7.36, obtemos:

$$\boxed{V_{GS} = V_{DD}|_{I_D = 0\,\text{mA}}} \tag{7.37}$$

Substituindo $V_{GS} = 0$ V na Equação 7.36, obtemos:

$$\boxed{I_D = \frac{V_{DD}}{R_D}\bigg|_{V_{GS}=0\,\text{V}}} \tag{7.38}$$

Os gráficos definidos pelas equações 7.33 e 7.36 aparecem na Figura 7.39 com o ponto de operação resultante.

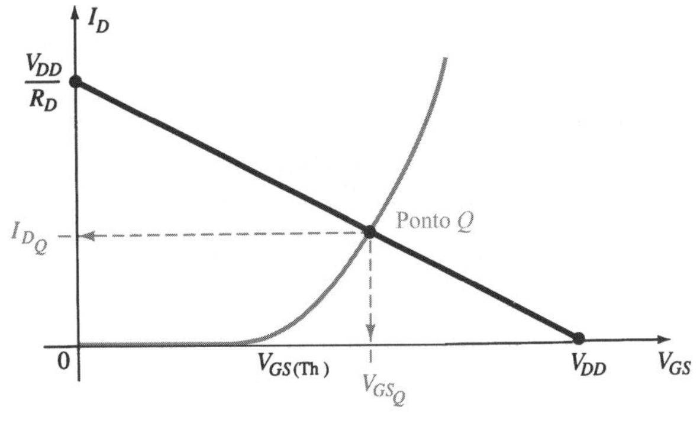

Figura 7.39 Determinação do ponto Q para o circuito da Figura 7.37.

EXEMPLO 7.10

Determine I_{D_Q} e V_{DS_Q} para o MOSFET tipo intensificação da Figura 7.40.

Solução:

Gráfico da curva de transferência Dois pontos são definidos imediatamente, como mostra a Figura 7.41. Resolvendo para k, temos

Equação 7.34:

$$k = \frac{I_{D(\text{ligado})}}{(V_{GS(\text{ligado})} - V_{GS(\text{Th})})^2}$$

$$= \frac{6\text{ mA}}{(8\text{ V} - 3\text{ V})^2} = \frac{6 \times 10^{-3}}{25}\text{ A/V}^2$$

$$= \mathbf{0{,}24 \times 10^{-3}\ A/V^2}$$

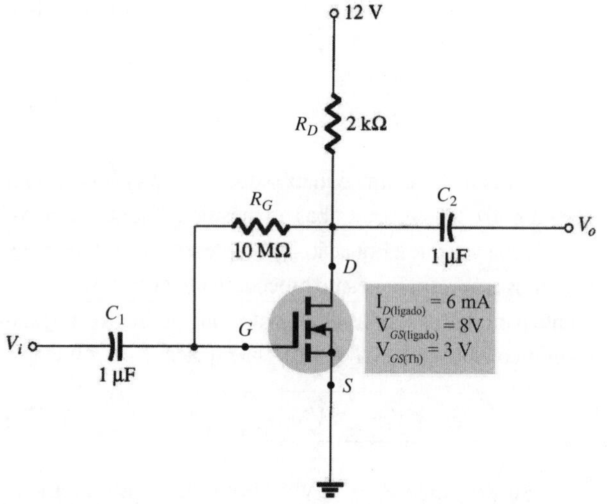

Figura 7.40 Exemplo 7.10.

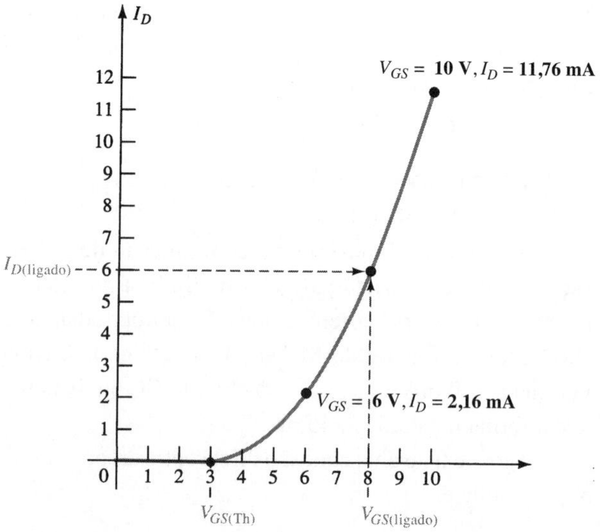

Figura 7.41 Gráfico da curva de transferência para o MOSFET da Figura 7.40.

Para $V_{GS} = 6$ V (entre 3 e 8 V):

$$I_D = 0{,}24 \times 10^{-3}(6\text{ V} - 3\text{ V})^2 = 0{,}24 \times 10^{-3}(9)$$
$$= 2{,}16\text{ mA}$$

como mostra a Figura 7.41. Para $V_{GS} = 10$ V (um pouco maior do que $V_{GS(Th)}$),

$$I_D = 0{,}24 \times 10^{-3}(10\text{ V} - 3\text{ V})^2 = 0{,}24 \times 10^{-3}(49)$$
$$= 11{,}76\text{ mA}$$

como também é mostrado na Figura 7.41. Os quatro pontos são suficientes para traçar toda a curva na faixa de interesse, como indicado nessa mesma figura.

Para a reta de polarização do circuito

$$V_{GS} = V_{DD} - I_D R_D$$
$$= 12\text{ V} - I_D(2\text{ k}\Omega)$$

Equação 7.37: $V_{GS} = V_{DD} = 12\text{ V}|_{I_D = 0\text{ mA}}$

Equação 7.38: $I_D = \dfrac{V_{DD}}{R_D} = \dfrac{12\text{ V}}{2\text{ k}\Omega} = 6\text{ mA}|_{V_{GS} = 0\text{ V}}$

A reta de polarização resultante aparece na Figura 7.42. No ponto de operação,

$$I_{D_Q} = \mathbf{2{,}75\text{ mA}}$$

e $\qquad V_{GS_Q} = 6{,}4$ V

com $\qquad V_{DS_Q} = V_{GS_Q} = \mathbf{6{,}4\text{ V}}$

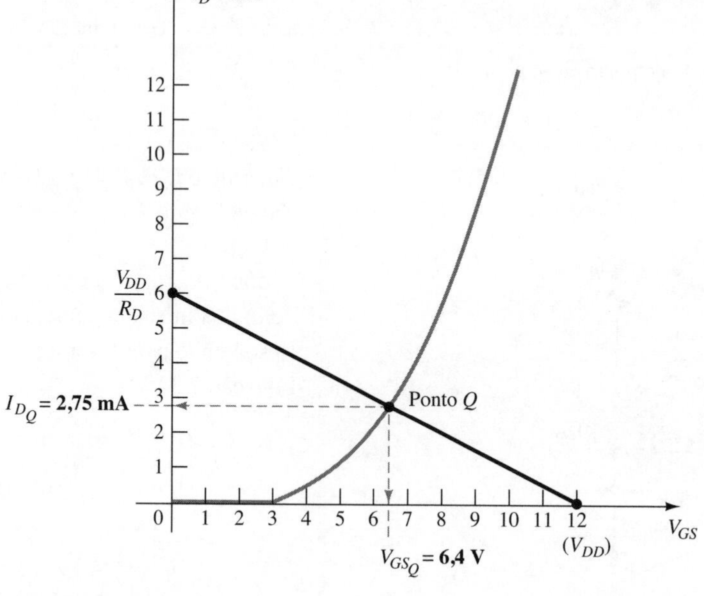

Figura 7.42 Determinação do ponto Q para o circuito da Figura 7.40.

Configuração de polarização por divisor de tensão

A Figura 7.43 mostra outra configuração de polarização muito utilizada para o MOSFET tipo intensificação. O fato de que $I_G = 0$ mA resulta na equação a seguir para V_{GG}, derivada da aplicação da regra do divisor de tensão:

$$V_G = \frac{R_2 V_{DD}}{R_1 + R_2} \tag{7.39}$$

A aplicação da Lei das Tensões de Kirchhoff ao longo da malha indicada na Figura 7.43 resulta em

$$+V_G - V_{GS} - V_{RS} = 0$$

e $$V_{GS} = V_G - V_{RS}$$

ou $$V_{GS} = V_G - I_D R_S \tag{7.40}$$

Para a seção de saída,

$$V_{RS} + V_{DS} + V_{RD} - V_{DD} = 0$$

e $$V_{DS} = V_{DD} - V_{RS} - V_{RD}$$

ou $$V_{DS} = V_{DD} - I_D(R_S + R_D) \tag{7.41}$$

Visto que a curva característica de transferência representa um gráfico de I_D *versus* V_{GS} e a Equação 7.40 relaciona as mesmas duas variáveis, as duas curvas podem ser traçadas no mesmo gráfico e a solução pode ser determinada na interseção. Uma vez que I_{D_Q} e V_{GS_Q} são conhecidos, os demais parâmetros do circuito, como V_{DS}, V_D e V_S, podem ser determinados.

EXEMPLO 7.11

Determine I_{D_Q}, V_{GS_Q} e V_{DS} para o circuito da Figura 7.44.

Solução:

Circuito

Equação 7.39:

$$V_G = \frac{R_2 V_{DD}}{R_1 + R_2} = \frac{(18\ \text{M}\Omega)(40\ \text{V})}{22\ \text{M}\Omega + 18\ \text{M}\Omega} = 18\ \text{V}$$

Equação 7.40: $V_{GS} = V_G - I_D R_S = 18\ \text{V} - I_D(0{,}82\ \text{k}\Omega)$

Quando $I_D = 0$ mA,

$$V_{GS} = 18\ \text{V} - (0\ \text{mA})(0{,}82\ \text{k}\Omega) = 18\ \text{V}$$

como mostra a Figura 7.45. Quando $V_{GS} = 0$ V,

$$V_{GS} = 18\ \text{V} - I_D(0{,}82\ \text{k}\Omega)$$
$$0 = 18\ \text{V} - I_D(0{,}82\ \text{k}\Omega)$$

$$I_D = \frac{18\ \text{V}}{0{,}82\ \text{k}\Omega} = 21{,}95\ \text{mA}$$

como mostra a Figura 7.45.

Dispositivo

$V_{GS(\text{Th})} = 5$ V, $I_{D(\text{ligado})} = 3$ mA com $V_{GS(\text{ligado})} = 10$ V

Equação 7.34:

$$k = \frac{I_{D(\text{ligado})}}{(V_{GS(\text{ligado})} - V_{GS(\text{Th})})^2} = \frac{3\ \text{mA}}{(10\ \text{V} - 5\ \text{V})^2} = 0{,}12 \times 10^{-3}\ \text{A/V}^2$$

e $$I_D = k(V_{GS} - V_{GS(\text{Th})})^2 = 0{,}12 \times 10^{-3}(V_{GS} - 5)^2$$

que é traçado no mesmo gráfico (Figura 7.45). Da Figura 7.45,

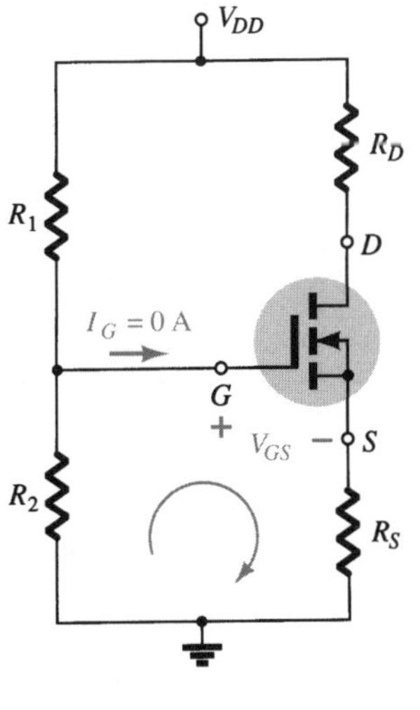

Figura 7.43 Configuração de polarização por divisor de tensão para um MOSFET intensificação de canal *n*.

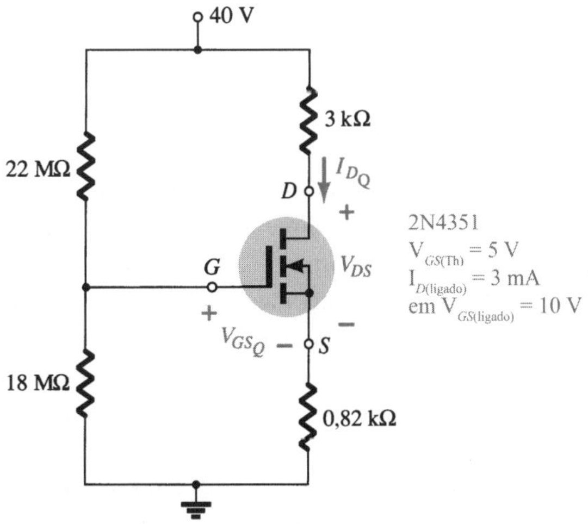

Figura 7.44 Exemplo 7.11.

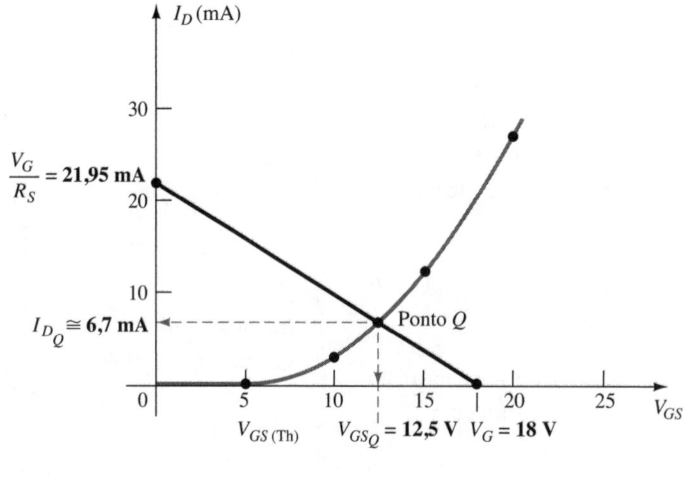

Figura 7.45 Determinação do ponto Q para o circuito do Exemplo 7.11.

$$I_{D_Q} \cong \mathbf{6{,}7\ mA}$$
$$V_{GS_Q} = \mathbf{12{,}5\ V}$$

Equação 7.41:

$$\begin{aligned} V_{DS} &= V_{DD} - I_D(R_S + R_D) \\ &= 40\ \text{V} - (6{,}7\ \text{mA})(0{,}82\ \text{k}\Omega + 3{,}0\ \text{k}\Omega) \\ &= 40\ \text{V} - 25{,}6\ \text{V} \\ &= \mathbf{14{,}4\ V} \end{aligned}$$

7.9 TABELA-RESUMO

Na Tabela 7.1 são revistos os principais resultados e demonstradas as semelhanças existentes entre as abordagens para várias configurações com FET. Além disso, vemos que, de maneira geral, a análise das configurações CC para os FETs é bastante simples. Uma vez estabelecida a curva característica de transferência, podemos desenhar a reta de polarização do circuito e determinar o ponto Q na interseção entre essa curva e a reta de polarização do circuito. Para o restante da análise, simplesmente se aplicam as leis básicas de análise de circuitos.

7.10 CIRCUITOS COMBINADOS

Agora que foi estabelecida a análise CC de uma variedade de configurações com TBJ e FET, temos a oportunidade de analisar circuitos com os dois tipos de dispositivo. Fundamentalmente, para essa análise é necessário apenas que seja abordado *primeiro* o dispositivo que fornece uma tensão ou um valor de corrente em um terminal. Então, a porta estará aberta para calcularmos os outros parâmetros de circuito e nos concentrarmos nas incógnitas restantes. Comumente, essa situação gera problemas interessantes devido ao desafio de descobrirmos o ponto de partida e depois utilizarmos os resultados das seções anteriores e do Capítulo 4 para determinar as variáveis relevantes para cada dispositivo. As equações e relações utilizadas são simplesmente aquelas que já empregamos em mais de uma ocasião, não havendo necessidade de desenvolver nenhum método novo de análise.

EXEMPLO 7.12

Determine os níveis V_D e V_C para o circuito da Figura 7.46.

Solução:

Com base nas experiências anteriores, percebemos agora que V_{GS} é um parâmetro importante para determinar ou escrever uma equação para a análise de circuitos com JFET. Como não há solução óbvia para o valor de V_{GS}, o foco passa a ser a configuração do transistor. Na con-

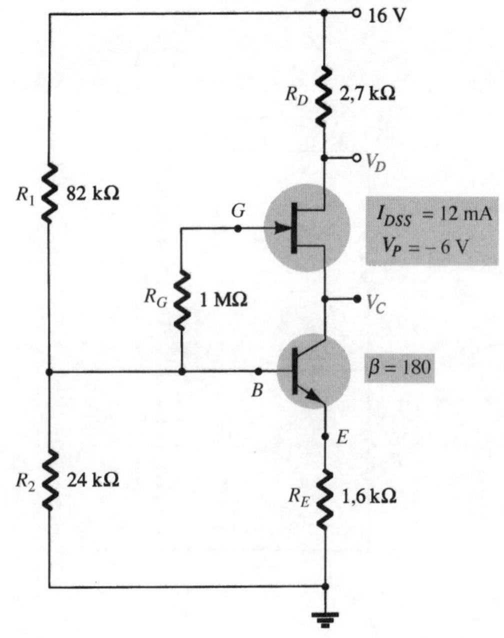

Figura 7.46 Exemplo 7.12.

Tabela 7.1 Configurações de polarização para FET.

Tipo	Configuração	Equações pertinentes	Solução gráfica
JFET com polarização fixa	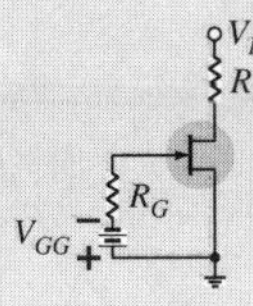	$V_{GS_Q} = -V_{GG}$ $V_{DS} = V_{DD} - I_D R_S$	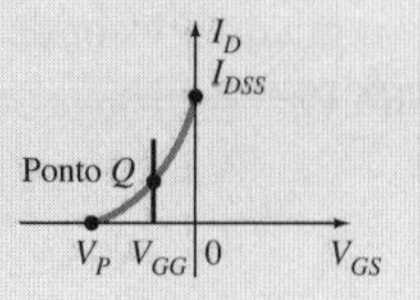
JFET com autopolarização	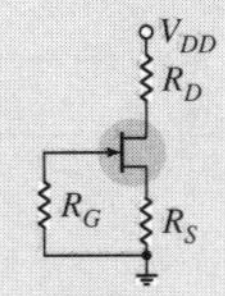	$V_{GS} = -I_D R_S$ $V_{DS} = V_{DD} - I_D(R_D + R_S)$	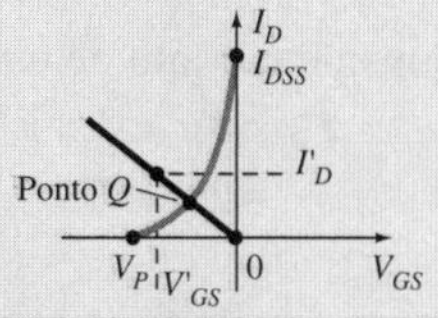
JFET com polarização por divisor de tensão	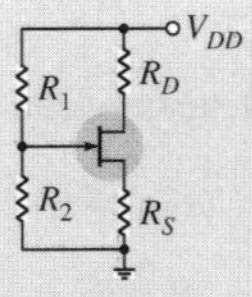	$V_G = \frac{R_2 V_{DD}}{R_1 + R_2}$ $V_{GS} = V_G - I_D R_S$ $V_{DS} = V_{DD} - I_D(R_D + R_S)$	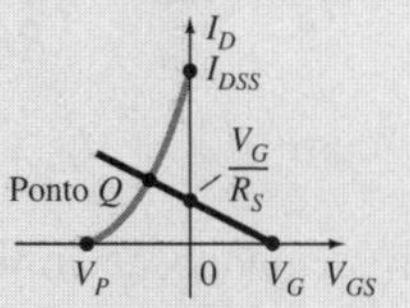
JFET porta-comum	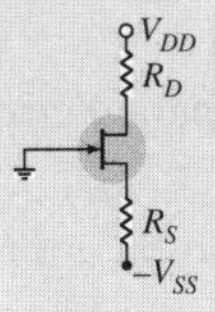	$V_{GS} = V_{SS} - I_D R_S$ $V_{DS} = V_{DD} + V_{SS} - I_D(R_D + R_S)$	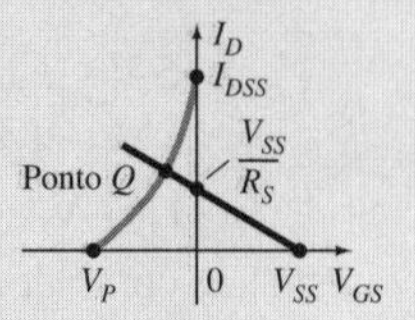
JFET ($R_D = 0\ \Omega$)	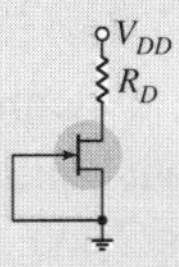	$V_{GS} = -I_D R_S$ $V_D = V_{DD}$ $V_S = I_D R_S$ $V_{DS} = V_{DD} - I_S R_S$	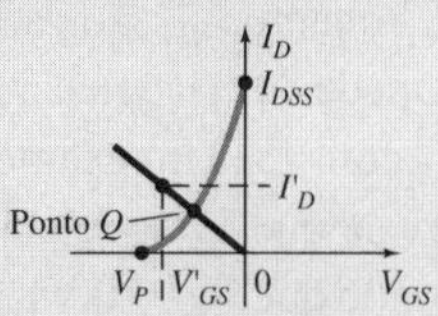
JFET caso especial ($V_{GS_Q} = 0$ V)	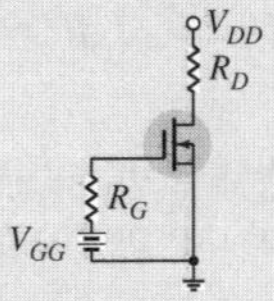	$V_{GS_Q} = 0$ V $I_{D_Q} = I_{DSS}$	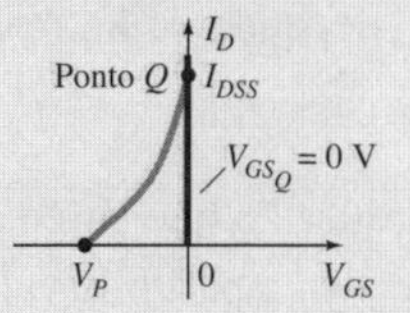
MOSFET tipo depleção com polarização fixa (e MESFETs)	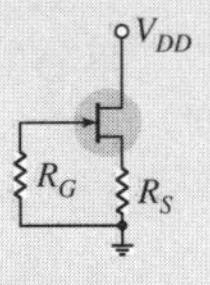	$V_{GS_Q} = +V_{GG}$ $V_{DS} = V_{DD} - I_D R_S$	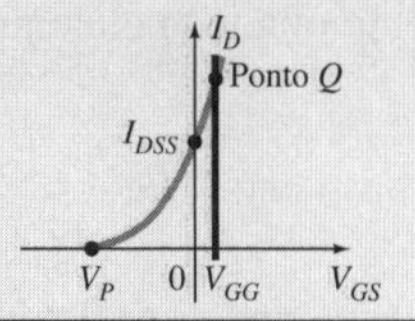
MOSFET tipo depleção com polarização por divisor de tensão (e MESFETs)	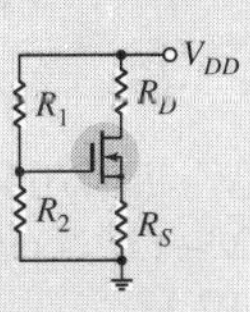	$V_G = \frac{R_2 V_{DD}}{R_1 + R_2}$ $V_{GS} = V_G - I_S R_S$ $V_{DS} = V_{DD} - I_D(R_D + R_S)$	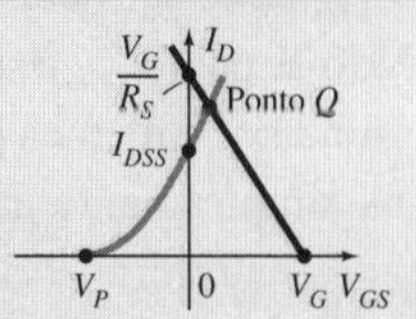
MOSFET tipo intensificação com configuração de polarização com realimentação (e MESFETs)	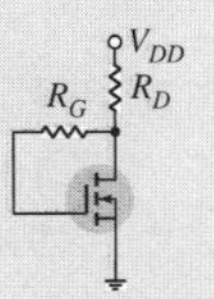	$V_{GS} = V_{DS}$ $V_{GS} = V_{DD} - I_D R_D$	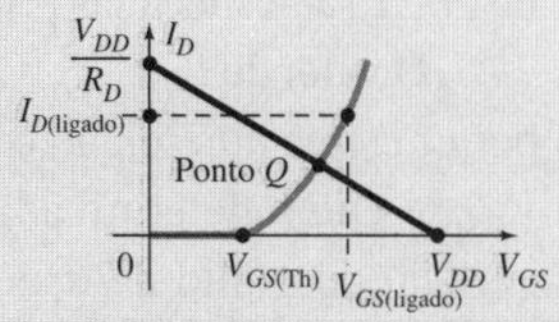
MOSFET tipo intensificação com polarização por divisor de tensão (e MESFETs)	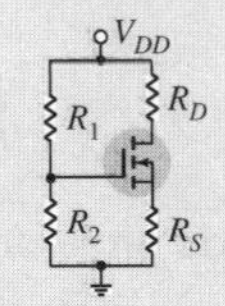	$V_G = \frac{R_2 V_{DD}}{R_1 + R_2}$ $V_{GS} = V_G - I_D R_S$	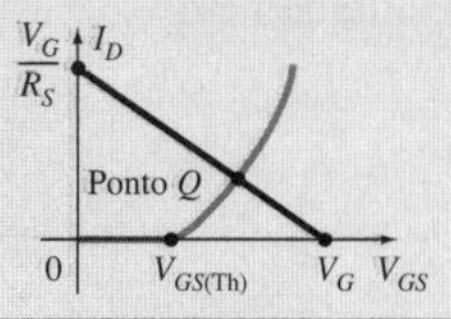

figuração por divisor de tensão, a técnica aproximada pode ser aplicada ($\beta R_E = 180 \times 1{,}6\ k\Omega = 288\ k\Omega > 10R_2 = 240\ k\Omega$), permitindo a determinação de V_B por meio da regra do divisor de tensão para o circuito de entrada. Para V_B:

$$V_B = \frac{24\ k\Omega(16\ V)}{82\ k\Omega + 24\ k\Omega} = 3{,}62\ V$$

Considere o fato de que $V_{BE} = 0{,}7$ V resulta em

$$V_E = V_B - V_{BE} = 3{,}62\ V - 0{,}7\ V = 2{,}92\ V$$

e $$I_E = \frac{V_{RE}}{R_E} = \frac{V_E}{R_E} = \frac{2{,}92\ V}{1{,}6\ k\Omega} = 1{,}825\ mA$$

com $$I_C \cong I_E = 1{,}825\ mA$$

Prosseguindo, determinamos para essa configuração que

$$I_D = I_S = I_C$$

e $$V_D = 16\ V - I_D(2{,}7\ k\Omega) = 16\ V - (1{,}825\ mA)(2{,}7\ k\Omega) = 16\ V - 4{,}93\ V = \mathbf{11{,}07\ V}$$

A questão de como determinar V_C não é tão óbvia. Tanto V_{CE} quanto V_{DS} são variáveis desconhecidas, o que nos impede de estabelecer uma relação entre V_D e V_C ou de V_E com V_D. Um exame mais detalhado da Figura 7.46 revela que V_C se relaciona com V_B através de V_{GS} (supondo que $V_{R_G} = 0$ V). Uma vez que a determinação de V_B depende de V_{GS}, podemos determinar V_C a partir de

$$V_C = V_B - V_{GS}$$

A questão que surge agora é como determinar o valor de V_{GS_Q} a partir do valor quiescente de I_D. Os dois estão relacionados pela equação de Shockley:

$$I_{D_Q} = I_{DSS}\left(1 - \frac{V_{GS_Q}}{V_P}\right)^2$$

e V_{GS_Q} pode ser determinado matematicamente resolvendo-se para V_{GS_Q} e substituindo-se valores numéricos. Entretanto, voltemos para o método gráfico e trabalhemos simplesmente na ordem inversa empregada nas seções anteriores. As características de transferência do JFET são esboçadas primeiro como mostra a Figura 7.47. O valor de $I_{D_Q} = I_{S_Q} = I_{C_Q} = I_{E_Q}$ é então estabelecido por uma reta horizontal, como mostra a mesma figura. V_{GS_Q} é então determinada pelo traçado de uma reta vertical do ponto de operação até o eixo horizontal, resultando em:

$$V_{GS_Q} = \mathbf{-3{,}7\ V}$$

O valor de V_C é dado por

$$V_C = V_B - V_{GS_Q} = 3{,}62\ V - (-3{,}7\ V) = \mathbf{7{,}32\ V}$$

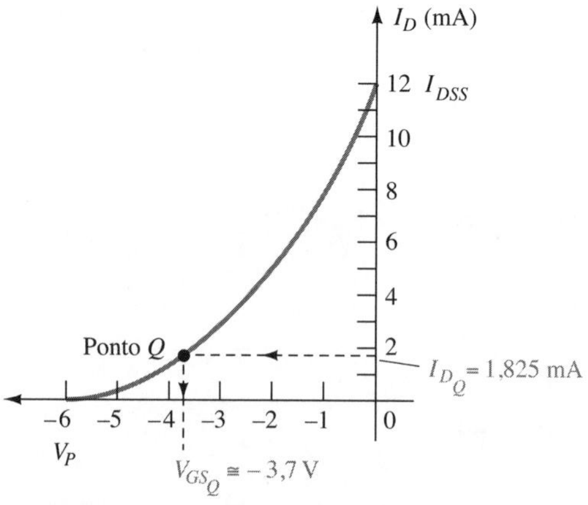

Figura 7.47 Determinação do ponto Q para o circuito da Figura 7.46.

EXEMPLO 7.13

Determine V_D para o circuito da Figura 7.48.

Solução:

Nesse caso, não há um método óbvio para a determinação dos valores de tensão e corrente para a configuração do transistor. Entretanto, observando o JFET autopolarizado, podemos montar uma equação para V_{GS} e obter o ponto quiescente resultante por meio de técnicas gráficas. Isto é,

$$V_{GS} = -I_D R_S = -I_D(2{,}4\ k\Omega)$$

resultando na reta de autopolarização da Figura 7.49, que estabelece um ponto quiescente em:

$$V_{GS_Q} = -2{,}4\ V$$
$$I_{D_Q} = 1\ mA$$

Para o transistor,

$$I_E \cong I_C = I_D = 1\ mA$$

e $$I_B = \frac{I_C}{\beta} = \frac{1\ mA}{80} = 12{,}5\ \mu A$$

$$V_B = 16\ V - I_B(470\ k\Omega) = 16\ V - (12{,}5\ \mu A)(470\ k\Omega) = 16\ V - 5{,}88\ V = 10{,}12\ V$$

e $$V_E = V_D = V_B - V_{BE} = 10{,}12\ V - 0{,}7\ V = \mathbf{9{,}42\ V}$$

7.11 PROJETO

O processo de projetar depende da área de aplicação, do nível de amplificação desejado, da intensidade do sinal e das condições de operação. A primeira etapa

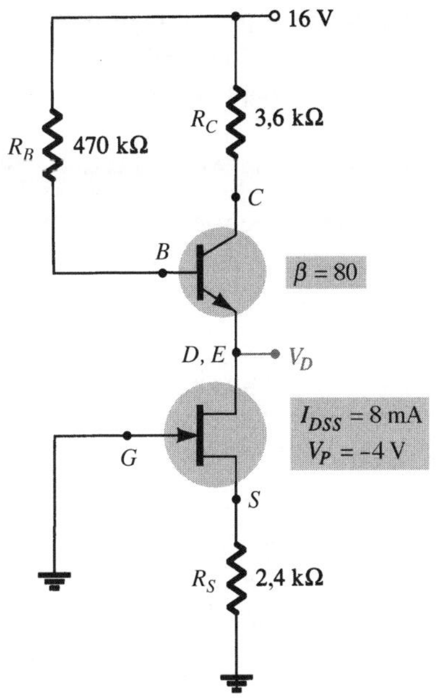

Figura 7.48 Exemplo 7.13.

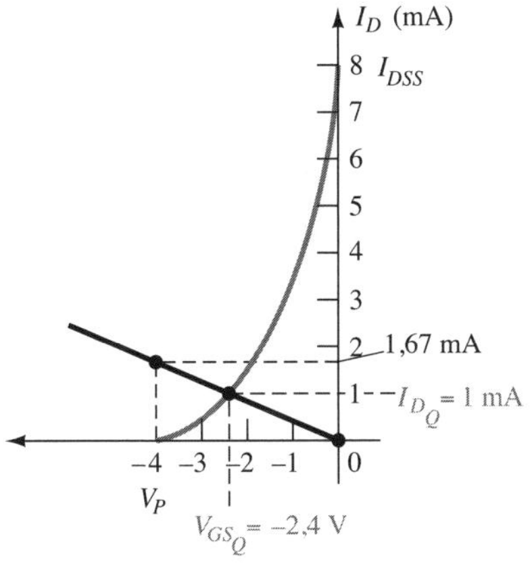

Figura 7.49 Determinação do ponto Q para o circuito da Figura 7.48.

costuma ser o estabelecimento dos valores CC de operação apropriados.

Por exemplo, se os valores de V_D e I_D são especificados para o circuito da Figura 7.50, podemos determinar o valor de V_{GS_Q} a partir do gráfico da curva de transferência, e R_S pode ser determinado a partir de $V_{GS} = -I_DR_S$. Se V_{DD} for especificado, podemos calcular o valor de R_D a partir de $R_D = (V_{DD} - V_D)/I_D$. Obviamente, os valores de R_S e R_D podem não ter valores de padrão comercial, o que torna necessário o emprego do valor comercial mais próximo. No entanto, com a tolerância (faixa de valores) normalmente especificada para os parâmetros de um circuito, a ligeira variação decorrente da escolha de valores-padrão raramente causa problemas no processo de projetar.

Essa é apenas uma alternativa para a fase de projeto envolvendo o circuito da Figura 7.50. É possível que apenas V_{DD} e R_D sejam especificados juntamente com o valor de V_{DS}. O dispositivo a ser empregado pode ser especificado juntamente com o valor de R_S. Parece lógico que o dispositivo escolhido deva ter um V_{DS} máximo maior do que o valor especificado, com uma boa margem de segurança.

De modo geral, uma boa prática de projeto para amplificadores lineares é escolher pontos de operação distantes do nível de saturação (I_{DSS}) ou da região de corte (V_P). Valores de V_{GS_Q} próximos a $V_P/2$ ou de I_{D_Q} próximos de $I_{DSS}/2$ são pontos interessantes para iniciar um projeto. É obvio que em todo projeto devemos ter cuidado para não ultrapassar os valores máximos de V_{DS} e I_D fornecidos pela folha de dados.

Os exemplos a seguir têm uma orientação para projeto ou síntese nos quais valores específicos são fornecidos e parâmetros do circuito como R_D, R_S, V_{DD} etc. devem ser determinados. De qualquer maneira, a abordagem é, sob muitos aspectos, oposta àquela descrita em seções anteriores. Em alguns casos, basta aplicar a lei de Ohm de forma adequada. Em particular, se for necessário calcular valores de resistência, o resultado será obtido pela simples aplicação da lei de Ohm, como segue:

$$R_{\text{desconhecido}} = \frac{V_R}{I_R} \tag{7.42}$$

onde V_R e I_R são parâmetros que podem ser encontrados diretamente a partir dos valores de tensão e corrente especificados.

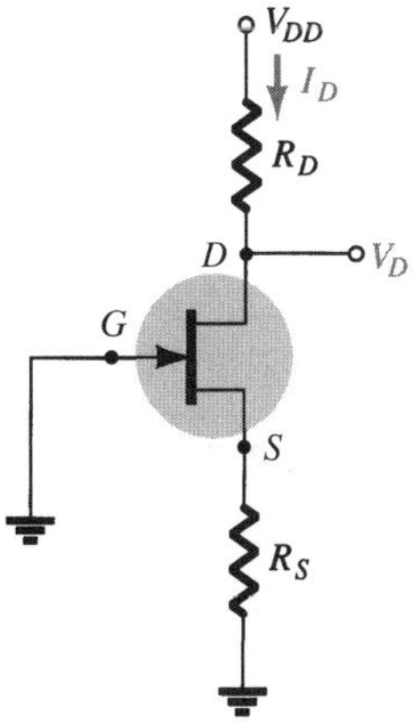

Figura 7.50 Configuração com autopolarização a ser projetada.

EXEMPLO 7.14

Para o circuito da Figura 7.51, os valores de V_{D_Q} e I_{D_Q} são especificados. Determine os valores necessários de R_D e R_S. Quais são os valores comerciais padrão mais próximos?

Solução:

Conforme definido pela Equação 7.42,

$$R_D = \frac{V_{R_D}}{I_{D_Q}} = \frac{V_{DD} - V_{D_Q}}{I_{D_Q}}$$

e

$$= \frac{20\text{ V} - 12\text{ V}}{2{,}5\text{ mA}} = \frac{8\text{ V}}{2{,}5\text{ mA}} = \mathbf{3{,}2\ k\Omega}$$

Traçando a curva de transferência da Figura 7.52 e desenhando uma reta horizontal em $I_{D_Q} = 2{,}5$ mA, obtemos $V_{GS_Q} = -1$ V. Aplicando $V_{GS} = -I_D R_S$, encontramos o valor de R_S:

$$R_S = \frac{-(V_{GS_Q})}{I_{D_Q}} = \frac{-(-1\text{ V})}{2{,}5\text{ mA}} = \mathbf{0{,}4\ k\Omega}$$

Os valores comerciais padrão mais próximos são:

$$R_D = 3{,}2\text{ k}\Omega \Rightarrow \mathbf{3{,}3\ k\Omega}$$
$$R_S = 0{,}4\text{ k}\Omega \Rightarrow \mathbf{0{,}39\ k\Omega}$$

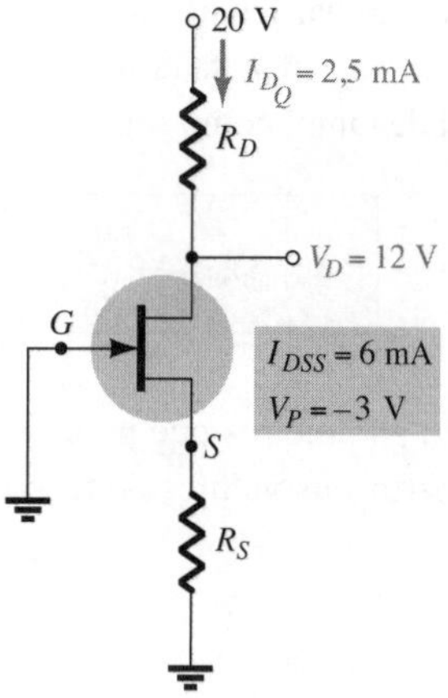

Figura 7.51 Exemplo 7.14.

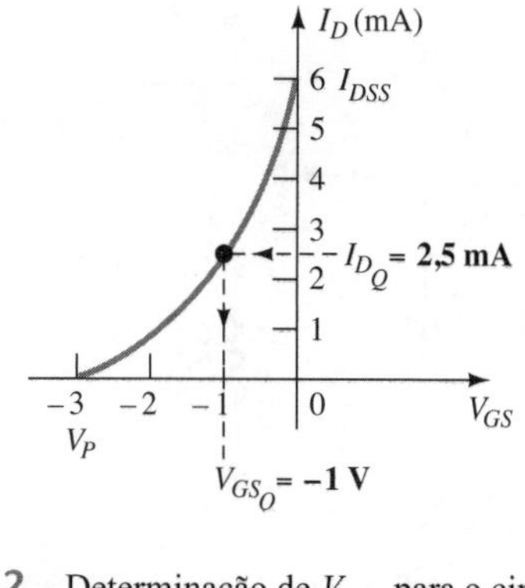

Figura 7.52 Determinação de V_{GS_Q} para o circuito da Figura 7.51.

EXEMPLO 7.15

Para a configuração com polarização por divisor de tensão da Figura 7.53, se $V_D = 12$ V e $V_{GS_Q} = -2$ V, determine o valor de R_S.

Solução:

O valor de V_G é determinado como segue:

$$V_G = \frac{47\text{ k}\Omega(16\text{ V})}{47\text{ k}\Omega + 91\text{ k}\Omega} = 5{,}44\text{ V}$$

com

$$I_D = \frac{V_{DD} - V_D}{R_D}$$
$$= \frac{16\text{ V} - 12\text{ V}}{1{,}8\text{ k}\Omega} = 2{,}22\text{ mA}$$

A equação para V_{GS} é então escrita e os valores conhecidos são substituídos:

$$V_{GS} = V_G - I_D R_S$$
$$-2\text{ V} = 5{,}44\text{ V} - (2{,}22\text{ mA})R_S$$
$$-7{,}44\text{ V} = -(2{,}22\text{ mA})R_S$$

e

$$R_S = \frac{7{,}44\text{ V}}{2{,}22\text{ mA}} = \mathbf{3{,}35\ k\Omega}$$

O valor comercial padrão mais próximo é 3,3 kΩ.

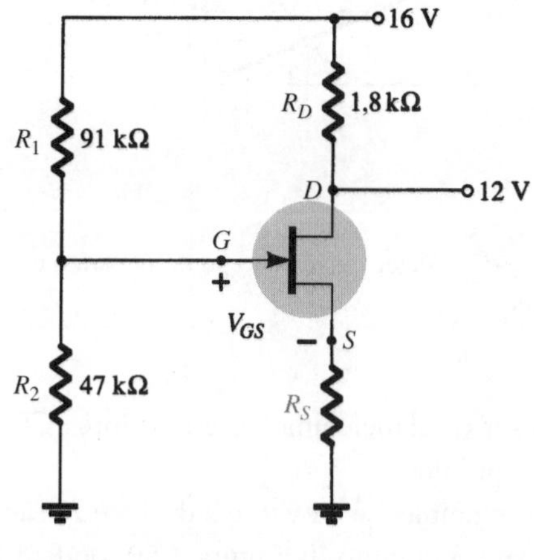

Figura 7.53 Exemplo 7.15.

EXEMPLO 7.16

Os valores de V_{DS} e I_D especificados são $V_{DS} = \frac{1}{2}V_{DD}$ e $I_D = I_{D(\text{ligado})}$ para o circuito da Figura 7.54. Determine os valores de V_{DD} e R_D.

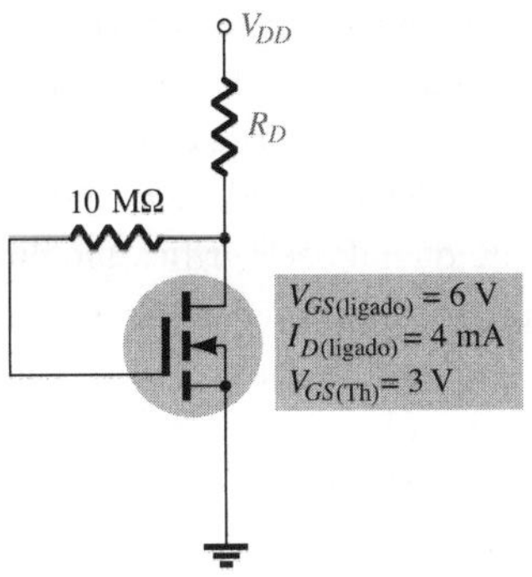

Figura 7.54 Exemplo 7.16.

Solução:

Dados $I_D = I_{D(\text{ligado})} = 4$ mA e $V_{GS} = V_{GS(\text{ligado})} = 6$ V, para essa configuração,

$$V_{DS} = V_{GS} = \tfrac{1}{2}V_{DD}$$

e

$$6\text{ V} = \tfrac{1}{2}V_{DD}$$

de maneira que

$$V_{DD} = \mathbf{12\ V}$$

Aplicando a Equação 7.42, temos

$$R_D = \frac{V_{R_D}}{I_D} = \frac{V_{DD} - V_{DS}}{I_{D(\text{ligado})}} = \frac{V_{DD} - \frac{1}{2}V_{DD}}{I_{D(\text{ligado})}} = \frac{\frac{1}{2}V_{DD}}{I_{D(\text{ligado})}}$$

e

$$R_D = \frac{6\text{ V}}{4\text{ mA}} = \mathbf{1{,}5\ k\Omega}$$

que é um valor comercial padrão.

7.12 ANÁLISE DE DEFEITOS

Quantas vezes um circuito é cuidadosamente montado e, no momento em que o operamos, a resposta obtida é totalmente inesperada e contraria todos os cálculos teóricos realizados? O que fazer, então? Trata-se de um mau contato? Uma leitura errada do código de cores de um elemento resistivo ou um erro de montagem? Há várias possibilidades que, na maioria dos casos, são frustrantes. O método de verificação de defeitos, descrito pela primeira vez na análise das configurações com transistores TBJ, deve enxugar a lista de possibilidades e isolar a área do problema, seguindo um plano de ataque definido. Normalmente, a verificação começa com uma nova conferência da montagem do circuito e das conexões dos terminais. Então, são verificados os valores de tensão entre terminais específicos e o terra ou entre os terminais do circuito. Os valores de corrente raramente são medidos, pois, para isso, seria necessário abrir a estrutura do circuito para inserir o medidor. É claro que, uma vez obtidos os valores de tensão, podemos calcular os valores de corrente pela lei de Ohm. De qualquer modo, para que a leitura dos parâmetros no circuito seja útil, devemos ter alguma noção do valor esperado de tensão ou corrente. Portanto, para que o método de análise de defeitos tenha alguma chance de sucesso, é necessário que se conheçam a operação básica do circuito e alguns níveis esperados de tensão ou corrente. Para o amplificador com JFET de canal *n*, sabemos perfeitamente que o valor quiescente de V_{GS_Q} é limitado a 0 V ou uma tensão negativa. Para o circuito da Figura 7.55, V_{GS_Q} é limitado a valores negativos na faixa de 0 V até V_P. Se um medidor for empregado como mostra a Figura 7.55, com a ponta de prova positiva (geralmente vermelha) no terminal de porta e a ponta de prova negativa (geralmente preta) no terminal fonte, a leitura resultante deverá ser negativa e com uma amplitude de apenas alguns volts. Qualquer outro resultado deve ser considerado suspeito e precisa ser investigado.

O valor de V_{DS} fica normalmente entre 25 e 75% de V_{DD}. Uma leitura de 0 V para V_{DS} indica claramente que o circuito de saída está "aberto" ou o JFET está internamente curto-circuitado entre dreno e fonte. Se V_D é V_{DD} volts, obviamente não há queda de tensão através de R_D devido à falta de corrente por R_D, e as conexões devem ser verificadas quanto à continuidade.

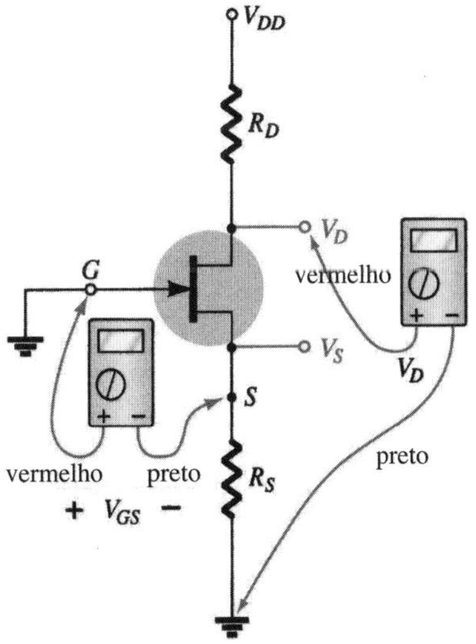

Figura 7.55 Verificação da operação CC da configuração com autopolarização do JFET.

Se o valor de V_{DS} parecer inapropriado, a continuidade do circuito de saída poderá facilmente ser conferida por meio do aterramento da ponta de prova negativa do voltímetro e da medição dos valores de tensão de V_{DD} para o terra, com a ponta de prova positiva do medidor. Se $V_D = V_{DD}$, a corrente através de R_D pode ser igual a zero, mas há continuidade entre V_D e V_{DD}. Se $V_S = V_{DD}$, o dispositivo não está aberto entre o dreno e a fonte, mas também não está "ligado". Entretanto, a continuidade através de V_S está confirmada. Nesse caso, é possível que haja uma conexão imperfeita entre R_S e o terra, o que não é facilmente detectável. A conexão interna entre o fio metálico do dispositivo e o conector do terminal pode estar separada. Há outras possibilidades, como um dispositivo com um curto do dreno para a fonte, mas devemos investigar todas as possíveis causas do mau funcionamento.

A continuidade de um circuito também pode ser verificada pela simples medição da tensão através de um resistor do circuito (exceto para R_G na configuração JFET). Uma indicação de 0 V revela imediatamente a ausência de corrente através do elemento devido a um circuito aberto.

O elemento mais sensível nas configurações com TBJ e JFET é o amplificador em si. A aplicação de tensão excessiva durante a fase de montagem ou de teste ou o uso de valores de resistores incorretos que resultem em altos valores de corrente podem destruir o dispositivo. Se existe dúvida sobre a condição do amplificador, o melhor teste para o FET é o traçador de curvas, pois ele não apenas revela se o dispositivo está operacional como também apresenta suas faixas de tensão e corrente. Alguns instrumentos de teste podem revelar se o dispositivo está em bom estado, mas não informam se sua faixa de operação foi bastante reduzida.

O desenvolvimento de técnicas adequadas de análise de defeitos depende principalmente da experiência e de saber o que se deve esperar. Há, é claro, situações em que os motivos de um resultado indevido parecem desaparecer misteriosamente quando se verifica um circuito. Nesses casos, não podemos suspirar aliviados e simplesmente continuar a montagem. A causa dessa situação "instável" deve ser determinada e corrigida para que não ocorra novamente e no momento mais inoportuno.

7.13 FET DE CANAL *p*

Até agora, a análise ficou limitada aos FETs de canal *n*. Para os FETs de canal *p*, são empregadas imagens espelhadas da curva de transferência do dispositivo de canal *n* e os sentidos das correntes são invertidos, como mostra a Figura 7.56, para os vários tipos de FETs.

Observe que, para cada configuração da Figura 7.56, a tensão da fonte de alimentação é negativa, drenando corrente no sentido indicado. Note, em particular, que as notações de duplo subscrito para as tensões são as mesmas definidas para o dispositivo de canal *n*: V_{GS}, V_{DS} e assim por diante. Nesse caso, entretanto, V_{GS} é positivo (positivo ou negativo para o MOSFET tipo depleção) e V_{DS}, negativo.

Em virtude das semelhanças entre as análises para os dispositivos de canal *n* e de canal *p*, podemos assumir um dispositivo de canal *n*, inverter a tensão de fonte de alimentação e realizar normalmente toda a análise para o dispositivo de canal *p*. Quando os resultados forem obtidos, a amplitude de cada variável estará correta, mas os sentidos das correntes e as polaridades das tensões terão de ser invertidos. No entanto, o próximo exemplo demonstrará que, com a experiência acumulada da análise para dispositivos de canal *n*, a análise para dispositivos de canal *p* é bastante direta.

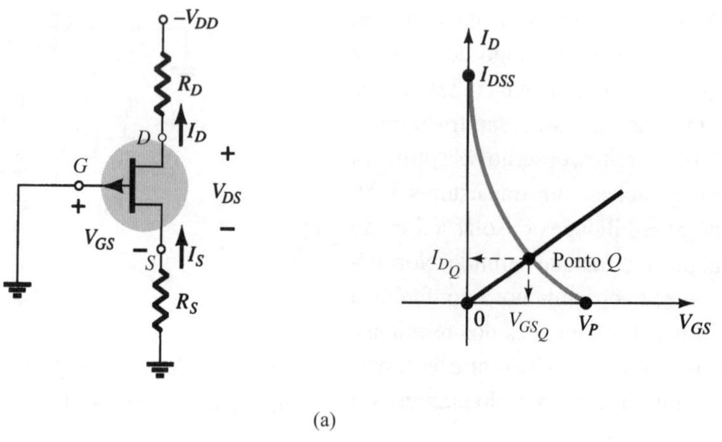

(a)

Figura 7.56 Configurações para dispositivos de canal *p*: (a) JFET (*continua*).

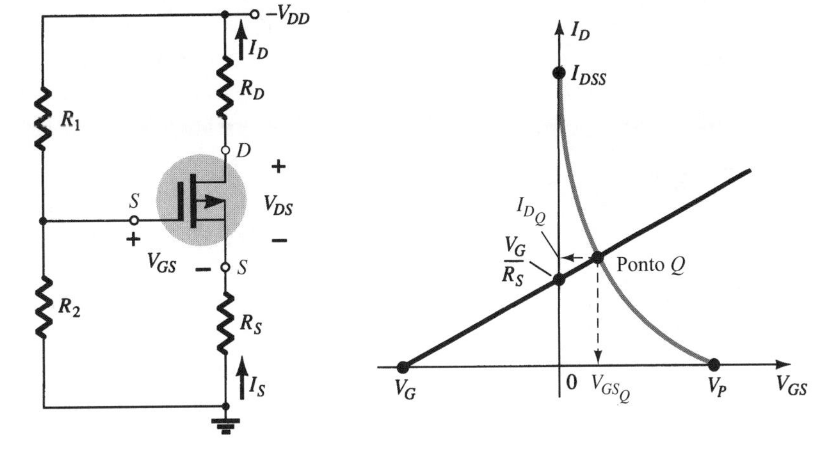

(b)

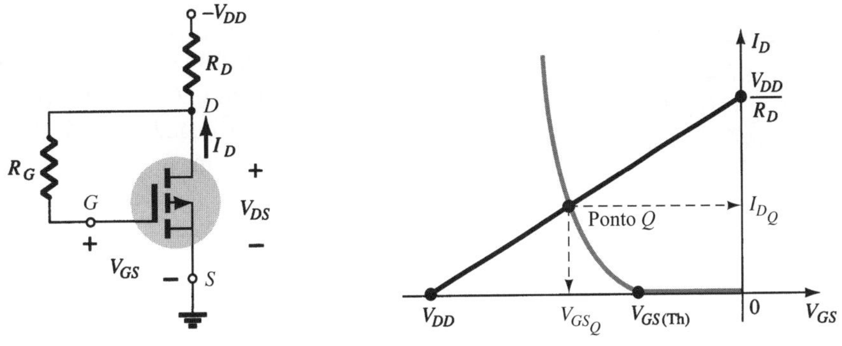

(c)

Figura 7.56 (b) MOSFET tipo depleção; (c) MOSFET tipo intensificação (*continuação*).

EXEMPLO 7.17

Determine I_{D_Q}, V_{GS_Q} e V_{DS} para o JFET de canal *p* da Figura 7.57.

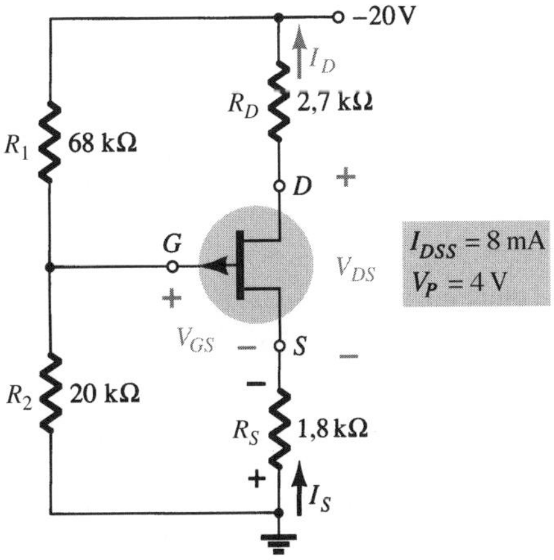

Figura 7.57 Exemplo 7.17.

Solução:

Temos

$$V_G = \frac{20\ \text{k}\Omega(-20\ \text{V})}{20\ \text{k}\Omega + 68\ \text{k}\Omega} = -4{,}55\ \text{V}$$

Aplicando a Lei das Tensões de Kirchhoff, obtemos

$$V_G - V_{GS} + I_D R_S = 0$$

e

$$V_{GS} = V_G + I_D R_S$$

Escolhendo $I_D = 0$ mA, encontramos:

$$V_{GS} = V_G = -4{,}55\ \text{V}$$

como mostra a Figura 7.58.

Escolhendo $V_{GS} = 0$ V, obtemos

$$I_D = -\frac{V_G}{R_S} = -\frac{-4{,}55\ \text{V}}{1{,}8\ \text{k}\Omega} = 2{,}53\ \text{mA}$$

também mostrado na Figura 7.58.

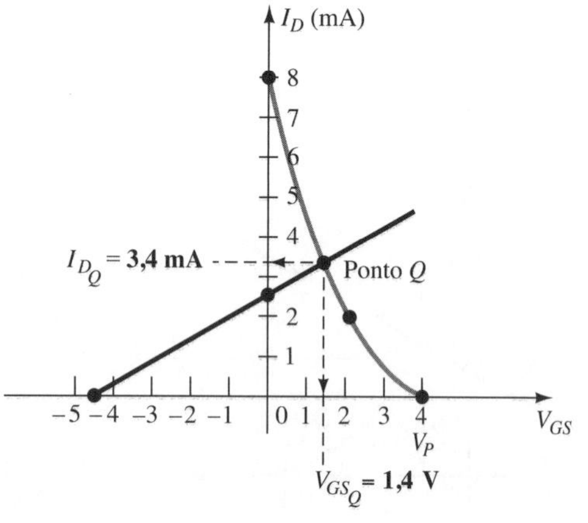

Figura 7.58 Determinação do ponto Q para uma configuração com JFET da Figura 7.57.

O ponto quiescente resultante da Figura 7.58 fornece:

$$I_{D_Q} = \mathbf{3{,}4\ mA}$$
$$V_{GS_Q} = \mathbf{1{,}4\ V}$$

Para V_{DS}, a Lei das Tensões de Kirchhoff resulta em

$$-I_D R_S + V_{DS} - I_D R_D + V_{DD} = 0$$

e

$$\begin{aligned} V_{DS} &= -V_{DD} + I_D(R_D + R_S) \\ &= -20\ \text{V} + (3{,}4\ \text{mA})(2{,}7\ \text{k}\Omega + 1{,}8\ \text{k}\Omega) \\ &= -20\ \text{V} + 15{,}3\ \text{V} \\ &= \mathbf{-4{,}7\ V} \end{aligned}$$

7.14 CURVA UNIVERSAL DE POLARIZAÇÃO PARA O JFET

Uma vez que o traçado da curva de transferência é necessário para a solução CC de uma configuração com JFET, foi desenvolvida uma curva universal que pode ser utilizada para qualquer nível de I_{DSS} e V_P. A curva universal para o JFET de canal n ou MOSFET tipo depleção (para valores negativos de V_{GS_Q}) é mostrada na Figura 7.59. Observe que o eixo horizontal não é V_{GS}, e sim um valor normalizado definido por $V_{GS}/|V_P|$, com $|V_P|$ indicando que somente a magnitude de V_P deve ser empregada, e não o seu sinal. Para o eixo vertical, a escala também é normalizada, com I_D/I_{DSS}. O resultado é que, quando $I_D = I_{DSS}$, a razão é 1, e quando $V_{GS} = V_P$, a razão $V_{GS}/|V_P|$ é −1. Observe também que a escala para I_D/I_{DSS} está à esquer-

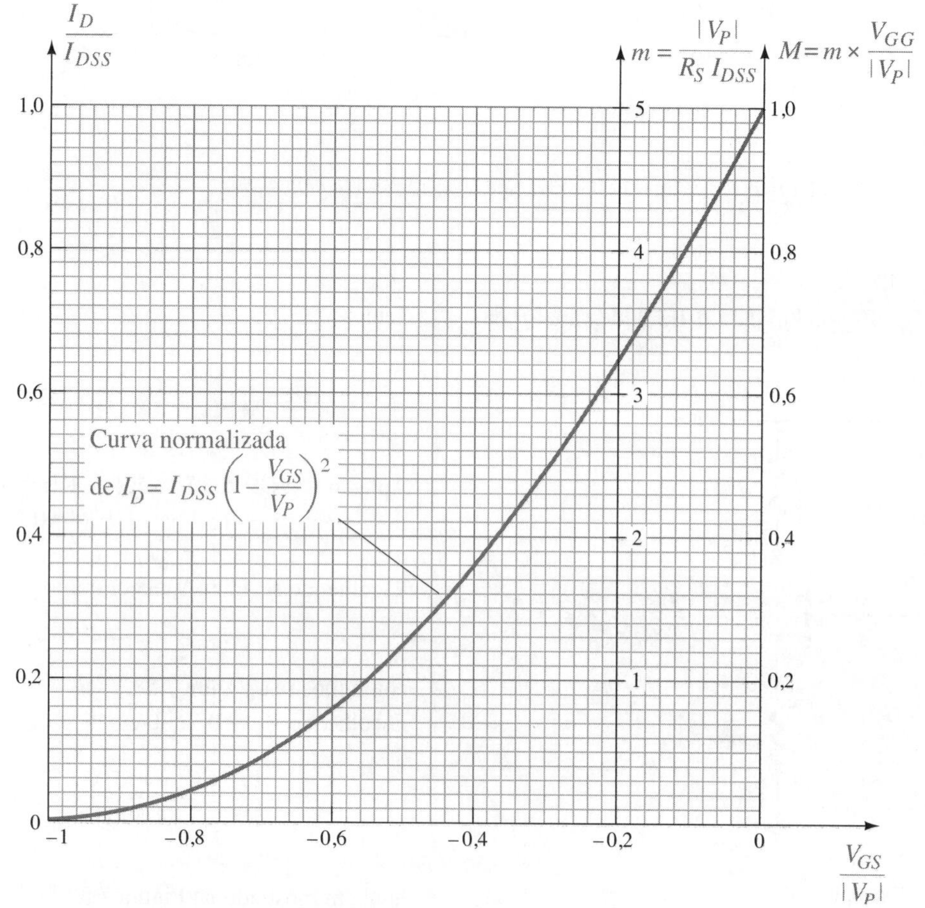

Figura 7.59 Curva universal de polarização para o JFET.

da, e não à direita, como nos exercícios de I_D anteriores. As duas escalas adicionais à direita necessitam de uma apresentação. A escala vertical denominada *m* pode ser empregada para determinar a solução nas configurações com polarização fixa. A outra escala, chamada de *M*, é empregada juntamente com a escala *m* para determinar a solução para as configurações por divisor de tensão. O traçado das escalas *m* e *M* é consequência de um desenvolvimento matemático que envolve as equações do circuito e das escalas normalizadas introduzidas anteriormente. A descrição a seguir não se concentra no motivo da escala *m* se estender de 0 a 5 em $V_{GS}/|V_P| = -0,2$, nem no motivo da escala *M* se estender de 0 a 1 em $V_{GS}/|V_P| = 0$, mas sim em como utilizar as escalas resultantes de modo a obter uma solução para as configurações. As equações para *m* e *M* são as seguintes, com V_G definida pela Equação 7.15:

$$m = \frac{|V_P|}{I_{DSS}R_S} \tag{7.43}$$

$$M = m \times \frac{V_G}{|V_P|} \tag{7.44}$$

com $$V_G = \frac{R_2V_{DD}}{R_1 + R_2}$$

A excelência desse método está em não haver necessidade de traçar a curva de transferência para cada análise, na maior facilidade para sobrepor a reta de polarização e no fato de que há menos cálculos a serem realizados. A utilização dos eixos *m* e *M* fica melhor descrita nos exemplos que utilizam as escalas. Uma vez entendido claramente o procedimento, a análise pode se tornar bem rápida e com alto grau de precisão.

EXEMPLO 7.18

Determine os valores quiescentes de I_D e V_{GS} para o circuito da Figura 7.60.

Solução:

Calculando o valor de *m*, obtemos:

$$m = \frac{|V_P|}{I_{DSS}R_S} = \frac{|-3\text{ V}|}{(6\text{ mA})(1,6\text{ k}\Omega)} = 0,31$$

A reta de autopolarização definida por R_S é traçada desenhando-se uma linha reta da origem até um ponto definido por $m = 0,31$, como mostra a Figura 7.61.

O ponto *Q* resultante:

$$\frac{I_D}{I_{DSS}} = 0,18 \quad \text{e} \quad \frac{V_{GS}}{|V_P|} = -0,575$$

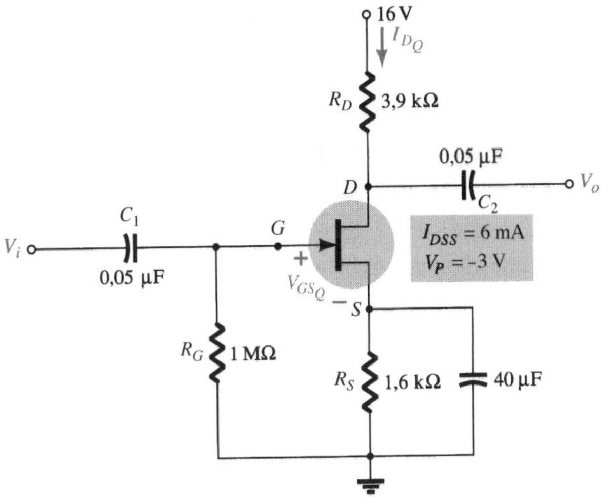

Figura 7.60 Exemplo 7.18.

Os valores quiescentes de I_D e V_{GS} podem, então, ser determinados da seguinte maneira:

$$I_{D_Q} = 0,18I_{DSS} = 0,18(6\text{ mA}) = \mathbf{1,08\ mA}$$

e $$V_{GS_Q} = -0,575|V_P| = -0,575(3\text{ V}) = \mathbf{-1,73\ V}$$

EXEMPLO 7.19

Determine os valores quiescentes de I_D e V_{GS} para o circuito da Figura 7.62.

Solução:

Calculando *m*, temos:

$$m = \frac{|V_P|}{I_{DSS}R_S} = \frac{|-6\text{ V}|}{(8\text{ mA})(1,2\text{ k}\Omega)} = 0,625$$

Determinando V_G, obtemos:

$$V_G = \frac{R_2V_{DD}}{R_1 + R_2} = \frac{(220\text{ k}\Omega)(18\text{ V})}{910\text{ k}\Omega + 220\text{ k}\Omega} = 3,5\text{ V}$$

Determinando *M*, temos:

$$M = m \times \frac{V_G}{|V_P|} = 0,625\left(\frac{3,5\text{ V}}{6\text{ V}}\right) = 0,365$$

Agora que *m* e *M* são conhecidos, a reta de polarização pode ser traçada na Figura 7.61. Observe que, apesar de os valores de I_{DSS} e V_P serem diferentes para os dois circuitos, a mesma curva universal pode ser empregada. Primeiro, determine *M* no eixo *M*, como mostra a Figura 7.61. Depois desenhe uma reta horizontal até o eixo *m*, e, no ponto de interseção, adicione o valor de *m*, como mostra a figura. Utilizando o ponto resultante

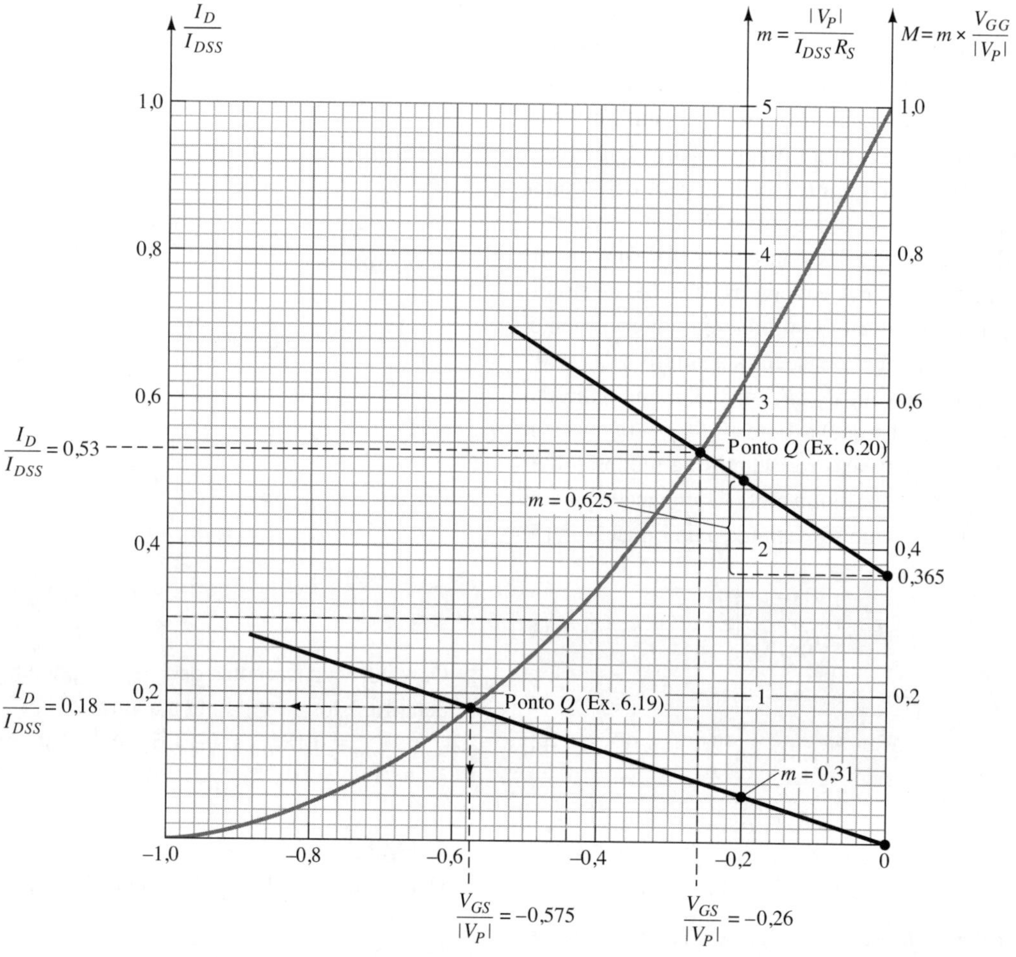

Figura 7.61 Curva universal para os exemplos 7.18 e 7.19.

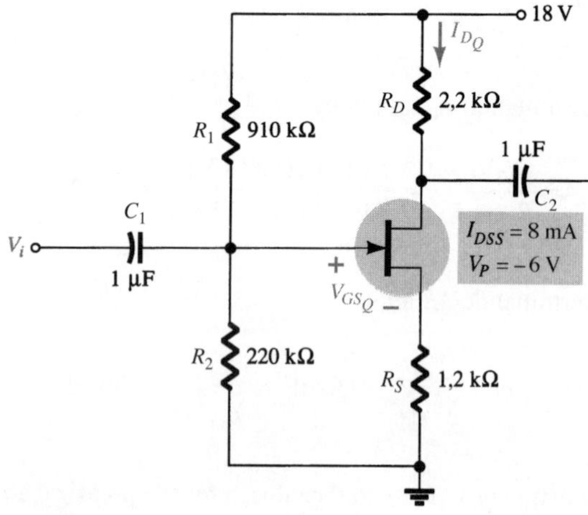

Figura 7.62 Exemplo 7.19.

no eixo m e a interseção no M, desenhe uma linha reta para interceptar a curva de transferência e definir o ponto Q. Isto é,

$$\frac{I_D}{I_{DSS}} = 0{,}53 \quad \text{e} \quad \frac{V_{GS}}{|V_P|} = -0{,}26$$

e $I_{D_Q} = 0{,}53 I_{DSS} = 0{,}53(8\text{ mA}) = \mathbf{4{,}24\text{ mA}}$
com $V_{GS_Q} = -0{,}26|V_P| = -0{,}26(6\text{ V}) = \mathbf{-1{,}56\text{ V}}$

7.15 APLICAÇÕES PRÁTICAS

As aplicações aqui descritas se beneficiam da alta impedância de entrada dos transistores de efeito de campo, da isolação que existe entre os circuitos de porta e dreno e da região linear das curvas características do JFET que permitem a aproximação do dispositivo por um elemento resistivo entre os terminais de dreno e fonte.

Resistor controlado por tensão (amplificador não inversor)

Uma das aplicações mais comuns do JFET é como um resistor variável cujo valor de resistência é controlado pela tensão CC aplicada no terminal de porta. Na Figura 7.63(a), a região linear de um transistor JFET foi claramente indicada. Observe que, nessa região, todas as curvas têm início na origem e seguem um traçado relativamente reto conforme a tensão dreno-fonte e a corrente de dreno aumentam. Lembre-se do ensinamento básico de CC segundo o qual **o gráfico de um resistor fixo nada mais é do que uma linha reta com sua origem na interseção dos eixos**.

Na Figura 7.63(b), a região linear foi expandida para uma tensão máxima dreno-fonte de cerca de 0,5 V. Observe que, apesar destes trechos apresentarem alguma curvatura, eles podem ser facilmente aproximados por linhas relativamente retas que tenham origem na interseção dos eixos e uma inclinação determinada pela tensão CC porta-fonte. Lembre-se das discussões anteriores que, **para um gráfico *I-V* em que a corrente é o eixo vertical e a tensão, o eixo horizontal, quanto maior a inclinação, menor a resistência, e, quanto mais horizontal a curva, maior a resistência**. O resultado natural é que uma linha vertical possui resistência 0 Ω e uma linha horizontal possui resistência infinita. Em V_{GS} = 0 V, a inclinação é a maior, e a resistência, a menor. À medida que a tensão porta-fonte se torna mais negativa, a inclinação diminui até ser quase horizontal próximo à tensão de *pinch-off*.

É importante lembrar que essa região está limitada a valores de V_{DS} relativamente pequenos se comparados à tensão de *pinch-off*. Em geral, **a região linear de um JFET é definida por $V_{DS} << V_{DS_{máx}}$ e $|V_{GS}| << |V_P|$.**

Por meio da lei de Ohm, podemos calcular a resistência associada a cada curva da Figura 7.63(b) utilizando a corrente que resulta em uma tensão dreno-fonte de 0,4 V.

$$V_{GS} = 0\text{ V:}\qquad R_{DS} = \frac{V_{DS}}{I_{DS}} = \frac{0{,}4\text{ V}}{4\text{ mA}} = \mathbf{100\ \Omega}$$

$$V_{GS} = -0{,}5\text{ V:}\qquad R_{DS} = \frac{V_{DS}}{I_{DS}} = \frac{0{,}4\text{ V}}{2{,}5\text{ mA}} = \mathbf{160\ \Omega}$$

$$V_{GS} = -1\text{ V:}\qquad R_{DS} = \frac{V_{DS}}{I_{DS}} = \frac{0{,}4\text{ V}}{1{,}5\text{ mA}} = \mathbf{267\ \Omega}$$

$$V_{GS} = -1{,}5\text{ V:}\qquad R_{DS} = \frac{V_{DS}}{I_{DS}} = \frac{0{,}4\text{ V}}{0{,}9\text{ mA}} = \mathbf{444\ \Omega}$$

$$V_{GS} = -2\text{ V:}\qquad R_{DS} = \frac{V_{DS}}{I_{DS}} = \frac{0{,}4\text{ V}}{0{,}5\text{ mA}} = \mathbf{800\ \Omega}$$

$$V_{GS} = -2{,}5\text{ V:}\qquad R_{DS} = \frac{V_{DS}}{I_{DS}} = \frac{0{,}4\text{ V}}{0{,}12\text{ mA}} = \mathbf{3{,}3\ k\Omega}$$

Observe como **a resistência dreno-fonte aumenta à medida que a tensão porta-fonte se aproxima do valor de *pinch-off*.**

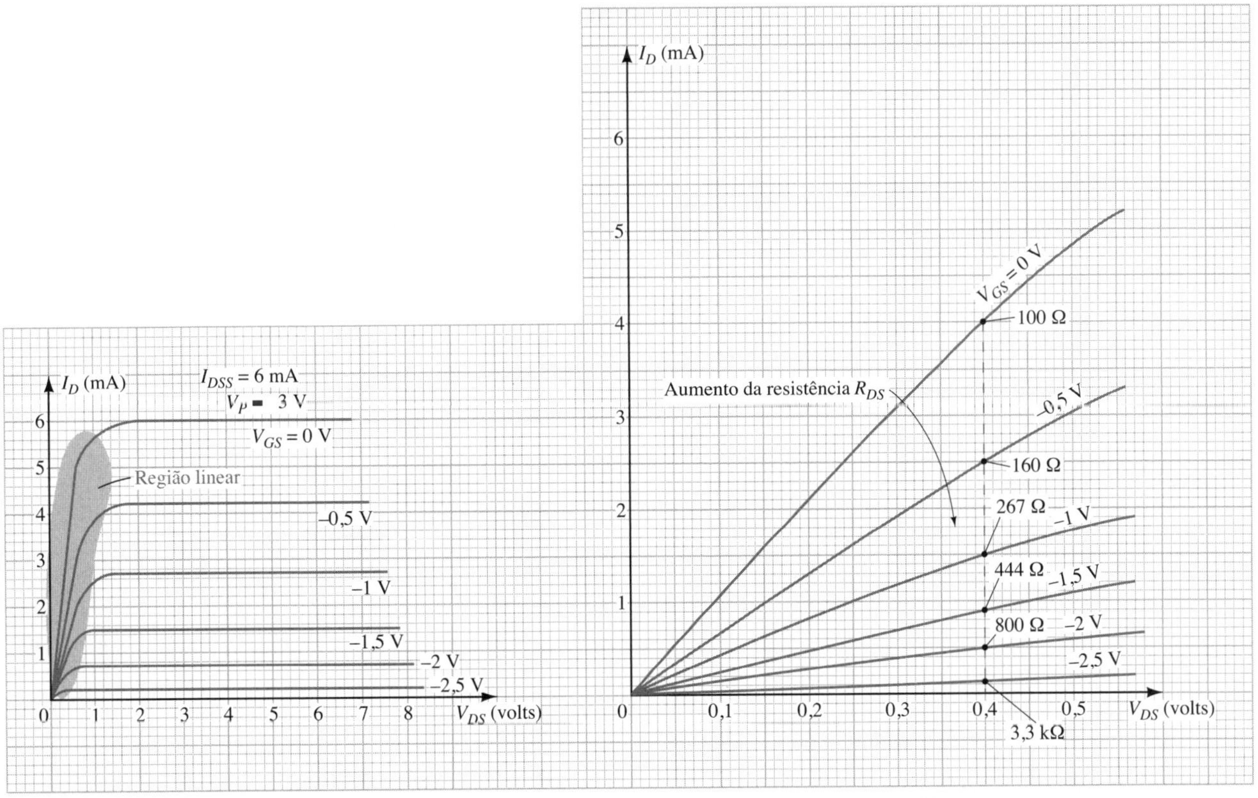

Figura 7.63 Curvas características de um JFET: (a) definição da região linear; (b) expansão da região linear.

Podemos verificar pela Equação 6.1, o resultado obtido utilizando a tensão de *pinch-off* de –3 V e R_o = 100 Ω em V_{GS} = 0 V. Temos:

$$R_{DS} = \frac{R_o}{\left(1 - \frac{V_{GS}}{V_P}\right)^2} = \frac{100\ \Omega}{\left(1 - \frac{V_{GS}}{-3\ \text{V}}\right)^2}$$

$$V_{GS} = -0{,}5\ \text{V}:\quad R_{DS} = \frac{100\ \Omega}{\left(1 - \frac{-0{,}5\ \text{V}}{-3\ \text{V}}\right)^2}$$

$$= \mathbf{144\ \Omega}\quad (\textit{versus}\ 160\ \Omega\ \text{anteriormente})$$

$$V_{GS} = -1\ \text{V}:\quad R_{DS} = \frac{100\ \Omega}{\left(1 - \frac{-1\ \text{V}}{-3\ \text{V}}\right)^2}$$

$$= \mathbf{225\ \Omega}\quad (\textit{versus}\ 267\ \Omega\ \text{anteriormente})$$

$$V_{GS} = -1{,}5\ \text{V}:\quad R_{DS} = \frac{100\ \Omega}{\left(1 - \frac{-1{,}5\ \text{V}}{-3\ \text{V}}\right)^2}$$

$$= \mathbf{400\ \Omega}\quad (\textit{versus}\ 444\ \Omega\ \text{anteriormente})$$

$$V_{GS} = -2\ \text{V}:\quad R_{DS} = \frac{100\ \Omega}{\left(1 - \frac{-2\ \text{V}}{-3\ \text{V}}\right)^2}$$

$$= \mathbf{900\ \Omega}\quad (\textit{versus}\ 800\ \Omega\ \text{anteriormente})$$

$$V_{GS} = -2{,}5\ \text{V}:\ R_{DS} = \frac{100\ \Omega}{\left(1 - \frac{-2{,}5\ \text{V}}{-3\ \text{V}}\right)^2}$$

$$= \mathbf{3{,}6\ k\Omega}\quad (\textit{versus}\ 3{,}3\ \text{k}\Omega\ \text{anteriormente})$$

Embora os resultados não coincidam exatamente, para a maior parte das aplicações a Equação 6.1 permite uma excelente aproximação do valor real de resistência para R_{DS}.

Devemos ter em mente que **os valores possíveis de V_{GS} entre 0 V e o *pinch-off* são infinitos**, o que resulta em todos os valores de resistores entre 100 Ω e 3,3 kΩ. De modo geral, portanto, essa discussão é ilustrada pela Figura 7.64(a). Para V_{GS} = 0 V, o resultado seria a equivalência da Figura 7.64(b); para V_{GS} = –1,5 V, a equivalência da Figura 7.64(c); e assim por diante.

Analisemos agora o uso dessa resistência de dreno controlada por tensão no amplificador não inversor da Figura 7.65(a) — **o termo não inversor significa que os sinais de entrada e de saída estão em fase.** No Capítulo 10, discutiremos com mais detalhes o amp-op da Figura 7.65(a) e sua equação de ganho será deduzida na Seção 10.4.

Se $R_f = R_1$, o ganho resultante é igual a 2, como mostram os sinais senoidais em fase da Figura 7.65(a). Na Figura 7.65(b), o resistor variável foi substituído por um JFET de canal *n*. Se R_f = 3,3 kΩ e o transistor da Figura 7.63 tivesse sido empregado, o ganho poderia variar de 1 + 3,3 kΩ/3,3 kΩ = 2 até 1 + 3,3 kΩ/100 Ω = 34 para

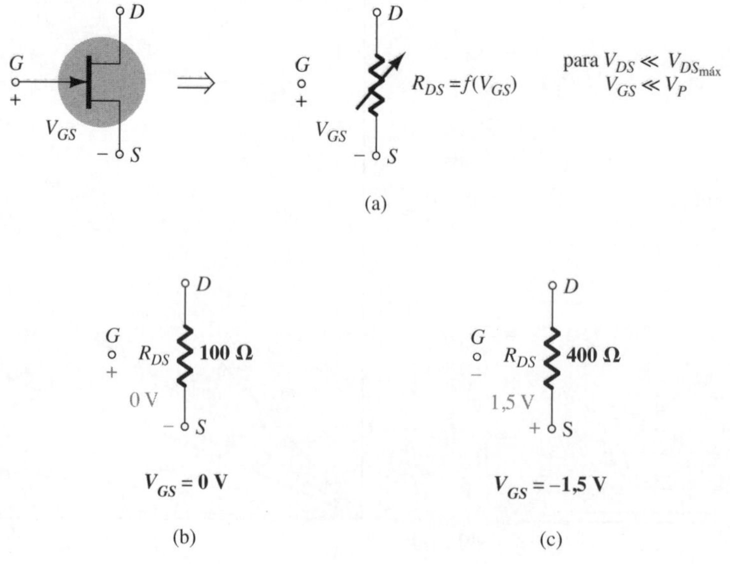

Figura 7.64 Resistência de dreno controlada por tensão para um JFET: (a) equivalência geral; (b) com V_{GS} = 0 V; (c) com V_{GS} = –1,5 V.

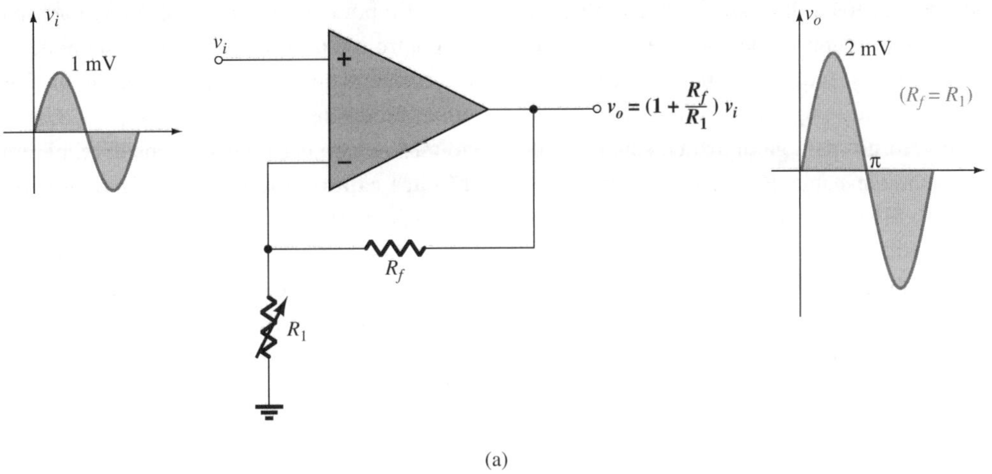

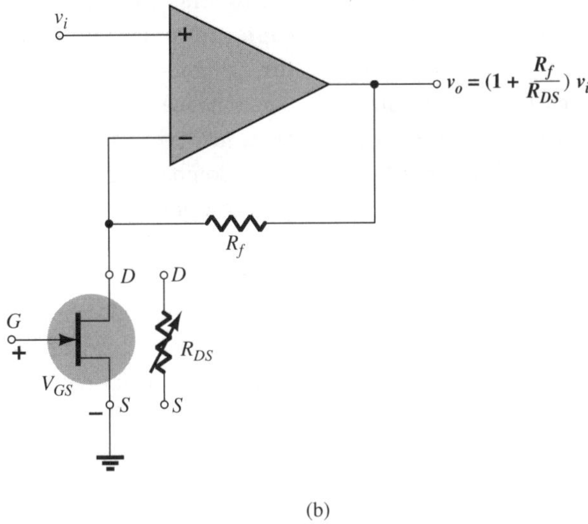

Figura 7.65 (a) Configuração não inversora para um amp-op; (b) utilização da resistência dreno-fonte controlada por tensão de um JFET no amplificador não inversor.

um V_{GS} variando de –2,5 V a 0 V, respectivamente. Normalmente, portanto, o ganho do amplificador pode ter qualquer valor entre 2 e 34, pelo simples controle da tensão de polarização CC aplicada. O impacto desse tipo de controle pode se estender a uma variedade de aplicações. Por exemplo, se a tensão da bateria de um rádio começa a cair com o uso prolongado, o valor CC na porta do JFET controlador cairá, bem como o valor de R_{DS}. Uma queda em R_{DS} resultará em um aumento de ganho para o mesmo valor de R_f, e o volume de saída do rádio pode ser mantido. Diversos osciladores (circuitos desenvolvidos para gerar sinais senoidais de frequências específicas) têm um fator de resistência na equação para a frequência gerada. Se a frequência gerada começar a se modificar, um circuito de realimentação poderá ser projetado para mudar o valor CC na porta de um JFET e, consequentemente, sua resistência de dreno. Se a resistência de dreno for parte do fator de resistência na equação de frequência, a frequência gerada poderá ser estabilizada ou mantida.

Um dos fatores mais importantes que afetam a estabilidade de um sistema é a variação de temperatura. À medida que um sistema se aquece, a tendência natural é que o ganho aumente, o que costuma provocar um aquecimento maior que pode resultar em uma condição chamada de "deriva térmica". Em um sistema com projeto adequado pode ser introduzido um termistor que modificará o nível de polarização de um resistor JFET variável controlado por tensão. Se a resistência do termistor cair com o aumento da temperatura, o controle de polarização do JFET poderá fazer com que a resistência do dreno se modifique na estrutura do amplificador e reduza o ganho, estabelecendo um efeito de equilíbrio.

Antes de deixarmos a discussão sobre problemas térmicos, observe que algumas especificações de projetos (normalmente militares) requerem que o sistema mais sensível a variações de temperatura seja colocado em uma 'câmara' ou 'forno' para garantir que seja mantido em uma temperatura constante. Por exemplo, um resistor de 1 W pode ser colocado em um compartimento que tenha um circuito oscilador apenas para manter um nível de aquecimento ambiente constante na região. O projeto estaria, então, centrado nessa temperatura, que seria tão alta quando comparada àquela normalmente gerada pelos componentes que as variações nos valores de temperatura dos elementos poderiam ser ignoradas e uma frequência de saída estável poderia ser garantida.

Outras áreas de aplicação abrangem quaisquer formas de controle de volume, efeitos musicais, medidores, atenuadores, filtros, projetos de estabilização etc. Uma vantagem desse tipo de estabilização é o fato de que ela evita o uso de reguladores de alto custo (veja o Capítulo 15), embora deva ficar claro que o propósito desse tipo de mecanismo de controle é "ajustar", e não ser a fonte primária de estabilização.

Para o amplificador não inversor, **uma das maiores vantagens associadas ao uso de um JFET para controle é o fato de se tratar de um controle CC, e não CA**. Na maioria dos sistemas, o controle CC resulta não apenas em uma probabilidade menor de adicionar-se ruído indesejável no sistema, mas também é muito útil quando se deseja controlar remotamente. Na Figura 7.66(a), por exemplo, um painel de controle remoto controla o ganho do amplificador para o alto-falante através de uma linha CA conectada ao resistor variável. **A longa linha saindo do amplificador pode captar facilmente ruídos do ambiente, gerados em torno dela, por exemplo, por lâmpadas fluorescentes, estações de rádio local, equipamentos (inclusive computadores), motores, geradores etc.** O resultado pode ser um sinal de 2 mV na linha com um nível de ruído de 1 mV — uma péssima relação sinal-ruído, que pode contribuir para a deterioração do sinal vindo do microfone devido ao ganho do amplificador. Na Figura 7.66(b), uma linha CC controla a tensão de porta do JFET e a resistência variável no amplificador não inversor. Ainda que a tensão CC na linha seja de apenas –2 V, uma tensão de ruído induzida de 1 mV na longa linha resulta em uma relação sinal-ruído bastante elevada, fazendo com que este ruído possa ser ignorado no processo de distorção. Em outras palavras, o ruído da linha CC simplesmente moveria ligeiramente o ponto de operação CC sobre as curvas características do dispositivo e praticamente não teria efeito nenhum sobre a resistência de dreno resultante — a isolação entre o ruído na linha e a resposta do amplificador seria quase ideal.

Embora as figuras 7.66(a) e (b) tenham uma linha de controle relativamente longa, esta pode ser de apenas 6", como mostra o painel de controle da Figura 7.66(c), em que todos os elementos do amplificador se encontram no mesmo compartimento. Considere, porém, **que basta 1" para captar ruído de RF**, o que torna o controle CC uma característica positiva em quase todos os sistemas. Além disso, visto que a resistência de controle da Figura 7.66(a) costuma ser bastante grande (centenas de quilo-ohms), enquanto os resistores de controle de tensão do sistema CC da Figura 7.66(b) são normalmente bastante pequenos (poucos quilo-ohms), o resistor de controle de volume para o sistema CA absorverá muito mais ruído CA do que o projeto CC. Esse fenômeno resulta do fato de que, **no ar, os sinais de ruído RF têm uma resistência interna muito alta e, por isso, quanto maior a resistência de captação, maior será o ruído RF absorvido pelo receptor**. Lembre-se do teorema de Thévenin, segundo o qual, para uma máxima transferência de potência, a resistência de carga deve se igualar à resistência interna da fonte.

Como podemos observar, o **controle CC funciona com computadores e sistemas de controle remoto**, pois ambos operam fora de níveis CC fixos específicos. Por exemplo, quando um sinal infravermelho (IR, do inglês *infrared*) é enviado por um controle remoto para o receptor de uma TV ou videocassete, o sinal passa por uma sequência contador-decodificador para definir um valor de tensão CC específico em uma escada de níveis de tensão que podem ser inseridos na porta do JFET. Quando se trata de controle de volume, a tensão de porta pode controlar a resistência de dreno de um amplificador não inversor, controlando o volume do sistema.

Circuito temporizador

A alta isolação existente entre os circuitos de porta e dreno permite o projeto de um temporizador relativamente simples, como mostra a Figura 7.67. Temos uma chave normalmente aberta (NA) que, quando fechada, causa um curto no capacitor e faz com que a tensão entre seus terminais caia rapidamente a 0 V. O circuito de chaveamento pode manipular a descarga rápida da tensão no capacitor, pois as tensões atuantes são relativamente baixas e o tempo de descarga é extremamente curto. Há quem diga que se trata de um projeto muito simplista, porém seu uso é bastante frequente na prática, não sendo considerado um "crime".

Quando a energia é aplicada, o capacitor responde com sua equivalência de curto-circuito, pois a **tensão no capacitor não pode mudar instantaneamente**. Como resultado disso, a tensão porta-fonte do JFET imediatamente se estabelece em 0 V, a corrente do dreno I_D se iguala a I_{DSS} e a lâmpada se acende. No entanto, com a chave normalmente na posição aberta, o capacitor passa a carregar até

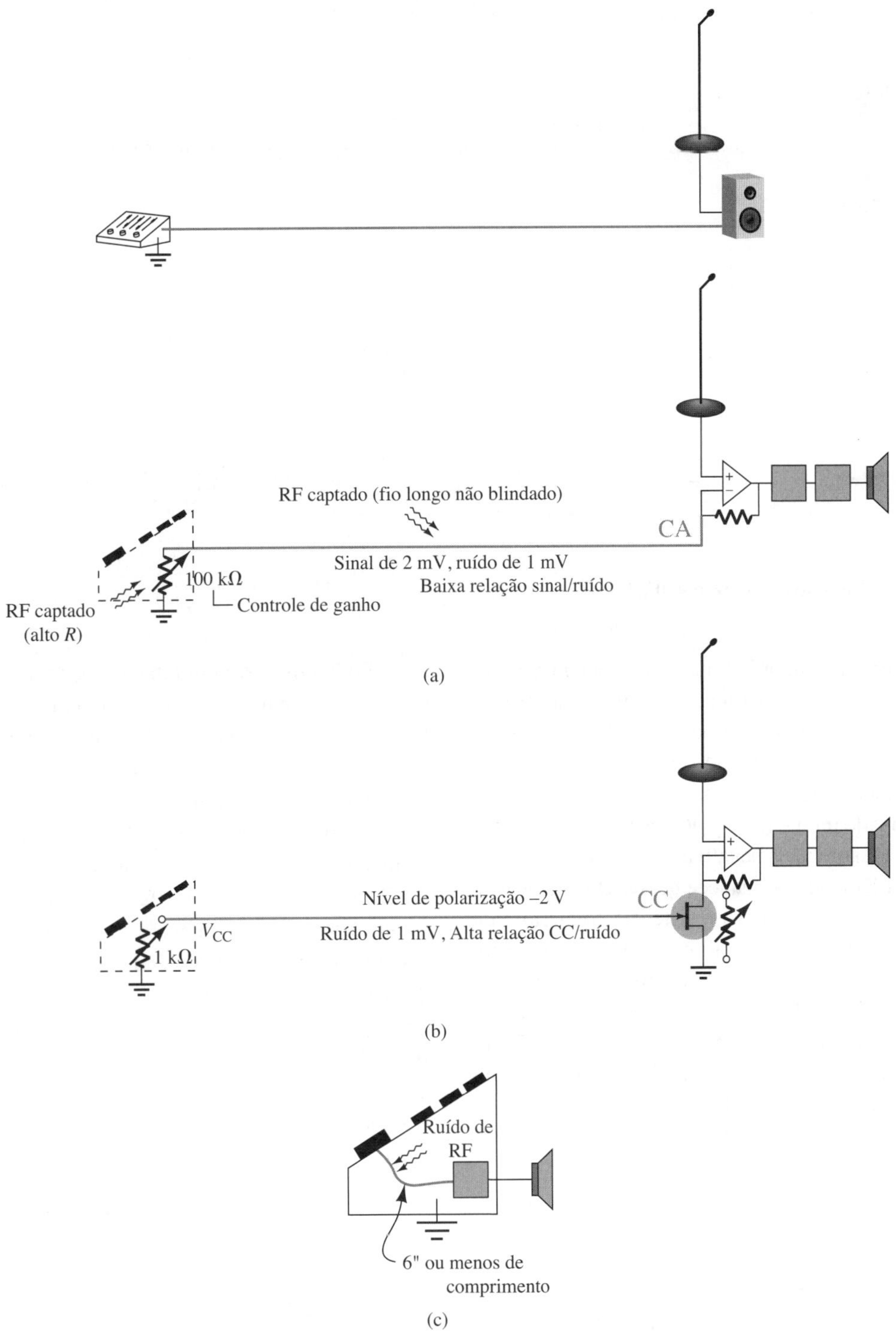

Figura 7.66 Demonstração dos benefícios do controle CC: sistema com (a) controle CA; (b) controle CC; (c) absorção de ruído RF.

– 9 V. **Por causa da alta impedância paralela de entrada do JFET, ele não tem basicamente efeito algum sobre a constante de tempo de carga do capacitor**. Eventualmente, quando o capacitor atinge o nível de *pinch-off*, o JFET e a lâmpada se desligam. De modo geral, porém, quando o sistema é ligado pela primeira vez, a lâmpada se acende por um período de tempo muito curto e então se desliga. O sistema agora está pronto para desempenhar sua função de temporizador.

Quando a chave é fechada, ela curto-circuita o capacitor ($R_3 << R_1$, R_2), o que estabelece uma tensão de 0 V na porta. A corrente de dreno resultante é I_{DSS}, e a

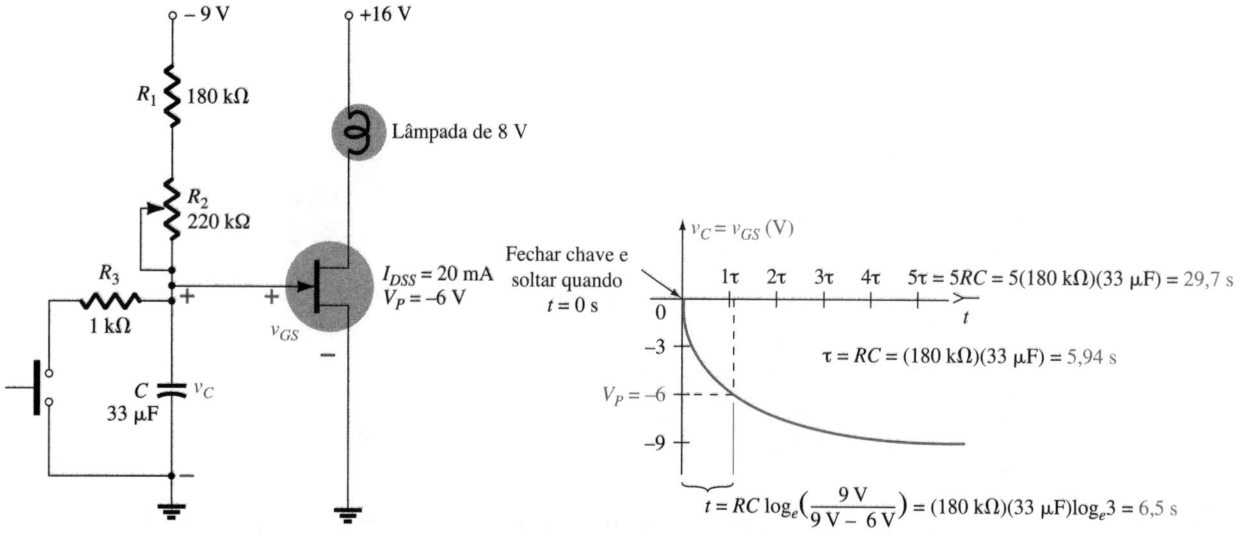

Figura 7.67 Circuito temporizador JFET.

lâmpada se acende com brilho máximo. Quando a chave é solta, o capacitor irá se carregar em direção a –9 V e, eventualmente, ao atingir a tensão de *pinch-off*, o JFET e a lâmpada se desligam. O período em que a lâmpada fica acesa é determinado pela constante de tempo do circuito de carga determinado por $\tau = (R_1 + R_2)C$ e pelo valor da tensão de *pinch-off*. Quanto mais negativa a tensão de *pinch-off*, mais tempo a lâmpada permanece acesa. O resistor R_1 é incluído para assegurar que há resistência no circuito de carga quando se liga a fonte de alimentação. Do contrário, poderia haver uma corrente muito intensa que danificaria o circuito. O resistor R_2 é variável e, por isso, o tempo da lâmpada acesa pode ser controlado. O resistor R_3 foi acrescentado para limitar a corrente de descarga quando a chave é fechada. Quando a chave através do capacitor é fechada, o tempo de descarga dele fica restrito a $5\tau = 5RC = 5\ (1\ \text{k}\Omega)(33\ \mu\text{F}) = 165\ \mu\text{s} = 0{,}165\ \text{ms} = 0{,}000165\ \text{s}$. Em resumo, portanto, quando a chave é pressionada e solta, a lâmpada se acende com brilho máximo e, com o passar do tempo, torna-se mais fraca até se desligar após um período de tempo determinado pela constante de tempo do circuito.

Uma das aplicações mais óbvias do sistema temporizador ocorre em um corredor em que a presença de luz é desejada durante um período de tempo, o suficiente para que a passagem seja feita com segurança, para que logo depois ela seja desligada automaticamente. Quando entramos ou saímos de um carro, é interessante ter uma luz ligada por alguns segundos sem termos que nos preocupar em desligá-la. Existem inúmeras possibilidades para um circuito temporizador como as que acabamos de descrever. Podemos pensar em uma lista interminável de sistemas elétricos e eletrônicos que podem ficar ligados por períodos determinados de tempo.

Podemos nos perguntar por que o TBJ não seria uma boa alternativa para o JFET na mesma aplicação. Primeiro, a resistência do TBJ pode ser apenas de alguns quilo-ohms. Isso afetaria não apenas a constante de tempo do circuito de carga, como também a tensão máxima que o capacitor poderia se carregar. Basta desenhar um circuito equivalente substituindo o transistor por um resistor de 1 kΩ, e este conceito fica bastante claro. Além disso, as tensões de controle devem ser projetadas com maior cuidado, pois o transistor TBJ liga com cerca de 0,7 V. A variação de tensão do estado ligado para o desligado é de apenas 0,7 V, e não 4 V, como para a configuração JFET. Uma observação final: podemos notar a ausência de um resistor em série no circuito do dreno na situação em que a lâmpada é acesa pela primeira vez e sua resistência é bastante baixa. A corrente resultante pode ser alta o suficiente para atingir o valor máximo suportado pela lâmpada. No entanto, como já foi descrito no caso da chave no capacitor, se os níveis de energia forem baixos e a duração dessa situação transitória adversa for mínima, esse tipo de projeto é aceitável. Caso ainda exista alguma preocupação, um resistor de 0,1 a 1 Ω inserido em série com a lâmpada garantiria certa segurança.

Sistemas de fibra óptica

A introdução da tecnologia de fibra óptica teve grande impacto na indústria da comunicação. A capacidade de transporte de informações do cabo de fibra óptica é muito maior do que a dos métodos convencionais de pares de fios. Além disso, a espessura do cabo é reduzida e o custo é menor; a interferência que ocorre devido aos efeitos eletromagnéticos entre os condutores de transporte de corrente é eliminada, assim como captação de ruídos que ocorre devido a fatores externos, como relâmpagos.

A indústria de fibra óptica se baseia no fato de que a informação pode ser transmitida em um feixe de luz. Apesar de a velocidade da luz no espaço livre ser de 3×10^8 metros por segundo, ou aproximadamente 186.000 milhas por segundo, sua velocidade será reduzida ao encontrar outros meios, o que resulta em reflexão e refração. Seria de se esperar que, quando a informação em forma de luz passasse por um cabo de fibra óptica, a luz atravessaria as paredes do cabo. Entretanto, o ângulo no qual a luz é injetada no cabo se revela fundamental, assim como o projeto do cabo. Na Figura 7.68, os elementos básicos de um cabo de fibra óptica são definidos. O núcleo de vidro ou plástico do cabo pode ter uma espessura de 8 μm, algo próximo a 1/10 do diâmetro de um fio de cabelo. O núcleo é envolvido por uma camada externa chamada de *revestimento*, também feito de plástico ou vidro, mas que tem um índice de refração diferente para garantir que a luz do núcleo que atingir a camada externa seja refletida e retorne para ele. Uma capa protetora é então acrescentada para proteger as camadas internas de possíveis agentes externos.

A maioria dos sistemas ópticos trabalha na faixa de frequência infravermelha, que se estende de 3×10^{11} Hz a

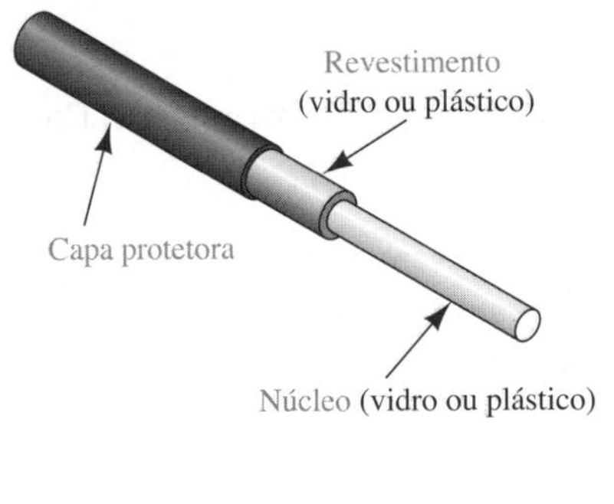

Figura 7.68 Elementos básicos de um cabo de fibra óptica.

5×10^{14} Hz. Isso está imediatamente abaixo do espectro de luz visível, a qual se estende de 5×10^{14} Hz a $7{,}7 \times 10^{14}$ Hz. Na maioria dos sistemas ópticos, a faixa de frequência utilizada vai de $1{,}87 \times 10^{14}$ Hz a $3{,}75 \times 10^{14}$ Hz. Devido às frequências muito altas, cada portadora pode ser modulada por centenas ou milhares de canais de voz simultaneamente. Além disso, podemos obter uma transmissão de velocidade muito alta por computador, apesar de ser necessário que os componentes eletrônicos dos moduladores consigam também operar adequadamente na mesma frequência. Para distâncias superiores a 30 milhas náuticas devemos utilizar repetidores (uma combinação de receptor, amplificador e transmissor), o que torna necessário um condutor elétrico adicional no cabo que conduza uma corrente de cerca de 1,5 A a 2.500 V.

A Figura 7.69 ilustra os componentes básicos de um sistema óptico de comunicação. O sinal de entrada é aplicado a um modulador de luz cuja única função é converter o sinal de entrada em um dos níveis correspondentes de intensidade de luz para ser direcionado de acordo com o comprimento do cabo de fibra óptica. A informação segue, então, pelo cabo até a estação receptora, onde um demodulador de luz converterá a intensidade variável de luz em níveis de tensão iguais aos do sinal original.

A Figura 7.70(a) mostra um equivalente eletrônico da transmissão de informações de computador TTL (lógica-transistor-transistor). Com o controle *Enable* (habilitar) no estado "ligado" ou 1, a informação TTL na entrada da porta AND atinge o terminal de porta do JFET. O projeto é desenvolvido de modo que os níveis discretos de tensão associados à lógica TTL ligarão e desligarão o JFET (talvez 0 V e –5 V, respectivamente, para um JFET com $V_P = -4$ V). As variações resultantes nos valores de corrente chegam em dois valores distintos de intensidade de luz no LED (Seção 1.16) no circuito do dreno. A luz emitida é, então, direcionada através do cabo até a estação receptora, onde um fotodiodo (Seção 16.6) reagirá à luz incidente e permitirá que diferentes valores de corrente passem de acordo com o estabelecido por V e R.

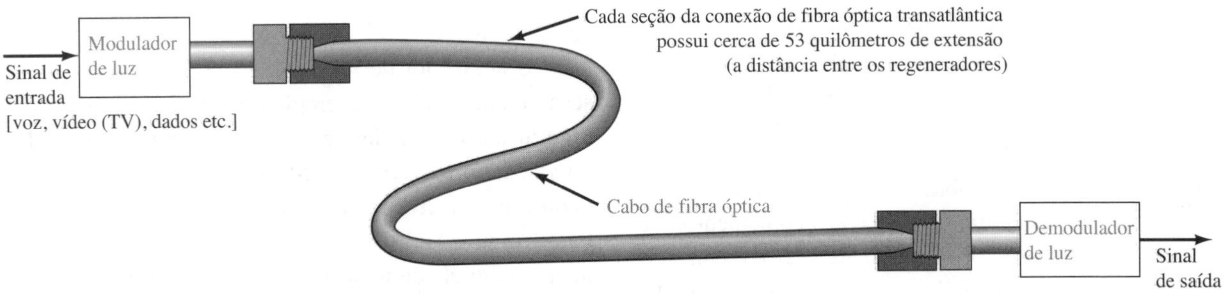

Figura 7.69 Componentes básicos de um sistema de comunicação óptica.

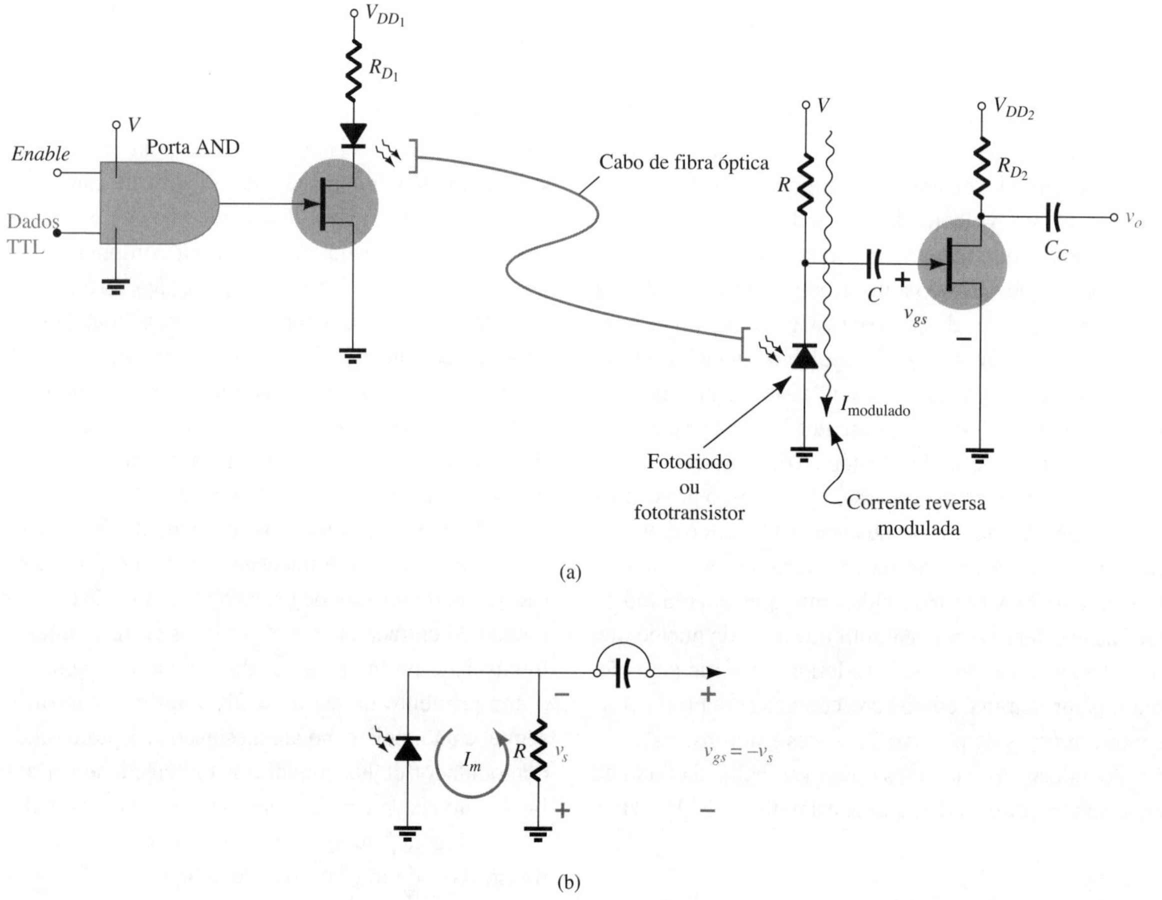

Figura 7.70 Canal de comunicação de fibra óptica TTL: (a) projeto JFET; (b) transmissão do sinal gerado no fotodiodo.

A corrente de fotodiodos é uma corrente reversa cujo sentido é indicado na Figura 7.70(a), mas, no circuito equivalente CA, o fotodiodo e o resistor R estão em paralelo, como mostra a Figura 7.70(b), estabelecendo o sinal desejado com a polaridade indicada na porta do JFET. O capacitor C é simplesmente um circuito aberto para CC, isolando a estrutura de polarização do fotodiodo do JFET, e um curto-circuito, como mostrado, para o sinal v_s. O sinal de entrada será amplificado e aparecerá no terminal do dreno do JFET na saída.

Como já foi mencionado, todos os elementos do projeto, incluindo os JFETs, o LED, o fotodiodo, os capacitores etc., devem ser cuidadosamente escolhidos para garantir um funcionamento adequado na alta frequência de transmissão. Na verdade, os diodos a *laser* costumam ser usados no lugar dos LEDs no modulador, pois trabalham com taxas mais altas de informação e maior potência e causam menos perdas de transmissão e de acoplamento. No entanto, os diodos a *laser* são muito mais caros e sensíveis à temperatura e têm vida útil geralmente mais curta do que os LEDs. No lado do demodulador, os fotodiodos são do tipo fotodiodo pin ou fotodiodo de avalanche. A abreviatura *pin* vem do processo de construção *p-i*ntrínseco-*n*, e o termo *avalanche* vem do rápido processo de ionização que ocorre durante a operação.

De modo geral, o JFET é excelente para essa aplicação por conta de sua alta isolação do lado da entrada e de sua capacidade de 'passar' rapidamente de um estado para outro em função da entrada TTL. No lado da saída, a isolação impede que qualquer efeito do circuito sensor do demodulador afete a resposta CA e faz com que haja um ganho em sinal antes de ele ser passado para o próximo estágio.

Acionador de relé com MOSFET

O acionador de relé com MOSFET descrito nesta seção é um excelente exemplo de como os FETs podem ser utilizados para **acionar circuitos de alta corrente/alta tensão sem desviar corrente ou potência do circuito acionador. A alta impedância de entrada dos FETs basicamente isola as duas partes do circuito sem a necessidade de conexões ópticas ou eletromagnéticas.** O circuito a ser descrito tem várias aplicações, mas focaremos em um sistema de alarme ativado quando objetos ou pessoas ultrapassam o plano da luz transmitida.

O LED IR (infravermelho, não visível) da Figura 7.71 direciona a luz através de um funil direcional para chegar a uma célula fotocondutora (Seção 16.7) do circuito de controle. Essa célula tem uma faixa de resistência de cerca de 200 kΩ em seu nível de resistência no escuro até menos de 1 kΩ em altos níveis de iluminação. O resistor R_1 é uma resistência variável que pode ser utilizada para ajustar o nível de limiar do MOSFET tipo depleção. Foi empregado um MOSFET de potência média por causa do alto valor da corrente do dreno na bobina de magnetização. O diodo foi incluído como um dispositivo de proteção por motivos já discutidos com detalhes na Seção 2.11.

Quando o sistema está ligado e a luz atinge constantemente a célula fotocondutora, a resistência da célula pode cair para 10 kΩ. Neste valor, a aplicação da regra do divisor de tensão resulta em uma tensão de cerca de 0,54 V no terminal de porta (com o potenciômetro de 50 kΩ ajustado em 0 kΩ). O MOSFET estará ligado, mas não terá uma corrente de dreno suficiente para modificar o estado do relé. Quando alguém passa, a fonte de luz é cortada e a resistência da célula pode subir rapidamente (em alguns microssegundos) para 100 kΩ. A tensão na porta se eleva, então, para 3 V, ligando rapidamente o MOSFET, o que ativa o relé e liga o sistema sob controle. Um circuito de alarme possui um sistema próprio de controle que não permite seu desligamento quando a luz retorna à célula fotocondutora.

Em suma, portanto, podemos controlar um circuito de alta corrente com um valor de tensão CC relativamente baixo em um sistema de baixo custo. O único inconveniente que o sistema apresenta é o fato de que o MOSFET fica ligado mesmo na ausência de pessoas ou objetos. Isso pode ser eliminado em sistemas mais sofisticados, mas devemos ter em mente que os **MOSFETs são dispositivos de baixo consumo de energia** e, portanto, as perdas, mesmo em grandes intervalos de tempo, serão baixas.

7.16 RESUMO

Conclusões e conceitos importantes

1. Uma configuração com polarização fixa possui, como o nome indica, uma tensão CC **fixa** aplicada da porta para a fonte com o propósito de estabelecer o ponto de operação.
2. A relação **não linear** entre a tensão porta-fonte e a corrente de dreno de um JFET exige que seja utilizada uma solução gráfica ou matemática (envolvendo a solução de duas equações simultâneas) para determinar o ponto quiescente de operação.
3. Todas as tensões com uma única letra como índice definem uma tensão de um ponto específico em relação ao **terra**.
4. A configuração com autopolarização é determinada por uma equação de V_{GS} que *sempre* passa pela origem. Qualquer outro ponto determinado pela equação de polarização estabelece uma linha **reta** para representar o circuito de polarização.
5. Para a configuração por divisor de tensão, podemos sempre pressupor que a corrente de porta é 0 A para permitir uma **isolação** do circuito divisor de tensão da seção de saída. A tensão resultante porta-terra será sempre **positiva para um JFET de canal *n* e negativa para um JFET de canal *p*. Valores crescentes de R_S**

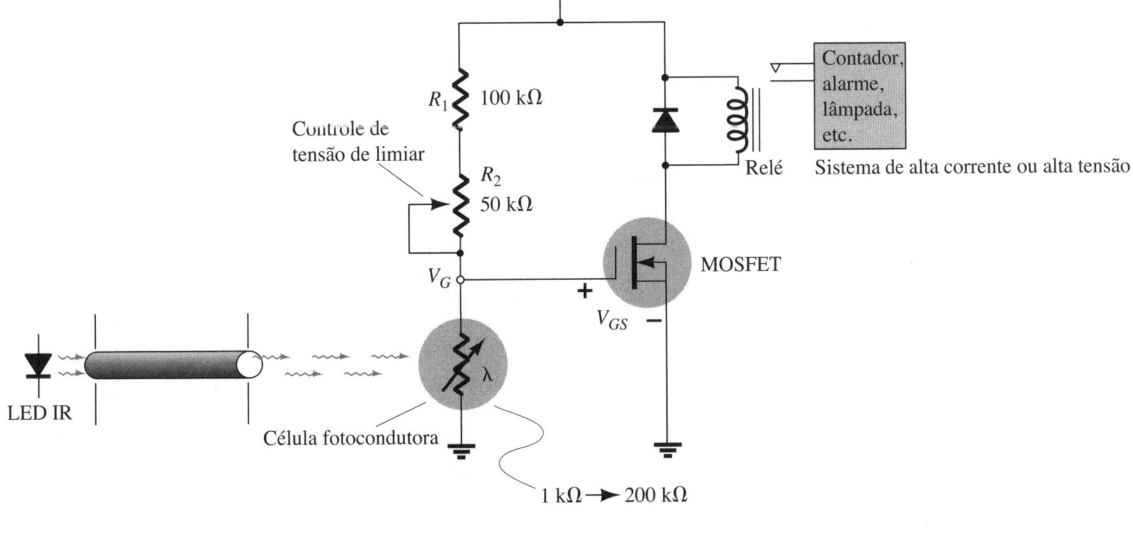

Figura 7.71 Acionador de relé com MOSFET.

resultam em **valores quiescentes de I_D mais baixos** e em **valores mais negativos de V_{GS} para um JFET de canal *n*.**

6. O método de análise aplicado aos MOSFETs tipo depleção é o mesmo aplicado para os JFETs, com a única diferença sendo um ponto de operação possível com valor de I_D **acima** do valor de I_{DSS}.
7. As características e os métodos de análise aplicados aos MOSFETs tipo intensificação são **completamente diferentes** daqueles dos JFETs e MOSFETs tipo depleção. Para valores de V_{GS} menores do que o valor de limiar, a corrente de dreno é 0 A.
8. Ao analisar circuitos com dispositivos variados, devemos primeiro trabalhar com a região do circuito que oferece um **valor de tensão ou corrente** utilizando as relações básicas associadas a esses dispositivos. Utilizamos, então, este valor e as equações apropriadas para determinar outros valores de tensão ou corrente do circuito na região ao redor do sistema.
9. O procedimento de projeto normalmente requer que se descubra um valor de resistência para estabelecer o valor de tensão ou corrente desejados. Com isso em mente, devemos lembrar que o valor de resistência é definido pela **tensão no resistor dividida pela corrente** que passa por ele. No procedimento de projeto, ambas as quantidades estão normalmente disponíveis para um elemento resistivo específico.
10. Resolver os problemas de um circuito requer um **conhecimento claro e consistente** do comportamento terminal de cada um dos dispositivos do circuito. Com esse conhecimento, podemos oferecer uma **estimativa** dos valores de tensão de trabalho de pontos específicos do circuito, que podem ser conferidos com um voltímetro. A função ohmímetro de um multímetro é particularmente útil para garantir que haja uma **conexão real** entre todos os elementos do circuito.
11. A análise dos FETs de canal *p* é a mesma aplicada aos FETs de canal *n,* exceto pelo fato de que todas as tensões possuem **polaridade oposta**, e as correntes, **sentido oposto**.

Equações

JFETs/MOSFETs tipo depleção:

Configuração com polarização fixa:

$$V_{GS} = -V_{GG} = V_G$$

Configuração com autopolarização:

$$V_{GS} = -I_D R_S$$

Polarização por divisor de tensão:

$$V_G = \frac{R_2 V_{DD}}{R_1 + R_2}$$

$$V_{GS} = V_G - I_D R_S$$

MOSFETs tipo intensificação:

Polarização por realimentação:

$$V_{DS} = V_{GS}$$

$$V_{GS} = V_{DD} - I_D R_D$$

Polarização por divisor de tensão:

$$V_G = \frac{R_2 V_{DD}}{R_1 + R_2}$$

$$V_{GS} = V_G - I_D R_S$$

7.17 ANÁLISE COMPUTACIONAL

PSpice para Windows

Configuração por divisor de tensão com JFET Agora, verificaremos os resultados do Exemplo 7.19 utilizando o PSpice para Windows. O circuito da Figura 7.72 é construído com os métodos descritos nos capítulos anteriores. O JFET J2N3819 é obtido na biblioteca **EVAL**, e o **Edit-PSpice model** serve para fixar **Beta** em 0,222 mA/V^2 e **Vto** em –6 V. O valor de **Beta** é determinado por beta = I_{DSS}/V_P^2 (Equação 6.17) e I_{DSS} e V_P fornecidas. Os resultados de **Simulation** são mostrados na Figura 7.73 com os níveis de polarização CC de tensão e corrente. A corrente de dreno resultante é 4,225 mA comparada ao valor calculado de 4,24 mA — uma

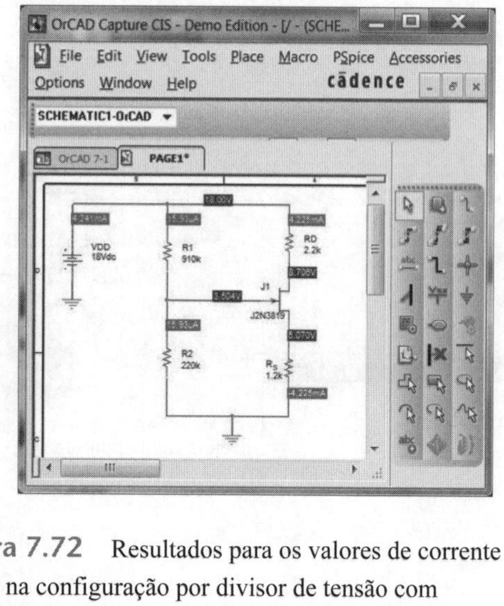

Figura 7.72 Resultados para os valores de corrente e tensão na configuração por divisor de tensão com JFET utilizando PSpice para Windows.

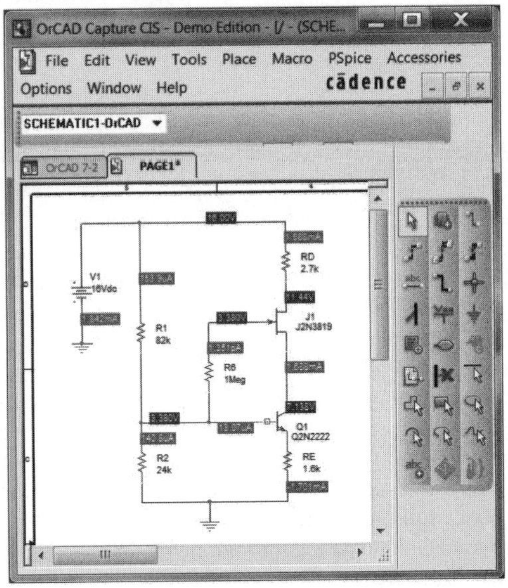

Figura 7.73 Verificação da solução calculada à mão do Exemplo 7.12 utilizando o PSpice para Windows.

aproximação excelente. A tensão V_{GS} é 3,504 V – 5,070 V = –1,57 V *versus* o valor calculado de –1,56 V do Exemplo 7.19 — outra excelente aproximação.

Circuitos combinados A seguir, os resultados do Exemplo 7.12 com transistor TBJ e JFET serão verificados. Para o transistor, **Bf** (beta) é fixado em 180, enquanto para o JFET, **Beta** é programado para 0,333 mA/V² e **Vto** para – 6 V, como no exemplo. Os resultados de todos os valores CC aparecem na Figura 7.73. Note novamente a excelente aproximação com a solução calculada à mão, sendo V_D em 11,44 V comparável a 11,07 V; $V_S = V_C$ em 7,138 V comparável a 7,32 V; e V_{GS} em 3,380 V – 7,138 V = –3,76 V comparável a –3,7 V.

Multisim

Agora os resultados do Exemplo 7.2 serão verificados com o Multisim. A construção do circuito da Figura 7.74 é essencialmente a mesma que é aplicada nos capítulos sobre TBJ. O JFET é obtido por meio da seleção de **Transistor**, a quarta tecla de cima para baixo na primeira barra de ferramentas vertical. Uma caixa de diálogo **Select a Component** aparecerá, na qual podemos selecionar **JFET_N** na listagem **Family**. Uma longa lista de componentes surgirá, e **2N3821** é selecionado para essa aplicação. Com um **OK**, ele pode ser colocado na tela. Depois de um duplo clique sobre o símbolo na tela, uma caixa de diálogo **JFET_N** permite que **Value** seja selecionado, seguido por **Edit Model**. Uma caixa de diálogo **Edit Model** aparecerá, na qual **Beta** e **Vto** podem ser definidos em **0,222 mA/V²** e **– 6 V**, respectivamente.

O valor de **Beta** é determinado pelo uso da Equação 6.17 e dos parâmetros do circuito, como segue:

$$\text{Beta} = \frac{I_{DSS}}{|V_P|^2} = \frac{8\text{ mA}}{|-6\text{ V}|^2} = \frac{8\text{ mA}}{36\text{ V}^2} = 0{,}222\text{ mA/V}^2$$

Feita a mudança, certifique-se de selecionar **Change Part Model** antes de sair da caixa de diálogo. Novamente, a caixa de diálogo **JFET_N** aparecerá, mas basta um **OK** para que as modificações sejam feitas. As legendas **IDSS = 8 mA** e **Vp = – 6 V** são adicionadas usando-se **Place-Text**. Uma barra de ferramentas vertical piscante surgirá marcando o local em que a legenda pode ser inserida. Após a inserção, ela pode ser removida com facilidade por um simples clique na área, sendo arrastada até a posição desejada por meio da sustentação do clique.

A escolha da opção **Indicator** na primeira barra de ferramentas vertical exibirá as tensões de dreno e fonte, como vemos na Figura 7.74. Em ambos os casos, a opção **VOLTMETER_V** é selecionada na caixa de diálogo **Select a Component**.

Selecionar **Simulate-Run** ou mover a chave para a posição **1** resulta na exibição da Figura 7.74. Observe que V_{GS} = –2,603 V é exatamente igual à solução calculada à mão de –2,6 V. Embora o indicador esteja conectado da fonte para o terra, certifique-se de que também se trata de uma tensão porta-fonte porque se supõe que a queda de tensão através do resistor de 1 MΩ seja igual a 0 V. O valor de 11,405 V no dreno é bastante próximo ao da solução calculada à mão de 11,42 V — de modo geral, uma verificação completa dos resultados do Exemplo 7.2.

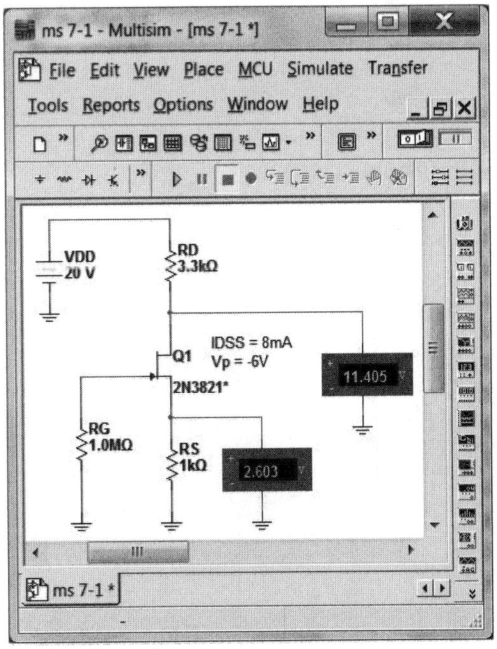

Figura 7.74 Verificação dos resultados do Exemplo 7.2 usando o Multisim.

PROBLEMAS

*Nota: asteriscos indicam os problemas mais difíceis.

Seção 7.2 Configuração com polarização fixa

1. Para a configuração com polarização fixa da Figura 7.75:
   a) Esboce a curva de transferência do dispositivo.
   b) Sobreponha a equação do circuito no mesmo gráfico.
   c) Determine I_{D_Q} e V_{DS_Q}.
   d) Utilizando a equação de Shockley, determine I_{D_Q} e, depois, V_{DS_Q}. Compare com as soluções do item (c).
2. Para a configuração com polarização fixa da Figura 7.76 determine:
   a) I_{D_Q} e V_{GS_Q} utilizando uma análise puramente matemática.
   b) Repita o item (a) utilizando uma análise gráfica e compare os resultados.
   c) Determine V_{DS}, V_D, V_G e V_S utilizando os resultados do item (a).
3. Dado o valor de V_D na Figura 7.77, determine:
   a) I_D.
   b) V_{DS}.
   c) V_{GG}.
4. Determine V_D e V_{GS} para a configuração com polarização fixa da Figura 7.78.

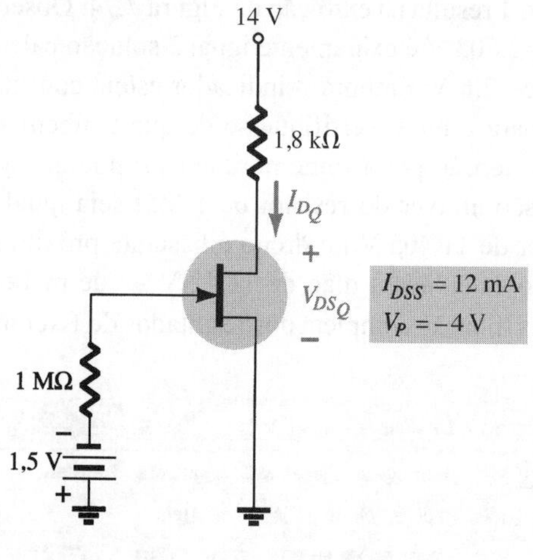

Figura 7.75 Problemas 1 e 37.

5. Determine V_D e V_{GS} para a configuração com polarização fixa da Figura 7.79.

Seção 7.3 Configuração com autopolarização

6. Para a configuração com autopolarização da Figura 7.80:
   a) Esboce a curva de transferência para o dispositivo.
   b) Sobreponha a equação do circuito no mesmo gráfico.
   c) Determine I_{D_Q} e V_{GS_Q}.
   d) Determine V_{DS}, V_D, V_G e V_S.

*7. Determine I_{D_Q} para o circuito da Figura 7.80 utilizando uma análise puramente matemática. Isto é, estabeleça uma equação de segundo grau para I_D e escolha a solução compatível com as características do circuito. Compare com a solução obtida no Problema 6.

8. Para o circuito da Figura 7.81, determine:
   a) V_{GS_Q} e I_{D_Q}.
   b) V_{DS}, V_D, V_G e V_S.
9. Dada a leitura V_S = 1,7 V para o circuito da Figura 7.82, determine:
   a) I_{D_Q}.
   b) V_{GS_Q}.
   c) I_{DSS}.
   d) V_D.
   e) V_{DS}.

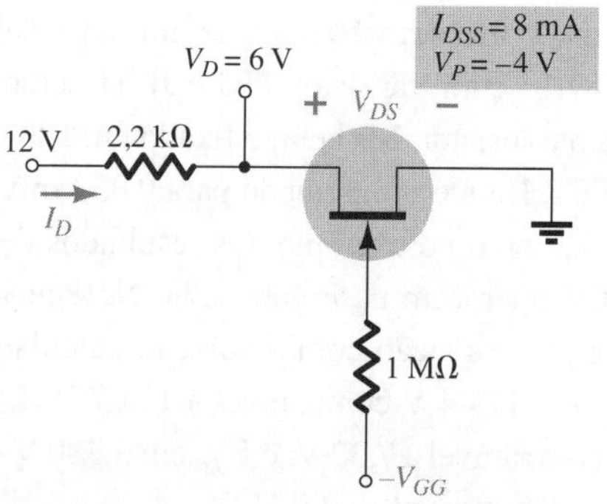

Figura 7.77 Problema 3.

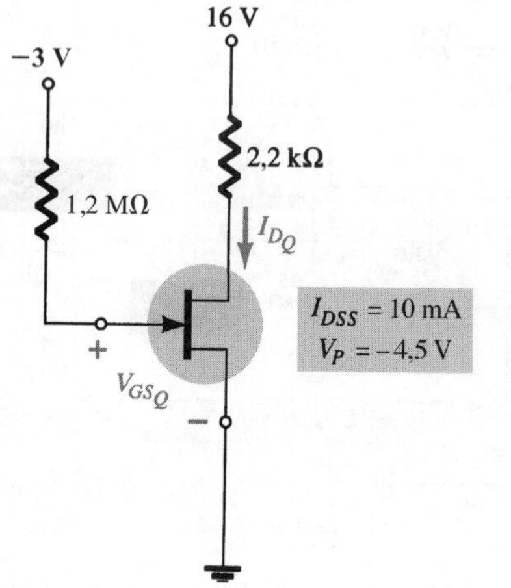

Figura 7.76 Problema 2.

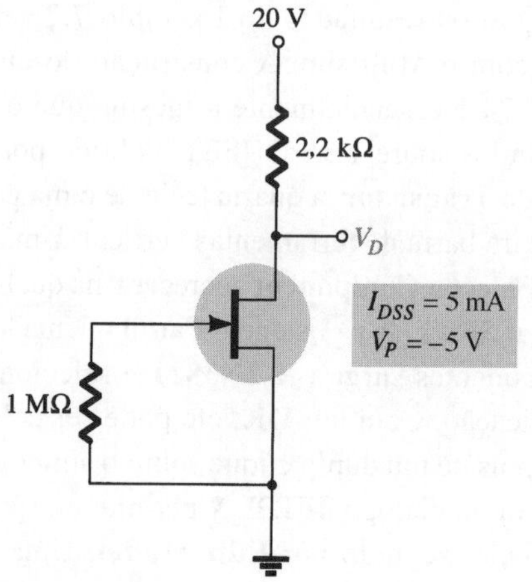

Figura 7.78 Problema 4.

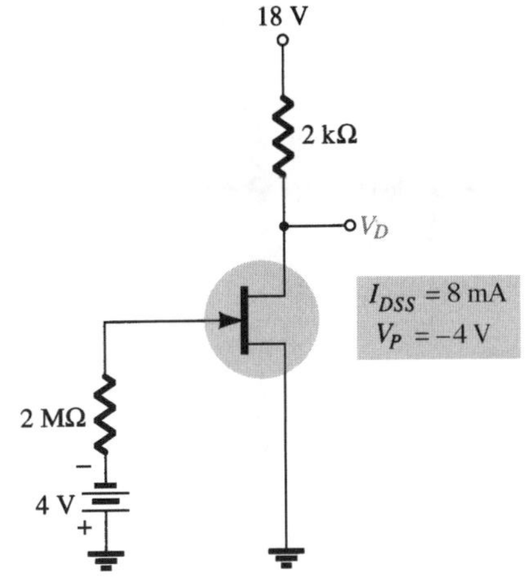

Figura 7.79 Problema 5.

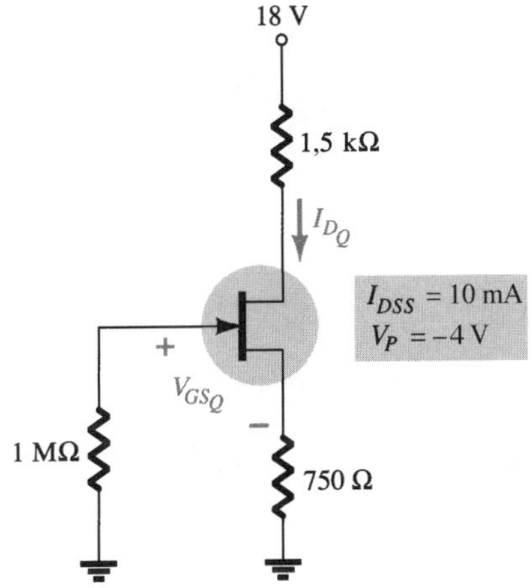

Figura 7.80 Problemas 6, 7 e 38.

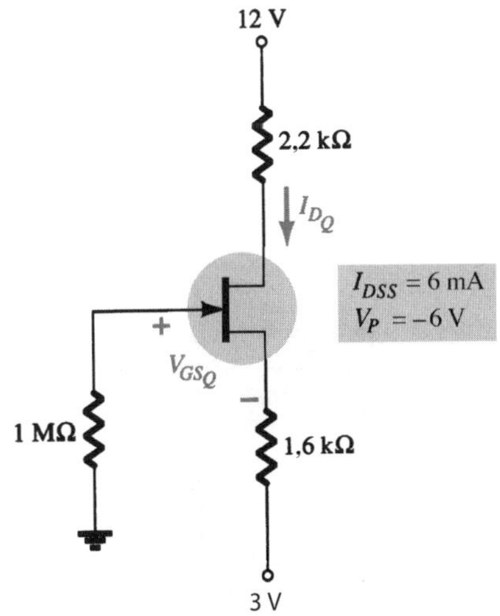

Figura 7.81 Problema 8.

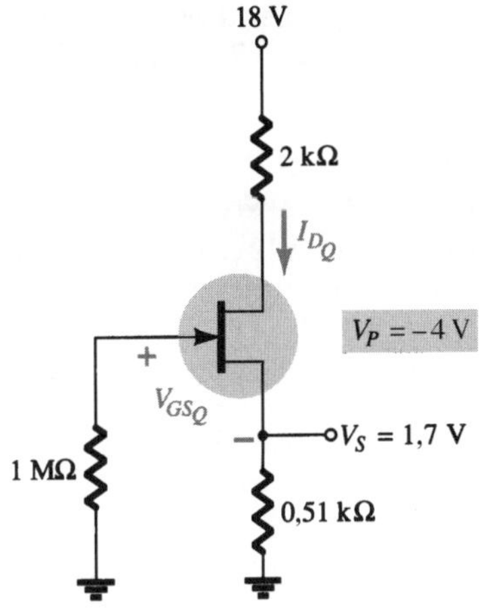

Figura 7.82 Problema 9.

*10. Para o circuito da Figura 7.83, determine:
   a) I_D.
   b) V_{DS}.
   c) V_D.
   d) V_S.

*11. Determine V_S para o circuito da Figura 7.84.

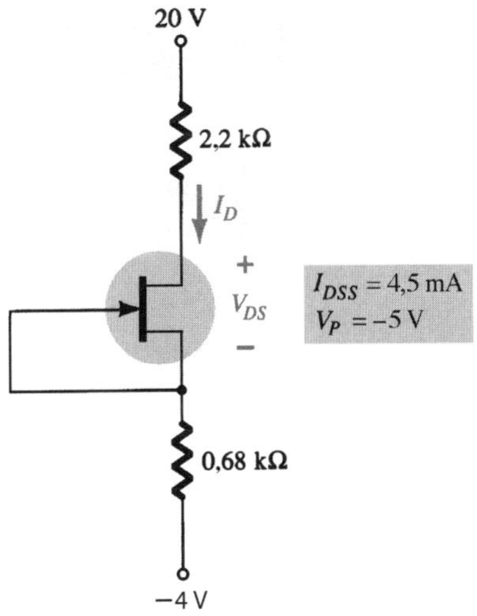

Figura 7.83 Problema 10.

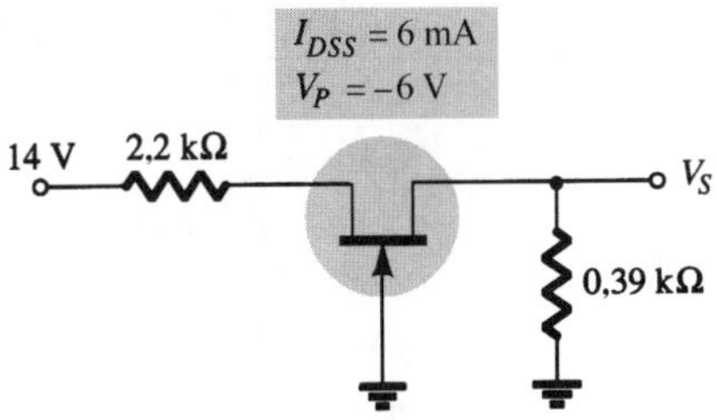

Figura 7.84 Problema 11.

Seção 7.4 Polarização por divisor de tensão

12. Para o circuito da Figura 7.85, determine:

a) V_G.
b) I_{D_Q} e V_{GS_Q}.
c) V_D e V_S.
d) V_{DS_Q}.

13. a) Repita o Problema 12 com $R_S = 0{,}51\ \text{k}\Omega$ (cerca de 50% de seu valor no Problema 12). Qual é o efeito de um R_S menor sobre I_{D_Q} e V_{GS_Q}?

b) Qual é o valor mínimo possível de R_S para o circuito da Figura 7.85?

14. Para o circuito da Figura 7.86, $V_D = 12$ V. Determine:

a) I_D.
b) V_S e V_{DS}.
c) V_G e V_{GS}.
d) V_P.

15. Determine o valor de R_S para o circuito da Figura 7.87 de modo a estabelecer $V_D = 10$ V.

Seção 7.5 Configuração porta-comum

***16.** Para o circuito da Figura 7.88, determine:

a) I_{D_Q} e V_{GS_Q}.
b) V_{DS} e V_S.

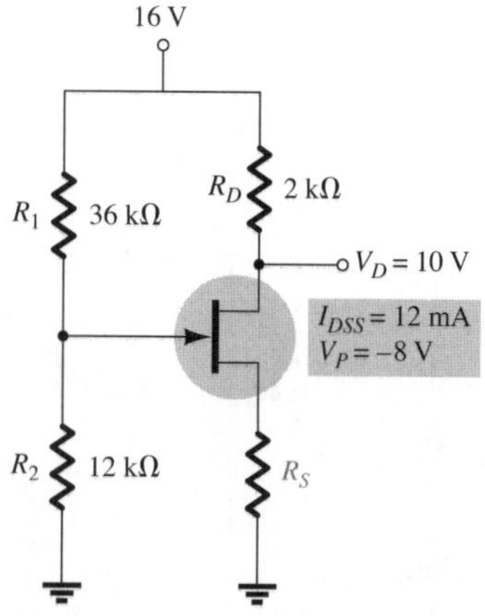

Figura 7.87 Problema 15.

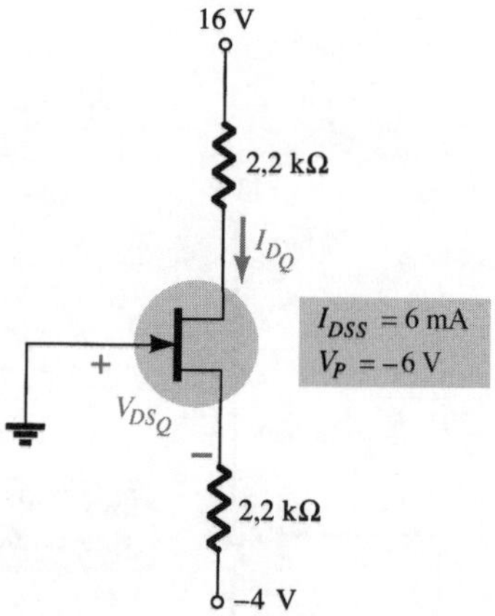

Figura 7.88 Problemas 16 e 39.

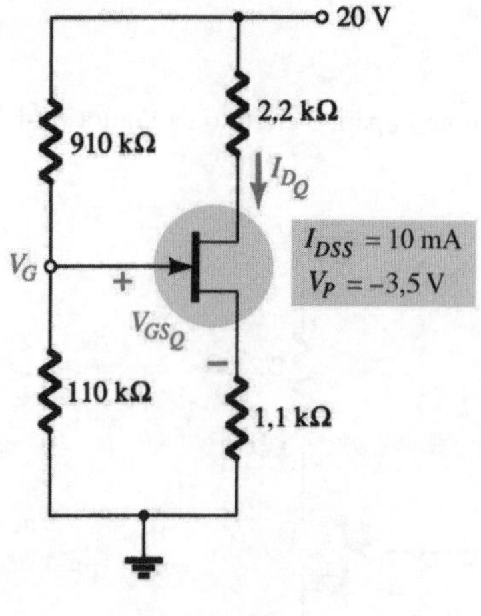

Figura 7.85 Problemas 12 e 13.

***17.** Dado $V_{DS} = 4$ V para o circuito da Figura 7.89, determine:

a) I_D.
b) V_D e V_S.
c) V_{GS}.

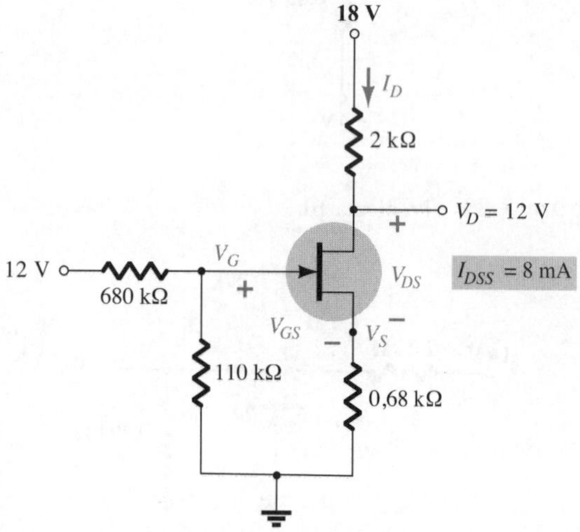

Figura 7.86 Problema 14.

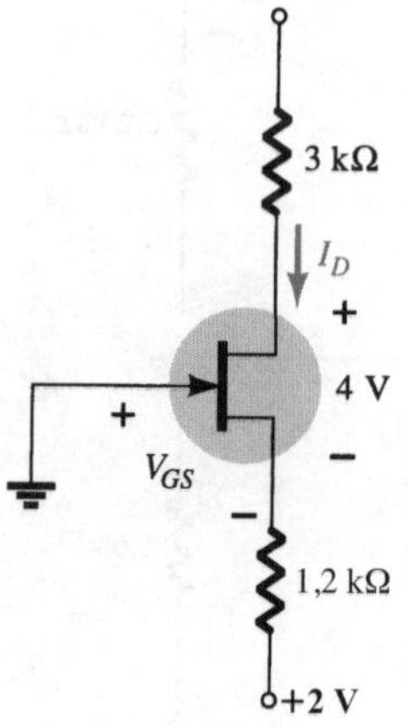

Figura 7.89 Problema 17.

Seção 7.6 Caso especial: $V_{GS_Q} = 0$ V

18. Para o circuito da Figura 7.90:

a) Determine I_{D_Q}.

b) Determine V_{D_Q} e V_{DS_Q}.

c) Calcule a potência fornecida pela fonte e dissipada pelo dispositivo.

19. Determine V_D e V_{GS} para o circuito da Figura 7.91 usando as informações fornecidas.

Seção 7.7 MOSFETs tipo depleção

20. Para a configuração com autopolarização da Figura 7.92, determine:

a) I_{D_Q} e V_{GS_Q}.

b) V_{DS} e V_D.

***21.** Para o circuito da Figura 7.93, determine:

a) I_{D_Q} e V_{GS_Q}.

b) V_{DS} e V_S.

Seção 7.8 MOSFETs tipo intensificação

22. Para o circuito da Figura 7.94, determine:

a) I_{D_Q}.

b) V_{GS_Q} e V_{DS_Q}.

c) V_D e V_S.

d) V_{DS}.

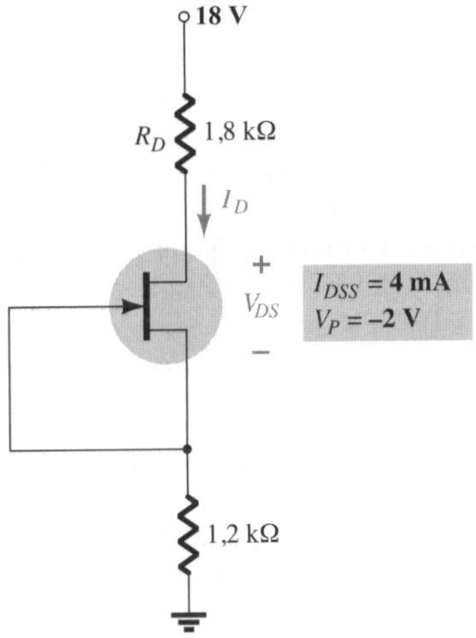

Figura 7.90 Problema 18.

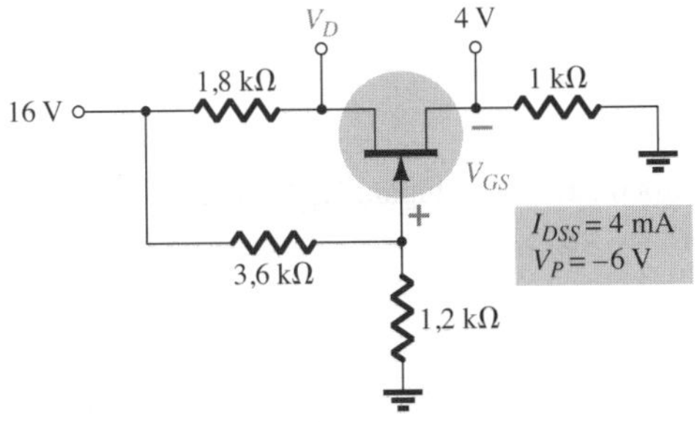

Figura 7.91 Problema 19.

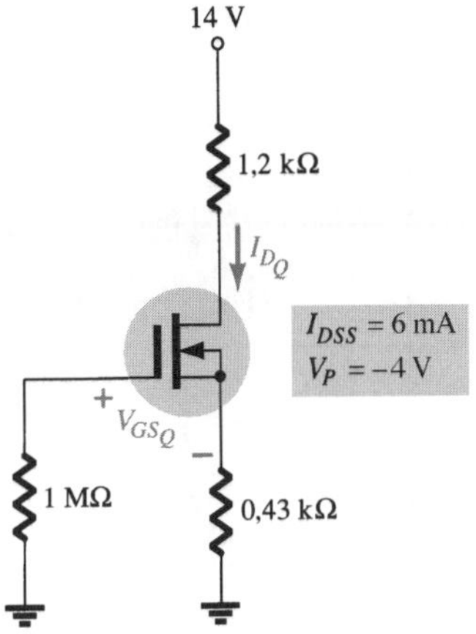

Figura 7.92 Problema 20.

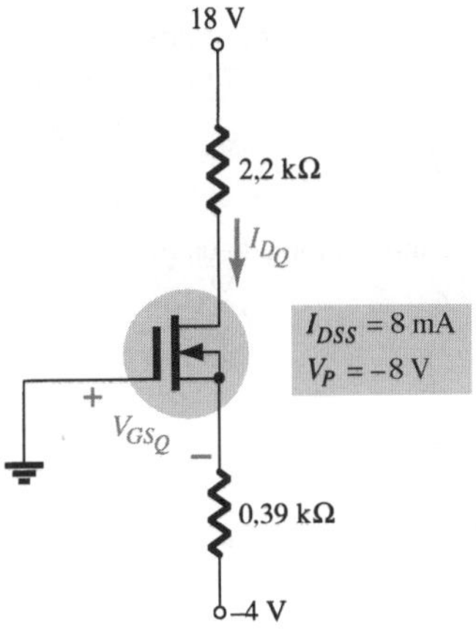

Figura 7.93 Problema 21.

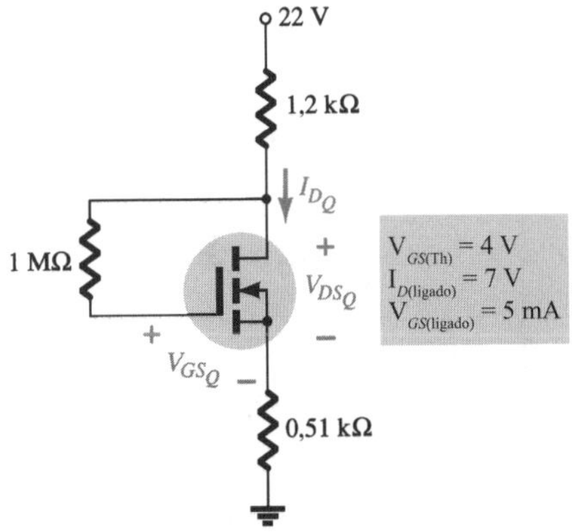

Figura 7.94 Problema 22.

23. Para a configuração com polarização por divisor de tensão da Figura 7.95, determine:

a) I_{D_Q} e V_{GS_Q}.

b) V_D e V_S.

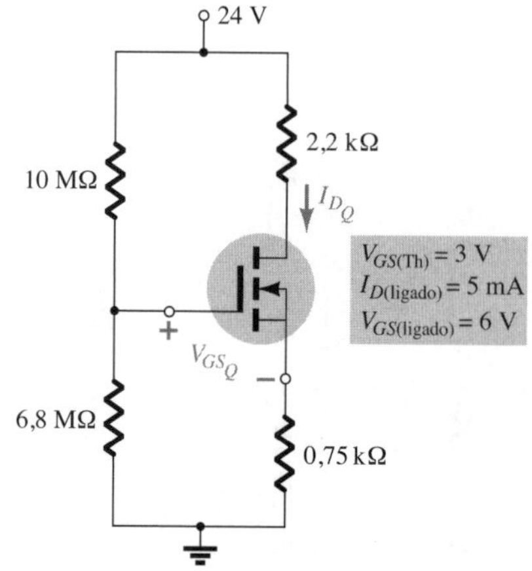

Figura 7.95 Problema 23.

Seção 7.10 Circuitos combinados

*24. Para o circuito da Figura 7.96, determine:

a) V_G.
b) V_{GS_Q} e I_{D_Q}.
c) I_E.
d) I_B.
e) V_D.
f) V_C.

*25. Para o circuito combinado da Figura 7.97, determine:

a) V_B e V_G.
b) V_E.
c) I_E, I_C e I_D.
d) I_B.
e) V_C, V_S e V_D.
f) V_{CE}.
g) V_{DS}.

Seção 7.11 Projeto

*26. Projete um circuito com autopolarização utilizando um transistor JFET com $I_{DSS} = 8$ mA e $V_P = -6$ V para conseguir um ponto Q em $I_{D_Q} = 4$ mA usando uma fonte de 14 V. Considere que $R_D = 3R_S$ e use valores comerciais de resistências.

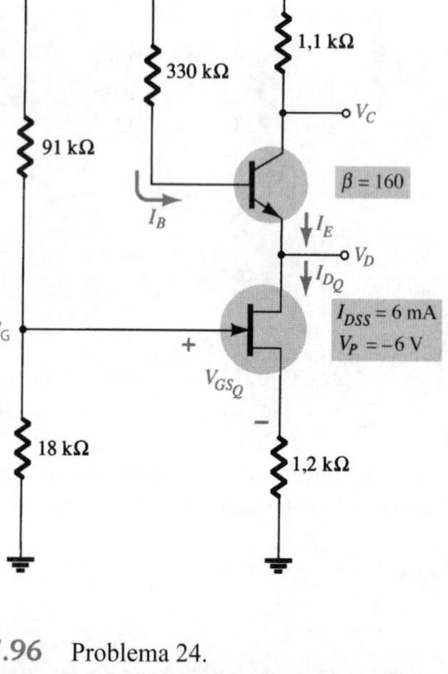

Figura 7.96 Problema 24.

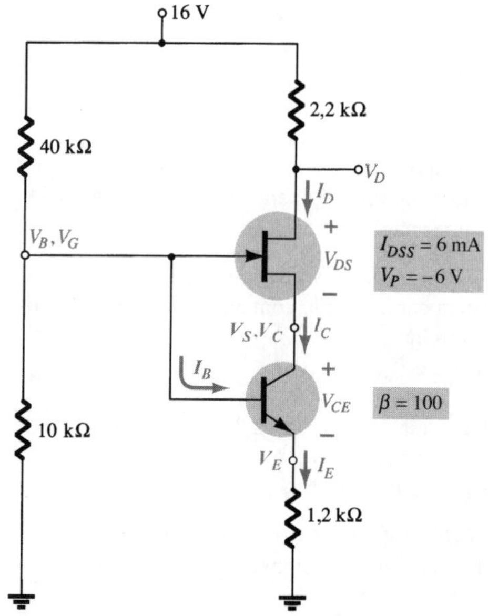

Figura 7.97 Problema 25.

*27. Projete um círculo de polarização por divisor de tensão utilizando um MOSFET tipo depleção com $I_{DSS} = 10$ mA e $V_P = -4$ V, de modo que o ponto Q se situe em $I_{D_Q} = 2{,}5$ mA usando uma fonte de 24 V. Além disso, estabeleça $V_G = 4$ V e use $R_D = 2{,}5R_S$ com $R_1 = 22$ MΩ. Utilize valores comerciais de resistência.

28. Projete um circuito como o que aparece na Figura 7.39 utilizando um MOSFET tipo intensificação, com $V_{GS(Th)} = 4$ V e $k = 0{,}5 \times 10^{-3}$ A/V^2 para um ponto Q em $I_{D_Q} = 6$ mA. Utilize uma fonte de 16 V e valores comerciais de resistência.

Seção 7.12 Análise de defeitos

*29. O que as leituras para cada configuração da Figura 7.98 sugerem sobre a operação do circuito?

*30. Apesar de as leituras da Figura 7.99 sugerirem, à primeira vista, que o circuito se comporta adequadamente, determine a possível causa para o estado indesejável em que ele se encontra.

*31. O circuito da Figura 7.100 não está operando adequadamente. Qual é a causa específica para sua falha?

Seção 7.13 FET de canal *p*

32. Para o circuito da Figura 7.101, determine:

a) I_{D_Q} e V_{GS_Q}.
b) V_{DS}.
c) V_D.

33. Para o circuito da Figura 7.102, determine:

a) I_{D_Q} e V_{GS_Q}.
b) V_{DS}.
c) V_D.

Seção 7.14 Curva universal de polarização para o JFET

34. Repita o Problema 1 utilizando a curva universal de polarização para o JFET.

35. Repita o Problema 6 utilizando a curva universal de polarização para o JFET.

36. Repita o Problema 12 utilizando a curva universal de polarização para o JFET.

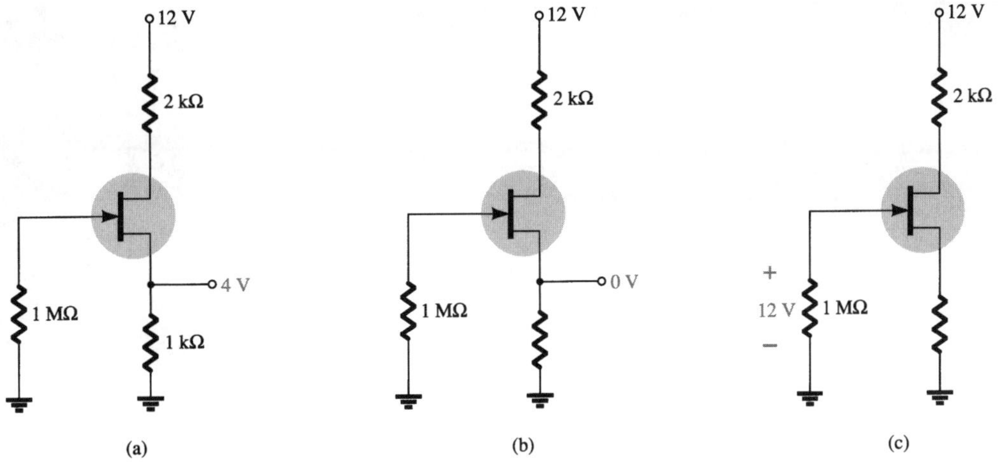

Figura 7.98 Problema 29.

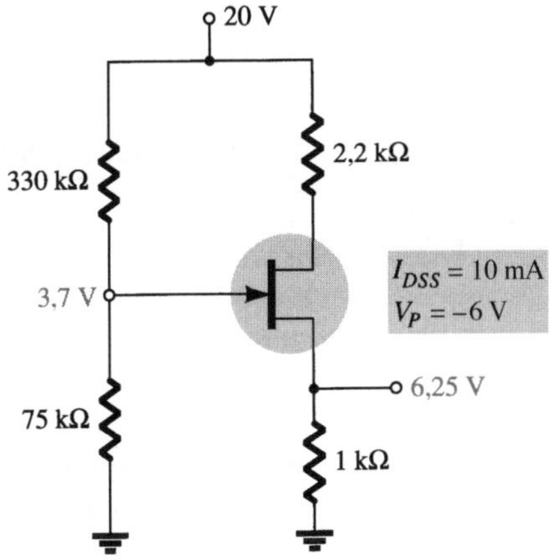

Figura 7.99 Problema 30.

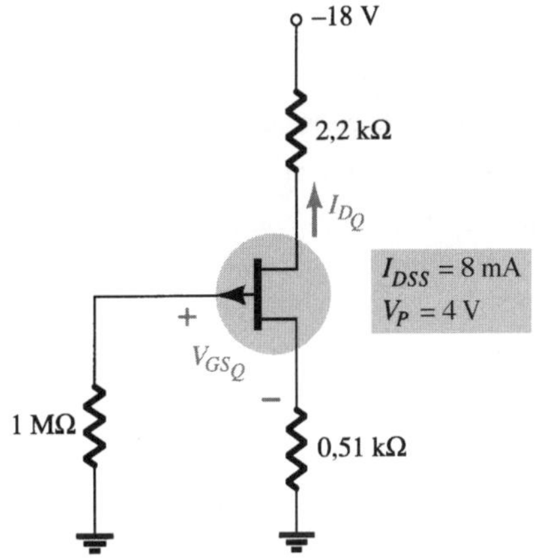

Figura 7.101 Problema 32.

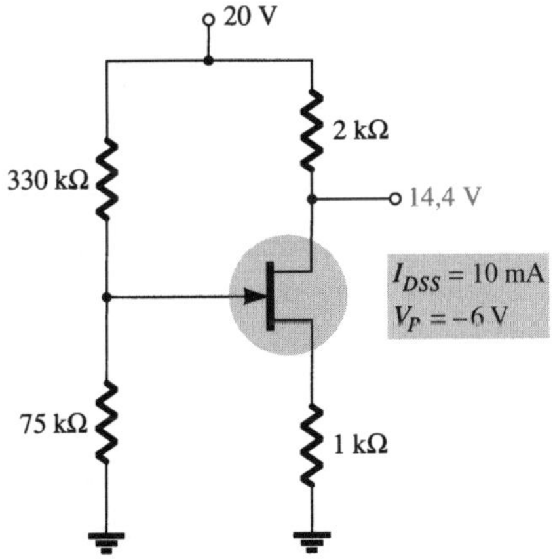

Figura 7.100 Problema 31.

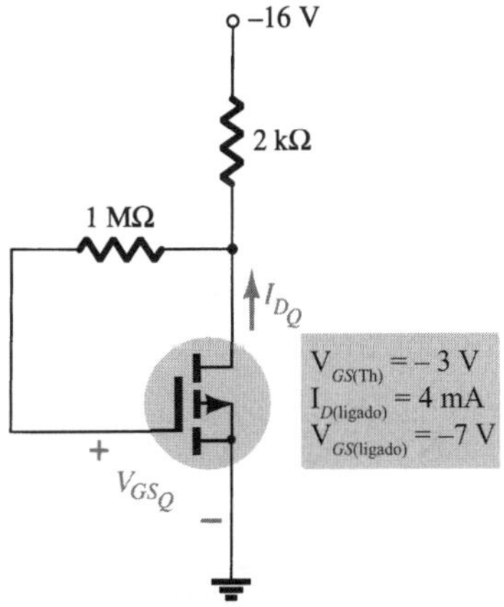

Figura 7.102 Problema 33.

37. Repita o Problema 16 utilizando a curva universal de polarização para o JFET.

Seção 7.17 Análise computacional

38. Desenvolva uma análise do circuito do Problema 1 utilizando o PSpice para Windows.

39. Desenvolva uma análise do circuito do Problema 6 utilizando o PSpice para Windows.

40. Desenvolva uma análise do circuito do Problema 16 utilizando o Multisim.

41. Desenvolva uma análise do circuito do Problema 33 utilizando o Multisim.

Amplificadores com FET

Objetivos

- Familiarizar-se com o modelo CA de pequenos sinais do JFET e do MOSFET.
- Ser capaz de realizar uma análise CA de pequenos sinais em uma variedade de configurações com JFET e MOSFET.
- Passar a valorizar a sequência de projeto aplicada a configurações com FET.
- Compreender os efeitos de um resistor de fonte e de um resistor de carga sobre a impedância de entrada, a impedância de saída e o ganho global.
- Ser capaz de analisar as configurações em cascata em amplificadores com FETs e/ou TBJ.

8.1 INTRODUÇÃO

Os amplificadores que utilizam transistores de efeito de campo proporcionam um excelente ganho de tensão, além de fornecer alta impedância de entrada. Também são considerados dispositivos muito pequenos e leves, com baixo consumo de potência e aplicáveis a uma ampla faixa de frequências. Tanto os dispositivos JFETs quanto os MOSFETs tipo depleção e os MESFETs podem ser usados em amplificadores com ganhos de tensão similares. O circuito com MOSFET tipo depleção (MESFET) apresenta, contudo, uma impedância de entrada muito mais alta do que uma configuração equivalente com JFET.

Enquanto o dispositivo TBJ controla uma grande corrente de saída (coletor) mediante uma baixa corrente de entrada (base), o dispositivo FET controla uma corrente de saída (dreno) por meio de uma baixa tensão de entrada (porta-fonte). Em suma, portanto, o TBJ é um dispositivo *controlado por corrente*, e o FET, um dispositivo *controlado por tensão*. Note, contudo, que a corrente de saída é a variável controlada em ambos os casos. Devido à característica de alta impedância de entrada do FET, o modelo CA equivalente é um pouco mais simples do que aquele utilizado para os TBJs. Enquanto o TBJ tem um fator de amplificação β (beta), o FET possui um fator de transcondutância, g_m.

O FET pode ser usado como amplificador linear ou como dispositivo digital em circuitos lógicos. Na verdade, o MOSFET tipo intensificação é muito comum na produção de circuitos digitais, especialmente em circuitos CMOS que necessitam de um consumo de potência muito baixo. Os dispositivos FET também são largamente utilizados em aplicações de alta frequência e como "buffers" (interfaces). A Tabela 8.1, localizada na Seção 8.13, resume os circuitos amplificadores com FET de pequenos sinais e as fórmulas relacionadas.

Embora o circuito de fonte-comum seja o mais conhecido e forneça um sinal amplificado e invertido, podemos encontrar também circuitos de dreno-comum (seguidor de fonte) com ganho unitário e sem inversão do sinal e circuitos de porta-comum, que permitem ganho sem inversão. Como acontece com os amplificadores com TBJ, dentre as importantes características descritas neste capítulo estão o ganho de tensão, a impedância de entrada e a impedância de saída. Devido à impedância de entrada muito alta, normalmente consideramos que a corrente de entrada é 0 μA, e que o ganho de corrente é uma quantidade indefinida. Enquanto o ganho de tensão de um amplificador com FET costuma ser menor do que aquele de um amplificador que utiliza TBJ, o amplificador com FET proporciona uma impedância de entrada muito mais alta do que a de um circuito com TBJ. Os valores para a impedância de saída de ambos os circuitos são comparáveis.

Os circuitos amplificadores CA com FET podem ser analisados por meio de *software* de simulação de circuitos. Com o PSpice ou o Multisim, é possível fazer a análise CC para obter as condições de polarização do circuito e a análise CA para determinar o ganho de tensão para pequenos sinais. Utilizando os modelos de transistor do PSpice, podemos analisar o circuito por meio de modelos de transistor específicos. Por outro lado, é possível desenvolver um programa em uma linguagem, como o C++, que realize as análises CA e CC e forneça os resultados em um formato especial.

8.2 MODELO DE JFET PARA PEQUENOS SINAIS

A análise CA de um circuito que utiliza dispositivos JFET requer o desenvolvimento de um modelo CA de pequenos sinais para o dispositivo. Um componente principal do modelo CA reflete o fato de que uma tensão CA aplicada aos terminais porta-fonte do dispositivo controla o valor da corrente entre os terminais dreno-fonte.

A tensão porta-fonte controla a corrente dreno-fonte (canal) de um JFET.

Mencionamos no Capítulo 7 que uma tensão porta-fonte controla o valor da corrente CC de dreno por meio de uma relação conhecida como equação de Shockley: $I_D = I_{DSS}(1 - V_{GS}/V_P)^2$. A *variação* na corrente de dreno que resultará de uma *variação* na tensão porta-fonte pode ser determinada utilizando-se o fator de transcondutância g_m da seguinte maneira:

$$\Delta I_D = g_m \Delta V_{GS} \tag{8.1}$$

O prefixo *trans* na terminologia aplicada a g_m revela que esse parâmetro estabelece uma relação entre uma quantidade de saída e a quantidade de entrada. O radical *condutância* foi escolhido porque g_m é determinado por uma razão corrente-tensão similar à razão que define a condutância de um resistor $G = 1/R = I/V$.

Determinando g_m na Equação 8.1, obtemos:

$$g_m = \frac{\Delta I_D}{\Delta V_{GS}} \tag{8.2}$$

Determinação gráfica de g_m

Se examinarmos a característica de transferência da Figura 8.1, veremos que g_m é na verdade a inclinação da curva no ponto de operação. Isto é,

$$g_m = m = \frac{\Delta y}{\Delta x} = \frac{\Delta I_D}{\Delta V_{GS}} \tag{8.3}$$

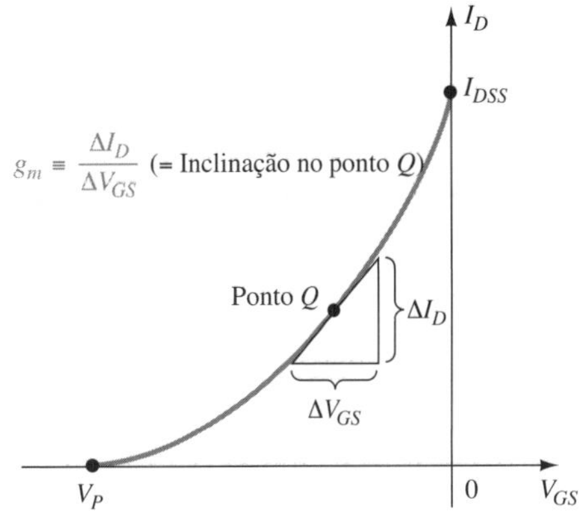

Figura 8.1 Definição de g_m a partir da curva característica de transferência.

Ao acompanharmos a curvatura da característica de transferência, fica claro que a inclinação, e portanto g_m, aumenta à medida que a curva é percorrida de V_P até I_{DSS}. Em outras palavras, conforme V_{GS} se aproxima de 0 V, o valor de g_m aumenta.

A Equação 8.2 revela que g_m pode ser determinado em qualquer ponto Q sobre a curva característica de transferência, bastando para isso que escolhamos um incremento finito em V_{GS} (ou em I_D) em torno do ponto Q e depois determinemos a variação correspondente em I_D (ou V_{GS}, respectivamente). As variações resultantes em cada variável são então substituídas na Equação 8.2 para determinar g_m.

EXEMPLO 8.1

Determine o valor de g_m para um JFET que apresenta $I_{DSS} = 8$ mA e $V_P = -4$ V nos seguintes pontos de operação CC:

a) $V_{GS} = -0{,}5$ V.
b) $V_{GS} = -1{,}5$ V.
c) $V_{GS} = -2{,}5$ V.

Solução:

A curva de transferência é gerada como mostra a Figura 8.2, utilizando-se o procedimento definido no Capítulo 7. Cada ponto de operação é então identificado, e uma reta tangente é traçada sobre cada ponto para melhor refletir a inclinação da curva na região. Escolhemos um incremento apropriado para V_{GS} que reflita uma variação para ambos os lados de cada ponto Q. A Equação 8.2 é a seguir aplicada para a determinação de g_m.

a) $$g_m = \frac{\Delta I_D}{\Delta V_{GS}} \cong \frac{2{,}1\text{ mA}}{0{,}6\text{ V}} = \mathbf{3{,}5\text{ mS}}$$

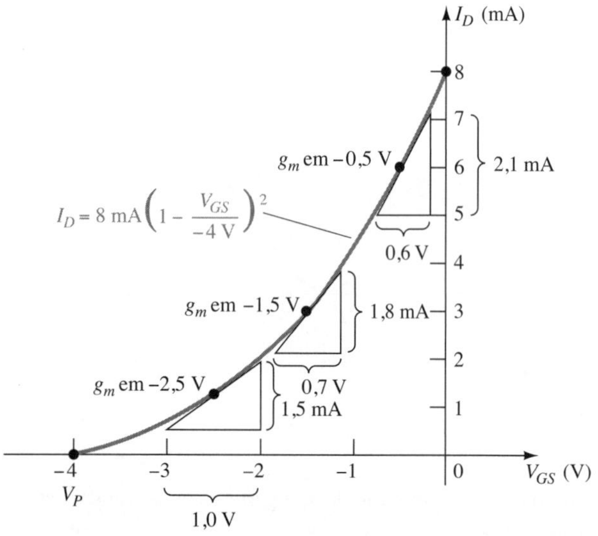

Figura 8.2 Cálculo de g_m em vários pontos de polarização.

b) $$g_m = \frac{\Delta I_D}{\Delta V_{GS}} \cong \frac{1{,}8\text{ mA}}{0{,}7\text{ V}} \cong \mathbf{2{,}57\text{ mS}}$$

c) $$g_m = \frac{\Delta I_D}{\Delta V_{GS}} = \frac{1{,}5\text{ mA}}{1{,}0\text{ V}} = \mathbf{1{,}5\text{ mS}}$$

Note que g_m se torna menor à medida que V_{GS} se aproxima de V_p.

Definição matemática de g_m

O procedimento gráfico que acabamos de descrever é limitado pela precisão do gráfico de transferência e pelo cuidado com que se determinam as variações em cada quantidade. Naturalmente, quanto maior o gráfico, maior a precisão, mas isso pode virar um problema complicado. Um método alternativo para a determinação de g_m emprega a abordagem utilizada no Capítulo 1 para a solução da resistência CA de um diodo, onde definimos que:

a derivada de uma função em um ponto é igual à inclinação da reta tangente traçada nesse ponto.

Se utilizarmos, portanto, a derivada de I_D em relação a V_{GS} (cálculo diferencial) por meio da equação de Shockley, podemos deduzir uma equação para g_m da seguinte maneira:

$$g_m = \left.\frac{dI_D}{dV_{GS}}\right|_{\text{Ponto }Q} = \frac{d}{dV_{GS}}\left[I_{DSS}\left(1 - \frac{V_{GS}}{V_P}\right)^2\right]$$
$$= I_{DSS}\frac{d}{dV_{GS}}\left(1 - \frac{V_{GS}}{V_P}\right)^2$$
$$= 2I_{DSS}\left[1 - \frac{V_{GS}}{V_P}\right]\frac{d}{dV_{GS}}\left(1 - \frac{V_{GS}}{V_P}\right)$$
$$= 2I_{DSS}\left[1 - \frac{V_{GS}}{V_P}\right]\left[\frac{d}{dV_{GS}}(1) - \frac{1}{V_P}\frac{dV_{GS}}{dV_{GS}}\right]$$
$$= 2I_{DSS}\left[1 - \frac{V_{GS}}{V_P}\right]\left[0 - \frac{1}{V_P}\right]$$

e
$$g_m = \frac{2I_{DSS}}{|V_P|}\left[1 - \frac{V_{GS}}{V_P}\right] \quad (8.4)$$

onde $|V_P|$ representa somente a magnitude para garantir um valor positivo para g_m.

Já mencionamos que a inclinação da curva de transferência é máxima em $V_{GS} = 0$ V. Introduzindo $V_{GS} = 0$ V na Equação 8.4, temos a seguinte equação para o valor máximo de g_m em um JFET no qual I_{DSS} e V_P foram especificados:

$$g_m = \frac{2I_{DSS}}{|V_P|}\left[1 - \frac{0}{V_P}\right]$$

e
$$g_{m0} = \frac{2I_{DSS}}{|V_P|} \quad (8.5)$$

onde o subscrito 0 adicionado serve para nos lembrar de que se trata do valor de g_m quando $V_{GS} = 0$ V. A Equação 8.4 então se transforma em:

$$g_m = g_{m0}\left[1 - \frac{V_{GS}}{V_P}\right] \quad (8.6)$$

EXEMPLO 8.2

Para o JFET com a curva de transferência do Exemplo 8.1:

a) Determine o valor máximo de g_m.

b) Determine o valor de g_m em cada ponto de operação do Exemplo 8.1 utilizando a Equação 8.6 e compare esse valor com os resultados gráficos.

Solução:

a)
$$g_{m0} = \frac{2I_{DSS}}{|V_P|} = \frac{2(8\text{ mA})}{4\text{ V}} = \mathbf{4\text{ mS}}$$ (valor máximo possível de g_m)

b) Em $V_{GS} = -0{,}5$ V,

$$g_m = g_{m0}\left[1 - \frac{V_{GS}}{V_P}\right] = 4\text{ mS}\left[1 - \frac{-0{,}5\text{ V}}{-4\text{ V}}\right]$$
$$= \mathbf{3{,}5\text{ mS}}$$ (*versus* 3,5 mS obtidos graficamente)

Em $V_{GS} = -1{,}5$ V,

$$g_m = g_{m0}\left[1 - \frac{V_{GS}}{V_P}\right] = 4\text{ mS}\left[1 - \frac{-1{,}5\text{ V}}{-4\text{ V}}\right]$$

$$= \mathbf{2{,}5\ mS}\ (\textit{versus}\ 2{,}57\text{ mS obtidos graficamente})$$

Em $V_{GS} = -2{,}5$ V,

$$g_m = g_{m0}\left[1 - \frac{V_{GS}}{V_P}\right] = 4\text{ mS}\left[1 - \frac{-2{,}5\text{ V}}{-4\text{ V}}\right]$$

$$= \mathbf{1{,}5\ mS}\ (\textit{versus}\ 1{,}5\text{ mS obtido graficamente})$$

Os resultados do Exemplo 8.2 são suficientemente próximos para validar as equações 8.4 a 8.6 para uso futuro quando for necessário determinar g_m.

Nas folhas de dados, g_m é frequentemente dado como g_{fs} ou y_{fs}, onde y indica que esse parâmetro faz parte de um circuito equivalente de admitâncias. A letra f significa condutância de transferência direta, e o s indica que está conectada ao terminal de fonte.

Na forma de equação,

$$g_m = g_{fs} = y_{fs} \tag{8.7}$$

Para o JFET da Figura 6.20, g_{fs} varia de 1.000 μS a 5.000 μS ou de 1 mS a 5 mS.

Gráfico de g_m *versus* V_{GS}

Visto que o fator $\left(1 - \frac{V_{GS}}{V_P}\right)$ da Equação 8.6 é menor do que 1 para qualquer valor de V_{GS} diferente de 0 V, o valor de g_m diminui à medida que V_{GS} se aproxima de V_P e a razão $\frac{V_{GS}}{V_P}$ aumenta de valor. Em $V_{GS} = V_P$, $g_m = g_{m0}(1 - 1) = 0$. A Equação 8.6 define uma linha reta com um valor mínimo igual a 0 e um valor máximo igual a g_m, como mostra o gráfico da Figura 8.3.

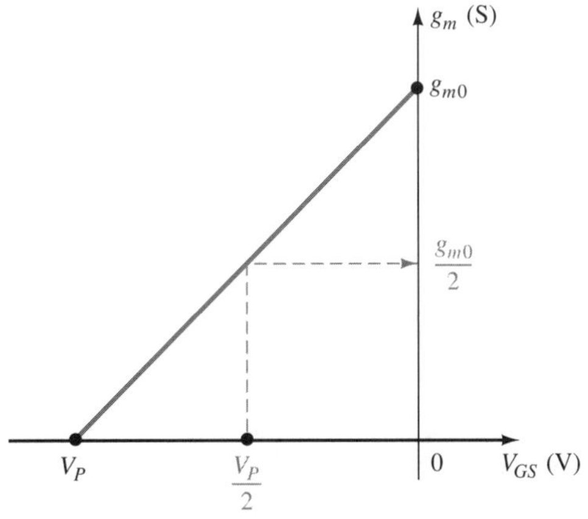

Figura 8.3 Gráfico de g_m *versus* V_{GS}.

De modo geral, portanto,

o valor máximo de g_m ocorre onde $V_{GS} = 0$ V e o valor mínimo em $V_{GS} = V_P$. Quanto mais negativo o valor de V_{GS}, menor o valor de g_m.

A Figura 8.3 mostra também que, quando o valor de V_{GS} é metade do valor de *pinch-off*, o valor de g_m é metade do valor máximo.

EXEMPLO 8.3

Trace o gráfico g_m *versus* V_{GS} para os JFETs dos exemplos 8.1 e 8.2.

Solução:

Observe a Figura 8.4.

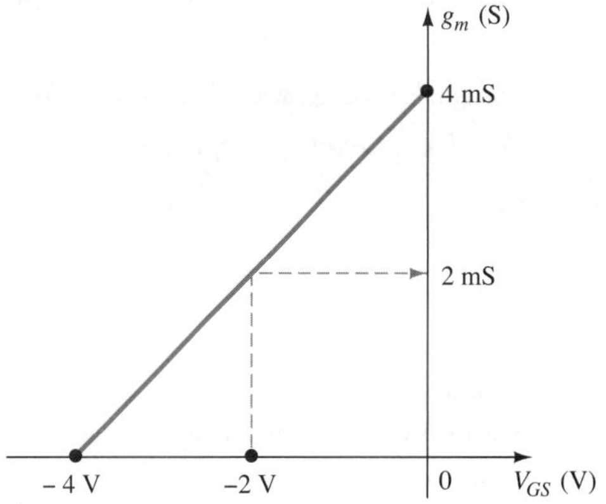

Figura 8.4 Gráfico de g_m *versus* V_{GS} para um JFET com $I_{DSS} = 8$ mA e $V_P = -4$ V.

Efeito de I_D sobre g_m

Uma relação matemática entre g_m e a corrente CC de polarização I_D pode ser deduzida pela verificação de que a equação de Shockley pode ser escrita da seguinte forma:

$$1 - \frac{V_{GS}}{V_P} = \sqrt{\frac{I_D}{I_{DSS}}} \tag{8.8}$$

A substituição da Equação 8.8 na Equação 8.6 resulta em:

$$g_m = g_{m0}\left(1 - \frac{V_{GS}}{V_P}\right) = g_{m0}\sqrt{\frac{I_D}{I_{DSS}}} \tag{8.9}$$

Usando a Equação 8.9 para determinar g_m para alguns valores específicos de I_D, obtemos os seguintes resultados:

a) Se $I_D = I_{DSS}$,

$$g_m = g_{m0}\sqrt{\frac{I_{DSS}}{I_{DSS}}} = \mathbf{g_{m0}}$$

b) Se $I_D = I_{DSS}/2$,

$$g_m = g_{m0}\sqrt{\frac{I_{DSS}/2}{I_{DSS}}} = \mathbf{0{,}707}g_{m0}$$

c) Se $I_D = I_{DSS}/4$,

$$g_m = g_{m0}\sqrt{\frac{I_{DSS}/4}{I_{DSS}}} = \frac{g_{m0}}{2} = \mathbf{0{,}5}g_{m0}$$

EXEMPLO 8.4

Trace o gráfico de g_m *versus* I_D para o JFET dos exemplos 8.1 a 8.3.

Solução:

Observe a Figura 8.5.

Os gráficos dos exemplos 8.3 e 8.4 revelam claramente que:

os valores mais altos de g_m são obtidos quando V_{GS} se aproxima de 0 V e quando I_D se aproxima de seu valor máximo I_{DSS}.

Impedância de entrada do JFET (Z_i)

A impedância de entrada de todos os JFETs disponíveis comercialmente é suficientemente alta para assumirmos que os terminais de entrada aproximam-se de um circuito aberto. Na forma de equação:

$$Z_i\,(\text{JFET}) = \infty\,\Omega \qquad (8.10)$$

Para o JFET, um valor usual é 10^9 Ω (1000 MΩ), enquanto um valor de 10^{12} Ω a 10^{15} Ω são mais comuns para os MOSFETs e os MESFETs.

Impedância de saída do JFET (Z_o)

A impedância de saída do JFET possui valor similar ao da impedância de saída dos TBJs convencionais. Nas folhas de dados do JFET, a impedância de saída normalmente aparece como g_{os} ou y_{os}, com unidades de μS. O parâmetro y_{os} é um componente do *circuito equivalente de admitâncias*, sendo que o subscrito *o* significa parâmetro de saída do circuito (*o*utput), e *s*, o terminal de fonte (*s*ource) ao qual está ligado no modelo. Para o JFET da Figura 6.20, g_{os} varia de 10 μS a 50 μS ou 20 kΩ ($R = 1/G = 1/50$ μS) a 100 kΩ ($R = 1/G = 1/10$ μS).

Na forma de equação:

$$Z_o\,(\text{JFET}) = r_d = \frac{1}{g_{os}} = \frac{1}{y_{os}} \qquad (8.11)$$

A impedância de saída é definida nas curvas características da Figura 8.6 como a inclinação da curva característica horizontal no ponto de operação. Quanto mais horizontal a curva, maior a impedância de saída. Se a curva for perfeitamente horizontal, a situação ideal estará de acordo com a impedância de saída infinita (um circuito aberto) — uma aproximação bastante comum.

Na forma de equação:

$$r_d = \left.\frac{\Delta V_{DS}}{\Delta I_D}\right|_{V_{GS}=\text{constante}} \qquad (8.12)$$

Note que, ao aplicarmos a Equação 8.12, a tensão V_{GS} deve permanecer constante quando r_d for determinada. Isso é feito traçando-se uma linha reta que se aproxime da linha de V_{GS} no ponto de operação. Um ΔV_{DS} ou ΔI_D é então escolhido, e a outra variável é medida para ser utilizada na equação.

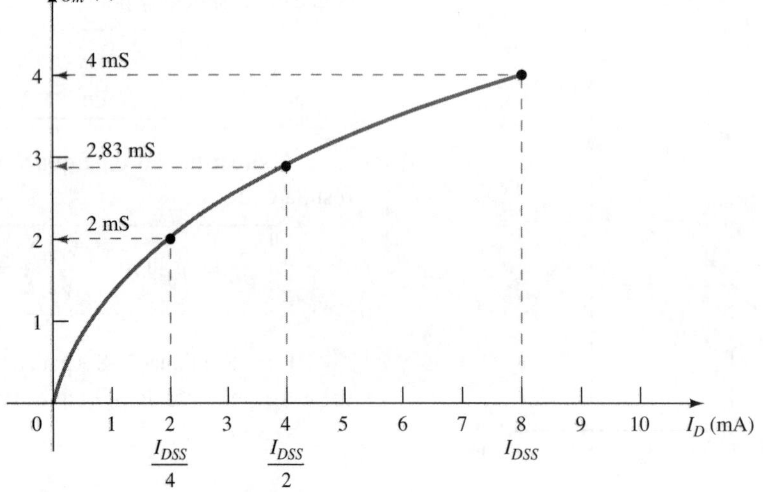

Figura 8.5 Gráfico de g_m *versus* I_D para um JFET com $I_{DSS} = 8$ mA e $V_{GS} = -4$ V.

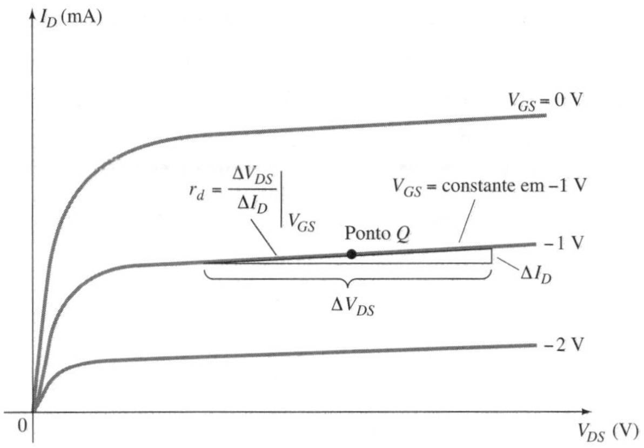

Figura 8.6 Definição de r_d a partir das curvas características de dreno do JFET.

EXEMPLO 8.5

Determine a impedância de saída para o JFET da Figura 8.7 com $V_{GS} = 0$ V e $V_{GS} = -2$ V em $V_{DS} = 8$ V.

Solução:

Para $V_{GS} = 0$ V, uma reta tangente é desenhada e ΔV_{DS} é escolhida como sendo igual a 5 V, o que resulta em ΔI_D de 0,2 mA. Substituindo na Equação 8.12, temos

$$r_d = \frac{\Delta V_{DS}}{\Delta I_D}\bigg|_{V_{GS}=0\text{ V}} = \frac{5\text{ V}}{0{,}2\text{ mA}} = \mathbf{25\ k\Omega}$$

Para $V_{GS} = -2$ V, uma reta tangente é desenhada e ΔV_{DS} é escolhida como sendo igual a 8 V, o que resulta em ΔI_D igual a 0,1 mA. Substituindo na Equação 8.12, temos:

$$r_d = \frac{\Delta V_{DS}}{\Delta I_D}\bigg|_{V_{GS}=-2\text{ V}} = \frac{8\text{ V}}{0{,}1\text{ mA}} = \mathbf{80\ k\Omega}$$

o que revela que o valor de r_d muda de uma região de operação para outra com valores menores ocorrendo para valores menores de V_{GS} (próximos a 0 V).

Circuito equivalente CA do JFET

Agora que os parâmetros importantes de um circuito equivalente CA foram introduzidos e discutidos, um modelo de transistor JFET no domínio CA pode ser construído. O controle de I_D por V_{gs} é incluído como uma fonte de corrente $g_m V_{gs}$ conectada do dreno para a fonte, como vemos na Figura 8.8. A seta da fonte de corrente aponta o dreno para a fonte para estabelecer um deslocamento de fase de 180° entre as tensões de saída e de entrada, assim como ocorrerá na operação real.

A impedância de entrada é representada pelo circuito aberto nos terminais de entrada, e a impedância de saída é representada pelo resistor r_d do dreno para a fonte. Observe que, nesse caso, a tensão porta-fonte é representada por V_{gs} (subscritos em letra minúscula) para que seja distinguida dos valores CC. Além disso, registre o fato de que a fonte é comum aos circuitos de entrada e saída, enquanto os terminais de porta e dreno se "relacionam" apenas através da fonte de corrente controlada $g_m V_{gs}$.

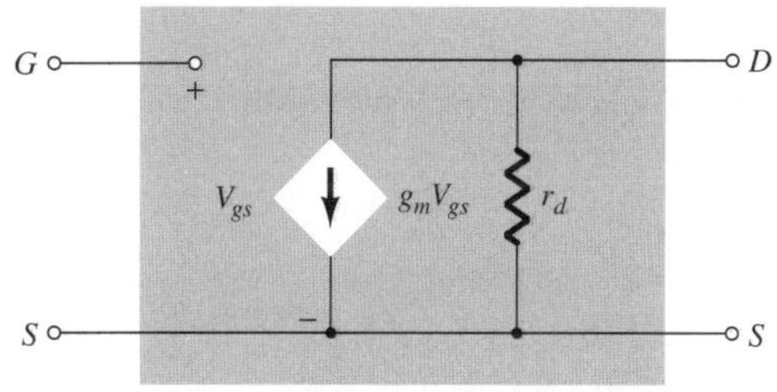

Figura 8.8 Circuito equivalente CA do JFET.

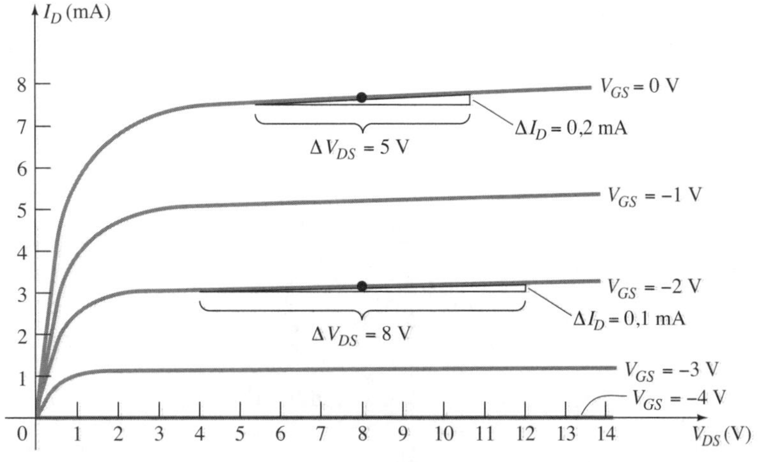

Figura 8.7 Curvas características de dreno utilizadas para calcular r_d no Exemplo 8.5.

Em situações em que r_d é ignorado (considerado suficientemente alto em relação aos outros elementos do circuito para ser aproximado por um circuito aberto), o circuito equivalente é simplesmente uma fonte de corrente cujo valor é controlado pelo sinal V_{gs} e pelo parâmetro g_m — claramente um dispositivo controlado por tensão.

EXEMPLO 8.6

Sabendo que g_{fs} = 3,8 mS e g_{os} = 20 μS, esboce o modelo equivalente CA do FET.

Solução:

$$g_m = g_{fs} = 3{,}8 \text{ mS e } r_d = \frac{1}{g_{os}} = \frac{1}{20\ \mu\text{S}} = 50\ \text{k}\Omega$$

resultando no modelo equivalente CA da Figura 8.9.

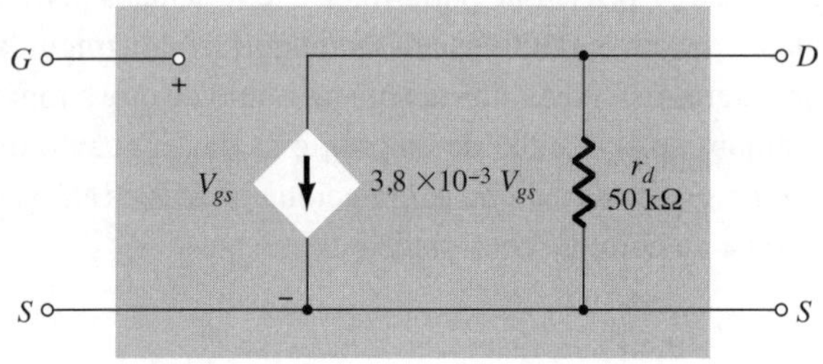

Figura 8.9 Modelo equivalente CA do JFET para o Exemplo 8.6.

8.3 CONFIGURAÇÃO COM POLARIZAÇÃO FIXA

Agora que o circuito equivalente do JFET foi definido, várias configurações fundamentais de pequenos sinais para o JFET podem ser investigadas. A análise será similar à análise CA realizada para os amplificadores com TBJ, com a determinação dos importantes parâmetros Z_i, Z_o e A_v para cada configuração.

A configuração com *polarização fixa* da Figura 8.10 inclui os capacitores de acoplamento C_1 e C_2, que isolam o circuito de polarização do sinal aplicado e da carga; eles atuam como curtos-circuitos equivalentes para a análise CA.

Uma vez que os valores de g_m e r_d são determinados a partir da polarização CC, da folha de dados ou da curva característica, o modelo CA equivalente pode ser substituído entre os terminais apropriados, como mostra a Figura 8.11. Note que ambos os capacitores possuem curtos-circuitos equivalentes porque seus valores de reatância $X_C = 1/(2\pi fC)$ são suficientemente pequenos, se comparados com os outros valores de impedância do circuito, e as fontes CC (V_{GG} e V_{DD}) são colocadas em 0 V por um curto-circuito equivalente.

O circuito da Figura 8.11 é então cuidadosamente redesenhado, como mostra a Figura 8.12. Observe a polaridade definida para V_{gs}, que define o sentido de g_mV_{gs}. Se V_{gs} for negativa, o sentido da fonte de corrente é invertido. O sinal aplicado é representado por V_i, e o sinal de saída através de $R_D \| r_d$ é representado por V_o.

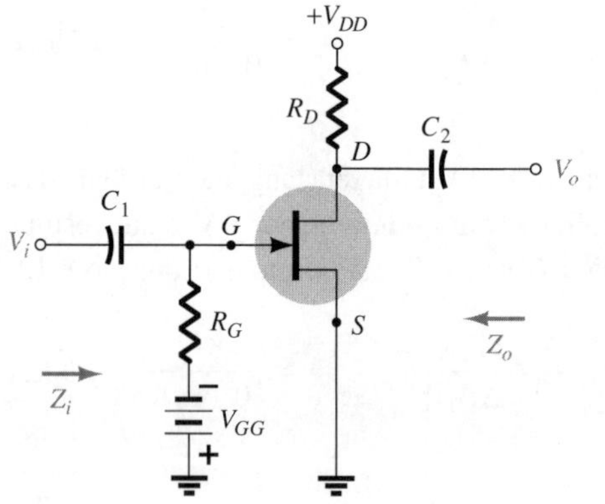

Figura 8.10 Configuração do JFET com polarização fixa.

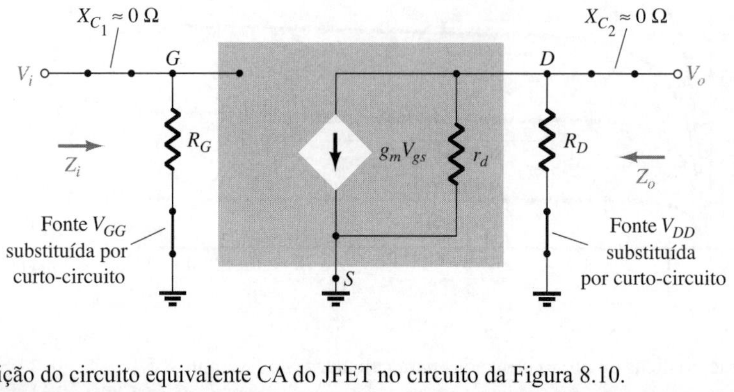

Figura 8.11 Substituição do circuito equivalente CA do JFET no circuito da Figura 8.10.

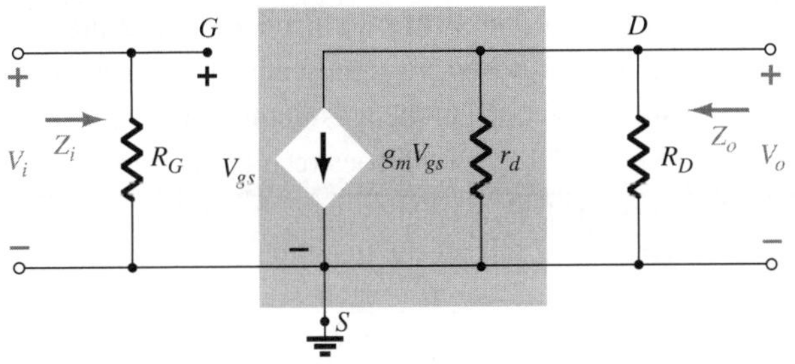

Figura 8.12 Circuito redesenhado da Figura 8.11.

Z_i A Figura 8.12 mostra claramente que:

$$Z_i = R_G \qquad (8.13)$$

devido à impedância de entrada infinita nos terminais de entrada do JFET.

Z_o Fazer $V_i = 0$ V, como exige o cálculo de Z_o, implica que V_{gs} também seja igual a 0 V. O resultado é $g_m V_{gs}$ = 0 mA, e a fonte de corrente pode ser substituída por um circuito aberto equivalente como mostra a Figura 8.13. A impedância de saída é:

$$Z_o = R_D \| r_d \qquad (8.14)$$

Se a resistência r_d for suficientemente alta (pelo menos 10 : 1), comparada com R_D, a aproximação $r_d \| R_D \cong R_D$ poderá ser aplicada e:

$$Z_o \cong R_D \Big|_{r_d \geq 10R_D} \qquad (8.15)$$

A_v Calculando V_o na Figura 8.12, determinamos

$$V_o = -g_m V_{gs} (r_d \| R_D)$$

mas $V_{gs} = V_i$

e $V_o = -g_m V_i (r_d \| R_D)$

de modo que

$$A_v = \frac{V_o}{V_i} = -g_m (r_d \| R_D) \qquad (8.16)$$

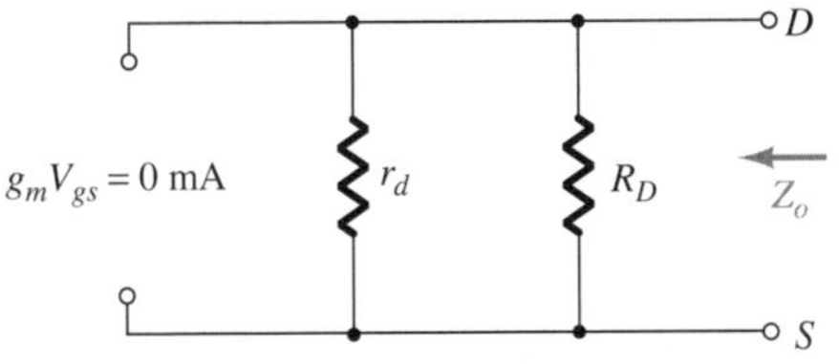

Figura 8.13 Determinação de Z_o.

Se $r_d \geq 10R_D$,

$$A_v = \frac{V_o}{V_i} = -g_m R_D \Big|_{r_d \geq 10R_D} \qquad (8.17)$$

Relação de fase O sinal negativo na equação resultante para A_v revela claramente que há um deslocamento de fase de 180° entre as tensões de entrada e saída.

EXEMPLO 8.7

A configuração com polarização fixa do Exemplo 7.1 tem um ponto de operação definido por $V_{GS_Q} = -2$ V e $I_{D_Q} = 5{,}625$ mA, com $I_{DSS} = 10$ mA e $V_P = -8$ V. O circuito é redesenhado na Figura 8.14 com um sinal aplicado dado por V_i. O valor de y_{os} fornecido é de 40 μS.

a) Determine g_m.
b) Calcule r_d.
c) Determine Z_i.
d) Calcule Z_o.
e) Determine o ganho de tensão A_v.
f) Determine A_v, ignorando os efeitos de r_d.

Solução:

a)

$$g_{m0} = \frac{2I_{DSS}}{|V_P|} = \frac{2(10\text{ mA})}{8\text{ V}} = 2{,}5\text{ mS}$$

$$g_m = g_{m0}\left(1 - \frac{V_{GS_Q}}{V_P}\right)$$

$$= 2{,}5\text{ mS}\left(1 - \frac{(-2\text{ V})}{(-8\text{ V})}\right) = \mathbf{1{,}88\text{ mS}}$$

b) $$r_d = \frac{1}{y_{os}} = \frac{1}{40\ \mu\text{S}} = \mathbf{25\text{ k}\Omega}$$

c) $Z_i = R_G = \mathbf{1\text{ M}\Omega}$

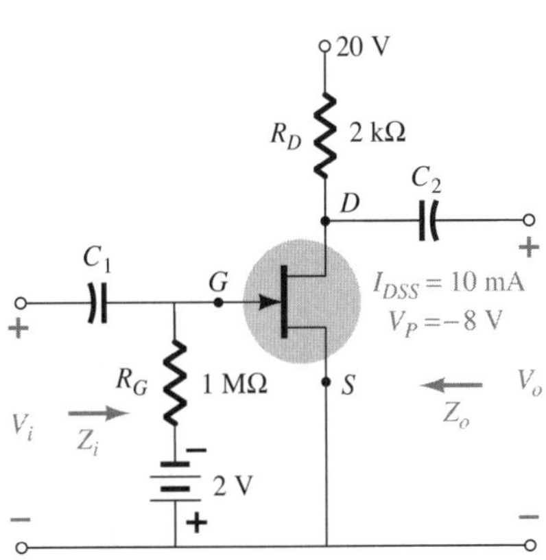

Figura 8.14 Configuração com JFET para o Exemplo 8.7.

d) $Z_o = R_D \parallel r_d = 2\ k\Omega \parallel 25\ k\Omega =$ **1,85 kΩ**

e) $A_v = -g_m(R_D \parallel r_d) = -(1{,}88\ mS)(1{,}85\ k\Omega) =$ **–3,48**

f) $A_v = -g_m R_D = -(1{,}88\ mS)(2\ k\Omega) =$ **–3,76**

Como demonstra a letra (f), uma razão de 25 kΩ:2 kΩ = 12,5:1 entre r_d e R_D resulta em uma diferença de 8% na solução.

8.4 CONFIGURAÇÃO COM AUTOPOLARIZAÇÃO

R_S com desvio

A configuração com polarização fixa apresenta a desvantagem de exigir duas fontes de tensão CC. A configuração com *autopolarização* da Figura 8.15 requer somente uma fonte CC para estabelecer o ponto de operação desejado.

O capacitor C_S em paralelo com a resistência de fonte representa um circuito aberto equivalente para a operação CC, o que permite que R_S defina o ponto de operação. Sob condições CA, o capacitor assume o estado de curto-circuito e "curto-circuita" o efeito de R_S. Se deixado em CA, o ganho é reduzido, como mostram os parágrafos a seguir.

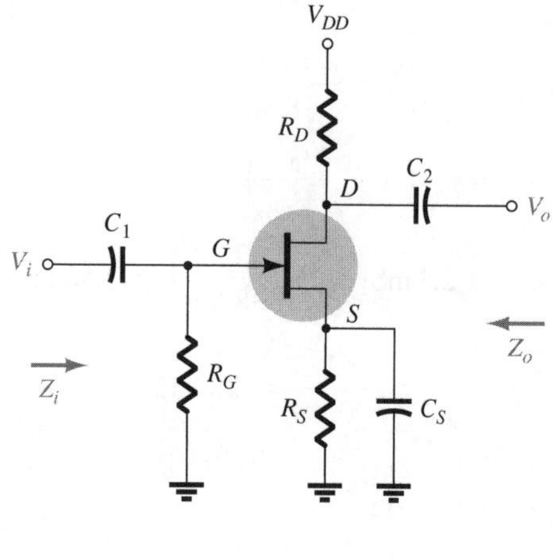

Figura 8.15 Configuração do JFET com autopolarização.

O circuito equivalente do JFET é apresentado na Figura 8.16 e cuidadosamente redesenhado na Figura 8.17.

Visto que a configuração resultante é a mesma mostrada na Figura 8.12, as equações resultantes para Z_i, Z_o e A_v serão as mesmas.

Z_i

$$\boxed{Z_i = R_G} \tag{8.18}$$

Z_o

$$\boxed{Z_o = r_d \| R_D} \tag{8.19}$$

Se $r_d \geq 10R_D$

$$\boxed{Z_o \cong R_D}_{r_d \geq 10R_D} \tag{8.20}$$

A_v

$$\boxed{A_v = -g_m(r_d \| R_D)} \tag{8.21}$$

Se $r_d \geq 10R_D$,

$$\boxed{A_v = -g_m R_D}_{r_d \geq 10R_D} \tag{8.22}$$

Relação de fase O sinal negativo nas soluções para A_v indica novamente um deslocamento de fase de 180° entre V_i e V_o.

R_S sem desvio

Se C_S for removido da Figura 8.15, o resistor R_S será parte do circuito equivalente CA, como mostra a Figura 8.18. Nesse caso, não há uma forma óbvia de reduzir o circuito para diminuir seu nível de complexidade. Ao determinar Z_i, Z_o e A_v, devemos tomar cuidado com a notação, com as polaridades e com os sentidos de corrente definidos. Inicialmente, a resistência r_d não será incluída na análise para que se possa ter uma base de comparação.

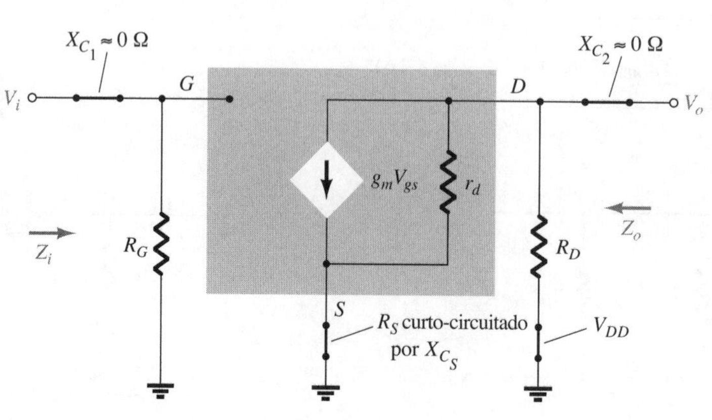

Figura 8.16 Circuito da Figura 8.15 após a substituição do circuito equivalente CA do JFET.

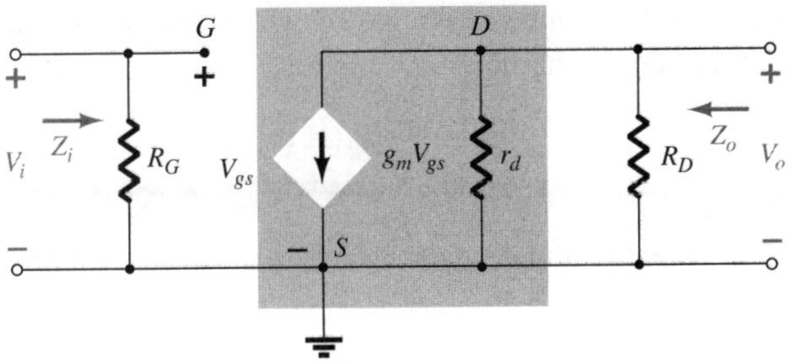

Figura 8.17 Circuito redesenhado da Figura 8.16.

$\boldsymbol{Z_i}$ Devido à condição de circuito aberto entre a porta e o circuito de saída, a entrada se mantém como a seguir:

$$\boxed{Z_i = R_G} \tag{8.23}$$

$\boldsymbol{Z_o}$ A impedância de saída é definida por:

$$Z_o = \left.\frac{V_o}{I_o}\right|_{V_i=0}$$

Estabelecer $V_i = 0$ V na Figura 8.18 faz com que o terminal da porta fique no potencial do terra (0 V). Assim, a tensão através de R_G é 0 V, o que equivale a "cortá-lo" da figura.

A aplicação da Lei das Correntes de Kirchhoff resulta em

$$I_o + I_D = g_mV_{gs}$$

com $\quad V_{gs} = -(I_o + I_D)R_S$

de maneira que

$$I_o + I_D = -g_m(I_o + I_D)R_S = -g_mI_oR_S - g_mI_DR_S$$

ou $\quad I_o[1 + g_mR_S] = -I_D[1 + g_mR_S]$

e $\quad I_o = -I_D$ (a fonte de corrente controlada $g_mV_{gs} =$ 0 A para as condições aplicadas)

Visto que $\quad V_o = -I_DR_D$

então $\quad V_o = -(-I_o)R_D = I_oR_D$

e
$$\boxed{Z_o = \frac{V_o}{I_o} = R_D}_{r_d = \infty\,\Omega} \tag{8.24}$$

Se r_d for incluído no circuito, o equivalente aparecerá como mostra a Figura 8.19.

Visto que $Z_o = \left.\frac{V_o}{I_o}\right|_{V_i=0\,\text{V}} = -\frac{I_DR_D}{I_o}$

devemos tentar encontrar uma expressão para I_o em termos de I_D.

A aplicação da Lei das Correntes de Kirchhoff produz

$$I_o = g_mV_{gs} + I_{r_d} - I_D$$

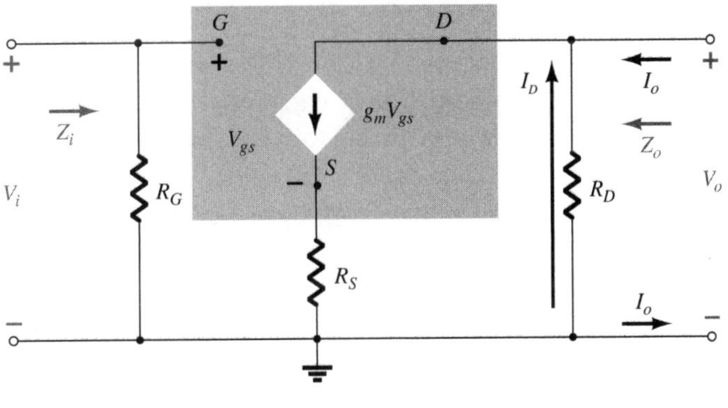

Figura 8.18 Configuração do JFET com autopolarização que inclui o efeito de R_S com $r_d = \infty\ \Omega$.

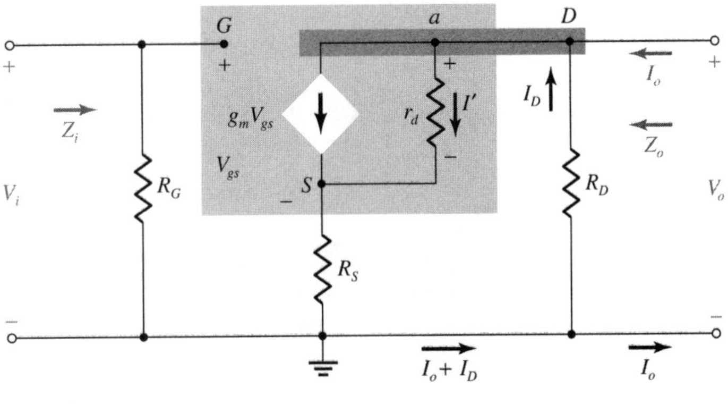

Figura 8.19 Inclusão dos efeitos de r_d na configuração de autopolarização do JFET.

mas $$V_{rd} = V_o + V_{gs}$$

e $$I_o = g_m V_{gs} + \frac{V_o + V_{gs}}{r_d} - I_D$$

ou

$$I_o = \left(g_m + \frac{1}{r_d}\right)V_{gs} - \frac{I_D R_D}{r_d} - I_D \text{ usando } V_o = -I_D R_D$$

Agora, $V_{gs} = -(I_D + I_o)R_S$
de maneira que

$$I_o = -\left(g_m + \frac{1}{r_d}\right)(I_D + I_o)R_S - \frac{I_D R_D}{r_d} - I_D$$

o que resulta em

$$I_o\left[1 + g_m R_S + \frac{R_S}{r_d}\right] = -I_D\left[1 + g_m R_S + \frac{R_S}{r_d} + \frac{R_D}{r_d}\right]$$

ou $$I_o = \frac{-I_D\left[1 + g_m R_S + \frac{R_S}{r_d} + \frac{R_D}{r_d}\right]}{1 + g_m R_S + \frac{R_S}{r_d}}$$

e $$Z_o = \frac{V_o}{I_o} = \frac{-I_D R_D}{\dfrac{-I_D\left(1 + g_m R_S + \frac{R_S}{r_d} + \frac{R_D}{r_d}\right)}{1 + g_m R_S + \frac{R_S}{r}}}$$

e finalmente:

$$Z_o = \frac{\left[1 + g_m R_S + \frac{R_S}{r_d}\right]}{\left[1 + g_m R_S + \frac{R_S}{r_d} + \frac{R_D}{r_d}\right]} R_D \qquad (8.25a)$$

Para $r_d \geq 10R_D$,

$$\left(1 + g_m R_S + \frac{R_S}{r_d}\right) \gg \frac{R_D}{r_d}$$

e $$1 + g_m R_S + \frac{R_S}{r_d} + \frac{R_D}{r_d} \cong 1 + g_m R_S + \frac{R_S}{r_d}$$

o que resulta em

$$Z_o \cong R_D \Big|_{r_d \geq 10R_D} \qquad (8.25b)$$

A_v Para o circuito da Figura 8.19, a aplicação da Lei das Tensões de Kirchhoff no circuito de entrada resulta em:

$$V_i - V_{gs} - V_{RS} = 0$$
$$V_{gs} = V_i - I_D R_S$$

A tensão através de r_d usando-se a Lei das Tensões de Kirchhoff é

$$V_{rd} = V_o - V_{RS}$$

e $$I' = \frac{V_{r_d}}{r_d} = \frac{V_o - V_{R_S}}{r_d}$$

de maneira que a aplicação da Lei das Correntes de Kirchhoff resulta em:

$$I_D = g_m V_{gs} + \frac{V_o - V_{R_S}}{r_d}$$

Substituindo V_{gs}, V_o e V_{RS} na equação anterior, temos

$$I_D = g_m[V_i - I_D R_S] + \frac{(-I_D R_D) - (I_D R_S)}{r_d}$$

de forma que

$$I_D\left[1 + g_m R_S + \frac{R_D + R_S}{r_d}\right] = g_m V_i$$

ou $$I_D = \frac{g_m V_i}{1 + g_m R_S + \frac{R_D + R_S}{r_d}}$$

A tensão de saída é, portanto,

$$V_o = -I_D R_D = -\frac{g_m R_D V_i}{1 + g_m R_S + \frac{R_D + R_S}{r_d}}$$

e $$A_v = \frac{V_o}{V_i} = -\frac{g_m R_D}{1 + g_m R_S + \frac{R_D + R_S}{r_d}} \qquad (8.26)$$

Novamente, se $r_d \geq 10(R_D + R_S)$,

$$A_v = \frac{V_o}{V_i} \cong -\frac{g_m R_D}{1 + g_m R_S}\Big|_{r_d \geq 10(R_D + R_S)} \qquad (8.27)$$

Relação de fase O sinal negativo na Equação 8.26 indica novamente que há um deslocamento de fase de 180° entre V_i e V_o.

EXEMPLO 8.8

A configuração com autopolarização do Exemplo 7.2 apresenta um ponto de operação definido por $V_{GS_Q} = -2{,}6$ V e $I_{D_Q} = 2{,}6$ mA, com $I_{DSS} = 8$ mA e $V_P = -6$ V. O circuito é redesenhado na Figura 8.20 considerando-se um sinal aplicado V_i. O valor de g_{os} dado é 20 μS.

a) Determine g_m.
b) Determine r_d.
c) Determine Z_i.
d) Calcule Z_o com e sem efeito de r_d. Compare os resultados.
e) Calcule A_v com e sem efeito de r_d. Compare os resultados.

Solução:

a) $$g_{m0} = \frac{2I_{DSS}}{|V_P|} = \frac{2(8\text{ mA})}{6\text{ V}} = 2{,}67\text{ mS}$$

$$g_m = g_{m0}\left(1 - \frac{V_{GS_Q}}{V_P}\right)$$

$$= 2{,}67\text{ mS}\left(1 - \frac{(-2{,}6\text{ V})}{(-6\text{ V})}\right) = \mathbf{1{,}51\text{ mS}}$$

b) $$r_d = \frac{1}{y_{os}} = \frac{1}{20\ \mu\text{S}} = \mathbf{50\text{ k}\Omega}$$

c) $Z_i = R_G = \mathbf{1\ M\Omega}$

d) Com r_d,

$$r_d = 50\text{ k}\Omega > 10R_D = 33\text{ k}\Omega$$

Portanto,

$$Z_o = R_D = \mathbf{3{,}3\text{ k}\Omega}$$

Se $r_d = \infty\ \Omega$,

$$Z_o = R_D = \mathbf{3{,}3\text{ k}\Omega}$$

e) Com r_d,

$$A_v = \frac{-g_m R_D}{1 + g_m R_S + \dfrac{R_D + R_S}{r_d}}$$

$$= \frac{-(1{,}51\text{ mS})(3{,}3\text{ k}\Omega)}{1 + (1{,}51\text{ mS})(1\text{ k}\Omega) + \dfrac{3{,}3\text{ k}\Omega + 1\text{ k}\Omega}{50\text{ k}\Omega}}$$

$$= \mathbf{-1{,}92}$$

Com $r_d = \infty\ \Omega$ (equivalência de circuito aberto),

$$A_v = \frac{-g_m R_D}{1 + g_m R_S} = \frac{-(1{,}51\text{ mS})(3{,}3\text{ k}\Omega)}{1 + (1{,}51\text{ mS})(1\text{ k}\Omega)} = \mathbf{-1{,}98}$$

Como vimos, o efeito de r_d é mínimo porque a condição $r_d \geq 10(R_D + R_S)$ é satisfeita. Observe também que o ganho usual de um amplificador com JFET é menor do que aquele verificado normalmente para o TBJ em configurações similares. Tenha em mente, no entanto, que Z_i do JFET é muito maior do que o valor típico para Z_i do TBJ, o que tem um efeito muito positivo no ganho geral de um sistema.

8.5 CONFIGURAÇÃO COM DIVISOR DE TENSÃO

A configuração com divisor de tensão mais comum para o TBJ pode ser aplicada também ao JFET, como demonstra a Figura 8.21.

Substituir o JFET pelo modelo equivalente CA resulta na configuração da Figura 8.22. Trocar a fonte CC V_{DD} por um curto-circuito equivalente provoca o aterramento de uma extremidade de R_1 e R_D. Como ambas as resistências têm um terra comum, R_1 pode ser colocado em paralelo com R_2, como mostra a Figura 8.23. O resistor R_D, por sua vez, pode ser colocado em paralelo com r_d no circuito de saída. O circuito equivalente CA resultante tem agora o formato básico de alguns dos circuitos já analisados.

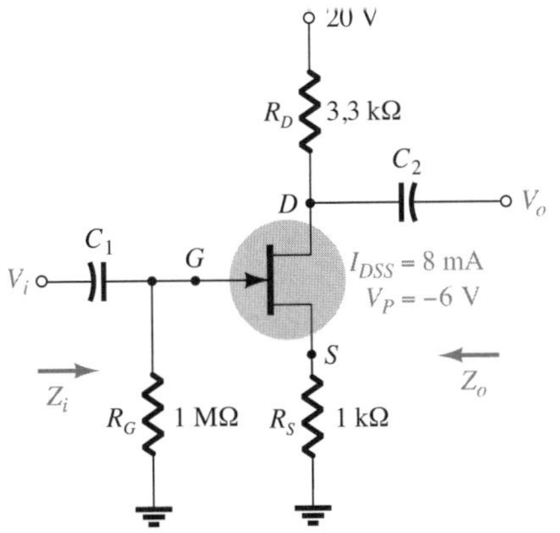

Figura 8.20 Circuito para o Exemplo 8.8.

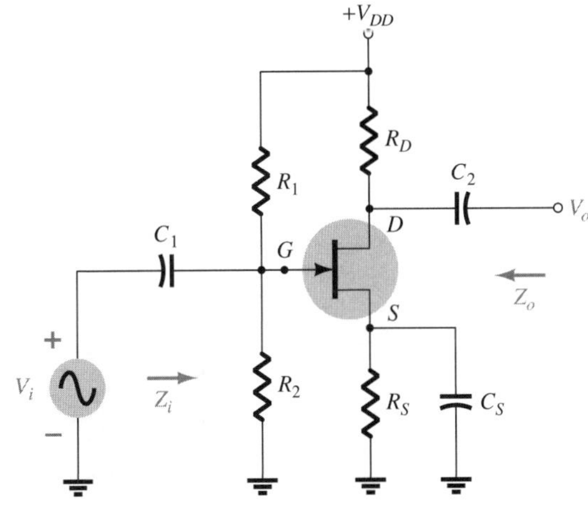

Figura 8.21 Configuração do JFET com divisor de tensão.

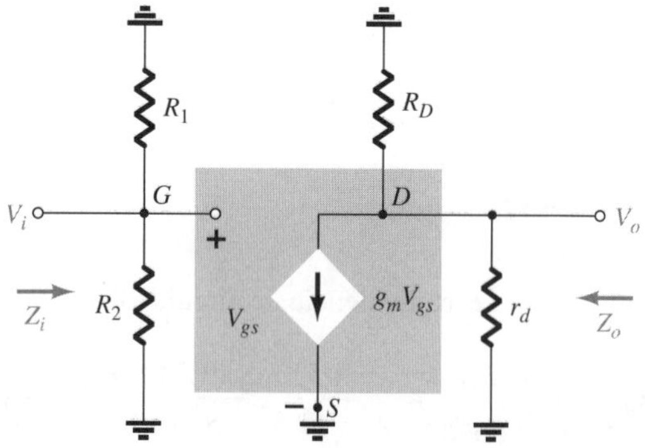

Figura 8.22 Circuito da Figura 8.21 sob condições CA.

Z_i R_1 e R_2 estão em paralelo com o circuito aberto equivalente do JFET, o que resulta em:

$$Z_i = R_1 \| R_2 \qquad (8.28)$$

Z_o Estabelecer $V_i = 0$ V significa que V_{gs} e $g_m V_{gs}$ também são iguais a zero e:

$$Z_o = r_d \| R_D \qquad (8.29)$$

Para $r_d \geq 10R_D$,

$$Z_o \cong R_D \Big|_{r_d \geq 10R_D} \qquad (8.30)$$

A_v

$$V_{gs} = V_i$$

e

$$V_o = -g_m V_{gs}(r_d \| R_D)$$

de forma que $A_v = \dfrac{V_o}{V_i} = \dfrac{-g_m V_{gs}(r_d \| R_D)}{V_{gs}}$

e

$$A_v = \frac{V_o}{V_i} = -g_m(r_d \| R_D) \qquad (8.31)$$

Se $r_d \geq 10R_D$,

$$A_v = \frac{V_o}{V_i} \cong -g_m R_D \Big|_{r_d \geq 10R_D} \qquad (8.32)$$

Observe que as equações para Z_o e A_v são as mesmas obtidas para as configurações com polarização fixa e autopolarização (com R_S em desvio). A única diferença é a equação para Z_i, que agora é sensível à combinação em paralelo de R_1 e R_2.

8.6 CONFIGURAÇÃO PORTA-COMUM

A última configuração do JFET a ser analisada é a configuração porta-comum da Figura 8.24, comparável à configuração de base-comum empregada no caso de transistores TBJ.

Com a substituição do circuito equivalente do JFET, temos a Figura 8.25. Observe que, mais uma vez, a fonte controlada $g_m V_{gs}$ deve ser conectada do dreno para a fonte com r_d em paralelo. A isolação entre os circuitos de entrada e saída foi obviamente perdida, uma vez que agora o terminal de porta está conectado ao terra comum do circuito e a fonte de corrente controlada está conectada diretamente do dreno para a fonte. Além disso, o resistor conectado entre os terminais de entrada não é mais R_G, mas sim o resistor R_S, conectado do terminal de fonte para o terra. Note também a posição da tensão de controle V_{gs} e o fato de que ela aparece diretamente sobre o resistor R_S.

Z_i O resistor R_S está entre os terminais de entrada que determinam Z_i. Calcularemos, portanto, a impedância Z_i' mostrada na Figura 8.24, que simplesmente estará em paralelo com R_S quando Z_i for definido.

O circuito de interesse é redesenhado na Figura 8.26. A tensão $V' = -V_{gs}$. A aplicação da Lei das Tensões de Kirchhoff ao longo da malha externa do circuito resulta em

$$V' - V_{r_d} - V_{R_D} = 0$$

e

$$V_{r_d} = V' - V_{R_D} = V' - I'R_D$$

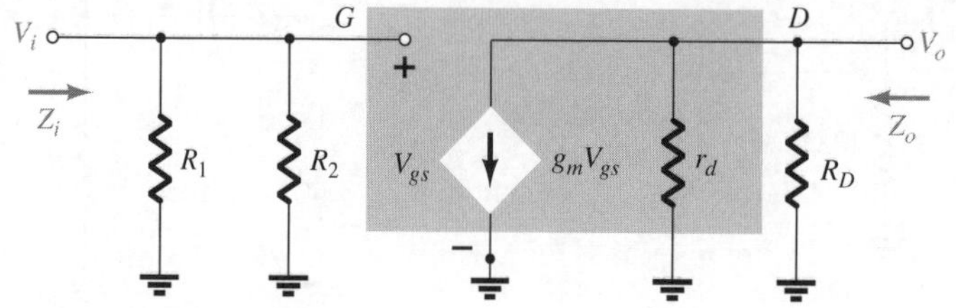

Figura 8.23 Circuito redesenhado da Figura 8.22.

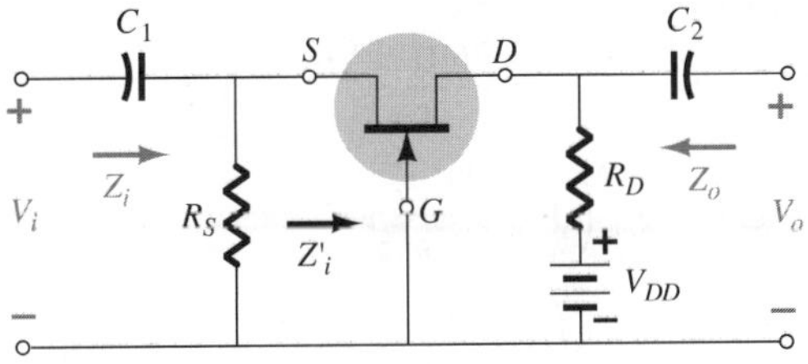

Figura 8.24 Configuração porta-comum do JFET.

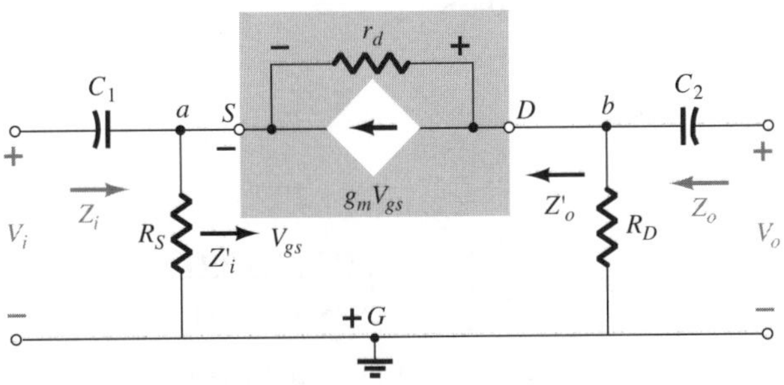

Figura 8.25 Circuito da Figura 8.24 após a introdução do circuito equivalente CA do JFET.

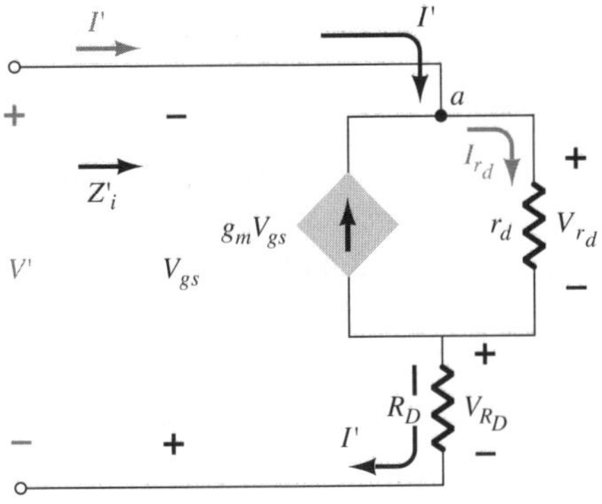

Figura 8.26 Determinação de Z_i' para o circuito da Figura 8.24.

A aplicação da Lei das Correntes de Kirchhoff no nó a resulta em

$$I' + g_m V_{gs} = I_{r_d}$$

e $$I' = I_{r_d} - g_m V_{gs} = \frac{(V' - I'R_D)}{r_d} - g_m V_{gs}$$

ou $$I' = \frac{V'}{r_d} - \frac{I'R_D}{r_d} - g_m[-V']$$

de modo que $$I'\left[1 + \frac{R_D}{r_d}\right] = V'\left[\frac{1}{r_d} + g_m\right]$$

e $$Z_i' = \frac{V'}{I'} = \frac{\left[1 + \dfrac{R_D}{r_d}\right]}{\left[g_m + \dfrac{1}{r_d}\right]} \tag{8.33}$$

ou $$Z_i' = \frac{V'}{I'} = \frac{r_d + R_D}{1 + g_m r_d}$$

e $$Z_i = R_S \| Z_i'$$

que resulta em:

$$Z_i = R_S \left\| \left[\frac{r_d + R_D}{1 + g_m r_d}\right]\right. \tag{8.34}$$

Se $r_d \geq 10R_D$, a Equação 8.33 permite a seguinte aproximação, já que $R_D/r_d << 1$ e $1/r_d << g_m$:

$$Z_i' = \frac{\left[1 + \dfrac{R_D}{r_d}\right]}{\left[g_m + \dfrac{1}{r_d}\right]} \cong \frac{1}{g_m}$$

e $$Z_i \cong R_S \| 1/g_m \Big|_{r_d \geq 10R_D} \tag{8.35}$$

Z_o Substituir $V_i = 0$ V na Figura 8.25 "curto-circuita" R_S e define o valor de V_{gs} em 0 V. O resultado é $g_m V_{gs} = 0$, e r_d fica em paralelo com R_D. Portanto,

$$Z_o = R_D \| r_d \tag{8.36}$$

Para $r_d \geq 10R_D$,

$$Z_o \cong R_D \Big|_{r_d \geq 10R_D} \tag{8.37}$$

A_v A Figura 8.25 mostra que

$$V_i = -V_{gs}$$

e $$V_o = I_D R_D$$

A tensão em r_d é

$$V_{r_d} = V_o - V_i$$

e $$I_{r_d} = \frac{V_o - V_i}{r_d}$$

Aplicando a Lei das Correntes de Kirchhoff no nó b da Figura 8.25, temos

$$I_{r_d} + I_D + g_m V_{gs} = 0$$

e $$I_D = -I_{r_d} - g_m V_{gs}$$

$$= -\left[\frac{V_o - V_i}{r_d}\right] - g_m[-V_i]$$

$$I_D = \frac{V_i - V_o}{r_d} + g_m V_i$$

de forma que

$$V_o = I_D R_D = \left[\frac{V_i - V_o}{r_d} + g_m V_i\right] R_D$$

$$= \frac{V_i R_D}{r_d} - \frac{V_o R_D}{r_d} + g_m$$

e

$$V_o\left[1 + \frac{R_D}{r_d}\right] = V_i\left[\frac{R_D}{r_d} + g_m R_D\right]$$

com

$$A_v = \frac{V_o}{V_i} = \frac{\left[g_m R_D + \dfrac{R_D}{r_d}\right]}{\left[1 + \dfrac{R_D}{r_d}\right]} \qquad (8.38)$$

Para $r_d \geq 10R_D$, o fator R_D/r_d pode ser eliminado e a Equação 8.38 pode ser aproximada por:

$$A_v \cong g_m R_D \Big|_{r_d \geq 10R_D} \qquad (8.39)$$

Relação de fase O fato de A_v ser positivo significa que V_o e V_i estão *em fase* para a configuração porta-comum.

EXEMPLO 8.9

Embora, à primeira vista, o circuito da Figura 8.27 pareça não se enquadrar na configuração porta-comum, uma análise mais profunda revela que se trata de um circuito com todas as características da Figura 8.24. Se $V_{GS_Q} = -2{,}2$ V e $I_{D_Q} = 2{,}03$ mA:

a) Determine g_m.
b) Determine r_d.
c) Calcule Z_i com e sem r_d. Compare os resultados.
d) Calcule Z_o com e sem r_d. Compare os resultados.
e) Determine V_o com e sem r_d. Compare os resultados.

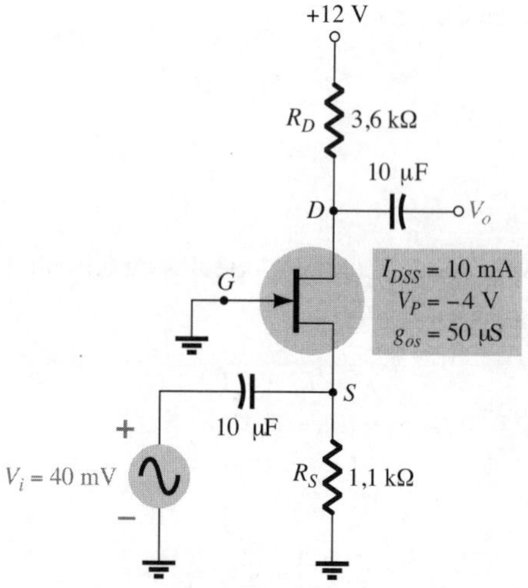

Figura 8.27 Circuito para o Exemplo 8.9.

Solução:

a) $g_{m0} = \dfrac{2I_{DSS}}{|V_P|} = \dfrac{2(10\text{ mA})}{4\text{ V}} = 5\text{ mS}$

$$g_m = g_{m0}\left(1 - \frac{V_{GS_Q}}{V_P}\right)$$

$$= 5\text{ mS}\left(1 - \frac{(-2{,}2\text{ V})}{(-4\text{ V})}\right) = \mathbf{2{,}25\ mS}$$

b) $r_d = \dfrac{1}{g_{os}} = \dfrac{1}{50\,\mu\text{S}} = \mathbf{20\ k\Omega}$

c) Com r_d,

$$Z_i = R_S \| \left[\frac{r_d + R_D}{1 + g_m r_d}\right]$$

$$= 1{,}1\text{ k}\Omega \| \left[\frac{20\text{ k}\Omega + 3{,}6\text{ k}\Omega}{1 + (2{,}25\text{ mS})(20\text{ k}\Omega)}\right]$$

$$= 1{,}1\text{ k}\Omega \| 0{,}51\text{ k}\Omega = \mathbf{0{,}35\ k\Omega}$$

Sem r_d,
$Z_i = R_S \| 1/g_m = 1{,}1\text{ k}\Omega \| 1/2{,}25\text{ ms} = 1{,}1\text{ k}\Omega \| 0{,}44\text{ k}\Omega$ $= \mathbf{0{,}31\ k\Omega}$

Embora a condição $r_d \geq 10R_D$ não seja satisfeita com $r_d = 20$ kΩ e $10\,R_D = 36$ kΩ, ambas as equações produzem basicamente o mesmo valor de impedância. Nesse caso, $1/g_m$ foi o fator predominante.

d) Com r_d, $Z_o = R_D \| r_d = 3{,}6\text{ k}\Omega \| 20\text{ k}\Omega = \mathbf{3{,}05\ k\Omega}$
Sem r_d, $Z_o = R_D = \mathbf{3{,}6\ k\Omega}$
Novamente, a condição $r_d \geq 10R_D$ *não* é satisfeita, mas os resultados são razoavelmente próximos. Certamente, R_D é o fator predominante nesse exemplo.

e) Com r_d,

$$A_v = \frac{\left[g_m R_D + \dfrac{R_D}{r_d}\right]}{\left[1 + \dfrac{R_D}{r_d}\right]}$$

$$= \frac{\left[(2{,}25\text{ mS})(3{,}6\text{ k}\Omega) + \dfrac{3{,}6\text{ k}\Omega}{20\text{ k}\Omega}\right]}{\left[1 + \dfrac{3{,}6\text{ k}\Omega}{20\text{ k}\Omega}\right]}$$

$$= \frac{8{,}1 + 0{,}18}{1 + 0{,}18} = \mathbf{7{,}02}$$

e $\quad A_v = \dfrac{V_o}{V_i} \Rightarrow V_o = A_v V_i$

$$= (7{,}02)(40\text{ mV}) = \mathbf{280{,}8\ mV}$$

Sem r_d, $\quad A_v = g_m R_D = (2{,}25\text{ mS})(3{,}6\text{ k}\Omega) = \mathbf{8{,}1}$
com $\quad V_o = A_v V_i = (8{,}1)(40\text{ mV}) = \mathbf{324\ mV}$

Nesse caso, a diferença é mais perceptível, mas não de maneira tão drástica.

O Exemplo 8.9 demonstra que, embora a condição $r_d \geq 10R_D$ não tenha sido satisfeita, os resultados para os parâmetros pedidos não foram significativamente diferentes ao usarmos as equações exatas e aproximadas. Na verdade, na maioria dos casos, as equações aproximadas podem ser utilizadas para termos uma ideia dos valores dos parâmetros sem muito esforço.

8.7 CONFIGURAÇÃO SEGUIDOR DE FONTE (DRENO-COMUM)

O circuito equivalente do JFET para a configuração seguidor de emissor do TBJ é a configuração seguidor de fonte da Figura 8.28. Observe que o sinal de saída é tirado do terminal de fonte e, quando a fonte CC é substituída por um curto-circuito equivalente, o dreno é aterrado (daí a terminologia *dreno-comum*).

Substituir o circuito equivalente do JFET resulta na configuração da Figura 8.29. A fonte controlada e a impedância de saída interna do JFET são conectadas ao terra em uma extremidade e a R_S na outra, com V_o medido nos terminais de R_S. Visto que g_mV_{gs}, r_d e R_S estão ligados a um mesmo nó e ao terra, eles podem ser colocados em paralelo, como mostra a Figura 8.30. Foi invertido o sentido da fonte de corrente, mas V_{gs} ainda é definida entre os terminais de porta e fonte.

Z_i A Figura 8.30 revela claramente que Z_i é dada por:

$$\boxed{Z_i = R_G} \tag{8.40}$$

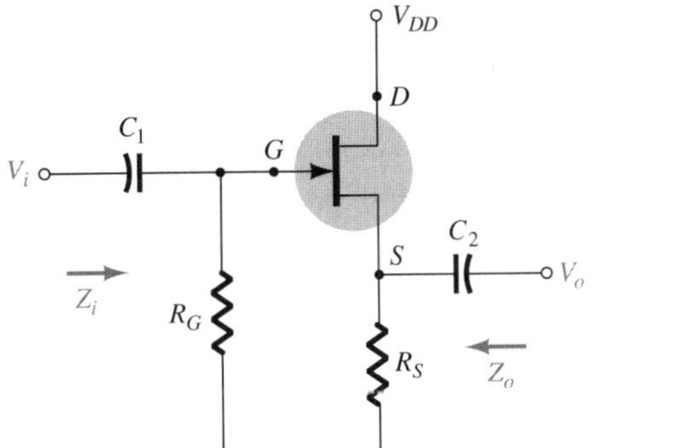

Figura 8.28 Configuração seguidor de fonte para o JFET.

Z_o Ao estabelecermos que $V_i = 0$ V, temos que o terminal de porta fica conectado diretamente ao terra, como mostra a Figura 8.31.

Uma vez que V_{gs} e V_o são tomadas nos terminais do mesmo circuito paralelo, podemos dizer que $V_o = -V_{gs}$.

Aplicando a Lei das Correntes de Kirchhoff ao nó S, temos:

$$I_o + g_mV_{gs} = I_{r_d} + I_{R_s}$$
$$= \frac{V_o}{r_d} + \frac{V_o}{R_S}$$

O resultado é

$$I_o = V_o\left[\frac{1}{r_d} + \frac{1}{R_S}\right] - g_mV_{gs}$$
$$= V_o\left[\frac{1}{r_d} + \frac{1}{R_S}\right] - g_m[-V_o]$$
$$= V_o\left[\frac{1}{r_d} + \frac{1}{R_S} + g_m\right]$$

e

$$Z_o = \frac{V_o}{I_o} = \frac{V_o}{V_o\left[\dfrac{1}{r_d} + \dfrac{1}{R_S} + g_m\right]}$$
$$= \frac{1}{\dfrac{1}{r_d} + \dfrac{1}{R_S} + g_m} = \frac{1}{\dfrac{1}{r_d} + \dfrac{1}{R_S} + \dfrac{1}{1/g_m}}$$

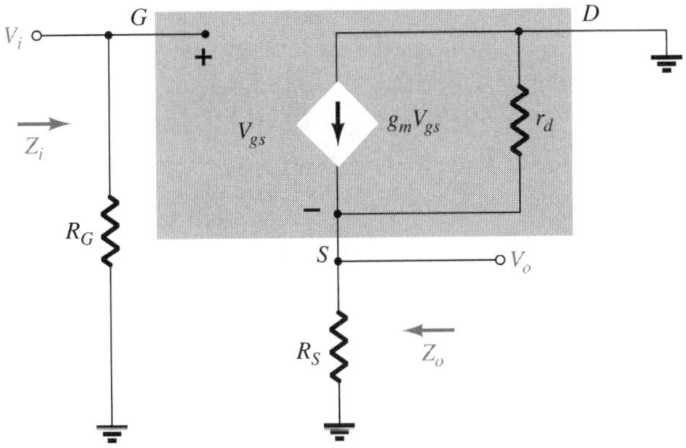

Figura 8.29 Circuito da Figura 8.28 após a introdução do modelo equivalente CA do JFET.

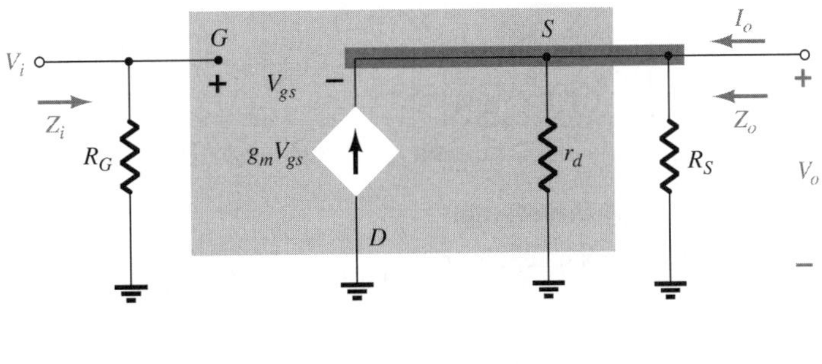

Figura 8.30 Circuito redesenhado da Figura 8.29.

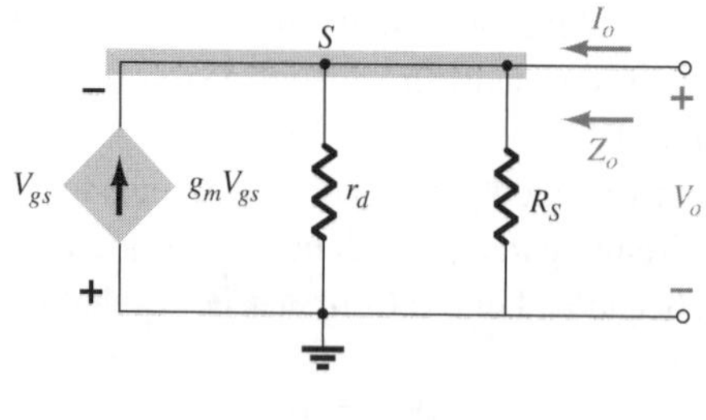

Figura 8.31 Determinação de Z_o para o circuito da Figura 8.30.

que tem o mesmo formato da resistência total de três resistores paralelos. Portanto,

$$Z_o = r_d \| R_S \| 1/g_m \tag{8.41}$$

Para $r_d \geq 10R_S$,

$$Z_o \cong R_S \| 1/g_m \Big|_{r_d \geq 10R_S} \tag{8.42}$$

A_v A tensão de saída V_o é determinada por

$$V_o = g_m V_{gs}(r_d \| R_S)$$

e a aplicação da Lei das Tensões de Kirchhoff na malha exterior do circuito da Figura 8.30 resulta em

$$V_i = V_{gs} + V_o$$

e $$V_{gs} = V_i - V_o$$

de forma que $$V_o = g_m(V_i - V_o)(r_d \| R_S)$$

ou $$V_o = g_m V_i(r_d \| R_S) - g_m V_o(r_d \| R_S)$$

e $$V_o[1 + g_m(r_d \| R_S)] = g_m V_i(r_d \| R_S)$$

de modo que

$$A_v = \frac{V_o}{V_i} = \frac{g_m(r_d \| R_S)}{1 + g_m(r_d \| R_S)} \tag{8.43}$$

Na ausência de r_d ou se $r_d \geq 10R_S$,

$$A_v = \frac{V_o}{V_i} \cong \frac{g_m R_S}{1 + g_m R_S}\Big|_{r_d \geq 10R_S} \tag{8.44}$$

Considerando que o denominador da Equação 8.43 é maior do que o numerador por um fator igual a 1, o ganho nunca será igual ou maior do que 1 (como acontece com o circuito seguidor de emissor do TBJ).

Relação de fase Visto que A_v na Equação 8.43 é positivo, V_o e V_i estão em fase na configuração seguidor de fonte com JFET.

EXEMPLO 8.10

Uma análise CC do circuito seguidor de fonte da Figura 8.32 resulta em $V_{GS_Q} = -2{,}86$ V e $I_{D_Q} = 4{,}56$ mA.

a) Determine g_m.
b) Calcule r_d.
c) Determine Z_i.
d) Calcule Z_o com e sem r_d. Compare os resultados.
e) Determine A_v com e sem r_d. Compare os resultados.

Solução:

a) $$g_{m0} = \frac{2I_{DSS}}{|V_P|} = \frac{2(16\text{ mA})}{4\text{ V}} = 8\text{ mS}$$

$$g_m = g_{m0}\left(1 - \frac{V_{GS_Q}}{V_P}\right)$$

$$= 8\text{ mS}\left(1 - \frac{(-2{,}86\text{ V})}{(-4\text{ V})}\right) = \mathbf{2{,}28\text{ mS}}$$

b) $$r_d = \frac{1}{g_{os}} = \frac{1}{25\ \mu\text{S}} = \mathbf{40\text{ k}\Omega}$$

c) $Z_i = R_G = \mathbf{1\text{ M}\Omega}$

d) Com r_d,

$$Z_o = r_d \| R_S \| 1/g_m = 40\text{ k}\Omega \| 2{,}2\text{ k}\Omega \| 1/2{,}28\text{ mS}$$
$$= 40\text{ k}\Omega \| 2{,}2\text{ k}\Omega \| 438{,}6\ \Omega$$
$$= \mathbf{362{,}52\ \Omega}$$

revelando que Z_o é, de modo geral, relativamente pequena e determinada principalmente por $1/g_m$.

Sem r_d, $Z_o = R_S \| 1/g_m = 2{,}2\text{ k}\Omega \| 438{,}6\ \Omega = \mathbf{365{,}69\ \Omega}$

revelando que r_d não influi muito no valor de Z_o.

e) Com r_d,

$$A_v = \frac{g_m(r_d \| R_S)}{1 + g_m(r_d \| R_S)} = \frac{(2{,}28\text{ mS})(40\text{ k}\Omega \| 2{,}2\text{ k}\Omega)}{1 + (2{,}28\text{ mS})(40\text{ k}\Omega \| 2{,}2\text{ k}\Omega)}$$

$$= \frac{(2{,}28\text{ mS})(2{,}09\text{ k}\Omega)}{1 + (2{,}28\text{ mS})(2{,}09\text{ k}\Omega)} = \frac{4{,}77}{1 + 4{,}77} = \mathbf{0{,}83}$$

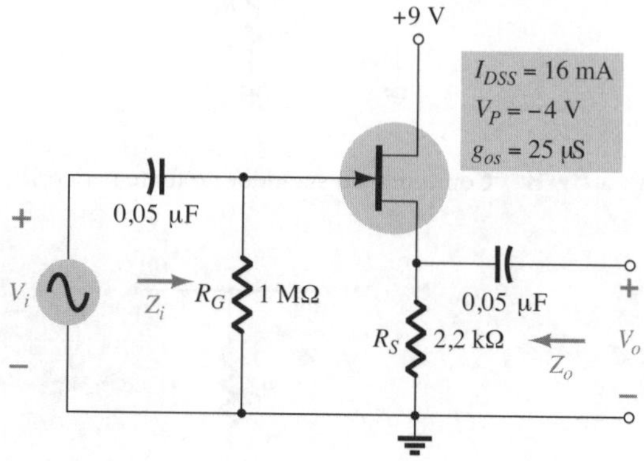

Figura 8.32 Circuito analisado no Exemplo 8.10.

que é menor do que 1, como previsto.

Sem r_d,

$$A_v = \frac{g_m R_S}{1 + g_m R_S} = \frac{(2{,}28 \text{ mS})(2{,}2 \text{ k}\Omega)}{1 + (2{,}28 \text{ mS})(2{,}2 \text{ k}\Omega)}$$

$$= \frac{5{,}02}{1 + 5{,}02} = \mathbf{0{,}83}$$

revelando que r_d não influi muito no ganho da configuração.

8.8 MOSFETs TIPO DEPLEÇÃO

A equação de Shockley é aplicável também aos MOSFETs tipo depleção (D-MOSFETs), portanto, a equação para g_m é a mesma. Na verdade, o modelo equivalente CA para o D-MOSFET mostrado na Figura 8.33 é exatamente o mesmo empregado para o JFET, como ilustra a Figura 8.8.

A única diferença apresentada pelo D-MOSFET é que V_{GS_Q} pode ser positiva em dispositivos de canal *n* e negativa em dispositivos de canal *p*. O resultado é que g_m pode ser maior do que g_{m0}, como demonstra o exemplo a seguir. A faixa de r_d para esse dispositivo é muito similar à faixa dos JFETs.

EXEMPLO 8.11

O circuito da Figura 8.34 foi analisado no Exemplo 7.7, resultando em

$V_{GS_Q} = 0{,}35$ V e $I_{D_Q} = 7{,}6$ mA.

a) Determine g_m e compare com g_{m0}.
b) Calcule r_d.
c) Esboce o circuito equivalente CA para a Figura 8.34.
d) Calcule Z_i.
e) Calcule Z_o.
f) Calcule A_v.

Solução:

a) $$g_{m0} = \frac{2I_{DSS}}{|V_P|} = \frac{2(6 \text{ mA})}{3 \text{ V}} = 4 \text{ mS}$$

$$g_m = g_{m0}\left(1 - \frac{V_{GS_Q}}{V_P}\right) = 4 \text{ mS}\left(1 - \frac{(+0{,}35 \text{ V})}{(-3 \text{ V})}\right)$$

$$= 4 \text{ mS}(1 + 0{,}117) = \mathbf{4{,}47 \text{ mS}}$$

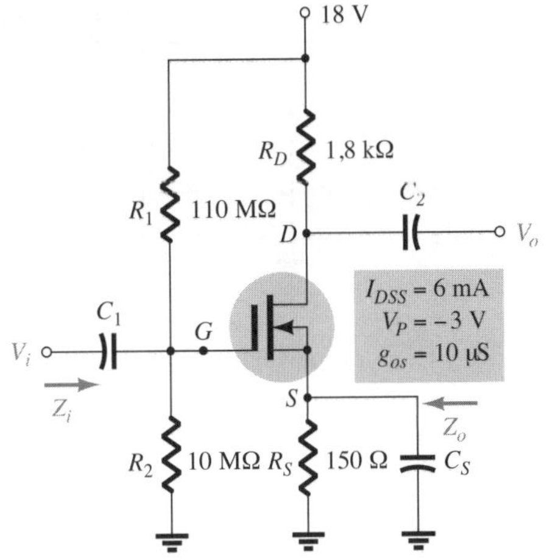

Figura 8.34 Circuito para o Exemplo 8.11.

b) $$r_d = \frac{1}{y_{os}} = \frac{1}{10 \, \mu\text{S}} = \mathbf{100 \text{ k}\Omega}$$

c) Veja a Figura 8.35. Observe as similaridades com o circuito da Figura 8.23. As equações 8.28 a 8.32 são, portanto, aplicáveis.

d) Equação 8.28:
$Z_i = R_1 \| R_2 = 10 \text{ M}\Omega \| 110 \text{ M}\Omega = \mathbf{9{,}17 \text{ M}\Omega}$

e) Equação 8.29:
$Z_o = r_d \| R_D = 100 \text{ K}\Omega \| 1{,}8 \text{ k}\Omega$
$= \mathbf{1{,}77 \text{ k}\Omega} \cong R_D = \mathbf{1{,}8 \text{ k}\Omega}$

f) $r_d \geq 10R_D \rightarrow 100 \text{ k}\Omega \geq 18 \text{ k}\Omega$
Equação 8.32:
$A_v = -g_m R_D = -(4{,}47 \text{ mS})(1{,}8 \text{ k}\Omega) = \mathbf{8{,}05}$

8.9 MOSFETs TIPO INTENSIFICAÇÃO

O MOSFET tipo intensificação (E-MOSFET) pode ser um dispositivo de canal *n* (*n*MOS) ou de canal *p* (*p*MOS), como mostra a Figura 8.36. O circuito equivalente CA para pequenos sinais dos dois tipos de dispositivo é mostrado nessa figura, revelando um circuito aberto entre a porta e o canal dreno-fonte e uma fonte de corrente do dre-

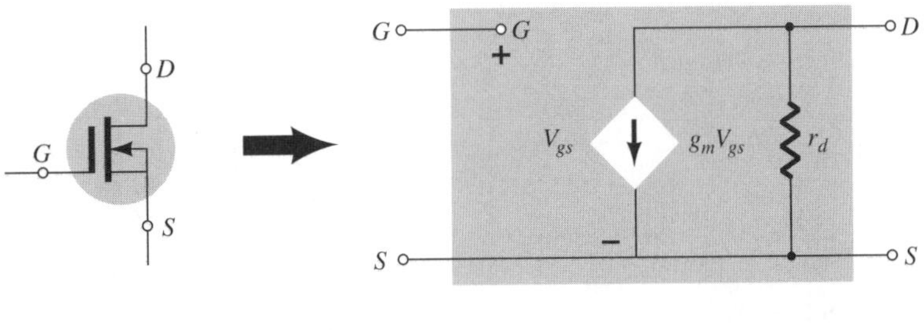

Figura 8.33 Modelo equivalente CA do D-MOSFET.

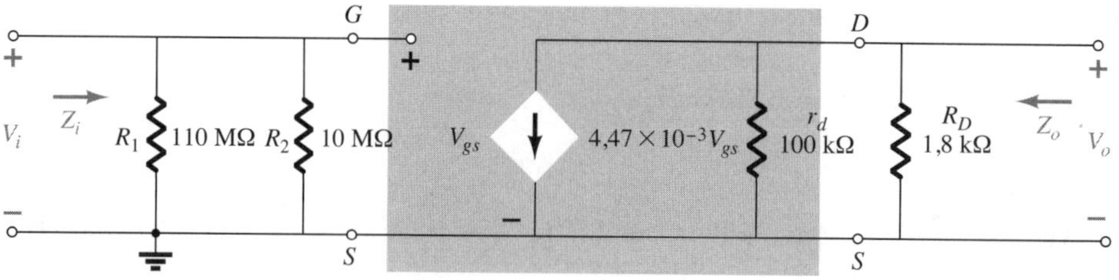

Figura 8.35 Circuito equivalente CA para a Figura 8.34.

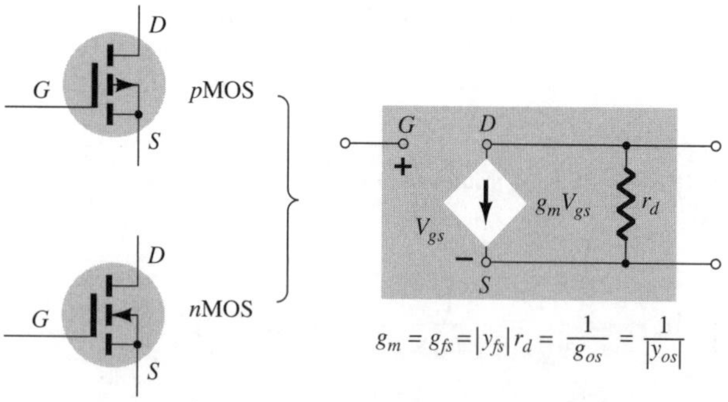

Figura 8.36 Modelo CA de pequenos sinais para o MOSFET tipo intensificação.

no para a fonte cujo valor depende da tensão porta-fonte. Há uma impedância de saída do dreno para a fonte r_d que geralmente é fornecida nas folhas de dados como uma condutância g_{os} ou uma admitância y_{os}. A transcondutância do dispositivo g_m aparece nas folhas de dados como uma admitância de transferência direta y_{fs}.

Em nossa análise dos JFETs, deduzimos uma equação para g_m a partir da equação de Shockley. Para os E-MOSFETs, a relação entre a corrente de saída e a tensão de controle é definida por

$$I_D = k(V_{GS} - V_{GS(\text{Th})})^2$$

Visto que g_m é ainda definida por

$$g_m = \frac{\Delta I_D}{\Delta V_{GS}}$$

podemos derivar a equação de transferência para determinar g_m como um ponto de operação. Isto é,

$$g_m = \frac{dI_D}{dV_{GS}} = \frac{d}{dV_{GS}} k(V_{GS} - V_{GS(\text{Th})})^2$$

$$= k\frac{d}{dV_{GS}}(V_{GS} - V_{GS(\text{Th})})^2$$

$$= 2k(V_{GS} - V_{GS(\text{Th})})\frac{d}{dV_{GS}}(V_{GS} - V_{GS(\text{Th})})$$

$$= 2k(V_{GS} - V_{GS(\text{Th})})(1 - 0)$$

e

$$g_m = 2k(V_{GS_Q} - V_{GS(\text{Th})}) \tag{8.45}$$

Lembramos que a constante k pode ser determinada a partir de um ponto de operação usual Q encontrado na folha de dados. Em qualquer outra situação, a análise CA se mostra idêntica à empregada para os JFETs ou para o D-MOSFETs. Saiba, no entanto, que as características de um E-MOSFET limitam suas configurações de polarização.

8.10 CONFIGURAÇÃO COM REALIMENTAÇÃO DE DRENO PARA O E-MOSFET

A configuração com realimentação de dreno para o E-MOSFET é mostrada na Figura 8.37. Lembre-se de que vimos, na análise CC, que é possível substituir R_G por um curto-circuito equivalente, já que $I_G = 0$ A e, portanto, $V_{R_G} = 0$ V. Entretanto, para situações CA, essa característica proporciona uma importante alta impedância entre V_o e V_i. Caso contrário, os terminais de entrada e saída estariam conectados diretamente e $V_o = V_i$.

A substituição do modelo equivalente CA para o dispositivo resulta no circuito da Figura 8.38. Observe que R_F não pertence à área sombreada correspondente ao modelo equivalente CA do dispositivo, mas conecta diretamente os circuitos de entrada e saída.

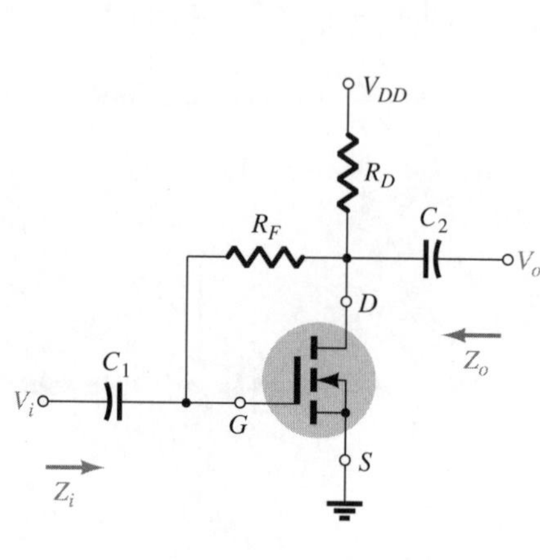

Figura 8.37 Configuração do E-MOSFET com realimentação de dreno.

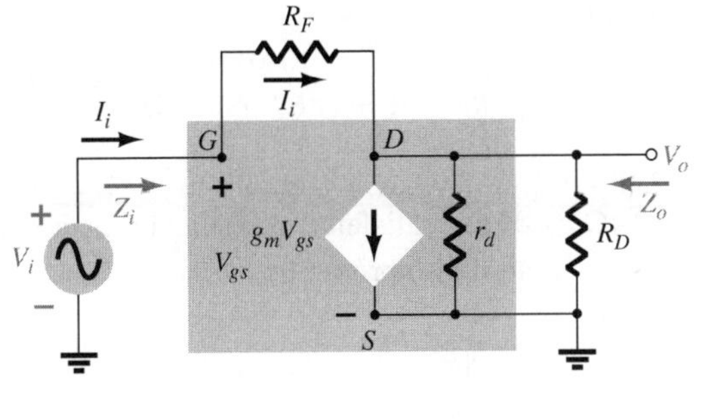

Figura 8.38 Equivalente CA do circuito da Figura 8.37.

Z_i A aplicação da Lei das Correntes de Kirchhoff ao circuito de saída (no nó D da Figura 8.38) resulta em

$$I_i = g_mV_{gs} + \frac{V_o}{r_d \| R_D}$$

e $$V_{gs} = V_i$$

de modo que $$I_i = g_mV_i + \frac{V_o}{r_d \| R_D}$$

ou $$I_i - g_mV_i = \frac{V_o}{r_d \| R_D}$$

Portanto, $$V_o = (r_d \| R_D)(I_i - g_mV_i)$$

com $$I_i = \frac{V_i - V_o}{R_F} = \frac{V_i - (r_d \| R_D)(I_i - g_mV_i)}{R_F}$$

e $$I_iR_F = V_i - (r_d \| R_D)I_i + (r_d \| R_D)g_mV_i$$

de modo que $$V_i[1 + g_m(r_d \| R_D)] = I_i[R_F + r_d \| R_D]$$

e, finalmente,

$$Z_i = \frac{V_i}{I_i} = \frac{R_F + r_d \| R_D}{1 + g_m(r_d \| R_D)} \quad (8.46)$$

Geralmente, $R_F \gg r_d \| R_D$, o que resulta em:

$$Z_i \cong \frac{R_F}{1 + g_m(r_d \| R_D)}$$

Para $r_d \geq 10R_D$,

$$Z_i \cong \frac{R_F}{1 + g_mR_D} \Bigg|_{R_F \gg r_d \| R_D,\, r_d \geq 10R_D} \quad (8.47)$$

Z_o A substituição de $V_i = 0$ V resulta em $V_{gs} = 0$ V e $g_mV_{gs} = 0$, com um curto-circuito da porta para o terra como mostra a Figura 8.39. As resistências R_F, r_d e R_D estão, portanto, em paralelo e:

$$Z_o = R_F \| r_d \| R_D \quad (8.48)$$

Normalmente, R_F é muito maior do que $r_d \| R_D$. Então,

$$Z_o \cong r_d \| R_D$$

e com $r_d \geq 10R_D$,

$$Z_o \cong R_D \Bigg|_{R_F \gg r_d \| R_D,\, r_d \geq 10R_D} \quad (8.49)$$

A_v A aplicação da Lei das Correntes de Kirchhoff ao nó D da Figura 8.38 resulta em

$$I_i = g_mV_{gs} + \frac{V_o}{r_d \| R_D}$$

mas $V_{gs} = V_i$ e $$I_i = \frac{V_i - V_o}{R_F}$$

de modo que $$\frac{V_i - V_o}{R_F} = g_mV_i + \frac{V_o}{r_d \| R_D}$$

e $$\frac{V_i}{R_F} - \frac{V_o}{R_F} = g_mV_i + \frac{V_o}{r_d \| R_D}$$

de modo que $$V_o\left[\frac{1}{r_d \| R_D} + \frac{1}{R_F}\right] = V_i\left[\frac{1}{R_F} - g_m\right]$$

e $$A_v = \frac{V_o}{V_i} = \frac{\left[\dfrac{1}{R_F} - g_m\right]}{\left[\dfrac{1}{r_d \| R_D} + \dfrac{1}{R_F}\right]}$$

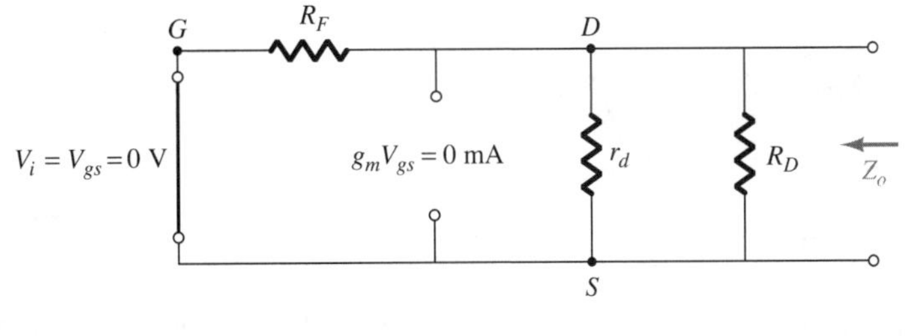

Figura 8.39 Determinação de Z_o para o circuito da Figura 8.37.

mas $$\frac{1}{r_d \| R_D} + \frac{1}{R_F} = \frac{1}{R_F \| r_d \| R_D}$$

e $$g_m \gg \frac{1}{R_F}$$

de modo que

$$\boxed{A_v = -g_m(R_F \| r_d \| R_D)} \quad (8.50)$$

Visto que R_F é normalmente >> $r_d \| R_D$ e, se $r_d \geq 10R_D$,

$$\boxed{A_v \cong -g_m R_D}_{R_F \gg r_d \| R_D,\, r_d \geq 10R_D} \quad (8.51)$$

Relação de fase O sinal negativo de A_v indica que V_o e V_i estão defasadas em 180°.

EXEMPLO 8.12

O E-MOSFET da Figura 8.40 foi analisado no Exemplo 7.10, e o resultado obtido foi $k = 0,24 \times 10^{-3}$ A/V^2, $V_{GS_Q} = 6,4$ V e $I_{D_Q} = 2,75$ mA.

a) Determine g_m.
b) Determine r_d.
c) Calcule Z_i com e sem r_d. Compare os resultados.
d) Calcule Z_o com e sem r_d. Compare os resultados.
e) Determine A_v com e sem r_d. Compare os resultados.

Solução:

a) $g_m = 2k(V_{GS_Q} - V_{GS(\text{Th})})$
$= 2(0,24 \times 10^{-3}\text{ A/V}^2)(6,4\text{ V} - 3\text{ V}) = \mathbf{1,63\ mS}$

b) $$r_d = \frac{1}{g_{os}} = \frac{1}{20\ \mu\text{S}} = \mathbf{50\ k\Omega}$$

c) Com r_d,

$$Z_i = \frac{R_F + r_d \| R_D}{1 + g_m(r_d \| R_D)} = \frac{10\ \text{M}\Omega + 50\ \text{k}\Omega \| 2\ \text{k}\Omega}{1 + (1,63\ \text{mS})(50\ \text{k}\Omega \| 2\ \text{k}\Omega)}$$
$$= \frac{10\ \text{M}\Omega + 1,92\ \text{k}\Omega}{1 + 3,13} = \mathbf{2,42\ M\Omega}$$

Sem r_d,

$$Z_i \cong \frac{R_F}{1 + g_m R_D} = \frac{10\ \text{M}\Omega}{1 + (1,63\ \text{mS})(2\ \text{k}\Omega)} = \mathbf{2,53\ M\Omega}$$

o que revela que, como a condição $r_d \geq 10R_D = 50\ \text{k}\Omega \geq 40\ \text{k}\Omega$ é satisfeita, os resultados para Z_o com e sem r_d são muito próximos.

d) Com r_d,
$Z_o = R_F \| r_d \| R_D = 10\ \text{M}\Omega \| 50\ \text{k}\Omega \| 2\ \text{k}\Omega$
$= 49,75\ \text{k}\Omega \| 2\ \text{k}\Omega$
$= \mathbf{1,92\ k\Omega}$

Sem r_d,
$Z_o \cong R_D = \mathbf{2\ k\Omega}$

e assim obtemos novamente resultados muito próximos.

e) Com r_d,
$A_v = -g_m(R_F \| r_d \| R_D)$
$= -(1,63\ \text{mS})(10\ \text{M}\Omega \| 50\ \text{k}\Omega \| 2\ \text{k}\Omega)$
$= -(1,63\ \text{mS})(1,92\ \text{k}\Omega)$
$= \mathbf{-3,21}$

Sem r_d,
$A_v = -g_m R_D = -(1,63\ \text{mS})(2\ \text{k}\Omega)$
$= \mathbf{-3,26}$

o que é muito próximo do resultado anterior.

8.11 CONFIGURAÇÃO COM DIVISOR DE TENSÃO PARA O E-MOSFET

A última configuração com E-MOSFET a ser examinada é o circuito com divisor de tensão da Figura 8.41. O formato é exatamente o mesmo já analisado em seções anteriores.

A substituição do circuito equivalente CA do E-MOSFET resulta na configuração da Figura 8.42, que é exatamente igual à da Figura 8.23. Dessa forma, as equações 8.28 até 8.32 são aplicáveis ao E-MOSFET e listadas a seguir.

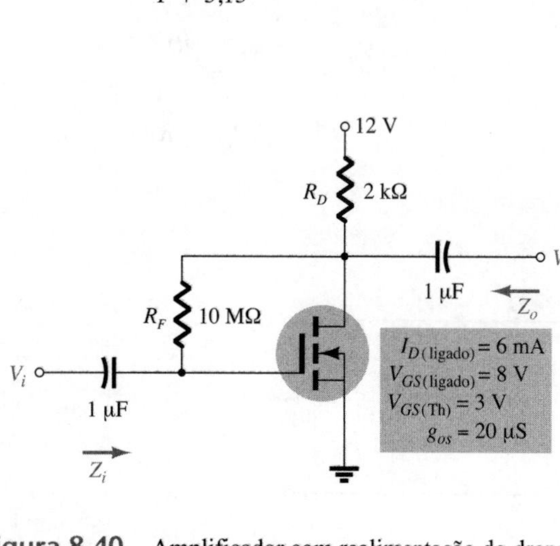

Figura 8.40 Amplificador com realimentação do dreno do Exemplo 8.11.

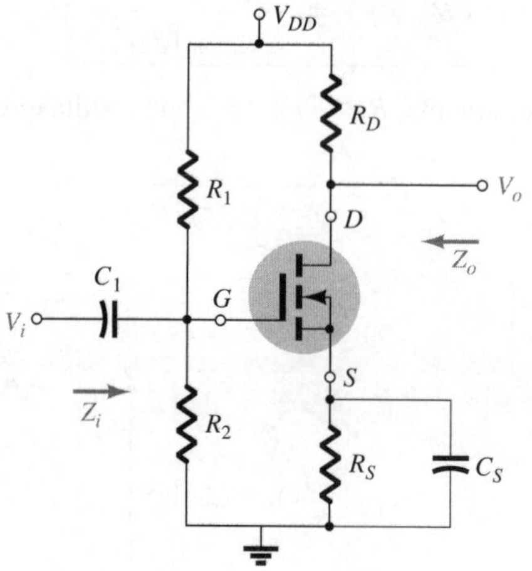

Figura 8.41 Configuração com divisor de tensão para o E-MOSFET.

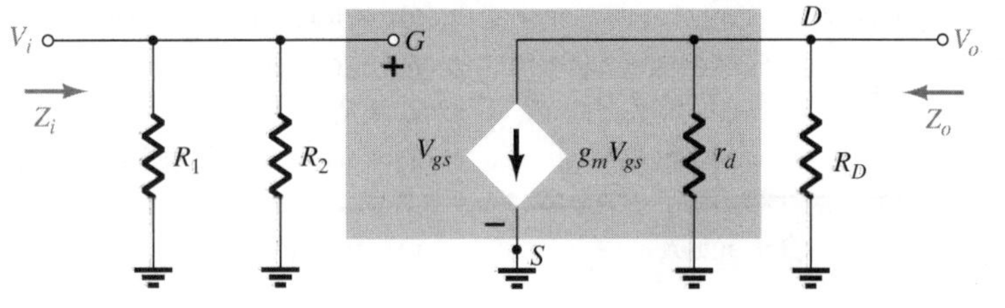

Figura 8.42 Circuito equivalente CA para a configuração da Figura 8.41.

Z_i

$$Z_i = R_1 \| R_2 \tag{8.52}$$

Z_o

$$Z_o = r_d \| R_D \tag{8.53}$$

Para $r_d \geq 10R_D$,

$$Z_o \cong R_d \Big|_{r_d \geq 10R_D} \tag{8.54}$$

A_v

$$A_v = \frac{V_o}{V_i} = -g_m(r_d \| R_D) \tag{8.55}$$

e se $r_d \geq 10R_D$,

$$A_v = \frac{V_o}{V_i} \cong -g_m R_D \tag{8.56}$$

8.12 PROJETO DE CIRCUITOS AMPLIFICADORES COM FET

Os projetos nessa fase estão limitados à obtenção de uma condição de polarização CC ou de um ganho de tensão CA desejados. Na maioria dos casos, as várias equações desenvolvidas são utilizadas "inversamente" para definir os parâmetros necessários à obtenção do ganho, da impedância de entrada ou da impedância de saída desejados. Para evitar uma complexidade desnecessária nas fases iniciais do projeto, as equações aproximadas são frequentemente utilizadas porque variações ocorrem quando os resistores calculados são substituídos por resistores com valores comerciais. Uma vez terminado o projeto inicial, os resultados podem ser testados e alguns ajustes podem ser implementados a partir das equações exatas.

Ao longo do procedimento de projeto é importante ter em mente que, embora a sobreposição permita análise e projeto separados do circuito sob pontos de vista CC e CA, um parâmetro escolhido para o projeto CC terá uma influência importante na resposta CA. Lembramos que a resistência R_G pode ser substituída por um curto-circuito equivalente na configuração com realimentação porque $I_G \cong 0$ A no domínio CC, mas para a análise CA ela significa um importante caminho de alta impedância entre V_o e V_i. Além disso, observe que g_m é maior para pontos de operação mais próximos do eixo I_D ($V_{GS} = 0$ V), o que requer que R_S seja relativamente pequeno. No circuito de R_S sem desvio, uma resistência R_S pequena também contribui com um ganho mais alto, mas para o circuito seguidor de fonte o ganho é reduzido de seu valor máximo, que é igual a 1. De modo geral, basta lembrar que os parâmetros do circuito podem afetar a polarização CC e a resposta CA de formas diferentes. Muitas vezes, é preciso buscar um equilíbrio entre um ponto de operação específico e seu impacto na resposta CA.

Na maioria dos casos, o valor da fonte CC disponível é conhecido, o FET a ser empregado foi escolhido e os capacitores que serão utilizados na faixa de frequência em questão estão definidos. É necessário, então, determinar os valores dos elementos resistivos que definem o ganho desejado ou o valor de impedância. Os próximos três exemplos determinarão os parâmetros exigidos para um ganho específico.

EXEMPLO 8.13

Projete o circuito com polarização fixa da Figura 8.43 para que obtenhamos um ganho CA de 10. Isto é, determine o valor de R_D.

Solução:

Uma vez que $V_{GS_Q} = 0$ V, o valor de g_m é g_{m0}. O ganho é, então, determinado por

$$A_v = -g_m(R_D \| r_d) = -g_{m0}(R_D \| r_d)$$

com $$g_{m0} = \frac{2I_{DSS}}{|V_P|} = \frac{2(10\text{ mA})}{4\text{ V}} = 5\text{ mS}$$

O resultado é $-10 = -5\text{ mS}(R_D \| r_d)$

e $$R_D \| r_d = \frac{10}{5\text{ mS}} = 2\text{ k}\Omega$$

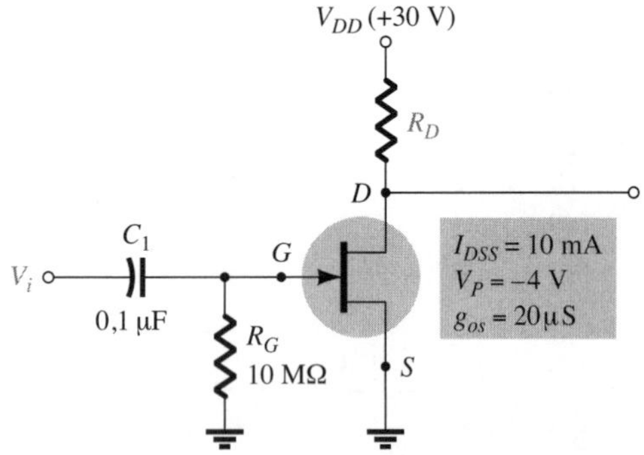

Figura 8.43 Circuito para o ganho de tensão desejado no Exemplo 8.13.

Das especificações do dispositivo,

$$r_d = \frac{1}{g_{os}} = \frac{1}{20 \times 10^{-6}\,\text{S}} = 50\,\text{k}\Omega$$

Substituindo, temos

$$R_D \| r_d = R_D \| 50\,\text{k}\Omega = 2\,\text{k}\Omega$$

e $$\frac{R_D(50\,\text{k}\Omega)}{R_D + 50\,\text{k}\Omega} = 2\,\text{k}\Omega$$

ou $50R_D = 2(R_D + 50\,\text{k}\Omega) = 2R_D + 100\,\text{k}\Omega$

com $48R_D = 100\,\text{k}\Omega$

e $$R_D = \frac{100\,\text{k}\Omega}{48} \cong 2{,}08\,\text{k}\Omega$$

O valor comercial mais próximo é **2 kΩ** (veja o Apêndice D), que seria empregado nesse projeto.

O valor resultante de V_{DS_Q} é, então, determinado como segue:

$$V_{DS_Q} = V_{DD} - I_{D_Q}R_D = 30\,\text{V} - (10\,\text{mA})(2\,\text{k}\Omega) = \mathbf{10\,V}$$

Os valores de Z_i e Z_o são determinados pelos valores de R_G e R_D, respectivamente. Isto é,

$Z_i = R_G = \mathbf{10\,M\Omega}$

$Z_o = R_D \| r_d = 2\,\text{k}\Omega \| 50\,\text{k}\Omega = \mathbf{1{,}92\,k\Omega} \cong R_D = 2\,\text{k}\Omega$

EXEMPLO 8.14

Escolha os valores de R_D e R_S para que o circuito da Figura 8.44 produza um ganho igual a 8 usando um valor relativamente alto de g_m para esse dispositivo definido em $V_{GS_Q} = \frac{1}{4}V_P$.

Solução:

O ponto de operação é definido por

$$V_{GS_Q} = \frac{1}{4}V_P = \frac{1}{4}(-4\,\text{V}) = -1\,\text{V}$$

e $$I_D = I_{DSS}\left(1 - \frac{V_{GS_Q}}{V_P}\right)^2$$

$$= 10\,\text{mA}\left(1 - \frac{(-1\,\text{V})}{(-4\,\text{V})}\right)^2 = 5{,}625\,\text{mA}$$

Determinando g_m, obtemos:

$$g_m = g_{m0}\left(1 - \frac{V_{GS_Q}}{V_P}\right)$$

$$= 5\,\text{mS}\left(1 - \frac{(-1\,\text{V})}{(-4\,\text{V})}\right) = 3{,}75\,\text{mS}$$

O valor do ganho de tensão CA é determinado por:

$$|A_v| = g_m(R_D \| r_d)$$

A substituição dos valores conhecidos resulta em

$$8 = (3{,}75\,\text{mS})(R_D \| r_d)$$

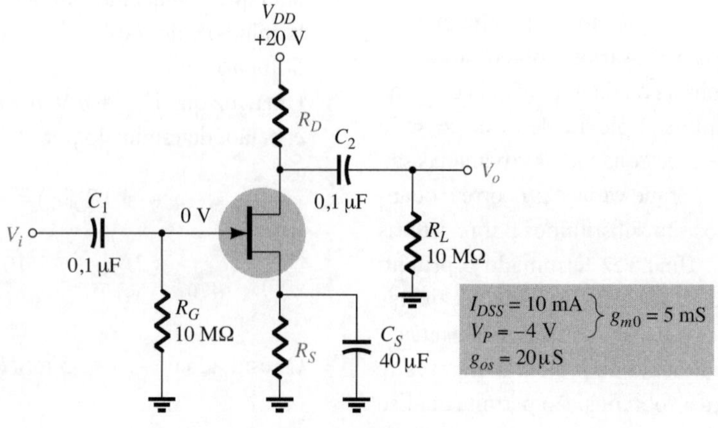

Figura 8.44 Circuito para o ganho de tensão desejado no Exemplo 8.14.

de modo que

$$R_D \| r_d = \frac{8}{3{,}75 \text{ mS}} = 2{,}13 \text{ k}\Omega$$

O valor de r_d é definido por

$$r_d = \frac{1}{g_{os}} = \frac{1}{20\ \mu\text{S}} = 50 \text{ k}\Omega$$

e $$R_D \| 50 \text{ k}\Omega = 2{,}13 \text{ k}\Omega$$

o que resulta em

$$R_D = \mathbf{2{,}2\ k\Omega}$$

que é um valor comercial.

O valor de R_S é determinado pelas condições CC de operação como a seguir:

$$V_{GS_Q} = -I_D R_S$$
$$-1 \text{ V} = -(5{,}625 \text{ mA})R_S$$

e $$R_S = \frac{1 \text{ V}}{5{,}625 \text{ mA}} = 177{,}8\ \Omega$$

O valor comercial mais próximo é **180 Ω**. Nesse exemplo, R_S não aparece na análise CA devido ao efeito de curto-circuito provocado por C_S.

No próximo exemplo, R_S não está desviado, e o projeto se torna um pouco mais complicado.

EXEMPLO 8.15

Determine os valores de R_D e R_S para o circuito da Figura 8.44 de modo a produzir um ganho de 8 caso o capacitor de desvio C_S seja removido.

Solução:

V_{GS_Q} e I_{D_Q} ainda são –1 V e 5,625 mA, respectivamente, e visto que a equação $V_{GS} = -I_D R_S$ não mudou, R_S continua a ter o valor comercial de **180 Ω**, obtido no Exemplo 8.14.

O ganho de um circuito com autopolarização sem desvio é dado por:

$$A_v = -\frac{g_m R_D}{1 + g_m R_S}$$

Por enquanto, considere que $r_d \geq 10(R_D + R_S)$. Utilizar a equação completa para A_v nesse ponto do projeto complicaria desnecessariamente o processo de análise. Substituindo (para o valor de ganho igual a 8), temos

$$|8| = \left| \frac{-(3{,}75 \text{ mS})R_D}{1 + (3{,}75 \text{ mS})(180\ \Omega)} \right| = \frac{(3{,}75 \text{ mS})R_D}{1 + 0{,}675}$$

e $$8(1 + 0{,}675) = (3{,}75 \text{ mS})R_D$$

de modo que

$$R_D = \frac{13{,}4}{3{,}75 \text{ mS}} = 3{,}573 \text{ k}\Omega$$

com o valor comercial mais próximo de **3,6 kΩ**. Agora podemos testar a condição:

$$r_d \geq 10(R_D + R_S)$$

Temos

$$50 \text{ k}\Omega \geq 10(3{,}6 \text{ k}\Omega + 0{,}18 \text{ k}\Omega) = 10(3{,}78 \text{ k}\Omega)$$

e $$50 \text{ k}\Omega \geq 37{,}8 \text{ k}\Omega$$

que é satisfeita — a solução está correta!

8.13 TABELA-RESUMO

Para proporcionar uma comparação rápida entre as configurações e oferecer uma listagem que pode ser útil por várias razões, apresentamos a Tabela 8.1. As equações exata e aproximada para cada parâmetro relevante do circuito são fornecidas com uma faixa típica de valores para cada um. Embora todas as configurações possíveis não estejam presentes, incluímos as mais frequentemente encontradas. Na verdade, qualquer configuração não listada será provavelmente uma variação daquelas fornecidas na tabela, de forma que, pelo menos, a lista fornecerá algumas informações sobre quais os valores esperados e qual o caminho que provavelmente irá gerar as equações desejadas.

8.14 EFEITO DE R_L E R_{SIG}

Esta seção remete às seções 5.16 e 5.17 do capítulo sobre análise CA de pequenos sinais para TBJs que abordou o efeito da resistência de fonte e da resistência de carga no ganho CA de um amplificador. Novamente, são dois os métodos de análise. Podemos simplesmente substituir o modelo CA para o FET de interesse e realizar uma análise detalhada semelhante à situação sem carga, ou aplicar as equações de duas portas apresentadas na Seção 5.17.

Todas as equações de duas portas desenvolvidas para o transistor TBJ também se aplicam aos circuitos com FET porque as quantidades de interesse são definidas nos terminais de entrada e saída, e não nos componentes do sistema.

Tabela 8.1 Z_i, Z_o e A_v para várias configurações com FET.

Configuração	Z_i	Z_o	$A_v = \dfrac{V_o}{V_i}$
Polarização fixa [JFET ou D-MOSFET] 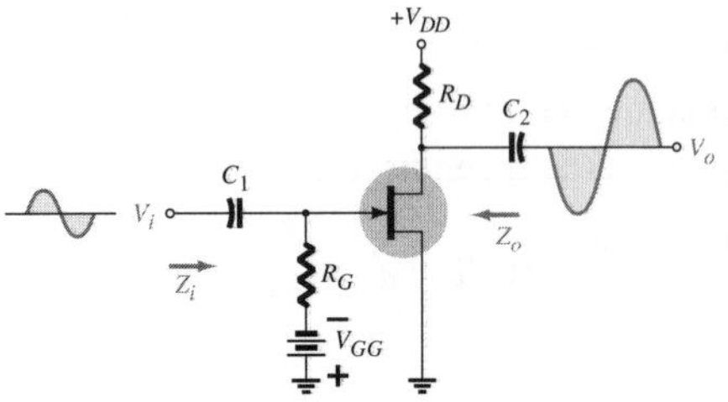	Alta (10 MΩ) $= R_G$	Média (2 kΩ) $= R_D \| r_d$ $\cong R_D$ $_{(r_d \geq 10 R_D)}$	Média (−10) $= -g_m(r_d \| R_D)$ $\cong -g_m R_D$ $_{(r_d \geq 10 R_D)}$
Autopolarização com R_S com desvio [JFET ou D-MOSFET] 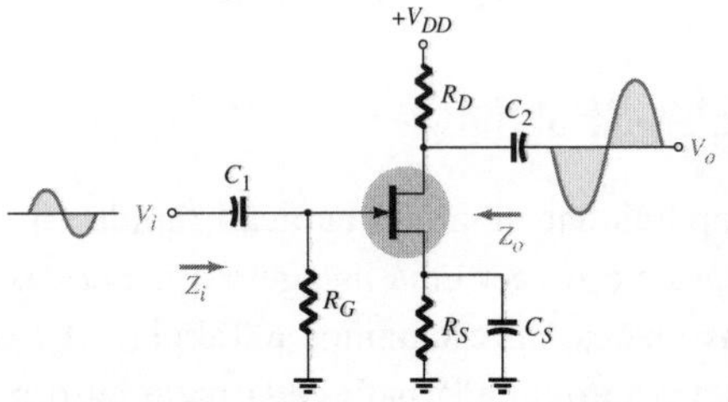	Alta (10 MΩ) $= R_G$	Média (2 kΩ) $= R_D \| r_d$ $\cong R_D$ $_{(r_d \geq 10 R_D)}$	Média (−10) $= -g_m(r_d \| R_D)$ $\cong -g_m R_D$ $_{(r_d \geq 10 R_D)}$
Autopolarização com R_S sem desvio [JFET ou D-MOSFET] 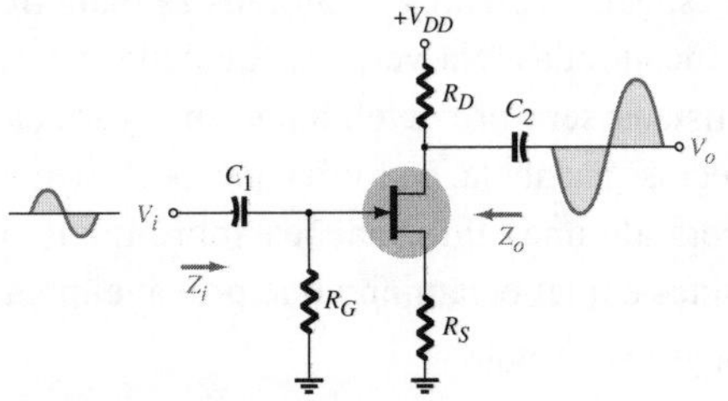	Alta (10 MΩ) $= R_G$	$= \dfrac{\left[1 + g_m R_S + \dfrac{R_S}{r_d}\right] R_D}{\left[1 + g_m R_S + \dfrac{R_S}{r_d} + \dfrac{R_D}{r_d}\right]}$ $= R_D$ $_{r_d \geq 10 R_D \text{ ou } r_d = \infty\ \Omega}$	Baixa (−2) $= \dfrac{g_m R_D}{1 + g_m R_S + \dfrac{R_D + R_S}{r_d}}$ $\cong \dfrac{g_m R_D}{1 + g_m R_S}$ $_{[r_d \geq 10 (R_D + R_S)]}$
Polarização por divisor de tensão [JFET ou D-MOSFET] 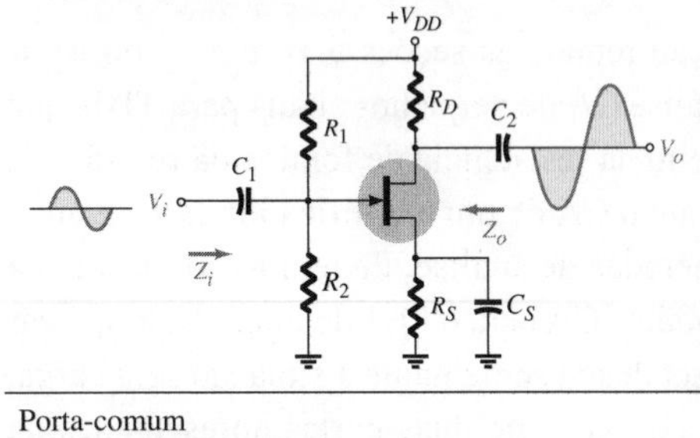	Alta (10 MΩ) $= R_1 \| R_2$	Média (2 kΩ) $= R_D \| r_d$ $\cong R_D$ $_{(r_d \geq 10 R_D)}$	Média (−10) $= -g_m(r_d \| R_D)$ $\cong -g_m R_D$ $_{(r_d \geq 10 R_D)}$
Porta-comum [JFET ou D-MOSFET] 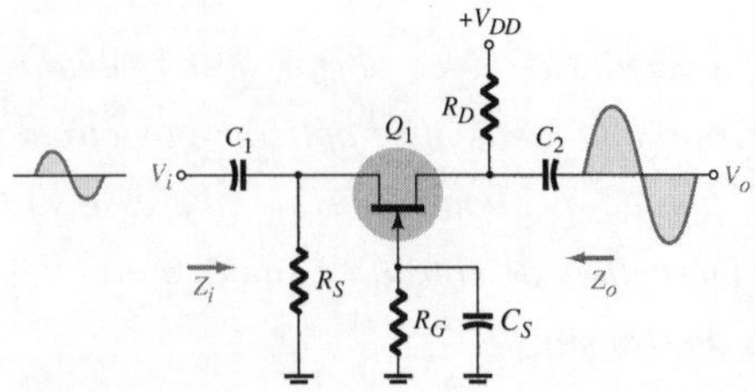	Baixa (1 kΩ) $= R_S \left\| \left[\dfrac{r_d + R_D}{1 + g_m r_d}\right]\right.$ $\cong R_S \left\| \dfrac{1}{g_m}\right.$ $_{(r_d \geq 10 R_D)}$	Média (2 kΩ) $= R_D \| r_d$ $\cong R_D$ $_{(R_d \geq 10 R_D)}$	Média (+10) $= \dfrac{g_m R_D + \dfrac{R_D}{r_d}}{1 + \dfrac{R_D}{r_d}}$ $\cong g_m R_D$ $_{(r_d \geq 10 RD)}$

(continua)

Tabela 8.1 Continuação.

Configuração	Z_i	Z_o	$A_v = \frac{V_o}{V_i}$
Seguidor de fonte [JFET ou D-MOSFET] 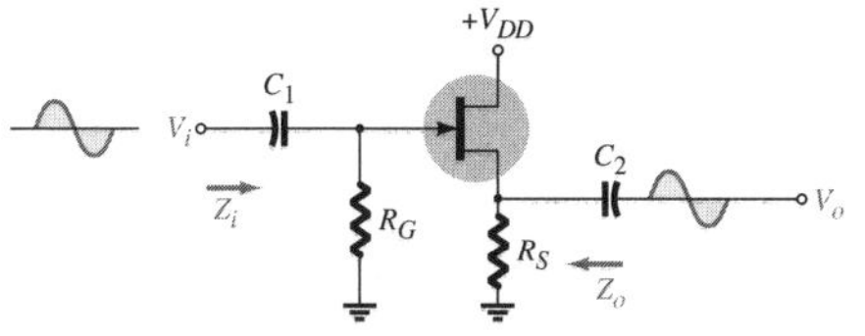	Alta (10 MΩ) $= R_G$	Baixa (100 kΩ) $= r_d \| R_S \| 1/g_m$ $\cong R_S \| 1 \| g_m$ $_{(r_d \geq 10\, R_S)}$	Baixa (<1) $= \frac{g_m(r_d \| R_S)}{1 + g_m(r_d \| R_S)}$ $\cong \frac{g_m R_S}{1 + g_m R_S}$ $_{(r_d \geq 10\, R_S)}$
Polarização com realimentação de dreno E-MOSFET 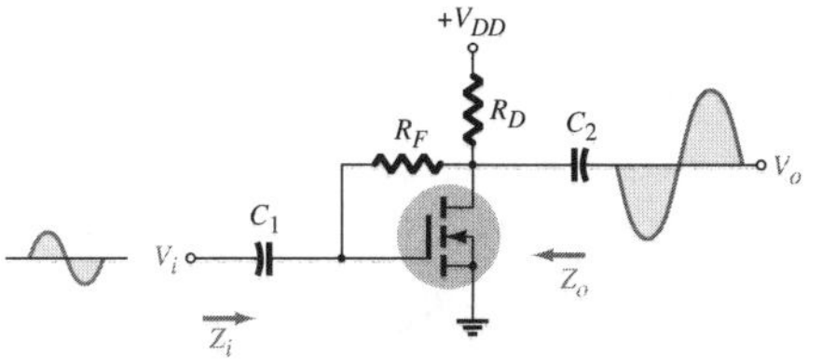	Média (1 MΩ) $= \frac{R_F + r_d \| R_D}{1 + g_m(r_d \| R_D)}$ $\cong \frac{R_F}{1 + g_m R_D}$ $_{(r_d \geq 10\, R_D)}$	Média (2 kΩ) $= R_F \| r_d \| R_D$ $\cong R_D$ $_{(R_F, r_d \geq 10 R_D)}$	Média (−10) $= -g_m(R_F \| r_d \| R_D)$ $\cong -g_m R_D$ $_{(R_F, r_d \geq 10 R_D)}$
Polarização por divisor de tensão E-MOSFET 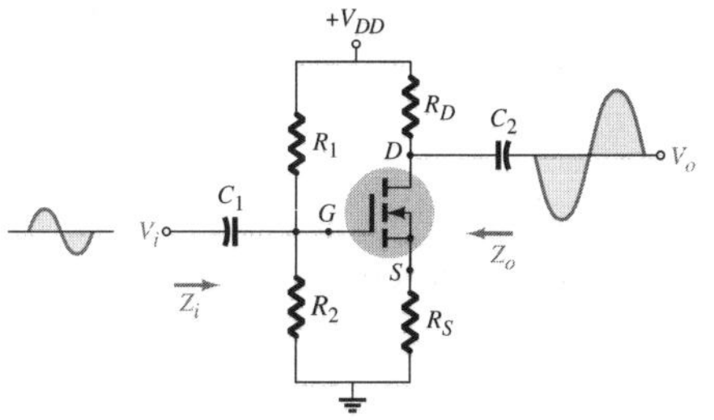	Média (1 MΩ) $= R_1 \| R_2$	Média (2 kΩ) $= R_D \| r_d$ $\cong R_D$ $_{(r_d \geq 10\, R_D)}$	Média (−10) $= -g_m(r_d \| R_D)$ $\cong -g_m R_D$ $_{(r_d \geq 10\, R_D)}$

Algumas das equações mais importantes são reproduzidas a seguir para proporcionar uma referência fácil à análise deste capítulo e para relembrar as conclusões:

$$A_{v_L} = \frac{R_L}{R_L + R_o} A_{v_{NL}} \tag{8.57}$$

$$A_i = -A_{v_L} \frac{Z_i}{R_L} \tag{8.58}$$

$$\begin{aligned} A_{v_s} &= \frac{V_o}{V_s} = \frac{V_i}{V_s} \cdot \frac{V_o}{V_i} \\ &= \left(\frac{R_i}{R_i + R_{sig}}\right)\left(\frac{R_L}{R_L + R_o}\right) A_{v_{NL}} \end{aligned} \tag{8.59}$$

Algumas das conclusões mais importantes sobre o ganho de configurações utilizando o transistor TBJ também são aplicáveis aos circuitos com FET. Elas incluem os seguintes fatos:

O maior ganho de um amplificador é o ganho sem carga.

O ganho com carga é sempre menor do que o ganho sem carga.

A impedância da fonte sempre reduzirá o ganho global abaixo do valor com ou sem carga.

De modo geral, portanto,

$$A_{v_{NL}} > A_{v_L} > A_{v_s} \tag{8.60}$$

No Capítulo 5, vimos que algumas configurações com TBJ são tais que a impedância de saída é sensível à impedância da fonte, ou a impedância de entrada é sensível à carga aplicada. Para circuitos com FET, no entanto:

Devido à alta impedância entre o terminal de porta e o canal, podemos supor de modo geral que a impedância de entrada não é afetada pelo resistor de carga e a impedância de saída não é afetada pela resistência de fonte.

É preciso, porém, estar sempre atento a situações especiais em que isso pode não ser totalmente verdadeiro. Vejamos, por exemplo, a configuração de realimentação que resulta em uma conexão direta entre os circuitos de entrada e de saída. Embora a resistência de realimentação costume ser muitas vezes maior do que a resistência de fonte, permitindo usar a aproximação de que a resistência de fonte seja essencialmente 0 Ω, ela realmente apresenta uma situação na qual a resistência de fonte possivelmente afetaria a resistência de saída ou a resistência de carga afetaria a impedância de entrada. De modo geral, contudo, devido à alta isolação existente entre a porta e os terminais de dreno e fonte, as equações gerais para o ganho com carga são menos complexas do que aquelas encontradas para os transistores TBJ. Lembre-se de que a corrente de base fornece uma relação direta entre circuitos de entrada e saída em qualquer configuração com transistor TBJ.

Para demonstrar cada método, examinaremos a configuração de autopolarização da Figura 8.45 com o resistor de fonte desviado. Substituir o modelo CA equivalente para o JFET resulta na configuração da Figura 8.46.

Note que a resistência de carga aparece em paralelo com a resistência de dreno e a resistência de fonte R_{sig} aparece em série com a resistência de porta R_G. Para o ganho de tensão global, o resultado é uma forma modificada da Equação 8.21:

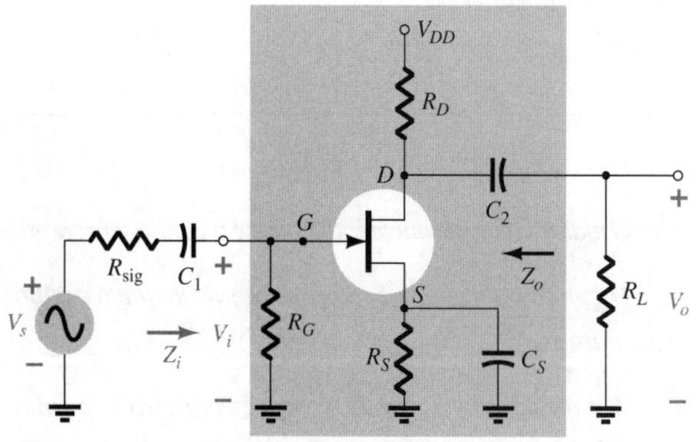

Figura 8.45 Amplificador JFET com R_{sig} e R_L.

$$A_{v_L} = \frac{V_o}{V_i} = -g_m(r_d \| R_D \| R_L) \tag{8.61}$$

A impedância de saída é a mesma que obtemos para a situação sem carga, sem uma resistência de fonte:

$$Z_o = r_d \| R_D \tag{8.62}$$

A impedância de entrada permanece como:

$$Z_i = R_G \tag{8.63}$$

Para o ganho global A_{v_S},

$$V_i = \frac{R_G V_S}{R_G + R_{sig}}$$

e

$$\begin{aligned} A_{v_S} &= \frac{V_o}{V_s} = \frac{V_i}{V_s} \cdot \frac{V_o}{V_i} \\ &= \left[\frac{R_G}{R_G + R_{sig}}\right][-g_m(r_d \| R_D \| R_L)] \end{aligned} \tag{8.64}$$

o qual, para a maioria das aplicações, nas quais $R_G >> R_{sig}$ e $R_D \| R_L << r_d$, resulta em:

$$A_{v_S} \cong -g_m(R_D \| R_L) \tag{8.65}$$

Se agora adotarmos a abordagem de duas portas para o mesmo circuito, a equação para o ganho global passará a ser

$$A_{v_L} = \frac{R_L}{R_L + R_o} A_{v_{NL}} = \frac{R_L}{R_L + R_o}[-g_m(r_d \| R_D)]$$

mas $R_o = R_D \| r_d$,

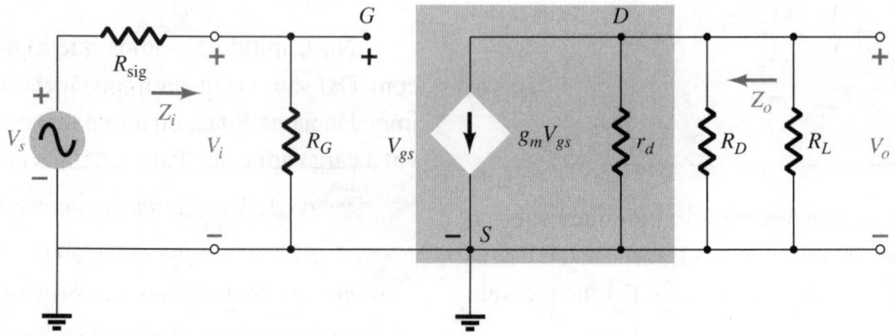

Figura 8.46 Circuito da Figura 8.45 após a substituição do JFET pelo seu circuito CA equivalente.

de modo que

$$A_{v_L} = \frac{R_L}{R_L + R_D \| r_d}[-g_m(r_d \| R_D)]$$
$$= -g_m \frac{(r_d \| R_D)(R_L)}{(r_d + R_D) + R_L}$$

e

$$A_{v_L} = -g_m(r_d \| R_D \| R_L)$$

o que coincide com o resultado anterior.

Essa dedução foi incluída para demonstrar que o mesmo resultado será obtido por qualquer um dos métodos. Se valores numéricos para R_i, R_o e A_{vNL} estiverem disponíveis, bastará substituir os valores na Equação 8.57.

Prosseguindo da mesma maneira para as configurações mais comuns, teremos as equações da Tabela 8.2.

8.15 CONFIGURAÇÃO EM CASCATA

A configuração em cascata apresentada no Capítulo 5 para os TBJs também pode ser usada com JFETs ou MOSFETs, como mostra a Figura 8.47 para JFETs. Lembramos que a saída de um estágio aparece como a entrada do estágio seguinte. A impedância de entrada do segundo estágio é a impedância de carga para o primeiro estágio.

O ganho total é o produto do ganho de cada estágio, incluindo os efeitos de carga do estágio seguinte.

Muitas vezes, o ganho sem carga é utilizado, e o ganho global é um resultado irreal. Para cada estágio, o efeito de carga do estágio seguinte deve ser incluído nos cálculos de ganho. Usar os resultados das seções anteriores deste capítulo resulta na seguinte equação para o ganho global da configuração da Figura 8.47:

$$A_v = A_{v_1}A_{v_2} = (-g_{m_1}R_{D_1})(-g_{m_2}R_{D_2}) = g_{m_1}g_{m_2}R_{D_1}R_{D_2} \quad (8.66)$$

A impedância de entrada do amplificador em cascata é a impedância do primeiro estágio,

$$Z_i = R_{G_1} \quad (8.67)$$

e a impedância de saída é a impedância do segundo estágio,

$$Z_o = R_{D_2} \quad (8.68)$$

A principal função de estágios em cascata é o maior ganho global obtido. Considerando que a polarização CC e os cálculos CA para um amplificador em cascata seguem aqueles deduzidos para os estágios individuais, um exemplo demonstrará os diversos cálculos para determinar a polarização CC e a operação CA.

EXEMPLO 8.16

Calcule a polarização CC, o ganho de tensão, a impedância de entrada, a impedância de saída e a tensão de saída resultante para o amplificador em cascata mostrado na Figura 8.48. Calcule a tensão de carga para o caso em que uma carga de 10 kΩ é conectada à saída.

Solução:

Ambos os estágios do amplificador têm a mesma polarização CC. Usando as técnicas de polarização CC do Capítulo 7, temos

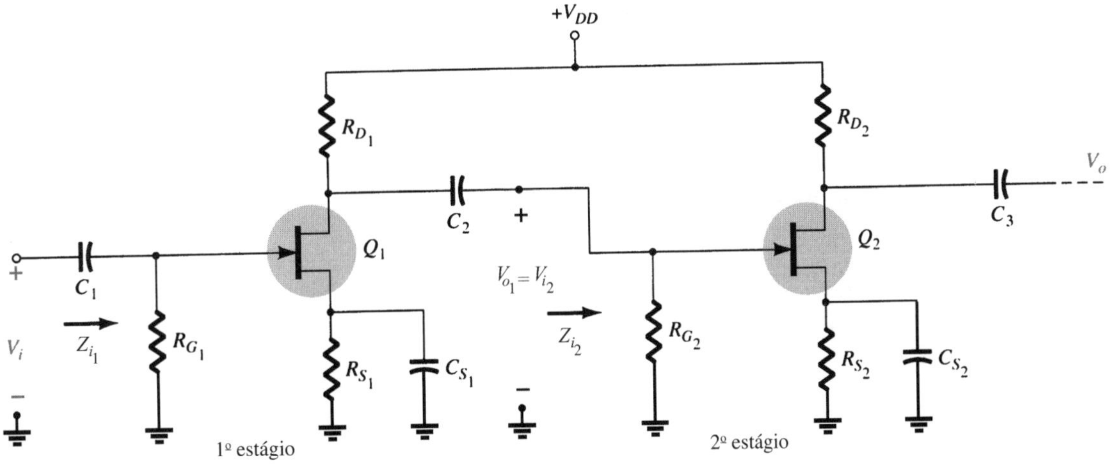

Figura 8.47 Amplificador FET em cascata.

Tabela 8.2

Configuração	$A_{v_L} = V_o\|V_i$	Z_i	Z_o
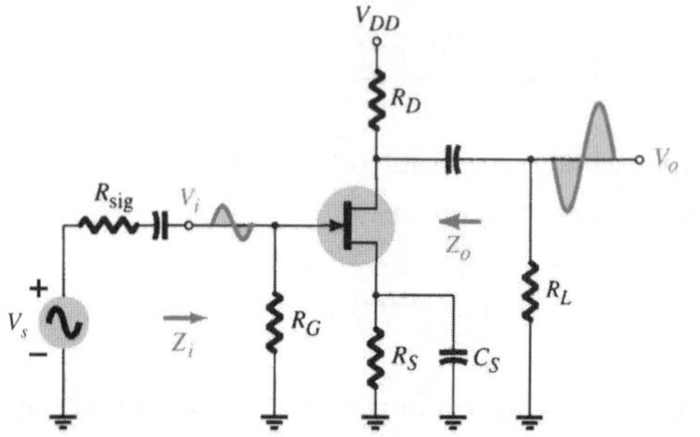	$-g_m(R_D\|R_L)$ Incluindo r_d: $-g_m(R_D\|R_L\|r_d)$	R_G R_G	R_D $R_D\|r_d$
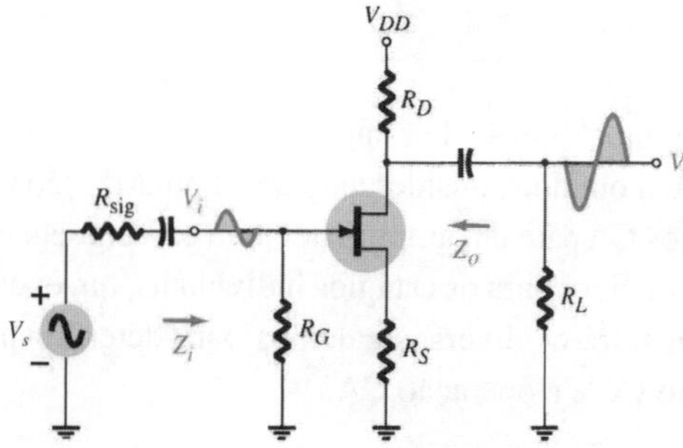	$\dfrac{-g_m(R_D\|R_L)}{1 + g_mR_S}$ Incluindo r_d: $\dfrac{-g_m(R_D\|R_L)}{1 + g_mR_S + \dfrac{R_D + R_S}{r_d}}$	R_G R_G	$\dfrac{R_D}{1 + g_mR_S}$ $\cong \dfrac{R_D}{1 + g_mR_S}$
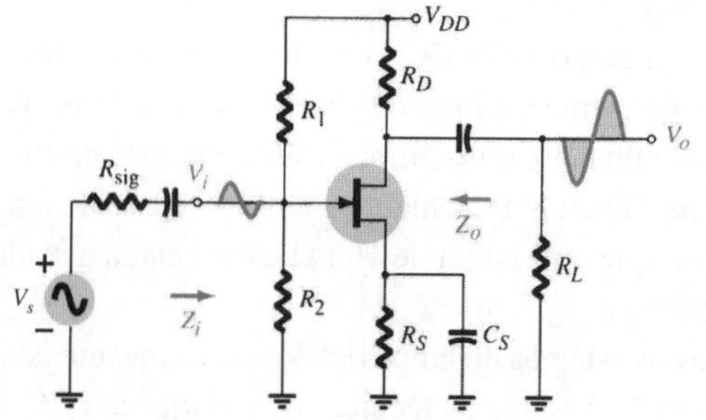	$-g_m(R_D\|R_L)$ Incluindo r_d: $-g_m(R_D\|R_L\|r_d)$	$R_1\|R_2$ $R_1\|R_2$	R_D $R_D\|r_d$
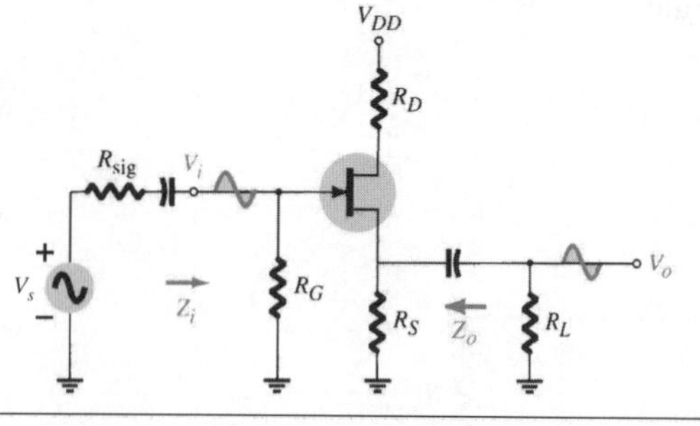	$\dfrac{g_m(R_S\|R_L)}{1 + g_m(R_S\|R_L)}$ Incluindo r_d: $= \dfrac{g_mr_d(R_S\|R_L)}{r_d + R_D + g_mr_d(R_S\|R_L)}$	R_G R_G	$R_S\|1/g_m$ $\dfrac{R_S}{1 + \dfrac{g_mr_dR_S}{r_d + R_D}}$
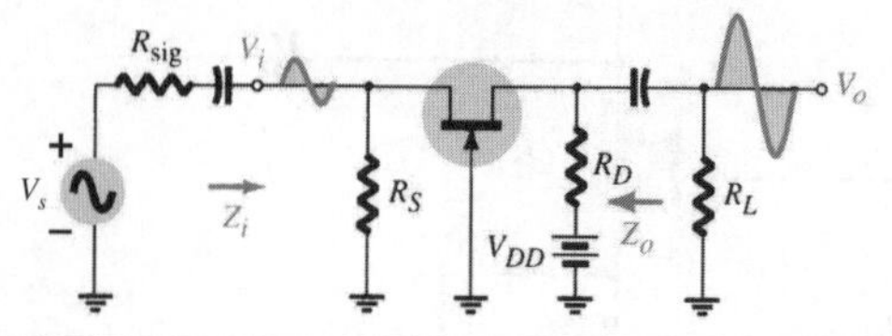	$g_m(R_D\|R_L)$ Incluindo r_d: $\cong g_m(R_D\|R_L)$	$\dfrac{R_S}{1 + g_mR_S}$ $Z_i = \dfrac{R_S}{1 + \dfrac{g_mr_dR_S}{r_d + R_D\|R_L}}$	R_D $R_D\|r_d$

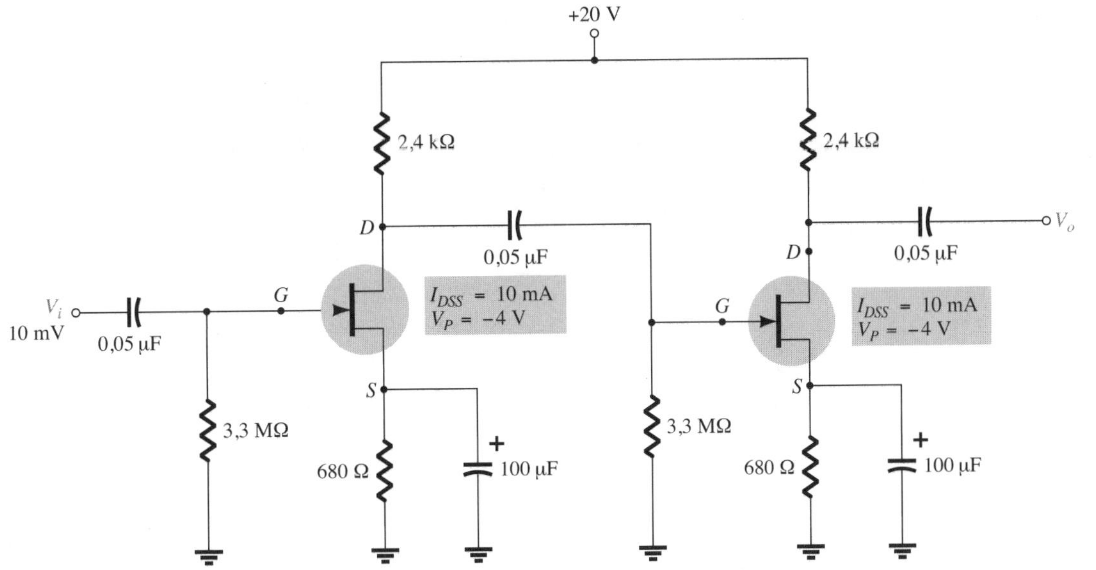

Figura 8.48 Circuito do amplificador em cascata para o Exemplo 8.16.

$$V_{GS_Q} = -1{,}9\text{ V}, \qquad I_{D_Q} = 2{,}8\text{ mA}$$

$$g_{m0} = \frac{2I_{DSS}}{|V_P|} = \frac{2(10\text{ mA})}{|-4\text{ V}|} = \mathbf{5\ mS}$$

e no ponto de polarização CC,

$$g_m = g_{m0}\left(1 - \frac{V_{GS_Q}}{V_P}\right)$$
$$= (5\text{ mS})\left(1 - \frac{-1{,}9\text{ V}}{-4\text{ V}}\right) = \mathbf{2{,}6\ mS}$$

Visto que não há carga no segundo estágio:

$$A_{v2} = -g_m R_D = -(2{,}6\text{ mS})(2{,}4\text{ k}\Omega) = \mathbf{-6{,}24}$$

Para o primeiro estágio, 2,4 kΩ‖3,3 MΩ ≃ 2,4 kΩ, o que resulta no mesmo ganho.
O ganho de tensão no amplificador em cascata é:
Equação 8.66:

$$A_v = A_{v1}A_{v2} = (-6{,}2)(-6{,}2) = \mathbf{38{,}4}$$

Devemos notar que o ganho total é positivo.
A tensão de saída é, então,

$$V_o = A_v V_i = (38{,}4)(10\text{ mV}) = \mathbf{384\ mV}$$

A impedância de saída do amplificador em cascata é

$$Z_i = R_G = \mathbf{3{,}3\ M\Omega}$$

A impedância de saída do amplificador em cascata (supondo que $r_d = \infty\ \Omega$) é:

$$Z_o = R_D = \mathbf{2{,}4\ k\Omega}$$

A tensão de saída através da carga de 10 kΩ é, portanto,

$$V_L = \frac{R_L}{Z_o + R_L}V_o$$
$$= \frac{10\text{ k}\Omega}{2{,}4\text{ k}\Omega + 10\text{ k}\Omega}(384\text{ mV}) = \mathbf{310\ mV}$$

Uma combinação de estágios FET e TBJ também pode ser usada para fornecer um alto ganho de tensão e uma alta impedância de entrada, como será demonstrado no exemplo a seguir.

EXEMPLO 8.17

Para o amplificador em cascata da Figura 8.49, utilize a polarização CC calculada nos exemplos 5.18 e 8.16 para calcular a impedância de entrada, a impedância de saída, o ganho de tensão e a tensão de saída resultante.

Solução:

Considerando-se que R_i (segundo estágio) = 15 kΩ‖4,7 kΩ‖200(6,5 Ω) = 953,6 Ω, o ganho do primeiro estágio (quando carregado pelo segundo estágio) é:

$$A_{v1} = -g_m[R_D \parallel R_i\text{ (segundo estágio)}]$$
$$= -2{,}6\text{ mS}(2{,}4\text{ k}\Omega \parallel 953{,}6\ \Omega) = -1{,}77$$

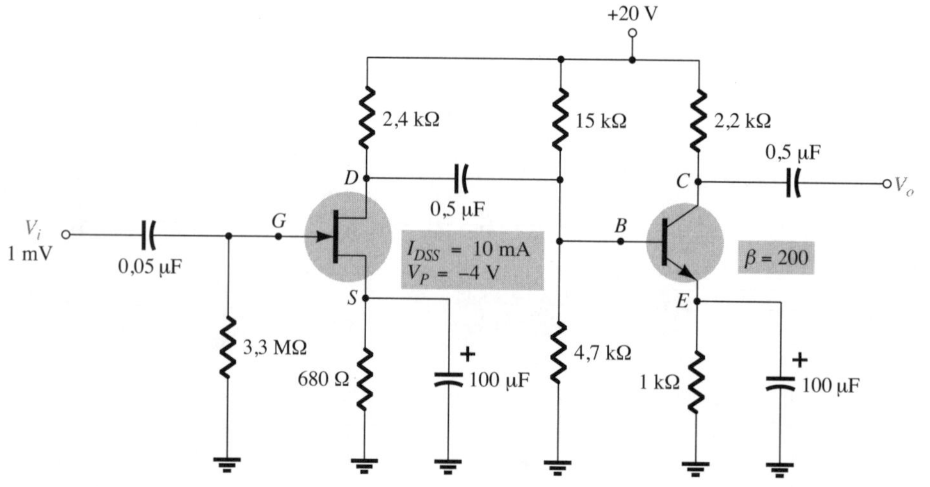

Figura 8.49 Amplificador em cascata JFET-TBJ para o Exemplo 8.17.

A partir do Exemplo 5.18, o ganho de tensão do segundo estágio é $A_{v2} = -338{,}46$. O ganho de tensão global é, portanto,

$$A_v = A_{v1}A_{v2} = (-1{,}77)(-338{,}46) = \mathbf{599{,}1}$$

E a tensão de saída é

$$V_o = A_v V_i = (599{,}1)(1 \text{ mV}) \approx \mathbf{0{,}6\ V}$$

A impedância de entrada do amplificador é a impedância do primeiro estágio,

$$Z_i = \mathbf{3{,}3\ M\Omega}$$

e a impedância de saída é a impedância do segundo estágio,

$$Z_o = R_D = \mathbf{2{,}2\ k\Omega}$$

8.16 ANÁLISE DE DEFEITOS

Como já mencionamos, a análise de defeitos em um circuito é uma combinação da teoria com a experiência no uso de multímetros e osciloscópios com o propósito de verificar sua operação. Um bom analista sabe o que verificar com base no comportamento dos circuitos. Essa capacidade é desenvolvida por meio de montagem, teste e reparação de uma ampla variedade de circuitos. Para qualquer amplificador de pequenos sinais, devem ser consideradas as seguintes etapas:

1. Observe a placa de circuito para ver se há algum problema evidente: uma área chamuscada por aquecimento excessivo de um componente; um componente que parece muito quente ao ser tocado; uma solda aparentemente malfeita; alguma conexão solta.
2. Utilize um multímetro CC: faça algumas medições seguindo o manual de reparo, que contém o diagrama esquemático do circuito e uma lista de tensões CC de teste.
3. Aplique um sinal de teste CA: meça as tensões CA, começando pela entrada e seguindo o caminho do sinal até a saída.
4. Se o problema for identificado em um determinado estágio do circuito, o sinal CA deve ser verificado em vários pontos por meio de um osciloscópio para que sejam visualizadas a forma de onda, sua polaridade, amplitude e frequência, assim como alguma falha presente nas formas de onda. Em particular, observe se o sinal realiza um ciclo completo.

Sintomas e ações possíveis

Na ausência de uma tensão CA de saída:

1. Verifique se a fonte de alimentação está adequadamente conectada.
2. Verifique se a tensão de saída em V_D está situada na faixa média entre 0 V e V_{DD}.
3. Verifique se há algum sinal de entrada CA no terminal de porta.
4. Verifique a tensão CA em cada terminal dos capacitores de acoplamento.

Ao montar e testar o circuito amplificador com FET em laboratório:

1. Verifique o código de cores dos resistores para se certificar de que estão corretos. Melhor ainda, meça o valor do resistor, pois componentes utilizados

repetidamente podem sofrer um superaquecimento quando usados inadequadamente, acarretando uma variação no valor nominal.

2. Verifique se todas as tensões CC estão presentes nos terminais do componente e se todas as ligações ao terra estão conectadas.

3. Meça o sinal de entrada CA para ter certeza de que o valor esperado é fornecido ao circuito.

8.17 APLICAÇÕES PRÁTICAS

Misturador de áudio de três canais

Os componentes básicos de um misturador de áudio JFET de três canais são mostrados na Figura 8.50. Os três sinais de entrada podem vir de diferentes fontes, como um microfone, um instrumento musical, geradores de som de fundo etc. Todos os sinais podem ser aplicados ao mesmo terminal de porta, pois a impedância de entrada do JFET é tão alta que pode ser aproximada por um circuito aberto. **De modo geral, a impedância de entrada é de 1000 MΩ (10^9 Ω) ou maior ainda para JFETs, e de 100 milhões de MΩ (10^{14} Ω) ou mais para MOSFETs.** Caso fossem usados TBJs em vez de JFETs, a impedância de entrada mais baixa exigiria um amplificador a transistor para cada canal ou pelo menos um seguidor de emissor no primeiro estágio para fornecer uma impedância de entrada maior.

Os capacitores de 10 μF estão presentes para evitar que quaisquer valores de polarização CC no sinal de entrada possam surgir na porta do JFET, e os potenciômetros de 1 MΩ são o controle de volume para cada canal. A necessidade de resistores de 100 kΩ para cada canal é menos óbvia. Seu propósito é garantir que um canal não sobrecarregue os outros, reduzindo ou distorcendo fortemente o sinal na porta. Por exemplo, na Figura 8.51(a), um canal está ligado a um microfone de alta impedância (10 kΩ), enquanto outro canal está ligado a um amplificador de guitarra de baixa impedância (0,5 kΩ). O canal 3 é deixado aberto, e os resistores de isolação de 100 kΩ foram removidos por enquanto. Substituir os capacitores por seu equivalente de curto-circuito para a faixa de frequência de interesse e ignorar os efeitos dos potenciômetros paralelos de 1 MΩ (ajustados para seu valor máximo) resulta no circuito equivalente da Figura 8.51(b) na porta do amplificador com JFET. Utilizando o teorema da superposição, a tensão na entrada do JFET é determinada por:

$$\begin{aligned} v_G &= \frac{0{,}5\,\text{k}\Omega(v_{\text{mic}})}{10{,}5\,\text{k}\Omega} + \frac{10\,\text{k}\Omega(v_{\text{guitarra}})}{10{,}5\,\text{k}\Omega} \\ &= 0{,}047v_{\text{mic}} + 0{,}95v_{\text{guitarra}} \cong v_{\text{guitarra}} \end{aligned}$$

o que mostra claramente que a guitarra abafou o sinal do microfone. A única resposta do amplificador da Figura 8.51 será a da guitarra. Agora, estando os resistores de 100 kΩ em seus devidos lugares, obtemos a situação vista na Figura 8.51(c). Utilizando novamente o teorema da superposição, a equação para a tensão na porta passa a ser:

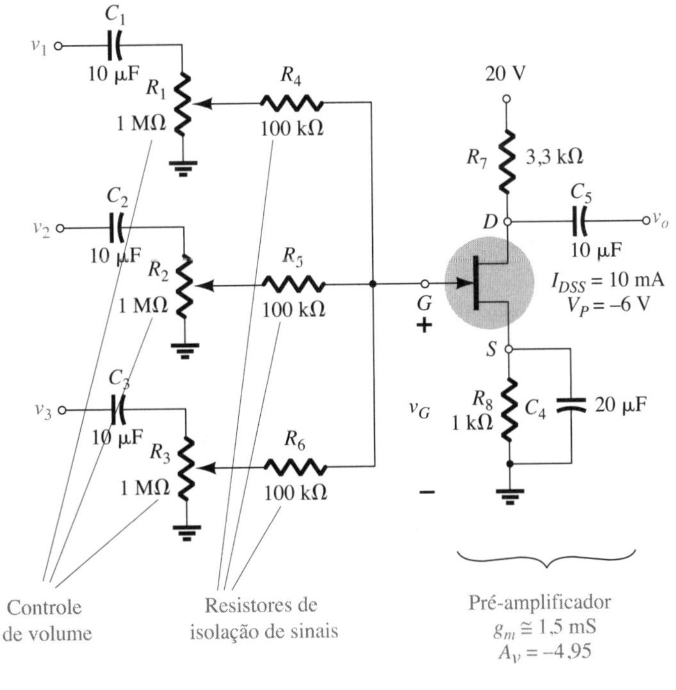

Figura 8.50 Componentes básicos de um misturador de áudio JFET de três canais.

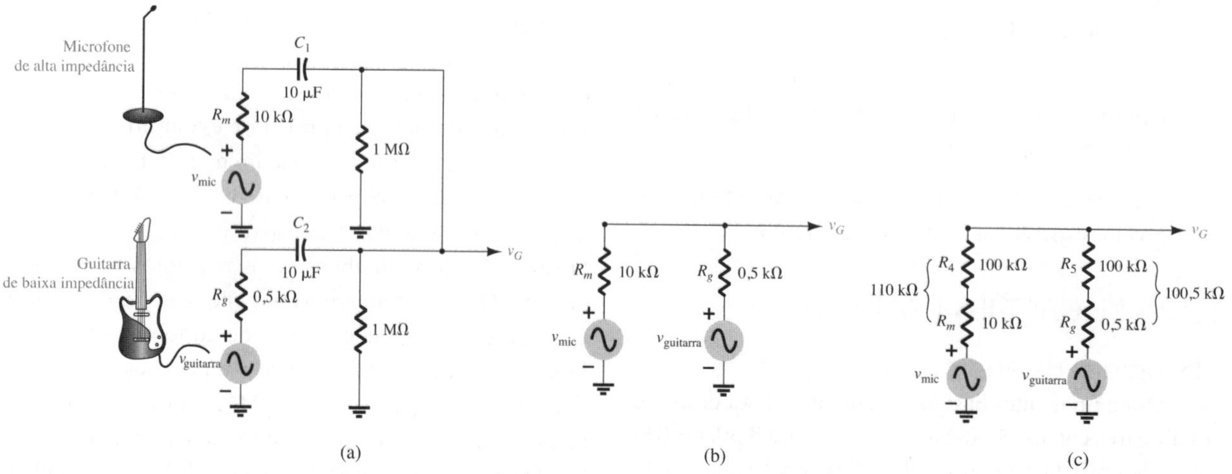

Figura 8.51 (a) Aplicação de uma fonte de alta impedância e outra de baixa impedância ao misturador da Figura 8.50; (b) equivalente reduzido sem os resistores de isolação de 100 kΩ; (c) equivalente reduzido com os resistores de 100 kΩ.

$$v_G = \frac{101\,\text{k}\Omega(v_{\text{mic}})}{211\,\text{k}\Omega} + \frac{110\,\text{k}\Omega(v_{\text{guitarra}})}{211\,\text{k}\Omega}$$
$$\cong 0{,}48v_{\text{mic}} + 0{,}52v_{\text{guitarra}}$$

o que mostra um equilíbrio nos sinais na porta do JFET. **Em geral, portanto, os resistores de 100 kΩ compensam qualquer diferença na impedância de sinal para garantir que um não sobrecarregue o outro e desenvolva um nível misturado de sinais no amplificador. Tecnicamente são chamados de "resistores de isolação de sinais".**

Uma consequência interessante de uma situação como a descrita na Figura 8.51(b) é mostrada na Figura 8.52, na qual uma guitarra de baixa impedância tem um nível de sinal de cerca de 150 mV, enquanto o microfone, tendo uma impedância interna maior, possui um sinal de apenas 50 mV. Como já demonstrado, a maior parte do sinal no ponto de "alimentação" (v_G) vem da guitarra. O sentido resultante da corrente e do fluxo de potência é indiscutivelmente da guitarra para o microfone. **Então, visto que a construção básica de um microfone e de um alto-falante é bastante similar, o microfone pode ser forçado a agir como alto-falante e reproduzir o sinal da guitarra.** As novas bandas acústicas muitas vezes se deparam com esse problema enquanto aprendem os rudimentos básicos de uma boa amplificação. **Em geral, para sinais paralelos, o canal que tem menor impedância interna controla a situação.**

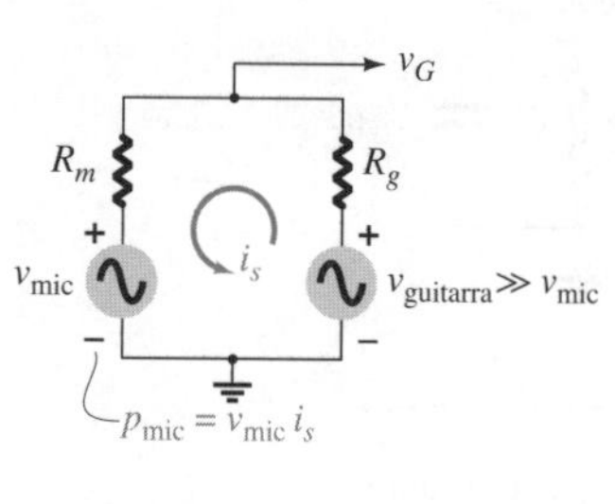

Figura 8.52 Demonstração de que, para sinais paralelos, o canal com a menor impedância interna e maior potência controla a situação.

Na Figura 8.50, o ganho do JFET autopolarizado é determinado por $-g_m R_D$, que nesta situação equivale a:

$$-g_m R_D = (-1{,}5\text{ mS})(3{,}3\text{ k}\Omega) = \mathbf{-4{,}95}$$

Para alguns, pode ser uma surpresa o fato de um microfone poder funcionar como um alto-falante. No entanto, o exemplo clássico do uso de um cone de voz como microfone e alto-falante é o sistema de intercomunicação mostrado na Figura 8.53(a). O alto-falante de 8 Ω e 0,2 W da Figura 8.53(b) pode ser utilizado como um microfone ou um alto-falante, dependendo da posição da chave de ativação. Mas é importante observar que, como no exemplo do microfone-guitarra mencionado, a maioria dos alto-falantes é desenvolvida para lidar com níveis de potência razoáveis, mas a maioria dos microfones é projetada para simplesmente aceitar uma entrada ativada por voz, e não suportam os níveis de potência normalmente associados a um alto-falante. É possível verificar esse fato comparando o tamanho de cada um em um sistema de áudio. De modo geral, uma situação como a descrita, em que o sinal da guitarra é ouvido no microfone, acabará por danificá-lo. Em um sistema de intercomunicação, o alto-falante é desenvolvido para trabalhar com ambos os tipos de excitação sem dificuldades.

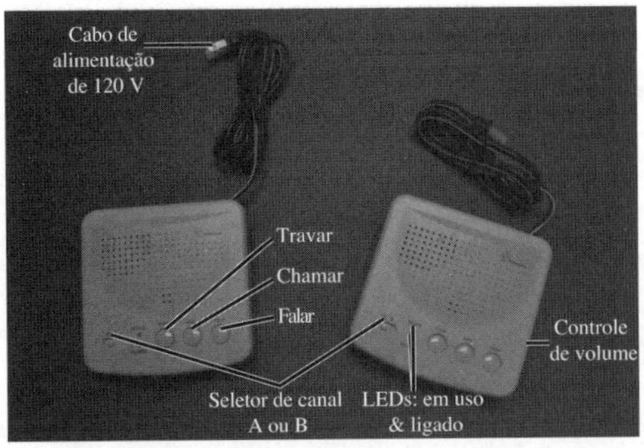

(a)

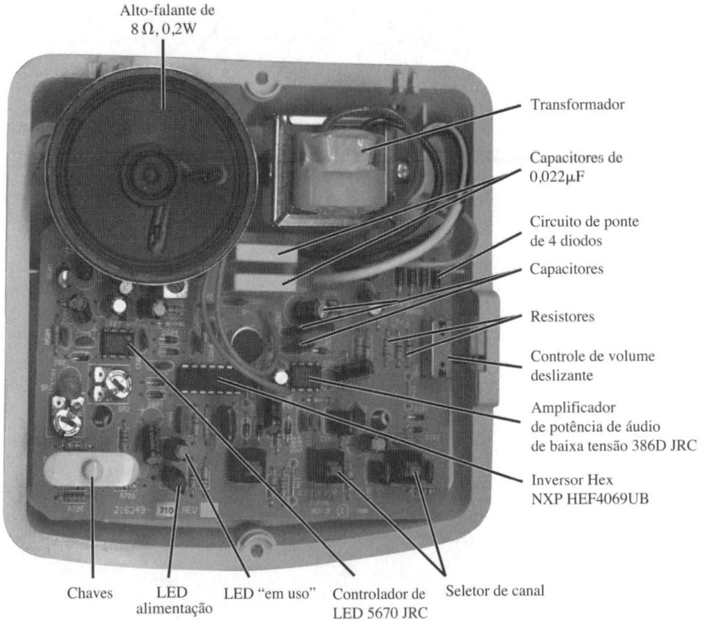

(b)

Figura 8.53 Intercomunicador de dois canais, duas estações: (a) aparência externa; (b) estrutura interna. (Fotos de Dan Trudden/Pearson.)

Chaveamento silencioso

Qualquer sistema eletrônico que incorpore um chaveamento mecânico, como aquele mostrado na Figura 8.54, tende a desenvolver um ruído na linha que reduz a relação sinal-ruído. Quando a chave dessa figura é aberta e fechada, o sinal de saída é acompanhado de um ruído irritante. Além disso, fios mais longos normalmente associados a chaves mecânicas requerem que a chave esteja o mais próximo possível do amplificador para reduzir a absorção de ruído na linha.

Um método eficaz para eliminar essa fonte de ruído é utilizar um chaveamento eletrônico como o que vemos na Figura 8.55(a) para um circuito misturador de dois canais. Vimos no Capítulo 7 que o canal dreno-fonte de um JFET para valores baixos de V_{DS} pode ser visto como uma resistência cujo valor é determinado pela tensão

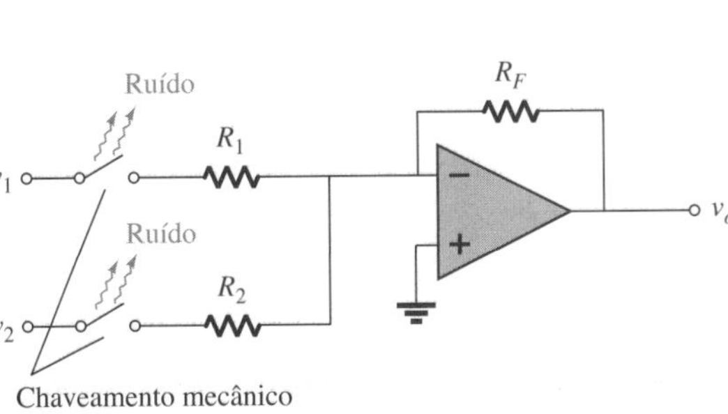

Figura 8.54 Geração de ruído devido a chaveamento mecânico.

aplicada porta-fonte, como descrito com detalhes na Seção 7.13. Além disso, sabemos que a resistência é mínima em V_{GS} = 0 V e máxima próximo à tensão de *pinch-off*. Na Figura 8.55(a), os sinais a serem misturados são aplicados ao dreno de cada JFET e o controle CC é conectado diretamente ao terminal porta de cada JFET. Com 0 V em cada terminal de controle, ambos os JFETs estão fortemente no estado "ligado", e as resistências de D_1 para S_1 e de D_2 para S_2 são relativamente pequenas (de, digamos, 100 Ω) nesse caso. Apesar de 100 Ω não ser o suposto 0 Ω de uma chave ideal, ela é tão pequena comparada ao resistor de 47 kΩ em série, que normalmente pode ser ignorada. Ambas as chaves estão, portanto, na posição "ligada", e ambos os sinais de entrada conseguem chegar à entrada do amplificador inversor (a ser apresentado no Capítulo 10), como mostra a Figura 8.55(b). Em particular, observe que os valores dos resistores escolhidos resultam em um sinal de saída que é simplesmente uma inversão da soma dos dois sinais. O estágio amplificador a seguir elevará essa soma a níveis de áudio.

Ambas as chaves eletrônicas podem ser colocadas no estado "desligado" aplicando-se uma tensão mais negativa que o valor de *pinch-off*, como indicam os –10 V da Figura 8.55(a). O valor de resistência "desligada" pode alcançar 10.000 MΩ, o que certamente pode ser aproximado por um circuito aberto para a maioria das aplicações. Como ambos os canais estão isolados, um pode estar "ligado" e o outro, "desligado". A velocidade de operação de uma chave JFET

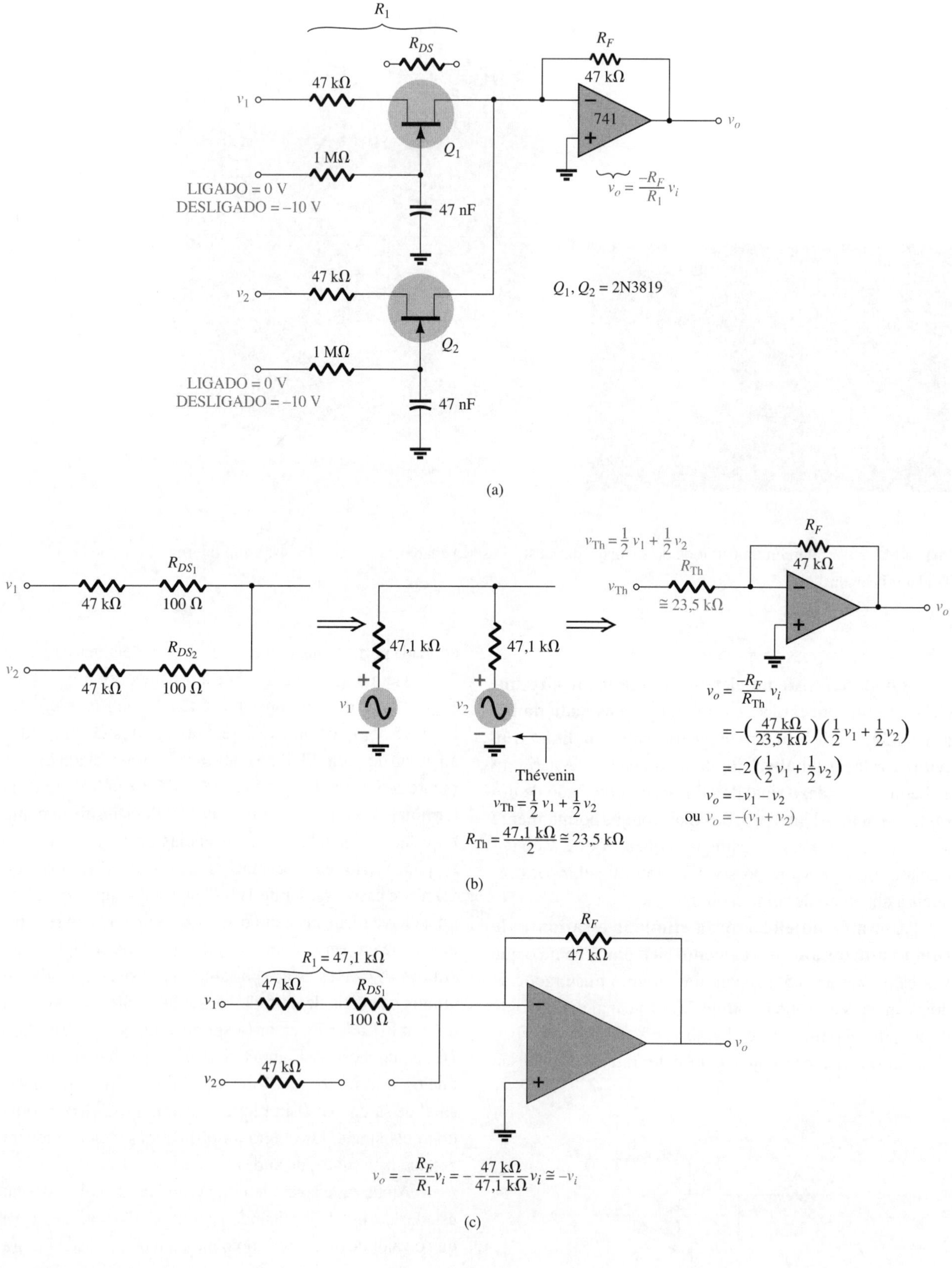

Figura 8.55 Circuito de áudio de chaveamento silencioso: (a) configuração com JFET; (b) com ambos os sinais presentes; (c) com um sinal ligado.

é controlada pelo substrato (devido à construção do dispositivo), pelas capacitâncias parasitas e pela baixa resistência "ligada" do JFET. **As velocidades máximas dos JFETs são de cerca de 100 MHz, sendo a mais comum a de 10 MHz.** No entanto, essa velocidade é fortemente reduzida pela resistência e pela capacitância de entrada do projeto. Na Figura 8.55(a), o resistor de 1 MΩ e os capacitores de 47 nF têm uma constante de tempo de $\tau = RC = 47$ ms $=$ 0,047 s para o circuito de carga CC que controla a tensão na porta. Presumindo duas constantes de tempo para carregar até o valor de *pinch-off*, o tempo total é de 0,094 s ou uma velocidade de chaveamento de 1/0,094 s ≅ 10,6 por segundo. Comparado à velocidade típica de chaveamento do JFET, a 10 milhões de vezes em 1 s, esse número é extremamente pequeno. Devemos ter em mente, no entanto, que o que importa é a aplicação e, para um misturador comum, o chaveamento não ocorre em velocidades acima de 10,6 por segundo, a menos que haja sinais radicais de entrada. Podemos perguntar por que é necessária uma constante de tempo *RC* na porta. Por que não deixar simplesmente o nível CC aplicado na porta controlar o estado do JFET? De modo geral, a constante de tempo *RC* garante que o sinal de controle não seja falso, gerado por ruído ou por oscilações devidas a bruscas variações nos pulsos aplicados à porta. Utilizando um circuito de carga, garantimos que o nível CC deve estar presente por um período de tempo antes que o nível de *pinch-off* seja atingido. Qualquer pulso aleatório na linha não durará o suficiente para carregar o capacitor e mudar o estado do JFET.

É importante notar **que a chave JFET é uma chave bilateral**. Isto é, sinais no estado "ligado" podem passar através pela região dreno-fonte em ambos os sentidos. É assim, obviamente, que as chaves mecânicas comuns funcionam, o que torna muito fácil a substituição de projetos de chaveamento mecânicos por eletrônicos. Vale lembrar que o diodo não é uma chave bilateral, pois ele pode conduzir corrente em baixa tensão em um único sentido.

Observe que, **considerando-se que o estado dos JFETs pode ser controlado por um valor CC, o projeto da Figura 8.55(a) permite o seu controle por computador e remotamente** pelas mesmas razões descritas no Capítulo 7, quando o controle CC foi discutido.

A folha de dados de uma chave analógica JFET de baixo custo é mostrada na Figura 8.56. Observe em "Tensão de corte de dreno" que a tensão de *pinch-off* $V_{GS} = V_P$ é tipicamente –10 V em uma tensão dreno-fonte de 12 V. Além disso, um valor de corrente de 10 nA é utilizado para definir o valor de *pinch-off*. O valor de I_{DSS} é 15 mA, ao passo que a resistência dreno-fonte é bastante baixa (cerca de 150 Ω) com $V_{GS} = 0$ V. O tempo gasto para ligar é bastante curto, 10 ns ($t_d + t_r$), enquanto o tempo gasto para desligar é de 25 ns.

Circuitos de deslocamento de fase

Por meio da característica de resistência dreno-fonte controlada por tensão de um JFET, o ângulo de fase de um sinal pode ser controlado utilizando-se as configurações da Figura 8.57. O circuito da Figura 8.57(a) é de avanço de fase, que adiciona um ângulo ao sinal aplicado, enquanto o circuito da Figura 8.57(b) é uma configuração de atraso de fase, que cria um deslocamento de fase negativo.

Consideremos, por exemplo, o efeito de R_{DS} em um sinal de entrada que tenha uma frequência de 10 kHz e seja aplicado ao circuito da Figura 8.57(a). Para efeito de discussão, digamos que a resistência dreno-fonte seja de 2 kΩ devido a uma tensão aplicada porta-fonte de –3 V. Desenhando o circuito equivalente, temos a configuração geral da Figura 8.58. Calcular a tensão de saída resultará em

$$\begin{aligned} \mathbf{V}_o &= \frac{R_{DS}\angle 0^\circ\, V_i\angle 0^\circ}{R_{DS} - jX_C} = \frac{R_{DS}V_i\angle 0^\circ}{\sqrt{R_{DS}^2 + X_C^2}\angle - \operatorname{tg}^{-1}\dfrac{X_C}{R_{DS}}} \\ &= \frac{R_{DS}V_i}{\sqrt{R_{DS}^2 + X_C^2}}\angle \operatorname{tg}^{-1}\frac{X_C}{R_{DS}} \\ &= \left(\frac{R_{DS}}{\sqrt{R_{DS}^2 + X_C^2}}\right)V_i\angle \operatorname{tg}^{-1}\frac{X_C}{R_{DS}} \end{aligned}$$

de maneira que $V_o = k_1 V_i \angle\theta_1$

onde

$$k_1 = \frac{R_{DS}}{\sqrt{R_{DS}^2 + X_C^2}} \quad \text{e} \quad \theta_1 = \operatorname{tg}^{-1}\frac{X_C}{R_{DS}} \tag{8.69}$$

A substituição dos valores numéricos nas expressões anteriores resulta em

$$\begin{aligned} X_C &= \frac{1}{2\pi fC} = \frac{1}{2\pi(10\text{ kHz})(0{,}01\ \mu\text{F})} \\ &= 1{,}592\text{ k}\Omega \end{aligned}$$

e

$$\begin{aligned} k_1 &= \frac{R_{DS}}{\sqrt{R_{DS}^2 + X_C^2}} \\ &= \frac{2\text{ k}\Omega}{\sqrt{(2\text{ k}\Omega)^2 + (1{,}592\text{ k}\Omega)^2}} = 0{,}782 \end{aligned}$$

com

$$\begin{aligned} \theta_1 &= \operatorname{tg}^{-1}\frac{X_C}{R_{DS}} = \operatorname{tg}^{-1}\frac{1{,}592\text{ k}\Omega}{2\text{ k}\Omega} \\ &= \operatorname{tg}^{-1}0{,}796 = 38{,}52^\circ \end{aligned}$$

de modo que $V_o = 0{,}782V_i\angle 38{,}52^\circ$

e um sinal de saída que é 78,2% do sinal aplicado, mas com um deslocamento de fase de 38,52°.

Portanto, de modo geral, o circuito da Figura 8.57(a) pode introduzir um deslocamento de fase positivo que vai

ON Semiconductor™

JFET de Chaveamento

Canal *n* – Depleção

ESPECIFICAÇÕES MÁXIMAS

Especificações	Símbolo	Valor	Unidade
Tensão dreno-forte	V_{DS}	25	V_{CC}
Tensão dreno-porta	V_{DG}	25	V_{CC}
Tensão porta-fonte	V_{GS}	25	V_{CC}
Corrente direta de porta	U_{GF}	10	mA_{CC}
Dissipação total do dispositivo @ TC = 25ºC	P_D	350	mW
Fator de redução acima de 25ºC		2,8	mW/ºC
Faixa de temperatura de junção	T_J	– 65 a + 150	ºC
Faixa de temperatura de armazenamento	T_{stg}	– 65 a + 150	ºC

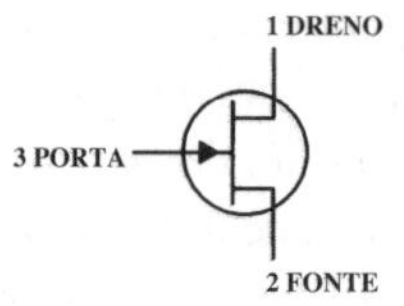

CARACTERÍSTICAS ELÉTRICAS (T_A = 25 ºC a menos que outro valor seja especificado)

Características	Símbolo	Mín	Máx	Unidade
CARACTERÍSTICAS EM ESTADO DESLIGADO				
Tensão de ruptura porta-fonte ($1_G = 10\mu A_{CC}$, $V_{DS} = 0$)	$V_{(BR)GSS}$	25		V_{CC}
Corrente reversa de porta ($V_{GS} = 15\ V_{CC}$, $V_{DS} = 0$)	I_{GSS}		1,0	nA_{CC}
Corrente de corte de dreno ($V_{DS} = 12\ V_{CC}$, $V_{GS} = -10$ V) ($V_{DS} = 12\ V_{CC}$, $V_{GS} = -10$ V, $T_A - 100$ºC	$I_{D(\text{desligado})}$		10 2,0	nA_{CC} A_{CC}
CARACTERÍSTICAS EM ESTADO LIGADO				
Corrente de dreno com tensão zero de porta (1) ($V_{DS} = 15\ V_{CC}$, $V_{GS} = 0$)	I_{DSS}	15		mA_{CC}
Tensão direta porta-fonte ($I_{G(f)} = 1{,}0\ mA_{CC}$, $V_{DS} = 0$)	$V_{GS(f)}$		1,0	V_{CC}
Tensão ligada dreno-fonte ($I_D = 7{,}0\ mA_{CC}$, $V_{GS} = 0$)	$V_{DS(\text{ligado})}$		1,5	V_{CC}
Resistência ligada estática dreno-fonte ($I_D = 0{,}1\ mA_{CC}$, $V_{GS} = 0$)	$r_{DS(\text{ligado})}$		150	Ohms

1. Pulso de teste: largura de pulso < 300μs, ciclo de trabalho < 3,0%

Características		Símbolo	Mín	Máx	Unidade
CARACTERÍSTICAS DE PEQUENO SINAL					
Resistência LIGADA dreno-fonte para pequeno sinal ($V_{GS} = 0$, $I_D = 0$, $f = 1{,}0$ kHz)		$r_{ds(\text{ligado})}$		150	Ohms
Capacitância de entrada ($V_{DS} = 15\ V_{CC}$, $V_{GS} = 0$, $f = 1{,}0$ MHz)		C_{iss}		5,0	pF
Capacitância de transferência reversa ($V_{DS} = 0$, $V_{GS} = 10\ V_{CC}$, $f = 1{,}0$ MHz)		C_{rss}		1,2	pF
CARACTERÍSTICAS DE CHAVEAMENTO					
Tempo de atraso de ligação	($V_{DD} = 10\ V_{CC}$, $I_{D(\text{ligado})} = 7{,}0\ mA_{CC}$, $V_{GS(\text{ligado})} = 0$, $V_{GS(\text{desligado})} = -10\ V_{CC}$)	$t_{d(\text{ligado})}$		5,0	ns
Tempo de subida		t_r		5,0	ns
Tempo de atrado de desligamento	($V_{DD} = 10\ V_{CC}$, $I_{D(\text{ligado})} = 7{,}0\ mA_{CC}$, $V_{GS(\text{ligado})} = 0$, $V_{GS\ (\text{desligado})} = -10\ V_{CC}$)	$t_{d(\text{desligado})}$		15	ns
Tempo de subida		t_t		10	ns

Figura 8.56 Folha de dados de uma chave de corrente JFET analógica de baixo custo. (© by Semiconductor Components Industries, LLC. Utilizado com permissão.)

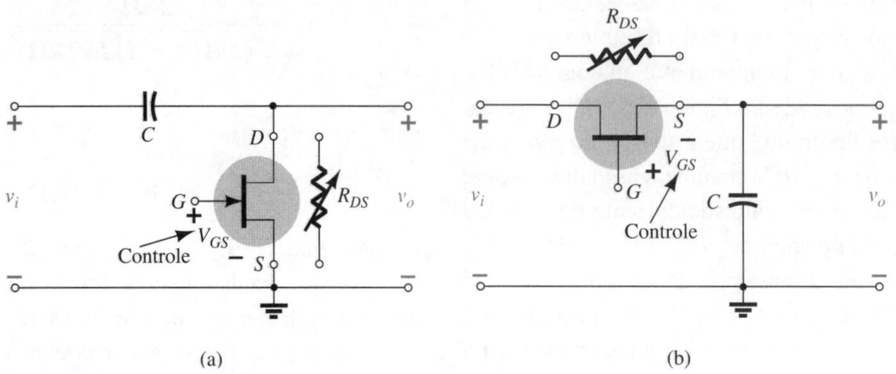

Figura 8.57 Circuito de deslocamento de fase: (a) avanço; (b) atraso.

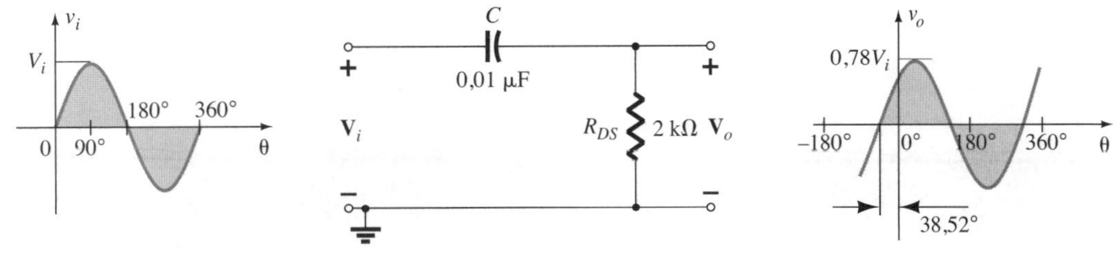

Figura 8.58 Circuito *RC* de avanço de fase.

de alguns graus (com X_C relativamente pequeno se comparado a R_{DS}) a quase 90° (com X_C relativamente grande se comparado a R_{DS}). Tenha em mente, porém, que para valores fixos de R_{DS}, à medida que a frequência aumenta, X_C é reduzido e o deslocamento de fase se aproxima de 0°. Para frequências decrescentes e um R_{DS} fixo, o deslocamento de fase se aproximará de 90°. Também é importante notar que, para um R_{DS} fixo, um valor crescente de X_C resulta na diminuição do valor de V_o. Para um circuito assim, um equilíbrio entre o ganho e o deslocamento de fase desejado terá que ser estabelecido.

Para o circuito da Figura 8.57(b), a equação resultante é

$$\boxed{\mathbf{V}_o = k_2 V_i \angle \theta_2} \tag{8.70}$$

onde

$$k_2 = \frac{X_C}{\sqrt{R_{DS}^2 + X_C^2}} \quad \text{e} \quad \theta_2 = -\ \text{tg}^{-1}\frac{R_{DS}}{X_C}$$

Sistema de detecção de movimento

Os componentes básicos de um sistema de detecção de movimento infravermelho passivo (IVP) são mostrados na Figura 8.59. O coração do sistema é o **detector piroelétrico que gera uma tensão que varia de acordo com a quantidade de calor incidente**. Ele filtra tudo menos a radiação infravermelha de uma área específica e foca a energia em um elemento sensível à temperatura. Vimos no Capítulo 7, Seção 7.13, que a faixa infravermelha é uma faixa invisível imediatamente abaixo do espectro da luz visível. **Detectores passivos não emitem sinal, mas simplesmente respondem ao fluxo de energia do ambiente.**

Uma visão externa e interna de uma unidade comercialmente disponível é mostrada nas figuras 8.60(a) e (b). Ela possui quatro lentes intercambiáveis para cobertura de diferentes áreas. Para o que nos interessa, a opção "animal de estimação" foi selecionada com a cobertura indicada na Figura 8.60(c). A unidade é colocada a uma altura de 2,30 m e opera a uma tensão CC de 8,5 V a 15,4 V, consumindo uma corrente de 17 mA em 12 V CC. A área de

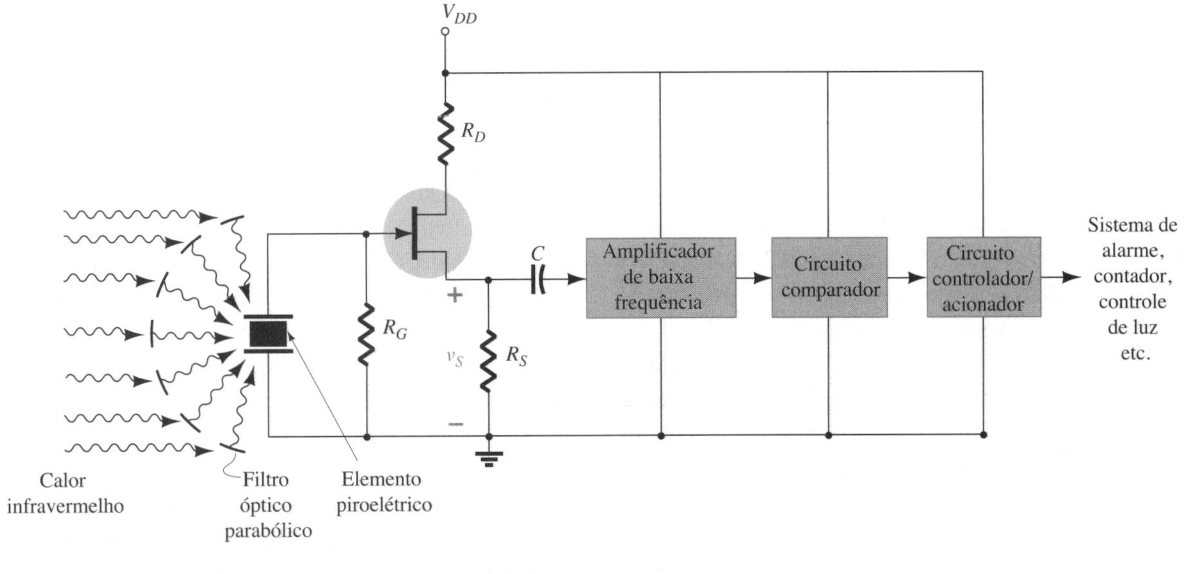

Figura 8.59 Sistema de detecção de movimento infravermelho passivo (IVP).

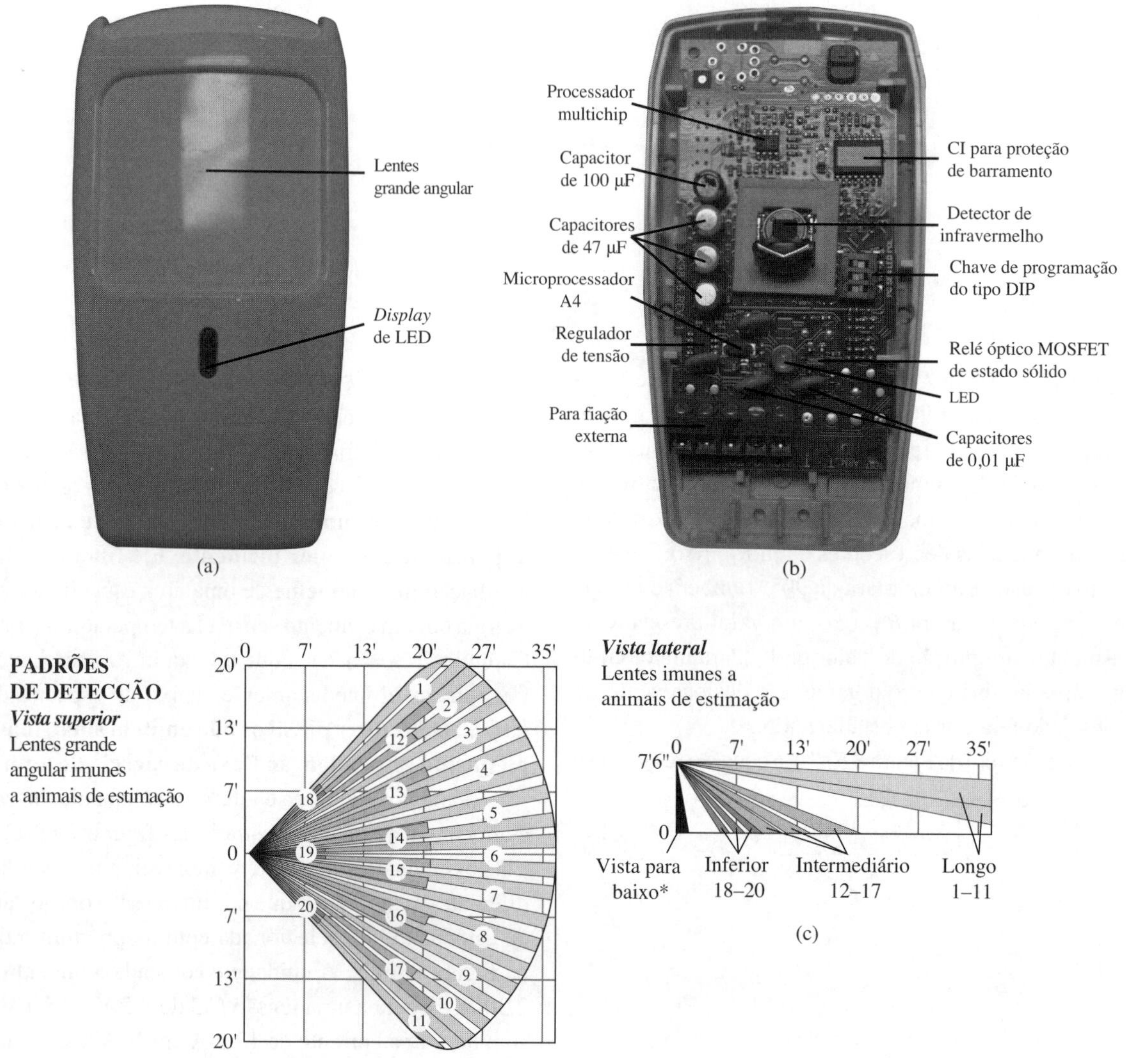

Figura 8.60 Unidade de detecção de movimento infravermelho passivo (IVP) comercialmente disponível: (a) aparência externa; (b) estrutura interna; (c) opção de cobertura para animal de estimação. [Fotos (a) e (b) de Dan Trudden/Pearson.]

cobertura é 10,7 m perpendicular ao sensor e 6,10 m a cada lado. Na posição de sensibilidade mais baixa, o peso combinado dos animais não pode exceder 36,3 kg.

Para focar o calor do ambiente que incide sobre o detector piroelétrico, a unidade da Figura 8.60 utiliza um defletor parabólico. Quando alguém passa próximo ao sensor, corta os campos mostrados na Figura 8.60(c), e o detector registra as **rápidas modificações** no nível de calor. **O resultado é uma mudança no nível CC semelhante a um sinal CA de baixa frequência e impedância interna relativamente alta na porta do JFET**. Poderíamos então perguntar por que ao se ligar um sistema de aquecimento ou uma lâmpada não é gerado um sinal de alarme, já que existe calor envolvido. A resposta é que ambos geram uma tensão no detector que cresce continuamente com o aumento crescente de calor do sistema de aquecimento ou da lâmpada. Quanto à lâmpada, lembramos que o detector é sensível ao calor, e não sensível à luz. A tensão resultante não oscila entre valores, mas simplesmente aumenta de valor e não dispara o alarme; uma tensão CA variável não será gerada pelo detector piroelétrico!

A Figura 8.59 mostra que um JFET em configuração seguidor de fonte foi empregado para garantir uma impedância de entrada muito alta e assim captar a maior parte do sinal piroelétrico. Esse sinal passa através de um amplificador de baixa frequência, seguido de um circuito detector de pico e um comparador para determinar se o alarme deve ser disparado. O comparador de tensão CC é um circuito que "captura" o valor de pico da tensão CA gerada e o compara a um valor de tensão CC conhecido. O processador de saída determina se a diferença entre os dois valores é suficiente para fazer com que o circuito acionador energize o alarme.

8.18 RESUMO

Conceitos e conclusões importantes

1. O **parâmetro transcondutância g_m** é definido pela razão entre a **variação na corrente do dreno** e a **variação correspondente na tensão porta-fonte** na região de interesse. **Quanto maior a inclinação** da curva I_D *versus* V_{GS}, **maior** o valor de g_m. Além disso, **quanto mais próximo o ponto ou região de interesse da corrente de saturação I_{DSS}, maior** será o parâmetro transcondutância.
2. Nas folhas de dados, g_m é dado como y_{fs}.
3. Quando V_{GS} **é metade do valor da tensão de *pinch-off***, g_m é **metade do valor máximo.**
4. Quando I_D **é um quarto do valor de saturação de** I_{DSS}, g_m **é metade do valor na saturação.**
5. As **impedâncias de saída** de FETs são **similares em magnitude** às de **TBJs convencionais**.
6. Nas folhas de dados, **a impedância de saída r_d é fornecida como $1/y_{os}$**. Quanto **mais horizontais** as curvas características de dreno, **maior a impedância de saída.**
7. O **ganho de tensão** das configurações JFET com polarização fixa e autopolarização (com capacitor de desvio no terminal fonte) **é o mesmo.**
8. A **análise CA** dos JFETs e dos MOSFETs tipo depleção **é a mesma.**
9. O **circuito equivalente CA** de um MOSFET tipo intensificação **é o mesmo** empregado para os JFETs e os MOSFETs tipo depleção. A única diferença é a equação para g_m.
10. O **valor do ganho** dos circuitos com FET normalmente fica entre **2 e 20. A configuração de autopolarização** (sem um capacitor de desvio no terminal de fonte) e o **seguidor de fonte** são **configurações de baixo ganho.**
11. Não há **deslocamento de fase** entre entrada e saída para as **configurações seguidor de fonte e porta-comum**. A maioria das outras possui um deslocamento de fase de 180°.
12. A **impedância de saída** da maioria das configurações usando FET é **determinada primariamente por R_D**. Para a configuração **seguidor de fonte**, ela é determinada por R_S e g_m.
13. A **impedância de entrada** da maioria das configurações com FET é **bastante alta.** No entanto, ela é **bastante baixa** para a **configuração porta-comum.**
14. Ao **analisar defeitos em qualquer sistema eletrônico ou mecânico**, sempre verifique **primeiro as causas mais prováveis.**

Equações

$$g_m = y_{fs} = \frac{\Delta I_D}{\Delta V_{GS}}$$

$$g_{m0} = \frac{2I_{DSS}}{|V_P|}$$

$$g_m = g_{m0}\left[1 - \frac{V_{GS}}{V_P}\right]$$

$$g_m = g_{m0}\sqrt{\frac{I_D}{I_{DSS}}}$$

$$r_d = \frac{1}{y_{os}} = \left.\frac{\Delta V_{DS}}{\Delta I_D}\right|_{V_{GS}=\text{constante}}$$

As tabelas 8.1 e 8.2 mostram configurações com JFET e MOSFET tipo depleção.

8.19 ANÁLISE COMPUTACIONAL

PSpice para Windows

Configuração JFET com polarização fixa A primeira configuração JFET a ser analisada no domínio CA com o PSpice para Windows é a configuração fixa da Figura 8.61, utilizando-se um JFET com $V_P = -4$ V e $I_{DSS} = 10$ mA. O resistor de 10 MΩ foi adicionado para funcionar como um caminho para o terra para o capacitor, mas é essencialmente um circuito aberto para a análise CA. O JFET de canal *n* **J2N3819** da biblioteca **EVAL** foi utilizado, e a tensão CA será determinada em quatro pontos diferentes para comparação e revisão.

A constante **Beta** é definida por:

$$\text{Beta} = \frac{I_{DSS}}{|V_P|^2} = \frac{10\ \text{mA}}{4^2\text{V}^2} = 0{,}625\ \text{mA/V}^2$$

e inserida na caixa de diálogo **Edit Model** obtida pela sequência **EDIT-PROPERTIES**. Também é necessário alterar **Vto** para – 4 V. Os elementos restantes do circuito são ajustados como descrito anteriormente para o transistor no Capítulo 5.

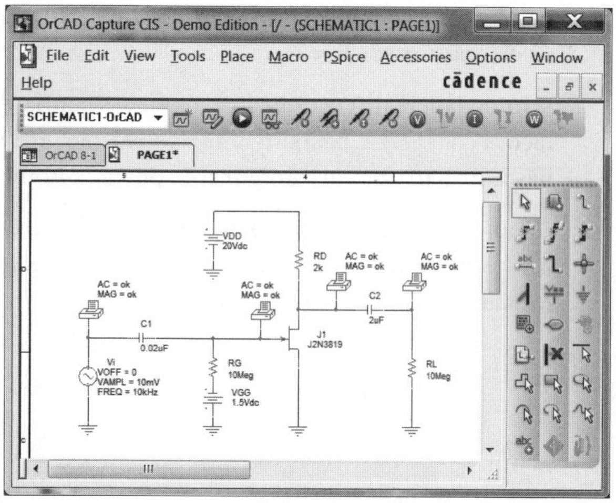

Figura 8.61 Configuração JFET com polarização fixa e fonte CA.

O resultado de uma análise do circuito é apresentado na Figura 8.62. O **CIRCUIT DESCRIPTION** inclui todos os elementos do circuito em conjunto com os nós escolhidos. Note, em particular, que $\mathbf{V}_i$ é ajustada em **10 mV** com uma frequência de **10 kHz** e um ângulo de fase de **0** grau. Na lista a seguir de **Junction FET MODEL PARAMETERS**, **VTO** equivale a – 4 V e **BETA** é 625E-6 A/V^2 = 0,625 mA/V^2, como fixado anteriormente. A **SMALL SIGNAL BIAS SOLUTION** revela que a tensão em ambas as extremidades de R_G é –1,5 V, resultando em V_{GS} = –1,5 V. Os valores de tensão desta seção podem ser relacionados com o circuito original simplesmente observando a lista de nós em **CIRCUIT DESCRIPTION**. A tensão dreno-fonte (GND) é 12 V, restando uma queda de 8 V sobre R_D. A listagem **AC ANALYSIS** mostra que a tensão na fonte (N01707) é de 10 mV, como programado, mas a tensão na outra extremidade do capacitor é 3 μV a menos devido à impedância do capacitor em 10 kHz — certamente uma queda a ser ignorada. A escolha de 0,02 μF para essa frequência foi obviamente correta. As tensões antes e depois do capacitor na extremidade de saída são exatamente as mesmas (para três locais), revelando que quanto maior o capacitor, maior a semelhança em relação às características de um curto-circuito. A saída de 6,275E-2 = 62,75 mV reflete um ganho de 6,275.

Em **OPERATING POINT INFORMATION**, temos que I_D é 4 mA e g_m é 3,2 mS. Calculamos o valor de g_m a partir de

$$g_m = \frac{2I_{DSS}}{|V_P|}\left(1 - \frac{V_{GS_Q}}{V_P}\right)$$

$$g_m = \frac{2(10\text{ mA})}{4\text{ V}}\left[1 - \frac{(-1{,}5\text{ V})}{(-4\text{ V})}\right]$$

$$= 3{,}125\text{ mS}$$

o que confirma a nossa análise.

```
****        CIRCUIT DESCRIPTION
******************************************************************************
*Analysis directives:
.AC LIN 1 10kHz 10kHz
.OP
.PROBE V(alias(*)) I(alias(*)) W(alias(*)) D(alias(*)) NOISE(alias(*))
.INC "..\SCHEMATIC1.net"
**** INCLUDING SCHEMATIC1.net ****
* source ORCAD 8-1
V_Vi      N00344 0  AC 10mV
+SIN 0 10mV 10kHz 0 0 0
C_C1        N00344 N00351  0.02uF  TC=0,0
C_C2        N00315 N00326  2uF  TC=0,0
R_RG        N00358 N00351  10Meg TC=0,0
R_RD        N00315 N00303  2k TC=0,0
R_RL        0 N00326  10Meg TC=0,0
V_VDD       N00303 0 20Vdc
V_VGG       0 N00358 1.5Vdc
J_J1        N00315 N00351 0 J2N3819
.PRINT      AC
+ VM([N00344])
.PRINT      AC
+ VM([N00351])
.PRINT      AC
+ VM([N00315])
.PRINT      AC
+ VM([N00326])
.END
****        Junction FET MODEL PARAMETERS
******************************************************************************
              J2N3819
              NJF
        VTO   -4
       BETA   625.000000E-06
     LAMBDA     2.250000E-03
         IS    33.570000E-15
        ISR   322.400000E-15
      ALPHA   311.700000E-06
         VK   243.6
         RD     1
         RS     1
        CGD     1.600000E-12
        CGS     2.414000E-12
          M      .3622
      VTOTC    -2.500000E-03
    BETATCE     -.5
         KF     9.882000E-18
****        SMALL SIGNAL BIAS SOLUTION          TEMPERATURE =    27.000 DEG C
******************************************************************************
NODE      VOLTAGE        NODE      VOLTAGE        NODE      VOLTAGE
(N00303)  20.0000        (N00315)  12.0020        (N00326)   0.0000
(N00344)   0.0000        (N00351)  -1.5000        (N00358)  -1.5000

  VOLTAGE SOURCE CURRENTS
  NAME      CURRENT
  V_Vi      0.000E+00
  V_VDD     -3.999E-03
  V_VGG     -1.366E-12
****        OPERATING POINT INFORMATION        TEMPERATURE =   27.000 DEG C
******************************************************************************
**** JFETS
NAME          J_J1
MODEL         J2N3819
ID            4.00E-03
VGS           -1.50E+00
VDS           1.20E+01
GM            3.20E-03
GDS           8.76E-06
CGS           1.73E-12
CGD           6.07E-13

****        AC ANALYSIS                         TEMPERATURE =    27.000 DEG C
******************************************************************************
 FREQ       VM(N00344)
  1.000E+04   1.000E-02

 FREQ       VM(N00351)
  1.000E+04   9.997E-03

 FREQ       VM(N00315)
  1.000E+04   6.275E-02

 FREQ       VM(N00326)
  1.000E+04   6.275E-02
```

Figura 8.62 Arquivo de saída para o circuito da Figura 8.61.

Configuração JFET com divisor de tensão O próximo circuito a ser analisado no domínio CA é a configuração com divisor de tensão da Figura 8.63. Observe que os parâmetros escolhidos são diferentes daqueles utilizados em exemplos anteriores, com V_i em 24 mV e uma frequência de 5 kHz. Além disso, os níveis CC são mostrados e um traçado das tensões de entrada e saída é apresentado na mesma tela.

Para executar a análise, selecione a opção **New Simulation Profile** para abrir a caixa de diálogo **New Simulation**. Após inserir o **Name** do **OrCAD 8-2**, selecione **Create**, e a caixa de diálogo **Simulation Settings** apare-

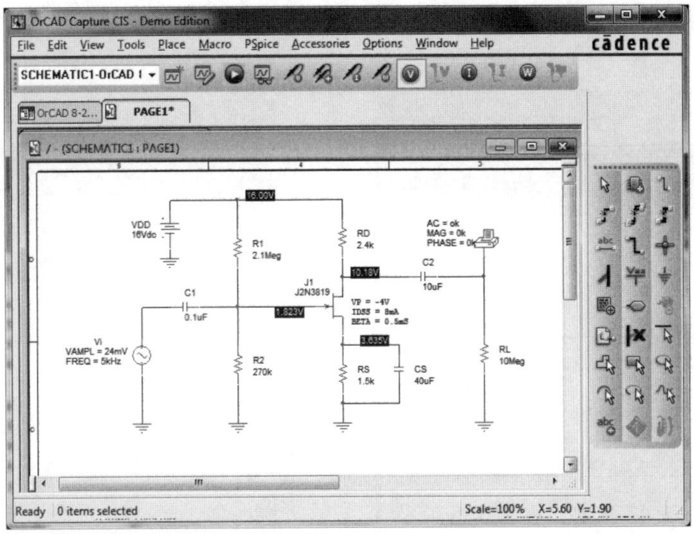

Figura 8.63 Configuração JFET com divisor de tensão e fonte CA.

cerá. Em **Analysis type**, selecione **AC/Sweep/Noise**; em seguida, sob **AC Sweep** escolha **Linear**. **Start Frequency** é **5 kHz**, **End Frequency 5 kHz** e **Total Points** é **1**. Com um **OK**, a simulação pode ser iniciada selecionando-se a opção **Run PSpice**. Um esquema aparecerá, e ele pode ser fechado para que cheguemos à tela da Figura 8.63 com todos os níveis de tensão exibidos como controlados pela opção **V**. Os níveis CC resultantes revelam que V_{GS} é 1,823 V – 3,635 V = –1,812 V, bem próximo do valor de –1,8 V calculado no Exemplo 7.4. V_D é 10,18 V, comparável ao valor calculado de 10,24 V, e V_{DS} é 10,18 V – 3,635 V = 6,545 V, comparável a 6,64 V.

Para a solução CA, podemos escolher **View-Output File** e verificar em **OPERATING POINT INFORMATION** que g_m é 2,22 mS, o que se aproxima bastante do valor calculado à mão de 2,2 mS. Em **AC ANALYSIS**, a tensão CA de saída é 125,8 mV, resultando em um ganho de 125,8 mV/24 mV = 5,24. O valor calculado à mão é $g_m R_D$ = (2,2 mS) (2,4 kΩ) = 5,28.

A forma de onda CA para a tensão de saída pode ser obtida retornando-se à caixa de diálogo **Simulation Settings** e, em **Analysis type**, escolha **Time Domain (Transient)**. Então, visto que o período de um sinal de 5 kHz é 200 μs, selecione um tempo **Run to** de 1 ms, de modo que cinco ciclos da forma de onda aparecerão. Mantenha a opção **Start saving data after** em 0 s e, em **Transient options**, insira um **Maximum step size** de 2 μs, para que se tenha no mínimo 100 pontos de traçado para cada ciclo da forma de onda. Com um **OK**, tem-se a tela **SCHEMATIC**. Selecione **Trace-Add-Trace (J1:d)** e surgirá a forma de onda inferior da Figura 8.64. Se for selecionado **Plot-Add Plot to Window-Trace-Add Trace-V (Vi:+)**, a forma de onda da tensão aplicada será exibida na parte superior da Figura 8.64. Agora mude **SEL >>** para a forma de onda inferior, simplesmente levando o cursor para a esquerda dessa forma de onda e clicando uma vez com o botão esquerdo do *mouse*. Selecione **Trace-Cursor--Display**, e uma linha horizontal aparecerá no valor CC da tensão de saída em 10,184 V (observe o valor de **V(J1:d)** na caixa de diálogo **Probe Cursor** no canto inferior direito da tela). Um clique no botão direito do *mouse* fará surgir um segundo conjunto de linhas de interseção. Selecione o ícone **Cursor Peak** na barra de ferramentas no alto da tela, e a interseção vai automaticamente para o valor de pico da forma de onda [**V(Vi:+)** na caixa de diálogo]. Note que **Cursor 2** indica que o valor de pico ocorre em aproximadamente 150 μs e o valor de pico instantâneo é 10,31 V. **Diff** é simplesmente a diferença entre as interseções **Cursor 1** e **Cursor 2** para tempo e amplitude.

Amplificador com JFET em cascata O extenso amplificador com JFET de dois estágios da Figura 8.65 pode ser criado com os mesmos procedimentos descritos nos exemplos anteriores utilizando PSpice. Para ambos os JFETs, **Beta** foi fixado em 0,625 mA/V^2 e **Vto** em – 4 V, como mostra a Figura 8.66. A frequência aplicada é 10 kHz para assegurar que os capacitores se aproximem de um curto-circuito. A saída CA na saída de cada estágio é solicitada.

Após a simulação, o arquivo de saída da Figura 8.67 aparece, revelando que o ganho é de 63,23 mV/10 mV = 6,3 após o primeiro estágio e 322,6 mV/10 mV = 32,3 após ambos os estágios. O ganho para o segundo estágio é 322,6 mV/63,23 mV = 5,1. Os ganhos e a tensão de saída são muito próximos dos resultados obtidos no Exemplo 8.1.

Na Figura 8.67, a opção **V** é selecionada para que se obtenham os valores CC do circuito. Note, em particular,

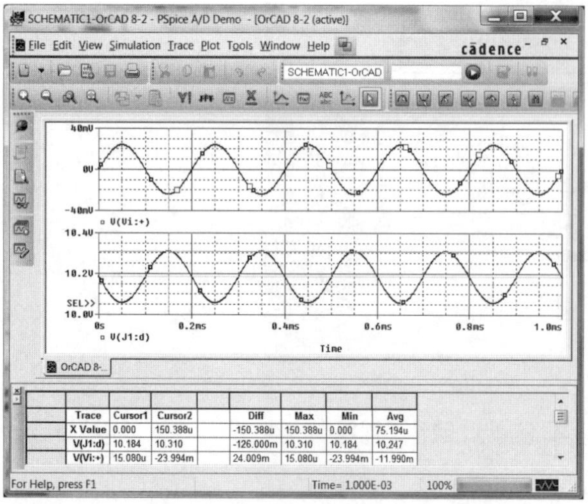

Figura 8.64 Tensões CA de porta e dreno para a configuração JFET com divisor de tensão da Figura 8.63.

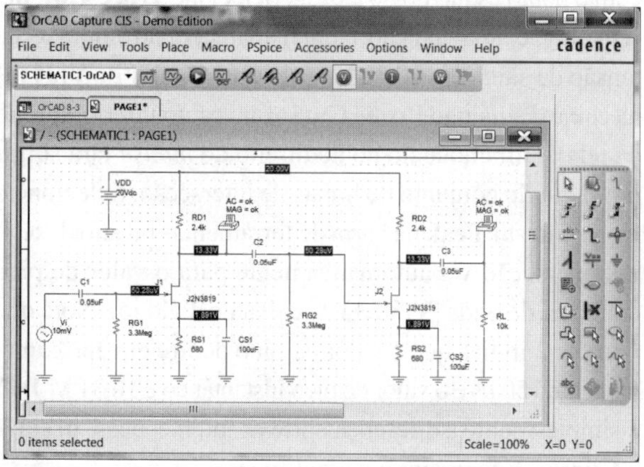

Figura 8.65 Circuito do Design Center para análise de amplificadores com JFET em cascata.

```
****        CIRCUIT DESCRIPTION
******************************************************************************
*Libraries:
* Profile Libraries :
* Local Libraries :
.LIB "../../../orcad 8-3-pspicefiles/orcad 8-3.lib"
* From [PSPICE NETLIST] section of C:\OrCAD\OrCAD_16.3_Demo\tools\PSpice\PSpice.ini file:
.lib "nomd.lib"
*Analysis directives:
.AC LIN 1 10kHz 10kHz
.OP
.PROBE V(alias(*)) I(alias(*)) W(alias(*)) D(alias(*)) NOISE(alias(*))
.INC "..\SCHEMATIC1.net"

**** INCLUDING SCHEMATIC1.net ****
* source ORCAD 8-3
J_J1      N00328 N00336 N00332 J2N3819
J_J2      N00340 N00416 N00344 J2N3819
V_VDD     N00308 0 20Vdc
R_RD1     N00328 N00308  2.4k TC=0,0
R_RS1     0 N00332  680 TC=0,0
R_RG1     0 N00336  3.3Meg TC=0,0
R_RD2     N00340 N00308  2.4k TC=0,0
R_RS2     0 N00344  680 TC=0,0
R_RG2     0 N00416  3.3Meg TC=0,0
R_RL      0 N00361  10k TC=0,0
C_C1      N01393 N00336  0.05uF  TC=0,0
C_C2      N00328 N00416  0.05uF  TC=0,0
C_C3      N00340 N00361  0.05uF  TC=0,0
C_CS1     0 N00332  100uF  TC=0,0
C_CS2     0 N00344  100uF  TC=0,0

.PRINT    AC
+ VM([N00361])

.PRINT    AC
+ VM([N00328])
V_Vi      N01393 0 DC 0Vdc AC 10mV

**** RESUMING "OrCAD 8-3.cir" ****
.END

****        Junction FET MODEL PARAMETERS
******************************************************************************

            J2N3819
            NJF
     VTO    -4
    BETA    625.000000E-06

****        SMALL SIGNAL BIAS SOLUTION        TEMPERATURE =    27.000  DEG C
******************************************************************************

NODE     VOLTAGE    NODE     VOLTAGE    NODE     VOLTAGE    NODE     VOLTAGE
(N00308)  20.0000   (N00328)  13.3270   (N00332)  1.8908    N00336)  50.28E-06
(N00340)  13.3270   (N00344)   1.8908   (N00361)  0.0000    (N00416)  50.28E-06
(N01393)   0.0000

VOLTAGE SOURCE CURRENTS
NAME      CURRENT
V_VDD     -5.561E-03
V_Vi       0.000E+00

****        OPERATING POINT INFORMATION       TEMPERATURE =    27.000  DEG C
******************************************************************************

**** JFETS
NAME      J_J1        J_J2
MODEL     J2N3819     J2N3819
ID        2.78E-03    2.78E-03
VGS       -1.89E+00   -1.89E+00
VDS       1.14E+01    1.14E+01
GM        2.64E-03    2.64E-03
GDS       0.00E+00    0.00E+00
CGS       0.00E+00    0.00E+00
CGD       0.00E+00    0.00E+00
****        AC ANALYSIS                       TEMPERATURE =    27.000  DEG C
******************************************************************************
FREQ      VM(N00361)
1.000E+04 3.226E-01

****        AC ANALYSIS                       TEMPERATURE =    27.000  DEG C
******************************************************************************
FREQ      VM(N00328)
1.000E+04 6.323E-02
```

Figura 8.67 Saída PSpice para o circuito da Figura 8.65.

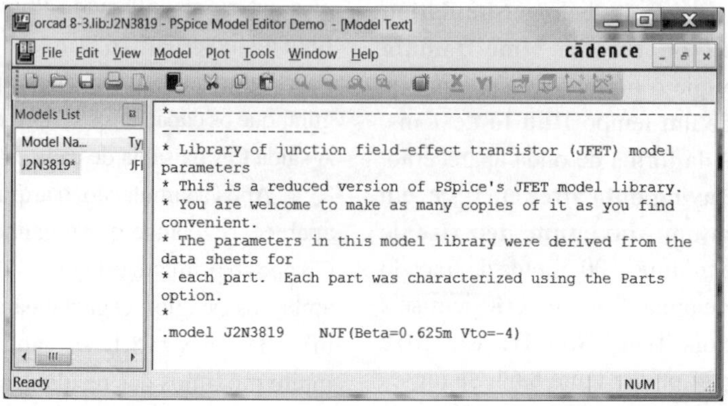

Figura 8.66 Visualização da definição do modelo JFET resultante.

o grau de proximidade das tensões de porta em relação a 0 V, assegurando que a tensão de polarização porta-fonte é essencialmente a mesma que aquela sobre a resistência de fonte. Na realidade, por causa da isolação oferecida pelo capacitor **C2**, os valores de polarização de cada configuração são exatamente os mesmos.

Multisim

Agora, o ganho CA para o circuito JFET com autopolarização da Figura 8.68 será determinado utilizando-se o Multisim. Todo o procedimento para montar o circuito e obter as leituras desejadas foi descrito para os circuitos CA com TBJ no Capítulo 5. Esse circuito em especial aparecerá novamente no Capítulo 9, Figura 9.70, quando voltaremos nossa atenção para a resposta em frequência de um amplificador JFET com carga. Uma análise mais completa é dada no Capítulo 9, incluindo a determinação dos valores CC, o valor de g_m e o ganho com carga. A corrente de dreno do Exemplo 9.12 é 2 mA, o que resulta em uma tensão de dreno de 10,6 V e uma tensão de fonte de 2 V, comparável aos valores de 10,594 V e 2,0 V, respectivamente, da Figura 8.68. Quando uma carga como R_L é adicionada ao circuito, ela aparece em paralelo com o R_D do circuito, modificando a equação do ganho para $-g_m R_D \parallel R_L$. Para o Exemplo 9.12, g_m é 2 mS, o que resulta em um ganho total de V_o/V_i de (–2 mS)(2,2 kΩ ‖ 4,7 kΩ) = –2,997. Os medidores da Figura 8.68 fornecem valores eficazes para as tensões nesses pontos. Uma vez que se utilizou uma fonte de alimentação, a leitura do medidor XMM1 fica muito próxima daquela da fonte aplicada. A diferença se deve exclusivamente à queda de tensão CA através de $\boldsymbol{R_{sig}}$ e **CG**. O valor do ganho CA (V_o/V_i) da configuração é 2,042 mV/0,699 mV = 2,921, o que está muito próximo da solução calculada à mão.

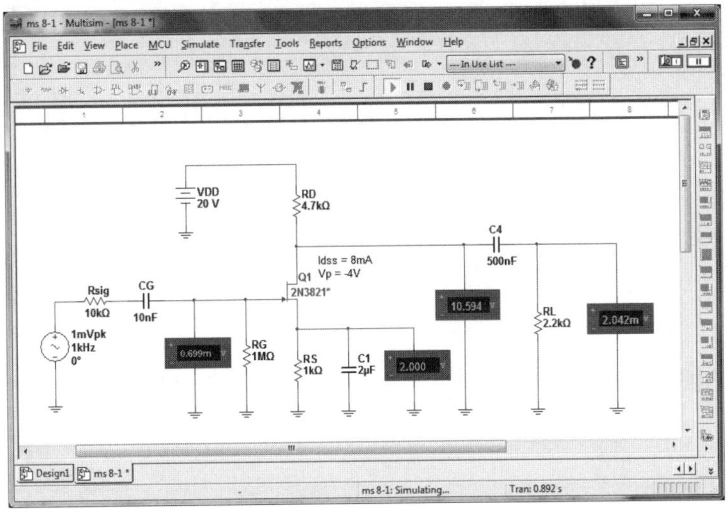

Figura 8.68 Análise de um circuito de autopolarização com JFET usando Multisim.

PROBLEMAS

*Nota: asteriscos indicam os problemas mais difíceis.

Seção 8.2 Modelo de JFET para pequenos sinais

1. Calcule g_{m0} para um JFET que possui os parâmetros $I_{DSS} = 12$ mA e $V_P = -4$ V.
2. Determine a tensão de *pinch-off* de um JFET com $g_{m0} =$ 10 mS e $I_{DSS} = 12$ mA.
3. Para um JFET que possui os parâmetros $g_{m0} = 5$ mS e $V_P = -4$ V, qual é a corrente do dispositivo para $V_{GS} = 0$ V?
4. Calcule o valor de g_m para um JFET ($I_{DSS} = 12$ mA, $V_P =$ –3 V) no ponto de polarização $V_{GS} = -0{,}5$ V.
5. Para um JFET com $g_m = 6$ mS em $V_{GS_Q} = -1$ V, qual é o valor de I_{DSS} se $V_P = -2{,}5$ V?
6. Um JFET ($I_{DSS} = 10$ mA, $V_P = -5$ V) é polarizado em $I_D = I_{DSS}/4$. Qual é o valor de g_m nesse ponto de polarização?
7. Determine o valor de g_m para um JFET ($I_{DSS} = 8$ mA, $V_P = -5$ V) quando polarizado em $V_{GS_Q} = V_P/4$.
8. Uma folha de dados apresenta as seguintes especificações (para uma corrente dreno-fonte listada):
   $g_{fs} = 4{,}5$ mS, $g_{os} = 25\ \mu$S
   Para a corrente dreno-fonte listada, determine:
   a) g_m.
   b) r_d.
9. Para um JFET que possui os parâmetros $g_{fs} = 4{,}5$ mS e $g_{os} = 25\ \mu$S, determine a impedância de saída do dispositivo, Z_o(FET), e o ganho de tensão ideal, A_v(FET).
10. Se um JFET com $r_d = 100$ kΩ tem um ganho de tensão ideal A_v(FET) = –200, qual é o valor de g_m?

11. Utilizando a característica de transferência da Figura 8.69:
a) Qual é valor de g_{m0}?
b) Determine g_m em V_{GS} = – 0,5 V graficamente.
c) Qual é o valor de g_m em V_{GS_Q} = – 0,5 V utilizando a Equação 8.6? Compare com a solução do item (b).
d) Determine graficamente g_m em V_{GS} = –1 V.
e) Qual é o valor de g_m em V_{GS_Q} = –1 V utilizando a Equação 8.6? Compare com a solução do item (d).

12. Utilizando as curvas características de dreno da Figura 8.70:
a) Qual é o valor de r_d para V_{GS} = 0 V?
b) Qual é o valor de g_{m0} em V_{DS} = 10 V?

13. Para o JFET de canal *n* 2N4220 [g_{fs}(mínimo) = 750 μS, g_{os}(máximo) = 10 μS]:
a) Qual é o valor de g_m?
b) Qual é o valor de r_d?

14. **a)** Faça o gráfico de g_m *versus* V_{GS} para um JFET de canal *n* com I_{DSS} = 12 mA e V_P = – 6 V.
b) Faça o gráfico de g_m *versus* I_D para o mesmo JFET de canal *n* do item (a).

15. Esboce o modelo equivalente CA para um JFET se g_{fs} = 5,6 mS e g_{os} = 15 μS.

16. Esboce o modelo equivalente CA para um JFET se I_{DSS} = 10 mA, V_P = –4 V, V_{GS_Q} = –2 V e y_{os} = 25 μS.

Seção 8.3 Configuração com polarização fixa

17. Determine Z_i, Z_o e A_v para o circuito da Figura 8.71 se I_{DSS} = 10 mA, V_P = – 6 V e r_d = 40 kΩ.

18. **a)** Determine Z_i, Z_o e A_v para o circuito da Figura 8.71 se I_{DSS} e V_P forem a metade dos valores do Problema 17. Isto é, se I_{DSS} = 5 mA e V_P = –3 V.
b) Compare as soluções deste problema com as do Problema 17.

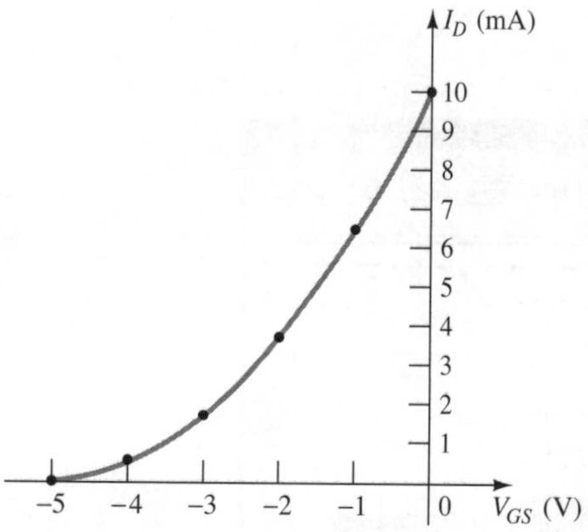

Figura 8.69 Curva característica de transferência do JFET para o Problema 11.

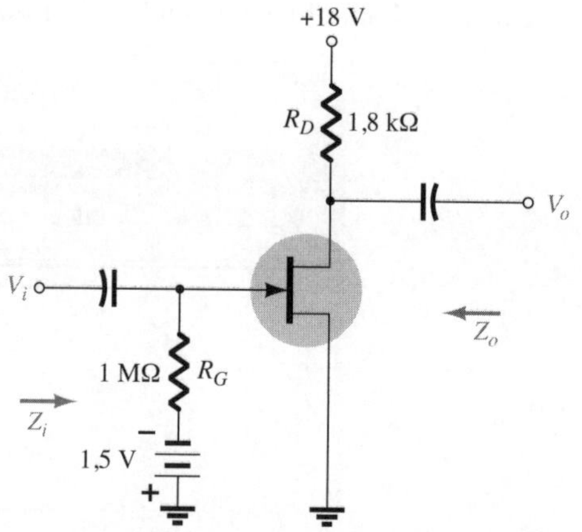

Figura 8.71 Amplificador com polarização fixa para os problemas 17 e 18.

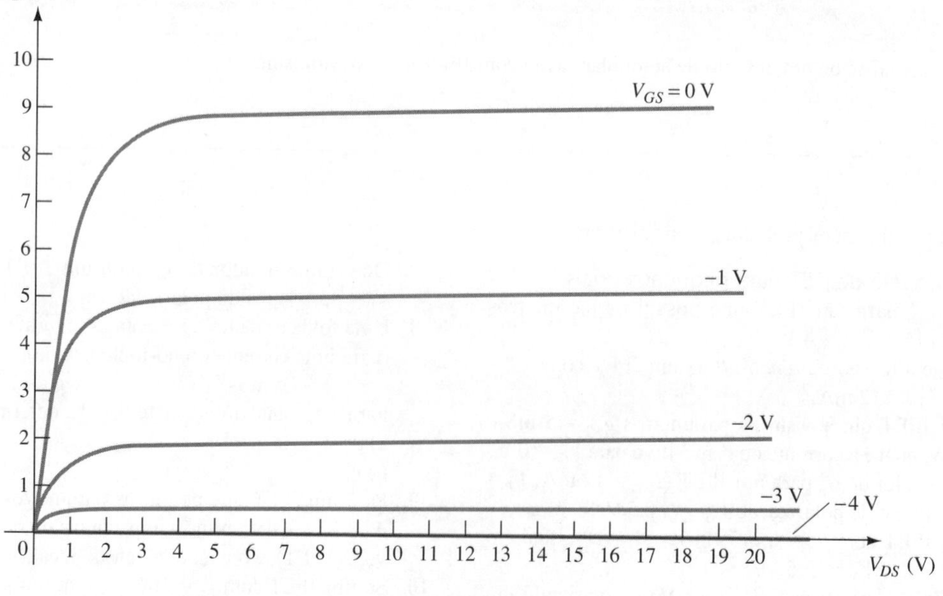

Figura 8.70 Curvas características de dreno do JFET para o Problema 12.

19. **a)** Determine Z_i, Z_o e A_v para o circuito da Figura 8.72 se I_{DSS} = 10 mA, V_P = – 4 V e r_d = 20 kΩ.
b) Repita o item (a) com r_d = 40 kΩ. Qual foi o impacto da mudança nos resultados?

Seção 8.4 Configuração com autopolarização

20. Determine Z_i, Z_o e A_v para o circuito da Figura 8.73 se g_{fs} = 3000 μS e g_{os} = 50 μS.

21. Determine Z_i, Z_o e A_v para o circuito da Figura 8.75 se o capacitor de 20 μF for removido e os parâmetros do circuito forem os mesmos do Problema 20. Compare os resultados obtidos aqui aos do Problema 20.

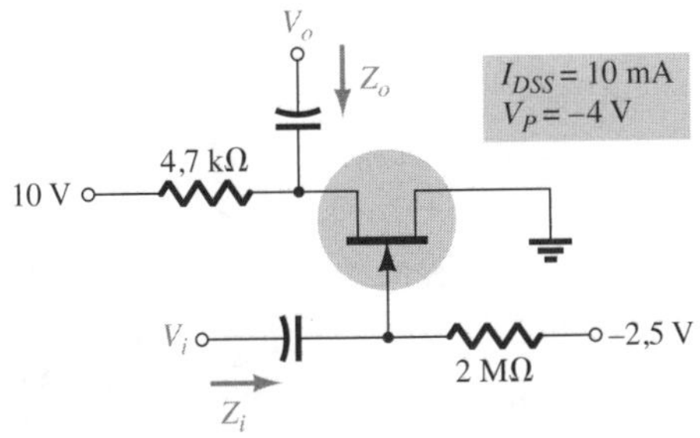

Figura 8.72 Problema 19.

22. Repita o Problema 20 com g_{os} = 10 μS. Compare os resultados obtidos aqui aos do Problema 20.

23. **a)** Determine o valor de R_S para obter um ganho de tensão de 2 para o circuito da Figura 8.74 usando r_d = ∞ Ω.
b) Repita o item (a) com r_d = 30 kΩ. Qual foi o impacto da alteração em r_d sobre o ganho e sobre a análise?

24. Determine Z_i, Z_o e A_v para o circuito da Figura 8.75 se I_{DSS} = 6 mA, V_P = – 6 V e g_{os} = 40 μS.

Seção 8.5 Configuração com divisor de tensão

25. Determine Z_i, Z_o e V_o para o circuito da Figura 8.76 se V_i = 20 mV.

26. Repita o Problema 25, mas com o capacitor C_S removido e compare os resultados.

27. Repita o Problema 25 com r_d = 20 kΩ e compare os resultados.

28. Repita o Problema 26 com r_d = 20 kΩ e compare os resultados.

Seção 8.6 Configuração porta-comum

29. Determine Z_i, Z_o e V_o para o circuito da Figura 8.77 se V_i = 4 mV.

30. Repita o Problema 29 com r_d = 20 kΩ e compare os resultados.

31. Determine Z_i, Z_o e A_v para o circuito da Figura 8.78 se r_d = 30 kΩ.

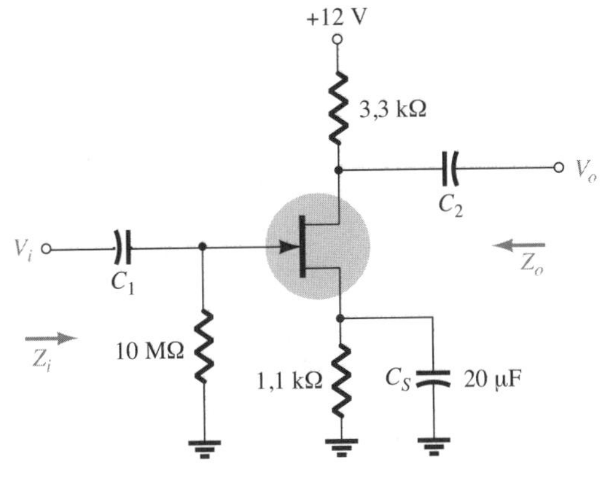

Figura 8.73 Problemas 20, 21, 22 e 59.

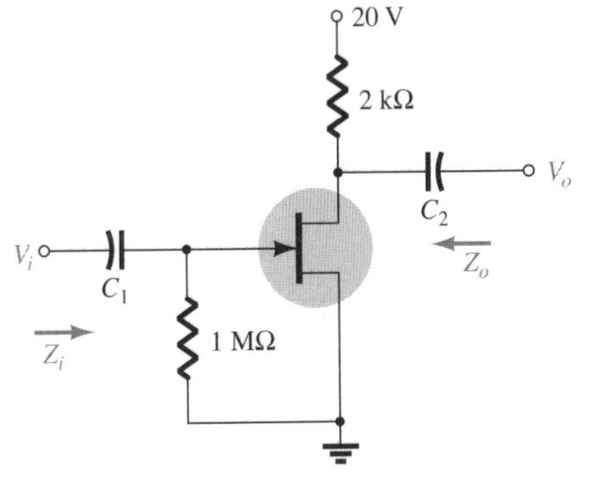

Figura 8.75 Configuração de autopolarização para os problemas 24 e 60.

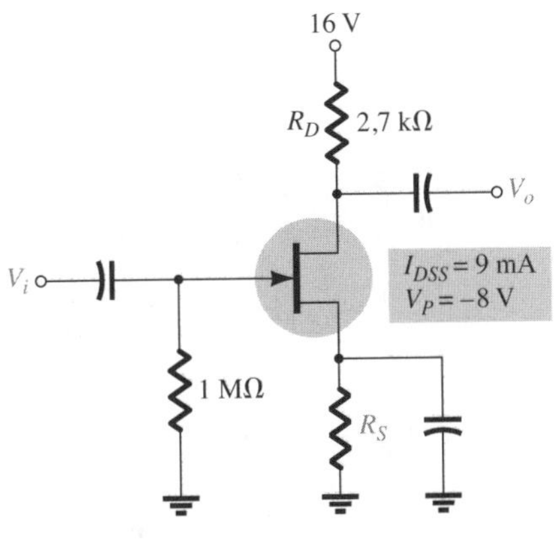

Figura 8.74 Problema 23.

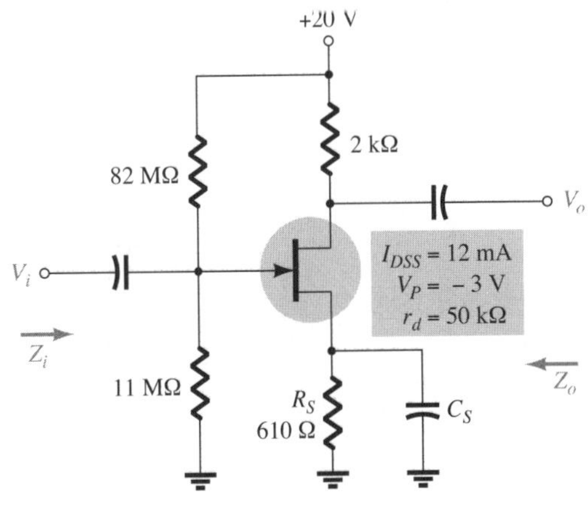

Figura 8.76 Problemas 25 a 28 e 61.

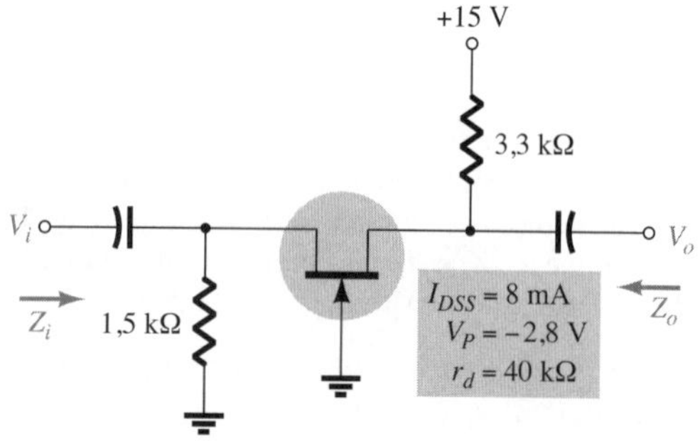

Figura 8.77 Problemas 29, 30 e 62.

Seção 8.7 Configuração seguidor de fonte (dreno-comum)

32. Determine Z_i, Z_o e A_v para o circuito da Figura 8.79.

33. Repita o Problema 32 com $r_d = 20$ kΩ e compare os resultados.

34. Determine Z_i, Z_o e A_v para o circuito da Figura 8.80.

Seção 8.8 MOSFETs tipo depleção

35. Determine V_o para o circuito da Figura 8.81 se $g_{os} = 20\ \mu$S.

36. Determine Z_i, Z_o e A_v para o circuito da Figura 8.82 se $r_d = 60$ kΩ.

37. Repita o Problema 36 com $r_d = 25$ kΩ e compare os resultados.

38. Determine V_o para o circuito da Figura 8.83 se $V_i = 1{,}8$ mV.

39. Determine Z_i, Z_o e A_v para o circuito da Figura 8.84.

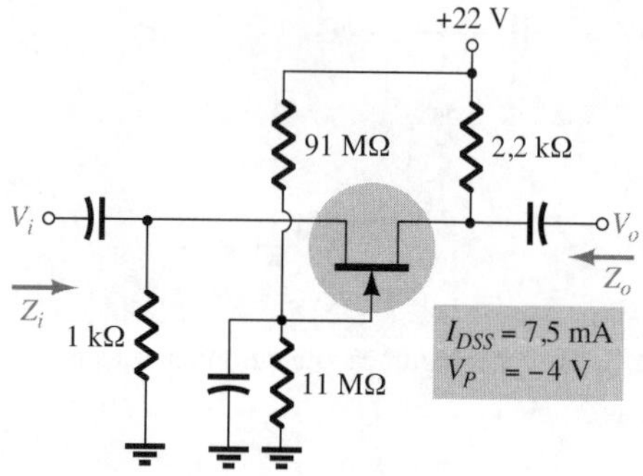

Figura 8.78 Problema 31.

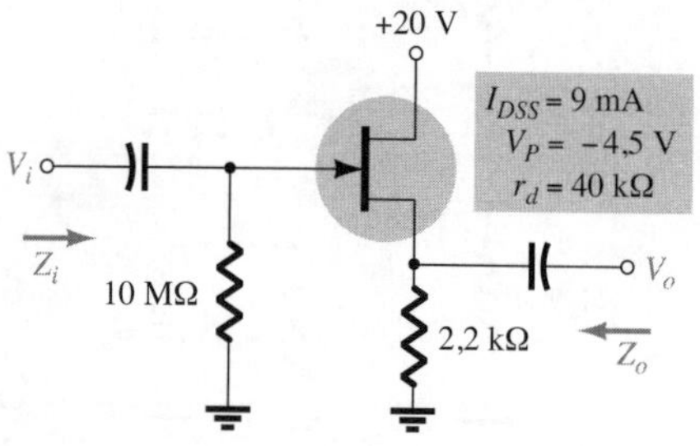

Figura 8.79 Problemas 32 e 33.

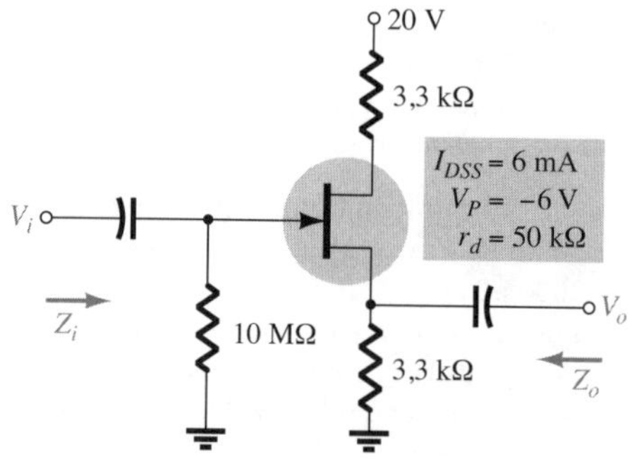

Figura 8.80 Problema 34.

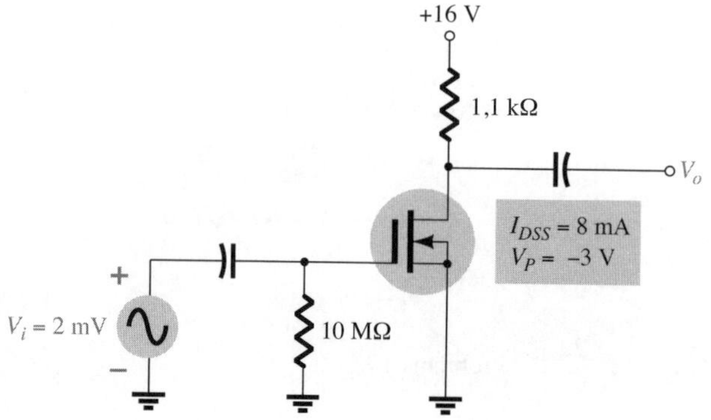

Figura 8.81 Problema 35.

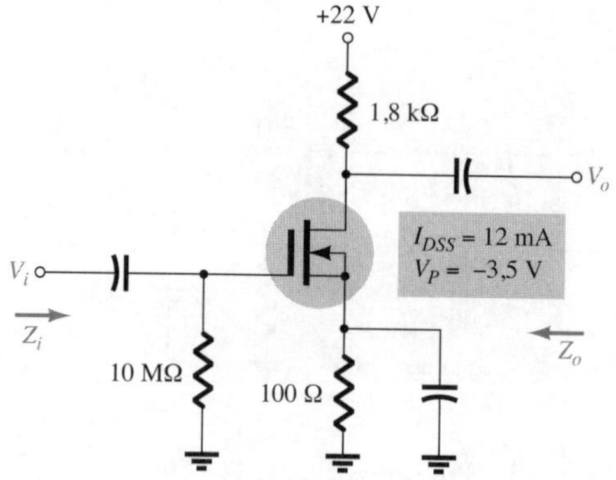

Figura 8.82 Problemas 36, 37 e 63.

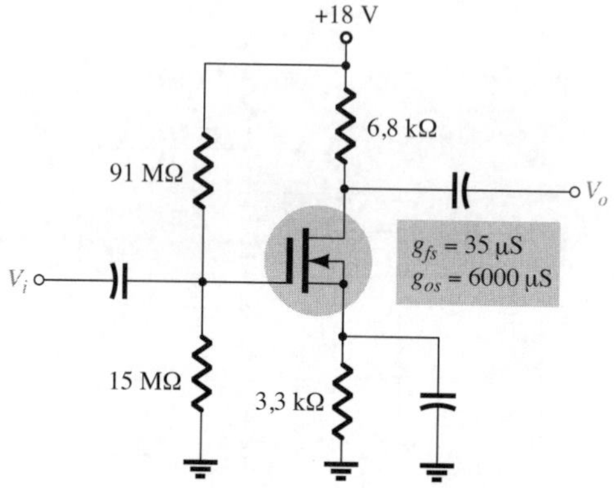

Figura 8.83 Problema 38.

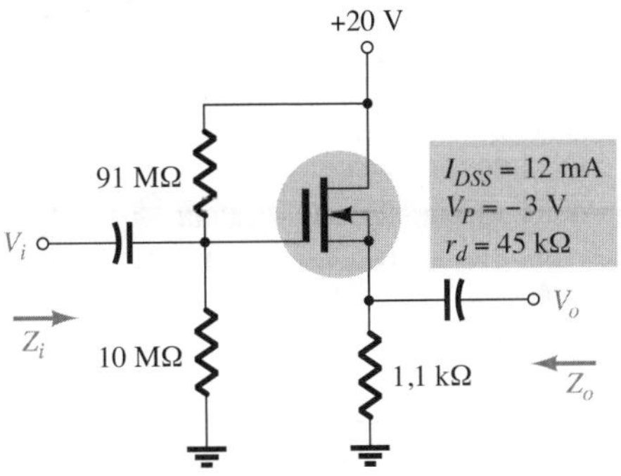

Figura 8.84 Problema 39.

Seção 8.10 Configuração com realimentação de dreno para o E-MOSFET

40. Determine g_m para um MOSFET se $V_{GS(\text{Th})} = 3$ V e se ele estiver polarizado em $V_{GS_Q} = 8$ V. Suponha que $k = 0{,}3 \times 10^{-3}$.

41. Determine Z_i, Z_o e A_v para o amplificador da Figura 8.85 se $k = 0{,}3 \times 10^{-3}$.

42. Repita o Problema 41 se k cair para $0{,}2 \times 10^{-3}$. Compare os resultados.

43. Determine V_o para o circuito da Figura 8.86 se $V_i = 20$ mV.

44. Determine V_o para o circuito da Figura 8.86 se $V_i = 4$ mV, $V_{GS(\text{Th})} = 4$ V e $I_{D(\text{ligado})} = 4$ mA com $V_{GS(\text{ligado})} = 7$ V e $g_{os} = 20\ \mu$S.

Seção 8.11 Configuração com divisor de tensão para o E-MOSFET

45. Determine a tensão de saída para o circuito da Figura 8.87 se $V_i = 0{,}8$ mV e $r_d = 40$ kΩ.

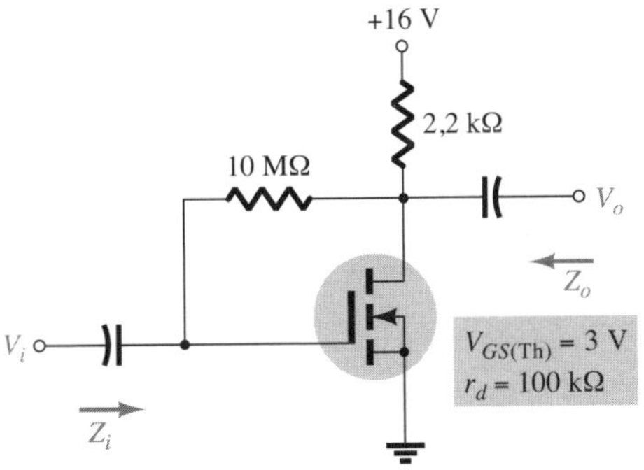

Figura 8.85 Problemas 41, 42 e 64.

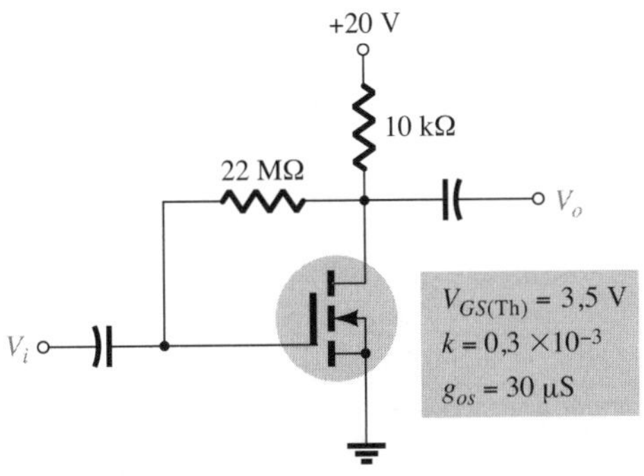

Figura 8.86 Problemas 43 e 44.

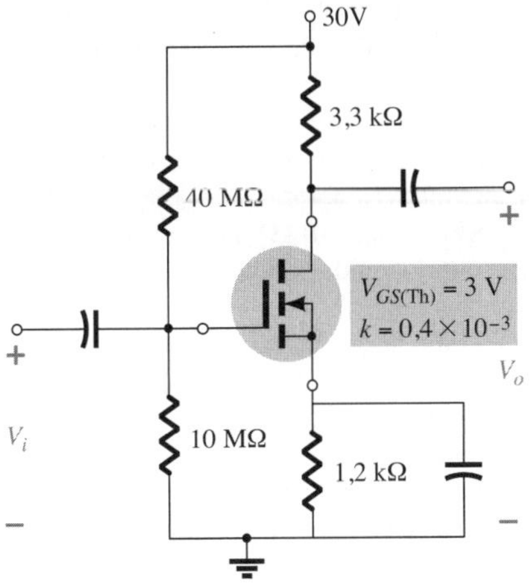

Figura 8.87 Problema 45.

Seção 8.12 Projeto de circuitos amplificadores com FET

46. Projete o circuito com polarização fixa da Figura 8.88 para obter um ganho igual a 8.

47. Projete o circuito com autopolarização da Figura 8.89 para obter um ganho igual a 10. O dispositivo deve ser polarizado em $V_{GS_Q} = \frac{1}{3}V_P$.

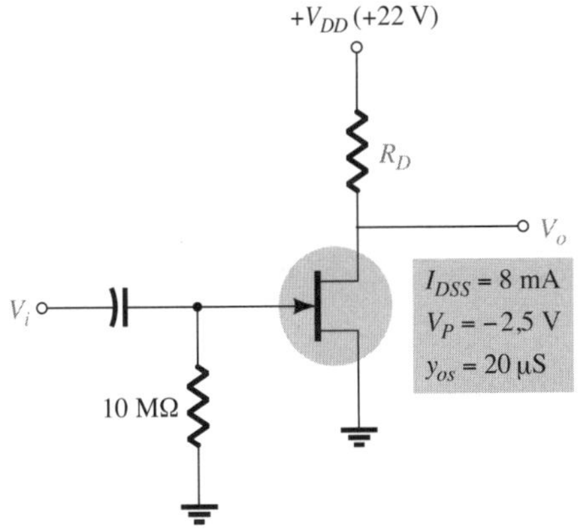

Figura 8.88 Problema 46.

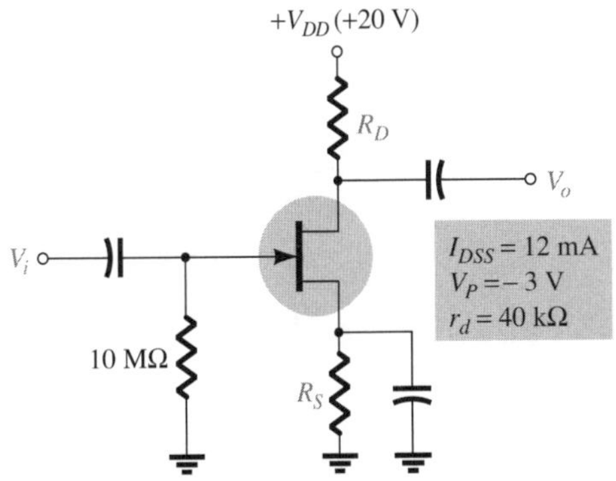

Figura 8.89 Problema 47.

Seção 8.14 Efeito de R_L e R_{sig}

48. Para o circuito JFET de autopolarização da Figura 8.90:

a) Determine A_{vNL}, Z_i e Z_o.

b) Esboce o modelo de duas portas da Figura 5.75 utilizando os parâmetros determinados no item (a).

c) Determine A_{v_L} e A_{v_s}.

d) Altere R_{sig} para 10 kΩ e calcule os novos valores de A_{v_L} e A_{v_s}. Como o ganho de tensão é afetado por um aumento em R_s?

e) Para a alteração do item (d), determine Z_i e Z_o. Qual foi o efeito sobre ambas as impedâncias?

49. Para o circuito seguidor de fonte da Figura 8.91:

a) Determine A_{vNL}, Z_i e Z_o.

b) Esboce o modelo de duas portas da Figura 5.75 utilizando os parâmetros determinados no item (a).

c) Determine A_{vNL} e A_{v_s}.

d) Altere R_L para 4,7 kΩ e calcule A_{v_L} e A_{v_s}. Qual foi o efeito dos valores crescentes de R_L em ambos os ganhos de tensão?

e) Altere R_{sig} para 20 kΩ (com R_L a 2,2 kΩ) e calcule A_{v_L} e A_{v_s}. Qual foi o efeito dos valores crescentes de R_{sig} em ambos os ganhos de tensão?

f) Altere R_L para 4,7 kΩ e R_{sig} para 20 kΩ e calcule Z_i e Z_o. Qual foi o efeito das mudanças sobre ambas as impedâncias?

50. Para a configuração porta-comum da Figura 8.92:

a) Determine A_{vNL}, Z_i e Z_o.

b) Esboce o modelo de duas portas da Figura 5.75 utilizando os parâmetros determinados no item (a).

c) Determine A_{vNL} e A_{v_s}.

d) Altere R_L para 2,2 kΩ e calcule A_{v_L} e A_{v_s}. Qual foi o efeito da alteração de R_L em ambos os ganhos de tensão?

e) Altere R_{sig} para 0,1 kΩ (com R_L em 4,7 kΩ) e calcule A_{v_L} e A_{v_s}. Qual foi o efeito da alteração de R_{sig} em ambos os ganhos de tensão?

f) Altere R_L para 2,2 kΩ e R_{sig} para 0,1 kΩ e calcule Z_i e Z_o. Qual foi o efeito das mudanças sobre ambos os parâmetros?

g) Quais conclusões gerais você pode extrair dos cálculos anteriores?

Seção 8.15 Configuração em cascata

51. Para o amplificador com JFET em cascata na Figura 8.93, calcule as condições de polarização CC para os estágios idênticos utilizando JFETs com I_{DSS} = 8 mA e V_P = – 4,5 V.

52. Para o amplificador com JFET em cascata da Figura 8.93, usando JFETs idênticos com I_{DSS} = 8 mA e V_P = – 4,5 V, calcule o ganho de tensão de cada estágio, o ganho total do amplificador e a tensão de saída V_o.

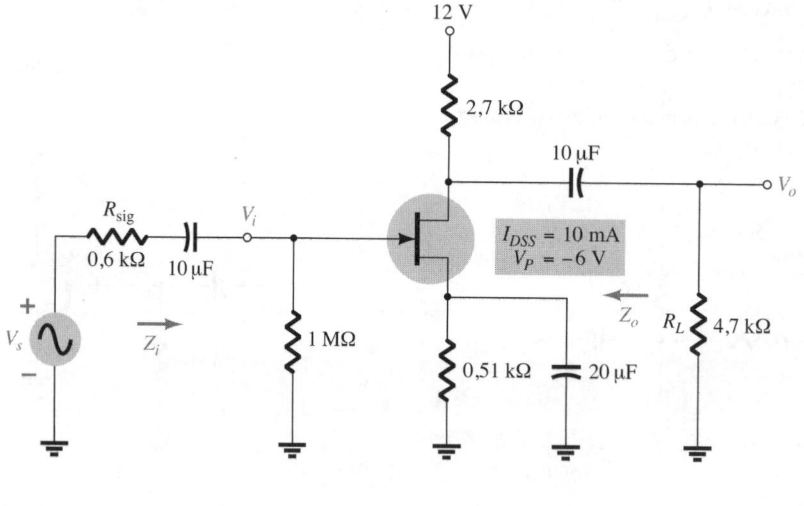

Figura 8.90 Problema 48.

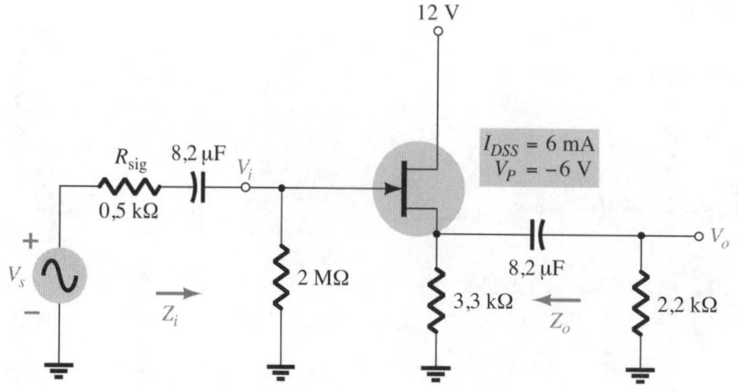

Figura 8.91 Problema 49.

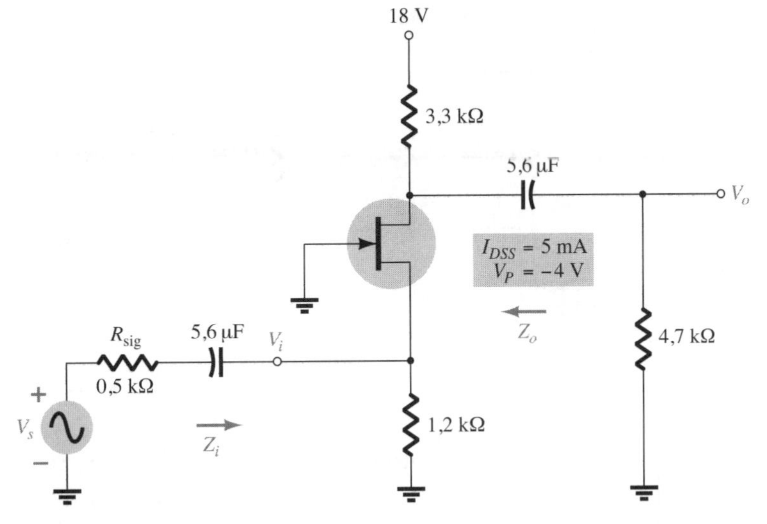

Figura 8.92 Problema 50.

53. Se ambos os JFETs no amplificador em cascata da Figura 8.93 forem substituídos por outros com especificações de I_{DSS} = 12 mA e V_P = –3 V, calcule a polarização CC resultante de cada estágio.

54. Se ambos os JFETs no amplificador em cascata da Figura 8.93 forem substituídos por outros com especificações de I_{DSS} = 12 mA e V_P = –3 V e g_{os} = 25 μS, calcule o ganho de tensão resultante para cada estágio, o ganho de tensão global e a tensão de saída V_o.

55. Para o amplificador em cascata da Figura 8.93, usando JFETs com especificações de I_{DSS} = 12 mA, V_P = –3 V e g_{os} = 25 μS, calcule a impedância de entrada do circuito (Z_i) e a impedância de saída (Z_o).

56. Para o amplificador em cascata da Figura 8.94, calcule as correntes e tensões de polarização CC de cada estágio.

57. Para o circuito amplificador da Figura 8.94, calcule o ganho de tensão de cada estágio e o ganho de tensão global do amplificador.

58. Calcule a impedância de entrada (Z_i) e a impedância de saída (Z_o) para o circuito amplificador da Figura 8.94.

Seção 8.19 Análise computacional

59. Utilizando o PSpice para Windows, determine o ganho de tensão para o circuito da Figura 8.73.

60. Utilizando o Multisim, determine o ganho de tensão para o circuito da Figura 8.75.

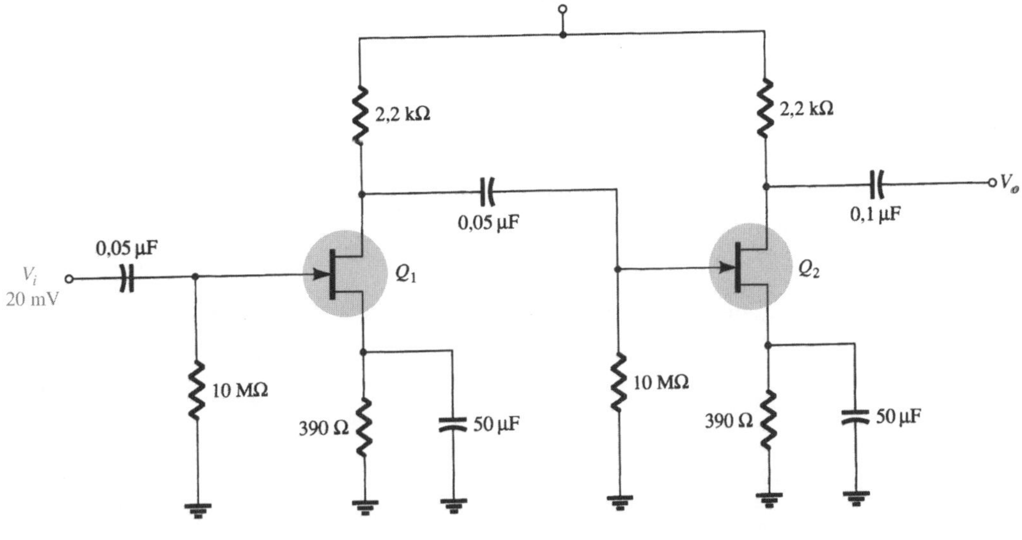

Figura 8.93 Problemas 51 a 55, 65 e 66.

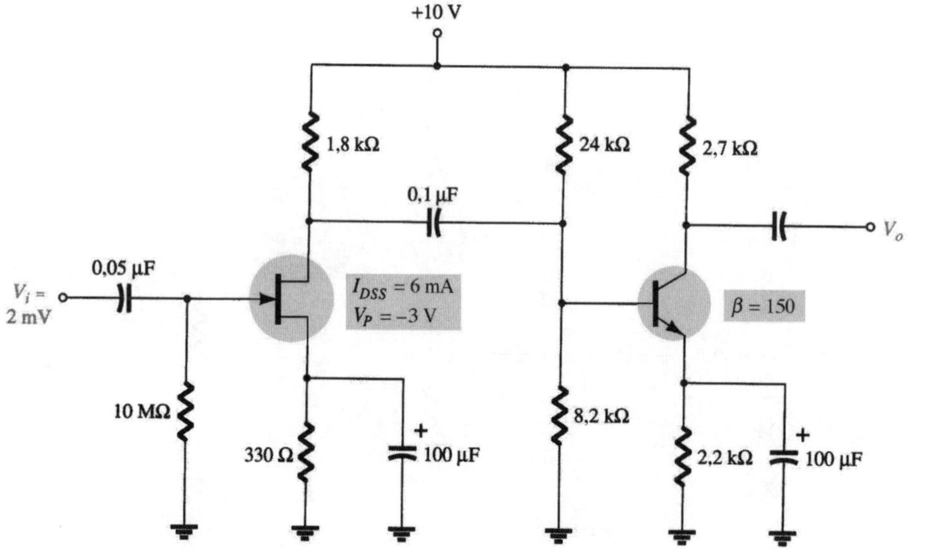

Figura 8.94 Problemas 56 a 58.

61. Utilizando o PSpice para Windows, determine o ganho de tensão para o circuito da Figura 8.76.

62. Utilizando o Multisim, determine o ganho de tensão para o circuito da Figura 8.77.

63. Utilizando o PSpice para Windows, determine o ganho de tensão para o circuito da Figura 8.82.

64. Utilizando o PSpice para Windows, determine o ganho de tensão para o circuito da Figura 8.85.

***65.** Use o Design Center para desenhar um circuito esquemático do amplificador com JFET em cascata como mostra a Figura 8.93. Defina os parâmetros do JFET para I_{DSS} = 12 mA e V_P = 3 V para que a análise determine a polarização CC.

***66.** Utilize o Design Center para desenhar um circuito esquemático para um amplificador JFET em cascata como mostra a Figura 8.93. Defina a análise para calcular a tensão CA de saída V_o para I_{DSS} = 12 mA e V_P = −3 V.

Resposta em frequência do TBJ e do JFET

Objetivos

- Desenvolver confiança na utilização de logaritmos, compreender o conceito de decibéis e ser capaz de fazer uma leitura precisa de um gráfico logarítmico.
- Familiarizar-se com a resposta em frequência de amplificadores com TBJ e FET.
- Ser capaz de normalizar um gráfico de frequência, estabelecer o gráfico em dB e encontrar as frequências de corte e a largura de banda.
- Compreender como segmentos em linha reta e frequências de corte podem resultar em um diagrama de Bode que definirá a resposta em frequência de um amplificador.
- Ser capaz de encontrar a capacitância de efeito Miller na entrada e na saída de um amplificador devido ao capacitor de realimentação.
- Familiarizar-se com o teste de onda quadrada para determinar a resposta em frequência de um amplificador.

9.1 INTRODUÇÃO

Até aqui, a análise esteve limitada a uma frequência específica. Para o amplificador, esta foi uma frequência que, de modo geral, permitiu ignorar os efeitos dos elementos capacitivos, limitando a análise somente com elementos resistivos e fontes independentes e controladas. Agora, verificaremos os efeitos em baixas frequências introduzidos no circuito pelos capacitores maiores e os efeitos em altas frequências introduzidos no circuito pelos elementos capacitivos menores do dispositivo ativo. Visto que a análise abrange uma ampla faixa de frequências, definiremos a escala logarítmica a ser utilizada ao longo da análise. Além disso, como a indústria normalmente utiliza uma escala em decibéis em seus gráficos de frequência, o conceito de decibel será apresentado com certa profundidade. As semelhanças entre as análises de resposta em frequência do TBJ e do FET nos permitem abordá-las em um mesmo capítulo.

9.2 LOGARITMOS

Nessa área, não há alternativa senão conhecer bem a função logarítmica. O gráfico de uma variável em uma faixa ampla, comparando os valores sem ter que lidar com números volumosos, e a identificação de valores especialmente importantes nos procedimentos de projeto, revisão e análise são todos facilitados pelo uso da função logarítmica.

Como um primeiro passo para a explicação da relação entre as variáveis de uma função logarítmica, examine as seguintes equações matemáticas:

$$\boxed{a = b^x, \qquad x = \log_b a} \tag{9.1}$$

As variáveis a, b e x são as mesmas em cada equação. Se a é determinado tomando-se a base b e elevando-a à potência x, o mesmo x é obtido se o log de a for calculado na base b. Por exemplo, se $b = 10$ e $x = 2$,

$$a = b^x = (10)^2 = 100$$

mas $$x = \log_b a = \log_{10} 100 = 2$$

Em outras palavras, para calcular a potência de um número que resulta em determinado valor, como

$$10.000 = 10^x$$

poderíamos determinar o valor de x pela função logarítmica. Isto é,

$$x = \log_{10} 10.000 = 4$$

Para a indústria eletroeletrônica, assim como para a maioria dos trabalhos científicos, a base na equação logarítmica é escolhida entre dois valores: 10 ou o número $e = 2,71828...$

Logaritmos de base 10 são chamados de *logaritmos comuns*, enquanto os de base e são denominados *logaritmos naturais*. Em resumo:

$$\text{Logaritmo comum: } x = \log_{10} a \quad (9.2)$$

$$\text{Logaritmo natural: } y = \log_e a \quad (9.3)$$

Os dois são relacionados por:

$$\log_e a = 2,3 \log_{10} a \quad (9.4)$$

Nas calculadoras científicas, o logaritmo comum é normalmente denotado pela tecla **log** e o logaritmo natural pela tecla **ln**.

EXEMPLO 9.1

Utilizando a calculadora, determine o logaritmo dos seguintes números na base indicada.

a) $\log_{10} 10^6$.

b) $\log_e e^3$.

c) $\log_{10} 10^{-2}$.

d) $\log_e e^{-1}$.

Solução:

a) **6** b) **3** c) **–2** d) **–1**

Os resultados do Exemplo 9.1 revelam claramente que *o logaritmo de um número elevado a uma potência é simplesmente a potência do número se ele for igual à base do logaritmo.*

No próximo exemplo, a base e a variável x não estão relacionadas por uma potência inteira da base.

EXEMPLO 9.2

Utilizando a calculadora, determine o logaritmo dos seguintes números:

a) $\log_{10} 64$.

b) $\log_e 64$.

c) $\log_{10} 1600$.

d) $\log_{10} 8000$.

Solução:

a) **1,806** b) **4,159** c) **3,204** d) **3,903**

Observe nos itens (a) e (b) do Exemplo 9.2 que os logaritmos $\log_{10} a$ e $\log_e a$ realmente se relacionam como mostra a Equação 9.4. Além disso, o logaritmo de um número não aumenta na mesma proporção que o número. Isto é, 8.000 é 125 vezes maior do que 64, mas o logaritmo de 8.000 é apenas cerca de 2,16 vezes maior do que o valor do logaritmo de 64, o que revela uma relação não linear. A Tabela 9.1 mostra claramente como o logaritmo de um número aumenta apenas à medida que seu expoente aumenta. Se o antilogaritmo de um número for desejado, as funções 10^x ou e^x da calculadora deverão ser empregadas.

Tabela 9.1

$\log_{10} 10^0$	= 0
$\log_{10} 10$	= 1
$\log_{10} 100$	= 2
$\log_{10} 1.000$	= 3
$\log_{10} 10.000$	= 4
$\log_{10} 100.000$	= 5
$\log_{10} 1.000.000$	= 6
$\log_{10} 10.000.000$	= 7
$\log_{10} 100.000.000$	= 8
etc.	

EXEMPLO 9.3

Utilizando uma calculadora, determine o antilogaritmo das seguintes expressões

a) $1,6 = \log_{10} a$.

b) $0,04 = \log_e a$.

Solução:

a) $a = 10^{1,6}$

Usando a tecla 10^x: a = **39,81**

b) $a = e^{0,04}$

Usando a tecla e^x: a = **1,0408**

Uma vez que a análise restante deste capítulo emprega o logaritmo comum, revisaremos agora algumas propriedades dos logaritmos usando somente o logaritmo comum. Normalmente, porém, as mesmas relações são válidas para logaritmos em qualquer base. Primeiro, observe que

$$\log_{10} 1 = 0 \quad (9.5)$$

como mostrado na Tabela 9.1, já que $10^0 = 1$. A seguir,

$$\log_{10} \frac{a}{b} = \log_{10} a - \log_{10} b \quad (9.6)$$

que para o caso especial de $a = 1$ passa a ser

$$\log_{10} \frac{1}{b} = -\log_{10} b \quad (9.7)$$

revelando que, para todo b maior do que 1, o logaritmo de um número menor do que 1 é sempre negativo. Por fim,

$$\boxed{\log_{10} ab = \log_{10} a + \log_{10} b} \qquad (9.8)$$

Em cada caso, as equações que empregarem logaritmo natural terão o mesmo formato.

EXEMPLO 9.4

Utilizando uma calculadora, determine o logaritmo dos seguintes números:

a) $\log_{10} 0{,}5$.

b) $\log_{10} \dfrac{4000}{250}$.

c) $\log_{10} (0{,}6 \times 30)$.

Solução:

a) **–0,3**

b) $\log_{10}4000 - \log_{10} 250 = 3{,}602 - 2{,}398 = \mathbf{1{,}204}$

Conferindo: $\log_{10} \dfrac{4000}{250} = \log_{10} 16 = \mathbf{1{,}204}$

c) $\log_{10} 0{,}6 + \log_{10} 30 = -0{,}2218 + 1{,}477 = \mathbf{1{,}255}$

Conferindo: $\log_{10} (0{,}6 \times 30) = \log_{10} 18 = \mathbf{1{,}255}$

O uso de escalas logarítmicas pode expandir significativamente a faixa de variação de uma variável específica em um gráfico. A maioria das folhas para gráfico disponíveis é do tipo semilog ou di-log (log-log). O termo *semi* (que significa metade) indica que somente uma das duas escalas é logarítmica, ao passo que di-log indica que ambas as escalas são logarítmicas. A Figura 9.1 mostra uma escala semilog. Observe que a escala vertical é linear, com divisões igualmente espaçadas. O intervalo entre as linhas da escala log é mostrado no mesmo gráfico. O log de 2 na base 10 é aproximadamente 0,3. O intervalo de 1 ($\log_{10} 1 = 0$) para 2 é, portanto, 30% da extensão total. O log de 3 na base 10 é 0,4771, aproximadamente 48% da extensão (quase a metade da distância entre os pontos de potência de 10 na escala log). Visto que $\log_{10} 5 \cong 0{,}7$, marcamos o ponto correspondente no gráfico a 70% do intervalo total. Note que entre quaisquer dois números aparece a mesma compressão das linhas à medida que progredimos da esquerda para a direita. É importante verificar os valores numéricos resultantes e o espaçamento, pois normalmente os gráficos apresentam apenas as marcações indicadas na Figura 9.2 devido à falta de espaço. As barras maiores nessa figura estão associadas aos valores numéricos 0,3, 3 e 30; as barras de comprimento intermediário indicam os valores 0,5, 5 e 50; e as barras menores indicam 0,7, 7 e 70.

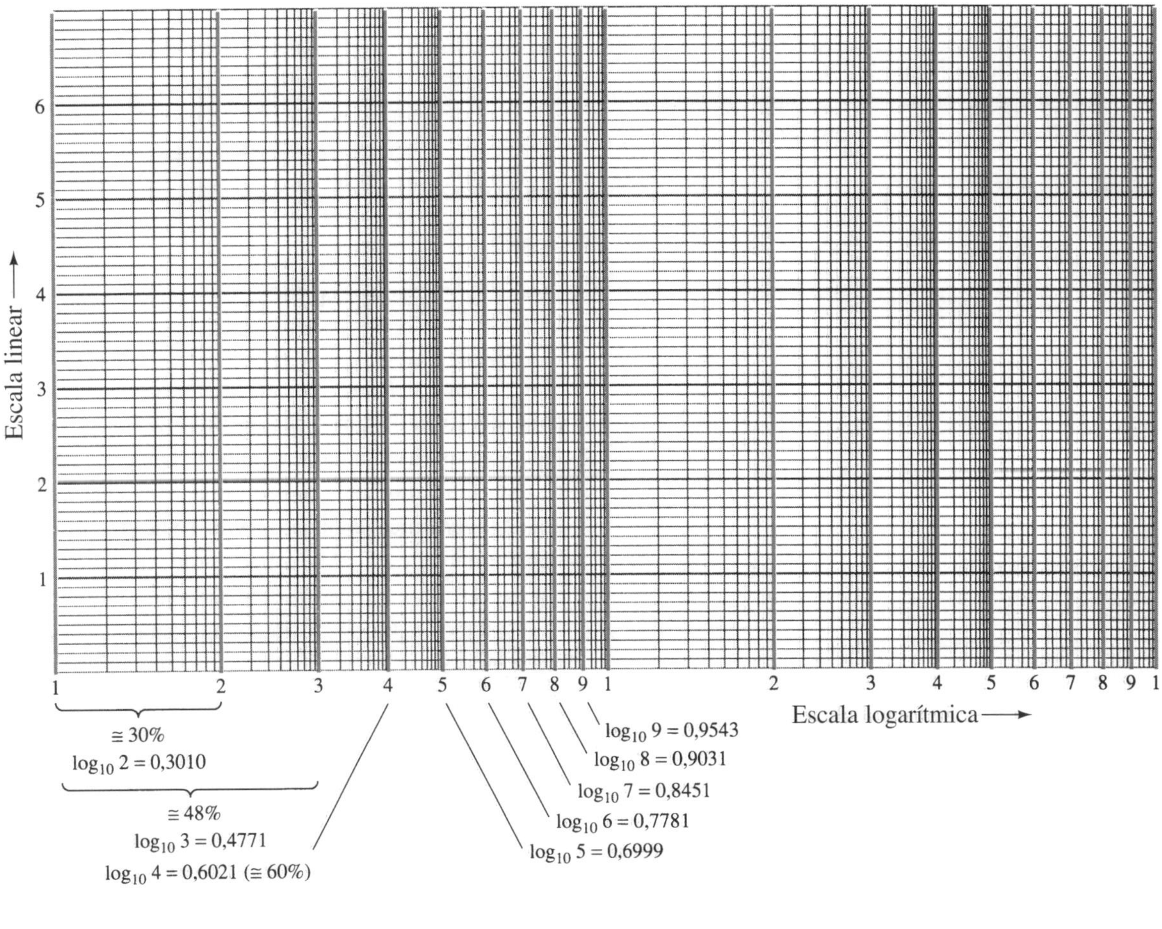

Figura 9.1 Folha de gráfico semilog.

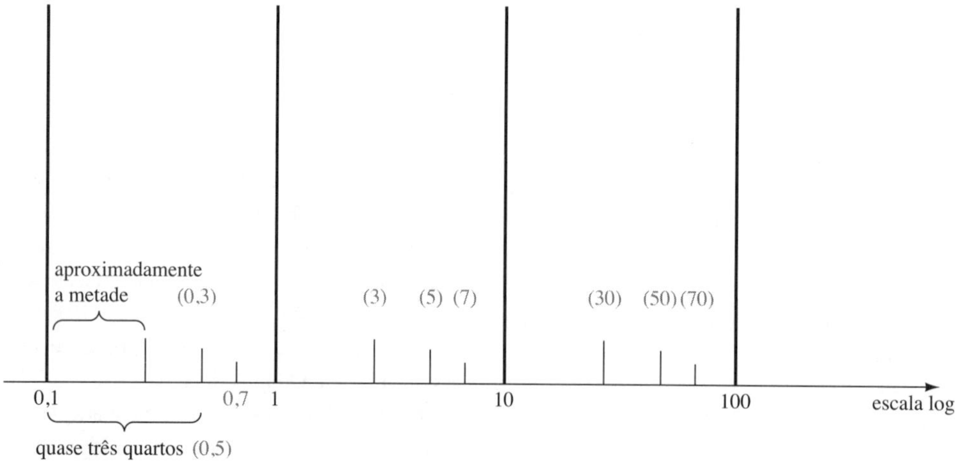

Figura 9.2 Identificação dos valores numéricos da posição das marcas em uma escala log.

Em muitos gráficos logarítmicos, as marcações para a maioria dos valores intermediários são deixadas de fora em virtude de restrição de espaço. A equação a seguir pode ser utilizada para determinar o valor logarítmico em um determinado ponto entre os valores conhecidos, usando-se uma régua ou simplesmente estimando-se as distâncias. Os parâmetros são definidos na Figura 9.3.

$$\text{Valor} = 10^x \times 10^{d_1/d_2} \tag{9.9}$$

A dedução da Equação 9.9 é simplesmente uma extensão dos detalhes relativos à distância que aparecem na Figura 9.1.

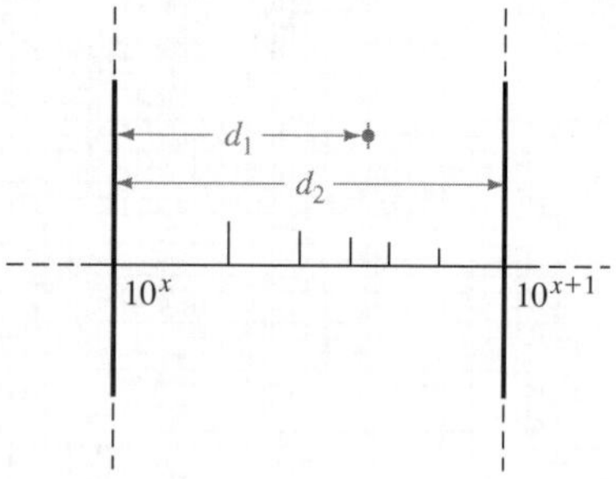

Figura 9.3 Determinação de um valor em um gráfico logarítmico.

EXEMPLO 9.5

Determine o valor do ponto que aparece no gráfico logarítmico na Figura 9.4 utilizando as medições feitas com uma régua (linear).

Solução:

$$\frac{d_1}{d_2} = \frac{7/16''}{3/4''} = \frac{0{,}438''}{0{,}750''} = 0{,}584$$

Usando uma calculadora:

$$10^{d_1/d_2} = 10^{0{,}584} = 3{,}837$$

Aplicando a Equação 9.9:

$$\text{Valor} = 10^x \times 10^{d_1/d_2} = 10^2 \times 3{,}837$$
$$= \mathbf{383{,}7}$$

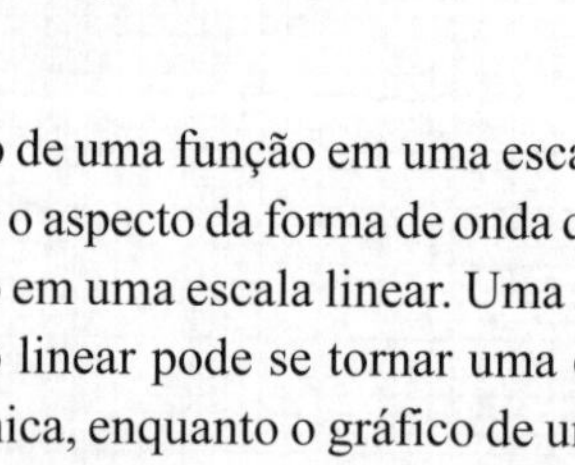

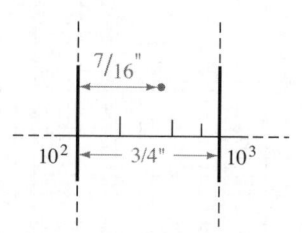

Figura 9.4 Exemplo 9.5.

O gráfico de uma função em uma escala logarítmica pode modificar o aspecto da forma de onda quando comparado ao gráfico em uma escala linear. Uma reta no gráfico de uma função linear pode se tornar uma curva em uma escala logarítmica, enquanto o gráfico de uma função não linear em uma escala linear pode produzir uma linha reta em uma escala logarítmica. O importante é interpretarmos os resultados extraídos levando em conta o espaçamento das figuras 9.1 e 9.2. Isso ocorrerá com alguns dos gráficos log-log apresentados posteriormente.

9.3 DECIBÉIS

Níveis de potência

O conceito de decibel (dB) e os cálculos associados serão cada vez mais importantes nas demais seções deste capítulo. O termo *decibel* está ligado ao fato de que potência e níveis de áudio se relacionam em uma base logarítmica. Isto é, um aumento no valor da potência de, digamos, 4 W para 16 W não resulta em um aumento no nível de áudio por um fator de 16/4 = 4, mas por um fator de 2, obtido da potência de 4 como segue: $(4)^2 = 16$. Para uma variação de 4 W para 64 W, o nível de áudio triplicará, já que $(4)^3 = 64$. Em forma logarítmica, a relação pode ser escrita como $\log_4 64 = 3$.

O termo *bel* origina-se do sobrenome de Alexander Graham Bell. Para fins de padronização, o bel (B) foi definido pela seguinte equação, que relaciona os valores de potência P_1 e P_2:

$$\boxed{G = \log_{10}\frac{P_2}{P_1}} \quad \text{bel} \qquad (9.10)$$

Verificou-se, entretanto, que bel era uma unidade de medida grande demais para propósitos práticos. Por isso, foi definido o decibel (dB), de modo que 10 decibéis = 1 bel. Portanto,

$$\boxed{G_{\text{dB}} = 10\log_{10}\frac{P_2}{P_1}} \quad \text{dB} \qquad (9.11)$$

As especificações de equipamentos eletrônicos de comunicações (amplificadores, microfones etc.) normalmente são dadas em decibéis. Entretanto, a Equação 9.11 indica claramente que a relação decibel é uma medida da diferença em amplitude entre *dois* valores de potência. Para uma potência de saída especificada (P_2) deve haver um valor de potência de referência (P_1). O valor de referência normalmente aceito é 1 mW, embora ocasionalmente se utilize o padrão mais antigo de 6 mW. A resistência associada com o nível de potência 1 mW é 600 Ω, que é o valor da impedância característica das linhas de transmissão de áudio. Quando o valor 1 mW é empregado como valor de referência, o símbolo de decibel costuma ser dBm. Na forma de equação,

$$\boxed{G_{\text{dBm}} = 10\log_{10}\frac{P_2}{1\text{ mW}}\bigg|_{600\,\Omega}} \quad \text{dBm} \qquad (9.12)$$

Há uma segunda equação para decibéis muito utilizada que pode ser melhor descrita pelo sistema da Figura 9.5. Para V_i igual a algum valor V_1, $P_1 = V_1^2/R_i$, onde R_i é a resistência de entrada do sistema da Figura 9.5. Se V_i aumentar (ou diminuir) para V_2, então $P_2 = V_2^2/R_i$. Se fizermos a substituição na Equação 9.11 para determinar a diferença resultante em decibéis entre os valores de potência, obtemos

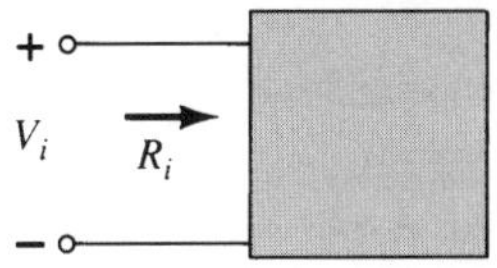

Figura 9.5 Configuração empregada na discussão da Equação 9.13.

$$G_{\text{dB}} = 10\log_{10}\frac{P_2}{P_1} = 10\log_{10}\frac{V_2^2/R_i}{V_1^2/R_i} = 10\log_{10}\left(\frac{V_2}{V_1}\right)^2$$

e

$$\boxed{G_{\text{dB}} = 20\log_{10}\frac{V_2}{V_1}} \quad \text{dB} \qquad (9.13)$$

O efeito de impedâncias diferentes ($R_1 \neq R_2$) costuma ser ignorado, e a Equação 9.13 é aplicada apenas para estabelecer uma base de comparação entre os valores — tensão ou corrente. Para essas situações, o ganho em decibel deve ser denominado ganho de tensão ou corrente em decibéis, para diferenciá-lo do decibel empregado para valores de potência.

Note, em particular, o fator multiplicador de 20 em vez de 10 das equações anteriores.

Estágios em cascata

Uma das vantagens de usar uma relação logarítmica é a maneira como ela pode ser aplicada a estágios em cascata. Por exemplo, o ganho de tensão total de um sistema em cascata é dado por:

$$|A_{v_T}| = |A_{v_1}| \cdot |A_{v_2}| \cdot |A_{v_3}| \cdots |A_{v_n}| \qquad (9.14)$$

Aplicando a relação logarítmica apropriada, obtemos:

$$G_v = 20\log_{10}|A_{v_T}| - 20\log_{10}|A_{v_1}| + 20\log_{10}|A_{v_2}|$$
$$+ 20\log_{10}|A_{v_3}| + \cdots + 20\log_{10}|A_{v_n}| \text{ (dB)} \qquad (9.15)$$

Isso significa que o ganho em decibel de um sistema em cascata é simplesmente a soma dos ganhos em dB de cada estágio, isto é,

$$\boxed{G_{\text{dB}_T} = G_{\text{dB}_1} + G_{\text{dB}_2} + G_{\text{dB}_3} + \cdots + G_{\text{dB}_n}} \quad \text{dB} \qquad (9.16)$$

Ganhos de tensão *versus* valores em dB

A Tabela 9.2 mostra a associação entre valores em dB e ganhos de tensão. Devemos observar primeiro que um ganho de 2 equivale a +6 dB, e que uma atenuação de $\frac{1}{2}$

Tabela 9.2 Comparando $A_v = \frac{V_o}{V_i}$ com dB.

Ganho de tensão V_o/V_i	Valor em dB
0,5	–6
0,707	–3
1	0
2	6
10	20
40	32
100	40
1.000	60
10.000	80
etc.	

corresponde a – 6 dB. Uma variação em V_o/V_i de 1 para 10, 10 para 100 ou 100 para 1.000 resulta na mesma variação em valor de 20 dB. Quando $V_o = V_i$, $V_o/V_i = 1$, e o valor em dB é igual a 0. Para um ganho muito alto de 1.000, o valor em dB é 60, ao passo que para um ganho muito mais elevado, 10.000, o valor em dB é 80, que corresponde a um aumento de apenas 20 dB — um resultado da relação logarítmica. A Tabela 9.2 mostra claramente que ganhos de tensão de 50 dB ou maiores podem ser considerados bastante elevados.

EXEMPLO 9.6

Determine o valor do ganho que corresponde a um ganho de tensão de 100 dB.

Solução:

Por meio da Equação 9.13,

$$G_{dB} = 20 \log_{10} \frac{V_2}{V_1} = 100 \text{ dB} \Rightarrow \log_{10} \frac{V_2}{V_1} = 5$$

de maneira que:

$$\frac{V_2}{V_1} = \mathbf{10^5 = 100.000}$$

EXEMPLO 9.7

A potência de entrada de um dispositivo é 10.000 W para uma tensão de 1.000 V. A potência de saída é 500 W e a impedância de saída é 20 Ω.

a) Determine o ganho de potência em decibéis.
b) Determine o ganho de tensão em decibéis.
c) Explique por que os itens (a) e (b) estão ou não de acordo.

Solução:

a)
$$G_{dB} = 10 \log_{10} \frac{P_o}{P_i} = 10 \log_{10} \frac{500 \text{ W}}{10 \text{ kW}}$$
$$= 10 \log_{10} \frac{1}{20} = -10 \log_{10} 20$$
$$= -10(1{,}301) = \mathbf{-13{,}01 \text{ dB}}$$

b)
$$G_v = 20 \log_{10} \frac{V_o}{V_i} = 20 \log_{10} \frac{\sqrt{PR}}{1000}$$
$$= 20 \log_{10} \frac{\sqrt{(500 \text{ W})(20 \, \Omega)}}{1000 \text{ V}}$$
$$= 20 \log_{10} \frac{100}{1000} = 20 \log_{10} \frac{1}{10}$$
$$= -20 \log_{10} 10 = \mathbf{-20 \text{ dB}}$$

c)
$$R_i = \frac{V_i^2}{P_i} = \frac{(1 \text{ kV})^2}{10 \text{ kW}} = \frac{10^6}{10^4}$$
$$= \mathbf{100 \, \Omega \neq R_o = 20 \, \Omega}$$

EXEMPLO 9.8

Um amplificador com 40 W de saída é conectado a um alto-falante de 10 Ω.

a) Calcule a potência de entrada necessária para que a potência de saída seja a nominal, considerando que o ganho de potência é 25 dB.
b) Calcule a tensão de entrada para atingir-se a potência de saída nominal quando o ganho de tensão do amplificador for 40 dB.

Solução:

a) Equação 9.11:

$$25 = 10 \log_{10} \frac{40 \text{ W}}{P_i} \Rightarrow P_i$$
$$= \frac{40 \text{ W}}{\text{antilog}\,(2{,}5)} = \frac{40 \text{ W}}{3{,}16 \times 10^2}$$
$$= \frac{40 \text{ W}}{316} \cong \mathbf{126{,}5 \text{ mW}}$$

b)
$$G_v = 20 \log_{10} \frac{V_o}{V_i} \Rightarrow 40 = 20 \log_{10} \frac{V_o}{V_i}$$
$$\frac{V_o}{V_i} = \text{antilog } 2 = 100$$
$$V_o = \sqrt{PR} = \sqrt{(40 \text{ W})(10 \text{ V})} = 20 \text{ V}$$
$$V_i = \frac{V_o}{100} = \frac{20 \text{ V}}{100} = 0{,}2 \text{ V} = \mathbf{200 \text{ mV}}$$

Resposta auditiva humana

Uma das aplicações mais frequentes da escala de decibel ocorre nas indústrias de comunicação e de entretenimento. O ouvido humano não responde de forma linear a mudanças no nível de potência da fonte de áudio, isto é, uma duplicação no valor de potência de áudio de 1/2 W para 1 W não resulta em uma duplicação no valor de volume para o ouvido humano. Além disso, uma mudança de 5 W para 10 W é captada pelo ouvido como a mesma mudança em intensidade sonora que a experimentada de 1/2 W para 1 W. Em outras palavras, a razão entre os valores é a mesma em cada caso (1 W/0,5 W = 10 W/5 W = 2), o que resulta na mesma variação em decibéis ou logarítmica definida pela Equação 9.11. O ouvido, por conseguinte, responde de uma forma logarítmica a alterações nos valores de potência de áudio.

Para estabelecer uma base de comparação entre valores de áudio, foi escolhido um valor de referência de 0,0002 **microbar** (μbar), onde 1 μbar é igual à pressão sonora de 1 dina por centímetro quadrado, ou cerca de 1 milionésimo da pressão atmosférica normal ao nível do mar. O valor de 0,0002 μbar é o valor limiar da audição. Usando esse referencial, o valor de pressão sonora em decibéis é definida pela seguinte equação:

$$\mathrm{dB}_s = 20 \log_{10} \frac{P}{0{,}0002\ \mu\mathrm{bar}} \tag{9.17}$$

onde P é a pressão sonora em microbars.

Os valores de decibel na Tabela 9.3 são definidos pela Equação 9.17. Medidores destinados a medir os níveis de áudio são calibrados para os valores definidos pela Equação 9.17 e mostrados na Tabela 9.3.

Note, em particular, o nível de som para iPods e de MP3 *players*, para os quais se sugere, com base em pesquisas, que não devem ser usados por mais de 1 hora por dia a 60% do volume para evitar danos permanentes à audição. Devemos lembrar sempre que o dano auditivo não costuma ser reversível, de modo que qualquer perda é permanente.

Tabela 9.3 Níveis de som mais comuns e seus valores em decibéis.

Potência de saída	dB_s		
Valor médio em watts	160	Motor a jato	
	I		
	150		
	I		
	140	Sirene	
	I		
	130	Britadeira	
	I		
Limiar de dor	120	Concerto de música ao vivo, iPods e MP3 *players* em volume máximo	↑
	I		
300	110	Academia de ginástica, cinema	
100	I	Motosserra	
30	100	Música muito alta, motocicleta	
10	I		
3	90	Música alta, tráfego pesado, trem do metrô	
1	I		
0,3	80	Orquestra, tráfego em estrada, despertador	
0,1	I		
0,03	70	} Conversa em tom normal	
0,01	I		
0,003	60	Música suave	Faixa dinâmica ≅ 120 dB_s
0,001	I		
0,0003	50	Sistema de computação comum, média residencial	
	I		
	40	Música de fundo	
	I		
	30	Escritório silencioso, disco rígido de computador	
	I		
	20	Sussurro	
	I		
	10	Sons leves, roçar de papel	
	I		
0,0002 μbar de pressão	0	Limiar da audição	↓

Uma pergunta comum no que se refere a níveis de áudio é quanto o nível de potência de uma fonte acústica deve ser aumentado para dobrar o nível de som captado pelo ouvido humano. A questão não é tão simples quanto parece à primeira vista em virtude de considerações como o conteúdo em frequência do som, as condições acústicas da área circundante, as características físicas do meio circundante e — é claro — as características singulares do ouvido humano. No entanto, podemos formular uma conclusão geral que tem valor prático se observarmos os valores de potência que aparecem à esquerda na Tabela 9.3 para algumas fontes acústicas. Cada nível de potência está associado a um valor em decibéis específico, e uma variação de 10 dB na escala corresponde a um aumento ou uma diminuição da potência por um fator de 10. Por exemplo, uma mudança de 90 dB para 100 dB está associada a uma mudança na potência de 3 W para 30 W. Por experimentação, verificou-se que, em média, o nível de intensidade sonora dobra para cada variação de 10 dB no nível de áudio — uma conclusão de certo modo verificável pelos exemplos do lado direito na Tabela 9.3.

Para dobrar o nível do som captado pelo ouvido humano, a especificação de potência da fonte acústica (em watts) deve ser aumentada por um fator de 10.

Em outras palavras, dobrar o nível do som disponível de uma fonte acústica de 1 W requer uma elevação para uma fonte de 10 W.

Além disso:

Em níveis normais de audição, seria necessária uma mudança de cerca de 3 dB (o dobro do valor de potência) para que ela seja perceptível ao ouvido humano.

Em níveis baixos de som, uma mudança de 2 dB pode ser perceptível, mas uma variação de 6 dB (quatro vezes o valor de potência) pode ser necessária para níveis bem mais elevados de som.

Um último exemplo da utilização de dB como unidade de medição é o LRAD (dispositivo acústico de longo alcance, do inglês *Long Range Acoustic Device*) mostrado na Figura 9.6. Ele emite um tom entre 2100 Hz e 3100 Hz com 145 dB capaz de percorrer até 500 m, ou quase dois campos de futebol. Em seu pico, este som é milhares de vezes mais alto do que o som produzido por um detector de fumaça. Pode ser usado para transmitir informações e instruções críticas e é capaz de emitir um ruído forte para afugentar intrusos.

Figura 9.6 LRAD (dispositivo acústico de longo alcance) 1000X. (Cortesia de LRAD Corporation.)

Instrumentação

Diversos voltímetros analógicos e multímetros digitais modernos têm uma escala em dB que visa fornecer uma indicação de relações de potência referenciadas a um valor padrão de 1 mW em 600 Ω. Visto que a leitura é precisa somente se a carga tem uma impedância característica de 600 Ω, o valor de referência de 1 mW, 600 Ω costuma ser impresso na parte frontal do medidor, como mostra a Figura 9.7. Normalmente, a escala em dB é calibrada para a menor escala de tensões CA do medidor. Em outras palavras, ao fazer a medição em dB, devemos escolher a menor escala de tensão CA, mas ler a escala em dB. Se uma escala de tensão maior for escolhida, devemos usar um fator de correção, que às vezes está impresso na parte frontal do medidor, mas está sempre disponível no manual do instrumento. Se a impedância é diferente de 600 Ω ou não é puramente resistiva, devemos aplicar outros fatores de correção que costumam constar do manual de instruções. A equação básica para potência $P = V^2/R$ revela que 1 mW através de uma carga de 600 Ω equivale a aplicar 0,775 V rms através dela; isto é, $V = \sqrt{PR} = \sqrt{(1\text{ mW})(600\ \Omega)} = 0{,}775\text{ V}$. O resultado é que um mostrador analógico indicará 0 dB [definindo o ponto de referência de 1 mW, dB = 10 $\log_{10} P_2/P_1$ = 10 $\log_{10}$ (1 mW/1 mW (ref) = 0 dB] e 0,775 V rms na mesma projeção do ponteiro, como mostra a Figura 9.7. Uma tensão de 2,5 V através de uma carga de 600 Ω resulta em um valor em dB = 20 $\log_{10} V_2/V_1$ = 20 $\log_{10}$ 2,5 V/0,775 = 10,17 dB, resultando em 2,5 V e 10,17 dB que aparecem sob a mesma projeção do ponteiro. Uma tensão inferior a 0,775 V, tal como 0,5 V, resulta em um nível de dB = 20 $\log_{10} V_2/V_1$ = 20 $\log_{10}$ 0,5 V/0,775 V = –3,8 dB, também mostrado na escala da Figura 9.7. Embora uma leitura de 10 dB revele que o valor da potência é 10 vezes o valor de referência, não suponha que uma leitura de 5 dB signifique que o valor de saída seja 5 mW. A relação 10 : 1 é especial no uso logarítmico. Para o nível de 5 dB,

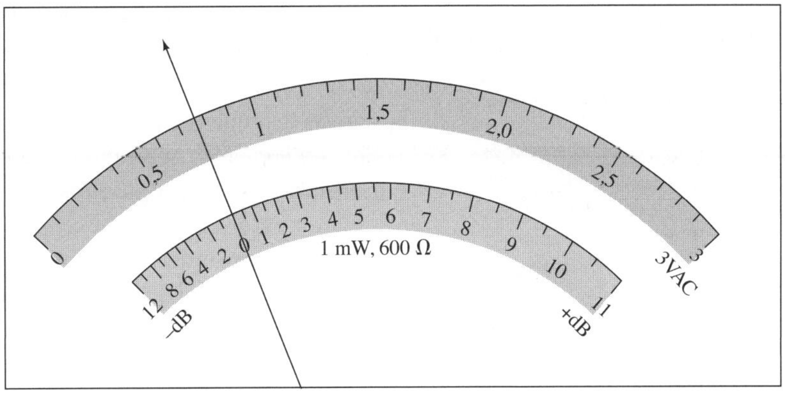

Figura 9.7 Definição da relação entre uma escala em dB referenciada a 1 mW, 600 Ω e uma escala de tensão de 3 V rms.

o valor de potência deve ser determinado por meio do antilogaritmo (3,126), que revela que o valor de potência associado a 5 dB é cerca de 3,1 vezes o referencial ou 3,1 mW. Uma tabela de conversão é comumente fornecida no manual para tais conversões.

9.4 CONSIDERAÇÕES GERAIS SOBRE FREQUÊNCIA

A frequência do sinal aplicado pode ter um efeito pronunciado na resposta de um circuito simples ou multiestágio. A análise realizada até aqui se baseou no espectro de frequências médias. Em baixas frequências, não podemos mais substituir os capacitores de acoplamento e de desvio pela aproximação de curto-circuito por causa do aumento na reatância desses elementos. Em altas frequências, os parâmetros dependentes da frequência dos circuitos equivalentes de pequenos sinais e os elementos capacitivos parasitas associados ao dispositivo ativo e ao circuito limitarão a resposta do sistema. O aumento do número de estágios em um sistema em cascata limitará também tanto a resposta em altas frequências quanto a resposta em baixas frequências.

Faixa de baixa frequência

Para demonstrar como os grandes capacitores de acoplamento e de desvio de um circuito afetarão a resposta em frequência de um sistema, a reatância de um capacitor de 1 μF (valor usual para tais aplicações) é tabulada na Tabela 9.4 para uma vasta gama de frequências.

Duas regiões foram definidas na Tabela 9.4. Para a faixa de 10 Hz a 10 kHz, o valor da reatância é grande o suficiente para ter impacto sobre a resposta do sistema. No entanto, para frequências muito mais elevadas, parece que o capacitor se comporta como o equivalente de curto-circuito para o qual ele foi projetado.

Tabela 9.4 Variação em $X_C = \dfrac{1}{2\pi fC}$ com a frequência para um capacitor de 1 μF.

f	X_C	
10 Hz	15,91 kΩ	Faixa de possível efeito
100 Hz	1,59 kΩ	
1 kHz	159 Ω	
10 kHz	15,9 Ω	
100 kHz	1,59 Ω	Faixa de menor preocupação (≅ equivalência de curto-circuito)
1 MHz	0,159 Ω	
10 MHz	15,9 mΩ	
100 MHz	1,59 mΩ	

Claramente, portanto,

os capacitores maiores de um sistema exercerão um impacto importante sobre a resposta de um sistema na faixa de baixa frequência e podem ser ignorados para a região de alta frequência.

Faixa de alta frequência

Para capacitores menores que entram em operação devido às capacitâncias parasitas do dispositivo ou circuito, a faixa de frequência de interesse será a das frequências mais altas. Considere um capacitor de 5 pF, valor típico para a capacitância parasita de um transistor ou da capacitância introduzida simplesmente pela fiação do circuito, e no valor da reatância resultante para a mesma faixa de frequência da Tabela 9.4. Os resultados aparecem na Tabela 9.5 e revelam claramente que, a baixas frequências, eles têm uma impedância muito grande correspondente ao equivalente desejado de circuito aberto. Entretanto, em frequências mais altas, aproximam-se de um curto-circuito capaz de afetar gravemente a resposta de um circuito.

Tabela 9.5 Variação em $X_C = \frac{1}{2\pi fC}$ com a frequência para um capacitor de 5 pF.

f	X_C	
10 Hz	3.183 MΩ	Faixa de menor preocupação (≅ equivalência de circuito aberto)
100 Hz	318,3 MΩ	
1 kHz	31,83 MΩ	
10 kHz	3,183 MΩ	
100 kHz	318,3 kΩ	Faixa de possível efeito
1 MHz	31,83 kΩ	
10 MHz	3,183 kΩ	
100 MHz	318,3 Ω	

Claramente, portanto,

os capacitores menores de um sistema exercerão um impacto importante sobre a resposta de um sistema na faixa de alta frequência e podem ser ignorados para a região de baixa frequência.

Faixa de média frequência

Na faixa de média frequência, o efeito dos elementos capacitivos é amplamente ignorado, e o amplificador é considerado ideal e composto simplesmente de elementos resistivos e fontes controladas.

O resultado é que

o efeito dos elementos capacitivos em um amplificador é ignorado para a faixa de média frequência quando os parâmetros importantes como os valores de ganho e impedância forem determinados.

Resposta em frequência típica

As curvas de ganho de um amplificador com acoplamento *RC*, acoplamento direto e acoplamento por transformador são mostradas na Figura 9.8. Observe que a escala horizontal é uma escala logarítmica, e permite a representação das regiões de baixas e altas frequências. Para cada gráfico, as regiões de baixas, altas e médias frequências foram definidas. Além disso, os principais motivos da redução do ganho nas altas e baixas frequências foram indicados entre parênteses. Para o amplificador com acoplamento *RC*, a queda em baixas frequências se deve ao aumento na reatância de C_C, C_s ou C_E, enquanto seu limite superior de frequência é determinado tanto pelos elementos capacitivos parasitas do circuito quanto pelo ganho dependente da frequência do dispositivo ativo. A compreensão da queda no ganho em sistemas com acoplamento por transformador requer um conhecimento básico tanto da "operação de transformação" quanto do circuito equivalente do transformador. Digamos, no momento, que é devido ao "efeito de curto" (entre os terminais de entrada do transformador) da reatância indutiva de magnetização em baixas frequências, ($X_L = 2\pi fL$). O ganho deve, obviamente, ser igual a zero em $f = 0$, já que nesse ponto não há mais um fluxo variável através do núcleo que induza uma tensão no enrolamento secundário do transformador. Como indica a Figura 9.8, a resposta em alta frequência é controlada principalmente pela capacitância parasita entre as espiras dos enrolamentos primário e secundário. Para o amplificador com acoplamento direto, não há capacitores de acoplamento ou de desvio que proporcionem uma queda no ganho em baixas frequências. Como indica a figura, trata-se de uma resposta plana até a frequência de corte superior, que é determinada tanto pelas capacitâncias parasitas do circuito quanto pela dependência do ganho com a frequência do dispositivo ativo.

Para cada sistema da Figura 9.8 há uma faixa de frequências na qual o valor do ganho é igual ou está próximo ao valor de banda média. Para estabelecer os limites de frequência de ganho relativamente alto, $0{,}707A_{v_{\text{médio}}}$ foi o ganho escolhido nos valores de corte. As frequências correspondentes f_1 e f_2 costumam ser chamadas de frequências de *canto*, *corte*, *banda*, *quebra* ou *meia potência*. O fator 0,707 foi escolhido porque, nesse valor, a potência de saída é metade do valor da potência de saída no meio da faixa, isto é, nas frequências médias,

$$P_{o_{\text{médio}}} = \frac{|V_o^2|}{R_o} = \frac{|A_{v_{\text{médio}}}V_i|^2}{R_o}$$

e nas frequências de meia potência,

$$P_{o_{HPF}} = \frac{|0{,}707A_{v_{\text{médio}}}V_i|^2}{R_o} = 0{,}5\,\frac{|A_{v_{\text{médio}}}V_i|^2}{R_o}$$

e

$$\boxed{P_{o_{HPF}} = 0{,}5\,P_{o_{\text{médio}}}} \qquad (9.18)$$

A largura de banda (ou banda passante) de cada sistema é determinada por f_H e f_L, isto é,

$$\boxed{\text{Largura de banda(BW)} = f_H - f_L} \qquad (9.19)$$

com f_H e f_L definidos em cada curva da Figura 9.8.

9.5 PROCESSO DE NORMALIZAÇÃO

Para aplicações em sistemas de comunicações (áudio, vídeo), um gráfico em decibel do ganho de tensão *versus* frequência é mais comumente fornecido do que o de ganho *versus* frequência que aparece na Figura 9.8. Em outras palavras, uma folha de dados de um amplificador ou sistema específico normalmente trará o gráfico de dB *versus* frequência em vez de ganho *versus* frequência.

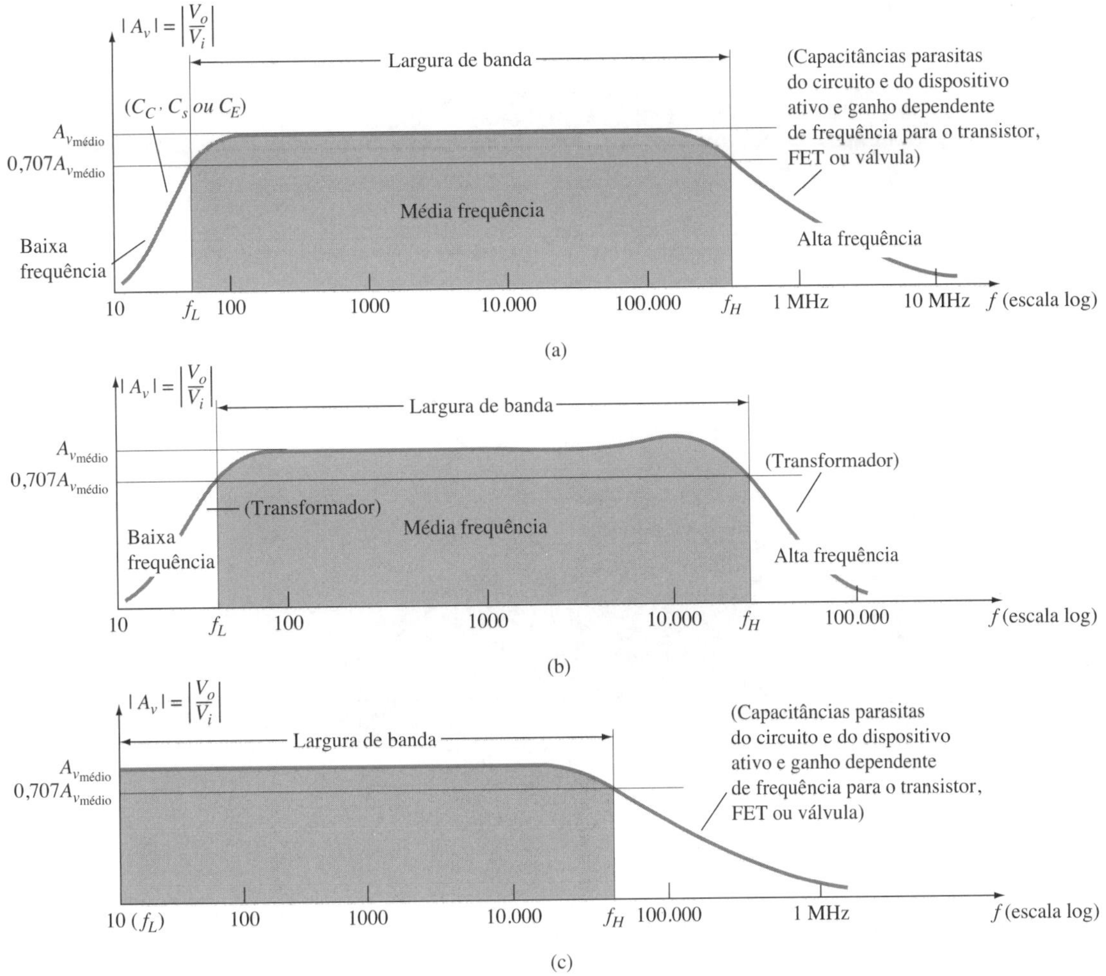

Figura 9.8 Ganho *versus* frequência para (a) amplificadores com acoplamento *RC*; (b) amplificadores com acoplamento por transformador; (c) amplificadores com acoplamento direto.

Antes de obter o gráfico logarítmico, geralmente a curva é *normalizada* — um processo pelo qual se divide o parâmetro vertical por um valor ou variável sensível a uma combinação ou variáveis do sistema. Para essa área de investigação, é usualmente o ganho médio ou máximo para a faixa de frequência de interesse.

Por exemplo, na Figura 9.9, a curva da Figura 9.8(a) é normalizada pela divisão do ganho de tensão de saída em cada frequência pelo valor de banda média. Note que a curva tem a mesma forma, mas agora as frequências de banda são definidas simplesmente pelo valor de 0,707 e não estão associadas ao valor real no meio da faixa. Isso revela claramente que

As frequências de banda definem um valor em que o ganho ou o parâmetro de interesse será 70,7% de seu valor máximo.

Devemos também levar em consideração que o gráfico da Figura 9.9 não é sensível ao valor real do ganho no meio da faixa. Esse ganho poderia ser de 50, 100 ou até 200, e o gráfico resultante da Figura 9.9 seria o mesmo. O gráfico da Figura 9.9 define agora as frequências em que o ganho relativo é definido, em vez de se preocupar com o "ganho real".

O exemplo a seguir demonstrará o processo de normalização para uma resposta típica de um amplificador.

EXEMPLO 9.9

Dada a resposta em frequência da Figura 9.10:

a) Determine as frequências de corte f_L e f_H usando as medições fornecidas.

b) Determine a largura de banda da resposta.

c) Esboce a resposta normalizada.

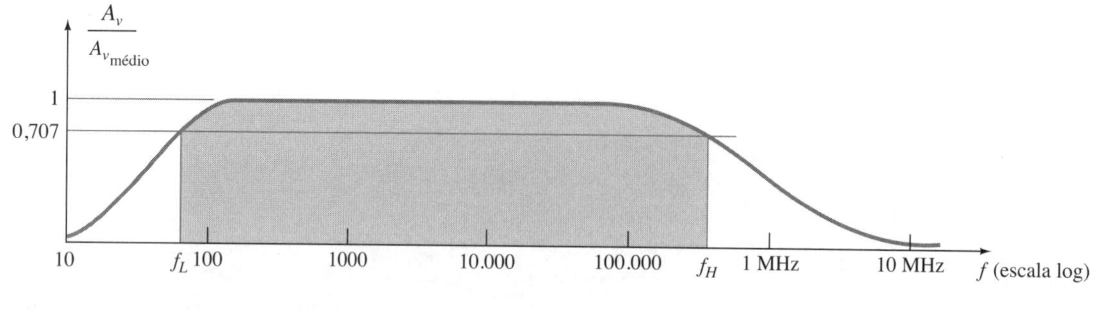

Figura 9.9 Gráfico do ganho normalizado *versus* frequência.

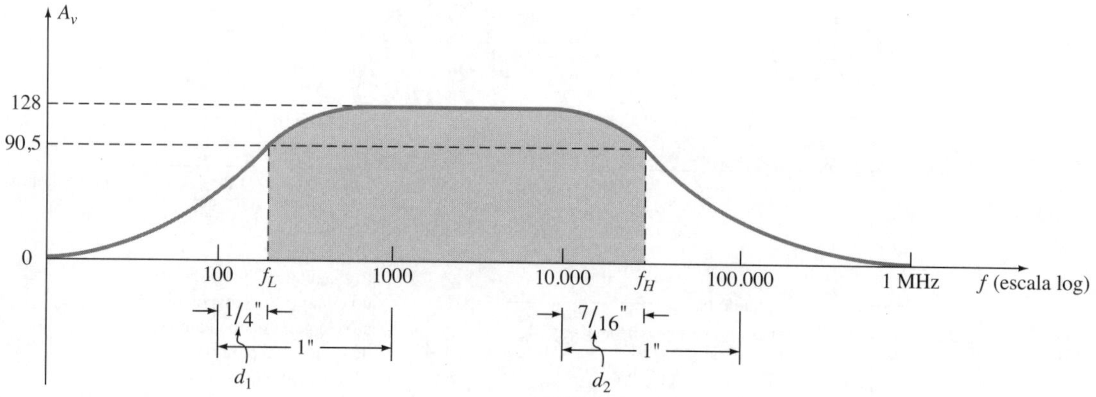

Figura 9.10 Gráfico de ganho para o Exemplo 9.8.

Solução:

a) Para f_L: $\frac{d_1}{d_2} = \frac{1/4''}{1''} = 0,25$

$10^{d_1/d_2} = 10^{0,25} = 1,7783$
Valor $= 10^x \times 10^{d_1/d_2} = 10^2 \times 1,7783 =$ **177,83 Hz**

Para f_H: $\frac{d_1}{d_2} = \frac{7/16''}{1''} = 0,438$

$10^{d_1/d_2} = 10^{0,438} = 2,7416$
Valor $= 10^x \times 10^{d_1/d_2} = 10^4 \times 2,7416 =$ **27.416 Hz**

b) A largura de banda:
$BW = f_H - f_L = 27.416\text{ Hz} - 177,83\text{ Hz}$
$\cong$ **27,24 KHz**

c) A resposta normalizada é determinada pela simples divisão de cada valor da Figura 9.10 pelo valor de banda média de 128, como mostra a Figura 9.11. O resultado é um valor máximo de 1 e valores de corte de 0,707.

Um gráfico em decibel da Figura 9.11 pode ser obtido pela aplicação da Equação 9.13 da seguinte maneira:

$$\left.\frac{A_v}{A_{v_{médio}}}\right|_{dB} = 20 \log_{10} \frac{A_v}{A_{v_{médio}}} \tag{9.20}$$

Para as frequências no meio da faixa, $20 \log_{10} 1 = 0$ e, para as frequências de corte, $20 \log_{10} 1/\sqrt{2} = -3$ dB. Esses valores estão claramente indicados no gráfico em decibel resultante da Figura 9.12. Quanto menor a razão, mais negativo é o valor em decibel.

Em grande parte da análise a seguir, o gráfico em decibel será empregado apenas para as regiões de baixa e alta frequências. Por isso, devemos ter em mente a Figura 9.12, a qual permite uma visualização da resposta completa do sistema.

A maioria dos amplificadores introduz um deslocamento de fase de 180° entre os sinais de entrada e de saída. Agora, esse fato deve ser expandido para indicar que isso é válido apenas para as regiões no meio da faixa. Em baixas frequências, o deslocamento de fase é tal que V_o está atrasada em relação a V_i por um ângulo elevado. Em altas frequências, o deslocamento de fase é menor do que 180°. A Figura 9.13 é um gráfico de fase padrão para um amplificador com acoplamento *RC*.

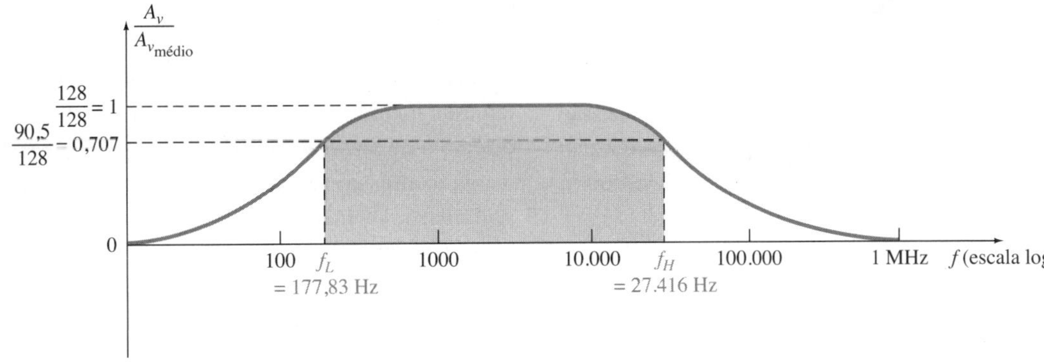

Figura 9.11 Gráfico normalizado da Figura 9.10.

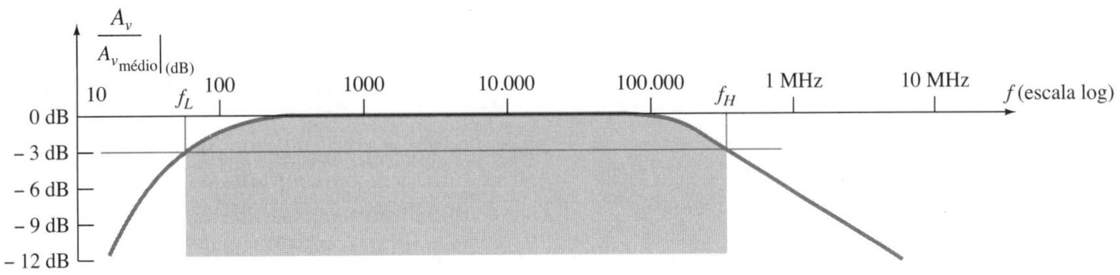

Figura 9.12 Gráfico em decibéis para o gráfico do ganho normalizado *versus* frequência da Figura 9.9.

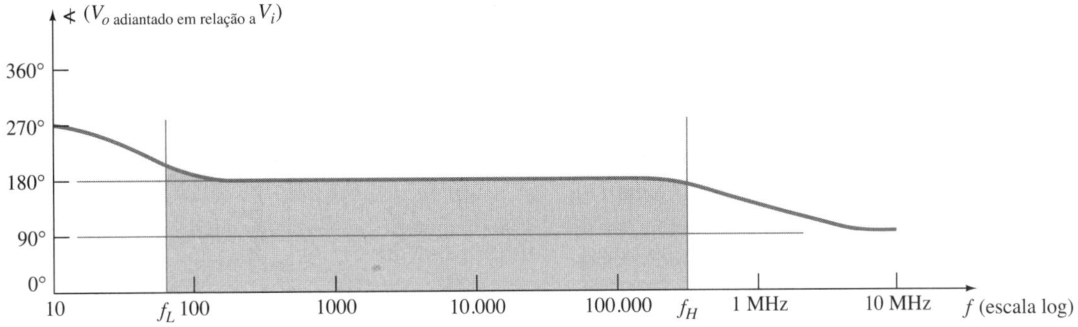

Figura 9.13 Gráfico de fase para um sistema amplificador com acoplamento *RC*.

9.6 ANÁLISE PARA BAIXAS FREQUÊNCIAS — DIAGRAMA DE BODE

Na região de baixas frequências do amplificador com TBJ ou com FET de único estágio, as frequências de corte são determinadas pelas combinações *RC* formadas pelos capacitores C_C, C_E e C_S e pelos parâmetros resistivos do circuito. Na verdade, podemos estabelecer para cada elemento capacitivo um circuito *RC* semelhante ao da Figura 9.14 e podemos determinar a frequência na qual a tensão de saída cai a 0,707 de seu valor máximo. Uma vez identificadas as frequências de corte devido a cada capacitor, elas podem ser comparadas para se determinar a frequência de corte inferior do sistema.

Considere-se, por exemplo, o circuito TBJ com divisor de tensão da Figura 9.15, que foi analisado em detalhes na Seção 5.6. A análise dessa seção resultou em uma impedância de entrada de

$$Z_i = R_i = R_1 \| R_2 \| \beta r_e$$

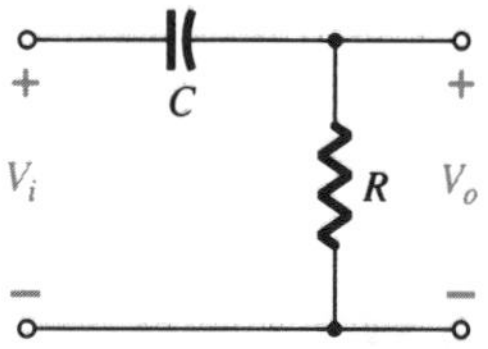

Figura 9.14 Combinação RC que definirá a frequência de corte inferior.

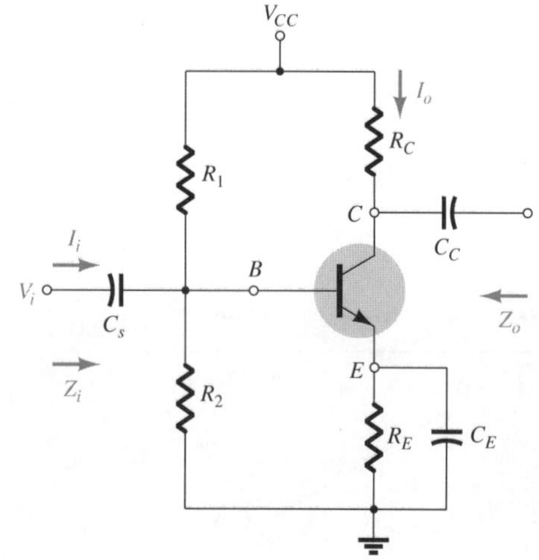

Figura 9.15 Configuração de polarização por divisor de tensão.

e um circuito equivalente de entrada, como mostrado na Figura 9.16.

Para a faixa média de frequências, supomos que o capacitor C_s seja um equivalente do estado de curto--circuito, e $V_b = V_i$. O resultado é um elevado ganho na banda média para o amplificador que não é afetado pelos capacitores de acoplamento ou desvio. No entanto, quando se diminui a frequência aplicada, a reatância do capacitor aumenta e toma uma parte crescente da tensão aplicada V_i. Desprezando-se os efeitos do capacitor de acoplamento C_C e do capacitor de desvio C_E por um momento, se a tensão V_b diminuir, a mesma diminuição ocorrerá no ganho global V_o/V_i. Menos tensão aplicada atinge a base do transistor, e isso reduz a tensão de saída V_o. Na verdade, se V_b cair para

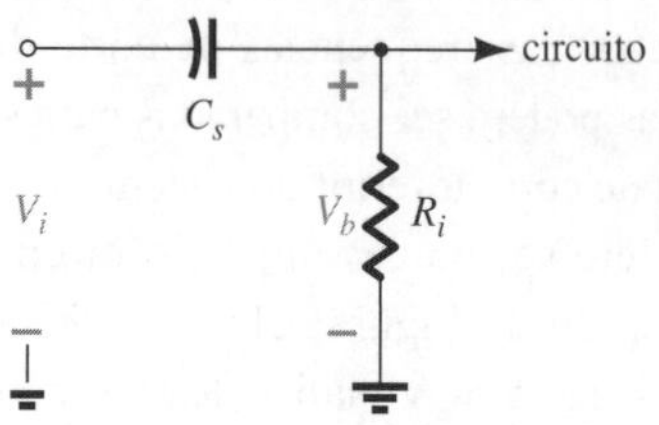

Figura 9.16 Circuito de entrada equivalente para o circuito da Figura 9.15.

0,707 do valor de pico possível de V_i, o ganho geral cairá na mesma proporção. No total, portanto, se encontrarmos a frequência que resultará em V_b sendo apenas $0{,}707V_i$, teremos a frequência de corte inferior para a resposta completa do amplificador.

Agora examinaremos como determinar essa frequência pela análise do circuito RC genérico da Figura 9.14 apresentado anteriormente. Uma vez obtidos, os resultados podem ser aplicados a qualquer combinação RC que possa existir em função dos outros capacitores de acoplamento ou de desvio. Em altas frequências, a reatância do capacitor da Figura 9.14 é

$$X_C = \frac{1}{2\pi fC} \cong 0\ \Omega$$

e o capacitor pode ser substituído pelo equivalente de curto-circuito, como mostra a Figura 9.17. O resultado é que $V_o \cong V_i$ para altas frequências. Em $f = 0$ Hz,

$$X_C = \frac{1}{2\pi fC} = \frac{1}{2\pi(0)C} = \infty\ \Omega$$

e a aproximação de circuito aberto pode ser aplicada, como mostra a Figura 9.18, com o resultado $V_o = 0$ V.

Entre os dois extremos, a razão $A_v = V_o/V_i$ diferirá da forma mostrada na Figura 9.19. À medida que a frequência aumenta, a reatância capacitiva diminui, e maior é a porção da tensão de entrada que surge nos terminais de saída.

As tensões de saída e entrada são relacionadas pela regra do divisor de tensão da seguinte maneira:

$$\mathbf{V_o = \frac{RV_i}{R + X_C}}$$

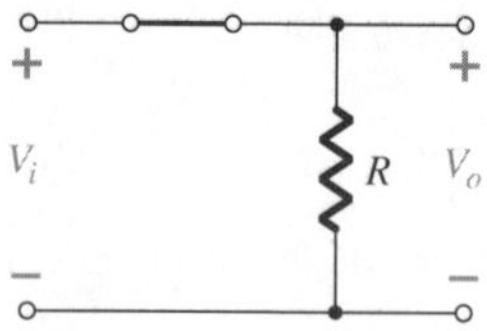

Figura 9.17 Circuito RC da Figura 9.14 em frequências muito altas.

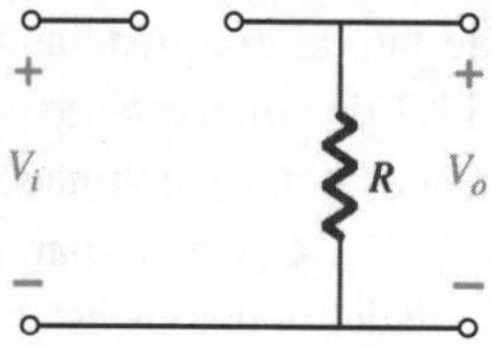

Figura 9.18 Circuito RC da Figura 9.14 em $f = 0$ Hz.

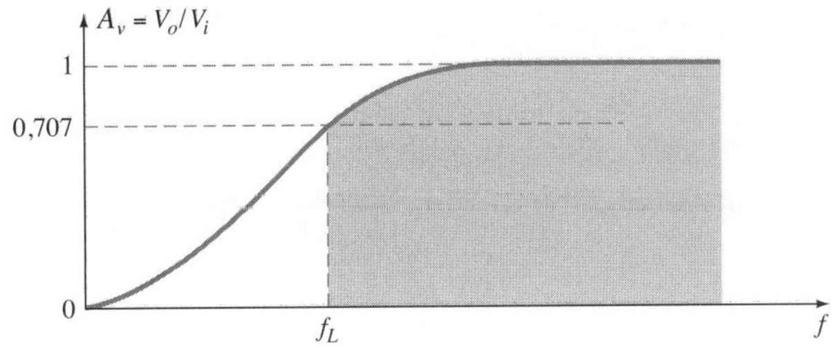

Figura 9.19 Resposta em baixas frequências do circuito *RC* da Figura 9.14.

onde os caracteres em negrito representam a amplitude e o ângulo de cada variável.

A amplitude de V_o é determinada por:

$$V_o = \frac{RV_i}{\sqrt{R^2 + X_C^2}}$$

Para o caso especial em que $X_C = R$:

$$V_o = \frac{RV_i}{\sqrt{R^2 + X_C^2}} = \frac{RV_i}{\sqrt{R^2 + R^2}} = \frac{RV_i}{\sqrt{2R^2}} = \frac{RV_i}{\sqrt{2}R} = \frac{1}{\sqrt{2}}V_i$$

e

$$|A_v| = \frac{V_o}{V_i} = \frac{1}{\sqrt{2}} = 0{,}707|_{X_C=R} \quad (9.21)$$

que é o valor indicado na Figura 9.19. Em outras palavras, na frequência em que $X_C = R$, a saída será 70,7% da entrada para o circuito da Figura 9.14.

A frequência em que isso ocorre é determinada a partir de

$$X_C = \frac{1}{2\pi f_L C} = R$$

e

$$f_L = \frac{1}{2\pi RC} \quad (9.22)$$

Em logaritmo,

$$G_v = 20 \log_{10} A_v = 20 \log_{10} \frac{1}{\sqrt{2}} = -3 \text{ dB}$$

enquanto em $A_v = V_o/V_i = 1$ ou $V_o = V_i$ (o valor máximo),

$$G_v = 20 \log_{10} 1 = 20(0) = 0 \text{ dB}$$

Na Figura 9.12 percebemos que há uma queda de 3 dB no ganho em relação ao valor no meio da faixa, quando $f = f_L$. Logo constataremos que um circuito *RC* determinará a frequência de corte inferior para um TBJ, e f_L será especificada pela Equação 9.22.

Se a equação do ganho for descrita como

$$A_v = \frac{V_o}{V_i} = \frac{R}{R - jX_C} = \frac{1}{1 - j(X_C/R)} = \frac{1}{1 - j(1/\omega CR)} = \frac{1}{1 - j(1/2\pi fCR)}$$

obtemos, utilizando a frequência definida há pouco,

$$A_v = \frac{1}{1 - j(f_L/f)} \quad (9.23)$$

Na forma de amplitude e fase,

$$A_v = \frac{V_o}{V_i} = \underbrace{\frac{1}{\sqrt{1 + (f_L/f)^2}}}_{\text{amplitude de } A_v} \underbrace{\angle \text{tg}^{-1}(f_L/f)}_{\text{ângulo de fase pelo qual } V_o \text{ está adiantado em relação a } V_i} \quad (9.24)$$

Para a amplitude quando $f = f_L$,

$$|A_v| = \frac{1}{\sqrt{1 + (1)^2}} = \frac{1}{\sqrt{2}} = 0{,}707 \Rightarrow -3 \text{ dB}$$

Na forma de logaritmo, o ganho em dB é:

$$A_{v(\text{dB})} = 20 \log_{10} \frac{1}{\sqrt{1 + (f_L/f)^2}} \quad (9.25)$$

Expandindo a Equação 9.25:

$$A_{v(\text{dB})} = -20 \log_{10}\left[1 + \left(\frac{f_L}{f}\right)^2\right]^{1/2} = -\left(\tfrac{1}{2}\right)(20) \log_{10}\left[1 + \left(\frac{f_L}{f}\right)^2\right] = -10 \log_{10}\left[1 + \left(\frac{f_L}{f}\right)^2\right]$$

Para frequências em que $f << f_L$ ou $(f_L/f)^2 >> 1$, a equação anterior pode ser aproximada por

$$A_{v(\text{dB})} = -10 \log_{10}\left(\frac{f_L}{f}\right)^2$$

e finalmente:

$$A_{v(\text{dB})} = -20 \log_{10} \frac{f_L}{f} \quad {}_{f \ll f_L} \qquad (9.26)$$

Ignorando a condição $f << f_L$ temporariamente, o gráfico da Equação 9.26 em uma escala logarítmica de frequência produzirá resultados muito úteis para futuros gráficos em decibéis.

Em $f = f_L$: $\frac{f_L}{f} = 1$ e $-20 \log_{10} 1 = 0$ dB

Em $f = \frac{1}{2} f_L$: $\frac{f_L}{f} = 2$ e $-20 \log_{10} 2 \cong -6$ dB

Em $f = \frac{1}{4} f_L$: $\frac{f_L}{f} = 4$ e $-20 \log_{10} 4 \cong -12$ dB

Em $f = \frac{1}{10} f_L$: $\frac{f_L}{f} = 10$ e $-20 \log_{10} 10 = -20$ dB

Uma representação desses pontos é mostrada na Figura 9.20, de $0{,}1 f_L$ até f_L com uma linha reta. Na mesma figura é desenhada outra linha reta para a condição de 0 dB até $f >> f_L$. Como já mencionado, os segmentos de reta (assíntotas) são precisos para 0 dB somente quando $f >> f_L$, e a reta inclinada quando $f_L >> f$. Sabemos, porém, que quando $f = f_L$, há uma queda de 3 dB no ganho em relação ao valor no meio da faixa. Utilizando essa informação associada ao traçado dos segmentos de reta, podemos montar um gráfico razoavelmente exato da resposta em frequência, como indica a mesma figura.

O gráfico linear por partes de assíntotas com pontos de quebra associados é chamado de diagrama de Bode da amplitude versus frequência.

O método foi desenvolvido pelo professor Hendrik Bode na década de 1940 (Figura 9.21). Os cálculos anteriores e a própria curva mostram claramente que:

Multiplicando-se a frequência por 2, equivalente a 1 oitava, obtemos uma alteração de 6 dB no ganho, como pode ser observado pelo aumento de ganho de $f_L/2$ para f_L.

Como podemos observar pelo aumento no ganho de $f_L/2$ para f_L:

Para uma variação de 10:1 na frequência, equivalente a uma década, há uma variação de 20 dB no ganho, como demonstrado entre as frequências de $f_L/10$ para f_L.

A partir de agora, podemos obter facilmente um gráfico em decibéis para uma função com o formato da Equação 9.26. Primeiro determine f_L a partir dos parâmetros do circuito e depois esboce duas assíntotas — uma ao longo da reta de 0 dB e a outra passando por f_L, com uma inclinação de 6 dB/oitava ou 20 dB/década. Por fim, encontre o ponto de 3 dB em f_L e desenhe a curva.

O ganho em qualquer frequência pode ser determinado a partir do gráfico de frequência da seguinte maneira:

$$A_{v(\text{dB})} = 20 \log_{10} \frac{V_o}{V_i}$$

mas

$$\frac{A_{v(\text{dB})}}{20} = \log_{10} \frac{V_o}{V_i}$$

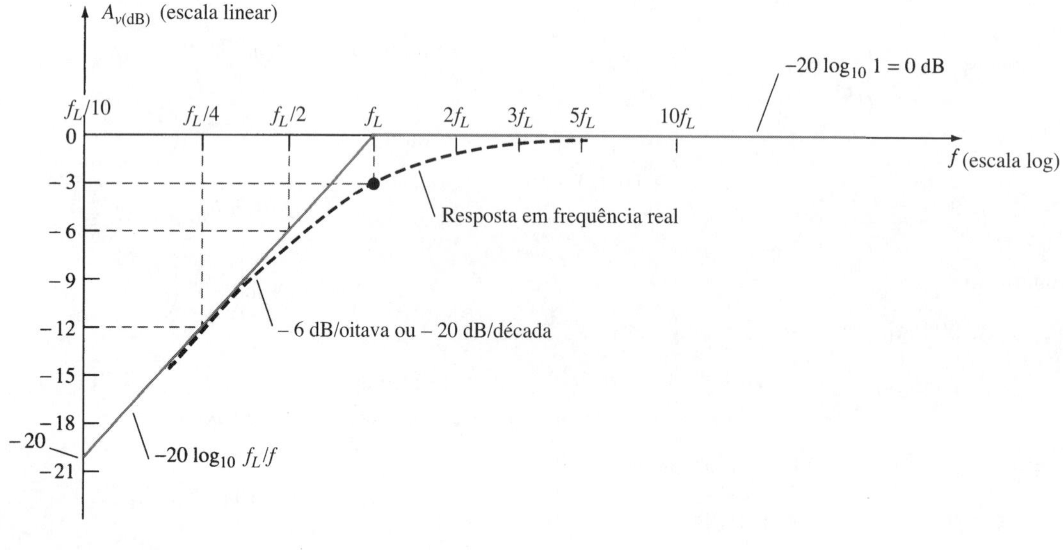

Figura 9.20 Diagrama de Bode para a região de baixas frequências.

Figura 9.21 Hendrik Wade Bode. (Cortesia da AT&T Archives and History Center.)

Norte-americano (Madison, WI; Summit, NJ; Cambridge, MA) **(1905-1981) Vice-presidente da Bell Laboratories; Professor de Engenharia de Sistemas,** Harvard University

No início da carreira na Bell Laboratories, Hendrik Bode esteve envolvido com *filtro elétrico* e *projeto de equalizador*. Depois se transferiu para o Mathematics Research Group, onde se especializou no estudo da teoria dos circuitos elétricos e sua aplicação a instalações de comunicação de longa distância. Em 1948, recebeu o prêmio Presidential Certificate of Merit por seu trabalho com dispositivos eletrônicos de controle de incêndios. Além da publicação do livro *Network Analysis and Feedback Amplifier Design* em 1945, considerado um clássico em seu campo, obteve a concessão de 25 patentes em engenharia elétrica e projeto de sistemas. Ao se aposentar, Bode foi eleito professor de Engenharia de Sistemas da cátedra Gordon McKay na Harvard University. Foi membro da IEEE e da American Academy of Arts and Sciences.

e

$$A_v = \frac{V_o}{V_i} = 10^{A_v(\text{dB})/20} \tag{9.27}$$

Por exemplo, se $A_{v(\text{dB})} = -3$ dB,

$$A_v = \frac{V_o}{V_i} = 10^{(-3/20)} = 10^{(-0,15)} \cong 0{,}707 \quad \text{como esperado}$$

O valor $10^{-0,15}$ é obtido usando-se a função 10^x encontrada na maioria das calculadoras científicas.

O ângulo de fase θ é determinado a partir de

$$\theta = \text{tg}^{-1}\frac{f_L}{f} \tag{9.28}$$

da Equação 9.24.

Para frequências $f << f_L$,

$$\theta = \text{tg}^{-1}\frac{f_L}{f} \rightarrow 90°$$

Por exemplo, se $f_L = 100f$,

$$\theta = \text{tg}^{-1}\frac{f_L}{f} = \text{tg}^{-1}(100) = 89{,}4°$$

Para $f = f_L$,

$$\theta = \text{tg}^{-1}\frac{f_L}{f} = \text{tg}^{-1}1 = 45°$$

Para $f >> f_L$,

$$\theta = \text{tg}^{-1}\frac{f_L}{f} \rightarrow 0°$$

Por exemplo, se $f = 100f_L$,

$$\theta = \text{tg}^{-1}\frac{f_L}{f} = \text{tg}^{-1}\,0{,}01 = 0{,}573°$$

Um gráfico de $\theta = \text{tg}^{-1}(f_L/f)$ é fornecido na Figura 9.22. Se somarmos o deslocamento de fase de 180° introduzido por um amplificador, obteremos o gráfico de fase da Figura 9.13. A resposta de módulo e fase para uma

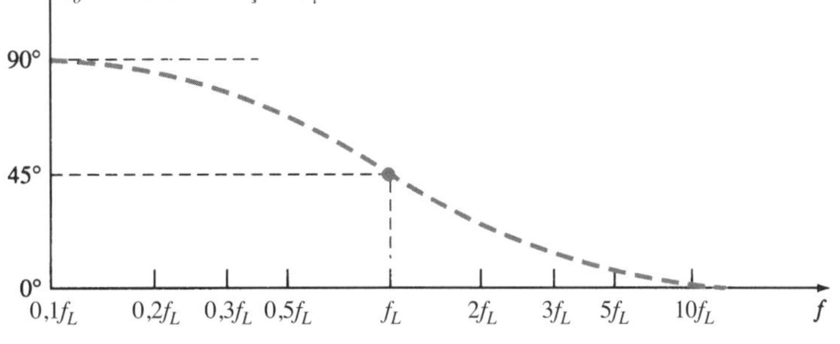

Figura 9.22 Resposta de fase para o circuito *RC* da Figura 9.14.

combinação RC foi agora estabelecida. Na Seção 9.7, cada capacitor relevante na região de baixa frequência será redesenhado em um formato RC, e a frequência de corte de cada um será determinada para estabelecer a resposta em baixa frequência para o amplificador com TBJ.

EXEMPLO 9.10

Para o circuito da Figura 9.23:

a) Determine a frequência de corte.

b) Esboce as assíntotas e localize o ponto de –3 dB.

c) Esboce a curva de resposta em frequência.

d) Calcule o ganho em $A_{v(\text{dB})} = -6$ dB.

Solução:

$$\text{a) } f_L = \frac{1}{2\pi RC}$$
$$= \frac{1}{(6{,}28)(5 \times 10^3\ \Omega)(0{,}1 \times 10^{-6}\text{F})}$$
$$\cong \mathbf{318{,}5\ Hz}$$

b) e c) Veja a Figura 9.24.

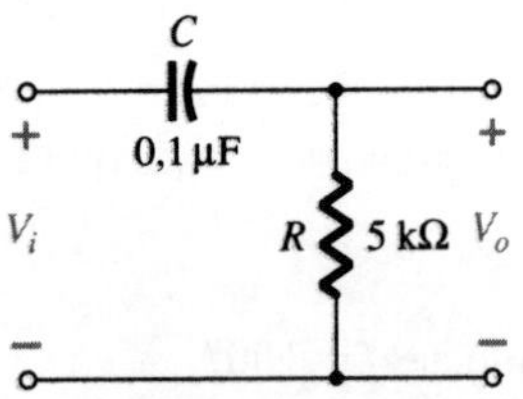

Figura 9.23 Exemplo 9.10.

d) Equação 9.27:

$$A_v = \frac{V_o}{V_i} = 10^{A_{v(\text{dB})}/20}$$
$$= 10^{(-6/20)} = 10^{-0{,}3} = 0{,}501$$

e $V_o = 0{,}501 V_i$ ou aproximadamente 50% de V_i.

9.7 RESPOSTA EM BAIXAS FREQUÊNCIAS — AMPLIFICADOR COM TBJ COM R_L

A análise desta seção empregará a configuração de polarização por divisor de tensão com carga (R_L) já apresentada na Seção 9.6. Para o circuito da Figura 9.25, os capacitores C_s, C_C e C_E determinarão a resposta em baixas frequências. Examinaremos agora o efeito de cada um independentemente na ordem listada.

C_s Visto que C_s está normalmente conectado entre a fonte aplicada e o dispositivo ativo, a forma geral da configuração RC é estabelecida pelo circuito da Figura 9.26, que coincide com o da Figura 9.16 com $R_i = R_1 \| R_2 \| \beta r_e$.

Aplicando-se a regra do divisor de tensão:

$$\mathbf{V}_b = \frac{R_i \mathbf{V}_i}{R_i - jX_{C_s}} \qquad (9.29)$$

A frequência de corte definida por C_s pode ser determinada pela manipulação da equação anterior de uma forma padrão ou pela simples utilização dos resultados da Seção 9.6. Como uma verificação dos resultados da Seção 9.6, o processo de manipulação é definido em

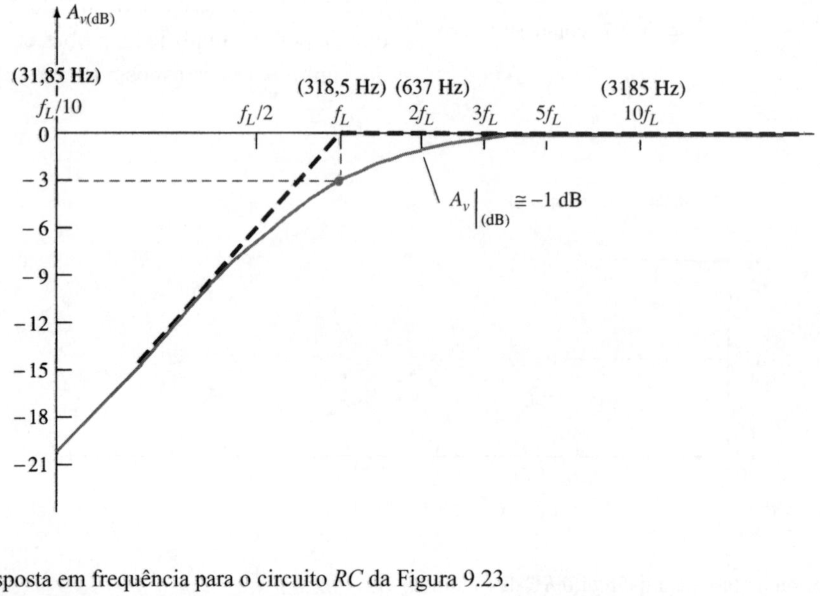

Figura 9.24 Resposta em frequência para o circuito RC da Figura 9.23.

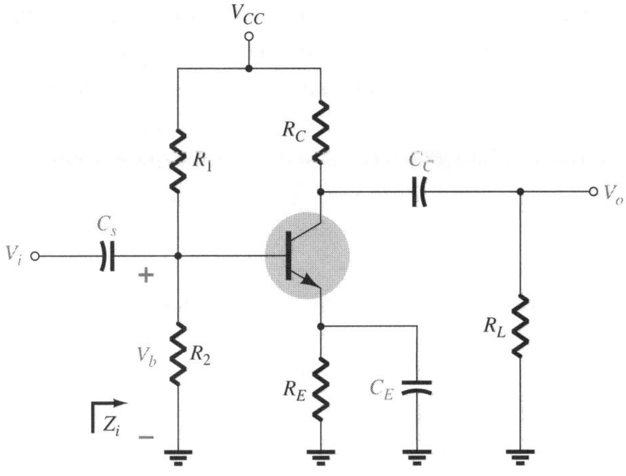

Figura 9.25 Amplificador com TBJ com carga e capacitores que afetam a resposta em baixas frequências.

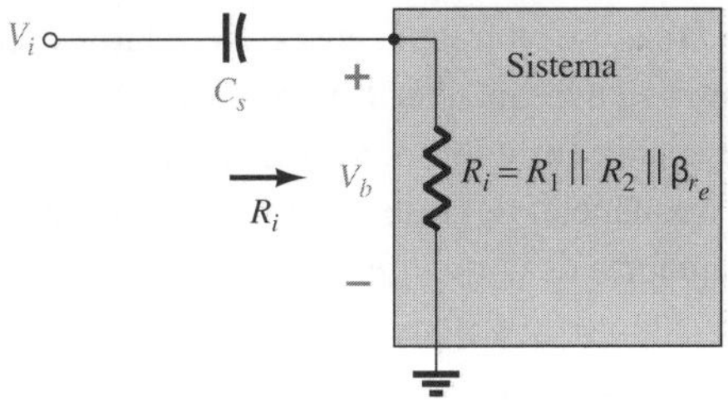

Figura 9.26 Determinação do efeito de C_s na resposta em baixas frequências.

detalhes a seguir. Para futuros circuitos RC, os resultados da Seção 9.6 serão simplesmente aplicados. Reescrevendo a Equação 9.29:

$$\frac{\mathbf{V}_b}{\mathbf{V}_i} = \frac{R_i}{R_i - jX_{C_s}} = \frac{1}{1 - j\dfrac{X_{C_s}}{R_i}}$$

O fator $\dfrac{X_{C_s}}{R_i} = \left(\dfrac{1}{2\pi f C_s}\right)\left(\dfrac{1}{R_i}\right) = \dfrac{1}{2\pi f R_i C_s}$

Definindo

$$f_{L_s} = \frac{1}{2\pi R_i C_s} \tag{9.30}$$

temos

$$\mathbf{A}_v = \frac{\mathbf{V}_b}{\mathbf{V}_i} = \frac{1}{1 - j(f_{L_s}/f)} \tag{9.31}$$

Na frequência f_{L_s}, a tensão V_b será 70,7% do valor no meio da faixa, supondo-se que C_s seja o único elemento capacitivo que controla a resposta em baixas frequências.

No circuito da Figura 9.25, quando analisamos os efeitos de C_s, devemos considerar que C_E e C_C operam da forma esperada, pois, do contrário, a análise se torna impraticável. Isto é, consideramos que os valores das reatâncias de C_E e C_C permitem o emprego de um curto-circuito equivalente quando comparados à amplitude das outras impedâncias em série.

C_C Visto que o capacitor de acoplamento normalmente está conectado entre a saída do dispositivo ativo e a carga aplicada, a configuração RC que determina a frequência de corte inferior devido a C_C aparece na Figura 9.27. Agora, a resistência total em série é $R_o + R_L$, e a frequência de corte devido a C_C pode ser determinada por:

$$f_{L_C} = \frac{1}{2\pi(R_o + R_L)C_C} \tag{9.32}$$

Ignorando os efeitos de C_s e C_E, vemos que a tensão de saída V_o será 70,7% de seu valor no meio da faixa em f_{L_C}. Para o circuito da Figura 9.25, o circuito equivalente CA para a saída, com $V_i = 0$ V, aparece na Figura 9.28. Portanto, o valor resultante para R_o na Equação 9.32 é simplesmente:

$$R_o = R_C \| r_o \tag{9.33}$$

C_E Para determinar f_{L_E}, o circuito "visto" por C_E deve ser analisado como mostra a Figura 9.29. Uma vez estabelecido o valor de R_e, a frequência de corte devido a C_E pode ser determinada utilizando-se a seguinte equação:

$$f_{L_E} = \frac{1}{2\pi R_e C_E} \tag{9.34}$$

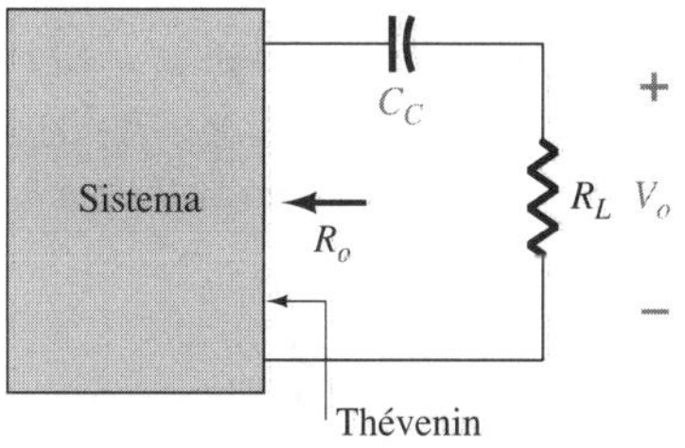

Figura 9.27 Determinação do efeito de C_C na resposta em baixas frequências.

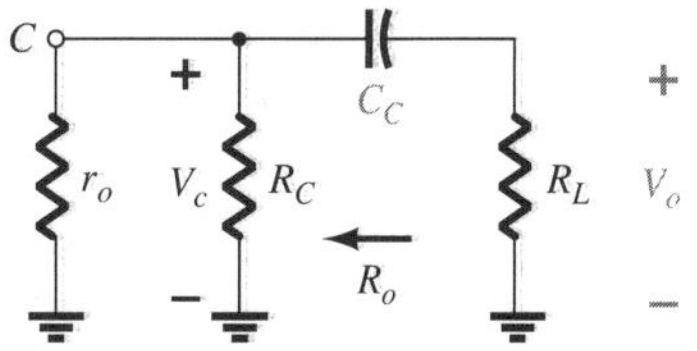

Figura 9.28 Equivalente CA encontrado para C_C com $V_i = 0$ V.

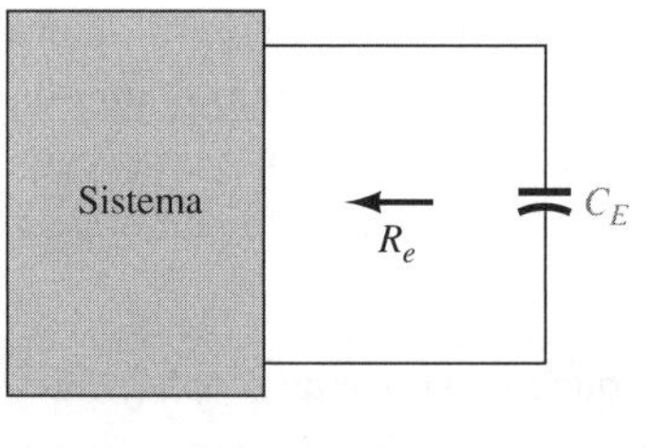

Figura 9.29 Determinação do efeito de C_E na resposta em baixas frequências.

Para o circuito da Figura 9.25, o equivalente CA "visto" por C_E aparece na Figura 9.30, conforme deduzido da Figura 5.38. Portanto, o valor de R_e é determinado por:

$$R_e = R_E \| \left(\frac{R_1 \| R_2}{\beta} + r_e \right) \tag{9.35}$$

O efeito de C_E no ganho é melhor descrito de maneira quantitativa, lembrando que o ganho para a configuração da Figura 9.31 é dado por:

$$A_v = \frac{-R_C}{r_e + R_E}$$

O ganho máximo ocorre, obviamente, quando R_E é igual a zero ohm. Em baixas frequências, com o capacitor de desvio C_E em seu estado equivalente de "circuito aberto", todo o valor de R_E aparece na equação de ganho anterior, o que resulta no ganho mínimo. À medida que a frequência aumenta, a reatância do capacitor C_E diminui, reduzindo a impedância da associação em paralelo entre R_E e C_E até que o resistor R_E seja realmente "curto-circuitado" por C_E. O resultado é um ganho máximo ou ganho de meio da faixa determinado por $A_v = -R_C/r_e$. Em f_{L_E}, o ganho será 3 dB abaixo do valor no meio da faixa determinado com R_E "em curto".

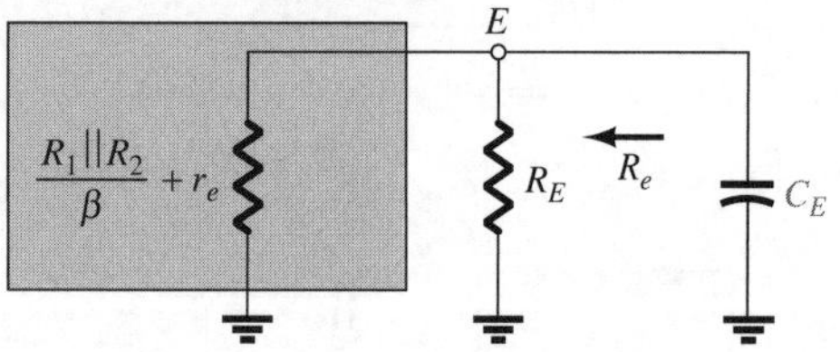

Figura 9.30 Equivalente CA encontrado para C_E.

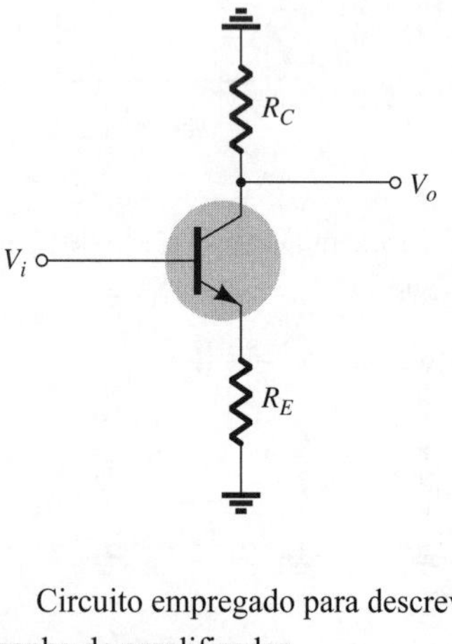

Figura 9.31 Circuito empregado para descrever o efeito de C_E sobre o ganho do amplificador.

Antes de prosseguir, lembramos que C_s, C_C e C_E afetarão a resposta apenas em baixas frequências. Para as frequências no meio da faixa, os equivalentes de curto-circuito dos capacitores podem ser inseridos. Embora cada um afete o ganho $A_v = V_o/V_i$ em faixas de frequências semelhantes, a frequência de corte inferior mais alta determinada por C_s, C_C ou C_E terá o maior impacto sobre a resposta, pois será a última frequência de corte antes do meio da faixa. Se as frequências estão relativamente distantes entre si, a frequência de corte mais alta determinará a frequência de corte inferior do sistema. Se houver duas ou mais frequências de corte "altas", o efeito será o aumento da frequência de corte inferior e a redução da largura de banda resultante do sistema. Em outras palavras, há uma interação entre elementos capacitivos que pode afetar a frequência de corte inferior do sistema. No entanto, se as frequências de corte estabelecidas por cada capacitor estiverem suficientemente distantes entre si, o efeito de uma sobre a outra poderá ser desprezado com alto grau de precisão — fato demonstrado no exemplo a seguir.

EXEMPLO 9.11

Determine a frequência de corte inferior para o circuito da Figura 9.25 utilizando os seguintes parâmetros:

$C_s = 10\ \mu F$, $C_E = 20\ \mu F$, $C_C = 1\ \mu F$,
$R_1 = 40\ k\Omega$, $R_2 = 10\ k\Omega$, $R_E = 2\ k\Omega$,
$R_C = 4\ k\Omega$ $R_L = 2{,}2\ k\Omega$
$\beta = 100$, $r_o = \infty\ \Omega$, $V_{CC} = 20\ V$

Solução:

Para determinar r_e para as condições CC, primeiro aplicamos a equação teste:

$$\beta R_E = (100)(2\ k\Omega) = 200\ k\Omega >> 10R_2 = 100\ k\Omega$$

Uma vez satisfeita, a tensão de base CC é determinada por

$$V_B \cong \frac{R_2 V_{CC}}{R_2 + R_1} = \frac{10\ k\Omega(20\ V)}{10\ k\Omega + 40\ k\Omega} = \frac{200\ V}{50} = 4\ V$$

com $$I_E = \frac{V_E}{R_E} = \frac{4\text{ V} - 0{,}7\text{ V}}{2\text{ k}\Omega} = \frac{3{,}3\text{ V}}{2\text{ k}\Omega} = 1{,}65\text{ mA}$$

de maneira que $$r_e = \frac{26\text{ mV}}{1{,}65\text{ mA}} \cong \mathbf{15{,}76\ \Omega}$$

e $\beta r_e = 100(15{,}76\ \Omega) = 1576\ \Omega = \mathbf{1{,}576\ k\Omega}$

Ganho no meio da faixa

$$A_v = \frac{V_o}{V_i} = \frac{-R_C \| R_L}{r_e} = -\frac{(4\text{ k}\Omega)\|(2{,}2\text{ k}\Omega)}{15{,}76\ \Omega} \cong -90$$

C_s $R_i = R_1 \| R_2 \| \beta r_e = 40\text{ k}\Omega \| 10\text{ k}\Omega \| 1{,}576\text{ k}\Omega \cong 1{,}32\text{ k}\Omega$

$$f_{L_S} = \frac{1}{2\pi R_i C_s} = \frac{1}{(6{,}28)(1{,}32\text{ k}\Omega)(10\ \mu\text{F})}$$
$$f_{L_S} \cong \mathbf{12{,}06\ Hz}$$

C_C $$f_{L_C} = \frac{1}{2\pi(R_o + R_L)C_C}$$

com $$R_o = R_C \| r_o \cong R_C$$
$$= \frac{1}{(6{,}28)(4\text{ k}\Omega + 2{,}2\text{ k}\Omega)(1\ \mu\text{F})}$$
$$\cong \mathbf{25{,}68\ Hz}$$

C_E $$R_e = R_E \| \left(\frac{R_1 \| R_2}{\beta} + r_e\right)$$
$$= 2\text{ k}\Omega \| \left(\frac{40\text{ k}\Omega \| 10\text{ k}\Omega}{100} + 15{,}76\ \Omega\right)$$
$$= 2\text{ k}\Omega \| \left(\frac{8\text{ k}\Omega}{100} + 15{,}76\ \Omega\right)$$
$$= 2\text{ k}\Omega \| (80\ \Omega + 15{,}76\ \Omega)$$
$$= 2\text{ k}\Omega \| 95{,}76\ \Omega$$
$$= 91{,}38\ \Omega$$

$$f_{L_E} = \frac{1}{2\pi R_e C_E} = \frac{1}{(6{,}28)(91{,}38\ \Omega)(20\ \mu\text{F})} = \frac{10^6}{11.477{,}73} \cong \mathbf{87{,}13\ Hz}$$

Uma vez que $f_{L_E} >> f_{L_C}$ ou f_{L_S}, o capacitor com desvio C_E determina a frequência de corte inferior do amplificador.

9.8 IMPACTO DE R_S NA RESPOSTA EM BAIXA FREQUÊNCIA DO TBJ

Nesta seção, analisaremos o impacto da resistência da fonte nas várias frequências de corte. Na Figura 9.32, uma fonte de sinal e sua resistência associada foram adicionadas à configuração da Figura 9.25. O ganho agora será calculado entre a tensão de saída V_o e a fonte de sinal V_s.

C_s O circuito equivalente na entrada é agora como mostra a Figura 9.33, em que R_i permanece igual a $R_1 \| R_2 \| \beta r_e$.

Ao usarmos os resultados da última seção pode parecer que bastaria determinarmos a soma total dos resistores em série e inseri-los na Equação 9.22. Isso resultaria na seguinte equação para a frequência de corte:

$$f_{L_s} = \frac{1}{2\pi(R_i + R_s)C_s} \tag{9.36}$$

No entanto, primeiro, seria melhor validar nossa hipótese aplicando a regra do divisor de tensão da seguinte maneira:

$$\mathbf{V}_b = \frac{R_i \mathbf{V}_s}{R_s + R_i - jX_{C_s}} \tag{9.37}$$

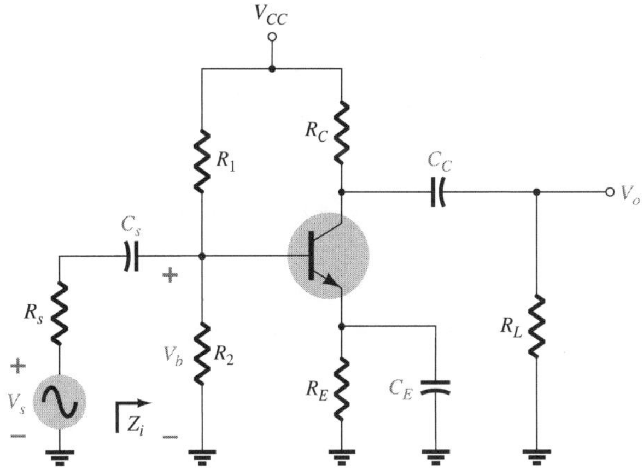

Figura 9.32 Determinação do efeito de R_s na resposta em baixa frequência de um amplificador com TBJ.

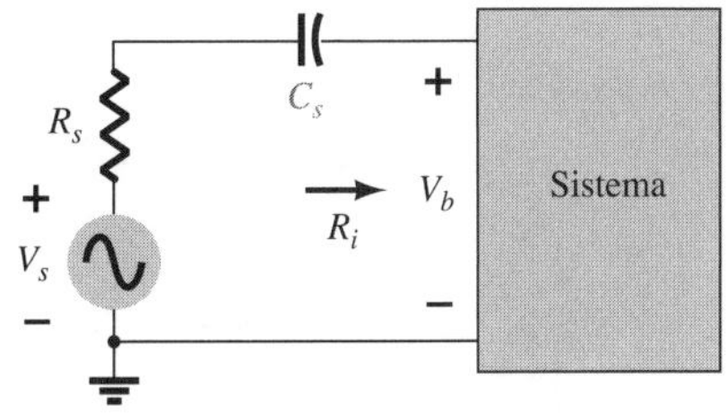

Figura 9.33 Determinação do efeito de C_s na resposta em baixa frequência.

A frequência de corte definida por C_s pode ser determinada pela manipulação da equação anterior em uma forma padrão, como demonstrado a seguir.

Reescrevendo a Equação 9.37:

$$\frac{\mathbf{V}_b}{\mathbf{V}_s} = \frac{R_i}{R_s + R_i - jX_{C_s}} = \frac{1}{1 + \frac{R_s}{R_i} - j\frac{X_{C_s}}{R_i}}$$

$$= \frac{1}{\left(1 + \frac{R_s}{R_i}\right)\left[1 - j\frac{X_{C_s}}{R_i}\left(\frac{1}{1 + \frac{R_s}{R_i}}\right)\right]}$$

$$= \frac{1}{\left(1 + \frac{R_s}{R_i}\right)\left(1 - j\frac{X_{C_s}}{R_i + R_s}\right)}$$

O fator $\frac{X_{C_s}}{R_i + R_s} = \left(\frac{1}{2\pi f C_s}\right)\left(\frac{1}{R_i + R_s}\right)$

$$= \frac{1}{2\pi f(R_i + R_s)C_s}$$

Definindo $f_{L_s} = \frac{1}{2\pi(R_i + R_s)C_s}$

temos $\frac{\mathbf{V}_b}{\mathbf{V}_s} = \frac{1}{\left(\frac{1}{1 + \frac{R_s}{R_i}}\right)\left(1 - \frac{1}{1 - jf_{L_s}/f}\right)}$

e, por fim, $\mathbf{A}_v = \frac{\mathbf{V}_b}{\mathbf{V}_s} = \left[\frac{R_i}{R_i + R_s}\right]\left[\frac{1}{1 - j(f_{L_s}/f)}\right]$

Para as frequências no meio da faixa, o circuito de entrada será como mostra a Figura 9.34.

de modo que $$A_{v_{\text{médio}}} = \frac{\mathbf{V}_b}{\mathbf{V}_s} = \frac{R_i}{R_i + R_s} \quad (9.38)$$

e $$\frac{A_v}{A_{v_{\text{médio}}}} = \frac{1}{1 - j(f_{L_s}/f)}$$

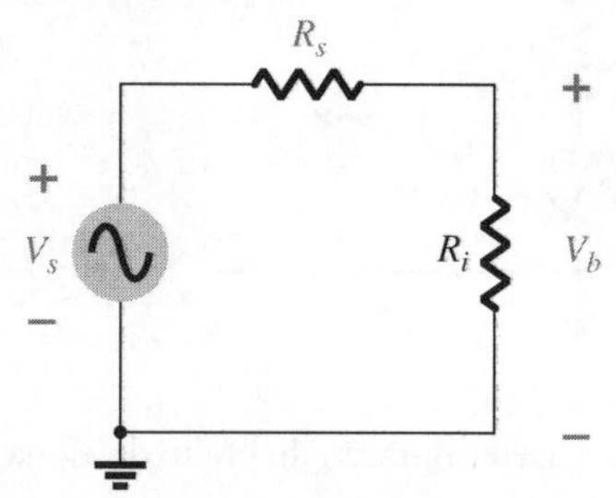

Figura 9.34 Determinação do efeito de R_s no ganho A_{v_s}.

Dadas as semelhanças com a Equação 9.23, a frequência de corte é definida por f_{L_s} anterior e

$$f_{L_s} = \frac{1}{2\pi(R_s + R_i)C_s} \quad (9.39)$$

como pressuposto na dedução da Equação 9.36.

Em f_{L_s}, a tensão V_o será 70,7% do valor no meio da faixa determinado pela Equação 9.38, supondo-se que C_s seja o único elemento capacitivo que controla a resposta em baixa frequência.

C_C Revendo a análise da Seção 9.7 para o capacitor de acoplamento C_C, identificamos que a dedução da equação para a frequência de corte permanece a mesma. Isto é,

$$f_{L_C} = \frac{1}{2\pi(R_o + R_L)C_C} \quad (9.40)$$

C_E Novamente, seguindo a análise da Seção 9.7 para o mesmo capacitor, verificamos que R_s afetará o valor da resistência substituído na equação de corte de maneira que

$$f_{L_E} = \frac{1}{2\pi R_e C_E} \quad (9.41)$$

com $$R_e = R_E \| \left(\frac{R'_s}{\beta} + r_e\right) \quad \text{e} \quad R'_s = R_s \| R_1 \| R_2$$

No total, portanto, a introdução da resistência R_s reduziu a frequência de corte definida por C_s e aumentou a frequência de corte definida por C_E. A frequência de corte definida por C_C permaneceu inalterada. Também é importante notar que o ganho pode ser seriamente afetado pela perda em tensão do sinal sobre a resistência da fonte. Esse último fator será demonstrado no próximo exemplo.

EXEMPLO 9.12

a) Repita a análise do Exemplo 9.11, mas com uma resistência de fonte R_s de 1 kΩ. O ganho de interesse será agora V_o/V_s em vez de V_o/V_i. Compare os resultados.
b) Esboce a resposta em frequência usando um diagrama de Bode.
c) Verifique os resultados usando PSpice.

Solução:

a) As condições CC permanecem inalteradas:

$$r_e = 15{,}76\ \Omega \text{ e } \beta r_e = 1{,}576\ \text{k}\Omega$$

Ganho de banda média

$$A_v = \frac{V_o}{V_i} = \frac{-R_C \| R_L}{r_e} \cong -90 \quad \text{como vimos anteriormente}$$

A impedância de entrada é dada por

$$Z_i = R_i = R_1 \parallel R_2 \parallel \beta r_e$$
$$= 40\text{ k}\Omega \parallel 10\text{ k}\Omega \parallel 1{,}576\text{ k}\Omega$$
$$= 1{,}32\text{ k}\Omega$$

e, da Figura 9.35,

$$V_b = \frac{R_i V_s}{R_i + R_s}$$

ou $$\frac{V_b}{V_s} = \frac{R_i}{R_i + R_s} = \frac{1{,}32\text{ k}\Omega}{1{,}32\text{ k}\Omega + 1\text{ k}\Omega} = 0{,}569$$

de modo que $$A_{v_s} = \frac{V_o}{V_s} = \frac{V_o}{V_i}\cdot\frac{V_b}{V_s} = (-90)(0{,}569)$$
$$= \mathbf{-51{,}21}$$

C_s $$R_i = R_1 \| R_2 \| \beta r_e = 40\text{ k}\Omega \| 10\text{ k}\Omega \| 1{,}576\text{ k}\Omega \cong 1{,}32\text{ k}\Omega$$

$$f_{L_S} = \frac{1}{2\pi(R_s + R_i)C_s}$$
$$= \frac{1}{(6{,}28)(1\text{ k}\Omega + 1{,}32\text{ k}\Omega)(10\ \mu\text{F})}$$
$$f_{L_S} \cong 6{,}86\text{ Hz } \textit{versus } 12{,}06\text{ Hz sem } R_s$$

C_C $$f_{L_C} = \frac{1}{2\pi(R_C + R_L)C_C}$$
$$= \frac{1}{(6{,}28)(4\text{ k}\Omega + 2{,}2\text{ k}\Omega)(1\ \mu\text{F})}$$
$$\cong \mathbf{25{,}68\text{ Hz}} \text{ como vimos anteriormente}$$

C_E $$R_s' = R_s \| R_1 \| R_2 = 1\text{ k}\Omega \| 40\text{ k}\Omega \| 10\text{ k}\Omega \cong 0{,}889\text{ k}\Omega$$

$$R_e = R_E \left\| \left(\frac{R_s'}{\beta} + r_e\right)\right.$$
$$= 2\text{ k}\Omega \left\| \left(\frac{0{,}889\text{ k}\Omega}{100} + 15{,}76\ \Omega\right)\right.$$
$$= 2\text{ k}\Omega \| (8{,}89\ \Omega + 15{,}76\ \Omega)$$
$$= 2\text{ k}\Omega \| 24{,}65\ \Omega \cong 24{,}35\ \Omega$$

$$f_{L_E} = \frac{1}{2\pi R_e C_E} = \frac{1}{(6{,}28)(24{,}35\ \Omega)(20\ \mu\text{F})} = \frac{10^6}{3058{,}36}$$
$$\cong \mathbf{327\text{ Hz}}\ \textit{versus } 87{,}13\text{ Hz sem } R_s$$

O resultado líquido é uma acentuada redução no ganho global (quase 43%), e uma redução correspondente na frequência de corte inferior. Lembramos que a mais alta das frequências de corte inferiores determinará a frequência de corte inferior global para o amplificador. Os resultados indicam que a resistência interna em série pode exercer forte impacto sobre o ganho no meio da faixa, mas, por outro lado, pode melhorar a largura de banda total. Nesse caso, é evidente que a perda em ganho excede muito qualquer ganho em largura de banda.

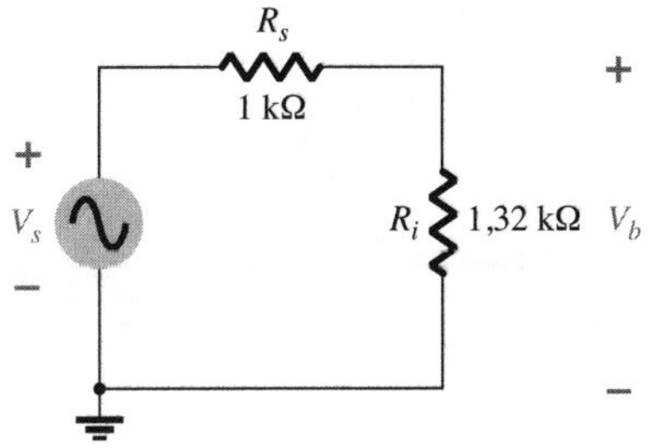

Figura 9.35 Determinação do efeito de R_s no ganho A_v.

b) Foi mencionado anteriormente que gráficos em dB costumam ser normalizados pela divisão do ganho de tensão A_v pelo valor do ganho no meio da faixa. Na Figura 9.32, o valor do ganho no meio da faixa é 51,21 e, naturalmente, a relação $|A_v/A_{v_{\text{médio}}}|$ será 1 nessa região. O resultado é uma assíntota 0 dB no meio da faixa, como mostra a Figura 9.36. Definindo f_{L_E} como nossa menor frequência de corte f_L, podemos traçar uma assíntota em – 6 dB/oitava como mostra a Figura 9.36 para formar o diagrama de Bode e nossa envoltória para a resposta real. Em f_1, a curva real é –3 dB abaixo do valor no meio da faixa, tal como definido pelo valor 0,707 $A_{v_{\text{médio}}}$, permitindo um esboço da curva de resposta em frequência real como o da Figura 9.36. Uma assíntota – 6 dB/oitava foi traçada em cada frequência definida na análise anterior para demonstrar claramente que é f_{L_E} nesse circuito que determinará o ponto –3 dB. É somente em torno de –24 dB que f_{L_C} começa a afetar a forma da envoltória. O gráfico de módulo do ganho mostra que a inclinação da assíntota resultante é a soma das assíntotas com o mesmo sentido de inclinação no mesmo intervalo de frequência. Observe na Figura 9.36 que a inclinação caiu para –12 dB/oitava para frequências inferiores a f_{L_C} e poderia cair para –18 dB/oitava, se as três frequências de corte definidas na Figura 9.36 estivessem mais próximas. Usando-se a Equação 9.9, a frequência de corte para a região de baixa frequência é de cerca de 325 Hz.

c) A solução com PSpice pode ser encontrada na Seção 9.15.

Ao avançarmos para a próxima seção, devemos ter em mente que a análise desta seção não se limita aos circuitos das figuras 9.25 e 9.32. Para qualquer configuração de transistor, é simplesmente necessário isolar cada combinação RC formada por um elemento capacitivo e determinar as frequências de corte. As frequências resultantes vão, então, determinar se existe uma forte interação entre os

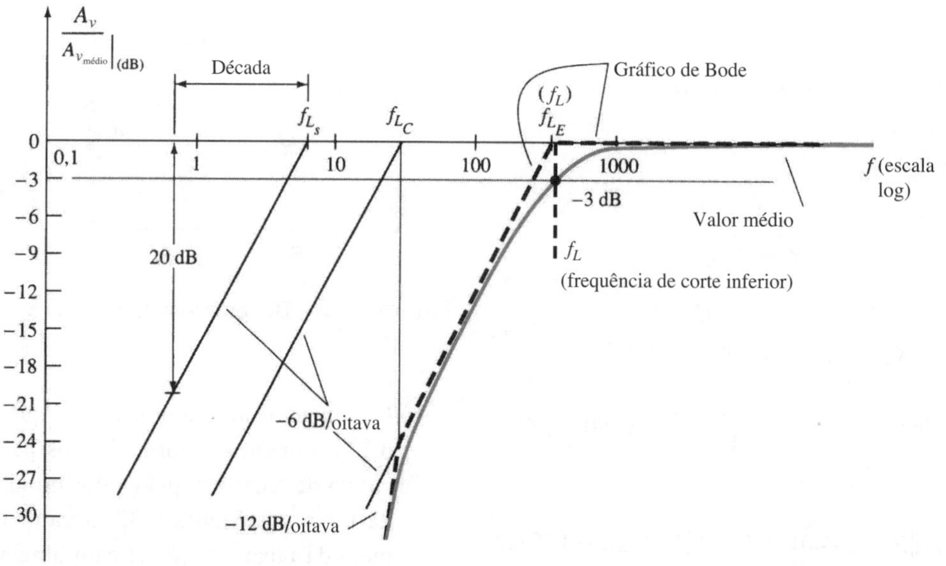

Figura 9.36 Gráfico das baixas frequências para o circuito do Exemplo 9.12.

elementos capacitivos na determinação da resposta global e qual elemento terá maior efeito no estabelecimento da frequência de corte inferior. Na verdade, a análise da próxima seção remeterá a esta seção ao determinarmos as frequências de corte inferiores para o amplificador com FET.

9.9 RESPOSTA EM BAIXAS FREQUÊNCIAS — AMPLIFICADOR COM FET

A análise para o amplificador com FET na região de baixas frequências será muito semelhante à empregada para o amplificador com TBJ na Seção 9.7. Neste caso, também há três capacitores de suma importância no circuito que aparecem na Figura 9.37: C_G, C_C e C_S. Embora a Figura 9.37 seja utilizada para determinar as equações fundamentais, o procedimento e as conclusões podem ser aplicados a todas as configurações com FET. Grande parte das equações para valores de impedância pode ser encontrada na Tabela 8.2.

C_G Para o capacitor de acoplamento entre a fonte de sinal e o dispositivo ativo, o circuito equivalente CA aparecerá como mostra a Figura 9.38. A frequência de corte determinada por C_G é:

$$f_{L_G} = \frac{1}{2\pi(R_{sig} + R_i)C_G} \tag{9.42}$$

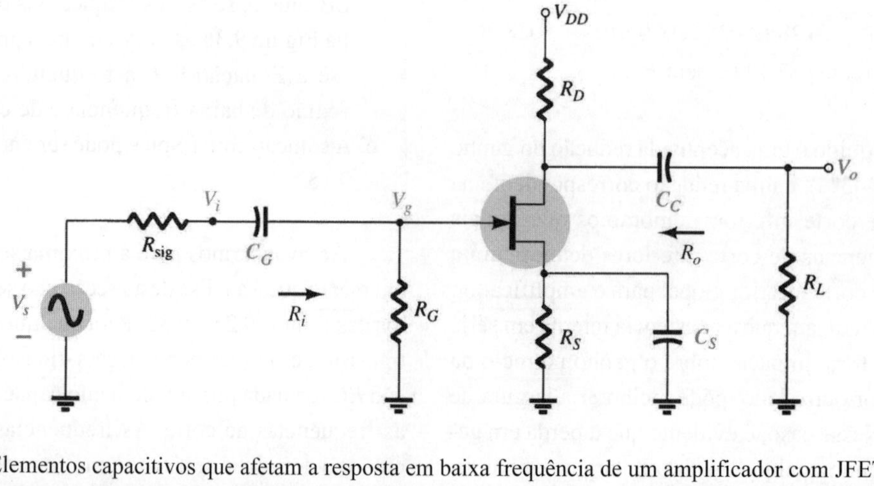

Figura 9.37 Elementos capacitivos que afetam a resposta em baixa frequência de um amplificador com JFET.

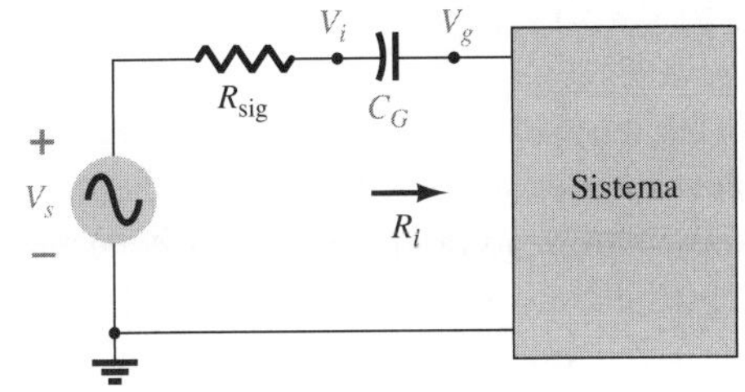

Figura 9.38 Determinação do efeito de C_G na resposta em baixas frequências.

que corresponde exatamente à Equação 9.39. Para o circuito da Figura 9.37,

$$R_i = R_G \tag{9.43}$$

Normalmente, $R_G >> R_{sig}$, e a frequência de corte inferior é determinada primariamente por R_G e C_G. Visto que R_G é muito grande, C_G pode ter um valor relativamente baixo e, ainda assim, manter o valor da frequência de corte, f_{LG}, em um nível baixo.

C_C Para o capacitor de acoplamento entre o dispositivo ativo e a carga, consideramos o circuito da Figura 9.39, que corresponde exatamente ao da Figura 9.27. A frequência de corte resultante é:

$$f_{L_C} = \frac{1}{2\pi(R_o + R_L)C_C} \tag{9.44}$$

Para o circuito da Figura 9.37,

$$R_o = R_D \| r_d \tag{9.45}$$

C_S Para o capacitor de fonte C_S, o valor da resistência a ser considerado é definido na Figura 9.40. A frequência de corte é definida por

$$f_{L_S} = \frac{1}{2\pi R_{eq} C_S} \tag{9.46}$$

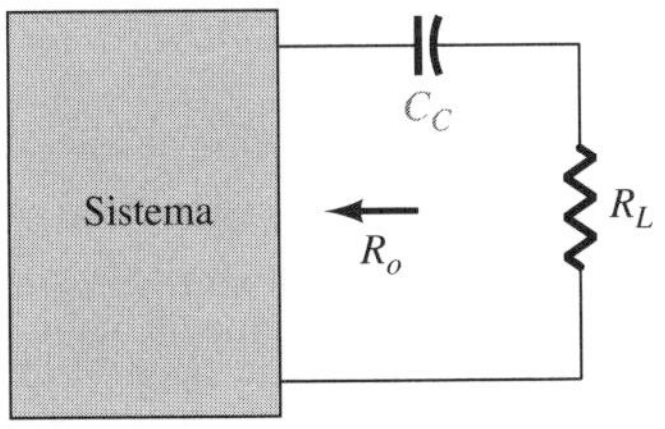

Figura 9.39 Determinação do efeito de C_C na resposta em baixas frequências.

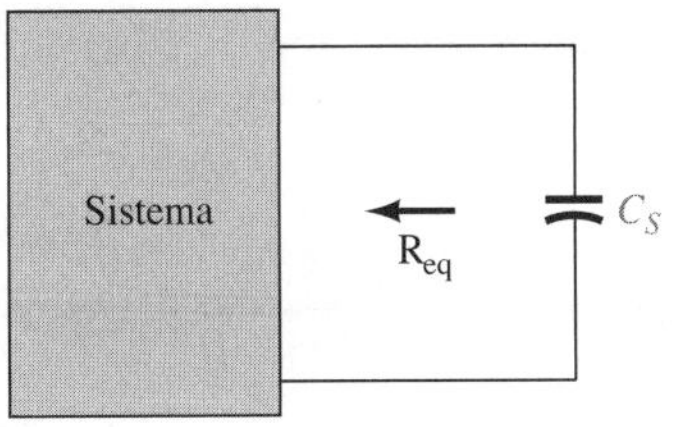

Figura 9.40 Determinação do efeito de C_S na resposta em baixas frequências.

Para a Figura 9.37, o valor resultante de R_{eq} é

$$R_{eq} = \frac{R_S}{1 + R_S(1 + g_m r_d)/(r_d + R_D \| R_L)} \tag{9.47}$$

que para $r_d \cong \infty\ \Omega$ passa a ser:

$$R_{eq} = R_S \| \frac{1}{g_m} \Big|_{r_d \cong \infty \Omega} \tag{9.48}$$

EXEMPLO 9.13

a) Determine a frequência de corte inferior para o circuito da Figura 9.37, utilizando os seguintes parâmetros:
$C_G = 0{,}01\ \mu F$, $C_C = 0{,}5\ \mu F$, $C_S = 2\ \mu F$
$R_{sig} = 10\ k\Omega$, $R_G = 1\ M\Omega$,
$R_D = 4{,}7\ k\Omega$, $R_S = 1\ k\Omega$, $R_L = 2{,}2\ k\Omega$
$I_{DSS} = 8\ mA$, $V_P = -4\ V$, $r_d = \infty\ \Omega$, $V_{DD} = 20\ V$
b) Esboce a resposta em frequência utilizando um diagrama de Bode.
c) Verifique os resultados do item (b) usando PSpice.
d) Faça uma análise completa do circuito da Figura 9.37 usando Multisim.

Solução:

a) Análise CC: traçando a curva de transferência $I_D = I_{DSS}(1 - V_{GS}/V_P)^2$ e sobrepondo a curva definida por $V_{GS} = -I_D R_S$, obtém-se uma interseção em $V_{GS_Q} = -2\ V$ e $I_{D_Q} = 2\ mA$. Além disso,

$$g_{m0} = \frac{2I_{DSS}}{|V_P|} = \frac{2(8\ mA)}{4\ V} = 4\ mS$$

$$g_m = g_{m0}\left(1 - \frac{V_{GS_Q}}{V_P}\right)$$

$$= 4\ mS\left(1 - \frac{-2\ V}{-4\ V}\right) = 2\ mS$$

C_G Equação 9.36:

$$f_{L_G} = \frac{1}{2\pi(R_{sig} + R_i)C_G}$$

$$= \frac{1}{2\pi(10\ k\Omega + 1\ M\Omega)(0{,}01\ \mu F)} \cong \mathbf{15{,}8\ Hz}$$

C_C Equação 9.38:

$$f_{L_C} = \frac{1}{2\pi(R_o + R_L)C_C}$$

$$= \frac{1}{2\pi(4{,}7\ \text{k}\Omega + 2{,}2\ \text{k}\Omega)(0{,}5\ \mu\text{F})} \cong \mathbf{46{,}13\ Hz}$$

C_S

$$R_{eq} = R_S \| \frac{1}{g_m} = 1\ \text{k}\Omega \| \frac{1}{2\ \text{mS}}$$

$$= 1\ \text{k}\Omega \| 0{,}5\ \text{k}\Omega = 333{,}33\ \Omega$$

Equação 9.40:

$$f_{L_S} = \frac{1}{2\pi R_{eq} C_S}$$

$$= \frac{1}{2\pi(333{,}33\ \Omega)(2\ \mu\text{F})} = \mathbf{238{,}73\ Hz}$$

Visto que f_{L_S} é a maior dentre as três frequências de corte, ela define a frequência de corte inferior para o circuito da Figura 9.37.

b) O ganho de banda média do sistema é determinado por:

$$A_{v_{\text{médio}}} = \frac{V_o}{V_i} = -g_m(R_D \| R_L)$$

$$= -(2\ \text{mS})(4{,}7\ \text{k}\Omega \| 2{,}2\ \text{k}\Omega)$$

$$= -(2\ \text{mS})(1{,}499\ \text{k}\Omega)$$

$$\cong \mathbf{-3}$$

Utilizar o ganho de banda média para normalizar a resposta do circuito da Figura 9.37 resulta no diagrama de frequência da Figura 9.41.

c) e d) As análises computacionais podem ser encontradas na Seção 9.15.

9.10 CAPACITÂNCIA DE EFEITO MILLER

Na região de altas frequências, os elementos capacitivos relevantes são as capacitâncias intereletrodos (entre terminais), internas ao dispositivo ativo, e a capacitância de fiação do circuito. Os grandes capacitores do circuito, que controlam a resposta em baixas frequências, são todos substituídos por seus curtos-circuitos equivalentes devido a seus valores muito baixos de reatância.

Para amplificadores *inversores* (deslocamento de fase de 180° entre a entrada e a saída, resultando em um valor negativo para A_v), as capacitâncias de entrada e de saída são incrementadas por um valor de capacitância sensível à capacitância intereletrodos entre os terminais de entrada e saída do dispositivo e ao ganho do amplificador. Na Figura 9.42, essa capacitância de "realimentação" é definida por C_f.

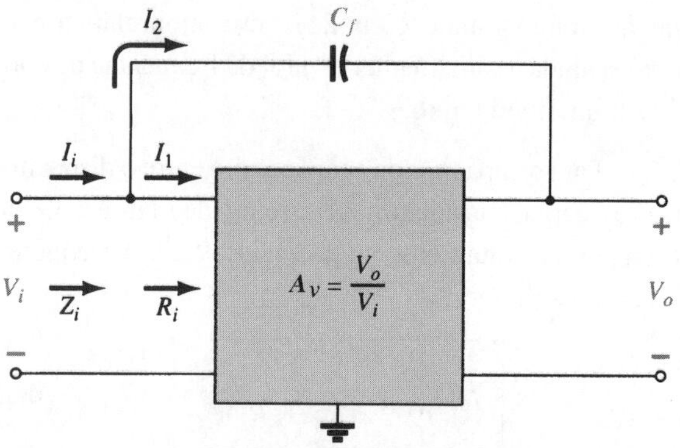

Figura 9.42 Circuito empregado na dedução de uma equação para a capacitância Miller de entrada.

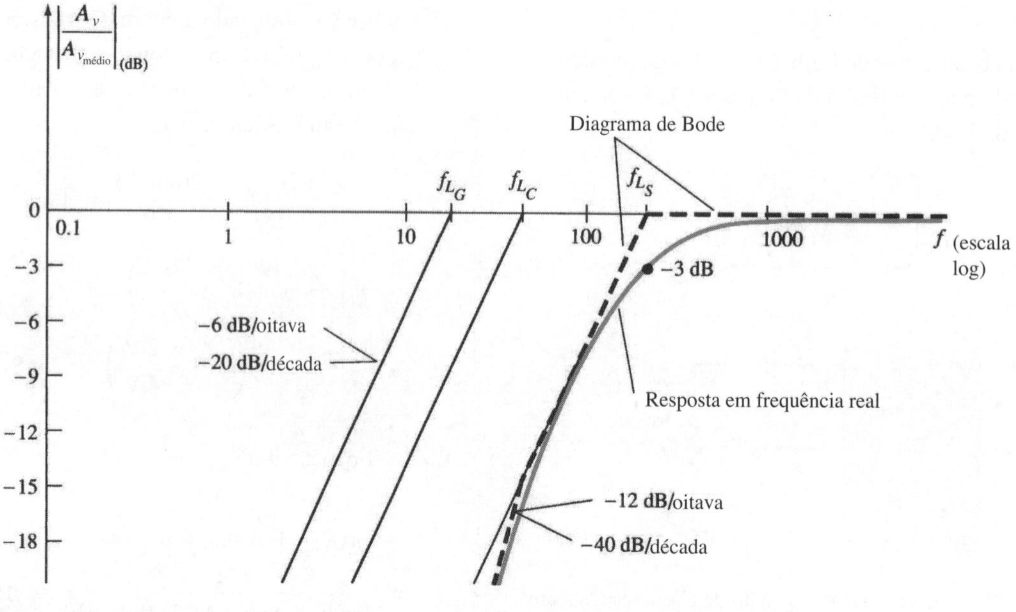

Figura 9.41 Resposta em baixas frequências da configuração com JFET do Exemplo 9.13.

Aplicar a Lei das Correntes de Kirchhoff resulta em:

$$I_i = I_1 + I_2$$

Utilizar a lei de Ohm resulta em

$$I_i = \frac{V_i}{Z_i}, \quad I_1 = \frac{V_i}{R_i}$$

e $$I_2 = \frac{V_i - V_o}{X_{C_f}} = \frac{V_i - A_v V_i}{X_{C_f}} = \frac{(1 - A_v)V_i}{X_{C_f}}$$

Substituindo, obtemos

$$\frac{V_i}{Z_i} = \frac{V_i}{R_i} + \frac{(1 - A_v)V_i}{X_{C_f}}$$

e $$\frac{1}{Z_i} = \frac{1}{R_i} + \frac{1}{X_{C_f}/(1 - A_v)}$$

mas $$\frac{X_{C_f}}{1 - A_v} = \underbrace{\frac{1}{\omega(1 - A_v)C_f}}_{C_M} = X_{C_M}$$

e $$\frac{1}{Z_i} = \frac{1}{R_i} + \frac{1}{X_{C_M}}$$

estabelecendo o circuito equivalente da Figura 9.43. O resultado é uma impedância de entrada equivalente para o amplificador da Figura 9.44, que inclui o mesmo R_i mencionado nos capítulos anteriores, com a adição de um capacitor de realimentação incrementado pelo ganho do amplificador. Qualquer capacitância intereletrodos nos terminais de entrada do amplificador será simplesmente adicionada em paralelo aos elementos da Figura 9.43.

De modo geral, portanto, a capacitância de efeito Miller de entrada é definida por

$$\boxed{C_{M_i} = (1 - A_v)C_f} \quad (9.49)$$

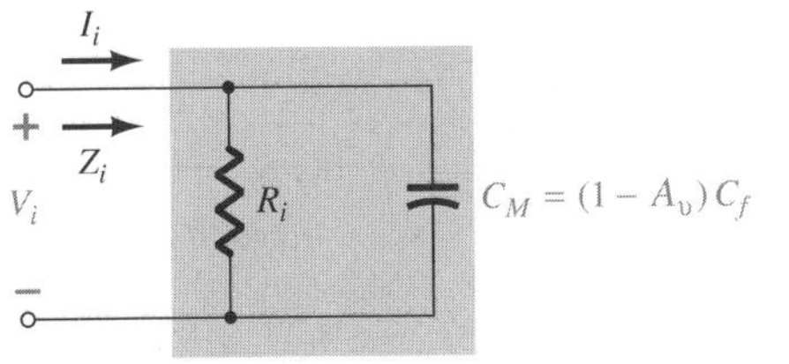

Figura 9.43 Demonstração da ação da capacitância de efeito Miller.

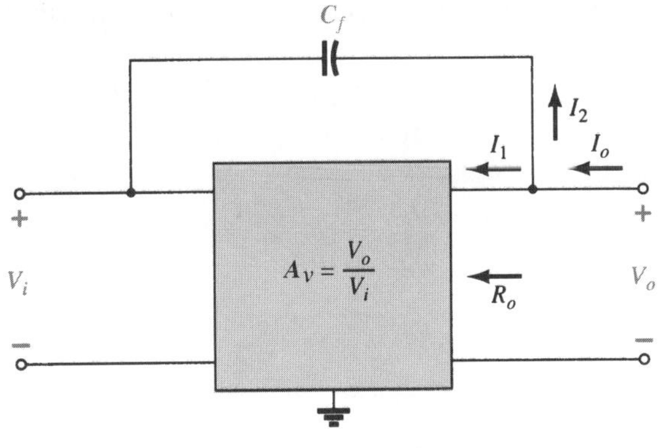

Figura 9.44 Circuito empregado na dedução de uma equação para a capacitância Miller de saída.

Isso nos mostra que:

Para qualquer amplificador inversor, a capacitância de entrada será incrementada por uma capacitância de efeito Miller, que é sensível ao ganho do amplificador e à capacitância intereletrodos (parasita) entre os terminais de entrada e saída do dispositivo ativo.

O dilema de uma relação como a Equação 9.49 é que, em altas frequências, o ganho A_v será função do valor de C_{M_i}. No entanto, como o ganho máximo é o valor no meio da faixa, seu uso resultará no valor mais alto de C_{M_i} e na pior das situações. Por isso, normalmente se emprega o valor no meio da faixa para A_v na Equação 9.49.

A razão da restrição para o amplificador ser do tipo inversor fica evidente ao examinarmos a Equação 9.49. Um valor positivo para A_v resultaria em uma capacitância negativa (para $A_v > 1$).

O efeito Miller aumenta ainda o valor da capacitância de saída, que também deve ser considerada quando a frequência de corte superior for determinada. Na Figura 9.44, os parâmetros importantes na determinação do efeito Miller na saída são mostrados. Aplicar a Lei das Correntes de Kirchhoff resulta em

$$I_o = I_1 + I_2$$

com $$I_1 = \frac{V_o}{R_o} \quad \text{e} \quad I_2 = \frac{V_o - V_i}{X_{C_f}}$$

A resistência R_o costuma ser grande o suficiente para nos permitir ignorar o primeiro termo da equação comparado ao segundo termo e admitindo que:

$$I_o \cong \frac{V_o - V_i}{X_{C_f}}$$

Substituir $V_i = V_o/A_v$, obtido de $A_v = V_o/V_i$, resulta em

$$I_o = \frac{V_o - V_o/A_v}{X_{C_f}} = \frac{V_o(1 - 1/A_v)}{X_{C_f}}$$

e

$$\frac{I_o}{V_o} = \frac{1 - 1/A_v}{X_{C_f}}$$

ou

$$\frac{V_o}{I_o} = \frac{X_{C_f}}{1 - 1/A_v} = \frac{1}{\omega C_f(1 - 1/A_v)} = \frac{1}{\omega C_{M_o}}$$

o que resulta na seguinte equação para a capacitância Miller de saída:

$$C_{M_o} = \left(1 - \frac{1}{A_v}\right)C_f \qquad (9.50)$$

Para a situação usual onde $A_v >> 1$, a Equação 9.50 reduz-se a:

$$C_{M_o} \cong C_f \Big|_{|A_v| \gg 1} \qquad (9.51)$$

Exemplos da utilização da Equação 9.50 aparecerão nas próximas duas seções, quando examinaremos a resposta em altas frequências de um amplificador com TBJ e com FET.

Para amplificadores não inversores, tais como as configurações de base-comum e seguidor de emissor, a capacitância de efeito Miller não é uma preocupação relevante para aplicações de alta frequência.

9.11 RESPOSTA EM ALTAS FREQUÊNCIAS — AMPLIFICADOR COM TBJ

No lado das altas frequências, há dois fatores que definem o ponto de corte de –3 dB: a capacitância do circuito (parasitas e introduzidas) e a dependência de $h_{fe}(\beta)$ em função da frequência.

Parâmetros do circuito

Na região de altas frequências, o circuito RC considerado possui a configuração mostrada na Figura 9.45. Quando a frequência aumenta, a reatância X_C diminui em amplitude, e isso resulta em um efeito de curto-circuito na saída e uma consequente diminuição no ganho. A dedução que fornece a frequência de canto para essa configuração RC segue as mesmas ideias desenvolvidas para a região de baixas frequências. A diferença mais significativa está na forma geral de A_v, que aparece a seguir:

$$A_v = \frac{1}{1 + j(f/f_H)} \qquad (9.52)$$

Isso resulta em um gráfico de amplitude tal como mostrado na Figura 9.46, que cai a uma taxa de 6 dB/oitava com o aumento da frequência. Observe que f_H está no denominador da razão entre as frequências, ao contrário do numerador, como ocorria para f_L na Equação 9.23.

Na Figura 9.47, as várias capacitâncias parasitas (C_{be}, C_{bc}, C_{ce}) do transistor foram incluídas juntamente com as capacitâncias da fiação (C_{W_i}, C_{W_o}) introduzidas durante a montagem. O modelo equivalente para altas frequências do circuito da Figura 9.47 aparece na Figura 9.48. Observe a ausência dos capacitores C_s, C_C e C_E, que são considerados curtos-circuitos nessa faixa de frequências. A capacitância C_i inclui a capacitância de fiação na entrada C_{W_i}, a capacitância de transição C_{be} e a capacitância Miller C_{M_i}. A capacitância C_o inclui a capacitância da fiação na saída C_{W_o}, a capacitância parasita C_{ce} e a capacitância Miller na saída C_{M_o}. De modo geral, a capacitância C_{be} é a maior das capacitâncias parasitas, sendo C_{ce} a menor. Na verdade, a maioria das folhas de dados fornece apenas os valores de C_{be} e C_{bc}, não incluindo C_{ce}, a menos que o valor dessa última afete a resposta de um determinado tipo de transistor em uma área de aplicação específica.

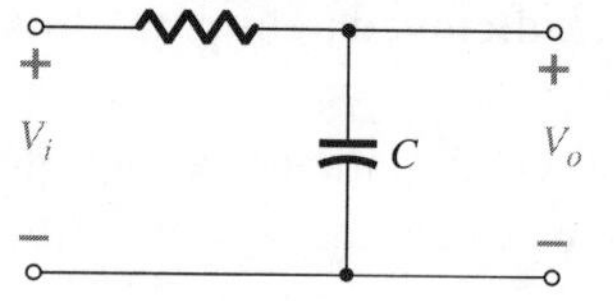

Figura 9.45 Combinação RC que definirá uma frequência de corte superior.

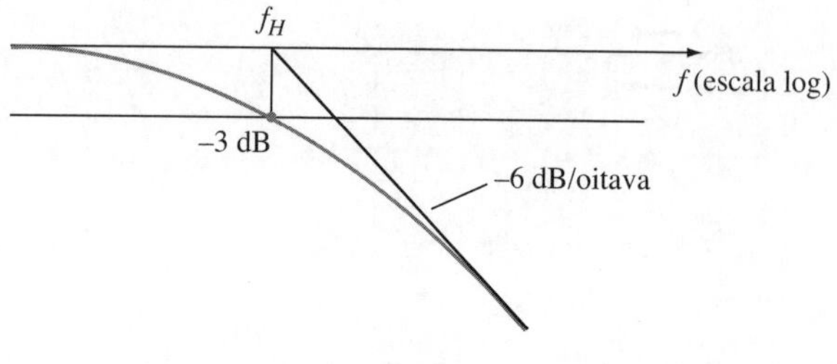

Figura 9.46 Gráfico assintótico definido pela Equação 9.52.

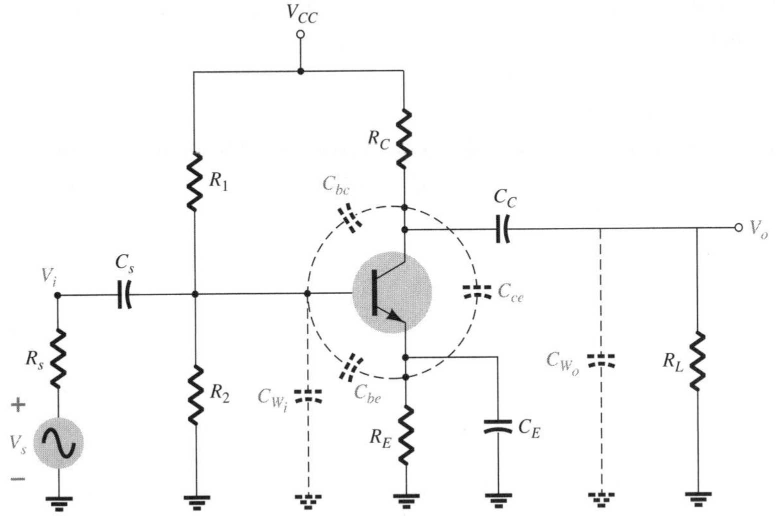

Figura 9.47 Circuito da Figura 9.25 com os capacitores que influenciam na resposta em alta frequência.

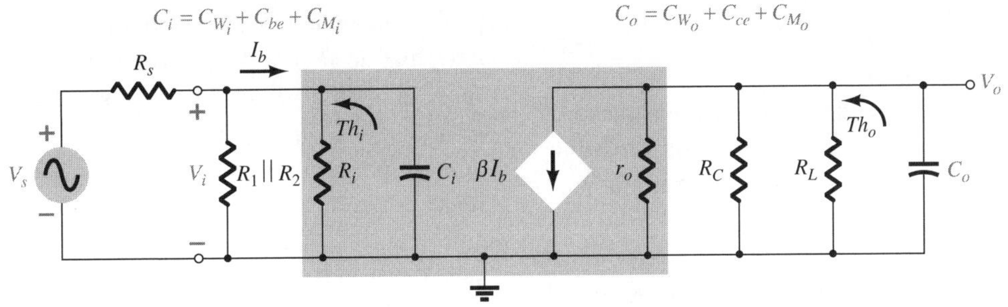

Figura 9.48 Modelo CA equivalente para altas frequências do circuito da Figura 9.47.

Determinar o circuito equivalente de Thévenin para os circuitos de entrada e saída da Figura 9.48 resulta nas configurações da Figura 9.49. Para o circuito de entrada, a frequência de –3 dB é definida por

$$f_{H_i} = \frac{1}{2\pi R_{Th_i} C_i} \tag{9.53}$$

com

$$R_{Th_i} = R_s \| R_1 \| R_2 \| R_i \tag{9.54}$$

e

$$\begin{aligned} C_i &= C_{W_i} + C_{be} + C_{M_i} \\ &= C_{W_i} + C_{be} + (1 - A_v)C_{bc} \end{aligned} \tag{9.55}$$

Em frequências muito altas, o efeito de C_i é reduzir a impedância total da combinação em paralelo de R_1, R_2, R_i e C_i na Figura 9.48. O resultado é um valor reduzido de tensão sobre C_i, uma redução em I_b e um ganho para o sistema.

Para o circuito de saída,

$$f_{H_o} = \frac{1}{2\pi R_{Th_o} C_o} \tag{9.56}$$

com

$$R_{Th_o} = R_C \| R_L \| r_o \tag{9.57}$$

e

$$C_o = C_{W_o} + C_{ce} + C_{M_o} \tag{9.58}$$

ou

$$C_o = C_{W_o} + C_{ce} + (1 - 1/A_v)C_{bc}$$

Para um alto valor de A_v (característico): $1 >> 1/A_v$

e

$$C_o \cong C_{W_o} + C_{ce} + C_{bc} \tag{9.59}$$

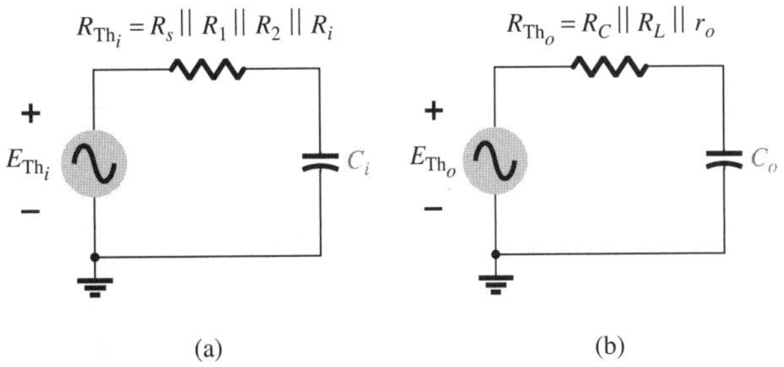

Figura 9.49 Circuitos de Thévenin para as malhas de entrada e saída do circuito da Figura 9.48.

Em frequências muito altas, a reatância capacitiva de C_o diminuirá, e, consequentemente, reduzirá a impedância total dos ramos de saída em paralelo da Figura 9.48. O resultado é que V_o também diminuirá tendendo a zero à medida que a reatância X_C se torna menor. As frequências f_{H_i} e f_{H_o} definirão, cada uma delas, uma assíntota de – 6 dB/oitava, tal como a demonstra a Figura 9.46. Se os capacitores parasitas fossem os únicos elementos a determinar a frequência de corte superior, a menor frequência seria o fator determinante. Entretanto, a redução de h_{fe} (ou β) com a frequência também deve ser considerada para determinarmos se a frequência de corte é menor do que f_{H_i} ou f_{H_o}.

Variação de h_{fe} (ou β)

A variação de h_{fe} (ou β) com a frequência se baseia, com um bom grau de precisão, na seguinte relação:

$$h_{fe} = \frac{h_{fe_{\text{médio}}}}{1 + j(f/f_\beta)} \tag{9.60}$$

O uso de h_{fe} no lugar de β em algumas partes deste livro se deve principalmente ao fato de os fabricantes normalmente empregarem os parâmetros híbridos ao tratar deste assunto em suas folhas de dados.

A única quantidade indefinida, $f\beta$, é determinada por um conjunto de parâmetros empregados no modelo *π-híbrido* ou de *Giacoletto* da Figura 9.50, introduzido na Seção 5.22. A resistência r_b inclui o contato da base, o substrato da base e a resistência de espalhamento de base. O primeiro se deve à conexão real com a base. O segundo inclui a resistência entre o terminal externo e a região ativa do transistor, enquanto o último é a resistência propriamente dita dentro da região ativa da base. As resistências r_π, r_o e r_u são aquelas entre os terminais indicados quando o dispositivo está na região ativa. A mesma coisa vale para as capacitâncias C_{bc} e C_{be}, embora a primeira seja uma capacitância de transição, enquanto a última é uma capacitância de difusão. Uma explicação mais detalhada da dependência com a frequência de cada parâmetro pode ser encontrada em vários outros textos disponíveis.

Se removermos a resistência de base r_b, a resistência base-coletor r_u e todas as capacitâncias parasitas, teremos como resultado um circuito CA equivalente que coincide com o equivalente de pequenos sinais da configuração emissor-comum utilizada no Capítulo 5. A resistência base-emissor r_π é βr_e e a resistência de saída r_o é simplesmente um valor fornecido através do parâmetro híbrido h_{oe}. A fonte controlada também é βI_b como vimos no Capítulo 5. No entanto, se incluirmos a resistência r_u (geralmente bastante grande) entre a base e o coletor, existirá uma malha de realimentação entre os circuitos de saída e entrada que corresponderá à contribuição de h_{re} para o circuito híbrido equivalente. Lembre-se, do Capítulo 5, que o termo realimentação costuma ser irrelevante para a maioria das aplicações, mas, se determinada aplicação o coloca em primeiro plano, o modelo da Figura 9.50 irá ativá-lo. A resistência r_u resulta do fato de que a corrente de base é um tanto sensível à tensão coletor-base. Visto que a tensão base-emissor está linearmente relacionada com a corrente de base por meio da lei de Ohm e a tensão de saída é igual à diferença entre a tensão base-emissor e a tensão coletor-base, podemos concluir que a corrente de base é sensível às variações na tensão de saída como revelado pelo parâmetro híbrido h_{re}.

Em termos desses parâmetros:

$$f_\beta \text{ (aparece frequentemente como } f_{h_{fe}}\text{)} = \frac{1}{2\pi r_\pi (C_\pi + C_u)} \tag{9.61}$$

ou, uma vez que $r_\pi = \beta r_e = h_{fe_{\text{médio}}} r_e$,

$$f_\beta = \frac{1}{h_{fe_{\text{médio}}}} \frac{1}{2\pi r_e (C_\pi + C_u)} \tag{9.62}$$

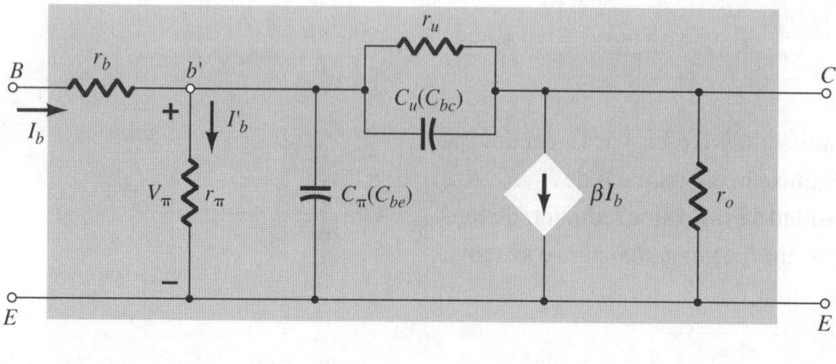

Figura 9.50 Circuito equivalente CA *Giacoletto* (*π híbrido*) do transistor para pequenos sinais em altas frequências.

ou considerando-se que r_e é função do projeto do circuito, a Equação 9.62 torna claro que:

$f\beta$ é uma função das condições de polarização.

O formato básico da Equação 9.60 é exatamente o mesmo da Equação 9.52 se extrairmos o fator $h_{fe_{\text{médio}}}$, revelando que h_{fe} cairá com uma inclinação de 6 dB/oitava a partir de seu valor no meio da faixa, como mostra a Figura 9.51. A mesma figura apresenta um gráfico de h_{fb} (ou α) *versus* frequência. Observe a pequena variação em h_{fb} para a faixa de frequências escolhida, o que revela que a configuração base-comum exibe características de alta frequência melhores do que as da configuração emissor-comum. Lembramos também a ausência da capacitância de efeito Miller para a configuração base-comum por causa de sua característica não inversora. Exatamente por isso, os parâmetros de alta frequência da configuração base-comum, em vez dos parâmetros do emissor-comum, são aqueles normalmente especificados para um transistor — em especial, aqueles projetados para operarem especificamente nas regiões de alta frequência.

A equação a seguir permite a determinação direta de $f\beta$ se f_α e α forem especificados:

$$f_\beta = f_\alpha(1 - \alpha) \tag{9.63}$$

Produto Ganho-Largura de Banda

Há uma **figura de mérito** aplicada a amplificadores que é conhecida como **Produto Ganho-Largura de Banda** (**GBP**, do inglês *Gain-Bandwidth Product*) e que costuma ser usada para iniciar o processo de concepção de um amplificador. Ela fornece informações importantes sobre a relação entre o ganho do amplificador e a faixa esperada de frequências de operação.

Na Figura 9.52, a resposta em frequência de um amplificador com um ganho de 100, uma frequência de corte inferior de 250 Hz e uma frequência de corte superior de 1 MHz foi representada em escala linear em vez da usual escala logarítmica. Note que a escolha de uma escala linear para o eixo horizontal não permite mostrar a frequência de corte inferior, e a curva aparece essencialmente como uma linha reta vertical em $f = 0$ Hz. Visto que $f = 0$ Hz representa uma situação CC,

o ganho na extremidade inferior de um amplificador normalmente é chamado de ganho CC.

Note também que a utilização de um eixo horizontal linear resulta em um declínio muito lento no ganho com frequência após a frequência de corte. Seriam necessárias muitas páginas para mostrar todo o gráfico de frequência até seu limite superior.

A Figura 9.52 também deixa claro que a largura de banda é definida essencialmente pela frequência de corte superior, porque a frequência de corte inferior é muito pequena em termos comparativos.

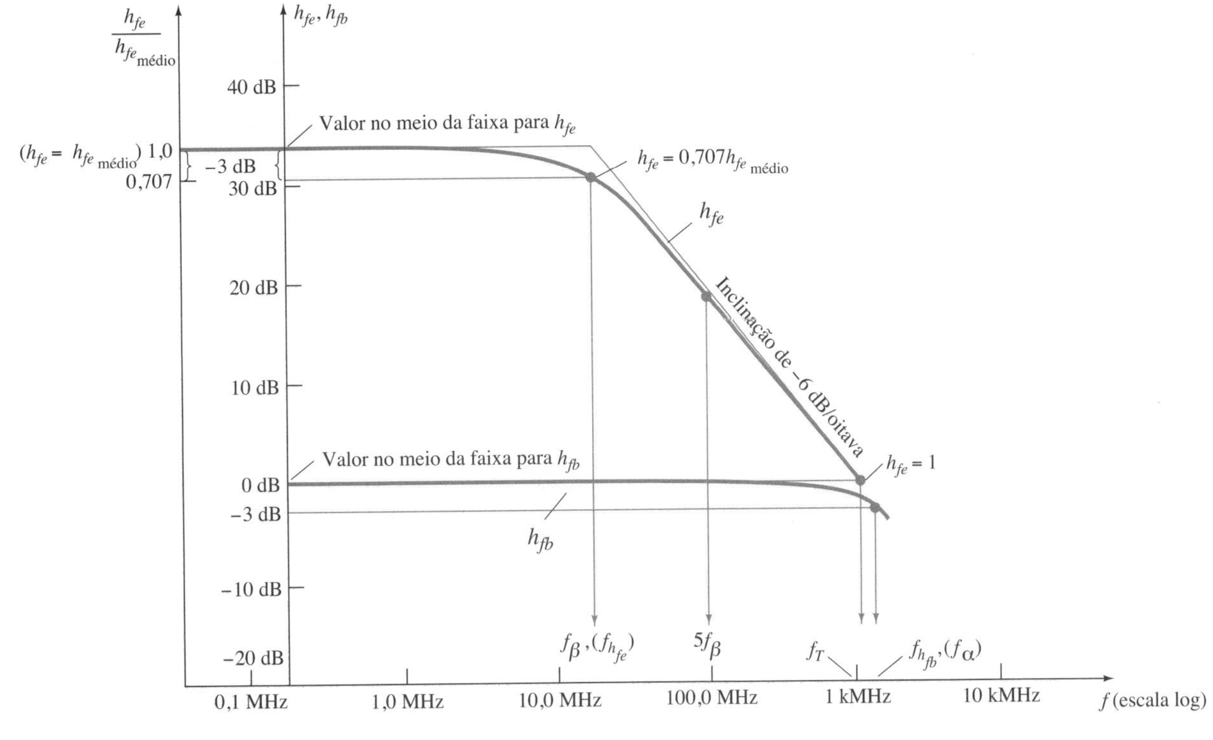

Figura 9.51 h_{fe} e h_{fb} *versus* frequência na região de alta frequência.

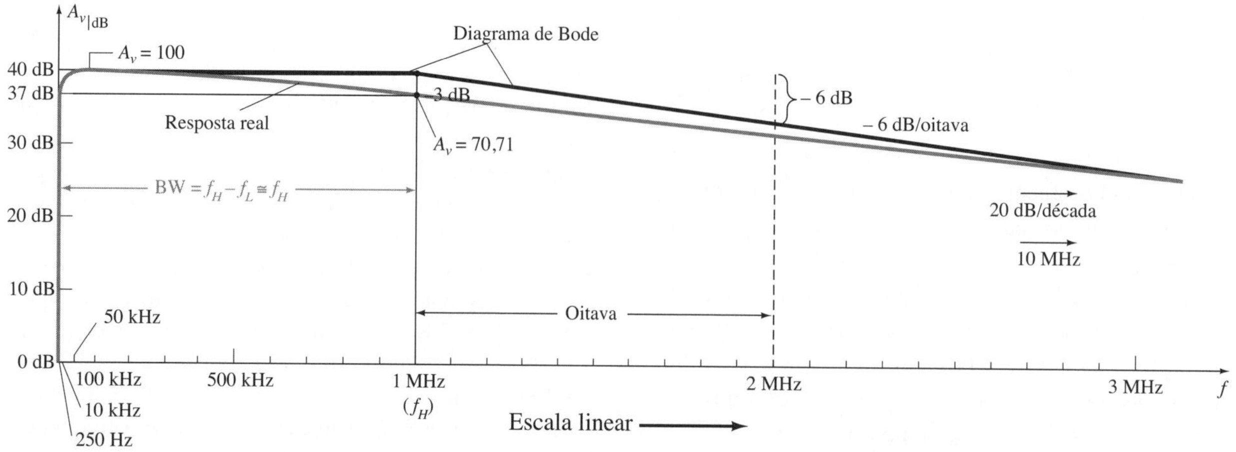

Figura 9.52 Representação do ganho em dB para um amplificador em um gráfico de frequência linear.

Se a Figura 9.52 fosse representada com uma escala logarítmica para o eixo horizontal, teríamos o gráfico da Figura 9.53.

A extremidade inferior é expandida, e a resposta em frequência na extremidade superior está completa com um limite definido pela inclinação de 20 dB por década. A frequência de corte superior é denominada f_H, enquanto a inferior, f_L.

Em $A_v = A_{v_{\text{médio}}} = 100$, a largura de banda mostrada na Figura 9.53 é de aproximadamente 1 MHz.

O Produto Ganho-Largura de Banda é

$$\boxed{\text{GBP} = A_{v_{\text{médio}}}\text{BW}} \tag{9.64}$$

o qual, neste exemplo, vale

$$\text{GBP} = (100)(1\ \text{MHz}) = 100\ \text{MHz}$$

Em $A_v = 10$, $20 \log_{10} 10 = 20$ e a largura de banda da Figura 9.53 é de aproximadamente 10 MHz.

O Produto Ganho-Largura de Banda resultante passa a ser:

$$\text{GBP} = (10)(10\ \text{MHz}) = 100\ \text{MHz}$$

Na verdade, em qualquer valor de ganho, o produto dos dois permanece constante.

Em $A_v = 1$ ou $A_v|_{dB} = 0$, a largura de banda é definida como f_T na Figura 9.53.

De modo geral,

a frequência f_T é chamada frequência de ganho unitário e é sempre igual ao produto do ganho no meio da faixa de um amplificador pela largura de banda em qualquer valor de ganho.

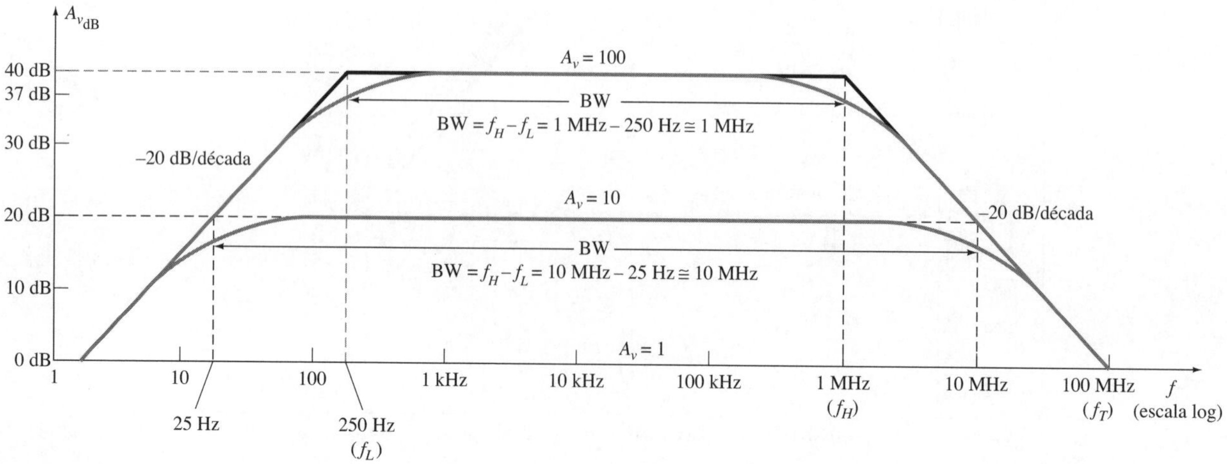

Figura 9.53 Determinação da largura de banda para dois valores de ganho distintos.

Isto é,

$$f_T = A_{v_{\text{médio}}} f_H \quad \text{(Hz)} \qquad (9.65a)$$

O resultado é que a largura de banda esperada para um amplificador em qualquer nível de ganho pode ser determinada de maneira bastante direta. Considere um amplificador com um f_T de 120 MHz. Para um ganho de 80, o f_H ou a largura de banda esperada é $f_T/A_{v_{\text{médio}}} = 120$ MHz/80 = 1,5 MHz. Para um ganho de 60, a largura de banda é 120 MHz/60 = 2 MHz e assim por diante — portanto, uma ferramenta muito útil.

Para os transistores em si, quando um ganho de tensão não for definido por uma configuração, as folhas de dados fornecerão um valor de f_T que se relaciona somente com o transistor. Isto é,

$$f_T = h_{fe_{\text{médio}}} f_\beta \quad \text{(Hz)} \qquad (9.65b)$$

O gráfico em dB seria como o que mostra a Figura 9.51.

A equação geral para a variação h_{fe} com a frequência é definida pela Equação 9.60. Para o amplificador, é definida por:

$$A_v = \frac{A_{v_{\text{médio}}}}{1 + j(f/f_H)} \qquad (9.66)$$

Note que, em cada caso, a frequência f_H define a frequência de canto.

Substituindo a Equação 9.62 para f_β na Equação 9.65, temos

$$f_T = h_{fe_{\text{médio}}} \frac{1}{2\pi h_{fe_{\text{médio}}} r_e (C_\pi + C_u)}$$

e

$$f_T \cong \frac{1}{2\pi r_e (C_\pi + C_u)} \qquad (9.67)$$

EXEMPLO 9.14

Use o circuito da Figura 9.47 com os mesmos parâmetros do Exemplo 9.12; isto é,

$R_s = 1\ \text{k}\Omega$, $R_1 = 40\ \text{k}\Omega$, $R_2 = 10\ \text{k}\Omega$,
$R_E = 2\ \text{k}\Omega$, $R_C = 4\ \text{k}\Omega$, $R_L = 2{,}2\ \text{k}\Omega$
$C_s = 10\ \mu\text{F}$, $C_C = 1\ \mu\text{F}$, $C_E = 20\ \mu\text{F}$
$h_{fe} = 100$, $r_o = \infty\ \Omega$, $V_{CC} = 20$ V
com a inclusão de
$C_\pi(C_{be}) = 36$ pF, $C_u(C_{bc}) = 4$ pF,
$C_{ce} = 1$ pF, $C_{W_i} = 6$ pF, $C_{W_o} = 8$ pF

a) Determine f_{H_i} e f_{H_o}.
b) Calcule f_β e f_T.
c) Esboce a resposta em frequência para as regiões de baixa e alta frequência, utilizando os resultados do Exemplo 9.12 e os resultados dos itens (a) e (b).
d) Obtenha a resposta com o PSpice para todo o espectro de frequências e compare com os resultados do item (c).

Solução:

a) Do Exemplo 9.12,

$R_i = 1{,}32\ \text{k}\Omega$,
$A_{v_{\text{médio}}}$ (amplificador, não incluindo os efeitos de R_s) $= -90$

e $R_{\text{Th}_i} = R_s \parallel R_1 \parallel R_2 \parallel R_i$
$= 1\ \text{k}\Omega \parallel 40\ \text{k}\Omega \parallel 10\ \text{k}\Omega \parallel 1{,}32\ \text{k}\Omega$
$\cong 0{,}531\ \text{k}\Omega$

com $C_i = C_{W_i} + C_{be} + (1 - A_v)C_{bc}$
$= 6\ \text{pF} + 36\ \text{pF} + [1 - (-90)]4\ \text{pF}$
$= 406\ \text{pF}$

$$f_{H_i} = \frac{1}{2\pi R_{\text{Th}_i} C_i} = \frac{1}{2\pi(0{,}531\ \text{k}\Omega)(406\ \text{pF})} = \mathbf{738{,}24\ kHz}$$

$R_{\text{Th}_o} = R_C \parallel R_L = 4\ \text{k}\Omega \parallel 2{,}2\ \text{k}\Omega = 1{,}419\ \text{k}\Omega$

$$C_o = C_{W_o} + C_{ce} + C_{M_o} = 8\ \text{pF} + 1\ \text{pF} + \left(1 - \frac{1}{-90}\right)4\ \text{pF} = 13{,}04\ \text{pF}$$

$$f_{H_o} = \frac{1}{2\pi R_{\text{Th}_o} C_o} = \frac{1}{2\pi(1{,}419\ \text{k}\Omega)(13{,}04\ \text{pF})} = \mathbf{8{,}6\ MHz}$$

b) Aplicando a Equação 9.63, temos:

$$f_\beta = \frac{1}{2\pi h_{fe_{\text{médio}}} r_e (C_{be} + C_{bc})} = \frac{1}{2\pi(100)(15{,}76\ \Omega)(36\ \text{pF} + 4\ \text{pF})} = \frac{1}{2\pi(100)(15{,}76\ \Omega)(40\ \text{pF})} = \mathbf{2{,}52\ MHz}$$

$f_T = h_{fe_{\text{médio}}} f_\beta = (100)(2{,}52\ \text{MHz})$
$= \mathbf{252\ MHz}$

c) Veja a Figura 9.54. A frequência de canto f_{H_i} determinará a frequência de corte superior e a largura de banda do amplificador. A frequência de corte superior está muito próxima de 600 kHz.

d) A análise com PSpice será apresentada na Seção 9.15.

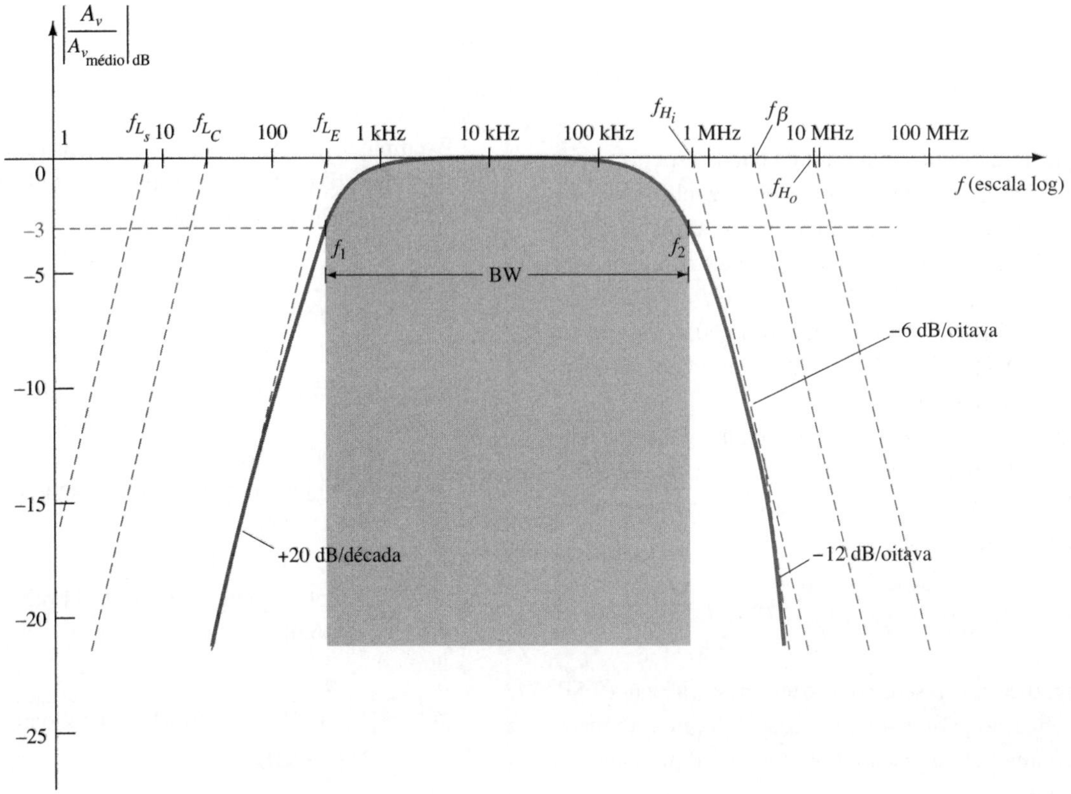

Figura 9.54 Resposta em frequência completa para o circuito da Figura 9.47.

9.12 RESPOSTA EM ALTAS FREQUÊNCIAS — AMPLIFICADOR COM FET

A análise da resposta em altas frequências de um amplificador com FET será desenvolvida de maneira muito semelhante à realizada para o amplificador com TBJ. Como mostra a Figura 9.55, existem capacitâncias intereletrodos e de fiação que determinarão as características do amplificador em altas frequências. Os capacitores C_{gs} e C_{gd} variam, geralmente, de 1 pF até 10 pF, enquanto a capacitância C_{ds} costuma ser um pouco menor, variando de 0,1 pF até 1 pF.

Visto que o circuito da Figura 9.55 é um amplificador inversor, uma capacitância de efeito Miller aparecerá no circuito equivalente CA para altas frequências da Figura 9.56.

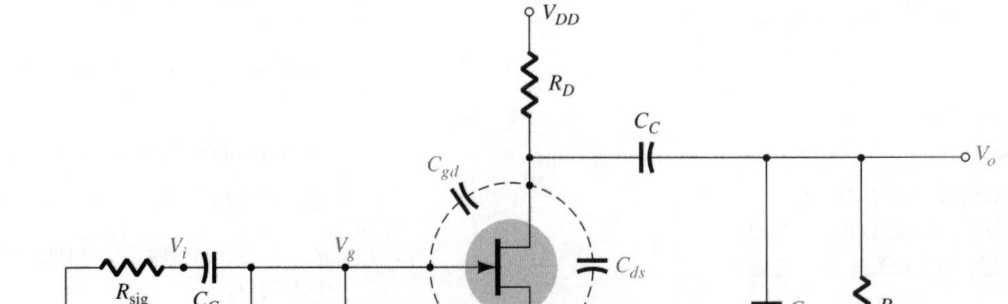

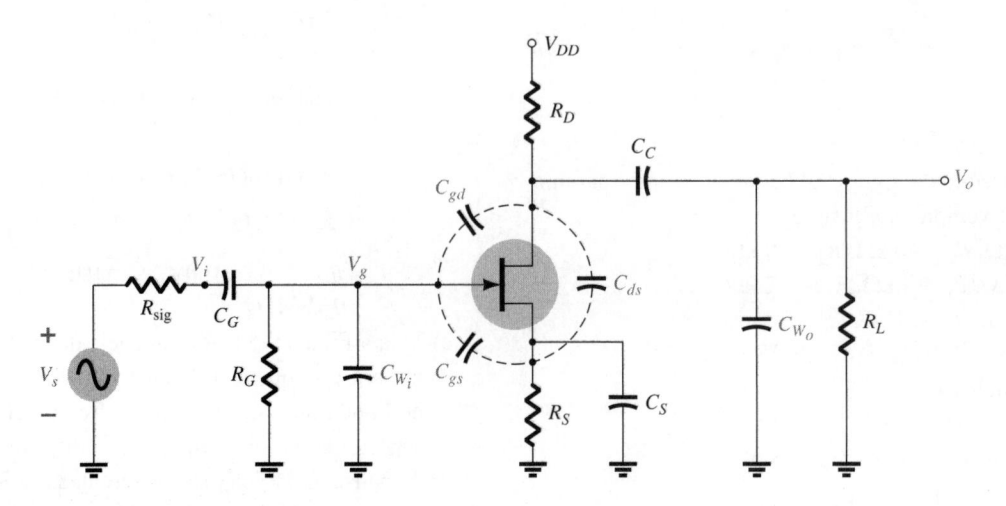

Figura 9.55 Elementos capacitivos que afetam a resposta em altas frequências de um amplificador com JFET.

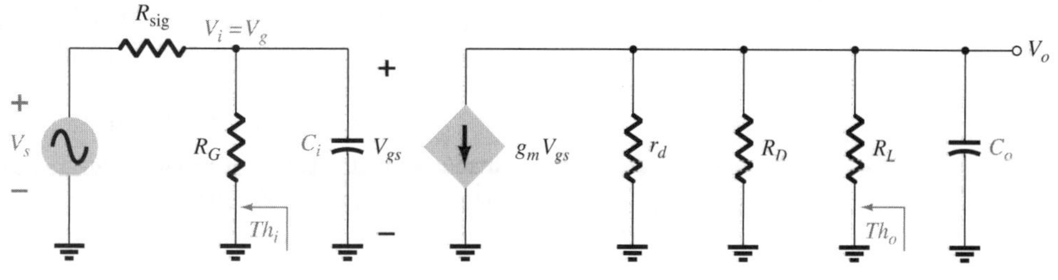

Figura 9.56 Circuito equivalente CA da Figura 9.55 para altas frequências.

Em altas frequências, C_i vai se comportar como um curto-circuito equivalente, e V_{gs} terá seu valor reduzido, diminuindo o ganho global. Em frequências onde C_o se aproxima de seu equivalente de curto-circuito, a amplitude da tensão de saída em paralelo V_o será reduzida.

As frequências de corte definidas pelos circuitos de entrada e de saída podem ser obtidas determinando-se, primeiro, os circuitos equivalentes de Thévenin para cada seção, como mostra a Figura 9.57. Para o circuito de entrada,

$$f_{H_i} = \frac{1}{2\pi R_{\text{Th}_i} C_i} \quad (9.68)$$

e

$$R_{\text{Th}_i} = R_{\text{sig}} \| R_G \quad (9.69)$$

com

$$C_i = C_{W_i} + C_{gs} + C_{M_i} \quad (9.70)$$

e

$$C_{M_i} = (1 - A_v)C_{gd} \quad (9.71)$$

Para o circuito de saída,

$$f_{H_o} = \frac{1}{2\pi R_{\text{Th}_o} C_o} \quad (9.72)$$

com

$$R_{\text{Th}_o} = R_D \| R_L \| r_d \quad (9.73)$$

e

$$C_o = C_{W_o} + C_{ds} + C_{M_o} \quad (9.74)$$

e

$$C_{M_o} = \left(1 - \frac{1}{A_v}\right)C_{gd} \quad (9.75)$$

EXEMPLO 9.15

a) Determine as frequências de corte superiores para o circuito da Figura 9.55 utilizando os mesmos parâmetros usados no Exemplo 9.13:
$C_G = 0{,}01\ \mu\text{F}$, $C_C = 0{,}5\ \mu\text{F}$, $C_S = 2\ \mu\text{F}$
$R_{sig} = 10\ \text{k}\Omega$, $R_G = 1\ \text{M}\Omega$,
$R_D = 4{,}7\ \text{k}\Omega$, $R_S = 1\ \text{k}\Omega$, $R_L = 2{,}2\ \text{k}\Omega$
$I_{DSS} = 8\ \text{mA}$, $V_P = -4\ \text{V}$, $r_d = \infty\ \Omega$, $V_{DD} = 20\ \text{V}$
com a inclusão de
$C_{gd} = 2\ \text{pF}$, $C_{gs} = 4\ \text{pF}$,
$C_{ds} = 0{,}5\ \text{pF}$, $C_{W_i} = 5\ \text{pF}$, $C_{W_o} = 6\ \text{pF}$
b) Obtenha uma resposta com PSpice para toda a faixa de frequências e observe se ela está de acordo com as conclusões do Exemplo 9.13 e com os cálculos anteriores.

Solução:

a) $R_{\text{Th}_i} = R_{sig} \| R_G = 10\ \text{k}\Omega \| 1\ \text{M}\Omega = 9{,}9\ \text{k}\Omega$
Do Exemplo 9.13, $A_v = -3$. Temos
$C_i = C_{W_i} + C_{gs} + (1 - A_v)C_{gd}$
$= 5\ \text{pF} + 4\ \text{pF} + (1 + 3)2\ \text{pF}$
$= 9\ \text{pF} + 8\ \text{pF}$
$= 17\ \text{pF}$

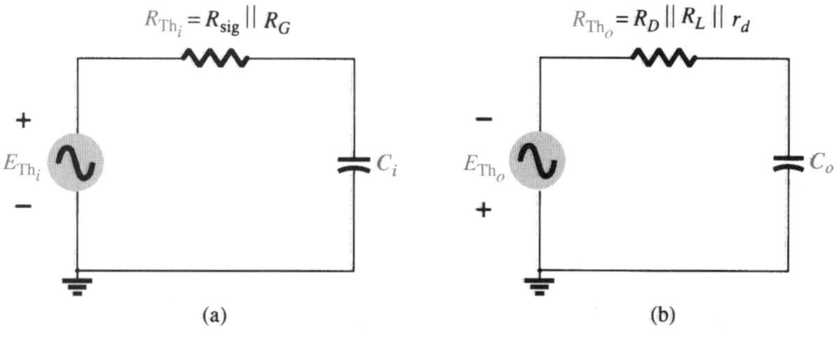

Figura 9.57 Circuitos equivalentes de Thévenin para (a) circuito de entrada e (b) circuito de saída.

$$f_{H_i} = \frac{1}{2\pi R_{Th_i} C_i}$$

$$= \frac{1}{2\pi(9{,}9\ \text{k}\Omega)(17\ \text{pF})} = \mathbf{945{,}67\ kHz}$$

$$R_{Th_o} = R_D \parallel R_L$$
$$= 4{,}7\ \text{k}\Omega \parallel 2{,}2\ \text{k}\Omega$$
$$\cong 1{,}5\ \text{k}\Omega$$

$$C_o = C_{W_o} + C_{ds} + C_{M_o}$$

$$= 6\ \text{pF} + 0{,}5\ \text{pF} + \left(1 - \frac{1}{-3}\right)2\ \text{pF} = 9{,}17\ \text{pF}$$

$$f_{H_o} = \frac{1}{2\pi(1{,}5\ \text{k}\Omega)(9{,}17\ \text{pF})} = \mathbf{11{,}57\ MHz}$$

Os resultados anteriores indicam claramente que a capacitância de entrada, com sua capacitância de efeito Miller, determina a frequência de corte superior. Isso costuma ocorrer por causa do baixo valor de C_{ds} e dos valores de resistência encontrados no circuito de saída.

b) A análise com PSpice para Windows pode ser encontrada na Seção 9.15.

Embora a análise das últimas seções tenha se limitado a duas configurações, o procedimento geral para a determinação das frequências de corte pode ser aplicado à análise de qualquer outra configuração com transistor. Devemos ter em mente que a capacitância Miller se restringe a amplificadores inversores, e que f_α é significativamente maior do que f_β se a configuração base-comum for encontrada. Há muitas outras publicações sobre a análise de amplificadores de um único estágio que aprofundam a cobertura deste capítulo. Entretanto, o conteúdo apresentado aqui deve fornecer uma base sólida para qualquer análise dos efeitos de frequência.

9.13 EFEITOS DA FREQUÊNCIA EM CIRCUITOS MULTIESTÁGIOS

Para um segundo estágio transistorizado, conectado diretamente à saída do primeiro estágio, a resposta completa em frequência do circuito sofrerá uma significativa alteração. Na região de altas frequências, a capacitância de saída C_o deve agora incluir a capacitância da fiação (C_{W_1}), a capacitância parasita (C_{be}) e a capacitância Miller (C_{M_i}) do estágio seguinte. Além disso, haverá valores de frequência de corte inferiores devido ao segundo estágio, que reduzirão ainda mais o ganho do sistema nessa região. Para cada estágio adicional, a frequência de corte superior será determinada principalmente pelo estágio com a menor frequência de corte. A frequência de corte inferior é determinada principalmente pelo estágio com a maior frequência de corte inferior. Portanto, é óbvio que um estágio mal projetado pode comprometer um sistema em cascata bem projetado.

O efeito de se aumentar o número de estágios *idênticos* pode ser claramente demonstrado, considerando-se as situações indicadas na Figura 9.58. Em cada caso, as frequências de corte inferior e superior de cada estágio em cascata são idênticas. Para um único estágio, as frequências de corte são f_L e f_H, como indicado. Para dois estágios idênticos em cascata, a taxa de inclinação aumentou para –12 dB/oitava ou – 40 dB/década nas regiões de alta e baixa frequências. Em f_L e f_H, portanto, a queda agora é – 6 dB no valor do ganho na frequência definida, em vez de –3 dB. O ponto de –3 dB se deslocou para f'_L e f'_H, como indicado, com a consequente diminuição na largura de banda. Um sistema com três estágios idênticos resultará em uma inclinação de –18 dB/oitava ou – 60 dB/década com a redução indicada da largura de banda (f''_L e f''_H).

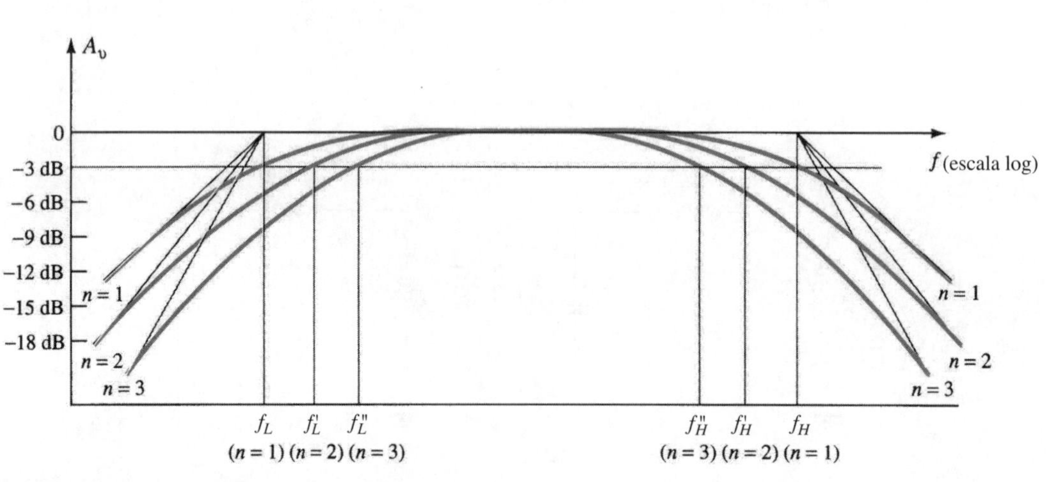

Figura 9.58 Efeito de um número crescente de estágios sobre as frequências de corte e a largura de banda.

Considerando-se estágios idênticos, podemos determinar uma equação para cada frequência de corte como função do número de estágios (n) da seguinte maneira: para a região de baixas frequências,

$$A_{v\text{baixa, (de modo geral)}} = A_{v1\text{baixa}} A_{v2\text{baixa}} A_{v3\text{baixa}} \cdots A_{vn\text{baixa}}$$

mas, visto que os estágios são idênticos, $A_{v1\text{baixa}} = A_{v2\text{baixa}}$ = etc., e

$$A_{v\text{baixa (de modo geral)}} = (A_{v1\text{baixa}})^n$$

ou $$\frac{A_{v_{\text{baixa}}}}{A_{v_{\text{médio}}}}(\text{global}) = \left(\frac{A_{v_{\text{baixa}}}}{A_{v_{\text{médio}}}}\right)^n = \frac{1}{(1 - jf_L/f)^n}$$

Igualar esse resultado a $1/\sqrt{2}$ (valor de –3 dB) resulta em

$$\frac{1}{\sqrt{[1 + (f_L/f_L')^2]^n}} = \frac{1}{\sqrt{2}}$$

ou $$\left\{\left[1 + \left(\frac{f_L}{f_L'}\right)^{2-}\right]^{1/2}\right\}^n$$

$$= \left\{\left[1 + \left(\frac{f_L}{f_L'}\right)^2\right]^n\right\}^{1/2} = (2)^{1/2}$$

de modo que $$\left[1 + \left(\frac{f_L}{f_L'}\right)^2\right]^n = 2$$

e $$1 + \left(\frac{f_L}{f_L'}\right)^2 = 2^{1/n}$$

com o resultado $$\boxed{f_L' = \frac{f_L}{\sqrt{2^{1/n} - 1}}} \quad (9.76)$$

De maneira semelhante, podemos mostrar que, para a região de altas frequências,

$$\boxed{f_H' = (\sqrt{2^{1/n} - 1})f_H} \quad (9.77)$$

Observe a presença do mesmo fator $\sqrt{2^{1/n} - 1}$ em cada equação. A lista a seguir relaciona esse fator a vários valores de n.

n	$\sqrt{2^{1/n} - 1}$
2	0,64
3	0,51
4	0,43
5	0,39

Para $n = 2$, devemos considerar a frequência de corte superior $f_H' = 0{,}64 f_H$ ou 64% do valor encontrado para um único estágio, enquanto $f_L' = (1/0{,}64)f_L = 1{,}56 f_L$. Para $n = 3$, $f_H' = 0{,}51 f_H$, aproximadamente metade do valor de um único estágio, e $f_L' = (1/0{,}51)f_L = 1{,}96 f_L$, ou aproximadamente o *dobro* do valor encontrado para um único estágio.

Para o amplificador transistorizado com acoplamento *RC*, se $f_H = f_\beta$, ou se elas estiverem próximas o suficiente em amplitude para ambas afetarem a frequência superior de 3 dB, o número de estágios deve ser multiplicado por 2 quando f_H' for determinado por causa do número elevado de fatores $1/(1 + jf/f_x)$.

Se o ganho na banda de passagem consegue permanecer fixo e independente do número de estágios, a redução na largura de banda nem sempre está associada com o aumento no número de estágios. Por exemplo, se um amplificador de um único estágio produz um ganho de 100, com uma largura de banda de 10.000 Hz, o Produto Ganho-Largura de Banda resultante é $10^2 \times 10^4 = 10^6$. Para um sistema com dois estágios, o mesmo ganho pode ser obtido se cada estágio apresentar um ganho igual a 10 (uma vez que $10 \times 10 = 100$). A largura de banda de cada estágio seria aumentada por um fator de 10 a 100.000, devido ao requisito de ganho menor e o Produto Ganho--Largura de Banda fixo e igual a 10^6. Obviamente, o projeto deve permitir um aumento da largura de banda e o estabelecimento de um valor de ganho menor.

9.14 TESTE DA ONDA QUADRADA

Uma noção da resposta em frequência de um amplificador pode ser obtida experimentalmente pela aplicação de um sinal de onda quadrada ao amplificador e pela observação da resposta na saída. A forma do sinal de saída revelará se as frequências altas ou baixas estão sendo amplificadas apropriadamente. O emprego do *teste da onda quadrada* consome um tempo significativamente menor do que a aplicação de uma série de sinais senoidais de diferentes frequências e amplitudes para verificar a resposta em frequência de um amplificador.

A razão para a escolha do sinal de onda quadrada para o teste pode ser mais bem entendida examinando-se a expansão em *série de Fourier* de uma onda quadrada, que é formada por componentes senoidais de diferentes amplitudes e frequências. A soma de todos os termos da série produzirá a forma de onda original. Isto é, embora a forma de onda possa não ser senoidal, ela pode ser reproduzida por uma série de termos senoidais de diferentes frequências e amplitudes.

A expansão em série de Fourier para a onda quadrada da Figura 9.59 é:

$$v = \frac{4}{\pi} V_m \left(\underbrace{\text{sen} 2\pi f_s t}_{\text{Fundamental}} + \underbrace{\frac{1}{3}\text{sen} 2\pi(3f_s)t}_{\text{Terceira harmônica}} + \underbrace{\frac{1}{5}\text{sen} 2\pi(5f_s)t}_{\text{Quinta harmônica}} + \underbrace{\frac{1}{7}\text{sen} 2\pi(7f_s)t}_{\text{Sétima harmônica}} + \underbrace{\frac{1}{9}\text{sen} 2\pi(9f_s)t}_{\text{Nona harmônica}} + \cdots + \underbrace{\frac{1}{n}\text{sen} 2\pi(nf_s)t}_{n\text{-ésima harmônica}} \right) \quad (9.78)$$

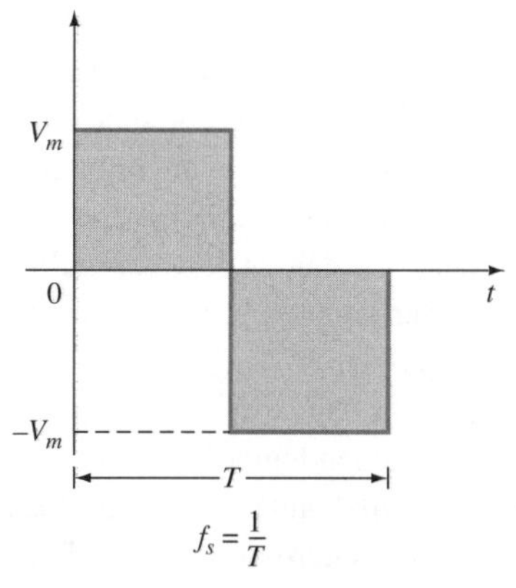

Figura 9.59 Onda quadrada.

O primeiro termo da série é chamado de termo *fundamental* e, nesse caso, possui a mesma frequência, f_s, da onda quadrada. O próximo termo tem uma frequência três vezes maior do que o fundamental e é denominado de *terceira harmônica*. Sua amplitude é um terço da amplitude do termo fundamental. As frequências dos termos seguintes são múltiplas ímpares da frequência do termo fundamental e a amplitude diminui a cada harmônica superior. A Figura 9.60 mostra como a soma dos termos de uma série de Fourier pode produzir uma forma de onda não senoidal. A geração da onda quadrada da Figura 9.59 exigiria um número infinito de termos. Entretanto, a soma apenas do termo fundamental com a terceira harmônica resulta na forma de onda mostrada na Figura 9.60(a), que já começa a ter o aspecto de uma onda quadrada. Incluindo a quinta e a sétima harmônicas como na Figura 9.60(b), obtemos uma forma de onda mais próxima da mostrada na Figura 9.59.

Visto que a nona harmônica tem uma amplitude maior do que 10% da amplitude do termo fundamental [$\frac{1}{9}$(100%) = 11,1%], os termos do fundamental até a nona harmônica são os principais fatores contribuintes da expansão em série de Fourier da função onda quadrada. É, portanto, razoável assumir que, se a aplicação de uma onda quadrada com determinada frequência resulta em uma onda quadrada "limpa" na saída, então os termos do fundamental até a nona harmônica estão sendo amplificados sem distorção perceptível pelo amplificador. Por exemplo, se um amplificador de áudio com uma largura de banda de 20 kHz (a faixa de áudio vai de 20 Hz até 20 kHz) precisa ser testado, a frequência do sinal a ser aplicado deve ser de, no mínimo, 20 kHz/9 = 2,22 kHz.

Se a resposta de um amplificador a uma onda quadrada é uma réplica não distorcida da entrada, a resposta em frequência (ou BW) do amplificador é obviamente suficiente para a frequência aplicada. Se a resposta apresentar as formas mostradas nas figuras 9.61(a) e (b), isso indica que as baixas frequências não estão sendo amplificadas adequadamente, e a frequência de corte inferior deve ser investigada. Se a forma de onda tiver o aspecto das figuras 9.61(c) e (d), os componentes de alta frequência do sinal não estão recebendo amplificação suficiente, e a frequência de corte superior (ou BW) deve ser revista.

A frequência de corte superior real (ou BW) pode ser determinada a partir da forma de onda na saída medindo-se cuidadosamente o tempo de subida definido entre 10% e 90% do valor de pico, como mostra a Figura 9.62. Substituindo na equação seguinte, obtemos a frequência de corte superior e, uma vez que BW = $f_{H_i} - f_{L_o} \cong f_{H_i}$, temos também uma indicação da BW do amplificador:

$$\text{BW} \cong f_{H_i} = \frac{0{,}35}{t_r} \qquad (9.79)$$

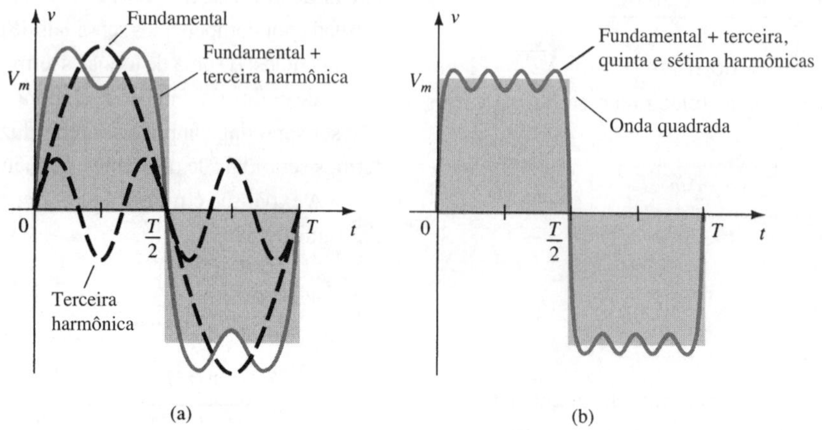

Figura 9.60 Conteúdo harmônico de uma onda quadrada.

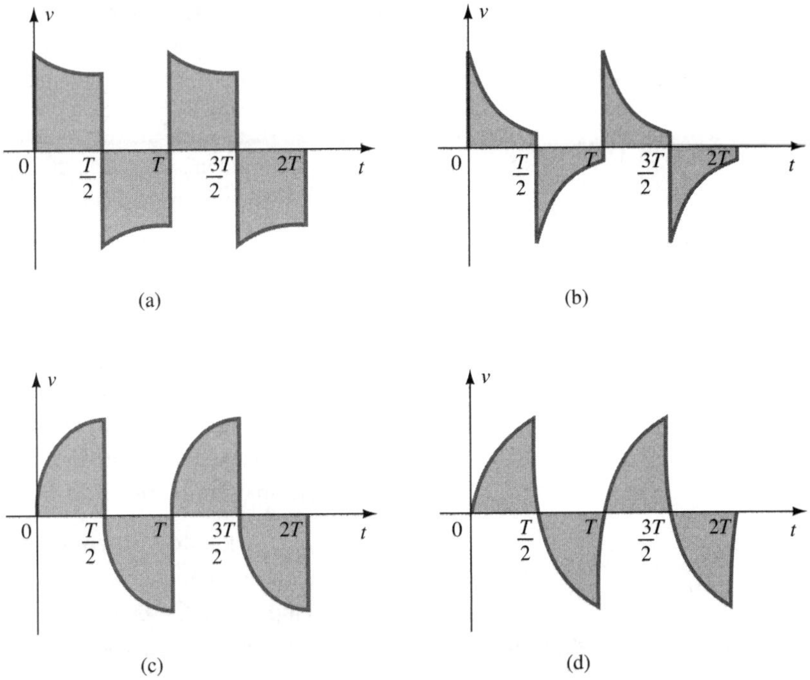

Figura 9.61 (a) Resposta inadequada para baixas frequências; (b) resposta muito inadequada para baixas frequências; (c) resposta inadequada para altas frequências; (d) resposta muito inadequada para altas frequências.

A frequência de corte inferior pode ser determinada a partir da resposta na saída medindo-se cuidadosamente a inclinação indicada na Figura 9.62 e substituindo-a em uma das seguintes equações:

$$\% \text{ inclinação} = P\% = \frac{V - V'}{V} \times 100\% \qquad (9.80)$$

$$\text{inclinação} = P = \frac{V - V'}{V} \quad \text{(forma decimal)} \qquad (9.81)$$

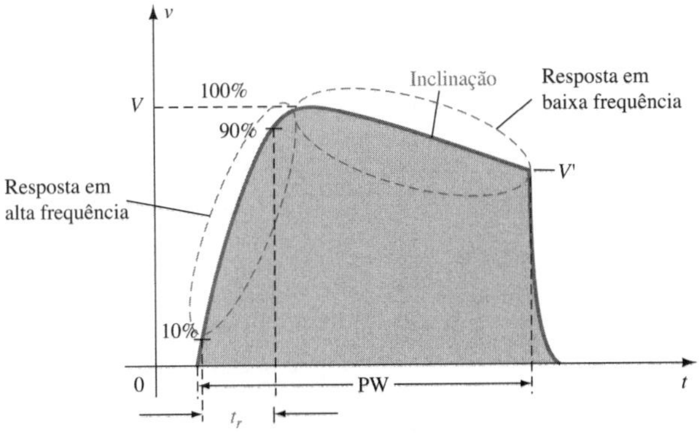

Figura 9.62 Definição do tempo de subida e da inclinação de uma resposta à onda quadrada.

A frequência de corte inferior é, então, determinada a partir de:

$$f_{L_o} = \frac{P}{\pi} f_s \qquad (9.82)$$

EXEMPLO 9.16

A aplicação de uma onda quadrada de 1 mV, 5 kHz em um amplificador produz a forma de onda na saída da Figura 9.63.

a) Escreva a expansão em série de Fourier para a onda quadrada até a nona harmônica.
b) Determine a largura de banda do amplificador.
c) Calcule a frequência de corte inferior.

Solução:

a) $$v_i = \frac{4\text{ mV}}{\pi}\Big(\text{sen}2\pi(5 \times 10^3)t + \frac{1}{3}\text{sen}2\pi(15 \times 10^3)t + \frac{1}{5}\text{sen}2\pi(25 \times 10^3)t + \frac{1}{7}\text{sen}2\pi(35 \times 10^3)t + \frac{1}{9}\text{sen}2\pi(45 \times 10^3)t\Big)$$

b) $t_r = 18\ \mu\text{s} - 2\ \mu\text{s} = 16\ \mu\text{s}$

$$\text{BW} \cong \frac{0{,}35}{t_r} = \frac{0{,}35}{16\ \mu\text{s}} = \mathbf{21.875\ Hz} \cong 4{,}4 f_s$$

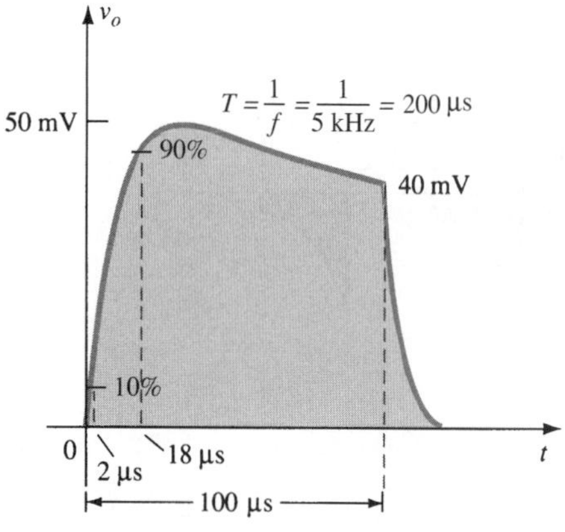

Figura 9.63 Exemplo 9.16.

c) $$P = \frac{V - V'}{V} = \frac{50\ \text{mV} - 40\ \text{mV}}{50\ \text{mV}} = 0{,}2$$

$$f_{L_o} = \frac{P}{\pi} f_s = \left(\frac{0{,}2}{\pi}\right)(5\ \text{kHz}) = \mathbf{318{,}31\ Hz}$$

9.15 RESUMO

Conclusões e conceitos importantes

1. O logaritmo de um número fornece o **expoente pelo qual a base deve ser elevada para obtermos o mesmo número**. Se a base é 10, é chamada de **logaritmo comum**; se é e = 2,71828..., é chamada de **logaritmo natural**.
2. Visto que a taxa em decibéis de qualquer equipamento é uma **comparação entre valores**, um valor de referência deve ser escolhido para cada área de aplicação. Para sistemas de áudio, o valor de referência normalmente aceito é **1 mW**. Quando utilizamos valores de tensão para determinar o ganho em dB entre dois pontos, qualquer diferença no valor de resistência costuma ser ignorada.
3. O ganho em dB de sistemas em cascata é simplesmente a **soma** dos ganhos em dB de cada estágio.
4. São os **elementos capacitivos** de um circuito que determinam a **largura de banda** de um sistema. Os elementos capacitivos de **maior valor** do projeto básico determinam a frequência de corte **inferior**, enquanto os capacitores parasitas **menores** determinam as frequências de corte **superiores**.
5. As frequências nas quais o ganho cai para 70,7% do valor no meio da faixa são chamadas de frequências de **corte**, **canto**, **banda**, **quebra** ou **meia potência**.
6. Quanto **mais estreita** a largura de banda, **menor** a faixa de frequências que permitem uma transferência de potência para a carga, que é pelo menos 50% do valor no meio da faixa.
7. Uma mudança de frequência por um fator de **dois**, equivalente a **uma oitava**, resulta em uma **mudança de ganho de 6 dB**. Para uma mudança de frequência de **10:1**, equivalente a **uma década**, há uma **mudança de 20 dB no ganho**.
8. Para qualquer amplificador **inversor**, a capacitância de entrada é aumentada por uma capacitância de **efeito Miller**, determinada pelo **ganho** do amplificador e pela capacitância **intereletrodo** (parasita) entre os terminais de entrada e de saída do dispositivo ativo.
9. Uma **queda de 3 dB em beta (h_{fe})** ocorrerá em uma frequência definida por f_β que é sensível às **condições de operação CC** do transistor. Essa variação em beta pode definir a frequência de corte superior do projeto.
10. As **frequências de corte superior e inferior** de um amplificador podem ser determinadas pela resposta do sistema a uma **entrada de onda quadrada**. A aparência geral revelará imediatamente se as respostas de baixa ou alta frequências do sistema são demasiado limitadas para a frequência aplicada, enquanto um exame mais detalhado da resposta revelará a largura de banda real do amplificador.

Equações

Logaritmos:

$$a = b^x, \qquad x = \log_b a,$$

$$\log_{10}\frac{a}{b} = \log_{10} a - \log_{10} b$$

$$\log_{10} ab = \log_{10} a + \log_{10} b,$$

$$G_{\text{dB}} = 10 \log_{10}\frac{P_2}{P_1} = 20 \log_{10}\frac{V_2}{V_1}$$

$$G_{\text{dB}_T} = G_{\text{dB}_1} + G_{\text{dB}_2} + G_{\text{dB}_3} + \cdots + G_{\text{dB}_n}$$

Resposta em baixa frequência:

$$A_v = \frac{1}{1 - j(f_L/f)}, \qquad f_L = \frac{1}{2\pi RC}$$

Resposta em baixa frequência para o TBJ:

$$f_{L_s} = \frac{1}{2\pi(R_s + R_i)C_s}, \qquad R_i = R_1 \| R_2 \| \beta r_e$$

$$f_{L_C} = \frac{1}{2\pi(R_o + R_L)C_C}, \qquad R_o = R_C \| r_o$$

$$f_{L_E} = \frac{1}{2\pi R_e C_E}, \qquad R_e = R_E \| \left(\frac{R_s'}{\beta} + r_e\right),$$

$$R_s' = R_s \| R_1 \| R_2$$

Resposta em baixa frequência para o FET:

$$f_{L_G} = \frac{1}{2\pi(R_{sig} + R_i)C_G}, \qquad R_i = R_G$$

$$f_{L_C} = \frac{1}{2\pi(R_o + R_L)C_C}, \qquad R_o = R_D \| r_d$$

$$f_{L_S} = \frac{1}{2\pi R_{eq} C_S},$$

$$R_{eq} = \frac{R_S}{1 + R_S(1 + g_m r_d)/(r_d + R_D \| R_L)}$$

$$\cong R_S \left\| \frac{1}{g_m} \right|_{r_d \cong \infty\Omega}$$

Capacitância de efeito Miller:

$$C_{M_i} = (1 - A_v)C_f, \qquad C_{M_o} = \left(1 - \frac{1}{A_v}\right)C_f$$

Resposta em alta frequência para o TBJ:

$$A_v = \frac{1}{1 + j(f/f_H)}, \qquad f_{H_i} = \frac{1}{2\pi R_{Th_i} C_i},$$

$$R_{Th_i} = R_s \| R_1 \| R_2 \| R_i, \quad C_i = C_{W_i} + C_{be} + C_{M_i}$$

$$f_{H_o} = \frac{1}{2\pi R_{Th_o} C_o}, \qquad R_{Th_o} = R_C \| R_L \| r_o,$$

$$C_o = C_{W_o} + C_{ce} + C_{M_o},$$

$$h_{fe} = \frac{h_{fe_{médio}}}{1 + j(f/f_\beta)}$$

$$f_\beta \cong \frac{1}{2\pi\beta_{médio} r_e (C_{be} + C_{bc})}$$

$$f_T \cong h_{fe_{médio}} f_\beta$$

Resposta em alta frequência para o FET:

$$f_{H_i} = \frac{1}{2\pi R_{Th_i} C_i}, \qquad R_{Th_i} = R_{sig} \| R_G,$$

$$C_i = C_{W_i} + C_{gs} + C_{M_i}, \quad C_{M_i} = (1 - A_v)C_{gd}$$

$$f_{H_o} = \frac{1}{2\pi R_{Th_o} C_o}, \qquad R_{Th_o} = R_D \| R_L \| r_d,$$

$$C_o = C_{W_o} + C_{ds} + C_{M_o}, \quad C_{M_o} = \left(1 - \frac{1}{A_v}\right)C_{gd}$$

Efeitos multiestágios:

$$f_L' = \frac{f_L}{\sqrt{2^{1/n} - 1}}, \qquad f_H' = (\sqrt{2^{1/n} - 1})f_H$$

Teste de onda quadrada:

$$BW \cong f_{H_i} = \frac{0{,}35}{t_r},$$

$$f_{L_o} = \frac{P}{\pi} f_s, \qquad P = \frac{V - V'}{V}$$

9.16 ANÁLISE COMPUTACIONAL

A análise computacional desta seção verificará os resultados de uma série de exemplos mostrados neste capítulo.

Resposta em baixa frequência para o TBJ

O circuito do Exemplo 9.12 com seus vários capacitores aparece na Figura 9.64. A sequência **Edit-PSpice Model** foi usada para definir I_s em 2E-15A e beta em 100. Os demais parâmetros do **PSpice Model** para o transistor foram removidos para idealizar a resposta ao maior grau possível. Na caixa de diálogo **Simulation Settings**, foi selecionado **AC Sweep/Noise** em **Analysis type**, e **Linear** foi escolhido em **AC Sweep Type**. A **Start Frequency** foi fixada em 10 kHz, a **End Frequency** em 10 kHz e o número de **Points** em 1. Uma **Simulation** resultou nos valores de tensão de polarização CC da Figura 9.64. Note que V_B é 3,767 V, em comparação com o valor calculado de 4 V, e que V_E é 3,062 V, em comparação com o valor calculado de 3,3 V. Esses valores estão muito próximos quando se considera que o modelo aproximado foi usado para representar o transistor. O arquivo de saída revela que a tensão CA sobre a carga em uma frequência de 10 kHz é 49,69 mV, o que resulta em um ganho de 49,69, que é muito próximo do valor calculado de 51,21.

Agora, um gráfico de ganho *versus* frequência será obtido tendo apenas C_s como um fator determinante. Os outros capacitores, C_C e C_E, serão definidos em valores muito altos e, por isso, são essencialmente curtos-circuitos em qualquer uma das frequências de interesse. Definir C_C e C_E em 1 F removerá qualquer efeito que eles possam ter sobre a resposta na região de baixa frequência. Aqui, porém, tenha cuidado porque o programa não reconhece 1 F como um farad. Ele deve ser inserido como 1E6uF. Uma vez que o gráfico desejado é de ganho *versus* frequência, devemos definir **Simulation** para que seja executado em uma faixa de frequências, e não como na primeira **Simulation**, na qual a frequência foi fixada em 10 kHz. Para isso, primeiro selecione o ícone **New Simulation**, dando à série um novo **Name**,

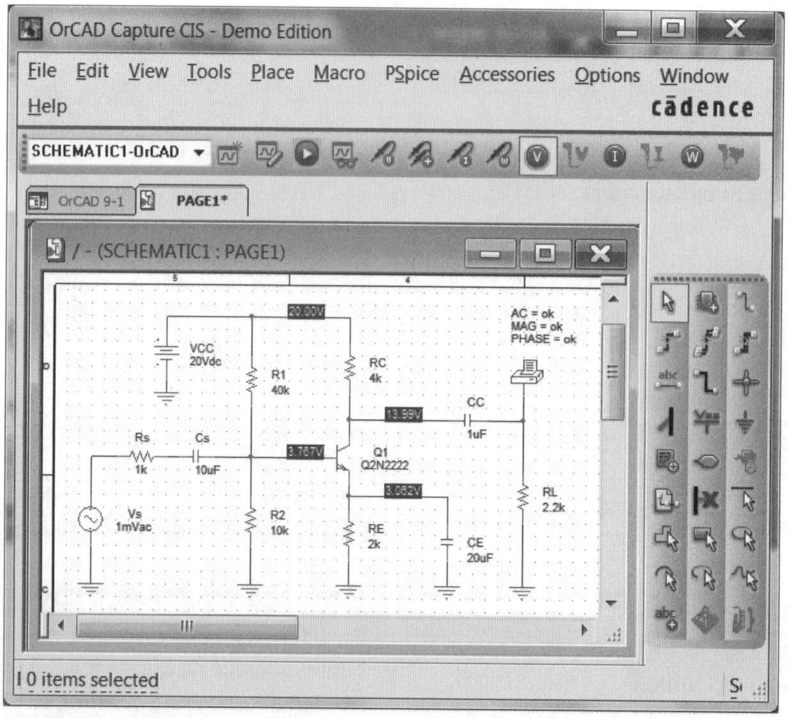

Figura 9.64 Circuito da Figura 9.32 com os valores atribuídos.

e prossiga para a caixa de diálogo **Simulation Settings**. Em **Analysis type**, selecione **AC Sweep/Noise** e, abaixo de **AC Sweep Type**, escolha **Linear**, seguido por uma **Start Frequency** de 1 Hz, uma **End Frequency** de 100 Hz e **Points** definido em 1000. A **Start Frequency** é fixada em 1 Hz porque 0 Hz representa uma entrada inválida. Se houver interesse sobre o que acontece entre 0 Hz e 1 Hz, deve-se escolher a frequência inicial de 0,001 Hz e simular a partir daí. No entanto, 1 Hz é apenas 1/100 da escala completa, e será adequada para essa análise. A **End Frequency** foi estabelecida em 100 Hz, porque limitamos nosso interesse à faixa de baixa frequência. Com 1000 pontos, haverá pontos de dados suficientes para fornecer um gráfico apropriado em toda a faixa de frequências. Uma vez que **Simulation** é ativada seguida de **Trace-Add Trace-V(RL: 1)**, um gráfico aparece se estendendo até 120 Hz. Note também que o computador selecionou uma escala logarítmica, embora tenhamos solicitado um gráfico **Linear**. Se escolhermos **Plot-Axis Settings-X-Axis-Linear**, teremos um gráfico linear até 120 Hz, mas a curva de interesse estará no lado das baixas frequências do eixo — obviamente, o eixo log forneceu um gráfico melhor para nossa região de interesse. Voltando para **Plot-Axis Settings-X-Axis-Log**, retornamos ao gráfico original. Nosso interesse está na região de 1 Hz a 50 Hz, de modo que as demais frequências até 1 kHz devem ser removidas com **Plot-Axis Settings-User Defined-1 Hz to 100 Hz-OK**. O eixo vertical também vai a 60 mV, e queremos limitar a faixa até 50 mV para essa faixa de frequências. Isso é feito por meio de **Plot-Axis Settings-Y-Axis User Defined-0V to 50mV-OK**, o que dá origem à Figura 9.65.

Observe que a curva se aproxima muito de 50 mV nesse intervalo. O valor de corte é determinado por 0,707 (49,69 mV) = 35,13 mV, que pode ser encontrado usando-se a opção **Cursor**. Selecionar **Trace Cursor** resulta em linhas que se cruzam cujos valores horizontal e vertical na interseção aparecem na caixa **Probe Cursor** no canto inferior direito do gráfico. Mover o **Cursor 1** ao longo da curva até o mais próximo possível do valor de 35,13 mV resulta na interseção mostrada na Figura 9.65 em 35,13 mV. Note que a frequência correspondente é 6,6786 Hz, que é muito próxima do valor previsto de 6,69 Hz. O **Cursor 2** foi colocado próximo de 50 Hz para a obtenção de um valor de 49,247 mV. As legendas foram adicionadas com a opção **Tools-Label-Text**.

Para investigar os efeitos de C_C sobre a frequência de corte inferior, tanto C_S quanto C_E devem ser ajustados para 1 F como descrito anteriormente. O procedimento descrito resulta no gráfico da Figura 9.66, com uma frequência de corte de 25,539 Hz, o que fornece uma correspondência próxima ao valor calculado de 25,68 Hz.

O efeito de C_E pode ser examinado com o PSpice para Windows ao definirmos tanto C_s quanto C_C em 1 F. Além disso, visto que a faixa de frequência é maior, a frequência inicial deve ser alterada para 10 Hz e a final para 1 kHz. O resultado é o gráfico da Figura 9.67, com uma frequência de corte de 320 Hz, proporcionando uma correspondência próxima ao valor calculado de 327 Hz.

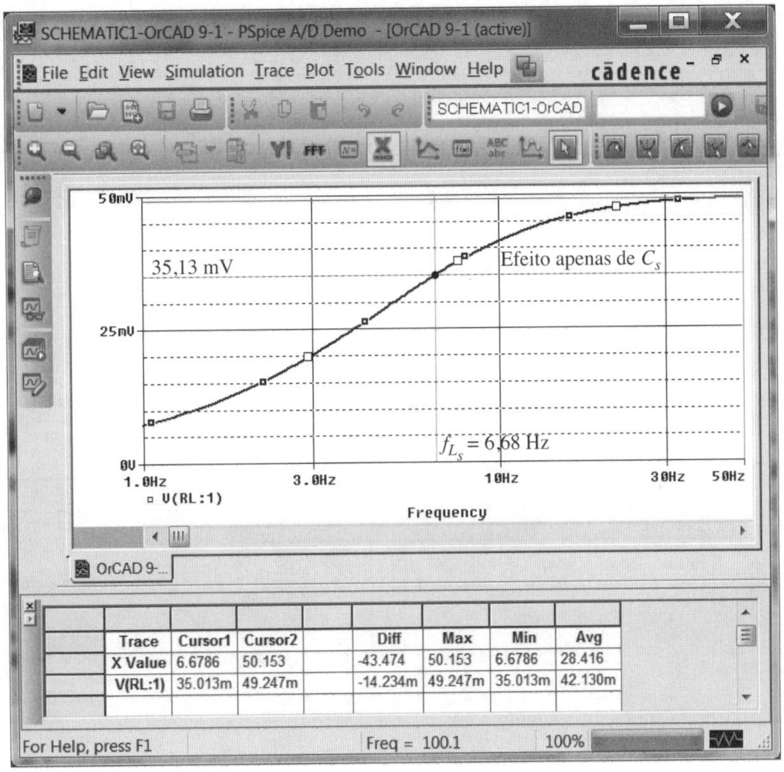

Figura 9.65 Resposta em baixa frequência devido a C_s.

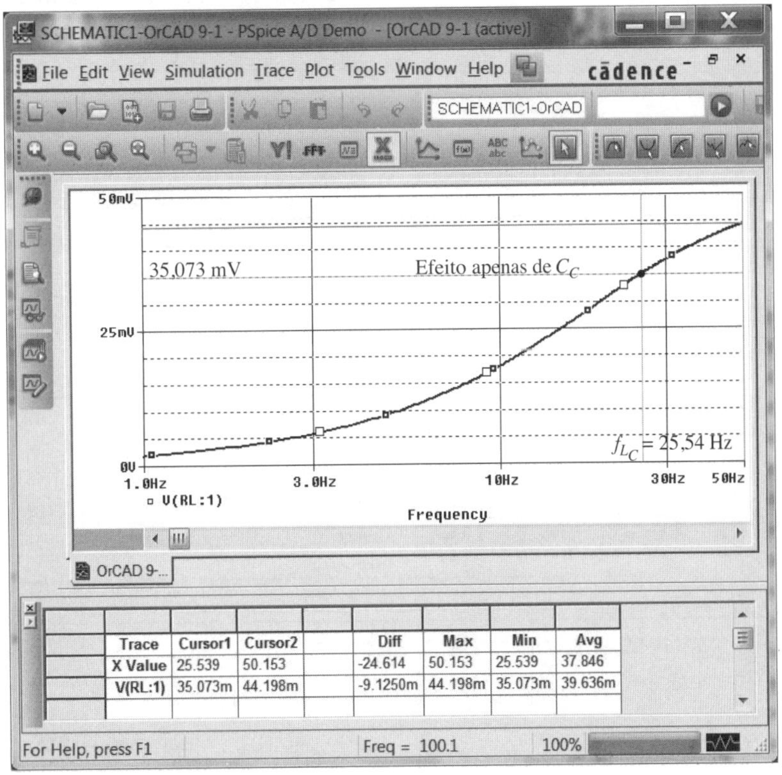

Figura 9.66 Resposta em baixa frequência devido a C_C.

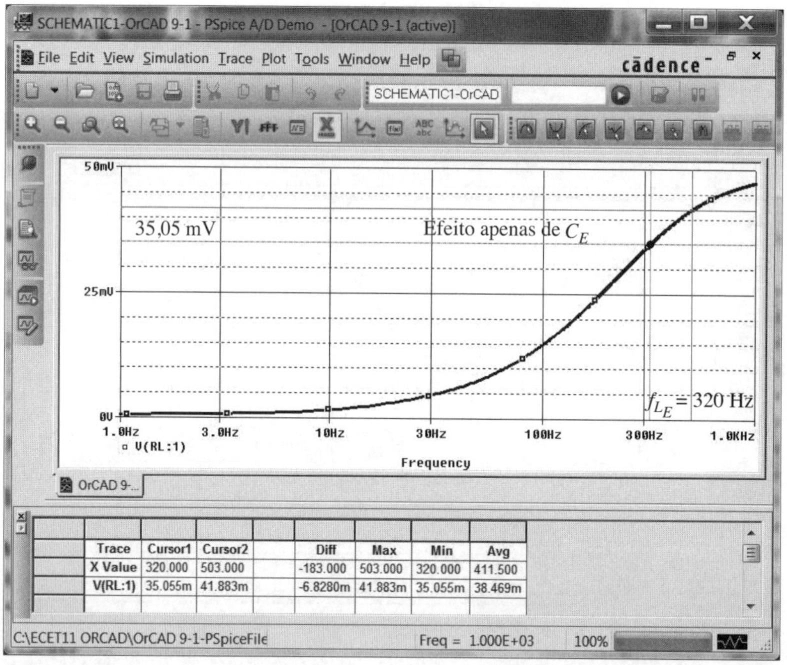

Figura 9.67 Resposta em baixa frequência devido a C_E.

O fato de f_{L_E} ser significativamente maior do que f_{L_S} ou f_{L_C} sugere que ela será o fator predominante na determinação da resposta de baixa frequência para o sistema completo. Para testar a precisão dessa hipótese, o circuito é simulado com todos os valores iniciais de capacitância para obter os resultados da Figura 9.68. Observe a forte semelhança com a forma de onda da Figura 9.67, sendo a única diferença visível o maior ganho em frequências inferiores nessa figura. Sem dúvida, o gráfico sustenta o fato de que a mais alta das frequências de corte inferiores terá o maior impacto sobre a frequência de corte inferior do sistema. O resultado é que $f_L \cong 327$ Hz.

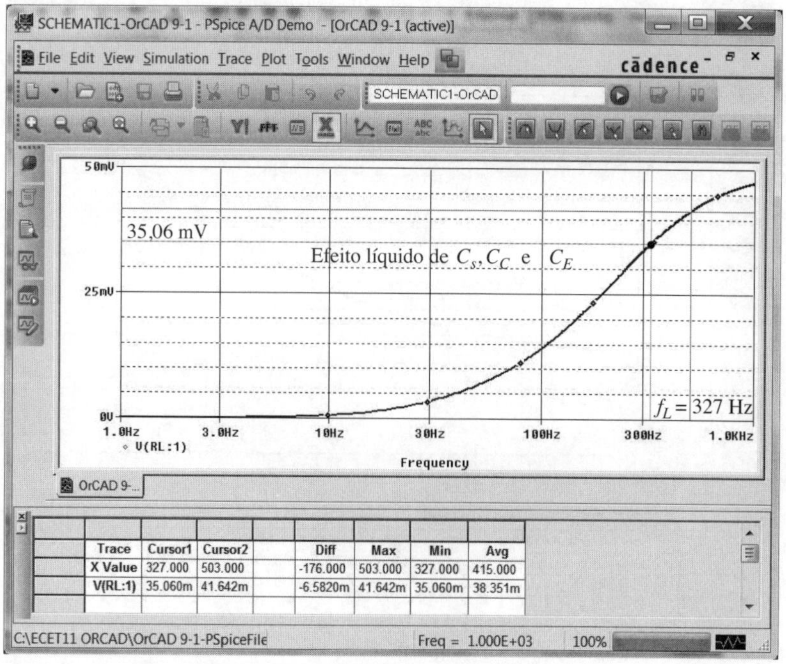

Figura 9.68 Resposta em baixa frequência devido a C_S, C_E e C_C.

Um gráfico em dB da resposta em baixa frequência pode ser obtido com a criação de uma **Simulation** para a faixa de frequência e, em seguida, quando a caixa de diálogo **Add Traces** aparecer, criar a **Trace Expression** desejada usando as listagens fornecidas. Para um gráfico de 20 $\log_{10}|A_v/A_{v_{\text{médio}}}|$, a relação $A_v/A_{v_{\text{médio}}}$ pode ser escrita também como $(V_o/V_i)/(V_{o_{\text{médio}}}/V_i) = V_o/V_{o_{\text{médio}}}$, resultando na seguinte expressão para o ganho em dB:

$$20 \log_{10} |A_v/A_{v_{\text{médio}}}| = 20 \log_{10} |V_o/V_{o_{\text{médio}}}|$$
$$= \text{dB}(V_o/V_{o_{\text{médio}}}) = \text{dB}(V_{RL}/49{,}7 \text{ mV})$$

A **Trace Expression** pode ser criada primeiro selecionando-se **DB** na lista **Function** e, em seguida, **V(RL:1)** na lista **Simulation Output Variable**. Note que a segunda seleção aparecerá dentro dos parênteses da primeira. Então, não se esqueça de inserir o sinal de divisão e o número 0,0497 V = 49,7 mV entre parênteses. Naturalmente, toda a expressão pode ser escrita de forma direta, caso se prefira não usar as listas. Uma vez que a expressão esteja escrita corretamente, selecione **OK** para dar origem ao gráfico da Figura 9.69. O gráfico revela claramente a alteração na inclinação da assíntota em f_{L_C} e como a curva real segue a envoltória criada pelo diagrama de Bode. Além disso, observe a queda de 3 dB em f_L.

Resposta em baixa frequência com JFET

PSpice Aplicar PSpice ao circuito da Figura 9.37 resulta na Figura 9.70. Os parâmetros do JFET foram fixados em **Beta** = 0,5 mA/V_2 e **Vto** em – 4 V com todos os demais parâmetros do modelo excluídos. A frequência de interesse é de 10 kHz. Os valores CC resultantes confirmam que V_{GS} é –2 V com o V_D em 10,60 V, que deve estar no meio da região linear ativa porque $V_{GS} = \frac{1}{2}V_D$ e $V_{DS} = \frac{1}{2}V_{DD}$. A resposta CA revela que a tensão dc saída é 2,993 mV para um ganho de 2,993, que é essencialmente igual ao ganho calculado de 3.

Se estabelecermos uma **New Simulation** e definirmos **Analysis type** em **AC Sweep/Noise**, poderemos gerar um gráfico para a região de baixa frequência. A **Start Frequency** é fixada em 10 Hz, a **End Frequency,** em 10 kHz e o número de **Points,** em 1000. A sequência **Simulation-Trace-Add Trace** permite, então, estabelecer **Trace Expression DB(V(RL:1)/2,993 mV)**, o que, após um **OK**, resulta no gráfico da Figura 9.71. A frequência de corte inferior de 221,29 Hz foi determinada principalmente pela capacitância C_S.

Multisim O Multisim também pode fornecer um gráfico de resposta em frequência do ganho e da fase para um circuito com TBJ ou com JFET iniciando-se pela montagem do circuito ou utilizando-se um que esteja armazenado. Visto que o circuito da Figura 9.70 é igual ao analisado com Multisim no Capítulo 8, a Figura 8.63 é recuperada e exibida como mostra a Figura 9.72 com seus valores CC nos terminais de dreno e fonte. A seguir, aplica-se a sequência **Simulate-Analyses-AC Analysis** para se obter a caixa de diálogo **AC Analysis**. Em **Frequency Parameters**, a **Start Frequency** é definida como **10 Hz** e a **Stop Frequency** como **10 kHz** para coincidir com o gráfico da Figura 9.71. O **Sweep type** é mantido na seleção padrão de **decade**, e

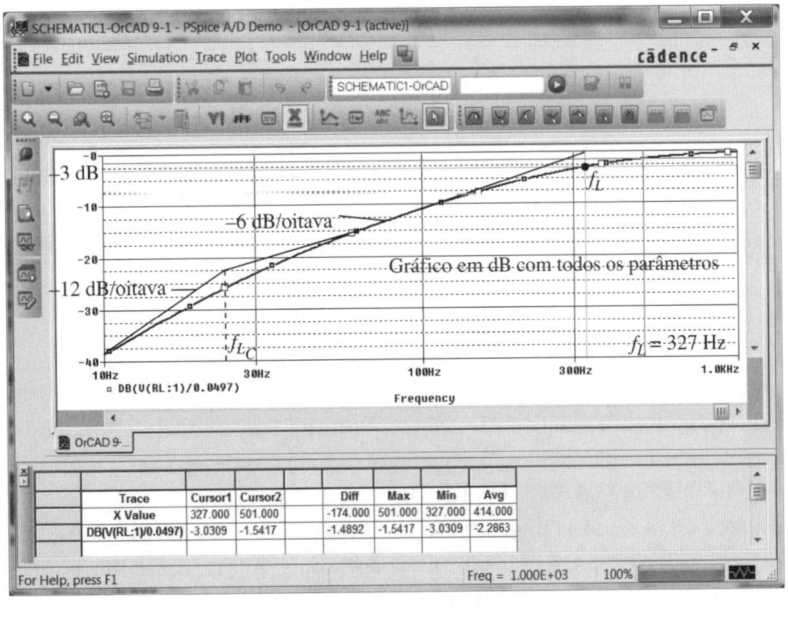

Figura 9.69 Gráfico em dB para a resposta em baixa frequência do amplificador com TBJ da Figura 9.32.

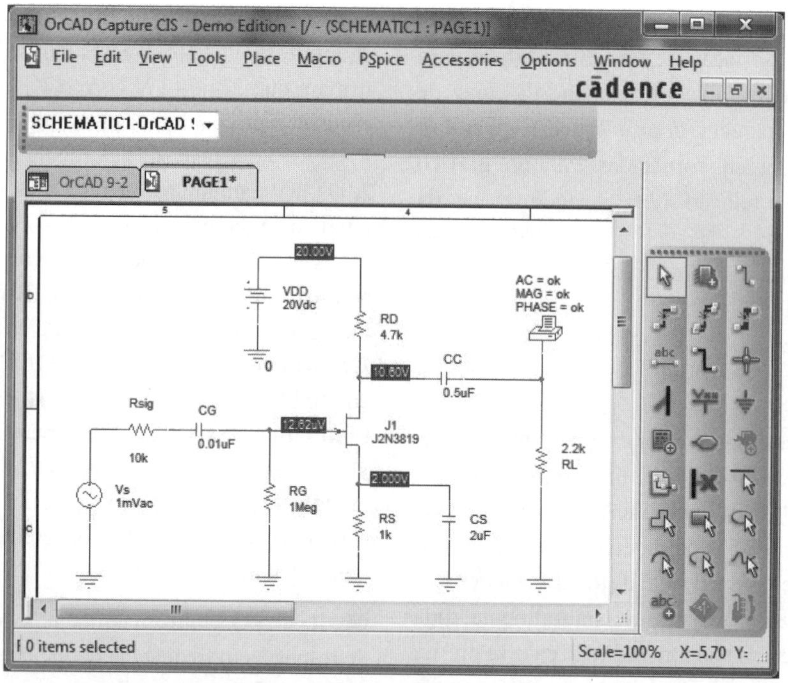

Figura 9.70 Circuito esquemático do Exemplo 9.13.

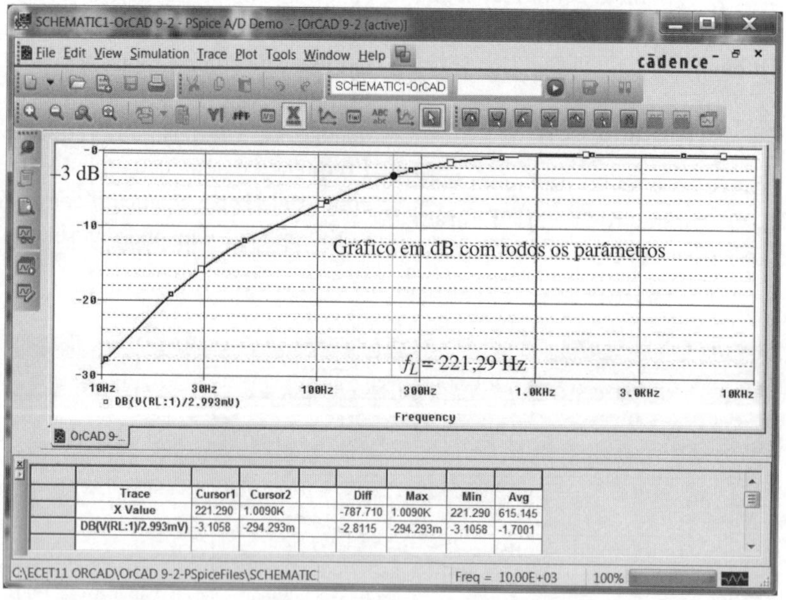

Figura 9.71 Resposta em dB para a região de baixa frequência do circuito do Exemplo 9.13.

Number of points por década também é mantido em **100**. Por fim, a escala vertical é definida no modo linear porque ela é a amplitude da tensão de saída em função da frequência, em vez do ganho em dB como vemos na Figura 9.71.

Em seguida, **Output variables** é selecionado na caixa de diálogo. Em **Variables in circuit**, selecione **Voltage** para reduzir o número de opções. Visto que desejamos um gráfico da tensão de saída em função da frequência, selecionamos **$24** em **Variables in circuit**, seguido por **Add** para colocá-lo em **Selected variables for analysis**. Então, escolhemos **Simulate**, e o gráfico da Figura 9.73 aparece.

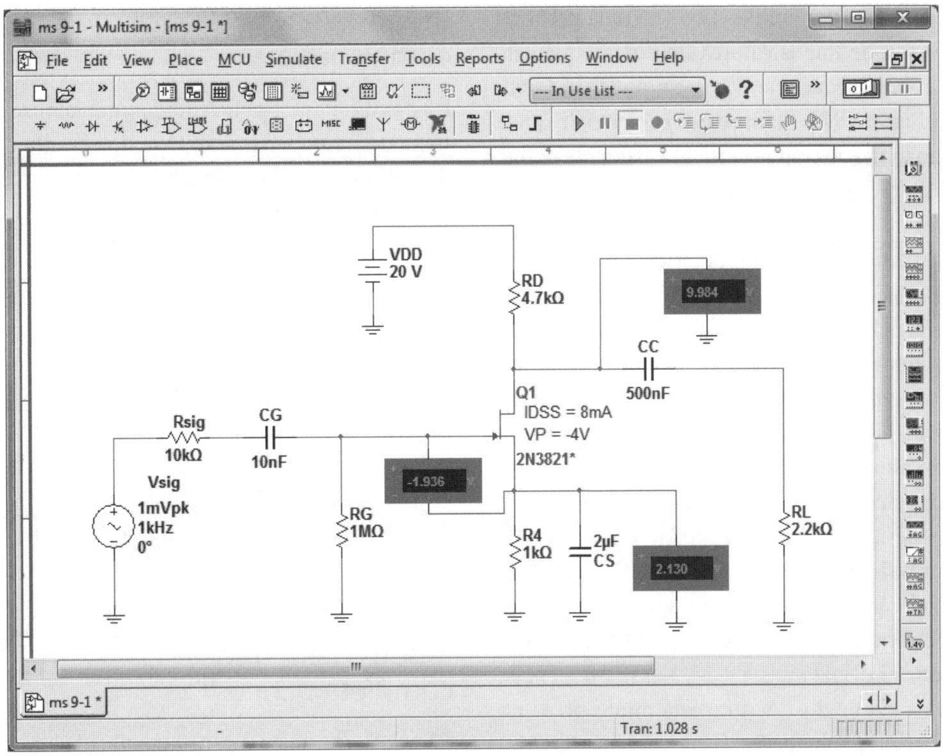

Figura 9.72 Análise do circuito da Figura 9.37 (Exemplo 9.13) utilizando-se o Multisim.

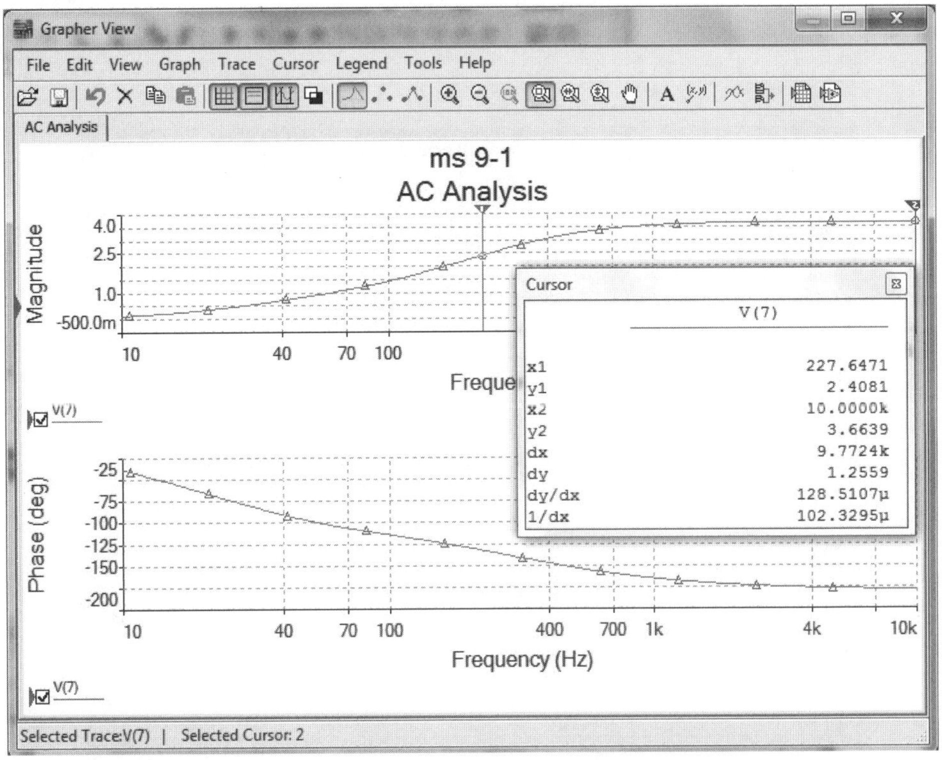

Figura 9.73 Gráfico Multisim para o Exemplo 9.13.

A princípio, pode surgir um gráfico sem uma estrutura de grade que ajude a definir os valores em cada frequência. Isso é corrigido pela sequência **View-Show/Hide Grid**, como mostra a Figura 9.73. Sempre esteja ciente de que a seta vermelha ao longo da coluna vertical à esquerda define o gráfico analisado. Para adicionar a grade ao gráfico de fase, basta clicar no gráfico inferior, em qualquer ponto, e a seta vermelha cairá. Em seguida, prossiga com a mesma sequência anterior para estabelecer a estrutura de grade. Para que o gráfico preencha toda a tela, basta selecionar a opção full-screen no canto superior direito de **Analysis Graphs**.

Por fim, cursores podem ser adicionados para definir o valor da função traçada em qualquer frequência. Basta selecionar **View-Show/Hide Cursors**, e os cursores aparecerão no gráfico selecionado (que é o gráfico de amplitude da Figura 9.73). Então, clique em Cursor 1, e a caixa de diálogo **AC Analysis** na tela revelará o valor da tensão e da frequência. Ao clicar no cursor 1 e movê-lo para a direita, podemos encontrar um valor para **x1** de 227,65, que coincide com o ponto –3 dB da Figura 9.71. Nessa frequência, a tensão de saída (**y1**) é 2,41 V, que está muito próximo do nível de 0,707 do ganho de 2,93 (na verdade, 2,07 V) obtido no Capítulo 8. O Cursor 2 foi movido para um valor **x2** de 10 kHz para obter uma tensão de 3,67 V. Antes de deixar a Figura 9.73, note que quanto mais elevada a frequência, mais o deslocamento de fase se aproxima de 180°, à medida que os capacitores relativamente grandes de baixa frequência perdem seu efeito.

Resposta em frequência completa para o TBJ

PSpice Para a obtenção de uma análise PSpice para a faixa de frequências completa do circuito da Figura 9.32, foram adicionadas capacitâncias parasitas ao circuito, como mostra a Figura 9.74.

Uma **Analysis** resultará no gráfico da Figura 9.75 usando o **Trace Expression** que aparece na parte inferior do gráfico. A escala vertical foi alterada de – 60 a 0 dB para –30 a 0 dB, com o propósito de destacar a área de interesse, usando-se **Y-Axis Settings**. A frequência de corte inferior de 326,59 Hz é como determinada principalmente por f_{L_E}, e a frequência de corte superior está próxima de 654,64 kHz. Embora f_{H_o} seja mais de uma década superior a f_{H_i}, ela exercerá efeito sobre a frequência de corte superior. De modo geral, porém, a análise PSpice é uma verificação útil do método de cálculo feito à mão.

Resposta em frequência completa para o JFET

PSpice O esquema para o circuito da Figura 9.55 aparece como mostra a Figura 9.76 com as capacitâncias parasitas.

Para a resposta em frequência completa, a **Start Frequency** é fixada em 10 Hz, a **End Frequency** em 10 MHz e **Points** em 1000. A **Trace Expression** é definida como **DB(V(RL:1)/2.993 mV)** para obtermos o gráfico da Figura 9.77. Pense em quanto tempo seria necessário

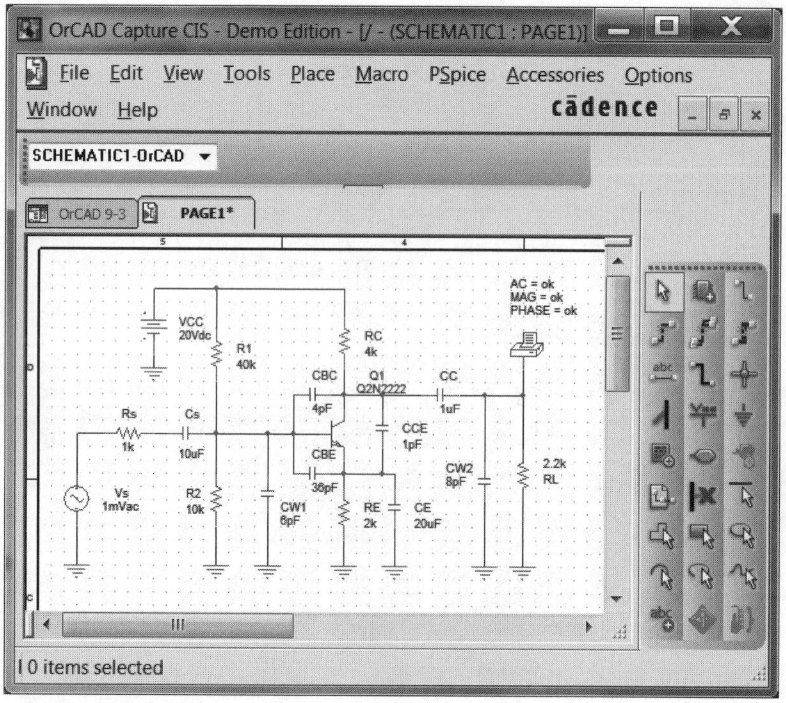

Figura 9.74 Circuito da Figura 9.32 com capacitâncias parasitas.

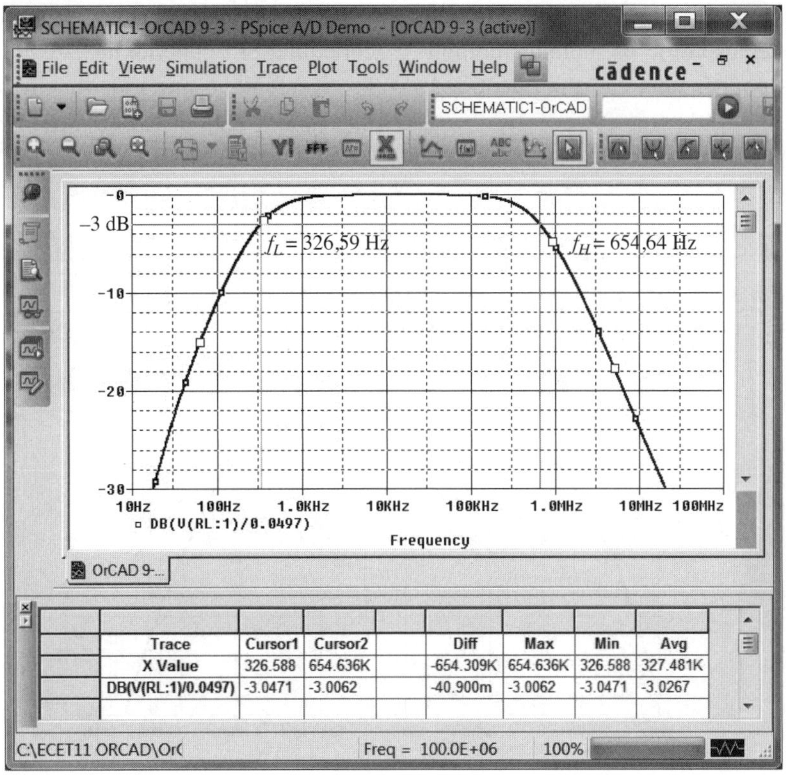

Figura 9.75 Resposta em frequência completa para o circuito da Figura 9.74.

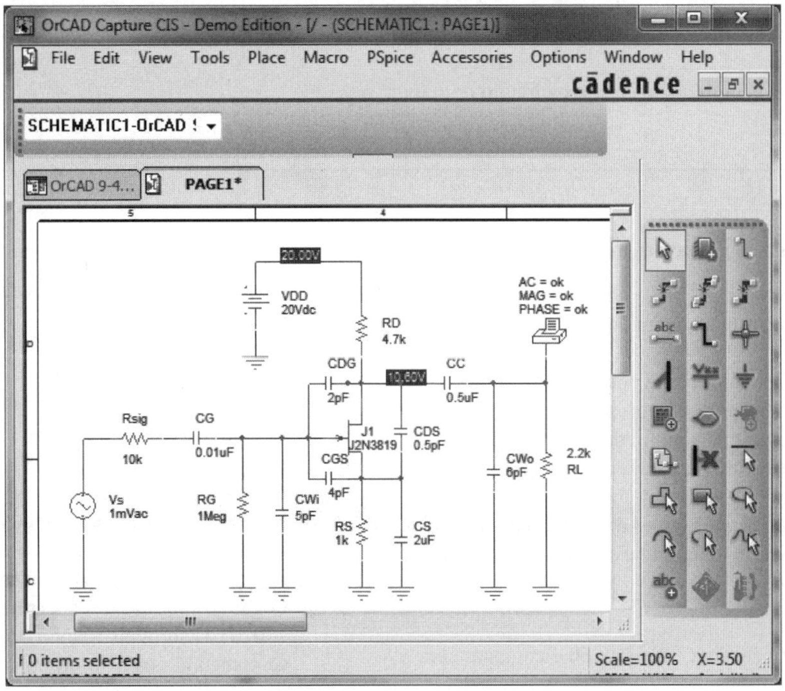

Figura 9.76 Circuito da Figura 9.55 com valores atribuídos.

para esboçar esta curva usando uma calculadora de mão. Muitas vezes, esquecemos como os métodos computacionais podem nos poupar uma enorme quantidade de tempo.

Usando o cursor, encontramos as frequências de corte inferior e superior de 226,99 Hz e 914,11 kHz, respectivamente, o que proporciona uma correspondência interessante com os valores calculados.

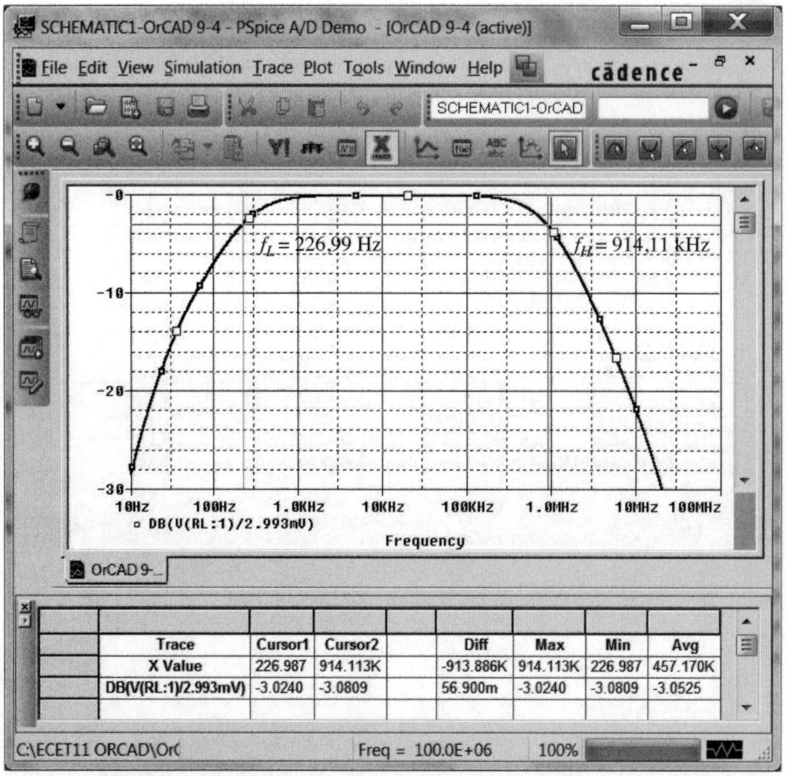

Figura 9.77 Resposta em frequência para o circuito do Exemplo 9.15.

PROBLEMAS

*Nota: asteriscos indicam os problemas mais difíceis.

Seção 9.2 Logaritmos

1. **a)** Determine o logaritmo comum dos seguintes números: 10^3, 50 e 0,707.
b) Determine o logaritmo natural dos números do item (a).
c) Compare as soluções dos itens (a) e (b).

2. **a)** Determine o logaritmo comum do número $0{,}24 \times 10^6$.
b) Determine o logaritmo natural do número do item (a) usando a Equação 9.4.
c) Determine o logaritmo natural do número do item (a) utilizando o logaritmo natural e compare com o resultado obtido no item (b).

3. Determine:
a) $20 \log_{10}(\frac{84}{6})$ utilizando a Equação 9.6 e compare com $20 \log_{10} 14$.
b) $10 \log_{10}(\frac{1}{250})$ utilizando a Equação 9.7 e compare com $10 \log_{10} 4 \times 10^{-3}$.
c) $\log_{10} (40)(0{,}2)$ utilizando a Equação 9.8 e compare com $\log_{10} 8$.

4. Calcule o ganho de potência em decibéis para cada um dos seguintes casos.
a) $P_o = 100$ W, $P_i = 5$ W.
b) $P_o = 100$ mW, $P_i = 5$ mW.
c) $P_o = 100$ mW, $P_i = 20\ \mu$W.

5. Determine G_{dBm} para um valor de 25 W de potência de saída.

6. Duas medidas de tensão efetuadas sobre a mesma resistência produziram $V_1 = 110$ V e $V_2 = 220$ V. Calcule o ganho de potência em decibéis da segunda leitura sobre a primeira.

7. Foram medidas as tensões de entrada e saída, $V_i = 10$ mV e $V_o = 25$ V. Qual é o ganho de tensão em decibéis?

***8.** **a)** O ganho total de um sistema com três estágios é de 120 dB. Determine o ganho em decibéis de cada estágio se o segundo estágio proporcionar o dobro de ganho do primeiro e o ganho do terceiro for 2,7 vezes maior do que o do primeiro.
b) Determine o ganho de tensão de cada estágio.

***9.** Se a potência CA de um sinal aplicado a um sistema é 5 μW em 100 mV, e a potência de saída é 48 W, determine:

a) O ganho de potência em decibéis.

b) O ganho de tensão em decibéis para uma impedância de saída de 40 kΩ.

c) A impedância de entrada.

d) A tensão de saída.

Seção 9.4 Considerações gerais sobre frequência

10. Dada a curva da Figura 9.78, esboce:

a) O ganho normalizado.

b) O ganho normalizado em dB, e determine a largura de banda e as frequências de corte.

Seção 9.6 Análise para baixas frequências — diagrama de Bode

11. Para o circuito da Figura 9.79:

a) Determine a expressão matemática para o valor da razão V_o/V_i.

b) Utilizando os resultados do item (a), determine V_o/V_i em 100 Hz, 1 kHz, 2 kHz, 5 kHz, 10 kHz, e trace a curva resultante para a faixa de frequência de 100 Hz até 10 kHz. Use uma escala logarítmica.

c) Determine a frequência de corte.

d) Esboce as assíntotas e localize o ponto de –3 dB.

e) Esboce a resposta em frequência para V_o/V_i e compare com os resultados do item (b).

12. Para o circuito da Figura 9.79:

a) Determine a expressão matemática para o ângulo existente entre V_o e V_i.

b) Determine o ângulo de fase em f = 100 Hz, 1 kHz, 2 kHz, 5 kHz, 10 kHz, e trace a curva resultante para a faixa de frequência de 100 Hz até 10 kHz.

c) Determine a frequência de corte.

d) Esboce a resposta em frequência de θ para o mesmo espectro de frequências do item (b) e compare os resultados.

13. a) Qual frequência está uma oitava acima de 5 kHz?

b) Qual frequência está uma década abaixo de 10 kHz?

c) Qual frequência está duas oitavas abaixo de 20 kHz?

d) Qual frequência está duas décadas acima de 1 kHz?

Seção 9.7 Resposta em baixas frequências — amplificador com TBJ com R_L

14. Repita a análise do Exemplo 9.11 com r_o = 40 kΩ. Qual é o efeito sobre $A_{v_{\text{médio}}}$, f_{LS}, f_{LC}, f_{LE} e qual é a frequência de corte resultante?

15. Para o circuito da Figura 9.80:

a) Determine r_e.

b) Encontre $A_{v_{\text{médio}}} = V_o/V_i$.

c) Calcule Z_i.

d) Encontre f_{LS}, f_{LC} e f_{LE}.

e) Determine a frequência de corte inferior.

f) Esboce as assíntotas do diagrama de Bode definidas pelas frequências de corte do item (d).

g) Esboce a resposta em baixas frequências do amplificador aproveitando os resultados do item (e).

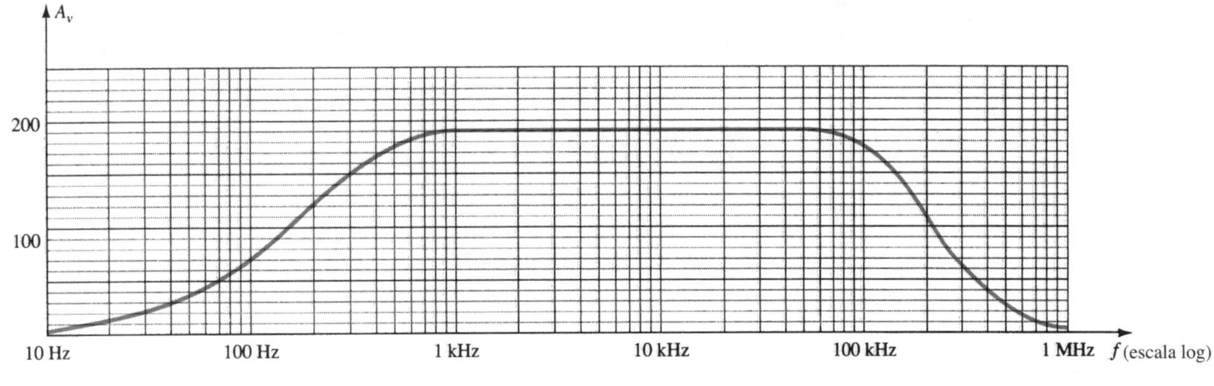

Figura 9.78 Problema 10.

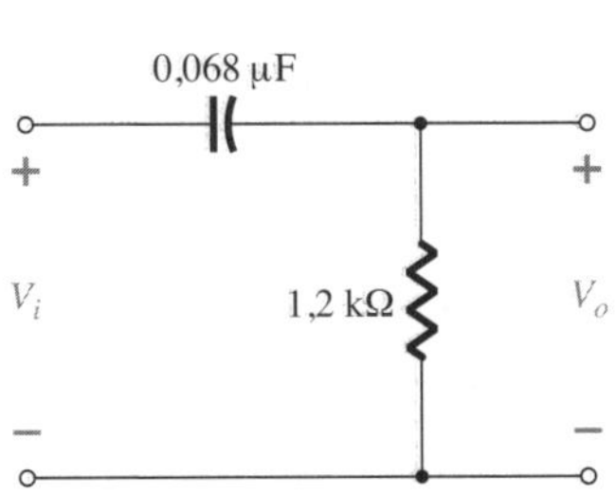

Figura 9.79 Problemas 11, 12 e 37.

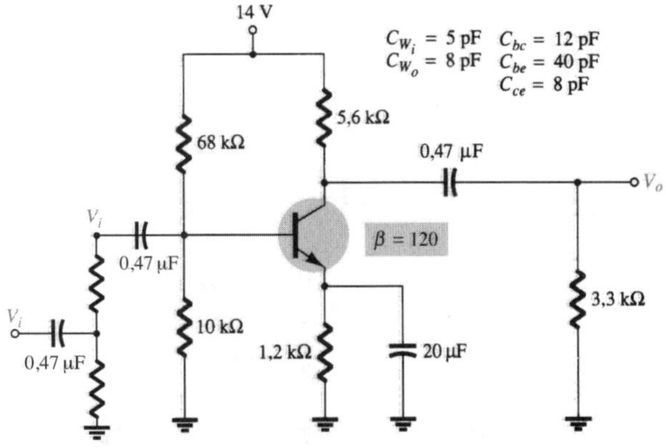

Figura 9.80 Problemas 15, 19, 27 e 38.

***16.** Repita o Problema 15 para o circuito com emissor estabilizado da Figura 9.81.

***17.** Repita o Problema 15 para o circuito seguidor de emissor da Figura 9.82.

***18.** Repita o Problema 15 para a configuração base-comum da Figura 9.83. Lembre-se de que a configuração base-comum é um circuito não inversor quando considerar o efeito Miller.

Seção 9.8 Impacto de R_s na resposta em baixa frequência do TBJ

19. Repita a análise do Problema 15 para o circuito da Figura 9.80 com a adição de uma resistência de fonte e uma fonte de sinal, como mostra a Figura 9.84. Trace o ganho $A_{v_s} = \frac{V_o}{V_s}$ e comente a alteração na frequência de corte inferior em comparação com o Problema 15.

20. Repita a análise do Problema 15 para o circuito da Figura 9.81 com a adição de uma resistência de fonte e uma fonte de sinal, como mostra a Figura 9.85. Trace o ganho $A_{v_s} = \frac{V_o}{V_s}$ e comente a alteração na frequência de corte inferior em comparação com o Problema 16.

21. Repita a análise do Problema 15 para o circuito da Figura 9.82 com a adição de uma resistência de fonte e uma fonte de sinal, como mostra a Figura 9.86. Trace o ganho $A_{v_s} = \frac{V_o}{V_s}$ e comente a alteração na frequência de corte inferior em comparação com o Problema 17.

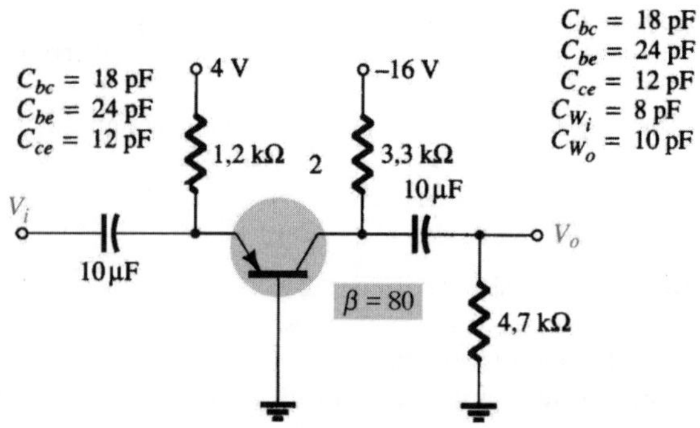

Figura 9.83 Problemas 18, 22 e 39.

22. Repita a análise do Problema 15 para o circuito da Figura 9.83 com a adição de uma resistência de fonte e uma fonte de sinal, como mostra a Figura 9.87. Trace o ganho $A_{v_s} = \frac{V_o}{V_s}$ e comente a alteração na frequência de corte inferior em comparação com o Problema 18.

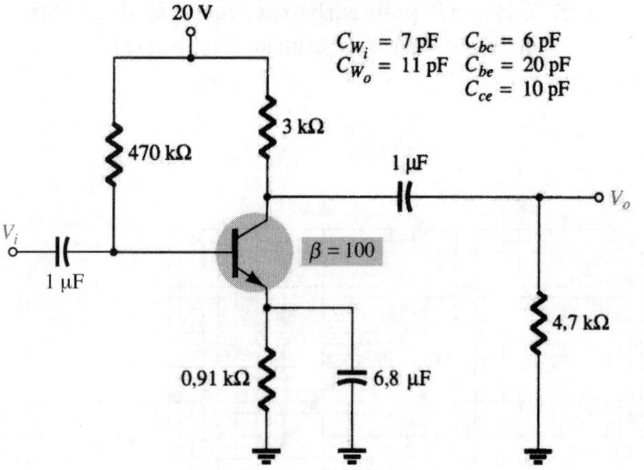

Figura 9.81 Problemas 16, 20 e 28.

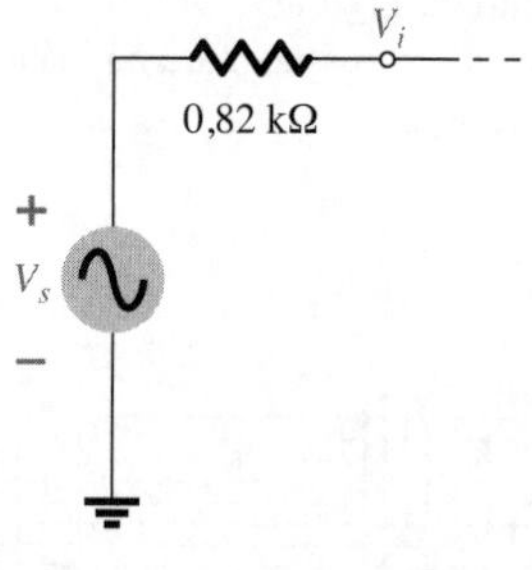

Figura 9.84 Modificação da Figura 9.80, Problema 19.

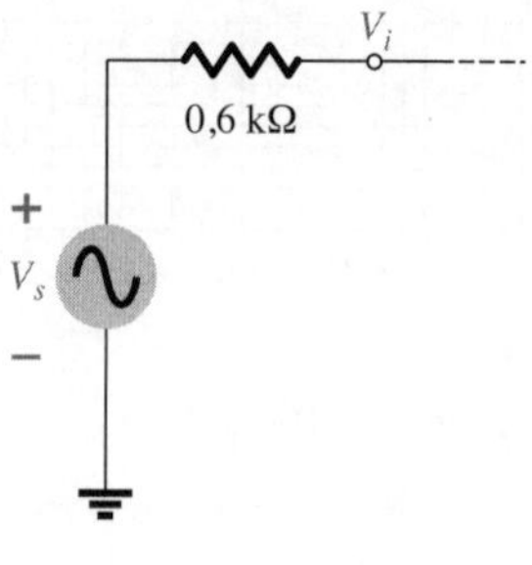

Figura 9.85 Modificação da Figura 9.81, Problema 20.

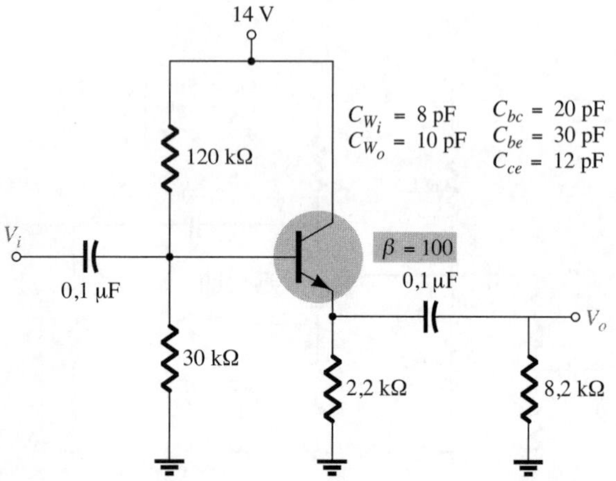

Figura 9.82 Problemas 17, 21 e 29.

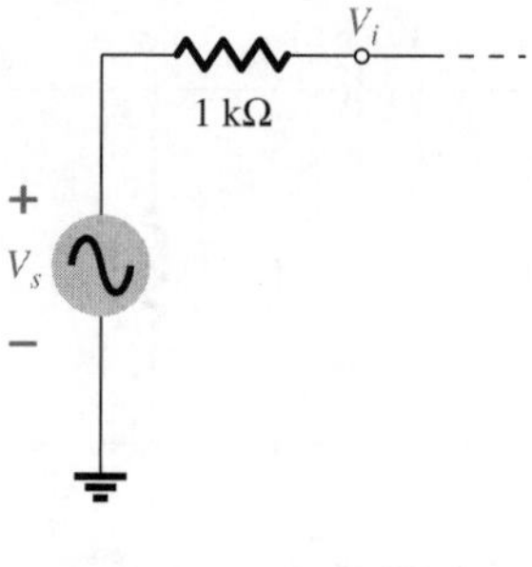

Figura 9.86 Modificação da Figura 9.82, Problema 21.

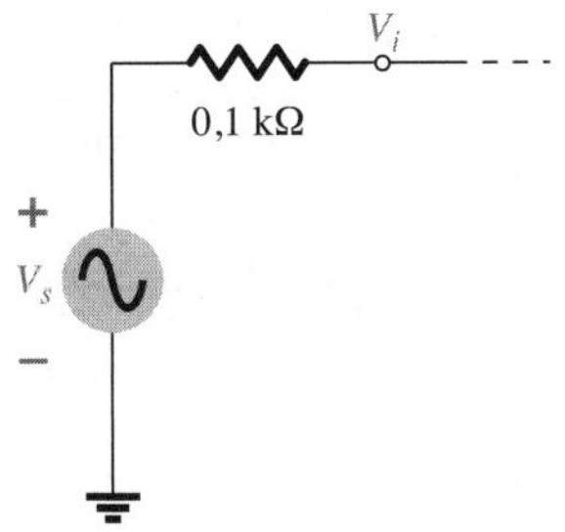

Figura 9.87 Modificação da Figura 9.83, Problema 22.

Seção 9.9 Resposta em baixas frequências — amplificador com FET

23. Para o circuito da Figura 9.88:

a) Determine V_{GS_Q} e I_{D_Q}.
b) Calcule g_{m0} e g_m.
c) Calcule o ganho no meio da faixa de $A_v = V_o/V_i$.
d) Determine Z_i.
e) Calcule $A_{v_s} = V_o/V_S$.
f) Determine f_{LG}, f_{LC} e f_{LS}.
g) Determine a frequência de corte inferior.
h) Esboce as assíntotas do diagrama de Bode definido pelo item (f).
i) Esboce a resposta em baixas frequências para o amplificador utilizando os resultados do item (f).

***24.** Repita a análise do Problema 23 com $r_d = 100$ kΩ. Isso produz alguma alteração nos resultados? Em caso afirmativo, em quais parâmetros?

***25.** Repita a análise do Problema 23 para o circuito da Figura 9.89. Que efeito teve a configuração com divisor de tensão sobre a impedância de entrada e sobre o ganho A_{v_s} comparado com os resultados encontrados para o arranjo de polarização da Figura 9.88?

Seção 9.10 Capacitância de efeito Miller

26. a) A capacitância de realimentação de um amplificador inversor é 10 pF. Qual é a capacitância Miller na entrada se o ganho do amplificador for –120?
b) Qual é a capacitância Miller na saída do amplificador?
c) É uma boa aproximação supor que $C_{M_i} \cong |A_v|C_f$ e $C_{M_o} \cong C_f$?

Seção 9.11 Resposta em altas frequências — amplificador com TBJ

***27.** Para o circuito da Figura 9.80 com R_s e V_s da Figura 9.84:

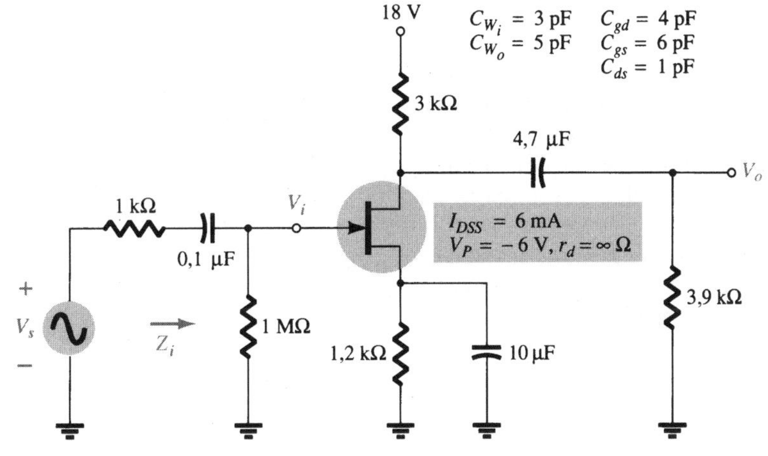

Figura 9.88 Problemas 23, 24, 31 e 40.

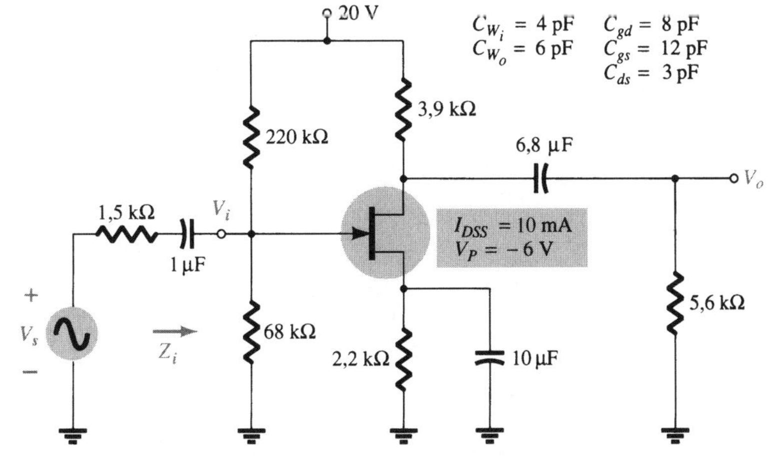

Figura 9.89 Problemas 25 e 32.

a) Determine f_{H_i} e f_{H_o}.
b) Determine f_β e f_T.
c) Utilizando o diagrama de Bode, esboce a resposta em frequência para a região de altas frequências e determine a frequência de corte.
d) Qual é o Produto Ganho-Largura de Banda do amplificador?

***28.** Repita a análise realizada no Problema 27 para o circuito da Figura 9.81 com R_s e V_s da Figura 9.85.

***29.** Repita a análise realizada no Problema 27 para o circuito da Figura 9.82 com R_s e V_s da Figura 9.86.

***30.** Repita a análise realizada no Problema 27 para o circuito da Figura 9.83 com R_s e V_s da Figura 9.87.

Seção 9.12 Resposta em altas frequências — amplificador com FET

31. Para o circuito da Figura 9.88:
a) Determine g_{m0} e g_m.
b) Calcule A_v e A_{v_s} para a faixa central do espectro.
c) Determine f_{H_i} e f_{H_o}.
d) Esboce a resposta em frequência para a região de altas frequências utilizando o diagrama de Bode e determine a frequência de corte.
e) Qual é o Produto Ganho-Largura de Banda do amplificador?

***32.** Repita a análise do Problema 31 para o circuito da Figura 9.89.

Seção 9.13 Efeitos da frequência em circuitos multiestágios

33. Calcule o ganho de tensão global de um amplificador com quatro estágios idênticos, cada um com um ganho de 20 dB.

34. Calcule a frequência total superior de 3 dB de um amplificador com quatro estágios, sabendo que para cada estágio $f_2 = 2{,}5$ MHz.

35. Um amplificador com quatro estágios possui uma frequência inferior de 3 dB igual a $f_1 = 40$ Hz para um estágio. Qual é o valor de f_1 para o amplificador completo?

Seção 9.14 Teste da onda quadrada

***36.** A aplicação de uma onda quadrada de 10 mV, 100 kHz, a um amplificador produziu na saída a forma de onda mostrada na Figura 9.90.
a) Escreva a expansão em série de Fourier para a onda quadrada até a nona harmônica.
b) Determine a largura de banda do amplificador com a precisão disponível na forma de onda da Figura 9.90.
c) Calcule a frequência de corte inferior.

Seção 9.16 Análise computacional

37. Utilizando o PSpice para Windows, determine a resposta em frequência de V_o/V_i para o filtro passa-alta da Figura 9.45 com $R = 8{,}2$ kΩ e $C = 4{,}7$ μF.

38. Utilizando o PSpice para Windows, determine a resposta em frequência de V_o/V_i para o amplificador com TBJ da Figura 9.87.

39. Repita o Problema 38 para o circuito da Figura 9.83 utilizando o Multisim.

40. Repita o Problema 38 para a configuração com JFET da Figura 9.88 utilizando o Multisim.

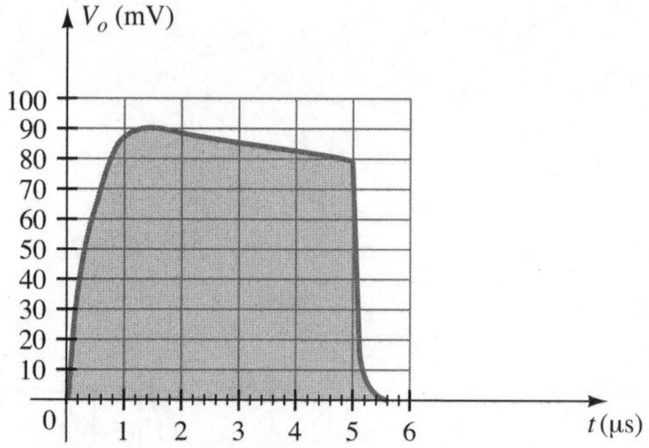

Figura 9.90 Problema 36.

Amplificadores operacionais

Objetivos

- Entender o que faz um amplificador diferencial.
- Aprender os fundamentos básicos de um amplificador operacional.
- Desenvolver um entendimento do que é a operação modo-comum.
- Descrever uma operação de entrada dupla.

10.1 INTRODUÇÃO

Um amplificador operacional, ou amp-op, é um amplificador diferencial de ganho muito alto com impedância de entrada muito alta e baixa impedância de saída. Utilizações típicas do amplificador operacional compreendem alterações em valores de tensões (amplitude e polaridade), osciladores, filtros e diversos tipos de circuitos de instrumentação. Um amp-op contém alguns estágios de amplificadores diferenciais para atingir um ganho de tensão muito alto.

A Figura 10.1 mostra um amp-op básico com duas entradas e uma saída como resultado da utilização de um amplificador diferencial como estágio de entrada. Cada entrada resulta em uma saída de mesma polaridade (mesma fase) ou em uma saída com polaridade oposta (fase invertida), dependendo do sinal: se ele é aplicado à entrada positiva (+) ou à entrada negativa (–), respectivamente.

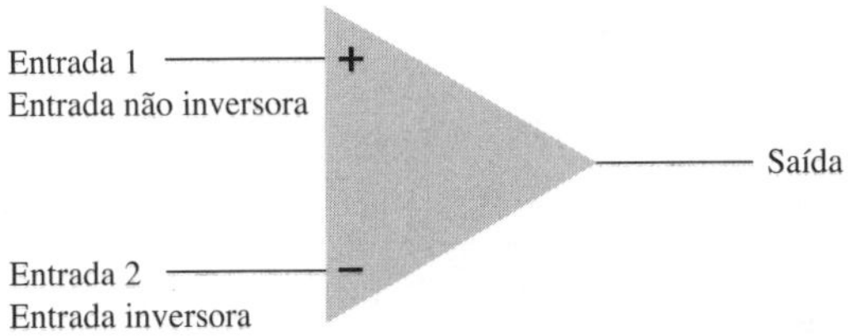

Figura 10.1 Amp-op básico.

Entrada simples

A operação de entrada simples é obtida quando o sinal de entrada é conectado a uma entrada com a outra entrada conectada ao terra. A Figura 10.2 mostra os sinais conectados para essa operação. Na Figura 10.2(a), o sinal de entrada é aplicado à entrada positiva (com a entrada negativa aterrada), o que resulta em uma saída com a mesma polaridade do sinal de entrada aplicado. A Figura 10.2(b) mostra um sinal de entrada aplicado à entrada negativa, sendo a saída, então, de fase oposta ao sinal aplicado.

Entrada dupla (diferencial)

Além de usar somente uma entrada, podemos aplicar sinais a ambas as entradas, o que é chamado de operação com entrada dupla. A Figura 10.3(a) mostra uma entrada V_d aplicada entre os dois terminais de entrada (lembre-se de que nenhuma entrada está aterrada) com a saída amplificada resultante em fase com aquela aplicada entre as entradas positiva e negativa. A Figura 10.3(b) mostra a mesma situação originada agora quando dois sinais separados são aplicados às entradas, sendo o sinal de diferença $V_{i1} - V_{i2}$.

Saída dupla

Enquanto as operações do amp-op discutidas até aqui produzem apenas uma saída, o amp-op também pode fornecer saídas opostas, como mostra a Figura 10.4. Um sinal de entrada aplicado a qualquer entrada resultará em saídas em ambos os terminais de saída, sempre com

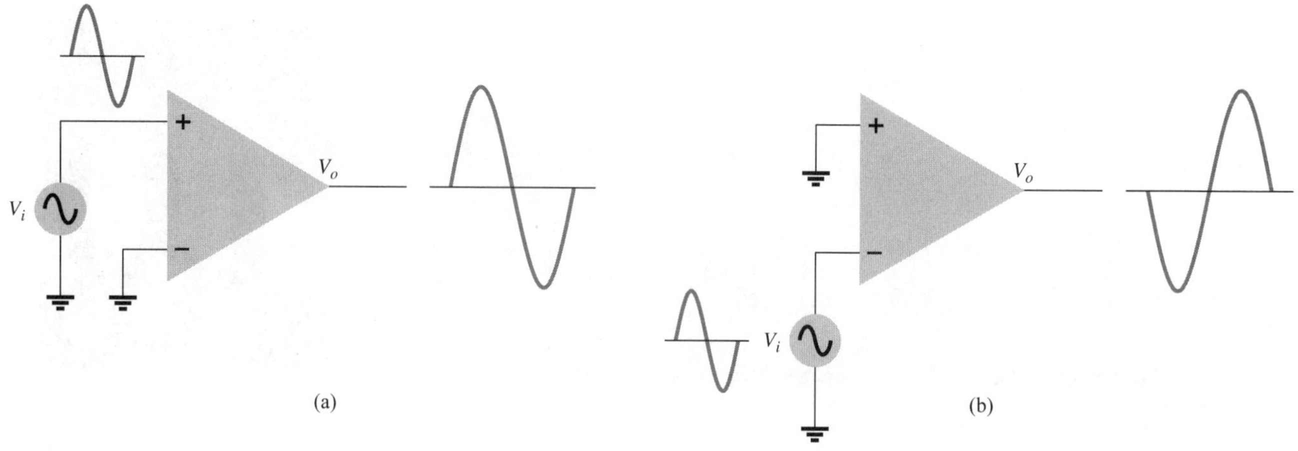

Figura 10.2 Operação com entrada simples.

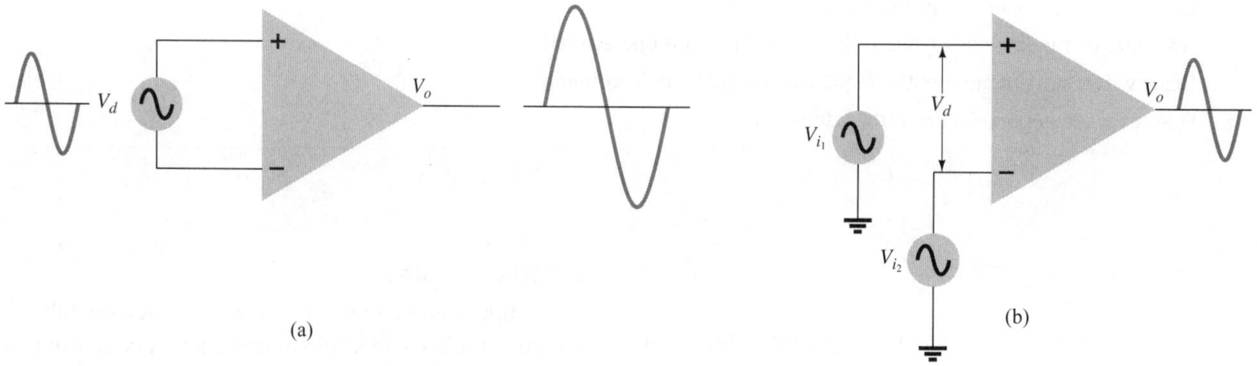

Figura 10.3 Operação com entrada dupla (diferencial).

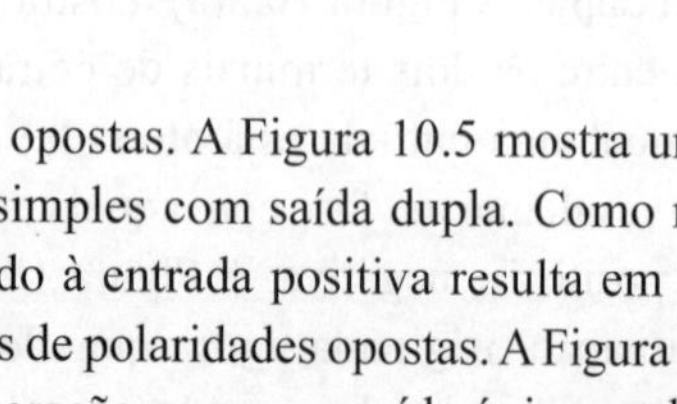

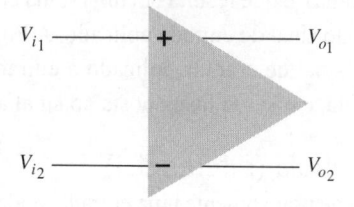

Figura 10.4 Entrada dupla com saída dupla.

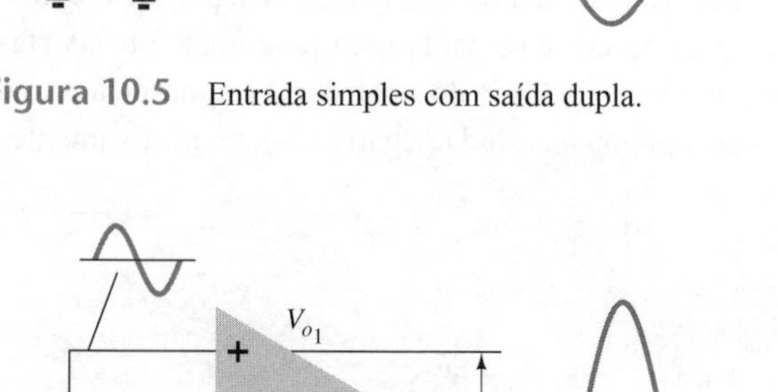

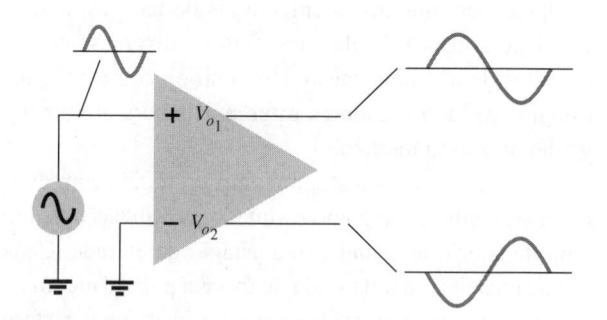

Figura 10.5 Entrada simples com saída dupla.

polaridades opostas. A Figura 10.5 mostra uma situação de entrada simples com saída dupla. Como mostrado, o sinal aplicado à entrada positiva resulta em duas saídas amplificadas de polaridades opostas. A Figura 10.6 mostra a mesma operação com uma saída única medida entre os terminais de saída (não em relação ao terra). Esse sinal de saída diferencial é $V_{o1} - V_{o2}$. A saída diferencial é também chamada de *sinal flutuante*, pois nenhum dos terminais de saída é o terminal do terra (referência). A saída diferencial é duas vezes maior do que V_{o1} ou V_{o2}, pois elas têm polaridades opostas, e, subtraindo-as, obtemos duas vezes sua amplitude (isto é, 10 V – (–10 V) = 20 V). A Figura 10.7 mostra a operação com entrada e saída diferenciais.

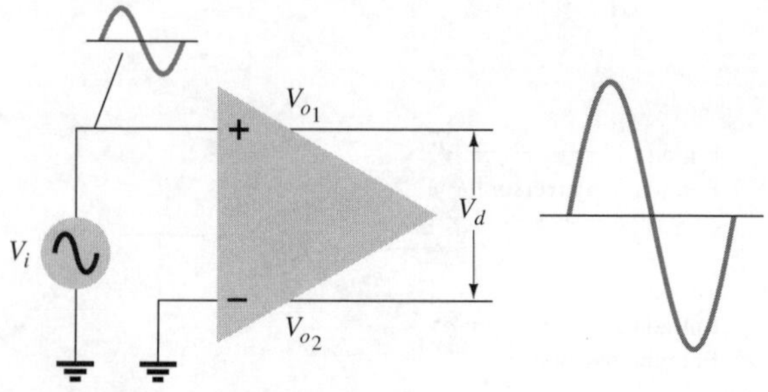

Figura 10.6 Saída diferencial.

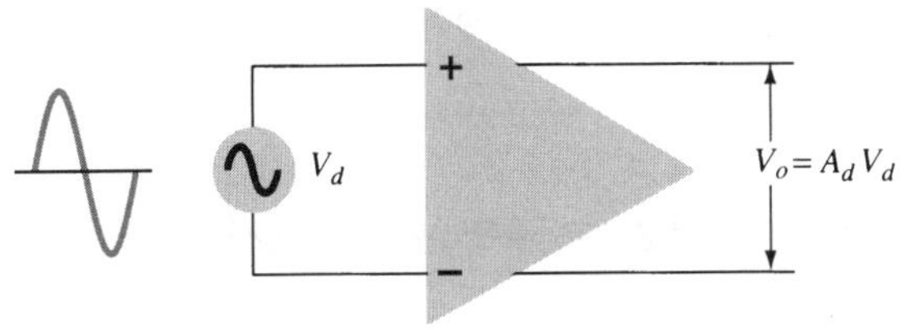

Figura 10.7 Operação com entrada e saída diferenciais.

A entrada é aplicada entre os dois terminais de entrada, e a saída é tomada entre os dois terminais de saída. Trata-se de uma operação totalmente diferencial.

Operação modo-comum

Quando os mesmos sinais de entrada são aplicados a ambas as entradas, o resultado é uma operação modo-comum, como mostra a Figura 10.8. Idealmente, as duas entradas são amplificadas de maneira igual e, uma vez que

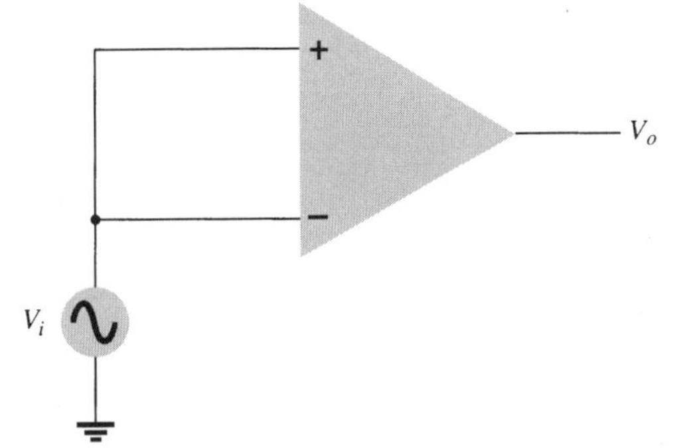

Figura 10.8 Operação modo-comum.

produzem sinais de polaridades opostas na saída, esses sinais se cancelam, o que resulta em uma saída de 0 V. Na prática, o resultado é um pequeno sinal na saída.

Rejeição de modo-comum

Uma importante característica de uma conexão diferencial é que os sinais que são opostos nas entradas são altamente amplificados, enquanto aqueles que são comuns às duas entradas são apenas ligeiramente amplificados — a operação geral amplifica o sinal diferencial e rejeita o sinal comum às duas entradas. Visto que o ruído (qualquer sinal de entrada não desejado) costuma ser comum a ambas as entradas, a conexão diferencial tende a atenuar essa entrada indesejada, enquanto fornece uma saída amplificada do sinal diferencial aplicado às entradas. Essa característica operacional é chamada de *rejeição de modo-comum*.

10.2 CIRCUITO AMPLIFICADOR DIFERENCIAL

O circuito amplificador diferencial é uma configuração de uso extremamente comum em unidades de Circuitos Integrados (CI). Essa conexão pode ser descrita pela análise do amplificador diferencial básico mostrado na Figura 10.9. Note que o circuito tem duas entradas e duas saídas separadas, e que os emissores estão ligados entre si. Embora muitos circuitos amplificadores diferenciais utilizem duas fontes de alimentação de tensão distintas, o circuito também pode operar com uma única fonte.

Uma série de combinações de sinais de entrada é possível:

Se um sinal de entrada é aplicado a uma das entradas com a outra conectada ao terra, a operação é chamada de "entrada simples".

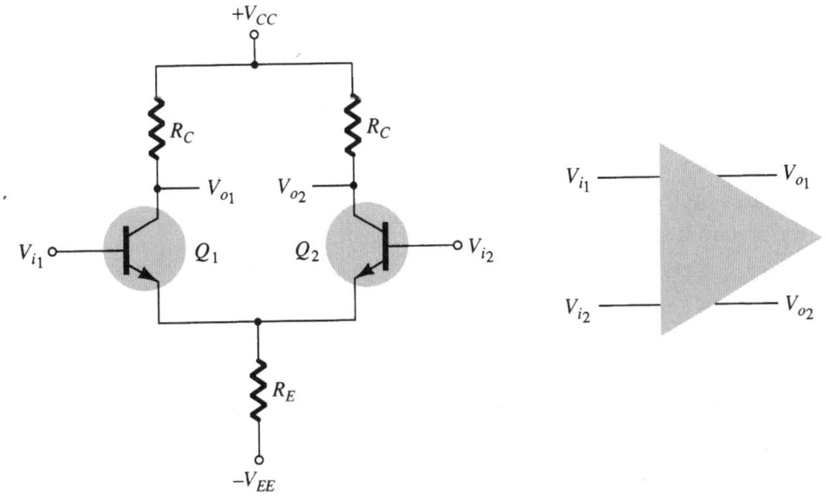

Figura 10.9 Circuito amplificador diferencial básico.

Se dois sinais de entrada de polaridades opostas são aplicados, a operação é chamada de "entrada dupla".

Se o mesmo sinal de entrada é aplicado a ambas as entradas, a operação é chamada de "modo-comum".

Em uma operação com entrada simples, aplica-se um único sinal de entrada. No entanto, devido à conexão emissor-comum, o sinal de entrada aciona ambos os transistores, resultando na saída em *ambos* os coletores.

Em uma operação com entrada dupla, aplicam-se dois sinais de entrada, sendo que a diferença das entradas resulta em saídas em ambos os coletores por causa da diferença dos sinais aplicados a ambas as entradas.

Em uma operação modo-comum, o sinal de entrada comum resulta em sinais opostos em cada coletor, e esses sinais se cancelam, de maneira que o sinal de saída resultante é igual a zero. Na prática, os sinais opostos não se cancelam por completo, e o resultado é um pequeno sinal.

A principal característica do amplificador diferencial é o ganho muito grande quando sinais opostos são aplicados às entradas, em comparação com o ganho muito pequeno resultante de entradas comuns. A razão entre o ganho diferencial e o ganho de modo-comum é chamada de *rejeição de modo-comum*.

Polarização CC

Analisaremos primeiro a operação de polarização CC do circuito da Figura 10.9. Com entradas CA obtidas das fontes de tensão, a tensão CC em cada entrada está essencialmente conectada a 0 V, como mostra a Figura 10.10. Com cada tensão de base em 0 V, a tensão de polarização CC do emissor-comum é:

$$V_E = 0\text{ V} - V_{BE} = -0{,}7\text{ V}$$

A corrente de polarização CC de emissor é, então,

$$I_E = \frac{V_E - (-V_{EE})}{R_E} \approx \frac{V_{EE} - 0{,}7\text{ V}}{R_E} \qquad (10.1)$$

Supondo que os transistores estejam bem casados (como ocorreria em um circuito integrado), obtemos

$$I_{C_1} = I_{C_2} = \frac{I_E}{2} \qquad (10.2)$$

o que resulta em uma tensão de coletor de:

$$V_{C_1} = V_{C_2} = V_{CC} - I_C R_C = V_{CC} - \frac{I_E}{2} R_C \qquad (10.3)$$

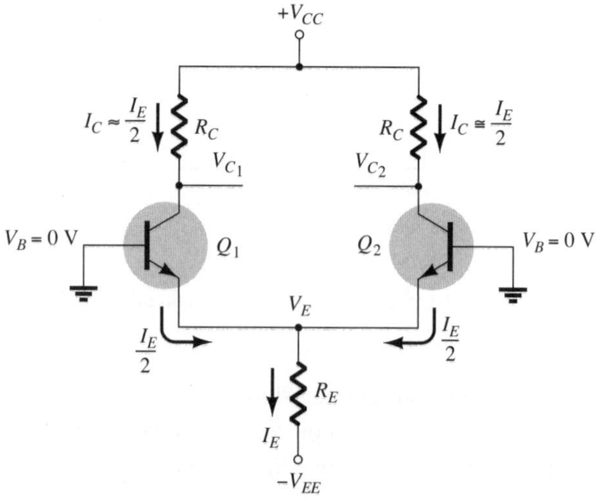

Figura 10.10 Polarização CC do circuito amplificador diferencial.

EXEMPLO 10.1

Calcule as tensões e correntes CC no circuito da Figura 10.11.

Solução:

Equação 10.1:

$$I_E = \frac{V_{EE} - 0{,}7\text{ V}}{R_E} = \frac{9\text{ V} - 0{,}7\text{ V}}{3{,}3\text{ k}\Omega} \approx \mathbf{2{,}5\text{ mA}}$$

A corrente de coletor é então

Equação 10.2:

$$I_C = \frac{I_E}{2} = \frac{2{,}5\text{ mA}}{2} = \mathbf{1{,}25\text{ mA}}$$

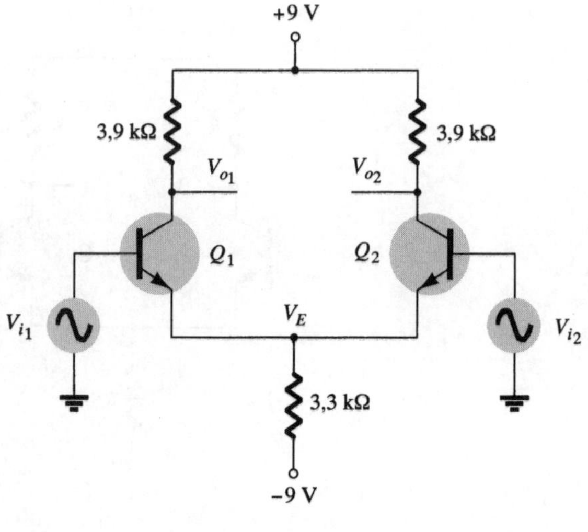

Figura 10.11 Circuito amplificador diferencial para o Exemplo 10.1.

resultando em uma tensão de coletor de Equação 10.3:

$$V_C = V_{CC} - I_C R_C = 9\text{ V} - (1{,}25\text{ mA})(3{,}9\text{ k}\Omega) \approx \mathbf{4{,}1\text{ V}}$$

A tensão de emissor-comum é, portanto, – 0,7 V, enquanto a tensão de polarização do coletor está próxima de 4,1 V para ambas as saídas.

Operação CA do circuito

Uma conexão CA de um amplificador diferencial é mostrada na Figura 10.12. Sinais de entrada separados são aplicados como V_{i_1} e V_{i_2}, com saídas separadas resultantes V_{o_1} e V_{o_2}. Para realizar a análise CA, redesenhamos o circuito na Figura 10.13. Cada transistor é substituído por seu equivalente CA.

Ganho de tensão CA com saída simples Para calcular o ganho de tensão CA com saída simples, V_o/V_i, aplique sinal a uma entrada com a outra ligada ao terra, como mostra a Figura 10.14. O equivalente CA dessa conexão está desenhado na Figura 10.15. A corrente de base CA pode ser calculada utilizando-se a Lei das Tensões de Kirchhoff (LTK) para malha de entrada na base 1. Supondo-se que os dois transistores estão bem casados, então

$$I_{b_1} = I_{b_2} = I_b$$
$$r_{i_1} = r_{i_2} = r_i = \beta r_e$$

Com R_E muito grande (idealmente infinita), o circuito para obtenção da equação pela LTK é simplificado para o da Figura 10.16, a partir do qual podemos escrever

$$V_{i_1} - I_b r_i - I_b r_i = 0$$

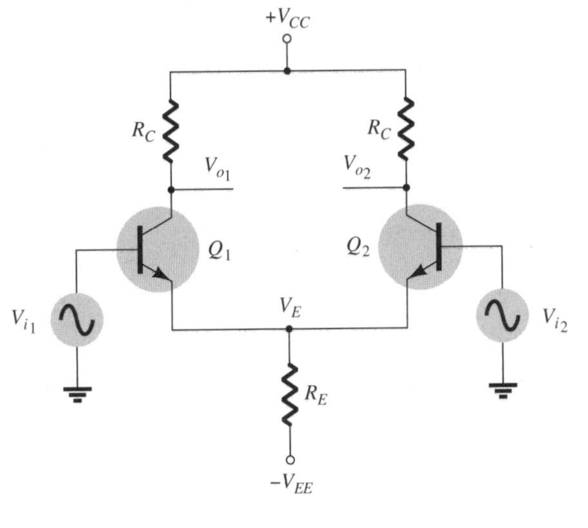

Figura 10.12 Conexão CA do amplificador diferencial.

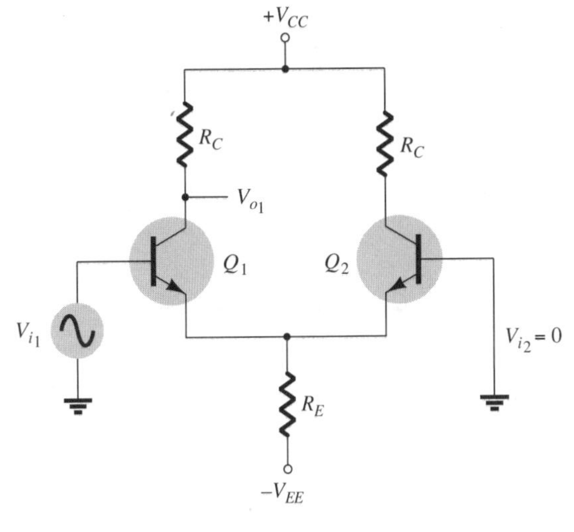

Figura 10.14 Conexão para calcular $A_{V_1} = V_{o_1}/V_{i_1}$.

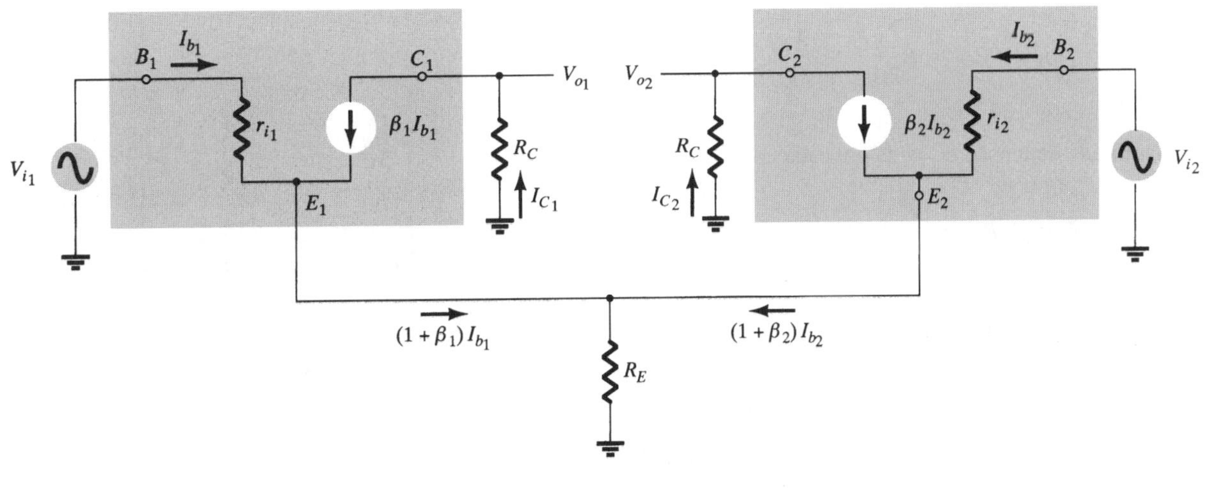

Figura 10.13 Equivalente CA do circuito amplificador diferencial.

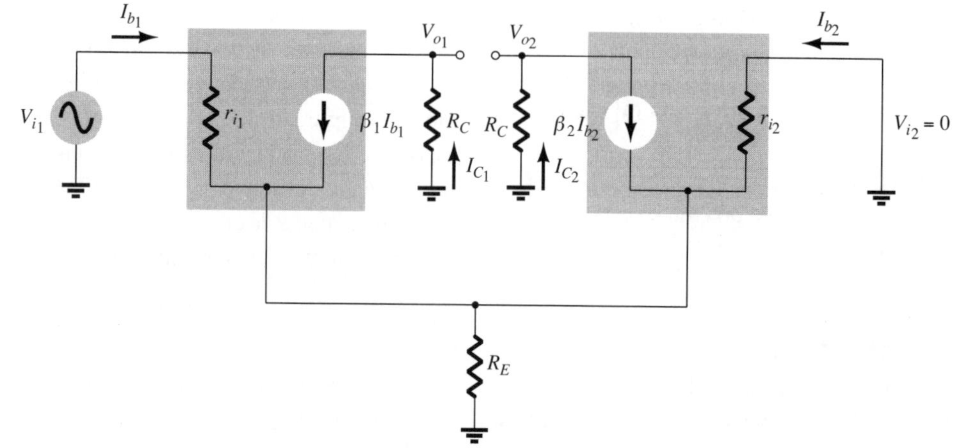

Figura 10.15 Equivalente CA de circuito da Figura 10.14.

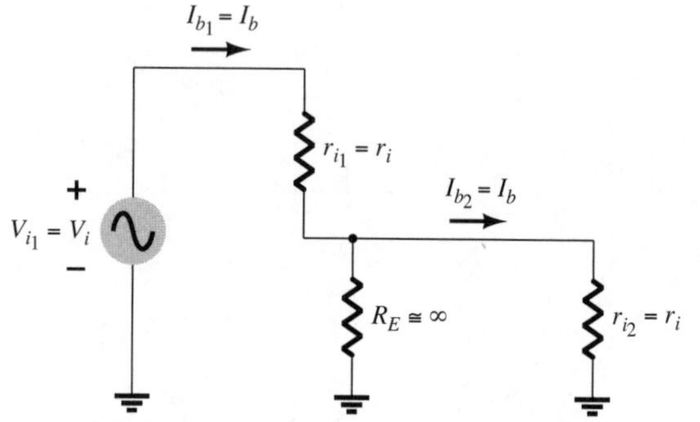

Figura 10.16 Circuito parcial para o cálculo de I_b.

de maneira que

$$I_b = \frac{V_{i_1}}{2r_i} = \frac{V_i}{2\beta r_e}$$

Se também assumirmos que

$$\beta_1 = \beta_2 = \beta$$

então,
$$I_C = \beta I_b = \beta \frac{V_i}{2\beta r_e} = \frac{V_i}{2r_e}$$

e a magnitude da tensão de saída em cada coletor é

$$V_o = I_C R_C = \frac{V_i}{2r_e} R_C = \frac{R_C}{2r_e} V_i$$

e o valor do ganho de tensão com entrada simples em cada coletor é

$$A_v = \frac{V_o}{V_i} = \frac{R_C}{2r_e} \tag{10.4}$$

EXEMPLO 10.2

Calcule a tensão de saída simples V_{o1} para o circuito da Figura 10.17.

Solução:

Os cálculos de polarização CC fornecem:

$$I_E = \frac{V_{EE} - 0{,}7\text{ V}}{R_E} = \frac{9\text{ V} - 0{,}7\text{ V}}{43\text{ k}\Omega} = 193\ \mu\text{A}$$

Logo, a corrente CC de coletor é

$$I_C = \frac{I_E}{2} = 96{,}5\ \mu\text{A}$$

de maneira que

$$V_C = V_{CC} - I_C R_C = 9\text{ V} - (96{,}5\ \mu\text{A})(47\text{ k}\Omega) = 4{,}5\text{ V}$$

O valor de r_e é, então,

$$r_e = \frac{26}{0{,}0965} \cong 269\ \Omega$$

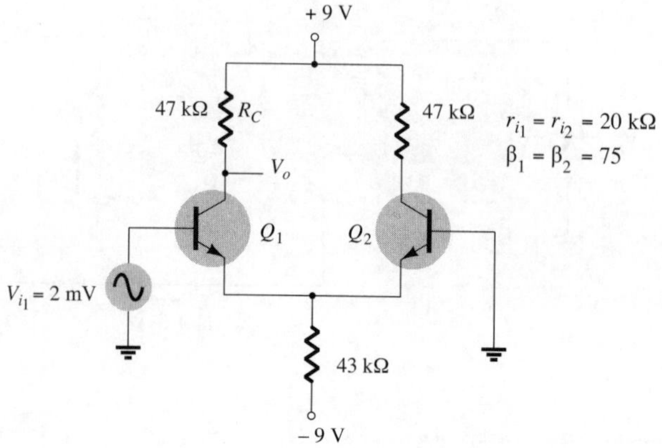

Figura 10.17 Circuito para os exemplos 10.2 e 10.3.

O valor do ganho de tensão CA pode ser calculado pela Equação 10.31:

$$A_v = \frac{R_C}{2r_e} = \frac{(47\ \text{k}\Omega)}{2(269\ \Omega)} = 87{,}4$$

o que proporciona uma tensão CA de saída de magnitude

$V_o = A_v V_i = (87{,}4)(2\ \text{mV}) = 174{,}8\ \text{mV} = \mathbf{0{,}175\ V}$

Ganho de tensão CA com saída dupla Uma análise semelhante pode ser usada para mostrar que, para a condição de sinais aplicados a ambas as entradas, o valor do ganho de tensão diferencial é

$$A_d = \frac{V_o}{V_d} = \frac{R_C}{r_e} \qquad (10.5)$$

onde $V_d = V_{i1} - V_{i2}$.

Circuito de operação em modo-comum

Embora um amplificador diferencial forneça grande amplificação sobre a diferença dos sinais aplicada a ambas as entradas, ele também deve proporcionar uma amplificação pequena do sinal comum a ambas as entradas. Uma conexão CA mostrando uma entrada comum a ambos os transistores é apresentada na Figura 10.18. O circuito equivalente CA está desenhado na Figura 10.19, e a partir dele podemos escrever

$$I_b = \frac{V_i - 2(\beta + 1)I_b R_E}{r_i}$$

que pode ser reescrito como

$$I_b = \frac{V_i}{r_i + 2(\beta + 1)R_E}$$

A magnitude da tensão de saída é, portanto,

$$V_o = I_C R_C = \beta I_b R_C = \frac{\beta V_i R_C}{r_i + 2(\beta + 1)R_E}$$

o que fornece uma amplitude de ganho de tensão de:

$$A_c = \frac{V_o}{V_i} = \frac{\beta R_C}{r_i + 2(\beta + 1)R_E} \qquad (10.6)$$

EXEMPLO 10.3

Calcule o ganho de modo-comum para o circuito amplificador da Figura 10.17.

Solução:

Equação 10.6:

$$A_c = \frac{V_o}{V_i} = \frac{\beta R_C}{r_i + 2(\beta + 1)R_E} = \frac{75(47\ \text{k}\Omega)}{20\ \text{k}\Omega + 2(76)(43\ \text{k}\Omega)} = \mathbf{0{,}54}$$

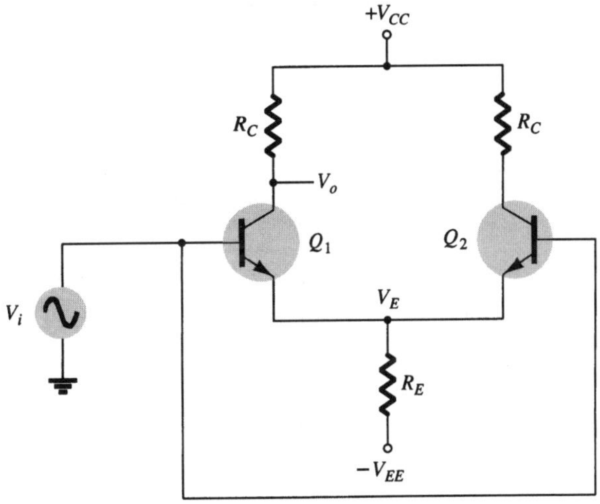

Figura 10.18 Conexão modo-comum.

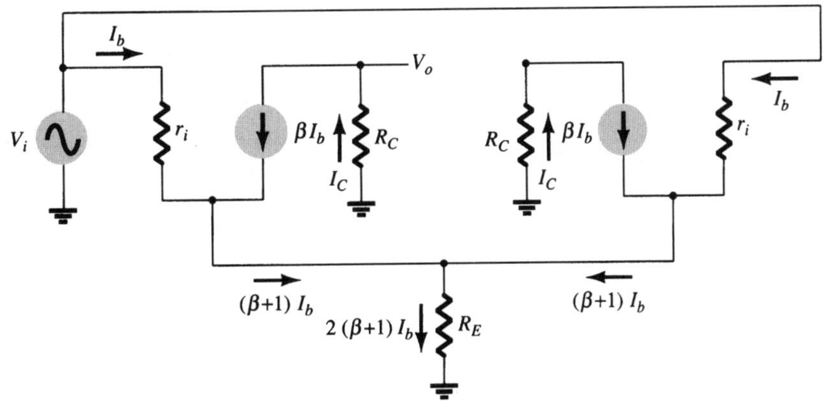

Figura 10.19 Circuito CA da conexão modo-comum.

Uso de fonte de corrente constante

Um bom amplificador diferencial apresenta um ganho diferencial muito grande A_d, que é muito maior do que o ganho de modo-comum A_c. A capacidade de rejeição de modo-comum do circuito pode ser consideravelmente melhorada fazendo-se o ganho de modo-comum o menor possível (idealmente, 0). Pela Equação 10.6, vemos que quanto maior for R_E, menor será A_c. Um método comum de aumentar o valor CA de R_E é utilizar um circuito de fonte de corrente constante. A Figura 10.20 mostra um amplificador diferencial com fonte de corrente constante para fornecer um valor elevado de resistência entre o emissor-comum e o terra CA. O principal melhoramento desse circuito em relação ao da Figura10.9 é a impedância CA muito maior para R_E obtida pelo uso da fonte de corrente constante. A Figura 10.21 mostra o circuito CA equivalente para o circuito da Figura 10.20. Uma fonte de corrente constante utilizada na prática é mostrada como uma alta impedância, em paralelo com a fonte de corrente constante.

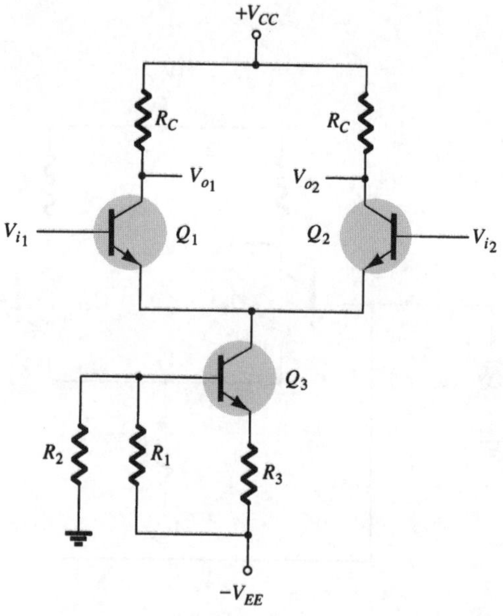

Figura 10.20 Amplificador diferencial com fonte de corrente constante.

> EXEMPLO 10.4
> Calcule o ganho de modo-comum para o amplificador diferencial da Figura 10.22.
> Solução:
> Usar $R_E = r_o = 200\ \text{k}\Omega$ fornece:
>
> $$A_c = \frac{\beta R_C}{r_i + 2(\beta + 1)R_E} = \frac{75(10\ \text{k}\Omega)}{11\ \text{k}\Omega + 2(76)(200\ \text{k}\Omega)} = \mathbf{24{,}7 \times 10^{-3}}$$

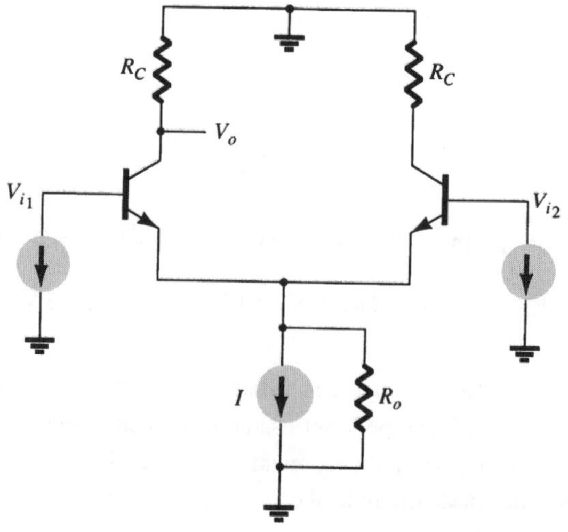

Figura 10.21 Equivalente CA do circuito da Figura 10.20.

10.3 CIRCUITOS AMPLIFICADORES DIFERENCIAIS BiFET, BiMOS E CMOS

Embora a seção anterior tenha apresentado uma introdução para o amplificador diferencial usando dispositivos bipolares, unidades comercialmente disponíveis também utilizam transistores JFET e MOSFET para construir esses tipos de circuito. Um circuito integrado construído tanto com transistores bipolares (Bi) quanto com transistores de efeito de campo de junção (FET) é chamado de *circuito BiFET*. Um circuito integrado construído tanto com transistores bipolares (Bi) quanto com transistores MOSFET (MOS) é chamado de *circuito BiMOS*. Por fim, um circuito construído com transistores MOSFET de tipos opostos é um *circuito CMOS*.

O CMOS é uma forma de circuito comum em circuitos digitais e usa transistores MOSFET tipo intensificação tanto de canal *n* quanto de canal *p* (Figura 10.23). Esse circuito MOSFET complementar ou CMOS utiliza esses transistores de tipo oposto (ou complementar). A entrada V_i é aplicada a ambas as portas com a saída tomada dos drenos conectados. Antes de abordar a operação do circuito CMOS, repassaremos o funcionamento dos transistores MOSFET tipo intensificação.

Operação *n*MOS ligado/desligado

A curva característica de dreno de um MOSFET tipo intensificação de canal *n* ou um transistor *n*MOS é mostrada na Figura 10.24(a). Com 0 V aplicado entre porta e fonte, não há corrente de dreno. Somente quando V_{GS} é aumentada e ultrapassa o valor de limiar do dispositivo V_{Th}, gera-se alguma corrente. Com uma entrada de, digamos,

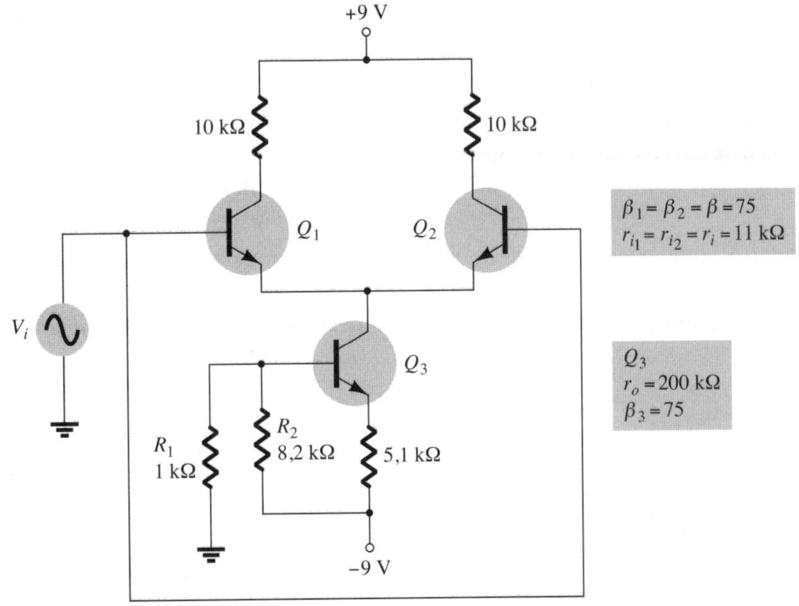

Figura 10.22 Circuito para o Exemplo 10.4.

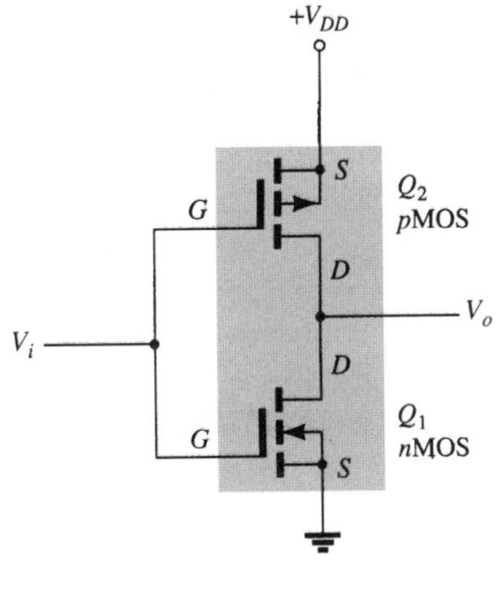

Figura 10.23 Circuito inversor CMOS.

+5 V, o dispositivo *n*MOS está totalmente ligado com corrente I_D presente. Em resumo:

Uma entrada de 0 V deixa o nMOS "desligado", enquanto uma entrada de +5 V liga o nMOS.

Operação *p*MOS ligado/desligado

A curva característica de dreno para um MOSFET de canal *p* ou um transistor *p*MOS é mostrada na Figura 10.24(b). Quando se aplica 0 V, o dispositivo está "desligado" (não há presença de corrente), enquanto para uma entrada de −5 V (além da tensão limiar), o dispositivo é "ligado" com uma corrente de dreno presente. Em resumo:

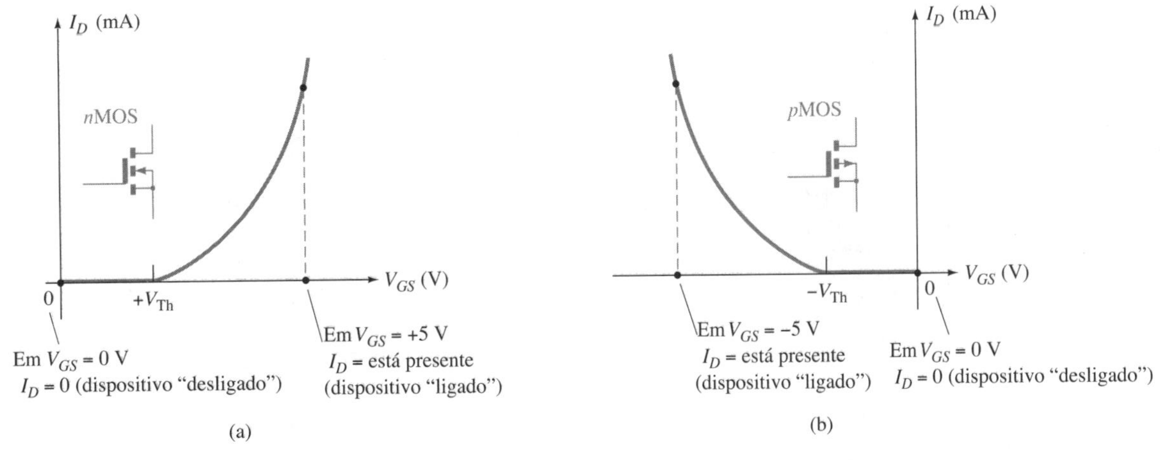

Figura 10.24 Curvas características do MOSFET tipo intensificação que mostram os estados ligado e desligado: (a) *n*MOS; (b) *p*MOS.

V_{GS} = 0 V deixa o pMOS "desligado"; V_{GS} = –5 V liga o pMOS.

Verificaremos a seguir como o circuito CMOS real da Figura 10.25 funciona para uma entrada de 0 V ou +5 V.

Entrada de 0 V

Quando aplicamos 0 V como entrada para o circuito CMOS, fornecemos 0 V para ambas as portas dos transistores *n*MOS e *p*MOS. A Figura 10.25(a) mostra que

Para *n*MOS (Q_1):

$$V_{GS} = V_i - 0\text{ V} = 0\text{ V} - 0\text{ V} = 0\text{ V}$$

Para *p*MOS (Q_2):

$$V_{GS} = V_i - (+5\text{ V}) = 0\text{ V} - 5\text{ V} = -5\text{ V}$$

Uma entrada de 0 V em um transistor *n*MOS Q_1 deixa esse dispositivo "desligado". A mesma entrada de 0 V, no entanto, resulta na tensão porta-fonte do transistor *p*MOS Q_2 igual a –5 V (porta em 0 V é 5 V menor do que a fonte em +5 V), o que faz com que esse dispositivo seja ligado. A saída V_o é, então, +5 V.

Entrada de +5 V

Quando V_i = +5 V, ela fornece +5 V para ambas as portas. A Figura 10.25(b) mostra que

Para *n*MOS (Q_1):

$$V_{GS} = V_i - 0\text{ V} = +5\text{ V} - 0\text{ V} = +5\text{ V}$$

Para *p*MOS (Q_2):

$$V_{GS} = V_i - (+5\text{ V}) = +5\text{ V} - 5\text{ V} = 0\text{ V}$$

Essa entrada faz com que o transistor Q_1 seja ligado e o transistor Q_2 se mantenha desligado, com a saída próxima de 0 V, através da condução do transistor Q_1. A conexão CMOS da Figura 10.23 funciona como um inversor lógico com V_o oposta a V_i, tal como mostra a Tabela 10.1.

Os circuitos utilizados a seguir para mostrar os vários circuitos multidispositivos são, na maior parte, simbólicos, uma vez que os circuitos reais utilizados em CIs são muito mais complexos. A Figura 10.26 mostra um circuito BiFET com transistores JFET nas entradas e transistores bipolares formando a fonte de corrente (usando um circuito

Tabela 10.1 Operação de circuito CMOS.

V_i (V)	Q_1	Q_2	V_o (V)
0	Desligado	Ligado	+5
+5	Ligado	Desligado	0

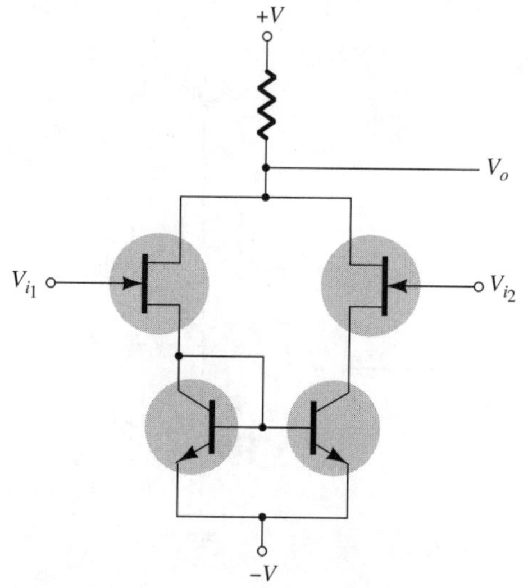

Figura 10.26 Circuito amplificador diferencial BiFET.

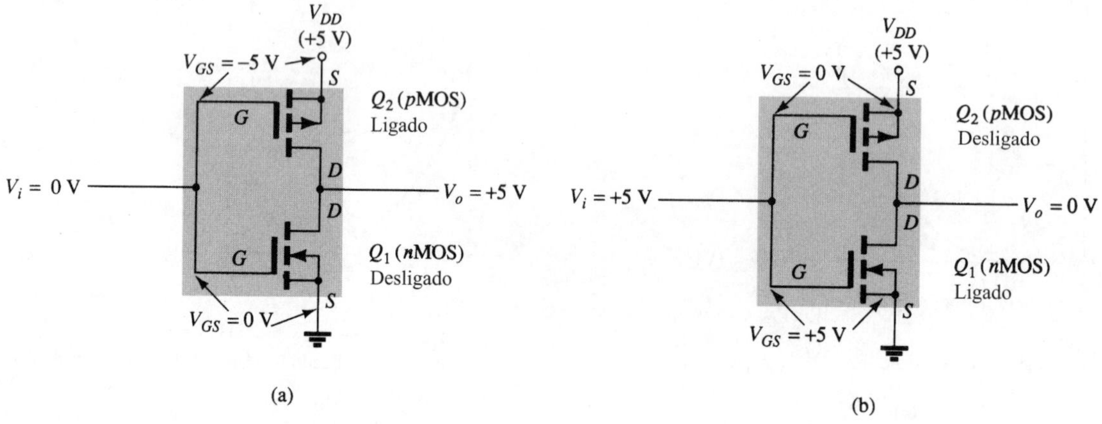

Figura 10.25 Operação de circuito CMOS: (a) saída +5 V, (b) saída 0 V.

espelho de corrente). O espelho de corrente assegura que cada JFET funcione com a mesma corrente de polarização. Em operação CA, o JFET fornece uma alta impedância de entrada (bem mais elevada do que a obtida utilizando-se somente transistores bipolares).

A Figura 10.27 mostra um circuito com transistores MOSFET de entrada e transistores bipolares para as fontes de corrente; neste caso, a unidade BiMOS apresenta impedância de entrada ainda mais elevada do que a BiFET por causa do uso de transistores MOSFET.

Por fim, um circuito amplificador diferencial pode ser construído a partir de transistores MOSFET complementares, como mostra a Figura 10.28. Os transistores *p*MOS fornecem as entradas opostas, ao passo que os transistores *n*MOS operam como a fonte de corrente constante. Uma única saída é retirada do ponto comum entre transistores *n*MOS e *p*MOS de um lado do circuito. Esse tipo de amplificador diferencial CMOS é particularmente adequado para o funcionamento com baterias devido ao baixo consumo de energia de um circuito CMOS.

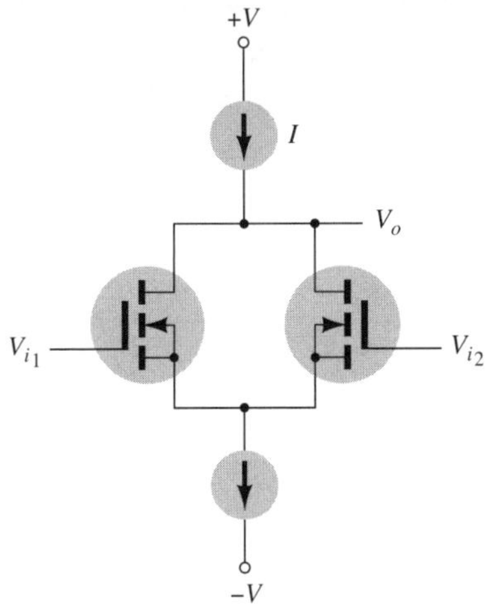

Figura 10.27 Circuito amplificador diferencial BiMOS.

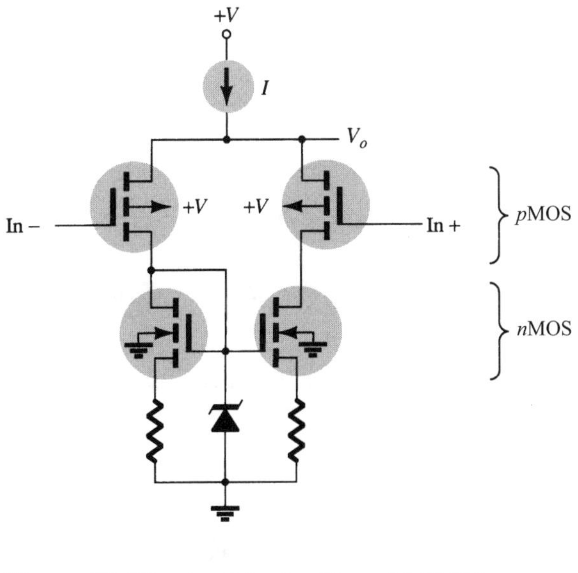

Figura 10.28 Amplificador diferencial CMOS.

10.4 FUNDAMENTOS BÁSICOS DE AMP-OPS

Um amplificador operacional é um amplificador de ganho muito alto com uma impedância de entrada muito alta (normalmente alguns megaohms) e uma baixa impedância de saída (menor do que 100 Ω). O circuito básico é construído utilizando-se um amplificador diferencial com duas entradas (positiva e negativa) e ao menos uma saída. A Figura 10.29 mostra uma unidade de amp-op básica. Como já discutimos, a entrada positiva (+) produz uma saída que está em fase com o sinal aplicado, enquanto um sinal de entrada negativa (–) resulta em uma saída com polaridade oposta. O circuito CA equivalente do amp-op é mostrado na Figura 10.30(a). Como podemos ver, o sinal de entrada aplicado entre os terminais de entrada enxerga uma impedância de entrada, R_i, normalmente muito alta. A tensão de saída é mostrada como sendo o ganho do amplificador multiplicado pelo sinal de entrada, tomado através de uma impedância de saída, R_o, normalmente muito baixa. Um circuito amp-op ideal, mostrado na Figura 10.30(b), teria impedância de entrada infinita, impedância de saída nula e um ganho de tensão infinito.

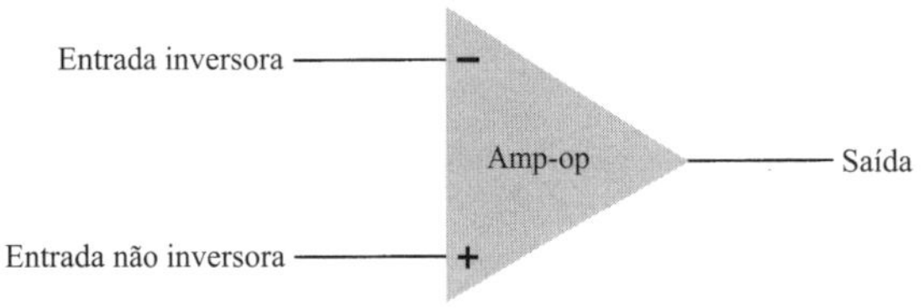

Figura 10.29 Amp-op básico.

Amp-op básico

A conexão de circuito básico que utiliza um amp-op é mostrada na Figura 10.31. Esse circuito opera como um multiplicador de ganho constante. Um sinal de entrada V_1 é aplicado através do resistor R_1 à entrada negativa. A saída é, então, conectada de volta à mesma entrada negativa através do resistor R_f. A entrada positiva é conectada ao terra. Visto que o sinal V_1 é aplicado exclusivamente à entrada negativa, a saída resultante é de fase oposta ao sinal de entrada. A Figura 10.32(a) mostra o amp-op substituído por seu circuito CA equivalente. Se utilizarmos o circuito equivalente ideal para o amp-op, substituindo R_i por uma resistência infinita

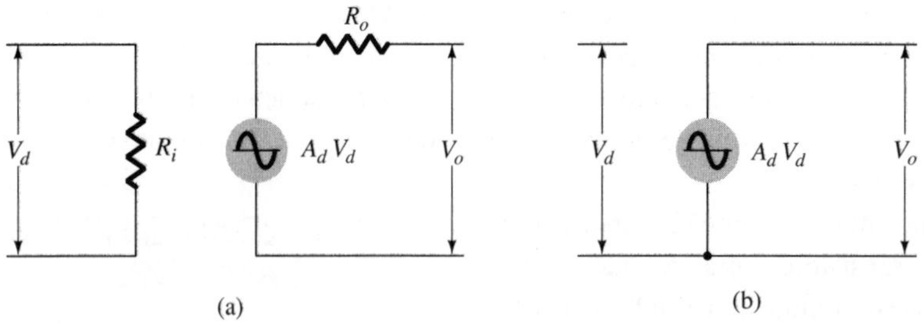

Figura 10.30 Equivalente CA do circuito amp-op: (a) real; (b) ideal.

e R_o por uma resistência nula, o circuito CA equivalente será aquele mostrado na Figura 10.32(b). O circuito seria, a seguir, redesenhado como mostra a Figura 10.32(c), e a partir dele a análise de circuito é efetuada.

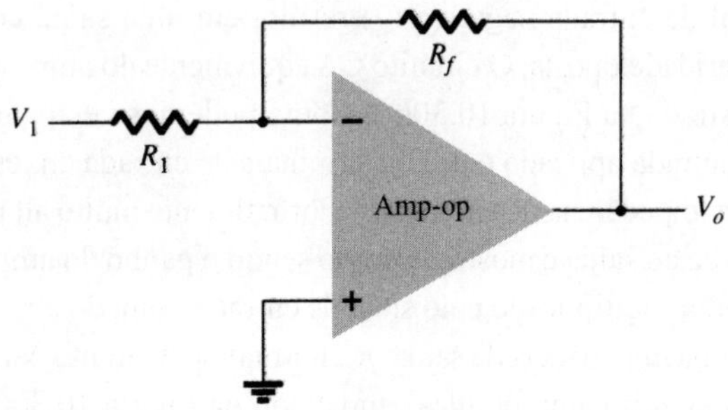

Figura 10.31 Conexão amp-op básica.

Utilizando-se superposição, é possível calcular a tensão V_1 em termos dos componentes devido a cada uma das fontes. Para a fonte V_1 apenas ($-A_v V_i$ fixado em zero),

$$V_{i_1} = \frac{R_f}{R_1 + R_f} V_1$$

Para a fonte $-A_v V_i$ apenas (V_1 fixado em zero),

$$V_{i_2} = \frac{R_1}{R_1 + R_f}(-A_v V_i)$$

A tensão total V_i é, portanto,

$$V_i = V_{i_1} + V_{i_2}$$

$$= \frac{R_f}{R_1 + R_f} V_1 + \frac{R_1}{R_1 + R_f}(-A_v V_i)$$

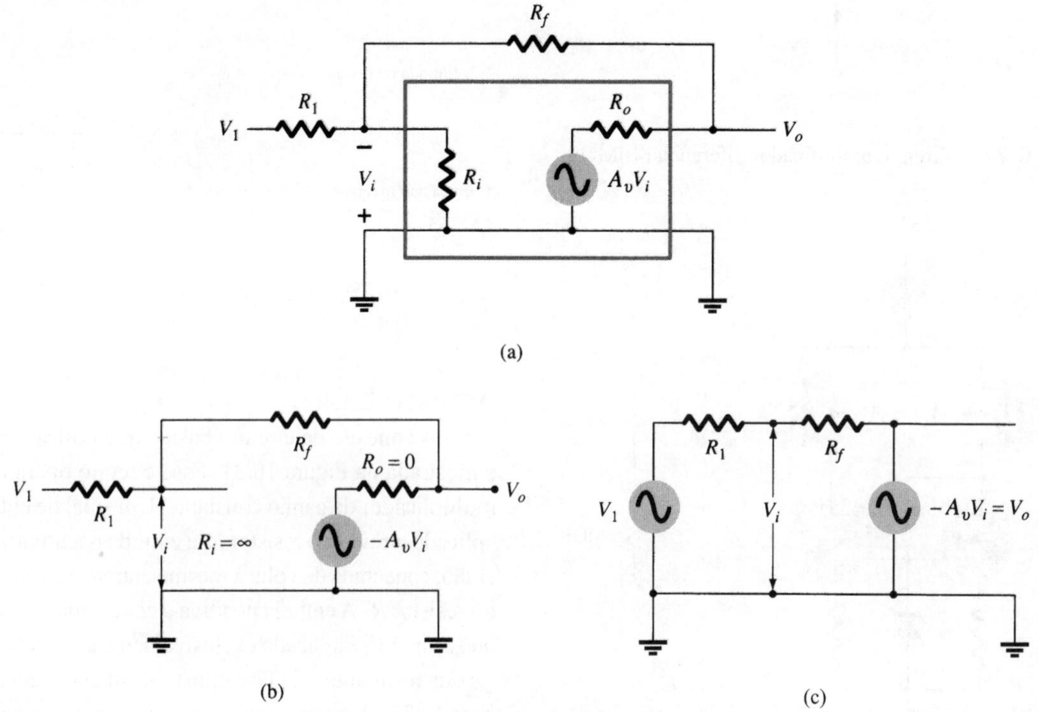

Figura 10.32 Operação do amp-op como um multiplicador de ganho constante: (a) circuito CA equivalente do amp-op; (b) circuito equivalente do amp-op ideal; (c) circuito equivalente redesenhado.

que pode ser resolvida para V_i como

$$V_i = \frac{R_f}{R_f + (1 + A_v)R_1} V_1 \qquad (10.7)$$

Se $A_v >> 1$ e $A_v R_1 >> R_f$, como normalmente ocorre, então

$$V_i = \frac{R_f}{A_v R_1} V_1$$

Calculando V_o/V_i, obtemos

$$\frac{V_o}{V_i} = \frac{-A_v V_i}{V_i} = \frac{-A_v}{V_i}\frac{R_f V_1}{A_v R_1} = -\frac{R_f}{R_1}\frac{V_1}{V_i}$$

de modo que

$$\boxed{\frac{V_o}{V_1} = -\frac{R_f}{R_1}} \qquad (10.8)$$

O resultado da Equação 10.8 mostra que a razão da tensão de saída global pela tensão de entrada depende somente dos valores dos resistores R_1 e R_f — desde que A_v seja muito grande.

Ganho unitário

Se $R_f = R_1$, o ganho é

$$\text{Ganho de tensão} = -\frac{R_f}{R_1} = -1$$

de maneira que o circuito fornece um ganho de tensão unitário com inversão de fase de 180°. Se R_f for exatamente igual a R_1, o ganho de tensão é exatamente 1.

Ganho constante

Se R_f for múltiplo de R_1, o ganho global do amplificador é uma constante. Por exemplo, se $R_f = 10R_1$, então

$$\text{Ganho de tensão} = -\frac{R_f}{R_1} = -10$$

e o circuito fornece um ganho de tensão de exatamente 10 com uma inversão de fase de 180° do sinal de entrada. Se selecionarmos valores precisos de resistores para R_f e R_1, poderemos obter uma ampla faixa de ganhos, sendo o ganho tão preciso quanto os resistores utilizados e apenas levemente afetado pela temperatura e por outros fatores do circuito.

Terra virtual

A tensão de saída é limitada pela tensão de alimentação, normalmente em alguns volts. Como já mencionado, os ganhos de tensão são muito altos. Se, por exemplo, $V_o = -10$ V e $A_v = 20.000$, a tensão de entrada é

$$V_i = \frac{-V_o}{A_v} = \frac{10\text{ V}}{20.000} = 0{,}5\text{ mV}$$

Se o circuito tiver um ganho global (V_o/V_1) de, digamos, 1, o valor de V_1 será 10 V. Comparado a todas as outras tensões de entrada e saída, o valor de V_i é então pequeno e pode ser considerado 0 V.

Observe que, embora $V_i \approx 0$ V, ela não é exatamente 0 V. (A tensão de saída é de alguns volts, por causa da entrada muito pequena V_i multiplicada por um ganho muito grande A_v.) O fato de que $V_i \approx 0$ V leva a um conceito de que na entrada do amplificador existe um curto-circuito virtual ou um terra virtual.

O conceito de curto virtual implica que, embora a tensão seja quase 0 V, não há corrente da entrada do amplificador para o terra. A Figura 10.33 descreve o conceito de terra virtual. A linha mais grossa é utilizada para indicar que podemos considerar a existência de um curto com $V_i \approx 0$ V, mas um curto virtual, pois nenhuma corrente circula do curto para o terra. A corrente circula somente através dos resistores R_1 e R_f, como mostrado.

Utilizando o conceito de terra virtual, podemos escrever equações para a corrente I, como segue:

$$I = \frac{V_1}{R_1} = -\frac{V_o}{R_f}$$

a qual pode ser calculada para V_o/V_1:

$$\frac{V_o}{V_1} = -\frac{R_f}{R_1}$$

O conceito de terra virtual, que depende de A_v ser muito grande, permitiu uma solução simples para

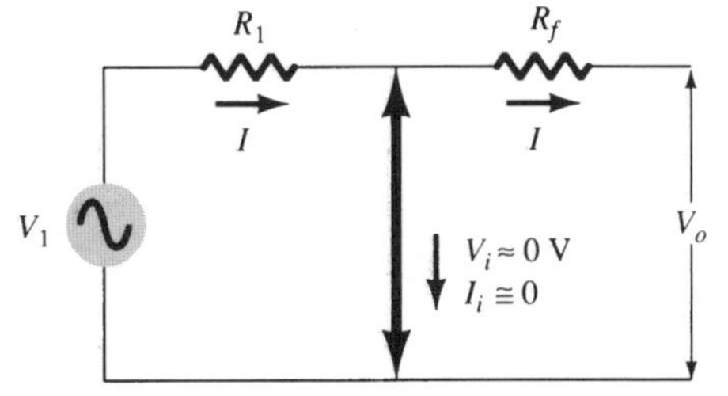

Figura 10.33 Terra virtual em um amp-op.

a determinação do ganho de tensão global. Devemos compreender que, embora o circuito da Figura 10.33 não esteja fisicamente correto, ele nos permite determinar mais facilmente o ganho de tensão global.

10.5 CIRCUITOS PRÁTICOS COM AMP-OPS

O amp-op pode ser conectado em um grande número de circuitos para estabelecer várias possibilidades operacionais. Nesta seção, abordaremos algumas das conexões mais comuns destes circuitos.

Amplificador inversor

O circuito amplificador de ganho constante mais amplamente utilizado é o amplificador inversor, mostrado na Figura 10.34. A saída é obtida pela multiplicação da entrada por um ganho fixo ou constante, definido pelo resistor de entrada (R_1) e pelo resistor de realimentação (R_f) — essa saída também é invertida em relação à entrada. Aplicando a Equação 10.8 podemos escrever

$$V_o = -\frac{R_f}{R_1}V_1$$

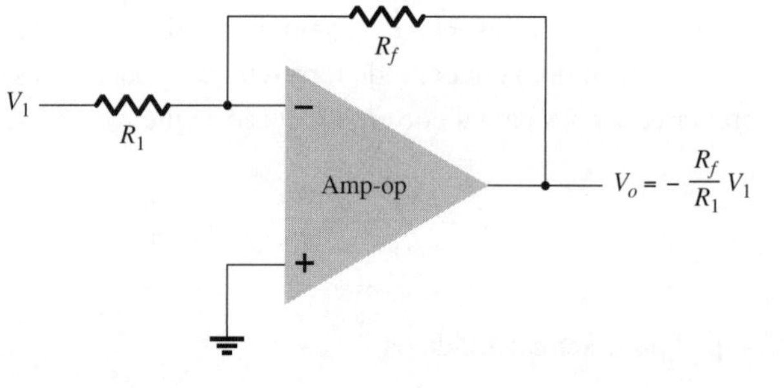

Figura 10.34 Amplificador inversor de ganho constante.

EXEMPLO 10.5

Se o circuito da Figura 10.34 tiver $R_1 = 100$ kΩ e $R_f = 500$ kΩ, qual a tensão de saída resultante para uma entrada de $V_1 = 2$ V?

Solução:

Equação 10.8:

$$V_o = -\frac{R_f}{R_1}V_1 = -\frac{500\text{ k}\Omega}{100\text{ k}\Omega}(2\text{ V}) = \mathbf{-10\text{ V}}$$

Amplificador não inversor

A conexão da Figura 10.35(a) mostra um circuito com amp-op que trabalha como um amplificador não inversor ou um multiplicador de ganho constante. Observe que a conexão de amplificador inversor é mais amplamente utilizada por ter melhor estabilidade em frequência (a ser discutido mais adiante). Para determinar o ganho de tensão do circuito, podemos utilizar a representação equivalente mostrada na Figura 10.35(b). Note que a tensão através de R_1 é V_1, uma vez que $V_i \approx 0$ V. Isso também vale para a tensão de saída através do divisor de tensão entre R_1 e R_f, de maneira que

$$V_1 = \frac{R_1}{R_1 + R_f}V_o$$

o que resulta em

$$\frac{V_o}{V_1} = \frac{R_1 + R_f}{R_1} = 1 + \frac{R_f}{R_1} \qquad (10.9)$$

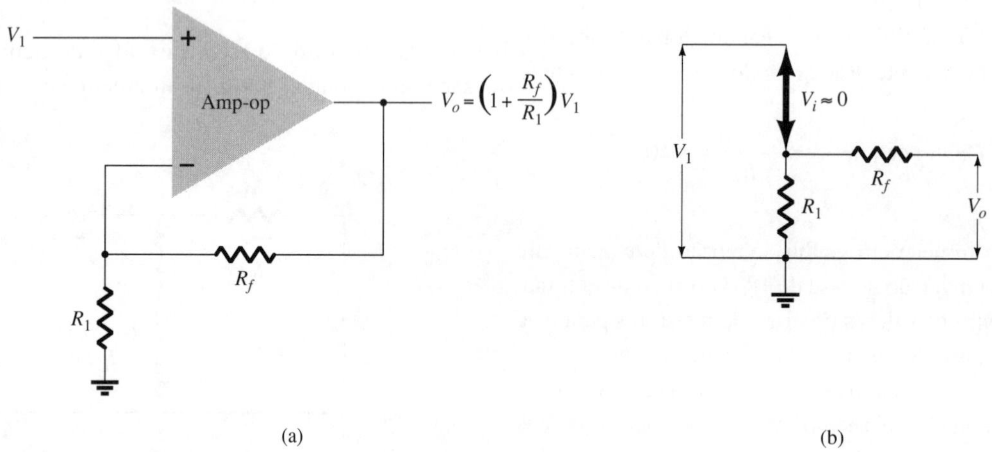

Figura 10.35 Amplificador de ganho constante não inversor.

EXEMPLO 10.6

Calcule a tensão de saída de um amplificador não inversor (como o da Figura 10.35) para valores de $V_1 = 2$ V, $R_f = 500$ kΩ e $R_1 = 100$ kΩ.

Solução:

Equação 10.9:

$$V_o = \left(1 + \frac{R_f}{R_1}\right)V_1 = \left(1 + \frac{500\text{ k}\Omega}{100\text{ k}\Omega}\right)(2\text{ V})$$
$$= 6(2\text{ V}) = \mathbf{+12\text{ V}}$$

Seguidor unitário

O circuito seguidor unitário mostrado na Figura 10.36(a) fornece um ganho unitário (1) sem inversão de polaridade ou fase. Pelo circuito equivalente [veja a Figura 10.36(b)] fica claro que

$$V_o = V_1 \tag{10.10}$$

e que a saída tem a mesma polaridade e magnitude da entrada. O circuito opera como um circuito seguidor de emissor ou seguidor de fonte, só que o ganho é exatamente unitário.

Amplificador somador

Provavelmente, o mais utilizado dos circuitos com amp-op é o circuito amplificador somador mostrado na Figura 10.37(a). O circuito mostra um circuito amplificador somador de três entradas que fornece um meio de somar algebricamente (adicionando) três tensões, cada uma multiplicada por um fator de ganho constante. Utilizando-se a representação equivalente, mostrada na Figura 10.37(b), a tensão de saída pode ser escrita em termos das entradas como

$$V_o = -\left(\frac{R_f}{R_1}V_1 + \frac{R_f}{R_2}V_2 + \frac{R_f}{R_3}V_3\right) \tag{10.11}$$

Em outras palavras, cada entrada adiciona uma tensão à saída multiplicada pelo seu correspondente fator de ganho. Se mais entradas forem utilizadas, cada uma acrescentará um componente adicional à saída.

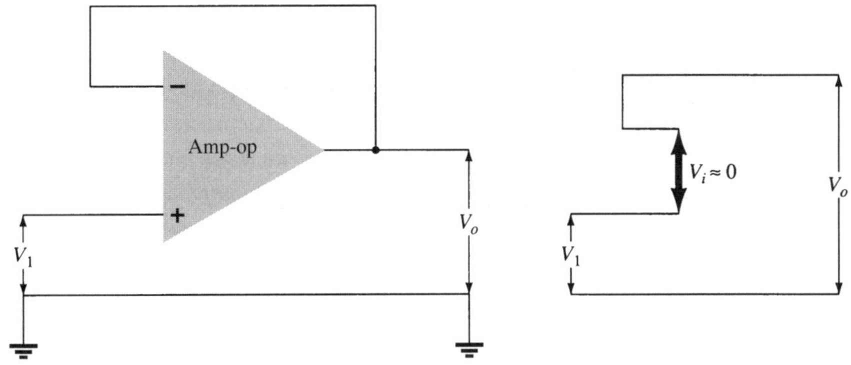

Figura 10.36 (a) Seguidor unitário; (b) circuito equivalente com terra virtual.

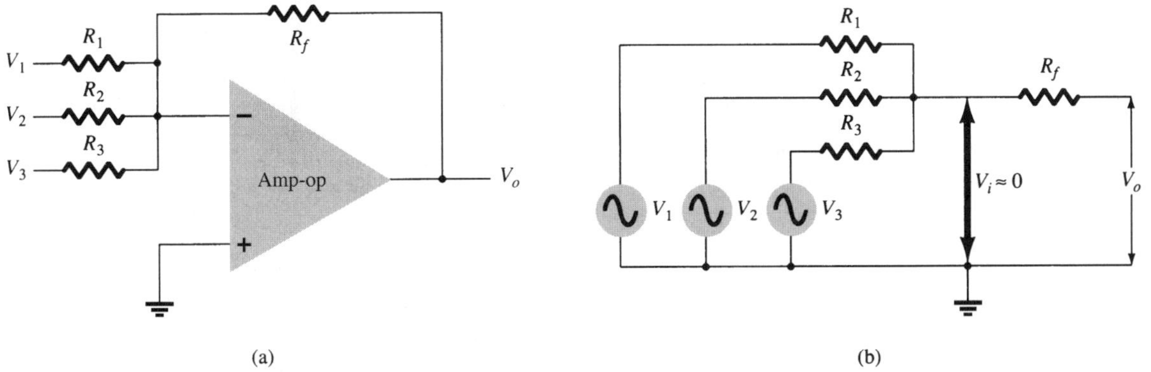

Figura 10.37 (a) Amplificador somador; (b) circuito equivalente com terra virtual.

EXEMPLO 10.7

Calcule a tensão de saída de um amplificador somador com amp-op para os conjuntos de tensões e resistores a seguir. Use $R_f = 1$ MΩ em todos os casos.

a) $V_1 = +1$ V, $V_2 = +2$ V, $V_3 = +3$ V, $R_1 = 500$ kΩ, $R_2 = 1$ MΩ, $R_3 = 1$ MΩ.

b) $V_1 = -2$ V, $V_2 = +3$ V, $V_3 = +1$ V, $R_1 = 200$ kΩ, $R_2 = 500$ kΩ, $R_3 = 1$ MΩ.

Solução:

Utilizando a Equação 10.11, obtemos:

a)

$$V_o = -\left[\frac{1000\text{ k}\Omega}{500\text{ k}\Omega}(+1\text{ V}) + \frac{1000\text{ k}\Omega}{1000\text{ k}\Omega}(+2\text{ V}) + \frac{1000\text{ k}\Omega}{1000\text{ k}\Omega}(+3\text{ V})\right]$$

$$= -[2(1\text{ V}) + 1(2\text{ V}) + 1(3\text{ V})] = \mathbf{-7\text{ V}}$$

b)

$$V_o = -\left[\frac{1000\text{ k}\Omega}{200\text{ k}\Omega}(-2\text{ V}) + \frac{1000\text{ k}\Omega}{500\text{ k}\Omega}(+3\text{ V}) + \frac{1000\text{ k}\Omega}{1000\text{ k}\Omega}(+1\text{ V})\right]$$

$$= -[5(-2\text{ V}) + 2(3\text{ V}) + 1(1\text{ V})] = \mathbf{+3\text{ V}}$$

Integrador

Até aqui, os componentes de entrada e os componentes de realimentação foram resistores. Se o componente de realimentação utilizado for um capacitor, como mostra a Figura 10.38(a), a conexão resultante será chamada de *integrador*. O circuito equivalente, com terra virtual [Figura 10.38(b)], mostra que uma expressão para a tensão entre entrada e saída pode ser deduzida em função da corrente I, da entrada para a saída. Lembramos que terra virtual significa que podemos considerar que a tensão na junção de R e X_C é a mesma do terra (uma vez que $V_i \approx 0$ V), mas nenhuma corrente flui para o terra nesse ponto. A impedância capacitiva pode ser expressa por

$$X_C = \frac{1}{j\omega C} = \frac{1}{sC}$$

onde $s = j\omega$ corresponde à notação de Laplace.* Calculando para V_o/V_1, obtemos:

$$I = \frac{V_1}{R} = -\frac{V_o}{X_C} = \frac{-V_o}{1/sC} = -sCV_o$$

$$\frac{V_o}{V_1} = \frac{-1}{sCR} \tag{10.12}$$

A expressão anterior pode ser reescrita no domínio do tempo como:

$$v_o(t) = -\frac{1}{RC}\int v_1(t)\,dt \tag{10.13}$$

A Equação 10.13 mostra que a saída é a integral da entrada, invertida e um multiplicador de valor $1/RC$. A capacidade de integrar um dado sinal resulta no computador analógico, com a capacidade de resolver equações diferenciais e, portanto, de resolver eletricamente a operação de sistemas físicos análogos.

A operação de integração é uma soma, uma vez que se constitui da soma da área sob uma forma de onda ou sob uma curva em um período de tempo. Se uma tensão fixa for aplicada como entrada a um circuito integrador, a Equação 10.13 mostra que a tensão de saída cresce ao longo de um período de tempo, fornecendo uma tensão

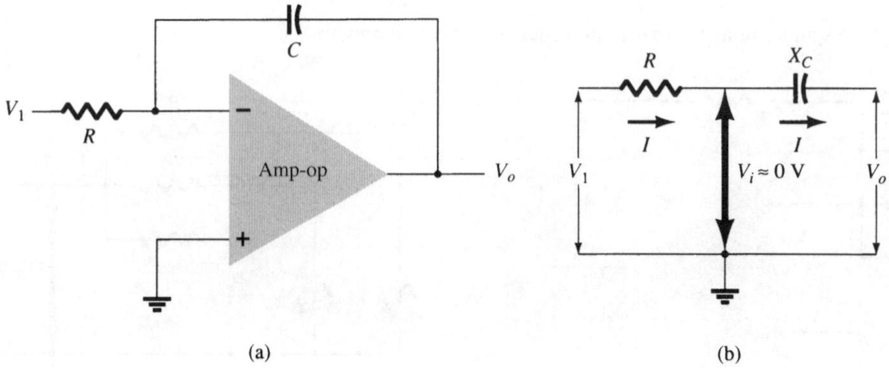

Figura 10.38 Integrador.

* A notação de Laplace permite expressar operações diferenciais ou integrais, que fazem parte da teoria de Cálculo, utilizando o operador s. Leitores não familiarizados com essa teoria devem ignorar etapas que levem à Equação 10.13 e seguir o significado físico descrito adiante.

em forma de rampa. Essa equação mostra que a rampa de tensão de saída (para uma tensão de entrada fixa) é oposta em polaridade à tensão de entrada e é multiplicada pelo fator $1/RC$. Embora o circuito da Figura 10.38 possa operar com vários tipos de sinal de entrada, os exemplos a seguir utilizarão apenas uma tensão de entrada fixa, o que resultará em uma rampa de tensão de saída.

Como exemplo, considere uma tensão de entrada, $V_1 = 1$ V, para o circuito integrador da Figura 10.39(a). O fator de escala de $1/RC$ é

$$-\frac{1}{RC} = \frac{1}{(1\ \text{M}\Omega)(1\ \mu\text{F})} = -1$$

de modo que a saída é uma rampa de tensão negativa, como mostra a Figura 10.39(b). Se o fator de escala for alterado, fazendo-se $R = 100$ kΩ, por exemplo, então

$$-\frac{1}{RC} = \frac{1}{(100\ \text{k}\Omega)(1\ \mu\text{F})} = -10$$

e a saída é, portanto, uma rampa de tensão mais inclinada, como mostra a Figura 10.39(c).

Mais de uma entrada pode ser aplicada a um integrador, como mostra a Figura 10.40, com a operação resultante dada por:

$$v_o(t) = -\left[\frac{1}{R_1C}\int v_1(t)\,dt + \frac{1}{R_2C}\int v_2(t)\,dt + \frac{1}{R_3C}\int v_3(t)\,dt\right] \qquad (10.14)$$

Um exemplo de integrador somador utilizado em um computador analógico é dado na Figura 10.40. O circuito real é mostrado com resistores de entrada e capacitor de realimentação, enquanto a representação do computador analógico indica apenas o fator de escala para cada entrada.

Diferenciador

Um circuito diferenciador é mostrado na Figura 10.41. Embora não seja tão útil quanto os circuitos já abordados, ainda assim o diferenciador fornece uma operação, cuja relação resultante para o circuito é

$$v_o(t) = -RC\frac{dv_1(t)}{dt} \qquad (10.15)$$

na qual o fator de escala é $-RC$.

10.6 ESPECIFICAÇÕES DO AMP-OP — PARÂMETROS DE OFFSET CC

Antes de abordarmos várias aplicações práticas que utilizam amp-ops, devemos nos familiarizar com alguns dos parâmetros utilizados para definir a operação da unidade. Essas especificações incluem tanto características CC quanto características em frequência ou transitórias, abordadas a seguir.

Tensões e correntes de offset

Embora a saída do amp-op deva ser 0 V quando a entrada for 0 V, na prática, há alguma tensão de offset na saída. Por exemplo, se aplicarmos 0 V a ambas as entradas do amp-op e então medirmos 26 mV (CC) na saída, essa tensão será indesejada e gerada pelo circuito, e não pelo sinal de entrada. Mas, visto que o usuário pode construir o circuito amplificador para operar com vários ganhos e polaridades, o fabricante especifica uma tensão de offset de entrada para o amp-op. A tensão de offset de saída é, então, calculada a partir da tensão de offset de entrada e do ganho do amplificador, conforme determinado pelo usuário.

A tensão de offset de saída pode ser afetada por duas condições de circuito independentes: (1) uma tensão de offset de entrada, V_{IO}, e (2) uma corrente de offset devido à diferença nas correntes resultantes nas entradas positiva (+) e negativa (–).

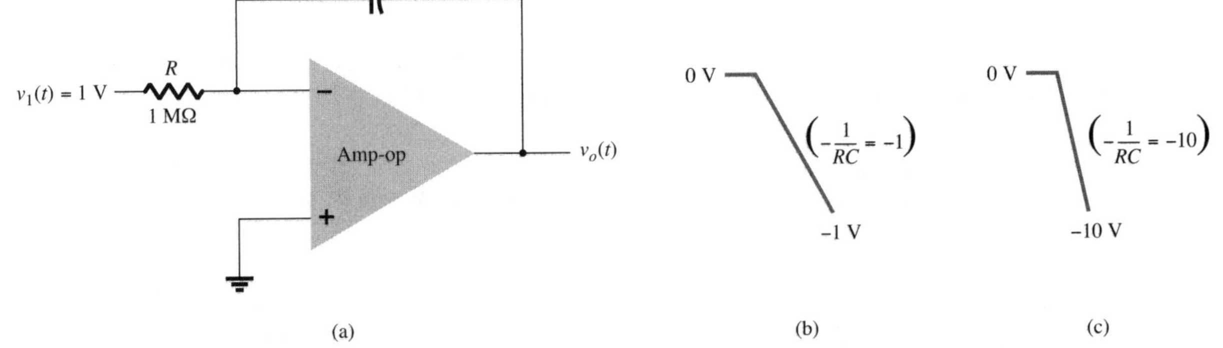

Figura 10.39 Operação de integrador com entrada em degrau.

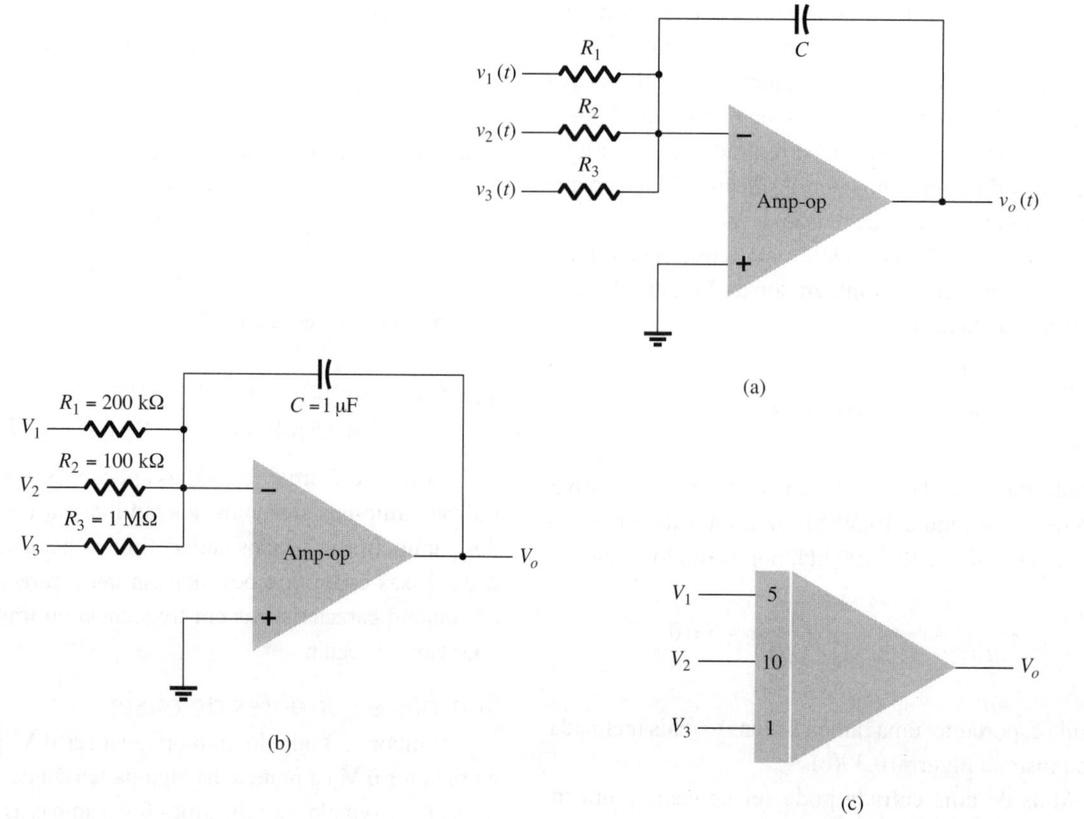

Figura 10.40 (a) Circuito integrador somador; (b) valores dos componentes; (c) representação do circuito integrador no computador analógico.

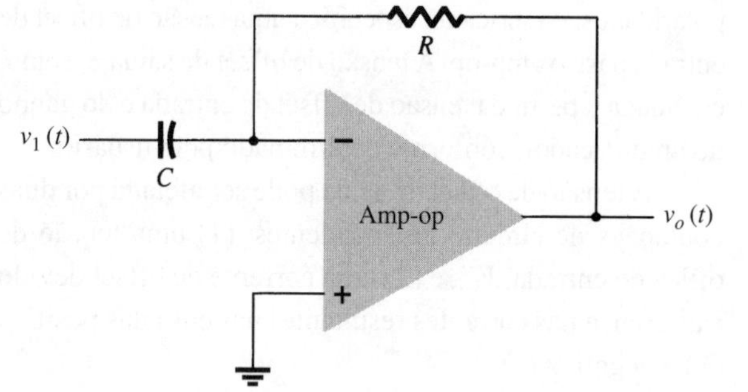

Figura 10.41 Circuito diferenciador.

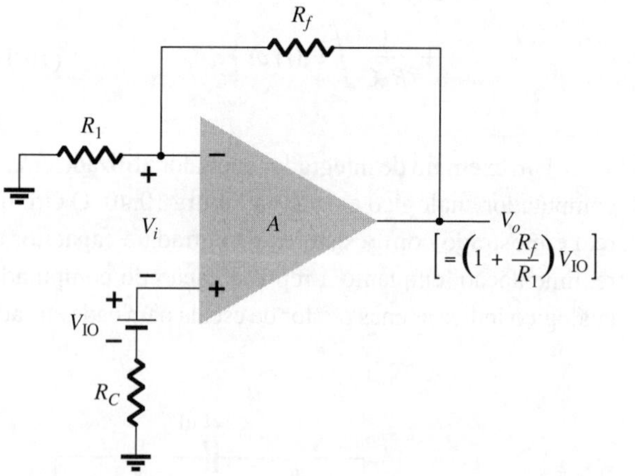

Figura 10.42 Operação que mostra os efeitos da tensão de offset de entrada, V_{IO}.

Tensão de offset de entrada, V_{IO} As folhas de dados do fabricante fornecem um valor de V_{IO} para o amp-op. Para determinar o efeito dessa tensão de entrada sobre a saída, considere a conexão mostrada na Figura 10.42. Utilizando $V_o = AV_i$, podemos escrever

$$V_o = AV_i = A\left(V_{IO} - V_o\frac{R_1}{R_1 + R_f}\right)$$

Resolvendo para V_o, temos

$$V_o = V_{IO}\frac{A}{1 + A[R_1/(R_1 + R_f)]}$$

$$\approx V_{IO}\frac{A}{A[R_1/(R_1 + R_f)]}$$

de onde podemos concluir

$$V_o(\text{offset}) = V_{IO}\frac{R_1 + R_f}{R_1} \qquad (10.16)$$

A Equação 10.16 mostra como a tensão de offset de saída resulta de uma tensão de offset de entrada especificada para uma dada conexão do amp-op.

EXEMPLO 10.8

Calcule a tensão de offset de saída do circuito da Figura 10.43. As especificações do amp-op fornecem $V_{IO} = 1{,}2$ mV.

Solução:

Equação 10.16:

$$V_o(\text{offset}) = V_{IO}\frac{R_1 + R_f}{R_1}$$
$$= (1{,}2\,\text{mV})\left(\frac{2\,\text{k}\Omega + 150\,\text{k}\Omega}{2\,\text{k}\Omega}\right) = \mathbf{91{,}2\,mV}$$

Tensão de offset de saída devido à corrente de offset de entrada, I_{IO} Qualquer diferença entre as correntes de polarização das entradas também produzirá uma tensão de offset na saída. Uma vez que dois transistores de entrada nunca são exatamente iguais, cada um irá operar com uma corrente ligeiramente diferente. Para uma conexão amp-op típica, como a mostrada na Figura 10.44, uma tensão de offset de saída pode ser determinada como segue. Substituindo-se as correntes de polarização através dos resistores de entrada pela queda de tensão correspondente, como mostra a Figura 10.45, é possível determinar a expressão para a tensão de saída resultante. Utilizando-se superposição, verificamos que a tensão de saída devida à corrente de polarização de entrada I_{IB}^+, denotada por V_o^+, é dada por

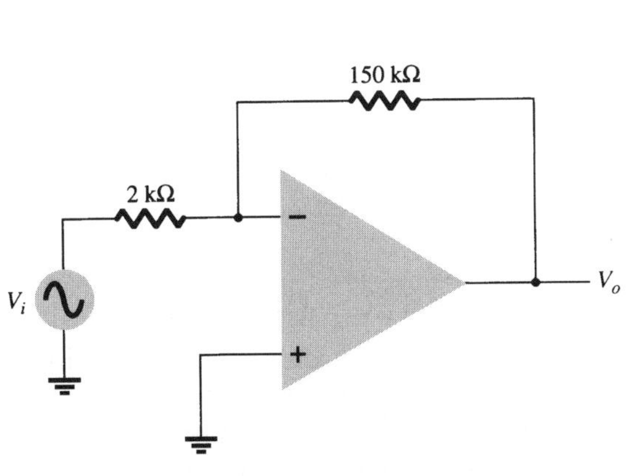

Figura 10.43 Conexão do amp-op para os exemplos 10.8 e 10.9.

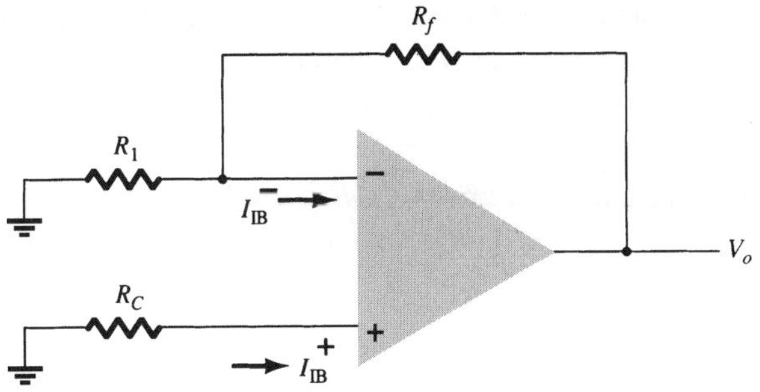

Figura 10.44 Conexão do amp-op que mostra correntes de polarização das entradas.

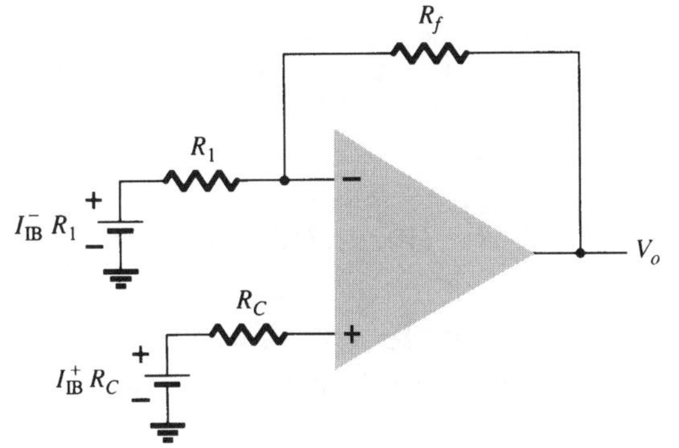

Figura 10.45 Circuito redesenhado da Figura 10.44.

$$V_o^+ = I_{IB}^+ R_C\left(1 + \frac{R_f}{R_1}\right)$$

enquanto a tensão de saída devida apenas a I_{IB}^-, denotada por V_o^-, é dada por

$$V_o^- = I_{IB}^- R_1\left(-\frac{R_f}{R_1}\right)$$

para uma tensão de offset de saída total de

$$V_o(\text{offset devido a } I_{IB}^+ \text{ e } I_{IB}^-)$$
$$= I_{IB}^+ R_C\left(1 + \frac{R_f}{R_1}\right) - I_{IB}^- R_1\frac{R_f}{R_1} \qquad (10.17)$$

Uma vez que a principal consideração é sobre a diferença entre correntes de polarização das entradas em vez de cada valor separadamente, definimos a corrente de offset I_{IO} a partir de:

$$I_{IO} = I_{IB}^+ - I_{IB}^-$$

Como a resistência de compensação R_C costuma ser aproximadamente igual ao valor de R_1, utilizando $R_C = R_1$ na Equação 10.17, podemos escrever

$$\begin{aligned} V_o(\text{offset}) &= I_{IB}^{+}(R_1 + R_f) - I_{IB}^{-} R_f \\ &= I_{IB}^{+} R_f - I_{IB}^{-} R_f = R_f(I_{IB}^{+} - I_{IB}^{-}) \end{aligned}$$

resultando em:

$$\boxed{V_o(\text{offset devido a } I_{IO}) = I_{IO} R_f} \qquad (10.18)$$

EXEMPLO 10.9

Calcule a tensão de offset do circuito da Figura 10.43 para uma especificação do amp-op $I_{IO} = 100$ nA.

Solução:

Equação 10.18:

$$V_o = I_{IO} R_f = (100 \text{ nA})(150 \text{ k}\Omega) = \mathbf{15 \text{ mV}}$$

Offset total devido a V_{IO} e I_{IO} Considerando-se que a saída do amp-op pode apresentar uma tensão de offset de saída devida a ambos os fatores vistos anteriormente, a tensão de offset de saída total pode ser escrita como

$$\begin{aligned} |V_o(\text{offset})| &= |V_o(\text{offset devido a } V_{IO})| \\ &+ |V_o(\text{offset devido a } I_{IO})| \end{aligned} \qquad (10.19)$$

O valor absoluto é utilizado devido ao fato de que a polaridade da tensão de offset pode ser positiva ou negativa.

EXEMPLO 10.10

Calcule a tensão de offset total para o circuito da Figura 10.46 para um amp-op com valores especificados de tensão de offset de entrada $V_{IO} = 4$ mV e corrente de offset de entrada de $I_{IO} = 150$ nA.

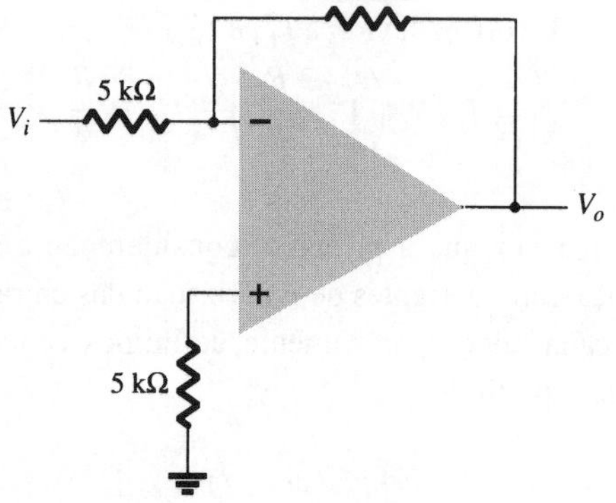

Figura 10.46 Circuito com amp-op para o Exemplo 10.10.

Solução:

O offset devido a V_{IO} é

Equação 10.16:

$$\begin{aligned} V_o(\text{offset devido a } V_{IO}) &= V_{IO}\,\frac{R_1 + R_f}{R_1} \\ &= (4 \text{ mV})\left(\frac{5 \text{ k}\Omega + 500 \text{ k}\Omega}{5 \text{ k}\Omega}\right) \\ &= 404 \text{ mV} \end{aligned}$$

Equação 10.18: $V_o(\text{offset devido a } I_{IO}) = I_{IO} R_f = (150 \text{ nA})(500 \text{ k}\Omega) = 75 \text{ mV}$

o que resulta em um offset total

Equação 10.19: $V_o(\text{offset total}) = V_o(\text{offset devido a } V_{IO}) + V_o(\text{offset devido a } I_{IO}) = 404 \text{ mV} + 75 \text{ mV} = \mathbf{479 \text{ mV}}$

Corrente de polarização de entrada, I_{IB} Um parâmetro relacionado a I_{IO} e às correntes separadas de polarização das entradas I_{IB}^{+} e I_{IB}^{-} é a corrente média de polarização definida como:

$$I_{IB} = \frac{I_{IB}^{+} + I_{IB}^{-}}{2} \qquad (10.20)$$

Podemos determinar correntes de polarização das entradas separadamente utilizando os valores especificados para I_{IO} e I_{IB}. É possível mostrar que para $I_{IB}^{+} > I_{IB}^{-}$:

$$I_{IB}^{+} = I_{IB} + \frac{I_{IO}}{2} \qquad (10.21)$$

$$I_{IB}^{-} = I_{IB} - \frac{I_{IO}}{2} \qquad (10.22)$$

EXEMPLO 10.11

Calcule as correntes de polarização de cada entrada de um amp-op com valores especificados de $I_{IO} = 5$ nA e $I_{IB} = 30$ nA.

Solução:

Utilizando a Equação 10.21, obtemos:

$$I_{IB}^{+} = I_{IB} + \frac{I_{IO}}{2} = 30 \text{ nA} + \frac{5 \text{ nA}}{2} = \mathbf{32{,}5 \text{ nA}}$$

$$I_{IB}^{-} = I_{IB} - \frac{I_{IO}}{2} = 30 \text{ nA} - \frac{5 \text{ nA}}{2} = \mathbf{27{,}5 \text{ nA}}$$

10.7 ESPECIFICAÇÕES DO AMP-OP — PARÂMETROS DE FREQUÊNCIA

Um amp-op é projetado para ser um amplificador de alto ganho, com ampla largura de banda. Essa operação tende a ser instável (oscilar) devido a efeitos de realimentação positiva (veja o Capítulo 14). Para garantir uma operação estável, os amp-ops são construídos com circuitos de compensação interna, o que também faz com que o ganho de malha aberta muito alto diminua com o aumento da frequência. Essa redução no ganho é chamada *roll-off*. Na maioria dos amp-ops, o roll-off ocorre em uma taxa de 20 dB por década (–20 dB/década) ou 6 dB por oitava (–6 dB/oitava). (Veja o Capítulo 9, que aborda uma discussão inicial sobre dB e resposta em frequência.)

Observe que, embora as especificações do amp-op listem o ganho de tensão de malha aberta (A_{VD}), o usuário geralmente conecta o amp-op utilizando resistores de realimentação para reduzir o ganho de tensão do circuito para um valor muito menor (ganho de tensão de malha fechada, A_{CL}). Vários benefícios são obtidos com essa redução de ganho. Primeiro, o ganho de tensão do amplificador fica mais estável e preciso, sendo seu valor estabelecido pelos resistores externos; segundo, a impedância de entrada do circuito assume um valor maior do que a do amp-op isolado; terceiro, a impedância de saída do circuito assume um valor menor do que a do amp-op isolado; e, finalmente, a resposta em frequência do circuito ocupa uma faixa maior do que a do amp-op isolado.

Ganho-largura de banda

Por causa dos circuitos de compensação interna que existem em um amp-op, o ganho de tensão cai com o aumento da frequência. As especificações do amp-op fornecem uma descrição do ganho *versus* largura de banda. A Figura 10.47 mostra uma curva do ganho *versus* frequência para um amp-op típico. Em frequências baixas e até a operação CC, o ganho é o valor listado pela especificação do fabricante A_{VD} (ganho de tensão diferencial) e costuma ser um valor muito grande. À medida que a frequência do sinal de entrada aumenta, o ganho de malha aberta cai, até finalmente atingir o valor de 1 (unitário). A frequência nesse valor de ganho é especificada pelo fabricante como largura de banda de ganho unitário, B_1. Embora esse valor seja uma frequência (veja a Figura 10.47) na qual o ganho se torna 1, ele também pode ser considerado uma largura de faixa, pois representa a banda de frequências de 0 Hz até a frequência que proporciona um ganho unitário. É possível, portanto, denominar esse ponto de frequência em que o ganho é reduzido para 1 como frequência de ganho unitário (f_1) ou largura de banda de ganho unitário (B_1).

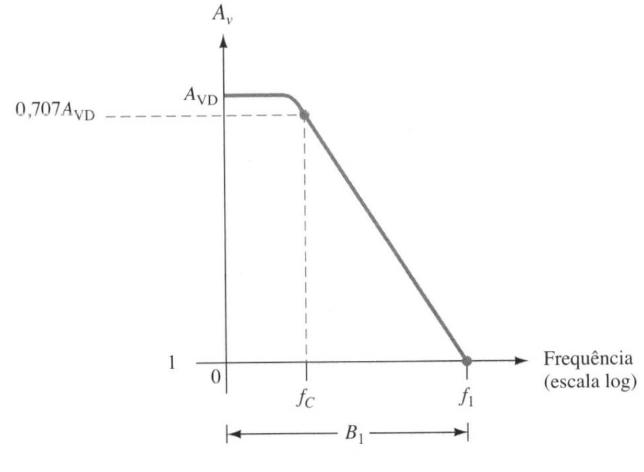

Figura 10.47 Gráfico do ganho *versus* frequência.

Outra frequência de interesse está representada na Figura 10.47, é aquela na qual o ganho cai a 3 dB (ou 0,707 do ganho CC, A_{VD}), sendo essa a frequência de corte do amp-op, f_C. Na realidade, a frequência de ganho unitário e a frequência de corte estão relacionadas por:

$$\boxed{f_1 = A_{VD} f_C} \qquad (10.23)$$

A Equação 10.23 mostra que a frequência de ganho unitário também pode ser chamada de produto ganho-largura de banda do amp-op.

EXEMPLO 10.12

Determine a frequência de corte de um amp-op com valores especificados de $B_1 = 1$ MHz e $A_{VD} = 200$ V/mV.

Solução:

Uma vez que $f_1 = B_1 = 1$ MHz, é possível utilizar a Equação 10.23 para calcular:

$$f_C = \frac{f_1}{A_{VD}} = \frac{1\text{ MHz}}{200\text{ V/mV}} = \frac{1 \times 10^6}{200 \times 10^3} = \mathbf{5\ Hz}$$

Taxa de inclinação (SR)

Outro parâmetro que reflete a capacidade do amp-op de operar com sinais variantes é a taxa de inclinação (SR, do inglês *slew rate*), definida como

Taxa de inclinação = taxa máxima na qual a saída do amplificador pode variar em volts por microssegundo (V/μs)

$$\boxed{SR = \frac{\Delta V_o}{\Delta t}\ \text{V}/\mu\text{s}} \quad \text{com } t \text{ em } \mu\text{s} \qquad (10.24)$$

A taxa de inclinação fornece um parâmetro que especifica a taxa máxima de variação da tensão de saída quando é aplicado um sinal de entrada de grande amplitude em forma de degrau.* Caso se tente variar a saída a uma taxa de tensão maior do que a taxa de inclinação, a saída não será capaz de variar suficientemente rápido e não cobrirá a faixa completa esperada, o que resultará em um sinal ceifado ou distorcido. De qualquer forma, a saída não será uma versão amplificada do sinal de entrada se a taxa de inclinação do amp-op for excedida.

* O ganho de malha fechada é aquele obtido com a saída de alguma forma conectada novamente à entrada.

EXEMPLO 10.13

Para um amp-op com uma taxa de inclinação SR = 2 V/μs, qual é o máximo ganho de tensão de malha fechada que pode ser utilizado quando o sinal de entrada varia de 0,5 V em 10 μs?

Solução:

Visto que $V_o = A_{CL} V_i$, podemos utilizar

$$\frac{\Delta V_o}{\Delta t} = A_{CL} \frac{\Delta V_i}{\Delta t}$$

de onde obtemos

$$A_{CL} = \frac{\Delta V_o/\Delta t}{\Delta V_i/\Delta t} = \frac{SR}{\Delta V_i/\Delta t}$$
$$= \frac{2\text{ V}/\mu s}{0{,}5\text{ V}/10\ \mu s} = \mathbf{40}$$

Qualquer ganho de tensão de malha fechada de magnitude maior do que 40 levará a saída a variar mais rapidamente do que a taxa de inclinação permite. Portanto, o máximo ganho permitido de malha fechada é 40.

Máxima frequência do sinal

A máxima frequência do sinal em que um amp-op pode operar depende tanto dos parâmetros largura de banda (BW) quanto taxa de inclinação (SR). Para um sinal senoidal de forma geral

$$v_o = K \operatorname{sen}(2\pi f t)$$

é possível mostrar que a taxa máxima de variação de tensão é

$$\text{taxa máxima de variação de sinal} = 2\pi f K \text{ V/s}$$

Para evitar distorção na saída, a taxa de variação também deve ser menor do que a taxa de inclinação. Isto é,

$$2\pi f K \leq SR$$
$$\omega K \leq SR$$

de maneira que

$$f \leq \frac{SR}{2\pi K} \quad \text{Hz}$$
$$\omega \leq \frac{SR}{K} \quad \text{rad/s} \qquad (10.25)$$

Adicionalmente, a frequência máxima, f, na Equação 10.25 também é limitada pela largura de banda de ganho unitário.

EXEMPLO 10.14

Para o sinal e o circuito da Figura 10.48, determine a frequência máxima que pode ser utilizada. A taxa de inclinação do amp-op é SR = 0,5 V/μs.

Solução:

Para um ganho igual a

$$A_{CL} = \left|\frac{R_f}{R_1}\right| = \frac{240\text{ k}\Omega}{10\text{ k}\Omega} = 24$$

a tensão de saída fornece

$$K = A_{CL} V_i = 24(0{,}02\text{ V}) = 0{,}48\text{ V}$$

Equação 10.25:

$$\omega \leq \frac{SR}{K} = \frac{0{,}5\text{ V}/\mu s}{0{,}48\text{ V}} = \mathbf{1{,}1 \times 10^6\ rad/s}$$

Visto que a frequência do sinal $\omega = 300 \times 10^3$ rad/s é menor do que o valor máximo determinado anteriormente, não há distorção resultante na saída.

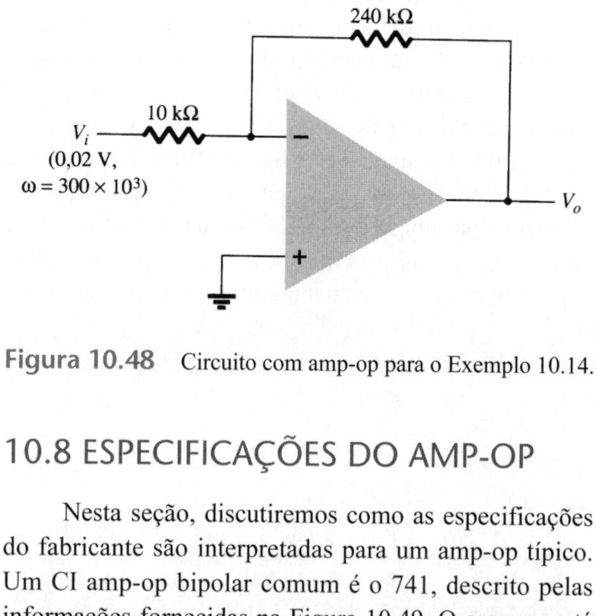

Figura 10.48 Circuito com amp-op para o Exemplo 10.14.

10.8 ESPECIFICAÇÕES DO AMP-OP

Nesta seção, discutiremos como as especificações do fabricante são interpretadas para um amp-op típico. Um CI amp-op bipolar comum é o 741, descrito pelas informações fornecidas na Figura 10.49. O amp-op está disponível em diversos tipos de encapsulamentos, sendo o encapsulamento DIP de 8 pinos e o encapsulamento plano de 10 pinos os mais comuns.

Especificações máximas absolutas

As especificações máximas absolutas fornecem informações sobre quais são as máximas tensões de alimentação que podem ser utilizadas, quão grande pode ser a excursão do sinal de entrada e com que potência máxima o dispositivo é capaz de operar. Dependendo

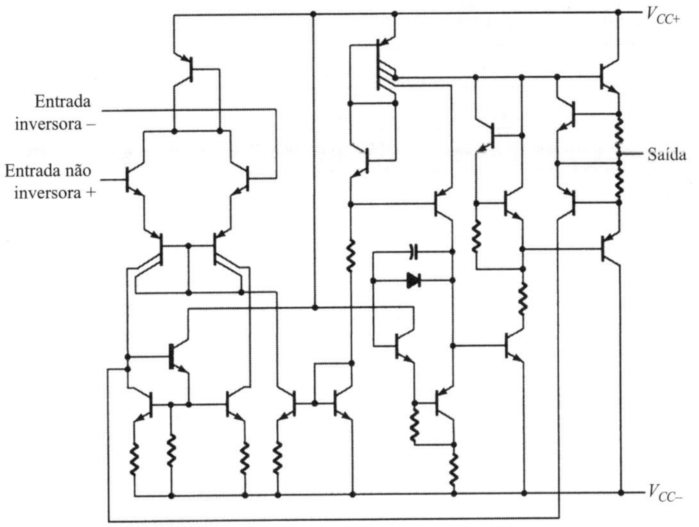

Valores máximos absolutos para a faixa de operação com temperatura ambiente (a menos que seja especificado outro valor)

	uA741	Unid.
Tensão de alimentação V_{CC+}	22	V
Tensão de alimentação V_{CC-}	–22	V
Tensão de entrada diferencial	±30	V
Tensão de entrada para qualquer entrada	±15	V
Tensão entre quaisquer dos terminais "offset null" (N1/N2) e V_{CC-}	±0,5	V
Duração do curto-circuito na saída	ilimitada	
Dissipação total de potência contínua na temperatura ambiente de 25 °C (ou abaixo dela)	500	mW
Faixa de temperatura ambiente de operação	–40 a 85	°C
Faixa de temperatura de armazenagem	–65 a 150	°C
Temperatura do terminal a 1,6 mm (1/16 polegada) do encapsulamento por 60 segundos	300	°C
Temperatura do terminal a 1,6 mm (1/16 polegada) do encapsulamento por 10 segundos	260	°C

Características elétricas para uma temperatura ambiente especificada, $V_{CC}+ = 15$ V, $V_{CC}- = -15$ V

PARÂMETRO		CONDIÇÕES DE TESTE		uA741M MÍN.	uA741M TÍP.	uA741M MÁX.	UNID.
V_{IO}	Tensão de offset de entrada	$V_O = 0$	25°C		1	5	mV
			Faixa completa			6	
$\Delta V_{IO(ajuste)}$	Faixa de ajuste da tensão de offset	$V_O = 0$	25°C		±15		mV
I_{IO}	Corrente de offset de entrada	$V_O = 0$	25°C		20	200	nA
			Faixa completa			500	
I_{IB}	Corrente de polarização de entrada	$V_O = 0$	25°C		80	500	nA
			Faixa completa			1500	
V_{ICR}	Faixa de tensão de entrada em modo-comum		25°C	±12	±13		V
			Faixa completa	±12			
V_{OM}	Oscilação máxima de pico da tensão de saída	$R_L = 10$ kΩ	25°C	±12	±14		V
		$R_L \geq 10$ kΩ	Faixa completa	±12			
		$R_L = 2$ kΩ	25°C	±10	±13		
		$R_L \geq 2$ kΩ	Faixa completa	±10			
A_{VD}	Amplificação de tensão diferencial para grandes sinais	$R_L \geq 2$ kΩ	25°C	50	200		V/mV
		$V_O = \pm 10$ V	Faixa completa	25			
r_i	Resistência de entrada		25°C	0,3	2		MΩ
r_o	Resistência de saída	$V_O = 0$ Veja nota 6	25°C		75		Ω
C_i	Capacitância de entrada		25°C		1,4		pF
CMRR	Razão de rejeição de modo-comum	$V_{IC} = V_{ICR}$ mín	25°C	70	90		dB
			Faixa completa	70			
k_{SVS}	Sensibilidade à tensão de alimentação ($\Delta V_{IO}/\Delta V_{CC}$)	$V_{CC} = \pm 9$ V a ±15 V	25°C		30	150	μV/V
			Faixa completa			150	
I_{OS}	Corrente de saída de curto-circuito		25°C		±25	±40	mA
I_{CC}	Corrente de alimentação	Sem carga, $V_O = 0$	25°C		1,7	2,8	mA
			Faixa completa			3,3	
P_D	Dissipação total de potência	Sem carga, $V_O = 0$	25°C		50	85	mW
			Faixa completa			100	

(continua)

Figura 10.49 Especificações do amp-op 741.

Características de operação, $V_{CC}+ = 15$ V, $V_{CC}- = -15$ V, $TA = 25$°C

	PARÂMETRO	CONDIÇÕES DE TESTE	uA741M			UNID.
			MÍN.	TÍP.	MÁX.	
t_r	Tempo de subida	$V_I = 20$ mV, $R_L = 2$ kΩ, $C_L = 100$ pF		0,3		µs
	Fator de overshoot			5%		
SR	Taxa de inclinação com ganho unitário	$V_I = 10$ V, $R_L = 2$ kΩ, $C_L = 100$ pF		0,5		V/µs

Figura 10.49 Continuação.

da versão específica do 741 utilizada, a maior tensão de alimentação é uma fonte dupla de ±18 V ou ±22 V. Além disso, o CI pode dissipar internamente de 310 mW até 570 mW, dependendo do encapsulamento utilizado no CI. A Tabela 10.2 resume alguns valores típicos utilizados nos exemplos e problemas.

Tabela 10.2 Valores máximos absolutos.

Tensão de alimentação	±22 V
Dissipação interna de potência	500 mW
Tensão de entrada diferencial	±30 V
Tensão de entrada	±15 V

EXEMPLO 10.15

Determine a corrente drenada de uma fonte de alimentação dupla de ±12 V, considerando-se que o CI dissipa 500 mW.

Solução:

Se considerarmos que cada fonte fornece metade da potência total para o CI, então

$$P = VI$$
$$250 \text{ mW} = 12 \text{ V}(I)$$

de maneira que cada fonte fornecerá uma corrente de:

$$I = \frac{250 \text{ mW}}{12 \text{ V}} = \mathbf{20{,}83\ mA}$$

Características elétricas

As características elétricas incluem muitos dos parâmetros mencionados anteriormente neste capítulo. O fabricante fornece algumas combinações de valores típicos, mínimos ou máximos para vários parâmetros considerados mais úteis para o usuário. Há um resumo na Tabela 10.3.

V_{IO} **Tensão de offset de entrada:** A tensão de offset de entrada é normalmente 1 mV, mas pode chegar a 6 mV. A tensão de offset de saída é calculada com base no circuito utilizado. Se o interesse for avaliar a pior condição possível, o valor máximo deve ser usado. Valores típicos são aqueles mais comumente esperados na prática quando se usam amp-ops.

I_{IO} **Corrente de offset de entrada:** A corrente de offset de entrada normalmente é listada em 20 nA, enquanto o maior valor esperado é de 200 nA.

I_{IB} **Corrente de polarização de entrada:** A corrente de polarização de entrada normalmente é 80 nA, podendo alcançar 500 nA.

V_{ICR} **Faixa de tensão de entrada de modo comum:** Este parâmetro apresenta a faixa sobre a qual a tensão de entrada pode variar (utilizando uma fonte de ±15 V), cerca de ±12 V a ±13 V. Entradas de amplitude maiores que esse valor provavelmente provocarão uma distorção na saída e devem ser evitadas.

V_{OM} **Oscilação máxima de pico da tensão de saída:** Este parâmetro apresenta o valor máximo que o sinal de saída pode atingir (utilizando uma fonte de ±15 V). Dependendo do ganho de malha fechada do circuito, o sinal de entrada deve ser limitado para evitar a variação da saída em uma faixa superior a ±12 V, no pior caso, ou ±14 V, tipicamente.

A_{VD} **Amplificação de tensão diferencial para grandes sinais:** Este é o ganho de tensão de malha aberta do amp-op. Embora um valor mínimo de 20 V/mV, ou 20.000 V/V seja listado, o fabricante também lista um valor típico de 200 V/mV ou 200.000 V/V.

r_i **Resistência de entrada:** A resistência de entrada do amp-op, quando medida sob condições de malha aberta, é tipicamente 2 MΩ, mas poderia ser tão pequena quanto 0,3 MΩ ou 300 kΩ. Em um circuito de malha fechada, essa impedância de entrada pode ser muito maior, como discutido anteriormente.

r_o **Resistência de saída:** A resistência de saída do amp-op é, tipicamente, de 75 Ω. Nenhum valor mínimo ou máximo é dado pelo fabricante para esse amp-op. Novamente, no circuito de malha fechada, a impedância de saída pode ser mais baixa, dependendo do ganho do circuito.

Tabela 10.3 Características elétricas do μA741: $V_{CC} = \pm 15$ V, $T_A = 25$ °C.

Características	Mínima	Típica	Máxima	Unidade
V_{IO} Tensão de offset de entrada		1	6	mV
I_{IO} Corrente de offset de entrada		20	200	nA
I_{IB} Corrente de polarização de entrada		80	500	nA
V_{ICR} Faixa de tensão de entrada de modo-comum	±12	±13		V
V_{OM} Oscilação máxima de pico da tensão de saída	±12	±14		V
A_{VD} Amplificação de tensão diferencial para grandes sinais	20	200		V/mV
r_i Resistência de entrada	0,3	2		MΩ
r_o Resistência de saída		75		Ω
C_i Capacitância de entrada		1,4		pF
CMRR Razão de rejeição de modo-comum	70	90		dB
I_{CC} Corrente de alimentação		1,7	2,8	mA
P_D Dissipação total de potência		50	85	mW

C_i **Capacitância de entrada:** Para considerações sobre altas frequências, é útil saber que a entrada para o amp-op tem tipicamente 1,4 pF de capacitância, um valor geralmente pequeno mesmo se comparado com a capacitância parasita de fiação.

CMRR **Razão de rejeição de modo-comum:** Este parâmetro do amp-op é tipicamente 90 dB, mas pode chegar a 70 dB. Visto que 90 dB equivale a 31.622,78, o amp-op amplifica a diferença das entradas acima de 30.000 vezes mais do que amplifica o ruído (entrada comum).

I_{CC} **Corrente de alimentação:** O amp-op drena um total de 2,8 mA, tipicamente da fonte dupla de tensão, mas a corrente drenada pode ser tão pequena quanto 1,7 mA. Esse parâmetro ajuda o usuário a determinar o tamanho da fonte de tensão a ser utilizada. Também pode ser usado para calcular a potência dissipada pelo CI ($P_D = 2V_{CC}I_{CC}$).

P_D **Dissipação total de potência:** A potência total dissipada pelo amp op é tipicamente 50 mW, mas pode chegar a 85 mW. Com relação ao parâmetro anterior, podemos ver que o amp-op dissipará cerca de 50 mW quando drenar aproximadamente 1,7 mA de uma fonte dupla de 15 V. Para tensões de alimentação menores, a corrente drenada, assim como a dissipação total de potência, será menor.

EXEMPLO 10.16

Utilizando especificações listadas na Tabela 10.3, calcule a tensão de offset de saída típica para a conexão de circuito da Figura 10.50.

Solução:

O offset na saída devido a V_{IO} é calculado por Equação 10.16:

$$V_o(\text{offset}) = V_{IO}\frac{R_1 + R_f}{R_1}$$

$$= (1\text{ mV})\left(\frac{12\text{ k}\Omega + 360\text{ k}\Omega}{12\text{ k}\Omega}\right) = 31\text{ mV}$$

A tensão de saída devida a I_{IO} é calculada por Equação 10.18:

$$V_o(\text{offset}) = I_{IO}R_f = 20\text{ nA }(360\text{ k}\Omega) = 7{,}2\text{ mV}$$

Considerando que esses dois offsets sejam de mesma polaridade na saída, obtemos a tensão total de offset de saída:

$$V_o(\text{offset}) = 31\text{ mV} + 7{,}2\text{ mV} = \mathbf{38{,}2\text{ mV}}$$

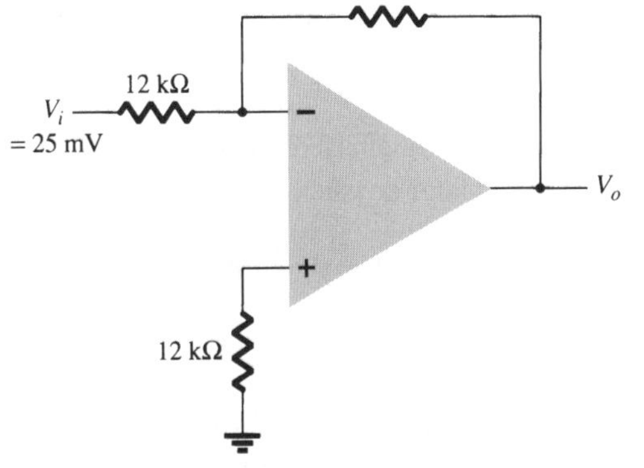

Figura 10.50 Circuito com amp-op para os exemplos 10.16, 10.17 e 10.19.

EXEMPLO 10.17

Para características típicas do amp-op 741 (r_o = 75 Ω, A = 200 V/mV), calcule os seguintes valores para o circuito da Figura 10.50:

a) A_{CL}.

b) Z_i.

c) Z_o.

Solução:

a) Equação 10.8:

$$\frac{V_o}{V_i} = -\frac{R_f}{R_1} = -\frac{360\text{ k}\Omega}{12\text{ k}\Omega} = \mathbf{-30} \cong \frac{1}{\beta}$$

b) $Z_i = R_1 =$ **12 kΩ**

c) $$Z_o = \frac{r_o}{(1 + \beta A)}$$

$$= \frac{75\ \Omega}{1 + \left(\frac{1}{30}\right)(200\text{ V/mV})} = \mathbf{0{,}011\ \Omega}$$

Características de operação

Um outro grupo de valores usados para descrever a operação do amp-op com sinais variáveis é fornecido na Tabela 10.4.

EXEMPLO 10.18

Calcule a frequência de corte de um amp-op com as características descritas nas tabelas 10.3 e 10.4.

Solução:

Equação 10.23:

$$f_C = \frac{f_1}{A_{VD}} = \frac{B_1}{A_{VD}} = \frac{1\text{ MHz}}{20.000} = \mathbf{50\ Hz}$$

EXEMPLO 10.19

Calcule a frequência máxima do sinal de entrada para o circuito na Figura 10.50, com uma entrada V_i = 25 mV.

Solução:

Para um ganho de malha fechada A_{CL} = 30 e uma entrada V_i = 25 mV, o fator de ganho da saída é calculado como

$$K = A_{CL}V_i = 30(25\text{ mV}) = 750\text{ mV} = 0{,}750\text{ V}$$

Utilizando a Equação 10.25, a frequência máxima do sinal, $f_{máx}$, é:

$$f_{máx} = \frac{SR}{2\pi K} = \frac{0{,}5\text{ V}/\mu\text{s}}{2\pi(0{,}750\text{ V})} = \mathbf{106\ kHz}$$

Desempenho do amp-op

O fabricante fornece diversas descrições gráficas a respeito do desempenho do amp-op. A Figura 10.51 inclui algumas curvas de desempenho típicas que comparam várias características em função da tensão de alimentação. O ganho de tensão de malha aberta aumenta à medida que aumenta o valor da tensão de alimentação. Enquanto as informações fornecidas anteriormente correspondem a uma tensão de alimentação específica, as curvas de desempenho a seguir mostram como o ganho de tensão é afetado utilizando-se uma gama de valores de tensão de alimentação.

EXEMPLO 10.20

Utilizando a Figura 10.51, determine o ganho de tensão de malha aberta para uma tensão de alimentação de V_{CC} = ±12 V.

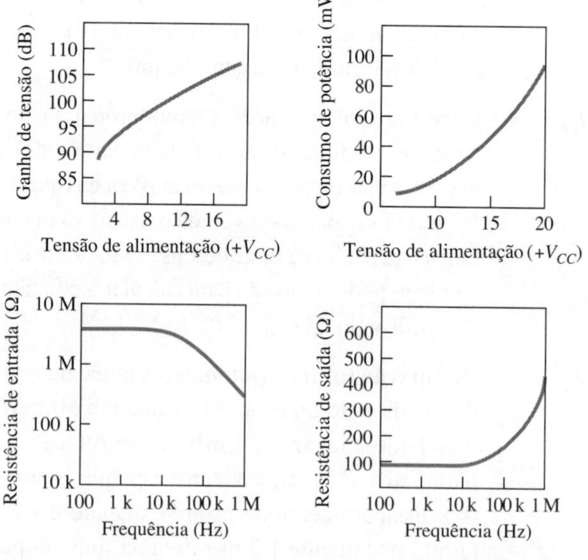

Figura 10.51 Curvas de desempenho.

Tabela 10.4 Características de operação: V_{CC} = ±15 V, T_A = 25 °C.

Parâmetro	Mínimo	Típico	Máximo	Unidade
Largura de banda de ganho unitário B_1		1		MHz
Tempo de subida t_r		0,3		μs

Solução:
A partir da curva na Figura 10.51, $A_{VD} \approx 104$ dB. Esse é um ganho de tensão linear de

$$A_{VD}(\text{dB}) = 20 \log_{10} A_{VD}$$
$$104 \text{ dB} = 20 \log A_{VD}$$

$$A_{VD} = \text{antilog} \frac{104}{20} = \mathbf{158{,}5 \times 10^3}$$

Outra curva de desempenho na Figura 10.51 mostra como o consumo de potência varia em função da tensão de alimentação. Como podemos ver, o consumo de potência aumenta com valores maiores da tensão de alimentação. Por exemplo, enquanto a dissipação de potência é cerca de 50 mW em $V_{CC} = \pm 15$ V, ela cai para cerca de 5 mW com $V_{CC} = \pm 5$ V. Duas outras curvas mostram como as resistências de entrada e saída são afetadas pela frequência: a resistência de entrada cai e a resistência de saída aumenta em altas frequências.

10.9 OPERAÇÃO DIFERENCIAL E MODO-COMUM

Uma das características mais importantes de uma conexão de circuito diferencial, como a existente em um amp-op, é a capacidade de o circuito amplificar bastante os sinais opostos nas duas entradas, enquanto amplifica pouco os sinais que são comuns a ambas as entradas. Um amp-op fornece um componente de saída que se deve à amplificação da diferença dos sinais aplicados às entradas positiva e negativa, e um componente que se deve aos sinais comuns a ambas as entradas. Uma vez que a amplificação dos sinais de entrada opostos é muito maior que a dos sinais de entrada comuns, o circuito fornece uma rejeição ao modo-comum descrita por um valor numérico chamado de razão de rejeição de modo-comum (CMRR, do inglês *common-mode rejection ratio*).

Entradas diferenciais

Quando entradas separadas são aplicadas ao amp-op, o sinal de diferença resultante é a diferença entre as duas entradas.

$$V_d = V_{i_1} - V_{i_2} \tag{10.26}$$

Entradas comuns

Quando ambos os sinais de entrada são iguais, o sinal comum às duas entradas pode ser definido como a média aritmética entre dois sinais.

$$V_c = \tfrac{1}{2}(V_{i_1} + V_{i_2}) \tag{10.27}$$

Tensão de saída

Uma vez que qualquer sinal aplicado a um amp-op tem, de modo geral, componentes tanto em fase quanto fora de fase, a saída resultante pode ser expressa como

$$V_o = A_d V_d + A_c V_c \tag{10.28}$$

onde V_d = tensão de diferença dada pela Equação 10.26
V_c = tensão comum dada pela Equação 10.27
A_d = ganho diferencial do amplificador
A_c = ganho de modo-comum do amplificador

Entradas de polaridades opostas

Se entradas de polaridades opostas aplicadas a um amp-op são sinais idealmente opostos, $V_{i1} = -V_{i2} = V_s$, a tensão de diferença resultante é

Equação 10.26: $V_d = V_{i1} - V_{i2} = V_s - (-V_s) = 2V_s$

enquanto a tensão comum resultante é

Equação 10.27:
$$V_c = \tfrac{1}{2}(V_{i_1} + V_{i_2}) = \tfrac{1}{2}[V_s + (-V_s)] = 0$$

de maneira que a tensão de saída resultante é

Equação 10.28: $V_o = A_d V_d + A_c V_c = A_d(2V_s) + 0 = 2A_d V_s$

Isso mostra que, quando as entradas são sinais idealmente opostos (não há nenhum elemento comum), a saída é o ganho diferencial vezes o dobro do sinal de entrada aplicado a uma das entradas.

Entradas de mesma polaridade

Se entradas de mesma polaridade são aplicadas a um amp-op, $V_{i1} = V_{i2} = V_s$, a tensão de diferença resultante é

Equação 10.26: $V_d = V_{i1} - V_{i2} = V_s - V_s = 0$

enquanto a tensão comum resultante é

Equação 10.27:
$$V_c = \tfrac{1}{2}(V_{i_1} + V_{i_2}) = \tfrac{1}{2}(V_s + V_s) = V_s$$

de maneira que a tensão de saída resultante é

Equação 10.28: $V_o = A_d V_d + A_c V_c = A_d(0) + A_c V_s = A_c V_s$

Isso mostra que, quando as entradas são sinais ideais em fase (nenhum sinal de diferença), a saída é o ganho de modo-comum vezes o sinal de entrada V_s, o que mostra que ocorre apenas a operação de modo-comum.

Rejeição de modo-comum

As soluções anteriores fornecem as relações que podem ser utilizadas para medir A_d e A_c em circuitos com amp-ops.

1. *Para medir A_d*: Estabeleça $V_{i1} = -V_{i2} = V_s = 0{,}5$ V, de maneira que
Equação 10.26: $V_d = (V_{i1} - V_{i2}) = (0{,}5\text{ V} - (-0{,}5\text{ V})) = 1$ V
e Equação 10.27:
$V_c = \frac{1}{2}(V_{i_1} + V_{i_2}) = \frac{1}{2}[0{,}5\text{ V} + (-0{,}5\text{ V})] = 0\text{ V}$
Sob essas condições, a tensão de saída é
Equação 10.28: $V_o = A_dV_d + A_cV_c = A_d(1\text{ V}) + A_c(0) = A_d$
Portanto, ajustar as tensões de entrada $V_{i1} = -V_{i2} = 0{,}5$ V resulta em uma tensão de saída numericamente igual ao valor de A_d.

2. *Para medir A_c*: Estabeleça $V_{i1} = V_{i2} = V_s = 1$ V de maneira que
Equação 10.26: $V_d = (V_{i1} - V_{i2}) = (1\text{ V} - 1\text{ V}) = 0$ V
e Equação 10.27:
$V_c = \frac{1}{2}(V_{i_1} + V_{i_2}) = \frac{1}{2}(1\text{ V} + 1\text{ V}) = 1\text{ V}$
Sob essas condições, a tensão de saída é
Equação 10.28: $V_o = A_dV_d + A_cV_c = A_d(0\text{ V}) + A_c(1\text{ V}) = A_c$
Portanto, ajustar as tensões de entrada $V_{i1} = V_{i2} = 1$ V resulta em uma tensão de saída numericamente igual ao valor de A_c.

Razão de rejeição de modo-comum

Uma vez obtidos A_d e A_c (pelo procedimento de medida discutido anteriormente), podemos, agora, calcular um valor para a razão de rejeição de modo-comum (CMRR), a qual é definida pela seguinte equação:

$$\text{CMRR} = \frac{A_d}{A_c} \tag{10.29}$$

O valor de CMRR também pode ser expresso em termos logarítmicos como:

$$\text{CMRR (log)} = 20 \log_{10} \frac{A_d}{A_c} \quad \text{(dB)} \tag{10.30}$$

EXEMPLO 10.21

Calcule a CMRR para as medidas mostradas nos circuitos da Figura 10.52.

Solução:

Das medidas mostradas na Figura 10.52(a), utilizando o procedimento do passo 1 anterior, obtemos:

$$A_d = \frac{V_o}{V_d} = \frac{8\text{ V}}{1\text{ mV}} = 8000$$

Das medidas mostradas na Figura 10.52(b), utilizando o procedimento do passo 2 anterior, obtemos:

$$A_c = \frac{V_o}{V_c} = \frac{12\text{ mV}}{1\text{ mV}} = 12$$

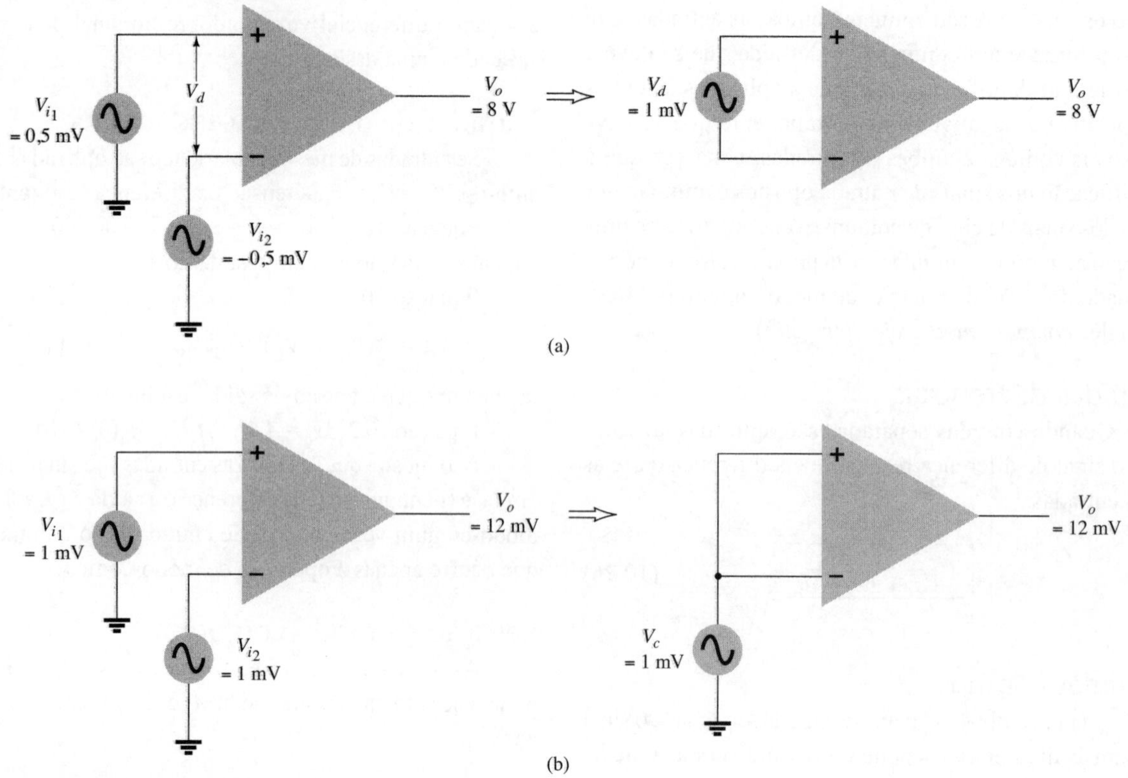

Figura 10.52 Operação (a) diferencial e (b) de modo-comum.

Utilizando-se a Equação 10.28, o valor de CMRR é

$$\text{CMRR} = \frac{A_d}{A_c} = \frac{8000}{12} = \mathbf{666{,}7}$$

que também pode ser expresso como

$$\text{CMRR} = 20 \log_{10} \frac{A_d}{A_c}$$
$$= 20 \log_{10} 666{,}7 = \mathbf{56{,}48\ dB}$$

Deve ficar claro que a operação desejada ocorrerá quando A_d é muito grande e A_c, muito pequeno. Isto é, os componentes do sinal de polaridades opostas aparecerão muito amplificados na saída, enquanto componentes do sinal que estão em fase se cancelarão em grande parte, de modo que o ganho de modo-comum, A_c, é muito pequeno. Idealmente, o valor da CMRR é infinito. Na prática, quanto maior esse valor, melhor é o funcionamento do circuito.

Podemos expressar a tensão de saída em termos do valor de CMRR como segue

Equação 12.22:

$$V_o = A_d V_d + A_c V_c = A_d V_d\left(1 + \frac{A_c V_c}{A_d V_d}\right)$$

Utilizando a Equação 12.24, podemos escrever a equação anterior como:

$$V_o = A_d V_d\left(1 + \frac{1}{\text{CMRR}}\frac{V_c}{V_d}\right) \qquad (10.31)$$

Mesmo quando ambos os componentes V_d e V_c do sinal estão presentes, a Equação 10.31 mostra que, para valores altos de CMRR, a tensão de saída se deve principalmente ao sinal de diferença, com o componente de modo-comum bastante reduzido ou rejeitado. Alguns exemplos práticos ajudarão a tornar essa ideia mais clara.

EXEMPLO 10.22

Determine a tensão de saída de um amp-op para as tensões de entrada $V_{i_1} = 150\ \mu V$, $V_{i_2} = 140\ \mu V$. O amplificador tem um ganho diferencial $A_d = 4000$ e o valor de CMRR é:

a) 100.

b) 10^5.

Solução:

Equação 10.26:

$V_d = V_{i_1} - V_{i_2} = (150 - 140)\ \mu V = 10\ \mu V$

Equação 10.27:

$$V_c = \frac{1}{2}(V_{i_1} + V_{i_2})$$
$$= \frac{150\ \mu V + 140\ \mu V}{2} = 145\ \mu V$$

a) Equação 10.31:

$$V_o = A_d V_d\left(1 + \frac{1}{\text{CMRR}}\frac{V_c}{V_d}\right)$$
$$= (4000)(10\ \mu V)\left(1 + \frac{1}{100}\frac{145\ \mu V}{10\ \mu V}\right)$$
$$= 40\ \text{mV}(1{,}145) = \mathbf{45{,}8\ mV}$$

b) $$V_o = (4000)(10\ \mu V)\left(1 + \frac{1}{10^5}\frac{145\ \mu V}{10\ \mu V}\right)$$
$$= 40\ \text{mV}(1{,}000145) = \mathbf{40{,}006\ mV}$$

O Exemplo 10.22 mostra que, quanto maior o valor de CMRR, mais próxima a tensão de saída estará da diferença das entradas vezes o ganho diferencial, e o sinal de modo-comum será rejeitado.

10.10 RESUMO

Conclusões e conceitos importantes

1. A operação diferencial envolve a utilização de entradas de polaridades opostas.
2. A operação modo-comum envolve a utilização de entradas de mesma polaridade.
3. A rejeição de modo-comum compara o ganho de entradas diferenciais ao ganho das entradas comuns.
4. Um amp-op é um **amp**lificador **op**eracional.
5. As características básicas de um amp-op são:
   Impedância de entrada bastante alta (tipicamente megaohms)
   Ganho de tensão bastante alto (tipicamente algumas centenas de milhares ou maior)
   Baixa impedância de saída (tipicamente menor que 100 Ω)
6. Terra virtual é um conceito baseado no fato prático de que a tensão de entrada diferencial entre entradas positiva (+) e negativa (–) está por volta de (virtualmente) 0 V, se calculada como a tensão de saída (no máximo, a da fonte de alimentação) dividida pelo ganho muito alto do amp-op.
7. As conexões básicas de amp-op incluem:
   Amplificador inversor
   Amplificador não inversor
   Amplificador de ganho unitário

Amplificador somador
Amplificador integrador

8. As especificações amp-op incluem:
Correntes e tensões de offset
Parâmetros de frequência
Ganho-largura de banda
Taxa de inclinação

Equações

$$\text{CMRR} = 20 \log_{10} \frac{A_d}{A_c}$$

Amplificador inversor:

$$\frac{V_o}{V_i} = -\frac{R_f}{R_1}$$

Amplificador não inversor:

$$\frac{V_o}{V_i} = 1 + \frac{R_f}{R_1}$$

Seguidor unitário:

$$V_o = V_1$$

Amplificador somador:

$$V_o = -\left(\frac{R_f}{R_1}V_1 + \frac{R_f}{R_2}V_2 + \frac{R_f}{R_3}V_3\right)$$

Amplificador integrador:

$$v_o(t) = -\frac{1}{RC}\int v_1(t)\,dt$$

$$\text{Taxa de inclinação (SR)} = \frac{\Delta V_o}{\Delta t} \quad \text{V}/\mu\text{s}$$

10.11 ANÁLISE COMPUTACIONAL

PSpice para Windows

Programa 10.1 — Amp-op inversor Um amp-op inversor, mostrado na Figura 10.53, é analisado primeiro. Com o *display* da tensão CC ligado, o resultado após executar uma análise mostra que, para uma entrada de 2 V e um ganho de circuito de –5,

$$A_v = -R_F/R_1 = -500\ \text{k}\Omega/100\ \text{k}\Omega = -5$$

A saída é exatamente –10 V:

$$V_o = A_v V_i = -5(2\ \text{V}) = -10\ \text{V}$$

A entrada para o terminal negativo é –50,01 μV, o qual está virtualmente aterrado, ou em 0 V.

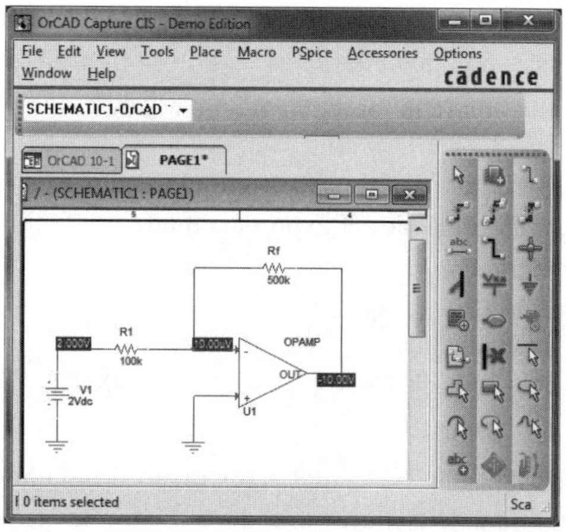

Figura 10.53 Amp-op inversor utilizando o modelo ideal.

Um circuito amp-op inversor prático está desenhado na Figura 10.54. Utilizando os mesmos valores de resistores da Figura 10.53, com um amp-op real, o μA741, obtemos a saída resultante –9,96 V, próximo do valor ideal de –10 V. Essa pequena diferença do dispositivo ideal se deve ao ganho real e à impedância de entrada do amp-op μA741.

Antes de completar a análise, a seleção de **Analysis Setup, Transfer Function** e **Output** de **V(RF:2)** e **Input Source** de V_i mostrará as características de pequeno sinal na listagem de saída. O ganho do circuito pode ser visto

$$V_o/V_i = -5$$
$$\text{Resistência de entrada em } V_i = 1 \times 10^5$$
$$\text{Resistência de saída em } V_o = 4{,}95 \times 10^{-3}$$

Programa 10.2 — Amp-op não inversor A Figura 10.55 mostra um circuito amp-op não inversor. As tensões

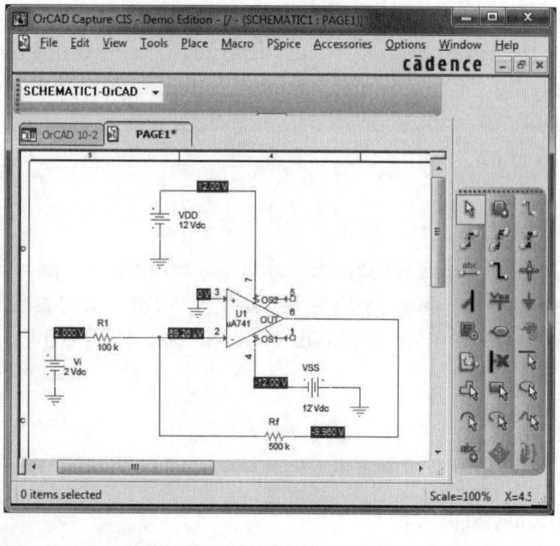

Figura 10.54 Circuito amp-op inversor prático.

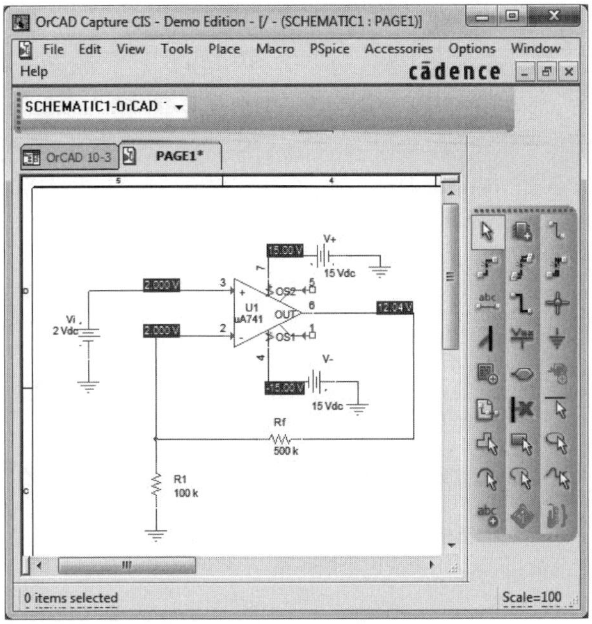

Figura 10.55 Esquema no Design Center para o circuito amp-op não inversor.

de polarização são mostradas na figura. O ganho teórico do amplificador deveria ser:

$$A_v = (1 + R_F/R_1) = 1 + 500\ k\Omega/100\ k\Omega = 6$$

Para uma entrada de 2 V, a saída resultante será:

$$V_o = A_v V_i = 6(2\ V) = 12\ V$$

A saída está em fase com a entrada.

Programa 10.3 — Circuito amp-op somador Um circuito amp-op somador como o do Exemplo 10.3 é mostrado na Figura 10.56. As tensões de polarização também estão na Figura 10.56, mostrando a saída resultante em 3 V, como calculado no Exemplo 10.3. Observe como o conceito de terra virtual funciona bem para a entrada negativa de apenas 3,791 μV.

Programa 10.4 — Circuito amp-op de ganho unitário A Figura 10.57 mostra um circuito amp-op de ganho unitário com suas tensões de polarização. Para uma entrada de +2 V, a saída é exatamente +2 V.

Programa 10.5 — Circuito integrador com amp-op Um circuito integrador com amp-op é mostrado na Figura 10.58. A entrada é selecionada como **VPULSE**, que é ajustada para ser uma entrada do tipo degrau, como mostrado a seguir: ajuste **ac** = 0, **dc** = 0, **V1** = 0 V, **V2** = 2 V, **TD** = 0, **TR** = 0, **TF** = 0, **PW** = 10 ms e **PER** = 20 ms. Isso faz com que haja um degrau de

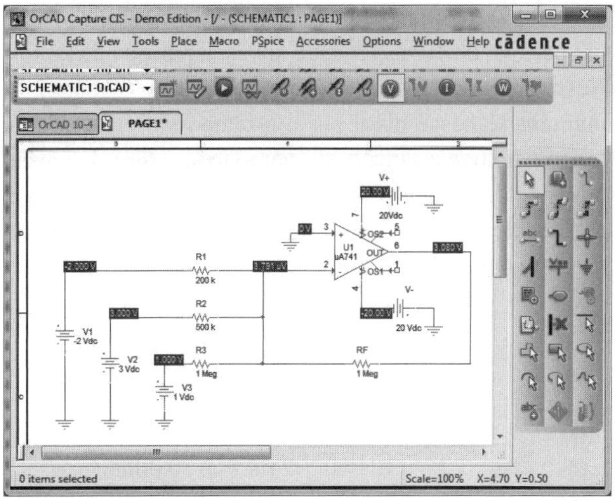

Figura 10.56 Amplificador somador do Programa 10.3.

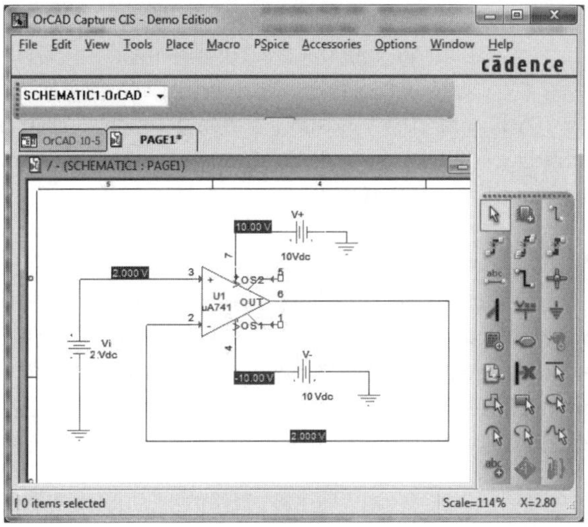

Figura 10.57 Amplificador de ganho unitário.

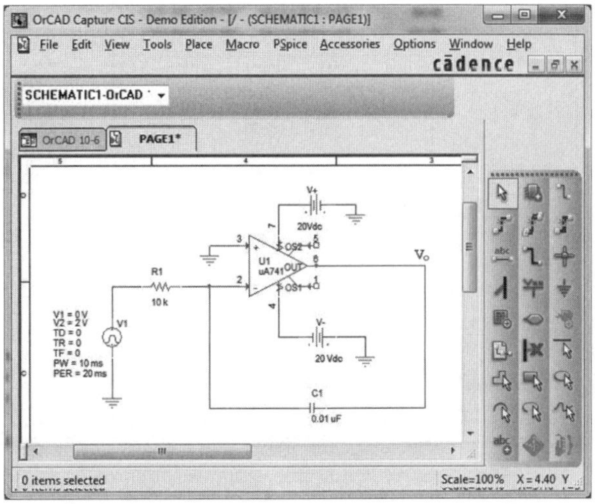

Figura 10.58 Circuito integrador com amp-op.

0 V a 2 V, sem atraso, tempo de subida ou de queda, com um período de 10 ms repetido após um período de 20 ms. Nesse problema, a tensão sobe instantaneamente para 2 V, mantém-se nesse nível por um tempo suficientemente longo para que a saída desça como uma rampa de tensão do valor de alimentação máximo de +20 V para o nível mais baixo de –20 V. Teoricamente, a saída para o circuito da Figura 10.58 é:

$$v_o(t) = -1/RC \int v_i(t)\, dt$$

$$v_o(t) = -1/(10\text{ k}\Omega)(0{,}01\ \mu\text{F}) \int 2\, dt$$

$$= -10.000 \int 2\, dt = -20.000t$$

Trata-se de uma rampa de tensão negativa caindo a uma taxa (inclinação) de –20.000 V/s. Essa rampa de tensão cai de +20 V para –20 V em

$$40\text{ V}/20.000 = 2 \times 10^{-3} = 2\text{ ms}$$

A Figura 10.59 mostra a forma de onda degrau na entrada e a forma de onda da rampa de saída resultante obtida utilizando **PROBE**.

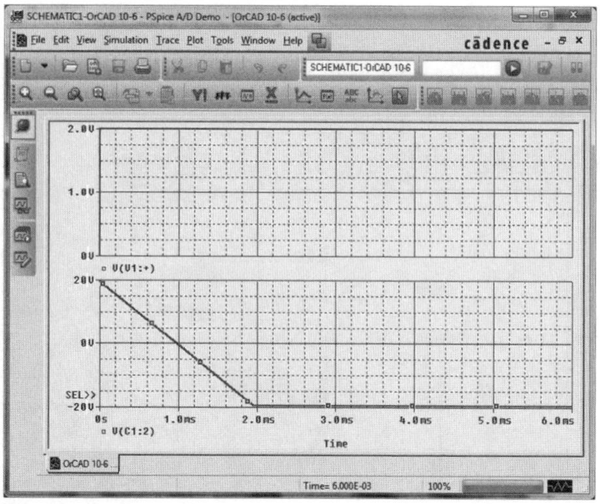

Figura 10.59 Forma de onda de saída Probe para o circuito integrador.

Multisim

O mesmo circuito integrador pode ser construído e operado utilizando-se o Multisim. A Figura 10.60(a) mostra o circuito integrador montado com o Multisim, com um osciloscópio conectado à saída do amp-op. O gráfico obtido do osciloscópio é mostrado na Figura 10.60(b), e a forma de onda de saída linear caindo de +20 V para –20 V em um período de cerca de 2 ms.

Programa 10.6 — Circuito multiestágio com amp-op Um circuito multiestágio com amp-op é mostrado na Figura 10.61. A entrada de 200 mV para o estágio 1 fornece uma saída de 200 mV para os estágios 2 e 3. O estágio 2 é um amplificador inversor com ganho de –200 kΩ/20 kΩ = –10, com uma saída do estágio 2 de –10(200 mV) = –2 V. O estágio 3 é um amplificador não inversor com ganho de (1 + 200 kΩ/10 kΩ = 21), resultando em uma saída de 21(200 mV) = 4,2 V.

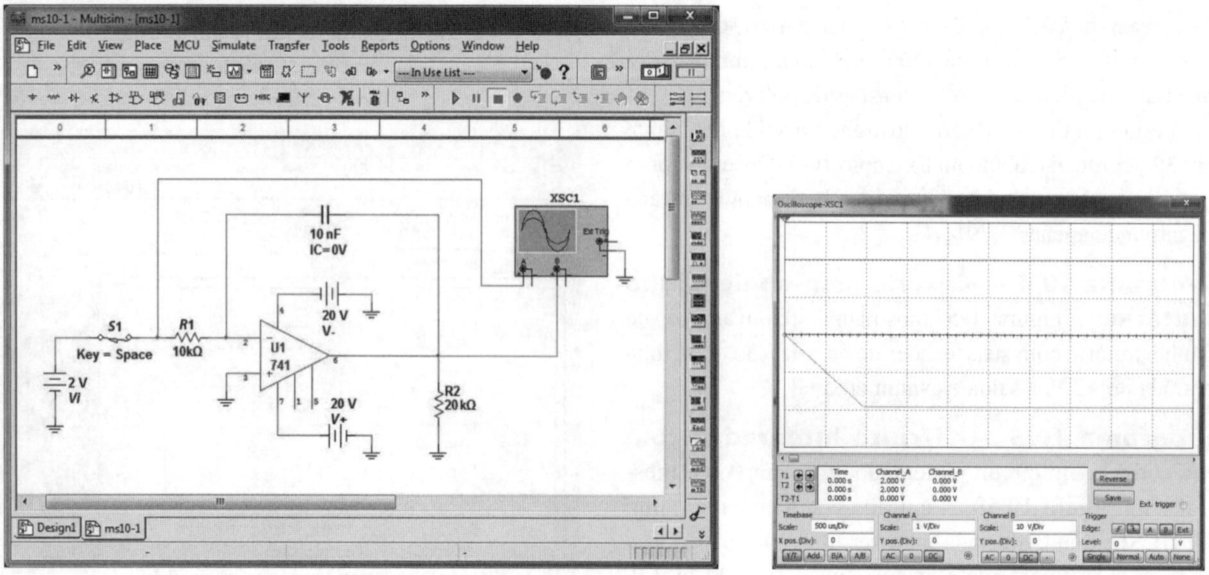

(a) (b)

Figura 10.60 Circuito integrador Multisim: (a) circuito; (b) forma de onda.

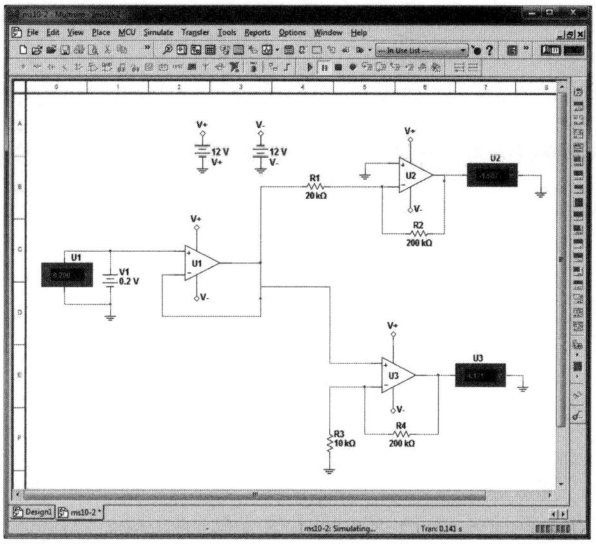

Figura 10.61 Circuito multiestágio com amp-op.

PROBLEMAS

*Nota: asteriscos indicam os problemas mais difíceis.

Seção 10.5. Circuitos práticos com amp-ops

1. Qual é a tensão de saída no circuito da Figura 10.62?
2. Qual é a faixa de ajustes para o ganho de tensão no circuito da Figura 10.63?
3. Que tensão de entrada produz uma saída de 2 V no circuito da Figura 10.64?
4. Qual é a faixa das tensões de saída no circuito da Figura 10.65 se a entrada puder variar de 0,1 a 0,5 V?
5. Que tensão de saída resulta no circuito da Figura 10.66 para uma entrada $V_1 = -0,3$ V?
6. Que entrada deve ser aplicada na Figura 10.66 para resultar em uma saída de 2,4 V?

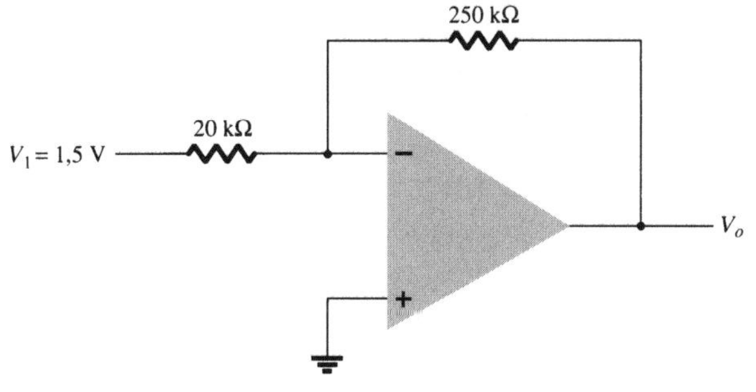

Figura 10.62 Problemas 1 e 25.

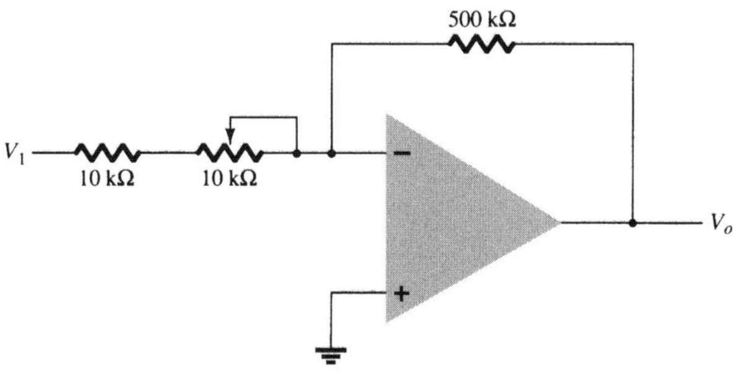

Figura 10.63 Problema 2.

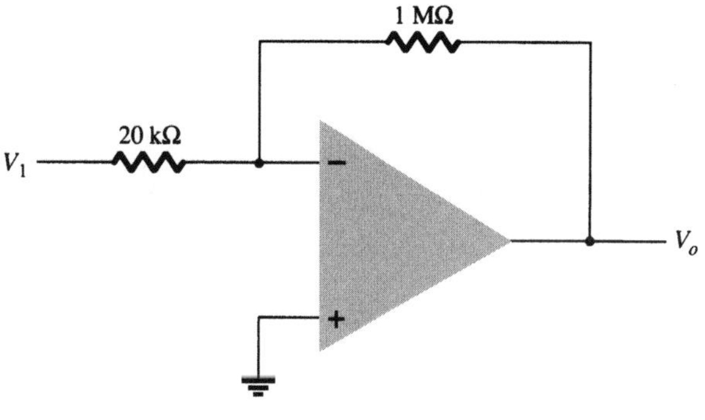

Figura 10.64 Problema 3.

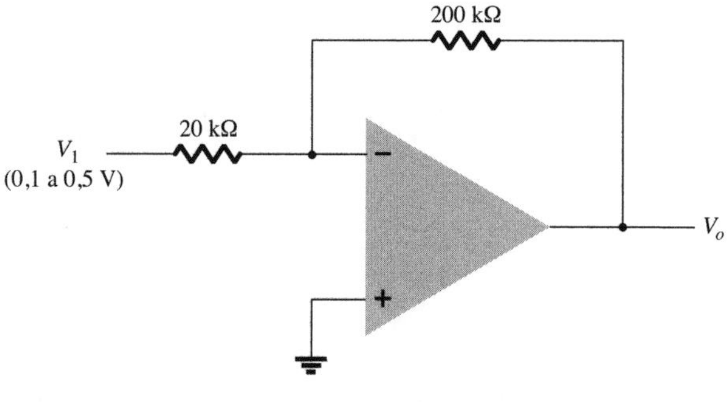

Figura 10.65 Problema 4.

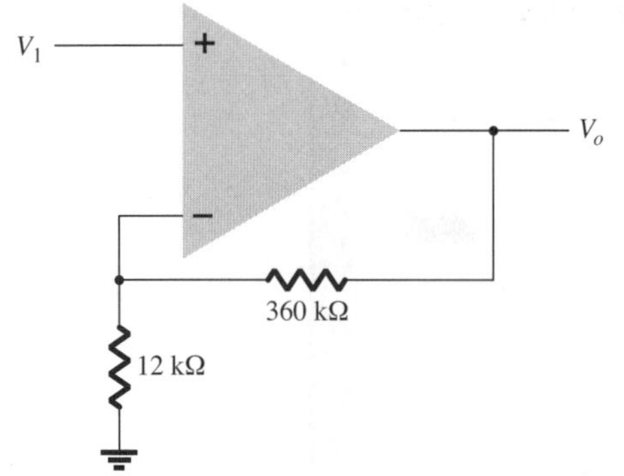

Figura 10.66 Problemas 5, 6 e 26.

7. Que faixa de tensão de saída é desenvolvida no circuito da Figura 10.67?

8. Calcule a tensão de saída produzida pelo circuito da Figura 10.68 para $R_f = 330$ kΩ.

9. Calcule a tensão de saída do circuito na Figura 10.68 para $R_f = 68$ kΩ.

10. Esboce a forma de onda de saída resultante na Figura 10.69.

11. Que tensão de saída resulta no circuito da Figura 10.70 para $V_1 = +0,5$ V?

12. Calcule a tensão de saída para o circuito da Figura 10.71.

13. Calcule as tensões de saída V_2 e V_3 no circuito da Figura 10.72.

14. Calcule a tensão de saída, V_o, no circuito da Figura 10.73.

15. Calcule V_o no circuito da Figura 10.74.

Seção 10.6 Especificações do amp-op — Parâmetros de offset CC

***16.** Calcule a tensão de offset total para o circuito da Figura 10.75 para um amp-op com valores especificados de tensão de offset de entrada $V_{IO} = 6$ mV e corrente de offset de entrada $I_{IO} = 120$ nA.

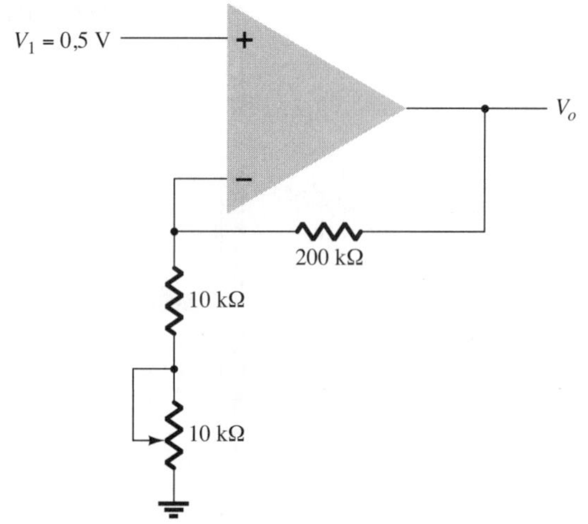

Figura 10.67 Problema 7.

***17.** Calcule a corrente de polarização em cada terminal de entrada de um amp-op com valores especificados de $I_{IO} = 4$ nA e $I_{IB} = 20$ nA.

Seção 10.7 Especificações do amp-op — Parâmetros de frequência

18. Determine a frequência de corte de um amp-op com valores especificados de $B_1 = 800$ kHz e $A_{VD} = 150$ V/mV.

***19.** Para um amp-op com uma taxa de inclinação SR = 2,4 V/µs, qual é o máximo ganho de tensão de malha fechada que pode ser usado quando o sinal de entrada variar de 0,3 V em 10 µs?

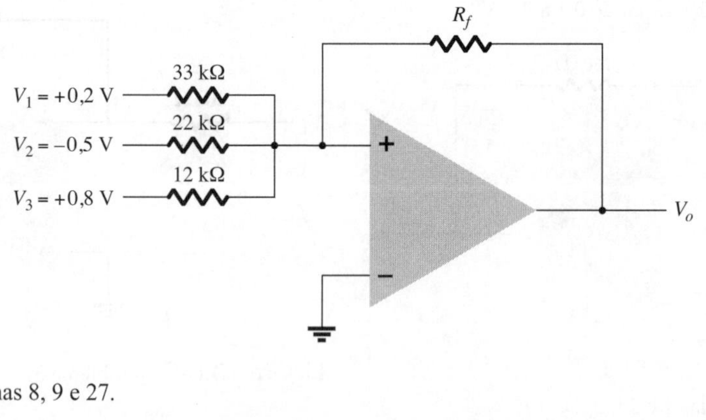

Figura 10.68 Problemas 8, 9 e 27.

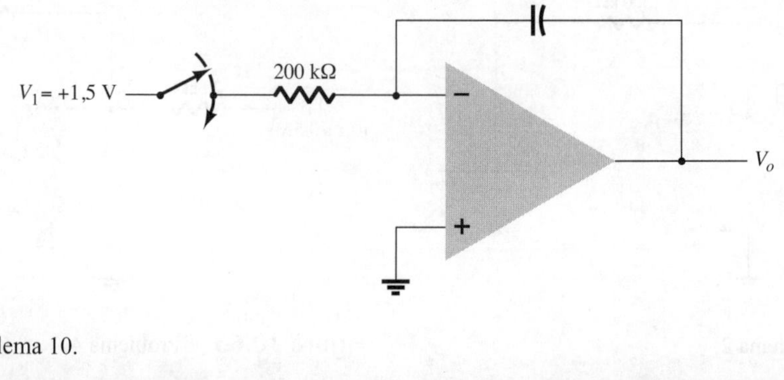

Figura 10.69 Problema 10.

***20.** Para uma entrada $V_1 = 50$ mV no circuito da Figura 10.75, determine a máxima frequência que pode ser usada. A taxa de inclinação do amp-op é SR = 0,4 V/μs.

***21.** Utilizando as especificações listadas na Tabela 10.3, calcule a tensão de offset típica para a conexão utilizada no circuito da Figura 10.75.

***22.** Para as características típicas do amp-op 741, calcule os seguintes parâmetros para o circuito da Figura 10.75.

a) A_{CL}.
b) Z_i.
c) Z_o.

Seção 10.9 Operação diferencial e modo-comum

23. Calcule a CMRR (em dB) para as medidas feitas no circuito de $V_d = 1$ mV, $V_o = 120$ mV, $V_C = 1$ mV e $V_o = 20$ μV.

24. Determine a tensão de saída de um amp-op para tensões de entrada de $V_{i_1} = 200$ μV e $V_{i_2} = 140$ μV. O amplificador tem um ganho diferencial de $A_d = 6000$ e o valor de CMRR é:

a) 200.
b) 10^5.

Seção 10.11 Análise computacional

***25.** Utilize o Schematic Capture ou o Multisim para desenhar um circuito que determine a tensão de saída no circuito da Figura 10.62.

***26.** Utilize o Schematic Capture ou o Multisim para calcular a tensão de saída no circuito da Figura 10.66 para a entrada $V_i = 0,5$ V.

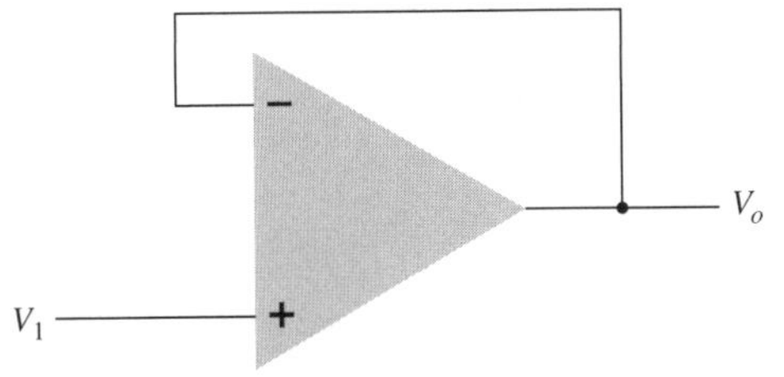

Figura 10.70 Problema 11.

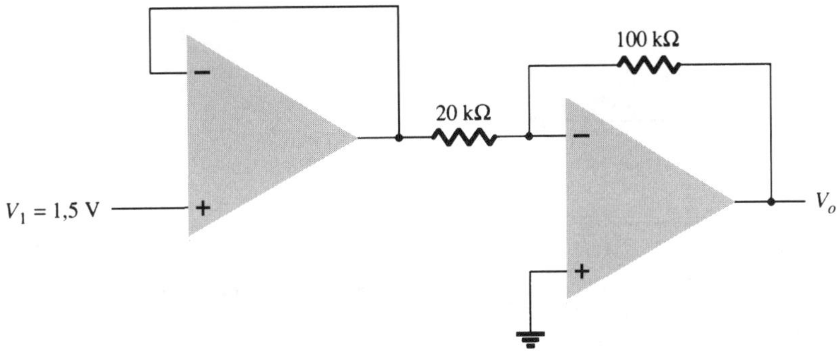

Figura 10.71 Problemas 12 e 28.

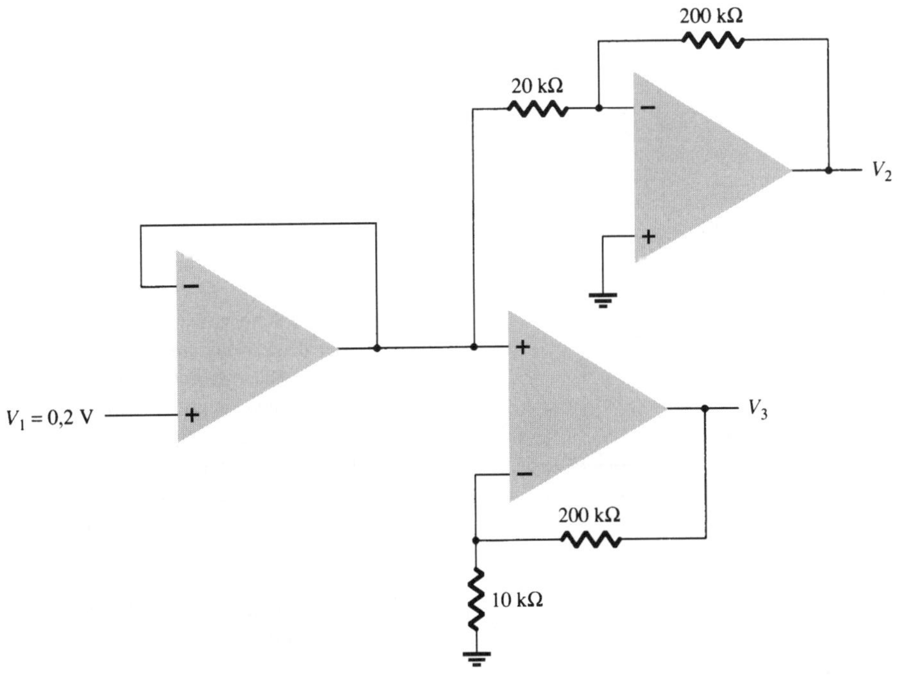

Figura 10.72 Problema 13.

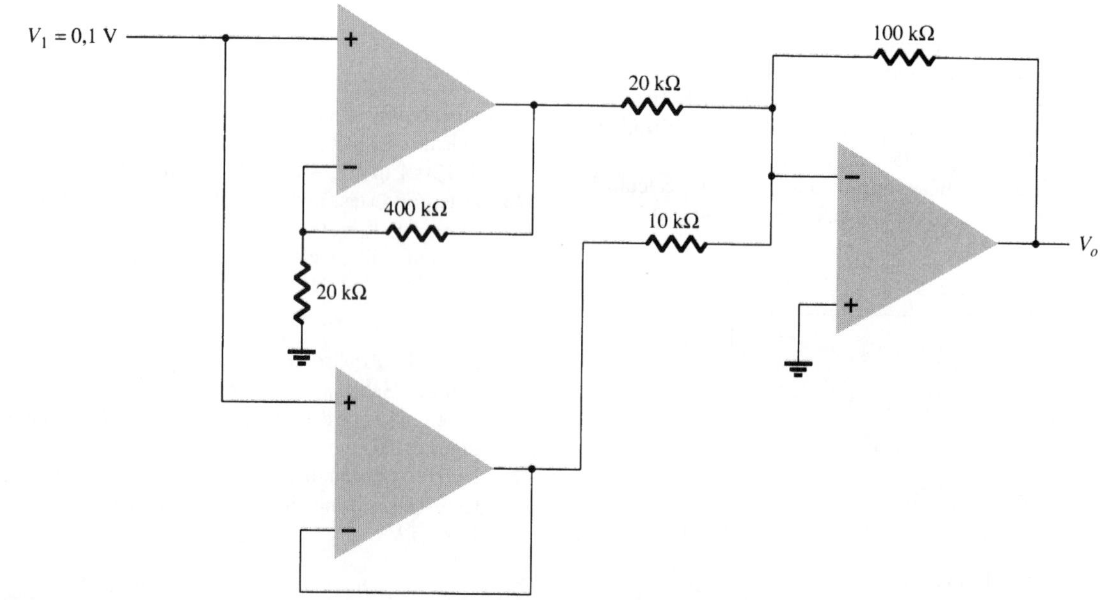

Figura 10.73 Problemas 14 e 29.

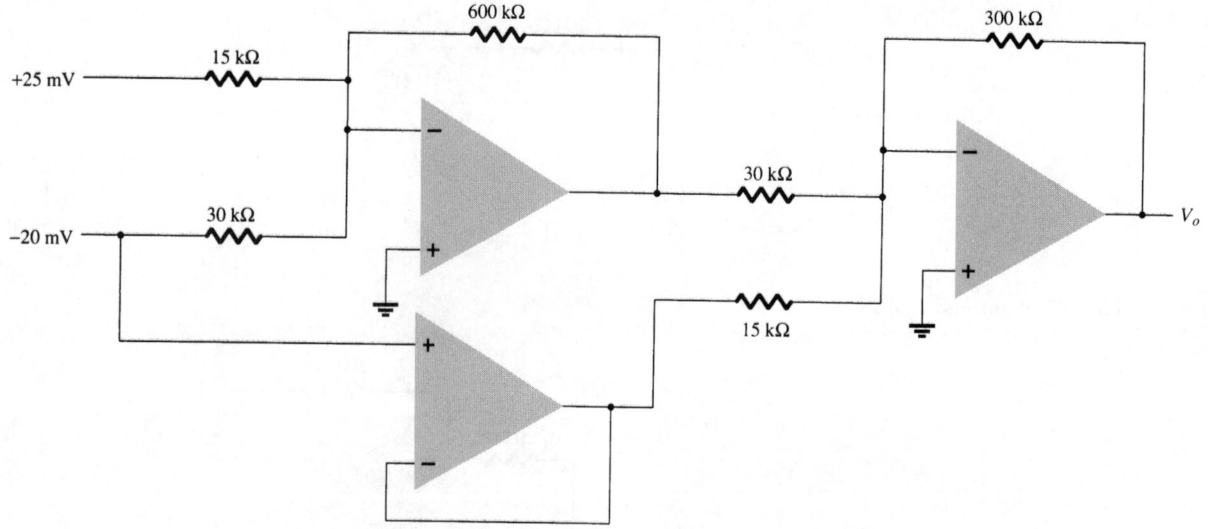

Figura 10.74 Problemas 15 e 30.

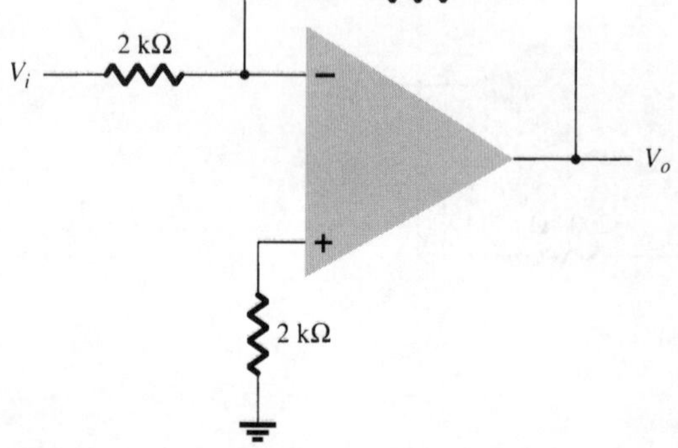

Figura 10.75 Problemas 16, 20, 21 e 22.

***27.** Utilize o Schematic Capture ou o Multisim para calcular a tensão de saída no circuito da Figura 10.68 para $R_f = 68$ kΩ.

***28.** Utilize o Schematic Capture ou o Multisim para calcular a tensão de saída no circuito da Figura 10.71.

***29.** Utilize o Schematic Capture ou o Multisim para calcular a tensão de saída no circuito da Figura 10.73.

***30.** Utilize o Schematic Capture ou o Multisim para calcular a tensão de saída no circuito da Figura 10.74.

***31.** Utilize o Schematic Capture ou o Multisim para obter a forma de onda de saída para um degrau de 2 V na entrada de um circuito integrador, como mostra a Figura 10.39, com valores de $R = 40$ kΩ e $C = 0{,}003$ μF.

Aplicações do amp-op

Objetivos

- Aprender sobre amplificadores de ganho constante, somadores e buffer de tensão.
- Compreender o funcionamento de um filtro ativo.
- Descrever diferentes tipos de fonte controlada.

11.1 MULTIPLICADOR DE GANHO CONSTANTE

Um dos circuitos com amp-op mais comuns é o multiplicador de ganho constante inversor, que fornece um ganho ou amplificação precisos. A Figura 11.1 mostra uma configuração padrão de circuito com o ganho resultante dado por:

$$A = -\frac{R_f}{R_1} \tag{11.1}$$

EXEMPLO 11.1

Determine a tensão de saída para o circuito da Figura 11.2 com uma entrada senoidal de 2,5 mV.

Solução:

O circuito da Figura 11.2 utiliza um amp-op 741 para fornecer um ganho fixo ou constante, que, calculado a partir da Equação 11.1, será:

$$A = -\frac{R_f}{R_1} = -\frac{200\text{ k}\Omega}{2\text{ k}\Omega} = -100$$

Logo, a tensão de saída é:

$$V_o = AV_i = -100(2,5\text{ mV}) = -250\text{ mV} = \mathbf{-0,25\ V}$$

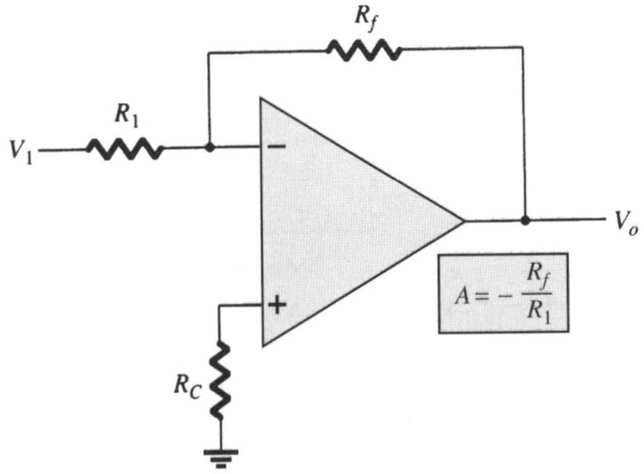

Figura 11.1 Amplificador com ganho fixo.

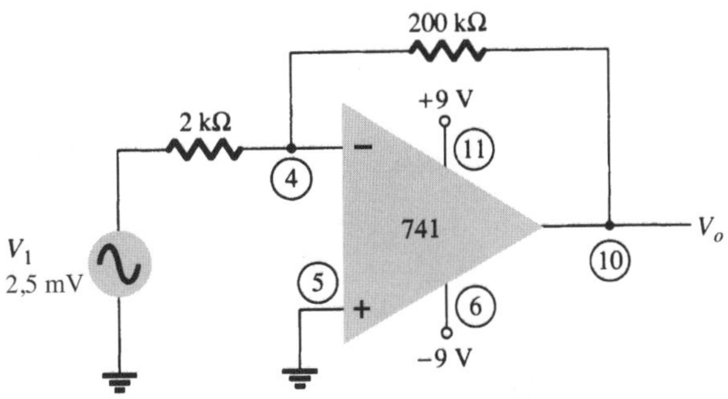

Figura 11.2 Circuito para o Exemplo 11.1.

Um multiplicador de ganho constante não inversor é fornecido pelo circuito da Figura 11.3, sendo o ganho dado por:

$$A = 1 + \frac{R_f}{R_1} \tag{11.2}$$

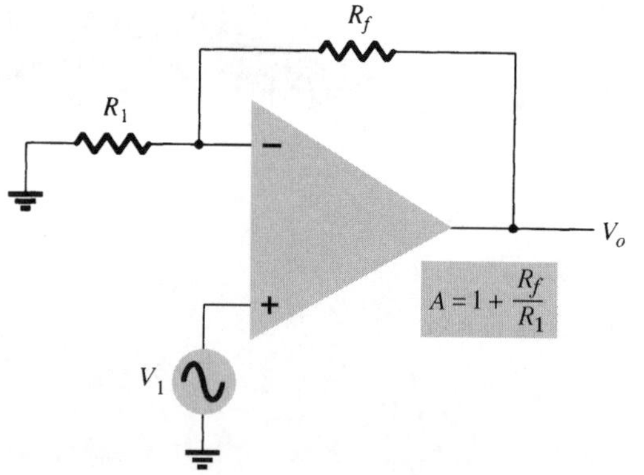

Figura 11.3 Amplificador de ganho fixo não inversor.

EXEMPLO 11.2

Calcule a tensão de saída do circuito da Figura 11.4 para uma entrada de 120 μV.

Solução:

O ganho do circuito com amp-op é calculado utilizando-se a Equação 11.2 :

$$A = 1 + \frac{R_f}{R_1} = 1 + \frac{240\ \text{k}\Omega}{2{,}4\ \text{k}\Omega}$$
$$= 1 + 100 = 101$$

A tensão de saída é, então,

$$V_o = AV_i = 101(120\ \mu\text{V}) = \mathbf{12{,}12\ mV}$$

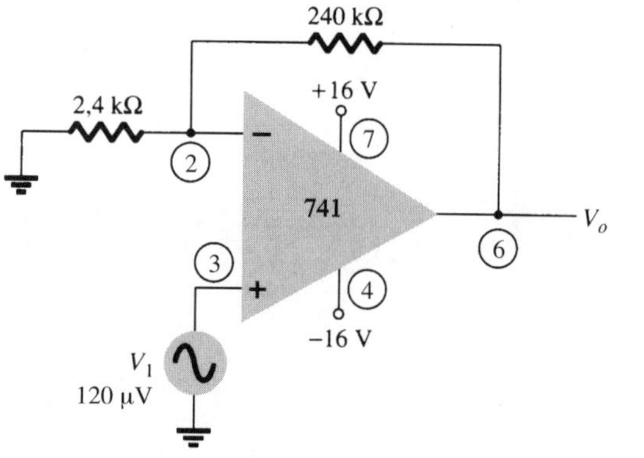

Figura 11.4 Circuito para o Exemplo 11.2.

Ganhos com múltiplos estágios

Quando diversos estágios são conectados em série, o ganho total é o produto dos ganhos individuais de cada estágio. A Figura 11.5 mostra uma conexão de três estágios. O primeiro estágio está conectado para proporcionar um ganho não inversor dado pela Equação 11.1. Os dois estágios seguintes proporcionam ganhos inversores dados pela Equação 11.1. O ganho total do circuito é, portanto, não inversor e calculado por

$$A = A_1A_2A_3$$

onde $A_1 = 1 + R_f/R_1$, $A_2 = -R_f/R_2$ e $A_3 = -R_f/R_3$.

EXEMPLO 11.3

Calcule a tensão de saída do circuito da Figura 11.5 para os resistores com os seguintes valores: R_f = 470 kΩ, R_1 = 4,3 kΩ, R_2 = 33 kΩ e R_3 = 33 kΩ, para uma entrada de 80 μV.

Solução:

Calculamos o ganho do amplificador

$$A = A_1A_2A_3$$
$$= \left(1 + \frac{R_f}{R_1}\right)\left(-\frac{R_f}{R_2}\right)\left(-\frac{R_f}{R_3}\right)$$

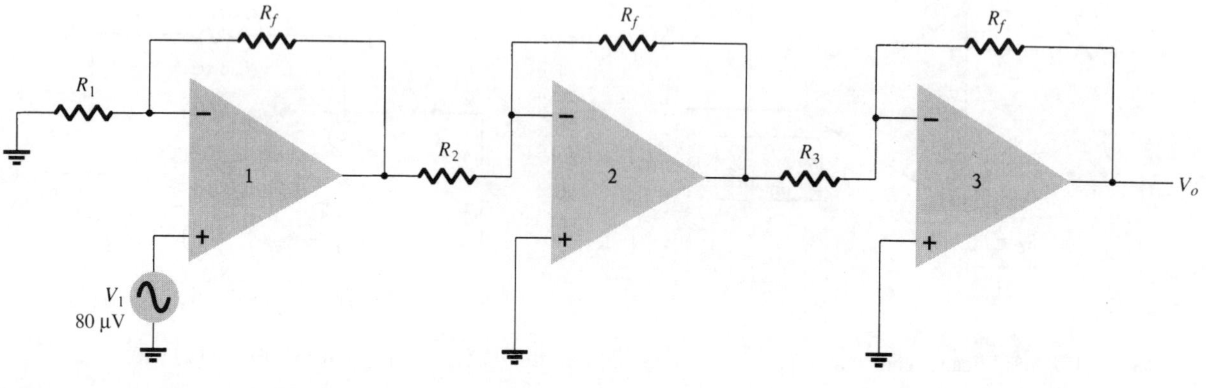

Figura 11.5 Conexão de ganho constante com múltiplos estágios.

$$= \left(1 + \frac{470\text{ k}\Omega}{4{,}3\text{ k}\Omega}\right)\left(-\frac{470\text{ k}\Omega}{33\text{ k}\Omega}\right)\left(-\frac{470\text{ k}\Omega}{33\text{ k}\Omega}\right)$$
$$= (110{,}3)(-14{,}2)(-14{,}2) = 22{,}2 \times 10^3$$

de maneira que:

$$V_o = AV_i = 22{,}2 \times 10^3(80\ \mu\text{V}) = \mathbf{1{,}78\ V}$$

EXEMPLO 11.4

Mostre a conexão de um LM124 (amp-op quádruplo) atuando como um amplificador de três estágios com ganhos de +10, –18 e –27. Utilize um resistor de realimentação de 270 kΩ para os três circuitos. Que tensão de saída resultará para uma entrada de 150 μV?

Solução:

Para o ganho de +10,

$$A_1 = 1 + \frac{R_f}{R_1} = +10$$
$$\frac{R_f}{R_1} = 10 - 1 = 9$$
$$R_1 = \frac{R_f}{9} = \frac{270\text{ k}\Omega}{9} = 30\text{ k}\Omega$$

Para o ganho de –18,

$$A_2 = -\frac{R_f}{R_2} = -18$$
$$R_2 = \frac{R_f}{18} = \frac{270\text{ k}\Omega}{18} = 15\text{ k}\Omega$$

Para o ganho de –27,

$$A_3 = -\frac{R_f}{R_3} = -27$$
$$R_3 = \frac{R_f}{27} = \frac{270\text{ k}\Omega}{27} = 10\text{ k}\Omega$$

O circuito que mostra as conexões dos pinos e todos os componentes usados aparece na Figura 11.6. Para uma entrada $V_1 = 150\ \mu$V, a tensão de saída será

$$V_o = A_1A_2A_3V_1 = (10)(-18)(-27)(150\ \mu\text{V})$$
$$= 4860(150\ \mu\text{V})$$
$$= \mathbf{0{,}729\ V}$$

Diversos estágios com amp-op também poderiam ser utilizados para fornecer diferentes ganhos, como é demonstrado no exemplo a seguir.

EXEMPLO 11.5

Mostre a conexão de três estágios com amp-op utilizando um CI LM348 para fornecer saídas que são 10, 20 e 50 vezes maiores do que a entrada. Utilize um resistor de realimentação $R_f = 500$ kΩ em todos os estágios.

Solução:

Calculamos os resistores para cada estágio:

$$R_1 = -\frac{R_f}{A_1} = -\frac{500\text{ k}\Omega}{-10} = 50\text{ k}\Omega$$
$$R_2 = -\frac{R_f}{A_2} = -\frac{500\text{ k}\Omega}{-20} = 25\text{ k}\Omega$$
$$R_3 = -\frac{R_f}{A_3} = -\frac{500\text{ k}\Omega}{-50} = 10\text{ k}\Omega$$

O circuito resultante aparece na Figura 11.7.

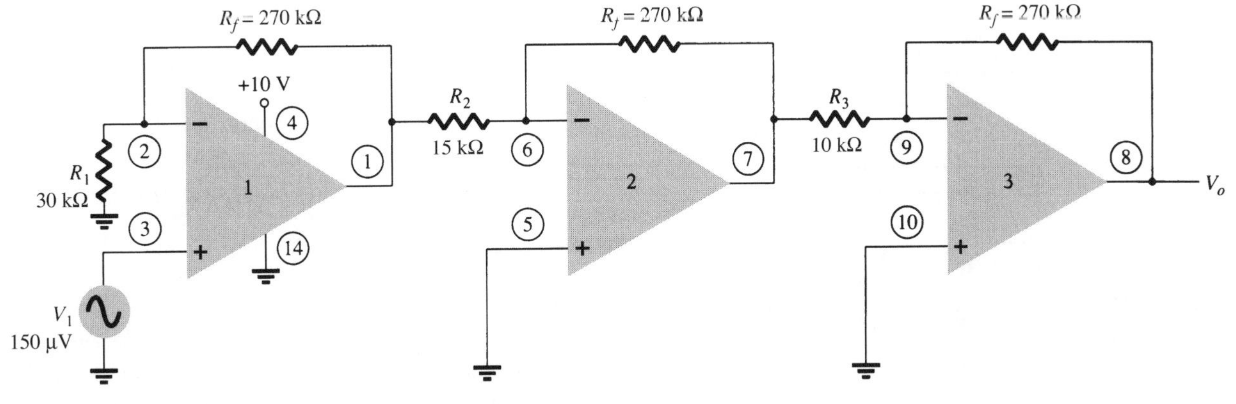

Figura 11.6 Circuito para o Exemplo 11.4 (utilizando o LM124).

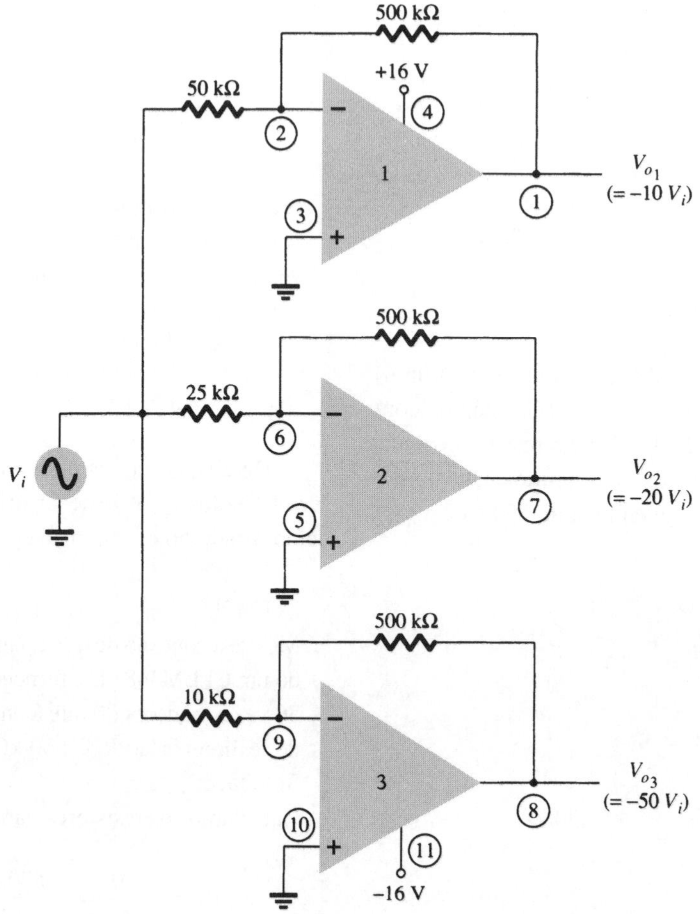

Figura 11.7 Circuito para o Exemplo 11.5 (utilizando o LM348).

11.2 SOMA DE TENSÕES

Outro uso popular do amp-op é como um amplificador somador. A Figura 11.8 mostra a conexão, sendo a saída a soma das três entradas, cada uma multiplicada por um ganho diferente. A tensão de saída é:

$$V_o = -\left(\frac{R_f}{R_1}V_1 + \frac{R_f}{R_2}V_2 + \frac{R_f}{R_3}V_3\right) \qquad (11.3)$$

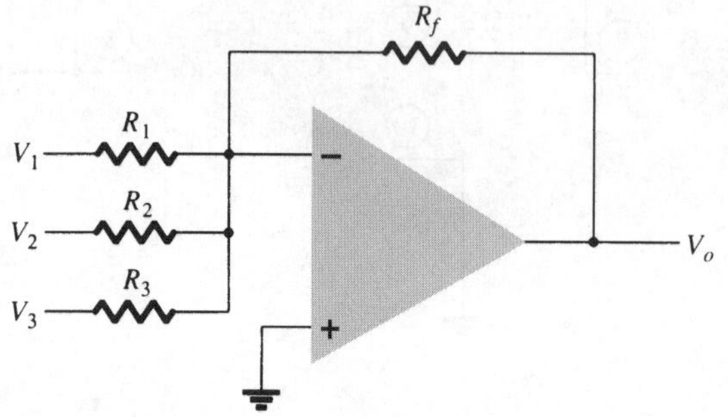

Figura 11.8 Amplificador somador.

EXEMPLO 11.6

Calcule a tensão de saída para o circuito da Figura 11.9. As entradas são $V_1 = 50$ mV sen(1000t) e $V_2 = 10$ mV sen(3000t).

Solução:

A tensão de saída é

$$\begin{aligned} V_o &= -\left(\frac{330\text{ k}\Omega}{33\text{ k}\Omega}V_1 + \frac{330\text{ k}\Omega}{10\text{ k}\Omega}V_2\right) \\ &= -(10\,V_1 + 33\,V_2) \\ &= -[10(50\text{ mV})\text{ sen}(1000t) \\ &\qquad + 33(10\text{ mV})\text{ sen}(3000t)] \\ &= \mathbf{-[0{,}5\,sen(1000\mathit{t}) + 0{,}33\,sen(3000\mathit{t})]} \end{aligned}$$

Subtração de tensão

Dois sinais podem ser subtraídos um do outro de diversos modos. Na Figura 11.10 são mostrados dois estágios com amp-op empregados para proporcionar a subtração de dois sinais de entrada. A saída resultante é dada por:

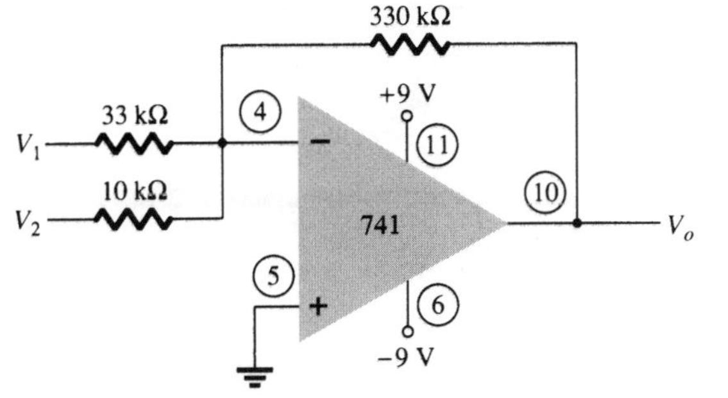

Figura 11.9 Circuito para o Exemplo 11.6.

$$V_o = -\left[\frac{R_f}{R_3}\left(-\frac{R_f}{R_1}V_1\right) + \frac{R_f}{R_2}V_2\right]$$

$$V_o = -\left(\frac{R_f}{R_2}V_2 - \frac{R_f}{R_3}\frac{R_f}{R_1}V_1\right) \quad (11.4)$$

EXEMPLO 11.7

Determine a tensão de saída para o circuito da Figura 11.10 com os componentes $R_f = 1\ \text{M}\Omega$, $R_1 = 100\ \text{k}\Omega$, $R_2 = 50\ \text{k}\Omega$ e $R_3 = 500\ \text{k}\Omega$.

Solução:

Calculamos a tensão de saída:

$$V_o = -\left(\frac{1\ \text{M}\Omega}{50\ \text{k}\Omega}V_2 - \frac{1\ \text{M}\Omega}{500\ \text{k}\Omega}\frac{1\ \text{M}\Omega}{100\ \text{k}\Omega}V_1\right)$$
$$= -(20\ V_2 - 20\ V_1) = \mathbf{-20(V_2 - V_1)}$$

A saída é a diferença entre V_2 e V_1 multiplicada por um fator de ganho igual a –20.

Outra conexão que fornece a subtração entre dois sinais aparece na Figura 11.11. Essa conexão utiliza apenas um estágio com amp-op para proporcionar a subtração entre dois sinais de entrada. Utilizando a superposição, podemos mostrar que a saída é dada por:

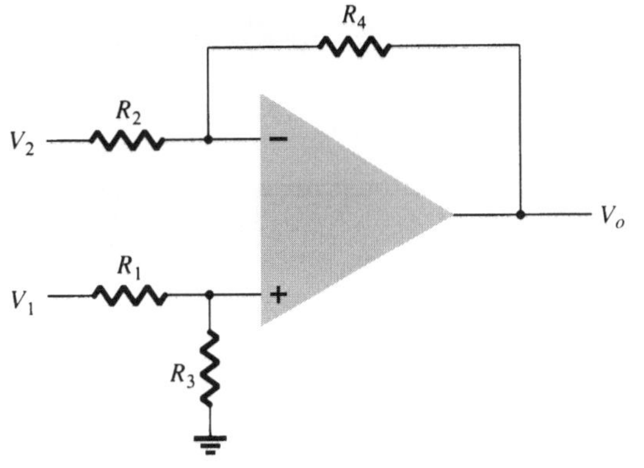

Figura 11.11 Circuito de subtração.

$$V_o = \frac{R_3}{R_1 + R_3}\frac{R_2 + R_4}{R_2}V_1 - \frac{R_4}{R_2}V_2 \quad (11.5)$$

EXEMPLO 11.8

Determine a tensão de saída para o circuito da Figura 11.12.

Solução:

A tensão de saída resultante pode ser escrita como:

$$V_o = \left(\frac{20\ \text{k}\Omega}{20\ \text{k}\Omega + 20\ \text{k}\Omega}\right)\left(\frac{100\ \text{k}\Omega + 100\ \text{k}\Omega}{100\ \text{k}\Omega}\right)V_1$$
$$- \frac{100\ \text{k}\Omega}{100\ \text{k}\Omega}V_2 = V_1 - V_2$$

A tensão de saída resultante é a diferença entre as duas tensões de entrada.

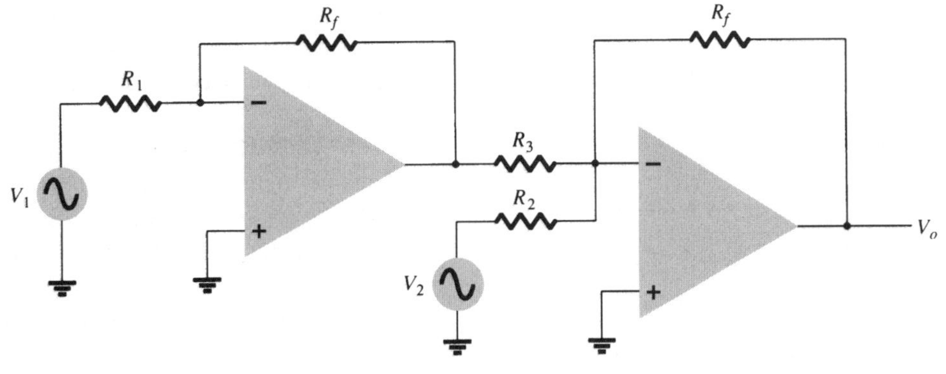

Figura 11.10 Circuito para subtrair dois sinais.

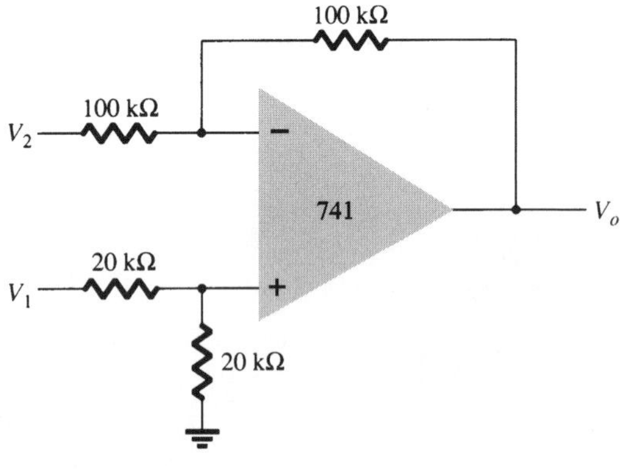

Figura 11.12 Circuito para o Exemplo 11.8.

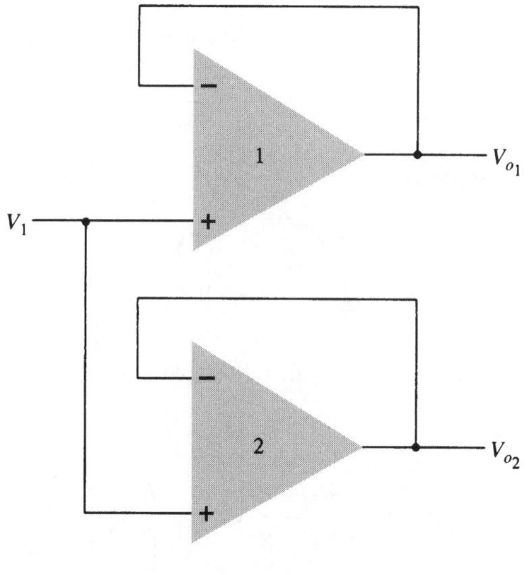

Figura 11.14 Utilização do amplificador buffer para fornecer sinais de saída.

11.3 BUFFER DE TENSÃO

Um circuito buffer fornece um meio de isolar um sinal de entrada de uma carga ao utilizar um estágio com ganho unitário de tensão, sem inversão de fase ou polaridade, e agir como um circuito ideal com impedância de entrada muito alta e impedância de saída muito baixa. A Figura 11.13 mostra um amp-op conectado de modo a proporcionar essa operação de amplificador buffer. A tensão de saída é determinada por:

$$\boxed{V_o = V_1} \tag{11.6}$$

A Figura 11.14 mostra como um sinal de entrada pode ser fornecido para duas saídas separadas. A vantagem dessa conexão é que a carga acoplada em uma saída tem pouca (ou nenhuma) interferência na outra saída. De fato, as saídas são buferizadas ou isoladas uma da outra.

EXEMPLO 11.9

Mostre a conexão de um 741 que atue como um circuito de ganho unitário.

Solução:

A conexão é mostrada na Figura 11.15.

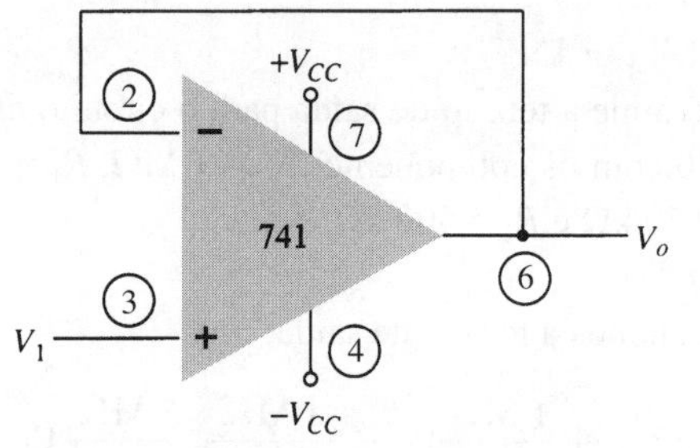

Figura 11.15 Conexão para o Exemplo 11.9.

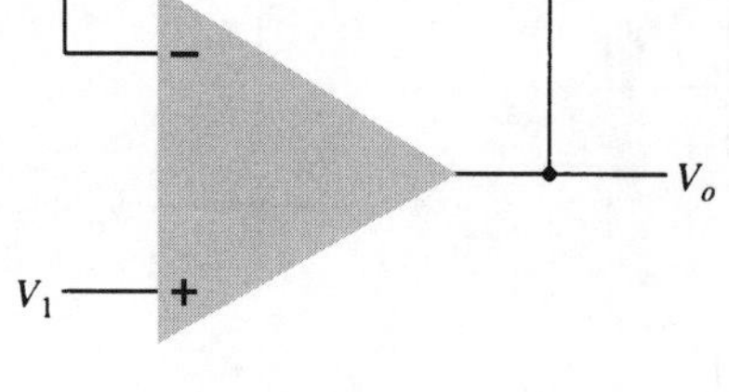

Figura 11.13 Amplificador de ganho unitário (buffer).

11.4 FONTES CONTROLADAS

Amplificadores operacionais podem ser empregados para formar vários tipos de fontes controladas. Uma tensão de entrada pode ser utilizada para controlar uma tensão ou uma corrente de saída, ou uma corrente de entrada pode ser usada para controlar uma tensão ou uma corrente de saída. Esses tipos de conexão são adequados para uso em vários circuitos de instrumentação. Uma configuração para cada tipo de fonte controlada é apresentada a seguir.

Fonte de tensão controlada por tensão

Uma configuração ideal de uma fonte de tensão cuja saída V_o é controlada por uma tensão de entrada V_1 é mostrada na Figura 11.16. Podemos ver que a tensão de saída é dependente da tensão de entrada (vezes um fator de escala k). Esse tipo de circuito pode ser construído utilizando-se um amp-op, como mostra a Figura 11.17.

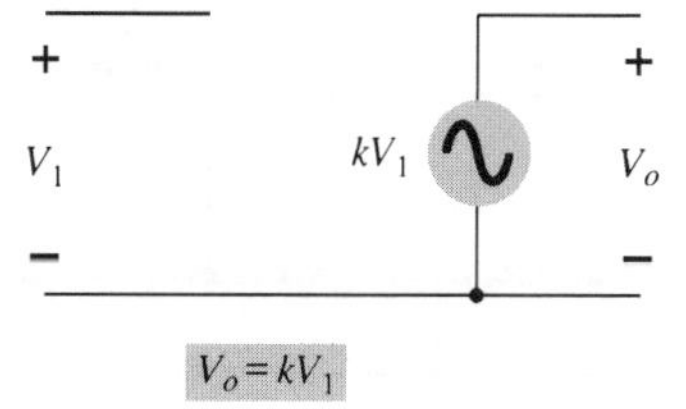

Figura 11.16 Fonte ideal de tensão controlada por tensão.

Duas versões do circuito são mostradas: uma utiliza a entrada inversora e a outra, a entrada não inversora. Para a conexão da Figura 11.17(a), a tensão de saída é

$$V_o = -\frac{R_f}{R_1}V_1 = kV_1 \tag{11.7}$$

enquanto aquela da Figura 11.17(b) resulta em

$$V_o = \left(1 + \frac{R_f}{R_1}\right)V_1 = kV_1 \tag{11.8}$$

Fonte de corrente controlada por tensão

Uma configuração ideal de circuito que gere uma corrente de saída controlada por uma tensão de entrada é apresentada na Figura 11.18. A corrente de saída depende da tensão de entrada. Na prática, o circuito pode ser construído como na Figura 11.19, com a corrente de saída através do resistor de carga R_L controlada pela tensão de entrada V_1. A corrente através do resistor de carga R_L pode ser determinada como:

$$I_o = \frac{V_1}{R_1} = kV_1 \tag{11.9}$$

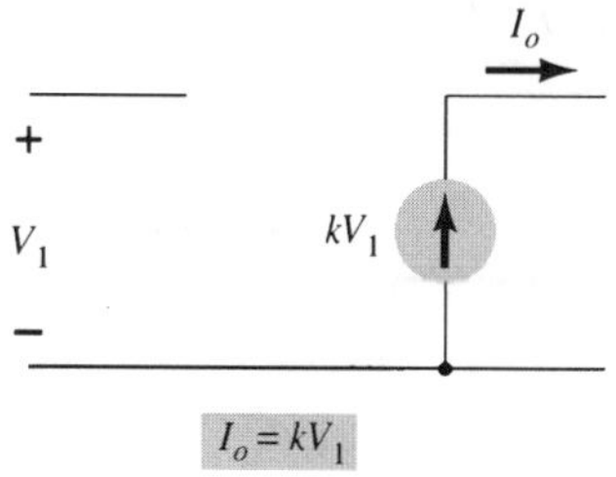

Figura 11.18 Fonte ideal de corrente controlada por tensão.

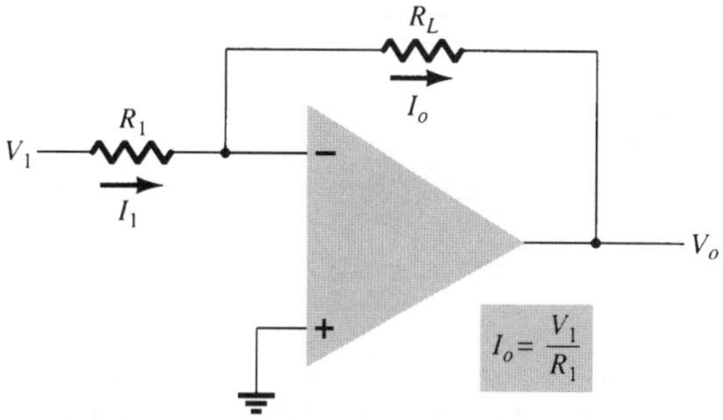

Figura 11.19 Circuito prático de fonte de corrente controlada por tensão.

Fonte de tensão controlada por corrente

Uma configuração ideal de uma fonte de tensão controlada por uma corrente de entrada é mostrada na Figura 11.20. A tensão de saída depende da corrente de entrada. Uma configuração prática do circuito é construída utilizando-se um amp-op, como mostra a Figura 11.21. A tensão de saída é:

$$V_o = -I_1R_L = kI_1 \tag{11.10}$$

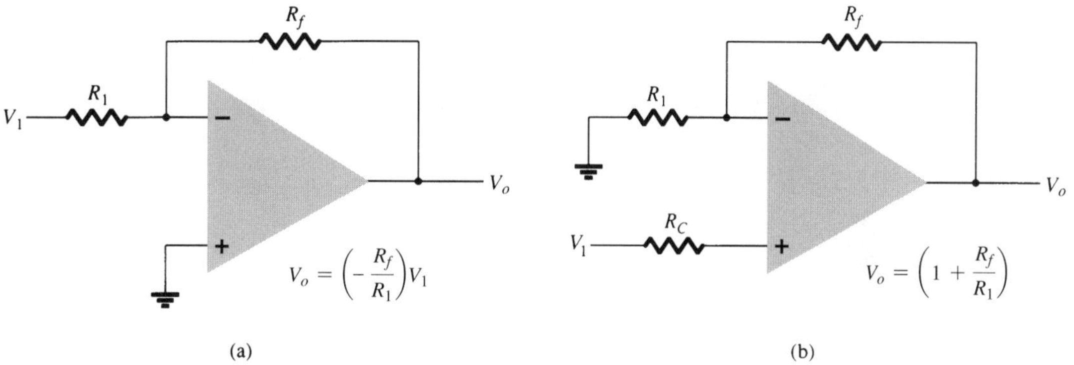

Figura 11.17 Circuitos práticos de fontes de tensão controladas por tensão.

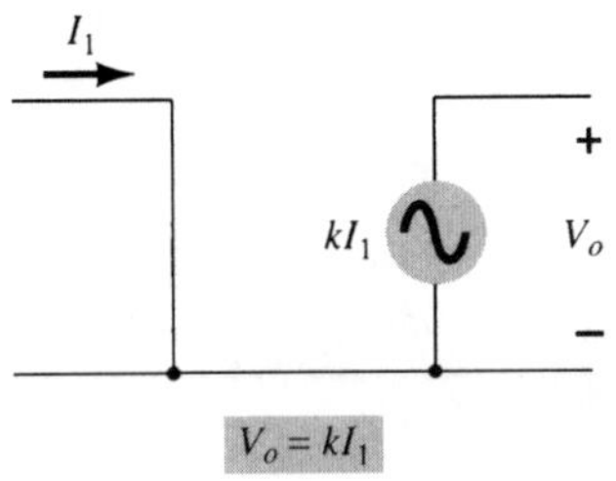

Figura 11.20 Fonte ideal de tensão controlada por corrente.

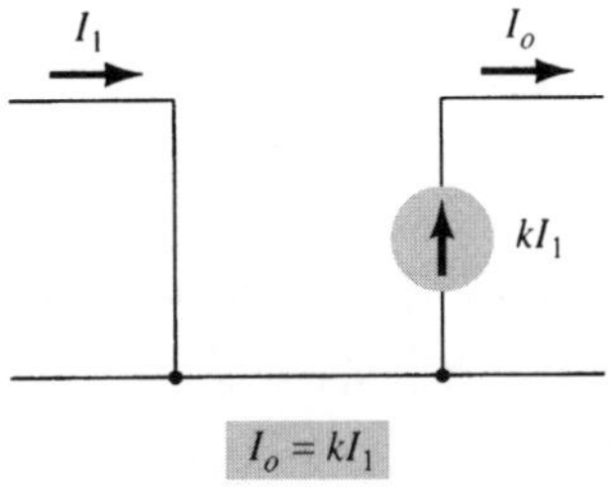

Figura 11.22 Fonte ideal de corrente controlada por corrente.

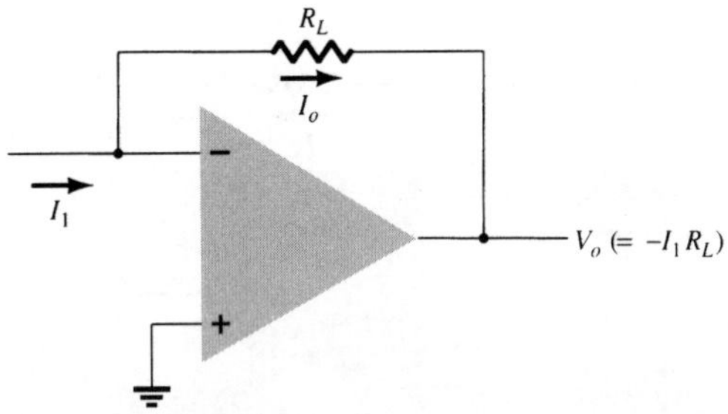

Figura 11.21 Configuração prática de fonte de tensão controlada por corrente.

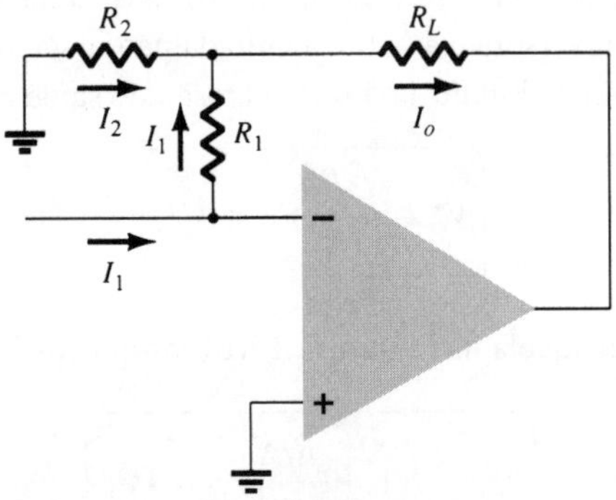

Figura 11.23 Configuração prática de fonte de corrente controlada por corrente.

Fonte de corrente controlada por corrente

Uma configuração ideal de um circuito que gere uma corrente de saída dependente de uma corrente de entrada é mostrada na Figura 11.22. Nesse tipo de circuito, uma corrente de saída é fornecida dependendo da corrente de entrada. Uma configuração prática do circuito é mostrada na Figura 11.23. A corrente de entrada I_1 resulta na corrente de saída I_o, de maneira que:

$$I_o = I_1 + I_2 = I_1 + \frac{I_1R_1}{R_2} = \left(1 + \frac{R_1}{R_2}\right)I_1 = kI_1 \tag{11.11}$$

EXEMPLO 11.10

a) Para o circuito da Figura 11.24(a), calcule I_L.

b) Para o circuito da Figura 11.24(b), calcule V_o.

Solução:

a) Para o circuito da Figura 11.24(a):

$$I_L = \frac{V_1}{R_1} = \frac{8\text{ V}}{2\text{ k}\Omega} = \mathbf{4\text{ mA}}$$

b) Para o circuito da Figura 11.24(b):

$$V_o = -I_1R_1 = -(10\text{ mA})(2\text{ k}\Omega) = \mathbf{-20\text{ V}}$$

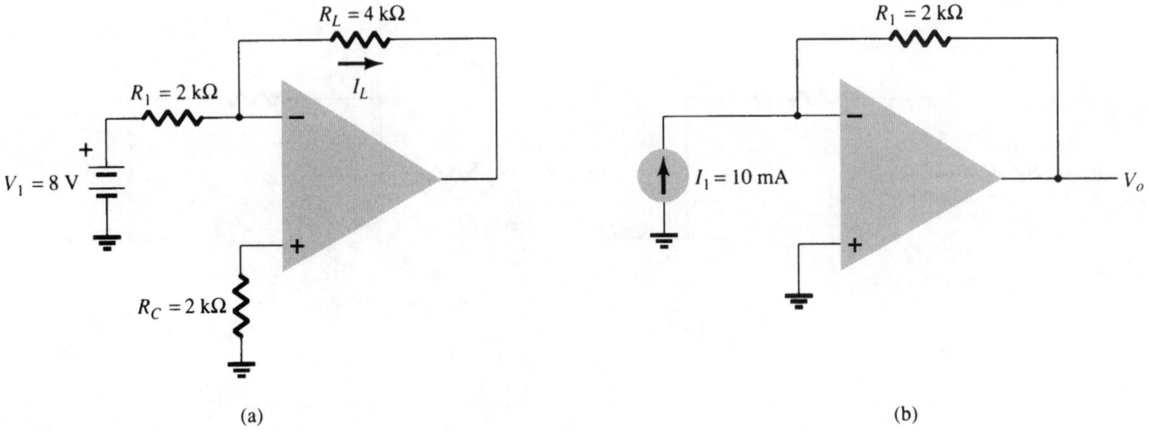

Figura 11.24 Circuitos para o Exemplo 11.10.

11.5 CIRCUITOS DE INSTRUMENTAÇÃO

Uma área bastante popular de aplicação do amp-op é em circuitos de instrumentação, tais como voltímetros CC ou CA. Alguns circuitos típicos demonstrarão como os amp-ops podem ser utilizados.

Milivoltímetro CC

A Figura 11.25 mostra um amp-op 741 sendo empregado como o amplificador básico em um milivoltímetro CC. O amplificador proporciona um medidor com alta impedância de entrada e fatores de escala que dependem apenas do valor e da precisão dos resistores. Observe que a leitura no medidor representa um sinal de milivolts na entrada do circuito. Uma análise do circuito com amp-op fornece a seguinte função de transferência:

$$\left|\frac{I_o}{V_1}\right| = \frac{R_f}{R_1}\left(\frac{1}{R_S}\right) = \left(\frac{100\text{ k}\Omega}{100\text{ k}\Omega}\right)\left(\frac{1}{10\ \Omega}\right) = \frac{1\text{ mA}}{10\text{ mV}}$$

Portanto, uma entrada de 10 mV resultará em uma corrente através do medidor de 1 mA. Se a entrada for de 5 mV, a corrente através do medidor será de 0,5 mA, que é uma deflexão de meia-escala. Modificar R_f para 200 kΩ, por exemplo, resultaria em um fator de escala do circuito de

$$\left|\frac{I_o}{V_1}\right| = \left(\frac{200\text{ k}\Omega}{100\text{ k}\Omega}\right)\left(\frac{1}{10\ \Omega}\right) = \frac{1\text{ mA}}{5\text{ mV}}$$

mostrando que o medidor agora indica 5 mV, a escala completa. Lembramos que, para montar um milivoltímetro desse tipo, é preciso ter um amp-op, alguns resistores, diodos, capacitores e um galvanômetro.

Milivoltímetro CA

Outro exemplo de um circuito de instrumentação é o milivoltímetro CA mostrado na Figura 11.26. A função de transferência do circuito é

$$\left|\frac{I_o}{V_1}\right| = \frac{R_f}{R_1}\left(\frac{1}{R_S}\right)$$
$$= \left(\frac{100\text{ k}\Omega}{100\text{ k}\Omega}\right)\left(\frac{1}{10\ \Omega}\right) = \frac{1\text{ mA}}{10\text{ mV}}$$

que parece ser a mesma do milivoltímetro CC, exceto pelo fato de que, nesse caso, o sinal fornecido é CA. Para uma tensão de entrada CA de 10 mV, o medidor apresenta uma deflexão completa de toda a escala, enquanto, para uma entrada CA de 5 mV, a deflexão é de meia-escala com a leitura no medidor interpretada em unidades de milivolts.

Acionador para display

A Figura 11.27 mostra circuitos com amp-op que podem ser utilizados para acionar um display de lâmpada ou de LED. Quando a entrada não inversora do circuito na Figura 11.27(a) passa para um valor acima da entrada inversora, a saída no terminal 1 vai para o valor de saturação positivo (cerca de +5 V nesse exemplo), e a lâmpada é acionada quando o transistor Q_1 conduz. Como mostrado no circuito, a saída do amp-op fornece 30 mA de corrente na base do transistor Q_1, que então conduz 600 mA através de um transistor adequadamente selecionado (com $\beta > 20$) capaz de suportar esse valor de corrente. A Figura 11.27(b) mostra um circuito com amp-op capaz de entregar 20 mA para acionar um display de LED quando a entrada não inversora se tornar positiva quando comparada à entrada inversora.

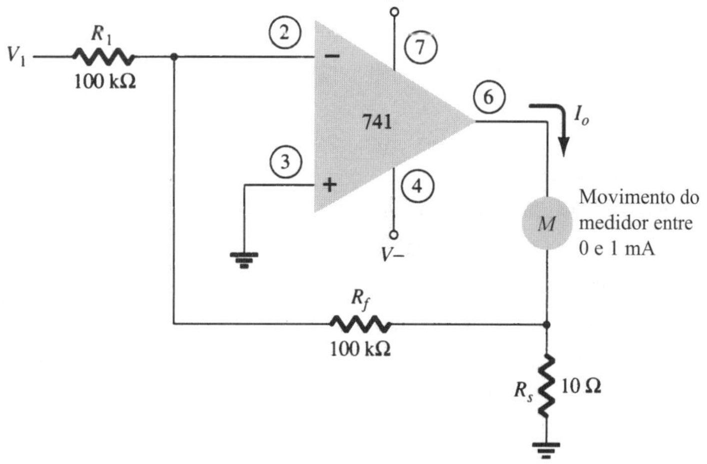

Figura 11.25 Milivoltímetro CC com amp-op.

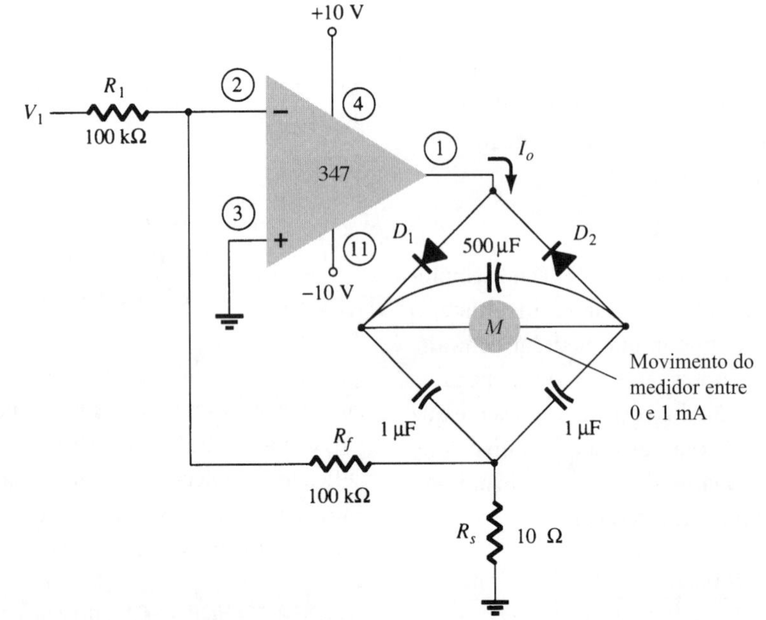

Figura 11.26 Milivoltímetro CA com amp-op.

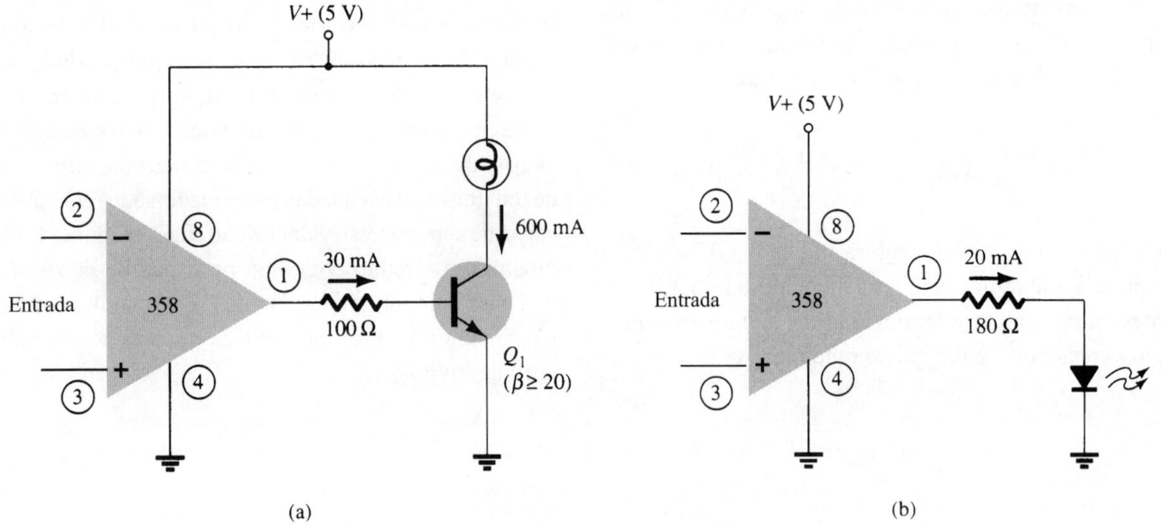

Figura 11.27 Circuitos acionadores de display: (a) acionador de lâmpada; (b) acionador de LED.

Amplificador de instrumentação

Um circuito que fornece uma saída com base na diferença entre duas entradas (vezes um fator de escala) é mostrado na Figura 11.28. Um potenciômetro é utilizado para ajustar o fator de escala do circuito. Visto que são utilizados três amp-ops, é necessário apenas um CI contendo quatro amp-ops (além dos resistores). Podemos mostrar que a tensão de saída é dada por

$$\frac{V_o}{V_1 - V_2} = 1 + \frac{2R}{R_P}$$

de modo que a saída pode ser obtida de:

$$V_o = \left(1 + \frac{2R}{R_P}\right)(V_1 - V_2) = k(V_1 - V_2) \tag{11.12}$$

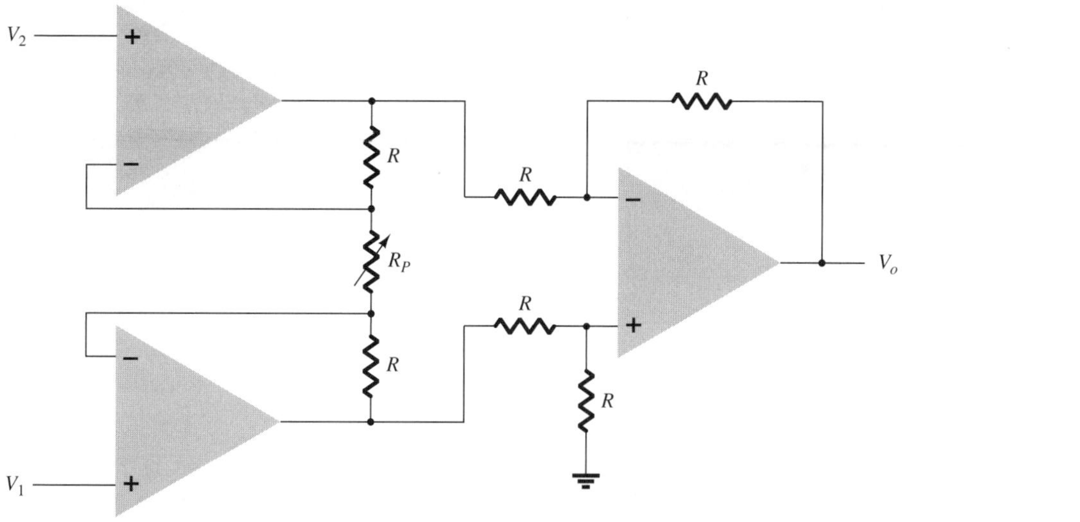

Figura 11.28 Amplificador de instrumentação.

EXEMPLO 11.11

Calcule a expressão da tensão de saída para o circuito da Figura 11.29.

Solução:

A tensão de saída pode ser escrita utilizando-se a Equação 11.12 da seguinte maneira:

$$V_o = \left(1 + \frac{2R}{R_P}\right)(V_1 - V_2)$$
$$= \left[1 + \frac{2(5000)}{500}\right](V_1 - V_2)$$
$$= \mathbf{21(V_1 - V_2)}$$

11.6 FILTROS ATIVOS

Os amp-ops também são comumente empregados na construção de filtros ativos. Um circuito de filtro pode ser construído utilizando-se componentes passivos: resistores e capacitores. Um filtro ativo usa adicionalmente um amplificador para produzir amplificação de tensão e buferização ou isolação do sinal.

Um filtro que apresente uma resposta constante de CC até uma frequência de corte f_{OH} e impeça que qualquer sinal passe além dessa frequência é chamado de filtro passa-baixas ideal. A resposta ideal de um filtro passa-baixas é mostrada na Figura 11.30(a). Um filtro que permite a

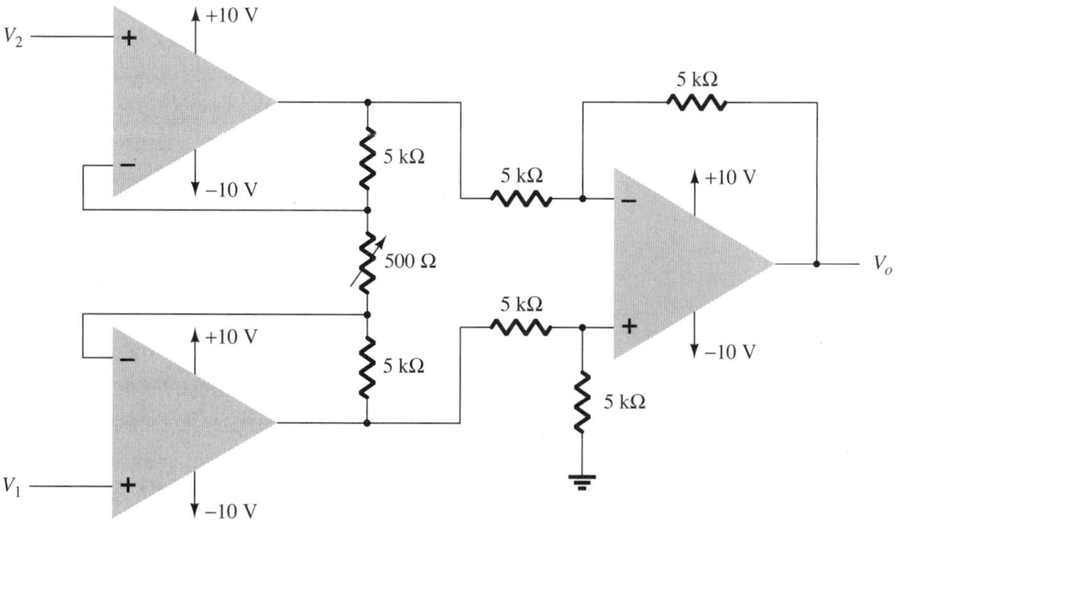

Figura 11.29 Circuito para o Exemplo 11.11.

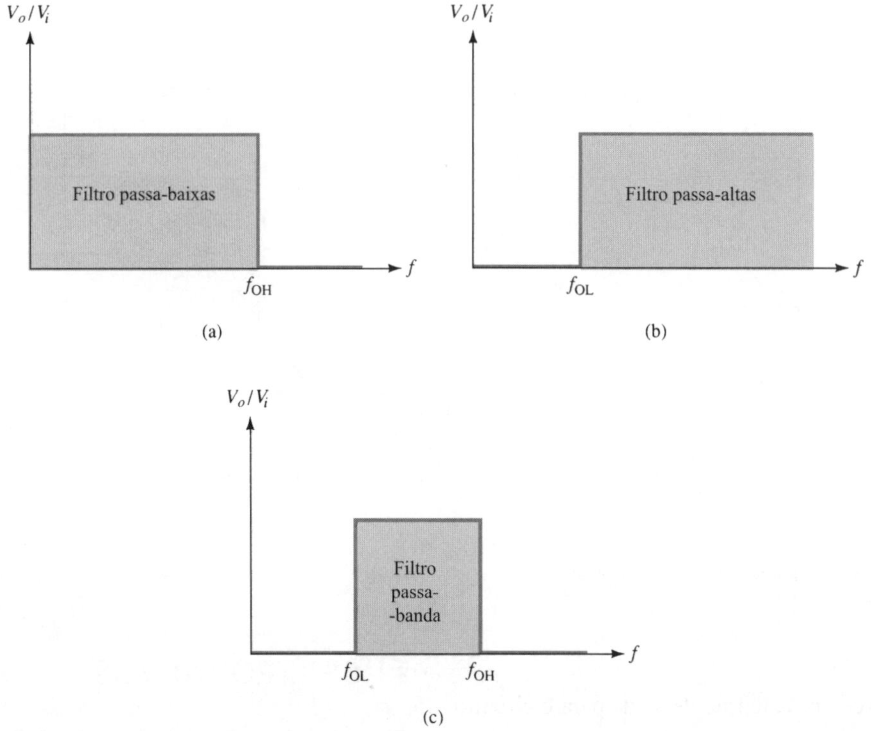

Figura 11.30 Resposta ideal dos filtros: (a) passa-baixas; (b) passa-altas; (c) passa-banda.

passagem somente de sinais de frequência acima de uma frequência de corte f_{OL} é um filtro passa-altas, representado pela Figura 11.30(b). Quando o circuito de filtro permite a passagem de sinais acima de uma frequência de corte e abaixo de uma segunda frequência de corte, é chamado de filtro passa-banda, idealizado na Figura 11.30(c).

Filtro passa-baixas

Um filtro passa-baixas, de primeira ordem, com um único resistor e capacitor, como o que vemos na Figura 11.31(a), apresenta uma inclinação prática de –20 dB por década, como mostra a Figura 11.31(b) [em vez da resposta ideal da Figura 11.30(a)]. O ganho de tensão abaixo da frequência de corte é constante em

$$A_v = 1 + \frac{R_F}{R_G} \tag{11.13}$$

com uma frequência de corte de:

$$f_{OH} = \frac{1}{2\pi R_1 C_1} \tag{11.14}$$

Conectando duas seções de filtro, como vemos na Figura 11.32, obtemos um filtro passa-baixas de segunda ordem, com inclinação prática de – 40 dB/década — próximo à característica ideal da Figura 11.30(a). O ganho de tensão do circuito e a frequência de corte são iguais para ambos os filtros, de primeira e de segunda ordem, mas a resposta do filtro de segunda ordem cai a uma taxa mais rápida.

EXEMPLO 11.12

Calcule a frequência de corte de um filtro passa-baixas de primeira ordem com R_1 = 1,2 kΩ e C_1 = 0,02 μF.

Solução:

$$f_{OH} = \frac{1}{2\pi R_1 C_1}$$

$$= \frac{1}{2\pi(1{,}2 \times 10^3)(0{,}02 \times 10^{-6})} = \mathbf{6{,}63\ kHz}$$

Filtro ativo passa-altas

Os filtros ativos passa-altas de primeira e de segunda ordem podem ser construídos como mostra a Figura 11.33. O ganho do amplificador é calculado utilizando-se a Equação 11.13, e sua frequência de corte é dada por

$$f_{OL} = \frac{1}{2\pi R_1 C_1} \tag{11.15}$$

para o filtro de segunda ordem, $R_1 = R_2$, e $C_1 = C_2$ resulta na mesma frequência de corte, como vimos na Equação 11.15.

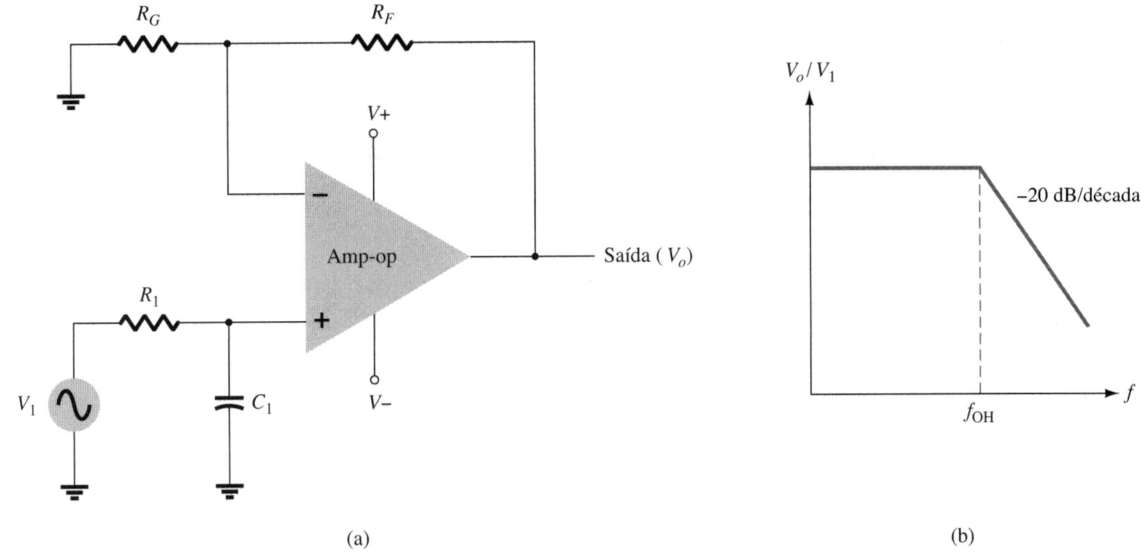

Figura 11.31 Filtro passa-baixas ativo de primeira ordem.

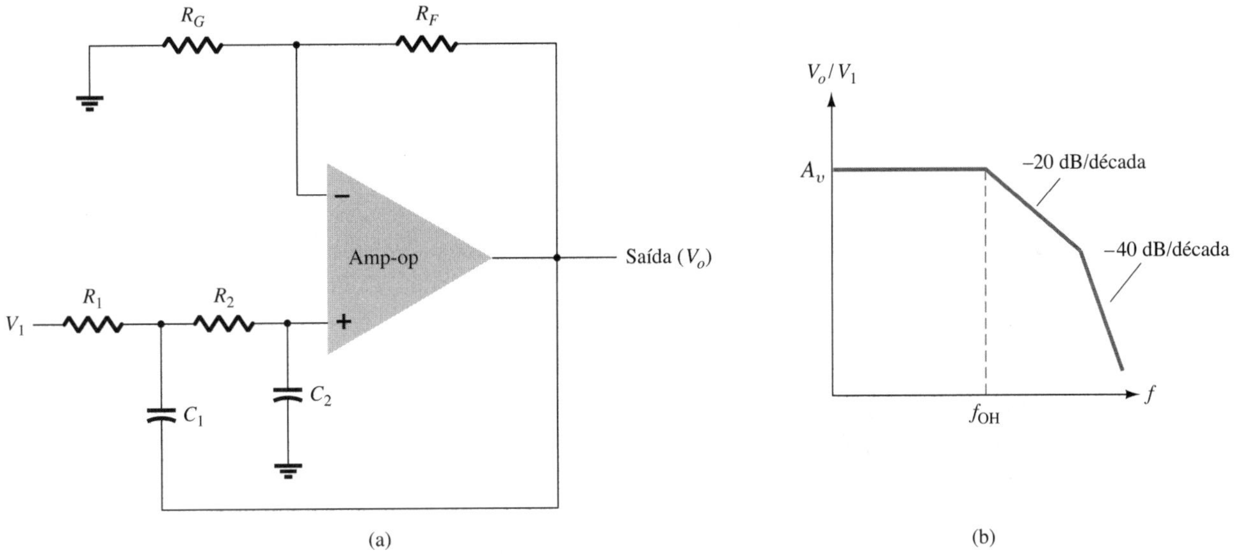

Figura 11.32 Filtro passa-baixas ativo de segunda ordem.

EXEMPLO 11.13

Calcule a frequência de corte do filtro passa-altas de segunda ordem da Figura 11.33(b) para $R_1 = R_2 = 2{,}1\ \text{k}\Omega$, $C_1 = C_2 = 0{,}05\ \mu\text{F}$, $R_G = 10\ \text{k}\Omega$ e $R_F = 50\ \text{k}\Omega$.

Solução:

Equação 11.13:

$$A_v = 1 + \frac{R_F}{R_G} = 1 + \frac{50\ \text{k}\Omega}{10\ \text{k}\Omega} = 6$$

A frequência de corte é, portanto,

Equação 11.15:

$$f_{OL} = \frac{1}{2\pi R_1 C_1}$$
$$= \frac{1}{2\pi(2{,}1 \times 10^3)(0{,}05 \times 10^{-6})}$$
$$\approx \mathbf{1{,}5\ kHz}$$

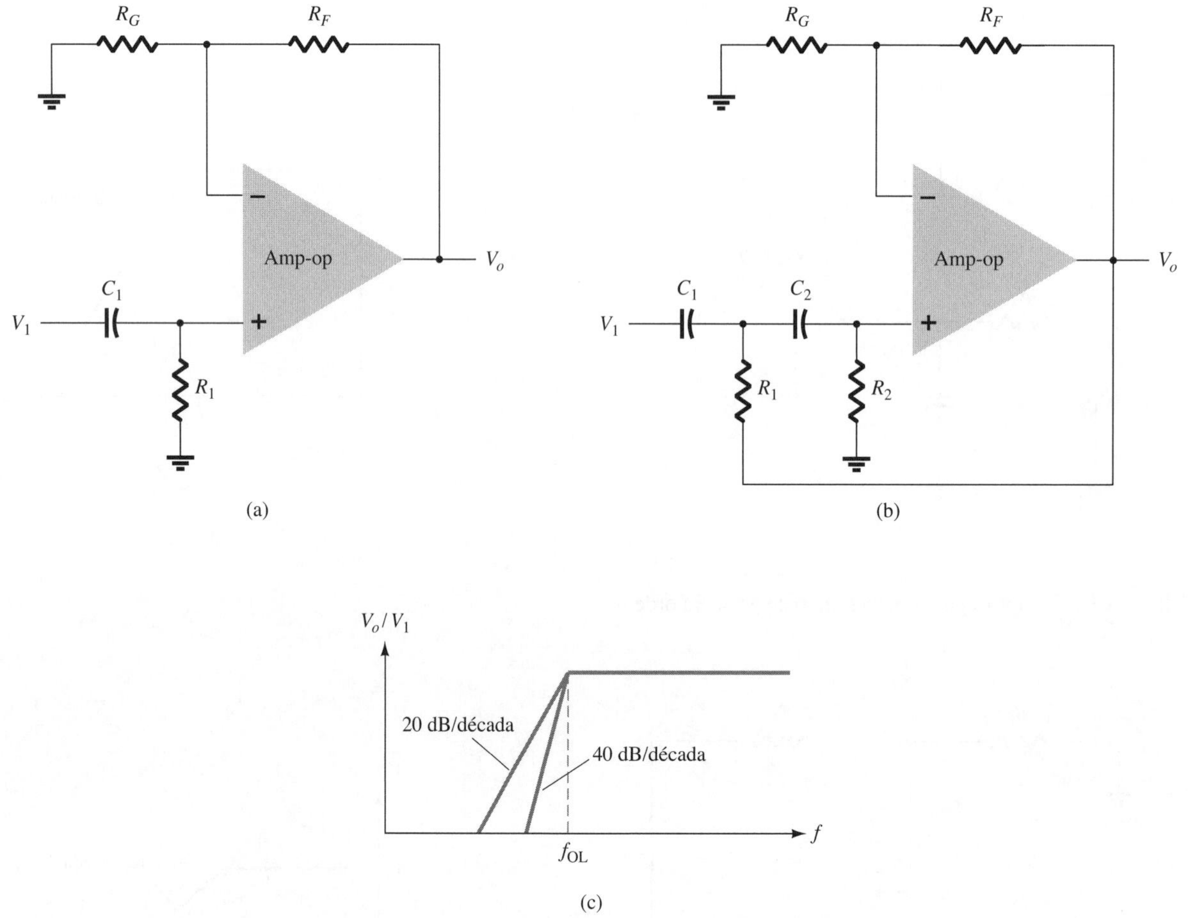

Figura 11.33 Filtro passa-altas: (a) de primeira ordem; (b) de segunda ordem; (c) gráfico da resposta.

Filtro passa-banda

A Figura 11.34 mostra um filtro passa-banda utilizando dois estágios: o primeiro, um filtro passa-altas, e o segundo, um filtro passa-baixas, e a combinação dessas duas operações resulta na resposta passa-banda desejada.

EXEMPLO 11.14

Calcule as frequências de corte do filtro passa-banda da Figura 11.34 com $R_1 = R_2 = 10$ kΩ, $C_1 = 0{,}1$ μF e $C_2 = 0{,}002$ μF.

Solução:

$$f_{OL} = \frac{1}{2\pi R_1 C_1}$$

$$= \frac{1}{2\pi(10 \times 10^3)(0{,}1 \times 10^{-6})} = \mathbf{159{,}15\ Hz}$$

$$f_{OH} = \frac{1}{2\pi R_2 C_2}$$

$$= \frac{1}{2\pi(10 \times 10^3)(0{,}002 \times 10^{-6})} = \mathbf{7{,}96\ kHz}$$

11.7 RESUMO

Equações

Multiplicador de ganho constante:

$$A = -\frac{R_f}{R_1}$$

Multiplicador não inversor de ganho constante:

$$A = 1 + \frac{R_f}{R_1}$$

Amplificador somador de tensão:

$$A = -\left[\frac{R_f}{R_1}V_1 + \frac{R_f}{R_2}V_2 + \frac{R_f}{R_3}V_3\right]$$

Buffer de tensão:

$$V_o = V_1$$

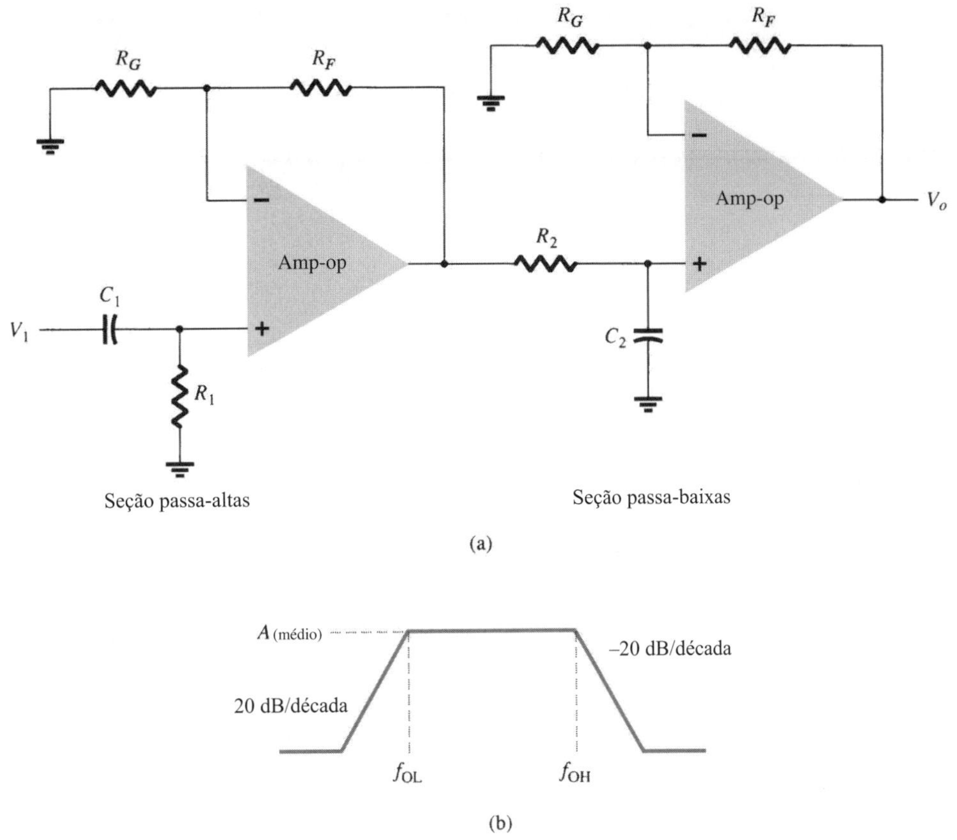

Figura 11.34 Filtro ativo passa-banda.

Frequência de corte de filtro ativo passa-baixas:

$$f_{\mathrm{OH}} = \frac{1}{2\pi R_1 C_1}$$

Frequência de corte de filtro ativo passa-altas:

$$f_{\mathrm{OL}} = \frac{1}{2\pi R_1 C_1}$$

11.8 ANÁLISE COMPUTACIONAL

Muitas das aplicações práticas do amp-op abordadas neste capítulo podem ser analisadas utilizando-se o PSpice. A análise de vários problemas será utilizada para mostrar a polarização CC resultante ou, por meio do **PROBE**, para mostrar formas de onda resultantes. Utilize, como sempre, primeiro o **Schematic** para produzir o diagrama do circuito e estabelecer a análise desejada e, depois, o **Simulation** para analisar o circuito. Por fim, examine o **Output** resultante ou utilize o **PROBE** para a visualização de diversas formas de onda.

Programa 11.1 — Amp-op somador

Um amp-op somador que utiliza um CI 741 é mostrado no esquemático OrCAD da Figura 11.35. Três entradas de tensão CC são somadas, com uma tensão CC de saída resultante determinada a seguir:

$$\begin{aligned} V_o &= -[(100\ \mathrm{k\Omega}/20\ \mathrm{k\Omega})(+2\ \mathrm{V}) + (100\ \mathrm{k\Omega}/50\ \mathrm{k\Omega})(-3\ \mathrm{V}) \\ &\quad + (100\ \mathrm{k\Omega}/10\ \mathrm{k\Omega}(+1\ \mathrm{V})] \\ &= -[(10\ \mathrm{V}) + (-6\ \mathrm{V}) + (10\ \mathrm{V})] \\ &= -[20\ \mathrm{V} - 6\ \mathrm{V}] = -14\ \mathrm{V} \end{aligned}$$

A seguir, descrevemos os passos para desenhar o circuito e fazer a análise. Usando **Get New Part**:

Selecione **μA741**.

Selecione **R** *e coloque repetidamente três resistores de entrada e um resistor de realimentação; estabeleça os valores dos resistores e modifique os nomes dos resistores, se desejar.*

Selecione **VDC** *e coloque três tensões de entrada e duas tensões de alimentação; estabeleça os valores de tensão e modifique seus nomes, se desejar.*

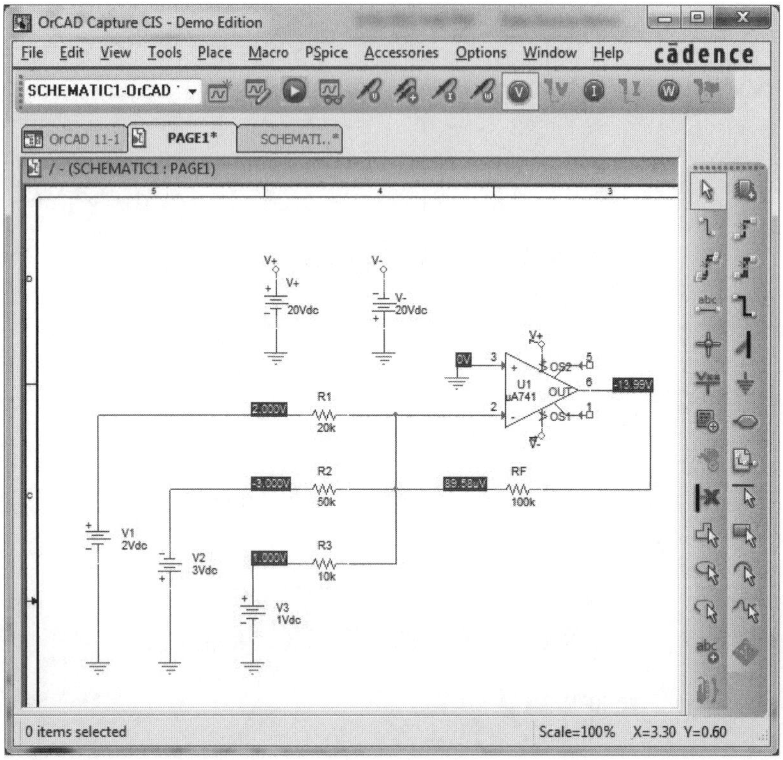

Figura 11.35 Amplificador somador utilizando um amp-op μA741.

Selecione **GLOBAL** *(conector global) e utilize-o para identificar tensões de alimentação e estabelecer conexão com terminais de entrada de alimentação do amp-op (pinos 4 e 7).*

Agora que o circuito foi desenhado e que os nomes e valores de todos os componentes foram estabelecidos, como mostra a Figura 11.35, pressione o botão **Simulation** para que o PSpice analise o circuito. Como não foi selecionada nenhuma análise específica, somente a da polarização CC será feita.

Pressione o botão **Enable Bias Voltage Display** para visualizar as tensões CC em diversos pontos do circuito. As tensões de polarização da Figura 11.35 mostram que a saída é –13,99 V (comparável ao valor calculado de –14 V anterior).

Programa 11.2 — Voltímetro CC com amp-op

Um voltímetro CC construído utilizando-se um amp-op μA741 é mostrado no esquemático OrCAD da Figura 11.36. A partir do material apresentado na Seção 11.5, a função de transferência do circuito é:

$$I_o/V_1 = (R_F/R_1)(1/R_S) = (1\ \text{M}\Omega/1\ \text{M}\Omega)(1/10\ \text{k}\Omega)$$

O valor de fundo de escala desse voltímetro (para corrente de fundo de escala $I_o = 1$ mA) é, então,

$$V_1(\text{fundo de escala}) = (10\ \text{k}\Omega)(1\ \text{mA}) = 10\ \text{V}$$

Portanto, uma entrada de 10 V resulta em uma corrente no medidor de 1 mA — a deflexão completa do medidor. Qualquer entrada menor do que 10 V resultará em uma deflexão do medidor proporcionalmente menor.

A seguir, descrevemos os passos para desenhar o circuito e fazer a análise. Usando **Get New Part**:

Selecione **μA741**.

Selecione **R** *repetidamente e coloque o resistor de entrada, o resistor de realimentação e o resistor de ajuste do medidor; estabeleça os valores dos resistores e modifique os nomes, se desejar.*

Selecione **VDC** *e ajuste a tensão de entrada e as duas tensões de alimentação; estabeleça valores das tensões e modifique os nomes, se desejar.*

Selecione **GLOBAL** *(conector global) e utilize-o para identificar as tensões de alimentação e estabelecer conexão com terminais de entrada de alimentação do amp-op (4 e 7).*

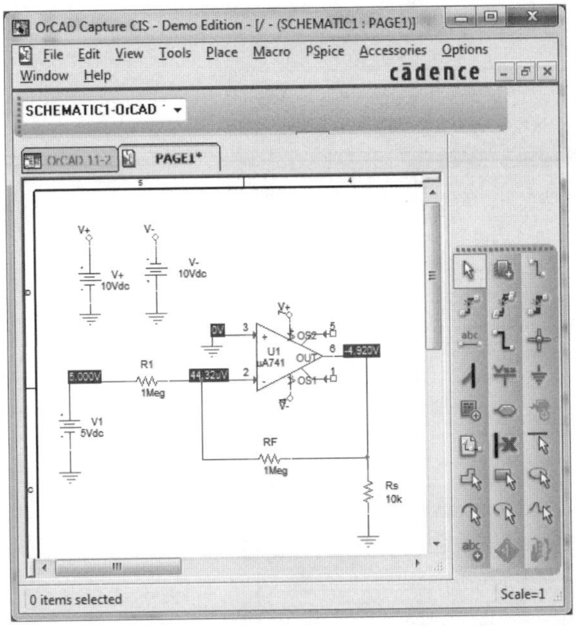

Figura 11.36 Voltímetro CC com amp-op.

Selecione **IPROBE** *e o utilize como dispositivo para medidas.*

Agora que o circuito foi desenhado e que os nomes e valores de todos os componentes foram estabelecidos, como mostra a Figura 11.36, pressione o botão **Simulation** para que o PSpice analise o circuito. Como não foi selecionada nenhuma análise específica, somente a da polarização CC será feita.

A Figura 11.36 mostra que uma entrada de 5 V resultará em uma corrente de 0,5 mA, com a leitura de 0,5 sendo feita como 5 V (uma vez que a corrente de fundo de escala de 1 mA ocorre para uma entrada de 10 V).

Programa 11.3 — Filtro ativo passa-baixas

A Figura 11.37 mostra o esquema de um filtro ativo passa-baixas. Esse circuito de filtro de primeira ordem passa frequências de CC até a frequência de corte determinada pelo resistor R_1 e pelo capacitor C_1, utilizando:

$$f_{OH} = 1/(2\pi R_1 C_1)$$

Para o circuito da Figura 11.37, essa frequência é:

$$f_{OH} = 1/(2\pi R_1 C_1) = 1/(2\pi \cdot 10\ \text{k}\Omega \cdot 0{,}1\ \mu\text{F}) = 159\ \text{Hz}$$

A Figura 11.38 mostra o resultado obtido pelo uso de **Analysis Setup-AC frequency** e depois pela seleção de uma varredura CA de 100 pontos por década, de 1 Hz a 10 kHz. Feita a análise, o **Analysis Graph** é criado, como mostra a Figura 11.38. A frequência de corte obtida é 158,8 Hz, bastante próxima à do valor anteriormente calculado.

Programa 11.4 — Filtro ativo passa-altas

A Figura 11.39 mostra o esquema de um filtro ativo passa-altas. Esse circuito de filtro de primeira ordem passa frequências acima de uma frequência de corte determinada pelo resistor R_1 e pelo capacitor C_1, utilizando

$$f_{OL} = 1/(2\pi R_1 C_1)$$

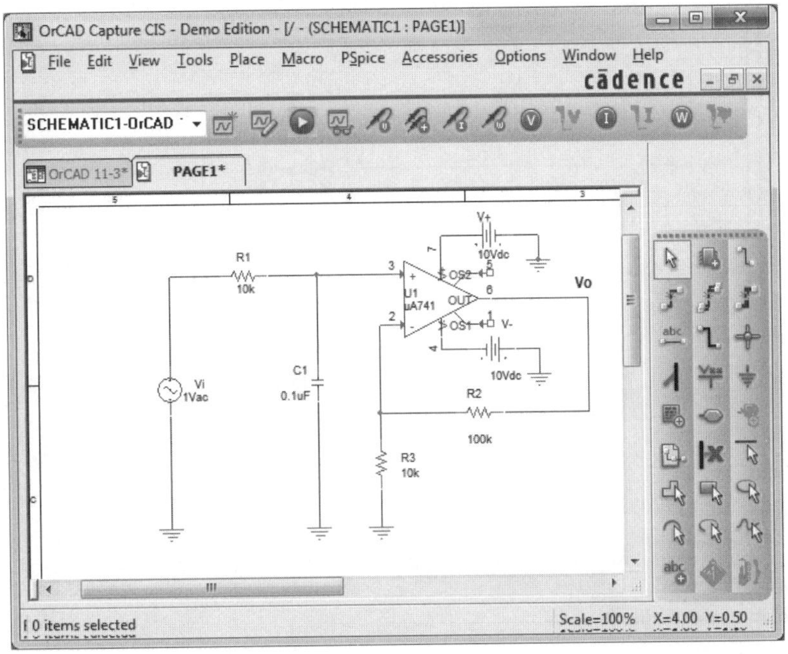

Figura 11.37 Filtro ativo passa-baixas.

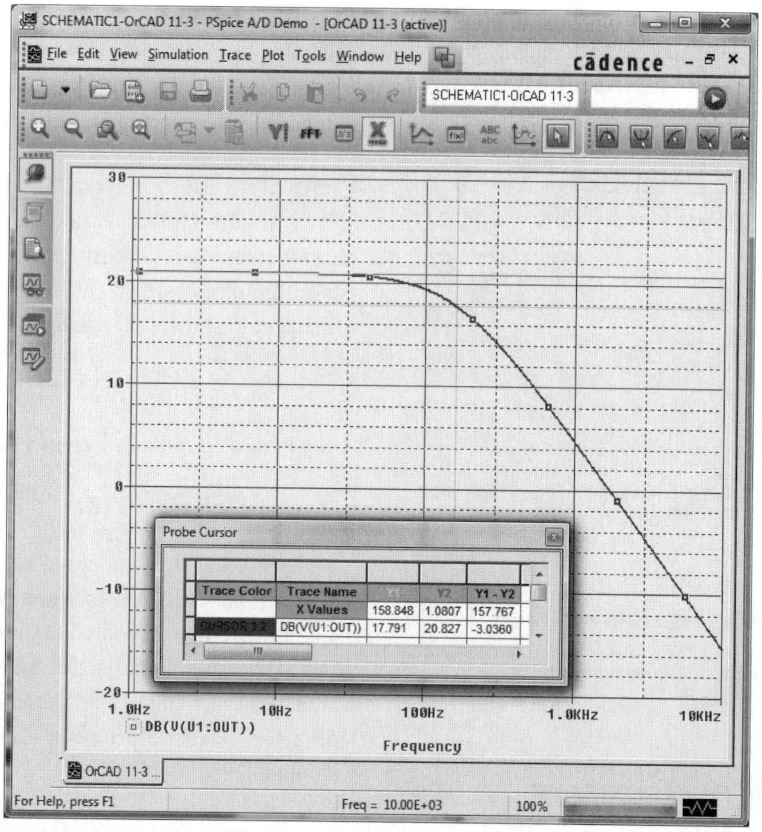

Figura 11.38 Análise CA do filtro passa-baixas.

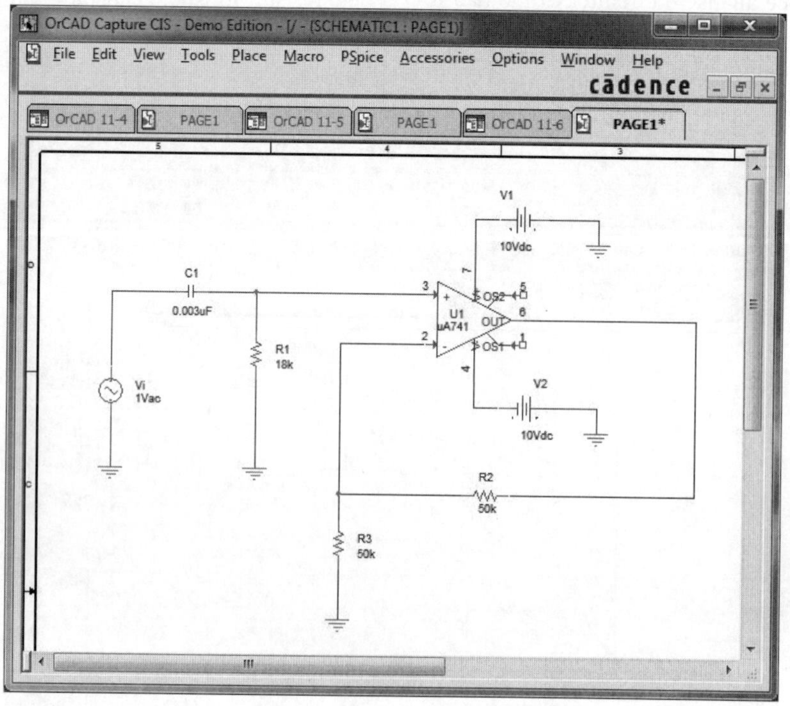

Figura 11.39 Filtro ativo passa-altas.

Para o circuito da Figura 11.39:

$$f_{OH} = 1/(2\pi R_1 C_1) = 1/(2\pi \cdot 18\ k\Omega \cdot 0{,}003\ \mu F) = 2{,}95\ kHz$$

A **Analysis** é ajustada para varredura CA de 100 pontos por década, de 10 Hz a 100 kHz. Feita a análise, a saída com a tensão de saída em unidades dB é aquela mostrada na Figura 11.40. A frequência de corte obtida é 2,9 kHz, bastante próxima ao valor calculado anteriormente.

Programa 11.5 — Filtro ativo passa-altas de segunda ordem

A Figura 11.41 mostra o esquema de um filtro ativo passa-altas de segunda ordem usando o OrCAD. Esse filtro passa frequências acima da frequência de corte, a qual é determinada pelo resistor R_1 e pelo capacitor C_1, utilizando:

$$f_{OL} = 1/(2\pi R_1 C_1)$$

Para o circuito da Figura 11.41:

$$f_{OL} = 1/(2\pi R_1 C_1) = 1/(2\pi \cdot 18\ k\Omega \cdot 0{,}0022\ \mu F) = 4\ kHz$$

A **Analysis Setup** é ajustada para uma varredura CA de 20 pontos por década de 100 Hz a 100 kHz, como mostra a Figura 11.42. Feita a análise, uma saída **PROBE** que mostra a tensão de saída (V_o) aparece na Figura 11.43. A frequência de corte obtida com o **Cursor** é **fL** = 4 kHz, o mesmo valor calculado.

A Figura 11.44 traz o gráfico do ganho em dB *versus* frequência, mostrando que, em uma década (de cerca de 300 Hz a 3 Hz), o ganho varia aproximadamente 40 dB — como esperado para um filtro de segunda ordem.

Programa 11.6 — Filtro ativo passa-banda

A Figura 11.45 mostra um circuito de filtro ativo passa-banda. Utilizando-se os valores do Exemplo 11.14, obtemos as frequências da banda de passagem

$$f_{OL} = 1/(2\pi R_1 C_1) = 1/(2\pi \cdot 10\ k\Omega \cdot 0{,}1\ \mu F) = 159\ Hz$$

$$f_{OH} = 1/(2\pi R_2 C_2) = 1/(2\pi \cdot 10\ k\Omega \cdot 0{,}002\ \mu F) = 7{,}96\ kHz$$

A varredura é ajustada para 10 pontos por década de 10 Hz a 1 MHz. O gráfico de V_o na Figura 11.46 mostra a frequência de corte inferior de cerca de 181,1 Hz. As frequências de corte são medidas na tensão 0,707 (7,8423 V) ≅ 6 V. A frequência de corte superior é de cerca de 8,2 kHz, usando-se o cursor no ponto de tensão superior de 0,707. Esses valores se aproximam bastante dos já calculados.

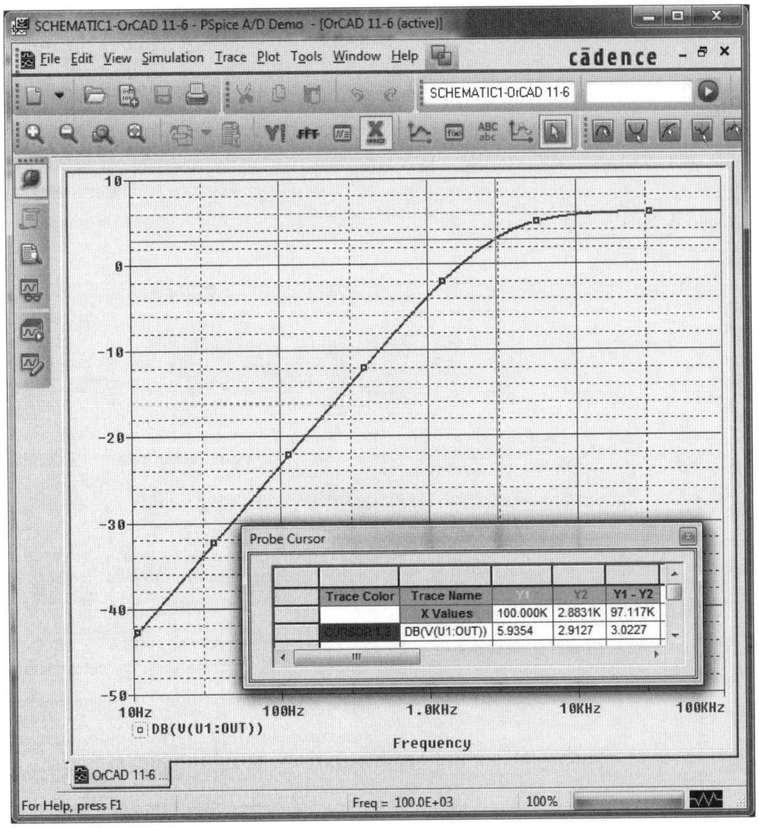

Figura 11.40 Gráfico da saída em dB para o circuito de filtro ativo passa-altas da Figura 11.39.

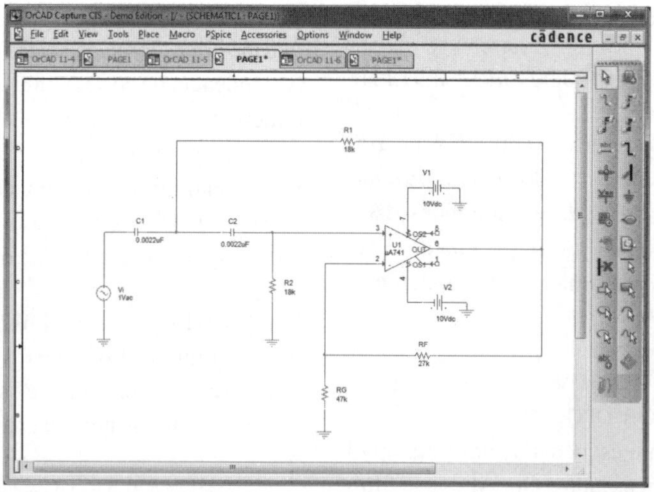

Figura 11.41 Filtro ativo passa-altas de segunda ordem.

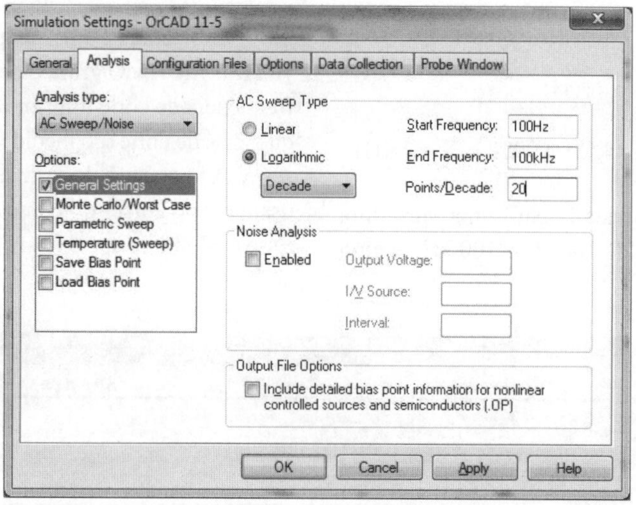

Figura 11.42 Configuração de análise da Figura 11.41.

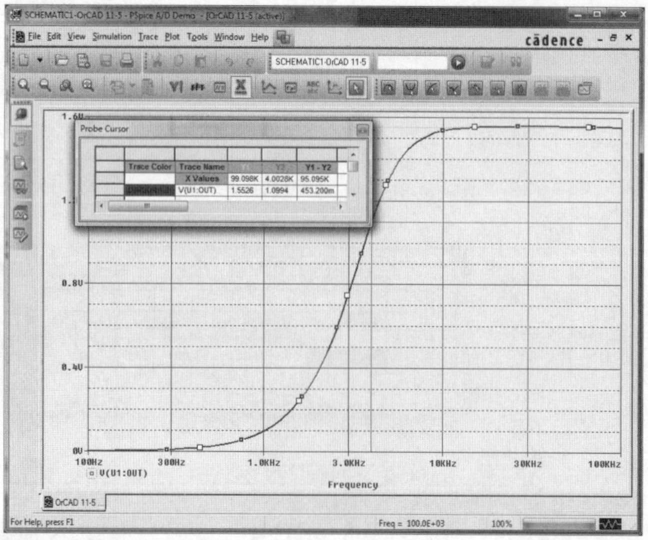

Figura 11.43 Gráfico Probe de V_o para o filtro ativo passa-altas de segunda ordem.

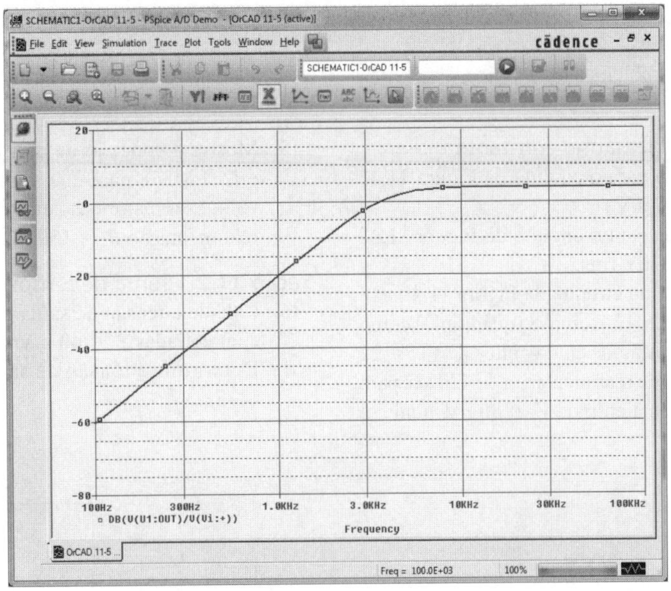

Figura 11.44 Gráfico em dB (V_o/V_i) para um filtro ativo passa-altas de segunda ordem.

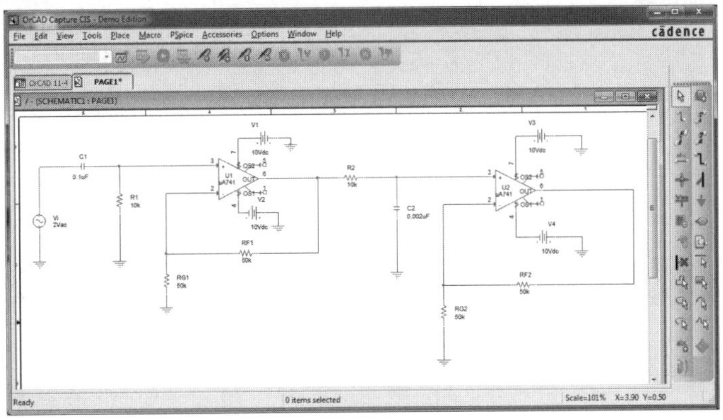

Figura 11.45 Filtro ativo passa-banda.

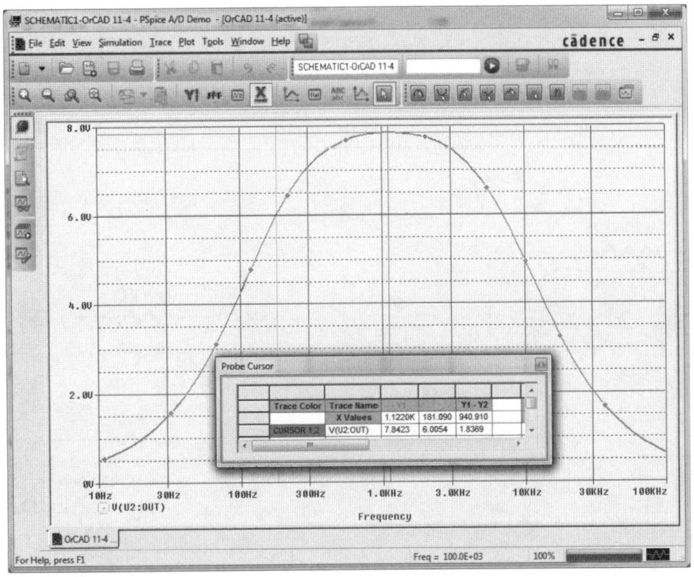

Figura 11.46 Gráfico Probe do filtro ativo passa-banda.

PROBLEMAS

*Nota: asteriscos indicam os problemas mais difíceis.

Seção 11.1 Multiplicador de ganho constante

1. Calcule a tensão de saída para o circuito da Figura 11.47 com uma entrada $V_i = 3{,}5$ mV rms.
2. Calcule a tensão de saída para o circuito da Figura 11.48 com uma entrada de 150 mV rms.
*3. Calcule a tensão de saída no circuito da Figura 11.49.
*4. Mostre a conexão de um LM124 (amp-op quádruplo) como um amplificador de três estágios com ganhos de +15, –22 e –30. Utilize um resistor de realimentação de 420 kΩ para todos os estágios. Para uma entrada $V_1 = 80\ \mu$V, qual é a tensão na saída?
5. Mostre a conexão de dois estágios com amp-op usando o CI LM358 para que sejam obtidas saídas que são 15 e –30 vezes maiores do que a entrada. Utilize um resistor de realimentação $R_F = 150$ kΩ em todos os estágios.

Seção 11.2 Soma de tensões

6. Calcule a tensão de saída para o circuito da Figura 11.50 com entradas $V_1 = 40$ mV rms e $V_2 = 20$ mV rms.
7. Determine a tensão de saída para o circuito da Figura 11.51.

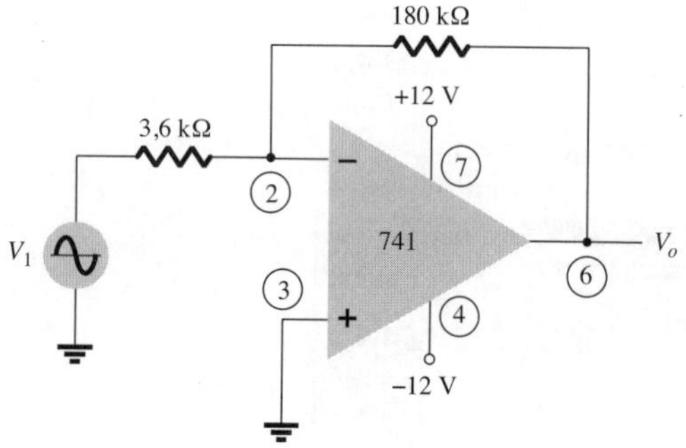

Figura 11.47 Problema 1.

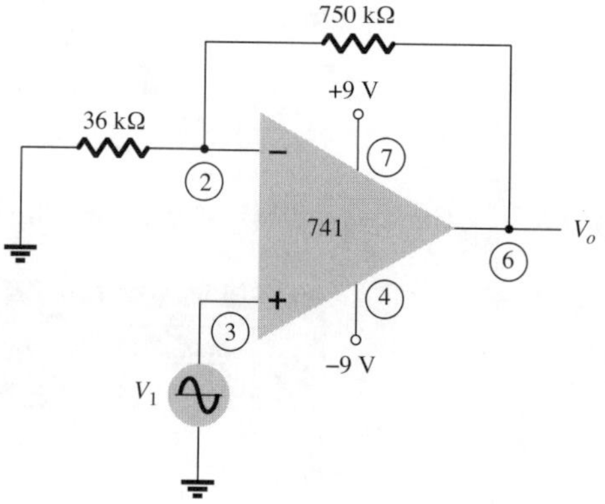

Figura 11.48 Problema 2.

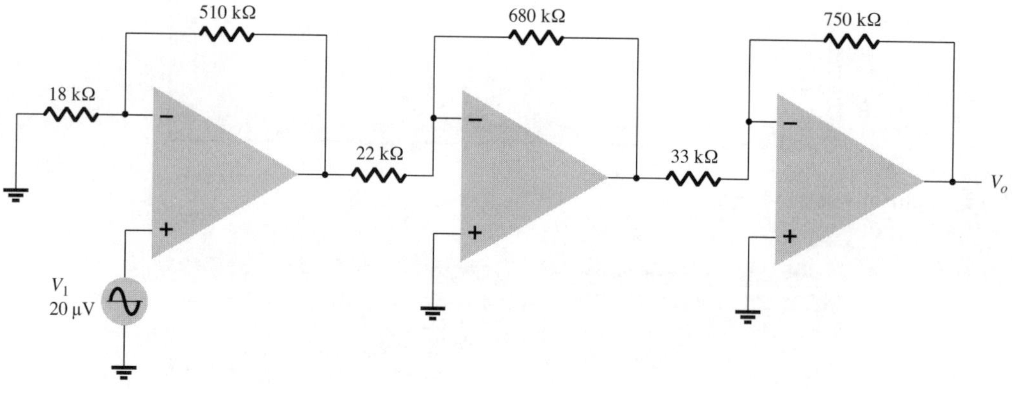

Figura 11.49 Problema 3.

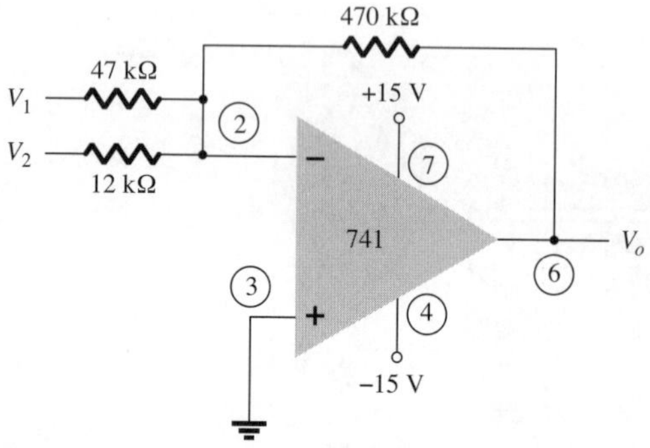

Figura 11.50 Problema 6.

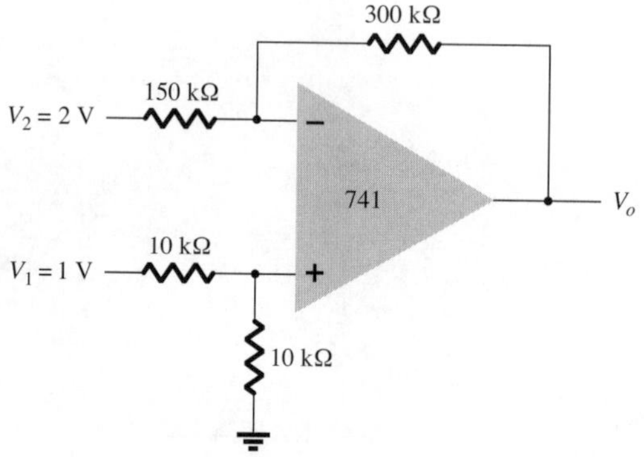

Figura 11.51 Problema 7.

8. Determine a tensão de saída para o circuito da Figura 11.52.

Seção 11.3 Buffer de tensão

9. Mostre a conexão (incluindo a pinagem) de um estágio do CI LM124 conectado como amplificador de ganho unitário.
10. Mostre a conexão (incluindo a pinagem) de dois estágios do LM358 conectados como amplificadores de ganho unitário para proporcionar a mesma saída.

Seção 11.4 Fontes controladas

11. Para o circuito da Figura 11.53, calcule I_L.
12. Calcule V_o para o circuito da Figura 11.54.

Seção 11.5 Circuitos de instrumentação

13. Calcule a corrente de saída I_o no circuito da Figura 11.55.
*14. Calcule V_o no circuito da Figura 11.56.

Seção 11.6 Filtros ativos

15. Calcule a frequência de corte do filtro passa-baixas de primeira ordem no circuito da Figura 11.57.
16. Calcule a frequência de corte do filtro passa-altas na Figura 11.58.
17. Calcule as frequências de corte inferior e superior do filtro passa-banda na Figura 11.59.

Seção 11.8 Análise computacional

*18. Utilizando o Design Center, desenhe o esquema da Figura 11.60 e determine V_o.
*19. Utilizando o Design Center, calcule I(VSENSE) no circuito da Figura 11.61.
*20. Utilize o Multisim para traçar a resposta do circuito do filtro passa-baixas da Figura 11.62.
*21. Utilize o Multisim para traçar a resposta do circuito do filtro passa-altas da Figura 11.63.
*22. Utilize o Design Center para traçar a resposta do circuito do filtro passa-banda da Figura 11.64.

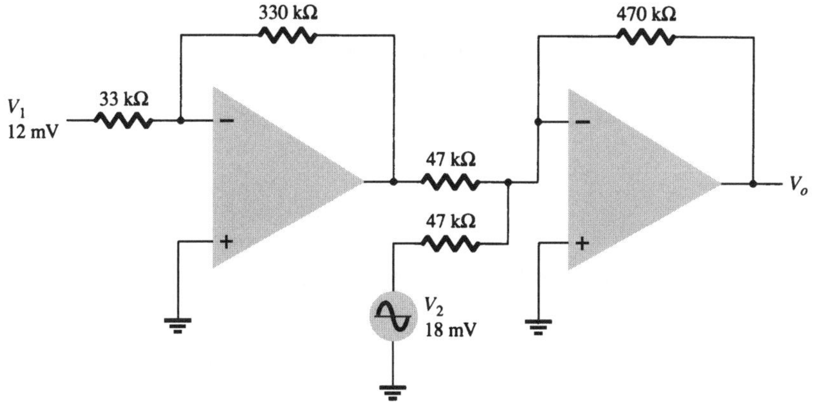

Figura 11.52 Problema 8.

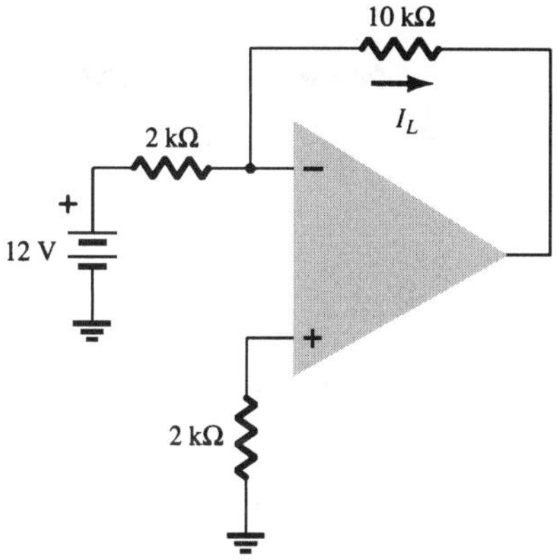

Figura 11.53 Problema 11.

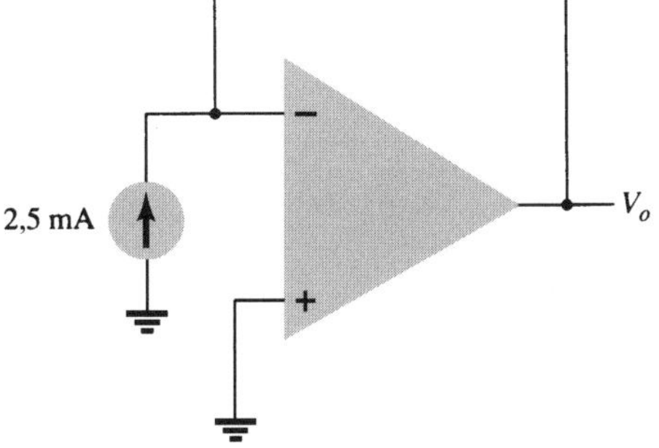

Figura 11.54 Problema 12.

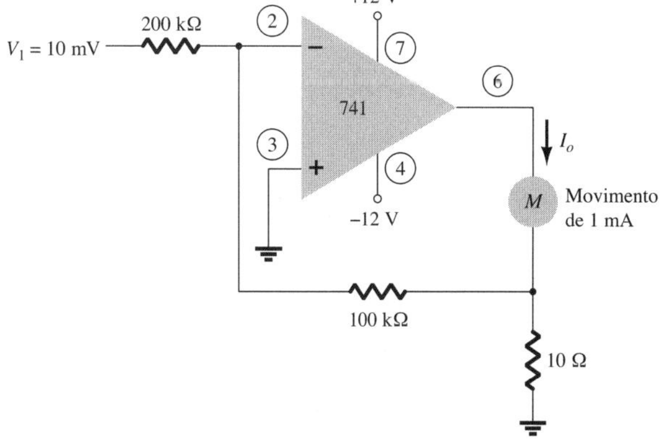

Figura 11.55 Problema 13.

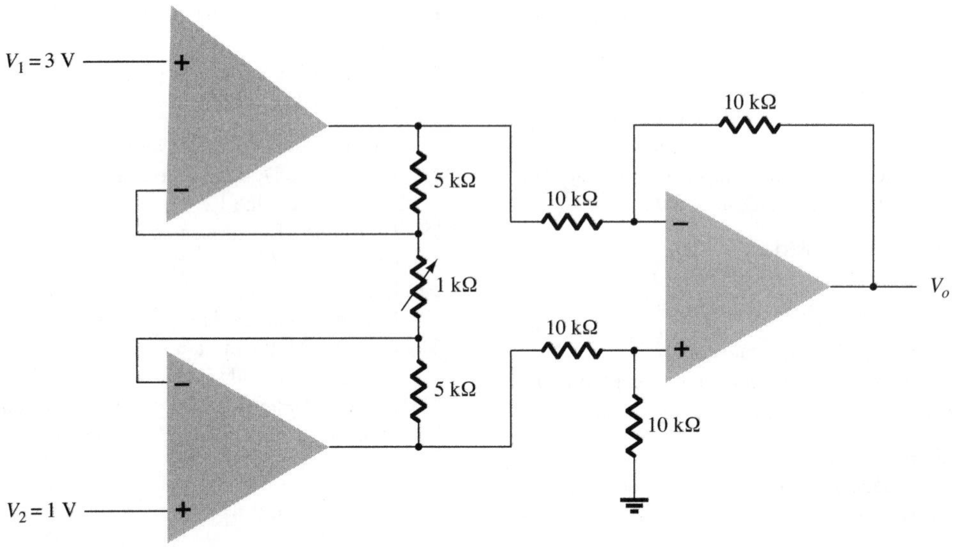

Figura 11.56 Problema 14.

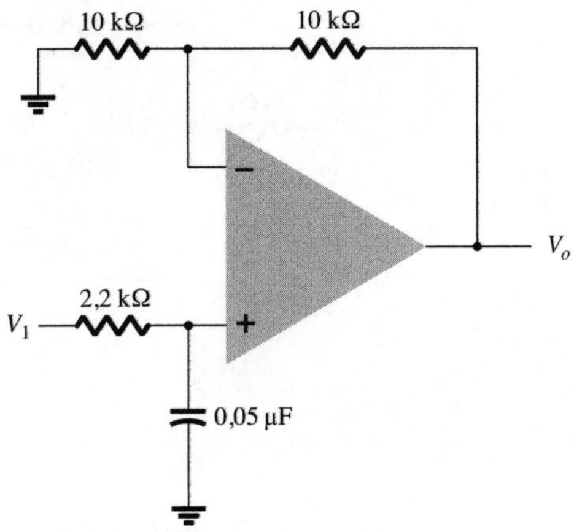

Figura 11.57 Problema 15.

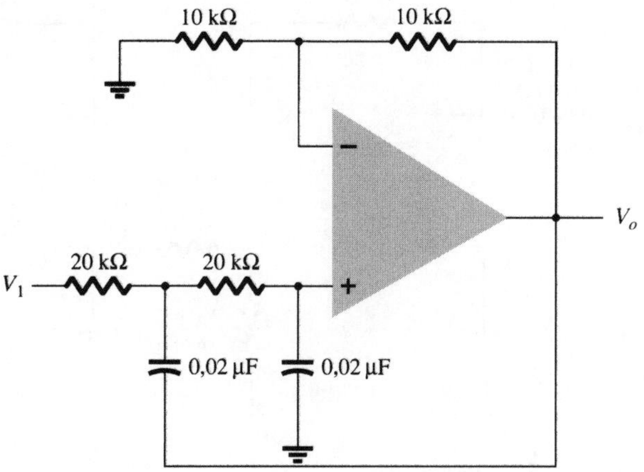

Figura 11.58 Problema 16.

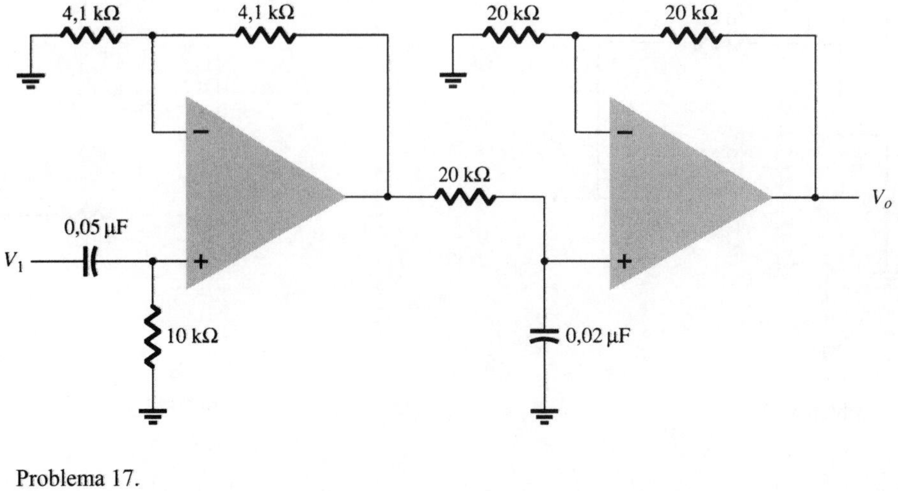

Figura 11.59 Problema 17.

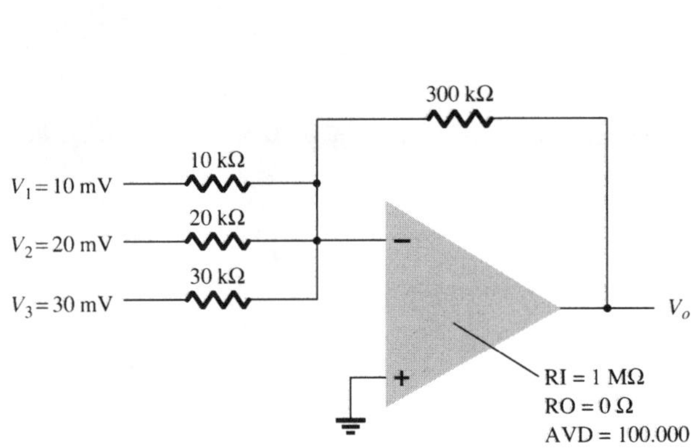

Figura 11.60 Problema 18.

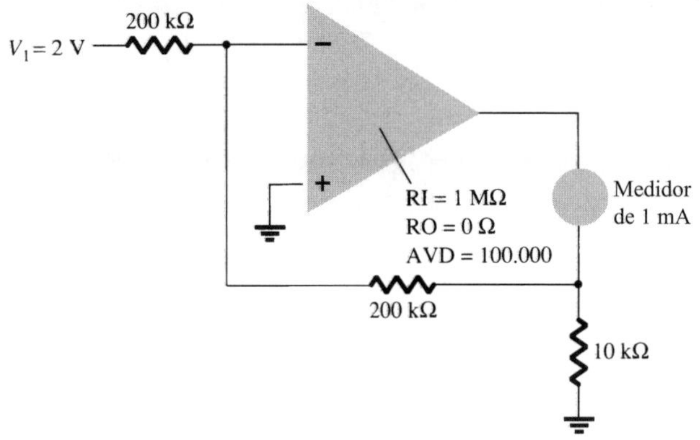

Figura 11.61 Problema 19.

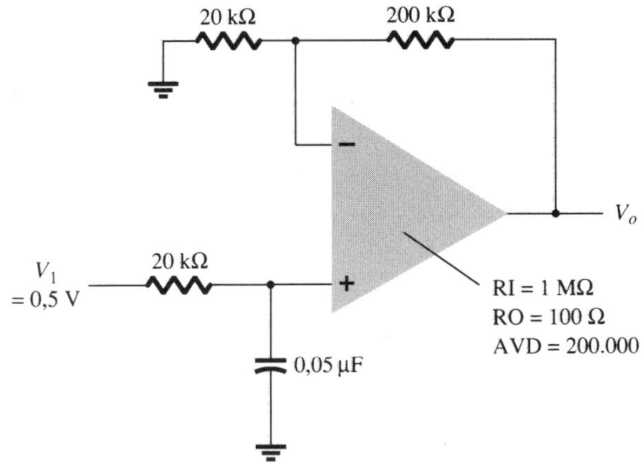

Figura 11.62 Problema 20.

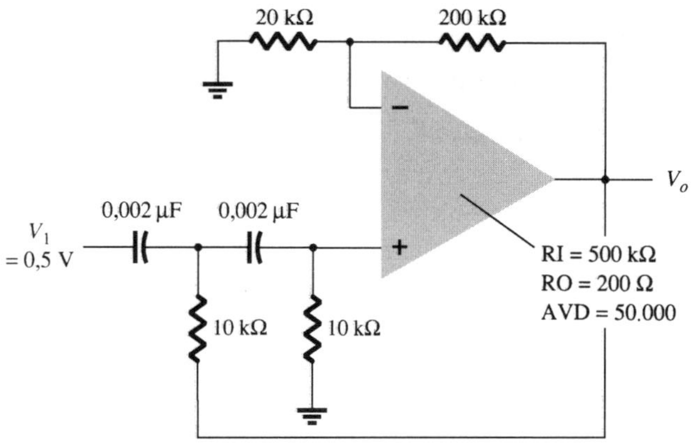

Figura 11.63 Problema 21.

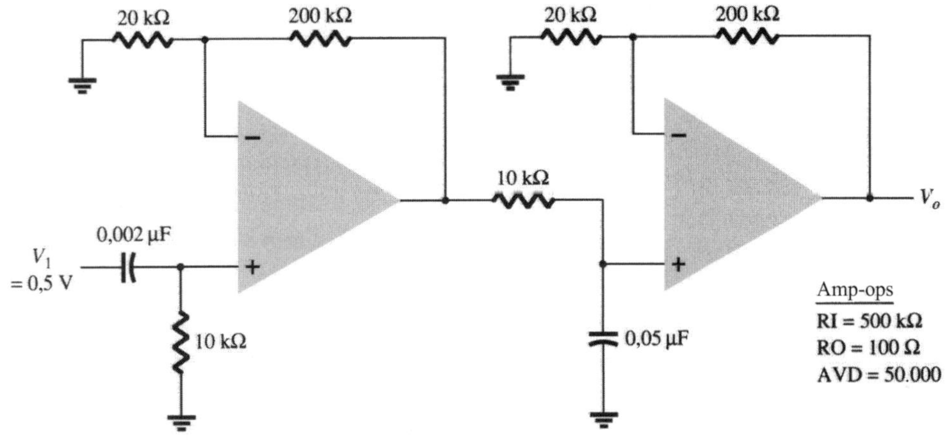

Figura 11.64 Problema 22.

Amplificadores de potência

Objetivos

- Compreender as diferenças entre os amplificadores de classes A, AB e C.
- Compreender as causas da distorção em amplificadores.
- Comparar a eficiência de várias classes de amplificador.
- Aprender a calcular a potência para várias classes de amplificador.

12.1 INTRODUÇÃO — DEFINIÇÕES E TIPOS DE AMPLIFICADORES

Um amplificador recebe um sinal de um transdutor ou de outra fonte de entrada e fornece uma versão maior desse sinal para um dispositivo de saída ou para outro estágio amplificador. Um sinal de um transdutor na entrada costuma ser pequeno (alguns milivolts de um cassete ou CD, ou alguns microvolts de uma antena) e precisa ser suficientemente amplificado para acionar um dispositivo de saída (alto-falante ou qualquer outro dispositivo de potência). Em amplificadores de pequenos sinais, geralmente os fatores principais são a linearidade na amplificação e a magnitude do ganho. Uma vez que os sinais de tensão e a corrente são pequenos em um amplificador de pequenos sinais, a capacidade de fornecimento de potência e a eficiência têm pouca importância. Um amplificador de tensão fornece amplificação de tensão principalmente para aumentar a tensão do sinal de entrada. Por outro lado, amplificadores de grandes sinais ou de potência fornecem sobretudo potência suficiente para uma carga de saída para acionar um alto-falante ou outro dispositivo de potência, normalmente na faixa de alguns watts a dezenas de watts. Neste capítulo, nós nos concentraremos nos circuitos amplificadores utilizados para operar com grandes sinais de tensão e níveis de corrente moderados ou altos. As principais características de um amplificador de grandes sinais são a eficiência de potência do circuito, a máxima quantidade de potência que o circuito é capaz de fornecer e o casamento de impedância com o dispositivo de saída.

Um método utilizado para classificar amplificadores é por sua classe. Basicamente, as classes de amplificadores indicam quanto o sinal de saída varia em um ciclo de operação para um ciclo completo do sinal de entrada. Uma breve descrição das classes de amplificadores é dada a seguir.

Classe A: O sinal de saída varia por um ciclo completo de 360° do sinal de entrada. A Figura 12.1(a) mostra que, para isso, é necessário que o ponto *Q* seja polarizado em um valor que permita que pelo menos metade do sinal de saída varie para cima e para baixo sem atingir uma tensão suficientemente alta para ser limitada pelo valor da tensão de alimentação ou desça a um ponto suficientemente baixo para atingir o valor inferior da fonte, ou 0 V nessa descrição.

Classe B: Um circuito classe B fornece um sinal de saída que varia durante metade do ciclo da entrada, ou para 180° do sinal, como mostra a Figura 12.1(b). Portanto, o ponto de polarização CC está em 0 V, e a saída varia, então, a partir desse ponto, durante meio ciclo. Obviamente, a saída não é uma reprodução fiel da entrada se apenas meio ciclo estiver presente. São necessárias duas operações classe B — uma para fornecer saída durante o semiciclo positivo e outra para operar no semiciclo negativo de saída. A combinação dos semiciclos fornece, então, uma saída para os 360° completos de operação. Esse tipo de conexão é

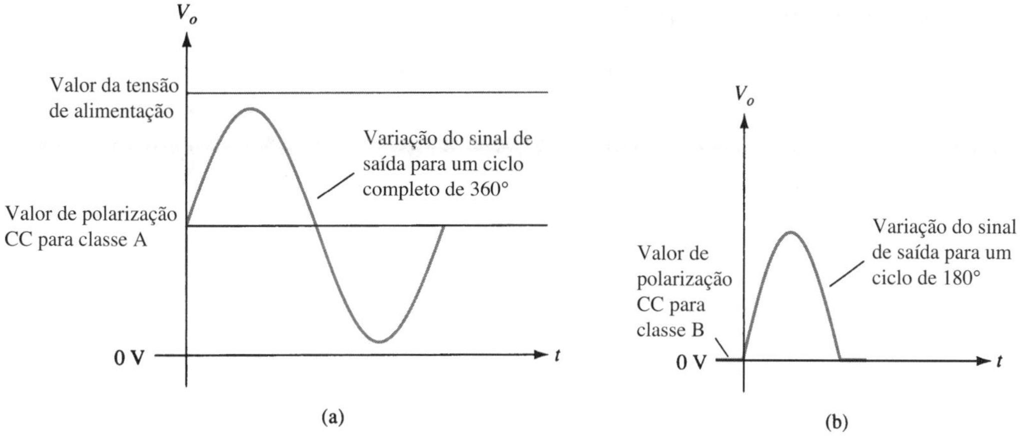

Figura 12.1 Classes de operação de amplificadores.

conhecido como *operação push-pull*, a qual será discutida mais adiante neste capítulo. Observe que a operação classe B, por si só, gera um sinal de saída muito distorcido, pois o sinal de entrada é reproduzido na saída somente para 180° da oscilação do sinal de saída.

Classe AB: Um amplificador pode ser polarizado em um valor CC acima do valor correspondente à corrente zero de base do classe B e acima da metade do valor da fonte de alimentação do classe A; essa condição de polarização é empregada em amplificadores classe AB. A operação classe AB requer ainda uma conexão push-pull para atingir um ciclo de saída completo, porém o valor de polarização CC geralmente está mais próximo do valor zero de corrente de base para aumentar a eficiência em potência, como será descrito mais adiante. Para a operação classe AB, a excursão do sinal de saída ocorre entre 180° e 360°, e não é uma operação classe A nem classe B.

Classe C: A saída de um amplificador classe C é polarizada para uma operação em menos de 180° do ciclo e opera apenas com um circuito sintonizado (ressonante), o qual fornece um ciclo completo de operação para a frequência sintonizada ou ressonante. Portanto, essa classe de operação é utilizada em amplificações especiais de circuitos sintonizados, como as de rádio ou as de comunicações.

Classe D: Essa classe de operação é uma forma de amplificação que utiliza sinais pulsados (digitais), que permanecem "ligados" por um curto intervalo de tempo e "desligados" durante um longo intervalo. A utilização de técnicas digitais possibilita a obtenção de um sinal que varia sobre um ciclo completo (utilizando circuitos de amostragem e retenção) para recriar a saída a partir de vários trechos do sinal de entrada. A principal vantagem da operação classe D é que o amplificador está ligado (utilizando potência) apenas durante curtos intervalos, e a eficiência global pode, na prática, ser muito alta, como descrito a seguir.

Eficiência do amplificador

A eficiência em potência de um amplificador, definida como a razão entre a potência de saída e a potência de entrada, melhora (aumenta) partindo da classe A até a classe D. Em termos gerais, verificamos que o amplificador classe A, com polarização CC na metade do valor da tensão de alimentação, utiliza muita potência para manter a polarização, mesmo sem nenhum sinal de entrada aplicado. O resultado é uma baixa eficiência, principalmente com sinais pequenos de entrada, quando muito pouca potência CA é liberada para a carga. Na verdade, a eficiência máxima de um circuito classe A, que ocorre na situação de maior oscilação de tensão e corrente na saída, é de somente 25% para uma conexão de carga direta ou realimentada em série, e 50% para uma conexão com transformador para a carga. É possível mostrar que a operação classe B, sem polarização CC para o caso de ausência de sinal de entrada, apresenta uma eficiência máxima que chega a 78,5%. A operação classe D pode obter uma eficiência em potência maior do que 90% e apresenta a operação mais eficiente de todas as classes de operação. Como a classe AB situa-se entre a classe A e a classe B em termos de polarização, ela também apresenta eficiência entre as eficiências dessas classes — entre 25% (ou 50%) e 78,5%. A Tabela 12.1 resume a operação das várias classes de amplificador. Essa tabela fornece uma comparação relativa do ciclo de operação de saída e eficiência em potência para os vários tipos de classe. Na operação classe B, obtemos uma conexão push-pull ao utilizarmos um acoplamento por transformador ou uma operação complementar (ou quase complementar) com transistores *npn* e *pnp* para proporcionar operação nos

Tabela 12.1 Comparação entre classes de amplificadores.

	Classe A	Classe AB	Classe B	Classe C[a]	Classe D
Ciclo de operação	360°	180° a 360°	180°	Menor do que 180°	Operação por pulsos
Eficiência em potência	25% a 50%	Entre 25% (50%) e 78,5%	78,5%		Normalmente acima de 90%

[a]*Geralmente, a classe C não é utilizada para transferir grandes quantidades de potência; portanto, a eficiência não é dada aqui.*

ciclos de polaridades opostas. Embora uma operação com transformador possa fornecer sinais com ciclos opostos, o transformador em si ocupa um espaço grande demais em muitas aplicações. Um circuito sem transformador que utilize transistores complementares proporciona a mesma operação em um volume muito menor. Circuitos e exemplos serão fornecidos mais adiante neste capítulo.

12.2 AMPLIFICADOR CLASSE A COM ALIMENTAÇÃO-SÉRIE

O circuito simples de polarização fixa que é mostrado na Figura 12.2 pode ser utilizado para discutirmos as principais características de um amplificador classe A com alimentação-série. A única diferença entre esse circuito e a versão para pequenos sinais analisada anteriormente é que os sinais tratados pelo circuito para grandes sinais estão na faixa de volts, e o transistor utilizado é um transistor de potência que pode operar em uma faixa de poucos watts até algumas dezenas de watts. Como será mostrado nesta seção, esse circuito não é o melhor para ser utilizado como amplificador de grandes sinais por causa de sua baixa eficiência em potência. O beta de um transistor de potência normalmente é menor do que 100, e o circuito amplificador total, utilizando transistores de potência, é capaz de operar em grandes potências ou correntes, enquanto não fornece um ganho de tensão muito elevado.

Operação com polarização CC

A polarização CC estabelecida por V_{CC} e R_B fixa a corrente de polarização da base em

$$I_B = \frac{V_{CC} - 0{,}7\ \text{V}}{R_B} \qquad (12.1)$$

sendo a corrente do coletor

$$I_C = \beta I_B \qquad (12.2)$$

e a tensão coletor-emissor de

$$V_{CE} = V_{CC} - I_C R_C \qquad (12.3)$$

Para perceber a importância da polarização CC na operação do amplificador de potência, considere as curvas características de coletor mostradas na Figura 12.3. Uma reta de carga CC é desenhada utilizando-se os valores de V_{CC} e R_C. A interseção do valor de I_B de polarização com a reta de carga CC determina o ponto de operação (ponto Q) para o circuito. Os valores de ponto quiescente são aqueles calculados pelas equações 12.1 a 12.3. Se a corrente de polarização CC de coletor for fixada na metade da oscilação possível do sinal (entre 0 e V_{CC}/R_C), a maior oscilação da corrente de coletor será possível. Além disso, se a tensão quiescente de coletor-emissor for fixada em um valor correspondente à metade da tensão de alimenta-

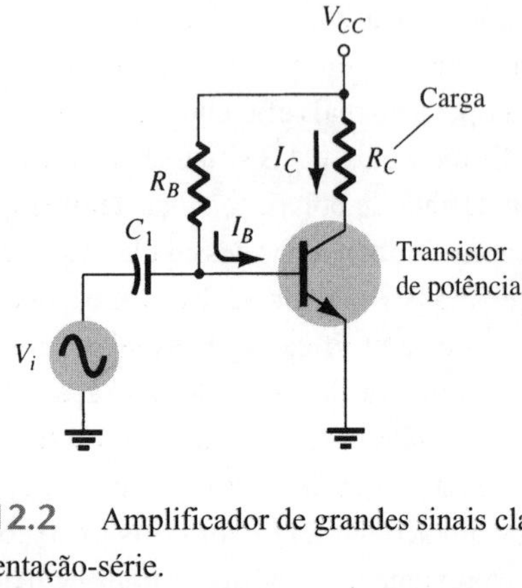

Figura 12.2 Amplificador de grandes sinais classe A com alimentação-série.

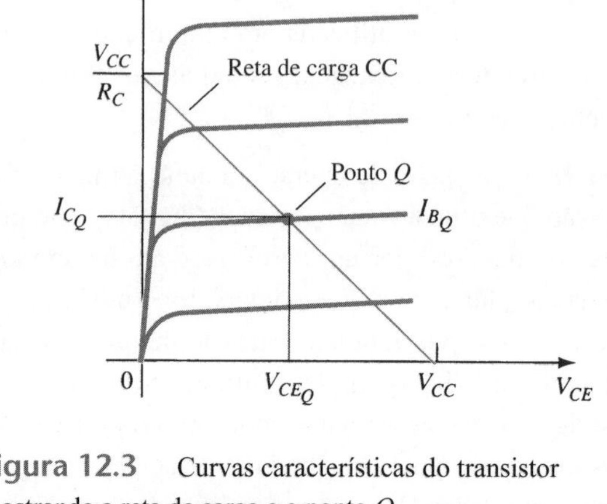

Figura 12.3 Curvas características do transistor mostrando a reta de carga e o ponto Q.

ção, a maior oscilação de tensão poderá ser obtida. Com o ponto Q fixado nesse ponto ótimo de polarização, as considerações de potência para o circuito da Figura 12.2 serão determinadas como descrito a seguir.

Operação CA

Quando um sinal de entrada CA é aplicado ao amplificador da Figura 12.2, a saída varia em tensão e corrente a partir de seu ponto de polarização CC. Um pequeno sinal de entrada, como o que é mostrado na Figura 12.4, fará a corrente de base variar acima e abaixo do ponto de polarização CC, que então fará com que a corrente de coletor (saída) bem como a tensão coletor-emissor variem em relação a seu ponto de polarização CC. Quando o sinal de entrada é ampliado, a saída também aumenta sua oscilação em torno do ponto de polarização CC estabelecido até que a tensão ou a corrente atinjam uma condição limitadora. Para a corrente, essa condição limitadora é representada pela corrente zero no limite inferior ou V_{CC}/R_C no limite superior de sua oscilação. Para a tensão coletor-emissor, os limites são 0 V ou a tensão de alimentação V_{CC}.

Considerações de potência

A potência de um amplificador é fornecida pela fonte de alimentação. Na ausência de um sinal de entrada, a corrente CC drenada é a corrente de polarização do coletor, I_{C_Q}. A potência drenada da fonte é, então,

$$P_i(\text{CC}) = V_{CC} I_{C_Q} \tag{12.4}$$

Mesmo com um sinal CA aplicado, a corrente média drenada da fonte permanece igual à corrente quiescente I_{C_Q}, de maneira que a Equação 12.4 representa a potência de entrada fornecida ao amplificador classe A com alimentação-série.

Potência de saída A variação da tensão e da corrente de saída em torno do ponto de polarização fornece potência CA para a carga. Essa potência é entregue para a carga R_C no circuito da Figura 12.2. O sinal CA V_i faz a corrente de base variar em torno da corrente de polarização CC, e a corrente de coletor variar em torno de seu valor quiescente, I_{C_Q}. Como mostra a Figura 12.4, o sinal de entrada CA resulta em sinais CA de corrente e tensão. Quanto maior o sinal de entrada, maior a oscilação de saída, até o máximo fixado pelo circuito. A potência CA entregue à carga (R_C) pode ser escrita de várias maneiras.

Utilização de sinais RMS A potência CA entregue à carga (R_C) pode ser expressa utilizando-se

$$P_o(\text{CA}) = V_{CE}(\text{rms}) I_C(\text{rms}) \tag{12.5}$$

$$P_o(\text{CA}) = I_C^2(\text{rms}) R_C \tag{12.6}$$

$$P_o(\text{CA}) = \frac{V_C^2(\text{rms})}{R_C} \tag{12.7}$$

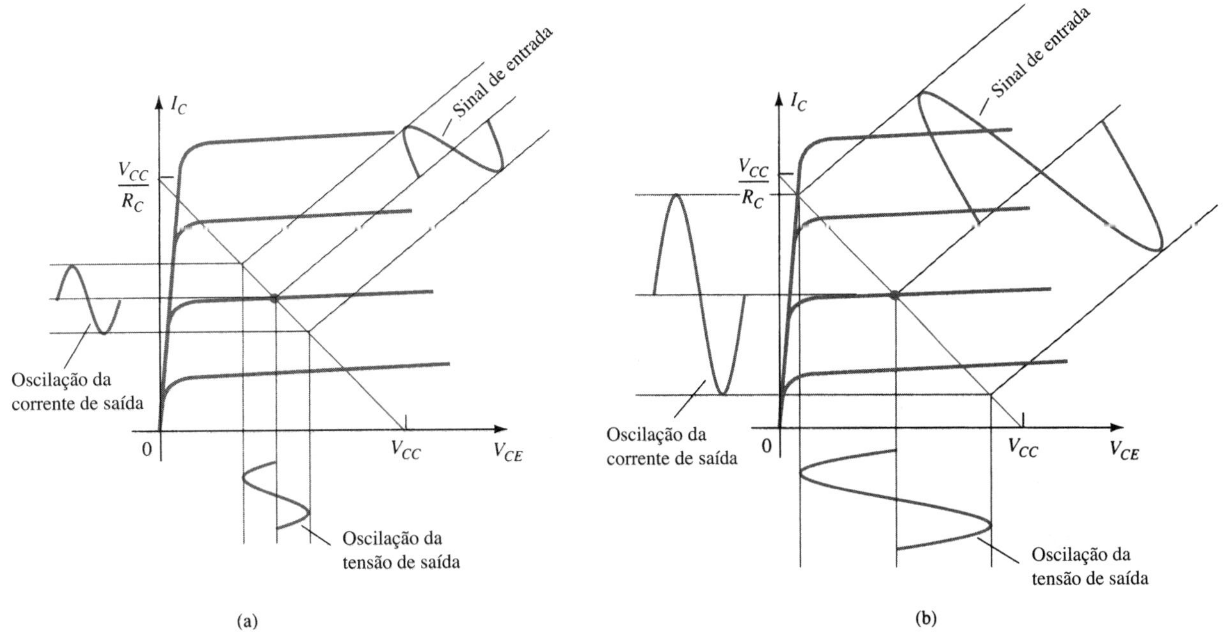

Figura 12.4 Variação dos sinais de entrada e de saída do amplificador.

Eficiência

A eficiência de um amplificador representa a quantidade de potência CA entregue (transferida) a partir da fonte CC. Ela é calculada utilizando-se

$$\% \eta = \frac{P_o(\text{CA})}{P_i(\text{CC})} \times 100\% \qquad (12.8)$$

Eficiência máxima Para o amplificador classe A com alimentação-série, a eficiência máxima pode ser determinada utilizando-se as oscilações máximas de tensão e corrente. Para a oscilação de tensão é:

$$\text{máxima } V_{CE}(\text{p-p}) = V_{CC}$$

Para a oscilação de corrente é:

$$\text{máxima } I_C(\text{p-p}) = \frac{V_{CC}}{R_C}$$

Utilizando a oscilação máxima de tensão na Equação 12.7, obtemos:

$$\text{máxima } P_o(\text{CA}) = \frac{V_{CC}(V_{CC}/R_C)}{8} = \frac{V_{CC}^2}{8R_C}$$

A potência máxima de entrada pode ser calculada utilizando-se a corrente de polarização CC fixada na metade do valor máximo:

$$\text{máxima } P_i(\text{CC}) = V_{CC}(\text{máxima } I_C)/2 = V_{CC}\frac{V_{CC}/R_C}{2} = \frac{V_{CC}^2}{2R_C}$$

Podemos, então, utilizar a Equação 12.8 para calcular a eficiência máxima:

$$\text{máxima}\,\% \eta = \frac{\text{máxima } P_o(\text{CA})}{\text{máxima } P_i(\text{CC})} \times 100\% = \frac{V_{CC}^2/8R_C}{V_{CC}^2/2R_C} \times 100\% = 25\%$$

A eficiência máxima de um amplificador classe A com alimentação-série é, portanto, 25%. Como ela somente ocorre para condições ideais de oscilação tanto de tensão quanto de corrente, a maioria dos circuitos com alimentação-série apresenta eficiências bastante inferiores a 25%.

EXEMPLO 12.1

Calcule a potência de entrada, a potência de saída e a eficiência do circuito amplificador na Figura 12.5 para uma tensão de entrada que resulte em uma corrente de base de 10 mA de pico.

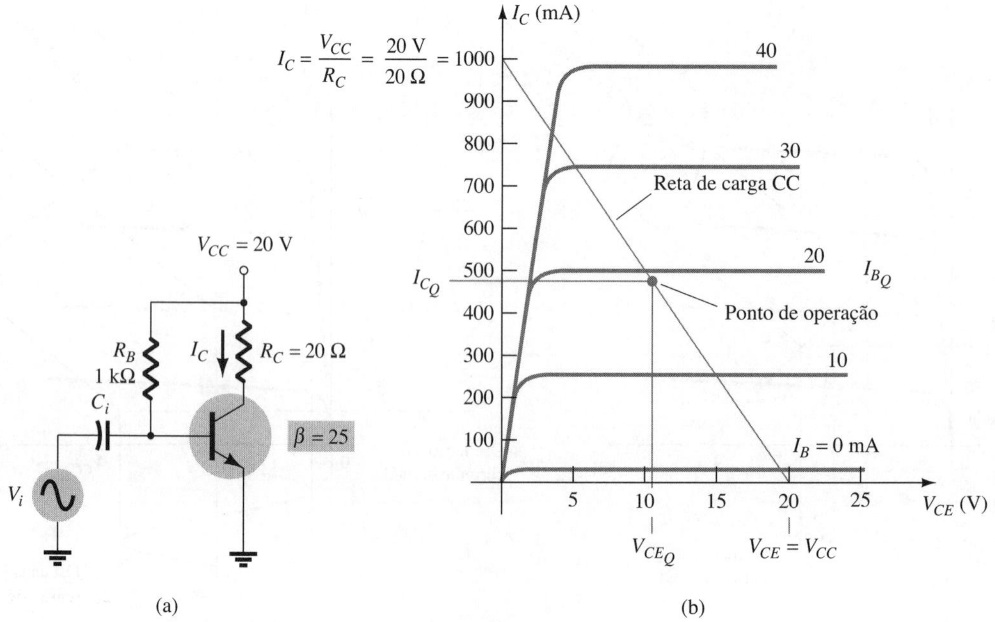

Figura 12.5 Operação de um circuito com alimentação-série para o Exemplo 12.1.

Solução:
Utilizando as equações 12.1 a 12.3, podemos determinar o ponto Q como:

$$I_{B_Q} = \frac{V_{CC} - 0{,}7\text{ V}}{R_B} = \frac{20\text{ V} - 0{,}7\text{ V}}{1\text{ k}\Omega} = 19{,}3\text{ mA}$$

$$I_{C_Q} = \beta I_B = 25(19{,}3\text{ mA}) = 482{,}5\text{ mA} \cong 0{,}48\text{ A}$$
$$V_{CE_Q} = V_{CC} - I_C R_C = 20\text{ V} - (0{,}48\ \Omega)(20\ \Omega) = 10{,}4\text{ V}$$

Esse ponto de polarização está marcado sobre as curvas características de coletor do transistor da Figura 12.5(b). A variação CA do sinal de saída pode ser obtida graficamente utilizando-se a reta de carga CC desenhada na Figura 12.5(b), ao conectar $V_{CE} = V_{CC} = 20$ V com $I_C = V_{CC}/R_C = 1000$ mA $= 1$ A, como mostrado. Quando a corrente CA de entrada da base aumenta a partir de seu valor de polarização CC, a corrente do coletor se eleva de:

$$I_C(\text{p}) = \beta I_B(\text{p}) = 25(10\text{ mA de pico}) = 250\text{ mA de pico}$$

Utilizando a Equação 12.6, temos:

$$P_o(\text{CA}) = I_C^2(rms)R_C = \frac{I_C^2(\text{p})}{2}R_C$$
$$= \frac{(250 \times 10^{-3}\text{ A})^2}{2}(20\ \Omega) = \mathbf{0{,}625\ W}$$

Utilizando a Equação 12.4, obtemos:

$$P_i(\text{CC}) = V_{CC}I_{C_Q} = (20\text{ V})(0{,}48\text{ A}) = \mathbf{9{,}6\ W}$$

A eficiência em potência do amplificador pode, então, ser calculada por meio da Equação 12.8:

$$\%\ \eta = \frac{P_o(\text{CA})}{P_i(\text{CC})} \times 100\%$$
$$= \frac{0{,}625\text{ W}}{9{,}6\text{ W}} \times 100\% = \mathbf{6{,}5\%}$$

12.3 AMPLIFICADOR CLASSE A COM ACOPLAMENTO A TRANSFORMADOR

Uma forma do amplificador classe A ter eficiência máxima de 50% utiliza um transformador para acoplar o sinal de saída à carga, como mostra a Figura 12.6. Trata-se de um circuito simples utilizado para a apresentação de alguns conceitos básicos. Algumas versões mais utilizadas na prática serão abordadas mais adiante.

Visto que o circuito utiliza um transformador para acoplar tensão ou corrente, apresentamos a seguir uma revisão das relações de transformador elevador e abaixador para tensão e corrente.

Ação do transformador

Um transformador pode aumentar ou diminuir os valores de tensão ou corrente de acordo com sua relação de espiras, como explicaremos a seguir. Além disso, podemos mostrar que a impedância conectada de um lado de um transformador possui um valor maior ou menor (aumento ou redução) no outro lado do transformador, dependendo do quadrado da relação de espiras do enrolamento do transformador. A discussão a seguir considera a transferência de potência ideal (100%) do primário para o secundário, isto é, nenhuma perda de potência é computada.

Transformação de tensão Como mostra a Figura 12.7(a), o transformador pode elevar ou reduzir uma tensão aplicada de um lado diretamente de acordo com a relação entre espiras (ou número de voltas) em cada lado. A transformação de tensão for dada por:

$$\frac{V_2}{V_1} = \frac{N_2}{N_1} \tag{12.9}$$

A Equação 12.9 mostra que, se o número de espiras de fio no lado do secundário for maior do que no lado do

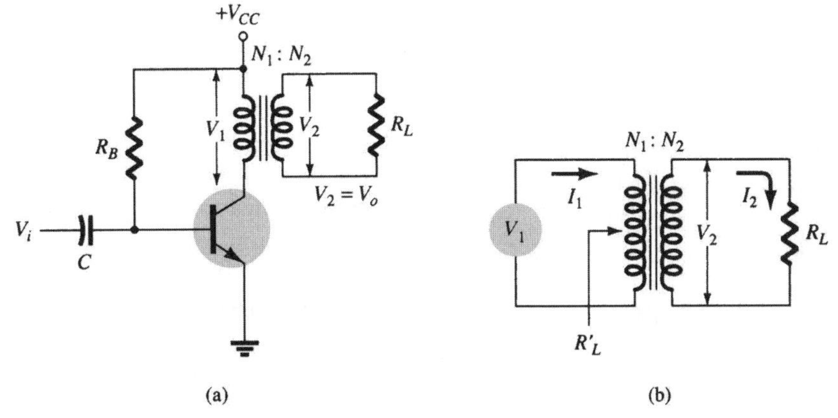

Figura 12.6 Amplificador de potência de áudio acoplado com transformador.

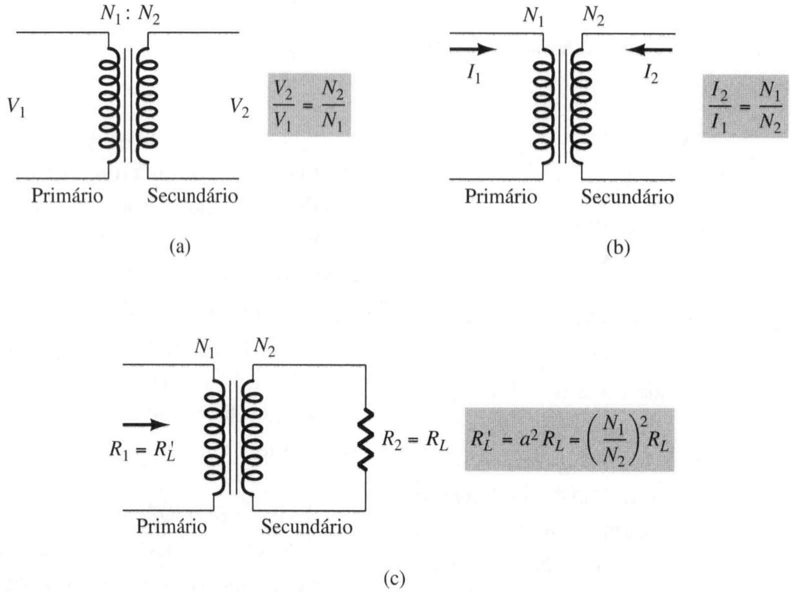

Figura 12.7 Operação do transformador: (a) transformação de tensão; (b) transformação de corrente; (c) transformação de impedância.

primário, a tensão no lado do secundário será maior do que a tensão no lado do primário.

Transformação de corrente A corrente no enrolamento secundário é inversamente proporcional ao número de espiras nos enrolamentos. A transformação de corrente é dada por:

$$\frac{I_2}{I_1} = \frac{N_1}{N_2} \qquad (12.10)$$

Essa relação é mostrada na Figura 12.7(b). Se o número de espiras no lado secundário for maior do que no primário, a corrente no secundário será menor do que a corrente no primário.

Transformação de impedância Uma vez que a tensão e a corrente podem ser modificadas por um transformador, a impedância "vista" do outro lado (primário ou secundário) também pode ser modificada. Como mostra a Figura 12.7(c), uma impedância R_L é conectada através do secundário do transformador. Essa impedância é modificada pelo transformador quando vista pelo lado do primário (R_L'). Isso pode ser mostrado da seguinte maneira:

$$\frac{R_L}{R'_L} = \frac{R_2}{R_1} = \frac{V_2/I_2}{V_1/I_1} = \frac{V_2 I_1}{I_2 V_1}$$
$$= \frac{V_2 I_1}{V_1 I_2} = \frac{N_2 N_2}{N_1 N_1} = \left(\frac{N_2}{N_1}\right)^2$$

Se definirmos $a = N_1/N_2$, onde a é a relação de espiras do transformador, a equação anterior se transformará em:

$$\frac{R_L'}{R_L} = \frac{R_1}{R_2} = \left(\frac{N_1}{N_2}\right)^2 = a^2 \qquad (12.11)$$

Podemos expressar a resistência da carga refletida para o lado primário por

$$R_1 = a^2 R_2 \quad \text{ou} \quad R_L' = a^2 R_L \qquad (12.12)$$

onde R_L' é a impedância refletida. Como mostra a Equação 12.12, a impedância refletida está relacionada diretamente ao quadrado da relação de espiras. Se o número de espiras do secundário for menor do que o do primário, a impedância vista pelo primário é maior do que a verificada no secundário por uma razão que é o quadrado da relação de espiras.

EXEMPLO 12.2

Calcule a resistência efetiva vista no lado primário de um transformador 15:1 conectado a uma carga de 8 Ω.

Solução:

Equação 12.22:

$$R_L' = a^2 R_L = (15)^2(8\ \Omega) = 1800\ \Omega = \mathbf{1{,}8\ k\Omega}$$

EXEMPLO 12.3

Que relação entre espiras de um transformador é necessária para casar uma carga de alto-falante de 16 Ω de maneira que a resistência de carga efetiva vista pelo primário seja de 10 kΩ?

Solução:

Equação 12.11:

$$\left(\frac{N_1}{N_2}\right)^2 = \frac{R'_L}{R_L} = \frac{10\ \text{k}\Omega}{16\ \Omega} = 625$$

$$\frac{N_1}{N_2} = \sqrt{625} = \mathbf{25{:}1}$$

Operação do estágio amplificador

Reta de carga CC A resistência (CC) de enrolamento de um transformador determina a reta de carga para o circuito da Figura 12.6. Essa resistência CC costuma ser pequena (idealmente 0 Ω) e, como mostra a Figura 12.8, uma reta de carga CC de 0 Ω é uma linha vertical. A resistência do enrolamento de um transformador é, normalmente, de alguns ohms, mas apenas o caso ideal será considerado nessa discussão. Não há queda de tensão CC através da resistência de carga CC de 0 Ω, e a reta de carga é desenhada verticalmente do ponto de tensão, $V_{CE_Q} = V_{CC}$.

Ponto quiescente de operação O ponto de operação sobre as curvas características da Figura 12.8 pode ser obtido graficamente pelo ponto de interseção da reta de carga CC e da corrente de base determinada pelo circuito. A corrente quiescente de coletor pode, então, ser obtida do ponto de operação. No caso da operação classe A, lembramos que o ponto de polarização CC determina as condições para a máxima oscilação não distorcida do sinal tanto para a corrente de coletor quanto para a tensão coletor-emissor. Se o sinal de entrada produzir uma oscilação de tensão menor do que a máxima possível, a eficiência do circuito naquele instante será menor do que a máxima de 50%. O ponto de polarização CC é, portanto, importante na determinação da operação de um amplificador classe A com alimentação-série.

Reta de carga CA Para desenvolver a análise CA, é necessário calcular a resistência de carga CA "vista" quando se olha para o primário do transformador e, a seguir, é desenhada a reta de carga CA sobre as curvas características de coletor. A resistência de carga refletida (R'_L) é calculada pela Equação 12.12 com o valor da carga conectada através do secundário (R_L) e a relação de espiras do transformador. A técnica de análise gráfica ocorre então como segue. Desenhe a reta de carga CA de maneira que ela passe através do ponto de operação e tenha um coeficiente angular de $-1/R'_L$ (a resistência de carga refletida), sendo o coeficiente angular da reta de carga o negativo do inverso da resistência de carga CA. Observe que a reta de

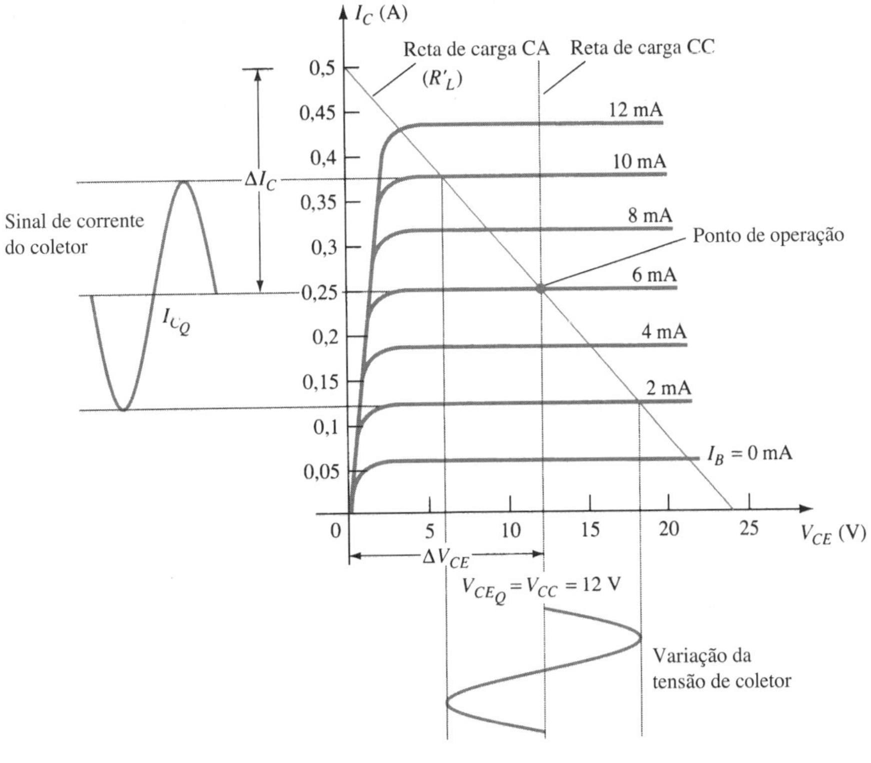

Figura 12.8 Retas de carga para um amplificador classe A acoplado com transformador.

carga CA mostra que a oscilação do sinal de saída pode exceder o valor de V_{CC}. Na verdade, a tensão desenvolvida através do primário do transformador pode ser bastante grande. É necessário, então, após a obtenção da reta de carga CA, verificar se a oscilação de tensão não excede os valores nominais máximos do transistor.

Oscilação do sinal e potência de saída CA

A Figura 12.9 mostra as oscilações dos sinais de tensão e corrente no circuito da Figura 12.6. Das variações do sinal mostradas na Figura 12.9, os valores pico a pico das oscilações do sinal são:

$$V_{CE}(\text{p-p}) = V_{CE_{\text{máx}}} - V_{CE_{\text{mín}}}$$
$$I_C(\text{p-p}) = I_{C_{\text{máx}}} - I_{C_{\text{mín}}}$$

A potência CA desenvolvida através do primário do transformador pode ser calculada utilizando-se:

$$P_o(\text{CA}) = \frac{(V_{CE_{\text{máx}}} - V_{CE_{\text{mín}}})(I_{C_{\text{máx}}} - I_{C_{\text{mín}}})}{8} \quad (12.13)$$

A potência CA calculada é desenvolvida através do primário do transformador. Supondo que se trate de um transformador ideal (um transformador muito eficiente tem uma eficiência de pelo menos 90%), verificamos que a potência entregue pelo secundário para a carga é aproximadamente a mesma calculada pela Equação 12.13. A potência de saída CA também pode ser determinada a partir do valor da tensão entregue para a carga.

Para o transformador ideal, a tensão liberada para a carga pode ser calculada pela Equação 12.9:

$$V_L = V_2 = \frac{N_2}{N_1}V_1$$

A potência eficaz através da carga pode ser escrita por

$$P_L = \frac{V_L^2(\text{rms})}{R_L}$$

e se iguala à potência calculada utilizando-se a Equação 12.7.

Ao utilizarmos a Equação 12.10 para calcular a corrente de carga, teremos

$$I_L = I_2 = \frac{N_1}{N_2}I_C$$

e a potência de saída CA é calculada por:

$$P_L = I_L^2(\text{rms})R_L$$

EXEMPLO 12.4

Calcule a potência CA entregue ao alto-falante de 8 Ω do circuito da Figura 12.10. Os valores dos componentes do circuito resultam em uma corrente CC de base de 6 mA, e o sinal de entrada (V_i) resulta em uma oscilação de corrente de base de 4 mA de pico.

Solução:

A reta de carga CC é desenhada verticalmente (veja a Figura 12.11) a partir do ponto de tensão:

$$V_{CE_Q} = V_{CC} = 10 \text{ V}$$

Para $I_B = 6$ mA, o ponto de operação na Figura 12.11 é:

$$V_{CE_Q} = 10 \text{ V} \quad \text{e} \quad I_{C_Q} = 140 \text{ mA}$$

A resistência CA efetiva vista pelo primário é:

$$R'_L = \left(\frac{N_1}{N_2}\right)^2 R_L = (3)^2(8) = 72\ \Omega$$

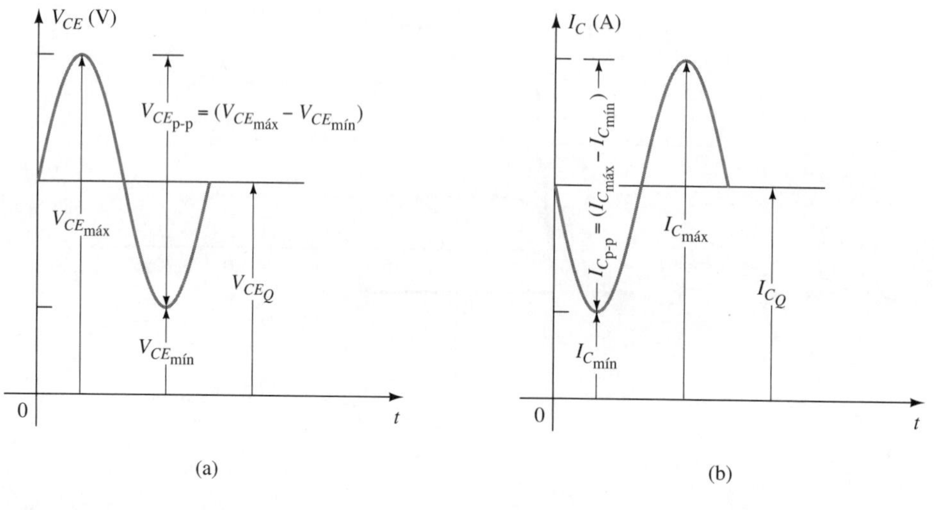

Figura 12.9 Gráfico da operação de um amplificador classe A acoplado com transformador.

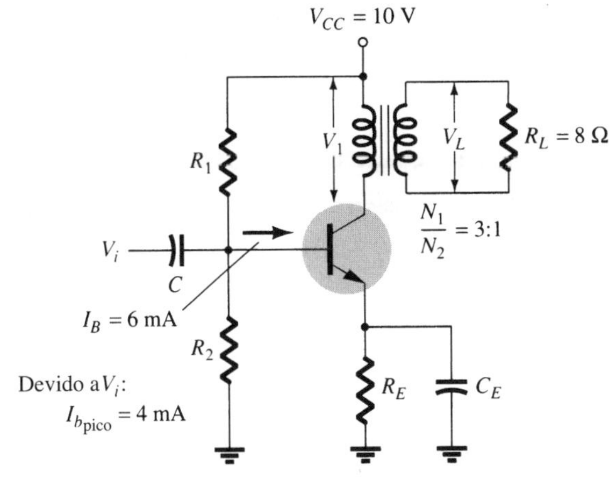

Figura 12.10 Amplificador classe A acoplado a transformador para o Exemplo 12.4.

A reta de carga CA pode ser então desenhada com um coeficiente angular de –1/72, que passa através do ponto de operação indicado. Para ajudar no desenho da reta de carga, considere o seguinte procedimento. Para uma oscilação de corrente de

$$I_C = \frac{V_{CE}}{R'_L} = \frac{10\text{ V}}{72\ \Omega} = 139\text{ mA}$$

marque um ponto A:

$I_{CE_Q} + I_C = 140\text{ mA} + 139\text{ mA} = 279\text{ mA}$ ao longo do eixo y

Conecte o ponto A ao ponto Q para obter a reta de carga CA. Para a oscilação de corrente de base de 4 mA de pico fornecida, a máxima e a mínima correntes de coletor e a tensão coletor-emissor obtidas da Figura 12.11 são, respectivamente,

$$V_{CE_{mín}} = 1{,}7\text{ V} \qquad I_{C_{mín}} = 25\text{ mA}$$
$$V_{CE_{máx}} = 18{,}3\text{ V} \qquad I_{C_{máx}} = 255\text{ mA}$$

A potência CA entregue à carga pode ser então calculada utilizando-se a Equação 12.13:

$$P_o(\text{CA}) = \frac{(V_{CE_{máx}} - V_{CE_{mín}})(I_{C_{máx}} - I_{C_{mín}})}{8}$$
$$= \frac{(18{,}3\text{ V} - 1{,}7\text{ V})(255\text{ mA} - 25\text{ mA})}{8}$$
$$= \mathbf{0{,}477\ W}$$

Eficiência

Consideramos, até agora, o cálculo da potência CA entregue à carga. Consideraremos, em seguida, a potência de entrada fornecida pela fonte, as perdas de potência no amplificador e a eficiência global em potência do amplificador classe A acoplado a transformador.

A potência de entrada (CC) obtida da fonte é calculada a partir do valor da tensão de alimentação CC e da potência média drenada da fonte:

$$P_i(\text{CC}) = V_{CC} I_{C_Q} \qquad (12.14)$$

Para o amplificador acoplado a transformador, a potência dissipada pelo transformador é pequena (devido à pequena

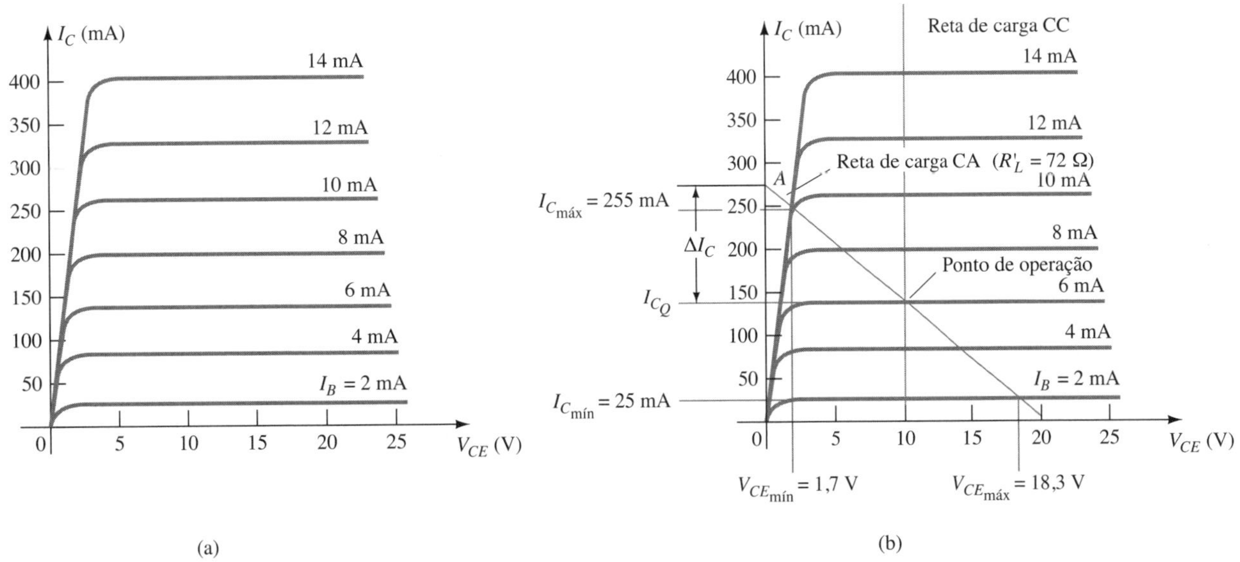

Figura 12.11 Curvas características do transistor classe A acoplado a transformador para os exemplos 12.4 e 12.5: (a) características do dispositivo; (b) retas de carga CC e CA.

resistência CC do enrolamento) e será ignorada nesse cálculo. Logo, a única perda de potência considerada aqui é aquela dissipada pelo transistor de potência e é calculada por

$$P_Q = P_i(\text{CC}) - P_o(\text{CA}) \quad (12.15)$$

onde P_Q é a potência dissipada em forma de calor. Embora a equação seja simples, ela deve ser considerada quando utilizamos um amplificador classe A. A quantidade de potência dissipada pelo transistor é a diferença entre a drenada da fonte CC (determinada pelo ponto de polarização) e a quantidade entregue à carga CA. Quando o sinal de entrada é muito pequeno, com uma potência CA muito pequena entregue para a carga, a potência máxima é dissipada pelo transistor. Quando o sinal de entrada é grande, assim como a potência entregue para a carga, menos potência é dissipada pelo transistor. Em outras palavras, o transistor de um amplificador classe A tem que trabalhar "pesado" (dissipar a maior parte da potência) quando a carga estiver desconectada do amplificador, e o transistor dissipa a mínima quantidade de potência quando a carga estiver drenando a máxima potência possível do circuito.

EXEMPLO 12.5

Para o circuito da Figura 12.10 e os resultados do Exemplo 12.4, calcule a potência de entrada CC, a potência dissipada pelo transistor e a eficiência do circuito para o sinal de entrada do Exemplo 12.4.

Solução:

Equação 12.14:

$$P_i(\text{CC}) = V_{CC}I_{C_Q} = (10\text{ V})(140\text{ mA}) = \mathbf{1{,}4\ W}$$

Equação 12.15:

$$P_Q = P_i(\text{CC}) - P_o(\text{CA}) = 1{,}4\text{ W} - 0{,}477\text{ W} = \mathbf{0{,}92\ W}$$

A eficiência do amplificador é, então,

$$\%\,\eta = \frac{P_o(\text{CA})}{P_i(\text{CC})} \times 100\% = \frac{0{,}477\text{ W}}{1{,}4\text{ W}} \times 100\% = \mathbf{34{,}1\%}$$

Máxima eficiência teórica Para um amplificador classe A acoplado a transformador, a máxima eficiência teórica atinge 50%. Com base nos sinais obtidos utilizando o amplificador, a eficiência pode ser escrita por:

$$\%\,\eta = 50\left(\frac{V_{CE_{\text{máx}}} - V_{CE_{\text{mín}}}}{V_{CE_{\text{máx}}} + V_{CE_{\text{mín}}}}\right)^2\% \quad (12.16)$$

Quanto maior o valor de $V_{CE_{\text{máx}}}$ e menor o valor de $V_{CE_{\text{mín}}}$, mais próxima fica a eficiência do limite teórico de 50%.

EXEMPLO 12.6

Calcule a eficiência do amplificador classe A acoplado a transformador para uma fonte de 12 V e saídas de:

a) $V(\text{p}) = 12$ V.
b) $V(\text{p}) = 6$ V.
c) $V(\text{p}) = 2$ V.

Solução:

a) Visto que $V_{CE_Q} = V_{CC} = 12$ V, os pontos máximo e mínimo da oscilação de tensão são, respectivamente,

$$V_{CE_{\text{máx}}} = V_{CE_Q} + V(\text{p}) = 12\text{ V} + 12\text{ V} = 24\text{ V}$$
$$V_{CE_{\text{mín}}} = V_{CE_Q} - V(\text{p}) = 12\text{ V} - 12\text{ V} = 0\text{ V}$$

o que resulta em

$$\%\,\eta = 50\left(\frac{24\text{ V} - 0\text{ V}}{24\text{ V} + 0\text{ V}}\right)^2\% = \mathbf{50\%}$$

b)

$$V_{CE_{\text{máx}}} = V_{CE_Q} + V(\text{p}) = 12\text{ V} + 6\text{ V} = 18\text{ V}$$
$$V_{CE_{\text{mín}}} = V_{CE_Q} - V(\text{p}) = 12\text{ V} - 6\text{ V} = 6\text{ V}$$

o que resulta em

$$\%\,\eta = 50\left(\frac{18\text{ V} - 6\text{ V}}{18\text{ V} + 6\text{ V}}\right)^2\% = \mathbf{12{,}5\%}$$

c)

$$V_{CE_{\text{máx}}} = V_{CE_Q} + V(\text{p}) = 12\text{ V} + 2\text{ V} = 14\text{ V}$$
$$V_{CE_{\text{mín}}} = V_{CE_Q} - V(\text{p}) = 12\text{ V} - 2\text{ V} = 10\text{ V}$$

o que resulta em

$$\%\,\eta = 50\left(\frac{14\text{ V} - 10\text{ V}}{14\text{ V} + 10\text{ V}}\right)^2\% = \mathbf{1{,}39\%}$$

Observe como a eficiência do amplificador cai drasticamente de um máximo de 50% para $V(\text{p}) = V_{CC}$ até um pouco acima de 1% em $V(\text{p}) = 2$ V.

12.4 OPERAÇÃO DO AMPLIFICADOR CLASSE B

Na operação classe B, o transistor fica polarizado em um valor que o mantém cortado, sendo ligado somente quando o sinal CA é aplicado. Isto é, praticamente não há polarização, e o transistor conduz corrente apenas durante um semiciclo do sinal de entrada. Para obtermos saída para um ciclo completo de sinal, é necessário utilizar dois transistores e ter cada um deles conduzindo em semiciclos opostos. A operação combinada fornece um ciclo completo de sinal de saída. Visto que uma parte do circuito empurra (*push*) o sinal alto durante um semiciclo e a outra parte puxa (*pull*) o sinal baixo durante o outro semiciclo, o circuito é chamado de *circuito push-pull*. A Figura 12.12 mostra um diagrama para a operação *push-pull*. Um sinal de entrada CA é aplicado ao circuito *push-pull*, com cada metade operando em semiciclos alternados; a carga, então, recebe um sinal por um ciclo completo de operação CA. Os transistores de potência utilizados em um circuito *push-pull* são capazes de entregar a potência desejada à carga, e a operação classe B desses transistores apresenta uma eficiência maior do que era possível utilizando um único transistor em operação classe A.

Potência de entrada (CC)

A potência fornecida à carga por um amplificador é drenada da fonte de alimentação (ou fontes de alimentação; veja a Figura 12.13) que fornece a potência de entrada ou potência CC. O valor dessa potência de entrada pode ser calculado por

$$P_i(\text{CC}) = V_{CC} I_{CC} \tag{12.17}$$

onde I_{CC} é a corrente média ou corrente CC drenada das fontes de alimentação. Na operação classe B, a corrente drenada de uma única fonte de alimentação tem a forma de um sinal de onda completa retificado, enquanto a corrente drenada de duas fontes de alimentação tem a forma de um sinal de meia onda retificado de cada fonte. Em qualquer caso, o valor da corrente média drenada pode ser escrito como

$$I_{CC} = \frac{2}{\pi} I(\text{p}) \tag{12.18}$$

onde $I(\text{p})$ é o valor de pico da forma de onda da corrente de saída. Utilizando a Equação 12.18 na equação da potência de entrada (Equação 12.17), obtemos:

$$P_i(\text{CC}) = V_{CC}\left(\frac{2}{\pi} I(\text{p})\right) \tag{12.19}$$

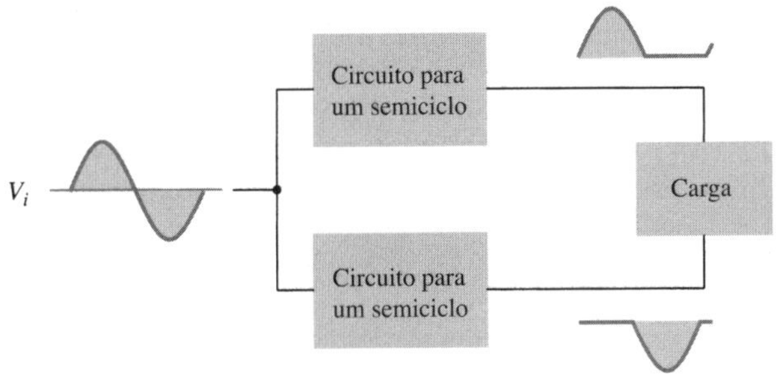

Figura 12.12 Representação em bloco da operação *push-pull*.

Potência de saída (CA)

A potência entregue à carga (geralmente referida como uma resistência, R_L) pode ser calculada utilizando-se qualquer uma dentre diversas equações. Caso se use um medidor de valor eficaz (rms) para medir a tensão na carga, a potência de saída pode ser calculada como:

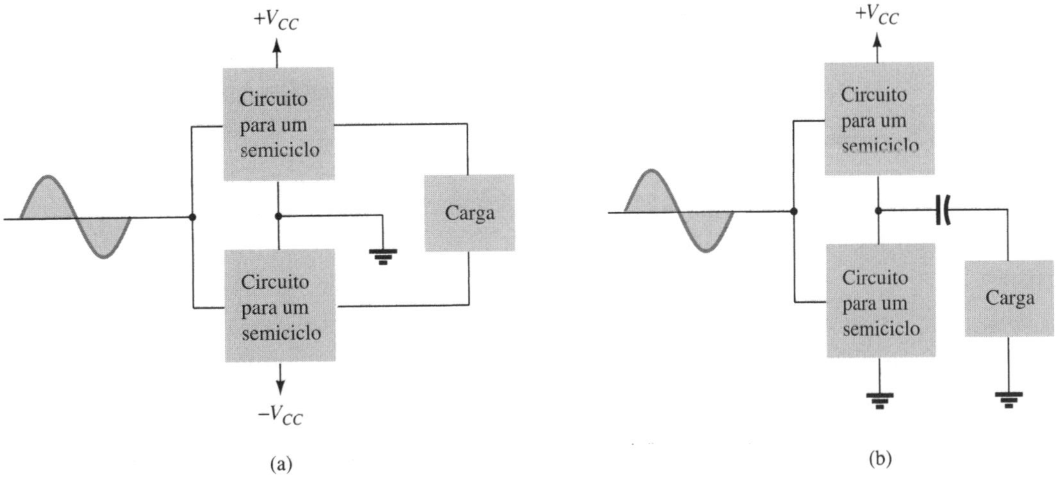

Figura 12.13 Conexão de um amplificador *push-pull* à carga: (a) utilizando duas fontes de tensão; (b) utilizando uma fonte de tensão.

$$P_o(\text{CA}) = \frac{V_L^2(\text{rms})}{R_L} \quad (12.20)$$

Caso se empregue um osciloscópio, a tensão de saída medida de pico, ou pico a pico, pode ser utilizada:

$$P_o(\text{CA}) = \frac{V_L^2(\text{p-p})}{8R_L} = \frac{V_L^2(\text{p})}{2R_L} \quad (12.21)$$

Quanto maior for a tensão rms ou a tensão de pico de saída, maior será a potência entregue à carga.

Eficiência

A eficiência de um amplificador classe B pode ser calculada pela equação básica:

$$\%\,\eta = \frac{P_o(\text{CA})}{P_i(\text{CC})} \times 100\%$$

Utilizando as equações 12.19 e 12.21 na equação da eficiência anterior, obtemos

$$\%\,\eta = \frac{P_o(\text{CA})}{P_i(\text{CC})} \times 100\% = \frac{V_L^2(\text{p})/2R_L}{V_{CC}[(2/\pi)I(\text{p})]} \times 100\%$$

$$= \frac{\pi}{4}\frac{V_L(\text{p})}{V_{CC}} \times 100\% \quad (12.22)$$

[utilizando $I(\text{p}) = V_L(\text{p})/R_L$]. A Equação 12.22 mostra que, quanto maior for a tensão de pico, maior será a eficiência do circuito, até um valor máximo quando $V_L(\text{p}) = V_{CC}$, sendo então essa eficiência máxima:

$$\text{eficiência máxima} = \frac{\pi}{4} \times 100\% = 78{,}5\%$$

Potência dissipada pelos transistores de saída

A potência dissipada (em forma de calor) pelos transistores de potência de saída é a diferença entre a potência de entrada fornecida pelas fontes e a potência de saída entregue para a carga,

$$P_{2Q} = P_i(\text{CC}) - P_o(\text{CA}) \quad (12.23)$$

onde P_{2Q} é a potência dissipada pelos dois transistores de potência de saída. A potência dissipada em cada transistor é, então,

$$P_Q = \frac{P_{2Q}}{2} \quad (12.24)$$

EXEMPLO 12.7

Para um amplificador classe B que forneça um sinal de 20 V de pico para uma carga de 16 Ω (alto-falante) e uma fonte de alimentação de $V_{CC} = 30$ V, determine a potência de entrada, a potência de saída e a eficiência do circuito.

Solução:

Um sinal de 20 V de pico através de uma carga de 16 Ω fornece uma corrente de pico na carga de:

$$I_L(\text{p}) = \frac{V_L(\text{p})}{R_L} = \frac{20\text{ V}}{16\ \Omega} = 1{,}25\text{ A}$$

O valor CC da corrente drenada da fonte de alimentação é, então,

$$I_{CC} = \frac{2}{\pi}I_L(\text{p}) = \frac{2}{\pi}(1{,}25\text{ A}) = 0{,}796\text{ A}$$

e a potência de entrada fornecida pela fonte de tensão é

$$P_i(\text{CC}) = V_{CC}I_{CC} = (30\text{ V})(0{,}796\text{ A}) = \mathbf{23{,}9\ W}$$

A potência de saída entregue à carga é

$$P_o(\text{CA}) = \frac{V_L^2(\text{p})}{2R_L} = \frac{(20\text{ V})^2}{2(16\ \Omega)} = \mathbf{12{,}5\ W}$$

para uma eficiência resultante de:

$$\%\,\eta = \frac{P_o(\text{CA})}{P_i(\text{CC})} \times 100\%$$

$$= \frac{12{,}5\text{ W}}{23{,}9\text{ W}} \times 100\% = \mathbf{52{,}3\%}$$

Considerações sobre máxima potência

Para a operação classe B, a potência máxima de saída é entregue para a carga quando $V_L(\text{p}) = V_{CC}$:

$$\text{máxima } P_o(\text{CA}) = \frac{V_{CC}^2}{2R_L} \quad (12.25)$$

A corrente de pico CA correspondente $I(\text{p})$ é, portanto,

$$I(\text{p}) = \frac{V_{CC}}{R_L}$$

de maneira que o valor máximo da corrente média da fonte de alimentação é:

$$\text{máxima } I_{CC} = \frac{2}{\pi}I(\text{p}) = \frac{2V_{CC}}{\pi R_L}$$

Utilizar essa corrente para calcular o valor máximo de potência de entrada resulta em:

$$\text{máxima } P_i(\text{CC}) = V_{CC}\,(\text{máximo } I_{CC})$$
$$= V_{CC}\left(\frac{2V_{CC}}{\pi R_L}\right) = \frac{2V_{CC}^2}{\pi R_L} \qquad (12.26)$$

A eficiência máxima do circuito para uma operação classe B é, então,

$$\text{máxima } \%\,\eta = \frac{P_o(\text{CA})}{P_i(\text{CC})} \times 100\%$$
$$= \frac{V_{CC}^2/2R_L}{V_{CC}[(2/\pi)(V_{CC}/R_L)]} \times 100\%$$
$$= \frac{\pi}{4} \times 100\% = \mathbf{78{,}54\%} \qquad (12.27)$$

Quando o sinal de entrada resulta em uma oscilação menor do que a oscilação máxima possível do sinal de saída, a eficiência do circuito é menor do que 78,5%.

Para a operação classe B, a potência máxima dissipada pelos transistores de saída não ocorre na condição de potência máxima de entrada ou de saída. A potência máxima dissipada pelos dois transistores de saída ocorre quando a tensão de saída através da carga é

$$V_L(\text{p}) = 0{,}636V_{CC} \qquad \left(= \frac{2}{\pi}V_{CC}\right)$$

para uma dissipação máxima de potência no transistor de:

$$\text{máxima } P_{2Q} = \frac{2V_{CC}^2}{\pi^2 R_L} \qquad (12.28)$$

EXEMPLO 12.8

Para um amplificador classe B que utiliza uma fonte de V_{CC} = 30 V e aciona de uma carga de 16 Ω, determine a potência máxima de entrada, a potência de saída e a dissipação no transistor.

Solução:

A máxima potência de saída é:

$$\text{máxima } P_o(\text{CA}) = \frac{V_{CC}^2}{2R_L} = \frac{(30\text{ V})^2}{2(16\ \Omega)} = \mathbf{28{,}125\ W}$$

A máxima potência de entrada drenada da fonte de tensão é:

$$\text{máxima } P_i(\text{CC}) = \frac{2V_{CC}^2}{\pi R_L} = \frac{2(30\text{ V})^2}{\pi(16\ \Omega)} = \mathbf{35{,}81\ W}$$

A eficiência do circuito é, então,

$$\text{máxima } \%\,\eta = \frac{P_o(\text{CA})}{P_i(\text{CC})} \times 100\%$$
$$= \frac{28{,}125\text{ W}}{35{,}81\text{ W}} \times 100\% = 78{,}54\%$$

como esperado. A máxima potência dissipada por cada transistor é:

$$\text{máxima } P_Q = \frac{\text{máxima } P_{2Q}}{2}$$
$$= 0{,}5\left(\frac{2V_{CC}^2}{\pi^2 R_L}\right) = 0{,}5\left[\frac{2(30\text{ V})^2}{\pi^2 16\ \Omega}\right]$$
$$= \mathbf{5{,}7\ W}$$

Sob condições máximas, um par de transistores dissipando cada um, no máximo, 5,7 W, pode entregar 28,125 W para uma carga de 16 Ω enquanto drena 35,81 W da fonte de alimentação.

A eficiência máxima de um amplificador classe B também pode ser expressa como segue

$$P_o(\text{CA}) = \frac{V_L^2(\text{p})}{2R_L}$$

$$P_i(\text{CC}) = V_{CC}I_{CC} = V_{CC}\left[\frac{2V_L(\text{p})}{\pi R_L}\right]$$

de maneira que

$$\%\,\eta = \frac{P_o(\text{CA})}{P_i(\text{CC})} \times 100\%$$
$$= \frac{V_L^2(\text{p})/2R_L}{V_{CC}[(2/\pi)(V_L(\text{p})/R_L)]} \times 100\%$$
$$\%\,\eta = 78{,}54\frac{V_L(\text{p})}{V_{CC}}\% \qquad (12.29)$$

EXEMPLO 12.9

Calcule a eficiência de um amplificador classe B para uma tensão de alimentação V_{CC} = 24 V com tensões de pico de saída de:

a) $V_L(\text{p})$ = 22 V.

b) $V_L(\text{p})$ = 6 V.

Solução:

Utilizando a Equação 12.29, temos:

$$\text{a) } \% \eta = 78{,}54 \frac{V_L(\text{p})}{V_{CC}} \% = 78{,}54\left(\frac{22\text{ V}}{24\text{ V}}\right) = \mathbf{72\%}$$

$$\text{b) } \% \eta = 78{,}54\left(\frac{6\text{ V}}{24\text{ V}}\right)\% = \mathbf{19{,}6\%}$$

Observe que uma tensão próxima da máxima [22 V no item (a)] resulta em uma eficiência próxima à máxima, enquanto uma oscilação pequena de tensão [6 V no item (b)] ainda fornece uma eficiência próxima de 20%. Fontes de alimentação e oscilações de sinais com valores semelhantes resultariam em eficiências muito piores em um amplificador classe A.

12.5 CIRCUITOS AMPLIFICADORES CLASSE B

Há várias configurações de circuitos possíveis para obtermos a operação classe B. Nesta seção, examinaremos algumas vantagens e desvantagens dos circuitos mais utilizados. Os sinais de entrada para o amplificador podem ser um único sinal, e o próprio circuito ofereceria então dois estágios de saída diferentes, cada um operando em metade do ciclo. Se o sinal de entrada estiver na forma de dois sinais de polaridades opostas, dois estágios semelhantes poderiam ser utilizados, cada um operando em um ciclo alternado do sinal de entrada. Uma maneira de obter inversão de polaridade ou fase é utilizar um transformador, e o amplificador acoplado a transformador é muito utilizado há bastante tempo. Entradas de polaridades opostas podem ser facilmente obtidas por meio de amp-ops com duas saídas opostas, ou empregando-se alguns estágios de amp-ops para obter dois sinais de polaridades opostas. Também é possível obter uma operação de polaridade oposta utilizando uma única entrada e transistores complementares (*npn* e *pnp*, ou *n*MOS e *p*MOS).

A Figura 12.14 mostra diferentes formas de obtermos sinais invertidos em fase a partir de um único sinal de entrada. A Figura 12.14(a) mostra um transformador com derivação central para fornecer sinais de fases opostas. Se o transformador tiver sua derivação exatamente centrada, os dois sinais serão exatamente de mesma magnitude e opostos em fase. O circuito da Figura 12.14(b) utiliza um estágio TBJ com saída em fase no emissor e saída com fase oposta no coletor. Se o ganho estiver próximo de 1 para cada saída, a mesma amplitude será obtida em cada uma delas. Provavelmente, o mais usual é utilizar estágios amp-op: um para fornecer um ganho inversor unitário, e outro para um ganho não inversor também unitário, para proporcionar duas saídas de mesma amplitude, mas com fases opostas.

Circuitos *push-pull* acoplados a transformador

O circuito da Figura 12.15 utiliza um transformador de entrada com derivação central para produzir sinais de polaridades opostas para os dois transistores de entrada e um transformador na saída para acionar a carga em um modo de operação *push-pull*, que é descrito a seguir.

Durante o primeiro semiciclo de operação, o transistor Q_1 é levado para a condução enquanto o transistor Q_2 é mantido cortado. A corrente I_1 através do transformador produz o primeiro semiciclo de sinal para a carga. Durante o segundo semiciclo do sinal de entrada, Q_2 conduz; portanto Q_1 fica cortado e a corrente I_2 através do transformador proporciona o segundo semiciclo para a carga. O sinal total desenvolvido através da carga varia, então, durante o ciclo completo de operação do sinal.

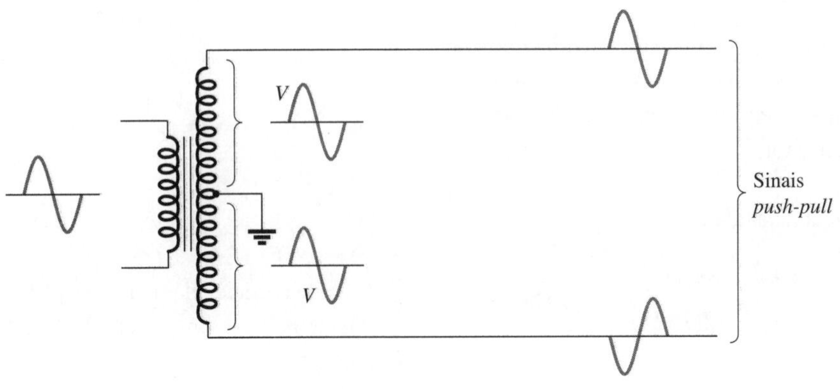

(a)

Figura 12.14 Circuitos separadores de fase (*continua*).

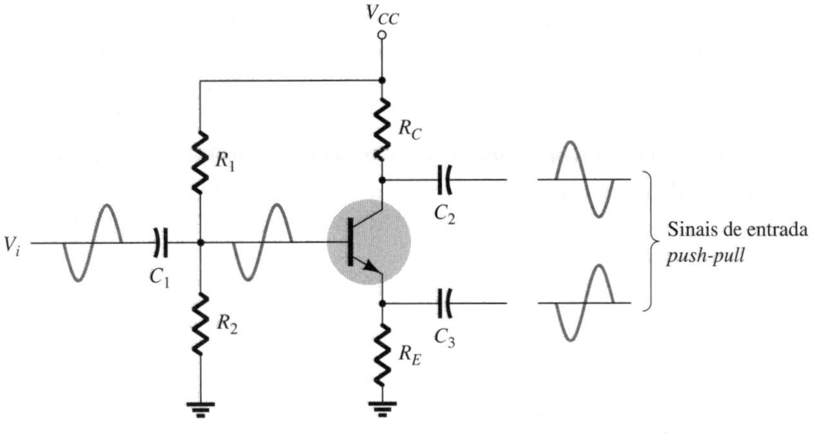

(b)

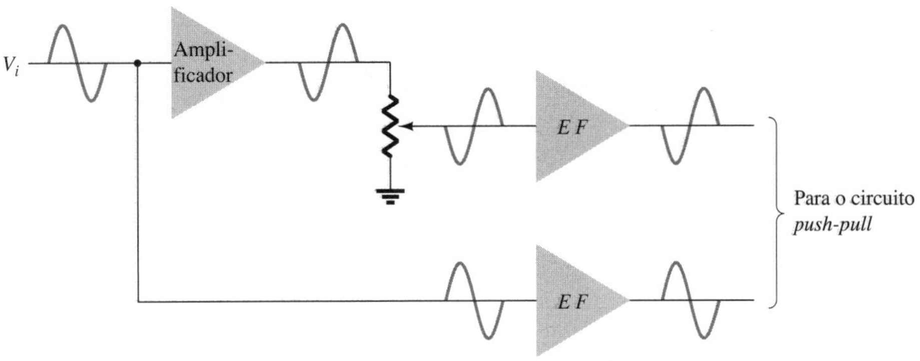

(c)

Figura 12.14 Continuação.

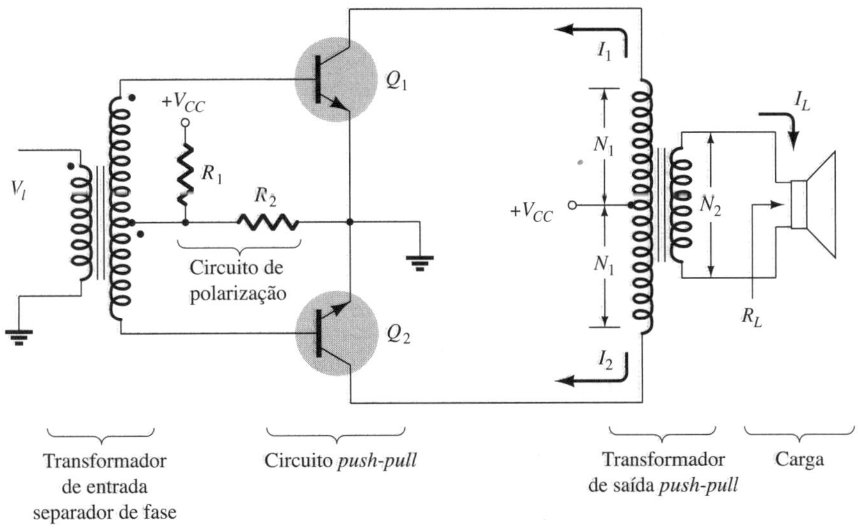

Figura 12.15 Circuito *push-pull*.

Circuitos de simetria complementar

Utilizando transistores complementares (*npn* e *pnp*), podemos obter um ciclo completo de saída através da carga por meio de semiciclos de operação de cada transistor, como consta na Figura 12.16(a). Enquanto um único sinal de entrada é aplicado na base de ambos os transistores, estes, sendo de tipos opostos, conduzirão em semiciclos opostos da entrada. O transistor *npn* será polarizado para a condução pelo semiciclo positivo do sinal, proporcionando um semiciclo de sinal através da carga, como mostra a Figura 12.16(b). Durante o semiciclo negativo de sinal, o transistor *pnp* é polarizado para a condução, como mostra a Figura 12.16(c).

Durante um ciclo completo da entrada, um ciclo completo de sinal de saída é desenvolvido através da carga. Uma desvantagem do circuito é a necessidade de duas fon-

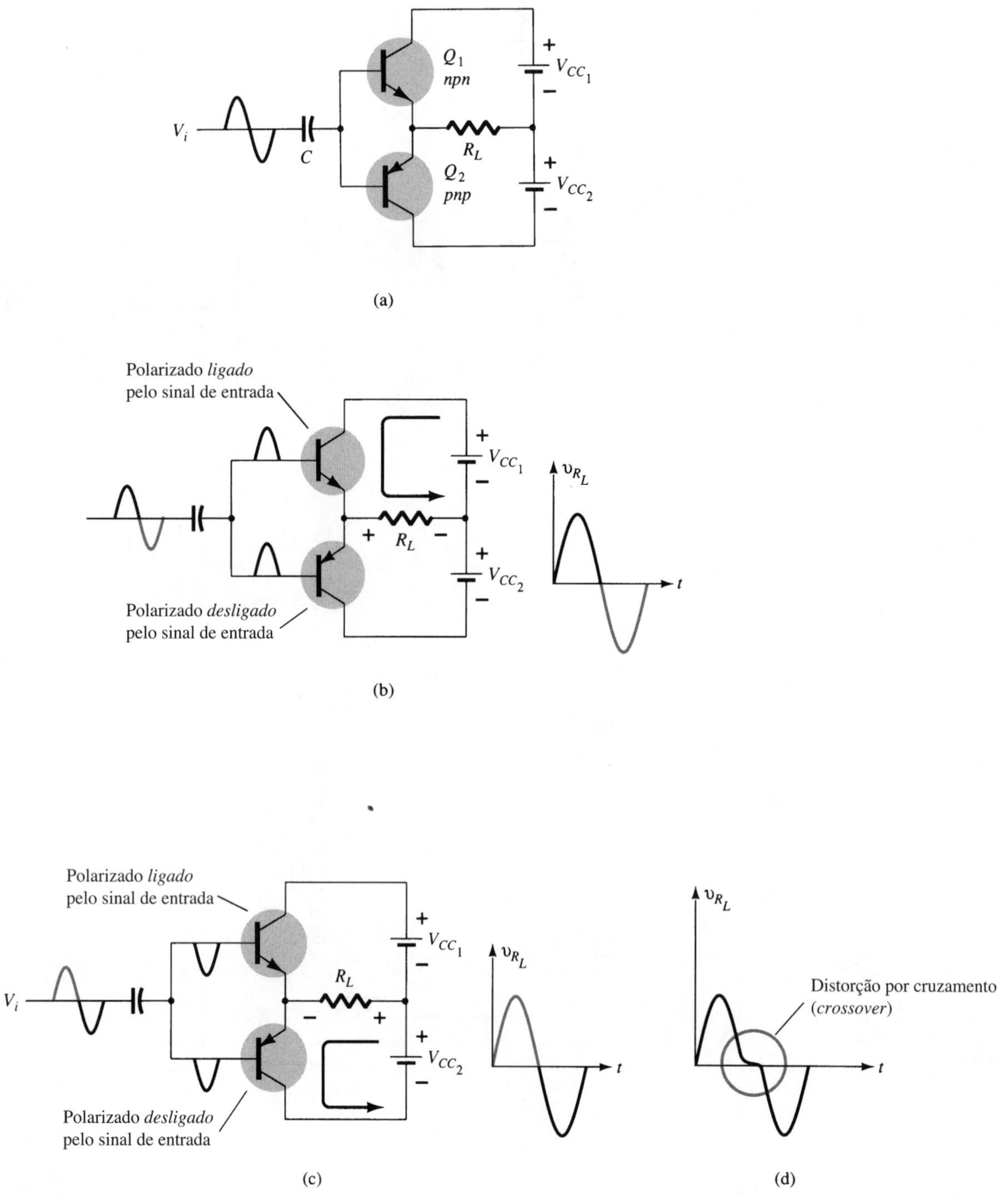

Figura 12.16 Circuito *push-pull* de simetria complementar.

tes por tensão separadas. Outra, menos óbvia, é a distorção por cruzamento (*crossover*) resultante no sinal de saída (veja a Figura 12.16(d)). A *distorção por cruzamento* se refere ao fato que, durante a passagem do sinal de positivo para negativo (ou vice-versa), haverá uma não linearidade no sinal de saída. Isso resulta do fato que o circuito não apresenta um chaveamento perfeito de um transistor ligado para o outro cortado na condição de tensão zero de entrada. Ambos os transistores podem estar parcialmente cortados, de maneira que a tensão de saída não acompanhe a entrada em torno da condição de tensão zero. Polarizar os transistores em classe AB melhora esta situação, pois, assim, ambos conduzem por mais da metade de um ciclo.

Uma versão mais prática de um circuito *push-pull* que utiliza transistores complementares é mostrada na Figura 12.17. Observe que a carga é acionada como a saída de um seguidor de emissor, de maneira que a resistência da carga esteja casada à baixa resistência de saída da fonte que aciona o circuito. O circuito utiliza transistores complementares em conexão Darlington para oferecer alta corrente e baixa resistência de saída.

Amplificador *push-pull* quase complementar

Em circuitos amplificadores de potência utilizados na prática, é preferível usar transistores *npn* para ambos os dispositivos de saída de alta corrente. Como a conexão *push-pull* requer dispositivos complementares, um transistor *pnp* de alta potência deve ser utilizado. Uma maneira prática de obtermos uma operação complementar utilizando os mesmos transistores *npn* casados na saída é oferecida pelo circuito quase complementar mostrado na Figura 12.18. A operação *push-pull* é obtida pelo uso de transistores complementares (Q_1 e Q_2) antes dos transistores de saída *npn* casados (Q_3 e Q_4). Observe que os transistores Q_1 e Q_3 formam uma conexão Darlington que apresenta baixa impedância de saída, característica de um seguidor de emissor. A conexão dos transistores Q_2 e Q_4 forma um par realimentado, o qual, de modo análogo, fornece uma baixa impedância para a carga. O resistor R_2 pode ser ajustado para minimizar a distorção por cruzamento através da alteração do valor de polarização CC. O sinal de entrada único para o estágio *push-pull* resulta, então, em um ciclo de saída completo para a carga. O amplificador *push-pull* quase complementar é o circuito mais utilizado em amplificadores de potência.

EXEMPLO 12.10

Para o circuito da Figura 12.19, calcule a potência de entrada, a potência de saída, a potência manipulada por cada transistor de saída e a eficiência do circuito para uma entrada de 12 V rms.

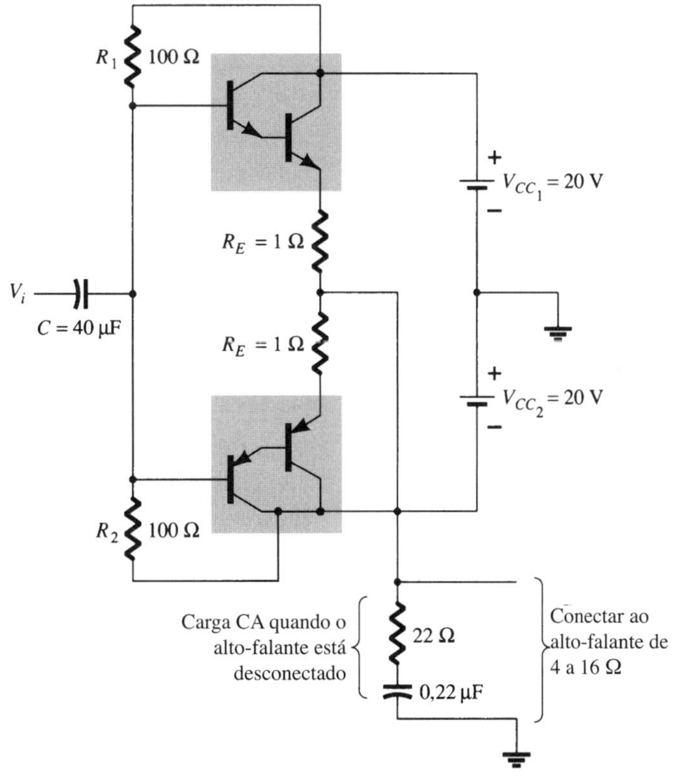

Figura 12.17 Circuito *push-pull* com simetria complementar utilizando transistores Darlington.

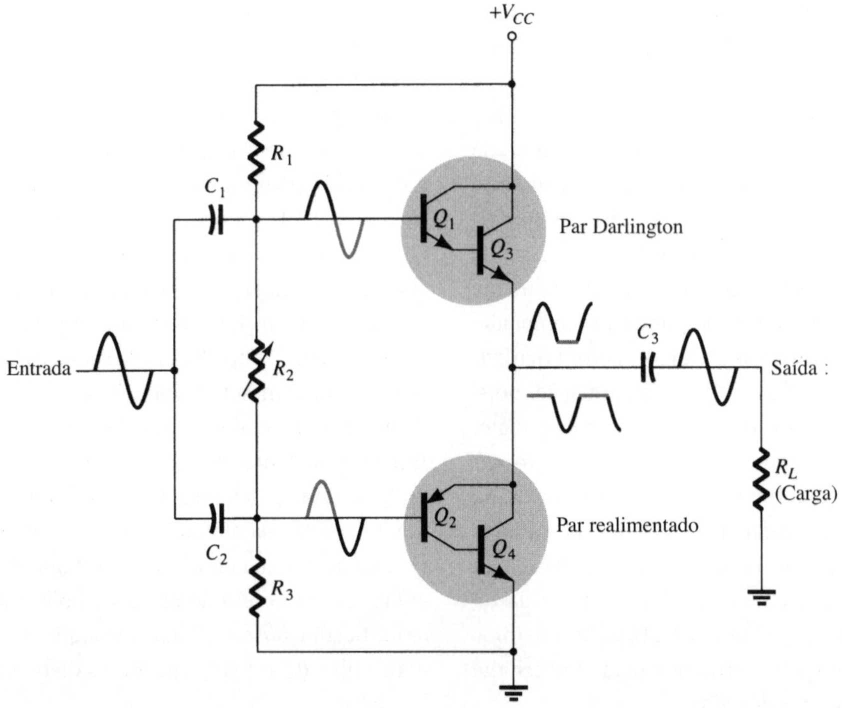

Figura 12.18 Amplificador de potência *push-pull* quase complementar sem transformador.

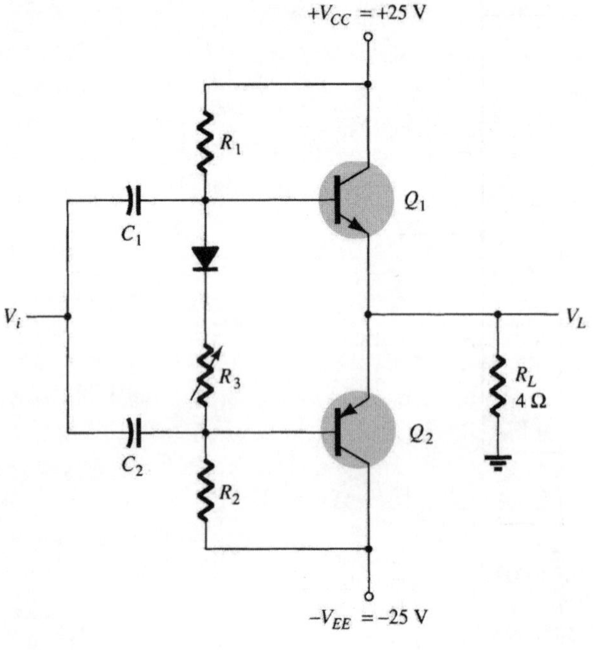

Figura 12.19 Amplificador de potência classe B para os exemplos 12.10 a 12.12.

Solução:

A tensão de pico de entrada é

$$V_i(\text{p}) = \sqrt{2}\,V_i\,(\text{rms}) = \sqrt{2}\,(12\text{ V}) = 16{,}97\text{ V} \approx 17\text{ V}$$

Visto que a tensão resultante sobre a carga é, idealmente, a mesma do sinal de entrada (o amplificador tem, idealmente, um ganho de tensão unitário),

$$V_L(\text{p}) = 17\text{ V}$$

e a potência de saída desenvolvida na carga é:

$$P_o(\text{CA}) = \frac{V_L^2(\text{p})}{2R_L} = \frac{(17\text{ V})^2}{2(4\ \Omega)} = \mathbf{36{,}125\ W}$$

A corrente de pico na carga é

$$I_L(\text{p}) = \frac{V_L(\text{p})}{R_L} = \frac{17\text{ V}}{4\ \Omega} = 4{,}25\text{ A}$$

a partir da qual a corrente CC das fontes pode ser calculada como

$$I_{CC} = \frac{2}{\pi} I_L(\text{p}) = \frac{2(4{,}25\text{ A})}{\pi} = 2{,}71\text{ A}$$

de modo que a potência fornecida ao circuito é:

$$P_i(\text{CC}) = V_{CC}I_{CC} = (25\text{ V})(2{,}71\text{ A}) = \mathbf{67{,}75\text{ W}}$$

A potência dissipada por cada transistor de saída é:

$$P_Q = \frac{P_{2Q}}{2} = \frac{P_i - P_o}{2}$$
$$= \frac{67{,}75\text{ W} - 36{,}125\text{ W}}{2} = \mathbf{15{,}8\text{ W}}$$

A eficiência do circuito (para uma entrada de 12 V rms) é, então,

$$\%\,\eta = \frac{P_o}{P_i} \times 100\%$$
$$= \frac{36{,}125\text{ W}}{67{,}75\text{ W}} \times 100\% = \mathbf{53{,}3\%}$$

EXEMPLO 12.11

Para o circuito da Figura 12.19, calcule a máxima potência de entrada, a máxima potência de saída, a tensão de entrada para operação com máxima potência e a potência dissipada pelos transistores de saída nessa tensão.

Solução:

A máxima potência de entrada é:

$$\text{máxima } P_i(\text{CC}) = \frac{2V_{CC}^2}{\pi R_L} = \frac{2(25\text{ V})^2}{\pi 4\ \Omega} = \mathbf{99{,}47\text{ W}}$$

A máxima potência de saída é:

$$\text{máxima } P_o(\text{CA}) = \frac{V_{CC}^2}{2R_L} = \frac{(25\text{ V})^2}{2(4\ \Omega)} = \mathbf{78{,}125\text{ W}}$$

[Observe que a eficiência máxima é conseguida nesta situação:

$$\%\,\eta = \frac{P_o}{P_i} \times 100\% = \frac{78{,}125\text{ W}}{99{,}47\text{ W}}100\% = 78{,}54\%]$$

Para conseguir potência máxima de operação, a tensão de saída deve ser

$$V_L(\text{p}) = V_{CC} = 25\text{ V}$$

e a potência dissipada pelos transistores de saída é, portanto,

$$P_{2Q} = P_i - P_o = 99{,}47\text{ W} - 78{,}125\text{ W} = \mathbf{21{,}3\text{ W}}$$

EXEMPLO 12.12

Para o circuito da Figura 12.19, determine a máxima potência dissipada pelos transistores de saída e a tensão de entrada na qual isso ocorre.

Solução:

A máxima potência dissipada por ambos os transistores de saída é:

$$\text{máxima } P_{2Q} = \frac{2V_{CC}^2}{\pi^2 R_L} = \frac{2(25\text{ V})^2}{\pi^2 4\ \Omega} = \mathbf{31{,}66\text{ W}}$$

A dissipação máxima ocorre em:

$$V_L = 0{,}636V_L(\text{p}) = 0{,}636(25\text{ V}) = \mathbf{15{,}9\text{ V}}$$

(Observe que, em $V_L = 15{,}9$ V, o circuito precisou que os transistores dissipassem 31,66 W, enquanto, em $V_L = 25$ V, eles tiveram de dissipar somente 21,3 W.)

12.6 DISTORÇÃO DO AMPLIFICADOR

Um sinal senoidal puro tem uma única frequência na qual a tensão varia positiva e negativamente com as mesmas amplitudes. Qualquer sinal que varie por menos do que um ciclo completo de 360° é considerado distorcido. Um amplificador ideal é capaz de amplificar um sinal senoidal puro, produzindo uma versão ampliada, sendo que a forma de onda resultante também é uma senoidal pura. Quando ocorre distorção, a saída não será uma duplicata exata (exceto em sua magnitude) do sinal de entrada.

A distorção pode acontecer porque as características do dispositivo são não lineares, e neste caso ocorre distorção não linear ou distorção em amplitude. Isso pode ocorrer com amplificadores de qualquer classe de operação. A distorção pode ocorrer também porque os elementos do circuito e dispositivos respondem a um sinal de entrada de forma diferente nas várias frequências, sendo esse caso chamado de distorção em frequência.

Uma das técnicas para descrever formas de onda distorcidas, porém periódicas, utiliza a análise de Fourier. Esse método descreve qualquer forma de onda periódica em termos de seu componente de frequência fundamental e de componentes de frequência que são múltiplos inteiros dela. Esses componentes são chamados de *componentes harmônicos* ou apenas *harmônicas*. Por exemplo, um sinal originalmente de 1.000 Hz poderia resultar, após a distorção, em um sinal com componentes de frequência de 1.000 Hz (1 kHz) e componentes harmônicos de 2 kHz (2 × 1 kHz), 3 kHz (3 × 1 kHz), 4 kHz (4 × 1 kHz) e assim por diante. A frequência original de 1 kHz é chamada de *frequência fundamental*; os múltiplos inteiros são as *harmônicas*. O componente de 2 kHz é, portanto, chamado de *segunda harmônica*, o de 3 kHz é a *terceira harmônica* e assim por diante. A frequência fundamental não é considerada uma harmônica. A análise de Fourier não considera frequências harmônicas fracionárias — somente múltiplos inteiros da fundamental.

Distorção harmônica

Consideramos que um sinal possui distorção harmônica quando há componentes harmônicos de frequência (e não simplesmente o componente fundamental). Se a frequência fundamental tiver uma amplitude A_1 e o n-ésimo componente de frequência tiver uma amplitude A_n, a distorção harmônica poderá ser definida como:

$$\%\text{ de distorção da } n\text{-ésima harmônica} = \%\, D_n = \frac{|A_n|}{|A_1|} \times 100\% \quad (12.30)$$

O componente fundamental costuma ser maior do que qualquer componente harmônico.

EXEMPLO 12.13

Calcule os componentes da distorção harmônica para um sinal de saída com amplitude fundamental de 2,5 V, amplitude da segunda harmônica de 0,25 V, amplitude da terceira harmônica de 0,1 V e amplitude da quarta harmônica de 0,05 V.

Solução:

Utilizando a Equação 12.30, temos

$$\%\, D_2 = \frac{|A_2|}{|A_1|} \times 100\% = \frac{0{,}25 \text{ V}}{2{,}5 \text{ V}} \times 100\% = \mathbf{10\%}$$

$$\%\, D_3 = \frac{|A_3|}{|A_1|} \times 100\% = \frac{0{,}1 \text{ V}}{2{,}5 \text{ V}} \times 100\% = \mathbf{4\%}$$

$$\%\, D_4 = \frac{|A_4|}{|A_1|} \times 100\% = \frac{0{,}05 \text{ V}}{2{,}5 \text{ V}} \times 100\% = \mathbf{2\%}$$

Distorção harmônica total Quando um sinal de saída possui vários componentes de distorção harmônica, pode-se considerar que o sinal tem uma distorção harmônica total baseada nos elementos individuais combinados pela relação da seguinte equação:

$$\%\text{ THD} = \sqrt{D_2^2 + D_3^2 + D_4^2 + \cdots} \times 100\% \quad (12.31)$$

onde THD é a distorção harmônica total.

EXEMPLO 12.14

Calcule a distorção harmônica total para os componentes de amplitude dados no Exemplo 12.13.

Solução:

Utilizando os valores calculados de $D_2 = 0{,}10$, $D_3 = 0{,}04$ e $D_4 = 0{,}02$ na Equação 12.31, temos:

$$\begin{aligned}\%\text{ THD} &= \sqrt{D_2^2 + D_3^2 + D_4^2} \times 100\% \\ &= \sqrt{(0{,}10)^2 + (0{,}04)^2 + (0{,}02)^2} \times 100\% \\ &= 0{,}1095 \times 100\% = \mathbf{10{,}95\%}\end{aligned}$$

Um instrumento como o analisador de espectro permitiria medir as harmônicas presentes no sinal fornecendo em um mostrador o componente fundamental do sinal juntamente com suas diversas harmônicas. De modo análogo, um instrumento analisador de onda permite medidas mais exatas dos componentes harmônicos de um sinal distorcido ao filtrá-los e fornecer uma leitura de cada um deles. De qualquer maneira, a técnica de considerar que qualquer sinal distorcido contém um componente fundamental e componentes harmônicos é prática e útil. Para um sinal amplificado em classe AB ou classe B, a distorção deve ocorrer principalmente nas harmônicas pares, das quais o componente de segundo harmônico é o maior. Portanto, embora o sinal distorcido contenha, teoricamente, todos os componentes harmônicos a partir da segunda harmônica, o mais importante em termos de quantidade de distorção nas classes apresentadas anteriormente é o componente de segundo harmônico.

Distorção da segunda harmônica A Figura 12.20 mostra uma forma de onda para uso na obtenção da distorção de segunda harmônica. Uma forma de onda de corrente do coletor é mostrada com os valores do ponto quiescente,

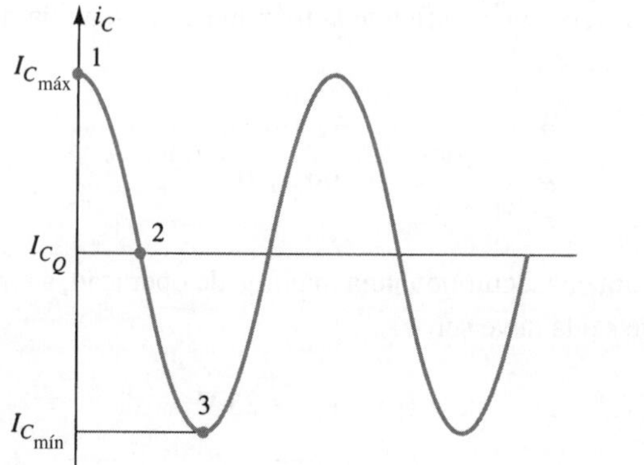

Figura 12.20 Forma de onda para a obtenção de distorção da segunda harmônica.

de sinal máximo e mínimo, marcados juntamente com o tempo no qual eles ocorrem. O sinal mostrado indica que uma distorção está presente. Uma equação que descreve aproximadamente a forma de onda do sinal distorcido é

$$i_C \approx I_{C_Q} + I_0 + I_1 \cos \omega t + I_2 \cos \omega t \qquad (12.32)$$

A forma de onda contém a corrente quiescente original I_{C_Q}, que ocorre com sinal nulo de entrada; uma corrente CC adicional I_0, decorrente da média do sinal distorcido diferente de zero; o componente fundamental do sinal CA distorcido I_1; e um componente de segundo harmônico I_2, em uma frequência que é o dobro da frequência fundamental. Embora outras harmônicas também estejam presentes, somente a segunda é considerada aqui. Equacionando a corrente resultante da Equação 12.32 em alguns pontos do ciclo (para aqueles mostrados na forma de onda de corrente), obtemos as três relações a seguir:

No ponto 1 (ωt = 0),

$$i_C = I_{C_{máx}} = I_{C_Q} + I_0 + I_1 \cos 0 + I_2 \cos 0$$
$$I_{C_{máx}} = I_{C_Q} + I_0 + I_1 + I_2$$

No ponto 2 ($\omega t = \pi/2$),

$$i_C = I_{C_Q} = I_{C_Q} + I_0 + I_1 \cos \frac{\pi}{2} + I_2 \cos \frac{2\pi}{2}$$
$$I_{C_Q} = I_{C_Q} + I_0 - I_2$$

No ponto 3 ($\omega t = \pi$),

$$i_C = I_{C_{mín}} = I_{C_Q} + I_0 + I_1 \cos \pi + I_2 \cos 2\pi$$
$$I_{C_{mín}} = I_{C_Q} + I_0 - I_1 + I_2$$

Resolvendo as três equações precedentes simultaneamente, obtêm-se os seguintes resultados:

$$I_0 = I_2 = \frac{I_{C_{máx}} + I_{C_{mín}} - 2I_{C_Q}}{4}$$

e

$$I_1 = \frac{I_{C_{máx}} - I_{C_{mín}}}{2}$$

Com relação à Equação 12.30, a definição de distorção da segunda harmônica pode ser expressa como:

$$D_2 = \left|\frac{I_2}{I_1}\right| \times 100\%$$

Inserindo os valores de I_1 e I_2 determinados anteriormente, obtemos:

$$D_2 = \left|\frac{\frac{1}{2}(I_{C_{máx}} + I_{C_{mín}}) - I_{C_Q}}{I_{C_{máx}} - I_{C_{mín}}}\right| \times 100\% \quad (12.33)$$

De modo análogo, a distorção da segunda harmônica pode ser escrita em termos das tensões medidas entre coletor-emissor:

$$D_2 = \left|\frac{\frac{1}{2}(V_{CE_{máx}} + V_{CE_{mín}}) - V_{CE_Q}}{V_{CE_{máx}} - V_{CE_{mín}}}\right| \times 100\% \quad (12.34)$$

EXEMPLO 12.15

Calcule a distorção de segunda harmônica se uma forma de onda de saída mostrada em um osciloscópio fornecer as seguintes medidas:

a) $V_{CE_{mín}} = 1$ V, $V_{CE_{máx}} = 22$ V, $V_{CE_Q} = 12$ V.
b) $V_{CE_{mín}} = 4$ V, $V_{CE_{máx}} = 20$ V, $V_{CE_Q} = 12$ V.

Solução:

Utilizando a Equação 12.34, temos:

a) $$D_2 = \left|\frac{\frac{1}{2}(22\text{ V} + 1\text{ V}) - 12\text{ V}}{22\text{ V} - 1\text{ V}}\right| \times 100\%$$
$$= \mathbf{2{,}38\%}$$

b) $$D_2 = \left|\frac{\frac{1}{2}(20\text{ V} + 4\text{ V}) - 12\text{ V}}{20\text{ V} - 4\text{ V}}\right| \times 100\%$$
$$= \mathbf{0\%} \quad \text{(sem distorção)}$$

Potência de um sinal com distorção

Quando ocorre distorção, a potência de saída calculada para o sinal não distorcido não é mais correta. Quando há distorção, a potência de saída entregue para o resistor de carga R_C devido ao componente fundamental do sinal distorcido é:

$$P_1 = \frac{I_1^2 R_C}{2} \quad (12.35)$$

A potência total devida a todos os componentes harmônicos do sinal distorcido pode então ser calculada utilizando-se:

$$P = (I_1^2 + I_2^2 + I_3^2 + \cdots)\frac{R_C}{2} \quad (12.36)$$

A potência total também pode ser escrita em termos de distorção harmônica total:

$$P = (1 + D_2^2 + D_3^2 + \cdots)I_1^2 \frac{R_C}{2}$$
$$= (1 + \text{THD}^2)P_1 \quad (12.37)$$

EXEMPLO 12.16

Para uma leitura de distorção harmônica de $D_2 = 0,1$, $D_3 = 0,02$ e $D_4 = 0,01$, com $I_1 = 4$ A e $R_C = 8\ \Omega$, calcule a distorção harmônica total, a potência do componente fundamental e a potência total.

Solução:

A distorção harmônica total é:

$$\text{THD} = \sqrt{D_2^2 + D_3^2 + D_4^2}$$
$$= \sqrt{(0,1)^2 + (0,02)^2 + (0,01)^2} \approx \mathbf{0,1}$$

A potência fundamental, usando a Equação 12.35, é:

$$P_1 = \frac{I_1^2 R_C}{2} = \frac{(4\ \text{A})^2(8\ \Omega)}{2} = \mathbf{64\ W}$$

A potência total calculada usando a Equação 12.37 é, portanto,

$$P = (1 + \text{THD}^2)P_1 = [1 + (0,1)^2]64$$
$$= (1,01)64 = \mathbf{64,64\ W}$$

(Observe que a potência total resulta, principalmente, do componente fundamental, mesmo com 10% de distorção da segunda harmônica.)

Descrição gráfica dos componentes harmônicos de um sinal distorcido

Uma forma de onda distorcida, tal como a que ocorre na operação classe B, pode ser representada se utilizarmos a análise de Fourier por uma fundamental com componentes harmônicos. A Figura 12.21(a) mostra um semiciclo positivo tal como resultaria da operação de apenas um transistor em um amplificador classe B. Utilizando as técnicas de análise de Fourier, o componente fundamental do sinal distorcido pode ser obtido como mostra a Figura 12.21(b). Da mesma forma, os componentes de segundo e terceiro harmônicos podem ser obtidos e são mostrados nas figuras

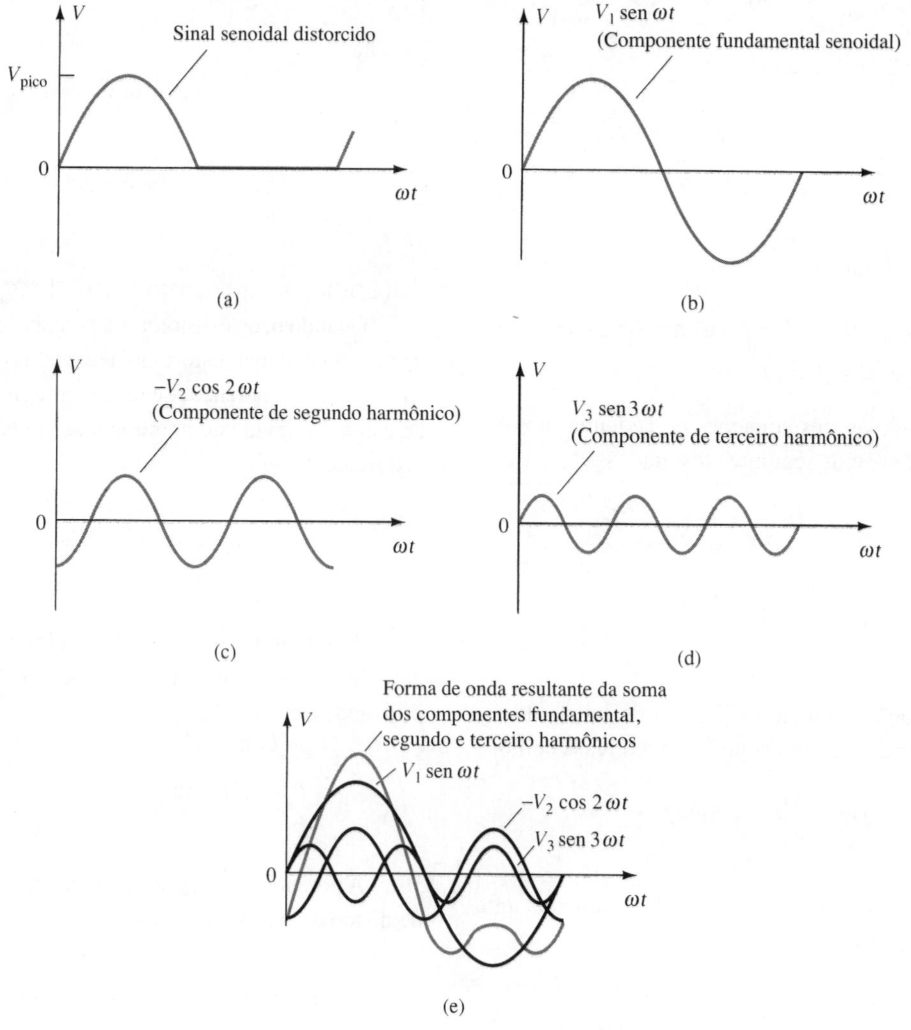

Figura 12.21 Representação gráfica de um sinal distorcido utilizando componentes harmônicos.

12.21(c) e (d), respectivamente. Utilizando a técnica de Fourier, a forma de onda distorcida pode ser construída pela adição dos componentes fundamental e harmônicos, como mostra a Figura 12.21(e). De modo geral, qualquer forma de onda periódica distorcida pode ser representada pela adição de um componente fundamental e de todos os componentes harmônicos, cada qual com diferentes amplitudes e diversos ângulos de fase.

12.7 DISSIPAÇÃO DE CALOR EM TRANSISTORES DE POTÊNCIA

Embora os circuitos integrados sejam utilizados para aplicações de pequenos sinais e de baixa potência, muitas aplicações de alta potência ainda requerem transistores de potência individuais. As melhorias introduzidas nas técnicas de produção têm propiciado faixas de potências mais altas em encapsulamentos de tamanho reduzido, maiores tensões de ruptura máxima para os transistores e ainda transistores de potência de chaveamento rápido.

A máxima potência suportada por um dispositivo específico e a temperatura das suas junções estão relacionadas, uma vez que a potência dissipada pelo dispositivo provoca um aumento de temperatura em sua junção. Obviamente, um transistor de 100 W oferece maior capacidade de potência do que outro de 10 W. Por outro lado, técnicas apropriadas para dissipação de calor permitirão a operação de um dispositivo em aproximadamente metade da sua potência nominal máxima.

Dentre os dois tipos de transistores bipolares — germânio e silício — os transistores de silício são os que apresentam maiores valores de temperatura máxima. Geralmente, a temperatura de junção máxima desses tipos de transistor de potência é:

Silício: 150-200 °C

Germânio: 100-110 °C

Para muitas aplicações, a potência média dissipada pode ser aproximada por:

$$P_D = V_{CE} I_C \tag{12.38}$$

Essa dissipação de potência, entretanto, somente é permitida até uma temperatura máxima. Acima dessa temperatura, a capacidade de dissipação de potência do dispositivo deve ser reduzida (*derated*) de modo que, em temperaturas mais altas do encapsulamento, a capacidade de potência suportada seja reduzida, chegando a 0 W na máxima temperatura do encapsulamento do dispositivo.

Quanto maior for a potência manipulada pelo transistor, mais alta será a temperatura do encapsulamento. Na verdade, o fator limitante na potência manipulada por um transistor específico é a temperatura da junção coletor do dispositivo. Transistores de potência são montados em grandes encapsulamentos de metal para permitirem uma grande área pela qual o calor gerado pelo dispositivo possa irradiar (ser transferido). Ainda assim, operar um transistor diretamente em contato com o ar (montando-o em uma placa de material plástico, por exemplo) restringe bastante a capacidade de manipulação de potência do dispositivo. Se, em vez disso (como é prática usual), o transistor for montado sobre alguma forma de dissipador de calor, sua capacidade de manipulação de potência pode se aproximar mais do valor máximo especificado. Alguns dissipadores de calor são mostrados na Figura 12.22. Quando o dissipador de calor é utilizado, o transistor que dissipa potência tem uma área maior para irradiar (transferir) o calor para o ar, o que mantém a temperatura do encapsulamento em um valor muito menor do que resultaria sem o uso de dissipador. Mesmo com um dissipador infinito (que certamente não está disponível), com o qual a temperatura do encapsulamento seria mantida à temperatura ambiente (do ar), a junção seria aquecida acima dessa, e uma potência nominal máxima teria que ser considerada.

Já que mesmo um bom dissipador de calor não consegue manter a temperatura do encapsulamento do transistor na temperatura ambiente (a qual, à propósito, pode ser superior a 25 °C se o circuito do transistor estiver em uma área confinada na qual outros dispositivos também estejam irradiando uma boa quantidade de calor), é necessário diminuir a quantidade máxima de potência permitida para determinado transistor, em função do aumento da temperatura do encapsulamento.

A Figura 12.23 mostra uma curva usual de delimitação de potência para um transistor de silício. A curva mostra que o fabricante especifica um ponto superior de temperatura (não necessariamente 25 °C), após o qual ocorre uma diminuição linear da potência máxima do dispositivo. Para o silício, a potência máxima que poderia ser manuseada pelo dispositivo não cai para 0 W até que a temperatura do encapsulamento seja 200 °C.

Figura 12.22 Típicos dissipadores de calor.

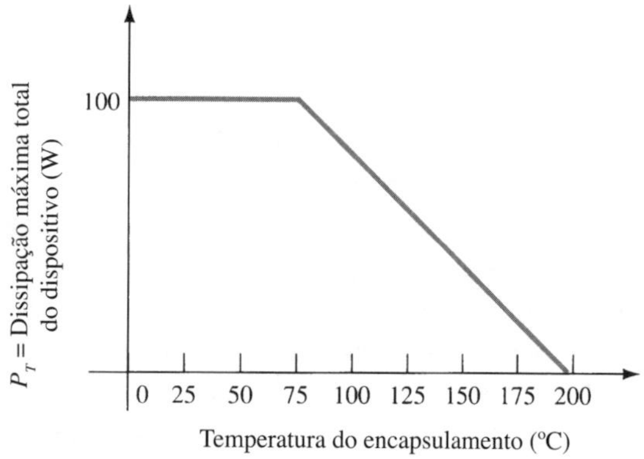

Figura 12.23 Curva típica de delimitação de potência para transistores de silício.

Não é necessário fornecer uma curva de delimitação, uma vez que a mesma informação pode ser dada simplesmente por um fator de delimitação apresentado na folha de dados do dispositivo. De forma matemática, temos

$$P_D(\text{temp}_1) = P_D(\text{temp}_0) - (\text{Temp}_1 - \text{Temp}_0)(\text{fator de delimitação}) \quad (12.39)$$

onde o valor de Temp_0 é a temperatura na qual a redução deveria começar; o valor de Temp_1 é a temperatura específica de interesse (acima do valor de Temp_0); $P_D\,(\text{temp}_0)$ e $P_D(\text{temp}_1)$ são as máximas dissipações de potência nas temperaturas especificadas; e o fator de delimitação é o valor dado pelo fabricante em unidades de watts (ou miliwatts) por grau de temperatura.

EXEMPLO 12.17

Determine qual a máxima dissipação de potência permitida para um transistor de silício de 80 W (especificado a 25 °C) em uma temperatura de encapsulamento de 125 °C, considerando-se redução acima de 25 °C por um fator de delimitação de 0,5 W/°C.

Solução:

$$\begin{aligned} P_D(125\ °C) &= P_D(25\ °C) - (125\ °C - 25\ °C)(0{,}5\ W/°C) \\ &= 80\ W - 100\ °C(0{,}5\ W/°C) = 30\ W \end{aligned}$$

É interessante observar qual a faixa de potência resultante ao usar um transistor de potência sem dissipador. Por exemplo, um transistor de silício especificado com 100 W em 100 °C (ou menos) poderá dissipar apenas 4 W em 25 °C (ou abaixo disso). Portanto, operando sem um dissipador de calor, o dispositivo pode suportar um máximo de apenas 4 W na temperatura ambiente de 25 °C. A utilização de um dissipador grande o suficiente para manter a temperatura do encapsulamento em 100 °C para 100 W permite operar no valor nominal máximo de potência.

Analogia térmica de transistores de potência

A escolha de um dissipador de calor adequado exige o conhecimento de uma grande quantidade de detalhes que estão além das considerações básicas sobre transistores de potência. No entanto, mais informações sobre a relação entre dissipação de potência e características térmicas do transistor podem possibilitar uma compreensão mais clara de como a potência é limitada pela temperatura. A discussão a seguir pode ser útil.

Uma ideia de como a temperatura da junção (T_J), a temperatura do encapsulamento (T_C) e a temperatura ambiente (ar) (T_A) estão relacionadas pela capacidade do dispositivo de manipular calor — um coeficiente de temperatura normalmente chamado de resistência térmica — é apresentada na analogia térmica-elétrica mostrada na Figura 12.24.

Em uma analogia térmica-elétrica, o termo *resistência térmica* é utilizado para descrever os efeitos do calor através de uma grandeza elétrica. Os termos na Figura 12.24 são definidos da seguinte maneira:

θ_{JA} = *resistência térmica total (junção para o ambiente)*

θ_{JC} = *resistência térmica do transistor (junção para o encapsulamento)*

θ_{CS} = *resistência térmica de isolação (encapsulamento para o dissipador)*

θ_{SA} = *resistência térmica do dissipador (dissipador para o ambiente)*

Utilizando a analogia elétrica para resistências térmicas, podemos escrever:

$$\boxed{\theta_{JA} = \theta_{JC} + \theta_{CS} + \theta_{SA}} \quad (12.40)$$

A analogia também pode ser utilizada na aplicação da lei de Kirchhoff para obtermos:

$$T_J = P_D\theta_{JA} + T_A \quad (12.41)$$

A última relação mostra que a temperatura da junção "flutua" sobre a temperatura ambiente e que, quanto mais alta for a temperatura ambiente, menor será o valor permitido para a dissipação de potência do dispositivo.

O fator térmico θ fornece informação sobre o índice de queda (ou elevação) de temperatura que resulta para uma dada quantidade de potência dissipada. Por exemplo, o valor de θ_{JC} está geralmente em torno de 0,5 °C/W. Isso

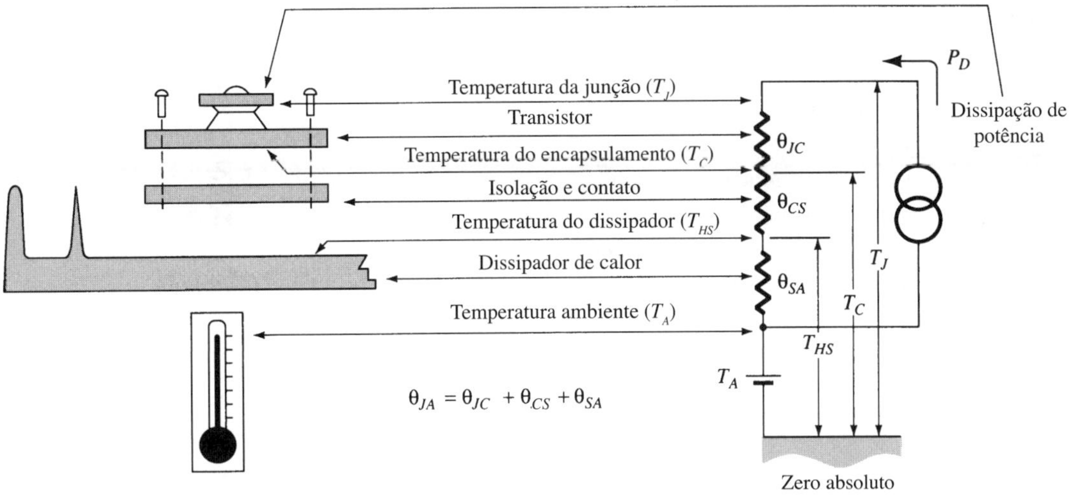

Figura 12.24 Analogia térmica-elétrica.

significa que, para uma potência dissipada de 50 W, a diferença de temperatura entre o encapsulamento (como medida por um termopar) e a temperatura interna de junção é de apenas:

$$T_J - T_C = \theta_{JC}P_D = (0{,}5\ °\text{C/W})(50\ \text{W}) = 25\ °\text{C}$$

Portanto, se o dissipador puder manter o encapsulamento em, digamos, 50 °C, a temperatura da junção será de apenas 75 °C. É uma diferença de temperatura relativamente pequena, especialmente para baixos valores de dissipação de potência.

O valor da resistência térmica da junção ao ar livre (sem o uso de dissipador) é, normalmente,

$$\theta_{JA} = 40\ °\text{C/W} \qquad \text{(ao ar livre)}$$

Para essa resistência térmica, apenas 1 W de potência dissipada resulta em uma temperatura da junção de 40 °C maior do que a ambiente.

Um dissipador de calor pode, agora, ser considerado um meio pelo qual se estabelece uma baixa resistência térmica entre o encapsulamento e o ar — muito menor do que o valor de 40 °C/W associado ao encapsulamento do transistor apenas. Utilizando um dissipador com

$$\theta_{SA} = 2\ °\text{C/W}$$

e com uma resistência térmica de isolação (do encapsulamento para o dissipador) de

$$\theta_{CS} = 0{,}8\ °\text{C/W}$$

e, finalmente, para o transistor,

$$\theta_{CJ} = 0{,}5\ °\text{C/W}$$

obtemos:

$$\begin{aligned}\theta_{JA} &= \theta_{SA} + \theta_{CS} + \theta_{CJ}\\ &= 2{,}0\ °\text{C/W} + 0{,}8\ °\text{C/W} + 0{,}5\ °\text{C/W} = 3{,}3\ °\text{C/W}\end{aligned}$$

Portanto, com um dissipador de calor, a resistência térmica entre o ar e a junção é de apenas 3,3 °C/W, comparada a 40 °C/W para o transistor operando diretamente ao ar livre. Utilizando o valor de θ_{JA} anterior para um transistor que opera em um valor por volta de 2 W, calculamos

$$T_J - T_A = \theta_{JA}P_D = (3{,}3\ °\text{C/W})(2\ \text{W}) = 6{,}6\ °\text{C}$$

Em outras palavras, o emprego de um dissipador de calor neste exemplo produz um aumento de apenas 6,6 °C na temperatura da junção, se comparado a um aumento de 80 °C que ocorreria sem um dissipador de calor.

EXEMPLO 12.18

Um transistor de potência de silício funciona com um dissipador (θ_{SA} = 1,5 °C/W). O transistor, especificado para 150 W (25 °C), tem θ_{JC} = 0,5 °C/W, e a isolação de montagem tem θ_{CS} = 0,6 °C/W. Qual a potência máxima que pode ser dissipada se a temperatura ambiente for 40 °C e $T_{J\text{máx}}$ = 200 °C?

Solução:

$$\begin{aligned}P_D &= \frac{T_J - T_A}{\theta_{JC} + \theta_{CS} + \theta_{SA}}\\ &= \frac{200\,°\text{C} - 40\,°\text{C}}{0{,}5\,°\text{C/W} + 0{,}6\,°\text{C/W} + 1{,}5\,°\text{C/W}} \approx \mathbf{61{,}5\ W}\end{aligned}$$

12.8 AMPLIFICADORES CLASSE C E CLASSE D

Embora os amplificadores classe A, classe AB e classe B sejam os mais utilizados como amplificadores de potência, os de classe D também são bastante populares por sua eficiência bastante alta. Amplificadores classe C, embora não sejam utilizados como amplificadores de áudio, são utilizados em circuitos sintonizados em comunicações.

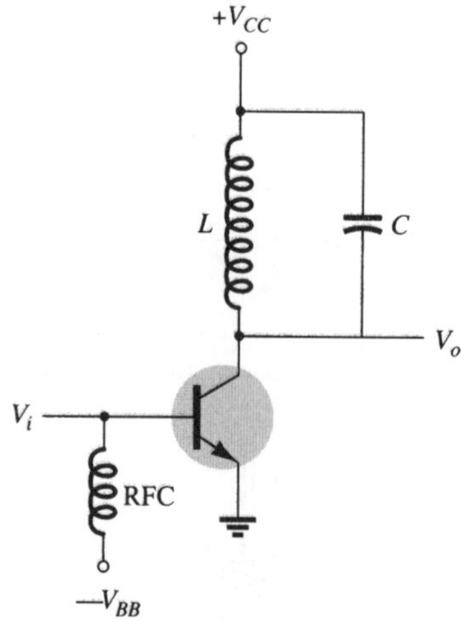

Figura 12.25 Circuito amplificador classe C.

Amplificador classe C

Um amplificador classe C, como mostra a Figura 12.25, é polarizado para operar em menos de 180° do ciclo do sinal de entrada. O circuito sintonizado na saída, entretanto, oferece um ciclo completo do sinal de saída para a frequência fundamental ou ressonante do circuito sintonizado (circuito tanque *LC*) da saída. Esse tipo de operação é, contudo, limitado para uso em uma frequência fixa, como ocorre em circuitos de comunicações, por exemplo. A operação de um circuito classe C não é voltada, em princípio, para amplificadores de grandes sinais ou de potência.

Amplificador classe D

Um amplificador classe D é projetado para operar com sinais digitais ou pulsados. Uma eficiência acima de 90% é obtida com esse tipo de circuito, o que o torna bastante interessante para a amplificação de potência. É necessário, entretanto, converter qualquer sinal de entrada em uma forma de onda pulsada antes de utilizá-lo para acionar uma carga de grande potência e converter o sinal novamente a um tipo senoidal para recuperar o sinal original. A Figura 12.26 mostra como um sinal senoidal pode ser convertido em um sinal pulsado por meio de uma forma de onda dente de serra ou recortada (*chopping*) para ser aplicada junto com a entrada a um circuito amp-op do tipo comparador, assim produzindo um sinal pulsado representativo. Embora a letra D seja utilizada para des-

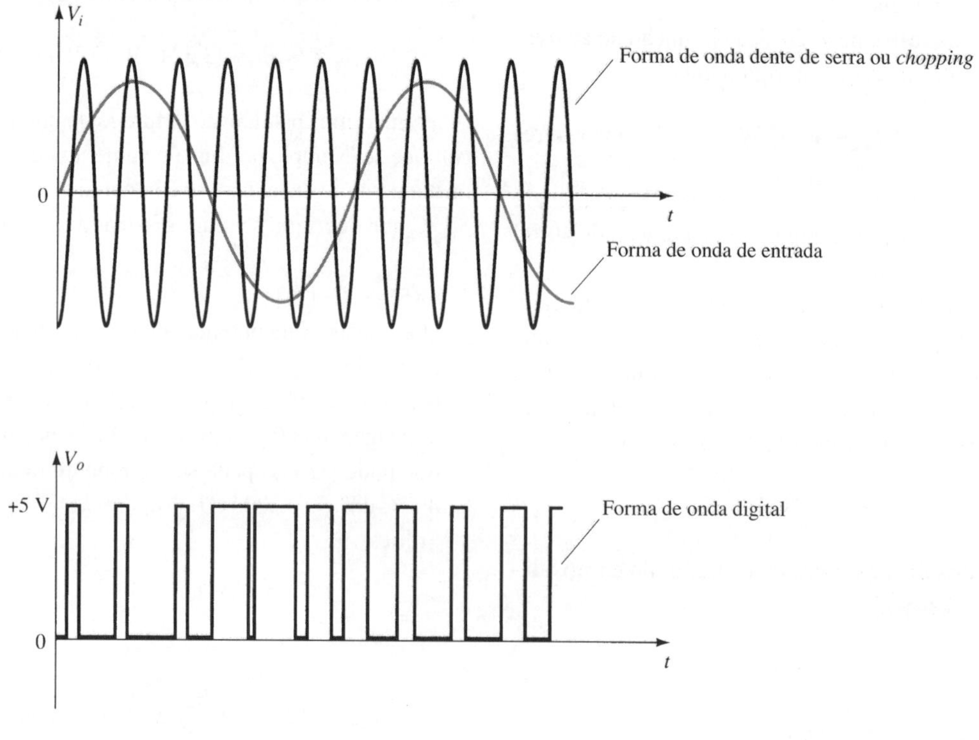

Figura 12.26 "Amostragem" de uma forma de onda senoidal para a produção de uma forma de onda digital.

crever a operação seguinte à classe C, ela também poderia ser associada à palavra "digital", pois é essa a natureza dos sinais envolvidos na operação desse tipo de amplificador.

A Figura 12.27 mostra um diagrama em blocos da unidade necessária para amplificar o sinal classe D e então convertê-lo de volta a um sinal senoidal utilizando um filtro passa-baixas. Visto que os transistores do amplificador usados para gerar o sinal de saída estão basicamente ligados ou desligados, eles conduzem corrente apenas quando estão ligados, apresentando uma pequena perda de potência devido à baixa tensão no estado ligado. Uma vez que a maior parte da potência aplicada ao amplificador é transferida para a carga, a eficiência do circuito é normalmente muito alta. Dispositivos de potência MOSFET se tornaram bastante populares como dispositivos acionadores para amplificadores classe D.

12.9 RESUMO

Conclusões e conceitos importantes

1. Classes de amplificadores:

   Classe A – o estágio de saída conduz por 360° completos (um ciclo completo de forma de onda).

   Classe B – os estágios de saída conduzem por 180° cada (juntos, oferecem um ciclo completo).

   Classe AB – os estágios de saída conduzem entre 180° e 360° cada (oferecem um ciclo completo com menor eficiência).

   Classe C – o estágio de saída conduz por menos que 180° (utilizado em circuitos sintonizados).

   Classe D – opera utilizando sinais digitais ou pulsados.

2. Eficiência do amplificador:

   Classe A – eficiência máxima de 25% (sem transformador) e de 50% (com transformador).

   Classe B – eficiência máxima de 78,5%.

3. Considerações de potência:

   a) Potência de entrada é fornecida pela fonte de alimentação CC.

   b) Potência de saída é aquela entregue para a carga.

   c) Potência dissipada pelos dispositivos ativos é basicamente a diferença entre as potências de entrada e saída.

4. A operação *push-pull* (ou complementar) é tipicamente o funcionamento oposto de dois dispositivos, um de cada vez — um "empurra" metade do ciclo e o outro "puxa" metade do ciclo.

5. A **distorção harmônica** se refere à natureza não senoidal de uma forma de onda periódica, sendo a distorção definida como a relação entre as amplitudes das harmônicas e a da fundamental.

6. O **dissipador de calor** se refere à utilização de encapsulamentos metálicos ou placas e ventiladores para a remoção do calor gerado em um elemento de circuito.

Equações

$$P_i(\text{CC}) = V_{CC}I_{CQ}$$

$$P_o(\text{CA}) = V_{CE}(\text{rms})I_C(\text{rms}) = I_C^2(\text{rms})R_C = \frac{V_C^2(\text{rms})}{R_C}$$

$$P_o(\text{CA}) = \frac{V_{CE}(\text{p})I_C(\text{p})}{2} = \frac{I_C^2(\text{p})}{2R_C} = \frac{V_{CE}^2(\text{p})}{2R_C}$$

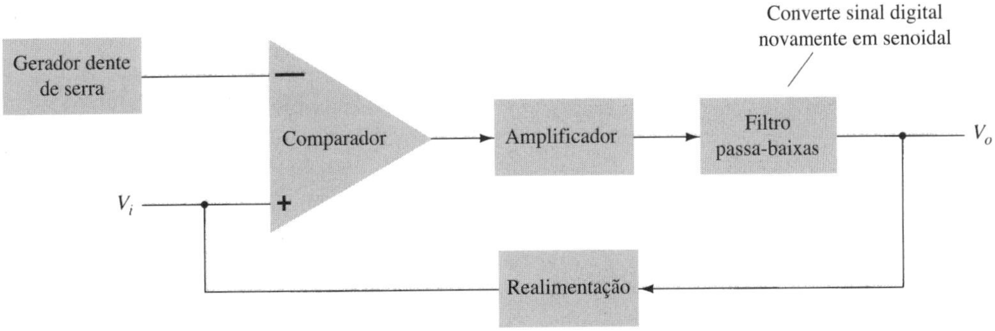

Figura 12.27 Diagrama em blocos do amplificador classe D.

$$P_o(\text{CA}) = \frac{V_{CE}(\text{p-p})I_C(\text{p-p})}{8}$$
$$= \frac{I_C^2(\text{p-p})}{8}R_C$$
$$= \frac{V_{CE}^2(\text{p-p})}{8R_C}$$
$$\%\,\eta = \frac{P_o(\text{CA})}{P_i(\text{CC})} \times 100\%$$

Ação do transformador:

$$\frac{V_2}{V_1} = \frac{N_2}{N_1}$$
$$\frac{I_2}{I_1} = \frac{N_1}{N_2}$$

Operação classe B:

$$I_{CC} = \frac{2}{\pi}I(\text{p})$$
$$P_i(\text{CC}) = V_{CC}\left(\frac{2}{\pi}I(\text{p})\right)$$
$$P_o(\text{CA}) = \frac{V_L^2(\text{rms})}{R_L}$$
$$\text{máxima } P_o(\text{CA}) = \frac{V_{CC}^2}{2R_L}$$
$$\text{máxima } P_i(\text{CC}) = V_{CC}(\text{máxima } I_{CC})$$
$$= V_{CC}\left(\frac{2V_{CC}}{\pi R_L}\right) = \frac{2V_{CC}^2}{\pi R_L}$$
$$\text{máxima } P_{2Q} = \frac{2V_{CC}^2}{\pi^2 R_L}$$

Distorção harmônica:

$$\%\text{ de distorção da } n\text{-ésima harmônica} = \%\,D_n$$
$$= \frac{|A_n|}{|A_1|} \times 100\%$$

Dissipador de calor:

$$\theta_{JA} = \theta_{JC} + \theta_{CS} + \theta_{SA}$$

12.10 ANÁLISE COMPUTACIONAL

Programa 12.1 — Amplificador classe A com alimentação-série

Utilizando o Design Center, desenhamos o circuito de um amplificador classe A com alimentação-série como mostra a Figura 12.28. A Figura 12.29 mostra alguns resultados de saída da análise. Edite o modelo de transistor apenas para os valores de **BF** = 90 e **IS** = 2E-15. Isso mantém o modelo de transistor como ideal, de maneira que os cálculos do PSpice devem ser iguais aos descritos a seguir.

A tensão CC de polarização do coletor é

$$V_c(\text{CC}) = 12{,}47\text{ V}$$

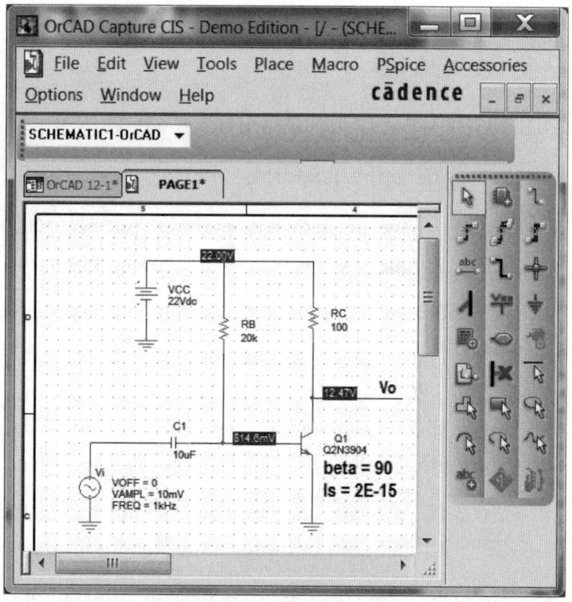

Figura 12.28 Amplificador classe A com alimentação-série.

```
Series-fed Class-A Amplifier

****     CIRCUIT DESCRIPTION
******************************************************************************
****     BJT MODEL PARAMETERS
         Q2N3904
         NPN
    IS   2.000000E-15
    BF   90

****     SMALL SIGNAL BIAS SOLUTION
******************************************************************************
NODE      VOLTAGE   NODE      VOLTAGE   NODE      VOLTAGE   NODE      VOLTAGE
(N00210)  .8146     (N00214)  0.0000    (N00232)  22.0000   (N00286)  12.4670

  VOLTAGE SOURCE CURRENTS
  NAME       CURRENT
  V_VCC      -9.639E-02
  V_Vi        0.000E+00

TOTAL POWER DISSIPATION   2.12E+00  WATTS
```

Figura 12.29 Resultados de saída da análise do circuito da Figura 12.28.

Com o valor beta ajustado para 90, o ganho CA é calculado da seguinte maneira:

$$I_E = I_c = 95 \text{ mA}$$

(a partir do resultado de saída da análise do PSpice)

$$r_e = 26 \text{ mV}/95 \text{ mA} = 0{,}27\ \Omega$$

Para um ganho de:

$$A_v = -R_c/r_e = -100/0{,}27 = -370$$

A tensão de saída é:

$$V_o = A_v V_i = (-370) \cdot 10 \text{ mV} = -3{,}7 \text{ V (pico)}$$

A forma de onda de saída obtida utilizando o **Probe** é mostrada na Figura 12.30. Para uma saída pico a pico de

$$V_o(\text{p-p}) = 15{,}6 \text{ V} - 8{,}75 \text{ V} = 6{,}85 \text{ V}$$

a saída de pico é

$$V_o(\text{p}) = 6{,}85 \text{ V}/2 = 3{,}4 \text{ V}$$

que se aproxima bastante do valor calculado a seguir.

Da análise de saída do circuito, a potência de entrada é:

$$P_i = V_{CC} I_C = (22 \text{ V}) \cdot (95 \text{ mA}) = 2{,}09 \text{ W}$$

Dos dados Probe CA, a potência de saída é:

$$P_o(\text{CA}) = V_o(\text{p-p})^2/[8 \cdot R_L] = (6{,}85)^2/[8 \cdot 100] = 58 \text{ mW}$$

A eficiência é, portanto,

$$\%\eta = P_o/P_i \cdot 100\% = (58 \text{ mW}/2{,}09 \text{ W}) \cdot 100\% = 2{,}8\%$$

Um sinal maior de entrada aumentaria a potência CA entregue à carga e a eficiência (sendo 25% o máximo).

Programa 12.2 — Amplificador *push-pull* quase complementar

A Figura 12.31 mostra um amplificador de potência classe B *push-pull* quase complementar. Para a entrada de $V_i = 20$ V(p), a forma de onda de saída obtida utilizando-se o **Probe** é mostrada na Figura 12.32.

A tensão CA de saída é

$$V_o(\text{p-p}) = 33{,}7 \text{ V}$$

de maneira que:

$$P_o = V_o^2(\text{p-p})/(8 \cdot R_L) = (33{,}7 \text{ V})^2/(8 \cdot 8\ \Omega) = 17{,}7 \text{ W}$$

A potência de entrada para a amplitude de sinal dada é:

$$P_i = V_{CC} I_{CC} = V_{CC}[(2/\pi)(V_o(\text{p-p})/2)/R_L] = (22 \text{ V}) \cdot [(2/\pi)(33{,}7 \text{ V}/2)/8] = 29{,}5 \text{ W}$$

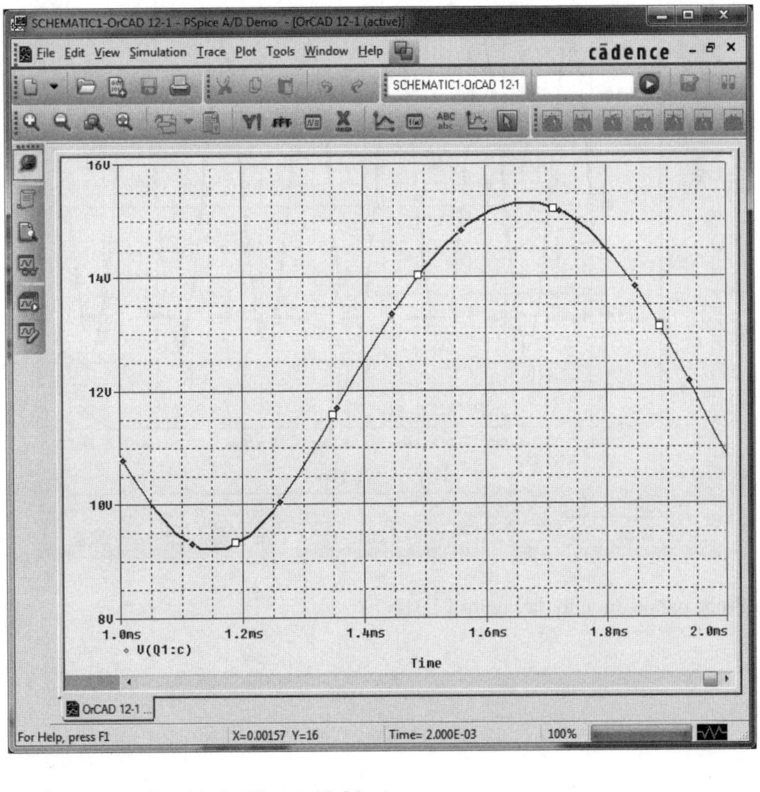

Figura 12.30 Saída Probe para o circuito da Figura 12.28.

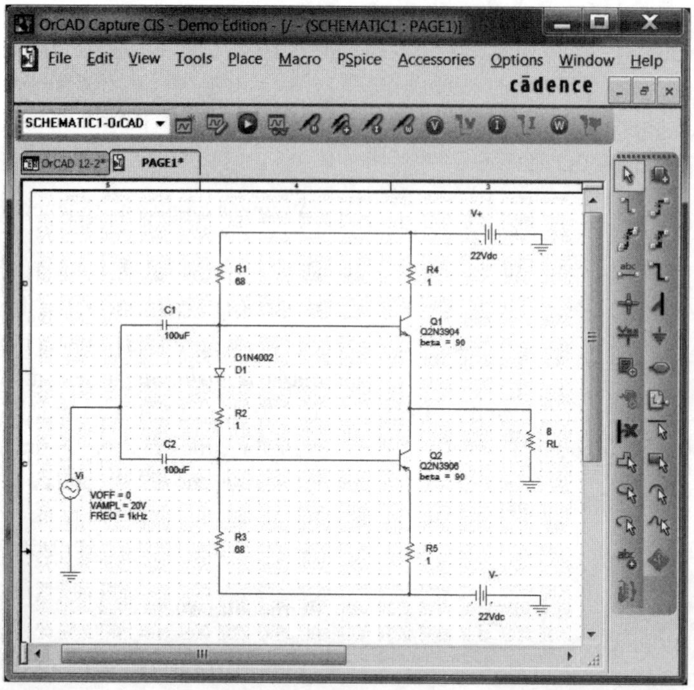

Figura 12.31 Amplificador de potência classe B quase complementar.

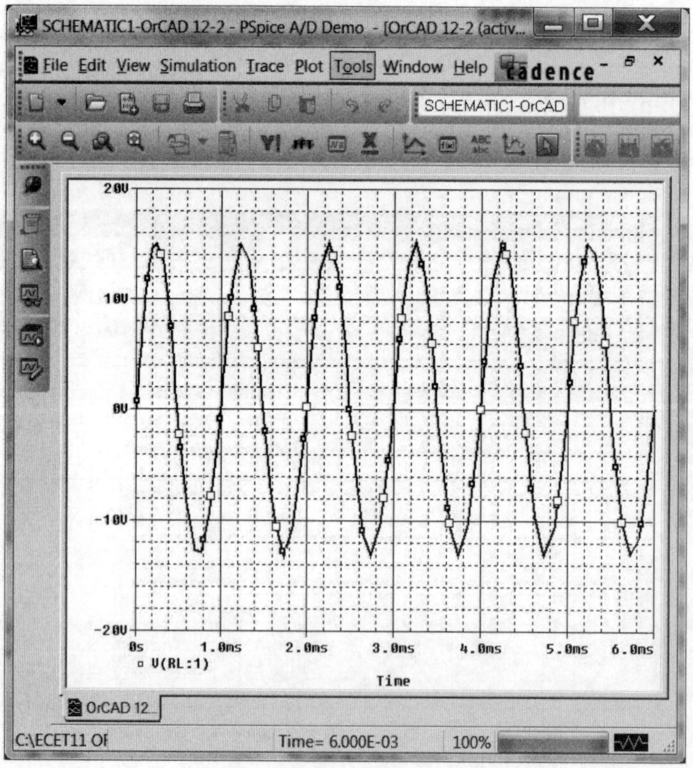

Figura 12.32 Saída Probe para o circuito da Figura 12.31.

A eficiência do circuito, portanto, é:

$$\% \eta = P_o/P_i \cdot 100\% = (17{,}7 \text{ W}/29{,}5 \text{ W}) \cdot 100\% = 60\%$$

Programa 12.3 — Amplificador *push-pull* com amp-op

A Figura 12.33 mostra um amplificador *push-pull* com amp-op fornecendo uma saída CA para uma carga de 8 Ω. Como mostramos, o amp-op oferece um ganho de:

$$A_v = -R_F/R_1 = -47 \text{ k}\Omega/18 \text{ k}\Omega = -2{,}6$$

Para a entrada $V_i = 1$ V, a saída é

$$V_o(\text{p}) = A_v V_i = -2{,}6 \cdot (1 \text{ V}) = -2{,}6 \text{ V}$$

A Figura 12.34 mostra a tela do osciloscópio para a tensão de saída.

A potência de saída é calculada como:

$$P_o = V_o^2(\text{p-p})/(8 \cdot R_L)$$
$$= (20{,}4 \text{ V})^2/(8 \cdot 8 \ \Omega) = 6{,}5 \text{ W}$$

A potência de entrada para essa amplitude de sinal é:

$$P_i = V_{CC}I_{CC} = V_{CC}[(2/\pi)(V_o(\text{p-p})/2)/R_L]$$
$$= (12 \text{ V}) \cdot [(2/\pi) \cdot (20{,}4 \text{ V}/2)/8] = 9{,}7 \text{ W}$$

A eficiência do circuito é, então,

$$\% \eta = P_o/P_i \cdot 100\% = (6{,}5 \text{ W}/9{,}7 \text{ W}) \cdot 100\% = 67\%$$

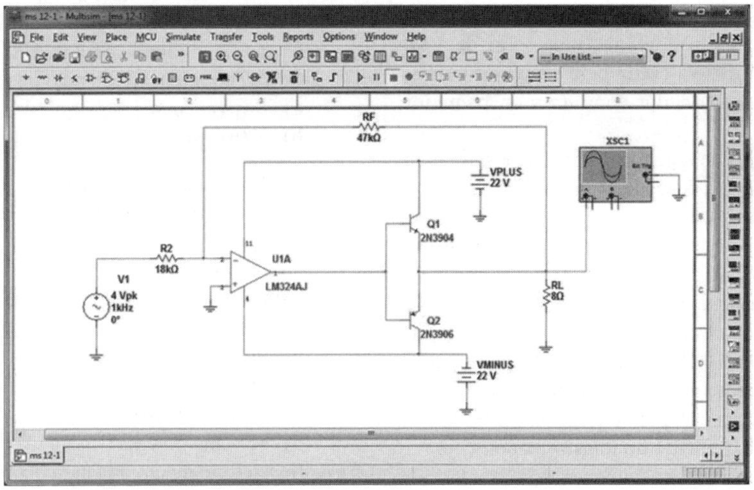

Figura 12.33 Amplificador classe B com amp-op.

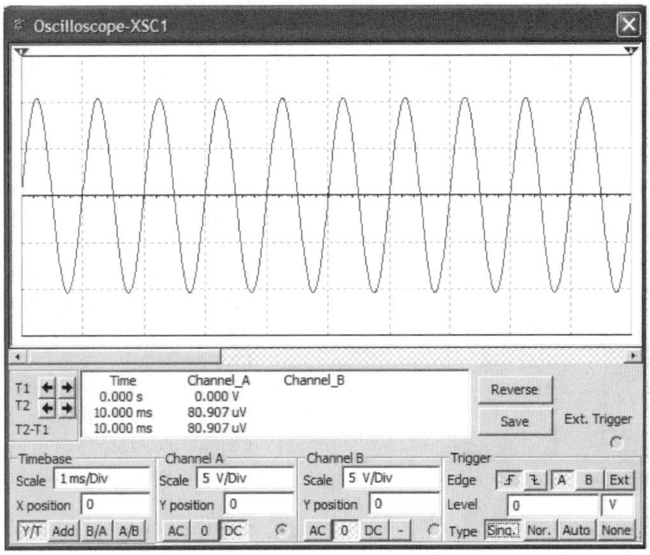

Figura 12.34 Saída Probe para o circuito da Figura 12.33.

PROBLEMAS

*Nota: asteriscos indicam os problemas mais difíceis.

Seção 12.2 Amplificador classe A com alimentação-série

1. Calcule as potências de entrada e saída para o circuito da Figura 12.35. O sinal de entrada resulta em uma corrente de base de 5 mA rms.
2. Calcule a potência de entrada dissipada pelo circuito da Figura 12.35 se R_B mudar para 1,5 kΩ.
3. Que potência máxima de saída pode ser entregue pelo circuito da Figura 12.35 se R_B mudar para 1,5 kΩ?
4. Se o circuito da Figura 12.35 for polarizado em sua tensão central e em seu ponto de operação do coletor também no centro, qual será a potência de entrada para uma potência máxima de saída de 1,5 W?

Seção 12.3 Amplificador classe A com acoplamento a transformador

5. Um amplificador classe A acoplado a transformador utiliza um transformador 25:1 para acionar uma carga de 4 Ω. Calcule a carga CA efetiva (vista pelo transistor conectado ao lado do transformador com um número maior de espiras).
6. Que relação de espiras do transformador é necessária para acoplar uma carga de 8 Ω, de maneira que ela apareça como uma carga efetiva de 8 kΩ?
7. Calcule a relação de espiras do transformador necessária para conectar quatro alto-falantes de 16 Ω em paralelo, de maneira que eles apareçam como uma carga efetiva de 8 kΩ.

*8. Um amplificador classe A acoplado a transformador aciona um alto-falante de 16 Ω através de um transformador 3,87:1. Utilizando uma fonte de alimentação com V_{CC} = 36 V, o circuito entrega 2 W para a carga. Calcule:
   a) P(CA) através do primário do transformador.
   b) V_L(CA).
   c) V(CA) no primário do transformador.
   d) Os valores rms da corrente de carga e da corrente do primário.

9. Calcule a eficiência do circuito do Problema 8 se a corrente de polarização for I_{CQ} = 150 mA.
10. Desenhe o diagrama do circuito de um amplificador classe A acoplado a transformador utilizando um transistor *npn*.

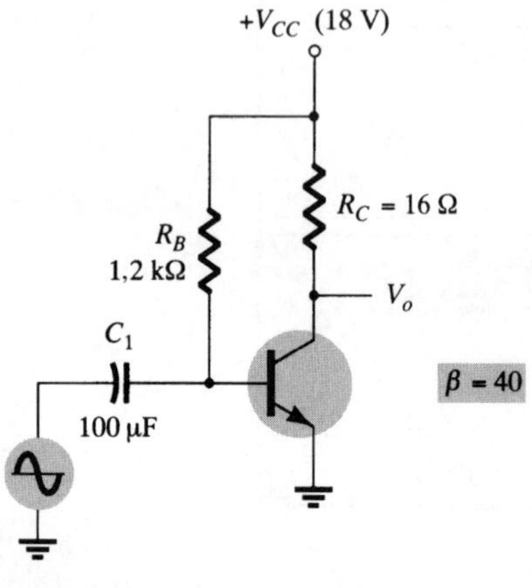

Figura 12.35 Problemas 1 a 4 e 26.

Seção 12.4 Operação do amplificador classe B

11. Desenhe o diagrama do circuito de um amplificador de potência *push-pull npn* classe B utilizando entrada acoplada a transformador.
12. Para um amplificador classe B que fornece um sinal de 22 V de pico para uma carga de 8 Ω e uma fonte de alimentação com V_{CC} = 25 V, determine:
    a) Potência de entrada.
    b) Potência de saída.
    c) Eficiência do circuito.
13. Para um amplificador classe B com V_{CC} = 25 V que aciona uma carga de 8 Ω, determine:
    a) Potência máxima de entrada.
    b) Potência máxima de saída.
    c) Eficiência máxima do circuito.

*14. Calcule a eficiência de um amplificador classe B para uma tensão de alimentação V_{CC} = 22 V que aciona uma carga de 4 Ω com tensões de pico de saída de:
    a) V_L(p) = 20 V.
    b) V_L(p) = 4 V.

Seção 12.5 Circuitos amplificadores classe B

15. Esboce o diagrama do circuito de um amplificador quase complementar, mostrando as formas de onda de tensão no circuito.
16. Para o amplificador de potência classe B da Figura 12.36, calcule:
    a) Valor máximo de P_o(CA).
    b) Valor máximo de P_i(CC).
    c) Valor máximo de % η.
    d) Máxima potência dissipada por ambos os transistores.

*17. Se a tensão de entrada para o amplificador de potência da Figura 12.36 for 8 V rms, calcule:
    a) P_i(CC).
    b) P_o(CA).
    c) % η.
    d) Potência dissipada por ambos os transistores de saída.

*18. Para o amplificador de potência da Figura 12.37, calcule:
    a) P_o(CA).
    b) P_i(CC).
    c) % η.
    d) Potência dissipada por ambos os transistores de saída.

Seção 12.6 Distorção do amplificador

19. Calcule os componentes de distorção harmônica para um sinal de saída com amplitude da fundamental de 2,1 V, amplitude da segunda harmônica de 0,3 V, amplitude da terceira harmônica de 0,1 V e amplitude da quarta harmônica de 0,05 V.
20. Calcule a distorção harmônica total para as amplitudes dos componentes do Problema 19.
21. Calcule a distorção de segunda harmônica para uma forma de onda de saída com valores medidos de $V_{CE_{mín}}$ = 2,4 V, V_{CE_Q} = 10 V e $V_{CE_{máx}}$ = 20 V.
22. Para as leituras de distorção de D_2 = 0,15, D_3 = 0,01 e D_4 = 0,05, com I_1 = 3,3 A e R_C = 4 Ω, calcule a distorção harmônica total do componente fundamental de potência e a potência total.

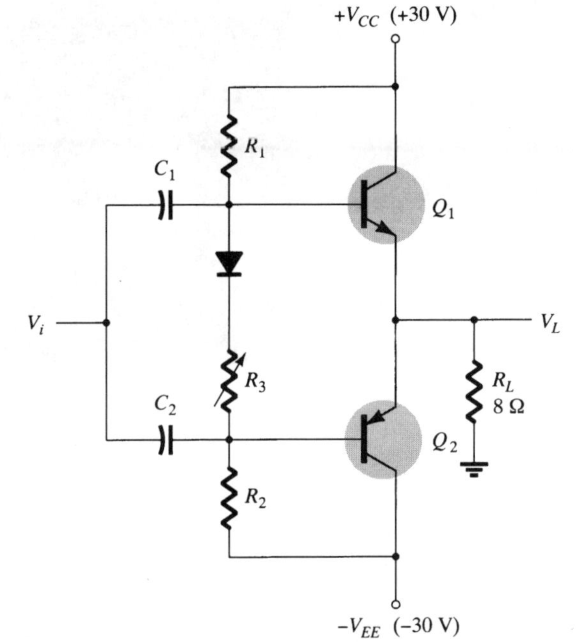

Figura 12.36 Problemas 16, 17 e 27.

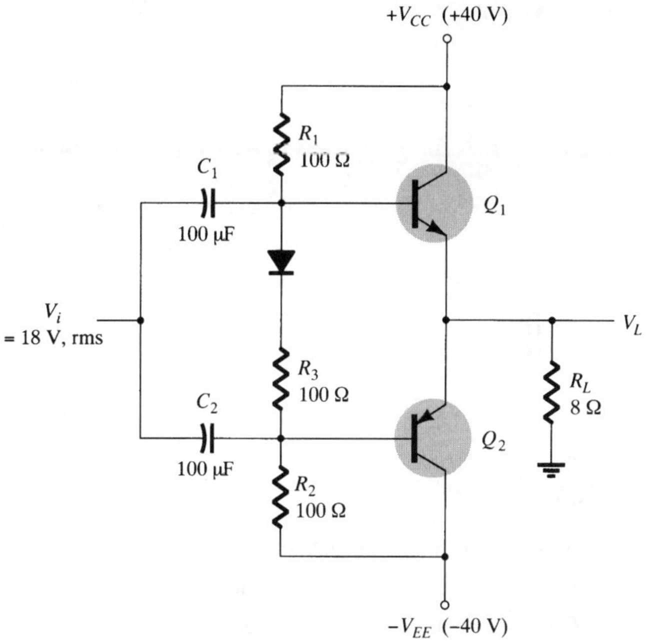

Figura 12.37 Problema 18.

Seção 12.7 Dissipação de calor em transistores de potência

23. Determine a dissipação máxima permitida para um transistor de silício de 100 W (a 25 °C) para um fator de delimitação de 0,6 W/°C a uma temperatura do encapsulamento de 150 °C.

***24.** Um transistor de potência de silício de 160 W operando com um dissipador (θ_{SA} = 1,5 °C/W) possui θ_{JC} = 0,5 °C/W e uma isolação de montagem de θ_{CS} = 0,8 °C/W. Qual potência máxima pode ser manipulada pelo transistor a uma temperatura ambiente de 80 °C? (A temperatura da junção não deverá exceder 200 °C.)

25. Que potência máxima um transistor de silício ($T_{J_{máx}}$ = 200 °C) pode dissipar ao ar livre a uma temperatura ambiente de 80 °C?

Seção 12.10 Análise computacional

***26.** Utilize o Design Center para desenhar o esquema da Figura 12.35, com V_i = 9,1 mV.

***27.** Utilize o Design Center para desenhar o esquema da Figura 12.36, com V_i = 25 V(p). Determine a eficiência do circuito.

***28.** Utilize o Multisim para desenhar o esquema de um amplificador classe B com amp-op, como o da Figura 12.33. Utilize R_1 = 10 kΩ, R_F = 50 kΩ e V_i = 2,5 V(p). Determine a eficiência do circuito.

CIs lineares/digitais

Objetivos

- Introduzir a conversão analógica-digital.
- Introduzir a conversão digital-analógica.
- Operação de um circuito temporizador.
- Operação de PLL (*phase-locked loops*).

13.1 INTRODUÇÃO

Embora existam muitos CIs contendo apenas circuitos digitais e muitos contendo somente circuitos lineares, existem diversas unidades que contêm ambos os tipos de circuitos. Entre os CIs lineares/digitais estão os circuitos comparadores, os conversores digital-analógico, os circuitos de interface, os circuitos de temporização, os circuitos osciladores controlados por tensão (VCO, do inglês *voltage-controlled oscillator*) e as malhas amarradas por fase (PLLs, do inglês *phase-locked loops*).

O circuito comparador é aquele no qual uma tensão linear de entrada é comparada a outra tensão de referência, sendo a saída um estado digital representando se a tensão de entrada ultrapassou ou não a tensão de referência.

Os circuitos que convertem sinais digitais em uma tensão linear ou analógica e aqueles que convertem uma tensão linear em um valor digital são bastante utilizados em equipamentos aeroespaciais, equipamentos automotivos, aparelhos de CD, entre muitas outras aplicações.

Os circuitos de interface são usados para habilitar a conexão de sinais de diferentes valores de tensão digital provenientes de diferentes tipos de dispositivo de saída ou de diferentes impedâncias, para que tanto o estágio transmissor quanto o receptor operem apropriadamente.

Os CIs temporizadores fornecem circuitos lineares e digitais para utilização em várias operações de temporização, como em alarmes de carro, em residências, como temporizadores domésticos para ligar e desligar lâmpadas, e em circuitos de equipamentos eletromecânicos para fornecer temporização apropriada para o funcionamento esperado da unidade. O temporizador 555 tem sido um CI bastante utilizado há muito tempo. Um oscilador controlado por tensão fornece um sinal de *clock* de saída cuja frequência pode ser variada ou ajustada por uma tensão de entrada. Uma aplicação comum do VCO é a malha amarrada por fase (PLL), utilizada em diversos transmissores e receptores de comunicações.

13.2 OPERAÇÃO DE UM CI COMPARADOR

Um circuito comparador aceita como entrada tensões lineares, e fornece uma saída digital que indica quando uma das entradas é maior ou menor do que a outra. Um circuito comparador básico é mostrado na Figura 13.1(a). A saída é um sinal digital que se mantém em um nível alto de tensão quando a entrada não inversora (+) é maior do que a tensão na entrada inversora (–), e chaveia para um nível baixo de tensão quando a tensão da entrada não inversora cai abaixo da tensão na entrada inversora.

A Figura 13.1(b) mostra uma conexão típica com uma entrada (nesse exemplo, a inversora) conectada a uma tensão de referência de 2 V e o terminal da entrada não inversora conectado a uma tensão de sinal de entrada. Enquanto V_{ent} for menor do que o valor da tensão de referência de +2 V, a saída continuará em um nível baixo de tensão (aproximadamente –10 V). Quando a entrada se eleva um

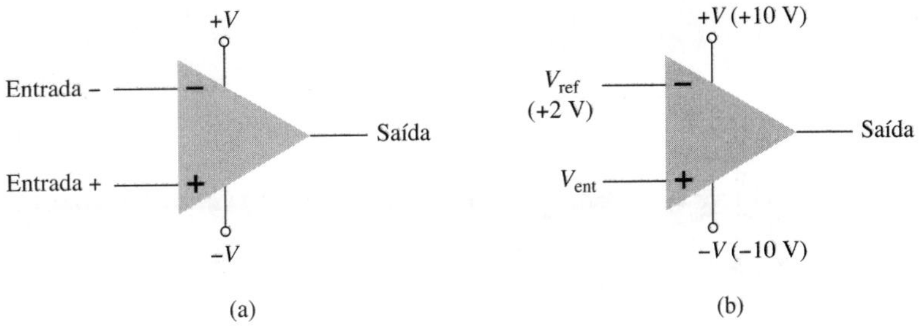

Figura 13.1 Circuito comparador: (a) unidade básica; (b) aplicação típica.

pouco acima de +2 V, a saída rapidamente chaveia para um nível alto de tensão (perto de +10 V). Portanto, a saída alta indica que o sinal de entrada é maior do que +2 V.

Visto que o circuito interno utilizado para construir um comparador é composto basicamente de um circuito amp-op com ganho de tensão muito alto, podemos examinar a operação de um comparador utilizando um amp-op 741, como mostra a Figura 13.2. Com a entrada de referência (pino 2) fixada em 0 V, um sinal senoidal aplicado à entrada não inversora (pino 3) faz com que a saída chaveie entre seus dois estados de tensão, como mostra a Figura 13.2(b). Mesmo que a entrada V_i se eleve apenas uma fração de milivolt acima do valor de referência de 0 V, ela é amplificada pelo altíssimo ganho de tensão (normalmente acima de 100.000), de maneira que a saída se eleva ao seu valor de saturação positiva e permanece assim enquanto a entrada estiver acima de $V_{ref} = 0$ V. Quando a entrada cai ligeiramente abaixo do valor de referência de 0 V, a saída é levada para seu nível de saturação inferior e assim permanece enquanto a entrada permanecer abaixo de $V_{ref} = 0$ V. A Figura 13.2(b) mostra claramente que o sinal de entrada é linear, enquanto a saída é digital.

No uso geral, o valor de referência não precisa ser necessariamente igual a 0 V e pode ter qualquer valor de tensão positiva ou negativa que desejemos. Além disso, a tensão de referência pode ser conectada à entrada positiva ou à negativa, aplicando-se, então, o sinal de entrada à outra entrada.

Utilização do amp-op como comparador

A Figura 13.3(a) mostra um circuito que opera com uma tensão de referência positiva conectada à entrada inversora e a saída conectada a um LED indicador. O valor da tensão de referência é ajustado em:

$$V_{ref} = \frac{10\text{ k}\Omega}{10\text{ k}\Omega + 10\text{ k}\Omega}(+12\text{ V}) = +6\text{ V}$$

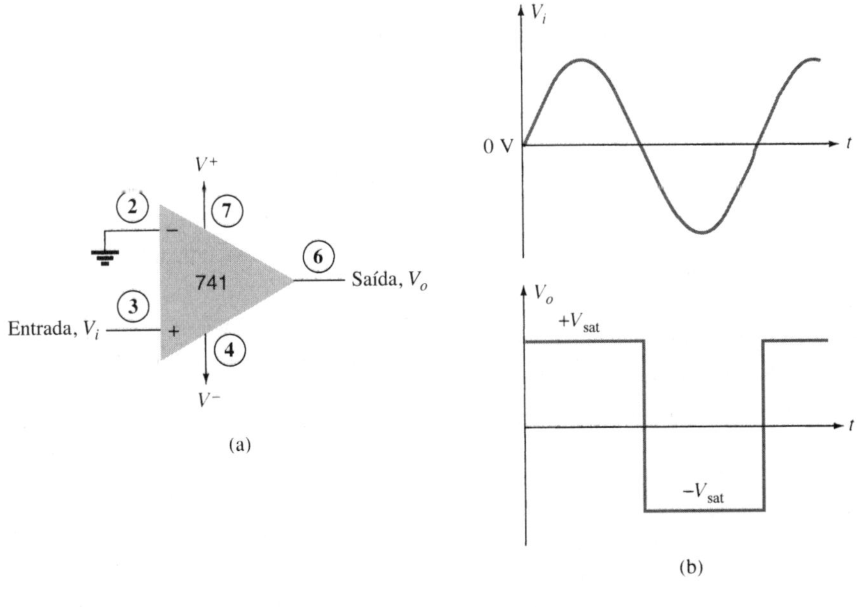

Figura 13.2 Operação do amp-op 741 como comparador.

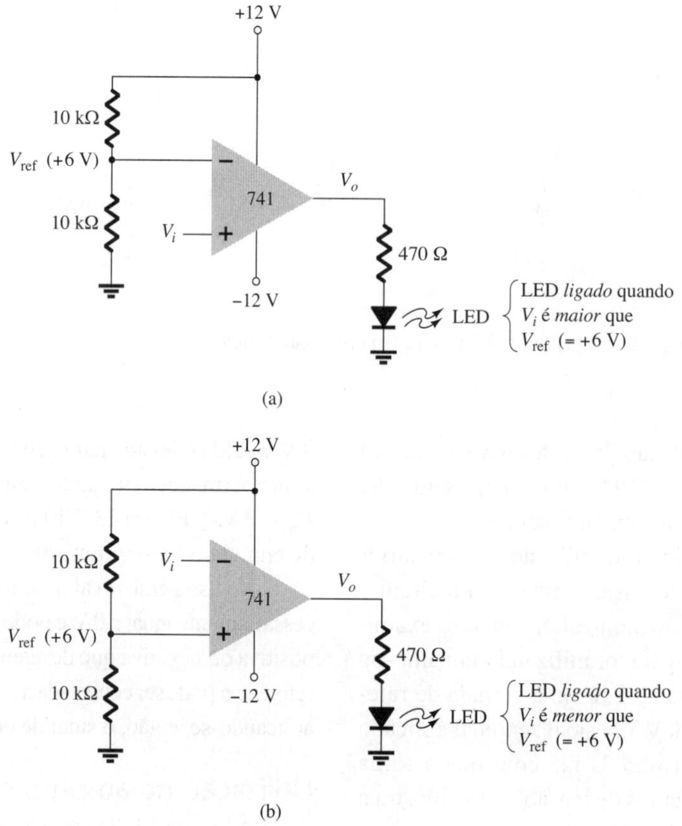

Figura 13.3 Um amp-op 741 utilizado como comparador.

Como a tensão de referência está conectada à entrada inversora, a saída chaveia para seu nível de saturação positivo quando a entrada V_i se torna mais positiva do que o valor da tensão de referência de +6 V. A saída V_o aciona então o LED, acendendo-o, indicando que a entrada é mais positiva do que o nível de referência.

Como uma conexão alternativa, o valor de referência pode ser conectado à entrada não inversora, como mostra a Figura 13.3(b). Com essa conexão, o sinal de entrada caindo abaixo do valor de referência fará a saída acionar o LED, acendendo-o. O LED pode ser ligado quando o sinal de entrada torna-se maior ou menor que o valor de referência, dependendo de qual entrada é conectada ao sinal de entrada e qual entrada é utilizada como referência.

Utilização de CIs comparadores

Embora os amp-ops possam ser usados como circuitos comparadores, unidades de CI específicas são mais adequadas para isso. Algumas das melhorias incluídas em um CI comparador são: chaveamento mais rápido entre os dois níveis de saída, imunidade a ruído embutida para evitar que a saída oscile quando a entrada passa pelo valor de referência e saídas capazes de acionar diretamente uma variedade de cargas. Alguns CIs comparadores mais conhecidos serão apresentados em seguida, com a descrição de seus pinos de conexão e de como podem ser utilizados.

Comparador 311 O comparador de tensão 311, mostrado na Figura 13.4, contém um circuito comparador que pode operar tanto com duas fontes de alimentação de ±15 V quanto com uma única fonte de +5 V (como as utilizadas em circuitos lógicos digitais). A saída pode fornecer uma tensão em qualquer um de dois valores distintos ou ser utilizada para acionar uma lâmpada ou um relé. Observe que a saída é tomada de um transistor bipolar para permitir o acionamento de uma variedade de cargas. A unidade tem também entradas de balanço e de habilitação, sendo que essa última permite a inibição da saída. Alguns exemplos mostrarão como esse comparador pode ser utilizado em aplicações comuns.

Um detector de cruzamento por zero que percebe (detecta) a tensão de entrada passando por 0 V é mostrado

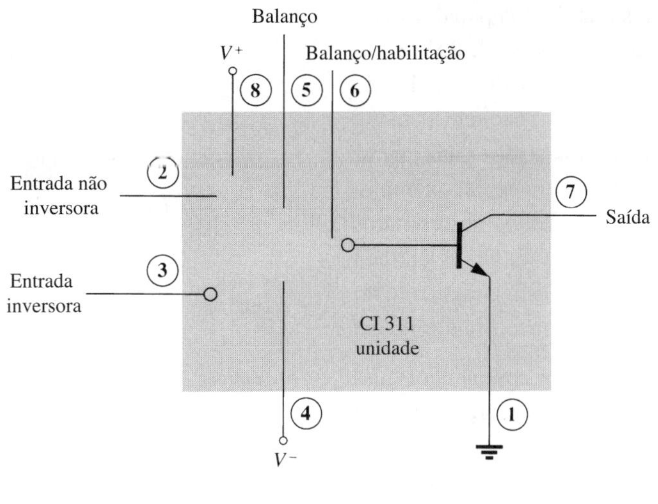

Figura 13.4 Um comparador 311 (unidade DIP de 8 pinos).

utilizando-se o CI 311 na Figura 13.5. A entrada inversora é conectada ao terra (tensão de referência). Se o sinal de entrada for positivo, o transistor de saída liga e a saída cai para nível baixo (–10 V, nesse caso). Se o sinal de entrada ficar negativo (abaixo de 0 V), o transistor de saída é cortado, o que leva sua saída para nível alto (+10 V). A saída, portanto, indica se a entrada está acima ou abaixo de 0 V. Quando a entrada tem qualquer valor de tensão positivo, a saída é baixa, mas qualquer tensão negativa de entrada provoca um nível alto de tensão na saída.

A Figura 13.6 mostra como um comparador 311 pode ser utilizado com entrada de habilitação. Nesse exemplo, a saída irá para o nível alto quando a entrada ultrapassar a tensão de referência, mas somente se a entrada de habilitação TTL estiver desligada (ou em 0 V).

Se a entrada de habilitação TTL estiver no nível alto, ela leva a entrada de habilitação do 311 no pino 6 para nível baixo, fazendo com que a saída permaneça no estado "desligado" (com saída alta) independentemente do sinal de entrada. Na verdade, a saída permanece alta, a não ser que esteja habilitada. Se estiver, atua normalmente, chaveando de alto para baixo, dependendo do valor do sinal de entrada. Durante a operação, a saída do comparador responde ao sinal de entrada apenas enquanto o sinal de habilitação permitir.

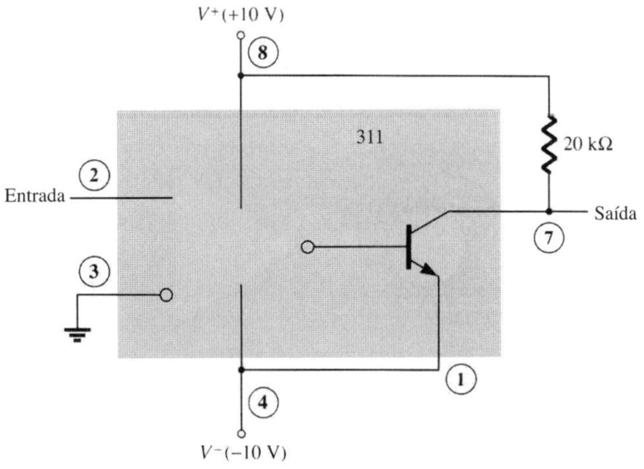

Figura 13.5 Detector de cruzamento por zero utilizando um CI 311.

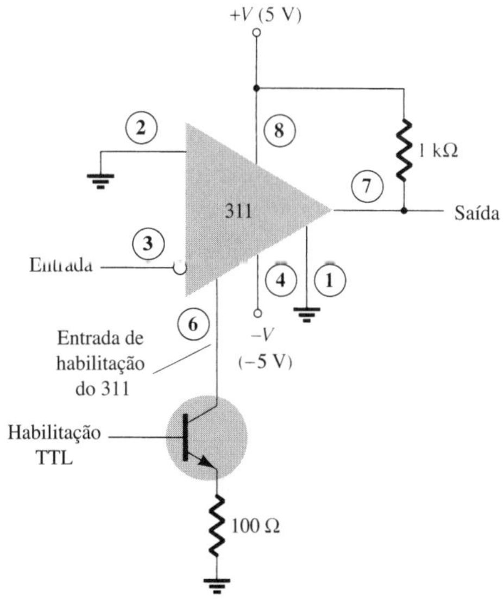

Figura 13.6 Operação de um comparador 311 com entrada de habilitação.

A Figura 13.7 mostra a saída do comparador acionando um relé. Quando a entrada cai abaixo de 0 V, levando a saída para o nível baixo, o relé é ativado, fechando os contatos normalmente abertos (N.A.) naquele instante. Esses contatos podem ser então conectados para operar com uma grande variedade de dispositivos. Por exemplo, uma buzina ou uma campainha conectada aos contatos do relé podem ser acionadas quando a tensão de entrada cai abaixo de 0 V. Enquanto a tensão estiver presente no terminal de entrada, a campainha permanecerá desligada.

Comparador 339 O CI 339 é um comparador quádruplo contendo quatro circuitos comparadores de tensão independentes, conectados a pinos externos, como mostra a Figura 13.8. Cada comparador tem as entradas inversora e não inversora e uma única saída. A tensão de alimentação aplicada a um par de pinos alimenta todos os quatro comparadores. Mesmo que se queira utilizar apenas um comparador, os quatro estarão consumindo potência.

Para verificar como esses circuitos comparadores podem ser utilizados, a Figura 13.9 mostra um dos circuitos comparadores do 339 conectado como um detector de cruzamento por zero. Quando o sinal de entrada ultrapassa 0 V, a saída chaveia para V^+. A saída chaveia para V^- apenas quando a entrada cai abaixo de 0 V. Os números circulados mostram os pinos do CI.

Um valor de referência diferente de 0 V também pode ser utilizado, e qualquer terminal de entrada poderia ser a referência; o outro terminal poderia ser conectado ao sinal de entrada. A operação de um dos circuitos comparadores é descrita a seguir.

A tensão diferencial de entrada (diferença de tensão entre os terminais de entrada), quando positiva, desliga o transistor de saída (circuito aberto), enquanto uma tensão diferencial de entrada negativa liga o transistor de saída — de modo que a saída fica no nível baixo da fonte.

Se a entrada negativa for fixada em um valor de referência V_{ref} e se a entrada positiva for acima de V_{ref}, isto resultará em uma tensão diferencial de entrada positiva com a saída do comparador em situação de circuito aberto. Quando a entrada não inversora cair abaixo de V_{ref}, a tensão diferencial de entrada será negativa e a saída será levada a V^-.

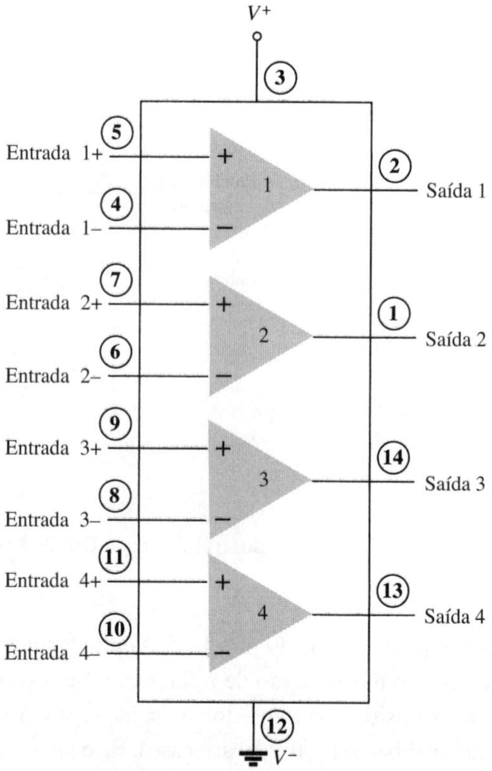

Figura 13.8 CI comparador quádruplo (339).

Se a entrada positiva for fixada no valor de referência e a entrada inversora cair abaixo de V_{ref}, o resultado será um circuito aberto na saída, enquanto se a entrada inversora for elevada acima de V_{ref}, isso resultará em V^- na saída. Esta operação está resumida na Figura 13.10.

Visto que a saída de um desses circuitos comparadores é obtida a partir de um circuito do tipo coletor aberto, tornam-se possíveis aplicações nas quais as saídas de

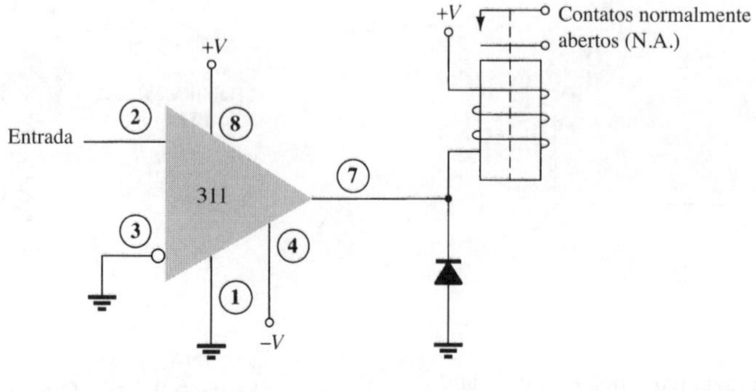

Figura 13.7 Operação de um comparador 311 com um relé de saída.

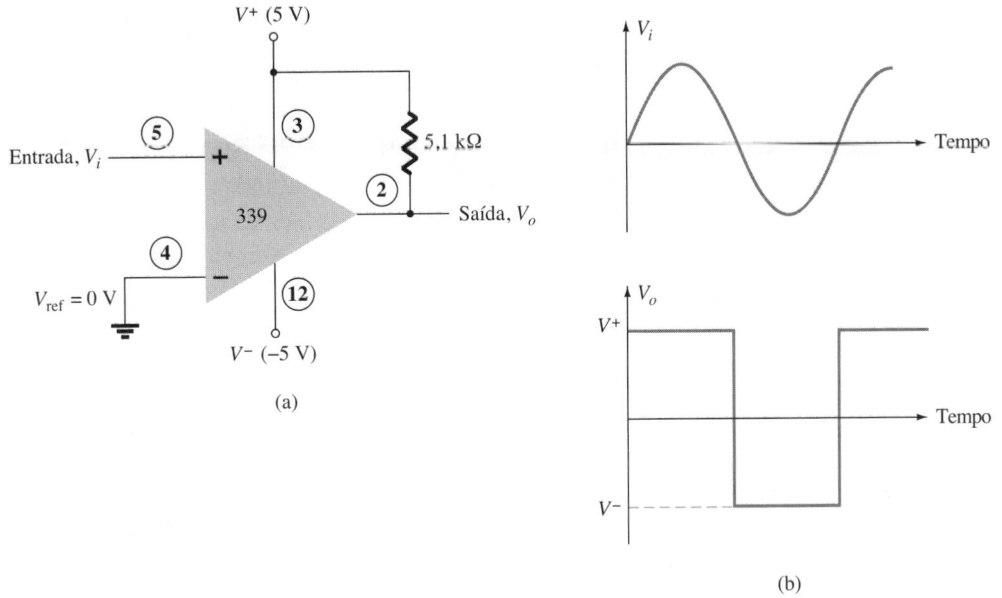

Figura 13.9 Operação de um circuito comparador 339 como detector de cruzamento por zero.

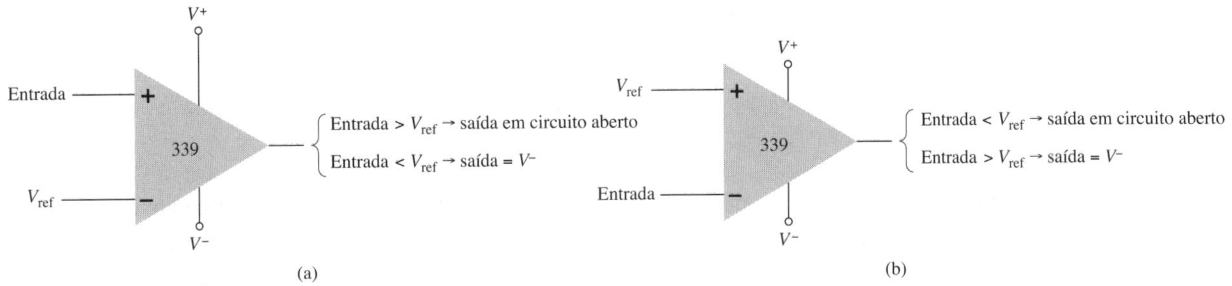

Figura 13.10 Operação de um circuito comparador 339 com entrada de referência: (a) entrada inversora; (b) entrada não inversora.

mais de um circuito comparador podem ser conectadas pela implementação de uma lógica "OR com fios" (*wired-OR*). A Figura 13.11 mostra dois circuitos comparadores conectados com saída comum e também com entrada comum. O comparador 1 tem uma tensão de entrada de referência de +5 V conectada à entrada não inversora. A saída será forçada para baixo pelo comparador 1 quando o sinal de entrada ultrapassar +5 V. O comparador 2 tem uma tensão de referência de +1 V conectada à entrada inversora. A saída desse comparador será forçada para baixo quando o sinal de entrada cair abaixo de +1 V. Por fim, a saída será baixa quando a entrada estiver abaixo de +1 V ou acima de +5 V, como mostra a Figura 13.11, sendo essa operação chamada de detector de janela de tensão. A saída alta indica que a entrada está dentro de uma janela de tensão de +1 V a +5 V (valores fixados pelos níveis de tensão de referência utilizados).

13.3 CONVERSORES DIGITAL-ANALÓGICO

Muitas tensões e correntes em eletrônica variam continuamente ao longo de uma faixa de valores. Em circuitos digitais, os sinais estão em um de dois níveis possíveis, representando os valores binários 1 ou 0. Um conversor analógico-digital (ADC, do inglês *analog-digital converter*) gera um valor digital representando uma tensão analógica de entrada, enquanto o conversor digital-analógico (DAC, do inglês *digital-analog converter*) converte um valor digital para uma tensão analógica.

Conversão digital-analógica

Circuito de conversão em escada A conversão digital-analógica pode ser obtida a partir de vários métodos. Um esquema bastante comum utiliza um circuito de resistores chamado *circuito em escada*. Esse circuito

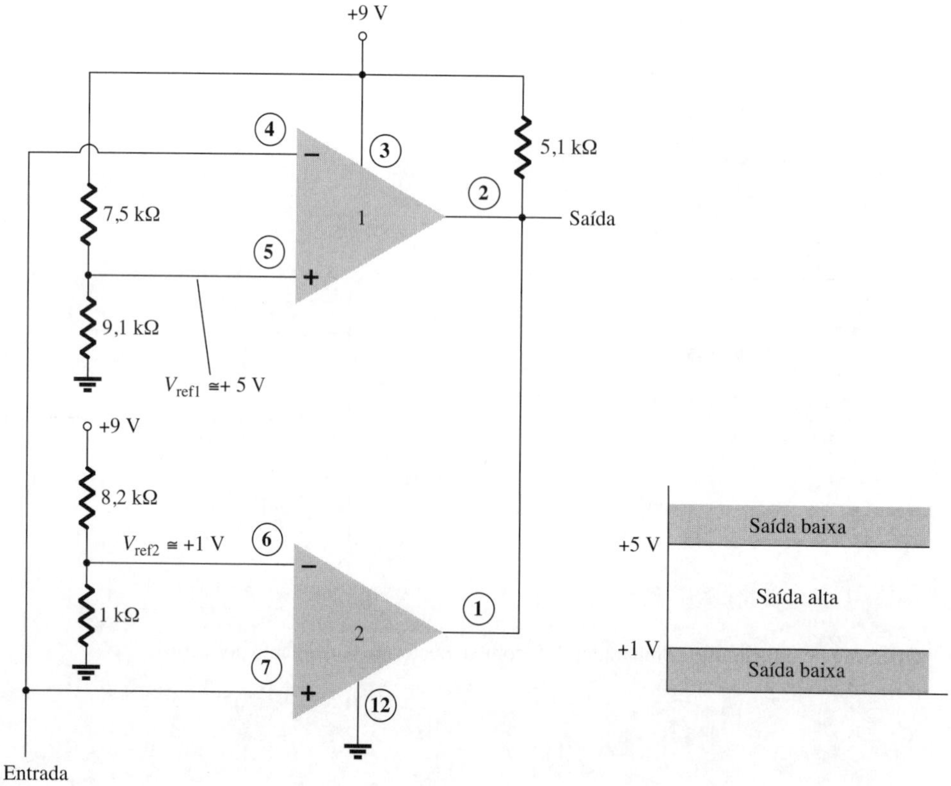

Figura 13.11 Operação de dois circuitos comparadores 339 como detector de janela.

aceita a entrada de valores binários em, geralmente, 0 V ou V_{ref} e fornece uma tensão de saída proporcional ao valor binário de entrada. A Figura 13.12(a) mostra um circuito em escada com quatro tensões de entrada representando 4 bits de dados digitais e uma tensão de saída CC. A tensão de saída é proporcional ao valor de entrada digital dada pela relação:

$$V_o = \frac{D_0 \times 2^0 + D_1 \times 2^1 \times D_2 \times 2^2 + D_3 \times 2^3}{2^4} V_{ref} \quad (13.1)$$

No exemplo mostrado na Figura 13.12(b), a tensão de saída resultante é:

$$V_o = \frac{0 \times 1 + 1 \times 2 + 1 \times 4 + 0 \times 8}{16}(16\text{ V}) = 6\text{ V}$$

Portanto, o valor digital 0110_2 é convertido em 6 V analógico.

A função do circuito em escada é converter os 16 valores binários possíveis de 0000 a 1111 para um dos 16 valores de tensão múltiplos de $V_{ref}/16$. A utilização de mais seções no circuito em escada possibilita que tenhamos mais entradas binárias e maior quantização de cada estágio. Por exemplo, um circuito em escada de 10 estágios poderia estender o número de degraus de tensão, ou resolução de tensão, para $V_{ref}/2^{10}$, ou $V_{ref}/1024$. A tensão de referência de V_{ref} = 10 V apresentaria, então, degraus de tensão com valor de 10 V/1024 ou aproximadamente 10 mV. Um número maior de estágios permite maior resolução de tensão. De modo geral, a resolução de tensão para n estágios em escada é:

$$\frac{V_{ref}}{2^n} \quad (13.2)$$

A Figura 13.13 mostra um diagrama em bloco de um DAC típico que utiliza um circuito em escada. Esse circuito, chamado no diagrama de *escada R-2R*, encontra-se entre a fonte de corrente de referência e as chaves de corrente conectadas a cada entrada binária. A corrente de saída resultante é proporcional ao valor binário de entrada. A entrada binária seleciona alguns ramos do circuito em escada, o que produz uma corrente de saída, que é o resultado de uma soma ponderada da corrente de referência. Conectar a corrente de saída através de um resistor resultará em uma tensão analógica, se assim for desejado.

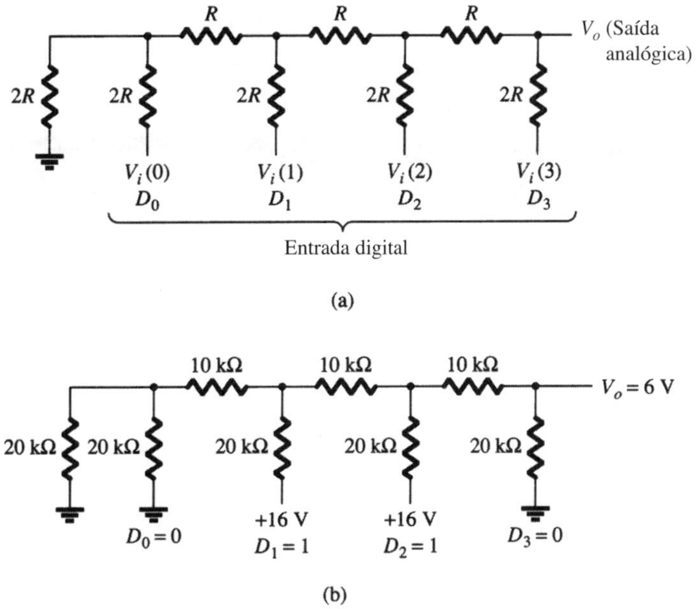

Figura 13.12 Circuito em escada de quatro estágios utilizado como conversor digital-analógico: (a) circuito básico; (b) exemplo de circuito com entrada 0110.

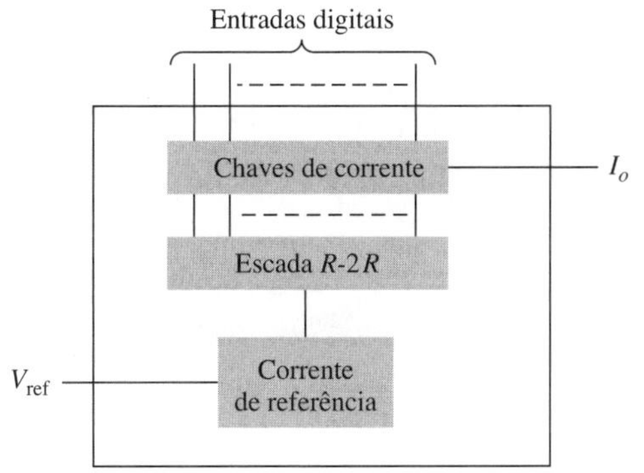

Figura 13.13 CI conversor digital-analógico que utiliza circuito em escada R-$2R$.

Conversão analógico-digital

Conversão de dupla rampa Um método bastante utilizado para converter uma tensão analógica em uma tensão digital é o de dupla rampa. A Figura 13.14(a) mostra um diagrama em bloco do conversor básico de dupla rampa. A tensão analógica a ser convertida é aplicada através de uma chave eletrônica a um circuito integrador ou gerador de rampa (essencialmente uma corrente constante que carrega um capacitor para produzir uma tensão linear em rampa). A saída digital é obtida a partir de um contador que funciona durante ambos os intervalos de inclinação positiva e negativa do integrador.

O método de conversão ocorre como segue. Para um intervalo de tempo fixo (geralmente a faixa de contagem completa do contador), a tensão analógica conectada ao integrador aumenta a tensão na entrada do comparador até um determinado valor positivo. A Figura 13.14(b) mostra que, no fim do intervalo fixo de tempo, a tensão do integrador é tanto maior quanto maior for a tensão de entrada. No fim do intervalo fixo de contagem, a contagem é ajustada para zero, e a chave eletrônica conecta o integrador a uma tensão de entrada fixa ou de referência. A saída do integrador (ou entrada do capacitor) decresce então a uma taxa fixa. O contador avança durante esse tempo, enquanto a saída do integrador diminui a uma taxa fixa até ficar abaixo da tensão de referência do comparador, ao mesmo tempo em que a lógica de controle recebe um sinal (a saída do comparador) para parar a contagem. O valor digital armazenado no contador é então a saída digital do conversor.

O uso do mesmo *clock* e do mesmo integrador para realizar a conversão durante os intervalos de inclinação positiva e negativa tende a compensar os desvios da frequência de *clock* e as limitações de precisão do integrador. Selecionando o valor de entrada de referência e a taxa de *clock*, podemos graduar a saída do contador de acordo com o desejado. O contador pode ser binário, BCD ou outra forma de contador digital escolhida.

Conversão com circuito em escada Outro método bastante conhecido de conversão analógico-digital utiliza um circuito em escada juntamente com circuitos

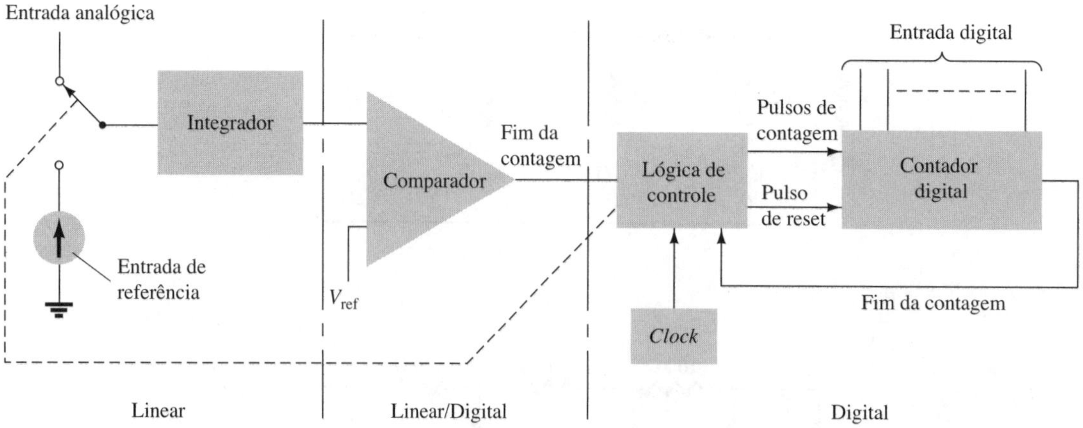

(a)

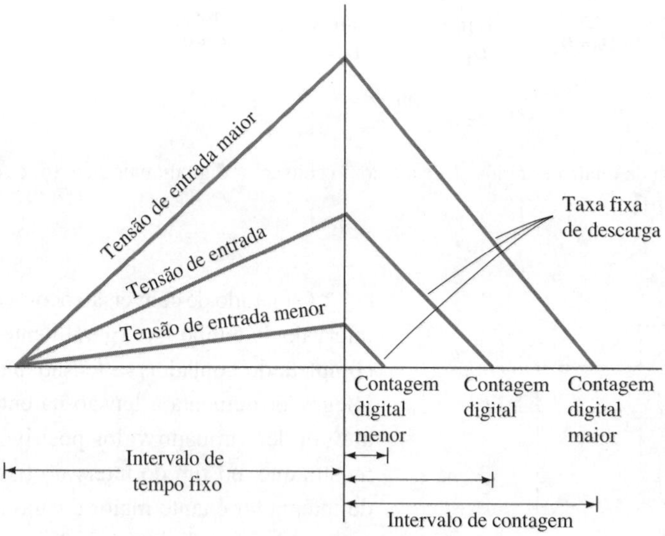

(b)

Figura 13.14 Conversor analógico-digital que utiliza o método de dupla rampa: (a) diagrama lógico; (b) forma de onda.

contadores e comparadores (veja a Figura 13.15). Um contador digital avança a partir de zero, enquanto um circuito em escada, acionado pelo contador, gera uma tensão em escada, como mostra a Figura 13.15(b), que aumenta em um incremento de tensão a cada passo de contagem. Um circuito comparador, recebendo a tensão em escada e a tensão de entrada analógica, fornece um sinal para parar a contagem quando a tensão da escada se eleva acima da tensão de entrada. O valor do contador nesse instante é a saída digital.

O incremento de tensão do sinal em escada depende do número de bits de contagem utilizado. Um contador de 12 estágios operando um circuito em escada de 12 estágios, utilizando uma referência de 10 V, apresentaria um incremento de tensão igual a:

$$\frac{V_{ref}}{2^{12}} = \frac{10\ \text{V}}{4096} = 2{,}4\ \text{mV}$$

Isso resultaria em uma resolução de conversão de 2,4 mV. A taxa de *clock* do contador afetaria o tempo necessário para fazer uma conversão. Uma taxa de *clock* de 1 MHz operando um contador de 12 estágios exigiria um tempo máximo de conversão de:

$$4096 \times 1\ \mu\text{s} = 4096\ \mu\text{s} \approx 4{,}1\ \text{ms}$$

O número mínimo de conversões que poderia ser feito em cada segundo seria, então,

$$\text{número de conversões} = 1/4{,}1\ \text{ms}$$
$$\approx 244\ \text{conversões/segundo}$$

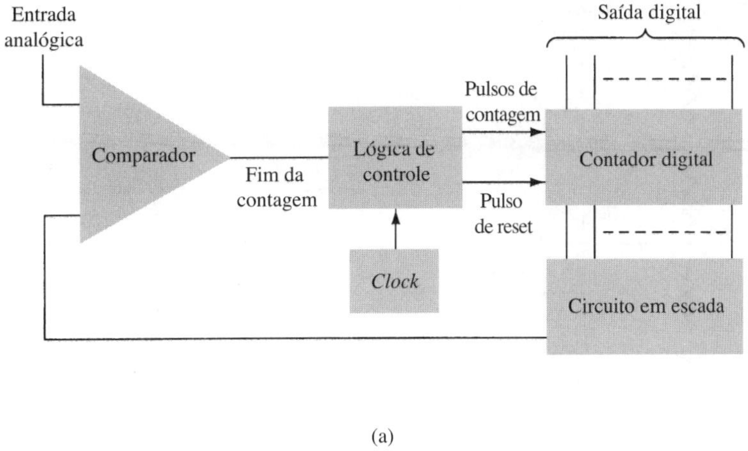

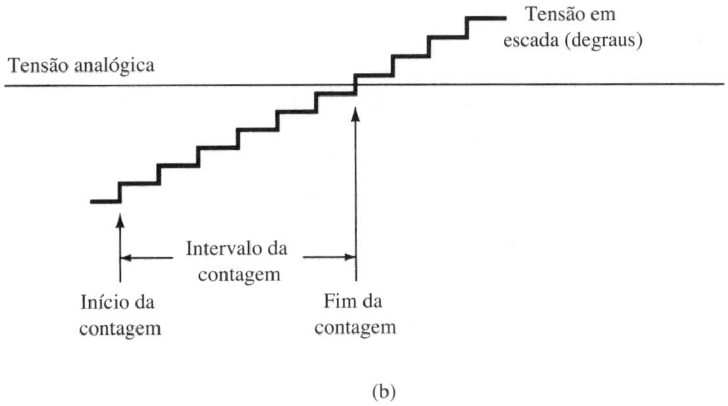

Figura 13.15 Conversor analógico-digital que utiliza um circuito em escada: (a) diagrama lógico; (b) forma de onda.

Na média, com algumas conversões exigindo pouco tempo de contagem e outras próximas ao máximo tempo de contagem, um tempo de conversão de 4,1 ms/2 = 2,05 ms é necessário, e o número médio de conversões é de 2 × 244 = 488 conversões/segundo. Uma taxa de *clock* mais lenta resultaria em menos conversões por segundo. Um contador utilizando menos estágios de contagem (e menor resolução de conversão) faria mais conversões por segundo. A precisão da conversão depende da precisão do comparador.

13.4 FUNCIONAMENTO DE UM CI TEMPORIZADOR

Outro circuito integrado analógico-digital bastante utilizado é o versátil temporizador 555. O CI é o resultado de uma combinação de comparadores lineares e flip-flops digitais, como mostra a Figura 13.16. O circuito inteiro costuma ser alojado em um encapsulamento de oito pinos, como especifica a Figura 13.16. Uma conexão em série de três resistores determina os valores da tensão de referência para os dois comparadores em $2V_{CC}/3$ e $V_{CC}/3$. A saída desses comparadores habilita ou desabilita o flip-flop. A saída do circuito flip-flop é, então, trazida até a saída através de um estágio amplificador de saída. O circuito flip-flop também aciona um transistor dentro do CI, com o coletor usualmente sendo levado a um nível baixo para descarregar um capacitor de temporização.

Operação astável

Uma aplicação conhecida do CI temporizador 555 é como um multivibrador astável ou circuito de *clock*. A análise a seguir do funcionamento do 555 como um circuito astável engloba detalhes das diferentes partes da unidade e de como as várias entradas e saídas são utilizadas. A Figura 13.17 mostra um circuito astável construído com um resistor e um capacitor externos para fixar o intervalo de temporização do sinal de saída.

O capacitor C carrega-se, tendendo ao valor V_{CC}, através dos resistores externos R_A e R_B. Como mostra a Figura 13.17, a tensão do capacitor aumenta até ultrapassar $2V_{CC}/3$. Essa tensão é a tensão de limiar no pino 6,

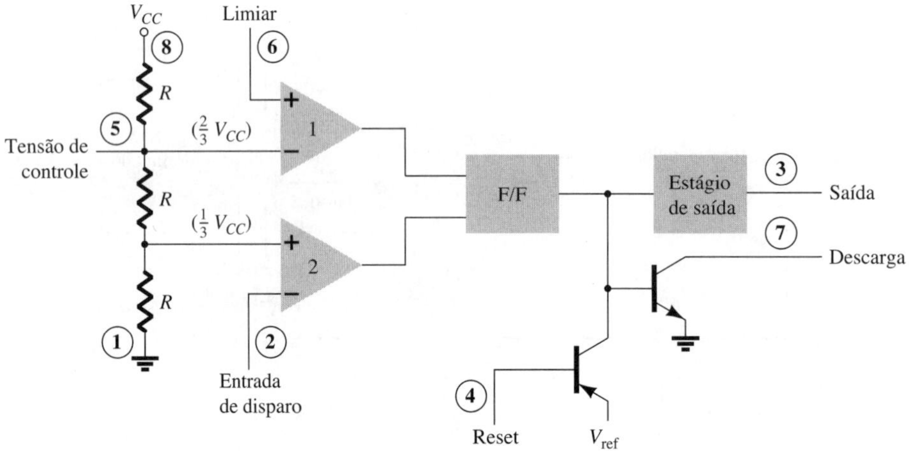

Figura 13.16 Detalhes do CI temporizador 555.

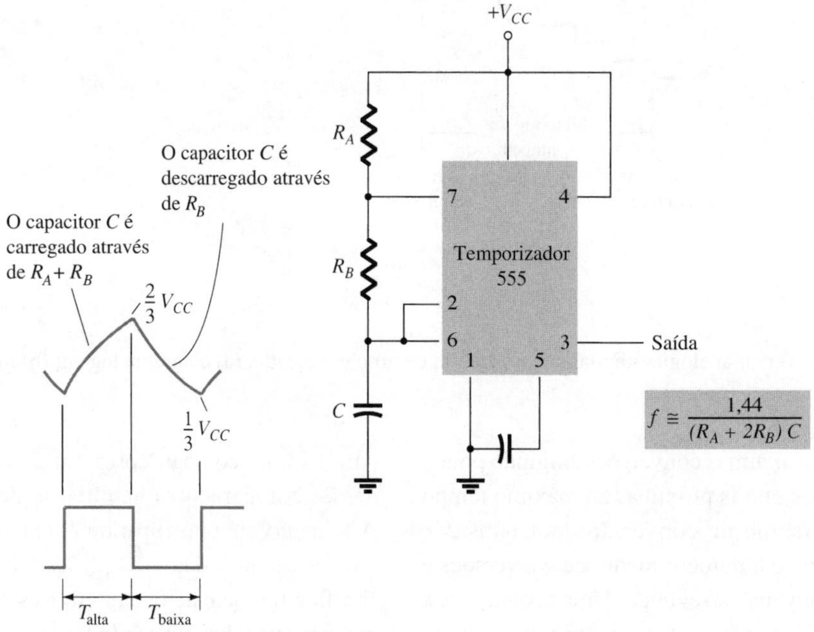

Figura 13.17 Multivibrador astável usando o CI 555.

que leva o comparador 1 a disparar o flip-flop de forma que a saída no pino 3 seja levada para nível baixo. Além disso, o transistor de descarga é ligado, fazendo com que o capacitor seja descarregado através de R_B pelo pino 7. A tensão do capacitor diminui, então, até cair abaixo do valor de disparo ($V_{CC}/3$). O flip-flop é disparado, a saída retorna para o nível alto e o transistor de descarga é desligado, fazendo com que o capacitor possa novamente ser carregado através dos resistores R_A e R_B em direção ao valor de V_{CC}.

A Figura 13.18(a) mostra as formas de onda no capacitor e na saída referentes a um circuito astável. Os cálculos dos intervalos de tempo nos quais a saída é alta e baixa podem ser feitos pelas relações

$$T_{alta} \approx 0{,}7(R_A + R_B)C \qquad (13.3)$$

$$T_{baixa} \approx 0{,}7R_BC \qquad (13.4)$$

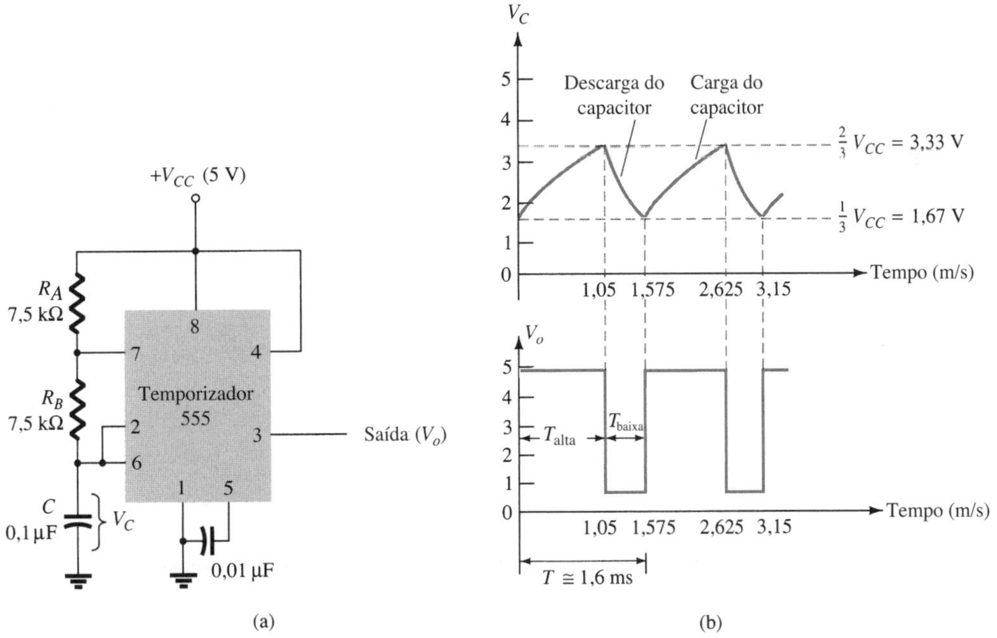

Figura 13.18 Multivibrador astável para o Exemplo 13.1: (a) circuito; (b) formas de onda.

O período total é:

$$T = \text{período} = T_{\text{alta}} + T_{\text{baixa}} \quad (13.5)$$

A frequência do circuito astável é calculada com,*

$$f = \frac{1}{T} \approx \frac{1{,}44}{(R_A + 2R_B)C} \quad (13.6)$$

EXEMPLO 13.1

Determine a frequência e desenhe a forma de onda de saída para o circuito da Figura 13.18(a).

Solução:

Utilizando as Equações 13.3 a 13.6, temos

$$T_{\text{alta}} = 0{,}7(R_A + R_B)C$$
$$= 0{,}7(7{,}5 \times 10^3 + 7{,}5 \times 10^3)(0{,}1 \times 10^{-6}) = 1{,}05 \text{ ms}$$

$$T_{\text{baixa}} = 0{,}7R_BC = 0{,}7(7{,}5 \times 10^3)(0{,}1 \times 10^{-6}) = 0{,}525 \text{ ms}$$
$$T = T_{\text{alta}} + T_{\text{baixa}} = 1{,}05 \text{ ms} + 0{,}525 \text{ ms} = 1{,}575 \text{ ms}$$

$$f = \frac{1}{T} = \frac{1}{1{,}575 \times 10^{-3}} \approx \mathbf{635\ Hz}$$

As formas de onda aparecem na Figura 13.18(b).

Operação monoestável

O temporizador 555 pode também ser utilizado como um circuito multivibrador monoestável ou de disparo único (*one-shot*), como mostra a Figura 13.19. Quando o sinal na entrada de disparo apresenta uma borda negativa, ele dispara o monoestável, e a saída no pino 3 vai para o nível alto e permanece ali durante um período de tempo dado por:

$$T_{\text{alta}} = 1{,}1R_AC \quad (13.7)$$

Ainda com relação à Figura 13.16, a borda negativa na entrada de disparo faz o comparador 2 disparar o flip-flop, com a saída no pino 3 indo para nível alto. O capacitor C é carregado em direção a V_{CC} através do resistor R_A. Durante o intervalo de carga, a saída permanece alta. Quando a tensão através do capacitor atinge o valor de limiar de $2V_{CC}/3$, o comparador 1 dispara o flip-flop, com a saída indo para nível baixo. O transistor de descarga também vai a nível baixo, fazendo com que o capacitor permaneça próximo de 0 V até ser novamente disparado.

A Figura 13.19(b) mostra o sinal de disparo da entrada e a forma de onda resultante na saída para o temporizador 555 funcionando como monoestável. Períodos de tempo para esse circuito podem variar de microssegundos a vários segundos, o que torna o CI útil para uma vasta gama de aplicações.

* O período pode ser calculado diretamente de $T = 0{,}693(R_A + 2R_B)C \approx 0{,}7(R_A + 2R_B)C$ e a frequência, de $f \approx \frac{1{,}44}{(R_A + 2R_B)C}$.

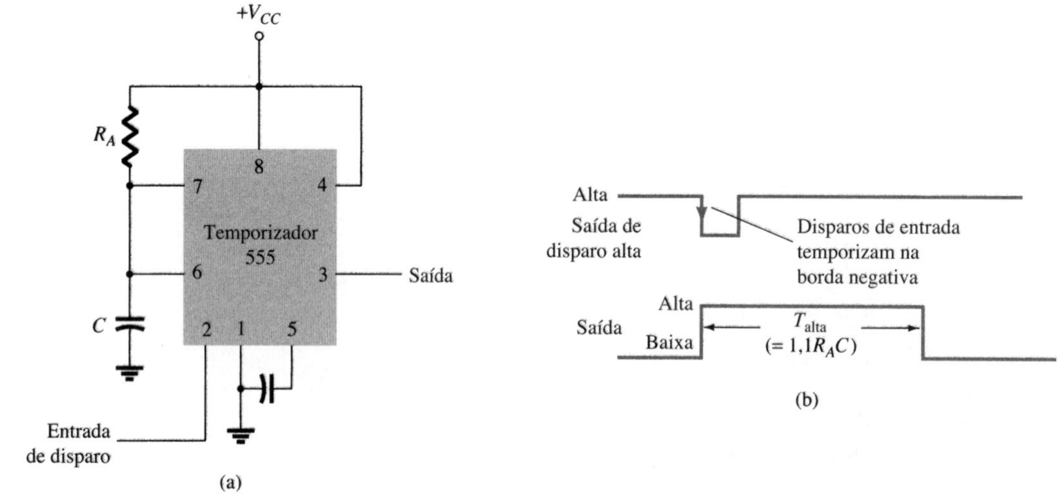

Figura 13.19 Operação do temporizador 555 como monoestável: (a) circuito; (b) formas de onda.

EXEMPLO 13.2

Determine o período da forma de onda de saída para o circuito da Figura 13.20 quando disparado por um pulso com borda negativa.

Solução:

Utilizando a Equação 13.7, obtemos

$T_{alta} = 1{,}1R_AC = 1{,}1(7{,}5 \times 10^3)(0{,}1 \times 10^{-6}) = \mathbf{0{,}825\ ms}$

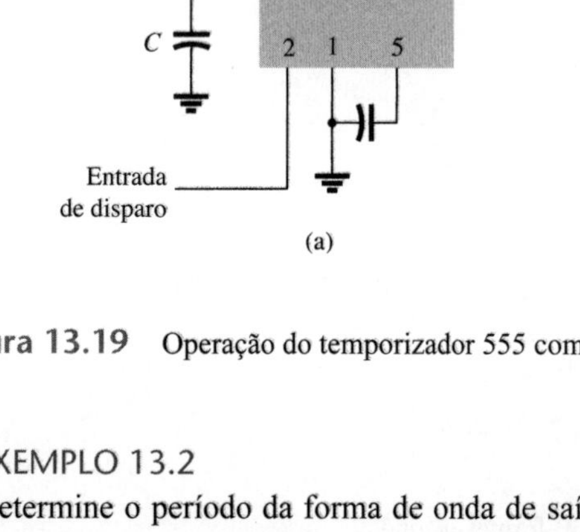

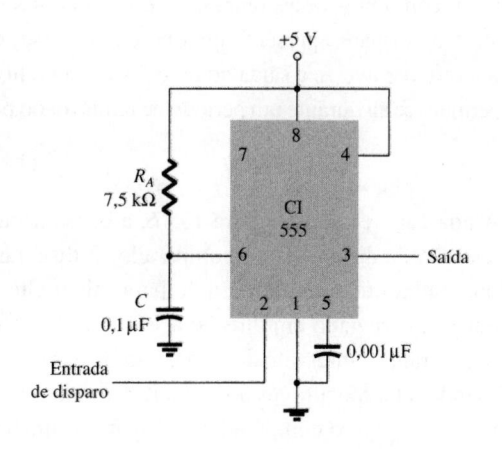

Figura 13.20 Circuito monoestável para o Exemplo 13.2.

13.5 OSCILADOR CONTROLADO POR TENSÃO

Um oscilador controlado por tensão (VCO) é um circuito que oferece um sinal variável de saída (normalmente uma forma de onda quadrada ou triangular) cuja frequência pode ser ajustada sobre uma faixa e controlada por uma tensão CC. Um exemplo de VCO é a unidade de CI 566, que possui circuitos para gerar sinais tanto de onda quadrada quanto triangular, cuja frequência é fixada por um resistor e um capacitor externos e, em seguida, variada por uma tensão CC aplicada. A Figura 13.21(a) mostra que o 566 contém fontes de corrente para carregar e descarregar um capacitor externo C_1 a uma taxa determinada pelo resistor externo R_1 e pela tensão moduladora CC de entrada. Um circuito Schmitt trigger é utilizado para chavear as fontes de corrente para carregar ou descarregar o capacitor. A tensão triangular desenvolvida no capacitor e a onda quadrada do Schmitt trigger são fornecidas como saídas através de amplificadores buffers.

A Figura 13.21(b) mostra os pinos de conexão da unidade 566 e um resumo de fórmulas e de valores-limite. O oscilador pode ser programado para operar em uma faixa de frequência de razão 10:1 através da seleção adequada de um resistor e um capacitor externos, e, então, modulado sobre uma faixa cuja frequência pode variar em uma razão 10:1 ajustada por uma tensão de controle V_C.

A frequência livre, ou frequência central de operação (f_o), pode ser calculada a partir de

$$f_o = \frac{2}{R_1C_1}\left(\frac{V^+ - V_C}{V^+}\right) \tag{13.8}$$

com as seguintes restrições práticas de valores de circuitos:

1. R_1 deve estar na faixa de $2\ k\Omega \leq R_1 \leq 20\ k\Omega$.
2. V_C deve estar na faixa de $\frac{3}{4}V^+ \leq V_C \leq V^+$.
3. f_o deve estar abaixo de 1 MHz.
4. V^+ deve estar entre 10 V e 24 V.

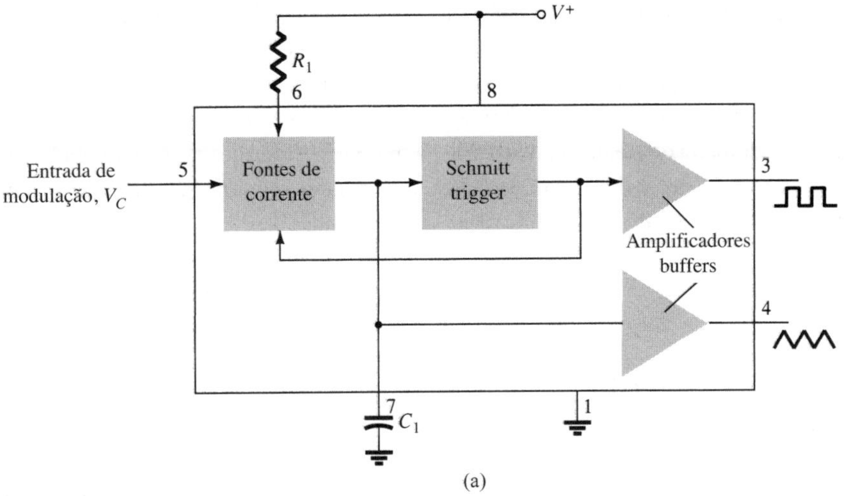

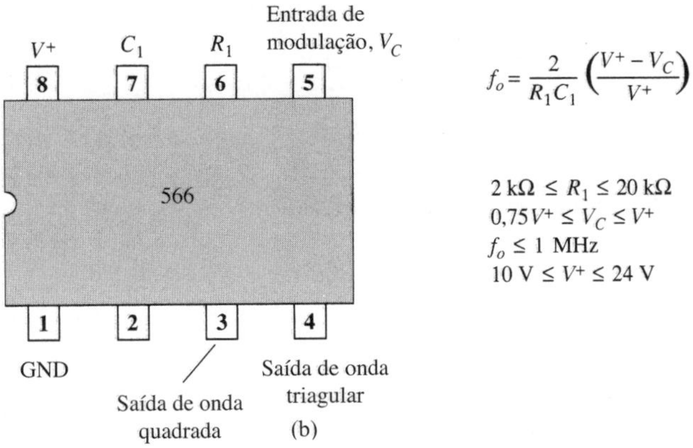

Figura 13.21 Um gerador de funções com 566: (a) diagrama em blocos; (b) configuração de pinos e resumo de dados de operação.

A Figura 13.22 mostra um exemplo no qual o gerador de funções com 566 é utilizado para fornecer os sinais com as formas de onda triangular e quadrada em uma frequência fixa determinada por R_1, C_1 e V_C. Um divisor resistivo com R_2 e R_3 estabelece a tensão modulante CC em um valor fixo

$$V_C = \frac{R_3}{R_2 + R_3}V^+$$
$$= \frac{10\,\text{k}\Omega}{1{,}5\,\text{k}\Omega + 10\,\text{k}\Omega}(12\text{ V})$$
$$= 10{,}4\text{ V}$$

(a qual cai apropriadamente na faixa de tensão de $0{,}75\,V^+ = 9$ V e $V^+ = 12$ V). Utilizando a Equação 13.8, temos:

$$f_o = \frac{2}{(10 \times 10^3)(820 \times 10^{-12})}\left(\frac{12 - 10{,}4}{12}\right)$$
$$\approx 32{,}5\text{ kHz}$$

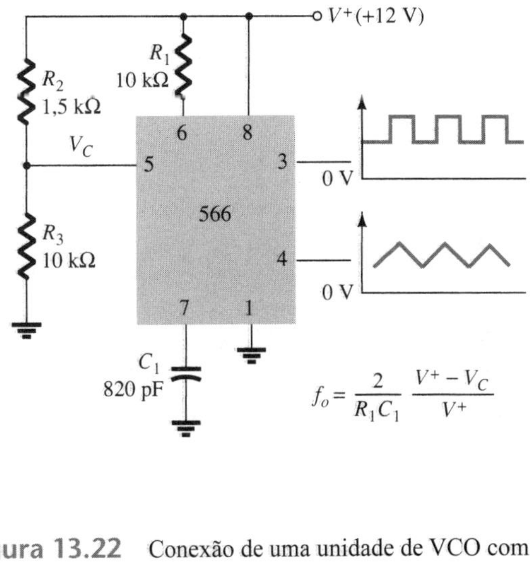

Figura 13.22 Conexão de uma unidade de VCO com 566.

O circuito da Figura 13.23 mostra como a frequência da onda quadrada de saída pode ser ajustada utilizando-se a tensão de entrada V_C para variar a frequência do sinal. O potenciômetro R_3 permite variar V_C de cerca de 9 V até quase 12 V, sobre a faixa completa de frequência de 10:1. Na situação em que o cursor do potenciômetro é levado totalmente para cima, a tensão de controle é de

$$\begin{aligned} V_C &= \frac{R_3 + R_4}{R_2 + R_3 + R_4}(V^+) \\ &= \frac{5\,\text{k}\Omega + 18\,\text{k}\Omega}{510\,\Omega + 5\,\text{k}\Omega + 18\,\text{k}\Omega}(+12\text{ V}) \\ &= 11{,}74\text{ V} \end{aligned}$$

o que resulta em uma frequência de saída mínima de:

$$\begin{aligned} f_o &= \frac{2}{(10 \times 10^3)(220 \times 10^{-12})}\left(\frac{12 - 11{,}74}{12}\right) \\ &\approx 19{,}7\text{ kHz} \end{aligned}$$

Com o cursor de R_3 ajustado à extremidade inferior, a tensão de controle é

$$\begin{aligned} V_C &= \frac{R_4}{R_2 + R_3 + R_4}(V^+) \\ &= \frac{18\,\text{k}\Omega}{510\,\Omega + 5\,\text{k}\Omega + 18\,\text{k}\Omega}(+12\text{ V}) \\ &= 9{,}19\text{ V} \end{aligned}$$

o que resulta em uma frequência máxima de:

$$\begin{aligned} f_o &= \frac{2}{(10 \times 10^3)(220 \times 10^{-12})}\left(\frac{12 - 9{,}19}{12}\right) \\ &\approx 212{,}9\text{ kHz} \end{aligned}$$

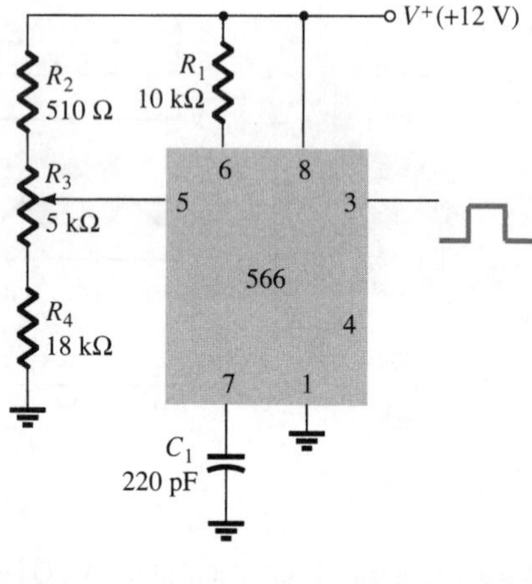

Figura 13.23 Conexão de um 566 como uma unidade VCO.

A frequência da onda quadrada de saída pode então ser variada utilizando o potenciômetro R_3 para uma faixa de frequência de, no mínimo, 10:1.

Em vez de variar o ajuste do potenciômetro para mudar o valor de V_C, a frequência da onda quadrada de saída pode ser variada utilizando-se uma tensão modulante de entrada, V_{ent}, que pode ser aplicada como mostra a Figura 13.24. O divisor de tensão estabelece V_C em cerca de 10,4 V. Uma tensão CA de entrada de cerca de 1,4 V de pico pode variar V_C em torno do ponto de polarização entre as tensões de 9 V e 11,8 V, fazendo com que a frequência de saída varie em uma faixa de 10:1. O sinal de entrada V_{ent}, portanto, modula em frequência a tensão de saída em torno da frequência central, determinada pelo valor de polarização $V_C = 10{,}4$ V ($f_o = 121{,}2$ kHz).

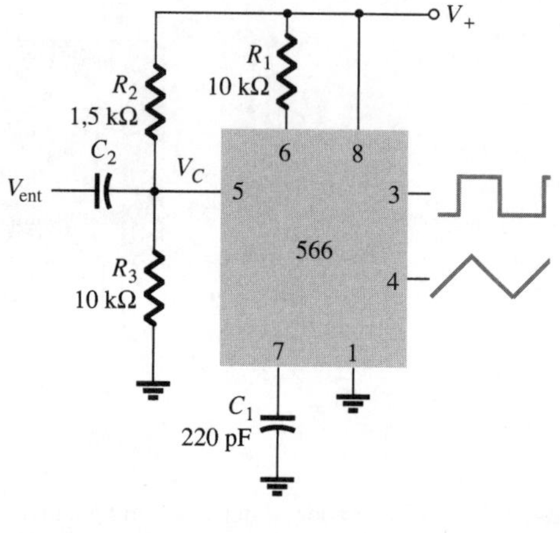

Figura 13.24 Operação de um VCO com entrada de frequência moduladora.

13.6 MALHA AMARRADA POR FASE

A malha amarrada por fase (PLL) é um circuito eletrônico que consiste de um detector de fase, um filtro passa-baixas e um oscilador controlado por tensão conectados como mostra a Figura 13.25. Aplicações comuns do PLL incluem: (1) sintetizadores de frequência que fornecem múltiplos de uma frequência de um sinal de referência (por exemplo, a frequência portadora para os múltiplos canais de um transmissor que opere na faixa do cidadão (CB) ou transmissores de rádios marítimos pode ser gerada utilizando uma frequência controlada por cristal único, e seus múltiplos obtidos utilizando-se um PLL); (2) circuitos de demodulação FM para operação em FM com excelente linearidade entre a frequência do sinal de entrada e a tensão de saída do PLL; (3) demodulação das duas frequências de transmissão de dados ou de portadora em transmissões de dados digitais modulados

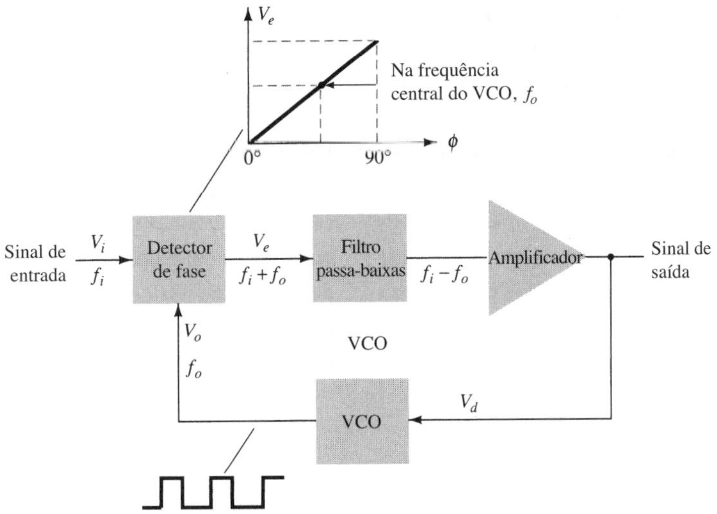

Figura 13.25 Diagrama em blocos de uma malha amarrada por fase básica (PLL).

em FSK, *phase shift keying*; e (4) uma ampla variedade de aplicações, incluindo modems, receptores e transmissores de telemetria, decodificadores de tom, detectores AM e filtros de rastreamento.

Um sinal de entrada, V_i, e o de um VCO, V_o, são comparados por um comparador de fase (veja a Figura 13.25), fornecendo uma tensão de saída, V_e, que representa a diferença de fase entre os dois sinais. Essa tensão é então aplicada a um filtro passa-baixas que fornece uma tensão de saída (amplificada, se necessário), que pode ser tomada como a tensão de saída de um PLL. Essa tensão é realimentada para modular a frequência do VCO. O funcionamento em malha fechada (*closed-loop*) do circuito mantém a frequência do VCO amarrada à frequência do sinal de entrada.

Operação básica do PLL

A operação básica de um circuito PLL pode ser explicada utilizando-se o circuito da Figura 13.25 como referência. Consideraremos primeiro o funcionamento dos vários circuitos da malha quando ela opera "amarrada" (a frequência do sinal de entrada e a frequência do VCO são iguais). Quando a frequência do sinal de entrada é igual à do VCO para o comparador, a tensão V_d, tomada como saída, tem o valor necessário para manter o VCO "amarrado" ao sinal de entrada. O VCO, então, gera em sua saída um sinal de onda quadrada com amplitude fixa e na frequência da entrada. Podemos obter um desempenho melhor do circuito se a frequência central do VCO, f_o, corresponder a uma tensão de polarização no centro da faixa de valores possíveis para essa tensão. O amplificador permite esse ajuste na tensão CC, tomando como entrada a saída do filtro. Quando a malha está amarrada, os dois sinais aplicados ao comparador têm a mesma frequência, embora não necessariamente em fase. Uma diferença de fase fixa entre os dois sinais para o comparador resulta em uma tensão CC fixa para o VCO. Mudanças na frequência de entrada do sinal resultam em mudanças na tensão CC do VCO. Dentro de uma faixa de frequências de captura e amarração, a tensão CC força a frequência do VCO a ser igual à da entrada.

Durante a fase de "amarração" da malha, a saída do comparador de fase possui componentes em frequências relativas à soma e à diferença dos sinais comparados. O filtro passa-baixas deixa passar somente os componentes de baixa frequência do sinal, possibilitando a amarração entre o sinal de entrada e o sinal do VCO.

Devido à faixa de operação limitada do VCO e à conexão de realimentação do circuito PLL, há duas bandas de frequência importantes especificadas para um PLL. A faixa de captura de um PLL é a faixa de frequências centrada em torno da frequência livre do VCO, f_o, na qual a malha pode adquirir a amarração com o sinal de entrada. Uma vez que o PLL conseguir a captura, ele pode se manter amarrado com o sinal de entrada sobre uma faixa de frequências relativamente ampla, chamada *faixa de amarração*.

Aplicações

O PLL pode ser utilizado em uma ampla variedade de aplicações, incluindo (1) demodulação de frequência, (2) síntese de frequência e (3) decodificadores FSK. A seguir, damos exemplos de cada um deles.

Demodulação de frequência A demodulação ou a detecção FM pode ser conseguida diretamente por meio de um circuito PLL. Se a frequência central do PLL for selecionada ou projetada na frequência da portadora de FM, a tensão filtrada ou de saída do circuito da Figura 13.25 será a tensão demodulada desejada, variando em valor proporcional à variação da frequência do sinal. O circuito PLL opera, portanto, como filtro, limitador e demodulador de frequência intermediária (FI), como aqueles utilizados em receptores de FM.

Uma unidade PLL conhecida é o 565, mostrado na Figura 13.26(a). O 565 contém um detector de fase, um amplificador e um oscilador controlado por tensão, os quais estão apenas parcialmente conectados internamente. Um resistor e um capacitor externos R_1 e C_1, respectivamente, são utilizados para fixar a frequência livre ou central do VCO. Outro capacitor externo, C_2, é utilizado para fixar a banda passante do filtro passa-baixas, e a saída do VCO deve ser conectada de volta como entrada para o detector de fase para fechar a malha do PLL. O 565 utiliza normalmente duas fontes de alimentação, V^+ e V^-.

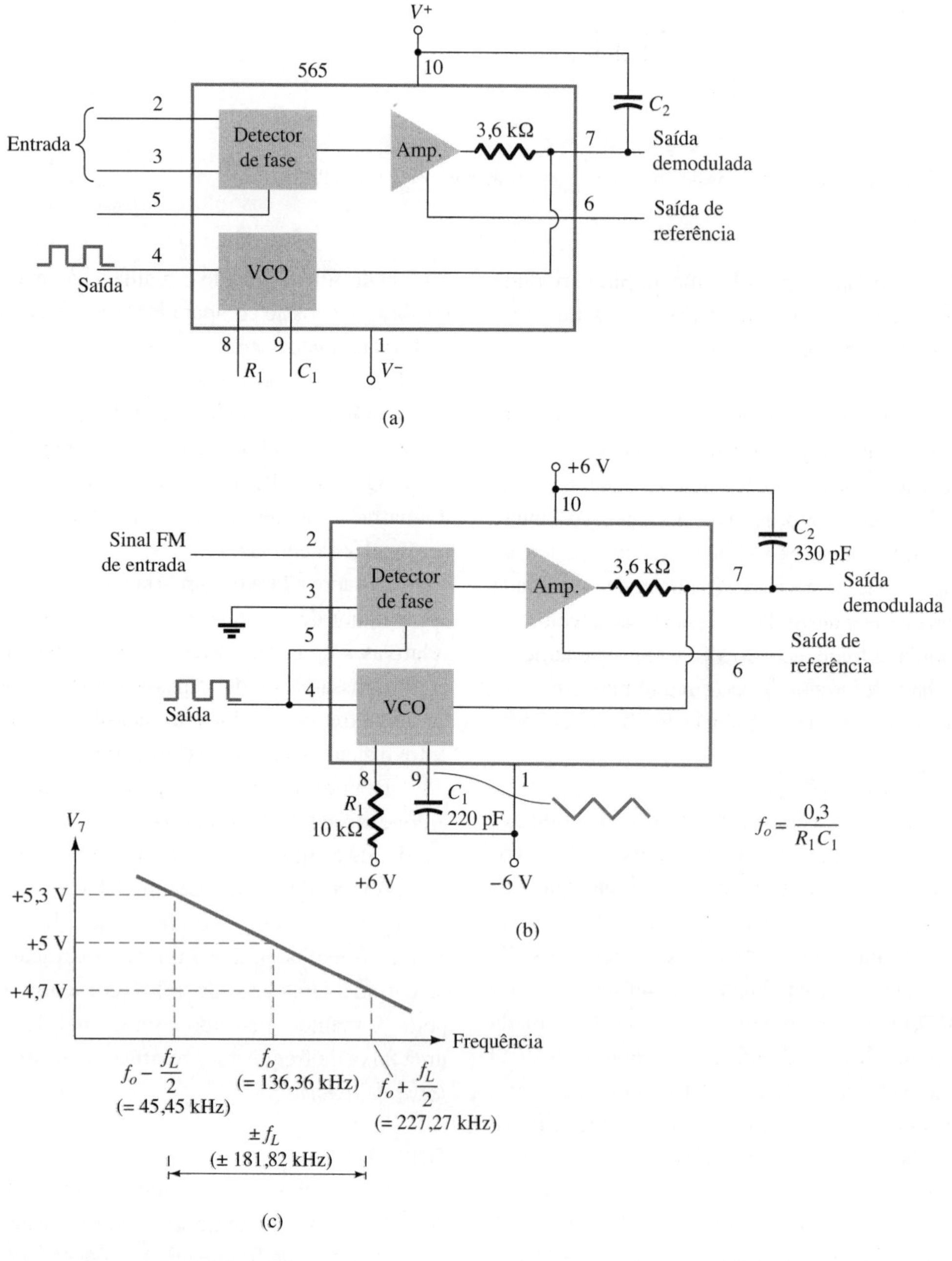

Figura 13.26 Malha amarrada por fase (PLL): (a) diagrama em blocos básico; (b) PLL conectado como um demodulador de frequência; (c) gráfico da tensão de saída *versus* frequência.

A Figura 13.26(b) mostra o PLL conectado para operar como um demodulador de FM. O resistor R_1 e o capacitor C_1 determinam a frequência livre f_o como segue:

$$f_o = \frac{0{,}3}{R_1C_1} \tag{13.9}$$

$$= \frac{0{,}3}{(10 \times 10^3)(220 \times 10^{-12})}$$

$$= 136{,}36 \text{ kHz}$$

com a limitação de 2 kΩ ≤ R_1 ≤ 20 kΩ. A faixa de amarração é

$$f_L = \pm\frac{8f_o}{V}$$

$$= \pm\frac{8(136{,}36 \times 10^3)}{6}$$

$$= \pm 181{,}8 \text{ kHz}$$

para tensões de alimentação de $V = \pm 6$ V. A faixa de captura é:

$$f_C = \pm\frac{1}{2\pi}\sqrt{\frac{2\pi f_L}{R_2C_2}}$$

$$= \pm\frac{1}{2\pi}\sqrt{\frac{2\pi(181{,}8 \times 10^3)}{(3{,}6 \times 10^3)(330 \times 10^{-12})}}$$

$$= 156{,}1 \text{ kHz}$$

O sinal no pino 4 é uma onda quadrada de 136,36 kHz. Um sinal de entrada dentro da faixa de amarração de 181,8 kHz produz um sinal de saída no pino 7 que varia em torno de seu valor de tensão CC de acordo com a frequência do sinal de entrada em f_o. A Figura 13.26(c) mostra a saída no pino 7 em função da frequência do sinal de entrada. A tensão CC no pino 7 está relacionada linearmente à frequência do sinal de entrada, dentro da faixa de frequência f_L = 181,8 kHz, em torno da frequência central de 136,36 kHz. A tensão de saída é o sinal demodulado que varia com a frequência dentro da faixa de operação especificada.

Síntese de frequência Um sintetizador de frequência pode ser construído tomando-se como base um PLL, como mostra a Figura 13.27. Um divisor de frequência é inserido entre a saída do VCO e o comparador de fase, de modo que o sinal da malha para o comparador esteja na frequência f_o, enquanto a saída do VCO esteja em Nf_o. Essa saída será um múltiplo da frequência de entrada enquanto a malha estiver amarrada. O sinal de entrada pode ser estabilizado em f_1 com a saída resultante do VCO em Nf_1, se a malha for ajustada para travar na frequência fundamental (quando $f_o = f_1$). A Figura 13.27(b) mostra um exemplo utilizando um PLL 565 como multiplicador de frequência e um 7490 como divisor. A entrada V_i na frequência f_1 é comparada à entrada (frequência f_o) no pino 5. Uma saída em Nf_o ($4f_o$ neste exemplo) é conectada através de um circuito inversor à entrada do 7490, no pino 14, a qual varia entre 0 V e +5 V. Utilizando a saída no pino 9, cuja frequência é um quarto daquela na entrada do 7490, encontramos o sinal do pino 4 do PLL, que tem uma frequência igual a quatro vezes a frequência de entrada enquanto a malha permanece amarrada. Visto que o VCO pode variar apenas dentro de uma faixa limitada a partir de sua frequência central, pode ser necessário mudar a frequência do VCO quando o valor do divisor for alterado. Enquanto o circuito PLL estiver amarrado, a frequência de saída do VCO será exatamente N vezes a frequência de entrada. É necessário apenas reajustar f_o para que fique dentro da faixa de captura e amarração. Nesse caso, então, a malha fechada resultará em uma saída do VCO com uma frequência igual a Nf_1.

Decodificadores FSK Um decodificador de sinal FSK pode ser construído como mostra a Figura 13.28. O decodificador recebe um sinal em uma das duas frequências distintas de portadora, 1270 Hz ou 1070 Hz, representando os níveis lógicos do RS-232C de marca (–5 V) ou de espaço (+14 V), respectivamente. Conforme o sinal é aplicado à entrada, a malha trava na frequência de entrada, rastreando-a entre duas frequências possíveis, com um deslocamento CC correspondente na saída.

O filtro RC em escada (três seções com $C = 0{,}02\ \mu$F e $R = 10$ kΩ) é utilizado para remover o componente da soma das frequências. A frequência livre é ajustada com R_1 de maneira que o valor de tensão CC na saída (pino 7) seja o mesmo que no pino 6. Então, uma entrada com frequência de 1070 Hz levará a tensão de saída do decodificador ao nível alto (espaço ou +14 V). Uma entrada em 1270 Hz, da mesma maneira, levará a saída CC do 565 a ser menos positiva que a saída digital, que cai então para o valor de nível baixo (marca, ou –5 V).

13.7 CIRCUITOS DE INTERFACE

Conectar diferentes tipos de circuito, sejam digitais ou analógicos, pode exigir algum tipo de circuito de interface. Esse circuito pode ser utilizado para acionar uma carga ou obter um sinal como um circuito receptor. Um circuito acionador fornece o sinal de saída em um nível de tensão ou corrente adequado para operar certa variedade de cargas, ou para operar dispositivos como relés, *displays* ou unidades de potência. Um circuito receptor, essencialmente, aceita um sinal de entrada, proporcionando alta impedância de entrada para minimizar o efeito de carga desse sinal. Além disso, os circuitos de interface podem incluir habilitação, proporcionando a conexão dos sinais

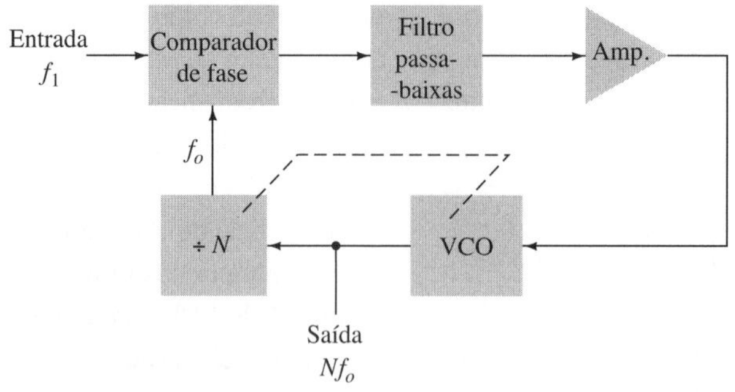

(a)

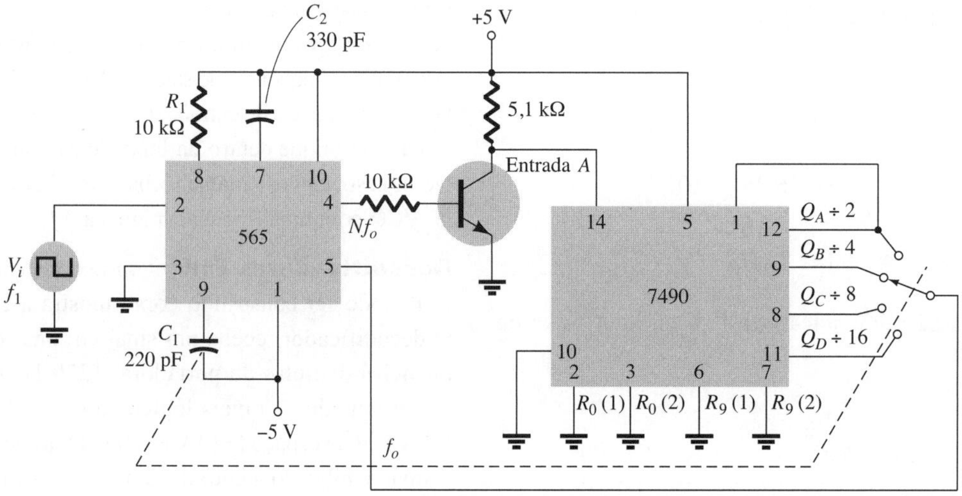

(b)

Figura 13.27 Sintetizador de frequência: (a) diagrama em blocos; (b) implementação utilizando um CI PLL 565.

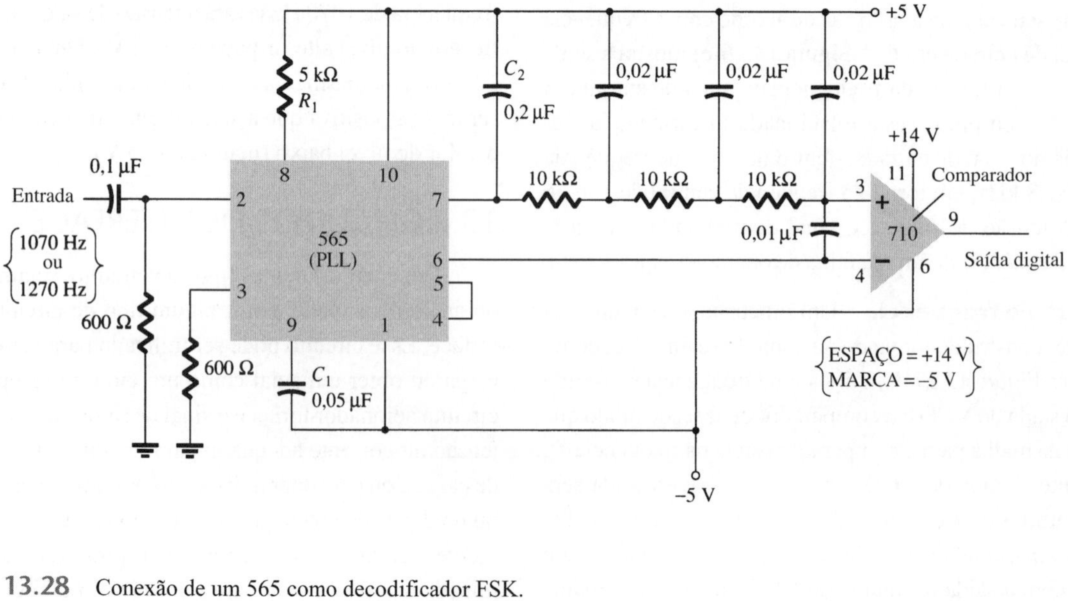

Figura 13.28 Conexão de um 565 como decodificador FSK.

da interface durante intervalos de tempo específicos estabelecidos pelo habilitador.

A Figura 13.29(a) mostra um acionador de linha dupla, em que cada acionador aceita entrada de sinais TTL, fornecendo saída capaz de acionar circuitos de dispositivos TTL ou MOS. Esse tipo de circuito de interface se apresenta de várias formas, podendo ser unidades inversoras ou não inversoras. O circuito da Figura 13.29(b) mostra um receptor de linha dupla com esses dois tipos de entrada, permitindo selecionar a condição de operação. Como exemplo, a conexão de um sinal de entrada a uma entrada inversora resultaria em uma saída invertida da unidade receptora. A conexão da entrada a uma entrada não inversora forneceria o mesmo interfaceamento, mas a saída obtida teria a mesma polaridade do sinal recebido. A unidade acionador-receptor da Figura 13.29 fornece uma saída quando o sinal de habilitação está presente (alto, nesse caso).

Outro tipo de circuito de interface é aquele utilizado para conectar várias entradas digitais e unidades de saída, sinais com dispositivos tais como teclados, terminais de vídeo e impressoras. Um dos padrões da indústria eletrônica EIA é chamado de RS-232C. Esse padrão estabelece que um sinal digital representa uma marca (1 lógico) e um espaço (0 lógico). As definições de marca e espaço variam com o tipo de circuito utilizado (embora uma leitura minuciosa da norma determinará os limites aceitáveis dos sinais de marca e espaço).

Conversor RS-232C para TTL

Para circuitos TTL, +5 V é uma marca e 0 V é um espaço. Para RS-232C, uma marca poderia ser –12 V, e um espaço poderia ser +12 V. A Figura 13.30(a) fornece uma tabela com algumas definições de marca e espaço. Para uma unidade com saídas definidas pelo padrão RS-232C, acoplada a outra unidade que opera com nível de sinal TTL, um circuito de interface como o da Figura 13.30(b) poderia ser utilizado. Uma marca gerada pelo acionador (em –12 V) seria ceifada pelo diodo, produzindo uma entrada para o circuito inversor próxima de 0 V. A saída resultante seria de +5 V (marca TTL). Um espaço em +12 V forçaria a saída baixa do inversor em uma tensão de 0 V (um espaço).

Outro exemplo de um circuito de interface converte os sinais de uma malha de corrente TTY em níveis TTL, como mostra a Figura 13.30(c). Obtemos uma marca na entrada quando uma corrente de 20 mA é drenada da fonte através da linha de saída do teletipo (TTY). Essa corrente percorre o diodo de um optoisolador, ligando o transistor de saída. A entrada do inversor indo para nível baixo re-

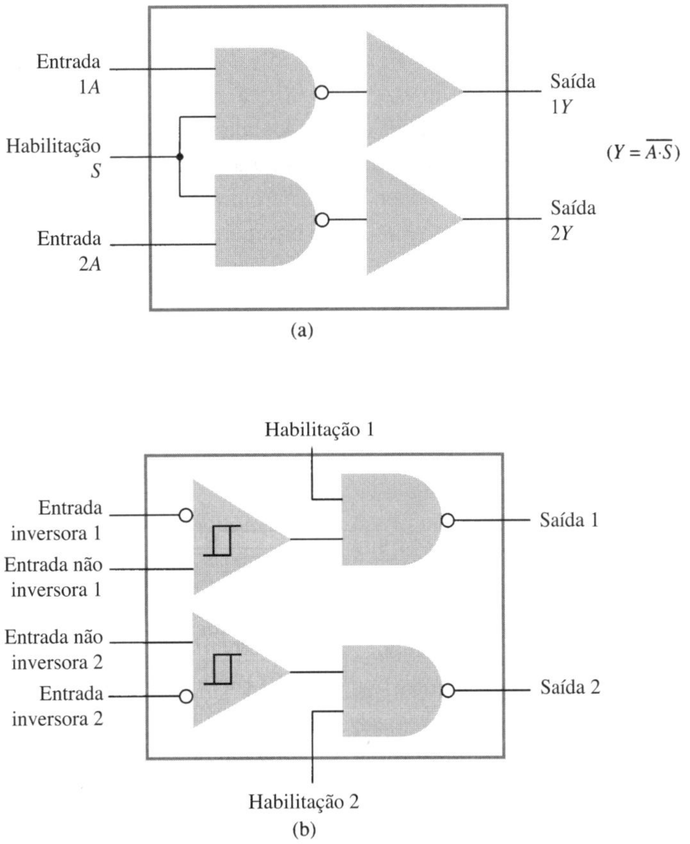

Figura 13.29 Circuitos de interface: (a) acionadores de linha dupla (SN75150); (b) receptores de linha dupla (SN75152).

	Corrente na malha	RS-232-C	TTL
MARCA	20 mA	−12 V	+5 V
ESPAÇO	0 mA	+12 V	0 V

(a)

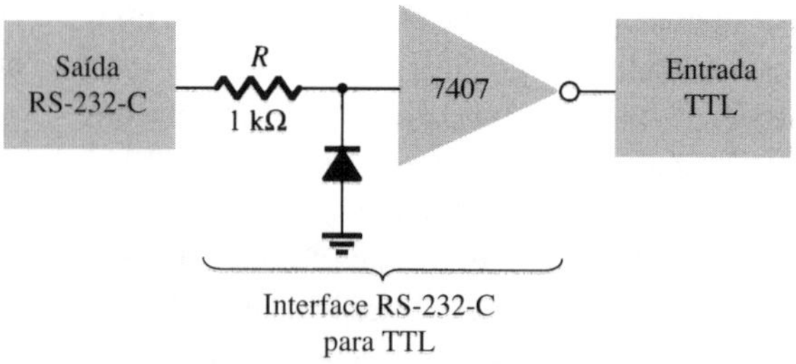

(b)

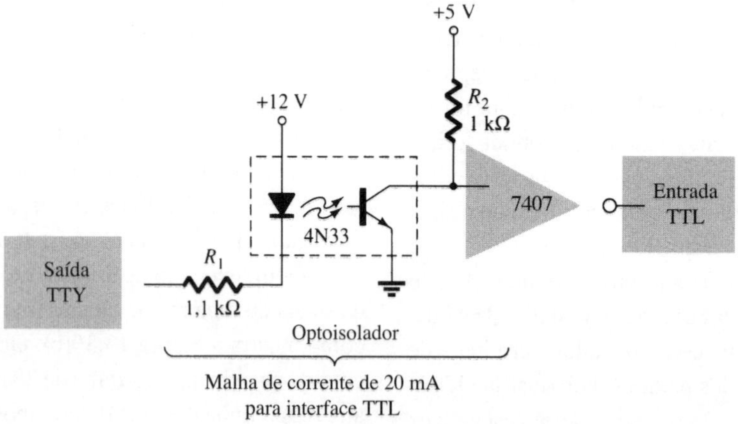

(c)

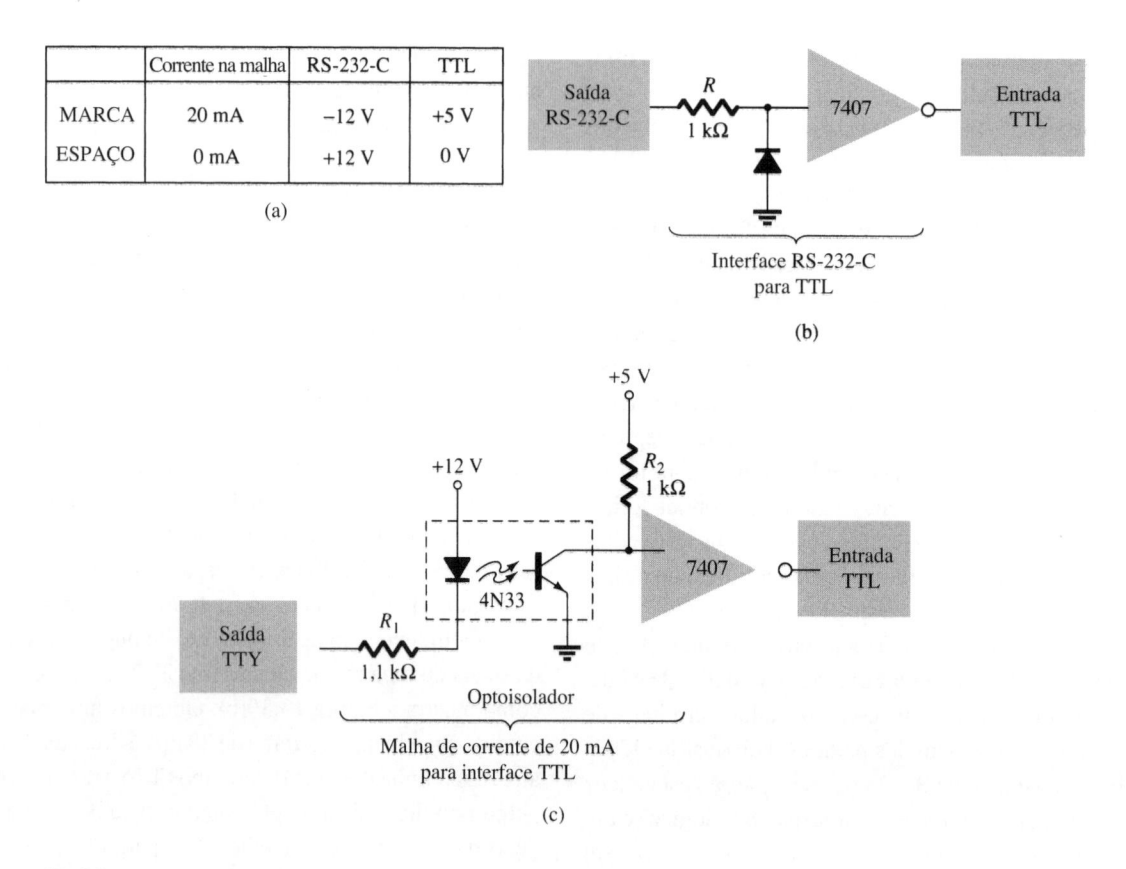

Figura 13.30 Interface de padrões de sinais e circuitos conversores.

sulta em um sinal de +5 V na saída do inversor 7407, de modo que uma marca do teletipo resulte em uma marca na entrada TTL. Um espaço na malha de corrente do teletipo não fornece corrente, com o transistor do optoisolador permanecendo cortado e a saída do inversor permanecendo em 0 V, o que significa um sinal de espaço TTL.

Outro meio de interfaceamento de sinais digitais utiliza saídas em coletor aberto ou saída em *tri-state*. Quando um sinal de saída vem do coletor de um transistor (veja a Figura 13.31), que não está conectado a nenhum outro componente eletrônico, a saída é em coletor aberto. Isso permite conectar vários sinais ao mesmo fio ou bar-

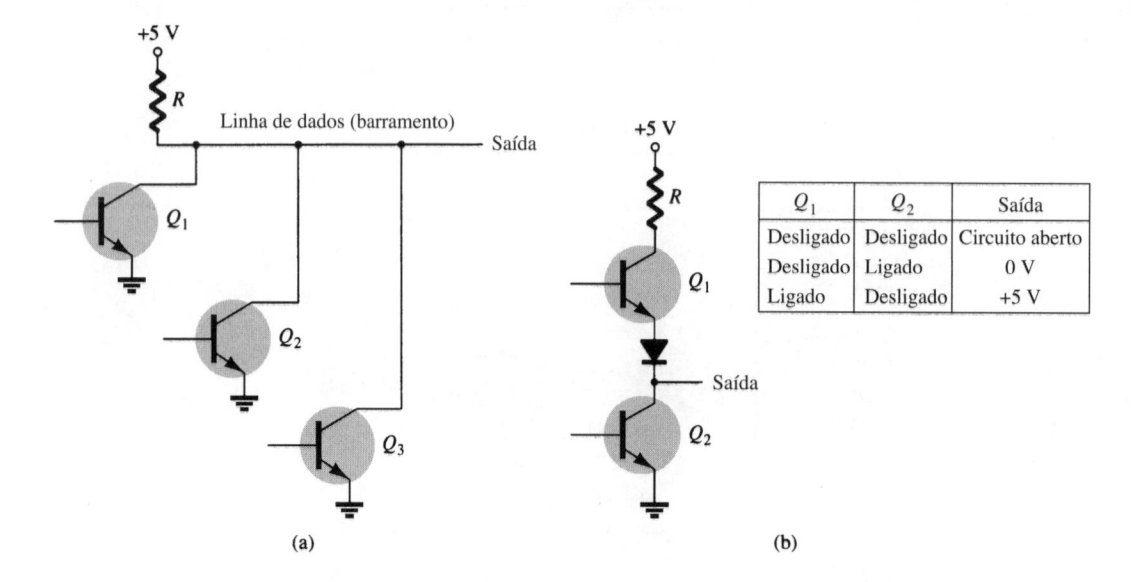

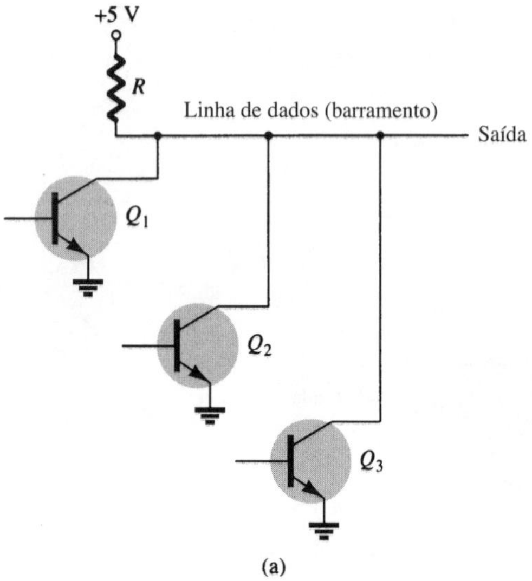

(a)

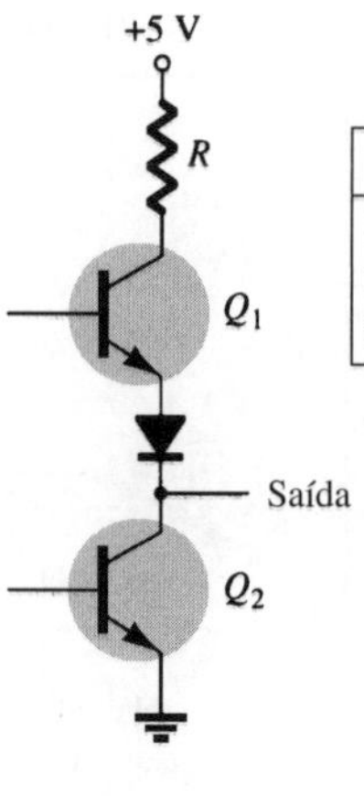

Q_1	Q_2	Saída
Desligado	Desligado	Circuito aberto
Desligado	Ligado	0 V
Ligado	Desligado	+5 V

(b)

Figura 13.31 Conexões para linhas de dados: (a) saída em coletor aberto; (b) saída em *tri-state*.

ramento. Qualquer transistor levado à condução fornece, então, uma tensão de saída de nível baixo, enquanto todos os transistores que permanecem cortados fornecem uma tensão de saída de nível alto.

13.8 RESUMO

Conclusões e conceitos importantes

1. Um comparador fornece uma saída tanto para o nível mais alto quanto para o nível mais baixo quando uma entrada é maior ou menor que a outra.
2. Um DAC é um conversor digital-analógico.
3. Um ADC é um conversor analógico-digital.
4. O CI temporizador:
   a) Em um circuito astável, funciona como um *clock*.
   b) Em um circuito monoestável, funciona como um temporizador ou circuito de disparo único (*one-shot*).
5. Um circuito malha amarrada por fase (PLL) contém um detector de fase, um filtro passa-baixas e um oscilador controlado por tensão (VCO).
6. Há dois tipos padrão de circuitos de interface: o **RS-232-C** e o **TTL**.

13.9 ANÁLISE COMPUTACIONAL

PSpice para Windows

Muitas das aplicações práticas com amp-op abordadas neste capítulo podem ser analisadas por meio do PSpice. A análise de vários problemas pode mostrar a polarização CC resultante, ou pode-se usar o **PROBE** para mostrar formas de onda resultantes.

Programa 13.1 — Circuito comparador usado para acionar um LED Utilizando o PSpice, desenhe o circuito de um comparador com a saída acionando um indicador LED, como mostra a Figura 13.32. Para visualizar a magnitude da tensão CC de saída, coloque um componente **VPRINT1** em V_o com **DC** e **MAG** selecionados. Para visualizar a corrente CC no LED, coloque um componente **IPRINT** em série com o medidor de corrente do **LED**, como mostra a Figura 13.32. **Analysis Setup** oferece uma varredurra CC (*dc sweep*), como mostra a Figura 13.33. O **DC Sweep** é ajustado, como mostrado,

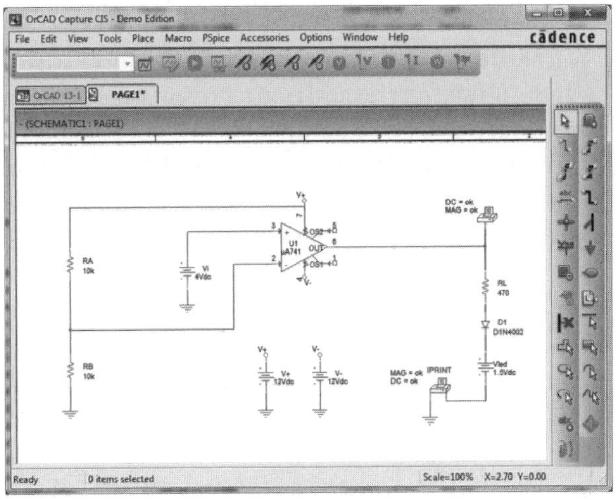

Figura 13.32 Circuito comparador utilizado para acionar um LED.

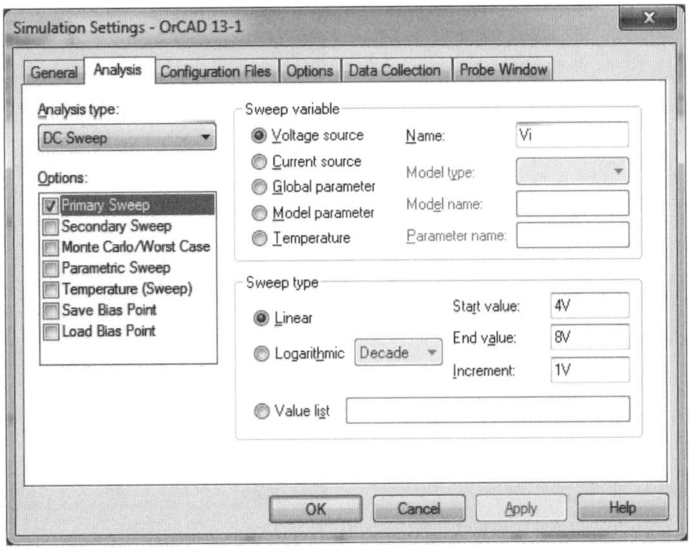

Figura 13.33 Analysis Setup para uma varredura CC do circuito da Figura 13.32.

para V_i de 4 a 8 V em passos de 1 V. Após a simulação, alguns dos resultados de saída obtidos são mostrados na Figura 13.34.

O circuito da Figura 13.32 mostra um divisor de tensão que fornece 6 V para a entrada inversora, de maneira que qualquer entrada (V_i) abaixo de 6 V resulta na saída de tensão de saturação negativa (aproximadamente –10 V). Qualquer entrada acima de +6 V faz com que a saída atinja o nível positivo de saturação (cerca de +10 V). O LED será *ligado* (*on*), então, por qualquer entrada acima do valor de referência de +6 V, e será mantido *desligado* (*off*) por qualquer entrada abaixo de +6 V. A listagem da Figura 13.34 mostra uma tabela da tensão de saída e uma tabela da corrente do LED para entradas de 4 V a 8 V. A tabela mostra que a corrente do LED é de cerca de 0 para entradas de até +6 V, e que uma corrente de cerca de 20 mA acende o LED para entradas de +6 V ou superiores.

Programa 13.2 — Funcionamento do comparador O funcionamento de um CI comparador pode ser demonstrado usando-se um amp-op 741, como mostra a Figura 13.35. A entrada é um sinal senoidal de 5 V de pico. A **Analysis Setup** oferece uma análise **Transient** com **Print Step** de **20 ns** e **Run Time** de **3 ms**. Visto que o sinal de entrada é aplicado à entrada não inversora, a saída está em fase com a entrada. Quando a entrada se torna maior do que 0 V, a saída vai para o nível de saturação positiva, próximo a +5 V. Quando a entrada se torna menor do que 0 V, a saída vai para o nível de saturação negativa de 0 V, desde que a tensão negativa de entrada seja ajustada para esse valor. A Figura 13.36 mostra as tensões de entrada e de saída.

Programa 13.3 — Funcionamento do temporizador 555 como oscilador A Figura 13.37 mostra um temporizador 555 conectado como um oscilador.

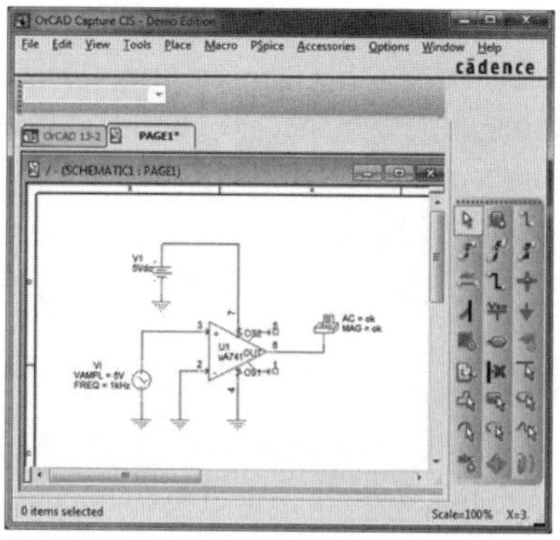

Figura 13.35 Esquema de um comparador.

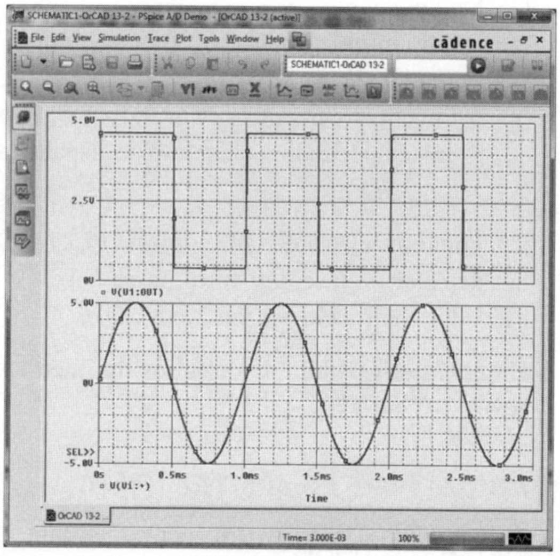

Figura 13.36 Saída para o comparador da Figura 13.35.

**** DC TRANSFER CURVES

V_Vi	V(N00334)
4.000E+00	1.200E+01
5.000E+00	1.200E+01
6.000E+00	1.200E+01
7.000E+00	1.200E+01
8.000E+00	1.200E+01

**** DC TRANSFER CURVES

V_Vi	I(V_PRINT2)
4.000E+00	-2.079E-02
5.000E+00	-2.079E-02
6.000E+00	-2.079E-02
7.000E+00	-2.079E-02
8.000E+00	-2.079E-02

Figura 13.34 Resultado da análise (editada) do circuito da Figura 13.32.

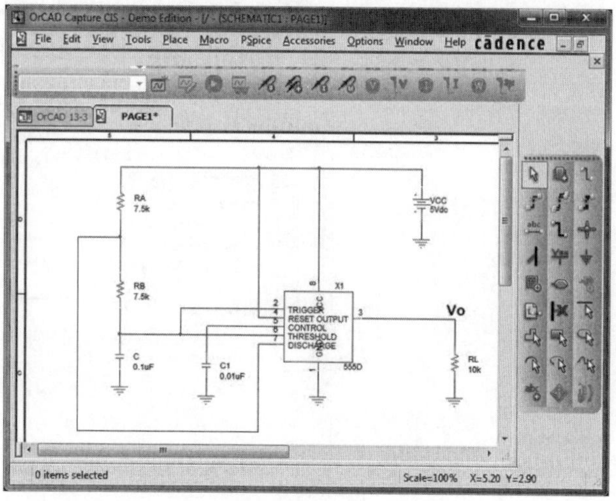

Figura 13.37 Esquema de um oscilador com o temporizador 555.

As equações 13.3 e 13.4 podem ser utilizadas para calcular os tempos de carga e descarga como segue:

$$T_{alta} = 0{,}7(R_A + R_B)C$$
$$= 0{,}7(7{,}5\ \text{k}\Omega + 7{,}15\ \text{k}\Omega)(0{,}1\ \mu\text{F}) = 1{,}05\ \text{ms}$$
$$T_{baixa} = 0{,}7R_BC = 0{,}7(7{,}5\ \text{k}\Omega)(0{,}1\ \mu\text{F}) = 0{,}525\ \text{ms}$$

As formas de onda na entrada de disparo e na saída são mostradas na Figura 13.38. Quando a tensão na entrada de disparo atinge o nível superior, a saída vai para o nível baixo (0 V). A saída se mantém em nível baixo até que a entrada de disparo alcance o nível inferior, momento em que a saída vai para o nível alto de +5 V.

Multisim

Programa 13.4 — Temporizador 555 como oscilador A Figura 13.39(a) mostra o mesmo circuito oscilador do Programa 13.3, dessa vez utilizando o Multisim para montar o circuito e mostrar as formas de onda resultantes no osciloscópio. O uso desse instrumento resulta nas formas de onda do capacitor e da saída que são mostradas na Figura 13.39(b).

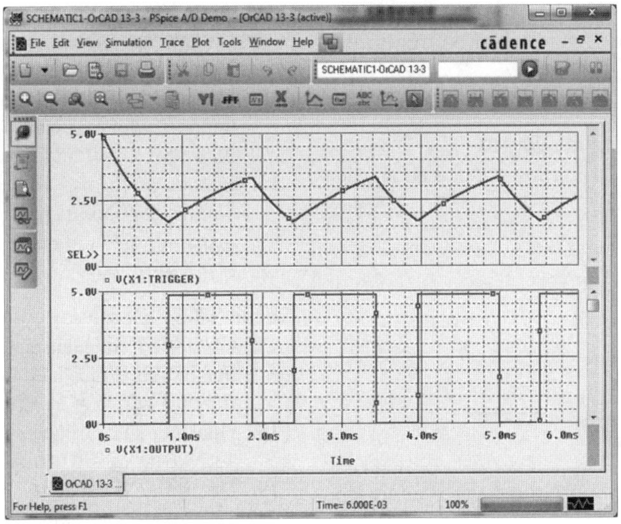

Figura 13.38 Saída Probe para o oscilador 555 da Figura 13.37.

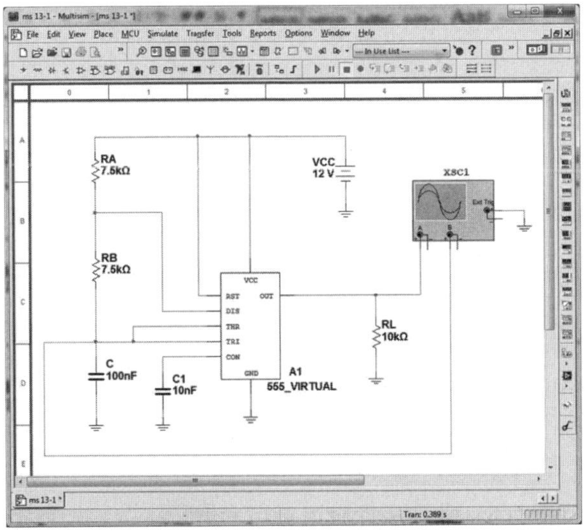

(a)

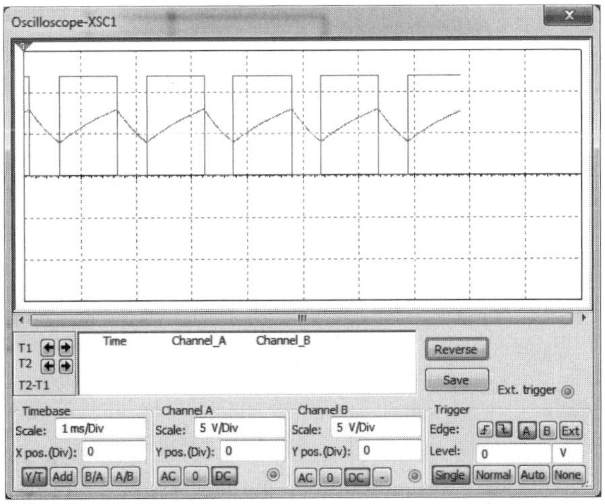

(b)

Figura 13.39 (a) Oscilador com temporizador 555 usando Multisim; (b) tela do osciloscópio.

PROBLEMAS

*Nota: asteriscos indicam os problemas mais difíceis.

Seção 13.2 Operação de um CI comparador

1. Desenhe o diagrama de um amp-op 741 que opere com fontes de ±15 V com $V_i(-) = 0$ V e $V_i(+) = +5$ V. Inclua a pinagem do CI.

2. Esboce a forma de onda de saída para o circuito da Figura 13.40.

3. Desenhe o diagrama de circuito de um amp-op 311 mostrando uma entrada de 10 V rms aplicada à entrada inversora, e à entrada não inversora conectada ao terra. Identifique todos os números dos pinos.

4. Desenhe a forma de onda da saída resultante para o circuito da Figura 13.41.

5. Desenhe o diagrama de circuito de um detector de cruzamento por zero utilizando um estágio comparador 339 com fontes de alimentação de ±12V.

6. Esboce a forma de onda de saída para o circuito da Figura 13.42.

***7.** Descreva o funcionamento do circuito da Figura 13.43.

Seção 13.3 Conversores digital-analógico

8. Esboce um circuito em escada de cinco estágios utilizando resistores de 15 kΩ e 30 kΩ.

9. Para uma tensão de referência de 16 V, calcule a tensão de saída para uma entrada igual a 11010 no circuito do Problema 8.

10. Que resolução de tensão é possível utilizando um circuito em escada de 12 estágios com uma tensão de referência de 10 V?

11. Para um conversor de dupla inclinação, descreva o que ocorre durante o intervalo fixo de tempo e o intervalo de contagem.

12. Quantos passos de contagem ocorrem em um contador digital de 12 estágios na saída de um conversor analógico-digital?

13. Qual é o intervalo máximo de contagem que utiliza um contador de 12 estágios funcionando em uma taxa de *clock* de 20 MHz?

Seção 13.4 Funcionamento de um CI temporizador

14. Esboce o circuito de um temporizador 555 conectado como um multivibrador astável para operação em 350 kHz. Determine o valor do capacitor C necessário utilizando $R_A = R_B = 7{,}5$ kΩ.

15. Desenhe o circuito de um "monoestável" utilizando um temporizador 555 para fornecer um período de tempo de 20 μs. Se $R_A = 7{,}5$ kΩ, qual é o valor de C necessário?

16. Esboce as formas de onda de entrada e saída para um circuito "monoestável" utilizando um temporizador 555 disparado por um *clock* de 10 kHz, com $R_A = 5{,}1$ kΩ e $C = 5$ nF.

Seção 13.5 Oscilador controlado por tensão

17. Calcule a frequência central de um VCO utilizando um CI 566, como vemos na Figura 13.22, para $R_1 = 4{,}7$ kΩ, $R_2 = 1{,}8$ kΩ, $R_3 = 11$ kΩ e $C_1 = 0{,}001$ μF.

***18.** Qual a faixa de frequência resultante no circuito da Figura 13.23 para $C_1 = 0{,}001$ μF?

19. Determine o capacitor necessário no circuito da Figura 13.22 para obter uma saída de 200 kHz.

Seção 13.6 Malha amarrada por fase

20. Calcule a frequência livre do VCO para o circuito da Figura 13.26(b), com $R_1 = 4{,}7$ kΩ e $C_1 = 0{,}001$ μF.

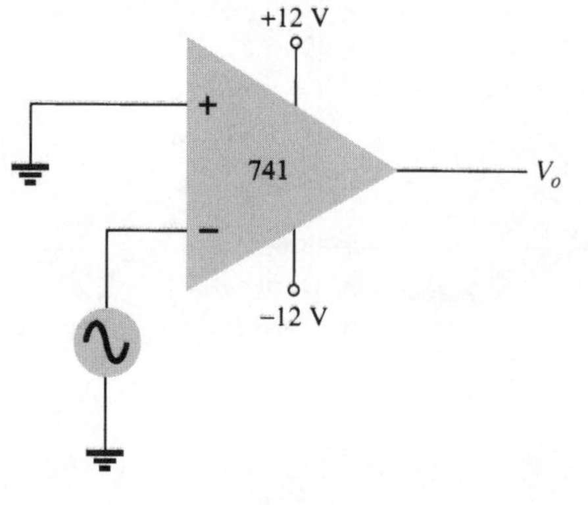

Figura 13.40 Problema 2.

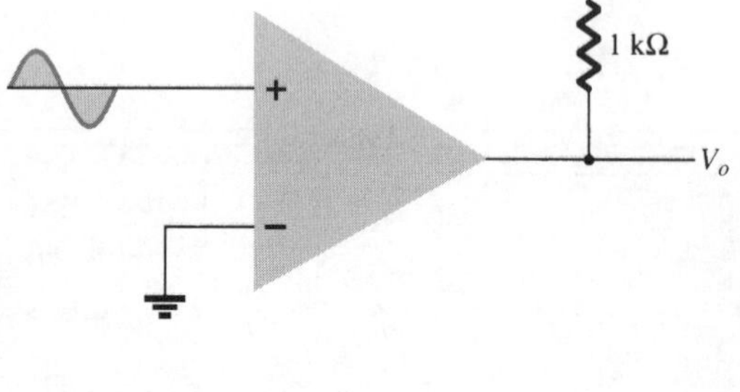

Figura 13.41 Problema 4.

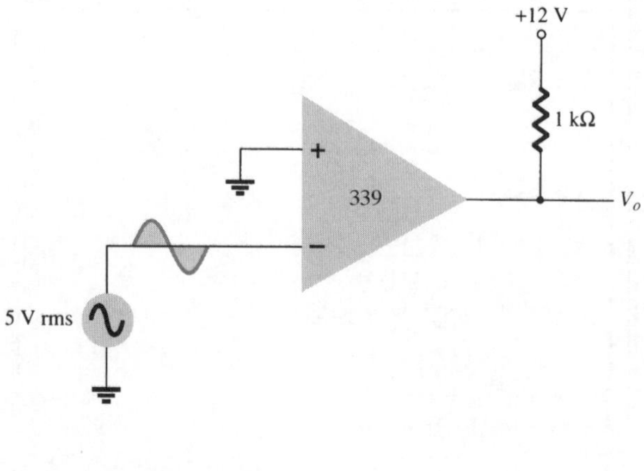

Figura 13.42 Problema 6.

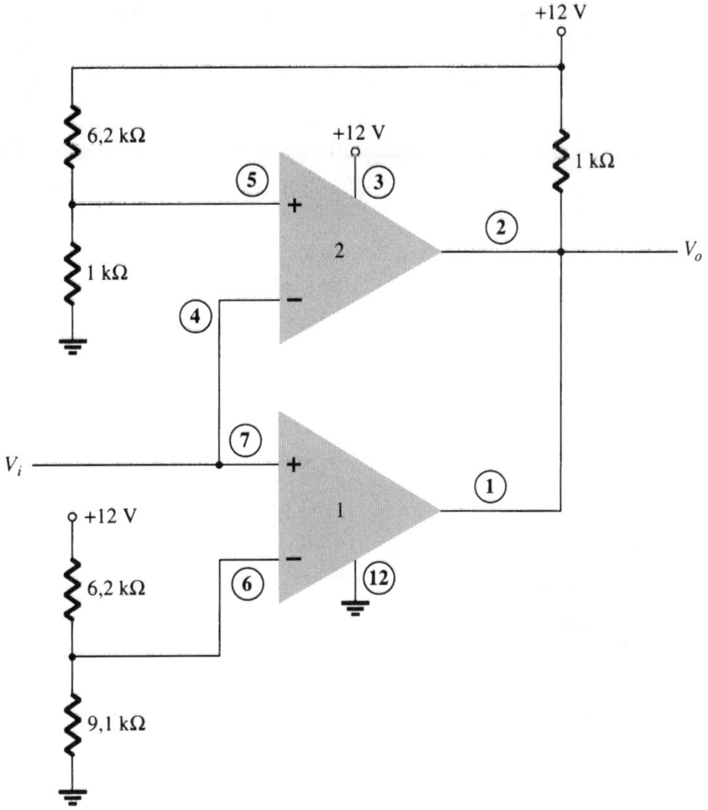

Figura 13.43 Problema 7.

21. Qual o valor do capacitor C_1 necessário no circuito da Figura 13.26(b) para obter uma frequência central de 100 kHz?

22. Qual é a faixa de amarração do circuito PLL na Figura 13.26(b) para R_1 = 4,7 kΩ e C_1 = 0,001 μF?

Seção 13.7 Circuitos de interface

23. Descreva as condições de sinal para as interfaces de malha de corrente e RS-232-C.

24. O que é um barramento de dados?

25. Qual é a diferença entre saída em coletor aberto e saída em *tri-state*?

Seção 13.9 Análise computacional

***26.** Utilize o Design Center para desenhar um circuito esquemático como o da Figura 13.32, usando um LM111 com V_i = 5 V rms aplicados à entrada inversora (–) e +5 V rms aplicados à entrada não inversora (+). Utilize o Probe para visualizar a forma de onda de saída.

***27.** Utilize o Design Center para desenhar um circuito esquemático como o da Figura 13.35. Examine a listagem de saída para verificar os resultados.

***28.** Utilize o Multisim para desenhar um oscilador 555 que tenha como saída resultante t_{baixo} = 2 ms e t_{alto} = 5 ms.

14 Realimentação e circuitos osciladores

Objetivos

- Compreender o conceito de realimentação negativa.
- Discutir os circuitos práticos com realimentação.
- Conhecer vários tipos de circuito oscilador.

14.1 CONCEITOS SOBRE REALIMENTAÇÃO

O conceito de realimentação já foi apresentado anteriormente, em particular, nos circuitos com amp-op descritos nos capítulos 10 e 11. Dependendo da polaridade relativa do sinal realimentado em um circuito, pode-se ter tanto realimentação positiva quanto negativa. A realimentação negativa resulta em redução do ganho de tensão, fazendo com que diversos circuitos sejam melhorados, como mostrado a seguir. A realimentação positiva, por sua vez, faz com que o circuito oscile, como ocorre em vários tipos de circuitos osciladores.

Uma típica conexão de realimentação é mostrada na Figura 14.1. O sinal de entrada V_s é aplicado a um circuito misturador, onde é combinado com um sinal de realimentação V_f. A diferença entre esses sinais V_i é, portanto, a tensão de entrada para o amplificador. Uma porção da saída do amplificador, V_o, é conectada ao circuito de realimentação (β), que fornece uma porção reduzida da saída como sinal de realimentação ao circuito misturador de entrada.

Se o sinal de realimentação for de polaridade oposta à do sinal de entrada, como mostra a Figura 14.1, o resultado será uma realimentação negativa. Embora isso resulte em um ganho global reduzido, várias melhorias são obtidas, dentre as quais:

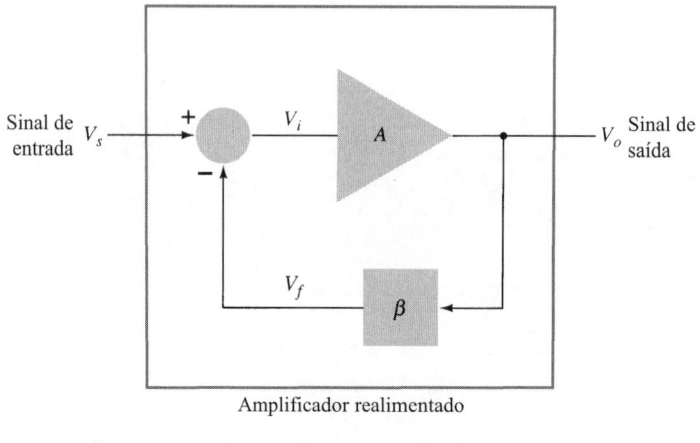

Figura 14.1 Diagrama simplificado em blocos de um amplificador realimentado.

1. Maior impedância de entrada.
2. Ganho de tensão mais estável.
3. Resposta em frequência melhorada.
4. Menor impedância de saída.
5. Ruído reduzido.
6. Operação mais linear.

14.2 TIPOS DE CONEXÃO DE REALIMENTAÇÃO

Há quatro maneiras básicas de conectar o sinal de realimentação. Tanto a *tensão* quanto a *corrente* podem ser realimentadas para a entrada em *série* ou em *paralelo*. Especificamente, pode haver:

1. Realimentação-série de tensão [Figura 14.2(a)].
2. Realimentação-paralela de tensão [Figura 14.2(b)].
3. Realimentação-série de corrente [Figura 14.2(c)].
4. Realimentação-paralela de corrente [Figura 14.2(d)].

Nessa lista, *tensão* refere-se à conexão da tensão de saída como entrada para o circuito de realimentação; *corrente* refere-se à drenagem de parte da corrente de saída através do circuito de realimentação; *série* significa conectar o sinal de realimentação em série com o sinal de tensão da entrada; e *paralelo* diz respeito à conexão do sinal de realimentação em paralelo com uma fonte de corrente na entrada.

Conexões de realimentação-série tendem a *aumentar* a resistência de entrada, enquanto as conexões de realimentação-paralela tendem a *diminuir* a resistência de entrada. A realimentação de tensão tende a *diminuir* a impedância de saída, enquanto a realimentação de corrente tende a *aumentar* a impedância de saída. Normalmente, impedâncias de entrada mais elevadas e impedâncias de saída mais baixas são desejadas para a maioria dos amplificadores em cascata. Essas características são proporcionadas pela conexão de realimentação-série de tensão; por isso, iremos nos concentrar primeiro nesse tipo de conexão.

Ganho com realimentação

Nesta seção, examinaremos o ganho de cada um dos circuitos de realimentação da Figura 14.2. O ganho sem realimentação, A, corresponde ao ganho do estágio ampli-

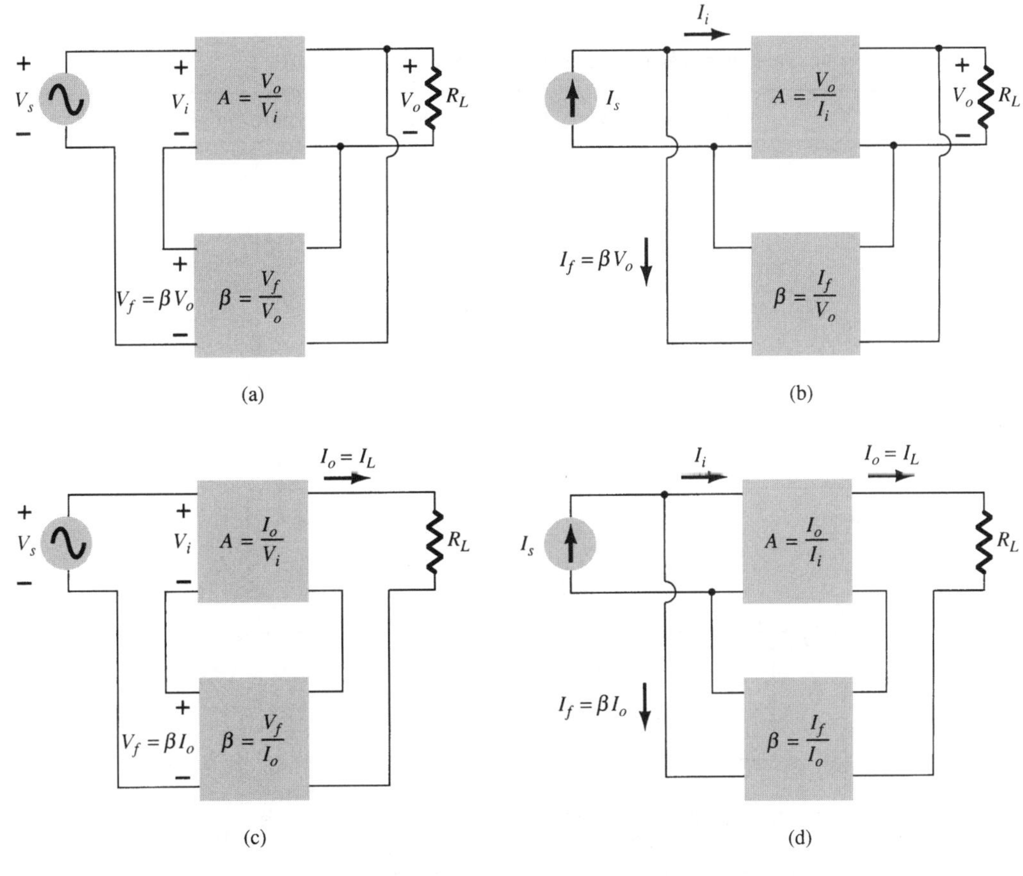

Figura 14.2 Tipos de amplificador com realimentação: (a) realimentação-série de tensão, $A_f = V_o/V_s$; (b) realimentação-paralela de tensão, $A_f = V_o/I_s$; (c) realimentação-série de corrente, $A_f = I_o/V_s$; (d) realimentação-paralela de corrente, $A_f = I_o/I_s$.

ficador. Com a realimentação β, o ganho total do circuito é reduzido por um fator de $(1 + \beta A)$, como detalhado a seguir. Um resumo do ganho, do fator de realimentação e do ganho com realimentação dos circuitos da Figura 14.2 é mostrado como referência na Tabela 14.1.

Realimentação-série de tensão A Figura 14.2(a) mostra a conexão de realimentação-série de tensão com uma parte da tensão de saída realimentada em série com o sinal de entrada, o que resulta em uma redução no ganho total. Se não houver realimentação ($V_f = 0$), o ganho de tensão do estágio amplificador será:

$$A = \frac{V_o}{V_s} = \frac{V_o}{V_i} \qquad (14.1)$$

Se um sinal de realimentação V_f for conectado em série com a entrada, então:

$$V_i = V_s - V_f$$

Visto que $V_o = AV_i = A(V_s - V_f) = AV_s - AV_f$

$$= AV_s - A(\beta V_o)$$

então $(1 + \beta A)V_o = AV_s$

de modo que o ganho de tensão total *com* realimentação é dado por:

$$A_f = \frac{V_o}{V_s} = \frac{A}{1 + \beta A} \qquad (14.2)$$

A Equação 14.2 mostra que o ganho *com* realimentação é o ganho do amplificador reduzido pelo fator $(1 + \beta A)$. Mostraremos que esse fator também afeta a impedância de entrada e de saída, entre outras características do circuito.

Realimentação-paralela de tensão O ganho com realimentação para o circuito da Figura 14.2(b) é:

$$A_f = \frac{V_o}{I_s} = \frac{A I_i}{I_i + I_f} = \frac{A I_i}{I_i + \beta V_o} = \frac{A I_i}{I_i + \beta A I_i}$$

$$A_f = \frac{A}{1 + \beta A} \qquad (14.3)$$

Impedância de entrada com realimentação

Realimentação-série de tensão Um diagrama mais detalhado da conexão de realimentação-série de tensão é mostrado na Figura 14.3. A impedância de entrada pode ser determinada da seguinte maneira:

Tabela 14.1 Resumo de ganho, realimentação e ganho com realimentação da Figura 14.2.

		Tensão em série	Tensão em paralelo	Corrente em série	Corrente em paralelo
Ganho sem realimentação	A	$\frac{V_o}{V_i}$	$\frac{V_o}{I_i}$	$\frac{I_o}{V_i}$	$\frac{I_o}{I_i}$
Realimentação	β	$\frac{V_f}{V_o}$	$\frac{I_f}{V_o}$	$\frac{V_f}{I_o}$	$\frac{I_f}{I_o}$
Ganho com realimentação	A_f	$\frac{V_o}{V_s}$	$\frac{V_o}{I_s}$	$\frac{I_o}{V_s}$	$\frac{I_o}{I_s}$

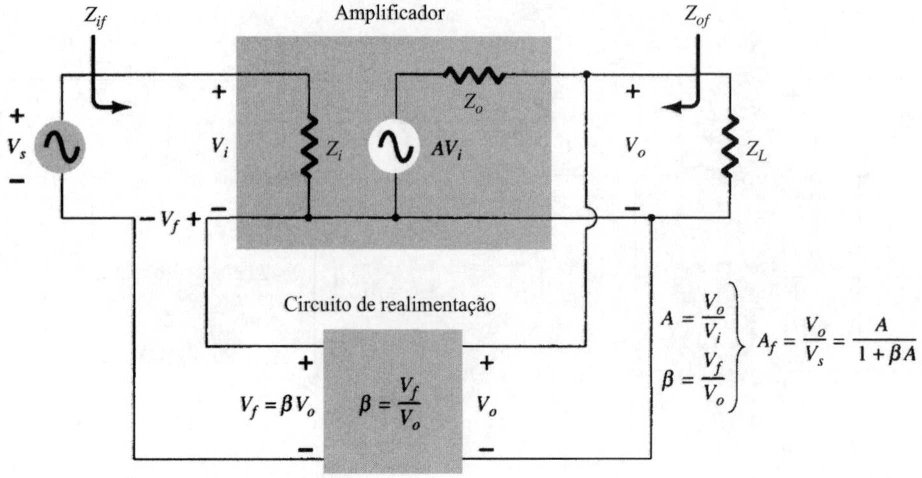

Figura 14.3 Conexão para realimentação-série de tensão.

$$I_i = \frac{V_i}{Z_i} = \frac{V_s - V_f}{Z_i} = \frac{V_s - \beta V_o}{Z_i} = \frac{V_s - \beta A V_i}{Z_i}$$

$$I_i Z_i = V_s - \beta A V_i$$

$$V_s = I_i Z_i + \beta A V_i = I_i Z_i + \beta A I_i Z_i$$

$$Z_{if} = \frac{V_s}{I_i} = Z_i + (\beta A) Z_i = Z_i(1 + \beta A) \quad (14.4)$$

Considera-se que a impedância de entrada de um circuito com realimentação-série é o valor da impedância de entrada sem realimentação multiplicado pelo fator $(1 + \beta A)$, e isso se aplica às configurações de realimentação-série tanto de tensão [Figura 14.2(a)] quanto de corrente [Figura 14.2(c)].

Realimentação-paralela de tensão Um diagrama mais detalhado da realimentação-paralela de tensão é mostrado na Figura 14.4. A impedância de entrada pode ser determinada por:

$$Z_{if} = \frac{V_i}{I_s} = \frac{V_i}{I_i + I_f} = \frac{V_i}{I_i + \beta V_o}$$

$$= \frac{V_i / I_i}{I_i / I_i + \beta V_o / I_i}$$

$$Z_{if} = \frac{Z_i}{1 + \beta A} \quad (14.5)$$

Essa impedância de entrada reduzida vale para a conexão-série de tensão da Figura 14.2(a) e para a conexão-paralela de tensão da Figura 14.2(b).

Impedância de saída com realimentação

A impedância de saída das configurações da Figura 14.2 depende de qual tipo de realimentação será usada, de tensão ou de corrente. Na realimentação de tensão, a impedância de saída é reduzida, enquanto a realimentação de corrente aumenta a impedância de saída.

Realimentação-série de tensão O circuito de realimentação-série de tensão da Figura 14.3 apresenta detalhes de circuito suficientes para determinar a impedância de saída com realimentação. A impedância de saída é determinada aplicando-se uma tensão V, o que resulta em uma corrente I, com V_s em curto-circuito ($V_s = 0$). A tensão V é, portanto,

$$V = IZ_o + AV_i$$

Para $V_s = 0$, $\quad V_i = -V_f$

portanto $\quad V = IZ_o - AV_f = IZ_o - A(\beta V)$

Reescrever a equação como

$$V + \beta A V = IZ_o$$

permite a obtenção de uma solução para a impedância de saída com realimentação:

$$Z_{of} = \frac{V}{I} = \frac{Z_o}{1 + \beta A} \quad (14.6)$$

A Equação 14.6 mostra que, com a realimentação-série de tensão, a impedância de saída é reduzida em relação àquela sem realimentação pelo fator $(1 + \beta A)$.

Realimentação-série de corrente A impedância de saída para um circuito com realimentação-série de

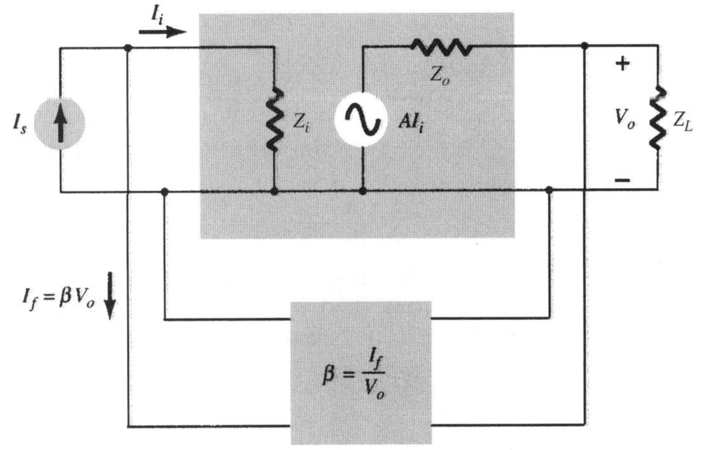

Figura 14.4 Conexão para realimentação-paralela de tensão.

corrente pode ser determinada aplicando-se um sinal V à saída, com V_s em curto-circuito, o que resulta em uma corrente I, sendo a razão entre V e I a impedância de saída. A Figura 14.5 mostra a realimentação-série de corrente por meio de um diagrama mais detalhado. Para a malha de saída do circuito mostrado na Figura 14.5, a impedância de saída resultante é determinada como se segue.

Com $V_S = 0$,

$$V_i = V_f$$

$$I = \frac{V}{Z_o} - AV_i = \frac{V}{Z_o} - AV_f = \frac{V}{Z_o} - A\beta I$$

$$Z_o(1 + \beta A)I = V$$

$$Z_{of} = \frac{V}{I} = Z_o(1 + \beta A) \qquad (14.7)$$

Um resumo do efeito da realimentação sobre as impedâncias de entrada e de saída é mostrado na Tabela 14.2.

EXEMPLO 14.1

Determine o ganho de tensão e as impedâncias de entrada e de saída de um circuito com realimentação-série de tensão que tenha $A = -100$, $R_i = 10\ \text{k}\Omega$ e $R_o = 20\ \text{k}\Omega$ para uma realimentação de (a) $\beta = -0{,}1$ e (b) $\beta = -0{,}5$.

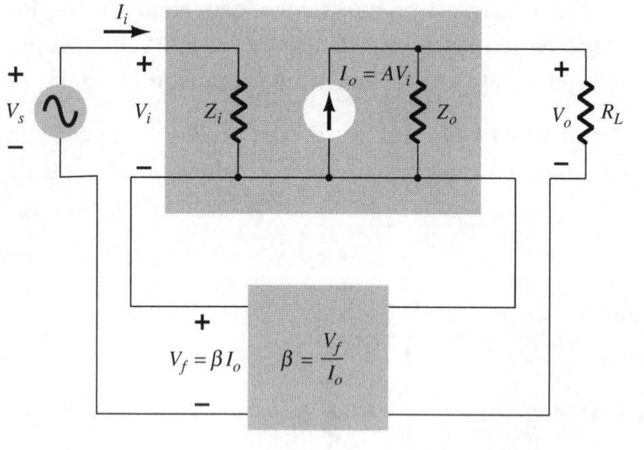

Figura 14.5 Conexão de realimentação-série de corrente.

Solução:

Utilizando as equações 14.2, 14.4 e 14.6, obtemos:

a)

$$A_f = \frac{A}{1 + \beta A} = \frac{-100}{1 + (-0{,}1)(-100)} = \frac{-100}{11} = \mathbf{-9{,}09}$$

$$Z_{if} = Z_i(1 + \beta A) = 10\ \text{k}\Omega\ (11) = \mathbf{110\ k\Omega}$$

$$Z_{of} = \frac{Z_o}{1 + \beta A} = \frac{20 \times 10^3}{11} = \mathbf{1{,}82\ k\Omega}$$

b)

$$A_f = \frac{A}{1 + \beta A} = \frac{-100}{1 + (-0{,}5)(-100)} = \frac{-100}{51} = \mathbf{-1{,}96}$$

$$Z_{if} = Z_i(1 + \beta A) = 10\ \text{k}\Omega\ (51) = \mathbf{510\ k\Omega}$$

$$Z_{of} = \frac{Z_o}{1 + \beta A} = \frac{20 \times 10^3}{51} = \mathbf{392{,}16\ \Omega}$$

O Exemplo 14.1 mostra um caso de "negociação" entre ganho e melhoria dos valores de resistência de entrada e de saída. A redução do ganho por um fator igual a 11 (de 100 para 9,09) é complementada pela redução da resistência de saída e pelo aumento da resistência de entrada pelo mesmo fator 11. Dividir o ganho por um fator igual a 51 proporciona um ganho de apenas 2, mas com uma resistência de entrada multiplicada por 51 (superior a 500 kΩ) e uma resistência de saída reduzida de 20 kΩ para menos de 400 Ω. A realimentação oferece ao projetista a possibilidade de troca de parte do ganho disponível do amplificador por melhorias desejáveis em outras características do circuito.

Redução da distorção por frequência

Para um amplificador com realimentação negativa e $\beta A >> 1$, o ganho com realimentação é $A_f \cong 1/\beta$. Daí, se o circuito com realimentação for puramente resistivo, o ganho com realimentação não dependerá da frequência, ainda que o ganho básico de um amplificador dependa. Na prática, a

Tabela 14.2 Efeito da conexão com realimentação sobre as impedâncias de entrada e de saída.

	Tensão em série	Corrente em série	Tensão em paralelo	Corrente em paralelo
Z_{if}	$Z_i(1 + \beta A)$ (aumento)	$Z_i(1 + \beta A)$ (aumento)	$\frac{Z_i}{1 + \beta A}$ (redução)	$\frac{Z_i}{1 + \beta A}$ (redução)
Z_{of}	$\frac{Z_o}{1 + \beta A}$ (redução)	$Z_o(1 + \beta A)$ (aumento)	$\frac{Z_o}{1 + \beta A}$ (redução)	$Z_o(1 + \beta A)$ (aumento)

distorção por frequência, que surge porque o ganho varia com ela, é reduzida consideravelmente em um circuito amplificador com realimentação negativa de tensão.

Redução do ruído e da distorção não linear

A realimentação do sinal tende a manter a quantidade de ruído (como aquele originado de uma fonte de tensão) e a distorção não linear. O fator $(1 + \beta A)$ reduz o ruído de entrada e a distorção não linear resultante, melhorando consideravelmente o sinal. No entanto, devemos observar que há uma redução do ganho total (o preço exigido para a melhora do desempenho do circuito). Se outros estágios forem utilizados para aumentar o ganho até seu valor sem realimentação, é possível que os estágios adicionais empregados introduzam no sistema um ruído maior do que o retirado com a realimentação. Esse problema pode, em parte, ser diminuído pelo reajuste do ganho do amplificador com realimentação a fim de obtermos um ganho mais alto e ao mesmo tempo reduzirmos o sinal de ruído.

Efeito da realimentação negativa no ganho e na largura de banda

A Equação 14.2 mostra que o ganho total com realimentação negativa é igual a

$$A_f = \frac{A}{1 + \beta A} \cong \frac{A}{\beta A} = \frac{1}{\beta} \quad \text{para } \beta A \gg 1$$

Com $\beta A >> 1$, o ganho total é de aproximadamente $1/\beta$. Para um amplificador real (com frequências de corte inferior e superior), o ganho de malha aberta cai nas altas frequências devido ao dispositivo ativo e às capacitâncias do circuito. O ganho também pode diminuir em baixas frequências devido aos estágios amplificadores com acoplamentos capacitivos. Quando o ganho de malha aberta A é reduzido o suficiente, de maneira que não podemos considerar o fator βA muito maior do que 1, a conclusão da Equação 14.2 de que $A_f \cong 1/\beta$ perde a validade.

A Figura 14.6 mostra que o amplificador com realimentação negativa apresenta uma largura de banda (B_f) maior do que o amplificador sem realimentação (B). O amplificador com realimentação tem uma frequência de corte superior, no ponto de 3 dB, mais alta e uma frequência de corte inferior, no ponto de 3 dB, mais baixa.

É interessante observar que, apesar de a realimentação provocar uma redução do ganho de tensão, ela causa um aumento em B e na frequência de corte superior a 3 dB, particularmente. Na verdade, o produto de ganho e frequência se mantém, de maneira que o produto ganho-largura de banda do amplificador básico tem o mesmo valor para o amplificador com realimentação. Porém, como o amplificador realimentado tem um ganho inferior, a operação realizada foi uma *troca* de ganho por largura de banda (considerando-se a largura de banda igual à frequência de corte superior, pois, normalmente, $f_2 >> f_1$).

Estabilidade do ganho com a realimentação

Além de o fator β proporcionar um valor de ganho bastante preciso, também nos interessa saber o quanto o amplificador com realimentação é estável se comparado ao amplificador sem realimentação. Diferenciar a Equação 14.2 leva a:

$$\left|\frac{dA_f}{A_f}\right| = \frac{1}{|1 + \beta A|}\left|\frac{dA}{A}\right| \tag{14.8}$$

$$\left|\frac{dA_f}{A_f}\right| \cong \left|\frac{1}{\beta A}\right|\left|\frac{dA}{A}\right| \quad \text{para } \beta A \gg 1 \tag{14.9}$$

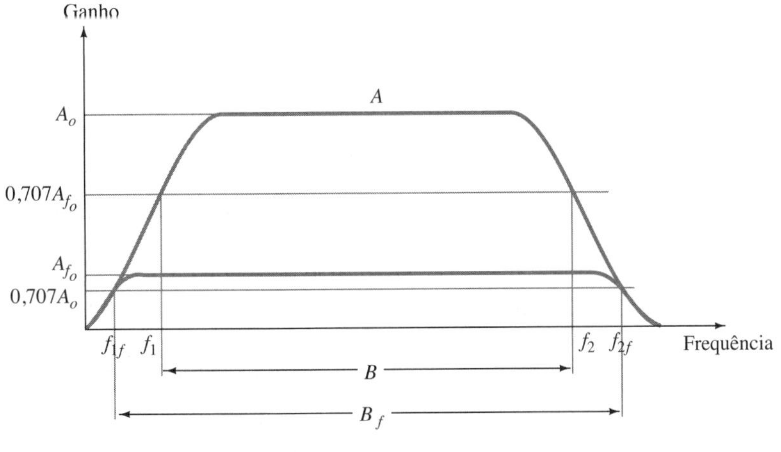

Figura 14.6 Efeito da realimentação negativa no ganho e na largura de banda.

Isso mostra que a magnitude da variação relativa do ganho $\left|\frac{dA_f}{A_f}\right|$ é reduzida pelo fator $|\beta A|$ comparada à expressão para o circuito sem realimentação $\left(\left|\frac{dA}{A}\right|\right)$.

EXEMPLO 14.2

Se um amplificador com ganho de –1000 e realimentação de β = – 0,1 apresentar uma variação em ganho de 20% devido à temperatura, calcule a variação do ganho no amplificador com realimentação.

Solução:

Utilizando a Equação 14.9, obtemos:

$$\left|\frac{dA_f}{A_f}\right| \cong \left|\frac{1}{\beta A}\right|\left|\frac{dA}{A}\right|$$

$$= \left|\frac{1}{-0{,}1(-1000)}(20\%)\right| = \mathbf{0{,}2\%}$$

A melhoria é de 100 vezes. Portanto, enquanto o ganho do amplificador varia de $|A|$ = 1000 em 20%, o ganho com realimentação varia de $|A_f|$ = 100 em somente 0,2%.

14.3 CIRCUITOS PRÁTICOS DE REALIMENTAÇÃO

Alguns exemplos de circuitos práticos de realimentação fornecerão meios de demonstrar o efeito da realimentação nos vários tipos de conexão. Esta seção apresenta apenas uma introdução básica a esse tópico.

Realimentação-série de tensão

A Figura 14.7 mostra um estágio de amplificador FET com realimentação-série de tensão. Uma parte do sinal de saída (V_o) é obtida ao utilizarmos um circuito de realimentação através dos resistores R_1 e R_2. A tensão de realimentação V_f é conectada em série com o sinal da fonte V_s, e a diferença entre eles é o sinal de entrada V_i.

Sem realimentação, o ganho do amplificador é

$$A = \frac{V_o}{V_i} = -g_m R_L \tag{14.10}$$

onde R_L é a combinação em paralelo entre os resistores:

$$R_L = R_D R_o (R_1 + R_2) \tag{14.11}$$

O circuito de realimentação fornece um fator de realimentação de:

$$\beta = \frac{V_f}{V_o} = \frac{-R_2}{R_1 + R_2} \tag{14.12}$$

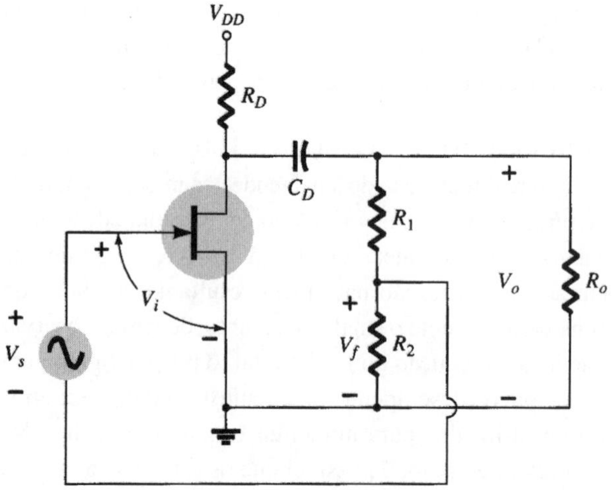

Figura 14.7 Estágio de amplificador FET com realimentação-série de tensão.

Utilizando os valores de A e β da Equação 14.2, temos o seguinte ganho para o circuito com realimentação negativa:

$$A_f = \frac{A}{1 + \beta A}$$
$$= \frac{-g_m R_L}{1 + [R_2 R_L/(R_1 + R_2)]\, g_m} \tag{14.13}$$

Se $\beta A >> 1$, temos:

$$A_f \cong \frac{1}{\beta} = -\frac{R_1 + R_2}{R_2} \tag{14.14}$$

EXEMPLO 14.3

Calcule o ganho sem e com realimentação para o amplificador com FET da Figura 14.7 e com os seguintes componentes: R_1 = 80 kΩ, R_2 = 20 kΩ, R_o = 10 kΩ, R_D = 10 kΩ e g_m = 4000 μS.

Solução:

$$R_L \cong \frac{R_o R_D}{R_o + R_D} = \frac{10\,\text{k}\Omega(10\,\text{k}\Omega)}{10\,\text{k}\Omega + 10\,\text{k}\Omega} = 5\,\text{k}\Omega$$

Desprezando a resistência total de 100 kΩ referente a R_1 e R_2 em série resultará em:

$$A = -g_m R_L = -(4000 \times 10 - 6\ \mu\text{S})(5\ \text{k}\Omega) = \mathbf{-20}$$

O fator de realimentação é:

$$\beta = \frac{-R_2}{R_1 + R_2} = \frac{-20\,\text{k}\Omega}{80\,\text{k}\Omega + 20\,\text{k}\Omega} = -0{,}2$$

O ganho com realimentação é:

$$A_f = \frac{A}{1+\beta A} = \frac{-20}{1+(-0{,}2)(-20)} = \frac{-20}{5} = \mathbf{-4}$$

A Figura 14.8 mostra uma conexão de realimentação-série de tensão utilizando um amp-op. O ganho do amp-op, A, sem realimentação, é reduzido pelo fator de realimentação:

$$\beta = \frac{R_2}{R_1 + R_2} \qquad (14.15)$$

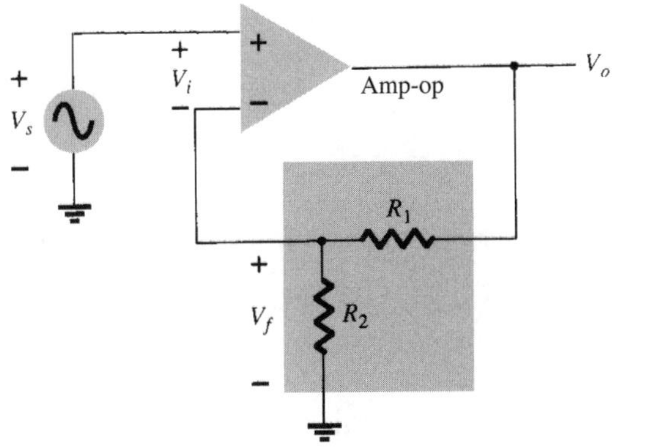

Figura 14.8 Realimentação-série de tensão em uma conexão com amp-op.

EXEMPLO 14.4

Calcule o ganho do amplificador da Figura 14.8 para um ganho do amp-op de A = 100.000 e resistências R_1 = 1,8 kΩ e R_2 = 200 Ω.

Solução:

$$\beta = \frac{R_2}{R_1 + R_2} = \frac{200\ \Omega}{200\ \Omega + 1{,}8\ \text{k}\Omega} = 0{,}1$$

$$A_f = \frac{A}{1+\beta A} = \frac{100.000}{1+(0{,}1)(100.000)} = \frac{100.000}{10.001} = 9{,}999$$

Observe que, considerando-se $\beta A >> 1$,

$$A_f \cong \frac{1}{\beta} = \frac{1}{0{,}1} = \mathbf{10}$$

O circuito seguidor de emissor da Figura 14.9 fornece uma realimentação-série de tensão. O sinal V_s é a tensão de entrada V_i. A tensão de saída V_o também é a tensão de realimentação em série com a tensão de entrada. O amplificador, como mostra a Figura 14.9, realiza a operação *com* realimentação. A operação do circuito sem realimentação produz $V_f = 0$, de maneira que

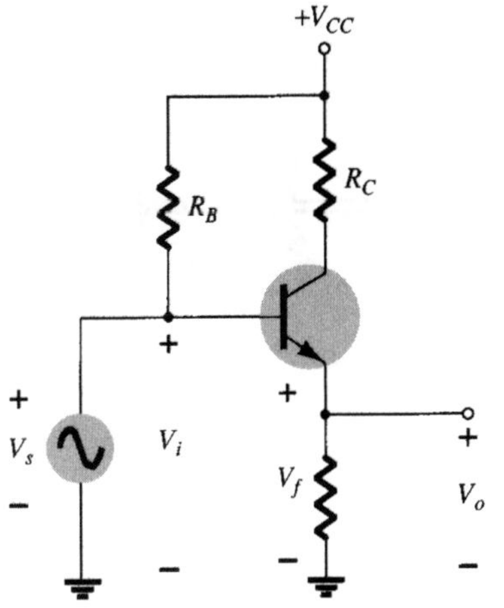

Figura 14.9 Circuito com realimentação-série de tensão (seguidor de emissor).

$$A = \frac{V_o}{V_s} = \frac{h_{fe} I_b R_E}{V_s} = \frac{h_{fe} R_E (V_s/h_{ie})}{V_s} = \frac{h_{fe} R_E}{h_{ie}}$$

e $\quad \beta = \dfrac{V_f}{V_o} = 1$

Na operação com realimentação, obtemos:

$$A_f = \frac{V_o}{V_s} = \frac{A}{1+\beta A} = \frac{h_{fe} R_E/h_{ie}}{1+(1)(h_{fe} R_E/h_{ie})}$$
$$= \frac{h_{fe} R_E}{h_{ie} + h_{fe} R_E}$$

Para $h_{fe} R_E >> h_{ie}$,

$$A_f \cong 1$$

Realimentação-série de corrente

Outra técnica de realimentação possível consiste em obter uma amostra da corrente de saída (I_o) e retornar uma tensão proporcional em série com a entrada. Embora estabilize o ganho do amplificador, a realimentação-série de corrente aumenta a resistência de entrada.

A Figura 14.10 mostra um estágio amplificador com um único transistor. Uma vez que o resistor R_E do emissor não é curto-circuitado por um capacitor, o circuito possui efetivamente uma realimentação-série de corrente. A corrente através do resistor R_E produz uma tensão de realimentação que se opõe ao sinal aplicado pela fonte, de forma que a tensão de saída V_o é reduzida. Para retirar a realimentação-série de corrente, o resistor de emissor deve ser removido ou desviado por um capacitor (que é como normalmente se faz).

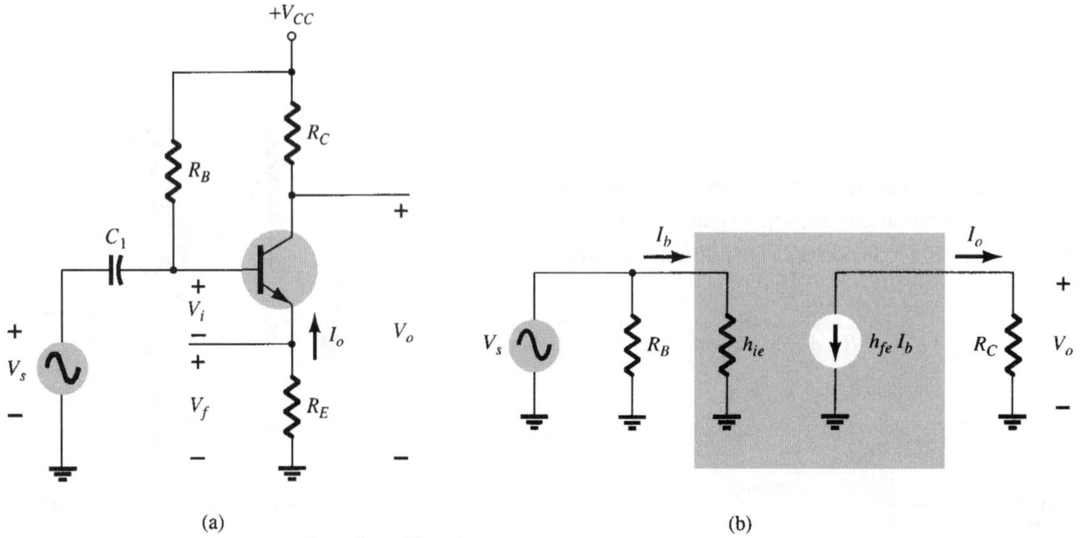

Figura 14.10 Amplificador transistorizado com resistor de emissor (R_E) sem capacitor de derivação para realimentação-série de corrente: (a) circuito do amplificador; (b) circuito equivalente CA sem realimentação.

Sem realimentação Observando o formato básico da Figura 14.2(a), resumido na Tabela 14.1, temos:

$$A = \frac{I_o}{V_i} = \frac{-I_b h_{fe}}{I_b h_{ie} + R_E} = \frac{-h_{fe}}{h_{ie} + R_E} \qquad (14.16)$$

$$\beta = \frac{V_f}{I_o} = \frac{-I_o R_E}{I_o} = -R_E \qquad (14.17)$$

As impedâncias de entrada e de saída são, respectivamente,

$$Z_i = R_B \| (h_{ie} + R_E) \cong h_{ie} + R_E \qquad (14.18)$$

$$Z_o = R_C \qquad (14.19)$$

Com realimentação

$$A_f = \frac{I_o}{V_s} = \frac{A}{1 + \beta A}$$

$$= \frac{-h_{fe}/h_{ie}}{1 + (-R_E)\left(\dfrac{-h_{fe}}{h_{ie} + R_E}\right)} \cong \frac{-h_{fe}}{h_{ie} + h_{fe}R_E} \qquad (14.20)$$

As impedâncias de entrada e de saída são calculadas como especifica a Tabela 14.2:

$$Z_{if} = Z_i(1 + \beta A)$$

$$\cong h_{ie}\left(1 + \frac{h_{fe}R_E}{h_{ie}}\right) = h_{ie} + h_{fe}R_E \quad (14.21)$$

$$Z_{of} = Z_o(1 + \beta A) = R_C\left(1 + \frac{h_{fe}R_E}{h_{ie}}\right) \quad (14.22)$$

O ganho de tensão (A) com realimentação é:

$$A_{vf} = \frac{V_o}{V_s} = \frac{I_o R_C}{V_s} = \left(\frac{I_o}{V_s}\right)R_C$$

$$= A_f R_C \cong \frac{-h_{fe}R_C}{h_{ie} + h_{fe}R_E} \qquad (14.23)$$

EXEMPLO 14.5

Calcule o ganho de tensão do circuito da Figura 14.11.

Solução:

Sem realimentação:

$$A = \frac{I_o}{V_i} = \frac{-h_{fe}}{h_{ie} + R_E} = \frac{-120}{900 + 510} = -0{,}085$$

$$\beta = \frac{V_f}{I_o} = -R_E = -510$$

O fator $(1+\beta A)$ é, então,

$$1 + \beta A = 1 + (-0{,}085)(-510) = 44{,}35$$

O ganho com realimentação é, então,

$$A_f = \frac{I_o}{V_s} = \frac{A}{1 + \beta A} = \frac{-0{,}085}{44{,}35} = -1{,}92 \times 10^{-3}$$

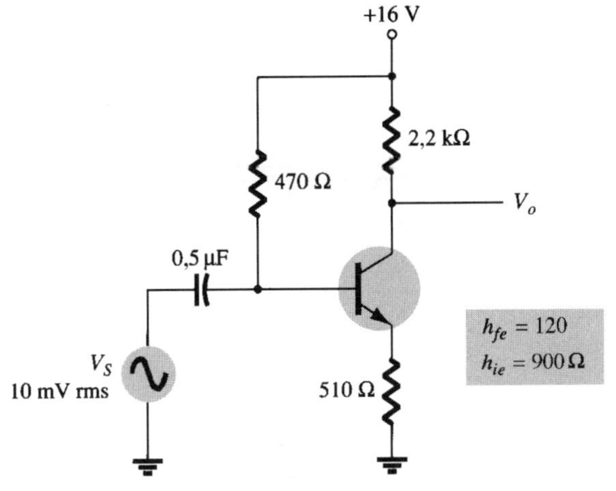

Figura 14.11 Amplificador com TBJ com realimentação--série de corrente para o Exemplo 14.5.

e o ganho de tensão com realimentação A_{vf} é:

$$A_{vf} = \frac{V_o}{V_s} = A_f R_C$$
$$= (-1{,}92 \times 10^{-3})(2{,}2 \times 10^3) = \mathbf{-4{,}2}$$

Sem realimentação ($R_E = 0$), o ganho de tensão é:

$$A_v = \frac{-R_C}{r_e} = \frac{-2{,}2 \times 10^3}{7{,}5} = \mathbf{-293{,}3}$$

Realimentação-paralela de tensão

O circuito com amp-op de ganho constante da Figura 14.12(a) proporciona uma realimentação-paralela de tensão. Observando a Figura 14.2(b), a Tabela 14.1 e as características ideais do amp-op $I_i = 0$, $V_i = 0$ e ganho de tensão infinito, temos:

$$A = \frac{V_o}{I_i} = \infty \tag{14.24}$$

$$\beta = \frac{I_f}{V_o} = \frac{-1}{R_o} \tag{14.25}$$

O ganho com realimentação é, portanto,

$$A_f = \frac{V_o}{I_s} = \frac{V_o}{I_i} = \frac{A}{1 + \beta A} = \frac{1}{\beta} = -R_o \tag{14.26}$$

Esse é um ganho de resistência de transferência. O ganho mais comum é o ganho de tensão com realimentação:

$$A_{vf} = \frac{V_o}{I_s}\frac{I_s}{V_1} = (-R_o)\frac{1}{R_1} = \frac{-R_o}{R_1} \tag{14.27}$$

O circuito da Figura 14.13 é um amplificador com realimentação-paralela de tensão que utiliza um FET sem realimentação, $V_f = 0$.

$$A = \frac{V_o}{I_i} \cong -g_m R_D R_S \tag{14.28}$$

A realimentação é:

$$\beta = \frac{I_f}{V_o} = \frac{-1}{R_F} \tag{14.29}$$

Com realimentação, o ganho do circuito é:

$$A_f = \frac{V_o}{I_s} = \frac{A}{1 + \beta A} = \frac{-g_m R_D R_S}{1 + (-1/R_F)(-g_m R_D R_S)}$$
$$= \frac{-g_m R_D R_S R_F}{R_F + g_m R_D R_S} \tag{14.30}$$

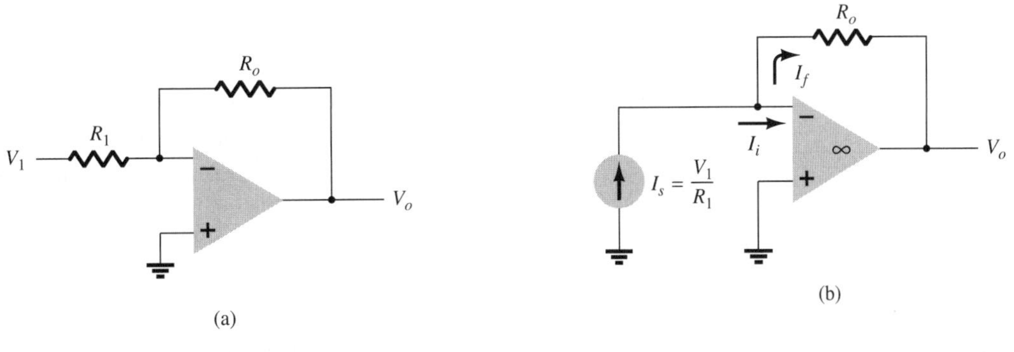

Figura 14.12 Amplificador com realimentação negativa de tensão em paralelo: (a) circuito de ganho constante; (b) circuito equivalente.

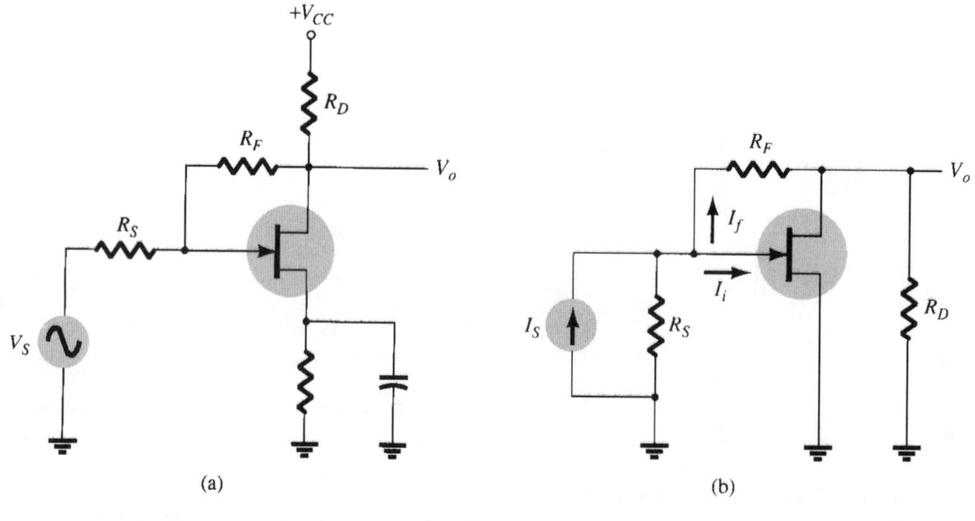

Figura 14.13 Amplificador com realimentação-paralela de tensão que utiliza um FET: (a) circuito; (b) circuito equivalente.

O ganho de tensão do circuito com realimentação é, portanto,

$$A_{vf} = \frac{V_o}{I_s}\frac{I_s}{V_s} = \frac{-g_m R_D R_S R_F}{R_F + g_m R_D R_S}\left(\frac{1}{R_S}\right)$$

$$= \frac{-g_m R_D R_F}{R_F + g_m R_D R_S} = (-g_m R_D)\frac{R_F}{R_F + g_m R_D R_S} \quad (14.31)$$

EXEMPLO 14.6

Calcule o ganho de tensão com e sem realimentação para o circuito da Figura 14.13(a), com os valores de $g_m = 5$ mS, $R_D = 5{,}1$ kΩ, $R_S = 1$ kΩ e $R_F = 20$ kΩ.

Solução:

Sem realimentação, o ganho de tensão é:

$$A_v = -g_m R_D = -(5 \times 10^{-3})(5{,}1 \times 10^3) = \mathbf{-25{,}5}$$

Com realimentação, o ganho é reduzido a:

$$A_{vf} = (-g_m R_D)\frac{R_F}{R_F + g_m R_D R_S}$$
$$= (-25{,}5)\frac{20 \times 10^3}{(20 \times 10^3) + (5 \times 10^{-3})(5{,}1 \times 10^3)(1 \times 10^3)}$$
$$= -25{,}5(0{,}44) = \mathbf{-11{,}2}$$

14.4 AMPLIFICADOR COM REALIMENTAÇÃO — CONSIDERAÇÕES SOBRE FASE E FREQUÊNCIA

Até aqui, analisamos a operação de um amplificador realimentado, no qual o sinal de realimentação era *oposto* ao sinal de entrada — realimentação negativa. Em qualquer circuito real, essa condição ocorre apenas para uma parte da faixa central de frequências de operação. Sabemos que o ganho de um amplificador varia com a frequência, caindo nas altas frequências em relação a seu valor de banda média. Além disso, o deslocamento de fase de um amplificador também varia com a frequência.

Se, à medida que a frequência aumenta, o deslocamento de fase varia, então parte do sinal de realimentação será *adicionado* ao sinal de entrada. Portanto, é possível que o amplificador comece a oscilar devido à realimentação positiva. Se um amplificador oscila em altas ou baixas frequências, ele não serve mais para funcionar como amplificador. Um projeto adequado de amplificador com realimentação requer que o circuito seja estável em *todas* as frequências, e não somente na faixa de interesse. Caso contrário, um distúrbio transitório pode levar um amplificador aparentemente estável rapidamente à oscilação.

Critério de Nyquist

Para julgarmos a estabilidade de um amplificador com realimentação como uma função da frequência, o produto βA e o deslocamento de fase entre a entrada e a saída são fatores determinantes. Uma das técnicas mais comumente utilizadas para analisar a estabilidade é o método de Nyquist. O diagrama de Nyquist é utilizado para traçar o ganho e o deslocamento de fase como função da frequência em um plano complexo. Na verdade, o diagrama de Nyquist combina os dois diagramas de Bode, o de ganho *versus* frequência e o de deslocamento de fase *versus* frequência, em apenas um. Ele é utilizado para mostrar de forma rápida se um amplificador é estável para todas as frequências e o quanto ele é estável em relação a um critério de ganho ou deslocamento de fase.

Inicialmente, examinaremos o *plano complexo* da Figura 14.14. Alguns pontos de vários valores de ganho (βA) são plotados em diferentes ângulos de deslocamento de fase. Tomando-se o eixo real positivo como referência (0°), uma magnitude de $\beta A = 2$ é mostrada em um ângulo de fase de 0° no ponto 1. Além disso, no ponto 2, vemos $\beta A = 3$ com um deslocamento de fase de $-135°$, e, no ponto 3, vemos uma amplitude/fase de $\beta A = 1$ em 180°. Esses pontos no diagrama podem representar *ambos*: a amplitude de βA e o deslocamento de fase. Se os pontos que representam ganho e fase para um circuito amplificador forem plotados para frequências crescentes, obteremos um diagrama de Nyquist, como mostra a Figura 14.15. Na origem, o ganho e a frequência são nulos (para acoplamento do tipo *RC*). Nos pontos de frequências crescentes, f_1, f_2 e f_3, a fase e a amplitude de βA crescem. Em uma frequência representativa f_4, o valor de A é o comprimento do vetor da origem até o ponto f_4, enquanto o deslocamento de fase é o ângulo ϕ. Na frequência f_5, o deslocamento de fase é 180°. Nas frequências mais altas, o ganho cai até 0.

Harry Nyquist nasceu na Suécia em 1889. Emigrou para os Estados Unidos em 1907 e faleceu no Texas em 1976. Obteve um Ph.D. em Física na Universidade de Yale em 1917. Trabalhou no Departamento de Desenvolvimento e Pesquisa da AT&T e na Bell Telephone Laboratories de 1917 até sua aposentadoria em 1954. Como engenheiro da Bell Laboratories, Nyquist realizou trabalhos importantes sobre ruído térmico, estabilidade de amplificadores com realimentação, telegrafia, fax, televisão e outras questões de comunicação relevantes. Em 1932, publicou uma obra clássica sobre a estabilidade de amplificadores com realimentação. O critério de Nyquist para estabilidade agora pode ser encontrado em todos os livros sobre teoria de controle realimentado. (Cortesia da AT&T Archives and History Center.)

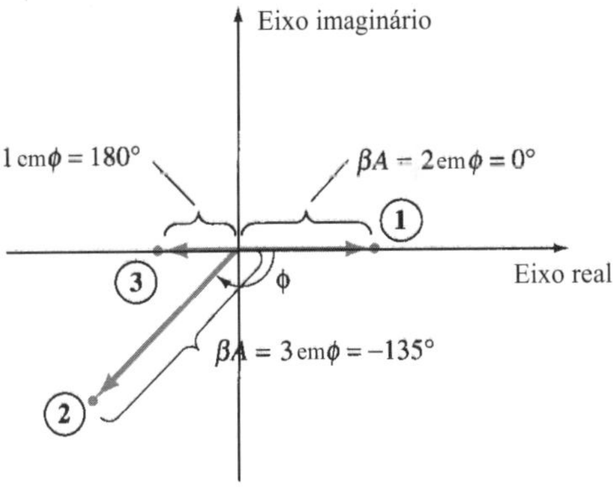

Figura 14.14 Plano complexo que mostra pontos de ganho e fase típicos.

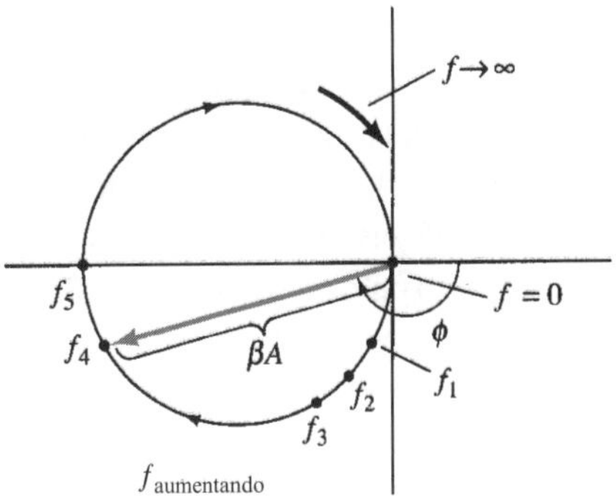

Figura 14.15 Diagrama de Nyquist.

O critério de Nyquist para estabilidade pode ser descrito da seguinte forma:

O amplificador será instável se a curva de Nyquist traçada envolver (circundar) o ponto –1; caso contrário, será estável.

Um exemplo do critério de Nyquist é demonstrado pelas curvas da Figura 14.16. O diagrama de Nyquist na Figura 14.16(a) é estável, pois não envolve o ponto –1; já o diagrama mostrado na Figura 14.16(b) é instável, uma vez que circunda o ponto –1. Lembramos que envolver o ponto –1 significa que, para um deslocamento de fase de 180°, o ganho de malha (βA) é maior do que 1; portanto, o sinal de realimentação está em fase com a entrada, e é grande o suficiente para resultar em um sinal de entrada maior do que o aplicado, gerando uma oscilação.

Margens de ganho e fase

Pelo critério de Nyquist, sabemos que um amplificador com realimentação é estável se o ganho de malha (βA) for menor do que a unidade (0 dB) quando seu ângulo de fase é 180°. Podemos determinar também algumas margens de estabilidade para indicar o quanto o amplificador

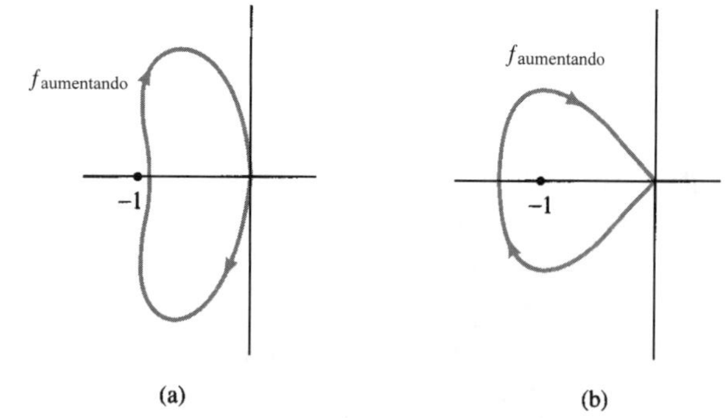

Figura 14.16 Diagrama de Nyquist mostrando as condições de estabilidade: (a) estável; (b) instável.

está próximo de sua condição instável. Isto é, se um amplificador possui o ganho (βA) menor do que 1, mas cerca de 0,95, não seria tão estável quanto outro amplificador que tenha, por exemplo, $\beta A = 0{,}7$ (ambos medidos em 180°). Obviamente, amplificadores com ganhos de malha de 0,95 e 0,7 são ambos estáveis, mas um está mais próximo da instabilidade do que o outro se o ganho de malha aumentar. É possível definir os seguintes termos:

A *margem de ganho* (MG) é definida como o valor negativo de $|\beta A|$ em decibéis na frequência em que o ângulo de fase é 180°. Portanto, 0 dB, que corresponde a um valor $\beta A = 1$, está no limiar de estabilidade, e qualquer valor negativo em decibel é estável. A MG pode ser obtida em decibéis na curva mostrada na Figura 14.17.

A *margem de fase* (MF) é definida pela diferença entre 180° menos a magnitude do ângulo no qual o valor de $|\beta A|$ é unitário (0 dB). A MF também pode ser diretamente avaliada na curva da Figura 14.17.

14.5 OPERAÇÃO DOS OSCILADORES

A utilização de uma realimentação positiva que resulta em um amplificador realimentado com ganho de malha fechada $|A_f|$ maior do que 1 e que satisfaz as condições de fase resultará em um funcionamento como um circuito oscilador. Esse circuito fornece, então, um sinal de saída variante no tempo. Se o sinal de saída variar senoidalmente, o circuito será chamado de *oscilador senoidal*. Se a tensão de saída se elevar subitamente para um valor de tensão e, em seguida, cair de forma rápida para outro valor de tensão, o circuito costuma ser denominado *oscilador de onda quadrada* ou *de pulso*.

Para entender como um circuito realimentado funciona como um oscilador, considere o circuito realimentado da Figura 14.18. Quando a chave na entrada do amplificador está aberta, não há oscilação. Imaginemos que haja uma tensão *fictícia* V_i na entrada do amplificador. Isso resulta em uma tensão de saída $V_o = AV_i$ após o estágio amplificador, e em uma tensão $V_f = \beta(AV_i)$ após o estágio de realimentação. Portanto, temos uma tensão de realimentação $V_f = \beta AV_i$, onde βA é chamado de *ganho de malha*. Se o circuito do amplificador básico e o circuito de realimenta-

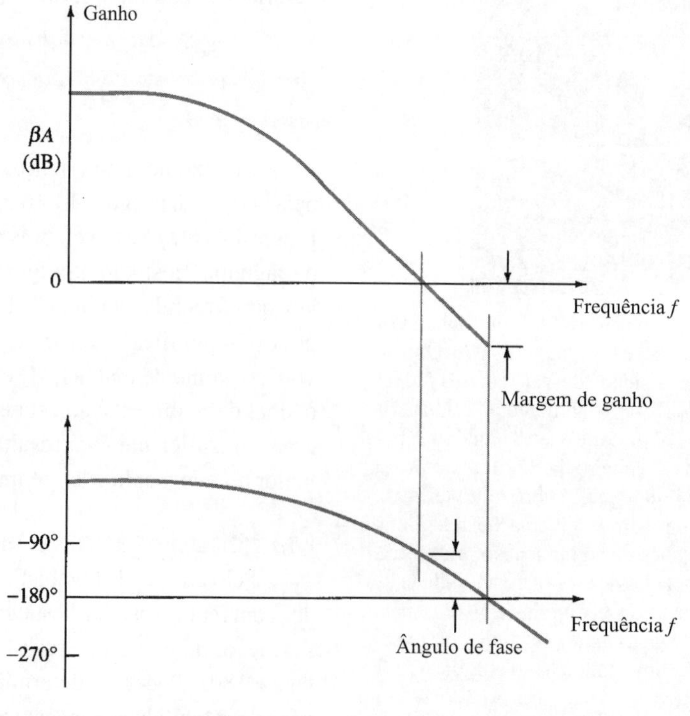

Figura 14.17 Diagrama de Bode mostrando a margem de ganho e a margem de fase.

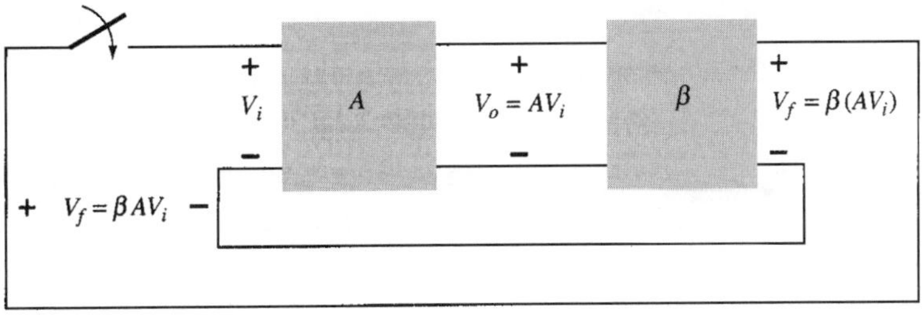

Figura 14.18 Circuito realimentado usado como um oscilador.

ção fornecerem βA com amplitude e fase corretas, V_f poderá ser igual a V_i. Então, quando a chave é fechada e a tensão fictícia V_i é removida, o circuito continuará a operar desde que a tensão de realimentação seja suficiente para acionar os circuitos do amplificador e de realimentação, resultando em uma tensão de entrada apropriada para manter a operação de malha. A forma de onda na saída permanecerá após o fechamento da chave se a condição

$$\beta A = 1 \tag{14.32}$$

for atendida. Esse é o *critério de Barkhausen* para oscilação.

Na verdade, não é necessário um sinal de entrada para dar início à oscilação. Apenas a condição $\beta A = 1$ deve ser satisfeita para que a oscilação se autossustente. Na prática, βA é feito maior do que 1, e o sistema começa a oscilar pela amplificação da tensão de ruído, que está sempre presente. Fatores de saturação em um circuito prático resultam em um valor "médio" de βA igual a 1. As formas de onda resultantes nunca são exatamente senoidais. No entanto, quanto mais próximo βA estiver de 1, mais a forma de onda se aproximará de uma senoide. A Figura 14.19 mostra como o ruído consegue proporcionar a condição de oscilação de regime permanente.

Outra maneira de verificar como o circuito realimentado atua como oscilador consiste em observar o denominador na equação básica de realimentação (14.2), $A_f = A/(1 + \beta A)$. Quando $\beta A = -1$, ou magnitude 1 no ângulo de fase de 180°, o denominador torna-se zero e o ganho com realimentação, A_f, torna-se infinito. Portanto, um sinal infinitesimal (tensão de ruído) pode produzir uma tensão de saída mensurável, e o circuito age como um oscilador, apesar de não existir sinal de entrada.

O restante deste capítulo abordará diversos circuitos osciladores que utilizam grande variedade de componentes. Considerações práticas serão incluídas, e os vários exemplos, discutidos.

14.6 OSCILADOR DE DESLOCAMENTO DE FASE

Um exemplo de oscilador que segue o desenvolvimento básico de um circuito com realimentação é o *oscilador de deslocamento de fase*. A Figura 14.20 apresenta uma versão idealizada desse circuito. Lembramos que os requisitos para a oscilação são o ganho de malha, βA, ser maior do que a unidade, *e* o deslocamento de fase no circuito de realimentação ser igual a 180° (para que ocorra

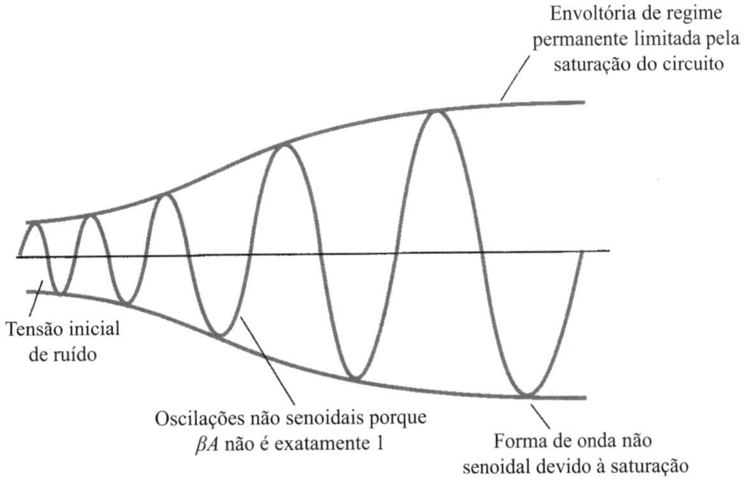

Figura 14.19 Estabelecimento da oscilação de regime permanente.

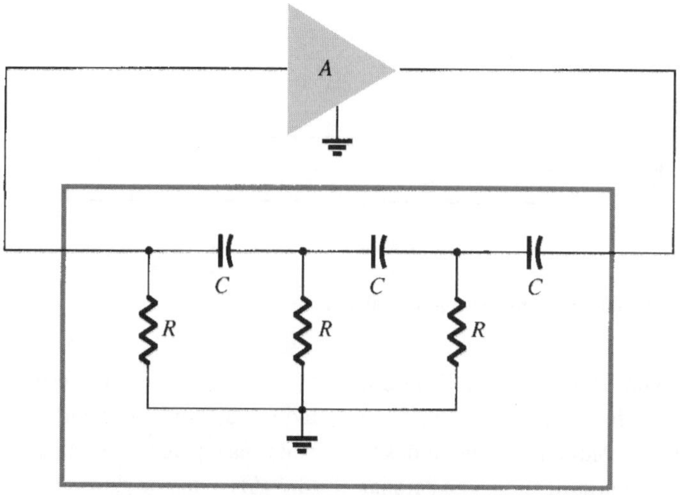

Figura 14.20 Oscilador de deslocamento de fase idealizado.

uma realimentação positiva). Nesse modelo, consideramos que o circuito de realimentação seja alimentado por uma fonte perfeita (impedância de saída zero) e que sua saída seja aplicada a uma carga ideal (impedância de carga infinita). Esse modelo idealizado permitirá o desenvolvimento da teoria que explica a operação do oscilador de deslocamento de fase. Versões do circuito prático serão, então, consideradas.

Concentrando nossa atenção no circuito de deslocamento de fase, estamos interessados no valor de atenuação do circuito em uma dada frequência na qual o deslocamento de fase seja exatamente 180°. Utilizando a análise clássica de circuitos, percebemos que

$$f = \frac{1}{2\pi RC\sqrt{6}} \quad (14.33)$$

$$\beta = \frac{1}{29} \quad (14.34)$$

e o deslocamento de fase é 180°.

Para que o ganho de malha βA seja maior do que 1, o ganho do estágio amplificador deve ser maior do que $1/\beta$, ou 29:

$$A > 29 \quad (14.35)$$

Quando consideramos a operação do circuito de realimentação, podemos ingenuamente escolher valores para R e C que produzam (em uma frequência específica) um deslocamento de fase de 60° por seção, para três seções, resultando em um deslocamento de fase de 180°, como desejado. Mas esse não é o caso, pois cada seção RC no circuito de realimentação representa uma carga para a seção anterior. O que realmente interessa é que o deslocamento de fase *total* do circuito seja de 180°. A frequência dada pela Equação 14.33 é aquela na qual o deslocamento de fase *total* é 180°. Se medíssemos o deslocamento de fase por seção, constataríamos que eles não são iguais, ainda que o deslocamento de fase total do circuito seja 180°. Caso desejássemos obter um deslocamento de fase por seção exatamente de 60° para cada um dos três estágios, seriam necessários estágios de seguidor de emissor para cada seção RC a fim de evitar que cada uma delas representasse uma carga para o circuito seguinte.

Oscilador de deslocamento de fase com FET

Uma versão do circuito oscilador de deslocamento de fase empregada na prática é mostrada na Figura 14.21(a). O circuito mostra claramente a malha de realimentação e o amplificador. O estágio amplificador é autopolarizado com um capacitor de desvio sobre o resistor de fonte R_S e um resistor de polarização do dreno R_D. Os parâmetros de interesse do FET são g_m e r_d. Da teoria sobre o FET, o valor do ganho do amplificador é calculado por

$$|A| = g_m R_L \quad (14.36)$$

onde R_L, nesse caso, é o equivalente do paralelo entre R_D e r_d,

$$R_L = \frac{R_D r_d}{R_D + r_d} \quad (14.37)$$

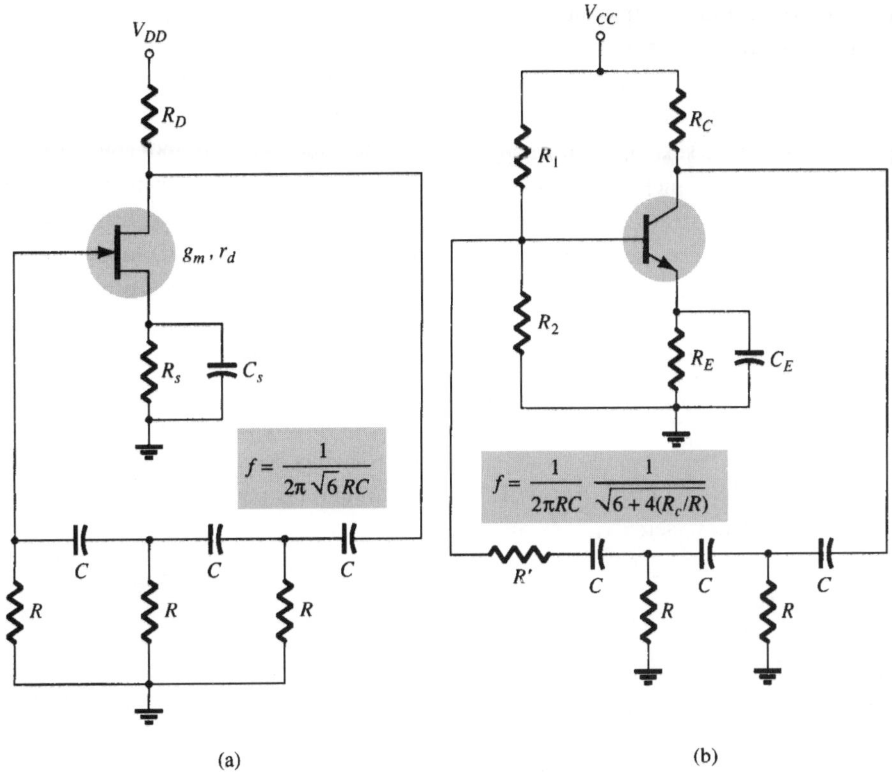

Figura 14.21 Circuitos práticos de osciladores de deslocamento de fase: (a) versão com FET; (b) versão com TBJ.

Em uma aproximação muito boa podemos assumir que a impedância de entrada do estágio amplificador com FET é infinita. Essa suposição será válida se a frequência de operação do oscilador for baixa o suficiente para que as impedâncias capacitivas do FET possam ser desprezadas. A impedância de saída do estágio amplificador, dada por R_L, também deve ser pequena quando comparada à impedância vista do amplificador para o circuito de realimentação, de modo que não haja atenuação em virtude do efeito de carga. Na prática, essas considerações nem sempre podem ser levadas em conta, e o ganho do amplificador é projetado ligeiramente maior do que o fator 29 necessário para garantir a operação do oscilador.

EXEMPLO 14.7

Queremos projetar um oscilador de deslocamento de fase [como vemos na Figura 14.21(a)] utilizando um FET com $g_m = 5000\ \mu$S, $r_d = 40$ kΩ e um circuito de realimentação com $R = 10$ kΩ. Calcule o valor de C para que haja oscilação em 1 kHz e um R_D que proporcione $A > 29$ para garantir a oscilação.

Solução:

A Equação 14.33 é utilizada para determinar o valor do capacitor. Visto que $f = 1/2\pi RC\sqrt{6}$, é possível resolver para C:

$$C = \frac{1}{2\pi Rf\sqrt{6}}$$

$$= \frac{1}{(6{,}28)(10 \times 10^3)(1 \times 10^3)(2{,}45)} = \mathbf{6{,}5\ nF}$$

Utilizando a Equação 14.36, calculamos R_L para proporcionar um ganho de, digamos, $A = 40$ (essa margem permite algum efeito de carga entre R_L e a impedância de entrada do circuito de realimentação):

$$|A| = g_m R_L$$

$$R_L = \frac{|A|}{g_m} = \frac{40}{5000 \times 10^{-6}} = 8\ \text{k}\Omega$$

A partir da Equação 14.37, determinamos que $R_D = \mathbf{10\ k\Omega}$.

Oscilador de deslocamento de fase com transistor

Se um transistor TBJ for utilizado como o elemento ativo do estágio amplificador, a saída do circuito de realimentação sofrerá bastante o efeito de carga em função da impedância de entrada (h_{ie}) relativamente baixa do transistor. Obviamente, poderia ser utilizado um estágio de entrada seguidor de emissor seguido de um estágio amplificador emissor-comum. No entanto, caso queiramos um estágio com um único transistor, é mais adequado utilizarmos uma realimentação-paralela de tensão [como mostra a Figura 14.21(b)]. Nessa conexão, o sinal de realimentação é acoplado através do resistor de realimentação R' *em série* com a resistência de entrada (R_i) do estágio amplificador.

A análise CA do circuito fornece a seguinte equação para o cálculo da frequência do oscilador resultante:

$$f = \frac{1}{2\pi RC}\frac{1}{\sqrt{6 + 4(R_C/R)}} \tag{14.38}$$

Para que o ganho de malha seja maior do que 1, o ganho de corrente do transistor deve ser:

$$h_{fe} > 23 + 29\frac{R}{R_C} + 4\frac{R_C}{R} \tag{14.39}$$

Oscilador de deslocamento de fase com CI

À medida que se tornaram mais populares, os CIs começaram a ser adaptados para operar em circuitos osciladores. É necessário apenas um amp-op para se obter um circuito amplificador com ganho estabilizado e incorporar algum meio de realimentação de sinal para produzir um circuito oscilador. Por exemplo, um oscilador de deslocamento de fase é mostrado na Figura 14.22. A saída do amp-op alimenta um circuito *RC* de três estágios, que realiza o deslocamento necessário de 180° na fase do sinal (com um fator de atenuação de 1/29). Se o amp-op produzir um ganho (dado pelos resistores R_i e R_f) maior do que 29, o ganho de malha resultante será maior do que 1, e o circuito atuará como um oscilador (a frequência do oscilador é dada pela Equação 14.33).

14.7 OSCILADOR EM PONTE DE WIEN

Um circuito oscilador prático utiliza um amp-op e um circuito *RC* em ponte, sendo a frequência do oscilador determinada pelos componentes *R* e *C*. A Figura 14.23 mostra uma versão básica de circuito oscilador em ponte de Wien. Observe a conexão em ponte. Os resistores R_1 e R_2 e os capacitores C_1 e C_2 formam os elementos de ajuste da frequência, enquanto os resistores R_3 e R_4 formam parte do caminho de realimentação. A saída do amp-op é conectada à entrada da ponte, nos pontos *a* e *c*. A saída da ponte, nos pontos *b* e *d*, é a entrada para o amp-op.

Desprezando os efeitos de carregamento devido às impedâncias de entrada e de saída do amp-op, a análise do circuito em ponte resulta em

$$\frac{R_3}{R_4} = \frac{R_1}{R_2} + \frac{C_2}{C_1} \tag{14.40}$$

e

$$f_o = \frac{1}{2\pi\sqrt{R_1C_1R_2C_2}} \tag{14.41}$$

Se, em particular, os valores forem $R_1 = R_2 = R$ e $C_1 = C_2 = C$, a frequência resultante do oscilador será

$$f_o = \frac{1}{2\pi RC} \tag{14.42}$$

e

$$\frac{R_3}{R_4} = 2 \tag{14.43}$$

Portanto, uma razão entre R_3 e R_4 maior do que 2 oferecerá um ganho de malha suficiente para que o circuito oscile na frequência calculada pela Equação 14.42.

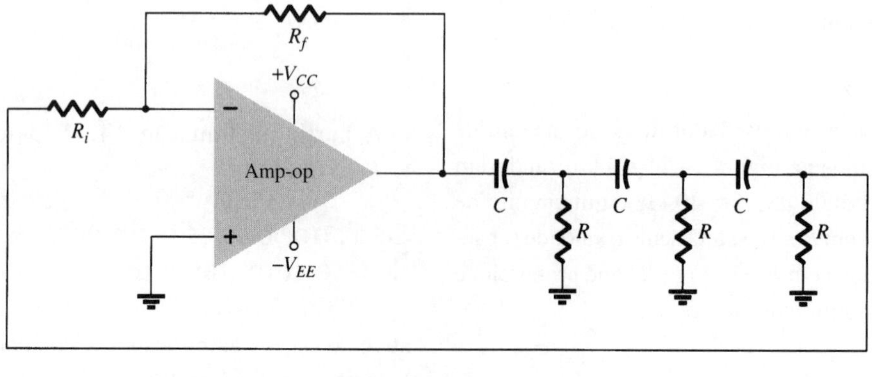

Figura 14.22 Oscilador de deslocamento de fase que utiliza amp-op.

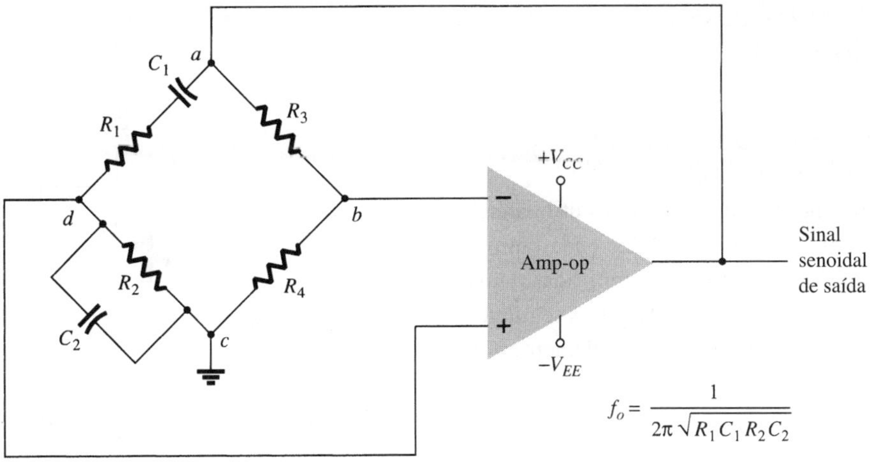

Figura 14.23 Circuito oscilador em ponte de Wien utilizando amp-op.

EXEMPLO 14.8

Calcule a frequência de ressonância do oscilador em ponte de Wien da Figura 14.24.

Solução:

Utilizando a Equação 14.42, obtemos:

$$f_o = \frac{1}{2\pi RC} = \frac{1}{2\pi(51 \times 10^3)(0{,}001 \times 10^{-6})}$$
$$= \mathbf{3120{,}7\ Hz}$$

EXEMPLO 14.9

Projete os elementos *RC* de um oscilador em ponte de Wien, como na Figura 14.24, para que opere em $f_o = 10$ kHz.

Solução:

Utilizando valores iguais de *R* e *C*, podemos selecionar $R = 100\ k\Omega$ e calcular o valor necessário de *C* utilizando a Equação 14.42:

$$C = \frac{1}{2\pi f_o R} = \frac{1}{6{,}28(10 \times 10^3)(100 \times 10^3)}$$
$$= \frac{10^{-9}}{6{,}28} = \mathbf{159\ pF}$$

Podemos utilizar $R_3 = 300\ k\Omega$ e $R_4 = 100\ k\Omega$ para que a razão R_3/R_4 seja maior do que 2 e a oscilação ocorra.

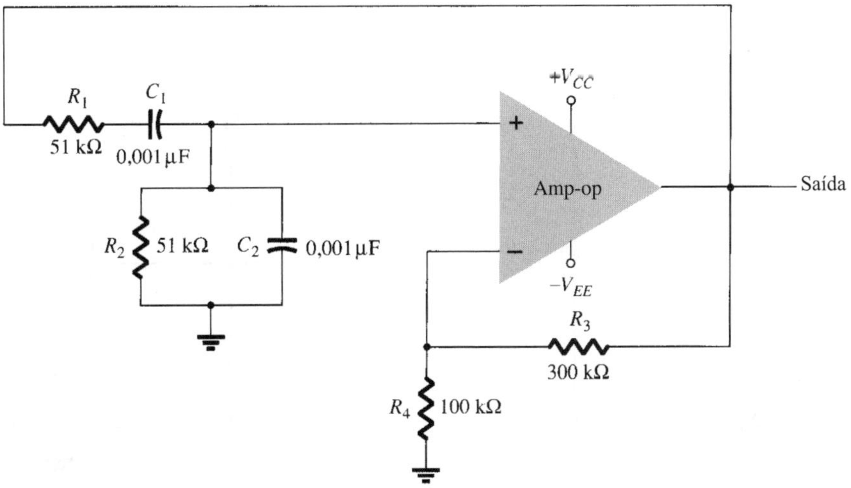

Figura 14.24 Circuito oscilador em ponte de Wien para o Exemplo 14.8.

14.8 CIRCUITO OSCILADOR SINTONIZADO

Circuitos osciladores com entrada sintonizada, saída sintonizada

Vários circuitos podem ser construídos utilizando-se o esquema mostrado na Figura 14.25, onde tanto a entrada quanto a saída do circuito são sintonizadas. Uma análise do circuito da Figura 14.25 revela que os seguintes tipos de osciladores são obtidos quando os elementos de reatância são:

	Elemento de reatância		
Tipo de oscilador	X_1	X_2	X_3
Oscilador Colpitts	C	C	L
Oscilador Hartley	L	L	C
Entrada sintonizada, saída sintonizada	LC	LC	–

Oscilador Colpitts

Oscilador Colpitts com FET Uma versão prática de um oscilador Colpitts com FET é mostrado na Figura 14.26. O circuito tem basicamente a mesma forma mostrada na Figura 14.25, com a adição dos componentes necessários para a polarização CC do amplificador com FET. A frequência do oscilador é

$$f_o = \frac{1}{2\pi\sqrt{LC_{eq}}} \tag{14.44}$$

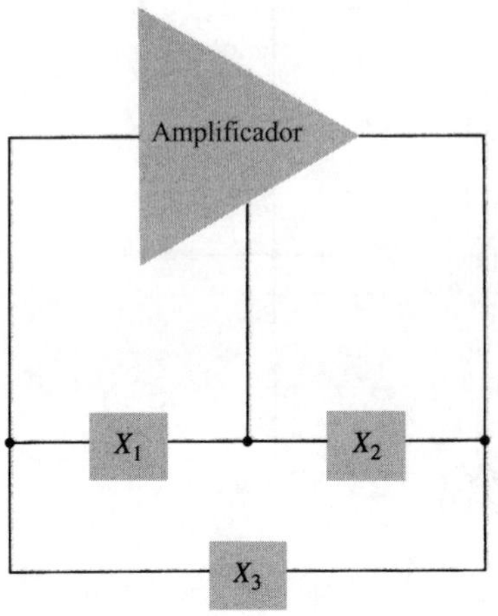

Figura 14.25 Configuração básica do oscilador com circuito ressonante.

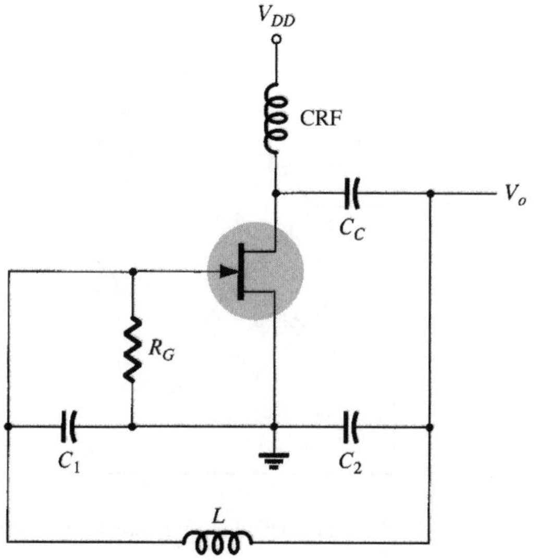

Figura 14.26 Oscilador Colpitts com FET.

onde

$$C_{eq} = \frac{C_1C_2}{C_1 + C_2} \tag{14.45}$$

Oscilador Colpitts com transistor O oscilador Colpitts com transistor pode ser montado como mostra a Figura 14.27. A frequência de oscilação do circuito é determinada pela Equação 14.44.

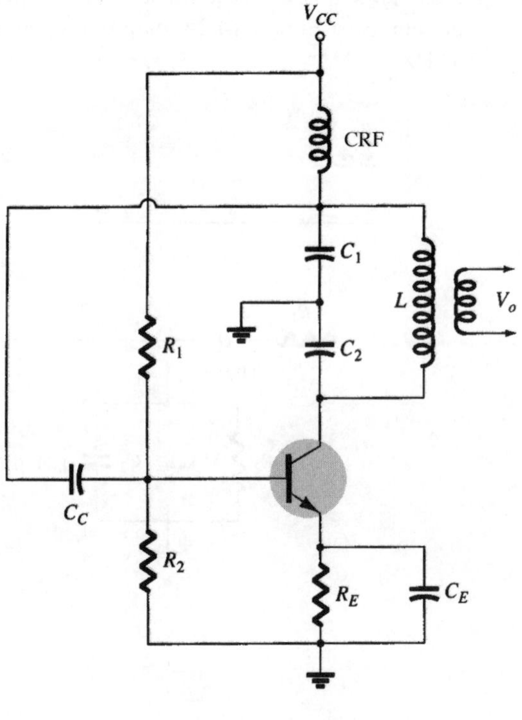

Figura 14.27 Oscilador Colpitts com transistor.

Edwin Henry Colpitts (1872-1949) foi um pioneiro em comunicações mais conhecido pela invenção do oscilador Colpitts. Em 1915, sua equipe na Western Electric demonstrou com sucesso o primeiro sistema de radiocomunicação com alcance transatlântico. Em 1895, ingressou na Universidade de Harvard, onde estudou física e matemática. Nessa instituição, obteve bacharelado em 1896 e mestrado em 1897. Em 1899, aceitou um cargo na American Bell Telephone Company. Transferiu-se para a Western Electric em 1907. Seu colega Ralph Hartley inventou um oscilador com acoplamento indutivo, que Colpitts aprimorou em 1915. Colpitts serviu no U.S. Army Signal Corps durante a Primeira Guerra Mundial e passou algum tempo na França como oficial responsável pela comunicação militar. Colpitts morreu em casa em 1949, em Orange, New Jersey. (Cortesia da AT&T Archives and History Center.)

Oscilador Colpitts com CI A Figura 14.28 mostra um circuito oscilador Colpitts com amp-op. Novamente, o amp-op fornece a amplificação básica necessária, e a frequência do oscilador é determinada pelo circuito de realimentação LC de uma configuração Colpitts. A frequência do oscilador é dada pela Equação 14.44.

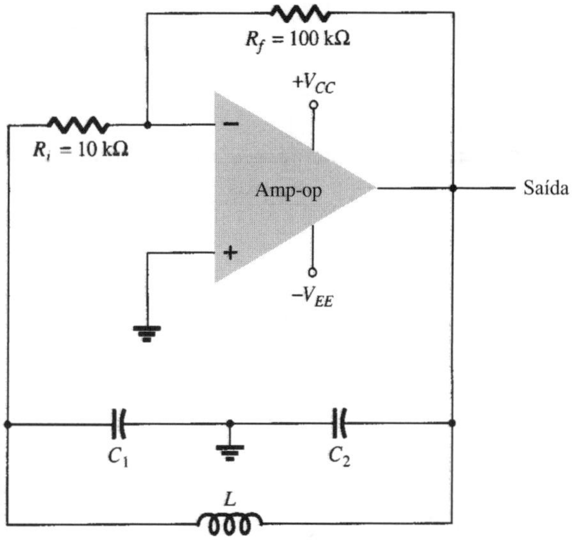

Figura 14.28 Oscilador Colpitts com amp-op.

Oscilador Hartley

Se os elementos do circuito ressonante básico da Figura 14.25 forem X_1 e X_2 (indutores) e X_3 (capacitor), o circuito é um oscilador Hartley.

Oscilador Hartley com FET Um circuito oscilador Hartley com FET é mostrado na Figura 14.29. O circuito é desenhado de modo que a malha de realimentação tenha a mesma forma apresentada pelo circuito ressonante básico (Figura 14.25). Observe, no entanto, que os indutores L_1 e L_2 têm um acoplamento mútuo M que deve ser levado em conta na determinação da indutância equivalente do circuito tanque ressonante. A frequência de oscilação do circuito é, então, dada aproximadamente por

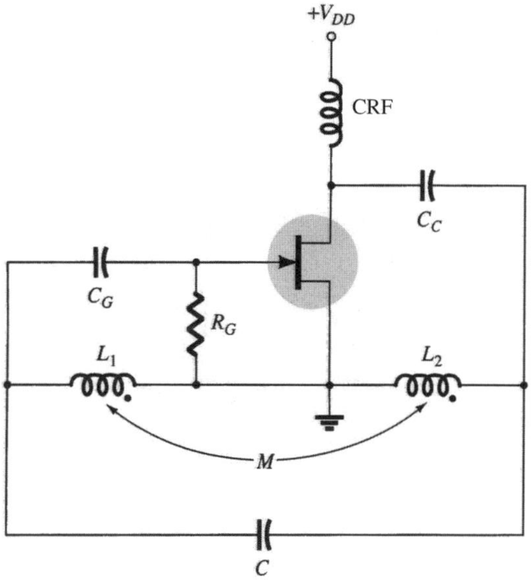

Figura 14.29 Oscilador Hartley com FET.

$$f_o = \frac{1}{2\pi\sqrt{L_{eq}C}} \qquad (14.46)$$

com

$$L_{eq} = L_1 + L_2 + 2M \qquad (14.47)$$

Oscilador Hartley com transistor A Figura 14.30 mostra um circuito oscilador Hartley com transistor. O circuito opera na frequência determinada pela Equação 14.46.

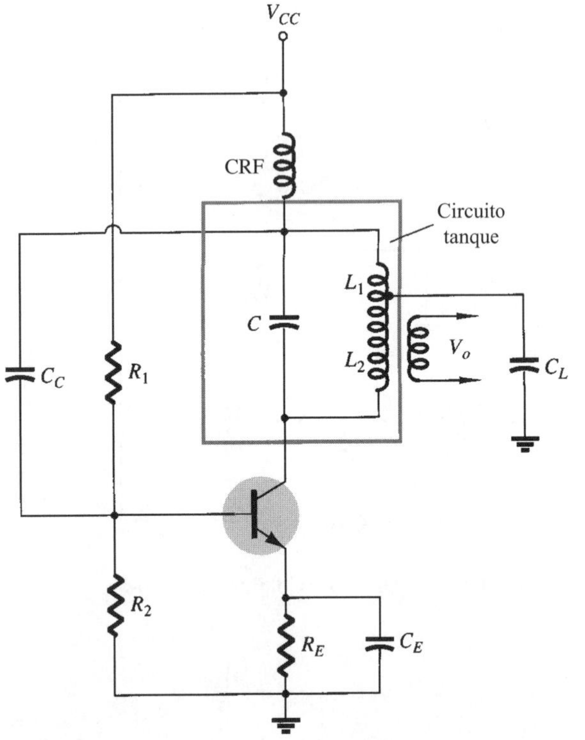

Figura 14.30 Circuito oscilador Hartley com transistor.

Ralph Hartley nasceu em Nevada em 1888 e frequentou a Universidade de Utah, onde obteve licenciatura em Artes em 1909. Tornou-se Rhodes Scholar da Universidade de Oxford em 1910, onde obteve bacharelado em 1912 e B.Sc. em 1913. Ao retornar aos Estados Unidos, conseguiu um emprego no laboratório de pesquisas da Western Electric Company. Em 1915, passou a comandar o desenvolvimento de receptores de rádio na Bell Systems. Desenvolveu o oscilador Hartley e também um circuito neutralizante para eliminar o efeito "triode singing" resultante de acoplamento interno. Durante a Primeira Guerra Mundial, estabeleceu os princípios que levaram aos dispositivos localizadores direcionais sonoros. Aposentou-se da Bell Labs em 1950 e faleceu em 1º de maio de 1970. (Cortesia da AT&T Archives and History Center.)

14.9 OSCILADOR A CRISTAL

Um oscilador a cristal é basicamente um circuito oscilador sintonizado que utiliza um cristal piezoelétrico como circuito tanque ressonante. O cristal (normalmente quartzo) apresenta mais estabilidade e mantém constante em qualquer que seja a frequência para a qual foi originalmente cortado. Osciladores a cristal são utilizados sempre que é necessária uma grande estabilidade de frequência, como em transmissores e receptores de comunicação.

Características de um cristal de quartzo

O cristal de quartzo (um dos vários tipos de cristal existentes) tem a propriedade de, quando submetido a esforço mecânico em um par de suas faces, desenvolver uma diferença de potencial através de suas faces opostas. Essa propriedade do cristal é chamada de *efeito piezoelétrico*. Da mesma forma, uma tensão aplicada sobre um conjunto de faces do cristal produz distorção mecânica na forma desse cristal.

Quando aplicamos uma tensão alternada a um cristal, surgem vibrações mecânicas em sua estrutura, e essas vibrações têm uma frequência ressonante natural dependente do cristal. Embora este apresente ressonância eletromecânica, podemos apresentar a ação do cristal por um circuito elétrico ressonante equivalente, como mostra a Figura 14.31. O indutor L e o capacitor C são, respectivamente, os equivalentes elétricos da massa e da ductilidade do cristal, enquanto a resistência R é o equivalente elétrico que representa o atrito interno na estrutura do cristal. O capacitor em paralelo C_M corresponde à capacitância que surge em virtude de seu encapsulamento. Devido às perdas no cristal, representadas por R, serem pequenas, o fator de qualidade Q é alto — geralmente 20.000. Com cristais, podemos obter valores de Q de até 10^6.

O cristal representado pelo circuito elétrico equivalente da Figura 14.31 pode apresentar duas frequências de ressonância. Uma condição para a ressonância ocorre

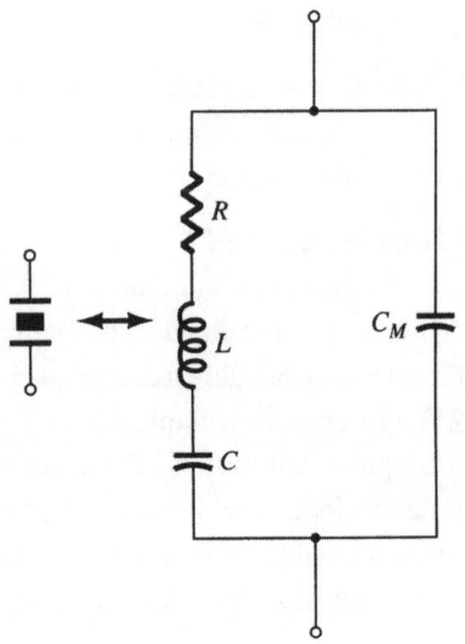

Figura 14.31 Circuito elétrico equivalente de um cristal.

quando as reatâncias do ramo *RLC* são iguais (e opostas). Para essa condição, a impedância *série ressonante* é bastante baixa (igual a *R*). A outra condição ressonante ocorre em uma frequência mais alta, quando a reatância do ramo série ressonante é igual à reatância do capacitor C_M. Essa é a ressonância em paralelo, ou condição antirressonante do cristal. Nessa frequência, o cristal oferece uma impedância muito alta para o circuito externo. A relação entre impedância e frequência do cristal é apresentada na Figura 14.32. Para utilizarmos o cristal adequadamente, devemos conectá-lo de maneira a selecionar sua baixa impedância no modo de operação série ressonante ou sua alta impedância no modo de operação antirressonante.

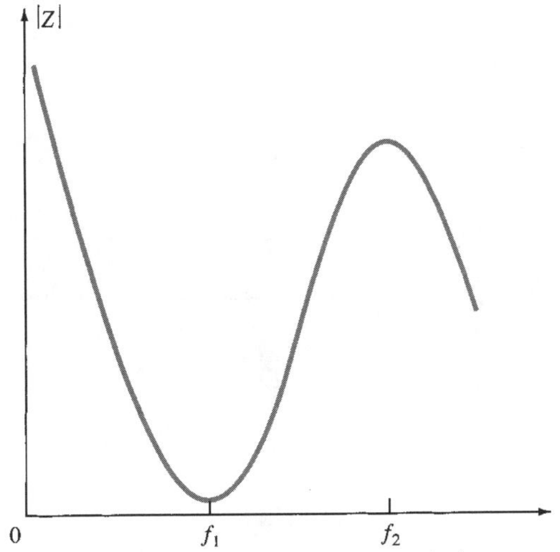

Figura 14.32 Impedância do cristal *versus* frequência.

Circuitos série-ressonante

Para excitar um cristal no modo série ressonante, ele pode ser conectado como um elemento em série de um circuito de realimentação. Na frequência série ressonante do cristal, sua impedância é a menor possível, e a realimentação (positiva), a maior. A Figura 14.33 mostra um circuito transistor típico. Os resistores R_1, R_2 e R_E formam um circuito de polarização CC com divisor de tensão estabilizado. O capacitor C_E faz um desvio CA no resistor de emissor, e a bobina de CRF deixa passar a polarização CC e desacopla qualquer sinal CA da linha de alimentação para evitar que ele afete o sinal de saída. A realimentação de tensão do coletor para a base é máxima quando a impedância do cristal for mínima (no modo série ressonante). O capacitor de acoplamento C_C apresenta uma impedância desprezível na frequência de operação do circuito, mas bloqueia qualquer tensão CC entre o coletor e a base.

A frequência de oscilação resultante do circuito é definida, portanto, pela frequência série ressonante do cristal. Modificações na tensão de alimentação, nos parâmetros do transistor, e assim por diante, não influem na frequência de operação do circuito, que é mantida estável pelo cristal. A estabilidade na frequência do circuito é determinada pela estabilidade na frequência do cristal, que é boa.

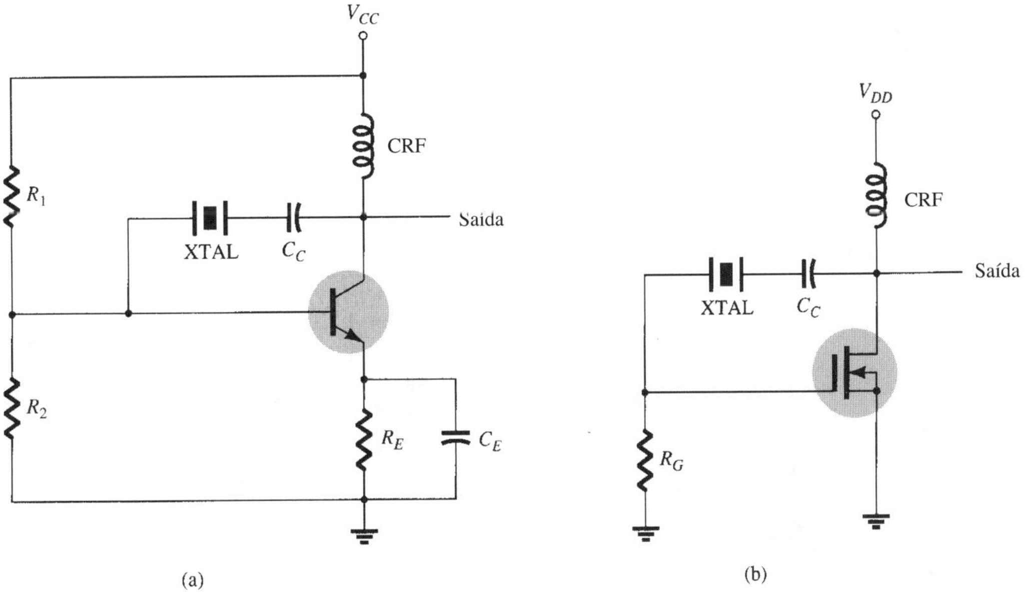

Figura 14.33 Oscilador controlado por cristal utilizando um cristal (XTAL) em um caminho de realimentação-série: (a) circuito com TBJ; (b) circuito com FET.

Circuito paralelo-ressonante

Uma vez que a impedância ressonante paralela de um cristal é máxima, sua conexão é realizada em paralelo. Na frequência de operação correspondente à ressonância paralela, o cristal apresenta a máxima reatância indutiva possível. A Figura 14.34 mostra um cristal conectado como o elemento indutivo em um circuito de Colpitts modificado. O circuito de polarização CC é evidente. A tensão máxima sobre o cristal ocorre em sua frequência ressonante paralela. A tensão é acoplada ao emissor por meio de um divisor de tensão capacitivo — capacitores C_1 e C_2.

O *oscilador de Miller controlado a cristal* é mostrado na Figura 14.35. Um circuito sintonizado *LC* conectado ao dreno é ajustado próximo à frequência ressonante paralela do cristal. O sinal máximo porta-fonte ocorre na frequência antirressonante do cristal, controlando a frequência de operação do circuito.

Oscilador a cristal

Um amp-op pode ser utilizado em um oscilador a cristal, como mostra a Figura 14.36. O cristal é conectado no caminho série-ressonante e opera na frequência série--ressonante do cristal. Este circuito apresenta um alto ganho, de maneira que o sinal resultante na saída é uma onda quadrada, como mostra a figura. Um par de diodos Zener é colocado na saída para que a amplitude do sinal seja exatamente a tensão do Zener (V_Z).

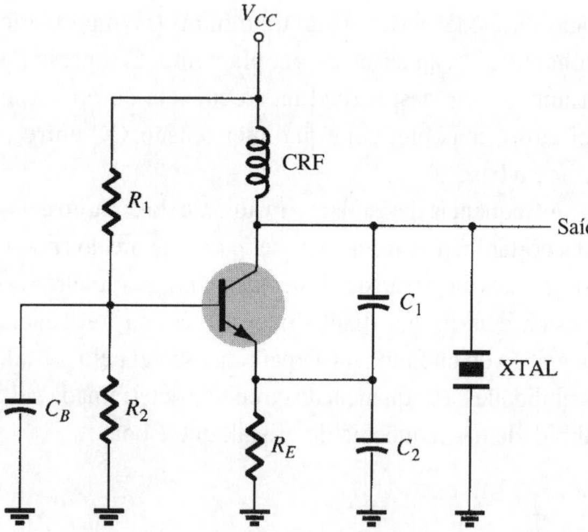

Figura 14.34 Oscilador controlado a cristal que opera no modo paralelo-ressonante.

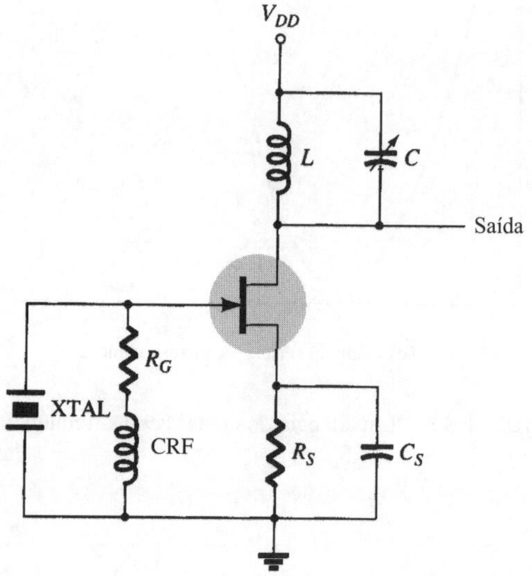

Figura 14.35 Oscilador de Miller controlado a cristal.

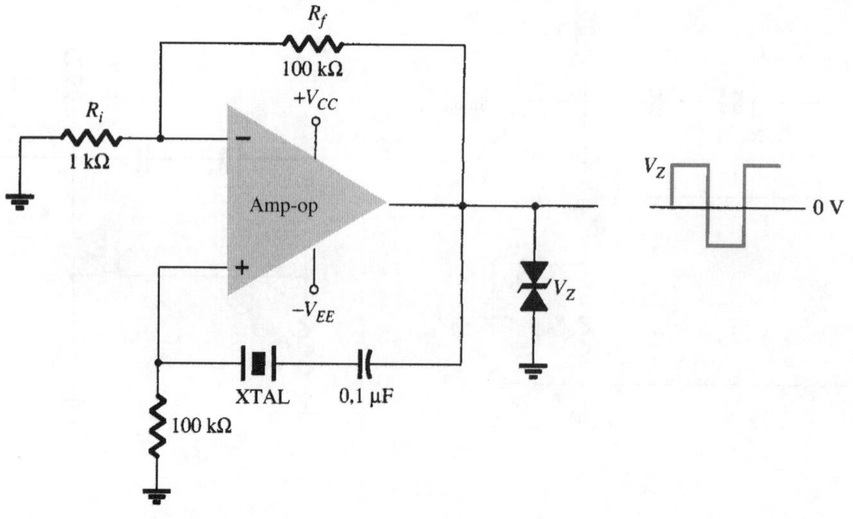

Figura 14.36 Oscilador a cristal com amp-op.

14.10 OSCILADOR COM TRANSISTOR UNIJUNÇÃO

O transistor unijunção é um dispositivo específico que pode ser utilizado em um oscilador de um único estágio para fornecer um sinal pulsado, adequado a aplicações digitais. Esse transistor pode ser utilizado no circuito conhecido como *oscilador de relaxação*, mostrado no circuito básico da Figura 14.37. O resistor R_T e o capacitor C_T são os componentes temporizadores que determinam a taxa de oscilação do circuito. A frequência de operação pode ser calculada pela Equação 14.48, que inclui a *razão intrínseca de disparo* η do transistor unijunção como um fator determinante (além dos valores de R_T e C_T) na frequência de operação do oscilador:

$$f_o \cong \frac{1}{R_T C_T \ln[1/(1-\eta)]} \tag{14.48}$$

Tipicamente, um transistor unijunção apresenta uma razão intrínseca de disparo que varia de 0,4 até 0,6. Utilizando $\eta = 0{,}5$, temos:

$$\begin{aligned} f_o &\cong \frac{1}{R_T C_T \ln[1/(1-0{,}5)]} \\ &= \frac{1{,}44}{R_T C_T \ln 2} = \frac{1{,}44}{R_T C_T} \\ &\cong \frac{1{,}5}{R_T C_T} \end{aligned} \tag{14.49}$$

O capacitor C_T é carregado através do resistor R_T pela fonte V_{BB}. Enquanto a tensão do capacitor é menor do que a tensão de disparo (V_P), determinada pela tensão entre $B_1 - B_2$ e pela razão intrínseca de disparo η,

$$V_P = \eta V_{B1} V_{B2} - V_D \tag{14.50}$$

o emissor do transistor de unijunção se apresenta como um circuito aberto. Quando a tensão no emissor, medida sobre o capacitor, supera esse valor (V_P), o circuito unijunção dispara, descarregando o capacitor; depois disso, outro ciclo de carregamento se inicia. Quando o transistor dispara, um aumento de tensão ocorre sobre R_1 e uma queda de tensão ocorre sobre R_2, como mostra a Figura 14.38. O sinal no emissor é uma forma de onda dente de serra que, na base 1, causa pulsos positivos e, na base 2, pulsos negativos. Algumas variações desse tipo de oscilador são mostradas na Figura 14.39.

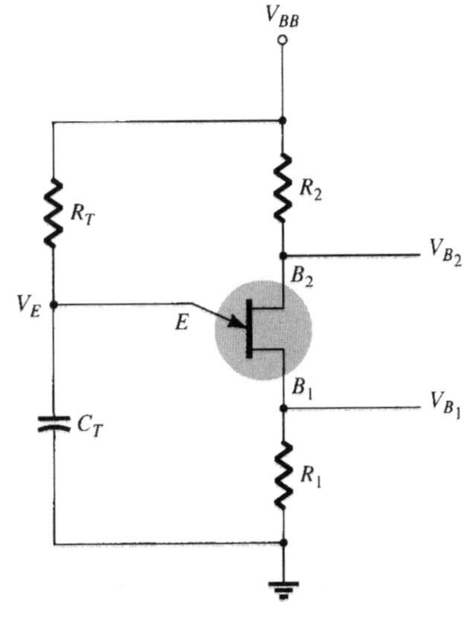

Figura 14.37 Circuito oscilador básico com transistor unijunção.

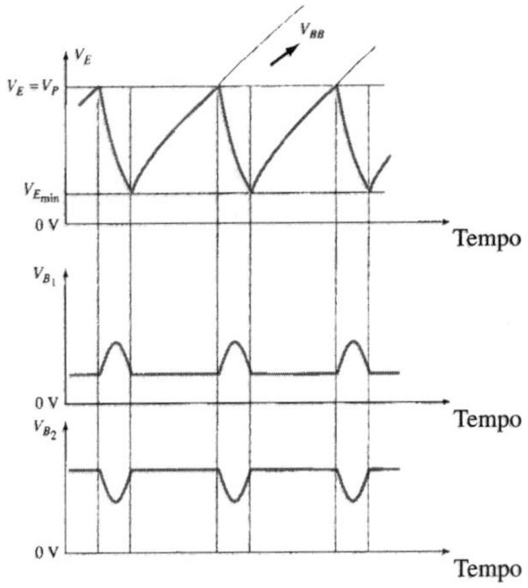

Figura 14.38 Formas de onda encontradas no oscilador com transistor unijunção.

14.11 RESUMO

Equações

Realimentação-série de tensão:

$$A_f = \frac{V_o}{V_s} = \frac{A}{1 + \beta A},$$

$$Z_{if} = \frac{V_s}{I_i} = Z_i + (\beta A)Z_i = Z_i(1 + \beta A),$$

$$Z_{of} = \frac{V}{I} = \frac{Z_o}{(1 + \beta A)}$$

Realimentação-paralela de tensão:

$$A_f = \frac{A}{1 + \beta A}, \qquad Z_{if} = \frac{Z_i}{(1 + \beta A)}$$

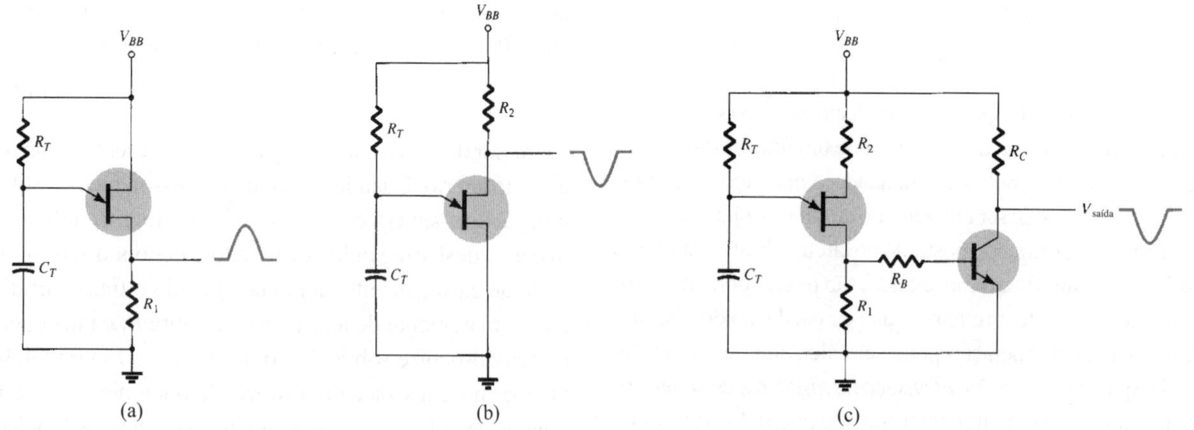

Figura 14.39 Algumas configurações de osciladores com transistor unijunção.

Realimentação-série de corrente:

$$Z_{if} = \frac{V}{I} = Z_i(1 + \beta A), \qquad Z_{of} = \frac{V}{I} = Z_o(1 + \beta A)$$

Realimentação-paralela de corrente:

$$Z_{if} = \frac{Z_i}{(1 + \beta A)}, \qquad Z_{of} = \frac{V}{I} = Z_o(1 + \beta A)$$

Oscilador de deslocamento de fase:

$$f = \frac{1}{2\pi RC\sqrt{6}}, \qquad \beta = \frac{1}{29}$$

Oscilador em ponte de Wien:

$$f_o = \frac{1}{2\pi\sqrt{R_1 C_1 R_2 C_2}}$$

Oscilador Colpitts:

$$f_o = \frac{1}{2\pi\sqrt{LC_{eq}}} \qquad \text{onde} \qquad C_{eq} = \frac{C_1 C_2}{C_1 + C_2}$$

Oscilador Hartley:

$$f_o = \frac{1}{2\pi\sqrt{L_{eq}C}} \qquad \text{onde} \qquad L_{eq} = L_1 + L_2 + 2M$$

Oscilador com transistor unijunção:

$$f_o \cong \frac{1}{R_T C_T \ln[1/(1 - \eta)]}$$

14.12 ANÁLISE COMPUTACIONAL

Multisim

Exemplo 14.10 — Oscilador de deslocamento de fase com CI Utilizando o Multisim, um oscilador de deslocamento de fase é desenhado como mostra a Figura 14.40. O circuito com diodo ajuda o circuito a entrar em auto-oscilação com a frequência de saída calculada utilizando:

$$\begin{aligned} f_o &= 1/(2\pi\sqrt{6}RC) \\ &= 1/[2\pi\sqrt{6}(20 \times 10^3)(0{,}001 \times 10^{-6})] \\ &= 3.248{,}7\text{ Hz} \end{aligned}$$

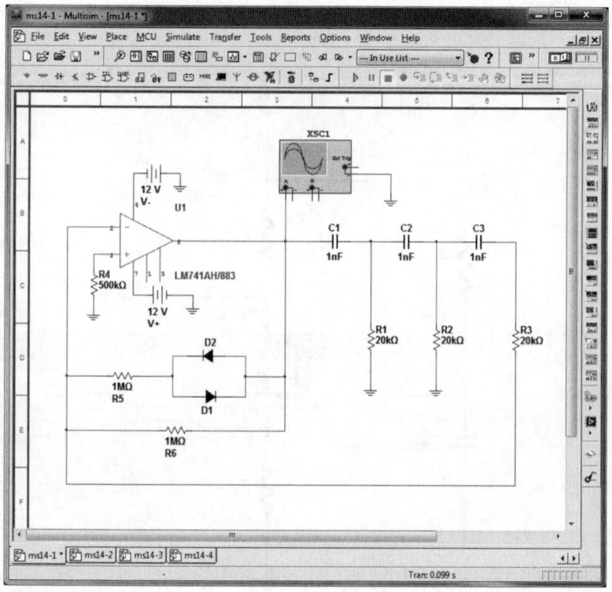

Figura 14.40 Oscilador de deslocamento de fase utilizando o Multisim.

A forma de onda do osciloscópio da Figura 14.41 mostra três ciclos do sinal. A frequência medida para a escala horizontal ajustada em 0,1 ms/div é:

$$f_{medida} = 1/(3 \text{ div} \times 0{,}1 \text{ ms/div}) = 3.333 \text{ Hz}$$

Exemplo 14.11 — Oscilador em ponte de Wien com CI Utilizando o Multisim, um oscilador em ponte de Wien com CI é montado como mostra a Figura 14.42(a). A frequência do oscilador é calculada utilizando-se

$$f_o = 1/(2\pi\sqrt{R_1C_1R_2C_2})$$

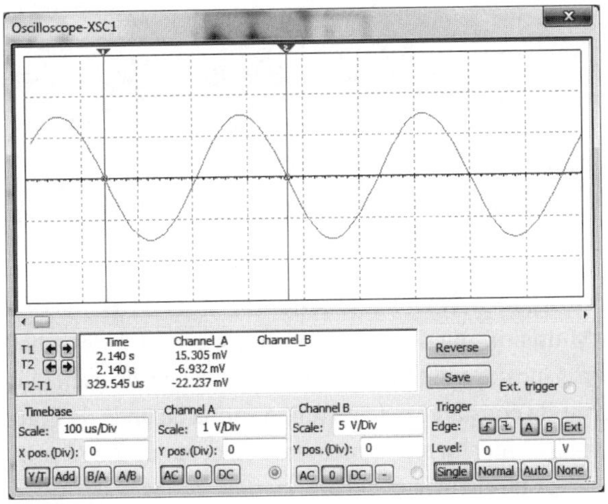

Figura 14.41 Forma de onda no osciloscópio.

a qual, para $R_1 = R_2 = R$ e $C_1 = C_2 = C$, é:

$$f_o = 1/(2\pi RC) = \frac{1}{2\pi(51 \text{ k})(1nf)}$$
$$= 312 \text{ Hz}$$

A forma de onda no osciloscópio da Figura 14.42(b) mostra a forma de onda ressonante com os cursores $T_2 - T_1 = 329{,}545\ \mu$S, resultando em uma frequência do oscilocópio em:

$$f = \frac{1}{T} = \frac{1}{329{,}545\ \mu S} \cong 3.034{,}5 \text{ Hz}$$

Exemplo 14.12 — Oscilador Colpitts com CI Utilizando o Multisim, montamos um oscilador Colpitts como mostra a Figura 14.43(a).

Pela Equação 14.45:

$$Ce_1 = \frac{C_1C_2}{C_1 + C_2} = \frac{(150 \text{ pF})(150 \text{ pF})}{(150 \text{ pF} + 150 \text{ pF})} = 75 \text{ pF}$$

A frequência do oscilador para esse circuito é, então (Equação 14.44),

$$f_o = \frac{1}{(2\pi\sqrt{LC_{eq}})}$$
$$= \frac{1}{2\pi\sqrt{(100\ \mu\text{H})(75 \text{ pF})}}$$
$$= 1.837.762{,}985 \text{ Hz}$$
$$\cong 1{,}8 \text{ MHz}$$

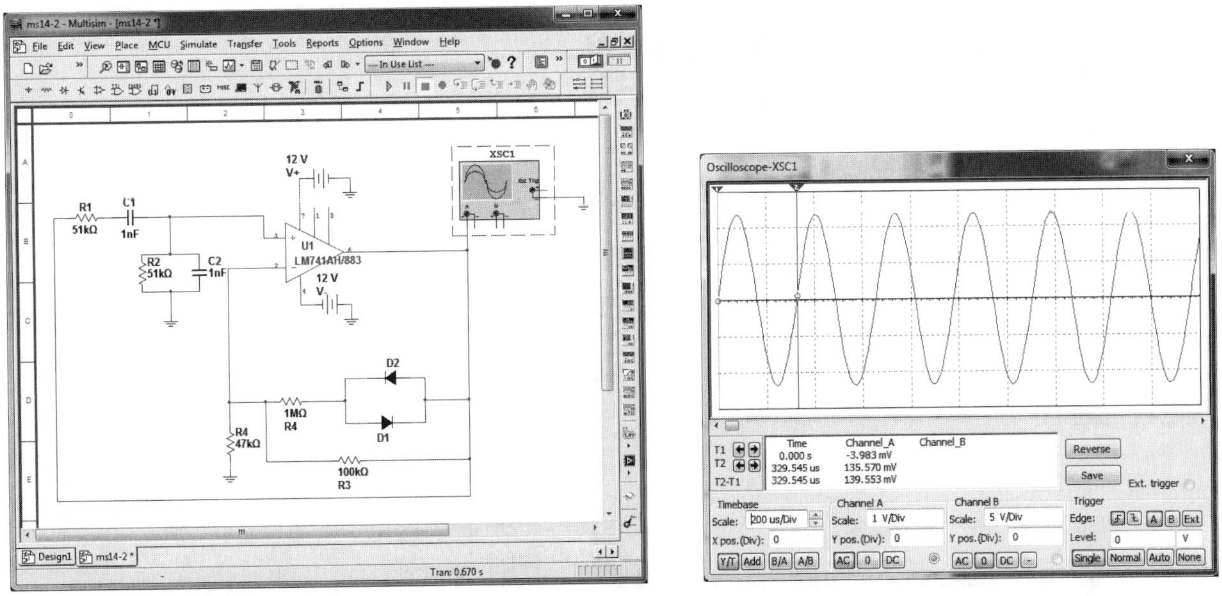

(a)

(b)

Figura 14.42 (a) Oscilador em ponte de Wien utilizando o Multisim; (b) forma de onda no osciloscópio.

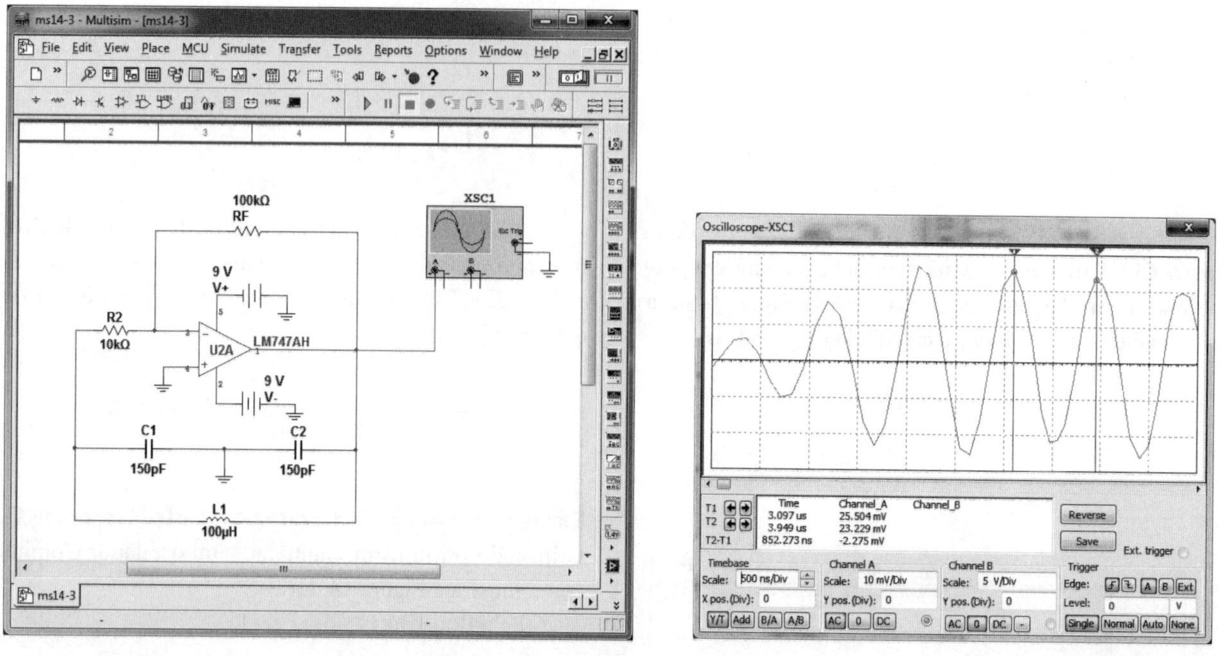

(a) (b)

Figura 14.43 (a) Oscilador Colpitts com CI utilizando o Multisim; (b) forma de onda no osciloscópio.

A Figura 14.43(b) mostra a forma de onda no osciloscópio com:

$$f = \frac{1}{T} = \frac{1}{(852{,}273\ \mu S)}$$

$$\cong 1{,}2\ \text{MHz}$$

Exemplo 14.13 — Oscilador a cristal Usando o Multisim, um circuito oscilador a cristal é desenhado como mostra a Figura 14.44(a). A frequência do oscilador é mantida constante pelo cristal. A forma de onda da Figura 14.44(b) mostra que o período é de cerca de 2,383 μS.

A frequência é, então,

$$f = 1/T = 1/2{,}383\ \mu s = 0{,}42\ \text{MHz}$$

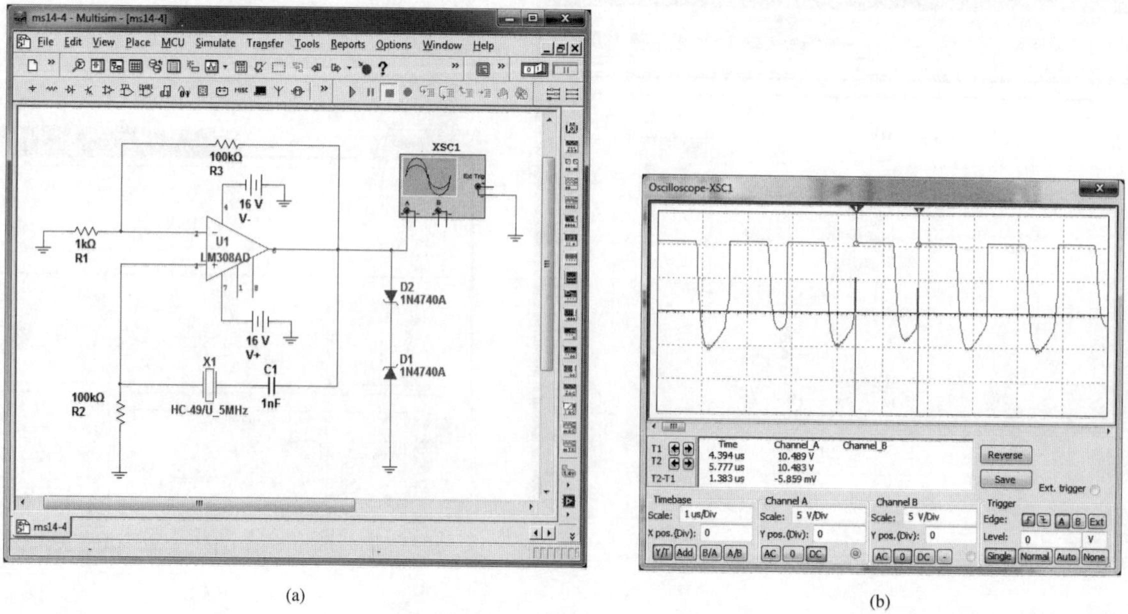

(a) (b)

Figura 14.44 (a) Oscilador a cristal utilizando o Multisim; (b) saída do osciloscópio a partir do Multisim.

PROBLEMAS

*Nota: asteriscos indicam os problemas mais difíceis.

Seção 14.2 Tipos de conexão de realimentação

1. Calcule o ganho de um amplificador com realimentação negativa que apresenta $A = -2000$ e $\beta = -1/10$.

2. Se o ganho de um amplificador variar 10% de seu valor nominal de -1000, calcule a variação do ganho se o amplificador for utilizado em um circuito de realimentação com $\beta = -1/20$.

3. Calcule o ganho e as impedâncias de entrada e de saída de um amplificador com realimentação-série de tensão com $A = -300$, $R_i = 1{,}5\ k\Omega$, $R_o = 50\ k\Omega$ e $\beta = -1/15$.

Seção 14.3 Circuitos práticos de realimentação

***4.** Calcule o ganho com realimentação e sem realimentação para um amplificador com FET como o da Figura 14.7 com os seguintes elementos no circuito: $R_1 = 800\ k\Omega$, $R_2 = 200\ \Omega$, $R_o = 40\ k\Omega$, $R_D = 8\ k\Omega$ e $g_m = 5000\ \mu S$.

5. Para um circuito como o da Figura 14.11, calcule o ganho e as impedâncias de entrada e de saída, com e sem realimentação, considerando os seguintes elementos no circuito: $R_B = 600\ k\Omega$, $R_E = 1{,}2\ k\Omega$, $R_C = 4{,}7\ k\Omega$ e $\beta = 75$. Use $V_{CC} = 16$ V.

Seção 14.6 Oscilador de deslocamento de fase

6. Um oscilador de deslocamento de fase com FET, apresentando $g_m = 6.000\ \mu S$, $r_d = 36\ k\Omega$ e resistor de realimentação $R = 12\ k\Omega$, deve operar em 2,5 kHz. Selecione C para a operação especificada do oscilador.

7. Calcule a frequência de operação de um oscilador de deslocamento de fase com TBJ, igual ao da Figura 14.21(b), para $R = 6\ k\Omega$, $C = 1500$ pF e $R_C = 18\ k\Omega$.

Seção 14.7 Oscilador em ponte de Wien

8. Calcule a frequência do circuito oscilador em ponte de Wien (como o da Figura 14.23) quando $R = 10\ k\Omega$ e $C =$ 2.400 pF.

Seção 14.8 Circuito oscilador sintonizado

9. Para um oscilador Colpitts com FET como o da Figura 14.26 e os seguintes valores de circuito, determine a frequência de oscilação do circuito: $C_1 = 750$ pF, $C_2 = 2500$ pF e $L = 40\ \mu H$.

10. Calcule a frequência de oscilação para o oscilador Colpitts com transistor da Figura 14.27 com os seguintes elementos: $L = 100\ \mu H$, $L_{CRF} = 0{,}5$ mH, $C_1 = 0{,}005\ \mu F$, $C_2 = 0{,}01\ \mu F$ e $C_C = 10\ \mu F$.

11. Calcule a frequência de oscilação do oscilador Hartley com FET da Figura 14.29 para os seguintes elementos: $C = 250$ pF, $L_1 = 1{,}5$ mH, $L_2 = 1{,}5$ mH e $M = 0{,}5$ mH.

12. Calcule a frequência de oscilação para circuito Hartley com transistor da Figura 14.30 com os seguintes elementos: $L_{CRF} = 0{,}5$ mH, $L_1 = 750\ \mu H$, $L_2 = 750\ \mu H$, $M = 150\ \mu H$ e $C = 150$ pF.

Seção 14.9 Oscilador a cristal

13. Desenhe as conexões dos circuitos para (a) oscilador a cristal que opera em série e (b) oscilador a cristal excitado em paralelo.

Seção 14.10 Oscilador com transistor unijunção

14. Projete um circuito oscilador com transistor unijunção para operação em (a) 1 kHz e (b) 150 kHz.

Fontes de alimentação (reguladores de tensão) 15

Objetivos

- Compreender como funcionam os circuitos de fontes de alimentação.
- Conhecer a operação de filtros *RC*.
- Conhecer o funcionamento de um regulador de tensão discreto.
- Aprender sobre reguladores de tensão integrados práticos.

15.1 INTRODUÇÃO

Este capítulo apresenta o funcionamento de circuitos de fontes de alimentação construídos usando filtros, retificadores e reguladores de tensão. (Consulte o Capítulo 2 para obter uma descrição inicial dos circuitos retificadores com diodo.) Começando com uma tensão CA, podemos obter uma tensão CC estacionária por meio da retificação desse sinal de entrada. Depois, realizamos a filtragem para obtermos um valor CC e, por fim, o sinal é regulado para obtermos uma tensão CC desejada. A regulação geralmente é feita por um CI regulador de tensão, que recebe uma tensão CC e fornece um valor ligeiramente menor, o qual permanece constante mesmo que a tensão de entrada varie ou a carga conectada mude de valor.

A Figura 15.1 mostra um diagrama em blocos que contém os estágios de uma fonte de alimentação típica e a forma de onda de tensão nos vários pontos do circuito. A tensão CA, normalmente de 120 V rms, alimenta um transformador cuja função é reduzi-la para o nível de tensão CC desejado na saída. Um retificador a diodo fornece, então, uma tensão retificada de onda completa, que é inicialmente filtrada por um filtro básico a capacitor para produzir uma tensão CC. Essa tensão CC resultante usualmente tem alguma ondulação (*ripple*) ou variação de tensão CA. Um circuito regulador pode utilizar essa entrada CC para produzir uma tensão CC que não apenas tem muito menos ondulação, mas também mantém constante o valor na saída, mesmo para variações na tensão CC de entrada ou mudanças no valor da carga conectada à tensão CC de saída. Essa regulação de tensão é usualmente obtida utilizando-se um dentre os vários CIs reguladores existentes no mercado.

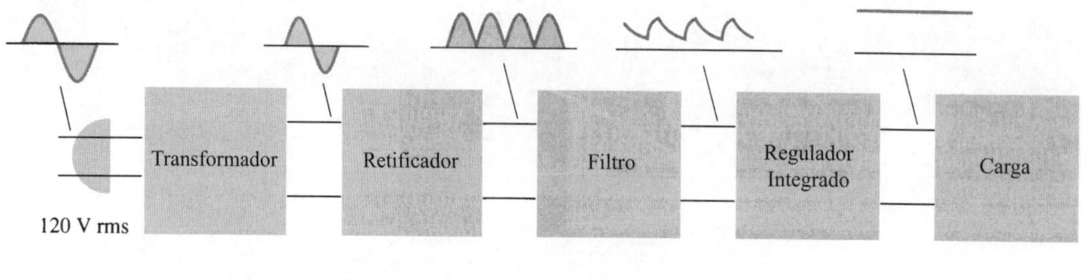

Figura 15.1 Diagrama em blocos mostrando os estágios de uma fonte de alimentação.

15.2 CONSIDERAÇÕES GERAIS SOBRE FILTROS

Um circuito retificador é necessário para converter um sinal com valor médio nulo em um sinal com valor médio diferente de zero. A saída resultante de um retificador é uma tensão CC pulsante ainda não adequada para substituir uma bateria. Essa tensão poderia ser utilizada em algo como um carregador de baterias, em que a tensão CC média é suficiente para fornecer uma corrente de carga para a bateria. Para tensões CC de alimentação como aquelas utilizadas em rádios, aparelhos de som, computadores etc., a tensão CC pulsante obtida de um retificador não é boa o suficiente. Para que a tensão CC de saída da fonte seja mais estável, um circuito de filtro torna-se necessário.

Regulação de tensão do filtro e tensão de ondulação

Antes de entrar nos detalhes do circuito de filtragem, seria adequado considerar os métodos comuns de análise de filtros para comparar a eficiência de um circuito que atua como filtro. A Figura 15.2 mostra uma tensão de saída típica de um filtro que servirá para definir alguns dos fatores considerados no sinal. A saída filtrada da Figura 15.2 apresenta um valor CC e uma variação CA (ondulação). Embora uma bateria forneça basicamente uma tensão de saída CC ou constante, a tensão CC derivada de uma fonte de sinal CA pela retificação e filtragem sofrerá alguma variação CA (ondulação). Quanto menor for a variação CA quando comparada ao valor CC, melhor será a operação de filtragem.

Imagine medir a tensão de saída de um circuito de filtro utilizando um voltímetro CC e um voltímetro CA (rms). O voltímetro CC lerá somente o valor CC ou valor médio da tensão de saída. O medidor CA (rms) lerá somente o valor eficaz da componente CA da tensão de saída (considerando-se que o sinal CA seja acoplado através de um capacitor para bloquear o nível CC).

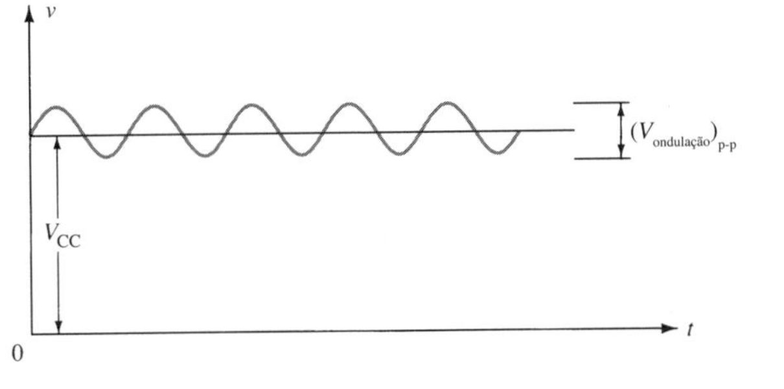

Figura 15.2 Forma de onda de tensão do filtro mostrando as tensões CC e de ondulação.

Definição: Ondulação é:

$$r = \frac{\text{tensão de ondulação (rms)}}{\text{tensão CC}} = \frac{V_r\,(\text{rms})}{V_{CC}} \times 100\% \qquad (15.1)$$

EXEMPLO 15.1

Utilizando um voltímetro CC e CA para medir o sinal de saída de um circuito de filtro, obtemos as leituras de 25 V CC e 1,5 V rms. Calcule a ondulação da tensão de saída do filtro.

Solução:

$$r = \frac{V_r\,(\text{rms})}{V_{CC}} \times 100\% = \frac{1{,}5\text{ V}}{25\text{ V}} \times 100\% = \mathbf{6\%}$$

Regulação de tensão Outro fator importante em uma fonte de alimentação é o quanto há de variação da tensão CC de saída ao longo de uma faixa de operação do circuito. A tensão fornecida na saída na condição em que não existe carga (nenhuma corrente drenada da fonte) é reduzida quando há corrente de carga drenada da fonte (sob carga). O quanto a tensão CC varia entre as condições com carga e sem carga é descrito por um fator chamado de regulação de tensão.

Definição: Regulação de tensão é dada por:

$$\text{Regulação de tensão} = \frac{\text{tensão sem carga} - \text{tensão para carga plena}}{\text{tensão para carga plena}}$$

$$\%\text{V.R.} = \frac{V_{NL} - V_{FL}}{V_{FL}} \times 100\% \qquad (15.2)$$

EXEMPLO 15.2

Uma fonte de tensão CC fornece 60 V quando não existe carga conectada na saída. Quando conectada a uma carga, a tensão na saída cai para 56 V. Calcule o valor da regulação de tensão.

Solução:

Equação 15.2:

$$\%\text{V.R.} = \frac{V_{NL} - V_{FL}}{V_{FL}} \times 100\%$$

$$= \frac{60\text{ V} - 56\text{ V}}{56\text{ V}} \times 100\% = \mathbf{7{,}1\%}$$

Se o valor da tensão para carga plena é o mesmo na situação em que não existe carga, a regulação de tensão calculada é 0%, sendo este o melhor valor possível. Isso significa que a fonte é uma fonte de tensão perfeita, na qual a tensão de saída é independente da corrente drenada da fonte. Quanto menor for a regulação de tensão, melhor é o funcionamento da fonte de alimentação.

Fator de ondulação do sinal retificado Apesar de a tensão retificada não ser uma tensão filtrada, ela contém uma componente CC e uma componente de ondulação (*ripple*). Veremos adiante que o sinal retificado de onda completa tem uma componente CC maior e tem menos ondulação do que a tensão retificada de meia-onda.

Meia-onda: Para um sinal retificado de meia-onda, a tensão CC de saída é:

$$V_{CC} = 0{,}318V_m \tag{15.3}$$

O valor rms da componente CA do sinal de saída pode ser calculado (veja o Apêndice C) como:

$$V_r(\text{rms}) = 0{,}385V_m \tag{15.4}$$

A ondulação percentual de um sinal retificado de meia-onda pode, então, ser calculada como:

$$r = \frac{V_r(\text{rms})}{V_{CC}} \times 100\%$$
$$= \frac{0{,}385V_m}{0{,}318V_m} \times 100\% = 121\% \tag{15.5}$$

Onda completa: Para uma tensão retificada de onda completa, o valor CC é:

$$V_{CC} = 0{,}636V_m \tag{15.6}$$

O valor rms da componente CA do sinal de saída pode ser calculado (veja o Apêndice C) como

$$V_r(\text{rms}) = 0{,}308V_m \tag{15.7}$$

A ondulação percentual de um sinal retificado de onda completa pode, então, ser calculada como:

$$r = \frac{V_r(\text{rms})}{V_{CC}} \times 100\%$$
$$= \frac{0{,}308V_m}{0{,}636V_m} \times 100\% = 48\% \tag{15.8}$$

Em suma, um sinal retificado de onda completa tem menos ondulação do que um sinal retificado de meia-onda, e é, portanto, mais adequado para ser aplicado a um filtro.

15.3 FILTRO A CAPACITOR

Um circuito de filtro muito comum é o que utiliza um simples capacitor, como mostra a Figura 15.3. Um capacitor é conectado na saída do retificador, e uma tensão CC é obtida em seus terminais. A Figura 15.4(a) mostra a tensão de saída de um retificador de onda completa antes de o sinal ser filtrado, e a Figura 15.4(b) mostra a forma de onda resultante após o capacitor ser conectado à saída do retificador. Observe que a forma de onda filtrada é basicamente uma tensão CC com alguma ondulação (ou variação CA).

A Figura 15.5(a) mostra um retificador de onda completa em ponte e a forma de onda na saída obtida do circuito para uma carga conectada (R_L). Se não houvesse carga conectada aos terminais do capacitor, a forma de onda na saída seria idealmente um valor CC constante, com valor igual ao da tensão de pico (V_m) do circuito retificador. Entretanto, o propósito de se obter uma tensão CC é fornecer essa tensão para uso por vários circuitos eletrônicos, os quais se constituem em carga para a fonte de tensão. Uma vez que sempre haverá uma carga na saída do filtro, devemos considerar essa situação prática em nossa discussão.

Forma de onda na saída

A Figura 15.5(b) mostra a forma de onda existente nos terminais de um filtro a capacitor. O tempo T_1 é aquele durante o qual os diodos do retificador de onda completa conduzem, carregando o capacitor até a tensão de pico do retificador, V_m. O tempo T_2 é o intervalo de tempo durante o qual a tensão do retificador cai abaixo da tensão de pico, e o capacitor descarrega através da carga. Como o ciclo de carga-descarga ocorre para cada meio ciclo em um retificador de onda completa, o período da forma de onda retificada é $T/2$. A tensão filtrada, como

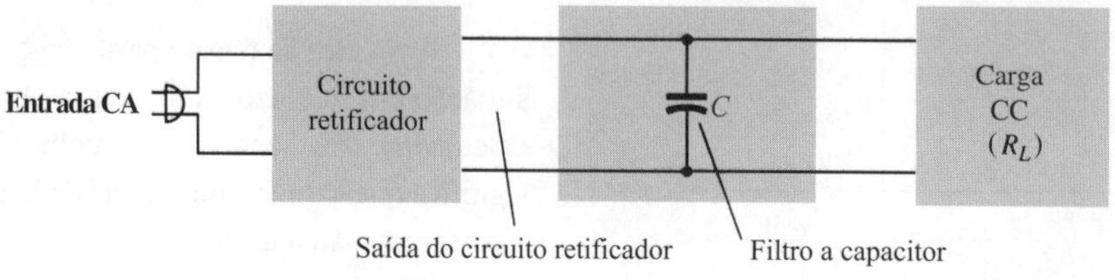

Figura 15.3 Filtro básico a capacitor.

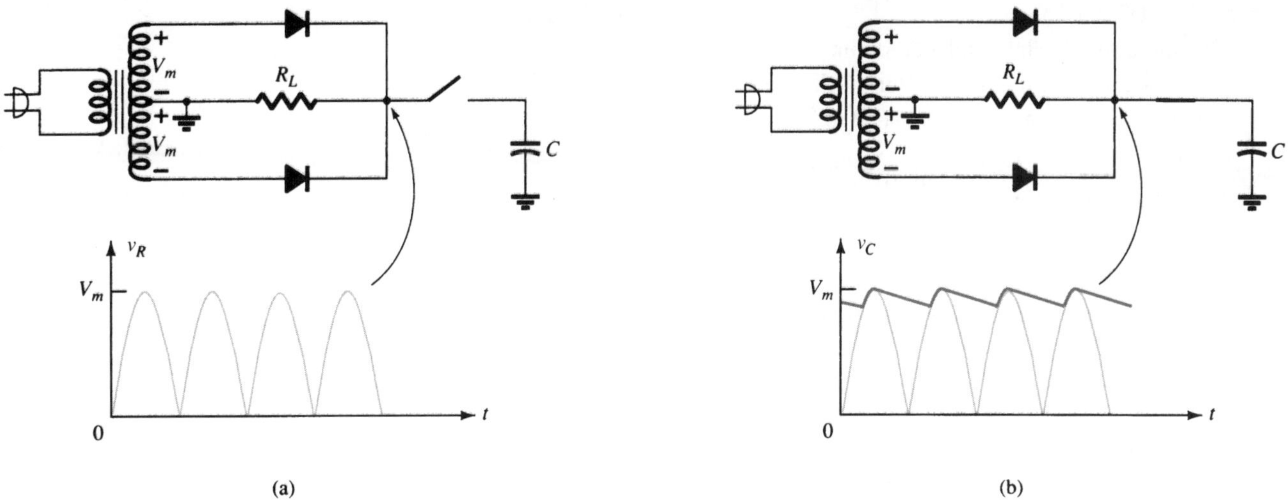

Figura 15.4 Funcionamento do filtro a capacitor: (a) tensão na saída do retificador de onda completa; (b) tensão de saída filtrada.

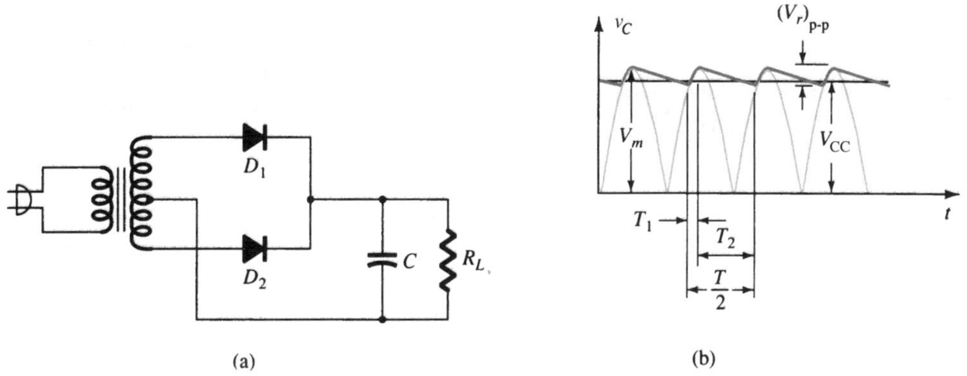

Figura 15.5 Filtro a capacitor: (a) circuito do filtro a capacitor; (b) forma de onda da tensão de saída.

indica a Figura 15.6, mostra uma forma de onda na saída com um valor CC V_{CC} e uma tensão de ondulação V_r (rms), resultado da carga e descarga do capacitor. Alguns detalhes sobre essas formas de onda e os elementos do circuito serão abordados mais adiante.

Tensão de ondulação V_r (RMS) O Apêndice C mostra os detalhes na determinação do valor da tensão de ondulação em termos de outros parâmetros do circuito. A tensão de ondulação pode ser calculada a partir de

$$V_r(\text{rms}) = \frac{I_{CC}}{4\sqrt{3}fC} = \frac{2{,}4I_{CC}}{C} = \frac{2{,}4V_{CC}}{R_LC} \quad (15.9)$$

onde I_{CC} está em miliampères, C está em microfarads e R_L, em quilo-ohms.

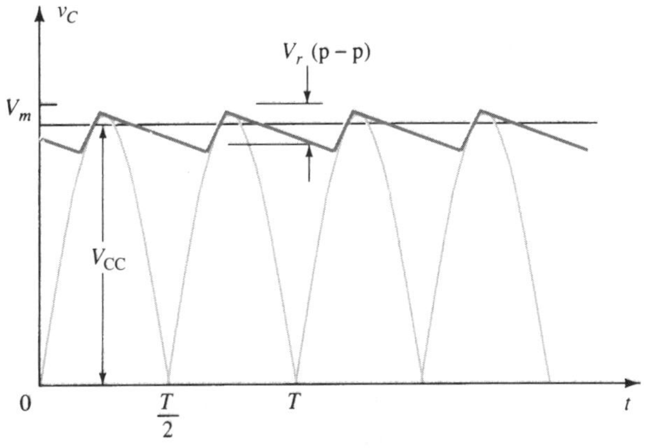

Figura 15.6 Tensão de saída aproximada do circuito com filtro a capacitor.

EXEMPLO 15.3

Calcule a tensão de ondulação de um retificador de onda completa com um capacitor de filtro de 100 μF conectado a uma carga que drena 50 mA.

Solução:

Equação 15.9: $V_r\,(\text{rms}) = \dfrac{2{,}4(50)}{100} = \mathbf{1{,}2\ V}$

Tensão CC V_{CC} Do Apêndice C, podemos expressar o valor CC da forma de onda sobre os terminais do capacitor de filtro como

$$V_{CC} = V_m - \frac{I_{CC}}{4fC} = V_m - \frac{4{,}17 I_{CC}}{C} \qquad (15.10)$$

onde V_m é a tensão de pico do retificador, I_{CC} é a corrente de carga em miliampères e C é o capacitor de filtro em microfarads.

EXEMPLO 15.4

Se o valor de pico da tensão retificada para o circuito de filtro no Exemplo 15.3 for igual a 30 V, calcule a tensão CC fornecida pelo filtro.

Solução:

Equação 15.10:

$$V_{CC} = V_m - \frac{4{,}17 I_{CC}}{C} = 30 - \frac{4{,}17(50)}{100} = \mathbf{27{,}9\ V}$$

Ondulação de um filtro a capacitor

Utilizando a definição de ondulação (Equação 15.1), as equações 15.9 e 15.10, com $V_{CC} \approx V_m$, podemos obter a expressão para a ondulação da forma de onda na saída de um circuito retificador de onda completa com filtro a capacitor:

$$r = \frac{V_r\,(\text{rms})}{V_{CC}} \times 100\% = \frac{2{,}4 I_{CC}}{C V_{CC}} \times 100\% = \frac{2{,}4}{R_L C} \times 100\% \qquad (15.11)$$

onde I_{CC} está em miliampères, C, em microfarads, V_{CC}, em volts e R_L, em quilo-ohms.

EXEMPLO 15.5

Calcule a ondulação de um filtro a capacitor para uma tensão retificada com pico igual a 30 V. O valor do capacitor é $C = 50\ \mu$F, e a corrente de carga é igual a 50 mA.

Solução:

Equação 15.11:

$$r = \frac{2{,}4 I_{CC}}{C V_{CC}} \times 100\% = \frac{2{,}4(50)}{100(27{,}9)} \times 100\% = \mathbf{4{,}3\%}$$

Podemos também calcular a ondulação utilizando a definição básica:

$$r = \frac{V_r\,(\text{rms})}{V_{CC}} \times 100\% = \frac{1{,}2\ \text{V}}{27{,}9\ \text{V}} \times 100\% = \mathbf{4{,}3\%}$$

Período de condução do diodo e corrente de pico do diodo

A partir da discussão anterior deve ficar claro que maiores valores de capacitâncias propiciam menos ondulação e maior tensão média na saída, o que resulta em melhor filtragem. Podemos, então, concluir que, para melhorar o desempenho de um filtro a capacitor, é necessário somente aumentar o tamanho do capacitor de filtro. Este, entretanto, também afeta a corrente de pico drenada através dos diodos retificadores e, como será mostrado adiante, quanto maior o valor do capacitor, maior será a corrente de pico drenada através dos diodos retificadores.

Lembre-se de que os diodos conduzem durante o período T_1 (veja a Figura 15.5), momento em que o diodo deve fornecer a corrente média necessária para carregar o capacitor. Quanto menor for esse intervalo de tempo, maior será o fluxo de corrente de carregamento. A Figura 15.7 mostra essa relação para um sinal retificado de meia-onda (seria a mesma operação para a onda completa). Observe que, para valores menores do capacitor, com T_1 maior, a corrente de pico do diodo é menor do que para valores mais elevados de capacitor de filtro.

Visto que a corrente média drenada da fonte deve ser igual à corrente média do diodo durante o período de carregamento, a seguinte relação pode ser empregada (pressupondo-se que haja uma corrente constante no diodo durante o tempo de carregamento):

$$I_{CC} = \frac{T_1}{T} I_{pico}$$

da qual obtemos

$$I_{pico} = \frac{T}{T_1} I_{CC} \qquad (15.12)$$

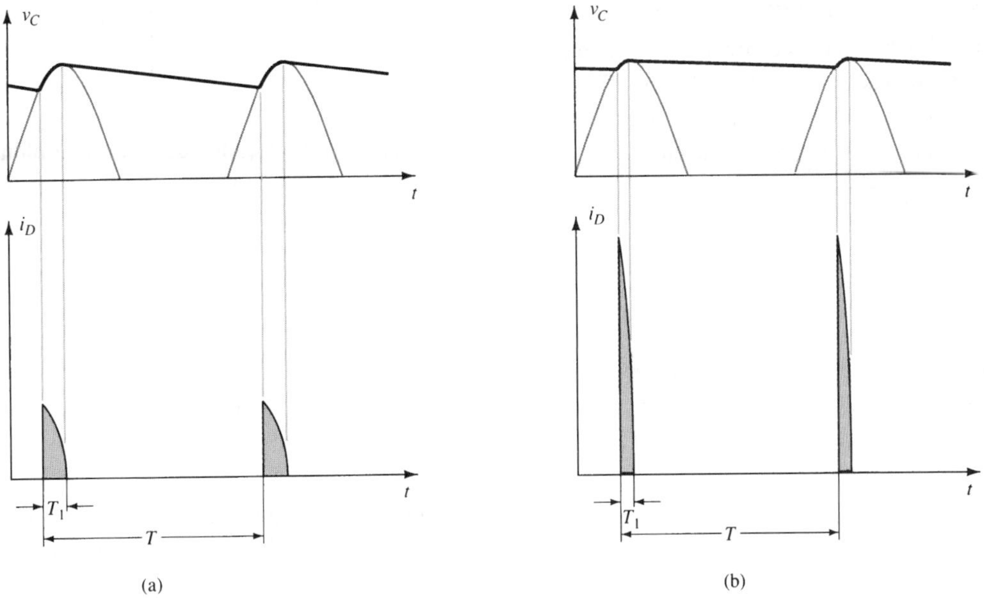

Figura 15.7 Formas de onda da tensão de saída e da corrente no diodo: (a) C pequeno; (b) C alto.

onde T_1 = tempo de condução do diodo.
$T = 1/f$ ($f = 2 \times 60$ para onda completa).
I_{CC} = corrente média drenada do filtro.
I_{pico} = corrente de pico através dos diodos em condução.

15.4 FILTRO *RC*

É possível reduzir ainda mais a ondulação na saída de um filtro a capacitor utilizando uma seção *RC* adicional, como mostra a Figura 15.8. A finalidade dessa seção adicional é passar a maior parte da componente CC enquanto atenua-se (reduz-se) o componente CA o máximo possível. A Figura 15.9 mostra um retificador de onda completa com um filtro a capacitor seguido de uma seção de filtro *RC*. O funcionamento do circuito de filtro pode ser analisado utilizando-se superposição para as componentes CC e CA do sinal.

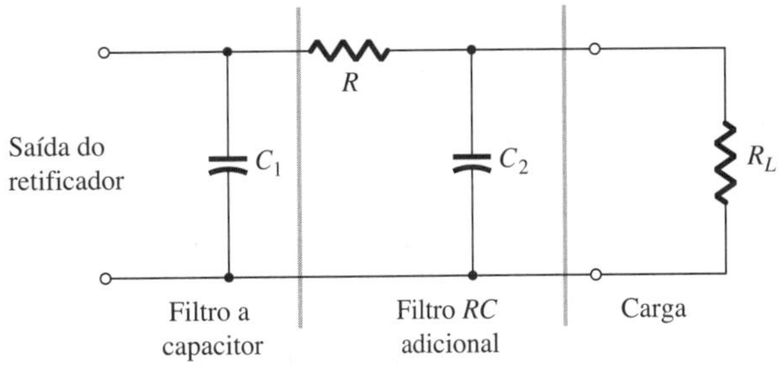

Figura 15.8 Estágio de filtro *RC*.

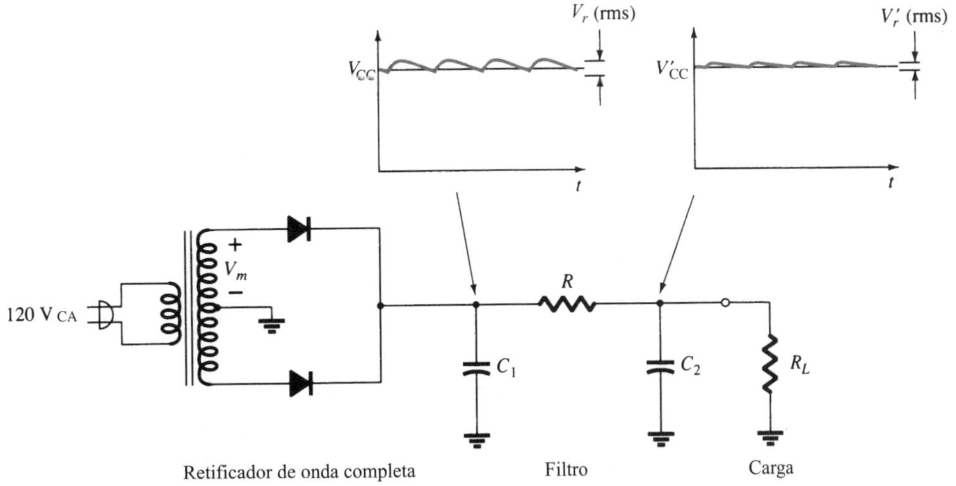

Figura 15.9 Retificador de onda completa e circuito de filtro *RC*.

Operação CC para a seção do filtro *RC*

A Figura 15.10(a) mostra o circuito equivalente CC a ser utilizado na análise do filtro *RC* da Figura 15.9. Uma vez que ambos os capacitores são circuitos abertos para a operação CC, a tensão CC resultante na saída é:

$$V'_{CC} = \frac{R_L}{R + R_L} V_{CC} \tag{15.13}$$

EXEMPLO 15.6

Calcule a tensão CC sobre uma carga de 1 kΩ para um filtro *RC* onde $R = 120\ \Omega$ e $C = 10\ \mu F$. A tensão CC no capacitor que antecede o circuito *RC* é $V_{CC} = 60$ V.

Solução:

Equação 15.13:

$$V'_{CC} = \frac{R_L}{R + R_L} V_{CC}$$
$$= \frac{1000}{120 + 1000}(60\ V) = \mathbf{53{,}6\ V}$$

Operação CA para a seção do filtro *RC*

A Figura 15.10(b) mostra o circuito equivalente CA da seção do filtro *RC*. Devido ao divisor de tensão formado pela impedância CA do capacitor e pelo resistor de carga, a componente CA da tensão de saída na carga é:

$$V'_r(\text{rms}) \approx \frac{X_C}{R} V_r(\text{rms}) \tag{15.14}$$

Para um retificador de onda completa com uma ondulação CA de 120 Hz, a impedância de um capacitor pode ser calculada utilizando-se

$$X_C = \frac{1{,}3}{C} \tag{15.15}$$

onde *C* é dado em microfarads e X_C, em quilo-ohms.

EXEMPLO 15.7

Calcule as componentes CC e CA do sinal de saída através da carga R_L no circuito da Figura 15.11. Calcule a ondulação na saída.

Solução:

Cálculo CC Obtemos:

Equação 15.13:

$$V'_{CC} = \frac{R_L}{R + R_L} V_{CC}$$
$$= \frac{5\ k\Omega}{500 + 5\ k\Omega}(150\ V) = \mathbf{136{,}4\ V}$$

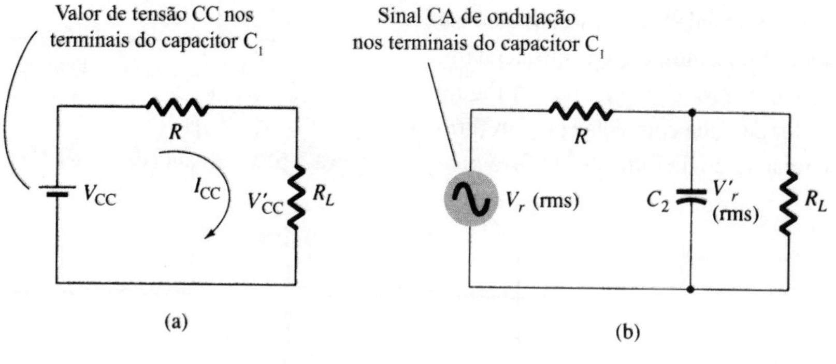

Figura 15.10 Circuitos equivalentes do filtro *RC* (a) CC; (b) CA.

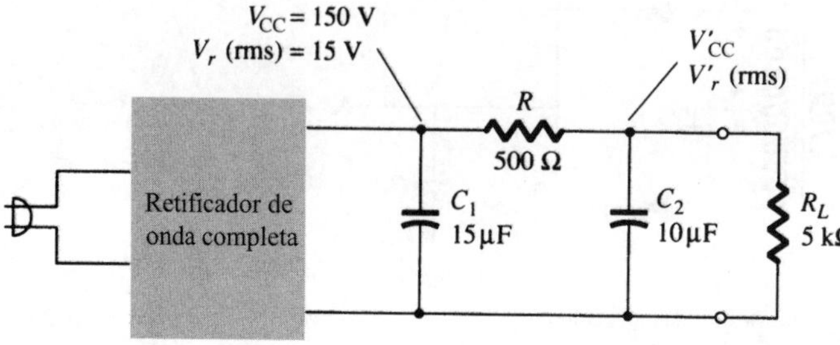

Figura 15.11 Filtro *RC* para o Exemplo 15.7.

Cálculo CA A impedância capacitiva do circuito *RC* é Equação 15.15:

$$X_C = \frac{1{,}3}{C} = \frac{1{,}3}{10} = 0{,}13\text{ k}\Omega = 130\ \Omega$$

A componente CA da tensão de saída, calculada por meio da Equação 15.14, é:

$$V'_r\,(\text{rms}) = \frac{X_C}{R} V_r\,(\text{rms}) = \frac{130}{500}(15\text{ V}) = \mathbf{3{,}9\ V}$$

A ondulação na saída é, portanto,

$$r = \frac{V'_r\,(\text{rms})}{V'_{CC}} \times 100\% = \frac{3{,}9\text{ V}}{136{,}4\text{ V}} \times 100\% = \mathbf{2{,}86\%}$$

15.5 REGULAÇÃO DE TENSÃO COM TRANSISTOR

Há dois tipos de regulador de tensão com transistor: o regulador de tensão do tipo série e o regulador de tensão do tipo paralelo. Cada tipo de circuito pode fornecer uma tensão CC de saída regulada ou estabelecida em um determinado valor, mesmo que haja uma variação da tensão na entrada ou uma alteração do valor da carga conectada.

Regulação de tensão em série

A conexão básica de um regulador em série é mostrada no diagrama em blocos da Figura 15.12. O elemento em série controla quanto da tensão de entrada passa para a saída. A tensão de saída é mostrada por um circuito que fornece uma tensão de realimentação para ser comparada a uma tensão de referência.

1. Se a tensão de saída aumentar, o circuito comparador fornece um sinal de controle que faz o elemento de controle em série diminuir o valor da tensão de saída, mantendo, com isso, a tensão de saída constante.
2. Se a tensão de saída diminuir, o circuito comparador fornece um sinal de controle para que o elemento de controle aumente o valor de tensão na saída.

Circuito regulador do tipo série Um circuito regulador simples, do tipo série, aparece na Figura 15.13. O transistor Q_1 é o elemento de controle em série, e o diodo Zener D_Z fornece a tensão de referência. A operação de regulação pode ser descrita como segue:

1. Se a tensão de saída diminuir, a tensão base-emissor aumenta, fazendo o transistor conduzir mais, e, dessa forma, aumentar a tensão de saída, mantendo a saída constante.
2. Se a tensão de saída aumentar, a tensão base-emissor diminui, e o transistor Q_1 conduz menos, reduzindo, assim, a tensão na saída, mantendo a saída constante.

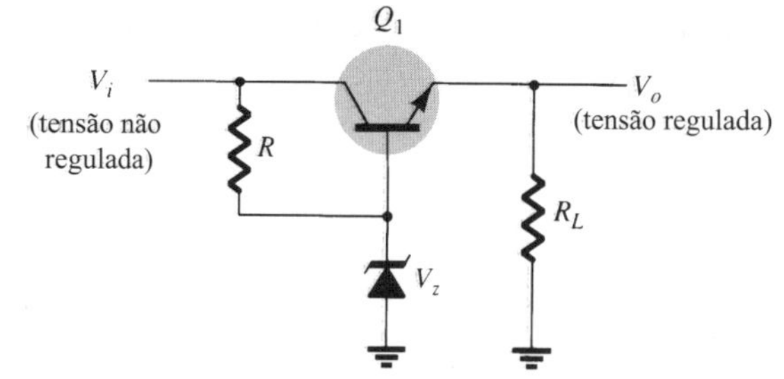

Figura 15.13 Circuito regulador do tipo série.

EXEMPLO 15.8

Calcule a tensão de saída e a corrente do Zener no circuito regulador da Figura 15.14 para $R_L = 1\text{ k}\Omega$.

Solução:

$$V_o = V_Z - V_{BE} = 12\text{ V} - 0{,}7\text{ V} = \mathbf{11{,}3\ V}$$
$$V_{CE} = V_i - V_o = 20\text{ V} - 11{,}3\text{ V} = 8{,}7\text{ V}$$
$$I_R = \frac{20\text{ V} - 12\text{ V}}{220\ \Omega} = \frac{8\text{ V}}{220\ \Omega} = 36{,}4\text{ mA}$$

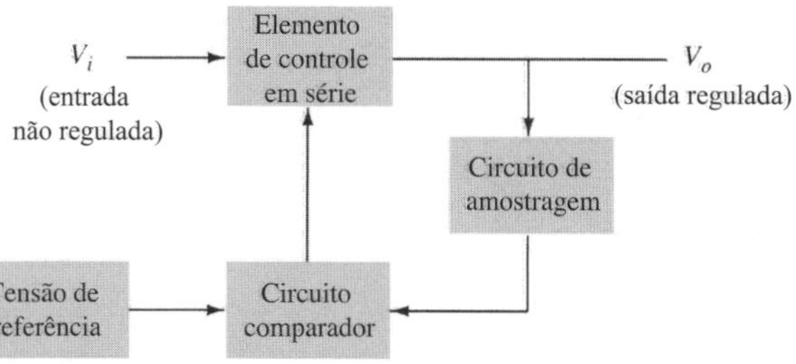

Figura 15.12 Diagrama em blocos de um regulador de tensão do tipo série.

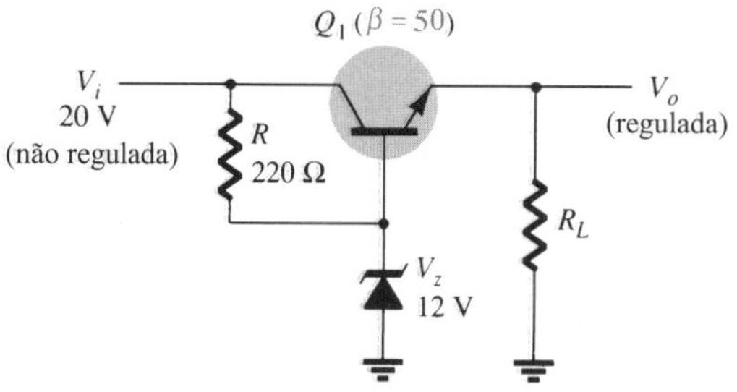

Figura 15.14 Circuito para o Exemplo 15.8.

Para $R_L = 1\ \text{k}\Omega$,

$$I_L = \frac{V_o}{R_L} = \frac{11{,}3\ \text{V}}{1\ \text{k}\Omega} = 11{,}3\ \text{mA}$$

$$I_B = \frac{I_C}{\beta} = \frac{11{,}3\ \text{mA}}{50} = 226\ \mu\text{A}$$

$$I_Z = I_R - I_B = 36{,}4\ \text{mA} - 226\ \mu\text{A} \approx \mathbf{36\ mA}$$

Regulador do tipo série melhorado Um circuito regulador do tipo série de desempenho aprimorado é mostrado na Figura 15.15. Os resistores R_1 e R_2 atuam como o circuito de amostragem, o diodo Zener D_Z fornece a tensão de referência e o transistor Q_2 controla a corrente de base para o transistor Q_1 a fim de variar a corrente que passa nesse transistor para manter a tensão de saída constante.

Se a tensão de saída tende a aumentar, a tensão V_2 amostrada por R_1 e R_2 aumentará, fazendo a tensão base-emissor do transistor Q_2 se elevar (já que V_Z permanece fixa). Se Q_2 conduzir mais corrente, menos corrente vai para a base do transistor Q_1 e, consequentemente, menos corrente passará pela carga, reduzindo assim a tensão de saída e mantendo-a constante. Mas, se a tensão de saída tende a diminuir, o oposto ocorre; porém, nesse caso, mais corrente é fornecida para a carga, o que impede que a tensão seja reduzida na saída.

A tensão V_2 fornecida pelos resistores sensores R_1 e R_2 deve se igualar à soma da tensão base-emissor de Q_2 com a tensão do diodo Zener, ou seja:

$$V_{BE_2} + V_Z = V_2 = \frac{R_2}{R_1 + R_2} V_o \qquad (15.16)$$

Resolvendo a Equação 15.16 para a tensão de saída regulada, V_o, temos:

$$V_o = \frac{R_1 + R_2}{R_2}(V_Z + V_{BE_2}) \qquad (15.17)$$

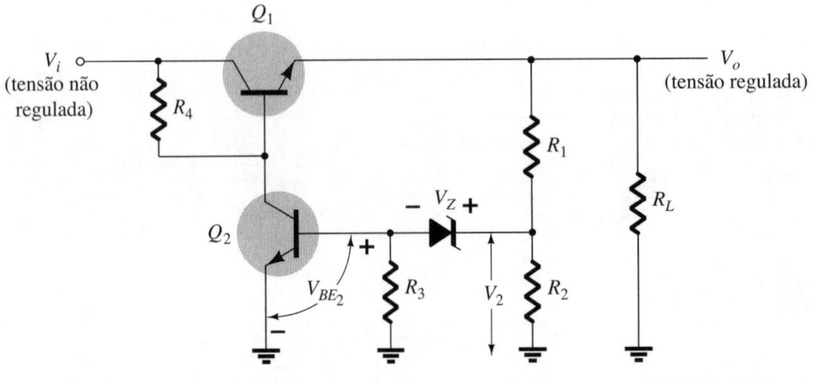

Figura 15.15 Circuito regulador do tipo série melhorado.

EXEMPLO 15.9

Qual a tensão regulada de saída fornecida pelo circuito da Figura 15.15 com os seguintes elementos: $R_1 = 20\ \text{k}\Omega$, $R_2 = 30\ \text{k}\Omega$ e $V_Z = 8{,}3\ \text{V}$?

Solução:

A partir da Equação 15.17, a tensão de saída regulada é:

$$V_o = \frac{20\ \text{k}\Omega + 30\ \text{k}\Omega}{30\ \text{k}\Omega}(8{,}3\ \text{V} + 0{,}7\ \text{V}) = \mathbf{15\ V}$$

Regulador do tipo série com amp-op Outra versão de regulador do tipo série é mostrada na Figura 15.16. O amp-op compara a tensão de referência do diodo Zener com a tensão de realimentação fornecida pelos resistores R_1 e R_2. Se a tensão de saída variar, a condução do transistor Q_1 será controlada para manter a tensão de saída constante. A tensão de saída será mantida em um valor de:

$$V_o = \left(1 + \frac{R_1}{R_2}\right)V_Z \qquad (15.18)$$

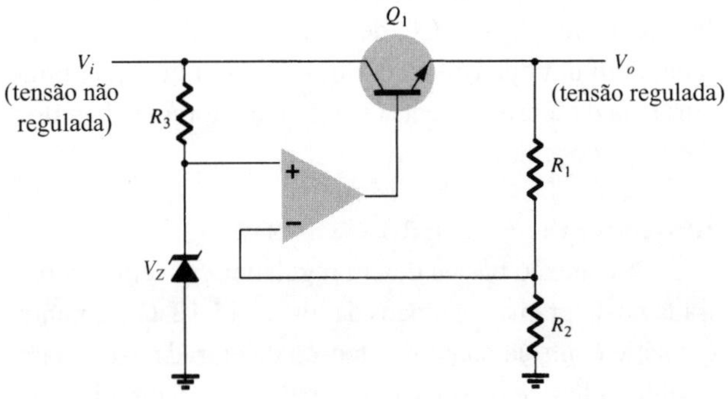

Figura 15.16 Circuito regulador do tipo série com amp-op.

EXEMPLO 15.10

Calcule a tensão de saída regulada no circuito da Figura 15.17.

Solução:

Equação 15.18:

$$V_o = \left(1 + \frac{30\ \text{k}\Omega}{10\ \text{k}\Omega}\right)6{,}2\ \text{V} = \mathbf{24{,}8\ V}$$

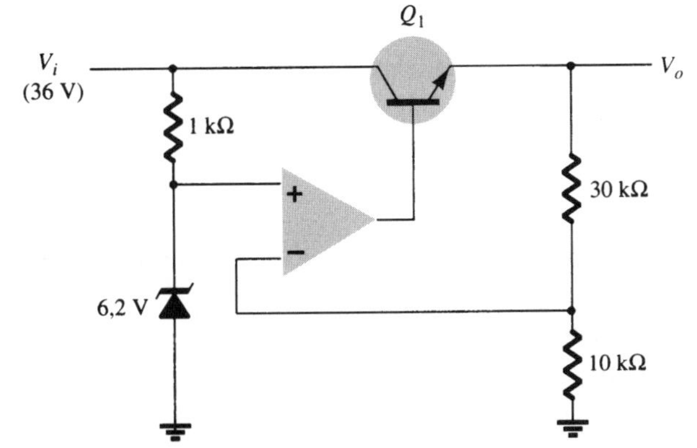

Figura 15.17 Circuito para o Exemplo 15.10.

Circuito limitador de corrente Uma forma de proteção contra curto-circuito ou sobrecarga consiste em limitar a corrente, como mostra a Figura 15.18. À medida que a corrente I_L aumenta, a queda de tensão através do resistor sensor de curto-circuito R_{SC} também se torna maior. No momento em que a queda de tensão sobre R_{SC} atinge certo valor, o transistor Q_2 passa a conduzir, desviando a corrente da base do transistor Q_1, reduzindo assim a corrente de carga que passa no transistor Q_1 e evitando que qualquer corrente adicional circule pela carga R_L. A ação dos componentes R_{SC} e Q_2 limita a máxima corrente de carga.

Limitador Foldback O circuito limitador de corrente reduz a tensão fornecida para a carga quando a corrente atinge um valor limite. O circuito da Figura 15.19 apresenta um limitador Foldback, que reduz tanto a tensão de saída quanto a corrente de saída, protegendo a carga de um excesso de corrente e também o regulador.

A limitação Foldback é proporcionada pelo divisor de tensão adicional formado por R_4 e R_5 existente no circuito da Figura 15.19 (comparado ao da Figura 15.17). O circuito divisor sente a tensão na saída (emissor) de Q_1.

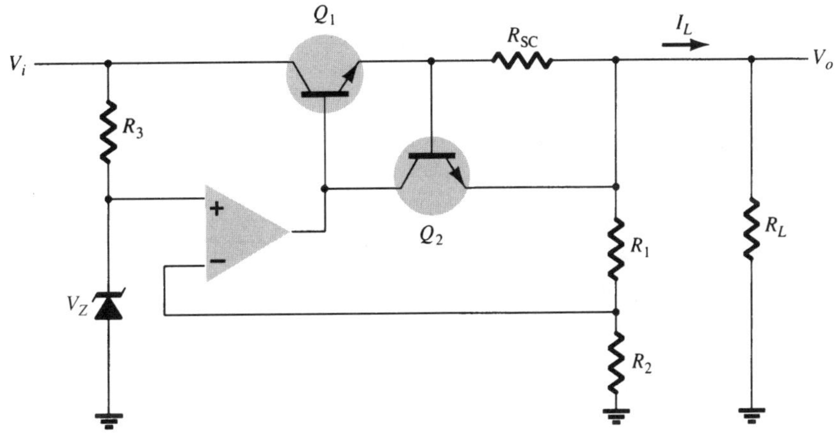

Figura 15.18 Regulador de tensão com limitador de corrente.

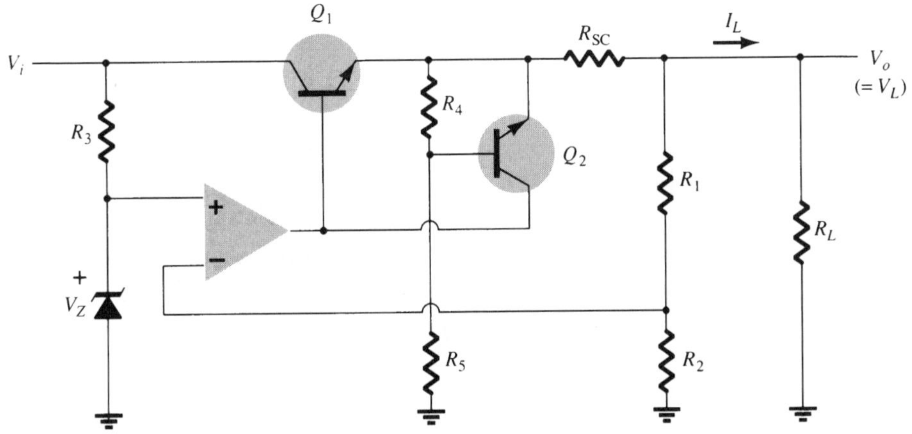

Figura 15.19 Circuito regulador do tipo série com limitador Foldback.

Quando I_L aumenta até seu valor máximo, a tensão sobre R_{SC} atinge um valor suficiente para ligar Q_2, limitando, assim, a corrente. Se a resistência de carga diminuir, a tensão que controla Q_2 se torna menor, de modo que I_L também cai quando V_L reduz de valor — esta ação é conhecida como limitação Foldback. Quando a resistência de carga retorna a seu valor nominal, o circuito prossegue com sua regulação de tensão normal.

Regulação de tensão em paralelo

O regulador de tensão do tipo paralelo realiza a regulação por meio do desvio da corrente de carga para regular a tensão de saída. A Figura 15.20 mostra o diagrama em blocos desse tipo de regulador de tensão. A tensão de entrada não regulada fornece corrente à carga. Parte dessa corrente é desviada pelo elemento de controle a fim de manter a tensão regulada na saída. Quando a tensão na carga tenta variar devido a uma variação na carga, o circuito de amostragem fornece um sinal de realimentação a um comparador, que então fornece um sinal de controle para alterar a quantidade de corrente que é desviada da carga. Se a tensão de saída tentar aumentar, por exemplo, o circuito de amostragem emite um sinal de realimentação para o circuito comparador, que emite um sinal de controle para drenar a corrente aumentada, fornecendo menos corrente para a carga e impedindo a tensão regulada de subir.

Regulador em paralelo básico com transistor Um circuito regulador do tipo paralelo simples é mostrado na Figura 15.21. O resistor R_S reduz a tensão não regulada por um valor que depende da corrente fornecida à carga R_L. A tensão através da carga é determinada pelo diodo Zener e pela tensão base-emissor do transistor. Se a resistência da carga diminuir, menos corrente entra na base de Q_1, o que resulta em menos corrente desviada pelo coletor. Portanto, a corrente de carga aumenta, mantendo a tensão regulada através da carga. A tensão de saída para a carga é:

$$V_L = V_Z + V_{BE} \tag{15.19}$$

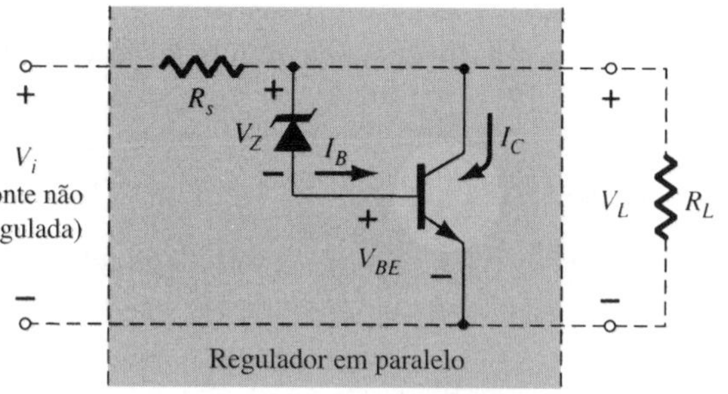

Figura 15.21 Regulador de tensão em paralelo com transistor.

EXEMPLO 15.11

Determine a tensão regulada e as correntes do circuito para o regulador do tipo paralelo da Figura 15.22.

Solução:

A tensão na carga é:

Equação 15.19:

$$V_L = 8{,}2\text{ V} + 0{,}7\text{ V} = \mathbf{8{,}9\text{ V}}$$

Para a carga dada:

$$I_L = \frac{V_L}{R_L} = \frac{8{,}9\text{ V}}{100\ \Omega} = \mathbf{89\text{ mA}}$$

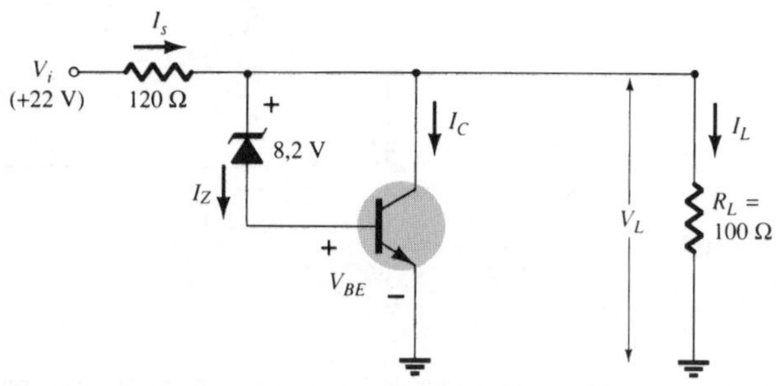

Figura 15.22 Circuito para o Exemplo 15.11.

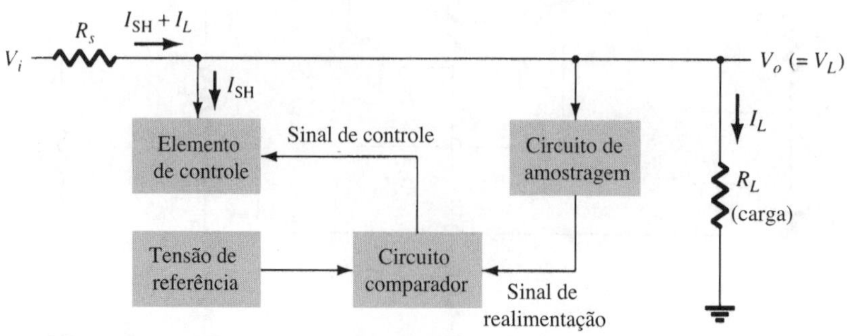

Figura 15.20 Diagrama em blocos do regulador de tensão do tipo paralelo.

Com a tensão não regulada em 22 V, a corrente através de R_S é

$$I_S = \frac{V_i - V_L}{R_S} = \frac{22\text{ V} - 8{,}9\text{ V}}{120} = \mathbf{109\ mA}$$

tal que a corrente de coletor é:

$$I_C = I_S - I_L = 109\text{ mA} - 89\text{ mA} = \mathbf{20\ mA}$$

(A corrente através do Zener e da junção base-emissor do transistor é menor do que I_C, devido ao beta do transistor.)

Regulador do tipo paralelo melhorado O circuito da Figura 15.23 mostra um circuito regulador do tipo paralelo com desempenho aprimorado. O diodo Zener fornece uma tensão de referência, de maneira que o resistor R_1 tenha em seus terminais a variação da tensão na saída. Quando a tensão de saída tenta variar, a corrente desviada pelo transistor Q_1 varia, mantendo a tensão de saída constante. O transistor Q_2 proporciona uma corrente de base maior para o transistor Q_1 do que o circuito da Figura 15.21, fazendo esse regulador ser capaz de suprir uma corrente de carga maior. A tensão de saída é determinada pelo diodo Zener e pelas duas tensões base-emissor dos transistores:

$$V_o = V_L = V_Z + V_{BE_2} + V_{BE_1} \qquad (15.20)$$

Regulador de tensão do tipo paralelo usando amp-op A Figura 15.24 mostra uma outra versão de um regulador de tensão do tipo paralelo utilizando um amp-op como elemento comparador de tensão. A tensão Zener é comparada à tensão de realimentação, obtida do divisor de tensão de R_1 e R_2 para produzir a corrente de controle para o elemento em paralelo Q_1. A corrente através do resistor R_S é então controlada para produzir uma queda de tensão em R_S que mantenha a tensão de saída fixa.

Regulador chaveado

Um tipo de circuito regulador que é bastante popular por sua eficiência na transferência de potência à carga é o regulador chaveado. Basicamente, esse regulador

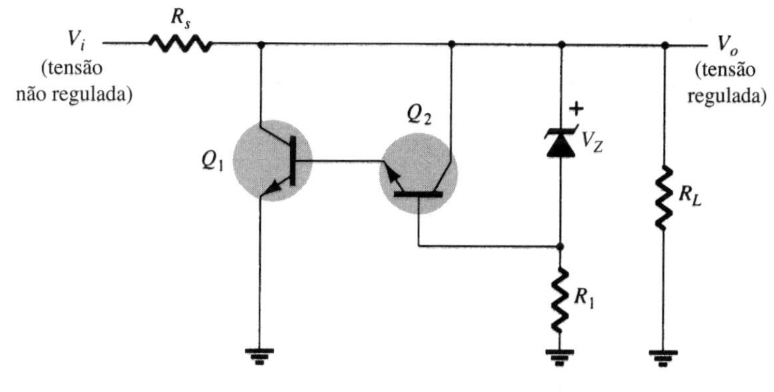

Figura 15.23 Circuito regulador de tensão do tipo paralelo melhorado.

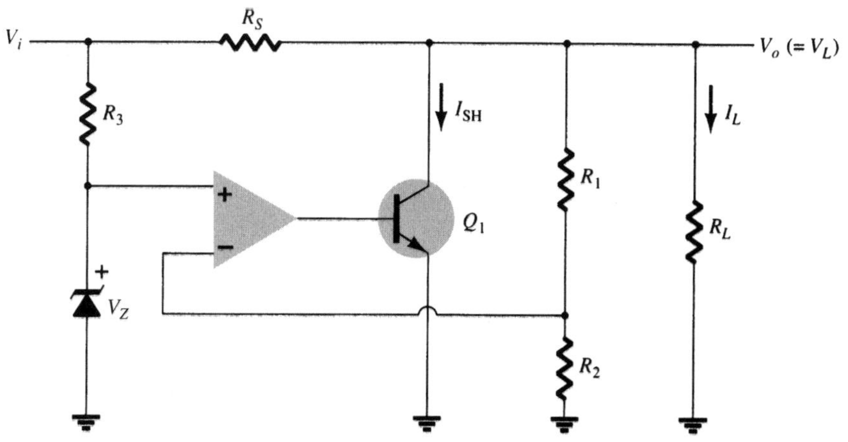

Figura 15.24 Regulador de tensão do tipo paralelo usando amp-op.

passa a tensão para a carga em pulsos, que são filtrados para produzir uma tensão CC uniforme. A complexidade adicionada desse circuito vale a melhoria obtida em sua eficiência de funcionamento.

15.6 REGULADORES DE TENSÃO INTEGRADOS

Reguladores de tensão compreendem uma classe de circuitos integrados largamente utilizados. Os CIs reguladores contêm os circuitos de fonte de referência, o amplificador comparador, o dispositivo de controle e a proteção contra sobrecarga, tudo em uma única pastilha. Embora a estrutura interna dos CIs seja um pouco diferente da descrita para os circuitos reguladores discretos, o funcionamento externo é exatamente o mesmo. Os circuitos integrados oferecem regulação para uma tensão positiva fixa, uma tensão negativa fixa ou uma tensão ajustável.

Uma fonte de alimentação pode ser construída utilizando-se um transformador conectado à rede CA para que a tensão seja reduzida ao valor desejado, retificando-a depois que sai do transformador e filtrando com um capacitor e um circuito *RC*, e, por fim, regulando a tensão CC por meio de um CI regulador. Os reguladores podem ser escolhidos para funcionar com correntes de carga de centenas de miliampères a dezenas de ampères, correspondendo a potências de saída que variam de miliwatts a dezenas de watts.

Reguladores de tensão de três terminais

A Figura 15.25 mostra a conexão básica de um CI regulador de tensão de três terminais a uma carga. O regulador com tensão de saída fixa tem uma tensão CC não regulada, V_i, aplicada a um terminal de entrada, uma tensão CC de saída regulada, V_o, em um segundo terminal, e um terceiro terminal conectado ao terra. Para um determinado regulador, as especificações do dispositivo indicam a faixa sobre a qual a tensão de entrada pode variar para manter uma tensão de saída regulada, dentro de uma faixa de corrente de carga. As especificações listam também o quanto varia a tensão de saída para determinada variação na corrente de carga (regulação de carga) ou na tensão de entrada (regulação de linha).

Reguladores de tensão positiva fixa

A série 78 de reguladores fornece tensões reguladas fixas de 5 V até 24 V. A Figura 15.26 mostra como um CI dessa série, um 7812, é conectado para regular a tensão em +12 V CC. Uma tensão de entrada não regulada V_i é filtrada pelo capacitor C_1 e alimenta o CI no terminal IN. O terminal OUT do CI fornece a tensão de +12 V regulada, que é filtrada pelo capacitor C_2 (principalmente para ruídos de alta frequência). O terceiro terminal do CI é conectado ao terra. Ainda que a tensão de entrada possa variar sobre uma faixa permitida, e a carga de saída também varie sobre uma faixa aceitável, a tensão de saída permanece constante, ou com pequenas variações, dentro de limites especificados. Esses limites são fornecidos pelas folhas de dados do fabricante. A Tabela 15.1 apresenta uma lista de CIs reguladores de tensões positivas.

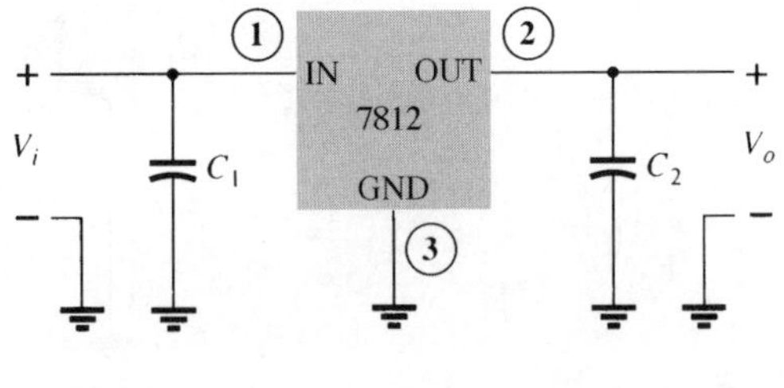

Figura 15.26 Conexão de um regulador de tensão 7812.

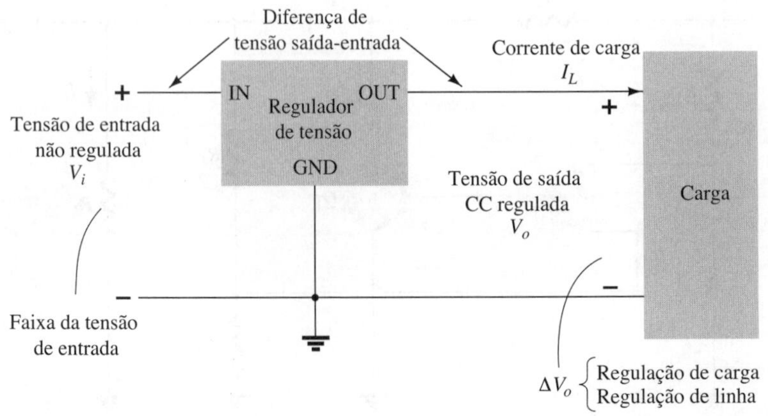

Figura 15.25 Representação em blocos de um regulador de tensão de três terminais.

Tabela 15.1 Reguladores de tensão positiva da série 7800.

Componente CI	Tensão de saída (V)	V_i mínima (V)
7805	+5	7,3
7806	+6	8,3
7808	+8	10,5
7810	+10	12,5
7812	+12	14,6
7815	+15	17,7
7818	+18	21,0
7824	+24	27,1

A conexão de um 7812 em uma fonte de tensão completa é mostrada no esquema da Figura 15.27. A tensão CA da rede (120 V rms) é reduzida para 18 V rms em cada enrolamento do transformador com derivação central. Um retificador de onda completa e um filtro a capacitor produzem uma tensão CC não regulada, representada com uma amplitude de aproximadamente 22 V, com uma ondulação CA de poucos volts como entrada para o regulador de tensão. O CI 7812 fornece então uma saída que é uma tensão regulada de +12 V CC.

Especificações de um regulador de tensão positiva A folha de dados de reguladores de tensão normalmente apresenta os dados mostrados na Figura 15.28 para o grupo de reguladores de tensão positiva da série 7800. Há algumas considerações a fazer a respeito dos parâmetros mais importantes.

Tensão de saída: As especificações para o 7812 mostram que a tensão de saída é, normalmente, +12 V, mas tem como limite inferior 11,5 V e, como limite superior, 12,5 V.

Regulação de saída: A regulação de tensão na saída é, normalmente, de 4 mV, até um máximo de 100 mV (em correntes de saída de 0,25 A até 0,75 A). Essa informação especifica que a tensão de saída pode, tipicamente, variar apenas 4 mV da tensão nominal de 12 V CC.

Corrente de saída em curto-circuito: A corrente de saída é limitada normalmente em 0,35 A se a saída for curto-circuitada (presumivelmente por acidente ou por falha de outro componente).

Corrente de pico na saída: Embora a corrente máxima especificada para esta série de CIs seja 1,5 A, a corrente de saída de pico típica que pode ser drenada por uma carga é 2,2 A. Isso mostra que, embora o fabricante estabeleça que a capacidade do CI seja a de fornecer 1,5 A existe a possibilidade de drenar um pouco mais de corrente (possivelmente por um breve período de tempo).

Tensão de *dropout*: A tensão de *dropout*, tipicamente 2 V, é o valor mínimo de tensão entre os terminais entrada-saída que deve ser mantido para que o CI opere como um regulador. Se a tensão de entrada cair demais ou se a saída se elevar de modo que uma tensão de pelo menos 2 V não seja mantida entre a entrada e a saída do CI, a regulação de tensão não será mais garantida. Por isso, a tensão de entrada deve ser mantida em um valor suficientemente alto para garantir a existência da tensão de *dropout*.

Reguladores de tensão negativa fixa

A série de CIs 7900 é formada por reguladores de tensão negativa, semelhantes aos da série positiva 7800. A Tabela 15.2 apresenta a lista de CIs reguladores de tensão negativa. Como mostrado, os CIs reguladores estão disponíveis para uma faixa de tensões negativas fixas, fornecendo a tensão esperada na saída, se o valor na entrada estiver abaixo de um valor mínimo especi-

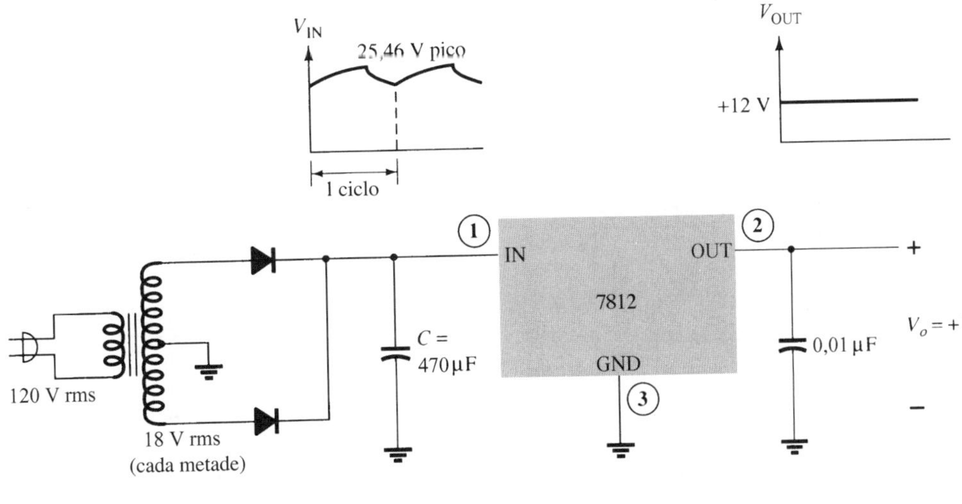

Figura 15.27 Fonte de alimentação de +12 V.

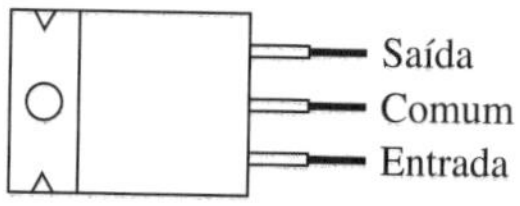

Tensão de saída nominal	Regulador
5 V	7805
6 V	7806
8 V	7808
10 V	7810
12 V	7812
15 V	7815
18 V	7818
24 V	7824

Valores máximos absolutos:

Tensão de entrada 40 V
Dissipação contínua total 2 W
Operação ao ar livre
faixa de temperatura −65 a 150 °C

Características elétricas do μA 7812C

Parâmetro	Mín.	Típ.	Máx.	Unidades
Tensão de saída	11,5	12	12,5	V
Regulação de entrada		3	120	mV
Rejeição de ondulação	55	71		dB
Regulação de saída		4	100	mV
Resistência de saída		0,018		Ω
Tensão de *dropout*		2,0		V
Corrente de saída em curto-circuito		350		mA
Corrente de pico na saída		2,2		A

Figura 15.28 Dados da folha de especificações para CIs reguladores de tensão.

ficado. Por exemplo, o 7912 fornecerá uma saída de −12 V se a tensão na entrada do CI for mais negativa do que −14,6 V.

Tabela 15.2 Reguladores de tensão negativa da série 7900.

Componente CI	Tensão de saída (V)	V_i mínima (V)
7905	−5	−7,3
7906	−6	−8,4
7908	−8	−10,5
7909	−9	−11,5
7912	−12	−14,6
7915	−15	−17,7
7918	−18	−20,8
7924	−24	−27,1

EXEMPLO 15.12

Desenhe uma fonte de tensão utilizando um retificador de onda completa em ponte, um filtro a capacitor e um CI regulador para uma saída de +5 V.

Solução:

O circuito resultante é mostrado na Figura 15.29.

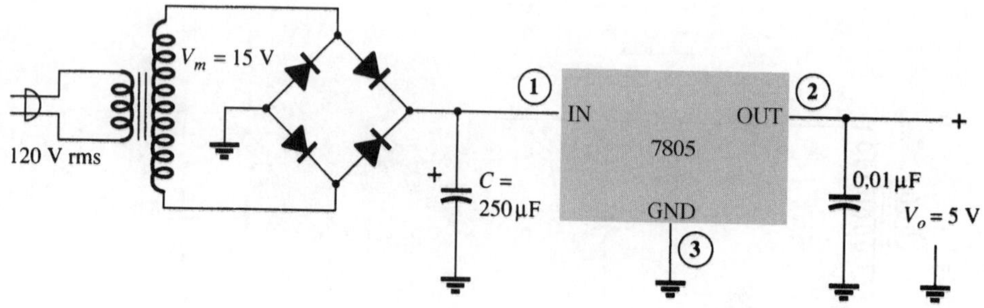

Figura 15.29 Fonte de alimentação de +5 V.

EXEMPLO 15.13

Para um transformador com uma saída de 15 V e um filtro com um capacitor de 250 μF, calcule a tensão mínima necessária na entrada quando conectamos uma carga que drena 400 mA.

Solução:

As tensões através do capacitor são:

$$V_r(\text{pico}) = \sqrt{3}\, V_r(\text{rms})$$
$$= \sqrt{3}\,\frac{2{,}4 I_{CC}}{C} = \sqrt{3}\,\frac{2{,}4(400)}{250} = 6{,}65 \text{ V}$$

$$V_{CC} = V_m - V_r(\text{pico}) = 15 \text{ V} - 6{,}65 \text{ V} = 8{,}35 \text{ V}$$

Visto que o sinal na entrada excursiona em torno desse nível CC, a tensão de entrada mínima pode cair a

$$V_i(\text{baixa}) = V_{CC} - V_r(\text{pico}) = 15 \text{ V} - 6{,}65 \text{ V} = \mathbf{8{,}35\ V}$$

Uma vez que esse valor de tensão é maior do que o mínimo exigido para o CI regulador (da Tabela 15.1, $V_i = 7{,}3$ V), o CI pode fornecer uma tensão regulada para a carga dada.

EXEMPLO 15.14

Determine o valor máximo de corrente de carga em que a regulação é mantida para o circuito da Figura 15.29.

Solução:

Para manter $V_i(\text{mín}) \geq 7{,}3$ V,

$$V_r(\text{pico}) \leq V_m - V_i(\text{mín}) = 15 \text{ V} - 7{,}3 \text{ V} = 7{,}7 \text{ V}$$

de modo que

$$V_r(\text{rms}) = \frac{V_r(\text{pico})}{\sqrt{3}} = \frac{7{,}7 \text{ V}}{1{,}73} = 4{,}4 \text{ V}$$

O valor da corrente de carga é, portanto,

$$I_{CC} = \frac{V_r(\text{rms})C}{2{,}4} = \frac{(4{,}4 \text{ V})(250)}{2{,}4} = \mathbf{458\ mA}$$

Qualquer valor de corrente acima deste não garantiria a operação do regulador.

Reguladores de tensão ajustável

Reguladores de tensão também estão disponíveis em configurações de circuito que permitem ao usuário ajustar a tensão de saída para um valor desejado. O LM317, por exemplo, pode ser operado com a tensão de saída regulada em qualquer valor entre 1,2 V e 37 V. A Figura 15.30 mostra como a tensão de saída regulada de um LM317 pode ser ajustada.

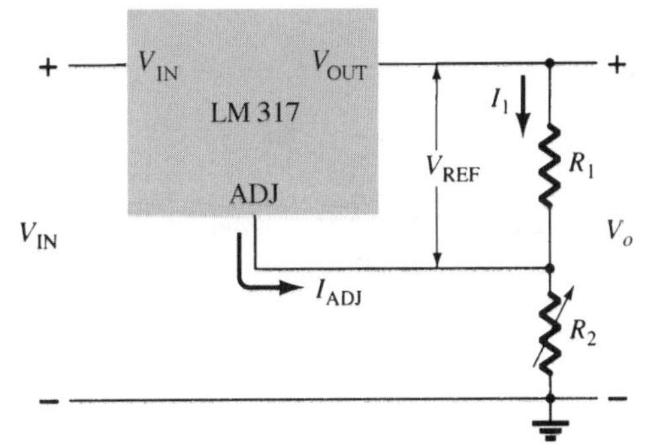

Figura 15.30 Conexão de um regulador de tensão ajustável LM317.

Os resistores R_1 e R_2 determinam o valor da tensão em qualquer nível dentro da faixa especificada (1,2 V até 37 V). A tensão de saída desejada pode ser calculada utilizando-se

$$V_o = V_{ref}\left(1 + \frac{R_2}{R_1}\right) + I_{adj}R_2 \qquad (15.21)$$

com valores típicos do CI de:

$$V_{ref} = 1{,}25 \text{ V} \qquad \text{e} \qquad I_{adj} = 100\ \mu\text{A}$$

EXEMPLO 15.15

Determine a tensão regulada no circuito da Figura 15.30 com $R_1 = 240\ \Omega$ e $R_2 = 2{,}4$ kΩ.

Solução:

Equação 15.21:

$$V_o = 1{,}25 \text{ V}\left(1 + \frac{2{,}4 \text{ k}\Omega}{240\ \Omega}\right) + (100\ \mu\text{A})(2{,}4 \text{ k}\Omega)$$
$$= 13{,}75 \text{ V} + 0{,}24 \text{ V} = \mathbf{13{,}99\ V}$$

EXEMPLO 15.16

Determine a tensão de saída regulada do circuito da Figura 15.31.

Solução:

A tensão de saída calculada usando a Equação 15.21 é:

$$V_o = 1{,}25 \text{ V}\left(1 + \frac{1{,}8 \text{ k}\Omega}{240\ \Omega}\right)$$
$$+ (100\ \mu\text{A})(1{,}8 \text{ k}\Omega) \approx \mathbf{10{,}8\ V}$$

Uma verificação da tensão no capacitor de filtro mostra que a diferença entre a entrada e a saída de 2 V pode ser mantida para uma corrente de carga de, no mínimo, 200 mA.

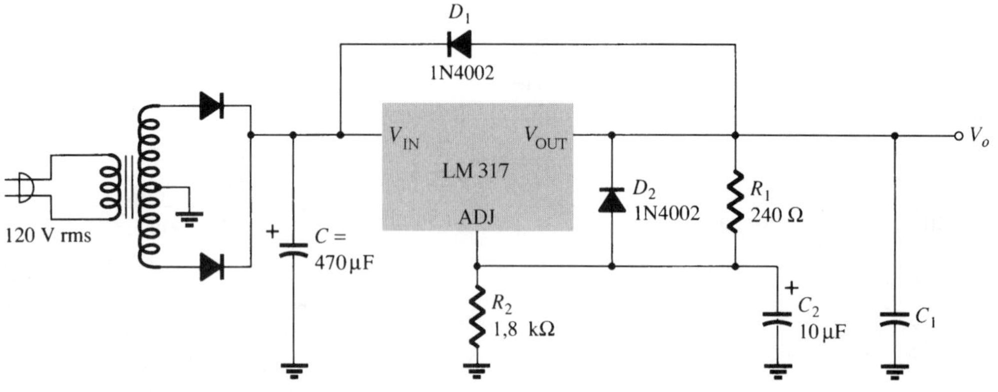

Figura 15.31 Regulador de tensão ajustável positiva para o Exemplo 15.16.

15.7 APLICAÇÕES PRÁTICAS

Fontes de alimentação

Fontes de alimentação fazem parte de todos os equipamentos eletrônicos e, por isso, uma grande variedade de circuitos é utilizada para acomodar fatores como potência de saída, tamanho do circuito, custos, regulação desejada etc. Esta seção irá delinear diversos circuitos de fontes e carregadores práticos.

Fonte CC simples Uma maneira simples de diminuir a tensão CA sem a necessidade de transformadores grandes e caros é utilizar um capacitor em série com a tensão de linha. Esse tipo de fonte, mostrado na Figura 15.32, possui poucos componentes e é bastante simples. Um retificador de meia-onda (ou retificador em ponte) com um circuito filtro é utilizado na obtenção de tensão com uma componente CC. Esse circuito possui uma série de desvantagens: não há isolação da linha CA; uma corrente mínima deve ser sempre drenada; e a corrente de carga não pode ser excessiva. Portanto, uma fonte CC simples pode ser utilizada para oferecer uma tensão CC mal regulada quando uma corrente baixa é necessária em um dispositivo mais barato.

Fonte CC com transformador na entrada O próximo tipo de fonte de alimentação utiliza um transformador para diminuir a tensão de linha CA. O transformador pode ser tanto externo ao compartimento do circuito quanto montado no chassi (interno). Um retificador é utilizado após o transformador, seguido de um filtro a capacitor e possivelmente de um regulador, o que se torna um problema à medida que há um aumento nos requisitos de potência. O tamanho do dissipador de calor, a ventilação e os requisitos de potência se tornam os principais obstáculos para esses tipos de fontes.

A Figura 15.33 mostra uma fonte retificada de meia-onda com um transformador abaixador de tensão. Esse circuito relativamente simples não oferece regulação.

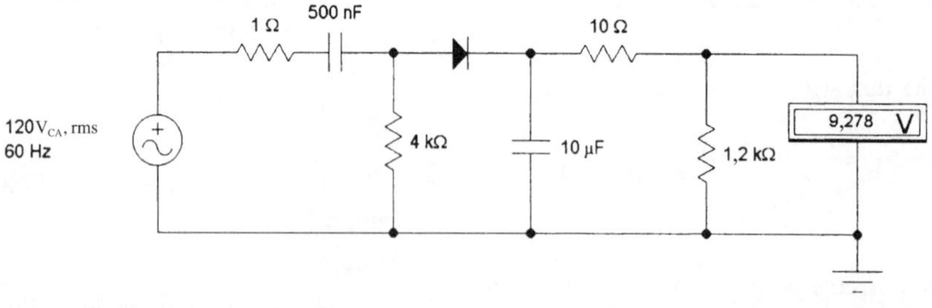

Figura 15.32 Fonte CC simples.

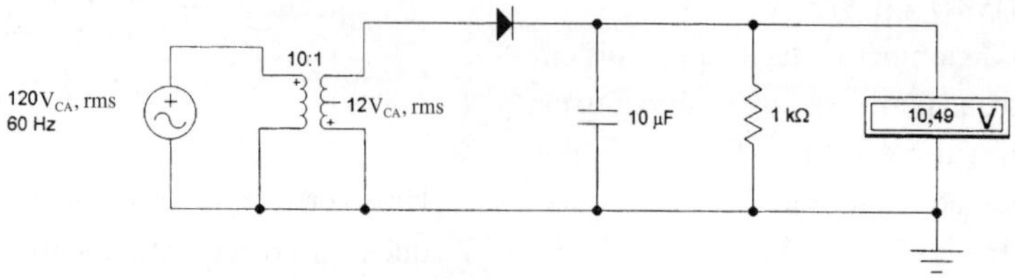

Figura 15.33 Fonte CC com entrada a transformador.

A Figura 15.34 mostra o que é, provavelmente, a melhor fonte padrão de alimentação — com isolação por transformador abaixador de tensão; um retificador em ponte; um filtro duplo com indutor e um circuito regulador montado com referência Zener; um transistor para regulação do tipo paralelo; e um amp-op com realimentação para auxiliar na regulação. Esse circuito obviamente oferece uma excelente regulação de tensão.

Fonte chaveada As fontes de alimentação atualmente existentes no mercado convertem CA em CC através de um circuito *chopper* como o que mostra a Figura 15.35. A entrada CA é conectada ao circuito por uma série de condicionadores e filtros de linha que removem o ruído elétrico. A entrada é então retificada e levemente filtrada. A alta tensão CC é chaveada em uma taxa de aproximadamente 100 kHz. A taxa e a duração do chaveamento são controladas por um circuito integrado especial. Um transformador de isolação liga a tensão CC chaveada a um circuito de retificação e filtragem. A saída da fonte de alimentação é realimentada no circuito integrado de controle. Monitorando a saída, o CI pode regular a tensão de saída. Apesar de ser mais complicado, esse tipo de fonte de alimentação oferece muitas vantagens sobre as fontes tradicionais. Por exemplo, ele opera com uma gama bastante ampla de tensões de entrada CA, opera independentemente da frequência de entrada, tem tamanho bastante reduzido e opera sobre uma larga faixa de demanda de corrente e baixa dissipação de calor.

Fonte especial de alta tensão para circuito horizontal de TV Aparelhos de televisão requerem uma tensão CC muito alta para o funcionamento do tubo de imagem (CRT, do inglês *cathode ray tube*). Nos primeiros aparelhos, essa tensão era fornecida por um transformador

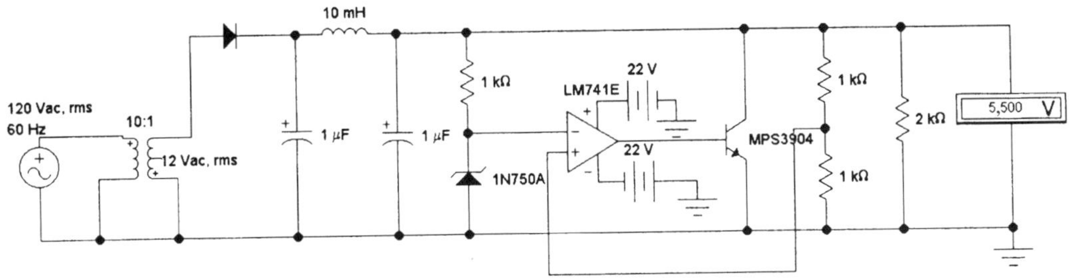

Figura 15.34 Fonte regulada do tipo paralelo com entrada a transformador e regulação com CI.

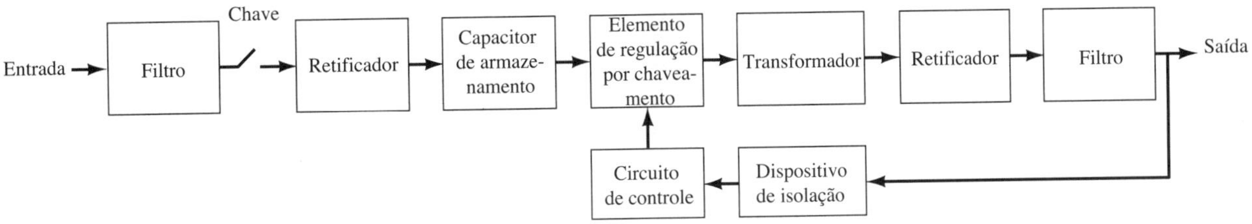

Figura 15.35 Diagrama em blocos da fonte de alimentação chaveada.

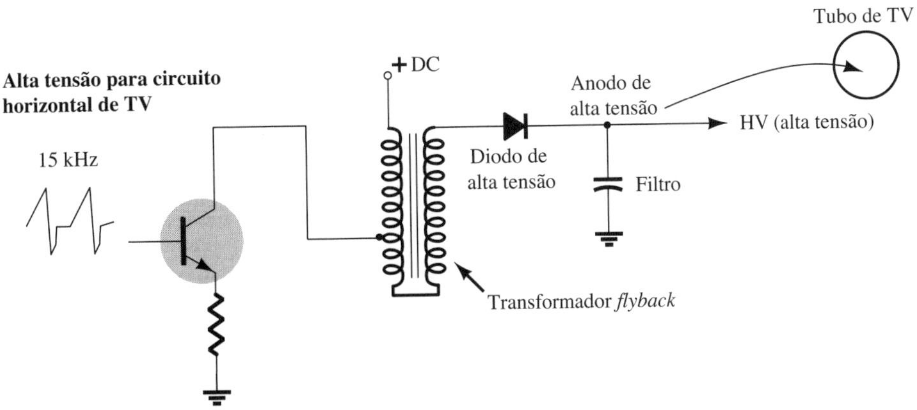

Figura 15.36 Fonte de alta tensão para circuito horizontal de TV.

de alta tensão com capacitores de alta tensão. O circuito era bastante grande, pesado e perigoso. Aparelhos de TV utilizam duas frequências básicas para varrer a tela: 60 Hz (oscilador vertical) e 15 kHz (oscilador horizontal). Utilizando o oscilador horizontal, podemos construir uma fonte CC de alta tensão. O circuito é conhecido como *flyback power supply* (veja a Figura 15.36). A baixa tensão CC é pulsada em um pequeno transformador, que é um autotransformador elevador. A saída é retificada e filtrada com um capacitor de pequeno valor. O transformador *flyback* pode ser pequeno, e o capacitor de filtro pode ser uma unidade pequena e de baixo valor, pois a frequência é bastante alta. Esse tipo de circuito é leve e bastante confiável.

Circuitos carregadores de bateria Circuitos carregadores de bateria empregam variações dos circuitos de fonte de alimentação mencionados anteriormente. A Figura 15.37(a) mostra um circuito básico de um carregador bastante simples utilizando a configuração de um transformador com uma chave seletora para determinar a taxa de corrente de carga oferecida. Para baterias de NiCad, a tensão que alimenta a bateria deve ser maior do que a da bateria que está sendo carregada. A corrente também deve ser controlada e limitada. A Figura 15.37(b) mostra um circuito típico de carga para baterias de NiCad. Para uma bateria chumbo-ácido, a tensão deve ser controlada para não exceder a tensão especificada da bateria. A corrente de

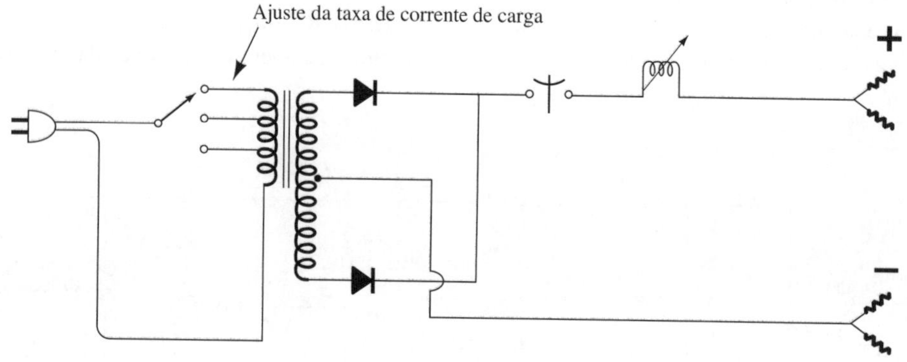

(a)

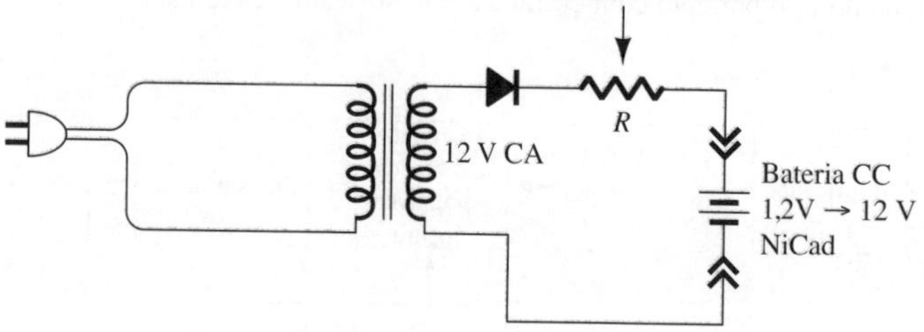

(b)

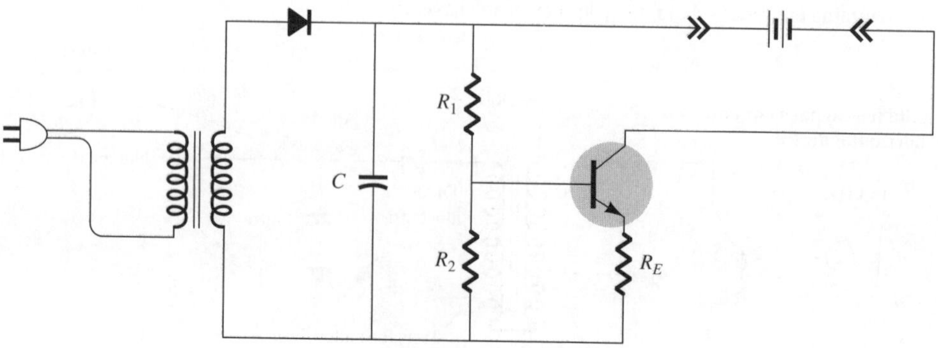

(c)

Figura 15.37 Circuitos de carregadores de bateria: (a) circuito simples de carregador; (b) circuito típico de carregamento de baterias NiCad; (c) circuito de carregamento de baterias chumbo-ácido.

carga é determinada pela capacidade da fonte de alimentação, pela capacidade de potência da bateria e pela quantidade de carga requerida. A Figura 15.37(c) mostra um circuito simples de carga de uma bateria chumbo-ácido.

As baterias podem ser carregadas com fontes CC tradicionais ou fontes chaveadas mais sofisticadas. O maior problema da carga de baterias é determinar quando elas estão completamente carregadas. Existem diversos circuitos diferentes que verificam o *status* da bateria.

15.8 RESUMO

Equações

Ondulação:

$$r = \frac{\text{tensão de ondulação (rms)}}{\text{tensão CC}} = \frac{V_r(\text{rms})}{V_{CC}} \times 100\%$$

Regulação de tensão:

$$\%\text{V.R.} = \frac{V_{NL} - V_{FL}}{V_{FL}} \times 100\%$$

Retificador de meia-onda:

$$V_{CC} = 0{,}318V_m, \qquad V_r(\text{rms}) = 0{,}385V_m$$

$$r = \frac{0{,}385V_m}{0{,}318V_m} \times 100\% = 121\%$$

Retificador de onda completa:

$$V_{CC} = 0{,}636V_m, \qquad V_r(\text{rms}) = 0{,}308V_m$$

$$r = \frac{0{,}308V_m}{0{,}636V_m} \times 100\% = 48\%$$

Filtro a capacitor simples:

$$V_r(\text{rms}) = \frac{I_{CC}}{4\sqrt{3}fC} = \frac{2{,}4I_{CC}}{C} = \frac{2{,}4V_{CC}}{R_LC},$$

$$V_{CC} = V_m - \frac{I_{CC}}{4fC} = \frac{4{,}17I_{CC}}{C}$$

$$r = \frac{V_r(\text{rms})}{V_{CC}} \times 100\%$$

$$= \frac{2{,}4I_{CC}}{CV_{CC}} \times 100\% = \frac{2{,}4}{R_LC} \times 100\%$$

Filtro *RC*:

$$V'_{CC} = \frac{R_L}{R + R_L}V_{CC}, \qquad X_C = \frac{1{,}3}{C},$$

$$V'_r(\text{rms}) = \frac{X_C}{R}V_r(\text{rms})$$

Regulador do tipo série com amp-op:

$$V_o = \left(1 + \frac{R_1}{R_2}\right)V_Z$$

15.9 ANÁLISE COMPUTACIONAL

Programa 15.1 — Regulador do tipo série com amp-op

O circuito regulador do tipo série com amp-op da Figura 15.16 pode ser analisado utilizando-se o PSpice para Windows, com o esquema resultante desenhado como vemos na Figura 15.38. Utilizamos **Analysis Setup** para oferecer uma varredura de tensão de 8 V a 15 V em incrementos de 0,5 V. O diodo D_1 oferece uma tensão Zener de 4,7 V ($V_Z = 4{,}7$), e o transistor Q_1 é ajustado para beta = 100. Utilizando a Equação 15.18, obtemos:

$$V_o = \left(1 + \frac{R_1}{R_2}\right)V_Z = \left(1 + \frac{1\,\text{k}\Omega}{1\,\text{k}\Omega}\right)4{,}7\text{ V} = 9{,}4\text{ V}$$

Observe, na Figura 15.38, que a tensão de saída regulada é 9,25 V quando a entrada é 10 V. A Figura 15.39

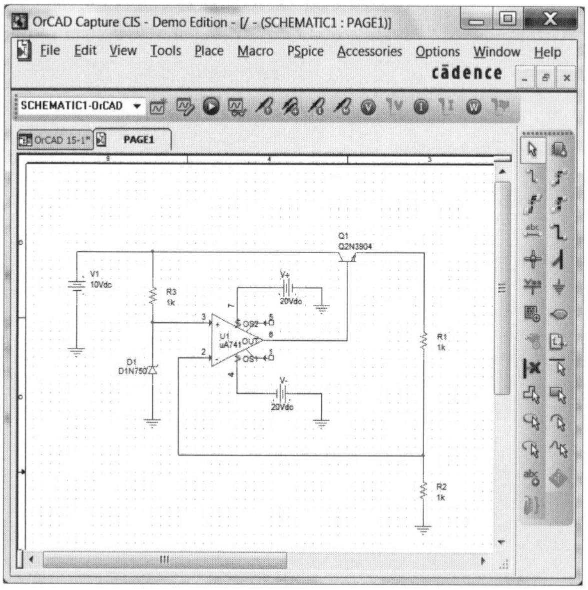

Figura 15.38 Regulador do tipo série com amp-op desenhado com o PSpice.

mostra a saída **PROBE** para a varredura de tensão CC. Note também que, após a entrada ultrapassar 9 V, a saída é mantida regulada em cerca de 9,3 V.

Programa 15.2 — Regulador de tensão em paralelo com amp-op

O circuito regulador de tensão em paralelo da Figura 15.40 foi desenhado utilizando-se o PSpice. Com a tensão Zener ajustada em 4,7 V e o beta do transistor ajustado em 100, a saída é de 9,255 V quando a entrada é 10 V. Uma varredura CC de 8 V até 15 V é mostrada na saída **PROBE** da Figura 15.41. O circuito oferece uma boa regulação de tensão para entradas de cerca de 9,5 V até entradas acima de 14 V, sendo a saída mantida no valor regulado de aproximadamente 9,3 V.

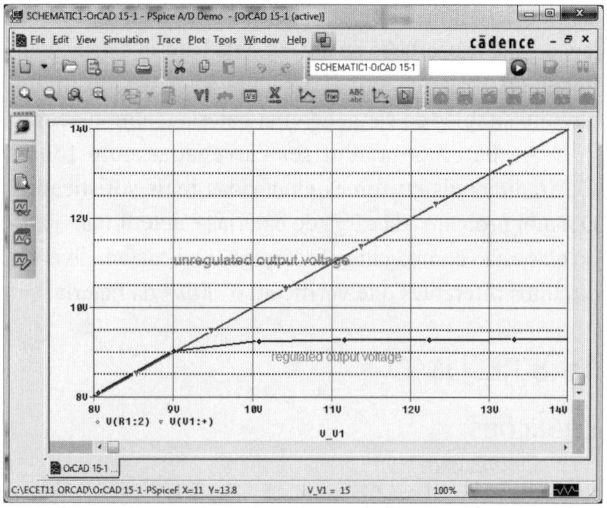

Figura 15.39 Saída Probe mostrando a regulação de tensão da Figura 15.38.

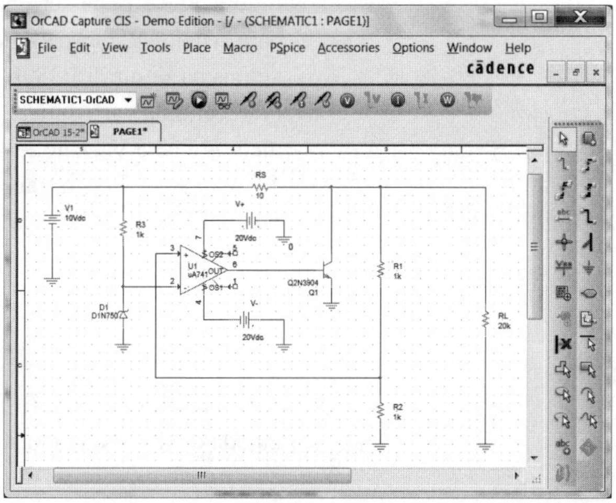

Figura 15.40 Regulador de tensão em paralelo com amp-op.

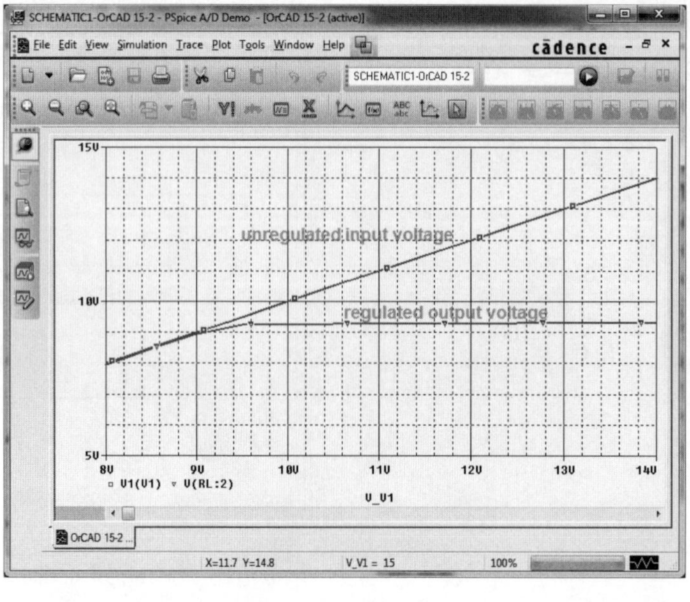

Figura 15.41 Saída Probe para a varredura de tensão CC da Figura 15.40.

PROBLEMAS

*Nota: asteriscos indicam os problemas mais difíceis.

Seção 15.2 Considerações gerais sobre filtros

1. Qual é o fator de ondulação de um sinal senoidal que possui uma ondulação com pico de 2 V sobre um valor médio de 50 V?

2. Um circuito de filtro fornece uma saída de 28 V, sem carga, e 25 V, para uma operação com carga máxima. Calcule a regulação de tensão em termos percentuais.

3. Um retificador de meia-onda fornece 20 V CC. Qual é o valor da tensão de ondulação?

4. Qual é a tensão de ondulação rms de um retificador de onda completa com tensão de saída de 8 V CC?

Seção 15.3 Filtro a capacitor

5. Um filtro a capacitor simples alimentado por retificador de onda completa fornece 14,5 V CC com um fator de ondulação de 8,5%. Qual é a tensão de ondulação na saída (eficaz)?

6. Um sinal retificado de onda completa de 18 V de pico é injetado em um filtro a capacitor. Qual é o valor da regulação de tensão do filtro se a saída for uma tensão de 17 V CC com carga máxima?

7. Um filtro a capacitor de 400 μF tem como entrada uma tensão retificada de onda completa, com 18 V de pico. Quais são os valores da tensão de ondulação e da tensão CC no capacitor para uma carga que drena 100 mA?

8. Um retificador de onda completa que opera na rede de 60 Hz produz uma tensão retificada com 20 V de pico. Se um capacitor de 200 μF for utilizado, calcule a ondulação para uma corrente de carga de 120 mA.

9. Um retificador de onda completa (funcionando a partir de uma alimentação de 60 Hz) alimenta um filtro a capacitor ($C = 100\ \mu$F), que fornece 12 V CC quando conectado a uma carga de 2,5 kΩ. Calcule a tensão de ondulação na saída.

10. Determine o valor do capacitor necessário para a obtenção de uma tensão filtrada com ondulação de 15% quando a corrente de carga é de 150 mA. A tensão retificada de onda completa é de 24 V CC e a fonte é de 60 Hz.

***11.** Um capacitor de 500 μF fornece uma corrente de carga de 200 mA com ondulação de 8%. Calcule a tensão retificada de pico obtida da rede de 60 Hz e o valor da tensão CC no capacitor de filtro.

12. Calcule o valor do capacitor necessário para a obtenção de uma tensão filtrada com ondulação de 7% em uma carga de 200 mA. A tensão retificada de onda completa é de 30 V CC e a frequência de entrada é 60 Hz.

13. Calcule a ondulação percentual da tensão sobre um capacitor de 120 μF para uma corrente de carga de 80 mA. O retificador de onda completa, operando a partir de uma rede de 60 Hz, fornece uma tensão retificada com valor de pico de 25 V.

Seção 15.4 Filtro *RC*

14. Um estágio *RC* é adicionado em uma fonte após o capacitor de filtragem para que a ondulação seja reduzida para 2%. Calcule a tensão de ondulação na saída do filtro *RC*, que fornece uma tensão de 80 V CC.

***15.** Um filtro *RC* ($R = 33\ \Omega$, $C = 120\ \mu$F) é utilizado para filtrar um sinal de 24 V CC com 2 V rms operando a partir de um retificador de onda completa. Calcule a ondulação percentual na saída do estágio *RC* para uma corrente de carga de 100 mA. Calcule também a ondulação do sinal filtrado aplicado ao circuito *RC*.

***16.** Um filtro com um único capacitor possui, na entrada, 40 V CC. Se essa tensão for injetada em um estágio *RC* ($R = 50\ \Omega$, $C = 40\ \mu$F), qual seria a corrente de saída, considerando-se uma carga de 500 Ω?

17. Calcule o valor rms da tensão de ondulação na saída de um filtro *RC* que alimenta uma carga de 1 kΩ quando a tensão de entrada para o filtro é de 50 V CC com uma ondulação de 2,5 V rms, obtida de um retificador de onda completa e filtrada por um capacitor. Os componentes do filtro *RC* são $R = 100\ \Omega$ e $C = 100\ \mu$F.

18. Se a tensão de saída sem carga para o circuito do Problema 17 for 50 V, calcule a regulação percentual de tensão considerando uma carga de 1 kΩ.

Seção 15.5 Regulação de tensão com transistor

***19.** Calcule a tensão de saída e a corrente no diodo Zener no circuito regulador da Figura 15.42.

20. Qual é o valor da tensão regulada resultante no circuito da Figura 15.43?

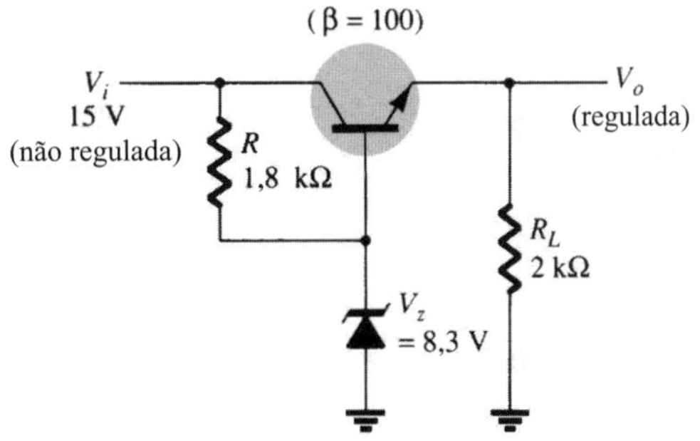

Figura 15.42 Problema 19.

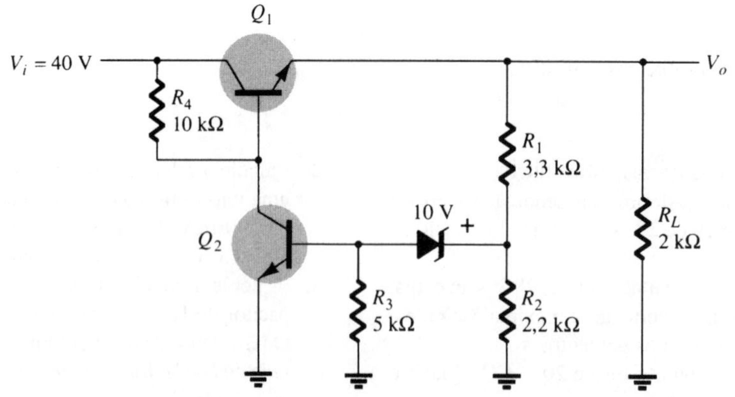

Figura 15.43 Problema 20.

21. Calcule a tensão de saída regulada no circuito da Figura 15.44.
22. Determine a tensão regulada e as correntes no circuito regulador em paralelo da Figura 15.45.

Seção 15.6 Reguladores de tensão integrados

23. Desenhe o circuito de uma fonte de tensão composta por um retificador de onda completa em ponte, um capacitor de filtro e um CI regulador que ofereça uma saída de +12 V.
*24. Calcule a tensão de entrada mínima do retificador de onda completa e do capacitor na Figura 15.46 quando conectados a uma carga que drena 250 mA de corrente.
*25. Determine o valor máximo permitido para a corrente de carga na qual a regulação é mantida pelo circuito da Figura 15.47.
26. Determine a tensão regulada no circuito da Figura 15.30 com $R_1 = 240\ \Omega$ e $R_2 = 1{,}8\ k\Omega$.
27. Determine o valor da tensão regulada na saída do circuito da Figura 15.48.

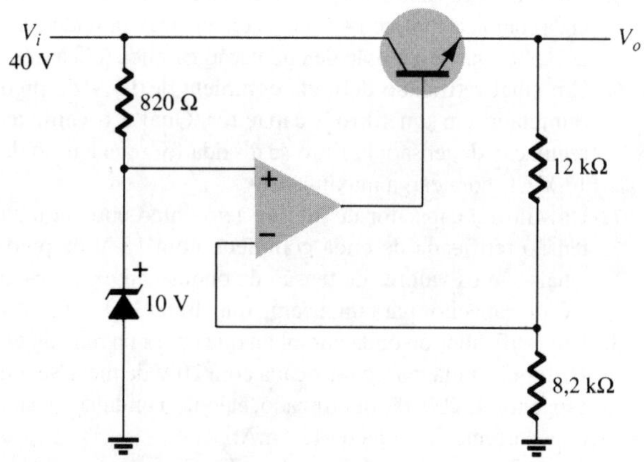

Figura 15.44 Problema 21.

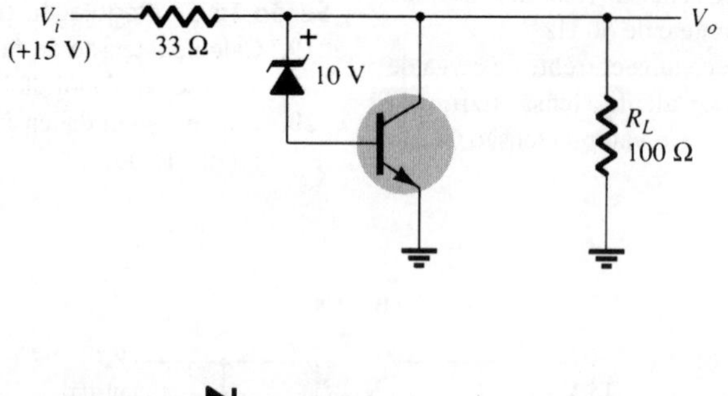

Figura 15.45 Problema 22.

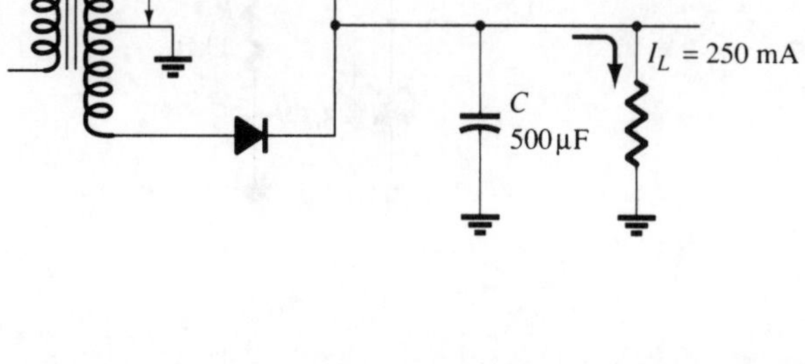

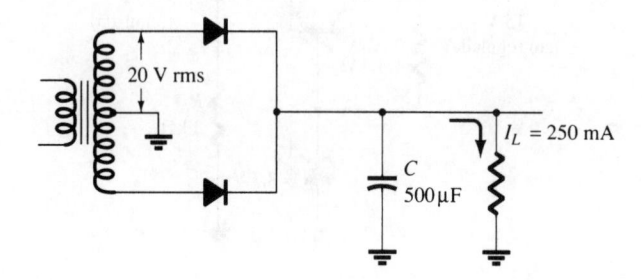

Figura 15.46 Problema 24.

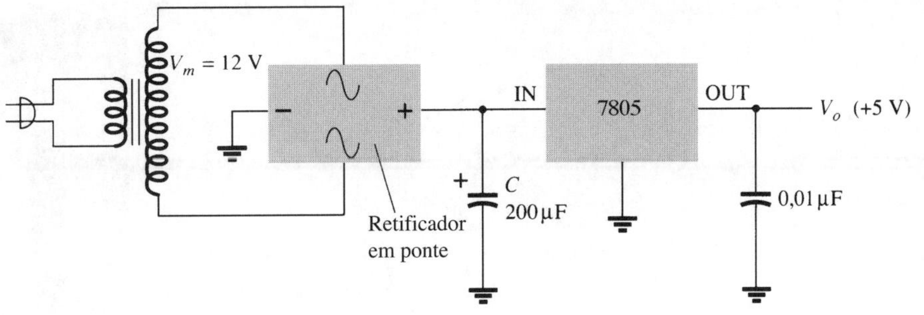

Figura 15.47 Problema 25.

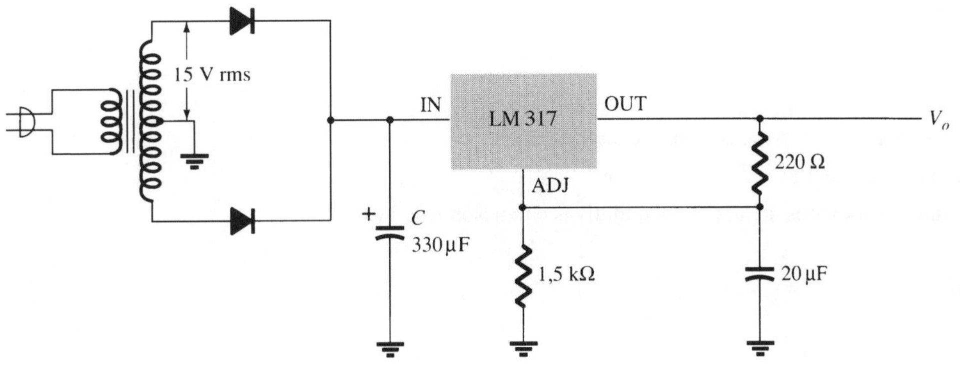

Figura 15.48 Problema 27.

Seção 15.9 Análise computacional

*28. Modifique o circuito da Figura 15.38 para incluir um resistor de carga R_L. Mantenha a tensão de entrada fixa em 10 V e faça uma varredura de valores para o resistor de carga entre 100 Ω e 20 kΩ, mostrando a tensão de saída utilizando o Probe.

*29. Para o circuito da Figura 15.40, faça uma varredura mostrando a tensão de saída para R_L variando de 5 kΩ até 20 kΩ.

*30. Utilizando o PSpice, faça uma análise do circuito da Figura 15.19 para V_Z = 4,7 V, beta (Q_1) = beta (Q_2) = 100 e varie V_i de 5 V até 20 V.

Outros dispositivos de dois terminais

Objetivos

Familiarizar-se com as características e áreas de aplicação de:

- Diodos de barreira Schottky e diodos varactor.
- Células solares, fotodiodos, células fotocondutivas e emissores de IV.
- LCDs.
- Termistores.
- Diodos túnel.

16.1 INTRODUÇÃO

Existem vários dispositivos de dois terminais com uma junção *p-n* única, como o diodo semicondutor, ou o diodo Zener, mas com diferentes modos de operação, características de terminal e áreas de aplicação. Alguns deles, como os diodos Schottky, varactor, célula solar, fotodiodo, diodo emissor de IV e diodo túnel, serão apresentados neste capítulo. Além disso, serão analisados dispositivos de dois terminais com uma construção diferente, como a célula fotocondutiva, o LCD (*display* de cristal líquido) e o termistor.

16.2 DIODOS DE BARREIRA SCHOTTKY (PORTADORES QUENTES)

Nos últimos anos, houve um crescente interesse por um dispositivo de dois terminais chamado de diodo *de barreira Schottky, de barreira de superfície* ou *de portadores quentes*. Suas áreas de aplicação se limitavam inicialmente à faixa de altas frequências devido ao seu rápido tempo de resposta (que é bastante importante nas altas frequências) e à figura de ruído reduzida (um parâmetro de real importância para aplicações de alta frequência). Mais recentemente, no entanto, esse dispositivo tem sido cada vez mais empregado em fontes de alimentação de baixa tensão/alta corrente e em conversores CA-CC. Outras áreas de aplicação do dispositivo incluem sistemas de radar, lógica TTL Schottky para computadores, misturadores e detectores em equipamentos de comunicações, instrumentação e conversores analógico-digitais.

Sua construção é bastante diferente da junção *p-n* convencional, pois, nesta, uma junção metal-semicondutor é criada como mostra a Figura 16.1. O semicondutor normalmente é silício do tipo *n* (embora, às vezes, o silício do tipo *p* seja utilizado), enquanto um suporte de diferentes tipos de metal, como molibdênio, platina, cromo ou tungstênio, é utilizado. Técnicas de fabricação diferentes resultam em um conjunto diferente de características para o dispositivo, como faixas ampliadas de frequência, níveis

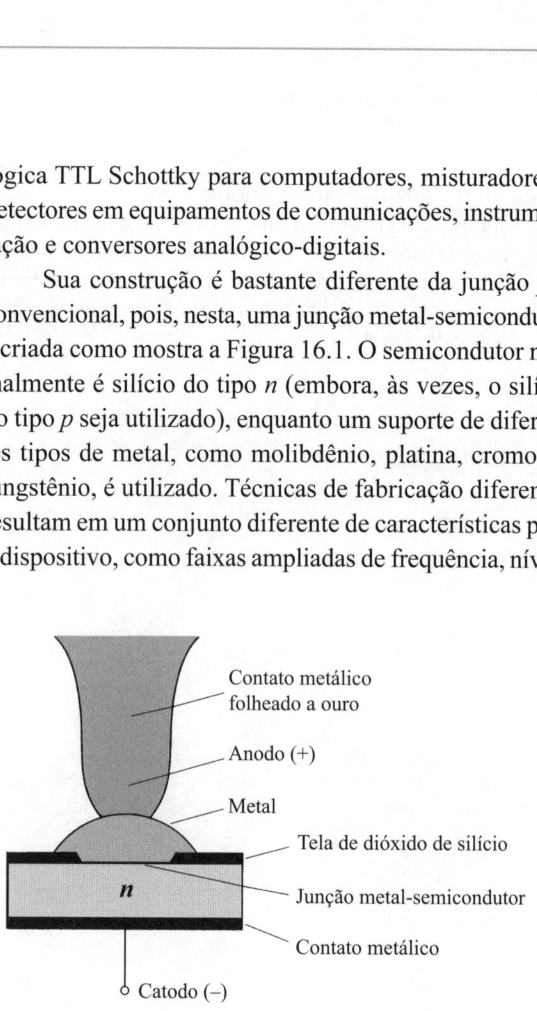

Figura 16.1 Diodo Schottky.

baixos de polarização direta etc. Geralmente, porém, a construção do diodo Schottky resulta em uma região de junção mais uniforme e com um elevado nível de robustez.

Em ambos os materiais, o elétron é o portador majoritário. No metal, o nível de portadores minoritários (lacunas) é insignificante. Quando os materiais são unidos, os elétrons no material semicondutor de silício do tipo *n* fluem de imediato para o metal agregado, estabelecendo um fluxo intenso de portadores majoritários. Uma vez que os portadores injetados têm um nível muito alto de energia cinética em comparação aos elétrons do metal, eles são normalmente chamados de "portadores quentes". Na junção *p-n* convencional, existia a injeção de portadores minoritários na região de junção, mas, aqui, os elétrons são injetados em uma região com a mesma pluralidade de elétrons. Os diodos Schottky são, portanto, os únicos nos quais a condução é totalmente realizada pelos portadores majoritários. O fluxo intenso de elétrons para o metal cria uma região próxima à superfície de junção deplecionada de portadores no material de silício — muito semelhante à região de depleção no diodo de junção *p-n*. Os portadores adicionais no metal estabelecem neste uma "parede negativa" na fronteira entre os dois materiais. O resultado disso é uma "barreira de superfície" entre os dois materiais que impede qualquer fluxo de corrente. Isto é, qualquer elétron (carga negativa) no material de silício enfrenta uma região de portadores livres e uma "parede negativa" na superfície do metal.

A aplicação de uma polarização direta, como a mostrada no primeiro quadrante da Figura 16.2, reduzirá a força da barreira negativa através da atração dos elétrons dessa região pelo potencial positivo aplicado. O resultado é o retorno do fluxo intenso de elétrons através da junção,

Dr. Walter Herman Schottky
(Foto: cortesia de Siemens Corporate Archives, Munique.)
Alemão (Marburg e Berlim, Alemanha)
(1886-1976)
Professor de Física Teórica – Universidade de Rostock
Físico pesquisador – Siemens Industrial Research Laboratories
O Dr. Walter Hermann Schottky nasceu em Zurique, na Suíça, em 23 de julho de 1886. Após se graduar em Física na Universidade de Berlim em 1908, obteve doutorado em Física em 1912.
É mais conhecido pelo efeito Schottky, que define a interação entre uma carga pontual e uma superfície metálica plana, um efeito que resultou no renomado diodo Schottky, que apresenta uma série de melhorias importantes em relação ao diodo semicondutor típico. Também é reconhecido pela invenção do super-heterodino, da válvula tetrodo termiônica (tubo a vácuo multigrade) e pela coinvenção (com Erwin Gerlach) do microfone de fita.
Entre os prêmios recebidos, estão o da Royal Society Hughes, em 1936, e o Wernervon-Siemens-Ring, em 1964. Além disso, foi criado o Walter Schottky Institute, na Alemanha, em sua homenagem.

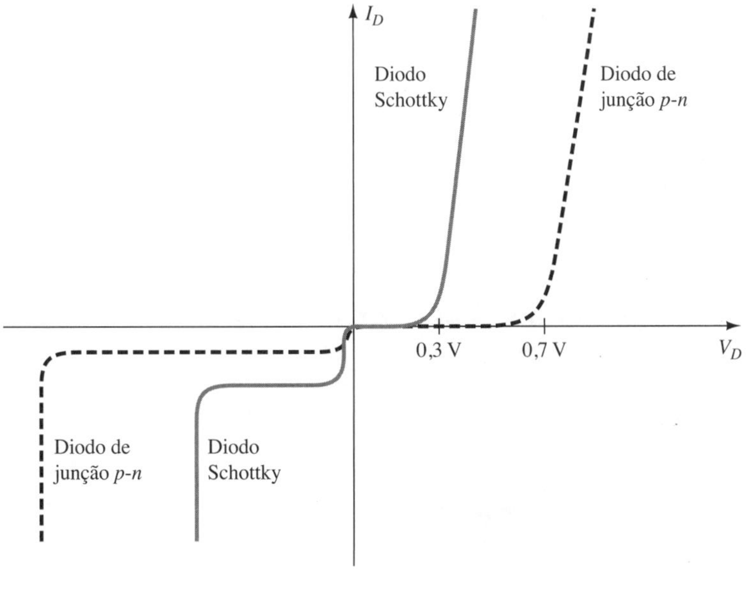

Figura 16.2 Comparação das curvas dos diodos de portadores quentes e de junção *p-n*.

e seu valor é controlado pelo valor do potencial aplicado. A barreira na junção de um diodo Schottky é menor que a dos dispositivos de junção *p-n* tanto na região de polarização direta quanto na região de polarização reversa. Portanto, o resultado são correntes mais altas para a mesma polarização aplicada em ambas as regiões. Esse efeito é desejável na região de polarização direta, mas altamente indesejável na região de polarização reversa.

O crescimento exponencial da corrente para a situação de polarização direta é descrito pela Equação 1.2, mas com n dependente da técnica de fabricação (1,05 para a fabricação do tipo monocristal, que lembra o diodo de germânio). Na região de polarização reversa, a corrente I_s se deve sobretudo ao fluxo dos elétrons do metal que passam para o material semicondutor. Uma das áreas continuamente pesquisadas nos centros de fabricação de diodos Schottky é a redução das altas correntes de fuga que surgem em temperaturas acima de 100 °C. Através do desenvolvimento de projetos, as unidades disponíveis têm agora uma faixa de temperatura de operação de –65 °C até +150 °C. À temperatura ambiente, a amplitude de I_s é da ordem de microampères, para componentes de baixa potência, e de miliampères, para os de alta potência, embora comumente maiores do que os valores encontrados quando se usam dispositivos de junção *p-n* convencionais com os mesmos limites de corrente. Além disso, a PIV de diodos Schottky costuma ser comparativamente bem menor do que a de um dispositivo de junção *p-n*. Normalmente, para uma unidade de 50 A, a PIV do diodo Schottky é de cerca de 50 V ou menos, enquanto, para um dispositivo de junção *p-n*, a PIV chega a 150 V. No entanto, pesquisas recentes produziram diodos Schottky com PIVs maiores do que 100 V para essa faixa de corrente de operação. Podemos ver claramente na Figura 16.2 que o diodo Schottky apresenta um conjunto de características mais próximas do ideal do que o diodo de contato de ponto, e que os valores de V_T são menores do que os do semicondutor de silício com junção *p-n*. O valor de V_T para o diodo de "portadores quentes" é determinado em grande parte pelo tipo de metal empregado. Existe uma compensação entre faixa de temperatura e o valor de V_T. O aumento de um parece corresponder a um aumento resultante no outro. Além disso, quanto menor for o valor de corrente permitido, menor será o valor de V_T. Para alguns dispositivos de valores reduzidos, o valor de V_T pode ser considerado zero com uma boa aproximação. Mas, para dispositivos de valores médio e alto, um valor de 0,2 V parece ser bastante representativo.

A máxima corrente nominal desse tipo de dispositivo tem atualmente um limite por volta de 100 A. Esse diodo é aplicado principalmente em áreas como as *fontes de alimentação chaveadas* que operam em frequências de 20 kHz ou mais. Para ser utilizado nesse tipo de fonte é preciso suportar uma corrente de 50 A com uma tensão direta de 0,6 V, em 25 °C, com um tempo de recuperação de 10 ns. Um dispositivo de junção *p-n* com o mesmo limite de corrente de 50 A pode ter uma queda de tensão direta de 1,1 V e um tempo de recuperação de 30 a 50 ns. A diferença na tensão direta pode não parecer significativa, mas, considerando-se a diferença na dissipação de potência: $P_{\text{portadores quentes}} = (0{,}6\ \text{V})(50\ \text{A}) = 30\ \text{W}$ comparada a $P_{p\text{-}n} = (1{,}1\ \text{V})(50\ \text{A}) = 55\ \text{W}$, ela é razoável se um critério de eficiência precisar ser atingido. Obviamente, há uma dissipação maior na região de polarização reversa no diodo Schottky devido a uma corrente de fuga mais elevada, porém a perda total de potência nas regiões de polarização direta e reversa ainda é significativamente menor quando comparada à dos dispositivos de junção *p-n*.

Lembre-se da nossa discussão sobre tempo de recuperação reversa no Capítulo 1, em que a injeção de portadores minoritários contribui para o alto valor de t_{rr}. A ausência de portadores minoritários em qualquer nível apreciável no diodo Schottky faz com que o tempo de recuperação reversa desse dispositivo seja bastante pequeno, como explicado anteriormente. Esse é o principal motivo pelo qual os diodos Schottky são tão eficientes em frequências próximas a 20 GHz, nas quais o dispositivo deve inverter seus estados a uma taxa muito elevada. Para frequências mais altas, o diodo de contato de ponto, com sua área de junção muito pequena, ainda é empregado.

Na Figura 16.3 são mostrados o circuito equivalente para o dispositivo (com valores típicos) e um símbolo

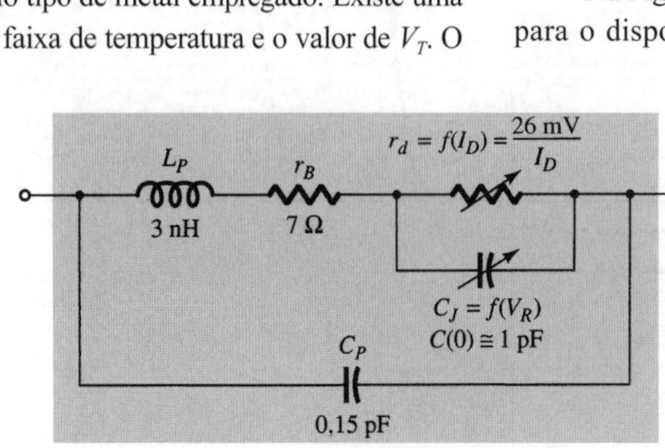

(a)

(b)

Figura 16.3 Diodo Schottky (de portadores quentes): (a) circuito equivalente; (b) símbolo.

comumente utilizado. Muitos fabricantes preferem utilizar o símbolo-padrão do diodo para o dispositivo, uma vez que a função realizada pelos dois é praticamente a mesma. A indutância L_P e a capacitância C_P surgem devido ao encapsulamento, e r_B é a resistência em série, que inclui a resistência de contato e do material. A resistência r_d e a capacitância C_J são valores definidos pelas equações introduzidas nas seções anteriores. Para muitas aplicações, um excelente circuito equivalente aproximado simplesmente inclui um diodo ideal em paralelo com a capacitância da junção, como mostra a Figura 16.4.

Um diodo Schottky de uso geral fabricado pela Vishay Corporation é mostrado na Figura 16.5 com suas especificações máximas e características elétricas. Observe nas especificações máximas que o pico V_R é limitado em 30 V e a corrente direta máxima é limitada em 200 mA = 0,2 A. Entretanto, se necessário, pode suportar um surto de corrente de 5 A. As características elétricas revelam que, em correntes baixas próximas de 1 mA (pouco acima do valor que liga o dispositivo), a tensão direta atinge um valor máximo de 0,32 V, que é significativamente menor do que o 0,7 V de um diodo de silício típico. A corrente precisa atingir um valor em torno de 80 mA antes que a tensão direta alcance um valor que se aproxime de 0,7 V. Para aplicações de chaveamento, o valor da capacitância é importante, mas o valor de 10 pF costuma ser aceitável na maioria delas. Por fim, note que a corrente reversa é de apenas 2,3 μA.

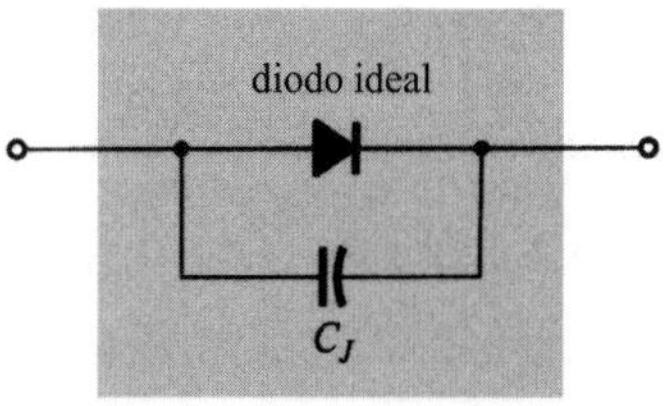

Figura 16.4 Circuito equivalente aproximado para o diodo Schottky.

Diodo Schottky para pequenos sinais

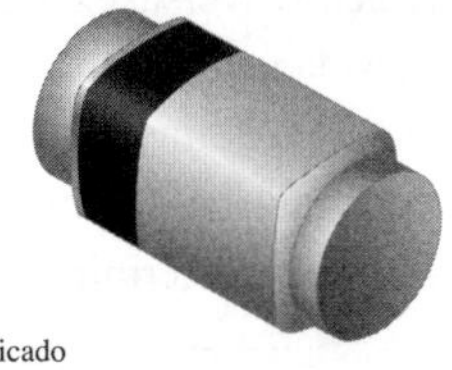

Aplicações

- Aplicações em que uma tensão direta muito baixa é exigida.

ESPECIFICAÇÕES MÁXIMAS ABSOLUTAS T_{amb} = 25°C, a menos que outro valor seja especificado

Parâmetro	Condição de teste	Símbolo	Valor	Unidade
Tensão reversa		V_R	30	V
Corrente de surto direta (pico)	t_p = 10 ms	I_{FSM}	5	A
Corrente direta repetitiva (pico)	$t_p \leq 1$ s	I_{FRM}	300	mA
Corrente direta		I_F	200	mA
Corrente direta média		I_{FAV}	200	mA

CARACTERÍSTICAS TÉRMICAS T_{amb} = 25°C, a menos que outro valor seja especificado

Parâmetro	Condição de teste	Símbolo	Valor	Unidade
Junção para temperatura ambiente	on PC board 50 mm × 50 mm × 1,6 mm	R_{thJA}	320	K/W
Temperatura de junção		T_j	125	°C
Faixa de temperatura de armazenagem		T_{stg}	–65 a +150	°C

CARACTERÍSTICAS ELÉTRICAS T_{amb} = 25°C, a menos que outro valor seja especificado

Parâmetro	Condição de teste	Símbolo	Mín.	Típ.	Máx.	Unidade
Tensão direta	I_F = 0,1 mA	V_F			240	mV
	I_F = 1 mA	V_F			320	mV
	I_F = 10 mA	V_F			400	mV
	I_F = 30 mA	V_F			500	mV
	I_F = 100 mA	V_F			800	mV
Corrente reversa	V_R = 25 V, t_p = 300 μs	I_R			2,3	μA
Capacitância de diodo	V_R = 1 V, f = 1 MHz	C_D			10	pF

Figura 16.5 Especificações máximas, características térmicas e elétricas de um diodo Schottky Vishay BAS285.

A Figura 16.6 mostra as características típicas do dispositivo. Na Figura 16.6(a), verificamos que a tensão direta é de cerca de 0,5 V em 20 mA, mas cai para aproximadamente 0,45 V em 10 mA. Em 0,1 mA, a tensão direta cai para somente 0,25 V. Na Figura 16.6(b), constatamos que a corrente reversa aumenta rapidamente em função da temperatura. Em 100 °C ela ultrapassa 300 μA = 0,3 mA, que é excessivo. Felizmente, em baixas temperaturas como 25 °C é apenas 2 μA. A Figura 16.6(c) revela por que o elemento capacitivo é parte integrante do circuito equivalente. Em V_R = –0,1 V, seu valor se aproxima de 9,2 pF, enquanto em V_R = –10 V, ela cai para 3,4 pF.

16.3 DIODOS VARACTOR (VARICAP)

Os diodos varactor — também chamados de varicap, CVT (capacitância variável com a tensão), ou de sintonia — são semicondutores dependentes da tensão, que se comportam como capacitores variáveis. Seu modo de operação depende da capacitância existente na junção *p-n* quando o elemento está reversamente polarizado. Sob condições de polarização reversa, existe uma região de cargas não cobertas em cada lado da junção, que, juntas, ajustam a região de depleção e definem a largura de depleção W_d. A capacitância de transição C_T estabelecida pelas cargas isoladas não cobertas é determinada por

$$C_T = \epsilon \frac{A}{W_d} \tag{16.1}$$

onde ϵ é a permissividade dos materiais semicondutores, A é a área da junção *p-n* e W_d é a largura de depleção.

À medida que cresce o potencial de polarização reverso, a largura da região de depleção aumenta, o que reduz, consequentemente, a capacitância de transição. As características de um diodo varicap típico, disponível no mercado, são mostradas na Figura 16.7. Observe que há um declínio inicial acentuado de C_T com o aumento da polarização reversa. A faixa esperada de V_R para diodos CVT é limitada a cerca de 20 V. Em termos da polarização reversa aplicada, a capacitância de transição é dada aproximadamente por

$$C_T = \frac{K}{(V_T + V_R)^n} \tag{16.2}$$

onde K = constante determinada pelo material semicondutor e pela técnica de fabricação.
V_T = potencial de joelho, como definido na Seção 1.6
V_R = valor do potencial de polarização reverso aplicado
$n = \frac{1}{2}$ para junções de liga e $\frac{1}{3}$ para junções difusas

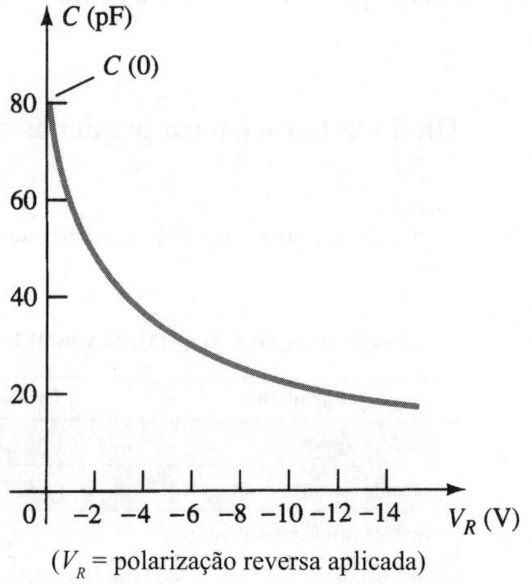

Figura 16.7 Características do varicap: C (pF) *versus* V_R.

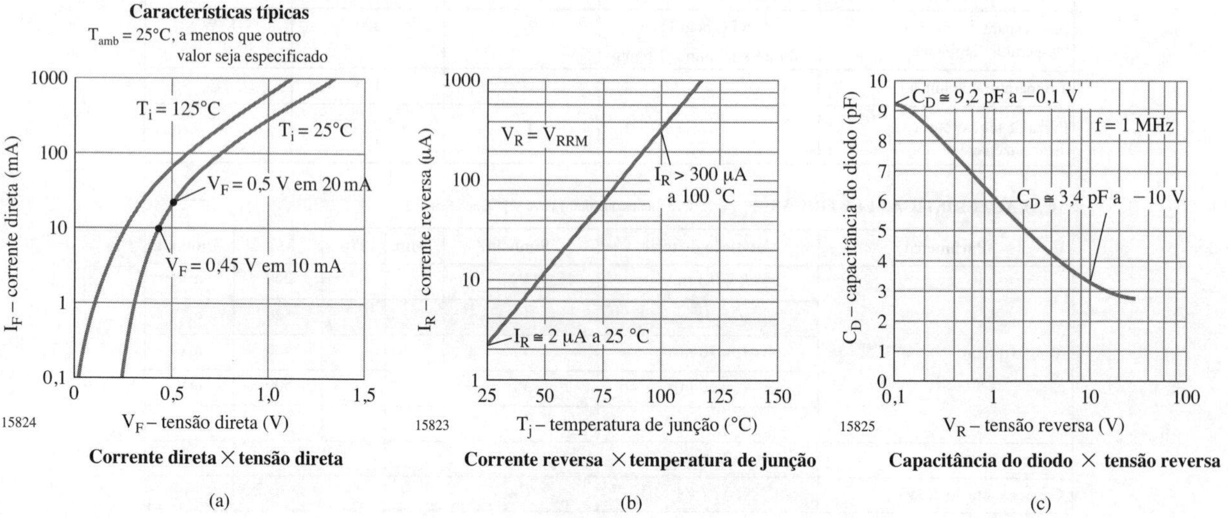

Figura 16.6 Curvas características típicas para um diodo Schottky Vishay BAS285.

Em termos da capacitância na condição de polarização nula $C(0)$, a capacitância como função de V_R é dada por:

$$C_T(V_R) = \frac{C(0)}{\left(1 + |V_R/V_T|\right)^n} \qquad (16.3)$$

Os símbolos mais comumente utilizados para o diodo varicap e uma primeira aproximação para seu circuito equivalente na região de polarização reversa são mostrados na Figura 16.8. Visto que estamos na região de polarização reversa, a resistência no circuito equivalente é muito alta, tipicamente 1 MΩ ou mais, enquanto R_S, a resistência geométrica do diodo, é, como indica a Figura 16.8, muito pequena. O valor de C_T pode variar de 2 pF a 100 pF, dependendo do varicap considerado. Normalmente o material utilizado em diodos varicap é o silício, para que R_R seja a maior possível (para corrente de fuga mínima). Como o dispositivo é empregado em altíssimas frequências, devemos incluir a indutância L_S, apesar de seu valor se situar na faixa de nano-henries. Lembramos que $X_L = 2\pi fL$ e uma frequência de 10 GHz com L_S = 1 nH resultarão em $X_{L_S} = 2\pi fL = (6{,}28)(10^{10}\text{ Hz})(10^{-9}\text{ F}) =$ 62,8 Ω. Há obviamente, portanto, um limite de frequência associado com o uso de cada diodo varicap. Admitindo-se uma faixa apropriada de frequência e um valor baixo de R_S e X_{L_S} comparado aos outros elementos em série, o circuito equivalente para o varicap da Figura 16.8(a) pode ser substituído por apenas um capacitor variável.

O *coeficiente de temperatura da capacitância* é definido por

$$TC_C = \frac{\Delta C}{C_0(T_1 - T_0)} \times 100\% \qquad \%/°\text{C} \qquad (16.4)$$

onde ΔC é a variação na capacitância devido a uma variação na temperatura $T_1 - T_0$ e C_0 é a capacitância em T_0 para um potencial específico de polarização reversa. Por exemplo, em $V_R = -3$ V e $C_0 = 29$ pF com $V_R = 3$ V e $T_0 = 25$ °C. A variação ΔC na capacitância pode ser determinada utilizando-se a Equação 16.4 e substituindo-se a nova temperatura T_1 e a TC_C associada. Em um novo V_R, o valor de TC_C variará de acordo.

O encapsulamento e as especificações máximas para um varactor de sintonia hiperabrupto Micrometrics são fornecidos na Figura 16.9(a). A junção hiperabrupta

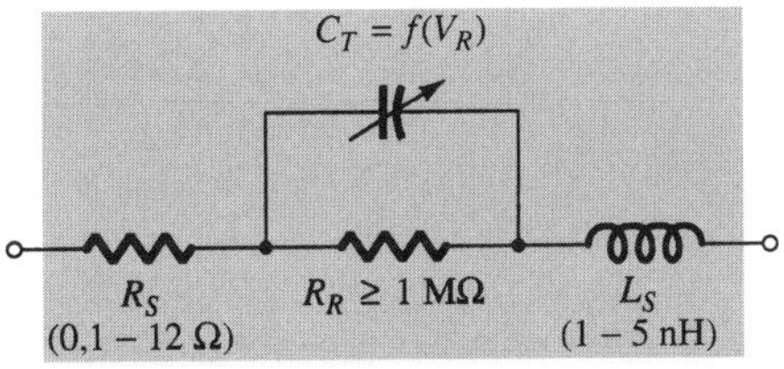

(a)

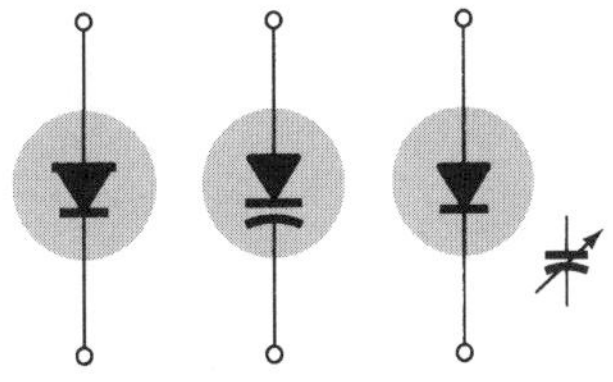

(b)

Figura 16.8 Diodo varicap: (a) circuito equivalente na região de polarização reversa; (b) símbolos.

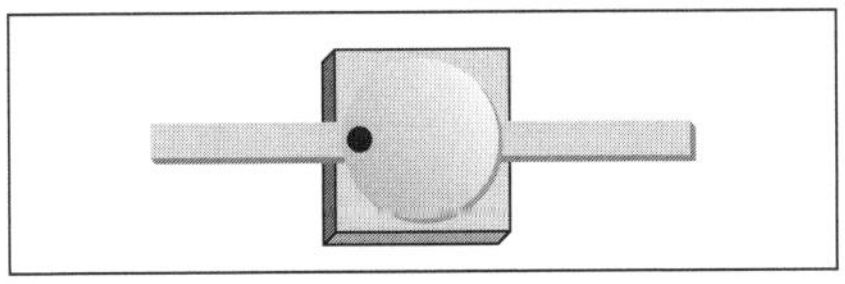

(a)

Especificações máximas

Parâmetro	Símbolo	Valor	Unidades
Tensão reversa	V_r	Igual a V_{br}	Volts
Corrente direta	I_f	100	mA
Dissipação de potência	Pd (25°C)	250	mW
Temperatura de operação	T_{op}	–55 a +150	°C
Temperatura de armazenagem	T_{stg}	–65 a +200	°C

(b)

Figura 16.9 Varactor de sintonia hiperabrupto Micrometrics: (a) encapsulamento; (b) especificações máximas.

é criada por meio de uma técnica especial de implantação iônica que resulta em uma junção mais abrupta do que o varactor de junção abrupta mais comum. O varactor de junção hiperabrupta é escolhido quando se deseja uma relação mais linear entre a frequência gerada por um oscilador controlado por tensão (VCO, do inglês *voltage-controlled oscilator*) e a tensão de controle. Essa série de diodos é ideal para frequências ressonantes LC até 100 MHz com uma relação quase linear para a faixa de sintonia de 1,5 a 4 V. Como indicado pelas especificações máximas, a corrente direta de pico é de cerca de 100 mA e a dissipação de potência, 250 mW. A especificação de tensão reversa é definida pelo valor de V_{br} nas características de desempenho da Figura 16.10.

As características elétricas e as características típicas de desempenho são fornecidas na Figura 16.10. Observe que, para o TV 1401, a capacitância pode variar desde cerca de 58 pF a uma tensão reversa de 2 V caindo até 6,1 pF a

Desempenho típico

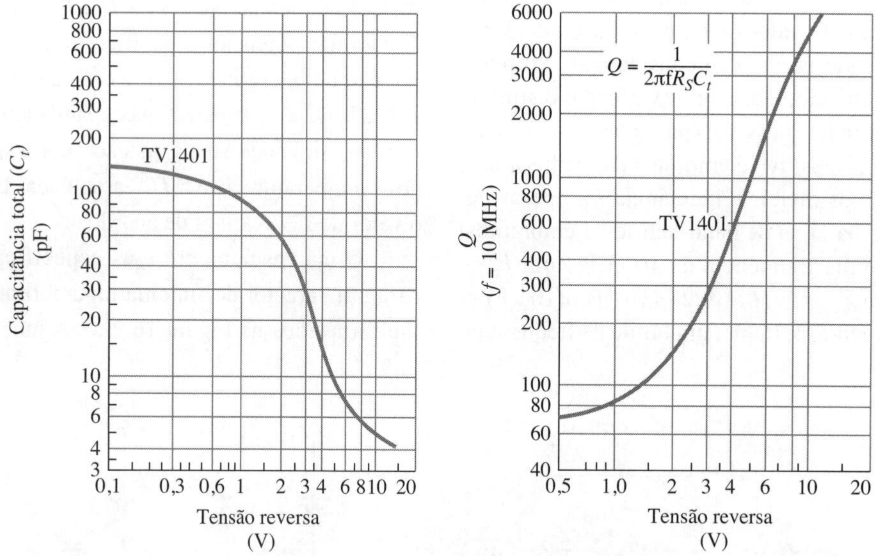

Q V_r = 2 V_{CC}		V_{br} (V_{CC}) I_r = 10 µ A_{CC}	I_r (nA_{CC}) V_r = 10 V_{CC}	Part number
F = 1 MHz MÍN./TÍP.	F = 10 MHz MÍN./TÍP.	MÍN./TÍP.	TÍP./MÁX.	
–	75/140	12/20	10/50	TV1401
200/700	–	12/20	50/100	TV1402
200/700	–	12/20	100/1000	TV1403

(a)

Características elétricas

Capacitância total, C_t F = 1 MHz (pF)				Razão de sintonia, T_r F = 1 MHz		Part number
V_r = 2 V_{CC} MÍN./TÍP./MÁX.	V_r = 7 V_{CC} TÍP.	V_r = 10 V_{CC} MÍN./TÍP./MÁX.	V_r = 125 V_{CC} TÍP.	C(1.25V)/C(7V) TÍP.	C(2V)/C(10V) MÍN./TÍP./MÁX.	
46/57/68	6,1	4,2/4,7/5,2	81,5	13	10/12/17	TV1401
46/57/68	6,1	4,2/4,7/5,2	81,5	13	10/12/17	TV1402
46/57/-	6,1	-/4,7/5,2	81,5	13	10/12/-	TV1403

(b)

Figura 16.10 Diodos Varactor da série TV 1400 da Micrometrics: (a) desempenho típico; (b) características elétricas.

uma tensão reversa de 7 V, validando a curva de *drop-off* da Figura 16.7. Em seguida, continua a cair para cerca de 5 pF a uma tensão reversa de 10 V. Para diodos varactor, a razão de sintonia é importante, pois fornece uma ideia rápida de quanto a capacitância irá variar entre os valores típicos de operação da tensão aplicada. Como mostram as características elétricas, a capacitância tipicamente cairá de um fator de 13 quando a tensão reversa for alterada de 1,25 V para 7 V. Para a variação de 2 V a 10 V, a variação na capacitância fica na faixa de 10 a 17, dependendo da unidade. A variação na capacitância é traçada na Figura 16.10(a) para toda a faixa de aplicação antecipada. Para a faixa de tensão reversa mostrada, a capacitância cai de cerca de 130 pF (escala logarítmica) em $V_r = 0{,}1$ V para cerca de 4 pF em $V_r = 15$ V. O fator de qualidade Q é definido conforme o que foi apresentado para os circuitos ressonantes em seções anteriores deste livro. Trata-se de um fator importante quando o varactor é usado em um projeto de oscilador, porque pode ter um efeito pronunciado sobre o nível de desempenho de ruído. Um Q elevado resultará em uma curva de resposta de alta seletividade e em uma rejeição de frequências associadas ao ruído. Com uma tensão reversa de 2 V e uma frequência de operação típica de 10 MHz, o fator Q é bastante alto em um valor comum de 140 e em um valor mínimo de 75. Note a curva fornecida para Q *versus* tensão reversa para uma frequência fixa de 10 MHz. Ela aumenta rapidamente com a tensão reversa porque a capacitância de junção total cai com a tensão reversa.

Algumas das áreas de aplicação em altas frequências (definidas pelos baixos valores de capacitância) incluem moduladores FM, dispositivos automáticos de controle de frequência, filtros ajustáveis de banda passante e amplificadores paramétricos.

Aplicação

Na Figura 16.11, o diodo varactor é empregado em um circuito de sintonia. Isto é, a frequência de ressonância da combinação LC em paralelo é determinada por $f_p = 1/2\pi\sqrt{L_2C'_T}$ (sistema com alto Q) com o valor de $C'_T = C_T + C_C$ determinado pelo potencial de polarização reverso aplicado V_{DD}. O capacitor de acoplamento C_C está presente para proporcionar isolação entre o efeito de curto-circuito de L_2 e a polarização aplicada. As frequências selecionadas pelo circuito sintonizado são, então, passadas pelo amplificador de alta impedância de entrada para posterior amplificação.

16.4 CÉLULAS SOLARES

Nos últimos anos, houve um interesse crescente em células solares como uma fonte alternativa de energia. Se pensarmos que a densidade de potência recebida do

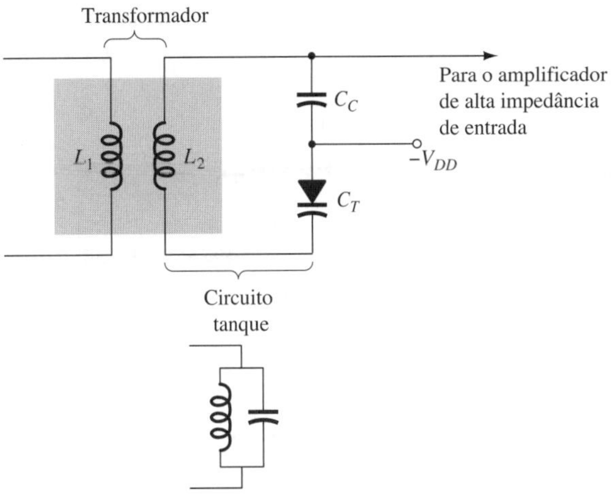

Figura 16.11 Circuito de sintonia utilizando um diodo varactor.

sol ao nível do mar é de aproximadamente 100 mW/cm^2 (1 kW/m^2), esta é certamente uma fonte de energia que requer mais pesquisas e desenvolvimentos para maximizar a eficiência da conversão da energia solar em elétrica.

A Figura 16.12 mostra a constituição básica de uma célula solar de silício de junção *p-n*. Como mostra a vista superior, todo esforço é feito para assegurar que a área da superfície perpendicular aos raios solares incidentes seja máxima. Observe também que o condutor metálico conectado ao material do tipo *p* e a espessura desse material garantem que um número máximo de fótons de energia luminosa alcance a junção. Um fóton de energia luminosa nessa região pode colidir com um elétron de valência e lhe conferir energia suficiente para deixar o átomo de origem. O resultado é a geração de elétrons livres e lacunas. Esse fenômeno ocorre em cada lado da junção. No material do tipo *p*, os elétrons recém-gerados são portadores minoritários e se movem livremente através da junção, como já explicado para uma junção *p-n* básica sem tensão aplicada. Uma consideração semelhante é válida para as lacunas geradas no material do tipo *n*. O resultado é o aumento de fluxo de portadores minoritários, o qual se opõe em direção à corrente direta convencional de uma junção *p-n*. A corrente para uma célula solar com uma única célula de silício aumentará de forma quase linear de acordo com a intensidade da luz incidente, como mostra a Figura 16.13. A duplicação da luz incidente também duplicará a corrente resultante, e assim por diante. O gráfico representa a corrente máxima gerada para um determinado nível de luz incidente. Visto que as condições máximas são o resultado com a saída curto-circuitada, como mostrado na Figura 16.13, a legenda para a corrente neste caso é I_{SC} (do inglês *short-circuit*). Sob condições de curto-circuito, a tensão de saída é 0 V, como indica a mesma figura.

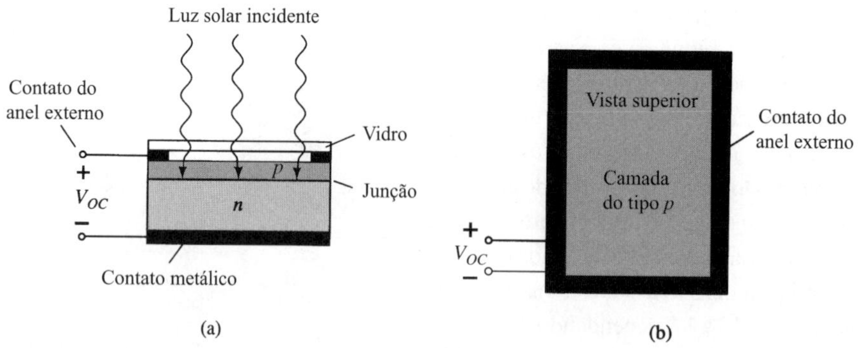

Figura 16.12 Célula solar: (a) seção transversal; (b) vista superior.

Um gráfico da tensão de circuito aberto para os mesmos níveis de luz incidente é fornecido na Figura 16.14. Note que ela aumenta muito rapidamente até um valor que fica dentro dos limites de 0,5 V a 0,6 V. Isto é, para a ampla faixa de luz incidente na Figura 16.14, a tensão nos terminais é razoavelmente constante. Uma vez que a tensão de saída é a tensão de circuito aberto, como mostra a mesma figura, a legenda para a tensão resultante em cada nível de luz incidente é V_{OC} (do inglês *open-circuit*).

De modo geral, portanto,

> *O potencial de circuito aberto gerado por uma célula solar é razoavelmente constante, enquanto a corrente máxima de curto-circuito aumenta de forma linear.*

Uma vez que a tensão é razoavelmente constante, tensões de saída mais altas podem ser estabelecidas por meio da conexão em série das células solares. A corrente gerada em uma configuração em série será igual à gerada por uma única célula. Para obter valores maiores de cor-

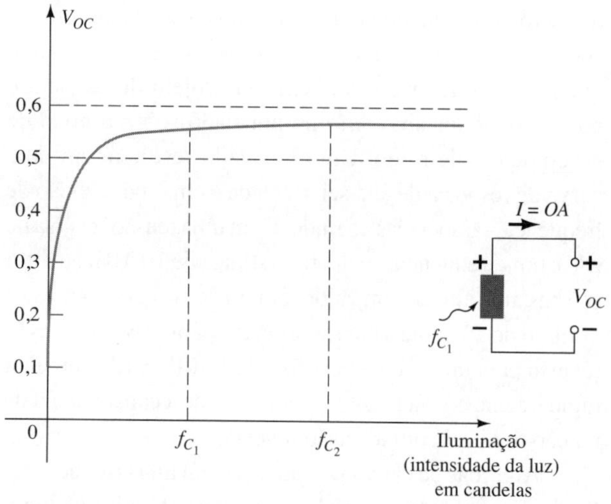

Figura 16.14 Efeito da intensidade da luz sobre a tensão de circuito aberto.

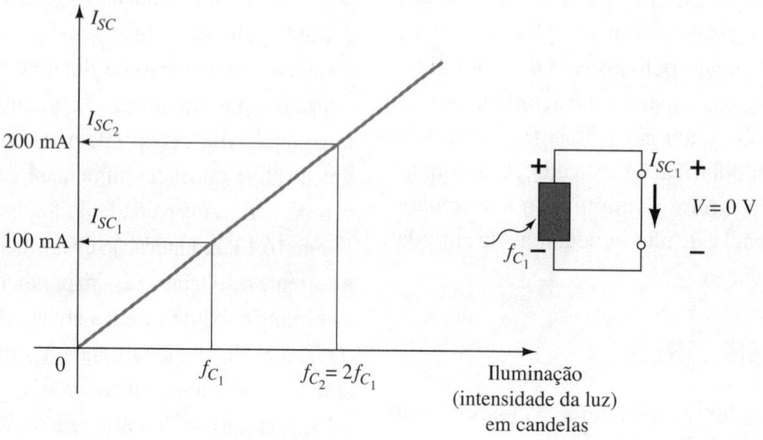

Figura 16.13 Efeito da intensidade da luz sobre a corrente de curto-circuito.

rente na tensão de circuito aberto de única célula, as células solares podem ser ligadas em paralelo.

Se um gráfico de tensão *versus* corrente for gerado como mostra a Figura 16.15 para determinada luz incidente, uma curva para a potência associada à célula solar pode ser gerada simplesmente usando-se a equação $P = VI$.

Observe na Figura 16.15 que a corrente de curto-circuito é a corrente máxima, e o valor de corrente diminui conforme aumenta a tensão nos terminais. Note também que o valor de tensão é razoavelmente constante para a faixa de corrente de 0 A até próximo ao ponto de potência máxima. Visto que a curva de corrente é bastante uniforme para os níveis mais baixos de tensão, o aumento na potência se deve principalmente ao aumento dos níveis de tensão usando-se a equação $P = VI$. Eventualmente, porém, mesmo que a tensão continue a aumentar, a corrente cairá drasticamente para próximo de V_{OC}, e a curva de potência acompanhará essa queda. A potência máxima ocorre na região do joelho da curva *I-V*, como mostra a Figura 16.15. Para essa célula em f_{C_2}, a potência é de aproximadamente:

$$P = VI = (0,5 \text{ V})(180 \text{ mA}) = \textbf{90 mW}$$

O valor resultante de corrente em uma célula solar está diretamente relacionado com as características de absorção do material (chamado de coeficiente de absorção), com o comprimento de onda da luz incidente e com a intensidade da luz incidente.

Materiais

O material mais comum em uso atualmente em toda a gama de células solares cristalinas e de filme fino é o silício em suas várias formas. Cada forma a ser descrita é fabricada por um processo diferente. A estrutura de silício **monocristalina** tem um arranjo atômico que é uniforme, perfeitamente ordenado e da mais alta pureza. A faixa típica de eficiência se estende de 14 a 17% com níveis experimentais superiores a 20%. Células solares de silício **policristalino** são fabricadas por um processo diferente, mais barato, porém apresentam níveis de eficiência mais baixos (9 a 14%). No entanto, o menor custo de fabricação e o fato de que podem ser cortadas em camadas mais finas do que a estrutura monocristalina tornam tais células uma alternativa viável. Nos últimos anos, a introdução da tecnologia de **filmes finos** teve um amplo impacto sobre o custo e a variedade da aplicação de células solares. As camadas muito finas de semicondutores (inferiores a 1 μm, em muitos casos) são depositadas (por meio de várias técnicas de pulverização) sobre uma estrutura de suporte, como vidro, plástico ou metal. O **silício amorfo (a-Si)**, um composto, é o material de filme fino mais utilizado nos dias de hoje. Seus reduzidos custos de produção associados às altas características de absorção da luz compensam os níveis de eficiência que se limitam à casa de um dígito (6 a 9%).

Outro composto monocristalino, o **arseneto de gálio (GaAs)**, é comumente usado em células solares devido à sua elevada taxa de absorção e maior taxa de conversão de energia na faixa de 20 a 30%. Outros materiais de filme fino incluem o **telureto de cádmio (CdTe)** e o **diseleneto de cobre e índio (CuInSe$_2$ ou CIS)**. O CdTe tem um nível muito elevado de absorção de luz e menor custo de fabricação com a mesma eficiência de conversão do silício. O CIS é utilizado em pesquisa de ponta com níveis de conversão que se aproximam de 18% e altas taxas de absorção e conversão.

Comprimento de onda

A energia associada a cada fóton está diretamente relacionada com a frequência da onda que se propaga e é determinada pela seguinte equação:

$$\boxed{W = hf} \quad \text{(joules)} \quad (16.5)$$

onde h chama-se constante de Planck e equivale a 6,624 × 10^{-34} joule-segundos. Vimos na Seção 1.16 que a frequência está relacionada ao comprimento da onda (distância entre picos sucessivos) pela seguinte equação:

$$\boxed{\lambda = \frac{v}{f}} \quad \text{(nm, unidades de angström Å)} \quad (16.6)$$

onde λ = comprimento de onda em metros
v = velocidade da luz, 3 × 10^8 m/s
f = frequência da onda que se propaga, em hertz
e Å = 10^{-10} m, 1 nm = 10^{-9} m

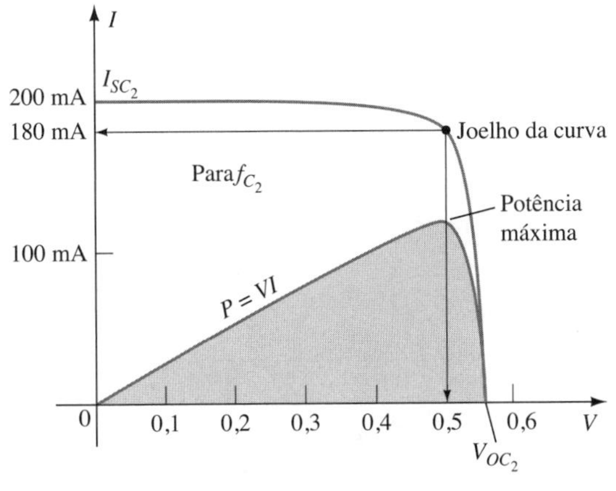

Figura 16.15 Esboço da curva de potência para a intensidade de luz f_{C_2}.

Substituindo a Equação 16.6 na Equação 16.5, encontramos

$$W = \frac{hv}{\lambda} \quad \text{(joules)} \qquad (16.7)$$

e descobrimos que a energia associada a um pacote discreto de fótons é inversamente proporcional ao comprimento de onda.

Claramente, portanto:

A energia associada aos fótons que são absorvidos pela camada semicondutora de uma célula solar é decorrente do comprimento de onda da luz incidente e, quanto maior o comprimento de onda, menores os níveis de energia associados.

Além disso, é importante compreender que

Cada fóton pode causar a geração de apenas um par elétron-lacuna. Qualquer fóton com níveis de energia mais elevados do que o requerido para liberar um elétron contribuirá simplesmente para o aquecimento da célula solar.

Para o silício, a curva de absorção é aquela fornecida pela Figura 16.16, segundo a qual o pico ocorre em torno de 850 nm. Como observamos anteriormente, visto que o comprimento de onda é mais curto, o nível de energia associado à cor azul do espectro visível é significativamente mais elevado do que os níveis das cores verde, vermelha ou amarela. Devemos prestar atenção especial ao comprimento de onda de 1200 nm, que corresponde ao ponto em que a curva cai para o eixo horizontal. Esse é o maior comprimento de onda que proporcionará fótons com energia suficiente para liberar elétrons no material de silício. Em outras palavras, nesse comprimento de onda, a energia associada à luz incidente é apenas suficiente para liberar um par elétron-lacuna. Qualquer fóton associado a comprimentos de onda mais longos não terá energia associada suficiente para liberar um elétron e simplesmente contribuirá para o aquecimento da célula solar.

Intensidade da luz

O terceiro fator de grande importância na concepção de células solares é a intensidade da luz. Quanto mais intensa for a luz incidente, maior é o número de fótons e o número resultante de pares elétron-lacuna liberados. A intensidade da luz é uma medida da quantidade de fluxo luminoso que incide sobre determinada área de uma superfície. O fluxo luminoso costuma ser medido em lúmens (lm) ou watts. As duas unidades estão relacionadas por:

$$1 \text{ lúmen} = 1 \text{ lm} = 1{,}496 \times 10^{-10}\text{ W} \qquad (16.8)$$

A intensidade da luz é normalmente medida em lm/ft^2, candelas (fc) ou W/m^2, onde

$$1 \text{ lm/ft}^2 = 1 \text{ fc} = 1{,}609 \times 10^{-9}\text{ W/m}^2 \qquad (16.9)$$

Como já observado nesta seção, a intensidade da luz do sol ao nível do mar é de cerca de 100 mW/cm^2 ou 1 kW/m^2, que nos dá uma boa noção dos níveis máximos que podemos esperar do sol.

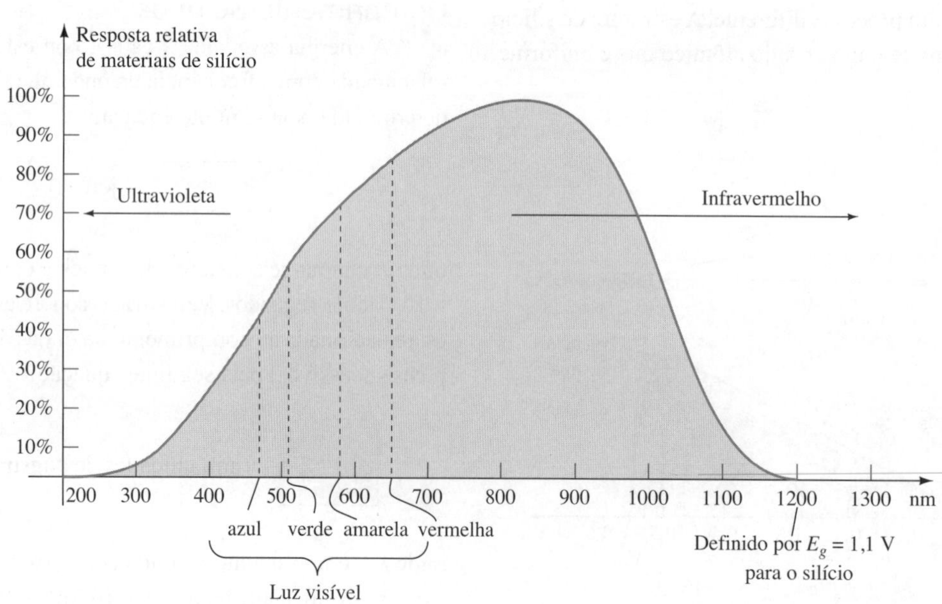

Figura 16.16 Resposta relativa do silício *versus* o comprimento de onda da luz incidente.

Níveis máximos de eficiência de corrente

Nos últimos anos, a eficiência das células solares em institutos de pesquisa ultrapassou o patamar de 40%. Na realidade, em 2011, um nível de eficiência de 43,5% foi alcançado. Para tecnologias de filmes finos, o nível máximo permanece em torno de 20%, enquanto as células monocristalinas de GaAs estão em 29% e as monocristalinas de Si, em 25%.

Aplicações

Na Figura 16.17, o dispositivo disponível no mercado Edmund Scientific Multi-Volt Output Solar pode ser utilizado para fornecer uma saída solar de 3 V em 200 mA, 6 V em 100 mA, 9 V em 50 mA e 12 V em 50 mA. Admitindo-se uma tensão nos terminais de 0,5 V para cada célula, o valor de 3 V exigiria seis células em série, o valor de 6 V exigiria 12 células em série, e assim por diante. A posição da chave simplesmente selecionará qual combinação em série de células faz parte da tensão de saída. A fonte serve para carregar telefones celulares, MP3 *players*, lanternas e videogames. Os valores de corrente não são suficientes para carregar uma bateria de automóvel de 12 V, que é carregada por correntes na faixa de ampères. Note o tamanho relativamente pequeno da unidade para sua gama de aplicações.

Painéis de células solares de filme fino levam ao uso generalizado de painéis solares em residências. Os que aparecem no telhado da casa da Figura 16.18(a) têm potência suficiente para operar um refrigerador de eficiência energética por 24 horas, ao mesmo tempo que coloca em funcionamento uma TV por 7 horas, um micro-ondas por 15 minutos, uma lâmpada de 60 W por 10 horas e um relógio elétrico por 10 horas. O sistema básico funcio-

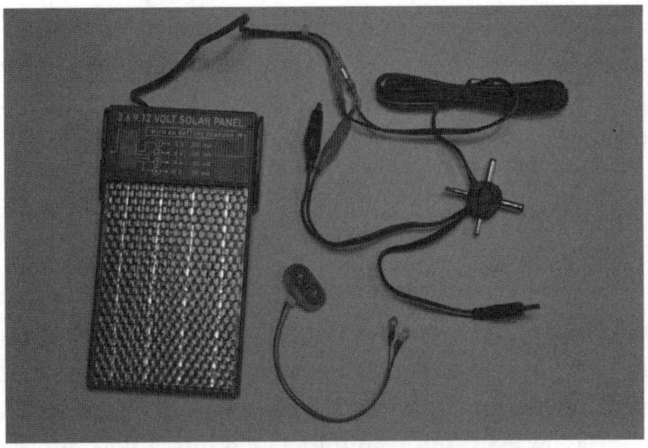

Figura 16.17 Painel Edmund Scientific Multi-Volt Output Solar. (Foto de Dan Trudden/Pearson.)

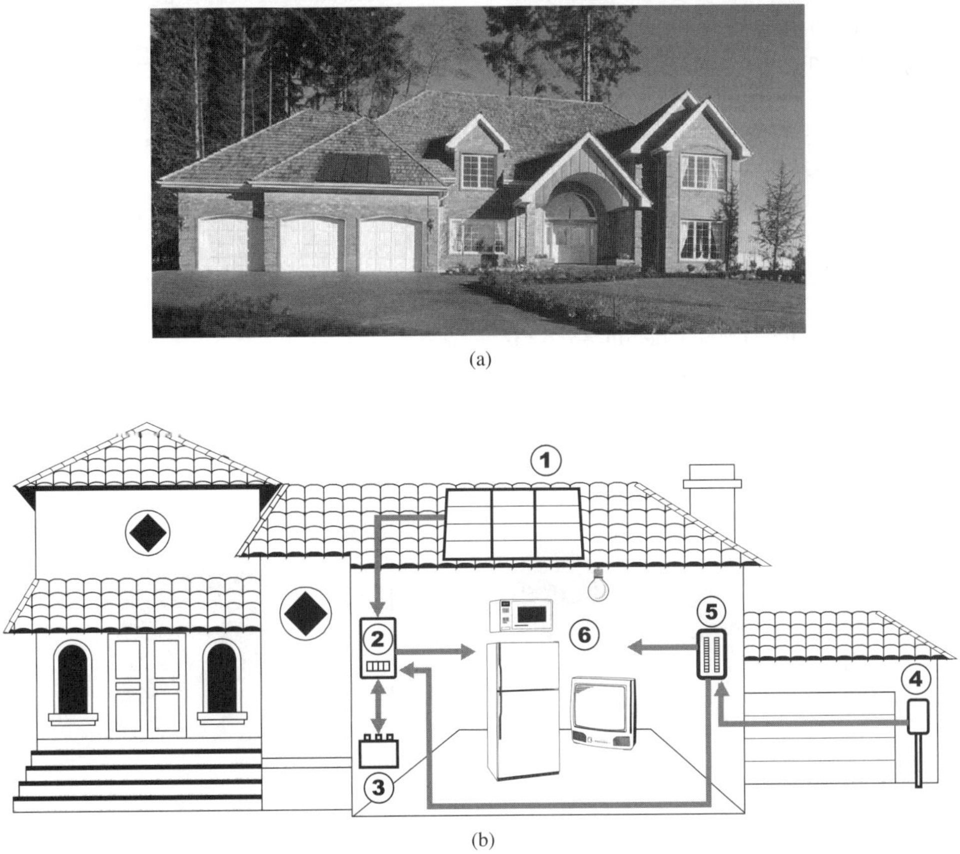

(b)

Figura 16.18 Sistema solar: (a) painéis sobre telhado de garagem; (b) operação do sistema. (Cortesia de SolarDirect.com.)

na como mostra a Figura 16.18(b). Os painéis solares (1) convertem luz solar em energia elétrica CC. Um inversor (2) converte a energia CC em energia CA padrão para uso domiciliar (6). As baterias (3) podem armazenar energia solar para uso em caso de luz solar insuficiente ou falta de energia. À noite ou em dias com pouca luz, quando a demanda exceder a capacidade do painel solar e da bateria, a empresa concessionária local (4) poderá fornecer energia para os aparelhos (6) por meio de uma conexão especial no painel elétrico (5). Embora haja um gasto inicial para configurar o sistema, é de vital importância perceber que a fonte de energia é gratuita — nada de conta mensal de luz solar a pagar — e proporcionará uma significativa quantidade de energia por um período muito longo de tempo.

16.5 FOTODIODOS

O fotodiodo é um dispositivo semicondutor de junção *p-n* cuja região de operação é limitada à condição reversa. A configuração básica de polarização, a fabricação e os símbolos para o dispositivo são mostrados na Figura 16.19.

Lembre-se do Capítulo 1, em que a corrente de saturação reversa se limita geralmente a poucos microampères. Isso se deve apenas aos portadores minoritários termicamente gerados nos materiais tipo *n* e tipo *p*. A aplicação de luz na junção provoca uma transferência de energia das ondas de luz incidentes (na forma de fótons) à estrutura atômica, aumentando, com isso, o número de portadores minoritários e, consequentemente, o valor da corrente reversa. Isso é claramente mostrado na Figura 16.20 para diferentes níveis de intensidade. A corrente *escura* é o valor de corrente na situação em que não há iluminação. Observe que a corrente vai a zero somente com um potencial de polarização positivo aplicado igual a V_T. Além disso, a Figura 16.19(a) demonstra o uso de uma lente para concentrar a luz na região de junção. A Figura 16.21 apresenta fotodiodos disponíveis no mercado.

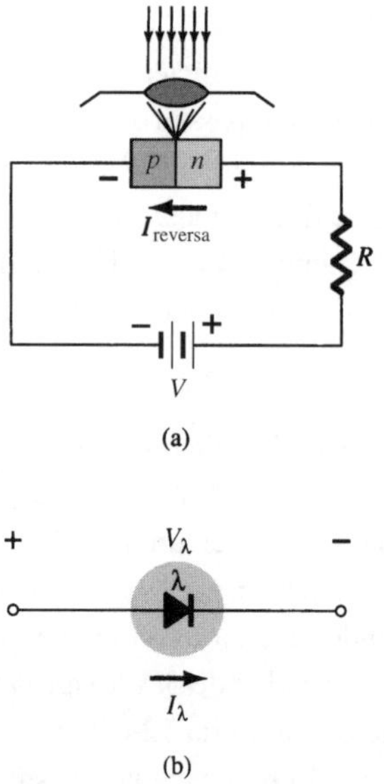

Figura 16.19 Fotodiodo: (a) configuração de polarização básica e fabricação; (b) símbolo.

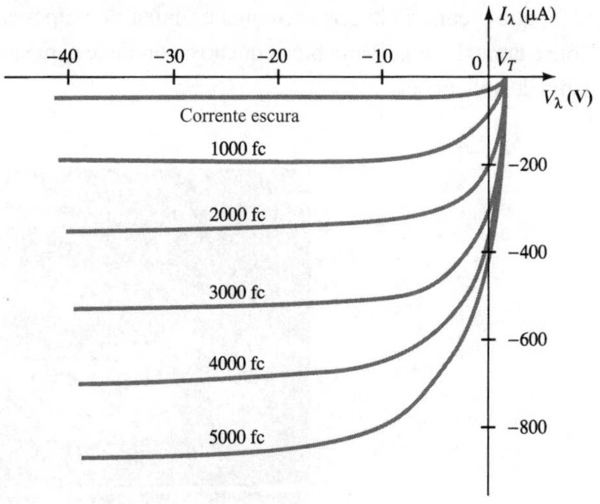

Figura 16.20 Curvas características para o fotodiodo.

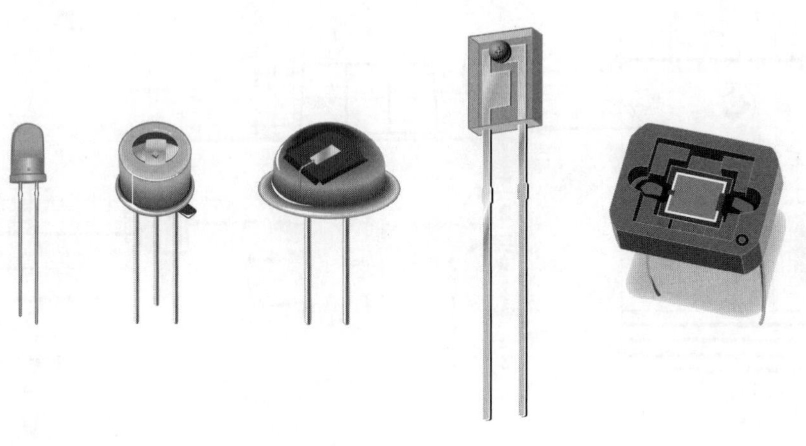

Figura 16.21 Fotodiodos.

O espaçamento quase idêntico entre as curvas para um mesmo incremento no fluxo luminoso revela que a corrente reversa e o fluxo luminoso possuem uma relação quase linear. Em outras palavras, um aumento na intensidade da luz resulta em um aumento proporcional na corrente reversa. A Figura 16.22 mostra um gráfico entre as duas grandezas para verificar essa relação linear, em uma tensão fixa V_λ de 20 V. De certa maneira, podemos dizer que a corrente reversa é essencialmente zero na ausência de luz incidente. Visto que os tempos de subida e de descida (parâmetros de mudança de estado) são muito pequenos para esse dispositivo (na faixa de nanossegundos), o dispositivo pode ser utilizado em circuitos de chaveamento ou contadores de alta velocidade. O germânio abrange uma faixa maior de comprimentos de onda do que o Si, tornando-o adequado para luz incidente na região infravermelha, como a gerada por *lasers* e fontes de luz IV (infravermelha), que serão descritas mais adiante. O germânio apresenta uma corrente escura mais alta do que o silício, mas também um nível mais elevado de corrente reversa. O valor de corrente gerado pela luz incidente em um fotodiodo ainda não pode ser aproveitado para um controle direto, mas pode ser amplificado para esse fim.

Aplicações

Na Figura 16.23, o fotodiodo é empregado em um sistema de alarme. A corrente reversa I_λ continua fluindo até o instante em que o feixe de luz é interrompido. Se interrompido, I_λ cai ao nível da corrente escura, soando o alarme. Na Figura 16.24, um fotodiodo é utilizado para contar os itens em uma correia transportadora. Quando cada item passa, o feixe de luz é interrompido, I_λ cai ao nível da corrente escura e o contador é acrescido de uma unidade.

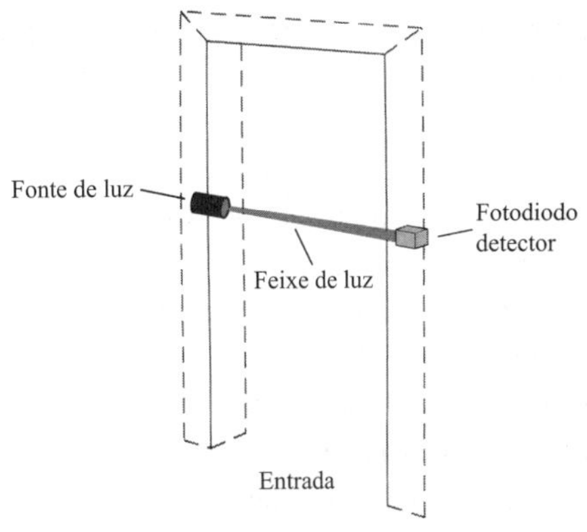

Figura 16.23 Uso de um fotodiodo em um sistema de alarme.

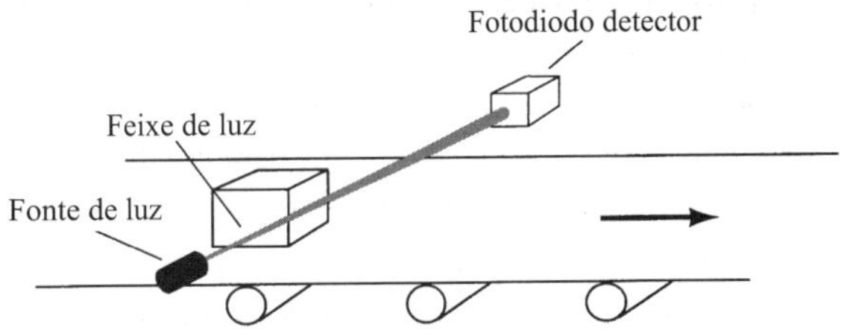

Figura 16.24 Uso de um fotodiodo em um sistema de contagem.

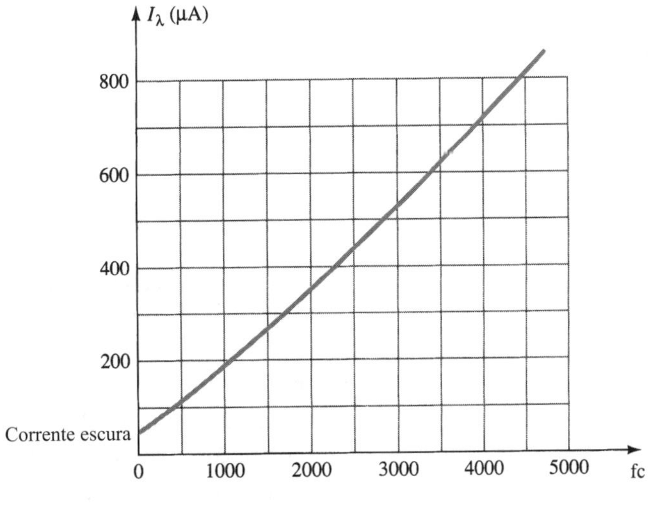

Figura 16.22 I_λ (μA) *versus* f_C (em V_λ = 20 V) para o fotodiodo da Figura 16.20.

16.6 CÉLULAS FOTOCONDUTIVAS

A célula fotocondutiva é um dispositivo semicondutor de dois terminais cuja resistência entre eles varia (linearmente) com a intensidade de luz incidente. Por razões óbvias, ela costuma ser denominada *dispositivo fotorresistivo*. A Figura 16.25 mostra o aspecto construtivo de uma célula fotocondutiva típica e o símbolo gráfico mais adotado para o dispositivo.

Os materiais fotocondutivos mais frequentemente utilizados são o sulfeto de cádmio (CdS) e o seleneto de cádmio (CdSe). O pico da resposta espectral para o CdS ocorre em cerca de 5100 Å e, para o CdSe, em 6150 Å. O tempo de resposta é de aproximadamente 100 ms para os dispositivos de CdS e de 10 ms para as células de CdSe. A célula fotocondutiva não tem uma junção como o fotodiodo. Uma camada fina do material conectado entre os terminais é simplesmente exposta à energia da luz incidente.

À medida que a iluminação sobre o dispositivo aumenta de intensidade, o estado de energia de grande número de elétrons na estrutura também aumenta devido à maior disponibilidade de fótons de energia. O resultado é o aumento no número de elétrons relativamente "livres" na estrutura e uma redução do valor da resistência entre os terminais. A curva de sensibilidade para um dispositivo fotocondutivo típico é mostrada na Figura 16.26. Observe a linearidade (quando traçada em um gráfico log-log) da curva resultante e a grande variação na resistência (100 kΩ → 100 Ω) para a mudança de iluminação indicada.

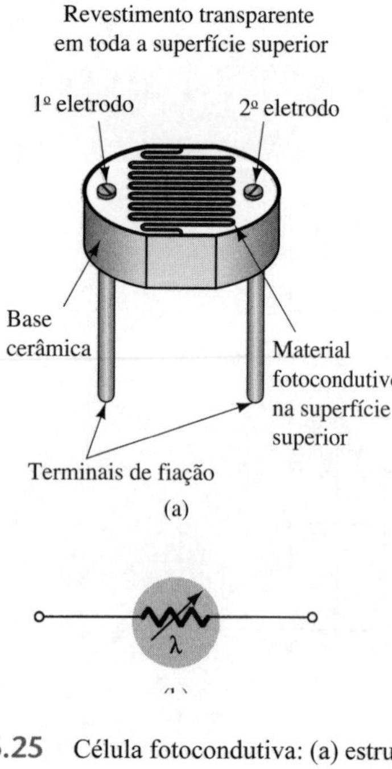

Figura 16.25 Célula fotocondutiva: (a) estrutura; (b) símbolo.

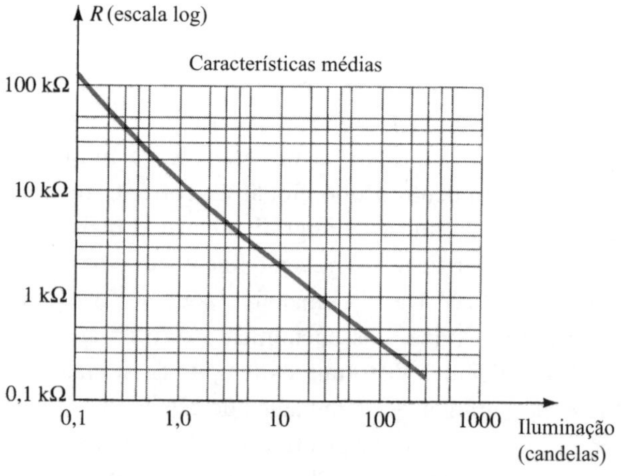

Figura 16.26 Características de terminal para célula fotocondutiva.

Para demonstrar o valor do material disponível em cada dispositivo dos fabricantes, tomemos como exemplo as células condutivas de CdS (sulfeto de cádmio) descritas na Figura 16.27. Note novamente o cuidado dispensado à temperatura e ao tempo de resposta.

Aplicação

Uma aplicação bem simples, mas interessante, do dispositivo é mostrada na Figura 16.28. O objetivo do sistema é manter V_o em um valor fixo, mesmo que V_i flutue em torno de seu valor nominal. Como indicado na figura, a célula fotocondutiva, a lâmpada e o resistor fazem parte desse sistema regulador de tensão. Se V_i diminuísse seu valor por qualquer razão, o brilho da lâmpada também diminuiria. A redução na iluminação resultaria em um aumento na resistência (R_λ) da célula fotocondutiva, mantendo V_o em seu nível nominal, como determina a regra do divisor de tensão. Isto é:

$$V_o = \frac{R_\lambda V_i}{R_\lambda + R_1} \qquad (16.10)$$

16.7 EMISSORES DE IV

Diodos emissores de infravermelho (IV) são dispositivos de arseneto de gálio em estado sólido que emitem um feixe de fluxo radiante quando estão diretamente polarizados. A construção básica do dispositivo é mostrada na Figura 16.29. Quando a junção está diretamente polarizada, elétrons da região *n* se recombinam com as lacunas em excesso do material do tipo *p* em uma região de recombinação especialmente projetada, situada entre os materiais dos tipos *p* e *n*. Durante esse processo de recombinação, a energia é irradiada para fora do dispositivo

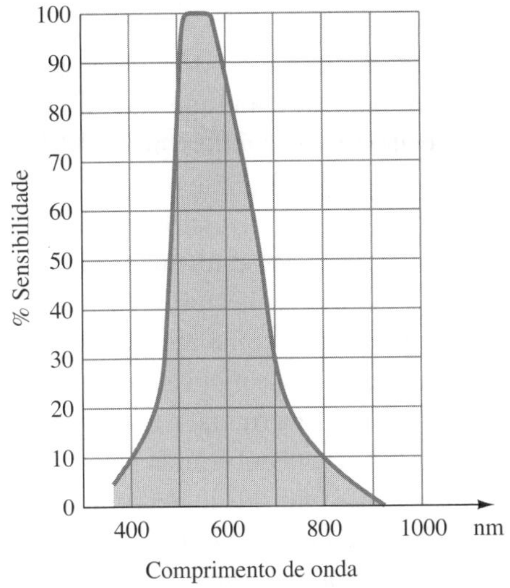

Variação da condutância com a temperatura e a luz

Candelas	*0,01*	*0,1*	*1,0*	*10*	*100*
Temperatura	*% Condutância*				
–25°C	103	104	104	102	106
0	98	102	102	100	103
25°C	100	100	100	100	100
50°C	98	102	103	104	99
75°C	90	106	108	109	104

Tempo de resposta *versus* luz

Candelas	*0,01*	*0,1*	*1,0*	*10*	*100*
Subida (segundos)	0,5	0,095	0,022	0,005	0,002
Descida (segundos)	0,125	0,021	0,005	0,002	0,001

Figura 16.27 Características de uma célula fotocondutiva de CdS da Clairex.

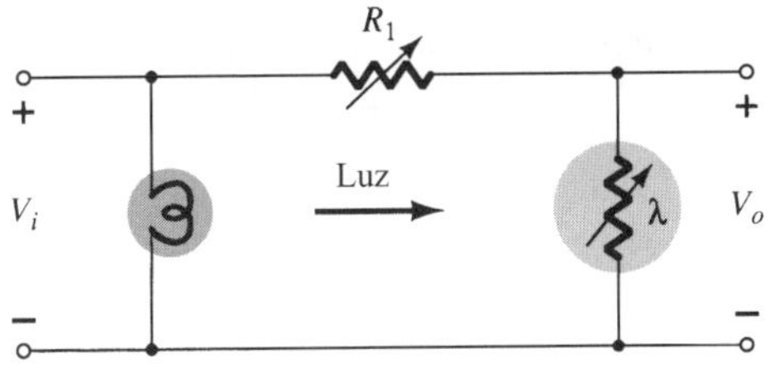

Figura 16.28 Regulador de tensão utilizando uma célula fotocondutora.

em forma de fótons. Os fótons gerados serão reabsorvidos na estrutura ou deixarão a superfície do dispositivo como energia radiante, como mostrado na Figura 16.29.

O fluxo radiante em miliwatts *versus* a corrente direta CC para um dispositivo típico é mostrado na Figura 16.30. Observe que há uma relação quase linear entre os dois parâmetros. A Figura 16.31 apresenta um

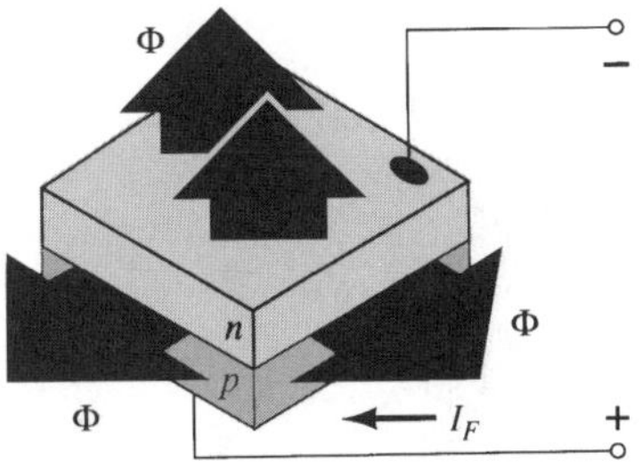

Figura 16.29 Estrutura geral de um diodo semicondutor emissor de IV.

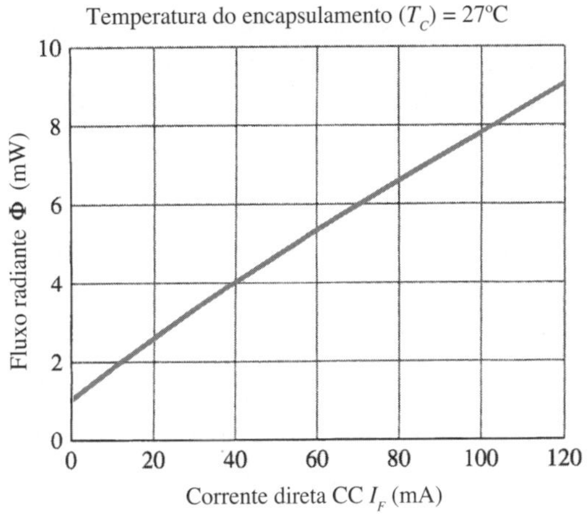

Figura 16.30 Fluxo radiante típico *versus* corrente direta CC para um diodo emissor de IV.

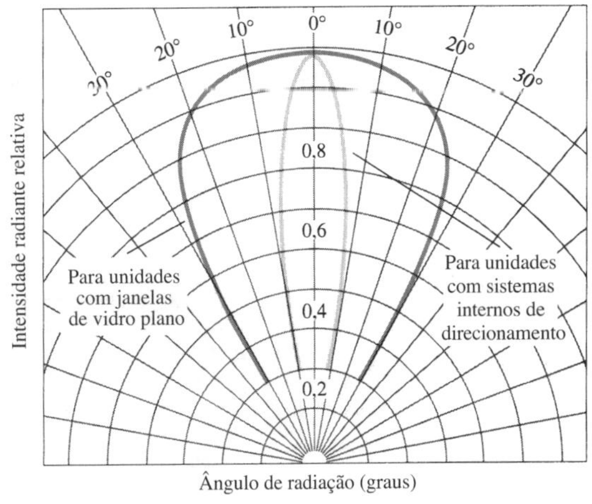

Figura 16.31 Padrões de intensidade radiante típica de diodos emissores de IV.

diagrama interessante para esses dispositivos. Note que, para dispositivos com um sistema de direcionamento interno, o diagrama é muito estreito. Um desses dispositivos é mostrado na Figura 16.32, com sua montagem interna e símbolo gráfico. Áreas de aplicação de tais dispositivos incluem leitores de cartões e de fitas de papel, tacômetros, sistemas de transmissão de dados e alarmes contra invasão.

16.8 *DISPLAYS* DE CRISTAL LÍQUIDO

O *display* de cristal líquido (LCD, do inglês *liquid-crystal display*) possui a vantagem de exigir menos potência para o funcionamento do que o LED, normalmente da ordem de microwatts para o *display*, comparado ao mesmo valor necessário em miliwatts para o LED. Porém, ele necessita de uma fonte de luz externa ou interna e está limitado à faixa de temperatura de cerca de 0 °C até 60 °C. Sua vida útil é motivo de preocupação, pois os LCDs podem se degradar quimicamente. Os tipos que suscitam maior interesse são os dispositivos de efeito de campo e de espalhamento dinâmico. Esses dois tipos serão analisados com mais detalhes nesta seção.

O cristal líquido é um material (normalmente orgânico para LCDs) que flui como um líquido, mas cuja estrutura molecular tem algumas propriedades geralmente associadas aos sólidos. Para os dispositivos de espalhamento de luz, o maior interesse está no *cristal líquido nemático*, que possui a estrutura do cristal mostrada na Figura 16.33. As moléculas individuais apresentam o aspecto de um bastão, como mostra a figura. A superfície condutora de óxido de índio é transparente, e, sob as condições mostradas na figura, a luz incidente passa através da estrutura sem ser obstruída pelo cristal líquido. Se uma tensão (para os dispositivos comerciais, o nível de limiar situa-se normalmente entre 6 V e 20 V) for aplicada aos terminais da superfície condutora, como mostra a Figura 16.34, o arranjo molecular é perturbado, o que resulta no estabelecimento de regiões de diferentes índices de refração, e a luz incidente será então refletida em diferentes direções (fenômeno chamado de *espalhamento dinâmico*, inicialmente estudado pela RCA em 1968). O resultado é que, na região em

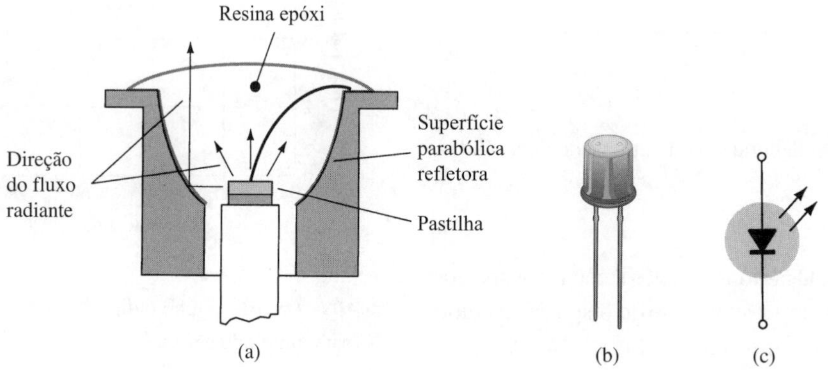

Figura 16.32 Diodo emissor de IV: (a) estrutura; (b) foto; (c) símbolo.

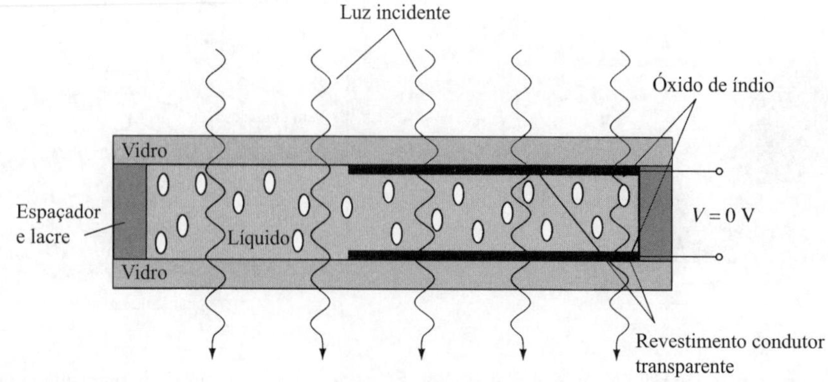

Figura 16.33 Cristal líquido nemático sem tensão aplicada.

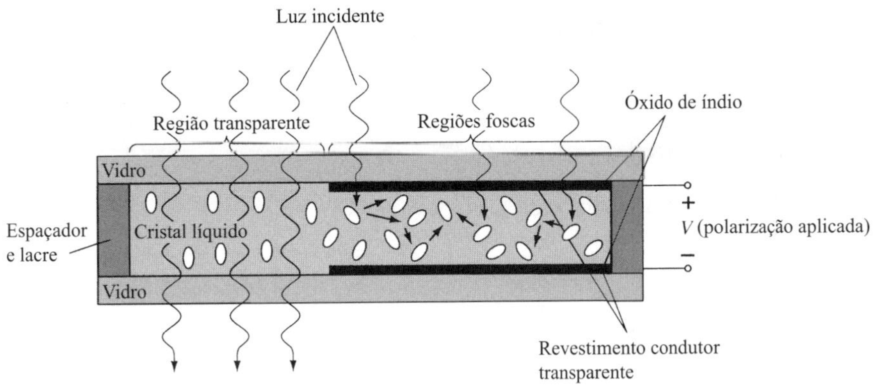

Figura 16.34 Cristal líquido nemático com tensão aplicada.

que a luz se espalha, o aspecto é o de um vidro fosco. Observe na Figura 16.34, entretanto, que a aparência de vidro fosco ocorre somente onde as superfícies condutoras são opostas entre si, e que as demais áreas permanecem translúcidas.

Um dígito em um *display* LCD pode ter o aspecto de segmentos mostrado na Figura 16.35. A área escura é, na verdade, uma superfície condutora transparente conectada aos terminais inferiores para controle externo. Duas máscaras idênticas são colocadas em lados opostos de uma camada de um material cristal líquido espesso e selado. Para mostrar o número 2, por exemplo, os terminais 8, 7, 3, 4 e 5 seriam energizados, e apenas as regiões correspondentes ficariam opacas, enquanto as outras áreas permaneceriam transparentes.

Como indicado anteriormente, o LCD não gera sua própria luz, e depende de uma fonte externa ou interna. Sem iluminação externa, seria necessário para o dispositivo ter sua própria fonte interna de luz posicionada atrás ou ao lado do LCD. Durante o dia, ou em áreas iluminadas, pode ser colocado um refletor atrás do LCD para que a luz seja refletida através do *display*, melhorando assim a iluminação. Para uma operação ainda melhor, fabricantes de relógio têm utilizado uma combinação do modo transmissivo (fonte própria de luz) e do refletivo, chamada operação *transfletiva*.

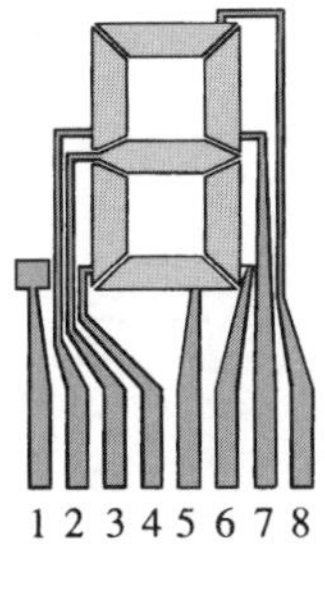

Figura 16.35 *Display* LCD de oito segmentos.

O LCD de *efeito de campo* ou *nemático trançado* apresenta o mesmo aspecto de segmentos e a mesma fina camada de cristal líquido encapsulado, mas seu modo de operação é muito diferente. Semelhante ao LCD de espalhamento dinâmico, o efeito de campo pode ser operado no modo refletivo ou no modo transmissivo com fonte interna. O *display* transmissivo é mostrado na Figura 16.36. A fonte de luz interna está à direita, e o observador, à esquerda. A diferença mais perceptível nessa figura em relação à Figura 16.33 é a inclusão de um *polarizador de luz*. Apenas a componente vertical da luz que incide pelo lado direito pode passar pelo polarizador vertical da luz à direita. No LCD de efeito de campo, ou a superfície transparente do condutor à direita é quimicamente gravada ou um filme orgânico é aplicado para orientar as moléculas no cristal líquido no plano vertical, paralelo à parede da célula. Observe os bastões na extremidade direita do cristal líquido. A superfície condutora oposta também é tratada para garantir que as moléculas estejam 90° fora de fase na direção mostrada (horizontal), mas ainda paralelas à parede da célula. Entre as duas paredes do cristal líquido, há uma mudança gradativa de uma polarização para a outra, como mostra a figura. O polarizador de luz do lado esquerdo também permite apenas a passagem de luz incidente verticalmente polarizada. Se não houver tensão aplicada nas superfícies condutoras, a luz verticalmente polarizada entra na região de cristal líquido e segue a inclinação de 90° da estrutura molecular. O polarizador vertical de luz do lado esquerdo não permite que a luz polarizada horizontalmente o atravesse, e o observador vê um padrão uniformemente escuro em todo o *display*. Quando uma tensão limiar é aplicada (de 2 a 8 V em dispositivos comerciais), as próprias moléculas (com aspecto de bastão) se alinham com o campo (perpendicular à parede), e a luz passa sem obstáculos, sem o deslocamento de 90°. A luz

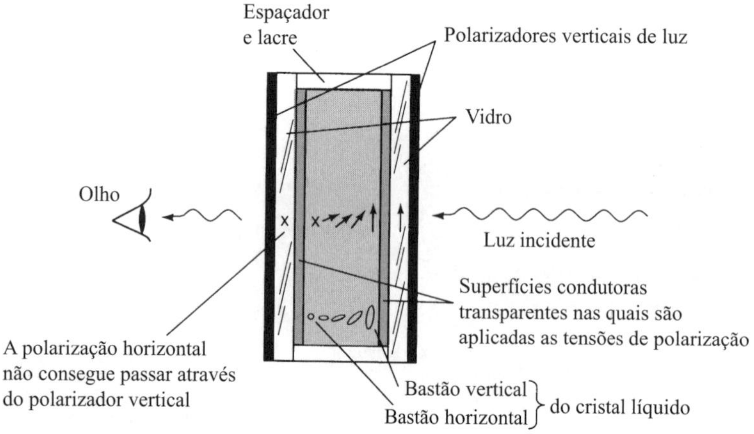

Figura 16.36 LCD transmissivo de efeito de campo sem tensão aplicada.

Figura 16.37 LCD do tipo refletivo.

incidente verticalmente pode, então, passar diretamente através da segunda tela verticalmente polarizada, e uma área iluminada é vista pelo observador. Por meio de uma excitação apropriada dos segmentos de cada dígito, o visor observado será o que mostra a Figura 16.37. O LCD de efeito de campo do tipo refletivo é mostrado na Figura 16.38. Nesse caso, a luz horizontalmente polarizada no extremo esquerdo encontra um filtro horizontalmente polarizado e atravessa o refletor, sendo refletida de volta para o cristal líquido, passa a ter polarização vertical e volta ao observador. Se não há tensão aplicada, o *display* fica uniformemente aceso. Com a aplicação de uma tensão, a luz incidente verticalmente polarizada encontra um filtro horizontalmente polarizado na esquerda e não consegue atravessá-lo. O resultado é uma área escura no cristal, e o visor fica com o aspecto mostrado na Figura 16.39.

Os LCDs de efeito de campo são normalmente utilizados quando a energia em um dispositivo é fator primordial (por exemplo, em relógios, instrumentos portáteis etc.), pois consomem uma potência consideravelmente menor (na faixa de microwatts) do que os *displays* de espalhamento de luz (na faixa de miliwatts). O custo das unidades de efeito de campo costuma ser maior, e sua altura é limitada em aproximadamente 5 cm, enquanto as unidades de espalhamento de luz estão disponíveis com alturas de até 20 cm.

Outra consideração sobre *displays* é o tempo de ativação e desativação. Os LCDs são comumente muito mais lentos do que os LEDs. Os LCDs apresentam tempos de resposta que se situam na faixa de 100 ms a 300 ms, enquanto há LEDs disponíveis com tempos de resposta inferiores a 100 ns. Entretanto, há várias aplicações, como um relógio, por exemplo, em que a diferença entre 100 ns e 100 ms ($\frac{1}{10}$ de um segundo) não faz tanta diferença. Em tais aplicações, a menor demanda de potência dos LCDs é uma característica bastante atraente. O tempo de vida dos LCDs aumenta constantemente, e já passa do limite de 10.000 horas. Como a cor gerada pelos LCDs depende da fonte de iluminação, existe grande variedade delas.

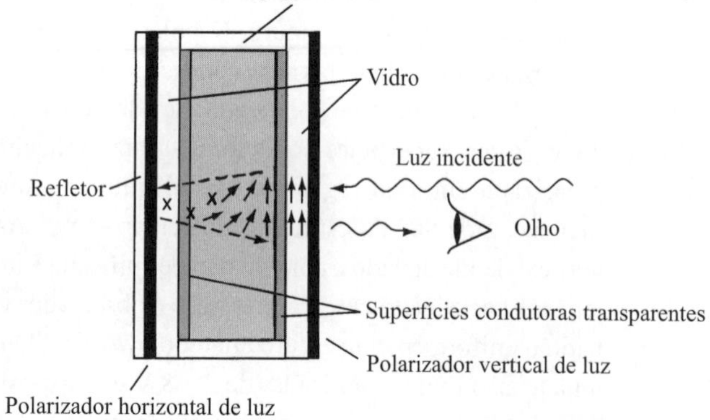

Figura 16.38 LCD refletivo de efeito de campo sem tensão aplicada.

Figura 16.39 LCD do tipo transmissivo.

16.9 TERMISTORES

O termistor é, como o nome já explica, um resistor sensível à temperatura; isto é, a resistência apresentada entre seus terminais está relacionada com sua temperatura de corpo. Não é um dispositivo de junção e é construído de germânio, silício ou uma mistura de óxidos de cobalto, níquel, estrôncio ou manganês. O composto utilizado determina se o coeficiente de temperatura do dispositivo é positivo ou negativo.

A curva característica de um termistor típico, com coeficiente de temperatura negativo, é fornecida na Figura 16.40, que também mostra o símbolo normalmente empregado para o dispositivo. Observe, em particular, que, a uma temperatura ambiente (20 °C), a resistência do termistor é de aproximadamente 5000 Ω, enquanto a 100 °C (212 °F) a resistência diminui para 100 Ω. Uma variação na temperatura de 80 °C resulta, portanto, em uma alteração de 50:1 no valor da resistência. A variação no valor da resistência é de 3 a 5% por cada grau Celsius de variação na temperatura. Há, fundamentalmente, duas formas de variar a temperatura do dispositivo: internamente e externamente. Uma simples variação da corrente através do dispositivo produzirá uma alteração no valor da temperatura interna. Uma tensão aplicada de pequena amplitude resulta em uma corrente muito pequena para elevar a temperatura de corpo acima da temperatura externa. Nessa região, como mostra a Figura 16.41, o termistor se comporta como um resistor e tem um coeficiente de temperatura positivo. No entanto, à medida que a corrente aumenta, a temperatura aumentará até o valor em que o coeficiente de temperatura negativo aparecerá, como mostra a Figura 16.41. O fato de a taxa de fluxo interno ter tal efeito sobre a resistência do dispositivo permite uma grande variedade de aplicações em controle, técnicas de medidas etc. Uma variação externa exigiria uma mudança da temperatura no meio externo ou a imersão do dispositivo em uma solução quente ou fria.

Algumas das técnicas de encapsulamento mais conhecidas para elementos termistores disponíveis no mercado norte-americano são mostradas na Figura 16.42. A sonda da Figura 16.42(a) tem um alto fator de estabilidade e é robusta e bastante precisa para aplicações que vão desde uso em laboratório até condições ambientais severas. Os termistores de potência da Figura 16.42(b) têm

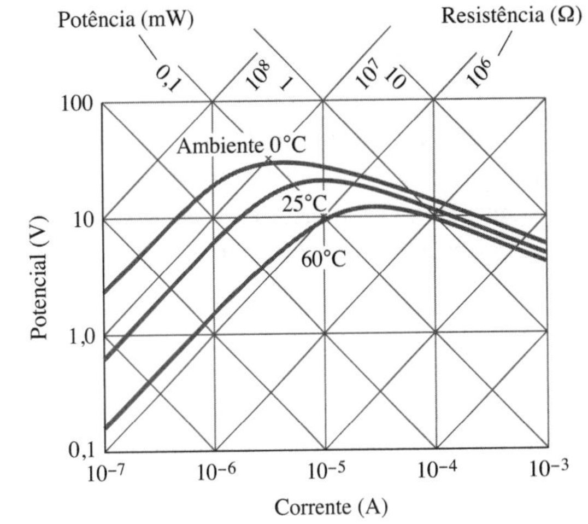

Figura 16.41 Curvas características de tensão-corrente em regime permanente de um termistor.

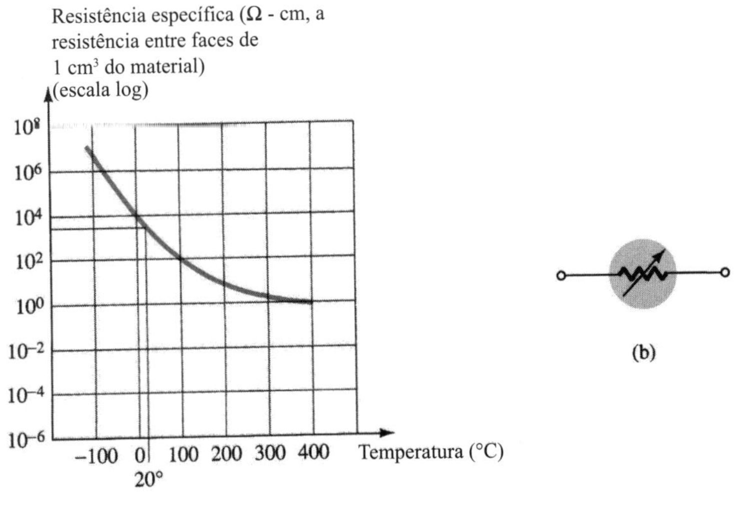

Figura 16.40 Termistor: (a) curva característica típica; (b) símbolo.

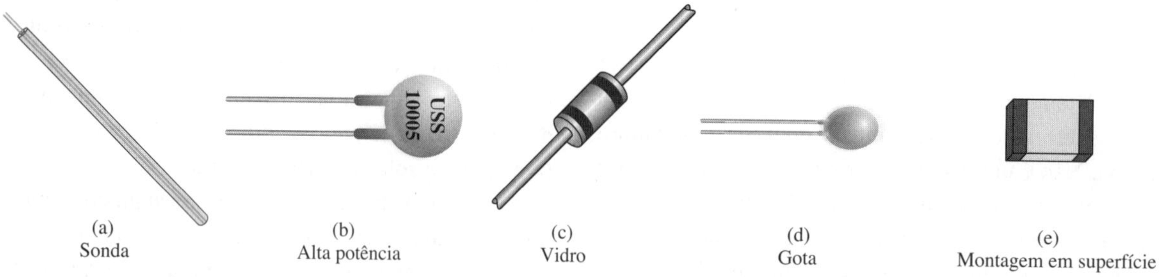

Figura 16.42 Diversos tipos de encapsulamento de sensores a termistor.

a capacidade única de limitar qualquer corrente de surto em um nível aceitável até que os capacitores sejam carregados. A resistência do dispositivo cairá, então, para um valor em que a queda através do dispositivo seja desprezível. Podem manipular correntes de até 20 A com uma resistência tão baixa quanto 1 Ω. O termistor com encapsulamento de vidro da Figura 16.42(c) é pequeno em tamanho, muito robusto e estável, e pode ser utilizado a temperaturas de até 300 °C. O termistor tipo 'gota' da Figura 16.42(d) também é de tamanho bastante reduzido, muito preciso e estável, e apresenta rápida resposta térmica. O termistor tipo "chip" da Figura 16.42(e) se destina ao uso em substratos híbridos, circuitos integrados ou placas de circuito impresso.

Aplicação

Um circuito indicador de temperatura bastante simples é mostrado na Figura 16.43. Qualquer aumento de temperatura no meio circundante resultará em uma redução da resistência do termistor e em um aumento na corrente I_T. O aumento nessa corrente produzirá um movimento de deflexão aumentado no medidor que, se apropriadamente calibrado, indicará com precisão o aumento da temperatura. A resistência variável foi incluída no circuito para efeitos de calibração.

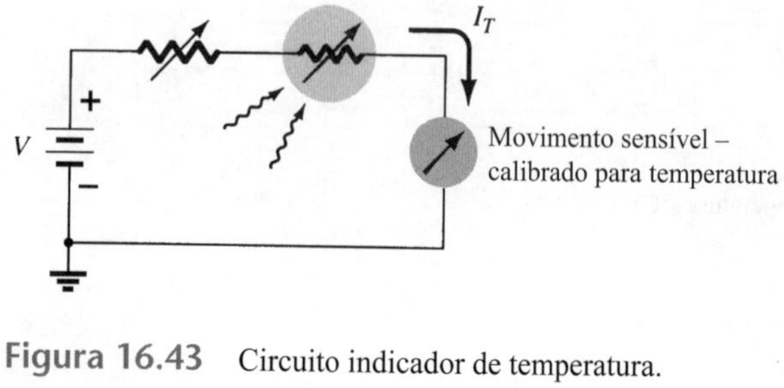

Figura 16.43 Circuito indicador de temperatura.

16.10 DIODO TÚNEL

O diodo túnel foi apresentado pela primeira vez em 1958 por Leo Esaki. Suas características, mostradas na Figura 16.44, são diferentes das características de qualquer diodo apresentado até aqui, pois ele possui uma região de resistência negativa. Nessa região, o aumento da tensão nos terminais do dispositivo resulta em uma redução da corrente direta do diodo.

O diodo túnel é fabricado dopando-se intensamente os materiais semicondutores que formarão a junção *p-n* em um nível de 100 até muito mais de mil vezes maior do que o empregado em um diodo semicondutor comum. Isso produz uma região de depleção muito reduzida, com magnitude da ordem de 10^{-6} cm, ou tipicamente $\frac{1}{100}$ da largura dessa região para um diodo semicondutor comum. É essa fina região de depleção, através da qual muitos portadores podem atravessar como em um túnel em vez

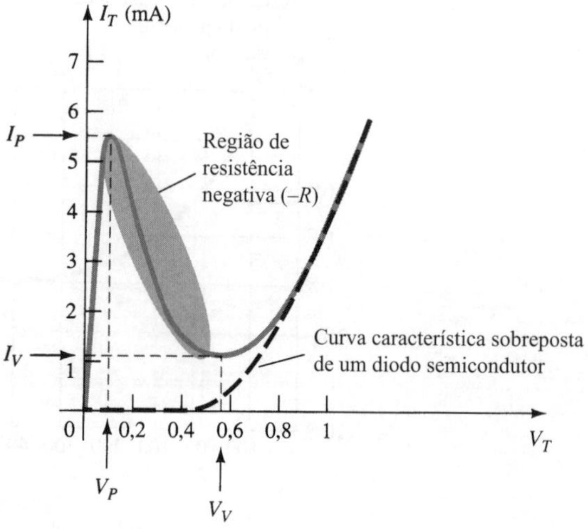

Figura 16.44 Curva característica de um diodo túnel.

de tentar transpô-la, em baixos potenciais de polarização direta que causa o pico na curva na Figura 16.44. Para efeito de comparação, a curva característica de um diodo semicondutor típico foi sobreposta à curva característica do diodo túnel da Figura 16.44.

Essa região de depleção reduzida produz portadores "perfuradores" em velocidades que superam as dos diodos convencionais. O diodo túnel pode ser, portanto, utilizado em aplicações de alta velocidade, como em computadores, nos quais são necessários tempos de chaveamento da ordem de nanossegundos ou picossegundos.

Lembramos que, na Seção 1.15, vimos que um aumento no nível de dopagem reduz o potencial Zener. Observe, na Figura 16.44, o efeito de um nível de dopagem muito alto nessa região. Os materiais semicondutores mais frequentemente utilizados na fabricação de diodos túnel são o germânio e o arseneto de gálio. A razão I_P/I_V é muito importante em aplicações computacionais. Para o germânio, esta razão é normalmente de 10:1 e, para o arseneto de gálio, esse valor está próximo de 20:1.

A corrente de pico I_P de um diodo túnel pode variar desde alguns microampères até centenas de ampères. A tensão de pico, entretanto, é limitada em aproximadamente 600 mV. Por isso, um simples multímetro com uma bateria interna de tensão 1,5 V CC pode danificar o diodo túnel, caso ele seja utilizado inadequadamente.

O circuito equivalente do diodo túnel na região de resistência negativa é mostrado na Figura 16.45, com os componentes mais frequentemente utilizados. Os valores dos parâmetros são os valores típicos para as unidades comercialmente disponíveis atualmente. O indutor L_S deve-se principalmente aos terminais do dispositivo. O resistor R_S surge devido aos terminais, ao contato ôhmico na junção terminal-semicondutor e à própria resistência intrínseca do material semicondutor. A capacitância C é a capacitância de difusão na junção, e R é a resistência negativa da região. Essa resistência negativa pode ser utilizada em osciladores, que serão explicados mais adiante.

Um diodo túnel planar do fabricante Advanced Semiconductor aparece na Figura 16.46, enquanto as especificações máximas e as características do dispositivo são fornecidas na Figura 16.47. Note que há uma faixa de valores de pico para cada dispositivo, de modo que o processo de projeto tem que ser satisfatório para toda a faixa de valores. Não é possível afirmar qual valor de pico resultará para um determinado dispositivo. Essa faixa de valores de pico é comum para a maioria dos diodos túnel, de modo que os projetistas estão bem cientes dessa preocupação. Curiosamente, a tensão de vale é razoavelmente constante em cerca de 0,13 V, que é significativamente menor do que a tensão típica de condução para um diodo de silício. Para essa série de diodos, a resistência negativa abrange uma faixa de –80 Ω a –180 Ω, que é uma faixa bastante extensa para esse importante parâmetro. Vários diodos túnel simplesmente indicam um valor constante, tal como –250 Ω para uma determinada série.

Embora o uso de diodos túnel em sistemas modernos de alta frequência tenha sido drasticamente reduzido em função da disponibilidade de técnicas de fabricação que sugerem alternativas para o diodo túnel, sua simplicidade, linearidade, baixo consumo de potência e confiabilidade ainda garantem que continuem a ser utilizados.

Na Figura 16.48, a fonte de tensão e a resistência de carga escolhidas definem uma reta de carga que intercepta a curva característica do diodo túnel em três pontos. Lembramos que a reta de carga é determinada apenas pelo circuito e pelas características do dispositivo. As interseções em *a* e *b* representam pontos de operação *estável*, pois se situam em regiões de resistência positiva. Isto é, nos dois pontos de operação, uma leve perturbação no circuito não leva à oscilação ou a uma mudança significativa na posição do ponto *Q*. Por exemplo, se o ponto de operação definido

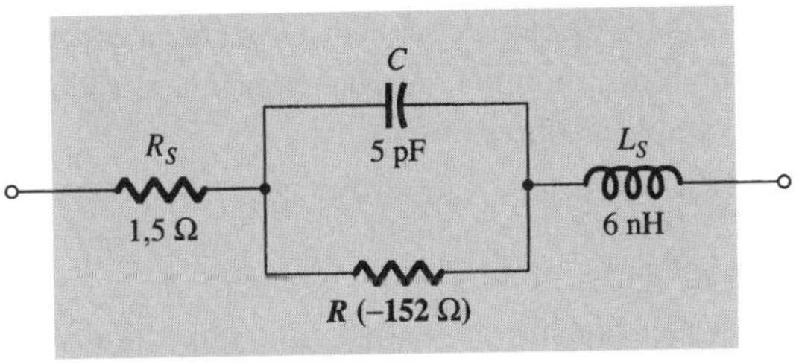

(a)

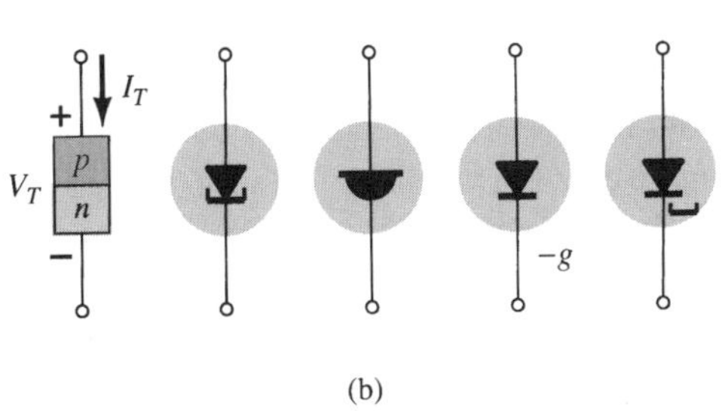

(b)

Figura 16.45 Diodo túnel: (a) circuito equivalente; (b) símbolos.

Figura 16.46 Diodo túnel planar do Advanced Semiconductor.

Características elétricas $T_C = 25$ °C						
Dispositivo	**Símbolo**	**Condições de teste**	**Mín.**	**Típ.**	**Máx.**	**Unidades**
ASTD1020	I_P		100		200	μA
ASTD2030			200		300	
ASTD3040			300		400	
ASTD1020	V_P				135	mV
ASTD2030					130	mV
ASTD3040					125	mV
ASTD1020	R_V	$f = 10$ GHz, $R_L = 10$ kΩ		–180		Ω
ASTD2030		$P_m = -20$ dBm		–130		Ω
ASTD3040				–80		Ω
Todos	R_S	$I = 10$ mA, $f = 100$ MHz		7		Ω

Figura 16.47 Características elétricas para o diodo túnel planar do fabricante Advanced Semiconductor da Figura 16.46.

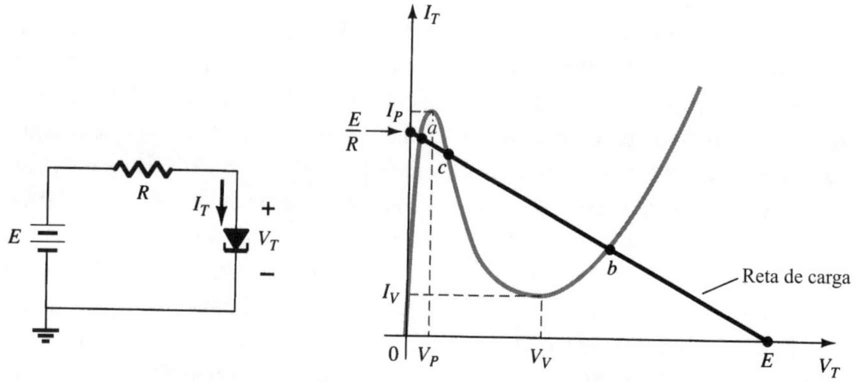

Figura 16.48 Diodo túnel e reta de carga resultante.

estiver em b, um ligeiro aumento na tensão de alimentação E moverá o ponto de operação para cima na curva, já que a tensão no diodo aumentará. Uma vez passado o distúrbio, a tensão no diodo e a corrente associada a esta tensão retornarão aos valores definidos pelo ponto Q em b. Por sua vez, o ponto de operação definido por c é *instável*, pois uma pequena variação na tensão ou na corrente através do diodo deslocará o ponto Q para a ou b. Por exemplo, uma elevação muito pequena na tensão E fará com que a tensão no diodo túnel aumente acima de seu valor em c. Nessa região, entretanto, um aumento em V_T causa uma redução em I_T, que, por sua vez, faz com que V_T aumente ainda mais. Este valor maior em V_T resultará em uma diminuição contínua em I_T até que o ponto de operação estável b seja estabelecido. Uma leve queda na tensão de alimentação resultaria na transição do ponto de operação para o ponto a. Em outras palavras, o ponto c pode ser definido como o ponto de operação considerando-se a técnica de reta de carga, mas, uma vez energizado o sistema, esse ponto acabará se estabilizando na posição a ou na posição b.

A disponibilidade de uma região de resistência negativa em diodos túnel pode ser bem aproveitada em projetos de osciladores, circuitos de chaveamento, geradores de pulso e amplificadores.

Aplicações

Na Figura 16.49(a), um *oscilador de resistência negativa* foi construído utilizando-se um diodo túnel. A escolha dos elementos no circuito tem o objetivo de estabelecer uma reta de carga, como a mostrada na Figura 16.49(b). Observe que a única interseção com a curva se encontra na região instável de resistência negativa, e que um ponto de operação estável não é definido. Quando fechamos a chave, a tensão na fonte vai de 0 V até o valor final de E volts. Inicialmente, a corrente I_T cresce de 0 mA até I_P, e a energia é armazenada no indutor na forma de campo magnético. Entretanto, uma vez atingido o valor I_P, a corrente I_T, segundo a curva característica, deverá diminuir com o aumento na tensão no diodo. Isso é uma contradição, se considerarmos que:

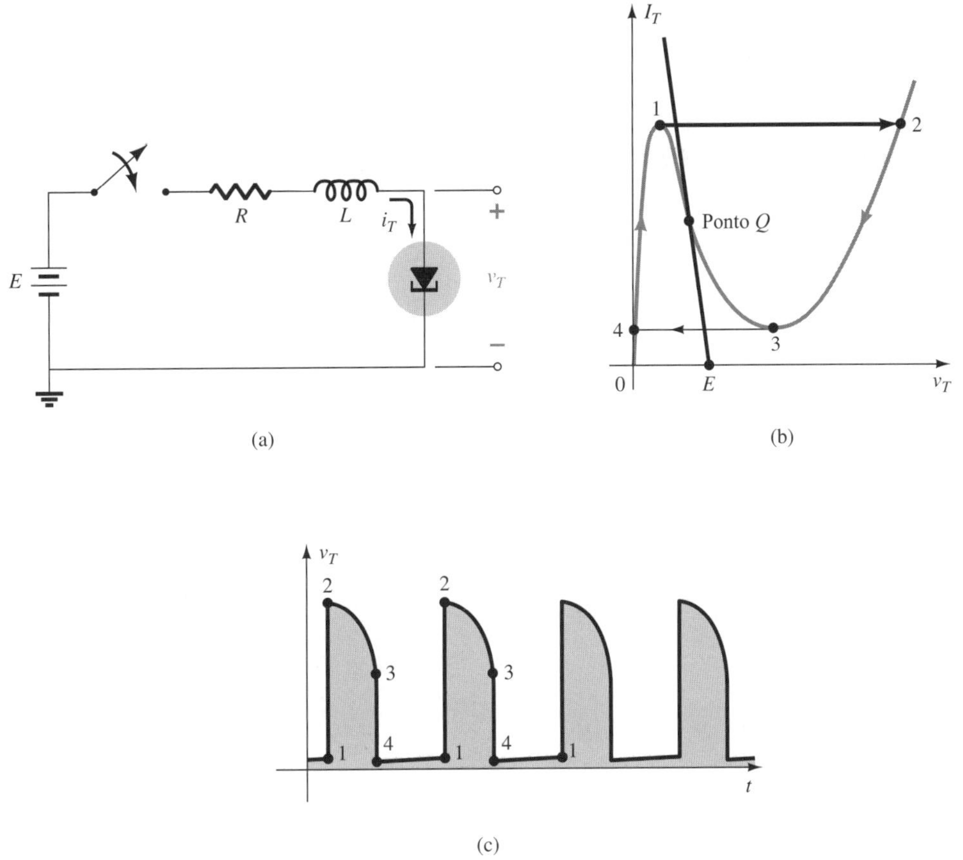

Figura 16.49 Oscilador de resistência negativa.

$$E = I_T R + I_T(-R_T)$$

e

$$E = \underbrace{I_T}_{\text{menos}}\underbrace{(R - R_T)}_{\text{menos}}$$

Se ambos os elementos da equação anterior tivessem seus valores diminuídos, seria impossível para a fonte de tensão atingir o valor estabelecido. Portanto, para que a corrente I_T continue crescendo, o ponto de operação deve se deslocar do ponto 1 para o ponto 2. Entretanto, no ponto 2, a tensão V_T saltou para um valor maior do que a tensão aplicada (o ponto 2 está à direita de qualquer ponto da reta de carga do circuito). Para satisfazer a Lei das Tensões de Kirchhoff, a polaridade da tensão transitória na bobina deve ser invertida, e a corrente I_T começa a diminuir, como mostrado do ponto 2 para o ponto 3 na curva característica. Quando V_T cai a V_V, a curva característica sugere que a corrente I_T começará a crescer novamente. E isso é inaceitável, pois V_T ainda é maior do que a tensão aplicada e a bobina está descarregando através do circuito-série. O ponto de operação deve se deslocar, então, para o ponto 4, para permitir que I_T continue a diminuir. No entanto, ao atingir o ponto 4, os valores dos potenciais são tais que a corrente do túnel sobe novamente de 0 mA para I_P, como mostra a curva característica. O processo se repetirá mais e mais vezes, e o ponto de operação para a região instável nunca será estabelecido. Podemos ver a tensão resultante através do diodo túnel na Figura 16.49(c), e ela continuará assim enquanto o circuito estiver energizado. O resultado é uma saída oscilatória produzida por uma fonte de tensão fixa e um dispositivo com resistência negativa. A forma de onda da Figura 16.49(c) possui extensa aplicação em circuitos de temporização e em lógica computacional.

Um diodo túnel também pode ser utilizado para gerar uma tensão senoidal a partir de apenas uma fonte CC e alguns elementos passivos. Na Figura 16.50(a), o fechamento da chave resulta, na saída, em uma tensão senoidal que diminui de amplitude com o tempo, como mostra a Figura 16.50(b). Dependendo dos elementos empregados, o período de tempo pode passar de quase instantâneo para algo mensurável em minutos, usando-se valores típicos para os parâmetros. Esse *amortecimento* do sinal oscilatório na saída com o tempo é devido às características dissipativas dos elementos resistivos. Ao colocarmos um diodo túnel em série com o circuito tanque, como mostra a Figura 16.50(c), a resistência negativa do

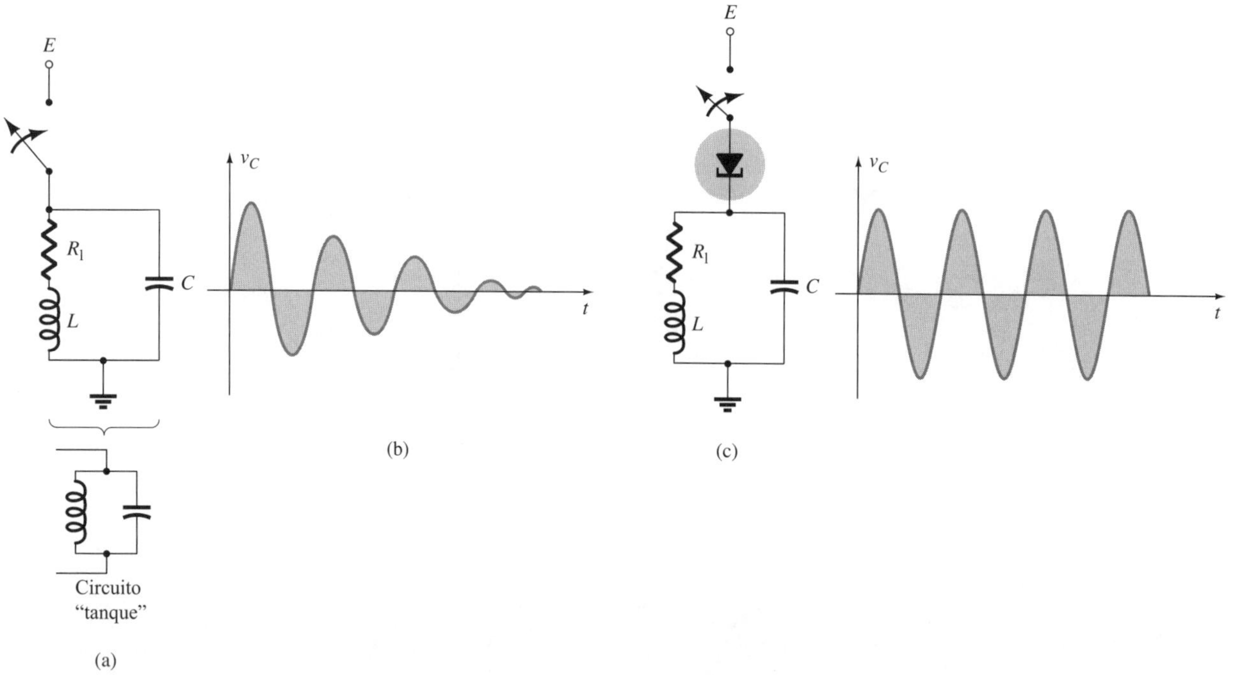

Figura 16.50 Oscilador senoidal.

diodo compensa a característica resistiva desse circuito, o que resulta em uma resposta *não amortecida* na saída, como mostrado na mesma figura. O projeto deve fazer com que a reta de carga continue interceptando a curva característica apenas na região de resistência negativa. Visto de outra forma, o gerador senoidal da Figura 16.50 é simplesmente uma extensão do oscilador de pulsos da Figura 16.49 com a inclusão de um capacitor para permitir a troca de energia entre o indutor e o capacitor durante as várias fases do ciclo descrito na Figura 16.49(b).

16.11 RESUMO

Conclusões e conceitos importantes

1. O diodo de barreira Schottky (diodo de portador quente) possui uma **baixa tensão limiar** (cerca de 0,2 V), uma **corrente maior de saturação reversa** e um valor de **PIV menor** que o tipo de junção *p-n* convencional. Ele também pode ser utilizado em frequências mais altas devido ao seu reduzido tempo de recuperação reversa.
2. O diodo varactor (varicap) possui **capacitância de transição** sensível ao potencial de polarização reversa aplicado. Essa capacitância é máxima em 0 V e **diminui exponencialmente** com os potenciais crescentes de polarização reversa.
3. A **capacidade de corrente** dos diodos de potência pode ser ampliada colocando-se dois ou mais deles em **paralelo**, e a **especificação do valor de PIV** pode ser aumentada colocando-se os diodos em série.
4. O próprio chassi pode ser utilizado como **dissipador de calor** para diodos de potência.
5. **Diodos túnel** são diferenciados porque possuem uma **região de resistência negativa** para valores de tensão menores do que a tensão limiar da junção *p-n* convencional. Essa característica é particularmente útil em osciladores para estabelecer uma forma de onda oscilante a partir de uma fonte de alimentação CC chaveada. Devido à sua reduzida região de depleção, eles são considerados também um **dispositivos de alta frequência** para aplicações que exigem tempo de chaveamento em nanossegundos ou picossegundos.
6. A região de operação dos **fotodiodos** é a **região de polarização reversa**. A corrente resultante no diodo aumenta quase **linearmente** com o aumento na luz incidente. O **comprimento de onda** da luz incidente determina qual material resulta na melhor resposta. O selênio é melhor para luz observável a olho nu, enquanto o silício é melhor no caso do uso de luz incidente com comprimentos de onda maiores.

7. Uma célula fotocondutiva é aquela cuja resistência entre terminais **diminui exponencialmente** com um **aumento na luz incidente**.

8. Um **diodo emissor de infravermelho** emite um feixe de fluxo radiante quando **polarizado diretamente**. A intensidade do padrão de fluxo emitido é quase **linearmente relacionada** à corrente direta CC através do dispositivo.

9. Os **LCDs** possuem um **nível de dissipação de potência muito menor** do que os LEDs, mas sua vida útil é muito **mais curta** e eles exigem **uma fonte de luz interna ou externa**.

10. A **célula solar** é capaz de converter a energia luminosa na forma de fótons em energia elétrica na forma de uma diferença de potencial ou **tensão**. A tensão entre terminais **subirá rapidamente no início** com a aplicação de luz, mas, depois, essa ascensão ocorrerá em uma **taxa mais lenta**. Em outras palavras, a tensão entre terminais atinge um **nível de saturação** em um ponto onde qualquer aumento adicional na luz incidente terá pouco efeito sobre a magnitude da tensão entre terminais.

11. Um **termistor** pode ter regiões de **coeficientes de temperatura positiva ou negativa** determinadas pelo material de fabricação ou pela temperatura desse material. A mudança de temperatura pode ocorrer devido a **efeitos internos**, como os causados pela corrente através do termistor, ou devido a **efeitos externos** de aquecimento ou resfriamento.

Equações

Diodo varactor:

$$C_T(V_R) = \frac{C(0)}{(1 + |V_R/V_T|)^n}$$

onde $n = 1/2$ para junções de liga
$n = 1/3$ para junções difusas

$$TC_C = \frac{\Delta C}{C_0(T_1 - T_0)} \times 100\% \qquad \%/°C$$

Fotodiodos:

$$\lambda = \frac{v}{f} = \frac{3 \times 10^8 \text{ m/s}}{f}$$

$$1\text{Å} = 10^{-10}\text{m}$$

$$\text{e} \quad 1 \text{ lm} = 1{,}496 \times 10^{-10} \text{ W}$$

$$1 \text{ fc} = 1 \text{ lm/ft}^2 = 1{,}609 \times 10^{-9} \text{ W/m}^2$$

Células solares:

$$\eta = \frac{P_{o(\text{elétrica})}}{P_{i(\text{energia luminosa})}} \times 100\%$$

$$= \frac{P_{\text{máx(dispositivo)}}}{(\text{área em cm}^2)(100 \text{ mW/cm}^2)} \times 100\%$$

PROBLEMAS

*Nota: asteriscos indicam os problemas mais difíceis.

Seção 16.2 Diodos de barreira Schottky (portadores quentes)

1. **a)** Descreva, com suas próprias palavras, como a construção do diodo de portadores quentes é significativamente diferente da construção do diodo semicondutor convencional.
b) Descreva também seu modo de operação.

2. **a)** Consulte a Figura 16.2. Compare as resistências dinâmicas dos diodos na região de polarização direta.
b) Compare os níveis de I_s e V_Z.

3. Observando os dados da Figura 16.5, determine a corrente de fuga reversa a uma temperatura de 50 °C. Assuma uma relação linear entre os dois parâmetros.

4. **a)** Utilizando as características elétricas da Figura 16.5, determine a reatância do capacitor em uma frequência de 1 MHz e uma tensão reversa de 1 V.
b) Determine a resistência CC direta do diodo em 10 mA.

5. **a)** Utilizando os dados da Figura 16.5, trace o gráfico da corrente direta *versus* tensão direta para o diodo Schottky.
b) Determine a resistência equivalente por trechos para a seção de subida vertical da curva característica.
c) Determine a tensão de ruptura vertical resultante para o diodo em comparação com o valor de 0,7 V normalmente usado para um diodo de junção *p-n*.

6. Utilizando o gráfico da Figura 16.6(a):
a) Qual é a tensão direta em uma corrente de 50 mA (observe que a escala é logarítmica) em temperatura ambiente (25 °C)?
b) Qual é a tensão direta na mesma corrente do item (a), mas a uma temperatura de 125 °C?
c) O que podemos afirmar sobre o efeito da temperatura na queda de tensão resultante através de um diodo Schottky à medida que a temperatura aumenta?

7. Utilizando a curva característica da Figura 16.6(c), determine a reatância capacitiva do diodo a uma frequência de 1 MHz e um potencial de polarização reversa de 1 V. Ela é significativa?

Seção 16.3 Diodos varactor (varicap)

8. a) Determine a capacitância de transição de um diodo varicap de junção difusa em um potencial reverso de 4,2 V se $C(0) = 80$ pF e $V_T = 0{,}7$ V.

b) A partir dos dados e do resultado do item (a), determine a constante K na Equação 16.2.

9. a) Para um diodo varicap com a curva característica apresentada na Figura 16.7, determine a diferença no valor da capacitância entre os potenciais de polarização reversa de –3 V e –12 V.

b) Determine a taxa incremental de variação ($\Delta C/\Delta V_r$) em $V = -8$ V. Compare esse valor com a taxa de variação obtida em $V = -2$ V.

***10.** Utilizando a Figura 16.10(a), determine a capacitância total em um potencial reverso de 1 V e de 8 V e determine a razão de sintonia entre esses dois níveis. Como ela se compara com a razão de sintonia para a relação entre os potenciais de polarização reversa de 1,25 V e 7 V?

11. Em um potencial de polarização reversa de 4 V, determine a capacitância total para o varactor da Figura 16.10(a) e calcule o valor de Q a partir de $Q = 1/(2\pi f R_S C_t)$, usando uma frequência de 10 MHz e $R_s = 3\ \Omega$. Compare com o valor de Q determinado pelo gráfico da Figura 16.10(a).

12. Determine T_1 para um diodo varactor se $C_0 = 22$ pF, $TC_C = 0{,}02\%/°C$ e $\Delta C = 0{,}11$ pF devido a um aumento na temperatura acima de $T_0 = 25$ °C.

13. Qual região de V_R sofreria maior mudança de capacitância em relação à tensão reversa do diodo da Figura 16.10? Lembramos que se trata de uma escala log-log. A seguir, para essa região, determine a razão da mudança em capacitância devido à variação em tensão.

***14.** Utilizando a Figura 16.10(a), compare os valores de Q para potenciais de polarização reversa de 1 V e 10 V. Qual é a razão entre os dois? Para uma frequência de ressonância de 10 MHz, qual é a largura de banda para cada tensão de polarização? Compare as larguras de banda obtidas e compare sua razão com a razão entre os valores de Q.

15. Em referência à Figura 16.11, se $V_{DD} = 2$ V para o varactor da Figura 16.10, determine a frequência ressonante do circuito tanque se $C_C = 40$ pF e $L_T = 2$ mH.

Seção 16.4 Células solares

16. Uma célula solar de 1 cm por 2 cm tem uma eficiência de conversão de 9%. Determine a potência máxima nominal do dispositivo.

***17.** Se a potência nominal de uma célula solar é determinada de maneira simplificada pelo produto $V_{OC}I_{SC}$, a maior taxa de aumento possível para esse parâmetro é obtida com níveis maiores ou menores de iluminação? Justifique sua resposta.

18. a) Com base na Figura 16.13, determine a razão $\Delta I_{SC}/\Delta fc$ se $fc_1 = 20fc$.

b) Utilizando os resultados do item (a), determine o nível de I_{SC} resultante de uma intensidade de luz de 28 candelas.

19. a) Para a célula solar da Figura 16.14, determine a razão $\Delta IV_{OC}/\Delta fc$ para a faixa de 20 fc a 100 fc se $fc_1 = 40$ fc.

b) Utilizando os resultados do item (a), determine o valor esperado de V_{OC} a uma intensidade de luz de 60 fc.

20. a) Esboce a curva 1 V para a mesma célula solar da Figura 16.15, mas com uma intensidade de luz de fc_1.

b) Trace a curva de potência resultante a partir dos resultados do item (a).

c) Qual é a potência nominal máxima? Como ela se compara com a potência nominal máxima para uma intensidade de luz fc_2?

21. a) Qual é a energia, em joules, associada aos fótons que possuem um comprimento de onda compatível com o da cor azul no espectro visível?

b) Repita o item (a) para a cor vermelha.

c) Os resultados confirmam o fato de que, quanto mais curto o comprimento de onda, maior o nível de energia?

d) A luz na faixa ultravioleta apresenta maior risco de câncer de pele do que o da faixa infravermelha? Por quê?

e) Você sabe por que a luz fluorescente é usada para cultivar plantas em um ambiente escuro?

Seção 16.5 Fotodiodos

22. Com relação à Figura 16.20, determine I_λ para $V_\lambda = 30$ V e intensidade da luz igual a 4×10^{-9} W/m^2.

***23.** Determine a queda de tensão através do resistor da Figura 16.19 para um fluxo incidente de 3.000 fc, $V_\lambda = 25$ V e $R = 100$ kΩ. Utilize as curvas características da Figura 16.20.

24. Escreva uma equação para a corrente de diodo da Figura 16.22 *versus* a intensidade de luz aplicada em candelas.

Seção 16.6 Células fotocondutivas

***25.** Qual é a taxa aproximada de variação da resistência com a iluminação para uma célula fotocondutiva com a curva característica da Figura 16.26 para os intervalos (a) 0,1 → 1 kΩ, (b) 1 → 10 kΩ e (c) 10 → 100 kΩ? (Observe que a escala é log.) Que região apresenta a maior taxa de variação da resistência com a iluminação?

26. O que é a "corrente escura" de um fotodiodo?

27. Se a iluminação sobre o diodo fotocondutivo da Figura 16.28 é 10 fc, determine o valor de V_i para estabelecer 6 V através da célula, se R_1 é igual a 5 kΩ. Utilize a curva característica da Figura 16.26.

***28.** Utilizando os dados fornecidos na Figura 16.27, esboce uma curva de condutância percentual *versus* temperatura para 0,01, 1,0 e 100 fc. É possível perceber algum efeito?

***29. a)** Esboce a curva de tempo de subida *versus* iluminação utilizando os dados da Figura 16.27.

b) Repita o item (a) para o tempo de decaimento.

c) Discuta os efeitos notáveis da iluminação nos itens (a) e (b).

30 A quais cores o dispositivo de CdS da Figura 16.27 é mais sensível?

Seção 16.7 Emissores de IV

31. a) Determine o fluxo radiante em uma corrente CC direta de 70 mA para o dispositivo da Figura 16.30.

b) Determine o fluxo radiante em lúmens para uma corrente CC direta de 45 mA.

***32. a)** Utilizando a Figura 16.31, determine a intensidade radiante relativa no ângulo de 25° para um dispositivo com janela de vidro plano.

b) Trace a curva de intensidade radiante relativa *versus* ângulo de irradiação para o dispositivo de encapsulamento plano.

***33.** Se 60 mA de corrente direta CC forem aplicados ao emissor de IV SG1010A, qual será o fluxo radiante incidente em lúmens a 5° do centro se o dispositivo tiver um sistema de direcionamento interno? Baseie-se nas figuras 16.30 e 16.31.

Seção 16.8 *Displays* de cristal líquido

34. Utilizando a Figura 16.35, quais terminais devem ser energizados para que o *display* número 7 seja exibido?

35. Com suas palavras, descreva a operação básica de um LCD.

36. Discuta as diferenças relativas entre o modo de operação de um LED e um *display* de LCD.

37. Quais são as vantagens e desvantagens relativas de um *display* de LCD comparado a um *display* de LED?

Seção 16.9 Termistores

***38.** Para o termistor da Figura 16.40, determine a taxa dinâmica de variação da resistência específica com a temperatura em $T = 20$ °C. Compare com o valor obtido em $T = 300$ °C. A partir dos resultados, determine se a variação da resistência por variação unitária da temperatura é mais acentuada para níveis menores ou maiores de temperatura. Observe que a escala vertical é logarítmica.

39. Utilizando a informação fornecida na Figura 16.40, determine a resistência total de um material com 2 cm de comprimento e área de superfície perpendicular de 1 cm^2 à temperatura de 0 °C. Observe que a escala vertical é logarítmica.

40. **a)** Com base na Figura 16.41, determine a corrente na qual uma amostra de material a 25 °C muda o coeficiente de temperatura de positivo para negativo. (A Figura 16.41 é uma escala log.)

b) Determine os valores de potência e resistência do dispositivo (Figura 16.41) no pico da curva de 0 °C.

c) A uma temperatura de 25 °C, determine a potência nominal se o valor da resistência for de 1 MΩ.

41. Na Figura 16.43, $V = 0{,}2$ V e $R_{\text{variável}} = 10\ \Omega$. Se a corrente através do dispositivo indicador for 2 mA e a queda de tensão nesse medidor for 0 V, qual a resistência do termistor?

Seção 16.10 Diodo túnel

42. Quais são as principais diferenças entre um diodo semicondutor de junção e um diodo túnel?

***43.** Observe, no circuito equivalente da Figura 16.45, que o capacitor aparece em paralelo com a resistência negativa. Determine a reatância do capacitor em 1 MHz e também em 100 MHz se $C = 5$ pF, e determine a impedância total da combinação paralela (com $R = -152\ \Omega$) em cada frequência. O valor da reatância indutiva é relevante em algumas dessas frequências se $L_S = 6$ nH?

***44.** Por que a máxima corrente reversa nominal do diodo túnel pode ser maior do que a corrente nominal direta? (*Dica*: observe a curva característica e considere a potência nominal.)

45. Determine a resistência negativa para o diodo túnel da Figura 16.44 entre $V_T = 0{,}1$ V e $V_T = 0{,}3$ V.

46. Determine os pontos de operação estável para o circuito da Figura 16.48 se $E = 2$ V, $R = 0{,}39$ kΩ e o diodo túnel da Figura 16.44 for empregado.

***47.** Para $E = 0{,}5$ V e $R = 51\ \Omega$, esboce v_T para o circuito da Figura 16.49 e o diodo túnel da Figura 16.44.

48. Determine a frequência de oscilação para o circuito da Figura 16.50 se $L = 5$ mH, $R_l = 10\ \Omega$ e $C = 1\ \mu$F.

pnpn e outros dispositivos

Objetivos

Familiarizar-se com as características e áreas de aplicação de:

- Retificadores controlados de silício (SCRs).
- Chaves controladas de silício (SCSs).
- Chaves com desligamento na porta (GTOs).
- SCRs ativados por luz (LASCRs).
- Diodos Shockley e diacs.
- Triacs.
- Fototransistores e optoisoladores.
- Transistores de unijunção e transistores de unijunção programáveis.

17.1 INTRODUÇÃO

Neste capítulo, serão apresentados vários dispositivos importantes que não foram discutidos em detalhes nos capítulos anteriores. O diodo semicondutor de duas camadas levou a dispositivos de três, quatro e até cinco camadas. Primeiro será estudada uma família de dispositivos *pnpn* de quatro camadas: o SCR (retificador controlado de silício, do inglês *Silicon-Controlled Retifier*), a SCS (chave controlada de silício, do inglês *Silicon-Controlled Switch*), a GTO (chave com desligamento na porta, do inglês *Gate Turn-off Switch*), o LASCR (SCR ativado por luz, do inglês *Light Activated SCR*) e um dispositivo de importância crescente, o UJT (transistor de unijunção, do inglês *Unijunction Transistor*). Esses dispositivos de quatro camadas com um mecanismo de controle costumam ser chamados de *tiristores*, embora o termo seja aplicado mais frequentemente ao SCR. O capítulo termina com uma introdução ao fototransistor, aos optoisoladores e ao PUT (transistor de unijunção programável, do inglês *Programmable Unijunction Transistor*).

DISPOSITIVOS *pnpn*

17.2 RETIFICADOR CONTROLADO DE SILÍCIO

De todos os dispositivos *pnpn*, o retificador controlado de silício é o de maior interesse. Lançado em 1956 pela Bell Telephone Laboratories, algumas das áreas mais comuns de aplicação do SCR são as de controle de relés, circuitos de retardo de tempo, fontes de alimentação reguladas, chaves estáticas, controles de motor, choppers, inversores, cicloconversores, carregadores de bateria, circuitos de proteção, controles de aquecedores e controles de fase.

Recentemente, os SCRs foram projetados para *controlar* potências de até 10 MW, com especificações individuais de até 2000 A em 1800 V. Sua faixa de frequência de aplicação também foi ampliada para até 50 kHz, permitindo algumas aplicações de alta frequência, como o aquecimento por indução e a limpeza ultrassônica.

17.3 OPERAÇÃO BÁSICA DO RETIFICADOR CONTROLADO DE SILÍCIO

Como indica a terminologia, o SCR é um retificador construído de silício com um terceiro terminal para controle. O silício foi escolhido devido à sua capacidade de trabalhar em altas potências e em altas temperaturas. A operação básica do SCR é diferente daquela do diodo semicondutor de duas camadas, pois um terceiro terminal chamado *porta* (*gate*) determina quando o retificador muda do estado de circuito aberto para o de curto-circuito. Não basta polarizar diretamente a região anodo-catodo do dispositivo. Na região de condução, a resistência dinâmica do SCR varia tipicamente de 0,01 Ω a 0,1 Ω. A resistência reversa tipicamente é de 100 kΩ ou mais.

Na Figura 17.1 é mostrado o símbolo gráfico para o SCR com as conexões correspondentes para a estrutura semicondutora de quatro camadas. Como indica a Figura 17.1(a), para que se estabeleça a condução direta, o anodo deve ser positivo em relação ao catodo. Não se trata, entretanto, de critério suficiente para ligar o dispositivo. Um pulso de magnitude suficiente também deve ser aplicado à porta para estabelecer uma corrente de disparo na porta, representada simbolicamente por I_{GT}.

Um exame mais detalhado da operação básica de um SCR é melhor realizado a partir da divisão da estrutura *pnpn* de quatro camadas da Figura 17.1(b) em duas estruturas de transistor de três camadas, como vemos na Figura 17.2(a), e considerando-se, então, o circuito resultante da Figura 17.2(b).

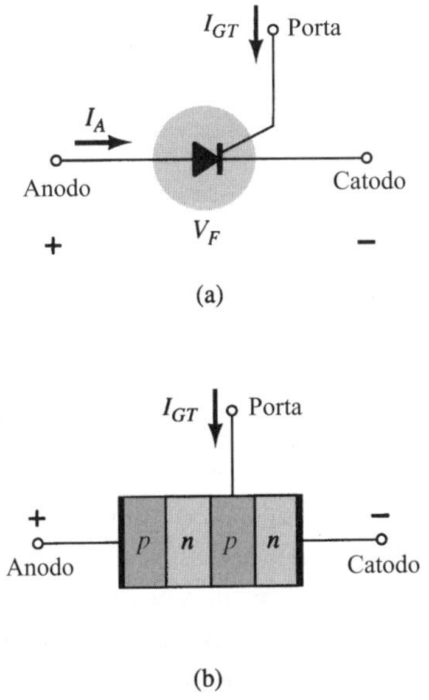

Figura 17.1 (a) Símbolo do SCR; (b) construção básica.

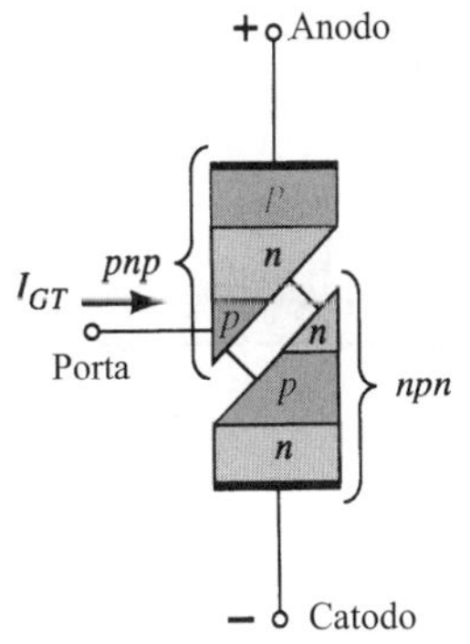

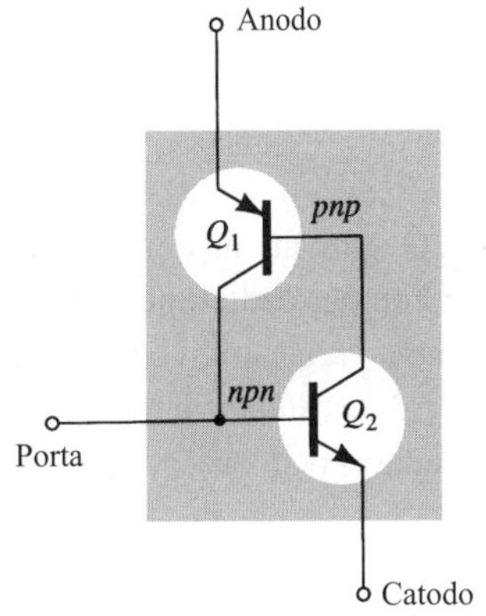

Figura 17.2 Circuito equivalente do SCR com dois transistores.

Observe que um dos transistores da Figura 17.2 é um dispositivo *npn*, e o outro, um transistor *pnp*. Para efeito de análise, o sinal mostrado na Figura 17.3(a) será aplicado à porta do circuito da Figura 17.2(b). Durante o intervalo $0 \rightarrow t_1$, $V_{porta} = 0$ V, o circuito da Figura 17.2(b) aparecerá como mostra a Figura 17.3(b) ($V_{porta} = 0$ V é equivalente ao terminal da porta aterrado, como mostra a figura). Para $V_{BE_2} = V_{porta} = 0$ V, a corrente de base $I_{B_2} = 0$, e I_{C_2} será aproximadamente I_{CO}. A corrente de base de Q_1, $I_{B_1} = I_{C_2} = I_{CO}$, é muito pequena para ligar Q_1. Portanto, ambos os transistores estão no estado "desligado", o que resulta em uma alta impedância entre o coletor e o emissor de cada transistor e na representação de circuito aberto para o retificador controlado de silício da Figura 17.3(c).

Em $t = t_1$, um pulso de V_G volts aparecerá na porta do SCR. Na Figura 17.4(a) são mostradas as condições do circuito estabelecidas com essa entrada. O potencial V_G foi determinado como grande o suficiente para ligar Q_2 ($V_{BE_2} = V_G$). A corrente do coletor de Q_2 se eleva, então, a um valor suficiente para ligar Q_1 ($I_{B_1} = I_{C_2}$). Como Q_1 liga, I_{C_1} aumenta, o que resulta em um aumento corres-

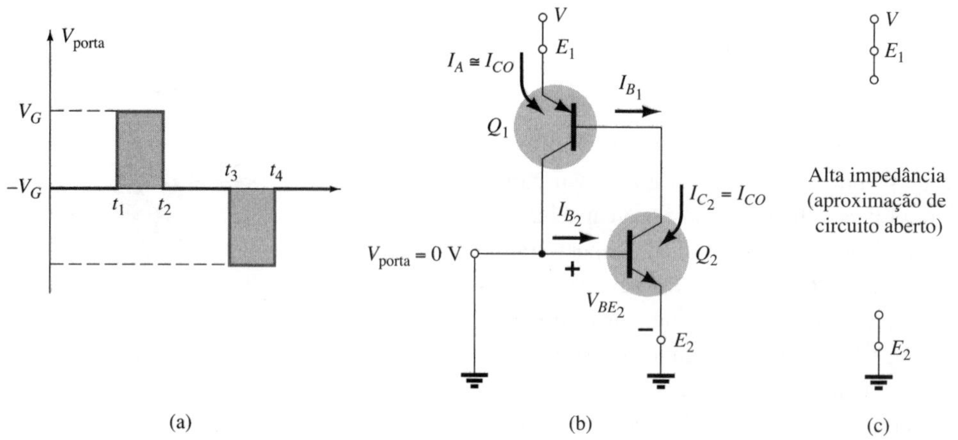

Figura 17.3 Estado "desligado" do SCR.

pondente em I_{B2}. O aumento na corrente de base para Q_2 resultará em um aumento adicional em I_{C2}. O resultado final será um aumento regenerativo na corrente de coletor de cada transistor. A resistência anodo-catodo resultante ($R_{SCR} = V/I_A$) é, então, pequena porque I_A é grande, resultando em uma representação de curto-circuito para o SCR, como indica a Figura 17.4(b). A ação regenerativa descrita resulta em SCRs com tempos de ativação típicos de 0,1 μs a 1 μs. No entanto, dispositivos de alta potência na faixa de 100 A a 400 A podem ter tempos de ativação de 10 μs a 25 μs.

Além do disparo pela porta, os SCRs também podem ser ligados pelo aumento significativo da temperatura do dispositivo ou pela elevação da tensão anodo-catodo até o valor de ruptura mostrado nas curvas características da Figura 17.7.

A próxima questão que interessa é: quanto tempo dura o desligamento e como ele é obtido? Um SCR *não pode* ser desligado simplesmente pela remoção do sinal da porta, e apenas alguns podem ser desligados pela aplicação de um pulso negativo ao terminal da porta, como mostra a Figura 17.3(a) em $t = t_3$.

Os dois métodos gerais de desligamento de SCRs são classificados como interrupção da corrente de anodo e técnica de comutação forçada.

A Figura 17.5 mostra as duas possibilidades para interrupção da corrente. Na Figura 17.5(a), I_A é igual a zero quando a chave é aberta (interrupção série); na Figura 17.5(b), a mesma condição é obtida quando a chave é fechada (interrupção paralela).

A comutação forçada é a imposição de uma corrente através do SCR no sentido oposto ao da condução direta. Há uma grande variedade de circuitos para realizar essa função, alguns dos quais podem ser encontrados nos manuais dos principais fabricantes nessa área. A Figura 17.6 mostra um dos tipos mais básicos. Como indica a figura, o circuito de desligamento consiste em um transistor *npn*, uma fonte CC V_B e um gerador de pulsos. Durante a condução do SCR, o transistor está no estado "desligado",

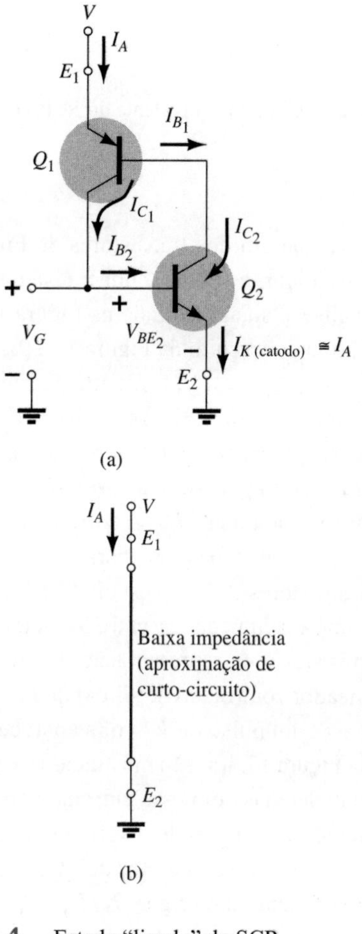

Figura 17.4 Estado "ligado" do SCR.

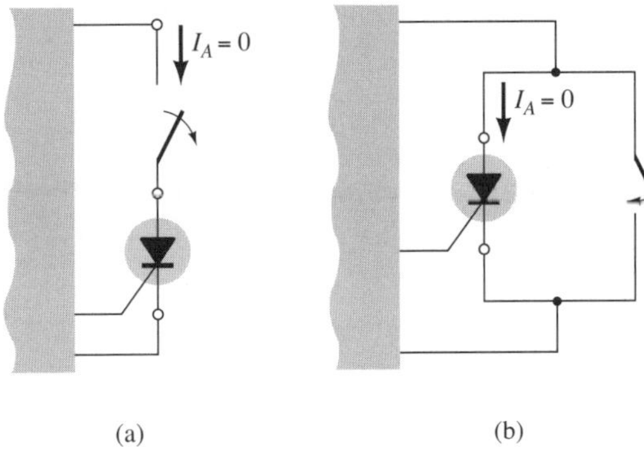

Figura 17.5 Interrupção da corrente do anodo.

isto é, $I_B = 0$, e a impedância coletor-emissor é muito alta (para todas as finalidades práticas, trata-se de um circuito aberto). Essa alta impedância isolará o circuito de desligamento, de forma que a operação do SCR não seja afetada. Para o desligamento, um pulso positivo é aplicado à base do transistor, fazendo-o conduzir fortemente, e isso resulta em uma impedância muito baixa do coletor para o emissor (representando um curto-circuito). O potencial da fonte aparece diretamente sobre o SCR, como mostra a Figura 17.6(b), forçando a corrente através dele no sentido reverso para cortá-lo. Tempos de desligamento de SCRs situam-se tipicamente entre 5 μs e 30 μs.

17.4 CARACTERÍSTICAS E ESPECIFICAÇÕES DO SCR

Na Figura 17.7 são mostradas as características de um SCR para vários valores de corrente de porta. As correntes e tensões de maior interesse são indicadas na curva característica. Segue uma descrição breve de cada uma delas.

1. A *tensão de ruptura direta* $V_{(BR)F^*}$ é a tensão acima da qual o SCR entra na região de condução. O asterisco (*) é uma letra a ser adicionada que depende da condição do terminal da porta, como vemos a seguir:
   O = circuito aberto de G para K
   S = curto-circuito de G para K
   R = resistor de G para K
   V = polarização fixa (tensão) de G para K
2. A *corrente de manutenção* (I_H) é o valor de corrente abaixo do qual o SCR passa do estado de condução para a região de bloqueio direto sob condições estabelecidas.
3. As *regiões de bloqueio direto e reverso* são aquelas que correspondem à condição de circuito aberto para o retificador controlado que *bloqueiam* o fluxo de carga (corrente) do anodo para o catodo.
4. A *tensão de ruptura reversa* é equivalente à região Zener ou de avalanche do diodo semicondutor de duas camadas.

É óbvio que as características do SCR apresentadas na Figura 17.7 são muito similares às do diodo semicondutor de duas camadas básico, exceto pelo "desvio" horizontal à direita antes da entrada na região de condução. É essa região de saliência horizontal que dá à porta o controle sobre a resposta do SCR. Para a curva de linha contínua na Figura 17.7 ($I_G = 0$), V_F deve atingir a maior tensão de ruptura ($V_{(BR)F^*}$) antes que o efeito de "colapso" ocorra e o SCR possa entrar na região de condução, correspondendo ao estado *ligado*. Como mostrado na mesma figura, se a corrente de porta for elevada para I_{G1} pela aplicação de uma tensão de polarização ao terminal da porta, o valor de V_F necessário para a condução (V_{F1}) será consideravelmente menor. Observe também que I_H cai com o aumento

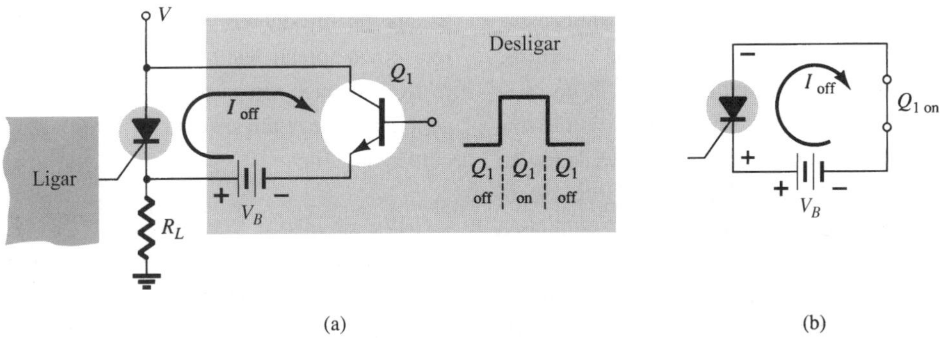

Figura 17.6 Técnica de comutação forçada.

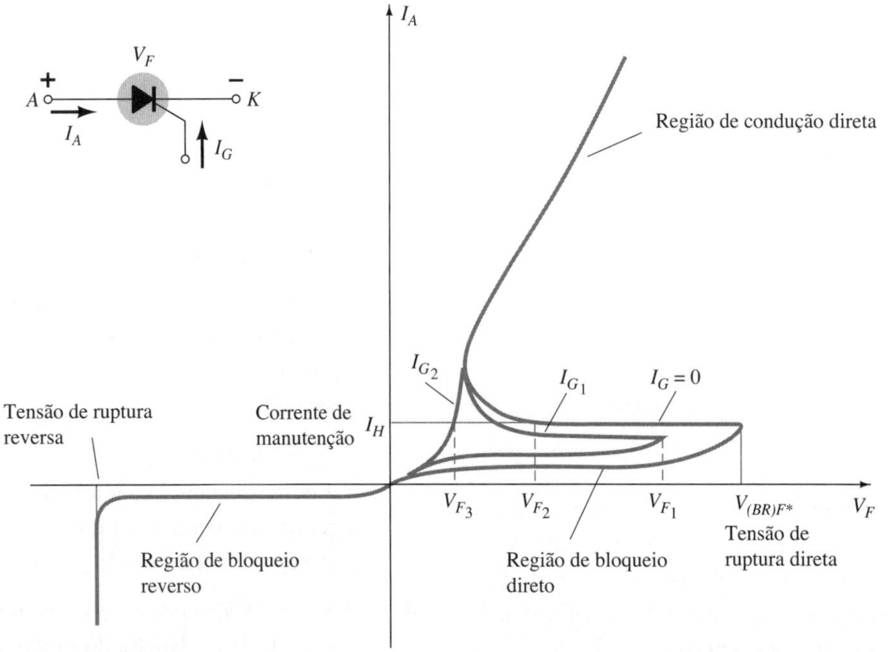

Figura 17.7 Características do SCR.

em I_G. Se aumentado para I_{G2}, o SCR dispara em valores de tensão muito baixos (V_{F3}), e as características começam a se aproximar daquelas do diodo de junção *p-n*. Observando as curvas em um sentido completamente diferente, para uma tensão V_F particular, digamos V_{F_2} (veja a Figura 17.7), vemos que, se a corrente da porta for aumentada de I_G = 0 até I_{G1} ou mais, o SCR disparará.

As características da porta são mostradas na Figura 17.8. As características da Figura 17.8(b) constituem uma versão expandida da região sombreada da Figura 17.8(a). Nesta figura, os três valores nominais de porta de maior interesse, P_{GFM}, I_{GFM} e V_{GFM}, estão indicados. Cada um é incluído nas curvas da mesma maneira que é empregado pelo transistor. Exceto para porções da região sombreada, qualquer combinação de corrente e tensão de porta que cair dentro dessa região disparará qualquer SCR na série de componentes para os quais essas características são fornecidas. A temperatura determinará quais seções da região sombreada devem ser evitadas. Em – 65 °C, a corrente mínima que disparará a série de SCRs é 100 mA, enquanto em +150 °C, apenas 20 mA são necessários. O efeito da temperatura sobre a tensão mínima de porta não costuma ser indicado em curvas desse tipo, já que potenciais de 3 V ou mais normalmente são obtidos com facilidade. Como indica a Figura 17.8(b), um mínimo de 3 V é indicado para todas as unidades para a faixa de temperatura de interesse.

Outros parâmetros normalmente incluídos na folha de especificações de um SCR são o tempo de ativação (t_{on}) e o tempo de desligamento (t_{off}), a temperatura da junção (T_J) e a temperatura de encapsulamento (T_C), todos os quais devem ser, por ora, autoexplicativos.

O tipo de encapsulamento e a identificação dos terminais dos SCRs variam com a aplicação. Tipos de encapsulamento e identificação dos terminais de alguns SCRs são fornecidos na Figura 17.9.

17.5 APLICAÇÕES DO SCR

Algumas das aplicações possíveis para o SCR foram listadas na introdução (Seção 17.2). Nesta seção, abordaremos cinco aplicações: uma chave estática, um sistema de controle de fase, um carregador de bateria, um controlador de temperatura e um sistema de iluminação de emergência com fonte única.

Chave estática em série

Uma *chave estática em série* de meia-onda é mostrada na Figura 17.10(a). Se a chave estiver fechada, como mostra a Figura 17.10(b), uma corrente de porta fluirá durante a porção positiva do sinal de entrada, ligando o SCR. O resistor R_1 limita a corrente de porta. Quando o SCR é ligado, a tensão anodo-catodo (V_F) cai para o valor de condução, o que resulta em uma corrente de porta muito reduzida e

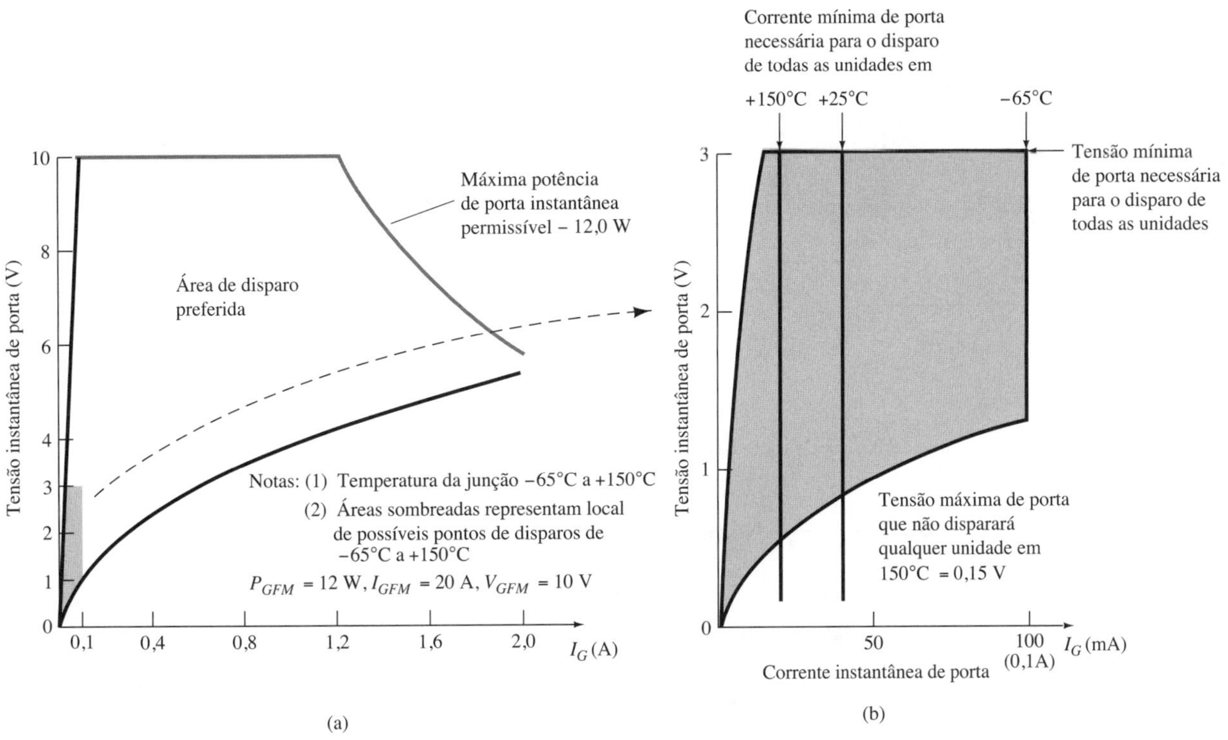

Figura 17.8 Características de porta para o SCR (GE série C38).

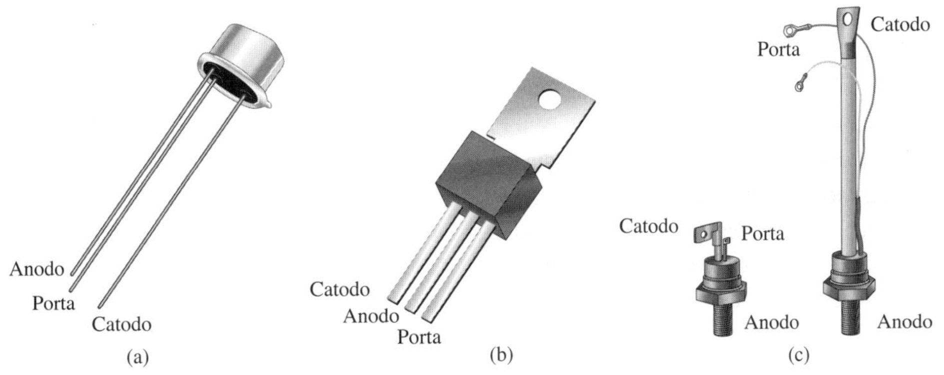

Figura 17.9 Tipos de encapsulamento e identificação dos terminais de SCRs.

em uma perda muito pequena no circuito da porta. Para a região negativa do sinal de entrada, o SCR corta, uma vez que o anodo fica negativo em relação ao catodo. O diodo D_1 é incluído para impedir uma corrente reversa na porta.

As formas de onda resultantes para corrente e tensão na carga estão mostradas na Figura 17.10(b). O resultado é um sinal retificado em meia-onda através da carga. Caso se deseje menos de 180° de condução, a chave pode ser fechada em qualquer valor de fase durante a porção positiva do sinal de entrada. A chave pode ser eletrônica, eletromagnética ou mecânica, dependendo da aplicação.

Controle de fase com resistência variável

Um circuito capaz de estabelecer um ângulo de condução entre 90° e 180° é mostrado na Figura 17.11(a). O circuito é semelhante ao da Figura 17.10(a), exceto pela adição de um resistor variável e pela eliminação da chave. A combinação dos resistores R e R_1 limitará a corrente de porta durante a porção positiva do sinal de entrada. Se R_1 for ajustado em seu valor máximo, a corrente de porta jamais atingirá o valor de condução (ligado). Conforme R_1 é reduzido, a corrente de porta aumenta, considerando-se a mesma tensão de entrada. Dessa forma, a corrente de porta necessária para a condução pode ser estabelecida em qualquer ponto

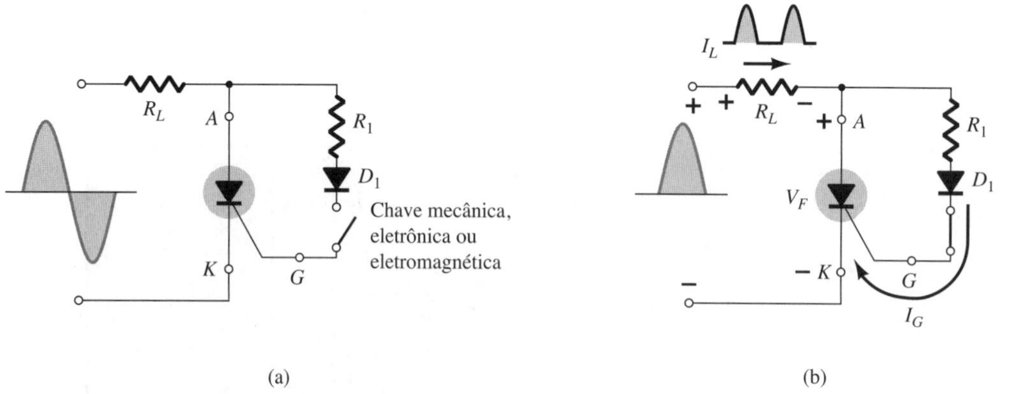

Figura 17.10 Chave estática em série de meia-onda.

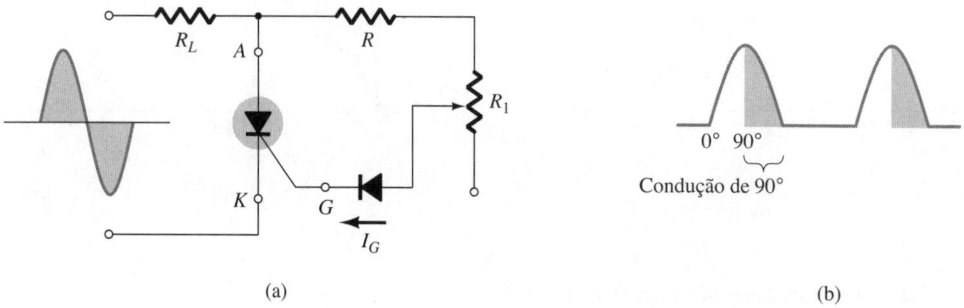

Figura 17.11 Controle de fase em meia-onda com resistência variável.

entre 0° e 90°, como mostra a Figura 17.11(b). Se R_1 for baixo, o SCR disparará quase imediatamente, e o resultado será a mesma ação que aquela obtida do circuito da Figura 17.10(a) (condução de 180°). No entanto, como indicado anteriormente, se R_1 for aumentado, uma tensão de entrada maior (positiva) será necessária para disparar o SCR. Como mostra a Figura 17.11(b), o controle não pode ser estendido além da fase de 90°, uma vez que a entrada tem seu máximo nesse ponto. Se o circuito de controle falhar e não houver disparo nesse e em valores menores de tensão de entrada durante o trecho de subida da entrada, podemos esperar a mesma resposta durante o trecho de descida da onda de entrada. A operação aqui é normalmente chamada, em termos técnicos, de *controle de fase em meia-onda com resistência variável*. Trata-se de um método eficaz para controlar a corrente rms e, consequentemente, a potência para a carga.

Regulador carregador de bateria

Uma terceira aplicação bastante comum do SCR consiste em um *regulador carregador de bateria*. Os componentes fundamentais do circuito são mostrados na Figura 17.12. Observe que o circuito de controle foi destacado para fins de discussão.

Como indica a figura, D_1 e D_2 estabelecem um sinal retificado de onda completa através do SCR_1 e da bateria de 12 V a ser carregada. Quando a tensão na bateria está baixa, o SCR_2 é cortado ("desligado") por motivos que serão explicados brevemente. Com o SCR_2 aberto, o circuito de controle com SCR_1 é exatamente o mesmo que a chave estática de controle já discutida nesta seção. Quando a entrada retificada em onda completa for suficientemente grande para produzir a corrente de porta necessária para a condução (controlada por R_1), o SCR_1 conduzirá e o carregamento da bateria começará. No início do carregamento, a baixa tensão da bateria resultará em uma baixa tensão V_R, como determinada pelo circuito divisor de tensão simples. A tensão V_R é, por sua vez, pequena demais para levar o diodo Zener de 11,0 V à condução. No estado "desligado", o diodo Zener é, efetivamente, um circuito aberto, mantendo SCR_2 cortado, uma vez que sua corrente de porta é igual a zero. O capacitor C_1 é incluído para evitar que qualquer transiente de tensão no circuito ligue acidentalmente o SCR_2. Lembramos, com base na teoria de análise de circuitos, que a tensão não pode variar instantaneamente em um capacitor. Dessa maneira, C_1 evita que efeitos transitórios afetem o SCR.

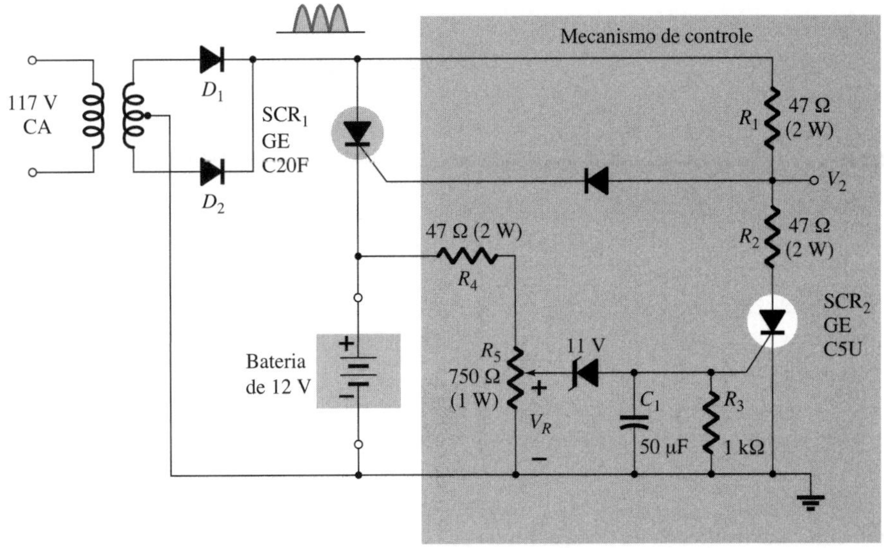

Figura 17.12 Regulador carregador de bateria.

À medida que ocorre o carregamento, a tensão da bateria sobe até um ponto em que V_R é suficientemente alta para que o Zener de 11,0 V conduza e dispare o SCR_2. Uma vez que SCR_2 é disparado, a representação de curto-circuito para o SCR_2 resulta em um circuito divisor de tensão determinado por R_1 e R_2, que mantém V_2 em um nível muito pequeno para ligar o SCR_1. Quando isso ocorre, a bateria está completamente carregada, e o estado de circuito aberto de SCR_1 corta a corrente de carga. Portanto, o regulador recarrega a bateria sempre que a tensão cai e evita a sobrecarga quando a carga está completa.

Controlador de temperatura

O diagrama esquemático do controle de um aquecedor de 100 W utilizando SCR é mostrado na Figura 17.13. Ele é projetado de tal maneira que o aquecedor de 100 W liga e desliga de acordo com os termostatos. Termostatos de mercúrio são muito sensíveis à variação de temperatura. Eles detectam mudanças de até 0,1 °C; porém, são limitados em aplicação pelo fato de poderem operar apenas com níveis de corrente muito baixos — abaixo de 1 mA. Nessa aplicação, o SCR serve como um amplificador de corrente em um elemento de chaveamento de carga. Não é um amplificador no sentido de amplificar o nível de corrente do termostato. Em vez disso, é um dispositivo cujo alto nível de corrente é controlado pelo funcionamento do termostato.

Deve ficar claro que o circuito em ponte é conectado à fonte CA por meio do aquecedor de 100 W. Isso resultará em uma tensão retificada de onda completa aplicada ao SCR. Quando o termostato está aberto, o capacitor é carregado até o potencial de disparo da porta em cada pulso do sinal retificado. A constante de tempo de carga é de-

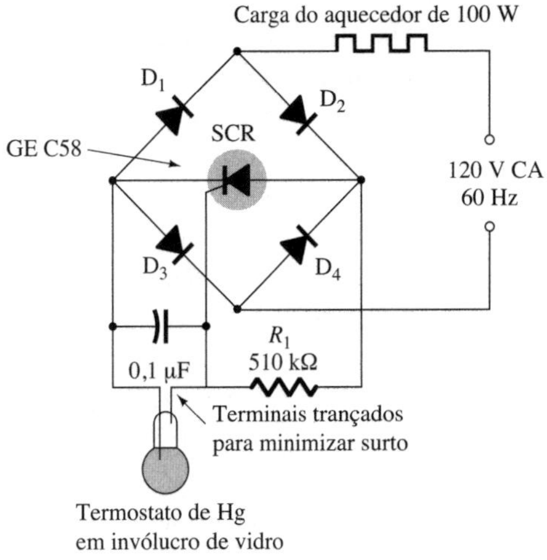

Figura 17.13 Controlador de temperatura.

terminada pelo produto *RC*. Isso disparará o SCR durante cada semiciclo do sinal de entrada, permitindo um fluxo de carga (corrente) para o aquecedor. Quando a temperatura sobe, o termostato condutivo curto-circuitará o capacitor, eliminando a possibilidade de carregamento do capacitor até o potencial de disparo do SCR. O resistor de 510 kΩ contribuirá, então, para manter uma corrente muito baixa (menos de 250 μA) através do termostato.

Sistema de iluminação de emergência

A última aplicação para o SCR a ser descrita é mostrada na Figura 17.14. Trata-se de um sistema de iluminação de emergência de fonte única que manterá a carga em uma bateria de 6 V para garantir sua disponibilidade, e também fornecerá a energia CC a uma lâmpada em caso

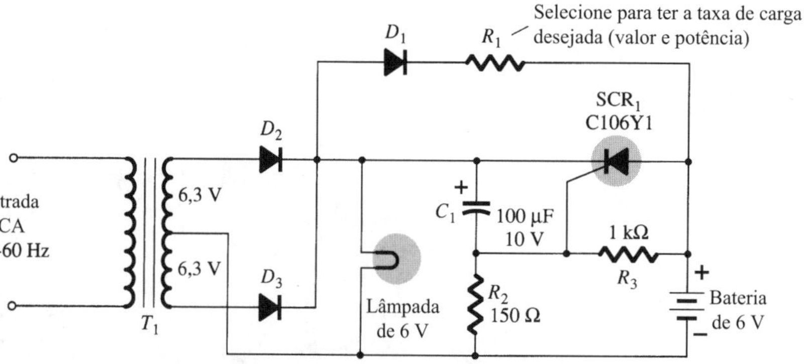

Figura 17.14 Sistema de iluminação de emergência de fonte única.

de falta de energia. Um sinal retificado de onda completa aparecerá sobre a lâmpada de 6 V devido aos diodos D_2 e D_3. O capacitor C_1 será carregado até uma tensão um pouco menor do que a diferença entre o valor de pico do sinal retificado de onda completa e a tensão CC através de R_2 estabelecida pela bateria de 6 V. Por garantia, a tensão no catodo do SCR$_1$ é mais alta do que a do anodo, e a tensão porta catodo é negativa, o que assegura que o SCR não esteja conduzindo. A bateria é carregada através de R_1 e D_1 a uma taxa determinada por R_1. A carga somente ocorrerá quando o anodo de D_1 tiver uma tensão maior do que seu catodo. O nível CC do sinal retificado de onda completa garante que a lâmpada se acenda quando a alimentação é ligada. Havendo falta de energia elétrica, o capacitor C_1 descarrega por meio de D_1, R_1 e R_3 até o catodo de SCR$_1$ ser menos positivo do que o anodo. Simultaneamente, a tensão no ponto comum de R_2 com R_3 se torna positiva e estabelece uma tensão porta catodo suficiente para disparar o SCR. Uma vez disparado, a bateria de 6 V fornece corrente pelo SCR$_1$ e energiza a lâmpada, mantendo sua iluminação. Uma vez restaurada a tensão da rede, o capacitor C_1 recarrega e restabelece o estado de não condução de SCR$_1$ como descrito anteriormente.

17.6 CHAVE CONTROLADA DE SILÍCIO

A chave controlada de silício (SCS), assim como o retificador controlado de silício, é um dispositivo *pnpn* de quatro camadas. As quatro camadas semicondutoras da SCS estão disponíveis devido à adição de uma porta anodo, como mostra a Figura 17.15(a). O símbolo gráfico e o circuito equivalente a transistor são mostrados na mesma figura. As características do dispositivo são basicamente as mesmas do SCR. O efeito de uma corrente de porta anodo é muito semelhante ao demonstrado para a corrente de porta na Figura 17.7. Quanto mais alta a corrente de porta anodo, menor a tensão anodo-catodo requerida para ligar o dispositivo.

A conexão de porta anodo pode ser usada para ligar e desligar o dispositivo. Para ligar o dispositivo, um pulso negativo deve ser aplicado ao terminal de porta anodo, enquanto um pulso positivo é necessário para desligar o dispositivo. A necessidade de pulsos diferentes, como indicado há pouco, pode ser demonstrada utilizando-se o circuito da Figura 17.15(c). Um pulso negativo na porta anodo polariza diretamente a junção base-emissor de Q_1, ligando-o. A intensa corrente do coletor resultante

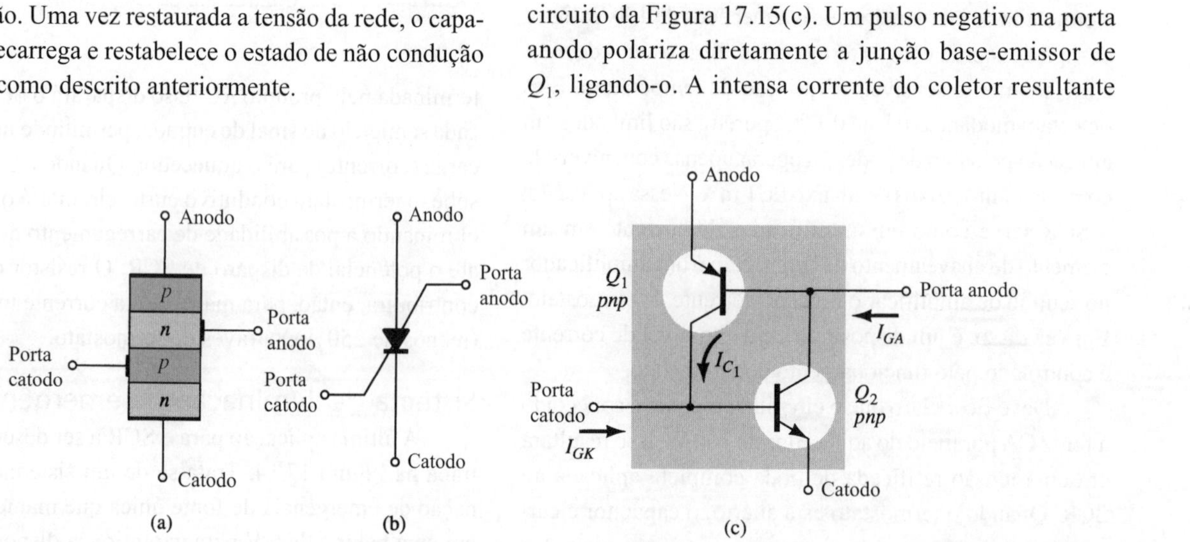

Figura 17.15 Chave controlada de silício (SCS): (a) construção básica; (b) símbolo gráfico; (c) circuito equivalente a transistor.

I_{C1} liga Q_2, e isso resulta em uma ação regenerativa e liga o dispositivo SCS. Um pulso positivo na porta anodo polariza reversamente a junção base-emissor de Q_1, cortando-o, o que resulta em um circuito aberto e desliga o dispositivo. De modo geral, a corrente de disparo de porta anodo é maior em magnitude do que a corrente de porta catodo necessária. Para um dispositivo SCS representativo, a corrente de disparo de porta anodo é de 1,5 mA, enquanto a corrente de porta catodo necessária é de 1 μA. A corrente de porta requerida para ligar o dispositivo em cada um dos terminais é afetada por muitos fatores. Alguns deles são: temperatura de operação, tensão anodo-catodo, posição da carga e tipo de catodo, conexão porta anodo e porta anodo-anodo (curto-circuito, circuito aberto, polarização, carga etc.). Tabelas, gráficos e curvas estão normalmente disponíveis para cada dispositivo a fim de fornecer o tipo de informação indicado anteriormente.

Os três tipos de circuito de desligamento (corte) mais utilizados para a SCS são mostrados na Figura 17.16. Quando um pulso é aplicado ao transformador do circuito da Figura 17.16(a), o transistor conduz intensamente, resultando em uma característica de baixa impedância ($\cong$ curto-circuito) entre coletor e emissor. Esse ramo de baixa impedância desvia a corrente de anodo da SCS, derrubando-a abaixo do valor de manutenção e, consequentemente, cortando a SCS. De modo semelhante, o pulso positivo na porta anodo da Figura 17.16(b) corta a SCS pelo mecanismo descrito anteriormente nesta seção. O circuito da Figura 17.16(c) pode ser ligado *ou* desligado por um pulso de magnitude apropriada na porta catodo. O desligamento será possível somente se o valor correto de R_A for empregado. Ele controla a quantidade de realimentação regenerativa, cuja magnitude é crítica para esse tipo de operação. Observe a variedade de posições nas quais o resistor de carga R_L pode ser colocado. Diversos manuais e livros sobre semicondutores apresentam diversas outras possibilidades de conexão.

Uma vantagem da SCS sobre um SCR correspondente é a redução do tempo de desligamento, tipicamente na faixa de 1 μs a 10 μs para a SCS, e de 5 μs a 30 μs para o SCR. Outras vantagens que podemos destacar são: controle elevado, sensibilidade de disparo e situação de disparo mais previsível. Atualmente, entretanto, a SCS é limitada a operações em valores baixos de potência, corrente e tensão. Valores típicos de correntes máximas de anodo estão na faixa de 100 mA a 300 mA, com valores nominais de dissipação (de potência) de 100 mW a 500 mW.

A identificação dos terminais em uma SCS é mostrada na Figura 17.17 com uma SCS encapsulada.

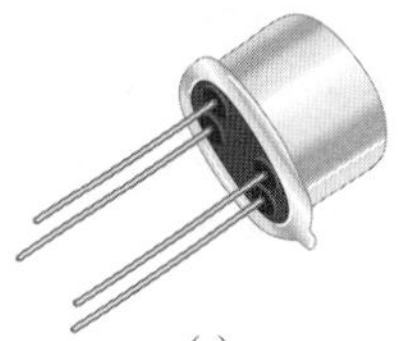

(a)

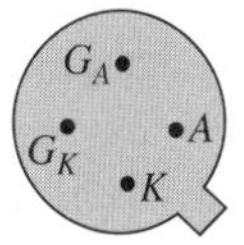

(b)

Figura 17.17 Chave controlada de silício (SCS): (a) dispositivo; (b) identificação dos terminais.

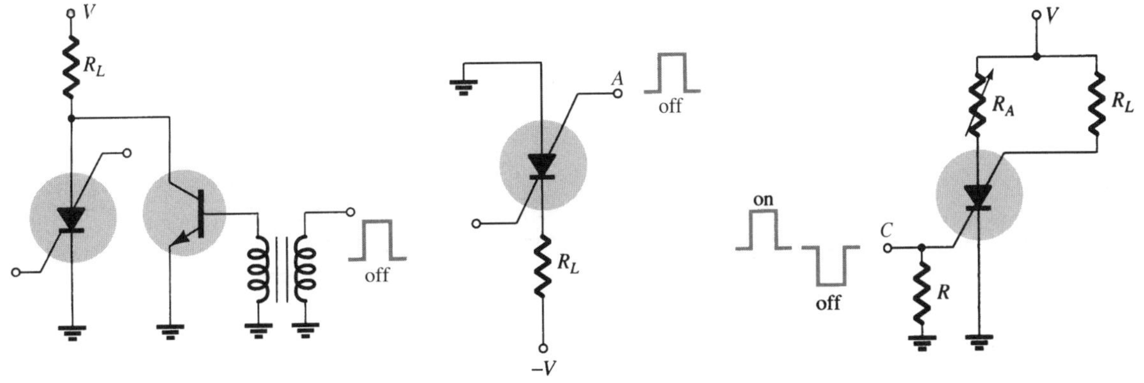

(a) (b) (c)

Figura 17.16 Técnicas de desligamento da SCS.

Sensor de tensão

Algumas das áreas mais comuns de aplicação incluem uma ampla variedade de circuitos de computador (contadores, registradores e circuitos de temporização), geradores de pulso, sensores de tensão e osciladores. Uma aplicação simples para uma SCS como um dispositivo sensor de tensão é mostrada na Figura 17.18. É um sistema de alarme com *n* entradas de várias estações. Qualquer entrada liga uma SCS específica, o que resulta em um relé de alarme energizado e luz no circuito de porta anodo para indicar a localização da entrada (perturbação).

Circuito de alarme

Outra aplicação da SCS está no circuito de alarme da Figura 17.19. R_S representa um resistor sensível à temperatura, à luz ou à radiação, isto é, um elemento cuja resistência diminuirá com a aplicação de qualquer uma das três fontes de energia listadas. O potencial de porta catodo é determinado pelo divisor de tensão formado por R_S e o resistor variável. Observe que o potencial de porta estará em aproximadamente 0 V se R_S for igual ao valor ajustado no resistor variável, uma vez que a queda de tensão em ambos os resistores será de 12 V. Entretanto, se R_S diminuir, o potencial nesta junção aumentará até que a SCS seja polarizada diretamente, fazendo-a ligar e energizar o relé de alarme.

O resistor de 100 kΩ é incluído para reduzir a possibilidade de disparo acidental do dispositivo através de um fenômeno conhecido como *efeito taxa*. Ele é causado pelos valores de capacitância de dispersão entre as portas. Um transitório de alta frequência pode estabelecer uma corrente de base suficiente para ligar a SCS acidentalmente. O dispositivo é desativado pressionando-se o botão de *reset*, o qual interrompe o caminho de condução da SCS e reduz a corrente de anodo para zero.

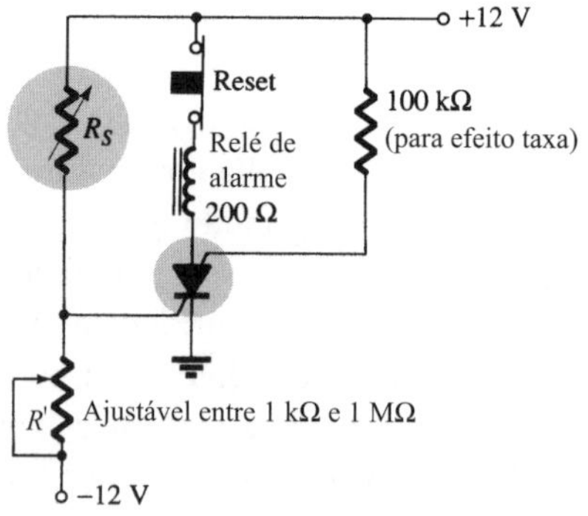

Figura 17.19 Circuito de alarme.

17.7 CHAVE COM DESLIGAMENTO NA PORTA

A chave com desligamento na porta (GTO) é o terceiro dispositivo *pnpn* a ser introduzido neste capítulo. Como o SCR, no entanto, ele tem apenas três terminais externos, como indica a Figura 17.20(a). Seu símbolo gráfico é mostrado na Figura 17.20(b). Embora esse símbolo seja diferente do SCR e da SCS, o equivalente a transistor é exatamente o mesmo e as características são semelhantes.

A vantagem mais óbvia do GTO sobre o SCR ou a SCS é o fato de que ele pode ser ligado *ou* desligado por meio da aplicação do pulso apropriado à porta catodo (sem a porta anodo e os circuitos associados exigidos pela SCS). Uma consequência dessa capacidade de desligamento é o aumento no valor da corrente de porta requerida para disparo. Para um SCR e um GTO com especificações de corrente rms máxima semelhantes, a corrente de disparo de porta de um SCR particular é 30 μA, enquanto a corrente de disparo do GTO é 20 mA.

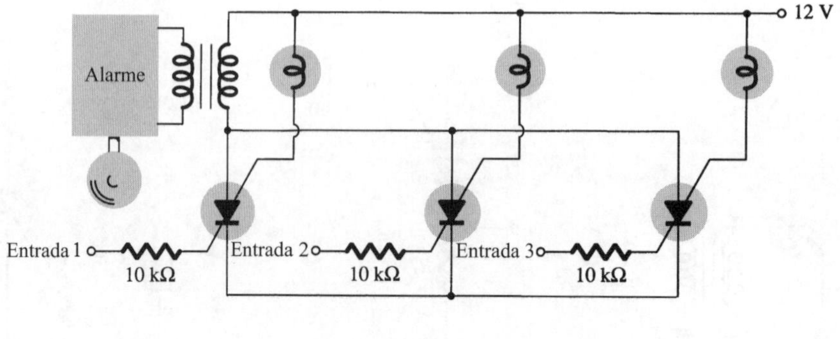

Figura 17.18 Circuito de alarme com SCS.

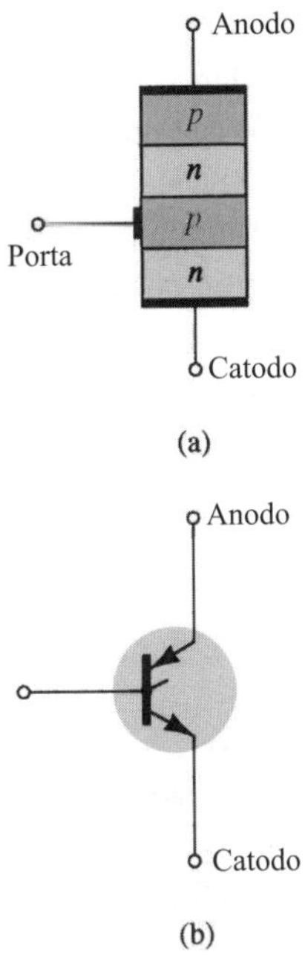

Figura 17.20 Chave com desligamento na porta (GTO): (a) construção básica; (b) símbolo.

A corrente de desligamento de um GTO é um pouco maior do que a corrente de disparo. Os valores de corrente máxima rms e de dissipação atuais se limitam a cerca de 3 A e 20 W, respectivamente.

Uma segunda característica muito importante do GTO é o chaveamento aprimorado. O tempo de ativação é semelhante ao do SCR (tipicamente 1 μs), mas o tempo de desligamento, aproximadamente de *mesma* duração (1 μs), é muito menor do que o tempo de desligamento típico de um SCR (5 μs a 30 μs). O fato de o tempo de desligamento ser semelhante ao tempo de ativação, e não consideravelmente maior, permite o uso deste dispositivo em aplicações de alta velocidade.

Um GTO típico e sua identificação de terminais são mostrados na Figura 17.21. As características de entrada relativas à porta do GTO e circuitos de desligamento podem ser encontrados em manuais ou folhas de especificação. A maioria dos circuitos de desligamento dos SCR pode ser usada para os GTOs.

Gerador de dente de serra

Algumas das áreas de aplicação do GTO incluem contadores, geradores de pulso, multivibradores e reguladores de tensão. A Figura 17.22 apresenta uma ilustração de um simples gerador de dente de serra utilizando um GTO e um diodo Zener.

Quando a fonte é energizada, o GTO liga, resultando em um curto-circuito equivalente entre anodo e catodo. O capacitor C_1 começará então a ser carregado em direção ao valor da fonte de tensão, como mostra a Figura 17.22. Quando a tensão através do capacitor C_1 ultrapassa o potencial de Zener, ocorre uma reversão na tensão porta catodo, estabelecendo-se uma reversão na corrente de porta. Então, a corrente de porta negativa será grande o suficiente para desligar o GTO. Quando o GTO desliga, resultando em um circuito aberto, o capacitor C_1

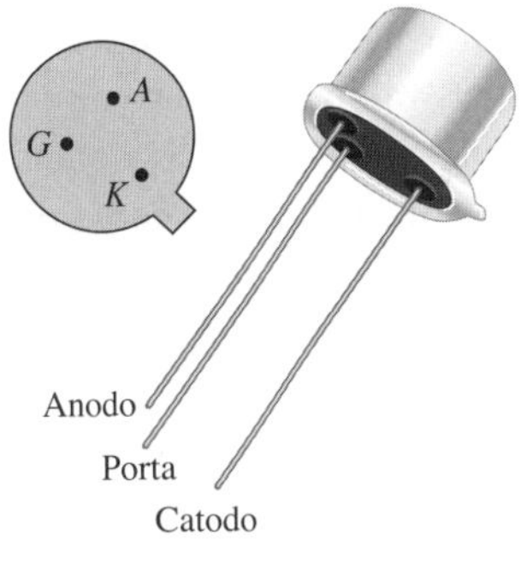

Figura 17.21 GTO típico e a identificação de seus terminais.

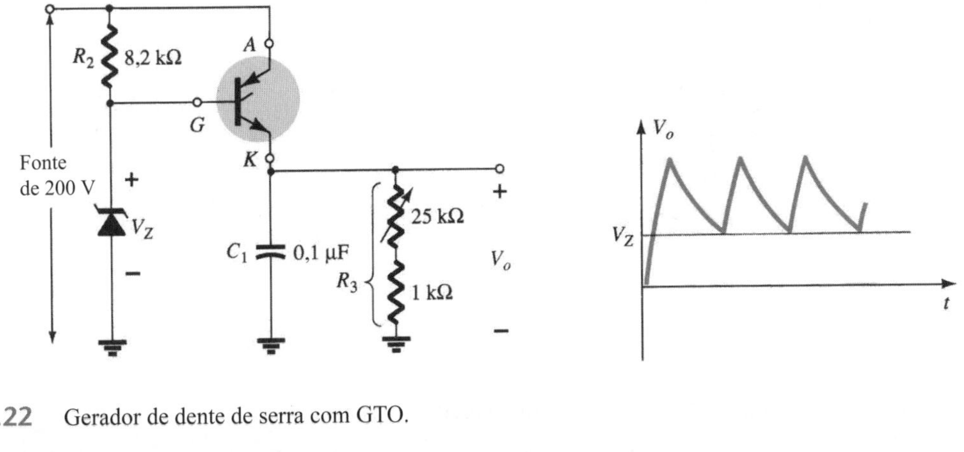

Figura 17.22 Gerador de dente de serra com GTO.

descarrega através do resistor R_3. O tempo de descarga será determinado pela constante de tempo do circuito $\tau = R_3C_1$. A escolha adequada de R_3 e C_1 resulta na forma de onda de dente de serra da Figura 17.22. Quando o potencial de saída V_o cai abaixo de V_Z, o GTO é ligado e o processo se repete.

17.8 SCR ATIVADO POR LUZ

O próximo na série de dispositivos *pnpn* que abordaremos é o SCR ativado por luz (LASCR). Como indica a terminologia, é um SCR cujo estado é controlado pela incidência de luz sobre uma camada de silício semicondutor do dispositivo. A construção básica de um LASCR é mostrada na Figura 17.23(a). Um terminal de porta é incluído para permitir o disparo do dispositivo utilizando métodos comuns usados no SCR. Observe também, na figura, que a superfície de montagem para a pastilha de silício é a conexão anodo do dispositivo. Os símbolos gráficos mais comumente empregados para o LASCR são fornecidos na Figura 17.23(b). A identificação dos terminais e um LASCR típico aparecem na Figura 17.24(a).

Algumas das áreas de aplicação do LASCR incluem controles ópticos de luz, relés, controle de fase, controle de motor e uma variedade de aplicações em computadores. Os valores nominais de corrente máxima (rms) e de potência para LASCRs comercialmente disponíveis são, respectivamente, cerca de 3 A e 0,1 W. As características (disparo pela luz) de um LASCR representativo são mostradas na Figura 17.24(b). Observe nessa figura que um aumento na temperatura da junção resulta em uma redução da energia luminosa necessária para ativar o dispositivo.

Circuitos AND/OR

Uma aplicação interessante de um LASCR aparece nos circuitos AND e OR da Figura 17.25. Somente quando a luz incide sobre o $LASCR_1$ *e* sobre o $LASCR_2$ é que a representação de curto-circuito para cada um deles pode ser aplicada, fazendo com que a tensão da fonte apareça sobre a carga. Para o circuito OR, a energia luminosa que incide sobre o $LASCR_1$ *ou* sobre o $LASCR_2$ é suficiente para que a tensão da fonte apareça sobre a carga.

O LASCR é mais sensível à luz quando o terminal da porta está aberto. Sua sensibilidade pode ser reduzida e controlada até certo ponto pela inserção de um resistor na porta, como mostra a Figura 17.25.

Relé de travamento

Uma segunda aplicação para o LASCR é mostrada na Figura 17.26. Trata-se de um análogo a semicondutor de um relé eletromecânico. Observe que ele oferece isolação completa entre a entrada e o elemento de chaveamento. A corrente de energização pode ser aplicada através de um diodo emissor de luz ou uma lâmpada, como mostra a figura. A luz incidente liga o LASCR e permite o fluxo de corrente pela carga, como estabelecido pela fonte CC. O LASCR pode ser desligado utilizando-se a chave de *reset* S_1. O sistema oferece vantagens adicionais sobre uma chave eletromecânica, como longa vida, resposta em microssegundos, tamanho pequeno e eliminação de ruídos nos contatos.

17.9 DIODO SHOCKLEY

O diodo Shockley é um diodo *pnpn* de quatro camadas com apenas dois terminais externos, como mostra a Figura 17.27(a) com seu símbolo gráfico. A curva característica [Figura 17.27(b)] do dispositivo é exatamente

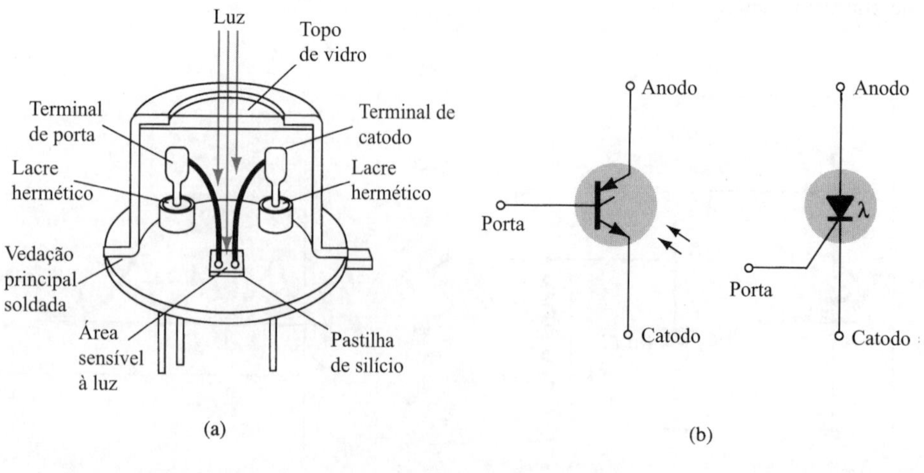

Figura 17.23 SCR ativado por luz (LASCR): (a) construção básica; (b) símbolos.

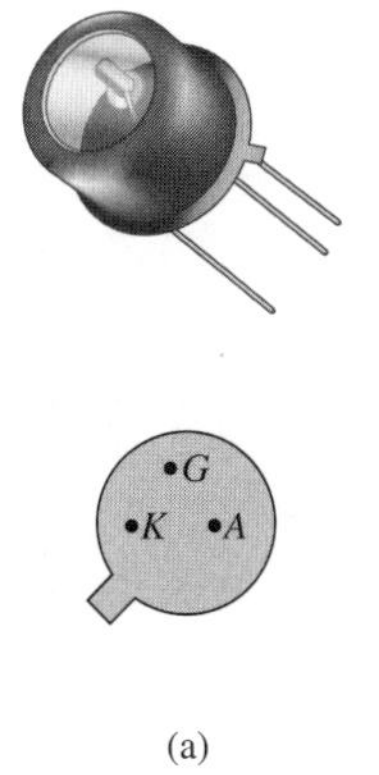

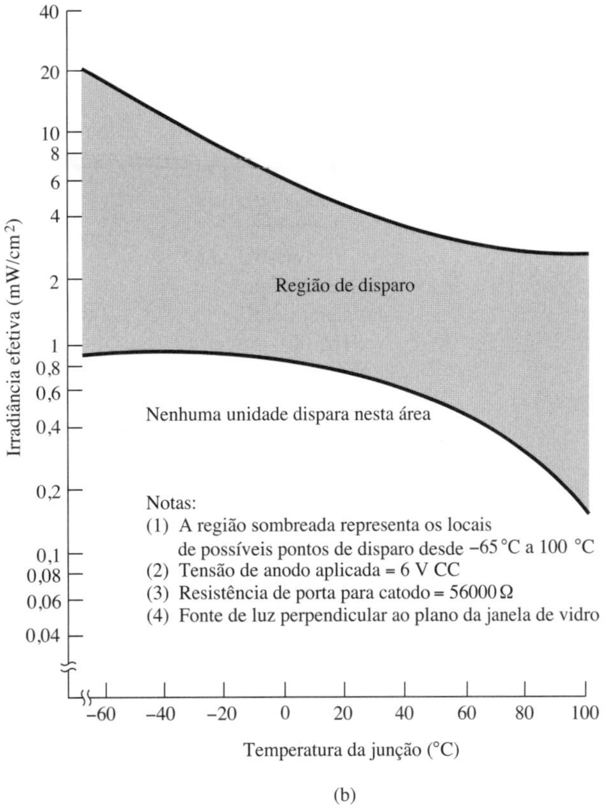

Figura 17.24 LASCR: (a) aspecto e identificação dos terminais; (b) características de disparo pela luz.

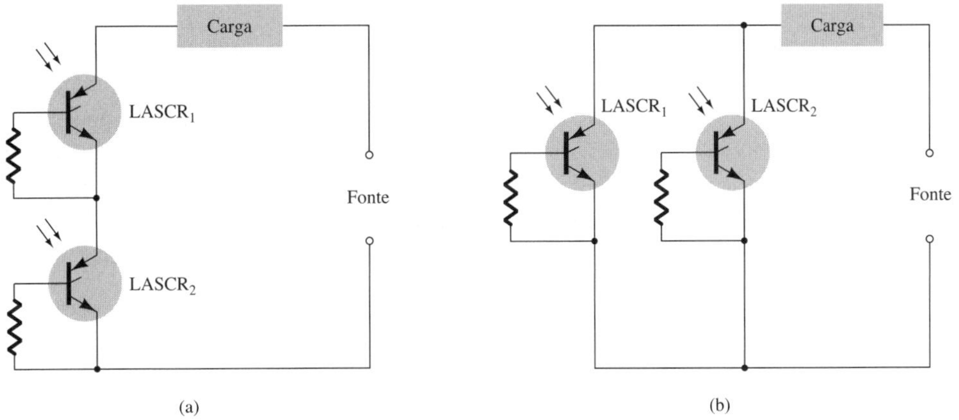

Figura 17.25 Circuito lógico optoeletrônico com LASCR: (a) porta AND: a entrada para $LASCR_1$ e $LASCR_2$ é necessária para a energização da carga; (b) porta OR: a entrada para $LASCR_1$ ou $LASCR_2$ energizará a carga.

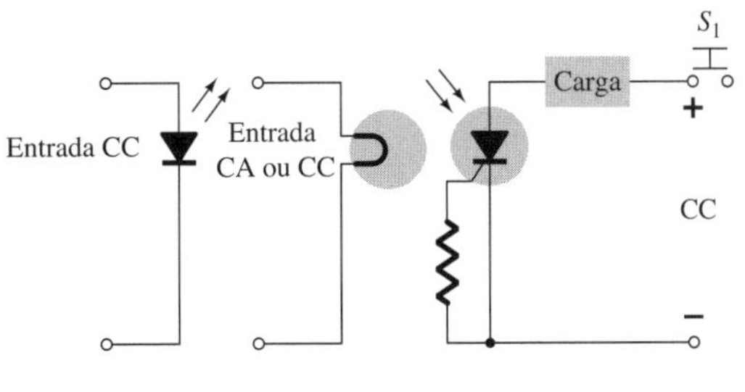

Figura 17.26 Relé de travamento.

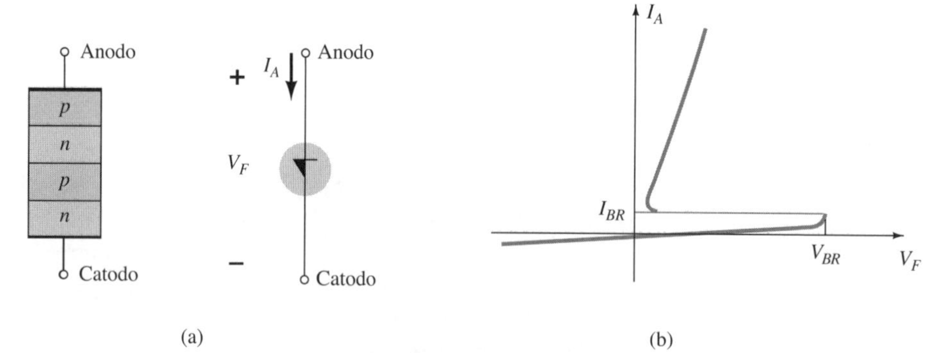

Figura 17.27 Diodo Shockley: (a) construção básica e símbolo; (b) curva característica.

a mesma do SCR com $I_G = 0$. Como indica a curva, o dispositivo está no estado "desligado" (representação de circuito aberto) até que seja atingida a tensão de ruptura, na qual as condições de avalanche se desenvolvem e o dispositivo liga (representação de curto-circuito).

Chave de disparo

Uma aplicação comum para o diodo Shockley é mostrada na Figura 17.28, em que ele é empregado como chave de disparo para um SCR. Quando o circuito é energizado, a tensão através do capacitor começa a variar em direção ao valor da tensão de alimentação. Em determinado instante, a tensão através do capacitor será suficientemente alta para ligar primeiro o diodo Shockley e depois o SCR.

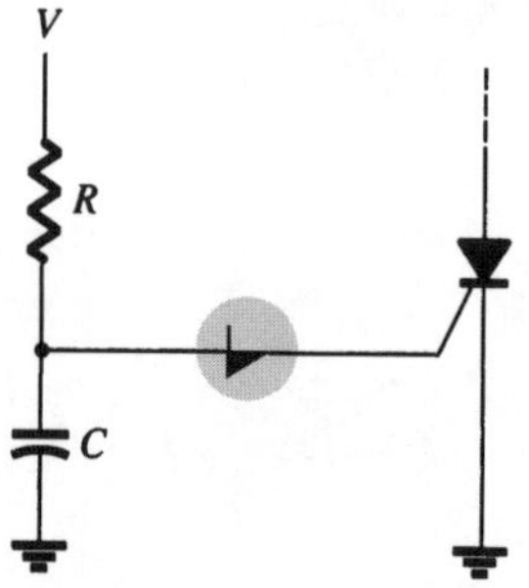

Figura 17.28 Aplicação de diodo Shockley — chave de disparo para um SCR.

17.10 DIAC

O diac é basicamente uma combinação paralela inversa de camadas semicondutoras com dois terminais que permite disparos em qualquer direção. A curva característica do dispositivo, apresentada na Figura 17.29(a), mostra claramente que há uma tensão de ruptura em ambas as direções. Essa possibilidade de uma condição *ligado* em qualquer direção pode ser usada com grandes vantagens em aplicações CA.

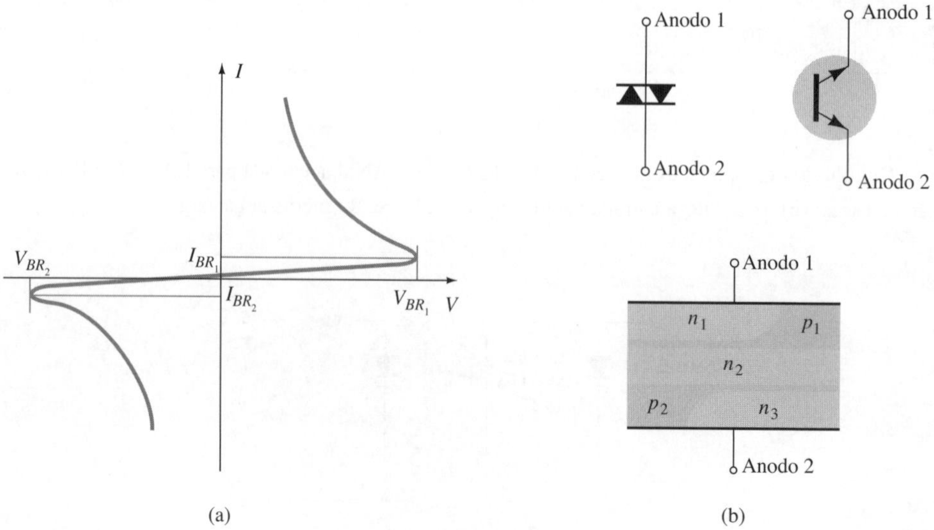

Figura 17.29 Diac: (a) curva característica; (b) símbolos e construção básica.

A configuração básica das camadas semicondutoras do diac é mostrada na Figura 17.29(b), com seu símbolo gráfico. Observe que nenhum terminal é chamado de catodo. Em vez disso, há um anodo 1 (ou eletrodo 1) e um anodo 2 (ou eletrodo 2). Quando o anodo 1 é positivo em relação ao anodo 2, as camadas semicondutoras de interesse particular são $p_1n_2p_2$ e n_3. Para o anodo 2 positivo em relação ao anodo 1, as camadas aplicáveis são $p_2n_2p_1$ e n_1.

Para a unidade mostrada na Figura 17.29, as tensões de ruptura são muito próximas em magnitude, mas podem variar de um mínimo de 28 V a um máximo de 42 V. Elas estão relacionadas pela seguinte equação fornecida na folha de dados:

$$V_{BR_1} = V_{BR_2} \pm 0{,}1V_{BR_2} \qquad (17.1)$$

Os valores de corrente (I_{BR_1} e I_{BR_2}) são também muito próximos em magnitude para cada dispositivo. Para a unidade da Figura 17.29, os valores de corrente são cerca de 200 μA = 0,2 mA.

Detector de proximidade

O uso do diac em um detector de proximidade é mostrado na Figura 17.30. Observe o uso de um SCR em série com a carga e o transistor de unijunção programável (a ser descrito na Seção 17.12) conectado diretamente ao eletrodo sensor.

Quando o corpo humano se aproxima do eletrodo sensor, a capacitância entre o eletrodo e o terra (C_b) aumenta. O UJT programável (PUT) é um dispositivo que dispara (entra no estado de curto-circuito) quando a tensão de anodo (V_A) é, no mínimo, 0,7 V (para silício) maior do que a tensão de porta (V_G). Antes que o dispositivo programável ligue, o sistema está, essencialmente, como mostra a Figura 17.31. À medida que a tensão de entrada sobe, a tensão do diac, v_A, a seguirá, como mostra a figura, até o potencial de disparo ser atingido. O diac então liga e sua tensão cai substancialmente, como mostrado. Observe que o diac é basicamente um circuito aberto até o momento do disparo. Antes de o elemento capacitivo ser introduzido, a tensão v_G é a mesma da entrada. Como indica a figura, uma vez que ambas, v_A e v_G, acompanham a entrada, v_A nunca pode ser 0,7 V maior do

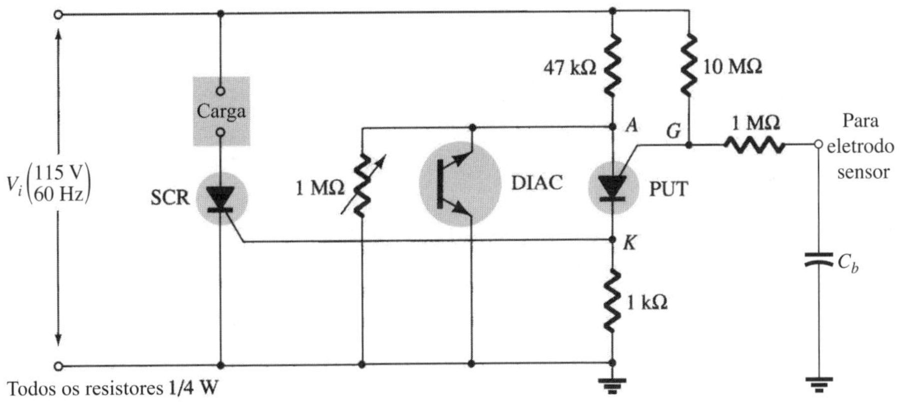

Figura 17.30 Detector de proximidade ou chave de toque.

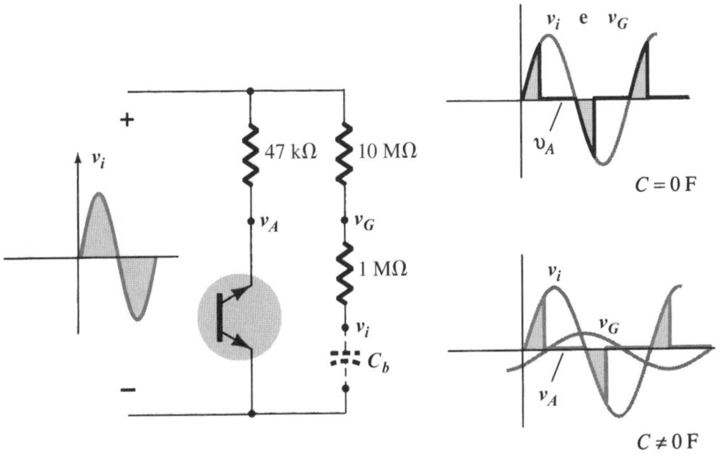

Figura 17.31 Efeito de elemento capacitivo no funcionamento do circuito da Figura 17.30.

que v_G e ligar o dispositivo programável. Entretanto, quando o elemento capacitivo é introduzido, a tensão v_G começa a se atrasar em relação à tensão de entrada V_i por um ângulo crescente, como indica a figura. Há, portanto, um ponto estabelecido em que v_A pode exceder v_G por 0,7 V e que faz o dispositivo programável disparar. Uma intensa corrente é estabelecida através do PUT nesse ponto, elevando a tensão v_G e ligando o SCR. Haverá, então, uma intensa corrente no SCR que flui através da carga, reagindo à presença da pessoa que se aproximou.

Uma segunda aplicação do diac aparece na próxima seção (veja a Figura 17.33), quando consideraremos um importante dispositivo de controle de potência: o triac.

17.11 TRIAC

O triac é basicamente um diac com terminal de porta para controlar as condições de condução do dispositivo bilateral em qualquer sentido. Em outras palavras, qualquer que seja o sentido, a corrente de porta pode controlar a ação do dispositivo de uma forma muito semelhante àquela demonstrada para um SCR. Entretanto, as características do triac no primeiro e no terceiro quadrantes são um pouco diferentes daquelas do diac, como mostra a Figura 17.32(c). Observe que a corrente de manutenção, em cada sentido, está ausente nas características do diac.

O símbolo gráfico do dispositivo e a distribuição das camadas semicondutoras são mostrados na Figura 17.32, juntamente com figuras do dispositivo. Para cada sentido possível de condução há uma combinação de camadas semicondutoras cujo estado será controlado pelo sinal aplicado ao terminal de porta.

Controle de fase (ou de potência)

Uma aplicação fundamental do triac é apresentada na Figura 17.33. Nessa situação, ele controla a potência CA para a carga ligando e desligando durante os ciclos positivo e negativo do sinal senoidal de entrada. A ação desse circuito durante a porção positiva do sinal de entrada é muito semelhante à ação encontrada para o diodo Shockley na Figura 17.28. A vantagem dessa configuração é que, durante a porção negativa do sinal de entrada, o mesmo tipo de resposta é obtido, uma vez que o diac e o triac podem disparar também no sentido reverso. A forma de onda resultante para a corrente através da carga é fornecida pela Figura 17.33. A variação do resistor R pode controlar o ângulo de condução. Há unidades disponíveis que podem controlar cargas superiores a 10 kW.

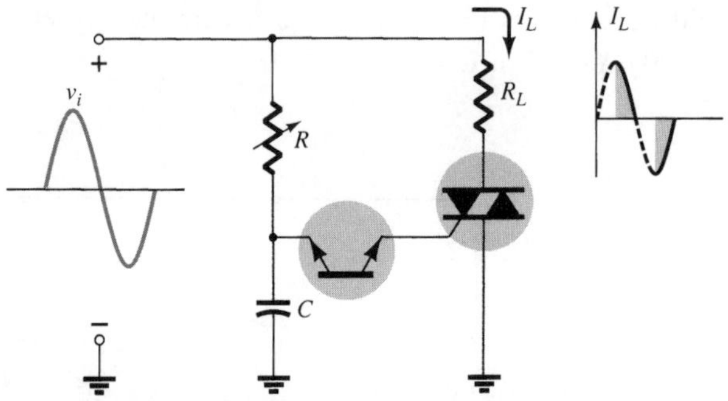

Figura 17.33 Aplicação do triac: controle de fase (ou de potência).

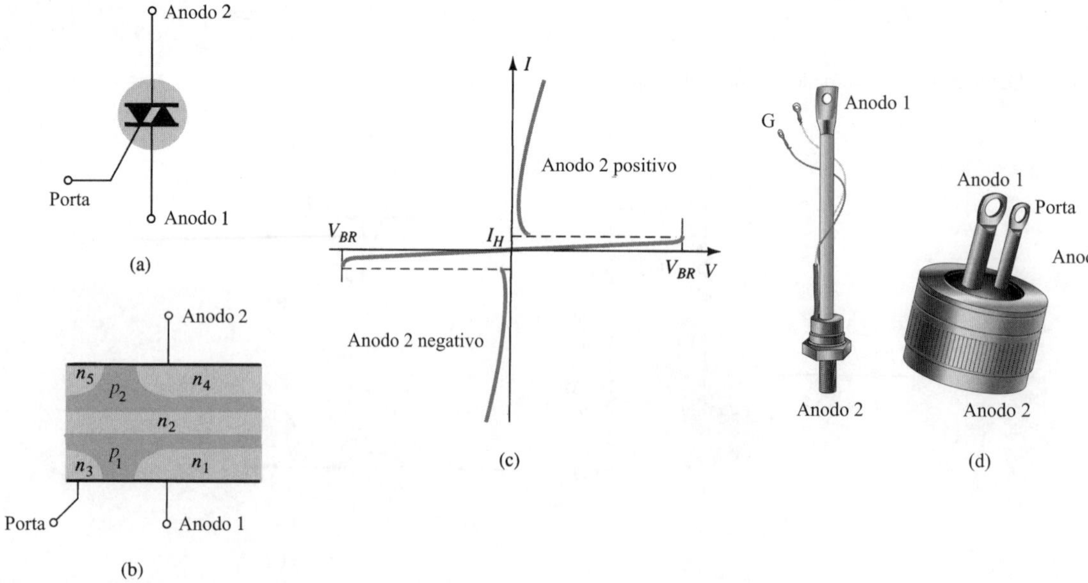

Figura 17.32 Triac: (a) símbolo; (b) construção básica; (c) curva característica; (d) aspecto externo.

OUTROS DISPOSITIVOS

17.12 TRANSISTOR DE UNIJUNÇÃO

O recente interesse no transistor de unijunção (UJT), assim como para o SCR, tem aumentado a uma taxa extraordinária. Embora tenha sido introduzido inicialmente em 1948, o dispositivo não esteve comercialmente disponível até 1952. O baixo custo por unidade, combinado às excelentes características do dispositivo, garantiu seu uso em uma ampla variedade de aplicações, entre elas osciladores, circuitos de disparo, geradores de dente de serra, controle de fase, circuitos de temporização, circuitos biestáveis e fontes reguladas de tensão ou corrente. O fato de esse dispositivo ser, em geral, de baixo consumo de potência sob condições normais de operação o torna muito importante no esforço contínuo por projetos de sistemas relativamente eficientes.

O UJT é um dispositivo de três terminais, com a construção básica da Figura 17.34. Uma placa de material de silício do tipo *n* levemente dopada (que proporciona uma característica de resistência elevada) tem dois contatos de base unidos a ambas as extremidades de uma superfície e uma haste de alumínio fundida à superfície oposta. A junção *p-n* do dispositivo é formada entre a extremidade da haste de alumínio e a placa de silício do tipo *n*. A única junção *p-n* é responsável pela terminologia *unijunção*. Ele era chamado originalmente de diodo de base dupla devido à presença de dois contatos de base. A Figura 17.34 mostra que a haste de alumínio é fundida à placa de silício em um ponto mais próximo ao contato da base 2 que da base 1, e que o terminal de base 2 é feito positivo em relação ao terminal de base 1 por V_{BB} volts. O efeito de cada um será mostrado nos parágrafos a seguir.

O símbolo do transistor de unijunção é mostrado na Figura 17.35. Observe que o braço emissor é desenhado inclinado em relação à linha vertical, representando a placa de material do tipo *n*. A ponta da seta está voltada para a direção do fluxo de corrente convencional (lacunas) quando o dispositivo está polarizado diretamente, ativo ou em estado de condução.

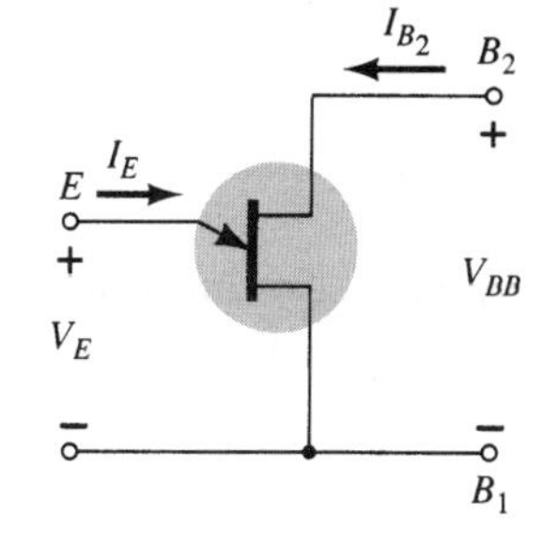

Figura 17.35 Símbolo e configuração básica de polarização para o transistor de unijunção.

O circuito equivalente do UJT é mostrado na Figura 17.36. Observe a relativa simplicidade desse circuito equivalente: dois resistores (um fixo, um variável) e um único diodo. A resistência R_{B_1} é mostrada como um resistor variável, uma vez que sua magnitude variará com a corrente I_E. Na realidade, para um transistor de unijunção representativo, R_{B_1} pode variar de 5 kΩ até 50 Ω para uma variação correspondente de I_E entre 0 e 50 μA. A resistência interbase R_{BB} é a resistência do dispositivo entre os terminais B_1 e B_2 quando $I_E = 0$. Em forma de equação:

$$\boxed{R_{BB} = (R_{B_1} + R_{B_2})|_{I_E=0}} \quad (17.2)$$

(R_{BB} situa-se, tipicamente, na faixa de 4 kΩ a 10 kΩ.) A posição da haste de alumínio da Figura 17.34 determinará os valores relativos de R_{B_1} e R_{B_2} com $I_E = 0$. O valor de V_{RB_1} (com $I_E = 0$) é determinado pela regra do divisor de tensão da seguinte maneira:

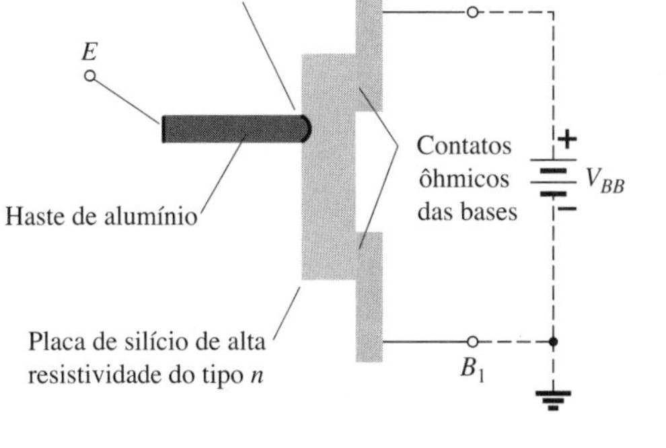

Figura 17.34 Transistor de unijunção (UJT): construção básica.

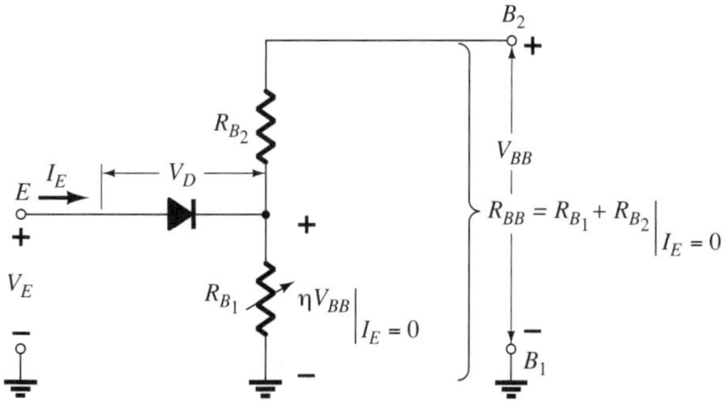

Figura 17.36 Circuito equivalente do UJT.

$$V_{R_{B_1}} = \frac{R_{B_1}}{R_{B_1} + R_{B_2}} \cdot V_{BB} = \eta V_{BB}\bigg|_{I_E=0} \quad (17.3)$$

A letra grega η (eta) é chamada de razão *intrínseca de disparo* do dispositivo, e é definida por:

$$\eta = \frac{R_{B_1}}{R_{B_1} + R_{B_2}}\bigg|_{I_E=0} = \frac{R_{B_1}}{R_{BB}} \quad (17.4)$$

Para potenciais de emissor aplicados (V_E) maiores do que V_{RB1} ($= \eta V_{BB}$), devido à queda de tensão direta do diodo V_D (0,35 → 0,70 V), o diodo conduzirá. Suponha uma representação de curto-circuito (no caso ideal), e I_E começará a fluir através de R_{B1}. Na forma de equação, o potencial de disparo do emissor é dado por:

$$V_P = \eta V_{BB} + V_D \quad (17.5)$$

A curva característica de um transistor de unijunção representativo é mostrada para V_{BB} = 10 V na Figura 17.37. Observe que, para potenciais de emissor à esquerda do ponto de pico, o valor de I_E jamais é maior do que I_{EO} (medida em microampères). A corrente I_{EO} pode ser comparada à corrente de fuga reversa I_{CO} do transistor bipolar convencional. Essa região, como mostra a figura, é chamada de região de corte. Quando a condução é estabelecida em $V_E = V_P$, o potencial de emissor V_E cairá com o aumento em I_E. Isso corresponde ao decréscimo da resistência R_{B_1} pelo aumento da corrente I_E, como discutido anteriormente. Esse dispositivo tem, portanto, uma região de *resistência negativa* que é estável o suficiente para ser usada com muita segurança nas áreas de aplicação já listadas. A certa altura, o ponto de vale será atingido, e qualquer aumento posterior em I_E colocará o dispositivo na região de saturação. Nessa região, as características se aproximam às de um diodo semicondutor incluído no circuito equivalente da Figura 17.36.

A diminuição da resistência na região ativa se deve às lacunas injetadas na placa de silício do tipo *n*, provenientes da haste de alumínio do tipo *p*, quando a condução é estabelecida. O elevado conteúdo de lacunas no material do tipo *n* resulta em aumento no número de elétrons livres na placa, o que produz um aumento na condutividade (G) e uma correspondente queda na resistência ($R \downarrow = 1/G \uparrow$). Três outros parâmetros importantes para o transistor de unijunção são I_P, V_V e I_V. Eles estão indicados na Figura 17.37. Esses parâmetros são autoexplicativos.

A Figura 17.38 apresenta as curvas características típicas do emissor. Observe que I_{EO} (μA) não aparece, pois a escala horizontal está em miliampères. A interseção de cada curva com o eixo vertical é o valor correspondente de V_P. Para valores fixos de η e V_D, a magnitude de V_P varia de acordo com V_{BB}, isto é,

$$V_P \uparrow = \eta V_{BB} \uparrow + V_D$$

(η e V_D: fixos)

Um conjunto típico de especificações para o UJT é fornecido pela Figura 17.39(b). A análise estabelecida nos últimos parágrafos apresentou cada parâmetro. A identificação dos terminais é fornecida pela Figura 17.39(c), e a fotografia de um UJT típico é apresentada na Figura 17.39(a). Observe que os terminais da base são

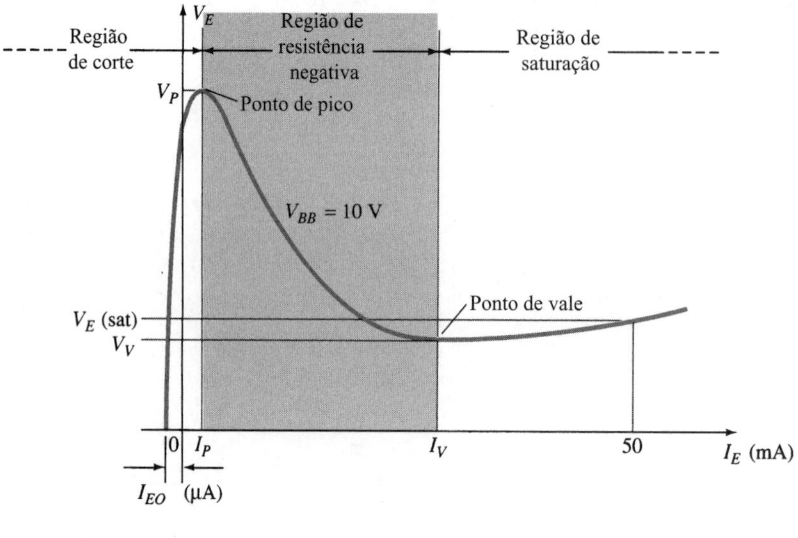

Figura 17.37 Curva característica estática de emissor do UJT.

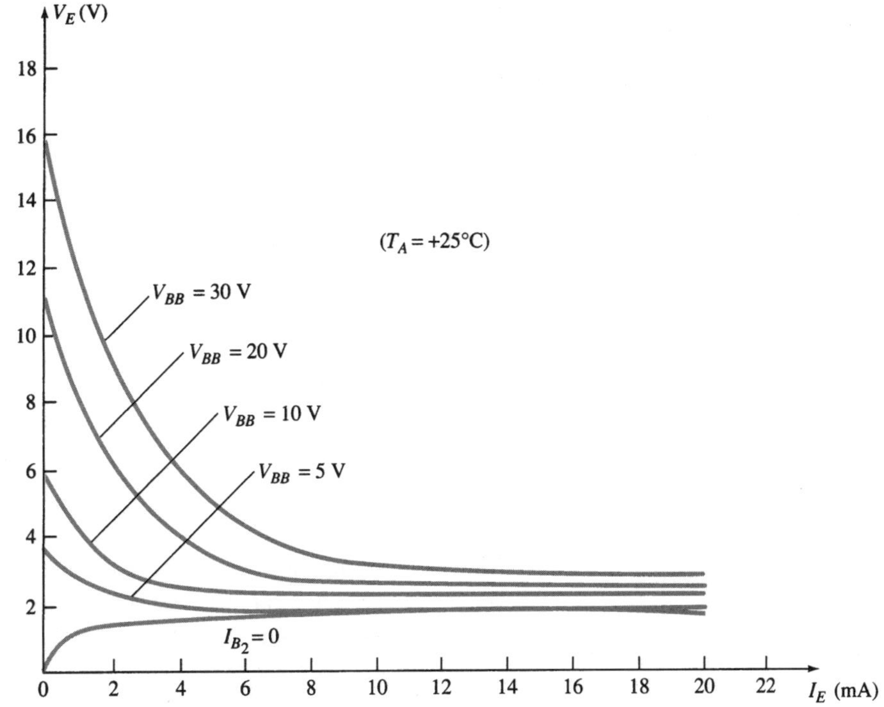

Figura 17.38 Curvas características de emissor estáticas típicas para um UJT.

(a)

Especificações máximas absolutas (25°C):

Dissipação de potência	300 mW
Corrente rms do emissor	50 mA
Corrente de pico do emissor	2 A
Tensão reversa do emissor	30 V
Tensão interbase	35 V
Faixa de temperatura de operação	–65°C a +125°C
Faixa de temperatura de armazenagem	– 65 °C a +150 °C

Características elétricas (25°C):

		Mínimo	Típico	Máximo
Razão intrínseca de disparo (V_{BB} = 10 V)	η	0,56	0,65	0,75
Resistência interbase (kΩ) (V_{BB} = 3 V, I_E = 0)	R_{BB}	4,7	7	9,1
Tensão de saturação do emissor (V_{BB} = 10 V, I_E = 50 mA)	$V_{E(sat)}$		2	
Corrente reversa do emissor (V_{BB} = 3 V, I_{B1} = 0)	I_{EO}		0,05	12
Ponto de pico da corrente do emissor (V_{BB} = 25 V)	I_P (μA)		0,04	5
Corrente do ponto de vale (V_{BB} = 20 V)	I_V (mA)	4	6	

(b)

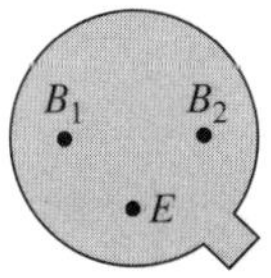

(c)

Figura 17.39 UJT: (a) aspecto; (b) folha de dados; (c) identificação dos terminais.

opostos um em relação ao outro, enquanto o terminal emissor está entre os dois. Além disso, o terminal de base a ser ligado ao potencial mais alto está mais próximo ao prolongamento da borda do invólucro.

Disparo de SCR

Uma aplicação bastante comum do UJT consiste no disparo de outros dispositivos, como o SCR. Os elementos básicos desse circuito de disparo são mostrados na Figura

17.40. O resistor R_1 deve ser escolhido para assegurar que a reta de carga do circuito intercepte a curva do dispositivo na região de resistência negativa, isto é, à direita do ponto de pico, porém à esquerda do ponto de vale, como mostra a Figura 17.41. Se a reta de carga deixar de passar à direita do ponto de pico, o dispositivo não poderá ligar. Uma equação para R_1 que assegurará a condição de condução pode ser estabelecida se considerarmos o ponto de pico em $I_{R1} = I_P$ e $V_E = V_P$. (A igualdade $I_{R1} = I_P$ é válida desde que a corrente de carga do capacitor, nesse instante, seja nula. Isto é, nesse instante em particular, o capacitor está passando do estado de carga para o estado de descarga.) Então, $V - I_{R1}R_1 = V_E$ e $R_1 = (V - V_E)/I_{R1} = (V - V_P)/I_P$ no ponto de pico. Para assegurar o disparo, a condição é

$$R_1 < \frac{V - V_P}{I_P} \tag{17.6}$$

No ponto de vale, $I_E = I_V$ e $V_E = V_V$, de modo que

$$V - I_{R1}R_1 = V_E$$

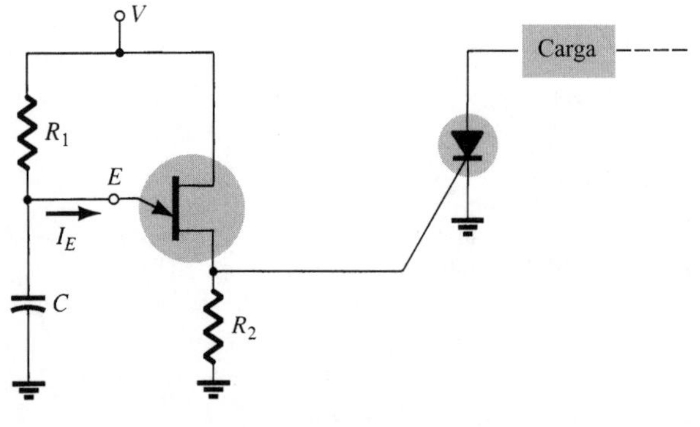

Figura 17.40 UJT disparando um SCR.

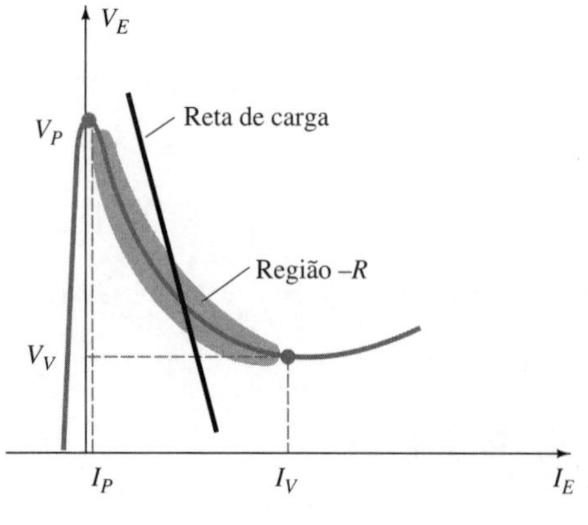

Figura 17.41 Reta de carga para uma aplicação de disparo.

se transforma em $V - I_V R_1 = V_V$

e

$$R_1 = \frac{V - V_V}{I_V}$$

ou, para assegurar o desligamento,

$$R_1 > \frac{V - V_V}{I_V} \tag{17.7}$$

A faixa de R_1 é, portanto, limitada por

$$\frac{V - V_V}{I_V} < R_1 < \frac{V - V_P}{I_P} \tag{17.8}$$

A resistência R_2 escolhida deve ser pequena o suficiente para garantir que o SCR não seja ligado pela tensão V_{R2} da Figura 17.42 quando $I_E \cong 0$ A. A tensão V_{R2} é, portanto, dada por:

$$V_{R_2} \cong \left.\frac{R_2 V}{R_2 + R_{BB}}\right|_{I_E = 0\ \text{A}} \tag{17.9}$$

O capacitor C determina, como veremos, o intervalo de tempo entre os pulsos de disparo e o tempo de duração de cada pulso.

No instante em que a tensão CC de alimentação V é aplicada, a tensão $v_E = v_C$ varia em direção a V volts a partir de V_V, como mostra a Figura 17.43, com uma constante de tempo $\tau = R_1C$.

A equação geral para o período de carga é:

$$v_C = V_V + (V - V_V)(1 - e^{-t/R_1C}) \tag{17.10}$$

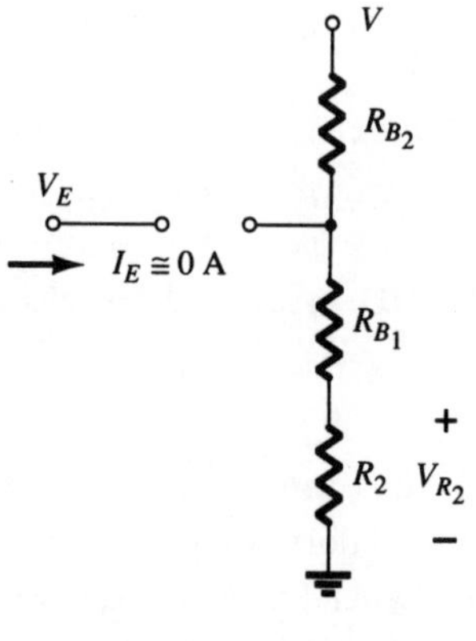

Figura 17.42 Circuito de disparo quando $I_E \cong 0$ A.

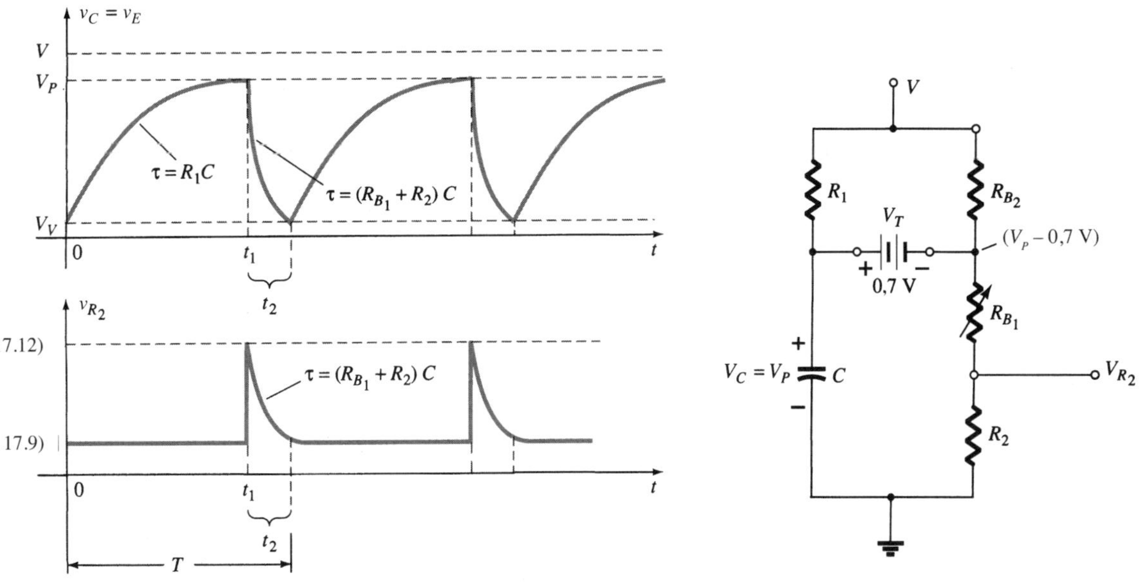

(a) (b)

Figura 17.43 (a) Fases de carga e descarga para o circuito de disparo da Figura 17.40; (b) circuito equivalente quando o UJT liga.

Como podemos observar na Figura 17.43, a tensão em R_2 é determinada pela Equação 17.9 durante esse período de carga. Quando $v_C = v_E = V_P$, o UJT entra em estado de condução, e o capacitor descarrega através de R_{B_1} e R_2 a uma taxa determinada pela constante de tempo $\tau = (R_{B_1} + R_2)C$.

A equação de descarga para a tensão $v_C = v_E$ é:

$$v_C \cong V_P e^{-t/(R_{B_1}+R_2)C} \qquad (17.11)$$

A Equação 17.11 é um pouco complicada pelo fato de que R_{B_1} diminui com o aumento da corrente do emissor. Além disso, outros elementos do circuito, tais como R_1 e V, afetarão a taxa de descarga e o valor final. Entretanto, o circuito equivalente aparece como mostrado na Figura 17.43, e as magnitudes de R_1 e R_{B2} são geralmente tais que um circuito equivalente de Thévenin para o circuito em torno do capacitor será apenas ligeiramente afetado por esses dois resistores. Ainda que V seja uma tensão razoavelmente alta, a contribuição do divisor de tensão para a tensão de Thévenin pode ser ignorada na maioria dos casos.

Utilizar o equivalente reduzido da Figura 17.44 para a fase de descarga resulta na seguinte aproximação para o valor de pico de V_{R2}:

$$V_{R_2} \cong \frac{R_2(V_P - 0{,}7)}{R_2 + R_{B_1}} \qquad (17.12)$$

O período t_1 da Figura 17.43 pode ser determinado da seguinte maneira:

$$v_C\,(\text{carregando}) = V_V + (V - V_V)(1 - e^{-t/R_1C})$$
$$= V_V + V - V_V - (V - V_V)e^{-t/R_1C}$$
$$= V - (V - V_V)e^{-t/R_1C}$$

quando $v_C = V_P$, $t = t_1$ e $V_P = V - (V - V_V)e^{-t_1/R_1C}$, ou

$$\frac{V_P - V}{V - V_V} = -e^{-t_1/R_1C}$$

e

$$e^{-t_1/R_1C} = \frac{V - V_P}{V - V_V}$$

Utilizando logaritmos, temos

$$\log_e e^{-t_1/R_1C} = \log_e \frac{V - V_P}{V - V_V}$$

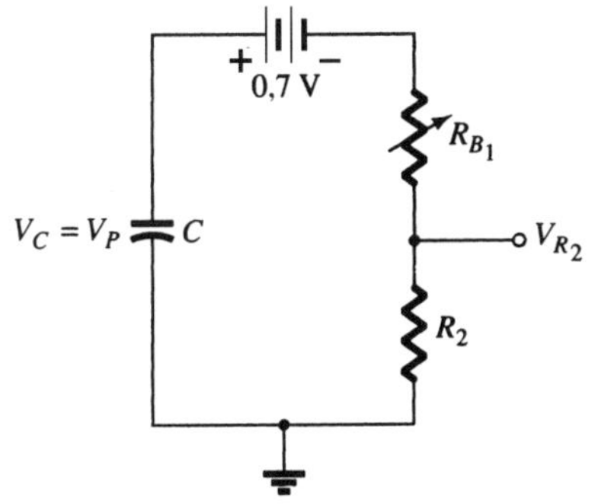

Figura 17.44 Circuito equivalente reduzido quando o UJT liga.

e
$$\frac{-t_1}{R_1C} = \log_e \frac{V - V_P}{V - V_P}$$

com
$$t_1 = R_1C \log_e \frac{V - V_V}{V - V_P} \qquad (17.13)$$

Para o período de descarga, o tempo entre t_1 e t_2 pode ser determinado a partir da Equação 17.11, como segue

$$v_C\,(\text{descarregando}) = V_P e^{-t/(RB1 + R2)C}$$

Estabelecendo t_1 como $t = 0$, temos

$$v_C = V_V \quad \text{em} \quad t = t_2$$

e
$$V_V = V_P e^{-t2/(RB1 + R2)C}$$

ou
$$e^{-t_2/(R_{B_1}+R_2)C} = \frac{V_V}{V_P}$$

Utilizando logaritmos, temos

$$\frac{-t_2}{(R_{B_1} + R_2)C} = \log_e \frac{V_V}{V_P}$$

e
$$t_2 = (R_{B_1} + R_2)C \log_e \frac{V_P}{V_V} \qquad (17.14)$$

O período de tempo para completar um ciclo é definido por T na Figura 17.43. Isto é,

$$T = t_1 + t_2 \qquad (17.15)$$

Oscilador de relaxação

Se o SCR for retirado da configuração, o circuito se comportará como um *oscilador de relaxação*, gerando a forma de onda vista na Figura 17.43. A frequência de oscilação é determinada por:

$$f_{osc} = \frac{1}{T} \qquad (17.16)$$

Em muitos sistemas, $t_1 >> t_2$ e:

$$T \cong t_1 = R_1C \log_e \frac{V - V_V}{V - V_P}$$

Uma vez que $V >> V_V$ em muitos casos,

$$T \cong t_1 = R_1C \log_e \frac{V}{V - V_P}$$
$$= R_1C \log_e \frac{1}{1 - V_P/V}$$

mas $\eta = V_P/V$ se ignorarmos os efeitos de V_D na Equação 17.5, e:

$$T \cong R_1C \log_e \frac{1}{1 - \eta}$$

ou
$$f \cong \frac{1}{R_1C \log_e [1/(1 - \eta)]} \qquad (17.17)$$

EXEMPLO 17.1

Dado o oscilador de relaxação da Figura 17.45:

a) Determine R_{B_1} e R_{B_2} para $I_E = 0$ A.
b) Calcule V_P, a tensão necessária para ligar o UJT.
c) Determine se R_1 está dentro da faixa de valores permissíveis determinada pela Equação 17.8 para garantir o disparo do UJT.
d) Determine a frequência de oscilação de $R_{B_1} = 100\ \Omega$ durante a fase de descarga.
e) Esboce a forma de onda de v_C para um ciclo completo.
f) Esboce a forma de onda de v_{R_2} para um ciclo completo.

Solução:

a) $$\eta = \frac{R_{B_1}}{R_{B_1} + R_{B_2}}$$
$$0{,}6 = \frac{R_{B_1}}{R_{BB}}$$
$$R_{B_1} = 0{,}6R_{BB} = 0{,}6(5\text{ k}\Omega) = \mathbf{3\ k\Omega}$$
$$R_{B_2} = R_{BB} - R_{B_1} = 5\text{ k}\Omega - 3\text{ k}\Omega = \mathbf{2\ k\Omega}$$

b) No ponto onde $v_C = V_P$, se continuarmos com $I_E = 0$ A, obteremos o circuito da Figura 17.46, onde:

$$V_P = 0{,}7\text{ V} + \frac{(R_{B_1} + R_2)12\text{ V}}{\underbrace{R_{B_1} + R_{B_2}}_{R_{BB}} + R_2}$$

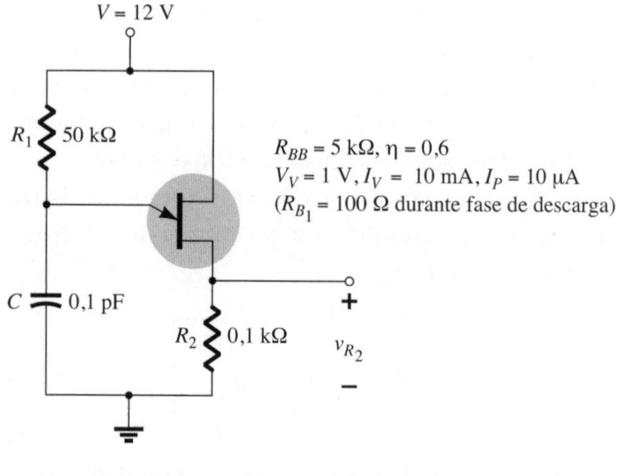

Figura 17.45 Exemplo 17.1.

$$= 0{,}7\text{ V} + \frac{(3\text{ k}\Omega + 0{,}1\text{ k}\Omega)12\text{ V}}{5\text{ k}\Omega + 0{,}1\text{ k}\Omega}$$

$$= 0{,}7\text{ V} + 7{,}294\text{ V} \cong \mathbf{8\ V}$$

c) $$\frac{V - V_V}{I_V} < R_1 < \frac{V - V_P}{I_P}$$

$$\frac{12\text{ V} - 1\text{ V}}{10\ m\text{A}} < R_1 < \frac{12\text{ V} - 8\text{ V}}{10\ \mu\text{A}}$$

$$1{,}1\text{ k}\Omega < R_1 < 400\text{ k}\Omega$$

A resistência $R_1 = 50\text{ k}\Omega$ cai dentro dessa faixa.

d) $$t_1 = R_1 C \log_e \frac{V - V_V}{V - V_P}$$

$$= (50\text{ k}\Omega)(0{,}1\text{ pF}) \log_e \frac{12\text{ V} - 1\text{ V}}{12\text{ V} - 8\text{ V}}$$

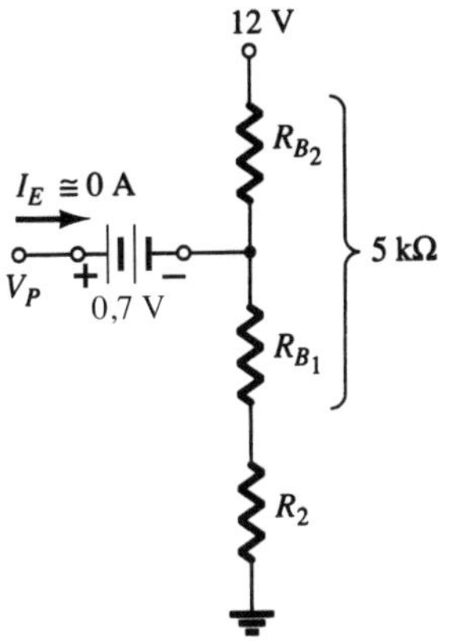

Figura 17.46 Circuito para determinar V_P, a tensão requerida para ligar o UJT.

$$= 5 \times 10^{-3} \log_e \frac{11}{4} = 5 \times 10^{-3}(1{,}01)$$

$$= 5{,}05\text{ ms}$$

$$t_2 = (R_{B_1} + R_2)C \log_e \frac{V_P}{V_V}$$

$$= (0{,}1\text{ k}\Omega + 0{,}1\text{ k}\Omega)(0{,}1\text{ pF}) \log_e \frac{8}{1}$$

$$= (0{,}02 \times 10^{-6})(2{,}08)$$

$$= 41{,}6\ \mu\text{s}$$

e $T = t_1 + t_2 = 5{,}05\text{ ms} + 0{,}0416\text{ ms}$
$= 5{,}092\text{ ms}$

com $$f_{osc} = \frac{1}{T} = \frac{1}{5{,}092\text{ ms}} \cong \mathbf{196\ Hz}$$

Utilizando a Equação 17.17, temos

$$f \cong \frac{1}{R_1 C \log_e [1/(1 - \eta)]}$$

$$= \frac{1}{5 \times 10^{-3} \log_e 2{,}5}$$

$$= \mathbf{218\ Hz}$$

e) Veja a Figura 17.47.

f) Durante a fase de carregamento (Equação 17.9), temos:

$$V_{R_2} = \frac{R_2 V}{R_2 + R_{BB}} = \frac{0{,}1\text{ k}\Omega(12\text{ V})}{0{,}1\text{ k}\Omega + 5\text{ k}\Omega} = \mathbf{0{,}235\ V}$$

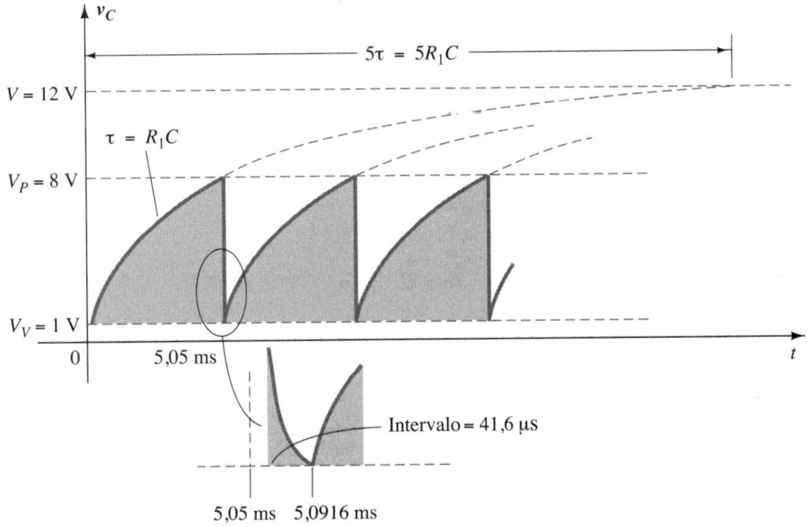

Figura 17.47 Tensão v_C para o oscilador de relaxação da Figura 17.45.

Quando $v_C = V_P$ (Equação 17.12), temos:

$$V_{R_2} \cong \frac{R_2(V_P - 0{,}7\text{ V})}{R_2 + R_{B_1}} = \frac{0{,}1\text{ k}\Omega(8\text{ V} - 0{,}7\text{ V})}{0{,}1\text{ k}\Omega + 0{,}1\text{ k}\Omega}$$
$$= \mathbf{3{,}65\text{ V}}$$

O gráfico de V_{R_2} é mostrado na Figura 17.48.

17.13 FOTOTRANSISTORES

O comportamento básico dos dispositivos fotoelétricos foi apresentado anteriormente com a descrição do fotodiodo. A discussão será agora retomada para incluir o fototransistor, o qual tem uma junção *p-n* coletor-base fotossensível. A corrente induzida por efeitos fotoelétricos é a corrente de base do transistor. Se atribuirmos a notação I_λ para a corrente de base fotoinduzida, a corrente de coletor resultante será, aproximadamente,

$$\boxed{I_C \cong h_{fe} I_\lambda} \qquad (17.18)$$

Um conjunto representativo de curvas características para um fototransistor é mostrado na Figura 17.49, com a representação simbólica do dispositivo. Observem as semelhanças entre essas curvas e as de um transistor bipolar comum. Como esperado, um aumento na intensidade de luz corresponde a um aumento na corrente do coletor. Para permitir uma maior familiarização com a unidade de medida de intensidade luminosa, miliwatts por centímetro quadrado, a Figura 17.50(a) apresenta uma curva de corrente de base *versus* densidade de fluxo da radiação. Observe o aumento exponencial na corrente de base com o aumento na densidade de fluxo. Na mesma figura, um esboço do fototransistor é fornecido com a identificação dos terminais e o alinhamento angular.

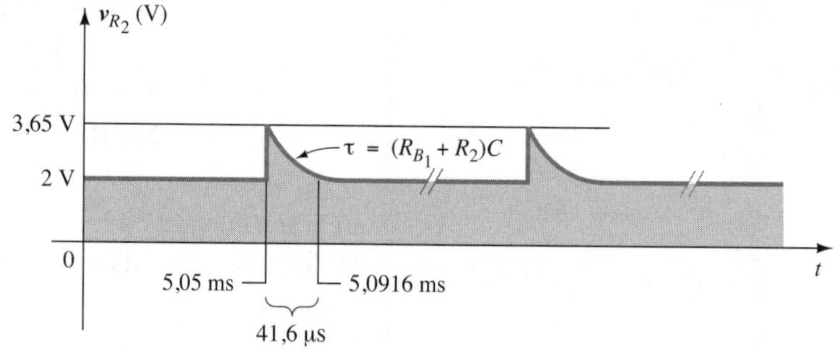

Figura 17.48 A tensão v_{R_2} para o oscilador de relaxação da Figura 17.45.

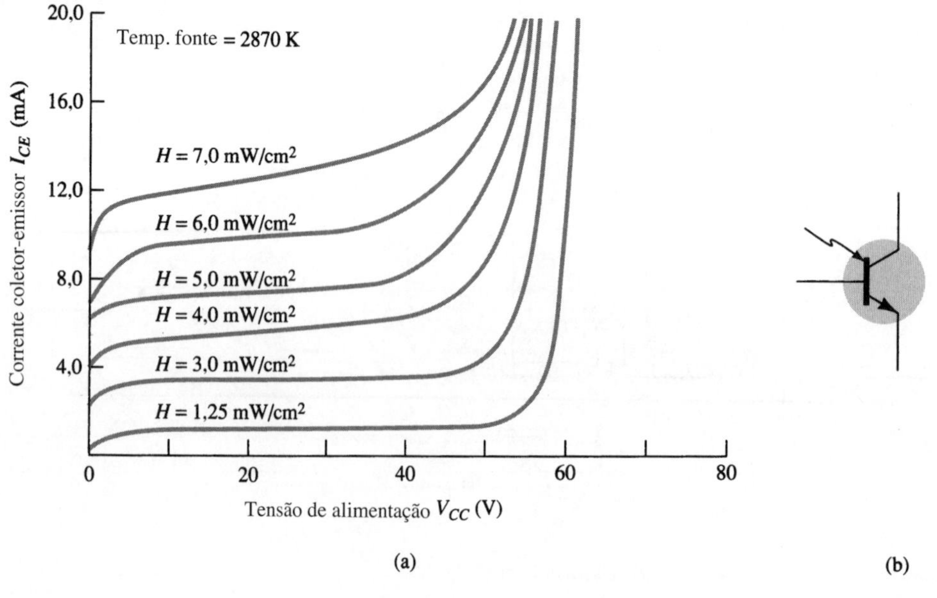

Figura 17.49 Fototransistor: (a) curvas características do coletor; (b) símbolo.

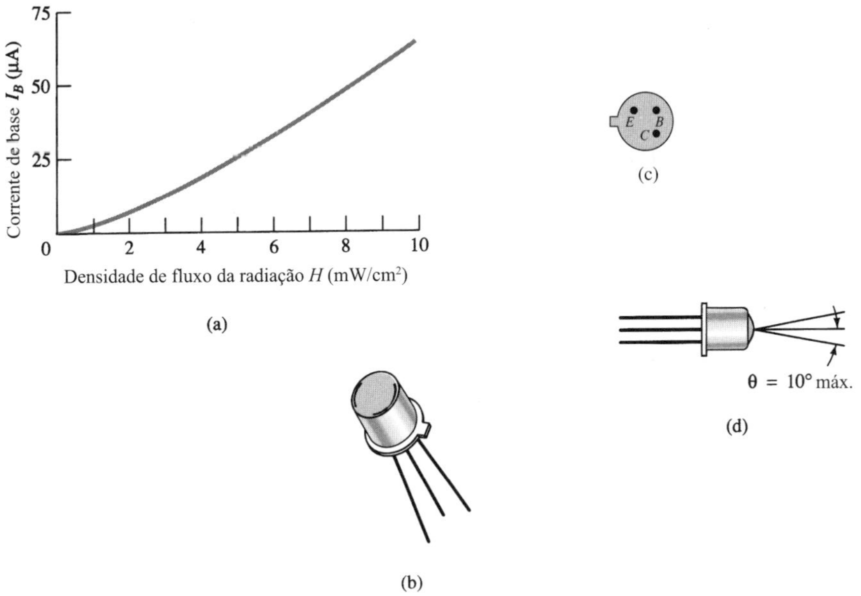

Figura 17.50 Fototransistor: (a) corrente de base *versus* densidade de fluxo; (b) dispositivo; (c) identificação dos terminais; (d) alinhamento angular.

Algumas das áreas de aplicação do fototransistor incluem circuitos de lógica em computadores, controle de iluminação (estradas etc.), indicação de nível, relés e sistemas de contagem.

Porta AND de alta isolação

Uma porta AND de alta isolação é mostrada na Figura 17.51, utilizando-se três fototransistores e três LEDs (diodos emissores de luz). Os LEDs são dispositivos semicondutores que emitem luz em uma intensidade determinada pela corrente direta através do dispositivo. Com ajuda da análise realizada no Capítulo 1, o funcionamento do circuito fica relativamente fácil de entender. A terminologia *alta isolação* se refere simplesmente à ausência de uma conexão elétrica entre os circuitos de entrada e saída.

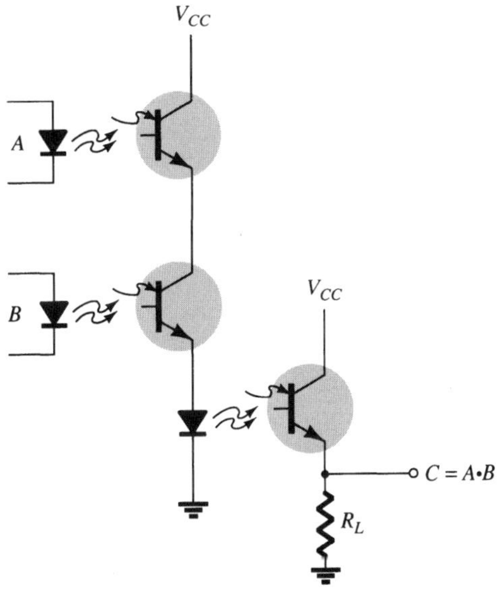

Figura 17.51 Porta AND de alta isolação que emprega fototransistores e diodos emissores de luz (LEDs).

17.14 OPTOISOLADORES

O *optoisolador* é um dispositivo que incorpora muitas das características descritas na seção anterior. Ele é simplesmente um invólucro que contém um LED infravermelho e um fotodetector, como um diodo de silício, um par de transistores em configuração Darlington, ou um SCR. A resposta de comprimento de onda dos dispositivos é projetada para ser idêntica, permitindo assim o melhor acoplamento possível entre o emissor e o fotodetector. Na Figura 17.52, duas configurações de chip possíveis são mostradas com uma fotografia de cada uma. Existe uma proteção isolante transparente entre cada conjunto de elementos envolvidos na estrutura (não visível) para permitir a passagem de luz. Eles são projetados com tempos de resposta tão pequenos que podem ser usados para transmitir dados na faixa de megahertz.

Os valores nominais máximos e as características elétricas para o modelo de 6 pinos são fornecidos pela Figura 17.53. Observe que I_{CEO} é medido em nanoampères e que a dissipação de potência do LED e a do transistor são praticamente as mesmas.

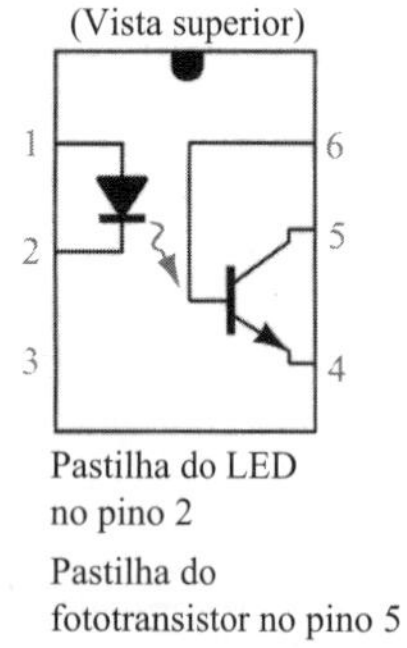

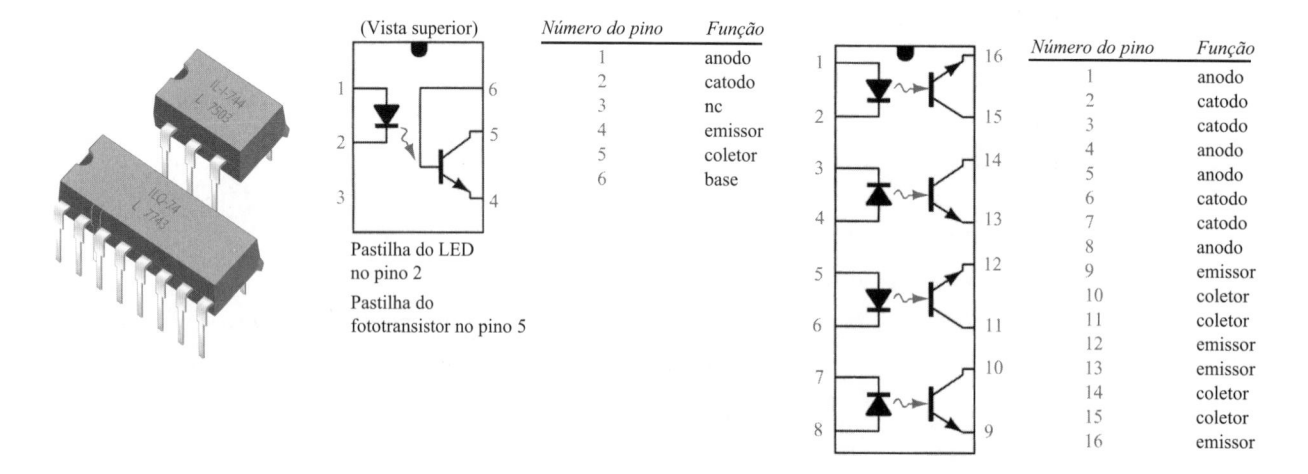

Número do pino	*Função*
1	anodo
2	catodo
3	nc
4	emissor
5	coletor
6	base

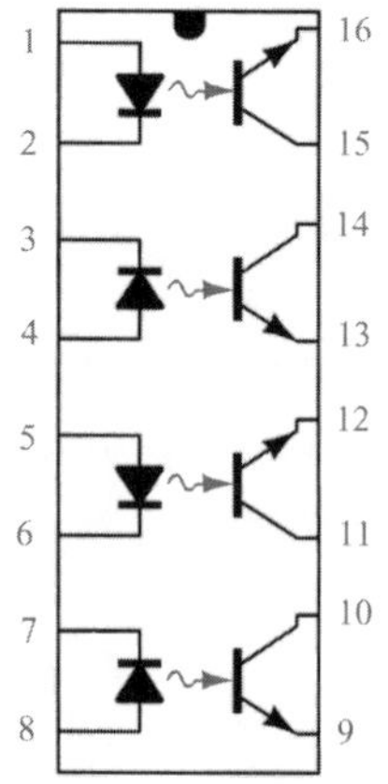

Número do pino	*Função*
1	anodo
2	catodo
3	catodo
4	anodo
5	anodo
6	catodo
7	catodo
8	anodo
9	emissor
10	coletor
11	coletor
12	emissor
13	emissor
14	coletor
15	coletor
16	emissor

Figura 17.52 Dois optoisoladores Litronix.

Especificações máximas

LED de arseneto de gálio (cada canal)	
Dissipação de potência @ 25°C	200 mW
Degradação linear a partir de 25°C	2,6 mW/°C
Corrente direta contínua	150 mA
Fototransistor detector de silício (cada canal)	
Dissipação de potência @ 25°C	200 mW
Degradação linear a partir de 25°C	2,6 mW/°C
Tensão de ruptura coletor-emissor	30 V
Tensão de ruptura emissor-coletor	7 V
Tensão de ruptura coletor-base	70 V

Características elétricas por canal (em temperatura ambiente de 25 °C)

Parâmetro	*Mín.*	*Típ.*	*Máx.*	*Unidade*	*Condições de teste*
LED de arseneto de gálio					
Tensão direta		1,3	1,5	V	$I_F = 60$ mA
Corrente reversa		0,1	10	μA	$V_R = 3{,}0$ V
Capacitância		100		pF	$V_R = 0$ V
Fototransistor detector					
BV_{CEO}	30			V	$I_C = 1$ mA
I_{CEO}		5,0	50	nA	$V_{CE} = 10$ V, $I_F = 0$ A
Capacitância coletor-emissor		2,0		pF	$V_{CE} = 0$ V
BV_{ECO}	7			V	$I_E = 100$ μA
Características de acoplamento					
Razão de transferência da corrente CC	0,2	0,35			$I_F = 10$ mA, $V_{CE} = 10$ V
Capacitância de entrada para a saída		0,5		pF	
Tensão de ruptura	2500			V	CC
Resistência de entrada para saída		100		GΩ	
V_{sat}			0,5	V	$I_C = 1{,}6$ mA, $I_F = 16$ mA
Atraso de propagação					
$t_{D\ ativação}$		6,0		μs	$R_L = 2{,}4$ kΩ, $V_{CE} = 5$ V
$t_{D\ desligamento}$		25		μs	$I_F = 16$ mA

Figura 17.53 Características do optoisolador.

As curvas características optoeletrônicas típicas para cada canal são mostradas nas figuras 17.54 a 17.58. Observe o efeito bastante pronunciado da temperatura na corrente de saída em baixas temperaturas, mas com menor influência em temperatura ambiente (25 °C) ou acima dela. Como já mencionado, o valor de I_{CEO} melhora uniformemente com um projeto e técnicas de fabricação aperfeiçoadas (quanto menor, melhor). Na Figura 17.54, não atingimos 1 μA até a temperatura ultrapassar 75 °C. A característica de transferência da Figura 17.55 compara a corrente de entrada do LED (a qual estabelece o fluxo luminoso) com a corrente resultante no coletor do transistor de saída (cuja corrente de base é determinada pelo fluxo incidente). A Figura 17.56 demonstra que a tensão V_{CE} praticamente não afeta a corrente do coletor resultante. É interessante observar na Figura 17.57 que o tempo de chaveamento de um optoisolador decresce com o acréscimo de corrente, enquanto para muitos dispositivos ocorre exatamente o contrário. O tempo de chaveamento é de apenas 2 μs para uma corrente do coletor de 6 mA e uma carga R_L de 100 Ω. A saída relativa *versus* temperatura é mostrada na Figura 17.58.

A representação esquemática para um acoplador a transistor é mostrada na Figura 17.52. As representações esquemáticas para optoisolador a fotodiodo, foto-Darlington e foto-SCR aparecem na Figura 17.59.

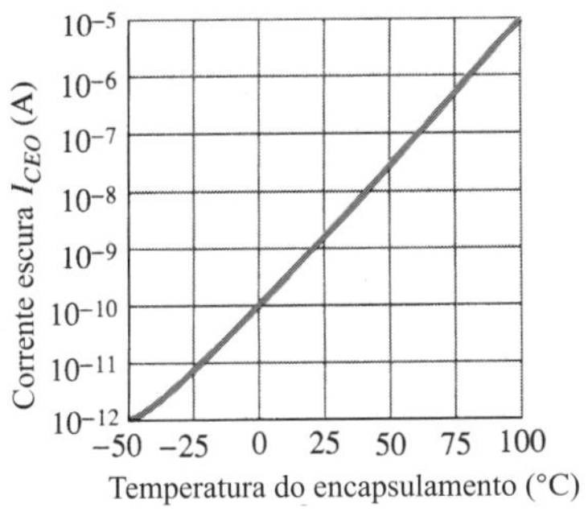

Figura 17.54 Corrente escura I_{CEO} *versus* temperatura.

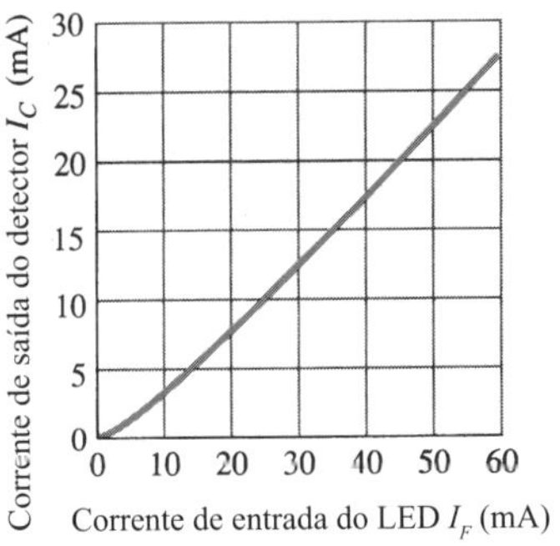

Figura 17.55 Característica de transferência.

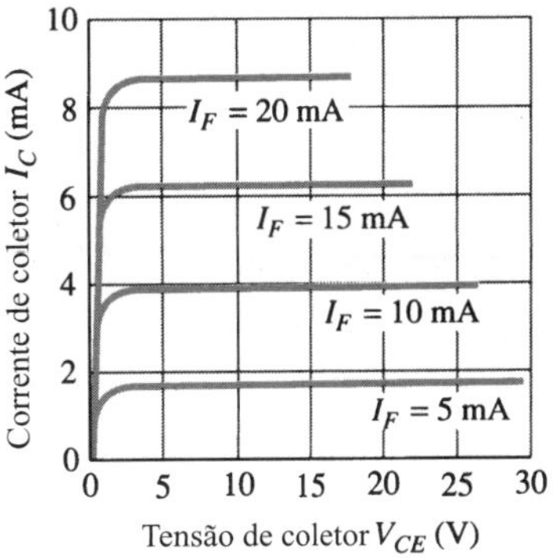

Figura 17.56 Características de saída do detector.

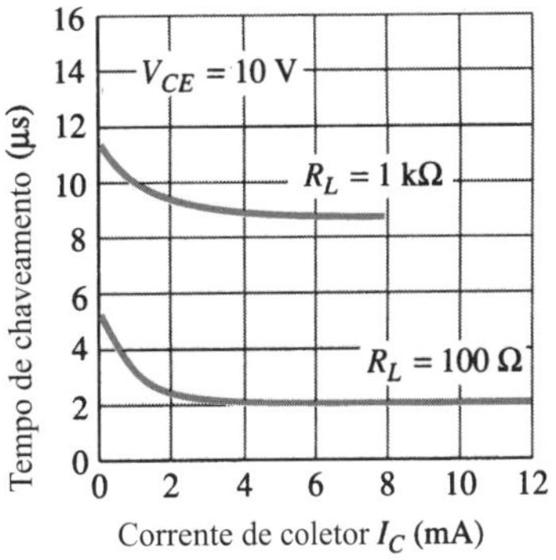

Figura 17.57 Tempo de chaveamento *versus* corrente de coletor.

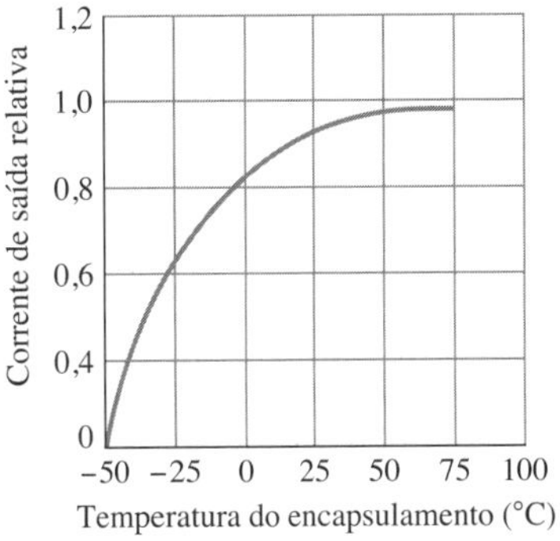

Figura 17.58 Saída relativa *versus* temperatura.

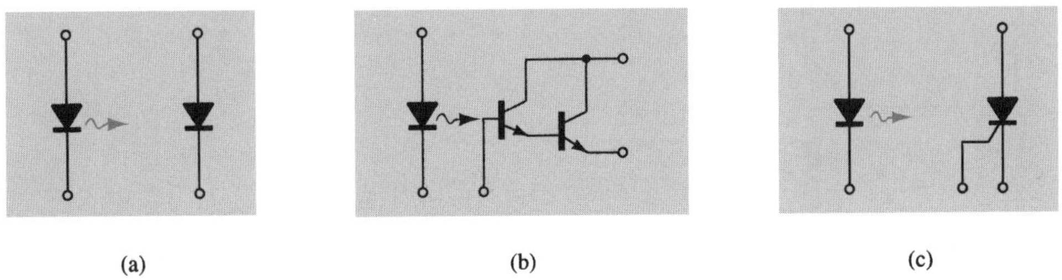

Figura 17.59 Optoisoladores: (a) fotodiodo; (b) foto-Darlington; (c) foto-SCR.

17.15 TRANSISTOR DE UNIJUNÇÃO PROGRAMÁVEL

Embora haja uma semelhança no nome, a construção real e o modo de operação do transistor de unijunção programável (PUT) são bastante diferentes daquelas do transistor de unijunção. O fato de as características *I*-*V* e as aplicações destes serem semelhantes induziu à escolha desses nomes.

Como indica a Figura 17.60, o PUT é um dispositivo *pnpn* de quatro camadas com uma porta conectada diretamente à camada intercalada de tipo *n*. O símbolo para o dispositivo e o arranjo básico de polarização aparecem na Figura 17.61. Como o símbolo sugere, ele é essencialmente um SCR com um mecanismo de controle que permite uma duplicação das características do SCR típico. O termo *programável* é utilizado porque R_{BB}, η e V_P, como definidos para o UJT, podem ser controlados através dos resistores R_{B_1}, R_{B_2} e da tensão de alimentação V_{BB}. Observe na Figura 17.61 que, por meio da aplicação da regra do divisor de tensão, quando $I_G = 0$,

$$V_G = \frac{R_{B_1}}{R_{B_1} + R_{B_2}} V_{BB} = \eta V_{BB} \qquad (17.19)$$

onde
$$\eta = \frac{R_{B_1}}{R_{B_1} + R_{B_2}}$$

como definido para o UJT.

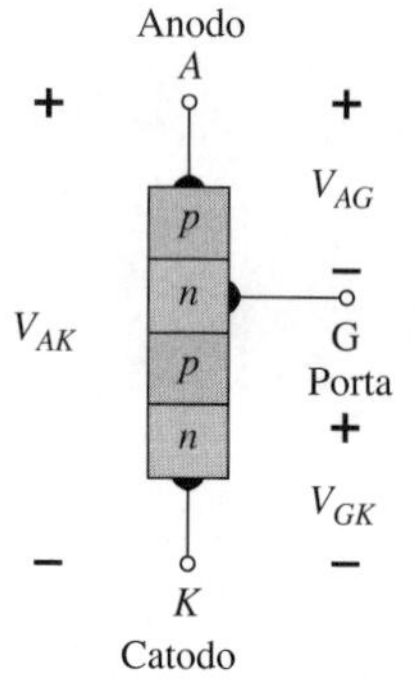

Figura 17.60 UJT programável (PUT).

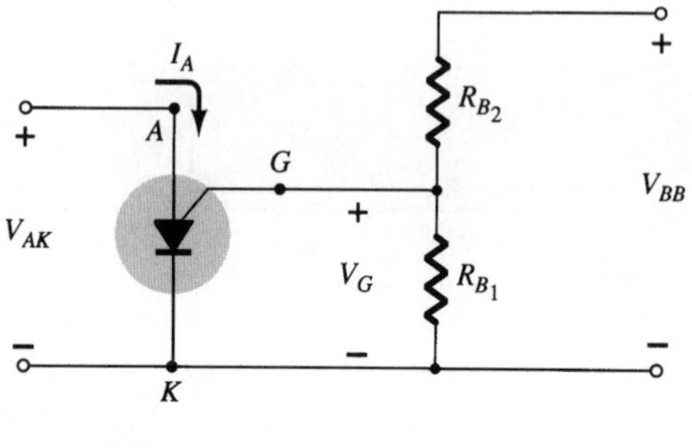

Figura 17.61 Arranjo básico de polarização para o PUT.

As características do dispositivo são mostradas na Figura 17.62. Como mostra o diagrama, o estado "desligado" (*I* baixo, *V* entre 0 e V_P) e o estado "ligado" ($I \geq I_V$, $V \geq V_V$) estão separados pela região instável, como ocorre com o UJT. Isto é, o dispositivo não pode permanecer no estado instável, ele simplesmente se deslocará do estado "desligado" ao estado estável "ligado".

O potencial de disparo (V_P), ou a tensão necessária para "disparar" o dispositivo, é dado por

$$V_P = \eta V_{BB} + V_D \qquad (17.20)$$

como definido para o UJT. Entretanto, V_P representa a queda de tensão V_{AK} na Figura 17.60 (a queda de tensão direta através do diodo conduzindo). Para o silício, V_D é tipicamente 0,7 V. Portanto,

$$V_{AK} = V_{AG} + V_{GK}$$
$$V_P = V_D + V_G$$

e
$$V_P = \eta V_{BB} + 0{,}7\text{ V} \quad \text{silício} \qquad (17.21)$$

Notamos anteriormente, entretanto, que $V_G = \eta V_{BB}$, o que resulta em:

$$V_P = V_G + 0{,}7 \quad \text{silício} \qquad (17.22)$$

Lembramos que, para o UJT, R_{B_1} e R_{B_2} representam a resistência dos terminais e dos contatos de base do dispositivo — ambos inacessíveis. No desenvolvimento anterior, notamos que R_{B_1} e R_{B_2} são externos ao dispositivo, permitindo um ajuste de η e, portanto, de V_G. Isto é, o PUT permite um meio de controle do valor de V_P requerido para ligar o dispositivo.

Embora as características do PUT e do UJT sejam semelhantes, as correntes de pico e de vale do PUT são normalmente menores do que as de um UJT semelhante. Além disso, a tensão de operação mínima também é menor para o PUT.

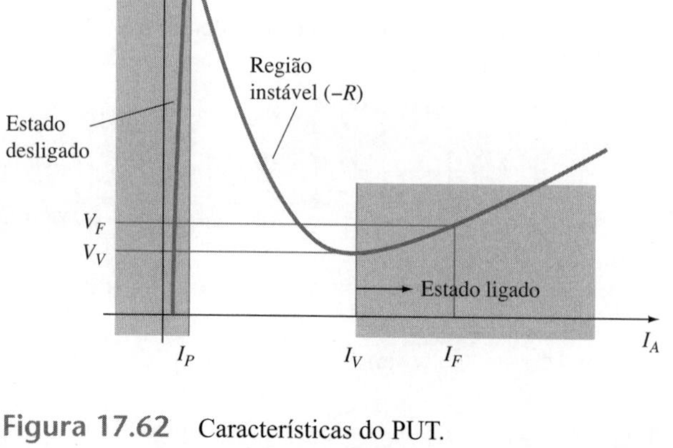

Figura 17.62 Características do PUT.

Tomando o equivalente de Thévenin do circuito à direita do terminal de porta que vemos na Figura 17.61, podemos obter o circuito da Figura 17.63. A resistência resultante R_S é importante (em geral, ela é incluída na folha de dados), pois afeta o valor de I_V.

A operação básica do dispositivo pode ser revista com base na Figura 17.62. Um dispositivo no estado "desligado" não muda de estado até que a tensão V_P, definida por V_G e V_D, seja atingida. O valor da corrente, até que I_P seja atingido, é muito baixo, o que resulta em um equivalente de circuito aberto, uma vez que $R = V$ (alto)/I (baixo) resulta em um alto valor de resistência. Quando V_P é atingido, o dispositivo chaveia através da região instável para o estado "ligado", em que a tensão é menor, mas a corrente é maior, resultando em uma resistência entre terminais $R = V$ (baixo)/I (alto), que é muito pequena, representando um equivalente de curto-circuito em uma boa aproximação. O dispositivo mudou, portanto, de um estado essencialmente de circuito aberto para um curto-circuito em um ponto determinado pela escolha de R_{B_1}, R_{B_2} e V_{BB}. Uma vez que o dispositivo esteja no estado "ligado", a remoção de V_G não desligará o dispositivo. O nível de tensão V_{AK} deve cair o suficiente para reduzir a corrente abaixo de um valor de manutenção.

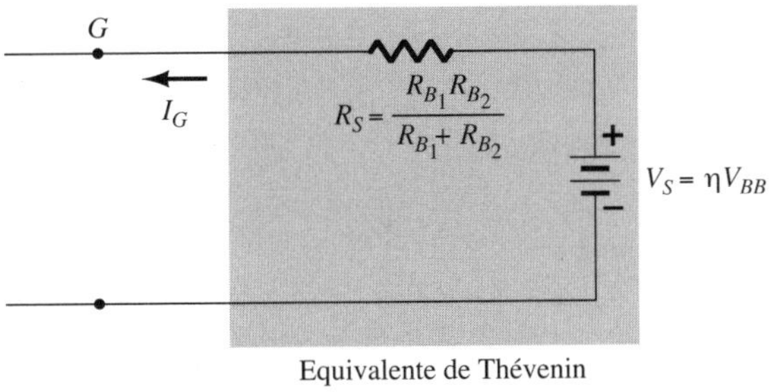

Figura 17.63 Equivalente de Thévenin para o circuito à direita do terminal de porta na Figura 17.61.

EXEMPLO 17.2

Determine R_{B_1} e V_{BB} para um PUT de silício, onde $\eta = 0{,}8$, $V_P = 10{,}3$ V e $R_{B_2} = 5$ kΩ.

Solução:

Equação 17.4:

$$\eta = \frac{R_{B_2}}{R_{B_1} + R_{B_2}} = 0{,}8$$

$$R_{B_1} = 0{,}8(R_{B_1} + R_{B_2})$$

$$0{,}2R_{B_1} = 0{,}8R_{B_2}$$

$$R_{B_1} = 4R_{B_2}$$

$$R_{B_1} = 4(5\text{ k}\Omega) = \mathbf{20\text{ k}\Omega}$$

Equação 17.20:

$$V_P = \eta V_{BB} + V_D$$

$$10{,}3\text{ V} = (0{,}8)(V_{BB}) + 0{,}7\text{ V}$$

$$9{,}6\text{ V} = 0{,}8V_{BB}$$

$$V_{BB} = \mathbf{12\text{ V}}$$

Oscilador de relaxação

Uma aplicação bastante comum do PUT é o oscilador de relaxação da Figura 17.64. No momento em que a fonte é conectada, o capacitor começa a ser carregado em direção a V_{BB} volts, pois não há corrente de anodo nesse ponto. A curva de carregamento aparece na Figura 17.65. O período T necessário para atingir o potencial de disparo V_P é dado, aproximadamente, por

$$T \cong RC \log_e \frac{V_{BB}}{V_{BB} - V_P} \qquad (17.23)$$

ou, quando $V_P \cong \eta V_{BB}$,

$$T \cong RC \log_e \left(1 + \frac{R_{B_1}}{R_{B_2}}\right) \qquad (17.24)$$

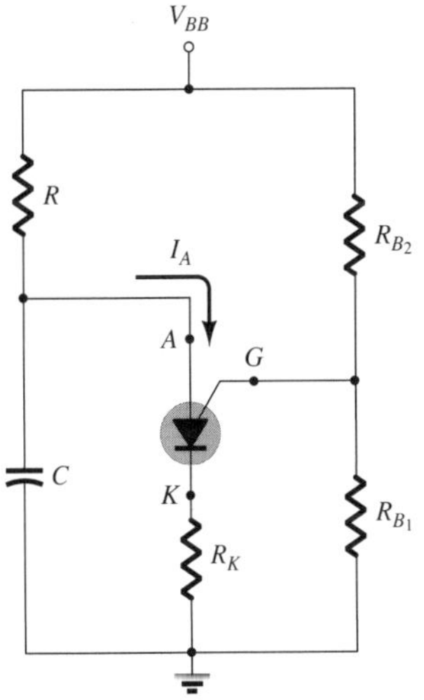

Figura 17.64 Oscilador de relaxação usando PUT.

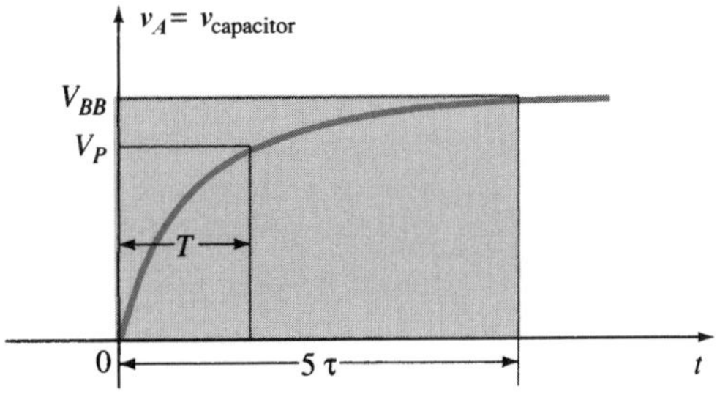

Figura 17.65 Curva de carregamento para o capacitor C da Figura 17.64.

No instante em que a tensão através do capacitor se iguala a V_P, o dispositivo dispara, e uma corrente $I_A = I_P$ é estabelecida através do PUT. Se R for muito grande, a corrente I_P não pode ser atingida e o dispositivo não dispara. No ponto de transição,

$$I_P R = V_{BB} - V_P$$

e

$$R_{\text{máx}} = \frac{V_{BB} - V_P}{I_P} \tag{17.25}$$

O subscrito é incluído para indicar que qualquer R maior do que $R_{\text{máx}}$ resultará em uma corrente menor do que I_P. O valor de R deve, também, ser tal que assegure que a corrente resultante seja menor do que I_V se oscilações forem desejadas. Isto é, queremos que o dispositivo entre na região instável e então retorne ao estado "desligado". A partir de um raciocínio análogo a esse, obtemos:

$$R_{\text{mín}} = \frac{V_{BB} - V_V}{I_V} \tag{17.26}$$

A discussão anterior permite concluir que R deve ser limitado da seguinte maneira para um sistema oscilante:

$$R_{\text{mín}} < R < R_{\text{máx}}$$

As formas de onda v_A, v_G e v_K são mostradas na Figura 17.66. Observe que T determina a tensão máxima que v_A pode atingir. Quando o dispositivo dispara, o capacitor rapidamente é descarregado através do PUT e de R_K, produzindo a queda mostrada. Obviamente, v_K atinge o pico ao mesmo tempo, devido à corrente rápida, porém intensa. A tensão v_G cai rapidamente de V_G para um valor um pouco maior do que 0 V. Quando a tensão do capacitor cai para um valor baixo, o PUT novamente desliga, e o ciclo de carregamento se repete. O efeito sobre V_G e V_K é mostrado na Figura 17.66.

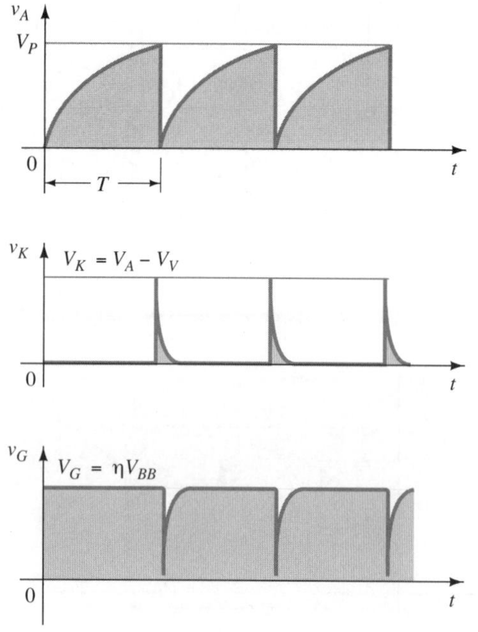

Figura 17.66 Formas de onda para o oscilador usando PUT da Figura 17.64.

EXEMPLO 17.3

Para o circuito da Figura 17.64, se $V_{BB} = 12$ V, $R = 20$ kΩ, $C = 1$ μF, $R_K = 100$ Ω, $R_{B_1} = 10$ kΩ, $R_{B_2} = 5$ kΩ, $I_P = 100$ μA, $V_V = 1$ V e $I_V = 5{,}5$ mA, determine:

a) V_P.

b) $R_{\text{máx}}$ e $R_{\text{mín}}$.

c) T e a frequência de oscilação.

d) As formas de onda de v_A, v_G e v_K.

Solução:

a) Equação 17.20:

$$\begin{aligned} V_P &= \eta V_{BB} + V_D \\ &= \frac{R_{B_1}}{R_{B_1} + R_{B_2}} V_{BB} + 0{,}7\text{ V} \\ &= \frac{10\text{ k}\Omega}{10\text{ k}\Omega + 5\text{ k}\Omega}(12\text{ V}) + 0{,}7\text{ V} \\ &= (0{,}67)(12\text{ V}) + 0{,}7\text{ V} = \mathbf{8{,}7\text{ V}} \end{aligned}$$

b) A partir da Equação 17.25:

$$\begin{aligned} R_{\text{máx}} &= \frac{V_{BB} - V_P}{I_P} \\ &= \frac{12\text{ V} - 8{,}7\text{ V}}{100\ \mu\text{A}} = \mathbf{33\text{ k}\Omega} \end{aligned}$$

A partir da Equação 17.26:

$$\begin{aligned} R_{\text{mín}} &= \frac{V_{BB} - V_V}{I_V} \\ &= \frac{12\text{ V} - 1\text{ V}}{5{,}5\text{ mA}} = \mathbf{2\text{ k}\Omega} \end{aligned}$$

$$R\text{:}\quad 2\text{ k}\Omega < 20\text{ k}\Omega < 33\text{ k}\Omega$$

c) A partir da Equação 17.23:

$$\begin{aligned} T &= RC \log_e \frac{V_{BB}}{V_{BB} - V_P} \\ &= (20\text{ k}\Omega)(1\ \mu\text{F}) \log_e \frac{12\text{ V}}{12\text{ V} - 8{,}7\text{ V}} \\ &= 20 \times 10^{-3} \log_e (3{,}64) \end{aligned}$$

$$= 20 \times 10^{-3}(1{,}29)$$
$$= \mathbf{25{,}8\ ms}$$
$$f = \frac{1}{T} = \frac{1}{25{,}8\ \text{ms}} = \mathbf{38{,}8\ Hz}$$

d) Como indica a Figura 17.67.

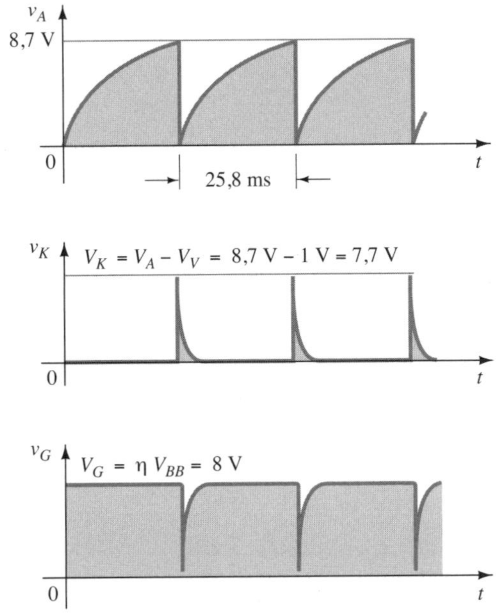

Figura 17.67 Formas de onda para o oscilador do Exemplo 17.3.

17.16 RESUMO

Conclusões e conceitos importantes

1. O **retificador controlado de silício** (SCR) é aquele cujo estado **é controlado pela magnitude da corrente de porta**. A tensão de polarização direta no dispositivo determina o valor da corrente de porta necessária para "disparar" (ligar) o dispositivo. Quanto **maior** for o valor de tensão de polarização, **menor** será a corrente de porta exigida.

2. Além do disparo pela porta, um SCR pode ser **ligado com uma corrente de porta zero** pela simples aplicação de **tensão suficiente** no dispositivo. Quanto maior a corrente de porta, no entanto, menor a tensão de polarização exigida para ligar o SCR.

3. A **chave controlada de silício** (SCS) possui tanto **uma porta anodo** quanto **uma porta catodo** para controlar o estado do dispositivo, apesar de a porta anodo estar conectada a uma camada do tipo *n* e a porta catodo, conectada a uma camada do tipo *p*. O resultado é que **um pulso negativo na porta anodo liga o dispositivo, enquanto um pulso positivo o desliga**. O inverso é válido para a porta catodo.

4. Uma **chave com desligamento na porta** (GTO) parece ter construção similar à do SCR, com apenas **uma conexão de porta**; porém o GTO possui a vantagem de ser capaz de **desligar e ligar** o dispositivo no terminal da porta. No entanto, essa opção adicional de desligamento pela porta resulta em uma **corrente de porta maior** para ligá-lo.

5. O **LASCR** é um SCR ativado por luz cujo estado pode ser controlado pela **incidência de luz sobre uma camada semicondutora** do dispositivo ou por **disparo do terminal de porta** da mesma maneira já descrita para os SCRs. Quanto maior a temperatura de junção do dispositivo, menor a necessidade de luz incidente para ligar o dispositivo.

6. O **diodo Shockley** possui basicamente as **mesmas características de um SCR com corrente de porta zero**. É ligado pelo simples aumento da tensão de polarização direta no dispositivo acima do valor de ruptura.

7. O **diac** é essencialmente **um diodo Shockley que pode disparar em qualquer sentido**. A aplicação de tensão suficiente de qualquer polaridade liga o dispositivo.

8. O **triac** é basicamente um **diac com um terminal de porta para controlar a ação do dispositivo** em qualquer sentido.

9. O **transistor de unijunção** é um dispositivo de três terminais com uma junção *n-p* formada entre uma haste de alumínio e uma placa de silício do tipo *n*. Uma vez alcançado o potencial de disparo do emissor, a tensão no emissor cai com um aumento na corrente de emissor, estabelecendo uma **região de resistência negativa** excelente para aplicações em osciladores. Uma vez atingido o ponto de vale, as características do dispositivo **assumem as de um diodo semicondutor**. Quanto maior a tensão aplicada no dispositivo, maior o potencial de disparo.

10. O **fototransistor** é um dispositivo de três terminais de características **bastante similares às do TBJ** com uma corrente de base e coletor sensível à intensidade da luz incidente. A corrente de base que resulta é, por princípio, **linearmente relacionada à luz aplicada** com um valor quase independente da tensão no dispositivo até que se obtenha a ruptura.

11. Os **optoisoladores** contêm um **LED infravermelho** e um **fotodetector** para oferecer uma ligação entre sistemas que não requerem uma conexão direta. A corrente no detector de saída **é menor do que a corrente aplicada na entrada do LED, mas linearmente relacionada a ela**. Além disso, a corrente no coletor é essencialmente independente da tensão coletor-emissor.

12. O **PUT** (transistor de unijunção programável) é, como o próprio nome já diz, um dispositivo com as **características de um UJT**, mas com a **capacidade adicional de poder ter controlado o seu potencial de disparo**. De modo geral, o pico, o vale e as tensões mínimas de operação dos PUTs são menores do que os dos UJTs.

Equações

Diac:

$$V_{BR_1} = V_{BR_2} \pm 0{,}1 V_{BR_2}$$

UJT:

$$R_{BB} = (R_{B_1} + R_{B_2})\big|_{I_E=0}$$

$$V_{R_{B_1}} = \frac{R_{B_1}}{R_{B_1} + R_{B_2}} \cdot V_{BB} = \eta V_{BB}\bigg|_{I_E=0}$$

$$\eta = \frac{R_{B_1}}{R_{BB}}$$

$$V_P = \eta V_{BB} + V_D$$

Fototransistor:

$$I_C \cong h_{fe} I_\lambda$$

PUT:

$$V_G = \frac{R_{B_1}}{R_{B_1} + R_{B_2}} \cdot V_{BB} = \eta V_{BB}$$

$$V_P = \eta V_{BB} + V_D$$

PROBLEMAS

*Nota: asteriscos indicam os problemas mais difíceis.

Seção 17.3 Operação básica do retificador controlado de silício

1. Descreva, com suas palavras, o funcionamento básico do SCR utilizando o circuito equivalente de dois transistores.

2. Descreva duas técnicas para desligar um SCR.

3. Consulte um manual do fabricante ou folha de especificações e obtenha um circuito de desligamento. Se possível, descreva a ação de desligamento do projeto.

Seção 17.4 Características e especificações do SCR

***4.** **a)** Em altos valores de corrente de porta, as características de um SCR são aproximadamente iguais às de qual dispositivo de dois terminais?

b) Para uma tensão anodo-catodo fixa e menor do que $V_{(BR)F^*}$, qual é o efeito no disparo do SCR quando a corrente de porta é reduzida de seu valor máximo para zero?

c) Para uma corrente fixa de porta maior do que $I_G = 0$, qual é o efeito no disparo do SCR quando a tensão de porta é reduzida abaixo de $V_{(BR)F^*}$?

d) Para valores crescentes de I_G, qual é o efeito sobre a corrente de manutenção?

5. **a)** Com base na Figura 17.8, podemos concluir que uma corrente de porta de 50 mA dispara o dispositivo na temperatura ambiente (25 °C)?

b) Repita o item (a) para uma corrente de porta de 10 mA.

c) Uma tensão de porta de 2,6 V dispara o dispositivo na temperatura ambiente?

d) $V_G = 6$ V e $I_G = 800$ mA são uma boa escolha para condições de disparo? E $V_G = 4$ V, $I_G = 1{,}6$ A seria mais apropriado? Explique.

Seção 17.5 Aplicações do SCR

6. Na Figura 17.10(b), por que há muito pouca perda de potencial através do SCR durante a condução?

7. Explique detalhadamente por que valores reduzidos de R_1 na Figura 17.11 resultam em um ângulo elevado de condução.

***8.** Com base no circuito de carga da Figura 17.12:

a) Determine o valor CC do sinal retificado de onda completa se um transformador de 1 : 1 for empregado.

b) Se a bateria em seu estado descarregado está com 11 V, qual a queda de tensão anodo-catodo através do SCR_1?

c) Qual o valor máximo possível de V_R ($V_{GK} \cong 0{,}7$ V)?

d) No valor encontrado para o item (c), qual o potencial de porta de SCR_2?

e) Quando o SCR_2 entra em estado de curto-circuito, qual o valor de V_2?

9. Com base no controlador de temperatura da Figura 17.13,

a) Esboce a forma da onda retificada em onda completa aplicada ao SCR.

b) Qual é a corrente de pico no aquecedor quando o SCR está ligado e tem um equivalente de curto-circuito entre o anodo e o catodo? Suponha que cada diodo tenha uma queda de 0,7 V quando conduz.

c) Quando o SCR está ligado, qual é a corrente máxima através do termostato?

d) Qual é o tempo total para o tempo de subida do pulso positivo da tensão CA aplicada desde 0 V até a tensão máxima do sinal retificado?

e) Qual é a constante de tempo do capacitor que está sendo carregado durante o mesmo período do item (d)? Como eles se comparam? Por que isso é preocupante?

f) Qual é o estado do SCR durante o período de carga? Por quê?

g) Se o potencial de disparo da porta for 40 V, qual é o período de tempo entre sucessivos disparos do SCR?

h) Quando o termostato atingir a temperatura ajustada e assumir o estado de curto-circuito, como o SCR vai reagir?

i) Qual método foi usado para desligar o SCR: interrupção da corrente anodo ou comutação forçada?

10. Com base no sistema de iluminação de emergência da Figura 17.14:

a) Esboce a forma de onda do sinal retificado de onda completa que passa pela lâmpada utilizando uma queda de 0,7 V durante a condução de cada diodo.

b) Determine o pico de tensão através do capacitor C_1 quando o SCR_1 está desligado.

c) Qual é o pico de tensão através de R_1 durante a fase de carregamento se a tensão da bateria cair para 5 V?

d) Qual é a tensão sobre a lâmpada quando o SCR é ligado e a bateria está completamente carregada com 6 V?

e) Qual é a corrente consumida da bateria se a luz dissipar 2 W de potência?

Seção 17.6 Chave controlada de silício

11. Descreva detalhadamente, com suas próprias palavras, o funcionamento dos circuitos da Figura 17.16.

12. Qual é o procedimento de desligamento recomendado para o circuito da Figura 17.18?

13. Para o circuito da Figura 17.19,

a) Escreva uma equação para a tensão da porta ao terra para o SCR.

b) Qual é a tensão V_{GK} quando $R_S = R'$?

c) Determine R_S para estabelecer uma tensão de ativação de 2 V se $R' = 10$ kΩ.

d) Quando o alarme é ligado, qual é a corrente através do relé?

e) Em $V_A = 0$ V, a corrente CC máxima através do resistor de efeito taxa será estabelecida. Qual é seu valor?

f) Quando o botão de *reset* é ativado, há alguma razão para preocupação com picos de tensão em qualquer lugar no circuito? Como eles poderiam ser suprimidos?

Seção 17.7 Chave com desligamento na porta

14. a) Na Figura 17.22, se $V_Z = 50$ V, determine o máximo valor possível que a tensão do capacitor C_1 pode atingir ($V_{GK} \cong 0{,}7$ V).

b) Determine o tempo de descarga aproximado (5τ) para $R_3 = 20$ kΩ.

c) Determine a resistência interna do GTO se o tempo de subida for metade do período de decaimento determinado no item (b).

Seção 17.8 SCR ativado por luz

15. a) Com base na Figura 17.24(b), determine a irradiância mínima necessária para disparar o dispositivo na temperatura ambiente (25 °C).

b) Qual a redução percentual na irradiância é permissível se a temperatura da junção for elevada de 0 °C (32 °F) a 100 °C (212 °F)?

Seção 17.9 Diodo Shockley

16. Para o circuito da Figura 17.28, se $V_{BR} = 6$ V, $V = 40$ V, $R = 10$ kΩ, $C = 0{,}2$ μF e V_{GK} (potencial de disparo) = 3 V, determine o período de tempo entre a energização do circuito e a ativação do SCR.

Seção 17.10 Diac

17. Utilizando qualquer referência que deseje, encontre uma aplicação de um diac e explique o funcionamento do circuito.

18. Se V_{BR_2} for 6,4 V, determine a faixa para V_{BR_1} utilizando a Equação 17.1.

19. Determine o nível de capacitância do corpo humano C_b que resultaria em um deslocamento de fase de 45 graus entre v_i e v_G para o circuito da Figura 17.30.

Seção 17.11 Triac

20. Para o circuito da Figura 17.33, se $C = 1$ μF, encontre o valor de R que resultará em um período de condução de 50% para a carga em qualquer direção se a tensão de ativação para o diac em qualquer direção for de 12 V e o sinal aplicado senoidal tiver um valor de pico de 170 V (= 1,414 × 120 V) a 60 Hz.

Seção 17.12 Transistor de unijunção

21. Para o circuito da Figura 17.40, no qual $V = 40$ V, $\eta = 0{,}6$, $V_V = 1$ V, $I_V = 8$ mA e $I_P = 10$ μA, determine a faixa de R_1 para o circuito de disparo.

22. Para um transistor de unijunção com $V_{BB} = 20$ V, $\eta = 0{,}65$, $R_{B_1} = 2$ kΩ ($I_E = 0$) e $V_D = 0{,}7$, determine:

a) R_{B_2}.

b) R_{BB}.

c) V_{RB_1}.

d) V_P.

***23.** Dado o oscilador de relaxação da Figura 17.68:

a) Determine R_{B_1} e R_{B_2} para $I_E = 0$ A.

b) Determine V_P, a tensão necessária para ligar o UJT.

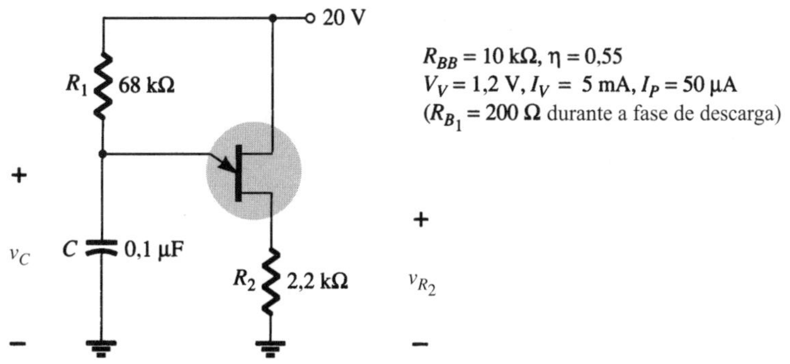

Figura 17.68 Problema 23.

c) Determine se R_1 está dentro da faixa permissível de valores definida pela Equação 17.8.

d) Determine a frequência de oscilação se $R_{B_1} = 200\ \Omega$ durante a fase de descarga.

e) Esboce a forma de onda de v_C para dois ciclos completos.

f) Esboce a forma de onda de v_{R_2} para dois ciclos completos.

g) Determine a frequência utilizando a Equação 17.17 e compare com o valor determinado no item (d). Leve em conta todas as diferenças.

Seção 17.13 Fototransistores

24. Para um fototransistor com as características da Figura 17.50, determine a corrente de base fotoinduzida para uma densidade de fluxo radiante de 5 mW/cm^2. Se $h_{fe} = 40$, calcule I_C.

***25.** Projete uma porta OR de alta isolação empregando fototransistores e LEDs.

Seção 17.14 Optoisoladores

26. a) Determine um fator de degradação médio a partir da curva da Figura 17.58 para a região definida pelas temperaturas entre –25 °C e +50 °C.

b) É correto dizer que, para temperaturas maiores que a ambiente (até 100 °C), a corrente de saída é pouco afetada pela temperatura?

27. a) Determine, pela Figura 17.54, a variação média em I_{CEO} por grau de variação de temperatura para a faixa de 25 °C a 50 °C.

b) Os resultados do item (a) podem ser usados para determinar o valor de I_{CEO} em 35 °C? Teste sua teoria.

28. Determine, pela Figura 17.55, a razão entre a corrente de saída do LED e a corrente de entrada do detector quando a corrente de saída for 20 mA. O dispositivo pode ser considerado relativamente eficiente para a finalidade a que se propõe?

***29.** a) Esquematize a curva de potência máxima de P_D = 200 mW no gráfico da Figura 17.56. Liste quaisquer conclusões dignas de nota.

b) Determine β_{CC} (definido por I_C/I_F) para o sistema em $V_{CE} = 15$ V, $I_F = 10$ mA.

c) Compare os resultados do item (b) com aqueles obtidos na Figura 17.55 em $I_F = 10$ mA. Os dois são semelhantes? Deveriam ser? Por quê?

***30.** a) Com relação à Figura 17.57, determine a corrente de coletor acima da qual o tempo de chaveamento não é alterado significativamente para $R_L = 1\ \text{k}\Omega$ e $R_L = 100\ \Omega$.

b) Em $I_C = 6$ mA, como estão relacionados os tempos de chaveamento para $R_L = 1\ \text{k}\Omega$ e $R_L = 100\ \Omega$ com a relação entre os valores desses resistores?

Seção 17.15 Transistor de unijunção programável

31. Determine η e V_G para o PUT com $V_{BB} = 20$ V e $R_{B_1} = 3R_{B_2}$.

32. Utilizando os dados fornecidos no Exemplo 17.3, determine a impedância do PUT no ponto de disparo e no ponto de vale. Os estados aproximados de circuito aberto e curto-circuito são verificados?

33. A Equação 17.24 pode ser derivada exatamente como mostra a Equação 17.23? Se não, quais elementos estão faltando na Equação 17.24?

***34.** a) O circuito do Exemplo 17.3 oscilará se V_{BB} for alterado para 10 V? Que valor mínimo de V_{BB} é necessário (V_V sendo uma constante)?

b) Utilizando o mesmo exemplo, qual valor de R colocaria o circuito no estado estável "ligado" e removeria a resposta oscilatória do sistema?

c) Que valor de R faria o circuito funcionar como um circuito de retardo de tempo de 2 ms? Isto é, que valor de R forneceria um pulso v_K a 2 ms após a fonte ter sido ligada e, então, permaneceria no estado "ligado"?

Parâmetros híbridos — Determinações gráficas e equações de conversão (exatas e aproximadas)

A.1 DETERMINAÇÃO GRÁFICA DOS PARÂMETROS *h*

Utilizando derivadas parciais (cálculo), pode ser demonstrado que a magnitude dos parâmetros *h* para o circuito equivalente do transistor para pequenos sinais na região de operação da configuração emissor-comum pode ser determinada pelas seguintes equações:*

$$h_{ie} = \frac{\partial v_i}{\partial i_i} = \frac{\partial v_{be}}{\partial i_b} \cong \left.\frac{\Delta v_{be}}{\Delta i_b}\right|_{V_{CE}=\text{constante}} \quad \text{(ohms)} \qquad \text{(A.1)}$$

$$h_{re} = \frac{\partial v_i}{\partial v_o} = \frac{\partial v_{be}}{\partial v_{ce}} \cong \left.\frac{\Delta v_{be}}{\Delta v_{ce}}\right|_{I_B=\text{constante}} \quad \text{(sem unidade)} \qquad \text{(A.2)}$$

$$h_{fe} = \frac{\partial i_o}{\partial i_i} = \frac{\partial i_c}{\partial i_b} \cong \left.\frac{\Delta i_c}{\Delta i_b}\right|_{V_{CE}=\text{constante}} \quad \text{(sem unidade)} \qquad \text{(A.3)}$$

$$h_{oe} = \frac{\partial i_o}{\partial v_o} = \frac{\partial i_c}{\partial v_{ce}} \cong \left.\frac{\Delta i_c}{\Delta v_{ce}}\right|_{I_B=\text{constante}} \quad \text{(siemens)} \qquad \text{(A.4)}$$

Em cada caso, o símbolo Δ se refere a uma pequena variação na quantidade em torno do ponto quiescente de operação. Em outras palavras, os parâmetros *h* são determinados na região de operação para o sinal aplicado de modo que o circuito equivalente seja o mais exato possível. Os valores constantes de V_{CE} e I_B, em cada caso, referem-se a uma condição que deve ser satisfeita quando os vários parâmetros são determinados a partir das curvas características do transistor. Para as configurações base-comum e coletor-comum, a equação adequada pode ser obtida pela simples substituição dos valores apropriados de v_i, v_o, i_i e i_o.

Os parâmetros h_{ie} e h_{re} são determinados a partir das características de entrada ou de base, enquanto os parâmetros h_{fe} e h_{oe} são obtidos a partir das características de saída ou de coletor. Visto que h_{fe} costuma ser o parâmetro de maior interesse, discutiremos as operações que envolvem equações, tais como as equações A.1 a A.4, primeiro para este parâmetro. A primeira etapa na determinação de qualquer um dos quatro parâmetros híbridos é encontrar o ponto quiescente de operação como indica a Figura A.1. Na Equação A.3, a condição V_{CE} = constante requer que as variações na corrente de base e de coletor sejam tomadas ao longo de uma reta vertical que passa pelo ponto *Q* representando uma tensão coletor-emissor fixa. A seguir, a Equação A.3 requer que uma pequena variação na corrente de coletor seja dividida pela variação correspondente na corrente de base. Para maior precisão, essas alterações devem ser as menores possíveis.

Na Figura A.1, a variação escolhida em i_b se estende de I_{B_1} a I_{B_2} ao longo da reta perpendicular em V_{CE}. A seguir, a variação correspondente em i_c é encontrada traçando-se as linhas horizontais desde as interseções de I_{B_1} a I_{B_2} com V_{CE} = constante até o eixo vertical. Só nos resta, então, substituir as variações resultantes de i_b e i_c na Equação A.3. Isto é,

$$|h_{fe}| = \left.\frac{\Delta i_c}{\Delta i_b}\right|_{V_{CE}=\text{constante}} = \left.\frac{(2{,}7 - 1{,}7)\text{ mA}}{(20 - 10)\ \mu\text{A}}\right|_{V_{CE}=8{,}4\text{ V}}$$

$$= \frac{10^{-3}}{10 \times 10^{-6}} = \mathbf{100}$$

*A derivada parcial $\partial v_i/\partial i_i$ fornece uma medida da variação instantânea em v_i devido a uma variação instantânea em i_i.

Na Figura A.2, uma linha reta tangente à curva I_B é traçada através do ponto Q para estabelecer uma linha I_B = constante, como requer a Equação A.4 para h_{oe}. Uma variação em v_{CE} foi então escolhida, e a variação correspondente em i_C foi determinada traçando-se as linhas horizontais até o eixo vertical nas interseções sobre a linha I_B = constante. Fazendo a substituição na Equação A.4, temos:

$$|h_{oe}| = \left.\frac{\Delta i_c}{\Delta v_{ce}}\right|_{I_B=\text{constante}} = \left.\frac{(2{,}2 - 2{,}1)\text{ mA}}{(10 - 7)\text{ V}}\right|_{I_B=+15\,\mu\text{A}}$$

$$= \frac{0{,}1 \times 10^{-3}}{3} = \mathbf{33\,\mu A/V = 33 \times 10^{-6}\,S = 33\,\mu S}$$

Para determinar os parâmetros h_{ie} e h_{re}, primeiro o ponto Q deve ser encontrado na curva característica de entrada ou de base, tal como indica a Figura A.3. Para h_{ie}, uma linha é traçada tangente à curva V_{CE} = 8,4 V através do ponto Q para estabelecer uma linha V_{CE} = constante, como requer a Equação A.1. A seguir, uma pequena variação em v_{be} é definida, resultando em uma mudança correspondente em i_b. Substituindo na Equação A.1, obtemos:

$$|h_{ie}| = \left.\frac{\Delta v_{be}}{\Delta i_b}\right|_{V_{CE}=\text{constante}} = \left.\frac{(733 - 718)\text{ mV}}{(20 - 10)\,\mu\text{A}}\right|_{V_{CE}=8{,}4\text{ V}}$$

$$= \frac{15 \times 10^{-3}}{10 \times 10^{-6}} = \mathbf{1{,}5\,k\Omega}$$

O último parâmetro, h_{re}, pode ser determinado primeiro traçando-se uma linha horizontal através do ponto Q em I_B = 15 μA. A escolha natural é, então, tomar uma

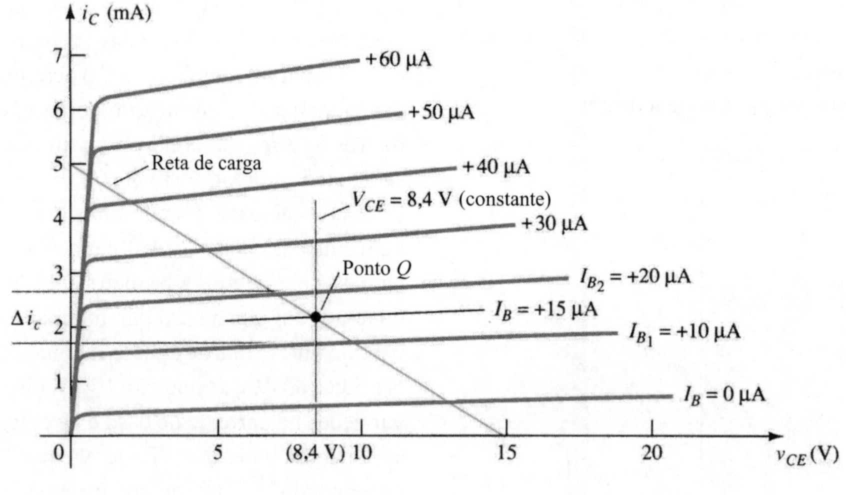

Figura A.1 Determinação de h_{fe}.

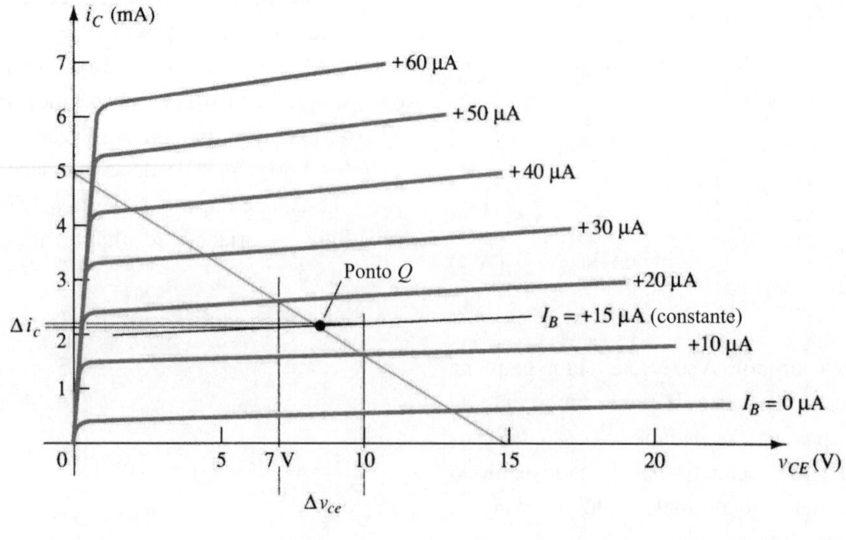

Figura A.2 Determinação de h_{oe}

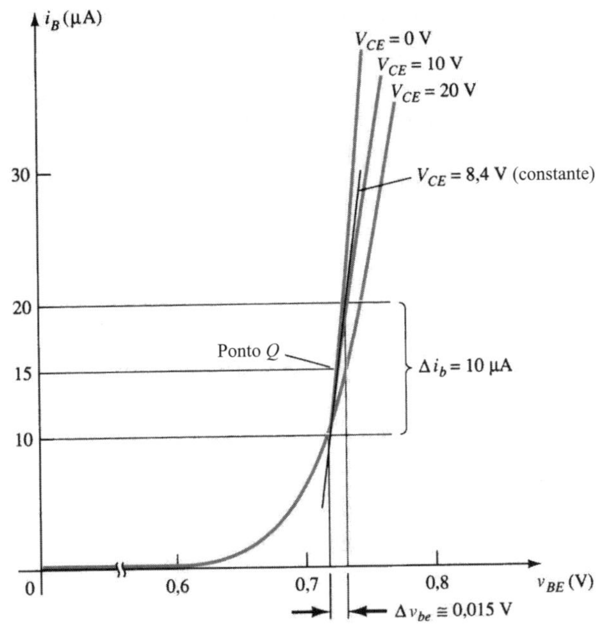

Figura A.3 Determinação de h_{ie}.

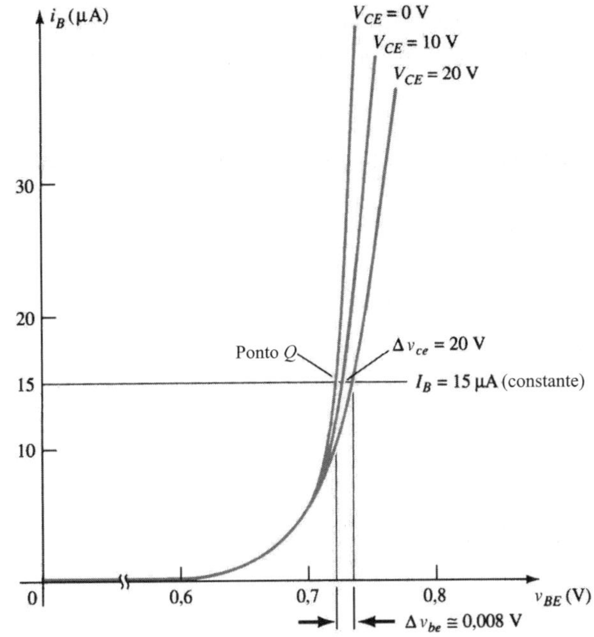

Figura A.4 Determinação de h_{re}.

variação em v_{CE} e encontrar a variação resultante em v_{BE}, como mostra a Figura A.4.

Substituindo na Equação A.2, obtemos:

$$|h_{re}| = \left.\frac{\Delta v_{be}}{\Delta v_{ce}}\right|_{I_B=\text{constante}} = \frac{(733 - 725)\text{ mV}}{(20 - 0)\text{ V}}$$
$$= \frac{8 \times 10^{-3}}{20} = \mathbf{4 \times 10^{-4}}$$

Para o transistor cujas características aparecem nas figuras A.1 a A.4, o circuito híbrido equivalente para pequenos sinais resultante é mostrado na Figura A.5.

Como já foi mencionado, os parâmetros híbridos para as configurações de base-comum e coletor-comum podem ser encontrados pela aplicação das mesmas equações básicas com as variáveis e as curvas características adequadas.

A Tabela A.1 lista os valores de parâmetros mais comuns em cada uma das três configurações para a ampla gama de transistores disponíveis. O sinal negativo indica que, na Equação A.3, à medida que uma quantidade aumenta em magnitude no âmbito da variação escolhida, a outra diminui.

Tabela A.1 Valores típicos de parâmetros para configurações EC, CC e BC com transistor.

Parâmetro	EC	CC	BC
h_i	1 kΩ	1 kΩ	20 Ω
h_r	2,5 × 10^{-4}	≅ 1	3,0 × 10^{-4}
h_f	50	−50	−0,98
h_o	25 μA/V	25 μA/V	0,5 μA/V
$1/h_o$	40 kΩ	40 kΩ	2 MΩ

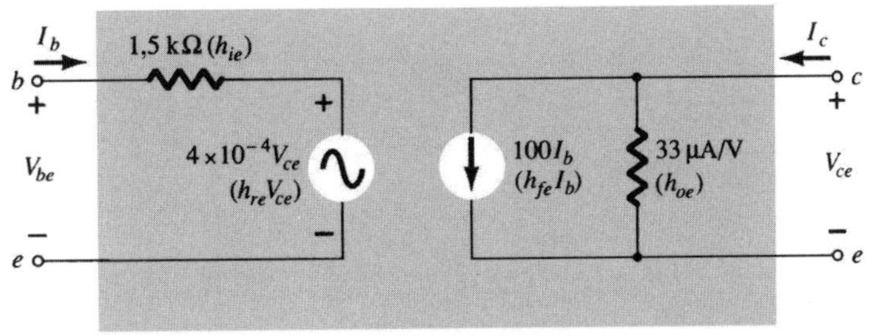

Figura A.5 Circuito híbrido equivalente completo para um transistor com as curvas características mostradas nas figuras A.1 a A.4.

A.2 EQUAÇÕES DE CONVERSÃO EXATAS

Configuração emissor-comum

$$h_{ie} = \frac{h_{ib}}{(1 + h_{fb})(1 - h_{rb}) + h_{ob}h_{ib}} = h_{ic}$$

$$h_{re} = \frac{h_{ib}h_{ob} - h_{rb}(1 + h_{fb})}{(1 + h_{fb})(1 - h_{rb}) + h_{ob}h_{ib}} = 1 - h_{rc}$$

$$h_{fe} = \frac{-h_{fb}(1 - h_{rb}) - h_{ob}h_{ib}}{(1 + h_{fb})(1 - h_{rb}) + h_{ob}h_{ib}} = -(1 + h_{fc})$$

$$h_{oe} = \frac{h_{ob}}{(1 + h_{fb})(1 - h_{rb}) + h_{ob}h_{ib}} = h_{oc}$$

Configuração base-comum

$$h_{ib} = \frac{h_{ie}}{(1 + h_{fe})(1 - h_{re}) + h_{ie}h_{oe}} = \frac{h_{ic}}{h_{ic}h_{oc} - h_{fc}h_{rc}}$$

$$h_{rb} = \frac{h_{ie}h_{oe} - h_{re}(1 + h_{fe})}{(1 + h_{fe})(1 - h_{re}) + h_{ie}h_{oe}} = \frac{h_{fc}(1 - h_{rc}) + h_{ic}h_{oc}}{h_{ic}h_{oc} - h_{fc}h_{rc}}$$

$$h_{fb} = \frac{-h_{fe}(1 - h_{re}) - h_{ie}h_{oe}}{(1 + h_{fe})(1 - h_{re}) + h_{ie}h_{oe}} = \frac{h_{rc}(1 + h_{fc}) - h_{ic}h_{oc}}{h_{ic}h_{oc} - h_{fc}h_{rc}}$$

$$h_{ob} = \frac{h_{oe}}{(1 + h_{fe})(1 - h_{re}) + h_{ie}h_{oe}} = \frac{h_{oc}}{h_{ic}h_{oc} - h_{fc}h_{rc}}$$

Configuração coletor-comum

$$h_{ic} = \frac{h_{ib}}{(1 + h_{fb})(1 - h_{rb}) + h_{ob}h_{ib}} = h_{ie}$$

$$h_{rc} = \frac{1 + h_{fb}}{(1 + h_{fb})(1 - h_{rb}) + h_{ob}h_{ib}} = 1 - h_{re}$$

$$h_{fc} = \frac{h_{rb} - 1}{(1 + h_{fb})(1 - h_{rb}) + h_{ob}h_{ib}} = -(1 + h_{fe})$$

$$h_{oc} = \frac{h_{ob}}{(1 + h_{fb})(1 - h_{rb}) + h_{ob}h_{ib}} = h_{oe}$$

A.3 EQUAÇÕES DE CONVERSÃO APROXIMADAS

Configuração emissor-comum

$$h_{ie} \cong \frac{h_{ib}}{1 + h_{fb}} \cong \beta r_e$$

$$h_{re} \cong \frac{h_{ib}h_{ob}}{1 + h_{fb}} - h_{rb}$$

$$h_{fe} \cong \frac{-h_{fb}}{1 + h_{fb}} \cong \beta$$

$$h_{oe} \cong \frac{h_{ob}}{1 + h_{fb}}$$

Configuração base-comum

$$h_{ib} \cong \frac{h_{ie}}{1 + h_{fe}} \cong \frac{-h_{ic}}{h_{fc}} \cong r_e$$

$$h_{rb} \cong \frac{h_{ie}h_{oe}}{1 + h_{fe}} - h_{re} \cong h_{rc} - 1 - \frac{h_{ic}h_{oc}}{h_{fc}}$$

$$h_{fb} \cong \frac{-h_{fe}}{1 + h_{fe}} \cong -\frac{(1 + h_{fc})}{h_{fc}} \cong -\alpha$$

$$h_{ob} \cong \frac{h_{oe}}{1 + h_{fe}} \cong \frac{-h_{oc}}{h_{fc}}$$

Configuração coletor-comum

$$h_{ic} \cong \frac{h_{ib}}{1 + h_{fb}} \cong \beta r_e$$

$$h_{rc} \cong 1$$

$$h_{fc} \cong \frac{-1}{1 + h_{fb}} \cong -\beta$$

$$h_{oc} \cong \frac{h_{ob}}{1 + h_{fb}}$$

Fator de ondulação e cálculos de tensão

B.1 FATOR DE ONDULAÇÃO DE RETIFICADOR

O fator de ondulação de uma tensão é definido por

$$r = \frac{\text{valor rms do componente CA do sinal}}{\text{valor médio do sinal}}$$

que pode ser expresso como:

$$r = \frac{V_r\,(\text{rms})}{V_{CC}}$$

Considerando-se que a componente CA de um sinal que contém um nível CC é

$$v_{CA} = v - V_{CC}$$

o valor rms da componente CA é

$$\begin{aligned} V_r\,(\text{rms}) &= \left[\frac{1}{2\pi}\int_0^{2\pi} v_{CA}^2\, d\theta\right]^{1/2} \\ &= \left[\frac{1}{2\pi}\int_0^{2\pi} (v - V_{CC})^2\, d\theta\right]^{1/2} \\ &= \left[\frac{1}{2\pi}\int_0^{2\pi} (v^2 - 2vV_{CC} + V_{CC}^2)\, d\theta\right]^{1/2} \\ &= [V^2(\text{rms}) - 2V_{CC}^2 + V_{CC}^2]^{1/2} \\ &= [V^2(\text{rms}) - V_{CC}^2]^{1/2} \end{aligned}$$

onde V(rms) é o valor rms da tensão total. Para o sinal retificado de meia-onda,

$$\begin{aligned} V_r\,(\text{rms}) &= [V^2(\text{rms}) - V_{CC}^2]^{1/2} \\ &= \left[\left(\frac{V_m}{2}\right)^2 - \left(\frac{V_m}{\pi}\right)^2\right]^{1/2} \\ &= V_m\left[\left(\frac{1}{2}\right)^2 - \left(\frac{1}{\pi}\right)^2\right]^{1/2} \end{aligned}$$

$$\boxed{V_r\,(\text{rms}) = 0{,}385V_m \qquad (\text{meia-onda})} \qquad \text{(B.1)}$$

Para o sinal retificado de onda completa,

$$\begin{aligned} V_r\,(\text{rms}) &= [V^2(\text{rms}) - V_{CC}^2]^{1/2} \\ &= \left[\left(\frac{V_m}{\sqrt{2}}\right)^2 - \left(\frac{2V_m}{\pi}\right)^2\right]^{1/2} \\ &= V_m\left(\frac{1}{2} - \frac{4}{\pi^2}\right)^{1/2} \end{aligned}$$

$$\boxed{V_r\,(\text{rms}) = 0{,}308V_m \qquad (\text{onda completa})} \qquad \text{(B.2)}$$

B.2 TENSÃO DE ONDULAÇÃO DO CAPACITOR DE FILTRO

Considerando uma tensão de ondulação aproximadamente triangular, como mostra a Figura B.1, podemos escrever (veja a Figura B.2):

$$V_{CC} = V_m - \frac{V_r\,(\text{p-p})}{2} \qquad \text{(B.3)}$$

Durante a descarga do capacitor, a variação da tensão em C é:

$$V_r\,(\text{p-p}) = \frac{I_{CC}T_2}{C} \qquad \text{(B.4)}$$

Da forma de onda triangular na Figura B.1,

$$V_r\,(\text{rms}) = \frac{V_r\,(\text{p-p})}{2\sqrt{3}} \qquad \text{(B.5)}$$

(obtida de cálculos não mostrados).

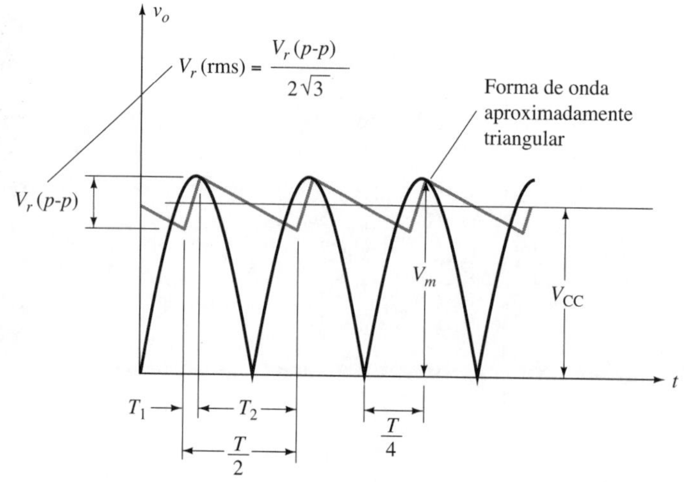

Figura B.1 Tensão de ondulação aproximadamente triangular para o capacitor de filtro.

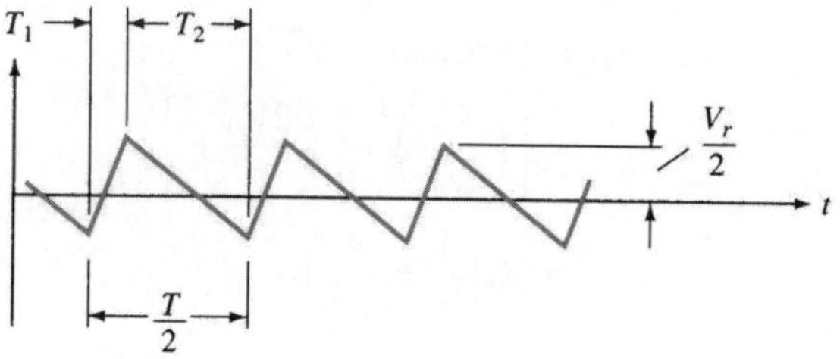

Figura B.2 Tensão de ondulação.

Utilizar a forma de onda da Figura B.1 resulta em:

$$\frac{V_r(\text{p-p})}{T_1} = \frac{V_m}{T/4}$$

$$T_1 = \frac{V_r(\text{p-p})(T/4)}{V_m}$$

Também, $T_2 = \dfrac{T}{2} - T_1 = \dfrac{T}{2} - \dfrac{V_r(\text{p-p})(T/4)}{V_m}$

$$= \frac{2TV_m - V_r(\text{p-p})T}{4V_m}$$

$$T_2 = \frac{2V_m - V_r(\text{p-p})}{V_m}\frac{T}{4} \qquad \text{(B.6)}$$

Visto que a Equação B.3 pode ser escrita como

$$V_{CC} = \frac{2V_m - V_r(\text{p-p})}{2}$$

podemos combinar a última equação com a Equação B.6 para obter

$$T_2 = \frac{V_{CC}}{V_m}\frac{T}{2}$$

que, inserida na Equação B.4, resulta em:

$$V_r(\text{p-p}) = \frac{I_{CC}}{C}\left(\frac{V_{CC}}{V_m}\frac{T}{2}\right)$$

$$T = \frac{1}{f}$$

$$V_r(\text{p-p}) = \frac{I_{CC}}{2fC}\frac{V_{CC}}{V_m} \qquad \text{(B.7)}$$

Combinando as equações B.5 e B.7, solucionamos V_r (rms):

$$V_r(\text{rms}) = \frac{V_r(\text{p-p})}{2\sqrt{3}} = \frac{I_{CC}}{4\sqrt{3}fC}\frac{V_{CC}}{V_m} \qquad \text{(B.8)}$$

B.3 RELAÇÃO DE V_{CC} E V_m COM A ONDULAÇÃO r

A tensão CC de um capacitor de filtragem originada de um transformador que produz uma tensão de pico igual a V_m pode ser relacionada à ondulação da seguinte maneira:

$$r = \frac{V_r(\text{rms})}{V_{CC}} = \frac{V_r(\text{p-p})}{2\sqrt{3}V_{CC}}$$

$$V_{CC} = \frac{V_r(\text{p-p})}{2\sqrt{3}r} = \frac{V_r(\text{p-p})/2}{\sqrt{3}r} = \frac{V_r(\text{p})}{\sqrt{3}r} = \frac{V_m - V_{CC}}{\sqrt{3}r}$$

$$V_m - V_{CC} = \sqrt{3}rV_{CC}$$

$$V_m = (1 + \sqrt{3}r)V_{CC}$$

$$\boxed{\frac{V_m}{V_{CC}} = 1 + \sqrt{3}r} \qquad \text{(B.9)}$$

A Equação B.9 se aplica aos circuitos de filtro com capacitor tanto para retificadores de meia-onda quanto para retificadores de onda completa, e é mostrada na Figura B.3. Como exemplo, em uma ondulação de 5%, a tensão CC é de $V_{CC} = 0{,}92\ V_m$ ou dentro de 10% da tensão de pico, enquanto para uma ondulação de 20%, a tensão CC cai para apenas $0{,}74V_m$, o que é inferior a 25% da tensão de pico. Observe que V_{CC} está dentro de 10% de V_m para ondulação menor do que 6,5%. Essa quantidade de ondulação representa o limite para a condição de carga leve.

B.4 RELAÇÃO DE V_R(rms) E V_m COM A ONDULAÇÃO r

Podemos obter também uma relação entre V_r(rms), V_m e a quantidade de ondulação para os circuitos de filtragem com retificador de meia-onda e onda completa como mostrado a seguir:

$$\frac{V_r(\text{p-p})}{2} = V_m - V_{CC}$$

$$\frac{V_r(\text{p-p})/2}{V_m} = \frac{V_m - V_{CC}}{V_m} = 1 - \frac{V_{CC}}{V_m}$$

$$\frac{\sqrt{3}V_r(\text{rms})}{V_m} = 1 - \frac{V_{CC}}{V_m}$$

Utilizando a Equação B.9, obtemos:

$$\frac{\sqrt{3}V_r(\text{rms})}{V_m} = 1 - \frac{1}{1 + \sqrt{3}r}$$

$$\frac{V_r(\text{rms})}{V_m} = \frac{1}{\sqrt{3}}\left(1 - \frac{1}{1 + \sqrt{3}r}\right) = \frac{1}{\sqrt{3}}\left(\frac{1 + \sqrt{3}r - 1}{1 + \sqrt{3}r}\right)$$

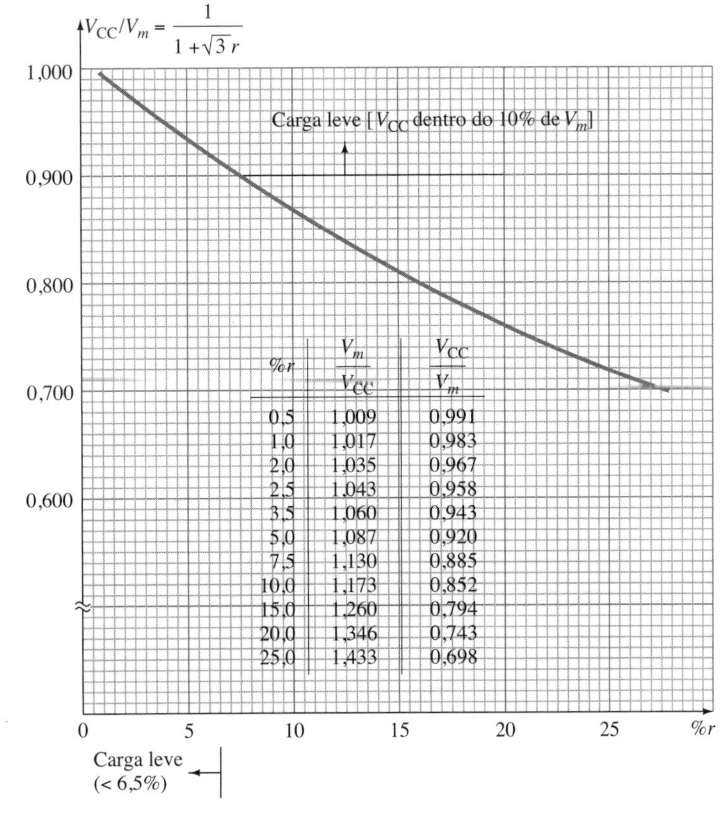

%r	V_m/V_{CC}	V_{CC}/V_m
0,5	1,009	0,991
1,0	1,017	0,983
2,0	1,035	0,967
2,5	1,043	0,958
3,5	1,060	0,943
5,0	1,087	0,920
7,5	1,130	0,885
10,0	1,173	0,852
15,0	1,260	0,794
20,0	1,346	0,743
25,0	1,433	0,698

Figura B.3 Gráfico de V_{CC}/V_m como função de %r.

$$\frac{V_r(\text{rms})}{V_m} = \frac{r}{1+\sqrt{3}r} \tag{B.10}$$

A Equação B.10 está traçada na Figura B.4.

Visto que V_{CC} está dentro dos 10% de V_m para uma ondulação ≤ 6,5%,

$$\frac{V_r(\text{rms})}{V_m} \cong \frac{V_r(\text{rms})}{V_{CC}} = r \qquad \text{(carga leve)}$$

podemos usar V_r (rms)/V_m = r para uma ondulação ≤ 6,5%.

B.5 RELAÇÃO ENTRE ÂNGULO DE CONDUÇÃO, PORCENTAGEM DE ONDULAÇÃO E I_{pico}/I_{CC} PARA OS CIRCUITOS RETIFICADORES COM FILTRO A CAPACITOR

Na Figura B.1, podemos determinar o ângulo θ_1, no qual o diodo começa a conduzir da seguinte maneira:

Visto que

$$v = V_m \operatorname{sen}\theta = V_m - V_r(\text{p-p}) \quad \text{em} \qquad \theta = \theta_1$$

temos:

$$\theta_1 = \operatorname{sen}^{-1}\left[1 - \frac{V_r(\text{p-p})}{V_m}\right]$$

Utilizando a Equação B.10 e V_r(rms) = V_r(p-p)/$2\sqrt{3}$, temos

$$\frac{V_r(\text{p-p})}{V_m} = \frac{2\sqrt{3}V_r(\text{rms})}{V_m}$$

de maneira que $$1 - \frac{V_r(\text{p-p})}{V_m} = 1 - \frac{2\sqrt{3}V_r(\text{rms})}{V_m}$$

$$= 1 - 2\sqrt{3}\left(\frac{r}{1+\sqrt{3}r}\right) = \frac{1-\sqrt{3}r}{1+\sqrt{3}r}$$

e

$$\theta_1 = \operatorname{sen}^{-1}\frac{1-\sqrt{3}r}{1+\sqrt{3}r} \tag{B.11}$$

onde θ_1 é o ângulo no qual a condução se inicia.

Quando a corrente cai a zero, após o carregamento das impedâncias em paralelo de R_L e C, é possível determinar que

$$\theta_2 = \pi - \text{tg}^{-1}\,\omega R_L C$$

A expressão para $\omega R_L C$ pode ser obtida como segue:

$$r = \frac{V_r(\text{rms})}{V_{CC}} = \frac{(I_{CC}/4\sqrt{3}fC)(V_{CC}/V_m)}{V_{CC}} = \frac{V_{CC}/R_L}{4\sqrt{3}fC}\frac{1}{V_m}$$

$$= \frac{V_{CC}/V_m}{4\sqrt{3}fCR_L} = \frac{2\pi\left(\frac{1}{1+\sqrt{3}r}\right)}{4\sqrt{3}\omega CR_L}$$

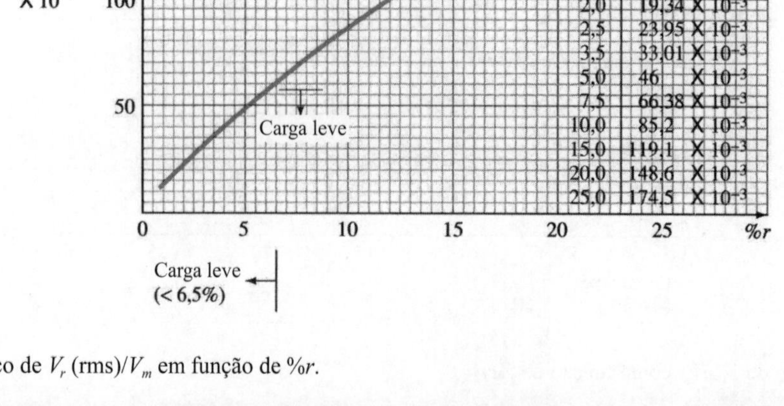

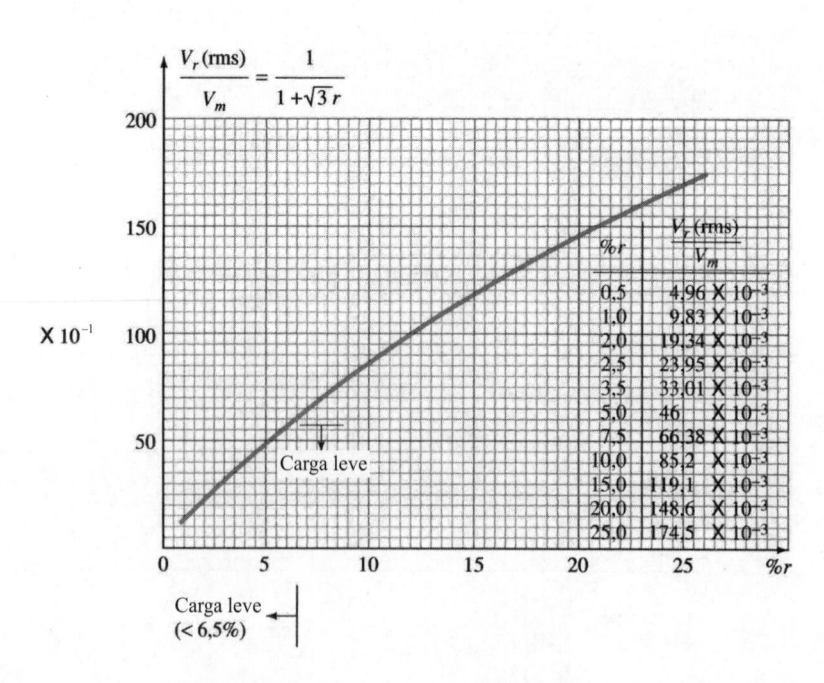

Figura B.4 Gráfico de V_r (rms)/V_m em função de %r.

de maneira que:

$$\omega R_L C = \frac{2\pi}{4\sqrt{3}(1 + \sqrt{3}r)r} = \frac{0,907}{r(1 + \sqrt{3}r)}$$

Portanto, a condução cessa no ângulo:

$$\theta_2 = \pi - \text{tg}^{-1}\frac{0,907}{(1 + \sqrt{3}r)r} \qquad \text{(B.12)}$$

A partir da Equação 15.10(b), podemos escrever:

$$\frac{I_{\text{pico}}}{I_{CC}} = \frac{I_p}{I_{CC}} = \frac{T}{T_1} = \frac{180°}{\theta} \qquad \text{(onda completa)}$$

$$= \frac{360°}{\theta} \qquad \text{(meia-onda)} \qquad \text{(B.13)}$$

A Figura B.5 apresenta o gráfico I_p/I_{CC} em função da ondulação para as operações de meia-onda e de onda completa.

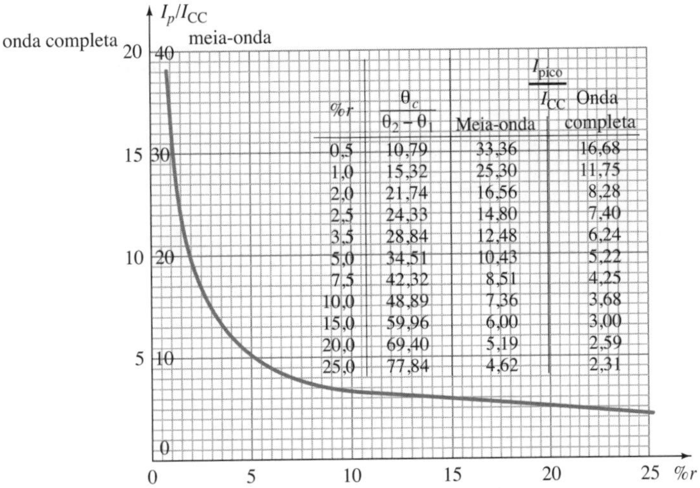

%r	θ_c $\theta_2 - \theta_1$	I_{pico}/I_{CC} Meia-onda	Onda completa
0,5	10,79	33,36	16,68
1,0	15,32	25,30	11,75
2,0	21,74	16,56	8,28
2,5	24,33	14,80	7,40
3,5	28,84	12,48	6,24
5,0	34,51	10,43	5,22
7,5	42,32	8,51	4,25
10,0	48,89	7,36	3,68
15,0	59,96	6,00	3,00
20,0	69,40	5,19	2,59
25,0	77,84	4,62	2,31

$$\theta_1 = \text{sen}^{-1}\left(\frac{1-\sqrt{3}\,r}{1+\sqrt{3}\,r}\right) \qquad \theta_2 = \pi - \text{tg}^{-1}\left[\frac{0,907}{r(1+\sqrt{3}\,r)}\right] \qquad \theta_c = \theta_2 - \theta_1$$

Figura B.5 Gráfico de I_p/I_{CC} *versus* %r para operações de meia-onda e de onda completa.

Tabelas

Tabela C.1 Alfabeto grego.

Nome	Maiúscula	Minúscula
alfa	Α	α
beta	Β	β
gama	Γ	γ
delta	Δ	δ
épsilon	Ε	ε
zeta	Ζ	ζ
eta	Η	η
teta	Θ	θ
iota	Ι	ι
capa	Κ	κ
lambda	Λ	λ
mi	Μ	μ
ni	Ν	ν
csi	Ξ	ξ
ômicron	Ο	o
pi	Π	π
rô	Ρ	ρ
sigma	Σ	σ
tau	Τ	τ
ípsilon	Υ	υ
fi	Φ	ϕ
qui	Χ	χ
psi	Ψ	ψ
ômega	Ω	ω

Tabela C.2 Valores-padrão de resistores disponíveis comercialmente.

Ohms (Ω)					**Quilo-ohms (kΩ)**		**Megaohms (MΩ)**	
0,10	**1,0**	**10**	**100**	**1000**	**10**	**100**	**1,0**	**10,0**
0,11	1,1	11	110	1100	11	110	1,1	11,0
0,12	**1,2**	**12**	**120**	**1200**	**12**	**120**	**1,2**	**12,0**
0,13	1,3	13	130	1300	13	130	1,3	13,0
0,15	**1,5**	**15**	**150**	**1500**	**15**	**150**	**1,5**	**15,0**
0,16	1,6	16	160	1600	16	160	1,6	16,0
0,18	**1,8**	**18**	**180**	**1800**	**18**	**180**	**1,8**	**18,0**
0,20	2,0	20	200	2000	20	200	2,0	20,0
0,22	**2,2**	**22**	**220**	**2200**	**22**	**220**	**2,2**	**22,0**
0,24	2,4	24	240	2400	24	240	2,4	
0,27	**2,7**	**27**	**270**	**2700**	**27**	**270**	**2,7**	
0,30	3,0	30	300	3000	30	300	3,0	
0,33	**3,3**	**33**	**330**	**3300**	**33**	**330**	**3,3**	
0,36	3,6	36	360	3600	36	360	3,6	
0,39	**3,9**	**39**	**390**	**3900**	**39**	**390**	**3,9**	
0,43	4,3	43	430	4300	43	430	4,3	
0,47	**4,7**	**47**	**470**	**4700**	**47**	**470**	**4,7**	
0,51	5,1	51	510	5100	51	510	5,1	
0,56	**5,6**	**56**	**560**	**5600**	**56**	**560**	**5,6**	
0,62	6,2	62	620	6200	62	620	6,2	
0,68	**6,8**	**68**	**680**	**6800**	**68**	**680**	**6,8**	
0,75	7,5	75	750	7500	75	750	7,5	
0,82	**8,2**	**82**	**820**	**8200**	**82**	**820**	**8,2**	
0,91	9,1	91	910	9100	91	910	9,1	

Tabela C.3 Valores típicos de capacitores.

pF				**μF**				
10	100	1000	10.000	0,10	1,0	10	100	1000
12	120	1200						
15	150	1500	15.000	0,15	1,5	18	180	1800
22	220	2200	22.000	0,22	2,2	22	220	2200
27	270	2700						
33	330	3300	33.000	0,33	3,3	33	330	3300
39	390	3900						
47	470	4700	47.000	0,47	4,7	47	470	4700
56	560	5600						
68	680	6800	68.000	0,68	6,8			
82	820	8200						

Soluções para os problemas ímpares selecionados

CAPÍTULO 1

5. $2{,}4 \times 10^{-18}$ C
15. **a.** 25,27 mV **b.** 11,84 mA
17. **a.** 25,27 mV **b.** 0,1 μA
19. 0,41 V
21. 1,6 μA
23. –75ºC: 1,1 V, 0,01 pA; 25 ºC: 0,85 V, 1 pA; 125 ºC: 1,1 V, 105 μA
27. 175 Ω
29. –10 V: 100 MΩ; –30 V: 300 MΩ
31. **a.** 3 Ω **b.** 2,6 Ω **c.** bem próximo
33. 1 mA: 52 Ω, 15 mA: 1,73 Ω
35. 22,5 Ω
37. $r_d = 4$ Ω
39. **a.** –25 V: 0,75 pF; –10 V: 1,25 pF; $\Delta C_T/\Delta V_R = 0{,}033$ pF/V
43. 2,81 pF
45. $t_s = 3$ ns, $t_t = 6$ ns
47. **b.** 6 pF **c.** 0,58
49. 25 ºC: 0,5 nA; 100 ºC: 60 nA; 60 nA: 0,5 nA = 120:1
51. 25 ºC: 500 mW; 100 ºC: 260 mW; 25 ºC: 714,29 mA; 100 ºC: 371,43 mA
55. 0,053%/ºC
57. 13 Ω
59. 2 V
61. 2,3 V
63. **a.** 75º **b.** 40º

CAPÍTULO 2

1. **a.** $I_{DQ} \cong 15$ mA, $V_{DQ} \cong 0{,}85$ V, $V_R = 11{,}15$ V **b.** $I_{DQ} \cong 15$ mA, $V_{DQ} = 0{,}71$ V, $V_R = 11{,}3$ V **c.** $I_{DQ} = 16$ mA, $V_{DQ} = 0$ V, $V_R = 12$ V
3. $R = 0{,}62$ kΩ
5. **a.** $I = 0$ mA **b.** $I = 2{,}895$ A **c.** $I = 1$ A
7. **a.** $V_o = 9{,}17$ V **b.** $V_o = 10$ V
9. **a.** $V_{o1} = 11{,}3$ V, $V_{o2} = 1{,}2$ V **b.** $V_{o1} = 0$ V, $V_{o2} = 0$ V
11. **a.** $V_o = 0{,}3$ V, $I = 0{,}3$ mA **b.** $V_o = 14{,}6$ V, $I = 3{,}96$ mA
13. $V_o = 6{,}03$ V, $I_D = 1{,}635$ mA
15. $V_o = 9{,}3$ V
17. $V_o = 10$ V
19. $V_o = -0{,}7$ V
21. $V_o = 4{,}7$ V
23. v_i: $V_m = 6{,}98$ V: r_d: máximo positivo = 0,7 V, pico negativo = –6,98 V: i_d: pulso positivo de 3,14 mA
25. Pulso positivo, pico = 169,68 V, $V_{CC} = 5{,}396$ V
27. **a.** $I_{D\text{máx}} = 20$ mA **b.** $I_{\text{máx}} = 40$ mA **c.** $I_D = 18{,}1$ mA **d.** $I_D = 36{,}2$ mA > $I_{D\text{máx}} = 20$ mA
29. Forma de onda retificada em onda completa, pico = –100 V; PIV = 100 V, $I_{\text{máx}} = 45{,}45$ mA
31. Forma de onda retificada em onda completa, pico = 56,67 V; $V_{CC} = 36{,}04$ V
33. **a.** Pulso positivo de 5,09 V **b.** Pulso positivo de 15,3 V
35. **a.** Ceifado em 4,7 V **b.** Corte positivo em 0,7 V, pico negativo = –11 V
37. **a.** 0 V a 40 V de oscilação **b.** –5 V a 35 V de oscilação
39. **a.** 28 ms **b.** 56:1 **c.** –1,3 V a –25,3 V de oscilação
41. Circuito da Figura 2.179 com bateria invertida
43. **a.** $R_s = 20$ Ω, $V_Z = 12$ V **b.** $P_{Z\text{máx}} = 2{,}4$ W
45. $R_s = 0{,}5$ kΩ, $I_{ZM} = 40$ mA
47. $V_o = 339{,}36$ V

CAPÍTULO 3

3. Diretamente e reversamente polarizadas
9. $I_C = 7{,}921$ mA, $I_B = 79{,}21$ μA
11. $V_{CB} = 1$ V: $V_{BE} = 800$ mV
$V_{CB} = 10$ V: $V_{BE} = 770$ mV
$V_{CB} = 20$ V: $V_{BE} = 750$ mV
Apenas ligeiramente
13. **a.** $I_C \cong 3{,}5$ mA **b.** $I_C \cong 3{,}5$ mA **c.** Desprezível **d.** $I_C = I_E$
15. **a.** $I_C = 3{,}992$ mA **b.** $\alpha = 0{,}993$ **c.** $I_E = 2$ mA
19. **a.** $\beta_{CC} = 111{,}11$ **b.** $\alpha_{CC} = 0{,}991$ **c.** $I_{CEO} = 0{,}3$ mA **d.** $I_{CBO} = 2{,}7$ mA
21. **a.** $\beta_{CC} = 87{,}5$ **b.** $\beta_{CC} = 108{,}3$ **c.** $\beta_{CC} = 135$
23. $\beta_{CC} = 116$, $\alpha_{CC} = 0{,}991$, $I_E = 2{,}93$ mA
29. $I_C = I_{C\text{máx}}$, $V_{CB} = 6$ V
$V_{CB} = V_{CB\text{máx}}$, $I_C = 2{,}1$ mA
$I_C = 4$ mA, $V_{CB} = 10{,}5$ V
$V_{CB} = 10$ V, $I_C = 2{,}8$ mA
31. $I_C = I_{C\text{máx}}$, $V_{CE} = 3{,}125$ V
$V_{CE} = V_{CE\text{máx}}$, $I_C = 20{,}83$ mA
$I_C = 100$ mA, $V_{CE} = 6{,}25$ mA
$V_{CE} = 20$ V, $I_C = 31{,}25$ mA
33. h_{FE}: $I_C = 0{,}1$ mA, $h_{FE} \cong 43$
$I_C = 10$ mA, $h_{FE} \cong 98$
h_{fe}: $I_C = 0{,}1$ mA, $h_{fe} \cong 72$
$I_C = 10$ mA, $h_{fe} \cong 160$
35. $I_C = 1$ mA, $h_{fe} \cong 120$
$I_C = 10$ mA, $h_{fe} \cong 160$
37. **a.** $\beta_{CA} = 190$ **b.** $\beta_{CC} = 201{,}7$ **c.** $\beta_{CA} = 200$ **d.** $\beta_{CC} = 230{,}77$ **f.** Sim

CAPÍTULO 4

1. **a.** $I_{BQ} = 30\ \mu A$ **b.** $I_{CO} = 3{,}6$ mA **c.** $V_{CEQ} = 6{,}48$ V **d.** $V_C = 6{,}48$ V **e.** $V_B = 0{,}7$ V **f.** $V_E = 0$ V
3. **a.** $I_C = 3{,}98$ mA **b.** $V_{CC} = 15{,}96$ V **c.** $\beta = 199$ **d.** $R_B = 763$ kΩ
5. **b.** $R_B = 812$ kΩ **c.** $I_{CQ} = 3{,}4$ mA, $V_{CEQ} = 10{,}75$ V **d.** $\beta_{CC} = 136$ **e.** $\alpha = 0{,}992$ **f.** $I_{C\text{sat}} = 7$ mA **h.** $P_D = 36{,}55$ mW **i.** $P_s = 71{,}92$ mW **j.** $P_R = 35{,}37$ mW
7. $I_{CQ} = 2{,}4$ mA, $V_{CEQ} = 11{,}5$ V
9. **b.** $I_{CQ} = 4{,}7$ mA, $V_{CEQ} = 7{,}5$ V **c.** 133,25 **d.** razoavelmente próximo
11. **a.** 154,5 **b.** 17,74 V **c.** 747 kΩ
13. **a.** 2,33 kΩ **b.** 133,33 **c.** 616,67 kΩ **d.** 40 mW **e.** 37,28 mW
15. **a.** 21,42 μA **b.** 1,71 mA **c.** 8,17 V **d.** 9,33 V **e.** 1,16 V **f.** 1,86 V
17. **a.** $I_C = 1{,}28$ mA **b.** $V_E = 1{,}54$ V **c.** $V_B = 2{,}24$ V **d.** $R_1 = 39{,}4$ kΩ
19. $I_{C_{\text{sat}}} = 3{,}49$ mA
21. 2,43 mA **b.** 7,55 V **c.** 20,25 μA **d.** 2,43 V **e.** 3,13 V
23. **a.** 1,99 mA **b.** $I_{CQ} = 1{,}71$ mA, $V_{CEQ} = 8{,}17$ V, $I_{BQ} = 21{,}42\ \mu A$
25. **a.** $I_C = 1{,}71$ mA, $V_{CE} = 8{,}17$ V **b.** $I_C = 1{,}8$ mA, $V_{CE} = 7{,}76$ V **c.** $\%\,\Delta I_C = 5{,}26$, $\%\,\Delta V_{CE} = 5{,}02$ **e.** divisor de tensão
27. **a.** 18,09 μA **b.** 2,17 mA **c.** 8,19 V
29. **a.** 2,24 mA **b.** 11,63 V **c.** 4,03 V **d.** 7,6 V
31. **a.** $I_C = 0{,}91$ mA, $V_{CE} = 5{,}44$ V **b.** $I_C = 0{,}983$ mA, $V_{CE} = 4{,}11$ V **c.** $\%\,\Delta I_C = 8{,}02$, $\%\,\Delta V_{CE} = 24{,}45$ **d.** divisor de tensão
33. **a.** 3,3 V **b.** 2,75 mA **c.** 11,95 V **d.** 8,65 V **e.** 24,09 μA **f.** 114,16
35. **a.** $I_B = 65{,}77\ \mu A$, $I_C = 7{,}23$ mA, $I_E = 7{,}3$ mA **b.** $V_B = 9{,}46$ V, $V_C = 12$ V, $V_E = 8{,}76$ V **c.** $V_{BC} = -2{,}54$ V, $V_{CE} = 3{,}24$ V
37. **a.** $I_E = 3{,}32$ mA, $V_C = 4{,}02$ V, $V_{CE} = 4{,}72$ V
39. **a.** $R_{\text{Th}} = 255$ kΩ, $E_{\text{Th}} = 0$ V, $I_B = 13{,}95\ \mu A$ **b.** $I_C = 1{,}81$ mA **c.** $V_E = -4{,}42$ V **d.** $V_{CE} = 5{,}95$ V
41. $R_B = 361{,}6$ kΩ, $R_C = 2{,}4$ kΩ
    Valores-padrão: $R_B = 360$ kΩ, $R_C = 2{,}4$ kΩ
43. $R_E = 0{,}75$ kΩ, $R_C = 3{,}25$ kΩ, $R_2 = 7{,}5$ kΩ, $R_1 = 41{,}15$ kΩ, Valores-padrão: $R_E = 0{,}75$ kΩ, $R_C = 3{,}3$ kΩ, $R_2 = 7{,}5$ kΩ, $R_1 = 43$ kΩ
45. **a.** $V_{B_1} = 4{,}14$ V, $V_{E_1} = 3{,}44$ V, $I_{C_1} = I_{E_1} = 3{,}44$ mA, $V_{C1} = 12{,}43$ V, $V_{B_2} = 2{,}61$ V, $V_{E_2} = 1{,}91$ V, $I_{E_2} = I_{C_2} = 1{,}59$ mA, $V_{C_2} = 16{,}5$ V
    b. $I_{B1} = 21{,}5\ \mu A$, $I_{C1} \cong I_{E_1} = 3{,}44$ mA, $I_{B_2} = 17{,}67\ \mu A$, $I_{C_2} \cong I_{E_2} = 1{,}59$ mA
47. **a.** $I_{B_1} = 57{,}33\ \mu A$, $I_{C_1} = 3{,}44$ mA, $I_{B_2} = 28{,}67\ \mu A$, $I_{C_2} = 3{,}44$ mA
    b. $V_{B_1} = 4{,}48$ V, $V_{B_2} = 10{,}86$ V, $V_{E_1} = 3{,}78$ V, $V_{C_1} = 10{,}16$ V, $V_{E_2} = 10{,}16$ V, $V_{C_2} = 14{,}43$ V
49. $I = 8{,}65$ mA
51. $I = 2{,}59$ mA
53. $I_E = 3{,}67\ \mu A$
55. $I_B = 17{,}5\ \mu A$, $V_C = -13{,}53$ V
57. $I_{C_{\text{sat}}} = 4{,}167$ mA, $V_o = 9{,}76$ V
59. **a.** $t_{\text{on}} = 168$ ns, $t_{\text{off}} = 148$ ns **b.** $t_{\text{on}} = 37$ ns, $t_{\text{off}} = 132$ ns
63. **a.** $V_C\downarrow$ **b.** $V_{CE}\downarrow$ **c.** $I_C\downarrow$ **d.** $V_{CE} \cong 20$ V **e.** $V_{CE} \cong 20$ V
65. **a.** $S(I_{CO}) = 120$ **b.** $S(V_{BE}) = -235 \times 10^{-6}$ S **c.** $S(\beta) = 30 \times 10^{-6}$ A **d.** $\Delta I_C \cong 2{,}12$ mA
67. **a.** $S(I_{CO}) = 11{,}06$ **b.** $S(V_{BE}) = -1280 \times 10^{-6}$ S **c.** $S(\beta) = 2{,}43 \times 10^{-6}$ A **d.** $\Delta I_C = 0{,}313$ mA

CAPÍTULO 5

1. **c.** 80,4%
7. **a.** 20 Ω **b.** 0,588 V **c.** 58,8 **d.** ∞ Ω **e.** 0,98 **f.** 10 μA
9. **a.** 8,57 Ω **b.** 25 μA **c.** 3,5 mA **d.** 132,84 **e.** –298,89
11. **a.** $Z_i = 497{,}47$ Ω, $Z_o = 2{,}2$ kΩ **b.** –264,74 **c.** $Z_i = 497{,}47$ Ω, $Z_o = 1{,}98$ kΩ, $A_v = -238{,}27$
13. **a.** $I_B = 18{,}72\ \mu A$, $I_C = 1{,}87$ mA, $r_e = 13{,}76$ Ω **b.** $Z_i = 1{,}38$ kΩ, $Z_o = 5{,}6$ kΩ **c.** –406,98 **d.** –343,03
15. **a.** 30,56 Ω **b.** $Z_i = 1{,}77$ kΩ, $Z_o = 3{,}9$ kΩ **c.** –127,6 **d.** $Z_i = 1{,}77$ kΩ, $Z_o = 3{,}37$ kΩ, $A_v = -110{,}28$
17. **a.** 18,95 Ω **b.** $V_B = 3{,}72$ V, $V_C = 13{,}59$ V **c.** $Z_i = 3{,}17$ kΩ, $A_v = -298{,}15$
19. **a.** 5,34 Ω **b.** $Z_i = 118{,}37$ kΩ, $Z_o = 2{,}2$ kΩ **c.** –1,81 **d.** $Z_i = 105{,}95$ kΩ, $Z_o = 2{,}2$ kΩ, $A_v = -1{,}81$
21. $R_E = 0{,}82$ kΩ, $R_B = 242{,}09$ kΩ
23. **a.** 15,53 Ω **b.** $V_B = 2{,}71$ V, $V_{CE} = 6{,}14$ V, $V_{CB} = 5{,}44$ V **c.** $Z_i = 67{,}45$ kΩ, $Z_o = 4{,}7$ kΩ **d.** –3,92 **e.** 56,26
25. **a.** $Z_i = 236{,}1$ kΩ, $Z_o = 31{,}2$ Ω **b.** 0,994 **c.** 0,994 mV
27. **a.** 33,38 Ω **b.** $Z_i = 33{,}22$ Ω, $Z_o = 4{,}7$ kΩ **c.** 140,52
29. **a.** 13,08 Ω **b.** $Z_i = 501{,}98$ Ω, $Z_o = 3{,}83$ kΩ **c.** –298
31. **c.** $A_v = -1{,}83$, $Z_i = 40{,}8$ kΩ, $Z_o = 2{,}16$ kΩ
33. **a.** $Z_i = 12{,}79$ kΩ, $Z_o = 1{,}75$ kΩ, $A_v = -2{,}65$
35. **a.** $R_L = 4{,}7$ kΩ, $A_{v_L} = -191{,}65$; $R_L = 2{,}2$ kΩ, $A_{v_L} = -130{,}49$; $R_L = 0{,}5$ kΩ, $A_{v_L} = -42{,}92$ **b.** Sem alteração
37. **a.** $A_{v_{NL}} = -557{,}36$, $Z_i = 616{,}52$ Ω, $Z_o = 4{,}3$ kΩ **c.** $A_{v_L} = -214{,}98$, $A_{v_s} = -81{,}91$ **d.** 49,04 **e.** –120,12 **f.** A_{v_s} inalterada **g.** Sem alteração
39. **a.** $R_L = 4{,}7$ kΩ, $A_{v_L} = -154{,}2$; $R_L = 2{,}2$ kΩ, $A_{v_L} = -113{,}2$; $R_L = 0{,}5$ kΩ, $A_{v_L} = -41{,}93$ **b.** Sem alteração
41. **a.** $A_{v_{NL}} = 0{,}983$, $Z_i = 9{,}89$ kΩ, $Z_o = 20{,}19$ Ω **c.** $A_{v_L} = 0{,}976$, $A_{v_s} = 0{,}92$ **d.** $A_{v_L} = 0{,}976$, $A_{v_s} = 0{,}886$ **e.** Sem alteração **f.** $A_{v_L} = 0{,}979$, $A_{v_s} = 0{,}923$ **g.** $A_i = 3{,}59$
43. **a.** $A_{v_1} = -97{,}67$, $A_{v_2} = -189$ **b.** $A_{v_L} = 18{,}46 \times 10^3$, $A_{v_s} = 11{,}54 \times 10^3$ **c.** $A_{i_1} = 97{,}67$, $A_{i_2} = 70$ **d.** $A_{i_L} = 6{,}84 \times 10^3$ **e.** Sem efeito **f.** sem efeito **g.** em fase
45. $V_B = 3{,}08$ V, $V_E = 2{,}38$ V, $I_E \cong I_C = 1{,}59$ mA, $V_C = 6{,}89$ V
47. $V_{B_1} = 4{,}4$ V, $V_{B2} = 11{,}48$ V, $V_{E_1} = 3{,}7$ V, $I_{C_1} \cong I_{E_1} = 3{,}7$ mA $\cong I_{E_2} \cong I_{C_2}$, $V_{C_2} = 14{,}45$ V, $V_{C_1} = 10{,}78$ V
49. –1,86 V
51. **a.** $V_{B_1} = 9{,}59$ V, $V_{C_1} = 16$ V, $V_{E_2} = 8{,}17$ V, $V_{CB_1} = 6{,}41$ V, $V_{CE_2} = 7{,}83$ V **b.** $I_{B_1} = 2{,}67\ \mu A$, $I_{B_2} = 133{,}5\ \mu A$, $I_{E_2} = 16{,}02$ mA **c.** $Z_i = 1{,}13$ MΩ, $Z_o = 3{,}21$ Ω **d.** $A_v \cong 1$, $A_i = 3{,}16 \times 10^3$
53. **a.** $V_{B_1} = 8{,}22$ V, $V_{E_2} = 6{,}61$ V, $V_{CE_2} = 3{,}3$ V, $V_{CB_1} = 1{,}69$ V **b.** $Z_i \cong 8$ kΩ, $Z_o = 470$ Ω **d.** –235 **e.** 4×10^3
55. **a.** $V_{B_1} = 6{,}24$ V, $V_{B_2} = 3{,}63$ V, $V_{C_1} = 3{,}63$ V, $V_{C_2} = 6{,}95$ V, $V_{E_1} = 6{,}95$ V, $V_{E_2} = 2{,}93$ V **b.** $I_{B_1} = 4{,}16\ \mu A$, $I_{C_1} = 0{,}666$ mA, $I_{B_2} = 0{,}666$ mA, $I_{C_2} = 133{,}12$ mA, $I_{E_2} = 135{,}12$ mA **c.** $Z_i = 0{,}887$ MΩ, $Z_o = 68$ Ω **d.** ≅ 1 **e.** $-13{,}06 \times 10^3$
57. $r_e = 21{,}67$ Ω, $\beta r_e = 2{,}6$ kΩ
63. Diferença % = 4,2, ignorar efeitos
65. Diferença % = 4,8, ignorar efeitos
67. **a.** 8,31 Ω **b.** $h_{fe} = 60$, $h_{ie} = 498{,}6$ Ω **c.** $Z_i = 497{,}47$ Ω, $Z_o = 2{,}2$ kΩ **d.** $A_v = -264{,}74$, $A_i \cong 60$ **e.** $Z_i = 497{,}47$ Ω, $Z_o = 2{,}09$ kΩ **f.** $A_v = -250{,}90$, $A_i = 56{,}73$
69. **a.** $Z_i = 9{,}38$ Ω, $Z_o = 2{,}7$ kΩ **b.** $A_v = 284{,}43$, $A_i \cong -1$ **c.** $\alpha = 0{,}992$, $\beta = 124$, $r_e = 9{,}45$ Ω, $r_o = 1$ MΩ
71. **a.** 814,8 Ω **b.** –357,68 **c.** 132,43 **d.** 72,9 kΩ
75. **a.** 75% **b.** 70%
77. **a.** 200 μS **b.** 5 kΩ *versus* 8,6 kΩ, não é uma boa aproximação
79. **a.** h_{fe} **b.** h_{oe} **c.** 30 μS a 0,1 μS **d.** Região intermediária
81. **a.** Sim **b.** R_2 não conectada à base

CAPÍTULO 6

5. **a.** 3,5 mA **b.** 2,5 mA **c.** 1,5 mA **d.** 0,5 mA **e.** Como $V_{GS}\downarrow$, $\Delta I_D\downarrow$ **f.** Não linear
15. **a.** 1,852 mA **b.** –1,318 V
19. 525 mW
21. 5,5 mA
23. –3 V
25. **a.** 175 Ω **b.** 233 Ω **c.** 252 Ω
29. V_{GS} = 0 V, I_D = 6 mA; V_{GS} = –1 V, I_D = 2,66 mA; V_{GS} = +1 V, I_D = 10,67 mA, V_{GS} = 2 V, I_D = 16,61 mA; ΔI_D = 3,34 mA *versus* 6 mA
31. –4,67 V
33. 8,13 V
37. **a.** $k = 1$ mA/V^2, $I_D = 1 \times 10^{-3} (V_{GS} - 4\text{ V})^2$ **c.** V_{GS} = 2 V, I_D = 0 mA; V_{GS} = 5 V, I_D = 1 mA; V_{GS} = 10 V, I_D = 36 mA
39. 1,261
41. $dI_D/dV_{GS} = 2k(V_{GS} - V_T)$

CAPÍTULO 7

1. **c.** $I_{D_Q} \cong$ 4,7 mA, $V_{DS_Q} \cong$ 5,54 V **d.** $I_{D_Q} \cong$ 4,69 mA, V_{DS_Q} = 5,56 V
3. **a.** I_D = 2,727 mA **b.** V_{DS} = 6 V **c.** V_{GG} = 1,66 V
5. V_D = 18 V, V_{GS} = –4 V
7. I_{D_Q} = 2,6 mA
9. **a.** I_{D_Q} = 3,33 mA **b.** $V_{GS_Q} \cong$ –1,7 V **c.** I_{DSS} = 10,06 mA **d.** V_D = 11,34 V **e.** V_{DS} = 9,64 V
11. V_S = 1,4 V
13. **a.** V_G = 2,16 V, $I_{D_Q} \cong$ 5,8 mA, $V_{GS_Q} \cong$ –0,85 V, V_D = 7,24 V, V_S = 6,38 V, V_{DS_Q} = 0,86 V **b.** V_{GS} = 0 V, $V_G = I_D R_S = I_{DSS} R_S$ e R_S = 216 Ω
15. R_S = 2,67 kΩ
17. **a.** I_D = 3,33 mA **b.** V_D = 10 V, V_S = 6 V **c.** V_{GS} = –6 V
19. V_D = 8,8 V, V_{GS} = 0 V
21. **a.** $I_{D_Q} \cong$ 9 mA, $V_{GS_Q} \cong$ 0,5 V **b.** V_{DS} = 7,69 V, V_S = –0,5 V
23. $I_{D_Q} \cong$ 5 mA, $V_{GS_Q} \cong$ 6 V
25. **a.** $V_B = V_G$ = 3,2 V **b.** V_E = 2,5 V **c.** I_E = 2,08 mA, I_C = 2,08 mA, I_D = 2,08 mA **d.** I_B = 20,8 μA **e.** V_C = 5,67 V, V_S = 5,67 V, V_D = 11,42 V **f.** V_{CE} = 3,17 V **g.** V_{DS} = 5,75 V
27. V_{GS} = –2 V, R_S = 2,4 kΩ, R_D = 6,2 kΩ, R_2 = 4,3 MΩ
29. **a.** JFET em saturação **b.** JFET não conduzindo **c.** Curto da porta ao dreno (JFET ou circuito)
31. JFET em saturação, circuito aberto entre porta e circuito divisor de tensão
33. **a.** $I_{D_Q} \cong$ 4,4 mA, $V_{GS_Q} \cong$ –7,25 V **b.** V_{DS} = –7,25 V **c.** V_D = 7,25 V
35. **a.** V_{GS_Q} = –1,96 V, I_{D_Q} = 2,7 mA **b.** V_{DS} = 11,93 V, V_D = 13,95 V, V_G = 0 V, V_S = 2,03 V
37. **a.** I_{D_Q} = 2,76 mA, V_{GS_Q} = –2,04 V **b.** V_{DS} = 7,86 V, V_S = 2,07 V

CAPÍTULO 8

1. 6 mS
3. 10 mA
5. 12,5 mA
7. 2,4 mS
9. Z_o = 40 kΩ, A_v = –180
11. **a.** 4 mS **b.** 3,64 mS **c.** 3,6 mS **d.** 3 mS **e.** 3,2 mS
13. **a.** 0,75 mS **b.** 100 kΩ
15. g_m = 5,6 mS, r_d = 66,67 kΩ
17. Z_i = 1 MΩ, Z_o = 1,72 kΩ, A_v = –4,8
19. **a.** Z_i = 2 MΩ, Z_o = 3,81 kΩ, A_v = –7,14 **b.** Z_i = 2 MΩ, Z_o = 4,21 kΩ (aumentado), A_v = –7,89 (aumentado)
21. Z_i = 10 MΩ, Z_o = 730 Ω, A_v = –2,19
23. **a.** 3,83 kΩ, **b.** 3,41 kΩ
25. Z_i = 9,7 MΩ, Z_o = 1,92 kΩ, V_o = –210 mV
27. Z_i = 9,7 MΩ, Z_o = 1,82 kΩ, V_o = –198,8 mV
29. Z_i = 356,3 Ω, Z_o = 3,3 kΩ, V_o = 28,24 mV
31. Z_i = 275,5 Ω, Z_o = 2,2 kΩ, A_v = 5,79
33. Z_i = 10 MΩ, Z_o = 506,4 Ω, A_v = 0,745
35. 11,73 mV
37. Z_i = 10 MΩ, Z_o = 1,68 kΩ, A_v = –9,07
39. Z_i = 9 MΩ, Z_o = 197,6 Ω, A_v = 0,816
41. Z_i = 1,73 MΩ, Z_o = 2,15 kΩ, A_v = –4,77
43. –203 mV
45. –3,51 mV
47. R_S = 180 Ω, R_D = 2 kΩ (valores-padrão)
49. **a.** Z_i = 2 MΩ, Z_o = 0,72 kΩ, $A_{v_{NL}}$ = 0,733 **c.** A_{v_L} = 0,552, A_{v_s} = 0,552 **d.** A_{v_L} = 0,670, A_{v_s} inalterada **e.** A_{v_L} inalterada, A_{v_s} = 0,546 **f.** Z_i e Z_o inalteradas
51. A partir do gráfico $V_{GS_Q} \cong$ –1,45 V, $I_{D_Q} \cong$ 3,7 mA, V_D = 9,86 V, V_S = 1,44 V, V_{DS} = 8,42 V, V_G = 0 V
53. A partir do gráfico $V_{GS_Q} \cong$ –1,4 V, $I_{D_Q} \cong$ 3,6 mA, V_D = 10,08 V, V_S = 1,4 V, V_{DS} = 8,68 V, V_G = 0 V
55. Z_i = 10 MΩ, Z_o = 2,7 kΩ
57. A_{v_1} = –3,77, A_{v_2} = –87,2, A_{v_T} = 328,74

CAPÍTULO 9

1. **a.** 3; 1,699; –1,151 **b.** 6,908; 3,912; –0,347 **c.** Resultados diferem por um fator de 2,3
3. **a.** Mesmos 22,92 **b.** Mesmos 23,98 **c.** Mesmos 0,903
5. G_{dBm} = 43,98 dBm
7. G_{dB} = 67,96 dB
9. **a.** G_{dB} = 69,83 dB **b.** G_v = 82,83 dB **c.** R_i = 2 kΩ **d.** P_o = 1385,64 V
11. **a.** $f_L = 1/\sqrt{1 + (1950{,}43\text{ Hz}/f)^2}$ **b.** 100 Hz: $|A_v|$ = 0,051; 1k Hz: $|A_v|$ = 0,456; 2k Hz: $|A_v|$ = 0,716; 5k Hz: $|A_v|$ = 0,932; 10k Hz: $|A_v|$ = 0,982 **c.** $f_L \cong$ 1950 Hz
13. **a.** 10k Hz **b.** 1k Hz **c.** 5k Hz **d.** 100k Hz
15. **a.** r_e = 28,48 Ω **b.** $A_{v_{méd}}$ = –72,91 **c.** Z_i = 2,455 kΩ **d.** f_{L_s} = 137,93 Hz, f_{LC} = 38,05 Hz, f_{LE} = 85,30 Hz **e.** $f_L = f_{L_s}$ = 137,93 Hz
17. **a.** r_e = 30,23 Ω **b.** $A_{v_{méd}}$ = 0,983 **c.** Z_i = 21,13 kΩ **d.** f_{L_s} = 75,32 Hz, f_{LC} = 188,57 Hz, **e.** $f_L = f_{LC}$ = 188,57 Hz
19. **a.** r_e = 28,48 Ω **b.** $A_{v_{méd}}$ = –72,91 **c.** Z_i = 2,455 kΩ **d.** f_{L_s} = 103,4 Hz, f_{LC} = 38,05 Hz, f_{LE} = 235,79 Hz **e.** $f_L = f_{LE}$ = 235,79 Hz
21. **a.** r_e = 30,23 Ω **b.** $A_{v_{méd}}$ = 0,983 **c.** Z_i = 21,13 kΩ **d.** f_{L_s} = 71,92 Hz, f_{LC} = 193,16 Hz **e.** $f_L = f_{LC}$ = 193,16 Hz
23. **a.** V_{GS_Q} = –2,45 V, I_{D_Q} = 2,1 mA **b.** g_m = 1,18 mS **c.** $A_{v_{méd}}$ = –2 **d.** Z_i = 1 MΩ **e.** A_{v_s} = –2 **f.** f_{LG} = 1,59 Hz, f_{LC} = 4,91 Hz, f_{LS} = 32,04 Hz **g.** $f_L = f_{LS}$ = 32 Hz
25. **a.** V_{GS_Q} = –2,55 V, I_{D_Q} = 3,3 mA **b.** g_m = 1,91 mS **c.** $A_{v_{méd}}$ = –4,39 **d.** Z_i = 51,94 kΩ **e.** A_{v_s} = –4,27 **f.** f_{LG} = 2,98 Hz, f_{LC} = 2,46 Hz, f_{LS} = 41 Hz **g.** $f_L = f_{LS}$ = 41 Hz
27. **a.** f_{H_i} = 277,89 kHz, f_{H_o} = 2,73 mHz **b.** f_β = 895,56 kHz, f_T = 107,47 MHz **d.** GBP = 18,23 MHz
29. **a.** f_{H_i} = 2,87 MHz, f_{H_o} = 127,72 mHz **b.** f_β = 1,05 MHz, f_T = 105 MHz **d.** GBP = 786,4 kHz

31. **a.** $g_{m0} = 2$ mS, $g_m = 1{,}18$ mS **b.** $A_{v_{méd}} = A_{v_s} = -2$ **c.** $f_{H_i} =$ 7,59 MHz, $f_{H_o} = 7{,}82$ MHz **e.** GBP = 12 MHz
33. $A_{vT} = 16 \times 10^4$
35. $f_L' = 91{,}96$ Hz

CAPÍTULO 10

1. $V_o = -18{,}75$ V
3. $V_1 = -40$ mV
5. $V_o = -9{,}3$ V
7. V_o varia de 5,5 V a 10,5 V
9. $V_o = -3{,}39$ V
11. $V_o = 0{,}5$ V
13. $V_2 = -2$ V, $V_1 = 4{,}2$ V
15. $V_o = 6{,}4$ V
17. $I_{IB} = 22$ nA, $I_{IB} = 18$ nA
19. $A_{CL} = 80$
21. V_o (offset) = 105 mV
23. CMRR = 75,56 dB

CAPÍTULO 11

1. $V_o = -175$ mV, rms
3. $V_o = 412$ mV
7. $V_o = -2{,}5$ V
11. $I_L = 6$ mA
13. $I_o = 0{,}5$ mA
15. $f_{OH} = 1{,}45$ kHz
17. $f_{OL} = 318{,}3$ Hz, $f_{OH} = 397{,}9$ Hz

CAPÍTULO 12

1. $P_o = 10{,}4$ W, $P_o = 640$ mW
3. $P_o = 2{,}1$ W
5. R(eff) = 2,5 kΩ
7. $a = 44{,}7$
9. $\%\eta = 37\%$
13. **a.** P_1 máxima = 49,7 W **b.** P_o máxima = 39,06 W **c.** $\%\eta$ máximo = 78,5%
17. **a.** $P_o = 27$ W **b.** $P_o = 8$ W **c.** $\%\eta = 29{,}6\%$ **d.** $P_{2Q} = 19$ W
19. $\%D_2 = 14{,}3\%$, $\%D_3 = 4{,}8\%$, $\%D_4 = 2{,}4\%$
21. $\%D_2 = 6{,}8\%$
23. $P_D = 25$ W
25. $P_D = 3$ W

CAPÍTULO 13

9. $V_o = 13$ V
13. Período = 204,8 μs
17. $f_o = 60$ kHz
19. $C = 133$ pF
21. $C_1 = 300$ pF

CAPÍTULO 14

1. $A_f = -9{,}95$
3. $A_f = -14{,}3$, $R_{of} = 31{,}5$ kΩ, $R_{of} = 2{,}4$ kΩ
5. Sem realimentação: $A_i = -303{,}2$, $Z_i = 1{,}18$ kΩ, $Z_o = 4{,}7$ kΩ
   Com realimentação: $A_{of} = -3{,}82$, $Z_{of} = 45{,}8$ kΩ
7. $f_o = 4{,}2$ kHz
9. $f_o = 1{,}05$ MHz
11. $f_o = 159{,}2$ kHz

CAPÍTULO 15

1. Fator de ondulação = 0,028
3. Tensão de ondulação = 24,2 V
5. $V_r = 1{,}2$ V
7. $V_r = 0{,}6$ V rms, $V_{CC} = 17$ V
9. $V_r = 0{,}12$ V rms
11. $V_m = 13{,}7$ V
13. $\%r = 7{,}2\%$
15. $\%r = 8{,}3\%$, $\%r = 3{,}1\%$
17. $V_r = 0{,}325$ V rms
19. $V_o = 7{,}6$ V, $I_z = 3{,}66$ mA
21. $V_o = 24{,}6$ V
25. $I_{CC} = 225$ mA
27. $V_o = 9{,}9$ V

CAPÍTULO 16

3. 33,25 μA
7. $C_D \cong 6{,}2$ pF, $X_C = 25{,}67$ kΩ
9. **a.** –3 V: 40 pF, –12 V: 20 pF, $\Delta C = 20$ pF **b.** –8 V: $\Delta C / \Delta V_R = 2$ pF/V, –2 V: $\Delta C/\Delta V_R = 6{,}67$ pF/V
11. $C_t \cong 15$ pF, $Q = 354{,}61$ *versus* 350 no gráfico
15. ≅ 739,5 kHz
19. **a.** $\Delta V_{OC}/\Delta f_C = 0{,}375$ mV/f_C **b.** 547,5 mV
21. **a.** $422{,}8 \times 10^{-21}$ J **b.** $305{,}72 \times 10^{-21}$ J **c.** sim
23. 50 V
25. **a.** ≅ 0,9 Ω/fc **b.** ≅ 380 Ω/fc **c.** ≅ 78 kΩ/fc, região de baixa iluminação
27. $V_i = 21$ V
29. À medida que f_c aumenta, t_r e t_d diminuem exponencialmente
31. **a.** $\phi \cong 5$ mW **b.** 2,27 lm
33. $\phi = 3{,}44$ mW
37. Níveis inferiores
39. $R = 20$ kΩ
41. R (termistor) = 90 Ω
43. 1 MHz: 31,83 kΩ; 100 MHz: 318,3 Ω; 1 MHz: $Z_T = -152$ Ω∠0°; 100 MHz: $Z_T = -137{,}16$ Ω∠26°; L_S muito pouco efeito
45. – 62,5 Ω

CAPÍTULO 17

5. **a.** Sim **b.** Não **c.** Não **d.** Sim, Não
9. **a.** $V_{pico} = 168{,}28$ V **b.** $I_{pico} = 1{,}19$ A **c.** 1,19 A **d.** 4,17 ms **e.** 51 ms **f.** Aberto **g.** 23,86 ms **h.** Ligar **i.** Comutação forçada
13. **a.** $V_{GK} = -12\text{ V} + \dfrac{R'(24\text{ V})}{R' + R_S}$

    b. 0 V **c.** 14 kΩ **d.** 60 mA **e.** 0,12 mA **f.** Sim, elemento indutivo em alarme; instalar elemento capacitivo protetor.
15. **a.** ≅ 0,7 MW/cm² **b.** 80,5%
19. 241 pF
21. 153 MΩ > R_1 > 4,875 kΩ
23. **a.** $R_{B_1} = 5{,}5$ kΩ, $R_{B_2} = 4{,}5$ kΩ **b.** 11,7 V **c.** OK, 68 kΩ < 166 kΩ
27. **a.** 1,12 nA/ºC
29. **b.** $\beta_{CC} = 0{,}4$
31. $\eta = 0{,}75$, $V_G = 15$ V

Índice remissivo

A

B

C

D

E

F

G

H

I

J

K

L

M

N

O

P

R

V

Equações significativas

1 Diodos semicondutores $W = QV$, $1\text{ eV} = 1{,}6 \times 10^{-19}\text{ J}$, $I_D = I_s(e^{V_D/nV_T} - 1)$, $V_T = kT/q$, $T_K = T_C + 273°$, $k = 1{,}38 \times 10^{-23}\text{ J/K}$, $V_K \cong 0{,}7\text{ V (Si)}$, $V_K \cong 0{,}3\text{ V(Ge)}$, $V_K \cong 1{,}2\text{ V (GaAs)}$, $R_D = V_D/I_D$, $r_d = 26\text{ mV}/I_D$, $r_{av} = \Delta V_d/\Delta I_d|_{\text{pt. a pt.}}$, $P_D = V_D I_D$, $T_C = (\Delta V_Z/V_Z)/(T_1 - T_0) \times 100\%/°\text{C}$

2 Aplicações do diodo Silício: $V_K \cong 0{,}7\text{ V}$, germânio: $V_K \cong 0{,}3\text{ V}$, GaAs: $V_K \cong 1{,}2\text{ V}$; meia-onda: $V_{CC} = 0{,}318V_m$; onda completa: $V_{CC} = 0{,}636V_m$

3 Transistores bipolares de junção $I_E = I_C + I_B$, $I_C = I_{C_{\text{majoritário}}} + I_{CO_{\text{minoritário}}}$, $I_C \cong I_E$, $V_{BE} = 0{,}7\text{ V}$, $\alpha_{CC} = I_C/I_E$, $I_C = \alpha I_E + I_{CBO}$, $\alpha_{CA} = \Delta I_C/\Delta I_E$, $I_{CEO} = I_{CBO}/(1 - \alpha)$, $\beta_{CC} = I_C/I_B$, $\beta_{CA} = \Delta I_C/\Delta I_B$, $\alpha = \beta/(\beta + 1)$, $\beta = \alpha/(1 - \alpha)$, $I_C = \beta I_B$, $I_E = (\beta + 1)I_B$, $P_{C_{\text{máx}}} = V_{CE}I_C$

4 Polarização CC – TBJs Em geral: $V_{BE} = 0{,}7\text{ V}$, $I_C \cong I_E$, $I_C = \beta I_B$; polarização fixa: $I_B = (V_{CC} - V_{BE})/R_B$, $V_{CE} = V_{CC} - I_C R_C$, $I_{C_{\text{sat}}} = V_{CC}/R_C$; emissor estabilizado: $I_B = (V_{CC} - V_{BE})/(R_B + (\beta + 1)R_E)$, $R_i = (\beta + 1)R_E$, $V_{CE} = V_{CC} - I_C(R_C + R_E)$, $I_{C_{\text{sat}}} = V_{CC}/(R_C + R_E)$; divisor de tensão: exato: $R_{Th} = R_1 \| R_2$, $E_{Th} = R_2V_{CC}/(R_1 + R_2)$, $I_B = (E_{Th} - V_{BE})/(R_{Th} + (\beta + 1)R_E)$, $V_{CE} = V_{CC} - I_C(R_C + R_E)$, aproximado: $\beta R_E \geq 10R_2$, $V_B = R_2V_{CC}/(R_1 + R_2)$, $V_E = V_B - V_{BE}$, $I_C \cong I_E = V_E/R_E$; realimentação de tensão: $I_B = (V_{CC} - V_{BE})/(R_B + \beta(R_C + R_E))$; base-comum: $I_B = (V_{EE} - V_{BE})/R_E$; transistores de chaveamento: $t_{on} = t_r + t_d$, $t_{off} = t_s + t_f$; estabilidade: $S(I_{CO}) = \Delta I_C/\Delta I_{CO}$ polarização fixa: $S(I_{CO}) = \beta + 1$; polarização de emissor: $S(I_{CO}) = (\beta + 1)(1 + R_B/R_E)/(1 + \beta + R_B/R_E)$; divisor de tensão: $S(I_{CO}) = (\beta + 1)(1 + R_{Th}/R_E)/(1 + \beta + R_{Th}/R_E)$; polarização de realimentação: $S(I_{CO}) = (\beta + 1)(1 + R_B/R_C)/(1 + \beta + R_B/R_C)$, $S(V_{BE}) = \Delta I_C/\Delta V_{BE}$; polarização fixa: $S(V_{BE}) = -\beta/R_B$; polarização de emissor: $S(V_{BE}) = -\beta/(R_B + (\beta + 1)R_E)$; divisor de tensão: $S(V_{BE}) = -\beta/(R_{Th} + (\beta + 1)R_E)$; polarização de realimentação: $S(V_{BE}) = -\beta/(R_B + (\beta + 1)R_C)$, $S(\beta) = \Delta I_C/\Delta\beta$; polarização fixa: $S(\beta) = I_{C_1}/\beta_1$; polarização de emissor: $S(\beta) = I_{C_1}(1 + R_B/R_E)/(\beta_1(1 + \beta_2 + R_B/R_E))$; divisor de tensão: $S(\beta) = I_{C_1}(1 + R_{Th}/R_E)/(\beta_1(1 + \beta_2 + R_{Th}/R_E))$; polarização de realimentação: $S(\beta) = I_{C_1}(1 + R_B/R_C)/(\beta_1(1 + \beta_2 + R_B/R_C))$, $\Delta I_C = S(I_{CO})\,\Delta I_{CO} + S(V_{BE})\,\Delta V_{BE} + S(\beta)\,\Delta\beta$

5 Análise CA do transistor TBJ $r_e = 26\text{ mV}/I_E$; EC com polarização fixa: $Z_i \cong \beta r_e$, $Z_o \cong R_C$, $A_v = -R_C/r_e$; polarização por divisor de tensão: $Z_i = R_1\|R_2\|\beta r_e$, $Z_o \cong R_C$, $A_v = -R_C/r_e$; EC com polarização de emissor: $Z_i \cong R_B\|\beta R_E$, $Z_o \cong R_C$, $A_v \cong -R_C/R_E$; seguidor de emissor: $Z_i \cong R_B\|\beta R_E$, $Z_o \cong r_e$, $A_v \cong 1$; base-comum: $Z_i \cong R_E\|r_e$, $Z_o \cong R_C$, $A_v \cong R_C/r_e$; realimentação de coletor: $Z_i \cong r_e/(1/\beta + R_C/R_F)$, $Z_o \cong R_C\|R_F$, $A_v = -R_C/r_e$ realimentação de coletor: $Z_i \cong R_{F_1}\|\beta r_e$, $Z_o \cong R_C\|R_{F_2}$, $A_v = -(R_{F_2}\|R_C)/r_e$; efeito da impedância de carga: $A_v = R_LA_{v_{NL}}/(R_L + R_o)$, $A_i = -A_vZ_i/R_L$; efeito da impedância de fonte: $V_i = R_iV_s/(R_i + R_s)$, $A_{v_s} = R_iA_{v_{NL}}/(R_i + R_s)$, $I_s = V_s/(R_s + R_i)$; efeito combinado das impedâncias de carga e de fonte: $A_v = R_LA_{v_{NL}}/(R_L + R_o)$, $A_{v_S} = (R_i/(R_i + R_s))(R_L/(R_L + R_o))A_{v_{NL}}$, $A_i = -A_vR_i/R_L$, $A_{i_s} = -A_{v_S}(R_s + R_i)/R_L$; conexão cascode: $A_v = A_{v_1}A_{v_2}$; conexão Darlington: $\beta_D = \beta_1\beta_2$; configuração seguidor de emissor: $I_B = (V_{CC} - V_{BE})/(R_B + \beta_DR_E)$, $I_C \cong I_E \cong \beta_DI_B$, $Z_i = R_B\|\beta_1\beta_2R_E$, $A_i = \beta_DR_B/(R_B + \beta_DR_E)$, $A_v \cong 1$, $Z_o = r_{e_1}/\beta_2 + r_{e_2}$; configuração de amplificador básico: $Z_i = R_1\|R_2\|Z_i'$, $Z_i' = \beta_1(r_{e_1} + \beta_2r_{e_2})$, $A_i = \beta_D(R_1\|R_2)/(R_1\|R_2 + Z_i')$, $A_v = \beta_DR_C/Z_i'$, $Z_o = R_C\|r_{o_2}$; par realimentado: $I_{B_1} = (V_{CC} - V_{BE_1})/(R_B + \beta_1\beta_2R_C)$, $Z_i = R_B\|Z_i'$, $Z_i' = \beta_1r_{e_1} + \beta_1\beta_2R_C$, $A_i = -\beta_1\beta_2R_B/(R_B + \beta_1\beta_2R_C)$ $A_v = \beta_2R_C/(r_e + \beta_2R_C) \cong 1$, $Z_o \cong r_{e_1}/\beta_2$.

6 Transistores de efeito de campo $I_G = 0\text{ A}, I_D = I_{DSS}(1 - V_{GS}/V_P)^2, I_D = I_S, V_{GS} = V_P(1 - \sqrt{I_D/I_{DSS}})$, $I_D = I_{DSS}/4$ (se $V_{GS} = V_P/2$), $I_D = I_{DSS}/2$ (se $V_{GS} \cong 0{,}3\,V_P$), $P_D = V_{DS}I_D, r_d = r_o/(1 - V_{GS}/V_P)^2$;
MOSFET: $I_D = k(V_{GS} - V_T)^2, k = I_{D(\text{on})}/(V_{GS(\text{on})} - V_T)^2$

7 Polarização do FET Polarização fixa: $V_{GS} = -V_{GG}, V_{DS} = V_{DD} - I_DR_D$; autopolarização: $V_{GS} = -I_DR_S$, $V_{DS} = V_{DD} - I_D(R_S + R_D), V_S = I_DR_S$; divisor de tensão: $V_G = R_2V_{DD}/(R_1 + R_2), V_{GS} = V_G - I_DR_S, V_{DS} = V_{DD} - I_D(R_D + R_S)$; configuração porta-comum: $V_{GS} = V_{SS} - I_DR_S$, $V_{DS} = V_{DD} + V_{SS} - I_D(R_D + R_S)$; caso especial: $V_{GS_Q} = 0\ V$: $I_{I_Q} = I_{DSS}, V_{DS} = V_{DD} - I_DR_D, V_D = V_{DS}, V_S = 0\ V$. MOSFET tipo intensificação: $I_D = k(V_{GS} - V_{GS(\text{Th})})^2$, $k = I_{D(\text{on})}/(V_{GS(\text{on})} - V_{GS(\text{Th})})^2$; polarização por realimentação: $V_{DS} = V_{GS}, V_{GS} = V_{DD} - I_DR_D$; divisor de tensão: $V_G = R_2V_{DD}/(R_1 + R_2), V_{GS} = V_G - I_DR_S$; curva universal: $m = |V_P|/I_{DSS}R_S, M = m \times V_G/|V_P|, V_G = R_2V_{DD}/(R_1 + R_2)$

8 Amplificadores FET $g_m = y_{fs} = \Delta I_D/\Delta V_{GS}, g_{m0} = 2I_{DSS}/|V_P|, g_m = g_{m0}(1 - V_{GS}/V_P), g_m = g_{m0}\sqrt{I_D/I_{DSS}}$, $r_d = 1/y_{os} = \Delta V_{DS}/\Delta I_D|_{V_{GS}=\text{constante}}$; polarização fixa: $Z_i = R_G, Z_o \cong R_D, A_v = -g_mR_D$; autopolarização ($R_s$ com desvio): $Z_i = R_G, Z_o \cong R_D, A_v = -g_mR_D$; autopolarização ($R_s$ sem desvio): $Z_i = R_G, Z_o = R_D, A_v \cong -g_mR_D/(1 + g_mR_s)$; polarização por divisor de tensão: $Z_i = R_1\|R_2, Z_o = R_D, A_v = -g_mR_D$; seguidor de fonte: $Z_i = R_G, Z_o = R_S\|1/g_m$, $A_v \cong g_mR_S/(1 + g_mR_S)$; porta-comum: $Z_i = R_S\|1/g_m, Z_o \cong R_D, A_v = g_mR_D$ MOSFETs tipo intensificação: $g_m = 2k(V_{GS_Q} - V_{GS(\text{Th})})$; configuração com realimentação de dreno: $Z_i \cong R_F/(1 + g_mR_D), Z_o \cong R_D, A_v \cong -g_mR_D$; polarização por divisor de tensão: $Z_i = R_1\|R_2$, $Z_o \cong R_D, A_v \cong -g_mR_D$.

9 Resposta em frequência do TBJ e do JFET $\log_e a = 2{,}3\log_{10}a, \log_{10}1 = 0, \log_{10}a/b = \log_{10}a - \log_{10}b, \log_{10}1/b = -\log_{10}b, \log_{10}ab = \log_{10}a + \log_{10}b, G_{\text{dB}} = 10\log_{10}P_2/P_1, G_{\text{dBm}} = 10\log_{10}P_2/1\text{ mW}|_{600\,\Omega}, G_{\text{dB}} = 20\log_{10}V_2/V_1$, $G_{dB_T} = G_{dB_1} + G_{dB_2} + \cdots + G_{dB_n}\ P_{o_{HPF}} = 0{,}5P_{o_{\text{méd}}}$, BW $= f_1 - f_2$; baixa frequência (TBJ): $f_{L_S} = 1/2\pi(R_s + R_i)C_s$, $f_{L_C} = 1/2\pi(R_o + R_L)C_C, f_{L_E} = 1/2\pi R_eC_E, R_e = R_E\|(R'_s/\beta + r_e), R'_s = R_s\|R_1\|R_2$, FET: $f_{L_G} = 1/2\pi(R_{\text{sig}} + R_i)C_G$, $f_{L_C} = 1/2\pi(R_o + R_L)C_C$, $f_{L_S} = 1/2\pi R_{eq}C_S, R_{eq} = R_S\|1/g_m(r_d \cong \infty\ \Omega)$; efeito Miller: $C_{M_i} = (1 - A_v)C_f, C_{M_o} = (1 - 1/A_v)C_f$; alta frequência (TBJ): $f_{H_i} = 1/2\pi R_{\text{Th}_i}C_i, R_{\text{Th}_i} = R_s\|R_1\|R_2\|R_i, C_i = C_{w_i} + C_{be} + (1 - A_v)C_{bc}, f_{H_o} = 1/2\pi R_{\text{Th}_o}C_o$, $R_{\text{Th}_o} = R_C\|R_L\|r_o, C_o = C_{W_o} + C_{ce} + C_{M_o}, f_\beta \cong 1/2\pi\beta_{\text{méd}}r_e(C_{be} + C_{bc}), f_T = \beta_{\text{méd}}f_\beta$; FET: $f_{H_i} = 1/2\pi R_{\text{Th}_i}C_i$, $R_{\text{Th}_i} = R_{\text{sig}}\|R_G, C_i = C_{W_i} + C_{gs} + C_{M_i}, C_{M_i} = (1 - A_v)C_{gd}\ f_{H_o} = 1/2\pi R_{\text{Th}_o}C_o, R_{\text{Th}_o} = R_D\|R_L\|r_d, C_o = C_{W_o} + C_{ds} + C_{M_o}$; $C_{M_O} = (1 - 1/A_v)C_{gd}$; multiestágios: $f'_1 = f/\sqrt{2^{1/n} - 1}, f'_2 = (\sqrt{2^{1/n} - 1})f_2$; teste de onda quadrada: $f_{H_i} = 0{,}35/t_r$, % inclinação $= P\% = ((V - V)/V) \times 100\%, f_{L_o} = (P/\pi)f_s$

10 Amplificadores operacionais CMRR $= A_d/A_c$; CMRR(log) $= 20\log_{10}(A_d/A_c)$; multiplicador de ganho constante: $V_o/V_1 = -R_f/R_1$; amplificador não inversor: $V_o/V_1 = 1 + R_f/R_1$; seguidor unitário: $V_o = V_1$; amplificador somador: $V_o = -[(R_f/R_1)V_1 + (R_f/R_2)V_2 + (R_f/R_3)V_3]$; integrador $v_o(t) = -(1/R_1C_1)\int v_1dt$

11 Aplicações do amp-op Multiplicador de ganho constante: $A = -R_f/R_1$; não inversor: $A = 1 + R_f/R_1$; soma de tensões: $V_o = -[(R_f/R_1)V_1 + (R_f/R_2)V_2 + (R_f/R_3)V_3]$; filtro ativo passa-altas: $f_{oL} = 1/2\pi R_1C_1$; filtro ativo passa-baixas: $f_{oH} = 1/2\pi R_1C_1$

12 Amplificadores de potência
Potência de entrada: $P_i = V_{CC}I_{CQ}$
Potência de saída: $P_o = V_{CE}I_C = I_C^2R_C = V_{CE}^2/R_C$ rms
$= V_{CE}I_C/2 = (I_C^2/2)R_C = V_{CE}^2/(2R_C)$ pico
$= V_{CE}I_C/8 = (I_C^2/8)R_C = V_{CE}^2/(8R_C)$ pico a pico
eficiência: $\%\eta = (P_o/P_i) \times 100\%$; eficiência máxima: Classe A, alimentação-série: = 25%; Classe A, acoplamento a transformador = 50%; Classe B, *push-pull* = 78,5%; relações de transformador: $V_2/V_1 = N_2/N_1 = I_1/I_2, R_2 = (N_2/N_1)^2R_1$; potência de saída: $P_o = [(V_{CE_{\text{máx}}} - V_{CE_{\text{mín}}})(I_{C_{\text{máx}}} - I_{C_{\text{mín}}})]/8$; amplificador de potência classe B: $P_i = V_{CC}[(2/\pi)I_{\text{pico}}]$; $P_o = V_L^2(\text{pico})/(2R_L)$; $\%\eta = (\pi/4)[V_L(\text{pico})/V_{CC}] \times 100\%$; $P_Q = P_{2Q}/2 = (P_i - P_o)/2$; máxima $P_o = V_{CC}^2/2R_L$; máxima $P_i = 2V_{CC}^2/\pi R_L$; máxima $P_{2Q} = 2V_{CC}^2/\pi^2R_L$; % distorção harmônica total: (% THD) $= \sqrt{D_2^2 + D_3^2 + D_4^2 + \cdots} \times 100\%$; dissipador de calor: $T_J = P_D\theta_{JA} + T_A, \theta_{JA} = 40\ ^\circ\text{C/W}$ (ar livre); $P_D = (T_J - T_A)/(\theta_{JC} + \theta_{CS} + \theta_{SA})$

13 CIs lineares/digitais Circuito em escada: $V_o = [(D_0 \times 2^0 + D_1 \times 2^1 + D_2 \times 2^2 + \cdots + D_n \times 2^n)/2^n]V_{ref}$; oscilador 555: $f = 1{,}44(R_A + 2R_B)C$; 555 monoestável: $T_{alto} = 1{,}1R_AC$; VCO: $f_o = (2/R_1C_1)[(V^+ - V_C)/V^+]$; malha amarrada por fase: $f_o = 0{,}3/R_1C_1, f_L = \pm 8f_o/V, f_C = \pm(1/2\pi)\sqrt{2\pi f_L/(3{,}6 \times 10^3)C_2}$

14 Realimentação e circuitos osciladores $A_f = A/(1 + \beta A)$; realimentação-série: $Z_{if} = Z_i(1 + \beta A)$; realimentação-paralelo: $Z_{if} = Z_i/(1 + \beta A)$; realimentação de tensão: $Z_{of} = Z_o/(1 + \beta A)$; realimentação de corrente: $Z_{of} = Z_o(1 + \beta A)$; estabilidade de ganho: $dA_f/A_f = 1/(|1 + \beta A|)(dA/A)$; oscilador: $\beta A = 1$; deslocamento de fase: $f = 1/2\pi RC\sqrt{6}, \beta = 1/29, A > 29$; deslocamento de fase no FET: $|A| = g_mR_L, R_L = R_Dr_d/(R_D + r_d)$; deslocamento de fase no transistor: $f = (1/2\pi RC)[1/\sqrt{6 + 4(R_C/R)}], h_{fe} > 23 + 29(R_C/R) + 4(R/R_C)$; ponte de Wien: $R_3/R_4 = R_1/R_2 + C_2/C_1$, $f_o = 1/2\pi\sqrt{R_1C_1R_2C_2}$; sintonizado: $f_o = 1/2\pi\sqrt{LC_{eq}}, C_{eq} = C_1C_2/(C_1 + C_2)$, Hartley: $L_{eq} = L_1 + L_2 + 2M, f_o = 1/2\pi\sqrt{L_{eq}C}$

15 Fontes de alimentação (reguladores de tensão): Filtros: $r = V_r(\text{rms})/V_{CC} \times 100\%$, V.R. $= (V_{NL} - V_{FL})/V_{FL} \times 100\%$, $V_{CC} = V_m - V_r(\text{p-p})/2, V_r(\text{rms}) = V_r(\text{p-p})/2\sqrt{3}, V_r(\text{rms}) \cong (I_{CC}/4\sqrt{3})(V_{CC}/V_m)$; onda completa, carga leve: $V_r(\text{rms}) = 2{,}4I_{CC}/C, V_{CC} = V_m - 4{,}17I_{CC}/C, r = (2{,}4I_{CC}CV_{CC}) \times 100\% = 2{,}4/R_LC \times 100\%, I_{pico} = T/T_1 \times I_{CC}$; filtro RC: $V'_{CC} = R_L V_{CC}/(R + R_L), X_C = 2{,}653/C$ (meia-onda) $X_C = 1{,}326/C$ (onda completa), $V'_r(\text{rms}) = (X_C/\sqrt{R^2 + X_C^2})$; reguladores: $IR = (I_{NL} - I_{FL})/I_{FL} \times 100\%, V_L = V_Z(1 + R_1/R_2), V_o = V_{ref}(1 + R_2/R_1) + I_{adj}R_2$

16 Outros dispositivos de dois terminais Diodo varactor: $C_T = C(0)/(1 + |V_r/V_T|)^n, TC_C = (\Delta C/C_o(T_1 - T_0)) \times 100\%$; fotodiodo: $W = hf, \lambda = v/f$, $1\ \text{lm} = 1{,}496 \times 10^{-10}\ \text{W}$, $1\ \text{Å} = 10^{-10}\ \text{m}$, $1\ \text{fc} = 1\ \text{lm/ft}^2 = 1{,}609 \times 10^{-9}\ \text{W/m}^2$

17 *pnpn* e outros dispositivos Diac: $V_{BR_1} = V_{BR_2} \pm 0{,}1\ V_{BR_2}$ UJT: $R_{BB} = (R_{B_1} + R_{B_2})|_{I_E=0}, V_{R_{B_1}} = \eta V_{BB}|_{I_E=0}$, $\eta = R_{B_1}/(R_{B_1} + R_{B_2})|_{I_E=0}, V_P = \eta V_{BB} + V_D$; fototransistor: $I_C \cong h_{fe}I_\lambda$; PUT: $\eta = R_{B_1}/(R_{B_1} + R_{B_2}), V_P = \eta V_{BB} + V_D$